生命科学名著

Lewin 基因 XII

Lewin's Genes XII

J. E. 克雷布斯
〔美〕E. S. 戈尔茨坦　　主编
S. T. 基尔帕特里克

江松敏　译

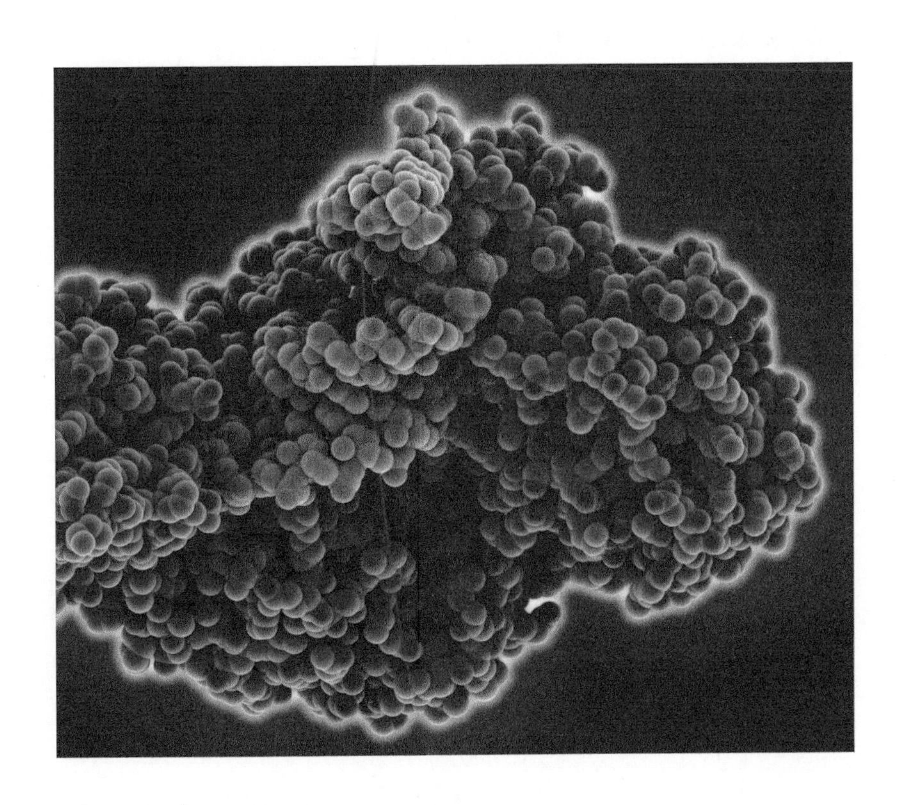

科学出版社

北京

图字：01-2019-5984 号

内 容 简 介

“Lewin 基因”系列被认为是分子生物学经典的教科书，几十年来，它为这门具有变革性和动态性的科学提供了最现代的展示。最新的第 12 版将延续这一经典系列，涵盖基因的结构、测序、组织和表达，继续引领最新信息和前沿发展。顶尖科学家在各自的研究领域为本书提供了修订和更新，并为读者介绍了有关分子生物学这一迅速变化的学科的最新研究进展和相关信息。读者可以感受到，本书对这一激动人心和至关重要的科学领域有着广泛的理解，而且包含了大量高质量并兼具艺术性的插图。《Lewin 基因 XII》仍然是分子生物学和遗传学及其相关学科研究人员的明智选择。

本书是分子生物学和分子遗传学最经典的名著之一，是生命科学各个分支学科的师生和研究人员必备的教科书和参考读物。

Original English language edition published by Jones & Bartlett Learning, LLC
5 Wall Street Burlington, MA 01803 USA
Lewin's Genes XII, Jocelyn E. Krebs, Elliott S. Goldstein, Stephen T. Kilpatrick,

图书在版编目（CIP）数据

Lewin基因：XII /（美）J.E.克雷布斯（Jocelyn E. Krebs）等主编；江松敏译. —北京：科学出版社，2021.8（2022修订）
（生命科学名著）
书名原文：Lewin's Genes XII
ISBN 978-7-03-067768-6

Ⅰ.①L… Ⅱ.①J… ②江… Ⅲ.①基因一研究 Ⅳ.①Q343.1

中国版本图书馆CIP数据核字（2021）第009955号

责任编辑：岳漫宇 / 责任校对：郑金红
责任印制：吴兆东 / 封面设计：刘新新

科学出版社 出版
北京东黄城根北街16号
邮政编码：100717
http://www.sciencep.com

北京九州迅驰传媒文化有限公司印刷

科学出版社发行　各地新华书店经销

*

2021年8月第 一 版　开本：889×1194　1/16
2024年10月第五次印刷　印张：55 3/4
字数：1 641 000

定价：498.00元

（如有印装质量问题，我社负责调换）

谨将此书敬献给本杰明·卢因（Benjamin Lewin），他为此书设定了很高的标准。

谨将此书敬献给我的母亲埃伦·贝克（Ellen Baker），她培养了我从小对科学的热爱；谨将此书用于纪念我的继父巴里·基弗（Barry Kiefer），他使我相信科学中也隐藏着许多乐趣；谨将此书敬献给我的伴侣苏珊娜•摩根（Susannah Morgan）对我几十年的爱和支持，以及献给我年轻的儿子们，里斯（Rhys）和弗雷（Frey），很明显，年轻的科学家正在成长。最后，谨将此书用于纪念我的博士生导师玛丽埃塔·达纳韦（Marietta Dunaway）博士，他的一个伟大的灵感让我踏上了激动人心的染色质生物学研究之路。

—乔斯琳·克雷布斯（Jocelyn Krebs）

谨将此书敬献给我的家人：我的妻子苏珊（Suzanne），她对我的耐心、理解和信任是令人着迷的；我的孩子们安迪（Andy）、伊拉（Hyla）和加里（Gary），他们教会我许多有关计算机的知识；我的孙子和孙女塞思（Seth）和埃琳娜（Elena），他们的笑声使我欢欣鼓舞。谨将此书用于纪念我的导师和亲密朋友李·A. 斯奈德（Lee A. Snyder），他的专业精神、指导能力和洞察力展示了一个科学家和导师所必须具备的职业技能，而我也一直在努力达到他对我的期望。“这本书是献给您的，博士。”

—埃利奥特·戈尔茨坦（Elliott Goldstein）

谨将此书敬献给我的家人：我的妻子洛里（Lori），她一直提醒我什么才是生活中最重要的；我的孩子们珍妮弗（Jennifer）、安德鲁（Andrew）和萨拉（Sarah），他们让我充满自豪和喜悦；我的父母桑德拉（Sandra）和戴维（David），他们激发了我对学习的热爱。

—斯蒂芬·基尔帕特里克（Stephen Kilpatrick）

前　言

在生命世界的各种不同研究方法中，分子生物学在其研究范围拓展的速度和广度上是非常显著的。我们每天都能获得新的数据，且对于研究得十分清楚的过程进行总结而得出新观点所需的时间往往只需数周或几个月，而不用花费数年时间。我们很难相信第一个完整有机体基因组序列的获得仅仅发生在20年前。基因和基因组的结构与功能，以及它们相关的细胞加工过程表面上是完美且简单的，但这具有欺骗性，通常它们复杂得令人着迷，因而没有一本书能对自然遗传系统的现实性和多样性做出合理的阐述。

本书是针对分子遗传学和分子生物学的高年级学生而写的。为了提供分子生物学中快速多边领域的最新知识，我们邀请了顶尖科学家，在他们各自的专业领域为本书提供修订和内容更新。他们的专业知识已经深入贯穿于本书中。这一版本的大部分修订和重新编排都遵循了《Lewin 基因精要》(*Lewin's Essential GENES*) 第三版，但在此书中也增加了许多更新内容和特征。此版本遵循一个符合逻辑的主题流程，特别是，在讨论真核转录之前，先讨论染色质组织和核小体结构，因为染色体组织对细胞中的所有DNA交易都是至关重要的，而且目前在转录调节领域的研究重点侧重于染色质在这一过程中的作用。本书收录了许多新的图片，其中一些反映了这一领域的新发展，特别是在染色质结构和功能、表观遗传学，以及真核生物中非编码RNA和微RNA的调节等方面。

本书分为4个部分。

第1部分（基因和染色体）包括第1～8章。第1章介绍了DNA的结构和功能，包括DNA复制和基因表达的基本知识。第2章介绍了实验室分子技术。第3章介绍了真核基因的断裂结构。第4～6章讨论了基因组结构和进化。第7章和第8章讨论了真核染色体的结构。

第2部分（DNA复制与重组）包括第9～16章。第9～12章详细讨论了质粒、病毒、原核细胞和真核细胞中的DNA复制。第13～16章介绍了重组及其在DNA修复和人类免疫系统中的作用。第14章详细讨论了DNA修复中的不同途径。第15章重点讨论了不同类型的转座因子。

第3部分（转录与转录后机制）包括第17～23章。第17章和第18章深入讨论了细菌和真核生物转录的知识。第19～21章涉及RNA，讨论了信使RNA、RNA稳定性和定位、RNA加工及RNA的催化作用。第22章和第23章讨论了翻译和遗传密码的相关知识。

第4部分（基因调节）包括第24～30章。在第24章中讨论了基于操纵子的细菌基因表达调节。第25章介绍噬菌体感染细菌细胞时基因表达的调节。第26～28章涵盖了真核基因调节，包括表观遗传修饰。第29章和第30章介绍了基于RNA的原核生物和真核生物基因表达调节。

对于那些偏爱于从DNA复制和基因表达的本质开始讲述这门课程，然后再跟进一些更加深奥知识的老师，我们建议采用如下章节顺序教授：

介绍：第1章

基因和基因组结构：第4～6章

DNA复制：第9～12章

转录：第17～20章

翻译：第22～23章

基因表达调节：第7～8章和第24～30章

其他章节则根据教师的个人喜好而定。

学生体验

这一版本包括了以下几个特征，它有助于学生在阅读中学习：

- 每一章都以一个**章节提纲**开始，清楚地列出了章节的框架，帮助学生计划他们的阅读和学习。

DNA 复制

章节提纲

- 每一节有多条**关键概念**进行概括，以帮助学生提炼每个部分的重点。

6.2 不等交换使基因簇发生重排

关键概念

- A 基因组中存在序列相似的成
中非等位基因座之间的错配可
换，其结果就是在一条重组染
失，而在另一条染色体上形成
- 不同的地中海贫血是由于 α 或
的不同缺失造成的。疾病的严
基因的缺失程度相关。

6.3 编码 rRNA 的基因形成包括恒定转录单位的串联重复

关键概念

- 核糖体 RNA（rRNA）是由大量完全相同
基因编码的，这些基因串联重复形成一个
多个基因簇。
- 每一个核糖体 DNA（rDNA）簇的组成都
有规律的，转录单位和非转录间隔区交互
列，而每个转录单位主要由 rRNA 和连接
体组成。
- rDNA 簇中的基因都具有完全相同的序列。
- 非转录间隔区由许多短重复单元构成，其
是不定的，所以每一间隔区的长度是不同的。

6.3 编码 rRNA 的基因形成包括恒定转录单位的串联重复

关键概念

- 核糖体 RNA（rRNA）是由大量完全相同的基因编码的，这些基因串联重复形成一个或多个基因簇。
- 每一个核糖体 DNA（rDNA）簇的组成都是有规律的，转录单位和非转录间隔区交互排列，而每个转录单位主要由 rRNA 和连接前体组成。
- rDNA 簇中的基因都具有完全相同的序列。
- 非转录间隔区由许多短重复单元构成，其数目是不定的，所以每一间隔区的长度是不同的。

- 这一版本包含了高质量的**插图和照片**，老师和学生都期待这一经典的内容。

图 2.8　在小鼠中，*lacZ* 基因的表达可用 β- 半乳糖苷酶染色（蓝色）。在这个例子中，*lacZ* 基因处于一种能在神经系统表达的小鼠基因的启动子控制之下。当用蓝色染料着色后可以看见相应的组织

照片由 Robb Krumlauf, Stowers Institute for Medical Research 友情提供

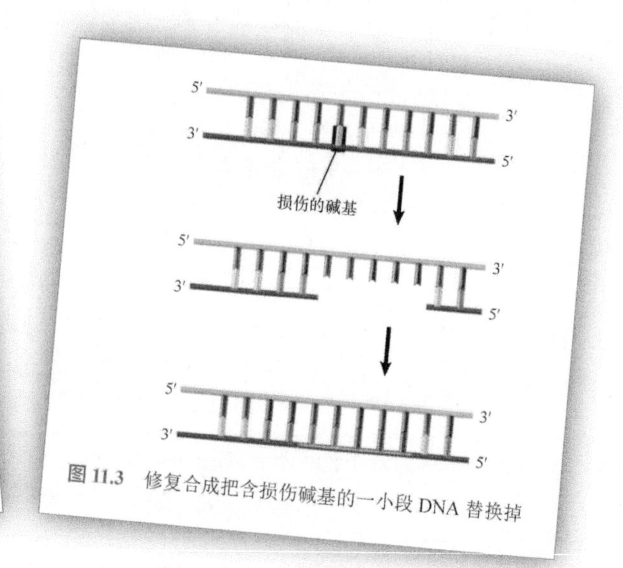

图 11.3　修复合成把含损伤碱基的一小段 DNA 替换掉

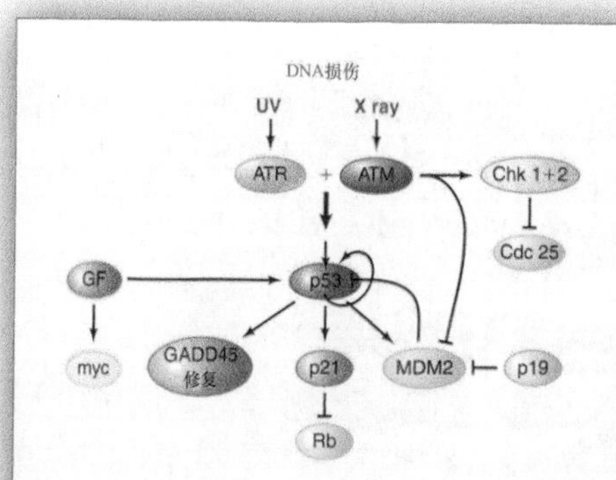

图 9.16　DNA 损伤的信号途径。DNA 损伤可激活 p53 蛋白。活化的 p53 蛋白通过 Rb 蛋白来停滞细胞周期，并刺激 DNA 修复。一组复杂的激活因子和抑制因子调节 p53 蛋白的活性

图 18.9　截面图显示 TBP 围绕在 DNA 的小沟上。TBP 由两个相关的保守结构域组成（两个结构域之间有 40% 的同源性），分别用浅蓝色和深蓝色表示。而 TBP 的 N 端可以存在许多变化，用绿色表示。DNA 双螺旋的两条链分别用浅灰色和深灰色表示

图片由 Stephen K. Burley 友情提供

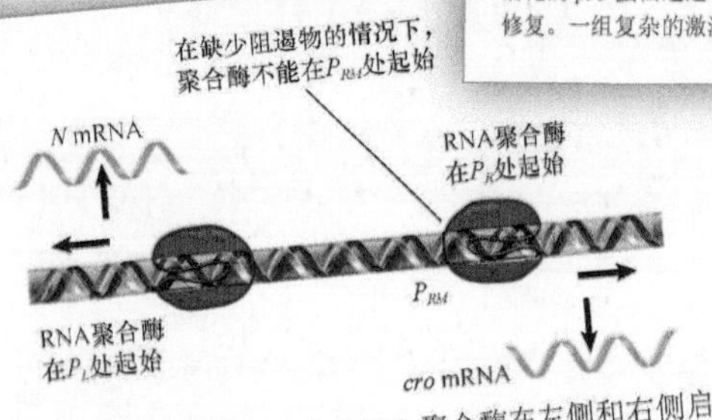

图 25.16　在缺少阻遏物时，RNA 聚合酶在左侧和右侧启动子上起始转录；而当阻遏物存在时，它不能在启动子 P_{RM} 处起始转录

- 文中出现的**关键词**汇编于书后的**词汇**中。

词　汇

–10 element（–10 区） 位于细菌基因起点上游 10 bp 的共有序列，它在起始反应过程中参与解链 DNA。

10 nm fiber（10 nm 纤丝） 一种核小体的线性排列，是由染色质在自然条件下去折叠所产生的。

14-3-3 adaptor（14-3-3 衔接子） 由 7 个进化上保守的、高度同源的衔接子组成的家族，它们可形成同源或异源二聚体，以及同源或异源四聚体。它们可通过两亲性沟槽或外表面结合多种蛋白质和 DNA 配体。它们可调节多种细胞稳态事件，如信号转导、存活、细胞周期进程、DNA 复制，以及诸如类别转换重组（CSR）等细胞分化过程。

2R hypothesis（2R 假说） 此假说认为早期脊椎动物基因组经历了两轮倍增。

3′ untranslated region（UTR，3′ 非翻译区） 位于 mRNA 的 3′ 端终止密码子之后的非翻译序列。

30 nm fiber（30 nm 纤丝） 一种反复盘绕的核小体，在染色质中，它是核小体组织形式的基本水平。

–35 element（–35 区） 细菌基因起点上游 35 bp 处的共有序列，在 RNA 聚合酶起始识别中起作用。

5′ untranslated region（UTR，5′ 非翻译区） mRNA 中信使起始点与第一个密码子之间的区域。

5′-AGCT-3′ 在 Ig 转换区中以高频出现的重复序列，但在基因组中并非如此。它们可由 14-3-3 衔接子和其他类别转换重组（CSR）元件专一性结合。它们在 CSR 事件的靶向中是非常重要的。

5′-end resection（5′ 端切除） 3′ 悬垂单链区域的产生，它通过对双链断裂的 5′ 端进行外切核酸酶消化而形成。

A complex（A 复合体） 第二次剪接复合体；由 U2 snRNP 与 E 复合体结合形成。

A domain（A 结构域） 在组成酵母复制起始点的 ARS 元件中所含 A · T 碱基对的 11 bp 保守序列。

A site（A 位） 在核糖体中，氨酰 tRNA 进入所对应密码子并与之碱基配对的位点。

abortive initiation（流产起始） 它描述了这样一个过程：RNA 聚合酶开始转录，但在聚合酶离开启动子之前就中止了，然后重新启动。在延伸期开始前，它可能会发生几次这样的循环。

abundance（丰度） 每个细胞的平均 mRNA 分子数。

abundant mRNA（高丰度 mRNA） 由少数不同种类 mRNA 组成，每一种在细胞中出现大量拷贝。

Ac element（Ac 元件） 见 **activator (Ac) element（激活因子元件，Ac 元件）**。

acentric fragment（无着丝粒断片）（由于损坏产生的）一个缺少着丝粒的染色体片段，从而在细胞分裂中丢失。

acridine（吖啶，氮蒽） 作用于 DNA 的突变剂，它们能引起单个碱基对的插入或缺失。它们在阐明遗传密码的三联体本质中非常有用。

activation-induced (cytidine) deaminase（AID，激活诱导的胞苷脱氨酶） 能将 DNA 中的脱氧胞苷脱氨基的酶。它可介导 DNA 损伤，这可导致免疫球蛋白（Ig）多样化的起始。

activator (Ac) element（激活因子元件，Ac 元件） 玉米中的自我转座因子。

activator（激活物） 能激活基因表达的蛋白质，它常常与启动子相互作用从而激活 RNA 聚合酶。在真核生物细胞中，它所结合的启动子序列称为增强子（enhancer）。

adaptive (acquired) immunity（适应性免疫，获得性免疫） 淋巴细胞与抗原的特异性相互作用，受到激活而介导的应答。当含有抗原特异性受体的淋巴细胞受到刺激而增生，从而变成效应细胞，所以适应性免疫应答需要几天才能发育成熟。它负责免疫记忆。

addiction system（瘾瘤系统） 一种质粒使用的生存机制，当质粒丢失时，这种机制用来杀死细菌。

agropine plasmid（冠瘿碱质粒） 带有能合成冠瘿碱类型的冠瘿碱基因的质粒。肿瘤通常会在早期死亡。

AID 见 **activation-induced (cytidine) deaminase（AID，激活诱导的胞苷脱氨酶）**。

allele（等位基因） 在染色体上占据给定位点的不同基因形式的其中一种。

allelic exclusion（等位基因排斥） 在特殊淋巴细胞中，只有一个等位基因能表达可编码的免疫球蛋白，它由第一个能表达的免疫球蛋白等位基因的反馈所引起，这阻止了其他染色体上等位基因的激活。

allolactose（别乳糖） β-半乳糖苷酶的副产物（由 *lacZ* 基因编码），*lac* 操纵子的真正诱导剂。

allopolyploidy（异源多倍性） 两种不同却繁殖相容的物种之间的杂交可产生异源多倍体化。

allosteric control（别构控制） 蛋白质在第二个位点上结合小分子后，它在第一个位点上具有改变构象（继而改变活性）的能力。

词　汇　827

参考文献

8.3 核小体是所有染色质的亚单元

综述文献

Izzo, A., Kamieniarz, K., and Schneider, R. (2008). The histone H1 family: specific members, specific functions? *Biol. Chem.* 389, 333-343.

Kornberg, R. D. (1977). Structure of chromatin. *Annu. Rev. Biochem.* 46, 931-954.

McGhee, J. D., and Felsenfeld, G. (1980). Nucleosome structure. *Annu. Rev. Biochem.* 49, 1115-1156.

研究论文文献

Angelov, D., et al. (2001). Preferential interaction of the core histone tail domains with linker DNA. *Proc. Natl. Acad. Sci. USA* 98, 6599-6604.

Arents, G., et al. (1991). The nucleosomal core histone octamer at 31 Å resolution: a tripartite protein assembly and a left-handed superhelix. *Proc. Natl. Acad. Sci. USA* 88, 10148-10152.

Finch, J. T., et al. (1977). Structure of nucleosome core particles of chromatin. *Nature* 269, 29-36.

Kornberg, R. D. (1974). Chromatin structure: a repeating unit of histones and DNA. *Science* 184, 868-871.

Luger, K., et al. (1997). Crystal structure of the nucleosome core particle at 28 Å resolution. *Nature* 389, 251-260.

Richmond, T. J., et al. (1984). Structure of the nucleosome core particle at 7 Å resolution. *Nature* 311, 532-537.

Shen, X., et al. (1995). Linker histones are not essential and affect chromatin condensation *in vitro*. *Cell* 82, 47-56.

8.4 核小体是共价修饰的

综述文献

Gardner, K. E., et al. (2011). Operating on chromatin, a colorful language where context matters. *J. Mo. Biol.* 409, 36-46.

Suganuma, T., and Workman, J. L. (2011). Signals and combinatorial functions of histone modifications. *Ann. Rev. Biochem.* 80, 473-499.

研究论文文献

Shogren-Knaak, et al. (2006). Histone H4-K16 acetylation controls chromatin structure and protein interactions. *Science* 311, 844-847.

8.5 组蛋白变异体产生可变核小体

综述文献

Maze, I., et al. (2014). Every amino acid matters: essential contributions of histone variants to mammalian development and disease. *Nat. Rev. Genet.* 4, 259-271.

8.6 核小体表面的 DNA 结构变化

Reviews

Luger, K., and Richmond, T. J. (1998). DNA binding within the nucleosome core. *Curr. Opin. Struct. Biol.* 8, 33-40.

Travers, A. A., and Klug, A. (1987). The bending of DNA in nucleosomes and its wider implications. *Philos. Trans. R. Soc. Lond. B. Biol. Sci.* 317, 537-561.

Wang, J. (1982). The path of DNA in the nucleosome. *Cell* 29, 724-726.

研究论文文献

Richmond, T. J., and Davey, C. A. (2003). The structure of DNA in the nucleosome core. *Nature* 423, 145-150.

8.7 核小体在染色质纤维中的路径

综述文献

Fussner, E., et al. (2011). Living without 30 nm chromatin fibers. *Trends Biochem. Sci.* 36, 1-6.

Maeshima, K., et al. (2015). Chromatin as dynamic 10-nm fibers. *Chromosoma* 123, 225-237.

Tremethick, D. J. (2007). Higher-order structures of chromatin: the elusive 30 nm fiber. *Cell* 128, 651-654.

研究论文文献

Dorigo, B., et al. (2004). Nucleosome arrays reveal the two-start organization of the chromatin fiber. *Science* 306, 1571-1573.

Nishino, Y., et al. (2012). Human mitotic chromosomes consist predominantly of irregularly folded nucleosome fibers without a 30-nm chromatin structure. *EMBO J.* 31, 1644-1653.

Schalch, T., et al. (2005). X-ray structure of a tetranucleosome and its implications for the chromatin fibre. *Nature* 436, 138-141.

Scheffer, M. P., et al. (2011). Evidence for shortrange helical order in the 30-nm chromatin fibers of erythrocyte nuclei. *Proc. Natl. Acad. Sci.* 108, 16992-16997.

8.8 染色质复制需要核小体的装配

综述文献

Corpet, A., and Almouzni, G. (2008). Making copies of chromatin: the challenge of nucleosomal organization and epigenetic information. *Trends Cell Biol.* 19, 29-41.

Eitoku, M., et al. (2008). Histone chaperones: 30 years from isolation to elucidation of the mechanisms of nucleosome assembly and disassembly. *Cell Mol. Life Sci.* 65, 414-444.

Osley, M. A. (1991). The regulation of histone synthesis in the cell cycle. *Annu. Rev. Biochem.* 60, 827-861.

Steiner, F. A., and Henikoff, S. (2015). Diversity in the organization of centromeric chromatin. *Curr. Opin. Genet. Dev.* 31, 28-35.

Verreault, A. (2000). De novo nucleosome assembly: new pieces in an old puzzle. *Genes Dev.* 14, 1430-1438.

研究论文文献

Ahmad, K., and Henikoff, S. (2001). Centromeres are specialized replication domains in heterochromatin. *J. Cell Biol.* 153, 101-110.

Ahmad, K., and Henikoff, S. (2002). The histone variant H3.3 marks active chromatin by replication-independent nucleosome assembly. *Mol. Cell* 9, 1191-1200.

Gruss, C., et al. (1993). Disruption of the nucleosomes at the replication fork. *EMBO J.* 12, 4533-4545.

Loppin, B., et al. (2005). The histone H3.3 chaperone HIRA is essential for chromatin assembly in the male pronucleus. *Nature* 437, 1386-1390.

Ray-Gallet, et al. (2002). HIRA is critical for a nucleosome assembly pathway independent of DNA synthesis. *Mol. Cell*

- 每一章含有扩展和更新的**参考文献**，它既提供了原始文献，也提供了最新综述，以补充和加强文中内容。
- 学生和教师还可以使用其他在线学习工具，包括实践活动、预填测验和互动电子书，其中有指向相关网站的**网页链接**，包括动画和其他多媒体素材。

教学工具

我们提供多种教学工具*，通过数字下载和多种其他格式，帮助教师准备和教授使用《Lewin 基因 XII》作为教材的课程：

- 匹兹堡大学约翰斯顿分校（University of Pittsburgh at Johnstown）的作者斯蒂芬·基尔帕特里克开发的 **PowerPoint 格式的讲课大纲**为《Lewin 基因 XII》的每一章提供了大纲概要和相关图片。使用微软公司的演示文稿（Microsoft PowerPoint）软件的讲师可以自定义演示文稿的大纲、艺术和顺序。

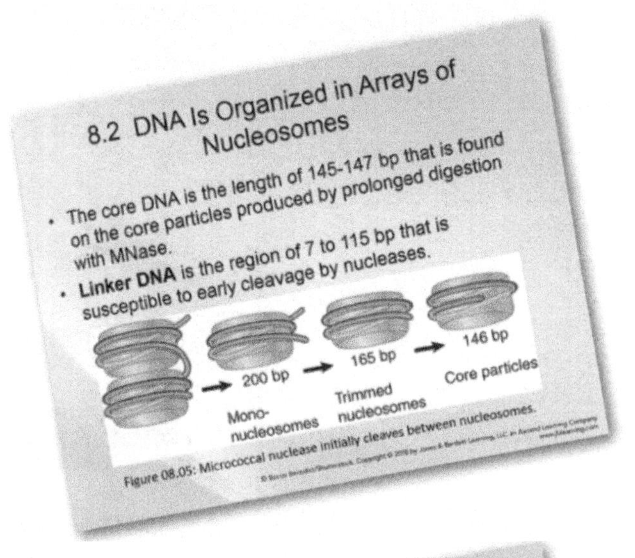

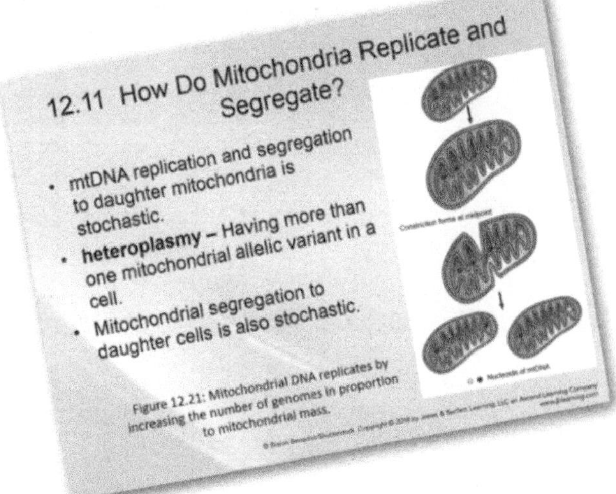

- **关键图像回顾（Key Image Review）**包含了琼斯和巴特利特学习（Jones & Bartlett Learning）出版社拥有版权或允许以数字方式发行的插图、照片和表格。这些图片不能出售或分发，但可用于扩充现有幻灯片、测验或其他课堂材料。
- 除了在线学习和评估工具中已经包含的 750 个题目，作者斯蒂芬·基尔帕特里克更新并扩展了**测试库**，超过 1000 个题目包括在内。
- 可通过列表格式或交互式电子书中的链接，手动选择相关网站的**网页链接**。
- 出版者已经准备了一个**过渡指南**，以帮助那些使用了本书之前版本的教师转换成这个新版本。

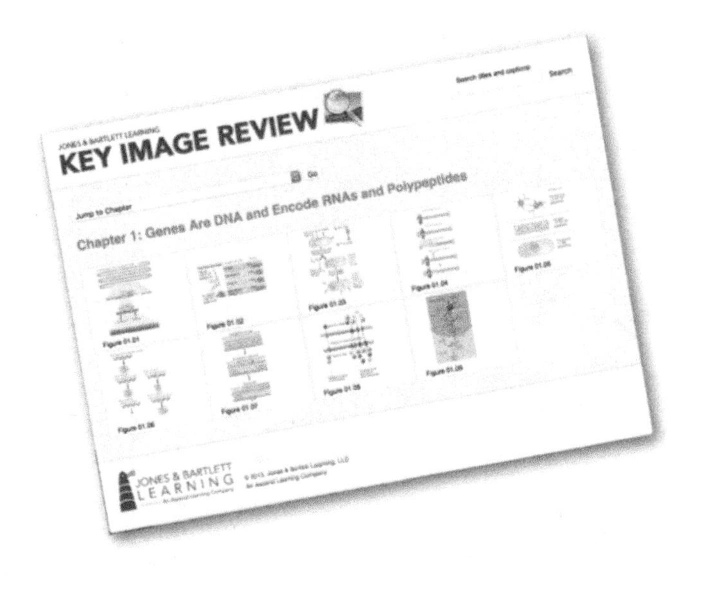

---

* 本书中提到的“教学工具”以及“学生体验”中的“在线学习工具”均为英文原版提供的资料，此中文版中不包含相关内容。——出版者注

致　谢

作者对在本书的准备过程中提供帮助的人员表达衷心的感谢：琼斯和巴特利特学习出版社的编辑、制作、营销策划、销售团队在这个项目中的各个方面都堪称楷模。在此，更要特别感谢奥德丽・施温（Audrey Schwinn）和南希・霍夫曼（Nancy Hoffmann）。

我们要感谢每一章的章节编辑，他们的专业知识、热情和谨慎的判断使书稿在许多关键领域得到了实时更新。

乔斯琳・克雷布斯
埃利奥特・戈尔茨坦
斯蒂芬・基尔帕特里克

审稿人

作者和出版商感谢以下个人担任审稿人，为修订《Lewin 基因 XII》付出的努力。

希瑟・B. 阿亚拉（Heather B. Ayala）博士，乔治福克斯大学，美国
瓦格纳・贝内迪托（Vagner Benedito）博士，西弗吉尼亚大学，美国
克里斯・J. 查斯顿（Chris J. Chastain）博士，明尼苏达州立大学 - 穆尔黑德分校，美国
玛米・T. 科茨（Mamie T. Coats）博士，阿拉巴马州立大学，美国
马修・G. 菲茨（Matthew G. Fitts）博士，克拉佛林大学，美国
迈克尔・L. 格利森（Michael L. Gleason）博士，佐治亚学院，美国
弗兰克・G. 希利（Frank G. Healy）博士，三一大学，美国
布拉德利・艾斯勒（Bradley Isler）博士，费里斯州立大学，美国
埃里克・D. 拉森（Erik D. Larson）博士，伊利诺伊州立大学，美国
刘志明（音译，Zhiming Liu）博士，东新墨西哥大学，美国
庞兹・卢（Ponzy Lu）博士，宾夕法尼亚大学，美国
迈克尔・T. 马尔二世（Michael T. Marr II）博士，布兰迪斯大学，美国
托马斯・梅里特（Thomas Merritt）博士，劳伦森大学，加拿大
卡西亚・奥利韦拉（Cassia Oliveira）博士，里昂学院，美国
塞德里克・C. 赖斯（Sederick C. Rice）博士，阿肯色大学松树崖分校，美国
马修・M. 斯特恩（Matthew M. Stern）博士，温斯罗普大学，美国
弗朗西丝卡・斯托里奇（Francesca Storici）博士，佐治亚理工学院，美国
特吕格弗・托尔夫波（Trygve Tollefsbol）骨科博士，阿拉巴马大学伯明翰分校，美国
杰奎琳・K. 威特基 - 汤普森（Jacqueline K. Wittke-Thompson）博士，圣弗朗西斯大学，美国

关于作者

本杰明·卢因（Bejamin Lewin）在1974年创办了《细胞》（*Cell*）杂志，并任编辑直到1999年。他还创办了细胞出版社系列杂志《神经元》（*Neuron*）、《免疫》（*Immunity*）和《分子细胞》（*Molecular Cell*）。在2000年，他创建了虚拟文本（Virtual Text）公司，此公司于2005年被琼斯和巴特利特出版社收购。他也是《基因精要》和《细胞》2本重要的教学参考书的作者。

乔斯琳·E. 克雷布斯（Jocelyn E. Krebs）教授从巴德学院（Bard College，位于纽约州哈德逊河畔的安南代尔市）获得了生物学的学士学位，从加利福尼亚大学伯克利分校获得分子与细胞生物学的博士学位。在她的博士论文中，研究了DNA拓扑结构的功能与转录调节中的绝缘子元件。她以美国癌症学会的青年奖学金获得者身份，在马萨诸塞大学医学院的克雷格·彼得森（Craig Peterson）博士实验室进行其博士后研究，当时她专注于组蛋白乙酰化的作用与转录中的染色质重塑。在2000年，克雷布斯博士到阿拉斯加大学（位于安克雷奇市）的生物科学系工作，现为终身教授。她最近的研究重点是威廉综合征（Williams syndrome）转录因子（人类神经发育综合征威廉综合征中丢失的基因之一）在爪蟾（*Xenopus*）早期胚胎发育中的作用。她为本科生、研究生和一年级医学生讲授生物学、遗传学和分子生物学入门课程。她还教授癌症分子生物学和表观遗传学的课程。虽然在安克雷奇工作，但她住在俄勒冈州波特兰市，有伴侣、两个儿子、一条狗和三只猫。她的业余爱好包括徒步旅行、园艺和玻璃熔接。

埃利奥特·S. 戈尔茨坦（Elliott S. Goldstein）教授从哈特福德大学（University of Hartford，位于康涅狄格州）获得了生物学的学士学位，在明尼苏达大学的遗传与细胞生物学系获得遗传学博士学位。随后，他以美国国立卫生研究院的博士后青年奖学金获得者身份，在麻省理工学院的谢尔登·彭曼（Sheldon Penman）博士实验室进行其博士后研究。离开波士顿后，他到亚利桑那州立大学（位于坦佩市）工作，他是生命科学学院细胞、分子和生物科学项目和荣誉学科项目的名誉副教授。他的研究兴趣集中于黑腹果蝇（*Drosophila melanogaster*）中早期胚胎形成的分子和发育遗传领域。在最近几年，他注重于果蝇中的人类原癌基因 *jun* 和 *fos* 同源物的研究。他的主要教学任务是本科生的普通遗传学课程和研究生的分子遗传学课程。戈尔茨坦博士与他在高中就相识的妻子一起住在坦佩市，他有三个孩子和两个孙儿女。他是一个书虫，热爱阅读和水下摄影，你能在网站 http://www.public.asu.edu/~elliotg/ 上欣赏到他拍摄的照片。

斯蒂芬·T. 基尔帕特里克（Stephen T. Kilpatrick）教授从位于宾夕法尼亚州圣大卫市的东方学院（Eastern College，现在为东方大学）获得了生物学学士学位，从布朗大学的生态与进化生物学项目部获得博士学位。在博士论文中，他研究了黑腹果蝇（*Drosophila melanogaster*）中线粒体和核基因组之间相互作用的群体遗传学。自1995年以后，基尔帕特里克博士一直就职于宾夕法尼亚州的匹兹堡大学约翰城分校，目前他是生物系主任。他的常规教学任务包括非生物学和生物学专业本科生的生物学导论，以及高年级本科生的遗传学、进化和分子遗传学课程。基尔帕特里克博士主要专注于生物学教育，他参与制作和编写了有关生物学、遗传学和分子遗传学的许多辅助材料，同时为教育参考出版物撰写了许多文章。他在生物学导论、遗传学和进化等课程中发展出了许多活跃的学习训练题目。基尔帕特里克博士与他的妻子和三个孩子一起住在宾夕法尼亚州的约翰城，在科学兴趣之外，他喜爱音乐、文学和戏剧，偶尔也会在当地的社区剧团中参加表演。

章节编辑

埃伦·贝克（Ellen Baker）是美国内华达大学里诺校区的生物学副教授。她的研究兴趣集中于mRNA稳定性与翻译中多腺苷酸化的作用。

汉克·W. 巴斯（Hank W. Bass）是美国佛罗里达州立大学的生物科学副教授。他的实验室主要利用分子细胞学和遗传学研究玉米中减数分裂染色体和端粒的结构与功能。

斯蒂芬·D. 贝尔（Stephen D. Bell）是英国牛津大学威廉·邓恩（William Dunn）爵士病理学院微生物学教授。他的研究小组正在研究古生物领域中的基因转录、DNA复制和细胞分裂。

彼得·伯格斯（Peter Burgers）是美国华盛顿大学医学院生物化学与分子生物物理学教授。他的实验室长期注重于真核生物细胞中DNA复制的生物化学与遗传学，以及DNA损伤与复制压力应答的研究，它们可导致突变与细胞周期关卡。

道格拉斯·J. 布赖恩特（Douglas J. Briant）在加拿大不列颠哥伦比亚省维多利亚大学生物化学和微生物学系副教授。他主要研究细菌RNA加工，以及细胞信号转导途径中泛素的作用。

保罗·卡萨利亚（Paolo Casali），医学博士，他是扎克利基金会的杰出教授，也是美国德克萨斯大学医学院健康科学中心（位于圣安东尼奥市）微生物学和免疫学系主任。在加入德克萨斯大学医学院之前，他曾在加利福尼亚大学欧文分校担任医学、分子生物学和生物化学的唐纳德·L. 布伦（Donald L. Bren）教授，并担任免疫学研究所所长直到2013年。卡萨利亚博士致力于B淋巴细胞分化和抗体基因表达的调控，以及抗体应答的分子机制和表观遗传学。他曾在《免疫学杂志》（*Journal of Immunology*）编辑部任职，自2002年起担任《自身免疫》（*Autoimmunity*）主编。他自1981年以来一直是美国免疫学家协会的成员。曾经获得美国临床研究学会的少壮派（Young Turk）奖、美国科学促进协会的青年奖。他一直就职于几个NIH免疫学研究组，并且是一些科学委员会的成员。

唐纳德·福斯代克（Donald Forsdyke）是加拿大皇后大学的生物化学荣誉退休教授。他研究淋巴细胞激活/失活及相关基因。在20世纪90年代，他获得了实验证据支持他在1981年提出的有关内含子起源的假说，而澳大利亚的几位免疫学家的研究可以支持他在1975年提出的有关淋巴细胞库的阳性选择假说而分享了诺贝尔奖。他的著作包括《再论物种起源》（*The Origin of Species, Revisited*, 2001）、《进化生物信息学》（*Evolutionary Bioinformatics*，2006）和《珍藏你的意外：威廉·贝特森的科学与生活》（*"Treasure Your Exceptions": The Science and Life of William Bateson*，2008）。

芭芭拉·芬内尔（Barbara Funnell）是加拿大多伦多大学的分子遗传学教授。她的实验室研究细菌中的染色体动力学，尤其是有关参与质粒和染色体分离过程中蛋白质的作用机制。

理查德·古尔斯（Richard Gourse）是美国威斯康星大学麦迪逊分校的细菌学系教授，《细菌学杂志》（*Journal of Bacteriology*）编委。他的主要兴趣集中于细菌中基因表达的转录起始与调控。他的实验室长期以来专注于rRNA启动子，以及核糖体合成调控，希望以此弄清转录与翻译调节的基本机制。

拉尔斯·赫斯特比约·汉森（Lars Hestbjerg Hansen）是丹麦哥本哈根大学生物学系微生物分部的副教授。他的主要研究目标包括质粒DNA在细菌中的维持与交换，尤其注重于抗生素抗性的质粒生成机制。汉森博士的实验室已经发展出一种新的、可用于评估质粒转移和稳定性的流式细胞方法，目前正在进一步完善。汉森博士是哥本哈根高通量测序平台的科学部主任，专注于利用高通量测序来描述自然环境中的细菌和质粒多样性。

萨曼莎・霍特（Samantha Hoot）是美国纽约大学朗格尼（Langone）医学中心汉娜・克莱因（Hannah Klein）博士实验室的博士后。她从华盛顿大学获得博士学位。她的研究兴趣包括酵母基因组稳定性中遗传重组所起的作用，以及致病性真菌的药物抗性的分子机制。

汉娜・L. 克莱因（Hannah L. Klein）是美国纽约大学朗格尼医学中心的生物化学、医学与病理学教授。她研究 DNA 损伤修复途径、重组途径与基因组稳定性。

戴蒙・利施（Damon Lisch）是美国加利福尼亚大学伯克利分校的副研究员。他专注于植物中转座因子的调控，以及转座子活性塑造植物基因组进化的方式。他的实验室调查玉米与其他相关物种中转座子的增变子系统的复杂行为和表观调控。

约翰・佩罗纳（John Perona）是生物化学教授，就职于美国加利福尼亚大学圣芭芭拉分校的化学与生物化学系，他还是生物分子科学与工程学的跨系项目组成员。他的实验室研究氨酰 tRNA 合成酶、依赖 tRNA 的氨基酸修饰酶，以及 tRNA 修饰酶的结构 - 功能关系和催化机制。

克雷格・L. 彼得森（Craig L. Peterson）自 1992 年以来一直是美国马萨诸塞大学医学院分子医学项目的成员。1983 年获得华盛顿大学分子生物学学士学位，1988 年获加利福尼亚大学洛杉矶分校分子生物学博士学位。他的研究重点是了解染色体结构如何影响基因转录、DNA 复制和修复，特别是识别和表征控制染色体动力学的细胞机器。他的主要教学任务是在生物医学研究生院教授真核基因表达、染色质动力学和遗传系统的研究生课程。

埃丝特・西格弗里德（Esther Siegfried）是美国宾夕法尼亚州立大学阿尔图纳（Altoona）校区的生物学助教。她的研究方向包括果蝇发育中的信号转导途径。

瑟伦・约翰内斯・瑟伦森（Søren Johannes Sørensen）是丹麦哥本哈根大学的生物学系教授、微生物分部主任。他的主要研究目标是评估自然社区内遗传流的变化范围，以及应答环境干扰后的种种变化，分子技术如 DGGE 和高通量测序可用于调查微生物社区结构的恢复力和抗性。他具有 20 多年的本科生和研究生分子微生物教学经验。

利斯金・斯温特 - 克鲁泽（Liskin Swint-Kruse）是美国堪萨斯大学医学院的生物化学与分子生物学副教授。她的研究是利用细菌转录调控因子的生化和生物物理学研究来探索蛋白质序列变化的生物信息学分析基础假设。这些研究需要阐明蛋白质进化的原理，这是个性化医学和蛋白质工程的基础。

特吕格弗・托勒夫斯波（Trygve Tollefsbol）是美国亚拉巴马大学伯明翰分校的生物学教授，也是衰老中心、综合癌症中心与临床营养研究中心的资深科学家。他长期研究表观遗传机制，尤其是与癌症、衰老与分化相关的表观遗传。他是多部著作的编辑与主要撰稿人，如《表观遗传手册》（*Handbook of Epigenetics*）、《表观遗传学协议》（*Epigenetic Protocols*）、《癌症表观遗传学》（*Cancer Epigenetics*）和《衰老表观遗传学》（*Epigenetics of Aging*）等。

简要目录

目 录

第1部分

基因和染色体

第 1 章

基因是 DNA、编码 RNA 和多肽

Esther Siegfried　编

章节提纲

1.1 引言

每个生物体的**基因组（genome）**决定了它的遗传基础。长长的脱氧核糖核酸（deoxyribonucleic acid，DNA）链提供了有机体，以及它的每一个细胞所携带的全部遗传信息。它包括染色体DNA、质粒DNA，以及（真核细胞中）存在于线粒体和叶绿体的细胞器DNA。采用“信息”这个术语是因为它本身在机体发育时不担任任何主动角色，而是由基因组内的核苷酸序列所表达的产物决定着有机体的发生发展。通过一系列复杂的相互作用，这些DNA序列在合适的时间和合适的细胞中指导生产有机体的所有的核糖核酸（ribonucleic acid，RNA）和蛋白质。这些蛋白质在机体的发育和功能中发挥了各种各样的不同作用：参与形成组织的各个部分的结构，具有构建组织结构的能力，执行生命必需的新陈代谢反应，作为转录因子、受体、信号转导途径的关键组织者及其他分子等，参与机体的调节。

从物质形态上，基因组可分成许多不同的核酸分子或**染色体（chromosome）**。基因组的最终定义就是每一条染色体的DNA序列。在功能上可分成若干作用不同的基因（gene）。每个基因是能编码单一RNA的DNA序列，而单一RNA在多数情况下会翻译成一种多肽。组成基因组的每条独特的染色体都含有大量的基因。生物基因组可少到仅含500个以内的基因，如支原体（一种微生物），也可大到含有约20 000个基因的人类基因组，或多到含有约50 000～60 000个基因的水稻基因组。

在这一章中，我们根据基因的基本分子构造分析了其分子特性，**图1.1**总结了从基因的历史概念过渡到基因组时代的现代定义的不同阶段。

基于单一基因只产生某种特异性的蛋白质产物这一事实的发现，基因首先被定义为一个功能单位。随后，基因的DNA与其编码的蛋白质产物的化学特征的差异，产生了基因编码蛋白质这一概念。这反过来又导致了一种复杂的装置的发现，通过这种装置，基因的DNA序列决定了多肽的氨基酸序列。

理解基因表达的过程使我们对其本质有了更严格的定义，**图1.2**是本书的基本主题。基因是产生另一种核酸——RNA的DNA模板，DNA是双链核酸，而RNA只有一条链，RNA序列由DNA序列决定，它实际上与DNA的其中一条链一致（至少在初

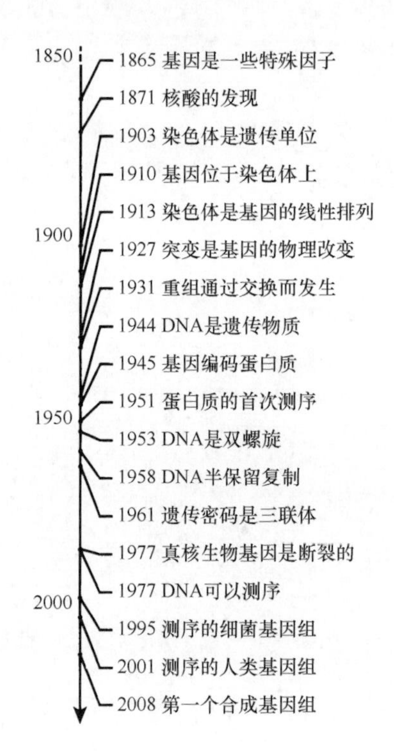

图1.1 遗传学简史

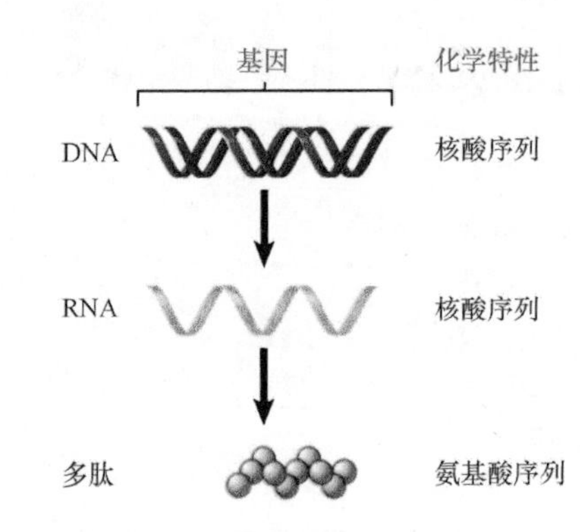

图1.2 一个基因编码一个RNA，这个RNA可以编码一个多肽

期是一致的）。在许多事例中，RNA再依次用于蛋白质的合成；在其他例子中，由基因转录而来的RNA，如核糖体RNA（ribosomal RNA，rRNA）和转移RNA（transfer RNA，tRNA）则是发挥功能的末端产物。因此，基因是编码RNA的DNA序列；而对于蛋白质编码基因（protein-coding gene）或**结构基因（structural gene）**，这种RNA则再依次编码多肽。

基因是遗传的功能单位，每个基因就是基因组内的一段序列，它通过产生独特的产物（可以是多肽或RNA）而发挥作用。基因遗传的基本模式是在150年前由孟德尔定义的。他所总结的两大定律[分离（segregation）定律和自由组合（independent assortment）定律]指出，基因是一种由亲代传到子代保持不变的“特殊因子”。基因可能存在可变形式，

称为**等位基因**（**allele**）。

在二倍体生物，即含两套染色体的生物中，其每条染色体的一份拷贝来自其中一个亲本，基因也是如此。每个基因的两份拷贝中的一份是父本的等位基因（来自父亲），另外一份是母本的等位基因（来自母亲），这种基因与染色体共享的遗传模式使我们发现染色体可携带基因这样一个事实。

每一条染色体由线性排列的基因组成，每个基因位于染色体的特殊位点上，这称为**基因座**（**genetic locus**）。因此，我们就可以把基因的等位基因定义为该基因座上所发现的不同形式。一般而言，尽管二倍体个体在每一个基因座上至多存在 2 个等位基因，但是就群体而言，每一个基因会存在许多等位基因。

理解基因组成染色体的关键是遗传**连锁**（**linkage**）的发现，人们发现同一条染色体上的等位基因在子代中表现出连锁遗传，而不是孟德尔定律所预测的独立分配。一旦遗传重组（重新分配，genetic recombination/reassortment）单位这个概念被引入用于连锁的测量，就使遗传图的构建成为可能。而两个基因座之间的重组率与其物理距离是成正比的。

由于每一次交配只能获得很少数量的后代，因此多细胞真核生物重组图谱的制定是极其困难的。重组在相邻的位置很少发生，因此也很少能观察到同一基因上不同变异位点之间的重组。结果，经典的真核生物连锁图能够将基因有序排列，但是不能决定基因内变异位点的定位。但在微生物系统中，一次遗传杂交就能获得大量的后代，研究人员证明重组可以发生在同一个基因内，并且遵从以前所推断的基因间重组的相同规则。

基因内的等位基因之间的变异核苷酸位点可按照线性顺序排列，表明基因本身的构建是线性的，这就如染色体上的基因排列是线性的。因此，遗传图在基因座中及基因座之间都是线性的，它由基因所在的非断裂序列组成，这个结果自然而然地引申出了目前所使用的概念，如**图 1.3** 所总结的：染色体中的遗传物质由非断裂的 DNA 序列组成，它代表了很多基因。尽管我们将基因定义为非断裂的 DNA 序列，但是应该明白，在真核生物中，许多基因被 DNA 中的序列间断，这些在信使 RNA（messenger RNA，mRNA）的合成中将被切除（详见第 3 章“断裂基因”）。此外，DNA 中有一些区域控制着基因表达的时间和模式，这些区域可以与基

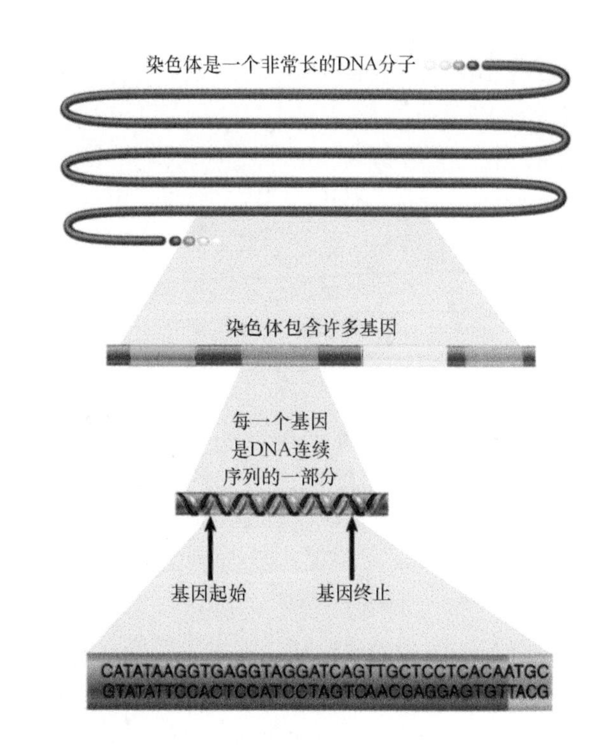

图 1.3 每条染色体就是一条长链 DNA 分子，它由一个个基因序列组成

因本身保持一定距离。

从以上论述中可以发现，基因由 DNA 组成，染色体则是若干彼此相邻基因的长 DNA 链，现在，我们再来认识基因组的整个组织构成。在第 3 章“断裂基因”中，将更详细地描述基因的组成和它们所表达的蛋白质；在第 4 章“基因组概述”中，我们将讨论基因的总数量；在第 6 章“成簇与重复”中，主要讨论基因组的其他组成成分及其结构维持。

1.2 DNA 是细菌和病毒的遗传物质

关键概念

- 细菌转化实验为 DNA 是遗传物质提供了首要证据。从第一个菌株抽提 DNA，然后加入到第二个菌株中，能使遗传特性从一个细菌菌株传递到另一个菌株。
- 噬菌体感染实验表明 DNA 是某些病毒的遗传物质。当噬菌体的 DNA 和蛋白质成分被标记上不同的放射性同位素后，只有被标记同位素的 DNA 传递到受感染的细菌子代噬菌体中。

1928 年，Frederick Griffith 发现了细菌转化现象，使“遗传物质是 DNA”这一概念有了实验依据。肺炎链球菌 [*Streptococcus*（曾使用 *Pneumococcus*）*pneumoniae*] 引起肺炎，可导致小鼠死亡。细菌的荚膜多糖决定其毒性，它是细菌表面的一种组分，能使细菌逃脱宿主的破坏。肺炎链球菌的几种类型具有不同的荚膜多糖，但均具有光滑的（smooth，S）表面。每种光滑型肺炎链球菌均可产生不能形成荚膜多糖的变异体，这些变异体细菌具有粗糙的（rough，R）表面（由荚膜多糖之下的物质组成），由于荚膜多糖的缺失，它们不具毒性，不能杀死小鼠，反而能在动物体内被杀死。

光滑型细菌被加热致死后就失去了伤害动物的能力。但是**图 1.4** 表明，将这种无活性的热致死光滑型细菌（S）与无毒性的粗糙型细菌（R）混在一起并注射到小鼠体内，小鼠会由于感染肺炎链球菌而死亡，而且还可从小鼠尸体中分离到有毒性的 S 型细菌。

在这个实验中，死的 S 型细菌是Ⅲ型的，活的 R 型细菌来源于Ⅱ型，而从致死后的动物体内分离到的细菌拥有Ⅲ型的光滑外表面。因此死的Ⅲ型 S 型细菌的一些性质能够改变活的 R 型细菌，从而产生Ⅲ型外壳多糖，并变得有毒性。负责转化的死细菌的组分鉴别见**图 1.5**，这被称为**转化因素**（**transforming principle**），它可以通过形成一个“无细胞体系”来纯化，在这个体系中，死的光滑型细菌Ⅲ S 的提取物在平板培养和注射到动物之前被加到活的Ⅱ R 细菌中。1944 年，Avery、MacLeod 和 McCarty 纯化转化物质，这一实验表明这种物质为 DNA。

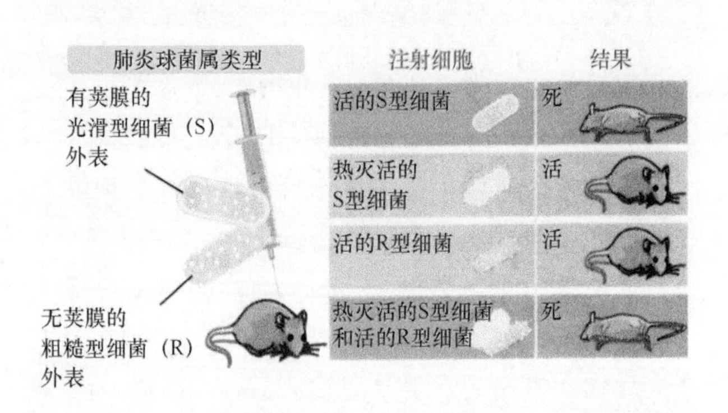

图 1.4 热灭活 S 型细菌或活性 R 型细菌都不能杀死老鼠，但两者的同时感染却能与活的 S 型细菌感染一样，能有效地杀死老鼠

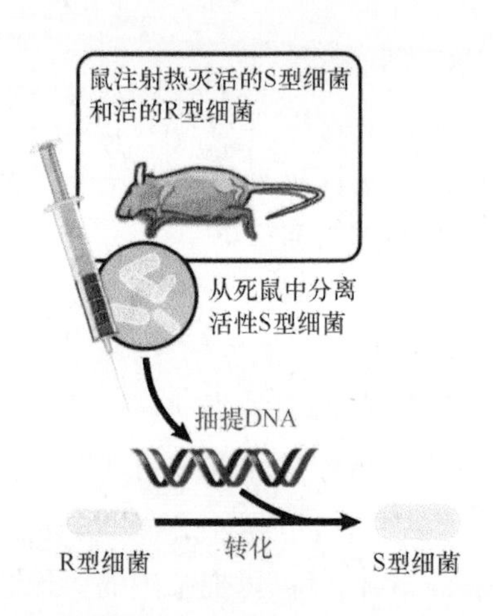

图 1.5 S 型细菌的 DNA 能转化 R 型细菌，使之成为相同的 S 型

上述实验表明 DNA 是细菌的遗传物质。以下将进一步说明 DNA 怎样在很多完全不同的系统中作为遗传物质而发挥功能。噬菌体（phage）T2 是感染大肠杆菌（*Escherichia coli*）的病毒，当噬菌体颗粒加入细菌时，它们吸附于细菌的外表面，并注入一些物质进入细菌，约 20min 后，细菌破裂（裂解）并释放出大量的子代噬菌体。

图 1.6 是 1952 年由 Alfred Hershey 和 Martha Chase 获得的实验结果，T2 噬菌体在其 DNA 组分被 ^{32}P 放射性标记，或在其蛋白质组分被 ^{35}S 放射性标记之后，用于感染细菌，接着在搅拌器中震荡、并破碎被噬菌体感染的细菌，可离心分离出两种成分，一种是包含从细菌表面释放出的空噬菌体外壳，它由

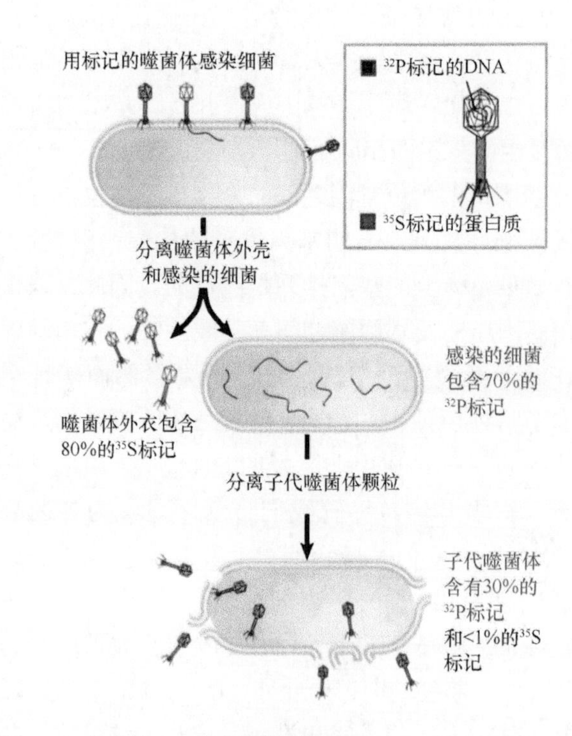

图 1.6 噬菌体 T2 的遗传物质是 DNA

蛋白质组成，含有约 80% 的 ^{35}S 标记；另一种成分则由被感染的细菌本身组成，含有约 70% 的 ^{32}P 标记。先前已经表明，噬菌体出现在细胞内，这样，噬菌体的遗传物质在感染过程中必定进入到细菌内部。

大部分 ^{32}P 标记物质出现在感染的细菌中，由感染所产生的子代噬菌体颗粒带有约 30% 的原有 ^{32}P 标记物，且子代获得较少的（<1%）原噬菌体群体含有的蛋白质。这一实验直接说明了只有亲代噬菌体的 DNA 才能进入到细菌内部，成为子代噬菌体的一部分，这恰好符合它是遗传物质的遗传特性。

噬菌体拥有与细胞基因组类似的遗传物质，其特征是如实复制，且它们具有相同的控制遗传的规则。T2 噬菌体这个例子再次强化了这一基本结论：遗传物质就是 DNA，不管它是细胞的基因组或是病毒的基因组。

1.3 DNA 是真核生物细胞的遗传物质

关键概念

- 利用 DNA 可引入新的特性给动物细胞或整个动物。
- 一些病毒的遗传物质是 RNA。

当 DNA 加入到培养生长的真核生物细胞群体中，核酸进入细胞，有一些会导致产生新的蛋白质。当使用纯化的 DNA 时，DNA 加入到细胞中可以产生特殊的蛋白质，**图 1.7** 描述了这个过程。历史上，这些实验在动物细胞上被描述为**转染（transfection）**，但它们类似于细菌转化（transformation）。被引入受体细胞的 DNA，成为其遗传物质的一部分，并与其以相同的方式遗传。它的表达可赋予细胞新的表型（图 1.7 以胸腺嘧啶激酶的合成为例）。当初，这些实验只有在培养的单个细胞中才能成功。然而，自此以后，DNA 通过微注射导入小鼠卵细胞中，可成为小鼠遗传物质的一个稳定部分。这些实验直接说明了 DNA 不仅是真核生物的遗传物质，

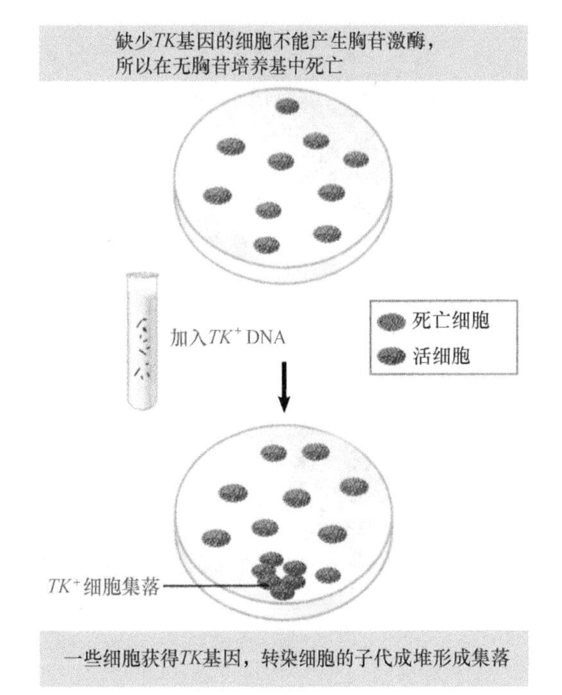

图 1.7 外加 DNA 转染的结果使真核生物细胞获得新的表型

而且它能在不同物种之间移动，仍然保持其功能活性。

所有已知生物和一些病毒的遗传物质是 DNA，但是，另一些病毒却是使用核酸的另一种类型——核糖核酸（ribonucleic acid，RNA）作为遗传物质。原则上，遗传物质的本质是核酸，事实上除了 RNA 病毒外，其余生物的遗传物质都是 DNA。

1.4 多核苷酸链含有连接碱基的糖 - 磷酸骨架

关键概念

- 核苷包含连接于戊糖 C-1 的嘌呤或嘧啶碱基。
- DNA 和 RNA 的区别在于糖的 C-2 的基团，DNA 的这个基团是脱氧核糖（2′-H），RNA 则是核糖（2′-OH）。
- 核苷酸由一个核苷与一个位于（脱氧）核糖的 C-5 或 C-3 的磷酸基团的连接构成。
- 糖基的 C-3 和下一个糖基的 C-5 之间的磷酸基团连接连续的（脱氧）核糖残基。

- 链的一端有一个游离的 5′ 端（通常写在左边），另一端有一个游离的 3′ 端。
- DNA 含有 4 种碱基：腺嘌呤、鸟嘌呤、胞嘧啶、胸腺嘧啶；RNA 中则是尿嘧啶代替了胸腺嘧啶。

核酸（nucleic acid，DNA 和 RNA）的基本构件是核苷酸（nucleotide），它具有三个组分：

- 碱基
- 糖基
- 一个或多个磷酸基团

含氮碱基（碱基，nitrogenous base）是指**嘌呤**（**purine**）或**嘧啶**（**pyrimidine**）环。碱基通过嘧啶的 N_1 或嘌呤的 N_9 位的糖苷键与戊糖的 1 位相连。与戊糖相连的碱基称为**核苷**（**nucleoside**）。为避免杂环和糖的位置编号发生混淆，在戊糖的位置标上“′”。

核酸根据糖基的类型来命名，DNA 具有 2′- 脱氧核糖核酸，而 RNA 有核糖核酸。不同之处在于 RNA 中的糖在戊糖环的 C-2 有一个羟基，糖基通过其 C-5 或 C-3 与磷酸基团相连。在 C-5 与磷酸基团相连的核苷称为**核苷酸**（**nucleotide**）。

多核苷酸（**polynucleotide**）就是一条长长的核苷酸链。多核苷酸链的骨架由戊糖和磷酸残基的交替序列组成（**图 1.8**）。一个戊糖环的 C-5 经过磷酸基团与下一个戊糖环的 C-3 相连，这样，糖磷酸骨架被描述成包含 5′ → 3′- 磷酸二酯键。进一步而言，就是戊糖的 C-3 与磷酸基团的氧原子成键；同时，戊糖的 C-5 与相对应的磷酸基团的氧原子成键。碱基则伸出骨架之外。

每种核酸含有四种碱基，其中两种是嘌呤，即腺嘌呤（adenine，A）和鸟嘌呤（guanine，G），DNA 和 RNA 中都存在。在 DNA 中的两种嘧啶是胞嘧啶（cytosine，C）和胸腺嘧啶（thymine，T）；在 RNA 中，尿嘧啶（uracil，U）代替了胸腺嘧啶。尿嘧啶和胸嘧啶的唯一不同在于 C-5 上是否存在甲基基团。

多核苷酸链的一个末端的核苷酸含有游离的 5′- 磷酸基团，另一端的最后一个核苷酸含有游离的 3′- 羟基基团。人们习惯于从 5′ → 3′ 方向书写核酸序列，即从左侧的 5′ 端到右侧的 3′ 端。

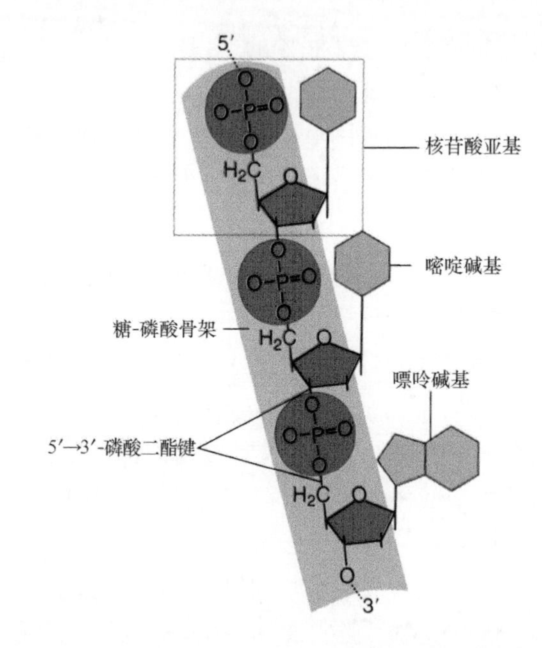

图 1.8 在一系列由 5′ → 3′ 核糖 - 磷酸连接而成的骨架上，碱基从糖环突出，这样便形成了一条多核苷酸链

1.5 超螺旋影响 DNA 结构

关键概念

- 超螺旋仅在无游离末端的闭合 DNA 中产生。
- 闭合 DNA 可以是环状或是线性的，其末端是锚定的，不能自由旋转。
- 每个闭合 DNA 分子有其链环数（*L*），即扭转数（*T*）与缠绕数（*W*）之和。
- 只能通过断开或是产生 DNA 中的连接来改变链环数。

DNA 的两条链相互缠绕形成双螺旋结构（在下一节中将详细描述）；双螺旋结构也可以自身相互缠绕，来改变 DNA 分子的空间构象或拓扑结构（topology），这就是**超螺旋**（**supercoiling**），这种效应类似于一个橡皮圈缠绕自身。超螺旋在 DNA 分子中产生张力，这样，它仅在无游离末端的闭合 DNA 中产生（否则，游离端通过旋转就能释放张力）；或者，在线性 DNA 中，当它被蛋白质支架锚定时（**图 1.9** 的上部），就像在真核生物的染色体中一样，它也会产生张力。最简单的无游离末端的 DNA 是环状分子。通过比较水平松散的无超螺旋的环状 DNA（图 1.9 的中部）和形成扭转因而形状更致密的超螺旋环状分

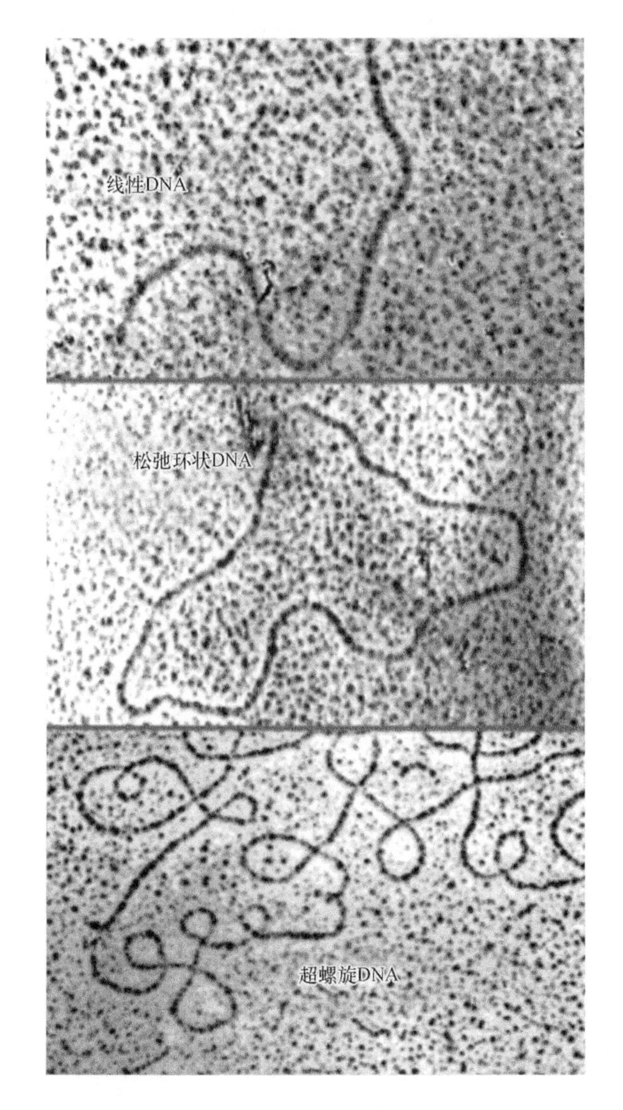

图 1.9 线性 DNA 是伸展的（上）；环状 DNA 如果是松弛的（非超螺旋）（中），那它也是伸展的；但超螺旋 DNA 是扭转、凝聚的（下）

照片由 Nirupam Roy Choudhury, International Centre for Genetic Engineering and Biotechnology (ICGEB) 友情提供

子（图 1.9 的下部），我们就可以发现超螺旋的作用。

超螺旋的结果取决于 DNA 扭转的方向与双螺旋中两条单链的扭转方向（顺时针）是一致还是相反的。同向扭转产生**正超螺旋（positive supercoiling）**，这使得 DNA 链彼此缠绕得更紧，使得每一圈拥有更多碱基对；反向扭转产生**负超螺旋（negative supercoiling）**，这使得 DNA 链彼此缠绕得松些，这样，每圈的碱基对数就会减少。在空间上，双螺旋结构的两种超螺旋形式都会在 DNA 中产生张力（这就是没有超螺旋的 DNA 分子被称之为“松弛”的原因）。负超螺旋使 DNA 产生张力，这一张力只能通过解开 DNA 双螺旋来释放，负超螺旋的最严重结果是产生一个两条单链解开的区域（即每圈 0 个碱基对）。

DNA 拓扑结构的操作是其各项功能活性的核心因素，如重组、复制和转录；也影响着 DNA 的较高级结构，因为所有涉及双链 DNA 的合成活性都要求解链。然而，两条链并不是并列排列的，即它们缠绕在一起。因此，解开它们就要求两条链在空间中彼此翻转。**图 1.10** 显示了一些可能的解链反应。

解开短链的线性 DNA 没有任何问题，因为 DNA 末端是游离的，DNA 链可以绕双螺旋的长轴翻转来释放任何张力。但是，典型染色体中的 DNA 不仅特别长，而且还包被蛋白质，用以在很多位点锚定 DNA，因此，从功能上而言，即使是线性的真核细胞染色体，也不会拥有游离末端。

设想一下解开一个末端不能自由旋转的分子中的两条链的效果。当从一端拉开相互缠绕的两条链时，其结果是沿着分子进一步增加彼此的缠绕，导致分子中其他地方产生正超螺旋，以平衡在单链区域中产生的负超螺旋。而引入一个瞬时的缺口就可以克服这个问题，这样，有缺口的链可以绕完整的链翻转，而缺口可以在此之后被填补。

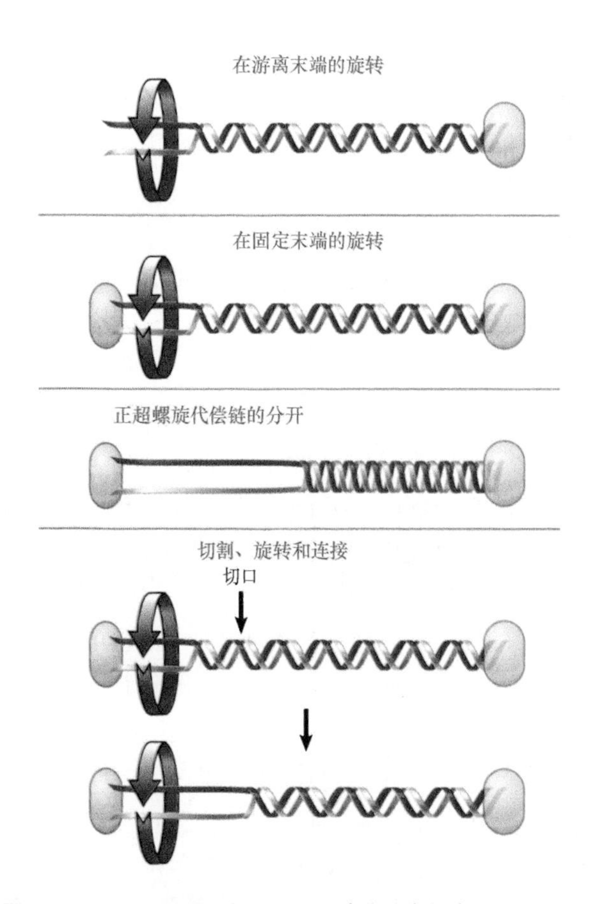

图 1.10 DNA 双螺旋链的分开可采用几种方法

由此，每一次切开和填补反应就释放出一个超螺旋圈。

闭合的DNA分子可以用它的**链环数（linking number，*L*）**来描述，即在空间上一条链绕另一条链的环绕圈数。相同序列的DNA可以有不同的链环数，这反映了超螺旋程度的差异。仅链环数不同的DNA分子称为**拓扑异构体（topological isomer）**。

链环数由两部分组成：**缠绕数（writhing number，*W*）**和**扭转数（twisting number，*T*）**。扭转数（*T*）是双螺旋结构自身的特性，它反映了一条链相对于另一条链的旋转情况，代表了双螺旋的总圈数，由每圈多少个碱基对决定。对于一个松散的闭合环状DNA而言，其扭转数是总的碱基对数除以每圈所含的碱基对数。缠绕数（*W*）表示双链的轴在空间中所绕圈数，它符合超螺旋的直观概念，但没有确定的相同的量化定义或测定值。对松散分子而言，$W = 0$，链环数就等于扭转数。

我们常常关注链环数的变化（ΔL），其计算公式如下：

$$\Delta L = \Delta W + \Delta T$$

这个公式说明，一条DNA链相对于另一条的总的解链变化可以用空间中双螺旋的轴的螺旋变化（ΔW）和扭转双螺旋自身所引起的变化（ΔT）的总效应来衡量。在缺少蛋白质结合或其他限制条件下，DNA的扭转基本不变，换句话说，对于溶液中的DNA而言，10.5 bp/圈的螺旋重复就是一个非常恒定的空间构象。这样，任何的ΔL（链环数的变化）就几乎等同于*W*的变化，即超螺旋的变化。

链环数减少，即ΔL为负，则说明该DNA分子引入了不同组合的负超螺旋（ΔW）和（或）处于欠旋状态（underwinding）（ΔT）；而链环数增加，即ΔL为正，则说明该DNA分子提高了它的正超螺旋和（或）处于过旋状态（overwinding）。

可以用特定的链环数的变化来描述DNA的状态变化，即$\sigma = \Delta L/L_0$，L_0是DNA松散时的链环数。如果链环数的变化都是由于*W*的变化（也就是说，$\Delta T = 0$），那么，特定的链环数差异就等同于超螺旋的密度。这样的话，就可以被认为在双螺旋自身结构保持不变时，可以假设用$\Delta L/L_0$定义的σ对应于超螺旋的密度。

链环数的重要应用价值在于它是任何一个闭合DNA分子恒定的参量。链环数不会因链的断裂或是重接之外的任何其他变形因素而改变。一个环状分子的*T*和*W*可以有不同的组合，但只要链不发生断裂，它们的总数就不会变（事实上，将*L*分割为*W*和*T*，将使得在溶液中能允许DNA分子的后两个参数发生变化）。

链环数与实际酶的作用有关，酶可以改变DNA的拓扑结构。一个特定的闭环分子的链环数只能通过断开一条或是两条链来改变，即用游离末端的一条链绕另一条翻转，并重新连接断开的末端。当一个酶执行这样的动作时，它必须以整数来改变链环数，这个值可以用来衡量反应的特性。在细胞中由拓扑异构酶来控制超螺旋的变化（详见第11章“DNA复制”）。

1.6 DNA是双螺旋

关键概念

- B型DNA是两条方向相反的平行多核苷酸链组成的双螺旋。
- 每条链的碱基是扁平的嘌呤或嘧啶环，面向内部，通过氢键配对，它们仅形成A·T对或G·C对。
- 双螺旋的直径是20 Å，每34 Å形成一个完整的螺旋，每个螺旋有10个碱基对（在溶液中，每圈约有10.4 bp）。
- 双螺旋形成一大沟（宽）和一小沟（窄）。

20世纪50年代，Erwin Chargaff观察到，不同物种DNA间碱基出现的数目是不一样的，由此产生了这样一个概念：碱基是携带遗传信息的形式。随着遗传信息的概念普及，人们提出了两个问题：核酸结构是怎么样的？DNA的碱基序列是如何决定蛋白质中的氨基酸序列的？

三大证据促使詹姆斯·沃森（James Watson）和弗朗西斯·克里克（Francis Crick）在1953年构建出DNA双螺旋模型。

- 由Rosalind Franklin和Maurice Wilkins收集的X射线衍射数据表明，B型DNA（比A

型 DNA 含有更多的水分子）具有规律性的螺旋形式，每 34 Å（3.4 nm）形成一个完整的螺旋，其直径约为 20 Å（2 nm）。由于邻近核苷酸的间距是 3.4 Å，因此每个螺旋必定有 10 个核苷酸对（在水溶液中，每圈约有 10.4 bp）。

- DNA 的密度表明螺旋必须包含两条多核苷酸链。如果每条链的碱基面向内部，并且受到限定，这样嘌呤就总是与嘧啶相对，这避免了嘌呤 - 嘌呤（太宽）或嘧啶 - 嘧啶（太窄）的配对，那么螺旋具有不变的直径就变得很容易理解了。
- Chargaff 还观察到，不管每个碱基的实际数量如何，DNA 中 G 与 C 的比例总是相同，A 与 T 的比例也总是相同。所以，任一 DNA 的组成可通过其碱基的比例 [即 (G+C)%] 来描述 [(A+T)% = 1 − (G+C)%]。不同物种的 (G+C)% 从 26% 到 74% 不等。

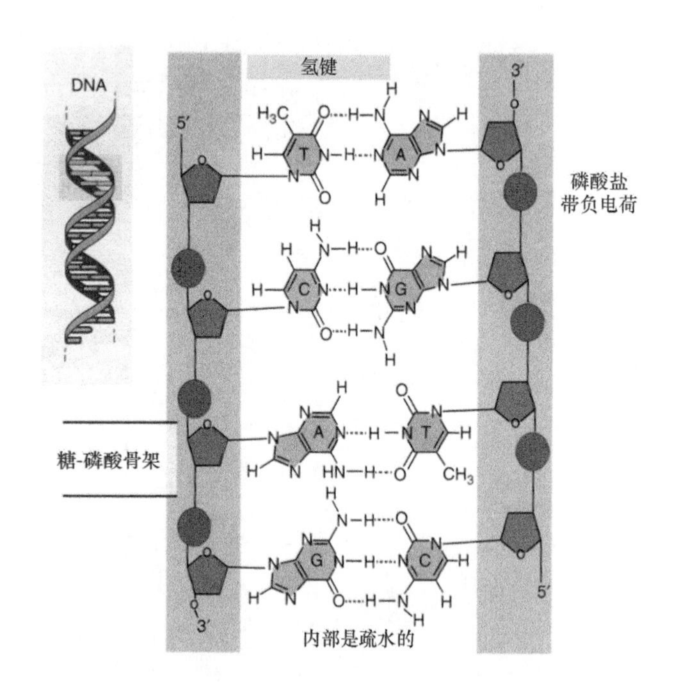

图 1.11　双螺旋保持恒定的宽度，因为嘌呤和嘧啶总是以互补的 A·T 和 G·C 碱基对配对。图中的次序是：T·A、C·G、A·T、G·C

Watson 和 Crick 提出，双螺旋中的两条多核苷酸链以碱基之间的氢键相连，G 仅能与 C 形成氢键，A 仅能与 T 形成氢键。这些碱基之间以氢键相连的反应称为**碱基配对（base pairing）**。配对的碱基（G 和 C 形成 3 对氢键，A 和 T 形成 2 对氢键）称为**互补（complementary）**碱基对。互补的碱基配对能够形成是由于互补碱基的互补形状，即在它们配对的地方，合适的功能基团位于准确的空间位置，这样它们就能形成氢键。

沃森 - 克里克模型（Watson-Crick model）提出两条多核苷酸链是反方向的，即**反向平行（antiparallel）**，如**图 1.11** 所示。沿螺旋看过去，一条链为 5′ → 3′ 方向，而另一条为 3′ → 5′ 方向。

糖 - 磷酸骨架位于双螺旋的外部，磷酸基团带有负电荷。在体外溶液环境下，DNA 的电荷通过与金属离子（通常是 Na^+）的结合而被中和。细胞中，正电荷的蛋白质可提供一些中和力，因此，这些蛋白质在决定细胞 DNA 的组织结构中充当重要的角色。

碱基存在于内部，它们是扁平的结构，成对存在且垂直于螺旋轴。若想象双螺旋是旋转楼梯，那么碱基对就类似台阶（**图 1.12**），碱基沿着螺旋一个堆着一个，如同一堆平板一样堆积。

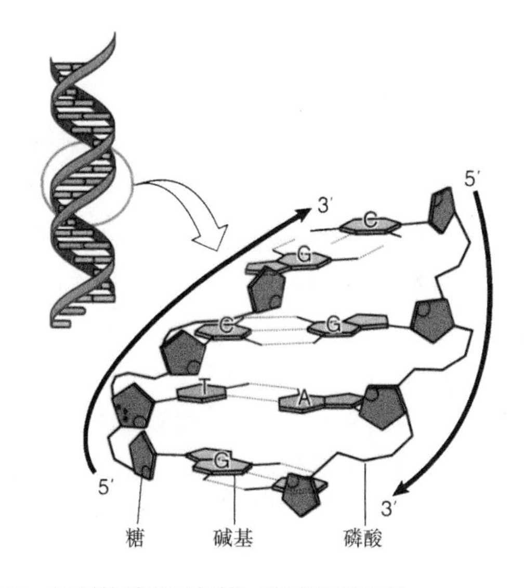

图 1.12　平面的碱基对与糖 - 磷酸骨架垂直

每一个碱基对相对于下一个碱基对，沿着螺旋轴旋转 36°，所以 10 个碱基对旋转一个完整的 360°。两条链相互缠绕形成一个带有**小沟（minor groove）**约 12 Å（1.2 nm），和**大沟（major groove）**约 22 Å（2.2 nm）的双螺旋（见**图 1.13** 的模型）。B 型 DNA 的双螺旋是右手螺旋，即沿轴顺时针旋转（当 DNA 脱水后，能观察到 A 型 DNA，它也是右手螺旋，但是比 B 型 DNA 短且粗；第三种类型的 DNA 结构是 Z 型 DNA，它比 B 型 DNA 长且窄，是左手螺旋），这种特征与已知的 B 型 DNA 一致。

B 型 DNA 所代表的沃森 - 克里克模型是普遍

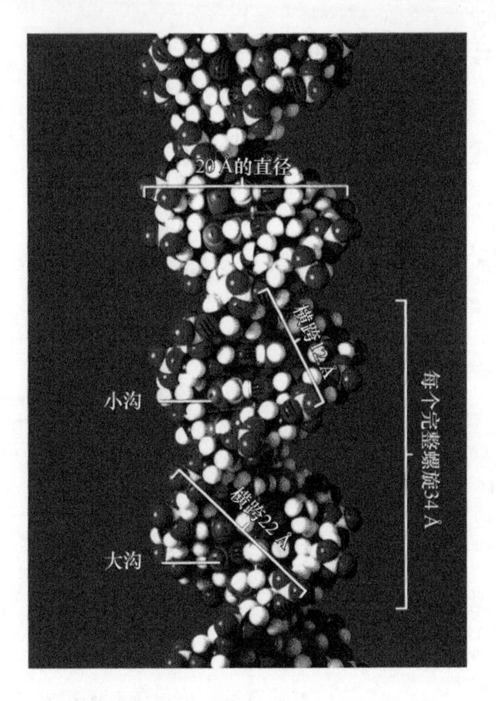

图 1.13 DNA 两条链形成双螺旋

© Photodisc

的而不是特殊的结构，这一观点很重要。DNA 的精细结构能产生局部的改变，如果变化后每个螺旋具有较多的碱基对，我们称之为**过旋（overwind）**；如果变化后每个螺旋具有较少的碱基对，我们称之为**欠旋（underwind）**。DNA 双螺旋整体的空间构象或在特殊位点蛋白质的结合能影响局部的扭曲结构。

另一种结构变异体是**弯曲 DNA（bent DNA）**，在一条链上出现 8 ～ 10 个连续腺嘌呤残基将导致双螺旋的内在弯曲，这种结构会使核小体装配得更加紧凑（详见第 8 章"染色质"），并影响基因调节。

1.7 DNA 复制是半保留的

关键概念

- Meselson-Stahl 实验使用"重"同位素标记证明：单一多核苷酸链是 DNA 的单元，在复制过程中，它是被保留的。
- DNA 双链体的每一条链可充当合成子链的模板。
- 子链的序列根据碱基配对法则，由分开的亲链决定。

遗传物质能正确地复制是很关键的。因为两条核苷酸链仅靠氢键相连，可以不需要破坏共价键就能使之解开。碱基配对的特异性表明，每一条分开的亲链能充当互补子链合成的模板。**图 1.14** 说明了这样一个原则，即新的子链和一条亲链是相同的。亲链决定了子链的序列，亲链中的 A 会指引子链中掺入 T，亲链中的 G 会指引子链中掺入 C，如此等等。

图 1.14 的上部是包含原始的两条亲链的亲本（未复制）双螺旋，下部是通过碱基互补产生的子链。每个子链序列与原始亲链是一致的，包含一条亲链和一条新合成的链，DNA 的结构携带了其自身复制所需要的信息，复制的这种模式称为**半保留复制（semiconservative replication）**。**图 1.15** 说明了这一复制模式，亲本双螺旋复制形成两条子代双螺

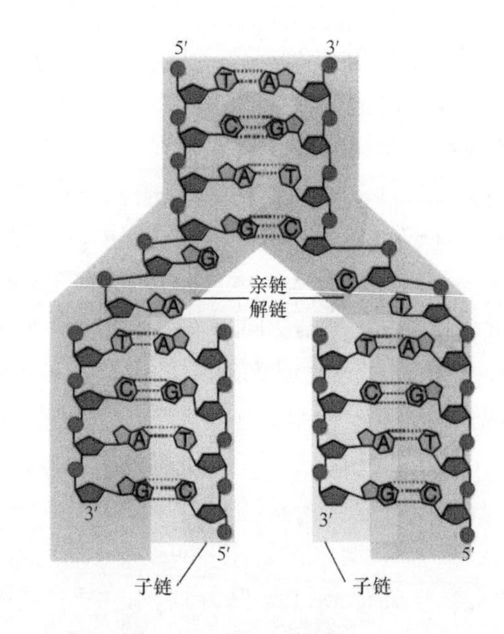

图 1.14 碱基配对是 DNA 复制的机制

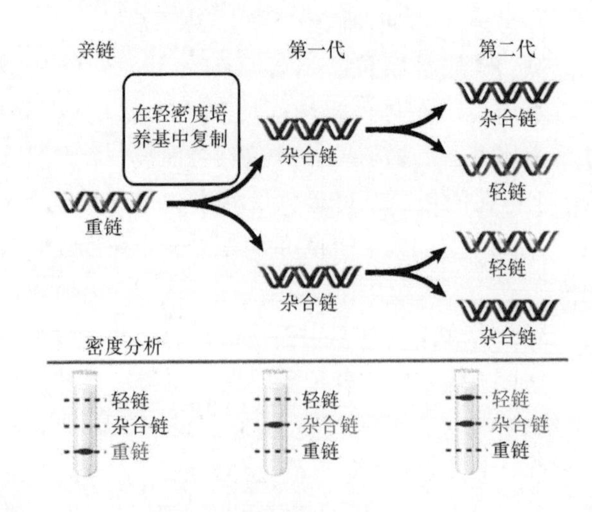

图 1.15 DNA 复制是半保留的

旋，每一条包括一条亲链和一条（新合成的）子链，在代与代之间保守的单元是亲链的两条单链的其中一条。

图 1.15 描述了对这一模型的预测结果，如果将生物放在含有合适的同位素（如 ^{15}N）的培养基上生长，那么其亲本 DNA 就会被用“重”的密度标记，这样，其 DNA 链可以与那些生物体被转移到含有“轻”同位素的介质中合成的链分开。亲本 DNA 是两条“重”链的双螺旋（红色），在“轻”培养基中生长一代后，双链 DNA 在密度上是“杂交的”，即包含一条“重”密度亲链（红色）及一条“轻”密度的子链（蓝色）。在产生第二代后，杂合双螺旋的两条链会分开，每一条都获得一个“轻”的互补链，因此，只有一半双螺旋 DNA 保持杂合，而另一半都是“轻”链（两条链都是蓝色）。

在这个模型中，这些双螺旋的每一条链都是轻链或者都是重链，没有一条是“轻”和“重”的组合。1958 年，Matthew Meselson 和 Franklin Stahl 用实验证实了该模式。该实验跟踪了生长三代的大肠杆菌，它们的 DNA 都是半保留复制，当从细菌中抽提 DNA、离心检测其密度时，我们发现 DNA 形成的带与它们的密度相符：重链是亲链，杂合链是第一代，半杂合半轻链则是第二代。

1.8 聚合酶在复制叉处作用于分开的 DNA 链

关键概念

- DNA 复制由一组酶复合体来执行，这些酶具有分开亲链和合成子链的功能。
- 复制叉是亲链分开的位置。
- 合成 DNA 的酶称为 DNA 聚合酶。
- 核酸酶（包括 DNA 酶和 RNA 酶）降解核酸，可分为内切核酸酶和外切核酸酶。

复制需要亲本双螺旋的两条链分开，或者称为**变性（denaturation）**，但是结构的破坏是瞬时的、可逆的，也就是它能**复性（renaturation）**，且在子代螺旋形成时就可恢复。在复制过程中的任何时候

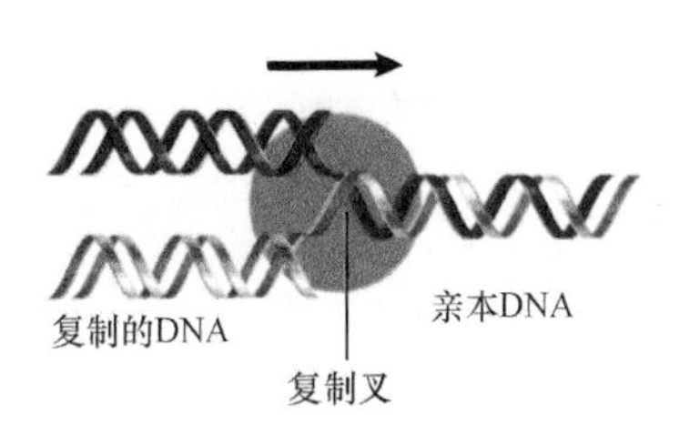

图 1.16 复制叉是指从未解旋的亲代双链向新复制的子代双链过渡的 DNA 区域

仅有一小部分双螺旋 DNA 产生变性（变性这个词也用于功能蛋白质结构的丧失，一般是指大分子的自然构象转变成一些无功能形式）。

图 1.16 显示复制过程中的 DNA 分子的螺旋结构。非复制区保持着亲代双链结构，复制区的双螺旋分开，从此处形成两个子代双链，这两个相接区域称为**复制叉（replication fork）**，此处双螺旋的结构被破坏。复制就是复制叉沿着亲代 DNA 链移动，因此存在亲代双链的连续变性及子代双螺旋的重新形成这些过程。

DNA 的合成由特殊的酶——**DNA 聚合酶（DNA polymerase）**帮助，酶能识别模板并能催化亚单位添加到正在合成的多核苷酸链上。在 DNA 复制中，这些酶由一些辅助酶相伴：解旋酶（helicase）打开 DNA 双螺旋；引发酶（primase）合成 DNA 聚合酶所需要的 RNA 引物；连接酶（ligase）将断开的 DNA 链连在一起。核酸的降解也需要特殊的酶：**脱氧核糖核酸酶（DNA 酶，deoxyribonuclease，DNase）**降解 DNA；**核糖核酸酶（RNA 酶，ribonuclease，RNase）**降解 RNA。核酸酶（nuclease）又分为**内切核酸酶（endonuclease）**和**外切核酸酶（exonuclease）**两类。

- 内切核酸酶在 RNA 或 DNA 内部进行切割反应，产生分散的片段。一些 DNA 酶在某一靶标处切开双螺旋 DNA 的两条链，而有些只能切开其中的一条链。内切核酸酶在酶切反应中起作用，如**图 1.17** 所示。

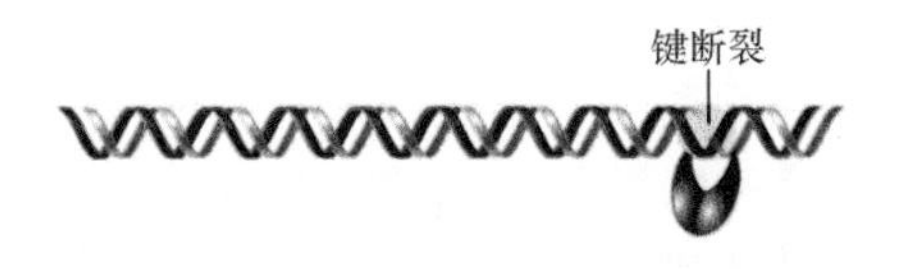

图 1.17 内切核酸酶作用于核酸内部的键，这个例子显示一种作用于 DNA 一条链的酶

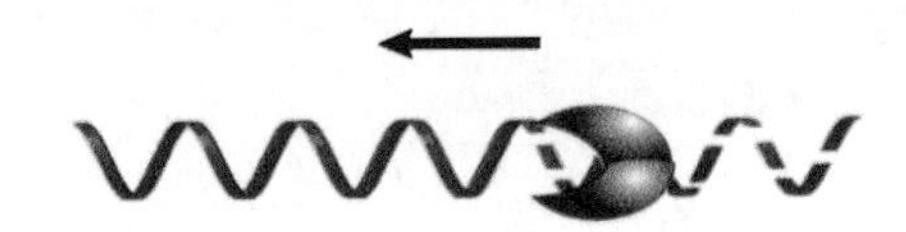

图 1.18 外切核酸酶在某一时刻，通过切开多核苷酸链的最后一个键并移去碱基

- 外切核酸酶在某一时间从分子末端移走核苷酸残基，产生单核苷酸，它们总是对单一核苷酸链起作用，每一外切核酸酶朝着一特殊的方向进行，即在 5′ 或 3′ 端开始，向着另一端进行。它们在催化修剪反应中起作用，其过程见图 1.18。

1.9 遗传信息可由 DNA 或 RNA 提供

关键概念

- 除病毒的基因可以是 RNA 外，其他生物体基因是 DNA。
- DNA 被转录成 RNA，而 RNA 可反转录成 DNA。
- RNA 翻译成多肽是单向的。

中心法则（central dogma）描述了从 DNA 到 RNA 到多肽的遗传信息的表达，定义了分子生物学的基本规则：结构基因以核酸序列形式存在，但它以表达出的多肽形式行使功能；复制负责遗传信息的传递；转录和翻译负责将信息从一种形式转化成另一种形式。

图 1.19 显示了所谓的中心法则中复制、转录和翻译的地位。

- 由依赖DNA的**RNA聚合酶（RNA polymerase）**转录合成 RNA 分子。mRNA 翻译出多肽，而其他 RNA 类型（如 rRNA 和 tRNA）是功能性的，因而不会被翻译。
- 遗传系统可以 DNA 或 RNA 形式作为遗传物质。细胞只采用 DNA；而在一些被病毒感染的细胞中，一些病毒则采用 RNA，并且病毒 RNA 的复制是在感染细胞中由依赖 RNA 的 RNA 聚合酶进行的。

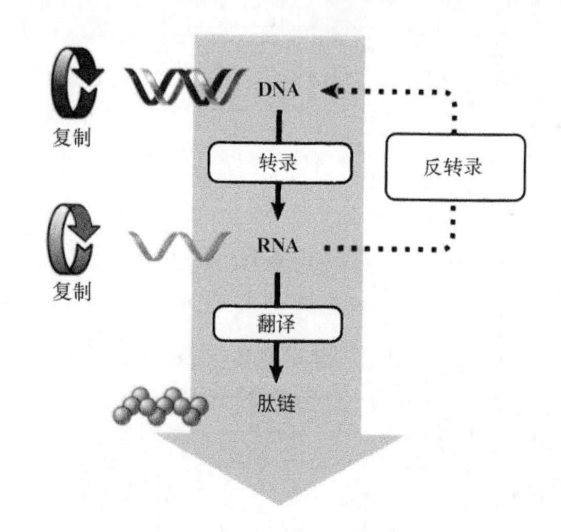

图 1.19 中心法则认为核酸之间的遗传信息可以相互传递，但此信息一旦转化为多肽就不能逆向传递

- 细胞遗传信息的表达通常是单向的。DNA 的转录产生 RNA 分子，继续被用于翻译多肽序列。其中存在一个例外，当反转录病毒感染细胞时（稍后讨论），反转录病毒的 RNA 反转录成 DNA 可以发生。但多肽并不能反过来作为遗传信息，即 RNA 翻译成多肽通常是不可逆的。

这些机制对原核生物和真核生物细胞的遗传信息，以及病毒携带的信息是同样有效的。我们知道所有生物的基因组都是由双链体 DNA 组成，病毒具有由 DNA 或 RNA 构成的基因组，每一种类型可能是单链型（ss）或双链型（ds）。在病毒系统中，核酸复制的详细机制虽然不同，但是通过合成互补链的复制原理都非常相似（图 1.20）。

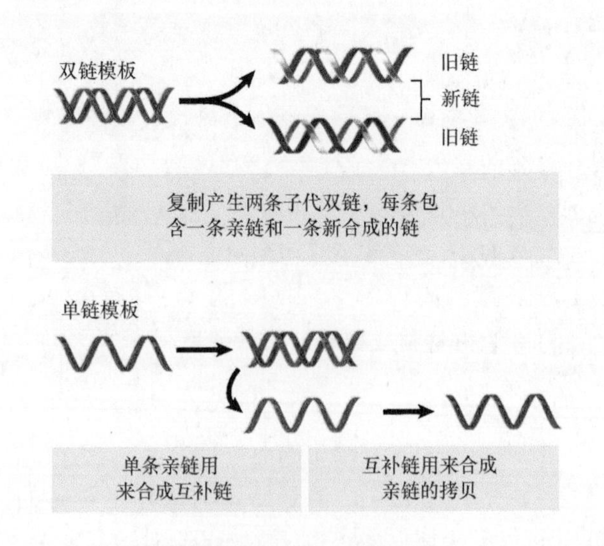

图 1.20 双链核酸和单链核酸都是以碱基配对为原则，通过合成互补链而进行复制的

细胞基因组复制 DNA 通过半保留复制机制。双链病毒基因组，无论是由 DNA 还是 RNA 组成，也是通过使用双链体中的一条作为模板来合成互补链。

单链基因组病毒使用单链作为模板来合成一条互补链，并且这条互补链反过来又合成与起始链一样的互补链（当然，它与原始链一模一样）。这种复制可能涉及稳定的双链中间体的形成，或者只是在瞬间使用这种双链核酸。

遗传信息从 DNA 向 RNA 的单向转移并不是绝对的。反转录病毒（retrovirus）基因组含有单链 RNA 分子，在感染周期中，RNA 可通过**反转录（reverse transcription）**而产生单链 DNA，这个过程由**反转录酶（reverse transcriptase）**完成。它又反过来形成双链 DNA，而双链 DNA 可成为寄主细胞基因组的一部分，随后像其他基因一样遗传。因此，反转录作用使 RNA 序列能作为遗传信息使用。

RNA 复制和反转录的存在逐渐形成了一个新的定理，即以任何形式存在的核酸遗传信息可以转化为其他形式。通常细胞依赖于 DNA 复制（将 DNA 拷贝成 DNA）、转录（将 DNA 拷贝成 RNA）和翻译（将 DNA 拷贝成多肽）的过程。但在少数情况下（可能由 RNA 病毒介导），细胞 RNA 的信息可以转化成 DNA，并插入到基因组中。尽管反转录病毒的反转录在一般细胞活动中不起作用，但是在考虑基因组进化时，它可能具有潜在的重要性。

为保持遗传信息的稳定性，从植物或者两栖类庞大的基因组到支原体微小的基因组，以及 DNA 或 RNA 病毒中携带的更少的遗传信息，也存在同样的原理。**表 1.1** 概括了一些阐明基因组类型和大小范围的例子。基因组大小和基因数目存在如此不同的原因将在第 4 章“基因组概述”和第 5 章“基因组序列与进化”中进行探讨。

表 1.1　核酸大小在不同生物体之间差别迥异

基因组	基因数 / 个	碱基对数量 / 对
生物体		
植物	$<$50 000	$<10^{11}$
哺乳动物	30 000	约 3×10^{8}
线虫	14 000	约 10^{8}
果蝇	12 000	1.6×10^{8}
真菌	6 000	约 1.3×10^{7}
细菌	2 000 ～ 4 000	$<10^{7}$
支原体	500	$<10^{6}$
dsDNA 病毒		
牛痘病毒	$<$300	187 000
乳多空病毒（SV40）	约 6	5 226
T4 噬菌体	约 200	165 000
ssDNA 病毒		
细小病毒	5	5 000
fx174 噬菌体	11	5 387
dsRNA 病毒		
呼肠病毒	22	23 000
ssRNA 病毒		
冠状病毒	7	20 000
流感病毒	12	13 500
烟草花叶病毒（TMV）	4	6 400
MS2 噬菌体	4	3 569
卫星烟草坏死病毒（STNV）	1	1 300
类病毒		
马铃薯纺锤块茎类病毒（PSTV）RNA	0	359

尽管不同生物体之间基因组总含量的变化范围超过 100 000 倍，但是它们存在共同原则：DNA 编码所有细胞合成需要的蛋白质，蛋白质反过来（直接或者间接地）提供生存所需要的各种功能。病毒的遗传信息（不管它是 DNA 或 RNA）都采取相似的原理，以核酸编码用来包裹基因组的蛋白质，以及在感染周期中所需的一些蛋白质，这些不包括宿主细胞所能提供的、用于病毒繁殖的具有各种功能的蛋白质 [最小的病毒——卫星烟草坏死病毒（satellite tobacco necrosis virus，STNV）不能独立地复制，所以需要“辅助”病毒——烟草坏死病毒（tobacco necrosis virus，TNV）的同时出现，而 TNV 本身就是感染型病毒]。

1.10 核酸通过碱基配对进行杂交

关键概念

- 加热可使DNA双链分开。
- T_m是变性温度范围的中点。
- 降低温度，互补单链可复性。
- 变性和复性（杂交）可发生在DNA-DNA、DNA-RNA或RNA-RNA间，也可为分子内和分子间的组合。
- 两条待测单链核酸杂交的能力衡量了它们的互补能力。

双螺旋的一个重要性质是两条链能够在不破坏形成多核苷酸的共价键的情况下，双链以很快的速率分开又重合，从而保持了遗传功能。变性和复性这一过程的特异性是由互补的碱基配对来决定的。

碱基配对这一概念对任何涉及核酸的过程都很重要。碱基配对的破坏是双链分子发挥功能至关重要的方面，而形成碱基对的能力对单链核酸的活性是必需的。**图1.21** 显示碱基配对可使互补的单链核酸形成双链体结构。

- 一条单链分子中两段互补序列通过碱基配对可以形成分子内的双链体。
- 一条单链分子可以和另一条独立、互补的单链分子进行碱基配对，形成分子间的双链体。

单链核酸形成双链体区域对RNA的功能发挥十分重要，这种能力对单链病毒DNA基因组也非常重要。独立的互补单链之间的碱基配对并不限于DNA-DNA或RNA-RNA，也可发生在DNA与RNA分子间。

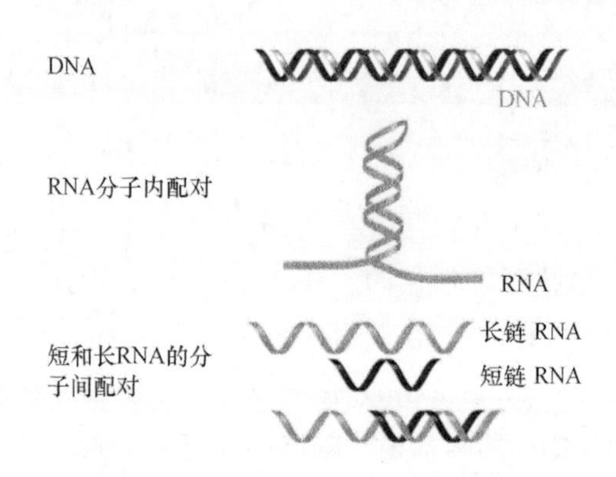

图1.21 碱基配对发生在DNA双链间，也发生在单链RNA（或DNA）的分子内和分子间

互补链之间缺乏共价键使体外操纵DNA成为可能。稳定双螺旋的非共价键——氢键可通过加热或暴露于低盐浓度破坏。当双螺旋间的所有氢键被破坏时，双螺旋的两条链就完全分开。

DNA变性发生在一个狭窄的范围内，同时其物理性质也有很大改变。使DNA双链分开的温度范围的中点称为**解链温度（melting temperature, T_m）**，T_m取决于双链体中的G·C碱基对的含量。因为每个G·C碱基对有三个氢键，比仅有两个氢键的A·T碱基对更稳定，所以DNA含有越多的G·C碱基对，分离双链所需的能量就越大。在生理条件的溶液中，G·C含量为40%的DNA，这一典型的哺乳动物基因组的T_m值约为87℃，因此细胞处在这样一个温度中DNA双链体是稳定的。

在合适条件下，变性DNA是可以逆转的，复性依赖于互补链之间特殊的碱基配对。**图1.22** 显示了这一反应分两阶段发生。首先，溶液中的DNA单链偶然与另一链相碰，如果其序列是互补的，两条链的碱基会配对产生一短的双链区，然后碱基配对区通过类似拉链效应，沿着分子延伸，形成长的双链体分子，这样，复性的双螺旋重新获得了在变性过程失去的性质。复性可以使任何两条互补核酸序列相互反应形成双链结构，它有时被称为**退火（annealing）**，但当不同来源的核酸参与反应，如一条是DNA、另一条是RNA时，这种反应一般称为**杂交（hybridization）**。两个待测核酸杂交的能力构成了一个对其互补性的精确检测，因为只有互补序列才能形成双链体。

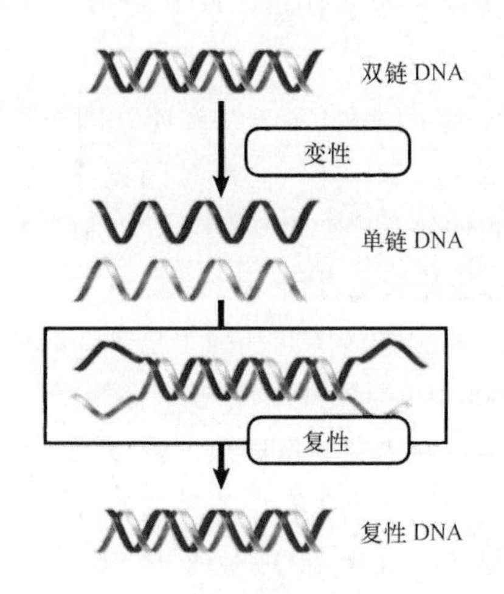

图1.22 变性的DNA单链能复性产生双链体形式

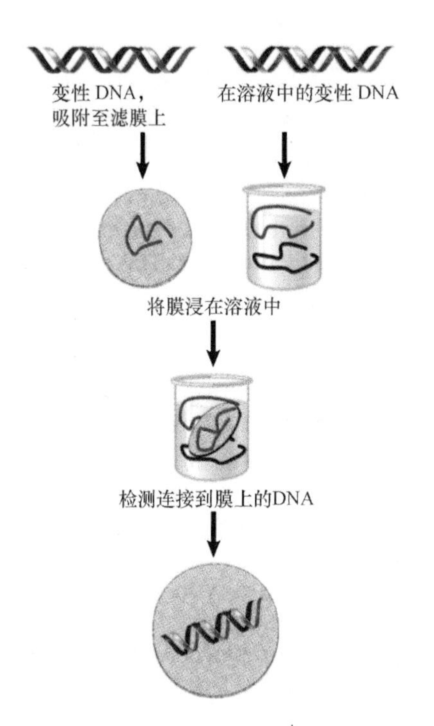

图 1.23 通过滤膜杂交，可以确认变性的 DNA（或 RNA）溶液与滤膜上吸附的 DNA 是否含有互补序列

杂交反应的原理是将两种单链核酸样品混合在一起，然后检测形成双链物质的数量。**图 1.23** 显示了这个过程：首先，DNA 样本变性；随后，单链被吸附在纤维滤膜上；然后加入第二条变性的 DNA（或 RNA）样本，在纤维滤膜经过处理后，使得只有在第二种样本与已吸附在膜上的 DNA 配对时，才能被吸附在膜上。通常第二个样本经过放射性标记，这样可以通过纤维膜上获得的放射性标记的强度来检测反应，或者，通过分光光度计检测核酸溶液在 260 nm 处的紫外吸收峰值的变化，也能测定溶液中的杂交程度。

两条单链核酸之间的杂交程度由其互补性决定。两条序列杂交时不必精确互补，如果它们相似但并不相同，那么可形成不十分精确的双链体，而碱基配对在两条单链不互补的地方会被中断。

1.11 突变改变 DNA 序列

关键概念

- 所有突变都包含 DNA 序列的改变。
- 突变可自发产生，或者由诱变剂诱导。

突变（mutation）为 DNA 是遗传物质提供了决定性的证据，而 DNA 序列的改变会引起蛋白质序列的改变，因此可以推论 DNA 编码蛋白质。进一步来说，生物体表型的改变可允许我们去鉴定蛋白质的功能。而如果一个基因内存在许多突变体形式，可使我们对不同类型的蛋白质之间进行比较，并且可用更详细的分析来鉴别出负责单一酶的或其他功能的蛋白质区域。

由于正常的细胞活动或细胞与环境的随机相互作用，会使所有生物都存在着一定数目的突变，这些称为**自发突变（spontaneous mutation）**，其发生频率对于任何特殊的生物都是特征性的，有时也称为本底水平。突变是稀有事件，并且大多数能破坏基因的突变在进化过程中已被淘汰，因此从自然群体中获得大量自发突变的样本以用来研究是困难的。

某些特定化合物处理可增加突变的发生率，这些物质称为**诱变剂（mutagen）**，它们引起的突变称为**诱发突变（induced mutation）**。大部分诱变剂通过修饰 DNA 的特定碱基或掺入到核酸中而直接发挥作用，我们是根据诱变剂增加突变率的多少来判断其效用的。通过应用诱变剂，使得在任何基因中引入一些突变都成为可能。

突变率可在几个不同的层次进行检测：贯穿全基因组的突变（突变率以每个基因组每代发生多少来表示）；基因内的突变（突变率以每个基因座每代发生多少来表示）；特殊核苷酸位点的突变（突变率以每个碱基每代发生多少来表示）。这样，观察单元变小，这些突变率相应地下降。

使基因功能失活的自发突变相对稳定地发生在噬菌体和细菌中，其频率为每代每基因组 3×10^{-3} ～ 4×10^{-3}。由于噬菌体和细菌基因组大小有着很大的差异，相应于每个碱基对的突变率就存在广泛的差别，这说明总的突变率是受选择压力影响的，它用来平衡大部分突变的有害效应和一些突变的有益效应。生活在高温和酸性等恶性条件下（理论上它们会破坏 DNA）的远古微生物没有显示出增高的突变率，事实上还低于平均范围的总突变率。**图 1.24** 显示在细菌中突变率相当于每代每个基因约 10^{-6} 个事件，或平均每代 10^{-10} ～ 10^{-9} 个碱基的改变。单个碱基对的突变率变化范围是非常广的，其范围超过 10 000 倍。我们还没有精确地测量过真核生物的突变率，虽然通常认为它在每代每个基因上的突变率与细菌应该相似。

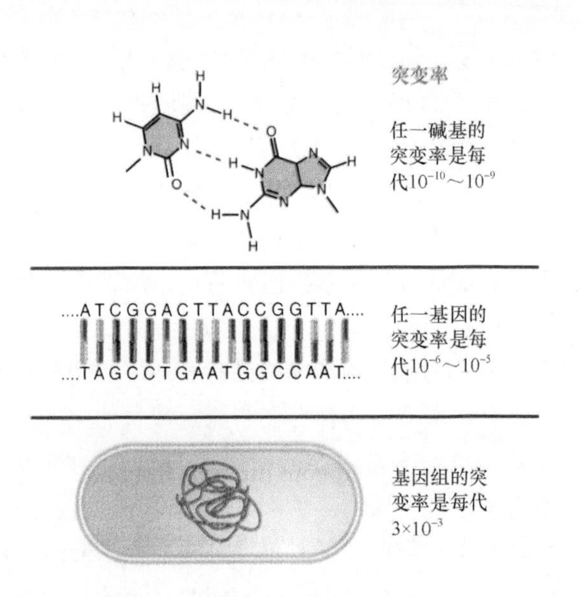

图 1.24 碱基突变率为每代 10^{-10} ～ 10^{-9}，即 1000 bp 的基因以每代 10^{-6} 的频率突变，细菌基因组的突变率是每代 3×10^{-3}

1.12 突变影响单个碱基对或更长序列

关键概念

- 点突变可改变单一碱基。
- 一种碱基通过化学反应转变为另一碱基或复制错误都可引起点突变。
- 转换是指 A·T 变为 G·C，或反之。
- 颠换指嘧啶代替嘌呤，如 A·T 变为 T·A。
- 插入和（或）缺失是突变最常见的类型，来源于可转移元件的移动。

DNA 的任一碱基对都可突变。**点突变（point mutation）**仅改变一个碱基，可由两种事件引起。

- DNA 的化学修饰直接可使一种碱基转变成另一种碱基。
- DNA 复制过程中的错误使错配碱基被插入到多核苷酸链中。

  依据一种碱基被另一碱基取代这种改变的性质，点突变可分为两种类型。

- 最常见的一种是**转换（transition）**，指一种嘧啶被另一种嘧啶代替，一种嘌呤被另一种嘌呤代替，即 G·C 对被 A·T 对替换，反之亦然。
- 较少见的一种是**颠换（transversion）**，指嘌呤被嘧啶代替或者相反，因此 A·T 对变成了 T·A 或 C·G 对。

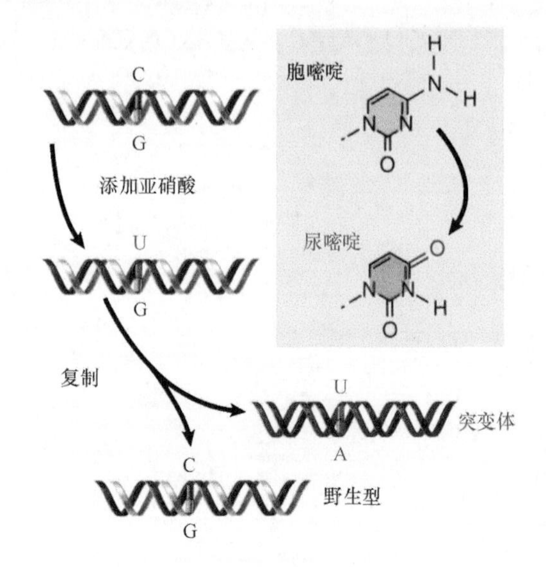

图 1.25 碱基的化学修饰可以引起突变

图 1.25 显示亚硝酸具有氧化脱氨基作用，使胞嘧啶转化成尿嘧啶，导致转换的发生。这样，在转换以后的复制周期中，U 与 A 配对，它代替了 G 与 C 的配对，所以在下一个 A 与 T 配对的复制周期中，G·C 对被 T·A 对代替（亚硝酸也能使腺嘌呤脱氨，引起从 A·T 到 G·C 的反向转换作用）。

碱基错配也能引起转换，这种配对发生在非配对碱基之间，它与沃森 - 克里克模型的配对规则相违背。碱基错配常作为错误发生，由非正常的碱基掺入到 DNA 中，它具有模糊的配对特性。**图 1.26** 以诱变剂溴尿嘧啶（bromouracil，BrdU）为例，它是胸腺嘧啶的类似物，只是在胸腺嘧啶的甲基上换上了一个溴原子。BrdU 能代替胸腺嘧啶掺入到 DNA 中，但是它具有模糊的配对特性，由于溴原子的存在，使碱基的结构发生了由酮式（=O）到烯醇式（—OH）的改变，烯醇式可以与鸟嘌呤配对，从而使原来的 A·T 被 G·C 代替。

错配可以发生在原始的碱基插入，也可发生在随后的复制周期中。在每一个复制周期中，转换具有一定的可能性，所以 BrdU 的掺入在 DNA 序列上具有持续效应。

长期以来，点突变被认为是单个基因发生改变的基本方法，但是，现在我们了解到，一段外源序

T·A 配对
复制时BrdU
与A配对
BrdU·A 配对
酮式-烯醇式转换使BrdU与G配对
酮式-烯醇式转换
复制时BrdU
与G配对
BrdU·G配对

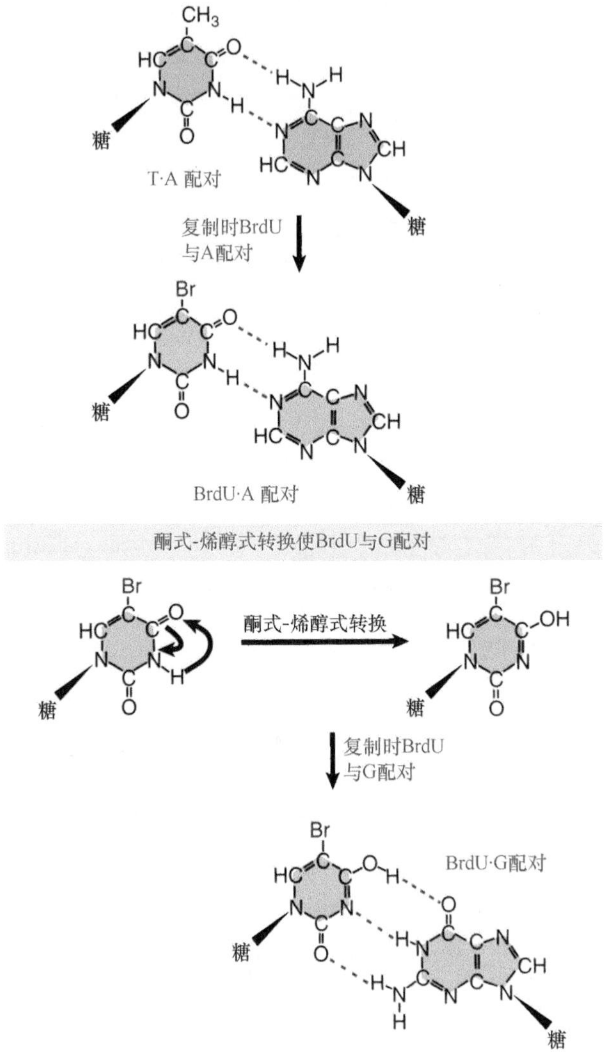

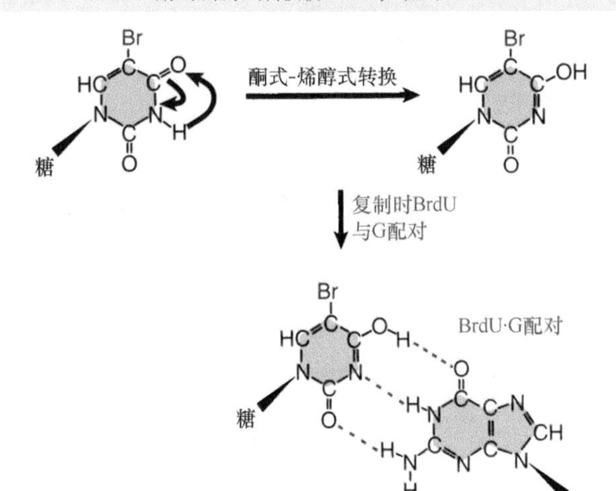

图 1.26 碱基类似物与 DNA 结合可诱发突变

列的插入也是相当频繁的。插入物质的来源存在于可转座因子（transposable element），即具有可从一个位置移动到另一个位置的能力的 DNA 序列（详见第 15 章“转座因子与反转录病毒”）。编码区内的插入通常会毁坏基因活性，因为它改变了阅读框，这就是**移码突变（frameshift mutation）**（相似地，编码区域内的碱基缺失通常也是一种移码突变）。在这种插入发生的位置，插入发生后会删除部分或全部插入序列；在有些情况下，邻近区域也会随之被删除。

点突变和插入突变间的明显区别是诱变剂可增加点突变的频率，而由转座因子引起的改变却不受诱变剂的影响。但是插入/缺失短序列（通常称为indel）也可由另一种机制发生，如复制或者重组中可产生这些错误。一类称为吖啶（acridine）的诱变剂也可产生非常少量的插入/缺失。

1.13 突变效应可逆转

关键概念

- 正向突变使基因失活，回复突变（或回复体）可逆转其效应。
- 插入突变可由插入物质的缺失而回复，但缺失不能回复。
- 当第二个基因的突变弥补第一个基因的突变效应时，就会发生抑制作用。

图 1.27 显示了回复突变或**回复体（revertant）**的频率，它是区别点突变、插入突变与缺失突变的一个重要特征。

- 通过重建原始序列或在基因其他部位获得补偿性突变可回复点突变。
- 插入物质的缺失可回复外源物质的插入突变。
- 基因的部分缺失不能被回复。

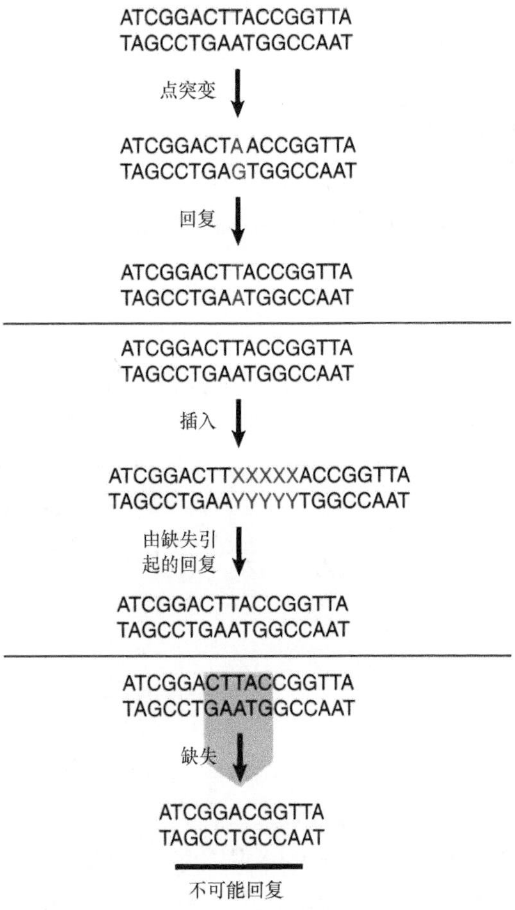

ATCGGACTTACCGGTTA
TAGCCTGAATGGCCAAT
点突变
ATCGGACTAACCGGTTA
TAGCCTGAGTGGCCAAT
回复
ATCGGACTTACCGGTTA
TAGCCTGAATGGCCAAT
ATCGGACTTACCGGTTA
TAGCCTGAATGGCCAAT
插入
ATCGGACTTXXXXXACCGGTTA
TAGCCTGAAYYYYYTGGCCAAT
由缺失引
起的回复
ATCGGACTTACCGGTTA
TAGCCTGAATGGCCAAT
ATCGGACTTACCGGTTA
TAGCCTGAATGGCCAAT
缺失
ATCGGACGGTTA
TAGCCTGCCAAT
不可能回复

图 1.27 点突变和插入突变可以逆转，但缺失不能逆转

使基因失活的突变称为**正向突变**（**forward mutation**），其效应可由**回复突变**（**back mutation**）逆转。而回复突变可分为两种类型，即**真实回复**（**true reversion**）和**第二位点回复**（**second-site reversion**）。原始突变的严格逆转称为真实回复，所以如果A·T对已经被G·C对所代替，重建A·T对的突变将正确地产生原始序列；在插入后将转座因子正确去除是真实回复的另一个例子。另一个突变可能发生在基因的其他部位，它的作用补偿了第一次突变的功能，称为第二位点回复，如蛋白质中一个氨基酸的改变可消除基因的功能，但是第二个改变可能补偿第一次突变，重新恢复蛋白质活性。

正向突变是由于基因失活的改变，回复突变必须重建由特殊的正向突变所破坏的蛋白质功能。所以对回复突变的要求要比正向突变的要求严格得多，这样，回复突变率相应地要比正向突变率低得多，典型的为其十分之一。

突变也可能发生在其他基因上，并可用它来克服原始基因上的突变效应，这种作用称为**抑制突变**（**suppression mutation**）。如果一个基因座上的突变能抑制另一个基因座上的突变效应，那么该基因座位点就被称为抑制基因（suppressor）。例如，点突变可能导致多肽的氨基酸替换，而tRNA基因上的一种突变使得它能识别突变的密码子，那么在翻译中就会插入原来的氨基酸残基（请注意：这抑制了原来的突变，但在其他mRNA的翻译中会引入错误）。

1.14 突变集中在热点

关键概念

- 任何一个碱基对的突变率在统计学上都是相等的，除了热点，热点的突变率至少增加了一个数量级。

迄今为止，我们已经根据DNA序列的个体改变来研究突变，这种突变会影响发生改变的这一段DNA序列的活性。当从基因功能的变化方面来考虑突变时，一个物种内的大部分基因显示出相对于其大小的或多或少的相似突变率，这表明基因可被认为是突变的靶子，任一部分的损伤都会破坏其功能，因此，突变易感性与基因大小可近似地成正比。基因内所有碱基的敏感性都是一样的，还是一些碱基比其他的更容易发生突变呢？

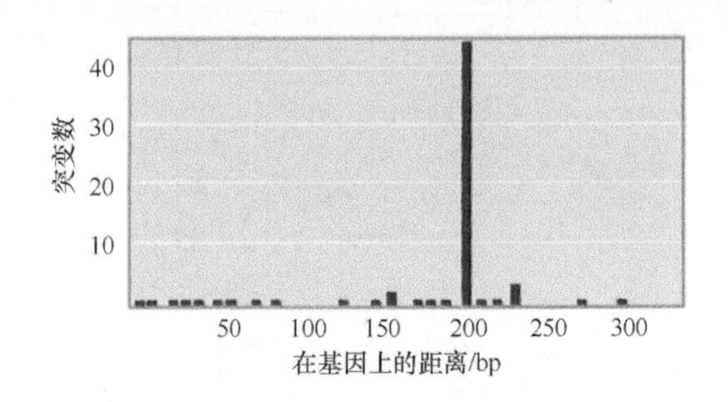

图1.28 自发突变发生于大肠杆菌的整个*lacI*基因中，但它主要集中于热点

当我们在同一基因内分离大量独立的突变时，会发生什么呢？我们获得了一些突变，而每一个突变都源自一个独立的突变事件，且大部分突变存在于不同的位点，但也有一些存在于同一位点，在同一位点的两个独立分离的突变可能构成了DNA中相同的改变（在这种情况下，同样的突变事件不止发生一次），或是它们组成了不同的改变（每个碱基可发生三种不同的点突变）。

图1.28的柱状图显示了在大肠杆菌中*lacI*基因中每个碱基发生突变的频率。在一个特殊位置发生不止一个突变的统计频率由随机点击动力学（见Poisson分布模型）给出，所以一些位点将获得一种、两种或三种突变，而其他位点则可能没有。一些位点获得了比随机分布所估计的更多突变，可能是10倍或100倍，这些位点称为**热点**（**hotspot**），自发突变可能发生在一些热点，但不同诱变剂可有不同热点。

1.15 一些热点源自修饰的碱基

关键概念

- 热点突变的一个主要原因是修饰的碱基，即5-甲基胞嘧啶，它能自发脱氨基生成胸腺嘧啶。
- 短串联重复序列的拷贝数目的高频改变能产生热点。

自发突变的主要原因是由于DNA中异常碱基的存在。在DNA中，除了4种正常碱基以外，有时也可发现被修饰的碱基。其名称说明了其来源，它们是通过化学修饰已存在于DNA中的4种碱基之一而产生的。最常见的修饰碱基是5-甲基胞嘧啶，由甲基化酶（methylase）在DNA某一特殊位点的某个胞嘧啶残基上加入甲基基团而产生。含有5-甲基胞嘧啶的位点为大肠杆菌的自发点突变提供热点位置，在一般情况下，突变是G·C到A·T的转换形式；而在不能甲基化修饰胞嘧啶的大肠杆菌菌株中，我们没有发现这些热点。

热点存在是因为胞嘧啶经历了较高频率的自发脱氨基作用，在这些反应中，酮基代替了氨基。请回忆一下胞嘧啶的脱氨基可产生尿嘧啶（见图1.25）。**图1.29**比较了这一反应和5-甲基胞嘧啶的脱氨基反应，脱氨基作用可产生胸腺嘧啶，结果是在DNA中各自产生了G·U对和G·T对。

所有有机体都拥有修复系统，即通过移走或取代其中一个碱基来纠正错配的碱基（详见第14章“修复系统”）。这些系统的运行决定了像G·U和G·T这样的错配碱基是否会导致突变。

5-甲基胞嘧啶和胞嘧啶的脱氨基的结果是不同的，如**图1.30**所示，5-甲基胞嘧啶（少见）的脱氨基产生突变，而胞嘧啶脱氨基则没有这种效应，这是因为DNA修复系统修复G·U要比修复G·T有效得多。

大肠杆菌含有一种酶，即尿嘧啶-DNA-糖苷酶（uracil-DNA-glycosidase），它能从DNA中移走尿嘧啶残基，这样，这一反应剩下了一个未配对的G残基，然后修复系统插入C碱基与之配对。这些反应的结果是重建DNA的原始序列。因此，这个

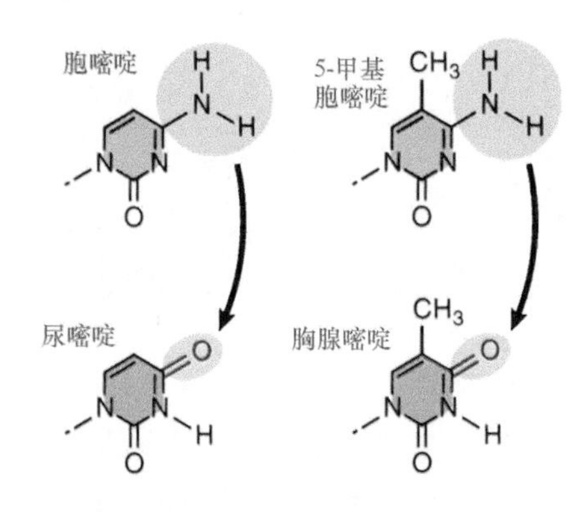

图1.29 胞嘧啶的脱氨基产生尿嘧啶，而5-甲基胞嘧啶的脱氨基则产生胸腺嘧啶

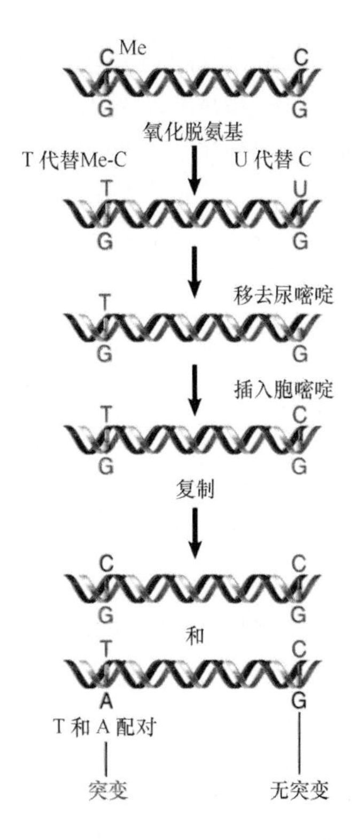

图1.30 5-甲基胞嘧啶的脱氨基产生胸腺嘧啶（引起C·G至T·A的转换），而胞嘧啶的脱氨基作用则产生尿嘧啶（通常尿嘧啶被移去，代之以胞嘧啶）

系统是用来保护DNA序列不受胞嘧啶的脱氨基影响的（然而，这个系统对亚硝酸所引起的脱氨基作用的保护效果较差，见图1.25）。

请注意，5-甲基胞嘧啶脱氨基后产生的是胸腺嘧啶，这导致产生了一个错配碱基G·T，如果在下一个复制周期之前错配没有被修复，这就会产生突变。在下一次复制时，错配的G·T碱基分开，然后它们进行新的配对，从而产生一个野生型的G·C对和一个突变型的A·T对。

在DNA中，G·T错配产生的原因最常见的是5-甲基胞嘧啶的脱氨基作用，而执行G·T错配的修复系统倾向于用C代替T（而不是另一种用A代替G），这将有利于减少突变率（详见第14章“修复系统”）。但是，这些系统不像从G·U错配中移去U那么有效，因此，5-甲基胞嘧啶的脱氨基引起的突变要比胞嘧啶的脱氨基引起的突变多得多。

5-甲基胞嘧啶也增加了真核生物DNA的突变热点，它们常集中发生在CpG岛的CpG双核苷酸上（详见第27章“表观遗传学Ⅰ”）。虽然5-甲基胞嘧啶占人类DNA碱基的1%，但含有修饰碱基的位点却约占了所有突变的30%。

小鼠中的MBD4酶是一种糖基化酶，能移走与

G 错配的 T（或 U），消除它的作用能使 CpG 位点的突变率增加 3 倍，这进一步说明了修复系统减少突变率的作用。作用没有放大的原因是因为 MBD4 酶仅是作用于 G · T 错配的几个修复系统之一，我们能想象得出所有这些系统的消除将更能增加其突变率。

这些系统的运行反映了一个有趣的现象，即在 DNA 中细胞使用 T，而在 RNA 中细胞使用 U，这可能与需要 DNA 维持序列的稳定性有关。T 的使用意味着 C 的脱氨基能被迅速地识别，因为它们产生的 U 在 DNA 中是较少存在的，这大大增加了能执行功能的修复系统的效率（我们可以将它与以下这种情况相比，如果将 T 移去是一种不合适的校对方式，那么这将产生 G · T 错配，在这种情况下，它就必须识别 G · T 错配）；同时当碱基为 U 时，骨架的磷酸键是比较不稳定的。

另一种在编码区中不常见的热点类型就是滑动序列（slippery sequence），是一种同源多联体的极短序列（一个或数个核苷酸）串联重复多次的区域。DNA 聚合酶可能错过一个重复序列，或复制同一重复序列两次，这样会导致重复序列数目的增加或减少。

1.16 一些遗传因子是非常小的

关键概念

- 一些非常小的遗传因子不编码多肽，但含有具有遗传特性的 RNA 或蛋白质。

类病毒（viroid）（或亚病毒病原体）是能引起高等植物疾病的感染因子，它们是非常小的环状 RNA 分子。与由蛋白质包裹基因组的病毒——毒粒（virion）不同，类病毒 RNA 本身就是感染因子，仅含有 RNA 分子，其不完美配对可极度折叠形成具有特征性的杆状结构（**图 1.31**），而影响杆状结构的突变会降低其感染性。

类病毒 RNA 由单分子组成，它能在宿主中自动和正确地复制。类病毒可分为几组，一个给定的类病毒根据它与某一组分的其他成员的序列相似性而被鉴别，如有 4 种马铃薯纺锤块茎类病毒（potato spindle tuber virus，PSTV）相关的类病毒，其序列有 70% ～ 83% 的相似性。特定类病毒的不同分离株之间是不同的，这种变化可能会影响到被感染细胞的表型差异，如温和型与严重型 PSTV 存在三个核苷酸的差异。

类病毒与病毒的相同之处是它们都具有可遗传的核酸基因组，但类病毒和病毒在结构和功能上是不同的。类病毒 RNA 似乎不能被翻译成蛋白质，所以自身不能编码其存活所需的功能，这个情况引出了迄今为止还无法回答的两个问题：类病毒 RNA 是如何复制的呢？它如何影响感染的植物细胞的表型呢？

复制必须由宿主细胞的酶来执行，这些酶由执行正常功能的酶转变而来，类病毒序列的可遗传性表明类病毒 RNA 可提供模板。

类病毒很可能是病原体，能扰乱宿主正常的细胞过程，它们以相对随机的方式完成这些功能。例如，将一种必要的酶用于自身复制；或者扰乱细胞必要的 RNA 产生；或者作为表达异常的调节分子，

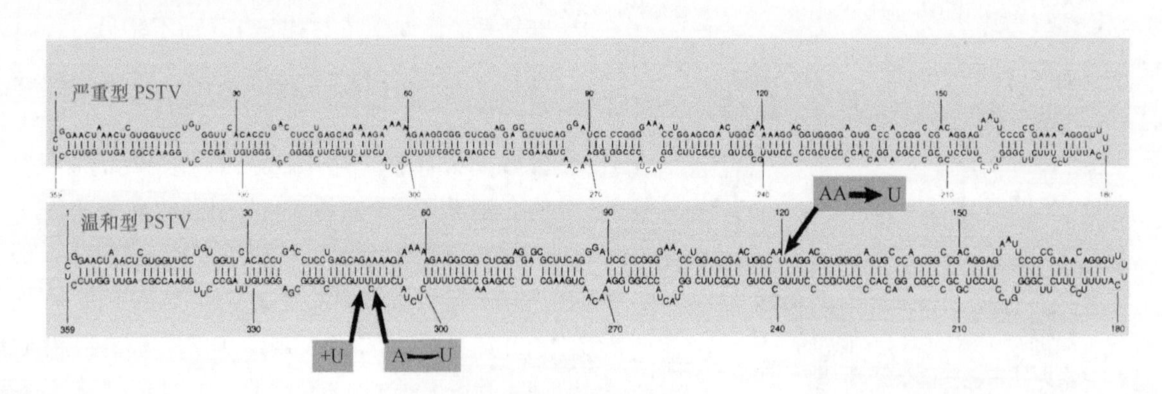

图 1.31 PSTV 的 RNA 是一个环状分子，它形成舒展的双链结构，可被一些内部环所中断。严重型和温和型病毒存在三个位点的差异

对个别基因的表达进行特别的影响。

更为罕见的是羊的一种退行性神经病，羊瘙痒病（scrapie），它能引起绵羊或山羊的一种退化性神经疾病，这种疾病与人库鲁病（Kuru disease）、克罗伊茨费尔特-雅各布病（Creutzfeldt-Jakob disease）等有关，它影响大脑功能。瘙痒病的感染因子中不包含核酸，这种非同寻常的因子称为**普里昂（prion）**（感染性蛋白质因子）。普里昂相关蛋白（prion related protein，PrP）是 28 kDa 的疏水性糖蛋白。PrP 由细胞基因编码（它在哺乳动物内是保守的），并且在脑内正常表达。该蛋白存在两种方式：在正常脑内的产物是 PrP^c，可被蛋白酶完全水解；而在感染的脑中是 PrP^{sc}，很难被蛋白酶降解。普里昂从正常的 PrP^c 形式转化为 PrP^{sc} 形式，由于结构改变而获得蛋白酶抗性，我们现在已经阐明了这一过程。

作为羊瘙痒病的感染因子，PrP^{sc} 肯定在一定程度上修饰正常细胞内的同类蛋白质的合成，使其从无害转变成具有感染性的形式（详见第 27 章“表观遗传学Ⅰ”和第 28 章“表观遗传学Ⅱ”）。敲除 *PrP* 基因的小鼠不能被感染上羊瘙痒病，说明 PrP 对这种疾病的发生发展是必需的。

1.17 多数基因编码多肽

关键概念

- “一个基因一种酶”假说总结了现代遗传学的基础，即基因是编码单一多肽链的一种或多种异构体的一段 DNA。
- 一些基因不编码多肽，但是编码结构或调节性 RNA。
- 编码序列中的许多突变破坏了基因功能，并且对于野生型等位基因而言是隐性的。

在 20 世纪 40 年代，Beadle 和 Tatum 进行的实验首次系统地将基因和酶联系起来，结果表明新陈代谢的每一个过程由单一的酶催化，且能被不同基因中的突变所抑制，这样产生了**“一个基因一种酶”假说（one gene-one enzyme hypothesis）**。基因突变改变了它所编码的蛋白质活性。

对这一假说进行修正以适用于那些拥有不止一个亚基的多肽。如果亚基是相同的，蛋白质就是**同源多聚体（homomultimer）**，它可由单一基因编码；如果亚基不同，那么蛋白质就形成**异源多聚体（heteromultimer）**。用一条适用于任何异源多聚体蛋白质的比较普遍的规则来说，“一个基因一种酶”假说应该更精确地表述为**“一个基因一条多肽”假说（one gene-one polypeptide hypothesis）**。（甚至这一修正也不能完全描述基因与蛋白质之间的关系，因为很多基因可编码一种多肽的可变形式。在多细胞真核生物中，这一概念将在可变剪接中进行更详细的阐述，详见第 19 章“RNA 的剪接与加工”）。

鉴别特定突变的生物化学效应是个冗长的任务。负责产生孟德尔皱缩豌豆的基因突变是支链淀粉酶基因失活所引起的，可它直到 1990 年才被确定！

基因不直接产生蛋白质，这种观点是重要的，基因编码 RNA，它再依次编码多肽。大部分基因编码多肽，但一些基因编码 RNA 而不产生多肽。大多数基因是编码 mRNA 的**结构基因（structural gene）**，而 mRNA 又反过来指导多肽的合成，但有些基因编码的 RNA 并没有翻译成多肽。这些 RNA 可能是蛋白质合成机器的结构组分，或在调节基因表达方面充当角色（详见第 30 章“调节性 RNA”）。因此我们应该掌握这样一个基本原则：基因是编码独立产物序列的特有 DNA 序列，基因表达的过程可以终止于 RNA 或多肽。

就基因的结构与功能而言，编码区域中的突变通常是随机事件。突变可以没有效应（中性突变就如此），它也可以破坏甚至消除基因功能。大部分影响基因功能的突变是隐性遗传的，它们引起功能缺失，因为突变基因已经阻止其正常多肽的产生。**图 1.32** 说明了突变隐性和野生型等位基因间的关系。当杂合子（heterozygote）包括一个野生型等位基因和一个突变等位基因时，野生型基因就能指导正常基因产物的合成，因此野生型等位基因是显性的。（这假定合适数量的产物可由单一野生型等位基因产生。当这个假设不正确时，相比较于两个等位基因所产生的产物，由一个等位基因所产生的少量产物将会导致中间表型的产生，这样，杂合子中的等位基因就是部分显性的）。

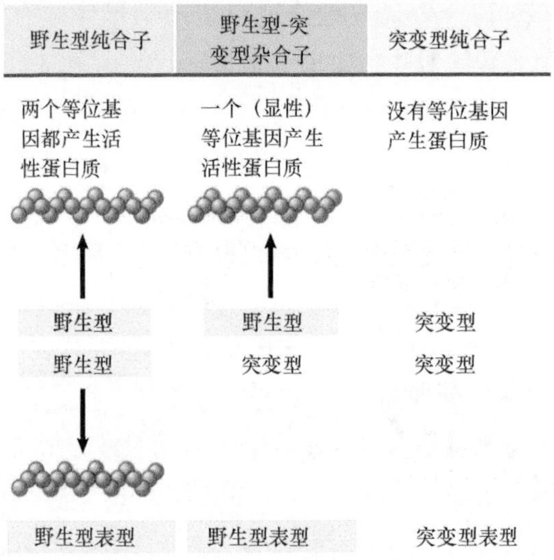

野生型纯合子	野生型-突变型杂合子	突变型纯合子
两个等位基因都产生活性蛋白质	一个（显性）等位基因产生活性蛋白质	没有等位基因产生蛋白质
野生型	野生型	突变型
野生型	突变型	突变型
野生型表型	野生型表型	突变型表型

图 1.32 基因编码蛋白质，显性性状是由突变蛋白质的特性决定的，隐性等位基因对表型不起作用，因为它不产生蛋白质（或产生的蛋白质没有功能）

1.18 同一基因上的突变不能相互补偿

关键概念

- 基因的突变只影响由突变基因拷贝所编码的产物（多肽或 RNA），不影响其他任何等位基因所编码的产物。
- 当杂合子中的两个突变以反式构型存在时，如果它们不能互补（即产生野生型表型），则它们应该是同一基因的等位基因。

我们如何决定引起相似表型的两个突变是否发生于同一基因中呢？如果位置相邻，它们可能为等位基因，但如果缺乏它们相关位置的信息，它们也可能代表两个不同基因的突变，尽管它们的蛋白质参与相同的功能。**互补测验（complementation test）**可用来鉴定两个隐性突变是否为相同基因的等位基因，或存在于不同的基因中。该实验包括构建包含两种突变的杂合子（将每一个突变的纯合子亲本进行交配），以及观察它们的表型。

如果是位于同一基因的突变，亲本基因型可描述成

$$\frac{m_1}{m_1} \text{ 和 } \frac{m_2}{m_2}$$

第一个亲本提供一个 m_1 突变型等位基因，第二个提供一个 m_2 等位基因，因此杂合子的组成是

$$\frac{m_1}{m_2}$$

因为没有野生型基因，所以杂合子具突变型表型，这样的等位基因不能互补。如果突变存在于不同基因中，亲代基因型可描述成

$$\frac{m_1+}{m_1+} \text{ 和 } \frac{+m_2}{+m_2}$$

每条染色体含有一个基因座中的野生型等位基因（用 + 号表示）和另一个基因座中的突变型等位基因，则杂合子后代有如下表型

$$\frac{m_1+}{+m_2}$$

在此，两个亲本各自提供了各自基因的一个野生型等位基因，这样，杂合子具有野生型表型，因为就突变等位基因而言，它们是杂合的，所以我们称两个基因互补（complement）。

图 1.33 具体地描述了互补测验，基本实验是图的上半部分所显示的比较结果。如果两个突变是同一基因的等位基因，可看到在反式构型（两种突变不在同一等位基因）和顺式构型（两种突变位于同一等位基因）中，存在着不同的表型。反式构

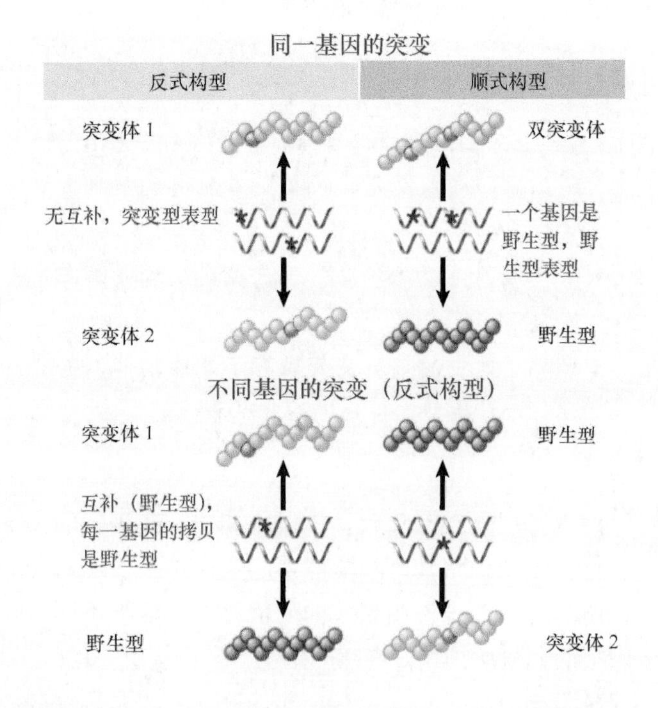

图 1.33 顺反子是通过互补测验定义的，基因由棒状表示，红点表示突变位点

型（突变位于同一DNA分子中）是突变体，因为每一个等位基因都有（不同的）突变；但顺式构型（突变位于不同的DNA分子中）是野生型，因为一个等位基因有两个突变，而另一个等位基因就没有突变。图的下半部分说明如果两个突变位于不同的基因中，我们总能看到野生型表型，因为每个基因（不管它处于顺式构型和反式构型）总有一个野生型和一个突变型等位基因，且结构是不相关的。“不能互补”意味着两个突变是发生于同一个基因内，因此，不能相互补偿的突变被认为组成了**互补群（complementation group）**的一部分。另一种用来描述由互补测验定义的遗传单位是**顺反子（cistron）**，它等同于基因。这三个词汇基本上都用来表述一段DNA，作为一个能产生RNA或多肽产物的单位，其产物是作为单一功能单位的单分子，这一事实解释了基因的互补特性。

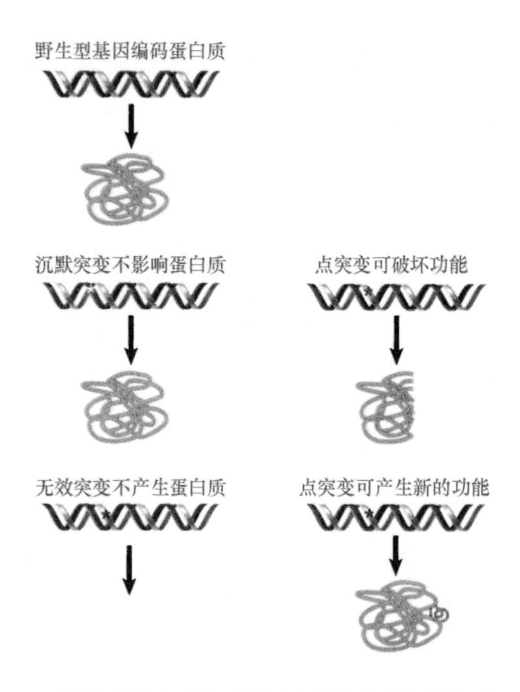

图1.34 不影响蛋白质序列或功能的突变是沉默突变；破坏了蛋白质所有活性的突变是无效突变；引起功能丧失的点突变是隐性突变；引起功能获得的点突变是显性突变

1.19 突变可能引起功能的丧失或获得

关键概念

- 隐性突变是由于多肽产物的功能丧失造成的。
- 显性突变导致功能获得，即蛋白质的一些新特征。
- 测试基因是否必需，需要一种无效突变的实验方法（使基因完全失去功能的突变）。
- 沉默突变没有表型效应，这可能是因为碱基的变化不改变多肽的序列或数量，或者是因为多肽序列的改变不会产生效应。

图1.34总结了基因突变的各种可能效应。在确定了一个基因后，那么建立该基因的完全缺失体系原则上可获得它的功能。完全消除了基因功能的突变，通常是由于该基因已缺失，我们称之为**无效突变（null mutation）**。如果一个基因对有机体生存是必需的，那么当它是纯合子或半合子时，其无效突变是致死的。许多无效突变可能不是致死的，只是会扰乱有机体中的部分形态、生长或发育，从而产生特定的表型。

为了检测基因如何影响表型，我们必须了解无效突变的特征。一般而言，当无效突变不影响表型时，就可以断定这个基因的功能并非必需：一些基因重复了，或者具有重叠的功能，即一个基因的敲除不足以完全影响表型。无效突变，或其他阻止基因功能（但不必完全消除）的突变被称为**功能丧失性突变（loss-of-function mutation）**，它是隐性的（如图1.32所举例的那样）。功能丧失型突变影响蛋白质的活性，但是仍然保留足够的活性，这样表型不会受到影响，这称为**渗漏突变（leaky mutation）**。有时突变具有相反的效应，即使蛋白质获得新的功能或表达模式，这种改变称为**功能获得性突变（gain-of-function mutation）**，它是显性的。

在编码蛋白质的基因中，不是所有突变都能产生表型可见的改变，没有明显效应的突变称为**沉默突变（silent mutation）**，它分为两种类型，一类是虽有DNA的碱基改变，但不引起相应多肽中氨基酸残基的变化，这些称为**同义突变（synonymous mutation）**；另一类DNA的碱基改变虽可导致氨基酸残基的变化，但不影响相应多肽活性的改变，这些称为**中性替代（neutral substitution）**。

1.20　一个基因座可有不同的突变等位基因

关键概念

- 复等位基因的存在可允许杂合子发生任何形式的等位基因组合。

在基因中，如果阻止活性蛋白质产生的每一个变化都能产生隐性突变，那么在任何一个基因内就会存在很多这样的突变。许多氨基酸替代物可以改变蛋白质的结构，从而妨碍其功能。

同一个基因的不同变异体称为**复等位基因**（**multiple allele**），它们的存在使一个杂合子拥有两个突变型等位基因成为可能。这些复等位基因之间的关系有各种形式。

在最简单的情况下，野生型等位基因编码有功能的多肽产物，而突变等位基因编码无功能的多肽。然而还是存在很多例子，就是一系列功能丧失性突变体等位基因具有不同的表型。比如，黑腹果蝇（*Drosophila melanogaster*）中 X 染色体连锁、野生型的白色基因座对正常红眼的形成是必要的。这个基因座是根据无效突变的效应命名的，该突变使纯合子雌蝇或杂合子雄蝇产生白色的眼睛。

野生型等位基因用 w^+ 或“+”表示，其表型为红眼；该基因的完全失活形式（白眼表型）用 w^- 或“−”表示。为了区分具有不同效应的一系列突变等位基因，可引入其他的符号，如 w^i（象牙色眼），w^a（杏黄色眼）。尽管一些等位基因不产生可见的色素，使得它们的眼睛是白色的，但是许多等位基因会产生一些颜色。因此，每一个突变等位基因必定代表这个基因的不同突变，其中一些不完全消除其功能，而是保留部分活性，从而产生特征性的表型。

在杂合子中，w^+ 相对其他等位基因来说是显性的，而这个基因座还存在很多不同的突变等位基因，**表 1.2** 描述了其中的一部分，这些等位基因以纯合子雌蝇或杂合子雄蝇的眼睛颜色来命名。（大多数 *w* 等位基因影响眼睛中色素的含量，表中的例子基本上是根据颜色递减来排列的，但是其他基因，如 w^{sp}，则影响着颜色的沉积方式）。

表 1.2　黑腹果蝇 *w* 基因座上有一系列的等位基因，其表型从野生型（红色）到无色

等位基因	纯合子表型
w^+	红色（野生型）
w^{bl}	血红
w^{ch}	桃红
w^{bf}	浅黄
w^h	蜜黄
w^a	杏黄
w^e	曙黄
w^i	象牙白
w^z	柠檬黄
w^{sp}	杂色，颜色多变
w^1	白色（无色）

复等位基因存在时，有机体可能携带两种不同的突变型等位基因的杂合子。这种杂合子的表型依赖于每一个等位基因的残留活性。两个突变型等位基因之间的关系与野生型等位基因和突变型等位基因之间的关系在原则上没有区别：一个等位基因可能是显性或部分显性，也可能是共显性（codominance）。

1.21　一个基因座可有不止一个野生型等位基因

关键概念

- 一个基因座可以具有等位基因的多态分布，没有单独的等位基因可以被认为是唯一的野生型。

在任何一个独特的基因座上并非一定只有一个野生型等位基因。人类 ABO 血型系统的表达控制就给出了这样一个例子：功能缺失可由空白型表示，即 *O* 型，但是功能性的 *A* 和 *B* 等位基因具有共显性的活性，并且对 *O* 等位基因表现出显性，这一关系见**图 1.35**。

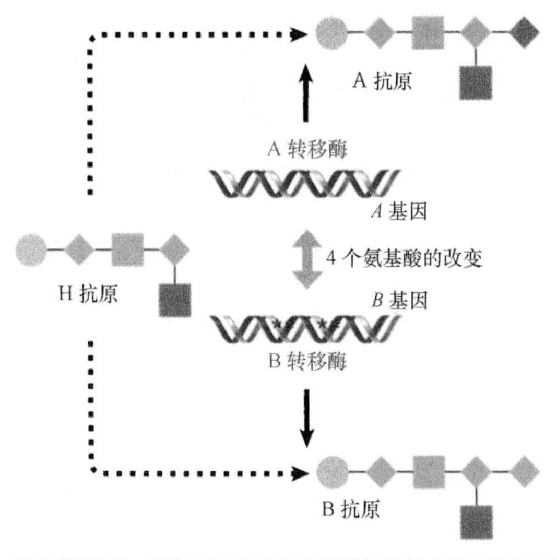

表型	基因型	转移酶活性
O	*OO*	无
A	*AO* 或 *AA*	*N*-乙酰半乳糖基转移酶
B	*BO* 或 *BB*	半乳糖基转移酶
AB	*AB*	*N*-乙酰半乳糖基转移酶-半乳糖基转移酶

图 1.35 *ABO* 血型基因座编码半乳糖基转移酶，其特异性决定了血型的差别

所有个体都产生 H 型抗原，它含有特殊的碳水化合物基团连接到蛋白质或脂类上。*ABO* 等位基因编码一种半乳糖基转移酶（galactosyltransferase），能够在 H 抗原再加上另外的糖基，其特异性决定了血型。*A* 等位基因产生的酶利用辅因子 UDP-*N*- 乙酰半乳糖，形成 A 抗原；*B* 等位基因产生的酶利用辅因子 UDP- 半乳糖，产生 B 抗原。A 与 B 型转移酶有 4 个氨基酸残基的不同，这 4 个氨基酸残基可能会影响它们对辅因子的识别。而 *O* 等位基因有一小段缺失，使之丧失转移酶活性，因此 H 抗原不发生修饰。

上述机制也可解释为什么 *AO*、*BO* 杂合子中 *A*、*B* 等位基因是显性的：这是因为相应的转移酶产生了 A、B 抗原；*A*、*B* 等位基因在 *AB* 杂合子中是共显性的，因为这两种转移酶都表达了活性；*OO* 杂合子则没有任何活性，因此缺少这两种抗原。

A 和 *B* 等位基因都不能被认为是独特的野生型，因为它们代表了不同的活性，而没有存在功能缺失或新功能的产生。这种现象，即一个群体中存在多个功能型等位基因，被称为**多态性（polymorphism）**（详见第 4 章“基因组概述”）。

1.22　DNA 的物质交换产生重组

关键概念

- 重组是减数分裂过程中交叉点上发生交换的结果，它涉及 4 条非姐妹染色单体中的 2 条。
- 重组由链的断裂和重接产生，在此过程中存在杂合 DNA 中间体的形成，而这依赖于 DNA 两条链的互补性。
- 两个基因的重组率与它们的物理距离成正比；极度紧密连锁的两个基因之间发生重组是极少的。
- 单一染色体上相距遥远的两个基因，由于重组发生非常频繁，因此其重组率与它们的物理距离不成正比。

遗传重组（genetic recombination）描述了等位基因的新组合的产生，它发生于二倍体生物的每一代中。因为每条染色体的两份同源基因拷贝在某些基因座上可能具有不同的等位基因，所以这种现象就能够产生。通过互换同源基因之间的对应区段中相应的部分，这称之为交换（crossing over），这可产生与亲本染色体不同的重组染色体。

重组来源于染色体物质的物理交换，在减数分裂（meiosis，产生单倍体生殖细胞的专有的分裂方式）过程中，我们可以看到同源染色体并列，然后发生交换，这样重组就发生了。当细胞倍增了它的染色体后，减数分裂就可以开始，因此每条**染色单体（chromatid）**有 4 份拷贝（两条同源染色体，以及和它们一样的姐妹染色单体在复制后依旧连在一起）。在减数分裂早期，所有的 4 份拷贝紧密相连 [联会（synapsis）] 的结构称为**二价体（bivalent）**，随后的结构称为**四分体（tetrad）**。此时，在两条（共四条）不一样的（非姐妹）染色单体之间配对的物质交换就可以发生。

同源基因之间的联会称为**交叉（chiasma）**，如**图 1.36**。交叉代表四分体中的两条非姐妹染色单

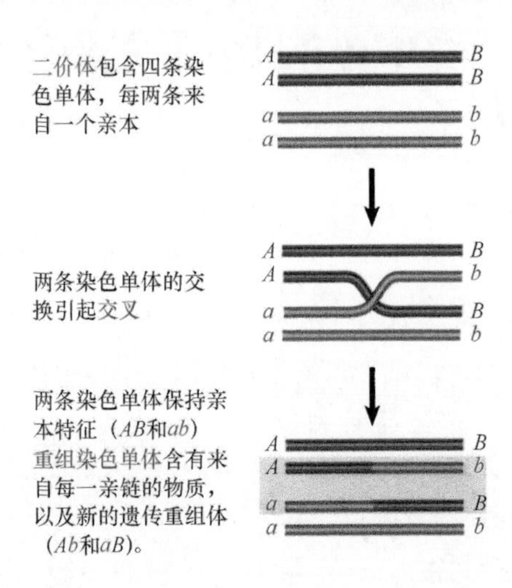

图 1.36 减数分裂前期的交叉形成是产生重组染色体的原因

体的每一条 DNA 链中已经断裂并发生交换的位点。如果在交叉过程中，先前没有断裂的链也断裂并交换，那么重组的染色单体将会产生。每一条重组的染色单体包含来自交叉一侧的一条染色单体的物质，和交叉另一侧的另一条染色单体的物质。断裂的两端成十字形重接起来，从而产生新的染色单体。两条重组的染色单体具有相对应的结构，这种现象称为断裂与重接（breakage and reunion），因为每一次交换事件只涉及四条相连染色单体中的其中两条：即单次重组事件只能产生 50% 的重组子。

DNA 两条链的互补性对重组过程是必需的。如图 1.36 所示，每一条染色单体由一条长的双链体 DNA 组成，它们依赖于一种能精确识别并排列相应位点的机制，以确保断裂和重接的发生，而不丢失任何遗传物质，这种机制是由碱基互补配对原则提供的。

重组涉及交叉部位中单链与其对应链的互换，这可能是由于分叉会在任何一个方向上迁移一段距离。**图 1.37** 显示这一过程会产生一段**异源双链体 DNA（heteroduplex DNA）**，即双链体的一条链与另一条双链体中的互补链配对，每一条双链体 DNA 对应于参与重组的如图 1.36 所示的其中一条染色单体。当然，这种机制还涉及其他阶段（如 DNA 链必须被打开并重新连接上），我们会在第 13 章“同源重组与位点专一重组”中更详细地介绍，但是保证精确重组的关键因素是 DNA 的互补性。图 1.37 只显示了反应的几个阶段，但是我

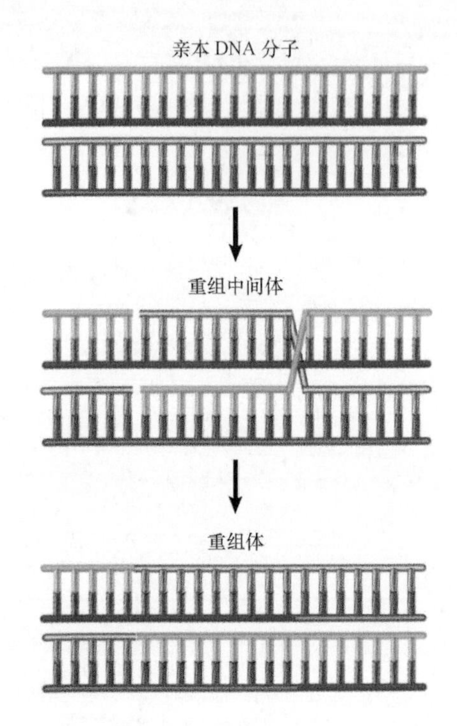

图 1.37 重组涉及两条亲本双链体 DNA 的互补链间的配对

们看到，当双链体中的一条链与另一条链交叉时，一段异源双链体 DNA 就形成了重组中间体。每个重组子包括左侧的一条亲本双链体 DNA，通过一段异源双链体 DNA 与右侧的另一条亲本双链体相连。

异源双链体 DNA 的形成要求两条重组双链体的序列相邻，并能在两条互补链之间配对。如果该区的亲本基因组间没有差别，将形成完美的异源双链体 DNA；但当存在小的差异时，这种反应也能发生，不过在这种情况下，异源双链体 DNA 有错配点，即该点上一条链的碱基和另一条链上的相应碱基并不互补，因此，错配纠正是遗传重组的另一特性（详见第 14 章“修复系统”）。

相对于染色体的距离，重组事件或多或少是随机的，以一定的频率发生。在染色体任何区域内发生交换的频率或多或少与区域长度成正比，直到饱和点。例如，每条大的人类染色体在每次减数分裂中通常有 3 ～ 4 个交换事件，而每条小的人类染色体在每次减数分裂中通常只有 1 个交换事件。

图 1.38 比较了三种情况的重组率：位于不同染色体的两个基因、单一染色体上相距遥远的两个基因、单一染色体上紧密连锁的两个基因。不同染色体上的基因按照孟德尔法则独立分离，在减数分裂

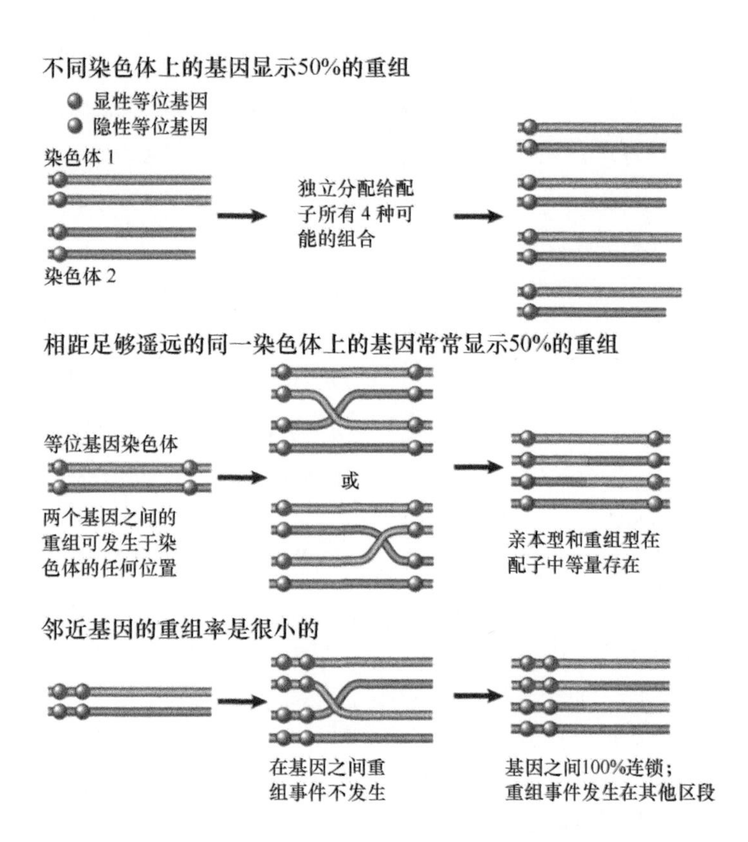

图 1.38 不同染色体上的基因独立分离，这样等位基因的所有可能组合按相同比例产生；同一染色体上的两个基因相距足够遥远，发生重组事件的频率非常高，实际上就等同于独立分离；但是当基因位置接近时，其重组事件的频率会下降，对于邻近基因，重组几乎不可能发生

中产生了 50% 的亲本型和 50% 的重组型；当在同一染色体上的两个基因相距足够遥远，那么这些区域内一个或多个重组事件发生的频率非常高，以至于它们的行为与处于不同染色体上的基因相似，即其显示出 50% 的重组率。

当基因接近时，其重组事件的频率会下降，并且只发生在一些减数分裂中。例如，如果它们发生在 1/4 的减数分裂中，那么重组率为 12.5%（因为单一重组事件产生 50% 的重组，而这发生在 25% 的减数分裂中）；当基因紧密相邻时，如图 1.38 的底部所显示的那样，它们之间的重组在多细胞真核生物的表型中可能永远不会被观察到（因为它们产生的后代很少）。

这些结果使我们认识到，染色体包含许多成串的基因，每一个编码蛋白质的基因是一个独立的表达单元，能形成一条或多条多肽链。突变能改变基因的特性，而重组能改变染色体上的等位基因组合。现在我们可以问："基因序列与它所代表的多肽链序列到底存在何种关系呢？"

1.23 遗传密码是三联体

关键概念

- 遗传密码是根据由三联体核苷酸组成的密码子来解读的。
- 三联体是不重叠的，并且从固定点开始读码。
- 插入或缺失单个碱基的突变可导致突变位点后的三联体密码子组的移位。
- 同时插入或缺失三个碱基（或三的倍数）导致插入或缺失几个氨基酸，但不改变剩下的三联体的解读。

每一个蛋白质编码基因代表一条（或多条）特定的多肽链，而蛋白质由一系列特殊的氨基酸组成，这一概念起源于 20 世纪 50 年代 Sanger 测定了胰岛素序列之后。基因由 DNA 组成这一发现给我们提出了一个问题，DNA 中的核苷酸序列是怎样代表蛋白质中的氨基酸序列的呢？

DNA 中核苷酸序列是很重要的，这并不是因为它的结构，而是它编码了组成相应多肽的氨基酸序列。DNA 序列与相应蛋白质序列的关系被称为**遗传密码（genetic code）**。

每一种蛋白质的结构和（或）酶活性与氨基酸的一级结构，以及由氨基酸残基之间的相互作用所决定的总体构象相关。通过确定蛋白质中的氨基酸序列，证明基因携带了活性多肽链所需要的所有信息。因此，在复杂有机体的基因组中所发现的数千种基因能够直接指导细胞中数千种多肽的合成。

细胞内多种蛋白质产物一起行使催化和结构活性，最终产生细胞表型。当然，除了编码蛋白质的基因序列以外，DNA 还包括特定的序列，而这些序列的功能由调节物（通常是蛋白质）来决定。DNA 的功能是由它的序列直接决定的，而不是通过中间分子。通常情况下，编码蛋白质的基因和识别蛋白质的序列组成了遗传信息。

基因的密码区域是由一个翻译核酸序列的复杂解码器破译的。如果 DNA 上的信息有意义，则解码器是必需的。在初始阶段，遗传密码的解读是将 DNA 拷贝成 RNA。在任何特定区域，DNA 两条链中通常只有一条链能够编码功能性 RNA。所以我们将遗传密码写成碱基序列（而不是碱基对）。（最近的证据显示，在某些区域，两条链都能被转录，但是在大多数例子中，我们并不清楚产生的两种转录物具有功能意义）。

编码序列以 3 个核苷酸一组为单位解读，每一组代表一种氨基酸，即每 3 个核苷酸序列成为一个**密码子（codon）**。一个基因包括一系列密码子，从一端的起始密码子（initiation codon）往另一端的终止密码子（termination codon）解读。按照通常的 5′ 到 3′ 顺序，编码蛋白质的 DNA 链的核苷酸序列与从 N 端到 C 端的氨基酸序列一致。

编码序列按照非重叠（nonoverlapping）规则，从固定起始部位开始解读。

- 非重叠现象暗示：每一个密码子包含 3 个核苷酸，连续的密码子由连续的三核苷酸代表，而单一核苷酸只是一个密码子的其中一部分。
- 使用固定的起点意味着多肽的组装必须从一端开始向另一端连续延伸，这样编码序列的不同部分不能独立解读。

根据密码子的本质可预测两种类型的突变——碱基置换和碱基插入或缺失会有不同的效应，如果某一个特殊序列有序解读如下：

UUU AAA GGG CCC（密码子）

aa1　aa2　aa3　aa4（氨基酸，数字代表了不同的氨基酸类型，而非所在的位置）

那么一个核苷酸置换或点突变只影响一个氨基酸。例如，若只有第二个密码子发生了改变，即 A 被碱基 X 替换，则会使 aa2 被 aa5 代替：

UUU AAX GGG CCC

aa1　aa5　aa3　aa4

因为只有第二个密码子改变了。

但插入或删除一个核苷酸的突变将改变整个后续序列的三联体，这种改变称为移码突变。插入可能会是这种形式：

UUU AAX AGG CCC C

aa1　aa5　aa6　aa7

因为新的三联体序列和旧的完全不同，所以整个多肽的突变位点后的整个氨基酸序列都会发生改变，因此蛋白质可能完全失去其功能。

移码突变可由**吖啶（acridine）**引起，吖啶能够与 DNA 结合，破坏双链结构，使其在复制中引入一个新的碱基或缺失一个碱基。每一个由吖啶诱导的突变可导致一个碱基的缺失或增加。

如果吖啶突变体是由于增加一个核苷酸而发生的，那么缺失这个核苷酸就会使其恢复野生型，但是缺失与之相邻的不同碱基也可能使突变回复。对这些突变的综合研究所获得的结果为遗传密码的本质提供了证据。

图 1.39 说明了移码突变的特征，一个核苷酸的插入或缺失能够使突变位点后的蛋白质序列都发生改变。但是如果单一插入和单一缺失同时进行，则只会引起它们之间的阅读框发生改变，第二个突变位点后就可恢复正确的解读。

1961 年，在 Francis Krick、Leslie Barnett、Sydney Brenner 和 R. J. Watts-Tobin 所做的实验中，他们对 T4 噬菌体 *rII* 区域内的吖啶突变的遗传分析显示，所有的吖啶突变体可以分为两类，用（−）和（+）表示。每一种突变类型引起移码突变，（+）型实质上是碱基的增加，而（−）型是碱基的缺失。双突变的（+ +）或者（− −）类型依旧表现出突变型，但是（+ −）或者（− +）类型可互相抑制，此

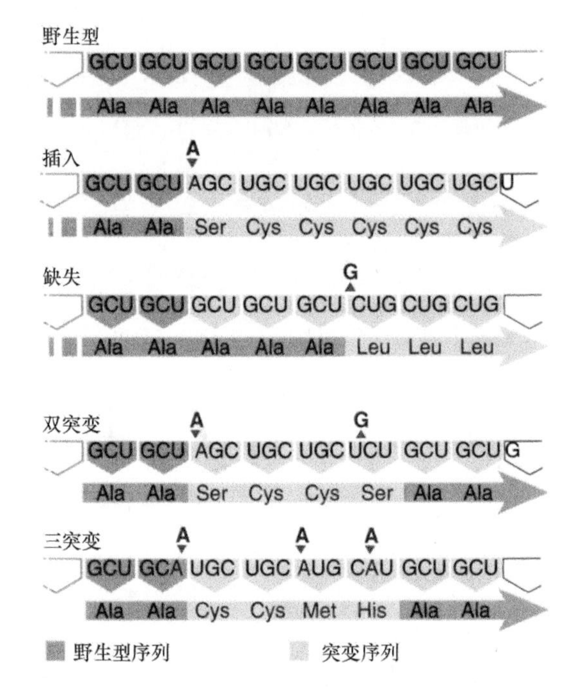

图 1.39 移码突变表明遗传密码从一个固定的起始点以三联体方式解读

时，一个突变被称为另一个突变的移码抑制基因(frameshift suppressor)（此处抑制基因有非同一般的含义，因为两个突变发生在同一个基因中，事实上这是第二位点回复突变）。

上述结果说明遗传密码具有一个固定的解读顺序，它从起始位点开始。因此，单一增加和缺失碱基可互相补偿，而双缺失或增加仍引起突变，但这些并未表明一个密码子包含多少个核苷酸。

当构建三突变体时，只有（+ + +）和（− − −）表现野生型表型，而其他组合都是突变型。如果三个单个的核苷酸缺失或增加仅产生一个氨基酸的缺失或增加时，则表明密码子是三联体。在两侧的突变中间是一段不正确的氨基酸序列，而两侧的氨基酸顺序则都是正确的（图 1.39）。

1.24 每一种编码序列具有三种可能的阅读框

关键概念

- 通常在 3 种可能的阅读框中，只有一种阅读框是可翻译的，而其他两种会受到频繁的终止信号的阻断。

如果遗传密码是不重叠的三联体，根据起始位点的不同，那么会有 3 种可能的方式将核苷酸翻译成蛋白质，这称为**阅读框（reading frame）**，比如序列

A C G A C G A C G A C G A C G A C G A C G

它可能的阅读框是

ACG ACG ACG ACG ACG ACG ACG

CGA CGA CGA CGA CGA CGA CGA

GAC GAC GAC GAC GAC GAC GAC

一个由能翻译成氨基酸的三联体构成的阅读框称为**可读框（open reading frame，ORF）**。一段翻译成多肽的序列有一个阅读框，它有一个特殊的**起始密码子（initiation codon）**（AUG），从此延伸出一系列代表氨基酸的三联体，直到遇到 3 种类型的**终止密码子（termination codon）**（UAA、UAG 或 UGA）中的一个时才结束翻译。

如果终止密码子频繁出现，就会阻止阅读框被翻译成蛋白质，我们称之为**关闭（closed）**或**阻断（blocked）**；如果一个序列的 3 个阅读框全部被阻断，那么它就失去编码蛋白质的功能。

当获得一条未知功能的 DNA 序列后，我们就可分析其 3 个阅读框是被阻断的还是开放的。在任何一段 DNA 序列中，通常不会超过一个阅读框是开放的。**图 1.40** 显示了一段序列，它只有一种阅读框可以被阅读，因为其他的阅读框被频繁出现的终止密码子所阻断。在一般情况下，可读框不可能太长。如果它不会被翻译成多肽，那么它就不存在阻止终止密码子聚集的选择压力。如果有证据证明该阅读框能翻译成多肽，那么就可确定该长序列为可读框。一个没有蛋白质能被鉴定出的可读框称为**不明阅读框（unidentified reading frame，URF）**。

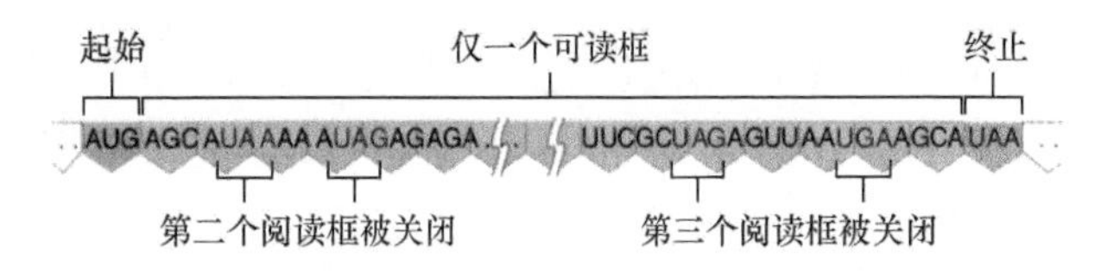

图 1.40 一个可读框起始于 AUG，以三联体形式延续至终止密码子，而关闭阅读框是由于终止密码子的频繁插入

1.25 细菌基因与其产物呈共线性关系

关键概念

- 通常在3种可能的阅读框中，只有一种阅读框是可翻译的，而其他两种会受到频繁的终止信号的阻断。
- 基因与其mRNA和多肽产物共线性。

通过比较基因的核苷酸序列和蛋白质的氨基酸序列，可以直接判定基因和蛋白质是不是**共线性**（**colinear**）的，即核苷酸序列与蛋白质中氨基酸序列是否恰好一致。在细菌和病毒中，基因和它的产物是共线性的，即每一个基因就是一段连续的、具有编码区域的DNA，其长度是它所编码的多肽中的氨基酸残基数的3倍（这是由遗传密码的三联体本质所决定的）。换句话说，如果一个多肽含有*N*个氨基酸残基，那么编码这一多肽的基因就包含3*N*个核苷酸残基。

细菌基因及其产物的一致性意味着DNA的物理图和多肽的氨基酸图非常符合，这些图谱是否与重组图相符合呢？

基因和多肽的共线性首先是在大肠杆菌色氨酸合成酶基因中被观察到的。遗传距离用DNA中不同位点之间的重组百分率来衡量；氨基酸间的距离则用被替换氨基酸的氨基酸分离位点的数目来衡量。**图1.41**比较了这两个图谱，野生型蛋白质序列由图的上半部分表示，突变型蛋白质含有7个被替换的氨基酸残基（图的下半部分）。7个突变位点的次序与相应的氨基酸改变的次序是相同的，重组距离与蛋白质实际距离几乎是相似的。重组图拓宽了一些不同位点之间的距离，除此之外，重组图相对物理图几乎没有偏移。

重组图进一步说明了基因结构的另外两个基本观点。不同突变可能造成一个野生型氨基酸被不同类型的氨基酸代替，如果这样的两个突变不能重组的话，这必定是因为DNA的同一位点具有多个点突变。若这些突变在遗传图上能被分开，但影响图的上半部分的同一氨基酸（图1.42中连线汇聚在一起），那么它们必定涉及影响同一个氨基酸的不同位置的点突变。这是因为遗传重组的单位（实际是1 bp）比编码氨基酸的单位小（实际是3 bp）。

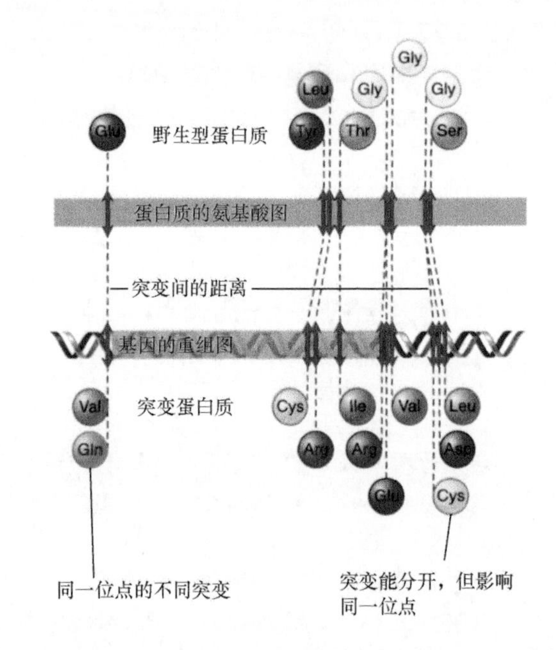

图1.41 色氨酸合成酶基因重组图对应于多肽的氨基酸序列

1.26 表达基因产物需要几个过程

关键概念

- 典型的细菌基因转录成mRNA，然后由mRNA翻译出多肽。
- 在真核生物中，基因可含有不代表多肽产物的内含子。
- 这内含子通过RNA剪接而从RNA中被去除，随后形成与多肽产物共线性的mRNA。
- mRNA含有5′非翻译区、编码区和3′非翻译区。

在比较基因和多肽产物关系的过程中，目前我们只研究多肽的N端和C端位点之间相应的DNA序列。但是，基因并不是直接翻译成多肽的，而是通过一种直接用于合成多肽的核酸中间体序列，**信使RNA**（**messenger RNA，mRNA**）进行表达（详见第22章“翻译”）。

mRNA采取与DNA复制时相同的碱基互补配对的方法合成，主要区别是它只与DNA双螺旋中

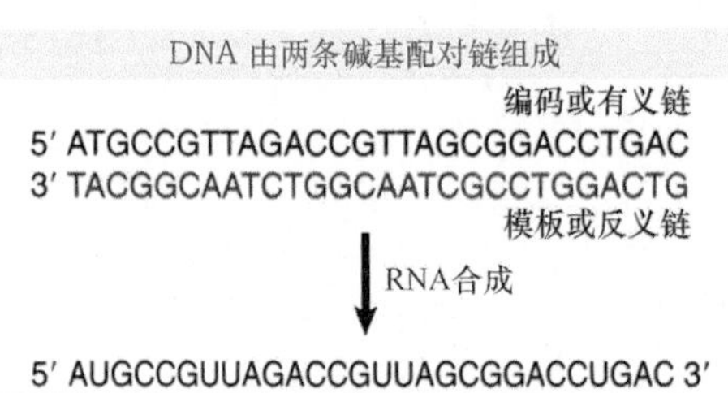

图 1.42 RNA 以 DNA 的一条链为模板，根据碱基互补配对原则合成

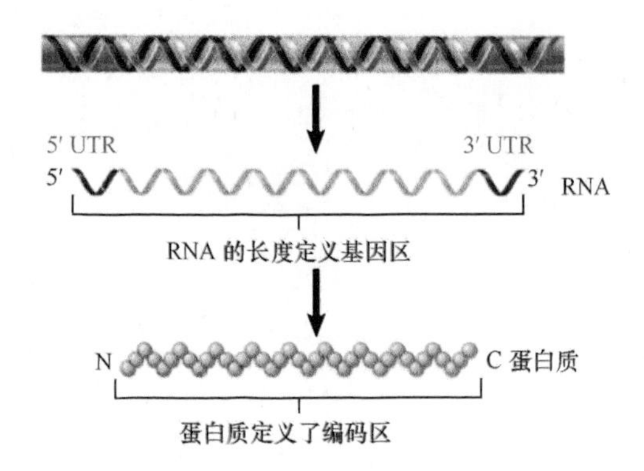

图 1.43 基因通常比编码多肽的序列长

的一条链互补。**图 1.42** 显示 mRNA 与 DNA 中的其中一条链互补，这称为**反义链（antisense strand）**或**模板链（template strand）**；而与另一条链相同（除了 T 用 U 替代外），这称为**有义链（sense strand）**或**编码链（coding strand）**。通常在书写 DNA 时，我们是按 5′ → 3′ 顺序进行上面这条链的书写，它与 mRNA 链是相同的。

用来自基因中的信息合成 RNA 或多肽的过程称为**基因表达（gene expression）**。在细菌中，结构蛋白的表达包含两个过程，第一步是**转录（transcription）**，此过程产生一条 DNA 链的 mRNA 拷贝；第二步是 mRNA **翻译（translation）**成多肽的过程，这个过程是以三联体密码的方式翻译 mRNA 的序列，并将一系列的氨基酸转变成其相应的多肽。

mRNA 包括一系列与多肽中的氨基酸相应的核苷酸序列，这部分核苷酸称为**编码区（coding region）**。请注意：mRNA 还包括两边的附加序列，这些序列不编码蛋白质，5′ 端的非翻译区称为**前导区（leader）**或 **5′ 非翻译区（5′ untraslated region，5′ UTR）**；3′ 端的非翻译区称为**非翻译尾区（trailer）**或 **3′ 非翻译区（3′ untraslated region，3′ UTR）**。

基因包括能形成 mRNA 的所有序列，包括 UTR 部分。有时在附加的非编码区，我们能发现影响基因功能的突变，这也能证明这些区域是遗传单位不可分割的组成部分。**图 1.43** 说明了这种观点，基因被认为是产生特定多肽所必需的、连续的一段 DNA 序列，它包括 5′ UTR、编码区、3′ UTR。

细菌只有单一区室（compartment），所以转录

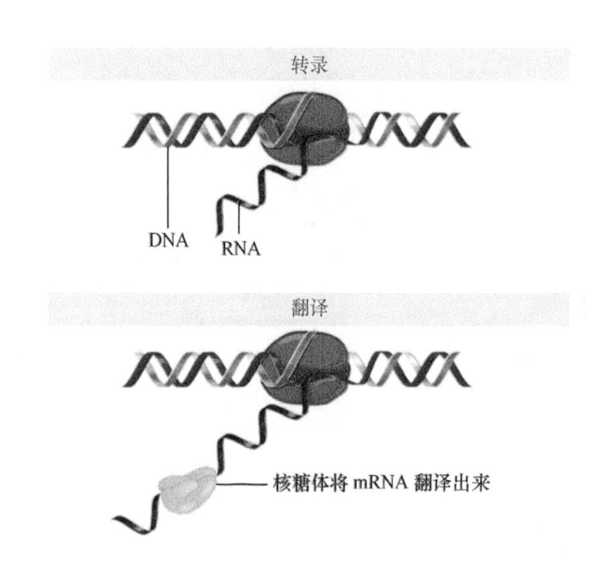

图 1.44 在细菌中，转录和翻译发生在同一区室

和翻译发生在同一地方，并且是连续的，如**图 1.44** 所示。在真核生物中，转录发生在细胞核内，但 RNA 产物必须被运输到细胞质内才能进行翻译，这形成了转录（在细胞核内）与翻译（在细胞质内）的空间隔离。然而就真核生物基因而言，基因的初始转录物是**前 mRNA（pre-mRNA）**，它需要加工才能产生成熟的 mRNA，**图 1.45** 展示了真核生物中基因表达的基本阶段。

RNA 加工（RNA processing）中最重要的一步是**剪接（splicing）**。真核生物（多细胞真核生物的大部分）的许多基因包含非编码序列的区域，它们穿插于编码区域中，这些内部 DNA 序列在初始被转录，但随后被切除，因此不存在于成熟 mRNA 中，我们将这些被切除的部分称为**内含子（intron）**，其余部分将连接在一起。能被转录、保留，并被连接在成熟 mRNA 中的这部分序列称为**外显子（exon）**。此外，RNA 其他加工过程还包括前 mRNA 5′ 和 3′

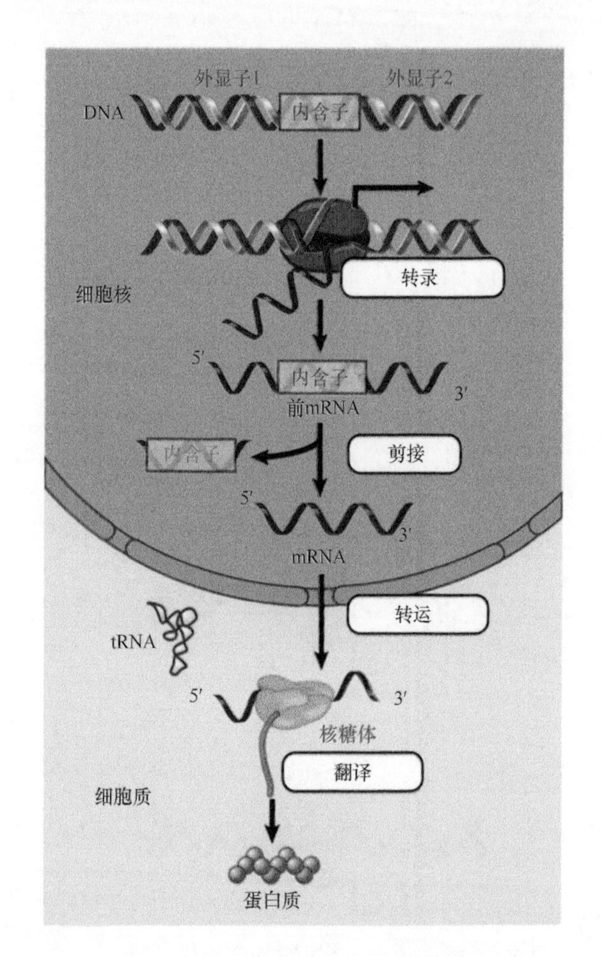

图 1.45 在真核生物中，转录发生在细胞核，翻译发生在细胞质

端的修饰。

将成熟 mRNA 翻译成多肽是由非常复杂的装置完成，它的成分包括蛋白质和 RNA。实际完成这一工作的装置是**核糖体（ribosome）**，它是一个包括一些大型 RNA——**核糖体 RNA（ribosomal RNA，rRNA）**和很多小蛋白质的大复合体。识别氨基酸与相应三联体核苷酸的过程需要氨基酸特异性的**转移 RNA（transfer RNA，tRNA）**，每一个氨基酸至少有一种特定的 tRNA。一些辅助蛋白质也参与其中，我们将在第 22 章“翻译”中描述 mRNA 的翻译，但是请注意，图 1.44 说明核糖体是沿着 mRNA 移动的巨型结构。

必须指出，基因表达的过程涉及 RNA，它不仅作为必需的底物，同时也是翻译装置的成分。rRNA 和 tRNA 成分都是由基因编码的，并且在转录过程中产生（除没有转录后被翻译这个阶段外，其余同 mRNA 一样）。另外，一些 RNA（如 snRNA、microRNA）不编码多肽，但是对基因表达是必需的。

1.27 蛋白质呈反式作用，而 DNA 上的位点呈顺式作用

关键概念

- 所有的基因产物（RNA 或多肽）都是反式作用的，它们可以作用于细胞内基因的任一拷贝上。
- 顺式作用突变可以鉴定出反式作用因子识别 DNA 中的靶序列，它们不表达为 RNA 或多肽，而只影响相邻的 DNA 片段。

定义基因的一个关键进展是研究人员认识到它的所有组成部分必定位于一段相连的 DNA 上。在基因术语中，位于同一 DNA 的位点称为顺式（*cis*）；位于两个不同 DNA 分子上的位点称为反式（*trans*），所以两个突变可以是顺式的（在同一条 DNA 上）或是反式的（在不同 DNA 上）。互补测验运用这一概念来测定两个突变是否位于同一基因内（见 1.18 节“同一基因上的突变不能相互补偿”）。现在我们可以扩展一下顺反作用这个概念的差异，将它从原来的“定义基因的编码区”到目前描述“调节元件与基因之间的相互作用”。

假定基因表达的能力是由能识别邻近编码区 DNA 序列的蛋白质控制。**图 1.46** 描绘了这样一个例子，只有当蛋白质结合到 DNA 上的控制位点时，RNA 才能合成。现在假设控制位点发生突变，因此蛋白质不再能结合上去，结果基因就不再表达。

因此，控制位点或者编码区的突变都能使基因表达失活。这些突变不能从遗传角度上区分开来，

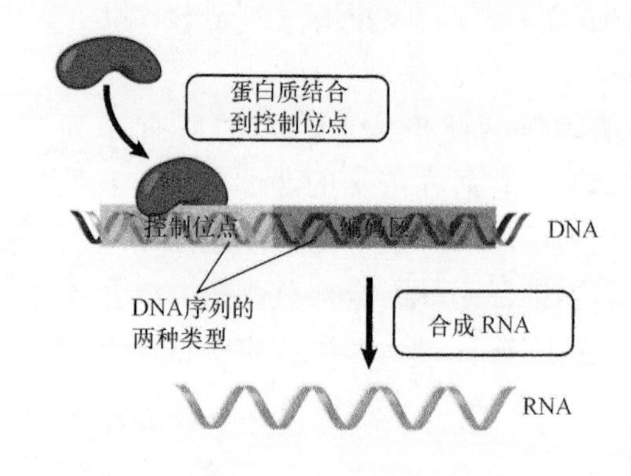

图 1.46 DNA 中的控制位点为蛋白质提供结合位点；而编码区经 RNA 的合成表达

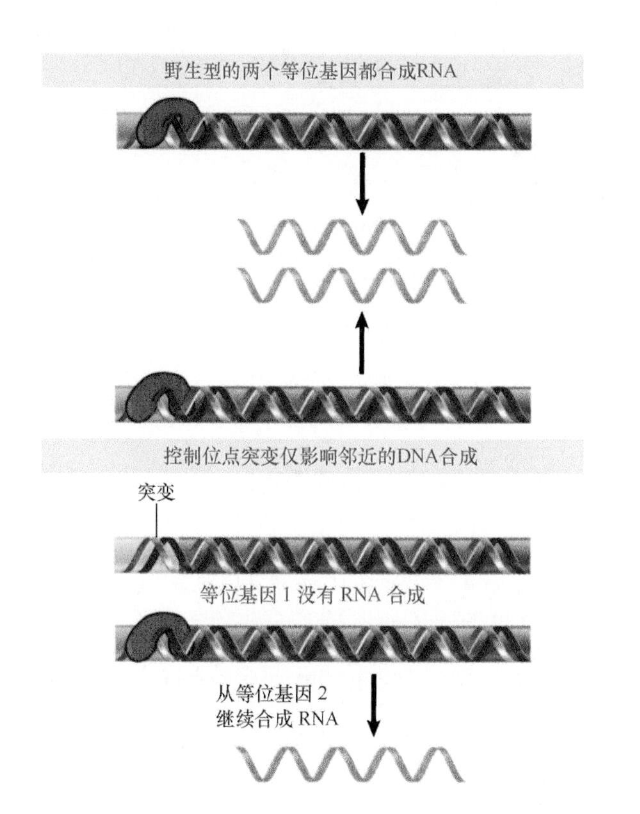

图 1.47 顺式作用位点控制邻近 DNA 序列的表达，但不影响其他等位基因

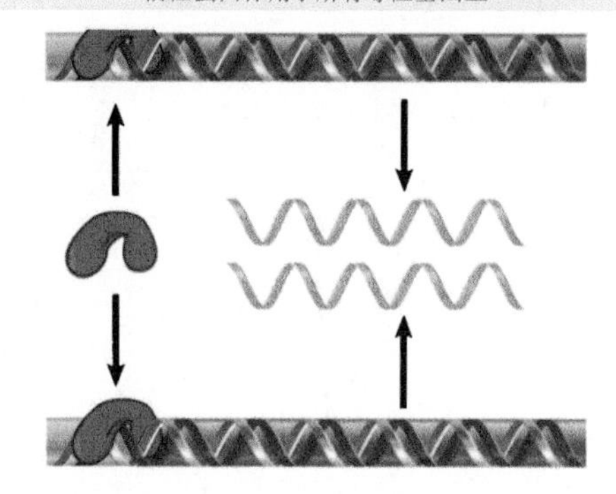

突变蛋白不能结合到任一等位基因上

从等位基因 1 没有 RNA 合成

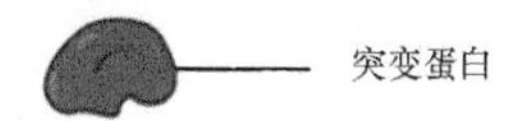

从等位基因 2 没有 RNA 合成

图 1.48 蛋白质中的反式作用突变影响其所控制的基因及其等位基因

因为它们都只作用于其所在等位基因的 DNA 序列上。在互补测验中，它们具有相同的特点，因此控制区的突变如同编码区上的突变一样，也定义为基因的组成部分。

图 1.47 显示了控制位点的一个缺陷。控制位点的缺陷仅仅影响与其相连的编码区，而这不影响其他等位基因的表达能力，这种仅影响邻近 DNA 序列表达的性质称为**顺式作用（*cis*-acting）**的突变。需要注意的是，许多真核生物的控制区会影响一定距离内的 DNA 表达，或者控制区存在于同一个 DNA 分子中的编码序列内。

我们可以比较图 1.46 所示顺式突变行为与编码调节物的基因突变结果。**图 1.48** 表明了调节物的缺失会阻碍两个等位基因的表达，我们将这种突变称为起**反式作用（*trans-acting*）**的突变。

反过来说，如果突变能发挥反式作用，我们就认为其作用是通过产生可扩散分子（通常是蛋白质或调节性 RNA）进行的，它可作用于细胞内多个靶标；然而如果突变是顺式的，它必定是通过直接影响连续 DNA 的特性来行使功能，意味着它并不表达成蛋白质或者 RNA 的形式，而是 DNA 控制区本身的一些改变来行使功能。

小结

- 两个经典实验证明 DNA 是细菌、病毒和真核细胞的遗传物质。从一株肺炎球菌属（*Pneumococcus*）菌株中分离出的 DNA 能传递此株的遗传特性给另一株；另外，DNA 是子代噬菌体从亲代噬菌体遗传到的唯一组分。DNA 可用来转染新的遗传特性到真核生物细胞中。
- DNA 是具有反向平行链的双螺旋，核苷酸单元通过 5′ → 3′ 的磷酸二酯键相连，骨架在其外部，嘌呤和嘧啶碱基成对堆积在内部，A 与 T 互补，G 与 C 互补。在半保留复制中，双链需要分开，并使用碱基互补配对原则合成子链。碱基互补配对原则也应用于以 DNA 双链体的一条链为模板转录 RNA 的过程中。
- 一段 DNA 可以编码一种多肽。遗传密码描述了 DNA 序列和多肽序列之间的关系。一般来说，两条 DNA 链中只有一条编码多肽。
- 突变由 DNA 中的 A·T 对和 G·C 对的序列改变组成，编码区的突变可以改变相应肽链的氨基酸序列，插入或缺失一个碱基的移码突变可以改变突变位点以后的阅读框，这会编码产生突变位点以后的一系列完全新的氨基酸，点突变仅仅改变突变发生处的密码子所代表的氨基酸。点突变可由原始突变位点的回复突变逆转，插入可由插入物质的缺失逆转，而缺失不能逆转。当不同基因的突变弥补了原始缺失时，突变也可以被间接地抑制。

- 诱变剂可以增加突变的自然发生率。突变主要集中在热点。负责一些点突变的一种热点由修饰的 5- 甲基胞嘧啶的碱基脱氨基引起。正向突变的发生率是每代每位点 10^{-6}，其回复突变率更少，不是所有突变都会产生表型效应。
- 虽然细胞的所有遗传信息由 DNA 携带，病毒有双链或单链 DNA 或 RNA 基因组，但类病毒是亚病毒病原体，它仅含有小的环状 RNA 分子，不具保护性包装，其 RNA 也不编码蛋白质，它的遗传和致病模式尚不清楚。此外，羊瘙痒病含有蛋白质样感染因子或普里昂。
- 染色体由一条连续的双链体 DNA 组成，包含许多基因。每一个基因（或顺反子）能被转录成 RNA 产物，如果其为一个结构基因，那么又将被翻译成一个多肽序列。基因的 RNA 或蛋白质产物称为反式作用因子。互补测验可将基因定义为一段 DNA 序列单元。调节邻近基因活性的 DNA 位点称为顺式作用元件。
- 当基因编码多肽时，DNA 序列与多肽序列的关系取决于遗传密码规则。DNA 双链中只有其中一条编码多肽。密码子由代表单一氨基酸的 3 个核苷酸组成。DNA 编码序列包括一系列的密码子，从固定的起始位点开始解读，不会重叠。通常只有 3 种可能的阅读框的一种被翻译成多肽。
- 基因可以具有复等位基因。能干扰蛋白质功能的功能缺失突变产生隐性表型。无效等位基因完全丧失了功能。能产生蛋白质新特征的功能获得性突变产生显性表型。

参考文献

1.1 引言

综述文献

Cairns, J., Stent, G., and Watson, J. D. (1966). *Phage and the Origins of Molecular Biology*. Cold Spring Harbor Laboratory Press, Cold Spring Harbor, NY.

Judson, H. (1978). *The Eighth Day of Creation*. Knopf, New York.

Olby, R. (1974). *The Path to the Double Helix*. MacMillan, London.

1.2 DNA 是细菌和病毒的遗传物质

研究论文文献

Avery, O. T., MacLeod, C. M., and McCarty, M. (1944). Studies on the chemical nature of the substance inducing transformation of pneumococcal types. *J. Exp. Med*. 98, 451-460.

Griffith, F. (1928). The significance of pneumococcal types. *J. Hyg*. 27, 113-159.

Hershey, A. D. and Chase, M. (1952). Independent functions of viral protein and nucleic acid in growth of bacteriophage. *J. Gen. Physiol*. 36, 39-56.

1.3 DNA 是真核生物细胞的遗传物质

研究论文文献

Pellicer, A., Wigler, M., Axel, R., and Silverstein, S. (1978). The transfer and stable integration of the HSV thymidine kinase gene into mouse cells. *Cell* 14, 133-141.

1.6 DNA 是双螺旋

综述文献

Watson, J. D. (1981). *The Double Helix: A Personal Account of the Discovery of the Structure of DNA* (Norton Critical Editions). W. W. Norton, New York.

研究论文文献

Franklin, R. E., and Gosling, R. G. (1953). Molecular configuration in sodium thymonucleate. *Nature* 171, 740-741.

Watson, J. D. and Crick, F. H. C. (1953). A structure for DNA. *Nature* 171, 737-738.

Watson, J. D., and Crick, F. H. C. (1953). Genetic implications of the structure of DNA. *Nature* 171, 964-967.

Wilkins, M. F. H., Stokes, A. R., and Wilson, H. R. (1953). Molecular structure of deoxypentose nucleic acids. *Nature* 171, 738-740.

1.7 DNA 复制是半保留的

综述文献

Holmes, F. (2001). *Meselson, Stahl, and the Replication of DNA; A History of the Most Beautiful Experiment in Biology*. Yale University Press, New Haven, CT.

研究论文文献

Meselson, M. and Stahl, F. W. (1958). The replication of DNA in *E. coli*. *Proc. Natl. Acad. Sci. USA* 44, 671-682.

1.11 突变改变 DNA 序列

综述文献

Drake, J. W. (1991). A constant rate of spontaneous mutation in DNA-based microbes. *Proc. Natl. Acad. Sci. USA* 88, 7160-7164.

Drake, J. W. and Balz, R. H. (1976). The biochemistry of mutagenesis. *Annu. Rev. Biochem.* 45, 11-37.

研究论文文献

Drake, J. W., Charlesworth, B., Charlesworth, D., and Crow, J. F. (1998). Rates of spontaneous mutation. *Genetics* 148, 1667-1686.

Grogan, D. W., Carver, G. T., and Drake, J. W. (2001). Genetic fidelity under harsh conditions: analysis of spontaneous mutation in the thermoacidophilic archaeon *Sulfolobus acidocaldarius*. *Proc. Natl. Acad. Sci. USA* 98, 7928-7933.

1.12 突变影响单个碱基对或更长序列

综述文献

Maki, H. (2002). Origins of spontaneous mutations: specificity and directionality of base-substitution, frameshift, and sequence-substitution mutageneses. *Annu. Rev. Genet.* 36, 279-303.

1.14 突变集中在热点

研究论文文献

Coulondre, C. et al. (1978). Molecular basis of base substitution hotspots in *E. coli*. *Nature* 274, 775-780.

Millar, C. B., Guy, J., Sansom, O. J., Selfridge, J., MacDougall, E., Hendrich, B., Keightley, P. D., Bishop, S. M., Clarke, A. R., and Bird, A. (2002). Enhanced CpG mutability and tumorigenesis in MBD4-deficient mice. *Science* 297, 403-405.

1.16 一些遗传因子是非常小的

综述文献

Diener, T. O. (1986). Viroid processing: a model involving the central conserved region and hairpin. *Proc. Natl. Acad. Sci. USA* 83, 58-62.

Diener, T. O. (1999). Viroids and the nature of viroid diseases. *Arch. Virol. Suppl.* 15, 203-220.

Prusiner, S. B. (1998). Prions. *Proc. Natl. Acad. Sci. USA* 95, 13363-13383.

研究论文文献

Bueler, H. et al. (1993). Mice devoid of PrP are resistant to scrapie. *Cell* 73, 1339-1347.

McKinley, M. P., Bolton, D. C., and Prusiner, S. B. (1983). A protease-resistant protein is a structural component of the scrapie prion. *Cell* 35, 57-62.

1.23 遗传密码是三联体

综述文献

Roth, J. R. (1974). Frameshift mutations. *Annu. Rev. Genet.* 8, 319-346.

研究论文文献

Benzer, S. and Champe, S. P. (1961). Ambivalent rII mutants of phage T4. *Proc. Natl. Acad. Sci. USA* 47, 403-416.

Crick, F. H. C., Barnett, L., Brenner, S., and Watts-Tobin, R. J. (1961). General nature of the genetic code for proteins. *Nature* 192, 1227-1232.

1.25 细菌基因与其产物呈共线性关系

研究论文文献

Yanofsky, C., Drapeau, G. R., Guest, J. R., and Carlton, B. C. (1967). The complete amino acid sequence of the tryptophan synthetase A protein (μ subunit) and its colinear relationship with the genetic map of the A gene. *Proc. Natl. Acad. Sci. USA* 57, 2966-2968.

Yanofsky, C. et al. (1964). On the colinearity of gene structure and protein structure. *Proc. Natl. Acad. Sci. USA* 51, 266-272.

第 2 章

分子生物学与基因工程中的方法学

章节提纲

2.1 引言

如今，分子生物学领域集中于机制研究，也就是研究细胞中的生物大分子是如何执行细胞过程的，而重中之重是研究关于基因与基因组的结构和功能。然而，分子生物学作为一个领域，是源于工具和方法的发展，而这些方法能使我们直接在体内外操控无数来自有机体的 DNA。

在分子生物学家的工具盒中，有两种必需的东西：一是**限制性内切核酸酶**（**restriction endonuclease**），它能将 DNA 切割成精确的片段；二是**克隆载体**（**cloning vector**），如质粒或噬菌体，它们能携带插入的外源 DNA 片段，用于生产更多的 DNA 或蛋白质产物。**基因工程**（**genetic engineering**）这一术语早期被用于描述 DNA 操作，即能进行基因克隆，将基因导入到另一个有机体中，并能进行繁殖扩增。最初，当重组 DNA 技术被当作工具来分析基因的结构与表达时，我们就发展出了这一技术，它能直接导入克隆的DNA，使之成为基因组的一部分，从而改变细菌或真核生物细胞的DNA内容物；接着，通过改变遗传物质，结合从胚胎细胞发育动物的能力，就有可能产生带有缺失或外加的特殊基因的多细胞真核生物。现在，我们用基因工程描述许多工作，如DNA操作、动植物体内特殊体细胞的改变的引入，甚至生殖细胞本身的改变。

当研究在向前发展时，越来越多的用于探测和扩增DNA的方法被发展出来。现在我们已进入到全基因组测序时代，并已经将它常规化，因而评定全基因组的内容、功能和表达已经变得非常普通。这一章将会讨论一些分子生物学中最常用的方法，从最初的分子生物学家所发展出的工具，到最近才发明的方法。

2.2 核酸酶

关键概念

- 核酸酶水解磷酸二酯键内的酯键。
- 磷酸酶水解磷酸一酯键内的酯键。
- 核酸酶具有多种特异性。
- 限制性内切核酸酶可以用来将DNA切割成特定片段。
- 不同限制酶作用所产生的DNA序列之间的重叠片段可用于DNA作图。

核酸酶是最有价值的分子生物学实验室工具。我们下面所讨论的一类酶——限制性内切核酸酶对于克隆方案是至关重要的。**核酸酶（nuclease）**就是能降解核酸的酶，与聚合酶的功能相反，它们水解或打开在多核苷酸链中的相邻核苷酸的磷酸二酯键内的酯键，如**图2.1**所示。

在核苷酸链中还有另一类相关的酶，也能水解酯键，是一种单酯酶，通常称为**磷酸酶（phosphatase）**。磷酸酶和核酸酶的主要不同如图2.1所示，磷酸酶只能水解3′或5′端的、将磷酸基团（或2-或3-磷酸基团）与末端核苷酸相连的末端酯键，而核酸酶水解相邻碱基之间的二酯键的内部酯键。

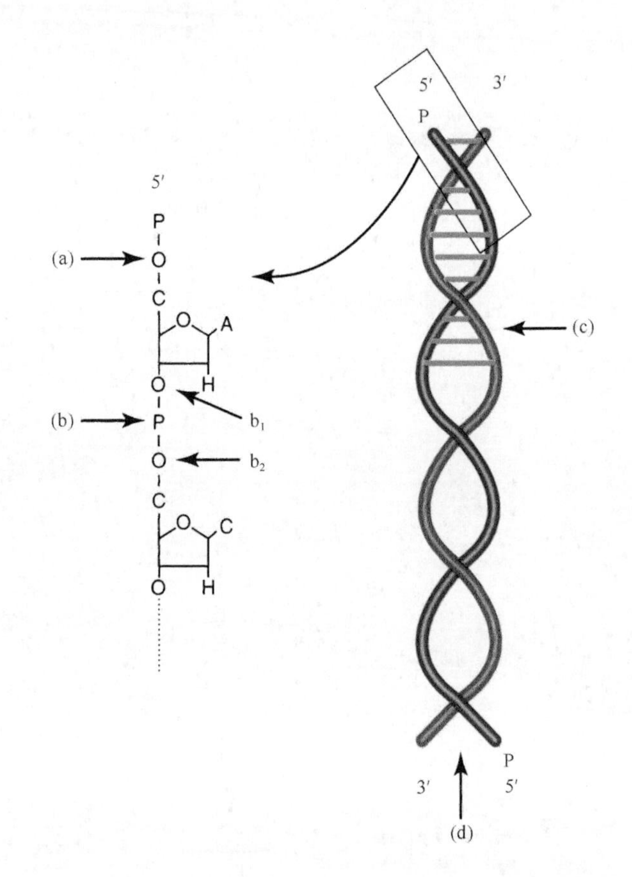

图2.1 磷酸酶的目标如（**a**）所示，为末端的磷酸一酯键；核酸酶的目标如（**b**）所示，为两个相邻核苷酸的磷酸二酯键。请注意，核酸酶能切割来自末端核苷酸（b_1）的3′端的第一个酯键，或者来自另一个核苷酸（b_2）的5′端的第二个酯键。核酸酶中能切割内部键（**c**）的称为内切核酸酶；从末端开始向内部切割（**d**）的称为外切核酸酶

磷酸酶是实验室中一种主要的酶，它能去除多核苷酸链的末端磷酸，这是随后的链连接反应所需要的，即可允许用含有放射性^{32}P的分子来替代磷酸基团。

根据其特性不同，我们将核酸酶分成几类。首先，我们将它们分为**内切核酸酶（endonuclease）**和**外切核酸酶（exonuclease）**。如图2.1所示，内切核酸酶能水解多核苷酸链中的内部键，而外切核酸酶则必须从末端开始水解反应。

核酸酶特异性的范围很广，它可以是广谱的，也可以是极端专一的。核酸酶可能对DNA产生特异性作用，称为DNA酶（DNase）；或对RNA特异，称为RNA酶（RNase）；甚至对DNA/RNA杂合体特异，称为RNA酶H（RNaseH），它切割杂合双链体的RNA链。核酸酶可能对单核苷酸链、双链体或两者都具有特异性。

当核酸酶（不管是内切的还是外切的）水解磷

酸二酯键的酯键时，它会对两个酯键的任何一个具有特异性，并产生 5′- 核苷酸或 3′- 核苷酸，如图 2.1 所示。外切核酸酶可以从 5′ 端攻击多核苷酸链，从 5′ 向 3′ 方向进行水解；也可以从 3′ 端攻击多核苷酸链，从 3′ 向 5′ 方向进行水解（图 2.1）。

核酸酶可能具有序列偏爱性，例如，胰腺 RNA 酶 A 优先在嘧啶后切割；T1 RNA 酶优先在 G 后切割单链 RNA。而限制性内切核酸酶则具有最极端的序列特异性，通常称为**限制酶（restriction enzyme）**。这些来自古菌和真细菌的内切核酸酶能识别特异性的 DNA 序列。它们的命名通常来自于它们被发现的细菌，如 *Eco*R Ⅰ是来自大肠杆菌 R 菌株的第一个限制酶。

泛泛而言，有机体存在三类不同的限制酶及一些亚类。1978 年，诺贝尔生理学或医学奖授予 Daniel Nathans、Werner Arber 和 Halmiton Smith，以表彰他们发现限制性内切核酸酶，正是这个发现使科学家能发展出克隆技术，我们在下一节将会了解这一方法。迄今为止，已经发现了数千种限制酶，许多已经被商业化。限制酶必须要做两件事：一是识别特异性的序列，二是在那个序列上或其附近切割或限制。

Ⅱ型限制酶（有几个亚型）是最普通的。Ⅱ型限制酶的识别位点和切割位点是一样的，因而比较独特。识别位点长度为 4 ～ 8 bp，是典型的**反向回文结构（inversely palindromic）**，也就是说，不管从正向还是反向解读互补链，其序列是一样的，如**图 2.2** 所示。限制酶以两种不同的方式切割 DNA（图 2.2）。第一种较普通的是交错切割，使单链突出，或称为黏性末端（sticky end），突出端可能在 5′ 或 3′ 端；另一种是钝性双链切割，它没有突出端。另外，特异性水平决定了酶是否能切割含有甲基化的碱基。位点的特异性程度也是不同的，大多数酶是非常特异性的，一些酶会允许位点内的 1 或 2 个位置有不同碱基。

来自不同细菌的限制酶可能有相同的识别位点，但是切割 DNA 的方式却不同，一种可能是进行钝性切割，另一种可能是进行黏性切割；或一种产生 3′ 突出端，另一种产生 5′ 突出端。这些不同的酶被称为**同切点酶（isoschizomer）**。

Ⅰ型限制酶和Ⅲ型限制酶不同于Ⅱ型限制酶，它们的识别位点和切割位点是不一样的，通常不是

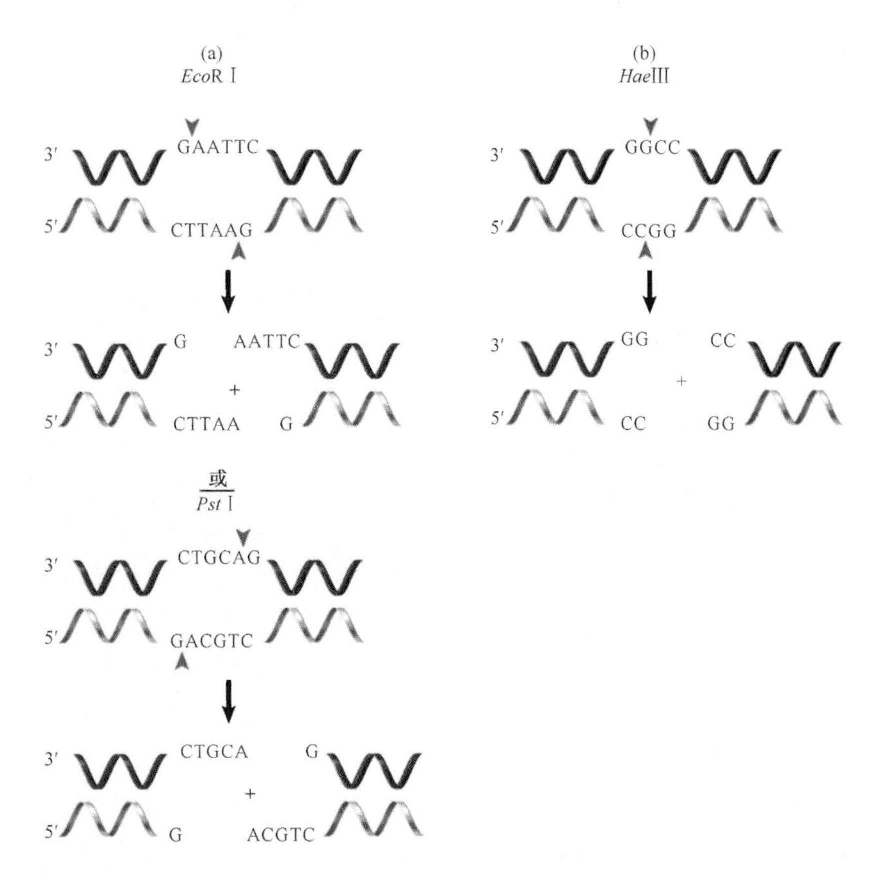

图 2.2 **（a）**限制性内切核酸酶能切割识别位点，产生交错切割，形成 5′ 或 3′ 端的单链突出端；**（b）**限制性内切核酸酶能切割识别位点，产生钝性末端

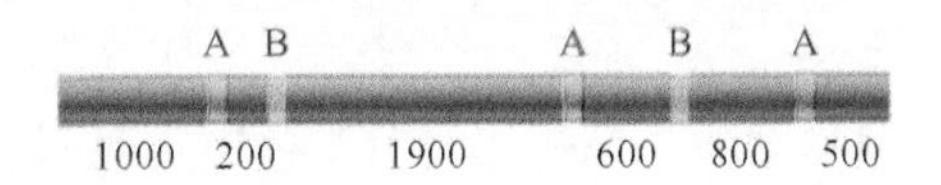

图 2.3 限制图是一种线性的、由 DNA 上的位点以固定距离分开的序列。这张图发现了 3 个酶 A 切割的位点、2 个酶 B 切割的位点。这样，酶 A 能产生 4 个片段，它与酶 B 的切割位点重叠；酶 B 能产生 3 个片段，它与酶 A 的切割位点重叠

回文结构。对于 I 型限制酶，识别位点和切割位点可能相距大于 1000 bp；Ⅲ型限制酶有较近的切割位点，通常相距 20 ～ 30 bp。

限制图（restriction map）代表了特殊限制酶发现其靶位点的线性序列，用适当的限制酶对 DNA 分子进行切割，它就会被切成独特的带负电的片段，这些片段在凝胶电泳中根据大小就能分离（在 2.6 节“DNA 分离技术”中有描述）。通过分析 DNA 的限制性片段，我们就能勾画出原来分子的图，如**图 2.3** 所示，它显示了特殊限制酶切割 DNA 的位置。这样 DNA 被分成一系列有限长度的区域，这些区域的两端位点能被限制酶所识别。我们能从任何 DNA 序列中获得限制图，而不管是否知其功能。如果 DNA 序列是已知的，通过搜寻已知酶的识别位点，我们就能勾画出限制图。知道有靶 DNA 序列的限制图对于 DNA 克隆极有价值，我们将在下一节对其进行描述。

2.3 克隆

关键概念

- 克隆 DNA 片段需要特殊的基因工程载体。
- 蓝 / 白斑筛选能鉴定出含有载体质粒的细菌及含有插入序列的载体质粒的细菌。

克隆（clone）的定义非常简单：就是获得一样的拷贝，是否它像复印机复印一张纸一样，如克隆绵羊“多莉”或克隆 DNA，这就是这里我们所要讨论的。克隆也被认为是一个扩增过程，因为目前只有一份拷贝，而我们想要多份拷贝。克隆一般涉及**重组 DNA（recombinant DNA）**。重组的 DNA 还有另一个非常简单的定义，即它是两种（或多种）不同来源的同一种 DNA 分子。

为了克隆 DNA 片段，我们必须创造重组的 DNA 分子并拷贝很多次。这样就需要两种不同的 DNA：**载体（vector）**（或称为克隆装置）和**插入片段（insert）**（或称为被克隆分子）。目前两种最普通载体分别衍生自质粒和病毒。

多年以来，我们专门对载体的安全性、选择能力和高生长速率进行了工程改造。“安全性”是指载体不会整合到基因组中（除非专门为此目的进行工程改造），重组载体不会自动转移到其他细胞（我们将在下面讨论有关选择的问题）。一般而言，我们做克隆实验时，会将 1μg 载体 DNA 与 1μg 插入片段 DNA 相连。载体和插入片段应该先用相同的限制性内切核酸酶切割以便产生可相容的 DNA 末端。

现在让我们从插入片段开始，也就是所要扩增的 DNA 片段来了解影响这个过程的细节和变量。插入片段有许多不同的来源：限制酶酶切的基因组 DNA，可以是从琼脂糖凝胶中选择的片段，也可以是没有经过选择的片段；用于**亚克隆（subclone）**（就是从大片段中取得小片段）的来自另一个克隆的大片段；PCR 片段（见 2.8 节“PCR 和 RT-PCR”）；体外合成的 DNA。但是我们必须了解其大小和片段末端的特性。末端是钝性的还是含有突出单链的（见 2.2 节“核酸酶”）？如果是这样，那么它们的序列是什么？这些问题的答案源自这些片段是如何被制备的（什么样的限制酶被用于切割 DNA，或什么样的 PCR 引物被用于扩增 DNA）。

载体选择取决于这些问题的答案。为加深印象，我们举一个普通的质粒克隆载体——蓝 / 白斑筛选载体（blue/white selection vector）的例子，如**图 2.4** 所示。载体由一些重要的元件组成，它有 *ori*，即复制起点（详见第 11 章“DNA 复制”），能允许 DNA 复制，在细菌细胞中能提供真实的扩增起始；它含有编码抗生素青霉素的抗性基因 amp^r，可用来选择含有载体的细菌；它还拥有大肠杆菌 *lacZ* 基因（详见第 24 章“操纵子”），能使我们选择载体中含有插入 DNA 片段的细菌。

lacZ 基因经工程改造后含有**多克隆位点（multiple cloning site，MCS）**，这是一段寡核苷酸序列，有一系列不同的限制性内切核酸酶识别位点，它们串联排列在 *lacZ* 基因本身的同一阅读框内，这是蓝 / 白斑筛选的核心。*lacZ* 基因编码 β- 半乳糖苷

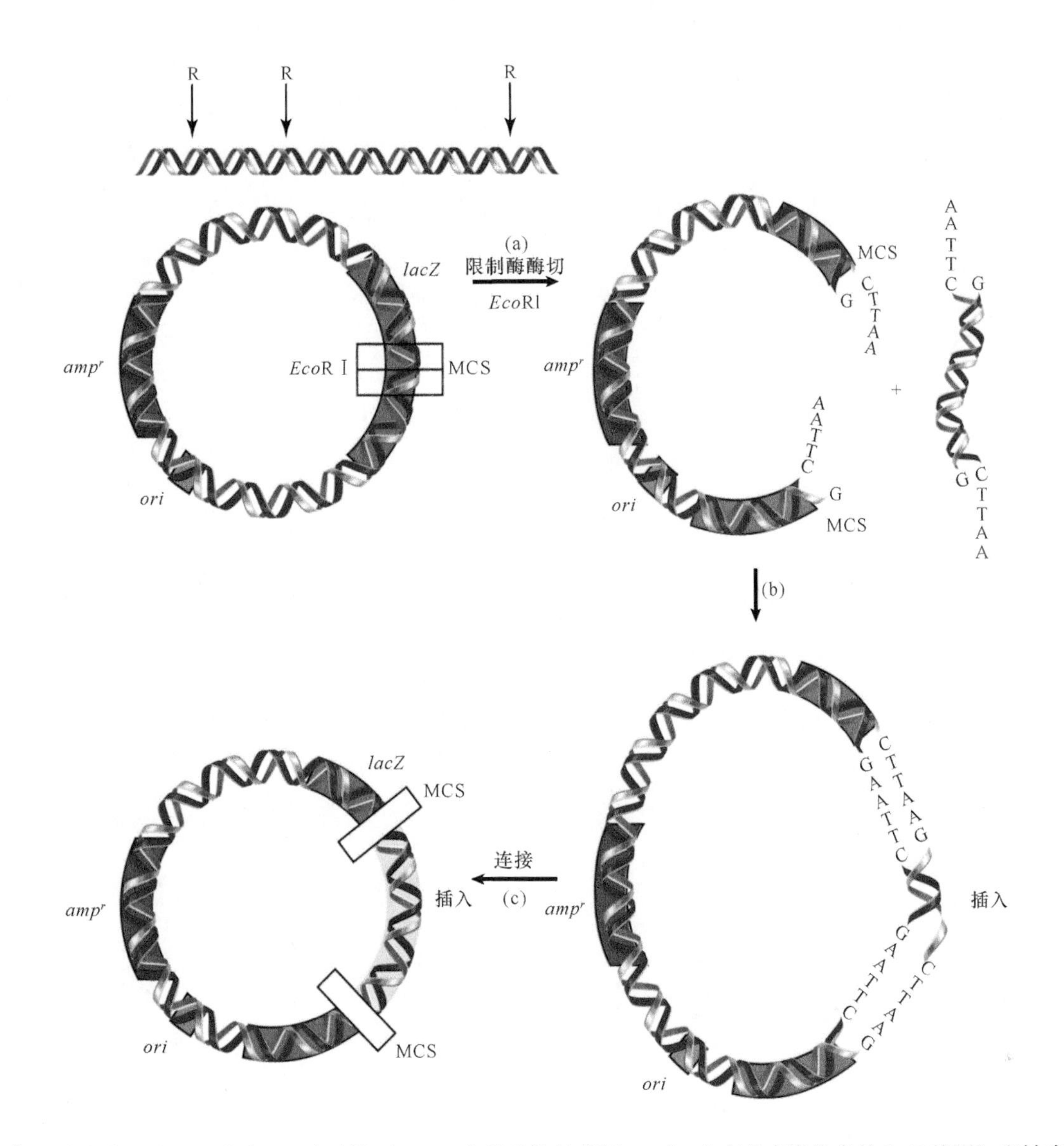

图 2.4 （a）质粒含有 3 个重要位点（即复制起点 *ori*；青霉素抗性基因 *ampʳ*；含有多克隆位点的 *lacZ* 基因）和被克隆的、由 *Eco*R Ⅰ酶切的插入片段 DNA。（b）限制性插入片段和载体连接。（c）连接在一起。最后这些 DNA 将被转入大肠杆菌中

酶（β-galactosidase，β-gal），能切割乳糖中的半乳糖苷键，也能切割人工底物 X-gal 中的半乳糖苷键，X-gal 就是 5- 溴 -4- 氯 -3- 吲哚 -β-D- 吡喃半乳糖（5-bromo-4-chloro-3-indolyl-beta-D-Galactopyranoside）的英文缩写。将它加入到细菌培养基中，被酶切割后能产生蓝色。如果 DNA 片段插入到 MCS 中，*lacZ* 基因就会被打断，从而失活，导致 β-gal 不再能切割 X-gal，这样就会出现白色细菌克隆，而不是蓝色细菌克隆，这就是蓝 / 白斑筛选的机制。

现在我们开始克隆实验，如图 2.4 所示，载体和插入片段用相同的限制酶切割以便产生可相容的单链突出的黏性末端。这里的变量就是选择能识别不同限制位点的不同酶，只要它们能产生相同的突出末端即可。产生平末端的酶也可使用，尽管它会导致随后的连接实验效率降低。含有不同突出的、完全不同的末端也可使用，但需要用外切核酸酶修整末端以便产生平末端（继续同样的推理，随机打断的 DNA 也可使用，只要它的末端是可以用于连接的平末端即可）。如果我们必须使用Ⅰ或Ⅲ型限制酶，那么其末端必须被钝化。另一种重要的备选就是使用两种不同的限制酶，在每一个末端产生不同的单链延伸，这样载体或插入片段都不会自我环化，并且插入片段与载体连接的方向也能控制，这就是**定向克隆（directional cloning）**。我们将会选择有合适限制性内切核酸酶酶切位点的载体。

下一步就是将载体和插入片段这两种 DNA 片段混合在一起，以便将它们连接在一起。通常情况下，插入片段和载体的摩尔比一般是 5 ∶ 1 到 10 ∶ 1。如果载体太多，载体二联体就会形成；如果插入片段太多，就会形成一份载体与多份插入片

段的连接。插入片段的大小是非常重要的，太大的插入片段（大于 10 kb）不会有效地克隆到质粒载体中，此时使用基于病毒的载体则是必要的。连接反应的进行通常要在冰上过夜，以降低连接反应的速率，从而产生较少的多联体。

随机产生的连接 DNA 分子现在可用于“转化”大肠杆菌。**转化（transformation）**就是 DNA 导入宿主细胞的过程。大肠杆菌通常不进行生理转化，这样，DNA 必须要强迫进入细胞。这里介绍两种常用的转化方法：一种是用高氯化钙（$CaCl_2$）溶液泡洗细菌；另一种是**电穿孔（electroporation）**，也就是应用电击方法。两种方法都能在细胞壁上产生小孔或小洞。即使使用这些方法，也只有极少部分细菌被转化。大肠杆菌的菌株是重要的，它不应该有限制系统或修饰系统甲基化进入的 DNA。菌株也需要与蓝 / 白斑筛选系统相兼容，也就是说，它应该含有 LacZ 的 α 互补片段（在大部分质粒中的 *lacZ* 基因如果没有这个片段就不发挥作用）。DH5α 是最常用的菌株。

转化将产生各种类型的细菌，大部分都是我们所不需要的，因为它们要么只有载体，没有插入片段，要么就根本没有接受任何 DNA。这样，我们必须从上百万个细菌中筛选含有重组质粒的细菌。我们将转化的细菌铺到琼脂板上，琼脂板含有抗生素青霉素和 β-gal 人工诱导剂异丙基硫代 -β-D- 半乳糖苷（isopropyl thio-β-D-galactoside，IPTG）。青霉素能杀死大部分的细菌，即所有那些没有转化入 amp^r 质粒的细菌。其余的细菌能生长，并形成可见的克隆，如**图 2.5** 所示，我们可以看到两种不同的克隆，蓝色克隆含有载体但是不含有插入序列（因为 β-gal 将 X-gal 切割成蓝色化合物）；白色克隆因为失活的 β-gal 不能切割 X-gal 而保持无色。

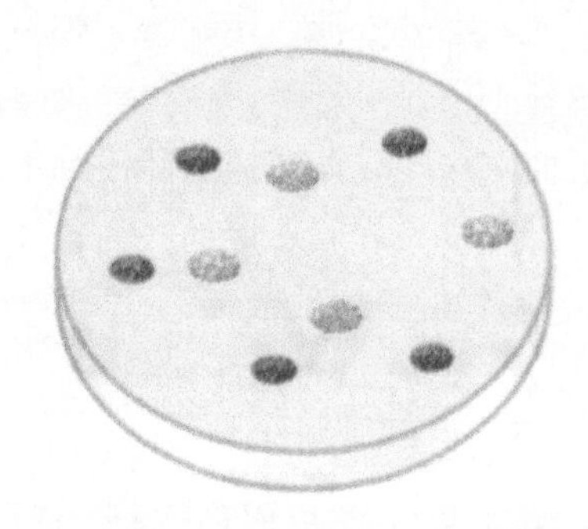

图 2.5 限制酶酶切的载体和插入序列经连接，转化入大肠杆菌后，细菌铺到含有青霉素、IPTG 和颜色指示剂 X-gal 的琼脂板上，在 37℃过夜孵育，将得到蓝色和白色克隆。白色克隆用于准备 DNA，以备进一步分析

这还远远不是故事的结局。假阳性克隆，如仅由载体二联体产生的那些细菌，必须被鉴定和去除。为此，质粒 DNA 必须从候选克隆中至少选出部分进行纯化，用限制酶切割，然后再通过凝胶电泳检查插入片段的大小。我们还建议对序列进行测序，以确认它不是一段随机插入的污染物。测序将在 2.7 节“DNA 测序”中描述。

2.4 克隆载体可因不同目的而专一化

关键概念

- 克隆载体可以是细菌质粒、噬菌体、黏粒或酵母人工染色体。
- 穿梭载体能在一种以上的宿主细胞中传递。
- 表达载体包含启动子，它能允许任何克隆基因进行转录。
- 报道基因用于测定启动子活性或组织特异性的表达。
- 现有很多能将 DNA 导入不同靶细胞的方法。

在前一节例子中，我们描述了载体的使用，它的设计简单，主要用于扩增约 10 kb 以内的插入序列。而克隆更大的序列也常常是我们所需的；有时我们的目标并非仅仅为了扩增序列，还有在细胞中表达克隆基因，调查启动子的特性，或制备不同的融合蛋白（将在下面描述）。**表 2.1** 总结了最普通类型的克隆载体，这些包括基于噬菌体基因组的载体能被用于细菌中，其不利的一面是只有有限数量的 DNA 能被包装入病毒荚膜里（尽管它比质粒携带的要

表 2.1 克隆载体基于质粒、噬菌体，或模拟真核生物染色体

载体	特征	DNA 隔离	DNA 长度限制
质粒	高拷贝数	物理	10 kb
噬菌体	感染细菌	通过噬菌体包装	20 kb
黏粒	高拷贝数	通过噬菌体包装	48 kb
BAC	基于 F 质粒	物理	300 kb
YAC	起始点＋着丝粒＋端粒	物理	>1 Mb

多）；**黏粒（cosmid）**能将质粒和噬菌体的优势结合在一起，既能像质粒一样繁殖，又能利用噬菌体的包装机制将DNA递送到细菌细胞中。黏粒能携带长达47 kb的插入序列（能被包装到噬菌体头部的最长DNA序列）。

用于克隆最大可能性的DNA插入序列的两种载体为**酵母人工染色体（yeast artificial chromosome，YAC）**与**人类人工染色体（human artificial chromosome，HAC）**。YAC具有酵母起始点，可支持复制；有着丝粒，用于确保合适的染色体分离；有端粒，用于提供稳定性。事实上，YAC的繁殖就像酵母染色体。YAC在任何克隆载体中拥有最大的装载能力，能在携带兆碱基（megabase，Mb）长度范围的插入序列的情况下繁殖。HAC是最新的一种载体，事实上它具有几乎无限的能力。

极其有用的一类载体称为**穿梭载体（shuttle vector）**，它能用于一种以上的宿主细胞，如**图2.6**所示。这个例子含有复制起点与大肠杆菌和酿酒酵母（*Saccharomyces cerevisiae*）的选择标记，它能像环状多拷贝质粒一样在细菌中复制，有酵母着丝粒，也有邻近*Bam*HⅠ限制位点的酵母端粒，这样，用*Bam*HⅠ切割能产生可在酵母中繁殖的YAC。

其他载体，如**表达载体（expression vector）**，可能含有能促进基因表达的启动子。任何可读框能被插入载体并表达，而不需要进一步修饰。这些启动子可具有连续活性；或是可诱导的，这样只有在特殊条件下才能表达。

或者，目标可能只是研究用于克隆的启动子功能，这是为了理解基因的正常调节。在这种情况下，我们不是使用实际基因，而是运用易测的、受待测启动子控制的**报道基因（reporter gene）**。

所谓的最合适的报道基因类型取决于我们的研究兴趣所在，是否可对启动子效率进行定量（例如，理解启动子区内的突变效应，或结合于启动子区的转录因子的活性），或是否决定它的组织特异性的表达模式。**图2.7**总结了测定启动子活性的一个普通系统，构建的克隆载体有一个真核生物启动子，它与萤光素酶（luciferase）基因的编码区相连，这

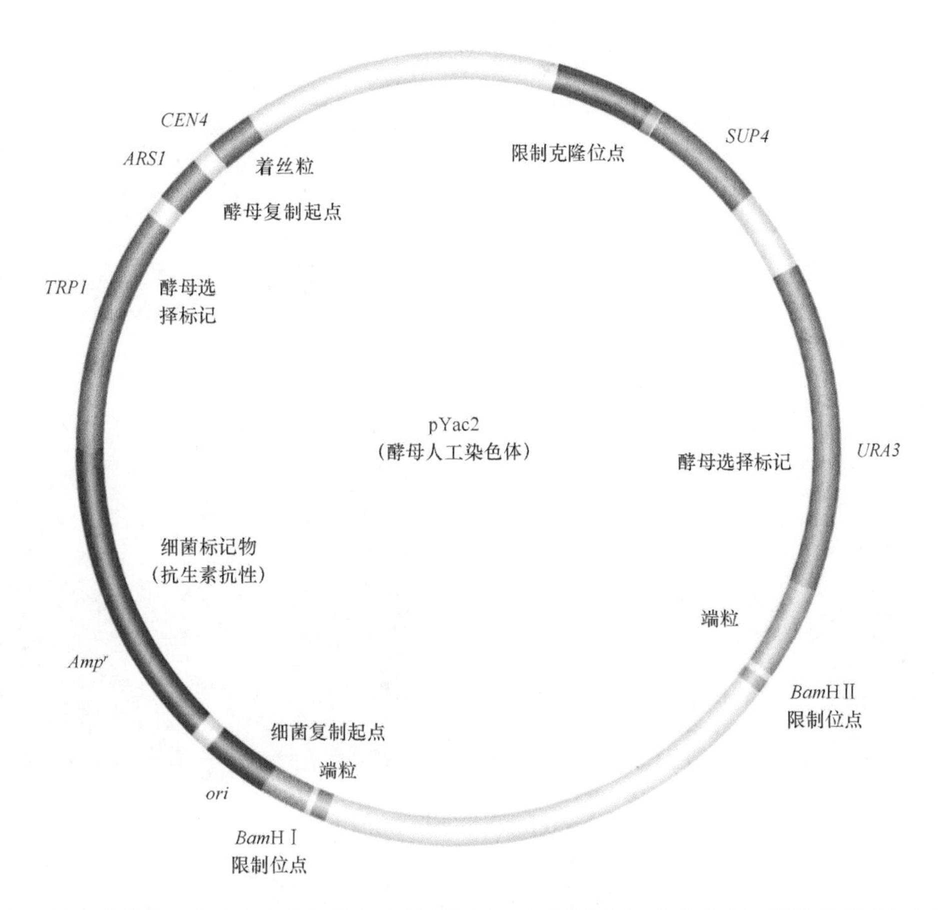

图2.6 pYAC2是一种克隆载体，它具有能在细菌和酵母中复制和选择的特征。细菌特征（用蓝色描述）包括复制起点和抗生素抗性基因；酵母特征（用红色和黄色描述）包括复制起点、着丝粒、两个选择标记和端粒

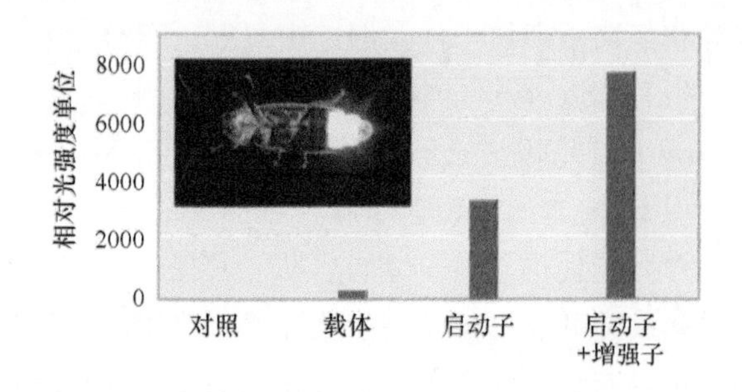

图 2.7 萤光素酶（衍生自萤火虫，如此处所描述）是一种常用的报道基因。此图显示了来自哺乳动物细胞的结果，细胞转染了萤光素酶载体，它带有最小启动子，或启动子加上公认的增强子。萤光素酶活性与启动子的活性成正比

照片© Cathy Keifer/Dreamstime.com

个基因编码能在萤火虫中产生生物萤光的酶。一般而言，我们还要加上转录终止信号，用以确保产生适当的 mRNA。杂合载体导入到靶细胞中，细胞就能生长和进行任何合适的实验处理。检测萤光素酶活性需要加入它的底物——萤光素蛋白（luciferin）。萤光素酶活性导致荧光发射，能在波长 562 nm 处进行检测，结果与制备的酶数量成正比，而这又依赖于启动子的活性。

我们已能获得一些非常有用的、可用于观察基因表达的报道基因。*lacZ* 基因在之前蓝 / 白斑筛选策略中提到过，它也可以是个非常有用的报道基因。图 2.8 显示当将 *lacZ* 基因处于启动子控制之下时所发生的情景，这是由于这个启动子在小鼠神经系统中能调节基因表达。因为一般情况下这个启动子是激活的，所以当用底物 X-gal 染色胚胎时，我们可以看见这种组织。

图 2.8 在小鼠中，*lacZ* 基因的表达可用 β- 半乳糖苷酶染色（蓝色）。在这个例子中，*lacZ* 基因处于一种能在神经系统表达的小鼠基因的启动子控制之下。当用蓝色染料着色后可以看见相应的组织

照片由 Robb Krumlauf, Stowers Institute for Medical Research 友情提供

用于观察基因表达模式的最流行的报道基因是来自水母的绿色荧光蛋白（green fluorescent protein，GFP）基因。GFP 是一种天然的荧光蛋白，当用一种波长的光进行激发时，在另一种波长下它会发出荧光。除了原始的 GFP 外，能产生不同荧光颜色 [如黄色（YFP）、青色（CFP）和蓝色（BFP）] 的许多变异体也已经被研发出来。GFP 和它的变异体的基因能各自被用作报道基因，或者可以使用它们来产生**融合蛋白（fusion protein）**，其中感兴趣的是蛋白质与 GFP 融合，这样就可以在活组织中被看到，如图 2.9 的例子所示。

我们可用多种不同的方法将载体导入不同的物种中。转化细菌和酵母等简单真核细胞比较容易，我们用化学方法就能将细胞膜穿透，就像在前面 2.3 节“克隆”中所讨论的。由于许多类型细胞不容易转化，所以我们必须使用其他方法，如图 2.10 所总结的。一些类型的克隆载体运用自然的感染方法就能将 DNA 导入细胞，如病毒载体通过病毒感染过程进入细胞；**脂质体（liposome）**是人工膜制备的小球体，它含有 DNA 和其他生物材料，能与

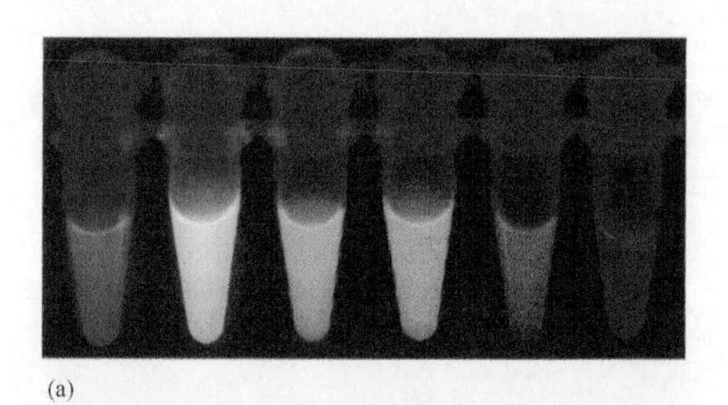

(a)

(b)

图 2.9 **（a）**自从发现 GFP 以来，发不同荧光颜色的衍生物被基因工程改造出来；**（b）**表达与 GFP 融合的人类视紫红质（在眼睛视网膜表达的一种蛋白质）的活性转基因小鼠

(a) 照片由 Joachim Goedhart, Molecular Cytology, SILS, University of Amsterdam 友情提供；(b) 照片 © Eyes of Science/Science Source

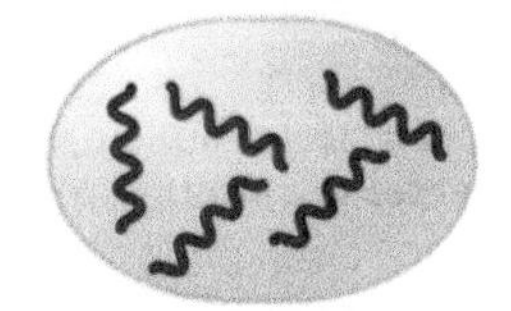

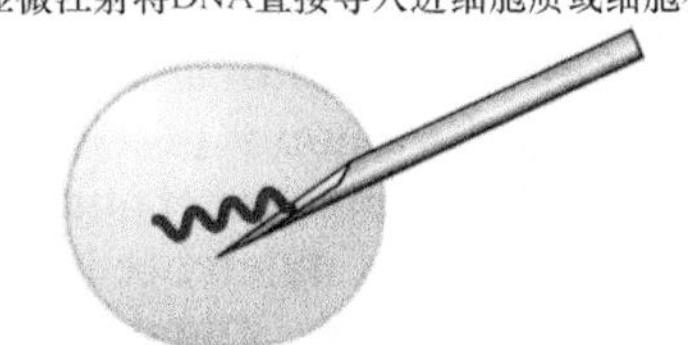

图 2.10 可用不同方法将 DNA 释放入靶细胞中。我们可用自然方法，如通过病毒载体（它与病毒感染的方法一样）；或将它包裹入脂质体中（它能与细胞膜融合）；或者用人工方法，如显微注射；或将它包裹在纳米颗粒的外面，用基因枪将它们高速穿过细胞膜而射入细胞中

细胞膜融合，并能将内含物释放入细胞内；**显微注射（microinjection）**运用极细的针去穿刺细胞膜，将含有 DNA 的溶液导入细胞质中，或当所选的靶细胞核足够大时（如卵），它可直接进入细胞核；植物的厚细胞壁对于许多转运方法是一道障碍，而人们发明的“基因枪（gene gun）”就是可克服这种阻碍的方法。基因枪可射出很小的颗粒进入细胞，通过高速将它们推进并通过细胞壁，而颗粒则由包裹着 DNA 的金颗粒或纳米颗粒组成，这种方法现已广泛应用于各个物种，包括哺乳动物。

2.5 核酸检测

关键概念

- 标记核酸与互补序列的杂交能鉴定出特异性核酸。

有多种方法可以检测 DNA 或 RNA。经典方法基于核酸在 260 nm 处吸收光的能力，吸收的光量与所含的核酸量成正比，单链与双链核酸的吸收值存在轻微的差异，而 DNA 与 RNA 之间则不存在这种差异。蛋白质污染会影响结果，因为蛋白质最大吸收峰在 280 nm。目前我们已经有了标准的 260 nm/280 nm 比值表，这使我们能对现存核酸值进行定量。

DNA 与 RNA 能用溴化乙锭（ethidium bromide，EB 或 EtBr）进行非特异性染色，使得观察更加敏感。EB 是一种有机三环化合物，能通过与梯形碱基配对的双螺旋相互作用，强烈结合双链 DNA 或 RNA。因为它能结合 DNA，因此它是一种诱变剂，使用中要小心。当暴露于紫外线（ultraviolet，UV）时，它能发出荧光，这增加了检测敏感性。SYBR 绿是一种更加安全的 DNA 染色方法。

下面我们将专注于核酸特殊序列的检测。鉴定特殊序列的能力依赖于由已知靶序列制备的**探针（probe）**杂交，探针能检测和结合与之互补的序列。匹配百分比不必完美，但是当匹配百分比下降时，核酸杂合体的稳定性也下降。G·C 碱基配对比 A·T 碱基配对更加稳定，因此碱基组成 [通常指 (G+C)%] 是一个重要的变量；另一个影响杂合体稳定性的变量是外在的，包括缓冲液条件（浓度和组成）、杂交发生时的温度，这称为**严格性（stringency）**，即只有在这样的条件下杂交才能进行。

探针以单链起作用（如果是双链，它必须要解链）。靶标可以是单链或双链，如果靶标是双链，它必须也要熔解成单链才能开始杂交反应。反应可以在溶液中进行（例如，在测序和 PCR 过程中，见 2.7 节“DNA 测序”和 2.8 节“PCR 和 RT-PCR”）；或将靶标固定于硝酸纤维素膜等膜支持物上进行杂交反应（见 2.9 节“印迹方法”）。靶标可以是 DNA（称为 Southern 印迹）或 RNA（称为 Northern 印迹），而探针通常为 DNA。

为了进一步熟悉这些内容，让我们以 Southern 印迹实验为例进行实验过程的描述。我们将 DNA 大片段用限制酶切成小片段，将 DNA 小片段亚克隆（见 2.3 节“克隆”）。我们从图 2.5 的平板上的克隆开始，从每个白色克隆中分离出质粒 DNA，用同样的、用于克隆片段的限制酶切割，然后将 DNA

片段在琼脂糖凝胶上分离，再印迹于硝酸纤维素膜上（见 2.6 节“DNA 分离技术”）。

为了增加视觉范围的灵敏度，探针必须被标记。我们开始以放射性标记为例子，接着再描述其他的无放射性标记方法。目前大部分反应使用 ^{32}P，当然也使用 ^{33}P（具有更长的半衰期但穿透力较弱）和 ^{3}H（后文所描述的特殊用途）。探针的放射性标记可使用几种不同的方法：一种是末端标记（end labeling），即一条 DNA 链（没有 5′ 端磷酸基团）用激酶和 ^{32}P 标记；也可以使用 Klenow DNA 聚合酶片段和标记核苷酸（详见第 11 章“DNA 复制”）或 PCR 反应过程中（见 2.8 节“PCR 和 RT-PCR”），用**切口平移（nick translation）**或**随机引发（random priming）**产生带有 ^{32}P 的探针。

在进行核酸杂交研究中通常使用标准程序，这种程序在相当大的 GC 含量变化范围内都能用于杂交反应。实行杂交反应的标准缓冲液是标准柠檬酸钠（standard sodium citrate，SSC），通常以 20 倍的浓缩储存液制备；而根据所需的严格性，杂交执行的标准温度范围为 45 ～ 65℃。

标记探针与结合于膜上的靶 DNA 的实际杂交过程发生在一个封闭的容器中，缓冲液含有各种相关分子，以降低探针与膜的背景杂交。杂交实验通常是过夜的，以确保探针与靶标之间的杂交。杂交反应是随机的，它与每一个不同序列的丰度有关，序列的拷贝数越多，那么给定探针分子碰到互补序列的机会就越大。

下一步是洗膜以去除所有那些非特异性结合于互补核酸序列的探针。根据实验类型，通常清洗严格性的设置是很高的，以避免假阳性结果。高严格条件包括较高温度（更接近于探针的解链温度）和较低的阳离子浓度（较低的盐浓度导致较低的 DNA 骨架的带负电磷酸基团的防护，这样可以抑制链的退火）。但是在一些实验中，人们为了寻找低匹配的杂交靶标（如用物种 Y 的探针去发现物种 X 的 DNA 序列），那么杂交就要在低严格性条件下进行。

最后一步是胶（也就是印迹膜）上与放射性标记探针结合的靶 DNA 条带的鉴定。清洗后的硝酸纤维素膜可以进行**放射自显影（autoradiography）**。烘干的膜可放置于一张 X 光片上，为了放大放射信号，我们可使用增感屏。增感屏是一种特殊的屏障，可放置于滤光片或胶片对的任何一面，可以将辐射反射到胶片上。或者，我们可以使用磷屏扫描仪（phosphorimaging screen，一种固相液闪装置），它比 X 光片更快、更灵敏，但有时会降低一些分辨率。曝光时间根据实际情况确定，可用手提放射探测器估算总的放射强度。样品结果如**图 2.11** 所示，膜上的一条带使 X 光片变黑，然后胶片与膜对应来决定哪一条带对应于探针。

对放射自显影过程的简单修改就形成了**原位杂交（*in situ* hybridization）**技术，使得我们能查看细胞内部情况，从而在显微水平决定特定核酸序列的定位。我们可简单修改以上过程的一些步骤，就能在通常用 ^{3}H 标记的探针与完整细胞或组织中的互补核酸之间进行杂交，目的就是明确靶标的确切定位。细胞或组织切片固定在显微镜载玻片上，杂交后，用感光乳剂而不是盖玻片覆盖在上面。在曝光后，感光乳剂对可见光是透明的，而放射性所在位置的感光乳剂颗粒变黑，这样就能看到它在细胞中的确切位置。曝光时间需要数星期到数月，那是因为 ^{3}H 具有较低的放射能量和很长的半衰期，从而导致了低活性。

上面所描述的过程也可采用非放射性替代物，如比色法或荧光标记法。地高辛标记探针是最常用的色度标记步骤，用偶联碱性磷酸酶的抗地高辛抗

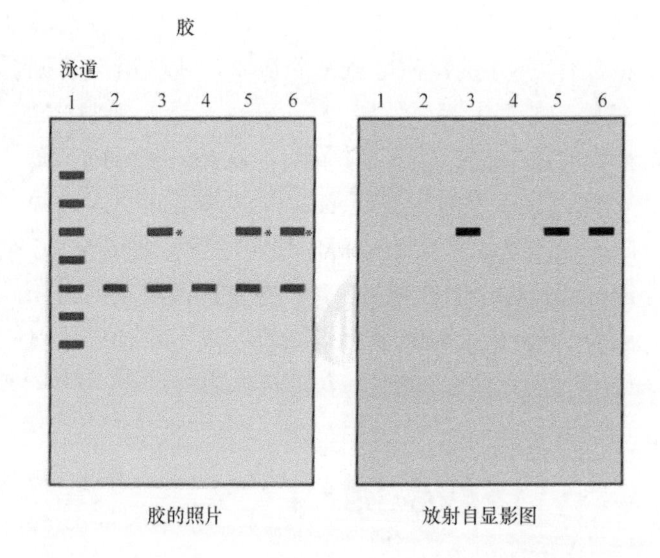

图 2.11 准备自图 2.5 所描述的克隆所产生的胶的放射自显影图。胶被印迹到硝酸纤维素膜上，然后用放射性基因片段探查。泳道 1：包含一组标准 DNA 大小标志物；泳道 2：用 *Eco*R Ⅰ 切割的原始载体；泳道 3 ～ 6：每一泳道包含来自图 2.4 的一个白色克隆的质粒 DNA，并用 *Eco*R Ⅰ 切割过。插入物显示胶的照片，而放射条带用“*”标记

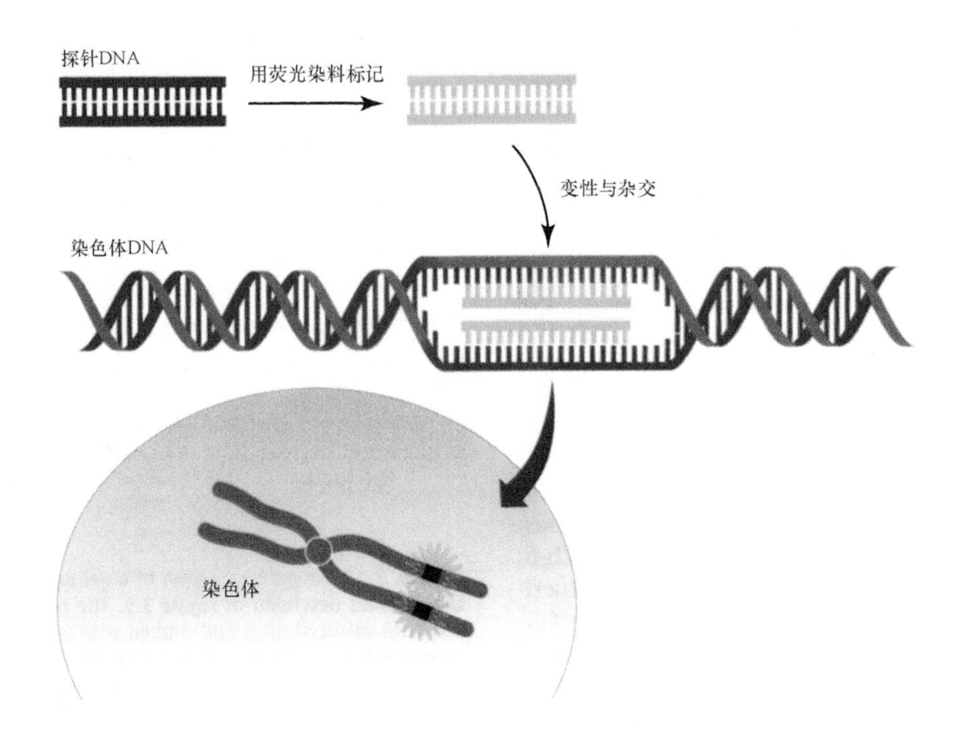

图 2.12 荧光原位杂交（FISH）

改编自 Darryl Leja, National Human Genome Research Institute（www.genome.gov）所绘插图

体进行显色就能定位出结合靶标的探针。此方法的优点就是观察结果的时间比较短，通常为一天，但是灵敏度通常比放射性的要低。荧光原位杂交（fluorescence *in situ* hybridization，FISH）技术是另一种非放射性过程，它运用荧光标记的探针，方法于图 2.12 中总结。现在我们可以获得约 12 个左右的多种不同颜色的荧光基团，且应用不同颜色的组合还能产生额外的颜色。

这些过程的结果更像是艺术照片，其定量效果逊于传统的液闪计数。这些过程最多只能称为半定量。可以使用光学扫描仪来定量在胶片上产生的信号，但是要注意实验过程中曝光时间要在线性范围内。

2.6 DNA 分离技术

关键概念

- 基于 DNA 片段大小凝胶电泳可将其分离，而电流可使 DNA 向正极方向移动。
- 用密度梯度离心也能将 DNA 分离纯化出来。

除了一些特例以外，组成活有机体的单一 DNA（染色体）的长度在百万碱基以上，使得它们在物理形态上显得太长，因而在实验室中难以操作；相反，单一的靶基因或染色体区段因为比较小，长度为数百到几千个碱基对，因而相对容易操控。因此，在许多调查特异性基因或染色体区段的实验过程中，必要的第一步就是将大的原始染色体 DNA 分子打断成小的、可操控的片段，然后对特别相关的或目标片段进行分离和选择。对染色体进行机械切割是断裂的一种方式，在这个过程中，随机产生断裂，形成大小统一的各种混合分子。如果断裂位点随机性是必需的，如制备短 DNA 分子库，那么这些分子就类似于瓦片，相互之间可部分重叠，而组合在一起就能代表更大的基因组区段，如整个染色体或基因组，故这种方法是非常有用的。或者，我们利用限制酶（见 2.2 节“核酸酶”）将大的 DNA 分子切割成给定的小片段，这种方法是可重复的。一般而言，重复性是有用的，因为我们基于 DNA 片段大小就能初步鉴定出靶 DNA。想象一下，在细菌染色体上有一个假设基因 *X*，整个基因位于两个 *Eco*RⅠ酶切位点之间，横跨 2.3 kb。我们用 *Eco*RⅠ对细菌 DNA 进行消化，获得了一系列的 DNA 小分子，而基因 *X* 总是出现在 2.3 kb 的相同片段上。根据起始基因组的大小与复杂度，可能会出现几条大小相似的 DNA 片段；或在足够简单的系统中，这个 2.3 kb 片段可能就是独特的基因 *X* 片段。在后面这个例子中，2.3 kb 片段的探测和发现就足以证明基因 *X* 的存在。最早发展的、与 DNA 有关的许多实验技术都是基于对 DNA 分子的大小进行分离和浓缩，它们都是特别地利用了这种概念。分离 DNA 分子的能力就是考虑从许多复杂的大小片段混合物中选择小的、不复杂的次级目标片段目标亚类进行进一步的研究。

基于片段大小将 DNA 分子分离和探查的最简单方法就是凝胶电泳。在中性琼脂糖凝胶电泳——一种最基本类型的胶中，我们在导电的、弱碱性的缓冲液中准备一小片胶即可。类似于用于制作甜点的明胶，这种凝胶由琼脂糖制成，它是由海藻衍生的多糖，具有非常均匀的分子大小。各种不同百分比的琼脂糖凝胶根据质量（通常为 0.8% ～ 3%）制备。实际上，分子筛的筛孔大小由琼脂糖的百分比决定（百分比越高，所获得的孔径就越小）。凝胶以溶解状态注入长方形容器中，在胶的一端附近用梳子制备出小井；冷却和固化后，凝胶被浸入相同的、导电的、弱碱性的缓冲液中；然后，将 DNA 片段混合物样品放入小井内；在凝胶中加上直流电，正极位于胶中小井的对面。溶液的碱性使 DNA 分子带有一样的、来自磷酸骨架基团的负电，开始时，DNA 片段根据电荷特性向正极移动，短的 DNA 片段由于碰到较少阻力就能通过琼脂糖的小孔，因此，一段时间以后，最小的 DNA 分子移动最快，而最大的 DNA 分子移动最慢。给定大小的所有片段以相同的速率移动，从而能有效地浓缩同样大小的分子群体，使之成为一个个独特的条带。在加入结合 DNA 的荧光染料如溴化乙锭或 SYBR 绿到胶中，通过染色并被暴露于荧光激发光后，这些 DNA 条带就能肉眼可见。在实际操作中，含有标准分子质量的一组 DNA 分子所组成的标准品会在一个小孔中一起移动，而其他条带与之比较后就能估算出条带大小。如图 2.13 所示，50 ～ 10 000 个碱基对组成的 DNA 分子能很快被分离与鉴定，且用这种简单的方法就能将误差大小限制在 10% 范围内，所以它还是一种常规的实验室技术。DNA 分子不仅能根据大小分离，也能根据形状将它们分离。由于超螺旋 DNA 比松弛型和线性 DNA 更加压缩，因而在胶上移动更快，也就是说，超螺旋程度越高，迁移越快，如图 2.14 所示。

这种方法的变量主要来自凝胶基质的改变，如果将琼脂糖变成其他分子，如聚丙烯酰胺，那么其孔径大小更加易于受到精细控制。它们能够提供更精细的、约 10 ～ 1500 bp 大小的分辨率。如果我们能制备出更加薄的胶，那么它们的分辨率和灵敏度可以获得进一步的提高，这通常需要在具有移动机械强度的两块玻璃板之间进行制备。当化学变性剂如尿素等加入到缓冲系统时，DNA 分子就被迫去折叠（丧失任何二级结构），带上只与分子长度有关的亲水动力学特性，这样，这种方法极大地提高了 DNA 分子的分辨率，能辨别出单一核苷酸长度的变化。变性聚丙烯酰胺凝胶电泳（denaturing polyacrylmide electrophoresis）是常规 DNA 测序技术的关键因素，利用这一技术，DNA 产物的一系列单一核苷酸长度改变的分离和检测使得我们能解读出潜在的核苷酸碱基序列。

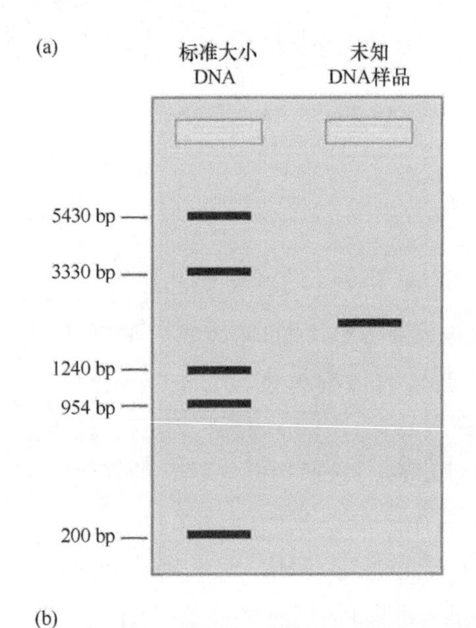

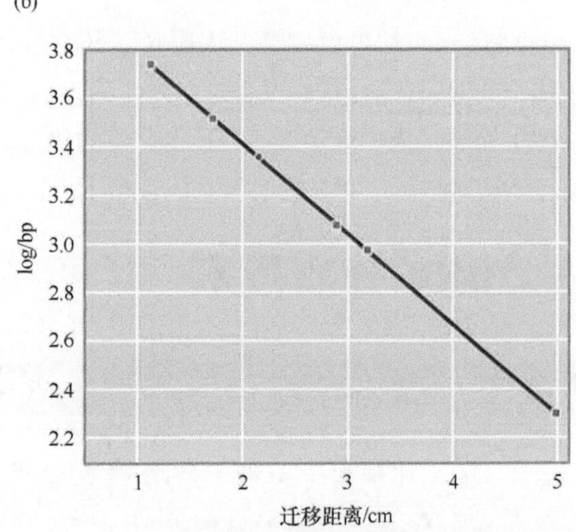

图 2.13 凝胶电泳可分辨出 DNA 大小。(**a**) 一个标准大小 DNA 分子与未知大小 DNA 分子在一块胶上的两个泳道一起泳动，如图所示。(**b**) 标准大小 DNA 分子的迁移可以画出标准曲线 [迁移距离（cm）对碱基对的对数（log bp）]。绿色的点为未知大小 DNA 分子

改编自 Michael Blaber, Florida State University 所绘插图

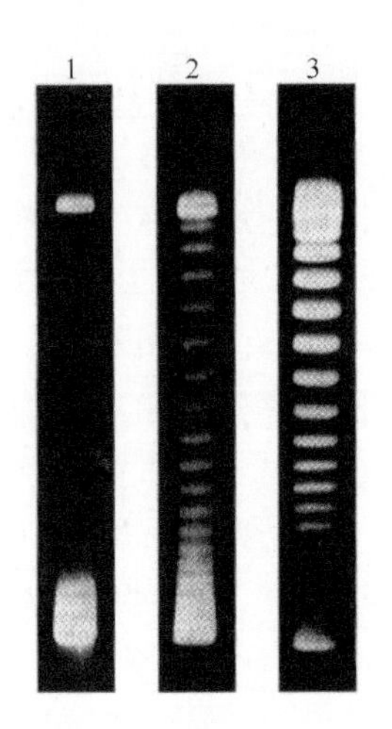

图 2.14 琼脂糖凝胶电泳分离超螺旋 DNA。泳道 1 包含未处理的负超螺旋 DNA（下面的条带）；泳道 2 和 3 包含相同的 DNA 分子，用 I 型拓扑异构酶分别处理 5 min 和 30 min。拓扑异构酶能使 DNA 的单链断裂，在一个步骤中就能松弛负超螺旋（每一次链断裂松弛一个超螺旋）

转载自 Keller, W. 1975. *Proc Natl Acad Sci USA* 72: 2550-2554；照片由 Walter Keller, University of Basel 友情提供

将 DNA 分子与其他污染的生物分子分离，或在一些实例中将 DNA 小分子与其他 DNA 分子进行分级分离的另一种方法就是使用梯度离心，如**图 2.15** 所描写的。最常用的是**等密度带（isopycnic banding）**，这基于特异性 DNA 分子由于 GC 含量的不同而具有独特的密度。在极大的离心力影响下，如通过高速离心，高浓度盐溶液（如氯化铯）将会形成稳定的密度梯度，从低密度（靠近试管顶部 / 转子中心）到高密度（靠近试管底部 / 转子外面）进行排列。当将样品放在梯度介质的上面（或甚至与梯度介质均匀混合）继续离心，单一 DNA 分子会迁移到一定的梯度位置，在这里，DNA 分子的密度与盐溶液密度一致，我们就可看到单一 DNA 条带（如通过在梯度介质中掺入结合 DNA 的荧光染料，然后暴露于激发荧光），通过小心穿刺离心管或分级收取离心管内容物而获取有用的样品。这种

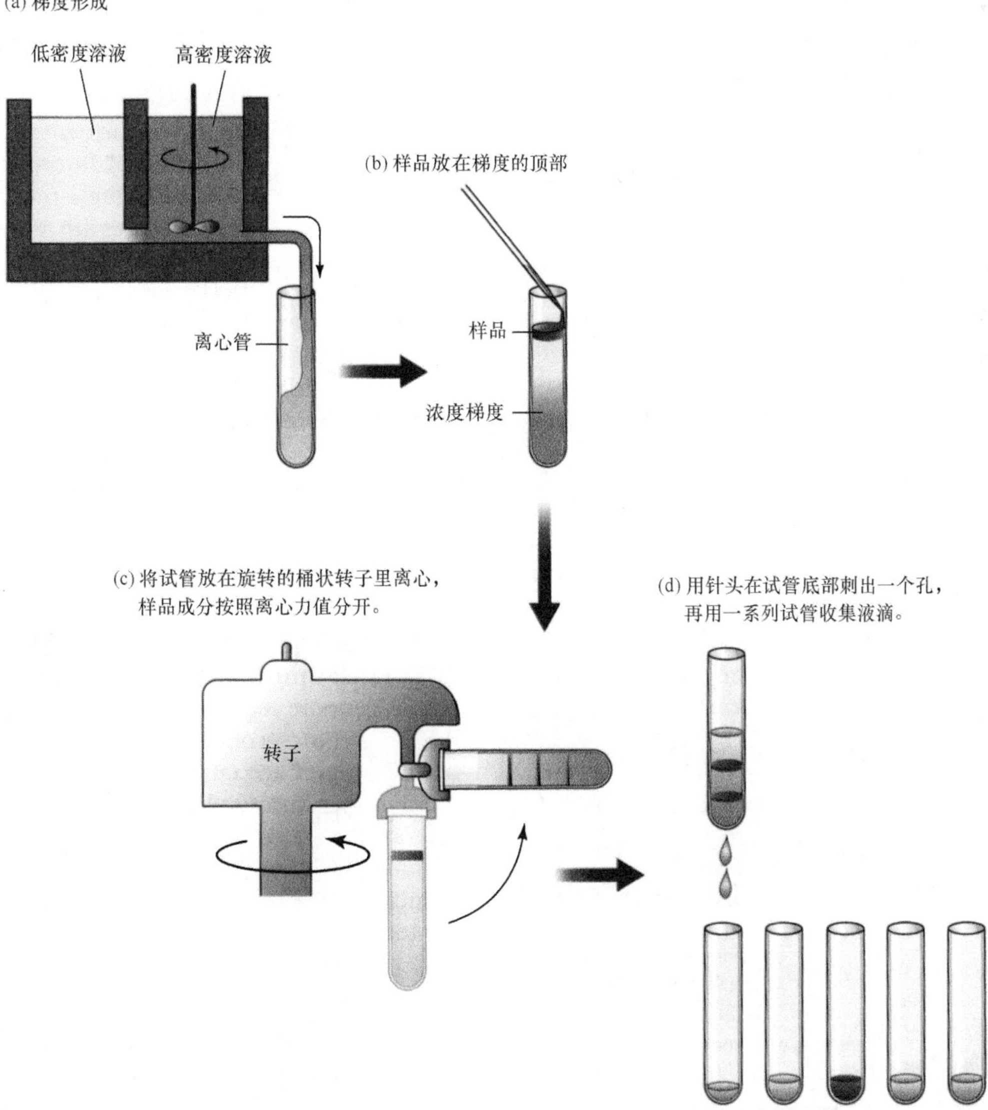

图 2.15 梯度离心基于密度差异分离样品

方法也能用于将双链 DNA 与单链 DNA、RNA 与 DNA 分子分离，当然，这也仅仅基于密度差异。

梯度介质材料、浓度和离心条件的选择会影响此过程中的整个可分离的密度范围：从非常狭窄的范围（如可将一种特殊类型的 DNA 分子与其他类型的分离）到较宽范围（可将所有 DNA 分子与其他生物分子分离）。历史上，这项技术最著名的应用之一就是 1958 年的 Meselson-Stahl 实验（详见第 1 章“基因是 DNA、编码 RNA 和多肽”），在此实验中，他们观察到了细菌 DNA 基因组的分级密度变化，从“重”氮（^{15}N）生长转变到“常规”氮（^{14}N）生长。这种方法能分辨出只含有纯 ^{15}N、^{15}N 和 ^{14}N 各一半或纯 ^{14}N 的 DNA 条带，这有力地证明了 DNA 复制的半保留特性。现在，这种方法最常作为具有宽密度范围的大规模准备纯化技术，用于将 DNA 作为一个组分与蛋白质或 RNA 分离。

2.7 DNA 测序

关键概念

- 经典的链终止测序法利用双脱氧核苷酸（ddNTP）在特殊的核苷酸位点终止 DNA 合成。
- 荧光标记的 ddNTP 和毛细管凝胶电泳使 DNA 测序可以自动化和高通量化。
- 下一代测序技术主要是提高自动化程度，降低测序的时间和费用。

自从 Frederick Sanger 和他的同事们在 1977 年发展出了**双脱氧测序（dideoxy sequencing）**以来，这种最经典的测序方法还并未有太多的变化。这种方法需要许多同样的 DNA 拷贝——与一小段 DNA 互补的寡核苷酸引物、DNA 聚合酶、脱氧核糖核苷三磷酸（dNTP：dATP、dCTP、dGTP 和 dTTP）和**双脱氧核苷三磷酸（dideoxynucleotide，ddNTP）**。脱氧核糖核苷三磷酸是一种修饰核苷酸，能被掺入到增长的 DNA 链中，但缺乏用于连接下一个核苷酸的 3′- 羟基，这样，它们的掺入就会终止合成反应。加入的 ddNTP 浓度远低于正常的核苷酸浓度，这样，它们掺入的速率比较低，且是随机的。

在早期实验中，4 种反应是分开进行的，即单一不同的 ddNTP 加入到各自的反应管中。这是因为链是被同位素标记的，这样仅仅基于标记还是无法区分这些链，但是，如果将反应产物加入到变性聚丙烯酰胺凝胶的相邻泳道中，基于电泳将它们分离，在这种分辨率下，仪器能将相差一个核苷酸的链区别开来。最后，胶转移到固相支持物上，干燥，并用 X 光片对其曝光。读片从上而下进行，当条带出现在 ddATP 泳道，表示这条链终止在 A 位，当另一条带出现在 ddTTP 泳道，表示另一个碱基为 T，如此读片即可。读出的片段长度通常为 500 ～ 1000 bp。

此技术中其中一个主要进步就是使用不同的荧光基团对每一种 ddNTP 进行标记，以此来代替放射法，使之在单一反应中就能进行实验操作，而当使用激光照射激发合成链，并通过光感应器时就能读出序列，而 ddNTP 终止片段的信息直接可以反馈到计算机中。第二种方法就是用极薄且长的、充满胶的玻璃毛细管替代了大的聚丙烯酰胺凝胶块，就如前文 2.6 节“DNA 分离技术”中所描述的。这些毛细管散热更快，使电泳能在高压下进行，极大地降低了分离所需的时间，这个过程如**图 2.16** 所示。如图所示，过程是全自动的。这些改善及其所产生的自动化和高通量在全基因组测序时代得到了集中的体现。这种方法被用于早期全基因组的测序，如人类基因组。它相对比较慢且昂贵。人类基因组的测定花费了几年时间，耗费了数十亿美元才得以完成。

紧随其后的下一代测序技术正在发展中，其主要目标是消除费时的胶分离和对人力的依赖性。步骤的改进与新仪器的使用大概起始于 2005 年，有时被称为下一代测序（next-generation sequencing，NGS），现在被称为二代 NGS，它主要基于自动化与过程的升级。它依旧需要原始材料的 PCR 扩增，即先要随机片段化，然后扩增。在庞大的平行芯片中，单一扩增的片断（典型的都是非常小的，几百碱基对）被固定在固体支持物上，每次在一组片段中读出一个碱基。与第一代测序技术相比，这种改进使我们能大规模与低成本进行测序。

这种技术有时被称为合成测序（sequencing-by-synthesis）或清洗 - 扫描测序（wash-and-scan sequencing）。当每一个核苷酸被加入到正在合成的链中时，这些测序方法的效率依赖于其检测与鉴定的方法。在其中一个应用中，引物被固定在玻璃表面，将被测的互补 DNA 与引物退火。接着分别加

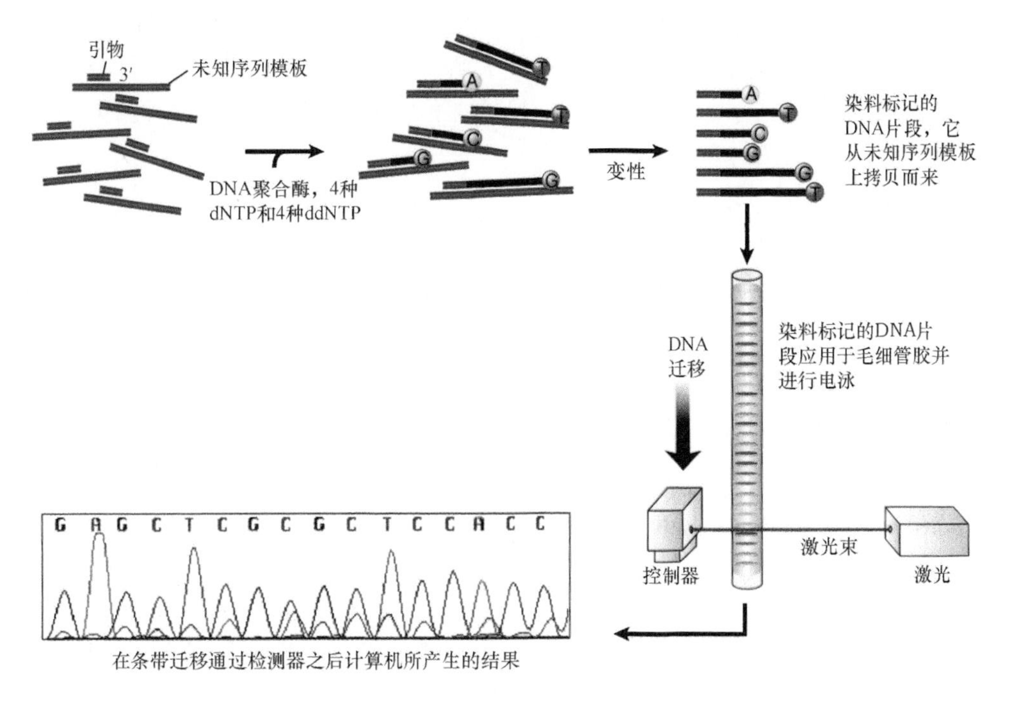

图 2.16 荧光标记的 ddNTP 测序

入聚合酶和荧光标记的核苷酸，随后洗去未用的 dNTP，测序就能进行下去。用激光照射激发出荧光后，掺入 DNA 链的核苷酸就可被检测出来。其他方法如使用带有可逆终止的核苷酸，这样即使存在一长串的同源多聚物 DNA（如一串多腺苷酸），它每次也只有一个核苷酸可被掺入。还有一种测序版本，称为**焦磷酸测序（pyrosequencing）**，它从新加入的碱基中检测释放的焦磷酸。这些二代系统利用材料的扩增来产生大量的平行反应产物，但缺点就是其可读长度通常很短。这些数据就需要通过计算来将它们排列在一起成为重叠群（contig）（连续的序列）。

现在测序技术正在从二代向三代 NGS 系统发展。三代测序方法避开了扩增问题，而是直接进行 DNA 或 RNA 等材料的测序，它依旧会给出短的读出长度（但长于二代测序）。它利用固定于表面的单分子测序（single-molecule sequencing，SMS）模板进行测序。当然，不同的公司开发出了不同的平台，它们利用不同方法去检测单一 DNA 分子。这些正在开发中的实时测序方法包括纳米孔测序（nanocore sequencing）与通道电流测序（tunneling currents sequencing）。第一种方法是当 DNA 序列通过硅树脂纳米孔时去探查单一核苷酸；另一种方法是它即将要通过通道，就用微转换器控制通过孔的电流，当核苷酸通过孔时，它以某种方式干扰了电流，而这种方式对于其化学结构而言是独特的。

如果这些技术能研发成功，它将具有极大的优势，即它使用简单的电子元件就能进行序列的阅读。然而，在它变得实用之前，还存在很多需要克服的难点。正在开发的其他测序方法还包括使用电子显微镜和单碱基合成进行检测。尽管它们的精确性可能不如二代系统那么高，但是读出长度更长，接近 1000 bp。

2.8 PCR 和 RT-PCR

关键概念

- 聚合酶链反应（PCR）利用能与目标序列进行退火的引物，对所需序列进行指数扩增。
- RT-PCR 利用反转录酶将 RNA 转变成 DNA，使之能用于 PCR 反应。
- 实时或定量 PCR 能在合成过程中检测 PCR 扩增产物。
- PCR 依赖于热稳定性 DNA 聚合酶，它能耐受多重循环的模板变性。

如果没有**聚合酶链反应（polymerase chain reaction，PCR）**的发明，生命科学就会止步不前，因此它是一种具有深远意义的、能改变生命科学研究进程的技术。在 1983 年之前，已有证据表明，个别人实际上已经了解和使用了这个方法的基本核心原理，但是，将成熟技术和应用前景独立地进行概念化的功劳必须归功于 Kary Mullis，由于他的远见而被授予了 1993 年的诺贝尔化学奖。

此法的基本原理非常简单，它基于这样的一种认识：DNA 聚合酶需要模板链和含有 3′- 羟基的退火引物开始链的延伸，PCR 步骤如**图 2.17** 所示。而在细胞 DNA 复制过程中（见 11 章“DNA 复制”），这种引物是一种短的 RNA 分子，由引发酶提供；同样地，以短的、单链的、人工合成的、与已知目标序列 3′ 端互补的给定序列的 DNA 寡核苷酸形式也能很好地提供这种功能。将双链序列（模板或模板分子）在合适的缓冲液中加热至 100℃，使之热变性，直至模板熔解，相互分开 [图 2.17（a）和（b）]；快速冷却到引物 / 模板的**退火温度（annealing temperature，T_m）**，过量短的、动力学上活跃的合成引物能确保引物分子发现它的互补靶序列，并快速、恰当地退火，这会远远快于原始对应链 [图 2.17（c）]；如果加上聚合酶，这种退火引物就提供了确切的位置开始引物延伸 [图 2.17（d）]。一般而言，这种延伸会持续下去，直到聚合酶被迫离开模板，或者它到达了模板分子的 5′ 端，没有了模板分子供它拷贝。

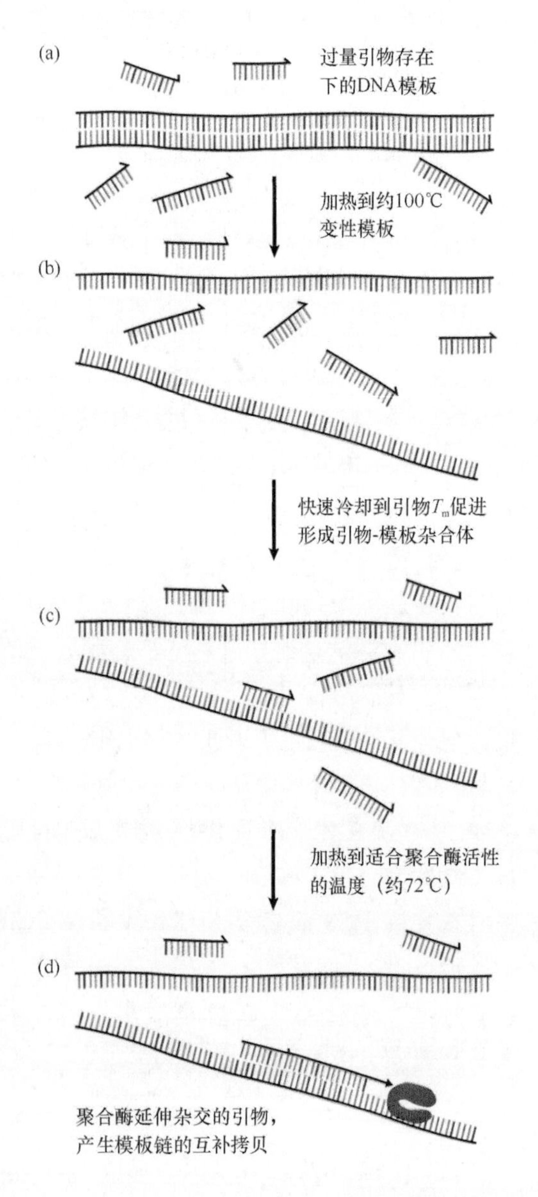

图 2.17 在过量引物存在的情况下，DNA 模板分子的变性（**a**）和快速冷却（**b**）使得引物能与模板（**c**）的任何互补序列区域杂交。这提供了聚合酶反应和引物延伸（**d**）的底物，产生自引物以下的模板链的互补拷贝

PCR 的独创性来自于同时结合一个相邻的极性相反的第二种引物（即与第一种引物退火的对应链互补），然后将模板、高浓度的两种引物、耐热 DNA 聚合酶的混合物、含 dNTP 的聚合酶缓冲液，重复进行以下循环：热变性、退火和引物延伸。现在我们只考虑第一个循环，上面已经描述过变性和退火，而两种引物就产生了如**图 2.18** 所示的情况。如果允许聚合酶延伸进行一段短的时间（假设 1 kb/min），每一个引物将会延伸而穿过另一个引物的位置，这样就会为另一个引物产生退火位点。提高温度至变性就会阻止引物延伸过程，转移聚合酶到新合成的链上。当系统再次冷却至退火温度，每一条新合成的短单链成为另一条链引物的退火位点。在第二次热循环中，只有模板存在，引物延伸才能进行，也就是说，它能到达对应引物序列的 5′ 端。现在此过程产生了短的、限定的、精确的引物对引物的 DNA 序列。重复变性、退火和引物延伸的热循环过程将使限定产物的数量呈指数增长（2^N，N 为热循环次数），我们可以想象一下序列扩增的显著水平。对此过程的深入了解发现，这也会产生不确定长度的产物，它来自每一循环偏离原始模板分子的引物延伸循环，但是这些产物以线性方式自然增加，能被源自引物的产物迅速超过，这称为**扩增子（amplicon）**。事实上，理想的 PCR 反应的 40 个热循环将使单一模板 DNA 分子产生约 10^{12} 个扩增子，这足以使它从看不见的靶标成为荧光染色的可见产物。

这可能一点也不奇怪，在这种看似简单的描述下面隐藏着如此多的技术复杂性。引物设计必须要考虑 DNA 二级结构、序列独特性、引物之间 T_m 的相似性等因素。耐热性 DNA 聚合酶（在高温和变性步骤中不会失活）的应用是一个由 Mullis 和他的同事发现的核心概念。在这种限定下，利用具有不

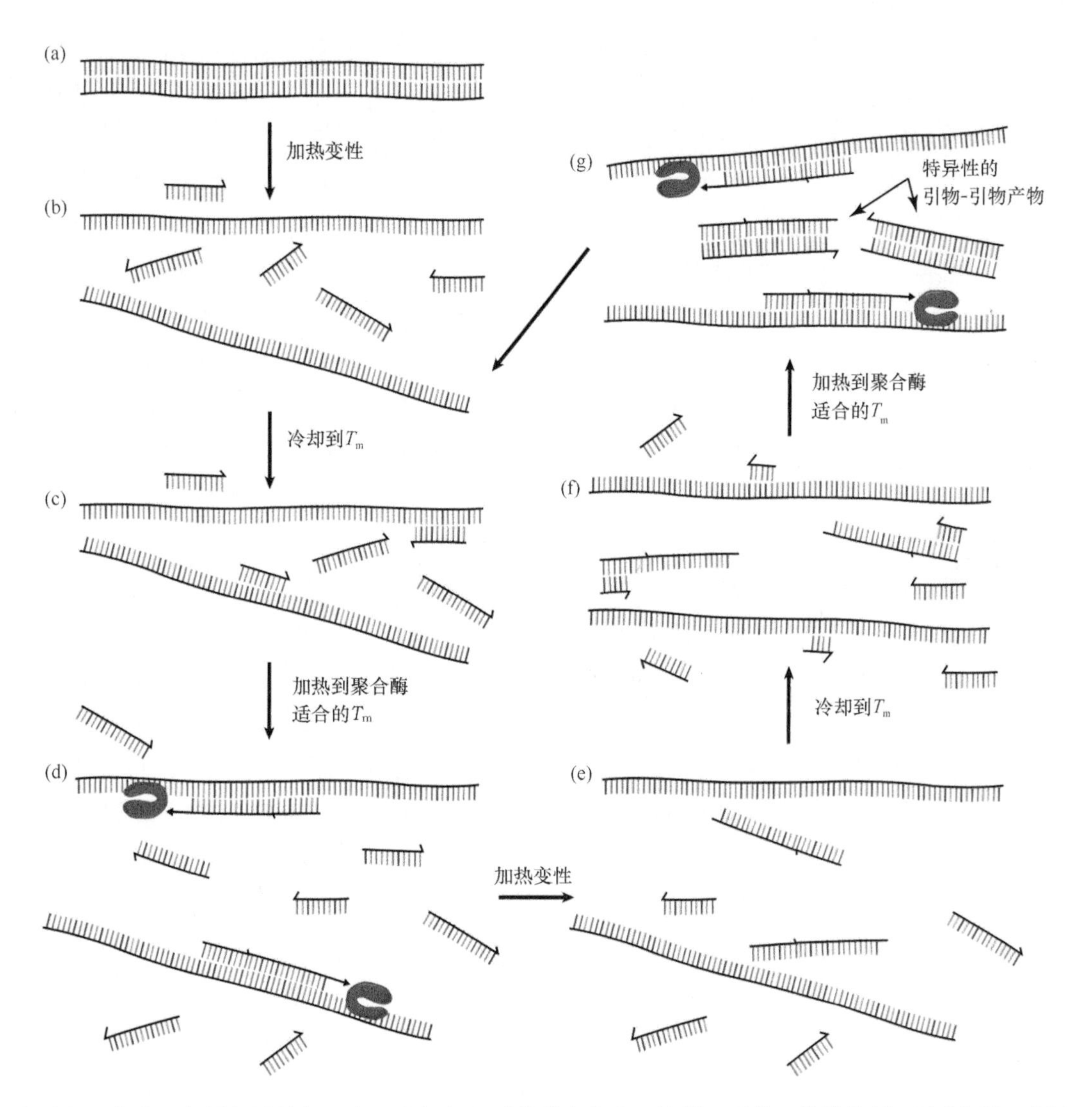

图 2.18 对应链的引物在两条模板链的每一条上有相邻的引物结合位点，这样，引物延伸的热循环导致短的、源自引物的产物（扩增子）的数量成指数增长

同特性的各种酶源（如用外切核酸酶活性提高准确性）来迎合单一扩增的需求。缓冲液组成（包括试剂如 DMSO 有助于降低二级结构障碍，并有利于扩增；加入足够浓度的二价阳离子，如 Mg^{2+}，使它们不因螯合到核苷酸上而被消耗光），这经常需要对有效反应进行优化。一般而言，当两个引物之间的距离在 100 ～ 500 bp 时，PCR 过程最理想；但是，优化过的反应可达数万碱基的距离。热启动（hot start）技术通过对聚合酶的共价修饰，能在第一步的变性步骤之前，用于确保不会出现不恰当的引物退火和延伸，这样就避免了错误产物的形成。通常情况下，40 次热循环标志了 PCR 反应的有效极限，在此循环数内，在合适模板存在的情况下具有较好的动力学，因为此时 dNTP 基本上变成了扩增子，平台期也出现了，不会出现多余的产物。相应地，如果没有合适的模板加入到反应中，40 次循环以后可能出现大量稀有的不正确产物。

将 PCR 与初始反转录步骤 [用随机引物或 PCR 引物的其中一个指导依赖 RNA 的 DNA 聚合酶（反转录酶）] 结合在一起，就可以使 RNA 模板变成 cDNA，这样就可进行常规的 PCR 反应，这称为**反转录 PCR（reverse transcrption PCR，RT-PCR）**。总之，在随后的讨论中，我们会用术语 PCR 来代表 PCR 和 RT-PCR。

可用多种方法进行 PCR 产物的检测。反应后“终点技术”包括凝胶电泳和 DNA 的特异性染色。用于染色的分子生物技术多且复杂（见 2.6 节“DNA 分离技术”中所描述的），这里只需要简单有效的方法来检测产生的扩增子是否为预期的大小。如果特殊扩增需要知道正确的、一个核苷酸差异的大小，那么就需要毛细管电泳。如果一种以上的 PCR 产物出现在实验中时，那么，PCR 产物与微芯片或悬浮珠芯片的杂交能被用于检测特殊的扩增子。依次地，这些就需要各种方法进行扩增子标记，如化学发光、荧光和电化学技术。另外，**实时 PCR（real-time PCR）**技术能利用一些方法直接检测反应管中即时出现的扩增子产物，通常采用光学方法，监测与扩增子形成相偶联的、直接或间接的荧光变化。这种方法允许反应管全程密封。相对于终点技术，最后的扩增子浓度与起始的模板浓度基本无关。实时 PCR 技术在热循环数与起始模板浓度之间显示了较好的相关性，此时可监测到清晰的信号，通常称为**阈循环（threshold cycle，C_T）**。因此，实时 PCR 技术是有效的模板定量方法，这种方法也常被称为**定量 PCR（quantitative PCR，qPCR）**。

从概念上来讲，最简单的实时 PCR 技术基于染料的使用，当 DNA 双链存在时，它能选择性地结合并发出荧光，如 SYBR 绿。在热循环过程中，存在于每一循环的退火和延伸步骤的 PCR 产物的形成导致双链产物数量的指数增长。实时 PCR 在每一循环的这些热循环步骤中监测每一反应管中的荧光，计算每一管的荧光变化，画出“S”形的扩增曲线。截止阈值在这条曲线指数期的约中间位置，它可用于计算每一个样品的 C_T，如果适当的对照存在，它就可用于定量。

这种方法的潜在问题是报道基因染料是非序列特异性的，所以反应形成的任何假的产物将导致假阳性信号。在常规热循环末端，通常用熔点（melt point）分析来解决这个问题。将反应冷却到退火温度，再缓慢地提高温度，同时连续不断地检测荧光。那么，特定的扩增子会有特征性的熔点，在该熔点时荧光会消失，而非特异性扩增子会显示出宽范围的熔点，从而使样品荧光逐渐消失。

很多其他方法使用基于探针的荧光报道基因，这就避免了潜在的非特异性信号。全程应用基于探针的方法称为**荧光共振能量转移（fluorescence resonance energy transfer，FRET）**。用一个简单的术语，就是当两个荧光团靠得很近，其中一个（报道基因）的发射波长与另一个 [猝灭剂（quencher）] 的激发波长相匹配，那么就会发生 FRET。报道基因染料发射波长发出的光子被邻近的猝灭剂染料有效俘获，而后在猝灭剂发射波长处重新发射。在这种方法的最简单形式中，在预定的扩增子内，与毗邻序列同源的两个短的寡核苷酸探针被用于实验反应，其中一个探针携带报道基因染料，另一个探针携带猝灭剂染料。如果反应中形成特异性的 PCR 产物，那么在退火步骤中，两个探针能退火到单链产物上，使报道基因和猝灭剂分子紧密靠近。与报道基因染料的激发波长反应所发出的光将引起 FRET，并在猝灭剂染料的特征性发射频率处发出荧光。相反地，如果这种探针分子的同源模板（预料的 PCR 产物）不存在，那么两种染料就不会共定位，而报道基因染料的激发将引起在报道基因染料的发射频率处发出荧光，如**图 2.19** 所示。与结合 DNA 的染料方法一样，实时 PCR 仪器能监测每一循环的猝灭剂发射波长，产生相似的“S”形扩增曲线。目前已经存在多种能利用这个过程探查 FRET 的方法，包括 5′ 荧光核酸酶（5′ fluorogenic nuclease assay）测定、分子异标（molecular beacon）法和分子蝎（molecular scorpion）法。尽管这些方法的细节不同，但是基本原理是相似的，并以相似的方式产生数据。

PCR 技术的应用非常广泛多样。在适当受控的反应中，扩增子的出现与否就能作为待检靶标模板分别存在与否的证据。这样它就可应用到医学中，如感染性疾病的探查，且在灵敏度、特异性与速率方面远远高于其他方法。因为两个引物位点是已知序列，其内部区域可以是普通长度的任何序列，这个事实使之直接应用于以下方面：在物种之间（或甚至个体之间）差异很大的区域的 PCR 产物可以被扩增出来进行序列分析，用于鉴定出样品模板的物种来源（或在后面例子中的个体身份）。再结合单一分子灵敏度，就为犯罪物证学提供强有力的工具，可从犯罪现场痕迹中的残留 DNA 鉴定出某一个体，样品简单到如烟头、弄脏的手指印或一根毛发。进化生物学家利用 PCR 扩增保存完好的样品，如来自数百万年前的琥珀中的昆虫，通过后续的测序和进化树分析，挖掘出令人惊喜的有关地球生命连续性和进化的结果。定量实时技术可应用于医学（如在移植患者中监测病毒含量）、科学研究（如检查单个细胞中特殊靶基因的转录活性）或环境监测（如水纯化质量监测）。

总之，PCR 反应需要小心优化的 T_m 值，使之具有最大的灵敏度和最适的扩增动力学，同时要保证引物只与它们的完全杂交匹配体退火。PCR 反应中 T_m 值的降低事实上放松了反应的严格性，使得引物与不完全匹配的杂交成分退火，当然，它也有

(a)

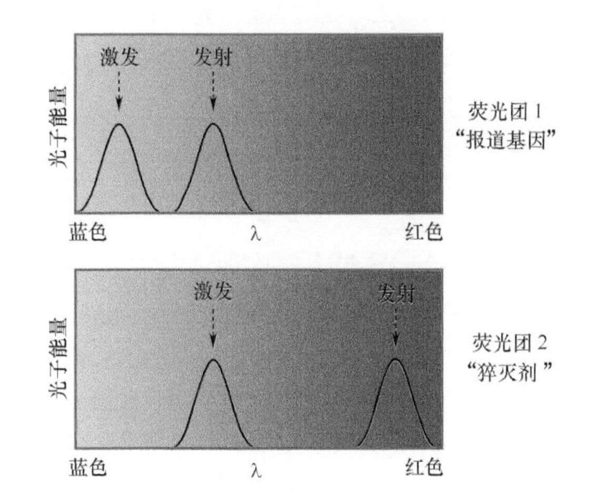

(b) 当报道基因和猝灭剂相互不靠近时

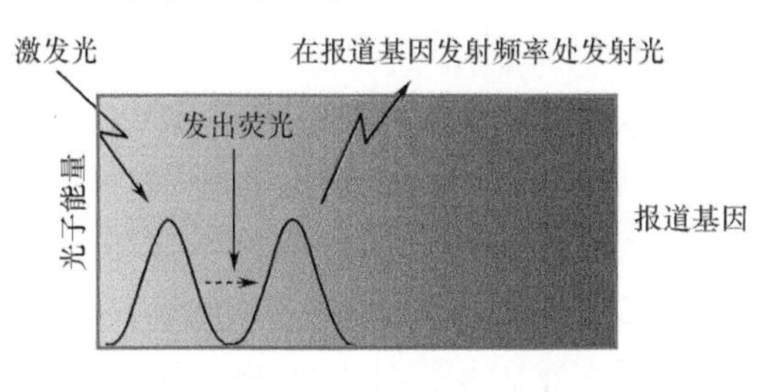

(c) 当报道基因和猝灭剂相互靠得很近时

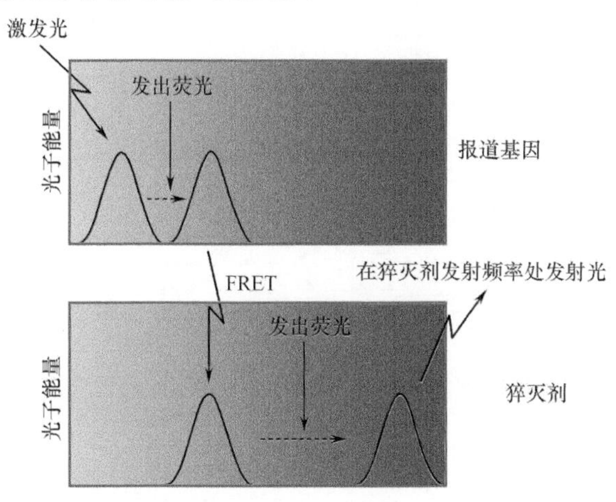

图 2.19 当报道基因和猝灭剂荧光团相互靠得很近时，荧光共振能量转移（FRET）就会发生，这将导致在猝灭剂发射频率处检测到光，此时的报道基因受到它激发频率光的刺激。如果报道基因和猝灭剂相互不靠近，那么报道基因的被刺激将导致在报道基因发射频率处检测到光。将报道基因和猝灭剂荧光团放在单链核酸探针上，而这些探针与预料的扩增子互补，基于此法，我们就能设计出不同的方法，即利用 FRET 的发生去监测序列特异性的扩增子的形成

很好的用途，如搜寻样品中可能与已知序列相似的未知序列。这项技术已经成功应用于新病毒物种的发现，在此项技术中，我们采用与相似病毒物种相匹配的引物。相似地，在基于 PCR 的基因或目标区域的克隆过程中，引物序列事先设定的非匹配和轻微降低 T_m 的应用，能将需要的突变引入进去，这就是**位点专一诱变（site-directed mutagenesis）**技术。通过设计一个 3′ 端核苷酸特异性的 PCR 引物，可以对单核苷酸多态性（SNP）进行差异检测（详见第 4 章“基因组概述”），能直接获得特殊的基因型，或作为邻近遗传靶标的替代性连锁标记。在最适 T_m 值下，如果匹配的 SNP 出现，那么这个最重要的核苷酸就开始杂交，并向正在等待的聚合酶提供 3′- 羟基。这个过程有好几个名词，如扩增受阻突变系统（amplification refractory mutation system，ARMS）或等位基因特异性 PCR（allele-specific PCR，ASPE）。

迄今为止所描述的 PCR 过程都是限定于一次反应一个靶标的扩增，或称为单一 PCR（simplex PCR）。尽管这是最普通的应用，但是我们可以将多个独立的 PCR 反应整合到一个反应中，这样就有可能从单一小样品中获得大量非相关序列。这种多重 PCR（multiplex PCR）技术在物证学和医学诊断中非常有用，但是这会迅速增加它的复杂性，在此，我们就要确保多重引物不会存在不必要的相互作用，从而导致不需要的错误结果。在最理想的状态下，多重性往往引起单一PCR反应的一些灵敏度的丧失，这是由于有限核苷酸和聚合酶之间的有效竞争。

对于许多学生来说，关于 PCR 的最后一个有意思的出发点是从哲学方面来思考。在实践中，如前所述，这种现在非常普遍的方法的应用需要耐热性 DNA 聚合酶，这些聚合酶（目前有许多种类）主要来源于细菌 DNA 聚合酶，它最初从极端生命中被鉴定出来，如生活在沸腾的热泉中和深海火山的热出口内的微生物。很少有人觉得研究这些深海火山热出口内的微生物在科学的许多其他方面，包括那些影响他们日常生活的方面，会有如此直接的重要性。研究主题之间意想不到的联系突显了基础研究在所有学科中的重要性，而关键的发现往往会来自最少被关注的研究领域。

2.9 印迹方法

关键概念

- Southern 印迹将 DNA 从胶上转移到膜上，接着用标记探针杂交来检测特定序列。

- Northern 印迹类似于 Southern 印迹，但它是将 RNA 从胶上转移到膜上。
- Western 印迹在 SDS 胶上将蛋白质分离，转移到硝酸纤维素膜上，并用抗体检测目标蛋白质。

在胶基质上根据大小将核酸分离以后，就可进行检测了。我们可以使用染料，它是非序列特异性的；如果要检测特异性序列，就需要使用**印迹（blotting）**法。尽管它比荧光染料染色进行直接观察要慢且复杂，但是印迹技术具有两项主要优势：相对于染料染色，它极大地提高了灵敏度；另外，它们能允许特定目标序列的特异性检测，使它能与凝胶上许多大小相似的条带分离。

这种方法最先应用于 DNA 琼脂糖凝胶，这在 2.5 节“核酸检测”中简单描述过，用于这种形式的方法称为 **DNA 印迹（Southern 印迹，Southern blotting）**，它根据此方法的发明人 Edwin Southern 博士命名。这个过程如**图 2.20** 所示：制备常规琼脂糖凝胶，进行如前描述的电泳（如果需要可以染色），此后，胶被浸入到碱性缓冲液中使 DNA 变性，接着将它放在一张多孔膜（通常为尼龙膜或硝酸纤维素膜）上，这样，通过毛细管作用（如放在一叠干燥的纸巾上面）或通过温和负压，缓冲液通过胶被抽吸上去，再到膜上。这种缓慢的缓冲液流动依次将核酸条带抽离出胶基质，进入膜表面。核酸结合于膜上，在多数例子中膜是带正电的，以提高 DNA 结合效率。这实际上产生了“接触复印”，这样所有的核酸条带的顺序和位置都与膜所分离的一致。为了使大 DNA 分子从胶上更有效地分离出来，胶有时在电泳之后或转移之前用弱酸处理。这会引发酸去嘌呤反应，在胶内 DNA 上产生链随机断裂，这样，大分子就变成了更加容易流动的小片段，但是依旧滞留在原胶带的同一物理位置上。

转移之后，通过干燥或暴露于紫外线下，能在膜与核酸（主要为嘧啶）之间形成物理交联，可将核酸固定在膜上。印迹膜现在可以进行封闭（blocking），将它浸在温的低盐缓冲液中，缓冲液中含有的物质将结合并阻断可能非特异性结合有机

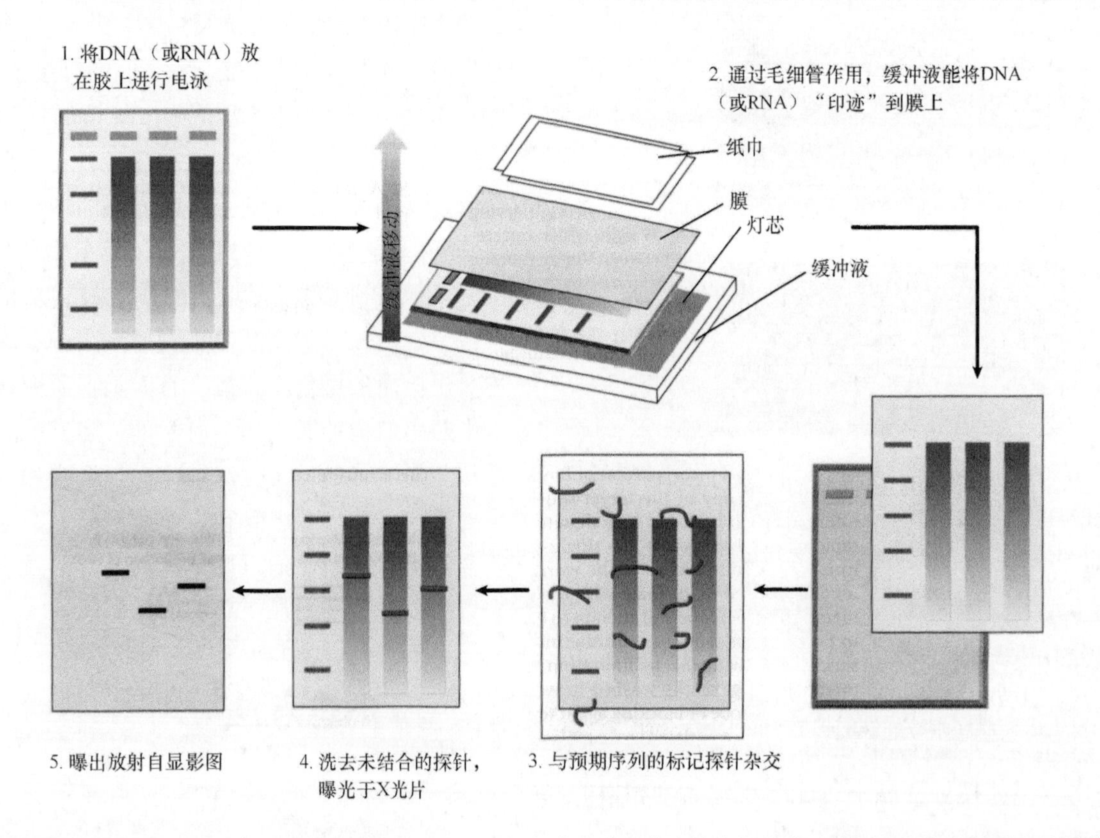

图 2.20 为了进行 Southern 印迹，用限制酶消化的 DNA 进行电泳，基于大小将它们分离。然后在印迹之前或印迹过程中将双链 DNA 在碱性溶液中变性，接着，胶被放置在含有转移缓冲液的容器中的灯芯（如海绵）上，将膜（尼龙膜或硝酸纤维素膜）放在胶的上面，再用吸附材料（如纸巾等）放在最上面。通过毛细管作用，缓冲液通过胶被抽吸上去，从而将 DNA 转移到膜上。接着，膜与标记探针（通常为 DNA）孵育，未结合的探针被洗去，用放射自显影法或磷屏法就可检测结合的探针。在 Northern 印迹中，用 RNA 而不是 DNA 进行电泳

化合物的印迹区域。封闭之后加入探针。探针由标记（同位素的或化学的，如通过生物素化核苷酸的掺入）的靶序列的拷贝组成，靶序列被合成为单链寡核苷酸，或者（如果是双链）被热变性并迅速冷却以单链形式放置。当探针被加到温的缓冲液中，与封闭膜进行孵育时，探针会试图与膜表面的同源序列进行杂交，在杂交步骤之后，通常将膜用温的、没有探针或封闭剂的缓冲液清洗，以去除非特异性结合的探针分子，此后就可观察结果了。如果使用同位素标记的探针，还要简单地进行膜对 X 光片的曝光或使用磷屏扫描仪。标记的衰减（通常为 ^{32}P 或 ^{35}S）导致影像的产生，这样，杂交的 DNA 条带在曝光的 X 光片上或在磷屏扫描仪上变得可见。对于化学标记的探针，我们以相似的方式使用化学发光或荧光检测策略。

Southern 印迹技术的最后一个优点是观察到的条带强度与膜上靶标的量存在相关性，也就是说，它是一种定量方法。如果合适的标准品（如一系列稀释的未标记探针序列）也被加入到胶上，那么通过标准品与靶标条带强度的比较就能得出起始样品中的靶标量。这种信息对于应用是非常有用的，如决定宿主细胞样品中的病毒拷贝数。

现在还存在一些 Southern 印迹技术的变种，包括使用专业化的胶系统进行 DNA 的初始分离。例如，二维电泳可根据分子形状与大小将 DNA 分子分开。**图 2.21** 描绘了这种二维图谱技术，它可用来鉴定复制中间体，这种方法已经广泛应用于复制与复制修复研究中。在这个方法中，正在复制的 DNA 的限制片段在第一相中根据分子量的大小用电泳分开；而在第二相中，移动主要由分子形状决定。正在复制的分子的不同类型有其特征性的轨迹，这依据它们偏离原单链的程度来衡量，而这条单链，即线性 DNA 分子在数量上最终会倍增。简单的 Y 结构（当片段处于复制的中间阶段时发生，但它自身不包括复制起点）会沿着连续的路径前进，此时，复制叉沿着线性片段向前移动。当 3 个分叉的长度相同时，此时结构最偏离这一线性的 DNA 分子，转折点就出现了。类似的思考可以推断出双 Y 结构或泡状结构（它暗示了双向复制叉，此时复制起点位于片段内）的路径。不对称泡状结构会沿着不连续的路径前进。当其中一个复制叉完成了复制过程，泡状结构就转变成 Y 结构，此时在这一点上会出现停顿。

Southern 印迹技术的另一个变种是将变性胶基质用于相似 RNA 分析的过程，这称为 **RNA 印迹（Northern 印迹，Northern blotting）**。在这个例子中没有初始的消化过程，这样，完整的 RNA 就可以基于其片段大小分离。它通常在甲醛或其他含有变性剂的胶上进行，而变性剂能消除 RNA 的二级结构。这能测定实际的 RNA 大小，另外还像

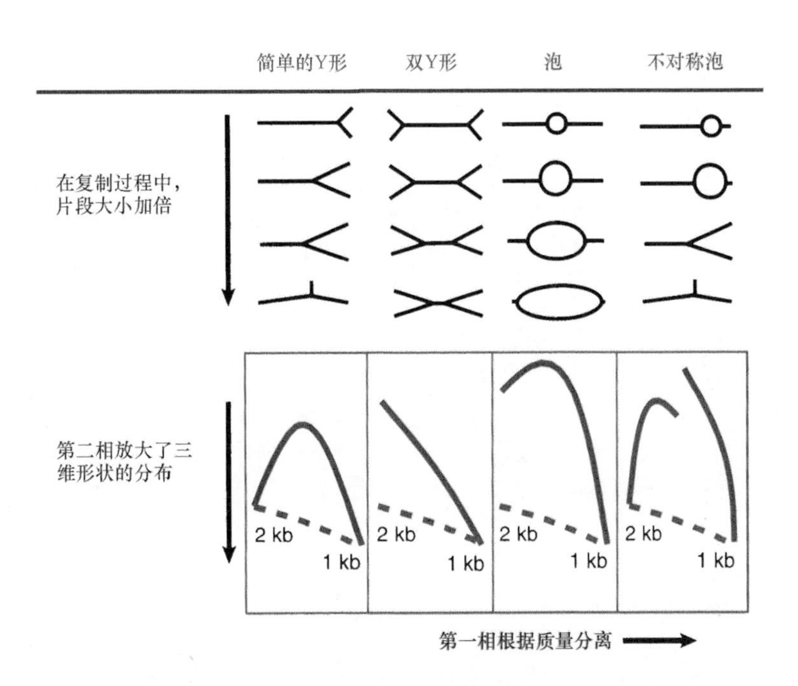

图 2.21 Southern 印迹技术可应用于检测根据形状和大小分开的片段。在此例中，复制起点位置和复制叉数目决定了限制性复制片段的形状，这可基于电泳路径（实线）示踪。虚线显示线性 DNA 分子的电泳路径

Southern 印迹一样，提供了检测任何类型 RNA 的类似定量方法。如果 mRNA 是目标物，我们还能将它与细胞中的其他类型的 RNA 分离。mRNA（和一些其他非编码 RNA）不同于其他 RNA 是因为它是多腺苷酸化的（由一串 A 残基加在 3′ 端，详见第 19 章“RNA 的剪接与加工”）。因此可以用寡 dT [oligo(dT)] 柱富集多 A [poly(A)]+mRNA，此时，寡 dT 柱上的寡聚体可以固定在固相支持物上，用于俘获样品中总 RNA 中的 mRNA，如图 2.22 所示。

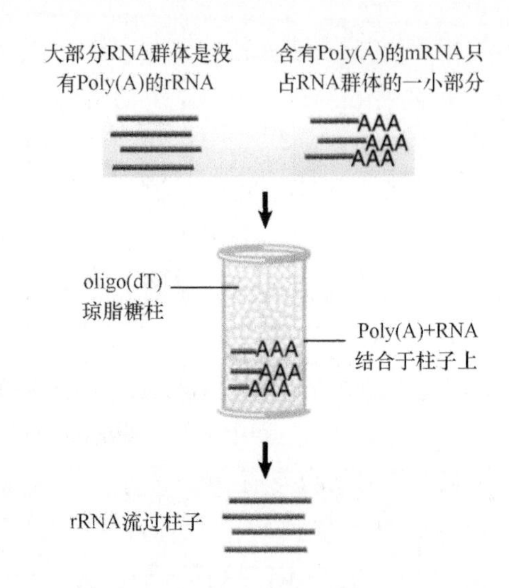

图 2.22　寡 dT [oligo(dT)] 柱的分级能将多 A [Poly(A)]+RNA 与其他 RNA 分离

原理相似的过程也可用于蛋白质，用分离蛋白质的胶进行电泳，再印迹到膜上，这称为**蛋白质印迹（Western 印迹，Western blotting）**，如图 2.23 所示。印迹蛋白质与核酸之间存在一些关键的差异。首先，分离蛋白质的胶通常含有去垢剂 SDS，它使蛋白质去折叠，这样它们就根据大小而非形状进行迁移。另外，它还给所有蛋白质提供同样的负电，这样它们就能向胶的正极移动 [在没有 SDS 存在的情况下，每一种蛋白质在给定的 pH 带有自身特定的电荷，这样蛋白质很可能就基于这些电荷而不是大小分离，这样的技术称为**等电聚焦（isoelectric focusing）**]。

一旦胶上的蛋白质分离，它们就用电流辅助（而不是用于核酸的毛细管或负压法）转移到硝酸纤维素膜上。Western 印迹的最显著不同就是它在膜上检测蛋白质。互补的碱基配对不能用于发现蛋白质，所以它用抗体去识别目标蛋白质。如果能够获得抗体，那么我们就用它去识别蛋白质本身。过去我们识别融合于蛋白质序列的**附加表位（epitope tag）**来进行蛋白质鉴定。附加表位就是一段短肽序列，它能被商业化的抗体识别，而编码附加表位的 DNA 能被克隆进目标基因的阅读框内，产生含有表位的产物（典型表位位于蛋白质的 N 端或 C 端）。最常用的附加表位序列（如 HA、FLAG 和 myc 标签）通常已被装入表达载体中，使之更加容易融合（见

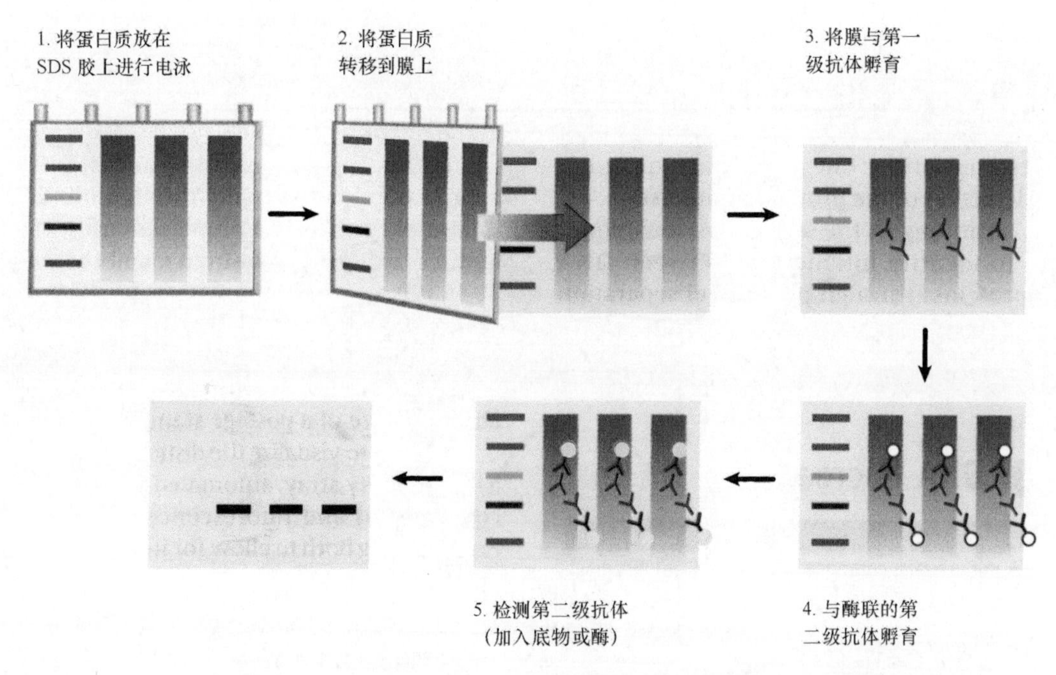

图 2.23　在 Western 印迹中，在 SDS 胶上，蛋白质根据大小分离，转移到硝酸纤维素膜上，用抗体进行检测。第一级抗体检测蛋白质，酶联的第二级抗体检测第一级抗体。在此例中，通过加入化学发光剂检测第二级抗体，它引起光的发射，可用 X 光片曝光检测

2.4 节“克隆载体可因不同目的而专一化”)。

能识别膜上靶标的抗体称为第一级抗体(primary antibody),Western 印迹的最后阶段是用第二级抗体(secondary antibody)检测第一级抗体,然后再观察第二级抗体。第二级抗体可从不同的物种中获得,而第一级抗体则不是这样。第二级抗体识别第一级抗体的恒定区(例如,“羊抗兔”抗体识别来源于兔的第一级抗体,抗体结构的综述详见第 16 章“免疫系统中的体细胞 DNA 重组与超变”)。第二级抗体通常共价连接可使之可见的其他蛋白质,如荧光染料或酶(如碱性磷酸酶或过氧化物酶)。这些酶用作可视化工具,因为它们能将加入的底物变成有色产物(用于颜色检测),或释放光作为反应产物(化学发光检测)。使用第一级和第二级抗体(而不是将可视物连到第一级抗体上)提高了 Western 印迹的灵敏度,这种结果可对目标蛋白质进行半定量检测。

按照同样的思路进行,我们就可进一步引申出以下两项技术:用于识别 DNA 和蛋白质之间相互作用的技术(通过蛋白质凝胶分离和印迹,然后用 DNA 探针检测),称为 DNA- 蛋白质印迹(Southwestern 印迹,Southwestern blotting);当用 RNA 探针检测时,这项技术称为 RNA- 蛋白质印迹(Northwestern 印迹,Northwestern blotting)。

2.10 DNA 微阵列

关键概念

- DNA 微阵列由点在或合成在小芯片上的已知 DNA 序列组成。
- 用来自实验样品的标记cDNA与微阵列杂交,而这种微阵列含有被分析生物体的所有 ORF 序列,那么就可进行全基因组转录分析。
- SNP 阵列可进行单核苷酸多态性的全基因组基因分型分析。
- 阵列比较基因组杂交(阵列 -CGH)能检测两个样品之间的任何 DNA 序列的拷贝数变化。

从逻辑而言,Northern 印迹和 Southern 印迹的进一步技术发展就是微阵列(microarray)。这项技术不是将未知样品放在膜上,或将探针放在溶液中,实际上是将二者反过来。这源自于“狭线印迹”或“点印迹”,在那里,研究者将单个靶 DNA 序列以一定的顺序直接点在杂交膜上,每一个点包含不同的单一已知序列。将膜干燥就固定了这些点,从而产生了预制的印迹阵列。在使用中,研究者会利用目标核酸样品,如全部细胞 DNA,然后片段化,再随机并统一地标记这种 DNA(最初用同位素标记)。接着,样品 DNA 的标记混合物就如在 Southern 印迹中使用的一样,作为探针与预制印迹膜进行杂交。如果标记 DNA 序列与任何阵列点同源,它就会保留在这个已知的点上,这个点的位置固定,且能用放射自显影观察到。通过观察放射自显影图并了解每一个特异性探针点的物理定位,我们就能读出杂交与非杂交点的模式,而这反映了未知样品中的每一个对应的已知序列存在与否。

对固定化点的大小和物理密度进行微缩化,这种方法的技术进步神速,已经将它从含有 30 ～ 100 个点的膜提高到含有 1000 个点的玻璃显微镜片。现在,硅芯片底物已能在一张邮票大小面积上容纳数十万甚至上百万个点。

为了能在如此高密度的阵列中观察到独特的点,我们需要使用自动化的光学显微镜,并用荧光取代了放射标记,这些都是为了提高空间分辨率(更高的点密度)和每个杂交信号的定量化。与每个阵列中不断提高的点数量相一致的是,每个独特探针的长度也在变短,使得阵列中的每一个点能特异性地针对更小的靶标区域,事实上就是在分子尺度上给予更高的分辨率。尽管微阵列的潜在应用是无限的,却还是受制于使用者有限的想象,但是有很多特殊应用已经成为标准工具。

这些应用中的第一个就是基因表达谱,在这里,收集来自目标材料的全部 mRNA 样品(如疾病中或处于特殊环境挑战中的组织),用随机引物反转录法将它转变成 cDNA。在合成过程中将标记掺入到 cDNA 中(通过使用标记核苷酸或将引物本身标记)。这可以是荧光团或半抗原(如生物素),前一种称为直接标记(direct labeling);后一种在随后阶段会暴露于荧光团配偶体,它能与半抗原结合(在目前这个例子中,可用链霉素抗生物素蛋白藻红蛋白配偶体),这称为间接标记(indirect labeling)。接着这种标记的 cDNA 与阵列杂交,而在阵列上,固定化的点含有与许多来自靶标有机体的已知 mRNA 的互补序列。杂交、清洗和显像就能发现这些已经结合标记过的互补 cDNA 的点，而读出的数据就代表了原始样品所表达的基因，这个过程如**图 2.24** 所示。这种方法与 Southern 印迹一样，它是定量的，这意味着每一个点上所观察到的信号对应于其特定 mRNA 的初始水平。聪明地选择每一个固定点的序列，如选择与一个基因的某一特定外显子互补的短探针序列，甚至可以用此种方法区分和定量单一基因可变剪接产物的相对水平。通过比较实验组织和对照组织中这些平行进行的实验数据，有时一个实验就可以得到细胞全部基因表达模式"全局"变化的快照，这对于深刻理解实验组织的状态或条件十分有用。

第二个主要应用就是基因分型。人类或其他生物体基因组的分析导致了无数的**单核苷酸多态性**（**single nucleotide polymorphism，SNP**）的鉴定。SNP 就是一个特定遗传基因的单一碱基替代（详见第 4 章"基因组概述"），个体的 SNP 以一定的频率出现，而在群体中往往是不同的。最直观的例子就是靶基因的错义突变（missense mutation），如参与

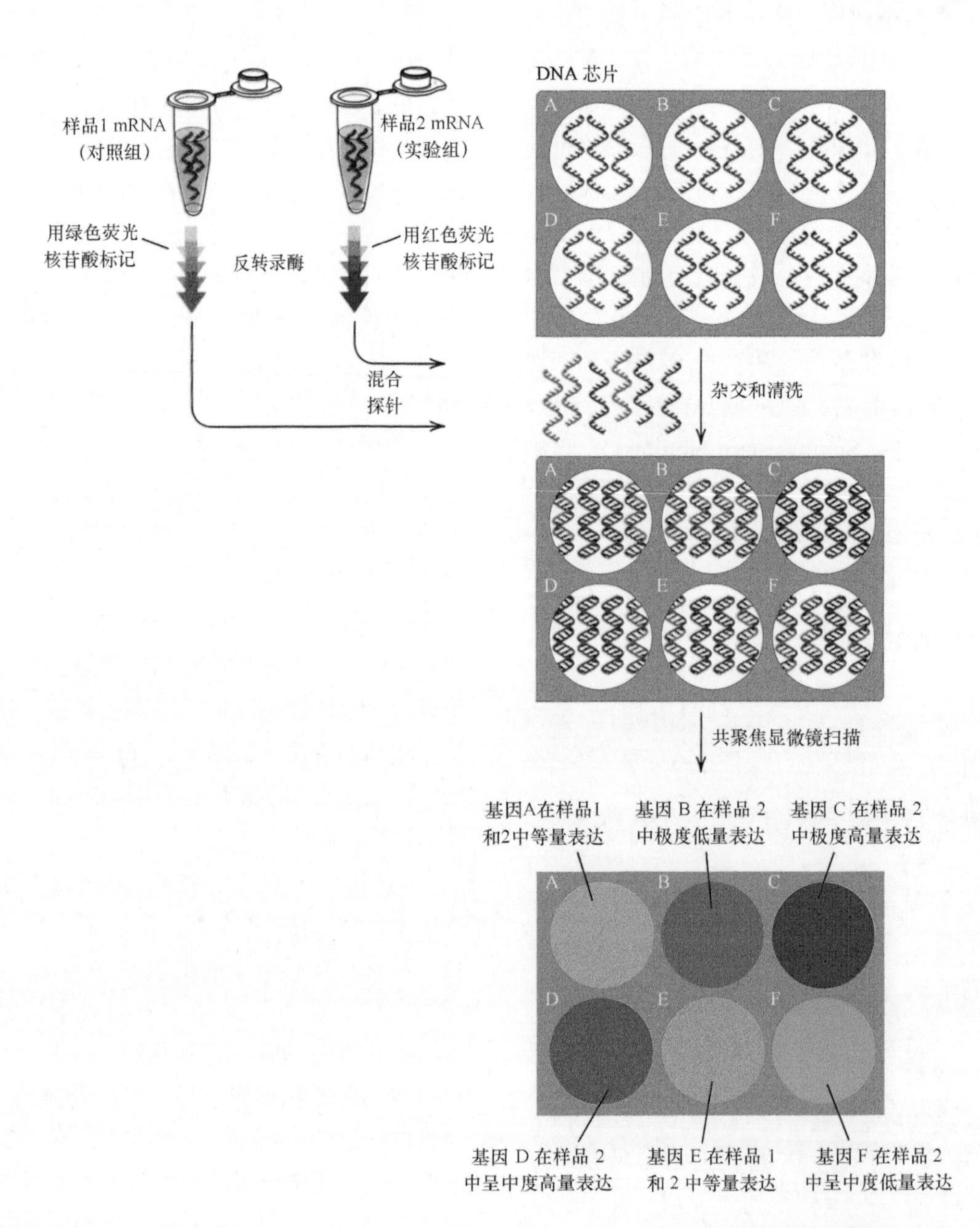

图 2.24 基因表达阵列用以检测实验样品中的所有基因的表达水平。mRNA 从对照和实验细胞或组织中分离出来，在荧光标记核苷酸（或引物）的存在下进行反转录，为每一个样品制备出含有不同荧光团（红链或绿链）的标记 cDNA。红色和绿色 cDNA 与微阵列的竞争性杂交与两个样品中的每一种 mRNA 的相对丰度成正比。红色和绿色荧光的相对水平用显微扫描检测，并以一种颜色显示。红色或橙色提示在红色（实验）样品中呈增高的表达；而绿色或黄绿色提示降低的表达；黄色提示在对照和实验组中的表达水平一致

药物代谢的基因。与携带其他等位基因的人相比，携带某一 SNP 等位基因的人可能以完全不同的速率从循环中清除药物，这样，对这一 SNP 等位基因的查明可能对于考虑选择合适药物剂量是非常重要的。有这样一个例子，它一直从理论走到日常生活中，这就是用 *CYP450* 基因的 SNP 分型来决定抗凝剂新双香豆素（warfarin）的合适剂量。另一个例子就是在某些癌症患者中 *K-Ras* 癌基因的 SNP 基因分型，用它来决定 EGFR 抑制药物是否具有治疗价值。其他 SNP 可能没有直接的生物学结果，但如果发现它与某一特殊目标等位基因紧密联系在一起，就可以成为有用的遗传标记，也就是说，就遗传学术语而言它就是紧密连锁。在人类基因组中已经找到了数千万的 SNP，我们也可用阵列探查 DNA 获得每一个人的基因型，并能同时得到连锁遗传的等位基因是什么。事实上，这使得测试者的大部分基因型能从单一实验中获得，这比测定测试者的全基因组序列所花费的时间和资金要低很多。然而放眼未来，我们还应该注意，SNP 连锁等位基因与直接的错义突变等位基因还是存在差异的，从此例可以看到 SNP 基因分型是间接的提示，至少存在潜在的不准确性。

从另一方面讲，测序的结果是明确的。如果即将出现的测序技术提高了，能在 24h 内提供全基因组序列，这与 SNP 基因分型的花费就很有竞争性，那么这就将成为主要方法，而不是 SNP 基因分型。

DNA 微阵列的第三个主要应用就是**阵列比较基因组杂交**或**阵列 -CGH（array comparative genome hybridization，array-CGH）**。这是一种正在发展的技术，在一些例子中已经代替了细胞遗传学，用以检测和定位染色体的异常，这种异常改变了给定序列的拷贝数，也就是说发生了缺失或重复。在这项技术中，阵列芯片（array ChIP），或称为**叠瓦式阵列（tiling array）**，以生物体的基因组序列点样，这些序列加在一起就代表了全基因组，阵列的密度越高，每一个点所代表的遗传区域越小，那么实验所提供的分辨率就越高。两份 DNA 样品（一份来自正常对照组织，另一份来自目标组织），每一份随机标记不同的荧光团，如分别用绿色或红色（类似于如前表达阵列所描述的 mRNA 标记）。接着，这两个不同标记的样品完全等量混合，再与芯片杂交。在这两个样品中，如果 DNA 的量一致，那么与互补阵列点杂交后就给出“混合的”颜色信号。相比较而言，如果一个样品中的 DNA 比另一个多，那么就会在相应的杂交点胜出，从而就会比另一种颜色所发出的光更强。计算机辅助的图像分析能读出数据，定量每一个阵列点上的微小颜色变化，从而发现试验样品中甚至很小变化的半合子的损失。与传统的细胞遗传学方法相比，这项技术提供了自动化所需的便捷和分辨率，使得它进一步被用于诊断，特别是在检测与一系列遗传病相关的染色体拷贝数改变方面。

叠瓦式阵列也常被用于染色质免疫沉淀研究中，它能在基因组规模上鉴定出与 DNA 结合蛋白或复合体相互作用的序列，这将在 2.11 节“染色质免疫沉淀”中描述。

除了所描述的芯片样固相阵列外，特定用途的低密度（有几百个目标，而不是几百万）阵列以基于微珠的形式被制造出来。在这些方法中，每一个微珠具有独特的光学信号或条码，并且它的表面能包被靶 DNA 序列。不同微珠条码能混合，并匹配在含有标记的样品 DNA 或 cDNA 的单一样品中，然后用光学和（或）流式分拣方法再分拣、检测和定量。尽管密度比芯片类型阵列低很多，微珠阵列（bead array）能被修改，更适合于某一特殊的生物学问题，并且在实践中，它表现出了更快的三维杂交动力学，而芯片实际上只有二维杂交动力学。

2.11 染色质免疫沉淀

关键概念

- 染色质免疫沉淀能在体内检测特定的蛋白质 - DNA 相互作用。
- 对于给定的蛋白质来说，“ChIP-on-chip”或“ChIP-seq”能勾画出横跨全基因组的所有蛋白质的结合位点。

到目前为止，这一章所讨论的大部分方法都是体外方法，它允许用于检测和操控的核酸或蛋白质分离自细胞（或合成生产）。现在还发展出了其他很多强有力的分子技术，能允许对体内大分子（如活细胞 GFP 融合蛋白的影像）行为的直观观察，或允许观察者在特定条件或时间点下对体内大分子的定位或相互作用进行“偷窥”。

无数的蛋白质与 DNA 直接进行相互作用而发挥功能，如染色质蛋白，或执行复制、修复和转录的因子。而我们对这些过程的了解大部分来自体外的重建实验，因此，为了全面理解这些复杂的功能，在活细胞中勾画出蛋白质 -DNA 相互作用的动力学是非常重要的。由此发展出了强有力的技术——**染色质免疫沉淀阵列（chromatin immunoprecipitation assay，ChIP）**，它就能获取这样的相互作用（染色质指体内真核细胞 DNA 的天然状态，它广泛地与蛋白质包裹在一起，这将在第 8 章“染色质”中描述）。ChIP 能允许研究者发现体内特异性的 DNA 序列中的任何目标蛋白质的存在。

图 2.25 显示了 ChIP 的过程，此法利用抗体发现目标蛋白质。这与前文 Western 印迹中所讨论的一样（见 2.9 节“印迹方法”）。这种抗体可针对蛋白质本身，或针对附加表位的靶标。

典型 ChIP 实验的第一步是目标细胞（或组织或有机体）的交联，将它用甲醛固定。这有两个目的：①杀死细胞，并在固定的一刹那，将正在进行的所有过程停滞，从而提供此时的细胞活性；②它共价连接任何靠得很近的蛋白质与 DNA，从而保存后续分析过程中的 DNA 与蛋白质相互作用。在细胞或组织中，ChIP 能在不同实验条件下（如在细胞周期的不同时期，或在特殊处理后）进行，以寻找在不同条件下的 DNA 与蛋白质相互作用的变化。

载体	特征	DNA 隔离	DNA 长度限制
质粒	高拷贝数	物理	10 kb
噬菌体	感染细菌	通过噬菌体包装	20 kb
黏粒	高拷贝数	通过噬菌体包装	48 kb
BAC	基于 F 质粒	物理	300 kb
YAC	起始点＋着丝粒＋端粒	物理	>1 Mb

图 2.25 染色质免疫沉淀检测体内天然染色质中的 DNA 与蛋白质的相互作用。将蛋白质与 DNA 交联，染色质被打成小的片段，再用抗体去沉淀目标蛋白质，接着纯化连接的 DNA，再进行分析，这可通过 PCR 方法（如图所示）鉴定特异性序列；或通过标记 DNA，应用叠瓦式芯片来检测全基因组相互作用

在交联后，从固定的材料上分离出染色质，将它切割成小的染色质片段，通常每一片段为 200 ～ 1000 bp。这可用超声方法完成，它使用高强度的声波非特异性地打断染色质；核酸酶（序列特异性或非序列特异性的）也能用于片段化 DNA。这些小的染色质片段再与针对靶蛋白的抗体孵育，这些抗体可用于免疫沉淀蛋白质，这可通过将抗体从溶液中“拉”出来而完成，而这需要用到能连接抗体的蛋白质 [如蛋白 A（Protein A）] 包被的重珠子。

在将非结合物质去除后，剩下的物质含有目标蛋白质，它还是与 DNA 交联在一起，就如在体内连接的那样，这有时称为“关联定罪（guilt by association）”实验，因为靶 DNA 只有与目标蛋白质相互作用时才被分离出来。ChIP 的最后一步是去除交联，这样 DNA 才能被纯化，再用 PCR 或印迹法检测出特定的 DNA 序列。通常使用定量（实时）PCR 来检测有限的靶 DNA 数量。

除了能揭示给定 DNA 序列（如结合于目标基因启动子区的转录因子）的特定蛋白质的存在外，高度特化抗体还能提供更详细的信息，如可制备能识别同一蛋白质的不同翻译后修饰的抗体。这样，ChIP 就能区分在基因启动子区参与起始的 RNA 聚合酶Ⅱ与进入转录延伸期的 RNA 聚合酶Ⅱ，因为在这两个阶段，RNA 聚合酶Ⅱ的磷酸化状态是不同的（详见第 18 章“真核生物的转录”），而已经有抗体能识别这些磷酸化事件。

ChIP 过程的某些改变使得研究者能从大的基因组区域，甚至全基因组中获得给定蛋白质（或修饰版本蛋白质）的定位。现在出现两种最重要的改进版本，称为芯片上 ChIP（ChIP-on-chip）与 ChIP 测序（ChIP-seq），其唯一不同是纯化自免疫沉淀物质 DNA 的命运。它不是通过 PCR 获得这个 DNA 特异性序列，而是 DNA 进行大规模标记，与 DNA 微阵列杂交（芯片上 ChIP；通常为基因组叠瓦式阵列，如前一节所描述的）；或者直接用于深度测序（ChIP 测序；这是目前最流行的方法）。每一种方法都能使研究者获得目标蛋白质在基因组范围内的、所有结合位点的足迹。例如，通过对复制起始识别复合体（origin recognition complex，ORC）中蛋白质的 ChIP 实验，可以同时探查推测的复制起点（在多细胞真核生物中，这是很难检测的）。

2.12 基因敲除、转基因和基因组编辑

关键概念

- 被注入小鼠囊胚的胚胎干（ES）细胞可产生子细胞，它能转变成嵌合体成年小鼠的一部分。
- 如果ES细胞分裂形成生殖细胞，则子代小鼠可从ES细胞发育而来。
- 在ES细胞被导入囊胚之前，将外源基因转入，外源基因就可进入到小鼠的生殖细胞中。
- 通过同源重组可用转染的基因替换内源基因。
- 利用两个可选择的标记基因，其中之一和外源基因一起整合到宿主基因组中，另一个在重组过程中丢失，可检测到成功的同源重组现象的发生。
- Cre/*lox* 系统被广泛应用于制备可诱导的敲除物种或敲入物种。
- 在活细胞中，有几种工具能直接编辑基因组。

有机体从外来DNA的加入中获得新的遗传信息，这被称为**转基因（transgene）**。对于最简单的有机体（如细菌或酵母），通过转化含有目标序列的DNA构建体，就很容易产生转基因有机体，然而，多细胞生物的转基因形成则是非常具有挑战性的。

现在我们可以直接将DNA注射到小鼠卵子，如**图2.26**所示，其过程如下：将携带目的基因的质粒注射到胚胎卵母细胞的细胞核或受精卵的前核（pronucleus）中；然后将卵子植入假孕小鼠（小鼠与施行输精管切除术的雄性小鼠交配以触发怀孕状态）子宫。在子代鼠出生后，检测其是否获得了外源基因，如果获得，再检测其外源基因的表达状况。这类实验的结果通常是，在被注射的小鼠中，只有少部分（约15%）获得了转染序列。一般来说，多拷贝质粒被整合成串联体，进入到染色体的单一位点，拷贝数为1～150，它们能够被注射小鼠后代遗传。以这种方式导入的转基因的基因表达水平是高度变化的，这取决于拷贝数和整合位点。如果基因被整合到活性染色质区段，那么它就能够高度表达；但若被整合到或靠近染色体的沉默区，它可能就不能表达。

新的或突变基因的转基因可用于研究所有动物的目的基因，另外，利用转基因技术，我们可以用功能基因替代缺陷基因。一个成功的例子是对性腺机能减退（hypogonadia，*hpg*）小鼠的治愈，*hpg* 小鼠缺少编码促性腺激素释放激素（gonadotropin-

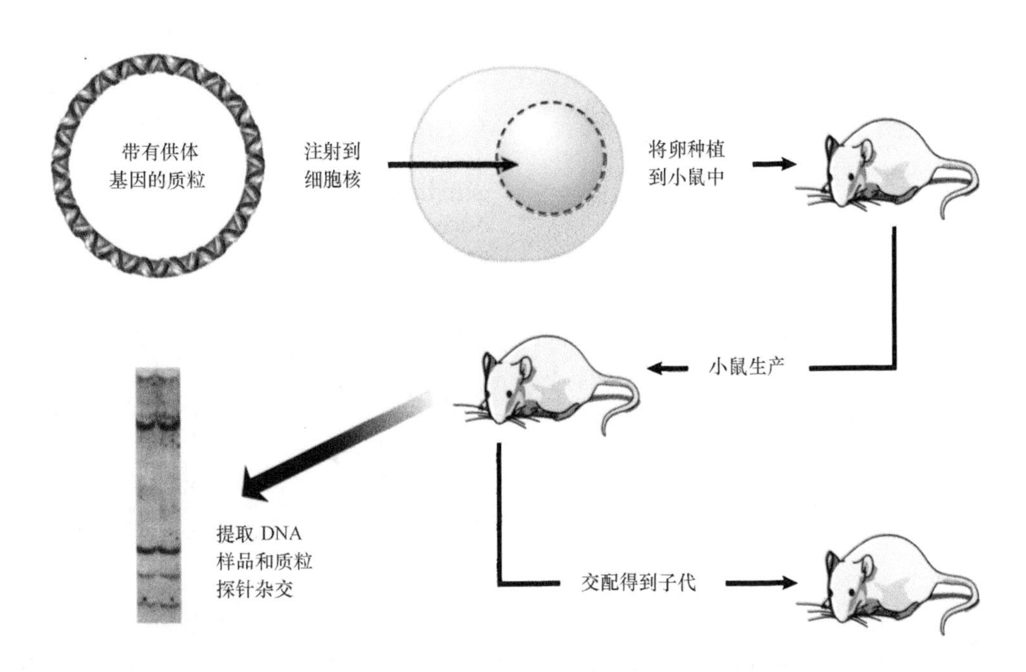

图2.26 转染能直接将外源DNA转入动物体的生殖细胞系中

照片转载自Chambon, P. 1981. *Sci Am* 244: 60-71；照片的使用获Pierre Chambon, Institute of Genetics and Molecular and Cellular Biology, College of France许可

releasing hormone，GnRH）和 GnRH 相关肽（GnRH-associated peptide，GAP）这些糖蛋白前体基因的远端，结果这种小鼠是不孕的。当完整的 *hpg* 基因通过转基因技术导入小鼠细胞后，它能在合适的组织表达。图 2.27 给出了对 *hpg* 纯合突变小鼠系进行转基因实验的过程，我们得到的后代小鼠是正常的，这说明处于正常表达控制的转基因表达与其正常等位基因的表达是没有区别的。

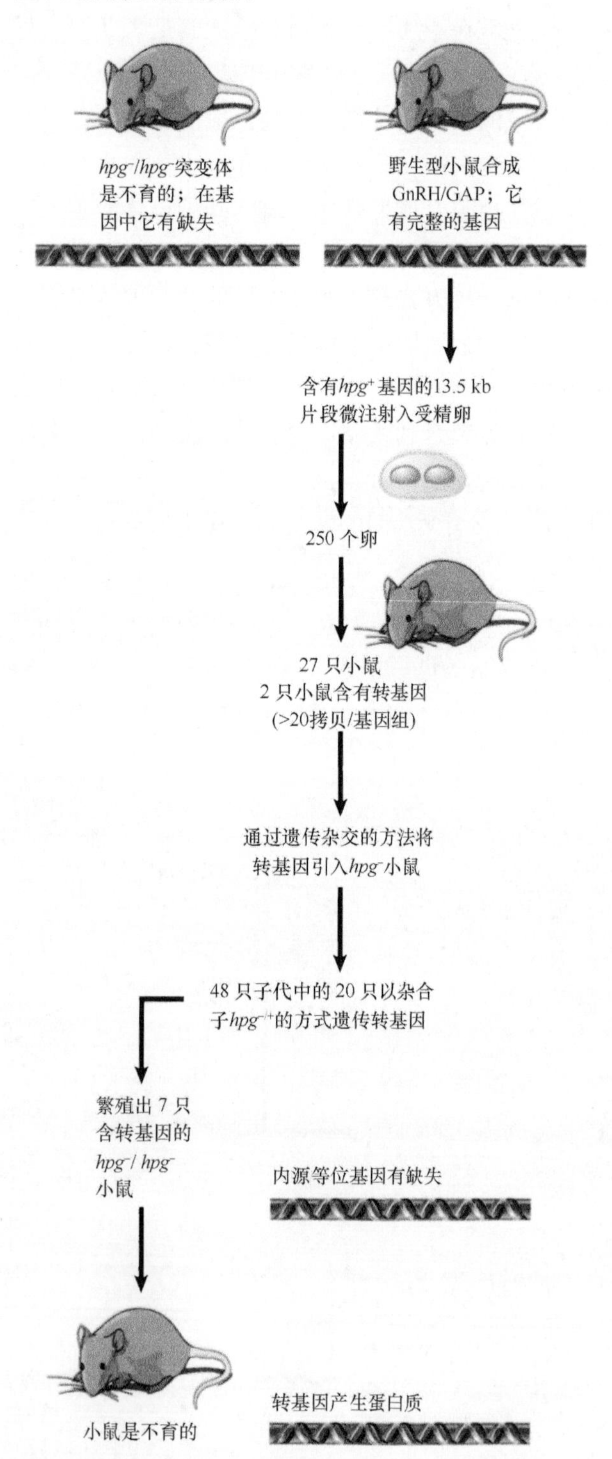

图 2.27　通过将野生型序列的转基因导入，我们能治愈 *hpg* 小鼠后代的性腺机能减退

尽管前景令人兴奋，但是用这样的技术治愈人类的遗传缺陷还是存在着很多障碍。基因必须被导入前一代的生殖细胞中，而转基因表达的状态又不是完全可以被预料的，我们只在少部分个体中获得了正常的转基因表达水平。另外，导入生殖细胞的大量转基因和它们错误的表达可能引发一系列问题，如转基因一旦过量表达，那么它们将是有害的。在其他事件中，转基因可能整合在癌基因附近而激活它，这将会促进癌症发生。

研究基因功能的一个更加不同的方法就是消除目的基因。转基因发生是将 DNA 加入到细胞或动物中，但是为了了解基因功能，可将基因和它的功能清除，从而观察所获得的表型，这也是非常有用的。改变基因组的最强有力的技术就是基因打靶（gene targeting），这是通过同源重组来消除或置换基因。基因的去除常常称为**敲除（knock-out）**；用另一种突变版本替代某一基因的方法称为**敲入（knock-in）**。

在简单生物（如酵母）中，这又是一个简单的过程，在编码选择标记的 DNA 的两边接上短的、与靶基因同源的序列，再转化到酵母中即可。短至 40 bp 左右的同源序列就能产生所导入的标记基因对靶基因的非常有效的置换，这是通过利用短同源序列的同源重组完成的。

在一些生物体中，如在培养的哺乳动物细胞中，没有很好的方法来去除内源基因，这样，研究者使用**敲减（knock-down）**法来降低基因产物的量（RNA 或蛋白质），即使内源性基因是完整的。目前存在几种不同的敲减法，其中最有力的是 RNA 干扰（RNA interference，RNAi），它能选择性地靶向要被破坏的特定 mRNA（RNAi 将第 30 章“调节性 RNA”中描述）。简单而言，就是将双链 RNA（dsRNA）导入到大多数的真核生物细胞中，它将触发应答，这些 RNA 被一种称为 Dicer 的核酸酶切割成 21 bp 的 dsRNA 片段 [小干扰 RNA（siRNA）]，并解成单链，再被另一种酶复合体 RISC 利用，去发现与其含有互补序列的 mRNA，并与之退火。当互补 mRNA 被发现后，它就不切割和破坏了。事实上，这意味着当我们导入设计成能与靶标退火的 dsRNA 时，任何基因的 mRNA 都可被靶向破坏。导入 dsRNA 的方法依赖于被靶向的物种，在哺乳动物细胞中，一种方法就是转染能编码自我退火

RNA 的 DNA，这种 RNA 能形成发夹结构，含有靶向序列。研究人员正在对许多物种开发 siRNA 文库，使我们能系统性地消除一系列的靶标 mRNA，每次可以清除一种，这为遗传筛选提供了新的有力工具。

在一些多细胞生物中，基因的清除是可能的，但是操作过程远比酵母中的复杂。在哺乳动物中，靶标通常是胚胎干（embryonic stem，ES）细胞，它接着再被用于产生敲除小鼠。ES 细胞来自于小鼠的囊胚（blastocyst）（发育的早期阶段，在卵子被植入子宫之前）中，**图 2.28** 阐明了这项技术。

ES 细胞以普通的转染方法导入外源基因（通常是超微注射或电转化）。通过使用携带附加抗药性基因序列或某个特定酶序列的供体，可筛选含整合转基因的 ES 细胞，它可携带任何特殊的供体特征。通过这种方法，我们得到了一组干细胞，其中大部分都含有标记基因。

ES 转基因技术的基础是干细胞具有能参与囊胚正常生长的能力。将这些 ES 细胞注射到囊胚中，然后将囊胚植入待孕母鼠，最后发育成为一个嵌合体（chimeric）小鼠。这个嵌合体小鼠的一部分组织来源于受体囊胚母细胞，另一些组织则是由引入的 ES 细胞发育而来的。在成年小鼠中，由囊胚发育来的组织和由引入的 ES 细胞发育来的组织的比例差异很大；如果我们使用标记基因（如毛皮颜色基因），那么我们就可通过肉眼直接观察到不同细胞来源的组织区域。

为检测 ES 细胞是否成为生殖细胞的一部分，我们可以将嵌合体小鼠与一个缺少供体特征的小鼠杂交，其后代中任何有供体特征的小鼠都应该是由注射的 ES 细胞传下来的生殖细胞发育而来。通过这种方法，能够产生一个来源于 ES 细胞的小鼠。

当供体 DNA 被导入细胞内时，它可能通过同源或非同源重组插入到基因组。相对而言，同源重组比较稀少，可能只占所有重组事件的不到 1%，其发生频率在 10^{-7} 左右。通过对供体 DNA 进行适当设计，我们就可使用选择性技术去鉴定出这些发生同源重组的细胞。

图 2.29 演示了敲除技术，用以破坏内源基因。该技术的基础是敲除构建体的设计，它使用两

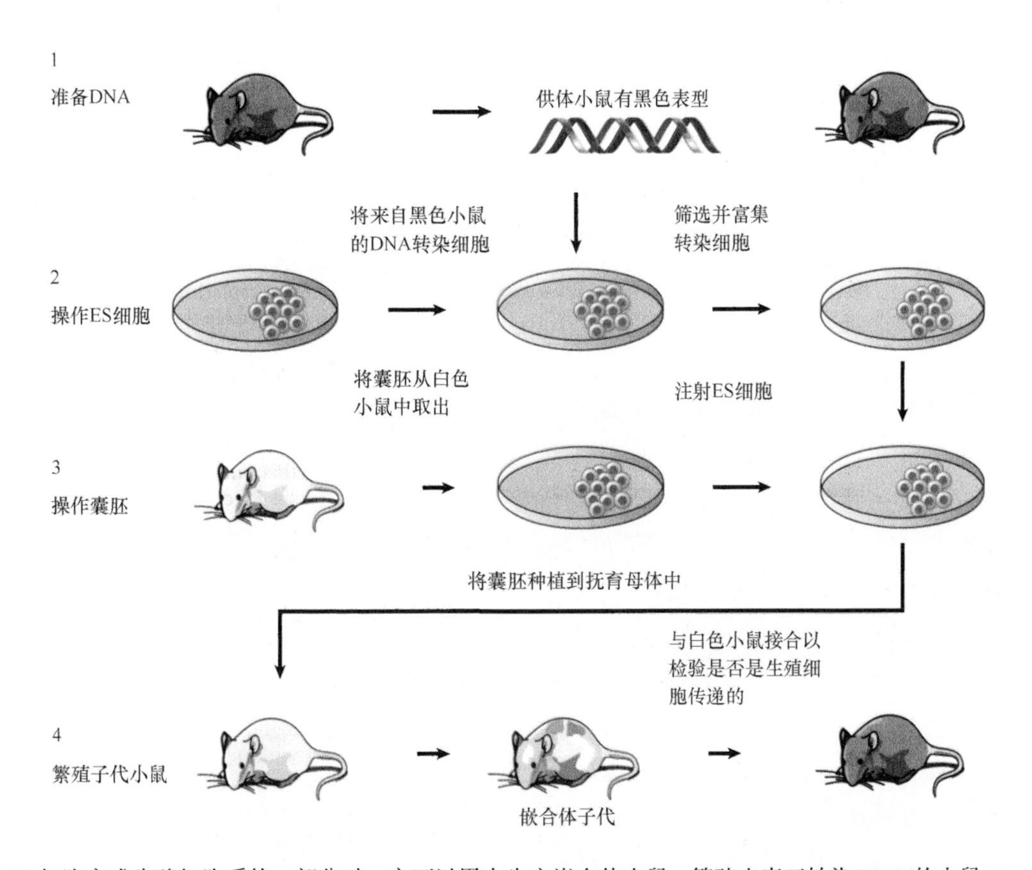

图 2.28 当 ES 细胞变成生殖细胞系的一部分时，它可以用来生产嵌合体小鼠，繁殖出真正转染 DNA 的小鼠

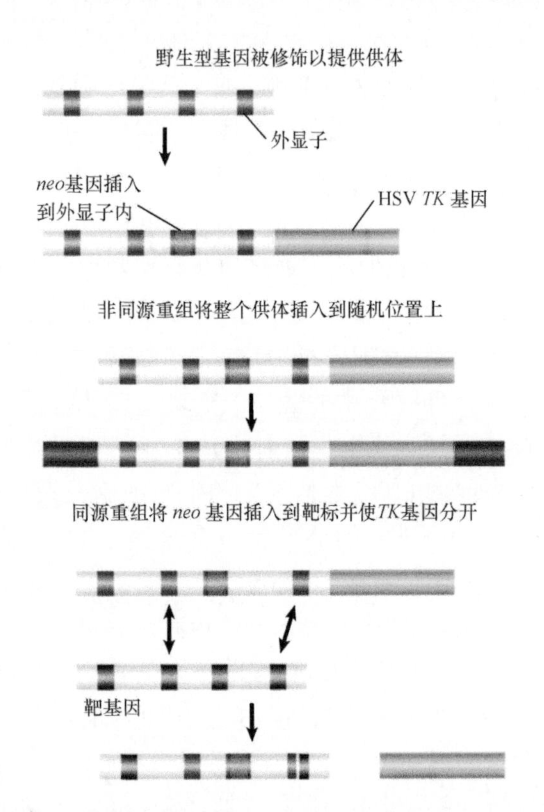

图 2.29 对 G418 具有抗性和 *TK* 活性的丧失可以作为两种标记，筛选出在一个外显子内含有 *neo* 基因而下游含有 *TK* 基因的转基因

种不同的标记，使我们能区别 ES 细胞内的同源或非同源重组事件。供体 DNA 与靶基因同源，但有两处重要的修改：①基因由于打断而失活，或因外显子编码一个选择性标记基因（通常是 neo^R 基因，使其对 G418 有抗性）所替代而失活；②加一个抗选择性（counterselectable）标记基因 [可以选择对抗（against）的基因] 到这个基因的一边，如疱疹病毒的胸苷激酶（thymidine kinase，*TK*）基因。

当敲除构建体被导入 ES 细胞内时，同源或非同源重组事件就会导致不同的结果。非同源重组能够插入整个单位，包括侧翼的 *TK* 基因。这些细胞对新霉素具有抗性，也表达胸苷激酶，能够使细胞对二羟丙氧甲基鸟嘌呤（gancyclovir）变得敏感（胸苷激酶能磷酸化二羟丙氧甲基鸟嘌呤，使它变得有毒）。相反地，同源重组涉及供体基因序列内的两次交换，交换的结果是 *TK* 基因序列会被丢失。因此，发生了同源重组的细胞获得了新霉素抗性基因，这与发生非同源重组的细胞一致；但是它不具有胸苷激酶活性，所以它对二羟丙氧甲基鸟嘌呤具有抗性。这样，将细胞培养在含有新霉素和二羟丙氧甲基鸟嘌呤的培养皿中，我们就可筛选出那些细胞，在这些细胞中发生了同源重组，它用供体基因取代了内源基因。

供体基因的外显子上由于 neo^R 基因的插入而不能正常翻译，因而产生无效等位基因（null allele）。这样，通过这种方法，我们可敲除某个目的基因；一旦得到携带一个含有无效等位基因的小鼠，我们就可以通过进一步繁殖获得纯合子。对于调查某一特殊基因是否必需，动物体内什么样的作用因其缺失而出现功能紊乱，这是一种非常有力的检测方法，有时甚至在杂合体中也能观察到表型的存在。

运用噬菌体 Cre/*lox* 系统在真核细胞中进行位点专一重组的基因工程改造，使得操控靶基因组的能力大大拓展。Cre 酶在两个 *lox* 位点之间催化位点专一重组反应，*lox* 位点为 34 bp 序列。**图 2.30** 显示了反应的结果，就是在两个 *lox* 位点之间切除一段 DNA 序列。

应用 Cre/*lox* 系统极大的好处是它不需要额外的成分。在含有一对 *lox* 位点的任何细胞中，当 Cre 酶产生时，它就能工作。如**图 2.31** 所示，通过将 *cre* 基因处于某一调节启动子的控制之下，我们可控制这种反应，使它在一种特殊细胞中工作。我们

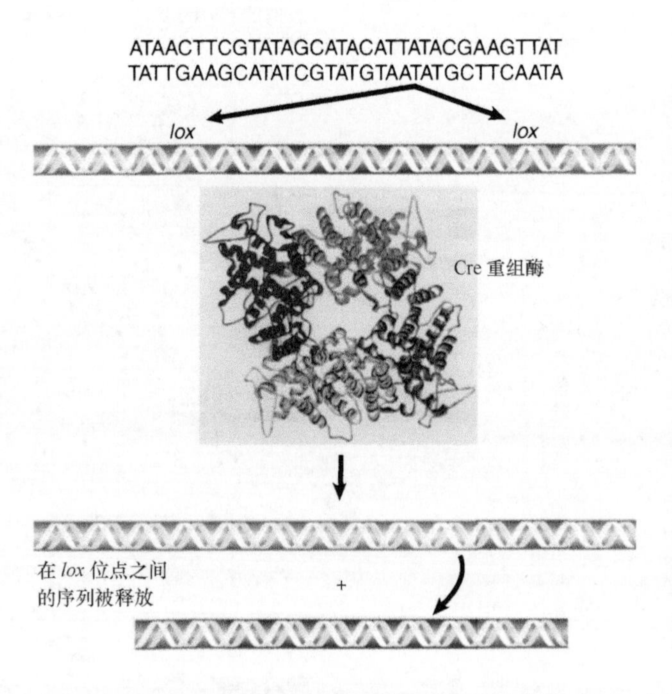

图 2.30 Cre 重组酶在两个相同的 *lox* 位点之间催化位点专一重组，并释放它们之间的 DNA

结构来自 Protein Data Bank: 1OUQ. E. Ennifar, et al. 2003. *Nucleic Acids Res* 31: 5449-5460

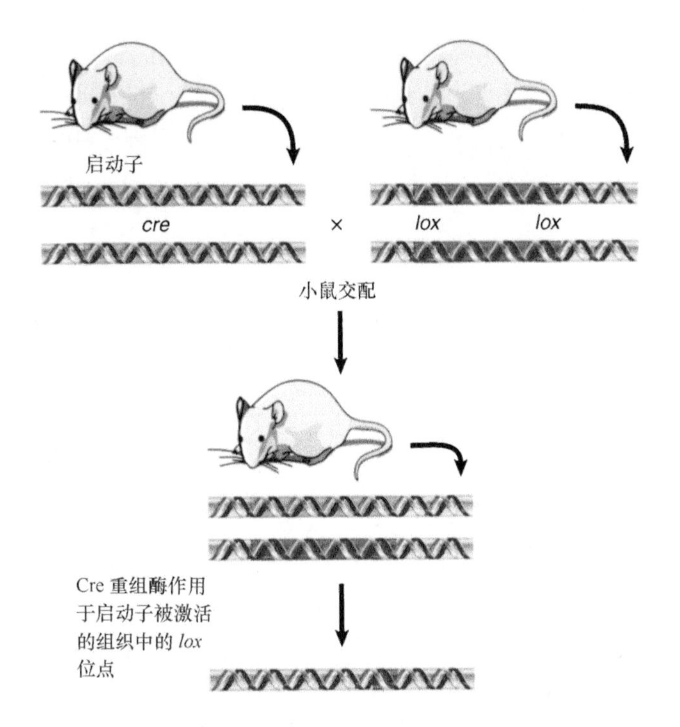

图 2.31 通过将 Cre 重组酶处于某一调节启动子的控制之下，我们就可只在特殊细胞中激活切除系统。新得到的一只小鼠拥有启动子 -*cre* 构建体，另一只小鼠拥有靶序列基因，在其侧翼含有 *lox* 位点。小鼠交配所产生的后代就拥有两个构建体。通过激活启动子可触发靶序列的切除反应

以两只小鼠开始这个过程，其中一只小鼠拥有 *cre* 基因，在典型情况下它处于某一启动子的控制之下，而这种启动子在某种细胞或某一条件下能特异性地启动；另一只小鼠拥有靶序列基因，在其侧面含有 *lox* 位点。当我们将这两只小鼠交配，其后代就拥有这个系统的两个元件。通过控制 *cre* 基因的启动子就能开启这个系统，使得两个 *lox* 位点之间的序列在可控中被切除。

Cre/*lox* 系统和敲除技术的联合应用甚至给我们更大的对于基因组的控制。通过在 *lox* 位点侧翼携带上 neo^R 基因（或其他任何基因，只要能进行相似的选择过程），我们就可制备出可诱导的敲除体。敲除体制备出来后，在某些特殊情况下（如在某一组织），我们使 Cre 酶切除 neo^R 基因，那么靶基因就可被重新激活。

图 2.32 显示了这个过程的一处修改，使之能产生敲入体。通常而言，我们基于常用的选择过程，用靶基因的一些突变体的构建体来替代内源基因；接着，通过切除 neo^R 序列，插入基因就可被重新激活，这样，我们就用不同突变体替代了原始基因。

这种方法的另一个版本就是导入野生型目的基因拷贝，其基因本身（或其中的一个外显子）两侧携带 *lox* 位点。这些动物可产生正常下一代，能与带有处于组织特异性或其他条件启动子控制的 *cre* 基因的动物交配。交配所获得的子代就是条件敲除体（conditional knock-out），而这个基因的功能只在表达出 *cre* 基因的细胞中才丧失活性。这种

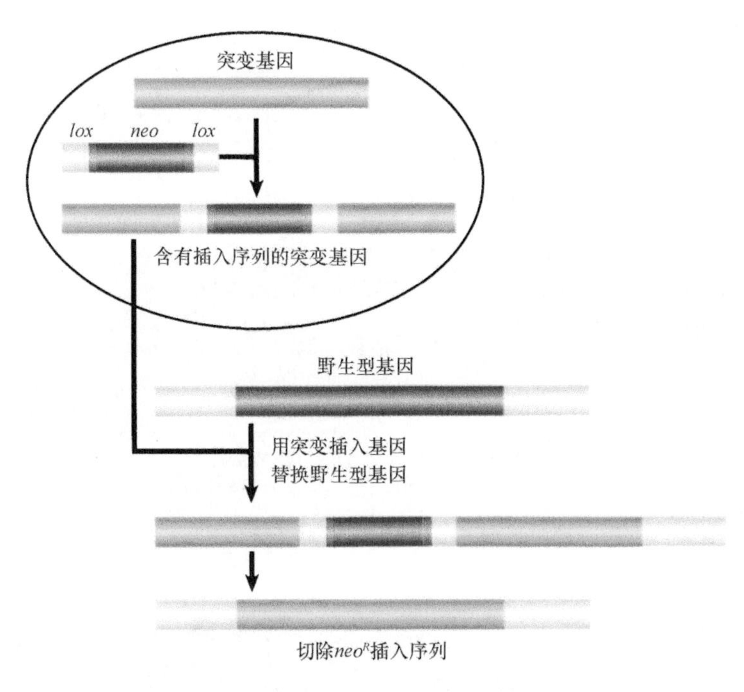

图 2.32 用与制备敲除体一样的方法（见图 2.30）替代内源基因，但要在 *lox* 位点侧翼携带上 neo^R 基因。当用选择过程完成基因替换后，通过激活 Cre 酶去除新霉素基因，就只剩下了活性插入序列

技术对于胚胎发育必需基因的研究尤其有用，因为这类基因在纯合子胚胎中是致死的，因而非常难于研究。

最近又出现了几种技术，使我们在体内能直接编辑基因组内的目标序列。这些方法依赖于内切核酸酶，它们能非常特异性地靶向基因组位点。接着，由这些核酸酶所产生的双链断裂利用细胞自身的修复机器（同源重组或非同源末端连接，详见第14章“修复系统”）来产生序列改变，这些变化包括基因突变、缺失、插入，或者甚至精确的基因编辑或校对，而这些结局取决于所提供的供体模板的类型。

这些技术的特异性与结局依赖于内切核酸酶是如何特定靶向于目标位点的。所用到的4大类内切核酸酶如下：锌指核酸酶（zinc finger nuclease，ZFN）、巨核酸酶（meganuclease）、转录因子样效应器核酸酶（transcription factor-like effector nuclease，TALEN），以及最近才发现的CRISPR/Cas9系统。这些系统的基本特征总结在**表2.2**中。

ZFN利用了锌指（zinc finger，ZF）DNA结合域（详见第18章“真核生物的转录”），每一个模块结构域可识别3 bp序列，也能被黏合在一起组成多锌指结构域去识别更长的序列。基因工程改造与选择的组合可创造锌指串联序列，而它可靶向目标基因座。锌指部分与*Fok* I 限制酶的内切核酸酶结构域融合形成了ZFN，接着，它在目标位点二聚体化并产生双链断裂。

相似地，TALEN利用了模块化的DNA结合重复序列。在这个例子中，它是衍生自黄单胞菌属（*Xanthomonas*）细菌植物病原体的TALE蛋白的一组保守的由33～35个氨基酸残基组成的重复序列。每一个TALE蛋白重复序列识别单一碱基对（由33～35氨基酸重复序列内的2个不同氨基酸残基决定），所以多个TALE蛋白重复序列可以黏合在一起，这样事实上它就可识别任何序列（唯一要求就是在靶标的5′端含有T）。与ZFN一样，TALE蛋白重复序列与*Fok* I 限制酶融合，用来提供切割能力。因为靶位点的每一个碱基对被由约35个氨基酸残基组成的基序所识别，所以如此长的靶序列已经足够独特，但这就形成了很大的TALEN复合体，从而将它递送进细胞或组织具有很大的挑战性，因而这也是它的不足之处。

巨核酸酶虽然名字感觉很巨大，其实是这些编辑核酸酶中最小的一个，因此也是最易被递送的酶（事实上，具有不同特异性的几个巨核酸酶可作为复合体编辑系统被同时递送）。这些核酸酶衍生自天然存在的归巢内切核酸酶（homing endonuclease），这一核酸酶家族由内含子或具有自我剪接能力的内含肽编码。这些核酸酶天生就能识别通常不对称的、最多可由40 bp组成的长序列位点，而一般而言，这样的位点在基因组内只会出现1、2次。巨核酸酶可进行基因工程改造，或选择用于识别新型序列，但是因为它们缺乏ZFN和TALEN所拥有的模块特性，所以这会使操作非常困难。

最近最令人兴奋的基因编辑工具已经被开发出来，它就是基于CRISPR/Cas的、由RNA介导的核酸酶系统，而这些核酸酶组成了细菌用于防范病毒

表2.2　内切核酸酶依赖的基因组编辑系统的基本特征

基因组编辑工具	定义	靶向	特征
ZFN	锌指DNA结合域与Fok Ⅰ限制酶融合	选择多锌指串联序列用于结合靶位点	优点：能触发NHEJ和HR；中等大小 缺点：制备针对靶标的特异性是很费力的
TALEN	来自细菌的TALE蛋白（植物病原体）融合于Fok Ⅰ限制酶	约由35个氨基酸组成的重复序列结合DNA碱基，黏合在一起去匹配靶序列	优点：实际上能被设计成任何序列 缺点：体内递送大尺寸具有挑战性
巨核酸酶	归巢内切核酸酶（如I-Sce Ⅰ）	可再工程化/选择归巢内切核酸酶去识别所需靶	优点：切割产生3′突出——易于重组；小片段易于递送 缺点：限制于识别的序列数目
CRISPR/Cas9	来自细菌适应性免疫系统的RNA介导的核酸酶	引导RNA（gRNA）序列提供靶特异性	优点：可仅改变gRNA，而非为每一个新靶位点去改造蛋白质 缺点：靶序列稍微受限，需要一段针对3′靶位点的短基序

与质粒的适应性免疫应答的基础。在第30章“调节性RNA”我们会更加详细描述CRISPR/Cas系统。简单而言，CRISPR/Cas系统包括以下过程，将入侵的核酸整合到CRISPR基因座，它们被转录成CRISPR RNA（crRNA），接着，具有反式激活活性的crRNA和CRISPR偶联蛋白（CRISPR-associated protein，Cas蛋白）组成复合体，然后crRNA靶向互补DNA序列的切割点。为了使这套系统能用于基因编辑，两种RNA被融合进单一引导RNA（guide RNA，gRNA）中，而对序列的部分改变就可定义所需的靶标。其他技术要求对每一个所需的靶序列都要用基因工程技术改造出新颖的蛋白质，相对于这些技术而言，CRISPR/Cas系统具有许多优势。只要简单地将Cas9蛋白与一种（甚至几种）针对目标位点的gRNA一起递送即可。Cas9蛋白确实需要一个短的（约3 bp）原型间隔序列相邻基序（protospacer-adjacent motif，PAM），它位于靶DNA的3′端，它能限定一些靶序列。最近的工作集中于开发具有不同PAM特异性的Cas9蛋白，以拓宽应用领域，以及开发具有更高特异性的Cas9蛋白变异体，以降低它的非靶标切割能力。

有了这些技术，我们就能在整体动物水平上调查基因的功能和调节特性。将DNA导入到基因组的能力使我们能改变它，或加入在体外经过特殊修饰的新基因，或失活已经存在的基因，这也使得阐明组织特异性基因表达的特征成为可能。基因编辑工具已经开始表现出它作为基因治疗工具的前景，使之能用于治疗人类的遗传病与其他疾病。例如，ZFN已经被用于Ⅰ期临床试验，去改变HIV感染患者的CCR5受体（HIV病毒使用它进入细胞）。所有的基因编辑工具都正在被用于临床前研究。而最终我们可能希望用这种靶向技术常规地替代基因组中的缺陷基因。

小结

- 用克隆技术能进行DNA的操作和增殖，这包括限制性内切核酸酶消化，它能在特异性序列切割DNA，以及插入DNA片段到克隆载体，使得DNA能在细菌等宿主细胞中保存和扩增。克隆载体也有特殊的功能，如允许目的基因产物的表达，或融合目标启动子到易测的报道基因中。
- 运用能非特异性结合序列的染料可检测DNA和RNA，而用碱基互补可探查特异性的核酸序列。运用特异性引物和PCR技术能检测和扩增特殊的靶DNA。RNA能被反转录成可用于PCR的DNA，这称为反转录PCR（RT-PCR）。标记探针在Southern或Northern印迹膜上分别可用于探查DNA或RNA，而在Western印迹膜上用抗体可进行蛋白质的探查。
- 测序技术进展神速。最初测定人类基因组序列的花费约为10亿美元。到2012年初，数个个体的序列已经被测定。现在就更加多了，许多来自正常人或肿瘤组织的序列已经被测定，相比较而言，它们的价格仅仅只有几千美元。下一代测序技术的设定目标就是一个人类基因组，其测序费用为1000美元，而现在这个目标已经实现。
- DNA微阵列是固相支持物（通常为硅芯片或玻璃片），在这上面排列着与ORF或全基因组序列相对应的DNA序列。它可用于探查基因的表达、SNP基因分型、检测DNA拷贝数变化及其他很多用途。
- 染色质免疫沉淀能在体内检测蛋白质-DNA相互作用。染色质免疫沉淀实验中所获得的DNA能作为探针，可用于基因组的叠瓦式阵列实验，这样就可以勾画出基因组中给定蛋白质的所有定位位点。
- 新DNA序列能够通过转染进入培养细胞或通过微注射进入动物卵细胞。外来序列可以整合到基因组中，大多数呈大的串联排列。在培养细胞中，这种排列能够以一个单位来遗传，而整合位点则是随机的。当基因整合到生殖细胞基因组时，可产生转基因动物。转基因组织应答和时序调节通常与内源基因的调节类似。在能形成同源重组的条件下，能够用一个非活性序列取代功能基因，这样就能制造出靶基因座的敲除体或缺失体。这项技术的拓展可用于制备条件性敲除体，此时的基因活性可被开关（如通过基于Cre酶的重组）；或敲入体，此时供体基因特异性地取代了靶基因。通过把携带转染基因的

ES 细胞注射到受体囊胚中，我们能够得到转基因小鼠。基因敲减则大部分用 RNA 干扰来进行，可用于消除各种类型细胞中的基因产物，这是目前敲除技术所无法达到的。新的基因编辑技术依赖于具有靶向特点的内切核酸酶，它们明显地拓展了我们在体内改造基因组的能力。

参考文献

Olorunniji, F. J., Rosser, S. J., and Stark, W. M. (2016). Site-specific recombinases: Molecular machines for the Genetic Revolution. *Biochem. J.* Mar 15; 473(6), 673-84.

Wang, H., La Russa, Qi. (2016). CRISPR/Cas9 in genome editing and beyond. *Annu. Rev. Biochem*. Apr 25. [Epub ahead of print] PMID: 27145843.

第 3 章

断裂基因

章节提纲

3.1 引言

基因的最简单形式是 DNA 的长度直接对应于它的多肽产物。细菌基因几乎总为这种形式，其连续的 3*N* 个碱基编码了一段含 *N* 个氨基酸残基的多肽。但在真核生物中，核糖体 RNA（ribosomal RNA，rRNA）、转运 RNA（transfer RNA，rRNA）与信使 RNA（messenger RNA，mRNA）首先是被合成为长的前体转录物，然后再被有序地缩短（详见第 19 章“RNA 的剪接与加工”）。真核生物基因通常比它所产生的功能转录物长得多。很自然地我们就想到缩短涉及转录物 3′ 端或 5′ 端的、附加的、可能是调节性的序列，并使 rRNA 或编码蛋白质序列的前体保持完整。

然而，真核生物基因包含额外的序列，它位于编码区的内部或外部，能基于表型运作。编码蛋白质的序列能被内含子断开，这就跟 mRNA 内 3′ 端或 5′ 端的 UTR 序列存在于蛋白质编码序列的两侧一样。这些断裂序列在基因表达的过程中会从**初始转录物（primary transcript）**或**前 mRNA（pre-mRNA）**中去除出去，这会产生连续的碱基序列，这段序列按照遗传密码原则编码相应的多肽产物。这样，组成编码蛋白质的断裂基因的序列分成两个部分，如**图 3.1** 所示。

- 外显子（exon）的序列包含在成熟 RNA 中，精确地说，一个**成熟转录物（mature transcript）**起始于一个外显子的 5′ 端，终止于另一个外显子的 3′ 端。
- 内含子（intron）是插入序列，在初始转录物加工成成熟 RNA 时被除去。

在基因与 mRNA 中，外显子的顺序是一致的，但由于存在内含子，因此**断裂基因（interrupted gene）**要比成熟 mRNA 长得多。

断裂基因的加工需要额外的步骤，这是非断裂基因所不需要的。断裂基因的 DNA 所产生的 RNA 转录物完全对应于 DNA 序列，但这个 RNA 只是一个前体分子，它不能翻译成蛋白质。它首先要去除内含子，形成只含外显子的 mRNA，这个过程称为 **RNA 剪接（RNA splicing）**（详见第 1 章“基因是 DNA、编码 RNA 和多肽”）。剪接过程包括内含子

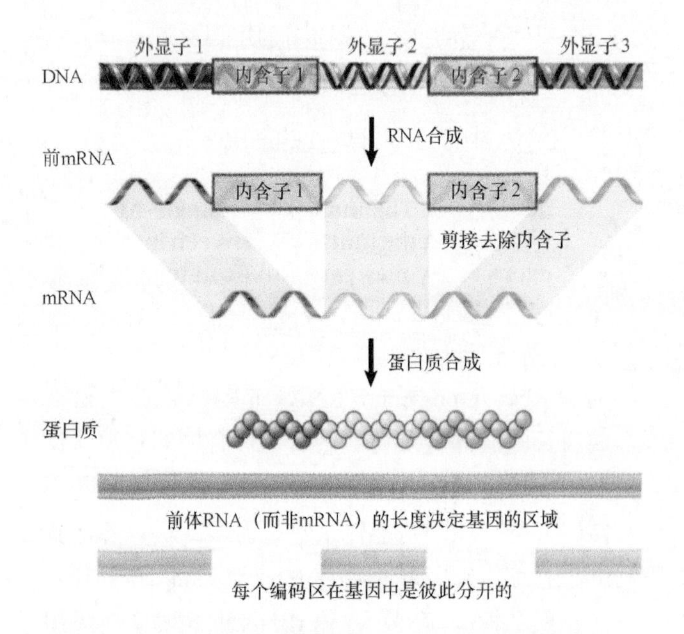

图 3.1 断裂基因表达成前体 RNA 形式。内含子被除去，外显子连接在一起，成熟 mRNA 只含有外显子的序列

从初始转录物中精确切除，以及内含子切除后形成的 RNA 的两个末端连接在一起形成完整的共价分子（详见第 19 章“RNA 的剪接与加工”）。

初始来源的真核生物基因由基因组中对应于成熟 mRNA 的 5′ 和 3′ 端碱基之间的区域组成。我们知道转录从对应于 mRNA 的 5′ 端的 DNA 模板开始，但是通常会延伸并越过与成熟 RNA 的 3′ 端互补区域，再将 3′ 端延伸区切割而产生。因此，我们认为基因也应该包括位于基因两侧的调节区，这些区域是转录起始和（有时是）转录终止所需的。

3.2 断裂基因含有外显子和内含子

关键概念

- 内含子在 RNA 的剪接加工过程中被去除，它发生在单一 RNA 分子的顺式作用过程中。
- 只有外显子中的突变才会影响多肽链序列；但内含子中的突变会影响 RNA 的加工，从而可能影响序列和（或）多肽的产生。

内含子的存在怎样改变了我们对基因的看法呢？剪接之后，外显子通常按照与基因组中的 DNA 相同排列顺序连接在一起。因此依旧保持了基因和多肽之间的一一对应关系。**图 3.2** 显示，基因中的外显子顺序与加工过的 mRNA 的顺序一致，而在基因中位点之间的距离并不对应于加工过的 mRNA 中位点之间的距离。因此，基因的长度由初始 mRNA 转录物的长度决定，而不是由成熟 mRNA 决定。一个基因的所有外显子位于一个 RNA 分子上，它们剪接在一起只是一种分子内反应，通常不存在不同 RNA 分子间的外显子连接，所以序列的交叉剪接反应很少出现。然而在反式剪接反应（trans-splicing）过程中，来自不同 mRNA 的序列可连接在一起，形成用于翻译的单一分子。

直接影响多肽序列的突变必定位于外显子中。那么内含子中的突变有什么作用呢？既然内含子不包含在 mRNA 中，那么它们发生突变就不会直接影响蛋白质的结构。但是，它们能影响 mRNA 生成的

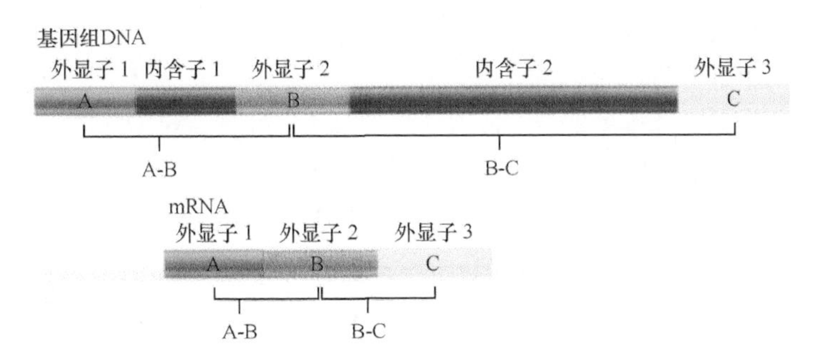

图 3.2 外显子在 mRNA 中的顺序与其在 DNA 中的相同，但是基因的长度与 mRNA 长度或蛋白质产物长度之间并不相关。基因中 A-B 之间的距离比 B-C 之间的距离短；但在 mRNA（和蛋白质）中，A-B 之间的距离比 B-C 之间的距离长

加工，如抑制外显子的剪接。这种类型的突变只作用于携带该基因的等位基因。

影响剪接反应的突变通常是有害的。这种突变大部分是在外显子和内含子的连接处发生单个碱基的置换，这样就可导致产物中外显子的丢失和内含子的不切除，或使在不同位点发生剪接。最通常的结果是产生一个终止密码子，从而导致多肽序列的截短。这样，内含子突变可能不仅影响多肽的产生，而且还会影响它的序列。引起人类疾病的约 15% 的点突变是由剪接的破坏而引起的。

一些真核生物基因是非断裂基因，它们以与原核生物基因相同的方式与多肽产物直接相关。在酿酒酵母（*Schizosaccharomgyces cerevisiae*）中，大部分基因是非断裂基因，而在多细胞真核生物中，大部分基因是断裂基因；内含子通常比外显子长得多，因此，这些基因的长度远远大于其编码区。

3.3 外显子和内含子中的碱基组成不同

关键概念

- DNA 碱基组成的 4 条规则是：第一均等规则、第二均等规则、成簇规则和 GC 规则。我们能根据第一条之外的所有规则来区分外显子和内含子。
- 第二均等规则提示，来自双链体 DNA、固定的茎 - 环区段的外突在内含子出现得更多。
- 这些规则与基因组特征或组成基因组表型的“压力”有关。

在 20 世纪 40 年代，Erwin Chargaff 开始了 DNA 碱基组成的研究，发现了 4 条规则。双链体 DNA 的**第一均等规则（first parity rule）**可应用于 DNA 的大部分区域，包括外显子和内含子（详见第 1 章“基因是 DNA、编码 RNA 和多肽”）。这条规则认为：双链体的一条链中的碱基 A 与另一条链的互补碱基（T）相匹配；而双链体的一条链中的碱基 G 与另一条链的互补碱基（C）相匹配。将它的内涵延伸，这条规则不仅仅只适用于单一碱基，也应该适用于双核苷酸、三核苷酸和寡核苷酸。这样，GT 将会与对应的互补 AC 配对，ATG 会与对应的互补 CAT 配对。除了众所周知的第一个均等规则外，Chargaff 后来的工作使他提出了**第二均等规则（second parity rule）**。鲜为人知的第二均等规则是，在双链的每个单链中都有几乎相等数量的 A 和 T，以及相等数量的 C 和 G。像第一个均等规则一样，这条规则可以延伸到寡核苷酸序列：例如，在很长的链中有大概相同数量的 AC 和 TG。这一规则存在的原因尚不清楚，但许多基因组的测序表明它几乎是普遍正确的。第二均等规则更多的适用于内含子而非外显子，部分原因是第三条规则的存在，即在 DNA 中，嘌呤和嘧啶往往分别聚集在一起，这就是**成簇规则（cluster rule）**，它可应用于外显子，这是因为嘌呤 A 和 G 往往聚集在 DNA 双链体的一条链上（通常为非模板链），相对应地，嘧啶 T 和 C 往往聚集在与之互补的模板链上。

在单链 DNA 中，寡核苷酸有序地伴随着同样数量的对应互补寡核苷酸，这个事实提示双链体 DNA 具有潜能，即它能将折叠好的茎 - 环结构外突出去，其中的茎部结构能显示碱基均等规则，环部结构能显示某种程度的碱基成簇现象。确实，我们发现在内含子中形成这样的二级结构的潜能比在外显子中更高，特别是在处于正选择压力的外显子中更是如此（见3.6节“在正选择时外显子序列变化多端而内含子序列保守”）。

最后还有**GC规则（GC rule）**，即在一个基因组中，G+C（GC含量）的总体比例往往具有物种特异性的特点（尽管在基因组内，单一基因往往具有独特的值）。外显子中的GC含量往往比内含子中的高。我们可以看到，Chargaff的4条规则与基因组特征或“压力”有关，这对于某种基因组而言是独特的，这会导致所谓的“基因组表型”（见3.11节“DNA中存在多种形式的信息”）。

3.4 断裂基因的结构保守

关键概念

- 通过测序可比较基因与它们的RNA产物，这样就可检测内含子。
- 比较不同生物的同源基因发现内含子的位置通常是保守的，但是相应的内含子的长度变化可以很大。
- 内含子通常不编码蛋白质。

当基因未被内含子分割开，则其DNA图与其mRNA图完全一致。当基因含有一个内含子，基因两端的图可与mRNA序列两端的图一致，而在基因内部，则图是不同的，因为在基因中存在额外的区域，且这些区域不出现在mRNA中。每一个这样的区域对应于一个内含子。**图3.3**比较了β珠蛋白基因和它的mRNA的限制图，我们了解到β珠蛋白基因含有两个内含子，每个内含子包含一系列在**互补DNA（complementary DNA，cDNA）**中所不具备的限制位点。外显子中限制位点的形式在cDNA和基因中则是一致的。而比限制图更好的方法就是比较基因组核苷酸序列和mRNA序列，我们可以从根本上精确地定义内含子。一个内含子通常不具备可读框，去除内含子后mRNA序列才会产生一个完整的阅读框。

真核生物的基因结构表现出广泛的多样性。一些基因未被分割开，因此基因组序列与mRNA呈共线性关系；而大多高等真核生物的基因是断裂的，且内含子的数目和大小差异很大。

编码多肽、rRNA或tRNA的基因都含有内含子。植物、真菌、原生生物、后生动物的线粒体和叶绿体基因也存在内含子。尽管在原核生物基因组中发现断裂基因的概率非常低，每一类的真核生物、古菌、细菌和噬菌体都同样存在拥有内含子的基因。

一些断裂基因只含有一个或几个内含子，珠蛋白（globin）基因就是一种很好的研究材料（见3.10节“基因家族成员具有共同的结构”）。珠蛋白基因的两种常见类型α和β共享一种通用的结构类型，它们起源于单一祖先基因的复制事件，因此被称为**种内同源基因（paralogous gene，paralog）**。哺乳动物珠蛋白基因结构与**图3.4**所总结的“通用的”珠蛋白基因结构显然具有一致性。

在所有已知的活性珠蛋白基因（如哺乳动物、鸟类和蛙类的活性珠蛋白）中，同源基因的位点上（相对于编码序列）都发现了内含子。第一个内含子常常是很短的；而第二个则通常很长，但实际长度是有变化的，所以第二个内含子长度的不同导致了大多数不同珠蛋白基因之间的总长度改变。小鼠中α珠蛋白基因的第二个内含子只有150 bp，基因

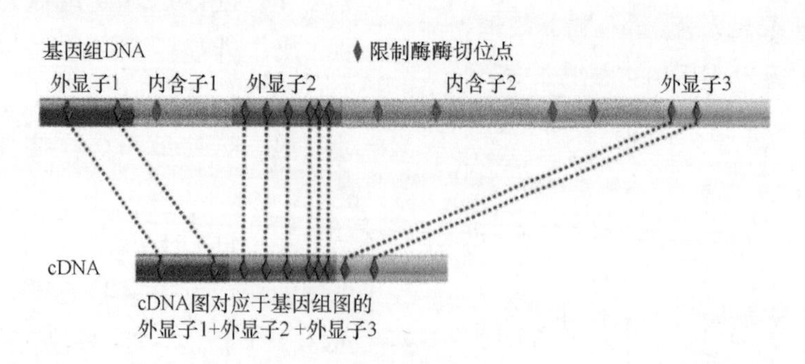

图3.3 比较β珠蛋白cDNA和基因组DNA的限制图，发现基因有两个内含子而cDNA中没有。在cDNA和基因组DNA中，外显子可以精确地在cDNA和基因之间分布

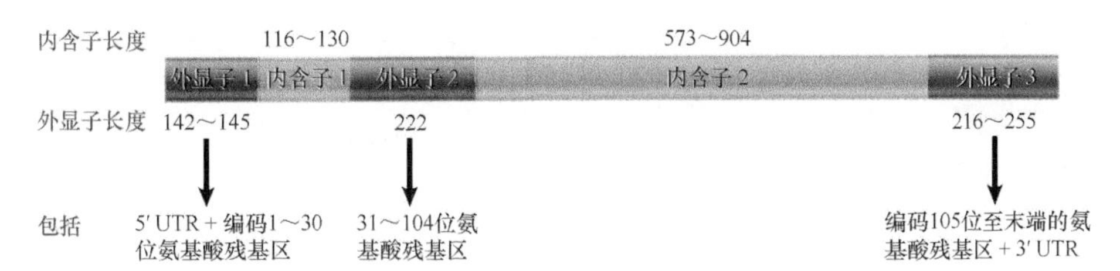

图 3.4 所有功能性珠蛋白基因都是具有三个外显子的断裂基因。图中标识的长度亦适用于哺乳动物β珠蛋白基因

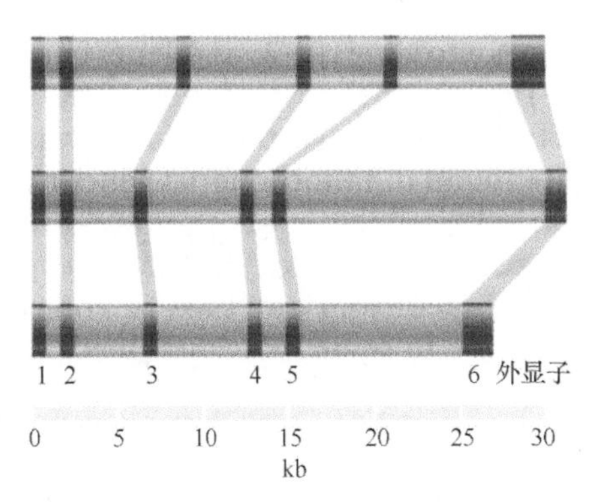

图 3.5 哺乳动物的 *DHFR* 基因具有相似的构成，即它具有较短的外显子和较长的内含子，但相应的内含子之间的长度变化巨大

总长度是 850 bp；而β珠蛋白基因中内含子的长度为 585 bp，因此基因总长度为 1382 bp，所以基因长度的变化比 mRNA 长度的变化大得多（α珠蛋白 mRNA=584 个碱基，β珠蛋白 mRNA=620 个碱基）。

如图 3.5 所示，二氢叶酸还原酶（dihydrofolate reductase，DHFR）基因是一个较大的基因。哺乳动物的 *DHFR* 基因含有 6 个外显子，相当于 2000 个碱基的 mRNA，但由于内含子很大，使得 DNA 的长度远远大于 mRNA。在三种哺乳动物中，外显子保持不变，内含子的相对位置不发生改变，但每个内含子的长度变化巨大，导致基因长度在 25～31 kb 波动。

珠蛋白和 *DHFR* 基因显现出一种普遍现象：具有共同祖先的基因在内含子（至少其中一些内含子）的位置是保守的。

3.5 在负选择时外显子序列保守而内含子序列变化多端

关键概念

- 比较不同物种的相关基因发现，相应的外显子序列通常是保守的，而内含子序列的相似性则低得多。
- 因为缺乏使用有用序列去产生多肽，所以没有选择压力，这样内含子比外显子进化要快得多。

与基因组中的其他基因相比，单拷贝基因完全是独一无二的吗？答案依赖于“完全独一无二”是如何定义的。如果将它看作一个整体，那它是独一无二的，但该基因的外显子可能与其他基因的外显子关联。若两个基因相关，则它们的外显子之间的关系比内含子之间的关系要近得多，这已是一个普适性原则。举一个极端的例子，那就是两个基因的外显子可能编码相同的多肽序列，但内含子可能是不同的。这一现象意味着这两个基因是通过某一相同的祖先基因的复制而产生的，随后，这两份拷贝发生了碱基置换。但是外显子中的置换严格受限，因为它需要编码功能性多肽。

就如我们将在第 5 章“基因组序列与进化”中所了解的那样，当我们考虑基因进化时，外显子可以被视为组装成不同组合基因的基本构建单位。一个基因含有的一部分外显子可能与其他基因中的外显子相关，另一部分外显子则与其他基因中的外显子无关。在这种情况下，内含子通常都无关联性。基因之间的这种同源性是通过单一外显子的复制和易位而生成的。

图 3.6 中以点矩阵的形式表示了两个基因之间的同源性。点用来标识在两个基因中我们所发现的碱基相同的各个位置。如果两个序列一致的话，所有点就形成一条成 45° 角实线；如果它们不一致，则直线可被缺乏同源性的间隔打断，这样，在一条或另一条序列的核苷酸缺失或插入都可使之横向或纵向地移动。

当比较小鼠的两个β珠蛋白基因时，我们发现含同源性的直线通过三个外显子和一个小的

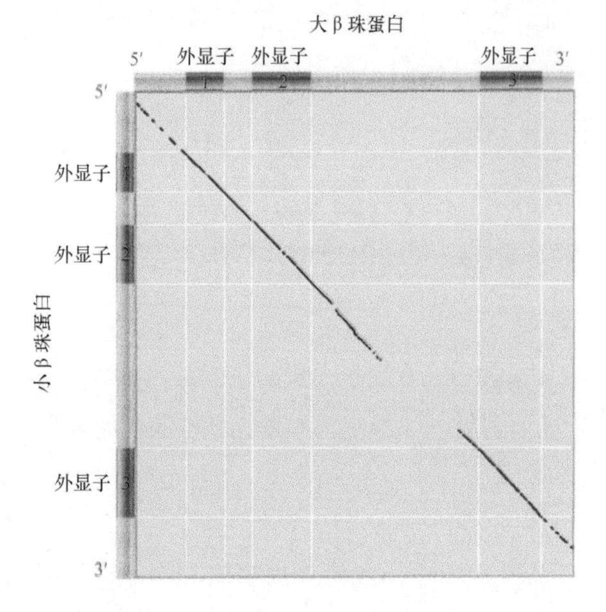

图 3.6 小鼠 $β^{maj}$ 和 $β^{min}$ 珠蛋白基因在编码区密切相关，但在两侧区域和长的内含子中则不同

数据由 Philip Leder, Harvard Medical School 友情提供

内含子，而这条线会逐渐消失在基因的两侧非翻译区（untranslated region，UTR）和长的内含子中，这是典型的关联基因的模式。编码序列和邻近外显子的内含子区域保持了相似性；而在更长的内含子与非编码序列两侧的区域则存在着很大的趋异。

关联基因的两个同源外显子之间总的趋异与多肽之间的差异相对应，这主要是由碱基替换而引起的。在翻译区中，外显子序列改变处于选择压力之下严格受限，即要阻止那些改变或破坏多肽功能的突变发生。也就是说，处于单一基因的负选择（negative selection）下，外显子序列是保守的，因为如果序列改变（不再保守），就会导致表型的改变，这种改变会使物种难以生存和很难产生可繁殖的后代。例如，编码关键酶的基因的一个外显子发生突变，它就会破坏此酶的功能，那么携带突变的那些个体（如果为二倍体，那么应该为纯合子形式）要么不能存活，要么受到严重影响。

很多保守的改变不影响密码子意义，因为改变后的密码子与先前的密码子编码相同的氨基酸（如它们是同义突变），此时，多肽不会变化，这样负选择不会作用于由这一多肽所给予的表型。相似地，基因非翻译区的变化频率更高 [尤其是发生在 mRNA 中转录成 5′ UTR（前导）和 3′ UTR（跟随）的序列]。

在同源基因的内含子中，趋异的形式包括（由于缺失和插入导致的）大小改变和碱基替换。当外显子处于负选择压力之下时，内含子比外显子进化要快得多。当比较不同种属的同一基因时，有时外显子是同源的，而内含子由于趋异太大而几乎不保留同源性。尽管某些内含子序列（分叉点、剪接连接处，以及可能影响剪接反应的其他序列）的突变受到选择的压力影响，但是大多数内含子突变都被认为是选择中性的。

总之，外显子和内含子中发生突变的概率是相同的，但是外显子突变可被选择压力更有效地去除。而内含子由于其功能的有限性从而能自由地积累碱基替代和其他变化。确实如此，有时我们仅根据相对于内含子的保守性，就可定位出序列不详的外显子（详见第 4 章“基因组概述”）。通过以上这些描述，我们可以很容易地断定，内含子不具有序列特异性的功能。但是，当基因处于正选择压力之下时，就会引出另一个不同的问题。

3.6 在正选择时外显子序列变化多端而内含子序列保守

关键概念

- 处于正选择下，相对于无突变的其他基因，碰巧产生有利突变的单一基因存活下来（即，可以产生更多的可育后代）。
- 由于内在的基因组压力，如保持从双链体 DNA 中外突茎 - 环结构的潜能等，内含子比处于正选择压力下的外显子进化要慢。

相对于没有突变的同类物种，某一物种能给予更多优势表型的突变可能导致这一物种更有利的存活，这就是正选择（positive selection）。抗生素可杀死致病性细菌，而突变细菌能获得抗生素抗性而存活（也就是受到正选择）。相对于它的可死于这种毒物的同类（也就是受到负选择），能给予毒蛇猎物蛇毒抗性的突变将导致那个猎物的正选择。类似地，当遇到蛇毒抗性的猎物群体时，存在突变的、能增强其蛇毒威力的毒蛇就将被正选择下来。这就能触发攻击防卫循环，它是一种两个物种之间的“军备竞赛”。

在这样一种情况之下，因为外显子要比内含子进化快，所以我们所见的处于负选择之时的、外显子保守而内含子变化的模式可被逆转。这样，类似于图 3.6 的图形就要进行改动，在线中所代表的是内含子，而间隙则是外显子。

内含子中什么是保守的呢？首先，RNA 剪接所需的内含子序列，如 5′ 和 3′ 剪接位点，以及分支位点是保守的（详见第 19 章“RNA 的剪接与加工”）。除此之外，碱基顺序也被进化以适应于增进这个区域中双链体 DNA 外突茎 - 环结构的潜能（折叠潜能），这样，基因长度上的依赖碱基序列的折叠潜能（测量值为负数）在内含子中高（更加负），而在外显子中低（更加正）。置换频率与碱基顺序对于折叠潜能的贡献之间的相互关系是处于正选择下的 DNA 序列的一个特征。确实如此，外显子中折叠潜能的低值（更加正）提供了对其正选择程度的评估，而不用去比较两个序列（决定选择是正还是负的经典方法）。

3.7 基因大小的变化范围很广，这主要源自内含子大小与数目的差异

关键概念

- 酿酒酵母中大多数基因是非断裂基因，而在多细胞真核生物中大多数基因是断裂基因。
- 外显子通常短小，典型的外显子编码小于 100 个氨基酸。
- 在单细胞 / 寡细胞真核生物中内含子短，但在高等真核生物中内含子的长度变化范围在几十 kb 之间。
- 一个基因的总长度主要由它的内含子所决定。

图 3.7 显示了酵母、昆虫和哺乳动物中基因的组织结构。在酿酒酵母中，绝大多数的基因（>96%）是非断裂基因。而那些有外显子的基因通常含有 3 个或更少的外显子，事实上，酿酒酵母不存在超过 4 个外显子的基因。

在昆虫和哺乳动物中，情况则相反，只有少数基因存在非断裂的编码序列（哺乳动物中为 6%）。

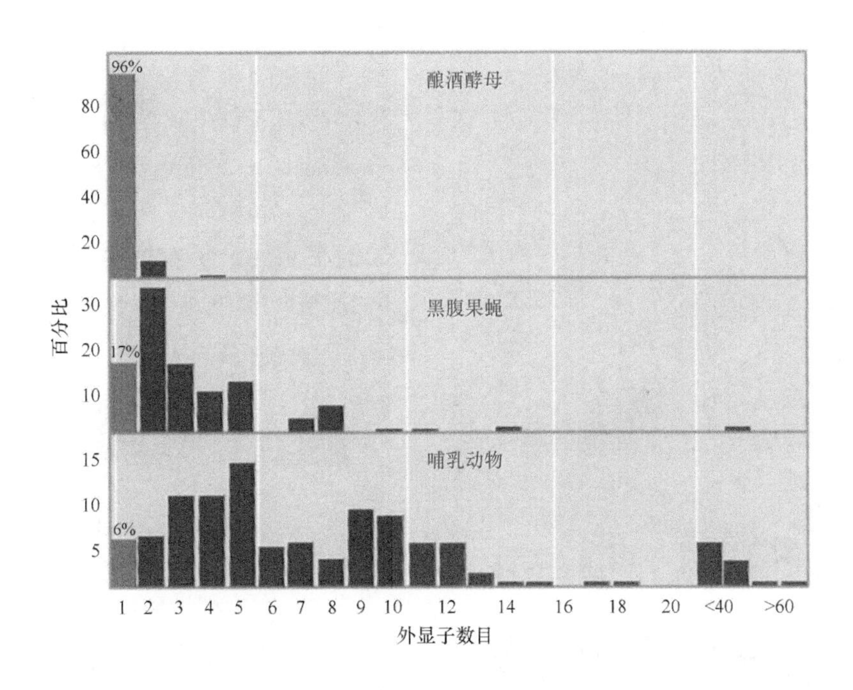

图 3.7 酵母中大多数基因是非断裂基因，而果蝇和哺乳动物中大多数是断裂基因（非断裂基因只有一个外显子，它们在图中以最左侧的柱形表示）

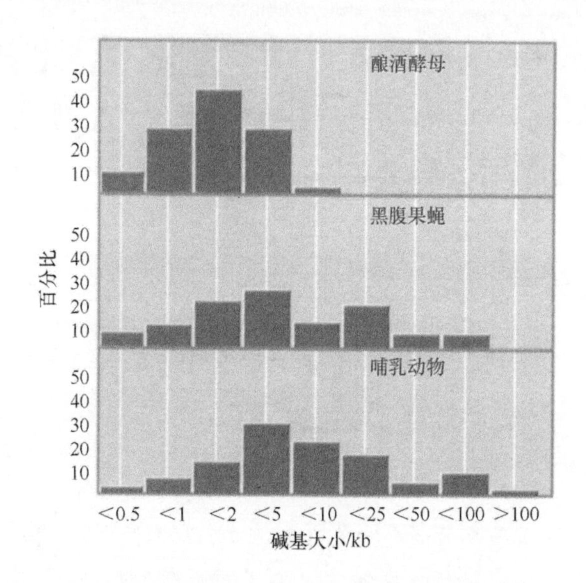

图 3.8 酵母基因比较小，而果蝇和哺乳动物基因大小的变化范围广泛，有些基因可以很大

昆虫基因含有相对少的外显子，通常少于 10 个；哺乳动物基因被断裂成更多的片段。约 50% 的哺乳动物基因含有 10 个以上的内含子。检测这种内含子数目不同对基因的总大小的影响见**图 3.8**，图中列出了酵母和多细胞真核生物基因之间的显著差异：酵母基因的平均大小为 1.4 kb，很少有大于 5 kb 的；而在多细胞真核生物中已证实断裂基因占据统治地位，这意味着基因长度远远大于外显子的总序列之和。在果蝇或哺乳动物中只有小部分基因小于 2 kb，多数基因在 5 kb 和 100 kb 之间。人类基因的平均大小为 27 kb。编码 Caspr2 的基因长度为 2300 kb，是已知人类基因中最长的（它占据了人类 7 号染色体总长度的约 1.5%！）。

随着多细胞真核生物的进化，以非断裂基因为主的基因组组成模式逐渐转变为以断裂基因为主的基因组组成模式。真菌（除一些酵母，如酿酒酵母）中，大多数基因是断裂的，但含有的外显子数目少（<6），且长度相对较短（<5 kb）。在果蝇中基因长度具有明显的双峰分布，有些短，有些比较长。随着基因长度的增加，基因组复杂性和机体复杂性之间的关系就变得越来越模糊了。

图 3.9 说明编码蛋白质的外显子往往变得越来越小。在多细胞真核生物中，一般的外显子编码约 50 个氨基酸。这样，外显子大小的总分布符合以下假说：基因通过在自身中缓慢地添加一些序列而进化，而这些添加序列是用于编码蛋白质的小而独立的结构域（详见第 5 章“基因组序列与进化”）。尽管脊椎动物中外显子的尺寸范围更小，其长度很少超过 200 bp，但在不同种类的多细胞真核生物中，外显子的大小没有很显著的区别。酵母中存在一些较长的外显子，这些外显子代表着那些编码序列完整的非断裂基因。而编码 5′ 和 3′ UTR 的外显子比那些编码蛋白质的外显子更趋向于变长。

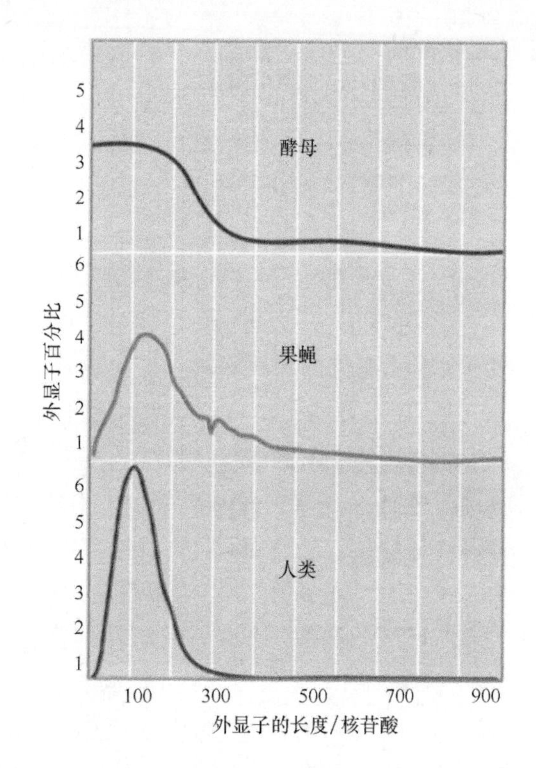

图 3.9 编码蛋白质的外显子通常很短

图 3.10 说明在多细胞真核生物中，内含子大小的变化范围很广（注意 x 轴的刻度与图 3.9 是不同的）。在线虫和果蝇中，一般的内含子不会比外显子长很多。线虫中没有很长的内含子，但果蝇中长内含子的比例则很大；脊椎动物中，内含子大小的变化范围更广，从相当于外显子的大小（<200 bp）到在一些极端例子中长度可增加至 60 kb。（一些鱼如河豚，它拥有压缩的基因组，含有比哺乳动物更短的内含子与基因间序列。）

异常长的基因源自于异常长的内含子，而非用于编码更长的产物。在多细胞真核生物中，基因总长度与外显子的总数目之间并无相关性，基因大小和外显子数目之间也无很好的相关性。因此，基因大小主要取决于它所拥有的一个个内含子的长度。在哺乳动物和昆虫中，基因的“平均长度”约为外显子总长度的 5 倍。

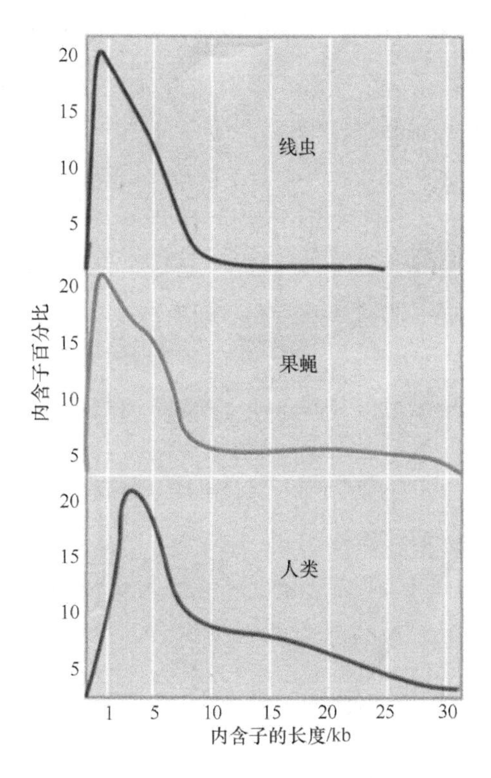

图 3.10 内含子长度的变化范围可以从很短到很长

3.8 某些 DNA 序列编码一种以上的多肽

关键概念

- 选择性使用起始或终止密码子可产生多种多肽链的变异体。
- 当 mRNA 使用不同阅读框解读（就如两个重叠基因一样）时，相同的 DNA 序列可产生不同的多肽。
- 不同的（可变）剪接方式可产生相同的多肽，也可产生在一定区域出现或缺失某一部分的多肽。这可以采用包含或去除单个外显子，或在两个可选外显子中选择其一的方式实现。

大多数结构基因由编码单一多肽的序列组成，尽管基因在其两侧含有非编码区，以及编码区内部的内含子。但在一些例子中，单一 DNA 序列可编码一种以上的多肽。

在一个简单的例子中，单一 DNA 序列在同一阅读框中存在 2 个起始密码子（**图 3.11**），这样，在

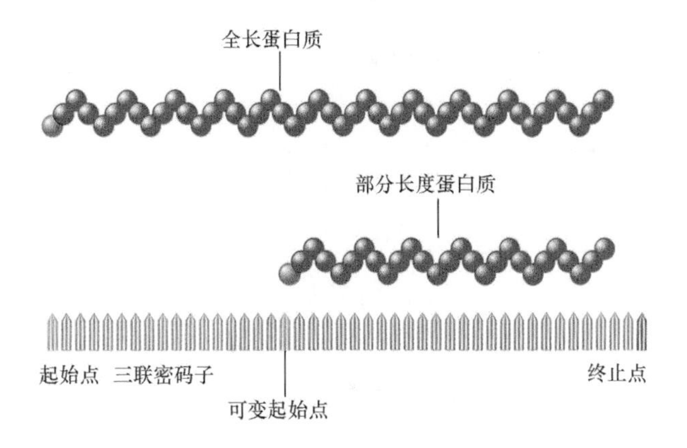

图 3.11 通过在不同的起始位点起始表达或在不同的终止位点终止表达，一个基因可以翻译出两种不同的蛋白质

不同条件下，2 个起始密码子的其中之一可被使用，生成较短形式的多肽或全长多肽，而短的多肽是全长形式的多肽的后半部分。

当同一 DNA 序列编码两种非同源蛋白时，真正的**重叠基因（overlapping gene）**就会出现，因为它使用了一次以上的阅读框。通常用于编码的 DNA 序列只能读出 3 个潜在阅读框的其中之一。而在一些病毒和线粒体基因中，两个相邻的基因重叠，从而可以不同的阅读框阅读，如**图 3.12**。基因中的重叠长度通常相对较短，因此大多数代表多肽的序列仍保留独特的编码功能。

在一些例子中，基因呈巢式（nested）存在，当一个基因被发现存在于另一个基因的大的、类似于“宿主”的内含子中时，这种现象就发生了。重叠基因往往存在于“宿主”基因的另一条链上。

一些基因表达的可变模式导致在外显子间连接途径的转换，它使单个基因可以产生多种不同的 mRNA 产物，而这些 mRNA 所含有的外显子是不同的。某些外显子是可选择的，也就是说，它们可以被保留或被切除。也可能有一对被视为互斥的外显子——一个或另一个包含在成熟的转录物中，但

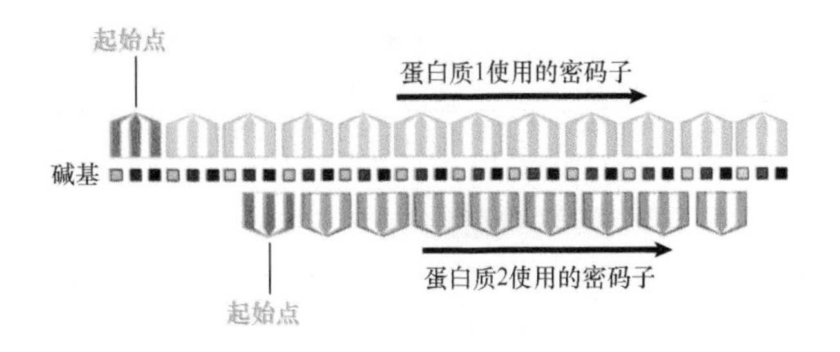

图 3.12 通过使用不同的阅读框，两个基因可共享一段 DNA 序列

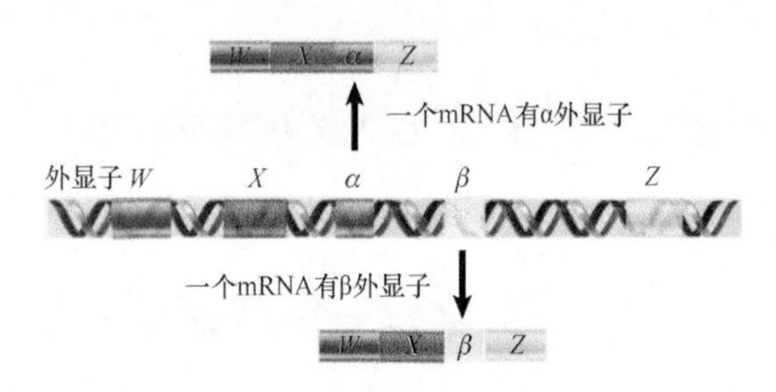

图 3.13 可变剪接产生肌钙蛋白 T 的 α 和 β 两种变异体类型

不是两者都包含在内。可变蛋白质有共同的部分与独特的另一部分。

在有些情况下，表达的可变方式不影响多肽的序列。例如，改变 5′ UTR 或 3′ UTR 仍可产生相同的多肽；在另一种情况下，一个外显子可以被另一个所取代，如**图 3.13** 所示。在这个例子中，多肽由两种具有高度重叠序列的 mRNA 翻译所得，但在可变剪接的区域是不同的。大鼠肌肉的肌钙蛋白（troponin）T 的基因的 3′ 端有 5 个外显子，但只有 4 个用来构建独立的 mRNA。三个外显子 *W*、*X*、*Z* 在两种表达方式中都是相同的。然而，在其中一种**可变剪接（alternative splicing）**方式中，α 外显子加入到 *X* 和 *Z* 之间；在另一种方式中，则是 β 外显子被加入其中。因此肌钙蛋白 T 的 α 和 β 这两种形式导致了 *W* 和 *Z* 之间的氨基酸序列差异，这取决于所选择的外显子是 α 还是 β。α 和 β 外显子中的任意一个都能被用来形成一个独立的 mRNA，但两者不能在同一 mRNA 中出现。

图 3.14 举例说明了可变剪接可使一些 mRNA 含有一种外显子，而另一些则不会含有。这种初始的单一转录物可以有两种剪接途径，在第一种途径（更加标准）中，两个内含子被剪接除去，使得三个外显子连接在一起；在第二种途径中，第二个外显子未被识别，因此，这就好比一个大的内含子被剪接除去，这个内含子组成如下：内含子 1+ 外显子 2+ 内含子 2，也就是说，外显子 2 作为内含子的一部分而被剪接除去。两种剪接途径会产生两种多肽，它们的两侧是相同的，但其中一种在中间含有一段额外的序列。（其他可变剪接产生的组合类型详见第 19 章“RNA 的剪接与加工”）。

有时两种可变剪接途径会同时作用，即一定比例的 RNA 分别通过不同途径进行剪接；有时两种途径在不同条件下起作用，即一种细胞类型

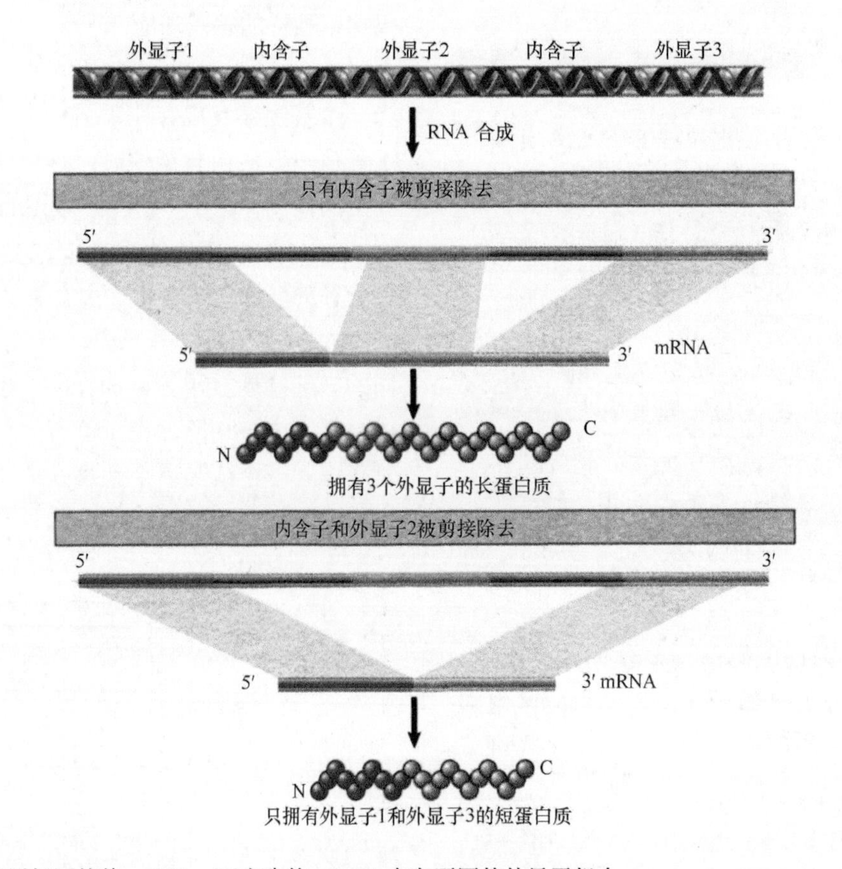

图 3.14 可变剪接使用相同的前 mRNA，而产生的 mRNA 含有不同的外显子组合

利用一种途径，而另一种细胞类型则利用另一种途径。

因此，可变剪接（或称为分化剪接，differential splicing）可以使一段 DNA 链的相关序列形成多种多肽。然而奇特的是，多细胞真核生物基因组往往极其庞大，拥有沿着染色体广泛散布的长基因，但同时它又从单一基因座产生多个产物。在果蝇和线虫中，相对于基因数而言，可变剪接使多肽的数目增加了约 15%，而大多数人类基因都是可变剪接的（详见第 5 章“基因组序列与进化”）。

3.9 某些外显子对应于蛋白质功能域

关键概念

- 蛋白质由独立的功能组件构成，在一些例子中，组件的边界与外显子的边界一致。
- 一些基因的外显子与其他基因的外显子是同源的，这说明它们具有共同的外显子祖先。

在第 5 章“基因组序列与进化”中，我们将更细致地讨论断裂基因的进化问题。如果蛋白质最初是由分开的祖先蛋白质一部分一部分地组合在一起，并慢慢进化而来，那么蛋白质结构域的累积很可能有序发生，一次增加一个外显子。对于被赋予了正选择能力的有机体，每一次的添加将建立在前一次添加优势的基础之上。最初可能被拼凑在一起组成基因的不同编码功能的区段还能在现有的基因结构中被反映出来吗？如果蛋白质序列被随机断裂，那么有时断裂序列会插入到结构域中，或位于结构域之间。如果我们能将目前存在的蛋白质的功能域与对应基因的单一外显子一一对应起来，那么这将暗示基因长度的增长来自结构域之间的选择性断裂而非随机性断裂。

一些例子证明在基因结构和蛋白质产物之间存在着清楚的关系，但是这可能是一些特殊的例子。免疫球蛋白（抗体）就是其中最典型的一例，这是一种能进行自我/非自我识别的细胞外系统，用来帮助消灭外来病原体，编码其基因的每个外显子与蛋白质的一个已知功能的结构域完全一致，不同序列结构域可连接在一起，这样，每一种细胞获得了细胞特异性的免疫球蛋白，它对某一种外来抗原具有独特的结合能力，这种抗原可能会在某一天被有机体再次碰到（详见第 16 章“免疫系统中的体细胞 DNA 重组与超变”）。**图 3.15** 将一种免疫球蛋白的结构和基因进行了比较。

免疫球蛋白是由两条轻链和两条重链组成的四聚体，这个四聚体产生具有几个独特结构域的蛋白质。轻链和重链的结构不同，重链有几种类型，每一种类型的链由含有一系列对应于蛋白质结构域的

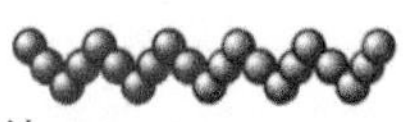

图 3.15 编码免疫球蛋白轻链和重链的基因结构（它们的表达形式）与该蛋白中独特的结构域相对应。蛋白质的每种结构域对应于一个外显子；内含子由 I1 ～ I5 标识

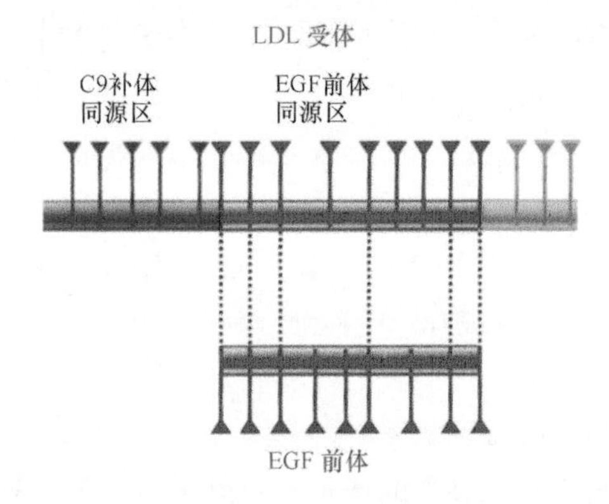

图 3.16 LDL 受体基因含有 18 个外显子，其中一些外显子与 EGF 前体相关，另一些与血浆补体基因 C9 相关。三角形标识为内含子位置

外显子基因表达。

很多例子表明基因的某些外显子可以通过其特殊的功能而被鉴定出来，在分泌蛋白如胰岛素中，它的第一个外显子编码多肽的 N 端区域，它决定了跨膜转运所需的一段信号序列。

在某些情况下，两个基因共享一些相关的外显子，而又拥有独特的其他外显子，这个事实支持了外显子是基因的功能性建筑单元这一观点。**图 3.16** 总结了人血浆中低密度脂蛋白（low density lipoprotein，LDL）受体和其他蛋白质之间的关系。LDL 受体基因有一系列的外显子与表皮细胞生长因子（epidermal growth factor，EGF）前体基因的外显子相关，而另一系列外显子则与血液蛋白补体因子 C9 酶有关。很明显，LDL 受体基因应该是通过模块（module）组合产生的，从而具有多种功能。这些模块也存在于其他蛋白质的不同组合中。

外显子都比较小，大小与最小的多肽相似，这种最小的多肽被认为可形成一种稳定的折叠结构，它约为 20 ～ 40 个氨基酸残基。蛋白质最初可能由更小的模块组装而成，每个模块不必和一种现有的功能相关；且几个模块也可以结合在一起而产生一种新功能单元。大基因往往拥有更多的外显子，这与蛋白质通过连续添加适当的模块而获得多种功能的观点相一致。

这种观念解释了蛋白质结构的另一个方面：在外显子、内含子边界处的位点所编码的氨基酸似乎通常位于蛋白质的表面。当一个片段添加到蛋白质中，至少大部分新近添加的片段的连接都趋向位于蛋白质表面。

3.10 基因家族成员具有共同的结构

关键概念

- 一组同源基因在进化分离之前应该有共同的特征。
- 所有的珠蛋白都具有 3 个外显子和 2 个内含子这种共同的组织形式，这意味着它们由一个祖先基因进化而来。
- 肌动蛋白基因家族的内含子位置是高度可变的，这提示内含子没有将功能结构域分开。

多细胞真核生物基因组中的许多基因与同一基因组内的其他基因相关，可能在不同等位基因 [这称为系列（in series）基因，即非等位基因] 中或在同一等位基因 [这称为平行（in parallel）基因，即等位基因] 中。**基因家族（gene family）**可以定义为一组源自基因复制事件的、编码相关或相同多肽的基因。在第一次复制事件后，两份拷贝完全一致，随后，当不同突变在序列上累积后，它们就开始趋异。进一步的复制与趋异就扩大了其基因家族。珠蛋白基因就是一个家族例子，它被分成 2 个亚家族（α 珠蛋白和 β 珠蛋白），但是其所有成员都具有一样的基本结构和功能（详见第 5 章“基因组序列与进化”）。在一些例子中，当我们发现基因相距较远，但还是认为它们具有共同的祖先，这样的一组基因家族称为**超家族（superfamily）**。

一个令人着迷的进化保守的例子以 α 珠蛋白和 β 珠蛋白，以及与它们相关的其他两种蛋白质为代表。**肌红蛋白（myoglobin）**是动物体中的一种单体氧结合蛋白，其氨基酸序列提示了它与 α 和 β 珠蛋白有共同（尽管很原始）的起源；**豆血红蛋白（leghemoglobin）**是豆类植物的氧结合蛋白，类似于肌红蛋白，其也是单体结构。这两种蛋白和亚铁血红素结合蛋白有着共同起源。总而言之，珠蛋白、肌红蛋白和豆血红蛋白组成了珠蛋白超家族，这是一个基因家族起源于一些（远缘）共同祖先的例子。

α 和 β 珠蛋白基因在保守位置都具有 3 个外显子和 2 个内含子（见图 3.4）。中央外显子代表珠蛋白链的亚铁血红素结合域。在人类基因组中存在单

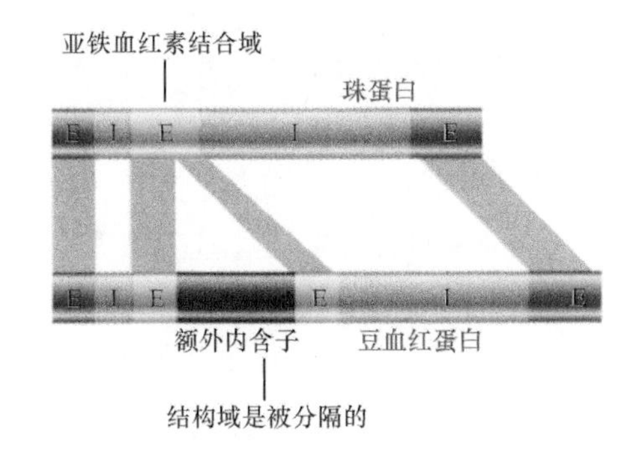

图 3.17　珠蛋白基因的外显子结构与蛋白质的功能相一致，但是豆血红蛋白的中间结构域中含有一个额外的内含子

一肌红蛋白基因，其结构基本上类似于珠蛋白基因，因此，保守的 3 个外显子结构的存在应该先于肌红蛋白和珠蛋白功能分离的进化过程。

豆血红蛋白基因含有 3 个内含子，其中第一个和最后一个出现的位置与珠蛋白基因中 2 个内含子出现的位置一致。这种惊人的相似性提示亚铁血红素结合蛋白是以断裂基因的形式起源的，见图 3.17。豆血红蛋白基因的中间内含子将两个外显子序列分开，这两个外显子序列对应于珠蛋白中的单个中央外显子，那么这个珠蛋白中的中央外显子是由祖先基因中两个中央外显子融合而来吗？或者其祖先形式就是单一中央外显子，如果是这种情况，这个内含子必须在植物进化开始时就已经插入到其中了。

种间同源基因（orthologous gene，ortholog）是物种进化后所形成的**同源基因（homologous gene，homolog）**，换句话说，它们是不同物种的相关基因。比较结构不同的种间同源基因为其进化提供了信息。以胰岛素为例，除了啮齿动物具有两个胰岛素基因外，哺乳动物和鸟类都只有一个胰岛素基因，

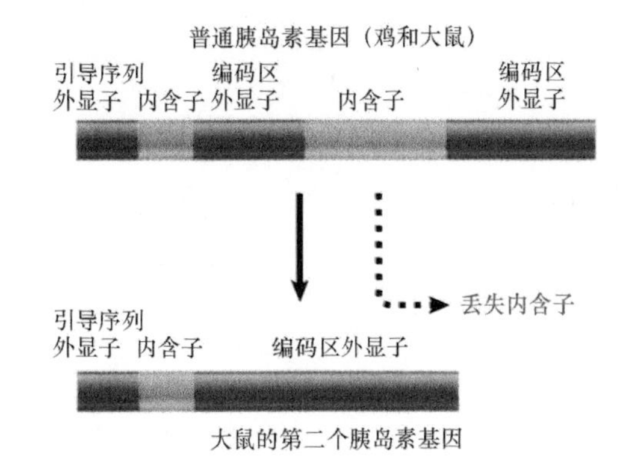

图 3.18　大鼠胰岛素祖先基因含有两个内含子，进化过程中丢失了一个，从而其基因结构是由一个内含子间隔的两个片段

图 3.18 阐述了这些基因的结构。

我们利用节俭原则来比较种间同源基因的组织结构：即假设一种共有特征在两类物种进化分离之前就已存在。鸟类的单一胰岛素基因含有两个内含子；大鼠两个基因中的一个有着相同的结构，这种共有结构意味着祖先胰岛素基因中存在两个内含子。但是第二个大鼠基因只有一个内含子，这说明啮齿动物中这种基因的进化过程是基因先进行重复，然后再从其中一份同源基因拷贝中精确地切除一个内含子。

一些种间同源基因的组织结构显示了种属间广泛的差异性，因此上述基因的进化过程必然包括大范围的内含子缺失或插入。一个充分阐明的例子就是肌动蛋白。典型肌动蛋白基因含有一个不到 100 个碱基的非翻译引导序列、一个约 1200 个碱基的编码区和约 200 个碱基的尾端序列。大多数肌动蛋白基因是断裂的，我们可根据编码序列将内含子的位置排列在一起（除有时在引导序列中发现单一内含子的情况外）。

图 3.19 显示了大多数肌动蛋白基因的内含子位

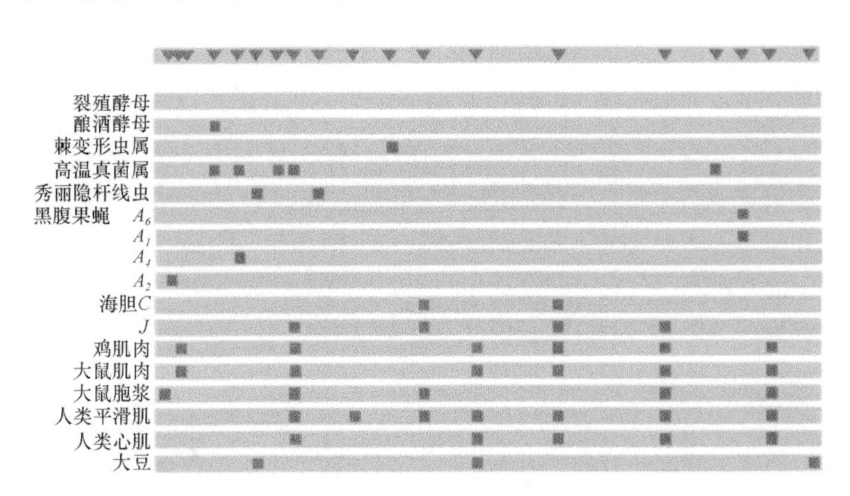

图 3.19　肌动蛋白基因的构成变化很大，内含子位置在图中以深色方块标识。顶部的条形图总结了不同同源基因之间的所有内含子位置

置形式是不同的。在所比较的所有基因中，我们发现内含子出现在19个不同的位置，每一个基因的内含子数目范围为0～6个。这些事件是如何发生的呢？如果我们假设古老的肌动蛋白基因含有内含子，而所有现在的肌动蛋白基因是由于内含子的丢失，且与初始基因具有关联性，那么在每个进化分支点上必定有不同的内含子丢失。一些内含子可能已经完全丢失了，因此祖先基因可能含有20个或者更多的内含子。另一种假设是在不同物种中，内含子的插入过程是独立而连续进行的。

内含子是否出现在肌动蛋白基因的早期或晚期？似乎没有一致性的指导原则可以说明肌动蛋白的结构域或亚结构域或内含子在何处定位。另一方面，当外显子处于负选择压力下（导致同源异形域保守），在扩展的基因家族成员之间的两个系列基因重组（可能引起家族成员的缩减）事件会由于内含子趋异（导致一些同源性缺失）而下降，且内含子会来到最易到达的地方被保留下来。

如果等位基因含有相似的外显子和内含子，这样平行基因的等位基因间重组（就如同减数分裂一样）将不会受到影响，直到新物种形成发生，而在此过程中会伴随着内含子的重新定位。因此，在不同物种中的两个内含子位置之间的关系可用于构建进化树，这可用来阐述肌动蛋白基因的进化过程。

外显子和功能性蛋白质结构域之间的关系会显得有点古怪，即在一些例子中是明显的1:1的关系；而在其他一些例子中则无任何关联。一种可能性是内含子的去除使邻近的外显子融合在了一起，这意味着内含子必须被精准地去除，而不改变编码区的完整性；另一种可能性是一些内含子插入到了某一编码单一结构域的外显子中。综合在肌动蛋白基因等例子中所观察到的外显子位置的变化，我们认为内含子位置可以演变。

至少某些外显子和蛋白质结构域之间存在对应关系，不同蛋白质也存在相关的外显子，这些都毫无疑问地证明了外显子的复制和排列在一起在进化中起着重要作用。所有蛋白质都来自于祖先基因的复制、变异和重组，因此祖先外显子的数目相对而言较少，可能少至数千个。外显子是新基因的构建单元，这种观点与蛋白质编码基因起源的“内含子早现”模型是一致的（详见第5章“基因组序列与进化”）。

3.11 DNA中存在多种形式的信息

关键概念

- 遗传信息不仅包含对应于传统表型的特征，而且也包含对应于基因组表型的特征（压力）。
- 从某种意义上说，基因的定义已经从“一个基因一种蛋白质”修改成“一种蛋白质一个基因”。
- 发育中的位置信息可能具有重要意义。
- 从其他物种“水平”转移到生殖细胞中的序列可位于内含子内或基因间的DNA中，因此能在代与代之间“垂直”转移。其中一些序列可能参与细胞之间的非自我识别。

我们认为，遗传信息（genetic information）这个概念就是通过生殖细胞“垂直”传递的所有信息，而不仅仅是基因信息。术语“基因（gene）”和它的形容词“遗传因子的、基因的（genic）”在不同背景中具有不同含义，但是在大部分情况下，当我们通篇考虑时，它们是不会混淆的。在某些情况下，一段DNA序列用于负责某一特殊多肽的形成。目前的用词是将整个DNA序列从出现在mRNA的第一个点开始到对应于它末端的最后一个点，组成了所谓的“基因”，即它由外显子和内含子等组成。

当代表多肽的一段序列重叠或者存在表达的替代形式时，我们可以反过来描绘基因，不再说“一个基因一种多肽”，而将它们的关系描述为“一种多肽一个基因”。因此我们认为基因由负责产生多肽（除了外显子外也包括内含子）的序列构成，同时也认识到，这个相同序列的一部分也可属于另一多肽的部分编码基因。这就使得“重叠（overlapping）”或“替代（alternative）”基因等这些描述方法变得切实可行。

现在我们可以思索，从20世纪的“一个基因一种酶”假说开始，我们已经走过了多长的道路。在初期，主要问题是基因的本质。当时认为基因代表了“酵素（ferment）”（酶），但是什么是酵素的本质呢？在发现了大多数基因编码蛋白质之后，我们就以概念的形式形成了这样一种范例：每一个遗传单位通过特定蛋白质的翻译而发挥作用。不管是直接的或间接的，编码蛋白质的压力就是现在所指的**传统表型**（**conventional phenotype**）。现在认为编码多肽的遗传单位也要包括对应于**基因组表型**（**genome phenotype**）的信息，这些表现包括**折叠压力**（**fold pressure**）、**嘌呤装载压力** [**purine-loading (AG) pressure**] 和 **GC 压力**（**GC pressure**）。在不同压力之间可能相互冲突，如配子中将基因组信息传递到下一代的空间竞争。例如，可能在某一位置含有碱性氨基酸赖氨酸（密码子为 AAA）的蛋白质作用是最有效的，但 GC 压力可能需要另一个碱性氨基酸的置换，如精氨酸（密码子为 CGG）；或者，折叠压力需要相应核酸折叠成茎 - 环结构，这样，CCG 能以反平行构象的方式与精氨酸密码子配对。而在这个位置的赖氨酸密码子会破坏这个结构，所以产生一种效率较低的多肽就已经足够了。

然而，传统表型依旧是分子生物学的主旋律：遗传因子的 DNA 序列要么直接编码某一特殊多肽，要么毗邻于实际编码某一多肽的另一个区段，并且参与了编码多肽的邻近基因片段的调节作用。那么这个理念对解释基因和蛋白质之间的基本关系有多大作用呢？

我们知道，多细胞有机体的发育是利用不同基因以使每种组织产生不同的细胞表型，基因表达由一个级联形式的调节网络所决定。真核生物发育开始时，第一组基因的表达导致下一阶段发育中的基因表达，这些基因的表达又导致了进一步发育，如此循序渐进，直至所有成体组织形成并发挥功能。这种调节网络的分子机制大部分仍未知，但是我们认为它由一些基因组成，这些基因编码能影响其他基因表达的产物（可能是蛋白质，有时也可能是 RNA）。

尽管这样一系列的相互作用几乎都是完成发育过程的某些方式，我们的疑问是它们是否足以完成所有的发育过程。一个特殊问题是有关**位置信息**（**positional information**）的本质及其作用，因为我们知道整个受精卵的每一个部分都是不等同的，而在细胞内信息（假定是特定的大分子）的位置特征决定了受精卵内不同区域的不同组织部分的发育。

我们不知道这些特殊区域是如何形成的，尽管已经详细研究了一些特定例子（详见第 20 章“mRNA 的稳定性与定位”）。但我们可以推测：受精卵中的位置信息导致了细胞内基因的分化表达，而这些细胞形成了组织，这个组织就来自这些区域。这些表达随后导致了成体器官的发育，在下一代中，这又引导了携带合适位置信息的受精卵的发育。

这种存在位置信息的可能性提示：机体发育所需的某些信息是否以一种形式保存，而这种形式不能被直接归为一段 DNA 序列（尽管位置信息的保存可能需要一些特殊序列的表达）。更概括地讲，我们可能会问：当我们解读出组成某些机体基因组的完整 DNA 序列，并以蛋白质和调节区的形式解释时，原则上我们能否通过控制适当基因的表达而构建一个有机体（或者只是一个活细胞）呢？

在组织与器官发育完成以后，它们不仅必须被维持，而且要受到保护，免受潜在病原体的侵袭。这样，在生殖细胞中成组的不同基因库需要趋异，在体细胞中也需要继续趋异，从而给予多细胞有机体更多能力：①通过针对病原体的免疫球蛋白抗体的合成应答细胞外环境；②记住过去的病原体，这样，未来的应答就会更快、更强（免疫记忆）（详见第 16 章“免疫系统中的体细胞 DNA 重组与超变”）。但是，如果致病病毒能逃避这种细胞外防御（extracellular），它的核酸就可以进入细胞，那么细胞内防御（intracellular）就是必需的。

我们知道在被噬菌体感染的细菌中（详见第 25 章“噬菌体策略”），宿主的防卫包括快速的局部或全基因组的 DNA 转录（这已经印记于真核生物中，用以应对环境恶化或感染），产生“反义”转录物，它可以与病原体“有义”转录物碱基配对，用以形成双链 RNA。而这些 RNA 能够作为预警信号触发二级防卫（详见第 30 章“调节性 RNA”中细菌 CRISPR 的举例）。通过反转录作用，将一些病原体转录物转变成 DNA，并将它们以非活性形式插入到基因组中，便于将来在由这种病原体诱导的有害感染存在的情况下快速转录成反义 RNA，由此宿主能对先前的细胞内入侵者产生记忆。所以，一些病原体核酸可能“水平”进入生殖细胞（在同一代内），随后，病原体的亲代记忆能“垂直”转移到子孙后代中。在内含子和基因外 DNA（详见第 15 章“转座因子与反转录病毒”）内的一些元件的多样性可能部分反映了过去病原体的袭击事件。在一些动物与植物物种中就存在着这样一些近期的证据，如已经遗传下来的抗病毒免疫能力。

小结

- 大多数真核生物基因组含有被内含子序列断裂的基因。在一些真菌中，断裂基因的比例较低，在多细胞真核生物中几乎没有基因是非断裂的。基因大小通常由其内含子长度决定。哺乳动物基因大小的范围通常是 1～100 kb，但一些基因更长。
- 真核生物所有类型的基因中都存在内含子，不管是在编码蛋白质产物的基因中，还是在独立编码功能性 RNA 的基因中。断裂基因的结构在所有组织中都是相同的，RNA 中外显子按其在 DNA 中的相同次序彼此连接在一起，通常无编码功能的内含子被切除。一些基因以可变剪接的方式表达，可变剪接使得一个特殊序列在某种情况下被除去，而在其他情况下被保留。
- 比较种间同源基因的组成时，我们常常发现内含子的位置通常是保守的。在处于负选择压力下的基因中，内含子序列变化很大，序列之间甚至是不相关的，而外显子序列则保持紧密的相关性。外显子保守性可以保留重要的表型特征，我们利用这种性质可以鉴定不同物种中的相关基因。然而，在处于正选择压力下的基因中，外显子序列变化很大，而内含子序列则保持相对更高的相似性。这种内含子的保守性与对应于基因组表型的特征相关，如折叠压力，而折叠压力可能与 DNA 中的产物校对有关。
- 一些基因只与其他基因共享其部分外显子，这表明它们是通过添加代表蛋白质功能“模块单元”的外显子来组装的。这样的模块外显子可能已经组装到多种不同的蛋白质中，有时对应于这些蛋白质的功能性结构域。基因由外显子的有序添加组装而成的观点与以下假说是一致的：内含子存在于原始的生物体基因中，因而有助于组装过程。祖先基因的内含子会丢失，且不同的内含子在不同物种的后代中丢失，这些现象可解释同源基因之间的一些相关性。

参考文献

3.1 引言

综述文献

Crick, F. (1979). Split genes and RNA splicing. *Science* 204, 264-271.

Harris, H. (1994). An RNA heresy in the fifties. *Trends Biochem. Sci.* 19, 303-305.

Hong, X., Schofield, D. G., and Lynch, M. (2006). Intron size, abundance, and distribution within untranslated regions of genes. *Mol. Biol. Evol.* 2, 2392-2404.

研究论文文献

Glover, D. M., and Hogness, D. S. (1977). A novel arrangement of the 8S and 28S sequences in a repeating unit of *D. melanogaster* rDNA. *Cell* 10, 167-176.

Scherrer, K., et al. (1970). Nuclear and cytoplasmic messenger-like RNAs and their relation to the active messenger RNA in polyribosomes of HeLa cells. *Cold Spring Harb. Symp. Quant. Biol.* 35, 539-554.

3.2 断裂基因含有外显子和内含子

综述文献

Forsdyke, D. R. (2011). Exons and introns. In *Evolutionary Bioinformatics,* 2nd ed. New York: Springer, pp. 249-266. (*See also* http://post.queensu.ca/~forsdyke/introns.htm.)

3.3 外显子和内含子中的碱基组成不同

综述文献

Forsdyke, D. R., and Bell, S. J. (2004). Purine-loading, stem-loops, and Chargaff's second parity rule: a discussion of the application of elementary principles to early chemical observations. *Applied Bioinformatics* 3, 3-8. (*See* http://post.queensu.ca/~forsdyke/bioinfo5.htm.)

Forsdyke, D. R., and Mortimer, J. R. (2000). Chargaff's legacy. *Gene*. 261, 127-137. (*See* http://post.queensu.ca/~forsdyke/bioinfo2.htm.)

研究论文文献

Babak, T., Blencowe, B. J., and Hughes, T. R. (2007). Considerations in the identification of functional RNA structural elements in genomic alignments. *BMC. Bioinf.* 8, article number 33.

Bechtel, J. M., et al. (2008). Genomic mid-range inhomogeneity correlates with an abundance of RNA secondary structure. *BMC. Genomics*. 9, article number 284.

Bultrini, E., et al. (2003). Pentamer vocabularies characterizing introns and intron-like intergenic tracts from *Caenorhabditis elegans* and *Drosophila melanogaster*. *Gene*. 304, 183-192.

Ko, C. H., et al. (1998). U-richness is a defining feature of plant introns and may function as an intron recognition signal in maize. *Plant. Mol. Biol.* 36, 573-583.

Zhang, C., Li, W. H., Krainer, A. R., and Zhang, M. Q. (2008). RNA landscape of evolution for optimal exon and intron discrimination. *Proc. Natl. Acad. Sci. USA* 105, 5797-5802.

3.4 断裂基因的结构保守

综述文献

Fedoroff, N. V. (1979). On spacers. *Cell* 16, 697-710.

研究论文文献

Berget, S. M., Moore, C., and Sharp, P. (1977). Spliced segments at the 5′ terminus of adenovirus 2 late mRNA. *Proc. Natl. Acad. Sci. USA* 74, 3171-3175.

Chow, L. T., Gelinas, R. E., Broker, T. R., and Roberts, R. J. (1977). An amazing sequence arrangement at the 5′ ends of adenovirus 2 mRNA. *Cell* 12, 1-8.

Jeffreys, A. J., and Flavell, R. A. (1977). The rabbit β-globin gene contains a large insert in the coding sequence. *Cell* 12, 1097-1108.

3.6 在正选择时外显子序列变化多端而内含子序列保守

Forsdyke, D. R. (1995). Conservation of stem-loop potential in introns of snake venom phospholipase A2 genes: an application of FORS-D analysis. *Mol. Biol. Evol.* 12, 1157-1165.

Forsdyke, D. R. (1995). Reciprocal relationship between stem-loop potential and substitution density in retroviral quasispecies under positive Darwinian selection. *J. Mol. Evol.* 41, 1022-1037. (*See* http://post.queensu.ca/~forsdyke/hiv01.htm.)

Forsdyke, D. R. (1996). Stem-loop potential in MHC genes: a new way of evaluating positive Darwinian selection. *Immunogenetics* 43, 182-189.

3.7 基因大小的变化范围很广，这主要源自内含子大小与数目的差异

Hawkins, J. D. (1988). A survey of intron and exon lengths. *Nucleic. Acids. Res.* 16, 9893-9905.

Naora, H., and Deacon, N. J. (1982). Relationship between the total size of exons and introns in protein-coding genes of higher eukaryotes. *Proc. Natl. Acad. Sci. USA* 79, 6196-6200.

3.8 某些 DNA 序列编码一种以上的多肽

综述文献

Chen, M., and Manley, J. L. (2009). Mechanisms of alternative splicing regulation: insights from molecular and genomics approaches. *Nat. Rev. Mol. Cell. Biol.* 10, 741-754.

研究论文文献

Pan, Q., et al. (2008). Deep surveying of alternative splicing complexity in the human transcriptome by high-throughput sequencing. *Nature Genetics* 40, 1413-1415.

Sultan, M., et al. (2008). A global view of gene activity and alternative splicing by deep sequencing of the human transcriptome. *Science* 321, 956-960.

3.9 某些外显子对应于蛋白质功能域

综述文献

Blake, C. C. (1985). Exons and the evolution of proteins. *Int. Rev. Cytol.* 93, 149-185.

Doolittle, R. F. (1985). The genealogy of some recently evolved vertebrate proteins. *Trends Biochem. Sci.* 10, 233-237.

3.10 基因家族成员具有共同的结构

综述文献

Dixon, B., and Pohajdek, B. (1992). Did the ancestral globin gene of plants and animals contain only two introns? *Trends Biochem. Sci.* 17, 486-488.

研究论文文献

Matsuo, K., et al. (1994). Short introns interrupting the Oct-2 POU domain may prevent recombination between POU family members without interfering with potential POU domain 'shuffling' in evolution. *Biol. Chem. Hopp-Seyler* 375, 675-683.

Weber, K., and Kabsch, W. (1994). Intron positions in actin genes seem unrelated to the secondary structure of the protein. *EMBO. J.* 13, 1280-1286.

3.11 DNA 中存在多种形式的信息

综述文献

Barrangou, R., et al. (2007). CRISPR provides acquired resistance against viruses in prokaryotes. *Science* 315, 1709-1712.

Bernardi, G., and Bernardi, G. (1986). Compositional constraints and genome evolution. *J. Mol. Evol.* 24, 1-11.

Forsdyke, D. R. (2011). *Evolutionary Bioinformatics,* 2nd ed. New York: Springer.

Forsdyke, D. R., Madill, C. A., and Smith, S. D. (2002). Immunity as a function of the unicellular state: implications of emerging genomic data. *Trends Immunol.* 23, 575-579. (*See* http://post.queensu.ca/~forsdyke/theorimm.htm.)

Jeffares, D. C, Penkett, C. J., and Bähler, J. (2008). Rapidly regulated genes are intron poor. *Trends in Genetics* 24, 375-378.

研究论文文献

Bertsch, C., Beuve, M., Dolja, V. V., Wirth, M., Pelsy, F., Herrbach, E., and Lemaire, O. (2009). Retention of the virus-derived sequences in the nuclear genome of grapevine as a potential pathway to virus resistance. *Biology Direct* 4, 21.

Flegel, T. W. (2009). Hypothesis for heritable, antiviral immunity in crustaceans and insects. *Biology Direct* 4, 32.

Saleh, M. C, Tassetto, M., van Rij, R. P., Goic, B., Gausson, V., Berry, B., Jacquier, C., Antoniewski, C., and Andino, R. (2009). Antiviral immunity in *Drosophila* requires systemic RNA interference spread. *Nature* 458, 346-350.

第 4 章

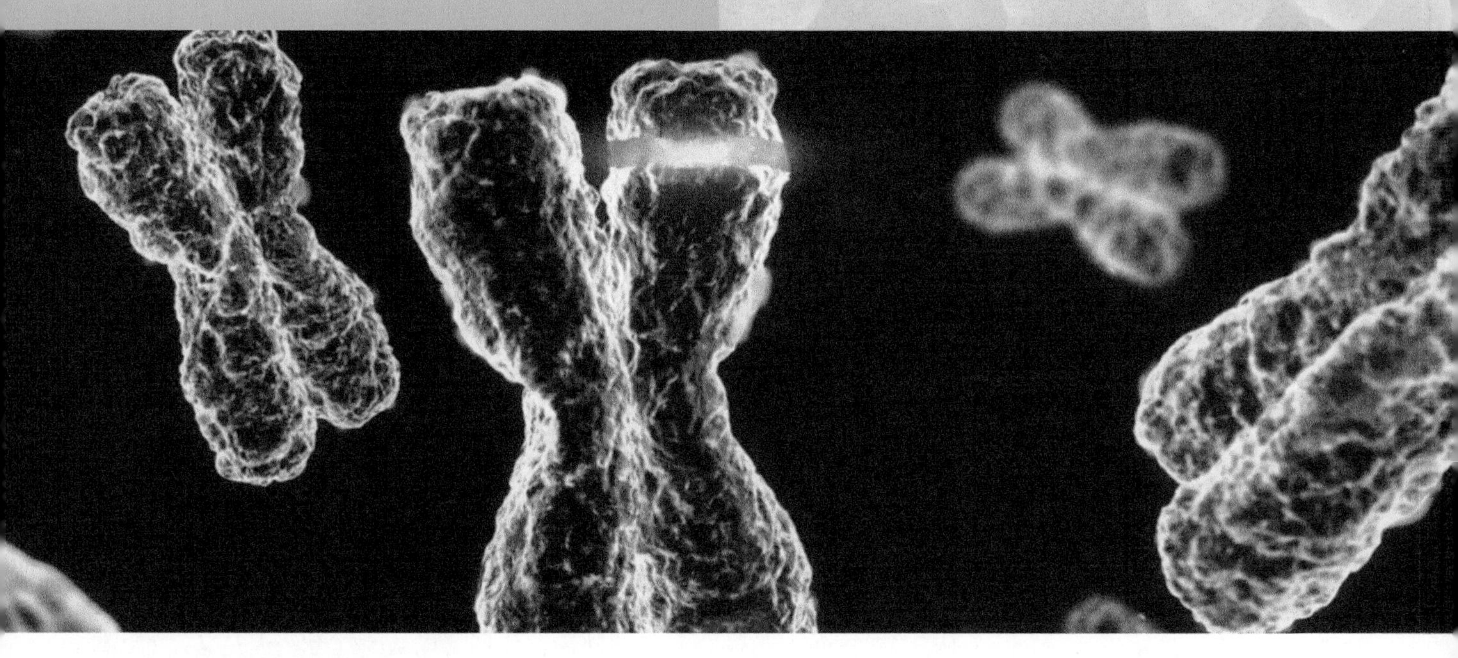

基因组概述

章节提纲

4.1 引言

基因组研究的关键问题是它到底含有多少基因。然而，甚至还有一个更加基本的问题，“什么是基因？”现在我们非常清楚基因不仅仅只定义为一段编码多肽的 DNA 序列，因为许多基因编码多种多肽，许多还编码用于其他功能的 RNA。根据已知的 RNA 功能的多样性和基因表达的复杂性，如果将基因描述为转录单位似乎是可行的。先前被认为缺乏基因的大部分染色体区段，现在看来也似乎被广泛转录。因此，目前我们可以将“基因”定义为一个可动的靶标。

我们可以从 4 个水平来考察基因的总数和编码蛋白质的基因数，而这 4 个水平分别对应于基因表达的 4 个连续过程。

- **基因组（genome）**是有机体的一整组完全

的基因，它最终由 DNA 的全序列决定，虽然在实践中我们不可能只根据序列来准确鉴定出每一个基因。

- **转录物组（transcriptome）**是在特定条件下表达的一组完整的基因，这是根据细胞中所存在的这一组 RNA 分子来决定的，它可以指某一种细胞类型，或者是任何一个更为复杂的细胞群体，甚至是一个完整的有机体。由于一个基因可能产生多种 mRNA 分子，所以从转录物组定义的基因数可能大于基因组中定义的基因数。转录物组包括非编码的 RNA[如转移 RNA（tRNA）、核糖体 RNA（rRNA）、 微 RNA（microRNA，miRNA）及其他（详见第 29 章“非编码 RNA”和第 30 章“调节性 RNA”）] 和 mRNA。
- **蛋白质组（proteome）**是一组完整的多肽，它可由全基因组编码，或者在某一种细胞或组织中产生。它应该对应于转录物组中的 mRNA，尽管在相对丰度或者稳定性上，mRNA 和蛋白质有一些细微的差别。当然也存在蛋白质的翻译后修饰，使得从单一转录物中产生更多种类型的蛋白质 [这称为蛋白质剪接（protein splicing），详见第 21 章“催化性 RNA”]。
- 蛋白质可以独立地或者作为多蛋白组装物或多分子复合体的一部分而起作用，如全酶或代谢途径中这些酶簇拥在一起。RNA 聚合酶全酶（详见第 17 章“原核生物的转录”）和剪接体（详见第 19 章“RNA 的剪接与加工”）就是其中的两个例子。如果我们能够鉴定出所有的蛋白质与蛋白质之间的相互作用，那么我们就能够确定独立的蛋白质组合体的数目。这有时称为**相互作用组（interactome）**。

基因组中编码蛋白质基因的最大数目可以通过确定可读框（open reading frame，ORF）来估计。由于断裂基因可以由许多分开的 ORF 组成，并且可变剪接会利用 ORF 的不同亚类或不同组合，因此，大范围的基因图制作是很复杂的。因为我们不一定知道相关多肽产物功能的信息，或者有确切证据表明它们被表达了，所以这个方法只能限于确定基因组的潜能。但是，现在存在一个强有力的假说，即认为任何保守的 ORF 都可能是表达的。

另外一个方法是根据转录物组（通过直接确定所有的 mRNA）或蛋白质组（通过直接确定所有的蛋白质）来直接定义基因的数目，这种方法能保证我们处理的是真实基因，即它们是在已知环境下所表达的基因。这种方法让我们知道在特定组织或细胞中有多少基因是表达的，相对表达水平的变化情况如何，以及在特定细胞中有多少表达的基因是其所特有的，或者在其他地方也是表达的。除此之外，对转录物组的分析还能揭示一个特定基因能产生多少不同的 mRNA（如 mRNA 含有不同组合的外显子）。

当我们考虑基因类型时，我们也可以确定某一种基因是不是必需的，即缺失这一基因会出现什么表型呢？如果缺失是致死的，或者导致个体有明显的缺陷，我们可以认为这个基因是必需的，或者至少具有选择上的优势。但有些基因删除后在表型上没有明显的变化，那么这些基因是不是真的可有可无呢？若在某种条件下或者在漫长的进化过程之后，这一基因的缺失是否会造成选择上的劣势呢？在一些例子中，这些基因的缺失可根据冗余机制被补偿，如基因重复可提供必需基因的后备库。

4.2 基因组图揭示个体基因组变化巨大

关键概念

- 通过 DNA 测序与功能基因鉴定绘制基因组图。
- 当序列影响到基因功能时，我们可从表型水平上检测出多态性；当序列影响到限制性酶切位点时，我们可在限制性片段上将多态性检测出来；另外通过直接分析 DNA 序列，我们也可在序列水平上检测出多态性。
- 等位基因虽然在序列上是广泛多态性的，但许多序列的变化并不影响其基因功能。

确定基因组的内容就意味着要对存在于有机体染色体上的基因座进行图谱绘制和序列测定。在简便、低成本的现代测序技术出现之前，曾经存在一些低分辨率的基因组绘图技术。**连锁图（linkage** map）是根据基因座之间的重组率来确定距离。由于这种方法要依靠不同标记的可见（如能影响表型）突变的产生，或可测（如使用电泳）突变的产生，它的应用是有限的。**限制图（restriction map）**是通过用限制性内切核酸酶把DNA切成片段，然后测量切割位点之间的碱基对物理距离（由电泳胶迁移来决定）来构建的，这是用DNA长度来表示距离的。

现在，我们通过测定基因组DNA序列来绘制基因组图。从序列中，我们能够确定基因和基因之间的距离。通过分析DNA中的潜在蛋白质编码序列，我们能够推测其功能。此处我们假设：自然选择会抑制DNA中编码功能产物的序列中的不利突变的累积，换句话说，我们也可以假设只有一条完美无缺的、携带转录信号的编码序列才可用来产生功能性多肽。

通过比较野生型和突变型等位基因的DNA序列，我们能够确定突变的本质，以及它所发生的准确位置。这提供了一种确定连锁图（完全根据位置的改变）和物理图（根据DNA序列，甚至由DNA组成）之间关系的方法。

当然，虽然它们存在规模上的差异，但这些相似的技术可被用来鉴定和测序基因及绘制基因组图。在这两种情况中，原则上，我们都要获得一系列的DNA重叠片段，然后将这些重叠片段互相连接，形成连续图。关键是通过分析它们之间的重叠部分，在图上将每一片段与另一片段连接起来，这样我们就能够确保不忽略某些片段。这个原则既可以用于排序大的片段来绘制基因组图，也可以用于连接多个序列来组成大的片段。

最初的孟德尔式遗传规律认为基因组的等位基因不是野生型就是突变型。后来我们认识到机体存在着多个等位基因，每一个等位基因都会对表型产生不同的影响，所以在一些例子中，甚至定义某一个等位基因为野生型都是不恰当的。

我们把一个基因座上存在多个等位基因的现象称为**遗传多态性（genetic polymorphism）**。如果当多个等位基因在一个种群中稳定存在时，那么这些等位基因所在的位置被认为是多态性的；如果两个或更多个等位基因在种群中存在的概率大于1%，那么我们就可认为这个基因座是多态性的。人类眼睛颜色是表型多态性的一个极佳范例，它来自于真正的遗传多态性。人类中不存在单一的“正常”眼睛颜色，不同的颜色存在于不同的个体中，而这些眼睛的视觉功能却几乎没有差异。

不同等位基因中的多态性基础是什么呢？它们拥有可影响产物功能的不同突变体，因此会在表型上产生一些变化。通过它们对表型的选择性影响可以部分决定这些不同等位基因的群体动力学。如果我们比较这些等位基因的限制图或者DNA序列，我们就会发现由于它们各自的图或者序列是互不相同的，因此它们的限制图或者DNA序列也是多态的。

虽然没有来自表型的证据，但野生型本身也可能具有多态性。野生型等位基因的差异可以通过序列的差异来区分，而这种差异不会影响功能，因而也不能产生表型变异体。一个种群可能在基因型上存在广泛的多态性，在某一基因座上也许存在多个不同的序列变异体，其中一些由于影响了表型而变得明显，而其他没有可见的表型就难以发现。这些突变体等位基因是选择中性的，它们的群体动力学主要来自随机的遗传漂移。

基因座中可存在各种变化，包括那些改变了DNA序列而不改变多肽产物的序列、那些改变了多肽序列但不改变其功能的序列、那些改变导致了多肽产生不同功能活性的序列，以及那些改变甚至导致了无功能多肽出现的序列。

在比较同一基因座的等位基因时，其单个核苷酸的改变被称为**单核苷酸多态性（single nucleotide polymorphism，SNP）**。在人类基因组上，约每1330个碱基就存在一个SNP。从SNP的角度来看，每一个人类个体都是独一无二的。对不同个体的序列进行直接比较就可发现各种各样的SNP。

绘制遗传图的目的之一就是对所有普通变异体进行分类。我们可从每种基因组中观察到的SNP的频率来预测：如果将人类作为一个整体（人类所有个体基因组的总和），那么每一个人将会拥有1000万个以上的SNP，它们的发生频率会大于1%（即多态的）。（到2015年年底，超过1亿个的人类SNP被鉴定出来，尽管大部分不符合多态性的定义）。

完整的单一基因组测序现在已变得切实可行，这样我们就能评估个体DNA水平的变化，如中性SNP或与疾病或疾病易感性相关的SNP。尽管“名人”（如James Waston和Craig Venter）基因组的测序会得到更多的媒体关注，但是匿名个体的快速基因组测序可能会提供更多的信息。来自所有主要种族的几百个人类个体基因组已经被测序，包括丹尼索瓦人（Denisovans，生活在3万年前旧石器时代的人种）和尼安德特人（Neanderthal，生活在2.5万年前）。“千人基因组计划（the 1000 Genomes Project）”跨越了2008～2015年，其目的是通过对至少1000人的深度测序，鉴定出普通人的遗传变异。最终，对代表26个人种的2504位匿名受试者的基因组进行了测序。现在科学界还存在一个基线数据集，它可被外延，使之能包括来自不同种群、在初始样本中未被代表的个体。

4.3 SNP可与遗传疾病联系在一起

关键概念

- 通过全基因组关联分析，研究人员可鉴定出更高频存在于携带特定疾病的患者的SNP。

遗传标记不只限于那些可影响表型的遗传改变，因此它们为在分子水平上鉴定遗传变异体提供了强有力的工具。与可影响表型的已知突变相关的一个典型问题是：相关遗传基因座应该可被标记在遗传图的某一个位置上，而此时我们还不知道它们所对应的基因或其产物。许多损害性或者致死的人类疾病就属于此种情况。例如囊性纤维化病符合隐性孟德尔遗传规律，但是突变体功能的分子本质却未知，直到这种致病基因被鉴定出来。

如果SNP在基因组中随机分布，那么应该有一些会出现在某些特定的靶基因附近。通过与负责突变表型的基因紧密连锁，我们就可以鉴定这些标记。如果比较患者和健康人的DNA，我们可能可以发现在患者中某些特定标记经常出现（或缺失）。

图4.1是一个假想的例子，此图显示了**全基因组关联分析（genome-wide association study，GWAS）**的基本方法。对患者与正常人的整个基因组进行SNP扫描（详见第2章“分子生物学与基因工程中的方法学”），并鉴定出与疾病关联的SNP。疾病不必由单一基因决定，它可以是多基因的，或多因子（非遗传影响）的。尽管一些关联SNP与疾病无功能相关性，但是另一些则存在可能性。

这样的标记鉴定具有两个重要意义。

- 它提供了检测疾病或疾病易感性的诊断程

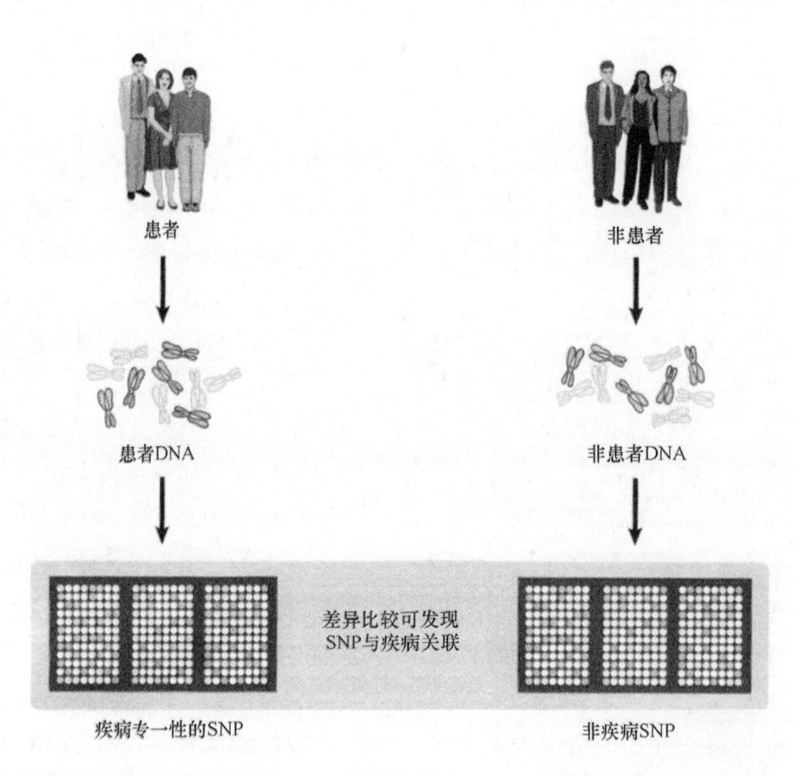

图4.1 在全基因组关联分析中，特定疾病（如心脏病、精神分裂症，或单基因障碍）的患者与正常人对照的整个基因组进行SNP扫描，统计学上更高频出现于患者的SNP可被鉴定出来

序。一些人类疾病已经有了明确的遗传模式，但在分子水平上却知之甚少，所以它很不容易诊断。如果一个 SNP 与这一疾病的表型关联，那么健康服务提供者利用其的存在就可推断这一疾病发生、发展的可能性。

- 它可分离出致病的特定基因。

大量出现的多态性位点意味着每一个个体都有一组独特的 SNP，在某一特定区域的这种特定位点的组合被称作**单体型（haplotype）**，它代表了全部基因型的小部分。开始时单体型作为一个概念被引入，主要是用来描述人类主要组织相容性抗原基因座的遗传组成，这是一个免疫系统中重要蛋白质的特定区域（详见第 16 章“免疫系统中的体细胞 DNA 重组与超变”）。这个概念现在已经扩展到用来描述在基因组特定区域的等位基因，或者任何其他遗传标记的组合。利用 SNP，我们已经绘制了精细的人类基因组的单体型，这使得致病基因的作图变得更加简单方便。

基因组中某一高频多态性位点的存在为发展没有歧义的亲子鉴定的精确技术提供了基础，或将 DNA 样本与某一特定个体联系起来。在父母亲的身份存疑的情况下，通过比较潜在父母亲和小孩之间的合适基因组区域中的单体型就可鉴定它们的亲缘关系。使用 DNA 分析鉴定个体的技术称为 **DNA 遗传指纹（DNA profiling）**或 **DNA 取证（DNA forensics）**。高频的不同“小卫星（minisatellite）”序列分析也常常用于这一技术（详见第 6 章“成簇与重复”）。

4.4 真核生物基因组包含非重复 DNA 序列和重复 DNA 序列

关键概念

- 由于在基因组中，序列的重复频率不同，基因组变性后的 DNA 复性动力学也是不同的。
- 多肽一般是由非重复 DNA 编码的。
- 在同一个分类群中，较大基因组并不一定含有更多基因，但包含有较多的重复 DNA。
- 大部分重复 DNA 是由转座子组成。

真核生物基因组的总体特征可以通过变性 DNA 的复性动力学（reassociation kinetics）来估计。在大规模 DNA 测序成为可能之前，这个技术应用非常广泛。

复性动力学可以鉴定出两种类型的基因组序列。

- **非重复 DNA（nonrepetitive DNA）**由单一序列组成，在单倍体基因组中只有一份拷贝。
- **重复 DNA（repetitive DNA）**是在每一单倍体基因组中含有两份以上的拷贝。

重复 DNA 经常被分为两种类型。

- **中度重复 DNA（moderately repetitive DNA）**由相对较短的序列组成，在基因组中，其重复次数一般在 10 ～ 1000 次。这些序列遍布整个基因组，并负责前 mRNA 剪接时二级结构的形成，此时内含子中的反向重复配对形成双链体区域。编码 tRNA 和 rRNA 的基因也是中等重复的。
- **高度重复 DNA（highly repetitive DNA）**由基因组中非常短的序列（一般小于 100 bp）组成，重复次数达几千次，一般组成长的串联重复（详见第 6 章“成簇与重复”）。这两种类型的重复都在非编码区。

非重复 DNA 所占比例在不同分类群的基因组中变化较大。**图 4.2** 总结了一些有代表性的生物基

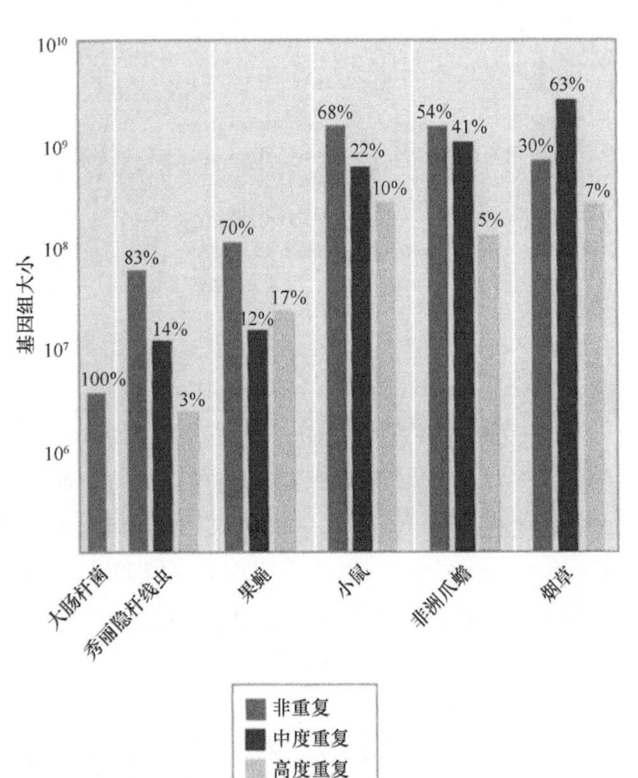

图 4.2 真核生物基因组中不同组成序列的比例变化很大。非重复序列的绝对量随着基因组的增大而增加，但在 2×10^9 bp 的规模达到稳定水平

因组组成：原核生物只包含非重复DNA；对于单细胞真核生物，大多数DNA是非重复的，小于20%的DNA属于一个或多个中度重复；在动物细胞中，多达一半的DNA由中度和高度重复组成；在植物和两栖类中，中度和高度重复序列占到基因组的80%，在这些基因组中，非重复DNA已经成为次要的组成成分了。

有相当大一部分的中度重复DNA是由**转座子**（**transposon**）组成的，它们的序列比较短小（最多约5 kb），能够移位到基因组中新的位置，或者进行自我拷贝（详见第15章“转座因子与反转录病毒”）。在一些单细胞真核生物基因组中，它们甚至占基因组的一半以上（详见第5章“基因组序列与进化”）。

转座子有时被认为是对生物的发育和功能发挥没有作用的，并能在基因组中自我繁殖的**自私DNA**（**selfish DNA**）。转座子不一定是“自私的”，它可能会引起基因组重排，并由此可能导致物种在自然选择上的优势。但是，公平地来说，我们并没有真正理解为什么自然选择力量不阻止转座子占用基因组如此大的一部分。只要它们不打断或去除编码区或调节区，它们可能就处于选择中性状态。许多有机体积极抑制转座，可能因为在一些情况下会产生有害的染色体断裂。有时用来描述DNA中似乎多余部分的另一个术语是**垃圾DNA**（**junk DNA**），意思是没有明显功能的基因组序列。尽管这个术语可能会影响我们理解许多这些序列的功能。当然，可能在新的基因产生和非必需序列的消失之间存在一个平衡，且部分看来缺乏功能的DNA可能是正处于消失中的序列。

非重复DNA随着全基因组的增大趋向于更长，这个趋势一直延伸直到整个基因组的大小达到约3×10^9 bp（哺乳动物的特征之一）为止。当基因组继续增大，重复成分在数量和所占比例上都增加。因此几乎没有一个有机体的非重复DNA能超过2×10^9 bp。因此，基因组中的非重复DNA组分与有机体的相对复杂性有较好的相关性。大肠杆菌（*Escherichia coli*，一种原核生物）拥有4.2×10^6 bp的非重复DNA，秀丽隐杆线虫（*Caenorhabditis elegans*，一种多细胞真核生物）增加一个数量级至6.6×10^7 bp，黑腹果蝇（*Drosophila melanogaster*）增大至约10^8 bp，哺乳动物的基因组又增加了一个数量级，约达2×10^9 bp。

哪一种类型的DNA是蛋白质的编码基因呢？复性动力学清楚地表明mRNA来源于非重复DNA。因此，非重复DNA的数量很好地提示了整个DNA的编码潜力[但是，基于基因组序列更仔细的分析表明，许多外显子含有其他外显子中存在的相似序列（详见第3章“断裂基因”）。这样的外显子可能是通过重复提供最初的拷贝，然后在进化过程中经序列演变而成的]。

4.5 外显子与基因组结构的保守性可鉴定真核生物的蛋白质编码基因

关键概念

- 通过确定出现于多种生物中的序列来鉴定编码区，而外显子的保守性可作为此种鉴定的基础。
- 鉴定功能基因的方法是不完善的，需要对最初的数据做许多更正工作。
- 假基因必须从功能基因中区分出来。
- 同线性关系在小鼠和人类基因组之间是广泛存在的，大多数功能基因处于同线性模块中。

一些主要的鉴定真核生物蛋白质编码基因的方法是建立在外显子的保守性和内含子的变异性之间的对比之上的。含有基因的区域，在不同物种中其功能是保守的，因此，代表蛋白质的序列应当具有两个特性：

1. 它必须含有可读框（ORF）；
2. 在其他生物中很可能存在与之相关（种间同源）的序列。

这些特征就可以用来鉴定功能性基因。

一旦我们测出了基因组序列，就必须进一步鉴定出里面的基因。我们知道编码序列只代表基因组的极小部分，而潜在外显子就是不间断的ORF，其两侧存在一些适当的序列。那么需要满足什么样的标准才能把功能（或完整）基因从一系列的外显子中鉴定出来呢？

图4.3显示了功能基因应当由一系列的外显子组成，而且第一个外显子要紧跟启动子，内部外显

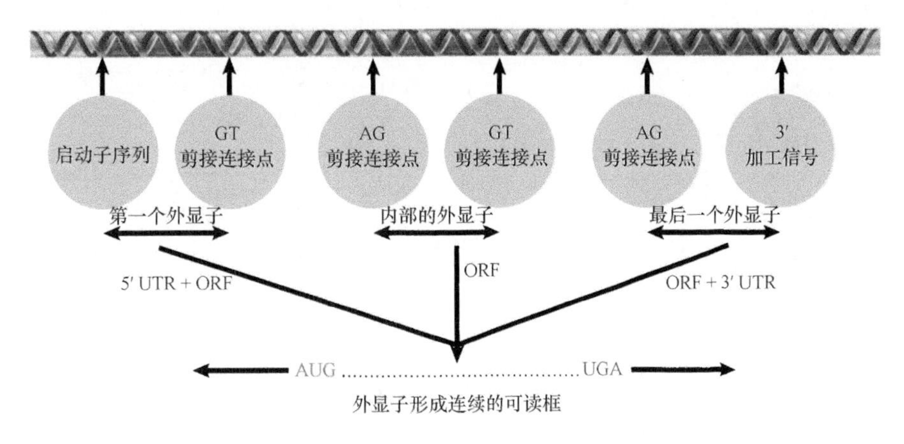

图 4.3 蛋白质编码基因的外显子被认为是蛋白质编码序列加上适当的信号序列 [在两端有非翻译区（UTR）]。一系列的外显子必须产生可读框及适当的起始密码子和终止密码子

子两侧有恰当的剪接连接点，最后的一个外显子后面是 3′ 加工信号，而 ORF 是由起始密码子开始到终止密码子结束，它可以通过把一系列的外显子连接起来推导得到。内部外显子可以鉴定为两侧有剪接连接点的 ORF。在最简单的例子中，第一个外显子和最后一个外显子分别包含一个编码区的起始区和终止区（以及带有 5′ 和 3′ 端的非翻译区）；但是在较为复杂的情况下，第一个和最后一个外显子也许只含有非翻译区，因此它可能更加难以鉴定。

当基因组非常庞大时，外显子也许被很长的间隔区分开，这时用来连接外显子的算法就不完全有效。例如，最初分析人类基因组时，我们把 17 万个外显子定位到 32 000 个基因中，这不可能是正确的，因为它得出了每个基因平均含有 4.3 个外显子，而已经知晓的基因所含的外显子平均数量是 10.2 个。这就是说，在全基因组中，或者我们遗失了许多外显子，或者这些外显子应该被连接成数目更少的基因。

即使一个基因的组织结构得以正确的鉴定，但如何区别它是功能基因还是**假基因（pseudogene）**仍是一个问题。假基因通常是由多个突变形成的无功能编码序列，我们可以通过检测这些明显的缺陷来鉴定它们。但是，对那些刚刚形成的假基因，由于它们还没有富集那么多的突变，我们就很难鉴别。在这样一个特例中，小鼠只有一个有活性的磷酸甘油醛脱氢酶（glyceraldehyde phosphate dehydrogenase，*Gapdh*）基因，但是有约 400 个 *Gapdh* 假基因，而其中有 100 多个假基因在小鼠基因组中最初看起来是有功能的。对这些基因分别进行实验，把它们与有功能的基因区别开来是有必要的。具有相对完整编码序列但是具有突变转录信号的假基因更难被鉴定（一些假基因编码功能性 RNA，并在基因调节中发挥作用，详见第 30 章“调节性 RNA”）。

推测出的编码蛋白质的基因是如何被证实的呢？如果能表明一段 DNA 序列可被转录，能被加工成可翻译的 mRNA，我们就假定它是有功能的。做这种实验用到的技术为**反转录聚合酶链反应（reverse transcription polymerase chain reaction，RT-PCR）**（详见第 2 章“分子生物学与基因工程中的方法学”），在此过程中，分离自细胞的 RNA 被反转录成 DNA，然后用 PCR 方法扩增出许多拷贝。所扩增的 DNA 产物可用于测序或其他分析，以决定它们是否拥有成熟转录物的合理结构。

RT-PCR 也可用于基因表达的定量估算，不过对此已经出现了更好的技术。来自细胞样品的反转录 RNA 的高通量测序 [称为深度 RNA 测序（deep RNA sequencing 或 RNA-seq）] 可以允许样品转录物组的快速分析与定性。将这项技术应用于遗传模式动物果蝇与秀丽隐杆线虫中，揭示了不同基因组之间的基因表达的详细信息，并鉴定出了发育过程中的许多调节网络。

通过比较不同物种基因组的对应区域可以帮助我们进一步确定一个基因是否有功能。在小鼠和人类基因组之间存在广泛的序列重新组合，这可以从一个简单的事实看出，那就是人类单倍体有 23 条染色体，而小鼠单倍体只有 20 条染色体。但是在局部范围内，总体上基因的排列顺序是相同的：当成对的人类和小鼠染色体同源区域进行比较时，位于对应位置的基因通常是同源的，这种关系称为**同**

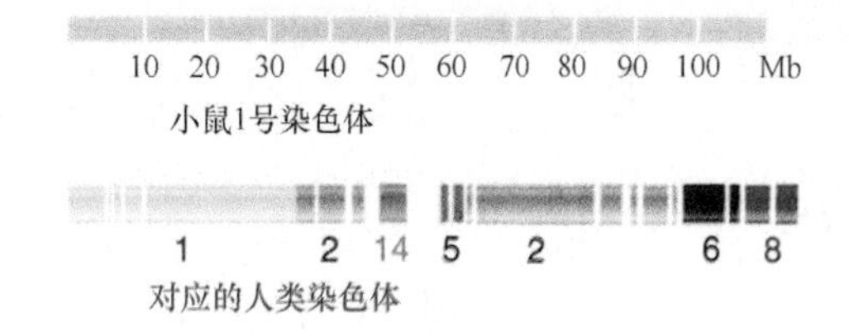

图 4.4 小鼠 1 号染色体有 21 个大小为 1 ～ 25 Mb 的 DNA 片段，它与人类 6 条染色体上的部分片段对应

线性（synteny）。

图 4.4 显示了小鼠 1 号染色体和人类对应染色体区段的关系图。我们可以看出，小鼠 1 号染色体的 21 条片段在人类染色体中有同线性对应区段，小鼠的这些片段分布在人类的 6 条不同染色体区段中，从这个事实我们可以看出基因组之间发生的序列重排的程度到底有多大。类似的关系在所有小鼠的染色体中都能够找到，但是 X 染色体除外，它只与人类 X 染色体具有同线性。这可由以下事实解释：X 染色体本身是一个特殊情况，它具有剂量补偿效应，使之在雄性（一份拷贝）和雌性（两份拷贝）之间调节差异（详见第 28 章“表观遗传学Ⅱ”），这种限制可以使选择压力阻止基因在 X 染色体上的易位。

小鼠和人类基因组的序列比较表明，每一个基因组中，90% 以上的序列是同线性的，这些区域的大小变化较大，从 300 kb 到 65 Mb，我们总共发现了 342 个同线性片段，其平均长度为 7 Mb（为基因组大小的 0.3%）。99% 的小鼠基因在人类基因组中有同源基因，而 96% 的同源基因是同线性的。

基因组的比较提供了关于物种进化过程中的一些有意义的信息。小鼠和人类基因组中，基因家族数目是相同的，两个物种之间主要的不同之处在于特定家族的扩张程度不同。特别值得注意的是那些影响表型特征的物种特异性基因。在小鼠被扩展的 25 个基因家族中，14 个是参与啮齿目动物繁殖的基因，5 个是免疫系统特异性的基因。

同线性重要性的确认主要是基于这些区域内基因的成对比较。例如，不是同线性的基因（即在两个比较的物种中，它在基因组中的关系是不同的）成为假基因的概率可能是同线性模块中基因的 2 倍以上。换言之，远离初始基因座位点的移位可能与某些假基因的产生有关。如果在同线性的区段内没有对应基因，那么我们就有理由假设对应区段中单一出现的基因可能真的是一个假基因。总体来说，最初以基因组分析所鉴定到的基因中 10% 以上可能是假基因。

一般来说，基因组之间的比较提高了基因预测的有效性。当序列特征提示了某些活性基因是保守的（如在人类和小鼠之间的活性基因），这就增加了它们是有活性的种间同源基因的可能性。

鉴定编码其他 RNA 的基因比鉴定编码 mRNA 的基因更加困难，因为我们不能使用 ORF 标准的方法。在这种情况下，使用比较基因组学方法也许能够提高分析的精确性。例如，单独分析人类或者小鼠基因组，我们鉴定到约 500 个编码 tRNA 的基因，而它们的基因组结构特征的比较提示其中只有不足 350 个基因是实际上的活性基因。

通过运用**表达序列标签**（**expressed sequence tag，EST**），我们可以定位活性基因。EST 就是转录序列的一小部分，它通常来自于 cDNA 文库中的克隆片段的一端或双末端测序。EST 能证明一个所怀疑的基因确实是转录的，或有助于鉴定影响特殊疾病的基因。通过使用物理图技术，如原位杂交（*in situ* hybridization，详见第 6 章“成簇与重复”），我们就能确定 EST 的染色体定位。（原位杂交可鉴定特定 DNA 序列的染色体定位。也可用于鉴定某一序列的拷贝数，所以它能检测出异常数目的特定染色体。因此用它鉴定癌细胞是有用的，因为它常常拥有一些染色体的额外拷贝。它也被用于诊断可疑遗传病。）

4.6 一些真核生物细胞器含有 DNA

关键概念

- 线粒体和叶绿体含有基因组，它们表现为非孟德尔式遗传，一般为母体遗传。
- 在植物中，细胞器基因组可能会发生体细胞分离。
- 对线粒体 DNA 的比较表明，现代人可能起源于生活在 20 万年前的非洲单一群体。

细胞核外存在基因的第一个证据来自于植物的

非孟德尔式遗传（non-Mendelian inheritance）现象的发现（在20世纪早期，就在孟德尔式遗传规律被重新发现之后，人们观察到了这一现象）。非孟德尔式遗传是指杂交后代没有表现出孟德尔亲代性状的分离，因此，这表明有基因存在于细胞核外，而且，这些基因不随减数分裂和有丝分裂的纺锤体而分离，因而它不能把基因组的两份拷贝分别分配到配子或子细胞中。**图4.5**表明，当来自父本和母本的线粒体具有不同的等位基因时，或者子细胞由于偶然只得到亲代一方的线粒体时，这种现象就可能发生（详见第12章“染色体外复制子”）。这对于植物中的叶绿体同样有效，并且现在我们知道，线粒体和叶绿体内的基因组都含有功能基因。

非孟德尔式遗传的极端形式是单亲遗传（uniparental inheritance），即仅遗传了一个亲本的基因型，而另一个亲本的基因型则永久性地丢失了；在非极端的例子中，遗传了一个亲本的基因型后代超过遗传了另一个亲本基因型的后代。在动物和大部分植物中，通常优先（或唯一）遗传的是母本基因型，这种效应有时也被称为**母体遗传（maternal inheritance）**。其要点是一种性别的亲本所贡献的基因型占优，这从突变型和野生型杂交时的异常分离率可以看出。这与互交实验中所展示的两个亲本基因型被均等遗传的孟德尔式遗传行为不一致。

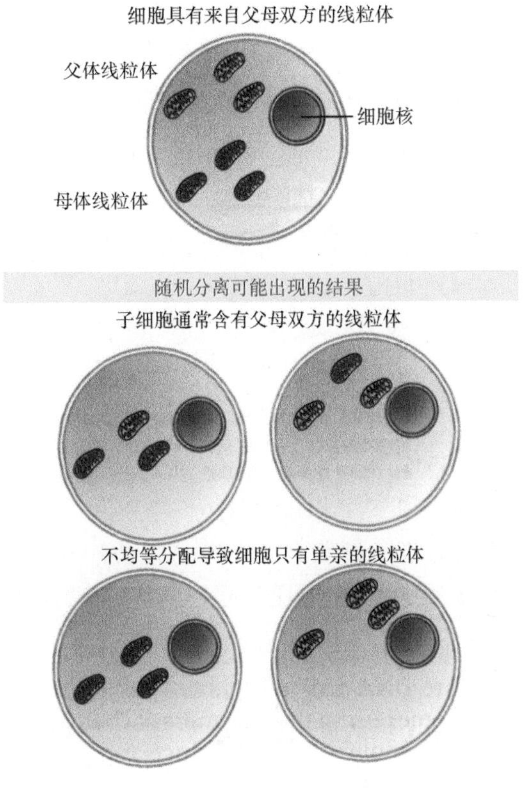

图4.5 当父本和母本线粒体等位基因不同时，一个细胞会含有两套线粒体DNA。有丝分裂产生的雌性子细胞通常具有两套线粒体DNA。如果线粒体等位基因不均等分离，产生的雌性子细胞只有一套线粒体DNA，这时就会出现体细胞分离现象

Leber遗传性视神经病变（Leber hereditary optic neuropathy，LHON）是母体遗传的人类疾病，编码NADH脱氢酶的其中一个亚基的基因发生点突变，导致此病的产生，而这个基因由线粒体DNA（mtDNA）携带。线粒体DNA只由母体遗传，即由母亲传给子代，而父亲不传给任何子代。LHON患者的特征是在年轻时会突发双侧眼睛的失明。

在非孟德尔遗传中，亲本基因型的遗传偏向是在杂合子形成时或之后不久建立的。这存在多种可能的起因：父本或母本的信息对受精卵细胞器的贡献也许不均等，在大多数极端情况下，仅有一个亲本有贡献；在其他情况下，父本与母本贡献相同，但其中一个亲本所提供的遗传信息却没有保留；上述两种效应的组合发生也是可能的。无论何种起因，两个亲本的信息不是均等遗传的，这与细胞核内基因信息的遗传是相反的，在细胞核内，来自每个亲本的遗传信息是等同的。

一些非孟德尔式遗传源于线粒体和叶绿体中存在的DNA基因组，它们是独立于细胞核内的基因进行遗传的。实际上，细胞器基因组由一定长度的、被隔离在细胞内一定区域的DNA组成，且遵守其自身特定的表达和调节形式。细胞器基因组可能编码一些或全部的tRNA或rRNA，但只编码细胞器存活所必需的部分多肽。其他多肽在细胞核内编码，并由细胞质中的蛋白质翻译装置合成，然后被输送到细胞器中。

那些位于细胞核外的基因通常被称为**核外基因（extranuclear gene）**；这些基因的转录和翻译都在自身所在的、相同的细胞器区室（线粒体或叶绿体）中进行。与之相反，细胞核内基因的表达是在细胞质中进行的（术语“细胞质遗传”有时被用来描述细胞器内基因的遗传行为。不过，我们将不应用此术语，因为区分一般细胞质遗传与特殊细胞器的遗传是重要的）。

动物显示了线粒体的母体遗传现象，如果线粒体完全由卵子而非精子提供，我们就可解释此种现象。**图4.6**显示了精子仅贡献了细胞核DNA的一份

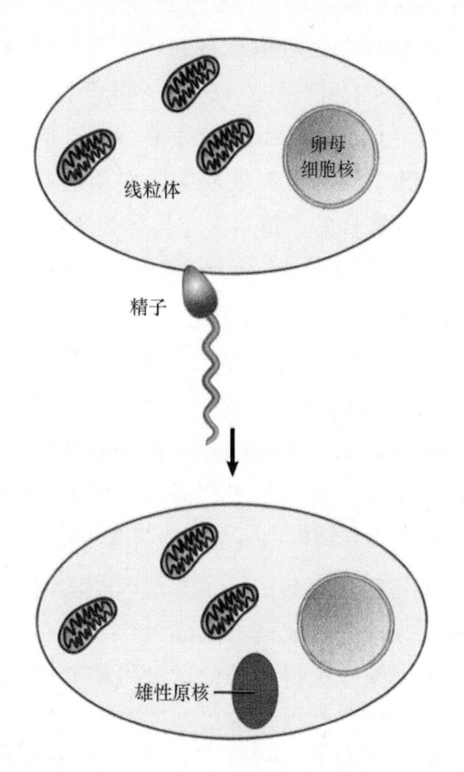

图 4.6 精子中的DNA进入卵母细胞在受精卵中形成雄性原核，但受精卵中所有的线粒体由卵母细胞提供

拷贝，所以，线粒体基因只源自母本；而雄性亲本并不将任何的线粒体基因传递给子孙后代。叶绿体通常也是母体遗传，尽管一些植物分类组[如一些西番莲属（*Passiflora*）物种]显示了叶绿体的父体遗传或双亲遗传。

细胞器中的化学环境不同于细胞核内，所以细胞器中的DNA也以自身不同的速率进化。如果遗传是单亲的，那么亲本基因组之间不会有重组；如果细胞器基因组来自双亲，重组通常也不会发生。由于细胞器DNA与细胞核DNA有不同的复制系统，所以复制中的差错率也可能不同。在哺乳动物中，线粒体DNA比细胞核内DNA更快地积累突变；而在植物中，线粒体内突变的积累比在细胞核内的积累缓慢（叶绿体的速率居中）。

母体遗传的一个特点是，与细胞核DNA相比，线粒体DNA的序列对繁殖种群数量的减少更敏感。通过比较一定范围人群线粒体DNA的序列，我们可以建立起人类系统发生“树”，这可以显示出线粒体DNA变异体的分支谱系。人类线粒体DNA的趋异度约为0.57%，我们就能够建立这样一株进化树，即所有的线粒体都来源于一个共同的（非洲）祖先。哺乳动物线粒体DNA积累突变的速率是每百万年2%～4%，比珠蛋白快10倍多。以这样的速率进化，那么在14万～28万年内就会产生可观察到的趋异，这就意味着人类线粒体DNA来源于生活在20万年前的单一群体。但是这不能理解成那时只存在单一群体。可能的情况是，那时存在着许多群体，某些或所有群体都对现代人的细胞核遗传变异做出了自己的贡献。

4.7 细胞器基因组是编码细胞器蛋白质的环状DNA分子

关键概念

- 细胞器基因组通常是环状DNA分子。
- 细胞器基因组编码部分的细胞器蛋白质。
- 动物细胞线粒体DNA是极其致密的，它通常编码13种蛋白质、2种rRNA和22种tRNA。
- 由于存在长内含子，酵母线粒体DNA的长度为动物细胞线粒体的5倍。

绝大多数细胞器基因组是具有独特序列的单一环状DNA分子，在线粒体中被称为**线粒体DNA（mitochondrion DNA，mtDNA）**，在叶绿体中被称为**叶绿体DNA（chloroplast DNA，ctDNA或cpDNA）**。当然也有一些例外，如单细胞真核生物中的线粒体DNA通常是线性的。

单个细胞器中通常有几份拷贝的细胞器基因组，再加上每个细胞中拥有多个细胞器，所以每个细胞中有许多份细胞器基因组。这样，细胞器基因组可以被认为是重复序列。

叶绿体基因组相对较大，在高等植物中通常约为140 kb，在单细胞真核生物中小于200 kb，这个大小与大噬菌体的基因组相似，如T4噬菌体（约165 kb）。每个细胞器可存在基因组的多份拷贝，在高等植物中通常为20～40份，而且每个细胞含有的细胞器基因组的典型拷贝数也为20～40份。

线粒体基因组在量上会相差不止一个数量级，动物细胞的线粒体基因组较小（在哺乳动物中约为16.6 kb）。每个细胞中有数百个线粒体，每个线粒体有多份拷贝的DNA。线粒体DNA相对于细胞核内DNA是较小的，它不到细胞核内DNA的1%。

在酵母中，线粒体基因组要大得多。在酿酒酵母中，线粒体基因组的确切大小随不同品系而有所差异，平均约为 80 kb。每个细胞中约有 22 个线粒体，平均每个细胞器有 4 个基因组。在正在分裂的细胞中，线粒体 DNA 可占到 DNA 总数的 18%。**表 4.1** 和**图 4.7** 分别描述了线粒体基因组的组成与人类线粒体基因组图。

植物线粒体 DNA 大小的差别很大，最小的只有约 100 kb。如此大的基因组使得它们在被分离时很难不受损伤，但是几种植物线粒体 DNA 的限制图显示线粒体基因组通常是单一的环状序列。在环中存在短的同源序列，而这些元件之间的重组会产生更小的亚基因组环状分子，它能与完整的“主”基因组并存，这揭示了植物线粒体 DNA 的复杂性。

从已测序的许多种属的线粒体 DNA 序列中，

表 4.1　线粒体基因组含有编码蛋白质（主要是复合体Ⅰ～Ⅳ）、rRNA 和 tRNA 的基因

物种	大小 /kb	编码蛋白质的基因	编码 RNA 的基因
真菌	19 ～ 100	8 ～ 14	10 ～ 28
原生生物	6 ～ 100	3 ～ 62	2 ～ 29
植物	186 ～ 366	27 ～ 34	21 ～ 30
动物	16 ～ 17	13	4 ～ 24

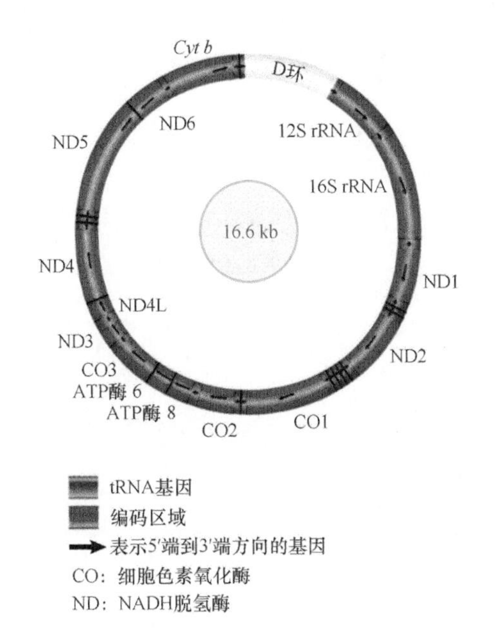

图 4.7　人类线粒体 DNA 有 22 个 tRNA 基因、2 个 rRNA 基因和 13 个蛋白质编码基因。15 个基因中的 14 个蛋白质编码基因或者 rRNA 编码基因的转录方向相同。14 个 tRNA 基因是顺时针方向表达的，8 个是逆时针方向

我们可以看到线粒体 DNA 发挥其功能的一些通用模式。表 4.1 总结了线粒体基因组中基因的分布情况，即编码蛋白质的基因总数相对较少，但并不与基因组的大小成正比：哺乳动物细胞线粒体 DNA 用了 16.6 kb 的基因组去编码 13 种蛋白质；酵母用了 60 ～ 80 kb 的基因组去编码 8 种蛋白质；植物则用了更大的基因组去编码更多的蛋白质。除了极少数哺乳动物，大多数物种的线粒体基因组中都已发现了内含子。

两种主要的 rRNA 一般由线粒体基因组编码；而由线粒体基因组编码的 tRNA 数目随不同的物种而有所区别，从一个也没有到全部（线粒体中总共有 25 ～ 26 个）都由线粒体基因组编码，这可解释表 4.1 中所列出的差异。

而蛋白质活性的主要部分用于构建呼吸链Ⅰ～Ⅳ的多亚基组装物。原生生物和植物的线粒体基因组会编码许多核糖体蛋白，而在酵母和动物细胞中则不是这样。在许多原生生物中，线粒体基因组编码一些与细胞质线粒体输入有关的蛋白质。

动物细胞线粒体 DNA 非常紧凑。虽然不同分类阶元的动物线粒体基因结构差异很大，却保留了编码有限数目功能的最基本的基因组。哺乳动物线粒体基因组的排列非常紧凑，没有内含子，部分基因实际上是重叠的，几乎每个碱基对都是基因的一部分。除了 **D 环（D-loop）**——一个与 DNA 的复制起始有关的区域外，在人类线粒体基因组 16 569 个碱基中，位于顺反子之间的碱基数目不超过 87 个。

不同动物细胞的线粒体基因组全序列比较表明，它们的结构显示广泛的同源性。图 4.7 概括了人类线粒体基因组的情况：它含有 13 个蛋白质编码区，编码的蛋白质都与细胞呼吸作用的电子传递系统有关，包括细胞色素 *b*、细胞色素氧化酶的 3 个亚基、ATP 酶的 1 个亚基及 NADH 脱氢酶的 7 个亚基（或相关蛋白质）。

酿酒酵母线粒体（84 kb）和哺乳动物细胞线粒体（16.6 kb）的基因组大小相差 5 倍，这就提示我们，尽管它们的功能相同，但它们的遗传组织结构一定差别很大，而与线粒体酶功能相关的细胞器内合成产物的数量在两者之间是相似的，那么酵母线粒体中多余的遗传物质是否代表了另一些可能的、与调节相关的其他蛋白质，或者它们根本就不表达呢？

图 4.8 展示了酵母线粒体编码的主要 RNA 和

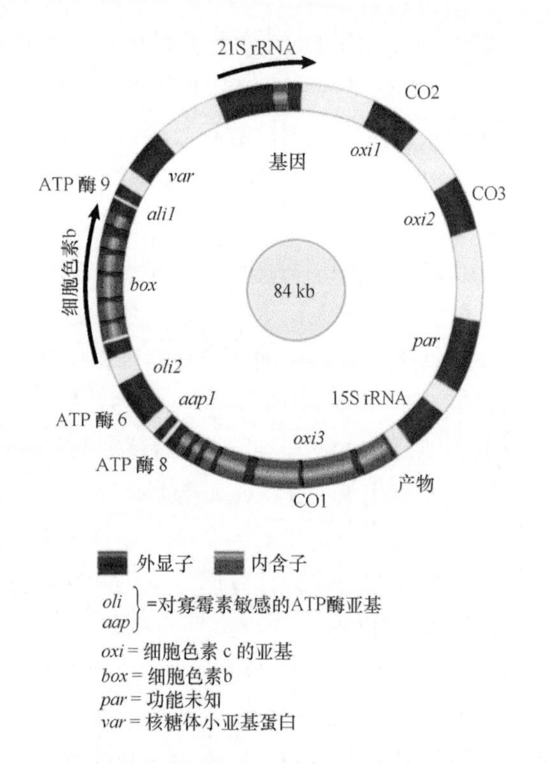

图 4.8 酿酒酵母的线粒体基因组包含蛋白质编码基因、rRNA 基因和 tRNA 基因（既有连续的，也有断裂的）。箭头表示转录方向

蛋白质，这些基因座在图上的分布特征值得注意。

其中两个最著名的基因座是断裂基因 *box*（编码细胞色素 *b*）和 *oxi3*（编码细胞色素氧化酶的亚基 1），这两个基因加起来几乎和哺乳动物的整个线粒体基因组一样长。这两个基因中的许多长内含子都含有与前述外显子共同的 ORF（详见第 21 章“催化性 RNA”），这就使得酵母线粒体所编码的蛋白质又增加了几种，不过它们的合成量都很少。

酵母线粒体中的其他基因都是非断裂的，它们编码的是线粒体编码的细胞色素氧化酶的另外两个亚基、ATP 酶的一个亚基和线粒体核糖体蛋白（在 *var1* 基因存在的情况下）。酵母线粒体基因的总数大概不会超过 25 个。

4.8 叶绿体基因组编码多种蛋白质和 RNA

关键概念

- 叶绿体基因组大小不同，但都足以编码 50 ～ 100 种蛋白质及 rRNA 和 tRNA。

哪些基因是由叶绿体携带的呢？叶绿体 DNA 长短不一，为 120 ～ 190 kb（最大的为天竺葵）。已测序的叶绿体基因组（超过 200 种）拥有 87 ～ 183 个基因。**表 4.2** 总结了陆生植物叶绿体基因组所编码的产物，而藻类叶绿体中基因组则具有更大的差异。

叶绿体与线粒体的情况大体相似，除了它拥有更多的基因外。叶绿体基因组编码自身蛋白质合成所需的所有 rRNA 和 tRNA，其核糖体除了含有主要 RNA 种类之外，还含有两个小 rRNA；tRNA 可能含有所有必需的基因。叶绿体基因组编码约 50 种蛋白质，包括 RNA 聚合酶和核糖体蛋白。与线粒体一样，叶绿体是以其自身的装置来转录和翻译其基因组中的基因。约有半数的叶绿体基因编码与蛋白质合成相关的蛋白质。

叶绿体内含子分为两大类：在 tRNA 基因中，内含子通常（尽管不是全部）位于反密码子环区，就像酵母细胞核中的 tRNA 基因一样（详见第 19 章“RNA 的剪接与加工”）；在蛋白质编码基因中的内含子则类似于线粒体基因中的内含子（详见第 21 章“催化性 RNA”）。这说明内共生事件发生在进化

表 4.2　陆生植物的叶绿体基因组编码 4 种 rRNA、30 种 tRNA，以及约 60 种蛋白质

基因	类型 / 种
编码 RNA	
16S rRNA	1
23S rRNA	1
4.5S rRNA	1
5S rRNA	1
tRNA	30 ～ 32
基因表达	
r- 蛋白	20 ～ 21
RNA 聚合酶	3
其他	2
叶绿体功能	
核酮糖 -1,5- 双磷酸羧化酶 / 加氧酶（Rubisco）和类囊体	31 ～ 32
NADH 脱氢酶	11
总计	105 ～ 113

过程中的某一时期，即在原核生物与非断裂基因分开之前。

叶绿体是光合作用的场所。它的许多基因编码类囊体膜上的光合复合体蛋白，这些复合体的组成与线粒体的不同。尽管有些复合体与线粒体中的相似，有些亚基由细胞器基因组编码，有些亚基则由细胞核基因组编码，而其他叶绿体复合体则全部由其中的一种基因组编码。例如，核酮糖-1,5-双磷酸羧化酶/加氧酶（ribulose-1,5-bisphosphate carboxylase/oxygenase，Rubisco）催化卡尔文循环（Calvin cycle）的碳固定反应，编码其大亚基的 *rbcL* 基因位于叶绿体基因组，这个基因的变化通常被作为重建植物发展史的基础；编码其小亚基的 *rbcS* 基因则通常由细胞核基因组携带。另外，编码光系统蛋白质复合体的基因位于叶绿体基因组，而集光复合体（light-harvesting complex，LHC）的蛋白质是由细胞核基因编码的。

4.9 线粒体和叶绿体通过内共生进化而来

关键概念

- 线粒体和叶绿体都来自细菌祖先。
- 在细胞器的进化过程中，线粒体和叶绿体基因组的大部分基因亚基被转移到细胞核。

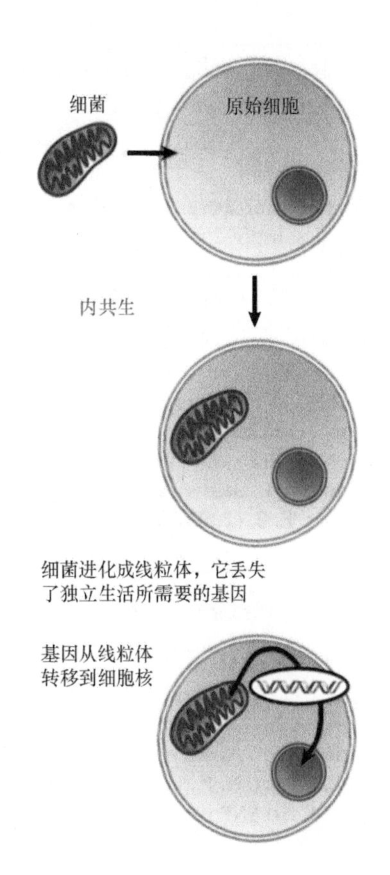

图 4.9 线粒体是内共生起源的，即一个真核生物细胞捕获了一个细菌

细胞器拥有其自身功能所需的部分遗传信息，而其他部分则由细胞核中的基因编码，这种情况是如何进化而来的呢？**图 4.9** 显示了线粒体进化的内共生（endosymbiosis）假说：初始细胞俘获了一种细菌，它能提供细胞呼吸功能，此后，这种细菌再进化成线粒体。因此这种细胞器的原形必定携带满足细胞器功能所需的全部基因。在叶绿体的起源上也已经提出了相似机制。

序列同源性比较提示线粒体和叶绿体是分别进化的，而它们的世系（lineage）与不同的真细菌（eubacteria）是一一对应的，其中，线粒体与α-紫细菌（α-purple bacteria）有相同的起源，而叶绿体与蓝细菌（cyanobacteria）有相同的起源。与线粒体亲缘关系最近的细菌是立克次氏体（*Rickettsia*）（斑疹伤寒的病原体），这是一种专性细胞内寄生菌，它也许是自生菌的后代。这也就支持了如下观点：线粒体是内共生起源的，它与立克次氏体存在共同的祖先。

叶绿体基因与细菌中对应体的关系增强了叶绿体的内共生起源。特别是其 rRNA 的组织结构与蓝细菌非常接近，这就更精确地指出了叶绿体和细菌之间具有最近的共同祖先。这一点也不奇怪，因为蓝细菌是可进行光合作用的。

当细菌整合到受体细胞并进化成现在的线粒体（叶绿体）时，至少它一定发生了两种变化：细胞器比起独立生存的细菌拥有少得多的基因，并且它们已经失掉了许多独立存活所必需的功能基因（如新陈代谢相关基因）；既然多数编码细胞器功能的基因现在实际上定位在细胞核内，那么这些基因一定是从细胞器中转移过去的。

DNA 在细胞器和细胞核间的转移在进化的整个过程中都有发生，并且现在仍在继续。转移速率可以用以下方法确定：即直接在细胞器中引入只在细胞核内才能发挥功能的基因（因为该基因含有细胞核内含子，或因为所编码的蛋白质必须在细胞质中才能发挥作用）。就提供进化的材料来说，从细胞器到细胞核内的基因转移速率大致相当于单一基因突变的速率。导入线粒体中的DNA以2×10^{-5}个/代的速率转移至细胞核内；而用实验证明相反方向的转移，即从细胞核内向线粒体转移时，其速率更低，小于10^{-10}个/代。当把细胞核特异性的抗生素抗性基因注入叶绿体时，再通过筛选抗生素抗性的子代植物，我们就能了解基因是否转移到细胞核内并成功表达，结果显示转移速率为每16 000个子代植物中成功转移了1个，或者说其速率为6×10^{-5}个/代。

基因从细胞器到细胞核内的转移需要DNA的移动，当然，成功的表达也需要编码序列的改变。细胞核内编码的细胞器蛋白质有特殊序列，以使它们在细胞质中合成后可被输送入细胞器；而在细胞器内合成的蛋白质则不需要这些序列。也许有效的基因转移过程发生在一段特定时期内，这时区室的界限不是那么明显，这样不管它们在哪里被合成出来，DNA的重新定位和蛋白质进入细胞器都相对比较容易一些。

种系发生图告诉我们，基因转移在不同的世系中是独立发生的，基因从线粒体到细胞核的转移似乎只在动物细胞的进化早期发生，但在植物细胞中，这种转移也许仍在继续。基因转移的数目可能是非常巨大的，我们发现有800多个拟南芥（*Arabidopsis thaliana*）细胞核基因与其他植物的叶绿体基因的序列具有相似性，因此，这些基因可能就是进化自叶绿体的候选基因。

小结

- 组成真核生物基因组的序列可被分为三类：
  - 非重复序列，其基因是独特的；
  - 中度重复序列，它分散分布，重复数次，且一些拷贝是不一样的；
  - 高度重复序列，较短且以串联形式重复。
- 尽管大的基因组倾向于含有较少比例的非重复序列，但这些序列类型的组成比例是不同基因组的特征。人类基因组中至少有50%是由重复序列组成的，其中大部分重复序列是转座子，而大多数结构基因位于非重复DNA。非重复DNA的复杂度比全基因组的复杂度更能够反映出生物体的复杂度，非重复序列的最大复杂度可达到约2×10^9 bp。
- 在细胞质中的细胞器含有部分DNA，由此我们可以解释非孟德尔式遗传现象。线粒体和叶绿体都是膜环绕系统，其中有些蛋白质是在细胞器自身系统中合成的，其他则是输入的。细胞器基因组通常是环状DNA，它编码自身需要的所有RNA及部分蛋白质。
- 线粒体基因组的大小差别较大，哺乳动物的小线粒体基因组只有16.6 kb，而高等植物的线粒体基因组却有570 kb。较大的线粒体基因组可编码额外的功能。叶绿体基因组的大小从120～200 kb不等，已测序的线粒体和叶绿体基因组表明，它们的结构和编码功能是相似的。在叶绿体和线粒体中，许多主要蛋白质的一部分亚基是由自身合成，而另一些亚基则由外部细胞质输入。DNA转移现象已经发生在叶绿体或线粒体和细胞核基因组之间。

参考文献

4.2 基因组图揭示个体基因组变化巨大

综述文献

Levy, S., and Strausberg, R. L. (2008). Human genetics: individual genomes diversify. *Nature* 456, 49-51.

研究论文文献

Altshuler, D., et al. (2005). A haplotype map of the human genome. *Nature* 437, 1299-1320.

Altshuler, D., et al. (2000). An SNP map of the human genome generated by reduced representation shotgun sequencing. *Nature* 407, 513-516.

Mullikin, J. C, et al. (2000). An SNP map of human chromosome 22. *Nature* 407, 516-520.

Sudmant, P. H., and 82 others. (2015). An integrated map of structural variation in 2,504 human genomes. *Nature* 526, 75-81.

The 1000 Genomes Project Consortium. (2015). A global reference for human genetic variation. *Nature* 526, 68-74.

4.3 SNP可与遗传疾病联系在一起

综述文献

Bush, W. S., and Moore, J. H. (2012). Genome-wide association studies. *PLoS. Comput. Biol.* 8, e1002822.

Gusella, J. F. (1986). DNA polymorphism and human disease. *Annu. Rev. Biochem.* 55, 831-854.

研究论文文献

Altshuler, D., et al. (2005). A haplotype map of the human genome. *Nature* 437, 1299-1320.

Dib, C., et al. (1996). A comprehensive genetic map of the human genome based on 5,264 microsatellites. *Nature* 380, 152-154.

Dietrich, W. F., et al. (1996). A comprehensive genetic map of the mouse genome. *Nature* 380, 149-152.

Hinds, D. A., et al. (2005). Whole-genome patterns of common DNA variation in three human populations. *Science* 307, 1072-1079.

Sachidanandam, R., et al. (2001). A map of human genome sequence variation containing 1.42 million single nucleotide polymorphisms. The International SNP Map Working Group. *Nature* 409, 928-933.

4.4 真核生物基因组包含非重复 DNA 序列和重复 DNA 序列

综述文献

Britten, R. J., and Davidson, E. H. (1971). Repetitive and nonrepetitive DNA sequences and a speculation on the origins of evolutionary novelty. *Q. Rev. Biol.* 46, 111-133.

Davidson, E. H., and Britten, R. J. (1973). Organization, transcription, and regulation in the animal genome. *Q. Rev. Biol.* 48, 565-613.

4.5 外显子与基因组结构的保守性可鉴定真核生物的蛋白质编码基因

研究论文文献

Buckler, A. J., et al. (1991). Exon amplification: a strategy to isolate mammalian genes based on RNA splicing. *Proc. Natl. Acad. Sci. USA* 88, 4005-4009.

Gerstein, M. B., et al. (2010). Integrative analysis of the *Caenorhabditis elegans* genome by the modENCODE Project. *Science* 330, 1775-1787.

Kunkel, L. M., et al. (1985). Specific cloning of DNA fragments absent from the DNA of a male patient with an X chromosome deletion. *Proc. Natl. Acad. Sci. USA* 82, 4778-4782.

Monaco, A. P., et al. (1985). Detection of deletions spanning the Duchenne muscular dystrophy locus using a tightly linked DNA segment. *Nature* 316, 842-845.

Su, A. I., et al. (2004). A gene atlas of the mouse and human protein-encoding transcriptome. *Proc. Natl. Acad. Sci. USA* 101, 6062-6067.

The modENCODE Consortium, et al. (2010). Identification of functional elements and regulatory circuits by *Drosophila* modENCODE. *Science* 330, 1787-1797.

4.6 一些真核生物细胞器含有 DNA

研究论文文献

Cann, R. L., et al. (1987). Mitochondrial DNA and human evolution. *Nature* 325, 31-36.

4.7 细胞器基因组是编码细胞器蛋白质的环状 DNA 分子

综述文献

Attardi, G. (1985). Animal mitochondrial DNA: an extreme example of economy. *Int. Rev. Cytol.* 93, 93-146.

Boore, J. L. (1999). Animal mitochondrial genomes. *Nucleic. Acids. Res.* 27, 1767-1780.

Clayton, D. A. (1984). Transcription of the mammalian mitochondrial genome. *Annu. Rev. Biochem.* 53, 573-594.

Gray, M. W. (1989). Origin and evolution of mitochondrial DNA. *Annu. Rev. Cell Biol.* 5, 25-50.

Lang, B. F., et al. (1999). Mitochondrial genome evolution and the origin of eukaryotes. *Annu. Rev. Genet.* 33, 351-397.

研究论文文献

Anderson, S., Bankier, A. T., Barrell, B. G., et al. (1981). Sequence and organization of the human mitochondrial genome. *Nature* 290, 457-465.

4.8 叶绿体基因组编码多种蛋白质和 RNA

综述文献

Palmer, J. D. (1985). Comparative organization of chloroplast genomes. *Annu. Rev. Genet.* 19, 325-354.

Shimada, H., and Sugiura, M. (1991). Fine structural features of the chloroplast genome: comparison of the sequenced chloroplast genomes. *Nucleic. Acids. Res.* 11, 983-995.

Sugiura, M., et al. (1998). Evolution and mechanism of translation in chloroplasts. *Annu. Rev. Genet.* 32, 437-459.

4.9 线粒体和叶绿体通过内共生进化而来

综述文献

Lang, B. F., et al. (1999). Mitochondrial genome evolution and the origin of eukaryotes. *Annu. Rev. Genet.* 33, 351-397.

研究论文文献

Adams, K. L., et al. (2000). Repeated, recent and diverse transfers of a mitochondrial gene to the nucleus in flowering plants. *Nature* 408, 354-357.

Arabidopsis Initiative (2000). Analysis of the genome sequence of the flowering plant *Arabidopsis thaliana*. *Nature* 408, 796-815.

Huang, C. Y., et al. (2003). Direct measurement of the transfer rate of chloroplast DNA into the nucleus. *Nature* 422, 72-76.

Thorsness, P. E., and Fox, T. D. (1990). Escape of DNA from mitochondria to the nucleus in *S. cerevisiae*. *Nature* 346, 376-379.

第 5 章

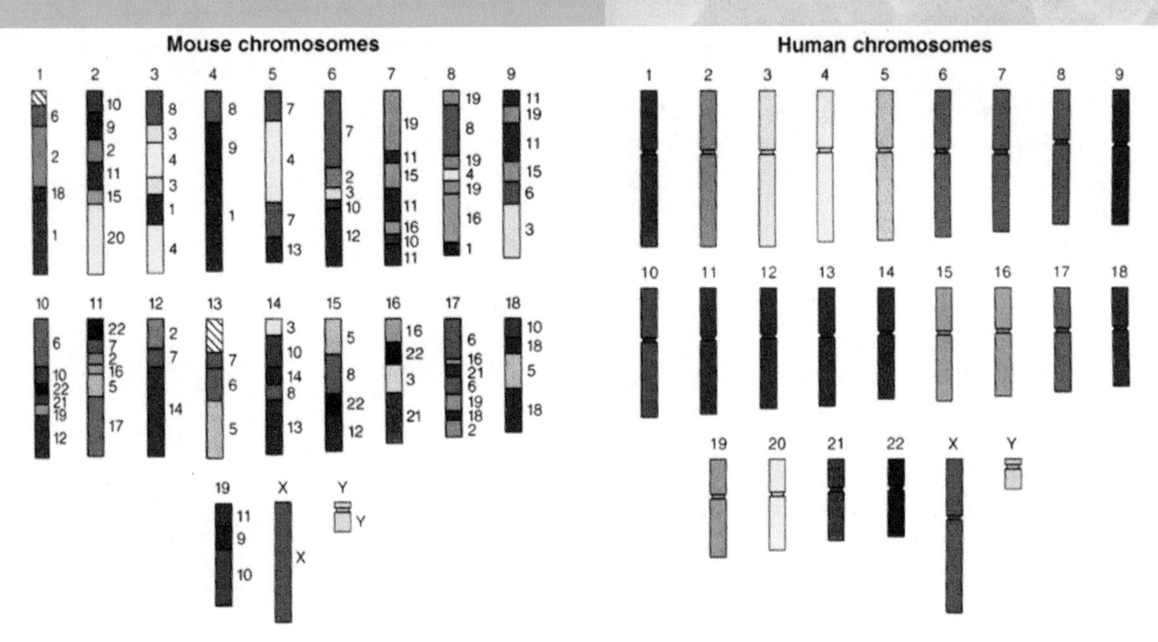

基因组序列与进化

章节提纲

顶部纹理：© Laguna Design/Science Source；章首页图片：图片由美国能源部友情提供，使用获得 Lisa J. Stubbs, University of Illinois at Urbana-Champaign 许可

5.1 引言

自1995年第一个完整的生物体基因组被测序以来，测序的程度和范围已经得到了极大提高。第一个被测序的基因组是小的细菌基因组，它小于2 Mb。到2002年，已经完成了约3200 Mb的人类基因组的测序。目前已经进行了范围广泛的测序，如细菌、古菌、酵母和其他单细胞真核生物、植物和动物（包括线虫、果蝇与哺乳动物等）。

基因组测序给我们所提供的最重要信息可能就是每一个物种的基因数（详见第4章“基因组概述”中关于难以定义基因的讨论，在此，我们将“基因”定义为可转录成为功能性RNA分子的DNA序列）。生殖器支原体（*Mycoplasma genitalium*）是一种自养寄生性细菌，拥有已知生物体的最小基因组，只有470个基因；自养细菌基因组的基因数为1700～7500个；古菌基因组拥有相对较小的范围，为1500～2700个基因；单细胞真核生物基因组的最小基因数为5300个。线虫和果蝇分别含有约21 700个和17 000个基因，而哺乳动物基因组中的基因数也仅仅升至约20 000～25 000个。

图5.1 总结了6类生物的最小基因数，一个细胞最少需要约500个基因；自养细胞需要约1500个基因；拥有细胞核的细胞需要超过5000个基因；真核生物细胞需要约10 000个基因；拥有神经系统的生物需要超过13 000个基因。当然，许多物种的基因数也许要大于所属物种类型的最小基因数，所以即使在非常相近的物种之间，基因数的变化也是很大的。

在细菌和单细胞真核生物内，大部分基因是独特的；然而，在多细胞真核生物中，一些基因形成了相关成员的一个个家族。当然，一些基因是独特的（指一个家族只有一个成员），但是，许多家族拥有10个以上的成员。不同家族数目可能比基因数更好地反映了生物体的总体复杂性。

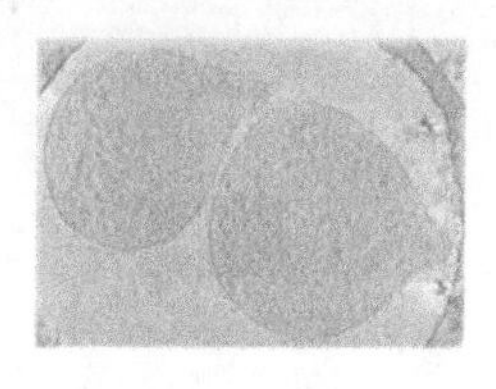

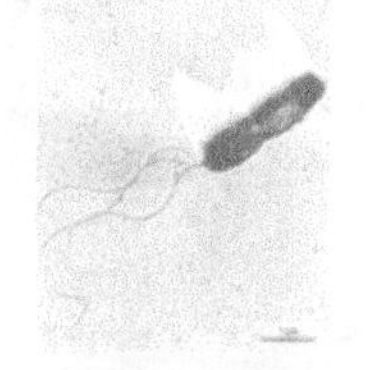

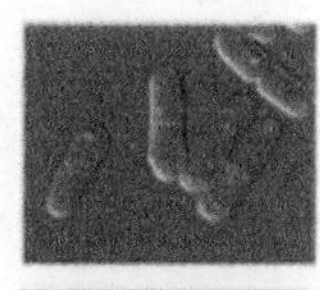

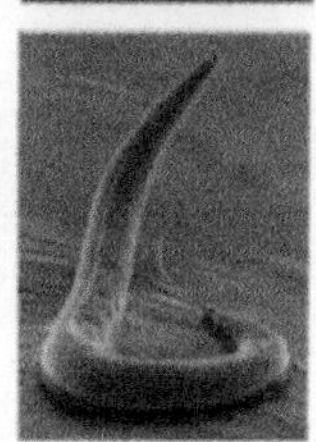

图5.1 各类生物的最小基因数随其复杂度而增加

细胞内细菌照片由Gregory P. Henderson and Grant J. Jensen, California Institute of Technology友情提供；
自养细菌照片由Rocky Mountain Laboratories, NIAID, NIH友情提供；
单细胞真核生物照片由Eishi Noguchi, Drexel University College of Medicine友情提供；
多细胞真核生物照片由Carolyn B. Marks and David H. Hall, Albert Einstein College of Medicine, Bronx, NY友情提供；
高等植物照片由Keith Weller/USDA友情提供；
高等动物照片© Photodisc

一些最有深度的信息来自基因组序列的比较，而不断增长的物种全基因组序列数目给我们提供了有价值的信息去研究基因结构与组织框架。在相关物种的基因组序列变得触手可及时，我们现在不仅有更好的机会去比较单一基因的不同，而且也可比较宏基因组的不同，比如基因分布、重复与非重复DNA序列的比例、它们的功能潜能，以及重复序列的拷贝数等方面的内容。通过这些比较，我们能获得对过去遗传事件的一些认知，即它们是如何塑造单一物种的基因组，以及尾随这些事件的适应性与非适应性力量是如何起作用的。例如，当人类和黑猩猩基因组的序列变得触手可及时，我们就能慢慢查明有关什么使得人类独特等一系列问题。

在20世纪90年代末与21世纪的早期阶段，我们已经获得了遗传“模式生物”（如大肠杆菌、酵母、果蝇、拟南芥和人类）的基因组序列，使得我们能比较主要物种之间的差异，如原核生物 - 真核生物、动物 - 植物、脊椎动物 - 无脊椎动物等。然而，最近来自多种低级生物门类基因组的数据（从门、类到属）使得我们能更进一步检查基因组进化。这些比较能充分突出最近已经发生的变化，一些额外变化如同一位点的多种突变将使这些比较显得更加清楚。另外，我们还能探索生物门类特异性的进化事件，如人类 - 黑猩猩比较会提供有关灵长类特异性的基因组进化的信息，特别是与**外类群（outgroup）**（不很相近的物种，但是又近得能表现出相当的相似性）如小鼠相比较。**比较基因组学（comparative genomics）**的最近一个里程碑就是 30 种果蝇基因组序列的完成。当越来越多来自同一物种的基因组变得可利用时，这些精细规模的比较就会继续进行下去。

那么，比较基因组学能回答什么样的问题呢？首先，通过比较来自共同祖先的基因，我们能挖掘单一基因的进化史。从某种程度上说，基因组进化就是全体单一基因的进化结果，所以，在基因组内或基因组之间对同源序列的比较可有助于回答发生于这些序列的适应性（如自然选择）与非适应性改变。塑造编码序列的力量通常完全不同于影响同一基因的非编码序列（如内含子、非编码区和调节区）的力量，那是因为编码区和调节区更直接影响表型（尽管通过不同的方法），使得它们的进化选择显得比非编码区更加重要。其次，人们可以探究导致基因组结构改变的机制，如基因复制、串联重复序列的扩展和收缩、转座和多倍体化。

5.2 原核生物基因总数的差异可超过一个数量级

关键概念

- 寄生原核生物约有 500 个基因；自养非寄生原核生物约有 1500 个基因。

大量人力和物力的投入，已经使得很多基因组的测序得以完成。根据已经完全测序基因组的信息，我们对生物体基因组的变化范围进行了总结，如**表 5.1** 所示，从支原体基因组的 0.6×10^6 bp 到人类基因组的 3.3×10^9 bp，其中包括许多重要的模式生物，如酵母、果蝇和线虫。尽管还没有完全测序，但是我们已经知晓植物基因组更加庞大，如小麦（*Triticum aestivum*）的基因组为 17 Gb（为人类基因组的 5 倍），当然应该注意它是六倍体，这也是它较大的原因之一。

原核生物基因组测序表明它们的 DNA 几乎（一般 85% ～ 90%）都编码 RNA 或多肽。**图 5.2** 显示它们的基因组大小差异约为一个数量级，而且它们的基因组大小与基因数是成正比的。它们的基因长度一般为 1000 bp 左右。

基因组小于 1.5 Mb 的原核生物必定都是细胞内寄生的，即它们寄生在真核生物宿主体内，靠真核生物提供小分子而生活。通过分析它们的基因组，

表 5.1 基因组大小和所含基因数由已测定的几个物种的完整序列得知。致死基因座数的估计则来自遗传学的研究数据

物种	基因组/Mb	基因/个	致死基因座/个
生殖器支原体（*Mycoplasma genitalium*）	0.58	470	约 300
沙眼立克次体（*Rickettsia prowazekii*）	1.11	834	
流感嗜血杆菌（*Haemophilus influenzae*）	1.83	1 743	
甲烷球菌（*Methanococcus jannaschi*）	1.66	1 738	
枯草芽孢杆菌（*Bacillus subtilis*）	4.2	4 100	
大肠杆菌（*Escherichia coli*）	4.6	4 288	1 800
酿酒酵母（*Saccaromyces cerevisiae*）	13.5	6 043	1 090
裂殖酵母（*Schizosaccharomyces pombe*）	12.5	4 929	
拟南芥（*Arabidopsis thaliana*）	119	25 498	
水稻（*Oryza sativa*）	466	约 30 000	
黑腹果蝇（*Drosophila melanoganster*）	165	13 601	3 100
秀丽隐杆线虫（*Caenorhabditis elegans*）	97	18 424	
人类（*Homo sapiens*）	3 200	约 20 000	

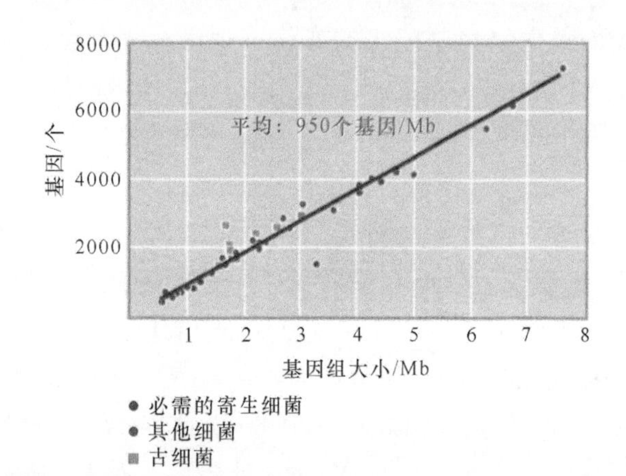

图 5.2 细菌和古菌基因组中的基因数与基因组的大小成正比

我们鉴定出了形成一个细胞有机体所需的最少功能基因数。与较大细菌基因组相比，它们中所有类型的基因在数量上都减少了，但减少最多的是编码与代谢相关的酶基因座（这些基因可由宿主细胞提供），以及与基因表达调节相关的基因。生殖器支原体的基因组最小，只有约 470 个基因。

古菌的生物学特性介于原核生物和真核生物之间，但是它们的基因组大小和基因数与细菌的差不多，基因组大小为 1.5 ～ 3 Mb，拥有 1500 ～ 2700 个基因。甲烷球菌（*Methanococcus jannaschii*）是一种产甲烷的物种，生活在高压和高温条件下，其基因总数与流感嗜血杆菌（*Haemophilus influenzae*）的类似，但与其他生物的已知基因比较，我们发现它的基因很少与它们相似。其基因表达装置类似于真核生物而非原核生物，但是它的细胞分裂装置却与原核生物更类似。

通过分析古菌和独立生存的最小细菌的基因组，我们可以鉴定出能独立生活的细胞所需的最少基因数。最小的古菌基因组约有 1500 个基因。具有最小基因组并独立生活的细菌是喜温生物超嗜热菌（*Aquifex aeolicus*），它有 1.5 Mb 大小的基因组和 1512 个基因；一种“典型”的革兰氏阴性菌流感嗜血杆菌有 1743 个基因，每个基因的长度约为 900 bp。由此我们得出这样一个结论：构成一个独立生活的生物所必需的基因约为 1500 个。

原核生物基因组增加了一个数量级，为 0.6 Mb 至小于 8 Mb。较大的基因组就有较多的基因，拥有最大基因组的细菌，如苜蓿中华根瘤菌（*Sinorhizobium meliloti*）和百脉根中慢生根瘤菌（*Mesorhizobium loti*），它们是生活在植物根部的固氮细菌，其基因组大小（约 7 Mb）和全部基因数（>7500 个）就与酵母类似。

在原核生物基因组中，大肠杆菌（*Escherichia coli*）基因组大小是中等的，实验室中的一般菌株拥有 4288 个基因，每个基因的长度约为 950 bp，基因之间的平均间隔约为 118 bp，但是菌株之间可能会存在很大差别。在已知的大肠杆菌菌株中，最小菌株的基因组约 4.6 Mb，含有 4249 个基因；而最大菌株的基因组达 5.5 Mb，含有 5361 个基因。

到现在，我们仍然不知道所有基因的功能，大多数基因组中约 60% 的基因可以根据与其他物种的已知基因的同源性来鉴定。这些基因大致均等地落到几个类别中，它们的产物与物质代谢、细胞结构或者物质传输、基因表达和调节相关。实际上，在每一个基因组中，20% 基因的功能是未知的。我们在亲缘物种中可以找到许多这样的基因，这提示它们可能具有较保守的功能。

由于致病细菌在医学上的重要性，我们比较侧重这些细菌的基因组测序。对致病本质的一个重要认识是：我们证实在这些细菌的基因组中存在**致病岛（pathogenicity island）**。这种致病岛存在于致病菌基因组中，而不存在于同源的但非致病的细菌基因组中。这些致病岛长度为 10 ～ 200 kb，它们的 GC 含量通常不同于基因组中的其他部分，看起来像是通过**水平转移（horizontal transfer）**的方式在不同细菌间迁移。例如，炭疽热致病菌（*Bacillus anthracis*）有两个较大的质粒（染色体外的 DNA），其中一个存在致病岛，这个致病岛包含编码炭疽热毒素的基因。

5.3 已知几种真核生物的基因总数

关键概念

- 酵母中有 6000 个基因；线虫有 21 700 个基因；果蝇有 17 000 个基因；小型植物拟南芥有 25 000 个基因；哺乳动物中的基因数可能有 20 000 ～ 25 000 个基因。

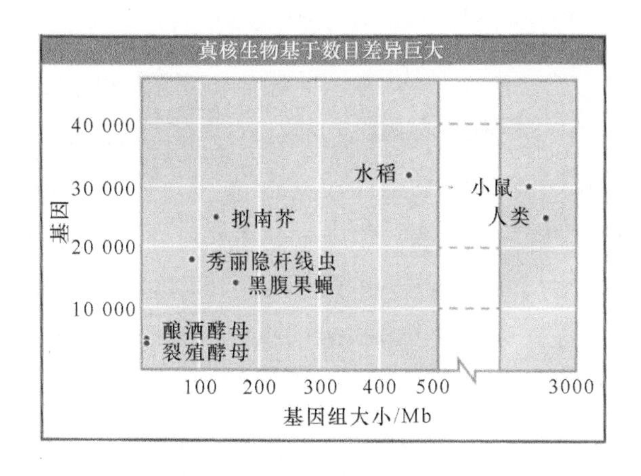

图 5.3 真核生物的基因数为 6000 ～ 32 000 个，范围大小与基因组大小或生物的复杂性没有关系

当观察真核生物基因组时，我们发现基因组大小与基因数之间的相关性远比原核生物微弱。单细胞真核生物的基因组与最大细菌基因组的大小差不多；高等真核生物含有更多的基因，但是它们的基因数与其基因组大小是不相称的，这一点可以从**图 5.3** 中看出。

大量的单细胞真核生物的基因数据是从酿酒酵母（*Saccaromyces cerevisiae*）和裂殖酵母（*Schizosaccharomyces pombe*）的基因组测序中得到的，**图 5.4** 概括了一些最重要特性。这两种酵母基因组的长度分别为 13.5 Mb 和 12.5 Mb，分别约有 6000 个和 5000 个基因。可读框（open reading frame，ORF）的平均长度约 1.4 kb，因此约 70% 的基因组是编码区。它们之间的主要差异是：酿酒酵母中，5% 的基因是有内含子的，而在裂殖酵母中，高达 43% 的基因含有内含子。这两种基因组数据的比较说明裂殖酵母的基因密度较高；并且虽然裂殖酵母基因之间的间隙比酿酒酵母稍短，但两者组织结构总体相似。通过测序鉴定的基因中约一半是已知的，或者是与已知基因相关的；其余的都是先前未知的，这为通过序列分析可以发现的新基因类型的数量提供了一些线索。

在序列基础上，长阅读框的鉴定是非常准确的，但是，由于存在大量的假阳性，所以编码小于 100 个氨基酸以下的 ORF 只能通过测序来鉴定。基因表达分析表明，在酿酒酵母中，600 个这样的 ORF 中约有 300 个可能是真基因。

确认基因结构的有力方法就是比较相近物种的序列，如果基因是有活性的，这很可能是保守的。在非常相关的 4 种酵母物种之间的比较表明，原来鉴定自酿酒酵母的 503 个基因，在其他物种中找不出对应物，所以应该从基因条目中除去，这使得酿酒酵母中的基因估计总数减少至 5726 个。

秀丽隐杆线虫（*Caenorhabditis elegans*）基因组上基因分布是不均匀的，有些区域富含基因，而另外一些区域则很少存在基因，全基因组包含约 21 700 个基因，其中只有约 42% 的基因在非线虫生物的基因组中找得到同源片段。

虽然总体上果蝇基因组比线虫的大，但是根据已知的一些果蝇种属的全基因组信息，我们知道果蝇拥有更少的基因数 [黑腹果蝇（*Drosophila melanoganster*）的基因为 14 400 个，山薯果蝇（*D. persimillis*）的基因为 17 300 个]。而由于可变剪接，果蝇中不同转录物的数目则稍微多于线虫。我们并不知道为何线虫，一个相对简单的生物的基因数比果蝇还要多出 30%，但这可能是因为线虫中单一基因家族比果蝇需要更大的基因数，所以两个物种中的独特基因数更加相似。对 12 种果蝇基因组的比较揭示，在非常相近的物种中，基因数也存在相当大的差异（约 20%）。在

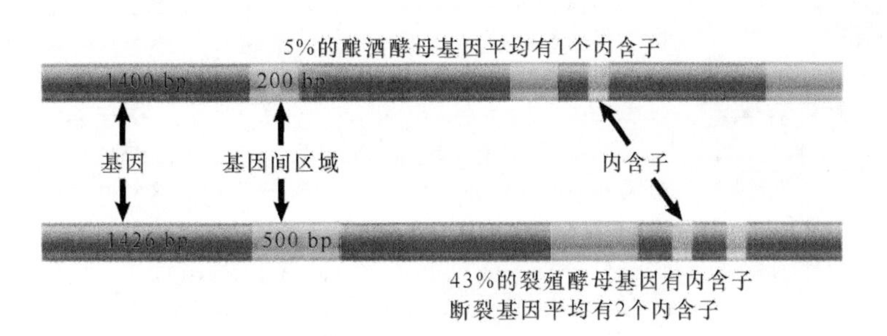

图 5.4 酿酒酵母基因组大小为 13.5 Mb，有 6000 个基因，几乎都是连续的。裂殖酵母基因组大小为 12.5 Mb，有 5000 个基因，几乎一半含有内含子。它们的基因长短和空间分布非常相似

一些物种中存在几千种物种特异性基因，这更进一步说明了基因数与生物复杂性之间不存在必然关联。

植物拟南芥（*Arabidopsis thaliana*）的基因组大小位于果蝇和线虫之间，但是它的基因数却比果蝇和线虫都多，约为 25 000 个。这不但又说明了基因数与生物复杂性之间并无必然联系，而且同时突出了植物的特异性：即植物（由于祖先的基因组多倍化）也许比动物细胞拥有更多的基因（脊椎动物除外，见 5.21 节"基因组多倍化在植物和脊椎动物进化中发挥了作用"）。大部分拟南芥基因组存在复制区段，这提示了在其进化过程中存在基因组倍增现象（演变成四倍体），现在的拟南芥基因只有 35% 是单拷贝的。

水稻（*Oryza Sativa*）基因组的大小是拟南芥的 4 倍，但是基因数却只比拟南芥多了约 25%，估计约为 32 000 个，而重复 DNA 占了基因组的 42% ～ 45%。拟南芥中 80% 以上的基因则在水稻中找到同源物。在这些普通基因中，约 8000 个基因只存在于拟南芥和水稻中，而不存在于其他已测序的细菌或动物中。这些基因可能是编码植物特有功能的基因，如光合作用。

从 12 种果蝇基因组中，我们可以推算出每一种功能大概需要多少基因的参与（在 2016 年，另外 15 种果蝇的全基因组序列也已经知道，但还没有被全部分析）。**图 5.5** 对基因功能进行了归类。在已鉴定的基因中，我们发现 2500 种酶、约 900 种转录因子、约 700 种转运因子和离子通道，但是 1/4 以上的基因产物我们还不了解其功能。

真核生物的多肽长度比原核生物的要长。古菌甲烷球菌和大肠杆菌的多肽长度平均分别为 287 个和 317 个氨基酸；而酿酒酵母和秀丽隐杆线虫的多肽平均长度分别为 484 个和 442 个氨基酸。大的蛋白质（大于 500 个氨基酸）在细菌中是非常罕见的，但在真核生物中却是主要的组成成分（约占 1/3）。这种长度的增加主要是由于增加了额外的结构域所致（每一个结构域通常由 100 ～ 300 个氨基酸组成）。但是多肽长度的增加并不是基因组大小增加的主要原因。

另外一个关于基因数的发现是通过计算蛋白质编码基因的数目而得到的。如果我们通过估计一个细胞中不同 mRNA 数目来推算表达基因的数目，我们将得出脊椎动物细胞平均表达 10 000 ～ 20 000 个不同基因。由于不同细胞类型中的 mRNA 群体存在显著的重叠，所以一个物种的所有基因表达数目应该在同一个数量级之内。人类基因总数估计为 20 000 个（见 5.5 节"人类基因数少于预期"），这提示了其中很大一部分基因是在所有细胞中都表达的。

真核生物的基因是独立转录的，每一个基因产生一个**单顺反子 mRNA（monosictronic mRNA）**。在这条规律中只有一个例外：在线虫基因组中，约 15% 的基因是以多顺反子 mRNA（polysictronic mRNA）方式存在的，这与用反式剪接的方法表达这些单元的下游基因有关（详见第 19 章"RNA 的剪接与加工"）。

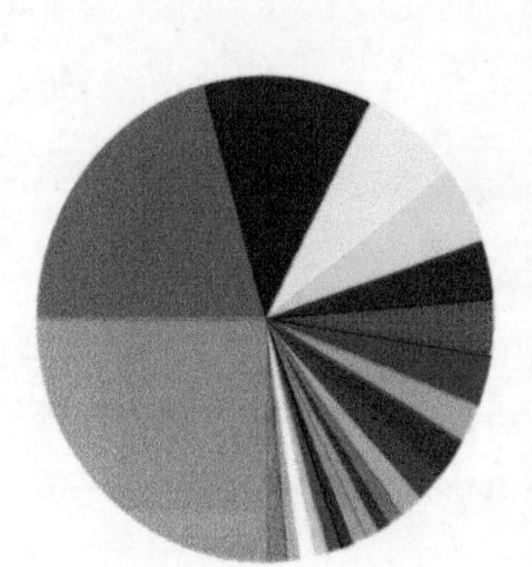

- 酶活性（3154）
- 核酸结合（所有类型）（1912）
- 蛋白质结合（953）
- 转录调节因子活性（846）
- 离子结合（732）
- 核苷酸结合（682）
- 转运体活性（602）
- 受体活性（所有类型）（448）
- 结构分子活性（449）
- 其他结合（345）
- 酶调节因子活性（238）
- 受体结合（190）
- 受体信号通路蛋白活性（171）
- 细胞骨架蛋白结合（133）
- 电子携带活性（127）
- 离子通道活性（103）
- 转录因子结合（77）
- 嗅觉因子结合（65）
- 翻译调节活性（63）
- 染色质结合（59）
- 其他分子功能（51）
- 其他信号传导因子活性（21）
- 未知的（3947）

总数 15 408

图 5.5 12 种果蝇基因组基因功能的比较。约 1/4 的果蝇基因功能未知

数据引自 *Drosophila* 12 Genomes Consortium, 2007. "Evolution of genes and genomes on the *Drosophila* phylogeny", *Nature* 450: 203-218

5.4 有多少不同类型的基因？

关键概念

- 独特基因数和基因家族数的总和就是对基因种类总数的估计。
- 从基因类型数可以估计蛋白质组的最小规模。

一些基因是独特的，其他基因则属于基因家族，它们是彼此相关的（但通常不一样）。当基因组大小和基因家族中的基因数增加，那么独特基因的比例就下降。

由于一些基因以多拷贝存在，或者与其他基因是同源的，所以不同种类的基因数小于物种的总体基因数。我们能够把物种的所有基因分成许多小类，每一类的基因是相关的，这可以通过比较它们的外显子而得出（一个家族中的相关基因是由一个原始基因重复复制，然后这些拷贝之间积累序列变化而成的。这样的基因序列通常相似但不相同）。基因种类的数目通常是基因家族数加上独特基因（这些基因没有相关基因）数而推算出来的。

图 5.6 把 6 个物种的基因总数与互不相同的基因家族数进行比较。在细菌中，许多基因是唯一的，因此家族数与基因总数是接近的；这种情况甚至在单细胞真核生物酿酒酵母中也是不存在的，因为真核生物中有相当一部分基因是重复的。最明显的例子出现在高等真核生物中，这些物种的基因总数急剧增加，但基因家族数却没有多少变化。

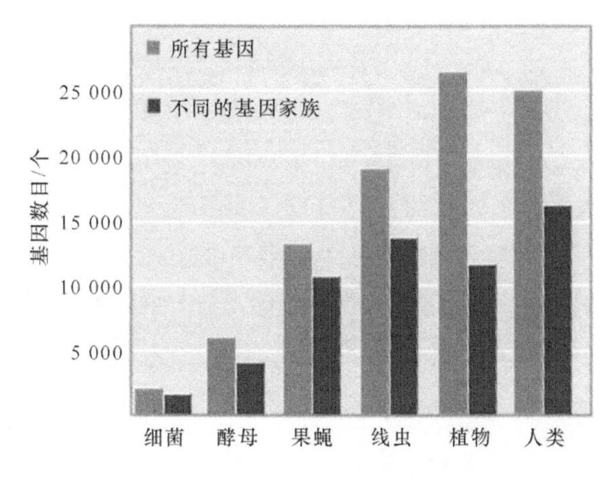

图 5.6 由于许多基因是重复的，所有不同基因家族的数目远小于基因的总数。在柱状图中，比较了基因总数与基因家族数

表 5.2 显示了随着基因组增大，独特基因数比例急剧减少。当基因位于家族中时我们可以发现，在细菌和单细胞真核生物中，一个家族中的基因是比较少的；而在高等真核生物中，家族中的基因成员通常较多。基因组特大的拟南芥中的大多数基因家族的成员通常都超过 4 个。

如果每一个基因都表达，那么基因总数将与组成有机体所需的多肽总数（蛋白质组）是对等的。但是，两个方面的原因使得蛋白质组与基因总数是不同的：由于基因可以复制，一些基因编码相同的多肽（虽然可能是在不同的细胞类型或不同时期表达），还有一些编码相关多肽，这些相关多肽也是在不同的细胞类型中起相同的作用；另外，由于一些基因可以通过可变剪接或其他方法产生多种多肽，因此，蛋白质组可能比基因总数要大得多。

核心蛋白质组，即组成有机体最基本的多肽种类是什么呢？尽管由于可变剪接的存在使之难于估计，然而由基因家族数得出的基因核心蛋白质组的最小估计是：细菌约 1400 种，酵母大于 4000 种，果蝇和线虫为 11 000 ～ 14 000 种。

在蛋白质组中，不同种类的蛋白质是如何分布的呢？在酵母的 6000 种蛋白质中，5000 种是可溶性蛋白，1000 种是膜蛋白。约一半蛋白质位于细胞质中，1/4 位于细胞核中，其余的对半分布在线粒体和内质网 / 高尔基体中。

有多少基因是所有物种 [或者群体（如细菌），或者多细胞真核生物] 所共有的呢？又有多少是某一物种所特有的呢？**图 5.7** 对果蝇与线虫（另一种多细胞真核生物）、酵母（单细胞真核生物）的基

表 5.2 在高等真核生物中，随着基因组的增大，多拷贝的基因增加

生物种类	独特基因 /%	有 2 ～ 4 个成员的家族 /%	多于 4 个成员的家庭 /%
流感嗜血杆菌（*H. influenzae*）	89	10	1
酿酒酵母（*S. cerevisiae*）	72	19	9
黑腹果蝇（*D. melanoganster*）	72	14	14
秀丽隐杆线虫（*C. elegans*）	55	20	26
拟南芥（*A. thaliana*）	35	24	41

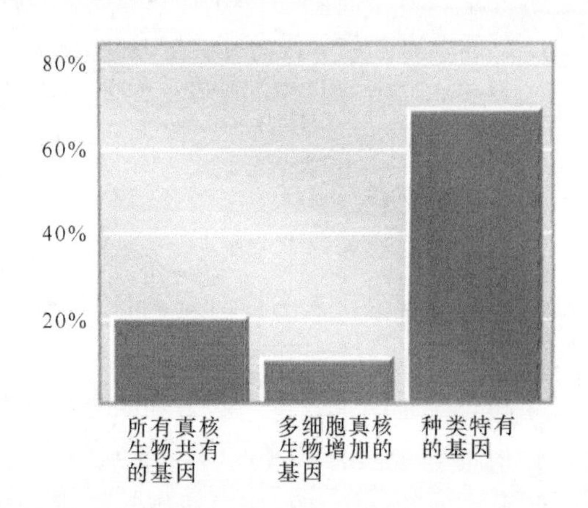

图 5.7 果蝇基因组可分为以下几个部分：(可能) 所有真核生物都存在的基因、(可能) 只有多细胞真核生物才出现的基因、只有果蝇这个物种所特有的基因

因组进行了比较，在不同物种中，编码相同功能多肽的基因称为**种间同源基因（orthologous gene，ortholog）**(详见第 3 章"断裂基因")。为方便起见，如果在两个不同物种中两个基因的序列相似性达 80% 以上，我们就认为它们是种间同源基因。用这个规则去衡量，约 20% 的果蝇基因在酵母和线虫中存在种间同源基因，这些基因也许是所有真核生物所需的。如果对果蝇和线虫进行比较，我们会发现多达 30% 的基因属于种间同源基因，这些多出的基因也许是多细胞生物所共有的。这使得剩下的大部分编码蛋白质的基因分别是果蝇或线虫所特有的基因。

有机体蛋白质组的规模可以从基因结构与数目推算出最小值，也能够通过测量细胞或有机体中的多肽数量来确定。通过这些方法，我们已经鉴定了一些通过基因组分析所不能检测到的蛋白质，并因此鉴定出了一些新基因。目前有几种方法可用来大规模分析蛋白质。质谱（mass spectrometry）可以用来分离和鉴定直接从细胞或组织中分离出来的混合物中的蛋白质。带有标签的杂合蛋白（hybrid protein bearing tag）可以通过表达 cDNA 来获得，也就是说，可以把 ORF 序列连接到合适的表达载体上，从而将亲和标签序列整合到蛋白质，这样就可以用芯片来分析这些蛋白质产物。这种方法可以有效地应用到比较两个组织中的表达蛋白质，如比较来自正常人和患者的组织来探测其表达的不同之处。

在知道了蛋白质的总数以后，我们可能要问它们是怎么相互作用的。按照定义，在结构性多蛋白质装配体中，蛋白质之间必须形成稳定的相互作用；在信号通路中，蛋白质之间可形成短暂的相互作用。在这两种情况中，蛋白质的相互作用都能在测试系统中检测到。在这种测试系统中，实际上是由一个读出系统把相互作用的效果放大而显示出来。这种实验不能检测到所有的相互作用：例如，如果代谢途径中的一种酶释放可溶性代谢物，而这个代谢物又与下一种酶相互作用，那么这两种酶就可能不是直接相互作用的。

要解决这个现实问题，配对相互作用的实验能够提示我们相互独立的结构或途径最低有多少。在对 6000 种酵母蛋白（预测的）配对相互作用的分析中，结果显示约 1000 种蛋白质能够与另外至少一种蛋白质相互作用。通过复合体形成的直接分析鉴定到了 232 种多蛋白质复合体中的 1440 种不同的蛋白质。不过这仅仅是分析的第一步，它将会使我们确定功能组合体或者途径的总数。

除了功能基因外，有些基因的拷贝丧失了功能（由各种失活突变实验来确定），它们被称为假基因（pseudogene）。假基因的数目是巨大的，在小鼠和人类基因组中，其数目约是（潜在的）功能性基因数的 10%（详见第 4 章"基因组概述"）。一些假基因可能具有某些功能，它会产生调节性微 RNA（microRNA）（详见第 30 章"调节性 RNA"）。

5.5 人类基因数少于预期

关键概念

- 人类基因组中只有 1% 由外显子组成。
- 外显子只占每个基因 DNA 序列的约 5%，因此基因组中只有约 25% 的序列是来自基因的外显子加内含子。
- 人类基因组约有 20 000 个基因。
- 约 60% 的人类基因是可变剪接的。
- 多达 80% 的可变剪接改变了蛋白质序列，因此蛋白质组约由 50 000 ~ 60 000 种蛋白质成员组成。

人类基因组是第一个已完全测序的脊椎动物基因组，这项巨大工程揭示了人类这个物种的遗传组

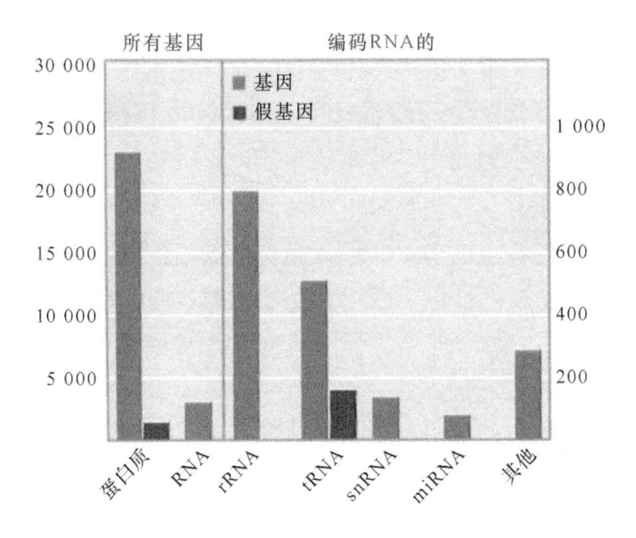

图 5.8 小鼠基因组有约 23 000 个编码蛋白质的基因，其中约有 1200 个假基因；另外约有 3000 个编码 RNA 的基因

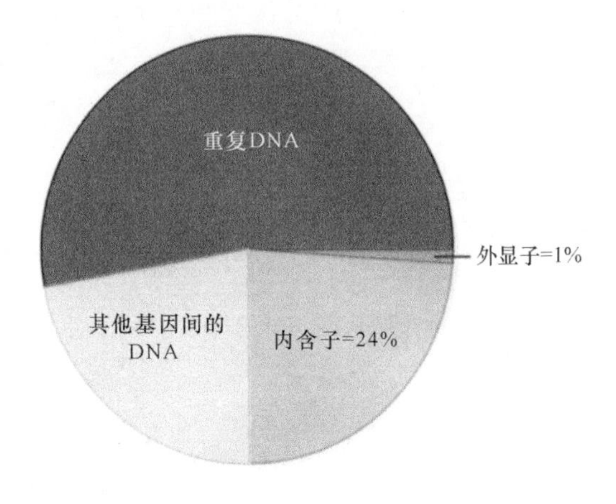

图 5.9 在人类基因组中，基因占 25%，而蛋白质编码区只占其中的一小部分

成，以及基因组进化的大量信息。由于我们能够比较人类基因组序列和其他已测序的脊椎动物基因组序列，所以我们对人类基因组的理解进一步加深了。

哺乳动物的基因组变化一般较小，范围约为 3×10^9 bp（见 5.16 节“为什么一些基因组如此之大？”）。小鼠基因组比人类基因组小约 14%，可能是因为小鼠基因缺失的比率比较高。这两种基因组含有许多相似的基因家族和基因，大多数基因在其他物种基因组中都能找到种间同源基因，但是家族中的成员数目不同，特别是当基因功能是某一物种所特有的时候（详见第 4 章“基因组概述”）。小鼠的基因总数原先估计为 30 000 个，现在认为它比人类的蛋白质编码基因数多，约为 25 000 个基因。**图 5.8** 绘出了小鼠的基因分布，除了 23 000 个编码蛋白质的基因外，它还有约 3000 个代表 RNA 但不编码蛋白质的基因，它们一般都很小（除了编码 rRNA 的基因外），这些基因中几乎一半是编码 tRNA 的。除了这些活性基因外，我们也鉴定到了约 1200 个假基因。

人类（单倍体）基因组包含 22 条常染色体和 1 条 X 或者 Y 染色体，这些染色体的长度为 45～279 Mb，加起来总共为 3235 Mb（约 3.2×10^9 bp）。基于染色体结构，全部基因组可被分为常染色质（euchromatin）区域（通常包含活性基因）和异染色质（heterochromatin）区域，后者携带较低密度的活性基因（详见第 7 章“染色体”）。常染色质组成了基因组的主要部分，约为 2.9×10^9 bp，而已测序的基因组序列覆盖了约 90% 的常染色质。基因组序列除了提供基因组的遗传信息之外，还可用来鉴定具有结构重要性的一些特征。

从**图 5.9** 中可以看出，实际上只有一小部分人类基因组序列（约 1%，相当于外显子部分）是用来编码蛋白质的，而内含子则组成了编码蛋白质基因的其他部分，这样，这些编码蛋白质的基因（外显子加内含子）占基因组总量的约 25%。正如**图 5.10** 所示的那样，人类基因的平均长度为 27 kb，每个基因平均有 9 个外显子，而这 9 个外显子组成总共约 1340 bp 的编码序列，因此，编码序列平均只占基因长度的 5%。

两组对人类基因组进行的相互独立的测序结果分别产生了 30 000 个和 40 000 个基因数的估计。对这些分析准确性的测定就是它们是否鉴定出了相

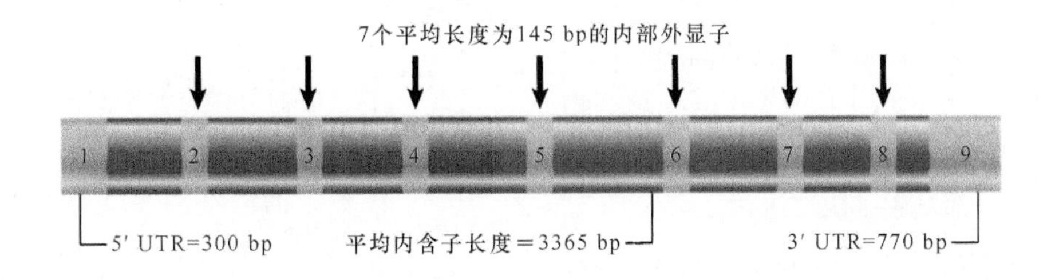

图 5.10 人类基因平均长 27 kb，每个基因平均有 9 个外显子，通常含有 2 个长的两端外显子、7 个内部外显子。两端外显子的 UTR 是基因两端的非翻译（非编码）区（这是平均值，因为有些基因特别长，中等长度的基因约为 14 kb，有 7 个外显子）

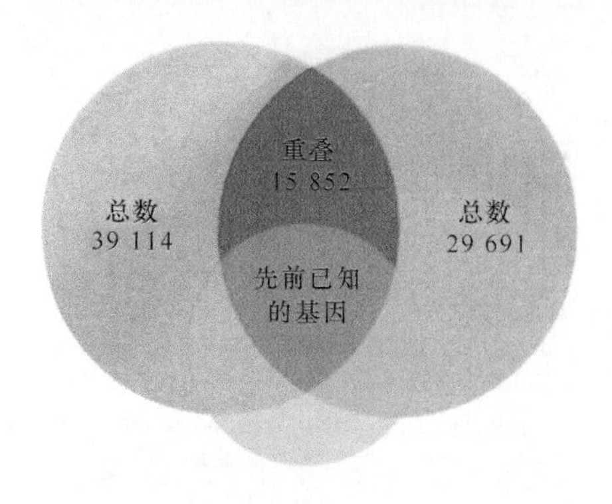

图 5.11 正如上方的两个大圆所示，两套方法鉴定的人类基因只有部分是重叠的。但是，它们包括了以前鉴定出的几乎所有基因，这从与下方小圆的重叠关系可以看出

同的基因。令人惊奇的结果是，它们分析到的基因只有约 50% 是交叉的，如**图 5.11** 所示。一个早期的、根据 RNA 转录物来分析人类基因的方法已鉴定到了约 11 000 个基因，几乎所有这些基因在这两套方法中都存在，同时这也占了两套方法能鉴定到的相同基因的绝大多数，因此，对这两套方法所分析的这一半相同的基因不应有什么疑问，但是我们还不得不对另外一半基因之间的关系进行分析。这种差异说明了大规模测序分析的缺陷。因为序列需要进一步分析（当其他基因组被测序以后，我们可以与之比较），真实基因的数量已经下降了，现在通常估计约为 20 000 个基因。

但是无论使用哪一种测序方法，人类基因的总数比我们估计的要少得多，因为以前很多人预想人类基因总数约为 100 000 个。而现在已经知道人类基因总数其实只比果蝇和线虫（最近的研究表明它们分别为 17 000 个和 21 500 个）多那么一点点，更不用说与植物拟南芥（25 000 个）和水稻（32 000 个）相比了。但是，我们也不应该对人类基因组没有增加大量的基因来组成这个更为复杂的生物体而感到奇怪。人类和黑猩猩在 DNA 序列上相差非常小（序列相似性大于 98.5%），因此，虽然基因极其相似，但它们的功能和一组相似基因之间的相互作用显然能够产生极不相同的结果。一些特别基因的功能可能是非常重要的，因为在人类和黑猩猩的种间同源基因的详细比较中发现，一些基因类型（在这些物种中相对特异性的功能基因，包括参与早期发育、嗅觉和听觉的基因）都发生了快速进化。

因为存在可变剪接、可变启动子选择和可使同一基因产生几种多肽的可变 poly(A) 位点选择等机制（详见第 19 章“RNA 的剪接与加工”），所以基因总数比潜在的多肽数少。人类的可变剪接程度比果蝇和线虫的大，约 60% 的人类基因可能存在可变剪接（甚至可能为 90% 以上）。因此跟其他真核生物相比，人类蛋白质组增加的程度大于基因组增加的程度。从人类基因组中的两条染色体上抽出一些基因进行可变剪接研究，我们发现导致蛋白质序列发生改变的基因可变剪接的比率高达 80%，如此可使得蛋白质组的成员增加到 50 000 ～ 60 000 种。

但就基因家族数的多样性而言，人类和其他真核生物的差异不是很大。许多人类基因属于不同的基因家族，在分析了超过 20 000 个基因后，我们鉴定到了 3500 个独特基因和 10 300 对成对基因，就如从图 5.6 中可以看出的，人类基因家族数只比线虫和果蝇的大一点儿。

5.6 基因和其他序列在基因组上如何分布？

关键概念

- 重复序列（以多拷贝存在）占人类基因组的 50% 以上。
- 很大一部分重复序列是由无功能的转座子拷贝组成的。
- 存在许多大的染色体区段的重复。

基因在基因组上的分布是否是均一的呢？有些染色体上基因分布很少，多达 25% 的序列是“沙漠”，即长度超过 500 kb、不含 ORF 的序列区。即使是基因最丰富的染色体也有大于 10% 的序列是“沙漠化”的。因此，总共有约 20% 的人类基因组区域是由没有基因的“沙漠”序列组成的。

重复序列占人类基因组的 50% 以上，这可以从**图 5.12** 看出，它们分为 5 类。

- 转座子（transposon）（活性或非活性的）占了重复序列的绝大部分（基因组的 45%）。所有转座子都是多拷贝的。
- 已加工的假基因（总共约 3000 个，约占总 DNA 的 0.1%。这些序列是 mRNA 的反转录 DNA 拷贝插入到基因组而形成的，见 5.20 节“假基因丧失了其原有功能”）。

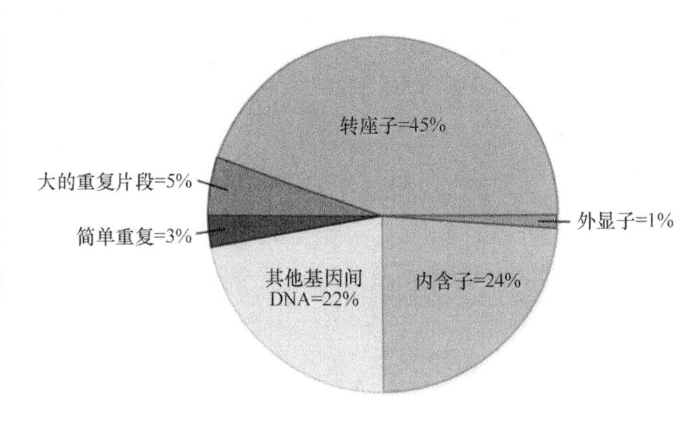

图 5.12 人类基因组最多的组分由转座子组成。其他重复序列包含大的重复片段和简单重复

- 简单重复（高度重复的 DNA 如 CA 重复）占基因组的约 3%。
- 区段重复（长度为 10 ～ 300 kb 的区段模块在新的区域被重复）占了基因组的约 5%。这种重复序列只有一小部分位于相同染色体上，换句话说，大部分重复区段位于不同染色体上。
- 串联重复形成了一种类型的序列模块（特别是在着丝粒和端粒处）。

人类基因组序列强调了转座子的重要性。转座子具有自我复制和插入到新位点的能力。它们也许只以 DNA 元件的形式在起作用，或者部分以 RNA 这种活性方式在起作用（详见第 15 章“转座因子与反转录病毒”）。人类基因组上的大多数转座子是没有功能的，现在只有极少数还存在活性。但是，人类基因组的很大一部分由这些因子组成，这提示了它们在塑造基因组的过程中可能起到积极作用。一个有趣的特征是，一些现存的基因来源于转座子，在失去转座能力后进化成它们现在的状态，至少有 50 种基因可能来源于这种方式。

最简单的区段重复是在一条染色体内某段区域的串联重复（主要是因为在减数分裂的过程中的非正常重组事件；详见第 6 章“成簇与重复”）。但是在许多情况下，重复区域位于不同的染色体上，这提示了它们或许来源于串联重复序列，然后其中一份拷贝转移到新的位置，或许由不同的机制驱动了这种重复作用。在一些极端情况下，也许全部基因组都进行了重复，这时二倍体基因组变成了四倍体。由于重复拷贝逐步发展出差异，基因组可能又逐渐变成了二倍体，而两份趋异拷贝之间的同源性留下了这种重复的痕迹，这种现象在植物基因组中特别普遍。近来通过对人类基因组的分析，我们发现了许多单个的重复区。但是没有证据表明在脊椎动物中也存在全基因组重复的证据（见 5.21 节“基因组重复在植物和脊椎动物进化中发挥了作用”）。

人类基因组的一个奇怪特征是，一些存在的序列似乎没有编码功能，却显示了比本底水平更高的进化保守性，就如与其他基因组（如小鼠基因组）的比较中探查到的那样，这些序列约占全基因组的 5%。这些序列与编码蛋白质序列在某些功能途径上有联系吗？尽管 18 号染色体拥有蛋白质编码基因的浓度很低，但是这些序列在 18 号染色体上的密度与基因组的其他部分是一样的，这也间接表明它们与蛋白质编码基因的结构和表达没有关系。

5.7 Y 染色体存在几个雄性特异性基因

关键概念

- Y 染色体有 60 个基因是在睾丸中特异性表达的。
- 雄性特异性基因以多拷贝形式存在于重复染色体片段之中。
- 多拷贝之间的基因转变使得活性基因在进化过程中保留下来。

人类基因组序列极大地拓展了我们对于性染色体作用的了解。一般认为，X 染色体和 Y 染色体来自于共同的、非常古老的常染色体对。它们的进化包含了如下过程：X 染色体保留了大部分原始基因，而 Y 染色体丢失了其中的大部分基因。

X 染色体就像常染色体，因为女性拥有两份拷贝，在它们之间能发生重组；同时，X 染色体上的基因密度与其他染色体的基因密度也是相似的。

Y 染色体比 X 染色体小得多，含有更少的基因。其独特作用来自于以下一些事实：只有男性才拥有 Y 染色体；它只有一份拷贝，所以 Y 连锁基因座实际上是单倍体，而非所有其他人类基因所拥有的双倍体。

多年以来，人们认为 Y 染色体几乎不携带基因，除了几个决定雄性的基因外。大部分 Y 染色体（序列的 95% 以上）不与 X 染色体进行交换，这使得人们认为它不会含有活性基因，因为机体无法去阻止有害突变的积聚。这些区域的两侧带有短的**拟常染色体区（pseudoautosomal region）**，在雄性减数分裂过程中该区染色体经常与 X 染色体发生交换。过去我们常将那些不交换区域称为非重组区，而现在重新命名为**雄性专一区（male-specific region）**。

Y 染色体的详细测序分析表明，雄性专一区包含 3 种类型的序列，如**图 5.13** 所示。

- X 转座序列（X-transposed sequence），长为 3.4 Mb，由几个大的模块组成，它来自 300 万～400 万年前的 X 染色体的 q21 带的转座，这是雄性种系所特有的。这些序列不与 X 染色体重组，大部分已经变得没有活性，现在只拥有两个功能性基因。
- Y 染色体的 X 退化区段（X-degenerate segment）序列与 X 染色体有同样的起源（可追溯到 X 染色体和 Y 染色体共同演变而来的常染色体），含有与 X 连锁基因相关的基因或假基因，其中有 14 个活性基因和 13 个假基因。从某种意义上说，活性基因迄今都没有被从染色体区段消除的倾向，因为这个染色体区段在减数分裂过程中不进行重组。
- 扩增子区段（ampliconic segment）总长为 10.2 Mb，为 Y 染色体上的内部重复序列，它有 8 个大的回文序列，包括 9 个蛋白质编码基因家族，每个家族的拷贝数为 2～35 不等。扩增子这个词反映了以下这个事实：在 Y 染色体上，这个序列已经被内部扩增。

将这 3 个区段的所有基因加起来，Y 染色体就包括 156 个转录单位，其中半数代表蛋白质编码基因，半数代表假基因。

扩增子中存在紧密相关的基因拷贝，它使基因的多拷贝之间能够进行基因转变，而这些基因是被用来再生活性拷贝的。对基因多拷贝的最大需求来自于对基因产物的定量（提供更多的蛋白质产物）或定性（编码性质稍微有差异的蛋白质，或在不同时间或不同组织中表达）需求所致。因而在这种情况下，其本质作用就是为了进化。事实上，多拷贝的存在使得在 Y 染色体本身内部能进行重组，以代替进化所产生的多样性，而这通常由等位基因染色体之间的重组所提供。

扩增子中大部分蛋白质的编码基因特异性地表达于睾丸，它们很可能参与雄性发育。在总数为 20 000 个的人类基因库中，如果存在约 60 个这样的基因，那么在男人与女人之间的遗传差别就约为 0.3%。

5.8 有多少基因是必需的？

关键概念

- 并不是所有基因都是必要的。在酵母和果蝇中，只有不到 50% 的基因被删除时具有明显效应。
- 当两个或更多的基因存在冗余时，在其中一个基因上进行突变也许不会检测到效应。
- 我们还不是很清楚在基因组中哪些基因的存在是可有可无的。

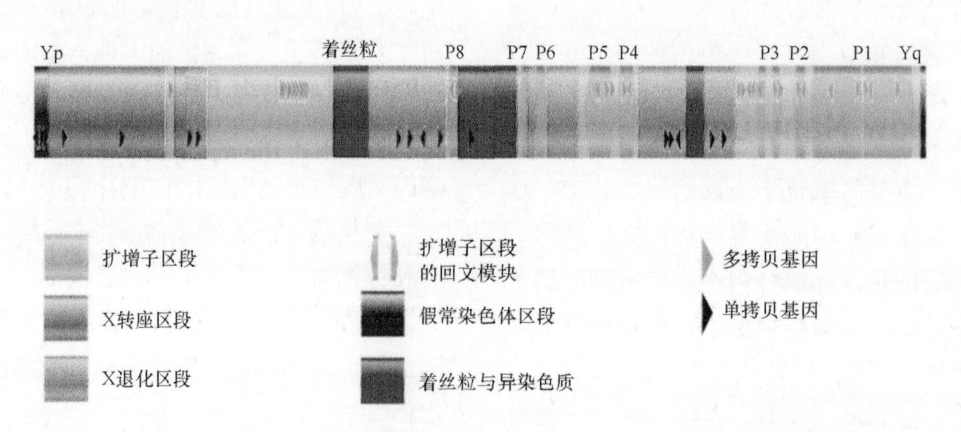

图 5.13 Y 染色体由 X 转座区段、X 退化区段和扩增子区段组成。X 转座区段和 X 退化区段分别存在 2 份和 14 份单拷贝基因。扩增子区段有 8 个大的回文序列（P1～P8），包括 9 个基因家族，每个家族至少包括 2 份拷贝

自然选择是确保有用基因在基因组中被保留下来的动力。突变是随机的，如果发生在ORF中，它通常会损害蛋白质产物。带有损害性突变的个体在进化中就将处于不利地位，最终这个突变体由于竞争失败将会消亡。在种群中，对竞争不利的等位基因比例是通过新突变的产生和旧突变的消失来达到平衡的。相反，如果我们在基因组中看到一个完整的ORF，我们就认为其产物在物种中是有用的。自然选择一定阻止了基因中累积突变。功能丧失性基因的最终命运是累积突变，直到它再也无法被识别。

某一个基因的保留提示了它对生物体来说具有选择优势。在进化过程中，甚至一个相对较小的有利因素也会成为自然选择的条件。作为突变的结果，表型上的缺陷不一定立刻显现出来。当然在二倍体生物中，一个新的隐性突变可能藏在杂合子中达好几代。但是，我们应该知道多少基因实际上是必需的，即它们的缺失对有机体是致死的。就二倍体生物而言，当然就意味着纯合的无效突变是致死的。

如果大基因组存在着基因的多份相关拷贝，我们也许会认为必需基因的比例会随着基因组的增大而减小。到目前为止，这种设想还没有被数据否定。

解决基因数问题的一个方法是通过突变分析来确定必需基因的数目。如果我们在染色体的某些特定区域制造足够多的致死突变，这些突变应该可以归到一些互补突变群中，而这些突变群对应于在这段区域中一些致死基因座。通过外推到全基因组，我们可以计算出总的必需基因数。

在已知的、含有最小基因组的生物体——生殖器支原体中，只有约2/3基因的随机插入突变会产生可见的效果；类似的，在大肠杆菌中少于一半的基因看起来是必需的；这个比例在酿酒酵母中更小，在早期的一个分析实验中，在基因组中随机插入突变，只有12%的插入突变是致死的，另外14%的插入突变是阻碍生长的，而插入突变的大部分（70%）则是无效的。一个更加系统的考察是完全删除5916个基因（大于已鉴定基因的96%）中的每一个基因，这个研究表明当生长在较丰富的培养基（即可提供充足营养时）中，只有18.7%基因是酵母所必需的，**图5.14**显示了这是在所有物种中都存在的那部分基因。必需基因明显集中在与编码蛋白质有关的一个区域，从图中可以看出这个区域中约50%的基因是必需的。当然，这个方法低估了野生状态下的必需

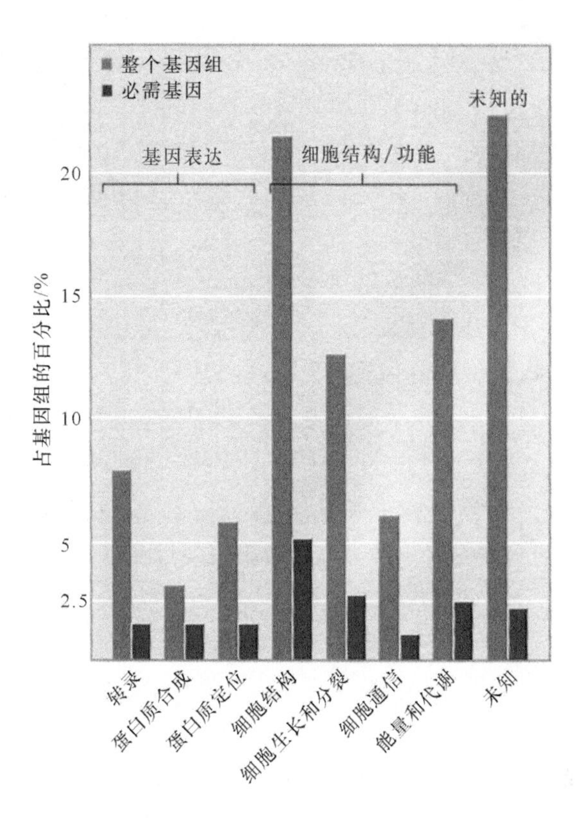

图5.14 在酵母的所有类群中都发现有必需基因。蓝色柱表示每一类基因的比例，红色柱表示必需基因的比例

基因数，因为野生酵母不可能得到如此好的营养。

曾经有实验系统地分析了秀丽隐杆线虫基因功能缺失的影响，**图5.15**概括了这个实验的结果：首先，从基因组序列来预测单个基因的序列，通过抑制性RNA作用于这些序列（详见第30章“调节性RNA”），制造一系列携带各种改变的线虫，而它们是通过RNA干扰来阻止某一个（预测）基因的功能发挥的。实验发现，其中只有10%的敲减体观察到表型上的改变，这表明大多数基因并不起到关键性作用。

如果线虫中的基因在其他真核生物中存在对

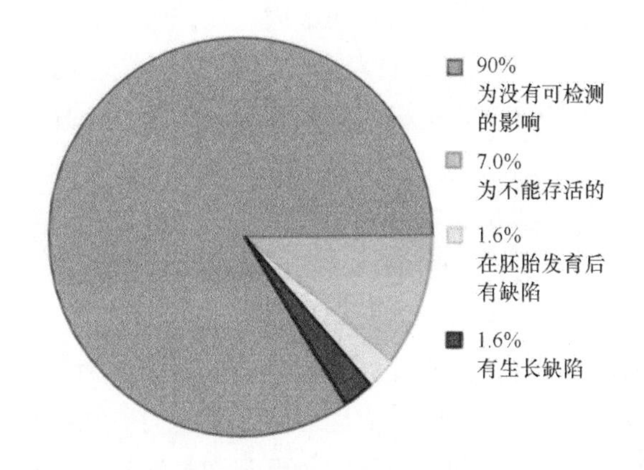

图5.15 系统分析86%的线虫基因功能缺失，显示只有10%对表型有可检测的影响

应体，那么这些基因成为必需基因的比例就更高（21%），这提示了在所有物种中高度保守的基因可能起到更为基础的作用。每一个单倍体基因组中只有单拷贝基因，因此比存在相关或一样基因的多拷贝基因拥有更多的必需基因，这表明许多多拷贝基因可能是近期的重复体，它们能够相互替换功能。

用果蝇进一步分析多细胞真核生物的必需基因数，以期把染色体结构的可视特征与遗传功能单元的数目联系起来。这个想法来源于黑腹果蝇的多线染色体上存在的条带（在黑腹果蝇发育的某一阶段存在这种多线染色体，并在染色体上有不寻常的扩展的物理形式，学术上称之为染色粒，详见第 7 章“染色体”）。早期有人提出这些条带可能代表了成线性排列的基因，现在我们想把染色体上的基因组织结构与带的组织结构联系起来。在黑腹果蝇单倍体上，约有 5000 种带，但是带大小的变化较大，甚至达到一个数量级，平均每一条带覆盖约 20 kb DNA。

研究的基本方法是在染色体的某个区域制造大量突变。在没有仔细分析致死原因的情况下，我们可以简单地认为这些突变是致死的。任何一个致死突变意味着可以鉴定到生物体必需的一个基因座。有时候，突变导致一些看得见的损伤效应，但还达不到致死效果，在这种情况下，也可将它鉴定为致死基因座。当将突变放置于互补群中时，我们可以比较突变数与这个区域的带数，或者将互补群基因数与带数一一对应起来。这些实验的目的是用来确定带和基因之间是否有比较固定的关系，例如，是否一个带包含一个基因呢？

把从 20 世纪 70 年代以来所进行过的数据分析综合起来，我们可以估算出致死互补群组的数目约是带数的 70%，那么这种关系是否具有某种功能上的意义呢？倘若不论它的起因，这种对应关系使我们得出了致死基因的大概数目为 3600 个。无论用何种方法计算，果蝇的致死基因座的数目还是远远小于其基因总数。

如果人类必需基因所占的比例与其他的真核生物相似，我们预测约有 4000 ～ 8000 个基因突变可能是致死的，或者至少导致明显有害的情况。到 2015 年，我们已经鉴定出了近 8000 个人类基因中的突变可导致明显的缺陷，实际上这可能远超我们曾经预测总数的上限，特别是当我们考虑到许多致死基因也许在早期就发挥作用，以致我们根本没无法看到它们的影响。这种类型的偏差也可以用来解释**表 5.3** 中的结果，它表明大部分已知遗传缺陷是由点突变造成的（那里很有可能存在基因的一些残留功能）。

我们如何解释那些缺失后没有效应的基因会持续存在呢？一种最可能的解释是有机体可利用不同方法完成同一项功能，其最简单的可能性是基因组存在大量**冗余（redundancy）**，即这些基因存在多份拷贝。在某些情况下，这种现象显然是存在的，所以有时为了产生基因突变的效应，我们必须敲除多个（相关的）基因。很明显，这是因为基因组存在多个基因，它们能够编码功能相同的蛋白质，只有把它们全部删掉才能产生可见的致死效应。在一些稍微复杂的情景下，有机体可能存在分开的两条生化途径，而它们都能提供一些活性。任何一条途径的失活本身都不会是损害性的，但是如果两条途径的基因同时发生突变就会产生损害性效应。

像这样的一些情况可用组合突变来进行测试。在这种方法中，两个突变基因中的每一个分别被导入同一种品系时，都不会是致死的。如果导入双重突变型，它会死亡，这种品系被称为**合成致死（synthetic lethal）**。这项技术用于酵母获得了巨大的成功，因为在酵母中，双重突变型的分离可以自动进行。这个过程称为**综合遗传阵列分析（synthetic genetic array analysis，SGA）**。**图 5.16** 总结了一个 SGA 筛选实验的分析结果，将 132 个可存活缺失的每一个与 4700 个可存活缺失的每一个进行组合，以检测这些组合突变能否生存。每一个被检测的基因存在至少一个与配偶体的组合是致死的；大部分

表 5.3　许多已知的遗传缺失是由于点突变造成的，其中大部分直接影响了蛋白质序列。其他的是由于插入、删除碱基，或者各种大小的 DNA 片段的重排

缺陷类型	造成遗传缺陷的比例
错义 / 无义	58%
剪接	10%
调节性的	<1%
小的删除	16%
小的插入	6%
大的删除	5%
大的重排	2%

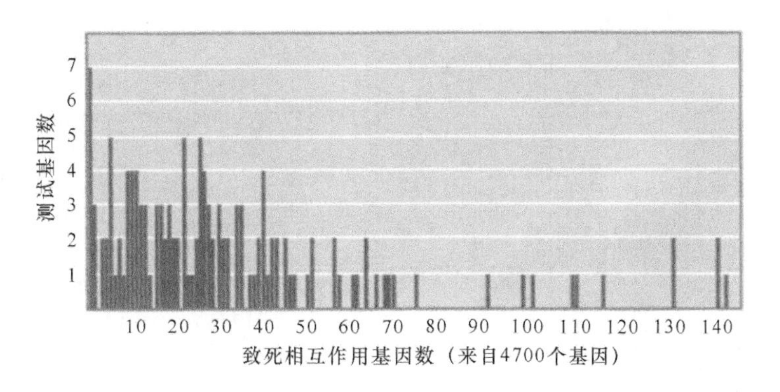

图 5.16 当将 132 个突变体测试基因与 4700 个非致死突变的每一个进行组合实验时，这 132 个突变体都存在一些致死组合。此图显示每个测试基因有多少个致死的相互作用基因

被检测的基因存在平均 25 个配偶体的组合是致死的；其中一个被检测基因所拥有的致死组合配偶体是最多的，达到 146 个。小部分（约 10%）的相互作用突变体对编码的多肽在物理上是相互作用。

这个结果在某种程度上解释了很多突变的明显效应缺失。当它们被发现存在于致死的配对组合突变中时，自然选择会对这些突变采取行动。在某种程度上，有机体受到内置冗余的保护，免受突变的破坏性影响。然而，积累突变的“遗传负荷”这种形式是要付出代价的，尽管突变对其本身没有伤害，但是当它与其他相关类型的突变组合在一起时，会对后代产生严重后果。据估计，在这种情况下，单个基因的丢失会给在进化过程中维持功能的基因带来足够的不利条件。

5.9 真核生物细胞中约有 10 000 个基因在不同层次广泛表达

关键概念

- 在任何给定的细胞中，大部分基因是低水平表达的。
- 只有一小部分基因的产物是细胞类型所特有的，所以是高水平表达的。
- 比较不同细胞类型时，低表达 mRNA 存在广泛的重叠。
- 高丰度表达的 mRNA 通常是细胞类型特异性的。
- 在高等真核生物的大多数细胞类型中，约有 10 000 个基因都是普遍表达的。

mRNA 群体代表了基因组的表达部分，而通过计算与分离自特定细胞的 mRNA 杂交的 DNA 的量，就能确定在特定时间表达于该细胞的、含有蛋白质编码基因的 DNA 的比例。这种饱和分析法在不同时间，通过对多种细胞类型的分析，能鉴定到约 1% 的 DNA 可以为 mRNA 提供模板。通过这种方法，只要知道 mRNA 的平均长度，我们就可以计算出基因的数量。就单细胞真核生物而言（如酵母），可表达的蛋白质编码基因的总数约为 4000 个；对于多细胞真核生物的体细胞组织，这个数目通常是 10 000 ～ 15 000 个（对于这个数值的唯一例外就是哺乳动物的脑细胞，它有更多的基因是表达的，虽然确切数量还不确定）。

RNA 群体的复性动力学分析可用来确定序列的复杂性，这种类型的分析通常可以鉴定出真核生物细胞的三种成分。与 DNA 的复性曲线类似，单一成分 RNA 杂交可跨越 RNA 浓度与时间（RNA concentration × time，Rot）曲线的两个数量级，而跨越更大范围的反应则需要通过计算机把曲线与单个成分对应起来，这也真正地代表了序列的连续谱。

如图 5.17 所示，足量 mRNA 与 cDNA 反应会产生三种成分。

- 第一种成分的反应特征类似于卵清蛋白（ovalbumin）mRNA 与它的 DNA 拷贝所发生的反应。这提示了第一种成分实际上就是卵清蛋白 mRNA（这种成分约占输卵管组织

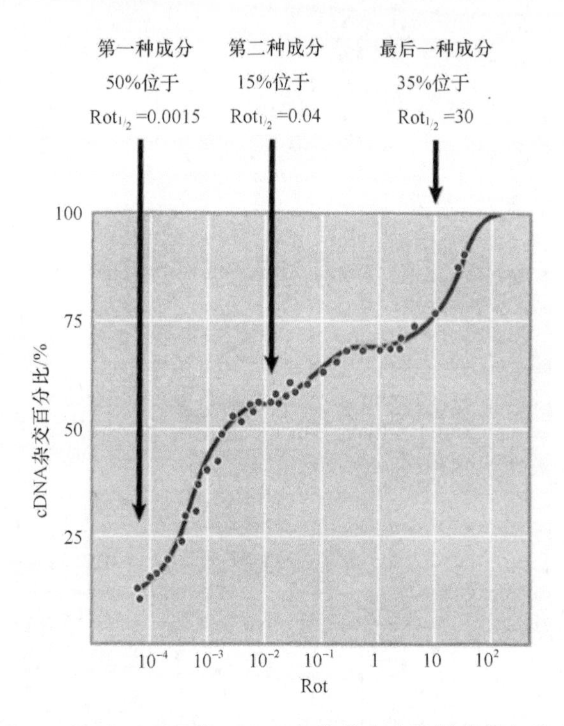

图 5.17 过量 mRNA 与 cDNA 杂交鉴定出鸡输卵管细胞中存在的几种 mRNA 成分，每一种成分可以用反应曲线 $Rot_{1/2}$ 来表示

mRNA 的一半）。

- 另一种成分约占 15%，其总的复杂度约为 15 kb，它对应于 7～8 种、平均长度约为 2000 个碱基的 mRNA。
- 最后一种成分约占 35%，其复杂度约为 26 Mb，对应于 13 000 个左右、平均长度约为 2000 个碱基的 mRNA。

从以上分析可以看出，在细胞中约一半的 mRNA 是单一成分 mRNA，约 15% 是来源于 7～8 种 mRNA，约 35% 是由 13 000 种 mRNA 提供的。因此很明显，不同成分的 mRNA 在细胞内的表达量是不同的。

在每一个细胞中，每一种 mRNA 的平均数量被称为这个分子的**丰度（abundance）**。如果它在细胞中的总量是已知的，那么它的丰度就很容易计算出来。在图 5.17 所示的例子中，第一种成分总计为 100 000 份拷贝（卵清蛋白 mRNA）；第二种成分的每一种 mRNA 约为 4000 份拷贝；而 13 000 种余下的 mRNA 的每一种只有约 5 份拷贝，它们组成了第三种成分。

根据它们的丰度，可以把 mRNA 分为两类。

- 输卵管组织是一个比较特别的例子，只有一种 mRNA 含有非常多的拷贝；大多数细胞含有少数几种拷贝数特别多的 mRNA。一般而言，这种**高丰度 mRNA（abundant mRNA）**成分由小于 100 种不同的 mRNA 组成，每个细胞中约有 1000～10 000 份拷贝，通常它占了 mRNA 总量的大部分，达到 50%。
- 占总量约一半的 mRNA 组成了大部分不同的序列，约为上万种，每一种 mRNA 成分的量都不是很多，通常少于 10 份拷贝。我们把这种 mRNA 成分称为**稀有 mRNA（scarce mRNA）**或**复杂 mRNA（complex mRNA）**，正是这种 mRNA 驱动了饱和反应。

许多多细胞真核生物的体细胞组织的表达基因约为 10 000～20 000 个，那么有多少基因在不同组织中是重叠表达的呢？例如，鸡肝的表达基因约为 11 000～17 000 个，而输卵管组织约为 13 000～15 000 个。那在这两种组织中有多少基因是重叠的呢？又有多少基因是每一种组织所特异性表达的呢？这些问题通常是通过分析转录物组，即以 RNA 形式存在的全体序列来进行分析的。

立刻可以看到，不同组织高度表达的基因是不同的。例如，卵清蛋白只在输卵管组织中表达，不会在肝组织中表达，这就意味着在输卵管组织中约 50% 的 mRNA 是这种组织所特有的。

但是高丰度 mRNA 只代表少数几种表达基因。为了知道某种生物的基因总数和不同细胞类型中转录物组的不同，我们有必要知道不同细胞类型中的稀有 mRNA 的表达重叠情况。

不同组织的比较显示，肝组织和输卵管组织中，约 75% 的表达序列是相同的，换句话说，约 12 000 个基因在肝和输卵管组织中都表达，约 5000 个基因只在肝组织中表达，约 3000 个基因只在输卵管组织中表达。

稀有 mRNA 的表达是广泛重叠的，在小鼠肝和肾组织中，90% 的稀有 mRNA 是相同的，只有 1000～2000 个表达基因在这两种组织中是不同的。通过比较几个类似实验，我们得出一个总的结论：约 10% 的 mRNA 序列在这个细胞中是独特的，大部分表达序列在许多、有时甚至所有细胞类型中都是相同的。

这就意味着这些共同表达的基因（在哺乳动

物中约为 10 000 个）是所有细胞类型发挥功能所必需的。有时，这种功能基因被称为**持家基因**（**housekeeping gene**）或**组成型基因**（**constitutive gene**），它与特定细胞类型必需并只在其中表达的基因（如卵清蛋白或珠蛋白）是不同的，这些特异性表达的基因有时称为**奢侈基因**（**luxury gene**）。

5.10 表达基因数可整体测出

关键概念

- 芯片技术可以对酵母细胞的全基因组的表达进行扫描。
- 在正常生长条件下，约 75%（约 4500 个基因）的酵母基因组是表达的。
- 芯片技术可以用来精确比较相关的动物细胞，以确定（例如）正常细胞与癌细胞基因表达的差别。

最近发展起来的技术可以对表达蛋白质编码基因的数目进行系统而准确的分析。其中一个方法是基因表达的系列分析（serial analysis of gene expression，SAGE），它可以用一个独特的序列标签来代表每一种 mRNA，然后测量每一种标签的丰度，进而确定每一种 mRNA 的丰度。通过这种技术，在正常条件下生长的酿酒酵母中，我们鉴定到了 4665 个表达基因。这些基因的表达丰度在每个细胞有 0.3 至小于 200 个转录物之间变化。这就意味着在这种条件下，全基因组约 75% 的基因（约 6000 个）是表达的。**图 5.18** 所示的例子中总结了在不同丰度水平上的不同 mRNA 数目。

一种强有力的新技术是运用含有**微陈列**（**microarray**）的芯片，这些陈列包含一排排的、高密度的微量 DNA 寡核苷酸样品。这种装置是建立在全基因组序列已知的基础之上。在酵母的 6181 个 ORF 中，当我们对每一条进行分析时，我们将 20 条 25- 寡核苷酸（25-mer，它与 mRNA 是完全匹配的）和 20 条不完全匹配的等长的寡核苷酸（它们只在一个碱基位置上是不同的）用来代表同一个 ORF，从完全匹配的模式中所得到的信号

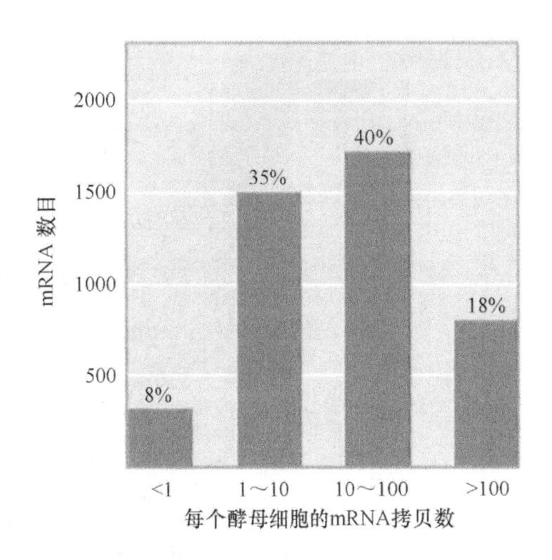

图 5.18 酵母 mRNA 的表达丰度是不一样的，从每个细胞小于 1 个（意味并非每一个细胞都含有一份 mRNA 拷贝）到每个细胞大于 100 个（编码更多的高丰度蛋白质）

减去不匹配的信号，就能计算出每个基因的表达水平。整个酵母的基因组可用 4 张芯片来代表，这种技术非常敏感，它能检测到 5460 个基因（约为 90% 的基因组）的转录物，并且显示出许多基因是低表达的，表达丰度只有 0.1 ～ 2 个转录物 / 个细胞。如果每个细胞不到 1 个转录物，这意味着在某一时刻并不是所有的细胞都有这种转录物的一份拷贝。

这种技术不仅用来测量基因表达水平，也用来测量突变型细胞与野生型细胞的表达差异，以及生长在不同条件下的细胞表达差异，等等。两种情况的比较结果是以网格（grid）的形式来表现的，每一个方格表示一个特异性基因，表达量的差异用不同颜色来表示。这些数据可转化成**热图**（**heat map**），这显示出在不同条件下，野生型与突变体中的基因表达的差异。**图 5.19** 显示出在正常人类乳腺组织与乳腺肿瘤之间的许多基因的表达差异。热图比较了母乳喂养过的妇女与从未进行过母乳喂养的妇女，就许多基因而言，母乳喂养过的妇女总体上有升高的基因表达水平。

当我们把这项技术或更新的技术（例如深度 RNA 测序，详见第 4 章“基因组概述”）应用到动物细胞，那么在任何一个给定的细胞类型中，原来的 RNA 杂交分析的一般描述就可被精确分析的基因表达及表达产物的丰度所取代。例如，黑腹果蝇的基因表达谱在生命周期的某些阶段检测到了几乎所有的（93%）预测基因的转录活性，并且显示 40% 存在可变剪接形式。

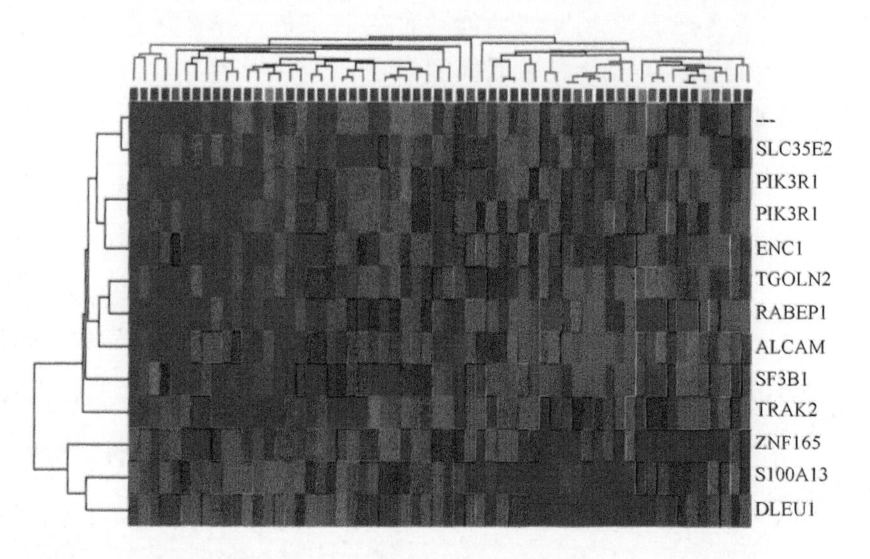

图 5.19 59 个浸润性乳腺肿瘤的热图，样品来自母乳喂养至少 6 个月（图片顶部红线）的妇女或从未进行过母乳喂养的妇女（蓝线）。图片顶部的蓝柱、绿柱、红柱、紫柱分别表示不同的肿瘤亚型。图中比较了肿瘤与正常乳腺组织中许多基因的表达（列在右边）。红色 = 高表达；蓝色 = 低表达；灰色 = 同等表达

图片由 Rachel E. Ellsworth, Clinical Breast Care Project, Windber Research Institute 友情提供

5.11 突变和分拣机制使 DNA 序列进化

关键概念

- 特殊错误发生的可能性和特殊错误被修复的可能性影响突变率。
- 在小群体中，突变率随机改变，且新突变很可能被消灭。
- 中性突变率很大程度上依赖于遗传漂变，其强度依赖于群体的大小。
- 负和正选择决定影响表型的突变率。

生物进化基于两种过程——遗传变异（variation）的产生和后代中的变异分拣（sorting）。重组导致染色体中的变异（详见第 13 章“同源重组与位点专一重组”）；由雄性和雌性繁殖而来的生物体变异来自减数分裂和受精过程的组合影响；DNA 序列中的变异则来自突变。

当复制错误，或化学品对核苷酸的改变损害了 DNA，或当电磁辐射打断或形成化学键时，而在下一次复制事件中这些损伤没有修复，那么突变就会发生（详见第 14 章“修复系统”）。不管由何种原因引起，初始损伤可被认为是一种“错误”。原则上，一种碱基可突变成其他三种标准碱基的任何一种，尽管这三种可能突变的发生是不均等的，这是由于损伤机制内在的偏爱性（见 5.23 节“在突变、基因转变和密码子使用上可存在偏爱性”）和损伤修复可能性的不同所致。

例如，假设一种碱基可突变成其他三种碱基的任何一种的机会是均等的，那么颠换突变（transversion mutation）（从嘧啶到嘌呤，反之亦然）将是转换突变（transition mutation）（从一种嘧啶到另一种嘧啶，从一种嘌呤到另一种嘌呤）频率的 2 倍（详见第 1 章“基因是 DNA、编码 RNA 和多肽”）。然而，通常所观察到的结果恰恰相反，转换发生的频率是颠换的 2 倍。这可能是由于：①自发转换错误比自发颠换发生得更加频繁；②颠换错误更加容易被检测到，并被 DNA 修复机制校对；③以上两点都是正确的。我们假设颠换错误存在，这会引起 DNA 双链体的扭曲，不管是将嘌呤还是嘧啶配对在一起，这样，碱基配对法则会被用于保真校对机制（详见第 11 章“DNA 复制”和第 14 章“修复系统”），而 DNA 聚合酶犯这样的颠换错误的可能性是比较低的。扭曲也使得颠换错误更加容易被复制后修复机制发现。如图 5.20 所示，突变的基本模型是：转换概率是相等的（α），颠换概率也是相等的（β），且 $\alpha > \beta$。而更加复杂的模型可以根据这些物种中突变率的实际数据，对单一替换突变计算出不同的概

	A	T	C	G
A	–	β	β	α
T	β	–	α	β
C	β	α	–	β
G	α	β	β	–

图 5.20 突变变化的简单模型，其中 α 是转换的概率，而 β 是颠换的概率

转载自 MEGA (Molecular Evolutionary Genetics Analysis) by S. Kumar, K. Tamura, and J. Dudley；使用获 Masatoshi Nei, Pennsylvania State University 许可

率，并被修正到一个个生物门类中。

如果突变发生在蛋白质编码基因的编码区，那么对基因多肽产物的影响就可用于鉴定这种突变。不改变多肽产物的氨基酸序列的替换突变称为**同义突变（synonymous mutation）**，这是一种特殊类型的**沉默突变（silent mutation）**（它包含发生于非编码区的这些突变）；而编码区的**非同义突变（nonsynonymous mutation）**确实改变了多肽产物的氨基酸序列，产生了错义突变（missense mutation）（产生编码不同氨基酸的密码子）或无义突变（nonsense mutation）（产生终止密码子）。突变对生物体表型的效应将对子孙后代中这一突变的命运产生影响。

基因中编码多肽序列外的区域突变和非编码序列的突变当然也受到自然选择的作用。在非编码区，突变可通过直接改变调节序列或改变 DNA 的二级结构，从而改变基因的调节模式，这会在某种方式上影响基因表达的某些方面（如转录速率、RNA 加工、影响翻译速率的 mRNA 结构）。然而，在非编码区的许多改变可能是选择性的**中性突变（neutral mutation）**，它对有机体表型没有影响。

如果突变是选择中性或接近中性的，那么它的命运仅就概率而言是可预测的。群体中突变变异体频率的随机变化称为**遗传漂变（genetic drift）**，这是某一种基因型的“抽样误差（sampling error）”，也就是说，可能一群特殊类型亲本的子代基因型不完全匹配孟德尔遗传定律所预测的数值。在非常大的群体中，遗传漂变的随机效应往往被平均化了，所以每一种变异体的频率几乎不存在改变；然而在小群体中，这些随机变化将会非常显著，遗传漂变对群体的遗传变异会产生显著的效应。**图 5.21** 显示

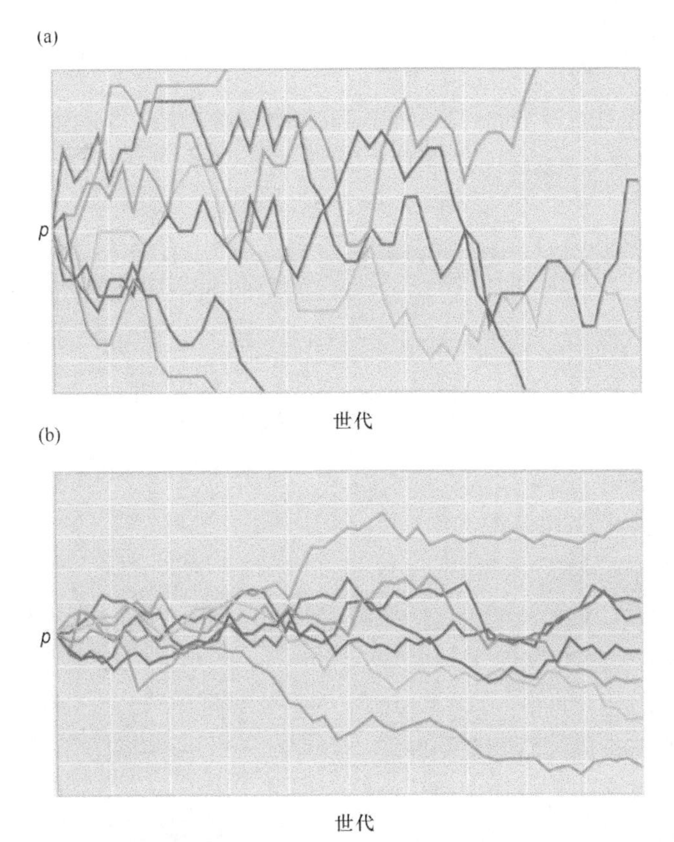

图 5.21 由随机遗传漂变产生的等位基因的保留或丢失在拥有 10 个个体的群体（**a**）比在拥有 100 个个体的群体（**b**）要发生得更快。p 是群体中某一基因的一个等位基因的频率

数据由 Kent E. Holsinger, University of Connecticut (http://darwin.eeb.uconn.edu) 友情提供

了一幅模拟图，对两组、每组为7个群体的等位基因频率的随机变化作了比较，其中一组的每个群体的个体数为10，而另一组中每个群体的个体数为100。每个群体以两个等位基因开始，每个基因的频率为0.5，在50代以后，大部分小群体失去了一个或另一个等位基因，而大群体依旧保留了两个等位基因（尽管它们的等位基因频率随机地偏离了原来的0.5）。

遗传漂变是一个随机过程，这样，某一特定变异体的最终命运不是能严格预测的，但是可根据变异体的当前频率推算出其概率。换句话说，一个新突变（在一个群体中出现频率低）很可能在群体中被随机丢失。如果它有可能变得更加频繁，那么，它就有更大的可能性被保留于群体中。从长远来说，一个变异体要么被丢弃，要么在群体中被保留下来以代替所有其他的变异体，但是在短期内，对于一个给定的基因座，可能存在随机的波动变化，特别是在那些小群体中，因为它们的**固定（fixation）**或丢失发生得更快。

另一方面，如果一个新突变不是选择中性的，而它又确实影响表型，那么自然选择将对群体突变率的升高或降低发挥作用。它的频率改变的速率部分依赖于突变的优势或劣势能对携带它的有机体产生多大的作用；也依赖于突变是显性的还是隐性的，一般来说，因为当显性突变第一次出现时，它就会“暴露于”自然选择中，它们就会更快地受到自然选择的影响。

突变的影响是随机的，这样，非中性突变通常的结局是表型受到负面影响，所以自然选择作用主要是消除新突变（尽管在可能的隐性突变事件中，这可能会延后），这称为**负选择（negative selection）**或**纯化选择（purifying selection）**（详见第3章“断裂基因”）。负选择的总体结局是当新变异体被逐渐去除时，群体内几乎没有变异。更罕见的是，如果变异体给予有利表型，那么它可能倾向于**正选择（positive selection）**（详见第3章“断裂基因”）。这种选择也会减少种群内的变异，因为新的变异最终会取代原来的序列，但是可能在两个群体之间导致更大的变异，当然我们要假定它们彼此隔离，因为在不同群体中会发生不同突变。

在群体或物种中所观察到的遗传变异（或缺乏这样的变异）有多少是由于自然选择作用，又有多少是由于遗传漂变所致，这在群体遗传学中将是一个长期存在的问题。在下一节，我们将了解一些方法，就是通过从中性突变的进化期望中检验显著性差异来探查DNA序列的自然选择作用。

5.12 通过测量序列变异可探查自然选择

关键概念

- 在基因的进化历史中，非同义替换与同义替换的比值是一种正或负选择的测量方法。
- 基因的低杂合性可能提示近期的自然选择事件。
- 在相关物种之间对替换速率的比较能提示基因的自然选择是否已经发生。
- 人类中大多数的功能性遗传变异影响基因调节而非蛋白质变异。

多年以来，已经使用了许多方法来分析对DNA序列的自然选择。随着20世纪70年代DNA测序技术的发展（详见第2章“分子生物学与基因工程中的方法学”），随着20世纪90年代测序技术的自动化，以及过去10年高通量测序技术的发展，大量的部分或全基因组序列变得触手可及。结合PCR技术扩增特定的基因组区域，DNA测序分析在许多应用中成了非常有价值的工具，包括遗传变异体的自然选择研究。

在各种各样可利用的公共数据库中，存在来自各种不同物种的海量DNA序列。从许多物种，以及同一物种的单一个体中获得了同源基因序列，当将它与物种内的变化比较时，就能鉴定出跨物种的遗传变化。这种比较使我们观察到，同一物种（如黑腹果蝇）的个体之间拥有很高的DNA序列多态性，这很像是由于群体内的中性突变和随机的遗传漂变造成的（其他物种如人类，具有中等水平的多态性，但是遗传漂变和自然选择在保持这种低水平时所起的相对作用还不是很清楚。这是一种用于探查序列自然选择作用的技术）。通过进行种内和种间DNA序列特异性的分析，就可确定由物种差异所导致的趋异水平。

一些中性突变是同义突变，但不是所有的同义突变都是中性的。初看这似乎不太可能。在细胞中，具体运送特定氨基酸的单一 tRNA 的浓度是不同的，一些同义 tRNA（不同 tRNA 携带一样的氨基酸）比其他的丰富，一些特殊密码子可能缺少足够的 tRNA，而用于同一氨基酸的另一个密码子可能拥有足够的数目。如果一个密码子在生物体内需要一个罕见的 tRNA，可能会发生核糖体移码或其他翻译改变（详见第 23 章“遗传密码的使用”）。也可能需要特殊密码子去维持 mRNA 的结构；或者，可能存在某一具有普通特性的氨基酸的非同义突变，它对这种蛋白质的折叠或活性几乎没有影响。不管在哪个例子中，中性序列改变对有机体不产生影响。然而，非同义突变可能产生具有不同特性氨基酸的改变，如在嵌入磷脂双层的蛋白质中，从极性到非极性氨基酸，或从疏水到亲水氨基酸的改变。这些改变可能具有功能效应，对多肽的功能有损害，进而对有机体也一样。根据多肽中氨基酸的位置，这样的改变可能导致蛋白质折叠或活性的轻微破坏。只有在极少数例子中，氨基酸的改变是向有利方向发展的，在这种例子中，突变可能倾向于正选择，最终将这种变异体保留在群体中。

决定自然选择的常用方法就是使用基于密码子的序列信息去研究基因的进化历史。在种间同源基因中，通过计数同义（K_s）和非同义（K_a）氨基酸替换（详见第 3 章“断裂基因”），以及计算 K_a/K_s 的比值就可获得结果。这个比值就表明了对该基因的自然选择约束。$K_a/K_s=1$ 说明这些基因呈中性进化，其氨基酸变化不偏向任何一方，在这种例子中所发生的变化通常不会影响多肽的活性，并且这可作为合适的对照；$K_a/K_s<1$ 是最普遍的一种，提示负选择，此时氨基酸替换是不利的，因为它影响了多肽活性，这样就存在自然选择压力，要在那个位置保留原来功能的氨基酸序列以维持适当的蛋白质功能。

当 $K_a/K_s>1$ 时就会发生正选择。这提示氨基酸改变是有利的，可能在群体中保留下来。这种情况的一些例子就是一些病原体的抗原蛋白质，如病毒被膜蛋白，它处于很强的自然选择压力下以逃避宿主的免疫应答，而一些用于生殖的蛋白质则处于性别选择的压力下。例如，哺乳动物 *MHC* 基因能展示“自我”和“非自我”抗原，在免疫球蛋白自我识别中发挥重要作用，它的肽结合区的 K_a/K_s 值为 2～10，这提示它对新变异体的强烈自然选择。这是预料之中的，因为这些蛋白质代表了单一生物体的细胞独特性。

发现正的 K_a/K_s 值可能是很少的，部分原因是在一长串的序列中，其平均值必须超过 1。如果某一基因中的单一替换正在被正选择，而两侧区域处于负选择，那么，横跨序列的平均比值实际上是负的。相反地，组蛋白基因的 K_a/K_s 值非常典型，它远远小于 1，表明对这个基因的强烈负选择。组蛋白是 DNA 结合蛋白，组成了染色质的基本结构（详见第 8 章“染色质”），而它们结构的改变可能导致染色体完整性和基因表达的损害效应。

当 K_a/K_s 值在一长串的序列中被平均化以后，对单一替换变异体的强烈自然选择的检测会变得困难，除此之外，突变热点也可能影响这种测量方法。已经有报道认为一些编码高比例极性氨基酸的蛋白质编码基因中，存在不寻常的高变区，这样的偏爱可能影响 K_a/K_s 值的解释，因为高的点突变速率可能会被错误地解释成高的替换速率。尽管基于密码子的方法检测自然选择是很有用的，我们也要考虑到它们的局限性。

通过比较两个等位基因，或同一物种的两个个体之间的核苷酸序列，种内 DNA 序列分析就可用于检测正选择。核苷酸序列以一定速率中性进化，在特定核苷酸中以这种速率进行的变异会影响杂合性（heterozygosity）（在某一基因座的杂合子的比例）。如果变异体序列是有利的，那么这个位点将显示核苷酸杂合性的降低，而变异体在频率上会增加，并最终固定于群体中，这种现象称为**遗传搭车（genetic hitchhiking）**。这些区域的特征就是具有低水平的 DNA 序列多态性（非常重要，请记住：降低的独特性还有其他因素，如负选择或遗传漂变）。

实际上，我们一般都同时进行种间和种内 DNA 序列的比较以评估中性进化的偏差，这样的比较结果更加可信。如果包含来自至少一种非常相关物种的序列信息，我们就能将物种特异性的 DNA 多态性与祖先多态性区别开来，同时，我们还能获得有关多态性之间和物种之间多态性差异联系的准确信息。通过这种组合分析，物种之间非同义变化的程度也能被鉴定，如果进化主要是中性的，那么物种内非同义与同义变化的比值就应该与物种之间的比值如预测中的一样。而非同义变化的增加可能就是对于这些氨基酸的正选择的证据，低比值可能提示负选择正在使序列变得保守。

一个例子就是对来自12株黑腹果蝇中*adh*基因相互之间的比较，以及与来自拟果蝇（*Drosophila simulans*）和*Drosophila yakuba*的*adh*基因的比较，如**表5.4**所示。对这些数据的简单卡方检验（chi-square test）的结果显示，在物种之间的固定非同义变化比黑腹果蝇中多态的相似变化要显著得多。在多物种之间的非同义差异的高比例提示了这些物种中的*adh*变异体的正选择，就如一个物种中的这种差异的低比例给予了我们如下的信息，一个物种内的非中性变异不会持续很长时间。

利用相对速率检验也能鉴定自然选择方向，这种分析至少需要包含三个相关物种、两个非常相近物种和一个远亲代表。我们在两个近亲之间比较替换速率，每一个再与远亲物种进行比较，去检查替换速率是否相似。只要物种之间的进化树关系是明确的，就消除了分析对时间的依赖性。当与近亲和远亲物种之间的速率进行比较时，如果近亲之间的替换速率是不同的，这可能就是对序列自然选择的提示。例如，一种广谱抗生素——溶菌酶的功能是消化细菌细胞壁，它已经进化成能在反刍哺乳动物的低pH环境中具有活性，在那里，它能发挥作用来消化肠道中的死亡细菌，这正如**图5.22**所显示的，在奶牛/鹿种系（反刍的）中的溶菌酶中的氨基酸替换（非同义）数目比非反刍的猪远亲的替换数目要高。

这个方法必须要考虑到一些基因会在一些物种中比在其他物种中更快堆积核苷酸或氨基酸替换[这就是所谓的快分子钟（fast-clock）；见5.13节“序列趋异的恒定速率就是分子钟”]，这可能是由于代谢速率、发生时间、DNA复制时间或DNA修复效

表5.4 黑腹果蝇（多态的），以及黑腹果蝇、拟果蝇和*D. yakuba*（固定的）之间*adh*基因座的非同义和同义变异

	非同义	同义
固定的	7	17
多态的	2	42

改编自J. H. McDonald and M. Kreitman, *Nature* 351(1991): 652-654

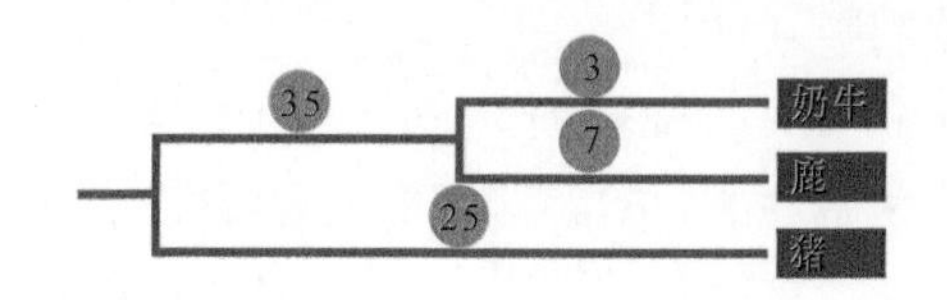

图5.22 与猪种系比较，奶牛/鹿种系中的溶菌酶序列的非同义替换数目要高，这是蛋白质适应反刍动物胃的消化的结果

改编自N. H. Barton, et al. 2007. *Evolution*. Cold Spring Harbor, NY: Cold Spring Harbor Laboratory Press；原始数据取自J. H. Gillespie. 1994. *The Causes of Molecular Evolution*. Oxford University Press

率导致的差异。为了解决这种差异，我们就要检查额外的相关物种，这是为了鉴定或消除快分子钟效应。如果我们包含更多的远亲物种，那么就能提高这种方法的可信度。但是，在生物门类之间进行精确比较是相对困难的，这是由于固有的速率差异。当这一领域的更多工作完成以后，我们就可发展出校对方法来调整替换速率的差异。

检查自然选择方向的另一种方法是估算特定遗传基因座的多态性。例如，分枝墨西哥类蜀黍基因座（teosinte branched 1，*tb1*）是一种驯养玉米中的重要基因，其序列分析已被用于在驯养玉米群体和野生型玉米群体（墨西哥类蜀黍）中鉴定核苷酸替换速率，估计其每年的替换率为2.9×10^{-8}～3.3×10^{-8}。对于一个中性进化基因，驯养玉米中核苷酸多样性的测量值（p）与墨西哥类蜀黍中p的比值约为0.75，在*tb1*区域小于0.1。对此的解释就是，在驯养玉米中的强烈自然选择已经严重降低了这个基因的变异。

当核苷酸趋异度的全基因组数据变得可以利用时，低趋异度区域可能就可用于探查自然选择。目前我们已经在人类、非人类动物、植物及其他物种中鉴定出了数百万的单核苷酸多态性（single nucleotide polymorphism，SNP）。已经被应用于人类基因组的一种方法就是寻找等位基因频率和它的**连锁不平衡（linkage disequilibrium）**之间与邻近的其他遗传标记的联系。连锁不平衡是一种关系度的测定，这种关系存在于一个基因座的等位基因与不同基因座的等位基因之间。如果一个新突变发生于一条染色体中，那么在初期，它与同一染色体上的其他多态基因座的等位基因存在高的连锁不平衡。在一个大的群体中，我们预料一个中性等位基因会慢慢固定下来，所以，重组和突变将打破基因座之间的这种关系，就如连锁不平衡的衰减所反映的那样。另一方面，处于正选择下的等位基因会快速固

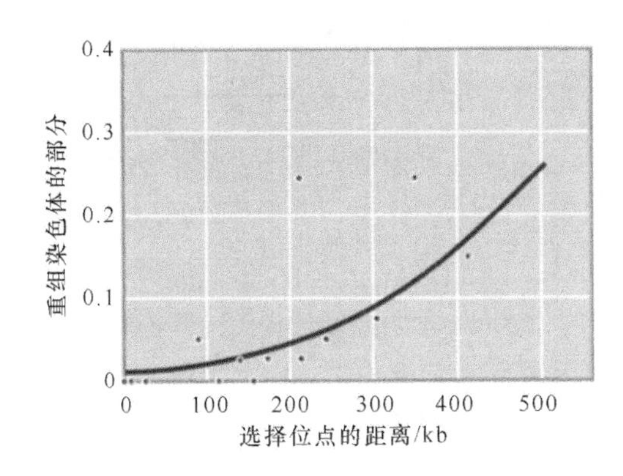

图 5.23 在一条人染色体上的 *G6PD* 等位基因与邻近此基因座的等位基因之间的重组率还比较低，这提示此等位基因由于正选择在频率快速上升。这个等位基因提供了对疟疾的抗性

改编自 E. T. Wang, et al. 2006. *Proc Natl Acad Sci USA* 103(2006): 135-140

定下来，其连锁不平衡将被继续保持。通过对全基因组的 SNP 的取样分析，我们就能建立起连锁不平衡的通用本底值，它能说明来自重组率的局部变异，并且我们能检测到非常高的连锁不平衡测定值。**图 5.23** 显示了缓慢下降的连锁不平衡（通过增高的重组染色体部分测定出的），伴随着来自 *G6PD* 基因座的一个变异体的染色体距离的增加，这个变异体可使非洲人群抵抗疟疾。这个模式提示这个等位基因已经处于强烈的近期自然选择，如同在另一个基因座的与之连锁的等位基因一样，且重组还来不及去打断这些基因座之间的联系。

多个完整的人类基因组测序已经完成，我们还有能力对许多个体的特定基因组区域进行重新测序，这使得我们能对人类的遗传变异进行大规模检测。如前所述，一段 DNA 序列缺乏遗传变异，意味着那段序列存在负选择，暗示这段序列具有功能。如果分析包含了人群中的许多个体，那么我们就能确认个体中的变异是否独特，是否为特定群体的其他个体共享，或为全人类所共有。令人惊讶的是，这样的研究显示，人类基因组中大部分的功能性变异不是编码序列的非同义变异，而是存在于非编码序列中，如内含子或基因间区域！换句话说，人类中蛋白质变异仅占了功能性差异的一小部分。我们假设，在非编码区的大多数功能性差异反映了调节区的差异（详见第 4 部分“基因调节”）。另外，大部分的这些变异存在于大多数或所有的取样人群中，而非限于某一或少部分人群中。很显然，尽管在不同个体中存在许多明显的差异，但是人类还是存在遗传一致性，且大多数差异不是由细胞所翻译的蛋白质形成的，而是由这些蛋白质是在何时何地所生产而决定的。

千人基因组计划（1000 Genome Project）开始于 2008 年，测序的初始目标是通过对至少 1000 个匿名人的深度测序，从而获得全方位的人类的遗传变异。在这个计划进行的前 2 年中，测序在相当于 2 个基因组 / 天的速度前进，它运用了低成本的下一代测序技术。这些测序数据可在公共数据库中免费获取。到 2015 年末，超过 2500 个人类基因组已经进行了测序。

5.13 序列趋异的恒定速率就是分子钟

关键概念

- 不同物种的种间同源基因的序列在非同义位点（突变导致氨基酸的替换）和同义位点（突变不影响氨基酸序列）是不同的。
- 同义替换的累积率比非同义替换约快 10 倍。
- 两个 DNA 序列之间的进化趋异度用相对应核苷酸不同位点的校对百分率来衡量。
- 基因分开后，替换以相对恒定的速率积累，所以珠蛋白序列的任何一对之间的趋异度与自从它们分享共同祖先后的时间跨度成正比。

基因序列的大多数变化是许多突变随时间慢慢累积而成的。点突变、小的插入和缺失是随机发生的，并可能以相似的概率发生在整个基因组中。除去一些突变热点位置之外，这些突变的发生频率要高得多。请回忆一下 5.11 节“突变和分拣机制使 DNA 序列进化”，大多数非同义突变是有害的，因而会被负选择所去除。而极少数有利替换会扩展到整个群体，最终代替以前的序列（固定下来）。中性变异体被认为可能在群体中丢失或固定，这是由于随机的遗传漂变所致。一个历来有争议的问题是：在蛋白质编码基因序列中，多少比例的突变变化是中性的。

如果我们假定某一基因至少在一定程度上依赖于它的与变化有关的功能机动性，那么以何种速率进行替换累积是每一个基因的特征。在一个物种内，基因由于突变而进化，接着固定于单一群体中。回忆一下，当我们考察一个物种的基因库时，我们看到的仅仅是存活下来的变异体，不管它是通过自然选择还是遗传漂变而来。当多个变异体存在时，它们可以是稳定的，或者它们是暂时的，因为它们实际上处于将被固定（或丢失）的过渡阶段。

当一个物种分化为两个新种时，每个物种又组成了一个独立的进化库。通过比较两个物种的种间同源基因，我们可以看到从它们的祖先停止种间交配后所累积的差异。一些基因是高度保守的，种与种之间看不到或只能看到细微的差异，这表明几乎任何变化都是有害的，因而被淘汰了。

两个基因之间的差异称为**趋异度（divergence）**，即核苷酸在不同位点的百分比，它对趋异突变（在两个分开种系的同一位点的相同突变）和真实回复体（true revertant）所造成的影响可能是修正过的。基因内的三个密码子位点之间的进化速率通常是不同的，因为第三个碱基位点的突变通常是同义的，第一个位点的某些碱基也是如此。

除了编码区，一个基因还包括非翻译区，此时的突变是潜在中性的，除了它们在二级结构和（通常很短的）调节信号上的效应之外。

尽管同义突变对多肽来说是中性的，但它们可以通过改变RNA序列来影响基因表达（见5.11节“突变和分拣机制使DNA序列进化”）。另一种可能性是同义密码子的变化需要不同的tRNA进行应答，这就影响了翻译效率。物种常常表现出**密码子偏爱（codon bias）**，即当一个氨基酸存在多个密码子时，我们可以发现其中一个密码子在蛋白质编码基因中出现的频率很高，而其他密码子则比较低。识别这些密码子的tRNA种类也存在着相对应的百分比。结果，从普通密码子转变成稀有同义密码子可能降低了翻译速率，这是由于可用tRNA的浓度低所致（或者，对密码子偏爱性可能还存在非适应性解释，见5.23节“在突变、基因转变和密码子使用上可存在偏爱性”）。

研究人员可测定相当长时间中蛋白质的趋异度（代表这些基因中的非同义改变），这是通过比较了有古生物学证据证明其趋异时间点的物种而得出的。这些数据提供了两个普适性的观察结论：首先，不同蛋白质以不同的速率进化，例如，纤维肽进化最快，细胞色素 *c* 进化最慢，而血红蛋白则介于两者之间。第二，就某些蛋白质（包括刚刚提及的三种）而言，在几百万年中，其进化速率基本是恒定的，换句话说，对于给定的某型蛋白质，两对序列之间的趋异度或多或少与自从它们分开后的时间成正比，这给我们提供了**分子钟（molecular clock）**，它可测量在蛋白质编码基因的进化过程中，以几乎恒定速率进行的替换累积。

对于在一个种系内趋异的种内同源蛋白也可成为分子钟。以人类的β和δ珠蛋白链为例（详见5.19节“珠蛋白基因簇由复制和趋异形成”和第六章“成簇与重复”），在其146个氨基酸残基中存在10个不同，即其趋异度为6.9%。在DNA序列的441个碱基中存在31个变化，然而这些变化在非同义位点和同义位点的分布是非常不同的。在330个非同义位点中有11个变化（3.3%），而在仅111个同义位点中就有20个变化（18%），修正后的趋异速率在非同义位点为3.7%，而在同义位点为32%，几乎相差一个数量级。

非同义位点和同义位点趋异度的差异是很大的，这表明了那些可以影响蛋白质组成的核苷酸位置比那些不会影响蛋白质组成的核苷酸位置具有更大的限制性，所以几乎没有氨基酸的改变会是中性的。

假定我们把同义位点的替换率作为突变固定的频率（假定在同义位点不存在自然选择），这样，自从β和δ珠蛋白基因趋异开始之后的阶段，在330个非同义位点应该发生了32%的变化，即105个位点产生了变化。但除了其中的11个以外全消亡了，这就意味着约90%的突变没有保存下来。

趋异度可以每百万年的百分比差异来衡量，或者相对应地，用**单位进化时期（unit evolutionary period，UEP）**来表示，即产生1%的趋异度所用的时间，以百万年作为一个单位。一旦以物种间的成对比较建立了分子钟（请记住在建立物种形成的真正年代上会遇到实际困难），它可应用于种内同源基因。从它们的趋异度我们可以计算自从它们的重复发生后，究竟过了多长时间。

通过比较不同物种的种间同源基因的序列，非同义位点和同义位点的趋异度就可以被确定，如**图5.24**所示。

约0.85亿年前，哺乳动物分散扩展后，通过成对比较，我们发现α和β珠蛋白基因在非同义位点有平均10%的趋异度，这相当于每百万年0.12%的

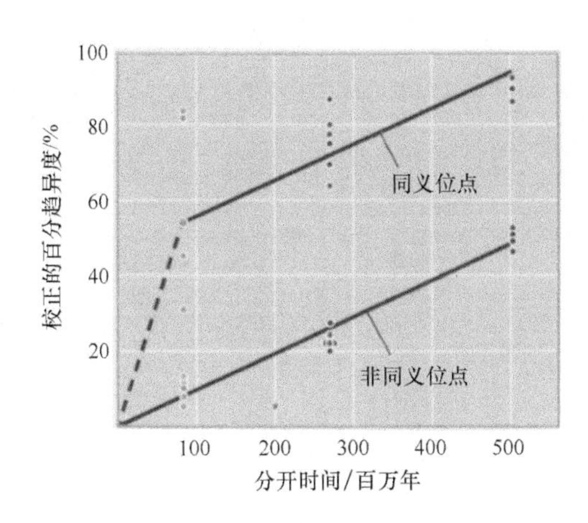

图 5.24 DNA序列趋异度取决于进化分开的时期。在图上的每个点代表了一对比较

非同义趋异度。

即使将比较扩展到很久以前趋异的基因，这个比率还是接近于稳定的。例如，哺乳动物和鸟类的种间同源基因——珠蛋白基因平均非同义趋异度为23%，它相当于共同祖先于约2.7亿年前分开，即每百万年0.09%的趋异速率。

再往回走，我们可以比较种内α和β珠蛋白基因，它们的第一次倍增发生于5亿年前，单个基因开始分开之后，它们一直在趋异（**图 5.25**）。它们

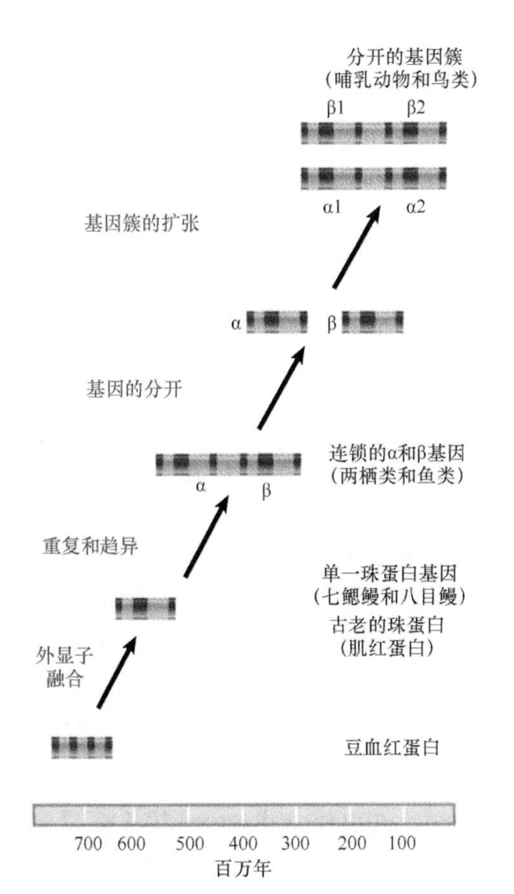

图 5.25 通过单一祖先基因的一系列重复、转座和突变，所有β珠蛋白基因由此进化而来

的平均非同义趋异度约为50%，这相当于每百万年0.1%的非同义趋异度。

如图5.24所示，将这些数据汇总后发现，珠蛋白基因非同义趋异度为每百万年约0.096%的平均速率（或者10.4 UEP）。尽管我们已经考虑到在估计物种趋异时间上可能存在不确定性，但是结果对恒定分子钟的存在还是提供了有力的支持。

在同义位点的趋异度上的数据是不明确的。在很多例子中，很明显，同义位点的趋异度远大于非同义位点的趋异度，即介于2倍和10倍之间。但是在配对比较中，同义位点的趋异度的范围太大，以至于不能建立分子钟，所以我们必须根据非同义位点来进行暂时的比较。

从图5.24中我们可以很明显地看出，同义位点的趋异度在一个长时间里是不恒定的。如果我们假定在零年趋异时间的趋异度为零，那么在基因分开后第一个1亿年左右同义位点的趋异度非常大。一种解释是约一半的同义位点(在1亿年内)突变饱和，这部分表现就如中性位点一样；而其他部分累积突变更慢一些，它们近似于非同义位点的速率，这部分对于多肽来说是同义位点，但是它们可能由于一些其他原因而处于自然选择压力之下。

现在我们可以反过来用趋异度估算自从种内同源基因重复后所经历的时间。人类β和δ基因在非同义位点的差异是3.7%。在UEP为10.4的情况下，这些基因是在10.4×3.7 = 0.4亿年前趋异的，即主要灵长类系分开的时间点，是产生新世界猴、旧世界猴和类人猿（包括人类）的时间。而所有这些灵长类都具有β和δ基因，这提示基因的趋异出现在这个进化点稍前或与这个进化点一同出现。

再向前追溯，γ和ε基因在非同义位点的趋异度为10%，它相应的重复时间为约1亿年前。因此，胚胎和胎儿珠蛋白基因之间的分开可能出现在哺乳动物分化之时或之前。

人类珠蛋白的进化树见**图 5.26**，一些种内同源基因应该存在于所有的哺乳动物中，因为这组基因进化发生在哺乳动物分化之前，如β/δ基因与γ基因的分开；另一些种内同源基因应该存在于哺乳动物的单一品系中，因为这组基因进化发生在哺乳动物分化之后，如β基因与δ基因的分开。

在每个物种内，基因簇结构在近期内都相对发生了变化，因为我们看到不同物种存在基因数（人

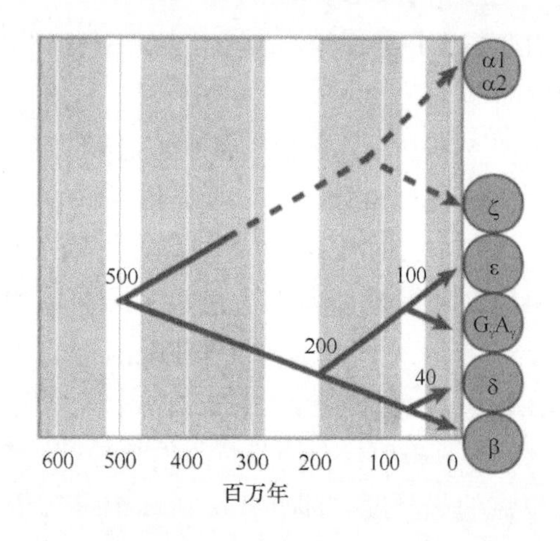

图 5.26　在成对的 β 珠蛋白基因之间，非同义位点的趋异可以重建人类基因簇的历史。这个树说明了不同类型珠蛋白基因在何时分开

GCCAGCGTAGCTTCCATTACCCGTACGTTCATATTCGG	7/38 = 0.18
GCTGGCGTAGCCTACGTTAGCGGTACGTGCATATTGGG	6/38 = 0.16
GGTAGCCTACCTTAGGCTACCGGTTCGTGCTTGTTCGG	6/38 = 0.16
GGTAGCCTAGCTTAGGTTATTGGTAGGTGCATGTCCGG	6/38 = 0.16
GCTACCCTAGGTTACGTTATCGGTACGTGTCCGTTCGG	6/38 = 0.16
GCCACCCCAGCTCACGTTACCGGCACGTGCATGATCGC	7/38 = 0.18
CCTAGCCTCGCTTTCGTTAGCGGTACCTGCATCTTCCG	7/38 = 0.18
GCTTGCCTAGTTTACGTTACTGGTACGCGCATGTTGGG	5/38 = 0.13
GCCAGGCTAGCTTACGCCACCGGTACGTGGATGTCCGG	6/38 = 0.16

计算共有序列

GCTAGCCTAGCTTACGTTACCGGTACGTGCATGTTCGG

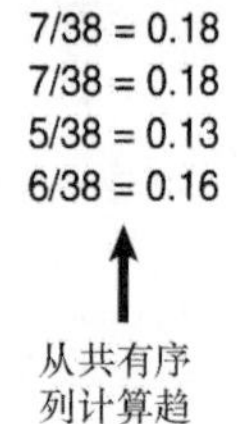

图 5.27　通过在每一个位点上获取最常见碱基，就可计算一个家族的祖先共有序列。每个现存成员的趋异度用它与祖先序列的差异碱基比例来计算

类为一个成体 β 珠蛋白基因，而小鼠为两个）或类型的不同（如是否有胚胎基因和胎儿基因的分开）。

当我们收集到一个特定基因足够的序列数据时，争论就会少些，并且不同物种间种间同源基因之间的比较也可以被用作对分类关系的评估。如果分子钟已被建立，那么，在先前分析的物种和新近被引入分析的物种之间的共同祖先的时间点就能被估计出来。

5.14　重复序列的趋异度可以度量中性替换率

关键概念

- 小鼠基因组的中性位点的年替换率大于人类基因组，这可能是由于高突变率所致。

通过分析非多肽编码序列，我们可以很好地对中性位点进行替换率的估算 [我们在这里用“中性（neutral）”而不是“同义（synonymous）”这个词，因为其没有编码潜能]。通过对人类和小鼠基因组共有重复序列家族成员的比较，我们可以得到很有说服力的比较数据。

图 5.27 总结了分析的原则。我们从一个序列相近的家族开始，它们由该家族中某个原始序列经过重复或替换进化而来。家族的祖先序列可由这些序列每一位点上出现概率最大的碱基推断出来。这样我们就可以计算出家族中每一成员与祖先序列的趋异度，即它与推断出的祖先序列不同的碱基占其总碱基数的比例。在这个例子中，各成员的趋异度为 0.13 ～ 0.18，平均为 0.16。

在人类与小鼠基因组中，我们用这种方法分析了一个基因家族。这一家族从一个在人类和啮齿动物进化中发生分开时即已失活的基因进化而来（LINE 家族，详见第 15 章“转座因子与反转录病毒”）。这意味着它在毫无自然选择压力的情况下，在两个物种中趋异了相同时间。人类中它的平均趋异度为 0.17 个替换 / 位点，也就是说从人类和啮齿类趋异至今的 7500 万年中，人类每个碱基位点每年发生 2.2×10^{-9} 个替换；而在小鼠基因组中，中性替换速率则是人的两倍，平均趋异度为 0.34 个替换 / 位点，或者说每年每碱基位点发生 4.5×10^{-9} 个替换。然而应该注意的是，如果我们计算每个碱基位点每一世代而不是每年发生替换的速率，则人要比小鼠的碱基替换速率快（人为 2.2×10^{-8}，小鼠为 10^{-9}）。

然而，这些数字很可能低估了小鼠中碱基替换的速率，因为两者发生趋异的时候，它们碱基替换的速率应该是相同的，二者间的差异也应该是从那时开始产生的。目前小鼠中碱基替换的速率可能是它历史平均速率的 2 ～ 3 倍。初看起来，这些速率似乎反映了突变发生（代谢速率更高的物种可能突变更高）与由遗传漂变所致的突变丢失之间的平衡，而遗传漂变很大程度上是群体大小的作用，类似于“取样误差”，因为在小样本中，等位基因频率波动范围很宽。除了消除中性等位基因更快以外，小群体还使得中性等位基因的固定或丢失更快。啮齿类有更短的世代间的时间间隔（可允许更多的机会进行每年替换）。但是，世代间时间间隔较短的物种往往拥有大的群体，这样，更高的每年替换率与中性等位基因的低固定率可彼此抵偿。所以，小鼠中的高替换率可能主要是由于高突变率形成的。

比较小鼠和人类的基因组，我们可以评估同线性（同源的）序列是否具有保守的迹象，还是以中性碱基替换累积的速率发生着趋异。基因组中表现出自然选择迹象的碱基位点占总序列的5%，这比外显子中所发现的比例（1%）大得多。这意味着在基因组里，除了编码RNA的序列外，还有更多的非常重要的非编码功能序列，而已知的调节元件可能只代表了这一比例的很小一部分。这一数字也提示大部分（即其余的）基因组序列没有任何依赖于精确序列的功能。

5.15 断裂基因是如何进化的?

关键概念

- 基因起源时是否携带内含子，或基因起源时是否为非断裂的，这是进化的一个主要问题。
- 断裂基因，不管它对应于蛋白质或对应于具有独立功能的非编码RNA，都可能起源于断裂形式（"内含子早现"假说）。
- 断裂使得碱基顺序能更好地满足来自双链体DNA的茎-环外突的潜能，它可能有利于对错误碱基的重组修复。
- 一类特殊的内含子可以移动，并能将其自身插入到基因中。

许多真核生物基因结构表明其基因组是大多数独特DNA序列的海洋，其中，被内含子"隔板"分开的外显子"岛"向外伸展出来，构成一个个基因的"群岛"。那么最初的基因形式是怎样的呢？

- **"内含子早现（intron early）"假说**提议内含子一直是基因的一个完整组成部分。基因以断裂结构的形式出现，而那些现在没有内含子的基因是在进化过程中丢失了它们的内含子而形成的。
- **"内含子迟现（intron late）"假说**提议祖先蛋白质编码序列是非断裂的DNA序列，而内含子是后来插入的。

现在我们可以提出这样一个问题对两种模式进行测试：真核生物和原核生物基因组织结构之间的区别是否能归为真核生物中内含子的获得或是原核生物中内含子的丢失呢？

"内含子早现"模式的优势在于，基因的镶嵌结构模式建议，编码新颖蛋白质的基因构建只是一种古老的组合方法,这种假说称为**外显子混编（exon shuffling）**。它假设早期细胞含有一些独立的蛋白质编码序列，而细胞有可能通过对不同的多肽单元进行重新混合，以形成新的蛋白质，进而完成进化。尽管我们可能会认识到这种基因进化机制的优势，但是它存在以下所提到的问题，即它没有组成或贡献给镶嵌结构初始进化所需的自然选择压力。这样，内含子可能帮助很大，但是也可能对蛋白质编码基因区段的重组没有必要性。所以，即使我们对组合假说不是完全赞同，但是我们既不能驳斥"内含子早现"假说，也不能支持"内含子迟现"假说。

如果蛋白质编码单位（现在称为外显子）必须是一系列连续的密码子，那么每个这样的重建将需要DNA的精确重组，以使分开的蛋白质编码单位在相同的阅读框中头尾相连（如果是随机连接，则概率为1/3)。此外，如果这种组合不形成功能蛋白质，那么说明细胞可能已经损伤，因为细胞丢失了最初的蛋白质编码单位序列。

但是，如果一些实验性的重组在RNA转录物中发生，可使得DNA保持完整，那么细胞就可以存活。如果一个易位事件能将两个蛋白质编码单位置于一个转录单位中，那么就可以探索将这两个蛋白质结合成一个多肽链的各种RNA剪接"实验"。如果这种组合不成功，则初始的蛋白质编码单位仍可被进一步的尝试利用。除此之外，这种情景不需要两个蛋白质编码单位精确重组成一条连续的编码序列。目前已经有证据支持这种假设：不同基因存在相关的外显子，这就好比每一个基因由外显子混编过程组合而成（详见第3章"断裂基因"）。

图5.28举例说明了随机序列易位的结果，这段序列含有可插入某一基因的一个外显子。在一些有机体中，相对于内含子而言，外显子都比较小，因此很可能外显子将会插入到内含子中，且其两侧各自携带上具备功能的3′和5′剪接位点。剪接位点是

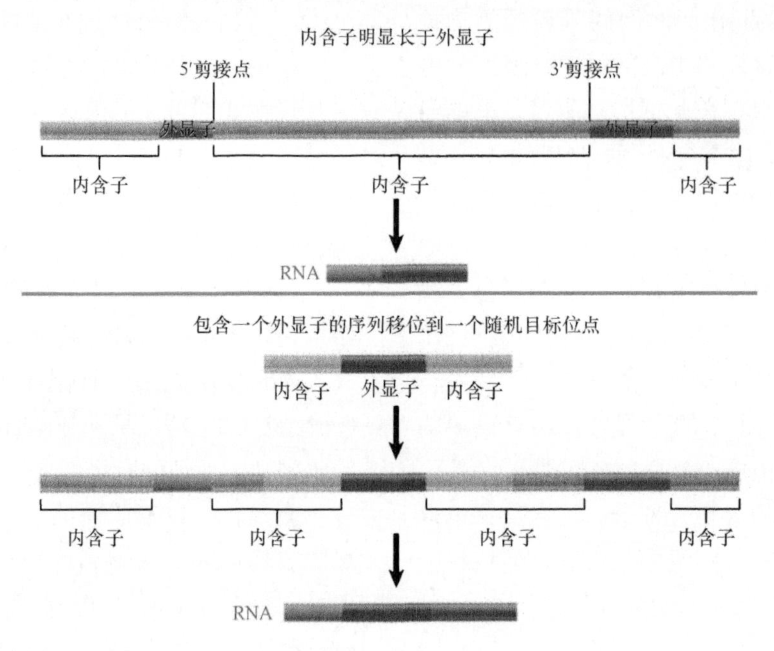

图 5.28 带有旁侧序列的外显子移位到一个内含子中，该外显子可能被剪接到 RNA 产物中

成对识别的，所以，剪接机制要求初始内含子的 5′ 剪接位点可能与一个新的外显子所产生的 3′ 剪接位点相互作用，而不是和它自身原来的 3′ 剪接位点作用。与此相似，一个新外显子的 5′ 剪接位点将与初始内含子的 3′ 剪接位点作用。所以在成熟 RNA 转录物中，一个新外显子就保留在原来的两个外显子之间。只要这个新外显子和初始外显子具有一样的 ORF（在每一个末端，其概率为 1/3），就可以产生一种新蛋白质序列。在进化过程中，外显子混编事件使得机体可形成外显子的新组合。

基于目前所了解的知识，我们认为以下所罗列的事件是难以想象的：①氨基酸长链的组装是不依赖模板的过程；②如此组装的链能进行自我复制，所以大家普遍认为，大部分成功的、能自我复制的早期生命形式是核酸，且很可能是 RNA。确实如此，RNA 分子既可作为编码模板，又可作为催化剂 [如核酶（ribozyme），详见第 22 章“翻译”]。可能正是由于 RNA 的催化功能，使得早期“RNA 世界”中的原始分子能进行自我组装，而其模板功能特性则在随后出现。

在 RNA 世界，由核酸介导的许多功能在基因组空间内相互竞争。就如本书的前面所提到的（详见第 3 章“断裂基因”），这些功能可被看成是不断施加的压力：AG 压力（外显子中嘌呤富集区的压力）；GC 压力 [全基因组范围内的、两组沃森 - 克里克（Watson-Crick）配对碱基之间、独特平衡的压力]；单链均等压力（全基因组范围内、在单链核酸中 A 和 T 碱基之间及 G 和 C 碱基之间的压力）；可能它也与后者相关，即折叠压力（全基因组范围内单链核酸的压力，不管它是以游离形式或从双链体中外突的形式获得二级或更高级茎 - 环结构）。就目前的而言，这些压力提供的功能与我们当前所考虑的无关。在不同物种中，这些压力无处不在，这个事实说明压力在生命经济（生存和繁殖）中的重要作用，而不是只保留中性化就已足够。

除了在基因组空间内的竞争压力外，一旦翻译系统进化以后，那么还要加上不断增高的催化活性的需求压力，如核酶压力常常被蛋白质压力所补充和取代（编码具有潜在酶活性的氨基酸序列的压力）。这样，碰巧产生编码蛋白质潜能的突变就被优先保留下来，当然，它同样要与先前存在的核酸水平的压力进行竞争。换句话说，对于正在进化的分子系统而言，外显子可能是个后来者。基于遗传密码的冗余性，特别是密码子的第三位碱基的简并性，在进化过程中就要寻求适应性调节，这样在某种程度上，蛋白质编码区易于受到核酸自身压力的自然选择。因而，编码序列的被选择既要照顾到蛋白质编码潜能，又要考虑到它们对 DNA 结构的效应。

能在负选择压力下缓慢进化的一群外显子（详

见第3章“断裂基因”）应该能适应核酸压力的调节；而能适应蛋白质和核酸压力调节的外显子序列也应该能被保留下来。然而，那些在正选择压力下快速进化的一群外显子则没有能力享受这种奢侈。这样，一些核酸水平压力（如折叠压力）就会蔓延到邻近内含子，就对后者的保守性产生影响。

一些RNA转录物基于二级或更高级结构来执行功能，而不是作为翻译模板。这些RNA经常与蛋白质发生相互作用，如参与X染色体失活的Xist（详见第28章“表观遗传学Ⅱ”），以及辅助mRNA翻译的tRNA和rRNA。一般而言，这些单链RNA与对应DNA的其中一条链（RNA同义链）应该拥有同样的序列。

需要注意的是，因为这些RNA具有服务于它们独特功能（常常为细胞质）的结构，因此它们遵循以下规则，即它们不会含有相应（细胞核的）DNA发挥功能所需的相同结构，这一点是非常重要的。所以我们不应该感到奇怪，尽管这些RNA不形成最终的蛋白质产物，但是其RNA基因是断裂的，其转录物也可经过剪接产生成熟的RNA产物。相似地，有时在前mRNA的3′和5′非翻译区存在内含子，那是必须要被剪接出去的。

因此，我们可以看到有关基因明显的功能性部分的信息，此时这一部分信息已经不得不强行纳入基因组中，尽管这个基因组已经适应于先前所存在的、在核酸水平所运行的无数压力。如果基因的编码功能部分作为连续的序列已经存在，那么压力的重新配置可能不会发生。结果就是对应于基因编码功能部分的DNA区段常常被迎合基因组基本需求的其他DNA区段所断裂。而更加偶然的结果就是功能部分的简易混合，从而允许新组合的进化实验。

除了以上提到的对基因组空间需求的压力之外，还有作用于有机体水平的自然选择压力。例如，鸟类往往具有比哺乳动物更短的内含子，这产生了有争议性的假说，即由于飞行的代谢需求而存在基因组压缩的自然选择要求。就许多微生物（如细菌和酵母）而言，进化成功可等同于快速的DNA复制。因为越小的基因组越可以进行快速的复制，所以可能是基因组压缩的压力而导致大多数微生物非断裂基因的产生。除了蛋白质压力之外，长蛋白质编码序列还必须适应无数次的基因组压力的调节。

有证据表明基因家族的一些成员丢失了内含子（详见第3章“断裂基因”），如胰岛素和肌动蛋白基因家族的例子。就肌动蛋白基因家族而言，有时并不清楚家族成员中内含子的存在是提示祖先状态还是一个插入事件。总而言之，目前的证据表明，基因原先存在现在称之为内含子的序列，但是在进化中可出现内含子的丢失或获取。

细胞器基因组则将原核生物和真核生物世界的进化联系起来。线粒体或叶绿体与某些细菌之间存在很多普遍的相似性，因为这些细胞器起源于内共生，这种内共生即是一种早期的细菌原型插入到真核生物细胞质中形成的。尽管与细菌的遗传过程具有类似之处，如蛋白质或RNA合成，但是我们发现一些细胞器基因含有内含子，而这与真核生物的核基因相似。在一些叶绿体基因中，我们也发现了内含子，其中包括一些大肠杆菌基因的同源基因，这表明内共生过程发生在内含子从原核生物中丢失之前。

线粒体基因组的比较结果特别令人鼓舞。尽管酵母和哺乳动物的线粒体基因的构成显著不同，但事实上它们都能编码一样的蛋白质。脊椎动物线粒体基因组很小，具有很紧密的结构，而酵母线粒体基因组却较大且含有一些复杂的断裂基因。哪一种是祖先形式呢？酵母线粒体内含子（和其他一些特定内含子）具有移动性，即它们是独立的序列，可以从RNA中剪接除去和插入到DNA拷贝的其他位置，这意味着它们可能起源于插入到基因组中的插入片段（详见第21章“催化性RNA”）。同时，大部分证据支持“内含子早现”假说，我们也有理由相信，除了可移动元件的导入外，随后对于不同的外源或内在（基因组的）压力的调节适应有时会导致新内含子的产生（“内含子迟现”假说）。

至于内含子的作用，我们根据内含子的特征就很容易发现它能增强茎-环结构的外突潜能，还能适应并辅助精确剪接。尽管信息序列通常被校对错误的密码所断裂，但是从基因信息的传递和电子信息的传递之间，我们还是能获得这种相似性。尽管没有证据表明相似的密码类型在基因组中进行操控，但是通过重组修复的方式，折叠压力可帮助对序列错误进行检测和校对，这种情况是可能存在的。所以最重要的应该是后者，即在许多情况下，折叠压力可能胜过蛋白质压力（详见第14章“修复系统”）。

5.16 为什么一些基因组如此之大?

关键概念

- 基因组大小与遗传复杂性之间没有必然联系。
- 生物体越复杂，它所需要的最小基因组也越大。
- 许多在分类上属于一个分类阶元的生物，它们的基因组大小却变化很大。

（单倍体）基因组的 DNA 总量是活体生物的一个重要特征，我们称它为 **C 值（C-value）**。不同生物的 C 值变化很大，从小于 10^6 bp 的支原体到大于 10^{11} bp 的植物和两栖动物。

图 5.29 概括了不同分类群生物的 C 值变化范围。随着生物体复杂度增加，最小基因组的大小也随之增加。尽管在多细胞真核生物中 C 值更大，但是我们看到在一些生物门类内，基因组大小也存在相当大的范围。

图 5.30 绘出了每一门类中的一个成员所需的最小 DNA 总量，它暗示了组成较复杂的原核生物、真菌和无脊椎动物所需的最小基因组也需要增大。

支原体是最小的原核生物，其基因组只有大噬菌体的大约 3 倍，而小于一些巨病毒的基因组；典型细菌基因组更多，约大于 2×10^6 bp；单细胞真核

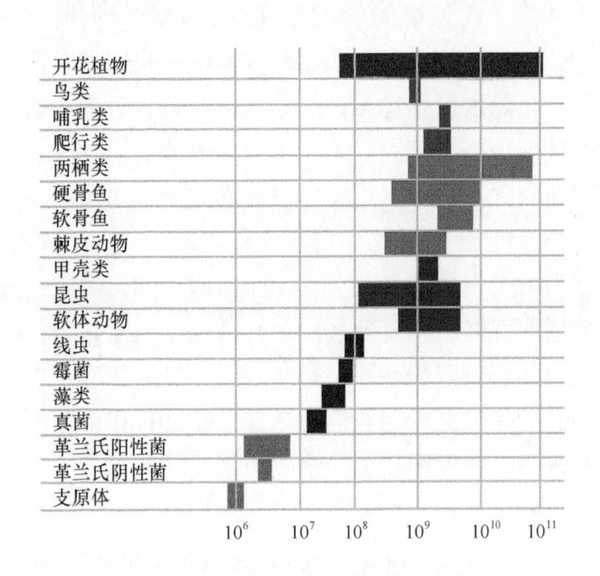

图 5.29 对低等真核生物的单倍体基因组而言，DNA 的量与形态复杂性是相关的，而在高等真核生物的一些生物门类中，基因组变化较大。每个门类的 DNA 量的变化范围在图中用阴影表示

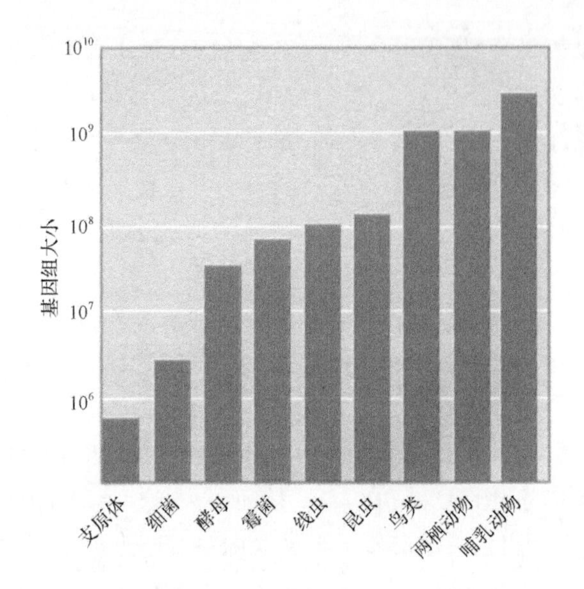

图 5.30 从原核生物到哺乳动物，在每一生物门类中所发现的基因组最小值依次增加

生物（生活方式也许类似于原核生物）的基因组也比较小，尽管它比细菌基因组大；成为真核生物并不意味着基因组要比原核生物的大许多，酵母基因组约为 1.3×10^7 bp，它只是平均细菌基因组大小的 2 倍左右。

黏菌盘基网柄菌（*Dictyostelium discoideum*）是一种既能以单细胞也能以多细胞方式生存的生物，它与霉菌一样，其基因组大小是酵母基因组的 2 倍左右。要产生第一个完整的多细胞生物，就需要更复杂的基因组，如线虫类的秀丽隐杆线虫的 DNA 含量为 8×10^7 bp。

表 5.5 列出了一些最常见模式生物的基因组，从中能够看出，随着生物体的复杂性增加，基因组

表 5.5　一些常见的用于研究的有机体的基因组大小

门	物种	基因组 /bp
蓝藻	盐沼核菌（*Pyrenomas salina*）	6.6×10^5
支原体	肺炎支原体（*Mycoplasma pneumoniae*）	1.0×10^6
细菌	大肠杆菌（*Escherichia coli*）	4.2×10^6
酵母	酿酒酵母（*Saccharomyces cerevisiae*）	1.3×10^7
黏菌	盘基网柄菌（*Dictyostelium discoideum*）	5.4×10^7
线虫	秀丽隐杆线虫（*Caenorhabditis elegans*）	8.0×10^7
昆虫	黑腹果蝇（*Drosophila melanoganster*）	1.8×10^8
鸟类	鸡（*Gallus domesticus*）	1.2×10^9
两栖类	非洲爪蟾（*Xenopus laevis*）	3.1×10^9
哺乳类	人（*Homo sapiens*）	3.3×10^9

大小也稳定增加。为了形成昆虫、鸟类或者两栖动物和哺乳动物，它们的基因组也需要相应增加。但是，从这之后的高等生物，基因组大小与生物形态上的复杂性就没有了必然联系。

我们知道基因要比编码多肽所需的序列大许多，因为外显子（编码区）只是基因全长的一小部分，这就解释了为什么需要更多的 DNA 用来为有机体的所有蛋白质提供阅读框。一个断裂基因的大部分序列可能与多肽编码没关系，而且在多细胞生物的基因之间可能也存在相当长的非编码区，其中一些可能在基因调节中发挥功能。因此，不可能从基因组总的大小来推断任何关于有机体基因数或复杂度等的联系。

C 值悖理（C-value paradox）是指基因组大小与遗传和形态（如不同细胞类型的数目）复杂性之间缺乏必然联系。有一些基因组的大小非常古怪，如爪蟾基因组大小实际上与人类的相同。而且在一些门类的亚组中，生物复杂性相差不大，但它们之间的 DNA 彼此却相差甚大（图 5.29）（这在昆虫、两栖类和植物中非常突出；而鸟类、爬行动物和哺乳动物却不存在此种现象，在这些门类中基因组大小差别不是很大，它们基因组大小的变化在 2 ～ 3 倍左右）。另一些有趣的现象是蟋蟀基因组大小约为果蝇的 11 倍。两栖类中最小的基因组甚至小于 10^9 bp，最大的却为 10^{11} bp，而这些两栖动物发育所需的基因数不太可能有很大差异。鱼的基因数与哺乳动物一样多，但是一些鱼（如河豚）的基因组更加紧凑，含有更小的内含子和更短的基因间隔区，有些甚至是四倍体。我们还不是十分理解这种变异的程度范围：这种变异在哪种程度上是选择中性的，而在哪种程度上易于受到自然选择的影响。

在哺乳动物中，额外复杂度也是基因可变剪接的结果，它使有机体的同一基因可产生两种或多种蛋白质变异体（详见第 19 章“RNA 的剪接与加工”）。由于有了这样的机制，所以复杂度的增高就不总是伴随着基因数的增加。

5.17 形态复杂性是通过增加新的基因功能进化而来

关键概念

- 一般而言，对真核生物与原核生物的比较、多细胞与单细胞真核生物的比较、脊椎动物与无脊椎动物的比较，显示了基因数与形态复杂度之间的正相关，即增高的复杂度需要额外基因的加入。
- 大多数脊椎动物独有的基因是与免疫系统或者神经系统相关的。

人类与其他物种基因组序列的比较正在揭示进化过程。根据人类基因在所有多细胞生物的分布宽度情况，**图 5.31** 对人类基因进行了归类：从最广泛分布的基因开始（图的右上角），21% 的基因在真核生物和原核生物中都存在，它们可能编码一些对所有生命起关键作用的蛋白质，通常是那些编码基本代谢、复制、转录和翻译的基因。将图顺时针转动，我们会发现另外 32% 的基因常常是真核

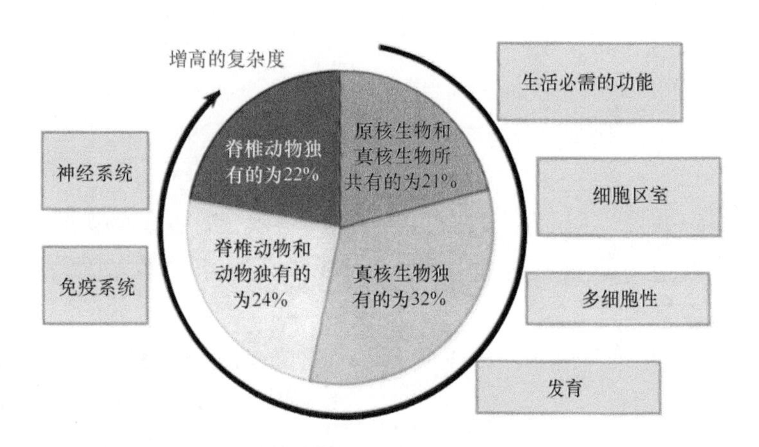

图 5.31 人类基因可以根据它们的同源基因在其他物种中的分布情况进行分类

生物所特有的，在酵母中，它们可能编码参与真核生物细胞而在细菌中不存在的功能蛋白质，如这些蛋白质可能跟细胞器的特化或者细胞骨架相关。另外 24% 的基因是动物细胞所需要的，这些基因对多细胞分化和不同组织类型的发育是必要的。还有约 22% 的基因是脊椎动物所独有的，它们大部分是编码免疫系统和神经系统的蛋白质，而其中只有极少数基因编码一些酶，这与“酶有古老的起源”和“代谢途径起源较早”的观点是一致的。因此我们看到，更加复杂的形态或功能特化等进化的每一阶段都需要增加一些编码新功能蛋白质的基因。

确定共同需要的蛋白质的一种方法就是鉴定出在所有的蛋白质组中都存在的蛋白质。通过更详细地比较人类蛋白质组和其他物种的蛋白质组，我们发现 46% 的酵母蛋白质组、43% 的线虫蛋白质组、61% 的果蝇蛋白质组也存在于人类蛋白质组中。约 1300 种蛋白质存在于所有 4 种蛋白质组中。共有蛋白质是生命体必不可少的一些基本的持家蛋白，在图 5.32 中，我们对它们进行了归类，其中主要的功能是与转录和翻译（35%）、代谢（22%）、转运（12%）、DNA 复制和修饰（10%）、蛋白质折叠和降解（8%）及细胞周期（6%）相关的，其余的 7% 与不同的其他功能有关。

人类蛋白质组一个值得注意的特征是，与其他真核生物相比，虽然它拥有许多独特的蛋白质，但没有增加多少新的蛋白质结构域（具有特定功能的蛋白质部分），大部分蛋白质结构域看起来与动物是相同的，然而，人类有许多新的蛋白质结构体系，这些结构体系被定义为结构域的重新组合。图 5.33 显示了膜蛋白和细胞外蛋白这两种增加最多的蛋白质结构体系的情况。在酵母中，绝大部分蛋白质结构体系与胞内蛋白相关。而在果蝇（或者线

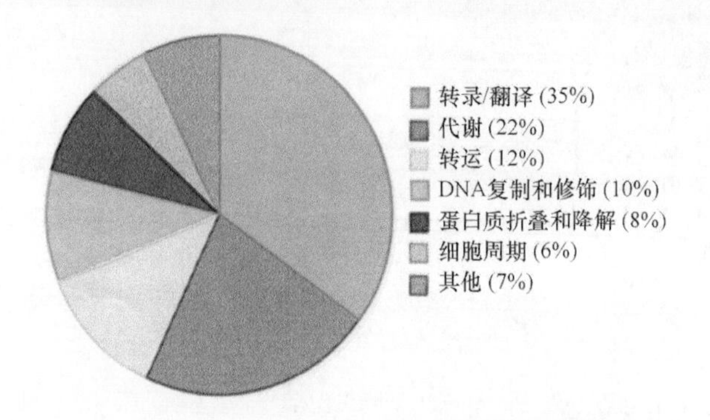

图 5.32 真核生物共有的蛋白质是与细胞必需的功能相关的

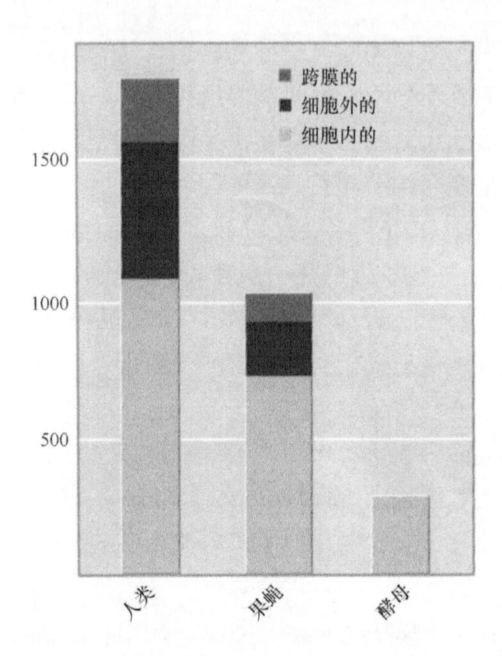

图 5.33 真核生物复杂性增加伴随着新的跨膜蛋白和细胞外蛋白的增加

虫）中，可以找到 2 倍于酵母的胞内蛋白质，但是却存在相当高比例的跨膜蛋白和胞外蛋白，这可能是由于多细胞生物的细胞之间相互作用的需要，这种现象是可以理解的；脊椎动物（如人类）细胞内的蛋白质结构体系的增加相对较少，但是细胞膜和细胞外的蛋白质结构体系数目又出现了很大的增加。

我们早就知道人类和大猩猩（我们的最近亲戚）之间的遗传差异是非常小的，在两者基因组之间存在 98.5% 的一致性。大猩猩基因组的序列使我们能更详细地调查这 1% 的差异，看是否能鉴定出与“人性”有关的特征。（非人类灵长目动物的基因组序列，如猩猩、大猩猩、旧石器时代的人种尼安德特人与丹尼索瓦人现在都可以用于比较。）这种调查发现了 3.5×10^7 的核苷酸替换（占总序列差别的 1.2%）、5×10^6 的插入或缺失（占物种特异性的常染色质序列的 1.5%）和许多染色体重排。而同源蛋白质通常非常相似，29% 是一样的，并且在大部分情况下，两个物种之间的蛋白质只存在 1 ～ 2 个氨基酸的差异。事实上，在编码多肽的区域核苷酸替换比可能参与特定人类特性基因的区域发生得更加稀少，这提示在人类和大猩猩的差异中，蛋白质进化不是一个主要因素，这使得基因结构的大规模改变和（或）基因调节的变化变成了主要的候选因素。约 25% 的核苷酸替换发生在 CpG 岛的核苷酸二联体上（此处有很多是潜在的调节位点）。

5.18 基因重复在基因组进化中发挥作用

关键概念

- 重复基因可以趋异而产生不同的基因，或其一份拷贝可能会变成失活假基因。

外显子就像构建基因的模块，它们在进化过程中以不同组合进行尝试（详见第 3 章“断裂基因”）。在一种极端情况下，一个基因中的外显子拷贝后构建到其他基因中；在另一种极端情况下，包括外显子和内含子的整个基因都可以重复。在这种例子中，突变就可以在这份拷贝中累积而不会受到自然选择的消除，只要另一份拷贝处于选择压力之下仍能保持功能即可。这个被自然选择的中性拷贝可能会进化产生新的功能，它也可以在不同时间或细胞类型中表达，或变成了非功能性假基因。

图 5.34 概括了目前认可的能产生这些过程的概率。某一给定基因在 100 万年中产生一次重复的概率为 1%。基因重复以后，因为每份拷贝中发生不同的突变，因而产生了拷贝间的差异，这些差异以每百万年约 0.1% 的速率累积（见 5.13 节“序列趋异的恒定速率就是分子钟”）。

除非基因编码的产物在细胞中需要很高的浓度，否则有机体不太可能需要保留两份完全相同的

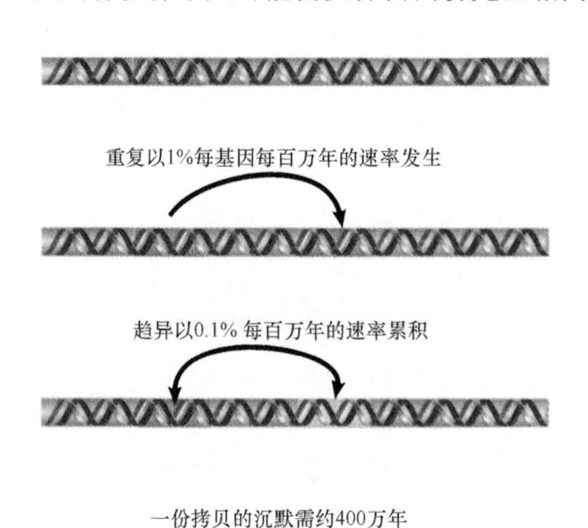

图 5.34 珠蛋白基因重复后，拷贝之间可能累积了差异，这样，基因可能获得了不同的功能，或者其中一份拷贝成为无活性的假基因

基因拷贝。当重复基因的差异产生时，以下两种类型事件中的一类就将会产生。

- 两个基因都将变成有机体所需的。这种事件会在以下情况下发生：或者两个基因编码的蛋白质产生了不同的功能，或者它们在不同时间或不同细胞类型中表达。
- 如果上个事件不发生，那么其中一个基因很可能会变成假基因，因为如果它获得了有害突变后，由于缺乏纯化选择使它消亡，所以由于随机的遗传漂变，出现突变体的频率可能提高，并固定在某一物种中。在正常情况下，就珠蛋白基因而言，这需要 400 万年。在一般情况下，中性突变体固定所需的时间依赖于世代的间隔时间和有效群体的大小。在小群体中，遗传漂变是一种更大的力量。在这样一种情况下，两份拷贝中哪一份失活往往是一个随机事件（如果不同拷贝在不同群体中失活，那么这可能造成不同个体之间的不相容性，或最终引起种间差异）。

人类基因组序列分析显示约 5% 是由长度为 10 ～ 300 kb 的重复区段所组成的。这些都是较近期产生的，因此还没有足够时间使它们之间产生趋异使得它们的同源性变得模糊。外显子也含有相近比例的重复区段（约 6%），这显示了重复序列的产生或多或少与遗传信息没有关系。这些重复序列中的基因可能是特别令人感兴趣的，因为它们是近期产生的，因此可能对近期的进化进程（如人类与其他灵长类的分开）是重要的。

5.19 珠蛋白基因簇由重复和趋异形成

关键概念

- 所有珠蛋白基因是由三个外显子组成的祖先基因经重复和突变进化而来的。
- 祖先基因产生了肌红蛋白、豆血红蛋白，以及 α、β 珠蛋白。
- α、β 珠蛋白基因在早期的脊椎动物进化阶段分开，此后的重复事件产生了分开的类 α 和类 β 珠蛋白基因簇。

> • 如果一个基因由于突变而失活，它可以积累进一步的突变而成为假基因（ψ），假基因虽与活性基因同源却没有功能（或至少丧失其原有功能）。

基因重复的最常见类型是产生与第一份拷贝邻近的第二份拷贝。在一些情况下，拷贝仍然是相连的，而进一步则可以产生相关基因的一个基因簇，其中最好的经典例子就是珠蛋白基因家族。这是一个古老的基因家族，它在动物中有重要的功能，即通过血流运输氧气。

脊椎动物红细胞的主要组成部分就是珠蛋白四聚体，它在结合了一个含铁血红素之后就构成了血红蛋白。所有物种中的功能珠蛋白基因均有相同的大致结构，由三个外显子构成。我们知道所有珠蛋白基因由单一祖先基因进化而来，所以通过追踪种内或种间的单个珠蛋白基因的发生发展，可以研究基因家族的进化机制。

在哺乳动物成体的红细胞中，珠蛋白四聚体由两个相同的α链和β链构成。而胚胎血细胞包含的珠蛋白四聚体与成体中的形式不同，其每个四聚体包含两个相同的类α和类β珠蛋白链，每一条都与成体中的多肽相关，并在稍后被其取代。这就是一个发育控制的例子，即随着连续的不同基因的开与关，在不同时期的不同基因产物会执行相同的功能。

珠蛋白分为类α和类β两种，这一分类反映了基因的组织结构，每类珠蛋白由组成一个基因簇的基因编码。灵长类基因组中的两个基因簇的结构如**图 5.35** 所示。假基因由符号ψ表示。

在 50 kb 的范围内，β基因簇包括 5 个功能基因（2 个γ、ε、δ和β各 1 个）和 1 个非功能假基因（ψβ）。

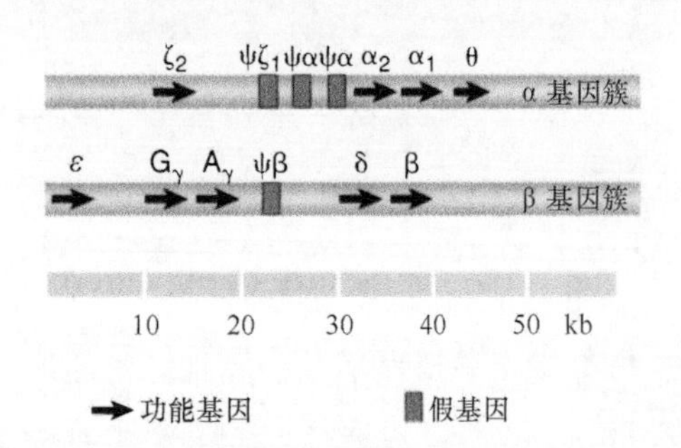

图 5.35 每个类α和类β珠蛋白基因家族被组织为单一基因簇，它包括功能基因和假基因（ψ）

两种γ基因在它们的编码序列只相差一个氨基酸，即在 G 型中的第 136 位为甘氨酸残基，A 型则为丙氨酸残基。

α基因簇比较紧密，在 28 kb 的范围内包括一个活性的ζ基因、一个无功能ζ假基因、两个α基因、两个无功能的α假基因和一个未知功能的θ基因。两个α基因编码相同的蛋白质。而两个（或两个以上）相同基因存在于同一染色体上，这称为**非等位基因（nonallelic gene）**。

胚胎和成体血红蛋白的具体关系因不同的有机体而有所区别。人类中这个基因的发展经历了三个阶段：胚胎、胎儿和成人。胚胎和成体的差别在哺乳动物中是相同的，但成体前的基因数是有变化的。在人类中，ζ和α为两个类α链，而ε、γ、δ、β为类β链，**图 5.36** 显示这些链在不同的发育阶段是如何表达的。此外还存在与发育表达有关的组织特异性表达，即胚胎血红蛋白基因表达于卵黄囊，胎儿基因表达于肝，成人基因则表达于骨髓。

在人体中，ζ链是类α链中第一个表达的，但它很快被α链替换；而对于β链途径而言，ε和γ链首先表达，然后δ和β链替换它们。在成人中，97% 的血红蛋白为 α2β2 形式，约 2% 为 α2δ2 形式，约 1% 为 α2δ2 的胎儿形式。

胚胎珠蛋白与成体珠蛋白差异的重要性是什么呢？胚胎和胎儿形式对氧气具有很高的亲和力，这对从母体血中获得氧是必需的。这也可以解释为什么在鸟类中不存在对应体（尽管有短暂的珠

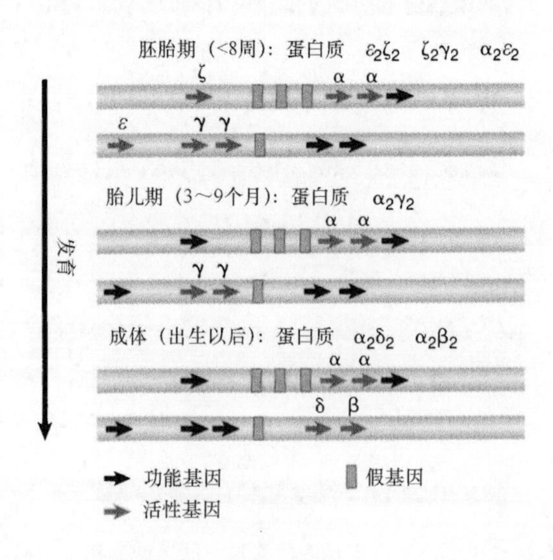

图 5.36 在人体胚胎、胎儿和成人的三个不同发育过程中，不同血红蛋白基因被先后表达

蛋白表达），因为它们的胚胎阶段是在体外，即在鸟蛋中。

功能基因（即蛋白质编码基因）就是那些首先被转录成 RNA，而后被翻译为多肽的基因。而无功能基因指不能编码相应蛋白质的基因，它们被称为假基因，其失活的原因有多种，可能是转录或翻译的缺陷（或两者均有）所致。其他脊椎动物的珠蛋白基因簇也表现出相似结构，但类型、数目和排列顺序不同，如**图 5.37** 所示。每个基因簇包括胚胎和成体基因，其基因簇的长度则相差很大，最长的为羊的，它由 4 个基因构成的基本基因簇重复了两次。活性基因和假基因的分布也各不相同，这说明了重复基因的其中一份拷贝转变为假基因的随机性。

这些基因簇的特性使我们得出一个规律：一个基因家族的成员可能多于我们以蛋白质分析所推测的结果，它们中有的存在功能，有的不存在。家族中增加的功能基因可能代表了编码相同多肽的重复体，或者这些基因可能与已知蛋白质相关，但又与它们不同（可能只是瞬时或低量表达）。

当考虑编码一个特定功能需要多长的 DNA 序列时，发现不同哺乳动物的类 β 珠蛋白需要 20 ～ 120 kb，这比我们分析已知的 β 珠蛋白或单个基因的预期要长。然而，这类基因簇毕竟不常见，因为很多基因是以单一基因座形式存在的。

从多种珠蛋白的基因结构可以研究从一个祖先珠蛋白到目前珠蛋白基因簇的进化轨迹，目前对此的看法如前面的图 5.25 所示。

植物的豆血红蛋白（leghemoglobin，此蛋白是一种氧气携带者，存在于豆类的固氮根球中）基因与珠蛋白基因是相关的，它可能提供了该基因家族的祖先形式，当然，现在的豆血红蛋白基因就如动物珠蛋白基因一样经过漫长进化而来。我们可以把现在的珠蛋白基因最远追溯到哺乳动物类的肌红蛋白的单链序列，它们可能于约 8 亿年前趋异。肌红蛋白基因与珠蛋白基因具有相同的结构，所以我们可以 3 个外显子结构来代表它们的共同祖先。

一些软骨鱼纲（Chondrichthyes，原始鱼类）只有一个类型的珠蛋白链，所以它们肯定在古珠蛋白基因发生倍增成为 α 和 β 之前趋异，这大概发生在 5 亿年前，即发生在硬骨鱼纲（Osteichthyes，有骨鱼类）的进化过程中。

下一个进化阶段表现在两栖动物爪蟾上，它具有两个珠蛋白基因簇。但是每个基因簇均包括 α 和 β 基因，幼虫和成体类型都是如此，因此这个基因簇肯定是由一个连锁的 αβ 对重复而来的，然后个体拷贝又发生了变异，最后整个基因簇又发生了重复。

两栖类与爬行类、哺乳类、鸟类约分开于 3.5 亿年前，所以 α 和 β 珠蛋白基因的分开应该是在这段时间之后，这是由爬行类、哺乳类、鸟类祖先基因的转座事件产生的。这可能发生在早期四脚动物的进化阶段，因为在哺乳类和鸟类中的 α 和 β 珠蛋白基因簇是分开的，所以 α 和 β 基因的分开实质上应该早于哺乳类和鸟类从它们的共同祖先分开之前，即约 2.7 亿年前。在近期已经分开的 α 和 β 珠蛋白基因簇内，又有变化产生，就如我们在 5.13 节“序列趋异的恒定速率就是分子钟”的个体基因趋异中所描述的。

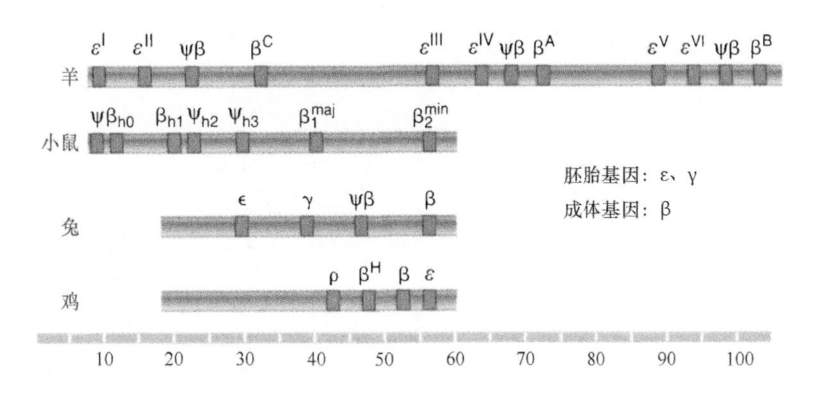

图 5.37 脊椎动物中存在的 β 珠蛋白基因和假基因。小鼠的 7 个基因包括 2 个早期胚胎基因、1 个晚期胚胎基因、2 个成体基因和 2 个假基因；而兔和鸡各有 4 个基因

5.20 假基因丧失了其原有功能

关键概念

- 已加工的假基因来自 mRNA 转录物的反转录和整合。
- 未加工的假基因来自不完全重复或功能基因的二次拷贝突变。
- 一些假基因可获得与其亲本基因不同的功能，如调节基因表达，并以不同的名称出现。

就如这章前面所讨论的那样，假基因（ψ）被定义为功能基因的拷贝，它们改变或丢失了一些区域，这样它们不能产生携带原有功能的多肽产物，它们可以是非功能性的，或产生了变异的功能，以及可具有调节功能的 RNA 产物。例如，与它们的功能对应物相比，有些假基因存在移码突变或无义突变，使它们的蛋白质编码功能丧失。根据其起源的这种模式可划分出两类假基因。

已加工的假基因（processed pseudogene）来自成熟 mRNA 转录物的反转录而成的 cDNA 拷贝，随后被整合入基因组中。当活性反转录酶存在于细胞中，如在活性反转录病毒感染时或反转座子具有活性时，这种事件可能会发生（详见第 15 章“转座因子与反转录病毒”）。或转录物进行过加工（详见第 19 章“RNA 的剪接与加工”），其结果是已加工的假基因通常缺乏正常表达所需的调节区。所以，尽管它初期是包含功能多肽的编码序列，而一旦形成，它就失活了。这样的假基因还缺乏内含子，可能还包含残留的 mRNA 的 poly(A) 尾（详见第 19 章“RNA 的剪接与加工”）和两侧携带着反转录因子插入所具有的特征性直接重复序列（详见第 15 章“转座因子与反转录病毒”）。

第二种类型为**未加工的假基因（nonprocessed pseudogene）**，它来自多重拷贝或单一拷贝基因的其中一份拷贝的失活突变，或一个活性基因的不完全重复。这些常常是由产生串联重复的机制所形成的。**图 5.38** 显示了 β 珠蛋白假基因这个例子。如果一个基因整体重复，包括调节区，那么此时即存在两个活性基因的拷贝，而一份拷贝上的失活突变不易受到负选择的影响。这样，基因家族就出现了未加工的假基因，而珠蛋白基因家族中几个假基因的存在就很好地证明了这一点（见 5.19 节“珠蛋白基因簇由重复和趋异形成”）。或者，一个活性基因的不完全重复，产生失去了调节区和（或）编码序列的拷贝，将会是“到达即死”形式，即它马上会形成假基因。

在人类基因组中存在着约 20 000 个假基因。核糖体蛋白（ribosomal protein，RP）假基因组成了一个非常大的假基因家族，约有 2000 份拷贝。它们都是已加工的假基因，这种高拷贝数可能是约 80 个功能性 *RP* 基因的高表达率的作用所致。将它们插入到基因组，很明显是由 L1 反转座子所介导（详见第 15 章“转座因子与反转录病毒”）。*RP* 基因在不同物种中高度保守，这样，在具有长期

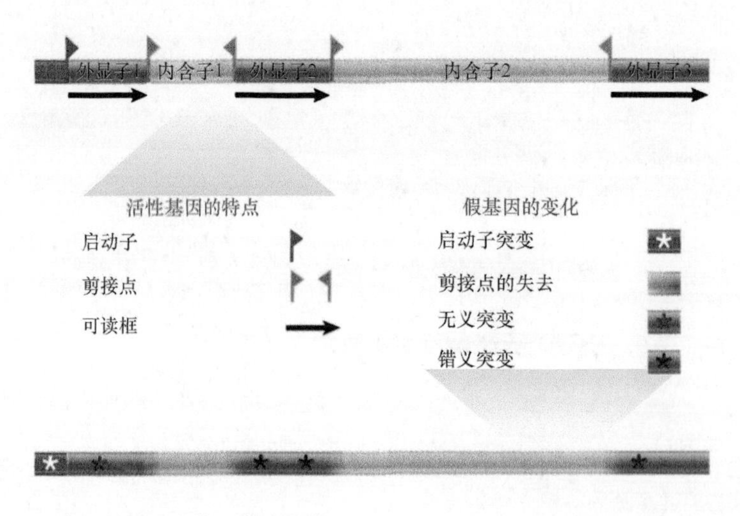

图 5.38 自从变为假基因后，β 珠蛋白基因发生了很多变化

的分开进化的物种或全基因组序列已经测序的物种中，我们就可能鉴定出 *RP* 假基因的种间同源基因。例如，**表 5.6** 所示，2/3 以上的人类假基因存在于大猩猩基因组中，而在人类与啮齿类中共享则不到 12 个。这表明在灵长类和啮齿类中大部分假基因具有较迟的起源，而大部分的古老 *RP* 假基因已经因为缺失或突变衰减，在识别之前就已经丢失了。

有意思的是，*RP* 假基因的进化速率比中性进化速率还要低（由横跨基因组的古老重复序列中的替换速率计算而来），这既表明了负选择的作用，也提示了 *RP* 假基因的功能性作用。就定义而言，尽管假基因是非功能性的（原先鉴定为假基因是因为相对于活性对应物的序列差异，而根据此对应物，我们假设认定它为无功能的基因），但是清楚地存在这样的例子，原来的假基因向新功能化（出现新的功能）或亚功能化（承担亲本基因的部分功能或互补功能）转变。当它们再次获得功能时，它们就会受到自然选择的作用，从而比预想的处于中性选择压力模型的进化速率要慢得多。

那么假基因如何获得新的功能呢？一种可能性是假基因的翻译能力而非转录能力被去除了。假基因能编码出 RNA 转录物，可它不再具有可翻译性，但它能影响依旧发挥作用的“亲本”基因的表达或调节。在小鼠中，已加工的假基因 *Makorin1-p1* 能稳定功能性 *Makorin1* 基因。几种内源性 siRNA（详见第 30 章“调节性 RNA”）由几种假基因所编码。第二种可能性是加工的假基因能被插入到某一位置，给这些基因提供了新的调节区，如转录因子结合位点，使它们以组织特异性方式表达，从而有别于亲本基因的表达模式。

表 5.6　大部分人类 *RP* 假基因具有较迟的起源，许多能与大猩猩共享，但在啮齿类中缺乏

	在物种之间共享的 *RP* 假基因数
人类 - 大猩猩	1282
人类 - 小鼠	6
人类 - 大鼠	11
小鼠 - 大鼠	494

改编自 S. Balasubramanian, et al., *Genome Biol.* 20(2009): R2

5.21　基因组重复在植物和脊椎动物进化中发挥了作用

关键概念

- 当多倍化以 2 的倍数增加了染色体数目后，基因组多倍化就发生了。
- 通过进化和（或）重复体的丢失，或染色体的重排，基因组多倍化会被掩盖。
- 在许多开花植物和脊椎动物的进化历史中，我们可检测到基因组多倍化。

正如 5.18 节“基因重复在基因组进化中发挥作用”所讨论的那样，基因组通过单一基因或携带成簇基因的染色体区段的重复和趋异而进化。一些主要的后生动物种系在它们的进化历史中似乎已经存在基因组重复。基因组重复由**多倍化（polyploidization）**来完成，就如当四倍体（4*N*）变异体来自二倍体（2*N*）祖先种系一样。

多倍化现象存在两种主要机制。当物种产生内源性的多倍体变异体时，**同源多倍性（autopolyploidy）**就会出现，这通常涉及双倍体配子受精；**异源多倍性（allopolyploidy）**来自两个生殖相容物种的杂交产物，这样，来自两个亲本物种二倍体的两组染色体被保留在杂合后代中。然后就与同源多倍性一样，这个过程也涉及双倍体配子的偶然形成。在这两个例子中，新四倍体会与二倍体亲本产生生殖隔离，这是由于回交杂合体为三倍体，一些染色体在减数分裂过程中没有对应的同源物，因而不会生殖。

在多倍体物种成功建立以后，许多突变可能是中性的，这是必要的，就如基因重复一样，这些非同义替换由冗余的同一基因的功能拷贝所“覆盖”。就基因组多倍化而言，基因或染色体区段的缺失或染色体对的缺失，可能对表型影响微乎其微。除了染色体区段的缺失外，染色体重排（如倒位或易位）会使许多基因的位置或顺序重新排列。在经过了一段相当长的时间后，这些事件能淡化多倍化现象。然而可能依然存在多倍化的证据，如在基因组内存在冗余的染色体或染色体区段。

检测古老多倍化的一个成功方法，就是在一个

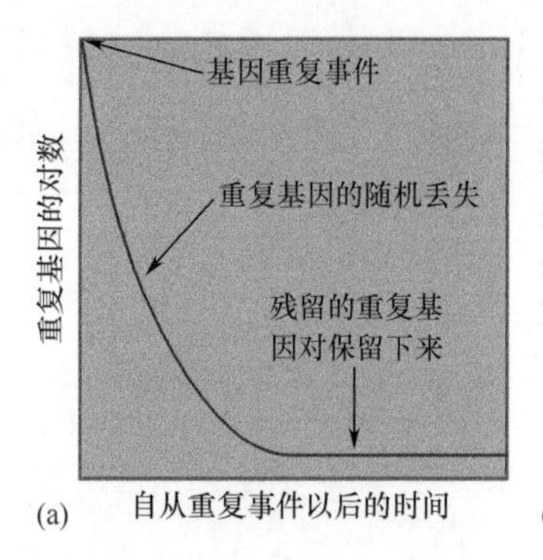

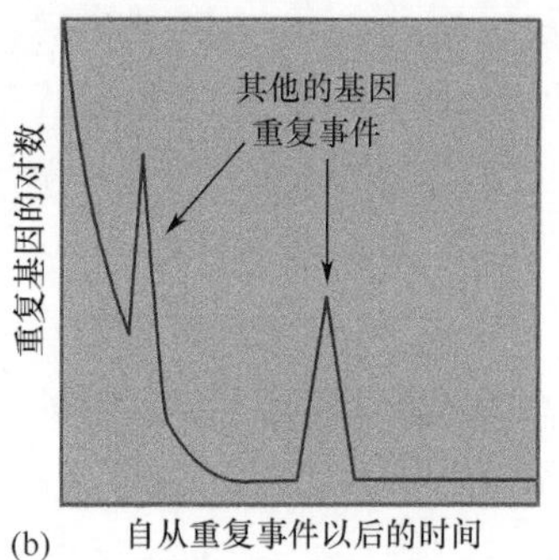

图 5.39 **(a)** 基因重复和丢失的恒定速率显示，重复基因对的年代分布呈指数型下降；**(b)** 基因组多倍化事件显示了年代分布中的第二峰，此时，许多基因在同一时刻重复

改编自 Blanc, G and Wolfe, K. H. 2004. *Plant Cell* 16: 1667-1678

物种内比较多对种内同源（重复）基因，建立基因重复事件的年代分布图，而在同一年代的许多事件可以作为多倍化的证据。如**图 5.39** 所示，基因组多倍化事件将作为一个峰出现，它比基因重复和拷贝丢失的随机事件的一般模式所出现的峰要高。用这种方法结合基因重复的染色体定位分析，提示了单细胞酿酒酵母和许多开花植物的进化历史包含一次或多次基因组重复事件。例如，遗传模式植物——陆生植物拟南芥存在两次或可能三次多倍化事件。

因为多倍化事件在植物中比在动物中更加普遍，所以大部分检测到的基因重复的例子来自于植物，这一点也不奇怪。基因组多倍化似乎在脊椎动物的进化中也发挥了重要作用，特别是在小鳍鱼类中。就如证据所显示的，与四脚动物中的 4 个基因座相比，斑马鱼基因组含有 7 个 *Hox* 基因座，这表明它存在一个四倍化事件，后面跟随着一个基因座的二次丢失。其他鱼类基因组的分析表明，这个事件发生在这个门类物种的趋异之前。除了四脚动物中 4 个 *Hox* 基因座的存在之外（在其他脊椎动物中也至少存在 4 个），与无脊椎动物基因组比较，我们还观察到其他共享的基因重复事件，这本身表明，在脊椎动物的进化之前可能已经存在两次主要的多倍化事件。在参考文献的“两次多倍化事件”中，这被命名为 **2R 假说（2R hypothesis）**。

这种假说产生了如下预测：许多脊椎动物基因，如 *Hox* 基因座，当它与无脊椎动物的种间同源基因相比较时，将以 4 倍的拷贝数目出现。在随后的过程中发现只有不到 5% 的脊椎动物基因出现 4 ∶ 1 现象，因此似乎难以支持这种假说。尽管这一结果是可被预料的，但是在经过了 5 亿年的进化后，许多额外的基因拷贝已经被去除，或进化得面目全非而承担了新的功能，或变成了假基因而衰减得无法辨认。然而，更强的证据来自分析，即重复时的图谱位置可追溯到脊椎动物的共同祖先这个时间点。真正地显示 4 ∶ 1 模式的古老基因重复往往成簇出现，即使在 5 亿年的染色体重排之后。很明显，脊椎动物从 8 倍体开始它们的进化历程。2R 假说正在试图解释形态复杂性的突然暴发，而它伴随着脊椎动物的进化，尽管迄今为止还没有找到这一门类生物的基因组和形态改变之间的直接相关证据。

5.22 转座因子在基因进化中的作用是什么？

关键概念

- 当被导入到基因组时，转座因子往往增加拷贝数，但它处于负选择和转座调节机制的检测之中。

转座因子（transposable element，TE）是可移动的遗传元件，能被整合到基因组的多个位点上，而一些 TE 也可从整合位点被切除出来（TE 类型和机制的更详细讨论详见第 15 章“转座因子与反转录病毒”）。在基因组中 TE 插入到新的位点被称为**转座（transposition）**。其中一种类型的 TE——反转录转座子（retrotransposon），通过RNA 中间体进行转座，此时，由转录产生一份新的拷贝，经过反转录成 DNA，随后被整合到新的位点。

大部分 TE 所整合的位点是随机的（至少从它们的功能而言是如此）。由于这个原因，它们是导致插入突变相关问题的主要原因，如果插入到编码区可引起移码突变，而如果插入到调节区可引起基因表达的改变。因此在物种基因组中，一个给定 TE 的拷贝数依赖于几个因素：TE 的整合速率、它的切离速率（如果存在任何这样的可能性）、携带由 TE 整合而改变了表型的个体的自然选择、转座调节。

TE 就如细胞内的寄生虫一样，能非常有效地发挥作用。它也与其他寄生虫一样，可能需要在它们自身的增殖和对“宿主”有机体的有害效应之间获得进化平衡。对果蝇 TE 的研究证明，TE 的突变整合通常产生有害的，有时是致死的表型效应。这提示负选择在转座调节中起到了非常重要的作用，而拥有高转座水平的个体很难存活和繁殖。然而，人们可能希望 TE 和它们的宿主能进化出限制转座的机制。事实上，我们都能观察到以上两种现象。在一个 TE 自我调节的例子中，果蝇 P 因子能编码在体细胞组织中具有活性的转座阻遏物（详见第 15 章“转座因子与反转录病毒”）。另外，在转座调节中存在两种主要细胞机制。

- 在类 RNA 干扰机制（详见第 30 章“调节性 RNA”）中，它涉及 piRNA，其反转录转座子的 RNA 中间体可被选择性地降解。
- 在哺乳动物、植物和真菌中，DNA 甲基化酶能甲基化 TE 内的胞嘧啶，从而导致转录沉默（详见第 27 章“表观遗传学Ⅰ”）。

在任何事例中，TE 增殖继续进行而不受检测，而是用负选择和（或）转座调节来限制其行为，这种现象是非常少见的。在 TE 被导入到基因组以后且在某些平衡达到以前，其拷贝数可能增加到几千份，甚至达到数百万份，特别是如果 TE 被整合到内含子或基因间 DNA 序列中，而此时此地的表型影响是没有或很轻的。结果，基因组可能包含高比例的中度或重度重复序列（详见第 4 章“基因组概述”）。

5.23 在突变、基因转变和密码子使用上可存在偏爱性

关键概念

- 突变偏爱性可能引起有机体基因组的高 A·T 含量。
- 基因转变偏爱性往往增高 G·C 含量，可能引起部分对抗突变偏爱性。
- 密码子偏爱可能源自偏好特殊序列的适应性机制或基因转变偏爱性。

就如这章前面所讨论的那样（见 5.11 节“突变和分拣机制使 DNA 序列进化”），特定突变的概率是一种功能性概率，如特定复制错误或 DNA 损伤事件发生的概率，或在下一次 DNA 复制之前错误被检测出和被修复的概率。在某种程度上，在这两件事件中会存在着偏爱，而所发生的突变事件也存在着偏爱（尽管颠换突变的数量很大，但是还是偏爱于转换突变而非颠换突变）。

通过对突变变异体的直接观察，或在假基因中比较序列的差异，可以评估出各种不同物种（包括原核生物、单细胞真核生物和多细胞真核生物）的突变类型的分布，结果显示了模式一致的、偏向产生高 A·T 含量的基因组。它形成的原因是复杂的，在不同的生物中，不同的机制可能或多或少是重要的，但是存在两类可能的机制。首先，从胞嘧啶到尿嘧啶，或从 5- 甲基胞嘧啶到胸腺嘧啶的自发脱氨基作用是常见的突变来源，这促进了从 G·C 到 T·A 的转换突变。DNA 中的尿嘧啶比胸腺嘧啶更易于修复（详见第 1 章“基因是 DNA、编码 RNA 和多肽”），所以，甲基化胞嘧啶（常见于 C·G 二联体）不仅是突变热点，而且特别偏向于产生 T·A 对。其次，鸟嘌呤氧化成 8- 氧鸟嘌呤能导致从 C·G 到 A·T 的颠换，因为 8- 氧鸟嘌呤与腺嘌呤配对比与胞嘧啶配对更加稳定。

尽管存在这种突变偏爱，我们在分析中发现，从特定突变类型速率所观察到的与预测所获得的平衡碱基组成总是不一致，即所观察到的 A·T 含量总是低于预期。这表明一些机制在起作用，来对抗这种对 A·T 的突变偏向。一种可能性是适应性的，

即高偏向的碱基组成限制了突变可能性，而最终限制了进化潜能。然而，还可能存在如下所讨论的非适应性解释。

在基因组碱基组成中第二种可能的偏爱来源是**基因转变（gene conversion）**，在重组或双链断裂修复过程中，会产生霍利迪连接体，它能形成含有非匹配碱基对的异源双链 DNA，而它会以突变链为模板进行修复，这样就产生了基因转变（详见第 6 章“成簇与重复”和第 13 章“同源重组与位点专一重组”）。更有意思的是，在哺乳动物和真菌所观察到的基因转变事件清楚地表明了它对 G·C 的偏爱，尽管其机制还不清楚。为了支持这种观察到的现象，高重组活性的染色体区域显示了偏向 G·C 的更多突变，而低重组活性的染色体区域往往显示为 A·T 富集区。每一位点所观察到的基因转变速率往往与突变速率规模相当或稍高。这样，单独用**基因转变偏爱（gene conversion bias）**这个理由就可解释由突变偏爱所增高却低于预期的 A·T 含量。基因转变偏爱也可部分解释另一种在基因组组成中普遍观察到的偏爱，即密码子偏爱（见 5.13 节“序列趋异的恒定速率就是分子钟”）。

由于遗传密码的简并性，在遗传信息中，多肽中所发现的大部分氨基酸残基由一个以上的密码子所代表。而可变密码子在基因中所出现的频率一般而言是不同的，特别在高表达的基因中更是如此。代表某一氨基酸残基的 2 个、4 个或 6 个中的其中一个密码子常常以非常高的频率被使用。对这种偏爱性的一种解释就是，一种特定密码子在募集某种丰富的 tRNA 时可能更有效率，如翻译速率或准确度比使用其他密码子更高。可能存在其他的特殊外显子序列的适应性后果，一些可能贡献于剪接效率，或形成影响 mRNA 稳定性的二级结构，或比其他序列不易于出现移码突变（如单核苷酸重复序列易于出现滑动突变）。偏爱的基因转变也保留了（非适应性的）可能性。使人好奇的是，大部分密码子的同义位点位于 3′ 端，而在真核生物中，高频使用的密码子大部分总是以 G 或 C 结尾，这与偏爱的基因转变促使密码子偏爱的假说一致。目前已经非常清楚，密码子偏爱的成因是复杂的，可能同时包含适应性和非适应性机制。

小结

- 已测序基因组包括许多细菌和古菌的基因组，以及真核生物中的酵母、线虫、果蝇、小鼠和人类的基因组。一个活细胞所需的最小基因数（一种专性细胞内寄生生物）约为 470 个基因；一个独立生活的细胞所需的最小基因数约为 1700 个基因；一个典型的革兰氏阴性菌约为 1500 个基因；大肠杆菌为 4300 ～ 5400 个基因，细菌的平均基因长度是 1000 bp 左右，与下一个基因由 100 bp 的间隙隔开；裂殖酵母和酿酒酵母分别有 5000 和 6000 个基因。
- 尽管黑腹果蝇比秀丽隐杆线虫更复杂，基因组更大，但果蝇基因数（17 000 个）却比线虫的基因数（21 700 个）更少；植物拟南芥有 25 000 个基因，水稻基因组与拟南芥基因组比较清楚地反映了基因组大小和基因数之间没有必然的联系，水稻基因组比拟南芥的大 4 倍，而基因数上却只增加了 28%，共有约 32 000 个基因；哺乳动物的基因数为 20 000 ～ 25 000 个，比曾经预料的要少得多。生物体发育的复杂度不但依赖基因数的增加，也许同时依赖基因之间的相互作用。在每一种已测序的物种中，只有约 50% 的基因已被确定功能。对致死基因的研究发现，在各生物体中，只有很少的一部分基因是必需的。
- 组成真核生物基因组的序列可被分为三类：非重复序列，其基因是独特的；中度重复序列，它分散分布，重复数次，且一些拷贝是不一样的；高度重复序列，较短且以串联形式重复。尽管大的基因组倾向于含有较少比例的非重复序列，但这些序列类型的组成比例是不同基因组的特征。人类基因组中至少有 50% 是由重复序列组成的，其中大部分重复序列是转座子，而大多数结构基因位于非重复序列区。非重复 DNA 的复杂程度比全基因组的复杂度更能够反映出生物体的复杂度。
- 基因的表达程度变化很大。高丰度基因编码的蛋白质是细胞的主要产物，由它转录的 mRNA 的拷贝数可达 10^5 份；中等丰度基因转录的 mRNA 少于 10 个，其拷贝数为 10^3 份；稀有表达基因有 10 000 多个，每一种 mRNA 拷贝数不超过 10 份。不同类型细胞所表达的 mRNA 存在许多重叠，大部分 mRNA 存在于大多数细胞中。

- 基因组中的新变异由突变所引入。尽管就功能而言，突变是随机的，但是，由于 DNA 突变的不同概率和 DNA 修复类型的不同概率存在，实际发生的突变类型是存在偏爱性的。随机遗传漂变 [如果变异是选择中性和（或）群体很小] 和负选择或正选择（如果突变影响表型）能分拣这种变异。
- 通过在物种间或物种内对同源序列的比较，我们能检测到过去发生的对基因序列自然选择的影响。K_a/K_s 值能比较非同义与同义突变，非同义突变的过度或缺乏可能分别提示正或负选择。在不同物种中对一个基因座的进化速率或变异数量进行比较，也可用于评估已经过去的对 DNA 序列的自然选择。利用这些技术对人类基因组进行测序，这揭示了大部分功能变异位于非编码区（假如它们具有调节性）。
- 同义替换比非同义替换（它影响氨基酸序列）累积的速率更快。非同义位点的趋异速率有时可被用于建立分子钟，其单位为每百万年的趋异百分比，这一分子钟可用来计算基因家族任何两个成员间产生趋异的时间。
- 某些基因与其他基因只共享其中的几个外显子，表明它们由代表蛋白质功能的、外加的外显子组装而来。这样的外显子拷贝可装入各种不同的蛋白质中。外显子的累积组装成基因，这种假说提示内含子存在于原始真核生物的基因中。来自原始基因的内含子丢失，即不同内含子在不同后代系列中被丢失可解释种间同源基因之间的一些关系。
- 重复序列与非重复序列的比例是每一个基因组的特征，尽管更大的基因组往往具有较少的独特 DNA 序列的比例。非重复序列的量与总基因组大小的比值能更好地反映有机体的复杂度。在基因组中，最大的非重复序列的量约为 2×10^9 bp。
- 对于原核生物与真核生物（尽管单一物种可能不带有所有的这些基因）来说，约有 5000 个基因是共同的，其中的大部分参与基本的功能。另外的 8000 个基因存在于多细胞生物中；另外有 5000 个基因存在于动物中；还有 5000 个基因存在于脊椎动物中（主要参与免疫系统和神经系统）。
- 在进化过程中，一组基因可能保持在同一区域形成基因簇，也可能经染色体重排而分布到新位置上。有时我们可以根据现有基因簇的组织形式推测历史上发生的一系列事件。这些事件经常与序列而非功能相关，所以既会涉及假基因又会涉及功能基因。由基因重复或失活而产生的假基因是没有经过加工的，而通过 RNA 中间体形成的假基因是加工过的。假基因可再次变得具有活性，这是由于获得功能的突变或通过它们的不可翻译性 RNA 产物而起作用。
- 在一些生物中，基因组多倍化为随后的基因组进化提供了原始素材。这个过程塑造了许多开花植物的基因组，并且似乎也是早期脊椎动物进化的一个因素。
- 在基因组内，转座因子的拷贝能繁殖，有时会在基因组中产生高比例的重复序列。转座因子拷贝数处于自然选择、自我调节和宿主调节机制持续不断的监控之中。
- 有机体存在几种偏爱性来源，它影响了基因组的碱基组成。突变偏爱性往往引起高 A·T 含量，而基因转变偏爱性在某种程度上可降低这种倾向。基因组中普遍观察到的蛋白质编码序列的密码子偏爱性可能受自然选择和基因转变偏爱性所影响。

参考文献

5.1 引言

5.11 突变和分拣机制使 DNA 序列进化

综述文献

Lynch, M. (2007). *The Origins of Genome Architecture*. Sunderland, MA: Sinauer Associates Inc.

5.2 原核生物基因总数的差异可超过一个数量级

综述文献

Bentley, S. D., and Parkhill, J. (2004). Comparative genomic structure of prokaryotes. *Annu. Rev. Genet.* 38, 771-792.

Hacker, J., and Kaper, J. B. (2000). Pathogenicity islands and the evolution of microbes. *Annu. Rev. Microbio.* 54, 641-679.

研究论文文献

Blattner, F. R., et al. (1997). The complete genome sequence of *Escherichia coli* K-12. *Science* 277, 1453-1474.

Deckert, G., et al. (1998). The complete genome of the hyperthermophilic bacterium *Aquifex aeolicus*. *Nature* 392, 353-358.

Galibert, F., et al. (2001). The composite genome of the legume symbiont *Sinorhizobium meliloti*. *Science* 293, 668-672.

5.3 已知几种真核生物的基因总数

研究论文文献

Adams, M. D., et al. (2000). The genome sequence of *D. melanogaster*. *Science* 287, 2185-2195.

Arabidopsis Initiative. (2000). Analysis of the genome sequence of the flowering plant *Arabidopsis thaliana*. *Nature* 408, 796-815.

C. elegans Sequencing Consortium. (1998). Genome sequence of the nematode *C. elegans:* a platform for investigating biology. *Science* 282, 2012-2022.

Duffy, A., and Grof, P. (2001). Psychiatric diagnoses in the context of genetic studies of bipolar disorder. *Bipolar Disord* 3, 270-275.

Dujon, B., et al. (1994). Complete DNA sequence of yeast chromosome XI. *Nature* 369, 371-378.

Goff, S. A., et al. (2002). A draft sequence of the rice genome (*Oryza sativa* L. ssp. *japonica*). *Science* 296, 92-114.

Johnston, M., et al. (1994). Complete nucleotide sequence of *S. cerevisiae* chromosome VIII. *Science* 265, 2077-2082.

Kellis, M., et al. (2003). Sequencing and comparison of yeast species to identify genes and regulatory elements. *Nature* 423, 241-254.

Oliver, S. G., et al. (1992). The complete DNA sequence of yeast chromosome III. *Nature* 357, 38-46.

Wilson, R., et al. (1994). 22 Mb of contiguous nucleotide sequence from chromosome III of *C. elegans. Nature* 368, 32-38.

Wood, V., et al. (2002). The genome sequence of *S. pombe*. *Nature* 415, 871-880.

5.4 有多少不同类型的基因？

参考文献

Rual, J. F., et al. (2005). Towards a proteome-scale map of the human protein-protein interaction network. *Nature* 437, 1173-1178.

综述文献

Aebersold, R., and Mann, M. (2003). Mass spectrometry-based proteomics. *Nature* 422, 198-207.

Hanash, S. (2003). Disease proteomics. *Nature* 422, 226-232.

Phizicky, E., et al. (2003). Protein analysis on a proteomic scale. *Nature* 422, 208-215.

Sali, A., et al. (2003). From words to literature in structural proteomics. *Nature* 422, 216-225.

研究论文文献

Agarwal, S., et al. (2002). Subcellular localization of the yeast proteome. *Genes. Dev.* 16, 707-719.

Arabidopsis Initiative. (2000). Analysis of the genome sequence of the flowering plant *Arabidopsis thaliana*. *Nature* 408, 796-815.

Gavin, A. C., et al. (2002). Functional organization of the yeast proteome by systematic analysis of protein complexes. *Nature* 415, 141-147.

Ho, Y., et al. (2002). Systematic identification of protein complexes in *S. cerevisiae* by mass spectrometry. *Nature* 415, 180-183.

Rubin, G. M., et al. (2000). Comparative genomics of the eukaryotes. *Science* 287, 2204-2215.

Uetz, P., et al. (2000). A comprehensive analysis of protein-protein interactions in *S. cerevisiae*. *Nature* 403, 623-630.

Venter, J. C., et al. (2001). The sequence of the human genome. *Science* 291, 1304-1350.

5.5 人类基因数少于预期

研究论文文献

Clark, A. G., et al. (2003). Inferring nonneutral evolution from human-chimp-mouse orthologous gene trios. *Science* 302, 1960-1963.

Hogenesch, J. B., et al. (2001). A comparison of the Celera and Ensembl predicted gene sets reveals little overlap in novel genes. *Cell* 106, 413-415.

International Human Genome Sequencing Consortium. (2001). Initial sequencing and analysis of the human genome. *Nature* 409, 860-921.

International Human Genome Sequencing Consortium. (2004). Finishing the euchromatic sequence of the human genome. *Nature* 431, 931-945.

Mouse Genome Sequencing Consortium, et al. (2002). Initial sequencing and comparative analysis of the mouse genome. *Nature* 420, 520-562.

Venter, J. C., et al. (2001). The sequence of the human genome. *Science* 291, 1304-1350.

5.6 基因和其他序列在基因组上如何分布？

研究论文文献

Nusbaum, C., et al. (2005). DNA sequence and analysis of human chromosome 18. *Nature* 437, 551-555.

5.7 Y 染色体存在几个雄性特异性基因

研究论文文献

Skaletsky, H., et al. (2003). The male-specific region of the human Y chromosome is a mosaic of discrete sequence classes. *Nature* 423, 825-837.

5.8 有多少基因是必需的？

研究论文文献

Giaever, G., et al. (2002). Functional profiling of the *S. cerevisiae* genome. *Nature* 418, 387-391.

Goebl, M. G., and Petes, T. D. (1986). Most of the yeast genomic sequences are not essential for cell growth and division. *Cell* 46, 983-992.

Hutchison, C. A., et al. (1999). Global transposon mutagenesis and a minimal mycoplasma genome. *Science* 286, 2165-

2169.

Kamath, R. S., et al. (2003). Systematic functional analysis of the *C. elegans* genome using RNAi. *Nature* 421, 231-237.

Tong, A. H., et al. (2004). Global mapping of the yeast genetic interaction network. *Science* 303, 808-813.

5.9 真核生物细胞中约有 10 000 个基因在不同层次广泛表达

研究论文文献

Hastie, N. B., and Bishop, J. O. (1976). The expression of three abundance classes of mRNA in mouse tissues. *Cell* 9, 761-774.

5.10 表达基因数可整体测出

综述文献

Mikos, G. L. G., and Rubin, G. M. (1996). The role of the genome project in determining gene function: insights from model organisms. *Cell* 86, 521-529.

Young, R. A. (2000). Biomedical discovery with DNA arrays. *Cell* 102, 9-15.

研究论文文献

Holstege, F. C. P., et al. (1998). Dissecting the regulatory circuitry of a eukaryotic genome. *Cell* 95, 717-728.

Hughes, T. R., et al. (2000). Functional discovery via a compendium of expression profiles. *Cell* 102, 109-126.

Stolc, V., et al. (2004). A gene expression map for the euchromatic genome of *Drosophila melanogaster*. *Science* 306, 655-660.

Velculescu, V. E., et al. (1997). Characterization of the yeast transcriptosome. *Cell* 88, 243-251.

5.12 通过测量序列变异可探查自然选择

研究论文文献

Clark, R. M., et al. (2004). Pattern of diversity in the genomic region near the maize domestication gene *tb1*. *Proc. Natl. Acad. Sci. USA* 101, 700-707.

Clark, R. M., et al. (2005). Estimating a nucleotide substitution rate for maize from polymorphism at a major domestication locus. *Mol. Biol. Evol*. 22, 2304-2312.

Geetha, V., et al. (1999). Comparing protein sequence-based and predicted secondary structure-based methods for identification of remote homologs. *Protein Eng*. 12, 527-534.

McDonald, J. H., and Kreitman, M. (1991). Adaptive protein evolution at the *Adh* locus in *Drosophila*. *Nature* 351, 652-654.

Robinson, M., et al. (1998). Sensitivity of the relativerate test to taxonomic sampling. *Mol. Biol. Evol*. 15, 1091-1098.

Wang, E. T., et al. (2006). Global landscape of recent inferred Darwinian selection for *Homo sapiens*. *Proc. Natl. Acad. Sci. USA* 103, 135-140.

5.13 序列趋异的恒定速率就是分子钟

研究论文文献

Dickerson, R. E. (1971). The structure of cytochrome *c* and the rates of molecular evolution. *J. Mol. Evol*. 1, 26-45.

5.14 重复序列的趋异度可以度量中性替换率

研究论文文献

Waterston, R. H., et al. (2002). Initial sequencing and comparative analysis of the mouse genome. *Nature* 420, 520-562.

5.15 断裂基因是如何进化的？

综述文献

Belshaw, R., and Bensasson, D. (2005). The rise and fall of introns. *Heredity* 96, 208-213.

Joyce, G. F., and Orgel, L. E. (2006). Progress toward understanding the origin of the RNA world. In: *The RNA World: The Nature of Modern RNA Suggests a Prebiotic RNA World*, 3rd ed. Cold Spring Harbor, NY: Cold Spring Harbor Laboratory Press.

研究论文文献

Barrette, I. H., et al. (2001). Introns resolve the conflict between base order-dependent stemloop potential and the encoding of RNA or protein: further evidence from overlapping genes. *Gene*. 270,181-189. (See http://post.queensu.ca/~forsdyke/introns1.htm.)

Coulombe-Huntington, J., and Majewski, J. (2007). Characterization of intron-loss events in mammals. *Genome Research* 17, 23-32.

Forsdyke, D. R. (1981). Are introns in-series error detecting sequences? *J. Theoret. Biol*. 93, 861-866.

Forsdyke, D. R. (1995). A stem-loop "kissing" model for the initiation of recombination and the origin of introns. *Mol. Biol. Evol*. 12, 949-958.

Hughes, A. L., and Friedman, R. (2008). Genome size reduction in the chicken has involved massive loss of ancestral protein-coding genes. *Mol. Biol. Evol*. 25, 2681-2688.

Raible, F., et al. (2005). Vertebrate-type intron-rich genes in the marine annelid *Platynereis dumerilii*. *Science* 310, 1325-1326.

Roy, S. W., and Gilbert, W. (2006). Complex early genes. *Proc. Natl. Acad. Sci. USA* 102, 1986-1991.

5.16 为什么一些基因组如此之大？

综述文献

Gall, J. G. (1981). Chromosome structure and the Cvalue paradox. *J. Cell. Biol*. 91, 3s-14s.

Gregory, T. R. (2001). Coincidence, coevolution, or causation? DNA content, cell size, and the Cvalue enigma. *Biol. Rev. Camb. Philos. Soc*. 76, 65-101.

5.17 形态复杂性是通过增加新的基因功能进化而来

参考文献

Chimpanzee Sequencing and Analysis Consortium. (2005). Initial sequence of the chimpanzee genome and comparison with the human genome. *Nature* 437, 69-87.

研究论文文献

Giaever, G., et al. (2002). Functional profiling of the *S. cerevisiae* genome. *Nature* 418, 387-391.

Goebl, M. G., and Petes, T. D. (1986). Most of the yeast genomic sequences are not essential for cell growth and division. *Cell* 46, 983-992.

Hutchison, C. A., et al. (1999). Global transposon mutagenesis and a minimal mycoplasma genome. *Science* 286, 2165-2169.

Kamath, R. S., et al. (2003). Systematic functional analysis of the *C. elegans* genome using RNAi. *Nature* 421, 231-237.

Tong, A. H., et al. (2004). Global mapping of the yeast genetic interaction network. *Science* 303, 808-813.

5.18 基因重复在基因组进化中发挥作用

研究论文文献

Bailey, J. A., et al. (2002). Recent segmental duplications in the human genome. *Science* 297, 1003-1007.

5.19 珠蛋白基因簇由重复和趋异形成

综述文献

Hardison, R. (1998). Hemoglobins from bacteria to man: evolution of different patterns of gene expression. *J. Exp. Biol.* 201, 1099-1117.

5.20 假基因丧失了其原有功能

研究论文文献

Balasubramanian, S., et al. (2009). Comparative analysis of processed ribosomal protein pseudogenes in four mammalian genomes. *Genome. Biol.* 10, R2.

Esnault, C., et al. (2000). Human LINE retrotransposons generate processed pseudogenes. *Nat. Genet.* 24, 363-367.

Kaneko, S., et al. (2006). Origin and evolution of processed pseudogenes that stabilize functional Makorin1 mRNAs in mice, primates and other mammals. *Genetics* 172, 2421-2429.

综述文献

Balakirev, E. S., and Ayala, F. J. (2003). Pseudogenes: are they "junk" or functional DNA? *Ann. Rev. Genet.* 37, 123-151.

5.21 基因组重复在植物和脊椎动物进化中发挥了作用

研究论文文献

Abbasi, A. A. (2008). Are we degenerate tetraploids? More genomes, new facts. *Biol. Direct.* 3, 50.

Blanc, G., and Wolfe, K. H. (2004). Widespread paleopolyploidy in model plant species inferred from age distributions of duplicate genes. *Plant Cell* 16, 1667-1678.

Dehal, P., and Boore, J. L. (2005). Two rounds of whole genome duplication in the ancestral vertebrate. *PLoS. Biol.* 3, e314.

综述文献

Furlong, R. F., and Holland, P. W. (2002). Were vertebrates octoploid? *Phil. Trans. R. Soc. Lond. B.* 357, 531-544.

Kasahara, M. (2007). The 2R hypothesis: an update. *Curr. Opin. Immunol.* 19, 547-552.

5.22 转座因子在基因进化中的作用是什么？

研究论文文献

Shen, S., et al. (2011). Widespread establishment and regulatory impact of Alu exons in human genes. *Proc. Natl. Acad. Sci. USA* 108, 2837-2842.

5.23 在突变、基因转变和密码子使用上可存在偏爱性

研究论文文献

Rocha, E. P. C. (2004). Codon usage bias from tRNA's point of view: redundancy, specialization, and efficient decoding for translation optimization. *Genome. Res.* 14, 2279-2286.

第 6 章

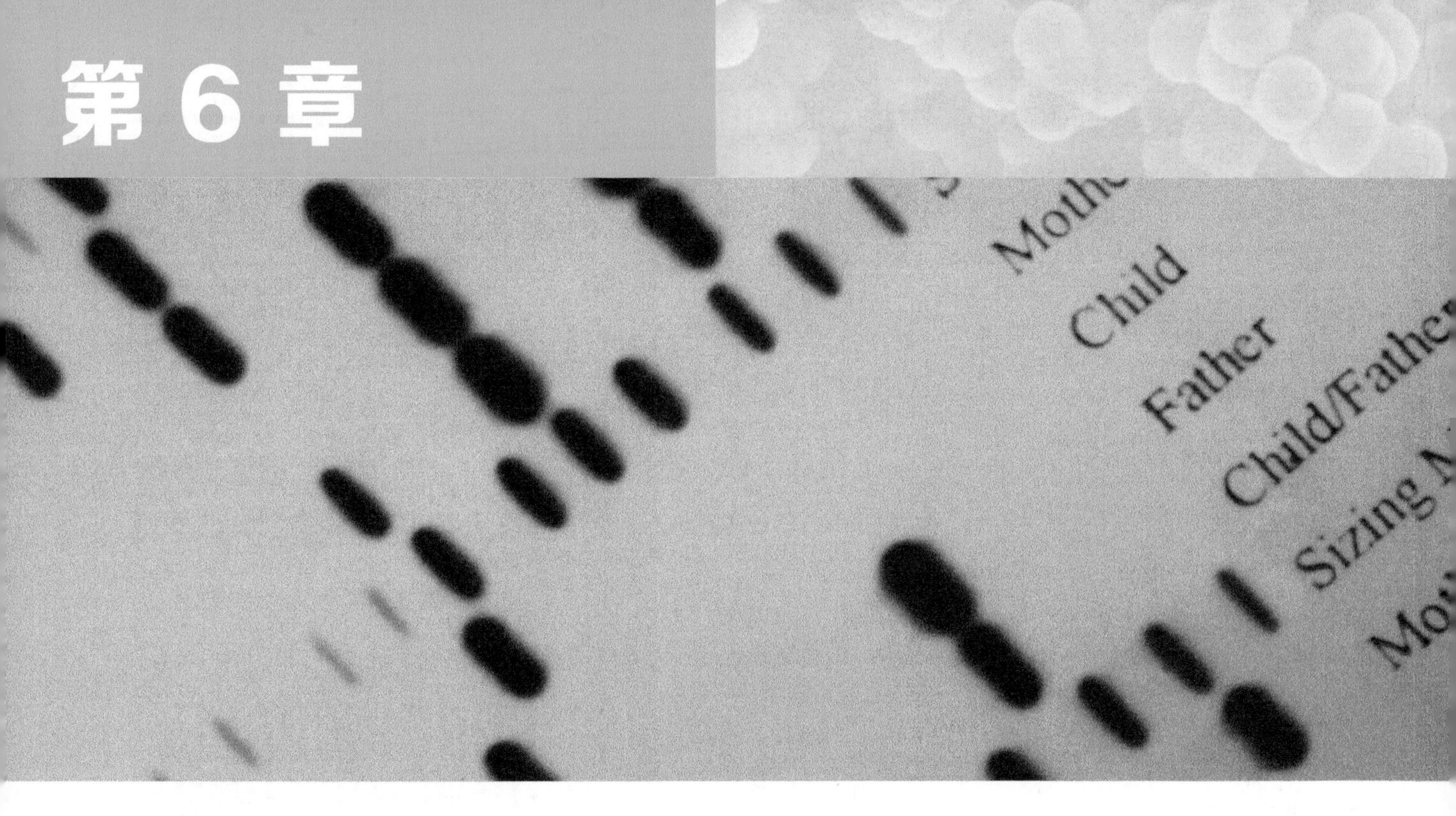

成簇与重复

章节提纲

6.1 引言

通过某一祖先基因的重复（duplication）和变异（variation）而传递下来的一组基因称为一个**基因家族（gene family）**，它的成员可以成簇（cluster）排列在一起或散布在不同染色体上（或兼而有之）。用于鉴定种内同源序列的基因组分析显示，很多基因属于基因家族；在人类基因组中发现的 20 000 个左右的基因可归类到 15 000 个家族，所以在基因组中平均每个基因均有约 2 个与它亲缘关系相近的基因。在不同的基因家族中，其成员相关程度差异很大，有些家族由若干完全一致的成员组成，而有些家族成员之间关系很远。基因之间通常仅由其外显子决定它们的相关性，其内含子往往已经趋异（详见 3 章“断裂基因”）。基因也可能只通过一些外显子来关联，而其他外显子是独一无二的。

基因家族的一些成员可进化成**假基因（pseudogene，ψ）**。假基因所拥有的序列与那些功能基因相关，但是不能被翻译成功能性多肽（详见 5 章“基因组序列与进化”中的进一步讨论）。

一些假基因与功能基因具有一样的通用组织结构，在常见位置存在对应的外显子和内含子，这可能由于突变使它变得没有活性，阻止了它在一些甚至所有阶段的基因表达。这些变化可存在多种形式，如去除起始转录的信号、阻止外显子与内含子交界处的剪接反应，或者翻译在成熟前终止。

最初允许相关外显子或基因发展壮大的动力是重复作用，即基因组中一些序列产生了拷贝。**串联重复（tandem duplication）**（当重复拷贝仍在一起）可以由错误的复制或重组产生。重复序列的分开可由易位推进，**易位（translocation）**就是将DNA片段从一条染色体转移到另一条染色体上。新位置上的重复序列也可能直接由一个转座事件产生，该转座事件与从一个转座因子的附近复制一个DNA区域有关。重复可以是整个基因，也可以是一个基因中的几个外显子甚至是单个外显子发生重复现象。当一个完整基因产生它的一份重复拷贝时，两者在基因活性上是难以区别的，但当每个基因积聚了不同突变时，这些拷贝之间的趋异度（divergence）也就产生了。

尽管一个结构高度相关的基因家族的成员可以在不同时间或不同的细胞类型中表达，但它们往往拥有类似的或相同的功能。例如，不同珠蛋白（globin）可在胚胎和成体红细胞中表达，而不同肌动蛋白在肌肉细胞和非肌细胞中发挥作用。但基因相互之间的差异很显著或只有一些外显子相关时，功能就可能是不同的。

一些基因家族由完全相同的成员组成。尽管成簇基因未必完全相同，但成簇却是保持基因之间一致性的必要条件。**基因簇（gene cluster）**可以是重复而产生的两个相邻基因，也可以是数百个相同基因串联排列在一起。大量的串联重复可能出现在其产物被极度需要的情况下，如编码rRNA或组蛋白的基因。这就造成了一种特殊情况，即维持相同性和选择压力效应。

基因簇为我们对基因组中大区域而不仅是单个基因的进化动力的研究提供了机遇。重复序列，尤其是那些仍然位于同一邻近区域的重复序列，为由重组事件产生的进一步进化提供了素材。由经典的同源重组而产生的一个群体如图6.1和图6.2所示，此处发生了一次精确的交换（详见第13章“同源重组与位点专一重组”）。重组染色体和亲代染色体的组织结构是相同的，它们精确地包括了在同一顺序下的相同基因座，但含有等位基因的不同重组事

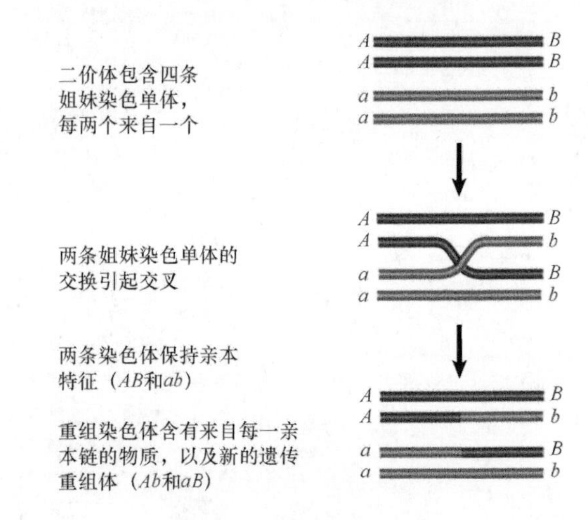

图6.1 交叉的形成代表重组体的产生

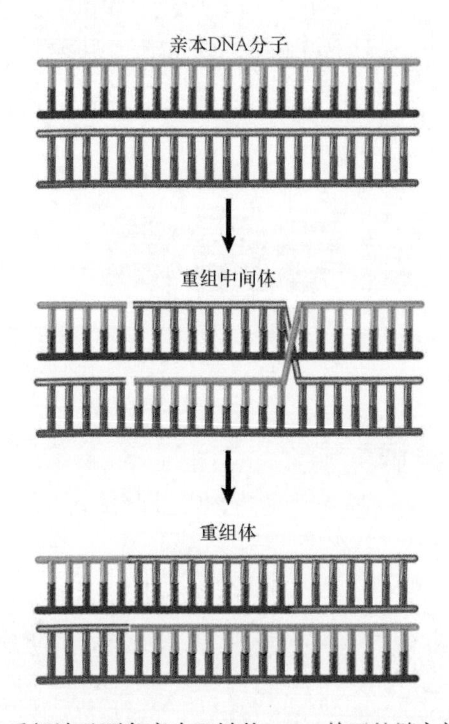

图6.2 重组涉及两条亲本双链体DNA的互补链之间的配对

件，这为自然选择提供了原料。然而重复序列的存在也允许随机变异事件的偶尔发生，这样就改变了基因的拷贝数而不仅仅是等位基因的重组。

不等交换（unequal crossing over），也称为非相互重组（nonreciprocal recombination），是指出现在相似或一样的两个位点之间的重组事件，但是这个位置不是精确同源的，出现这种事件可能是由于重复序列的存在。如图6.3显示，不等交换可以允许一条染色体的重复的一份拷贝与同源染色体的相关重复的不同拷贝错位排列，而不是与相同的拷贝排列。当重组发生时，就使一条染色体上的重复序列中的拷贝数增加而另一条上减少，实际上也就

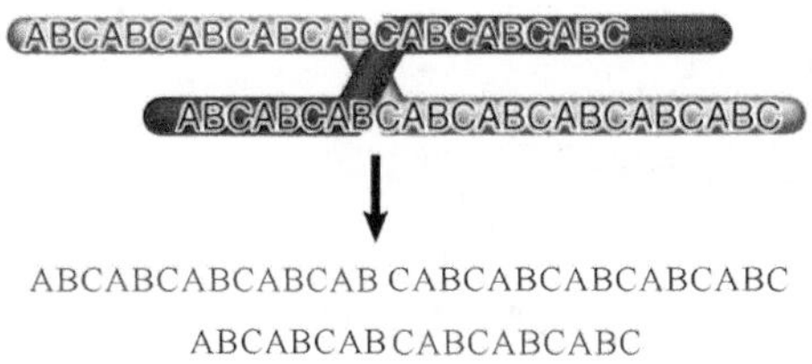

ABCABCABCABCAB CABCABCABC
ABCABCAB CABCABCABCABCABC

ABCABCABCABCAB CABCABCABCABCABC
ABCABCAB CABCABCABC

图 6.3 在含有重复单元的 DNA 区域，在非对等重复配对的情况下出现了不等交换。这里 ABC 为重复单元。蓝色染色体的第三个重复与黑色染色体的第一个重复对齐。通过配对区，一条染色体的 ABC 单元与另一条染色体的 ABC 单元对齐。交换分别产生了 10 个和 6 个重复的染色体，而不是双亲的 8 个重复

是一条重组染色体上存在一个缺失而另一条有了插入。这可能是相关序列成簇进化的机制。我们可以通过研究基因簇和高度重复 DNA 区域来探究这种序列的大小是如何延伸或缩短的。

基因组中的高度重复组分包括多个由很短的重复单元组成的串联拷贝，这些串联拷贝往往具有非同寻常的属性。一个属性就是在 DNA 的密度梯度离心时出现了一个分离峰（详见第 2 章“分子生物学与基因工程中的方法学”），称之为**卫星 DNA（satellite DNA）**。它们通常与染色体的异染色质区段相联系，特别是在着丝粒区（含有有丝分裂或减数分裂纺锤体分离用的附着点）。由于它们的重复结构，使它们与串联重复基因簇有一些相同的进化行为。除了卫星 DNA 序列外，还有一些更短跨度的 DNA 与之有相似的特点，称为**小卫星（minisatellite）**。它的每一个重复小于 10 个碱基对（bp）。这在显示个体基因组高度趋异的分析中非常有用，如用于制作基因图或鉴定目的基因。

虽然所有这些改变基因组构成的事件很少发生，但它们在进化上是非常重要的。

6.2 不等交换使基因簇发生重排

关键概念

- A 基因组中存在序列相似的成簇基因时，其中非等位基因座之间的错配可以造成不等交换，其结果就是在一条重组染色体上形成缺失，而在另一条染色体上形成相应的重复。
- 不同的地中海贫血是由于 α 或 β 珠蛋白基因的不同缺失造成的。疾病的严重程度与个体基因的缺失程度相关。

一簇序列相近的或完全相同的基因之间发生重排的机会是比较多的，通过比较哺乳动物珠蛋白基因簇，我们可以看到重排产生的结果（详见第 5 章“基因组序列与进化”中的有关珠蛋白基因家族的讨论）。虽然所有 β 珠蛋白基因簇执行着相同功能，并且具有大致相同的组织结构，但每个基因簇的大小不同，其中 β 珠蛋白基因的个数和类型不同，假基因的个数和结构也是不同的。所有这些差异肯定是从 8500 万年前哺乳动物内部发生分离而开始产生的（哺乳动物共同进化的最后时间节点）。

通过比较可以看出，进化过程中的基因重复、重排、变异与个体基因的点突变具有同样重要的作用（详见第 5 章“基因组序列与进化”）。那么基因结构改变的机制是什么呢？

就如引言中所描述的，非同源位点之间的配对能够造成不等交换。通常重组涉及的是同源染色体上位置精确对应的 DNA 序列。但是如果两条染色体上都存在某一基因的两份拷贝，偶尔也会发生错配（这需要错配基因的一段旁侧序列不参与配对）。错配可发生于基因组中具有短重复序列的区域或基因簇内。**图 6.4** 表示基因簇内发生不等交换时，造成数量和质量上的两种结果。

- 重复序列的数目在一条染色体上增加，而在另一条染色体上则减少。实际上，一条重组染色体上形成插入突变，另一条染色体上发生序列的删除，这与交换发生的精确位点无关。图 6.4 中，第一条染色体上基因拷贝数由 2 增加到 3，而第二条染色体上基因拷贝数则由 2 减到 1。
- 如果交换发生在基因内部（而不是基因间），其结果将取决于发生交换的基因序列完全相同或相近。如果图中非等位基因的拷贝 1 和拷贝 2 序列相同，则形成的两个基因序列没有改变。但是相邻基因的序列比较近似时，也可发生不等交换（只不过频率比两个基因序列完全相同时要低），这时形成的两个重组基因与任一原有序列都不相同。

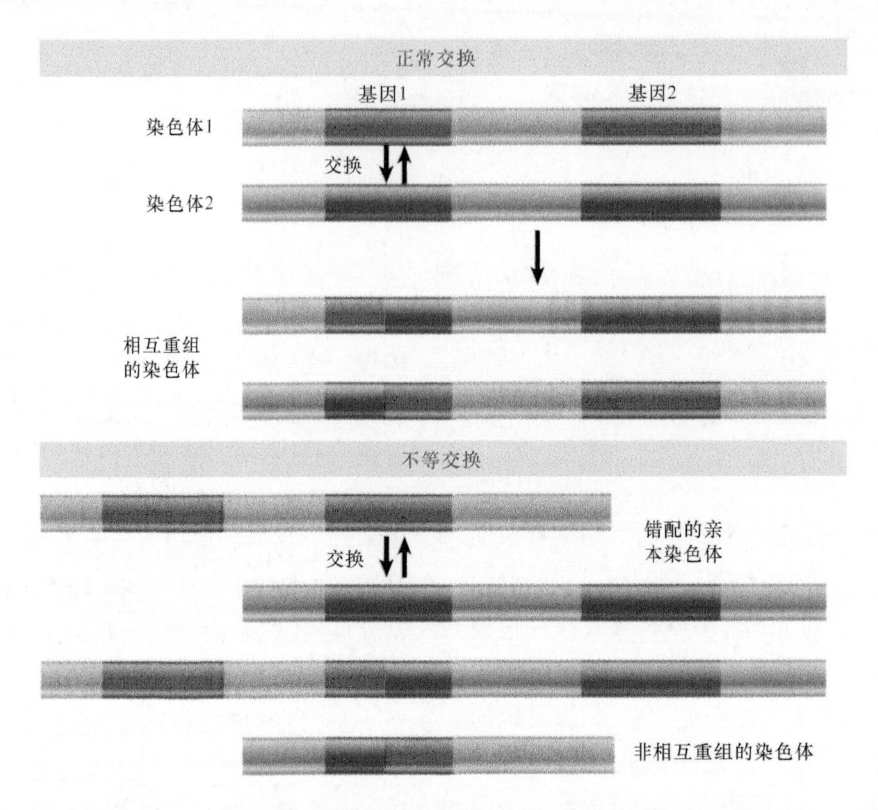

图 6.4　不等交换可以改变基因的数目。如果一条染色体上的基因 1 与另一条染色体上的基因 2 配对，则其他的基因拷贝就无法配对。错配基因间的重组就产生了一条有单一（重组）基因拷贝的染色体和一条有三份基因拷贝（包括两个来自亲本的和一个重组的）的染色体

染色体在选择上具有优势还是劣势取决于基因产物序列改变及基因拷贝数改变所产生的后果。

基因的断裂结构可以阻碍不等交换的发生。例如，珠蛋白基因，相邻基因中相应外显子的序列比较近似，易于配对；但各基因内含子的序列却发生了相当程度的分化。这一因素在一定程度上缩短了发生连续错配的 DNA 片段长度，从而减少了发生不等交换的机会。可见内含子之间的序列差异能抑制不等交换，从而增加基因簇的稳定性。

地中海贫血（thalassemia）是由于 α 或 β 珠蛋白基因上发生了某些降低或阻止其表达的突变而造成的。珠蛋白基因簇中发生不等交换的现象就是通过地中海贫血的某些特征发现的。许多最严重的地中海贫血是由基因簇的某一部分缺失而造成的。至少在某些病例中，缺失末端位于同源区域中，这恰巧是预期的结果，就如这些缺失是由先前的不等交换所造成的。

图 6.5 总结了某些造成 α 地中海贫血的缺失。α-thal-1 缺失突变较长，缺失的左末端位置各不相同，右末端位于基因簇已知基因的下游。这些序列缺失（删除）造成了两个 α 基因的全部丢失。α-thal-2 缺失突变较短，只造成了一个 α 基因的丢失。其中，L 类缺失造成了包括 α2 基因在内的 4.2 kb DNA 片段的丢失，这一缺失很可能是由不等交换引起的，因为缺失的两端位于同源区，即分别位于 ψα 基因和 α2 基因的右侧；R 类缺失造成 3.7 kb DNA 片段的丢失，这恰是 α1 与 α2 基因之间的距离，这一缺失似乎是 α1 基因与 α2 基因二者之间发生不等交换所引起的，这正是图 6.4 所描述的情况。

根据地中海贫血的等位基因二倍体组合的不

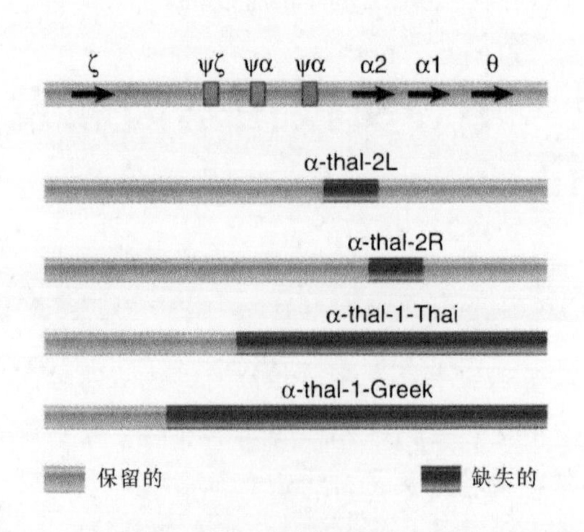

图 6.5　α 珠蛋白基因簇上不同突变所导致的地中海贫血

同方式，患者可能具有 0～3 个 α 基因。具有 2 或 3 个 α 基因的个体与正常人（具有 4 个 α 基因）几乎没有什么差别；但是如果只有 1 个 α 基因，那么多出的 β 珠蛋白链则会形成一般个体中不存在的 β_4 四聚体，这会引发**血红蛋白 H（hemoglobin H，HbH）病**。α 基因完全缺失则会引起**胎儿水肿（hydrops fetalis）**，这在出生时或出生前就是致死的。

产生地中海贫血的染色体不等交换同时也应该产生一条具有 3 个 α 基因的染色体。我们已经在几个群体中发现了拥有这种染色体的个体。在某些群体中，3 个 α 基因座出现的频率与单 α 基因座出现的频率相同；而在另一些群体中，出现 3 个 α 基因座的频率则比出现单一 α 基因座的频率低，这提示某些（未知）选择因素在不同群体中起作用，它调节着基因数目。

α 基因数目发生改变是比较常见的，这说明 α 基因簇中不等交换是经常发生的。至于 α 基因簇比 β 基因簇更易发生不等交换，这可能是由于 α 基因簇中的内含子小得多，因而对非同源等位基因座之间发生错配的抑制作用较小。

造成 β 地中海贫血的基因缺失总结于**图 6.6**：在某些（少见的）情况下，只有 β 基因受到影响，它造成 600 bp 的序列缺失，即从 β 基因的第二个内含子延伸至 3′ 端旁侧序列；在其他情况下，基因簇中多个基因都会受到影响，许多缺失非常长，可从图上的基因 5′ 端向右延伸超过 50 kb 的距离。

连锁基因之间发生不等交换可产生缺失，其经典的例子就是 **Hb Lepore** 型。β 基因与 δ 基因只有 7% 的序列差异，而不等重组可使两个基因之间的序列缺失，然后使两者发生融合（见图 6.4）。融合基因可表达出一条类似 β 珠蛋白链的单一肽链，其 N 端来自 δ 基因，C 端则来自 β 基因。

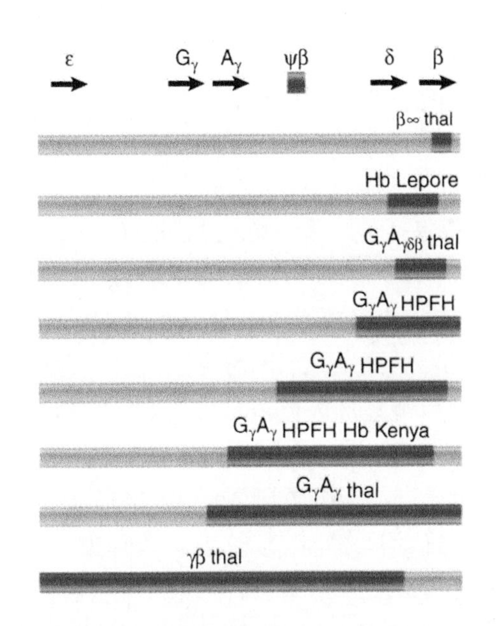

图 6.6 β 珠蛋白基因缺失所导致的地中海贫血

至今，我们已经发现了几种 Hb Lepore 珠蛋白链，它们的不同存在于由 δ 序列向 β 序列转变的位点中。所以 δ 与 β 基因相互配对发生不等交换时，重组发生的精确位点决定了氨基酸链中由 δ 向 β 转变的位点。

Hb anti-Lepore 珠蛋白链与以上情况恰好相反，它的基因 N 端来自 β 基因，C 端则来自 δ 基因，而其所产生的融合基因则位于正常的 δ 基因与 β 基因之间。尽管这种突变的杂合子是表型正常的，但是携带 β 基因突变者会出现轻度的 β 地中海贫血。

对另一种融合血红蛋白——**Hb Kenya** 的研究表明，不等交换也可发生于一些相关性较远的基因之间。Hb Kenya 蛋白的 N 端来自 $^{A}\gamma$ 基因，C 端来自 β 基因，这表明融合基因肯定是由 $^{A}\gamma$ 基因与 β 基因发生不等交换形成的，而 $^{A}\gamma$ 与 β 基因有 20% 的序列差异。

从不同哺乳动物珠蛋白基因簇的差异中我们可以看出，每个基因簇进化过程中的重要特征往往来自倍增作用及随后而来的变异过程。人类染色体缺失导致地中海贫血证明两个珠蛋白基因簇仍在发生着不等交换。每次不等交换产生一条重复序列和一条缺失序列，我们必须了解两个重组基因座在群体中的命运。缺失（理论上）也可由同一条染色体上的同源序列之间发生重组而产生，不过这时不会产生相应的重复序列。

这些事件发生的自然频率是难以估计的，因为选择压力会迅速地调节群体中发生不同变异的基因簇水平。一般而言，使基因数目减少的变异是有害的，因而不易被保留。但是在某些群体中，平衡优势可能会使缺失的形式保持在较低的频率。特别是，某一种地中海贫血为基因缺失型，而携带此基因的纯合子或杂合子显示他们对某些感染性疾病如疟疾等具有抗性。平衡选择的结果会让这样的突变维持在一个较高的发生率，与此同时，杂合子可不表现出严重的地中海贫血症状，这受益于其感染性疾病的抗性能力，因为杂合子同时携带了正常的和突变型的等位基因，而自然选择则维持了这两个等位基因之间的“平衡”。当然，在小群体中，遗传漂变很可能在有效消除新的中性重复中发挥作用。在这一机制中，稀有等位基因通过随机事件在群体中被清除，杂合子也可不表现出症状，而如果杂合子在群体中是稀有的，他们可能缺乏生殖能力或碰巧不能传递突变等位基因给下一代，那么这个等位基因就会从群体中消失。

目前人类珠蛋白基因簇结构中显示出好几个重复单元，这更证明了这些机制的重要性。其中功能性序列包括两种编码相同多肽的α基因、非常相似的β和δ基因，以及两种几乎完全相同的γ基因。这些发生相对较晚的独立重复序列都能在群体中保留下来，更不用说发生更早的、产生各种珠蛋白的重复序列了。其他重复序列可能已经产生假基因或者已经丢失了。我们认为持续的重复与缺失会是所有基因簇的一个特征。

6.3 编码 rRNA 的基因形成包括恒定转录单位的串联重复

关键概念

- 核糖体 RNA（rRNA）是由大量完全相同的基因编码的，这些基因串联重复形成一个或多个基因簇。
- 每一个核糖体 DNA（rDNA）簇的组成都是有规律的，转录单位和非转录间隔区交互排列，而每个转录单位主要由 rRNA 和连接前体组成。
- rDNA 簇中的基因都具有完全相同的序列。
- 非转录间隔区由许多短重复单元构成，其数目是不定的，所以每一间隔区的长度是不同的。

前面讨论的珠蛋白基因这个例子中，基因簇中每个成员基因之间都存在差异，这使选择压力可以单独地对每一个基因产生稍微不同的作用。与此相反的是两个很大的基因簇，它们包括了同一个基因的许多完全相同的拷贝。在大多数真核生物基因组中，组蛋白基因具有多份拷贝，而组蛋白是染色体的主要组分之一；编码核糖体 RNA（rRNA）的基因也几乎总是具有多份拷贝，这些现象向人们提出了几个有趣的进化问题。

不论在原核生物还是真核生物中，rRNA 都是转录物中的最主要成分，约占细胞 RNA 总质量的 80% ～ 90%。在各种不同物种中，主要 rRNA 基因数目有所不同，小的只有 1 个（在一种专性细胞内细菌 *Coxiella burnetii* 和肺炎支原体中）；大肠杆菌为 7 个；单细胞或寡细胞真核生物为 100 ～ 200 个；多细胞真核生物中则多达几百份拷贝。大 rRNA 和小 rRNA（分别是核糖体大、小亚基的组分）基因通常成对串联（酵母线粒体 rRNA 基因是唯一的例外）。

rRNA 分子序列中没有任何可检测到的变异，这说明每个 rRNA 基因的所有拷贝肯定是完全相同的。一个主要兴趣点是，究竟是什么机制阻止了基因序列中变异数量的增加。

在细菌中，多个 rRNA 基因是分散分布的；而在大多数真核生物中，rRNA 基因是以串联的一个或多个基因簇的形式存在于核仁中，这些序列有时也称为 **rDNA**（在有些情况下，由于 rDNA 占总 DNA 的比例较大，以及其非典型的碱基组成，我们可以直接以独立片段的形式从剪断的基因组 DNA 中将其分离出来）。这种串联基因簇的一个重要鉴别特征是，它可形成环状的限制图（详见第 2 章“分子生物学与基因工程中的方法学”），如**图 6.7** 所示。

假设每一重复单元包含了 3 个限制位点，如果用传统的作图方法定位这些片段时，我们会发现 A 与 B 相邻，B 与 C 相邻，C 与 A 相邻，这就形成了环状图；如果基因簇很大，则其内部的限制性片段（A、B、C）出现的次数大大多于连接基因簇与相邻 DNA 的端部限制性片段（X、Y）出现的次数；如果一个基因簇中有 100 个重复，那么 X、Y 片段数量将是 A、B、C 片段数量的 1%，这样作图时就很难获得包括基因簇的端部片段的图。

核内 18S 和 28S rRNA 合成的区域存在明显特征：其核心为纤维状，周边为颗粒状皮层。纤维状核心是 rRNA 以 DNA 为模板进行转录的场所；rRNA 随后组装形成核糖核蛋白颗粒，构成了核仁外围的颗粒状皮层，整个区域称为**核仁（nucleolus）**。其典型的形态学特征在**图 6.8** 中表现得非常明显。

与核仁相关的特定染色体区段称为**核仁组织者（nucleolar organizer）**，每个核仁组织者区与染色体上的一个串联重复 18S/28S rRNA 基因簇相对应。

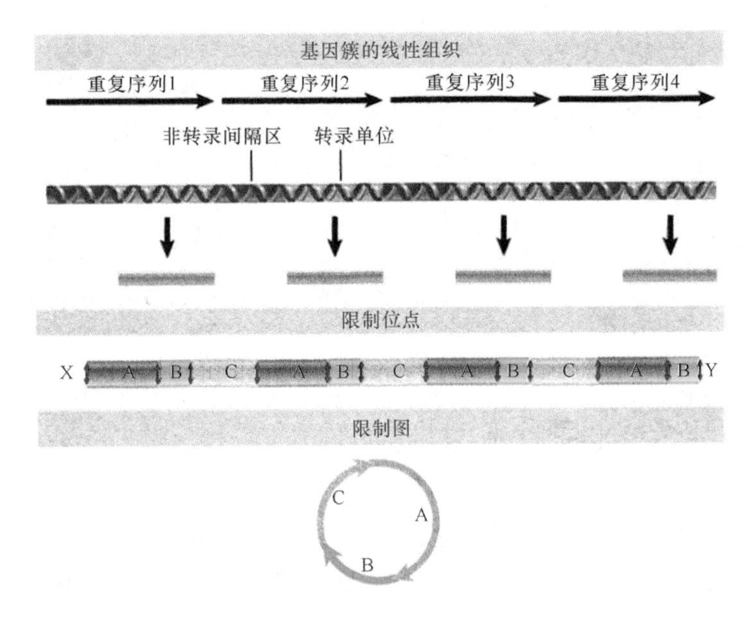

图 6.7 串联基因簇由一个转录单位和非转录间隔区分隔排列而成，它可产生环状限制图

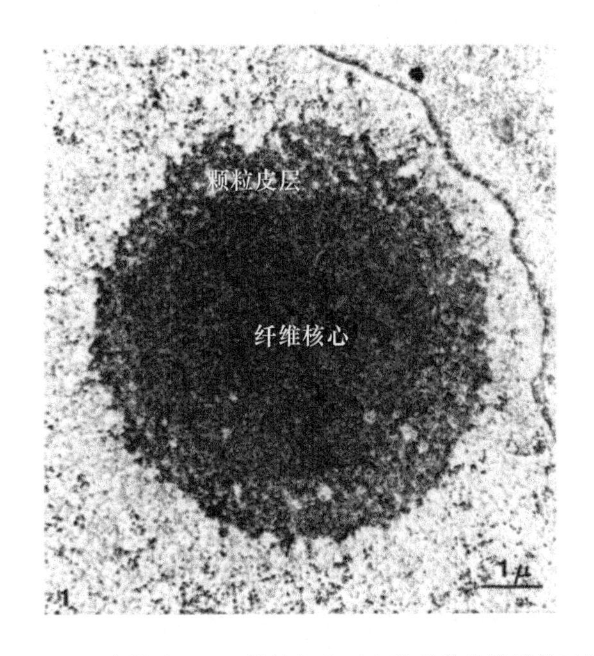

图 6.8 正在转录 rDNA 的核仁和正在装配着的核糖体亚基构成的外围颗粒状皮质。这个薄切片显示了蝾螈的核仁
照片由 Oscar Miller 友情提供

串联重复 rRNA 基因的集中及其高强度的转录造成了核仁的这种形态特征。

不管在细菌（5S 和 16S/23S rRNA 一起被转录）还是真核生物（18S/28S rRNA 一起被转录）的核仁中，主要的 rRNA 对都转录于单一的前体。在真核生物中也发现 5S 基因也通常以串联簇的形式被转录为带有转录间隔区的前体。转录后，前体被切割，释放出单个 rRNA 分子。在细菌中转录单位最短，而哺乳动物中则最长（哺乳动物中根据其沉降系数，将转录单位称为 45S RNA）。一个 rDNA 基因簇中包含多个转录单位，转录单位之间以**非转录间隔区**（**nontranscribed spacer**）进行分隔，这样许多 RNA 聚合酶可同时参与到某一重复单元的转录中。由于 RNA 聚合酶非常集中，因此 RNA 转录物形成了沿着转录单位不断增长的特征性基质。

非转录间隔区的长度在种间（有时在种内）的差异非常大。在酵母中，非转录间隔区较短，长度相对固定；在黑腹果蝇（*Drosophila melanogaster*）中，不同重复单元之间的间隔区长度竟可相差两倍之多；非洲爪蟾（*Xenopus laevis*）也是如此。这些情况所指的重复单元都位于同一条染色体上的一个串联簇内（如黑腹果蝇，这一基因簇位于性染色体上，而 X 染色体上的基因簇长于 Y 染色体上的基因簇，所以雌性个体比雄性具有更多的 rRNA 基因拷贝）。

哺乳动物中重复单元则长得多，它包括 13 kb 的转录单位和 30 kb 的非转录间隔区，这些基因通常分布在几个散在的基因簇内，在人类和小鼠中，分别位于 5 条和 6 条染色体上。目前一个有趣的问题是：在单一基因簇中假设能发挥作用的校对机制能使 rRNA 序列拷贝保持一致，但是如何在几个不同的基因簇上也能发挥此作用。最近的研究提示：自然选择可在不同染色体的基因簇之间，维持基因的功能拷贝一一对应的数目，以确保不同 rRNA 分子（在形成核糖体时它们必须相互作用）的用量保持基本相等。

同一基因簇内非转录间隔区的长度变化很大，这与序列保守的转录单位形成了鲜明对比。虽然长度不同，但长的和短的间隔区之间仍保持同源性，这提示每一间隔区本身是由重复序列构成的，其长度的变化就只是由其重复亚单元数目的差异造成的。

非转录间隔区的一般特征在非洲爪蟾中表现得非常清楚，如**图 6.9** 所示，长度恒定的区域与长度不定的区域相间排列（三个内部重复序列都由不同数目的短亚单元构成，其中一种重复单元长 97 bp；在两个位置出现的另一种重复则含有两种重复单元，分别为 60 bp 和 81 bp）。内部重复区域中重复单元数目的变化造成了非转录间隔区长度的变化，而各个内部重复区域之间以长度恒定的短小序列为间隔区，称为 **Bam 岛（Bam island）**（这些序列因为可用 *Bam*H I 限制酶分离而得名）。由其结构可以看出，这些基因簇是通过包括启动子区在内的序列发生重复而进化来的。

我们需要解释的是，为什么这些重复基因转录物之间没有差异。一个模型认为必须存在一定数量的“好”序列才能保证满足转录在数量上的需求。如果是这样，那么突变序列只有在基因簇中聚集达到足够的比例才会受到选择压力的作用，而我们可以排除这种模型，因为基因簇中不存在这种变异。

没有变异暗示负选择在对抗个体的突变。另一种假说认为，整个基因簇周期性地由某一个或极少数几个成员重新形成。如果是这样的话，必然存在一种机制使得基因簇在每代都重新生成。然而这样的模型也是可以排除的，因为这样生成的基因簇中，各个重复单元中的非转录间隔区不会存在差别。

为此，我们感到左右为难，因为非转录区之间的差异提示基因簇中经常发生不等交换，而这只改变了基因簇的大小，并不改变每一个重复单元的特性。但是，是什么机制阻止了突变的发生呢？下一节将看到基因簇持续的收缩与扩展可能提供了一种使基因簇内各个单元同源化的机制。

6.4 固定的交换使各个重复单元的序列保持完全相同

关键概念

- 不等交换能够改变串联重复基因簇的大小。
- 基因簇内的每一个重复单元可被清除，也可扩展到整个基因簇。

不是所有的基因重复拷贝都会变成假基因，那么，选择压力是如何阻止有害突变积累的呢？

基因重复可能会立即减轻选择作用对它的压力，既然有了两份完全相同的拷贝，即使某一拷贝上发生突变，生物体也不会缺失这一功能产物，因为另一份拷贝仍然能编码出原有产物。所以基因发生重复后，选择压力对两个基因的作用就被分散到两个基因上了，直到其中一份拷贝发生足够多的突变而使其丧失原有功能时，选择压力才会又完全集中于另一份基因拷贝上。

基因发生重复后，其中一份拷贝可能更快地积累突变，最终形成具有新功能的基因（或者形成没有功能的假基因）。如果产生新功能，这一基因就以与原基因相同的低速率继续进化，这也许就是胚胎珠蛋白基因与成体珠蛋白基因功能分开的部分机制。

但在某些情况下，重复基因保持着相同的功能，编码完全相同或几乎相同的产物。人类的两个 α 珠蛋白基因就编码完全相同的多肽，两种 γ 珠蛋白之

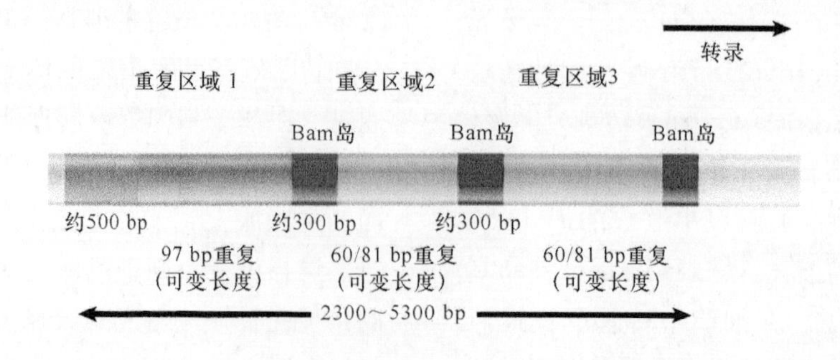

图 6.9 非洲爪蟾非转录间隔区 rDNA 有一个内在的重复结构，这与其长度的变异有关

间也只相差一个氨基酸残基，那么选择压力是怎样使它们的序列保持不变的呢？

很可能是两个基因的功能并非完全相同，而是存在某些（检测不到的）差异，如在不同阶段或组织中表达；另一种可能是生物体对两个基因拷贝的需要是从数量上来调控的，因为每一份拷贝自身都无法产生足够数量的产物。

然而在更多极端的重复序列例子中，我们无法回避这一结论：每一份基因拷贝都不是必不可少。如果某一基因存在多份拷贝，则每一拷贝上突变的即时效应都是很微弱的，即单一突变的影响被基因大量的野生型拷贝"稀释"了，只有当许多拷贝上积累了突变才能导致致死效应。

研究发现，在非洲爪蟾或黑腹果蝇中，半数rDNA簇发生缺失也不会表现出异常表型，这更强化了致死性是由一定数量突变积累所引起的这一观点。那么是什么机制阻止了这些拷贝上逐渐积累有害突变的呢？那些稀少的有利突变又是怎样表现出选择优势的呢？

解释重复基因拷贝序列保持一致的模型的基本理念是，假设这些非等位基因是从上一代拷贝中的其中一份持续不断地再生的。最简单的是两个基因完全相同的情况，如果一份拷贝发生了突变，它或者被丢失（被另一基因代替），或者扩展到两份基因拷贝（突变了的拷贝占据了主导地位）。基因扩展使突变接受选择的考验，结果是两个基因一起进化，就像只有一个基因座一样，这称为**重合进化（coincidental evolution）**或**协同进化（concerted evolution）**。这一机制适合于一对完全相同的基因，（进一步推测）也适合于具有多个基因的基因簇。例如，在此章的前面详细讨论过的串联重复rRNA基因拷贝就显示了协同进化。在许多的原核生物与真核生物基因组内，rDNA基因簇往往存在相同拷贝，而在不同物种中又表现出变异。

关于这种协同进化的一种机制就是，非等位基因序列可以直接进行相互比较，并且能够被识别任何序列差异的酶所同质化（homogenization），这可以通过各基因间相互交换单链而实现。在所产生的基因中，一条链来自一份拷贝，而另一条链来自另一份拷贝，如果两份拷贝间的差异形成不配对的碱基，此时就会吸引酶来切除碱基并将其替换掉，这样就只有A·T和G·C碱基对被保留下来，这样的事件称为**基因转变（gene conversion）**，它与遗传重组相关。通过比较重复基因的序列，我们能够确认基因转变事件发生的范围。如果这些重复基因倾向于发生协同进化，我们将看不到两者之间沉默替换的积聚（不改变氨基酸序列的变化；详见5章"基因组序列与进化"），因为同质化过程既对沉默替换位点起作用，也对非同义替换位点（确实改变了氨基酸序列的突变）起作用。我们知道这种维持机制应该不会超出这一基因的范畴，因为有些倍增基因的旁侧序列完全不同。我们确实会见到有些发生了同质化的序列在其边界处发生突然的改变。

应当记住的是，由于这一机制的存在，当我们利用趋异度来计算基因形成的年代时就会发生错误，因为趋异度反映的是从上次均质化/重新产生事件至今的时间，而不是从发生原始重复至今的时间。

交换固定（crossover fixation）模型认为整个基因簇通过不等交换持续地发生着重排。如果不等交换使得所有基因拷贝实质上都由同一基因重新产生，这就能解释多个基因的协同进化。

以图6.4描述的事件为例，如果一条包含三个基因座的染色体发生缺失，丢掉其中的一个基因，那么在剩下的两个基因中，有1.5的序列来自原先的一份拷贝，只有0.5的序列来自原先的另一份拷贝。在第一个区域发生的任何突变就可同时存在于两个基因中了，这时它便受到选择的作用。

串联基因簇为那些序列相同却位于各自基因簇中不同位置的序列发生错配提供了较多的机会。通过不等交换，基因簇能够不断地增加或减少其重复单元的数目，这就有可能使基因簇中所有重复单元都可由祖先基因簇中相当小的一部分重复单元进化而来。间隔区长度的变化与不等交换发生在间隔区的内部错配的情况相符，这就解释了各个基因序列保持一致而间隔区却差别较大的矛盾。单个重复单元在基因簇中扩增后，便受到了选择的作用；但是由于间隔区与功能无关，所以可以积累较多突变。

在非重复DNA中，重组可发生在两条同源染色体上的精确配对的区域，它们产生两个互补的重组体，这种精确性的基础是两条双链DNA序列可以精确地配对。我们知道如果存在多份基因拷贝，同时其外显子序列又比较接近，那么即使其旁侧序列和插入序列不同，不等重组也能发生，这是因为非等位基因间相应的外显子可以发生错配。

我们可以想象在由完全相同或近于完全相同的串联重复单元构成的基因簇中，错配发生的频率比上述情况要高得多。实际上，除了在基因簇末端，由于连续重复单元间连接得异常紧密，甚至要确定每个重复单元几乎是不可能的，这就会造成两种结果：基因簇的大小会不断发生变化，以及重复单元间会发生同质化。

假设有一条序列，其重复单元为“ab”，末端序列分别为“x”“y”。一条染色体用黑色表示，另一条用红色表示，则等位序列精确配对的情况应该为

xababababababababababababababababy
xababababababababababababababababy

但是，一条染色体上的任一 *ab* 序列都很可能与另一条染色体上的任一 *ab* 序列配对。比如发生于下图的一种错配：

xababababababababababababababababy
xababababababababababababababababy

这时虽然配对区域较短，但是其稳定性丝毫不比完全配对时差。我们还不太清楚重组发生前的配对是如何起始的，但很有可能是从相应的短序列区域开始，然后再向外延伸。如果从卫星 DNA 序列内起始配对，则很可能并非仅仅在基因簇中相同位置处的重复单元发生配对。

假设有一重组反应发生在已经错位的配对区，这样形成的重组体会含有不同数目的重复单元，结果就是一条染色体基因簇增长，另一条染色体基因簇缩短，图中“×”表示交换发生的位点。

xababababababababababababababababy
×
xababababababababababababababababy
↓
xababababababababababababababababababababy
+
xababababababababababababababy

如果这样的情况经常发生，那么串联重复基因簇就会不断地扩充或收缩，这会导致某一特定重复单元占领整个基因簇，如图 6.10 所示。假设起始基因簇包含 *abcde* 序列，其中每一字母代表一个重复单元，由于不同重复单元之间序列非常相似，这就可以发生错配，这样，经过一系列的不等重组事件

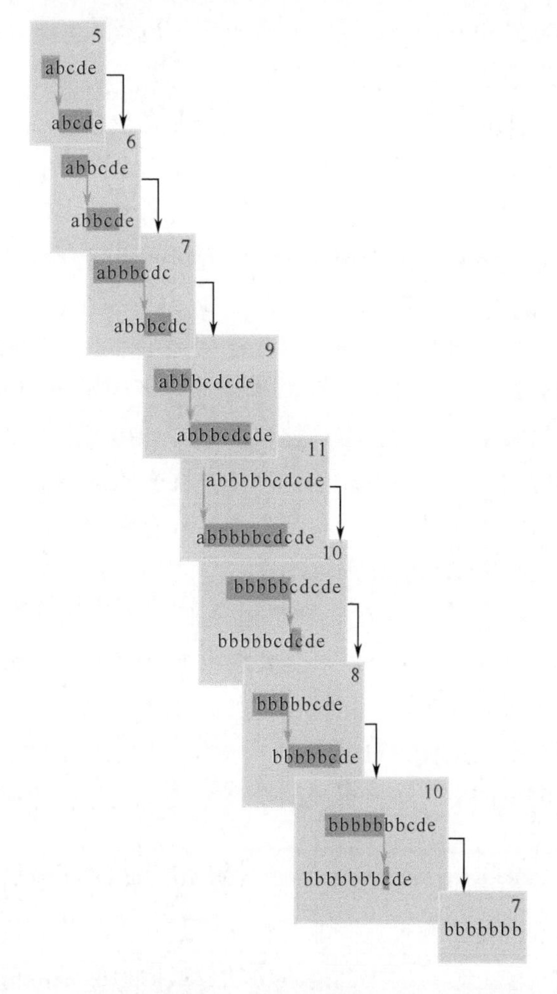

图 6.10 不等重组使一个特定的重复单元占领整个基因簇中。数字表示每个阶段重复单元的长度

之后，重复区的长度就会时增时减，同时，其中一个重复单元逐渐会取代其他重复单元。

交换固定模型预计，任何不受选择压力作用的 DNA 序列都可由上述方式形成的一系列完全相同的串联重复所代替。其中关键性的假设是，与突变相比，交换固定的速率要快得多，因此新突变或者被消除（带有它的重复单元丢失），或者扩展到整个基因簇。当然，如果是 rDNA 簇，那么我们还要进一步考虑对功能性转录序列的选择这一因素。

6.5 卫星 DNA 一般位于异染色质中

关键概念

- 高度重复 DNA（或卫星 DNA）由很短的重复序列组成，而且没有编码功能。

- 卫星 DNA 存在于具有特殊物理特性的大片段中。
- 卫星 DNA 是着丝粒异染色质的主要组分。

重复 DNA 的特征是具有（相对）较快的退火速率。真核生物基因组中退火最快的组分称为**高度重复 DNA（highly repetitive DNA）**，它是由很短的串联重复拷贝构成的较大序列簇，由于其重复序列很短，有时也称为**简单序列 DNA（simple sequence DNA）**。这一组分存在于几乎所有的多细胞真核生物基因组中，但它占基因组的比例变化很大。在哺乳动物中，它的比例一般小于 10%，但是（例如）在黑果蝇（*Drosophila virilis*）中，它的比例可达 50%。除了较大的序列簇（高度重复序列就是在其中首先发现的）外，还有些散在于非重复序列间的较小序列簇，它一般由一些完全相同或相似的短重复序列构成。

除了简单序列 DNA，多细胞真核生物还含有复杂的卫星 DNA，它是长的重复单元，通常位于异染色质区，有时也会出现在常染色质区。例如，果蝇有 1.688 g/cm^3 浮力密度卫星 DNA，它由 359 bp 重复单元组成。人类中存在于着丝粒区域的 α 卫星 DNA 家族含有 171 bp 重复单元；β 卫星 DNA 家族存在 68 bp 重复单元，此间散布着更长的、含有假基因的 3.3 kb 重复单元。

短序列串联重复形成具有特殊物理特性的组分，我们可以利用它的特性将其分离出来。在某些情况下，重复序列的碱基组成与基因组的平均组成有较大差别，所以由于其浮力密度不同，这些序列能够形成独立带，这种带称为**卫星 DNA（satellite DNA）**，这一名称与简单序列 DNA 本质上是同义的。与这些序列过于简单相一致的是，它们可能被转录或不被转录，但它们是不会被翻译的（在一些物种中，有证据表明短 RNA 为异染色质形成所需，这提示在染色体的、含有卫星 DNA 的异染色质区存在序列转录；详见第 30 章“调节性 RNA”）。

同源染色体配对时，串联重复极易发生错配排列，所以串联序列簇的大小具有很大的多态性，个体之间存在很大差异。实际上，其中那些较小的序列簇可用来鉴别个体基因组，这就是“DNA 指纹”技术（见 6.8 节“小卫星序列可用于遗传作图”）。

双链体 DNA 的浮力密度由其 G·C 含量决定，其经验公式为

$$\rho = 1.660 + 0.000\,98\ (\%\mathrm{GC})\ \mathrm{g/cm^3}$$

浮力密度通常用 DNA 氯化铯（CsCl）密度梯度离心法测定，离心中 DNA 可以在与其密度相对应的位置上形成带。当序列之间 G·C 含量差异超过 5% 时，就能够用密度梯度离心分开。

将真核生物 DNA 进行密度梯度离心时，我们可以分离到两种组分。

- 基因组中大部分 DNA 形成连续的片段群，形成一个较宽的峰，以基因组平均 G·C 含量相对应的浮力密度位置为中心，这称为主带（main band）。
- 有时可以在不同的密度值处看到另外一个或多个较小的峰，这一组分称为卫星 DNA。

卫星 DNA 存在于许多真核生物基因组中，它们的密度可比主带大，也可比主带小，但它们的含量很少超过总 DNA 的 5%。小鼠 DNA 是一个很明显的例子，如**图 6.11** 所示为小鼠 DNA 进行氯化铯密度梯度离心后对其带进行的数据分析。主带占总基因组的 92%，浮力密度在 1.701 g/cm^3 左右（与其 42% 的平均 G·C 含量相对应，这是哺乳动物典型的 G·C 含量）。较小的峰带占基因组 DNA 的 8%，具有特殊的浮力密度（1.690 g/cm^3），其中包含小鼠的卫星 DNA 序列，其 G·C 含量（30%）远低于基因组的其他部分。

卫星 DNA 在密度梯度离心中的行为经常是不规则的，根据它在密度梯度离心中所处的位置推测出的碱基组成经常与其实际组成有所出入，原因是密度 ρ 不仅与碱基组成有关，还与其最邻近的碱基

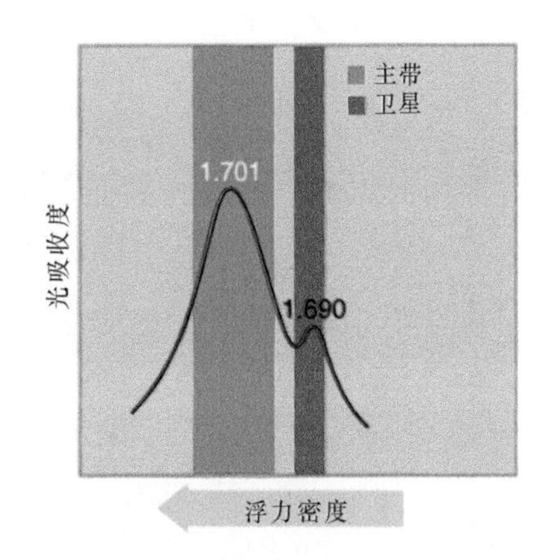

图 6.11 经过氯化铯密度梯度离心，小鼠 DNA 被分为一个主带和卫星 DNA

对的结构有关。只有当这些邻近的碱基对随机分布时，浮力密度的公式才能成立，而简单序列可能并非如此；另外，卫星DNA上发生的甲基化也会改变其浮力密度。

通常基因组中的绝大部分高度重复DNA都能以卫星DNA形式被分离出来。即使不以卫星DNA的形式分离，它们的特性也通常与卫星DNA相似，也就是说，它们是由许多具有特殊离心行为的串联重复序列构成的，以这种形式分离出来的组分有时称为**隐蔽卫星DNA（cryptic satellite DNA）**。“隐性的”和“显性的”卫星DNA通常构成了所有较大的高度重复DNA串联重复区域。基因组中含有多种高度重复DNA，每一种都存在于独立的卫星DNA模块（尽管有时不同类的卫星DNA模块可相邻排列）。

高度重复DNA分布在基因组的什么位置上呢？利用由核酸杂交技术衍生出的一种技术，我们可以在染色体结构上直接检测出卫星DNA序列的位置。在原位杂交技术中，先在玻璃片上将细胞膜裂解，再进行处理使染色体DNA变性，然后加上标记的DNA或RNA探针，在探针与变性基因组的互补序列杂交后，通过探测标记技术，我们就可定位杂交的位置，如可用放射自显影或荧光进行检测。

卫星DNA存在于异染色质(heterochromatin)中，异染色质是指染色体上处于永久紧密折叠且失活状态的区域。与此相对的是常染色质（euchromatin），它代表着绝大部分基因组（详见第7章“染色体”）。异染色质通常位于着丝粒中（有丝分裂或减数分裂时在此处形成动粒，以控制染色体分离）。卫星DNA的着丝粒定位提示它在染色体上发挥某种结构性功能，这种功能可能与染色体分离过程有关。

图6.12表示的是小鼠卫星DNA在染色体上的位置。在这一例子中，每条染色体都有一个末端被标记，这里正是小鼠染色体着丝粒所在部位。

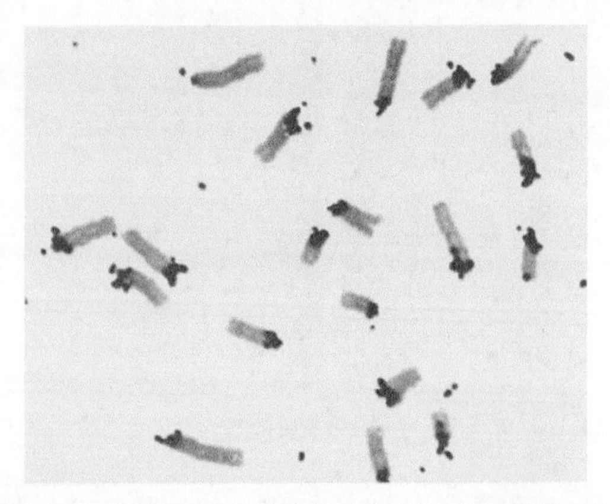

图6.12 细胞学杂交显示小鼠卫星DNA定位在着丝粒

照片由Mary Lou Pardue and Joseph G. Gall, Carnegie Institution友情提供

6.6 节肢动物卫星DNA具有很短的相同重复

关键概念

- 节肢动物卫星DNA的重复单元长度只有几个核苷酸，其绝大多数拷贝的序列是完全相同的。

在节肢动物中，所有卫星DNA序列都非常相近，其中昆虫和蟹最为典型。通常卫星DNA中90%以上的序列都是由同一个很短的重复单元构成的，这样在确定每一重复单元的序列时就相对直观。

黑果蝇具有三种主要的卫星DNA和一种隐蔽卫星DNA，二者占全基因组的40%以上，各卫星DNA的序列总结在**表6.1**。三种主要卫星DNA的序列非常相近，Ⅱ类和Ⅲ类卫星DNA都是由Ⅰ类卫星DNA经单碱基对替换而形成的。

Ⅰ类卫星DNA序列存在于与黑果蝇相关的其他种属果蝇中，所以它很可能在果蝇种属形成前就已存在。而Ⅱ类和Ⅲ类卫星DNA似乎是黑果蝇所特有的，所以可能是随着果蝇种属形成后从Ⅰ类卫星DNA进化而来的。

这些卫星DNA序列的主要特征是其重复单元很短，只有7 bp。其他物种中也存在相似的序列。黑腹果蝇含有多种卫星DNA序列，其中几种重复单元也很短小（5 bp、7 bp、10 bp或12 bp）。蟹中

表6.1 黑果蝇的卫星DNA是相关的，每个卫星DNA中超过95%是由一个主要序列的串联重复组成

卫星	优势序列	总长度	占基因组的比例
I	ACAAACT TGTTTGA	1.1×10^7	25%
II	ATAAACT TATTTGA	3.6×10^6	8%
III	ACAAATT TGTTTAA	3.6×10^6	8%
隐性的	AATATAG TTATATC		

```
        10         20         30         40         50         60         70        G80         90        100T       110
GGACCTGGAATATGGCGAGAAAACTGAAAATCACGGAAAATGAGAAATACACACTTTAGGACGTGAAATATGGCGAGAAAACTGAAAAAGGTGGAAAATTAGAAATGTCCACTGTA

GGACGTGGAATATGGCAAGAAAACTGAAAATCATGGAAAATGAGAAACATCCACTTGACGACTTGAAAAATGACGAAATCACTAAAAAACGTGAAAAATGAGAAATGCACACTGAA
120        130        140        150        160        170        180        190        200        210        220        230
```

图 6.13 小鼠卫星 DNA 的重复单元包括 2 个 1/2 重复，把它们对齐以显示出相同处（用蓝色标示）

也有与此类似的序列。

黑果蝇的不同卫星 DNA 具有非常相似的序列，但其他基因组并不一定也是如此，它们的卫星 DNA 序列可能毫不相关。每一个卫星 DNA 序列都是由一段很短的序列侧向扩增而形成的。这一序列可能是原卫星 DNA 序列的突变型（如黑果蝇），也可能存在其他来源。

基因组中卫星 DNA 序列不断地生成或丢失，这就很难确定其进化上的相互联系，因为生成现有卫星 DNA 序列的祖先序列很可能早就丢失了。卫星 DNA 序列的重要特征是它们代表了很长的一段 DNA 序列，而序列复杂性却很低，即维持了内部序列之间的一致性。

卫星 DNA 序列还有一个特征，即两条链上碱基对的分布方向是不对称的。如图 6.13 所示，黑果蝇的每一种主要卫星 DNA 序列中，其中一条链的 T 和 G 碱基比另一条链丰富得多。这种组成增加了该链的浮力密度，所以利用变性可将这条重链（H）与其互补的轻链（L）分开，这在测定卫星 DNA 序列时是非常有用的。

6.7 哺乳动物卫星 DNA 由分级的重复序列所组成

关键概念

- 小鼠卫星 DNA 是由一个短的重复单元经重复和突变进化而来的，其基本的重复单元为 234 bp，然而构成原重复单元的 1/2、1/4 和 1/8 重复仍可被辨认出来。

在哺乳动物中，构成卫星 DNA 的串联重复序列之间的趋异相当大，这在许多啮齿类动物中最为典型。用化学或酶学方法处理卫星 DNA 序列后，在释放出的寡核苷酸片段中，一致的短序列数量占了绝对优势，我们可以利用这一特点将其辨认出来。然而这些优势序列只占很少的拷贝，其他序列则是由这些优势序列经替换、缺失和插入形成的。

一系列发生变异的较短单元可以构成较长的重复单元，而这些较长单元发生某些变异后可构成更长的串联重复序列。这样，哺乳动物卫星 DNA 是由许多分级的重复单元形成的，通过重新复性实验或限制酶消化就可辨认它们。

应用在重复单元上具有识别位点的酶消化卫星 DNA 后，每个这样的重复单元都能形成一个个限制性片段。实际上，如果用限制酶消化真核生物基因组，由于识别位点的随机分布，将形成长长的弥散状条带，而卫星 DNA 将是其中明显的带，因为卫星 DNA 中限制位点的距离是有规则的，所以将形成大量长度完全相同或近似的片段。

测定卫星 DNA 的序列是比较困难的。例如，研究人员可以用限制酶将该区域切割成片段，并试图直接获得序列。但是，如果各个重复单元之间序列存在一定趋异，不同重复片段的多种核苷酸将出现在相同的位置上，这会使得凝胶测序的结果很难解读。如果序列间趋异不算太大，比如小于 2%，则有可能得出重复单元的一般序列。

我们也可以将卫星 DNA 的每一限制性片段插入质粒中进行克隆。但这存在一定难度，即在细菌寄主中，卫星 DNA 经常由于重组而从嵌合质粒上被切除下来。但是如果克隆成功，我们可获得很清楚的克隆片段序列。然而这样仅仅得到了一个或几个重复单元的实际序列，可是我们所需的是更多这样的序列，以便根据各种典型卫星 DNA 的趋异类型重建出整个卫星 DNA 序列。

不论用上述哪一种测序方法，我们得到的信息都是有限的，因为凝胶测序能分析的信息是有限的。由于趋异串联拷贝重复排列，通过获取各个限制性片段间的序列重叠以重新构建出较长序列的方法是行不通的。

小鼠卫星 DNA 用限制酶 *Eco*RII 切割后，可形成一系列带，其中占据优势的是 234 bp 的单体片段。这一片段在该卫星 DNA 序列中几乎毫无变异地重复，占据了能被切割成单体片段的卫星 DNA 总长度的 60% ～ 70%，根据其更小的组成型连续重复单元，我们可以分析这一序列。

图 6.13 给出了这一序列的 2 个 1/2 重复单元。将其前 117 bp 与后 117 bp 碱基对位排列，可以看出这两个重复单元序列非常相似，只有 22 个位点不同，即趋异度为 19%，这意味着这一 234 bp 的序列肯定是由 1 个 117 bp 的重复单元在历史上某一时刻经重复形成的，之后在两条重复序列上逐渐积累了突变。

在 117 bp 的重复单元中，我们可以辨认出两个更小的亚单元，每一个单元是整个卫星 DNA 序列的 1/4 重复，这 4 个亚单元列于**图 6.14**。上两行即图 6.14 中的前一个 1/2；下两行则相当于后一个 1/2。我们可以看出 4 个 1/4 重复间的差异程度有所增加，在 58 个位置上存在 23 个差异，即趋异度为 40%。前 3 个 1/4 重复更相似，趋异度较大的原因在很大程度上是因为第四个 1/4 重复上发生了较多的突变所致。

进一步分析 1/4 重复单元，我们可以看出每一重复单元又由两个序列相似的亚单元（1/8 重复单元）构成，即**图 6.15** 所示的 α、β 序列。与共有序列相比，α 序列都插入了一个 C，而 β 序列则插入了一个三核苷酸，这表明 1/4 重复单元是由类似于共有序列的片段发生重复生成的，后来两个重复序列逐渐积累突变形成了现今的 α 和 β 序列。而串联的 α-β 序列继续积累突变，从而形成了现在的 1/4 和 1/2 重复单元。在几个 1/8 重复单元中的趋异度为 19/31 ＝ 61%。

图 6.16 分析了卫星 DNA 的共有序列，表明现

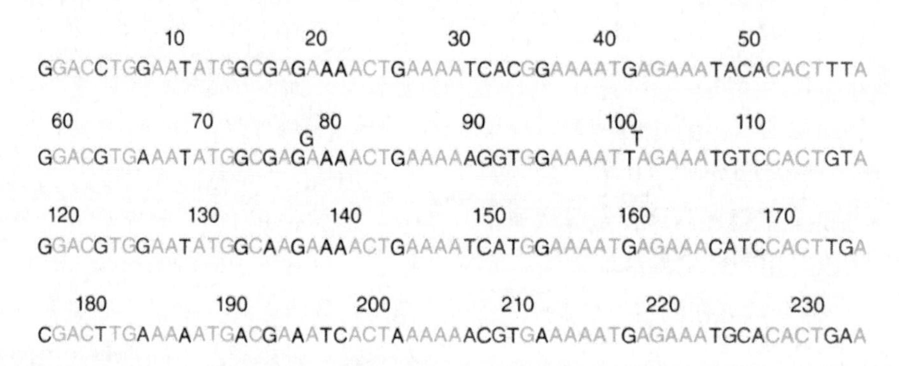

图 6.14 1/4 重复单元对齐显示了每个 1/2 重复单元在前一半和后一半之间的同源序列。所有 4 个 1/4 重复单元的相同位置用绿色表示；1/4 重复单元的前 3/4 相同位置用黑色表示；其趋异序列用红色表示

图 6.15 1/8 重复单元的对齐显示每个 1/4 重复单元的构成由 α、β 各占一半，共有序列为每个位置常出现的碱基。“祖先”序列非常类似于共有序列，它可能是 α、β 单元的前体（卫星 DNA 序列是连续的，所以为了推导共有序列，我们可以作一个环状变换，如图显示将最后的 GAA 与起始的 6 bp 序列相连）

```
              G G A C C T
G G A A T A T G G C
G A G A A A A C T
G A A A A T C A C
G G A A A A T G A
G A A A T C A C T
T T A G G A C G T
G A A A T A T G G C
G A G A^G A A A C T
G A A A A A G G T
G G A A A A T^T T A
G A A A T* C A C T
G T A G G A C G T
G G A A T A T G G C
A A G A A A A C T
G A A A A T C A T
G G A A A A T G A
G A A A C* C A C T
T G A C G A C T T
G A A A A A T G A C
G A A A T C A C T
A A A A A A C G T
G A A A A A T G A
G A A A T* C A C T
G A A
```

$G_{20}A_{16}A_{21}A_{20}A_{12}A_{17}T_{8}\ G_{11}A_{5}$

$T_{7}\ C_{5}\ A_{8}\ C_{9}\ T_{15}$

C_{7}

* 显示β序列中插入的三联体
位置10 的C为α序列中的额外碱基

图 6.16 用 9 bp 重复序列来表示卫星 DNA 序列所显示的整体上存在的共有序列

今的卫星 DNA 序列可被认为是一个 9 bp 序列的衍生物。在卫星 DNA 序列中有三个位置与共有序列不同，我们将它们标于图 6.16 下部。在任何一条序列中，如果在两个位置上不是取最常见的碱基，而是取较常见的碱基，我们则可得到三个序列非常近似的 9 bp 序列：

GAAAAACGT

GAAAAATGA

GAAAAAACT

这一卫星 DNA 序列很可能起源于其中一个 9 bp 序列的扩增。现在整个卫星 DNA 序列的共有序列为 GAAAAAT，它其实是将三个 9 bp 序列有效地组合在一起形成的。

小鼠卫星 DNA 单体片段的共有序列解释了它的特性。最长的 234 bp 重复单元是由限制酶切割来鉴定的。变性卫星 DNA 单链间的复性单位可能是 117 bp 的 1/2 重复，因为 234 bp 既可以整个退火，也可以半退火（在后者中，一条链的第一个 1/2 重复单元与另一条链的第二个 1/2 重复单元退火）。

到目前为止，我们都是把卫星 DNA 当作是 234 bp 重复单元的相同拷贝。虽然这一单元构成了卫星 DNA 序列的大部分，但它的变异体还是存在的。一部分变异体散在整个卫星 DNA 序列中，另一些则成簇聚集。

我们在描述序列分析的初始材料时用到"单体"片段一词，这其实已经提示了变异体的存在。利用在 234 bp 序列中只有一个限制位点的酶切割卫星 DNA 时，也会产生 234 bp 单元的二联体、三联体和四联体片段。如果某些重复单元由于突变失去了酶切位点，那么上述的多联体片段便出现了。

相邻的两个重复单元都有识别位点时，便生成 234 bp 单元的单体；一个重复单元失去识别位点时就生成二联体；相邻两个重复单元都失去识别位点时则生成三联体，依此类推。用某些限制酶切割时，大多数卫星 DNA 序列生成大量这样的重复系列，如**图 6.17** 所示。二联体、三联体片段等数目会逐渐减少，这说明因突变而丢失限制酶识别位点的重复单元是随机分布的。

另一些限制酶切割卫星 DNA 的行为则与以上不同。它们能不断产生同样系列的带，然而，它们只能切割 DNA 的一小部分，如 5% ～ 10%。这说明具有限制位点的重复单元集中在卫星 DNA 的特定区域。这一区域内的重复单元很有可能都由具有

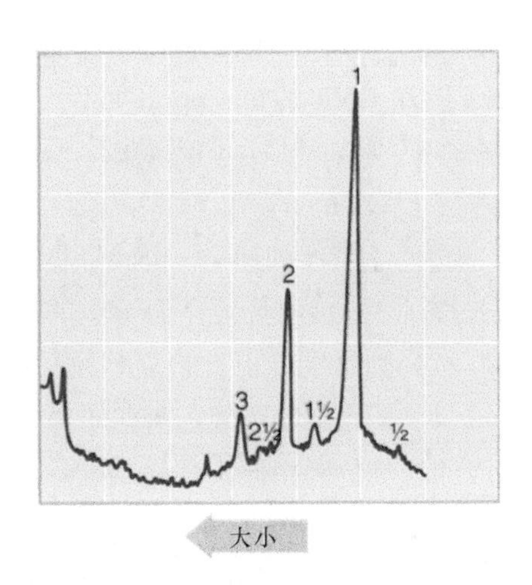

图 6.17 用限制酶 *Eco*RⅡ消化小鼠卫星 DNA 可鉴定出一系列重复单元（1、2、3），它们是 234 bp 序列的多联体；并且也有一小部分（1/2、1 1/2、2 1/2），它们包含 1/2 重复单元（见后文）。最左边的带是对消化不敏感的部分

这种限制位点的祖先突变体重复单元衍生而来（虽然在一般情况下，一些重复单元应经突变失去限制位点）。

卫星 DNA 会发生非相互重组，如果重复单元内部又含有重复序列时，则会产生另外的结果。回到先前的由“ab”重复序列构成的基因簇，我们假设重复单元“a”和“b”两部分序列非常相似，足以进行配对。这样两个序列簇就可以半注册（half-register），即其中一条染色体上的“a”序列与另一条染色体上的“b”序列配对，这种情况发生的概率与重复单元的两部分序列相似度有关。当小鼠卫星 DNA 体外退火时，变性的两条链通常就会以半注册方式配对。

当发生这样的重组时，其中涉及的重复单元的长度就将发生改变：

xababababababababababababababababy

xababababababababababababababababy

xabababababababababababababababababy

xababababababababbabababababababy

发生重组的两个序列簇，上边一条中的一个“ab”单元变成了“aab”，而下边一条中的一个“ab”单元变成了“b”。

这一事件可以解释小鼠卫星 DNA 限制酶消化的一个特性。图 6.17 中，除了整倍长度重复单元形成的较强峰外，还有一系列较弱峰的序列，长度为重复单元的 0.5、1.5、2.5 或 3.5。假设上述例子中，“ab”代表了卫星 DNA 的 234 bp 重复单元，它可以由限制酶在“b”中某一位点切割形成。“a”和“b”片段分别对应于 117 bp 的 1/2 重复单元。

这样上边的重组序列簇中，“aab”将生成正常重复单元长度的 1.5 倍的片段，而下边的重组序列簇中，“b”序列则将生成正常重复单元长度 0.5 的片段（半重复单元系列的曲线与整倍重复单元系列的较长片段的形成原因相同，都是某些重复单元失去限制位点造成的）。

反过来考虑一下，当在胶上发现半重复系列的曲线时，这说明 234 bp 的重复单元由 2 个 1/2 重复单元构成，这是因为它们的序列非常相似，可以发生配对并可以发生重组反应。图 6.17 中还可看到存在着对应于 0.25 和 0.75 重复单元长度的非常弱的峰，它们的生成方式与 0.5 重复单元长度片段的生成方式相同，即序列簇以 1/4 错配发生重组。1/4 重复单元间序列的相似性较 1/2 重复单元间低，这解释了为什么 0.25 和 0.75 曲线比 0.5 曲线更稀有。

6.8 小卫星序列可用于遗传作图

关键概念

- 个体基因组中，在微卫星或小卫星之间存在着差异，这可用来清楚地鉴定个体间的遗传关系，即每个个体各有 50% 的条带来自亲本中的一方。

哺乳动物基因组中常常还存在许多与卫星 DNA 类似的序列，它们也是由小的单元序列串联重复形成，但其总长度比卫星 DNA 短得多，只由（例如）5 ～ 50 个重复序列组成。这是在人类基因组文库中观察许多长度变化极大的片段而偶然发现的。当群体包含能代表相同基因组区域的许多大小不同的片段时，就能观察到这种差异性；当我们检查每个个体时发现，这一区域的多态性非常丰富，并且可以发现许多不同的等位基因。

是否将重复簇称为微卫星或小卫星是基于簇中重复单元的长度和数目的差异。其中重复单元长度小于 10 bp 的序列称为**微卫星（microsatellite）** DNA，其重复数目小于小卫星；重复单元长度为 10 ～ 100 bp 的序列，称为小卫星（minisatellite）DNA，其重复数目更多。但这一术语的应用并不是严格的，这两类序列也称为**数目可变的串联重复（variable number tandem repeat，VNTR）**序列，用于人类物证学的 VNTR 是微卫星，它通常为 2 ～ 6 bp 重复序列，拷贝数小于 20。

个体基因组间微卫星和小卫星差别的原因是它们重复单元的数目不同。例如，一个小卫星的重复单元长度为 64 bp，其重复单元数目在群体中的分布如下：

7%　18 个重复

11%　16 个重复

43%　14 个重复

36%　13 个重复

4%　 10 个重复

小卫星发生遗传交换的频率很高，为 10^{-4}/kb DNA（每一基因座实际发生交换的频率与小卫星 DNA 的长度成正比）。这一频率是减数分裂中同源重组率，即随机序列间重组率的 10 倍。

小卫星 DNA 具有高度的变异性，这使得它在基因组作图中非常有用，因为不同个体在这一基因座上的等位基因极有可能是不同的，**图 6.18** 描述了利用小卫星 DNA 作图的例子。图中为比较极端的情况，两个个体在小卫星序列的基因座上都是杂合的，实际上，4 个等位基因都是不同的。每一子代个体都以常规的方式从亲本一方得到一个等位基因，这样就可明确地确定子代个体中等位基因的来源。就人类遗传学而言，因为等位基因间存在较大差异，所以此图所描述的减数分裂是非常有用的。

在人类基因组中，每一个小卫星家族都共有一种“核心”序列。“核心”片段是长约 10 ～ 15 bp、富含 G·C 的序列，其两条链上嘌呤 / 嘧啶呈不对称分布。每个小卫星的“核心”片段都稍有差异，但利用 DNA 印迹法（Southern blot，详见第 2 章“分子生物学与基因工程中的方法学”），通过含有核心序列的探针，我们可检测到约 1000 个小卫星序列。

想象一下将**图 6.19** 中的情况扩大许多倍，单一基因座的差异效应就是每一个个体都能形成其独特的带型，这样便可以准确无误地检测亲代与子代间的遗传关系，即子代个体有 50% 的带来自特定的亲本一方，这就是 **DNA 分析技术（DNA profiling）**的基础。

微卫星 DNA 和小卫星 DNA 都是不稳定的，但二者不稳定的原因不同。当复制过程中的滑移导致重复的扩增时，微卫星的内部便会形成错配，如图 6.19 所示。DNA 损伤修复系统，特别是那些识别错配碱基的修复系统，对还原这些变化来说是非常重要的。如果修复基因失活，这种变异的频率会大大增加（详见第 14 章“修复系统”）。因为修复系统发生突变是导致癌症形成的重要因素，所以肿

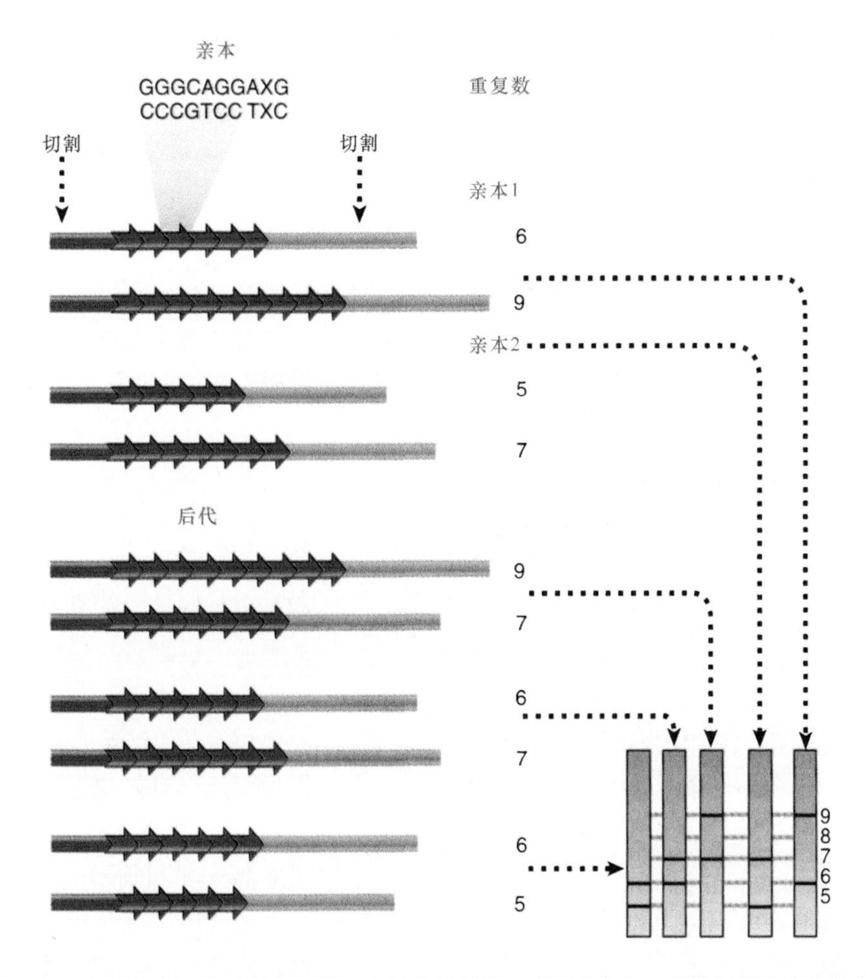

图 6.18　在小卫星基因座上，等位基因在重复序列数目上是有差异的，所以在任何一侧的切割会产生长度不同的限制性片段，根据亲本中不同的含等位基因的小卫星，我们就可推导其遗传模式

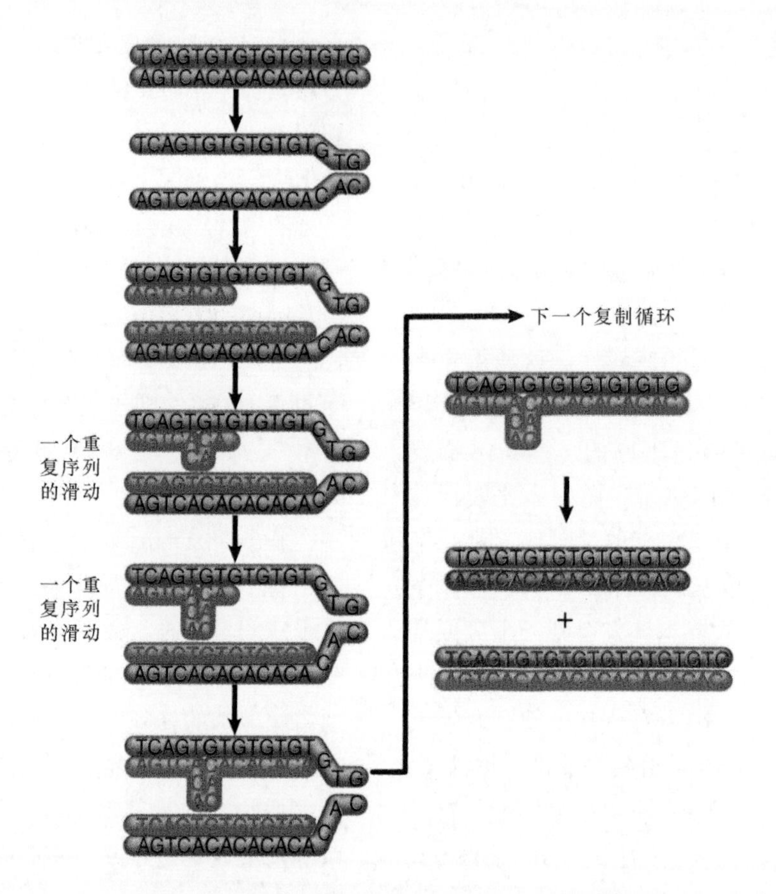

图 6.19 当子链滑回一个重复单元并同模板链配对时，复制滑移就出现了。每个滑动事件会给子链增加一个重复单元，增加的重复单元作为单链环伸出在外，子链下一个循环的复制随着重复序列数产生一个双链体 DNA

瘤细胞的微卫星将表现出很多变异。小卫星的重复单元间可发生与前述卫星 DNA 相同的不等交换。一个令人信服的证据是，高变异与重组热点是紧密相连的。某一序列重组并不一定伴随着它两侧标记片段的重组。更为复杂的情况是，新的突变体等位基因可从两条姐妹染色单体及另一条（同源）染色体中同时获得信息。

目前还不清楚重复序列在什么样的长度上，这种变异原因可从复制滑移（replication slippage）模型转变为重组模型。

小结

- 几乎所有基因都属于某一基因家族。基因家族指那些外显子中具有相似序列的基因，它们是由某一基因（或某些基因）经序列重复而产生，其后又在各个拷贝上产生趋异。某些拷贝则由于发生了失活而突变为假基因，并从此不再发挥任何功能。
- 串联基因簇由许多重复单元的多份拷贝构成，其中包括转录序列和非转录的间隔区。rRNA 簇编码单一的前 rRNA。基因簇中功能基因的保留需要借助基因转变或不等交换等机制，这些机制使突变扩展到整个基因簇，从而受到选择压力的作用。
- 卫星 DNA 由许多短小序列多次串联重复形成。它具有较为特殊的离心特性，这反映了其偏爱的碱基组成。卫星 DNA 集中于着丝粒的异染色质处，其功能（如果有）还不清楚。节肢动物卫星 DNA 中的重复单元片段是完全相同的。哺乳动物卫星 DNA 的重复单元也是相似的，并且可以划分为几个等级，这些等级反映出卫星 DNA 是由随机选择的序列经扩增和趋异形成的。
- 不等交换一直是决定卫星 DNA 组织形式的主要因素。交换固定模型解释了变异体扩展到整个基因簇的原因。
- 小卫星和微卫星是由比卫星 DNA 重复单元更短的单元构成的，其重复单元长度分别为 10 bp 以内和 10 ～ 50 bp，而重复单元数目通常为 5 ～ 50 个，不同个体间重复单元数目变化很大。复制时的滑动引起微卫星 DNA 重复单元数目的变化；这一事件发生的频率与识别和修复 DNA 损伤的系统有关。小卫星 DNA 重复单元数目变化是由重组样事件造成的。我们可以利用重复单元数目的变化鉴定个体间的遗传关系，这一技术称为 DNA 指纹技术。

参考文献

6.2 不等交换使基因簇发生重排

研究论文文献

Bailey, J. A., et al. (2002). Recent segmental duplications in the human genome. *Science* 297, 1003-1007.

6.3 编码 rRNA 的基因形成包括恒定转录单位的串联重复

研究论文文献

Afseth, G., and Mallavia, L. P. (1997). Copy number of the 16S rRNA gene in *Coxiella burnetii*. *Eur. J. Epidemiol.* 13, 729-731.

Gibbons, J. G., et al. (2015). Concerted copy number variation balances ribosomal DNA dosage in human and mouse genomes. *Proc. Natl. Acad. S. USA* 112, 2485-2490.

6.4 固定的交换使各个重复单元的序列保持完全相同

研究论文文献

Charlesworth, B., et al. (1994). The evolutionary dynamics of repetitive DNA in eukaryotes. *Nature* 371, 215-220.

6.6 节肢动物卫星 DNA 具有很短的相同重复

研究论文文献

Smith, C. D., et al. (2007). The release 5.1 annotation of *Drosophila melanogaster* heterochromatin. *Science* 316, 1586-1591.

6.7 哺乳动物卫星 DNA 由分级的重复序列所组成

综述文献

Waterston, R. H., et al. (2002). Initial sequencing and comparative analysis of the mouse genome. *Nature* 420, 520-562.

6.8 小卫星序列可用于遗传作图

综述文献

Weir, B. S., and Zheng, X. (2015). SNPs and SNVs in forensic science. *Forensic. Sci. Int-Gen.* 5, e267-e268.

研究论文文献

Jeffreys, A. J., et al. (1985). Hypervariable minisatellite regions in human DNA. *Nature* 314, 67-73.

Jeffreys, A. J., et al. (1988). Spontaneous mutation rates to new length alleles at tandem-repetitive hypervariable loci in human DNA. *Nature* 332, 278-281.

Jeffreys, A. J., et al. (1994). Complex gene conversion events in germline mutation at human minisatellites. *Nat. Genet.* 6, 136-145.

Jeffreys, A. J., et al. (1998). High-resolution mapping of crossovers in human sperm defines a minisatellite-associated recombination hotspot. *Mol. Cell* 2, 267-273.

Strand, M., et al. (1993). Destabilization of tracts of simple repetitive DNA in yeast by mutations affecting DNA mismatch repair. *Nature* 365, 274-276.

第 7 章

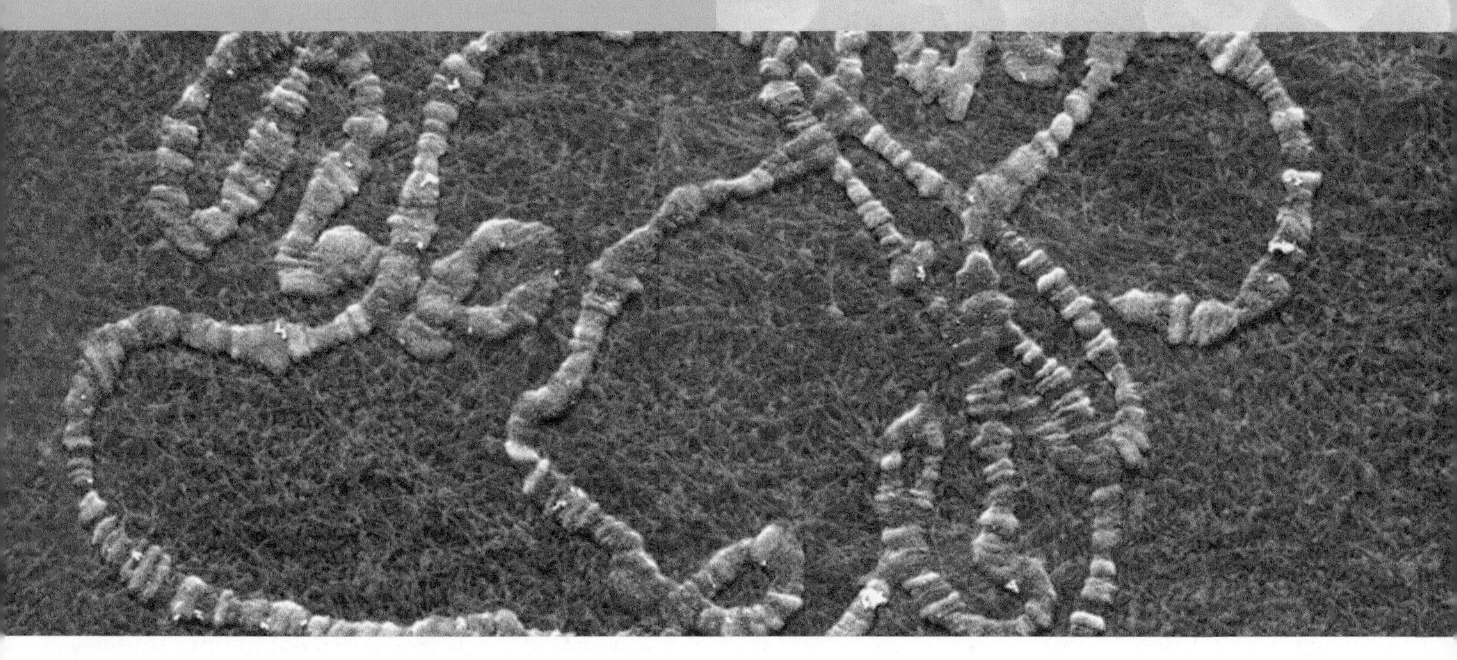

染 色 体

Hank W. Bass 编

章节提纲

7.1 引言

显而易见，所有细胞内遗传物质的组织方式都具有一种通用规律：它紧密地聚集成有限大小的团块，它的许多功能（如复制和转录）都必须在这样的空间内完成；并且这种物质的组成必须能够适应失活和激活形式之间的转变。

核酸的这种浓缩状态源于它与碱性蛋白质之间的结合，这些蛋白质所带的正电荷中和了核酸的负电荷，因此，核酸蛋白质复合体的结构由蛋白质与DNA（或RNA）之间的相互作用来决定。

将DNA“包装”到噬菌体和病毒、细菌和真核生物的细胞核中的时候，它们必须面临的问题是，DNA是一种伸展的长链分子，其长度远远大于用来“包装”它的空间。因此，DNA（对于一些病毒来说是RNA）必须浓缩得相当紧密，直到适合提供给它的空间。因此，与许多将DNA描绘成延伸双螺旋的经典图片不同，DNA必须变形、弯曲和折叠来形成一种更紧密的结构。

表7.1总结了一些例子来说明核酸长度与其区室大小之间的矛盾。对于噬菌体和真核生物病毒来说，其基因组，无论是单链还是双链的DNA、RNA，都能够很有效地装进“容器”里去（它们的容器通常类似于杆状或球状的结构）。

对于细菌或真核生物细胞来说，上述矛盾大到无法确切地进行估算，因为DNA被包含在一个压缩的空间，仅仅占有一部分区室。遗传物质在细菌里形成**拟核（nucleoid）**，在真核生物间期的细胞核里面会形成**染色质（chromatin**，处于两次细胞分裂之间的时期）团块的形式，而在减数分裂期间，它以极度浓缩的**染色体（chromosome）**形式出现。

处于这些区室中的DNA密度是非常高的，在细菌中约是10 mg/mL，在真核生物的细胞核中约是100 mg/mL，而在T4噬菌体头部则大于500 mg/mL，这样的浓度在溶液中与非常黏稠的胶水相仿。我们并不完全清楚如此高浓度的DNA的生理含义，如这种状态对于蛋白质识别它们在DNA上的结合位点究竟会产生什么影响。

染色质的包装形式是富有灵活性的。它在真核生物细胞周期过程中会发生变化，在分裂期（有丝分裂或减数分裂），遗传物质被包装得更为紧密，形成染色体，并且每一条染色体都能够被识别出来。

DNA的浓缩程度可以用**包装率（packing ratio）**来描述，即DNA的长度除以包装后的长度。例如，人类最小的染色体携带着约4.6×10^7个碱基对（bp）的DNA（约是大肠杆菌基因组的10倍），这样的DNA如果拉直约为14 000 μm（= 1.4 cm）。在有丝分裂中最为致密的状态下，这条染色体的长度大概是2 μm，所以这条染色体的包装率可以达到7000。

对于更多形状不定的细菌拟核或真核生物染色质来说，包装率无法如此确切地计算。然而，通常的估算表明有丝分裂染色体比间期染色质的包装要紧密5～10倍，间期染色质的包装率为1000～2000。

然而有关高度有序包装的特异性仍然是一个没有答案的主要问题。究竟DNA是折叠成特定的模式，还是它在基因组的每一份单一拷贝中都是各异的呢？当一条DNA片段进行复制或转录的时候，包装模式是否会发生变化呢？

表7.1 核酸长度比它所占据空间的尺度要大得多

区室	形状	尺寸	核酸类型	长度
TMV	丝状	0.008 μm × 0.3 μm	1条单链RNA	2 μm = 6.4 kb
fd噬菌体	丝状	0.006 μm × 0.85 μm	1条单链DNA	2 μm = 6.0 kb
腺病毒	二十面体	0.07 μm直径	1条双链DNA	11 μm = 35.0 kb
T4噬菌体	二十面体	0.065 μm × 0.1 μm	1条双链DNA	55 μm = 170.0 kb
大肠杆菌	圆柱体	1.7 μm × 0.65 μm	1条双链DNA	1.3 mm = 4.2×10^3 kb
线粒体（人类）	扁平球形	3.0 μm × 0.5 μm	约10条一样的双链DNA	50 μm = 16.0 kb
细胞核（人类）	球形	6 μm直径	46条双链DNA的染色体	1.8 m = 6×10^9 kb

7.2 病毒基因组包装进它们的外壳里

关键概念

- 能够被病毒包装的 DNA 长度受其头壳结构的限制。
- 头壳里的核酸是高度浓缩的。
- 丝状 RNA 病毒由于头壳的包装而浓缩其 RNA 基因组。
- 球状 DNA 病毒将其 DNA 插入预先组装好的蛋白质外壳中。

从包装单一序列的观点来看，细胞基因组与病毒之间存在很大差别。细胞基因组基本上无法确定其单一序列的尺度；单一序列的数量和位置可以因为重复、缺失和重排而改变，所以这需要一种通用的方法来包装其 DNA，这种方法必须对序列大小或分布状态不太敏感。与之形成鲜明对比的是病毒具有两点局限：被包装的总核酸量必须适合基因组的大小；并且在由病毒基因编码的一种或多种蛋白质装配成的外壳中，它必须很匹配。

病毒颗粒因其外观表象而让人觉得它很简单，核酸基因组被包在**衣壳（capsid）**中，这是由一种或少数几种蛋白质组成具有对称的或者准对称的结构。其他一些由不同蛋白质组成的结构与衣壳相连，或与衣壳融合，这些结构对于病毒感染宿主细胞来说是必需的。

病毒颗粒的结构非常紧密，衣壳的内部容积并不比它所携带的核酸体积大多少，它们之间的差别通常在 2 倍以内，甚至常常衣壳的容积并不比核酸的体积大。

在最极端的情况下，由于衣壳必须由病毒编码的蛋白质组装而成，这意味着整个衣壳是由单一亚结构单元组装成的。由于亚结构组装的方式不同，衣壳可以分成两种类型：蛋白质亚基按顺序螺旋堆积形成丝状或棒状外形；或者蛋白质亚基形成类似球状的外壳，一般是具有二十个面体对称（icosahedral symmetry）的多面体结构。一些病毒衣壳并不是由单一蛋白质亚单元组成的，但是这只会对病毒的实际形状产生某些改变，病毒衣壳仍然形成类似水晶的丝状或二十面体结构。

病毒在解决如何构建包装核酸的衣壳时，有两套解决方案。

- 蛋白质外壳沿着核酸组装，在组装过程中利用蛋白质 - 核酸之间的相互作用来浓缩 DNA 或 RNA。
- 衣壳可以被组建成一个中空外壳，核酸在被装进去时，或者在进入的过程中被浓缩。

对于单链 RNA 病毒来说，衣壳是沿着基因组组装的，组装原则是 RNA 在衣壳中的位置直接由与之结合的外壳蛋白质决定。最清楚的例子是烟草花叶病毒（tobacco mosaic virus，TMV），其组装开始于 RNA 序列内的两个双链发夹结构，从这个**成核中心（nucleation center）**开始沿着 RNA 向两端组装，一直到达末端。衣壳的结构单元是一个双层“碟子”，每层包括 17 个蛋白质亚基，“碟子”呈圆形结构，当它与 RNA 结合时形成一个螺旋。在成核中心，RNA 发夹插入“碟子”中央的孔中，“碟子”也变形为螺旋结构，并包围着 RNA。于是更多的“碟子”加入进来，每一个“碟子”“抓住”一段新的 RNA，并将其“拽入”孔中。RNA 围绕着蛋白质外壳的内面也形成螺旋结构，如**图 7.1** 所示。

球状衣壳的 DNA 病毒则以不同方式进行包装，这在 λ 噬菌体和 T4 噬菌体中研究得最为清楚。它们都用几种蛋白质组成一个中空球状外壳，然后双链基因组被插入进头壳中，并伴随着衣壳结构的改变。

图 7.2 总结了 λ 噬菌体的包装过程，它开始于

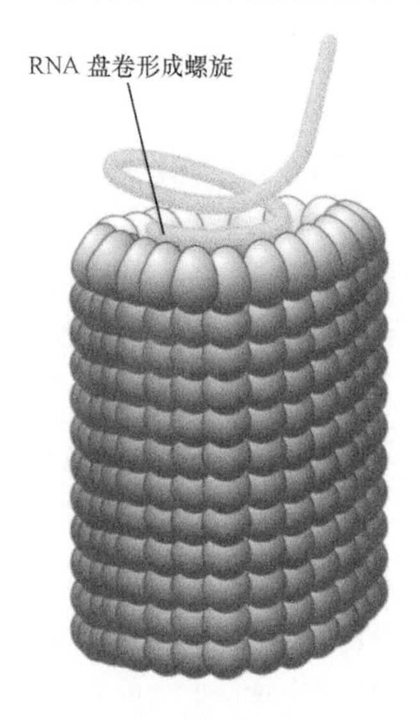

图 7.1 由于蛋白质亚基的堆积，TMV 的 RNA 形成螺旋结构

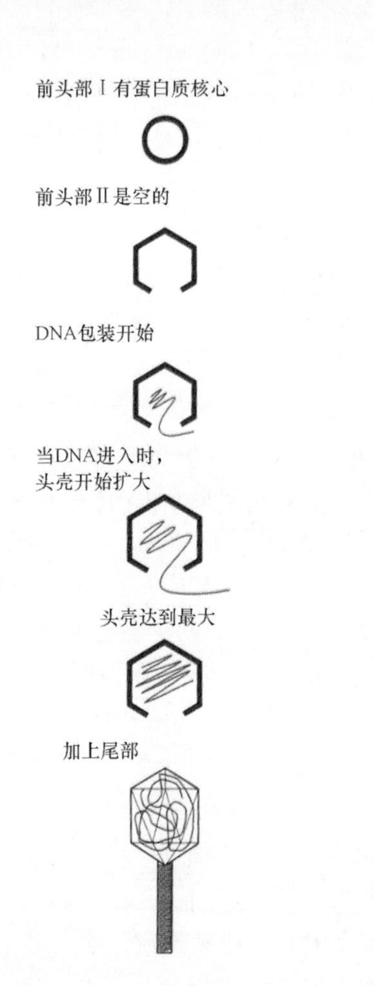

图 7.2　λ噬菌体成熟过程中的不同阶段。空的头壳改变形状，并且随着 DNA 的进入而扩大

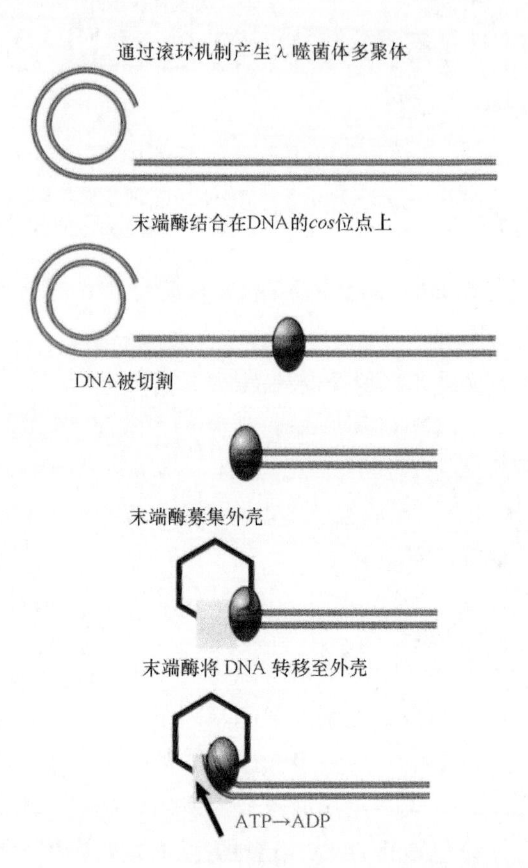

图 7.3　末端酶结合在通过滚环机制来产生的病毒基因组多聚体的特殊位点上。末端酶可切割 DNA，并且结合到空的病毒衣壳上。这个过程所需能量来自 DNA 进入衣壳时 ATP 的水解

一个包含有蛋白质“核心”的小的头壳，接下来这个壳转变为独特的中空头壳，然后 DNA 包装过程就开始了，头壳在形状保持不变的情况下增大，最后整个头壳被加上的一条尾部封闭。

现在包装在狭小空间内的双链 DNA 仅是一条不易弯曲的杆，然而它必须被压缩以使其结构适应衣壳，那么，这种压缩包装的过程究竟是一种柔软的卷曲过程还是一种突然弯折的过程，这是个令人感兴趣的问题。

将 DNA 包装进入噬菌体头部包括两类反应：移位和凝聚，这两个过程从能量的角度上讲都是不利的。

转移是一个主动过程，即在依赖 ATP 的机制下，DNA 进入噬菌体的头部。许多病毒通常的复制机制是通过滚动循环机制来产生一条长尾部，它包括病毒基因组的多聚体。研究得最好的例子是λ噬菌体，其基因组在**末端酶（terminase）**的协助下进入空的衣壳。**图 7.3** 总结了这一过程。

最早被发现的末端酶可以在 *cos* 位点进行切割反应，从而产生线性噬菌体 DNA 的 *cos* 末端（*cos* 末端这个名字反映了这个地方可以产生黏性末端，黏性末端有可以互补的单链尾部）。噬菌体基因组编码两个组成末端酶的亚基，一个亚基可以与 *cos* 位点结合，然后另外一个亚基加入进来，并且切割 DNA。末端酶装配成异源寡聚体，其中也包括整合宿主因子（integration host factor，IHF，由细菌基因组编码）。这个复合体能与空衣壳结合，利用 ATP 水解的能量来启动 DNA 移位过程，移位使得 DNA 得以进入空衣壳。

另外一个包装方法是使用噬菌体的一个结构组分。对于枯草芽孢杆菌（*Bacillus subtilis*）的 φ29 噬菌体来说，DNA 进入噬菌体头部的马达是一种头尾相连的结构，这就像一个旋转的“发动机”，推动线性 DNA 移位进入噬菌体头部。类似的“发动机”在噬菌体 DNA 进入细菌的过程中也被用到。

目前，我们对于核酸如何压缩进入空衣壳的机制还知之甚少。我们仅仅知道衣壳含有 DNA 和一些“内在蛋白质”。这些内在蛋白质可能为 DNA 压

缩提供了某种形式的“脚手架”，这应该类似于植物RNA病毒中衣壳蛋白的使用（如前边所描述的TMV）。

包装有怎样的特异性呢？包装不依赖于特定序列，因为缺失、插入和置换都不会干扰包装过程。用化学实验方法来鉴定DNA上什么区域能够与衣壳的蛋白质相互交联，我们就可以直接发现DNA与其头壳之间的关系。实验结果令人惊讶，因为DNA上所有的区域或多或少都有相似的敏感性。这似乎意味着当DNA被包装进入头部时，凝聚机制是普遍适用的，并且不由特定序列所决定。

这些病毒组装的不同机制最终都将以单个DNA或者RNA分子包装进入衣壳的形式而结束。然而，一些病毒基因组由多个核酸分子组成，如呼吸道肠道病毒（reovirus）含有10个双链RNA片段，这些都必须被包装到衣壳中去，而且在包装过程中每种片段只能选择一个，并且要收齐这一组遗传物质，以保证遗传信息的完整性，因此这可能需要片段中的特定分拣序列。最简单的情况是φ6噬菌体，它在衣壳中含有3种不同的双链RNA片段，这些RNA片段必须以特定的顺序结合。如果有一个片段包装进入衣壳，衣壳的结构便会发生改变，形成适合与另一个片段结合的结构。

一些植物病毒是由多个部分组成的：它们的基因组包括许多区段，这些区段必须被包装进入不同的衣壳。一个例子是紫花苜蓿花叶病毒（alfalfa mosaic virus，AMV），它含有4种不同的单链RNA，分别被包装进入4个由相同蛋白质亚基组成的外壳中。只要每一个类型中的一个RNA进入细胞，它就能成功感染。AMV的4个组成部分存在于不同大小的颗粒中，这意味着相同的衣壳蛋白可组成各有特点的颗粒，分别包装对应的RNA。这与包装独特的单一长度核酸进入固定型衣壳的类型相去甚远。

对于那些衣壳只有一种形式的病毒来说，如果突变引起异常的特大病毒颗粒形成，使得头部比通常的要长，则包装途径就会改变。这些突变显示衣壳蛋白具有一种内在的、能组装成特定结构形式的能力，但是实际尺寸和形状可以改变。

一些突变发生在编码装配因子的基因上，这些是头壳形成所需的，但是这些基因的编码产物本身并不参与头壳组成。这些辅助蛋白限定了衣壳蛋白的选择，降低了装配途径的变异。这种相关蛋白质也参与细胞染色质的组建（详见第8章“染色质”）。

7.3 细菌基因组是一个具有动态结构特征的拟核

关键概念

- 细菌拟核由多个环状结构组成，这些环由拟核偶联蛋白如H-NS蛋白和HU蛋白压缩而成。
- 拟核偶联蛋白通常为小的、高丰度的DNA结合蛋白，它们在拟核构建、结构域拓扑学和基因表达中发挥作用。
- 细菌中的凝聚蛋白复合体（SMC-ScpAB或MukBEF）在染色体结构和分离中发挥作用。

虽然从结构上看细菌与真核生物染色体表现出完全不同的特征，但是它们的基因组在细胞内都同样组织成为有限的亚结构。它们的遗传物质表现为单一紧密的块状结构（或者一系列的块状结构），占据了细胞体积的1/3，**图7.4**显示了贯穿整个菌体的较薄切面，其中细菌拟核是显而易见的。

当大肠杆菌裂解时，DNA纤维以环状形式释放，并且与破碎的细胞包膜相互黏着。从图7.4（b）上可以观察到这些环状DNA并没有延伸成为游离的双链体，而是通过与蛋白质结合被压缩。

我们从古菌与细菌分离出了越来越多种类的拟核偶联蛋白（nucleoid-associated protein, NAP），它们类似于真核生物染色体蛋白。但是还未明确由哪些蛋白质组成NAP复合体，因为其中一些可能具有多种表观遗传功能。作为一个整体，NAP逐渐呈现出作为基因活性和拟核结构的对抗调节物的功能。在G细菌中，多达12种不同的NAP被鉴定出来，其中一些描述于**图7.5**中。

大部分NAP具有DNA结合活性，它通过弯曲、环绕或桥连来影响DNA的空间排列。

图7.6总结了当细胞经历不同的生长时期时，NAP在其功能与表达模式上是如何变化的。单一NAP的动力学与其彼此之间的相互作用正变得越来越清晰，尽管它们对拟核结构与功能存在多方面的复杂影响。

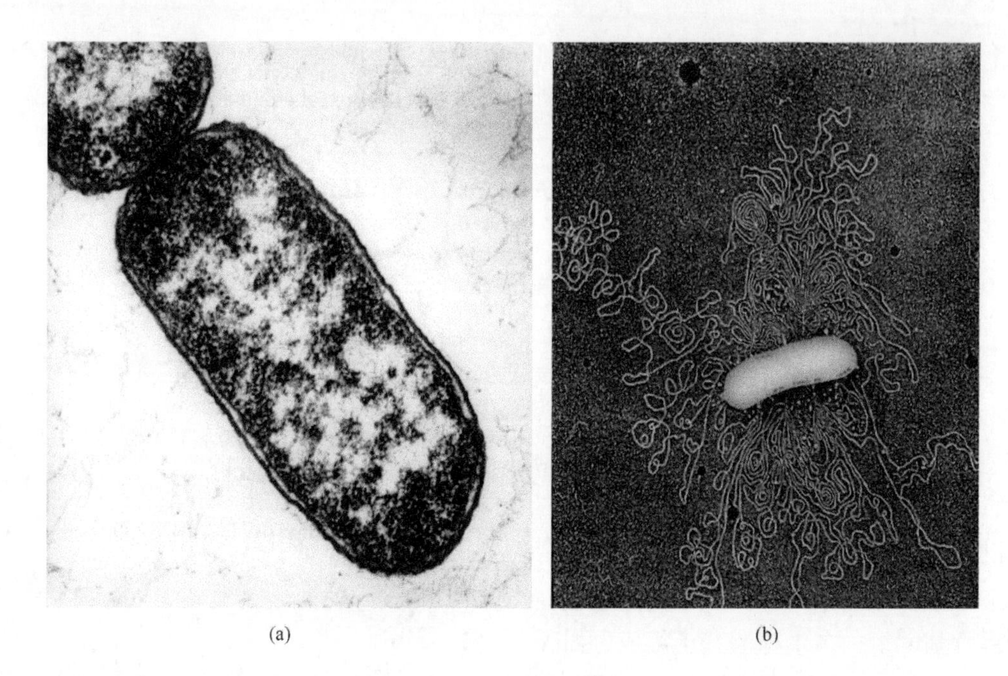

图 7.4 **(a)** 在薄切面上可以看到位于细胞中的致密物质就是细菌的拟核；**(b)** 大肠杆菌拟核在菌体破碎后以环状纤维形式被释放出来

(a) 照片由 the Molecular and Cell Biology Instructional Laboratory Program, University of California, Berkeley 友情提供；(b) © Dr. Gopal Murti/Science Source

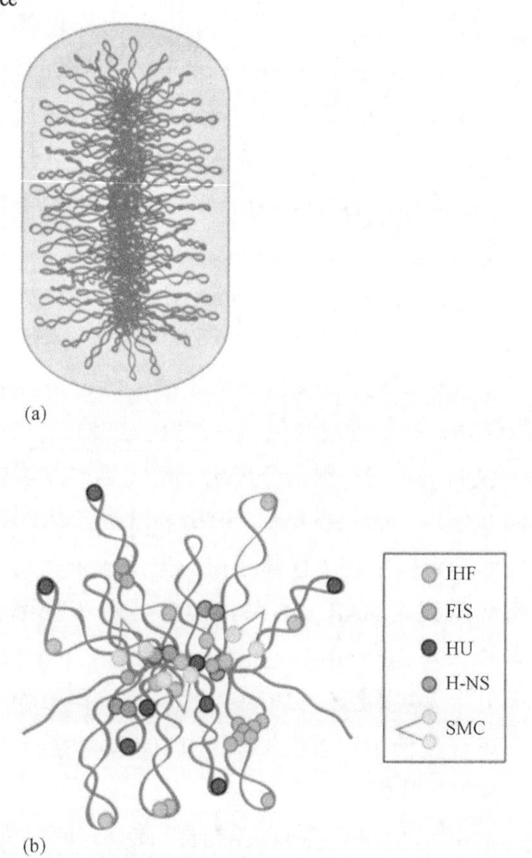

图 7.5 细菌染色体的拓扑结构。**(a)** 拟核的瓶刷样模型的结构示意图。这张图显示了相互纠缠的超螺旋环从致密核心向外扩散出来。拓扑上孤立的结构域的平均长度为 10 kb，因此很可能环绕几个分叉的相互缠绕的环状结构。**(b)** 小拟核偶联蛋白和染色体结构维持（structural maintenance of chromosome，SMC）复合体的结构示意图。这些蛋白质可介导 DNA 弯曲，也在桥连染色体基因座中起作用

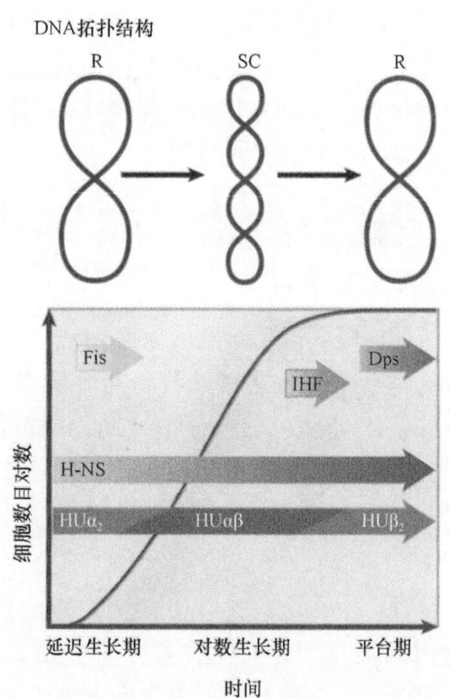

图 7.6 影响拟核结构的生长期与因素。小规模培养的细菌的典型生长曲线，它开始于延迟生长期，接着为指数生长的对数生长期，最后为平台生长期（当细胞停止生长时）。在生长曲线中，重要的拟核偶联蛋白表达于不同时期，如图所示。另外在 DNA 拓扑结构上也存在显著改变：在对数生长期，DNA 是负超螺旋的（supercoiled，SC）；而在延迟生长期与平台期，DNA 更加放松（relaxed，R）

组蛋白样的拟核构建蛋白（histone-like，nucleoid-structuring protein，H-NS 蛋白）对富含 A·T 的 DNA 具有偏爱性，能形成 DNA-H-NS 蛋白 -DNA 桥，

这就允许这类NAP能同时影响基因启动子活性与拟核结构。H-NS蛋白表达于细胞生长的整个周期中。它与其他表达调控蛋白的相互作用很可能使得H-NS蛋白能沉默几百种基因的表达，并形成微结构域（microdomain）边界。最近，染色体构造俘获技术（C3；详见第8章“染色质”）与高分辨率荧光影像技术的进展提示：H-NS蛋白可能介导将许多H-NS蛋白结合位点对2个基因座的共定位。这些已经被提议为2个复制弧（*replichore*）的其中一个，即环状基因组的左侧与右侧臂，此时基因组正从复制起点开始，通过双向移动叉进行复制。

HU蛋白拥有2个亚基：它是HUα蛋白和HUβ蛋白的同源或异源二聚体。它们可弯曲或环绕DNA，由此在DNA可塑性中发挥作用。这些组蛋白样蛋白可非特异性地结合于多个位点，它对扭曲的DNA区域稍微具有偏爱性，如弯曲、叉状结构、四向连接、缺口或突出结构。因此它们被认为是构造因子，能影响DNA代谢过程中的不同功能。

其他NAP，如IHF蛋白、Dps蛋白和细菌凝聚蛋白，似乎在拟核结构和核心的遗传过程中发挥多种作用或冗余功能。其中之一是整合宿主因子（integration host factor，IHF），它首先被鉴定为用于λ噬菌体的位点特异性整合的辅因子。自此以后，IHF蛋白被发现可弯曲DNA，诱导形成U型转角，并影响全局性的转录，而这不同于普通的转录因子。通过U型转角的形成，IHF蛋白有能力改变局部的DNA结构，而这似乎是它在复制、噬菌体整合、转座和转录过程中作用模式的最典型特征。另一个完全阐明的、有意思的NAP为防饥饿蛋白（protection during starvation protein，Dps蛋白）。Dps蛋白表达于平台生长期与氧化应激细胞中，很可能在限制DNA损伤中发挥作用。MukB蛋白与其同源蛋白是染色体结构维持蛋白，现在被认为是细菌中的凝聚蛋白复合体的组分。在结构和功能上，它类似于真核生物凝聚蛋白，它们可调节染色体压缩，也是在细胞分裂过程中染色体合适的分离所需的。遗传证据表明这些复合体（MukBEF或SMC-ScpAB）在DNA拓扑学和结构域描述中起着重要作用。

作为一个整体，NAP和它们的表达模式概括出了一个整合起来的原则：在细胞生长和生殖过程中，拟核结构和基因表达在应答环境过程中是协同调节的。这些组合在一起的功能是如何与基因定位和启动子功能耦合的，从而来影响细菌健康；以及在何种程度上，这样的整合系统利用进化限制来为细菌健康服务，这些都是细菌功能基因组学的关键问题。

7.4 细菌基因组是超螺旋的并拥有4个巨结构域

关键概念

- 拟核约有400个独立的负超螺旋结构域。
- 超螺旋的平均密度约每圈100 bp。
- 环状细菌基因组拥有4个巨结构域（*ori*、right、*ter*、left），它们采用复制偶联空间模式。

在体外分离出的细菌拟核DNA表现为闭合的双链体结构，我们可从它与溴化乙锭的结合中判断出来。溴化乙锭能够插入到碱基对之间，引起闭合环状DNA形成正超螺旋，也就是说，DNA双链均以共价形式形成闭合双链结构（在“打开”环状分子时，可以一条链上有缺口，或者形成线性分子，DNA在溴化乙锭插入的过程中可以自由旋转，这样就释放了张力）。

自然情况下存在的闭合DNA是负超螺旋形式的。溴化乙锭的插入首先解除负超螺旋，然后使其形成正超螺旋，达到零超螺旋状态所需要的溴化乙锭量可以由原来负超螺旋的密度来测定。

在分离致密的拟核时，可能会使DNA产生缺口；缺口也可以通过一定量的DNA酶的有限处理产生，这些并没有使溴化乙锭引入正超螺旋的能力丧失。在缺口存在时基因组仍具有应答溴化乙锭的能力表明，基因组一定是由许多独立的染色体**结构域（domain）**组成的；每个结构域中的超螺旋不受发生在其他结构域中的事件所影响。

早期数据提示每个结构域含有约40 kb长的DNA，但是最近的数据提示结构域可能更小，每个含有约10 kb长的DNA，在大肠杆菌基因组中，将有约400个这样的结构域。事实上很可能有一个结构域尺寸的范围。结构域的末端似乎随机分布于染色体中，而非定位于预知表位。

独立存在的结构域能允许在基因组的不同区域

上保持其不同程度的超螺旋。这可能与细菌特异性启动子对超螺旋结构的敏感性不同有关（详见第17章“原核生物的转录”）。

基因组中的超螺旋能够以两种基本形式存在。

- 如果超螺旋DNA是游离的，它的途径便不受约束，负超螺旋产生一种扭转张力，可在一定区域内沿着DNA自由转移，如在第1章“基因是DNA、编码RNA和多肽”中所述，张力可因双螺旋的解旋而解除。DNA的张力与解旋这两种状态之间以动态平衡的形式存在。
- 如果蛋白质以特殊的三维构象与DNA保持结合，超螺旋就能被限制在一定范围内。在这种情况下，超螺旋以固定形式与蛋白质结合，蛋白质与超螺旋DNA之间相互作用的能量使得核酸保持稳定，因为张力不再沿着分子传递了。

在体外测量超螺旋会比较困难，因为在分离过程中会造成结合蛋白的丢失，但各种实验方法证明DNA在体内是受到扭转张力作用的，一种方法是测量使DNA形成缺口所带来的影响。

不受限制的超螺旋会被缺口释放，而受到限制的超螺旋将不受影响。如果缺口释放了约50%的超螺旋，则意味着一半的超螺旋参与了张力传递的过程，而另外一半被蛋白质固定了。另外一种方法是使用交联剂——补骨脂（psoralen），这种物质可以在扭转张力作用时更加稳定地同DNA结合。在体内，补骨脂与大肠杆菌DNA结合所形成负超螺旋的平均密度为200 bp/圈（$\sigma = -0.05$）。

同样，我们可以检测细胞形成类似DNA结构的能力。例如，在回文序列中产生十字形结构（通过链之间的碱基配对），从这样的结构所需的链数变化可以计算出起始时超螺旋的密度。这种方法所获得的结果是平均密度为$\sigma = -0.025$，或者说每100 bp拥有一个负超螺旋。

通过在大级别上进行操作，并利用遗传分析与活细胞成像技术，最近已经观察到了拟核结构的特征，如**巨结构域（macrodomain）**。

图7.7显示了2个已经从细菌中观察到的、大尺度的组织模型。研究人员基于复制起点（origin，*ori*）区和复制终止（termination，*ter*）区对结构域进行划界，这就产生2个不同的复制弧，称为左侧区域（left）和右侧区域（right）。*ori-ter*和left-*ori*-right这2种模式在不同种类的细菌中占统治地位。有意思的是，在枯草芽孢杆菌（*Bacillus subtilis*）中，在细胞生长的不同时期，这2种模式可同时出现。在这一点上，细菌与真核生物基因组展示出一种相似现象：基因组结构和动力学与细胞周期和DNA合成期是联系在一起的。

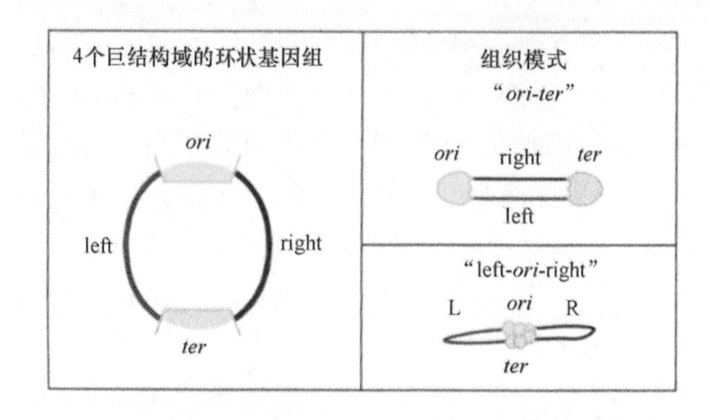

图7.7 细菌中巨结构域的大尺度组织模型。结构域根据复制起点（*ori*）区和复制终止（*ter*）区划界，这形成2个不同的复制弧，左侧区域（left）和右侧区域（right）

7.5 真核生物DNA具有附着于支架的环和结构域

关键概念

- 间期染色质DNA由负超螺旋组成约85 kb长的独立结构域。
- 中期染色体能为超螺旋DNA环提供可黏附的蛋白质骨架。

间期染色质是占据细胞核内大部分体积的缠绕物质，而有丝分裂染色体具有高度组织性，并且是可以有序分离的高级结构，那么是什么因素控制着间期核内染色质的分布呢？

以一种单一紧密的小体形式分离的基因组是揭示其本质的间接证据。同样应用分离细菌拟核的这种技术（见7.4节“细菌基因组是超螺旋的并拥有4个巨结构域”），细胞核可以溶解在蔗糖密度梯度离心的顶层，这能释放出基因组并用离心方式获得。从黑腹果蝇（*Drosophila melanogaster*）中分离到的基因组像一个紧密折叠的纤维棒（直径10 nm），它由DNA与蛋白质结合组成。

用溴化乙锭测量其超螺旋水平，我们发现相当于约每 200 bp 中有一个负超螺旋，这些负超螺旋能被 DNA 酶切割所消除，尽管 DNA 依旧以 10 nm 纤维的形状存在。这表明超螺旋是由纤维在空间中排列产生，它代表已存在的扭转张力。

完全松弛的超螺旋需要在每 85 kb 中存在一个切割位点，因此 85 kb 被认为是“闭合”DNA 的平均长度，这个区域可以组成与实际的细菌基因组相似的一个环或结构域。当大多数蛋白质从有丝分裂染色体上被分离出来后，就能直接观察到环状结构。这些复合体含有 DNA 及与其相结合的、约 8% 的原始蛋白质成分。去除了蛋白质的染色体采用了无蛋白质的中期支架的形式存在，这仍然类似于有丝分裂染色体的普通形式，即被一圈 DNA 所包围。

中期支架由一个致密的纤丝网状结构组成，串珠状 DNA 链从支架上发散出来，表面上环的平均长度为 10 ～ 30 μm（30 ～ 90 kb）。在不影响原有蛋白质支架完整性的基础上，DNA 可被消化。在间期细胞核中，这种基本的蛋白质样结构受限程度较低，在核质中就呈现出大范围散布的排列状态，因此这种结构称为基质（matrix）而非支架（scaffold）。

7.6 特殊序列将 DNA 连接在间期基质上

关键概念

- DNA 由特殊序列连接在核基质上，这些序列称为基质附着区。
- 基质附着区通常富含 A·T，但是没有任何特殊的共有序列。

DNA 是否通过特异性序列附着于基质的呢？研究人员能根据经验来定义这样的 DNA 位点，将在间期细胞核中与蛋白质样结构相结合的位点被称为**基质附着区（matrix attachment region，MAR）**或**支架附着区（scaffold attachment region，SAR）**。核基质（nuclear matrix）或 MAR 的确切功能一直是一个存在相当争议的话题。一些观察结果是很清晰的：在中期或间期细胞中，似乎是同样的序列附着于蛋白质样结构中。染色质在体内似乎总是与基本结构附着，并一直暗示这种附着作用可影响转录、修复或复制。

特定 DNA 区域与这种基质连接在一起吗？**图 7.8** 给出了 2 种方法去检测特定的 MAR，这些方法都是从分离基质即含有染色质和核蛋白的细胞核粗抽提物开始进行的，并用不同的处理方法鉴定出了基质中的 DNA 或能与基质相结合的 DNA。同样的方法也可应用于抽提中期支架中的内容物。

可通过抽提出蛋白质将染色体环进行解压缩来分析存在的 MAR。在体内用限制酶去除 DNA 环，将只能与（假设的）基质结合的内源 MAR 序列保留下来。

另一个类似的方法是用 DNA 酶处理，这可将基质中所有的 DNA 去除；然后分离 DNA 片段，并检测它们在体外与基质结合的能力。

相同的 DNA 序列应该都能在体内或体外与基质结合。在鉴定出潜在的 MAR 后，结合所需最小区域的大小能在体外用缺失突变实验进行鉴定。这种方法也能鉴定出 MAR 序列结合蛋白。

一个惊人的特征是 MAR 片段缺乏序列的保守性，除了富含 A·T，他们缺乏任何明显的共有序列。然而，其他目的序列通常存在于 MAR 周边延伸的 DNA 序列中，其中调节转录的顺式作用位点最为常见，MAR 中也常存在拓扑异构酶Ⅱ的识别位点。

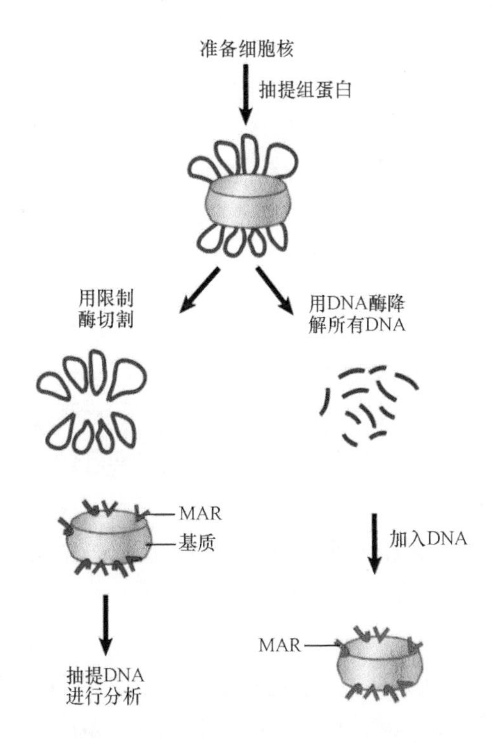

图 7.8 基质相关区域可以用如下两种方法确定：在体内实验中，确定分离基质时所保留的 DNA；或确定在去除所有 DNA 后仍然与基质结合的 DNA 片段

因此，MAR可能承担多种功能，它不但能提供基质的结合位点，也提供一些相关DNA发生拓扑结构变化的位点。

分裂细胞的染色体支架（chromosome scaffold）与间期细胞的基质之间有何关系呢？与二者附着的DNA序列是否相同呢？在许多情况下，在体内实验中，我们会发现与细胞核基质结合的DNA片段在中期的支架上也会出现，并且含有MAR序列的片段也能与中期支架结合，因此结合位点的DNA序列似乎只有单一形式：在间期细胞中与核基质相连，而在有丝分裂细胞中与染色体支架相连。有趣的是，很明显，尽管一些MAR是组成型的（一直结合于基质或支架上），但其他MAR似乎是偶发的，会根据细胞类型或其他条件改变它们与基质的相互作用。

核基质与染色体支架是由不同的蛋白质组成，尽管它们有一些通用成分。拓扑异构酶Ⅱ是染色体支架的重要组分，也是核基质的组分，这说明在这两种情况下对拓扑结构的控制都是重要的。

7.7 染色质可以分为常染色质和异染色质

关键概念

- 我们只能在有丝分裂过程中观察到染色体。
- 在间期，染色质主要以常染色质形式存在，并且包装得不如有丝分裂期染色体紧密。
- 异染色质区在间期依然保持紧密包装的状态。

每条染色体包含一条单一的、很长的双链DNA，折叠成贯穿于整个染色体的一根纤维。所以在思考间期染色质与有丝分裂期染色体结构的时候，我们不得不解释这种超长的单一DNA分子是如何包装成某一形式，并且具有转录、复制和周期性地改变压缩程度的能力的。

在细胞有丝分裂过程中，真核生物染色体可呈现为紧密单位，从而变得清晰可见。在这个阶段，一对对姐妹染色单体是非常明显的，并在有丝分裂的后期由于它们的分开会产生子代染色体。其中每一条染色单体都呈现为由直径约30 nm的纤维组成的多结节状形态，与间期染色质相比，染色体DNA的压缩程度要高5～10倍。

然而，在大多数真核生物细胞的生命周期过程中，遗传物质仅占据细胞核的一部分区域，那时的单条染色体不能被传统显微镜分辨出来。间期染色质的整体结构在两次分裂之间并没有可见的变化。在复制期染色质的数量加倍，而并无破坏的表现。染色质是纤丝状的，这种纤丝的空间构型很难详细分辨。然而就DNA纤丝本身而言，与有丝分裂期染色体是相同的或相似的。

染色质可分为两种物质类型，如**图7.9**中所示，在细胞核部分我们能看到下列情况。

- 在大部分区域，与有丝分裂期染色体相比，染色质丝的包装密度要小得多，这种物质被称为**常染色质（euchromatin）**。它在细胞核内相对分散，占据了核质的大部分空间。
- 有一些染色质的区域是高度包装的纤丝，展现出一种可与有丝分裂期染色体相比拟的凝聚状态，这种物质被称为**异染色质（heterochromatin）**。通常可以在着丝粒附近发现它们，当然它也存在于其他地方，包括端粒和其他高度重复序列中。它们在细胞周期中压缩程度的变化相对较小。这些纤维可形成一系列分散的簇，如图7.9所见，往往聚集于细胞核周边和核仁区。在一些例子中，各种异染色质区域，特别是与着丝粒相连的区域，经常聚集成一个深度着色的**染色中心（chromocenter）**。这种总是表现出异染色质性质的普通形式的异染色质称为**组成性异染色质（constitutive heterochromatin）**；相对

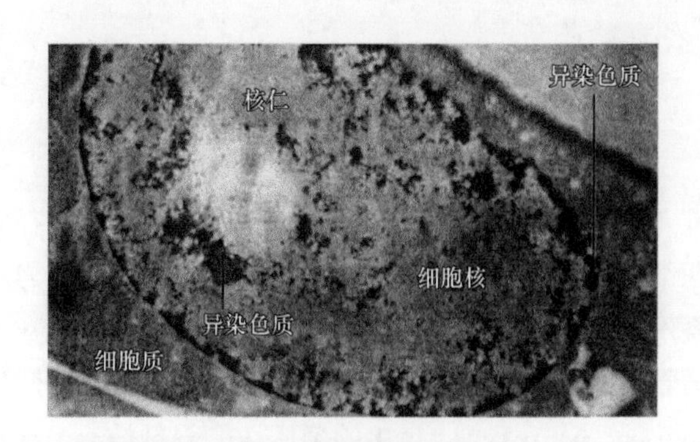

图7.9 细胞核的超薄切片，并经福尔根（Feulgen）染色，细胞核中较致密的部分即为簇集在核仁和核膜附近的异染色质

照片由Edmund Puvion, Centre National de la Recherche Scientifique友情提供

应地，另外一种形式的异染色质被称为**兼性异染色质（facultative heterochromatin）**，它可以在某些时候转变为常染色质。

常染色质与异染色质是由同样的染色质纤丝连续组成的，而这些状态仅仅代表遗传物质的不同压缩程度。同样，常染色质区域在间期与有丝分裂期能够以不同的密度存在。因此，遗传物质以某种方式组织而来，能允许染色质以不同的状态肩并肩存在，也能够允许常染色质在间期和分裂期之间以不同的包装密度周期性地存在。我们将在第 8 章“染色质”、第 27 章“表观遗传学 Ⅰ ”和第 28 章“表观遗传学Ⅱ”中讨论不同状态的分子机制。

遗传物质的结构状态与其活性是相对应的，而组成性异染色质的普遍特征包括以下几方面。

- 它们是持久或几乎总是压缩的。
- 它们通常由一些短的串联重复 DNA 组成，不转录或低水平转录（位于异染色质区域的基因转录活性常常比处于常染色质的对应体低，当然也存在例外）。
- 与常染色质相比，这些区域的基因密度非常低，而易位进入或靠近该区域的基因通常是失活的。不同于此的明显例外是核仁中的核糖体 DNA，它具有常见异染色质的致密外表和行为（如较迟复制），然而它处于非常活跃的转录之中。
- 它们在 S 期的晚期才被复制，并且相对于基因组中常染色质富集区，它们具有相对较低的遗传重组率。

我们已经拥有许多分子标记来衡量 DNA 和蛋白质成分的变化特征（详见第 27 章“表观遗传学 Ⅰ ”和第 28 章“表观遗传学Ⅱ”），这些标记包括组蛋白的低乙酰化程度，组蛋白特定位点的增高的甲基化，以及 DNA 中的胞嘧啶甲基化等。这些分子变化导致染色质的浓缩、异染色质特异性蛋白的募集，进而维持其失活状态或扩展其失活能力。虽然在常染色质中的基因是具有活性的，但是在某个时期仅仅只有小部分可以转录，因此定位于常染色质这个条件对于大部分基因的表达只是必要条件，而非充分条件。

除了观察到的这些常染色质和异染色质的常见分布外，研究还阐述了细胞核内是否存在整体的染色体组织架构。在许多例子中答案是肯定的，染色体似乎占据了独特的三维空间，这称为**染色体领地（chromosome territory）**。如**图 7.10**，它显示了人类染色体领地的空间排列的概率模型。占据了这些领地的染色体相互之间不纠缠，但也确实共享相互作用区域和公共功能组织架构。例如，异染色质和其他沉默区主要存在于细胞核周边，而基因密集区则位于内部。活性基因往往位于领地边界，有时在染色体之间的空间位置聚集在一起，这些位置富集了转录机器，称为转录工厂（transcription factory）。

染色体领地是如何建立的，细胞周期和细胞类型是如何改变它的，目前还不得而知，但是，超高分辨率显微镜、基因组学和数学建模的发展开始揭示出亚染色体区室和结构域的存在，在历史上不可抗拒的结构尺度中存在，这种尺度介于 30 nm 染色质纤维和全部染色体之间。例如，研究人员能分辨出在 S 期中正在复制的巨大染色体结构域。通过比较几种哺乳动物细胞类型的复制时相谱，可揭示，在 400 ～ 800 kb 的限定单元所发生的变化称为复制结构域（replication domain，RD）。如**图 7.11** 所总结的，这些 RD 对应于结构性的结构域，称为拓扑关联结构域（topologically associated domain，TAD），它是由染色质相互作用图所揭示的（详见第 8 章“染色质”）。这种相关性证据来自于细胞分化时在 RD 和 TAD 区室之间的协同转换现象。在这一点上，RD 和 TAD 可能代表了染色体的亚结构域或细胞核区室，这些区域可作为表观遗传的模块，而这些模块在各种细胞类型中都是保守的。

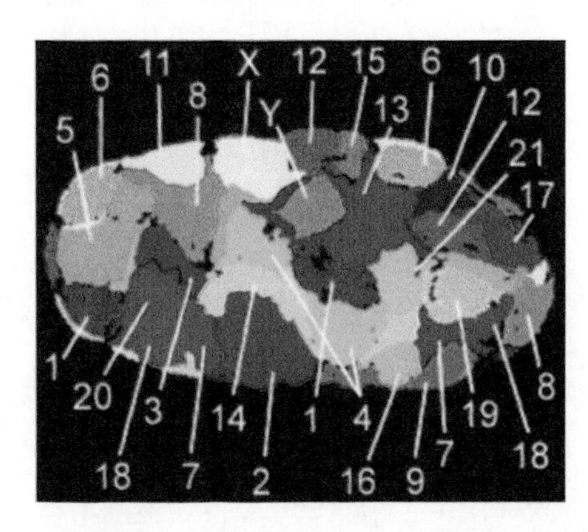

图 7.10 在细胞核中，染色体占有染色体领地，彼此之间不纠缠。这是人类成纤维细胞核的染色体领地的人工着色示意图，通过对 1 ～ 22 号、X 和 Y 染色体逐一染色而成。染色体的异染色质区域、沉默的基因、基因稀少区域一般定位于细胞核周边；活性基因往往位于染色体领地的边界。来自几条染色体的活性基因可在染色体之间的领地聚集在一起，这些位置富集了转录机器

改编自 Bolzer, A., et al. 2005. *PLoS Biol* 3(5): e157

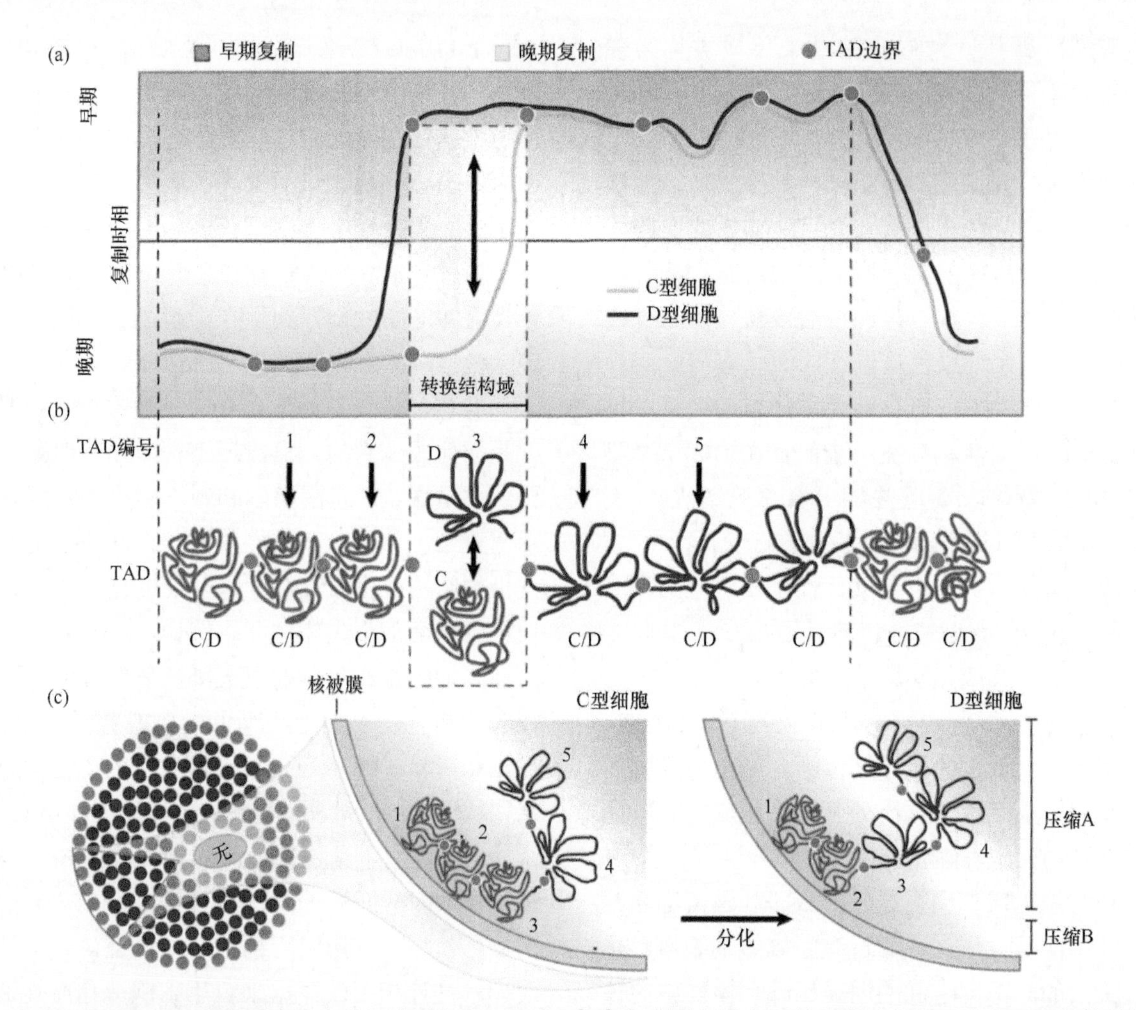

图 7.11 在分化过程中，染色质在限定单元水平上进行调节。(**a**)复制时相中暂时性顺序的变化可鉴定出染色体结构单元。比较 2 种假定的细胞类型（C 型和 D 型）的复制时相谱，可鉴定出复制结构域，它在分化过程中改变了复制时相（转换结构域）。(**b**)复制结构域对应于拓扑关联结构域（TAD）。TAD 可早期复制，就处于开放状态（红色）；也可晚期复制，就处于关闭状态（绿色），这依赖于不同的细胞类型。例子中的 TAD 标记为 1 ～ 5。在这两类细胞中，TAD 1 和 2 是晚期复制；TAD 4 和 5 是早期复制；而 TAD 3 在 C 型细胞中是晚期复制，而在 D 型细胞中是早期复制。(**c**)总之在分化过程中，早期复制的 TAD（红环）更加开放，并位于细胞核内部，而晚期复制的 TAD（绿环）更加致密，并位于细胞核外围。可转换复制时相的 TAD 可以移向或远离细胞核基质，以及经历压缩变化，这些都依赖于复制时相转换的方向

7.8 染色体带型

关键概念

- 特定的染色方法使得染色体出现被称为 G 带的带型。
- 与间带相比，G 带的 G·C 含量较低。
- 基因富集在 G·C 含量高的带间区域。

正因为染色质的分散状态，我们无法直接决定其组织结构的特异性。三维序列水平的作图技术开始让我们更深刻地理解间期染色质的组织结构。在染色体水平上，每一条染色体都有不同的带型，并且这种带型在不同的实验中是可以重复的。当经过蛋白质消化酶（胰蛋白酶）处理并用吉姆萨（Giemsa）染料化学染色后，染色体可产生一系列的 **G 带（G-band）**，**图 7.12** 代表了人类染色体 G 带的一个例子。

在发展出这种技术之前，染色体只能通过其大小和着丝粒的相对位置来进行区别，现在每一条染色体能通过其特征性带型进行确认。带型是可以重复的，因此一条染色体向另一条染色体的易位可通过原来二倍体带型进行比较来鉴定。**图 7.13** 表示了一条人类 X 染色体的**带（band）**型示意图。带型是较大的结构，每个代表约 10^7 bp 的 DNA，可包含几百个基因。

染色体分带技术有广泛的用途，但带型的产生机制仍是一个谜。唯一确定的是如果对未经处理的

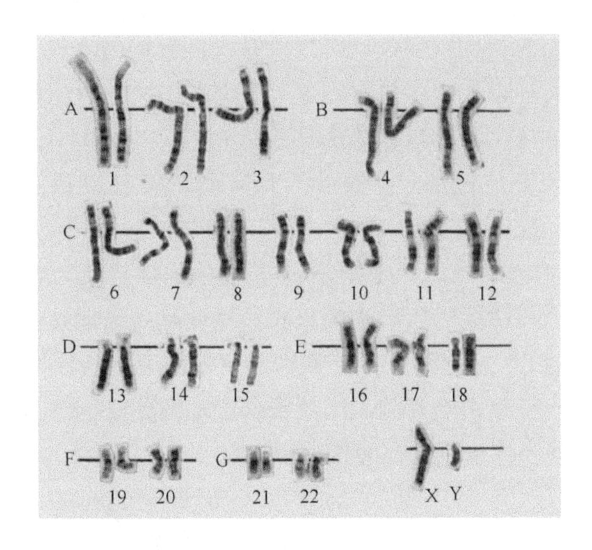

图 7.12 G 带在染色体组的每一个成员中产生一个特征性的横向带序列

图片由 Lisa Shaffer, Washington State University, Spokane 友情提供

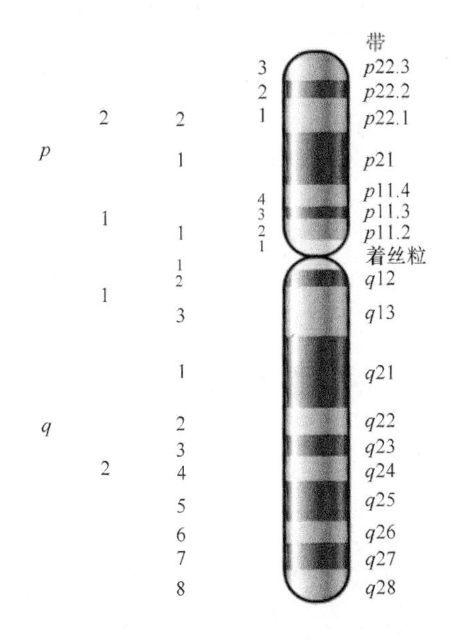

图 7.13 人类 X 染色体按带型可分为不同区域，短臂为 *p*，长臂为 *q*，每个臂可分为几个较大区域并可被继续细分。该图的分辨率不高，如果分辨率够高的话，一些小带可继续被细分为更小的斑带或亚带，如 *p*21 可被分为 *p*21.1、*p*21.2 和 *p*21.3

染色体进行染色，则着色基本上是均匀的。条带的产生依赖于一系列改变染色体应答状态的处理（理论上，抽提是可以除去非染色区域中能与染料结合的成分），但是不同的处理方法也可以得到相似的带型。

研究人员可依据更低的 G · C 含量来将 G 带和**间带（interband）**分开。假如在约 100 Mb 的染色体上存在 10 个带，这意味着染色体会被分割成约 5 Mb 长度的区域，这些区域在低 G · C 含量（带）和高 G · C 含量（间带）之间交互存在。基因具有在间带区富集的倾向。对于那些大范围的、依赖序列的组织结构，这些观点还是存在争议的。

人类基因组序列支持这个最基本的观察结果，**图 7.14** 显示将染色体划分成小的区域后，G · C 含量具有内在的波动性。哺乳动物基因组的 G · C 含量平均是 41%，但是低于 30% 和高于 65% 的区域也是存在的。划分的区域越长，这种变化越不明显，G · C 含量大于 43% 时，平均划分长度是 200 ～ 250 kb。尽管 G 带的确往往具有高含量的低 G · C 片段的特点，但带 / 间带结构并不直接对应于大量均匀的、G · C 含量呈相间变化的片段。基因比较倾向于聚集在高 G · C 含量的区域。当然，我们还需研究 G · C 含量对染色体结构的影响。

7.9 灯刷染色体外延

关键概念

- 灯刷染色体上基因表达的位点表现为侧环从染色体的轴向外延伸。

在自然状态下监测基因表达是非常有用的，因为这样才能发现什么结构与转录有关。由于 DNA 压缩在染色质中，给识别其中的特定基因带来了困难，这使观察单个活性基因的转录变得非常困难，尽管活体成像技术和显微镜分辨率的进步开始逐渐克服了这些局限性。

基因表达在某些特殊位置上是可被直接观察到的，因为那里的染色体呈高度伸展状态，以至于某个基因座（或某些基因座）能被分辨出来。很多染色体在减数分裂之初呈现结构性的横向变化，在这个阶段，染色体就像一根线上的一连串珠

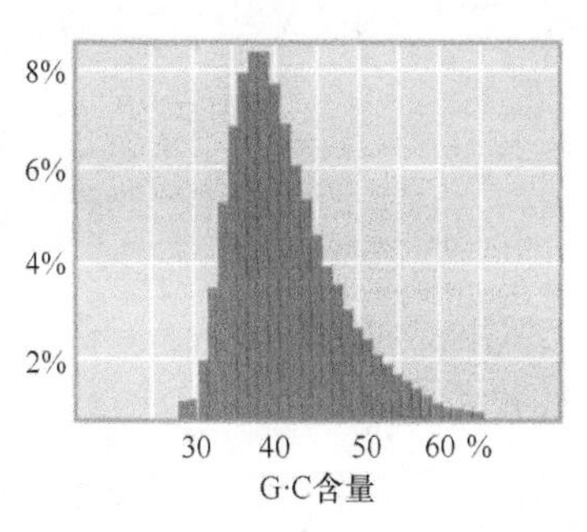

图 7.14 在比较短的距离上，G · C 含量呈现出较大的波动，每个柱显示带有给定 G · C 含量的 20 kb 片段的百分比

子。珠子就是浓染颗粒，其合适的名称是**染色粒**（**chromomere**），它很大，完全不同于单一核小体，这有时也被称为线上的串珠（详见第 8 章"染色质"）。然而，在减数分裂时只有很少基因表达，因此无法使用这种方法识别单个转录基因。一个例外的情况就是**灯刷染色体**（**lampbrush chromosome**），人们对某些两栖类和鸟类的灯刷染色体已研究得非常透彻。

灯刷染色体在特别长的减数分裂期内形成，可能会存在好几个月。在此期间，光镜下可看到染色体呈现向外伸出的灯刷伸展状态。减数分裂后期，染色体恢复为通常的紧密形态，所以这种伸展状态为我们提供了染色体结构的独特视觉通路。

灯刷染色体是减数分裂二价体，每个都由成对的、已经被复制的同源染色体组成。姐妹染色单体沿着它们的链保持连接，因此每一个同源物就如单一纤维。在**图 7.15** 所示的例子中，姐妹染色单体已经去联会，几乎完全分开，它们之间仅由几个交叉相连，每个姐妹染色单体都形成一系列直径约 1 ～ 2 μm 的椭圆形染色粒，它们之间通过一条很细的丝线连接，这种丝线包含两个姐妹双链体 DNA，它们通过染色粒沿着染色体连续展开。

在绿红东美螈（*Notophthalmus viridescens*）中，灯刷染色体的长度范围是 400 ～ 800 μm，与减数分裂后期的 15 ～ 20 μm 相比是相当巨大的。所以灯刷染色体的包装紧密度较小，是通常的体细胞对应物的约 1/30，整条灯刷染色体的长度是 5 ～ 6 mm，由约 5000 个染色粒组成。

之所以称其为灯刷染色体，是因为这种染色体在某些位置上，染色粒以侧环（loop）的形式伸出，环绕染色体轴的纤维排列很像灯刷（1882 年首次观察到灯刷染色体时，这是一种常见的工具）的清晰纤维。侧环成对伸展，且都源于同一对姐妹染色单体。在轴线上侧环是连续的，它从结构更为紧密的染色粒组织上伸出。侧环结构被核糖核蛋白（ribonucleoprotein，RNP）基质所围绕，并包含一些新生 RNA 链。通常一个转录单位被定义为 RNP 沿侧环移动时所增加的长度。侧环是转录活跃的突出的 DNA 片段。在某些情况下，侧环对应于那些已被鉴定出的基因，因此被转录基因的结构及其产物能在原位进行直接观察和研究。

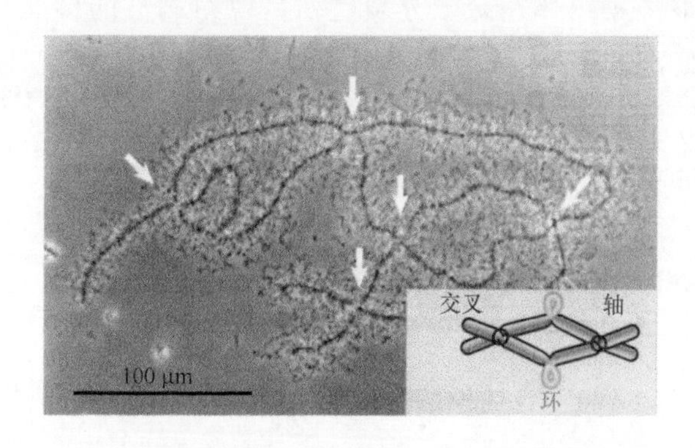

图 7.15 灯刷染色体为减数分裂二价体，在灯刷染色体中两对（4 个）染色单体通过交叉（用箭头表示）连在一起

照片由 Joseph G. Gall, Carnegie Institution 友情提供

7.10 多线染色体形成横纹

关键概念

- 双翅目昆虫的多线染色体可以用细胞学方法显示出横纹。

与其通常情况相比，一些双翅目蝇幼虫组织的间期细胞核内包含一些非常巨大的染色体，它们拥有增大的直径与较长的尺寸。**图 7.16** 显示黑腹果蝇唾液腺细胞染色体的例子，这种染色体被称为**多线染色体**（**polytene chromosome**）。

多线染色体中的每一条染色体由一系列可见的横纹（更合适被描述成染色粒，但较少使用）组成，横纹大小的变化范围是从最大的宽度约为 0.5 μm，到最小的 0.05 μm（小到只能在电镜下观察到）。这些横纹包含大部分 DNA，并能被相应的试剂深度染色，那些染色较轻的区域称为间带。黑腹果蝇的多线染色体含有约 5000 横纹。

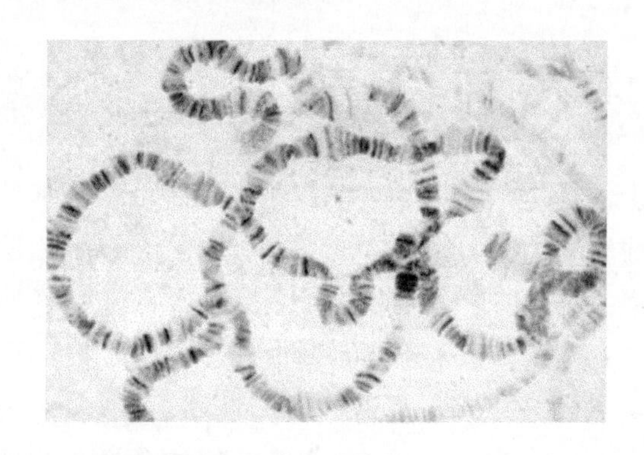
图 7.16 黑腹果蝇的多线染色体形成了一系列的相间的带和间带

照片由 José Bonner, Indiana University 友情提供

果蝇含有 4 条染色体，这些染色体的着丝粒聚集成大部分由异染色质组成的染色中心（雄性中包括整个 Y 染色体）。其余 75% 的基因组在多线染色体被组织成一系列相间的横纹和间带。染色体的长度约为 2000 μm，其伸展形式的 DNA 长度约为 40 000 μm，因此，其包装率为 20 左右，这生动地证明，这种染色体与通常的间期染色质或有丝分裂期染色体相比，遗传物质呈充分伸展的状态。

这些巨大染色体所揭示出的染色体结构特征是怎样的呢？每一条这种染色体都是由联会（synapse）二倍体的连续复制产生的。其复制产物不分开，而以伸展状态互相结合。在姐妹染色单体没有分开的情况下，这些重复复制的过程称为**内部连续复制（endoreduplication）**。在开始阶段，每个联会染色体的 DNA 量为 2C（C 代表单一染色体中 DNA 含量），复制最多可达 9 次，因此，其 DNA 含量最大值为 1024C，在果蝇幼虫中，复制次数会随组织的不同而有所变化。

每条染色体可以被想象成大量纵向靠拢的平行纤丝，在横纹处紧密浓缩，而在间带的位置只是轻微浓缩，可能每条纤丝代表一条（C）单倍体染色体，这体现了“多线”这个名字。巨大染色体中多线性的程度即为单倍体染色体的数目。

带型是各个果蝇品系的特征。横纹的恒定数目和线性排列在 20 世纪 30 年代首先被注意到，由此，它们形成了染色体的**细胞图（cytological map）**。而染色体重排，如缺失、倒位或重复，则会导致横纹顺序的改变。

横纹的线性排列能代表基因的线性排列，所以就如连锁图中所见到的那种遗传重排，能根据细胞图上的结构重排进行确认，最终，每一特异性突变能被定位在一个特定的横纹上。果蝇基因的总数远多于横纹的数目，因而大多数横纹中可能存在多个基因。

通过原位杂交（*in situ* hybridization）技术，特定基因在细胞学上的位置就能被直接鉴定。一种更新的方法是运用荧光探针在第 2 章“分子生物学与基因工程中的方法学”中已经描述过。尽管现在偏好使用荧光探针，但是这种方法最初被发明出来之时，是使用代表目的基因的放射性探针。原位杂交技术方案概述如**图 7.17** 所示：一个代表某一基因的探针（通常采用 mRNA 反转录的 cDNA），能在原位与多线染色体的变性 DNA 杂交，放射自显影通过在一个或多个特定带上的颗粒重叠来确定相应基因的位置（使用荧光探针的原理是一样的，唯一的根本性差异在于这种实验利用荧光显微镜探测标记物）。**图 7.18** 就是一个例子，用此类技术，我们可以直接确定出特定序列所在的 X 带。

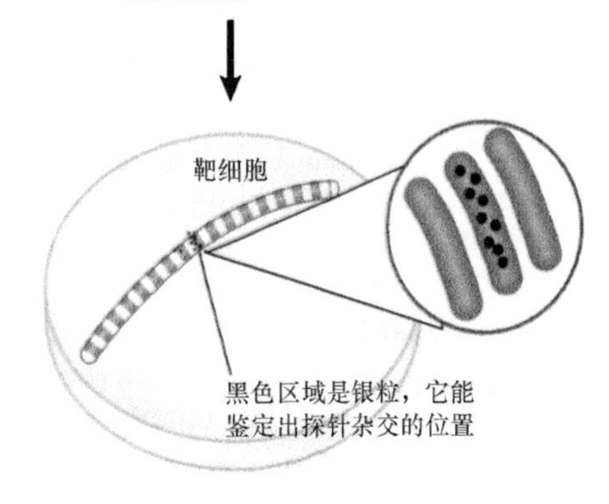

图 7.17 某个包含靶基因的横纹可通过原位杂交技术加以确认

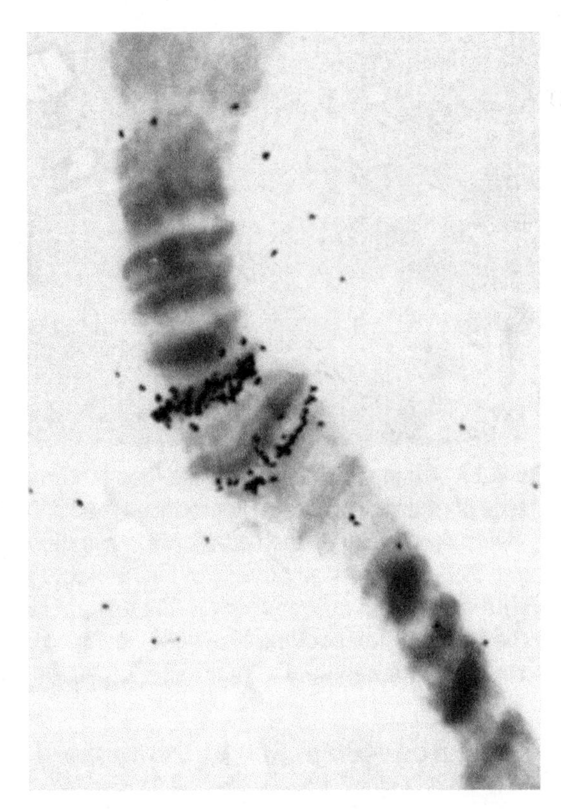

图 7.18 带 87A 和 87C 与来自热激细胞的标记 RNA 进行原位杂交，结果放大显示如图

照片由 José Bonner, Indiana University 友情提供

7.11 多线染色体在基因表达位点出现染色体疏松

关键概念

- 多线染色体的横纹是基因表达的位点，并膨大成“疏松”结构。

多线染色体的一个迷人的特征是转录活性位点能被直接观察。有些带可暂时性地扩大，当染色体物质从轴上突出来时，它在染色体上形成一些巨大的**疏松（puff）**结构，称为**巴尔比亚尼环（Balbiani ring）**。

疏松的本质是什么呢？在形成疏松的区域里，染色体纤维从其正常包装状态解螺旋，纤维连续地沿染色体轴延伸，疏松经常从单个横纹里膨出（尽管它们很巨大），典型地就像巴尔比亚尼环。疏松可向外充分扩展，以至于它使横纹的排列变得模糊。

疏松状态与基因表达相关。在幼虫发育阶段，疏松短暂地或以组织特异性的方式出现和回缩。在任何给定时间，疏松的特征性模式可出现在每个组织中。许多疏松可被控制果蝇发育的激素所诱导：一些疏松可直接被激素诱导，另一些被早期疏松的产物间接诱导。

疏松是RNA合成所在的位置。一种被认可的观点认为，疏松是染色体的横纹为合成RNA而需要放松所导致的结果，因此，疏松是由转录引起的。单一基因的激活能产生一个疏松。如果考虑到积聚的蛋白质（包括RNA聚合酶II和其他与转录作用有关的蛋白质），那么疏松的位置就会不同于正常的横纹。图7.18所表示的87A和87C带编码热激蛋白，它在热激时形成泡状结构，在这些位点，我们利用免疫荧光技术可观察到RNA聚合酶II的积累，如图7.19所示。

灯刷染色体和多线染色体所展示的这些性质说明了一个普适性结论：为进行转录，遗传物质需要从其更加紧密的包装状态转变为相对松散的状态。需要放在心上的问题是，在染色体粗水平上所观察到的分散现象，是否能模仿出发生于分子水平上的、普通间期染色质内的事件。

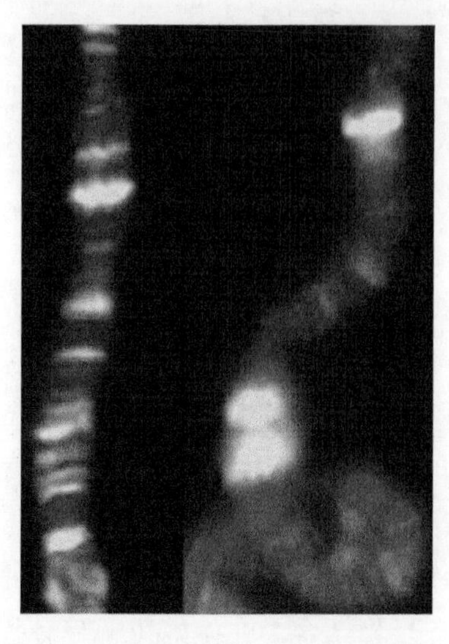

图7.19 在主要的热激基因座87A和87C上，由热激所诱导的泡状结构形成。它展示了热激前（左）后（右）的一小段3号染色体。染色体中DNA染成蓝色，而RNA聚合酶II染成黄色

照片由Victor G. Corces, Emory University友情提供

多线染色体的横纹具有功能上的重要性吗？也就是说，每个横纹对应于某一类型的遗传单元吗？也许你会认为随着果蝇基因组测序的完成，谜底在不久的将来就能够被揭开，因为我们可以通过将间带定位在染色体的序列上，来确定每个横纹是否有其固有的特点。然而至今，我们并没有发现每个横纹所在位置有任何功能上的重要性。

7.12 真核生物细胞染色体是一种分离装置

关键概念

- 通过将微管连接于着丝粒区域所形成的动粒上，有丝分裂纺锤体能将真核生物染色体固定。

在有丝分裂过程中，姐妹染色单体在细胞内向相反的两极移动，它们的运动依赖于如何将染色体附着于微管上。微管的一端与染色体相连，另一端与顶极连接。微管组成细胞内的纤丝体系，在有丝分裂期间它们可以重新组织，这样就可以连接染色体与细胞的顶极。在组成微管端部的两个区域，即位于染色体上和两极的中心粒（centriole）附近，

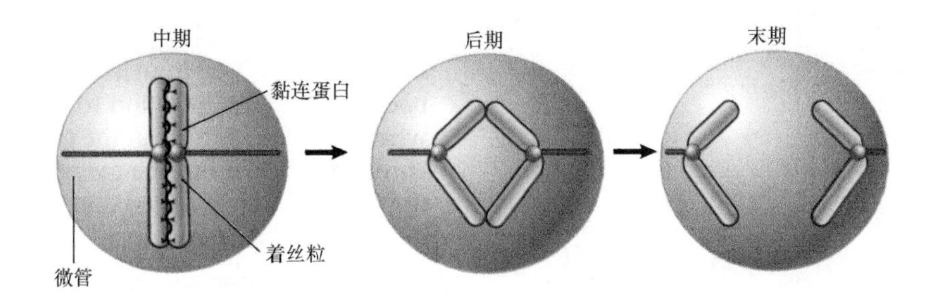

图 7.20 通过附着于着丝粒的微管可将染色体拖向两极。姐妹染色单体由黏连蛋白连接着，直到后期。这里所显示的着丝粒位于染色体的中部（中部着丝粒），但是沿着染色体它可以分布于任何位置，包括靠近末端（近端着丝粒），以及就分布于末端（端着丝粒）

称为**微管组织中心（microtubule organizing center，MTOC）**。

图 7.20 显示了从有丝分裂中期到末期的过程中姐妹染色单体是如何分开的。染色体上负责其在有丝分裂和减数分裂时分开的区域称为**着丝粒（centromere）**，姐妹染色单体上的着丝粒区域由微管拖向相反的两极。与之作用相反，“胶水样”蛋白质——**黏连蛋白（cohesin）**能够将姐妹染色单体“胶连”在一起。在末期，随着黏连蛋白的降解，姐妹染色单体首先在着丝粒区域分开，然后完全分离。在有丝分裂过程中，着丝粒被拖向两极，与之相连的染色体似乎被拖在后面。这样，染色体就为其上面携带的数量众多的基因提供了一个分离装置。对于整个染色体来说，着丝粒的作用就如行李箱把手一样必要；同时，它的位置是一个受控区域，连接着所有 4 条染色体的臂，如图 7.9 的照片所示，它显示了有丝分裂中期的姐妹染色单体。

从染色体被断裂的行为我们可以看出，着丝粒是分离所必需的。单个断裂产生一段带有着丝粒的染色体和一个**无着丝粒断片（acentric fragment）**，无着丝粒断片不能与有丝分裂**纺锤体（spindle）**附着，导致它不出现在任何的子细胞核内。

由于染色体的运动依赖于各个着丝粒，所以每条染色体仅能拥有一个着丝粒。当发生易位产生具有一个以上着丝粒的染色体时，在有丝分裂中就会出现畸形结构。这是因为同一姐妹染色体上的两个着丝粒会向细胞的两极运动而拉断染色体。然而，在一些物种 [如秀丽隐杆线虫（*Caenorhabditis elegans*）] 中着丝粒是**散漫性的（holocentric）**，它能沿着染色体的整个长度进行扩散和传播。拥有散漫着丝粒的染色体仍然能形成用于有丝分裂染色体分开的纺锤体纤维附着结构，但是每一条染色体不再需要一个或唯一一个区域或点着丝粒。大部分对着丝粒的分子分析已经完成，主要集中在标准的点着丝粒（出芽酵母）或区域着丝粒（果蝇、哺乳动物或水稻）。

毗邻着丝粒的区域富含卫星 DNA 序列，它呈现相当数量的异染色质。因为整条染色体是压缩的，所以在有丝分裂染色体中，着丝粒区的异染色质并不是十分明显的，然而，可以通过采用一种称为 C 带（C-band）的技术观察到。在**图 7.21** 的例子中，所有着丝粒都呈现为深度染色区域，虽然这种情况很普遍，但并不能证明异染色质是围绕在每一个着丝粒旁而形成，这也表明异染色质似乎不是分裂机制所必需的。

染色体着丝粒由 DNA 序列、特化的着丝粒变异体和一组特殊的蛋白质组成，这些蛋白质负责构建某种结构，使得染色体能够与微管连接，这个结

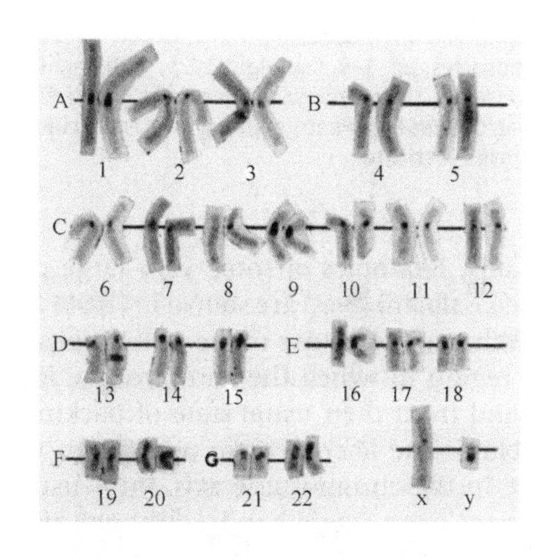

图 7.21 所有染色体的着丝粒上 C 带染色较深

图片由 Lisa Shaffer, Washington State University, Spokane 友情提供

构称为**动粒**（**kinetochore**）。这是一个直径或长度约 400 nm 的深度着色纤维物质。动粒提供了染色体中的微管附着点。

7.13 着丝粒局部含有组蛋白 H3 变异体和重复 DNA 序列

关键概念

- 特异性的组蛋白 H3 变异体可以鉴定出着丝粒，它常常拥有富含卫星 DNA 的异染色质。
- 着丝粒特异性的组蛋白 H3 的装配是表观遗传决定子，也是基本的决定子，它使功能性着丝粒具有特性。
- 高等生物染色体的着丝粒含有为数众多的重复 DNA 和独特的组蛋白变异体。
- 永久存在的、具有重复序列的着丝粒 DNA 的功能未知。

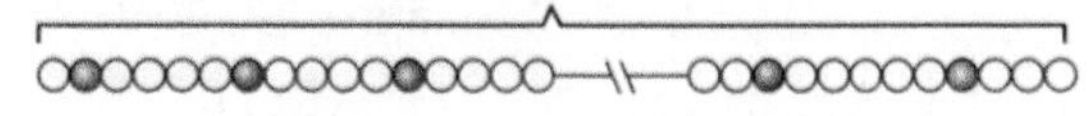

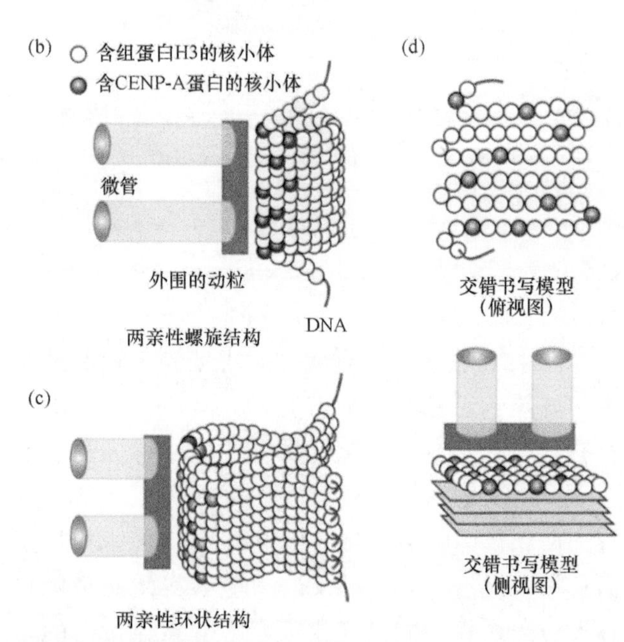

图 7.22 在着丝粒中，CENP-A 蛋白和组蛋白 H3 的组织结构。（**a**）在鸡中着丝粒约为 40 kb，对应 200 个核小体 / 着丝粒。预测其中 30 个核小体含有 CENP-A 蛋白（即约 6～8 个着丝粒中的核小体有 1 个）。因此，着丝粒中的染色质大部分由含组蛋白 H3 的核小体组成。（**b 和 c**）刚开始时认为含 CENP-A 蛋白的染色质形成两面的组织结构，CENP-A 蛋白位于外部，面向动粒；而组蛋白 H3 基本面向内侧。这种染色质被认为形成螺旋或环状结构。（**d**）基于超高分辨率显微镜观察提出着丝粒中含 CENP-A 蛋白的染色质的交错书写（boustrophedon）模型

改编自 Fukagawa, T., et al. (2014). *Dev Cell* 30: 496-508 doi: 10.1016/j.devcel.2004.08.016

形成着丝粒的染色体区域过去常常认为是由 DNA 序列所决定的，然而最近在植物、动物和真菌中的研究表明，着丝粒更可能是通过表观遗传方式被染色质结构所规范。着丝粒特异性的组蛋白 H3（centromere-specific histone H3，酵母中称为 Cse4 蛋白，高等真核生物中称为 CENP-A 蛋白，通称为 CenH3 蛋白；详见第 8 章“染色质”）在建立功能性着丝粒和动粒装配位点上似乎是主要的决定子。这个发现诠释了一个古老的谜题，即为什么特异性 DNA 序列不能被鉴定为“着丝粒 DNA”，为什么在关系亲近的物种中着丝粒相关的 DNA 序列存在着如此大的差异。**图 7.22** 显示了着丝粒组蛋白 H3，CENP-A 蛋白的作用，即它们在动粒附着处的着丝粒的组织构建作用。图中显示了几种与动粒相关的染色质空间排列的工作模型。

尽管存在这样一个事实——着丝粒在没有 DNA 转座的情况下可被重新配置，但是它们是高度规范化的染色质结构，可在一代代中占据同样的位点。在真核生物染色体的这一位点中，着丝粒特异性的组蛋白 H3 变异体 CenH3 代替了正常的组蛋白 H3，而此位点是着丝粒存在的地方，也是动粒将染色体与纺锤体纤维相连的地方。这种规范化的着丝粒染色体是其他着丝粒相关蛋白结合的根基。此外，着丝粒中的其他组蛋白（包括组蛋白 H2A 和规范化的组蛋白 H3）易于受翻译后修饰，而这是着丝粒蛋白的正常结合和精确的染色体分离所需的，这表明精确解释着丝粒的表观遗传模式是复杂的。这种观点代表了观念的转向，即我们如何理解着丝粒的形成、身份和作用。尽管组蛋白 CenH3 是一种核小体蛋白，本质上不是 DNA 序列，不过现在着丝粒在它的特化过程中已经被认为是一种表观遗传效应。卫星 DNA 序列的作用也具有着丝粒特征，但是很难界定，尽管它

们普遍存在且相当保守。研究人员现在已经转向了解 $CenH_3$ 蛋白装置特有的核小体组装因子的作用。其中的新问题主要是与特异性相关，如在复制后的着丝粒中，细胞是如何维持相同水平的 $CenH_3$ 蛋白呢？

着丝粒功能所需的 DNA 非常长，酿酒酵母中不连续的短元件可能是一个特例。酿酒酵母是迄今为止唯一的一个例子，通过将稳定的功能移植到质粒上，我们就能鉴定出着丝粒 DNA。然而相关的研究也能够用裂殖酵母（*Schizosaccharomyces pombe*）进行，这种酵母只包含 3 条染色体，包含着丝粒的区域能够用构建稳定微染色体的方法获得，这种方法去除了染色体上除着丝粒区域之外的绝大部分区域，并将着丝粒区域确定在 40 ～ 100 kb 的范围内，这里包含大量的或者全部是重复的 DNA 序列。对果蝇染色体中着丝粒定位的研究表明，它们分散在一个较大区域，由 200 ～ 600 kb 组成。这种类型着丝粒的大小说明它可能包含许多相互隔离的特异性功能，包括动粒组装、姐妹染色单体的配对等所需要的序列。

拟南芥着丝粒的大小是可以与之比拟的，其 5 条染色体中任何一个都具有一个着丝粒区域，其中重组很少发生。这个区域在 500 kb 以上。由异染色质构成的灵长类动物着丝粒的主要基序是 α 卫星 DNA，它由串联排列的 171 bp 重复单元组成（详见第 6 章“成簇与重复”）。虽然着丝粒成员之间的序列相关性与其他部位的家族成员相比要更好，但单一重复序列之间仍有明显的变化。

局部着丝粒的组织结构和功能的现有模型激活了染色质结构域的交互，即成簇的 CenH3 核小体散布于成簇的带有组蛋白 H3 和一些组蛋白变异体 H2A.Z. 的核小体中。不同组蛋白易于受到着丝粒特异模式的修饰。含 CenH3 蛋白的核小体为染色质中其他蛋白质的募集和装配奠定了基础，而这些最终组成了功能性动粒。含有 CenH3 蛋白而非 α 卫星 DNA 的新着丝粒（neocentromere）的形成，为“着丝粒是由表观遗传决定的”这样一种观点提供了重要的证据。在复制的姐妹着丝粒上形成的双向大动粒结构中，这些重复 DNA 序列和交互的染色质结构域究竟发挥了怎样的功能仍是一个悬而未决的关键问题。

7.14 酿酒酵母中的点着丝粒具有必需的 DNA 短序列

关键概念

- 在酿酒酵母有丝分裂中，鉴定出的 *CEN* 元件能使质粒准确分离。
- *CEN* 元件包括短保守序列 *CDE-* Ⅰ和 *CDE-* Ⅲ，这两个元件分布在 A·T 富集区 *CDE-* Ⅱ的两侧。

如果着丝粒的 DNA 序列负责分离，那么在细胞分裂中所有拥有这种 DNA 序列的分子都会正确运动，而缺少此类 DNA 序列的分子则不会分离，这种预测方法已经在酿酒酵母中被用于分离着丝粒 DNA。酵母染色体与多细胞真核生物相比没有可见的动粒，但同样的机制能使染色体在有丝分裂和减数分裂中分离。

通过基因工程，我们已创造出能像染色体序列那样复制的酵母质粒（详见第 10 章“复制子：复制的起始”），然而它们在有丝分裂和减数分裂中仍然表现出不稳定性，即由于分离没有规律，所以在多数细胞中它会消失。利用着丝粒能够给这种质粒提供在有丝分裂中具有稳定性的能力，这样含有着丝粒的染色体 DNA 片段就被分离出来了。

在这种质粒中，着丝粒 DNA 区域（centromeric DNA region，*CEN*）片段被定义为能保持其稳定性的最小片段。另外一种研究着丝粒序列功能的方法是在体外修改它们的序列，并把这些序列重新引入酵母细胞内，使其代替染色体上对应着丝粒的功能。这样在染色体上，我们能直接鉴定出那些具有 *CEN* 功能的序列。

从一条染色体上衍生而来的 *CEN* 片段能够代替另外一条染色体上的着丝粒的功能，而不会产生不良后果，这说明着丝粒是可交换的。它们能简单地用于使染色体与纺锤体结合，但不能用于区分不同染色体。

着丝粒功能域已被限定到约 120 bp 的序列区域上。将着丝粒区域包装到一个抗核酸酶的结构中，它能与单个微管结合，据此我们可以观察酵母的着

TCACATGATGATATTTGATTTTATTATATTTTTAAAAAAAGTAAAAAATAAAAAGTAGTTTATTTTTAAAAAATAAAATTTAAAATATTTCACAAAATGATTTCCGAA
AGTGTACTACTATAAACTAAAATAATATAAAAATTTTTTTCATTTTTTATTTTTCATCAAATAAAAATTTTTTATTTTAAATTTTATAAAGTGTTTTACTAAAGGCTT

CDE-I　　*CDE-II* 80～90 bp, >90% A + T　　*CDE-III*

图 7.23 通过对酵母 *CEN* 元件之间的序列同源性比较，我们得到三个保守区域

丝粒区域，鉴定与着丝粒 DNA 结合的蛋白质或连接染色体和纺锤体的蛋白质。

CEN 区域中存在三种类型的序列元件，如图 7.23 所示。

- 细胞周期依赖性元件（cell cycle-dependent element，*CDE*）- *I* 是所有着丝粒左侧边界变化很少的 9 bp 保守序列。
- *CDE- II* 是所有着丝粒中都存在的 A · T 比例大于 90% 的 80 ～ 90 bp 长序列，其功能依赖于其长度而非准确序列，其成分使我们想起了一些短的随机重复（卫星）DNA 序列（详见第 6 章"成簇与重复"），其碱基成分可能产生一些 DNA 双链结构上的特征性弯曲。
- *CDE- III* 是所有着丝粒右侧边界的 11 bp 长的高度保守序列，此类元件的两侧序列保守性较低，它也可能对于着丝粒功能是必需的（*CDE- III* 在旁侧序列必需的情况下可能长于 11 bp）。

CDE- I 或 *CDE- II* 的突变会减弱但不会消除着丝粒功能，但是在 *CDE- III* 的中心序列 CCG 上的点突变可能会使着丝粒彻底失活。

7.15 酿酒酵母中的着丝粒与蛋白质复合体结合

关键概念

- 一个特殊蛋白质复合体在染色质 *CDE- II* 处形成。
- 组蛋白 H3 变异体 Cse4 蛋白加入到着丝粒中的核小体里。
- CBF3 蛋白复合体与 *CDE- III* 的结合对于着丝粒的功能是必需的。
- 结合 *CEN* 元件的蛋白质作为动粒的组装平台，该蛋白质提供了与微管的连接。

我们能否鉴定出 *CEN* 序列实现功能的必需蛋白质呢？有一些基因突变能够影响染色体分离，并且这些蛋白质定位于着丝粒，它们对着丝粒结构的贡献在图 7.24 中作了简要说明。

CEN 区域能募集三种 DNA 结合因子：Cbf1 蛋白、CBF3 蛋白（一种必需的 4 蛋白质复合体）和 Mif2 蛋白（在多细胞真核生物中是 CENP-C）。此外，*CDE- II* 与 Cse4 蛋白的结合形成一个特殊的染色质结构，这种结构也可能存在于其他正常的核小体中，其中 Cse4 蛋白是组蛋白 H3 的一种变异体（它类似于多细胞真核生物的 CENP-A 蛋白）。Scm3 蛋白是 Cse4 蛋白与 *CEN* 序列合适连接所必需的。与 Cse4 蛋白相关的 CenH3 组蛋白变异体的参与是所有物种中着丝粒构建的普遍规律，其最基本的作用包括 *CDE- II* 所在区域的 DNA 围绕一个蛋白质聚集弯曲，这个反应也许部分依赖于 *CDE- II* 内在的弯曲结构。

CDE- I 能与 Cbf1 同源二聚体结合，这种相互作用对着丝粒功能不是必需的，但在其缺失情况下，染色体分离的忠实性会降为原来的 1/10；另外，由 4 种蛋白质组成的称为 CBF3 的 240 kDa 复合体，能与 *CDE- III* 结合，这种相互作用对于着丝粒功能是必需的。

能与 *CDE- I*、*CDE- II* 和 *CDE- III* 结合的蛋白质彼此之间能相互连接在一起，与另一组蛋白质（Ctf19、Mcm21、Okp1）也能相互作用，并且依次将着丝粒复合体与端粒蛋白（在酵母中已经发现了约 70 种单一动粒蛋白）连接，它再与微管连接。

这一总体模型揭示了这个复合体在某种蛋白质结构的帮助下可定位于着丝粒，而这种蛋白质结构类似于染色质（核小体）的通用建筑模块。DNA 在该结构处的弯曲允许蛋白质与两侧元件结合，从而形成单一复合体的一部分。该复合体的 DNA 结合组分形成了动粒组装的骨架，可将着丝粒与微管连接在一起。在几乎所有生物中，动粒构建有着类似模式，并利用相互关联的组分。

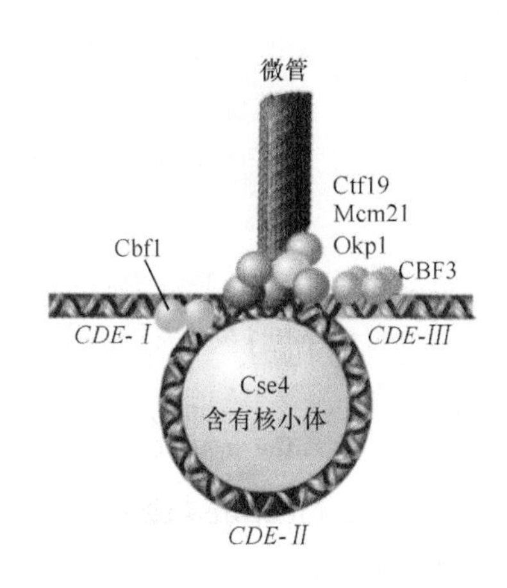

图 7.24 *CDE-Ⅱ*处的 DNA 包裹着可变的核小体，包括：Cse4 蛋白；*CDE-Ⅲ*被 CBF3 复合体结合；*CDE-Ⅰ*被 Cbf1 同型二聚体结合。这些蛋白被一组 Ctf19 蛋白、Mcm21 蛋白和 Okp1 蛋白连接，而很多其他因子将这个复合体与微管连接

7.16 端粒具有简单重复序列

关键概念

- 端粒对于染色体末端的稳定性是必需的。
- 端粒由简单重复序列组成，即在 3′ 端富含 G 的链上具有 $(T/A)_{1\sim4}G_{>2}$ 的结构。

所有染色体中的另一个基本特征是具有**端粒（telomere）**结构，它可封闭染色体末端。端粒一定具有某种特殊结构，因为通过断裂产生的染色体末端是“黏性的”，会与其他染色体发生作用，然而天然末端是稳定的。

我们在鉴定端粒序列中可以采用两条准则：

- 它必需存在于染色体的末端（或至少在线性 DNA 分子的末端）；
- 当经受多轮复制，以及由末端连接 DNA 修复机器所引起的免疫反应时，端粒必需赋予线性 DNA 分子稳定性。

由于酵母能从分子水平上提供功能研究的实验体系，所以我们利用酵母来研究端粒结构。所有在酵母中存在的质粒都是环状 DNA 分子（包括 *ARS* 和 *CEN* 元件）。线性质粒是不稳定的（因为它们会被降解）。人工增加端粒 DNA 能够稳定线性质粒吗？从酵母染色体末端分离的片段能够用这种手段来确定，并且已知的天然线性 DNA 分子——一种四膜虫（*Tetrahymena*）的外染色体 rDNA，能够稳定酵母线性质粒。

从许多真核生物中已经鉴定出了端粒序列。人们也在植物和人类中发现同样类型的序列，所以端粒的构建似乎遵循着几乎一样的普遍规律（果蝇端粒是个例外，它由末端的反转录转座子串联而成）：每个端粒由很长的一系列短串联重复序列组成，根据物种的不同，可能存在 100 ～ 1000 个重复。

所有端粒序列能写成 $5'\text{-}(T/A)_nG_m\text{-}3'$ 的一般形式，其中 $n>1$ 而 m 为 1 ～ 4。**图 7.25** 显示了一个常见例子：端粒序列的一种不寻常特性是 G+T 富集链的外延，它常常是一条 14 ～ 16 个碱基的单链，G 尾的产生通常是由于 C+A 富集链的有限降解所致。

一些关于端粒功能的提示性证据来自于线性 DNA 分子末端的特性研究。在锥体虫（trypanosome）群体中，其末端长度是可变的。如果我们跟踪单一细胞的变化轨迹，那么我们会发现它每代中端粒长度将延长 7 ～ 10 bp（1 或 2 个重复序列）。更令人惊奇的是纤毛虫（ciliate）的端粒能被引入到酵母中，而酵母在复制之后，酵母端粒的重复序列也能被加到四膜虫的重复序列的末端上去。

在每次复制循环之后将端粒重复加到染色体的末端，能解决第 12 章“染色体外复制子”中所描述的线性 DNA 分子复制的问题。用从头合成的方式加入重复序列，能抵消在染色体末端无法复制所导致的重复序列丢失现象，这样端粒的延伸与缩短将保持动态平衡。

如果端粒是连续地延伸（或缩短），那么它们的真正序列可能是无关紧要的，而它们所需的是能将末端作为一个合适的底物并加入重复序列，这就解释了纤毛虫端粒为何能在酵母中起作用的现象。

CCCCAACCCCAACCCCAACCCCAACCCCAACCCCAA
GGGGTTGGGGTTGGGGTTGGGGTTGGGGTTGGGGTT

↓

CCCCAACCCCAACCCCAA 5′
GGGGTTGGGGTTGGGGTTGGGGTTGGGGTTGGGGTT3′

图 7.25 典型端粒具有简单重复结构，以 G+T 富集的形式延伸在 C+A 富集链上。G 尾部由于 C+A 富集链的有限降解而产生

7.17 端粒封闭染色体末端且在减数分裂的染色体配对中起作用

关键概念

- 通过取代端粒上游的同源区，G+T 富集链的 3′ 重复单元形成一个环状结构，而 TRF2 蛋白就是催化这一反应的。
- 在减数分裂中，端粒可由核膜蛋白将端粒和细胞骨架连接在一起，可促进碱基配对、联会和重组。

分离的端粒片段并不表现出单链 DNA 特征，相反，它们表现出异常的电泳迁移性及其他一些特点。

鸟嘌呤（G）碱基具有不寻常的特点，它们之间能互相连在一起。端粒单链 G 富集尾部能够形成“G 四联体”，四联体成员都依靠氢键形成平面结构，每个鸟嘌呤碱基来自于 TTAGGG 重复单元的相应位点。**图 7.26** 显示了基于近期晶体结构的组织形式，从图中我们可以看出，这个四联体代表了每个重复单元中第一个 G 之间的两两相互关系，它堆叠在另一个具有同样组织形式但是由每个重复单元的第二个 G 所组成的四联体之上。这样，一系列的四联体就像这样以螺旋的方式堆叠在一起。尽管这种结构的形成在体外引出了 G 富集序列的不寻常特点，但是在体内，我们仍然不清楚四联体是否以同样方式形成这种结构。

端粒的哪些特征有利于染色体末端的稳定呢？**图 7.27** 显示了 DNA 在端粒处形成的环状结构，游离末端的消失也许对于染色体末端的稳定是相当重要的。动物细胞中端粒的长度平均为 5 ～ 10 kb。当端粒的 3′ 单链末端 $(TTAGGG)_n$ 替代了端粒上游区域的同样序列时，它就形成了环状结构，这个转变使得该双链区域转变成 t 环（t-loop）结构，此时一系列 TTAGGG 重复序列被取代形成一个单链区域，并且端粒尾部与同源链配对。

该反应由端粒结合蛋白 TRF2 催化，它与其他蛋白质形成能稳定染色体末端的复合体。保护染色体末端是相当重要的，这从去除 TRF2 蛋白后就能导致染色体重排这个例子中可以看出来。

在哺乳动物中，6 个端粒蛋白（TRF1、TRF2、Rap1、TIN2、TPP1 和 POT1）组成了一个复合体，称为**庇护蛋白（shelterin）**。一个庇护蛋白定位于端粒 DNA 的可能模型是：TRF1 蛋白和 TRF2 蛋白与双链体端粒 DNA 相互作用，POT1 蛋白与单链 TTAGGG 重复序列结合，Rap1 蛋白结合于 TRF2 蛋白，TPP1 蛋白结合于 POT1 蛋白，TIN2 蛋白进而与这些蛋白发生相互作用。尽管其中一个庇护蛋白复合体的可能具有所描述的结构，但实际上沿着双

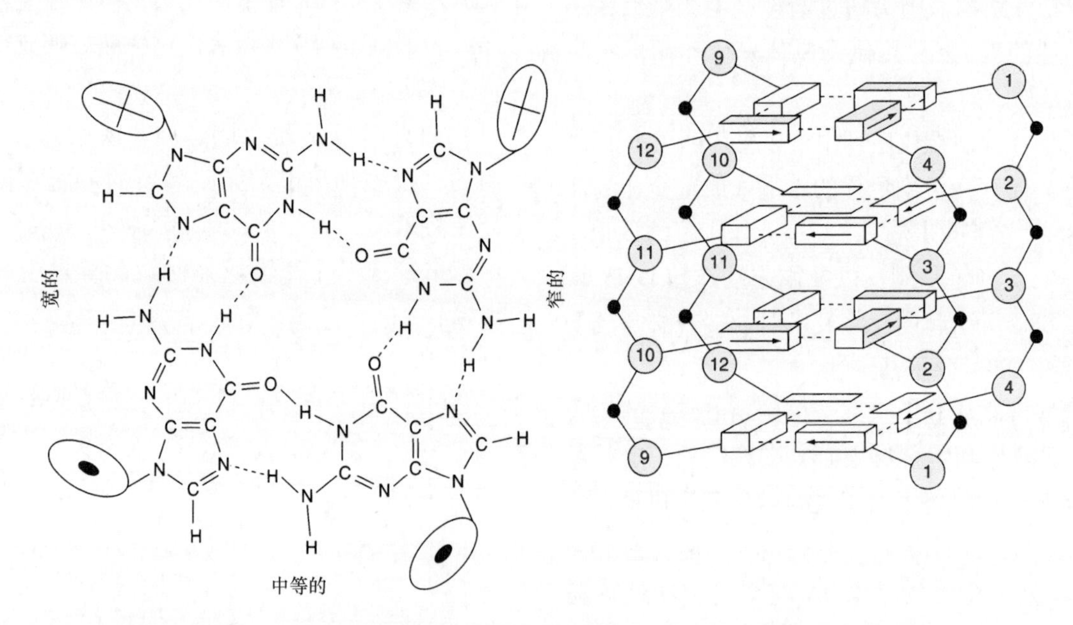

图 7.26 来自人类端粒的短重复序列的晶体结构形成三个堆积的 G 四联体。顶上的四联体包含来自于每个重复单元的第一个 G，它堆积在包含第二个（G3、G9、G15、G21）和第三个 G（G4、G10、G16、G22）四联体之上

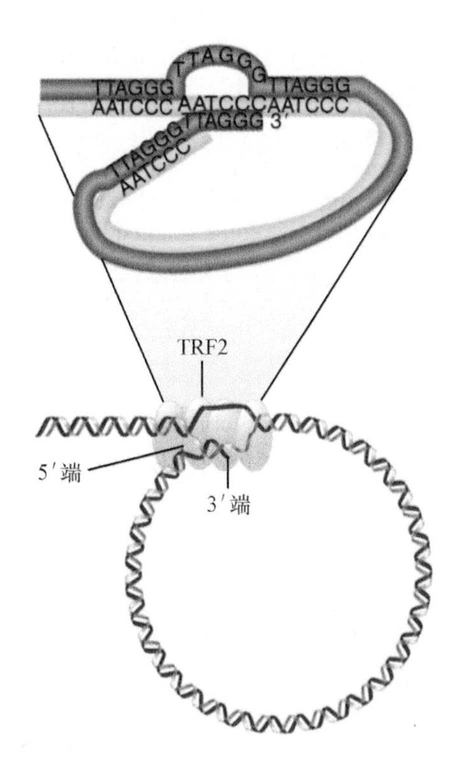

图 7.27 在染色体末端可成环。端粒的 3′ 单链末端重复序列 $(TTAGGG)_n$ 取代了双链体 DNA 上的同源重复序列，形成一个环，该反应由 TRF2 蛋白催化

链 TTAGGG 串联重复序列，端粒可含有无数的复合体拷贝。我们并不知道是否所有（或大部分）庇护蛋白以 6 蛋白复合体形式出现。庇护蛋白发挥作用，用以保护端粒免受 DNA 损伤修复途径的作用，并调节由**端粒酶（telomerase）**介导的端粒长度的控制（详细讨论见 7.18 节“端粒由核糖核蛋白酶合成”）。我们发现了端粒在衰老、癌症和细胞分化中参与越来越多的功能，这揭示了端粒不只是线性染色体末端的一顶处于静态的“帽子”。

除了给线性染色体末端加帽之外，端粒在减数分裂中还具有古老保守的功能，在减数分裂中，它们就在同源染色体联会前成簇出现在核膜上。这种成簇现象确定了减数分裂中的“盛宴”时期（**图 7.28**），并代表了一生一次的细胞周期配置。端粒成簇包含各种动力，它们可通过微管、肌动蛋白或其他纤维系统跨核膜而发挥作用。减数分裂中的端粒成簇的瓦解会导致染色体重组和分离的缺陷，如非整倍体子细胞和不育性的出现。很有意思的是，果蝇由于缺乏规范的、基于端粒酶的端粒系统，所以它不展示出减数分裂中的端粒成簇现象，但是已经进化出其他机制来保障同源染色体的配对能力。

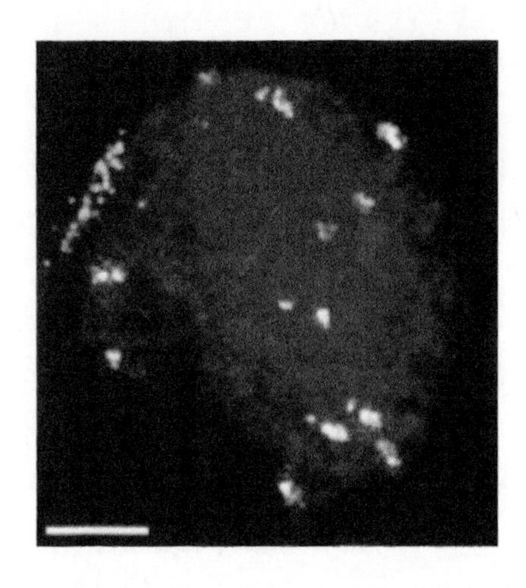

图 7.28 通过端粒 FISH 技术可以观察到减数分裂中的端粒成簇现象。玉米细胞核的显微镜影像固定于减数分裂前期（偶线期阶段），再进行端粒（绿色）与着丝粒（白色）FISH，并用 DAPI（红色）对总 DNA 进行染色。这张人工着色的图像是 3D 的、多重颜色图像数据组的 2D 投影

照片由 S. P. Murphy and H. W. Bass, Florida State University 友情提供

7.18 端粒由核糖核蛋白酶合成

关键概念

- 端粒酶使用 G+T 端粒链的 3′- 羟基，以及它自身特有的 RNA 模板，反复地添加串联重复序列（人类中为 5′-TTAGGG-3′）到每一条染色体末端。
- 端粒酶利用反转录酶延伸染色体的远末端，从而解决了所谓的末端复制问题。

端粒具有三个普遍存在的保守功能。

- 保护染色体末端。任何其他 DNA 末端，如双链断裂后产生的末端，都是修复系统的靶标，因此细胞必须能辨认出端粒。
- 允许端粒延伸。如不能延伸，那么端粒将在复制周期中变得越来越短（因为复制不能在这一端起始）。
- 为了同源染色体的配对和重组而促进减数分裂染色体的重新组织。

与端粒结合的蛋白质则提供了这三个问题的所有解决方案。在酵母中，不同组合的蛋白质解决了前两个问题，但是两者都是通过相同的 Cdc13 蛋白结合端粒。

- Stn1 蛋白使之免于降解（特别是防止形成 G 尾部的 C+A 富集链的过度降解）。
- 端粒酶能延伸 C+A 富集链，其活性（如延伸长度的控制等）受两种辅助蛋白的影响。

端粒酶使用 G+T 端粒链的 3′- 羟基（3′-OH）作为引物，合成随机的 TTGGGG 重复序列，此反应只需要 dGTP 与 dTTP。端粒酶是一个大的核糖核蛋白，由模板 RNA（酵母中由 *TLC1* 基因编码，人类中由 *hTERC* 基因编码）和具有催化活性的蛋白质（酵母中由 *EST2* 基因编码，人类中由 *hTERT* 基因编码）组成。RNA 组分通常很短（四膜虫中长为 159 个碱基人类中长为 451 个碱基，尽管在酵母中长为 1.3 kb），并含有一个 15 ～ 22 个碱基的序列，此序列与富含 C 重复序列的二联重复单元是一致的。这种RNA 能为合成富含G 的重复序列提供模板；端粒酶的蛋白质成分是催化亚基，仅以它本身的核酸成分所提供的 RNA 组分为模板。

图 7.29 显示了端粒酶的反应。这个酶反应的过程是不连续的：模板 RNA 被定位于 DNA 引物上，在一些核苷酸被加到引物上后酶进行移位，此后新一轮反应又开始了。端粒酶是反转录酶的一个特别例子，它能以 RNA 为模板合成 DNA（详见第 15 章“转座因子与反转录病毒”）。我们不知道互补的 C+A 富集链是如何组装的，但是我们推测它是用末端 G+T 发夹结构的 3′-OH 作为 DNA 合成的引物而进行工作的。

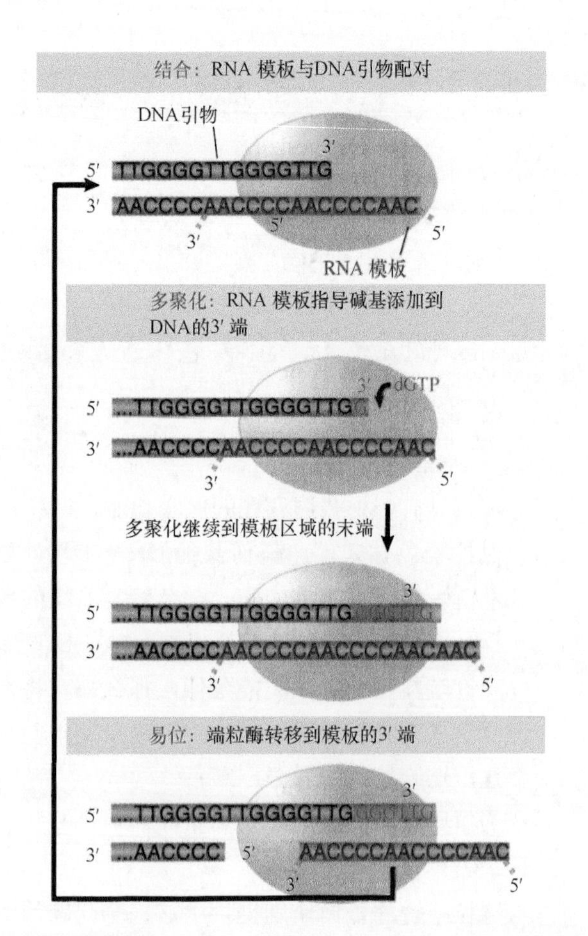

图 7.29 端粒酶通过酶内部的 RNA 模板与 DNA 的单链引物之间进行配对来实现自身定位，它由模板指导逐个添加 G 和 T 碱基进入到引物上。一个重复单元合成后接着合成下一个

由端粒酶合成的各个重复序列被添加到染色体的末端，但其本身并不控制重复序列的数目。其他蛋白质参与决定端粒的长度，从能改变端粒长度的酵母突变株 *est1* 和 *est3* 中，我们已经鉴定出了某些成分。这些蛋白质能够结合端粒酶，并且通过控制端粒酶获取其底物的通路来影响端粒长度。在哺乳动物细胞中，研究人员已经能鉴定出与端粒结合的蛋白质，包括 *EST1* 基因产物的同源蛋白，但有关其功能尚不清楚。

每一物种都具有其特征性的端粒长度范围，它们在哺乳动物中比较长（在人类中，典型的为 5 ～ 15 kb），而在酵母中比较短（在酿酒酵母中，典型的约为 300 bp）。其基本的控制机制如下：当端粒长度缩短时，端粒成为端粒酶底物的可能性就会提高，但我们不清楚这是否为一个连续的效应，或者它基于降低到某些关键值的长度。当端粒酶作用于端粒时，它可能加上几个重复单元。端粒酶的内在作用模式是加上一个重复单元就解离，而几个重复单元的加入需要依靠其他蛋白质的作用，使端粒酶能进行一次以上的反应循环。所加入的重复单元数不受端粒长度本身的影响，而是受与端粒酶连接的辅助蛋白的影响。

一个染色体存在的最少特征包括：

- 有端粒能确保它的生存；
- 有一个着丝粒能支持分离；
- 有一个复制起点能起始复制。

所有这些元件组装到一起可构建酵母人工染色体（yeast artificial chromosome，YAC）（详见第 2 章“分子生物学与基因工程中的方法学”）。这是一个保存外源序列的有效方法。已证明合成的染色体只有在其长度为 20 ～ 50 kb 时才是稳定的，其效应基础尚不清楚，但是构建一个酵母人工染色体能使我们在一个可控环境下进一步研究分裂装置的本质。

7.19 端粒是生存必需的

关键概念

- 端粒酶在分裂细胞中活跃表达，而在静息细胞中不表达。
- 端粒的丧失产生衰老现象。
- 如果端粒酶被激活，或通过不等交换来恢复端粒，那么逃避衰老现象就会发生。

端粒酶的活性在大多数正在分裂的细胞（如胚胎细胞、干细胞和单细胞真核生物细胞）中都存在，而在终末分化不再分裂的细胞中，它一般会关闭。**图 7.30** 显示，如果端粒酶在分裂细胞中突变了，则随着细胞分裂的不断进行，端粒长度将变得越来越短。

失去端粒会产生非常可怕的效应，当端粒长度变为 0 时，细胞就很难成功地分裂了。如果企图按照经典方法分裂，则最终会导致染色体断裂和易位，这会导致突变率的上升。在酵母中，这与失去生存能力相关，培养酵母中绝大部分都会变成静息细胞（它们是那些活得较长而不再分裂，而最终会死亡的细胞）。

但是一些细胞会走出静息培养，它们能够通过使用端粒酶活性的替代方法延伸端粒。这些幸存者可以分成以下两群：一群使它们的染色体变成环状，因为它们现在没有端粒，所以它们独立于端粒酶之外；另外一群使用不等交换延伸它们的端粒（如**图 7.31** 所示），因为端粒是重复序列结构，使得染色体在配对时两个端粒可以错位排列，错配的区域重组产生一个不等的交叉互换（详见第 6 章“成簇与重复”）。这样，一个重组体染色体的长度增加了，然而另外一个重组体染色体的长度却减小了。

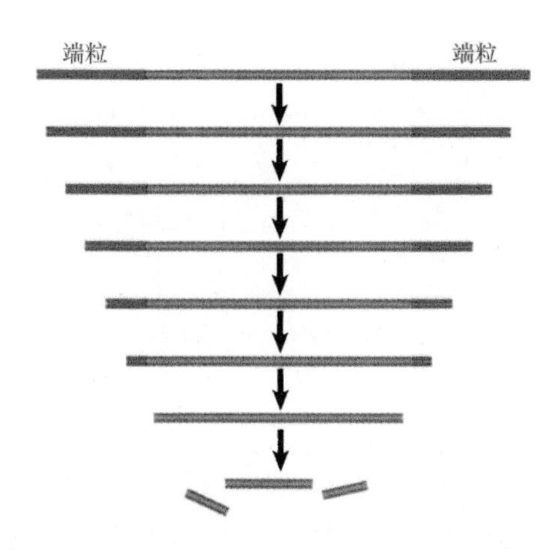

图 7.30 端粒酶突变导致端粒在每个分裂过程中缩短，失去端粒最终使得染色体断裂和重组

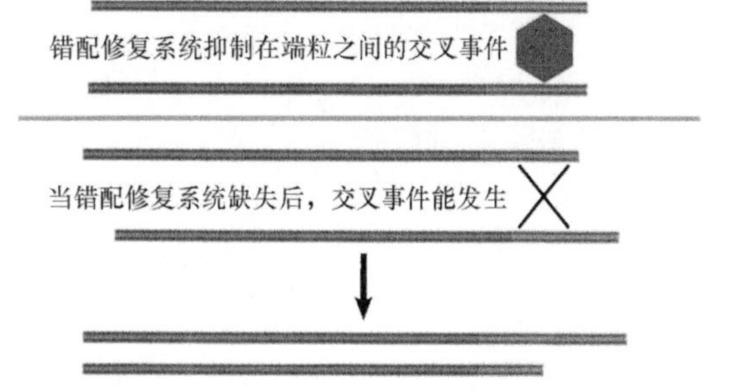

图 7.31 在端粒区域交叉通常被错配修复系统所抑制，但是当这个系统突变后，它就能发生。这种不等交叉事件可以延伸端粒的其中一个产物，从而使得染色体能够在端粒酶缺失的情况下存活下来

细胞通常会抑制这种不等交换，因为它可能会产生严重后果。两个系统可以抑制端粒之间的交换：一个由端粒结合蛋白完成，在酵母中，*taz1* 基因的缺失会导致端粒之间重组率的增加，而这个基因编码的蛋白质可以调节端粒酶的活性；第二个是通常所见的错配修复系统，它不仅可纠正 DNA 中产生的错配碱基，该系统还能抑制错配区域之间的重组，如图 7.31 所示，也包括端粒。这个系统突变后，端粒酶缺失的酵母在失去端粒以后，其存活概率将会增加，因为端粒间的重组使得某些染色体产生更长端粒。

当对来自多细胞真核生物的细胞进行培养时，它们通常会分裂有限次数后老化。产生这个现象的原因是端粒酶缺失导致的端粒长度减小。此时细胞进入危急时刻，一些现象就会出现，通常是染色体重排，这是由于染色体末端保护缺失所致。这些重排可能导致有利于肿瘤生成的突变。在这种情况下，端粒酶的缺失源自基因表达的失败（就分化细胞而言，这种情况是正常的），而端粒酶活性的提高则是细胞连续培养时能够存活的原因。大多数癌症细胞重新激活了端粒酶；而在拉长的增殖过程中，少部分也能利用不等重组来维持端粒长度。

在同一物种内，人们一直认可：端粒长度越长，组织中细胞的寿命就越长，这样也就提高了有机体的寿命。尽管支持这种观点的数据总体而言还是缺乏的，但是，近期对斑马雀的研究工作显示：在生命早期所测定的端粒长度真的可以预测生命。还不清楚这些结果是否可以应用到其他物种，如人类，但这是第一个清晰的证据，它事实上说明端粒长度可以与自然衰老和寿命联系在一起。

小结

- 所有有机体和病毒的遗传物质都以紧密包装的核蛋白形式存在。一些病毒基因组会插入到预先构建的毒粒，而其他则环绕核酸组装蛋白质外壳。细菌基因组形成紧密的拟核，其质量中约20%为蛋白质，但是蛋白质与DNA之间相互作用的细节尚不清楚。细菌基因组DNA被组织成约100个保持独立超螺旋的结构域，非受限超螺旋的密度约为100～200 bp/圈。在真核生物中，间期染色质与中期染色体都被组成巨大的环，每个环可能是一个独立的超螺旋结构域，环的碱基在特殊的DNA位点与中期支架或核基质连接。
- 具有转录活性的常染色质序列组成了大多数的间期染色质。异染色质以约5～10倍于常染色质的紧密程度包装，且无转录活性。在细胞分裂期所有染色质都变为紧密包装，此时单条染色体能被分辨出来。用吉姆萨染料处理产生G带的方法，能显示出染色体中的可重复超级结构的存在。带是很大的区域，约10^7 bp，这能用于显示染色体易位或其他大的结构变化。
- 两栖类的灯刷染色体和昆虫的多线染色体通常具有延伸结构，包装率小于100。黑腹果蝇的多线染色体约分为5000个横纹，而横纹的大小相差可达一个数量级，其大小变化平均范围约25 kb。转录活性区域被认为是更加去折叠（类疏松的）的结构，其中的物质从染色体的轴中突出出来，这种变化可能小规模地发生，如在常染色质的一个横纹中进行转录。
- 着丝粒区域包括动粒，它负责染色体与有丝分裂纺锤体结合。着丝粒通常被异染色质包围，它的序列仅在酿酒酵母中被鉴定出，它们由短的保守元件组成。这些元件（*CDE-Ⅰ*和*CDE-Ⅲ*）分别结合Cbf1蛋白和CBF3复合体，以及一个长的富含A·T区的*CDE-Ⅱ*，它与组蛋白H3变异体Cse4蛋白的结合形成一个特殊的染色质结构。结合于这一装配体的另一组蛋白质提供了与微管的连接。
- 端粒使染色体的末端稳定。几乎所有的端粒都由多个重复组成，其中一条链通常为$C_n(A/T)_m$序列，其中$n > 1$而$m = 1 \sim 4$；另外一链的$G_n(T/A)_m$有一个单链突出末端，提供在规定顺序上加入单个碱基的模板。端粒酶是一个核糖核蛋白，其RNA组分是合成G富集链的模板，这克服了在双链体的每一终端无法复制的问题。端粒能稳定染色体末端，因为突出的单链$G_n(T/A)_m$在端粒的早期重复单元中取代了其同源序列而形成环状，所以不存在类似于双链断裂的游离末端。

参考文献

7.2 病毒基因组包装进它们的外壳里

综述文献

Black, L. W. (1989). DNA packaging in dsDNA bacteriophages. *Annu. Rev. Immunol.* 43, 267-292.

Butler, P. J. (1999). Self-assembly of tobacco mosaic virus: the role of an intermediate aggregate in generating both specificity and speed. *Philos. Trans. R. Soc. Lond. B. Bio. Sci.* 354, 537-550.

Klug, A. (1999). The tobacco mosaic virus particle: structure and assembly. *Philos. Trans. R. Soc. Lond. B. Biol. Sci.* 354, 531-535.

Mindich, L. (2000). Precise packaging of the three genomic segments of the double-stranded-RNA bacteriophage phi6. *Microbiol. Mol. Biol. Rev.* 63, 149-160.

研究论文文献

Caspar, D. L. D., and Klug, A. (1962). Physical principles in the construction of regular viruses. *Cold Spring Harbor Symp. Quant. Biol.* 27, 1-24.

de Beer, T., et al. (2002). Insights into specific DNA recognition during the assembly of a viral genome packaging machine. *Mol. Cell* 9, 981-991.

Dube, P., et al. (1993). The portal protein of bacteriophage SPP1: a DNA pump with 13-fold symmetry. *EMBO. J.* 12, 1303-1309.

Fraenkel-Conrat, H., and Williams, R. C. (1955). Reconstitution of active tobacco mosaic virus from its inactive protein and nucleic acid components. *Proc. Natl. Acad. Sci. USA* 41, 690-698.

Jiang, Y. J., et al. (2000). Notch signalling and the synchronization of the somite segmentation clock. *Nature* 408, 475-479.

Zimmern, D. (1977). The nucleotide sequence at the origin for assembly on tobacco mosaic virus RNA. *Cell* 11, 463-482.

Zimmern, D., and Butler, P. J. (1977). The isolation of tobacco mosaic virus RNA fragments containing the origin for viral assembly. *Cell* 11, 455-462.

Science 291, 1304-1350.

7.3 细菌基因组是一个具有动态结构特征的拟核

综述文献

Brock, T. D. (1988). The bacterial nucleus: a history. *Microbiol. Rev*. 52, 397-411.

Drlica, K., and Rouviere-Yaniv, J. (1987). Histonelike proteins of bacteria. *Microbio. Rev*. 51, 301-319.

Dillon, S. C., and Dorman, C. J. (2010). Bacterial nucleoid-associated proteins, nucleoid structure and gene expression. *Nat. Rev. Microbiol*. 8, 185-195.

Dorman, C. J. (2013). Genome architecture and global gene regulation in bacteria: making progress towards a unified model? *Nat. Rev. Microbiol*. 11, 349-355.

Scolari, V. F., et al. (2015). The nucleoid as a smart polymer. *Front.Microbiol*. 6, Article 424.

研究论文文献

Fisher, J. K., et al. (2013). Four-dimensional imaging of *E. coli* nucleoid organization and dynamics in living cells. *Cell* 153, 882-895.

Wang, X., et al. (2014). *Bacillus subtilis* chromosome dynamics in the bacterial cell cycle. *Proc. Natl. Acad. Sci. USA* 111, 12877-12882.

7.4 细菌基因组是超螺旋的并拥有 4 个巨结构域

综述文献

Hatfield, G. W., and Benham, C. J. (2002). DNA topology-mediated control of global gene expression in *Escherichia coli*. *Annu. Rev. Genet*. 36, 175-203.

研究论文文献

Pettijohn, D. E., and Pfenninger, O. (1980). Supercoils in prokaryotic DNA restrained *in vitro*. *Proc. Natl. Acad. Sci. USA* 77, 1331-1335.

Postow, L., et al. (2004). Topological domain structure of the *Escherichia coli* chromosome. *Genes Dev*. 18, 1766-1779.

7.5 真核生物 DNA 具有附着于支架的环和结构域

综述文献

Cremer, T., and Cremer, M. (2010). Chromosome territories. *Cold Spring Harb. Perspec. Biol*. 2010;2, a003889.

Dileep, V., et al. (2015). Large-scale chromatin structure–function relationships during the cell cycle and development: insights from replication timing. *Cold Spring Harb. Symp. Quant. Biol*. Vol LXXX.

研究论文文献

Bolzer, A., et al. (2005). Three-dimensional maps of all chromosomes in human male fibroblast nuclei and prometaphase rosettes. *PLoS. Biol*. 3(5), e156.

International Human Genome Sequencing Consortium. (2001). Initial sequencing and analysis of the human genome. *Nature* 409, 860-921.

Liang, Z., et al. (2015). Chromosomes progress to metaphase in multiple discrete steps via global compaction/expansion cycles. *Cell* 161, 1124-1137.

Saccone, S., et al. (1993). Correlations between isochores and chromosomal bands in the human genome. *Proc. Natl. Acad. Sci. USA* 90, 11929-11933.

Venter, J. C., et al. (2001). The sequence of the human genome. *Science* 291, 1304-1350.

7.6 特殊序列将 DNA 连接在间期基质上

综述文献

Chattopadhyay, S., and Pavithra, L. (2007). MARs and MARBPs: key modulators of gene regulation and disease manifestation. *Subcell. Bio*. 41, 213-230.

Galande, S., et al. (2007). The third dimension of gene regulation: organization of dynamic chromatin loopscape by SATB1. *Curr. Opin. Genet. Dev*. 17, 408-414.

7.7 染色质可以分为常染色质和异染色质

综述文献

Geyer, P. K., et al. (2011). Nuclear organization: taking a position on gene expression. *Curr. Opin. Cell. Biol*. 23, 354-359.

7.12 真核生物细胞染色体是一种分离装置

综述文献

Hyman, A. A., and Sorger, P. K. (1995). Structure and function of kinetochores in budding yeast. *Annu. Rev. Cell. Dev. Biol*. 11, 471-495.

7.13 着丝粒局部含有组蛋白 H3 变异体和重复 DNA 序列

综述文献

Fukagawa, T., and Earnshaw, W. C. (2014). The centromere: chromatin foundation for the kinetochore machinery. *Dev. Cell* 30, 496-508.

研究论文文献

Black, B. E., et al. (2004). Structural determinants for generating centromeric chromatin. *Nature* 430, 578-582.

Depinet, T. W., et al. (1997). Characterization of neocentromeres in marker chromosomes lacking detectable alpha-satellite DNA. *Hum. Mol. Genet*. 6, 1195-1204.

Foltz, D. R., et al. (2006). The human CENP-A centromeric nucleosome-associated complex. *Nat. Cell Biol*. 8, 458-469.

Sun, X., et al. (1997). Molecular structure of a functional *Drosophila* centromere. *Cell* 91, 1007-1019.

Yamagishi, Y., et al. (2010). Two histone marks establish the inner centromere and chromosome biorientation. *Science* 330, 239-243.

7.14 酿酒酵母中的点着丝粒具有必需的 DNA 短序列

综述文献

Blackburn, E. H., and Szostak, J. W. (1984). The molecular structure of centromeres and telomeres. *Annu. Rev. Biochem*. 53, 163-194.

Clarke, L., and Carbon, J. (1985). The structure and function of yeast centromeres. *Annu. Rev. Genet*. 19, 29-56.

研究论文文献

Fitzgerald-Hayes, M., et al. (1982). Nucleotide sequence comparisons and functional analysis of yeast centromere DNAs. *Cell* 29, 235-244.

7.15 酿酒酵母中的着丝粒与蛋白质复合体结合

综述文献

Bloom, K. (2007). Centromere dynamics. *Curr. Opin. Genet. Dev*. 17, 151-156.

Kitagawa, K., and Hieter, P. (2001). Evolutionary conservation between budding yeast and human kinetochores. *Nat. Rev. Mol. Cell Biol.* 2, 678-687.

研究论文文献

Lechner, J., and Carbon, J. (1991). A 240 kd multisubunit protein complex, CBF3, is a major component of the budding yeast centromere. *Cell* 64, 717-725.

Meluh, P. B., and Koshland, D. (1997). Budding yeast centromere composition and assembly as revealed by *in vitro* cross-linking. *Genes Dev* 11, 3401-3412.

Meluh, P. B., et al. (1998). Cse4p is a component of the core centromere of *S. cerevisiae*. *Cell* 94, 607-613.

Ortiz, J., et al. (1999). A putative protein complex consisting of Ctf19, Mcm21, and Okp1 represents a missing link in the budding yeast kinetochore. *Genes Dev* 13, 1140-1155.

7.16 端粒具有简单重复序列

综述文献

Blackburn, E. H., and Szostak, J. W. (1984). The molecular structure of centromeres and telomeres. *Annu. Rev. Biochem.* 53, 163-194.

Zakian, V. A. (1989). Structure and function of telomeres. *Annu. Rev. Genet.* 23, 579-604.

研究论文文献

Dejardin, J., and Kingston, R. E. (2009). Purification of proteins associated with specific genomic loci. *Cell* 136, 175-186.

Wellinger, R. J., et al. (1996). Evidence for a new step in telomere maintenance. *Cell* 85, 423-433.

7.17 端粒封闭染色体末端且在减数分裂的染色体配对中起作用

综述文献

Palm, W., and de Lange, T. (2008). How shelterin protects mammalian telomeres. *Annu. Rev. Genet.* 42, 301-334.

Scherthan, H. (2007). Telomere attachment and clustering during meiosis. *Cell. Mol. Life Sci.* 64, 117-124.

研究论文文献

Bass, H. W., et al. (1997). Telomeres cluster *de novo* before the initiation of synapsis: a threedimensional spatial analysis of telomere positions before and during meiotic prophase. *J. Cell Biol.* 137, 5-18.

Chikashige, Y., et al. (2006). Meiotic proteins bqt1 and bqt2 tether telomeres to form the bouquet arrangement of chromosomes. *Cell* 125, 59-69.

Griffith, J. D., et al. (1999). Mammalian telomeres end in a large duplex loop. *Cell* 97, 503-514.

Henderson, E., et al. (1987). Telomeric oligonucleotides form novel intramolecular structures containing guanine-guanine base pairs. *Cell* 51, 899-908.

Karlseder, J., et al. (1999). p53- and ATM-dependent apoptosis induced by telomeres lacking TRF2. *Science* 283, 1321-1325.

Parkinson, G. N., et al. (2002). Crystal structure of parallel quadruplexes from human telomeric DNA. *Nature* 417, 876-880.

van Steensel, B., et al. (1998). TRF2 protects human telomeres from end-to-end fusions. *Cell* 92, 401-413.

Williamson, J. R., et al. (1989). Monovalent cationinduced structure of telomeric DNA: the G-quartet model. *Cell* 59, 871-880.

7.18 端粒由核糖核蛋白酶合成

综述文献

Blackburn, E. H. (1991). Structure and function of telomeres. *Nature* 350, 569-573.

Blackburn, E. H. (1992). Telomerases. *Annu. Rev. Biochem.* 61, 113-129.

Blackburn, E. H., et al. (2006). Telomeres and telomerase: the path from maize, *Tetrahymena* and yeast to human cancer and aging. *Nat Med* 12, 1133-1138.

Collins, K. (1999). Ciliate telomerase biochemistry. *Annu. Rev. Biochem.* 68, 187-218.

Smogorzewska, A., and de Lange, T. (2004). Regulation of telomerase by telomeric proteins. *Annu. Rev. Biochem.* 73, 177-208.

Zakian, V. A. (1995). Telomeres: beginning to understand the end. *Science* 270, 1601-1607.

Zakian, V. A. (1996). Structure, function, and replication of *S. cerevisiae* telomeres. *Annu. Rev. Genet.* 30, 141-172.

研究论文文献

Greider, C., and Blackburn, E. H. (1987). The telomere terminal transferase of *Tetrahymena* is a ribonucleoprotein enzyme with two kinds of primer specificity. *Cell* 51, 887-898.

Murray, A., and Szostak, J. W. (1983). Construction of artificial chromosomes in yeast. *Nature* 305, 189-193.

Pennock, E., et al. (2001). Cdc13 delivers separate complexes to the telomere for end protection and replication. *Cell* 104, 387-396.

Shippen-Lentz, D., and Blackburn, E. H. (1990). Functional evidence for an RNA template in telomerase. *Science* 247, 546-552.

Teixeira, M. T., et al. (2004). Telomere length homeostasis is achieved via a switch between telomerase-extendible and nonextendible states. *Cell* 117, 323-335.

7.19 端粒是生存必需的

综述文献

Bailey, S. M., and Murname, J. P. (2006). Telomeres, chromosome instability and cancer. *Nucleic. Acids. Res.* 34, 2408-2417.

研究论文文献

Hackett, J. A., et al. (2001). Telomere dysfunction increases mutation rate and genomic instability. *Cell* 106, 275-286.

Heidinger, B. J., et al. (2012). Telomere length in early life predicts lifespan. *Proc. Natl. Acad. Sci.* 109, 1743-1748.

Nakamura, T. M., et al. (1997). Telomerase catalytic subunit homologs from fission yeast and human. *Science* 277, 955-959.

Nakamura, T. M., et al. (1998). Two modes of survival of fission yeast without telomerase. *Science* 282, 493-496.

Rizki, A., and Lundblad, V. (2001). Defects in mismatch repair promote telomerase-independent proliferation. *Nature* 411, 713-716.

第 8 章

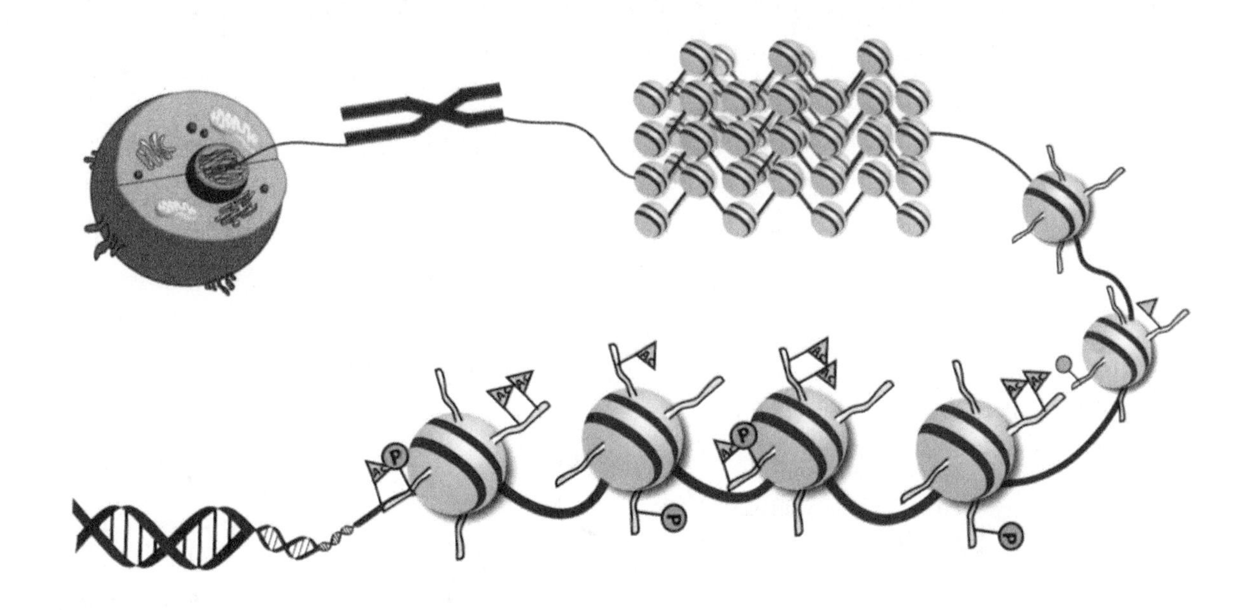

染 色 质

Craig Peterson 编

章节提纲

8.1 引言

染色质（chromatin）具有非常紧密的组织结构，以至于染色质中大部分 DNA 序列不仅在空间结构上彼此不接触，且功能上也处于沉默状态，而处于活性状态的 DNA 序列仅占很少部分。那么，染色质究竟拥有什么样的基本结构呢？其中 DNA 序列的活性状态和非活性状态在结构上又有何不同呢？在所有真核生物中，染色质的基本亚单元都含有相同的组织结构。这些亚单元又称为**核小体**（**nucleosome**），每个核小体包含约 200 bp 的 DNA，由八聚体组成“串珠”状结构（bead-like structure），而八聚体是由一些小的碱性蛋白质组成的，这些蛋白质组分就是**组蛋白（histone）**。组蛋白形成一个内核，DNA 则缠绕在这个内核颗粒的表面。组蛋白的其他部分称为**组蛋白尾部（histone tail）**，它从表面向外延伸出来。无论是在分裂间期细胞核中的常染色质或异染色质，还是在有丝分裂期的染色体中，核小体都是其中不变的组分，它提供了第一级的结构组织方式，可将裸露 DNA 的长度压缩到原来的约 1/6，产生了直径约为 10 nm、具有念珠模型（beads-on-a-string）的纤维。核小体的组成和结构现已被清楚阐明。

二级结构的组织方式涉及 **10 nm 纤维（10 nm fiber）**中核小体之间的相互作用，这产生了更加压缩的染色质纤维。生物化学研究已经揭示，核小体可以组装成螺旋状串联排列，形成了直径约为 30 nm 的纤维。这种纤维结构需要组蛋白尾部的参与，能被**接头组蛋白（linker histone）**所稳定。在细胞内，这些 **30 nm 纤维（30 nm fiber）**是否是染色质的主要特征还存在争议。

最后，染色质组织的四级结构水平需要染色质纤维进一步折叠和压缩，使之成为间期染色质或有丝分裂期染色体。在常染色质中，总体包装率可以达到约 1000，而在有丝分裂期染色体中可以达到约 10 000，两种状态可循环交替。而在异染色质中，无论是在分裂间期还是在有丝分裂期，包装率都约为 10 000。

在这一章里，我们将描述这些组织结构水平两两之间的结构和相互关系，以阐明与周期性包装、复制和转录过程有关的事件。与染色质外其他蛋白质的联系和已经存在的染色体内蛋白质的修饰，共同参与了对染色质结构的改变。复制、转录，以及大部分的 DNA 修复过程都需要 DNA 的解链过程，这样就首先涉及结构的去折叠，从而使得相关酶对 DNA 能进行催化修饰。这很可能涉及上述的染色质各级组织结构的变化。

当染色质复制时，核小体必须在两条子链上重新形成。为此，人们不仅要了解此时核小体自身是如何装配的，还必须知道染色质中其他蛋白质的变化情况。尤其是当复制破坏了染色质的原有结构时，究竟是什么机制使得那些有着特定结构的区域在继续得到维持的同时又给予改变这些结构的机会。

在染色质的质量构成中，蛋白质含量高达 DNA 的 2 倍。核小体中的蛋白质占了蛋白质质量的大约一半，而 RNA 的质量不到 DNA 的 10%。大多数 RNA 由初始转录物组成，并且依然与模板 DNA 相连。

非组蛋白（nonhistone）是指染色质中除了组蛋白外的所有其他蛋白质。它们在组织和物种间有较大的变异，并且与组蛋白相比只占染色质质量的一小部分，但非组蛋白所含的蛋白质种类却较多，因此任何一种非组蛋白在含量上都远远少于任何一种组蛋白。非组蛋白的功能包括对基因表达和高度有序结构的控制。RNA 聚合酶被认为是一种主要的非组蛋白。高移动性蛋白组（high-mobility group，HMG）包括一个已被详细阐述的独立非组蛋白亚类（其中至少有一些是转录因子）。

8.2 一长串核小体组成 DNA

关键概念

- 微球菌核酸酶（MN 酶）切割接头 DNA，从染色质上释放出单独的核小体。
- 当 MN 酶切割染色质 DNA 时，从核小体或多聚体中可以回收到 95% 以上的 DNA。
- 同一组织或物种中，每个核小体上的 DNA 长度是不同的，在 154 ～ 260 bp 范围内变动。
- 核小体 DNA 根据其对 MN 酶的敏感性不同可分为核心 DNA 和接头 DNA。
- MN 酶的长时间消化可以获得核心颗粒，其中存在长度为 145 ～ 147 bp 的核心 DNA。
- 接头 DNA 是对酶切初期作用敏感的 7 ～ 115 bp 的区域。

当分裂间期的细胞核悬浮于低离子强度的溶液中时，它们膨胀破裂，释放出染色质纤维。在某些区域，这些纤维由紧密包装的物质构成，但在一些已经伸展的区域，可以看到它们由非连续颗粒组成，这些颗粒就是核小体。在一些高度延伸区域中，单一核小体由一些纤细的线连接起来，这些线就是游离的双链 DNA，即一条连续的 DNA 双链系着一长串核小体。

用内切核酸酶——**微球菌核酸酶（MN 酶，**

micrococcal nuclease，MNase）处理染色质可以得到单个核小体。该酶可在核小体之间的连接处切断 DNA 双链，其连接区称为**接头 DNA**（**linker DNA**）。用 MN 酶继续消化将释放出颗粒群，最后产生一个个核小体。单个核小体是致密颗粒，直径约为 10 nm。

当染色质用 MN 酶消化时，DNA 被切割成的片段长度是单位长度的整数倍。如**图 8.1** 所示，凝胶电泳的分级分离会形成梯度条带。这种梯度条带可分为许多级（此图中可见的约为 10 级），单位长度由相邻连续条带之间的增加值决定，约为 200 bp。

图 8.2 表明，梯度条带由成组的核小体产生。当用蔗糖梯度离心分离核小体时，可产生一系列分离峰，分别与单体、二聚体、三聚体等一一对应。当从单独的一个组分提取 DNA 进行电泳时，每一个组分产生的 DNA 条带大小与 MN 酶产生的一个梯度条带相对应。核小体单体包含一个单位长度的 DNA，核小体二聚体包含两个单位长度的 DNA，依此类推。95% 以上的染色质 DNA 可从 200 bp 梯度形式中回收，这说明大多数 DNA 必定在核小体中组织起来。

核小体上 DNA 长度与“典型的”200 bp 有些出入。对于某种特定类型的细胞来说，其染色质都有一个特征性的平均值（±5 bp），最常见的平均值为 180 ～ 200 bp，但在一些极端情况下，其平均值可以低至 154 bp（在一种真菌中）或高至 260 bp（在一种海胆的精子中）。在成年有机体的不同组织之间、单个细胞基因组的不同部分之间，其平均值都可能有所差别。基因组核小体 DNA 长度平均值的差别包括各种串联重复序列，如 5S RNA 基因簇。

在不同来源的、不同 DNA 长度的核小体中存在一种共同结构形式。无论核小体中 DNA 的全长如何，由 DNA 和组蛋白八聚体结合在一起形成的核心颗粒包含 145 ～ 147 bp DNA。每个核小体上 DNA 总长度的变化是在这些基本核心颗粒上添加其他 DNA 片段的结果。

核心颗粒是由 MN 酶对核小体单体的消化作用而定义的。酶的初始作用是在核小体之间切开，但在单体生成后如果被允许继续作用，那么它将消化单个核小体中的一些 DNA，如**图 8.3** 所示。在酶

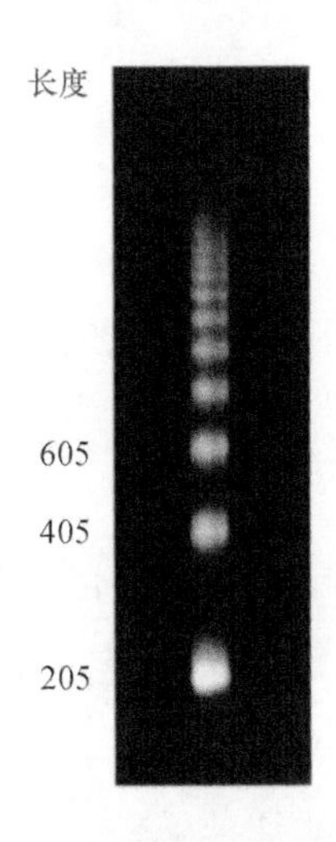

图 8.1 微球菌核酸酶将细胞核染色质消化成一系列条带，电泳能将其分开

照片由 Maukus Noll, Universität Zürich 友情提供

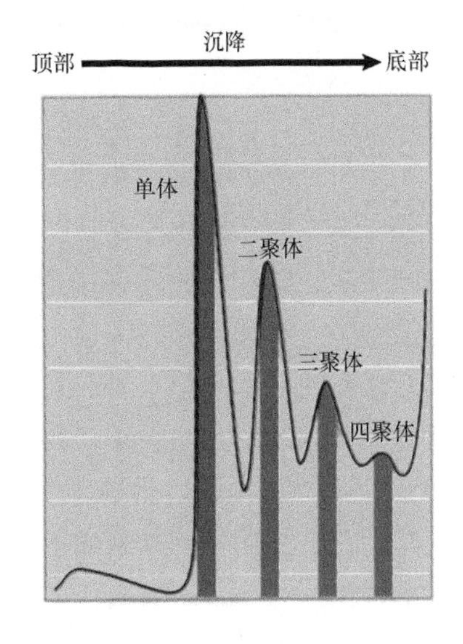

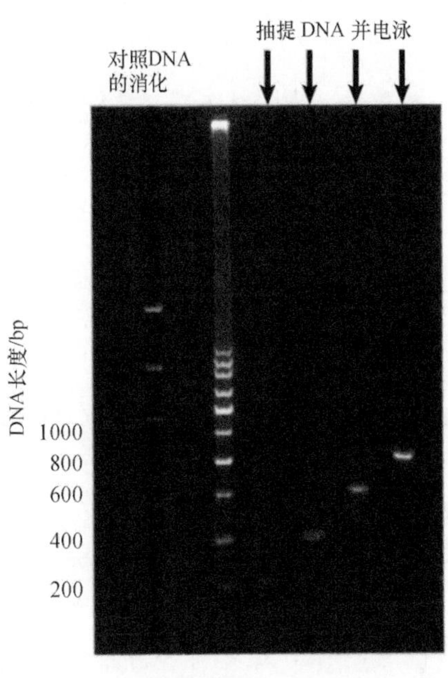

图 8.2 每个核小体多聚体含数个单位长度的 DNA。在照片中，人工条带模仿微球菌核酸酶消化产生的 DNA 梯度。可以使用大小对应于实际条带大小的 PCR 片段来构建图像

照片由 Jan Kieleczawa, Wyeth Research 友情提供

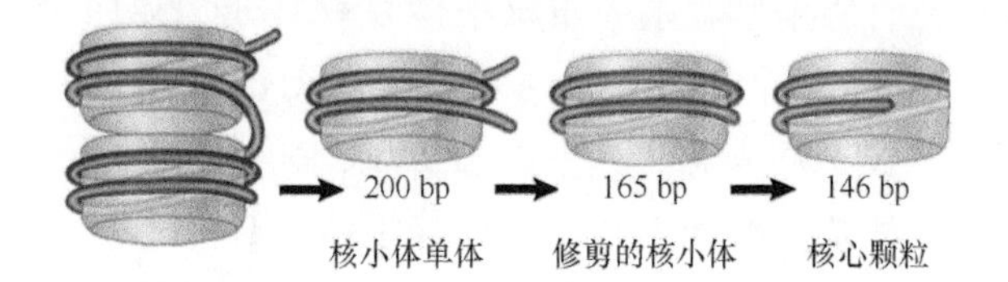

图 8.3 微球菌核酸酶初始在核小体之间切割。典型核小体单体的长度约为 200 bp。末端修剪使它的长度降至约 165 bp，最终产生长度为 145 ～ 147 bp 的核心颗粒

切初始阶段，核小体单体（在这个例子中）含有约 200 bp DNA。在第一步之后，我们发现一些单体的 DNA 长度被“修剪”到了 165 bp 左右。最终下降至核心颗粒的 DNA 长度，即 145 ～ 147 bp。此后，核心颗粒可抵抗 MN 酶的进一步消化。

经过分析表明，核小体 DNA 可分成两部分。

- **核心 DNA（core DNA）**长度固定为 145 ～ 147 bp，这是形成稳定核小体单体的 DNA 长度，它对核酸酶的消化具有相对耐受性。
- **接头 DNA** 组成该种重复单元的其余部分。其长度不一，短至 7 bp，长达 115 bp。

核心颗粒尽管较小，但其具有与核小体本身相似的性质。其形状和大小与核小体类似。这表明颗粒的基本几何结构是由核心颗粒中 DNA 与蛋白质八聚体之间的相互作用建立起来的。因为核心颗粒更容易以均质组分得到，所以它优于所制备的核小体，从而经常被用作实验性结构研究的材料。

8.3 核小体是所有染色质的亚单元

关键概念

- 核小体含有约 200 bp 的 DNA 和各两份拷贝的核心组蛋白（H2A、H2B、H3、H4）。
- DNA 缠绕在蛋白质八聚体的表面。
- 组蛋白八聚体具有一个由 $H3_2 \cdot H4_2$ 四聚体和两个 H2A · H2B 二聚体结合成的内核。
- 组蛋白广泛地与它的配偶体互相交叉。
- 所有核心组蛋白具有组蛋白折叠的结构模式，其 N 端和 C 端组蛋白尾部伸出核小体。
- 组蛋白 H1 与接头 DNA 连接，它可能位于 DNA 进出核小体的位置。

10 nm 颗粒代表了所有染色质的基本建筑模块。每个核小体包括 200 bp DNA，它与**组蛋白八聚体（histone octamer）**相连接，而八聚体由各两份拷贝的组蛋白 H2A、H2B、H3 和 H4 组成。这些蛋白质称为**核心组蛋白（core histone）**，其组合方式如**图 8.4** 所示。

组蛋白是一种小的碱性蛋白质（它富有精氨酸残基和赖氨酸残基），使得它与 DNA 具有高度亲和性。组蛋白 H3 和 H4 是已知的最保守蛋白质之一。在所有真核生物中，核心组蛋白负责 DNA 的包装。组蛋白 H2A 和 H2B 在所有真核生物中也是很保守的，但在序列上存在明显的种属特异性改变。组蛋白核心区甚至在古菌中也是保守的，在古菌 DNA 的压缩上也发挥类似的功能。

核小体呈扁平圆盘状或圆柱状，直径 11 nm，高 6 nm。其 DNA 长度大致为其颗粒周长（34 nm）的 2 倍。DNA 对称地缠绕在八聚体表面。如**图 8.5** 所示，用螺旋状的卷环表示 DNA，环绕圆柱状的八聚体可缠绕约 5/3 圈。值得注意的是，DNA 在核小体上的“入口”和“出口”是非常接近的。

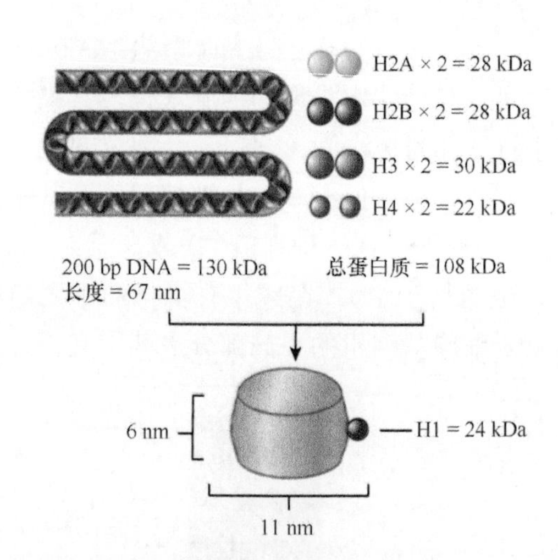

图 8.4 核小体由等量的 DNA 和组蛋白（包括 H1）组成，预测的核小体分子质量约为 262 kDa

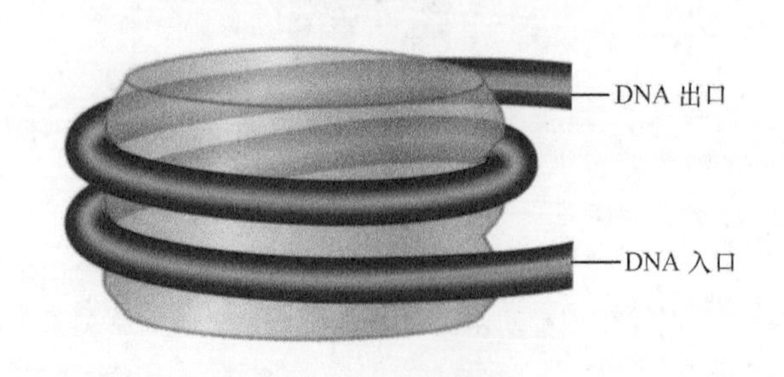

图 8.5 核小体可能呈圆柱状，5/3 圈 DNA 缠绕在它的表面

以核小体横切面来看这个模型，如图 8.6 所示，我们看到缠绕的两圈 DNA 彼此靠近。圆柱体高 6 nm，其中 4 nm 由两圈 DNA 占据（每圈直径 2 nm）。双圈环绕模式可能具有功能上的含义。因为每缠绕在核小体上一圈约需 80 bp DNA，因此，在没有束缚的双螺旋中间隔 80 bp 的两点在核小体表面可能是接近的，如图 8.7 所示。

核心组蛋白往往形成两类亚复合体：组蛋白 H3 和 H4 在溶液中形成非常稳定的四聚体（$H3_2 \cdot H4_2$）；组蛋白 H2A 和 H2B 通常能形成一种二聚体（H2A · H2B）。根据晶体结构（分辨率 3.1 Å）分析所建立的组蛋白八聚体空间填充模型，如图 8.8 所示。对单个肽链骨架在晶体结构中的路径分析表明，组蛋白并非组装成单个球形蛋白质，而是每一个都和自己的配偶体相间错杂，即组蛋白 H3 与 H4 组合，而组蛋白 H2A 与 H2B 组合。因此，模型把 $H3_2 \cdot H4_2$ 四聚体（白色）和 H2A · H2B 二聚体（蓝色）进行了不同显示，但没有显示出单个组蛋白。

从俯视图上可见，$H3_2 \cdot H4_2$ 四聚体决定了八聚体的直径，它的形状类似马蹄铁。在体外，$H3_2 \cdot H4_2$ 四聚体可以独立将 DNA 组织进颗粒中，而这种颗

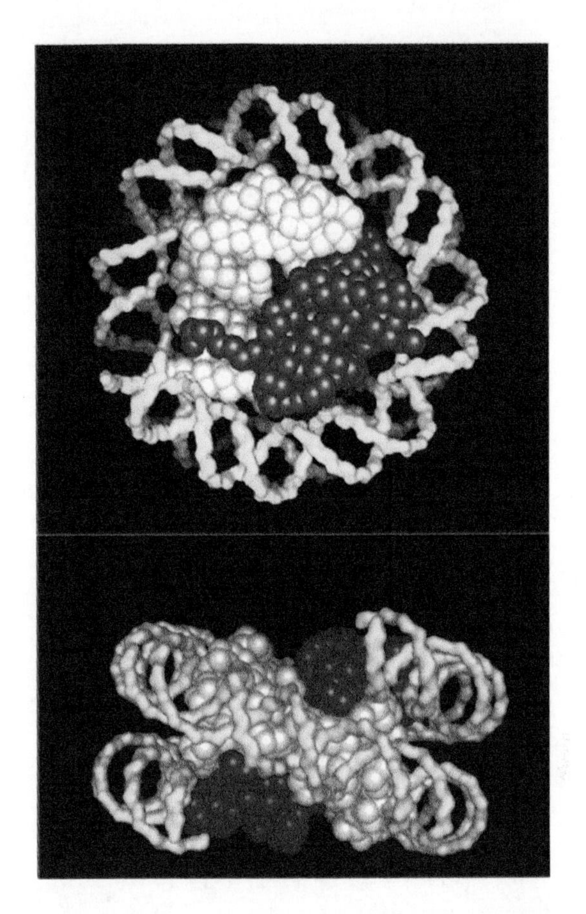

图 8.8 核心组蛋白八聚体的晶体结构以空间填充模型来表示，其中 $H3_2 \cdot H4_2$ 四聚体为白色，H2A · H2B 二聚体为蓝色。只有一个 H2A·H2B 二聚体从上可见，另一个隐藏在下。DNA 的路径表现为绿色

图片由 E.N. Moudrianakis, the Johns Hopkins University 友情提供

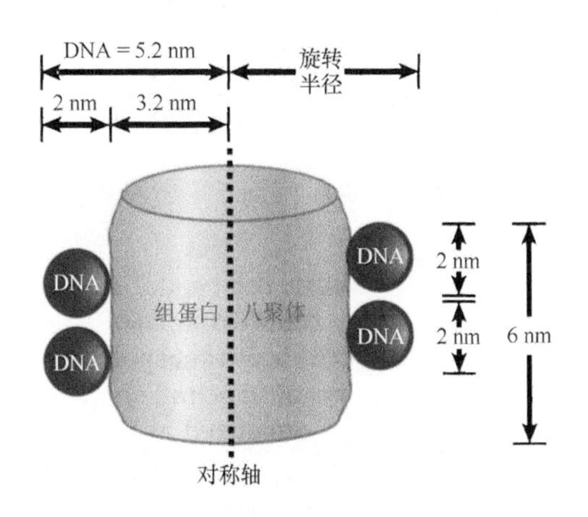

图 8.6 DNA 占据了核小体的大部分外表面

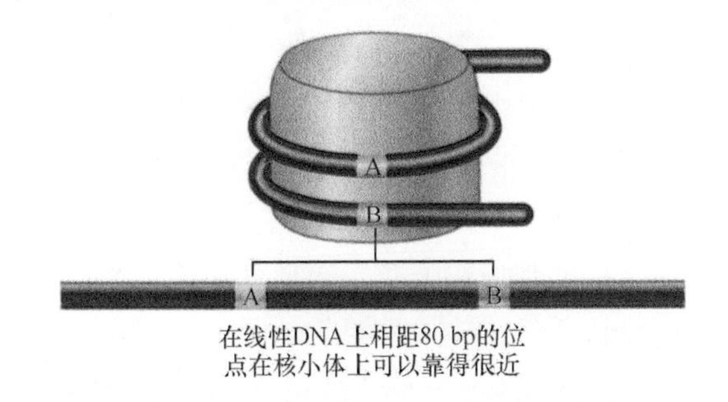

图 8.7 核小体上的不同圈的 DNA 序列可以靠得很近

粒能显示出核心颗粒的某些特征。H2A · H2B 对以两个二聚体形式插入其中，但从俯视图中只能看到一个，而从侧视图可区分 $H3_2 \cdot H4_2$ 四聚体与 H2A · H2B 两个二聚体各自的特性。蛋白质形成某种线轴状结构，其超螺旋路径对应于 DNA 结合位点，这样，DNA 几乎在一个核小体上缠绕 5/3 圈。该模型表明整个结构相对于侧视图垂直轴而言是两侧对称的。

所有四个核心组蛋白都表现相似的结构类型，三个 α 螺旋由两个环连接起来，这种高度保守的结构称为**组蛋白折叠（histone fold）**，如图 8.9 所示。这些区域相互作用形成月牙形异源二聚体，每个异源二聚体结合 2.5 圈 DNA 双螺旋。无论 DNA 的序列如何，包装的需要是一致的，主要通过盐键（salt link）和氢键（hydrogen bond）相互作用的组合与磷酸二酯键骨架结合。此外，精氨酸侧链在其面对八聚体表面的每 14 次进入 DNA 的小沟。一张高分辨率核小体图（基于 2.8 Å 的晶体结构）如图 8.10

(a)

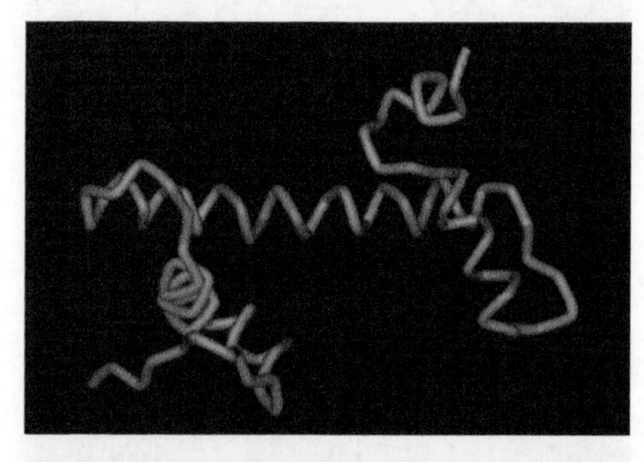

(b)

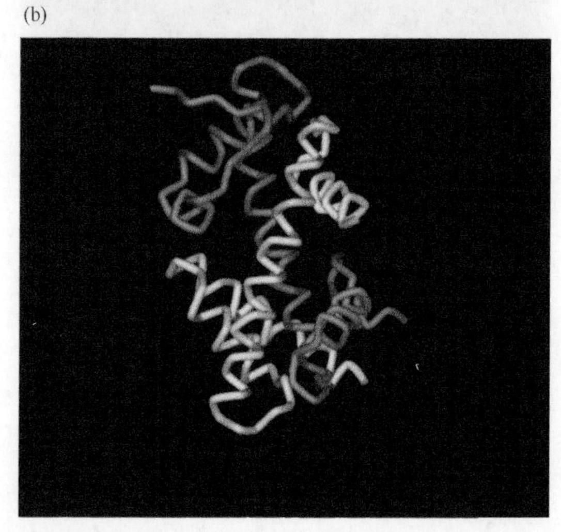

图 8.9 组蛋白折叠（**a**）由两个短的 α 螺旋和侧翼的一个长 α 螺旋组成。组蛋白对（H3+H4 和 H2A+H2B）相互作用形成组蛋白二聚体（**b**）

改编自 Arents, G., et al. 1991. "Structures from Protein Data Bank 1HIO." *Proc Natl Acad Sci USA* 88: 10145-10152

(a)

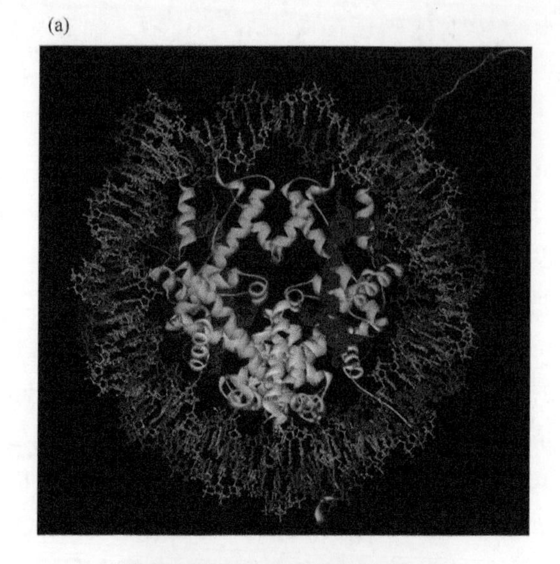

(b)

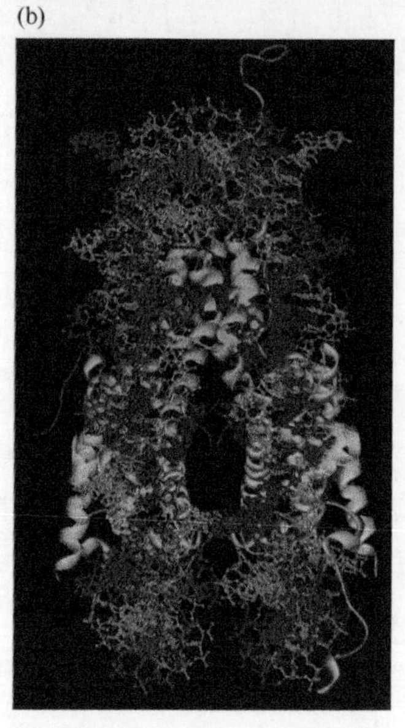

图 8.10 组蛋白核心八聚体的晶体结构以彩虹模型来代表，它包括 146 bp 的 DNA 磷酸二酯键骨架（橙色和蓝色）和含有 8 个组蛋白的主链（绿色，H3；紫色，H4；浅蓝色，H2A；黄色，H2B）

改编自 Luger, K., et al. 1997. "Structures from Protein Data Bank 1AOI." *Nature* 389: 251-260

所示。两个组蛋白 H3 亚基之间的相互作用形成 $H3_2 \cdot H4_2$ 四聚体，在图 8.10 的左图，从核小体（绿色）的顶部可以看到以上结构；而在右图（浅蓝色和黄色），可以看到核小体中面对面的两个 H2A · H2B 二聚体之间的连接。

每一个核心组蛋白都拥有组蛋白折叠，它们组成了核小体的中央蛋白质聚合体，有时称为球状核心（globular core）。每个组蛋白也都具有一个形状可变的 N 端尾部（组蛋白 H3 与 H2B 还存在 C 端尾部），其上的可共价修饰位点可能对染色质的功能非常重要。尾部约占蛋白质总量的 1/4，因其可塑性极强而难以在 X 射线晶体结构中被发现。因此，它在核小体中的位置难以被确定，这样，我们常常用示意图来描述这些结构，如**图 8.11** 所示。然而，尾部从核小体核心伸出的位置是已知的，我们还可以观察到组蛋白 H3 与 H2B 的尾部是通过 DNA 超螺旋的圈之间伸出去的，并伸展至核小体外，如**图 8.12** 所示。组蛋白 H4 与 H2A 的尾部从核小体的两边向外伸展。当组蛋白尾部通过紫外线照射的方式与 DNA 交联后，与核心颗粒相比，核小体可以获得更多的 DNA 交联产物，也就是说，这些尾部可能与接头 DNA 相接触。组蛋白 H4 尾部似乎是与邻近的核小体 H2A · H2B 二聚体接触，这可能在高度有序结构的形成中发挥了重要作用（见 8.7 节“核小体在染色质纤维中的路径”）。

接头组蛋白（linker histone）在更高级的染色质结构形成中发挥了重要作用。接头组蛋白家族以

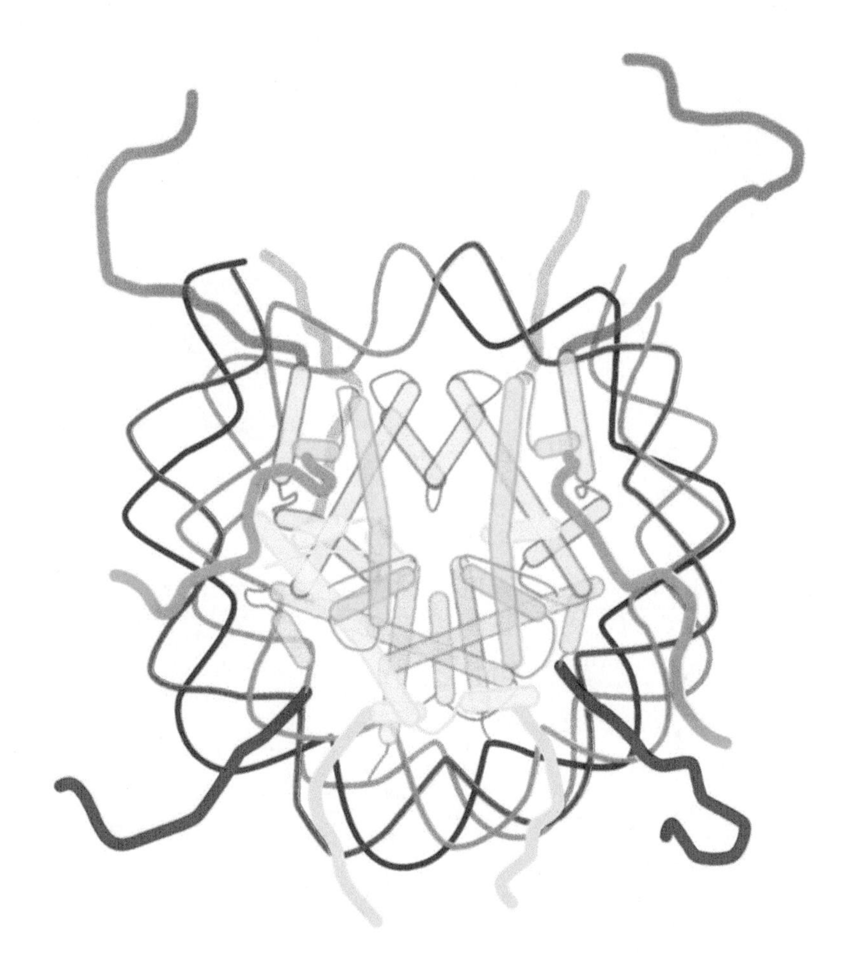

图 8.11 组蛋白折叠域位于核小体中心，而携带许多修饰位点的 N 端和 C 端尾部因其可塑性极强而难以在晶体结构中被发现

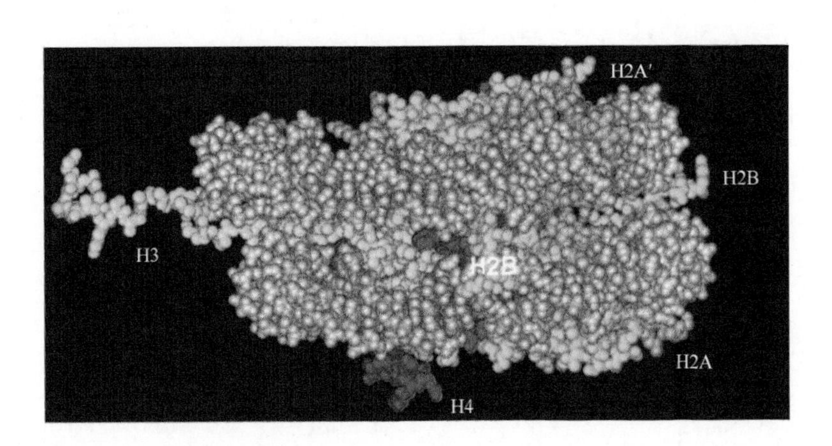

图 8.12 组蛋白尾部是无序的，它们可从核小体的两侧或从一圈 DNA 之间伸展至核小体外。注意此图只显示了尾部的前面几个氨基酸残基，因为完整尾部没有出现在晶体结构中

改编自 Luger, K., et al. 1997. "Structure from Protein Data Bank 1AOI." *Nature* 389: 251-260

组蛋白 H1 为代表，由一系列非常相近的蛋白质组成，它在组织之间或物种之间表现出了相当大的变异。组蛋白 H1 的作用有别于核心组蛋白的功能。它存在的量相当于核心组蛋白的一半，更易从染色质中被抽提出来。组蛋白 H1 的去除不会影响核小体的结构，这与它定位于颗粒外的现象是相一致的。包含接头组蛋白的核小体有时被称为**染色小体**（**chromatosome**）。

组蛋白 H1 与核小体之间的精细的相互作用似乎有点自相矛盾。在含有至少 165 bp DNA 的单一核小体中仍能保留组蛋白 H1；而组蛋白 H1 却不会与 146 bp 的核心颗粒结合。组蛋白 H1 结合于核小体也促进 DNA 的两个转角（turn）的包装。这与组蛋白 H1 定位于与核心 DNA 非常邻近的接头 DNA

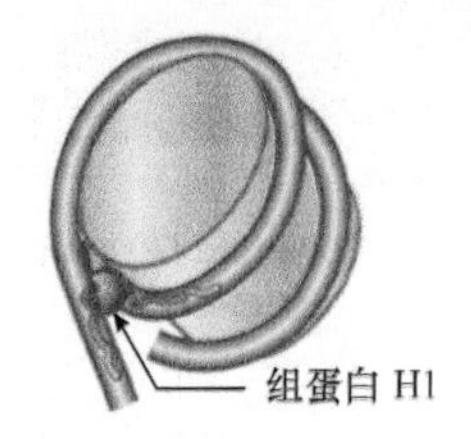

图 8.13 组蛋白 H1 与核小体相互作用的可能模型。组蛋白 H1 可能与双轴中 DNA 的两个中心旋转或进、出口的接头 DNA 相互作用

处是非常一致的。尽管接头组蛋白的精确定位仍旧存在着相互矛盾。蛋白质交联和结构学研究结果与以下模型是一致的：组蛋白 H1 除了可与核小体上的 DNA 中央转角进行相互作用外，还可与入口 DNA 或出口 DNA 相互作用，如**图 8.13** 所示。在这一位置，组蛋白 H1 具有影响 DNA 进出角度的潜在能力，而这可能在更高级的结构形成中发挥了作用（见 8.7 节“核小体在染色质纤维中的路径”）。

8.4 核小体是共价修饰的

关键概念

- 组蛋白能被甲基化、乙酰化、磷酸化、泛素化、SUMO 化、ADP 核糖基化和其他修饰。
- 特殊的组蛋白修饰组合定义了染色质的局部区域的功能，称为组蛋白密码假说。
- 在很多蛋白质中发现了能与染色质相互作用的布罗莫结构域，它用于识别组蛋白中的乙酰化位点。
- 几种蛋白质基序能识别甲基化赖氨酸，如克罗莫结构域、PHD 结构域和 Tudor 结构域。

所有组蛋白都能进行各种共价修饰，大部分反应发生在组蛋白尾部。所有组蛋白都能在许多的位点被修饰，如甲基化（methylation）、乙酰化（acetylation）和磷酸化（phosphorylation）。如**图 8.14** 所示，这些修饰相对来说是比较小的。同时也会发生其他更明显的修饰，如单泛素化（monoubiquitylation）、SUMO 化（sumoylation）和 ADP 核糖基化（ADP-ribosylation）。尽管已经知道不同的组蛋白修饰在复制、染色质装配、转录、剪接和 DNA 修复中发挥作用，但是这些修饰的许多功能还

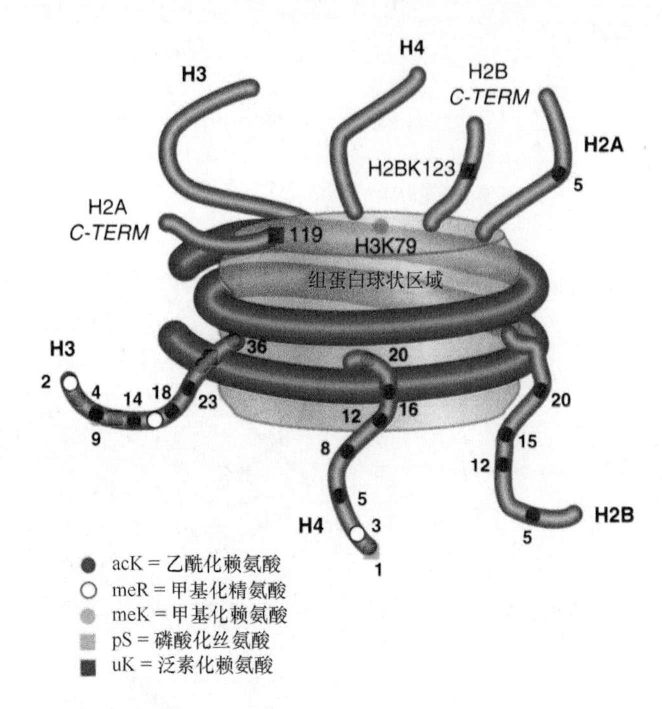

图 8.14 在组蛋白尾部的无数位点能被乙酰化、甲基化、磷酸化和泛素化。此图并没有将所有可能的修饰都罗列出来

改编自 *The Scientist* 17 (2003): p. 27

有待于进一步阐明。

组蛋白尾部的赖氨酸残基是最普通的修饰化靶标。乙酰化、甲基化、泛素化和 SUMO 化全部可发生在赖氨酸残基中游离的 ε 氨基基团上，如**图 8.15** 所示，乙酰化能中和位于 ε 氨基基团的 NH_3 基团上的正电荷。相反，赖氨酸甲基化能保留正电荷，并且赖氨酸残基能被单、双和三甲基化。精氨酸残基能被单甲基化和双甲基化。磷酸化发生在丝氨酸残基和苏氨酸残基的羟基基团上，它以磷酸基团的形式引入负电荷。

所有的这些修饰都是可逆的，一个给定的修饰只可暂时存在，或者在多轮细胞分裂中一直维持。一些修饰改变了蛋白质分子的电荷，因而它们能潜在地引起八聚体功能属性的变化。例如，赖氨酸残基的过度乙酰化会降低尾部的总正电荷，使得它能从与 DNA 的相互作用中释放出来，这些 DNA 可位于自身或其他核小体上。组蛋白修饰与复制和转录中染色质结构的改变相关联，且特定位点的修饰也可能有助于 DNA 修复。特殊组蛋白的特定位点的修饰决定了染色质的不同功能状态。新合成的核心组蛋白携带着特定的乙酰化模式，而在组蛋白被组装进入染色质后，这种修饰会被去除，如**图 8.16** 所示。其他修饰也是被戏剧性地加上或清除，这可用来调节转录、复制、修复和染色体浓缩等功能。这

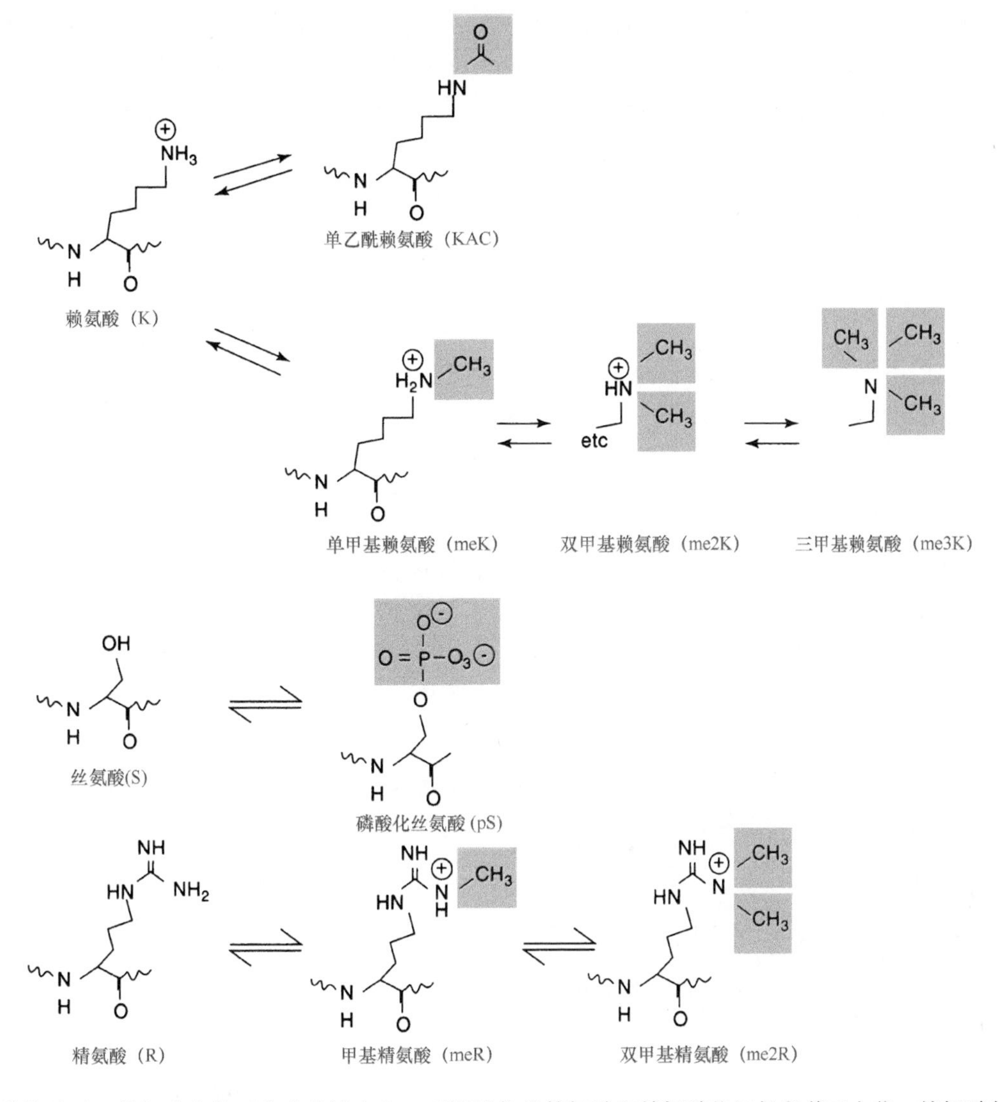

图 8.15 在乙酰化以后，赖氨酸上的正电荷能被中和，而甲基化的赖氨酸和精氨酸依旧保留着正电荷。赖氨酸能被单、双和三甲基化。精氨酸能被单和双甲基化。磷酸化则引入负电荷

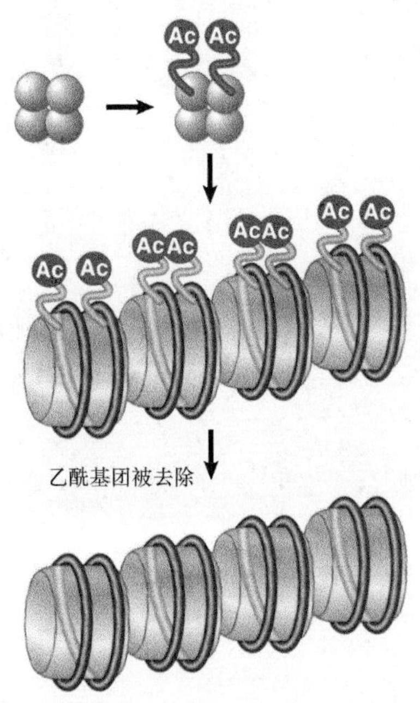

图 8.16 在复制过程中，组蛋白被组装入核小体之前，组蛋白的特殊位点会发生乙酰化

些其他修饰通常从定位于染色质的核小体中被加上或清除，如图 8.17 对乙酰化所做的描绘一样。

许多修饰酶在特定组蛋白上拥有单一靶标位

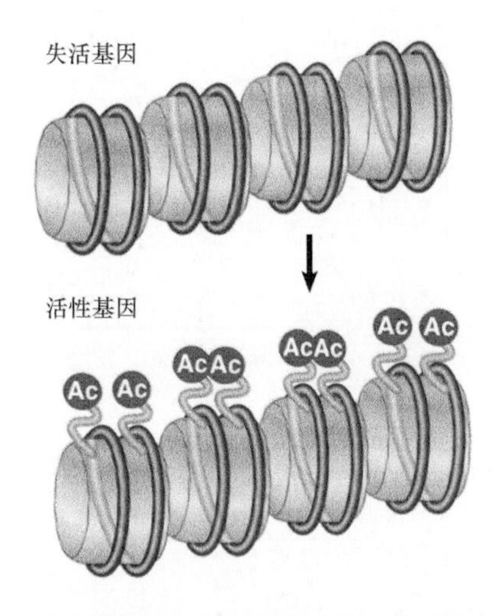

图 8.17 通过直接修饰已经被组装入核小体的组蛋白上的特殊位点，与基因激活相关的乙酰化就会发生

点，这个事实说明修饰的特异性是受控的。**表 8.1** 总结了发生于组蛋白 H3 和 H4 上的一些修饰效应。许多修饰位点在体内只存在单一修饰类型，而其他可存在多种修饰状态（如组蛋白 H3 的第 9 位赖氨酸残基在不同条件下能被甲基化或乙酰化）。在一些例子中，一个位点的修饰可能激活或抑制另一个位点的修饰。这些信号组合可用于限定染色质的功能，这种观点被称为**组蛋白密码（histone code）**。尽管"密码"这个词的使用似乎是自相矛盾的，但是这个关键的假说建议，在某一特殊位点的多种修饰的综合影响可限定染色质结构域的功能。这些修饰不是仅局限于单一组蛋白，某一染色质区域的功能状态还可以衍生自单一核小体的，甚至所有核小体的所有修饰。特定组蛋白残基的一些修饰也可阻止或促进其他特定的组蛋白修饰事件（或者甚至非组蛋白的修饰），这些"交叉谈话"途径为染色质调控的信号途径增添了另一层次的复杂性。

表 8.1　组蛋白中大部分修饰位点具有单一特定的修饰类型，但一些位点存在一种以上的修饰类型。个别功能与一些修饰相关联

组蛋白	位点	修饰	功能
组蛋白 H3	K4	乙酰化	转录激活
组蛋白 H3	K9	甲基化	转录抑制
组蛋白 H3	K9	甲基化	促进 DNA 甲基化
组蛋白 H3	K9	乙酰化	转录激活
组蛋白 H3	S10	磷酸化	染色体浓缩
组蛋白 H3	S10	磷酸化	转录激活
组蛋白 H3	K14	乙酰化	转录激活
组蛋白 H3	K36	甲基化	转录抑制
组蛋白 H3	K79	甲基化	转录激活
组蛋白 H3	K27	甲基化	转录抑制
组蛋白 H4	R3	甲基化	转录激活
组蛋白 H4	K5	乙酰化	核小体装配
组蛋白 H4	K16	乙酰化	染色质纤维折叠
组蛋白 H4	K16	乙酰化	转录激活
组蛋白 H4	K119	泛素化	转录抑制

一些组蛋白修饰会直接改变染色质结构，而组蛋白修饰的一个主要功能是为非组蛋白的连接产生结合位点，而这些蛋白质则能改变染色质的特性。最近几年，我们鉴定出了许多能与修饰组蛋白尾部进行特异性结合的蛋白质结构域。其中的一些例子就罗列于上表中。

在很多能与染色质相互作用的蛋白质中发现了**布罗莫结构域（bromodomain）**，它能识别乙酰化赖氨酸，而不同的、含布罗莫结构域的蛋白质能识别不同的乙酰化靶标。布罗莫结构域本身只识别非常短的、包含乙酰化赖氨酸残基的四联体氨基酸序列，所以，靶标识别的特异性必须依赖于涉及其他区域的相互作用。结合于乙酰化赖氨酸靶标的布罗莫结构域的组织结构如**图 8.18** 所示。我们在不同类型能与染色质相互作用的蛋白质中发现了布罗莫结构域，这些蛋白质包括转录装置的许多成分和一些能重塑或修饰组蛋白的酶（将在第 26 章"真核生物的转录调节"中讨论）。

甲基化赖氨酸（和精氨酸）能被许多不同的结构域所识别，这些结构域不仅能识别特异性的修饰位点，还能区分出单、双和三甲基化赖氨酸。**克罗莫结构域（chromodomain）**就是其中一个普通的蛋白质基序，它由 60 个氨基酸残基组成，出现在许

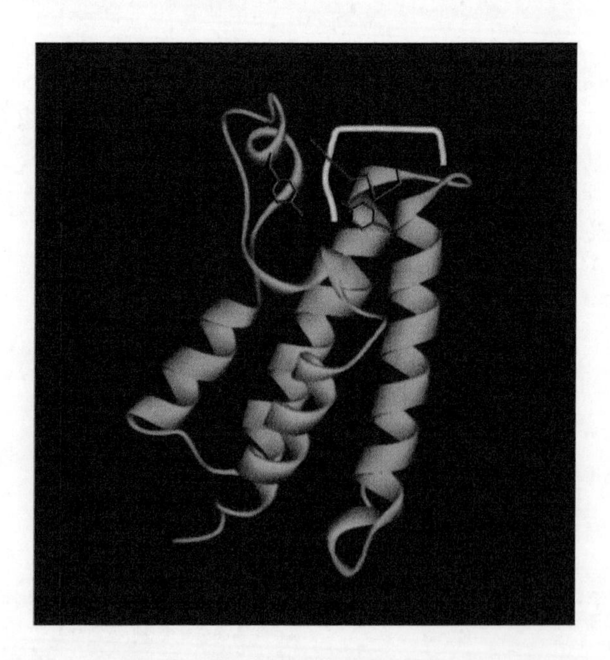

图 8.18　布罗莫结构域是能结合乙酰化赖氨酸的蛋白质基序。布罗莫结构域折叠由 4 个 α 螺旋成簇组成，在其中的一个末端带有乙酰化赖氨酸结合"口袋"。此图显示酵母 Gcn5 蛋白的布罗莫结构域结合于 H4K16ac 肽

改编自 Owen, D. J., et al. 2000. "Structure from Protein Data Bank 1E6I." *EMBO J* 19: 6141-6149

(a)

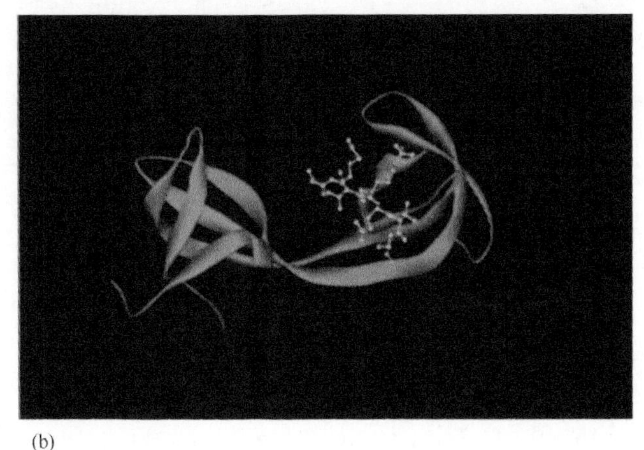
(b)

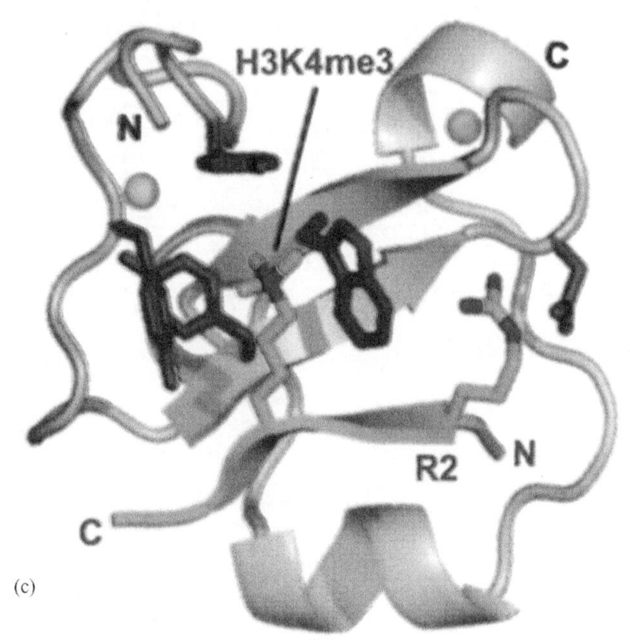

(c)

图 8.19 无数蛋白质基序能识别甲基化赖氨酸。**(a)** HP1 蛋白的克罗莫结构域能结合 K9 被三甲基化的组蛋白 H3。**(b)** JMJD2A 蛋白的 Tudor 结构域能结合 K4 被三甲基化的组蛋白 H3。克罗莫结构域和 Tudor 结构域都是"王室超家族"的成员，它们通过局部的 β 桶状结构结合其靶标。**(c)** BPTF 蛋白的 PHD 手指也能结合 K4 被三甲基化的组蛋白 H3，而它则是利用与 DNA 结合锌指结构域相关的结构

(a) 改编自 Jacobs, S. A., and Khorasanizadeh, S. 2002. "Structure from Protein Data Bank 1KNE." *Science* 295: 2080-2083；
(b) 改编自 Y. Huang, et al. 2006. "Structure from Protein Data Bank 2GFA." *Science* 12: 748-751；
(c) 图片由 Sean D. Taverna, the Johns Hopkins University School of Medicine, and Haitao Li, Memorial Sloan-Kettering Cancer Center 友情提供。附加信息来自 Taverna, S. D., et al., *Nat Struct Mol Biol* 14: 1025-1040

多染色质相关蛋白质中。许多其他甲基化赖氨酸结合域也已经被鉴定出来，如图 8.19 所示，如**植物同源异形域（plant homeodomain，PHD）**和 **Tudor 结构域（Tudor domain）**。自然存在的、能识别特殊甲基化位点的不同基序的数目强调了组蛋白修饰的重要性和复杂性。

修饰的组合非常关键，就如组蛋白密码假说所提出的那样，最近我们发现许多蛋白质或复合体能同时识别多个修饰位点，这进一步强化了这种假说。例如，一些蛋白质存在串联克罗莫结构域和布罗莫结构域，它拥有特殊的空间构型，这能促使它们结合在两个特定位点甲基化或乙酰化的组蛋白上。当然也存在一些例子，就是在一个位点的修饰能阻止某种蛋白质识别它在另一位点的修饰靶标。现在非常清楚，单一修饰的效应不是总能预测的，所以为了鉴定出染色质中某一区域的某种功能，我们还要考虑其他的修饰效应。

8.5 组蛋白变异体产生可变核小体

关键概念

- 除了组蛋白H4之外，其他核心组蛋白是相关变异体家族的成员。
- 与规范组蛋白相比，组蛋白变异体可与之非常接近或高度趋异。
- 在细胞中，不同变异体发挥不同作用。

所有核小体都共享相关的核心结构，而一些核小体却展示出了轻微的或明显的差异，这是由于**组蛋白变异体**（**histone variant**）的参与才产生的。组蛋白变异体组成了一大类组蛋白，它们与我们已经讨论过的组蛋白是非常相关的，但是与“规范（canonical）”组蛋白相比还是存在着序列差异。这些序列差异可以很小（小至4个氨基酸）或很大（如不同的尾部序列）。

除了组蛋白H4之外，所有核心组蛋白的变异体已经被鉴定出来。了解最清楚的组蛋白变异体总结在**图8.20**中。大部分变异体在两两之间存在显著差异，特别是在N端或C端尾部。在极端情况下，大分子的组蛋白H2A（macroH2A）的大小接近于普通组蛋白H2A的3倍，它含有很长的C端尾部，这个尾部与任何其他的组蛋白没有关系。而在此图另外一端，规范组蛋白H3（也称为组蛋白H3.1）与组蛋白H3.3变异体只存在4个氨基酸位点的差异，3个位于组蛋白核心，1个位于N端尾部。

组蛋白变异体可能参与许多不同功能，它们的加入改变了含有变异体的染色质本性。前面我们已经讨论过一种类型的组蛋白变异体——着丝粒组蛋白H3（CenH3蛋白），它在酵母中名为Cse蛋白。CenH3蛋白存在于所有真核生物中，位于着丝粒的专门核小体上（详见第7章“染色体”）。着丝粒中

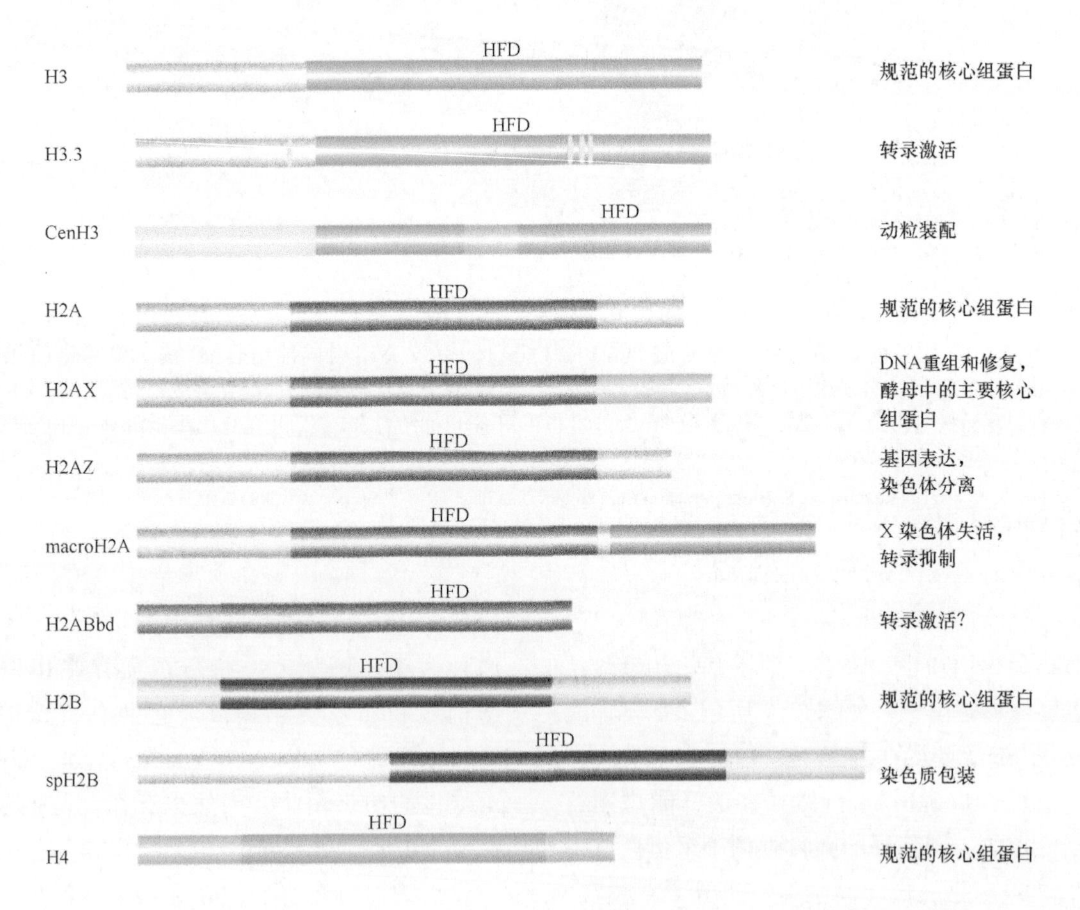

图8.20 主要核心组蛋白包含保守的组蛋白折叠域。组蛋白H3.3变异体与规范组蛋白H3（也称为组蛋白H3.1）不同的残基用黄色加亮。着丝粒组蛋白CenH3有一个独特的N端，它与其他的核心组蛋白不存在相似性。除了组蛋白H2ABbd含有独特的N端之外，大部分组蛋白H2A变异体含有不同的C端。精子特异性组蛋白sp H2B拥有长的N端。我们还罗列了变异体的可能作用

改编自 Sarma, K., and Reinberg, D. 2005. *Nat Rev Mol Cell Biol* 6: 139-149

的核小体的结构和组成还存在着相当多的争论。在其中一种模型中，含 CenH3 蛋白的核小体包含了一份八聚体组蛋白核心和 2 份 CenH3 蛋白。然而，出芽酵母中的相反证据支持另一种模型，即着丝粒中的核小体由“半核小体（hemisome）”组成，它由 Cse 蛋白、组蛋白 H4、组蛋白 H2A 和组蛋白 H2B 的各一份拷贝组成。哪一种模型对或两者是否都对，这些都需要进一步的调查。

另一个主要组蛋白 H3 的变异体是组蛋白 H3.3。在多细胞真核生物中，这种变异体是细胞中所有组蛋白 H3 中的一个次要成分；在酵母中，主要组蛋白 H3 实际上是组蛋白 H3.3，它的表达贯穿于整个细胞周期，而相对应地，大部分组蛋白只在 S 期表达，因为此时 DNA 复制过程中需要新染色质的装配。因此，组蛋白 H3.3 可在细胞周期的任何阶段用于装配，同时也能掺入到活跃转录的位点，而此时的核小体是被破坏的。由此，我们常将组蛋白 H3.3 看成是“置换性”组蛋白，以区别于“复制性”组蛋白 H3.1（见 8.8 节“染色质复制需要核小体的装配”）。

组蛋白 H2A 变异体是最大、最广的核心组蛋白变异体家族，它们涉及参与各种各样的独特功能。研究得最详细的一个是组蛋白 H2AX。在正常情况下的多细胞真核生物中，它只存在于 10% ～ 15% 的核小体中，尽管我们又要提到（就如组蛋白 H3.3 一样），在酵母中，主要组蛋白 H2A 实际上是组蛋白 H2AX 这种亚型。这种变异体存在一个 C 端尾部，它具有特征性的 SQEL/Y 基序，这有别于规范组蛋白 H2A。这个基序是 ATM/ATR 激酶的磷酸化靶标，DNA 损伤可激活这个激酶，而这种组蛋白变异体参与了这一 DNA 修复过程，特别是对双链断裂的修复（详见第 14 章“修复系统”）。在 SQEL/Y 基序处被磷酸化的组蛋白 H2AX 被称为“组蛋白 γ-H2AX”，它对于稳定不同修复因子与 DNA 断裂序列的结合，以及维持检查点停顿是必需的。组蛋白 γ-H2AX 会立刻出现在断裂 DNA 的末端，如组蛋白 γ-H2AX 可沿着激光诱导的双链断裂处形成聚集体。

其他组蛋白 H2A 变异体具有其他不同作用。组蛋白 H2AZ 变异体与规范组蛋白 H2A 具有约 60% 的序列一致性，已经显示至少在一些物种中，在一些过程（如基因激活、异染色质常染色质的边界形成和细胞周期的推进）中非常重要。脊椎动物特异性的组蛋白 macroH2A 的命名是由于它存在非常长的 C 端尾部，它含有亮氨酸拉链二聚体基序，可通过促进核小体之间的相互作用来介导染色质压缩。哺乳动物组蛋白 macroH2A 富集于雌性失活 X 染色体上，使它组装出沉默的异染色质状态。相反，哺乳动物组蛋白 H2ABbd 变异体不会存在于失活的 X 染色体上，但它比规范组蛋白 H2A 所形成的核小体稳定性稍差，因而这种组蛋白在常染色质的转录活性区可能被设计成更加易被替代的形式。

还有一些其他变异体则表达于有限的组织中，如组蛋白 spH2B 存在于精子中，为染色质凝聚所需。组蛋白变异体的存在和分布显示，单一染色质区域、整条染色体或者甚至特定组织可拥有独特的、擅长于不同功能的染色质“特色”。**图 8.21** 是一个示意图，它罗列了一些常见的、已经被清晰阐明的组蛋白变异体的分布模式。除此之外，组蛋白变异体就像其他规范组蛋白一样，易于受到无数的共价修饰，这增加了染色质在细胞核工作过程中功能的复杂性。

8.6 核小体表面的 DNA 结构变化

关键概念

- 1.67 圈 DNA 序列盘绕在组蛋白八聚体上。
- 核小体上的 DNA 显示了光滑曲线区和突然弯曲区。
- DNA 结构是变化的，每圈的碱基对数目在中间增加，而在末端减少。
- 从溶液中 10.5 bp/ 圈到核小体表面平均 10.2 bp/ 圈的改变抵消了约 0.6 圈 DNA 的负超螺旋，这解释了链环数悖论。

迄今为止，我们专注于研究核小体的蛋白质成分。盘绕在这些蛋白质上的 DNA 呈现出不同寻常的空间构型。DNA 暴露在核小体表面使得其能被特定的核酸酶接近并切割。有关攻击单链 DNA 的核酸酶的研究已取得较大进展。DNA 酶 Ⅰ 和 DNA 酶 Ⅱ 能在单链 DNA 上制造切口，切开单链上的一个共

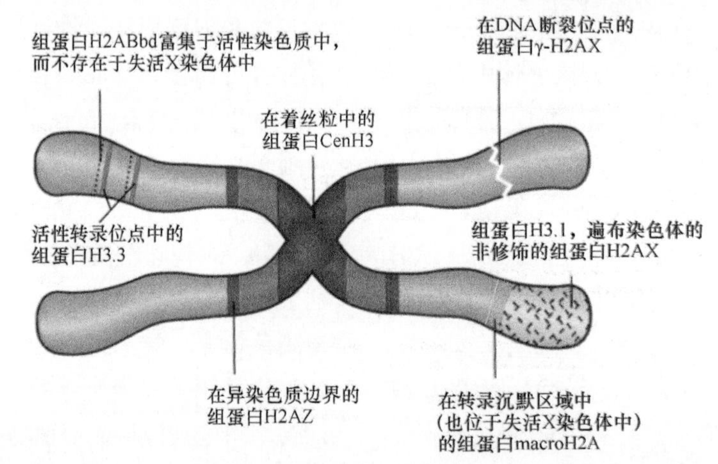

图 8.21 一些组蛋白变异体散布于染色质的所有或大部分区域，而其他则显示出特定的分布模式。在一条卡通样常染色体上显示了几种组蛋白变异体的分布模式。在剂量 - 补偿的性染色体（如哺乳动物的失活 X 染色体）上、在精子染色质中，或在高度特化的染色质状态中，组蛋白变异体的分布明显存在差异

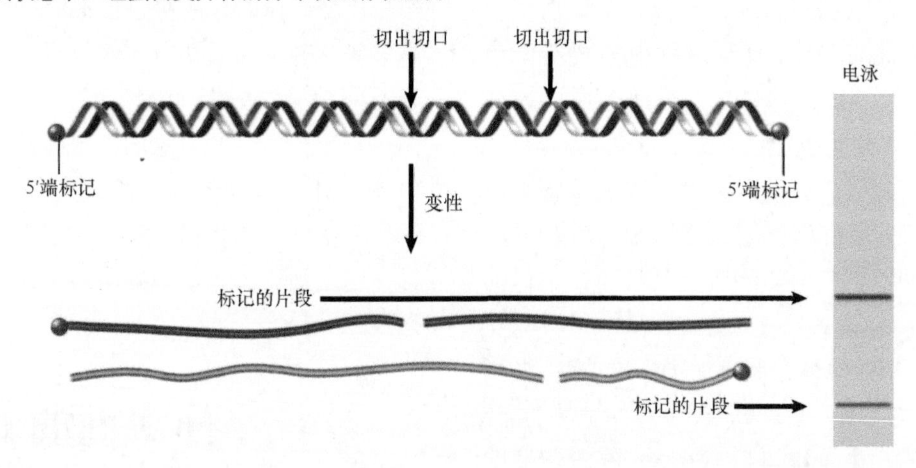

图 8.22 DNA 双链变性后形成单链，其中的切口由于酶切片段的出现而揭示出来。比如说，DNA 已经在 5′ 端标记，那么通过放射自显影，只有包含 5′ 端的片段是可见的。片段的大小说明了标记末端与缺口之间的距离

价键，但在这一位点上的另一条链仍保持完整，而对于双链 DNA 来说没有任何明显的效果，但是，当这种 DNA 变性时，就可释放出短片段而不是全长 DNA 单链。如果 DNA 已经在末端被标记，末端片段可通过标记检测被鉴定，如图 8.22 所总结的。当 DNA 在溶液中处于游离状态时，可随机地被切出切口（相对的）。核小体上的 DNA 也可被酶作用产生切口，但是它仅在有规则的间隔序列（regular interval）上发生。末端标记的 DNA，经变性、电泳后可以确定出切割位点，从而可获得如图 8.23 所示的梯度条带。

相近连续梯度条带的间隔是 10 ～ 11 个碱基，这个梯度条带涵盖了核心 DNA 的全长。切割点被编号成 S1 至 S13（S1 距标记的 5′ 端约 10 个碱基，S2 距标记的 5′ 端约 20 个碱基，依此类推）。DNA 酶 I 与 DNA 酶 II 产生相同的梯度条带；用羟自由基切割会得到相同的切割模式，表明这种切割模式

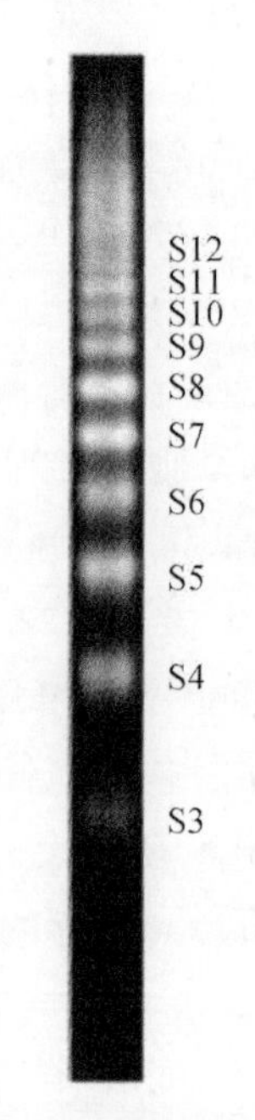

图 8.23 当用 DNA 酶 I 消化细胞核后，可见切口位点沿着核心 DNA 有规律性地在间隔序列上排在一起

照片由 Leonard C. Lutter, Molecular Biology Research Program, Henry Ford Hospital 友情提供

反映了DNA自身的结构，而非任何序列上的偏好性。核小体DNA对核酸酶的敏感性实验类似于足迹法（footprinting）。因此，我们把核小体上特定靶位点反应缺失的情况归为核酸酶无法接近这些位点。

因为在核心颗粒上DNA存在两条链，所以在末端标记实验中，两个5′端（或3′端）都被标记，即每条链上各有一个标记。因此切割模式包含了来自两条链上的片段。如图8.22所示，每个标记片段都来自不同的链。可以由此推测出，在实验中，每个标记条带实际上代表两种片段，它们是在距两个标记末端相同距离的位置切割产生的。

那么我们如何解释在这些特殊位点上不同的嗜好呢？一种观点认为DNA在核小体上的路径是对称的（围绕一个通过核小体的水平轴，见图8.5）。因此，如果用DNA酶Ⅰ处理不足80个碱基的片段，这一定意味着两条链距5′端80个碱基处对酶不敏感。

当DNA在平坦的表面固定不动时，切割位点是有规则地间隔分布的。如**图8.24**所示，这种情况反映了切割位点随着B型DNA螺旋周期性反复出现。酶切周期性（切割位点之间的间隔）确实是与结构周期性（每圈双螺旋的碱基对数）相对应的。因此，位点之间的距离与每圈碱基对的数目一致。这些数据表明B型DNA螺旋的平均值是10.5 bp/圈。

对核小体表面DNA的相似性分析揭示了不同位点上令人诧异的结构周期性变化。在DNA末端，两个邻近DNA酶Ⅰ消化位点之间的平均距离是10个碱基，明显低于通常的10.5 bp/圈；而在核心颗粒的中心区域，两个邻近DNA酶Ⅰ切割位点之间的距离是10.7个碱基。核心DNA在酶切周期性上的变化意味着核心DNA结构周期性的变化。相对于溶液中的状态而言，DNA在中部具有更多的每圈碱基对数，而末端则偏少。整个核小体的平均周期仅为10.17 bp/圈，这远小于溶液中DNA的10.5 bp/圈。

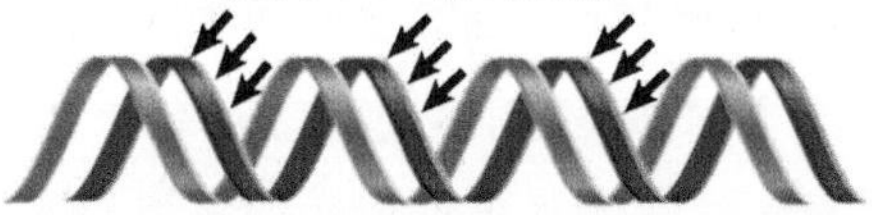

暴露于DNA酶Ⅰ的位点

图8.24 DNA上的暴露最多的位点周期性出现，它反映了双螺旋结构的周期性（为了更直观，仅显示了一条链上的位点）

核心颗粒的晶体结构（见图8.10）表明，DNA组装成一个螺线管形（弹簧形的）超螺旋，在组蛋白八聚体上绕1.67圈。超螺旋程度是有变化的，在中部是不连续的。高弯曲的区域对称排布，这些是对DNA酶Ⅰ最不敏感的位点。

核小体核心的高分辨率结构详细地显示了DNA的结构是如何被扭曲的。大部分超螺旋发生在中间的129 bp处，此处以左手方向盘绕成1.59圈的超螺旋，它的直径为80 Å（仅为DNA双螺旋本身直径的4倍）。而任何一端的末端序列对整体弯曲几乎没有贡献。

中间的129 bp位于B型DNA，但它需要一定的弯曲才能形成超螺旋。大沟（major groove）是平滑弯曲的，而小沟（minor groove）则是突然弯曲的，如**图8.25**所示。这些构象变化可以解释核小体DNA的中心部分通常不是调节物的结合靶标，即调节物通常结合于核心DNA的末端部分或接头序列。

将预测的核小体上DNA的超螺旋与实际测量结果进行比较，我们发现了核小体中DNA结构的一些特征。我们能从真核生物细胞中分离出完全组装进核小体的环状“微型染色体（minichromosome）”，在这些微型染色体中，单个核小体的超螺旋度可进行测定，如**图8.26**所示。首先，我们将微型染色体本身的游离超螺旋松弛，此时，核小体形成环状链，其超螺旋密度为0；然后将组蛋白八聚体抽离，释放DNA使之按照自由路径变化；那么在微型染色体上呈现的、受到限制的每一个超螺旋在去除蛋白质的DNA中就以−1圈的形式出现，基于此种机制，超螺旋总数就可以测定出来。

以上实验所观察到的数值与核小体的个数接近。这样，当限制性蛋白质被除去后，DNA沿着核小体表面的路径就会产生1个左右的负超螺旋。DNA沿着核小体表面的路径对应于−1.67圈超螺旋数，这种差异有时称为**链环数悖理（linking number paradox）**。

这种差异可以根据核小体DNA平均10.17 bp/圈与游离DNA 10.5 bp/圈之间的不同来解释。在200 bp的核小体中，有200/10.17≈19.67圈。当DNA从核小体中释放后，有200/10.5≈19.0圈。在核小体上，DNA不是那么紧的缠绕将抵消−0.67圈，这就解释

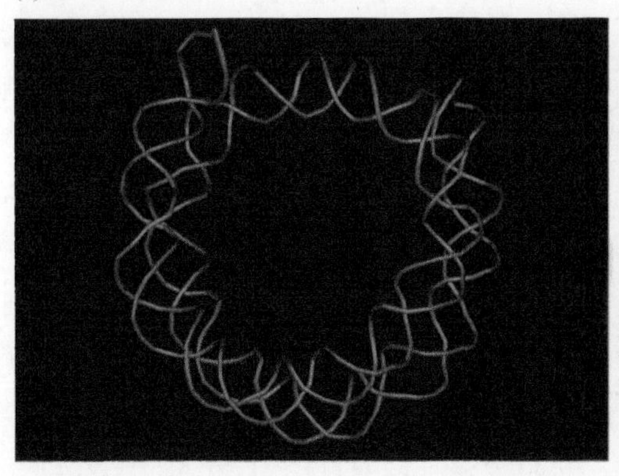

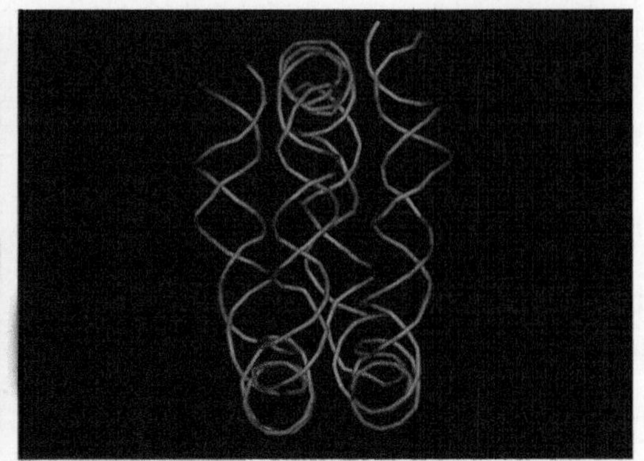

(b)

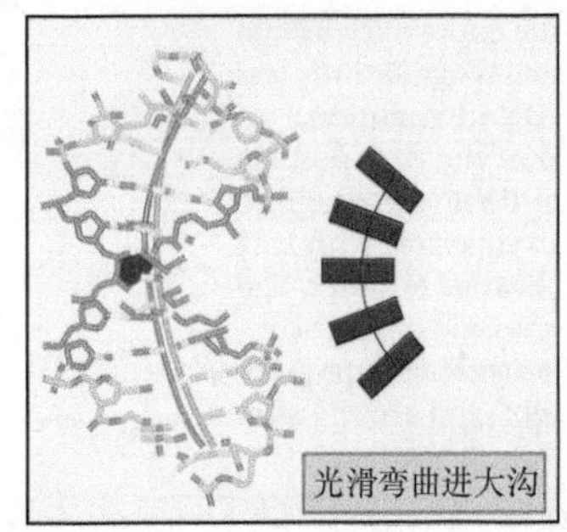

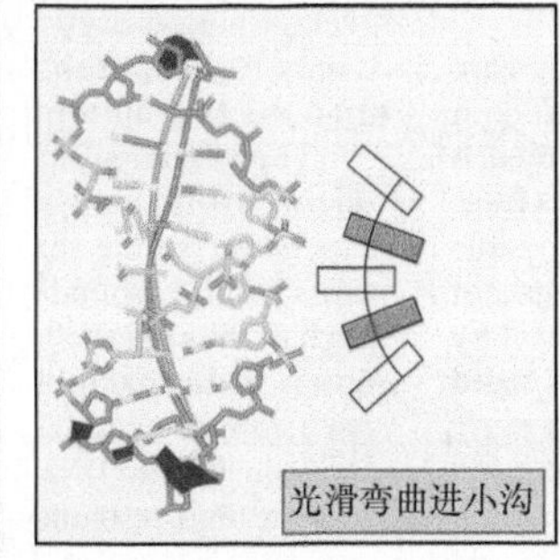

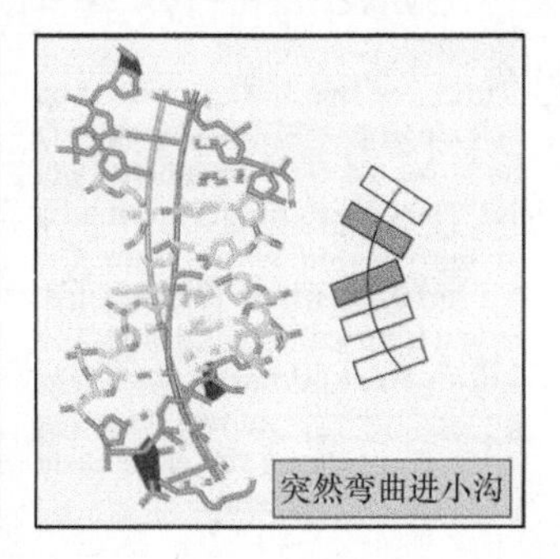

图 8.25 核小体 DNA 上的 DNA 结构。**(a)** 为清楚起见，此图显示了没有蛋白质存在下的核小体的 DNA 骨架踪迹。**(b)** 核小体 DNA 的弯曲区域。实际结构（左）和模式图（右）显示弯曲的一致性，曲线是沿着大沟（蓝色），光滑并突然弯曲进小沟（橙色），也显示了实验所得的（粉红色）和理想的（灰色）超螺旋的 DNA 轴

(a) 改编自 Muthurajan, U. M., et al. 2004. "Structures from Protein Data Bank: 1P34." *EMBO J* 23: 260-271
(b) 改编自 Richmond, T. J., and Davey, C. A. 2003. *Nature* 423: 145-150

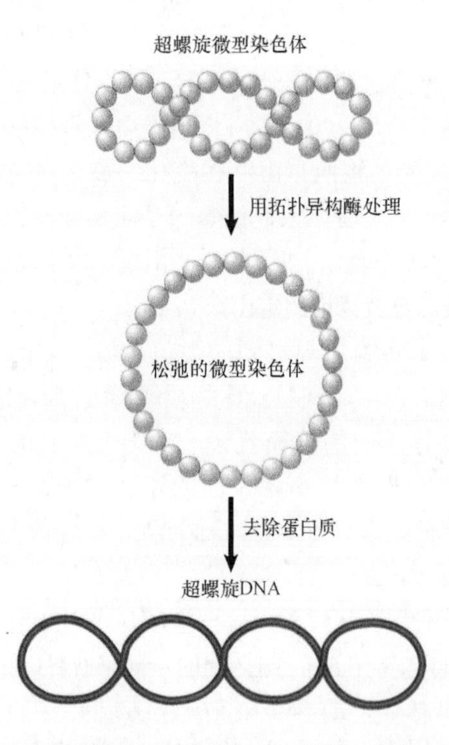

图 8.26 SV40 微型染色体超螺旋可以松弛形成环状链，由于组蛋白的去除将产生游离 DNA 的超螺旋

了 −1.67 的物理路径和测量值 −1.0 超螺旋之间的差别。实际上，核小体 DNA 的一些扭矩张力使得每圈碱基对数量增加，而只是剩下的被当作一个超螺旋来用于计算。

8.7 核小体在染色质纤维中的路径

关键概念

- 染色质的一级结构是 10 nm 纤维，它含有一连串核小体。
- 通过相邻核小体的相互作用形成染色质的二级结构，这促进了更加致密的纤维的形成。
- 30 nm 纤维是二级结构中的主要类型，每圈含有 6 个核小体，它们组装成单起始的螺线管，或双起始的之字形螺旋。

- 组蛋白 H1、组蛋白尾部和增高的离子强度都能促进二级结构的形成，包括 30 nm 纤维。
- 二级结构的染色质纤维折叠成更高级别的三维结构，它组成了间期或有丝分裂染色体。

当染色质从细胞核中释放出来，并用电子显微镜观察染色质时，我们可见两种类型的染色质纤维：10 nm 纤维和 30 nm 纤维。我们可用这些纤维的大致直径来描述它们（实际上 30 nm 纤维的直径范围在 25 ～ 30 nm 之间变化）。10 nm 纤维本质上是一串连续的核小体，代表了染色质结构凝聚的最小程度。事实上，在伸展的 10 nm 纤维中，接头 DNA 和核小体很容易被区分，纤维很像一串珠子，如图 8.27 的例子所示。10 nm 纤维结构在低离子强度下获得，且无须组蛋白 H1 的存在。严格来讲，这意味着它仅是核小体自身所具有的一种功能。本质上它可以作为一系列连续的核小体显现出来。

在更高离子强度下观察染色质时，我们可见到 30 nm 纤维，如图 8.28 所示。我们可发现此纤维具有基本的螺旋结构，每圈约含有 6 个核小体，这对应于包装率为 40（即沿着纤维轴线每 1 μm 含有 40 μm 长度的 DNA）。此结构的形成需要组蛋白尾部的存在，此时尾部参与了核小体间的接触，而接头组蛋白 H1 的存在则有助于这种作用。这种纤维是分裂间期染色质与有丝分裂期染色体的基本组成成分，尽管在体内这是非常难于直接被观察到的。

在 30 nm 纤维中，核小体排列成螺旋串联结构，接头 DNA 占据了中心腔。这种螺旋结构的两种主要形式是：单起始的（single-start）螺线管（solenoid），它为线性串联结构；双起始的（two-start）之字形

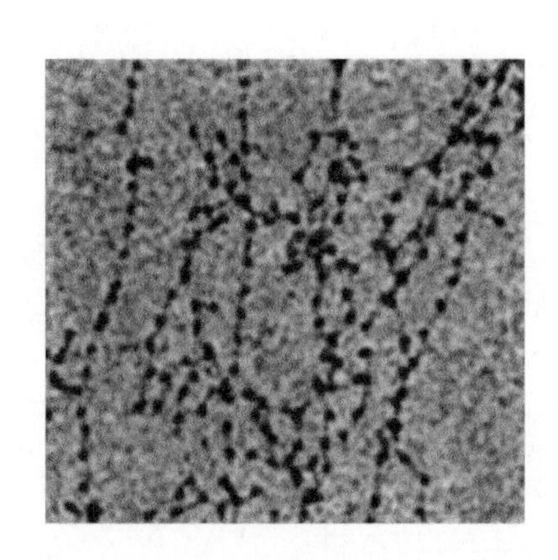

图 8.27　部分松弛状态的 10 nm 纤维可见串珠状核小体

照片由 Barbara Hamkalo, University of California, Irvine 友情提供

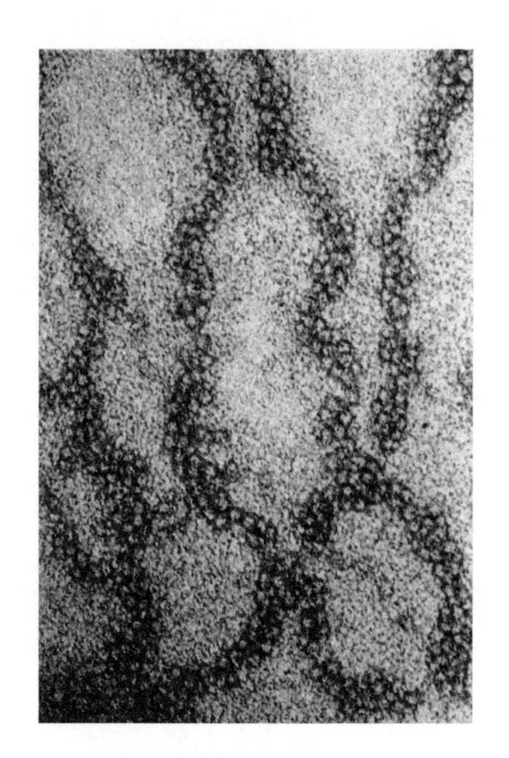

图 8.28　30 nm 纤维具有螺旋结构

照片由 Barbara Hamkalo, University of California, Irvine 友情提供

（zigzag）结构，事实上它由两列核小体组成。交联实验数据在 30 nm 纤维中鉴定出了双层核小体结构，就此提出了图 8.29 所显示的双起始型模型。尽管由 4 个核小体组成的复合体的晶体结构也同样支持这一模型，但是最近的研究提示，10 nm 纤维中的接头 DNA 的长度可影响螺旋结构的类型（如单起始的螺线管或双起始的之字形螺旋）。另外，生物化学研究还发现，它们可能是单起始与双起始螺旋组织的杂合体，而非单一结构。

在 30 nm 纤维之上的折叠水平还了解得非常之少，但是我们一直相信它是存在的，因为由 30 nm 纤维所提供的 40 倍包装率离分裂间期染色质与有丝分裂期染色体包装所需的压缩水平相差还很远，这点是显而易见的。在光学和电子显微镜下，已经观察到了直径为 60 ～ 300 nm 的染色质纤维，这称为染色线纤维（chromonema fiber）。据推测，这样的纤维由 30 nm 纤维组成，可能代表了压缩的主要水平（30 nm 纤维的宽度刚过 100 nm，可含有 10 kb 以上的 DNA），但是这些纤维的实际亚结构仍然未

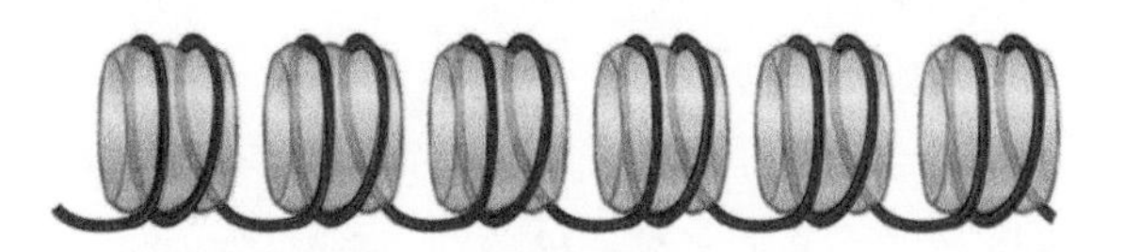

图 8.29　10 nm 纤维是一系列连续的核小体

知。确实，最近的显微镜研究并未发现原位染色质的高水平 30 nm 纤维，这提示 30 nm 纤维可能只存在于低染色质密度区（或可能根本不存在）。相反，一些研究提供了有说服力的证据，认为甚至高浓缩的有丝分裂染色质也可能仅由 10 nm 纤维组成，它再紧密地包装成互相交叉的“聚合物熔体（polymer melt）”或“分球（fractal globule）”。这种组织形式方便了 DNA 的致密包装，它同时又能保持折叠或去折叠基因组中基因座的能力。**图 8.30** 显示了更高级折叠模型的假设性示意图。

如果组装成 10 nm 纤维仅仅只提供了 6 倍的压缩比，那么基因组 DNA 如何被纳入细胞核中的空间呢？历史上，我们认为 DNA 包装进细胞核是一个线性压缩的过程。如果 DNA 首尾相连地伸展，那么它必须缩短至 10 000 倍左右才能形成有丝分裂染色体，这导致了非常流行的染色质分层折叠（即 10 nm 纤维→ 30 nm 纤维→ 60 ～ 300 nm 纤维）的观点。然而，如果基因组 DNA 被看成是简单的圆柱体，那么二倍体哺乳动物细胞核的 DNA 体积实际上少于细胞核体积的 6%。而将 DNA 缠绕于组蛋白实际上占据了更大的空间！就这一观点而言，染色质组织的作用不是将线性 DNA 压缩进细胞核的空间里，而是帮助拮抗 DNA 的负电荷，从而方便 DNA 本身的折叠和弯曲。因此，向外延伸的 10 nm 纤维更加柔韧，它不仅能弯曲、组绞，还能自我连接形成致密的网络，从而满足细胞核的包装需求。

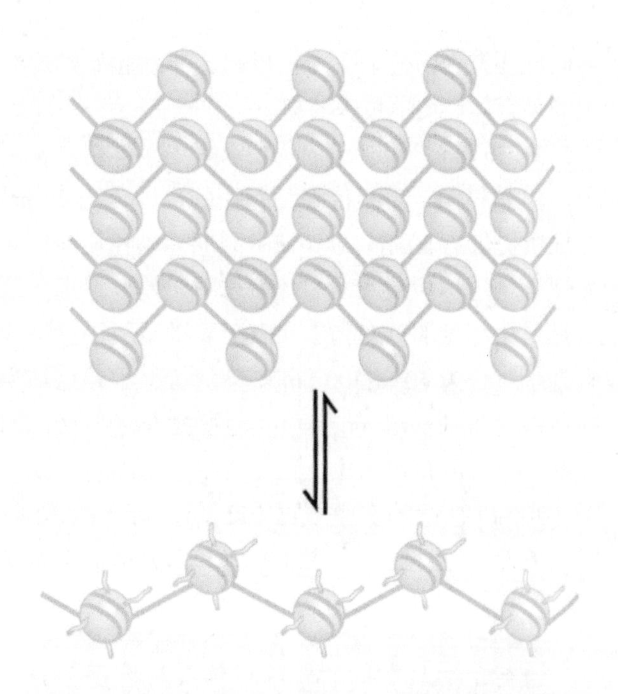

图 8.30 更高级染色质结构的模型涉及 10 nm 染色质纤维的互相交叉。所产生的分球可允许单一纤维的可逆外突，从而在细胞核功能，如转录中发挥作用

8.8 染色质复制需要核小体的装配

关键概念

- 复制时不保留组蛋白八聚体，但是保留 H2A · H2B 二聚体和 $H3_2$ · $H4_2$ 四聚体。
- 复制时和非复制时分别拥有不同的核小体装配途径。
- 核小体装配需要辅助蛋白。
- CAF-1 复合体和 ASF1 蛋白是组蛋白装配蛋白，与复制装置相连。
- 另一种装配蛋白（HIRA 蛋白）和组蛋白 H3.3 变异体一起在不依赖复制的装配过程中起作用。

复制需要使 DNA 双链分开，所以核小体结构的破坏是不可避免的。然而这种结构改变仅局限在与复制叉直接邻近的区域。一旦 DNA 复制完成，在两条复制子链上核小体都会很快形成。目前对正处于复制过程中的特定区域结构进行分析的主要困难是复制事件发生在很短的时间内。

染色质复制不存在 DNA 脱离组蛋白的延长期。这一点如**图 8.31** 中的电镜照片所示，该图显示了刚复制完成的 DNA 片段，在两条子链双链体区段上都已包装成核小体。

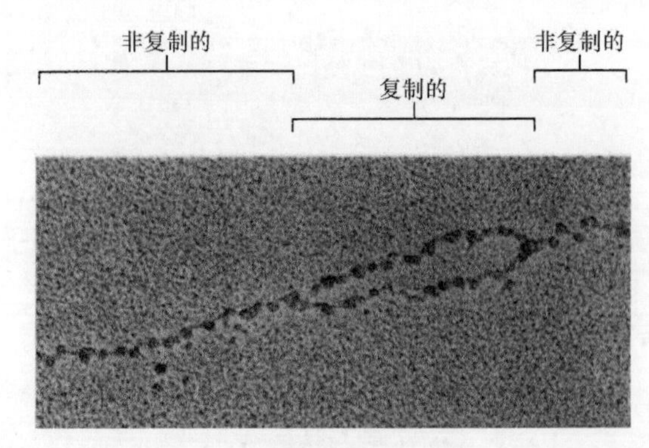

图 8.31 复制好的 DNA 很快形成核小体

照片由 Steven L. McKnight, UT Southwestern Medical Center at Dallas 友情提供

生化分析和复制叉图像都表明核小体的破坏仅仅局限在紧邻复制叉的一段短区域内，在此区域内，复制叉移动使核小体破坏，而在复制叉向前移动后，核小体在子链上会迅速重新形成。事实上，复制DNA时，核小体的装配与DNA复制中的复制体直接关联。

那么组蛋白如何与DNA结合形成核小体呢？是组蛋白先形成一个蛋白质八聚体随后DNA缠绕其上，还是游离组蛋白在DNA上装配成组蛋白八聚体呢？根据所采用的条件不同，在体外这两条途径都可用来装配核小体。在一种途径中，先期形成的八聚体结合到DNA中；在另一种途径中，首先结合的是$H3_2 \cdot H4_2$四聚体，然后加入两个H2A · H2B二聚体。后一种分步装配途径应用于复制，如**图8.32**所示。

辅助蛋白（accessory protein）参与协助组蛋白和DNA的结合。辅助蛋白可能有“分子伴侣”的功能，它以一种可控的方式与组蛋白结合，以便释放与DNA结合的组蛋白的单个组分或其复合体（$H3_2 \cdot H4_2$或H2A · H2B）。这种作用可能是必要的，因为组蛋白是碱性蛋白质，整体上与DNA有相当高的亲和力。这样的相互作用使组蛋白形成核小体而不是其他的动态中间产物（即形成组蛋白与DNA不稳定结合的复合体）。

很多组蛋白分子伴侣已经被鉴定出来。染色质装配因子-1（chromatin assembly factor-1，CAF-1）和抗沉默作用因子1（anti-silencing function 1，ASF1）是两种作用于复制叉的分子伴侣。CAF-1是三亚基复合体，它通过增殖细胞核抗原（proliferating cell nuclear antigen，PCNA）——一种DNA聚合酶的持续合成因子（processivity factor），直接募集到复制叉上。ASF1蛋白能与可解离复制叉的复制解旋酶（helicase）相互作用。另外，ASF1蛋白和CAF-1复合体能相互作用，这能在复制与核小体装配之间建立起联系，使得一旦DNA完成复制，核小体很快就可装配起来。

CAF-1复合体按照化学计量关系，通过结合新合成的组蛋白H3和H4而发挥作用。这表明新的核小体形成过程首先是形成$H3_2 \cdot H4_2$四聚体，然后再加入H2A · H2B二聚体。ASF1蛋白在将复制叉前面的亲本核小体转移到复制叉后面的新合成区域上似乎发挥了重要作用，尽管ASF1蛋白也能结合和装配新合成的组蛋白。

解聚与重装配的方式难以具体描述，但我们还是提出了其工作模型，如**图8.33**所示。首先复制叉取代组蛋白八聚体，然后将其解聚为$H3_2 \cdot H4_2$四聚体和H2A · H2B二聚体。这些“旧的”四聚体和二聚体进入一个也包含有“新的”四聚体和二聚体的库中，后者是由新合成的组蛋白装配而成的。在复制叉离开后约600 bp的核小体开始装配，当$H3_2 \cdot H4_2$四聚体结合在每一条子链双链体上时，装配就在CAF-1复合体和ASF1蛋白的协助下起始，然后两

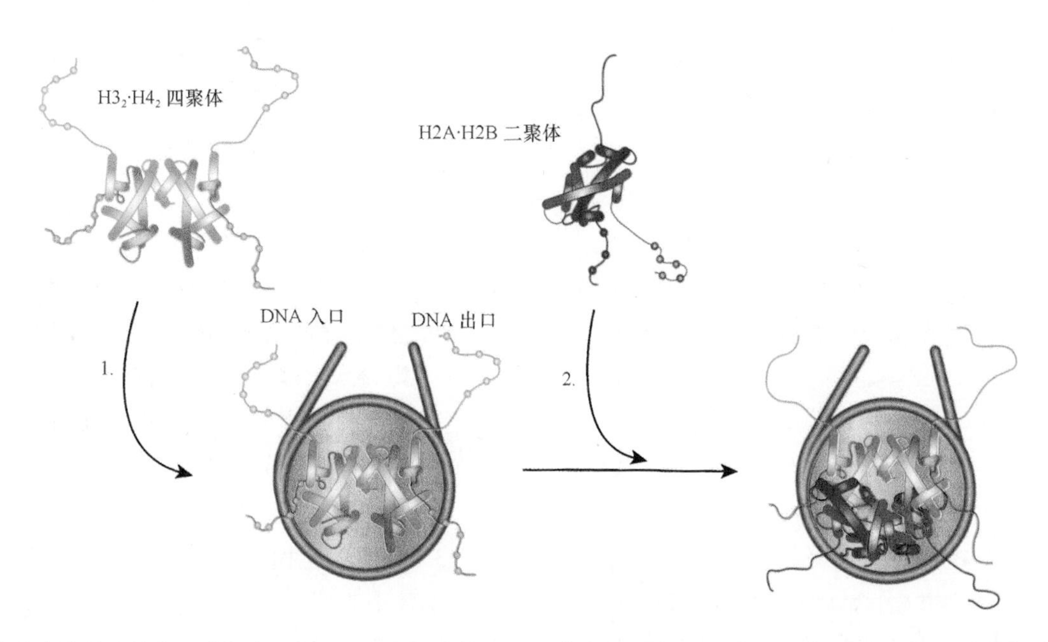

图8.32　在体内的核小体装配途径中，$H3_2 \cdot H4_2$四聚体首先形成并结合DNA，然后加入两个H2A · H2B二聚体以形成完整的核小体

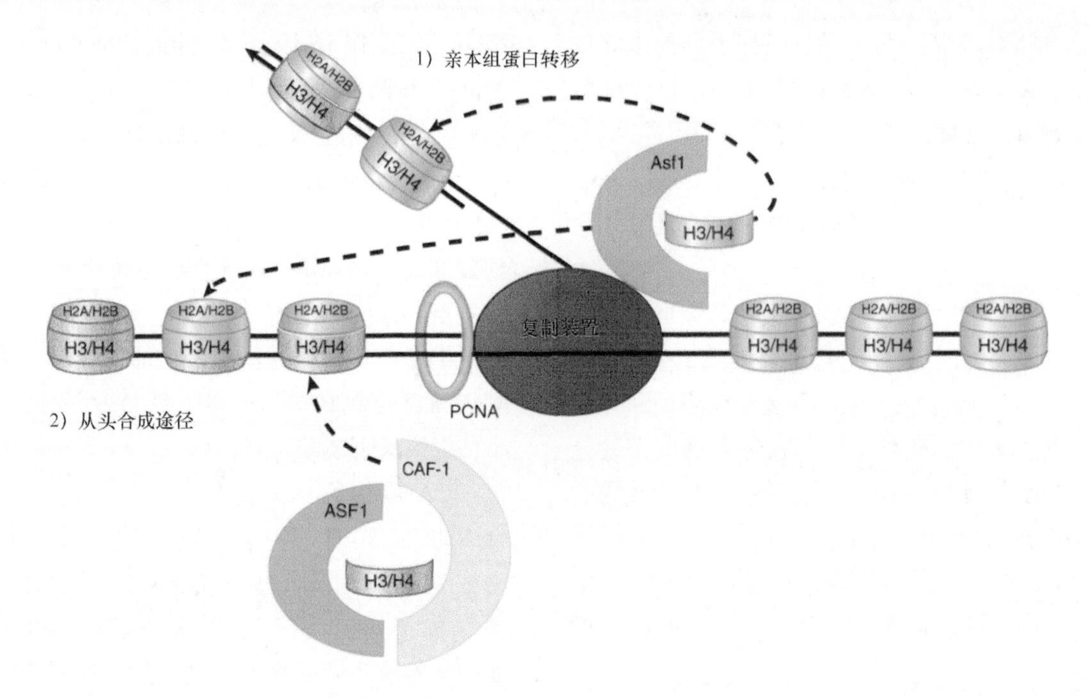

图 8.33 复制叉途径从 DNA 中置换出了组蛋白八聚体，然后解聚为 $H3_2 \cdot H4_2$ 四聚体和 H2A·H2B 二聚体。$H3_2 \cdot H4_2$ 四聚体（蓝色）直接转移到复制叉后面。新合成的组蛋白（橙色）聚集成 $H3_2 \cdot H4_2$ 四聚体和 H2A · H2B 二聚体。新、旧四聚体和二聚体在组蛋白分子伴侣的协助下，在复制叉后面马上随机地聚集成新核小体。为了简便，H2A · H2B 二聚体在图中被省略，负责二聚体装配的分子伴侣还没有被鉴定出来

改编自 Rocha, W., and Verreault, A. 2008. *FEBS Lett* 582: 1938-1949

个 H2A · H2B 二聚体结合在每一个 $H3_2 \cdot H4_2$ 四聚体上形成组蛋白八聚体。四聚体和二聚体的装配对于“新的”和“旧的”亚基来说是随机的。在转录过程中，核小体似乎也是按照同样方式解体和重新装配的，尽管是不同的组蛋白分子伴侣参与了这个过程（见 8.10 节“在转录过程中核小体被置换和重新装配”）。

真核生物细胞的 S 期（DNA 复制期）中，染色质复制需要足够的组蛋白合成以包装一个完整的基因组，基本上必须合成跟核小体中已经含有的组蛋白一样多的量。作为细胞周期的一部分，组蛋白 mRNA 的合成是被控制的，并且在 S 期中大量增加。S 期中，用等量的旧组蛋白和新组蛋白混合物装配染色质的途径称为**复制耦合通路（replication-coupled pathway，RC 通路）**。

另外一种途径，称为**不依赖复制的通路（replication-independent pathway，RI 通路）**。它在细胞周期的其他时期装配核小体，此时 DNA 并不合成。对于 DNA 损伤，或者是在转录时核小体被置换，这种途径可能是必要的。因为这种途径不能与复制装置相关联，所以这种装配过程与 RC 通路必然存在一些不同之处。我们在 8.5 节“组蛋白变异体产生可变核小体”中已经介绍过 RI 通路中的组蛋白 H3.3 变异体。

组蛋白 H3.3 变异体有 4 个氨基酸位点与高度保守的组蛋白 H3 不同（见图 8.18）。组蛋白 H3.3 在没有复制周期的分化细胞中可缓慢地替代组蛋白 H3，这是因为新组蛋白八聚体装配用以替换那些由于各种原因从 DNA 上被置换的组蛋白八聚体。在已经研究过的两个案例中，对于 RI 通路中确保组蛋白 H3.3 应用的机制是不同的。

在原生动物四膜虫中，组蛋白的使用仅仅取决于可用性。组蛋白 H3 仅在细胞周期中合成；而不同的组蛋白替代品仅在非复制性细胞中合成。然而果蝇中存在一种主动途径可确保 RI 通路能使用组蛋白 H3.3，这样，一种新型的含有组蛋白 H3.3 的核小体能装配在转录位点上，根据推测它可以替代那些被 RNA 聚合酶所置换的核小体。这种装配过程是以序列为基础来区分组蛋白 H3 和组蛋白 H3.3 的，特别是可以避免使用组蛋白 H3。相反，RC 通路装配可使用组蛋白 H3 和组蛋白 H3.3（因为组蛋白 H3.3 远比组蛋白 H3 含量低，所以它只进入小部分核小体中）。

CAF-1 复合体不参与不依赖复制的装配。一种可能参与不依赖复制的装配的蛋白质称为 HIRA。

在核小体的体外装配体系中，HIRA 蛋白的删除抑制了非复制型 DNA 上核小体的形成，但对复制的 DNA 没有影响。因此，这些结果指出这些途径确实采用不同的装配机制。就像 CAF-1 蛋白和 ASF1 蛋白一样，HIRA 蛋白作为分子伴侣协助组蛋白掺入到核小体中，这条途径似乎通常负责不依赖复制的装配。例如，当组蛋白取代了鱼精蛋白时，HIRA 蛋白是精子细胞核的去凝聚所必需的，而这是为了产生在受精后具有复制能力的染色质。

如前所述，包含一种组蛋白 H3 替代品的核小体装配也发生在着丝粒上（详见第 7 章“染色体”）。着丝粒 DNA 在 S 周期早期进行复制。在复制过程中，组蛋白 H3 在着丝粒上的加入是受抑制的，相反，一种组蛋白变异体 CenH3 蛋白则可被优先加入（尽管不是排他性的）。有趣的是，在脊椎动物中，新的 CenH3 蛋白是在 G_1 期的早期加入的；而在出芽酵母中，CenH3 蛋白在 S 期加入，并与复制相关联。在脊椎动物和酵母中，CenH3 蛋白的加入需要该蛋白特异性的分子伴侣，在哺乳动物中称为 HJURP 蛋白，而在酵母中称为 Scm3 蛋白。

8.9 核小体是否位于特殊位点?

关键概念

- DNA 的局部结构或者能与特定序列相互作用的蛋白质都可导致核小体在特定位点形成。
- 核小体定位最普通的原因是为蛋白质结合 DNA 时建立一个边界。
- 定位可能影响了 DNA 的哪一个区域位于接口处，以及 DNA 的哪一面暴露在核小体表面。
- DNA 序列决定子（排他性或偏向性结合）可能决定一半的体内核小体位置。

相对于核小体拓扑结构，体内一条特定 DNA 序列是否总是位于某一特定位置？还是核小体可以随机地排列在 DNA 上，以致一条特定 DNA 序列可以出现在任何位置，如基因组的一份拷贝位于核心区而另一份拷贝却位于接头区呢？

要研究这个问题，需要采用一条给定的 DNA 序列；更为精确地说，我们需要确定出与核小体相关的 DNA 的特殊位点。图 8.34 表示为了实现这一目的所采用方法的原理。

我们假设 DNA 序列仅以一种特定构型组装成核小体，则 DNA 上的每个位点将一直位于核小体上的特定位置，这种组装类型称为**核小体定位**（**nucleosome positioning**），有时也称为核小体取向（nucleosome phasing），那么在一系列定位的核小体中，DNA 接头区也就成了独特的位点。

现在仅考虑单个核小体的情况，我们用 MN 酶切割，将产生含有一条特殊序列的单体片段，如果分离此 DNA，并用在此片段上仅有一个靶位点的限制酶进行切割，它应该在一个特定位点被切开，并

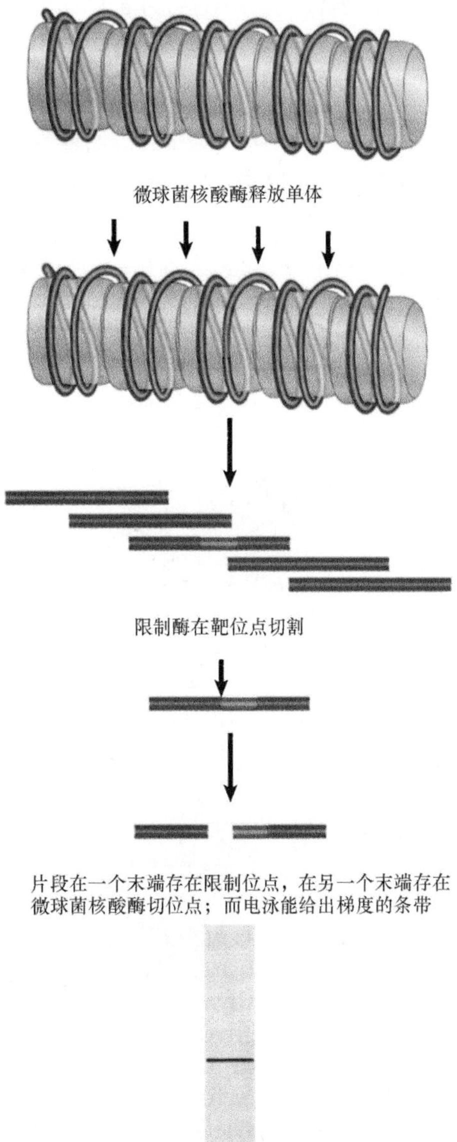

图 8.34 核小体定位是将限制位点放在特殊的位置，这个位置与微球菌核酸酶所能切割的接头 DNA 位点相关

产生特定长度的两个片段。

MN酶/限制酶双酶切的产物可用凝胶电泳分离，用代表一侧限制位点序列的探针鉴定相应的双酶切片段，这种技术称为**间接末端标记（indirect end labeling）**（因为标记核小体DNA片段的末端本身是不可能的，所以它只能用探针被间接检测到）。

反过来说，单个窄带的鉴定显示，核小体DNA末端可以独立地决定限制位点的位置（正如MN酶切割所确定的）。所以，我们认为核小体有一个独特的DNA序列。如果给定区域包含一连串定位核小体，那么用此法就能对每一个位置进行作图。**图8.35**出示了一个基因启动子的例子，这个启动子含有一连串核小体。在MN酶的酶解图中可以鉴定出许多定位核小体，如图左侧的椭圆形所示。请注意TATA盒被核小体所掩盖，因此在这个例子中，此基因是转录失活的。

如果核小体不在单一位置上将如何呢？现在接头DNA所含的DNA序列在基因组的每份拷贝中都不同。因此，限制位点每次都处于一个不同的位置；实际上，它可以位于所有可能的、与单体核小体DNA末端相关的位置上。**图8.36**表明双酶切产生宽的弥散带，包括能检测到的最小片段（约20个

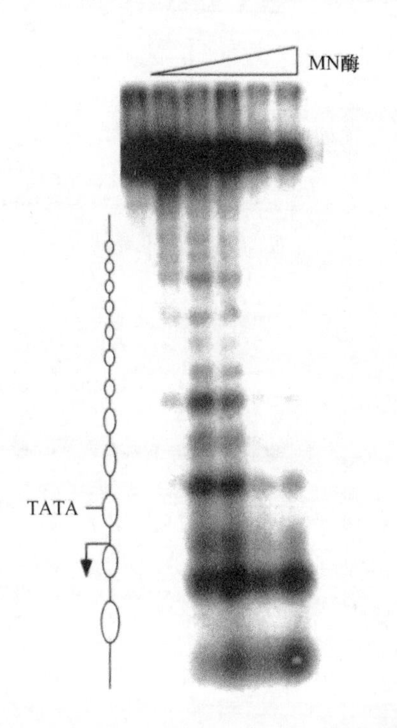

图8.35 在失活基因中的核小体定位的MN酶的酶解图。从左到右泳道已经用逐步加量的MN酶处理。核小体占据的区域缺乏酶切位点（椭圆形显示），并整齐有序的串联排列。TATA盒和转录起始点位置由箭头所示

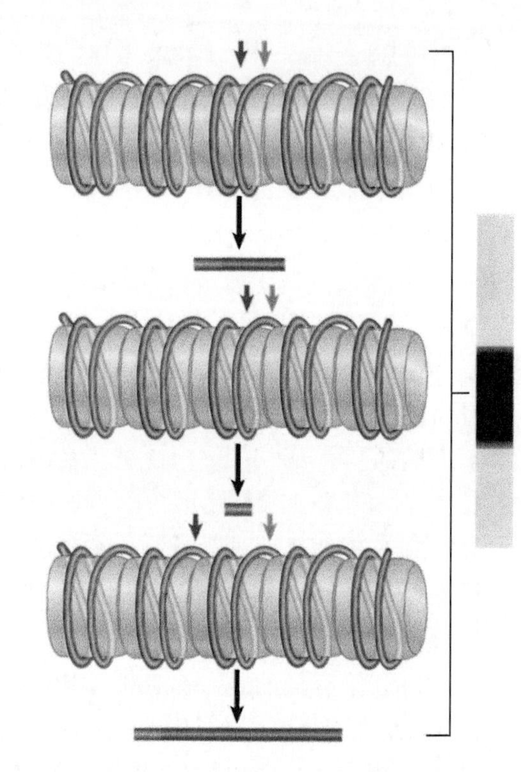

图8.36 在核小体不能定位情况下，限制酶酶切位点就出现在基因组不同拷贝的任何位置。当使用限制酶酶切目标位点（红）和微球菌核酸酶切割核小体之间的DNA接头（绿）时，任何大小的片段都能产生

碱基）到整个单体DNA的长度。尽管间接末端标记法适合于对单一基因座进行核小体定位，但是在全基因组范围内，MN酶的酶解和高强度的平行DNA测序组合在一起也能确定核小体的位置。

在这些实验的讨论中，我们将MN酶作为能切割暴露的DNA接头，并将它作为一种无任何类型的序列特异性的酶处理，然而，该酶实际上的确具有某些序列特异性（偏好富含A·T的序列）。因此，我们不能认为间接末端标记技术中存在的特异带能代表一个限制酶酶切位点到连接区的距离，相反，它可能代表限制酶酶切位点到MN酶偏好的切割位点的距离。

用处理染色质同样的方法，我们去处理裸露的DNA可以控制这种可能性。如果某特定区域含有MN酶偏好的酶切位点，就会找到特异带，然后可将该带图形与处理染色质所产生的带型进行比较。

对照的DNA带型和染色质带型间的不同提供了核小体定位的证据。有些带在对照DNA消化物中存在，但在核小体消化物中却消失，说明不存在有用的偏好酶切位点。当核小体组装导致产生新的

有偏好的可用酶切位点时，核小体消化物中将出现新的条带。

核小体定位可通过以下两种方法中的任何一种实现。

- 内在机制：每一个核小体被特异性地放置在一条特定的DNA序列上，或被特异性序列所排除。这修正了我们的观点，即认为核小体作为一种亚单元可以由任何DNA序列和组蛋白八聚体形成的看法是不正确的。
- 外在机制：由于其他蛋白质的作用，某个区域中的第一个核小体将优先装配在特定位点。核小体定位的偏好起始点或者排除来自于特定区域的核小体（由于结合于那个区域的另一种蛋白质的竞争），或者通过在某一特殊位置的核小体特异性定位。这种已占区域或已经定位的核小体提供了一种界限，限制了相邻核小体可用的位点，然后一系列核小体以一个确定的重复长度按顺序装配。

现在我们清楚组蛋白八聚体在DNA上的定位对于序列来说并不是随机的。这种模式在某些情况下是内在的，由DNA的结构特点决定；在另外一些情况下则是外在的，是由于其他结合DNA的蛋白质和（或）组蛋白相互作用导致的。

某些DNA结构特点影响组蛋白八聚体的放置。DNA具有向一个方向而不是另一个方向弯曲的内在趋势。例如，AT双核苷酸很容易弯曲，因此，富含A·T的序列很容易紧紧包裹核小体。富含A·T的区域定位就使得DNA小沟面向八聚体；而富含G·C区域的排列使得小沟朝外。相反，长的dA·dT（>8 bp）会使DNA变得僵硬，从而避免定位在核心的中心超螺旋上。目前还不可能计算所有相关的结构影响，并从整体上预测核小体上特定DNA序列的位置。导致DNA形成更极端结构的序列可能具有核小体排斥效应，并由此导致边界效应，或无核小体区。

核小体在边界附近的定位非常普遍。如果核小体的构建中存在一些可变性，如接头DNA的长度可以改变（比如说10 bp），但位置特异性比最初确定的边界上的核小体要下降缓慢，在这种情况下，我们可以期望只在边界附近核小体定位可以被相对严格地维持。

DNA在核小体上的定位可以用两种方法描述。

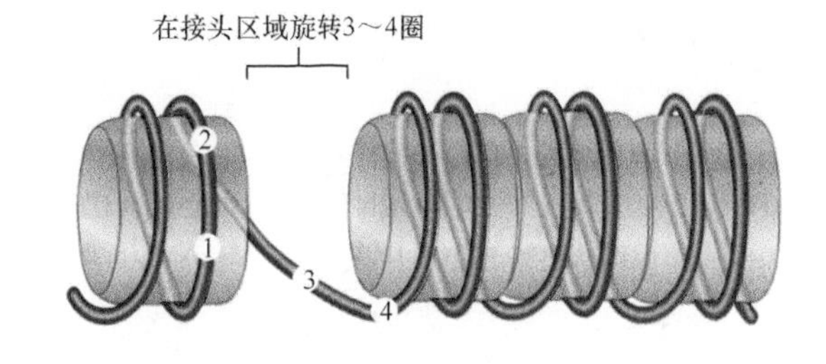

图8.37 平移定位描述了与组蛋白八聚体相关的DNA线性位置，按照10 bp大小进行DNA的置换改变了位置，使得它们处在更暴露的接头，但不改变DNA的那一面与组蛋白表面接触并暴露于外面

如**图8.37**所示，**平移定位（translational positioning）**是指DNA根据核小体的边界定位，特别是决定哪些序列定位在接头。我们知道移动DNA 10 bp可以将下一圈螺旋带入接头，所以平移定位决定了哪些区域更容易接近（至少同通过MN酶敏感性判断一样）。

由于DNA位于组蛋白八聚体外侧，任何特定序列的一面都被组蛋白遮盖，但另一面则暴露于核小体的表面。这样，根据其相对于核小体的定位，DNA上必须被调节物所识别的位点可以被接近或不能利用。因此，组蛋白八聚体对于DNA序列的精确定位很重要。**图8.38**表示了双螺旋在组蛋白八聚体表面的**旋转定位（rotational positioning）**的效应。如果DNA移动一圈的几分之几（设想DNA可相对于蛋白质表面旋转），就会改变暴露在外的序列。

平移定位和旋转定位对控制DNA的可接近性都很重要。研究较多的定位情况涉及启动子处核小体的特定位置。平移定位和（或）特殊序列上的核小体排斥，可能对形成转录复合体都是必需的。一些调节物只能与核小体被排除后的游离DNA结合，并且形成了平移定位的边界。在其他情况下，调节因子能够与核小体表面的DNA结合，但是旋转定位对确保DNA面上的合适接触位点的暴露是重要的。

我们将在第26章“真核生物的转录调节”中讨论核小体组织结构与转录之间的关联，但是现在

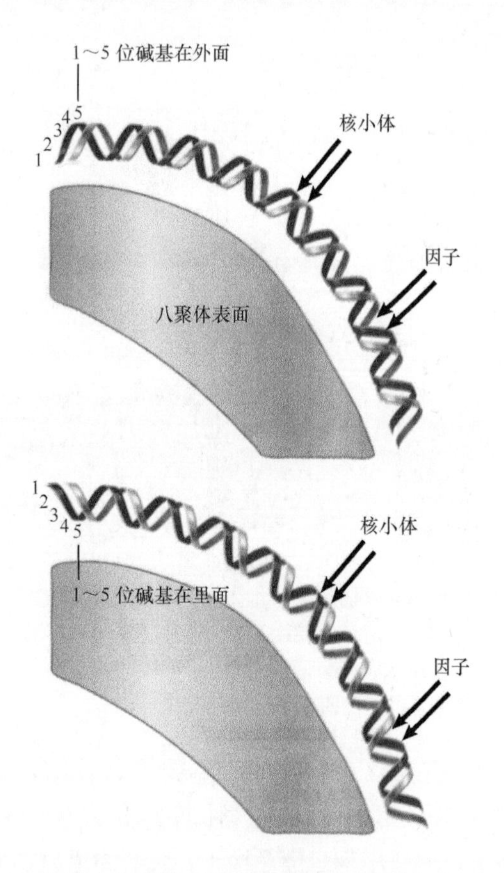

图 8.38 旋转定位描述了暴露于核小体表面的 DNA。任何不同于以整数圈进行螺旋重复的移动（约 10.2 bp/ 圈）将改变相对于组蛋白表面的 DNA 位置。与组蛋白表面接触的核苷酸比暴露于外面的更不易于被核酸酶所作用

请注意，启动子（和一些其他结构）常常存在短的区域，它可排除核小体。这些区域通常形成一个边界，用于限定核小体的位置。酿酒酵母中大范围区域的调查（在 482 kb 的 DNA 序列中定位了 2278 个核小体）显示，事实上 60% 的核小体存在特定的、由边界效应所限定的位置，其中绝大多数来自于启动子所限定的位置。核小体定位是内在和外在定位机制的复杂综合效果，因此仅仅基于序列，我们非常难于进行核小体定位的预测，尽管已有一些成功的例子。分离核小体 DNA 的大规模测序研究已经揭示了令人着迷的、存在于体内的定位核小体的序列模式，同时一些研究人员已经估计出了 50% 以上的体内核小体定位是由基因组 DNA 中的内在序列决定子所限定的。我们还要密切关注：即使在实验中检测到某一优势的核小体位置，它也不可能是完全不变的（即在样品的每一个细胞中，核小体不都定位于那个同样的位置上）；相反，相对于这一组中的更多的相关位点，它只是代表了这一区域的某一核小体的最常见定位。

8.10 在转录过程中核小体被置换和重新装配

关键概念

- 尽管转录过程中染色质组织结构出现变化，但是大部分已经转录的基因仍然保留核小体结构。
- 一些高频转录的基因似乎属于特例，它们缺乏核小体。
- 在体外转录过程中，RNA 聚合酶置换组蛋白八聚体，但是一旦聚合酶通过，八聚体就重新与 DNA 结合。
- 当转录通过一个基因，核小体就在此重新形成。
- 在转录过程中 RNA 聚合酶置换组蛋白八聚体，以及在转录后组蛋白重新装配进核小体，这两个过程都需要额外的因子。

高频转录的染色质采用了一种相当伸展的结构，这种不能被核小体覆盖的伸展状态甚至肉眼可见。在高频转录的 rRNA 基因中，如**图 8.39** 所示，RNA 聚合酶的大量结合使 DNA 难以被看到。由于 RNA 被蛋白质压缩，我们不能直接测定 rRNA 转录物的长度，但我们知道（根据 rRNA 序列）转录物的必需长度。根据“圣诞树”的轴长所测定的 DNA 转录片段长度约是 rRNA 长度的 85%，这意味着 DNA 几乎完全伸展。

另一方面，可以从被感染的细胞中提取病毒 SV40 微型染色体的转录复合体。它们包含常见组蛋白的全部成分并展现出串珠状结构，我们可看到 RNA 链从微型染色体中伸出。这表明病毒 SV40 DNA 被组装成核小体时转录可以进行，当然，SV40 微型染色体的转录强度没有 rRNA 基因大。

转录涉及 DNA 的解链，那么显而易见，在此过程中一些“肘空间（elbow-room）”是必需的。考虑转录时，我们必须记住 RNA 聚合酶与核小体的相对大小。真核生物的酶是大的多亚基蛋白质，一般大于 500 kDa，而核小体约为 260 kDa。**图 8.40** 表示了 RNA 聚合酶与核小体 DNA 的相对大小。考虑到 DNA 要缠绕核小体两圈，如果这些核酸被限制在此路径上，RNA 聚合酶能否充分接近 DNA

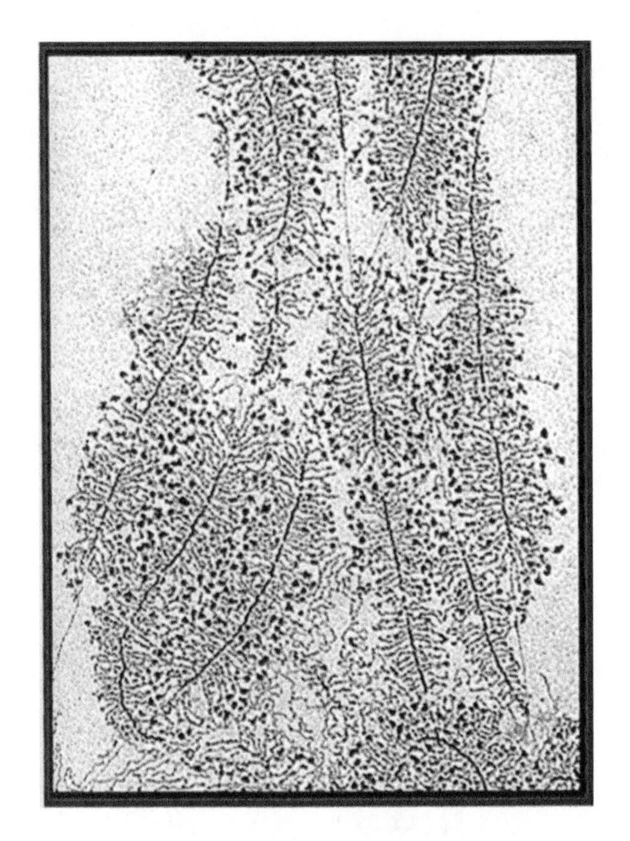

图 8.39 单一 rDNA 转录单位与非转录 DNA 片段相间排列

转载自 Miller, O. L., and BeattyB. R. 1969. *Science* 164: 955-957。照片由 Oscar Miller 友情提供

图 8.40 RNA 聚合酶与核小体的大小比较。RNA 聚合酶在到达与组蛋白八聚体缠绕在一起的 DNA 时，可能会遇到阻力

上图照片由 E. N. Moudrianakis, Johns Hopkins University 友情提供；下图照片由 Roger Korberg, Stanford University School of Medicine 友情提供

呢？在转录期间，RNA 聚合酶沿模板链移动，它与约 50 bp 区域紧密结合，包括约 12 bp 局部未伸展的片段。但由于 DNA 必须解链，被 RNA 聚合酶使用的片段似乎不可能保留在组蛋白八聚体的表面。

因此，转录似乎不可避免地涉及结构改变。所以关于活性基因结构的第一个问题是：用于转录的 DNA 是否仍组装在核小体上呢？关于 RNA 聚合酶是否能够通过核小体直接进行转录的实验表明，组蛋白八聚体被转录活动所置换，如**图 8.41** 展现了在体外 T7 噬菌体 RNA 聚合酶转录一小段含有八聚体核心的 DNA 时的情形。核心部分保持与 DNA 结合，但它出现在不同的位置。核心部分最有可能重新连接到它被置换下来的那个 DNA 分子上。内交联八聚体组蛋白不会对转录产生障碍，提示转录（至少在体外）不需要八聚体解离成它的一个个组蛋白成分。

这样在转录过程中，一个小的 RNA 聚合酶就能置换单一核小体，并在它后面核小体重新形成。当然，在真核生物细胞核中，情况会更加复杂。真核生物 RNA 聚合酶更大，对此过程的障碍还有一

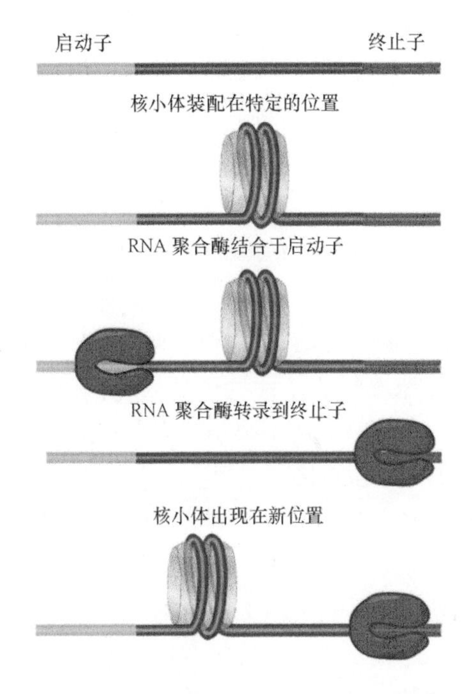

图 8.41 转录是否影响核小体的一份实验方案表明，在 DNA 中，组蛋白八聚体被置换，并重新结合在新位置上

串串相连的核小体（它们还能折叠成更高级结构），而克服这些障碍需要可作用于染色质的额外因子（将在第 18 章“真核生物的转录”中讨论；细节详见第 26 章“真核生物的转录调节”）。

核小体的组织结构可由于转录作用而产生戏剧性的变化。这在可诱导基因中是最易被观察到的，因为这些基因在不同条件下具有独特的开和关状态。在许多例子中，激活前的基因可能展示单一类型的核小体组织模式，从启动子到整个编码区都是如此。当基因被激活时，核小体变得高度可动，并会采用多种不同的位置。一个或几个核小体可从启动子区被置换出去，而大多数核小体则以相似的密度维持现状（然而它们不再有序组织）。改变核小体定位（依赖 ATP 的染色质重塑子利用 ATP 水解的能量来移动或置换核小体，讨论详见第 26 章“真核生物的转录调节”）常常需要依赖 ATP 的染色质重塑子和组蛋白修饰因子的作用。当抑制状态被重新建立后，核小体定位就会重新出现。

这种统一的模型假设，当转录前进时，RNA 聚合酶在染色质重塑子的帮助下，去会置换组蛋白八聚体（或者以整体方式，或者以二聚体或四聚体方式）。如果 RNA 聚合酶后面的 DNA 是可用的，那么核小体就在此重新组装；如果 DNA 是不可用的，例如，因为另一个 RNA 聚合酶紧跟着前一个立刻进行转录，那么八聚体可能被永久置换，而 DNA 可能处于持续的伸展状态。

当核小体被快速置换和重新组装时，在转录延伸过程中的一些关键因子也已经被鉴定出来。这些因子中第一个被鉴定出来的是协助染色质转录蛋白（facilitates chromatin transcription，FACT），其行为就如转录延伸因子（elongation factor）。FACT 蛋白不是 RNA 聚合酶的一部分，但是在转录延伸期，它能特异性地与之结合。FACT 蛋白由两个亚基组成，在所有真核生物中都是非常保守的，它与含活性基因的染色质连接在一起。

当 FACT 蛋白被加入到分离的核小体时，它会使核小体失去 H2A · H2B 二聚体。在体外转录过程中它能使核小体转变成失去了 H2A · H2B 二聚体的六聚体。这提示 FACT 蛋白在转录过程中是置换八聚体机制的一部分。FACT 蛋白也参与转录后核小体的重新组装，因为它能帮助来自核心组蛋白的核小体形成，它就像组蛋白分子伴侣一样发挥作用。已经有体内证据表明，在转录过程中，H2A · H2B 二聚体比 H3 · H4 二聚体更容易被置换，这提示它们在通过复制叉后，四聚体和二聚体可能在转录后有序地进行重新组装（见 8.8 节“染色质复制需要核小体的装配”）。

这提出了如**图 8.42** 所示的模型，在此图中，FACT 蛋白（或类似因子）将 H2A · H2B 二聚体从

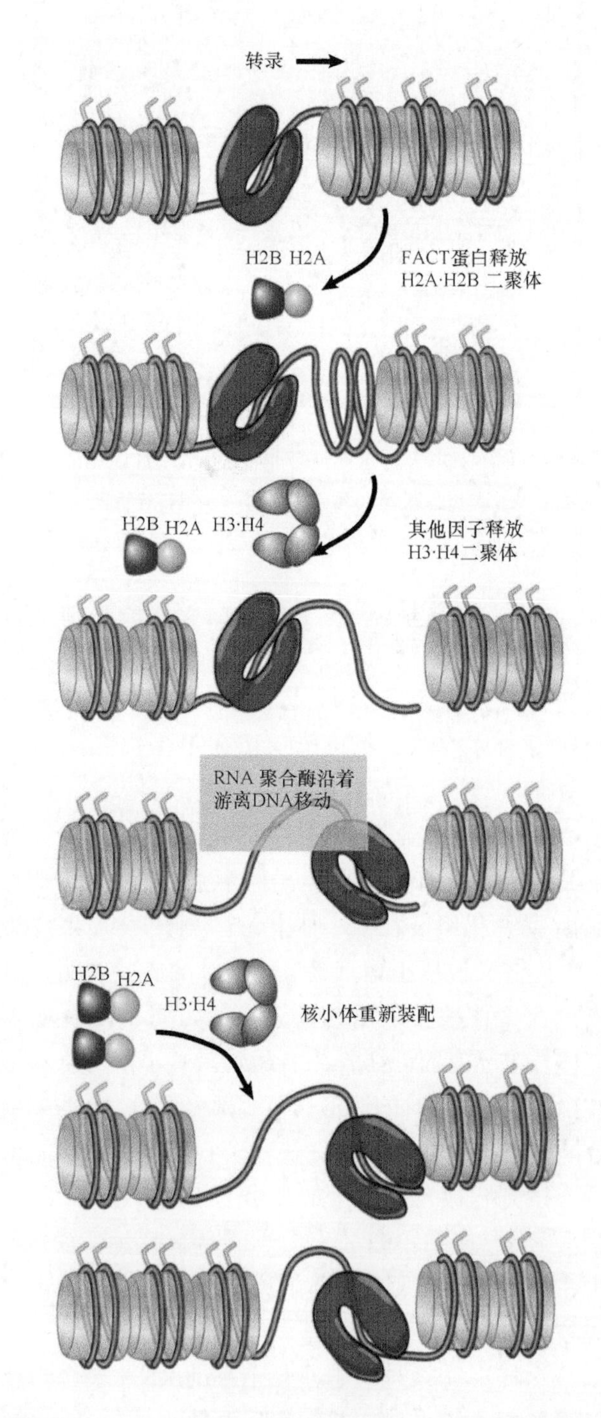

图 8.42 组蛋白八聚体在转录之前解离，这样就可去除核小体。它们在转录之后重新形成。而 H2A · H2B 二聚体的释放可能启动了解离过程

位于RNA聚合酶前面的核小体中解离出来，接着，再帮助将它加到在酶后面进行重新装配的核小体上。这个过程可能也需要其他因子协助来完成。而FACT蛋白的功能可能比这更加复杂，因为它也参与转录起始和延伸。另一个令人着迷的模型提出，FACT蛋白能稳定“重新组织的”核小体，此时，四聚体和二聚体通过FACT蛋白局部地连接在一起，但不是稳定地组织成标准核小体。此模型假设H2A · H2B二聚体在重新组织状态时较不稳定，这样更易被置换。在这种状态下，核小体DNA非常容易接近，并且“重新组织的”核小体既能转变成稳定的标准组织方式，也能因转录所需而被置换。

转录过程中的其他几个因子也已经被鉴定出来，它们在核小体的置换或重新组装中发挥了关键作用。其中包括Spt6蛋白，它参与转录后的“重新设定”染色质结构。就像FACT蛋白一样，Spt6蛋白与活跃转录区共定位，以类似组蛋白分子伴侣的方式发挥作用来推进核小体装配。尽管我们只知道CAF-1复合体参与依赖复制的组蛋白定位，但是，复制中的CAF-1复合体的其中一个配偶体实际上在转录中也发挥作用。CAF-1复合体偶联的Rtt106蛋白是一种H3 · H4二聚体分子伴侣，最近的数据显示它在转录过程中的组蛋白H3定位中发挥作用。

8.11 DNA酶超敏性可检测染色质结构的改变

关键概念

- 在基因表达的启动子中可找到超敏位点及其他重要位点（如复制起点和着丝粒）。
- 一些蛋白质因子的结合排除了组蛋白八聚体，产生超敏位点。
- DNA酶Ⅰ提高降解敏感性可以确定一个结构域包含可转录基因。

除了一般在活性区或潜在活性区中所发生的染色质改变，结构改变还发生在与转录起始相关的或与DNA的某种结构特征相关的特定位点。通过极低浓度的DNA酶Ⅰ的消化作用，可初步检测这些改变。

当染色质用DNA酶Ⅰ消化时，第一个效果就是在双链体中特定的**超敏位点**（**hypersensitive site**）引入缺口。既然对DNA酶Ⅰ的敏感性可以反映染色质中DNA的可及性，我们可用这些位点代表染色质中DNA由于未组装成通常核小体结构而特别暴露的区域。一个典型超敏位点对酶攻击的敏感性比大多数染色质高100倍。这些位点对其他的核酸酶和化学试剂也同样敏感。

超敏位点是由染色质的局部结构造成的，这可能具有组织特异性。它们的位置可通过前面核小体定位内容中介绍的间接末端标记法确定。该技术的应用在**图8.43**中再次得到了体现，在这个例子中，超敏位点的切割可用来产生片段的一个末端，片段的距离从被一个限制酶切割产生的另一个末端开始测量。

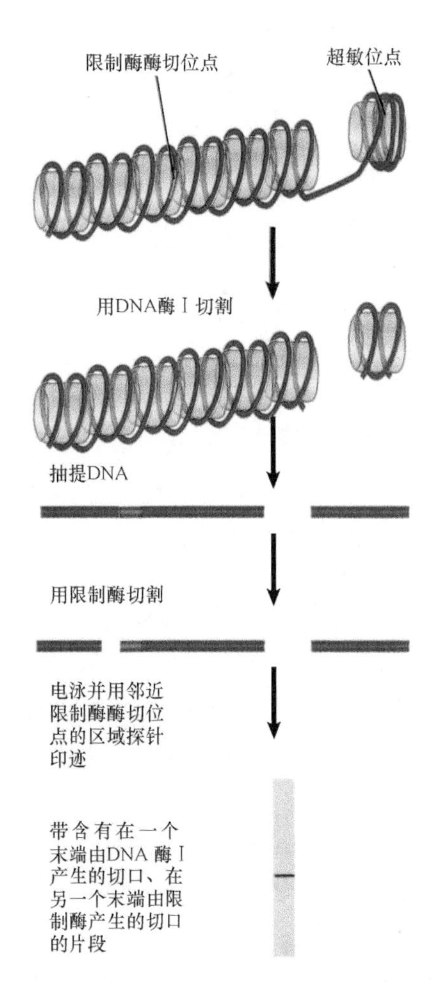

图8.43 间接末端标记法确定DNA酶超敏位点与限制酶酶切位点的距离。DNA酶Ⅰ特定酶切位点的存在产生不连续片段，片段大小表明DNA酶Ⅰ超敏位点与限制酶酶切位点的距离

很多超敏位点与基因表达有关。每个活性基因在启动子区域都存在一个超敏位点，有时多于一个。大部分超敏位点仅存在于相关基因正在被表达的或正在准备表达的细胞染色质中；基因表达不活跃时它们则不出现。5′端超敏位点在转录开始前出现，并存在于需要进行基因表达的DNA序列中。

超敏位点的结构如何呢？它容易被酶接近表明它不受组蛋白八聚体保护，但这并不意味着它不含蛋白质。游离DNA区域可能易受损伤；但不管如何，它是怎么排除核小体的呢？事实上，典型的超敏位点来自于可排斥核小体的特殊调节物与DNA的结合。确实，我们可以发现成对的超敏位点位于抗核酸酶核心的两侧，这种现象非常普遍，因此，这些排斥核小体的蛋白质的结合可能是超敏位点中保护区存在的基础。

产生超敏位点的蛋白质可能是各种类型的调节因子，因为发现超敏位点及启动子与调节转录的其他元件、复制起点、着丝粒和其他具有重要结构的位点相关。在某些情况下，它们与染色质较为伸展的结构有关。超敏位点可能为一系列核小体定位提供了边界。当转录因子结合在启动子上，与转录相关的超敏位点可能由转录因子产生，这是RNA聚合酶能够接近DNA的过程的一部分。

除了可检测超敏位点之外，DNA酶Ⅰ消化也可被用于评估基因组区域的相对可接近性。含有活性基因的某个基因组区域可能有了改变的整体结构，这当然包含特定的超敏位点。这种结构上的变化先于且不同于由RNA聚合酶所引起的核小体结构破坏。DNA酶Ⅰ敏感性划定出某个**染色体结构域（chromosomal domain）**，这是一个结构改变的区域，它至少包含一个活性转录单位的结构区域，有时可延伸得更远（注意用“结构域”这个词并不代表它与染色质和染色体的环所鉴定出的结构域有任何联系）。

当染色质用DNA酶Ⅰ过度消化时，它最终被降解成非常短的DNA片段。通过定量DNA的绝对数量，我们可以追踪一个个基因的命运，因为没有被降解的基因可与特定探针发生反应。**图8.44**概括出了其基本操作过程，原理是一个特殊条带的消失显示相应的DNA区域已经被酶降解。

运用这些方法的研究表明，大部分染色质对

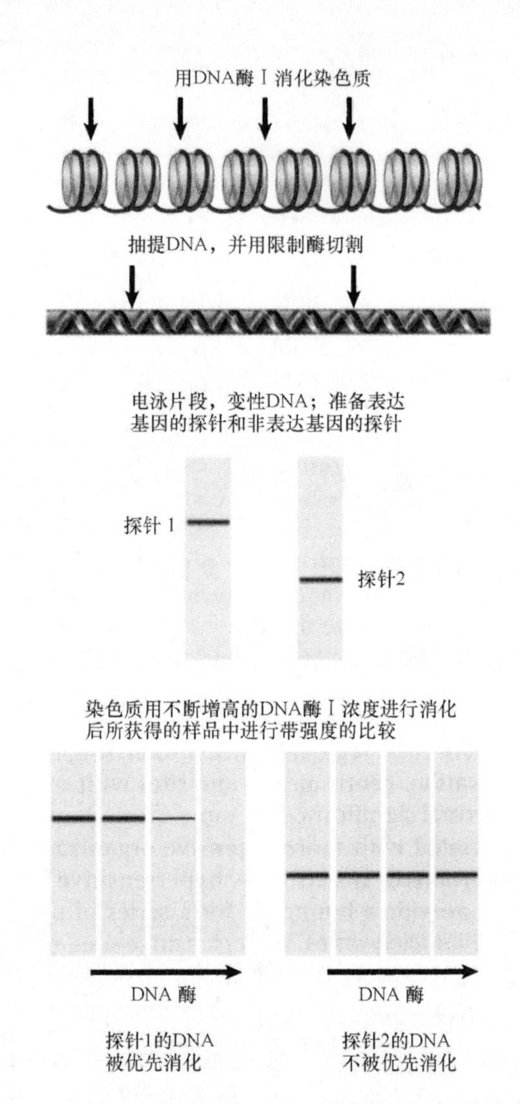

图8.44 测定与特殊探针杂交的DNA数量的消失速率，可以决定它对DNA酶Ⅰ的敏感性

DNA酶Ⅰ具有相对抗性，并且含有未表达的基因（以及其他序列）。特别是在组织中，当某种基因表达或准备表达时，它对核酸酶就变得相对敏感；而在细胞系中当基因沉默时，它就会维持对核酸酶的抗性。

优先敏感区的范围有多大呢？我们可以用代表侧面区域和转录单位本身的一系列探针来进行确定。敏感区经常延伸至整个转录区；其两侧数千个碱基对的额外区域可能显示出中等水平的敏感性（可能是由于扩展效应）。

在结构域描述中提示的一个关键概念是对DNA酶Ⅰ有高度敏感性的区域延伸了相当可观的距离。我们经常把调节当作发生在DNA不连续位点上的事件，如在启动子上起始转录的能力。即使真的如此，这些调节也必然决定或伴随一个更广范围的结构改变。

8.12 LCR 可以控制一个结构域

关键概念

- 基因座控制区位于 DNA 结构域的 5′ 端，它通常由数个超敏位点组成。
- 基因座控制区调节基因簇。
- 基因座控制区通常调节与发育或细胞类型特异模式基因表达相关的基因座。
- 基因座控制区通过直接相互作用并形成环状结构来控制基因座中的靶基因转录。

每一个基因都受到邻近启动子的控制，大部分基因还受到增强子（含有类似的调节元件，但是距离更远）的响应，正如第 18 章“真核生物的转录”中讨论的那样。然而，这些局部的控制对于所有基因来说还是不够的。在某些情况下，一个基因会位于一个含有几个基因的特定结构域中，此处所有基因都受到可作用于整个结构域的调节元件的影响。这些元件的存在可以这样确认：将一段 DNA 区段（其上包含一个基因和这个基因已知的所有调节元件）用转基因的方式转入一只动物后，此基因却无法适当地表达，由此我们认为这些能影响特定结构域全局的调节元件确实存在。

哺乳动物 β 珠蛋白基因是受调节的基因簇中被研究得最详细的一个例子。回顾一下第 5 章“基因组序列与进化”，在哺乳动物中，α 珠蛋白和 β 珠蛋白相关基因以成簇方式在基因组上分布，在胚胎期和成体发育过程中，它们在不同时期和不同组织中进行表达。这些基因含有很多的调节元件，它们都已经被详细地分析过。在成体 β 珠蛋白基因这个例子中，基因的 5′ 端和 3′ 端分别都存在调节序列。启动子区段含有正和负调节元件，此外基因内部和基因下游还有其他正调节元件。

然而，含有所有这些控制区的人类 β 珠蛋白基因，在转基因小鼠中的蛋白质表达丰度都不能达到像天然状态时的量级水平，这提示它可能还需要一些其他调节元件的参与。人们在这个基因簇的末端找到了 DNA 酶 I 超敏位点，已经证明这些位点是该基因簇的额外调节区。如**图 8.45** 所示，ε 基因上

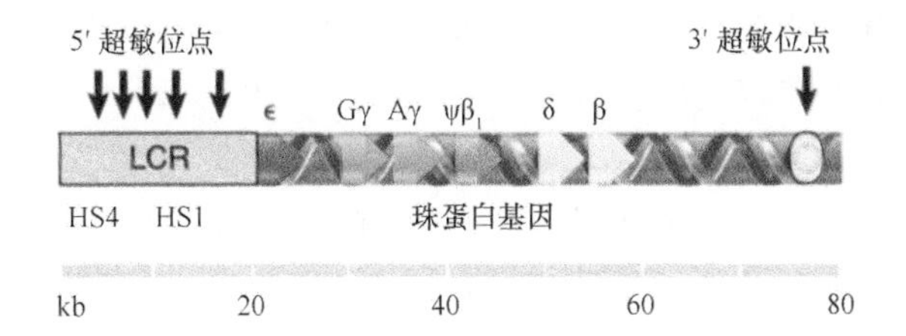

图 8.45 珠蛋白结构域的两末端被标上了超敏位点，5′ 端的一组位点组成了 LCR，它对这个基因簇的所有基因的表达都是必需的

游 20 kb 处含有一组含 5 个超敏位点的区域；在 β 基因下游 30 kb 处还有单个超敏位点。

以上实验证明 5′ 端调节位点是主要的调节物（regulator），含有这些超敏位点的簇被称为**基因座控制区（locus control region，LCR）**。LCR 的作用是复杂的，但是在某些方式上，它的行为像“超级增强子”一样，使整个基因座的转录处于平衡状态。虽然我们还不知道哺乳动物基因座上 3′ 超敏位点的精确功能，但是可以确切知道它与 LCR 进行物理交互。在鸟类 β 珠蛋白基因簇中的 3′ 超敏位点像绝缘子一样的作用，这与哺乳动物 LCR 中的上游第 5 个 5′ 超敏位点的作用一样。该基因簇中的每一个珠蛋白基因的表达都绝对需要 LCR，但此区段中的基因还将进一步受到其自身特定元件的调节。其中也有一些基因的控制是自主的，ε 基因和 γ 基因的表达对于和 LCR 相关联的基因座来说就是内在的。其他控制似乎取决于在基因簇上的位置，这提示基因在基因簇中的顺序对于调节是重要的。

含有珠蛋白基因的整个区段，还有其上的延伸部分，它们共同组成了一个 DNA 结构域。这个结构域显示出对 DNA 酶 I 消化具有高敏感性。缺失 5′ LCR 可以恢复整个区段对 DNA 酶的正常抗性。除了可提高整个基因座的整体有效性之外，很明显，LCR 还是直接激活单一启动子所必需的。而 LCR 和单一启动子之间相互作用的真正本质还未被完全确定，但是，最近我们已经非常清楚，当这些启动子具有活性时，LCR 可以与单一启动子直接接触并形成环。由 LCR 所控制的结构域也显示出独特的、依赖于 LCR 功能的组蛋白修饰模式（详见第 26 章“真核生物的转录调节”）。

这个模型似乎也能应用于其他基因簇。α 珠蛋白基因座也含有一个相似的多基因组合，但这些基因却分别在不同时期表达，该基因簇的一端也有一

组超敏位点，整个区段也有对于DNA酶Ⅰ增高的敏感性。到目前为止，LCR控制一个基因群的情况还只是个案。

其中一个例子涉及一个LCR，它能控制一条以上染色体中的许多基因。T_H2 LCR能协调地调节T辅助细胞2型细胞因子基因座，一组能编码多种白细胞介素（免疫系统中重要的信号分子）的基因。这些基因横跨11号染色体的120 kb的区段，而T_H2 LCR可与它们的启动子相互作用来控制这些基因的表达；它也能与10号染色体上的*IFNγ*基因的启动子相互作用。这两种类型的相互作用是二选一的，它导致了两种不同的细胞命运，也就是说，在一组细胞中，LCR引起11号染色体上的基因表达，而在另一组细胞中，LCR引起10号染色体上的基因表达。

可形成环状结构的相互作用对于染色体的结构和功能是十分重要的，这种观点在第7章“染色体”中被引入。现在已经发展出了新的方法，可以对体内染色体之间的物理相互作用进行解剖，这使得我们对这些相互作用如何产生调节功能有了新的认识。使用一种称为染色体构象俘获技术（chromosome conformation capture，3C）的方法，使得β珠蛋白和T_H2 LCR及它们靶基因座之间的直接相互作用已经被绘出。尽管现在存在许多这一过程的改动方案，但是其基本方法类似，列在**图8.46**的上半部分。用甲醛处理可以交联并固定密切接触的DNA与蛋白质，这样就可获得体内相互作用的染色质区段；接着，染色质用限制酶消化；然后在稀释条件下连接，这有利于细胞内的连接反应，产生了那些由于交联而紧靠在一起的DNA片段的偏爱性连接；最后，利用逆转交联反应去除蛋白质，再用PCR或测序法检测出新连接的交界区。

就如图8.51的下半部分显示，3C和其他一些相似方法使得研究者开始揭开复杂的、动态的、发生于由LCR调节的那些基因座上的相互作用。β珠蛋白LCR与每一个珠蛋白基因可有序地进行相互作用，而这些不同活性基因存在于相应的发育阶段，此图显示了胎儿阶段在LCR、3′ HS和γ珠蛋白基因之间所发生的相互作用。有意思的是，T_H2 LCR似乎是与所有3个靶基因（IL-3、IL-4和IL-5）同时发生相互作用。这些相互作用发生在所有的T淋巴细胞中，而不管这些基因是否表达，但是当白细胞介素基因激活时，环的精确组织结构改变了。这

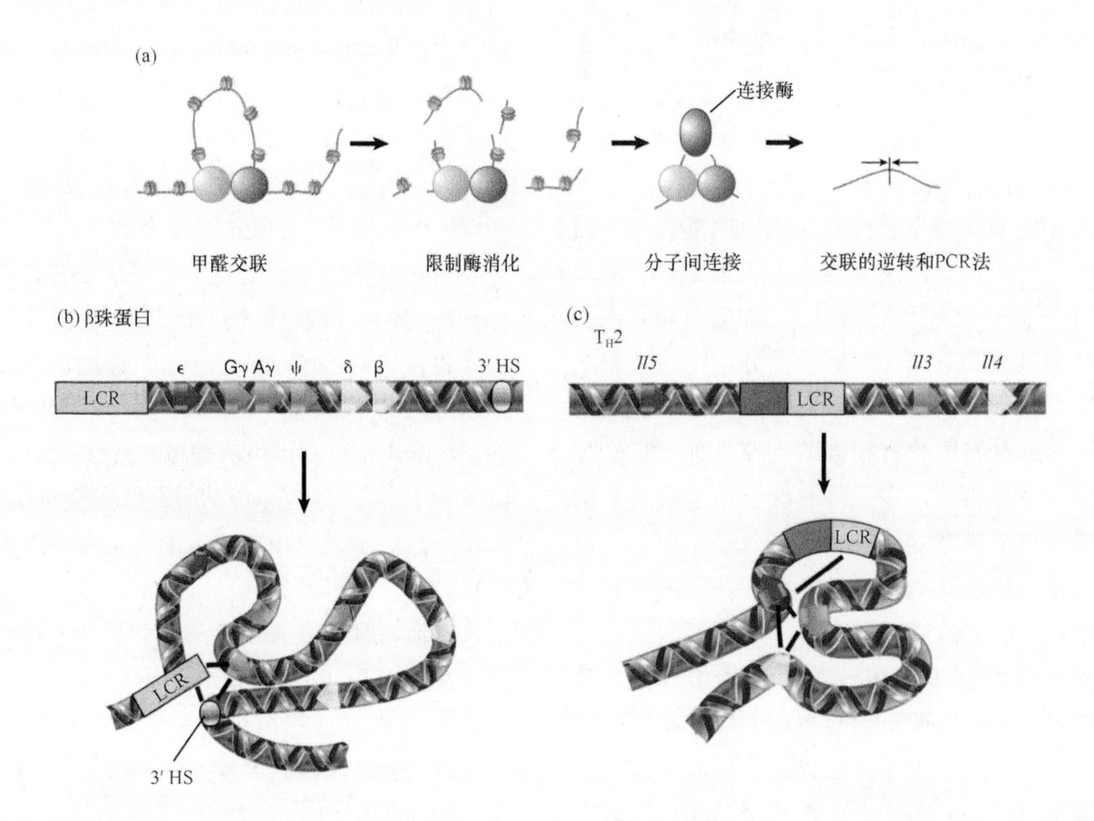

图8.46 染色体构象俘获技术（3C）是一种检测体内染色质区段之间相互作用的方法。由β珠蛋白和T_H2 LCR控制的成环相互作用已经用3C技术绘制出，此图还展示了一些已知的接触

改编自Miele, A., and Dekker, J. 2008. *Mol Biosyst* 4: 1046-1057

种结构的重新组织依赖于特异性AT富集区结合蛋白1（special AT-rich binding protein 1，STAB1）的参与，这提示在T淋巴细胞中，T_H2 LCR将所有基因集中起来，使之处于平衡状态，等待着特定转录因子在需要时快速地触发并激活基因转录。

8.13 绝缘子划定了转录独立结构域

关键概念

- 哺乳动物基因组组织成一串串拓扑关联结构域（TAD），平均长度为1 Mb。
- 在大多数真核生物中已经发现了TAD或TAD样结构。
- TAD内的基因座常常彼此相互作用，但是与相邻TAD的基因座的互动就较少。
- 在两种细胞之间的TAD组织相对稳定，但是TAD内的相互作用是高度动态的。
- 在两个TAD之间的边界区含有绝缘子元件，它可以阻断增强子、沉默子和其他控制元件的任何激活或失活效应的传播途径。
- 绝缘子能提供防备异染色传播的屏障。
- 绝缘子是有着超敏位点的特化染色质结构。
- 不同绝缘子与不同因子结合，可使用不同机制进行增强子阻断和(或)异染色质屏障形成。

不同区域的染色体具有不同功能，而特定染色质结构或修饰状态通常就可代表这些功能区。我们已经讨论过可从遥远距离控制基因表达的LCR（详见第18章“真核生物的转录”）；以及那些高度压缩的异染色质（第7章“染色体”介绍过）也能传递相当远的距离（详见第27章“表观遗传学Ⅰ”）。这些长距离相互作用的存在提示染色体也必须包含功能性元件，用于将染色体分隔成一个个结构域，这样彼此之间就能独立被调节。在过去几年里，3C技术（见图8.46）和高强度平行测序技术一起挖掘了全面的相互作用图谱，用以探究全基因组的三维构造。结果显示哺乳动物和果蝇基因组被组织成一串串拓扑关联结构域（topologically associated domain，TAD），它们由独特的边（border）或边界（boundary）彼此分开（**图8.47**）。在单一结构域内的基因座之间常常发生相互作用，这就是TAD的特征，但是在不同TAD内的基因座彼此之间就很少发生相互作用。这样，TAD可能会允许染色体区域的区室化，从而使之具有独特的功能。TAD尺寸变化较大，但在哺乳动物细胞中，其平均长度约为1 Mb。有趣的是，在不同的细胞类型之间，甚至在小鼠和人类之间，半数以上的哺乳动物TAD似乎是保守的。而在发育过程中，其他TAD似乎是更加充满变数的。TAD组成是间期染色质的一个特征，因为有丝分裂染色体似乎缺乏这样的组成。最近，在出芽酵母和裂殖酵母（*Schizosaccharomy ces pombe*）中也已发现了相似的结构，这也暗示它们可能是真核生物基因组的保守特征。

分开TAD的边界或边界元件包括一组元件，这称为**绝缘子（insulator）**，它能阻止TAD之间的

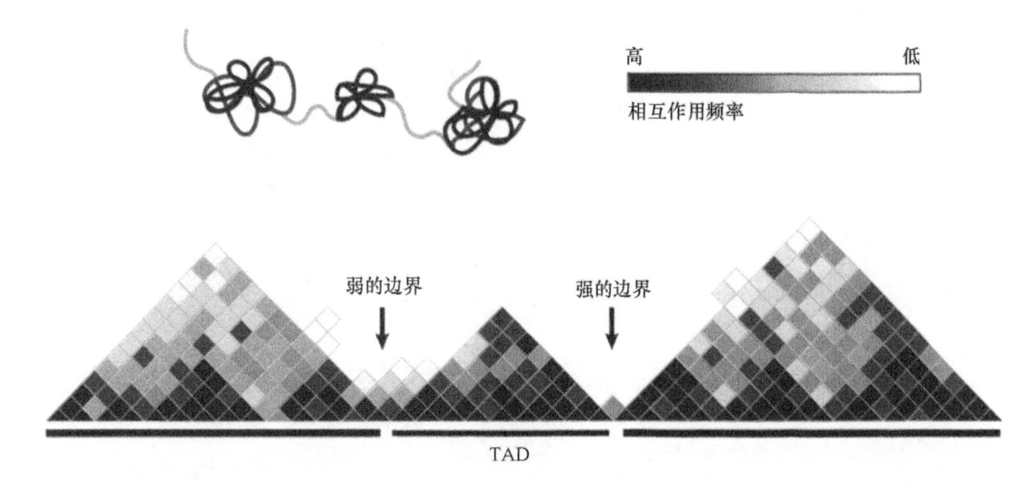

图8.47 哺乳动物基因组被组织成一串串TAD。TAD被定义为基因组中显示高频率相互作用的区域。TAD由边界分开，常常含有绝缘子元件

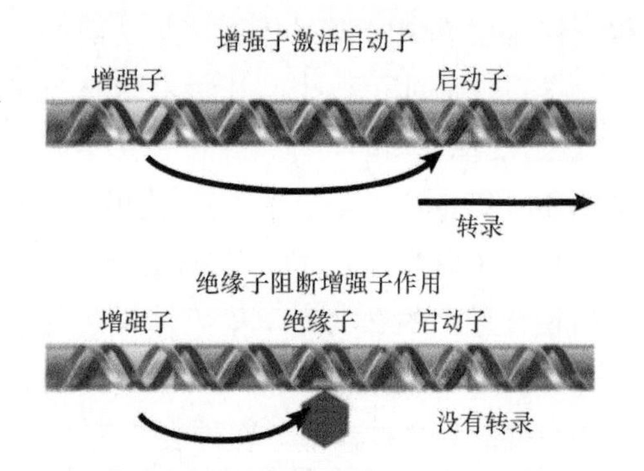

图 8.48 增强子能激活它附近的启动子，但激活效应可以被位于两者之间的绝缘子所阻断

相互作用，从而能阻断激活或失活效应的通过。绝缘子最初被定义为具有以下两个关键特性中的一个或两个。

- 当绝缘子置于增强子和启动子之间的时候，它能阻断增强子对启动子的激活作用，这种阻断效应见图 8.48，这也许可以解释一个有活性的增强子是怎样被限制作用于特定的启动子上的，尽管它能激活遥远区域的启动子（并且可以无差别地激活邻近区域的任何启动子）。
- 当绝缘子被置于一个活性基因和异染色质之间时，它能够提供一道屏障来保护基因防备异染色质延伸所带来的失活效应。这种屏障效应见图 8.49。

一些绝缘子同时拥有上述两种特性；而其他绝缘子只有一种特性，或者具有阻断功能，或者具有屏障功能。类似的，只有某些绝缘子作为 TAD 之间的边界元件发挥作用，而其他则不是。虽然两种作用都可能通过改变染色质结构而实现，但它们可产生不同效应。然而，在每个例子中，绝缘子都划定了远程效应的界限。通过限定增强子的功能，使得它们只能对特定的启动子起作用，且阻止异染色质无意中扩散进入活性区。因此绝缘子作为元件的功能是增强基因调节的准确性。

在对黑腹果蝇（*Drosophila melanogaster*）基因组的一个区域进行分析时，我们发现了绝缘子，如图 8.50 所示，两个编码热激蛋白（heat shock protein，Hsp70）的基因位于组成 87A7 带的一个 18 kb 区域中。研究人员注意到，当对热激敏感时，在多线染色体的 87A7 带中形成了膨突，并且在染色体的非凝聚区和凝聚区之间存在明显的边界。这种特殊结构称为 *scs* 和 *scs'*（特化染色质结构，specialized chromation structure），它存在于带的两侧，每个特化结构由一个对 DNA 酶 I 的降解有高度抗性的区域和两侧各约 100 bp 的超敏位点组成。当这些基因被热激激活后，这些位点的酶切模式会发生改变。

scs 元件使 *hsp70* 基因隔离于周围区域所存在的影响（并且假设也保护了周围区域免受 *hsp70* 基因座上的热激激活效应）。在绝缘子功能的第一个实验中，我们实验 *scs* 元件是否有能力保护报道基因免受“位置效应”。在这个实验中，我们把它构建在白化基因（*white*）的两侧，这个基因负责在果蝇的眼睛里产生红色色素，并且这些构建体能随机整合到果蝇基因组中。如果白化基因不携带 *scs* 元件而整合，其表达就受到位置效应的作用，也就是说，此基因插入的染色质区域强烈影响基因表达。在果蝇眼睛中，我们就能探测到各种颜色表型，如图 8.51 所示。然而，如果将 *scs* 元件放在白化基因

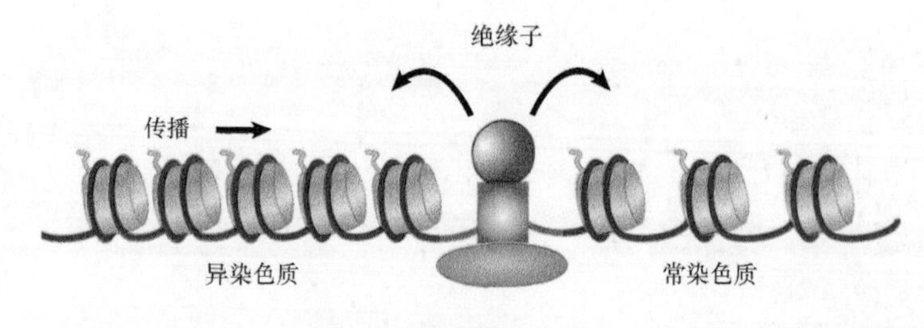

图 8.49 异染色质会从一个中心开始延伸并且封阻任何它所覆盖的启动子。而绝缘子可以成为异染色质传播的屏障从而使启动子保留活性

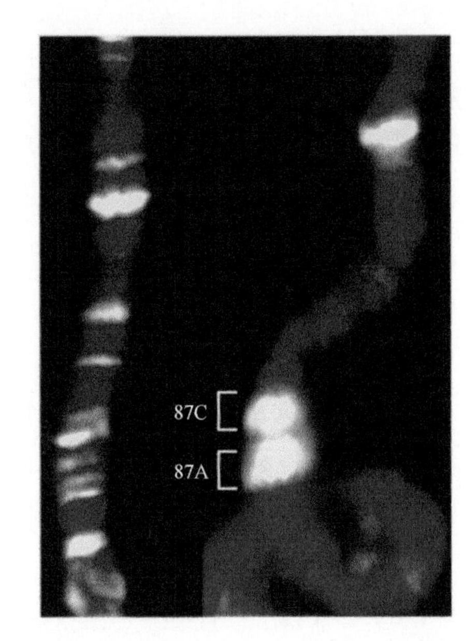

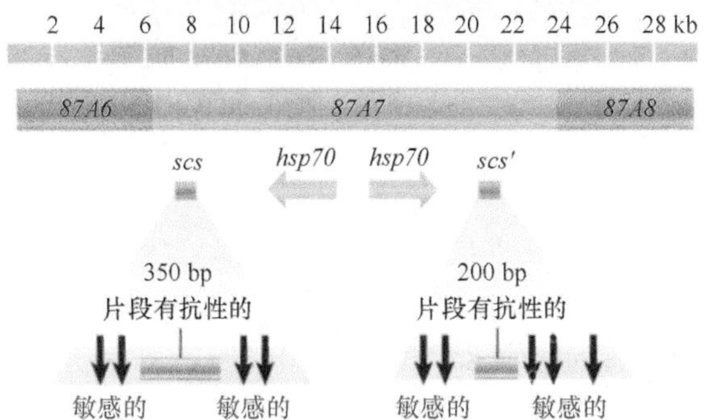

图 8.50 在果蝇的多线染色体中，87A 和 87C 基因座含有热激基因，受热激时会扩展。特化染色质结构含有超敏位点，它给 87A7 结构域两端做上了记号，并且使基因隔离于周围序列所产生的效应

照片由 Victor G. Corces, Emory University 友情提供

的任何一侧，那么无论它位于何处，这个基因都能表达，甚至即便是处于通常情况下会被前后序列阻遏的位置上（如在异染色质区域中），这会产生一致的红色眼睛。

就如其他绝缘子一样，*scs* 和 *scs'* 元件本身不能在基因表达的控制上起正或负调节作用，但是它能限制效应从一个区域传递到另一个区域。我们没有预料到的是，*scs* 元件自身不负责控制热激膨突中的凝聚区和非凝聚区之间的精确边界，而是用于阻止这一区域中的 *hsp70* 基因和许多其他基因之间的调节性的交叉对话。

scs 和 *scs'* 元件有着不同的结构，并且似乎其绝缘子活性的产生也运用不同的机制。*scs* 元件的关键序列是一段长 24 bp 的序列，它能结合风味白色基因 5（zeste white5，*zw5*）的表达产物；而 *scs'* 绝缘子的特性位于一系列 CGATA 重复序列中，这个重复序列能结合一对称为 BEAF-32 的相关蛋白（它们由同一基因编码）。BEAF-32 蛋白存在于约 50% 的多线染色体的间带上，这提示基因组拥有很多依赖 BEAF-32 蛋白的绝缘子（尽管 BEAF-32 蛋白也可能结合非绝缘子）。

在果蝇中已经被详细鉴定过的另一个绝缘子就是 *gypsy* 转座子。初期进行的一些实验揭示了这个绝缘子的一些行为，它将一系列 *gypsy* 转座子插入到果蝇的黄色（yellow，*y*）基因座上。不同的

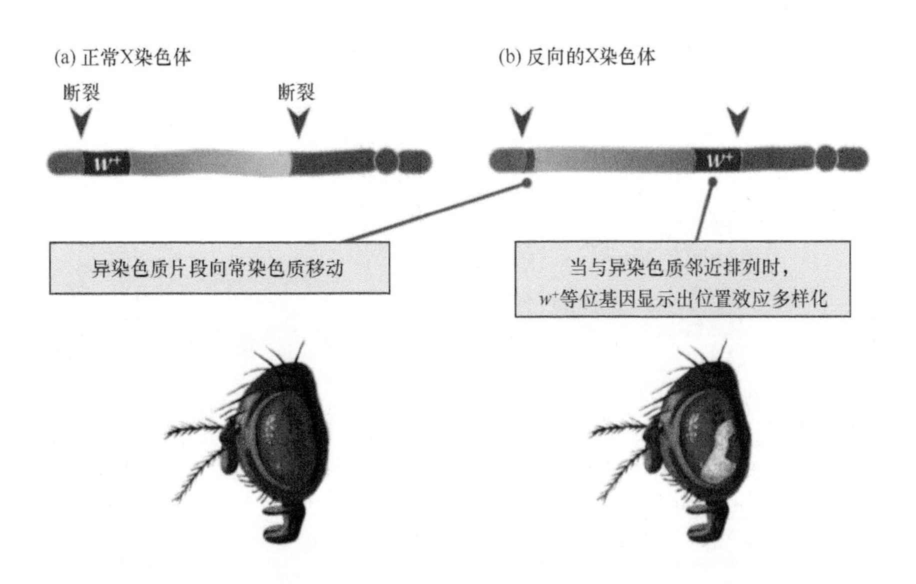

图 8.51 当倒位或其他类型的染色体重排将通常位于常染色质的基因重新安置于异染色质中或其附近新位置上，我们常常会观察到位置效应。在这个例子中，黑腹果蝇的 X 染色体的倒位将野生型白化等位基因重新定位于异染色质附近。对 w^+ 等位基因的位置效应所产生的表达差异就可表现为斑点状的红色或白色眼睛

插入会导致一些组织中 *y* 基因功能的丧失，但对另一些组织却没有影响。原因是 *y* 基因座由 4 个增强子来调节，如图 8.52 中所示，无论 *gypsy* 转座子插入到哪里，当增强子和启动子被它隔开分别位于其两侧时，这些增强子的作用就被它阻断；而增强子和启动子位于其同一侧时，作用就不被阻断。产生这个效应的序列是存在于转座子一端的绝缘子，它不管序列所插入的取向如何，都能起作用。

gypsy 转座子功能依赖于几种蛋白质，如类毛发翼抑制因子 [suppressor of hairy wing，Su(Hw)] 蛋白、CP190 蛋白、mod(mdg4) 蛋白和 dTopor 蛋白。*Su(Hw)* 基因中的突变可以完全废除绝缘子作用。*Su(Hw)* 基因编码一种蛋白质，它能结合绝缘子中的含有 12 个 26 bp 的重复序列，并且是作用所必需的。Su(Hw) 蛋白含有一个锌指 DNA 基序，对多线染色体的作图显示，Su(Hw) 蛋白可以结合到数百个位点上，包括 *gypsy* 转座子插入位点和非 *gypsy* 转座子插入位点。一系列实验操作显示结合序列的拷贝数决定了绝缘子的作用强度。CP190 蛋白是一种着丝粒蛋白，它有助于 Su(Hw) 蛋白对结合位点的识别。

mod(mdg4) 蛋白和 dTopor 蛋白在绝缘子体（insulator body）的产生上具有特殊作用。绝缘子体似乎是成簇的、可被 Su(Hw) 蛋白结合的绝缘子，在正常二倍体细胞中能被看到。在果蝇基因组上存在 500 个以上的 Su(Hw) 蛋白结合位点，而对 Su(Hw) 蛋白或 mod(mdg4) 蛋白的可视化观察表明，它们一起定位在细胞核边缘约 25 个不连续的位置上，由此得出图 8.53 的模型。结合到 DNA 不同位点上的 Su(Hw) 蛋白通过与 mod(mdg4) 蛋白相结合而聚集在一起，而 Su(Hw)/mod(mdg4) 复合体位于细胞核的边缘，并且，结合到一起的 DNA 组成了一个个环，一个复合体可能平均含有约 20 个这样的环。增强子启动子作用只有位于同一个环中时才能发生，而不能在环之间进行传播。“绝缘子旁路（insulator bypass）”实验支持了这个模型。在这个实验中，将一对绝缘子安置在增强子和启动子之间，它真的会消除绝缘子效应，有时两个绝缘子相互之间可彼此消除。在这对绝缘子之间可形成微结构域（可能因为太小而不能形成锚定环），这就能解释这种现象，在本质上它会获得两个邻近环合二为一所产生的效应。并非所有的绝缘子以这种方式发生旁路作用。这个证据及其他证据均提示绝缘子发挥作用存在多重机制。

另一个果蝇绝缘子的行为进一步说明了绝缘子和其功能的复杂性。在果蝇双胸节基因座（bithorax，*BX-C*）上存在 *Fab-7* 元件。这个基因座含有一系列顺式作用元件，控制着 3 个同源异形基因（homeotic gene）（*Ubx*、*Abd-A* 和 *Abd-B*）的活性，它们沿着果蝇胚胎的前后轴形成差异表达。这个基因座还包括至少 3 个彼此之间不能交换的绝缘子，*Fab-7* 绝缘子是其中研究得最透彻的一个。基因座的相关部分的描绘见图 8.54，调节元件 *iab-6* 和 *iab-7* 在胚胎形成的连续区域（A6 和 A7 区段）中控制着相邻 *Abd-B* 基因的表达。当 *Fab-7* 绝缘子缺失时，会导致 A6 区段像 A7 区段一样发育，由此产生了两个类 A7 区段，这称为同源异形转化（homeotic transformation）。这是一种显性效应，它提示了 *iab-7* 元件从 *iab-6* 元件那里接管了基因控制方式，

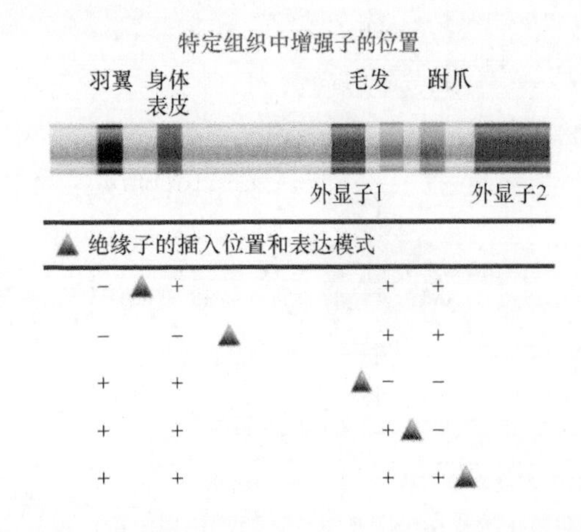

图 8.52 *gypsy* 转座子中的绝缘子当位于增强子和启动子之间时就阻断了增强子的作用

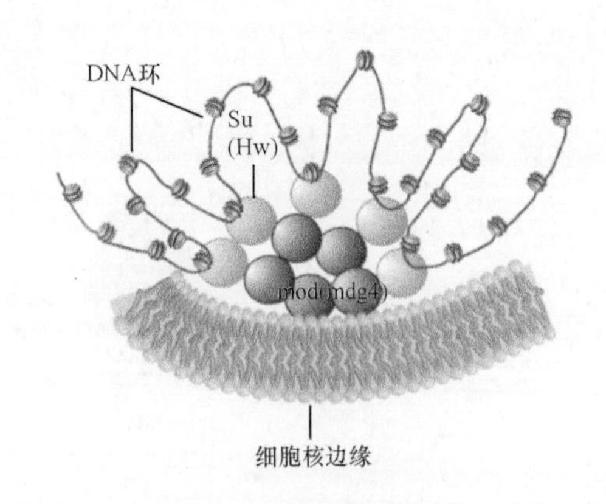

图 8.53 在细胞核边缘，我们发现了成簇的 Su(Hw)/mod(mdg4) 复合体，它们把 DNA 组成一个个环，这可能限制了环之间增强子启动子的相互作用

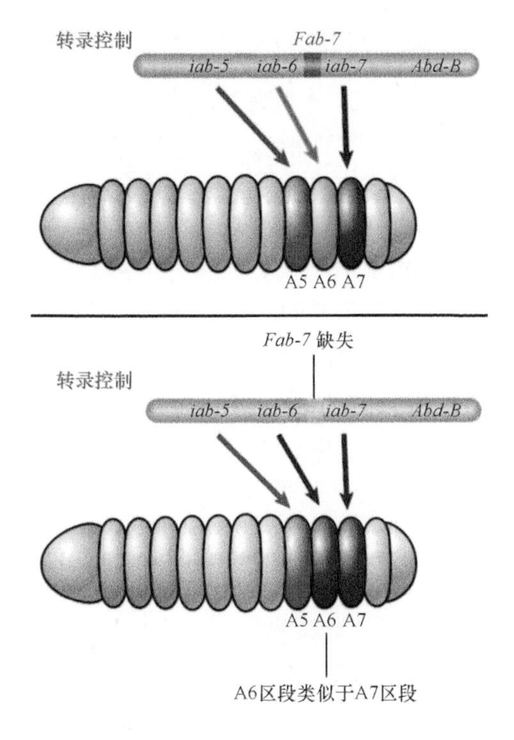

图 8.54 *Fab-7* 绝缘子是一个对维持 *iab-6* 元件和 *iab-7* 元件的调节独立性所必需的边界元件

而可以从分子水平上来解释这种现象，也就是说，在 *iab-6* 元件仍有活性时，我们假设 *Fab-7* 绝缘子为防止 *iab-7* 元件的越界作用提供了一个边界。事实上，在 *Fab-7* 绝缘子缺乏时，*iab-7* 元件和 *iab-6* 元件融合成了单一的调节域，它会沿着前后轴的位置显示出不同行为。*Fab-7* 绝缘子活性也受到发育调节，一种称为早期边界活性因子（early boundary activity, Elba）的蛋白负责 *Fab-7* 绝缘子的阻断功能，它在发育早期而非晚期或成年期发挥作用。CTCF 蛋白是一种哺乳动物绝缘子结合蛋白，能显示出与其靶标的调节性结合（详见第 28 章“表观遗传学Ⅱ”），而 *Fab-7* 绝缘子也与果蝇中的这种同源物进行结合。总之，我们已经知道，*Fab-7* 绝缘子和邻近的 *Fab-8* 绝缘子都位于“抗绝缘子元件（anti-insulator element）”附近，它也称为启动子靶向序列（promoter-targeting sequence，PTS），而这可以克服绝缘子的阻断效应。

绝缘子行为和负责绝缘子功能的各种因子的多样性，使得提出单一模型来解释所有绝缘子的行为是非常困难的。相反，绝缘子这个名词的概念非常清楚，它指各种元件运用多种独特机制来达到相似（但不是完全一样的）功能。显而易见，用于阻断增强子的机制可能与那些可用于阻断异染色质传播的机制存在很大差异。也存在其他不同的蛋白质可结合于绝缘子元件，通用名词“构造蛋白”已经用于描述这一组因子。另外，构造蛋白结合位点的密度似乎与不同类型的绝缘子活性高度关联，即高密度区域对应于 TAD 结构域之间的、起边界作用的绝缘子，而低密度位点则调节结构域内的相互作用。

小结

- 所有真核生物细胞的染色质都含有核小体。一个核小体包括一段特定长度的 DNA，通常约 200 bp，缠绕于八聚体上，含有组蛋白 H2A、H2B、H3 和 H4 各两份拷贝。单个组蛋白 H1（或其他接头组蛋白）与每一个核小体相连。事实上，基因组 DNA 都以核小体的形式组装起来。用微球菌核酸酶处理后的结果显示每一个核小体上包装的 DNA 都可以被分为两个区域：能很快被核酸酶消化的接头区和对消化具有抗性的长约 146 bp 的核心区。组蛋白 H3 和 H4 是最为保守的蛋白质，由 $H3_2 \cdot H4_2$ 组成的四聚体决定了颗粒直径的大小；组蛋白 H2A 和 H2B 被组装成两个 H2A · H2B 二聚体；在 $H3_2 \cdot H4_2$ 内核上继续添加两个 H2A · H2B 二聚体就可装配成一个八聚体。有机体中存在大量的组蛋白变异体，它们也能组装进入核小体。不同变异体执行染色质中的不同功能，一些是细胞类型特异性的。
- 环绕在组蛋白八聚体上的 DNA 可形成 −1.67 圈超螺旋，并在同一个邻近的位置“进入”或者“离开”核小体，组蛋白 H1 可以改变它的进出角度。除去核心组蛋白将会释放出 −1.0 的超螺旋。这种差别可以由 DNA 螺旋程度的变化获得大致解释，即从平均 10.2 bp/ 圈的核小体形式变为 10.5 bp/ 圈的溶液游离状态。DNA 结构的变异范围从核小体末端的 10.0 bp/ 圈到中心的 10.7 bp/ 圈。此外，核小体上的 DNA 路径还存在结节。
- 核小体通常被组装成 10 nm 直径的长纤维，其线性包装率为 6。组蛋白 H1、组蛋白尾部和增高的离子强度促进纤维内和纤维间的相互作用，这形成更加紧密的二级结构，如 30 nm 纤维，以及 10 nm 纤维的自我连接网络。30 nm 纤维可能是由 10 nm 纤维卷曲成单起始的螺线管或双起始的之字形螺旋而成。10 nm 纤维是所有常染色质和异染色质的基本结构成分；而非组蛋白则负责把这些纤维进一步组装成染色质或染色体的超级结构。

- 核小体装配存在两条途径。在复制耦合通路中，复制体的 PCNA 推进亚基募集 CAF-1 复合体，它是核小体装配因子或组蛋白分子伴侣。CAF-1 复合体辅助 $H3_2 \cdot H4_2$ 四聚体组装在由复制所产生的两条子代双链体上。复制叉造成的现有核小体的解离或者新合成组蛋白的装配都可以产生四聚体。CAF-1 复合体组装新合成的四聚体，而 SAF1 分子伴侣也辅助从复制叉置换出来的 $H3_2 \cdot H4_2$ 四聚体的定位。H2A · H2B 二聚体的来源是类似的，随后和 $H3_2 \cdot H4_2$ 四聚体组装成完整的核小体。因为 $H3_2 \cdot H4_2$ 四聚体和 H2A · H2B 二聚体是随机装配的，新核小体可能包含原有的和新合成的组蛋白。在全基因组中，核小体的定位不是随机的，它受到内在（依赖 DNA 序列的）和外在（依赖反式因子的）机制的组合控制，这产生了核小体定位的特定模式。
- RNA 聚合酶在转录时能置换核小体八聚体。当聚合酶通过后，核小体又在 DNA 上重新形成。当转录非常频繁（如 rDNA）时，核小体会被完全置换。核小体装配的不依赖复制的通路负责替代转录时被置换的组蛋白八聚体，该装配途径中采用的是组蛋白变异体 H3.3 而不是组蛋白 H3。在一个类似途径中，可使用另外一种组蛋白 H3 的替代品装配着丝粒 DNA 序列上的核小体。
- 染色质对核酸酶敏感性的两种变化类型都与基因的活性状态有关。处于转录状态的染色质对 DNA 酶 I 通常都显示出较高的敏感性，这反映了在一个较大的区段内存在着结构上的变化，据此我们可将这个区段定义为含有活性基因或潜在活性基因的区段。染色质 DNA 上不连续地分布着许多超敏位点，它们可以通过对 DNA 酶 I 敏感性的显著增高来确定。每个超敏位点含有约 200 bp 以上的序列，在此位点，由于有其他蛋白质的存在而排斥了核小体。超敏位点形成了可以导致邻近核小体被限制在一定位置的边界。核小体定位对于控制转录调节物接近 DNA 可能是非常重要的。
- 超敏位点存在于几类调节元件中，如具有转录调节作用的启动子、增强子和 LCR 序列。另外一些超敏位点则位于复制起点和着丝粒处。启动子或增强子调节单个基因，但是 LCR 含有一组超敏位点，可能调节位于单一结构域的多个基因。
- LCR 可远距离起作用，结构域中即将表达的所有基因可能都需要其作用。在结构域含有 LCR 时，它的功能是结构域中所有基因所必需的，但是 LCR 似乎不是普遍存在的。LCR 存在类增强子超敏位点，它是结构域内启动子的完全激活所需的，它也可形成普通的 DNA 酶敏感性结构域。LCR 可以通过在结构域内 LCR 序列与活性基因启动子之间形成环状结构而发挥作用。
- 真核生物基因组通常组织成离散的区域，称为 TAD。TAD 内的基因座常常彼此相互作用（可能通过循环），但是不同 TAD 之间的相互作用很少发生。TAD 由边界或边界元件彼此分开，它们含有核酸酶的高敏位点。这些边界区也含有元件，称为绝缘子。绝缘子能阻断染色质中激活效应或失活效应的传递，而位于增强子和启动子之间的绝缘子能阻遏增强子激活启动子。两个绝缘子可以划定位于它们之间的一个调节结构域的界限，调节的相互作用仅限于这个结构域内，它隔绝了外界对它的效应。多数绝缘子能阻断任何方向上传来的调节效应，但一些绝缘子只能单向作用。绝缘子通常能阻断激活效应（增强子 - 启动子相互作用）和失活效应（异染色质的延伸所介导的），但一些绝缘子只具有某一种阻断功能。绝缘子被认为是通过改变染色质的高级有序结构而起作用，详细机制不明。

参考文献

8.3 核小体是所有染色质的亚单元

综述文献

Izzo, A., Kamieniarz, K., and Schneider, R. (2008). The histone H1 family: specific members, specific functions? *Biol. Chem.* 389, 333-343.

Kornberg, R. D. (1977). Structure of chromatin. *Annu. Rev. Biochem.* 46, 931-954.

McGhee, J. D., and Felsenfeld, G. (1980). Nucleosome structure. *Annu. Rev. Biochem.* 49, 1115-1156.

研究论文文献

Angelov, D., et al. (2001). Preferential interaction of the core histone tail domains with linker DNA. *Proc. Natl. Acad. Sci. USA* 98, 6599-6604.

Arents, G., et al. (1991). The nucleosomal core histone octamer at 31 Å resolution: a tripartite protein assembly and a left-handed superhelix. *Proc. Natl. Acad. Sci. USA* 88, 10148-10152.

Finch, J. T., et al. (1977). Structure of nucleosome core particles of chromatin. *Nature* 269, 29-36.

Kornberg, R. D. (1974). Chromatin structure: a repeating unit of histones and DNA. *Science* 184, 868-871.

Luger, K., et al. (1997). Crystal structure of the nucleosome core particle at 28 Å resolution. *Nature* 389, 251-260.

Richmond, T. J., et al. (1984). Structure of the nucleosome core particle at 7 Å resolution. *Nature* 311, 532-537.

Shen, X., et al. (1995). Linker histones are not essential and affect chromatin condensation *in vitro*. *Cell* 82, 47-56.

8.4 核小体是共价修饰的

综述文献

Gardner, K. E., et al. (2011). Operating on chromatin, a colorful language where context matters. *J. Mo. Biol.* 409, 36-46.

Suganuma, T., and Workman, J. L. (2011). Signals and combinatorial functions of histone modifications. *Ann. Rev. Biochem.* 80, 473-499.

研究论文文献

Shogren-Knaak, et al. (2006). Histone H4-K16 acetylation controls chromatin structure and protein interactions. *Science* 311, 844-847.

8.5 组蛋白变异体产生可变核小体

综述文献

Maze, I., et al. (2014). Every amino acid matters: essential contributions of histone variants to mammalian development and disease. *Nat. Rev. Genet.* 4, 259-271.

8.6 核小体表面的 DNA 结构变化

Reviews

Luger, K., and Richmond, T. J. (1998). DNA binding within the nucleosome core. *Curr. Opin. Struct. Biol.* 8, 33-40.

Travers, A. A., and Klug, A. (1987). The bending of DNA in nucleosomes and its wider implications. *Philos. Trans. R. Soc. Lond. B. Biol. Sci.* 317, 537-561.

Wang, J. (1982). The path of DNA in the nucleosome. *Cell* 29, 724-726.

研究论文文献

Richmond, T. J., and Davey, C. A. (2003). The structure of DNA in the nucleosome core. *Nature* 423, 145-150.

8.7 核小体在染色质纤维中的路径

综述文献

Fussner, E., et al. (2011). Living without 30 nm chromatin fibers. *Trends Biochem. Sci.* 36, 1-6.

Maeshima, K., et al. (2015). Chromatin as dynamic 10-nm fibers. *Chromosoma* 123, 225-237.

Tremethick, D. J. (2007). Higher-order structures of chromatin: the elusive 30 nm fiber. *Cell* 128, 651-654.

研究论文文献

Dorigo, B., et al. (2004). Nucleosome arrays reveal the two-start organization of the chromatin fiber. *Science* 306, 1571-1573.

Nishino, Y., et al. (2012). Human mitotic chromosomes consist predominantly of irregularly folded nucleosome fibers without a 30-nm chromatin structure. *EMBO J.* 31, 1644-1653.

Schalch, T., et al. (2005). X-ray structure of a tetranucleosome and its implications for the chromatin fibre. *Nature* 436,138-141.

Scheffer, M. P., et al. (2011). Evidence for shortrange helical order in the 30-nm chromatin fibers of erythrocyte nuclei. *Proc. Natl. Acad. Sci.* 108, 16992-16997.

8.8 染色质复制需要核小体的装配

综述文献

Corpet, A., and Almouzni, G. (2008). Making copies of chromatin: the challenge of nucleosomal organization and epigenetic information. *Trends Cell Biol.* 19, 29-41.

Eitoku, M., et al. (2008). Histone chaperones: 30 years from isolation to elucidation of the mechanisms of nucleosome assembly and disassembly. *Cell Mol. Life Sci.* 65, 414-444.

Osley, M. A. (1991). The regulation of histone synthesis in the cell cycle. *Annu. Rev. Biochem.* 60, 827-861.

Steiner, F. A., and Henikoff, S. (2015). Diversity in the organization of centromeric chromatin. *Curr. Opin. Genet. Dev.* 31, 28-35.

Verreault, A. (2000). De novo nucleosome assembly: new pieces in an old puzzle. *Genes Dev.* 14, 1430-1438.

研究论文文献

Ahmad, K., and Henikoff, S. (2001). Centromeres are specialized replication domains in heterochromatin. *J. Cell Biol.* 153, 101-110.

Ahmad, K., and Henikoff, S. (2002). The histone variant H3.3 marks active chromatin by replication-independent nucleosome assembly. *Mol. Cell* 9, 1191-1200.

Gruss, C., et al. (1993). Disruption of the nucleosomes at the replication fork. *EMBO J.* 12, 4533-4545.

Loppin, B., et al. (2005). The histone H3.3 chaperone HIRA is essential for chromatin assembly in the male pronucleus. *Nature* 437, 1386-1390.

Ray-Gallet, et al. (2002). HIRA is critical for a nucleosome assembly pathway independent of DNA synthesis. *Mol. Cell*

9, 1091-1100.

Shibahara, K., and Stillman, B. (1999). Replication-dependent marking of DNA by PCNA facilitates CAF-1-coupled inheritance of chromatin. *Cell* 96, 575-585.

Smith, S., and Stillman, B. (1989). Purification and characterization of CAF-I, a human cell factor required for chromatin assembly during DNA replication *in vitro*. *Cell* 58, 15-25.

Smith, S., and Stillman, B. (1991). Stepwise assembly of chromatin during DNA replication in vitro. *EMBO J.* 10, 971-980.

Tagami, H., et al. (2004). Histone H3.1 and H3.3 complexes mediate nucleosome assembly pathways dependent or independent of DNA synthesis. *Cell* 116, 51-61.

Yu, L., and Gorovsky, M. A. (1997). Constitutive expression, not a particular primary sequence, is the important feature of the H3 replacement variant hv2 in *Tetrahymena thermophila*. *Mol. Cell Biol.* 17, 6303-6310.

8.9 核小体是否位于特殊位点

研究论文文献

Chung, H. R., and Vingron, M. (2009). Sequence-dependent nucleosome positioning. *J. Mol. Biol.* 386, 1411-1422.

Field, Y., et al. (2008). Distinct modes of regulation by chromatin encoded through nucleosome positioning signals. *PLoS Comput. Biol.* 4(11), e1000216.

Peckham, H. E., et al. (2007). Nucleosome positioning signals in genomic DNA. *Genome Res.* 17, 1170-1177.

Segal, E., et al. (2006). A genomic code for nucleosome positioning. *Nature* 442, 772-778.

Yuan, G. C., et al. (2005). Genome-scale identification of nucleosome positions in *S. cerevisiae*. *Science* 309, 626-630.

Zhang, Z., et al. (2011). A packing mechanism for nucleosome organization reconstituted across a eukaryotic genome. *Science* 332, 977-980.

8.10 在转录过程中核小体被置换和重新装配

综述文献

Formosa, T. (2008). FACT and the reorganized nucleosome. *Mol. BioSyst.* 4, 1085-1093.

Kornberg, R. D., and Lorch, Y. (1992). Chromatin structure and transcription. *Annu. Rev. Cell Biol.* 8, 563-587.

Kulaeva, O. I., and Studitsky, V. M. (2007). Transcription through chromatin by RNA polymerase II: histone displacement and exchange. *Mutat. Res.* 618, 116-129.

Thiriet, C., and Hayes, J. J. (2006). Histone dynamics during transcription: exchange of H2A/H2B dimers and H3/H4 tetramers during pol II elongation. *Results Probl. Cell Differ.* 41, 77-90.

Workman, J. L. (2006). Nucleosome displacement during transcription. *Genes Dev* 20, 2507-2512.

研究论文文献

Belotserkovskaya, R., et al. (2003). FACT facilitates transcription-dependent nucleosome alteration. *Science* 301, 1090-1093.

Bortvin, A., and Winston, F. (1996). Evidence that Spt6p controls chromatin structure by a direct interaction with histones. *Science* 272, 1473-1476.

Cavalli, G., and Thoma, F. (1993). Chromatin transitions during activation and repression of galactose-regulated genes in yeast. *EMBO J.* 12, 4603-4613.

Imbeault, D., et al. (2008). The Rtt106 histone chaperone is functionally linked to transcription elongation and is involved in the regulation of spurious transcription from cryptic promoters in yeast. *J. Biol. Chem.* 283, 27350-27354.

Saunders, A., et al. (2003). Tracking FACT and the RNA polymerase II elongation complex through chromatin *in vivo*. *Science* 301, 1094-1096.

Studitsky, V. M., et al. (1994). A histone octamer can step around a transcribing polymerase without leaving the template. *Cell 76*, 371-382.

8.11 DNA 酶超敏性可检测染色质结构的改变

综述文献

Gross, D. S., and Garrard, W. T. (1988). Nuclease hypersensitive sites in chromatin. *Annu. Rev. Biochem.* 57, 159-197.

Krebs, J. E., and Peterson, C. L. (2000). Understanding "active" chromatin: a historical perspective of chromatin remodeling. *Crit. Rev. Eukaryot Gene Expr.* 10, 1-12.

研究论文文献

Groudine, M., and Weintraub, H. (1982). Propagation of globin DNAase I-hypersensitive sites in absence of factors required for induction: a possible mechanism for determination. *Cell* 30, 131-139.

Stalder, J., et al. (1980). Tissue-specific DNA cleavage in the globin chromatin domain introduced by DNAase I. *Cell* 20, 451-460.

8.12 LCR 可以控制一个结构域

综述文献

Bulger, M., and Groudine, M. (1999). Looping versus linking: toward a model for long-distance gene activation. *Genes Dev.* 13, 2465-2477.

Grosveld, F., et al. (1993). The regulation of human globin gene switching. *Philos. Trans. R. Soc. Lond. B. Biol. Sci.* 339, 183-191.

Miele, A., and Dekker, J. (2008). Long-range chromosomal interactions and gene regulation. *Mol. BioSyst.* 4, 1046-1057.

研究论文文献

Cai, S., et al. (2006). SATB1 packages densely looped, transcriptionally active chromatin for coordinated expression of cytokine genes. *Nat. Genet.* 38, 1278-1288.

Gribnau, J., et al. (1998). Chromatin interaction mechanism of transcriptional control *in vitro*. *EMBO. J.* 17, 6020-6027.

Spilianakis, C. G., et al. (2005). Inter-chromosomal associations between alternatively expressed loci. *Nature* 435, 637-645.

van Assendelft, G. B., et al. (1989). The β-globin dominant control region activates homologous and heterologous promoters in a tissue-specific manner. *Cell* 56, 969-977.

8.13 绝缘子划定了转录独立结构域

综述文献

Bushey, A. M., et al. (2008). Chromatin insulators: regulatory mechanisms and epigenetic inheritance. *Mol. Cell* 32, 1-9.

Gaszner, M., and Felsenfeld, G. (2006). Insulators: exploiting transcriptional and epigenetic mechanisms. *Nat. Rev. Genet.* 7, 703-713.

Gibcus, J. H., and Dekker, J. (2013). The hierarchy of the 3D genome. *Molec. Cell* 49, 773-782.

Gomez-Diaz, E., and Corces, V. G. (2014). Architectural proteins: regulators of 3D genome organization in cell fate. *Trends Cell Biol.* 24, 703-711.

Maeda, R. K., and Karch, F. (2007). Making connections: boundaries and insulators in *Drosophila. Curr. Opin. Genet. Dev.* 17, 394-399.

Valenzuela, L., and Kamakaka, R. T. (2006). Chromatin insulators. *Annu. Rev. Genet.* 40, 107-138.

West, A. G., et al. (2002). Insulators: many functions, many mechanisms. *Genes Dev.* 16, 271-288.

研究论文文献

Aoki, T., et al. (2008). A stage-specific factor confers *Fab-7* boundary activity during early embryogenesis in *Drosophila. Mol. Cell Biol.* 28, 1047-1060.

Chung, J. H., et al. (1993). A 5′ element of the chicken β-globin domain serves as an insulator in human erythroid cells and protects against position effect in *Drosophila. Cell* 74, 505-514.

Cuvier, O., et al. (1998). Identification of a class of chromatin boundary elements. *Mol. Cell Biol.* 18, 7478-7486.

Dixon, J. R., et al. (2012). Topological domains in mammalian genomes identified by analysis of chromatin interactions. *Nature* 485, 376-380.

Gaszner, M., et al. (1999). The Zw5 protein, a component of the *scs* chromatin domain boundary, is able to block enhancer-promoter interaction. *Genes Dev.* 13, 2098-2107.

Gerasimova, T. I., et al. (2000). A chromatin insulator determines the nuclear localization of DNA. *Mol. Cell* 6, 1025-1035.

Hagstrom, K., et al. (1996). *Fab-7* functions as a chromatin domain boundary to ensure proper segment specification by the *Drosophila bithorax* complex. *Genes Dev.* 10, 3202-3215.

Harrison, D. A., et al. (1993). A leucine zipper domain of the suppressor of hairy-wing protein mediates its repressive effect on enhancer function. *Genes Dev.* 7, 1966-1978.

Kellum, R., and Schedl, P. (1991). A position-effect assay for boundaries of higher order chromosomal domains. *Cell* 64, 941-950.

Kuhn, E. J., et al. (2004). Studies of the role of the *Drosophila scs* and *scs′* insulators in defining boundaries of a chromosome puff. *Mol. Cell Biol.* 24, 1470-1480.

Mihaly, J., et al. (1997). *In situ* dissection of the *Fab-7* region of the *bithorax* complex into a chromatin domain boundary and a polycomb-response element. *Development* 124, 1809-1820.

Pikaart, M. J., et al. (1998). Loss of transcriptional activity of a transgene is accompanied by DNA methylation and histone deacetylation and is prevented by insulators. *Genes Dev.* 12, 2852-2862.

Roseman, R. R., et al. (1993). The su(Hw) protein insulates expression of the *D. melanogaster white* gene from chromosomal position-effects. *EMBO J.* 12, 435-442.

Zhao, K., et al. (1995). Visualization of chromosomal domains with boundary element-associated factor BEAF-32. *Cell* 81, 879-889.

Zhou, J., and Levine, M. (1999). A novel *cis*-regulatory element, the PTS, mediates an anti-insulator activity in the *Drosophila* embryo. *Cell* 99, 567-575.

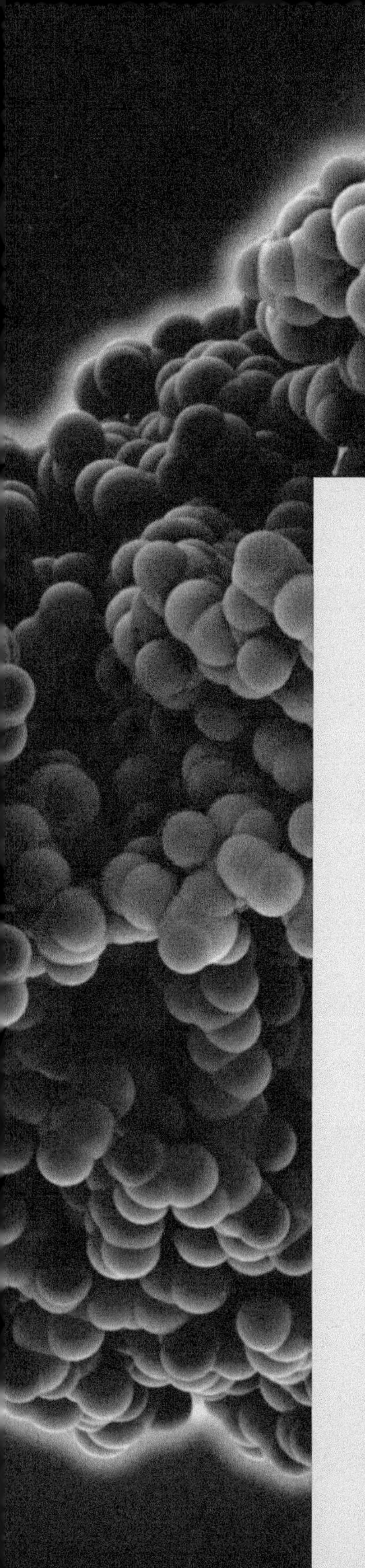

第2部分

DNA 复制与重组

第 9 章

复制与细胞周期相关联

Barbara Funnell 编

章节提纲

9.1 引言

原核生物和真核生物之间两个主要的不同在于：复制受控方式的差异和复制与细胞周期连接方式的不同。

在真核生物中，我们已经获得了下面所提及的一些正确的基本事实：

- 染色体位于细胞核中；
- 每一条染色体由许多复制单元组成，这称为复制子；

顶部纹理：© Laguna Design/Science Source；章首页图片：© Laguna Design/Science Source

- 在细胞周期的不同分散阶段，复制需要这些复制子的协同作用来增殖 DNA；
- 一个调节细胞周期的复杂途径决定了复制是否需要进行；
- 在有丝分裂过程中，通过特殊装置将已经复制的染色体平均分离到子细胞中。

在真核生物细胞中，DNA 复制被限定在细胞周期的第二部分，称为 **S 期（S phase）**，紧随其后的是 G_1 期（**图 9.1**）。真核生物细胞需要进行生长，紧随其后的是复制和细胞分裂，这些交替进行的一轮轮事件组成了细胞周期。细胞分成两个子细胞后，在细胞分裂再次发生前，每一个细胞会生长到近似原来亲本细胞的大小。

细胞周期的 G_1 期主要与生长有关 [尽管 G_1 期是第一个缺口（first gap）的缩写，因为早期细胞学家看不到任何活性]。在 G_1 期，除了 DNA 以外，任何物质都开始翻倍，如 RNA、蛋白质、脂类和糖。从 G_1 期进入到 S 期是被**检查点（checkpoint）**严密调节和控制的。细胞为了进入 S 期，它必定需要合成最低限度的各种物质，这用生化方法是可检测到的；除此之外，必须不存在任何对 DNA 的损伤。DNA 损伤或细胞生长不足都会阻止细胞进入到 S 期。当 S 期完成时，G_2 期就开始了，这里不存在控制点或明显界线。

第一个复制子的激活启动了 S 期，它通常发生于常染色质，即活性基因区。在随后的几个小时，复制起始事件以有序的方式在其他复制子中逐渐发生。

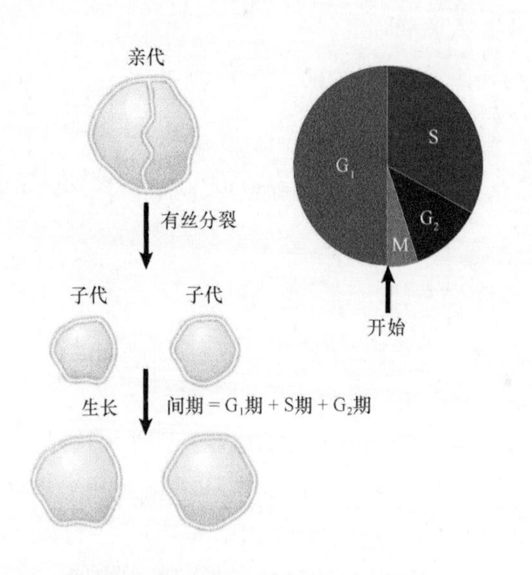

图 9.1 正在生长的细胞或者处于亲本细胞分裂成 2 个子细胞状态，或者正在成长到原亲本细胞的大小

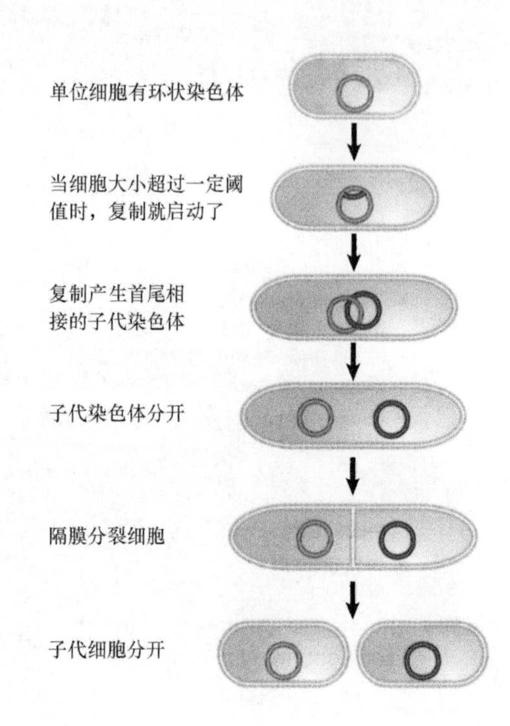

图 9.2 当细胞体积超过了阈值水平时，复制就在细菌起始点启动。复制的完成产生子代染色体，它可能被重组连锁，或可能首尾相接，然后在细胞一分为二之前，它们分开并移动到隔膜的两侧

然而，**图 9.2** 显示了在细菌中，当细胞质量的增加超过了阈值水平时，在单一起始点就可触发复制过程。此后，细菌形成隔膜（septum），将细胞一分为二，而染色体则均等分离到隔膜的两侧，这样细胞就完成了分裂过程。

细胞是如何知道何时起始复制周期的呢？在每一次细胞周期中，起始事件只发生一次，并且在每一次细胞周期中都需要同时起始复制反应。这种时相是如何设定的呢？在细胞周期的整个过程中，起始子蛋白连续不断地合成，当积聚到一定量时就可触发起始反应。这与蛋白质合成是起始事件所必需的这样一个事实是遥相呼应的。另一种可能性是抑制因子可在某一特定时相合成或激活，而细胞体积的增大可使之稀释到有效水平以下。目前的模型建议这两种可能性的变化使得起始事件在每一次细胞周期中精确地开关。细菌起始子蛋白、活性 DnaA 蛋白的合成达到一定阈值时就会打开起始事件，而抑制因子活性则在细胞周期的其余时相关闭后续的起始事件（这样的描述详见第 10 章“复制子：复制的起始”）。

细菌染色体特异性地压缩和排列在细胞内部，这种组织形式对于细胞分裂中子代染色体的合理分离和分隔是非常重要的。分隔子代染色体中的一些事件是细菌染色体环状特性所产生的后果。环状染色体据说可以连环，此时一条染色体通过另一条染色体，并相互之间连接在一起。**连环（catenation）**就是在DNA复制过程中，拓扑联系没有被完全去除所产生的结局。此后需要**拓扑异构酶（topoisomerase）**来将它们分开。而当重组事件发生时会产生另一种结构：两个单体之间的单一重组会将它们转变成单个二联体，而这就需要特殊重组系统来重新产生独立的单体。

这一章接下来的主要目的就是解释在复制中起作用的DNA序列，并理解复制装置中的合适蛋白质是如何识别它们的。在随后的一章中，我们将检测复制单元及这些单元是如何被调节而起始复制的；DNA合成的生物化学和机制；以及细菌、线粒体和叶绿体中的自复制单元。

9.2 细菌的复制与细胞周期相关联

关键概念

- 由于生长条件的不同，大肠杆菌的倍增时间的范围波动剧烈，最多可达10倍。
- 细菌染色体复制需要40 min（常温下）。
- 复制周期完成20 min后引发细菌分裂。
- 如果倍增时间接近60 min，那么一个复制周期在前一个复制周期开始分裂之前启动。
- 快速的生长可产生多复制叉的染色体。

每个细菌在复制与细胞生长之间存在两种联系：

- 复制周期起始的频率与细胞生长速率相对应；
- 复制周期的完成与细胞分裂相关联。

细菌的生长速率可通过**倍增时间（doubling time）**来估计。倍增时间是细胞数目加倍所需的时间，这个时间越短，细菌的生长速率越快。大肠杆菌（*Escherichia coli*）能以倍增时间为18～180 min的速率生长。因为细菌染色体是单一复制子，所以复制周期的频率由单一起始点启动事件的数量所控制。复制周期可根据以下两个常量来定义。

- C表示复制整个细菌染色体所需的约40 min的固定时间。它的持续时间对应于复制叉的移动速率约为50 000 bp/min（在恒温下，DNA合成速率基本不变，直到前体供应不足）。
- D表示一个复制周期完成时和与之相连的细胞分裂之间约20 min的固定时间。这段时间可能是组装分裂元件所需的时间。

常量C和D可看做是细菌完成这些过程的最大速率的描述，它们适用于倍增时间在18～60 min的所有生长速率，但是当细胞周期超过60 min时，这两个固定时段都会变长。

染色体复制周期必定在细胞分裂前的固定时间起始，即C+D＝60 min。因为细菌分裂的频率要高于每60 min一次，所以复制周期必须在前一个分裂循环结束前开始。你可以说细胞“在生产时又孕育了”下一代。

设想细胞每35 min分裂一次，与分裂关联的复制周期必须在前一次分裂前的25 min起始。**图9.3**描述了这种状态，在整个细胞周期中每隔5 min染色体就会得到补充。

当细菌分裂时（35/0 min），细胞获得部分复制的染色体，复制叉继续前进。在第10 min时，当这个“旧”复制叉还没有到达末端时，两个已经部分复制的染色体的起始点又开始起始复制，这样，“新”复制叉的启动会产生**多复制叉染色体（multiforked chromosome）**。

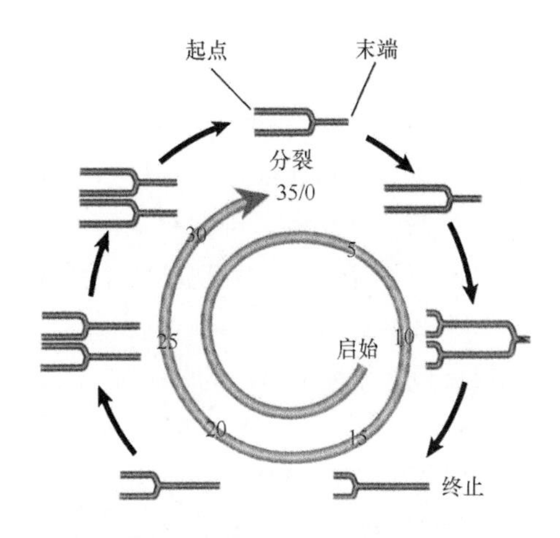

图9.3 在快速生长的细胞中，复制起始和细胞分裂之间的间隔固定为60 min，这会产生多复制叉的染色体。注意，图中只显示了朝一个方向移动的复制叉；事实上，在环状染色体上，染色体通过两套反方向移动的复制叉对称地进行复制

在第 15 min 时，即在下一次分裂前 20 min 时，“旧”复制叉到达终点。复制到达终点就可使两个子染色体分离；它们每一个又都已被“新”复制叉（现在是唯一的复制叉）部分复制，这些复制叉会继续前进。

在分裂点上，两个被部分复制的染色体分离，就重新产生了我们一开始讨论的状态。单个复制叉变成“旧”的，在 15 min 终止，20 min 后发生分裂。我们在细胞周期时看到启动事件的引发，这发生在与之关联的分裂事件以前。

复制启动与细胞周期联系的一般规律是：当细胞生长更快时（周期更短），起始事件会在与其相关的分裂前发生更多次，使单个细菌中含有更多的染色体。这种关系可以看成是细胞对不能缩短 C 和 D 时间以跟上更短周期节奏的一种反应。

9.3 在染色体分离和细胞周期中，细菌的形态和空间组织非常重要

关键概念

- 细菌染色体特异性地排列和定位在细胞内部。
- 坚固的肽聚糖细胞壁包围细胞，并给予其形态。
- 大肠杆菌的杆状结构依赖于 MreB 蛋白、PBP2 蛋白和 RodA 蛋白。
- 细胞中央起始隔膜形成，即隔膜到细胞两端距离均是细胞长度的 50%。

细菌的形态在不同物种中差异巨大，但是包括大肠杆菌在内的许多细菌是圆柱形杆状结构，其末端为两个曲线形杆状结构。细菌存在内部的细胞骨架，这类似于真核生物中所发现的。细菌也拥有低同源性的同源蛋白，如肌动蛋白、微管蛋白和中间纤丝。细菌染色体压缩成致密的蛋白质 -DNA 结构，称为拟核（nucleoid），它占据了细胞内的大部分空间。它不是无组织的一团 DNA，而是特定的 DNA 团块定位于细胞的特定区域，并且这种定位依赖于细胞周期，以及细菌种类。新复制的细菌染色体的分开移动，即染色体的分离，与 DNA 的复制是同时发生的。大肠杆菌中的这种排列总结在图 9.4 中。

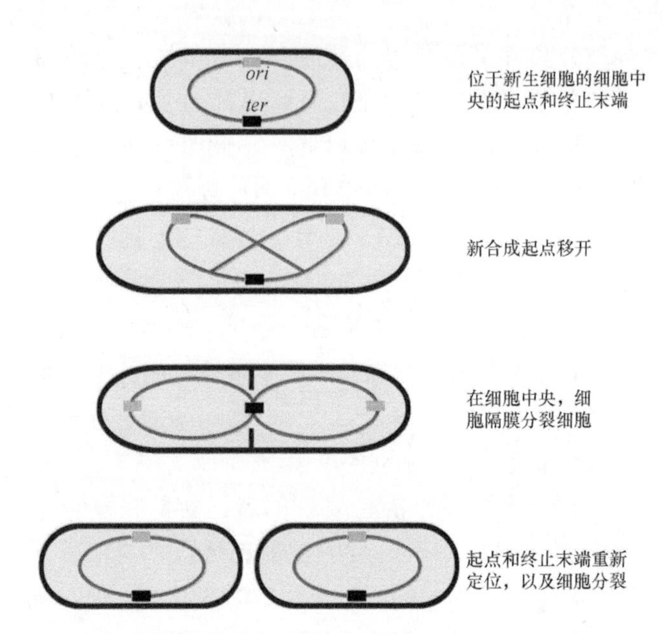

图 9.4 细菌 DNA 黏附到细胞膜可能提供一种分离机制

在新生细胞中，染色体的起始点和终止区都在细胞中央（mid-cell）。在起始之后，新起始点移向两极或 1/4 和 3/4 的位置，而终点依旧位于细胞中央。在细胞分裂后，起始点和终点又定向到细胞中央。

在细胞壁中的坚固的肽聚糖（peptidoglycan）层建立起了细菌的形态，它包围着细胞内膜。肽聚糖由三肽或五肽双糖单元聚合而成，这些反应涉及两类亚基之间的连接（转肽作用和转糖基作用）。细菌需要 3 种蛋白质维持其杆状形态，它们分别是 MreB 蛋白、PBP2 蛋白和 RodA 蛋白。它们中任何一种基因的突变和（或）其中一种蛋白质的缺失会使细菌丧失其伸展的形态，并变成圆形。

MreB 蛋白的结构类似于真核生物的肌动蛋白。在真核生物细胞中，它能多聚化形成细胞骨架纤丝。在细菌中，MreB 蛋白多聚化，并似乎沿着细胞周围动态地移动，而细胞则紧紧黏附着肽聚糖合成机器，如 PBP2 蛋白。这些相互作用对细胞壁的侧面完整性是必需的，因为 MreB 蛋白的缺失将形成圆形、而非杆状细胞。RodA 蛋白是 SEDS 家族 [SEDS 表示：形状（shape）、延伸（elongation）、分裂（division）和孢子形成（sporulation）] 的一员，存在于所有具有肽聚糖细胞壁的细菌中。每个 SEDS 蛋白通过转肽酶聚合在一起，而转肽酶可催化肽聚糖的交联形成。青霉素结合蛋白 2（penicillin-binding protein 2，PBP2）是转肽酶，能与 RodA 蛋白相互作用。这引申出了一条重要原则，形态和刚性可由聚合体结构的简单延伸所决定。

亲本细胞分裂成2个子细胞意味着细菌中细胞周期的结束。细菌在细胞中央分裂，这需要**隔膜**（**septum**）的形成，隔膜是由包膜（envelope）在细胞中央内陷形成的结构。隔膜在细胞的两个部分之间形成一个不能通透的屏障，并且提供使两个子细胞最终完全分开的位置。这样，隔膜形成了两个子细胞的新极。隔膜的组成成分与细胞包膜完全一致。隔膜开始时形成双层的肽聚糖，随后需要EnvA蛋白打断层与层之间的共价键，使子细胞分开。那么与隔膜在分裂中作用的相关的两个问题是：什么决定了它所形成的位置呢？什么保证了子代染色体分配到其两侧呢？

9.4 与分裂或分离有关的基因突变影响细胞形态

关键概念

- 因为不能形成隔膜，子细胞不能分离，所以 *fts* 突变体会产生长丝状物。
- 在产生许多隔膜的突变体中会形成小细胞；它们很小且没有DNA。
- 在染色体复制但不分开的分隔突变体中产生正常大小的无核细胞。

将影响细胞分裂的突变体分离出来是很困难的，原因是关键功能的突变可能是致死的或存在多方面效应。多数与分裂装置有关的突变是条件突变体（分裂受非许可条件影响，尤其是对温度敏感）。影响细胞分裂或染色体分离的突变可引起显著的表型改变，**图9.5**和**图9.6**显示了细胞不能分裂或染色体不能分离造成的相反结果。

- 当隔膜不能形成时，细菌会产生长丝状物，但染色体复制不受影响。细菌继续生长，姐妹染色单体甚至继续分离，但不形成隔膜，所以细胞变成一种非常长的丝状结构，拟核（细菌染色体）均匀分布于细胞内。温度敏感型纤丝化突变体（temperature-sensitive filamentation，*fts* 突变体）展示了这种表型，在这种突变体的自身分裂过程中可以识别出一种或多种缺陷。

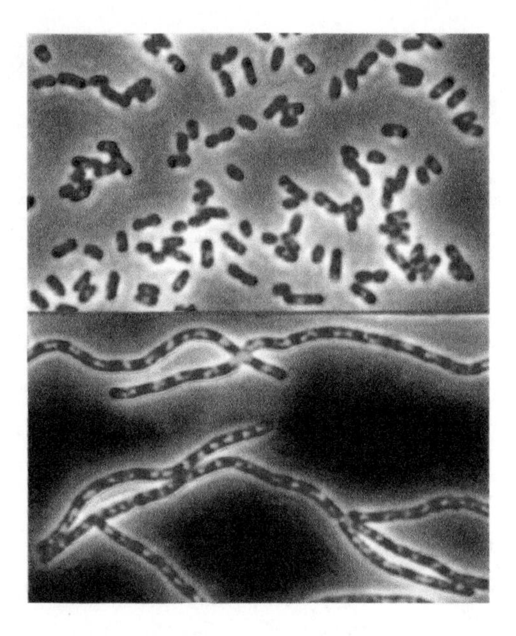

图9.5 上图：野生型细胞；下图：在非许可温度下的细胞分裂失败产生多核丝状结构

照片由Sota Hiraga, Kyoto University友情提供

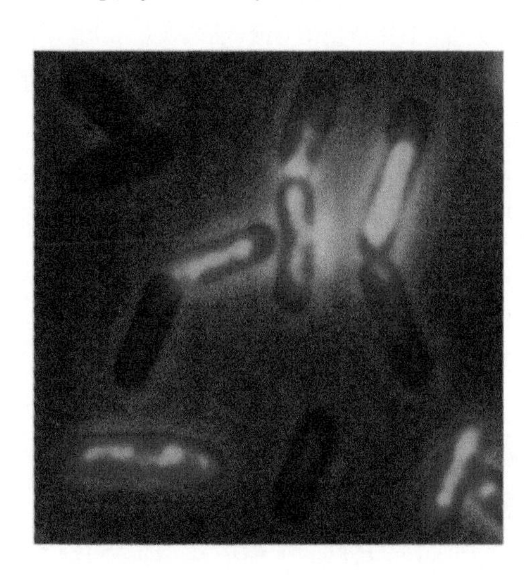

图9.6 当染色体分离失败时大肠杆菌产生无核细胞。有染色体的细胞染成蓝色；子代没有染色体的细胞不显示蓝色。这个视野显示了 *mukB* 突变体细胞，正常和非正常分裂的细胞都可见

照片由Sota Hiraga, Kyoto University友情提供

- 当隔膜过于频繁地产生或者出现在错误的位置时，就会形成**小细胞**（**minicell**）。小细胞尺寸很小，而且没有DNA，但显示出正常形态。染色体分离异常时产生无核细胞（anucleate cell）；像小细胞一样，它们没有染色体，但是因为隔膜是正常形成的，它们的大小不变。这种表型是由 *par*（partition，分隔）基因突变引起的（之所以如此命名是因为它们的染色体分离有缺陷）。

9.5 FtsZ 蛋白是隔膜形成所必需的

关键概念

- *ftsZ* 基因的产物是形成隔膜所需的。
- FtsZ 蛋白是一种类似于微管蛋白的 GTP 酶，它在细菌包膜内侧聚合形成环状结构，它在募集隔膜形成所需的酶中是必不可少的。

ftsZ 基因在细胞分裂中起了关键作用，它的突变将阻断隔膜形成并产生丝状物。*ftsZ* 基因超表达将增加每单位细胞质量的隔膜数量，从而产生小细胞。FtsZ 蛋白可募集一组细胞分裂所需的蛋白质以用于新隔膜的合成。

FtsZ 蛋白于隔膜形成的早期发挥作用。在分裂周期早期，FtsZ 蛋白就遍布细胞质中，但早于细胞分裂。FtsZ 蛋白在细胞中段成环，这种结构常被称为 **Z 环（Z-ring）**，如图 9.7 所示。形成 Z 环是隔膜形成的限速步骤，在一个典型的分裂周期中，它于分裂开始后的 1 ～ 5 min 在细胞中央形成，可以保留 15 min，然后迅速挤压细胞，使之一分为二。

FtsZ 蛋白的结构与微管蛋白相似，提示 Z 环的组装与真核生物细胞中微管的形成是相似的。FtsZ 蛋白具有 GTP 酶活性，而 GTP 裂解用于 FtsZ 蛋白单体的寡聚化以形成环状结构。Z 环是一种动态结构，它与细胞质中的库存 FtsZ 蛋白单体存在持续不断的交换。

分裂还需要另外两个蛋白质——ZipA 蛋白和 FtsA 蛋白，它们彼此之间可直接进行相互作用而不依赖于 FtsZ 蛋白。ZipA 蛋白是一种膜整合蛋白，位于细胞壁内层，它可提供途径使 FtsZ 蛋白连接到细胞膜上。而 FtsA 蛋白是一种细胞质蛋白，我们常发现它连接在细胞膜上。Z 环可以在没有 ZipA 蛋白或 FtsA 蛋白的情况下形成，但在两者都没有的情况下则不能形成，这说明它们对稳定 Z 环有相同的功能，而且可能在将 Z 环连接到细胞膜上时起作用。

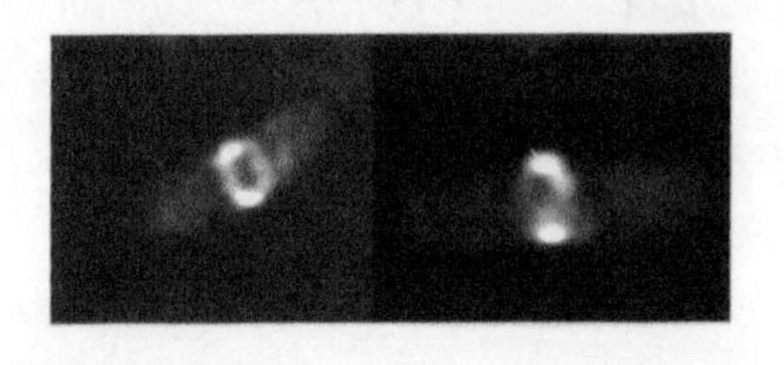

图 9.7 用抗 FtsZ 蛋白的抗体所做的免疫荧光显示它定位于细胞中央

照片由 Willion Margolin, University of Texas Medical School at Houston 友情提供

在 FtsA 蛋白掺入后，其他几个 *fts* 基因的产物以一定顺序加入 Z 环，它们都是跨膜蛋白，其最终结构被称为**隔膜环（septal ring）**，它由一个可能具有膜收缩功能的多蛋白质复合体组成。最后一个加入隔膜环的成分是 FtsW 蛋白，它属于 SEDS 家族，*ftsW* 基因作为操纵子的一部分和 *ftsI* 基因一起表达。*ftsI* 编码一种转肽酶（也被称为 PBP3 蛋白，即青霉素结合蛋白 3），它是一种膜结合蛋白，催化位点位于周质内。FtsW 蛋白负责将 FtsI 蛋白加入到隔膜环内。这提出了隔膜形成的一种模型，即转肽酶活性引起肽聚糖向内生长，于是将内膜向内推而将外膜朝外拉。

9.6 *min* 和 *noc/slm* 基因可调节隔膜定位

关键概念

- 隔膜定位受控于 *minC*、*minD*、*minE* 基因和 *noc/slmA* 基因。
- 隔膜数量和位置由 MinE/MinCD 的比值来决定。
- 细胞中 Min 蛋白的动态移动形成了一种模式，即 Z 环装配所受到的抑制作用在两极最高而在细胞中央最低。
- 当细菌染色体占据了隔膜形成所需的空间时，SlmA/Noc 蛋白就会阻止隔膜形成。

有关隔膜定位的信息来自小细胞突变体。原始的小细胞突变位于 *minB* 基因座，*minB* 的缺失使分裂发生在两极而不是发生在细胞中央，这说明了细胞具有在细胞中央或两极起始隔膜形成的能力；因此野生型 *minB* 基因座的作用是抑制其两极的隔膜形成。*minB* 基因座由 *minC*、*D*、*E* 三个基因构成，*minC* 和 *minD* 的基因产物形成分裂抑制因子；MinD 蛋白用于激活 MinC 蛋白；而 MinC 蛋白阻止 FtsZ 蛋白多聚化成 Z 环。

在没有 MinE 蛋白的情况下 MinCD 蛋白的表

达，或甚至在 MinE 蛋白存在的情况下 MinCD 蛋白的超表达都能普遍抑制细胞分裂，结果是所产生的细胞成长为丝状而没有隔膜。MinE 蛋白和 MinCD 蛋白的表达水平相当时，抑制作用局限于两极区域，所以正常生长就重新恢复了。因此，在恰当（细胞中央）位点形成隔膜的决定子是 MinCD 蛋白与 MinE 蛋白的比值。

Min 系统的定位作用来自于 MinD 蛋白与 MinE 蛋白的显而易见的动态变化，如图 9.8 所示。MinD 蛋白是一种 ATP 酶，可以非常快速地从细胞的一极向另一极波动，即 MinD 蛋白在细胞的一极中结合与积聚在细菌膜上，然后释放、再重新结合于相反的一极。这个过程的周期约需 30 s，这样，在每一代细菌中，这种波动都要发生多次。MinC 蛋白自身不能移动，但它可作为乘客蛋白结合于 MinD 蛋白而一起波动。MinE 蛋白在 MinD 蛋白带的边缘环绕细胞成环，而 MinE 蛋白环在两极可向 MinD 蛋白靠近，这种行为是 MinD 蛋白从膜上释放所需的。然后，MinE 蛋白环解聚，并在另一极的 MinD 蛋白

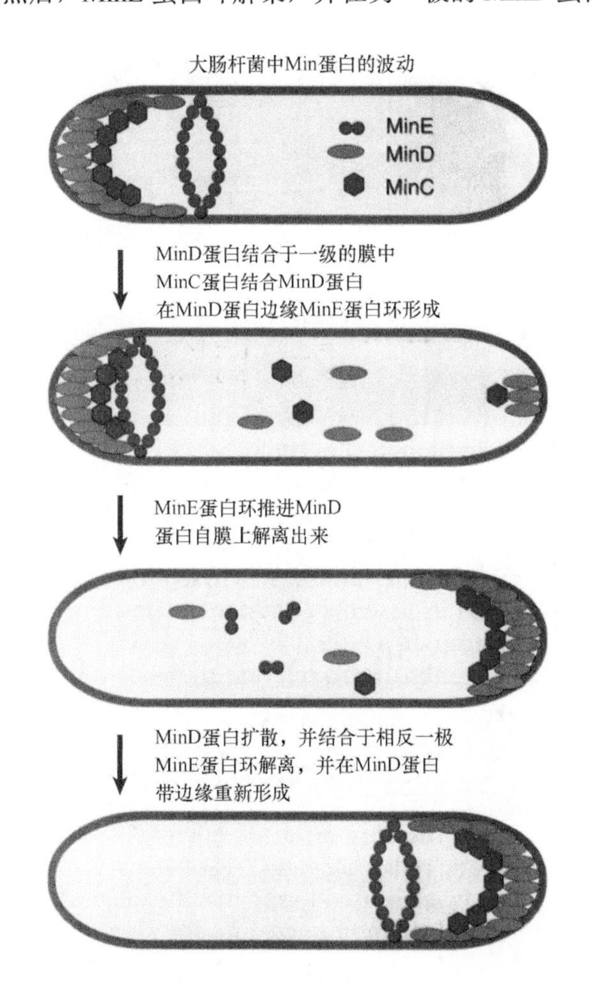

图 9.8　MinCD 是一个分裂抑制因子，它的作用被 MinE 蛋白限制在两极位置

带的边缘重新成环。MinD 蛋白和 MinE 蛋白在彼此的动力学中是互为所需。这种动态移动的后果是 MinC 抑制因子的浓度在两极最高而在细胞中央最低，那么它就会指导 FtsZ 蛋白装配于细胞中央而阻止它装配于细胞两极。

另一个过程称为拟核闭塞（nucleoid occlusion），可在细菌染色体上阻止 Z 环形成，从而阻止隔膜在细胞分裂时将单一染色体分成两份。SlmA 蛋白可与 FtsZ 蛋白相互作用，是大肠杆菌拟核闭塞所必需的。SlmA 蛋白可特异性地与细菌染色体中的至少 24 个位点结合，与 DNA 的结合可刺激 SlmA 蛋白去拮抗 FtsZ 蛋白的多聚化，以阻止细胞中这一区域的隔膜形成。在枯草芽孢杆菌（*Bacillus subtilis*）中，一种不同的 DNA 结合蛋白，Noc 蛋白拥有类似的拟核闭塞作用，但它使用的机制不同。Noc 蛋白可直接与膜，而非与 FtsZ 蛋白发生相互作用，并且这种作用可干扰细胞分裂机器的装配。细菌拟核占据了细胞体积的大部分，结果，这个过程将 Z 环装配限制在两极或细胞中央等有限的无拟核空间。拟核闭塞和 Min 系统的组合作用推进了 Z 环的形成，如此细胞分裂就可在细胞中央发生。

9.7　分隔涉及染色体的分开

关键概念

- 子染色体由拓扑异构酶解开彼此。
- 染色体分离与 DNA 复制同时发生，也就是说，在 DNA 复制完成前分离就开始了。
- 由 MukBEF 蛋白或 SMC 蛋白介导的染色体压缩是合适的染色体定向和分离所必需的。

分隔过程是两条子代染色体分离到隔膜形成处的两侧，正确分隔需要两类事件的协助。

- 两条子代染色体必须彼此分开，这样在复制终止后它们才能分离。这需要把在端部附近互相缠绕的 DNA 区段解开。影响分配的突变定位于编码拓扑异构酶（topoisomerase，一种能使 DNA 双链相互解开的酶）的基因。这种突变阻止了子代染色体的分离，其结果是在细胞中央含有一大堆 DNA。接着，形

成的隔膜产生了一个无核细胞和一个有两条子代染色体的细胞。这说明细菌必须要解开染色体的拓扑结构，才能使染色体分离进入不同的子细胞。

- 两条子染色体在分配时必须相向移动。染色体分离的最初模型暗示细胞包膜是由两条染色体的膜接触位点之间插入物质所形成的，此后将两条染色体推开。事实上在整个细胞表面，细胞壁和细胞膜是分别生长的。目前，细菌染色体分离模型认为它并不需要与膜接触的位点，尽管由细胞膜提供的限制据认为是帮助将两条染色体推开所必需的。一些驱动分离的装置和力量已经鉴定出来，但是认知还不完整。其中最重要的一步是促进染色体中新复制的起始点区的分开，当新复制起点移动到新的细胞位置时（见图 9.4），其余的染色体在复制后就会紧随而来。复制过的染色体能够急速移动，这表明一些区域在快速分开前是短暂地聚在一起。最后的步骤是将染色体中新的复制终点区分开。

影响分配过程本身的突变很罕见。大肠杆菌 *muk* 家族的基因突变可干扰分离，这些突变会以很高频率产生无核后代：即两个子染色体都留在隔膜的一侧而没有分离。*muk* 基因的突变是非致死突变，这可能可用来鉴别出染色体分离装置的某些成分。*mukB* 基因编码一种大的（180 kDa）蛋白质，这一蛋白质与两类染色体结构维持蛋白（structural maintenance of chromosome，SMC 蛋白）有着相同的整体组织方式，SMC 蛋白是参与真核生物细胞染色体的凝聚和聚合的蛋白质。我们也在其他细菌中发现了类似 SMC 的蛋白质，而其他基因中的突变也以很高频率产生无核后代。*muk* 基因突变体的另一表型是染色体的组织结构会发生改变，这如图 9.4 所示，即在整个细胞周期中，其复制起点和终点都重新定向到两极区域。因此，MukB 蛋白在分离过程中染色体起点的定向和定位中也发挥恰当的作用。

通过对 MukB 蛋白功能的研究，我们发现，发生于 *mukB* 基因的突变能被 *topA* 基因所抑制，*topA* 是编码拓扑异构酶 I 的基因。MukB 蛋白与其他两种蛋白 MukE 蛋白和 MukF 蛋白形成复合体，而 MukBEF 蛋白被认为是凝聚蛋白。这一功能的缺陷会引起准确分离的失败，而抑制拓扑异构酶松开负超螺旋能弥补这一缺陷：即所导致的超螺旋密度的增加可有助于恢复适当的凝聚状态，从而使分离得以进行。**图 9.9** 显示了凝聚作用的一种模型，亲代的基因组位于细胞中央，它必须要被解凝聚以通过复制装置。复制产生的子代染色体被拓扑异构酶解开，接着以非凝聚的状态被传递到 MukBEF 蛋白复合体，这些蛋白质使染色体在即将形成的子细胞的中心位置上形成凝聚的一团。

MukBEF 蛋白（或其他细菌中的 SMC 蛋白）很可能与其他因子合作，以推进染色体中起点区分离的起始步骤。研究人员已经在其他细菌中鉴定出其中的一些因子，如分配基因 *parA* 和 *parB*，其产物类似于那些低拷贝数质粒分配所必需的因子。目前研究中的这些发现和分析将让我们更好地理解细胞中的基因组是如何定位的。

9.8 染色体分离可能需要位点专一重组

关键概念

- 如果一种普适化重组事件已将细菌染色体转换成二联体，那么 Xer 位点专一重组系统则作用于靠近染色体末端的靶序列而重新产生单体。
- FtsK 蛋白作用于复制终点以促进染色体的最后分开，以及跨越正在生长的隔膜的运输。

在复制产生细菌染色体或质粒的重复拷贝以后，拷贝之间就可发生重组，**图 9.10** 显示了这一结果。两个环之间单一分子间的重组事件能产生二联体环，而进一步重组能产生更复杂的多联体

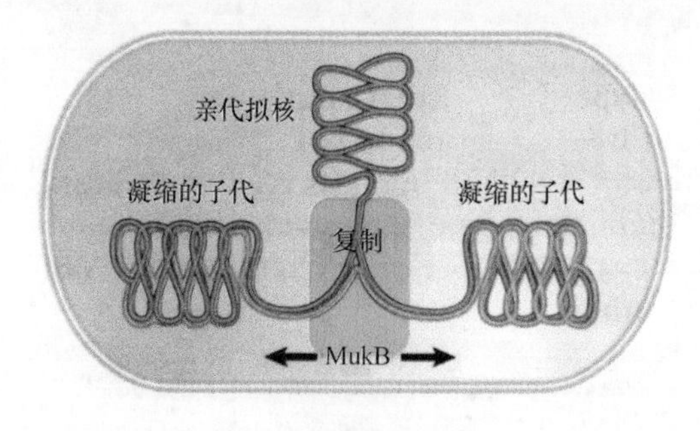

图 9.9 亲代单一 DNA 拟核在复制期间解除凝聚状态。MukB 蛋白是重新凝聚子代拟核装置的核心成分

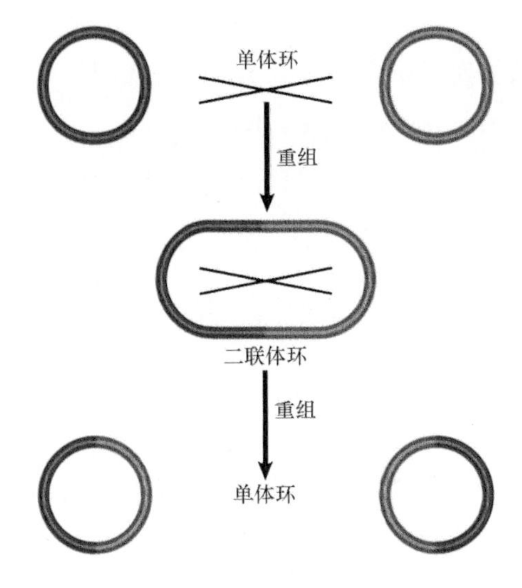

图 9.10 分子间重组将单体融合成二联体，同时分子内重组能从寡聚体中释放独立单元

形式，这一事件实质上减少了物理分离单元的数量。在刚复制的单拷贝质粒的极端例子中，重组形成二联体意味着细胞只含有一个分离单元，所以一个子细胞必定不可避免地会丢失质粒。为了抵消这种效应，质粒常常存在**位点专一重组（site-specific recombination）**系统，它能作用于特定序列而引发分子内重组来恢复单体状态。例如，P1 质粒可编码 Cre 蛋白 -*lox* 位点重组系统来实现此目的。科学家们已经在许多不同的有机体上进一步广泛利用 Cre-*lox* 系统进行基因工程改造，这些系统也将在第 13 章“同源重组与位点专一重组”中进行讨论。

同样类型的事件发生在细菌染色体上，**图 9.11** 显示了它们如何影响染色体的分离。如果没有重组发生，就没有问题存在，分离的子代染色体也可分别进入子细胞中。但在复制周期产生的子代染色体间发生同源重组会产生二联体，这样，子代染色体就不能分离。在这种情况下，就需要像质粒二联体那样通过第二次重组来解决。

含有环状染色体的大多数细菌拥有 Xer 位点专一重组系统。在大肠杆菌中，它由两个重组酶 XerC 和 XerD 构成，它们作用于称为 *dif* 的 28 bp 靶位点，该位点位于染色体末端区。Xer 系统的使用以一种有趣的方式与细胞分裂联系在一起，**图 9.12** 总结了这些相关事件。XerC 蛋白能结合到一对 *dif* 序列上，在它们之间形成一个霍利迪连接体（Holliday junction）。这个复合体可能在复制叉移动过 *dif* 序列后很快就形成了，这就解释了靶序列的两份拷贝如何能找到相应的另一份。然而，只有在 FtsK 蛋白存在的条件下方

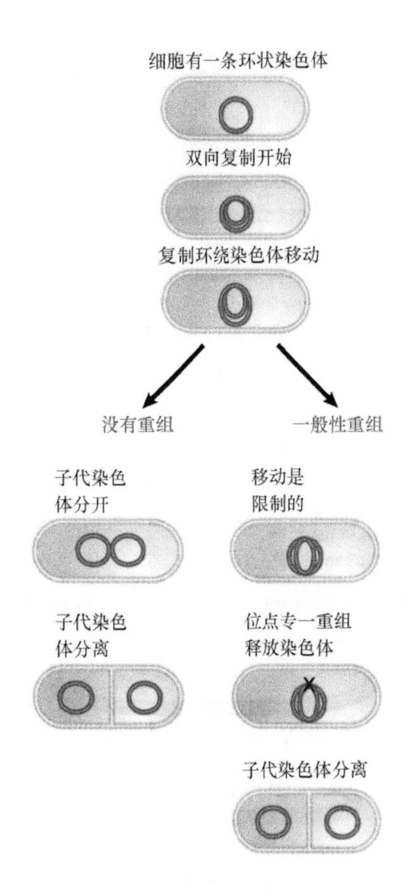

图 9.11 环状染色体复制产生两个单体分配到子细胞中。如果通过普适化重组产生一个二联体，它能通过位点专一重组分解成两个单体

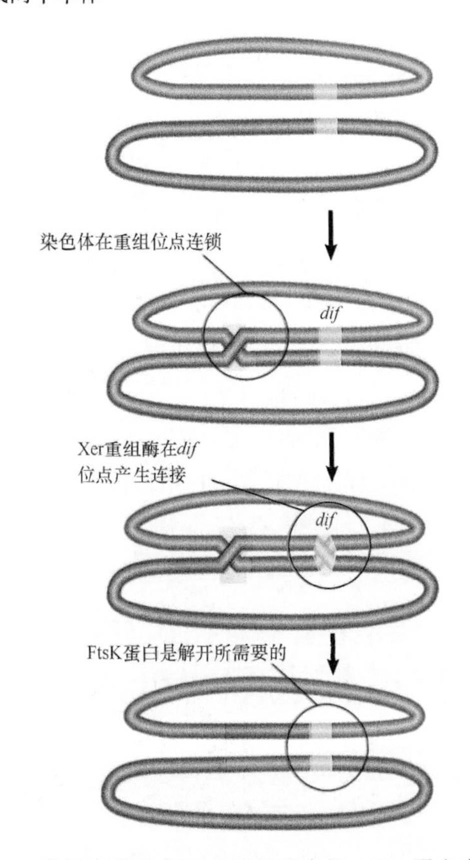

图 9.12 重组事件产生两个连锁染色体。Xer 蛋白在 *dif* 位点产生一个霍利迪连接体，但是只有当 FtsK 蛋白存在时它才能被解离

能解开连接而产生重组体，FtsK 蛋白是位于染色体分离和细胞分裂所需隔膜上的一种蛋白质。此外，*dif* 靶序列必须位于一个约 30 kb 的区段内；如果被转移出这个区段，它就无法支持这个反应。请回忆一下，染色体的末端区段位于细胞分裂前的隔膜附近，就如在第 9.3 节“在染色体分离和细胞周期中，细菌的形态和空间组织非常重要”中所讨论的。

但是只有当普适化重组（generalized recombination）事件已产生二联体时，细菌才需要 *dif* 位点的位点专一重组（否则位点专一重组会产生二联体！）。那么这个系统是如何知道子代染色体是作为单体存在还是已经重组成二联体呢？其中一个答案是染色体分离时相，我们应该记得终点是染色体分离的最后区域。如果没有重组，两条染色体在它们复制后不久就能彼此移动分开；但是如果已形成了二联体，则相关序列彼此移动分开的能力就被抑制，这就使得末端区段停留在隔膜附近，在那里它们暴露于 Xer 系统下。

促进复制终点分离的另一个因素是 FtsK 蛋白。含有 Xer 系统的细菌总是拥有 FtsK 蛋白的同源物，反之亦然，这意味着这个系统已经进化而使得解离过程总是与隔膜联系在一起。FtsK 蛋白是一个大的跨膜蛋白，其 N 端结构域与膜相连，使它位于隔膜；其 C 端结构域有两个功能，一个是使得 Xer 蛋白将二联体分解成为单体。它还拥有 ATP 酶活性，这可将 DNA 泵出隔膜。

在枯草芽孢杆菌的孢子形成过程中，出现了一种特殊类型的染色体分离现象。一条子染色体必须要分离到前体孢子（forespore）区室。这是一种不寻常的过程，它涉及将染色体跨过新生隔膜而转移。其中的一个孢子形成基因 *spoIIIE* 是这一过程所必需的。SpoIIIE 蛋白类似于 FtsK 蛋白，它定位于隔膜，具有移位功能，即能将 DNA 泵出到前体孢子区室。

9.9 真核生物生长因子信号转导途径促进细胞进入 S 期

关键概念

- 生长因子的作用是稳定其受体的二聚体化，以及随后的受体细胞质结构域的磷酸化。
- 生长因子受体的作用是募集交换因子 SOS 蛋白到细胞膜，以激活 RAS 蛋白。
- 激活的 RAS 蛋白的功能是募集 RAF 蛋白到细胞膜，并使其激活。
- RAF 蛋白的功能是启动磷酸化级联反应，这导致一系列转录因子的磷酸化，随后它们可进入细胞核启动 S 期。

在多细胞个体中，绝大多数真核生物细胞没有在生长，也就是说，它们处于细胞周期的 G_0 期阶段，就如我们在此章开篇所看到的；而干细胞和大多数胚胎细胞却是活跃生长的。退出有丝分裂的生长细胞可有两种选择：它可进入到 G_1 期，并开始新一轮的细胞分裂；或它可停止分裂而进入 G_0 期（一种静息状态），并且如果是基于如此的程序化设计，那么它可开始进入分化状态。细胞的发育历史、生长因子和其受体的存在与否都可以控制这种决定。

当细胞从 G_0 期开始其细胞周期，或在 M 期后继续进行分裂，它必须计划去表达合适的**生长因子受体（growth factor receptor）**基因。在有机体的另一个地方，常常为主腺体（master gland）中（但也能发生在邻近细胞中），则必须表达合适的生长因子（growth factor）基因。**信号转导途径（signal transduction pathway）**是一种生化机制，即来自其他细胞的、用于生长的因子信号传入到细胞核中，最终引起细胞开始复制和生长。此节中所描绘的信号途径在真核生物中是普适性的，从酵母到人类都是如此。

编码信号转导途径中元件的基因都是原癌基因（proto-oncogene），即当这些基因发生改变时都会产生癌症。现在举其中一个信号转导途径为例，即**表皮细胞生长因子（epidermal growth factor, EGF）**与其受体 **EGFR**，它是 erbB 家族的一个成员，这个家族由 4 个相关的受体组成。EGF 和 EGFR，以及编码它们的基因，组成了这个信号转导途径的前 2 个元件。EGF 是肽激素（相对于雌激素等类固醇激素）。EGFR 能以“锁和钥匙”型的机制特异性地结合 EGF。EGFR 是一种单跨膜蛋白，一种受体酪氨酸激酶（receptor tyrosine kinase，RTK），如图 9.13（a）所示。受体拥有胞外结构域（它位于细胞外侧）可结合 EGF、单一跨膜结构域（transmembrane region），

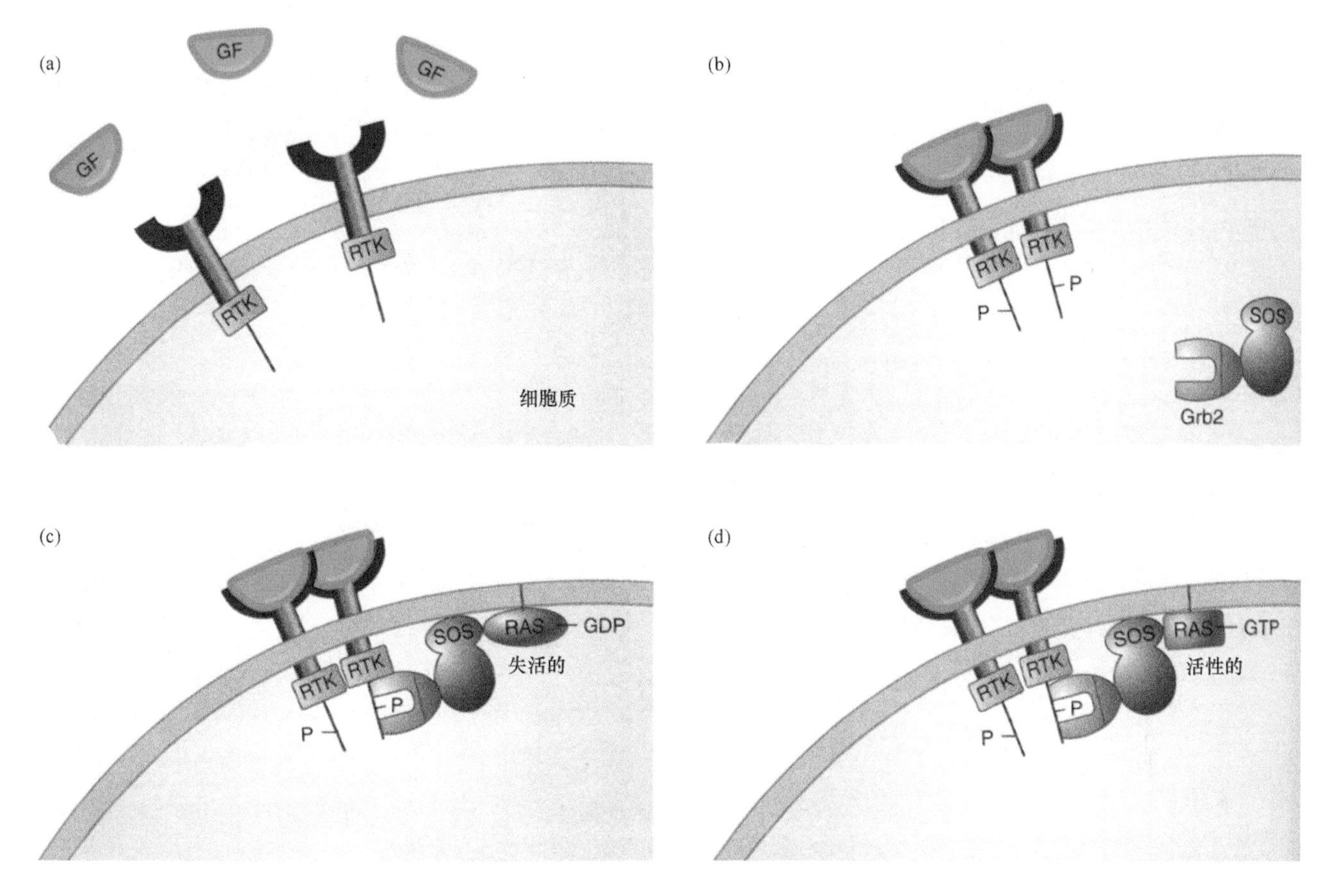

图 9.13　信号转导途径。（a）生长因子和生长因子受体。生长因子受体的胞外结构域能以“锁和钥匙”型的机制结合生长因子；而生长因子受体的细胞质结构域拥有内在的蛋白激酶结构域，称为 RTK。（b）生长因子结合于受体可稳定其二聚体化状态，并在酪氨酸残基上引导其细胞质结构域的彼此磷酸化。磷酸化残基可作为蛋白质的结合位点，如此处所示的 Grb2 蛋白。（c）Grb2 蛋白结合于 Tyr-P，这样，它的结合配偶体 SOS 蛋白（一种鸟嘌呤核苷酸交换因子）可被带到细胞膜上，由此可激活无活性的 RAS 蛋白 -GDP。（d）SOS 蛋白可移去 GDP，并用 GTP 替代，激活 RAS 蛋白

以及具有内在酪氨酸激酶活性的内侧细胞质结构域（cytoplasmic domain）。局部的细胞膜的组成差异（如胆固醇的含量）可调控信号转导途径的动力学。

激素结合于受体可稳定其二聚体化状态（通常为同源二聚体化，但与其他 erbB 家族成员的异源二聚体化也可发生），这可引发每一个受体的细胞质结构域的多重交叉的磷酸化事件。激素的唯一作用是稳定其受体的二聚体化。接着，每一个受体会磷酸化其下游的其他蛋白质，只要这个蛋白质的细胞质结构域含有由 5 个酪氨酸残基组成的序列，如图 9.13（b）所示。每一个磷酸化的酪氨酸（Tyr-P）可作为锚定位点，这可使特定的衔接子蛋白结合于受体，如图 9.13（c）所示。此处我们将以单一信号转导途径为例。但是应该记住，细胞拥有许多不同的受体，它们可以同时被激活，每一个受体含有多个锚定位点，可结合多种蛋白质。现实是，它们并非是一条条途径，更像是信息网络。

有点矛盾的是，激素结合于受体也会引起网格蛋白介导的细胞内吞，将激素受体复合体引入到溶酶体复合体中去，使之受到破坏，也可使之循环利用。这一规则由微管的脱乙酰化调节，它可控制一定比例的受体回到细胞膜上。这是重要的弱化机制的一部分，它可阻止信号途径的意外触发，这意味着生长因子必须持续存在才可以传播持久的信号。

信号转导途径的第三个成员是 RAS 蛋白（由 *ras* 基因编码）。RAS 蛋白是 G 蛋白大家族的一个成员，它可结合鸟嘌呤核苷酸、GTP（RAS 蛋白的活性形式）或 GDP（RAS 蛋白的非活性形式）。RAS 蛋白通过异戊烯化（脂类）尾部结合于细胞膜上，常常以纳米团簇的形式存在于细胞膜的细胞质一侧，以增强下游的信号途径。为了使信号转导途径的信息流能够进行下去，以此显示生长因子是存在的，无活性 RAS 蛋白必须从 RAS 蛋白 -GDP 转化成 RAS 蛋白 -GTP，这由 SOS 蛋白（Son of Sevenless）执行，它是一种鸟嘌呤核苷酸交换因子

（guanosine nucleotide exchange factor，GEF），能用GTP置换GDP，即将GDP从RAS蛋白中取出，然后用GTP替代，如图9.13（d）所示。RAS蛋白还拥有弱的磷酸酶（GTP酶）活性，能缓慢地将GTP水解成GDP。这再次提供了一种机制以确保生长因子必须持续存在，才可以使信号持续传播下去。

为了激活RAS蛋白，SOS蛋白必须被特异性地募集到细胞膜上，使之能与RAS蛋白-GDP相互作用。实验证实细胞膜中的磷脂可用于打开它的自抑制结构域，这样SOS蛋白才能结合RAS蛋白。SOS蛋白与一种衔接子，名为Grb2蛋白一起组成复合体。而Grb2蛋白含有2个结构域：SH2结构域，它可结合Tyr-P；SH3结构域，它可结合含有另一个SH3结构域的蛋白质。与受体结合的特异性在于每个Tyr-P周围的氨基酸。因此，生长因子的唯一功能是稳定其受体的二聚体化，这引发其自身的磷酸化，它再依次引导将SOS蛋白募集到细胞膜上，用以激活RAS蛋白。

无活性的RAS蛋白-GDP和活性RAS蛋白-GTP处于动态平衡之中，这由交换因子GEF蛋白控制；另一组蛋白质也可激活内源性的RAS蛋白的GTP酶活性，如RAS蛋白的GTP酶激活蛋白（GTPase activating protein，GAP），它也可控制以上反应。

可组成型地激活RAS蛋白的*ras*癌基因的突变是各种肿瘤中所发现的最常见的癌基因突变。最常见的突变是单核苷酸改变，它引起单一氨基酸的变异，从而引发了变化的功能。RASONC蛋白拥有一个关键的变异特点：它可高亲和性地结合GTP，而非GDP。所导致的后果就是它不再需要生长因子去触发激活，因为它总是组成型激活的。这种类型的突变称为**显性功能获得性突变（dominant gain-of function mutation）**。

激活的RAS蛋白，即RAS蛋白-GTP，现在它自身就可作为锚定位点，去募集此通路的第四个成员，并使之激活：结构上为非活性形式的RAF蛋白，也称为有丝分裂原激活的蛋白激酶激酶激酶（mitogen-activated protein kinase kinase kinase，MAPKKK），一种丝氨酸/苏氨酸蛋白激酶。细胞膜上RAF蛋白的激活是最令人困惑的步骤之一，为此科研人员曾提出过多种模型来对此进行解释。RAS蛋白-GTP的唯一功能是将RAF蛋白募集到细胞膜上并激活，而无其他用处。最近的一个是二聚体模型，即RAS蛋白介导的RAF蛋白二聚体的激活（图9.14）。RAS蛋白常常以纳米团簇的形式高浓度地存在于细胞膜上，这一事实使激活作用变得易于进行。高浓度的RAS蛋白会引导RAS蛋白-GTP二聚体的形成，这方便了下一个步骤。细胞膜上RAF蛋白的激活涉及其自身的二聚体化，这导致了RAS蛋白辅助下的、RAF蛋白二聚体的自抑制结构域的去折叠；随后这会允许另一个膜偶联激酶SRC蛋白对它进行磷酸化；最后，RAF蛋白二聚体

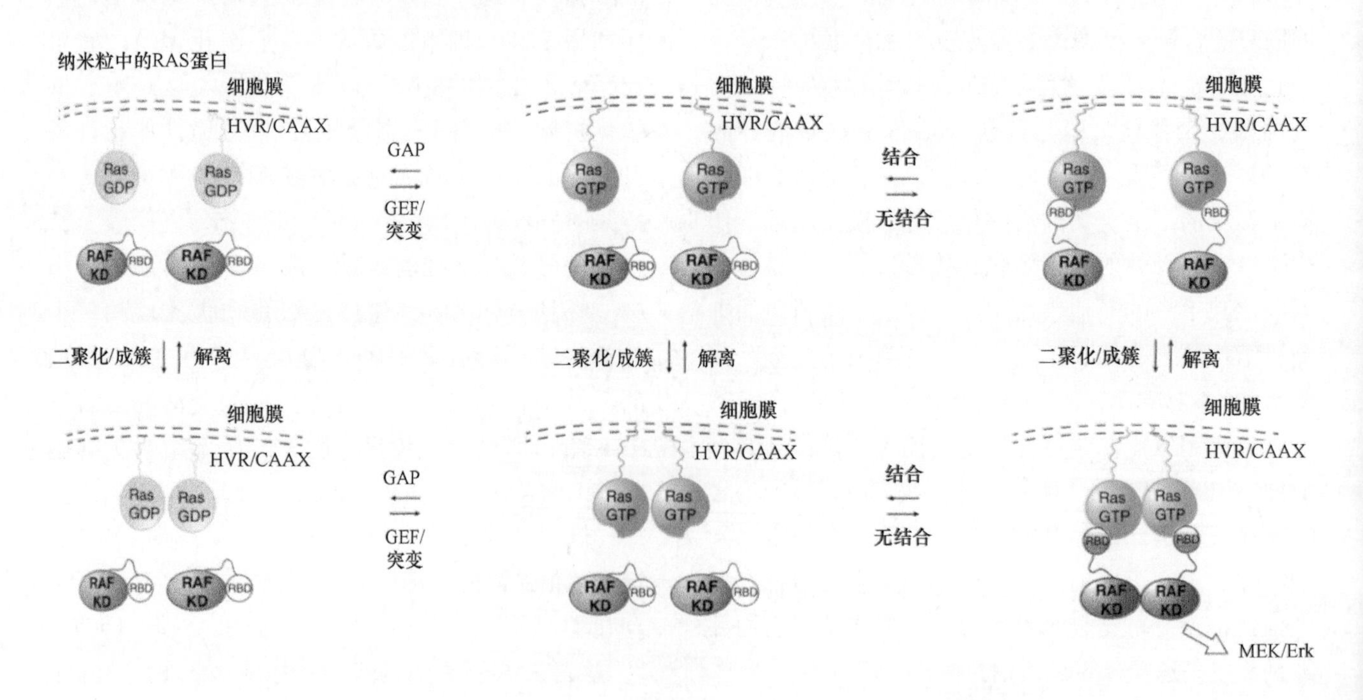

图9.14 RAS蛋白介导的RAF蛋白活化的二聚体模型。RAS蛋白-GTP形成二聚体以协调激活RAF蛋白

从细胞膜上释放出来。

激活的 RAF 蛋白可磷酸化第二个激酶，如其中一个有丝分裂原激活的蛋白激酶（mitogen-activated kinase，MEK）；接着，它可磷酸化第三个激酶，如其中一个胞外信号调节激酶（extracellular signal-regulated kinase，ERK），随后它能磷酸化和激活一系列转录因子，如 MYC、JUN 和 FOS。这会允许它们进入细胞核，并开始转录相关基因，以准备从 G_1 期向 S 期的转换。再次提醒并请注意：这是以单一信号转导途径为例，即便如此，在单一网络内各个成员之间还存在广泛的对话。另外，这种激酶级联反应还受到许多磷酸酶网络的调控。

9.10 进入 S 期的检查点控制：p53 蛋白为检查点“监护人”

关键概念

- 肿瘤抑制蛋白、p53 蛋白和 Rb 蛋白可作为细胞完整性的“监护人”。
- 一组 Ser/Thr 蛋白激酶，即周期蛋白依赖性激酶控制着细胞周期进程。
- 周期蛋白是激活周期蛋白依赖性激酶所需的。
- 抑制因子可负调节周期蛋白 / 周期蛋白依赖性激酶。
- 激活物，即激活 CDK 的激酶可正调节周期蛋白 / 周期蛋白依赖性激酶。

经过生长因子的初始激活后，细胞周期的向前推进还需要生长因子的持续存在。这由第二组 Ser/Thr 蛋白激酶，**周期蛋白依赖性激酶（cyclin-dependent kinase, CDK）**严格控制，这有时也称为细胞分裂依赖性激酶（cell division-dependent kinase）。CDK 自身也以非常复杂的形式受到控制，如图 9.15 所示。通常它们自身处于失活状态，只在细胞周期特异性的蛋白质——周期蛋白（cyclin）结合后可被激活。这意味着 CDK 可被事先合成，并保存于细胞质中。除了周期蛋白外，CDK 还可被多个磷酸化事件所调节。其中一组激酶，具有 Ser/Thr 蛋白激酶活性的 Wee1 蛋白家族，可抑制 CDK 活性；而另一组，激活 CDK 的激酶（CDK-activating

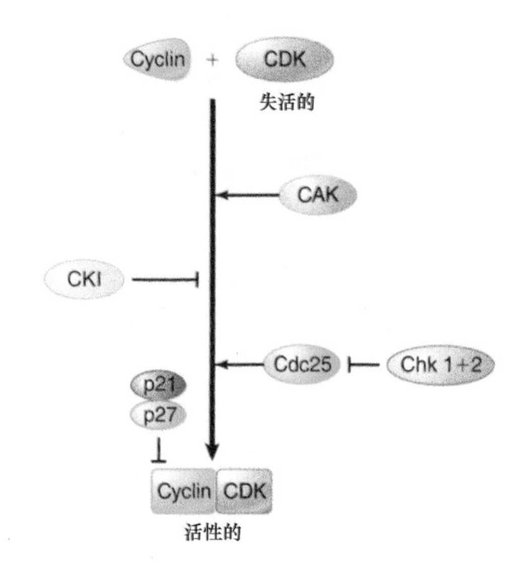

图 9.15 活性 CDK 的形成需要它结合周期蛋白。细胞周期进程由正因子和负因子调节

kinase，CAK）可激活 CDK。（Wee1 蛋白激酶可抑制细胞周期进程，如果它们发生突变，细胞周期进程会在成熟前终止，这会形成非常小的细胞）。这也意味着激酶和磷酸酶的平衡可调节 CDK 的活性。此处我们将专注于 G_1 期向 S 期的转换（G_2 期向 M 期的转换、有丝分裂和减数分裂的不同时期内也存在着类似的严格控制）。进入 S 期的信号是正向信号，它由负调节物控制。当复制全部完成后，由 S 期向 G_2 期的转换会自然而然发生。

当细胞被允许从 G_1 期向 S 期前进，它必须要满足 2 个主要需求：细胞必须长到一定的尺寸；必须不存在 DNA 损伤。为了确保 2 个条件都得到满足，CDK/ 周期蛋白复合体必须受到检查点蛋白的控制。其中最重要的是两种：p53 蛋白和 Rb 蛋白。这两种蛋白质属于**肿瘤抑制蛋白（tumor suppressor）**家族的成员。作为细胞周期的“监护人”，这些蛋白质能确保细胞大小和 DNA 不存在损伤的标准符合要求。甚至在癌基因突变体 RAS 蛋白存在的情况下，肿瘤抑制蛋白也将会阻止细胞从 G_1 期向 S 期前进，它们就是细胞周期的刹车。肿瘤抑制蛋白的突变会使损伤的和小尺寸的细胞进行复制。这些隐性的、功能缺失性的突变是肿瘤中最常见的肿瘤抑制蛋白突变，尤其是当突变存在于 p53 蛋白和 Rb 蛋白时，有时两者会同时出现。

由 p53 蛋白控制的 DNA 损伤检查点是了解得最透彻的一个例子（图 9.16）。p53 蛋白的功能就是将信息传给 CDK/ 周期蛋白复合体，即告知细胞

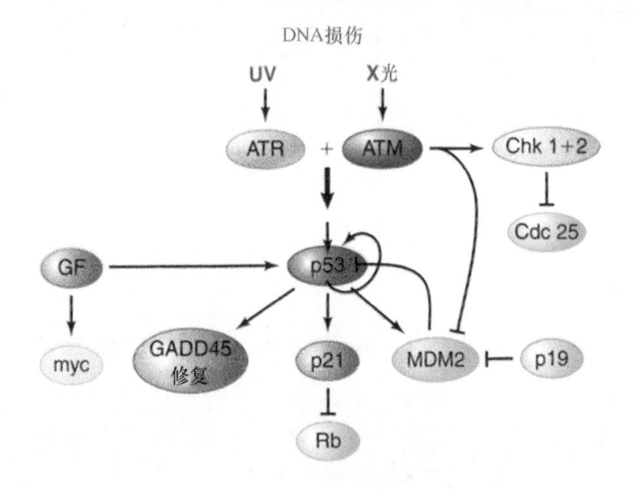

图 9.16 DNA 损伤的信号途径。DNA 损伤可激活 p53 蛋白。激活的 p53 蛋白通过 Rb 蛋白来停滞细胞周期，并刺激 DNA 修复。一组复杂的激活物和抑制蛋白调节 p53 蛋白的活性

损伤已经产生，不要进入 S 期，也就是说，它最终导致细胞周期停滞。另外，如果损伤极其广泛而无法修复，p53 蛋白将会启动另一条途径，**凋亡（apoptosis）**或**细胞程序性死亡（programmed cell death，PCD）**。当细胞开始准备启程通过 G_1 期，以及关键的 G_1 期向 S 期的转换时，生长因子的刺激可上调 *p53* 基因的转录。

多条复杂的通路可调节 p53 蛋白产物。主要的调节物称为 MDM2 蛋白，它通过负反馈环的方式发挥功能。p53 蛋白可上调 MDM2 的转录，然后它以正反馈环抑制 p53 蛋白的作用，这通过将它靶向到依赖泛素的蛋白酶体降解途径而实现的，详细描述见第 9.11 节“进入 S 期的检查点控制：Rb 蛋白为检查点‘监护人’”。它也能结合 p53 蛋白，以此来阻止其转录激活作用。DNA 损伤可引起 MDM2 蛋白的磷酸化，这会抑制其促进 p53 蛋白降解的能力，从而使 p53 蛋白水平增高。生长因子刺激的细胞周期进程也会引起 $p19^{ARF}$（人类中为 p14 蛋白）的转录上升，它会结合和抑制 MDM2 蛋白，从而使之丧失了抑制 p53 蛋白的能力。人类 $p14^{ARF}$ 转录自一个令人着迷的遗传基因座，*INK4a/ARF* 基因座，它通过可变剪接和不同启动子的使用可以形成三种蛋白质：$p15^{ARF}$ 蛋白、$p16^{ARF}$ 蛋白和 $p14^{ARF}$ 蛋白（ARF 表示可变阅读框，alternative reading frame）。

DNA 损伤和不同的应激状态，通过来自细胞核的蛋白激酶级联反应激活 p53 蛋白，最终磷酸化并稳定 p53 蛋白，使之免于降解。这会导致 p53 蛋白的水平上升，激活其能力，使之作为转录因子去开启其下游的一些基因的转录，并关闭另一些基因的转录。开启的基因包括：*GADD45*，它可刺激 DNA 修复；*p21/WAF-1*，其产物可结合和抑制 G_1 期阻滞所需的 CDK/ 周期蛋白复合体（如果 DNA 损伤太广泛则它会促进凋亡）；一组基因间区长链非编码 RNA（large intergenic noncoding RNA，lincRNA），它可以介导转录抑制；miRNA（详见第 30 章“调节性 RNA”）。一种特定的 lincRNA，p21-lincRNA，通过结合于特殊的染色质复合体来介导 p53 蛋白的抑制效应。

DNA 损伤也可独立地激活一对蛋白激酶：Chk1 激酶和 Chk2 激酶，随后它们能磷酸化和抑制 CDK 蛋白；也能磷酸化和抑制 Cdc25 蛋白（Cdc 表示细胞分裂周期，cell division cycle)，而这是激活 CDK 蛋白所需的。

9.11　进入 S 期的检查点控制：Rb 蛋白为检查点“监护人”

关键概念

- Rb 蛋白是细胞周期的主要“监护人”，它可整合 DNA 损伤和细胞生长的信息。
- 在细胞质中，Rb 蛋白可与一组必需的转录因子，E_2F 蛋白家族的激活结构域结合，从而阻止它们转录细胞周期进程所需的基因。
- 当 Rb 蛋白被周期蛋白 /CDK 复合体磷酸化后，它会释放 E_2F 蛋白，从而允许细胞周期向前推进。

现在让我们了解未损伤细胞是如何通过 G_1 期（**图 9.17**）。由信号转导途径执行的生长因子信号，是开启第一个所要表达的周期蛋白——周期蛋白 D（人类有此基因的 3 种不同形式，而果蝇只有 1 种）基因所必需的。其配偶体已经存在于细胞质中，它们是 CDK4 和 CDK6。周期蛋白是 CDK 蛋白激酶的正调节物，因为 CDK 蛋白本身是失活的，所以周期蛋白 D 是细胞进入 S 期所需的。生长因子必须至少持续存在到 G_1 期的前半期。

细胞周期进程的核心是肿瘤抑制蛋白，Rb 蛋白。尽管 Rb 蛋白在细胞核中可作为直接的染色质

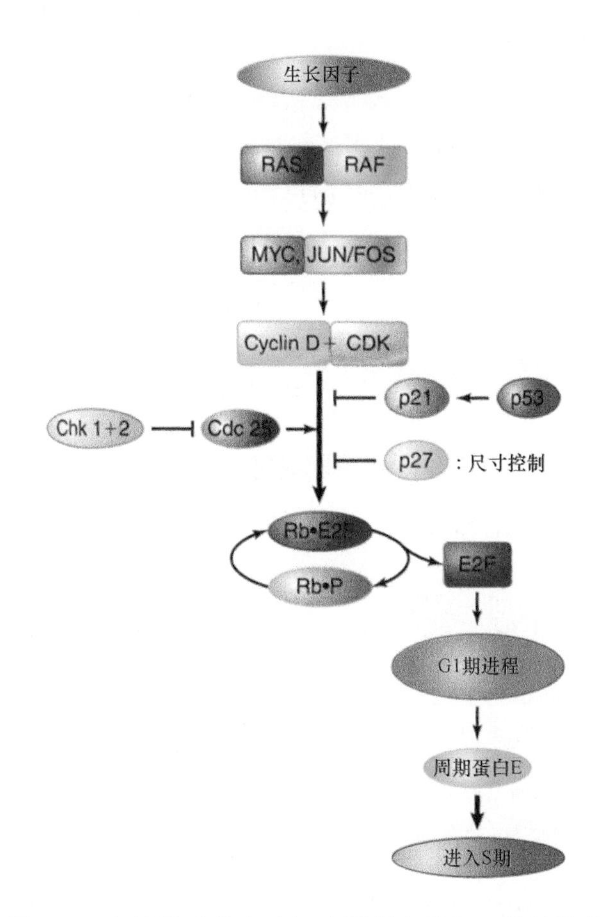

图 9.17 生长因子是启动细胞周期和进入 S 期所需的。CDK/ 周期蛋白复合体可磷酸化 Rb 蛋白，使之释放转录因子 E_2F 蛋白，这样它可进入细胞核，从而开启通过 G_1 期并进入 S 期所需的基因

结构和转录的调节物，但此节中，我们将专注于它在细胞质中的功能，即进入 S 期的主要“监护人”。Rb 蛋白可结合转录因子 E_2F，并抑制其进入细胞核，使之不能转录可通过 G_1 期并进入 S 期所需的基因。在 G_1 期，由 Rb 蛋白控制的关键点称为**限制点（restriction point）**或起始点（START point）（不同物种有所差异），此时细胞将会致力于继续通过细胞周期。最终，Rb 蛋白整合了有关 DNA 的损伤（见第 9.10 节“进入 S 期的检查点控制：p53 蛋白为检查点‘监护人’”中有关 p53 蛋白的描述）和细胞尺寸（或细胞生长）的信号途径，因此它是细胞向 S 期推进的主要“监护人”。

当细胞周期进程开始时，Rb 蛋白必须被 CDK/ 周期蛋白磷酸化，磷酸化的 Rb 蛋白会释放 E_2F 蛋白。因此，细胞周期进程的最终控制由一组抑制因子调节 CDK 激酶活性而完成，这些因子就是周期蛋白激酶抑制因子（cyclin kinase inhibitor，CKI）。由 DNA 损伤，并通过 p53 蛋白所诱导出来的 p21 蛋白就是一种 CKI。它是在 DNA 损伤检查点和 Rb 蛋白之间的主要联系点。另一个主要 CKI 就是 p27 蛋白，它是 Cip/Kip 蛋白家族的一员，它在 G_0 期细胞中的浓度相当高以阻止 G_1 期的激活。EGFR 的激活可导致 p27 蛋白的减少。在 G_1 期，细胞因子 TGF-3，一种主要的生长抑制因子，也可激活 p27 蛋白。p19/p16/INK/ARF 是另一类主要的 CKI，它可控制周期蛋白 D 的活性（INK 蛋白和 ARF 蛋白来自同一基因，但是由可变阅读框分别获得。）

细胞尺寸和细胞生长由滴定机制监测。即将进入 G_1 期的细胞有一组固定的、不同类型的 CKI 蛋白，以阻止细胞周期进程。当细胞通过 G_1 期时，通过合成更多的周期蛋白 D 来克服这种抑制效应。因此，消耗多长时间去合成足够数量的周期蛋白来克服 CKI 的抑制效应，这决定了 G_1 期的时间跨度。

在 G_1 期时会产生 3 种不同的周期蛋白。前面所描述的周期蛋白 D 是第一个被合成的，它由生长因子激活。当细胞继续生长时，周期蛋白 D 的水平已经达到滴定点，在此点它超越了 CKI 的水平，然后周期蛋白 D/CDK4/6 开始磷酸化 Rb 蛋白 /E_2F 蛋白，这会使 Rb 蛋白开始释放 E_2F 蛋白，接着它能激活通过细胞周期和 S 期所需的基因。这些激活的基因包括 *E_2F* 基因，它能使 E_2F 蛋白和周期蛋白 E 的浓度显著提高。周期蛋白 E 在 G_1 期的中期被激活，这也是细胞进入 S 期所需的，它能够增加和放大 Rb 蛋白的初始磷酸化。最后，就在 S 期开始前，周期蛋白 A 开始合成，这也是进入和继续通过 S 期所需的。

小结

- 大肠杆菌染色体复制需要固定 40 min 的时间，而在细胞能够分裂前还需约 20 min。当细胞分裂速率超过每 60 min 一次时，则在上一次分裂结束前就起始新一轮分裂周期，这就产生了多复制叉染色体。在每一次细胞周期中，起始事件只发生一次，且发生在特定的时间点。在每一次细胞周期中，起始时相依赖于活性起始蛋白 DnaA 的积聚和可关闭新合成起始点的抑制因子。
- 细菌如杆状细胞样生长，它通过可产生细胞中央的隔膜来分裂两个子细胞。杆状由环绕细胞的肽聚糖包膜来维持。杆状结构依赖于MreB蛋白——一种肌动蛋白样蛋白质，能形成可募集肽聚糖合成所必需的酶的支架。隔膜依赖于FtsZ蛋白，它是一种微管蛋白样蛋白质，能多聚体化成称为Z环的纤丝状结构。FtsZ蛋白可募集隔膜形成所需的酶。隔膜形成的缺失就产生多核丝状体；隔膜的过量形成则产生无核小细胞。

- 许多跨膜蛋白互相作用生成隔膜。ZipA蛋白位于细菌内膜，可与FtsZ蛋白结合。其他几个*Fts*基因产物全是跨膜蛋白，按次序与Z环连接成隔环。最后结合的蛋白质是SEDS蛋白家族中的FtsW蛋白和转肽酶FtsI（PBP3蛋白），它们共同作用产生组成隔膜的肽聚糖。染色体分离涉及几个过程，如由拓扑异构酶分开首尾相接的产物、位点专一重组、以及DNA复制以后的MukB蛋白/SMC蛋白对染色体凝聚所起的作用。质粒和细菌有位点专一重组系统，它能将普适性重组产生的二联体分解，重新生成成对的单体。Xer系统作用于染色体末端区域的一段靶序列，这个系统只有当隔膜的FtsK蛋白存在时才被激活，这就保证了它只有当二联体需要被解聚时才发挥功能。
- 真核生物细胞周期由一组复杂的调节物控制。允许开始细胞周期，而非进入或维持在G_0期，需要正向生长因子信号，它可与其受体相互作用，以启动信号转导途径。这种信息的生物化学级联反应，从细胞外开始，通过RAS蛋白-GTP和RAF蛋白激酶，最终导致细胞质中一组转录因子的激活。随后它们进入细胞核启动基因的转录，这些基因是通过G_1期、进入S期，以及染色体复制所需的。
- 细胞周期，即从G_1期进入S期，以及其他时相，主要由磷酸化事件调节，它由一组蛋白激酶CDK执行，并由磷酸酶平衡。蛋白激酶由一组细胞周期不同阶段特定的蛋白质控制，称为周期蛋白，它们可结合CDK，使之从失活状态转变成活性状态。只有当不存在DNA损伤，且细胞生长到足够的尺寸，才会允许细胞从G_1期进入S期。这两个条件由一对肿瘤抑制蛋白强制执行。p53蛋白监护DNA损伤检查点以阻止损伤DNA的复制；Rb蛋白也是“监护人”，它可整合DNA损伤和细胞尺寸的信息，以最终控制是否允许基因调节物E_2F蛋白进入细胞核，并开启转录。

参考文献

9.2 细菌的复制与细胞周期相关联

综述文献

Haeusser, D. P., and Levin, P. A. (2008). The great divide: coordinating cell cycle events during bacteria growth and division. *Curr. Opin. Microbiol.* 11, 94-99.

Scalfani, R. A., and Holzen, T. M. (2007). Cell cycle regulation of DNA replication. *Annu. Rev. Gen.* 41, 237-280.

研究论文文献

Donachie, W. D., and Begg, K. J. (1970). Growth of the bacterial cell. *Nature* 227, 1220-1224.

Lobner-Olesen, et al. (1989). The DnaA protein determines the initiation mass of *Escherichia coli*. K-12. *Cell* 57, 881-889.

9.3 在染色体分离和细胞周期中，细菌的形态和空间组织非常重要

综述文献

Eraso, J. M., and Margolin, W. (2011). Bacterial cell wall: thinking globally, acting locally. *Curr. Biol.* 21, R628-R630.

Eun, Y.-J., et al. (2015). Bacterial filament systems: toward understanding their emergent behavior and cellular functions. *J. Biol. Chem.* 290, 17181-17189.

Osborn, M. J., and Rothfield, L. (2007). Cell shape determination in *Escherichia coli*. *Curr. Opin. Microbiol.* 10, 606-610.

Reyes-Larnothe, R., et al. (2008). *Escherichia coli* and its chromosome. *Trends Microbiol.* 16, 238-245.

研究论文文献

Dominguez-Escobar, J., et al. (2011). Processive movement of MreB-associated cell wall biosynthetic complexes in bacteria. *Science,* 333, 225-228.

Garner, E. C., et al. (2011). Coupled, circumferential motions of the cell wall synthesis machinery and MreB filaments in *B. subtilis*. *Science* 333, 222-225.

Spratt, B. G. (1975). Distinct penicillin binding proteins involved in the division, elongation, and shape of *E. coli* K12. *Proc. Natl. Acad. Sci. USA* 72, 2999-3003.

9.4 与分裂或分离有关的基因突变影响细胞形态

研究论文文献

Adler, H. I., et al. (1967). Miniature *E. coli* cells deficient in DNA. *Proc. Natl. Acad. Sci. USA* 57, 321-326.

Niki, H., et al. (1991). The new gene *mukB* codes for a 177 kd protein with coiled-coil domains involved in chromosome partitioning of *E. coli*. *EMBO J.* 10, 183-193.

9.5 FtsZ 蛋白是隔膜形成所必需的

综述文献

Errington, J., et al. (2003). Cytokinesis in bacteria. *Microbiol Mol. Biol. Rev*. 67, 52-65.

Weiss, D. S. (2004). Bacterial cell division and the septal ring. *Mol. Microbiol* 54, 588-597.

研究论文文献

Bi, E. F., and Lutkenhaus, J. (1991). FtsZ ring structure associated with division in *Escherichia coli*. *Nature* 354, 161-164.

Mercer, K. L., and Weiss, D. S. (2002). The *E. coli* cell division protein FtsW is required to recruit its cognate transpeptidase, FtsI (PBP3), to the division site. *J. Bacteriol* 184, 904-912.

Pichoff, S., and Lutkenhaus, J. (2002). Unique and overlapping roles for ZipA and FtsA in septal ring assembly in *Escherichia coli*. *EMBO J. 21*, 685-693.

9.6 *min* 和 *noc/slm* 基因可调节隔膜定位

综述文献

Adams, D. W., et al. (2014). Cell cycle regulation by the bacterial nucleoid. *Curr. Opin. Microbiol*. 22, 94-101.

Lutkenhaus, J. (2007). Assembly dynamics of the bacterial MinCDE system and spatial regulation of the Z Ring. *Annu. Rev. Biochem*. 76, 539-562.

研究论文文献

Bernhardt, T. G., and de Boer, P. A. J. (2005). SlmA, a nucleoid-associated, FtsZ binding protein required for blocking septal ring assembly over chromosomes in *E. coli*. *Mol. Cell* 18, 555-564.

Fu, X. L., et al. (2001). The MinE ring required for proper placement of the division site is a mobile structure that changes its cellular location during the *Escherichia coli* division cycle. *Proc. Natl. Acad. Sci. USA* 98, 980-985.

Raskin, D. M., and de Boer, P. A. J. (1999). Rapid pole-to-pole oscillation of a protein required for directing division to the middle of *Escherichia coli*. *Proc. Natl. Acad. Sci. USA* 96, 4971-4976.

9.7 分隔涉及染色体的分开

综述文献

Bouet, J. Y., et al. (2014). Mechanisms for chromosome segregation. *Curr. Opin. Microbiol*. 22, 60-65.

Draper, G. C., and Gober, J. W. (2002). Bacterial chromosome segregation. *Annu. Rev. Microbiol*. 56, 567-597.

研究论文文献

Case, R. B., et al. (2004). The bacterial condensing MukBEF compacts DNA into a repetitive, stable structure. *Science* 305, 222-227.

Danilova, O., et al. (2007). MukB colocalizes with the *oriC* region and is required for organization of the two *Escherichia coli* chromosome arms into separate cell halves. *Mol. Microbiol*. 65, 1485-1492.

Fisher, J. K., et al. (2013). Four-dimensional imaging of *E. coli* nucleoid organization and dynamics in living cells. *Cell* 153, 882-895.

Jacob, F., et al. (1966). On the association between DNA and the membrane in bacteria. *Proc. Roy. Soc. Lond. B. Bio. Sci*. 164, 267-348.

Sawitzke, J. A., and Austin, S. (2000). Suppression of chromosome segregation defects of *E. coli muk* mutants by mutations in topoisomerase I. *Proc. Natl. Acad. Sci. USA* 97, 1671-1676.

Wang, X., et al. (2014). *Bacillus subtilis* chromosome organization oscillates between two distinct patterns. *Proc. Natl. Acad. Sci. USA* 111, 12877-12882.

9.8 染色体分离可能需要位点专一重组

研究论文文献

Aussel, L., et al. (2002). FtsK is a DNA motor protein that activates chromosome dimer resolution by switching the catalytic state of the XerC and XerD recombinases. *Cell* 108, 195-205.

Stouf, M., et al. (2013). FtsK actively segregates sister chromosomes in *Escherichia coli*. *Proc. Natl. Acad. Sci. USA* 110, 11157-11162.

9.9 真核生物生长因子信号转导途径促进细胞进入 S 期

综述文献

Good, M. C., et al. (2011). Scaffold proteins: hubs for controlling the flow of cellular information. *Science* 332, 680-686.

Kyriakis, J. M. (2009). Thinking outside the box about Ras. *J. Biol. Chem*. 284, 10993-10994.

Oda, K., et al. (2005). A comprehensive pathway map of epidermal growth factor receptor signaling. *Mol. Syst. Biol*. 1, Epub.

研究论文文献

Alvarado, D., et al. (2010). Structural basis for negative cooperativity in growth factor binding to an EGF receptor. *Cell* 142, 568-579.

Coskun, Ü., et al. (2011). Regulation of human EGF receptor by lipids. *Proc. Natl. Acad. Sci. USA* 108, 9044-9048.

Gao, Y. S., et al. (2010). The Microtubule-associated Histone Deacetylase 6 (HDAC6) regulates epidermal growth factor receptor (EGFR) endocytic trafficking and degradation. *J. Biol. Chem*. 285, 11219-11226.

Misaki, R., et al. (2010). Palmitoylation directs Ras proteins to the correct intracellular organelles for trafficking and activity. *J. Cell Biol*. 191, 23-29.

Nan, X., et al. (2015). Ras-GTP Dimers Activate the Mitogen-Activated Protein Kinase (MAPK) Pathway. *Proc. Natl. Acad. Sci. USA* 112, 7996-8001.

Zhou Y., et al. (2015). Membrane potential modulates plasma membrane phospholipid dynamics and KRas signaling. *Science* 349, 873-876.

9.10 进入 S 期的检查点控制：p53 蛋白为检查点“监护人”

综述文献

Kruse, J. P., and Gu, W. (2009). Modes of p53 regulation. *Cell* 1367, 609-622.

Scott, J. D., and Pawson, T. (2009). Cell signaling in space and time: where proteins cometogether and when they're apart. *Science* 326, 1220-1224.

Vousden, K. H. (2000). p53 death star. *Cell* 103, 691-694.

研究论文文献

Agami, R., and Bernards, R. (2000). Distinct initiation and

maintenance mechanisms cooperate to induce G1 cell cycle arrest in response to DNA damage. *Cell* 102, 55-66.

Hemann, M. T., et al. (2005). Evasion of the p53 tumor surveillance network by tumor-derived *MYC* mutants. *Nature* 436, 807-812.

Huarte, M., et al. (2010). A large intergenic noncoding RNA induced by p53 mediates global gene repression in the p53 response. *Cell* 142, 409-419.

Jin, L., et al. (2011). micoRNA-149*, a p53-responsive microRNA, functions as an oncogenic regulator in human melanoma. *Proc. Natl. Acad. Sci. USA* 108, 15840-15845.

Purvis, J. E., et al. (2012). P53 dynamics control cell fate. *Science* 336, 1440-1444.

Sun, P., et al. (2010). GRIM-19 and p16^{INK4a} synergistically regulate cell cycle progression and E2F1-responsive gene expression. *J. Biol. Chem.* 285, 27545-27552.

Sun, L., et al. (2009). JFK, a Kelch domain-containing F-box protein, links the SCF pathway to p53 regulation. *Proc. Natl. Acad. Sci. USA* 106, 10195-10200.

Weber, J. D., et al. (2000). p53-Independent functions of the p19^{ARF} tumor suppressor. *Genes Dev.* 14, 2358-2365.

9.11 进入S期的检查点控制：Rb蛋白为检查点“监护人”

综述文献

Enders, G. H. (2008). Expanded roles for chk1 in genome maintenance. *J. Biol. Chem.* 283, 17749-17752.

Kaldis, P. (2007). Another piece of the p27^{Kip1} puzzle. *Cell* 128, 241-244.

Weinberg, R. A. (1995). The Retinoblastoma protein and cell cycle control. *Cell* 81, 323-330.

研究论文文献

Deng, C., et al. (1995). Mice lacking p21CIP1/WAF1 undergo normal development, but are defective in G1 checkpoint control. *Cell* 82, 675-684.

Janbandhu, V. C., et al. (2010). p65 negatively regulates transcription of the Cyclin E gene. *J. Biol. Chem.* 285, 17453-17464.

Kan, Q., et al. (2008). Cdc6 determines utilization of p21$^{WAF1/CIP1}$-dependent damage checkpoint in S phase cells. *J. Biol. Chem.* 283, 17864-17872.

Koepp, D. M., et al. (2001). Phosphorylation-dependent ubiquitination of Cyclin E by the SCF^{Fbw7} ubiquitin ligase. *Science* 294, 173-177.

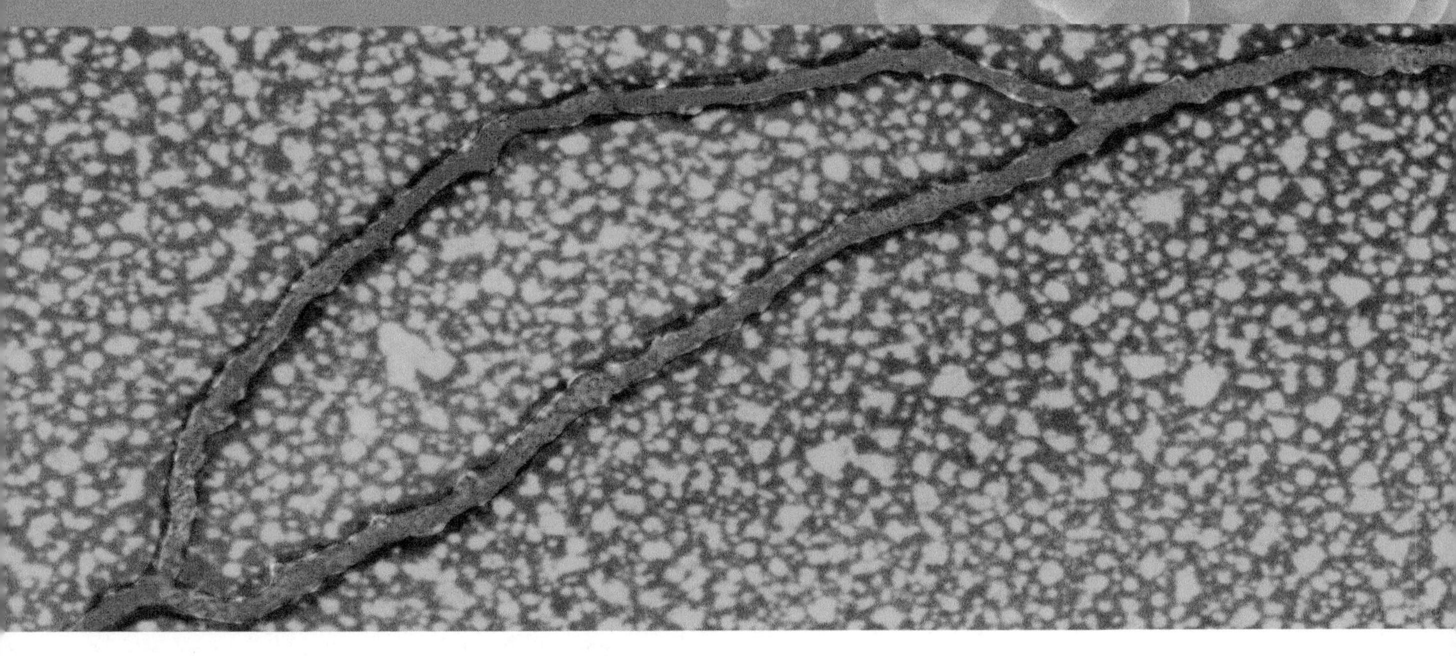

第 10 章 复制子：复制的起始

章节提纲

10.1 引言

无论细胞只有一条染色体（如在大部分原核生物中），还是拥有多条染色体（如在真核生物中），在每次细胞分裂过程中，全基因组必须精确地复制一次。那么复制行为是如何与细胞周期联系在一起的呢？

现在我们用两个普适性准则来比较细胞周期与复制状态之间的联系。

- DNA 复制启动就保证了（原核生物或真核生物）细胞的进一步分裂。从这一点上来看，一个细胞产生的后代数量是由可否启动 DNA 复制的一系列结果所决定的。复制受控于起始阶段。复制一旦开始，就会继续下去，直到全基因组多倍化。
- 如果需要进行复制，那么复制过程完成前，细胞是不会发生分裂的。其实，复制的完成可能触发了细胞分裂，随后多倍化的基因组被分配到两个子细胞中。在此过程中，分离单元就是染色体。

DNA 中发生一次复制的功能单元称为**复制子**（**replicon**）。在每个细胞周期中，每个复制子发生且只发生一次复制。复制子被定义是由于它含有复制所需的控制元件，在复制起始位点具有**起点**（**origin**），在复制的终止位点具有**终点**（**terminus**）。与一个起点相连的任何序列，或更精确地说，是与起点相连而没有被终点隔断的任何序列，都会作为复制子的一部分被复制。起点是一个顺式作用位点，只能作用于该位点所在的 DNA 分子。

（在原核生物中，复制子最初的表述是一个既有复制起点又有编码调节物基因的单位。然而，“复制子”现在通常用在真核生物染色体以描述含有一个复制起点的复制单位；反式作用调节物则可能是在别处编码的）。

细菌或古菌可能会以**质粒**（**plasmid**）的形式包含额外的遗传信息。质粒是一个自主环状 DNA 基因组，构成一个个独立复制子。每一个噬菌体或病毒 DNA 也组成了一个复制子，它们在一个感染周期中能起始多次复制。所以，我们可以换一个角度来更好地理解原核生物复制子的定义，即含有一个复制起点而能在细胞中自主复制的 DNA 分子。

细菌、古菌和真核生物基因组在组织结构上的一个主要差别就在于它们的复制。细菌基因组具有单一复制起点，这样组成了单一复制子，所以每一个单元的复制和分离是同时发生的。单一起点的启动就可发起全基因组的复制，且每一次细胞分裂只发生一次。每一个单倍体细胞拥有一条染色体，所以这种类型的复制控制称为**单拷贝**（**single copy**）。另一个原核生物生命体——古菌则更加复杂。一些古菌种属拥有类似于细菌情况的单一复制起点的染色体，而其他种属可从单一染色体的多个位点启动复制。例如，硫化叶菌属（*Sulfolobus*）的单一环状染色体具有三个起点，如此组成了三个复制子。在真核生物中，复杂性进一步增加了。每一个真核生物染色体（通常为很长的线性 DNA 分子）都含大量复制子，它们在染色体中的分布是不均一的。每一个染色体存在的大量起点就为复制控制增加了另外一个问题，即同一条染色体上的所有复制子都必须在一个细胞周期内被激活复制。当然，他们没有必要同时被激活，但是在一段一定长的时间内，每一个复制子必须被激活，而且每一个复制子在一次细胞周期中只能被激活一次。多种机制存在以防止复制成熟前的重新起始。

必定存在某种信号来区分已复制过的和未被复制的复制子，以保证复制子不会被再次复制。而且，因为许多个复制子是被独立激活的，所以必定存在另一种信号提示何时所有复制子的复制过程都完成了。

与单拷贝控制的细胞核染色体相比，线粒体和叶绿体 DNA 更像细菌中的多拷贝控制的质粒。每个细胞中，细胞器 DNA 是多拷贝的，并且细胞器 DNA 的复制控制应该是与细胞周期相关联的（详见第 12 章“染色体外复制子”）。

10.2 复制起点通常起始双向复制

关键概念

- 复制区看上去就像是在非复制 DNA 内的一个泡状结构。
- 复制叉在起点启动，随后沿 DNA 链延伸。
- 在起点只产生单一复制叉时，复制是单向的。
- 当起点上产生两个朝向相反方向移动的复制叉时，复制是双向的。

通过分开或解链 DNA 双链中的两条链，复制就从起点开始了。**图 10.1** 显示每一条亲链都可作为模板来合成互补子链。在这种复制模型中，亲代双链体产生两个子代双链体，每个新的双链体包含一条原始亲链和一条新链，这称为**半保留复制**（**semiconservative replication**）。

参与复制的 DNA 分子存在两种类型的区域。**图 10.2** 展示了正在复制的 DNA，我们用电镜观察时，复制区像是在非复制 DNA 内部的一个**复制泡**（**replication bubble**）。非复制区由亲代双链体构成，它会打开而形成复制区，此后，两条子代双链体就会形成。

发生复制的位点称为**复制叉**（**replication fork**）[有时也称为**生长点**（**growing point**）]。复制叉从位于复制起点的位点开始沿着 DNA 链有序移动。

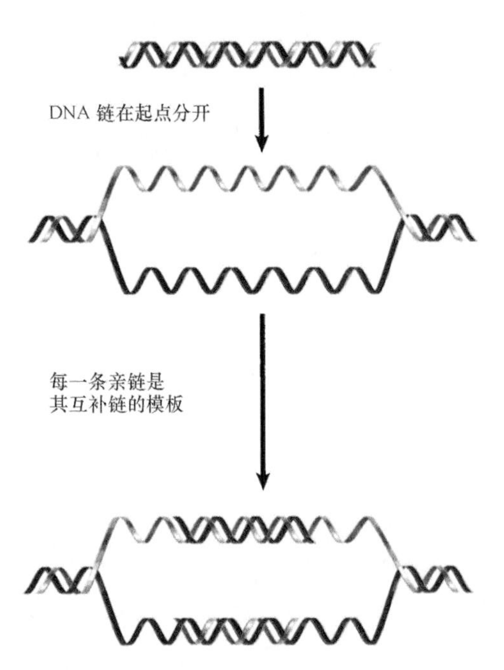

图 10.1 起点就是启动复制的 DNA 序列，它通过分开亲链，开始新 DNA 链的合成。每一条新链都与作为其模板链的亲链互补

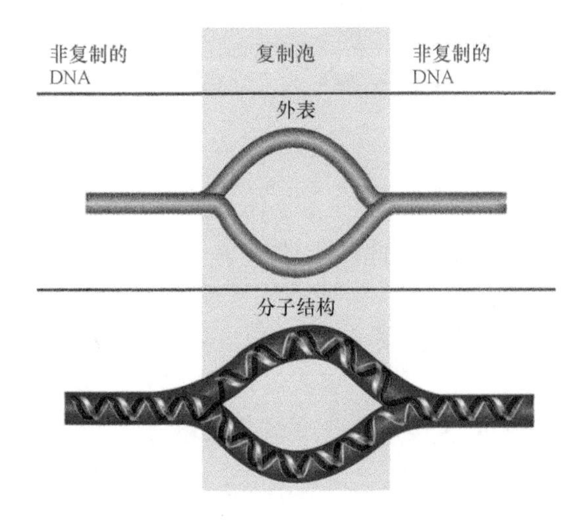

图 10.2 已复制的 DNA 形成一个复制泡，两边是还未经过复制的 DNA

起点可以启动**单向复制**（**unidirectional replication**）或**双向复制**（**bidirectional replication**）。复制类型由在起点是产生一个复制叉还是两个复制叉所决定。在单向复制中，一个复制叉离开起点，沿 DNA 链前进；在双向复制中，起点处产生两个复制叉，它们从起点朝反方向前进。

我们无法根据复制泡形状区分出单向复制和双向复制。正如**图 10.3** 所示，复制泡可以是两种复制结构中的任何一种。如果是单向复制所产生的复制泡，那么复制泡的一端代表一个固定起点，另一端则代表一个移动中的复制叉。如果是双向复制产生

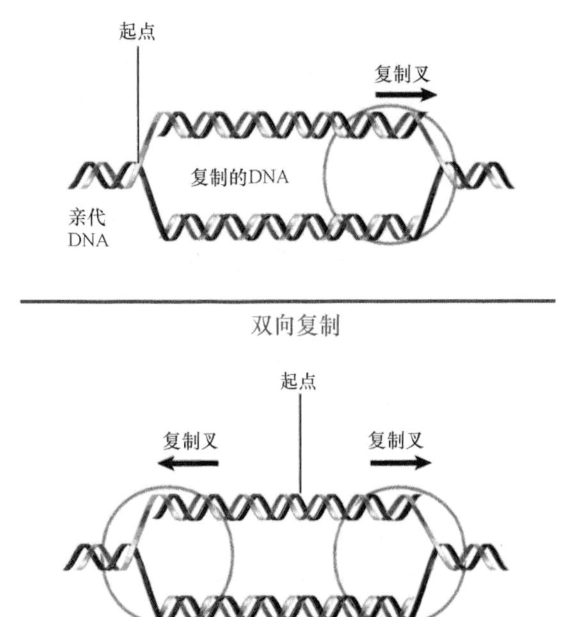

图 10.3 复制子可以是单向的，也可以是双向的，这取决于在复制起点形成一个还是两个复制叉

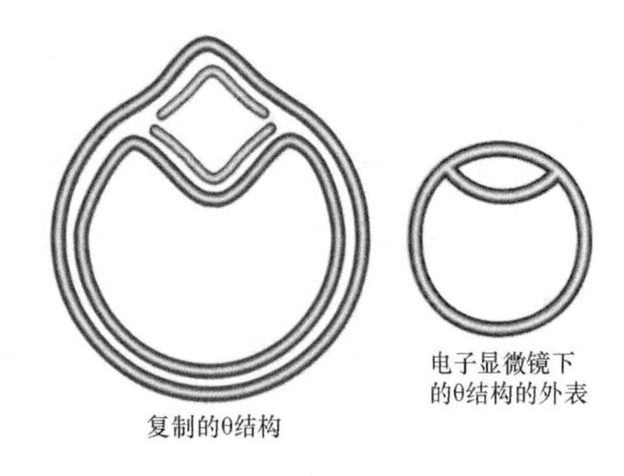

图 10.4 环状 DNA 的复制泡形成一个 θ 结构

的复制泡，则代表一对复制叉。不论是哪种情况，复制进程使复制泡扩大，直到最终复制泡涵盖了整个复制子。当复制子是环状时，复制泡呈现 θ 结构，如**图 10.4** 所示。

10.3 细菌基因组（通常）是单一环状复制子

关键概念

- 细菌复制子通常是环状的，从唯一的起点启动双向复制。
- 大肠杆菌起点 *oriC* 的长度为 245 bp。

原核生物复制子通常是环状的，这样 DNA 形成没有游离末端的闭环。环状结构包括细菌染色体本身、所有质粒和许多噬菌体，它在叶绿体和线粒体 DNA 中也非常普遍。**图 10.5** 总结了复制环状染色体的不同阶段。在起点启动复制后，两个复制叉沿着相反方向前进。在这一阶段的环状染色体由于其特殊外表，有时被描述为 θ 结构。环状结构的结果就是复制过程完成后会产生两条相连的染色体，因为一条染色体穿过另一条染色体（这也称为链接），这就需要特定的酶系统去分开它们（详见第 9 章“复制与细胞周期相关联”）。

大肠杆菌基因组从唯一独特的起点 *oriC* 开始进行双向复制，它从基因座 *oriC* 中鉴定出来并以此命名。两个复制叉从 *oriC* 开始复制，以大致相同的速率沿着全基因组移动，而后到达特定的终止区（详见第 11 章“DNA 复制”）。一个有趣的问题是，究竟是什么因素保证复制叉相遇的 DNA 区段被正确地复制呢？

当复制叉遇到与 DNA 结合的蛋白质时又会怎么样呢？我们假设阻遏物（repressor）（举例说明）会被置换，然后再重新结合。还有一个特别有趣的问题是当复制叉遇到负责转录的 RNA 聚合酶又会怎么样呢？复制叉移动速率比 RNA 聚合酶快 10 倍。在最佳条件下，即在对数生长期，复制机器和 RNA 聚合酶之间的迎面相遇确实会发生。在应激条件下，例如氨基酸饥饿时，这种概率会上升。作为延伸因子的一组转录因子可与 RNA 聚合酶发生相互作用，通过移去转录路障，而使得复制连读更加易于完成，但是这需要活化的转录状态。我们目前还不清楚其作用机制。几乎所有的活性转录单位都是定向的，以至于它们的表达与复制叉所运行的方向是相同的。许多例外情况包括那些很少表达的小转录单位。含高表达基因的区域是难以产生倒位现象的，这说明复制叉与一些转录中的 RNA 聚合酶之间的迎头相遇可能是致死的。

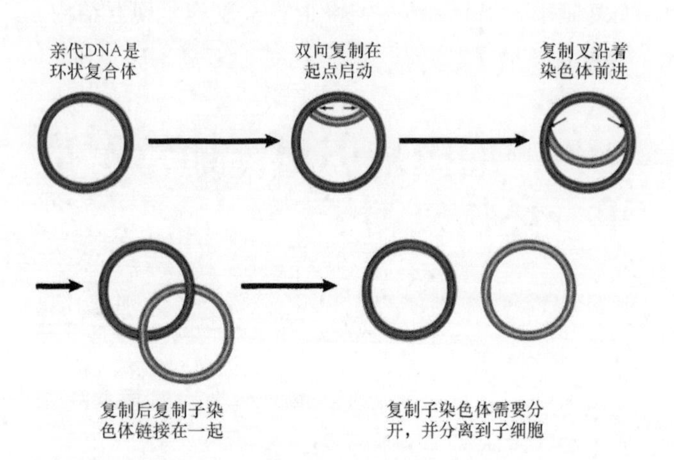

图 10.5 细菌环状染色体的双向复制在起点启动。复制叉沿着染色体前进。如果复制过的染色体链接在一起，那么在分离到子细胞之前，它们必须要被解开

10.4 细菌起点的甲基化调节复制起始

关键概念

- *oriC* 含有 DnaA 的结合位点：*dnaA* 框。
- *oriC* 还含有 11 个 $\frac{\text{GATC}}{\text{CTAG}}$ 重复，它们在两条链的腺嘌呤上都被甲基化。
- 复制产生半甲基化 DNA，它们是不能起始复制的。
- 在 $\frac{\text{GATC}}{\text{CTAG}}$ 重复重新甲基化之前有一个 13 min 的延迟。

细菌 DnaA 蛋白是一种复制起始因子，它能特异性地结合复制起点，即 *oriC* 中的多位点（*dnaA* 框）序列。DnaA 蛋白是一种 ATP 结合蛋白，它与 DNA 的结合受 ATP、ADP 或无核苷酸结合的影响。激活复制起始的其中一个机制就是来自 DNA 甲基化的调节。大肠杆菌 *oriC* 有 11 份拷贝的 $\frac{\text{GATC}}{\text{CTAG}}$ 序列，它是一个甲基化靶标，Dam 甲基化酶能甲基化腺嘌呤上的 N^6 位点。这些位点也常见于基因组中。需要注意的是，这些甲基化位点的几个可与 *dnaA* 框重叠，如**图 10.6** 所示。

在复制之前，回文靶位点处的每一条链的腺嘌呤都被甲基化。复制在子链插入一个正常的（未修

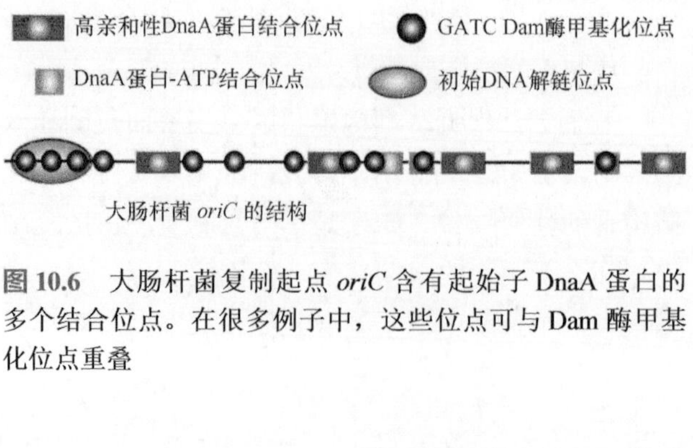

高亲和性DnaA蛋白结合位点　GATC Dam酶甲基化位点
DnaA蛋白-ATP结合位点　初始DNA解链位点
大肠杆菌 *oriC* 的结构

图 10.6 大肠杆菌复制起点 *oriC* 含有起始子 DnaA 蛋白的多个结合位点。在很多例子中，这些位点可与 Dam 酶甲基化位点重叠

饰的）碱基，这产生**半甲基化 DNA（hemimethylated DNA）**，其中一条链是甲基化的，另一条链是未甲基化的，所以复制事件将 Dam 靶位点从全甲基化（fully methylated）状态转变到半甲基化（hemimethylated）状态。

复制的结果是什么呢？在 *dam*⁻ 大肠杆菌中，依赖 *oriC* 的质粒的复制能力依赖于其甲基化状态。如果质粒是甲基化的，那么它经过单一的复制循环后，半甲基化产物就会累积，如**图 10.7** 所示。随后，半甲基化质粒会积累而不是被甲基化质粒取代，所以半甲基化的复制起点不能被用来起始复制周期。

以上结果提供了两种解释：起始可能需要复制起点的 Dam 靶位点完全甲基化，或者起始可被这些位点的半甲基化所抑制。后者似乎更有可能，因为未甲基化的 DNA 复制起点可以有效地发挥作用。

所以直到 Dam 甲基化酶将它们转换为全甲基化复制起点时，半甲基化复制起点才能再次起始复制。复制起点的 GATC 位点，在复制后保持半甲基化状态约 13 min。这么长的周期是非常特别的，因为在基因组其他地方的典型 GATC 位点的重新甲基化在复制后立即开始（小于 1.5 min）。另一个区域的行为类似于 *oriC*，即 *dnaA* 基因的启动子也表现出重新甲基化的延迟。即使在 DNA 处于半甲基化时，*dnaA* 基因启动子也会被抑制，这就导致了 DnaA 蛋白水平的减少，所以复制起点本身是不活泼的，而且在这个时期，这个关键起始蛋白的产生受到阻遏。

细菌中 DNA 的甲基化还具有第二种功能，它允许 DNA 错配识别装置区分旧模板和新模板。如果 DNA 聚合酶出错，如形成 A · C 碱基配对，修复系统会利用甲基化链作为模板去替换非甲基化链上的碱基。如果没有那种甲基化作用，那么酶将无法知道哪一条是新链。

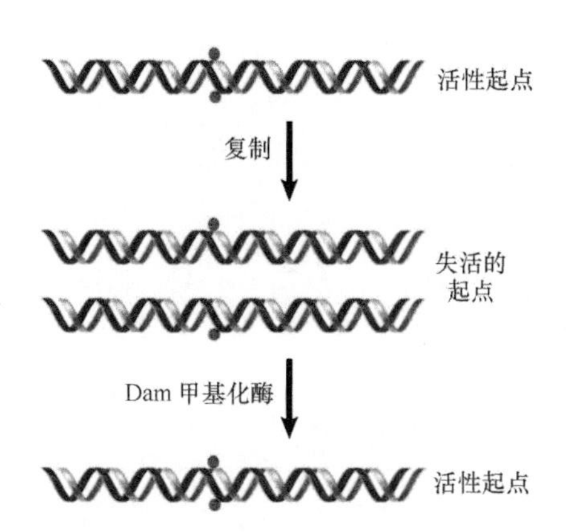

图 10.7 只有全甲基化的起点才可以起始复制。半甲基化的子链起点只有在它们重新全部甲基化后才有起始功能

10.5 起始：在起点 *oriC* 形成复制叉

关键概念

- 在 *oriC* 位点的起始需要大蛋白质复合体在细菌的细胞膜上的有序装配。
- *oriC* 位点必须被全部甲基化。
- DnaA-ATP 和短串联重复序列相结合，形成可熔解 DNA 的寡聚体。
- 6 个 DnaC 单体可分别与 DnaB 六聚体的每一个蛋白质结合，随后这个复合体与起点结合。
- DnaB 六聚体形成复制叉，此时，促旋酶和 SSB 蛋白也是必需的。
- 一个富含 A · T 的短区域 DNA 被熔解。
- DnaG 和解旋酶复合体相结合，形成一个复制叉。

在大肠杆菌中，复制起点 *oriC* 起始双链体 DNA 的复制循环需要几种连续激活。一些起始所需的事件在起点的发生是独特的；另一些在复制的延伸期则随着每一个冈崎片段的起始会重现（详见第 11 章“DNA 复制”）。

- 蛋白质合成可用来产生识别起点所需的蛋白质——DnaA 蛋白。在每一次复制循环中，大肠杆菌的**许可因子（licensing factor）**一定要重新合成。而阻止了蛋白质合成的药物会阻断新一轮复制，但对旧一轮复制的延续没有影响。
- 需要转录激活。这并非是合成编码 DnaA 蛋白的 mRNA，而是必须转录 *oriC* 位点两侧的两个基因中的任何一个。这种在起点附近的转录有助于 DnaA 蛋白解开起点。
- 必定存在细胞膜 / 细胞壁的合成。抑制细胞壁合成的药物（如青霉素）会阻止复制起始。

在 *oriC* 位点的复制起始开始于一个复合体的形成，它最终需要 6 种蛋白质：DnaA 蛋白、DnaB 蛋白、DnaC 蛋白、HU 蛋白、促旋酶（gyrase）和

SSB 蛋白。在 6 种蛋白质中，DnaA 蛋白作为一种独特的蛋白质引起了我们的注意。DnaB 蛋白是一种依赖 ATP 水解的、5′ → 3′ 方向的**解旋酶（helicase）**，在起点被打开后（DNA 成为单链），起到了起始“发动机”的作用，它还能进一步解开 DNA 链。起点的两条链上的 DNA 必须被完全甲基化后，这些事件才能发生。

DnaA 蛋白是一种 ATP 结合蛋白。起始的第一阶段是 DnaA-ATP 蛋白复合体结合到被完全甲基化的 *oriC* 位点，这发生在与内膜偶联的部位。DnaA 蛋白只有在结合 ATP 时才有活性，它具有内在的 ATP 酶活性，当起始阶段结束后，可将 ATP 水解成 ADP，从而使自身失活。而膜磷脂和单链 DNA 可刺激这种 ATP 酶活性。一旦起点打开，单链 DNA 就会形成。这种机制用以阻止复制的再起始。复制起点区域与膜黏附在一起，直到细胞周期的 1/3，这也作为阻止复制再起始机制的一部分。当被阻隔在膜中时，*oriC* 位点的新合成链不能被甲基化，所以 *oriC* 位点保留半甲基化直到 DnaA 蛋白被降解。

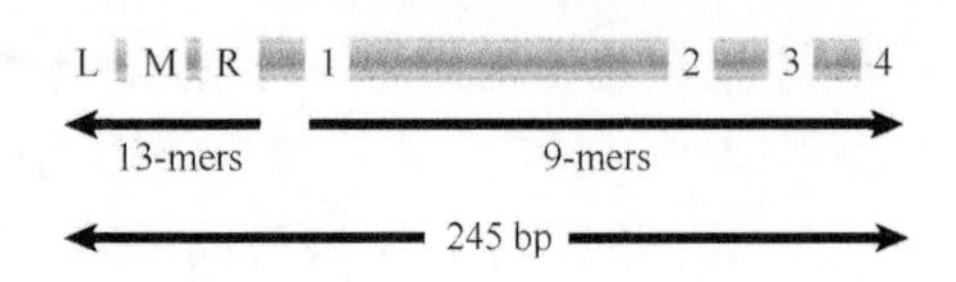

图 10.8 起点的最短长度是由 13 bp 和 9 bp 的重复序列外边界之间的距离所决定的

oriC 位点的打开需要起点中两类序列的作用——9 bp 和 13 bp 重复序列，它们一起限定了 245 bp 这个最小的复制起点的界限，如图 10.8 所示。复制起点被有序的一连串事件激活，它们被总结在图 10.9 中，在这些事件中，DnaA-ATP 结合后会继续和其他的蛋白质连接。

在 *oriC* 位点右侧的 4 个 9 bp 共有序列为 DnaA-ATP 提供了起始结合位点，此时，DnaA 蛋白处于向外延伸的多聚体状态，而辅助的 DiaA 蛋白则可促进这一状态的形成，即它能刺激 DnaA 蛋白的协同结合。DnaA-ATP 协同形成中央核心，*oriC*

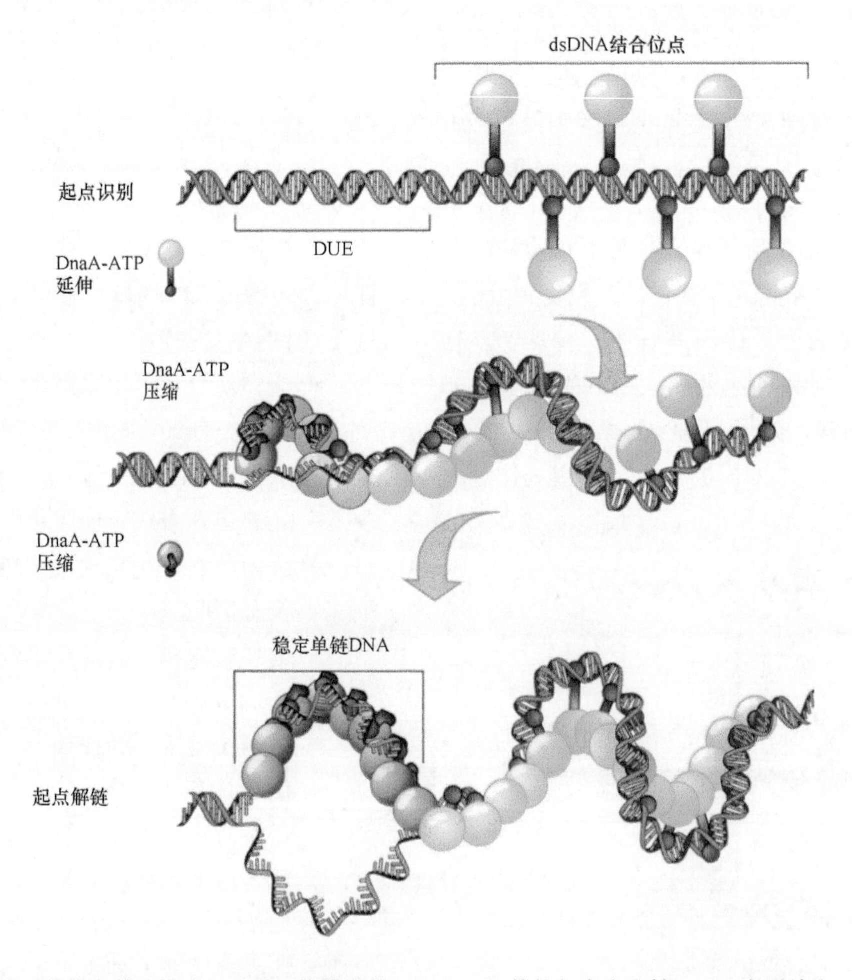

图 10.9 起始过程中的两种状态装配模型。处于延伸状态的 DnaA-ATP 单体与高亲和性 13 bp 序列结合。当 9 bp 序列区域开始解链时，13 bp 序列转变成压缩状态，从而稳定了单链 DNA

起点的 DNA 则缠绕在这个核心上；接着，在 *oriC* 位点左侧，DnaA 蛋白作用于富含 A · T 的 13 bp 串连重复序列。在其活性状态下，DnaA-ATP 从延伸状态转化成压缩形式，这种扭曲作用则以一种未知方式打开了 DNA 链，以形成开放型复制泡复合体以稳定单链 DNA。所有 3 个 13 bp 重复必须开放，这样才能使得反应进行到下一阶段。而在 *oriC* 位点两侧的 2 个基因的任意一个的转录会提供额外的扭曲张力，这有助于将双链 DNA 撕裂开来。

如此将这些综合在一起，将会有 2～4 个 DnaA 蛋白单体结合在起点上；在将 DiaA 蛋白释放后，它们就可以再募集 2 个用于“预引发”的 DnaB 解旋酶和 DnaC-ATP 组成的复合体，这样，两个复制叉的每一个（因为是双向的）都含有一个 DnaB-DnaC-ATP 复合体。DnaC 蛋白的唯一功能是作为分子伴侣而起作用，它阻遏了 DnaB 蛋白的解旋酶活性，直到它需要为止。每一个 DnaB-DnaC 复合体由结合于 DnaB 六聚体上的 6 个 DnaC 单体组成。值得注意的是，DnaB 蛋白解旋酶不能打开双链 DNA，它只能解开已经打开的 DNA。在此例中，双链 DNA 由 DnaA 蛋白打开。DnaB 蛋白结合于单链 DNA 是水解 ATP 的信号，也是释放 DnaC 蛋白的信号。

预引发复合体（prepriming complex）形成了一个 480 kDa 的蛋白质聚合体，这相当于一个半径为 6 nm 的球体。在 *oriC* 位点形成的复合体以一个可见的大蛋白质颗粒形式存在（见图 10.9）。当复制开始时，我们可在颗粒旁见到复制泡。

这个开放复合体中链的分开区域已经大得足以使其与两个 DnaB 六聚体结合，由此它起始了两个复制叉。当 DnaB 蛋白结合时，它替代了 DnaA 蛋白而与 13 bp 重复序列结合，并延长了分开区域的长度；接着，DnaB 蛋白再运用其解旋酶活性，使解链部分延长。每一个 DnaB 蛋白可激活 DnaG 引发酶，这种反应一方面可起始前导链的合成，另一方面可起始后随链上第一个冈崎片段的合成。

另外还需要一些蛋白质来支持解链反应：促旋酶（gyrase）是一种 II 型拓扑异构酶，提供允许一条链环绕另一条链旋转的活性，如果没有这个反应，解链将在 DNA 双链上产生扭转张力（过度旋转），这会抵抗解旋酶的打开；**单链结合蛋白（single-strand binding protein，SSB 蛋白）**在单链 DNA 形成时起固定单链 DNA 的作用，还能调节解旋酶的活性。起始复制中被解开的双链体 DNA 长度通常小于 60 bp。在大肠杆菌中，HU 蛋白是一个通用的 DNA 结合蛋白。在体外，它的存在对复制起始并不是绝对需要的，但它能刺激这种反应。HU 蛋白具有弯曲 DNA 的能力，可能参与一些结构构建从而导致开放复合体的形成。

预引发反应的好几个阶段都需要以 ATP 形式输入能量，用于解开 DNA。DnaB 蛋白的解旋酶反应依赖于 ATP 的水解；而且促旋酶的旋转反应也需要 ATP 所提供的能量；ATP 在引发酶作用以及 DNA 聚合酶III的 β 亚基装载的过程中也是需要的，以起始 DNA 合成。

在预引发复合体装入复制叉上后，下一步就是**引发酶（Primase）**DnaG 蛋白的募集，随后它被装载到 DnaB 六聚体上。这触发了 DnaC 蛋白的释放，从而使 DnaB 蛋白释放出解旋酶活性。而 DnaC 蛋白水解 ATP 可释放出 DnaB 蛋白。这一步骤标志着起始反应向延伸反应的转变（详见第 11 章“DNA 复制”）。

10.6 多种机制存在以防止复制成熟前的重新起始

关键概念

- SeqA 蛋白可与半甲基化的 DNA 结合，它是延迟再次复制所必需的。
- SeqA 蛋白可与 DnaA 蛋白相互作用。
- 当起点被半甲基化时，它们会和细胞膜结合而不被甲基化酶所作用。
- *dat* 基因座含有 DnaA 蛋白结合位点，这可用于检测 DnaA 蛋白的可用性。
- Hda 蛋白可被募集到复制起点，它可将 DnaA-ATP 转变成 DnaA-ADP。

在细菌和真核生物中，每一轮细胞周期中的复制只允许发生一次。每一个复制子也只被允许“开一次火”。那么是什么机制的存在以确保重新起始不再发生呢？因为维持基因组稳定性极其重要，所以存在着多种机制以确保每一个复制子只“开一次火”，并且在每一轮细胞周期中只有一次。

就如第 10.4 节“细菌起点的甲基化调节复制

起始”所描述的，大肠杆菌 *oriC* 位点在复制开始时是全甲基化的。在半保留复制已经发生后，*oriC* 位点是半甲基化的，并且将此状态维持了约 13 min。那么是什么负责延迟 *oriC* 的重新甲基化呢？一种最可能的解释是这些区域被阻断，使其不能与 Dam 甲基化酶接触。

负责控制复制起点再利用的控制回路已经通过 *seqA* 基因的突变鉴定出来，这个突变体降低了在 *oriC* 和 *dnaA* 基因上甲基化作用的延迟。结果是它们能很快地起始 DNA 复制，因此会导致过多数量的复制起点的堆积，这提示了 *seqA* 基因是负调节回路的一部分，它阻止了复制起点被重新甲基化。SeqA 蛋白与半甲基化 DNA 的结合要比与完全甲基化的 DNA 结合得更紧密。当 DNA 变成半甲基化时它就开始结合，而且持续存在，并阻止在复制起点形成一个开放复合体。SeqA 蛋白对 *oriC* 上序列的结合不具有特异性，而且它可能是由 DnaA 蛋白赋予的，这就解释了 *seqA* 基因与 *dnaA* 基因之间的遗传相互作用关系。

由于 DnaA 蛋白是复制装置中唯一一个复制起点所需的蛋白质，因此它得到了特别的重视。DnaA 蛋白是许多调节系统的靶标，有可能每一个调节系统自身都无法足以控制起始频率，但它们组合起来就能达到所需目的。*dnaA* 基因的一些突变体体现出复制的不同时相性，表明 DnaA 蛋白可能是“滴定器”或“时钟”,它可以用来测量相对于细胞质量的起点数目，过量 DnaA 蛋白可得出相互矛盾的结果，有可能毫无影响，也可能在细胞质量不足时就启动复制起始。

DnaA 蛋白即可结合复制起点，也可结合染色体中的其他位点，因此用于结合复制起点的可用量是这种竞争结合所致的综合结果。值得特别注意的是，*dat* 基因座含有高浓度的 DnaA 蛋白结合位点，此处所结合的 DnaA 蛋白远远超过了起点所结合的数量。*dat* 基因座的缺失会使起始反应更加频繁地发生。这明显增加了可用于复制起点结合的 DnaA 蛋白的量，但我们现在还不十分明白这在控制起始时相中所起的可能作用。

我们很难确定介导 *oriC* 与膜接触的蛋白质成分。由于 DnaA 蛋白能对磷脂做出应答，这提示它应该是 DnaA 蛋白的一种功能，而磷脂可促进结合于 DnaA 蛋白的 ATP 和 ADP 之间的交换。科学家们还不知道这在控制 DnaA 蛋白的活性中有什么作用（反应需要 ATP），但反应提示了 DnaA 蛋白可能与膜相互作用，并提示可能存在一种以上的事件参与了起点与膜的连接。也许一个半甲基化的复制起点被与膜连接的抑制剂所约束，但当复制起点变成全甲基化时，与膜连接的 DnaA 蛋白就会代替这种抑制剂。

因为 DnaA 蛋白是复制周期的起始因子，所以关键事件就应该发生在起点处，即它需要积累到一定的量才能发挥作用。总体上而言，DnaA 蛋白表达的量和其浓度没有表现出周期性变化，这说明局部事件是非常重要的。为了在起始复制时有活性，DnaA 蛋白必须以 ATP 结合的形式存在。这样，DnaA 蛋白能使 ATP 转化为 ADP，这使它具有调节这种活性的潜能。而 DnaA 蛋白只有一个弱的内在转化活性，能使 ATP 转化为 ADP，它能被 Hda 蛋白所强化。从概念上而言，在理想化的反馈环中，Hda 蛋白通过 DNA 聚合酶的 β 亚基被募集到复制起点上。这样，只有当起点已经激活，整体复制装置装配完成后，Hda 蛋白才可被募集，此时，Hda 蛋白发挥作用并关闭了 DnaA 蛋白的活性，从而阻止了下一轮复制循环的起始。

我们并不清楚用来控制再次起始系统的整个范围，但是多种机制参与其中：复制起点的物理隔离、再次甲基化作用的延迟、对 DnaA 蛋白的竞争结合、DnaA 蛋白结合的 ATP 的水解、和抑制 *dnaA* 基因的转录。我们还不是很肯定在这些事件中哪个事件引发另一个事件，以及它们对起始的影响是直接的或是间接的。确实，我们还必须慢慢地来解决这个关键问题——哪种行为决定了起始时间表。起点隔离的时间似乎随着细胞周期的长度而增加，这提示它直接反映了控制再次起始的时钟。观察发现，在体外，*oriC* 的半甲基化是它与细胞膜连接所必需的，这可能是这种控制的其中一个方面，它可能反映了对不允许复制启动的单元格区域的物理再定位。

10.7 古菌染色体可包含多个复制子

关键概念

- 一些古菌含有多个复制起点。
- 真核生物复制起始因子的同源物可结合这些起点。

古菌是最有趣的一类有机体。像其他原核生物一样，真细菌拥有小的环状染色体，它们不定位于核膜内。然而在许多方面，古菌的转录、翻译和复制更加类似于真核生物。

一些古菌染色体却拥有多个复制起点。而真核生物复制起始因子 Orc1 蛋白和 Cdc6 蛋白的古菌同源物，能特异性地识别和结合这些起点中的序列基序。这些蛋白质结合在起点的几个位点上，它们这样做的目的就是使 DNA 变形。在古菌硫化叶菌属中，在几分钟之内，所有三个起点都会被激活。复制终止也类似于真核生物，但此时，复制子终止是通过随机的复制叉的碰撞完成的，而非通过真细菌所使用的不相关联的终止子序列。

10.8 每条真核生物细胞染色体包含多个复制子

关键概念

- 染色体可分成许多个复制子。
- 细胞周期进入到 S 期是被严密控制的。
- 真核生物的复制子长 40 ～ 100 kb。
- 复制子在 S 期内的特定时刻被逐个激活。
- 区域激活模式提示彼此靠近的复制子在同一时刻被激活。

在真核生物细胞中，DNA 复制被限定在细胞周期的第二部分，称为 **S 期（S phase）**，紧随其后的是 G_1 期（详见第 9 章“复制与细胞周期相关联”）。真核生物细胞需要进行生长，紧随其后的是复制和细胞分裂，这些交替进行的一轮轮事件组成了细胞周期。细胞分成两个子细胞后，在细胞分裂再次发生前，每一个细胞会生长到近似原来亲本细胞的大小。细胞周期的 G_1 期主要与生长有关 [尽管 G_1 期是第一个缺口（first gap）的缩写，因为早期细胞学家看不到任何活性]。在 G_1 期，除了 DNA 以外，任何物质都开始翻倍，如 RNA、蛋白质、脂类和糖。从 G_1 期进入到 S 期是被**检查点（checkpoint）**严密调节和控制的。细胞为了进入 S 期，它必定需要合成最低限度的各种物质，这用生化方法是可检测到的；除此之外，必须不存在任何对 DNA 的损伤。DNA 损伤或细胞生长不足都会阻止细胞进入到 S 期。当 S 期完成时，G_2 期就开始了，这里不存在控制点或明显界线。

真核生物染色体所含的大量 DNA 的复制是通过将其分成一个个复制子而完成的，正如**图 10.10** 所示。其中只有少数复制子可在 S 期的任何时刻复制。尽管我们还没有确凿的证据，但是每个复制子很可能是在 S 期的特定时刻被激活。请注意：细菌和真核生物之间复制的主要差异是，细菌中复制发生在 DNA 上；而在真核生物中，复制发生在染色质上，核小体也起作用，所以必须考虑到核小体的存在。这已经在第 8 章“染色质”中讨论过。

第一批复制子的激活标志着 S 期的开始。在接下来的几个小时里，其余复制子相继启动。染色体复制子通常采用双向复制。

真核生物染色体中的单一复制子长度相对较小，在酵母或果蝇中通常约为 40 kb，在动物细胞中约为 100 kb。然而在同一个基因组中，它们的长度相差可达 10 倍以上。复制速率约是 2000 bp/min，比细菌复制叉移动速率 50 000 bp/min 慢得多。我们推测可能是因为染色体是组装成染色质形式，而非裸露的 DNA 的缘由。

从复制速率可知，如果所有复制子同时复制，一个哺乳动物细胞基因组可以在约 1 h 内完成复制。但一个普通体细胞的 S 期可持续大于 6 h，这说明在任何给定的时间内只有不超过 15% 的复制子可能被激活。这里也有些例外情况，如果蝇（*Drosophila*）早期胚胎分裂中，S 期持续时间被压缩，大量复制子可同时进行复制。

S 期时如何在不同时刻选择不同起点呢？在酿酒酵母（*Saccharomyces cerevisiae*）中，默认情况似乎是复制子需要早复制，而顺式作用序列可以使与之相连的起点在较晚时间复制。在其他物种中，也存在分级分步的有序复制，也就是说，靠近活性基因的复制子最早复制，而位于异染色质的复制子最后复制。

已有证据表明，大部分染色体的复制子不存在像细菌一样的、可使复制叉终止移动和（可能）从 DNA 上解离的终止位点。看来复制叉是从它的起点开始持续移动，直至遇到向它移动的相邻复制子的复制叉。请回忆一下：在复制叉的连接处同新合成的 DNA 连接的潜在拓扑学问题。

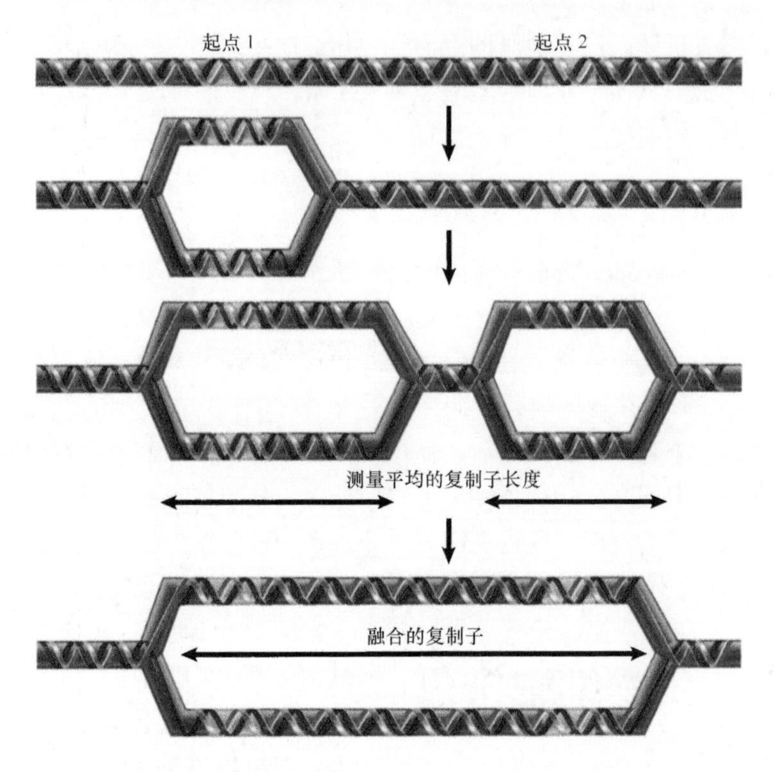

图 10.10 真核生物染色体包含多个复制起点，在复制过程中的最后时刻会融合在一起

相邻复制子趋向于同时被激活可以用“区域”控制模型来解释，即各组复制子是被同时启动的，这不同于分散于基因组中的单个复制子逐一被启动的机制，这两种结构特性提示了大范围组织构建的可能性。染色体上相当大的区段可以表征为“早复制”或“晚复制”区，这意味着早复制或晚复制的复制子是很少分散分布的。通过标记 DNA 前体来观察复制叉时，我们会发现 100 ～ 300 个“聚焦点（focus）”而不是均匀着色；每个聚焦点可能包括 300 多个复制叉。如**图 10.11** 所示，聚焦点可能代表复制中 DNA 必须穿越的固定结构。

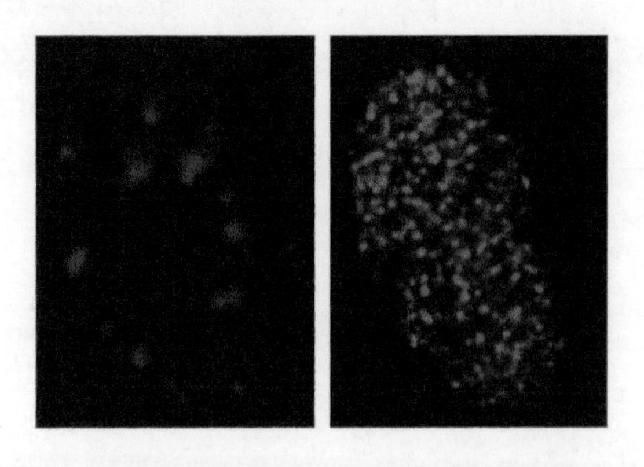

图 10.11 在细胞核中，复制叉聚合起来形成聚焦点。细胞用 5- 溴脱氧尿苷（5-BrdU）标记。左图用 PI 染色，显示 DNA 大小；右图用 BrdU 的抗体染色，显示复制中的 DNA

照片由 Anthony D. Mills and Ron Laskey, Hutchinson/MRC Research Center, University of Cambridge 友情提供

10.9 可以从酵母中分离复制起点

关键概念

- 酿酒酵母的复制起点是短而富含 A·T 的序列，有一个 11 bp 的必需序列。
- 复制起始识别复合体（ORC）是一个由 6 种蛋白质组成的复合体，可结合于自主复制序列（ARS）元件。
- 相关的 ORC 也存在于多细胞真核生物中。

任何含有复制起点的 DNA 片段都应该能够复制。所以虽然在真核生物中质粒很罕见，但可通过合适的方法在体外构建。这种方法虽然在多细胞真核生物中还未实现，但在酵母中已经成功。

通过导入带有野生型基因拷贝的 DNA，酿酒酵母突变体能“转化”为野生型。有些酵母的 DNA 片段（当环化后）能够高效地转化缺陷细胞。这些片段能以不整合（自主）的状态存在，即作为自我复制（self-replicating）的质粒存在。

一个高频转化片段包含一段能使其在酵母中有效复制的序列，这种片段称为**自主复制序列**

（**autonomously replicating sequence，ARS**）。ARS 元件来源于复制起点。

尽管 ARS 元件已经被系统地定位在扩展的染色体区段，但是看起来只有部分 ARS 元件实际被用来启动复制，其余 ARS 元件是沉默的，或很可能偶尔被用到。如果有些起点的使用频率是不同的，那么在复制子之间可能不存在固定终点。在这种情况下，染色体上某一给定区段就可能在不同细胞周期中从不同起点复制。

ARS 元件由 A · T 富集区组成，此区段内存在一些分散位点，这些位点的突变会影响复制起点的功能。A · T 富集区中其他部分的碱基成分可能比其碱基序列更重要。**图 10.12** 是对整个起点进行系统突变分析的结果，其中 14 bp"核心"区的突变会引起起点功能的完全丧失，这称为 **A 结构域**（**A domain**），包括由 A · T 碱基组成的 11 bp 共有序列，它有时被称作 ARS 共有序列（ARS consensus sequence，ACS），是已知 ARS 元件的唯一同源序列。

编号为 B1 ～ B3 的三个相邻元件的突变会降低起点的功能。只要有功能的 A 结构域存在，那么 B 元件中的任何两个就可以使起点具有功能（9/11 位置完全一致的典型核心共有序列的不完全拷贝与每个 B 元件靠近或重叠，但对起点的功能似乎不是必要的）。

复制起始识别复合体（**origin recognition complex，ORC**）是一个高度保守的复合体，存在

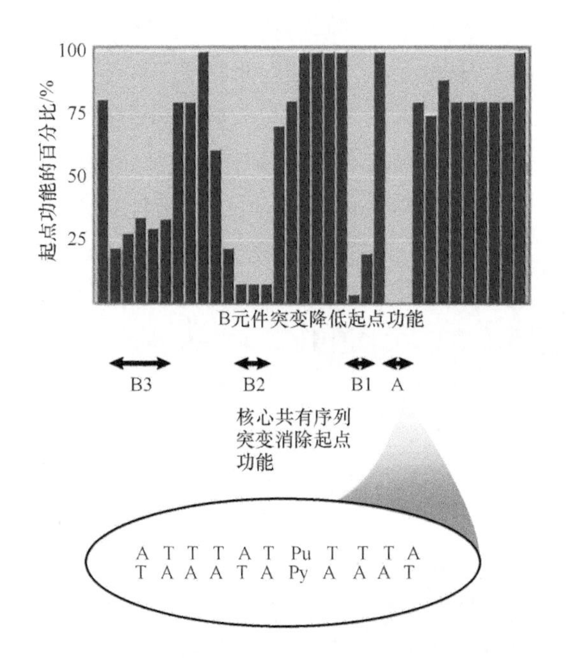

图 10.12 一个自主复制序列（ARS）约有 50 bp，包含一个共有序列（A）和附加元件（B1 ～ B3）

于所有的真核生物中，它是由分子质量约 400 kDa 的 6 种蛋白质组成的复合体。在整个细胞周期中，ORC 在 A · T 富集链上结合 A 元件和 B1 元件，并且与 ARS 元件联系在一起。这就是说启动可能依赖于其状态的改变，而非与起点的重新结合（见 10.11 节"许可因子结合 ORC"）。通过对 ORC 结合位点的计数，我们估计在酵母基因组中约有 400 个复制起点，这就是说复制子的平均长度约为 35 kb。在多细胞真核生物细胞中，我们也发现了 ORC 的对应物。

我们首先在酿酒酵母中发现了 ORC（称为 scORC），相似的复合体现在已经在下列生物中被鉴定出来：裂殖酵母（*Schizosaccharomyces pombe*，spORC）、果蝇（DmORC）和爪蟾（*Xenopus*，XlORC）。所有这些 ORC 都能结合 DNA。虽然这些结合位点都没有像酿酒酵母那样了解得如此透彻，但是在一些情况下，它们会定位于与复制启动相关的位点上，这清楚地说明 ORC 是启动复合体，它的结合可鉴定出复制起点。然而，只有在酿酒酵母中的相互作用细节是清楚的；在其他情况中，有可能需要额外组分来识别起点。

酵母 ARS 元件满足起点的经典定义，即它是一段引起 DNA 复制启动的顺式作用元件。在多细胞真核生物中发现了相似的元件了吗？ORC 的保守性提示，在其他真核生物中，起点很可能采用某种同样的形式。但是尽管存在这种假设，在不同物种的推测起点中几乎不存在，甚至没有这种保守序列。

寻找共有起点序列非常困难，这提示起点可能是更复杂的结构（或者是由某些特征而不是分散的顺式作用序列所决定）。有些动物细胞复制子可能会存在更为复杂的启动模式，在一些例子中，一个区域内会有许多个小复制泡。这就提出了如下问题：是否存在可选择的或多个复制起点；是否存在分散的小型起点。复制起点往往与基因的启动子联系在一起。

环境效应可影响起点的使用，这个发现提示了在这种现象和 ORC 使用之间的可调和性。在出现多个复制泡的某一部位中，在核苷酸供应非常充足时，会存在一个主要起点，它的使用会起到支配作用；而当核苷酸供应有限时，许多二级起点也要被使用，从而出现了多复制泡模式。对此现象一种可

能的分子解释是，如果核苷酸的供应不足以起始反应的快速发生，那么ORC会与主要起点解离，并起始邻近的其他起点的复制。在所有这些事件中，现在我们似乎能够及时找出这些位于多细胞真核生物具有起点功能的分散序列的特征。

10.10 许可因子控制了真核生物的再复制

关键概念

- 每一个起点都需要许可因子来起始复制。
- 它在复制前就在细胞核里存在，但是在复制中被删除、失活或破坏。
- 下一轮复制循环的起始只有在有丝分裂后，许可因子重新进入细胞核中才能进行。

真核生物基因组可以分为许多复制子，每一个复制子的起点在一次分裂循环中只被激活一次。通过提供一些限制速率的成分就可达到这种目的，这些成分在复制起点只发挥一次作用；或使用阻遏物阻止已经用过的起点的再次复制。关于这个调节系统本质的关键问题是：系统如何确定任何特定的起点已经被复制，还有何种蛋白质成分参与其中。

在一个DNA底物只能经历一次复制周期的系统中，我们获得了该系统中蛋白质成分本质的详细信息。爪蟾卵细胞具有DNA复制所需的所有成分——在受精后的前几个小时，它们经历了11次没有新基因表达的分裂周期，并且它可以复制注入卵细胞核中的DNA，**图10.13**总结了这一系统的特征。

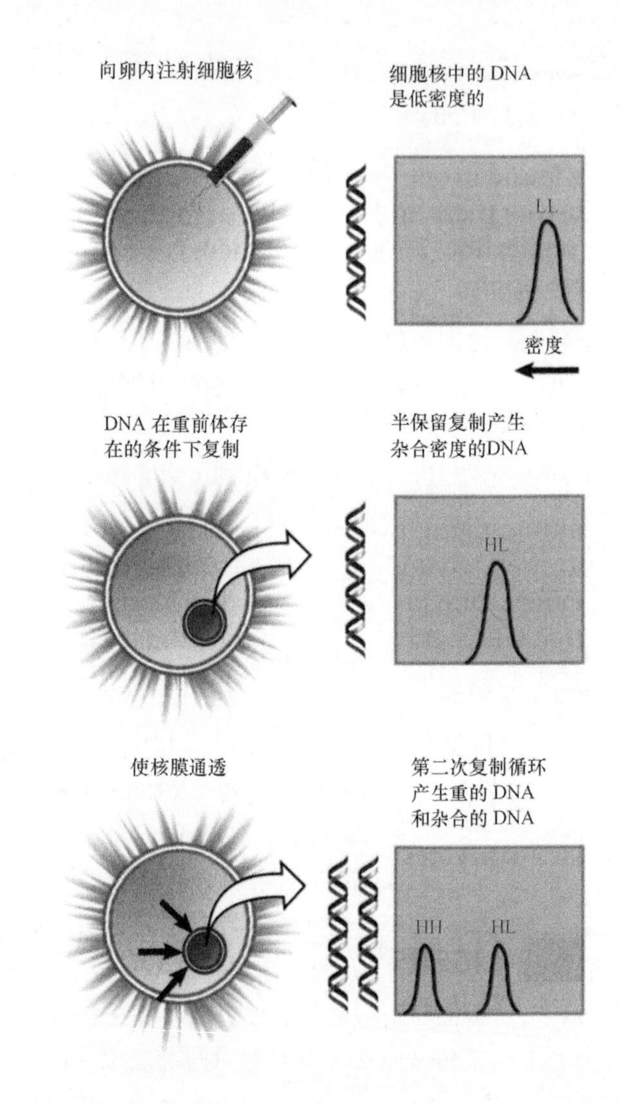

图10.13 注射入爪蟾卵中的细胞核只能复制一次，除非核膜被通透化能允许随后的复制周期

当把精子或分裂间期的细胞核注射入卵细胞时，这种DNA只能复制一次（这个过程可以应用密度标记法来追踪，就像Messelson和Stahl鉴定半保留复制的原始实验一样，详见第1章“基因是DNA、编码RNA和多肽”）。如果在卵细胞中的蛋白质合成被封锁，则环绕注入物质周围的膜会保持完整，且DNA不能再次复制。然而，在蛋白质合成存在的情况下，就如同正常细胞分裂的情况，核膜崩裂，接着复制循环再次发生。通过使用能通透核膜的药剂，我们也可以获得相同的结果，这提示了细胞核内包含的复制所需的蛋白质以某种方式在一次循环中被用完。因此，虽然更多的这种蛋白质存在于卵的细胞质中，但只有核膜破裂后，它才能进入细胞核。原则上，通过在体外得到能支持细胞核复制的提取物，我们可以更深入地研究这个系统，而后对它的成分进行分离，就可以鉴定出相关因子。

图10.14解释了再次起始的控制，我们认为这种蛋白质是一种许可因子，它在复制之前就已经存在于细胞核中。一轮复制就会将这个因子失活或破坏，下一轮复制只有在因子被重新提供的情况下才可发生。而细胞质中的因子只有在下一次有丝分裂期间的核膜破裂时才能进入细胞核中。这样，这个调节系统实现了两个目标：通过在复制后删除一个必需的成分，就阻止了再次复制循环的发生；并且，它能提供一个反馈环，使复制起始必须在经历整个细胞分裂过程之后才能重新发生。

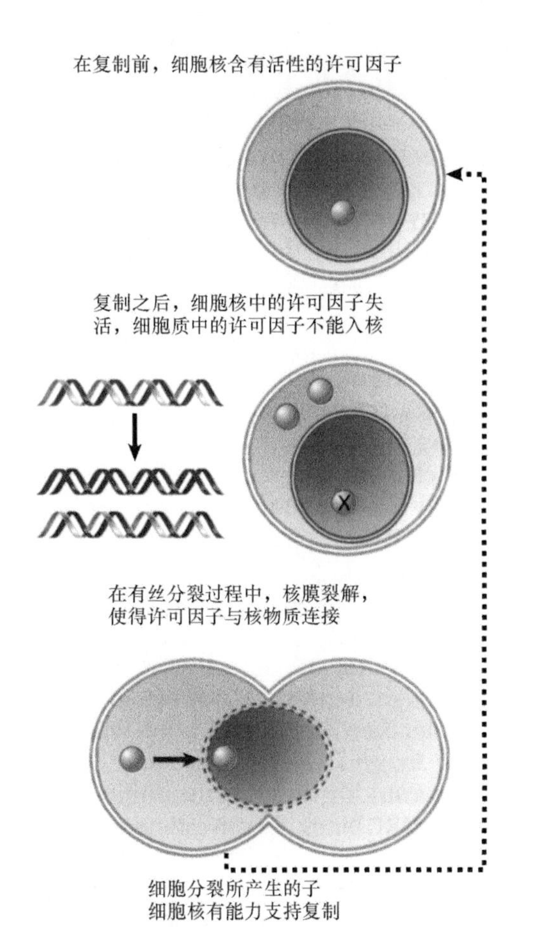

图 10.14 细胞核中的许可因子在复制后失活，只有在有丝分裂中，核膜发生破裂后才会有新的许可因子供应

10.11 许可因子结合 ORC

关键概念

- ORC 是蛋白质复合体，在酵母的细胞周期中始终与起点相结合。
- Cdc6 蛋白是一种不稳定蛋白，只有在 G_1 期被合成。
- Cdc6 蛋白和 ORC 结合，并且允许 MCM 蛋白的结合。
- Cdt1 蛋白辅助 MCM 蛋白装载到起点上。
- 当复制起始时，Cdc6 蛋白和 Cdt1 蛋白被置换，而 Cdc6 蛋白的降解阻止复制的重新起始。

复制控制最重要的事件是起点处 ORC 的行为。如前所述，ORC 是一个 400 kDa 的蛋白质复合体，它和酿酒酵母的 ARS 序列结合（见 10.9 节“可以从酵母中分离复制起点”）。起点（ARS 元件）由 A 共有序列和三个 B 元件组成（见图 10.12），而 ORC 的 6 个蛋白质（每个都由必需基因编码）则结合 A 和邻近的 B1 元件。在细胞周期的 G_1 期，Orc1 蛋白首先结合上去，并作为成核中心；接着 Orc2 ～ 5 蛋白强力结合；Orc6 蛋白结合较弱，它有一个核定位信号，在 G_1 期向 S 期的转换过程中，它必须由周期蛋白 /CDK 激酶活化（详见第 9 章“复制与细胞周期相关联”）。ATP 是结合所必需的，但是只在后期才被水解。转录因子 ABF1 蛋白和 B3 元件相结合，它能够辅助起始，但是发生于 A 和 B1 元件的事件才真的是引发起始的原因。大部分起点位于基因之间的区域中，这提示起点局部的染色质结构处于非转录状态可能是非常重要的。

一个令人吃惊的特征是，ORC 在整个细胞周期中始终与起点结合。然而，当其他蛋白质与 ORC- 复制起点复合体相结合后，DNA 的保护模式会发生改变。

在细胞周期末期，ORC 结合于 A-B1 元件。在 G_1 期，由于 Cdc6 蛋白与 Cdt1 蛋白结合，这会产生变化。在酵母中，Cdc6 蛋白是一种高度不稳定的蛋白质（半衰期小于 5 min）。它在 G_1 期合成，并在有丝分裂结束和 G_1 晚期之间与 ORC 结合，它的快速降解意味着在这个复制循环的后期不会再有此蛋白的存在。在哺乳动物细胞中，Cdc6 蛋白则是被不同的方式控制着：它在 S 期被磷酸化，结果通过泛素途径被降解。Cdt1 蛋白最先由 Geminin 蛋白稳定，它会阻止其降解，而后 Geminin 蛋白的结合则会阻止其再利用。这种特征使得 Cdc6 蛋白与 Cdt1 蛋白成为关键的许可因子。这两种蛋白也提供了 ORC 和参与起始的蛋白质复合体之间的联系桥梁。Cdc6 蛋白具有 ATP 酶活性，它是复制起始所必需的。

在酵母的有丝分裂过程中，复制解旋酶 MCM（微型染色体维持蛋白，minichromosome maintenance）2 ～ 7 蛋白复合体作为无活性的双份六聚体进入细胞核。在酵母复制起点中，在 G_1 期，Cdc6 蛋白与 Cdt1 蛋白的存在可允许 2 个 MCM 蛋白复合体以非活性状态，各自结合于 2 个复制叉的其中一个。它们的存在是起始所需的。**图 10.15** 总结了发生在复制起点的所有事件的整个过程。复制起点在**前复制复合体（prereplication complex）**存在的条件下进入 S 期，前复制复合体包含 ORC、Cdc6 蛋白、Cdt1 蛋白和失活的解旋酶 MCM 蛋白。MCM2 ～ 7 蛋白形成了由 6 个成员组成的、环绕 DNA 的环状复合体。MCM2、3、5 蛋白是调节性的，而 MCM4、6、7 蛋白则具有解旋酶活性。当起始发生，Cdc6 蛋白和 Cdt1 蛋白被替

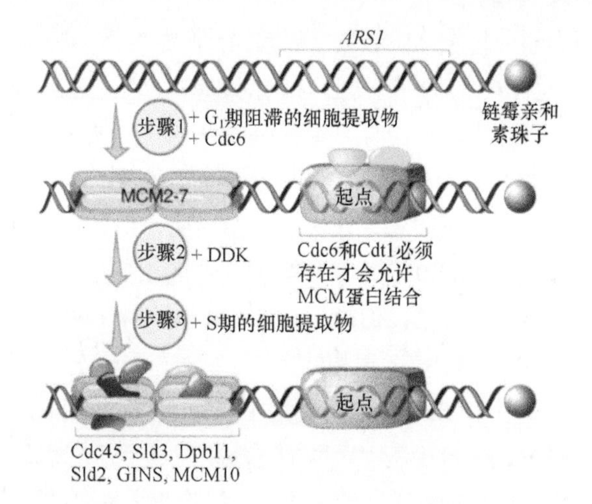

图 10.15 起点处的蛋白质控制起始的易感性

换下来，它们回到起点，成为只含 ORC 的**后复制复合体（postreplication complex）**状态。由于 Cdc6 蛋白在 S 期被快速地降解，所以它不能重新获得，并再次负载 MCM 蛋白，所以复制起点在 S 期不能被再次用来进行第二次起始循环。在哺乳动物细胞中，细菌 β 箍钳蛋白（clamp）的真核生物对应物 PCNA 蛋白，可募集一种蛋白质复合体进入到复制起点，而 Cdt1 蛋白就是这种复合体的一种降解靶标。

如果在 G_2 期，我们提供了与复制起点结合的 Cdc6 蛋白（通过异位表达），那么 MCM 蛋白将不能与之结合直到下一个 G_1 期，这提示了细胞可能存在着第二个机制保证它们只有在正确的时相与复制起点结合。这可能是许可控制的另一部分，至少在酿酒酵母中，这种控制似乎在入核水平上没有被运用，但这可能就是酵母和动物细胞之间的差别所在。MCM2 ～ 7 蛋白在 DNA 周围形成了由 6 个成员组成的环状复合体。有些 ORC 中的蛋白质与装载 DNA 聚合酶进入 DNA 的复制蛋白有些类似。因此，ORC 有可能使用水解 ATP 的能量，而使 MCM 环装载到 DNA 上。在爪蟾提取物中，如果 ORC 在它已经装载了 Cdc6 蛋白和 MCM 蛋白的情况下被移除，复制仍然可以被起始，这说明了 ORC 的主要功能在于为控制起始和许可功能的 Cdc6 蛋白及 MCM 蛋白鉴定出起点。

由 G_1 期向 S 期的转换开始时，CDK/ 周期蛋白募集 Cdc45 蛋白和 GINS 复合体给 MCM 解旋酶，随后它们成为可激活的 CMG 复合体（Cdc45 蛋白 - MCM 蛋白 -GINS 复合体的缩写）。这标志着从起始到 DNA 复制的转换，也就是说，复制的延伸期牵涉两种不同的合成模式，前导（正向）链和后随（非连续）链的合成。当 MCM 蛋白被激活时，它们不仅是起始和延伸所需的，它们还会作为复制解旋酶，继续作用于 2 个双向复制叉上。

小结

- 细菌和真核生物染色体中的复制子具有简单统一的特征：在每一次细胞分裂周期中，在起点，复制会启动一次，且只有一次。起点位于复制子内。复制通常是双向的，即复制叉离开起点，沿着两个方向向外前进。复制通常不终止于某一特定序列，它会一直进行下去，直到 DNA 聚合酶在环状复制子的中间或两个线性复制子之间的连接处遇见了另一个 DNA 聚合酶为止。
- 所有起点由 DNA 复制起始区的分散序列组成，复制起点往往富含 A · T 碱基对。细菌染色体由单个复制子构成，它负责起始每个细胞周期一次的复制。大肠杆菌 *oriC* 有 245 bp，带有这个序列的任何 DNA 分子都可在大肠杆菌中复制。细菌环状染色体的复制产生 θ 结构，在此结构中，复制过的 DNA 以一个小的复制泡开始其过程，复制会继续前进直到复制泡占据了整个染色体。在大肠杆菌复制起点的两条链上存在一些能被甲基化的位点。复制会产生半甲基化 DNA，但它不能作为起点而发挥作用。在半甲基化状态被再次甲基化并转变成功能状态前存在一个延迟，而这能阻止不恰当的再次起始。
- 由 Dam 甲基化酶甲基化所产生的几个位点存在于大肠杆菌起点中，包括与 DnaA 蛋白结合的 13 bp 结合位点。在复制循环起始后，起点保持半甲基化和处于隔离状态约 10 min。在这段时间里，它与膜相连，此时复制的重启被阻遏。
- 起点激活的普通模式包含双螺旋的初始有限解链，紧随其后的是更常见的解链以产生单链。几种蛋白质有序地作用于大肠杆菌起点。当 DnaA 蛋白结合于一系列的 9 bp 重复序列时，复制就在大肠杆菌的 *oriC* 位点开始了。这紧跟着结合于 13 bp 重复序列，在此它利用 ATP 的水解产生能量来分开 DNA 链。DnaC/DnaB 预引发复合体置换 DnaA 蛋白，由于 ATP 水解，DnaC 蛋白被释放出来，而 DnaB 蛋白加入了复制酶，这样复制就启动了，而两个复制叉则朝着相反的两个方向前进。

- 在起点，DnaA 蛋白的可利用性是这个系统的重要成分，它决定了复制循环何时起始。在复制起始后，DnaA 蛋白在 β 滑行箍钳的刺激下水解 ATP，从而产生了这个蛋白质的非活性形式。
- 真核生物染色体分成多个复制子，在细胞周期 S 期中的一些分散时间段里发生了复制事件。不是所有复制子在同一时间存在活性，因此这个过程可能需要好几个小时。真核生物的复制速率比细菌复制至少慢一个数量级。起点应用双向复制模式，在 S 期，这些起点可能是按固定顺序被使用的。在酵母中分离出了复制起点 ARS 序列，它能支持携带此区段的任何序列的复制。ARS 序列的核心是一个 11 bp 的富含 A · T 序列，它结合着 ORC，在整个细胞周期中，它们是一直结合的。与 ORC 连接的几种许可因子控制着复制起点的利用，它们可募集 MCM 解旋酶。
- 细胞分裂后，真核生物的细胞核含有各种许可因子，它是复制起始所需的。在酵母中，许可因子在复制起始后被破坏，这就能阻止再次复制循环的发生。许可因子不能从细胞质运送到细胞核中，只能在有丝分裂过程中核膜崩裂时才能进入细胞核内（或者在酵母的 G_1 期中，它们被重新合成并输入到细胞核中，因为在 G_1 期，核膜永远不会破损）。
- ORC 识别酵母复制起点，在整个细胞周期中它们是一直结合的。Cdc6 蛋白和 Cdt1 蛋白只在 S 期中存在。在酵母中，它们在 S 期合成后迅速降解；在动物细胞中，它是一直合成的，但在 S 期转运出细胞核。Cdc6 蛋白和 Cdt1 蛋白的存在使 MCM 蛋白可以和复制起点结合，而 MCM 蛋白是起始所必需的（接着作为复制解旋酶作用于延伸阶段）。Cdc6 蛋白、Cdt1 蛋白和 MCM 蛋白的组合作用为复制提供了许可功能。

参考文献

10.1 引言

研究论文文献

Costa, A., et al. (2013). Mechanisms for initiating cellular DNA replication. *Annu. Rev. Biochem.* 82, 25-54.

Jacob, F., et al. (1963). On the regulation of DNA replication in bacteria. *Cold Spring Harbor Symp. Quant. Biol.* 28, 329-348.

10.2 复制起点通常起始双向复制

综述文献

Brewer, B. J. (1988). When polymerases collide: replication and transcriptional organization of the *E. coli* chromosome. *Cell* 53, 679-686.

研究论文文献

Cairns, J. (1963). The bacterial chromosome and its manner of replication as seen by autoradiography. *J. Mol. Biol.* 6, 208-213.

Iismaa, T. P., and Wake, R. G. (1987). The normal replication terminus of the *B. subtilis* chromosome, *terC,* is dispensable for vegetative growth and sporulation. *J. Mol. Biol.* 195, 299-310.

Liu, B., et al. (1994). A transcribing RNA polymerase molecule survives DNA replication without aborting its growing RNA chain. *Proc. Natl. Acad. Sci. USA* 91, 10660-10664.

Steck, T. R., and Drlica, K. (1984). Bacterial chromosome segregation: evidence for DNA gyrase involvement in decatenation. *Cell* 36, 1081-1088.

Zyskind, J. W., and Smith, D. W. (1980). Nucleotide sequence of the *S. typhimurium* origin of DNA replication. *Proc. Natl. Acad. Sci. USA* 77, 2460-2464.

10.3 细菌基因组（通常）是单一环状复制子

研究论文文献

Tehranchi, A. K., et al. (2010). The transcription factor DksA prevents conflicts between DNA replication and transcription machinery. *Cell* 141, 595-605.

10.5 起始：在起点 *oriC* 形成复制叉

综述文献

Kaguni, J. M. (2006). DnaA: controlling the initiation of bacterial DNA replication and more. *Annu. Rev. Microbiol.* 60, 351-375.

研究论文文献

Bramhill, D., and Kornberg, A. (1988). Duplex opening by dnaA protein at novel sequences in initiation of replication at the origin of the *E. coli* chromosome. *Cell* 52, 743-755.

Davey, M. J., et al. (2002). The DnaC helicase loader is a dual ATP/ADP switch protein. *EMBO. J.* 21, 3148-3159.

Duderstadt, K. E., et al. (2010). Origin remodeling and opening in bacteria rely on distinct assembly states of the DnaA initiator. *J. Biol. Chem.* 285, 28229-28239.

Erzberger, J. P., et al. (2006). Structural basis for ATP-dependent DnaA assembly and replication-origin remodeling. *Nat. Struct. Mol. Biol.* 13, 676-683.

Fuller, R. S., et al. (1984). The dnaA protein complex with the *E. coli* chromosomal replication origin *(oriC)* and other DNA sites. *Cell* 38, 889-900.

Funnell, B. E., and Baker, T. A. (1987). *In vitro* assembly of a prepriming complex at the origin of the *E. coli* chromosome. *J. Biol. Chem.* 262, 10327-10334.

Hiasa, H., and Marians, K. J. (1999). Initiation of bidirectional replication at the chromosomal origin is directed by the interaction between helicase and primase. *J. Biol. Chem.* 274, 27244-27248.

Kasho, K., and Katayama, T. (2013). DNA binding locus data promotes DnaA-ATP hydrolysis to enable cell cycle–coordinated replication initiation. *Proc. Natl. Acad. Sci. USA* 110, 936-941.

Keyamura, K., et al. (2009). DiaA dynamics are coupled with changes in initial origin complexes leading to helicase loading. *J. Biol. Chem. 284*, 25038-25050.

Molt, K. L., et al. (2009). A role for the nonessential domain II of initiator protein, DnaA, in replication control. *Genetics* 183, 39-49.

Sekimizu, K., et al. (1987). ATP activates dnaA protein in initiating replication of plasmids bearing the origin of the *E. coli* chromosome. *Cell* 50, 259-265.

Wahle, E., et al. (1989). The dnaB-dnaC replication protein complex of *Escherichia coli*. II. Role of the complex in mobilizing dnaB functions. *J. Biol. Chem.* 264, 2469-2475.

10.6 多种机制存在以防止复制成熟前的重新起始

研究论文文献

Keyamura, K., and Katayama, T. (2011). DnaA protein DNA-binding domain binds to Hda protein to promote inter-AAA+ domain interaction involved in regulatory inactivation of DnaA. *J. Biol. Chem.* 286, 29336-29346.

10.7 古菌染色体可包含多个复制子

综述文献

Barry, E. R., and Bell, S. D. (2006) DNA replication in the archaea. *Micro. Mol. Biol. Rev.* 70, 876-887.

研究论文文献

Cunningham Dueber, E. L., et al. (2007). Replication origin recognition and deformation by a heterodimeric archaeal Orc1 complex. *Science* 317, 1210-1213.

Duggin, I. G., et al. (2011). Replication termination and chromosome dimer resolution in the archaeon *Sulfolobus solfataricus*. *EMBO J.* 30, 145-153.

10.8 每条真核生物细胞染色体包含多个复制子

综述文献

Fangman, W. L., and Brewer, B. J. (1991). Activation of replication origins within yeast chromosomes. *Annu. Rev. Cell. Biol.* 7, 375-402.

Masai, H., et al. (2010). Eukaryotic chromosome replication: where, when, and how? *Annu. Rev. Biochem.* 79, 89-130.

研究论文文献

Blumenthal, A. B., et al. (1974). The units of DNA replication in *D. melanogaster* chromosomes. *Cold Spring Harbor Symp. Quant. Biol.* 38, 205-223.

10.9 可以从酵母中分离复制起点

综述文献

Bell, S. P., and Dutta, A. (2002). DNA replication in eukaryotic cells. *Annu. Rev. Biochem.* 71, 333-374.

DePamphlis, M. L. (1993). Eukaryotic DNA replication: anatomy of an origin. *Annu. Rev. Biochem.* 62, 29-63.

Gilbert, D. M. (2001). Making sense of eukaryotic DNA replication origins. *Science* 294, 96-100.

Kelly, T. J., and Brown, G. W. (2000). Regulation of chromosome replication. *Annu. Rev. Biochem.* 69, 829-880.

研究论文文献

Anglana, M., et al. (2003). Dynamics of DNA replication in mammalian somatic cells: nucleotide pool modulates origin choice and interorigin spacing. *Cell* 114, 385-394.

Chesnokov, I., et al. (2001). Functional analysis of mutant and wild-type *Drosophila* origin recognition complex. *Proc. Natl. Acad. Sci. USA* 98, 11997-12002.

Ghosh, S., et al. (2011). Assembly of the human origin recognition complex occurs through independent nuclear localization of its components. *J. Biol. Chem.* 286, 23831-23841.

Marahrens, Y., and Stillman, B. (1992). A yeast chromosomal origin of DNA replication defined by multiple functional elements. *Science* 255, 817-823.

Wyrick, J. J., et al. (2001). Genome-wide distribution of ORC and MCM proteins in *S. cerevisiae:* high-resolution mapping of replication origins. *Science* 294, 2357-2360.

10.11 许可因子结合 ORC

综述文献

Tsakalides, V., and Bell, S. P. (2010). Dynamics of pre-replicative complex assembly. *J. Biol. Chem.* 285, 9437-9443.

研究论文文献

Costa, A., et al. (2011). The structural basis for MCM2–7 helicase activation by GINS and Cdc45. *Nat. Str. & Mol. Bio.* 18, 471-477.

Heller, R. C., et al. P. (2011). Eukaryotic origin-dependent DNA replication in vitro reveals sequential action of DDK and S-CDK kinases. *Cell* 146, 80-91.

Kara, N., et al. (2015). Orc1 binding to mitotic chromosomes precedes special patterning during G1 phase and assembly of the origin recognition complex in human cells. *J. Biol. Chem.* 290, 12355-12369.

Ode, K. L., et al. (2011). Inter-origin cooperativity of geminin action establishes an all-or-none switch for replication origin licensing. *Genes to Cells* 16, 380-396.

Remus, D., et al. (2009). Concerted loading of Mcm2–7 double hexamers around DNA during DNA replication origin licensing. *Cell* 139, 719-730.

Sheu, Y. J., and Stillman, B. (2010). The Dbf4–Cdc7 kinase promotes S phase by alleviating an inhibitory activity in Mcm4. *Nature* 463, 113-117.

Ticau, S., et al. (2015). Single molecule studies of origin licensing reveal mechanisms ensuring bidirectional helicase loading. *Cell* 161, 513-525.

第 11 章

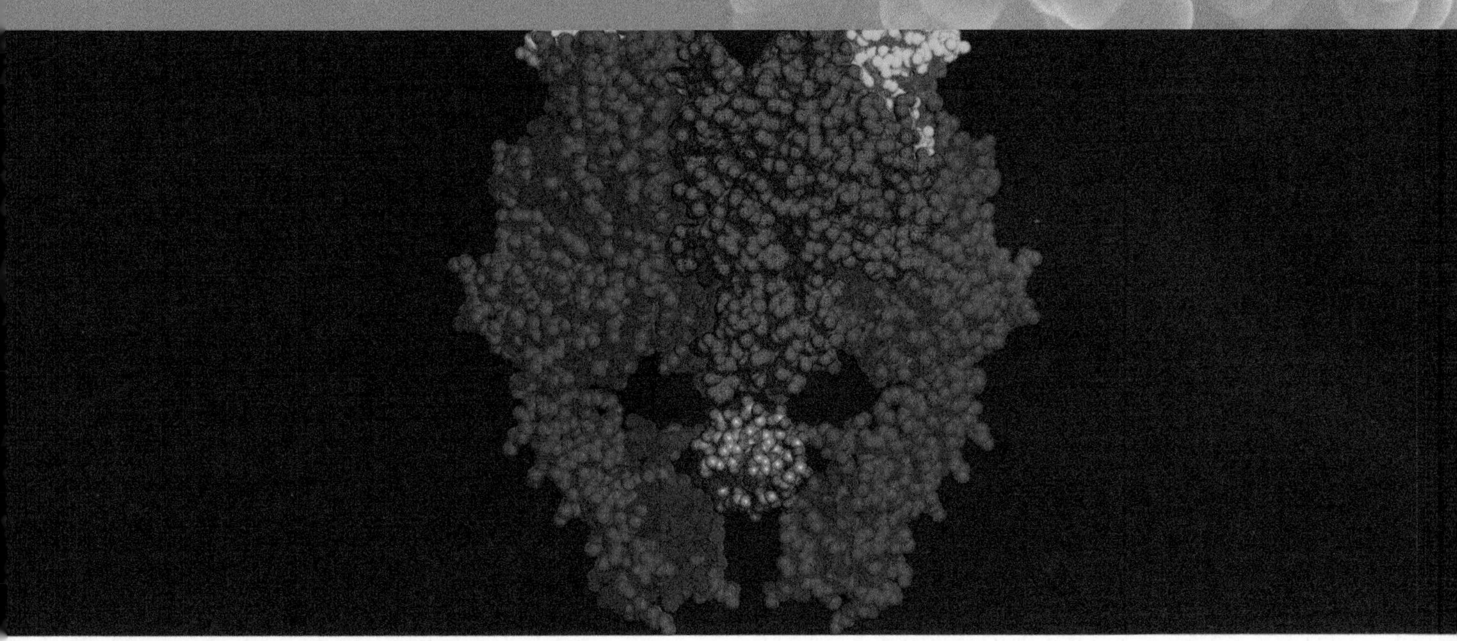

DNA 复制

章节提纲

11.1 引言

双链体 DNA 的复制是一个复杂的反应过程，有多种酶复合体参与其中。不同的酶活性参与到起始、延伸和终止三个不同阶段。然而，在起始发生前，超螺旋染色体必须被松弛（详见第 1 章“基因是 DNA、编码 RNA 和多肽”），这一事件发生在复制起点区域的 DNA 片段中。染色体结构的改变由**拓扑异构酶（topoisemerase）**来完成。复制不能发生在超螺旋 DNA 上，而只发生于松弛形式的 DNA 中。**图 11.1** 显示了第一阶段的总体过程。

- **起始（initiation）**涉及一种蛋白质复合体对

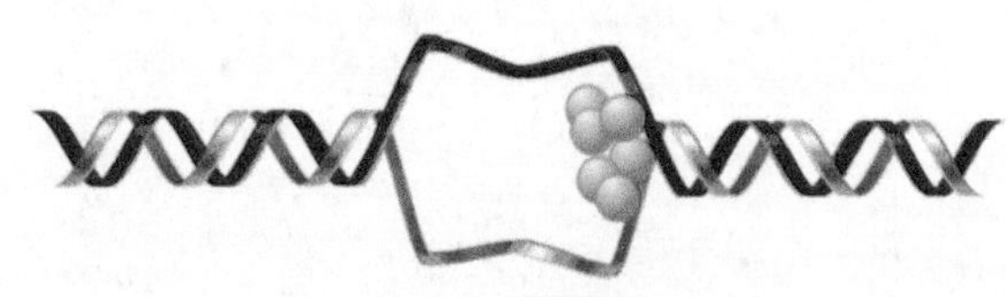

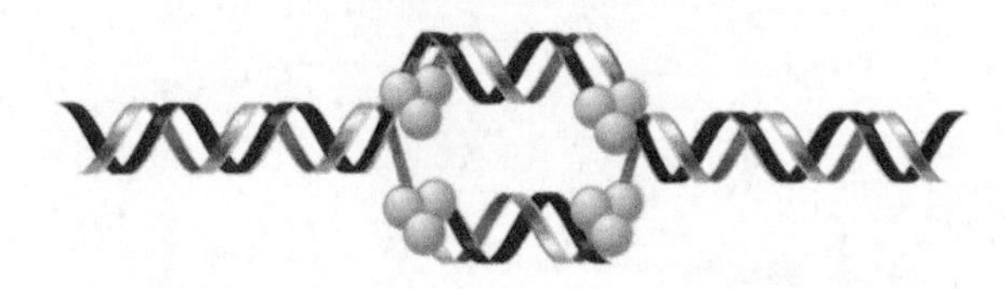

图 11.1 当蛋白质复合体结合于起点并熔解开那里的 DNA 时，复制就起始了。接着，包括 DNA 聚合酶在内的复制体组件组装起来。复制体沿 DNA 移动，并合成两条新链

复制起点（origin）的识别。在 DNA 合成开始之前，亲链必须被分开，并（短暂地）保持单链状态，形成复制泡，然后在复制叉处起始子链的合成。

- **延伸（elongation）**由另一个蛋白质复合体完成。只有当蛋白质复合体和 DNA 在复制叉处的特殊结构结合时，**复制体（replisome）**才存在，它并非作为一个独立的单元存在（如类似于核糖体），在每一次复制循环中它要从头组装。在复制体沿 DNA 移动的同时，母链分开而子链合成。
- 在复制子（replicon）的末端，连接（joining）和（或）终止（termination）反应是必需的。终止后，倍增后的染色体必须相互分开，这就需要对高度有序的 DNA 结构加以控制。

对于一个成长细胞来说，不能进行 DNA 复制将是致死的，因此，DNA 复制突变体只能是**条件致死型（conditional lethal）**，它们在许可条件下（正常的培养温度）可以完成复制，而在非许可条件下（更高的温度，如 42℃）则是复制缺陷的。从大肠杆菌（*Escherichia coli*）的一系列温度敏感突变体中，我们鉴别出了由 *dna* 基因所组成的一组基因座。根据温度升高时 ***dna* 突变体（*dna* mutant）**的行为表现，我们可将复制区分为两种类型。

- 主要类型是**快停突变体（quick-stop mutant）**，当温度升高时，它立即终止复制。它们的复制装置成分是有缺陷的，通常是缺失了延伸所需的酶（但也包括必需前体的供给缺陷）。
- 次要类型是**慢停突变体（slow-stop mutant）**，它能完成当前一轮复制，但不能开始下一轮复制。这种突变主要发生在起点，即与起始复制循环相关的事件具有缺陷。

用来鉴定复制装置成分的一个重要实验手段是**体外互补作用（*in vitro* complementation）**。复制的体外系统是由 *dna* 突变体制备而来，并且在突变基因产物失活的条件下操作。当加入野生型细胞提取物后，检测其是否能使此系统重新恢复活性。然后，这个由 *dna* 基因座编码的蛋白质就可以通过分离提取物中的活性成分而获得。

现在，作为生化级的纯化产物，用于研究的细菌复制装置的每一个成分都可以购买到。在体内，通过基因突变，它们的各种功能也得到了提示。类似的真核生物染色体复制系统有待于进一步研究。对单一复制体成分的研究显示它们与细菌复制体的结构和功能存在相似性。

11.2 DNA 聚合酶是合成 DNA 的酶

关键概念

- 在半保留复制和修复反应这两种途径中可合成 DNA。
- 细菌或真核生物细胞具有多种不同的 DNA 聚合酶。
- 在细菌中，其中一种 DNA 聚合酶执行半保留复制，其余聚合酶参与修复反应。

目前我们知晓的共有两种基本的 DNA 合成类型。

- **图 11.2** 显示了**半保留复制（semiconservative replication）**的结果。亲本双链体的两条单链分开，分别作为合成新链的模板，因此，亲链的双链体被新的两条子代双链体所取代，每个新的双链体包含一条旧链和一条

新链。能够基于模板链合成新 DNA 链的酶称为 **DNA 聚合酶（DNA polymerase）**[或更加恰当地称为依赖 DNA 的 DNA 聚合酶（DNA-dependent DNA polymerase）]。

- **图 11.3** 显示了 **DNA 修复（DNA repair）** 反应的结果。当一条 DNA 链发生了损伤，损伤部分被切除，并被合成的新链替换。原核生物和真核生物的细胞都含有多种 DNA 聚合酶活性，这些酶中只有一部分真正地参与复制反应；有时把它们称为 **DNA 复制酶（DNA replicase）**（详见第 14 章“修复系统”），其他酶在复制中起辅助作用和（或）参与 DNA 修复反应。

所有原核生物和真核生物的 DNA 聚合酶都具有基本的 DNA 合成活性，合成从 5′ → 3′ 方向前进，而模板链则从 3′ → 5′ 方向前进，即在 3′ 端每次添加一个核苷酸来延长 DNA 链，如**图 11.4** 所示，添加的核苷酸由模板链的碱基配对原则来选择。

有些 DNA 聚合酶如修复聚合酶可作为一个独立的酶来发挥作用，而另外一些酶（如复制酶）则会形成大型的蛋白质复合体来行使功能，我们称之为**全酶（holoenzyme）**。对于复制酶来说，DNA 合成只是它其中一个亚基的活性，它还有其他重要的功能，如保真度的维持等。

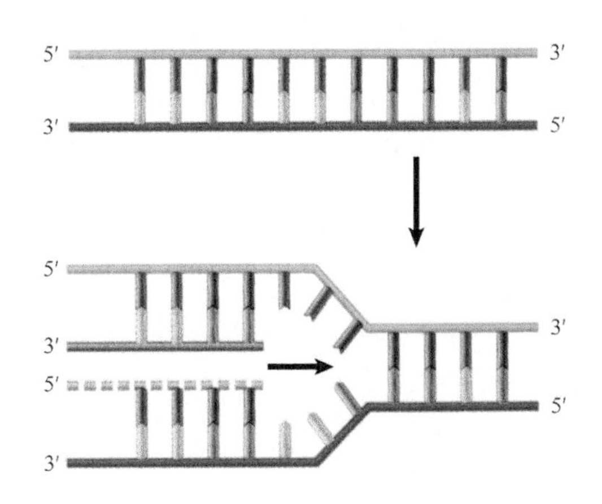

图 11.2 半保留复制合成两条新的 DNA 链

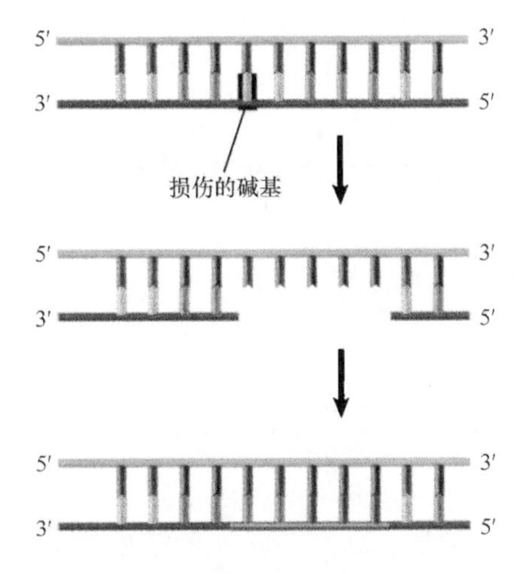

图 11.3 修复合成把含损伤碱基的一小段 DNA 替换掉

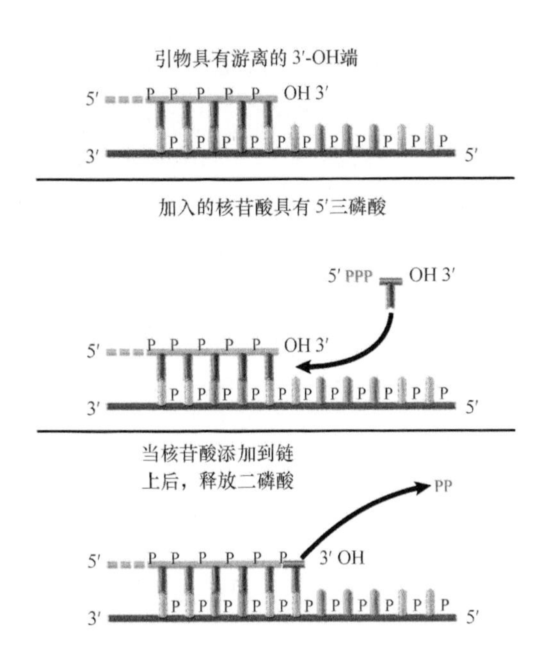

图 11.4 DNA 通过在 3′- 羟基（OH）端加上核苷酸来延长 DNA 链，因此新链生长的方向是 5′ → 3′。DNA 合成前体是核苷三磷酸，在反应中它会失去两个末端磷酸基团

表 11.1 总结了在大肠杆菌中已被发现的 DNA 聚合酶类。DNA 聚合酶Ⅲ是一个多亚基蛋白质，它是一个负责从头合成新链 DNA 的复制聚合酶；DNA 聚合酶Ⅰ（由 *polA* 基因编码）与损伤 DNA 的修复反应有关，其辅助功能是参与半保留复制；当复制过程被损伤 DNA 阻断时，DNA 聚合酶Ⅱ是重新开始复制叉所必需的；DNA 聚合酶Ⅳ和Ⅴ参与允许复制从旁路通过某种类型的损伤，称为**易错聚合酶（error-prone polymerase）**。

表 11.1　只有一种 DNA 聚合酶是复制酶，其他聚合酶参与修复受损伤的 DNA、重新开始停滞的复制叉，或从旁路通过损伤的 DNA

酶	基因	功能
Ⅰ	*polA*	主要的修复酶
Ⅱ	*polB*	复制的重新开始
Ⅲ	*polC*	复制酶
Ⅳ	*dinB*	跨损伤修复
Ⅴ	$umuD'_2C$	跨损伤修复

当用大肠杆菌中的提取物来分析它们合成DNA的能力时，发现酶活性占优势的是DNA聚合酶Ⅰ，其活性非常大，以至于无法发现其他与DNA复制有关的有活性的酶。因此，为了建立体外能被追踪的复制系统，必须从*polA*突变细胞中制备提取物。

真核生物中已经鉴定出了几种类型的DNA聚合酶。DNA聚合酶δ和ε是细胞核内的复制酶；DNA聚合酶α与“引发（priming）”（起始）复制有关；其他DNA聚合酶参与修复损伤的细胞核DNA；或当损伤无法修复时，它们参与跨损伤（translesion）修复。DNA聚合酶γ参与线粒体DNA的复制；而叶绿体则拥有其自身特有的修复系统（见第11.13节“真核生物中不同DNA聚合酶分别负责起始和延伸”）。

11.3 DNA聚合酶有多种核酸酶活性

关键概念

- DNA聚合酶Ⅰ有特殊的5′→3′外切核酸酶活性，可以和DNA合成活性相结合而完成切口平移反应。

复制酶除了具有合成DNA的能力之外，通常还具有核酸酶活性，其3′→5′外切核酸酶活性可以切除DNA合成中错配的碱基，这给细胞提供了一个“校对（proofreading）”错误的控制系统（见11.4节“DNA聚合酶控制复制保真度”）。

第一个被鉴定出来的DNA合成酶是DNA聚合酶I，它是一个103 kDa的单一多肽，可以被蛋白酶切成两个区段。较大切割片段（68 kDa）称为**克列诺片段（Klenow fragment）**，可用于体外的DNA合成反应，具有DNA聚合酶活性和3′→5′外切核酸酶校对活性。这两个活性位点的距离是30 Å，说明碱基添加功能和碱基切除功能在空间上是分开的。

小片段（35 kDa）具有5′→3′外切核酸酶活性，可以切除少量的核苷酸，一次最多可切割10个碱基，此活性与合成/校对活性互相协调，使DNA聚合酶Ⅰ在体外具有从切口处起始复制的独特能力（其他DNA聚合酶均无此能力）。在双链DNA磷酸二酯键的断裂处，此酶能从3′-羟基（3′-OH）端延伸出来。随着DNA新片段的合成，它可置换双链体中已有的同源链，而置换出来的链被这个酶的5′→3′外切核酸酶活性所降解。

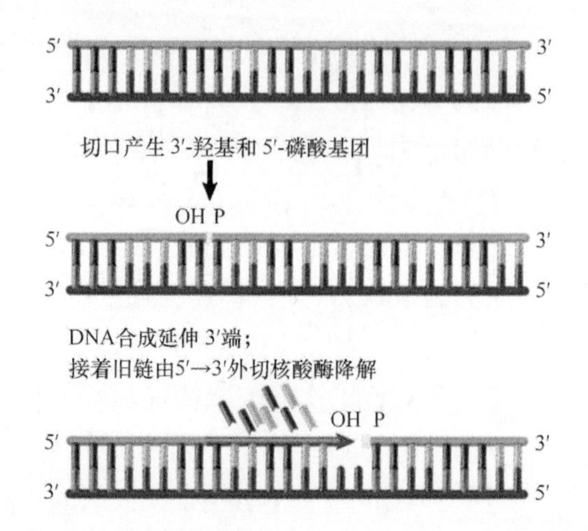

图11.5 切口平移将双链体DNA中的其中一条原有DNA链替换成新合成的DNA链

切口平移（nick translation）反应的过程如**图11.5**所示，置换出的同源链被5′→3′外切核酸酶活性降解。除了部分片段被新合成部分取代，缺口位点沿着双链体发生移动外，DNA的性质没有任何改变。因此，切口平移反应具有很大的应用价值，是体外在DNA分子上引入放射性标记核苷酸的主要技术。

偶联的5′→3′合成活性/3′→5′外切核酸酶活性可能主要用于填补DNA双链中的短单链区域，此区域出现于后随链的复制过程中（见11.5节“DNA聚合酶具有共同结构”）；另外，从DNA中切除损伤碱基时也会形成（见图11.3）。

11.4 DNA聚合酶控制复制保真度

关键概念

- 参与复制的高保真DNA聚合酶具有精确的限定活性位点，它偏好与沃森-克里克碱基对结合。
- DNA聚合酶通常具有3′→5′外切核酸酶活性，可以切除错配的碱基。
- 通过校对机制，复制保真度可提高约100倍。

复制保真度给我们提出了一类同样问题，以前在考虑如翻译的精确性时也遇到过。复制依赖于碱基配对的特异性，当考虑碱基配对所涉及的动力学时，可以估测复制时每个碱基配对出现错误的频率约是 10^{-2}，而在细菌中，真正的差错率可能达到 $10^{-10} \sim 10^{-8}$，即每个基因组经过 1000 次细菌复制循环只出现一个错误，或每代每一个基因的差错率约为 10^{-6}。

在复制中，我们将 DNA 聚合酶造成的错误分为两类。

- 替换（substitution），指掺入错误核苷酸（不正确配对），其差错率水平由**校对（proofreading）**效率决定，即聚合酶细察新形成的碱基配对，并去除错配的核苷酸。
- 移码（frameshift），指一个核苷酸插入或缺失。与移码相关的保真度受酶的**持续合成能力（processivity）**的影响，即它会保留在同一模板链上而不是解离后重新结合。这对于同源多联体序列的复制尤为重要，例如，当复制一个 dT_n ∶ dA_n 的长序列时，“复制滑动（replication slippage）”可改变同源多联体序列的长度。作为一个通用的法则，增加持续合成能力可减少这种事件发生的可能性。在多亚基 DNA 聚合酶中，持续合成能力通常由特殊亚基来提高，本质上，这个亚基不是催化活性所必需的。

细菌复制酶具有多重错误校对系统，就如第 1 章“基因是 DNA、编码 RNA 和多肽”中所讨论的那样。A · T 碱基对的结构非常类似于 G · C 碱基对的结构。这种结构可被高保真 DNA 聚合酶用作一种保证保真度的机制，即只有与模板核苷酸具有合适碱基配对而进入的 dNTP 才能填入活性位点，而错误配对如 A · C 或 A · A 因为具有错误的结构特征而难于填入活性位点。另外，低保真 DNA 聚合酶，如用于跨损伤修复的大肠杆菌 DNA 聚合酶Ⅳ，具有更加开放的活性位点，它能容纳损伤核苷酸，也能容纳错误配对。如此，这些易错聚合酶的表达或活性是受到严密调节的，它们只有在 DNA 损伤后才具有活性。

所有细菌的 DNA 聚合酶都具有 3′ → 5′ 外切核酸酶活性，它与 DNA 合成的方向相反，并提供了校对功能，如**图 11.6** 所示。在链的延伸阶段，一个

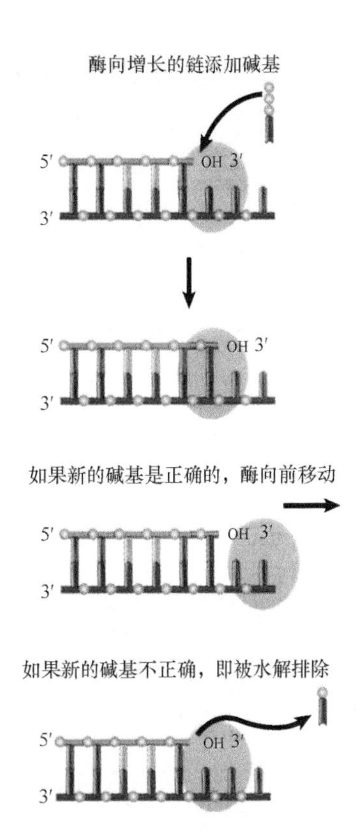

图 11.6 细菌的 DNA 聚合酶细察延长链末端的碱基对，如果是不恰当的会予以切除

前体核苷酸进入延长链的末端位置，进而形成键，然后，聚合酶前移一个碱基对，为下一个前体核苷酸的进入作准备。然而，如果发生了错误，由于错误碱基的掺入，DNA 在结构上出现歪曲，使得聚合酶暂停或降低速率，这会允许酶往回走，移除这个不正确碱基。在一些区段，错误会比其他地方发生得频繁，也就是说，在这些区段是 DNA 的**突变热点（mutation hotspot）**。这由本身的序列特性所决定，即一些序列会使得 DNA 聚合酶移动得更快或更慢，而这会影响俘获错误的能力。

如 11.2 节“DNA 聚合酶是合成 DNA 的酶”中所指出的那样，典型复制酶是一种多亚基全酶复合体，而典型的修复性 DNA 聚合酶是一种单亚基酶。全酶系统的优势在于它拥有负责错误校对的特异性亚基。在大肠杆菌 DNA 聚合酶Ⅲ中，这个 3′ → 5′ 外切核酸酶活性位于分开的 ε 亚基中，相比于修复酶，这个亚基给予了复制酶更大的保真度。

不同 DNA 聚合酶以不同方式处理聚合与校对活性之间的关系。在有些情况下，同一蛋白质亚基具有两种活性；但在其他酶中，它们则存在于不同亚基中。每种 DNA 聚合酶具有一个特征性的差错率，它可以通过自身的校对活性来降低；校对功能

通常可将复制差错率从 10^{-5}/bp 降低至 10^{-7}/bp。同时，复制后可以识别并纠正错误的系统，此时也可以消除一些错误，从而将整个差错率减少至低于 10^{-9}/bp（详见第 14 章“修复系统”）。

DNA 聚合酶Ⅲ的复制酶活性最初是通过 *dnaE* 基因座的致死突变而发现的，此基因座编码一个 130 kDa 的 α 亚基，它拥有 DNA 合成活性；3′→5′ 外切核酸酶校对活性则存在于由 *dnaQ* 所编码的 ε 亚基中。在体内，ε 亚基的基本功能是控制复制保真度，这可由 *dnaQ* 突变体的效应所证实：在细菌中，此基因突变后错误发生的频率增加 10^3 倍以上。

11.5 DNA 聚合酶具有共同结构

关键概念

- 许多 DNA 聚合酶含有一个大沟，由三个结构域组成，总体结构类似手形。
- DNA 穿过“手掌”，位于由“手指”和“拇指”构成的大沟里。

结构被阐明的第一个 DNA 聚合酶是大肠杆菌 DNA 聚合酶 I 的克烈诺片段。**图 11.7** 显示了所有 DNA 聚合酶所共有的结构特征，酶结构可被分为数个独立结构域，类似于一个人的右手结构。DNA 结合于由三个结构域所组成的大沟中，“手掌”结构域具有高度保守的重要序列基序，它提供了催化活性位点；“手指”结构域参与将模板正确地结合到活性位点；“拇指”结构域在 DNA 离开酶之后与之结合，在行使酶的持续合成能力时具有重要作用。这三个功能域中最重要、最保守的区域组合形成了一个具有连续表面的催化位点；而外切核酸酶活性存在于另一个独立结构域中，它具有独立的催化位点；N 端结构域延伸至核酸酶结构域中。根据序列同源性，DNA 聚合酶可以分为 5 个家族，“手掌”结构域在结构和序列上都是高度保守的，而“手指”和“拇指”的二级结构类似，但序列差异较大。

DNA 聚合酶的催化反应发生在一个活性位点，在此处，一个三磷酸核苷酸与一个（未配对的）单链 DNA 配对。大沟中的 DNA 穿过“手掌”，到达位于一个由“拇指”和“手指”形成的沟里。**图 11.8** 显示 T7 噬菌体 DNA 聚合酶与 DNA 结合的酶复合体晶体结构（一个引物与模板链的退火形式），其他还包括一个即将加到引物上的核苷酸。在离引物 3′ 端的两个碱基对以外，DNA 以典型的 B 型双链体形式存在；而在引物区，DNA 呈开放的 A 型。在 DNA 上的急转弯处是为新进入的核苷酸所暴露出的模板碱基。引物的 3′ 端（碱基添加端）由“手指”和“手掌”锚定，而酶通过与磷酸二酯键主链骨架接触将 DNA 固定起来（因此可以使聚合酶在 DNA 的任何序列起作用）。

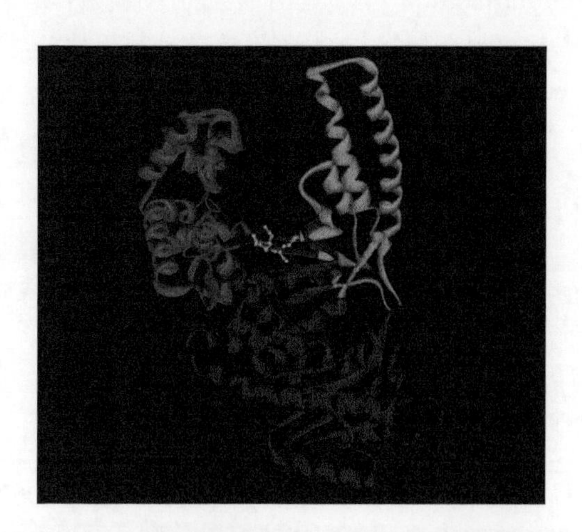

图 11.7 来自大肠杆菌 DNA 聚合酶 I 的克烈诺片段的结构。它具有右手结构，带有“手指”（蓝色）、“手掌”（红色）和“拇指”（绿色）。克烈诺片段也包含外切核酸酶结构域

改编自 Beese, L. S., et al. 1993. “Structure from Protein Data Bank 1KFD.” *Biochemistry* 32: 14095-14101

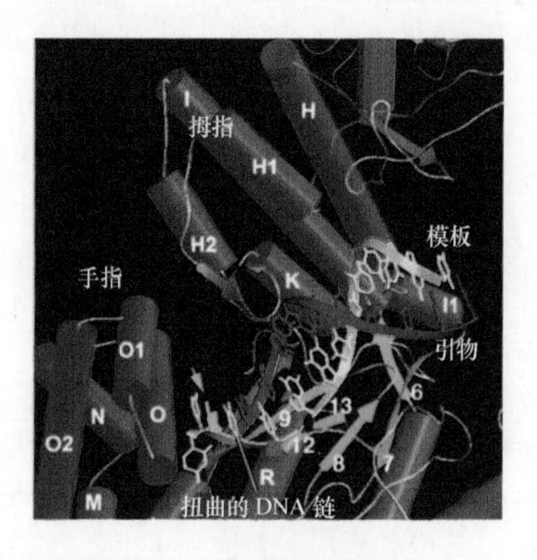

图 11.8 T7 噬菌体 DNA 聚合酶的晶体结构显示，模板链发生了急转弯而暴露于新进入的核苷酸下

图片由 Charles Richardson and Thomas Ellenberger, Washington University School of Medicine 友情提供

当DNA聚合酶只与DNA组合成复合体（即缺少新进入的核苷酸）后，此时在此家族的DNA聚合酶的结构中，相对于“手掌”而言，“手指”与“拇指”的方位更加开放，以O螺旋（O、O1、O2；见图11.8）从“手掌”旋转开。这提示了O螺旋向内旋转，抓住新进入的核苷酸来建立活性的催化位点。当一个核苷酸结合时，“手指”结构域向“手掌”转动60°，“指尖”移动了30 Å，同时，“拇指”结构域也向“手掌”转动了8°。这些变化是循环发生的：当核苷酸加入到DNA链中时它们被逆转，接着，DNA链在聚合酶上移位，并再次形成空隙点。

外切核酸酶活性负责移除错配碱基，但是，外切核酸酶结构域的活性位点和催化结构域的活性位点相隔很远。因此，DNA聚合酶在聚合和编辑两种模式中相互转化，这由这两个活性位点竞争结合DNA的3′端引物来决定。在活性位点中的氨基酸残基和新来的核苷酸相接触，而错配碱基会导致酶结构的变化。当错配碱基占据了活性位点时，“手指”结构域不能向“手掌”转动并与核苷酸结合，这使3′端可以与外切核酸酶结构域的活性位点相结合，最后由酶结构中的DNA旋转完成这一过程。

11.6 两条DNA新链具有不同的合成模式

关键概念

- DNA聚合酶在合成前导链（5′→3′）时是连续的；而在合成后随链时是先形成小片段，随后再连接而成。

双链体DNA中两条链的反平行结构在复制中给我们提出了一个问题：随着复制叉的前移，子链必须在两条单一的亲链上合成，复制叉在一条链上以5′→3′方向移动，在另一条链上则以3′→5′方向移动。然而核酸的合成只能在3′→5′模板上从5′端到3′端（加新核苷酸到正在成长的3′端）前进。对于在5′→3′模板上合成新链的问题的解决方式是：整体上，DNA从3′→5′方向合成，并以一系列小片段的方式进行，而实际上，每一个合成是以“向后”的方向，也就是通常的5′→3′方向进行。

当我们全盘考虑紧接在复制叉后面的这个区域时，如图11.9所示，我们可根据每一个新合成链的不同性质来描述这一过程。

- **前导链（leading strand）**，有时称为**正链（forward strand）**，它的DNA合成以5′→3′方向，随着亲代双链体的解链而连续进行。
- 在**后随链（lagging strand）**的合成上，一段亲代单链DNA必须先暴露出来，然后以相反的方向（相对于复制叉移动方向）合成一个片段。这一系列小片段都以5′→3′方向合成，然后再把它们连接成一个完整的后随链。

根据非常短的放射性标记物的去向，我们可以对不连续复制（discontinuous replication）进行研究。结果发现，此标记物以小片段的形式进入新合成的DNA中，大致相当于长度为1000～2000碱基的DNA序列，这些**冈崎片段（Okazaki fragment）**在原核生物或在真核生物的DNA复制中都能找到。但经较长时间的温育以后，标记物就进入更长的DNA片段中，这种转变是由于冈崎片段的共价连接所致。

后随链必须以冈崎片段的形式合成。在很长一段时间内，我们并不清楚前导链究竟是以同样方式合成还是连续合成。在大肠杆菌中，我们发现所有新合成的DNA都以小片段的形式存在。表面上，这提示了两条链的合成都是不连续的。然而，并不是所有片段都代表真实的冈崎片段；有些是假片段，是由以连续形式合成的DNA链断裂而产生的，这种断裂原因是一些尿嘧啶进入DNA代替了胸腺嘧啶。当尿嘧啶被修复系统切除后，前导链就断裂，直到一个胸腺嘧啶被插入。

所以，后随链是不连续合成而先导链是连续合成的，我们称之为**半不连续复制（semidiscontinuous replication）**。

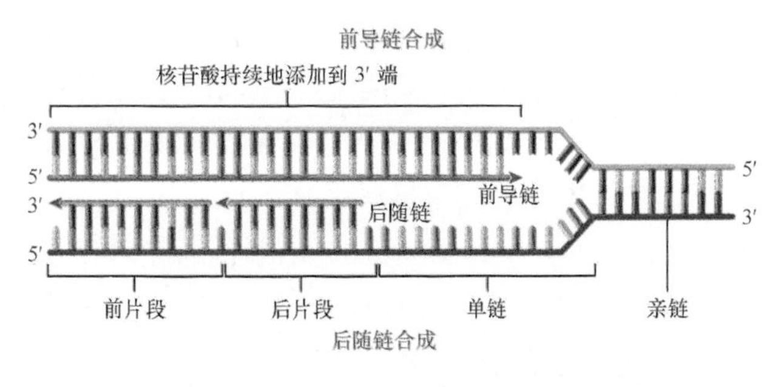

图11.9 前导链是持续合成的，而后随链则是不连续合成的

11.7 复制需要解旋酶和单链结合蛋白

关键概念

- 复制需要解旋酶分开 DNA 链，它利用 ATP 水解所提供的能量进行反应。
- 单链结合蛋白是维持 DNA 链的分开所必需的。

随着复制叉的向前移动，双链体 DNA 被解开。随着前导链的合成，一条模板链与之快速地形成双链体；另一条模板链会一直保持单链状态，直到它所暴露的长度足够引发后随链上的冈崎片段的合成。因此，单链 DNA 的形成和维持是复制中的重要方面。将双链 DNA 转换为单链状态需要两种功能。

- **解旋酶（helicase）**使 DNA 的两条链分开（或解链），它通常利用 ATP 水解来提供必需的能量。
- **单链结合蛋白（single-strand binding protein，SSB 蛋白）**与单链 DNA 结合，阻止其再形成双链体状态。SSB 蛋白的结合方式通常具有协同性，即 SSB 蛋白与单链 DNA 结合后的复合体会增强另一个单体的结合能力。大肠杆菌的 SSB 蛋白是一个四聚体；而真核生物的 SSB 蛋白（也称为 RPA 蛋白）是一个三聚体。

解旋酶在多种情况下分开双链体 DNA 的两条链，作用范围从复制叉成长点的双链分离，到催化霍利迪连接体 [Holliday junction（重组连接体）] 在 DNA 上的移动。大肠杆菌中存在 12 种不同的解旋酶，它通常是多聚体，典型的为六聚体，多聚体的结构提供了多个与 DNA 结合的位点，使其能在 DNA 上移位。

图 11.10 是六聚体解旋酶的普适化作用模型的示意图。它可能具有两种构象，一种形式与双链体 DNA 结合，另一种形式与单链 DNA 结合。两种形式的转化引发双链的熔解，而且这需要 ATP 的水解，即每解开一个碱基对需要水解 1 分子 ATP。解旋酶通常在一个与双链体 DNA 相连的单链区起始解链。请注意：它不能解开双链体 DNA 区段，即它只能继续解开已经开始复制的序列。其作用可能具有特定极性，偏好与具有 3′ 端的单链 DNA（3′ → 5′ 解旋酶）或具有 5′ 端的单链 DNA（5′ → 3′ 解旋酶）结合。5′ → 3′ 解旋酶如图 11.10 所示。六聚体解旋酶典型的作用是环化 DNA，这允许它们解开 DNA 链，并向前推进数千碱基对的长度，这种特性使得它们完美地适合于作为 DNA 复制的解旋酶。

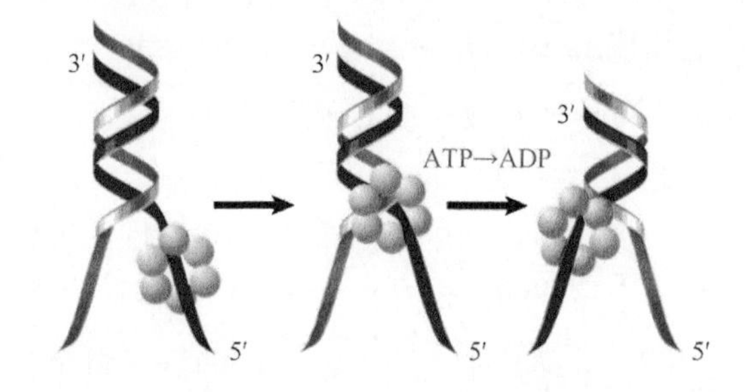

图 11.10 六聚体解旋酶在 DNA 上移动。它可能与双链体 DNA 结合后改变了构象，并使用 ATP 水解能量来分开两条链，然后当它重新和单链结合时又回到原来构象

由解旋酶解开双链 DNA，产生两条结合了 SSB 蛋白的单链 DNA。大肠杆菌的 SSB 蛋白是一个 74 kDa 的四聚体，它们协同地结合单链 DNA。协同结合模式的重要性在于，一个蛋白质分子的结合将使 DNA 单链更容易与下一个蛋白质分子结合。所以，一旦在特定 DNA 分子中发生结合，这种反应就能很快地向外传播，直到这条单链 DNA 的所有部分被 SSB 蛋白覆盖。注意：这种蛋白质不是 DNA 解旋蛋白，它的作用是稳定已成为单链状态的 DNA。

在体内的正常环境中，解旋、包裹和复制反应按前后顺序进行。随着复制叉的前移，SSB 蛋白与 DNA 结合，使得两条亲链保持分开状态，这样就使它们处于适宜的条件，所以可作为模板。在复制叉处，SSB 蛋白按化学计算结合，在复制的多个时期都需要它的存在。*ssb* 突变体表现为快停表型，在修复和重组中具有与复制一样的缺陷。

11.8 启动 DNA 合成需要引发作用

关键概念

- 所有 DNA 聚合酶都需要 3′-OH 引发末端起始 DNA 合成。

- 引发末端可以由 RNA 引物、DNA 切口或引发蛋白提供。
- 就 DNA 复制而言，引发酶（一种特殊的 RNA 聚合酶）合成 RNA 链，它提供引发末端。
- 大肠杆菌具有两种引发反应能力，分别发生在细菌起点（*oriC*）和 ΦX174 噬菌体的起点。
- 双链 DNA 复制的引发反应总是需要复制酶、SSB 蛋白和引发酶。
- 大肠杆菌中，DnaB 蛋白是为了复制而解开 DNA 的解旋酶。

DNA 聚合酶的一个共同特征是不能从头合成一条 DNA 链，而只能延伸链。**图 11.11** 显示了起始所需的特征，合成新链的活动只能从一个已存在的 3′-OH 端开始，而且模板链必须要转变成单链状态。

3′-OH 端被称为**引物（primer）**，它可能有多种形式（也请见**图 11.12**，它总结了各种类型的引发事件。）。

- 根据模板，它合成一段 RNA 序列，这样 RNA 链的游离 3′-OH 端可由 DNA 聚合酶来延伸。这种机制是细胞复制 DNA 常见的，某些病毒也使用这种形式。
- 事先形成的 RNA（通常为 tRNA）与模板配对，游离的 3′-OH 端用于引发 DNA 的合成。这种机制为反转录病毒所用，它用于起始 RNA 的反转录（详见第 15 章“转座因子与反转录病毒”）。
- 引物末端在双链体 DNA 内产生。这种机制常见的为引入缺口，起始滚环复制。在这种情况下，已经存在的链被新合成链所替代。
- 通过为 DNA 聚合酶提供一个核苷酸，蛋白质直接引发反应。这种机制为一些病毒所用（详见第 12 章“染色体外复制子”）。

因此，在前导链和后随链开始 DNA 合成时，都需要引发活动来提供 3′-OH 端。前导链只需要一次这种起始事件，它发生在复制起点；但后随链必须有一系列的起始事件，因为每个冈崎片段都需要自己从头起始。每个冈崎片段从它的引物开始，这个引物是一段 RNA 序列，约 10 个碱基长，它为 DNA 聚合酶提供一个延伸的 3′-OH 端。

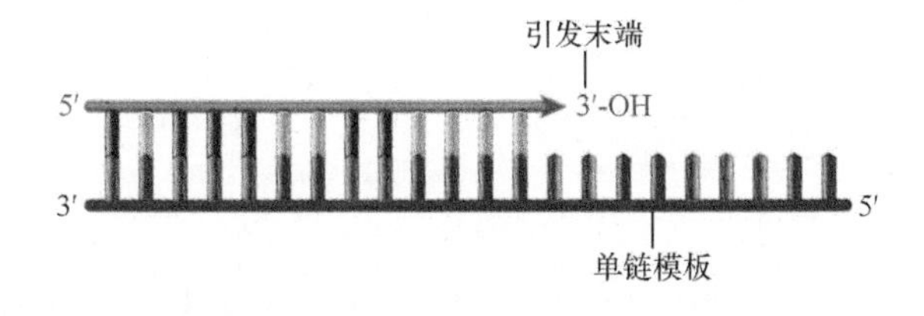

图 11.11 DNA 聚合酶需要 3′-OH 端来起始复制

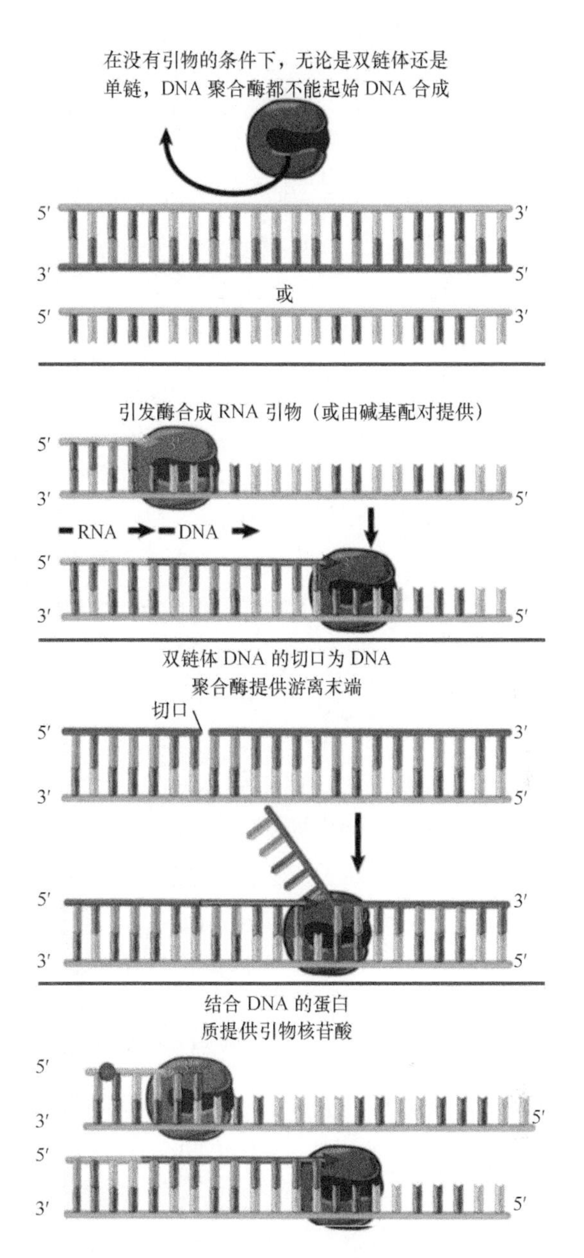

图 11.12 有多种方法可以提供 DNA 聚合酶起始 DNA 合成所需的 3′-OH 端

催化真正的引发反应需要引发酶，这由特殊活性的 RNA 聚合酶提供，它是 *dnaG* 基因的产物，是一个 60 kDa 的单一多肽（比 RNA 聚合酶小得多）。引发酶是仅用于特定环境下的 RNA 聚合酶，也就是说，仅用于合成 DNA 复制所需的一小段 RNA。DnaG 引发酶与复制复合体短暂结合，通常合成约 10 个碱基的引物，引物以序列 pppAG 开始，对应于模板上的 3′-GTC-5′。

在大肠杆菌中，目前已经发现两种类型的引发反应。

- *oriC* 系统，它以细菌的复制起点命名，涉及在复制叉上 DnaG 引发酶和蛋白质复合体的连接。
- ΦX 噬菌体系统，以 ΦX174 噬菌体命名。它需要起始复合体，并含有额外的组成成分，这一成分称为引发体（primosome）。当损伤引起复制叉瘫痪，而它又必须重新开始，那么就需要使用这一系统。

有时复制子也被称为 *oriC* 或 ΦX 类型。参与引发反应的类型总结如**图 11.13**。在大肠杆菌中，虽然个别复制子中的有些特殊蛋白质可能存在差异，但在每一个事件中都需要几种常见类型的活性蛋白质：解旋酶是形成单链所必需的；单链结合蛋白维持单链状态；而引发酶则合成 RNA 引物。

DnaB 蛋白在 ΦX 复制子和 *oriC* 复制子中都是关键成分，它提供 5′ → 3′ 解旋酶活性，用于打开 DNA 链，这需要 ATP 水解供能。从本质上而言，DnaB 蛋白是推进复制叉所需的活性组分。在 *oriC* 复制子中，DnaB 蛋白作为大复合体的一部分被装载于起点处（详见第 10 章“复制子：复制的起始”）。它形成了成长点（growing point），在这里，DNA 双链分开而复制叉向前移动。DnaB 蛋白是 DNA 聚合酶复合体的一部分，能与 DnaG 引发酶相互作用，来起始后随链中每个冈崎片段的合成。

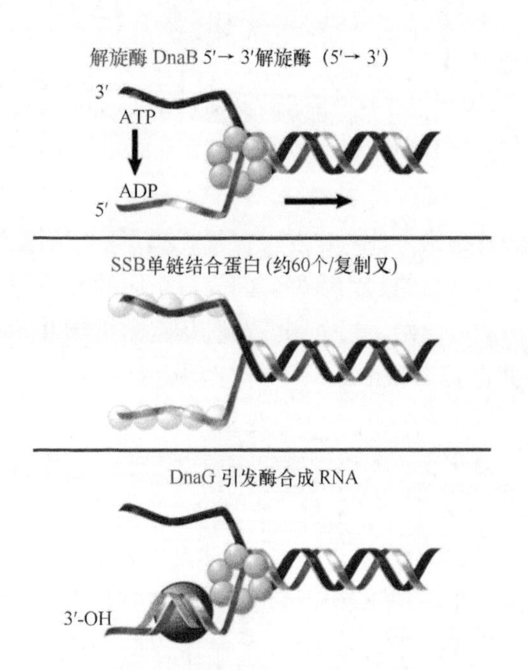

图 11.13 起始需要多种酶的活性，包括解旋酶、单链结合蛋白和引物合成

11.9 前导链和后随链的协同合成

关键概念

- 合成前导链和后随链需要不同的酶单元。
- 在大肠杆菌中，这两种单元都具有相同的催化亚基（DnaE 蛋白）。
- 在其他生物中，每条链可能需要不同的催化亚基。

每条新的 DNA 链，前导链和后随链是由单个催化单元（catalytic unit）合成的，如**图 11.14** 所示，由于两条 DNA 链的合成方向是相反的，所以，这两个催化单元的行为是不同的。一个酶单元与解链点同时移动，并连续地合成前导链；另一个酶单元相对于 DNA 而言，是“向后”沿着暴露的单链 DNA 移动的，在任何一个时间，只有一些小片段被暴露出来。当一个冈崎片段合成好以后，在前导链成长点附近的新位点需要开始新冈崎片段的合成。这需要位于后随链 DNA 中的 DNA 聚合酶Ⅲ从模板上解离出来，移向新的位置，重新连接于模板上，在引物存在时开始新冈崎片段的合成。

术语“酶单元（enzyme unit）”避免了合成前导链和后随链的 DNA 聚合酶是否是同一个的问题。在我们最熟悉的例子大肠杆菌中，复制只用到单一的 DNA 聚合酶催化亚基，即 DnaE 多肽。一些细菌和真核生物拥有多种复制性 DNA 聚合酶（见 11.13 节“真核生物中不同 DNA 聚合酶分别负责起始和延伸”）。活性复制酶是一个不对称的二聚体，其中一个亚基位于前导链，而另一个亚基位于后随链（见

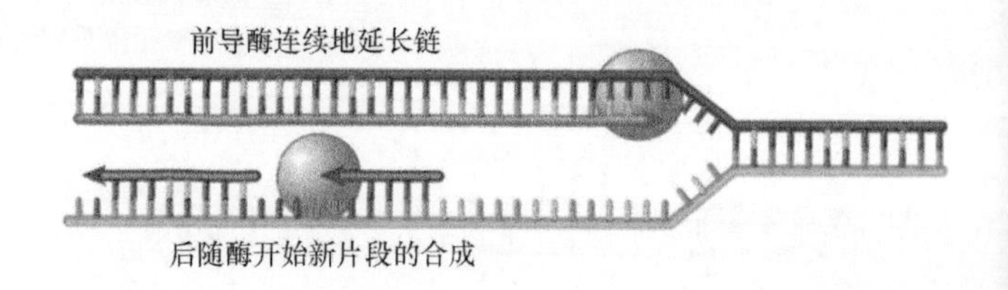

图 11.14 复制复合体包括分开的、用于前导链和后随链合成的催化单元

11.10 节“DNA 聚合酶全酶由多个亚复合体组成”)，它的每半个部分都含有催化亚基 DnaE 蛋白，而它由其他的蛋白质支撑着（这些蛋白质在前导链和后随链的合成中是不同的)。

使用单一类型的催化亚基实际上是非典型的。在枯草芽孢杆菌（*Bacillus subtilis*）中存在两种不同的催化亚基：PolC 蛋白是大肠杆菌 DnaE 蛋白的同源物，负责合成前导链；另一种相关的蛋白质——$DnaE_{BS}$ 蛋白是合成后随链的催化亚基。真核生物 DNA 聚合酶具有相同的基本结构，即由不同酶单元合成前导链和后随链（见 11.13 节“真核生物中不同 DNA 聚合酶分别负责起始和延伸”)。

半不连续复制模型的一个重要问题在于，当使用不同酶单元合成每一条新 DNA 链时，它是如何协调前导链和后随链的合成呢？当复制体在 DNA 上移动时，它解开亲链，一个酶单元延长前导链；同时在后随链上，活性复制体周期性地起始后随链的冈崎片段的合成，那么，其他酶单元就必须从反方向移动合成 DNA。在下一节中我们就会看到，前导链和后随链的合成是如何通过它们合成所需的酶单元之间的相互作用协调的。

11.10 DNA 聚合酶全酶由多个亚复合体组成

关键概念

- 大肠杆菌 DNA 聚合酶Ⅲ的催化核心含有 3 个亚基，包括催化亚基和校对亚基。
- DNA 聚合酶Ⅲ全酶拥有至少 2 个催化核心、一个具有推进能力的箍钳蛋白和箍钳装载器复合体。
- 钳载体将具有推进能力的亚基装配到 DNA 上，形成缠绕 DNA 的环状箍钳蛋白。
- 至少一个催化核心与一条模板链结合。
- 大肠杆菌复制体由全酶复合体和染色体复制所需的其他酶组成。

现在我们可将大肠杆菌 DNA 聚合酶Ⅲ全酶 [也称为复制体（replisome）] 的亚基结构与 DNA 合成所需的活性联系在一起，并在此基础上提出一个模型。复制体由 DNA 聚合酶Ⅲ全酶复合体和相关蛋白质组成，它们是复制所需的引发酶和解旋酶。DNA 聚合酶Ⅲ复合体的结构新模型建议：它是一种由 3 个聚合酶组成的核心结构，其中两个负责合成后随链的 2 个聚合酶Ⅲ催化核心，另一个负责合成前导链。每一个岗崎片段由新进入的核心聚合酶组成。全酶是一个 900 kDa 的复合体，它包含 10 个蛋白质，组成 4 个亚复合体。

- 它至少存在两份拷贝的催化核心，每个催化核心包括 α 亚基（DNA 聚合酶活性)、ε 亚基（3′ → 5′ 外切核酸酶校对活性）和 θ 亚基（刺激外切核酸酶活性)。
- 有两份拷贝的二聚体化亚基 τ，它将两个催化核心连接在一起。
- 有两份拷贝的**箍钳蛋白（clamp）**，它负责保持催化核心与模板链的结合。每一个箍钳蛋白由同源二聚体 β 亚基，即 β 环组成，它环绕 DNA 结合，并具有持续合成能力。
- γ 复合体由 5 种基因编码的 7 种蛋白质组成，这形成了**箍钳装载器（clamp loader）**，它依靠环状结构，能将箍钳蛋白固定到 DNA 上。

DNA 聚合酶Ⅲ组装的其中一个模型如**图 11.15** 所示，全酶在 DNA 上的组装分为三个时期。

- 首先，箍钳装载器利用 ATP 的水解来催动 β 亚基与模板 - 引物复合体的结合。
- 与 DNA 的结合改变了结合于箍钳装载器的 β 亚基上位点的构象，结果使其对核心聚合酶具有更高的亲和力，从而保证了核心聚合酶的结合，这也是将核心聚合酶带到 DNA 上的方法。
- τ 二聚体与核心聚合酶结合，提供与另一个核心聚合酶结合的二聚体化功能（与另一个 β 箍钳蛋白联合)。复制体是一个不对称的二聚体，因为它只有一个箍钳装载器。箍钳装载器负责在每一条亲链 DNA 加上一对 β 二聚体。

全酶的每个核心复合体合成其中一条 DNA 新链，因为箍钳装载器也是从 DNA 上卸下 β 复合体所需要的，所以这两个核心聚合酶从 DNA 解离下来的能力不同，这与合成一个连续的前导链（聚合酶与模板保持结合状态）和一个不连续的后随链（聚合酶反复地结合与分开）的需要是一致的。箍钳装

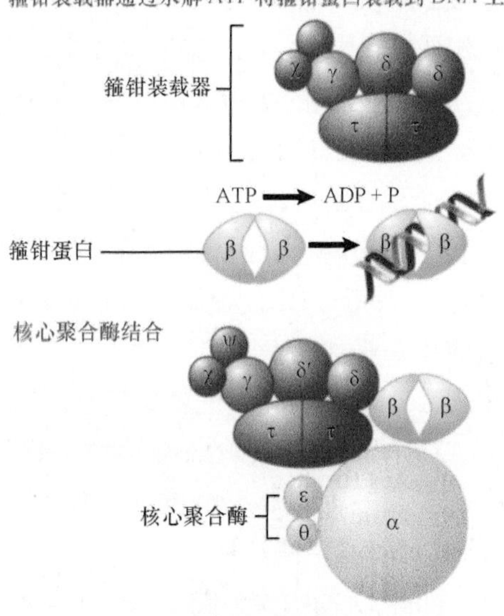

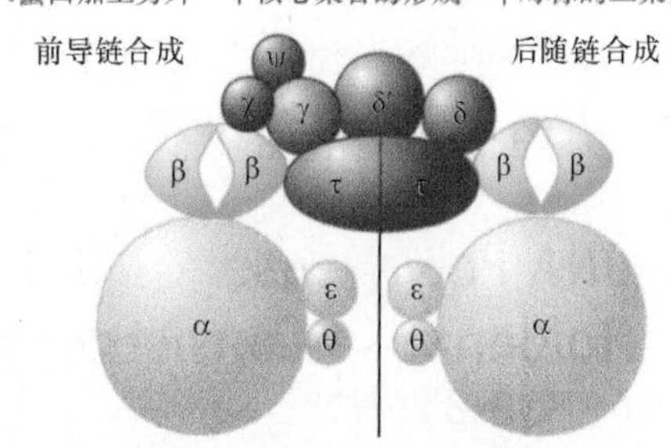

图 11.15 DNA 聚合酶III全酶分阶段组装，形成了一个合成 DNA 两条链的酶复合体

载器与合成后随链的核心聚合酶相结合，在单个冈崎片段的合成中起了关键作用。

11.11 箍钳蛋白控制了核心聚合酶和 DNA 之间的结合

关键概念

- 在前导链上，核心聚合酶持续合成是因为箍钳蛋白使之与 DNA 始终保持结合状态。
- 在后随链上，结合于核心聚合酶的箍钳蛋白从冈崎片段的末端解离，并重新装配到下一个冈崎片段上。
- 解旋酶 DnaB 蛋白与引发酶 DnaG 蛋白相互作用，起始每一个冈崎片段的合成。

β 环二聚体（β_2 环）使全酶具有高度的持续合成能力。尽管 β 亚基与 DNA 结合十分紧密，但它可以沿着 DNA 双链体分子滑动，β 亚基的晶体结构显示它形成了一个首尾相连的二聚体，组成一个围绕 DNA 双螺旋的完整的环。β_2 环的外径为 80 Å，内径为 35 Å，基本上为 DNA 双螺旋直径（20 Å）的两倍，而 DNA 和蛋白质环之间的缺口则由水填充。每一个 β 亚基有三个球形结构域，它们都具有相似的组织方式（虽然它们的序列存在差异），所以 β 二聚体具有六面对称性，由位于环内部的 12 个 α 螺旋所显现出来。

β_2 环围绕着 DNA 双链体，提供了“滑行箍钳（sliding clamp）”功能，它允许全酶能沿着 DNA 滑动。这个结构解释了酶的高持续合成能力，此酶能短暂解离，但是不会离开和扩散出去。β_2 箍钳蛋白内部的 α 螺旋带有正电，可以在水分子的介导下与带负电的 DNA 相互作用。因为箍钳蛋白不直接接触 DNA，所以它可能通过水分子的介导，形成 / 断开接触，从而“滑行”通过 DNA。

那么，箍钳蛋白如何与 DNA 结合呢？因为箍钳蛋白是由围绕在 DNA 周围的亚基所组成，它的形成和移除是在箍钳装载器的辅助下完成的，整个过程都需要能量。γ 箍钳装载器是五聚体环状结构，它能和开放型的 β_2 环结合，此时的 β_2 环准备将自己装载到 DNA 上。事实上，在两个 β 亚基之间，箍钳装载器用其 δ 亚基，在其中的一个接口打开 β_2 环。δ 亚基结合到环状结构就能使之不稳定并打开它，这需要利用 ATP 水解的能量。ATP 的功能还未明了，它要么水解用于打开 β_2 环，要么用于箍钳装载器的释放。包裹着 DNA 的 SSB 蛋白的作用不是被动的，而是需要它去刺激这一进程。

β_2 箍钳蛋白和 γ 箍钳装载器之间的关系是相似系统的一个范例，从噬菌体到动物细胞的 DNA 复制酶都使用这种形式。箍钳蛋白是一个异源多聚体（有时为二聚体，有时为三聚体），它由一组 12 个 α 螺旋形成六面对称的环状结构，作为一个整体环绕住 DNA。箍钳装载器有一些亚基能水解 ATP，为反应提供能量。

这样，这个二聚体聚合酶模型建立了如下基本原则：当一个聚合酶亚基连续地合成前导链时，另外一个亚基在模板链形成的大单链环中循环地起始 / 终止后随链上的冈崎片段的合成。**图 11.16** 是复制酶如何作用的模式图：解旋酶形成复制叉，它一般呈六聚体环状结构，并在后随链的模板链上以 5′→3′ 方向移位；解旋酶和 DNA 聚合酶的两个催化亚基相连，而每一个都与滑行箍钳连在一起。

现在我们可以根据酶复合体的每一种成分来描述 DNA 聚合酶Ⅲ的工作模型，如图 11.17 所示。催化核心与每一个 DNA 模板链结合，全酶沿着前导链模板连续移动；后随链模板需要“渡过难关”，所以在 DNA 上产生一个环；而 DnaB 蛋白形成解链点，并以“正”的方向沿着 DNA 移位。

DnaB 蛋白与箍钳装载器的 τ 亚基接触，这就在解旋酶 - 引发酶复合体与催化核心之间建立了一种直接的连接。这种连接有两个作用：一是增加 DNA 合成的速率，这可通过提高 DNA 核心聚合酶的移动速率（约达 10 倍）实现；二是防止前导链上的核心聚合酶滑落，即增加其持续合成能力。

前导链的合成形成单链 DNA 环，这就提供了后随链合成的模板，随着解链点的前移，环变得更大。在起始合成一个冈崎片段后，后随链核心聚合酶通过 β_2 箍钳蛋白与单链模板脱离，再起始一个新片段的合成。在后随链核心聚合酶完成一个片段并为下一个片段合成开始做好准备之前，这个单链模板必须被延伸至少一个冈崎片段的长度。

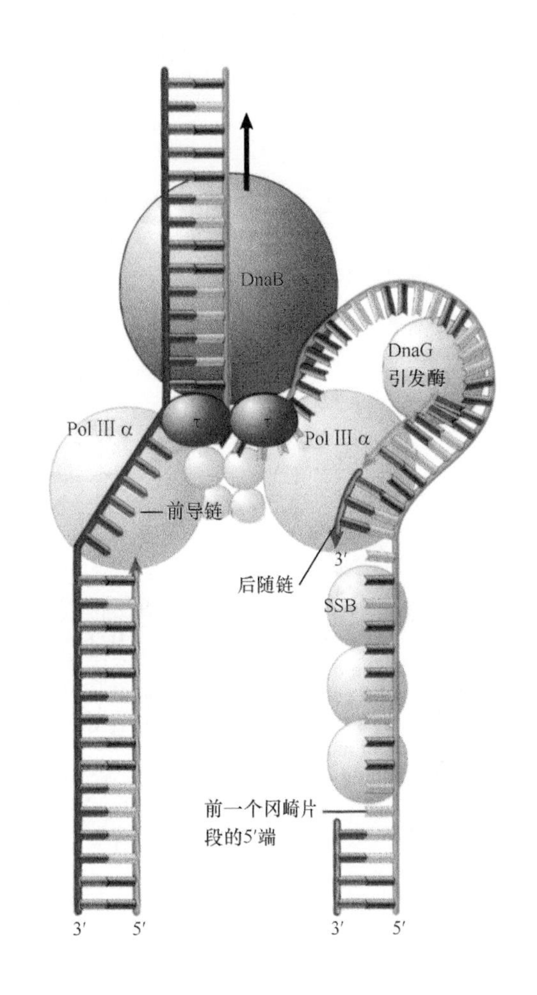

图 11.17　DNA 聚合酶Ⅲ（Pol Ⅲ）的每个催化核心合成一条子链。DnaB 蛋白与复制叉的正向移动有关

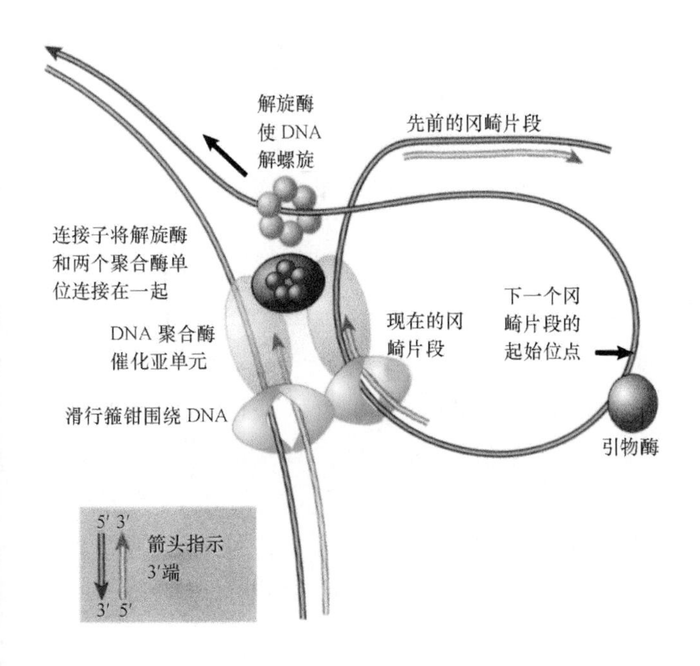

图 11.16　形成复制叉的解旋酶和两个 DNA 聚合酶的催化亚基相连，每个都是由滑行箍钳来保持与 DNA 的结合。合成前导链的聚合酶连续移动；合成后随链的聚合酶在一个冈崎片段末端解离，然后在单链模板环上与引物再度结合，合成下一个冈崎片段

当冈崎片段完成后，什么样的事件将会发生呢？复制装置的所有成分都在向前推进（即它们与 DNA 保持结合），除了核心聚合酶与 β_2 箍钳蛋白。如图 11.18 所示，当每一个片段的合成完成以后，γ 箍钳装载器使 β_2 箍钳蛋白打开，并释放出环。我们可以将此处的箍钳装载器看作是由 ATP 调控的分子扳钳。箍钳装载器使 β_2 箍钳蛋白的构象改变成不稳定状态，这样其弹簧就打开了。而箍钳装载器再募集新的 β_2 箍钳蛋白以启动新一轮冈崎片段的合成。在每一轮循环中，后随链核心聚合酶可以从一个 β_2 箍钳蛋白转移到下一个，而无须从复制复合体上解离下来。

那么什么负责识别冈崎片段合成的起始位点呢？在 *oriC* 复制子中，引发事件与复制叉之间的联系由 DnaB 蛋白的双重特性提供：它是解旋酶，可推进复制叉；同时在适当位置，它也与 DnaG 引发酶相互作用。随着引物合成，引发酶释放。引物 RNA 的长度一般限制在 8 ～ 14 个碱基以内。所以

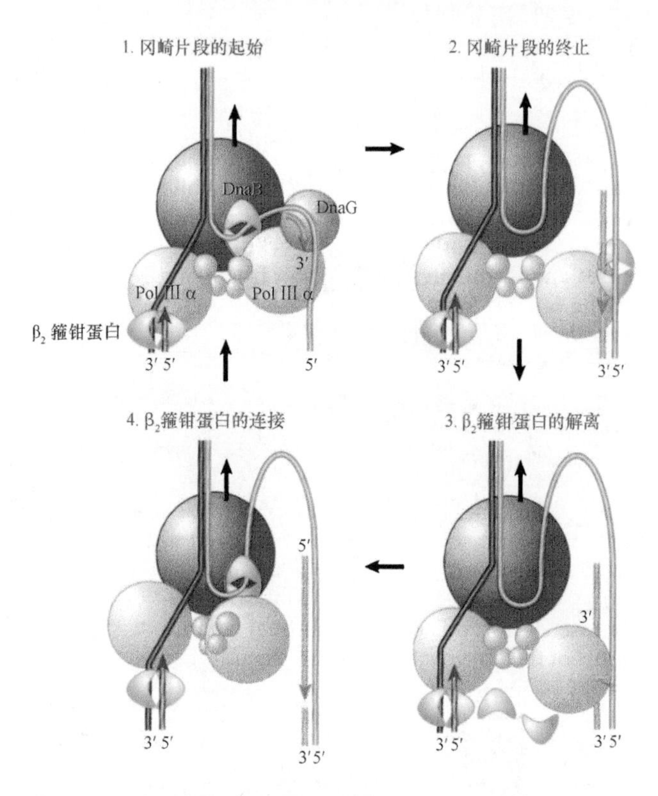

图 11.18 聚合酶的核心和箍钳蛋白在冈崎片段合成完成之后解离，并在下一个起点重新结合

很显然，DNA 聚合酶III负责置换引发酶。

11.12 连接酶将冈崎片段连接在一起

关键概念

- 每一个冈崎片段都由引物所起始，在下一个片段前终止。
- DNA 聚合酶 I 将引物去除，并以 DNA 替代。
- DNA 连接酶将一个冈崎片段的 3′ 端和下一个冈崎片段的 5′ 起始端相连接成键。

现在我们来扩展一下视野，将冈崎片段的合成过程也加入到反应中来，如**图 11.19** 所示。我们还不清楚事件发生的具体顺序，但是它必定涉及 RNA 引物的合成、沿着 DNA 的延伸、RNA 引物的移除并被一段 DNA 所替代，以及相邻冈崎片段的共价连接等步骤。

一个冈崎片段刚好在后一个片段的 RNA 引物前面终止。当引物被移除后，在片段之间会形成一个缺口，这个缺口是由 DNA 聚合酶 I 所填补的：*polA* 的突变体不能将冈崎片段正确地连接。它的 5′ → 3′ 外切核酸酶活性使 RNA 引物移除，同时用一段 DNA 序列来替代它，这段 DNA 延伸自下一个冈崎片段的 3′-OH 端。这个过程和切口平移过程是等同的，除了是用新合成的 DNA 替代旧的 RNA 而不是替代 DNA 这一差别之外。

在哺乳动物细胞系统中（DNA 聚合酶没有 5′ → 3′ 外切核酸酶活性），冈崎片段是分两步连接起来的。首先，冈崎片段的合成将前面的 RNA 引物片段以“副翼（flap）”的形式置换出来。如**图 11.20** 显示，副翼的碱基由副翼内切核酸酶 1（flap endonuclease 1，FEN1 蛋白）切割去除。FEN1 蛋白以内切核酸酶发挥活性，但它也具有外切核酸酶活性。在 DNA 修复反应中，FEN1 蛋白可切割置换核苷酸的下一个碱基，然后再利用它的外切核酸酶活性去除邻近物质。

在重复序列区域，不能迅速去除副翼会产生非常严重的后果。同向重复序列会被置换和与模板错排，而回文序列会形成发夹结构，这些结构可能会改变重复序列数目（详见第 6 章“成簇与重复”）。FEN1 蛋白的功能重要性在于，它能阻止 DNA 副翼产生可能会引起基因组中的缺失或重复的结构。

一旦 RNA 被移除和替代，邻近的冈崎片段需要连接起来，此时，一个冈崎片段的 3′-OH 端与前一个片段的 5′- 磷酸端相邻。**DNA 连接酶（DNA ligase）**利用携带 AMP 的复合体负责将缺口封闭，如**图 11.21** 所示。酶复合体中的 AMP 和切口的 5′- 磷酸结合；然后与缺口的 3′-OH 形成磷酸二酯键，并释放酶和 AMP。这种连接酶在原核生物和真核生物中都存在。

大肠杆菌和 ΦT4 噬菌体连接酶都能封闭切口，只要它含有 3′-OH 和 5′- 磷酸端，如图 11.21 所示。它们都采用两步反应，涉及 AMP- 酶复合体 [大肠杆菌和 T4 噬菌体的酶使用不同辅助因子，大肠杆菌的酶使用烟碱腺嘌呤二核苷酸（nicotinamide adenine dinucleotide，NAD）而 T4 噬菌体的酶使用 ATP]。酶复合体中的 AMP 与切口的 5′- 磷酸结合，然后与切口的 3′-OH 形成磷酸二酯键，并释放酶和 AMP。

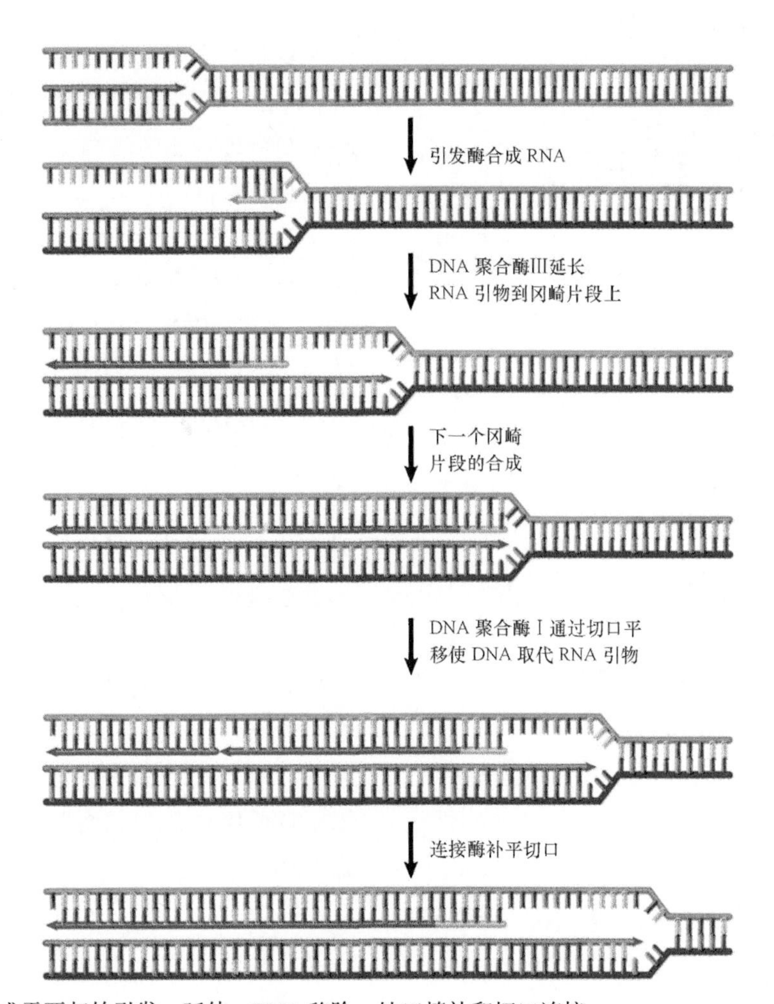

图 11.19 冈崎片段的合成需要起始引发、延伸、RNA 移除、缺口填补和切口连接

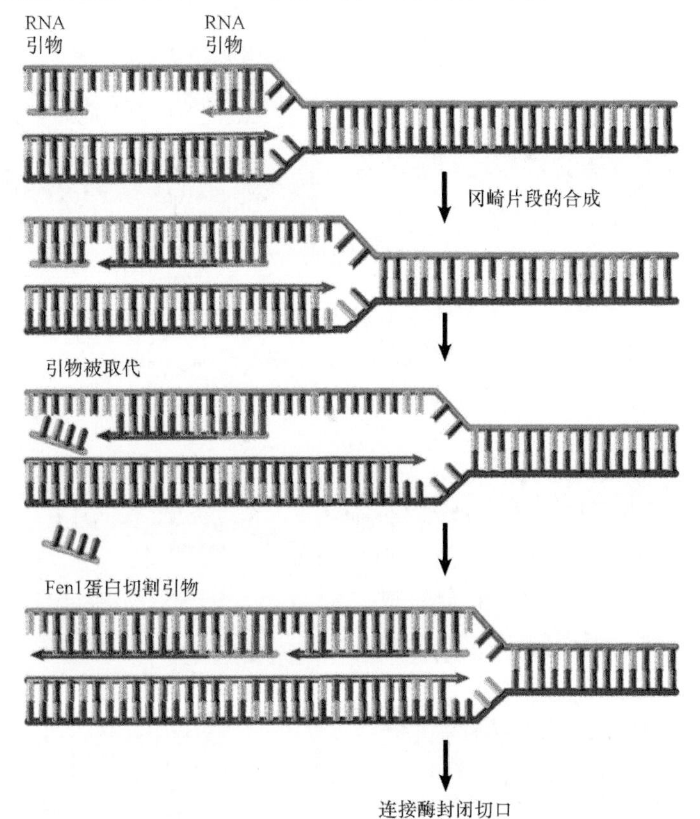

图 11.20 FEN1 蛋白是一种外切 / 内切核酸酶。当 DNA 的一条链以"副翼"的形式从双链体 DNA 中置换出来时，它会识别这种结构。在复制中，FEN1 蛋白切割副翼的碱基来去除 RNA 引物

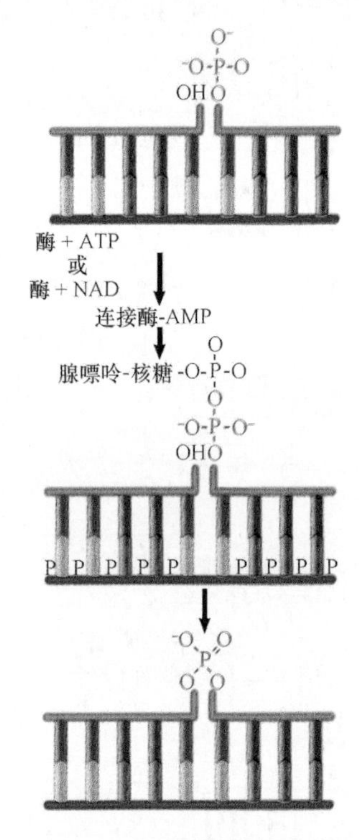

图 11.21 通过利用酶 -AMP 中间体，DNA 连接酶封闭邻近核苷酸之间的切口

11.13 真核生物中不同 DNA 聚合酶分别负责起始和延伸

关键概念

- 一个复制叉含有一个 DNA 聚合酶 α/ 引发酶复合体、一个 DNA 聚合酶 δ 复合体和一个 DNA 聚合酶 ε 复合体。
- DNA 聚合酶 α/ 引发酶复合体起始 DNA 两条链的合成。
- DNA 聚合酶 ε 延伸前导链；第二个 DNA 聚合酶 δ 延伸后随链。

真核生物复制在大多数方面与原核生物类似，它是半保留的、双向的和半不连续的。而由于真核生物含有大量 DNA，所以基因组存在多个复制子。复制发生于细胞周期的 S 期。常染色质中的复制子先于异染色质中的复制子起始复制；活性基因附近的复制子先于非活性基因附近的复制子起始复制。除了那些酵母中的复制子 [在酿酒酵母（*S. cerevisiae*）中称为**自主复制序列（autonomously replicating sequences，ARS）**] 外，其他真核生物中的复制起点还未完全阐明。任何一次细胞周期中所使用的复制子数目是严格受到控制的。在快速的胚胎发育过程中的活性复制子比生长较慢的成年人细胞的要多。

真核生物细胞拥有大量的 DNA 聚合酶，可大致将它们分为两类：复制所需的酶和修复损伤 DNA 所需的酶。在细胞核中发生的 DNA 复制需要 DNA 聚合酶 α、δ 和 ε。细胞核中的所有其他 DNA 聚合酶都与合成一段新 DNA 链替代受损伤的 DNA 有关，它们有时以损伤 DNA 链作为模板。**表 11.2** 罗列了大部分细胞核中的复制酶，它们是大的异源四聚体结构。在每一个例子中，其中的一个亚基负责催化，而其他亚基则与辅助功能有关，如引发或推进功能。这些酶都能以高保真度复制 DNA，同那些在线粒体中略微简单一些的酶是一样的。负责修复的聚合酶结构则简单得多，通常只有一个亚基（虽然它们可能会和其他修复酶复合体组合在一起而发挥作用）。在所有与修复有关的酶中，DNA 聚合酶 β 拥有中等的保真度。其他酶都存在高得多的差错率，所以我们称这些酶为易错聚合酶。所有线粒体中的复制和重组由 DNA 聚合酶 γ 来执行。

表 11.2 真核生物细胞含有多种 DNA 聚合酶。复制酶具有很高的保真度。除了 β 酶之外，修复酶的保真度都很低。复制酶具有很大的结构，其不同亚基分别有不同的功能，而修复酶的结构则简单得多

DNA 聚合酶	功能	结构
高保真度复制酶		
α	细胞核复制	350 kDa 四聚体
δ	后随链	250 kDa 四聚体
ε	前导链	350 kDa 四聚体
γ	线粒体复制	200 kDa 二聚体
高保真度修复酶		
β	碱基切除修复	39 kDa 单体
低保真度修复酶		
ζ	碱基损伤修复	异源二聚体
η	绕过胸腺嘧啶二聚体	单体
τ	减数分裂所必需的	单体
κ	删除和碱基替换	单体

三种核 DNA 复制聚合酶具有不同的功能，如**表 11.3** 所总结。

- DNA 聚合酶 α 起始新链的合成。
- DNA 聚合酶 ε 延伸前导链。
- DNA 聚合酶 δ 延伸后随链。

DNA 聚合酶 α 比较特殊，因为它能起始新链的合成，即能起始前导链和后随链的合成。这个酶以复合体形式存在，有一个 180 kDa 的催化亚基（DNA 聚合酶），并连着其他三个亚基：β 亚基可能为装配所需，另外两个是更小的提供引发酶活性（RNA 聚合酶）的亚基。为了反映其引发 / 延伸链的双重功能，它有时被称为 polα/ 引发酶。

如**图 11.22** 所示，在起点处，polα/ 引发酶和起始复合体结合，合成一条由 10 个碱基组成的 RNA 短链，以及紧随其后的由 20 ～ 30 个碱基组成的 DNA（有时被称为 iDNA）。然后酶会被延伸 DNA 链的酶所替代，在前导链上，它是 DNA 聚合酶 ε；在后随链上，它是 DNA 聚合酶 δ。这一事件被称为**聚合酶转换（polymerase switch）**，这些需要起始复合体中多个成分之间的相互作用。

DNA 聚合酶 ε 是一个具有高度持续合成能力的酶，可以持续地合成前导链，其持续合成能力来自与另外两个蛋白质 RFC 蛋白和 PCNA 蛋白 [由于历史原因，它被称为增殖细胞核抗原（proliferating cell nuclear antigen）] 的相互作用。

表 11.3 罗列了复制组分的保守功能，如箍钳装载器、具有推进能力的箍钳蛋白和复制体的其他功能。

表 11.3　在所有复制叉中需要相似的功能

功能	大肠杆菌	真核生物	T4 噬菌体
解旋酶	DnaB 蛋白	MCM 复合体	41
装载解旋酶 / 引发酶	DnaC 蛋白	Cdc6 蛋白	59
单链维持	SSB 蛋白	RPA 蛋白	32
引发	DnaG 蛋白	Polα/ 引发酶	61
滑行箍钳	β	PCNA 蛋白	45
箍钳装载器（ATP 酶）	γδ 复合体	RFC 蛋白	44/62
催化作用	Pol Ⅲ核心	Polδ+Polε	43
全酶二聚体化	τ	?	43
RNA 移除	Pol Ⅰ	FEN1 蛋白	43
连接作用	连接酶	连接酶 1	T4 连接酶

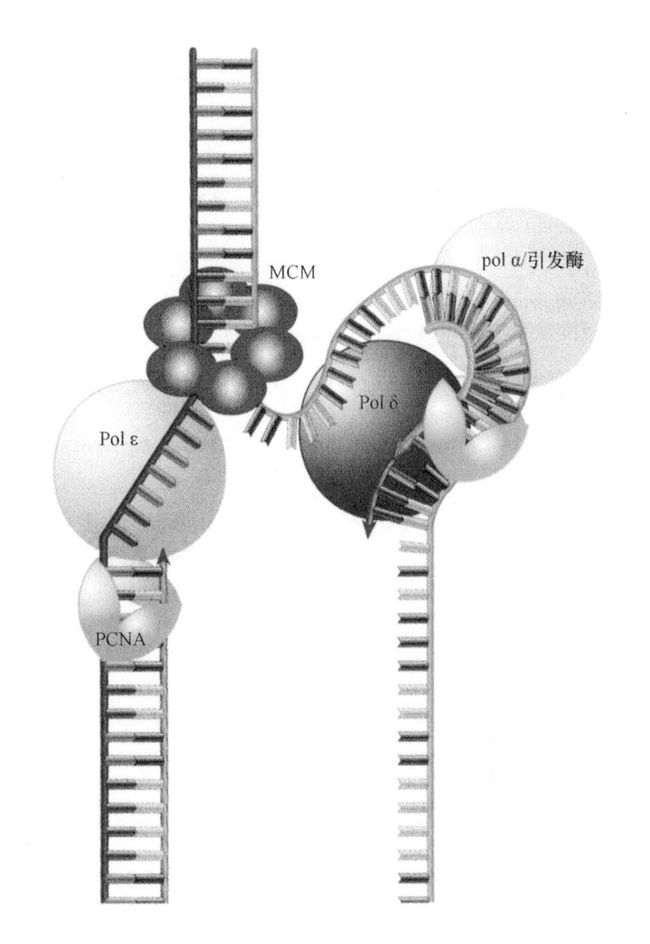

图 11.22　三种不同的 DNA 聚合酶组成了真核生物复制叉。Polα/ 引发酶负责后随链上的引物合成。MCM 解旋酶（真核生物 DnaB 蛋白的同源物）解开双链 DNA，而 PCNA 蛋白（β 亚基的同源物）使复合体具有持续合成能力

RFC 蛋白和 PCNA 蛋白的作用分别与大肠杆菌中 γ 箍钳装载器和负责持续合成能力的 β 亚基的作用是类似的（见 11.11 节“箍钳蛋白控制了核心聚合酶和 DNA 之间的结合”）。RFC 蛋白是箍钳装载器，可以催化 PCNA 蛋白装载到 DNA 上。它和 DNA 的 3′ 端结合，使用 ATP 水解的能量来打开 PCNA 蛋白环，使其能环绕 DNA。DNA 聚合酶 δ 的持续合成能力是由 PCNA 蛋白所维持的，即它能使 DNA 聚合酶 δ 与模板保持结合。PCNA 蛋白的晶体结构和大肠杆菌的 β 亚基极其相似——三聚体形成一个环绕 DNA 的环。虽然其序列和亚基装配方式不同于二聚体的 $β_2$ 箍钳蛋白，而功能却是类似的。

DNA 聚合酶 δ 延伸后随链。像前导链上的 DNA 聚合酶 ε 一样，DNA 聚合酶 δ 与 PCNA 箍钳蛋白形成了持续复合体。外切核酸酶 FEN1 蛋白能去除冈崎片段的 RNA 引物，并且 DNA 聚合酶 δ 与 FEN1 蛋白的复合体还能一起执行与 DNA 连接酶 I 在冈崎片段成熟过程中同样类型的切口平移反应

（见图 11.20）。DNA 连接酶 I 是特异性地用于封闭已经完成合成的冈崎片段之间的缺口所需的。目前我们还不知道什么因子执行了大肠杆菌 τ 二聚体的功能，它能使聚合酶复合体二聚体化，这是为了保障 DNA 复制的协同性。

11.14 跨损伤修复需要聚合酶置换

关键概念

- 复制叉在 DNA 损伤处暂停。
- 用于跨越损伤的特殊 DNA 聚合酶必须替换复制复合体。
- 当损伤被修复后，引发体是重新插入的复制复合体再次起始复制所必需的。

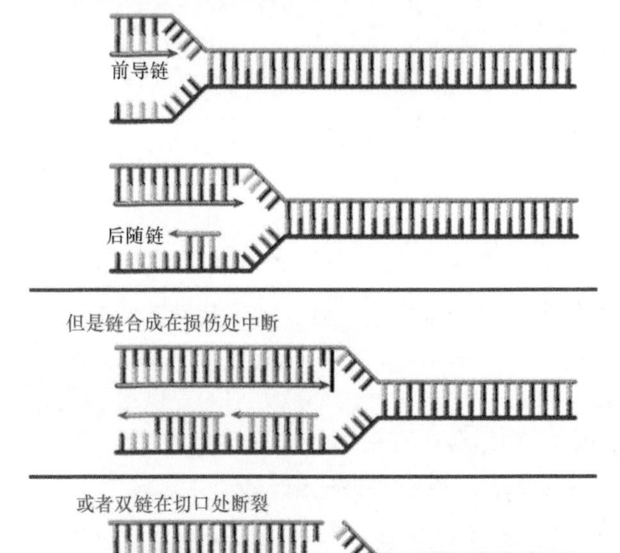

图 11.23 当复制叉碰到损伤的碱基或 DNA 上的切口时，它可能停滞或塌陷。箭头指 3′ 端

在复制之前，不修复染色体的损伤将会是灾难性的和致死的。当复制复合体碰到了损伤或修饰碱基，它就不能将互补碱基安置上去，而后聚合酶会停止，复制叉可能会坍陷。这时细胞有两种避免死亡的选择：重组（详见第 13 章“同源重组与位点专一重组”）或**跨损伤（lesion bypass）**。在大肠杆菌的前导链，复制能跨过胸腺嘧啶二联体，并且能在 DnaG 引发酶的帮助下，在其下游重新起始 DNA 合成。这在复制叉后留下了一个缺口，此处就由如下所描述的重组途径来修复。

图 11.23 对 DNA 上出现碱基突变或在一条链上出现一个切口的情况下，不同复制叉的行为与正常情况下复制叉的行为进行比较：在任何一种情况下，DNA 合成都会中止，复制叉被暂停或破坏或塌陷。复制叉的暂停好像是一个常见事件，以大肠杆菌复制循环中这种事件出现的概率来估计，细菌复制中遇到此类事件的概率为 18% ～ 50%。大肠杆菌有两种能通过损伤继续复制的易错 DNA 聚合酶——DNA 聚合酶 Ⅳ 和 DNA 聚合酶 Ⅴ（详见第 14 章“修复系统”），还要加上一种修复 DNA 聚合酶 Ⅱ，都可用于跨损伤修复。真核生物具有 5 种特异性不同的易错 DNA 聚合酶。

当跨损伤发生时会出现两种后果：首先，当复制复合体在损伤部位停滞，带有损伤的链上的聚合酶必须从模板链上去除，而用易错 DNA 聚合酶取代；第二，当损伤已经被绕过时，修复聚合酶必须被去除，而复制复合体则会重新插入。当在复制过程中被用于跨损伤时，这些易错 DNA 聚合酶会替代复制体，并暂时地与 PCNA 箍钳蛋白连接，允许跨损伤聚合酶插入核苷酸到损伤位点的另一条链。接着，DNA 聚合酶Ⅲ取代了易错 DNA 聚合酶。损伤可能发生于前导链或是后随链，不过它们的后果可能是不同的。在后随链上的复制聚合酶可能更易被替换。

或者，这种情况通过重组事件来弥补，它可以切除和替代受损伤的位点，或提供一个新双链体来替代发生双链缺口的部分，修复原理在于利用 DNA 双链之间丰富的结构信息。**图 11.24** 显示了这样一个修复反应中的重要事件。一般来说，在未损伤 DNA 子代双链体中的信息被用来修复损伤序列，在损伤处，它会产生一个典型的重组连接点，并由与执行同源重组一样的相同系统来完成这种反应。事实上，有一种观点认为，细胞中这些系统的重要意义正是在于在暂停的复制叉处修复损伤的 DNA。

当损伤修复后，复制叉需要重新起始。**图 11.25** 显示可能由**引发体（primosome）**的装配来完成这一过程，它使 DnaB 蛋白能重新装载到 DNA 上，由于解旋酶的作用而可以继续进行复制。早期复制

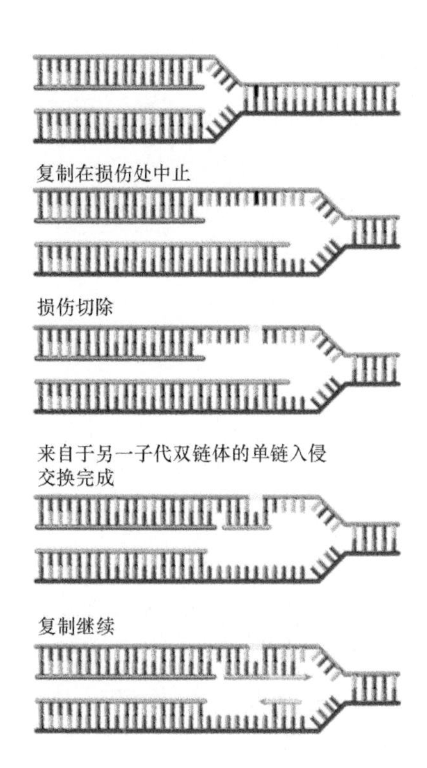

图 11.24 当复制在损伤 DNA 处中止时，受损伤的序列被切除，而与另一条子代双链体的互补链（新合成链）发生交换，修复缺口。由此，复制可以再开始，缺口也被填补

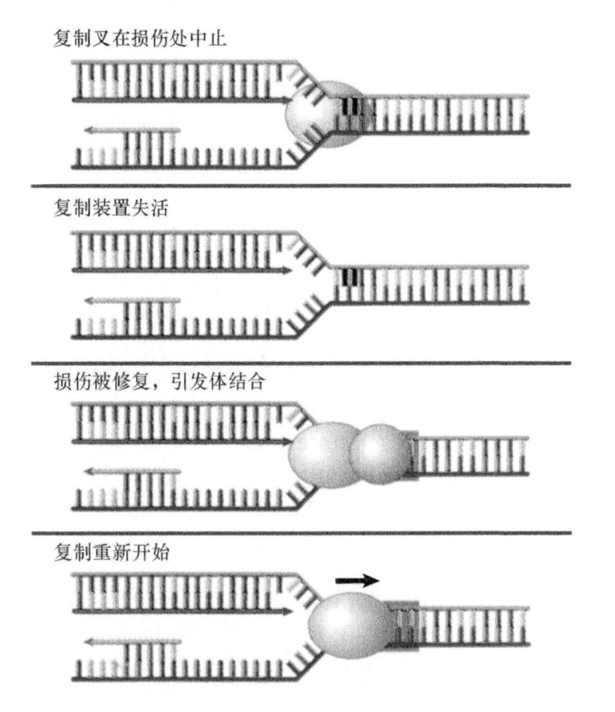

图 11.25 在 DNA 被修复后，需要引发体再起始被中止的复制叉

研究大量应用 ΦX174 噬菌体作为工作对象，由此我们发现了一个复杂的引发系统。引发体在单链 DNA 的特殊位点上装配形成，这个位点被称为装配位点（assembly site，*pas* 位点），它与合成 ΦX174 噬菌体互补链的起点是等同的。引发体包括 6 个蛋白：PriA 蛋白、PriB 蛋白、PriC 蛋白、DnaT 蛋白、DnaB 蛋白和 DnaC 蛋白。目前已经发现两种不同的装配途径，其中一条以 PriA 蛋白开始，而另一条以 PriC 蛋白开始，这反映了多种类型的 DNA 损伤可能会发生。

虽然引发体首先在 ΦX174 噬菌体 DNA 的 *pas* 位点处形成，引物却可在多个位点上随后被起始合成。PriA 蛋白能沿着 DNA 进行移位，并替代 SSB 蛋白到其他的那些会发生引物事件的位点上。就如在大肠杆菌的 *oriC* 复制子中一样，DnaB 蛋白在 ΦX174 噬菌体复制子的解链和引发事件中起重要作用，而 PriA 蛋白的功能是把 DnaB 蛋白装载到 DNA 上，它再募集 DnaG 引发酶来引发 DNA 合成，使它从单链病毒 DNA 转变成双链 DNA 形式。

长久以来，学者都不明白当大肠杆菌复制时，为何 ΦX174 噬菌体的起始需要使用这种复制细菌染色体所不采用的复杂结构。为什么细菌又会提供这样一个结构呢？被中止的复制叉的命运给我们提供了答案。*oriC* 位点所使用的机制是起点 DNA 序列特异性的，不能用于重新开始跨损伤之后的复制，因为每一个损伤发生于不同的序列。将用于结构识别和序列识别的机制分开是必要的。

由大肠杆菌 *pri* 基因编码的蛋白质形成引发体的核心。ΦX174 噬菌体只是简单地为它自身的复制选择了引发体。PriA 蛋白 DNA 解旋酶首先与 SSB 蛋白一起结合于单链区。而定位引发体的关键事件是 PriA 蛋白能从单链 DNA 上置换 SSB 蛋白。接着，PriA 蛋白募集 PriB 蛋白和 DnaT 蛋白，它再募集 DnaB/C 复合体，正如上面所描述的那样（详见第 10 章“复制子：复制的起始”）。另一种引发体装配系统只需要 PriC 蛋白。

复制叉的重新激活是一个常见（所以重要）的反应，在大多数染色体复制的循环中都需要它。在替代损伤 DNA 的修复系统或引发体的组件中发生突变的情况下，就会被阻止发生。

11.15 复制的终止

关键概念

- 尽管环状结构中两个复制叉常常在半路相遇，但是如果它们相离太远，*ter* 位点可发生终止反应。

参与终止的序列称为 *ter* 位点，它含有约 23 bp 的短序列。终止序列是单向的，即它们只在一个方向发挥作用。单向抗解旋酶（contrahelicase）（大肠杆菌中称为 Tus 蛋白，枯草芽孢杆菌中称为 RTP 蛋白）可识别 *ter* 位点，它能识别共有序列，并阻止复制叉向前推进。大肠杆菌中的酶是以单向方式拮抗复制解旋酶，这是通过 DnaB 解旋酶和 Tus 蛋白的直接接触而实现的。然而，*ter* 位点的缺失并不会阻止正常的复制循环的发生，但是它确实会影响子染色体的分离。

大肠杆菌中的复制循环有一些有趣的特点，如**图 11.26** 所示。两个复制叉会在约半程区域相遇并停留，即离染色体的复制起点约一半路程。在大肠杆菌中，2 个成簇区域，每一个含有 5 个 *ter* 位点，其中一侧包括 *terK*、*I*、*E*、*D*、*A* 位点，另一侧包括 *terC*、*B*、*F*、*G*、*H* 位点定位于终止区的任意一边约 100 kb。每一组 *ter* 位点对于复制叉的单向移动都是特异性的，即每一组 *ter* 位点可允许某一复制叉向这一终止区前进，而不会允许其朝向另一侧。例如，复制叉 1 可通过 *terC* 位点和 *terD* 位点，再到达这一区域，但它不能继续通过 *terE*、*D*、*A* 位点。这种排列形成了复制叉陷阱（replication fork trap）。如果由于某些原因，一个复制叉延迟了，所以复制叉不能在中途相遇，那么，移动较快的那个复制叉将被困在远处的 *ter* 位点，并会在此处等待较慢的复制叉。

受限于 *ter* 位点的两个复制叉会导致短暂的过

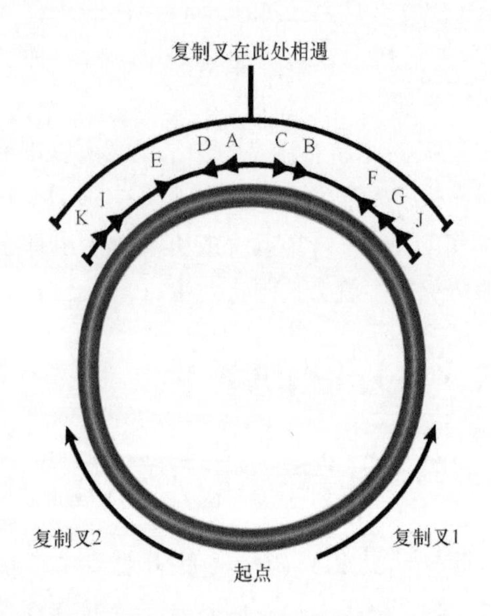

图 11.26 大肠杆菌中的复制终止位点位于 2 组 *ter* 位点之间的区域

度复制。随后它必须要进行修剪和切除。最后，两个复制叉必须被连接在一起，这一过程类似于双链断裂修复。

在真核生物中，因为其线性染色体含有多个复制子，所以其情况完全不同。

小结

- DNA 通过半不连续复制进行合成，前导链按 5′ → 3′ 方向连续合成 DNA，而后随链的总体延长方向是相反的（3′ → 5′），由短冈崎片段连接完成，每一个冈崎片段合成方向是 5′ → 3′。前导链和后随链的每一个冈崎片段以 RNA 引物起始，由 DNA 聚合酶延伸。细菌和真核生物都有一种以上有活性的 DNA 聚合酶。在大肠杆菌中，DNA 聚合酶Ⅲ合成前导链和后随链。许多蛋白质是 DNA 聚合酶Ⅲ作用所必需的，而且一些也组成了复制复合体的一部分，从中发挥作用。
- 复制体包含一个不对称的 DNA 聚合酶Ⅲ二聚体；每一个新 DNA 链由不同的核心聚合酶合成，核心聚合酶包含一个催化亚基（α）。核心聚合酶的持续合成能力由 β_2 箍钳蛋白保持，它形成一个环绕 DNA 的环，β_2 箍钳蛋白是由箍钳装载器使其与 DNA 结合的。这种箍钳蛋白 / 箍钳装载器的模型在原核和真核生物复制系统中广泛存在。
- 复制叉的环状模式要求，二聚体的一半合成前导链，另一半使 DNA 形成一个圈，为后随链提供模板。从完成一个冈崎片段转换到开始下一个冈崎片段的合成时，要求后随链催化亚基先从 DNA 上解离，接着下一个冈崎片段的引发位点与 β_2 箍钳蛋白再结合。
- DnaB 蛋白在复制叉上提供解旋酶活性，这依赖于 ATP 的水解。DnaB 蛋白可能在 *oriC* 复制子单独地起作用，通过周期性地与 DnaG 蛋白相互作用提供引发体活性，而 DnaG 蛋白提供 RNA 合成的引发酶活性。
- ΦX 噬菌体的引发事件也需要 PriA 蛋白、DnaB 蛋白、DnaC 蛋白和 DnaT 蛋白。对于细菌来说，引发体是非常重要的，即在

DNA 损伤处，它们可以使已经停止的复制叉重新向前移动。

参考文献

11.1 引言

研究论文文献

Hirota, Y., Ryter, A., and Jacob, F. (1968). Thermosensitive mutants of *E. coli* affected in the processes of DNA synthesis and cellular division. *Cold Spring Harbor Symp. Quant. Biol.* 33, 677-693.

11.2 DNA 聚合酶是合成 DNA 的酶

综述文献

Johnson, A., and O'Donnell, M. (2005). Cellular DNA replicases: components and dynamics at the replication fork. *Annu. Rev. Biochem.* 74, 283-315.

McHenry, C. S. (2011). DNA replicases from a bacterial perspective. *Annu. Rev. Biochem.* 80, 403-436.

11.3 DNA 聚合酶有多种核酸酶活性

综述文献

Hubscher, U., et al. (2002). Eukaryotic DNA polymerases. *Annu. Rev. Biochem.* 71, 133-163.

Johnson, K. A. (1993). Conformational coupling in DNA polymerase fidelity. *Annu. Rev. Biochem.* 62, 685-713.

Joyce, C. M., and Steitz, T. A. (1994). Function and structure relationships in DNA polymerases. *Annu. Rev. Biochem.* 63, 777-822.

研究论文文献

Shamoo, Y., and Steitz, T. A. (1999). Building a replisome from interacting pieces: sliding clamp complexed to a peptide from DNA polymerase and a polymerase editing complex. *Cell* 99, 155-166.

11.7 复制需要解旋酶和单链结合蛋白

综述文献

Singleton, M. R., et al. (2007). Structure and mechanism of helicases and nucleic acid translocases. *Annu. Rev. Biochem.* 76, 23-50.

11.9 前导链和后随链的协同合成

综述文献

Yao, N. Y., and O'Donnell, M. (2010) Snapshot: the replisome. *Cell* 141, 1088-1088e1.

研究论文文献

Dervyn, E., et al. (2001). Two essential DNA polymerases at the bacterial replication fork. *Science* 294, 1716-1719.

Reyes-Lamothe, R., et al. (2010). Stoichiometry and architecture of active DNA replication machinery in *E. coli*. *Science* 328, 498-501.

11.10 DNA 聚合酶全酶由多个亚复合体组成

综述文献

Johnson, A., and O'Donnell, M. (2005). Cellular DNA replicases: components and dynamics at the replication fork. *Annu. Rev. Biochem.* 74, 283-315.

研究论文文献

Arias-Palermo, E., et al. (2013). The bacterial DnaC helicase loader is a DnaB ring breaker. *Cell* 153, 438-448.

Lia, G., et al. (2012). Polymerase exchange during Okazaki fragment synthesis observed in living cells. *Science* 335, 328-331.

Studwell-Vaughan, P. S., and O'Donnell, M. (1991). Constitution of the twin polymerase of DNA polymerase III holoenzyme. *J. Biol. Chem.* 266, 19833-19841.

Stukenberg, P. T., et al. (1991). Mechanism of the sliding beta-clamp of DNA polymerase III holoenzyme. *J. Biol. Chem.* 266, 11328-11334.

11.11 箍钳蛋白控制了核心聚合酶和 DNA 之间的结合

综述文献

Benkovic, S. J., et al. (2001). Replisome-mediated DNA replication. *Annu. Rev. Biochem.* 70, 181-208.

Davey, M. J., et al. (2002). Motors and switches: AAA+ machines within the replisome. *Nat. Rev. Mol. Cell Biol.* 3, 826-835.

研究论文文献

Bowman, G. D., et al. (2004). Structural analysis of a eukaryotic sliding DNA clamp-clamp loader complex. *Nature* 429, 724-730.

Jeruzalmi, D., et al. (2001). Crystal structure of the processivity clamp loader gamma (γ) complex of *E. coli* DNA polymerase III. *Cell* 106, 429-441.

Stukenberg, P. T., et al. (1994). An explanation for lagging strand replication: polymerase hopping among DNA sliding clamps. *Cell 78*, 877-887.

11.12 连接酶将冈崎片段连接在一起

综述文献

Liu, Y., et al. (2004). Flap endonuclease 1: a central component of DNA metabolism. *Annu. Rev. Biochem.* 73, 589-615.

研究论文文献

Garg, P., et al. (2004). Idling by DNA polymerase d maintains a ligatable nick during lagging-strand DNA replication. *Genes Dev.* 18, 2764-2773.

11.13 真核生物中不同 DNA 聚合酶分别负责起始和延伸

综述文献

Goodman, M. F. (2002). Error-prone repair DNA polymerases in prokaryotes and eukaryotes. *Annu. Rev. Biochem.* 71, 17-50.

Hubscher, U., et al. (2002). Eukaryotic DNA polymerases. *Annu. Rev. Biochem.* 71, 133-163.

Kaguni, L. S. (2004). DNA polymerase gamma, the mitochondrial replicase. *Annu. Rev. Biochem.* 73, 293-320.

Kunkel, T. A., and Burgers, P. M. (2008). Dividing the workload at a eukaryotic replication fork. *Trends Cell Biol.* 18, 521-527.

研究论文文献

Bowman, G. D., et al. (2004). Structural analysis of a eukaryotic sliding DNA clamp-clamp loader complex. *Nature* 429, 724-730.

Karthikeyan, R., et al. (2000). Evidence from mutational

specificity studies that yeast DNA polymerases delta and epsilon replicate different DNA strands at an intracellular replication fork. *J. Mol. Biol.* 299, 405-419.

Kumar, R., et al. (2010). Stepwise loading of yeast clamp revealed by ensemble and single-molecule studies. *Proc. Natl. Acad. Sci. USA* 107, 19736-19741.

McElhinny, S. A., et al. (2008). Division of labor at the eukaryotic replication fork. *Mol. Cell* 30, 137-144.

Pursell, Z. F., et al. (2007). Yeast DNA polymerase ε participates in leading-strand DNA replication. *Science* 317, 127-130.

Shiomi, Y., et al. (2000). ATP-dependent structural change of the eukaryotic clamp-loader protein, replication factor C. *Proc. Natl. Acad. Sci. USA* 97, 14127-14132.

Waga, S., et al. (2001). DNA polymerase epsilon is required for coordinated and efficient chromosomal DNA replication in Xenopus egg extracts. *Proc. Natl. Acad. Sci. USA* 98, 4978-4983.

Zuo, S., et al. (2000). Structure and activity associated with multiple forms of *S. pombe* DNA polymerase delta. *J. Biol. Chem.* 275, 5153-5162.

11.14 跨损伤修复需要聚合酶置换

综述文献

Cox, M. M. (2001). Recombinational DNA repair of damaged replication forks in *E. coli:* questions. *Annu. Rev. Genet* 35, 53-82.

Heller, R. C, and Marians, K. J. (2006). Replisome assembly and the direct restart of stalled replication forks. *Nat. Rev. Mol. Cell Biol.* 7, 932-943.

Kuzminov, A. (1995). Collapse and repair of replication forks in *E. coli. Mol. Microbiol.* 16, 373-384.

McGlynn, P., and Lloyd, R. G. (2002). Recombinational repair and restart of damaged replication forks. *Nat. Rev. Mol. Cell Biol.* 3, 859-870.

Prakash, S., et al. (2005). Eukaryotic translation synthesis DNA polymerases: specificity of structure and function. *Annu. Rev. Biochem.* 74, 317-353.

研究论文文献

Furukohri, A., et al. (2008). A dynamic polymerase exchange with *E. coli* DNA polymerase IV replacing DNA polymerase III on the sliding clamp. *J. Biol. Chem.* 283, 11260-11269.

Lecointe, F., et al. (2007). Anticipating chromosomal replication fork arrest: SSB targets repair DNA helicases to active forks. *EMBO. J.* 26, 4239-4251.

Loper, M., et al. (2007). A hand-off mechanism for primosome assembly in replication restart. *Mol. Cell* 26, 781-793.

Seigneur, M., et al. (1998). RuvAB acts at arrested replication forks. *Cell* 95, 419-430.

Yeeles, J. T. P., and Marians, K. J. (2011). The *Escherichia coli* replisome is inherently DNA damage resistant. *Science* 334, 235-238.

11.15 复制的终止

研究论文文献

Bastia, D., et al. (2008). Replication termination mechanism as revealed by Tus-mediated polar arrest of a sliding helicase. *Proc. Natl. Acad. Sci. USA* 105, 12831-12836.

Wendel, B. M., et al. (2014). Completion of replication in *E. coli. Proc. Natl. Acad. Sci. USA* 111, 16454-16459.

第 12 章

染色体外复制子

章节提纲

12.1 引言

细菌除了可以复制其自身染色体之外，还可成为复制独立遗传单位的宿主。这些染色体外基因组可以分成两类：**质粒（plasmid）**和噬菌体（phage）。一些质粒和所有噬菌体都具有一种能力，即通过感染过程从供体细菌转移到受体细菌中。它们之间的主要差别是：质粒像游离 DNA 一样存在，而噬菌体是病毒，它需要将核酸基因组包装进蛋白质被膜中，随后在感染周期的末期从细菌中释放出来。

质粒是一个自复制的环状 DNA，它以特征性的稳定拷贝数存在于细胞中，也就是说，在一代一代之间保持着恒定的平均拷贝数。低拷贝质粒维持着与细菌宿主染色体相当的恒定数量，并且基于质粒之间的差异，每一个细菌可含有2～10份拷贝。与宿主染色体一样，在每一次细菌分裂时，质粒依赖特殊的装置来平均分配到子细菌中。多拷贝质粒在每一个细菌中存在多份拷贝，它们可能随机分离到子细菌中（这指的是由于存在足够多份的拷贝，可以保证每一个子细胞总能获得由随机分配所传递下来的质粒）。

质粒和噬菌体可以作为一个独立的遗传单元存在于细菌中。某类质粒和某些噬菌体也可作为细菌基因组的序列而存在。在这个例子中，可以组成独立质粒或噬菌体基因组的相同序列能够在染色体中被找到，并能像其他的细菌基因一样遗传。作为细菌染色体一部分的噬菌体被认为是显示出了**溶源性**（**lysogeny**）；而有能力整合到细菌染色体的质粒被称为**附加体**（**episome**）。噬菌体和附加体插入与切除出细菌染色体所使用的过程是相关的。

溶源性噬菌体与质粒和附加体之间的类似性就是它们对细菌可表现出“自私的占有欲”，即另一个同样的元件不可能在同一个细菌中存在下去，这种效应称为**免疫**（**immunity**）。尽管质粒免疫的分子基础不同于溶源性免疫，但它们都是复制控制系统所导致的后果。

几种类型的遗传单元可以作为独立基因组在细菌中繁殖。裂解噬菌体可含有任何核酸类型的基因组，它们通过感染颗粒的释放在细胞之间转移。溶源性噬菌体拥有双链DNA基因组，质粒和附加体也是如此。一些质粒在细胞之间通过接合过程（受体和供体细胞之间的直接接触）转移。在这两种情况下，转移过程的一个特征就是，有时一些宿主基因会随噬菌体或质粒DNA一起转移，所以，这些事件在允许细菌之间遗传信息的交换中发挥了作用。

决定每一类型复制单元行为的关键特性就是复制起点是如何使用的。在细菌或真核生物染色体中的起点用于启动单一复制事件，并沿着复制子延伸。然而，复制子也能用于帮助其他形式的复制。病毒的小而独立的复制单位常常利用这种可选方案。病毒复制周期的目的就是在宿主细胞被裂解而释放它们前，尽可能多地生产出多份拷贝的病毒基因组。一些病毒利用与宿主基因组一样的方式复制，即运用起始事件产生复制拷贝，每一份拷贝再如此复制，依此周而复始。其他病毒利用如下复制模式：在一次起始事件后以串联排列方式产生许多拷贝。当整合的质粒DNA启动复制循环时，附加体也触发了相似类型的事件。

许多原核生物的复制子是环状的，确实，这是产生多重串联拷贝的复制模式的必要特征。而一些染色体外复制子是线性的。在这种情况下，我们必须考虑复制子末端是如何被复制的（当然，真核生物染色体是线性的，所以，同样问题也存在于复制子的每一个末端。然而，这些复制子拥有特殊系统来解决这个问题）。

12.2 就复制而言线性DNA末端结构是一个问题

关键概念

- 5′端的DNA链复制需要有特殊处理。

迄今为止此书中所描述过的复制子都没有线性末端：它们或者是环状的[如在大肠杆菌(*Escherichia coli*)或线粒体基因组中]，或者是长分离单元（如真核生物染色体）的一部分。但是线性复制子的确存在，在某些情况下是作为单个染色体外的单元，它也存在于真核生物染色体的末端，如端粒。

所有已知的核酸聚合酶，无论是DNA聚合酶还是RNA聚合酶都能从5′端向3′端移动，这就提出了在线性复制子末端合成DNA的问题。请思考如**图12.1**所示的两条亲链。下面的亲链不存在问题，它能作为模板合成一条直达末端的子链，并且我们假定聚合酶到达末端时才可能离开。但如果要在上面那条亲链的末端上合成互补链，则必须从最后一个碱基开始合成，否则这条链会在连续的复制周期中变得越来越短。

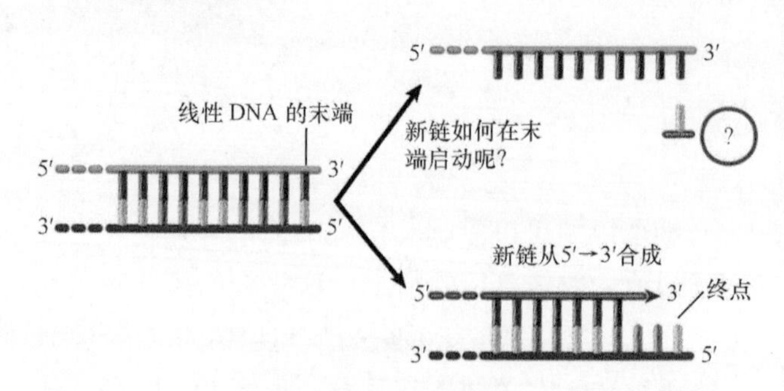

图12.1 复制能在新合成链的3′端结束，它如何在5′端启动呢？

研究人员还不知道正好在线性DNA的末端启动复制是否可行。通常认为聚合酶结合的位点接近碱基掺入的位点，所以线性复制子末端的复制必定有其特殊的机制。我们可设想几种适合于复制末端的解决途径。

- 通过将线性复制子转变为环状或多联体分子可解决这一问题，T4噬菌体和λ噬菌体用的就是这种机制（见12.4节“滚环产生复制子的多联体”）。
- DNA可形成特殊结构，例如，在末端形成发夹结构，使分子没有游离末端。草履虫（*Paramecium*）的线粒体线性DNA的复制中就形成了这种交联结构。
- 末端是可变的，而不是精确确定的。真核生物染色体可能采用这种方式，在这种情况下，DNA末端的短串联重复单元的拷贝数会发生改变（详见第7章“染色体”）。增加或减少重复单元数目的机制使得一丝不苟地复制末端变得没有必要了。
- 某种蛋白质可能会介入而在真正的末端上启动。几种线性病毒核酸具有与5′端碱基共价结合的蛋白质，其中了解得最清楚的例子是腺病毒DNA、Φ29噬菌体DNA和脊髓灰质炎病毒RNA。

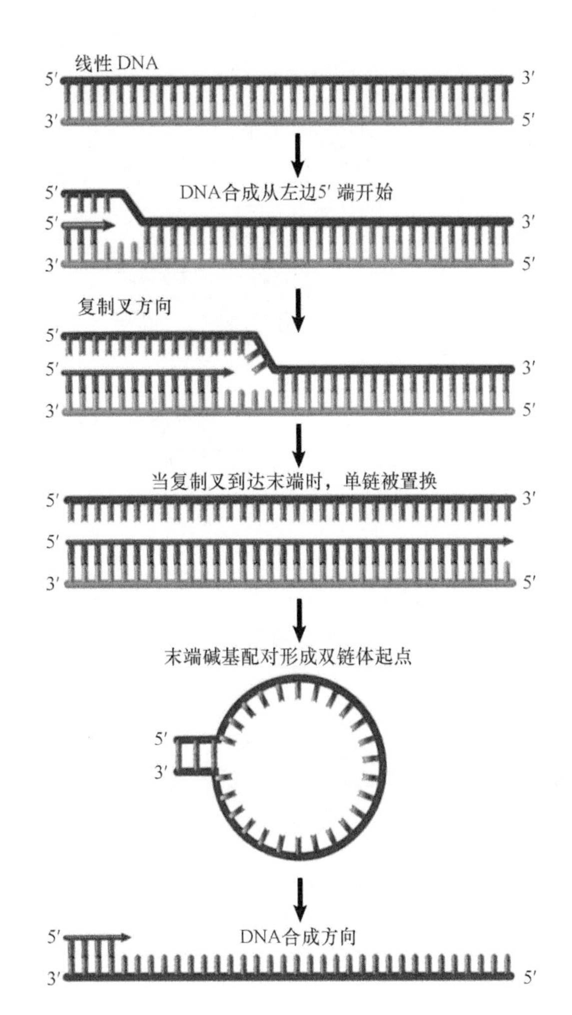

图12.2 腺病毒DNA分别在分子两端起始复制，并通过链置换延伸

12.3 末端蛋白能够在病毒DNA的末端起始复制

关键概念

- 末端蛋白结合DNA的5′端，并提供一个带有3′-羟基端的胞嘧啶核苷酸引发复制。

在线性末端启动复制的例子是由腺病毒和Φ29噬菌体的DNA提供的，这些DNA确实在两个末端启动复制，其机制是图12.2所示的**链置换（strand displacement）**机制。相同的事件能独立发生于任意一端。一条新链从一个末端启动合成，取代原先在双链体中配对的同源链。当复制叉到达分子的另一末端时，被置换的链会作为一条游离的单链被释放，接着它被独立地复制，这需要在分子末端通过一些短互补序列之间的碱基配对形成双链体复制起点。

在使用这种机制的几种病毒中，我们发现每个5′端都共价连接一个蛋白质。在腺病毒中，**末端蛋白（terminal protein）**在丝氨酸残基上通过磷酸二酯键与成熟的病毒DNA连接，如图12.3所示。

蛋白质的连接是怎样解决复制起始问题的呢？末端蛋白具有双重作用：携带一个胞嘧啶核苷酸以提供引物；并与DNA聚合酶结合。事实上，末端蛋白同核苷酸的结合是DNA聚合酶在腺病毒DNA存在的条件下完成的，这提出了如图12.4所示的模型。聚合酶和末端蛋白复合体带有引物胞嘧啶核苷酸，它与腺病毒DNA末端结合，而胞嘧啶游离的3′-羟基（3′-OH）端被DNA聚合酶用于引发延长反应，这就产生了一条新链，其5′端与具有起始功能的胞嘧啶共价连接（反应实际上是从DNA上替换蛋白质而非重新结合。腺病毒DNA 5′端与在上一次复制周期中使用的末端蛋白结合。每个复制周期中旧的末端蛋白都会被取代）。

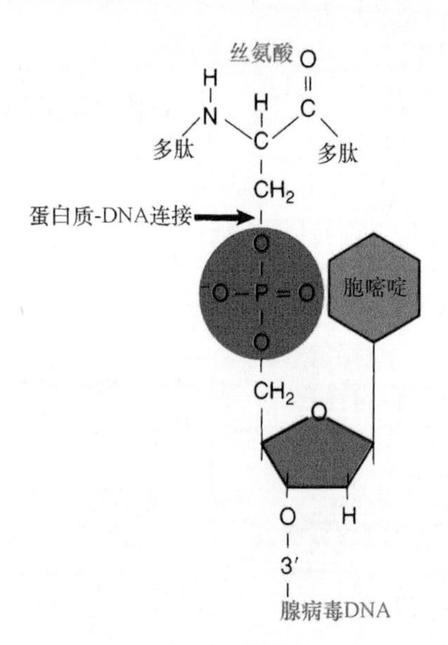

图 12.3　每个腺病毒 5′ 端的磷酸都与一个 55 kDa 的腺病毒结合蛋白上的丝氨酸残基共价连接

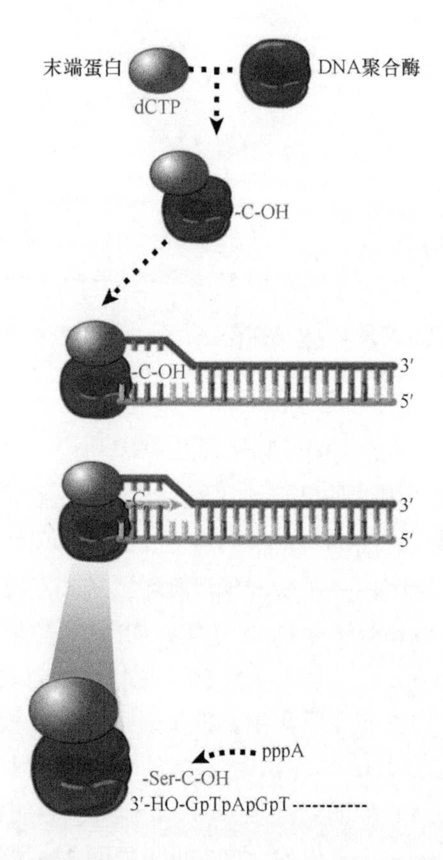

图 12.4　腺病毒末端蛋白与 DNA 的 5′ 端结合，并提供一个 C-OH 末端来引发一条新 DNA 链的合成

末端蛋白结合区定位在距 DNA 末端 9 ～ 18 bp 的位置。邻近的 17 ～ 48 区段对宿主蛋白质——核因子Ⅰ（nuclear factor Ⅰ）的结合是必要的。核因子也是起始反应所需的，因此起始复合体可能在第 9 位和第 48 位之间形成，这是一个固定距离，而这个距离从 DNA 实际末端算起。

12.4　滚环产生复制子的多联体

关键概念

- 滚环产生起点序列的单链多联体。

复制产生的结构取决于模板和复制叉之间的关系。关键点在于模板是环状的还是线性的，另外就是复制叉负责合成 DNA 的一条链还是两条链。

仅复制一条链会产生一些环状分子的拷贝。一个缺口打开了一条链，它产生的 3′-OH 游离端被 DNA 聚合酶延伸，这样，新合成的链会取代原来的亲链，随后发生的事件如图 12.5 所示。

这种结构称为**滚环（rolling circle）**，因为可以

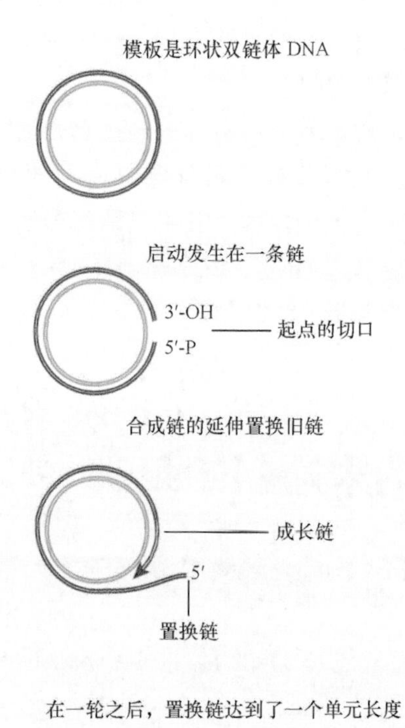

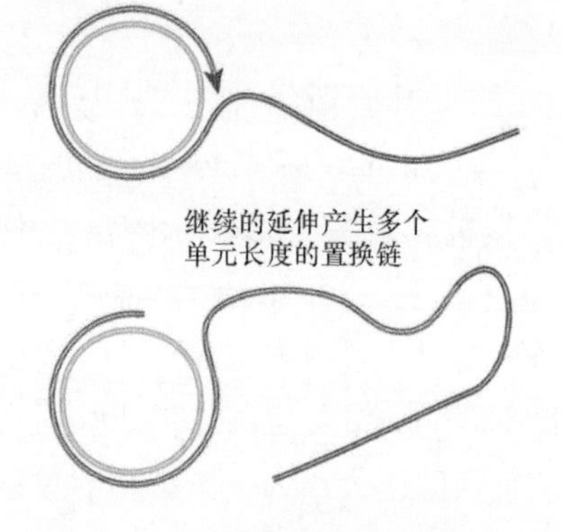

图 12.5　滚环产生一个多联体的单链尾部

看到生长点是沿着环状模板链滚动。原则上这种滚动能够无限制进行下去。随着生长点的移动，复制叉延伸外侧的链并取代原来的亲链，**图 12.6** 的电镜照片显示了一个例子。

因为新合成的物质与原来的物质共价连接，所以置换链的 5′ 端带有基因组起始单元。随后紧跟着若干个由模板的连续滚动而合成的基因组单元，而每次滚动都会替代上一次合成的物质。

滚环模式在体内具有多种用途，**图 12.7** 列举了 DNA 复制的一些途径。

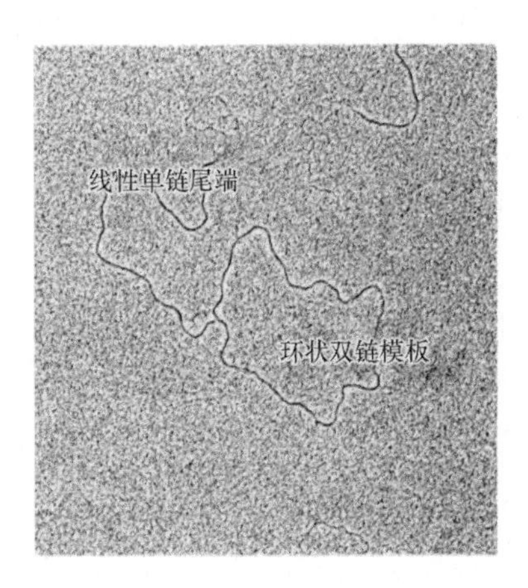

图 12.6 在电子显微镜下，滚环像一个环状分子一样带有一条线性的尾部

照片由 Ross B. Inman, Institute of Molecular Virology, Bock Laboratory and Department of Biochemistry, University of Wiscensin, Madison, Wisconsin, USA 友情提供

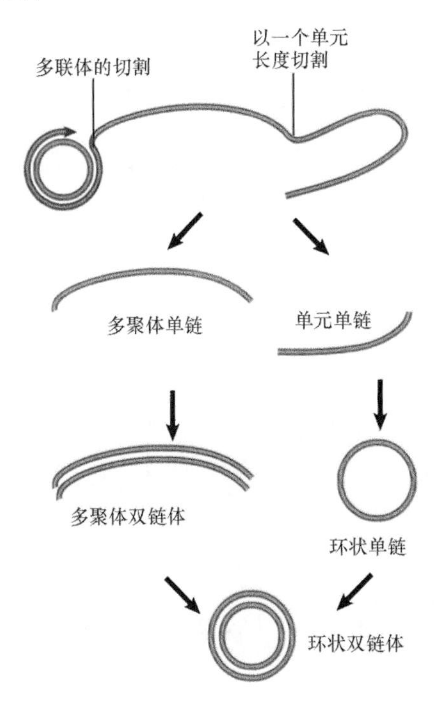

图 12.7 被置换尾部的命运决定了滚环产生的产物类型。单元长度的切割产生单体，它可以被转换成双链体或环状形式。多联体被切割产生一系列起始单元的串联重复拷贝。请注意：转换成双链形式可以很早发生，即可在尾部从滚环处切割出来之前

对单元长度的尾部进行切割就产生原有环状复制子的一份线性拷贝。线性状态可以单链形式进行维持或通过合成互补链（与启动滚环的模板链的序列相同）形成双链体。

滚环为扩增原有（单元）复制子提供了一种方式。爪蟾（*Xenopus*）卵母细胞中的 rDNA 扩增用的就是这种机制。rRNA 基因在基因组中形成了大量连续的重复基因。基因组中单个重复单元可转变为滚环，含多个扩增单元的被置换的尾部，能转化为双链体 DNA；随后它从环上被切割下来，两个末端可连接产生一个扩增 rDNA 的大环。所以，扩增物质由大量相同的重复单元所组成。

12.5 滚环被用来复制噬菌体基因组

关键概念

- ΦX174 噬菌体 A 蛋白是一种顺式作用松弛酶，它从滚环复制产生的尾部生成单链环。

滚环复制在噬菌体中是很常见的。基因组单元能从分离的尾部上切割下来，产生能够包装到噬菌体颗粒内或进行进一步复制循环的单体。**图 12.8** 更详细地描述了以滚环复制为主的噬菌体复制模式。

ΦX174 噬菌体由一个单链环状 DNA 组成，这条链称为正（+）链；合成的互补链称为负（–）链。产生双链体环的行为如图的上部所示，它是以滚环复制的机制复制的。

双链体环被转化为一种共价闭合形式，随后形成超螺旋。由噬菌体基因组编码的 A 蛋白，在双链体 DNA（+）链的特定位点上产生缺口，这一位点就被限定为复制起点。A 蛋白切出起点后仍与这一反应所产生的 5′ 端连接，而其 3′ 端则在 DNA 聚合酶的作用下延伸。

DNA 结构在这一反应中具有重要作用，因为 DNA 只有在负超螺旋状态下才能被切割（如在空间中以双螺旋手性的相反方向，围绕双螺旋的轴进行缠绕；关于超螺旋的内容详见第 1 章“基因是 DNA、编码 RNA 和多肽”）。A 蛋白能够与围绕缺

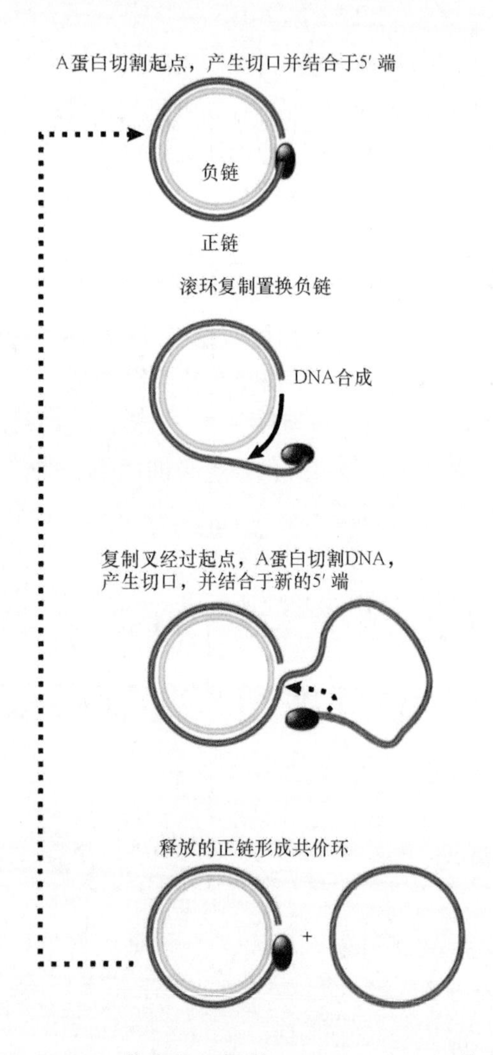

图 12.8 ΦX174 噬菌体复制型 DNA（RF DNA）是合成单链病毒环的模板。A 蛋白经过无数次循环仍然与同样的基因组结合，每次在病毒正（+）链上的起点切割，然后转移到新链的 5′ 端。同时释放的病毒单链被环化

口位置的单链 DNA 的十聚体片段结合。这说明需要超螺旋帮助才能形成单链区，为 A 蛋白提供结合位点 [一种酶活性，其中一种蛋白质分裂双链 DNA 并与释放的 5′ 端结合，有时称为**松弛酶（relaxase）**]。切口产生了一个 3′-OH 端和一个 5′- 磷酸末端（与 A 蛋白共价连接），这两个末端在 ΦX174 噬菌体的复制中都发挥作用。

利用滚环机制，切口的 3′-OH 端延伸为一条新链。新链围绕着环状（–）链模板延伸，直至到达起始位置，并置换起点。在这里 A 蛋白又再次实现其功能。它仍然与滚环和被替代链的尾部的 5′ 端连接，因此它又回到起点的成长点附近。所以同一个 A 蛋白再次识别起点并进行切割，继而连接到新切割产生的末端上，理论上，这可无限地、周而复始地进行下去。

缺口形成后，被置换的（+）单链以环状形式释放，A 蛋白则参与环化事件。事实上，（+）链产物 3′ 端和 5′ 端的连接由 A 蛋白完成，这是每个复制周期末尾 A 蛋白释放反应的一部分，它接着又启动下一轮循环。

A 蛋白具有一个不寻常的性质，这可能与上述活性有关。在体内，它是顺式作用的（这种行为在体外不能重现，因为在无细胞体系中，A 蛋白对任何 DNA 模板都有活性），这意味着在体内由一个特定基因所编码的 A 蛋白，只同该基因组的 DNA 结合。我们还不知道这一过程是如何完成的，但它在体外的活性能够说明它是怎样与同一条（–）亲链模板结合的。A 蛋白含有两个活性位点，这可使它在维护“原有”起点的同时，又能切割“新的”起点，然后将置换链连接成环状。

置换的（+）链在环化后可以有两种命运：在病毒感染的复制期，（+）链可能作为模板合成互补（–）链，然后，双链体环可作为滚环去产生更多的拷贝；而在噬菌体形成期，置换的（+）链可被包装进噬菌体毒粒。

12.6 通过细菌间的接合转移 F 因子

关键概念

- 游离 F 因子是复制子，每个细菌染色体拥有一个 F 因子。
- F 因子可以整合进细菌染色体中，此时 F 因子自身的复制系统被抑制。
- F 因子编码 DNA 移位复合体和细菌表面所形成的特有菌毛。
- F 菌毛使 F 阳性细菌接触 F 阴性细菌并启动接合。

细菌**接合（conjugation）**是遗传单元的复制和增殖之间关联的又一个例子。在这种情况下，一个质粒基因组或宿主染色体可从一个细菌转移到另一个细菌中。

接合是由 **F 因子（F plasmid）**介导的，它是附加体的典型例子。附加体是能以游离环状质粒存在的元件，或能以线性序列整合进细菌染色体的元

件（类似溶源性噬菌体），它是一个大的环状 DNA，长度约为 100 kb。

F 因子能在若干个位点上整合进大肠杆菌染色体中，这通常涉及宿主染色体和 F 因子都有的某些序列（称为 IS 序列；详见第 15 章“转座因子与反转录病毒”）的重组事件。在游离（质粒）状态下，F 因子利用自身的复制起点（*oriV*）和控制系统，以每条细菌染色体都拥有一份质粒拷贝的水平保持其自身在细菌中的存在。当它整合进细菌染色体时，这个系统被抑制，而 F 因子 DNA 可作为染色体的一部分被复制。

F 因子的存在，无论是游离还是整合状态的，对宿主菌都有重要影响。F+ 细菌能与 F– 细菌接合（或交配）。接合包括供体菌（F+）和受体菌（F–）的直接接触，之后紧随着 F 因子的转移。如果 F 因子以游离质粒形式存在于供体菌内，它就以质粒形式转移，这一感染过程可使 F– 受体菌转变为 F+ 状态。若 F 因子在供体菌内以整合形式存在，转移过程可能会是整条细菌染色体或其中一部分进入到另一个细菌中。许多质粒都有按类似方式作用的接合系统，但 F 因子是第一个被发现的质粒，至今仍作为遗传物质转移的范例。

F 因子的一个大区段（约 33 kb）被称为**转移区（transfer region）**，是接合所必需的。转移区含 DNA 转移所需的约 40 个基因，**图 12.9** 总结了它们的组织形式。这些基因所在的区段被命名为 *tra* 及 *trb* 基因座，其中大部分都作为单个 32 kb 转录单位（*traY-I* 单位）的一部分而协同表达。*traM* 基因和 *traJ* 基因是分别表达的，*traJ* 基因是开启 *traM* 和 *traY-I* 表达的调节基因。在其相反链上，*finP* 基因是一个调节基因，可编码一个小的反义 RNA 来关闭 *traJ* 基因。其活性需要另一个基因 *finO* 的表达。在主要转录单位上，只有 *tra* 及 *trb* 基因群中的 4 种基因 *traD*、*traI*、*traM* 和 *traY* 与 DNA 的转移直接相关；

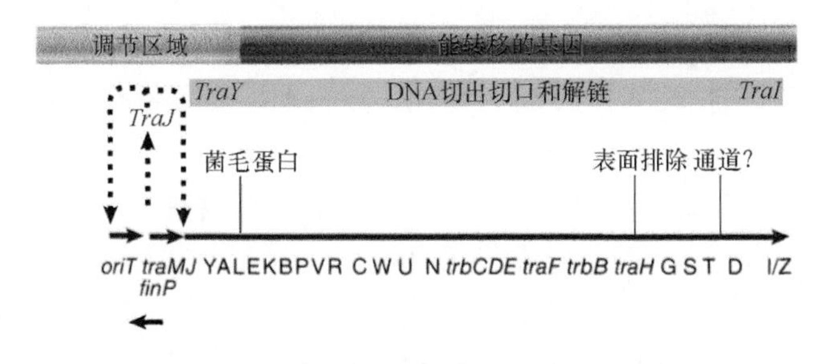

图 12.9 F 因子的 *tar* 区包含细菌接合所需的基因

这些基因中的大多数用来编码蛋白质，以形成大跨膜蛋白复合体，称为四型分泌系统（type 4 secretion system，T4SS）。这个系统在细菌中非常普遍，它们参与了不同蛋白质和 DNA 的跨细菌包膜的转运，并负责保持接合菌间的接触。

F 细菌拥有表面附加物，称为**菌毛（pilus**，复数为 **pili**），它由 F 因子编码。而 *traA* 基因编码单亚基**菌毛蛋白（pilin）**，它可聚合形成菌毛，在 T4SS 复合体中，这种聚合体从内膜延伸到外膜。将菌毛蛋白修饰并装配为菌毛及 T4SS 复合体的稳定化至少需要 12 种 *tra* 基因参与。F 菌毛是类似毛发的结构，长为 2 ～ 3 μm，它从细菌的表面伸出。一个典型的 F+ 细胞含有 2 ～ 3 根菌毛。菌毛亚基聚合为中空的圆柱体，直径约为 8 nm，带有一个直径为 2 nm 的轴心孔洞。

F 菌毛的末端接触受体细胞表面时就会起始接合，**图 12.10** 显示了大肠杆菌开始接合的例子。供体细胞不与带有 F 因子的其他细胞接触，因为 *traS* 和 *traT* 编码的“表面排斥（surface exclusion）”蛋白使其对这种接触不敏感，这就有效地限定供体只与 F– 细胞的接合（F 菌毛的存在还有其他作用，如提供结合位点给 RNA 噬菌体和一些单链 DNA 噬菌体，所以 F+ 细菌对这些噬菌体敏感，而 F– 细菌则有抗性）。

供体和受体细胞间最初的接触很容易被打断，但其他 *tra* 基因可以稳定这种连接，使接合细胞进一步靠近。F 菌毛对起始配对很重要，但是，F 菌毛的缩回或解聚使得接合细胞能够紧密接触。而

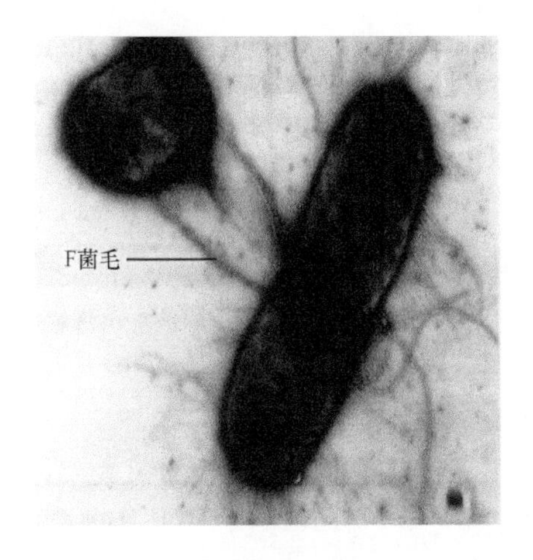

图 12.10 当供体中 F 菌毛接触受体菌时，接合细菌开始发生联系

照片由 Emeritus Professor Ron Skurray, School of Biological Sciences, University of Sydney 友情提供

T4SS 复合体可能为 DNA 转运提供了通道。TraD 蛋白是所谓的偶联蛋白，它由 F 因子编码，是募集质粒 DNA 进入 T4SS 复合体通道所必需的，并且它可能与 T4SS 复合体连接，从而参与实际的质粒转运。

12.7 接合能转移单链 DNA

关键概念

- 当滚环复制在 *oriT* 开始时，F 因子的转移被启动。
- 松弛体的形成起始转移进入受体菌。
- 转移的 DNA 在受体菌中被转变成双链形式。
- 当 F 因子游离时，接合用一份 F 因子拷贝去“感染”受体菌。
- 当 F 因子整合时，接合引起细菌染色体转移，直到供体菌和受体菌之间的接触随机断裂破坏了这个过程。

F 因子的转移在 *oriT* 位点启动。*oriT* 是转移起点，它定位在转移区的一端。当 TraM 蛋白认为成对接合已形成时，转移过程可能就起始了。TraY 蛋白结合在 *oriT* 附近引发 TraI 蛋白结合，这些蛋白与宿主编码的 DNA 结合蛋白、整合宿主因子（integration host factor，IHF）一起形成了**松弛体（relaxosome）**。而 TraI 是一种松弛酶，与 ΦX174 噬菌体的 A 蛋白类似，它在一个特定位点（称为 *nic*）切割 *oriT*，产生缺口，然后与产生的游离 5′ 端共价连接。TraI 蛋白还能催化约 200 bp 的 DNA 解旋，并在整个接合过程中与 DNA 的 5′ 端一直连接在一起（这是一种解旋酶活性）。接着，与 TraI 蛋白结合的 DNA 通过偶联的 TraD 蛋白转运到 T4SS 复合体中，在那里，它被输入到受体细胞中。**图 12.11** 说明松弛酶结合的 5′ 端引导进入受体菌的过程。在受体菌中，转移过来的单链可环化，并可合成互补链，结果受体菌就转变成为 F+ 状态。

供体菌中必须合成互补链来置换已转移的链。如果这是与转移过程同时发生的，则 F 因子的状态就与图 12.5 所示的滚环相似。DNA 合成会快速发生，它利用游离的 3′ 端作为起点。接合中的 DNA 通常类似一个滚环，但这种复制不必提供驱动能量，而

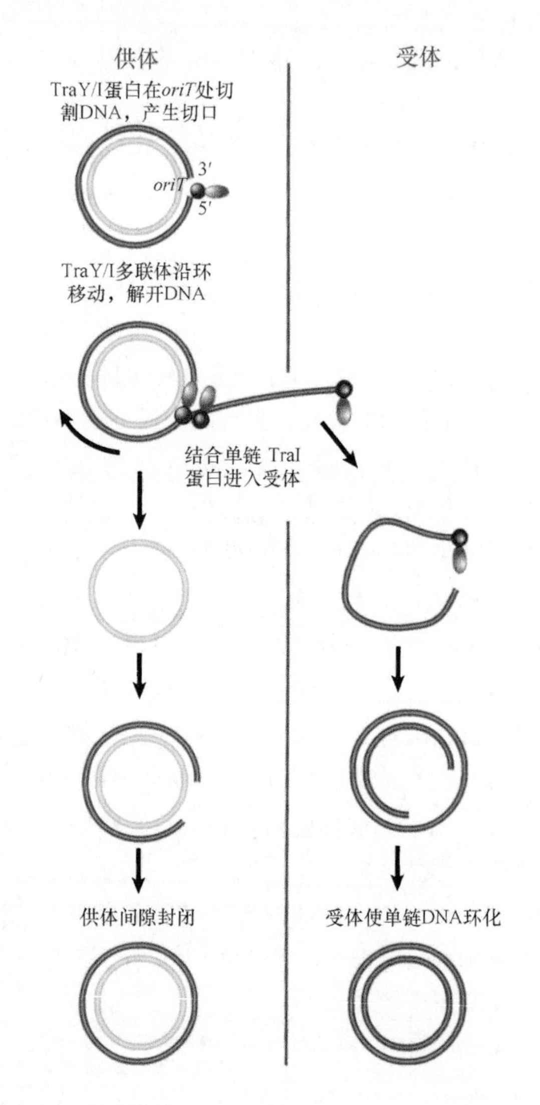

图 12.11 当 F 因子在 *oriT* 处被切出切口，单链由结合了 TraI 蛋白的 5′ 端引导进入受体菌，DNA 转移就发生了，此时只有一个单位长度被转移。留在供体细胞中和转移至受体细胞中的单链各自合成互补链

且单链转移不依赖于 DNA 合成。只有一个单位长度的 F 因子转移到受体菌中，这表明在一个循环后必定存在某种特征（可能为 TraI 蛋白）终止这一过程，随后 F 因子恢复共价整合。TraI 蛋白可能也参与被转移 DNA 的重新滚环化，如此互补链就合成了。

当整合的 F 因子起始接合时，被转移片段会与转移区分开，然后导入到细菌染色体中。**图 12.12** 说明细菌 DNA 随着 F 因子 DNA 的一段短前导序列被转移，这个过程一直持续到两个接合细菌的接触被破坏。将完整细菌染色体转移约需 100 min，在通常情况下，接触经常在转移结束前被打断。

进入受体菌的供体 DNA 被转化为双链形式，也可能与受体菌染色体重组（将供体 DNA 插入需要两次重组事件），所以接合提供了在细菌间交换遗

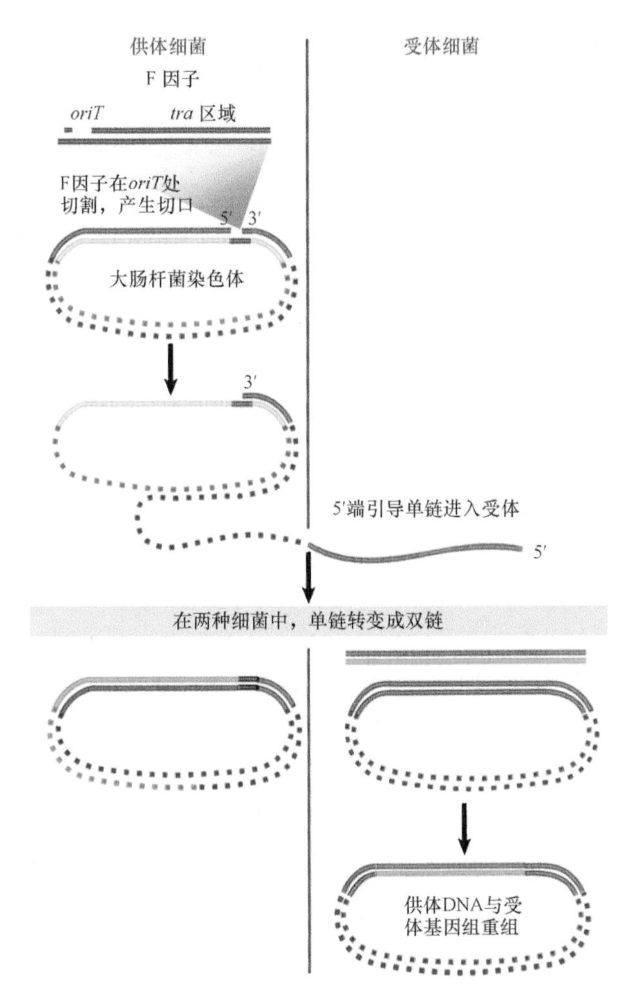

图 12.12 当整合的 F 因子在 *oriT* 处被切割形成切口时，染色体 DNA 的转移开始发生了。转移首先发生在 F 因子 DNA 的一段短序列，之后一直进行，直到细菌间联系消失才停止

传物质的一种方式，这与它们的无性生长相反。带有整合的 F 因子的大肠杆菌菌株（与不带整合 F 因子的菌株相比）会使此类重组率相对较高，这些菌株被称为**高频重组（high-frequency recombination，Hfr）**品系。F 因子的每个整合位点都可以产生一种不同的 Hfr 品系，它会以独特的方式将细菌标记物转移到受体菌的染色体上。

接合菌的接触通常在 DNA 转移结束前被打断。这样，细菌染色体的一个区段被转移的概率取决于它与 *oriT* 的距离。细菌中 F 因子整合位点附近的基因（在转移方向上）首先进入受体菌，其转移频率高于处在远端较晚进入的基因。这就在染色体上产生了一个转移频率梯度，它从 F 因子整合位点处开始下降。供体染色体的标记位点能通过转移发生的时间来分析，这就产生了分为 100 min 的大肠杆菌染色体的标准描述图。图可查阅特定 Hfr 品系的转移次数；每个 Hfr 品系的转移梯度的起始点都不同，因为起始点由 F 因子整合到细菌基因组的位点所决定。

12.8 单拷贝质粒有一个分隔系统

关键概念

- 单拷贝质粒即每一个细菌染色体复制起点只可拥有一份质粒拷贝。
- 多拷贝质粒即每一个细菌染色体复制起点可具有多份质粒拷贝。
- 分隔系统保证重复质粒能分离到分裂所形成的不同子细胞中。

用来保证质粒分配到由分裂所产生的两个子细胞中去的系统类型取决于质粒复制系统的类型。每种类型的质粒都以特定**拷贝数（copy number）**保持在其宿主细菌中。

- 单拷贝控制系统与细菌染色体中的系统类似，即每次细胞分裂只发生一次复制。单拷贝质粒的复制与细菌染色体的复制保持同步。
- 多拷贝质粒允许每个细胞周期中发生多次起始事件，结果每个细菌中存在多份质粒拷贝。多拷贝质粒以特定拷贝数（通常是 10 ～ 20 份）存在于宿主细菌中。

拷贝数主要是由复制控制机制的类型所决定，复制起始系统决定一个细菌中可以存在多少个起点。因为每个质粒都含有单个复制子，所以起点的数目就是质粒分子的数目。

单拷贝质粒有一个复制控制系统，它与控制细菌染色体的类似。一个起点只能被复制一次，然后子代起点被分离到不同子细胞中。

多拷贝质粒的复制系统允许存在多个起点，如果数目足够多(在实际应用时,每个细胞少于 10 个)，则不需要存在活性的分离系统，因为将质粒分配到子细胞中，即使在统计学上也只有小于 10^{-6} 的质粒丢失频率。

质粒以很低的丢失频率（即使是单拷贝质粒，其丢失频率也小于每次分裂的 10^{-7}）存在于细菌群体中。通过增加丢失频率但不作用于复制本身的突变，我们就能鉴定出控制质粒分离的系统。有几种机制能保证质粒在细菌种群中存在。质粒中携带着不同类型的系统，这很常见，并且它们都能独立作用而有助于质粒的稳定存在。这些系统中，有一些为间接作用，而另一些则直接调节分配事件。但从进化角度来说，所有系统都有相同目的，即帮助保证质粒存在于最大数量的细菌后代中。

单拷贝质粒需要分隔系统做出保证：重复拷贝在细胞分裂时处于隔膜的方向相反的两侧，并因此能分离到不同的子细胞中。事实上，与分隔相关的功能首先是在质粒中鉴定出来的，**图 12.13** 总结了一个常见分隔系统的成分。一般而言，它有两个反式作用基因座（*parA* 和 *parB*），以及在这两个基因的下游有一个顺式作用元件（通常称为 *parS*）。ParA 蛋白是一种分隔反应中的 ATP 酶，它与 ParB 蛋白结合，而后者与 DNA 上的 *parS* 位点结合，这三个基因座中缺失任何一个都会阻止质粒的正常分隔。这类系统是 F、P1、R1 质粒特有的。根据系统中 ATP 酶的活性，分隔系统通常主要分成两类：在一组中，如 R1 质粒，ATP 酶类似于肌动蛋白，它通过多聚体化作用而发挥功能（在随后的段落中进一步讨论）；另一组包括 F 和 P1 质粒，它存在不同的 ATP 酶类型（基于蛋白质序列同源性），这些 ParA 蛋白利用细菌拟核进行质粒的定位，但是作用机制是如何执行的还不清楚。

parS 位点在质粒中的作用等同于真核生物细胞的着丝粒。它与 ParB 蛋白结合，形成一种能将质粒拷贝分离到子细胞中的结构。在一些质粒中，如 P1 质粒，细菌 IHF 蛋白也结合到这一位点，并成为这个结构的一部分。这样，ParB 蛋白复合体（和一些例子中的 IHF 蛋白）与 parS 位点一起形成了**分隔复合体（partition complex）**。这个初始复合体的形成可进一步使 ParB 蛋白协同结合在一起，形成了一个极大的蛋白质 -DNA 复合体。这个复合体可将子代质粒成对保存在一起，直到它准备与 ParA 蛋白进行相互作用。ParA 蛋白的活性是将质粒定位于细胞，这样，至少一份拷贝会位于正在分裂的细胞隔膜的每一边。

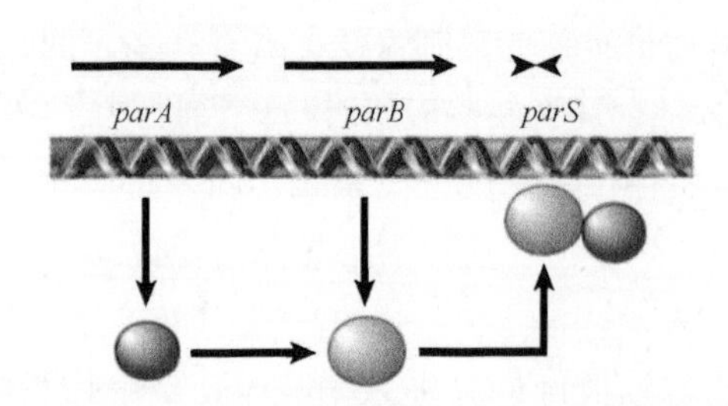

图 12.13 普通的分离系统包括 *parA* 和 *parB* 基因以及靶位点 *parS*

R1 质粒中的分隔 ATP 酶，在这一系统中称为 ParM 蛋白，它可作为细胞骨架元件。ParM 蛋白类似于真核生物的肌动蛋白和细菌的 MreB 蛋白（详见第 9 章“复制与细胞周期相关联”），在 ATP 存在下，它可多聚体化成纤丝样结构。在 R1 质粒系统中，分隔位点称为 *parC* 位点，而 ParB 样蛋白称为 ParR 蛋白。ParM 蛋白与 ParR/parC 结合而成的分隔复合体，在子代质粒之间可刺激 ParM 蛋白的多聚体化，可有效地将质粒推开，推向正在分裂的细胞的相反两侧末端（如**图 12.14** 所示）。

对于另一类非肌动蛋白类分隔 ATP 酶，我们还不知道 ParA 蛋白是如何工作来定位质粒的。它们不存在与 ParM 蛋白在序列或结构上的相似性。可能 F 和 P1 等质粒的 ParA 蛋白也通过多聚体化而起作用。这些 ParA 蛋白确实与辅助隔膜定位的 MinD ATP 酶共享一些序列相似性（详见第 9 章“复制与细胞周期相关联”）。令人着迷的是，一些 ParA 蛋

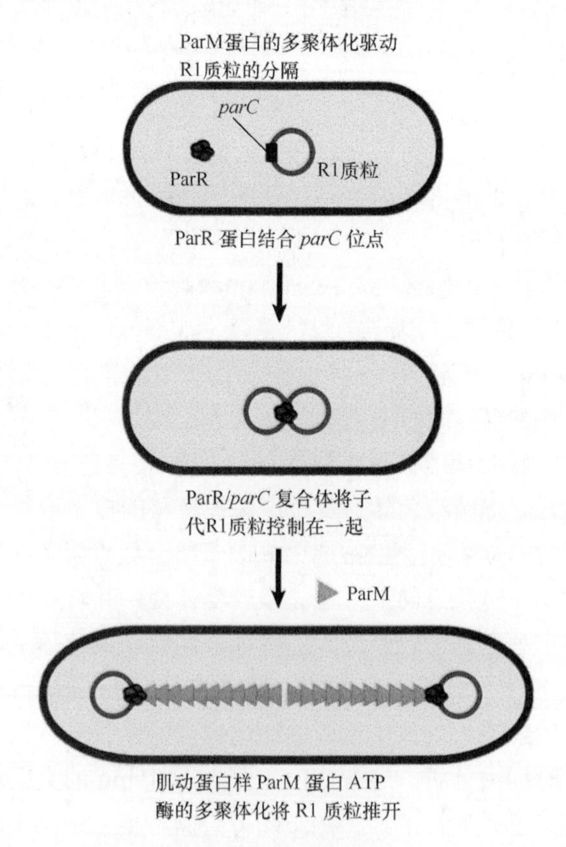

图 12.14 R1 质粒的分隔包含质粒之间的 ParM 蛋白 ATP 酶的多聚体化

白已经显示出在细胞内的波动行为，可这种波动行为仍然是一个谜，但是这些特性提示，ParA 蛋白的动态行为是分配反应所必需的。

在几种细菌中发现了 ParA 和 ParB 的相关蛋白质。在枯草芽孢杆菌（*Bacillus subtilis*）中，它们分别被称为 Soj 蛋白和 SpoOJ 蛋白。编码这些蛋白质的基因座突变可阻止孢子形成，因为一个子代染色体不能分离到前孢子中。在生长活跃的细菌中，*spoOJ* 基因的突变可使无核细胞的出现频率提高 100 倍以上，这提示野生型 SpoOJ 蛋白对于正常细胞周期和孢子形成过程中的染色体分离应该是有贡献的。SpoOJ 蛋白可结合位于多拷贝上的 *parS* 位点，这种位点分散分布在起点附近的约 20% 的染色体长度上。SpoOJ 蛋白可能既结合旧起点又结合新起点，保持这种等同于染色体配对的状态，直到染色体分离到相反两极。在新月柄杆菌（*Caulobacter crescentus*）中，ParA 蛋白和 ParB 蛋白位于细菌的两极，ParB 蛋白结合的序列接近起点，从而将起点定位在极上。这些结果说明存在着负责将起点定位在膜上的特异性元件。下一步分析就是辨别出与这些元件发生相互作用的细胞组分。

在单一质粒中存在着保证质粒适当分配的多个独立系统，这凸显了保证所有子细胞能够得到这个质粒拷贝的重要性。在“要么团结一致，要么分别被绞死”的基础上运作的**瘾嗜系统**（**addiction system**），可保证只有当携带质粒的细菌还持有这个质粒它才能存活。还有几种途径保证细胞如果“去除”质粒就会死亡，**图 12.15** 所示的例子都显示了一个共同原则，即质粒同时产生毒素和解毒剂。毒素是一种相对稳定的致死物，而解毒剂包括阻碍毒素作用的物质，但存在时间相对较短。当质粒丢失时，解毒作用减少，毒素使细胞死亡。所以丢失质粒的细胞最终会死亡，这样，细菌群体被迫永远保留这种质粒。这些系统存在多种形式：含有毒素和具有阻断作用蛋白质的 F 因子是一种特化系统；R1 质粒含有一种杀伤物质，它是编码毒素蛋白质的 mRNA；而解毒剂是一种小的反义 RNA，它可阻止 mRNA 的表达。

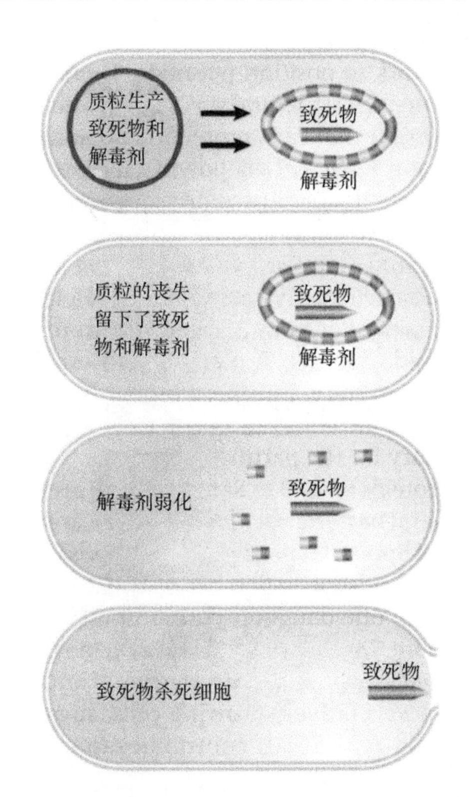

图 12.15 质粒通过合成长效致死物和短效解毒剂使得细菌没有质粒就不能存活

12.9 质粒不相容性由复制子决定

关键概念

- 在单个相容群中的质粒，有受共同控制系统调节的起点。

质粒不相容现象与质粒拷贝数及分离调节有关。一个**相容群**（**compatibility group**）定义为一组质粒中的成员不能共存于同一细菌内。它们不相容的原因是：在保有质粒十分重要的某个阶段，如 DNA 复制和分离时，它们不能彼此区分。

质粒不相容性的负控制模型（negative control model）符合这样的观点，即对拷贝数的控制是通过合成阻遏物来完成的，它能监测起点浓度（形式上看，这与调节细菌染色体复制的滴定模型是相同的）。

以同一相容群中的第二个质粒的方式引入新起点，用来模拟原有质粒复制的结果，这就产生了两个起点。这样，进一步的复制被阻止，直到两个质粒分离到不同细胞中产生正确的复制前拷贝数，如**图 12.16** 所示。

如果负责将产物分离到子细胞中的系统不能区分这两个质粒，则它会产生相似效应。例如，如果两个质粒有相同的顺式作用分隔位点，它们之间的

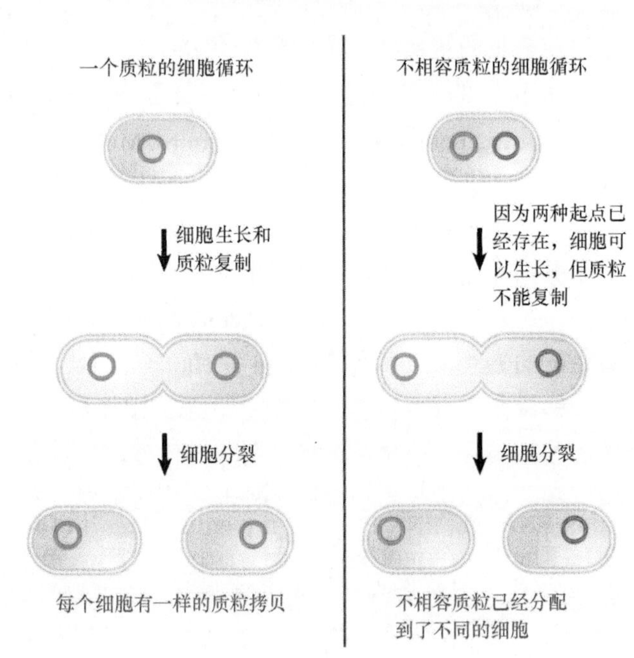

图 12.16 如果两种质粒的复制起点在启动阶段不能被区分开来，那么它们是不相容的（它们分属于同一个相容群）。这个模型也能用来解释分离现象

竞争就会保证将它们分离到不同细胞中，于是它们就不能在同一菌系中存活。

相容群中某一成员的存在，并不直接影响属于另一相容群的质粒存活。细菌能保持的只是给定的、（带有单拷贝质粒的）相容群中的一个复制子，但这个复制子不可与其他相容群的复制子产生相互作用。

12.10 ColE1 相容性系统受控于 RNA 调节物

关键概念

- ColE1 质粒的复制需要转录通过起点，在那里，转录物被 RNA 酶 H 切割产生一个引物末端。
- 调节物 RNA I 是一段短的反义 RNA，能与转录物配对，从而阻止了能产生引物末端的切割反应。
- Rom 蛋白促进 RNA I 和转录物之间的配对反应。

对拷贝数和不相容系统了解得最多的质粒是 ColE1，这是在每个大肠杆菌中稳定地维持约 20 份拷贝的多拷贝质粒。维持拷贝数的系统依赖于从 ColE1 质粒起点起始复制的机制，如**图 12.17** 所示。

位于起点上游 555 bp 处的 RNA 开始转录，这样就启动了复制，而转录通过起点时会继续进行。RNA 酶 H（名字反映它对与 DNA 杂合的 RNA 底物的特异性）在起点切割转录物。这会产生 3′-OH 端，它可以作为 DNA 合成起始的“引物”（引物的使用在第 11 章“DNA 复制”中有详细的讨论），引物 RNA 和 DNA 形成持久的杂合链。RNA 和 DNA 的配对只发生在起点上游（在 –20 位点附近）和上游更远的位置（在 –265 附近）。

有两个调节系统对 RNA 引物产生效应：一个涉及合成与引物互补的 RNA；另一个涉及由邻近基因座编码的蛋白质。

用作调节的 RNA I 是一个约由 108 个碱基组成的分子，它由引物 RNA 的反义链编码，可特异性地作用于引物 RNA。引物 RNA 与 RNA I 的关系如**图 12.18** 所示。RNA I 分子在引物区启动合成，在接近引物 RNA 启动的位点终止合成，所以 RNA I 与引物 RNA 的 5′ 端区域互补。两种 RNA 的碱基配

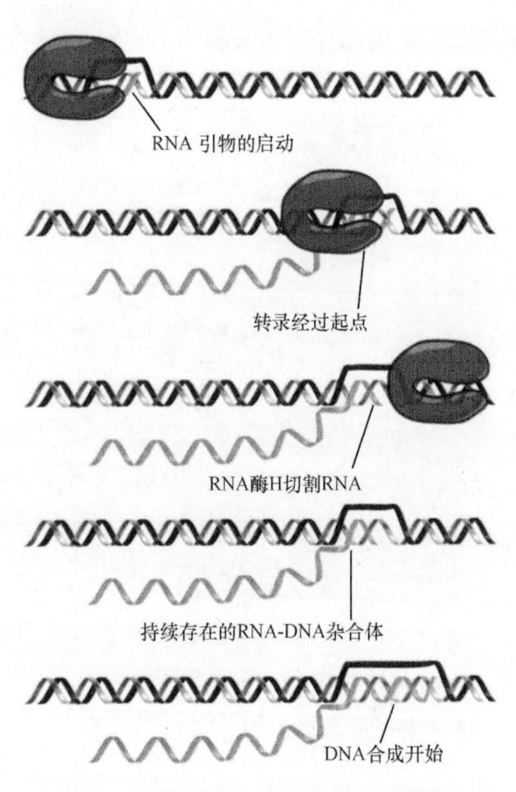

图 12.17 通过切割引物 RNA 产生 3′-OH 端，它能启动 ColE1 质粒 DNA 的复制。引物在复制起点区域形成稳定的杂合体

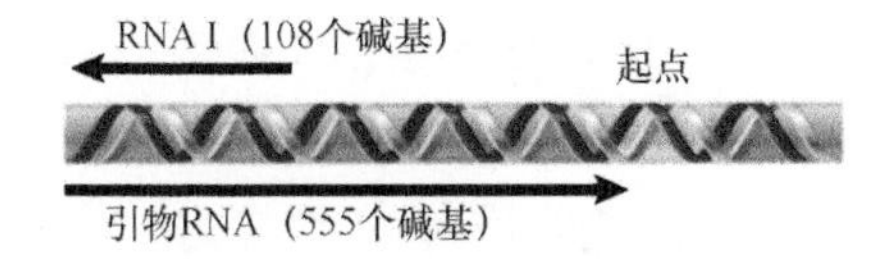

图 12.18 RNA I 序列与引物 RNA 的 5′ 区域互补

对控制了引物 RNA 的有效性，从而控制了复制周期的启动。

像 RNA I 这类分子是通过与在同一区段编码的 RNA 的互补性来实现功能，这类 RNA 分子被称为**抗转录物（countertranscript）**。当然，这种机制也是反义 RNA 应用的一个例子（详见第 30 章“调节性 RNA”）。

通过选择同一群体中能够共存的质粒，可获得降低或消除质粒间不相容性的突变。ColE1 质粒不相容性突变发生在 RNA I 和引物 RNA 的重叠区，因为这一区段产生了两个不同的 RNA，所以任何一个或两个 RNA 突变都可能涉及这一效应。

当在体外 ColE1 质粒 DNA 复制系统中加入 RNA I 时，会抑制活性引物 RNA 的产生。然而，RNA I 的存在并不阻止引物 RNA 合成的起始或延长，这说明 RNA I 阻止 RNA 酶产生引物 RNA 的 3′ 端，这种作用的基础在于 RNA I 和引物 RNA 之间的配对。

两个 RNA 分子在这一区段都有潜在的相同二级结构，带有以单链环终止的三个双链体发夹。能降低不相容性的突变发生在这些环上，这说明 RNA I 与引物 RNA 之间配对的起始步骤是未配对环间的接触所致。

与 RNA I 的配对是怎样阻止切割而形成引物 RNA 的呢？图 12.19 列举了一个模型。在没有 RNA I 的情况下，引物 RNA 形成自身的二级结构（涉及环和茎）。但当 RNA I 存在时，两个分子配对使整条 RNA I 全部成为双链，这个新的二级结构阻止了引物的形成，很可能是由于影响到 RNA 形成持久的杂合分子的能力所致。

这个模型类似于转录弱化所采用的机制，在此情况下，RNA 序列中的其他碱基配对可允许或阻止二级结构的形成，而这些结构是 RNA 聚合酶终止作用所需的（详见第 24 章“操纵子”）。RNA I 可能是通过影响引物前体远端区而发挥作用的。

从形式上看，这个模型等于是在假定一个涉及两种 RNA 的控制线路。大的 RNA 引物前体是正调节物，是起始复制所需的；小的 RNA I 是负调节物，能够抑制正调节物的作用。

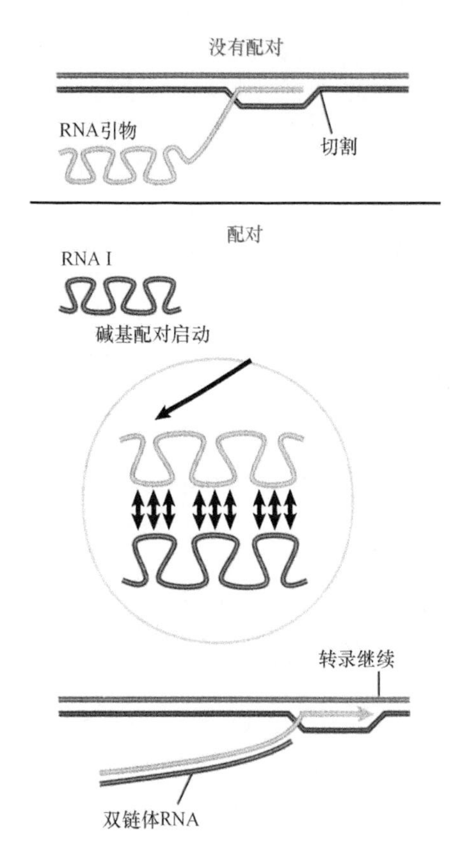

图 12.19 与 RNA I 的碱基配对可能改变引物 RNA 序列的二级结构，从而阻止其切割产生 3′-OH 端

RNA I 具有作用于细胞内任何一种质粒的能力，因此它是一种可阻止新引入 DNA 行使功能的抑制子，这与 λ 噬菌体溶源阻遏物的功能相似（详见第 25 章“噬菌体策略”）。它不是结合新 DNA 的阻遏物，而是与新合成的 RNA 引物前体相结合的一种 RNA。

RNA I 和引物 RNA 间的结合受到 Rom 蛋白的影响，这个蛋白质由位于起点下游的一个基因编码，它能加强 RNA I 和由 200 个以上碱基所组成的引物 RNA 转录物之间的结合，其结果是抑制引物形成。

RNA 突变是怎样影响不相容性的呢？图 12.20 说明了当一种细胞含有两种类型的 RNA I/ 引物 RNA 时所处的状态。每种类型的基因组所产生的 RNA I 和引物 RNA 能相互作用，但一个基因组产生的 RNA I 与另一个基因组产生的引物 RNA 不能相互作用。在 RNA I 和引物 RNA 共有区域中碱基配对位点上发生的突变会出现这种情况。每个 RNA I 都会继续与同一质粒编码的引物 RNA 配对，但不能与其他质粒编码的引物 RNA 配对，这会造成原有

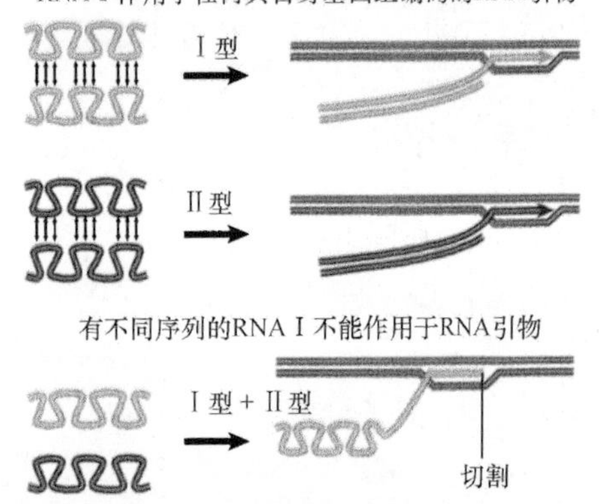

图 12.20 编码 RNA I 和引物前体的区段发生突变，可能不会影响它们的配对能力，但是它们却能阻止与由另一个质粒编码的互补 RNA 的配对

质粒和突变质粒的行为就像属于不同的相容群。

12.11 线粒体如何复制和分离

关键概念

- mtDNA 随机复制和分离到子代线粒体中。
- 线粒体随机分离到子细胞中。

线粒体在细胞周期中必定被复制并被分离到子细胞中。我们了解了这一过程中的一些机制，但并不知道其调节原理。

在线粒体倍增的每一阶段，如 DNA 复制、DNA 分离到复制的线粒体中和细胞器分离到子细胞中，这些过程似乎是随机的，它由每份拷贝的随机分布所决定。这种情况的分布理论同多拷贝细菌质粒的分布理论是类似的，结论同样是需要有 10 份以上的拷贝方能保证每一子细胞至少能分到一份拷贝。而当线粒体 DNA（mitochondrial DNA，mtDNA）具有等位基因多样性时（可能是由于遗传自不同的亲代细胞或由于突变），称之为**异质性**（**heteroplasmy**），这一随机分布会产生只含一种等位基因的细胞。

mtDNA 的复制是随机的，因为无法控制哪些拷贝被复制，所以在任一周期中，有些 mtDNA 分子可能比其他 mtDNA 分子的复制次数更多。而基因组的总拷贝数可能受控于与细菌相似的滴定质量规则（详见第 9 章“复制与细胞周期相关联”）。

线粒体分裂是先形成环绕细胞器的一个环，然后环收缩使线粒体一分为二，这一机制在原理上与细菌的分裂相同。植物细胞线粒体的组分与细菌中的也相似，并都用到细菌 FtsZ 蛋白的同源物（详见第 9 章“复制与细胞周期相关联”）。动物细胞线粒体的分子装置是不同的，它用到了与膜囊泡形成有关的发动蛋白。单个线粒体含有的 mtDNA 拷贝数可能不止一份。

我们不清楚在线粒体中是否存在分离 mtDNA 分子的分隔机制，也不清楚 mtDNA 是否位于线粒体的其中一侧，当它分裂成子线粒体时 mtDNA 是否被简单地继承。图 12.21 表示了复制和分离机制的组合导致 DNA 随机分配给每一份拷贝，即线粒体基因组分配到子线粒体并不取决于其亲源。

在细胞有丝分裂中，线粒体分配给子细胞看来也是随机的。事实上，正是由于观察到植物体细胞的变异，首次提示了一些存在的基因可能会在其中

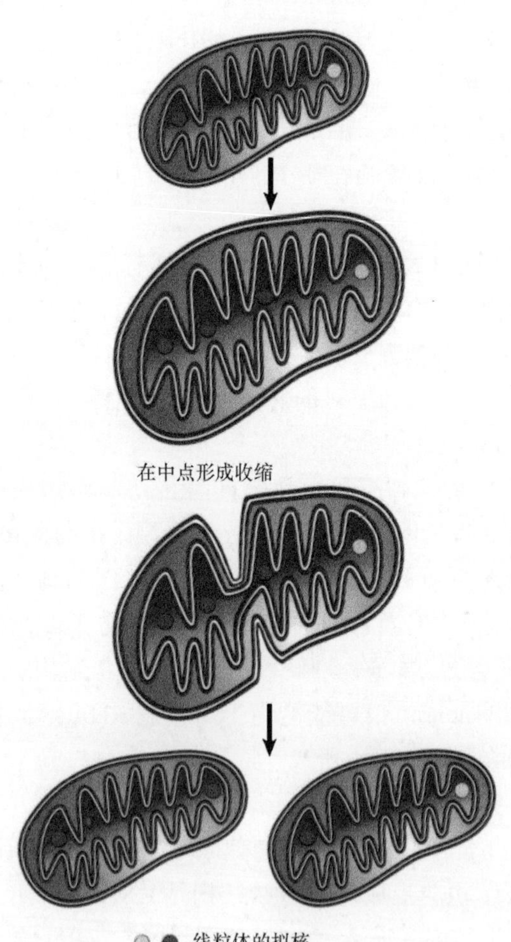

图 12.21 线粒体通过增加与线粒体数量呈比例的基因组数目完成 DNA 的复制，但是却不能保证每个基因组复制相同的次数，这可能导致子代线粒体中等位基因的代表性发生改变

一个子细胞中丢失，其遗传不遵循孟德尔定律（详见第 4 章“基因组概述”）。

在某些情况下，线粒体既有父本又有母本的等位基因，这需要两个条件：双亲都给受精卵提供等位基因（当然，这不是母体遗传的情况；详见第 4 章“基因组概述”）；且在同一线粒体中存在双亲的等位基因。如要出现这种情况，则双亲线粒体必须发生融合。

单个线粒体的大小也许不会精确地限定。事实上，一直存在着这样一个问题，即单个线粒体是否代表了细胞器的一个独特而分立的拷贝，或者它是一个动态流动体，以便与其他线粒体融合。我们知道在酵母中线粒体可以融合，在单倍体酵母细胞系杂交产生双倍体细胞后，mtDNA 之间能够重组，这意味着在线粒体的同一部分，mtDNA 之间必须是互相暴露的。人们已经试图通过寻找两个细胞融合后等位基因之间的互补来检测动物细胞中类似事件的发生，但是结果还不明确。

12.12　D 环维持线粒体起点

关键概念

- 线粒体使用不同的起点序列去启动每一条 DNA 链的复制。
- H 链的复制在 D 环中被启动。
- 当第一个复制叉移动使 L 链的起点暴露时，L 链就启动复制。

原核生物与真核生物染色体上的复制子起点都是静态结构：它们包含着以双链体形式存在的 DNA 序列，它在合适的时间启动复制。启动需要分开 DNA 双链，并开始双向合成 DNA，而在线粒体中则存在着不同的排列方式。

环状双链体 DNA 在特定的起点启动复制。开始时两条亲链中只有一条用作模板合成新链（在哺乳动物 mtDNA 中为 H 链）。如图 12.22 所示，合成只前进了一小段距离，它取代了原来的互补（L）链，而这条 L 链仍是单链，根据这个区域的特性将其命名为**替换环（displacement loop）**或 **D 环（D-loop）**。

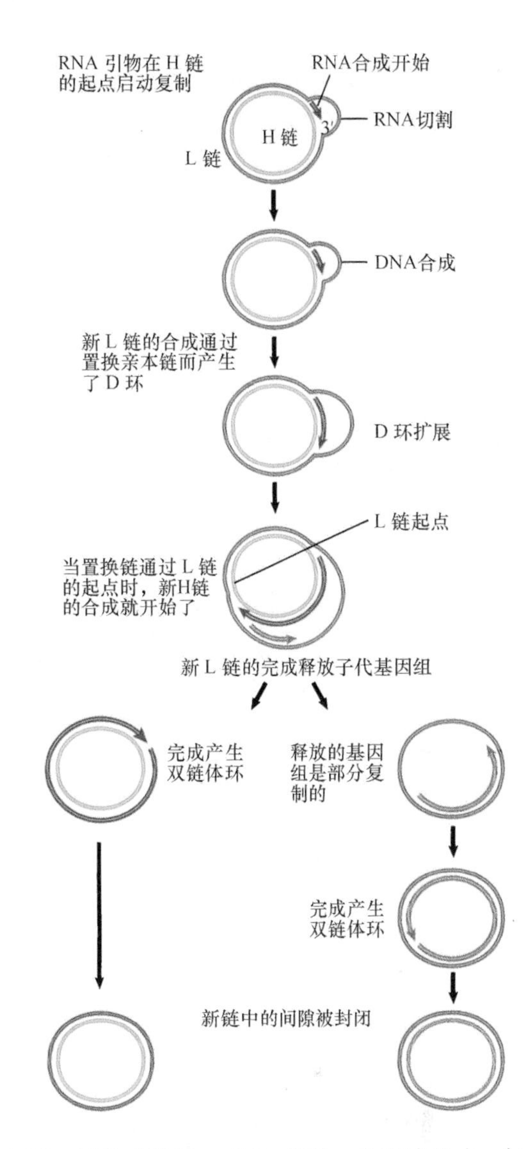

图 12.22　哺乳动物的 mtDNA 维持一个开放形式，每条链的复制有一个独立的复制起点

DNA 聚合酶不能启动合成 DNA，需要引物提供 3′ 端（详见第 11 章“DNA 复制”）。当 RNA 聚合酶转录出了一个引物时，H 链开始在起点复制。引物的 3′ 端是由一种内切核酸酶在 DNA-RNA 杂合链的几个分开的位点上切割产生的。内切核酸酶对 DNA-RNA 杂合链加上一条被取代的 DNA 单链所形成的三链结构具有特异性。3′ 端在 DNA 聚合酶的作用下延伸到 DNA。

在哺乳动物线粒体中，单个 D 环是一个开放的 500 ～ 600 个碱基序列。这段维持 D 环结构的链不稳定，经常被降解及重新合成来维持这个位点的双链体开环结构。有些 mtDNA 含有几个 D 环，这说明细胞使用了多个起点；叶绿体 DNA 采用相同机制，在复杂植物叶绿体中存在两个 D 环。

为了复制哺乳动物 mtDNA，D 环中的短链被延伸。原L链中被取代的区域变长，使D环伸展，伸展会一直继续到线粒体环约2/3的位置。该区域的复制使被取代的L链上的起点暴露出来，随后从这个位点开始合成一条H链。特异性引发酶（primase）在这个位点上合成一段短RNA。RNA随后被DNA聚合酶延长，沿着被取代的L单链前进，但方向与L链的合成方向相反。

由于启动延迟，当L链合成结束时，H链的合成才沿着环进行到1/3。这会释放出一个完整的双链体环状结构和一个开环结构，这个开环结构在H链合成结束之前还存在部分单链结构。最后，新链被封口，形成共价闭环结构。

D环的存在说明了一个普遍原则：起点可利用一条链作为模板去启动DNA合成的一段DNA序列。双链体解开对另一条链的复制启动并不是必要的。在mtDNA复制这个例子中，互补链上的复制起点位于不同位点。在滚环复制模型中，起点也只是启动一条链的复制（见12.4节“滚环产生复制子的多联体”）。

12.13 植物中的细菌Ti质粒诱发冠瘿病

关键概念

- 感染了土壤根瘤菌的植物细胞有向肿瘤细胞转化的趋势。
- 感染源来自细菌携带的一种质粒。
- 这种质粒基因组中包含了合成和代谢冠瘿碱所需的相关基因，它能被细菌细胞所利用。

大部分DNA重排和扩增发生在一个基因组内，但细菌和特定植物之间的相互作用能产生细菌DNA被转导进入植物基因组的情况。一种被称为土壤根瘤菌（*Agrobacterium tumefaciens*）的土壤微生物能够感染双子叶植物使之产生**冠瘿病（crown gall disease）**，如图12.23所示。这种细菌是一种寄生菌，它能够在真核生物宿主细胞中诱发遗传信息的改变，这种改变对宿主细胞和细菌本身都有影响：它能够优化寄生菌的生存环境，同时也导致植物细胞生长成肿瘤。

图12.23 带有胭脂碱型Ti质粒的土壤根瘤菌会诱导植物畸胎瘤，它由分化的结构在此发育而成

照片由Jeff Schell的庄园友情提供，使用获Max Planck Institute for Plant Breeding Research, Cologne许可

土壤根瘤菌是诱导肿瘤所必需的，但肿瘤细胞形成后却不再需要土壤根瘤菌的存在。像动物细胞一样，植物细胞转变成肿瘤细胞后，其调控生长和分化的机制就发生了改变。这种转化是由进入植物细胞内的土壤根瘤菌所携带的遗传信息的表达所引起。

土壤根瘤菌诱导肿瘤的机制是由**肿瘤可诱导质粒（tumor inducible plasmid，Ti质粒）**所引发的，它在土壤根瘤菌内能长期存在并独立复制，该质粒携带一些参与各种细菌和植物细胞激活的基因，还携带一套与**冠瘿碱**（opine，精氨酸衍生物）合成和利用相关的基因。

根据其合成的冠瘿碱不同，我们可以把Ti质粒（及携带它们的土壤根瘤菌）分为4类。

- **胭脂碱质粒（nopaline plasmid）**，它携带能够合成和利用胭脂碱的基因。胭脂碱肿瘤细胞能够分化为特殊结构的分枝，因为它们和哺乳动物的一些具有分化为早期胚胎结构能力的肿瘤类似，所以它们也被称为**畸胎瘤（teratomas）**。
- **章鱼碱质粒（octopine plasmid）**，和胭脂碱质粒相似，只是它们合成的相应的冠瘿碱不同，章鱼碱肿瘤通常没有分化，不形成畸胎瘤枝。
- **冠瘿碱质粒（agropine plasmid）**，携带冠瘿碱代谢的基因；肿瘤不分化，患病植物生长迟缓，死亡早。
- **发根可诱导质粒（hairy root inducible plasmid，Ri质粒）**，能够引起一些植物的发根症，

表 12.1 Ti 质粒所携带的基因都是植物和细菌所需的		
基因座	功能	Ti 质粒
vir	DNA 转移到植物	全部
shi	嫩枝的诱导	全部
roi	根的诱导	全部
nos	胭脂碱合成	胭脂碱
noc	胭脂碱代谢	胭脂碱
ocs	章鱼碱合成	章鱼碱
occ	章鱼碱代谢	章鱼碱
tra	细菌转移基因	全部
lnc	不相容基因	全部
oriV	复制起点	全部

以及诱导其他一些植物产生冠瘿瘤。它们含有冠瘿碱类型基因，可能也含有章鱼碱质粒和胭脂碱质粒的片段。

在细菌中 Ti 质粒所携带的基因类型如**表 12.1** 所示。在细菌中，一些类型的基因编码与质粒复制、不相容性、质粒在细菌之间的转移、对噬菌体的敏感性等相关的蛋白质，以及参与其他一些化合物的合成，在这些化合物中，有些对其他土壤菌有毒性作用。而在植物细胞中，另一些基因的产物负责将 DNA 导入植物细胞，诱导植物细胞处于转化状态及诱导嫩枝和根的形成。

冠瘿碱的特异性依赖于质粒类型、冠瘿碱的合成基因与代谢它的基因，因此每种土壤根瘤菌都能诱导冠瘿瘤细胞合成土壤根瘤菌生存所需的冠瘿碱。冠瘿碱能够被土壤根瘤菌用来当作唯一的碳源或氮源，其基本原理是被转化的植物能产生为土壤根瘤菌所利用的冠瘿碱。

12.14 T-DNA 携带感染所需的基因

关键概念

- Ti 质粒的部分 DNA 序列被转移到植物细胞核中。
- Ti 质粒中，位于被转移区外面的 *vir* 基因是转移过程所必需的。
- 在应答创伤时，植物所释放的酚类化合物能诱导 *vir* 基因的表达。
- 当膜蛋白 VirA 结合了诱导物后，就会在组氨酸残基处出现自我磷酸化现象。
- VirA 蛋白通过转移磷酸基团到 VirG 蛋白上来激活 VirG 蛋白。
- VirA-VirG 蛋白复合体是一些细菌“双组分系统”中的一个，它能利用磷酸化组氨酸信号转导路径。

土壤根瘤菌与植物之间的相互作用如**图 12.24** 所示。细菌并不进入植物细胞，但可将部分 Ti 质粒转入植物细胞核，被转移的部分 Ti 质粒基因组称为 **T-DNA**，它能整合进植物基因组中，此后它表达出一些功能，如合成冠瘿碱并转化植物细胞。

植物细胞的转化需要土壤根瘤菌来扮演三种角色。

- 位于土壤根瘤菌染色体上的三个基因座——*chvA*、*chvB*、*pscV* 是土壤根瘤菌结合到植物细胞表面的起始阶段所必需的，它们负责合成细菌表面上的一种多糖。
- Ti 质粒的 *vir* 区，位于 T-DNA 外，是释放

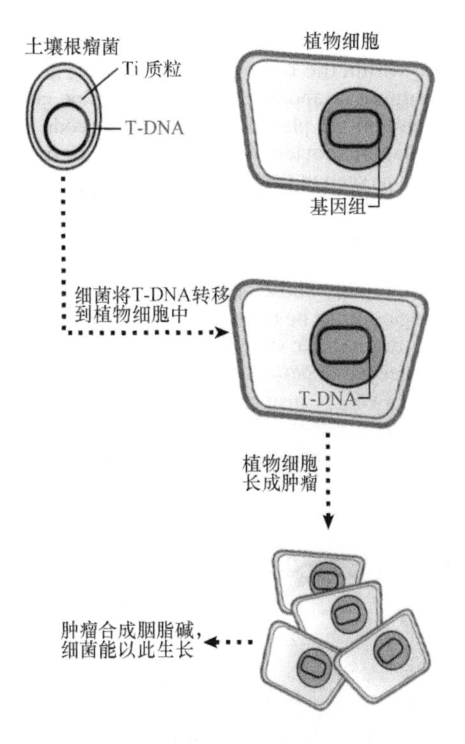

图 12.24 带有 Ti 质粒的土壤根瘤菌将 T-DNA 转移到植物细胞中，在那里 T-DNA 整合到细胞核基因组中，并表达出转化宿主细胞的功能蛋白质

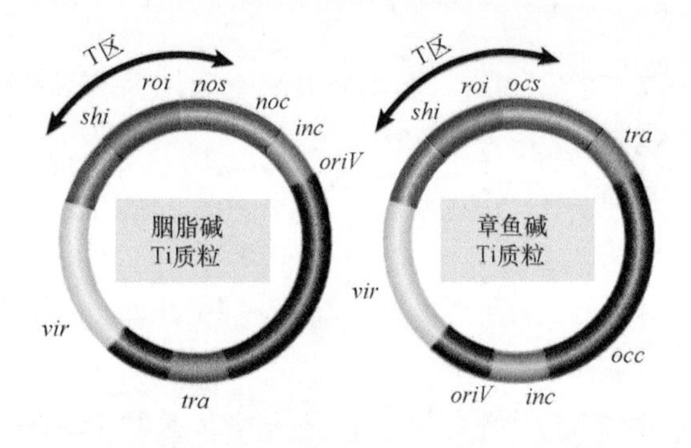

图 12.25 胭脂碱型和章鱼碱型 Ti 质粒带有很多基因，包括有重叠功能的 T 区

T-DNA 和起始 T-DNA 转移所必需的。

• T-DNA 是转化植物细胞所必需的。

两种主要 Ti 质粒的结构如图 12.25 所示，在胭脂碱和章鱼碱质粒约 200 kb 的基因组序列中，约 30% 是相同的，相同区域包含那些参与土壤根瘤菌和植物细胞相互作用过程的所有基因，但在质粒之间都发生了大量的序列重排。

T 区约占 23 kb，在两种质粒中，其中有 9 kb 是相同的。Ti 质粒在 T 区内携带冠瘿碱合成基因（*nos* 或 *ocs*），而相应的冠瘿碱代谢基因（*noc* 或 *occ*）位于质粒的其他部位。通过观察比较其诱导产生不同的植物肿瘤过程，我们可以看出这些质粒呈现出相似但不完全相同的形态发育控制功能。

影响致癌性（oncogenicity，形成肿瘤的能力）的作用并不仅限于 T 区。位于 T 区以外的基因肯定也与诱导肿瘤的发生有关，但它们的产物并不是肿瘤永生化所必需的，它们可能与 T-DNA 转入植物细胞核有关，或者起到辅助作用，如平衡被感染组织的激素水平。有些突变是宿主特异性的，其突变体不能在某些植物上形成肿瘤，但在其他植物上可以形成肿瘤。

毒力基因（virulence gene，*vir*）编码的功能是 T-DNA 转移到植物细胞所必需的（而将整个 Ti 质粒接合转移进受体细胞所需的蛋白质是由 *tra* 区所编码）。其 6 个基因座（*virA*、*B*、*C*、*D*、*E*、*G*）位于 T-DNA 外 40 kb 的区段内，每个基因座就是一个转录单位，有些包含不止一个可读框。转化过程由 10 个主要部分组成：①土壤根瘤菌识别和接触宿主细胞；②土壤根瘤菌的 VirA-VirG 蛋白复合体双组分系统感觉到了特殊的植物信号；③ *vir* 基因区段被激活；④ VirD1-VirD2 蛋白复合体产生了 T-DNA 的移动拷贝；⑤以 VirD2-DNA 复合体（不成熟的 T 复合体）的形式和其他几种 Vir 蛋白（如 VirF、VirE2）一起通过 VirB/D4T4SS 通道被传递进宿主细胞质中；⑥随着 VirE2 蛋白与 T 链的结合，成熟 T 复合体形成，并穿过宿主细胞质；⑦以主动运输方式进入宿主细胞核；⑧一旦入核，就募集 T-DNA 到整合位点；⑨去除其护送蛋白质；⑩整合进宿主基因组。

我们可以将转化过程分为至少两个阶段：

• 土壤根瘤菌与植物细胞接触，诱导激活 *vir* 基因；

• *vir* 基因产物使 T-DNA 转入细胞核，整合到基因组中。

vir 基因分为两类，分别对应这两个阶段。基因 *virA* 和 *virG* 是调节基因，在植物细胞中能够通过诱导其他基因而应答变化，所以 *virA* 和 *virG* 突变体是无毒性的，并且不能表达剩余的 *vir* 基因；基因 *virB*、*C*、*D*、*E* 编码的蛋白质参与 T-DNA 的转化。*virB* 与 *virD* 突变体在所有植物体中都没有毒性，但 *virC* 和 *virE* 突变体的影响因宿主类型的差异而有所不同。

virA 和 *virG* 呈组成型表达（但其表达水平很低），而能够诱发它们应答的信号来自于植物受伤后所产生的酚类化合物（phenolic compound）。图 12.26 给出了一个例子，烟草（*Nicotiana tabacum*）产生乙酰丁香酮（acetosyringone）和 α- 羟基乙酰丁香酮（α-hydroxyacetosyringone），这些化合物能够激活 *virA* 基因，随后 *virA* 基因作用于 *virG* 基因，*virG* 基因再依次诱导 *virB*、*C*、*D*、*E* 基因表达，这个反应解释了为什么土壤根瘤菌只能感染有创伤的植物。

VirA 蛋白和 VirG 蛋白是细菌系统中的一个典型的例子，一个传感器蛋白的刺激将导致自身磷酸化，从而将磷酸基团传递给下一个蛋白质，它们的关系如图 12.27 所示。

VirA 蛋白可形成同源二聚体，并定位在内膜

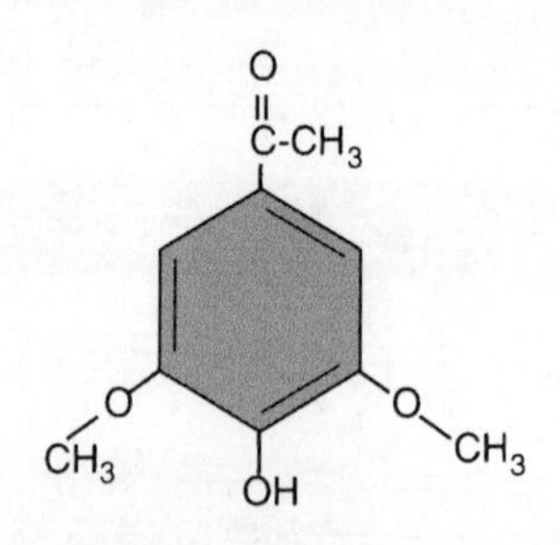

图 12.26 受伤后的烟草产生乙酰丁香酮，诱导土壤根瘤菌将 T-DNA 转移到感染细胞中

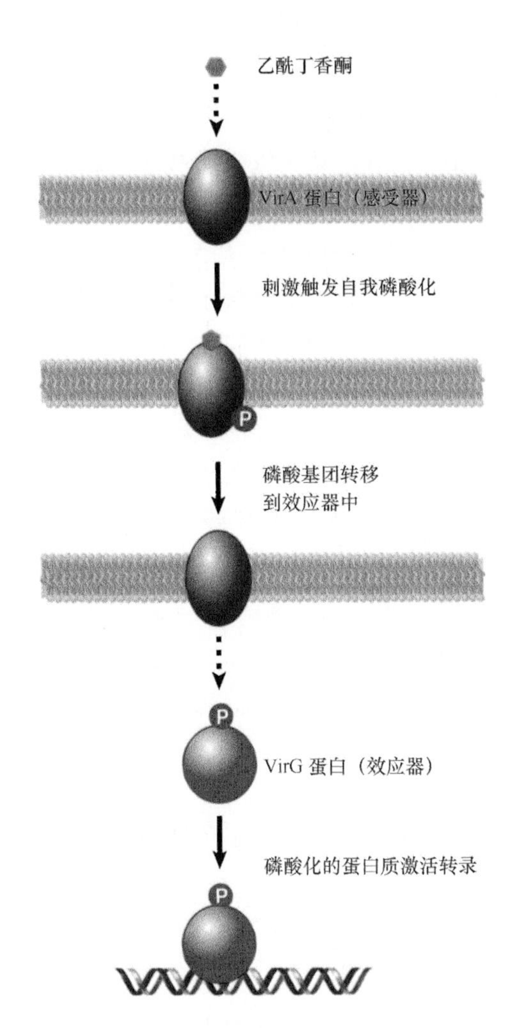

图 12.27 VirA-VirG 蛋白复合体的双组分系统通过激活目标基因的转录而应答酚类化合物信号

上，它对出现于周质内的酚类化合物产生应答。暴露于这些化合物下能够引起 VirA 蛋白的组氨酸残基的自身磷酸化，然后磷酸基团被传递给 VirG 蛋白的组氨酸残基，磷酸化的 VirG 蛋白与 *virB*、*C*、*D*、*E* 基因的启动子结合，以激活这些基因的转录。当 *virG* 基因被激活后，它的转录会被诱导从一个新的起始点开始，这个起始点不同于组成型表达的那个起始点，结果使 VirG 蛋白的数量增加。

12.15 T-DNA 的转移类似于细菌接合

关键概念

- 当在 DNA 分子的右边界序列上形成一个缺口后，这个缺口提供了合成 DNA 单链的一个引物，这时就可合成 T-DNA。
- 被新合成的 DNA 链所取代的原有单链 DNA 被转入植物细胞核中。
- 当 DNA 合成到达左边界的缺口时，转移过程即被终止。
- T-DNA 序列是以一种单链 DNA-VirE2 单链结合蛋白复合体的形式被转送。
- 单链 T-DNA 转变成为双链 DNA，进而整合到植物基因组中。
- T-DNA 可被用于转移基因进入植物细胞核，整合机制尚不清楚。

转化过程实际上是选择进入植物细胞核的 T-DNA 序列的过程。**图 12.28** 显示，胭脂碱质粒的 T-DNA 借助于 25 bp 的重复序列与两侧序列隔开，这个重复序列在 T-DNA 的左侧和右侧只存在两个位点的差异。当 T-DNA 被整合到植物基因组中后，它有一个非常明确的右侧连接部位，保留了右侧重复序列的 1 ～ 2 个碱基。而左侧连接处则变化较大，在植物基因组中 T-DNA 左侧的边界会定位在 25 个碱基重复序列上，或者是 T-DNA 内部约 100 bp 内的一系列位点上。有时多拷贝串联 T-DNA 会被整合到单一位点上。

virD 基因座含有 4 个可读框。由 *virD* 基因座编码的两种蛋白质——VirD1 蛋白和 VirD2 蛋白具有内切核酸酶活性，可通过在 T-DNA 的特定位点上形成一个切口而起始转移过程。转移模式如**图 12.29** 所示：在右侧 25 bp 重复序列上形成一个切口，这个切口提供了合成 DNA 单链的一个引发末端，而后合成一条新链来代替旧链，旧链则被用于转移。当 DNA

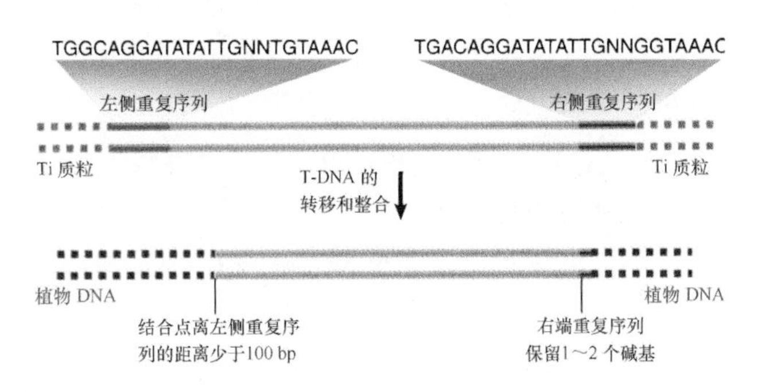

图 12.28 在 Ti 质粒中，T-DNA 在两末端存在几乎一样的 25 bp 重复序列，右端重复序列是转移和整合到植物基因组所必需的。整合到植物基因组的 T-DNA 有精确的连接处，它保留右端重复序列的 1 ～ 2 个碱基；但左端连接处可以不同，可存在多达 100 bp 的序列缺失

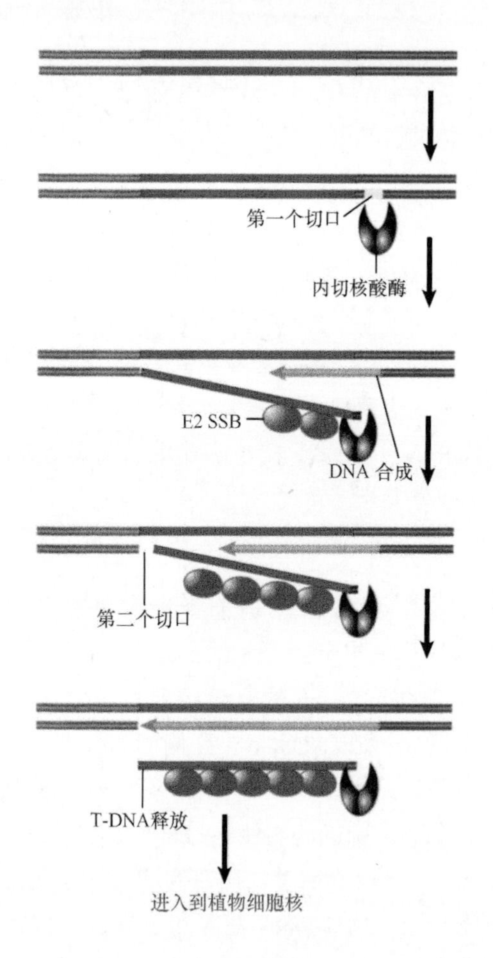

图 12.29 当 DNA 从右侧重复序列的切口开始合成时，T-DNA 通过置换而产生，反应终止于左侧重复序列的切口

合成到达左侧重复序列的切口时，此转移过程即被终止，这个模型解释了为什么右侧重复序列是必需的，以及该过程存在极性的原因（重复序列只能在一个方向上起作用）。如果左侧没有形成切口，转移反应就会继续进行下去，而被替换掉的序列将会很长。

转移过程包括感染性细菌中单一单链 DNA 分子的产生。被转移的 DNA 序列是以一种 DNA- 蛋白质复合体的形式被递送到植物细胞核中的，这种复合体有时被称作 T 复合体（T-complex）。具体的过程是单链 DNA 由 VirE2 蛋白——一种单链结合蛋白覆盖，它具有一个核定位信号，能够将 T-DNA 转送到植物细胞核内，此时内切核酸酶的 D2 亚基仍然结合于 5′ 端。*virB* 操纵子编码 11 种参与转移反应的产物。

在 T-DNA 外面紧接右边界的是另一个被称为超动子（overdriver）的短序列，它能够极大地刺激转移过程。超动子作用机制与增强子类似，它必须位于同一条 DNA 序列上，但即使距离 T-DNA 边界几个 kb 处也能增加转移反应效率。VirC1 蛋白（VirC2 蛋白也有可能）可以作用于超动子序列。

章鱼碱质粒比胭脂碱质粒具有更加复杂的 T-DNA 整合模式。其 T 链模式也更加复杂，它可存在几个对应于 T-DNA 元件的散在区段。这提示章鱼碱质粒 T-DNA 拥有几个序列可用于切口形成和（或）DNA 合成终止的靶标。

这种 T-DNA 转移模式和细菌接合机制类似，接合时，大肠杆菌染色体以单链形式转移到另一个细胞中。*virB* 操纵子的基因与某些细菌质粒（包括 T 质粒的 *tra* 操纵子）参与接合作用的 *tra* 基因之间存在着一定的序列同源性（见 12.7 节“接合能转移单链 DNA”）。*virB* 基因的产物与 VirD4 蛋白（一种耦合蛋白）一起形成了 T4SS 复合体。

T 链和其他几种 Vir 蛋白一起被运输，并通过 T4SS 复合体进入植物细胞，这个步骤需要细菌 T 菌毛与至少一种宿主特异性蛋白质的相互作用。当进入植物细胞质中时，T 链分子上包被着许多 VirE2 蛋白分子，这些分子给予了 T-DNA 独特的结构和保护，而这些是它穿越进入植物细胞核所需的（见图 12.16）。

我们还不清楚被转化的 DNA 是如何整合到植物基因组中去的。在某些阶段中，新产生的单链 DNA 必须转变成双链体。在被感染的植物细胞中，我们发现了 T-DNA 的环状形式，这似乎是由左侧和右侧 25 bp 重复序列的重组而形成的，但还不清楚这是否是一种中间体，而实际事件可能包含非同源重组，因为在 T-DNA 的整合位点没有同源序列的存在。

那么，整合位点的结构又是什么样的呢？T-DNA 两侧序列富含 A · T 碱基对（这也是一些转座因子靶位点的特征）。被整合 T-DNA 的末端序列重排使得分析其结构变得非常困难，我们还不清楚整合过程是否在靶 DNA 序列中产生一个新的片段，就像转座子一样。

T-DNA 在整合位点处可以表达，它包含好几个转录单位，每个都可能包含可启动基因表达的单独启动子。它们的作用与植物细胞的状态有关，包括保持其导致肿瘤发生的性能、控制嫩枝和根的生成、阻遏其分化为其他组织等。当然，以上这些基因中没有任何一个是 T-DNA 转移所必需的。

Ti 质粒体现出一种有趣的功能组织形式，即 T-DNA 区段的外面携带有起始癌化的基因，至少其中一些与 T-DNA 转移反应有关，我们很想知道是否在植物细胞内的其他作用会影响这个阶段的功能。当然T-DNA区段外面还存在着能使土壤根瘤菌代谢冠瘿碱的基因，而冠瘿碱则是被转化植物所产生的。T-DNA内含有那些控制植物转化状态的基因，以及使植物合成冠瘿碱的基因，植物产生的冠瘿碱则有利于土壤根瘤菌的生存，而T-DNA原来就是由这些土壤根瘤菌提供的。

作为一种实用技术，土壤根瘤菌将T-DNA转移进入植物中的能力使将外源DNA引入植物细胞成为可能。因为转移/整合和癌化作用是分开的，所以可构建新的Ti基因工程质粒，将癌化基因被其他我们希望引入的基因所取代，由于这种天然基因传递系统的存在，大大方便了转基因植物基因工程的发展。

小结

- 滚环模式是环状DNA分子复制的其中一种方式，复制时起点被切割产生切口，从而提供了一个引发末端。这样，DNA的一条链从这个端点开始合成，置换原有的互补链，延伸成一条尾部，这一过程周而复始生成了多联体基因组。
- 一些噬菌体也用滚环方式复制。切割ΦX174噬菌体起点并产生切口的A蛋白有特殊的顺式作用性质，但它只作用于合成它的DNA分子。它附着于被置换的DNA链上直到整条链合成结束，然后再一次切割起点，释放被置换链，启动另一次复制周期。
- 滚环也成为细菌接合的一种特征，细胞间通过F菌毛启动结合，然后F因子从供体细胞转移到受体细胞，这就会产生接合作用。游离的F因子通过这种方式感染新细胞；整合的F因子产生能转移染色体DNA的Hfr品系。在接合存在的情况下，复制被用来合成留在供体细胞中的单链互补链和转移给受体细胞的单一互补链，但不提供动力。
- 质粒有多种多样的系统来保证或协助细菌中的稳定遗传，且单一质粒可携带几套这种系统。PartA分配蛋白与PartB分配蛋白可推进质粒定位，它们作用于质粒的*parS*位点上。质粒的拷贝数可描述质粒是否与细菌染色体处于同等水平（每个细胞一份拷贝）还是数目更多。质粒不相容性是复制或分配（对单拷贝质粒而言）机制的结果。
- 土壤根瘤菌能够诱导受伤植物产生肿瘤。受伤细胞分泌酚类化合物，能激活细菌Ti质粒所携带的*vir*基因，其产物能引起质粒的T-DNA单链转移到植物细胞核中，转移是从T-DNA的一个边界起始的，但结束端不确定。单链首先被转变成双链，然后被整合到植物基因组中。T-DNA内的基因能够转化植物细胞，使它产生特殊的冠瘿碱（一种精氨酸衍生物）。T-DNA已经被用于开发可转移基因进入植物细胞的载体。

参考文献

12.4 滚环产生复制子的多联体

研究论文文献

Gilbert, W., and Dressler, D. (1968). DNA replication: the rolling circle model. *Cold Spring Harbor Symp. Quant. Biol.* 33, 473-484.

12.6 通过细菌间的接合转移F因子

研究论文文献

Ihler, G., and Rupp, W. D. (1969). Strand-specific transfer of donor DNA during conjugation in *E. coli*. *Proc. Natl. Acad. Sci. USA* 63, 138-143.

Lu, J., et al. (2008). Structural basis of specific TraDTraM recognition during F plasmid-mediated bacterial conjugation. *Mol. Microbiol.* 70, 89-99.

12.7 接合能转移单链DNA

综述文献

Frost, L. S., et al. (1994). Analysis of the sequence and gene products of the transfer region of the F sex factor. *Microbiol. Rev.* 58, 162-210.

Ippen-Ihler, K. A., and Minkley, E. G. (1986). The conjugation system of F, the fertility factor of *E. coli*. *Annu. Rev. Genet* 20, 593-624.

Lanka, E., and Wilkins, B. M. (1995). DNA processing reactions in bacterial conjugation. *Annu. Rev. Biochem.* 64, 141-169.

Willetts, N., and Skurray, R. (1987). Structure and function of the F factor and mechanism of conjugation. In Neidhardt, F. C., ed. *Escherichia coli and Salmonella typhimurium*. Washington, DC: American Society for Microbiology, pp. 1110-1133.

12.8 单拷贝质粒有一个分隔系统

综述文献

Ebersbach, G., and Gerdes, K. (2005). Plasmid segregation mechanisms. *Annu. Rev. Genet* 39, 453-479.

Hayes, F., and Barilla, D. (2006) The bacterial segrosome: a dynamic nucleoprotein machine for DNA trafficking and segregation. *Nat. Rev. Microbiol.* 4, 133-143.

研究论文文献

Ireton, K., et al. (1994). *spoOJ* is required for normal chromosome segregation as well as the initiation of sporulation in *Bacillus subtilis*. *J. Bacteriol.* 176, 5320-5329.

Moller-Jensen, J., et al. (2003). Bacterial mitosis: ParM of plasmid R1 moves plasmid DNA by an actin-like insertional polymerization mechanism. *Mol. Cell* 12, 1477-1487.

Surtees, J. A., and Funnell, B. E. (2001). The DNA binding domains of P1 ParB and the architecture of the P1 plasmid partition complex. *J. Biol. Chem.* 276, 12385-12394.

12.9 质粒不相容性由复制子决定

综述文献

Nordstrom, K., and Austin, S. J. (1989). Mechanisms that contribute to the stable segregation of plasmids. *Annu. Rev. Genet* 23, 37-69.

Scott, J. R. (1984). Regulation of plasmid replication. *Microbiol. Rev.* 48, 1-23.

12.10 ColE1 相容性系统受控于 RNA 调节物

研究论文文献

Masukata, H., and Tomizawa, J. (1990). A mechanism of formation of a persistent hybrid between elongating RNA and template DNA. *Cell* 62, 331-338.

Tomizawa, J. I., and Itoh, T. (1981). Plasmid ColE1 incompatibility determined by interaction of RNA with primer transcript. *Proc. Natl. Acad. Sci. USA* 78, 6096-6100.

12.11 线粒体如何复制和分离

综述文献

Birky, C. W. (2001). The inheritance of genes in mitochondria and chloroplasts: laws, mechanisms, and models. *Annu. Rev. Genet* 35, 125-148.

12.12 D 环维持线粒体起点

综述文献

Clayton, D. (1982). Replication of animal mitochondrial DNA. *Cell* 28, 693-705.

Falkenberg, M., et al. (2007) DNA replication and transcription in mammalian mitochondria. *Annu. Rev. Biochem.* 76, 679-700.

Shadel, G. S., and Clayton, D. A. (1997). Mitochondrial DNA maintenance in vertebrates. *Annu. Rev. Biochem.* 66, 409-435.

12.15 T-DNA 的转移类似于细菌接合

综述文献

Gelvin, S. B. (2006). Agrobacterium virulence gene induction. *Methods Mol. Biol.* 343, 77-84.

Lacroix, B., et al. (2006). Will you let me use your nucleus? How *Agrobacterium* gets its T-DNA expressed in the host plant cell. *Can. J. Physiol. Pharmacol.* 84, 333-345.

研究论文文献

Anand, A., et al. (2008). Arabidopsis VIRE2 INTERACTING PROTEIN2 is required for Agrobacterium T-DNA integration in plants. *Plant Cell* 19, 695-708.

Lacroix, B., et al. (2008). Association of the *Agrobacterium* T-DNA-protein complex with plant nucleosomes. *Proc. Natl. Acad. Sci. USA* 105, 15429-15434.

Ulker, B., et al. (2008). T-DNA-mediated transfer of *Agrobacterium tumefaciens* chromosomal DNA into plants. *Nat. Biotechnol.* 26, 1015-1017.

第 13 章

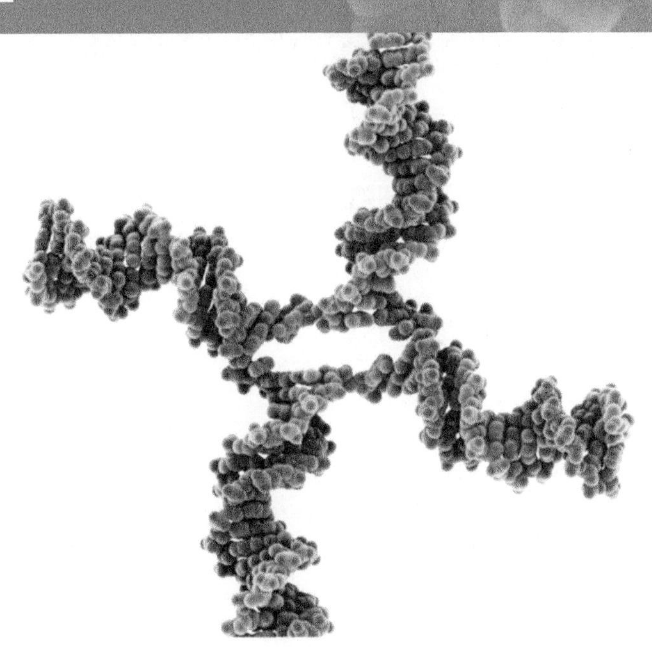

同源重组与位点专一重组

Hannah L. Klein 和 Samantha Hoot　编

章节提纲

13.1 引言

遗传重组（genetic recombination）是一个必需的细胞过程，它可形成遗传多样性，确保合适的染色体分离和修复某些类型的 DNA 损伤。没有遗传重组也就没有进化。如果（同源）染色体之间不能发生物质交换，染色体片段就只能被固定在特定的等位基因上。当突变发生时，就很难区分有利的或不利的突变，那么，从基因突变到染色体突变，突变范围会越来越大，且突变效应会越来越明显，最终，一条染色体上众多有害突变的积累将会导致其功能的丧失。

通过基因重排，重组使有利的和不利的突变分开，并在新的组合中作为单一单元经历选择考验。这有助于有利等位基因的逃逸或传递，同时在不影响其他连锁基因的条件下消除有害等位基因，这就是自然选择的基础。

除了其在遗传多样性中的作用以外，同源重组也是有丝分裂中复制叉处的损伤修复和重启这些因损伤而暂停的复制所必需的。人类一些疾病是由 DNA 损伤重组修复系统的缺陷所引起的，如在某些癌症中，我们发现了同源重组蛋白的活性改变，这些例子进一步增强了有丝分裂重组事件的重要性。同源重组对于已知的抗原转换过程也是必需的，这使得锥虫（trypanosome）等致病寄生虫可逃避宿主免疫系统。

重组在完全对应的序列之间发生，这样就避免了单个碱基对插入到重组染色体或从重组染色体中丢失。以下三种重组机制都涉及双链体 DNA 之间物质的物理交换。

- DNA 同源序列之间的重组称为普适化重组（generalized recombination）或**同源重组（homologous recombination）**。在真核生物中，这个过程发生在减数分裂期，通常在雄性个体（精子形成）与雌性个体（卵子形成）中都会发生。我们回顾一下，这一过程应发生在减数分裂的“四分体”时期，四条染色单体中仅两条发生交换（详见第 1 章“基因是 DNA、编码 RNA 和多肽”）。
- 另一种重组发生在特定序列对之间。这种特化重组（specialized recombination）首先在原核生物中被鉴定出来，也称为**位点专一重组（site-specific recombination）**，它能使噬菌体基因组整合到细菌染色体中。这种重组涉及特定的噬菌体 DNA 序列和细菌 DNA 序列，即要求它们有一小段同源序列，并且这个过程中的酶仅仅作用于分子间反应的特定目标碱基对。当通过普适化重组已经产生了二联体后，一些相关的分子内反应负责执行细菌分裂过程中的两个单体环状染色体的重新形成。在后者这一过程中，细菌自身的特定片段也可能由于重组而插入。
- 在一些特定情况下，基因重排（rearrangement）也用于控制表达。重排可产生新基因，那是特殊情况下表达所需的，如免疫球蛋白这个例子。这个例子中的**体细胞重组（somatic recombination）**将在第 16 章“免疫系统中的体细胞 DNA 重组与超变”中进行讨论。重组事件也可能负责转换表达，即从预先存在的一个基因转变到另一个基因的表达，就如酵母交配型的例子，一个活性基因座的序列可被沉默基因座的序列所置换。重排也是控制锥虫等寄生虫的表面抗原表达所必需的，此时，表面抗原基因的沉默基因座可重复进入活性表达位点。这些重排类型中的某一些步骤与转座（transposition）作用共享类似机制，而事实上，它们可被认为是特化定向的转座事件。

现在，我们将讨论普适化重组与特化重组的相关性质及序列特点。**图 13.1** 显示普适化重组可发生在两条同源 DNA 双链体之间，并可发生于任意位点上。交换（crossover）点为两条染色体发生交联的位

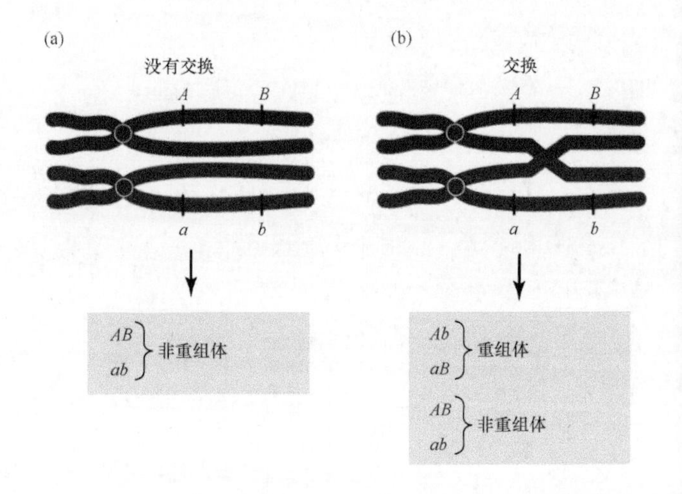

图 13.1 **(a)** *A* 和 *B* 基因之间没有交叉只会产生非重组配子。**(b)** *A* 和 *B* 基因之间交叉会产生重组配子 *Ab* 和 *aB*，以及非重组配子 *AB* 和 *ab*

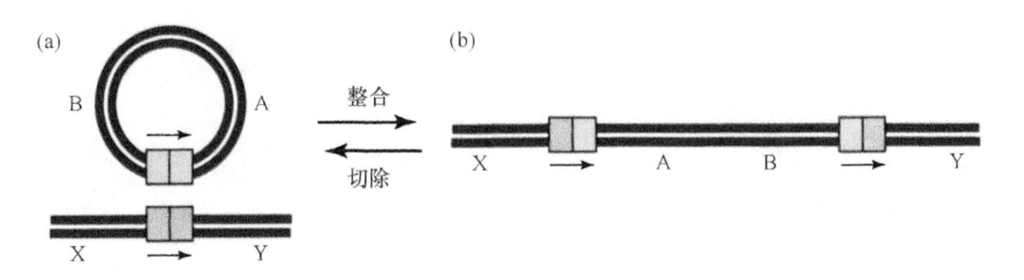

图 13.2 （a）位点专一重组发生在框区域中的环状和线性 DNA 之间。（b）整合导致在 X 和 Y 序列之间插入 A 和 B 序列。整合酶可以促进这一反应，而反应的逆转可导致 A 和 B 序列的准确切除

改编自 B. Alberts, et al. *Molecular Biology of the Cell, Fourth edition*. Garland Science, 2002

点。在此过程中，整体 DNA 组织结构没有发生变化，亲链与生成链在结构上是相同的，即两者同源。

特化重组仅发生在特定位点，而重组结果则取决于重组位点。图 13.2 显示了环状 DNA 与线性 DNA 之间的重组，即将环状 DNA 插入到线性 DNA 中去。特化重组常常用于改变类似这样的 DNA 组织结构，即组织结构的改变是重组位点定位的结果。我们已经掌握了有关执行特化重组的酶的丰富信息，这些酶活性通常都与拓扑异构酶活性相关，即它们可改变 DNA 在空间上的超螺旋结构（详见第 1 章“基因是 DNA、编码 RNA 和多肽”）。

13.2 同源重组发生在减数分裂中的联会染色体之间

关键概念

- 染色体必须联会（配对）形成交叉才能使交换发生。
- 减数分裂与 DNA 水平的分子事件密切相关。

同源重组发生在两条双链体 DNA 上，它的特点是酶可以以任何一对同源序列为底物（尽管酶可能倾向于使用某些序列）。事实上，在大部分物种的第一次减数分裂过程中，交换事件是同源基因的精确分开所需的，所以每一对同源染色体至少存在一次交换事件。在基因组中，重组率是不同的，但都受到整体及局部因素的影响，由此重组**热点（hotspot）**和冷点（coldspot）都可以被鉴定出来。在哺乳动物的 X 和 Y 染色体之间的短同源区（“假常染色体”区）是这两条染色体的唯一可用的交换区，因此其单位长度的交换率要比其余基因组的平均数高 10 倍以上。交换干扰（crossover interference）现象是指交换事件易于发生的区域会减少邻近的另一个交换事件发生的可能性。交换事件在或邻近着丝粒都是稀有的，在某些物种中也不常见于端粒附近，在异染色质区也通常被抑制。某些组蛋白修饰也正或负地影响重组。总频率在卵母细胞和精子中可能会有所不同：人类中女性个体发生重组的频率是男性个体的两倍。

重组发生在减数分裂的延伸前期。图 13.3 比较了减数分裂前期 5 个阶段的一些（显微镜下）肉眼可见的变化。酵母中的研究显示，同源重组的所有分子事件在粗线期后期就已经完成。

染色体变得可见就标志着减数分裂的开始。在此之前，每条染色体已经完成了复制，它由两条**姐妹染色单体（sister chromatid）**组成，每条姐妹染色单体含有一条双链体 DNA。同源染色体相互靠近，排列在一处或在多处配对，形成**二价体（bivalent）**，此后配对会继续进行直到整条染色体的同源部位并排在一起，这个过程就是**联会（synapsis）**或称**染色体配对（chromosome pairing）**。当这个过程完成后，染色体就以**联会复合体（synaptonemal complex）**的形式并排在一起，尽管不同生物体中联会复合体在细节上存在很大差异，但同一物种内它们存在共同的特征性结构。

染色体间的重组涉及部分物质交换（通过一条染色单体中的双链断裂来实现）、姐妹染色单体之间**接合分子（joint molecule）**的形成，以及断开连接，然后形成完整的、拥有新遗传信息的染色单体。当染色体开始分开时，可以观察到它们在不同位点相连，此位点称为**交叉（chiasma）**。交叉数量及分布与遗传交换的特性相平行，传统的分析认为交叉就代表着交换事件。当染色体凝聚和四条姐妹染色单体变得明显时，我们就可以看见交叉。

减数分裂进程

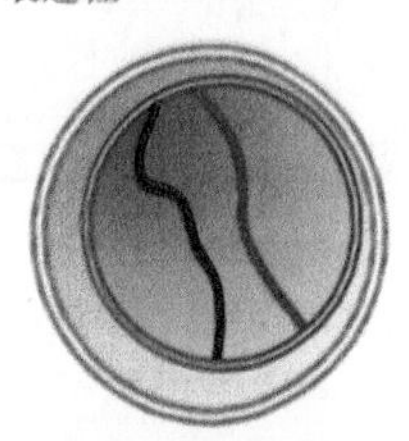

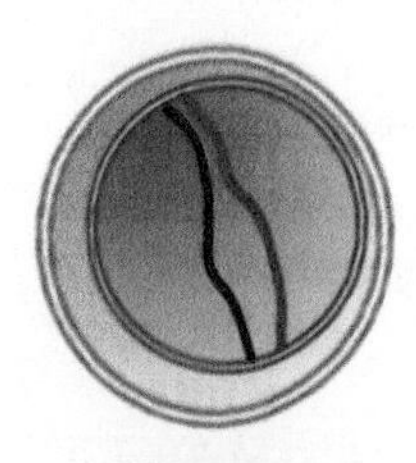

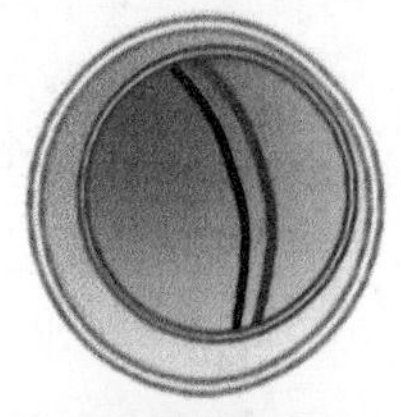

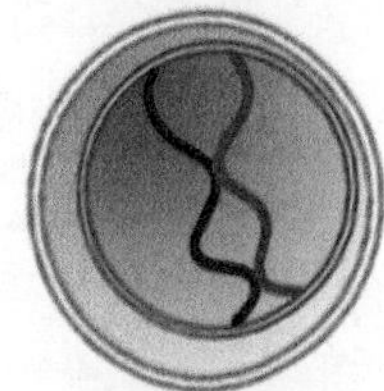

图 13.3 重组发生在第一个减数分裂的前期。尽管倍增状态只在末期变得可见，但染色体的出现标志着前期的开始，这时每条染色体含两份拷贝（姐妹染色单体）

这一系列现象的分子基础究竟是什么呢？每一条姐妹染色单体含有一条双链体 DNA，所以每个二价体含有四条双链体 DNA 分子。在重组过程中，来自一条姐妹染色单体的双链 DNA 与来自其他染色体的一条姐妹染色单体相互作用。只有在相对应的序列高度相似时，交换才能在精确到每一个碱基对的程度上进行，于是上述的相互作用才能发生。

我们仅仅知道一种核苷酸识别对应序列上碱基的机制——单链之间的碱基互补原则。如果（至少）一条链与相应的另一双链体 DNA 中的单链发生置换反应，那么这两条双链体 DNA 就会在这些特定的、相对应的序列处连接。如果单链间的交换进一步延伸，双链体 DNA 之间就会产生更广泛的连接。

13.3 双链断裂启动重组

关键概念

- 通过在一条（受体）DNA 双链体上产生双链断裂（DSB），就会启动重组的双链断裂修复（DSBR）模型。它与减数分裂和有丝分裂中的同源重组相关。
- 外切核酸酶作用产生 3′ 单链末端，它能攻击其他（供体）双链体。
- 当一个双链体 DNA 的一条单链与相对应的另一双链体中的单链发生置换时，会产生一个称为 D 环的分叉结构。
- 链交换产生一条伸展的异源双链体 DNA，两条单链分别来自父本和母本。
- 新合成的 DNA 代替被降解的部分。
- 通过退火捕获第二个 DSB 末端产生重组接合分子，此时两条 DNA 双链体由异源双链体 DNA 和两个霍利迪连接体联系在一起。
- 接合分子可以通过在相接的链中切出切口，从而形成两条分开的双链体分子。
- 重组体是否形成取决于原来已发生交换的两条链或其他配对链在解离过程中是否被切出切口。

遗传交换是由**双链断裂（double strand break，DSB）**启动的，双链断裂修复（double strand break repair，DSBR）模型如**图 13.4** 所示。内切核酸酶切割偶联 DNA 双链体中的一条（即“受体”），这启动了重组事件。在减数分裂中，这一过程由 Spo11 蛋白执行，它是一种与拓扑异构酶相关的酶（**图 13.5**）。拓扑异构酶是一种可催化 DNA 拓扑结构变化的酶，其过程是通过短暂切开 DNA 中的一条或两条链，牵引未断开链穿过缺口，而后再封上缺口。由断裂所产生的末端永远不会是游离的，而是完全受限于此酶内，并由此酶操控，事实上它与此酶共价连接。在减数分裂过程中，Spo11 蛋白形成 DSB 时，它也经历了相似的共价附着。

在有丝分裂细胞中，由于 DNA 损伤或通过诸如程序性地形成断裂等特殊过程的作用，如 V(D)J 重组或酵母中交配型的转换，DSB 就会自发形成。

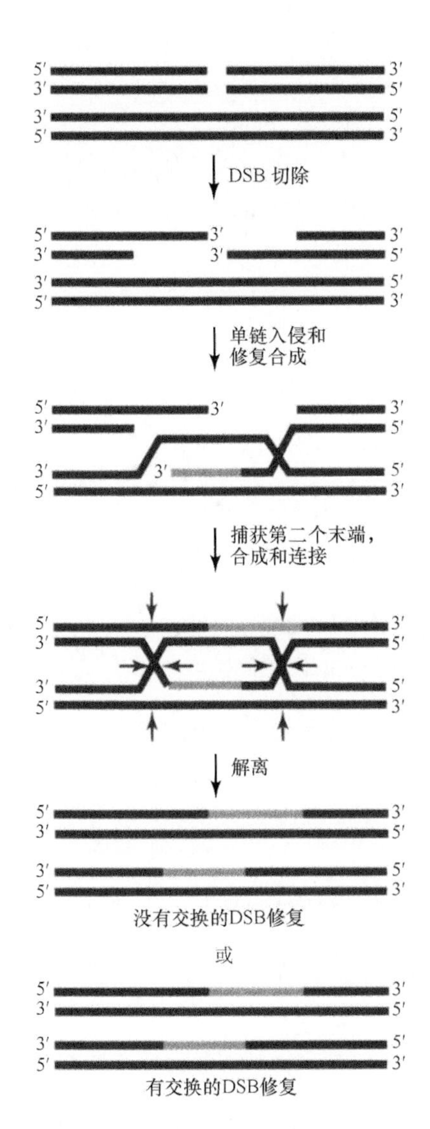

图 13.4 同源重组的双链断裂修复（DSBR）模型。重组事件由双链断裂（DSB）启动，随着核酸酶对末端的降解，这称为 DNA 切除，含有 3′- 羟基（3′-OH）端的单链尾部就形成了。链中一个末端对同源序列的攻击形成 D 环。由 DNA 合成引起的 3′-OH 端的延伸增大了 D 环。一旦置换环与断裂的另一边配对，就可获得第二个 DSB 末端。DNA 合成以完成断裂修复，紧随着连接反应，就会形成两个霍利迪连接体。蓝色箭头的解离导致非交换产物的产生；而蓝色箭头中的一个霍利迪连接体或红色箭头中的其他霍利迪连接体的解离导致交换产物的产生

DSB 在外切核酸酶的作用下被放大；此酶也可与 DNA 解旋酶协同工作，一点点地咬开切口的任何一端的链，产生 3′ 单链末端，这称为 **5′ 端切除（5′-end resection）**。一个 3′ 游离末端接着攻击另一条双链体（即“供体”）的同源区，这称为**单链入侵（single-strand invasion）**反应。形成的**异源双链体 DNA（heteroduplex DNA）**产生一个**替代环（D 环，displacement loop，D-loop）**，此时供体双链体中的一条链被置换了。

一条 DNA 链从自身双链体交叉到另一双链体分子的位点就称为**重组接点（recombinant joint）**。

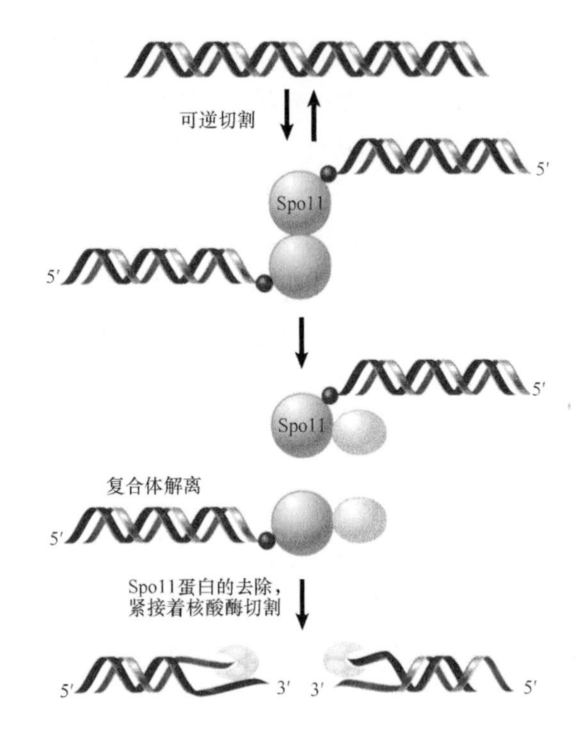

图 13.5 Spo11 蛋白共价连接在双链断裂的 5′ 端

重组接点的一个重要特性是它可以沿双链滑动，这种滑动称为**分支迁移（branch migration）**。修复 DNA 合成可以延伸 D 环，它利用游离 3′- 羟基（3′-OH）端作为引物产生双链 DNA。**图 13.6** 显示了双链体中一条单链的移动。当一条链被另一条链置换时，分叉位点可以向两侧中的任意一个方向迁移。

分支迁移不论从理论上还是实际上都是很重要的。就理论而言，它赋予了重组结构的一种动态性质；就实际而言，尽管它确实存在，但我们无法通

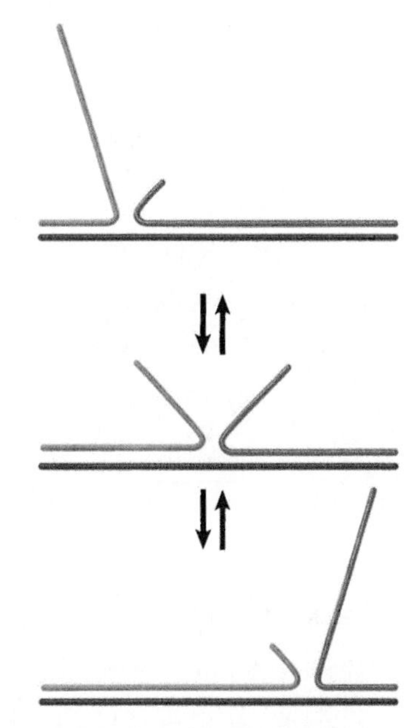

图 13.6 当一条未配对单链置换配对链时，分支迁移可发生在任一方向

过体外实验来证实有机体存在分叉位点（因为分子被分离出来时，分叉结构就可能已经移动）。

分支迁移允许重组交界处的交叉向两侧中的任何一边移动。发生分支迁移的频率是不确定的，但是，如在体外所见，它可能不足以支持在自然条件下形成广泛的异源双链 DNA 区域。任何体内广泛的分支迁移都必须由重组酶（recombination enzyme）来催化。

随后，第二条被切除的单链与供体退火，形成第二个单末端入侵（single-end invasion，SEI），并将 D 环转化成 2 条交叉的链或重组接点，这称为**霍利迪连接体（Holliday junction）**。总而言之，这个缺口由两轮单一的单链 DNA 合成修复，且这个连接点必须由切割来解离。

如果两个连接点以同样方式解离，原来非交换分子会被释放，各自保留一段改变了遗传信息的区域，以作为发生过交换的印记。如果两个连接点以相反的方式解离，遗传交换就形成了。

DSB 的参与初看起来有些惊人，因为一旦 DNA 分子被完全切开，它就是不可逆的过程。在 DSBR 模型中，切口形成后信息就丢失了。在重新找回信息的过程中发生的任何错误都将是致死的，但是从另一方面来讲，机体可通过从另一条双链体的重新合成来收复所丢失的信息，这一特殊能力又为细胞提供了一张安全网。

由链交换形成的接合分子可以**解离（resolution）**，并形成两条分开的双链体分子。而解离需要另一对切口，如果将平面上的接合分子当作一个霍利迪连接体，那么我们可以清楚地从结构中观察到这一结果。如图 13.4 的下半部分所示，它代表了解离反应，而反应结果取决于哪一对单链被切出切口。

如果切口形成在原来未被切开过的单链对上（即那对并没有启动链交换的单链），那么四条原始单链就都被切开过了。这样就释放出交换重组 DNA 分子，而一条亲本的双链体 DNA 与另一条亲本的双链体 DNA 共价连接形成一段异源双链体 DNA 片段。

如果第二次切口发生在原来被切开过的两条单链上，则另两条单链完好无损。这样的切口就会释放出原来的亲本双链体，仅仅只留下一段异源双链体 DNA，以此来显示出重组事件的残留痕迹。这样就没有交换产物，虽然如此，但是含有了来自供体双链体 DNA 的序列，这也可被认为是重组体。尽管这样的描述提示结局是随机性的，但是最新证据显示影响交换与非交换结果的因素有很多，且区别早在 D 环形成时就已经确立。

那么，产生重组双链体所需的最短区域长度是多少呢？在一些将携带同源序列的质粒或是噬菌体转入细菌的实验中，结果显示，小于 75 bp 的同源区段会使重组速率显著下降，这个长度显然远远大于形成互补碱基对所需的 10 bp 区段，这说明重组除了碱基互补退火这个条件之外，还可能有更多的要求。

13.4 基因转变导致等位基因之间的重组

关键概念

- 重组产生的异源双链体 DNA 可能含有错配序列，即重组的等位基因不一致。
- 修复系统通过改变其中一条链使之与另一条链互补来消除错配。
- 异源双链体的错配修复产生非复制型重组产物，这称为基因转变。

异源双链体 DNA 的参与揭示了等位基因间重组的特性。确实，等位基因重组为重组模型的发展提供了动力，在此模型中，将异源双链体 DNA 调用为中间体。在等位基因重组被发现时，很容易设想其机制与相互重组（reciprocal recombination）一样，只不过相互重组发生在相距较远的基因座间。也就是说，两个事件都由同样的方式启动：DSB 重组事件能在一个基因座内发生，它产生相互配对的重组染色体。然而，在一个基因内部，异源双链体 DNA 本身的形成和修复常常导致基因转变事件的发生。

子囊菌类（ascomycete）可以用来研究个体的重组事件，因为一次减数分裂的产物出现在一个大细胞内，即子囊（ascus），或有时称为四分体（tetrad）。更为有利的是，在真菌中，由减数分裂产生 4 个单倍体的细胞核呈线性排列。事实上，有丝分裂在这 4 个细胞核形成后才发生，形成 8 个单倍体的细胞核。图 13.7 表示每个细胞核有效地代表了减数分裂所产生的 4 条染色体中 8 条链的遗传性状。

在这些真菌中，杂合子二倍体中的减数分裂产生 4 份等位基因拷贝，这在大多数孢子中都可见到。

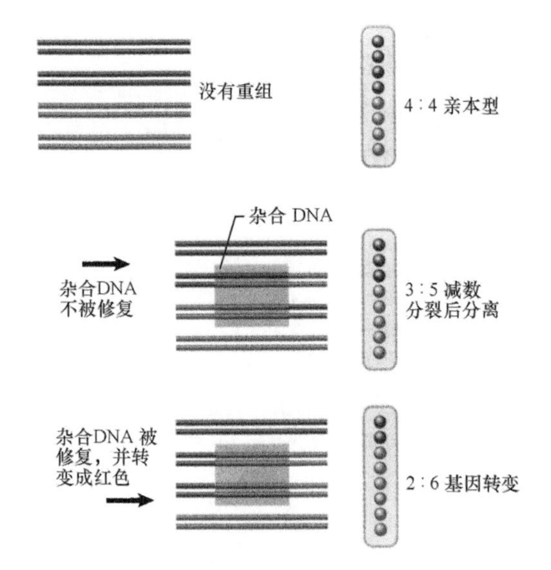

图 13.7 子囊菌类的孢子形成允许确定参与减数分裂的每条 DNA 的遗传结构

但是，有些孢子分配到的等位基因比例不正常。在等位基因存在差异时，异源双链体 DNA 的形成和校对可解释这一点。图 13.7 显示，重组事件使 4 条减数分裂染色体中的一条出现一段杂合 DNA，这可能是 DSB 所启动的重组事件所致。

假设两个等位基因存在一个点突变的不同，那么当一条链发生交换产生异源双链体 DNA 时，异源双链体中的两条单链将在突变位点处错配，所以 DNA 的两条链携带不同的遗传信息。如果序列不发生变化，两条链会在随之发生的复制过程中分开，各自产生一条双链体，使信息传递下去，这称为减数分裂后分离（postmeiotic segregation），因为 DNA 链的分开发生在减数分裂后，它的重要性在于直接证实了重组等位基因中可存在异源双链体 DNA。

我们在检查等位基因间的重组时观察到另一个效应：等位基因的比例偏离 4 ∶ 4，这称为**基因转变（gene conversion）**，即它是一条染色单体把信息传递给另一条染色单体的非相互转换。

DNA 分子间的链交换产生基因转变，在分子水平上，两种原因可能引起这一序列变化，即**缺口修复（gap repair）**或**错配修复（mismatch repair）**。

- 缺口修复：如图 13.4 中双链断裂修复模型所示，一条双链体 DNA 可以作为遗传信息的供体，通过缺口产生、链交换、缺口填补，来替换受体双链体中的相应序列。
- 错配修复：作为交换过程的一部分，当双链体中的一条单链与另一双链体中的互补单链配对时，形成了异源双链体 DNA。修复系统（repair system）能识别异源双链体 DNA 中的错配碱基，可切除和替换其中一条链来恢复互补特性（详见第 14 章“修复系统”）。这样，含有某一等位基因的 DNA 链转变成了含有另一等位基因的序列。

基因转变不依赖于交换事件，但与交换有关。大量偏离预定比例的子囊实验表明，等位基因间的基因转变位点的两侧遗传标记之间发生了基因重组，这正好符合图 13.4 中重组过程所预计的偏离比例，但这是在假设以同等概率解离有或没有重组时的结构的情况下产生的。这提示真菌染色体启动交换的概率为两个远距离基因之间交换预测值的两倍。

我们可以看到，重组事件在分子水平上存在倾向性。基因转变可以朝任意方向进行，或特异性等位基因也会导致对某一方向的偏好，并且重组率可能从热点向两侧呈梯度递减。现在我们已经知道重组热点代表着双链断裂的起始位点，而重组梯度与热点处缺口大小，以及由此所形成的长单链末端有关（见第 13.9 节“联会复合体在双链断裂后形成”）。

基因簇中的成员序列可提供一些基因转变程度的信息。通常，重组事件的产物将会分开，因而不可能在 DNA 序列水平上来找到相关信息。但是，当一条染色体携带两个相关基因（非等位基因）时，它们可以通过“不等交换”进行重组（详见第 6 章“成簇与重复”）。需要注意的是，两条非等位基因之间也可能形成异源双链体，因此基因转变可有效地将一个非等位基因转变为另一个的序列。

当同一染色体中存在一份以上某种基因拷贝时，我们就可追踪这些事件的一些印记。例如，如果异源双链体的形成与基因转变在一个基因的局部发生，那么这部分序列应该与其他基因很相似或一致，而其他部分的差异应该很大。而目前鉴定到的序列表明，基因转变可以涉及相当长的一个片段，甚至长达几千碱基。

13.5 依赖合成的链退火模型

关键概念

- 依赖合成的链退火（SDSA）模型与有丝分裂重组相关，因为当双链断裂却没有发生交换时，它是基因转变的产物。

DSBR 模型解释了减数分裂中可产生交换产物的同源重组事件，但是当典型的有丝分裂基因转变不伴随着交换时，它不能解释所有这一类型的同源重组事件。而依赖合成的链退火(synthesis-dependent strand-annealing，SDSA）模型可以作为更好的模型，来阐述有丝分裂同源重组过程中到底发生了什么，此时，DSB 修复事件与基因转变不伴随着交换事件。对酵母交配型转换过程中 DSB 的研究（将在这一章的后面讲述）导致了 SDSA 的发现，进而将它作为有丝分裂重组的一个模型。

依赖合成的链退火途径如**图 13.8** 所示，它的启动机制类似于 DSBR 模型，即通过 5′ 端切除产生 DSB，随着链入侵和 DNA 合成，它的第二末端无法获得，就如 DSBR 模型中的一样。在 SDSA 途径，入侵链含有新合成的 DNA 链，在序列上与它所置换的链是一样的，其本身也被置换。在置换发生后，攻击链重新与 DSB 的另一个末端退火，紧接着，合成与连接反应修复了 DSB。在这个模型中，断裂用同源序列作为模板进行修复，而不涉及交换。SDSA

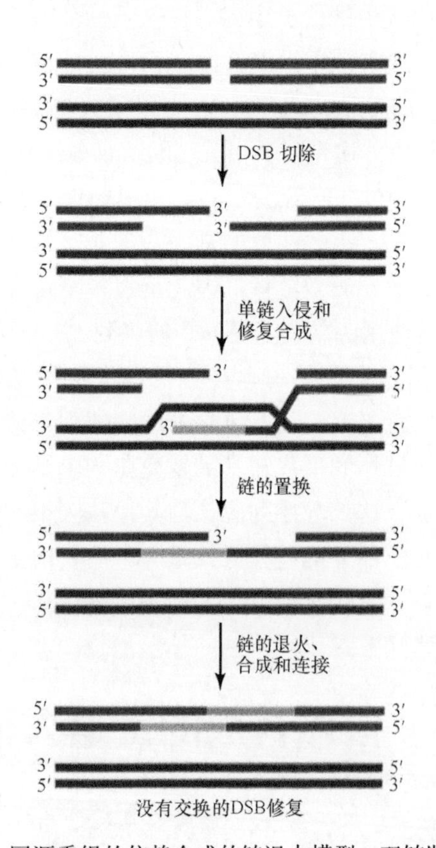

图 13.8 同源重组的依赖合成的链退火模型。双链断裂启动重组，紧随着末端加工形成含有 3′-OH 端的单链尾部；链攻击和 DNA 合成修复了断裂的一条链；D 环中的链被置换，而不是如图 13.4 所描述的获得第二个链末端；单链可与另一个末端的单链退火，随后的修复合成作用就可完成双链断裂修复过程。此处不存在霍利迪连接体，而产物也总是非交换的

模型的这个特性使之适合于有丝分裂基因转变，因为此处不存在相关的交换事件。SDSA 途径也负责减数分裂第一时相中没有交换的重组反应（将在 13.9 节“联会复合体在双链断裂后形成”中的讨论）。

13.6 单链退火机制在一些双链断裂处发挥作用

关键概念

- 在同向重复序列之间，在双链断裂处可发生单链退火（SSA）反应。
- 双链断裂末端的切除形成 3′ 单链尾部。
- 重复序列之间的互补性允许 SSA。
- 同向重复序列之间的序列在 SSA 反应完成后被清除。

一些修复 DSB 的同源重组事件可以不依赖于单链攻击、D 环形成或促进这些过程的蛋白质。为了解释这些重组事件，特别是发生于同向重复序列（位置取向为同一方向的重复序列）之间的事件，我们修正了一个模型，在此模型中，单链突出端之间的同源序列被用于指导重组事件，如**图 13.9** 所示。当 DSB 生于两个同向重复序列之间时，这些末端被切除，产生单链。当切除进行到重复序列，如 3′ 单链尾部为同源时，这些单链就可以退火，而 3′ 端的加工和连接就可封闭 DSB。如图 13.9 所示，这种切除及紧随其后的退火反应，可以消除同向重复序列之间的序列，从而只留下一份重复序列拷贝。人类中一些疾病是由同向重复序列之间的片段丢失而引起，这可能是通过单链退火（single-strand annealing，SSA)机制而来。这些疾病包括依赖胰岛素的糖尿病、法布里病（Fabry disease）和 α 地中海贫血。

13.7 断裂诱导复制能修复双链断裂

关键概念

- 一个末端双链断裂可启动断裂诱导复制（BIR）。

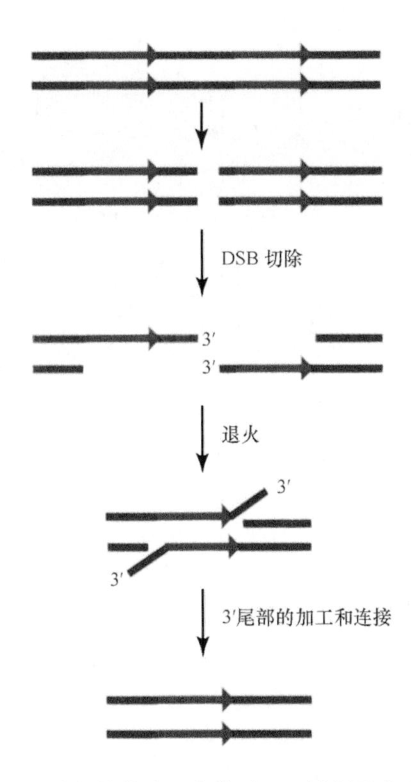

图 13.9 同源重组的单链退火模型。双链断裂发生于同向重复序列之间，用红箭头表示。随着末端加工，它形成含有3′-OH端的单链尾部。单链根据红箭头表示的同源区进行退火。单链末端被能识别分叉结构的内切核酸酶切除。终末产物是双链断裂修复，并切除了重复序列之间的序列和丢失了其中一条重复序列

- 在染色体水平上，重复序列处的 BIR 能导致染色体的易位。

在前一节中我们看到，在同向重复序列之间的DSB能诱导单链退火机制。实际上还存在其他类型的重复序列，它可诱导称之为断裂诱导复制（break-induced repair，BIR）反应的修复系统。在复制过程中，某些被称为脆性位点（fragile site）的序列，特别易于形成DSB。这些常常包括转座因子（在第15章“转座因子与反转录病毒”中所讨论的）中所发现的相关重复序列，并且它们遍布于全基因组。在DNA复制过程中，脆性位点易于断裂，从而在复制位点产生DSB。BIR途径能在这些DSB区域中启动修复，这是利用非同源染色体上的重复序列中的同源序列进行反应，结果产生了非相互易位，如图 13.10 所示。

BIR 机制包括 DSB 末端的切除，以产生3′-OH单链突出端，接着它能对同源序列进行单链入侵，如图 13.11 所示。入侵的单链诱发D环的形成，这可被认为是复制泡。接着，入侵单链延伸，这一反

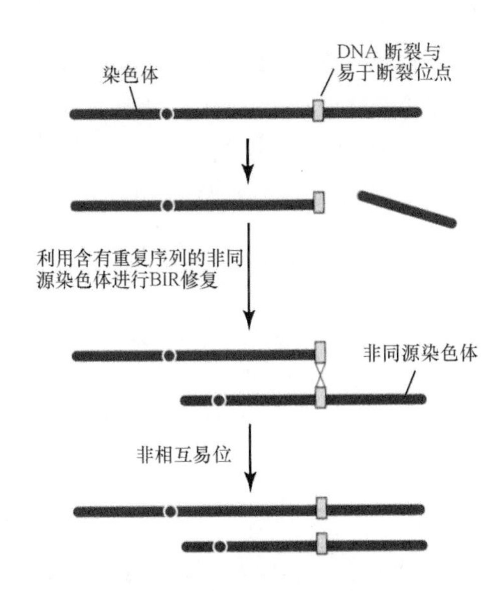

图 13.10 断裂诱导复制可产生非相互易位。红色染色体上的DNA断裂可导致染色体末端的丢失，以及只有一个末端的断口。末端由重组来进行修复，它利用不同染色体上的同源序列，这里为蓝色染色体。因为在断裂染色体上只有一个末端，所以通过拷贝蓝色染色体序列到这个末端就可发生修复。这可引起一些蓝色染色体序列易位到红色染色体上

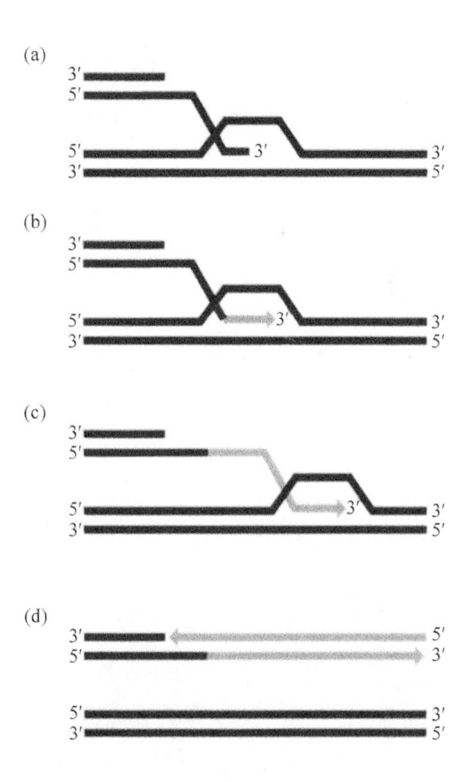

图 13.11 断裂诱导复制的可能机制。通过含有3′-OH端的单链尾部来对同源序列进行单链入侵，就可形成D环。在（a）中，合成产生单链区，随后转变成双链体DNA。在（b）中，单一复制叉形成，它从一个方向移向模板序列的末端。而霍利迪连接体的解离导致两个分子中新合成DNA的产生。在（c）中，霍利迪连接体分支迁移只导致断裂链上产生新合成DNA，就如（a）中的一样。（d）显示解离后的最终产物

改编自 M. J. McEachern and J. E. Haber, *Annu. Rev. Biochem.* 75(2006): 111-135

应利用供体DNA作为复制模板。当入侵单链被置换以后，它就可作为单链模板，这样，合成就可被引发而产生双链DNA。这个模板链一直使用到复制抵达染色体的末端为止，结果，来自BIR事件的基因转变可长达几百kb。另外，如果在单链入侵过程中所使用的同源序列来自重复序列，而它又遍布于基因组中的各个位点，那么这个过程就可发生染色体易位。在BIR过程中所发生的模板转换能够导致一些复杂染色体的重排，我们在肿瘤细胞中可看到这些现象。

13.8 减数分裂染色体由联会复合体连接

关键概念

- 在减数分裂早期，同源染色体在联会复合体中配对。
- 蛋白质复合体将每一个同源染色质的成分相互分开。

重组中一个令人费解的现象是，亲本染色体看似从未靠近到可以发生DNA重组的程度。染色体以复制好的配对形式（姐妹染色单体）进入减数分裂，它们看上去好似一团染色质，并相互配对形成联会复合体。多年以来，这个过程被认为代表了与重组有关的一些阶段，且有可能是DNA交换的必要前期。然而，近年来的研究表明，联会复合体是重组的结果而不是起因，但是我们还未搞清楚联会复合体的结构与DNA分子之间的接触有什么联系。

当每条染色体（姐妹染色单体）凝聚在蛋白质样物质的**轴向成分（axial element）**附近时，联会开始形成；接着，相应染色体的轴向成分平行排列，并且联会复合体形成一种由三部分构成的结构，其中的轴向成分，现在称为**侧成分（lateral element）**，被**中央成分（central element）**分隔开成左右两部分，如图13.12所示。

在这个阶段中，染色体以染色质形式固定在侧成分周围，两个侧成分则被一个精致的、浓密的中央成分分隔开来。三层平行结构分布在一个绕其自身轴卷曲、扭动的平面上。同源染色体之间的距离

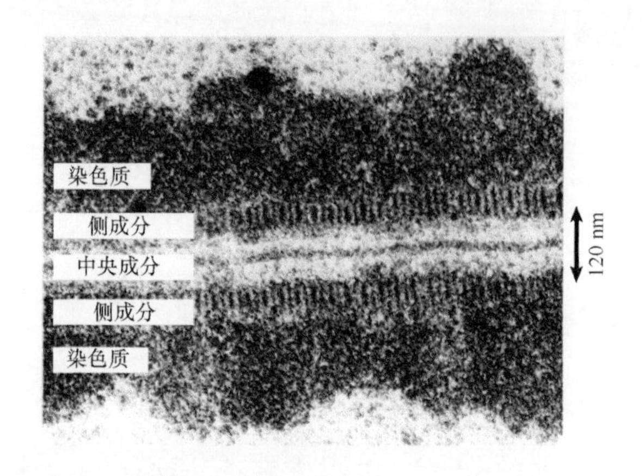

图13.12 联会复合体将染色体排列在一起

转载自D. von Wettstein. *Proc. Natl. Acad. Sci USA* 68(1971): 851-855。照片由Diter von Wettstein, Washington State University友情提供

就分子水平而言相当大，为200nm以上（DNA直径为2nm），所以在理解联会复合体作用时的一个问题就是：尽管联会复合体使同源染色体并排在一起，它们之间的距离仍然太远以至于同源DNA分子无法相互接触。

联会复合体两侧之间唯一可见的联系是来自对真菌和昆虫的观察结果，它们是圆形或椭圆形结构，可穿过联会复合体，这被称为**重组结（node或recombination nodule）**，它们以与交叉同样的频率和分布范围出现，其命名反映了它们有可能就是重组位点。

通过影响联会复合体的突变，我们可以找到与这一结构相关的蛋白质。图13.13给出了联会复合体的分子结构，其与众不同的结构特征可归因于两组蛋白质所产生的效应。

- 黏连蛋白（cohesin）形成一条线性中轴，使

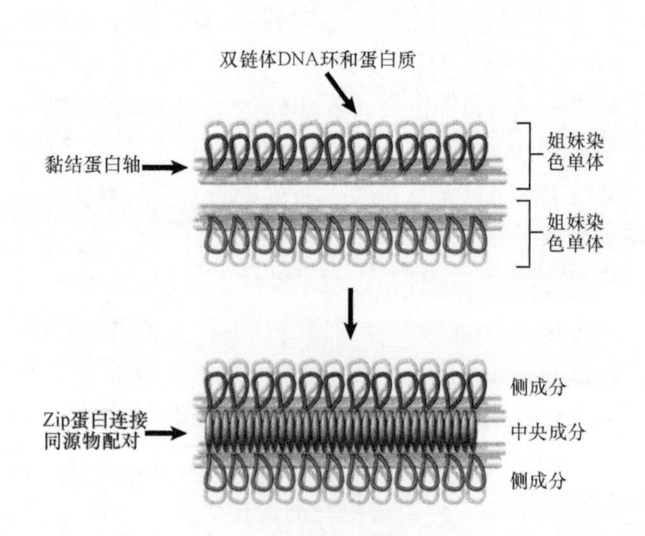

图13.13 每对姐妹染色单体含有由黏连蛋白所形成的中轴，染色质环伸出中轴，并由Zip蛋白将联会复合体连在一起

得每对姐妹染色单体可以沿其排列，从染色单体又延伸出染色质环。这相当于图 13.12 中的侧成分（黏连蛋白属于一组与连接姐妹染色单体有关的蛋白质，以确保它们能在减数分裂或有丝分裂阶段恰当地分离。进一步的讨论详见第 28 章“表观遗传学 II”）。

- 侧成分由横向纤丝连接，纤丝相当于图 13.12 中的中央成分。它们由 Zip 蛋白构成。

在编码黏连蛋白的基因中，通过对蛋白质突变的研究，我们发现它对于侧成分的形成是必需的。减数分裂中涉及的黏连蛋白为 Smc3 蛋白（在有丝分裂中也用到）和 Rec8 蛋白（仅在减数分裂中使用，而与有丝分裂相关的黏连蛋白是 Scc1），它们结合在减数分裂和有丝分裂中染色体的特异性位点，很可能在染色体分离过程中具有结构性功能。在减数分裂中，侧成分的形成对后期的重组阶段可能是必需的，因为尽管这些突变不会阻止断裂双链的形成，但它们确实妨碍了重组的形成。

zip1 基因的突变使侧成分可以形成并平行排列，但它们并没有紧密地联会在一起。Zip1 蛋白的 N 端结构域位于中央成分，而 C 端结构域则位于侧成分。另外两种蛋白质——Zip2 蛋白和 Zip3 蛋白与 Zip1 蛋白共定位在一起，这些都说明了 Zip 蛋白家族可形成横向纤丝，并连接着侧成分和姐妹染色单体对。

13.9 联会复合体在双链断裂后形成

关键概念

- 双链断裂启动重组在联会复合体形成前发生。
- 如果重组受到阻断，那么联会复合体就不能形成。
- 减数分裂重组包括两个阶段：一个产生没有交换的基因转变，另一个产生交换产物。

在酵母中，DSB 既可起始同源重组，也可起始位点专一重组。DSB 首先在酵母交配型的改变中被鉴定出来，它涉及一段序列代替另一段序列（见 13.20 节“受体 *MAT* 基因座启动单向基因转变”）。DSB 也发生在减数分裂早期的一些重组热点上，这些位点不是序列特异性的，而是倾向存在于启动子区，并且一般情况下与染色质较易被接近的区域一致。重组率从热点一侧或是两侧开始呈梯度下降。热点就是重组起始位点，而梯度性提示了重组事件可能从这一位点开始向两侧扩散的概率。

现在，我们可以从分子水平上来解释 DSB 的作用了。DSB 形成的钝性末端迅速转变为突出的 3′ 单链末端。如图 13.4 中的模型所示，在一种酵母突变型（*rad50*）中，由于它阻止钝性末端转变为突出单链末端，重组就无法进行，这说明了 DSB 对于重组而言是必需的。离 DSB 的位点越远，形成上述单链的概率就越小，所以重组率就呈梯度下降。

在 *rad50* 突变体中，DSB 后的 5′ 端与 Spo11 蛋白相连，就如前面所论述的那样，Spo11 蛋白与 II 型拓扑异构酶家族的催化亚基同源。这表明 Spo11 蛋白能产生 DSB，这个反应的模型如图 13.5 所示，这表明 Spo11 蛋白可与 DNA 进行可逆相互作用。当另一个蛋白质从 Spo11 蛋白复合体解离后，它与 DNA 之间的相互作用就可使断裂转变成为一种永存结构。而在 Spo11 蛋白被清除后，核酸酶可接着发挥作用。目前我们发现，至少有 9 种其他蛋白质必须共同参与 DSB 过程，将 DSB 端转变为 3′-OH 突出的单链末端；而另一组蛋白质则能使单链末端去攻击同源的双链体 DNA。

重组与联会复合体形成之间的密切关系已经被完全阐明。最近的研究表明，果蝇或酵母中凡是不能进行染色体配对的突变体都不能发生重组（然而一些物种似乎缺乏这种严格的依赖性），而产生 DSB 并可进一步引发重组的系统则是很保守的。Spo11 蛋白的同源序列已在一些高等真核生物中被鉴定出来。果蝇中此基因的一种突变可阻断所有减数分裂中的重组事件。

在极少数系统中，我们可以将重组过程中分子水平上发生的事件直接与细胞水平上发生的事件进行比较，但是，最近对酿酒酵母（*Saccharomyces cerevisiae*）减数分裂的分析研究有了一些进展，我们将各事件发生的相对时相总结在**图 13.14** 中。

DSB 出现并在 60 多分钟后结束。第一个接合分子，即推测的重组中间体，在 DSB 消失后很快就出现了。重组事件中各事件发生的顺序先后如下：DSB、染色体配对、重组结构的形成，并且这些事

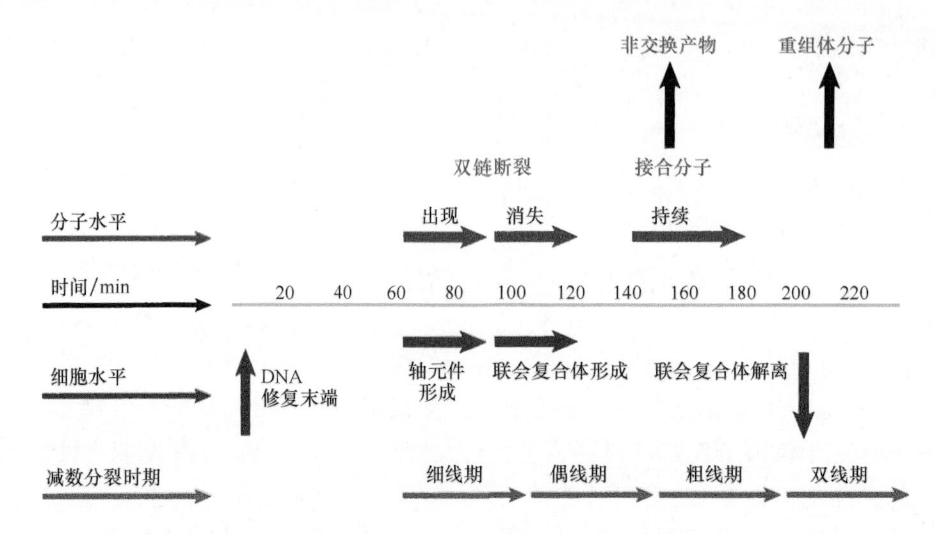

图 13.14 当轴向成分形成时，双链断裂就出现了；而当联会复合体形成时，双链断裂又消失了。接合分子出现并持续存在到粗线期结束，直至 DNA 重组体被检测到为止

件有序地发生在染色体同一位点上。

DSB 在轴向成分形成过程中出现，而在配对染色体转变为联会复合体时消失。这个事件的相对时相提出：DSB 的引入启动重组反应，随后形成重组中间体，然后使得联会复合体形成。这个理论通过对 *rad50* 突变体的观察而得到支持，因为这一突变体不能把轴向成分转变为联会复合体。于是传统观点（即减数分裂中，联会复合体直接促使染色体配对，进而在分子水平上引起重组反应）则受到了挑战。

因为重组由减数分裂完成后形成的重组体来鉴定，所以我们很难判断重组是否在联会阶段进行。然而在酵母重组事件的研究中，我们可通过含诊断性限制位点的 DNA 分子的产生来判断重组体的出现。研究人员发现，重组体可能出现在粗线期的末期，于是这清楚地表明重组事件的完成应发生在联会复合体形成之后。

所以，在 DSB 起始重组之后形成了联会复合体，这个过程一直持续到重组体的形成。而联会复合体对于重组形成似乎不是必需的，因为在一些缺失正常联会复合体的突变体中，重组体仍可形成。但是，不能进行重组的突变也是不会产生联会复合体的，这表明联会复合体是重组的结果，紧随其后的是染色体配对，而且它是减数分裂下一阶段所必需的。

DSBR 模型显示，霍利迪连接体的解离产生了非交换产物（含有一段残留杂合 DNA）或是交换产物（重组体），它取决于链的解离发生在哪两条链上（图 13.4）。但是，最近对于非交换分子和交换分子生成时相的测量表明这个结果可能存在问题。交换产物直到接合分子第一次产生后的相当一段时间才会出现，而非交换产物几乎与接合分子同时出现（图 13.14）。这两种类型产物的出现对应于我们所认为的减数分裂重组中的两个独立时期。在第一时相，DSB 通过 SDSA 反应来进行修复；而在第二时相，DSBR 途径占据优势地位，大多数反应都产生了交换产物，这些时相的分子结局如**图 13.15** 所示。如果两种产物由同一解链过程产生，那么我们就预估它们应该在同一时相出现。这一时相上的差异表明，交换就如前面所设想的那样产生，即通过联合分子链的解离产生；而非交换可能由一些其他途经，如 SDSA 产生。当前研究已经揭示了 ZMM 蛋白家族的其中一些功能，在酵母中，它们是 Zip1-4 蛋白、Msh（mismatch repair protein）4 蛋白、Msh5 蛋白、Mer3 蛋白和 Spo16 蛋白。这些蛋白质是相当保守的，拥有许多独特的功能，在交换的决定、联会和其他重组事件中发挥作用。

13.10 配对与联会复合体的形成是两个独立过程

关键概念

- 突变可以发生在染色体配对或是联会复合体形成的任一过程中，并且彼此互不干涉。

我们可以通过两种突变型来区分染色体配对过

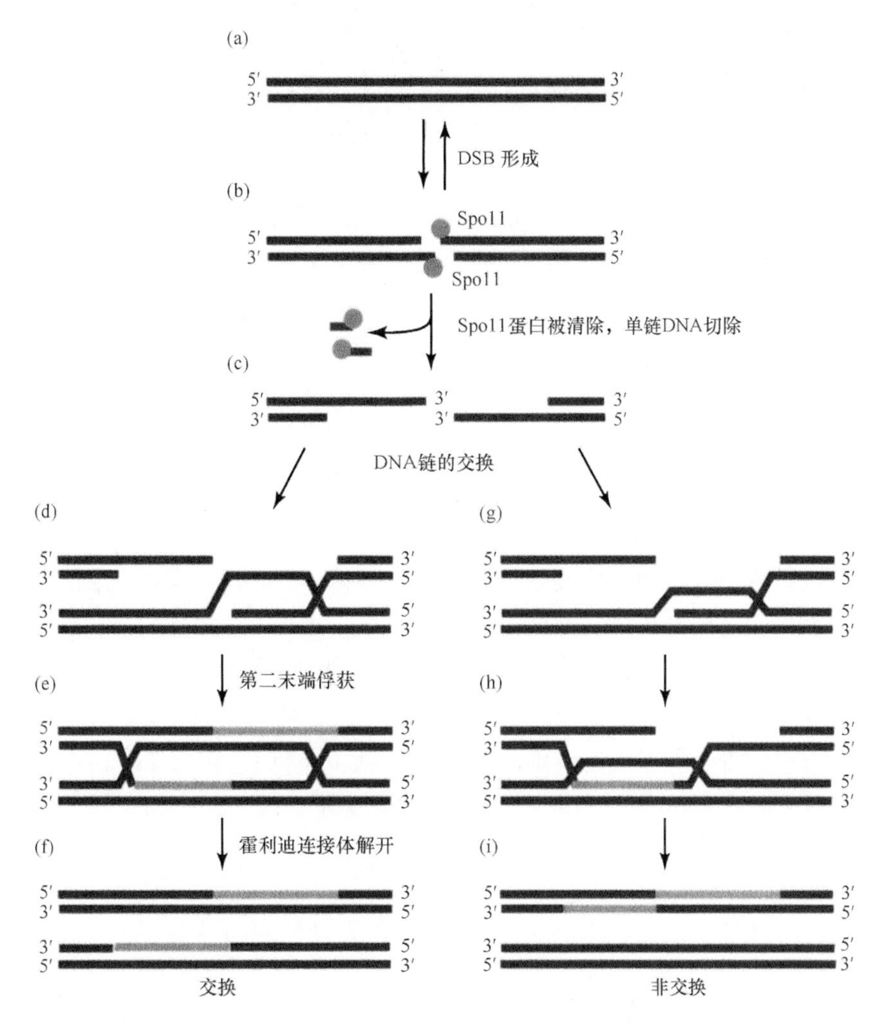

图 13.15 减数分裂同源重组模型。**(a)**双链体 DNA 由 Spo11 蛋白切割形成双链断裂;**(b)**Spo11 蛋白共价连接到末端。**(d)**和**(g)**在 Spo11 蛋白被清除后，其末端由 MRX/N 复合体切除，产生 3′-OH 端的单链尾部，它能与 Rad51 蛋白和 Dmc1 蛋白形成复合体。此时，通过单链攻击可产生链交换。**(e)**和**(f)**第二末端获得可导致双霍利迪连接体，而它解离以后就可形成交换产物。**(h)**和**(i)**大部分双链断裂不参与第二末端获得机制，而是参与依赖合成的链退火机制，从而产生非交换产物

改编自 M. J. Neale and S. Keeney, *Nature* 442(2006): 153-158

程和联会复合体的形成过程，每种突变型可以阻断其中一个过程而对另一个过程毫无影响。

ZMM 蛋白家族中的 Zip2 蛋白的突变可以使染色体配对，但不能形成联会复合体，所以同源物的识别不依赖于重组事件或是联会复合体的形成。

在酿酒酵母中，同源染色体之间的特异性联系由 *hop2* 基因控制。在 *hop2* 基因突变体中，减数分裂产生了正常数量的联会复合体，但每个复合体含有非同源染色体，表明这类联会复合体的形成不依赖于同源性（所以不以 DNA 序列的广泛比较来作为基础）。通常，Hop2 蛋白的作用是阻止非同源染色体的相互作用。

在 *hop2* 基因突变体中，联会复合体内错配的染色体发生 DSB，但是它们不能被修复，这表明，如果联会复合体的形成需要 DSB，那么它并不需要这些断裂的链与同源 DNA 进行相互作用。

在 DNA 重组体被观察到之前，我们不清楚粗线期通常发生了什么事件。可能这个阶段经历着重组之后的一系列步骤，包括链交换的进一步延伸、DNA 的合成及链的解开。

到了减数分裂的下一阶段（双线期），染色体脱去联会复合体形式，然后染色体相互连接的交叉结构变得清晰可见，这被认为是发生遗传交换的标志，但交叉在分子水平上的本质还不清楚。有可能交叉结构是交换完成的残留痕迹，或交叉代表着同源染色体之间的联系，而此时，遗传交换还没有完成。到减数分裂后期，交叉向染色体两个末端移动。这一灵活性表明，交叉代表着重组事件的残留痕迹，而不是作为重组中间体。

重组事件发生在减数分裂染色体的不同位点

上，但我们还不能将重组事件的发生与所观察到的不同结构（如重组结和交叉）联系起来。然而在酵母重组中，一些蛋白质被鉴定为与重组有关，并且它们分布在不同的位点，所以研究人员可以观察到一些形成分子基础的不连续结构，其中包括 Msh4 蛋白（ZMM 蛋白家族中的一种错配修复蛋白）、Dmc1 蛋白及 Rad51 蛋白（与大肠杆菌 RecA 蛋白同源），这些蛋白质在重组中的确切功能还有待进一步考证。

重组事件同样也受到一般性控制，只有一小部分相互作用真正地发展成熟为交换事件。但是一般而言，我们认为它以每对同源物仅获得 1 ～ 2 个交换的典型方式分布着，而某个同源物上缺失交换的概率是非常低的（$<0.1\%$）。这个过程可能是单一交换控制的结果，因为某些突变体中交换的非随机性往往受到干扰。此外，重组的发生对于减数分裂过程是重要的，它存在着“检查点”系统，以确保如果重组没有发生，减数分裂也就不发生（阻止作用在重组顺利完成后被取消；这样的系统保障了细胞不会在重组还没发生时就分离染色体）。

13.11 *chi* 序列激活细菌 RecBCD 系统

关键概念

- RecBCD 复合体拥有核酸酶与解旋酶活性。
- RecBCD 复合体结合到 DNA 的 *chi* 序列下游，解开双链体，从 3′ 端向 5′ 端降解一条链直到 *chi* 位点为止。
- *chi* 位点引发 RecD 亚基的丢失及核酸酶活性。

在 DNA 分子之间参与序列交换事件的本质首先在细菌系统中被阐明，在这里，识别反应是重组机制不可缺少的一部分，并且涉及 DNA 分子的限定区域而不是完整染色体。但分子事件的总体顺序是相似的：断裂分子的一条单链与偶联双链体进行相互作用；配对区延伸；内切核酸酶解开偶联双链体。现在我们已经知晓每一阶段所需的酶，尽管它们可能只代表了重组过程中的部分所需成分。

细菌中参与重组的酶是通过分析这些基因中的 *rec*⁻ 突变型得到鉴定的，*rec*⁻ 突变型的表型特征是不能进行同源重组，我们现已发现 10 ～ 20 个相关基因座。

细菌一般不交换大量的双链体 DNA，但存在的几条不同途径可能会引起原核生物中的重组。在一些情况下，可以产生含游离 3′ 端单链的 DNA：可以是单链形式的 DNA（如在接合中，详见第 12 章“染色体外复制子”）；放射损伤会产生单链缺口；或是噬菌体以滚环方式复制时产生的单链尾部。但是，在两条双链体分子参与的情况下（就像真核生物中减数分裂时期的重组一样），必须有单链区和 3′ 端的存在。

通过一些外部刺激，我们可以证实重组热点的存在，由此我们发现了一种产生合适末端的机制。这些热点存在于 λ 噬菌体突变体中，这称为 *chi* 位点，它的一个碱基对发生了突变从而可刺激重组，这些位点使我们进一步了解了其他蛋白质在重组中所起的作用。

这些位点都有一段长度为 8 bp 的非对称序列：

5′ GCTGGTGG 3′
3′ CGACCACC 5′

在大肠杆菌 DNA 中，*chi* 序列每隔 5 ～ 10 kb 会自发出现，而它们不存在于野生型 λ 噬菌体 DNA 及其他遗传元件中，这表明它们不是重组所必需的。

chi 序列促进其附近区域发生重组，即距离在 10 kb 以内。*chi* 位点可以被在其一侧（如上所述从序列的右边）距离几千碱基对的 DSB 所激活。对于取向的依赖表明重组复合体必须与 DNA 在断裂末端结合，所以只能沿着双链体的某一方向移动。

chi 位点是 *recBCD* 基因编码的酶的作用靶位点，这个酶复合体拥有多重活性：它是个很强的能降解 DNA 的核酸酶（原来被定义为外切核酸酶Ⅴ）；它有解旋酶活性，可以在单链结合（SSB）蛋白存在时解开双链体 DNA；它还有 ATP 酶活性。它在重组中的作用可能是提供一条含有游离 3′ 端的单链区。

图 13.16 表示在一条含有 *chi* 位点的 DNA 底物中，这些反应是如何协调的。RecBCD 蛋白结合到 DNA 的双链末端，其中的两个亚基具有解旋酶活性：RecD 蛋白以 5′ → 3′ 方向发挥作用，而 RecB 蛋白以 3′ → 5′ 方向发挥作用。沿着 DNA 的移位与双螺旋的解链在开始时是由 RecD 蛋白推动的。当

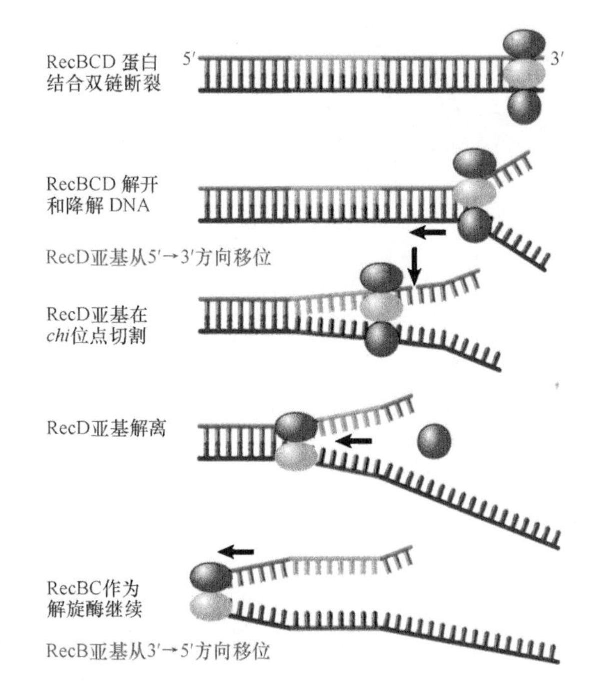

图 13.16 RecBCD 核酸酶从一边开始，向 *chi* 序列前进，当它前进时降解 DNA；在 *chi* 位点，它进行内切核酸酶的切割，而后失去 RecD 蛋白，并只保留解旋酶活性

RecBCD 复合体移动时，它降解释放出含有 3′ 端的单链。当它到达 *chi* 位点时，它能识别以单链形式存在的、*chi* 位点中的上链，这会使酶暂时停下来，接着它在距离 *chi* 位点右侧 4～6 个碱基处切割 DNA 的上链。*chi* 位点的识别使得 RecD 亚基解离或失活，结果酶就丧失了核酸酶活性。但是它继续起着解旋酶的作用，现在它只使用 RecB 蛋白亚基来推进移位，但是大概只有前面速率的一半。这个相互作用的总体结果是产生了 *chi* 序列中含有 3′ 端的单链 DNA，而这正是重组的底物。

13.12 链转移蛋白催化单链同化

关键概念

- RecA 蛋白与单链或是双链体 DNA 形成纤丝，并催化含游离 3′ 端的单链 DNA 与在 DNA 双链体上与之相对的链发生置换。

大肠杆菌中的 RecA 蛋白是第一个被发现的 DNA 链转移蛋白，它是一类在包括一些其他细菌和古生菌中也存在的蛋白质的代表，如真核生物中的 Rad51 蛋白、减数分裂中的 Dmc1 蛋白（两种蛋白质都将在 13.14 节“参与同源重组的真核生物基因”中详细讨论）。我们对酵母 *rad51* 基因突变体的研究发现，这类蛋白质在重组中起着核心作用。它们会积聚 DSB 并且不能形成正常的联会复合体，这进一步强调了这样的一个观点，即联会复合体的形成参与了双链体 DNA 之间的链交换，使染色体的联会与细菌中链的同化反应之间存在联系的可能性大为上升。

细菌中的 RecA 蛋白含有两种截然不同的活性：它能刺激 SOS 应答中的蛋白酶活性（详见第 14 章“修复系统”）；也能增强 DNA 中一条单链与一个双链体分子中互补链之间的碱基配对。两种活性在 ATP 存在下可由单链 DNA 激活。

RecA 蛋白调控 DNA 的活性可使一条单链能与一条双链体中的同源部分发生置换，这个反应称为单链同化（single-strand assimilation）或单链入侵（single-strand invasion）。这个置换反应可以发生在几种不同构型的 DNA 分子之间，并需要三个通用条件。

- 其中一个 DNA 分子必须存在单链区；
- 有一个分子必须有游离的 3′ 端；
- 单链区和 3′ 端必须位于这两个分子之间的互补区中。

图 13.17 描述了这个反应：当一条线性单链入侵一条双链体时，它将原来对应部分置换成它的互补链。当供体分子或是受体分子形成环状时，我们就很容易观察到这个反应，它是沿着链从 5′ 端向 3′ 端进行的，链的对应部分被移除并替换，也就是说，参与交换的链中必须（至少）有一条含有游离 3′ 端。

单链同化与重组的起始密切相关。所有的模型都需要一个中间体以使一条或两条单链从一条双链体交叉到另一条链上（见图 13.4），而 RecA 蛋白可以催化反应的这个阶段。在细菌中，RecA 蛋白作用于由 RecBCD 蛋白所产生的底物，而 RecBCD 蛋白调控的解链和切割可以产生可起始杂合双链体连接点的末端。当 RecBCD 蛋白在 *chi* 位点切开释放出 3′ 端，RecA 蛋白就可以携带含此 3′ 端的单链，并使它与同源双链体序列作用，于是就产生了一个接合分子。

所有细菌或是古菌中属于 RecA 家族的蛋白质都可以聚集在含有单链 DNA 或是双链体 DNA 的长

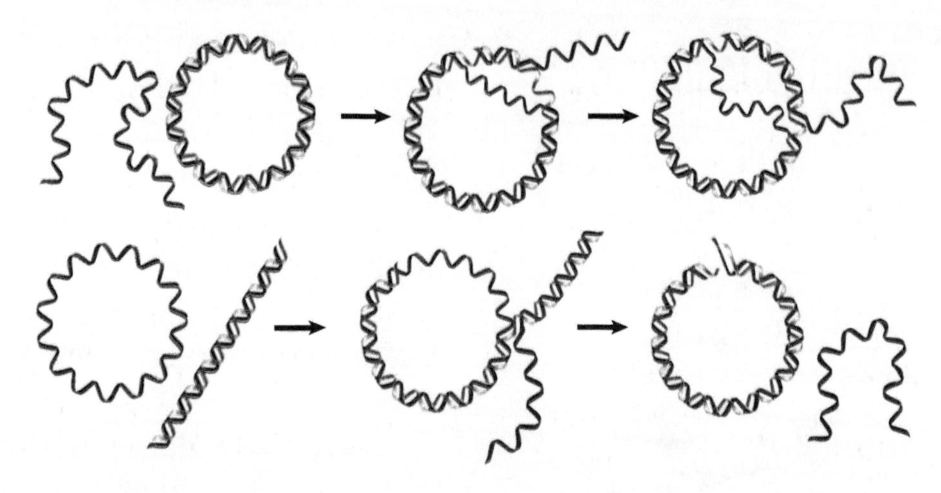

图 13.17　只要其中的一条链存在游离末端，那么 RecA 蛋白就可促进入侵的单链同化入双链体 DNA 中

纤丝上。每圈纤丝有 6 个 RecA 单体，它为螺旋结构，其大沟可包含 DNA，而每个 RecA 单体在化学计量上能结合 3 个核苷酸（或是碱基对）。与 RecA 蛋白结合的 DNA 相对于 B 型双链体 DNA 而言被拉伸了 1.5 倍，每圈含 18.6 个核苷酸（或碱基对）。当双链体 DNA 结合其上，它与 RecA 蛋白通过小沟接触，使大沟可以容纳第二个 DNA 分子，从而进行可能发生的反应。

两个 DNA 分子的相互作用发生在这些纤丝中。当一条单链被同化入一条双链体，RecA 蛋白首先结合单链形成**联会前纤丝（presynaptic filament）**。然后，双链体也结合上去，可能形成一种三股链的结构。在这个系统中，因为配对反应在没有游离末端条件下也能进行，此时链交换不可能发生，所以联会会发生在物质交换之前。而游离 3′ 端对于链交换是必需的。这个反应在纤丝内进行，并且 RecA 蛋白保持结合在原来那条单链上，所以当反应结束时，RecA 蛋白就结合在双链体分子上了。

这个家族中所有的蛋白质都能在不需要能量的情况下推进链交换过程。然而，RecA 蛋白可通过 ATP 水解来增强这一活性，此时大量的 ATP 在这个过程中被水解。ATP 可能通过别构效应影响 RecA 蛋白的构型，当 RecA 蛋白与 ATP 结合时，它的 DNA 结合位点与 DNA 就可具有很高的亲和力，这对于结合 DNA 和配对反应都是必需的。ATP 的水解将结合位点转变成低亲和性，这有利于释放异源双链体 DNA。

RecA 蛋白催化的、发生在单链与双链体 DNA 之间的反应可分为三个阶段：

- 缓慢的联会前时期，RecA 蛋白多聚化到单链 DNA 上；
- 单链 DNA 与双链体中的互补链快速配对产生一个异源双链体结合点；
- 缓慢地将双链体中一条链置换，产生一条长区段的异源双链体 DNA。

SSB 蛋白的存在会促进这个反应，它保证了底物不会存在二级结构。目前还不知道 SSB 蛋白是如何与 RecA 蛋白一起作用在同一段 DNA 上的。与 SSB 蛋白相似，RecA 蛋白的需要也是按照化学计量进行的，这表明 RecA 蛋白在链的同化反应中的作用就是协同结合到 DNA 上以形成一种与纤丝有关的结构。

当单链分子与双链体 DNA 相互作用时，双链体分子在重组接点的区域解开。异源双链体 DNA 的起始区甚至可能不在传统的双螺旋形式内，却由两条并排联系在一起的链组成，这类区域称为平行汇接（paranemic joint），这可与经典的具扭曲相缠（plectonemic）双螺旋双链的关系比较，如**图 13.18** 所示。这种平行汇接是不稳定的；进一步的深化反应要求这种结构转变为双螺旋形式，这一反应等同于消除负超螺旋，并且可能需要一种酶，通过产生暂时的断裂使链彼此可以相互环绕，进而解决解旋或是重新盘绕的问题。

到目前为止，我们所讨论的反应仅代表了一部分可能会发生的重组事件——单链对双链体的入侵。两条双链体分子可以在 RecA 蛋白的辅助下相互作用，只要其中一条含有一段至少为 50 个碱基的单链区即可。单链区可以是线性分子的尾部或是环状分子的缺口。

发生在不完整双链体分子和完整双链体分子之

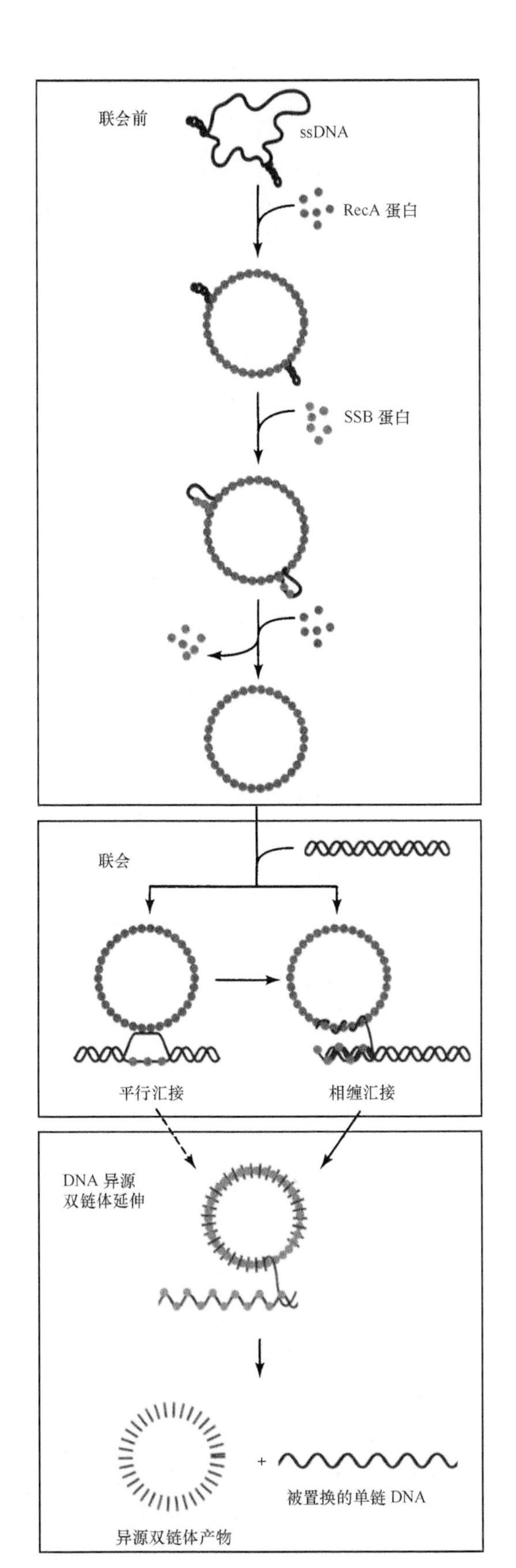

图 13.18 平行汇接与相缠汇接的形成。一旦同源序列并排出现时，配对就会形成，这称为平行配对（paranemic pairing），它再转变成相缠配对，在这里，配对的 DNA 位于双螺旋构型内。注意，这些配对时期包含单链入侵和 D 环形成

改编自 P. R. Bianco and S. C. Kowalczykowski. *Encyclopedia of Life Science*. John Wiley & Sons, Ltd., 2005

间的相互作用也可导致链的交换。**图 13.19** 就是其中的一个例子。同化反应从线性分子的一端开始，入侵单链以惯例方式置换双链体中的同源部分。但当置换进行到两个分子都是双链体区域时，入侵链从它的配偶体链上解开配对，开始与另一条已经发生过置换的链配对。

在这个阶段，分子结构与图 13.4 中的重组接点无法区分。体外实验中，RecA 蛋白可以协助产生霍利迪连接体，这表明酶可以介导彼此的链转移。我们不知道 RecA 蛋白结合的四条链所形成的中间体的空间结构如何，但我们假设两条双链体分子可以平行排列，那么它与交换反应的要求就一致了。

体外实验中的生化反应特征仍不能排除关于链转移蛋白在体内所起作用的多种可能性。单链 3′ 端的可接近性会引发这些蛋白质的参与。在细菌中，很有可能是当 RecBCD 蛋白导致 DSB 而产生一条单链 3′ 端，进而使这些蛋白质参与；当复制叉停滞在 DNA 损伤处时，这个反应可能被调用，这可能

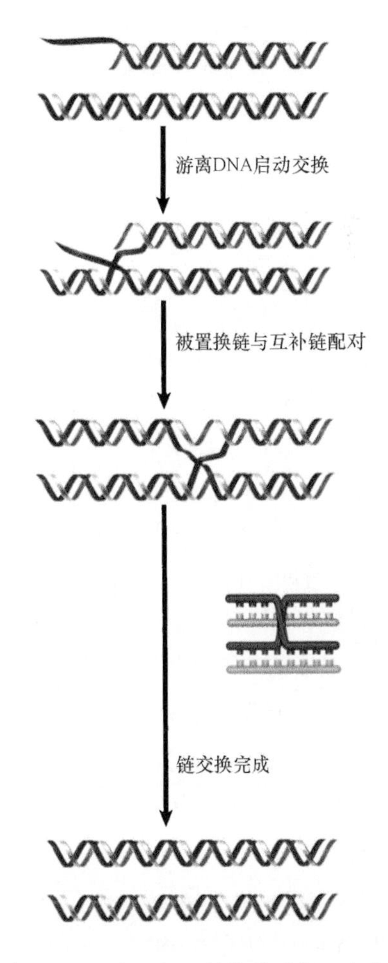

图 13.19 在 DNA 一个局部双链体分子和一个完整双链体分子之间，RecA 蛋白介导链的交换，它产生了与重组中间体结构一样的接合分子

是主要状况中的其中一种（详见第 14 章“修复系统”）。当 RecA 蛋白是与宿主染色体发生重组所必需时，在交配过程中的 DNA 引入与常见重组事件就更为密切。在酵母中，DSB 可能由于 DNA 损伤产生或作为正常重组过程的一部分，在上述任一情况下，断裂过程会产生 3′ 单链末端，然后单链和 Rad51 蛋白进入纤丝，进而搜寻配对的双链体序列。修复和重组反应都用到了这些步骤。

13.13 霍利迪连接体必须被解离

关键概念

- 细菌的 Ruv 复合体作用于重组连接点。
- RuvA 蛋白识别连接结构。
- RuvB 蛋白是一个催化分支迁移的解旋酶。
- RuvC 蛋白切割连接点，并产生重组中间体。
- 真核生物中的分离反应还未完全了解，但是许多与减数分裂和有丝分裂相关的蛋白质参与其中。

重组事件中最关键的一步是解离霍利迪连接体，它决定了是产生相互重组还是仅保留一小段杂合 DNA 的一个原有结构（见图 13.4）。从交换位点开始的分支迁移（见图 13.6）决定了杂合 DNA 区段的长度（有或没有重组）。我们已经鉴定出稳定和解离霍利迪连接体的蛋白质是大肠杆菌中 *ruv* 基因的产物。RuvA 蛋白和 RuvB 蛋白可增加异源双链体结构的形成。RuvA 蛋白识别霍利迪连接体结构，它在交换点与所有四条链结合，形成两个四聚体，将 DNA 像三明治一样夹住；RuvB 蛋白是一个六聚体的解旋酶，有 ATP 酶活性，为分支迁移提供动力。RuvB 的六聚体环状结构结合在每条双链体 DNA 交换点的上游。**图 13.20** 显示了这个复合体的模式图。

RuvAB 复合体使分叉以 10 ～ 20 bp/s 的速率平移，另一个解旋酶——RecG 蛋白也有相似的活性。RuvAB 蛋白将 RecA 蛋白从 DNA 上置换下来，并且有活性的 RuvAB 蛋白和 RecG 蛋白都可作用于霍利迪连接体，但如果两者都发生突变，那么大肠杆菌就完全丧失了重组能力。

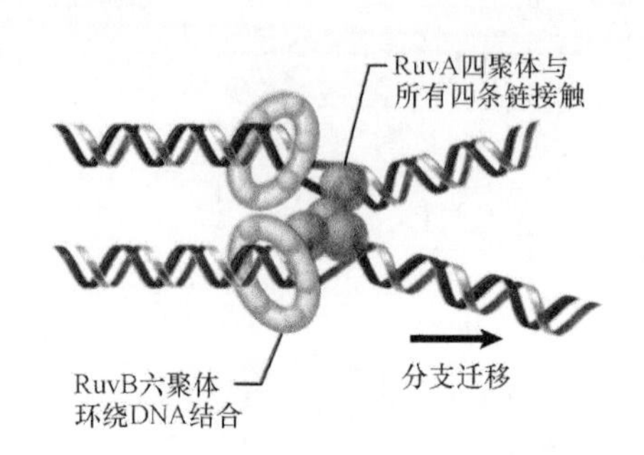

图 13.20 RuvAB 是个不对称的复合体，它推进霍利迪连接体的分支迁移

第三个基因 *ruvC* 编码一个内切核酸酶，它能特异性识别霍利迪连接体。在体外，它能切开连接点，解开重组中间体。一个常见的四联体核苷酸序列为 RuvC 蛋白提供了反应热点，使它能在此处切开霍利迪连接体。这个四联体核苷酸（ATTG）是不对称的，这样就可以指导究竟哪一条链应该被切出切口，这决定了其结局是**补丁型重组体（patch recombinant）**（没有发生整体水平上的重组）还是**剪接型重组体（splice recombinant）**（两侧分子标记之间发生了重组）的形式。RuvC 蛋白和其他在接点产生解离作用的酶的晶体结构表明，尽管它们具有相似的功能，但是它们之间的结构相似性却很少。

现在，我们可以从单一蛋白质的角度来考虑大肠杆菌中重组反应的各个阶段。**图 13.21** 显示用重组来修复缺口的事件，它用另一条双链体的物质来填补这条双链体上的缺口。而目前我们还不能将这些结论运用到真核生物中去，其理由是：细菌中的重组常常涉及 DNA 片段与整条染色体之间的相互作用。这种修复反应能被 DNA 损伤引发，而且这个过程与减数分裂中基因组间重组不完全等同。尽管如此，相似的分子活动应该发生在处理 DNA 的过程中。

这些都表明重组使用了一种解离体（resolvasome）复合体，包括既有催化分支迁移活性又有解离连接体活性的酶。我们推测哺乳动物可能也存在相似的复合体。

真核生物中的解离反应还未完全明了，但是已经知道了许多与减数分裂和有丝分裂相关的蛋白质参与其中。酿酒酵母 *mus81* 基因突变体不能发生重组。Mus81 蛋白是内切核酸酶的一个元件，它能将霍利迪连接体解离成双链体结构。解离酶（resolvase）在减数分裂和重新起始停滞的复制叉中都很重要（详见第 14 章“修复系统”）。在下一节中，其他参与解离过程的已知蛋白质将在更加错综复杂的真核

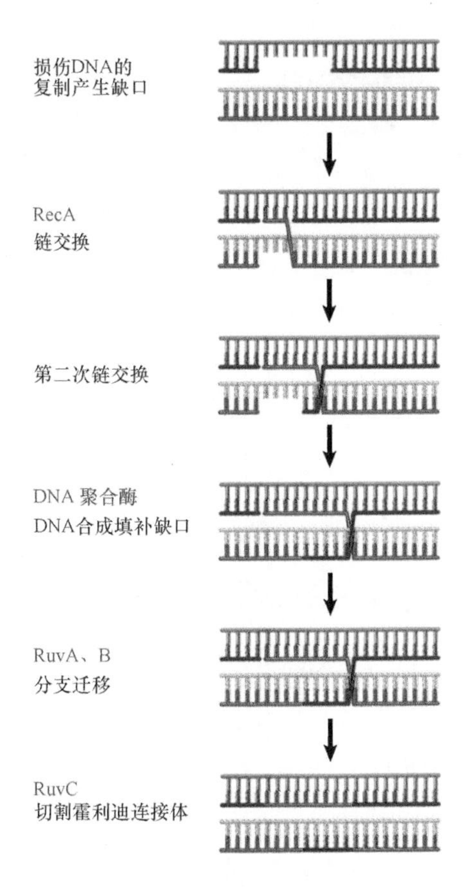

图 13.21 在修复途径中，伴随着合适底物 DNA 分子的产生，细菌中的酶能够催化重组的所有阶段

生物同源重组因子的内在相互关系中进行描述。

13.14 参与同源重组的真核生物基因

关键概念

- 酵母中的 MRX 复合体、Exo1 蛋白和 Sgs1/Dna2 蛋白与哺乳动物细胞中的 MRN 复合体和 BLM 蛋白可切除双链断裂。
- Rad51 重组酶结合单链 DNA，它需要中介体蛋白的协助，这种蛋白可克服 RPA 蛋白的抑制效应。
- 单链入侵在酵母中依赖于 Rad54 蛋白和 Rdh 蛋白，而在哺乳动物细胞中依赖于 Rad54 蛋白和 Rad54B 蛋白。
- 酵母中的 Sgs1 蛋白和 Mus81/Mms4 蛋白与人类中的 BLM 蛋白和 MUS81/EME1 蛋白参与霍利迪连接体的解离。

前面我们简略提及了真核生物中的一些参与同源重组的蛋白质。这一节中将会更详细地讨论参与同源重组的蛋白质，并集中在 DSBR 和 SDSA 模型中（它们在修复中的功能详见第 14 章“修复系统”)。另外，单链退火和断裂诱导复制机制与 DSBR 和 SDSA 存在着重叠，而这些重叠过程中的步骤是以同样的酶促反应向前推进的。

许多真核生物同源重组基因称为 *RAD* 基因，这是因为它们首先从对 X 射线具有增高的敏感性突变体筛查中被分离出来。X 射线可使 DNA 产生 DSB，因此，*rad* 突变体不仅对 X 射线敏感，并且也缺乏有丝分裂和减数分裂重组反应，这一点也不奇怪。图 13.4 所示的 DSBR 模型指出了下面段落所描述的步骤会用到哪些蛋白质。

1. 末端加工 / 联会前

在有丝分裂细胞中，DSB 由外来因素如放射或化学处理，或内源性因素如拓扑异构酶和模板链的切口所产生。在复制过程中，切口可转变成 DSB，这些断裂末端由外切核酸酶的降解进行加工，产生含有 3′-OH 端的单链尾部。在减数分裂中，DSB 由依赖 Spo11 蛋白的切割诱导。在末端加工中的第一步需要 MRN 或 MRX 复合体承担对断裂末端的结合，而它可与内切核酸酶 Sae2 蛋白相结合（哺乳动物细胞中为 CtIP 蛋白)。

Mre11 蛋白和其他两个因子（在酵母中称为 Rad50 蛋白和 Xrs2 蛋白，在人类中称为 Rad50 蛋白和 Nbs1 蛋白）一起组成复合体而工作。Xrs2 蛋白和 Nbs1 蛋白之间彼此不存在相似性。Rad50 蛋白被认为能将 DSB 末端聚集在一起，它通过二聚体运用鱼钩样结构将末端连接在一起，而这种结构在锌离子存在下具有活性，如图 13.22 中显示。Rad50 蛋白和 Mre11 蛋白与细菌 SbcC 蛋白和 SbcD 蛋白相关，它具有双链 DNA 外切核酸酶活性和单链 DNA 内切核酸酶活性。Xrs2 蛋白和 Nbs1 蛋白具有 DNA 结合活性。Nbs1 蛋白如此命名是因为突变体等位基因首先发现于患有 Nijmegen 断裂综合征（Nijmegen breakage syndrome）的患者中，这是一种稀有的 DNA 损伤综合征，它与缺失的 DNA 损伤检查点信号和淋巴样肿瘤有关。人类中还发现了产生低活性 MRE11 蛋白的稀有突变，这称为类共济失调毛细管扩张症（ataxia-telangiectasia-like disorder,

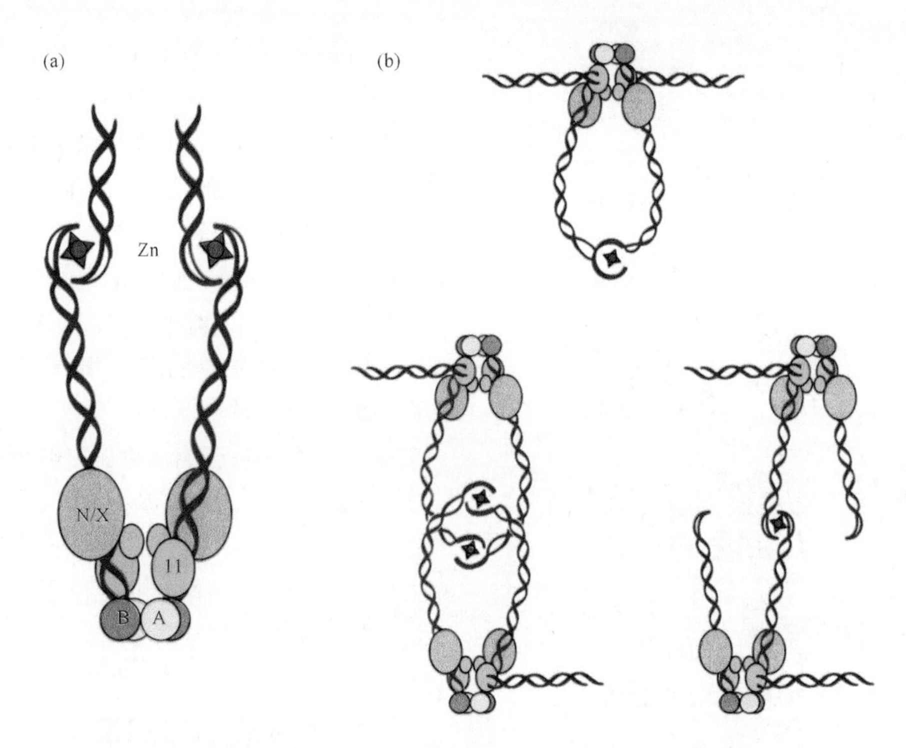

图 13.22 Rad50 蛋白的结构和结合于双链断裂的 MRX/N 复合体模型。Rad50 蛋白具有类似于 SMC 蛋白的螺旋 - 螺旋结构域。球形末端含有两个 ATP 结合与水解区域 [**（a）**和**（b）**]，能与 Mre11 蛋白和 Nbs1 蛋白（N）或 Xrs2 蛋白（X）形成复合体。螺旋的另一个末端结合锌离子，它与另一个 MRN/X 分子形成二聚体。球形末端结合于染色质中。复合体能结合于双链断裂处，并将它们结合在一起，在这一反应中包含两个末端和 MRX/N 复合体（右上图），或通过两个 MRX/N 二聚体之间的相互作用，如右下图所描绘

改编自 M. Lichten, *Nat. Struct. Mol. Biol.* 12(2005): 392-393

ATLD）。具有这一综合征的患者据报道不易产生癌症，但具有发育不良和 DNA 损伤检查点信号的缺陷。*MRE11*、*RAD50* 或 *XRS2* 基因的突变使细胞对电离辐射敏感，并且二倍体具有很差的减数分裂结果。小鼠中 *MRE11*、*RAD50* 或 *XRS2* 基因的无义突变都是致死的。

在 MRN/MRX 复合体和 CtIP/Sae2 蛋白准备好了 DSB 末端，去除了任何可能影响末端切除的附着蛋白质和附属物以后，核酸酶就可进行切除反应，它与解旋酶一起工作，而解旋酶可打开双链体以暴露出单链 DNA 末端。最近的研究已经证明 Exo1 蛋白和 Dna2 蛋白外切核酸酶，以及 Sgs1 蛋白（酵母中）和 BLM 蛋白（哺乳动物细胞中）解旋酶是末端加工的关键因子。

在 DSB 加工后，形成了含有 3′-OH 端的单链尾部，单链 DNA 首先由单链 DNA 结合蛋白——RPA 蛋白结合，以去除任何形式的二级结构；接着，在中介体蛋白（mediator protein）的协助下，它能帮助 Rad51 蛋白置换 RPA 蛋白，并结合于单链 DNA 上。Rad51 蛋白形成核线（nucleofilament），它与 RecA 蛋白具有 30% 的同源性，以依赖 ATP 的加工过程形成右手螺旋的核线，其每一个螺旋含有 6 个 Rad51 蛋白分子和由 18 个核苷酸组成的单链 DNA。与 B 型 DNA 相比，这种结合使得 DNA 向外伸展了约 1.5 倍。Rad51 蛋白是除了单链退火和非同源末端连接机制外所有同源重组过程所必需的。酵母中，*RAD51* 基因是非必需的，但是无义突变体会降低有丝分裂重组和产生对电离辐射的敏感性；同时，DSB 既能形成，也会降解。在小鼠中，*RAD51* 基因是必需的，而 *RAD51* 基因纯合子突变体小鼠将不会活过胚胎发育的早期阶段。据此我们可得出如下事实：在脊椎动物的每一轮复制循环过程中，由于存在未修复模板链的切口，所以至少会出现一次自发的 DSB 事件。

在体外，中介体蛋白有助于去除 RPA 蛋白，它可与 Rad51 蛋白装配于单链 DNA 上，并促进体外的链交换反应。在酵母中，中介体蛋白就是 Rad52 蛋白和 Rad55/Rad57 蛋白复合体。Rad55 蛋白和 Rad57 蛋白可形成稳定的异源二聚体，与 Rad51 蛋白具有某些同源性，但缺乏体外的链交换反应活性。

在人类细胞中，中介体蛋白也与 *RAD51* 基因相关，在序列上存在 20% ～ 30% 的同源性，称为 *RAD51B*、*RAD51C*、*RAD51D*、*XRCC2* 和 *XRCC3* 基因，

或统称为 *RAD51* 种内同源基因（回忆一下，种内同源基因来自于同一物种内的基因重复，因而具有序列相关性，但常常进化产生不同的功能）。人类的中介体蛋白可形成三个复合体：第一种由 RAD51B 蛋白和 RAD51C 蛋白组成；第二种由 RAD51D 蛋白和 XRCC2 蛋白组成；第三种由 RAD51C 蛋白和 XRCC3 蛋白组成。如果这种种内同源基因在鸟类细胞系中被敲除，或在哺乳动物细胞中被消减，那么，尽管这些细胞系可以存活，但是它们容易产生数不清的染色体断裂和重排，而相比于正常细胞系，它们已经降低了存活能力。种内同源基因缺失的小鼠是不能存活的，在胚胎发育的早期就会死亡。

人类中的 BRCA2 蛋白在家族性乳腺癌、卵巢癌和 DNA 损伤综合征——范科尼贫血（Fanconi anemia）的患者中是突变的，它在体外具有中介体蛋白活性。因为 BRCA2 蛋白在结构上能与 Rad51 蛋白进行相互作用，也能结合单链 DNA，这应该是 BRCA2 蛋白预料之中的活性。确实如此，小鼠细胞中的遗传学研究已经显示，BRCA2 蛋白是同源重组所必需的。致病性真菌玉米黑粉菌（*Ustilago maydis*）的相关蛋白 Brh2 以复合体形式结合 Rad51 蛋白，并将它募集到包被有 RPA 蛋白的单链 DNA 中，以启动 Rad51 蛋白的核线形成。

去除 *RAD55* 基因或 *RAD57* 基因的酵母突变体显示了依赖温度的电离辐射敏感性，并降低了同源重组，且没有一个突变体可拥有成功的减数分裂。

在哺乳动物细胞中，Rad52 蛋白不是体内重组所必需的，且在这些细胞中，它似乎也不拥有中介体蛋白活性。然而在酵母中，它是最关键的同源重组蛋白，因为 *rad52* 基因无义突变体对电离辐射极度敏感，会缺失所有类型的可测同源重组。*RAD52* 基因缺失的细胞永远不会完成减数分裂。

2. 联会

在 DSBR 和 SDSA 过程中，一旦 Rad51 蛋白纤丝在单链 DNA 上形成，那么搜寻与另一条 DNA 分子的同源序列就开始了，并且一旦发现，可形成 D 环的单链入侵也就会发生。单链入侵需要酵母中的 Rad54 蛋白、相关的 Rdh54/Tid1 蛋白、哺乳动物细胞中的 RAD54B 蛋白。Rad54 蛋白和 Rdh54 蛋白是 SWI/SNF 染色质重塑超家族中的成员（详见第 26 章“真核生物的转录调节”）。它们具有依赖双链 DNA 的 ATP 酶活性，能促进染色质重塑和在双链 DNA 上移位以诱导双链 DNA 上的超螺旋张力。尽管 Rdh54 蛋白、Rad54 蛋白和 Rad54B 蛋白不是 DNA 解旋酶，但是其移位酶（translocase）活性可引起局部的双链打开，这可用于刺激 D 环形成。在酵母中，*RAD54* 基因是充分的有丝分裂重组和 DSB 修复所必需的，因为 *RAD54* 基因缺失细胞对电离辐射和其他可导致 DNA 损伤的化合物敏感。*RDH54* 基因缺失的细胞具有中等重组缺陷，它对 DNA 损伤轻度敏感。当 *RAD54* 基因和 *RDH54* 基因都缺失时，其敏感性增强。在减数分裂细胞中，*rad54* 基因突变体能完成减数分裂，但是降低了孢子的成活性；而 *rdh54* 基因突变体能部分完成减数分裂，但是对孢子成活具有更大的影响。双突变体则不能完成减数分裂。在鸟类和小鼠细胞中，与其他同源重组基因缺失突变体相比，*RAD54* 基因和 *RAD54B* 基因的突变体是可存活的。这种细胞显示了对电离辐射和其他断裂剂（clastogen）（化学试剂，可引起染色体断裂）的敏感性增高，以及降低了重组速率。

3. DNA 异源双链体分子的延伸和分支迁移

参与这一步骤的蛋白质还没有像同源重组早期阶段的蛋白质一样被完全阐明，然而，DSBR 和 SDSA 中的同源重组途径都存在 D 环的延伸，以此作为这一过程的重要部分。双链 DNA 上 Rad51 蛋白纤丝的形成引发了 D 环的形成。Rad54 蛋白则有能力去除双链 DNA 上的 Rad51 蛋白，这一步骤对于 DNA 聚合酶自 3′ 端的延伸可能是重要的。DNA 聚合酶 δ 被认为是 DSB 介导的重组修复合成中的 DNA 聚合酶，然而最近的研究也提示 DNA 聚合酶 η/Rad30 蛋白能自单链入侵的中间体末端处向外延伸。

4. 链的解开

对真核生物解离酶的搜寻是一个漫长的过程。酵母中的 DNA 解旋酶 Sgs1 蛋白和人类中的 BLM 蛋白的突变体产生了较高的交换速率，由此这些解旋酶已经被认为可阻止交换形成，它们是通过将霍利迪连接体解离从而形成非交换形式。通过 DNA 解旋酶的作用，使得双霍利迪连接体因分支迁移而汇合，如图 13.23 所示。这一末端结构被认为是半索烃（hemicatenane），在这里，DNA 链彼此环化。

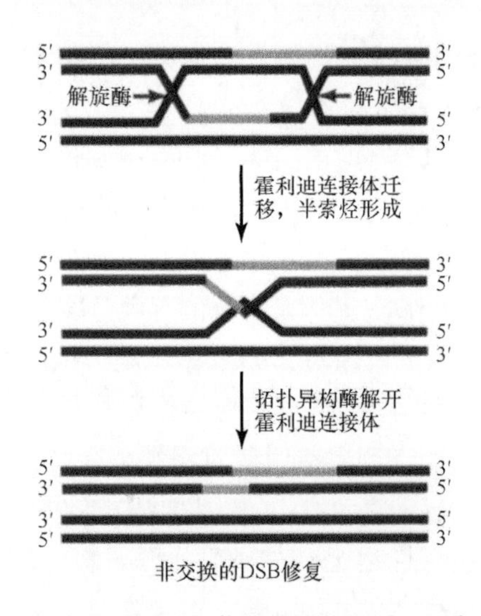

图 13.23 DNA 解旋酶 - 拓扑异构酶的作用可解离双霍利迪连接体。利用 DNA 解旋酶的活性将双霍利迪连接体因分支迁移而推向彼此。形成的结构是半索烃，在这里，来自两条不同双螺旋的 DNA 单链彼此环化。这再被 DNA 拓扑异构酶切割、解离并释放出两个 DNA 分子，形成非交换产物

这种结构再被相连的 DNA 拓扑异构酶作用所解开。Sgs1 蛋白介导的反应过程中的后续因子为 Top3 蛋白，而 BLM 蛋白介导的反应过程中的后续因子为 hTOPO Ⅲ α 蛋白。BLM 蛋白和 hTOPO Ⅲ α 蛋白能将双霍利迪连接体解离成非交换分子。

尽管有丝分裂细胞中解旋酶 - 拓扑异构酶复合体能将霍利迪连接体解离形成非交换分子，但是减数分裂中能产生交换的霍利迪连接体解离酶还没有被完全鉴定出来。其他内切核酸酶活性存在于酵母中的 Mus81/Mms4 蛋白复合体和哺乳动物细胞中的 MUS81/EME1 蛋白复合体，它们能在体外切割含有切口的类霍利迪连接体结构和分叉的 DNA 结构。然而，这种活性与减数分裂交换形成的关系还未完全明了。最近，真核生物解离酶同源物在人类和酿酒酵母中被鉴定出来。尽管人类中的 GEN1 蛋白和酵母中的 Yen1 蛋白能在体外解离霍利迪连接，但在体内解离重组中间体中它们不是必需的，却在 Mus81-Mms4 蛋白缺失下变得必不可少。

13.15 特化重组涉及特异性位点

关键概念

- 特化重组在特异性位点之间进行，但它们不一定是同源的。
- λ 噬菌体通过噬菌体上的 *attP* 位点和大肠杆菌染色体上 *attB* 位点之间的重组整合到细菌染色体上。
- 通过线性原噬菌体末端位点之间的重组可以使噬菌体从细菌染色体上切除出来。
- λ 噬菌体的 *int* 基因编码整合酶来催化整合反应。

特化重组涉及两个特异性位点之间的反应。目标位点短小，通常长度为 14 ～ 50 bp。有些情况下，两个位点含有相同序列；但在另一些情况下，它们则是不同源的。这个反应是使一段游离的噬菌体 DNA 插入细菌染色体或将整合的噬菌体 DNA 从染色体上切割出来，在这种情况下，两个重组序列是不同的。这种重组也发生在分裂前，即将普适化重组产生的二联体变为单体的环状染色体事件（详见第 9 章“复制与细胞周期相关联”），在这种情况下，重组序列是相同的。

催化位点专一重组的酶通常称为**重组酶（recombinase）**，目前已知在 100 种以上。那些参与噬菌体整合过程或与这些酶相关的酶被称为整合酶家族（integrase family），其中具有代表性的是 λ 噬菌体的 Int 蛋白、P1 噬菌体的 Cre 蛋白和酵母的 FLP 酶（它催化染色体倒位）。

λ 噬菌体是位点专一重组的典型，其不同生活方式的转换涉及两类事件。基因表达模式的调节将在第 27 章“噬菌体策略”中描述。溶源状态下和裂解状态下 DNA 的结构是不同的。

- 在裂解型生活方式中，λ 噬菌体 DNA 以独立环状的分子存在于被感染细菌中。
- 在溶源状态时，噬菌体 DNA 是细菌染色体的整合部分，这称为**原噬菌体（prophage）**。

这两个状态的转变涉及位点专一重组。

- 要进入溶源状态，游离的 λ 噬菌体 DNA 必须插入到宿主 DNA 中去，这个过程称为整合（integration）。
- 要脱离溶源状态并进入裂解周期，原噬菌体必须从染色体中释放出来，这个过程称为切除（excision）。

整合与切除反应通过细菌和噬菌体 DNA 上特定位点的重组发生，这些位点称为**附着点（attach-**

ment site，*att* 位点）。在细菌遗传学上，细菌染色体上的 *attB* 位点称为 att^{λ}，该位点由阻止 λ 噬菌体整合的突变所定义，在溶源菌中，这个位点被 λ 原噬菌体占据。当从大肠杆菌染色体中去除 att^{λ} 位点，那么感染的 λ 噬菌体可以通过整合到其他位点建立溶源，但这一反应的效率小于在 att^{λ} 位点发生整合的 0.1%。低效率整合也发生在与真正的 *att* 序列相似的第二附着点（second attachment site）。

为了便于描述整合 / 切除反应，细菌上的 *att* 位点（att^{λ}）称为 *attB* 位点，由 *BOB′* 序列元件构成。噬菌体上的连接位点称为 *attP* 位点，由 *POP′* 序列构成，**图 13.24** 显示了这两个位点之间的重组概况。*attB* 位点和 *attP* 位点都有序列 O，它是**核心序列**（**core sequence**），而重组事件就发生在这个序列内。侧面区域 *B*、*B′* 和 *P*、*P′* 被看作是“手臂”，它们在序列上是非常独特的。因为噬菌体 DNA 是环状的，所以必须以线性序列的形式插入到细菌染色体中去。而原噬菌体则结合到两个新的 *att* 位点，它们是重组产物，分别被称为 *attL* 位点和 *attR* 位点。

att 位点组成的一个重要结果是整合和切除反应并不发生在相同的反应序列对中。整合要求 *attP* 位点和 *attB* 位点之间的识别；而切割要求 *attL* 位点和 *attR* 位点之间的识别。位点专一重组的指导特性由重组位点的一致性所决定。

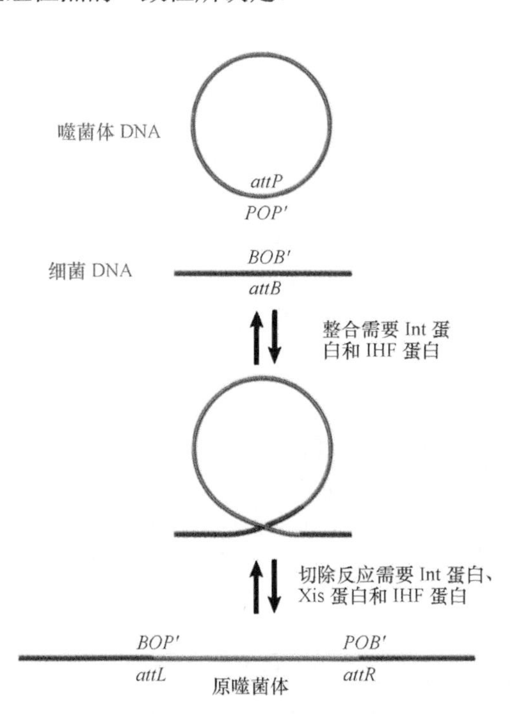

图 13.24 通过在 *attB* 位点和 *attP* 位点之间的相互重组，环状噬菌体 DNA 转变成线性的原噬菌体；而通过在 *attL* 位点和 *attR* 位点之间的相互重组，原噬菌体能被切除出来

尽管重组事件是可逆的，但是不同环境决定了它朝某一方向进行的反应占优势。这是噬菌体生活史的一个重要特点，因为这样才能保证整合事件不会立即就被切除反应所逆转，反之亦然。

整合与切除中的不同反应位点从调控这两个反应的不同蛋白质中可以反映出来：

- 整合事件（*attB*×*attP*）需要噬菌体 *int* 基因的产物，它编码整合酶和一个细菌蛋白，即整合宿主因子（integration host factor，IHF）；
- 切除反应（*attL*×*attP*）除了需要 Int 蛋白和 IHF 蛋白之外，还需要噬菌体基因 *xis* 的产物。

所以，Int 蛋白和 IHF 蛋白是两个反应都需要的，而 Xis 蛋白在控制反应取向中起重要的作用，它是切除反应所必需的，但却抑制了整合作用。

我们在 P1 噬菌体中也发现了一种相似机制，但其对蛋白质和序列的要求则简单一些。噬菌体编码的 Cre 重组酶催化两个目标位点间的重组。λ 噬菌体中的重组序列是不同的，而 P1 噬菌体中则是相同的，都由长度为 34 bp 的序列组成，称为 *loxP* 位点。Cre 重组酶足以完成这个反应，因而不需要其他辅助蛋白质。鉴于它的简单性和有效性，现在 Cre/*lox* 系统已经被应用于真核生物细胞中，成为进行位点专一重组的标准技术。

13.16 位点专一重组涉及断裂和重接

关键概念

- *attB* 位点和 *attP* 位点产生 7 bp 的交错切口，末端以十字状连接。

att 位点对于序列有不同的要求，*attP* 位点比 *attB* 位点长得多。*attP* 位点执行功能需要 240 bp 长的序列；而 *attB* 位点仅需要 23 bp 的片段，从 –11 到 +11，其中核心序列的每边仅需要 4 bp。片段长度大小上的差异说明了 *attP* 位点和 *attB* 位点在重组中执行不同功能，所以 *attP* 位点提供了更多必要的信息，使得它能区别于 *attB* 位点。

是否存在一个协调机制在控制整个过程，使 *attP* 位点和 *attB* 位点的链同时切断并发生交换呢？

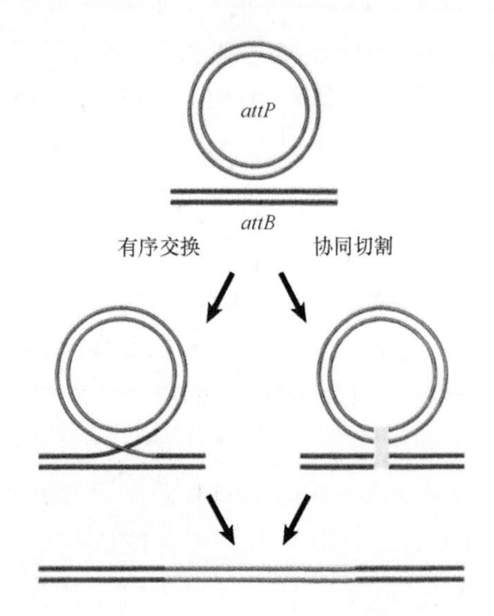

图 13.25　*attB* 位点和 *attP* 位点之间的重组是通过有序交换和协同切割进行的吗？

还是每次交换一对链，第一轮交换产生霍利迪连接体，第二轮的切割和连接的发生使这个连接体释放呢？图 13.25 显示了这些可能性。

“自杀底物”可以使重组反应停留在中间体阶段，此时核心序列被切开，而这个切口干扰了重组过程，这样就可以识别出已经起始重组但还未完成的分子，这些中间体结构表明单链交换是按先后顺序发生的。

图 13.26 中的模型显示：如果 *attP* 位点和 *attB* 位点都受到同样的交错切割，那么互补的单链末端可以进行十字架状的杂交反应。λ 噬菌体交换点之间的距离是 7 bp，反应产生 3′- 磷酸和 5′-OH 端。为了方便起见，图中显示的反应只展示了可用于退火的重叠单链末端，但实际上，其过程与图 13.4 中的重组事件相似。每条双链体上的对应链在相同位置被切开，双链体间的游离 3′ 端相互交换，分叉沿着同源区域平移 7 bp 的距离，然后这个结构通过切开另一对对应链来解开。

13.17　位点专一重组类似于拓扑异构酶活性

关键概念

- 整合酶与拓扑异构酶相关，在重组反应中其作用与拓扑异构酶的作用相似，唯一不同之处是整合酶把不同双链体上的有切口的链连接在一起。
- 整合酶利用有催化活性的酪氨酸将磷酸二酯键断开，并连到断裂的 3′ 端，反应不消耗能量。
- 两个整合酶单元分别与重组位点形成键，两个二聚体联会产生一个复合体，而转换反应在复合体中发生。

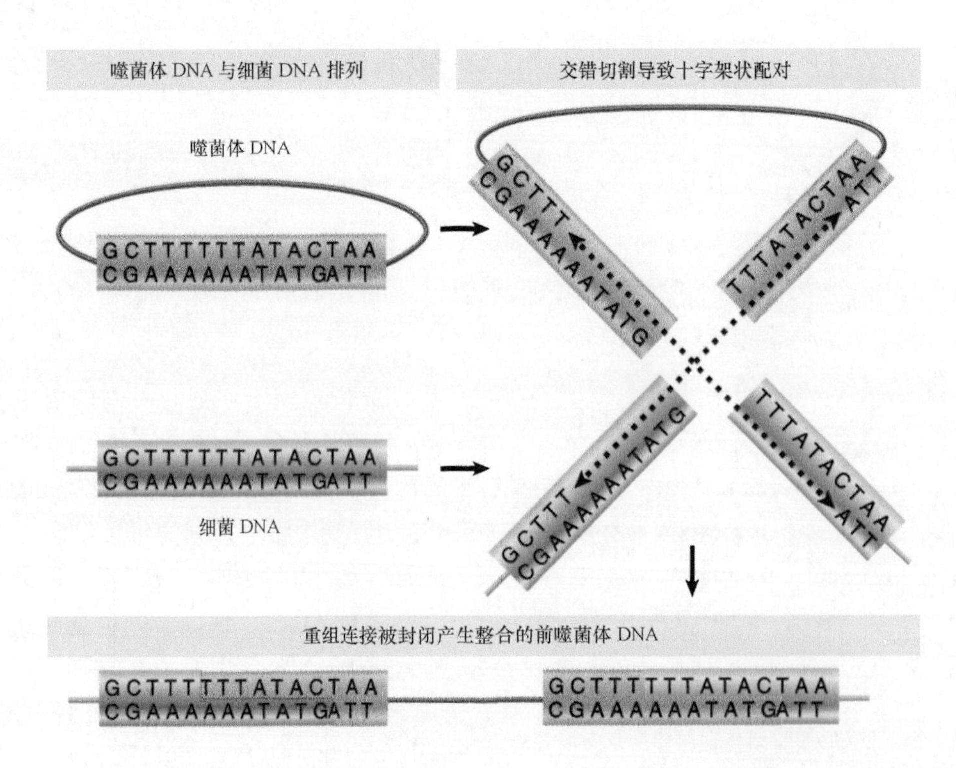

图 13.26　*attB* 位点和 *attP* 位点的共同核心序列的交错切割允许形成十字架状的连接，使相互之间能产生重组连接

整合酶所采用的机制与Ⅰ型拓扑异构酶相似，即每次在一条DNA链上形成一个断裂。两者的区别在于：整合酶将末端以十字架状重接，而拓扑异构酶产生断裂后，控制末端再重新连接原来的末端。这个系统的基本原理是需要四个分子的重组酶，每一分子切开正在发生重组的两条双链体的四条单链。

图13.27 显示了整合酶催化反应的本质。整合酶是一个单体蛋白质，它有一个能够切开和连接DNA的活性位点，此反应涉及酪氨酸对磷酸二酯键的进攻，DNA链的3′端以磷酸二酯键的形式与酶中的酪氨酸残基相连，释放出游离的5′-OH端。

两个酶单元分别与重组位点连接，而在每一位点，仅有一个酶单元的活性位点进攻DNA。系统的对称性确保了互补的链在每个重组位点断开，然后每个位点处的游离5′-OH端进攻另一位点的3′-磷酸化酪氨酸连接，于是产生一个霍利迪连接体。

当另两个酶单元（没有参与第一次循环中解链和链的重接的酶）作用于另一对互补链时，这样上述结构被解开。

连续的相互作用完成一条保守链的交换，在此过程中没有缺失交换位点或增加核苷酸，也不需要能量的输入。在蛋白质与DNA之间的暂时性的3′-磷酸化酪氨酸连接保留了切开的磷酸二酯键的能量。

图13.28 显示了基于晶体结构的反应中间体(用“自杀底物”捕获反应中间体，自杀底物类似于*att*位点重组中所描述的，由一条缺失磷酸二酯键的人工合成的DNA双链体组成，所以酶的进攻不产生游离的5′-OH端)。Cre/*lox*复合体的结构表明两个Cre分子各自与15 bp长度的DNA连接，DNA在对称结构的中央弯曲约100°，两个这样的复合体以反平行的方式聚在一起，形成四聚体蛋白质结构连接到两个联会DNA分子上。链交换发生在蛋白质结构的中央空腔处，蛋白质结构包含交换区中央的6个碱基。

结合在半位点的酶亚基提供了在任一特定半位点切开DNA的酪氨酸残基，这称为顺式切割，这在Int整合酶和XerD重组酶中也同样如此。但是，FLP重组酶是以反式方式切割，在此机制中，提供酪氨酸残基的酶亚基不是结合于那个半位点的亚基，而是位于另一个亚基中。

1 两个酶亚基分别与一个DNA双链体结合

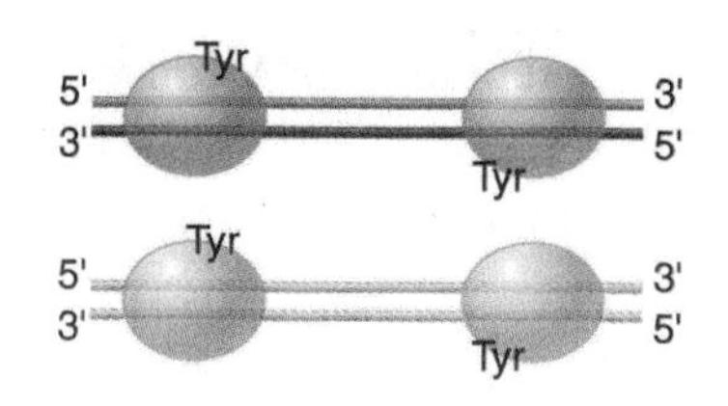

2 每个DNA双链体的一条链被切割产生一个磷酸化酪氨酸键和一个羟基末端

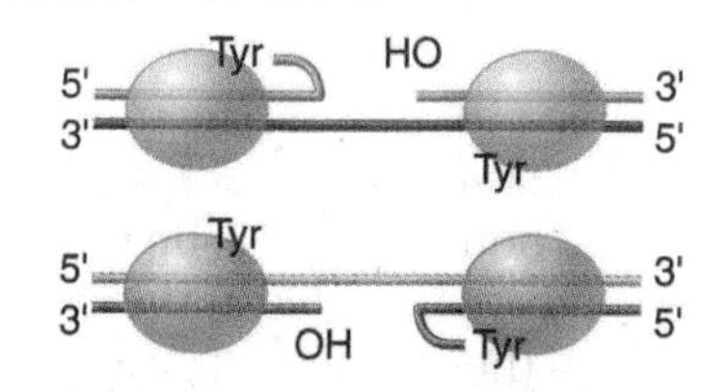

3 每个羟基进攻另一个双链体的磷酸化酪氨酸连接

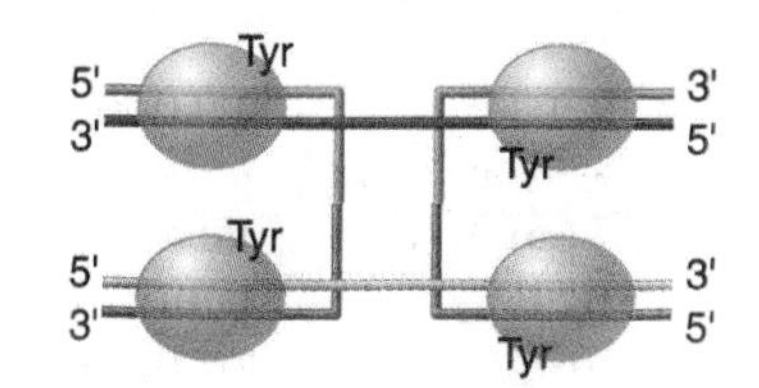

4 另两个酶亚基重复此反应从而连接另两条链

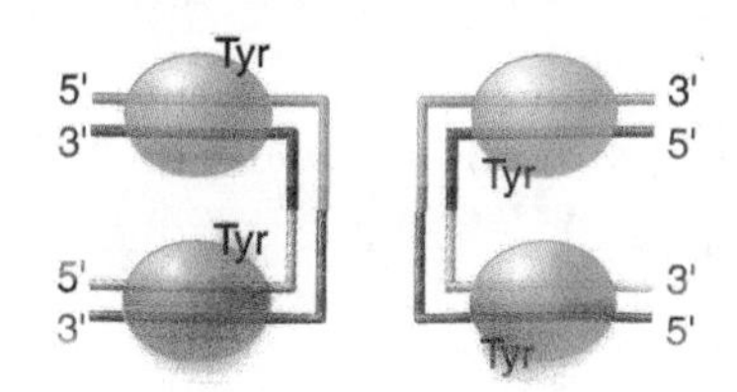

图13.27 整合酶催化重组反应所采用的机制与拓扑异构酶相似，在DNA上产生交错切口，3′-磷酸端共价连到酶的酪氨酸残基上，然后，每条链的游离羟基进攻另一条链的磷酸化酪氨酸连接，图中显示的第一次交换形成了霍利迪结构，接着和其他配对链一起重复这个过程就解离了霍利迪结构

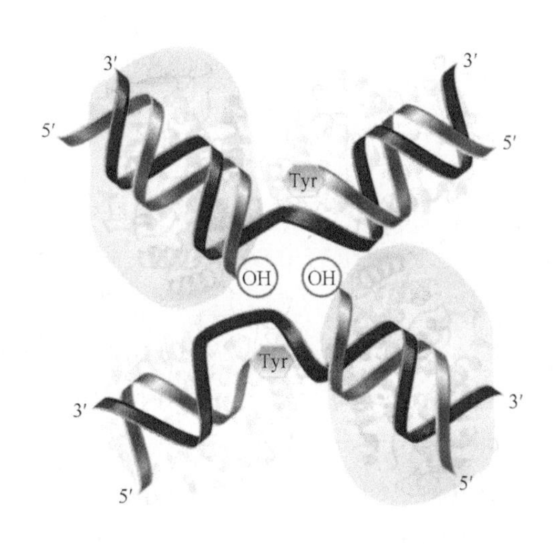

图13.28 联会的loxA重组复合体有个Cre重组酶四聚体，每个酶单体结合一个半位点。这样，四个活性位点的两个在使用，它分别作用在互补链的两个DNA位点

13.18 λ噬菌体重组发生在整合体中

关键概念

- λ噬菌体整合发生在一个包含宿主蛋白 IHF 的大复合体中。
- 切除反应需要 Int 蛋白和 Xis 蛋白，并且需将原噬菌体 DNA 末端作为底物。

与 Cre/*lox* 重组系统仅需要酶和两个重组位点的方式不同，λ噬菌体重组发生在一个大结构中，且不同的反应取向需要不同元件（整合反应与切除反应）。

整合和切除反应都需要一个称为 IHF 的宿主蛋白。IHF 蛋白是一个 20 kDa、含两个不同亚基的蛋白质，由基因 *himA* 和 *himD* 编码。IHF 蛋白不是大肠杆菌所必需的蛋白质，细菌的同源重组也不需要它。它是能使 DNA 在其表面弯折的蛋白质中的一种。*him* 基因的突变可以阻止λ噬菌体的位点专一重组，但又可以被λ噬菌体 *int* 基因突变所抑制，表明 IHF 蛋白和 Int 蛋白可以相互作用。利用 Int 蛋白和 IHF 蛋白可以在体外进行位点专一重组。

体外反应要求 *attP* 位点的超螺旋，而不需要 *attB* 位点的超螺旋。当在体外两个超螺旋的 DNA 分子之间发生反应时，产物几乎保留了所有的超螺旋。所以，不会存在可以发生链旋转的游离中间体，这是反应过程经历霍利迪连接体形成的早期提示之一。我们现在已经知道，反应通常利用与 I 型拓扑异构酶机制有关的一类酶的机制来进行（见 13.17 节“位点专一重组类似于拓扑异构酶活性”）。

Int 蛋白有两种不同的结合模式。C 端结构域的作用形式与 Cre 重组酶相似，它结合到核心序列的反向位点，切开并连接每条链，其位置如图 13.29 所示。N 端结构域结合到 *attP* 位点的手臂，其含有一个不同的共有序列，这个结合有利于将亚基聚合到整合体中。这两个结构域可能同时与 DNA 结合，因而将 *attP* 位点的手臂拉近至核心序列。

IHF 蛋白结合到 *attP* 位点中约 20 bp 的序列上。它的结合位点与 Int 蛋白的结合位点可能相邻。Xis 蛋白结合到 *attP* 中两个彼此相邻的位点，因而被保护的区域可延伸至 30～40 bp。总而言之，Int 蛋白、Xis 蛋白和 IHF 蛋白合在一起，几乎覆盖了整个 *attP* 位点。Xis 蛋白的结合可导致 DNA 的组织结构的变化，这样就不能使它成为整合反应的底物。

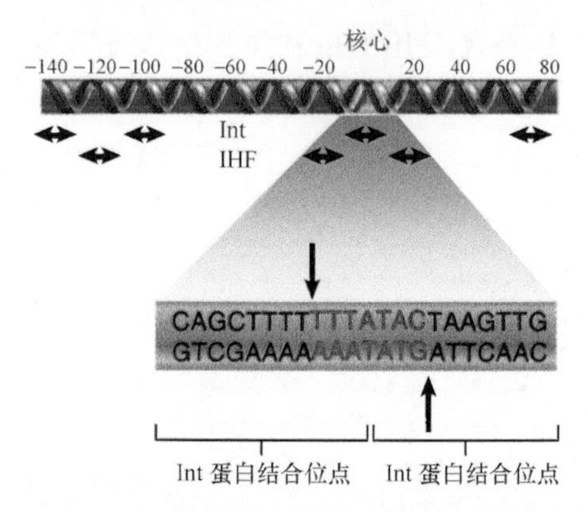

图 13.29 Int 蛋白和 IHF 蛋白结合到 *attP* 位点的不同区域，在核心区域的 Int 蛋白所识别的位点包括被切割位点

当 Int 蛋白和 IHF 蛋白结合到 *attP* 位点，它们产生一个复合体，使所有结合位点被拉拢到蛋白质表面。形成这样的整合体（intasome）需要 *attP* 的超螺旋结构。*attB* 中仅有的两个结合位点位于核心序列内，但 Int 蛋白不直接结合到游离 DNA 的 *attB* 上。整合体是中介体蛋白，它用以“捕捉”*attB* 位点，这如图 13.30 中简要描述的。

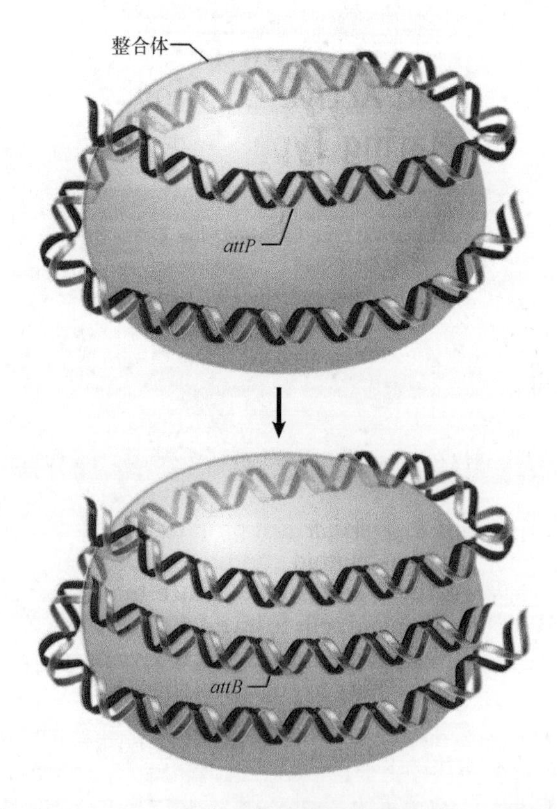

图 13.30 多个 Int 蛋白可将 *attP* 组织成整合体，通过识别游离 DNA 上的 *attB* 位点，整合体能启动位点专一重组

根据这个模型，*attP* 与 *attB* 之间的初始识别不依赖于 DNA 的同源性，而是由 Int 蛋白识别这两个 *att* 序列的能力决定。整合体的结构预先决定了两个 *att* 位点聚在一起的取向，这个阶段中，序列同源性变得非常重要，因为它是链交换反应所必需的。

由于只有在 Xis 蛋白加入后，Int 蛋白才能与 *attR* 形成相似的复合体，所以这个事实显示了整合反应与切除反应的不对称性。这个复合体可以与 Int 蛋白在 *attL* 位点所形成的紧密复合体相配对，而这个反应不需要 IHF 蛋白的参与。λ 噬菌体整合 / 切除与 Cre 重组酶或 Flp 重组酶所催化的重组反应之间的明显差异在于：Int 蛋白所催化的反应结合靶位点是位于手臂中的调节序列，弯折 DNA，从而允许手臂与核心位点之间进行相互作用，使得每一步反应得以顺利完成。这就是每一个 λ 噬菌体反应不可逆，而 Cre 重组酶和 Flp 重组酶所催化的重组可逆的原因所在。λ 噬菌体 Int 蛋白四聚体的晶体结构显示，就像其他重组酶一样，这个四聚体有两个活性位点和两个非活性位点，它们在重组过程中可以转换功能。在四聚体中，由手臂结合所触发的别构相互作用控制着结构转换，它可推进这一重组反应。

当病毒进入溶源状态时，反应必须受到调节以确保倾向于整合的发生；而当原噬菌体进入裂解周期时，反应必须受到调节以确保倾向于切除反应的发生，这些调节需求可能是位点专一重组的大部分复杂性产生的原因。通过控制 Int 蛋白和 Xis 蛋白的量，就可以使合适的反应发生。

13.19　酵母可转换沉默和活性的交配型基因座

关键概念

- 酵母的交配型基因座 *MAT* 为 *MAT*a 或者 *MAT*α 基因型。
- 携带显性等位基因 *HO* 的酵母以约 10^{-6} 的频率转换其交配型。
- 位于 *MAT* 上的等位基因称为活性盒。
- 相对应的也存在两种沉默盒：*HML*α 和 *HMR*a
- 在 *MAT*a 被 *HML*α 替换或者 *MAT*α 被 *HMR*α 替换后，就会发生交配型的转换。

酿酒酵母既能以单倍体（haploid）繁殖也能以二倍体（diploid）繁殖。这两种状态的改变是通过交配（单倍体孢子融合成二倍体）和孢子形成（二倍体减数分裂产生单倍体孢子）进行的，而菌株的交配型决定了它们是否具有这种能力。它们可能是 a 型或者 α 型，a 型单倍体只能与 α 型单倍体交配以产生 a/α 型二倍体细胞。二倍体细胞可以形成出芽以产生不同类型的单倍体孢子。

交配行为是由位于 *MAT* 基因座的基因信息决定的。带有 *MAT*a 等位基因的细胞为 a 型；相反，携带 *MAT*α 等位基因的细胞为 α 型。相反类型细胞的识别是通过所分泌的信息素（pheromone）来完成的。α 型细胞分泌小肽 α 因子；a 型细胞分泌 a 因子。一类交配型的细胞携带有相反交配型细胞信息素的表面受体。当 a 型细胞和 α 细胞相遇时，它们的信息素互相作用于对方的表面受体上，使细胞停留在细胞周期的 G_1 期，然后会发生各种形态上的改变（如 schmooing，即细胞彼此延伸）。在一次成功的交配中，会发生细胞和细胞核的融合，产生 a/α 型二倍体细胞。

交配是一个不对称过程，它是由一种类型细胞分泌的信息素与另一种类型细胞携带的受体之间发生相互作用开始的。在某一特殊交配型细胞中，应答途径只需要那些编码独特受体的基因。不论 a 因子 - 受体还是 α 因子 - 受体，它们相互作用所开启的是相同的应答途径，所以消除这一共同途径中的步骤的突变在两种细胞中的效应是相同的。这一途径由信号转导级联反应组成，它能导致一些产物的合成，而这些产物使细胞形态和结合所需的基因表达产生必要的改变。

关于酵母交配型的知识大部分是通过丧失了交配能力的 a 型或 α 型的突变细胞获得的，用这种突变方法鉴别到的基因被称为不育基因（sterile，*STE* 基因）。其中，信息素或受体基因的突变只是针对两种交配型酵母细胞的其中一种，而其他的 *STE* 基因突变能够使 a 型和 α 型细胞都丧失交配的能力。在信号因子和受体相互作用之后，两类细胞随后发生的事件是相同的，这种事实可能可以解释上述现象。

有些酵母品系有很强的改变交配型的能力，这些品系携带一条显性等位基因 *HO*，它们能够经常改变交配型，甚至能够一代就改变一次；而携带隐性等位基因 *ho* 的品系具有稳定的交配型，改变频

率约为 10^{-6}。

HO 基因的存在会引起酵母基因型的改变。无论它以什么类型开始，在几代之后，它们就会产生很多这两种交配型的细胞，最后导致产生 *MAT*a/*MAT*α 型的二倍体占据整个种群。由一个单倍体的种群变为二倍体的种群可以看作是开关的排列组合。

这种改变的存在说明，所有细胞都含有 *MAT*a 或 *MAT*α 的信息，但它们只表现出一种而已。那么改变交配型的信息是从哪里来的呢？另外两个基因座是这种转换所必需的：*HML*α 负责 *MAT*α 型的转换，*HMR*a 负责 *MAT*a 型的转换，这些基因座和 *MAT* 基因座位于同一条染色体上，*HML* 位于较远的左侧，*HMR* 位于较远的右侧。

交配型盒（mating-type cassette）模型如**图 13.31** 所示。这个模型认为，*MAT*a 有 a 或者 α 的活性盒（active cassette）；而 *HML* 和 *HMR* 存在沉默盒（silent cassette）。通常 *HML* 携带 α 盒，而 *HMR* 携带 a 盒。所有的盒都携带编码交配型的信息，但只有位于活性 *MAT* 位点的盒才能表达，当活性盒所表达的信息被沉默盒所取代时，交配型就发生了改变，此时，新建立的盒就会表达。

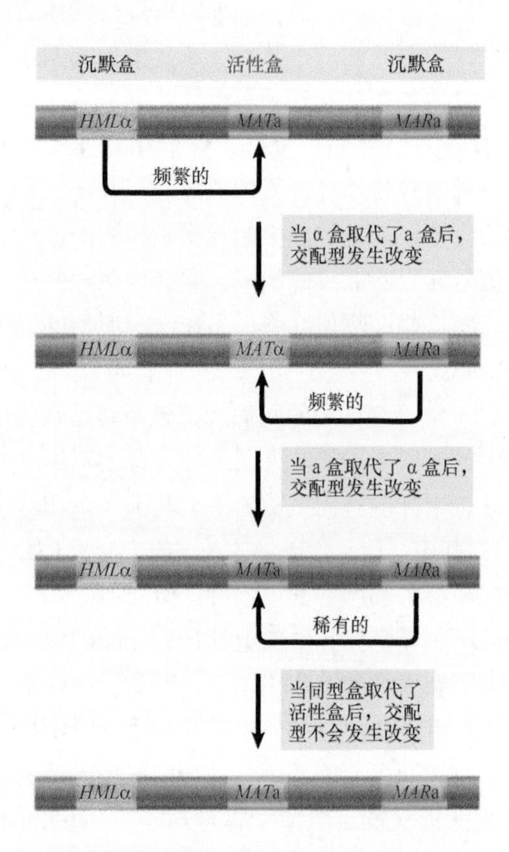

图 13.31 当沉默盒取代了相反基因型的活性盒时，交配型就发生了改变。在同一型的两个盒之间可以发生重组，而交配型不会改变

转换是非交互的；在 *HML* 或 *HMR* 上的拷贝会取代 *MAT* 上的等位基因。我们知道这一点是因为位于 *MAT* 上的突变通过转换被取代时，将使它永久丢失，它不会与取代它的拷贝再交换。事实上这是一个定向的基因转变事件，而 DSB 起始事件建立了这种定向性，这一事件发生于活性 *MAT* 位点的基因中，而非沉默盒中。

如果位于 *HML* 或 *HMR* 上的沉默拷贝发生了突变，那么转换反应就可引导一个突变等位基因到 *MAT* 基因座。即使经过无限次的转换以后，位于 *HML* 或 *HMR* 上的这个突变拷贝还是会一直留在那里。

交配型转换是一个单向过程，在这个过程中有一个受体（*MAT*），却有两个供体（*HMR*、*HML*），而转换通常包含 *HML*α 对 *MAT*a 的取代或者 *HMR*a 对 *MAT*α 的取代。在 80% ～ 90% 的转换过程中，*MAT* 等位基因会被一个相反类型所取代，这最终取决于细胞表型：a 表型细胞通常选择 *HML* 为供体，α 表型细胞优先选择 *HMR* 为供体。

交配型的建立和转换有几组基因的参与，除了直接决定交配型的基因之外，它还包括抑制沉默基因的基因或执行参与交配作用的基因，并且更为重要的是在本章早些描述的编码同源重组因子的基因。

通过比较沉默盒（*HML*α 和 *HMR*a）和活性盒（*MAT*a 和 *MAT*α）的序列，我们能够发现决定交配型的 DNA 序列。交配型位点的结构如**图 13.32** 所示，

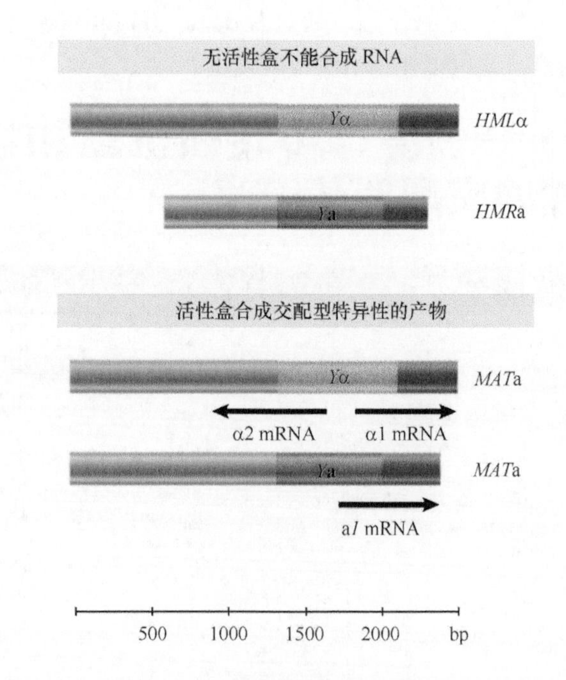

图 13.32 除了在 *HMR*a 的极外侧序列的缺失，沉默盒与对应的活性盒拥有相同的序列；而在 a 和 α 型中，序列只在 *Y* 区发生改变

其在每个a和α盒中的中心区域（称为*Y*a或*Y*α）是不同的，而两侧都是相同的。在中心区域两侧的序列，尽管在*HMR*中要短一些，但它们实际上是相同的。在*MAT*上的活性盒是从*Y*区中的一个启动子开始转录的。

13.20 受体*MAT*基因座启动单向基因转变

关键概念

- HO内切核酸酶在*MAT*基因座上产生双链断裂，这启动了交配型转换。
- 重组事件是依赖合成的链退火反应。

交配型的转换是通过基因转变完成的，在这个过程中受体位点（*MAT*）获得了供体型（*HML*或*HMR*）的序列。重组需要的位点是通过*MAT*上阻止转换的突变来确定的，在*HML*或*HMR*上的缺失突变提示了这个过程的单向性。

通过突变，我们确定了一个位于*MAT*上*Y*区右侧界处的位点，它对于交配型转换事件很重要。通过分析这些点突变位点相对于转换位点的位置，已经了解了这个边界的性质（这是通过分析那些极少数转换事件的结果，尽管它们发生了突变，但仍能进行转换）。一些突变位于被取代的区域内（因此在转换发生后就从*MAT*内消失了），但其他一些位点位于被取代区域的外侧（因此还可继续阻碍转换），所以，位于被取代区域内和其外侧的序列对转换事件都是必需的。

转换反应是由靠近*Y-Z*边界的一个DSB起始的，这个位点对DNA酶的攻击非常敏感（参与起始转录或重组相关的位点通常都有这个特征）。它是被由*HO*基因编码的内切核酸酶识别的，能够在*Y*边界的右侧切出交错的DSB，酶切后产生一个4碱基的单链末端，如**图13.33**所示，内切核酸酶不能作用于失去转换功能的*MAT*突变基因座上。体外缺失分析表明，*Y*接点附近24 bp序列的大部分或者全部都对内切核酸酶的识别是必需的。对内切核酸酶来说，这个靶序列相对较大，这个识别序列只存在于3种交配型的盒中。

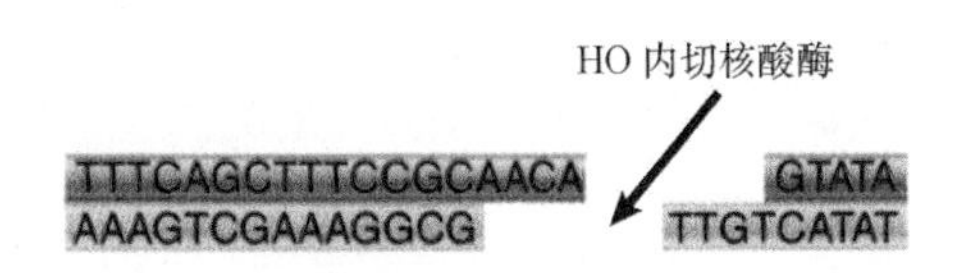

图13.33 HO内切核酸酶在*Y*边界的近右端切开*MAT*，产生一个碱基突出的黏性末端

只有*MAT*基因座是内切核酸酶的靶标，而*HML*和*HMR*则不是。沉默盒不表达和对HO内切核酸酶不可接近性的机制是相同的，这看起来非常合理，这种不可接近性确保了转换是单向的。

由酶切所引发的反应过程在**图13.34**中用供体和受体区域之间的大致反应表示出来。重组事件通过SDSA反应机制发生，就如前文所描述的。与预想的一样，初始酶切后的所有步骤所需要的酶和普通重组酶相同。这些基因中的一些如果发生突变就会阻止转换的进行。事实上，对*MAT*基因座转换的研究对于发展出SDSA模型是非常重要的。

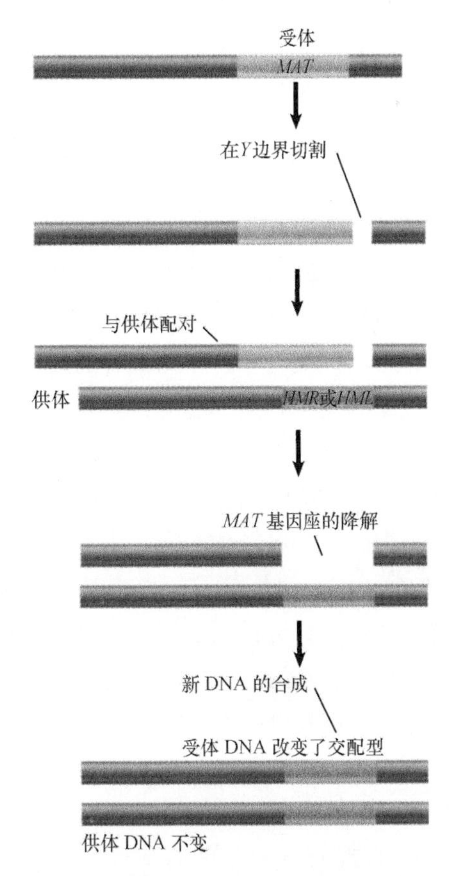

图13.34 受体基因座（*MAT*）的双链断裂引发了盒替换，可能涉及携带供体基因座（*HML*或*HMR*）的*Y*区的任何一侧的配对反应

13.21 锥虫中的抗原变异运用同源重组

关键概念

- 布氏锥虫（*Trypanosoma brucei*）中的可变表面糖蛋白（VSG）的转换可逃避宿主免疫。
- VSG 的转换需要重组事件将 *VSG* 基因转移到特定的表达位点。

单细胞寄生虫锥虫（trypanosome）可引起两类主要的人类疾病：昏睡病（sleeping sickness）和恰加斯病（Chagas disease）。这些生物体可通过抗原变异（antigenic variation）这样一个过程来逃避宿主免疫，在此过程中，它的主要表面抗原会呈现出周期性的改变来应答免疫压力。锥虫的可变表面糖蛋白（variable surface glycoprotein，VSG）是免疫系统的主要靶标，但是，一旦针对给定 VSG 的抗体出现时，锥虫能够转换表达出其基因组中数百种 VSG 基因中的其中一种。VSG 基因组织成数个亚端粒串联阵列，它也可定位于微染色体上的端粒阵列中。尽管这些阵列中的所有基因都是沉默的，但是它们要么是完整的基因，要么是假基因。转换由重组事件所控制，在此过程中，沉默的 VSG 基因可被移动到具有表达活性的亚端粒位点，称之为表达位点（expression site，ES）。活性 VSG 基因的基因转变运用阵列中沉默基因的其中一个基因的信息，这会导致活性基因中的序列信息的改变，以及锥虫表面抗原的变化。第二种变异模式来自端粒交换，它将来自微染色体上的非活性端粒 VSG 基因转变至活性 VSG 基因位点。两种机制都使用了普通的同源重组因子，但确切的交换机制还未知。锥虫拥有 20 个亚端粒表达位点，但在某一时期，只有其中的一个位点会进行活性转录。而会进行活性转录的表达位点被认为是重组热点，这是因为这一区域存在开放的染色质结构。事实上，VSG 基因重组发生的概率比预测的随机事件要高得多，其每一代每一个细胞的转换事件的变化范围为 $10^{-2}\sim10^{-3}$。使用不同 VSG 进行区段基因的转换事件会在活性表达位点产生嵌合子基因，它可含有来自多种供体 VSG 基因的序列。

基因转变、端粒交换和其他未知过程的 DNA 重排负责为活性 ES 的某一基因替换非活性 VSG 等位基因。基因转变事件可在活性 ES 基因座上导致非活性 VSG 基因的重复，使得先前非活性 VSG 基因得以表达。不管参与 VSG 变换事件本身的基因组中基因座的特异性如何，这个过程已经显示出它是依赖于普通的重组因子。

不表达 Rad51 蛋白的锥虫突变体在 VSG 转换过程受到了极大的损害，这提示同源重组是这一过程所必需的。进一步的工作展示了 BRCA2 的锥虫同源物在 VSG 转换中的作用。但是目前还不清楚对 VSG 转换重组特异性的酶是否也参与了这一过程。尽管基因转变是 VSG 转换所必需的，但是锥虫中错配修复途径基因的缺失并不影响抗原变异。

13.22 适合于实验系统的重组途径

关键概念

- 有丝分裂同源重组可进行靶向转化。
- Cre/*lox* 和 Flp/*FRT* 系统可进行靶向重组和基因敲除。
- Flp/*FRT* 系统已适合于为基因缺失实验构建可回收、可选择的标记物。

位点专一重组不仅具有以上所讨论的重要生物学作用，而且也可利用它产生实验系统中的靶向重组事件。两个经典的位点专一重组例子已经可应用于实验：Cre/*lox* 系统和 Flp/*FRT* 系统。

Cre/*lox* 系统衍生自 P1 噬菌体。Cre 重组酶可识别和切割 *lox* 位点。Cre/*lox* 系统的最普通的一个用途是小鼠中的基因靶向，如**图 13.35** 所示。Cre/*lox* 系统可以条件性地开启或关闭小鼠中的基因。其构建体按如下的方法构建：它的两侧携带着 *lox* 位点，而 *cre* 基因处于可诱导启动子的控制之下，它可被温度或激素所开启。*cre* 基因的表达导致 Cre 重组酶的产生，它可识别和切割 *lox* 位点，并可推动所切的 *lox* 位点的重接反应。重接只留下单一 *lox* 位点，而其他 *lox* 位点之间的一些序列被切除出去。

Cre/*lox* 系统可用于条件性地去除小鼠基因中的

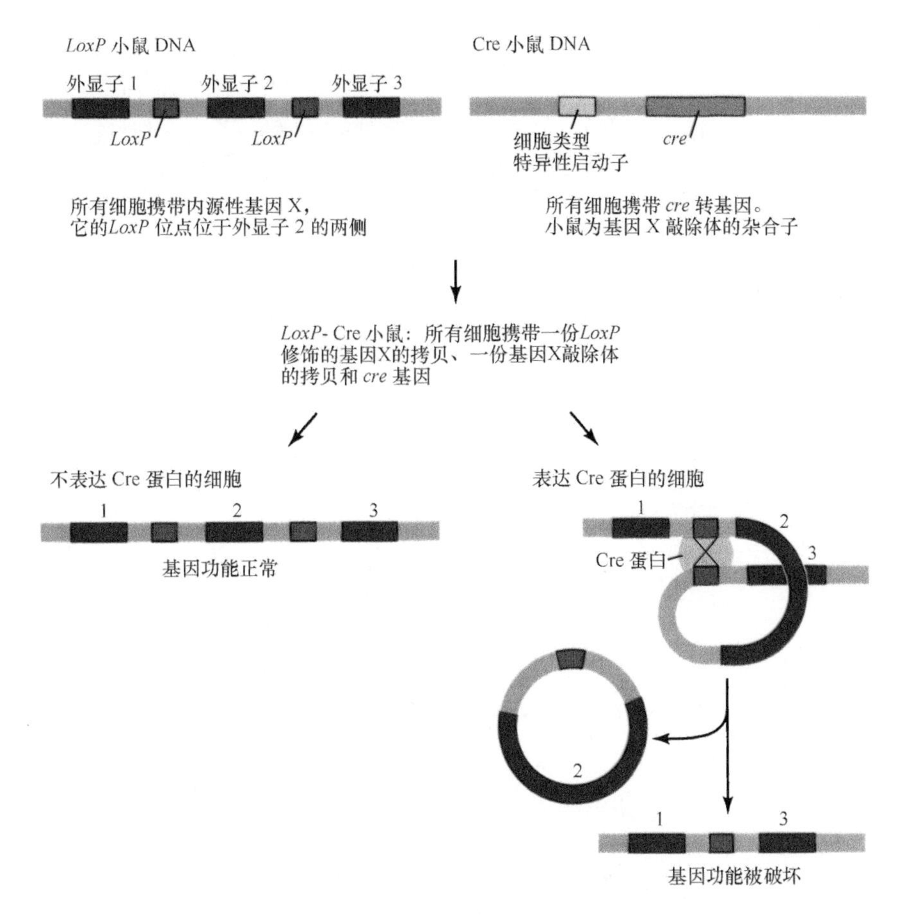

图 13.35 运用 Cre/*lox* 系统制备小鼠中的细胞特异性的基因敲除体。*LoxP* 位点插入到染色体中，它位于基因 X 的外显子 2 的两侧。而基因 X 的第二份拷贝已经被敲除。带有这一构建体的小鼠称为 *LoxP* 小鼠。另一只小鼠称为 Cre 小鼠，它拥有插入到基因组的 *cre* 基因，而邻近 *cre* 基因的启动子可指导 *cre* 基因只在某些细胞类型中表达。这个小鼠还携带基因 X 敲除体的一份拷贝。当两只小鼠交配时，携带 *LoxP* 构建体、基因 X 敲除体和 *cre* 基因的后代就被制备出来了。当可激活启动子的细胞表达出 Cre 重组酶，它就可在 *LoxP* 位点之间催化位点专一重组，基因 X 的外显子 2 就可被删除。在表达 Cre 重组酶的细胞中，这可失活基因 X 的其中一份拷贝

改编自 H. Lodish, et al. *Molecular Cell Biology, Fifth edition*. W. H. Freeman & Company, 2003

一个外显子，产生基因敲除（详见第 2 章“分子生物学与基因工程中的方法学”），或融合目标基因到某一启动子，从而控制目的基因的表达。组织中通常不表达或在某一时期通常不表达的基因，如果使之表达，这称为异位表达（ectopic expression）。异位表达可以揭示基因冗余性、特异性和细胞自主性的信息。

另一个已经可应用于实验的系统衍生自酿酒酵母。酵母双微质粒（two-micron plasmid）是一个自主复制附加体，它以多拷贝形式存在。这种质粒对细胞而言并没有明显的好处，它通过位点专一重组反应扩增，由特化的重组酶执行这一反应，这种酶称为 FLP（或 flip）重组酶。Flp 蛋白可识别倒位重复序列，这称为 Flp 重组酶靶标（Flp recombinase target，*FRT*）位点。在复制过程中，Flp 蛋白介导的重组推进了滚环复制，这会导致双微质粒的扩增。Flp/*FRT* 系统可应用在果蝇中来诱导位点专一有丝分裂重组事件，这可用来产生纯合子突变，或制备条件性敲除体，如图 13.36 所示。

为了在果蝇中使用 Flp/*FRT* 系统，*FLP* 基因需要被调节。当 Flp 蛋白表达，它可切割已被预先插入到染色体中的 *FRT* 位点，在那里存在着位于 *FRT* 位点末梢的一个感兴趣的着丝粒基因。*FRT* 位点的切割并非 100% 有效，但它可诱导 *FRT* 位点的 DSB。此后，同源重组可修复 DSB，而其中一些会产生交换。接着，基于染色体的分离形式，其中一些细胞将会成为基因突变体纯合子。在遗传分析中，染色体常常被标记上可影响某种色素的基因，这样可给出重组的可见表型。有丝分裂重组揭开了隐性色素化突变现象，以及可使它们产生纯合子隐性的目标突变基因。这个系统的一个用途是可观察致死隐性突变的效应：当受精卵为纯合子隐性时，突变

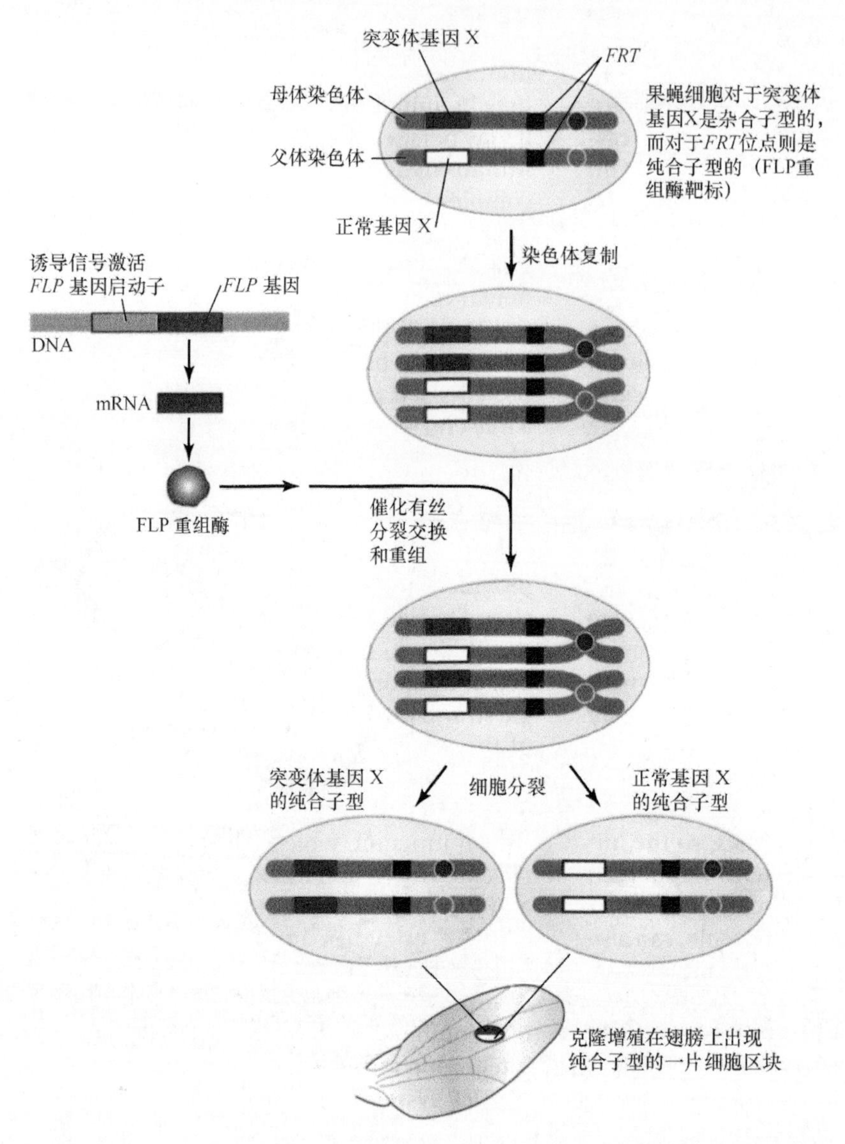

图 13.36 通过同源重组，运用 Flp/*FRT* 系统制备纯合子隐性细胞。在果蝇的同一染色体上对于突变体基因是杂合子型的，而对 *FRT* 位点的插入则是纯合子型的。*Flp* 基因的诱导可制备出 FLP 重组酶。Flp 蛋白可识别 *FRT* 位点，形成双链断裂，这可促进同源重组。通过双链断裂修复机制，一些重组事件可发生，并导致交换。在染色体分离后，一个子细胞获得了基因的两份突变体拷贝，而另一个子细胞获得了基因的两份正常拷贝。在图所示的例子中，一片突变体细胞区块出现在果蝇的翅膀上。这项技术可用来评估发育后期的隐性突变体表型

改编自 B. Alberts, et al. *Molecular Biology of the Cell, Fourth Edition*. Garland Science, 2002

将是致死的。如果携带的基因处于杂合子状态，那么生物体是可存活的，接着，通过 Flp 蛋白的诱导，产生纯合子基因的细胞克隆，它或者受到温度的调节，或受到组织特异性的转录调节，这可使研究者挖掘出发育过程中某一特定细胞在某一特定时相的基因丢失所致的效应。

近年来，Flp/*FRT* 系统已经被进一步改造，以适合于构建可回收、可选择的标记物盒。在这些系统中，可选择性标记物被安置在位于两侧的 *FRT* 位点之间。在这个盒中还包括处于可调节启动子控制之下的 *FLP* 基因。*FLP*/*FRT* 盒的靶向整合可用于以 *FLP* 标记物盒置换目标基因座。在整合之后，FLP 重组酶的诱导表达可催化 *FRT* 位点之间的重组，导致可回收标记物盒被切除出去。这种可回收标记物策略在二倍体生物中具有巨大的优势，因为它可进行有序的、一轮一轮的靶向整合，以制备出目标基因的纯合子缺失。

小结

DNA 的双链断裂（DSB）会引发重组。断裂点先扩大为一个含单链末端的缺口，然后，游离单链末端与等位基因序列形成异源双链体。校对事件可发生在异源双链体 DNA 错配的位点。发生断裂

的 DNA 实际上掺入了它所入侵的染色体序列，因此起始 DNA 被称为受体。缺口修复可利用供体的遗传信息来修复受体 DNA 的缺口，这也会导致基因转变事件。重组热点是指 DSB 起始的位点。基因转变的频率梯度由一段接近游离末端的序列转换为单链的可能性所决定；离断裂位点越远，梯度越下降。在缺口修复后，如果攻击链不参与重组中间体，而与断裂的另一末端退火，那么就只发生了基因转变，这称为依赖合成的链退火（SDSA）模型。如果断裂末端被重组中间体获得，就可形成两个霍利迪连接体，如果它们能在合适的方向解离，那么霍利迪连接体的解离就可形成交换产物。由 DSB 启动的重组经过加工过程可获得两个霍利迪连接体，这称为双链断裂修复（DSBR）模型。

酵母中 Spo11 蛋白能引发重组，它是一种类拓扑异构酶，可以结合到 DNA 的游离 5′ 端。然后，DSB 经过加工产生单链 DNA，单链 DNA 可以与其他染色体中的互补片段退火。酵母中阻断联会复合体形成的突变体表明，重组对于联会复合体的形成是必需的。联会复合体可能由 DSB 引发，它可能一直持续到重组完成。联会复合体组分的突变会抑制其形成，但不会阻止染色体配对，所以同源物识别不依赖于重组和联会复合体的形成。

大肠杆菌的 Rec 蛋白和 Ruv 蛋白可以执行整套重组所需的反应。RecBCD 核酸酶产生一段含游离末端的单链区。酶结合到 DNA 中 *chi* 序列的一侧，然后移动到 *chi* 序列，在行进过程中解开 DNA，接着 *chi* 序列处发生单链断裂，并提供重组热点。单链能提供 RecA 蛋白作用的底物，而 RecA 蛋白能通过一个分子中的一条单链进攻另一个分子的双链体，从而使同源 DNA 分子联会。通过置换双链体中的其中一条原始链可以形成异源双链体 DNA。这些作用产生重组接点，而重组接点则被 Ruv 蛋白解开。RuvA 蛋白和 RuvB 蛋白作用于异源双链体，而 RuvC 蛋白能切开霍利迪连接体。

参与位点专一重组的酶具有拓扑异构酶的相关行为。在一般重组酶类中，那些与噬菌体整合有关的酶形成整合酶亚类。Cre/*lox* 系统用两个分子的 Cre 蛋白与每一个 *lox* 位点结合，所以重组复合体是一个四聚体，这是将 DNA 插入其他基因组的标准系统之一。λ 噬菌体整合需要噬菌体 Int 蛋白和宿主 IHF 蛋白，并且在缺少 DNA 合成情况下，要求准确的断裂和重接。这个反应涉及噬菌体 *attP* 序列包围进入整合体的核蛋白结构中，此时整合体含多份 Int 蛋白和 IHF 蛋白的拷贝；然后宿主 *attB* 序列被结合，这样重组就发生了。而相反方向的反应需要噬菌体 Xis 蛋白。当与 DNA 半位点相互作用的酪氨酸残基由结合在这个半位点上的酶亚基提供时，整合酶就以顺式切割方式起作用；当与 DNA 半位点相互作用的酪氨酸残基由另一个不同的蛋白质亚基提供时，酶就以反式切割方式而起作用。

酿酒酵母既能以单倍体形式繁殖，也能以二倍体形式繁殖。这两种状态的改变是通过交配（单倍体孢子融合成二倍体）和孢子形成（二倍体减数分裂产生单倍体孢子）进行。而菌株的交配型决定了它们是否具有这种能力。酵母的交配型是由 *MAT* 基因座所决定，而能替换这个基因座中不同序列的重组事件可改变其类型。重组事件可由 DSB 启动，如同源重组事件，而随后事件确保 *MAT* 基因座上的单向置换。

置换是受到调节的，这样 *HML*α 的部分序列取代 *MAT* 的 a 序列，或者 *HMR*a 所携带序列取代 *MAT* 的 α 序列。通过识别独特的 *MAT* 处的靶位点，HO 内切核酸酶触发了这一反应。HO 内切核酸酶在转录水平上受到某一系统的调节，以确保其在亲本细胞中转录但子细胞中不转录，使两个子细胞都获得同样（新）的交配型。

同源重组对于锥虫中的抗原变异过程也是必需的，这需要通过重组将沉默 VSG 基因转变到活性 VSG 基因表达位点，这种现象的分子机制还未完全明了，但是很清楚这不涉及非同源末端连接（NHEJ）途径或错配修复酶。Rad51 蛋白对于这一过程是必需的，这提示了同源重组的重要性。

现在已经利用重组途径作为实验工具以制备基因敲除体和其他重组介导的事件。两个主要的实验工具例子包括 Cre/*lox* 系统和 Flp/*FRT* 系统。这些工具都依赖于位点专一重组以进行实验系统中的靶向重组。

参考文献

13.2 同源重组发生在减数分裂中的联会染色体之间

综述文献

Brachet, E., Sommermeyer, V., and Borde, V. (2011). Interplay between modifications of chromatin and meiotic recombination hotspots. *Biol. Cell* 104, 51-69.

Hunter, N. (2015). Meiotic recombination: the essence of heredity. *Cold Spring Harb. Perspect. Biol.* 7: a016618.

Phadnis, N., Hyppa, R. W., and Smith, G. R. (2011). New and old ways to control meiotic recombination. *Trends Genet.* 27, 411-421.

13.3 双链断裂启动重组

综述文献

Lichten, M., and Goldman, A. S. (1995). Meiotic recombination hotspots. *Annu. Rev. Genet.* 29, 423-444.

Szostak, J. W., Orr-Weaver, T. L., Rothstein, R. J., and Stahl, F. W. (1983). The double-strand-break repair model for recombination. *Cell* 33, 25-35.

研究论文文献

Hunter, N., and Kleckner, N. (2001). The single-end invasion: an asymmetric intermediate at the double-strand break to double-Holliday junction transition of meiotic recombination. *Cell* 106, 59-70.

13.5 依赖合成的链退火模型

综述文献

Paques, F., and Haber, J. E. (1999). Multiple pathways of recombination induced by doublestrand breaks in *Saccharomyces cerevisiae. Microbiol. Mol. Biol. Rev*. 63, 349-404.

研究论文文献

Ferguson, D. O., and Holloman, W. K. (1996). Recombinational repair of gaps in DNA is asymmetric in *Ustilago maydis* and can be explained by a migrating D-loop model. *Proc. Natl. Acad. Sci. USA* 93, 5419-5424.

Keeney, S., and Neale, M. J. (2006). Initiation of meiotic recombination by formation of DNA double-strand breaks: mechanism and regulation. *Biochem. Soc. Trans*. 34, 523-525.

Nassif, N., Penney, J., Pal, S., Engels, W. R., and Gloor, G. B. (1994). Efficient copying of nonhomologous sequences from ectopic sites via P-element-induced gap repair. *Mol. Cell Biol.* 14, 1613-1625.

13.6 单链退火机制在一些双链断裂处发挥作用

研究论文文献

Ivanov, E. L., Sugawara, N., Fishman-Lobell, J., and Haber, J. E. (1996). Genetic requirements for the single-strand annealing pathway of double-strand break repair in *Saccharomyces cerevisiae. Genetics* 142, 693-704.

13.7 断裂诱导复制能修复双链断裂

综述文献

Kraus, E., Leung, W. Y., and Haber, J. E. (2001). Break-induced replication: a review and an example in budding yeast. *Proc. Natl. Acad. Sci. USA* 98, 8255-8262.

Llorente, B., Smith, C. E., and Symington, L. S. (2008). Break-induced replication: what is it and what is it for? *Cell Cycle* 7, 859-864.

13.8 减数分裂染色体由联会复合体连接

综述文献

Roeder, G. S. (1997). Meiotic chromosomes: it takes two to tango. *Genes Dev.* 11, 2600-2621.

Zickler, D., and Kleckner, N. (1999). Meiotic chromosomes: integrating structure and function. *Annu. Rev. Genet.* 33, 603-754.

研究论文文献

Blat, Y., and Kleckner, N. (1999). Cohesins bind to preferential sites along yeast chromosome III, with differential regulation along arms versus the central region. *Cell* 98, 249-259.

Dong, H., and Roeder, G. S. (2000). Organization of the yeast Zip1 protein within the central region of the synaptonemal complex. *J. Cell Biol.* 148, 417-426.

Klein, F., Mahr, P., Galova, M., Buonomo, S. B., Michaelis, C., Nairz, K., and Nasmyth, K. (1999). A central role for cohesins in sister chromatid cohesion, formation of axial elements, and recombination during yeast meiosis. *Cell* 98, 91-103.

Sym, M., Engebrecht, J. A., and Roeder, G. S. (1993). ZIP1 is a synaptonemal complex protein required for meiotic chromosome synapsis. *Cell 72,* 365-378.

13.9 联会复合体在双链断裂后形成

综述文献

McKim, K. S., Jang, J. K., and Manheim, E. A. (2002). Meiotic recombination and chromosome segregation in *Drosophila* females. *Annu. Rev. Genet.* 36, 205-232.

Petes, T. D. (2001). Meiotic recombination hot spots and cold spots. *Nat. Rev. Genet*. 2, 360-369.

研究论文文献

Allers, T., and Lichten, M. (2001). Differential timing and control of noncrossover and crossover recombination during meiosis. *Cell* 106, 47-57.

Weiner, B. M., and Kleckner, N. (1994). Chromosome pairing via multiple interstitial interactions before and during meiosis in yeast. *Cell* 77, 977-991.

13.11 *chi* 序列激活细菌 RecBCD 系统

研究论文文献

Dillingham, M. S., Spies, M., and Kowalczykowski, S. C. (2003). RecBCD enzyme is a bipolar DNA helicase. *Nature* 423, 893-897.

Spies, M., Bianco, P. R., Dillingham, M. S., Handa, N., Baskin, R. J., and Kowalczykowski, S. C. (2003). A molecular throttle: the recombination hotspot *chi* controls DNA translocation by the RecBCD helicase. *Cell* 114, 647-654.

Taylor, A. F., and Smith, G. R. (2003). RecBCD enzyme is a DNA helicase with fast and slow motors of opposite polarity. *Nature* 423, 889-893.

13.12 链转移蛋白催化单链同化

综述文献

Kowalczykowski, S. C., Dixon, D. A., Eggleston, A. K., Lauder, S. D., and Rehrauer, W. M. (1994). Biochemistry of homologous recombination in *Escherichia coli. Microbiol. Rev.* 58, 401-465.

Kowalczykowski, S. C., and Eggleston, A. K. (1994). Homologous pairing and DNA strand-exchange proteins. *Annu. Rev. Biochem*. 63, 991-1043.

Lusetti, S. L., and Cox, M. M. (2002). The bacterial RecA protein and the recombinational DNA repair of stalled replication forks. *Annu. Rev. Biochem*. 71, 71-100.

13.13 霍利迪连接体必须被解离

综述文献

Lilley, D. M., and White, M. F. (2001). The junctionresolving enzymes. *Nat. Rev. Mol. Cell Biol*. 2, 433-443.

West, S. C. (1997). Processing of recombination intermediates by the RuvABC proteins. *Annu. Rev. Genet*. 31, 213-244.

研究论文文献

Boddy, M. N., Gaillard, P. H., McDonald, W. H., Shanahan, P., Yates, J. R., and Russell, P. (2001). Mus81-Eme1 are essential components of a Holliday junction resolvase. *Cell* 107, 537-548.

Chen, X. B., Melchionna, R., Denis, C. M., Gaillard, P. H., Blasina, A., Van de Weyer, I., Boddy, M. N., Russell, P., Vialard, J., and McGowan, C. H. (2001). Human Mus81-associated endonuclease cleaves Holliday junctions *in vitro*. *Mol. Cell* 8, 1117-1127.

Constantinou, A., Davies, A. A., and West, S. C. (2001). Branch migration and Holliday junction resolution catalyzed by activities from mammalian cells. *Cell* 104, 259-268.

Kaliraman, V., Mullen, J. R., Fricke, W. M., Bastin-Shanower, S. A., and Brill, S. J. (2001). Functional overlap between Sgs1-Top3 and the Mms4-Mus81 endonuclease. *Genes Dev*. 15, 2730-2740.

13.14 参与同源重组的真核生物基因

综述文献

Kowalczykowski, S. C. (2015). An overview of the molecular mechanisms of recombinational DNA repair. *Cold Spring Harb. Perspect. Biol*. 7: a016410.

Krogh, B. O., and Symington, L. S. (2004). Recombination proteins in yeast. *Annu. Rev. Genet*. 38, 233-271.

San Filippo, J., Sung, P., and Klein, H. (2008). Mechanism of eukaryotic homologous recombination. *Annu. Rev. Biochem*. 77, 229-257.

Sung, P., and Klein, H. (2006). Mechanism of homologous recombination: mediators and helicases take on regulatory functions. *Nat. Rev. Mol. Cell Biol*. 7, 739-750.

研究论文文献

Gravel, S., Chapman, J. R., Magill, C., and Jackson, S. P. (2008). DNA helicases Sgs1 and BLM promote DNA double-strand break resection. *Genes Dev*. 22, 2767-2772.

Hollingsworth, N. M., and Brill, S. J. (2004). The Mus81 solution to resolution: generating meiotic crossovers without Holliday junctions. *Genes Dev*. 18, 117-125.

Ip, S. C., Rass, U., Blanco, M. G., Flynn, H. R., Skehel, J. M., and West, S. C. (2008). Identification of Holliday junction resolvases from humans and yeast. *Nature* 456, 357-361.

Mimitou, E. P., and Symington, L. S. (2008). Sae2, Exo1 and Sgs1 collaborate in DNA double-strand break processing. *Nature* 455, 770-774.

Zhu, Z., Chung, W. H., Shim, E.Y., Lee, S. E., and Ira, G. (2008). Sgs1 helicase and two nucleases Dna2 and Exo1 resect DNA double-strand break ends. *Cell* 134, 981-994.

13.15 特化重组涉及特异性位点

综述文献

Craig, N. L. (1988). The mechanism of conservative site-specific recombination. *Annu. Rev. Genet*. 22, 77-105.

研究论文文献

Metzger, D., Clifford, J., Chiba, H., and Chambon, P. (1995). Conditional site-specific recombination in mammalian cells using a ligand-dependent chimeric Cre recombinase. *Proc. Natl. Acad. Sci. USA* 92, 6991-6995.

Nunes-Duby, S. E., Kwon, H. J., Tirumalai, R. S., Ellenberger, T., and Landy, A. (1998). Similarities and differences among 105 members of the Int family of site-specific recombinases. *Nucleic Acids Res*. 26, 391-406.

13.17 位点专一重组类似于拓扑异构酶活性

研究论文文献

Guo, F., Gopaul, D. N., and van Duyne, G. D. (1997). Structure of Cre recombinase complexed with DNA in a site-specific recombination synapse. *Nature* 389, 40-46.

13.18 λ 噬菌体重组发生在整合体中

研究论文文献

Biswas, T., Aihara, H., Radman-Livaja, M., Filman, D., Landy, A., and Ellenberger, T. (2005). A structural basis for allosteric control of DNA recombination by lambda integrase. *Nature* 435, 1059-1066.

Wojciak, J. M., Sarkar, D., Landy, A., and Clubb, R. T. (2002). Arm-site binding by lambda integrase: solution structure and functional characterization of its amino-terminal domain. *Proc. Natl. Acad. Sci. USA* 99, 3434-3439.

13.21 锥虫中的抗原变异运用同源重组

综述文献

Taylor, J. E., and Rudenko, G. (2006). Switching trypanosome coats: what's in the wardrobe? *Trends Genet*. 22, 614-620.

研究论文文献

Machado-Silva, A., Teixeira, S. M., Franco, G. R., Macedo, A. M., Pena, S. D., McCulloch, R., and Machado, C. R. (2008). Mismatch repair in *Trypanosoma brucei:* heterologous expression of MSH2 from *Trypanosoma cruzi* provides new insights into the response to oxidative damage. *Gene* 411, 19-26.

Proudfoot, C., and McCulloch, R. (2005). Distinct roles for two RAD51-related genes in *Trypanosoma brucei* antigenic variation. *Nucleic Acids Res*. 33, 6906-6919.

13.22 适合于实验系统的重组途径

研究论文文献

Egli, D., Hafen, E., and Schaffner, W. (2004). An efficient method to generate chromosomal rearrangements by targeted DNA double-strand breaks in *Drosophila melanogaster*. *Genome Res*. 14, 1382-1393.

Le, Y., and Sauer, B. (2001). Conditional gene knockout using Cre recombinase. *Mol. Biotechnol*. 17, 269-275.

第 14 章

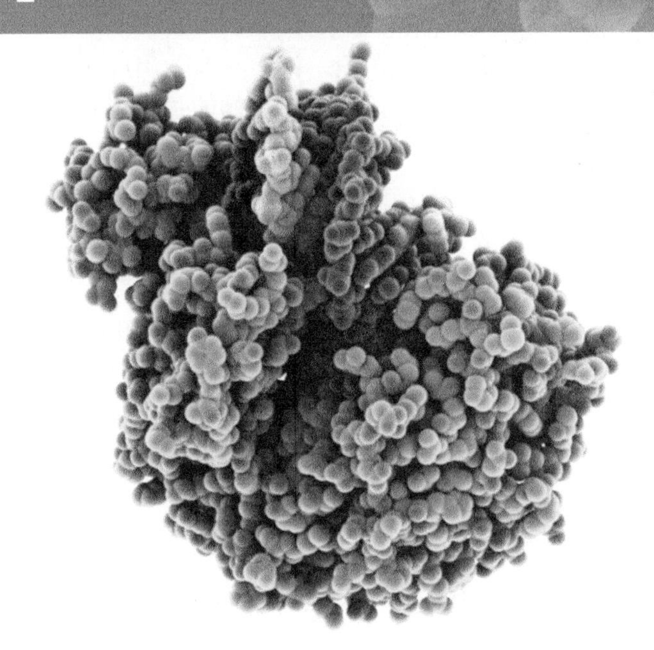

修复系统

章节提纲

14.1 引言

在正常双螺旋 DNA 中导入可产生偏差的任何事件对细胞的遗传组成都是一个威胁，而识别系统和损伤修复系统可以把对 DNA 的损伤降低到最小限度。修复系统与复制装置本身一样复杂，这表明它们对细胞的存活是非常重要的。当一种修复系统逆转了一种对 DNA 的改变，就不会产生什么不良后果；但当修复系统未能执行这一功能时，突变就会产生。突变产生的频率反映了 DNA 中损伤事件次数和正常（或非正常）修复事件次数之间的平衡。

修复系统常常识别一段 DNA 中的扭曲结构作为起始行动的信号。对损伤的应答包括修复酶的激活和募集、染色质结构的修饰、细胞周期检查点的激活，以及多细胞有机体因修复不足所致的凋亡。人类基因组含有多达 130 种以上的修复基因，这种事实足以表明真核生物中 DNA 修复的重要性。目前我们将修复系统分成如下几种类型，如**图 14.1** 所示。

- 一些酶可直接逆转特殊类型的 DNA 损伤。
- 机体存在着几条途径，如碱基切除修复、核苷酸切除修复和错配修复，它们都通过移去损伤 / 错配区，并以完整链为模板去合成新 DNA 而发挥作用。
- 有些系统可通过重组事件获取未损伤拷贝，再以此置换损伤的双链体序列而发挥作用。
- 非同源末端连接途径可重新连接断开的双链末端。
- 跨损伤或易错 DNA 聚合酶可跨过某一损伤部位，或合成一段置换所需的 DNA 片段，因此可能含有额外的错误。

直接修复非常罕见，并涉及逆转或简单的损伤去除。其中最好的例子就是嘧啶二聚体的**光复活**（**photore-activation**），在这个修复过程中，相邻碱基之间的受损共价键被光依赖酶逆转。

几种**切除修复**（**excision repair**）系统涉及不正确或损伤序列的去除，随后就是修复合成。切除修复途径由识别酶启动，它可看到真实的损伤碱基或 DNA 空间路径的变化。**图 14.2** 总结了真正的切除修复系统运作时所发生的主要事件。一些切除修复系统能识别 DNA 的常见损伤；而另一些则作用于特定类型的碱基损伤。单一细胞类型中常常同时存在多种切除修复系统。

DNA 链间的错配是修复系统的重要靶标之一，**错配修复**（**mismatch repair，MMR**）能仔细检查 DNA 链上并列的碱基对，寻找是否存在不合适的配对。这个系统也识别插入 / 缺失环，即当序列存在于其中一条链，而不存在于互补链，它会以环状结

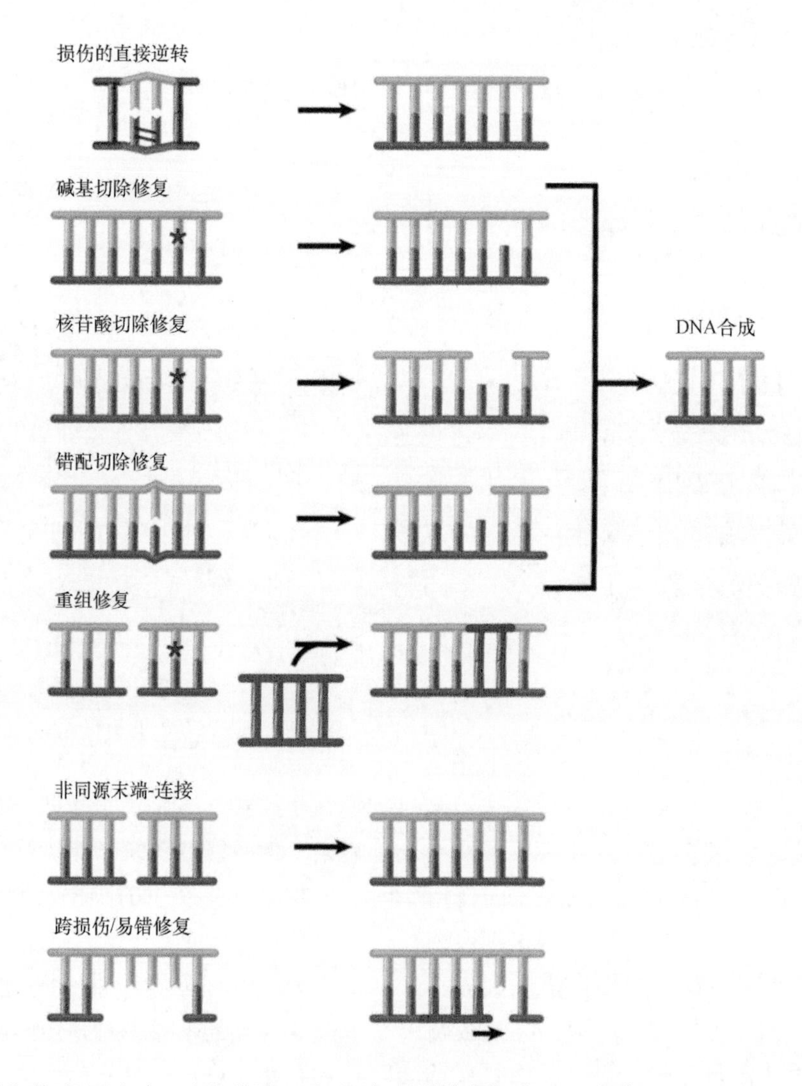

图 14.1 修复基因可划分到不同路径中，它们分别运用不同机制逆转或绕过 DNA 损伤

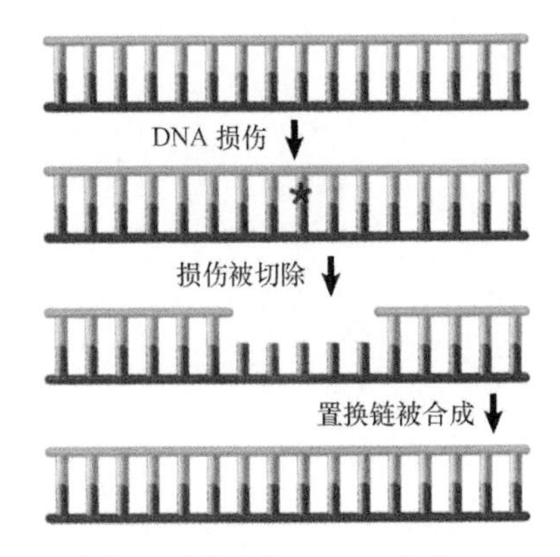

图 14.2 切除修复系统直接移去损伤的 DNA，并重新合成置换所需的一段 DNA 链

构出现。复制过程中所产生的错配和插入 / 缺失环将会被校对，这可以通过它是来自于“新链”和“旧链”加以区分，且系统会偏向选择新合成链进行校对修复。还有一些系统处理碱基转换所引起的错配，如脱氨基作用所导致的错配。

两种主要的切除修复系统，以及错配修复系统描述如下。

- **碱基切除修复（base excision repair，BER）**系统直接从 DNA 中移去损伤的碱基并置换它。一个典型例子是尿嘧啶 -DNA 糖基化酶（uracil-DNA glycosylase，Udg），也称为尿嘧啶 N- 糖基化酶（uracil N-glycosylase，Ung），它可以移走与鸟嘌呤错配的尿嘧啶（见 14.5 节“碱基切除修复系统需要糖基化酶”）。
- **核苷酸切除修复（nucleotide excision repair，NER）**系统切除含损伤碱基的一段序列，再合成一段新 DNA 去替换切除序列。

与切除修复机制不同，当**重组修复（recombination-repair）**系统解决子链中存在的损伤时，它会强迫复制叉绕过这一位点，一般会在子链中产生一个缺口，而后补救系统利用重组反应从未损伤的链中获得一段损伤序列的拷贝，这份拷贝再用于修复缺口。

重组和修复中的一个主要特点是需要处理双链断裂（double-strand break，DSB），这可来自于各种不同机制。在减数分裂的同源重组过程中，往往故意产生 DSB 以起始交换；复制中遇到的各种问题也会产生 DSB，此时它们可能引发重组修复系统的使用；此外，环境危害（如放射损伤）、内源性损伤（来自细胞代谢的活性氧自由基），或者由于端粒长度缩短而导致非端粒染色体末端的暴露等，都能产生 DSB。在所有这些事件中，DSB 会引起突变，包括长的染色体区域的丢失。DSB 可利用同源序列，通过重组修复途径修复，也可以通过非同源 DNA 的末端相互连接而被修复。

干扰大肠杆菌（*Escherichia coli*）进行 DNA 修复的突变可分成几组，对应于几条修复途径（并不一定都相互独立）。已知的主要途径有：*uvr* 切除修复系统、甲基介导的 *mut* 错配修复系统、*recB* 和 *recF* 的重组与重组修复途径。与这些系统相关的酶有内切核酸酶和外切核酸酶（对于移走损伤的 DNA 很重要）、解离酶（特异性地作用于重组接点的内切核酸酶）、解开 DNA 的解旋酶、合成新 DNA 的 DNA 聚合酶。一些酶特异性地作用于特定的修复途径，另一些则参与多条途径。

复制装置非常关注复制过程的质量，DNA 聚合酶利用校对方式监控子链序列并消除差错。一些修复系统在合成 DNA 去置换损伤的 DNA 序列时，其准确性会下降。由于这个原因，在历史上，这些系统被认为是易错修复系统（error-prone system）。

14.2 修复系统校对 DNA 损伤

关键概念

- 修复系统识别与正确碱基对不一致的 DNA 序列。
- 切除系统将 DNA 中的一条链从损伤位点移去，然后替换它。
- 重组修复系统利用重组替换损伤的双链区。
- 所有这些系统在修复过程中易于引入错误。
- 光复活作用是一种非诱变性修复系统，它特异性地作用于嘧啶二聚体。
- 甲基转移酶能直接逆转自杀反应中的烷化损伤。

可触发修复系统的损伤类型可分成三类：单碱基改变、结构扭曲 / 大范围损害，以及链的断裂。

单碱基突变影响了序列但没有改变 DNA 的整体结构。当 DNA 双链体的两条链分开时，它们不影响转录或复制。这样，这些突变通过改变 DNA 序列，把它们的破坏效应施加到后代中去。当一个碱基转变为另一个碱基，并且它不能与对应碱基恰当地进行配对时，就引起了这种效应。它们可能由一个碱基原位突变或由复制差错所产生。在**图 14.3** 中，胞嘧啶脱氨基作用形成尿嘧啶（自发发生或化学诱变剂诱导），从而产生一个错配的 U · G 对；而在**图 14.4** 中，复制差错导致插入一个腺嘌呤而不是胞嘧啶，结果产生了一个 A · G 对。类似地，碱基与小的基团共价连接将改变它的碱基配对能力。这些变化可能引起一些很小的结构干扰（如在 U · G 配对情况下）或相当巨大的改变（如在 A · G 配对情况下），但它们共同的特点是错配只持续到下一次复制为止。这样，在它们通过复制被永久保留之前，只存在有限的时间可以来修复。这种修复由复制偶联的错配修复系统介导。

结构扭曲可能对复制或转录产生结构上的阻碍。在 DNA 的一条链上的碱基之间形成共价键或两条对应单链碱基之间形成共价键会抑制复制和转录。在**图 14.5** 中，紫外线（UV）辐射在两个相邻嘧啶碱基（这个例子中为胸腺嘧啶）之间引入共价键，形成链内**嘧啶二聚体**（**pyrimidine dimer**），以

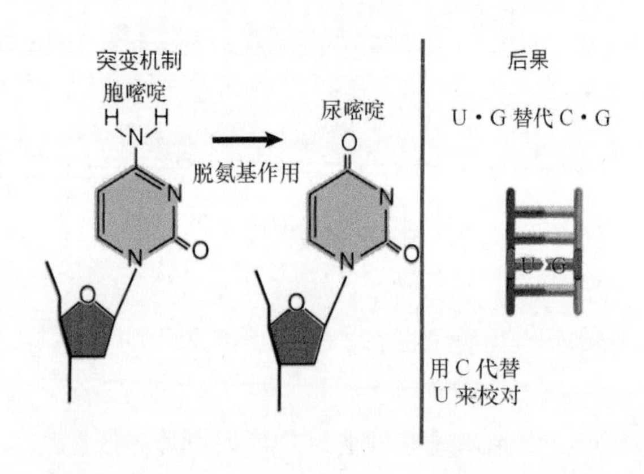

图 14.3　胞嘧啶脱氨基作用形成 U · G 碱基配对，而尿嘧啶将优先从错配碱基对中被去除

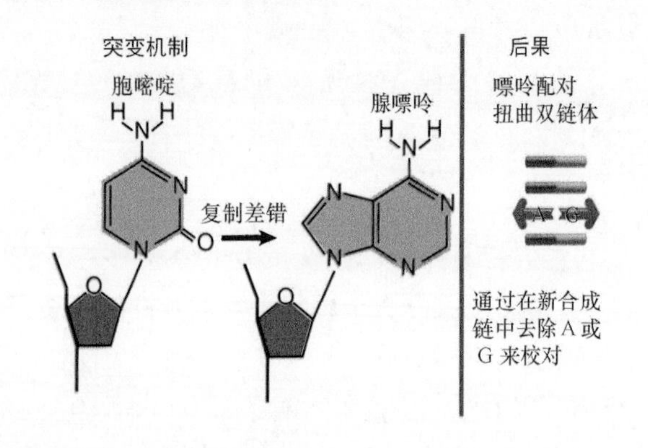

图 14.4　复制差错产生错配碱基对，通过替换一个碱基，这个错配碱基对就能被校对；如果不能被校对，那么突变就会被固定于子代双链体中

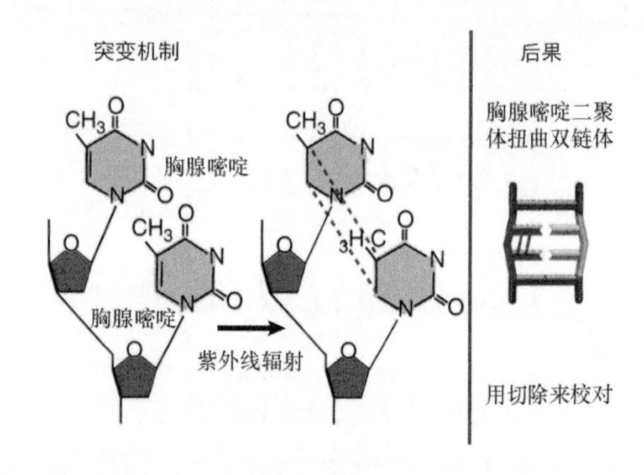

图 14.5　紫外线辐射在两个相邻胸腺嘧啶之间形成二聚体，它阻断复制和转录

环丁烷嘧啶二聚体（cyclobutane pyrimidine dimer，CPD）的形式出现，如图 14.5 所示，或形成 6,4 光产物（6,4 photoproduct，6,4PP）。在所有这些嘧啶二聚体中，胸腺嘧啶 - 胸腺嘧啶二聚体是最常见的，而胞嘧啶 - 胞嘧啶二聚体是最少见的。另外，6,4PP 出现的概率约为 CPD 的 1/3，可能因为其致突变性更高。这些损害都可由光复活修复，只要这些物种拥有这种修复机制。这套系统广泛存在于自然界中，发生于除有胎盘的哺乳动物以外的所有哺乳动物中，在植物中似乎特别重要。在大肠杆菌中，它依赖于单一基因（*phr*）产物，所编码的酶称为光修复酶（photolyase）。（有胎盘的哺乳动物通过切除修复系统修复这些损伤。）

图 14.6 中，在碱基上加上一个大的额外基团，扭曲了双螺旋结构，也会产生相似的转录或复制被阻碍的后果。在此例中，鸟嘌呤的异常甲基化产生了可阻止正常碱基配对的损伤。O^6- 甲基鸟嘌呤（O^6-methylguanine，O^6-meG）是一种常见的诱变损伤，它可通过几种途径修复。O^6-meG 实际上是其中一种直接修复系统的底物：O^6- 甲基鸟嘌呤 DNA 甲基转移酶（O^6-methylguanine DNA methyltransferase，MGMT）

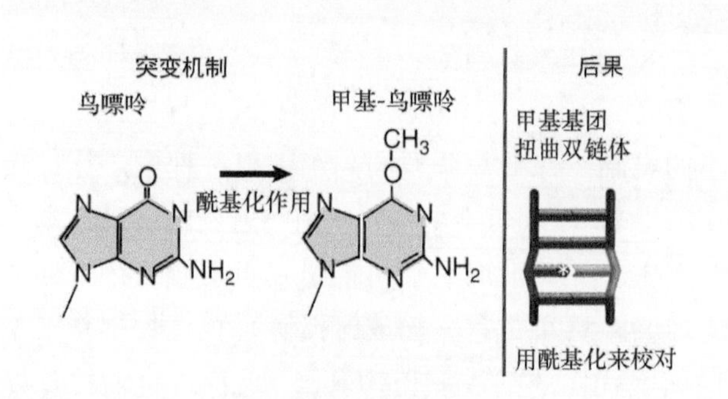

图 14.6　碱基的甲基化扭曲了双螺旋结构，引起复制时的错配。星号表示甲基化基团

可直接将 O^6-meG 的甲基基团转移到此酶的半胱氨酸残基上，从而修复鸟嘌呤，如图 14.7 所示。这是一种自杀反应，因为甲基化的 MGMT 不能再生出游离半胱氨酸残基，因此在修复完成后它会被降解。

碱基的缺失或去除产生了一个无碱基位点，如图 14.8 所示。它们使此链不能成为合成 RNA 或 DNA 的合适模板链。无碱基位点由切除修复系统修复，它通过将碱基缺失的磷酸二酯键骨架移去而完成。

DNA 链的断裂可发生在一条或两条链上。单链断裂或缺口可直接被连接起来。DSB 是一类主要的损伤，如果不被修复，可导致大范围的 DNA 丢失。

所有这些改变的共同特征是有害的添加物（或断裂）留在 DNA 中，可持续引起结构问题和（或）导致突变，直到它被去除为止。

修复系统被消除后，细胞变得对可引起 DNA 损伤的试剂极度敏感，特别是缺乏可识别系统的损伤类型。参与修复系统相关的基因若发生突变会导致人类中许多癌症的产生，这就进一步彰显了这些系统的重要性。如 Lynch 综合征，也称为遗传性无息肉型结直肠癌（hereditary nonpolyposis colorectal cancer，HNPCC），它就是由错配修复的缺失所形成的。

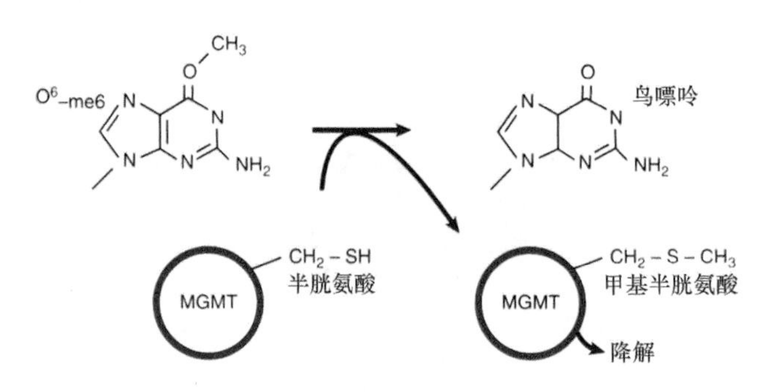

图 14.7 MGMT 可直接将 O^6-meG 的甲基基团转移到此蛋白的半胱氨酸残基上。这个反应修复了鸟嘌呤，但它是不可逆反应，会导致 MGMT 的失活和降解

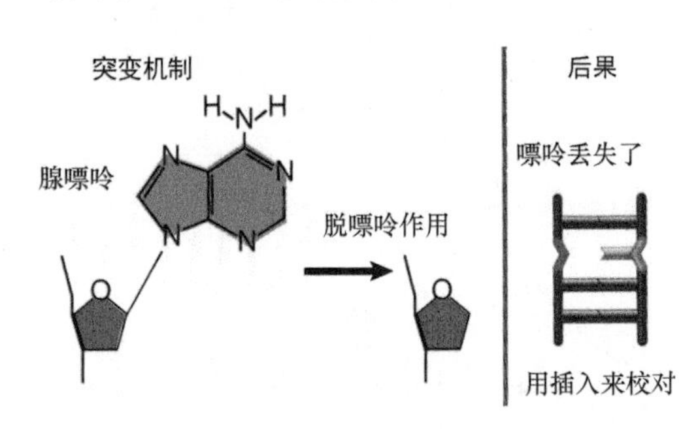

图 14.8 脱嘌呤作用将碱基从 DNA 中去除，从而阻止复制和转录

14.3 大肠杆菌中的切除修复系统

关键概念

- *uvr* 系统在距离损伤 DNA 两侧约 12 碱基处产生切口，移去切口之间的 DNA 序列，并重新合成新的 DNA。
- 当 DNA 损伤发生时，转录基因优先被修复。

尽管切除修复系统在特异性上有所不同，但它们有一些共同特征，每个系统都从 DNA 中去除错配或损伤的碱基，然后合成一段新的 DNA 链去置换它们。图 14.9 显示了切除修复的一般途径，它是在图 14.2 的基础上增加了更多细节。

在切开（incision）这一步中，内切核酸酶识别损伤结构，切割损伤序列两侧的 DNA 链。

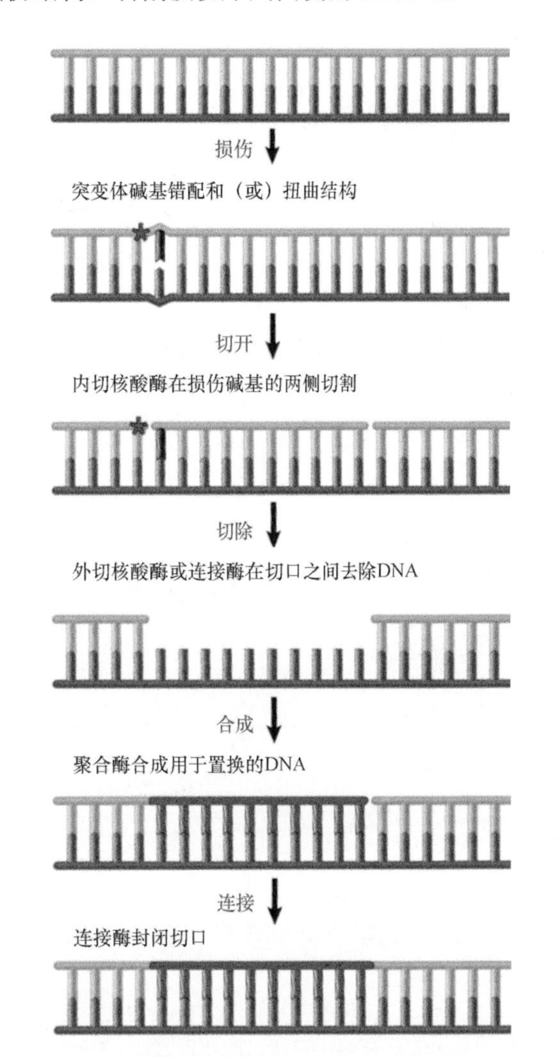

图 14.9 切除修复系统去除和替换一段含有损伤碱基的 DNA

在切除（excision）这一步中，一个 5′ → 3′ 的外切核酸酶移除这一段损伤链。或者，解旋酶能置换出损伤链，它随后被降解。

在合成（synthesis）这一步中，留下的单链区作为 DNA 聚合酶合成被切除序列的替代物时的模板。新链的合成须与旧链的去除相联系，并协调地进行。最后，DNA 连接酶共价连接新合成物的 3′ 端与原有 DNA。

大肠杆菌中 *uvr* 切除修复系统包含三个基因（*uvrA*、*uvrB*、*uvrC*），它们编码修复性内切核酸酶的各个组分。**图 14.10** 显示了这些蛋白质在不同阶段的功能：首先，UvrAB 二聚体识别嘧啶二聚体和其他大的损伤；然后，UvrA 蛋白解离（需要 ATP），UvrC 蛋白与 UvrB 蛋白结合；UvrBC 复合体在损伤两侧进行切开，一个切口和损伤位点 5′ 端的距离为 7 个核苷酸，另一个切口和损伤位点 3′ 端的距离为 3 ～ 4 个核苷酸，这也需要 ATP。UvrD 蛋白是一个解旋酶，帮助解开 DNA，释放出两个切口之间的单链。切除损伤链的酶是 DNA 聚合酶 Ⅰ，参与修复合成的酶可能也是 DNA 聚合酶 Ⅰ（尽管 DNA 聚合酶 Ⅱ 和 Ⅲ 可以替代它）。

UvrABC 修复实际上负责了大肠杆菌中几乎所有的切除修复反应。在几乎所有情况下（99%），被置换 DNA 的平均长度约为 12 个核苷酸 [由于这个原因，有时这个过程被称为短补丁修复（short-patch repair）]。剩下 1% 的大部分修复反应涉及长达约 1500 个核苷酸的置换，最长的大于 9000 个核苷酸 [有时称为长补丁修复（long-patch repair）]。但是，我们还不清楚为什么有些事件会引发长补丁修复而不是短补丁修复。

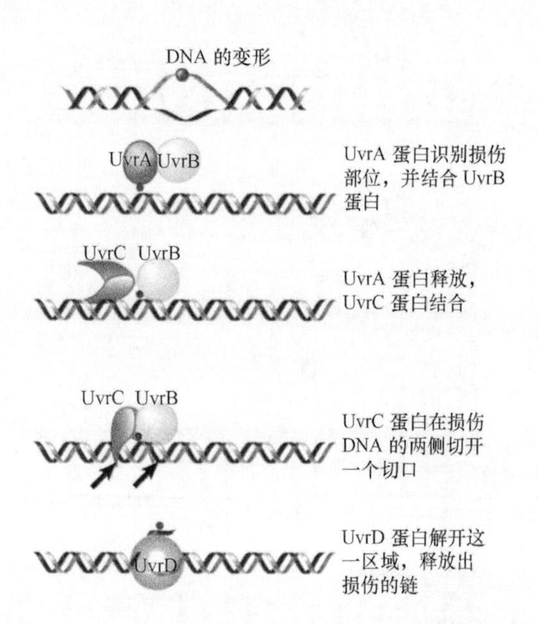

图 14.10 Uvr 系统作用的不同阶段，UvrAB 复合体识别损伤部位；UvrBC 复合体在 DNA 上切开切口；UvrD 蛋白解开标记的区域

其他一些蛋白质也可以引导 Uvr 复合体到损伤位点。DNA 损伤可能停滞转录，此时，Mfd 蛋白可以置换 RNA 聚合酶并征用 Uvr 复合体来应对这种情况。**图 14.11** 显示了一个修复与转录之间的联系模型。在模板链上，当 RNA 聚合酶遇到 DNA 损伤时，它会停下来，因为它不能利用损伤序列作为模板来指导互补碱基配对。这解释了模板链效应的特异性（非模板链中的损伤不会阻碍 RNA 聚合酶的前进）。

Mfd 蛋白具有两种功能：首先，它从 DNA 上置换出 RNA 聚合酶的三元复合体；其次，它使 UvrABC 酶结合于损伤的 DNA，并指导对损伤链的切除修复反应。在 DNA 已经被修复后，经过这个基因的下一个 RNA 聚合酶就能产生正常的转录物。

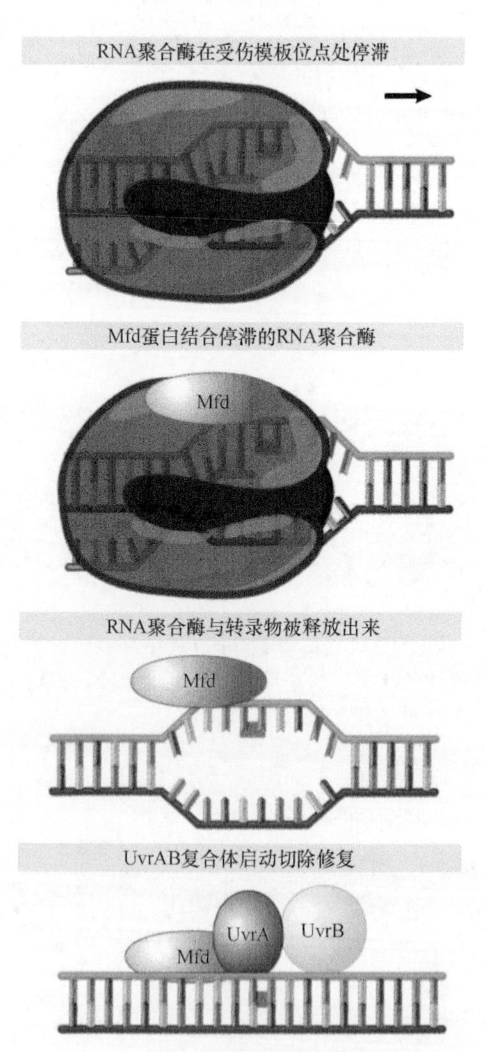

图 14.11 Mfd 蛋白识别停滞的 RNA 聚合酶，并指导对损伤模板链的修复

14.4 真核生物核苷酸切除修复途径

关键概念

- 着色性干皮病（XP）是一种人类疾病，它是由几个核苷酸切除修复基因中的任何一个突变引起的。
- 许多蛋白质，包括XP产物和转录因子$TF_{II}H$，都参与了真核生物核苷酸切除修复。
- 全基因组修复可识别基因组中的任何损伤。
- 通过转录偶联修复，转录活性基因优先被修复。
- 全基因组修复和转录偶联修复在识别损伤的机制上是不同的（XPC蛋白对比RNA聚合酶II）。
- $TF_{II}H$因子提供了与修复酶复合体的联系。
- $TF_{II}H$因子中XPD成分的突变引起三种不同类型的人类疾病。

在真核生物细胞中，切除修复途径的一般原则类似于细菌。大范围损伤，如由UV、交联剂和众多的化学致癌剂所产生的损伤，也能被核苷酸切除修复系统所识别和修复。从某些人类遗传性疾病中可以看到核苷酸切除修复系统的重要作用。其中了解得最清楚的是**着色性干皮病（xeroderma pigmentosum，XP）**，这是一种对太阳光，尤其是UV高度敏感的常染色体隐性遗传病，这一缺陷会导致皮肤病和易患癌症的体质。

这个疾病由核苷酸切除修复缺陷所引起。XP患者不能切除嘧啶二聚体及其他大的添加物。其突变产生自7个基因中的一个，分别为*XPA*、*XPB*、*XPC*、*XPD*、*XPE*、*XPF*和*XPG*，所有这些基因编码了参与核苷酸切除修复不同阶段的各种蛋白质。在真核生物中，实际上存在两种主要的核苷酸切除修复途径，如**图14.12**所示。

这两条途径之间的主要不同在于损伤是如何被初始识别的。在全基因组修复（global genome repair，GG-NER）中，XPC蛋白检测损伤和启动修复反应，它能识别基因组中的任何损伤。在哺乳动物中，XPC蛋白是损伤感应复合体的一个成分，这个复合体还包含HR23B蛋白和核心蛋白2（centrin 2）。XPC蛋白还能探查出不被NER所修复的扭曲结构（如DNA中的一小段解链区），这提示需要其他蛋白质来证实由XPC蛋白所结合的损伤结构。尽管XPC蛋白能识别许多类型的损伤，但是一些损伤，如UV诱导的环丁烷嘧啶二聚体（cyclobutane pyrimidine dimer，CPD）是不能被XPC蛋白识别的。在这个例子中，DNA损伤结合（DNA damage binding，DDB）复合体可协助募集XPC蛋白到这种类型的损伤区。

相对应地，在转录偶联修复（trancription-coupled repair，TC-NER）中，正如名称所提示的，它负责修复发生于活性基因转录链上的损伤。在这个例子中，RNA聚合酶II本身可识别此损伤，也就是说，当遇到大范围损伤时它会停滞。有趣的是，修复功能可能需要RNA聚合酶的修饰或降解。当酶停滞在UV损伤的位点上时，RNA聚合酶的大亚基会被降解。

两条途径最终会汇合，并使用一组共同的蛋白质来实现修复。在损伤位点的周围，DNA链约解开20 bp，这个作用由转录因子$TF_{II}H$的解旋酶活性来执行，它本身是一个大的复合体，包括*XPB*基因与*XPD*基因的两个XP基因产物。XPB蛋白与XPD蛋白都是解旋酶。XPB解旋酶是转录过程中的启动子解链所需的；而XPD解旋酶可执行NER中的解链功能（尽管这一阶段也需要XPB蛋白的ATP酶活性）。$TF_{II}H$因子已经存在于停滞的转录复合体中，结果，相对于非转录区的修复，转录链的修复极其有效。

下一步，在损伤的每一边由*XPG*基因与*XPF*基因编码的内切核酸酶进行切割。XPG蛋白与FEN1蛋白的内切核酸酶活性有关，FEN1蛋白可切割碱基切除修复途径过程中的DNA（见14.5节“碱基切除修复系统需要糖基化酶”）。XPF蛋白与ERCC1蛋白一起组成双蛋白切开复合体，这可帮助XPF蛋白在切口结合DNA。在NER过程中，通常约25～30个核苷酸被切除。

最后，携带损伤碱基的一段单链接着被新合成链置换，然后留下的缺口由连接酶III与XRCC1蛋白组成的复合体连接起来。

$TF_{II}H$因子，特别是XPD蛋白和XPB蛋白，在NER和转录中发挥了各种各样的复杂作用。在科凯恩综合征（Cockayne syndrome）中，细胞中

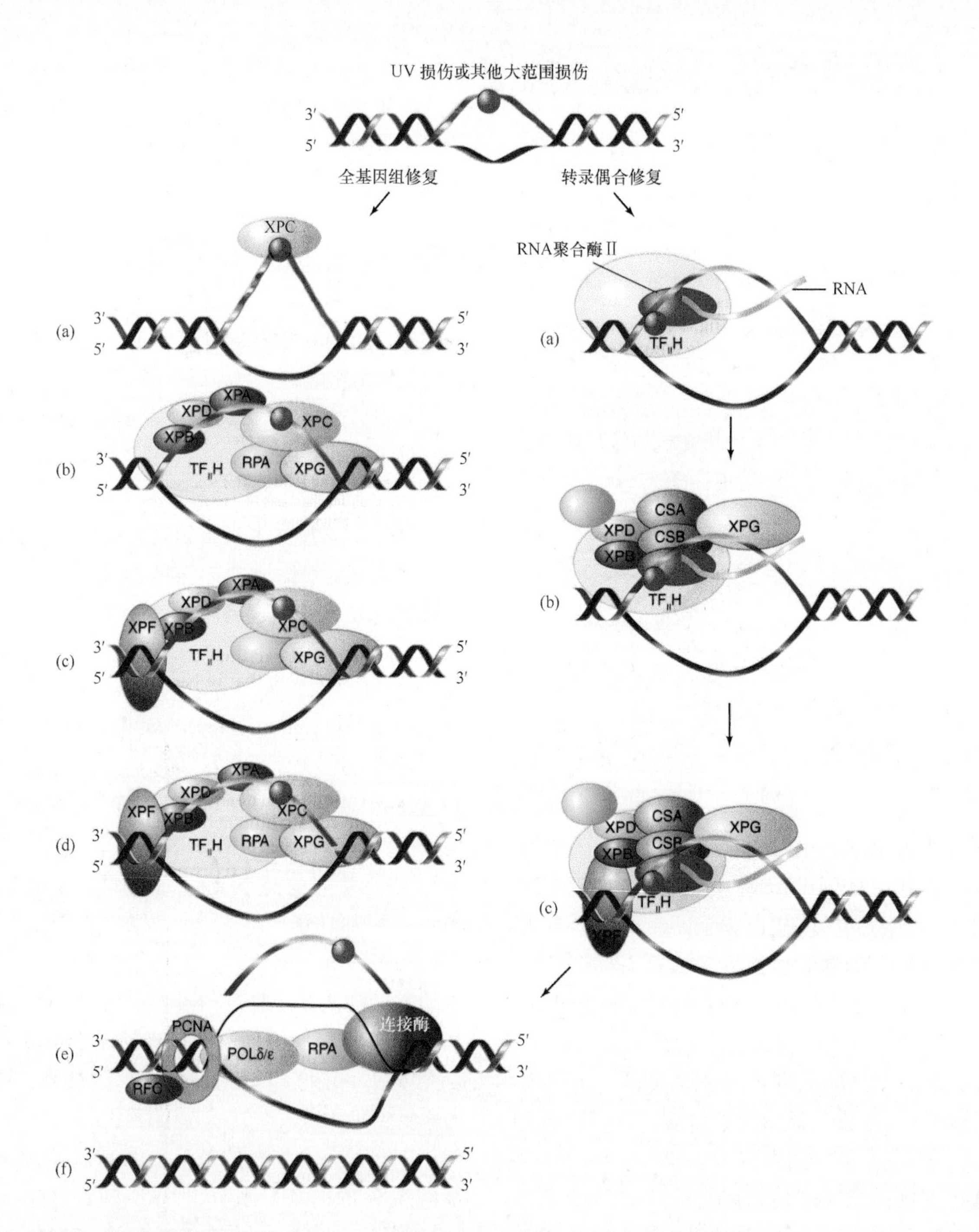

图 14.12 核苷酸切除修复通过两种主要途径：全基因组修复，此时 XPC 蛋白能识别基因组中的任何损伤；转录偶联修复，此时活性基因的转录链优先被修复，且延伸 RNA 聚合酶可识别此损伤

改编自 E. C. Friedberg, et al, *Nature Rev. Cancer* 1(2001): 22-23

RNA 聚合酶 II 中大亚基的降解作用缺失，这是一种修复缺陷型疾病，它以神经损害和生长缓慢为特征，可能也表现出类似于 XP 的光敏性，却没有易患癌症的体质。科凯恩综合征可由两个基因（*CSA* 基因和 *CSB* 基因）中的任何一个突变所引起，这两个基因产物要么结合于 TF$_{II}$H 因子，要么成为它的一部分。*XPB* 基因与 *XPD* 基因上的特定突变也能引起此病。

另一个疾病可由 *XPD* 基因上的突变引起，称为毛发低硫营养不良（trichothiodystrophy），它与 XP 或科凯恩综合征（它以毛发易碎为特征，也可包括精神迟缓）几乎不存在共同之处。所有这些疾病都说明 XPD 蛋白是多能性蛋白，即它的不同突变能影响不同功能。事实上，XPD 蛋白是转录过程中 TF$_{II}$H 复合体保持稳定性所必需的，而它的解旋酶活性却不是转录过程所必需的。阻止 XPD 蛋白去稳定复合体的突变可以引起毛发低硫营养不良。解旋酶活性是修复功能所必需的，因此影响解旋酶活性的突变引起修复缺失，这可导致XP或科凯恩综合征。

如果复制遇到了没有被去除的嘧啶二聚体，那么在这些例子中，复制需要DNA聚合酶η活性来跨过二聚体而前进。这个聚合酶由*XPV*基因编码，这种旁路机制可使细胞分裂甚至在未修复的损伤存在的情况下继续进行下去，但是这往往是最后一招，因为细胞倾向于使分裂停止直到所有损伤都被修复。

14.5 碱基切除修复系统需要糖基化酶

关键概念

- 直接将损伤碱基从DNA中切除可触发碱基切除修复。
- 碱基切除触发一段多核苷酸链的去除和置换。
- 碱基切除反应的性质决定了两条切除修复途径的哪一条被激活。
- polδ/ε途径置换长多核苷酸链；polβ途径置换短多核苷酸链。
- 糖基化酶识别尿嘧啶和烷基化的碱基并直接将其从DNA中切除。
- 糖基化酶和光解酶通过将碱基翻转到双螺旋外而起作用，在那里，基于反应类型，碱基或被切除，或被修饰再回到螺旋内。

碱基切除修复类似于前一节所描述的核苷酸切除修复途径，这个过程通常开始于不同的方式，然而，它都涉及单一损伤碱基的去除。这可引发酶的活性，使之切除和置换一段包含损伤位点的多核苷酸链。

从DNA中去除碱基的酶称为**糖基化酶（glycosylase）**和**裂解酶（lyase）**。**图14.13**显示，糖基化酶切开损伤或错配碱基和脱氧核糖之间的键；**图14.14**显示，一些糖基化酶也是裂解酶，可以使反应更进一步，它能用氨基基团（—NH_2）去进攻脱氧核糖环。通常在随后的反应中在多核苷酸链上引入一个切口。**图14.15**显示，这个途径的确切形式依赖于损伤碱基是被糖基化酶还是被裂解酶所去除。

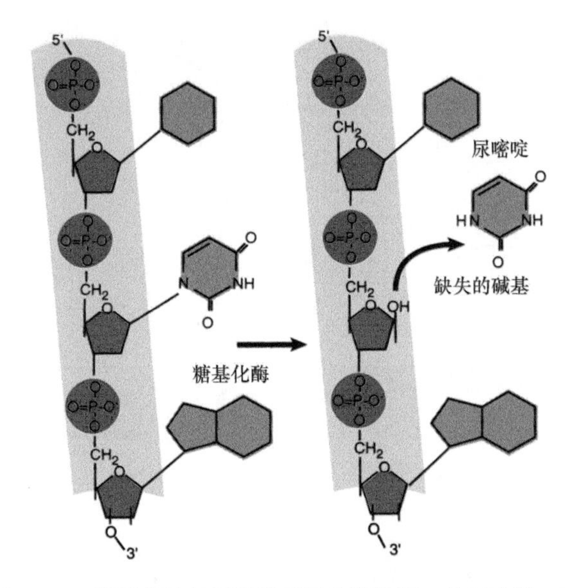

图14.13 糖基化酶切开连接脱氧核糖的键，从而去除DNA上的碱基

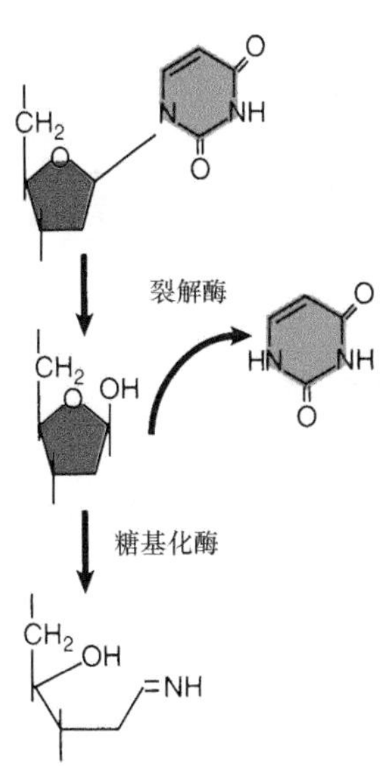

图14.14 糖基化酶水解碱基和脱氧核糖之间的键（用H_2O），但是裂解酶可以使反应更进一步，用一个氨基去开启脱氧核糖环

糖基化酶作用后紧随着内切核酸酶APE1，它能切割5′端的多核苷酸链；这依次吸引了含有DNA聚合酶δ/ε和辅助成分的复制复合体，它能执行短合成反应，可向外延伸2～10个核苷酸；被置换的物质则被内切核酸酶FEN1所去除；而连接酶-1可封闭这条链，这称为长补丁途径（long-patch pathway）。（注意：这些名字特指哺乳动物中所有的酶，但这些描述可应用于所有真核生物）。

当初始去除涉及裂解酶作用时，则由内切核酸酶APE1募集DNA聚合酶β来置换单一核苷酸，而切口则由XRCC1/连接酶-3封闭，这称为短补丁途径（short-patch pathway）。

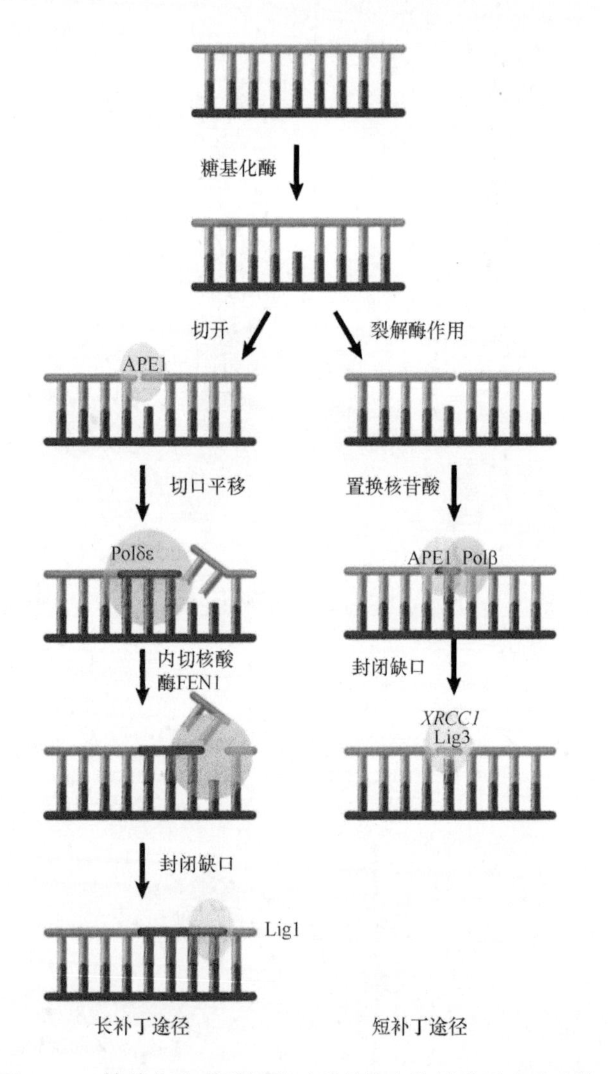

图 14.15 糖基化酶或裂解酶对碱基的去除触发了哺乳动物切除修复途径

切除或修饰 DNA 中单一碱基的几种酶可以产生不同寻常的反应，它可将碱基“翻转”到双螺旋外。这种类型的相互作用首次在甲基转移酶中得以阐明，它能将一个甲基基团加到 DNA 中的胞嘧啶上。这种碱基翻转（flip）机制直接将碱基放入酶的活性位点，并在被修饰后再回到螺旋内的原来位置上，或者在 DNA 损伤情况下马上被切除出去。烷基化碱基（通常一个甲基加到碱基上）也是通过这种机制被切除的。一种人类的酶——烷基化腺嘌呤 DNA 糖基化酶（alkyladenine DNA glycosylase，AAG）能识别并切除各类不同的烷基化底物，包括 3- 甲基化腺嘌呤、7- 甲基化鸟嘌呤和次黄嘌呤。**图 14.16** 显示了结合于甲基化腺嘌呤的 AAG 结构，此时腺嘌呤被翻转出去，并结合于糖基化酶的活性位点。

与这个机制相比，1- 甲基化腺嘌呤由一个可

图 14.16 DNA 修复酶烷基化腺嘌呤 DNA 糖基化酶（AAG）结合于损伤碱基（甲基化腺嘌呤）的晶体结构。碱基（黑色）翻转到 DNA 双螺旋（蓝色）外面，并进入 AAG 的活性位点（橙色和绿色）

图片由 CDC 友情提供

使用氧化机制的酶来修复（由大肠杆菌的 *alkB* 基因编码，此基因在自然界有广泛的同源物，包括人类中的三个基因）。甲基基团被氧化成羟甲基基团（CH_2OH），然后释放甲醛基基团（HCHO），使腺嘌呤的结构恢复。一个有趣的进展是，我们发现细菌的酶和人类的一种酶还可以修复 RNA 中相同的损伤碱基。人类中酶的主要靶标是核糖体 RNA，这是第一个发现的以 RNA 为靶标的修复事件。

最常见的碱基直接从 DNA 中被切除的反应是由尿嘧啶 DNA 糖基化酶催化的。尿嘧啶的异常出现只发生于 DNA 中，这常常是由于胞嘧啶的（自发）脱氨基作用所致，而糖基化酶可以识别并切除它。这个反应与图 14.15 所显示的反应相似：尿嘧啶被翻转到螺旋结构外面，进入糖基化酶的活性位点。大部分或所有的糖基化酶和裂解酶（在原核生物与真核生物中）似乎都以相似的方式工作。

另一个使用碱基翻转机制的酶是光解酶（photolyase），它能逆转嘧啶二聚体之间的键（见图 14.5）。嘧啶二聚体被翻转进入酶的空腔，酶的活性位点与空腔很近，它含有一个电子供体，可以提供断裂键所需的电子，而反应所需的能量则由可见光波提供。尽管大部分原核生物与真核生物物种拥有光解酶，但是有胎盘的哺乳动物（但不是有袋动物）已经丧失了这种活性。

这些酶的共同特性是将目标碱基翻转到酶的结构中。最近的工作显示，Rad4 蛋白——一种酵母 XPC 同源物（在核苷酸切除修复过程中，这个蛋白能识别 UV 损伤和其他损伤），在这一过程中采用了有意思的改变以进行修正反应。Rad4 蛋白可将嘧啶二聚体中与胸腺嘧啶互补的两个腺嘌呤翻转出来，而不是将损伤的嘧啶二聚体本身翻转出来。事实上，我们相信，轻松地将未配对的腺嘌呤翻转出来实际上是 Rad4 蛋白检测损伤的一种机制。这样，在这一例子中，随后的修复靶标根本不是由 Rad4 蛋白直接识别，而是这种蛋白采用翻转作为一种间接机制，去检测正常碱基配对 DNA 双螺旋的丧失与否。

当一个碱基从 DNA 中被去除后，内切核酸酶会切除磷酸二酯键骨架，然后 DNA 聚合酶合成 DNA 来填补缺口，最后连接酶使多核苷酸链恢复完整性，就如前一节所描述的核苷酸切除修复途径一样。

14.6 易错修复和跨损伤合成

关键概念

- 若损伤 DNA 未被修复会导致 DNA 聚合酶Ⅲ在复制过程中停止。
- DNA 聚合酶Ⅴ（由 *umuCD* 基因编码）或 DNA 聚合酶Ⅳ（由 *dinB* 基因编码）能够合成一条损伤链的互补链。
- 修复性的 DNA 聚合酶所合成的 DNA 常常含有错误序列。

参与合成 DNA 的修复系统的存在引出了这样一个问题，即它合成 DNA 的质量控制能力是否可与 DNA 复制系统相媲美。就目前我们所知，大部分系统，包括 *uvr* 控制的切除修复系统与 DNA 复制系统在差错频率上没有显著差异。但是，在一些情况下，大肠杆菌中会发生 DNA 的**易错合成（error-prone synthesis）**。

如果 λ 噬菌体被导入预先经过 UV 辐射的细胞群，那么噬菌体 DNA 的损伤修复将会伴随着突变的引入，由此我们首先在噬菌体观察到了这一现象，这就是易错途径，也称为**跨损伤合成（translesion synthesis）**。这提示宿主被 UV 辐射激活了产生基因突变的功能，当它修复 λ 噬菌体 DNA 时，就产生了这种效应。这一诱变应答也同样适用于细菌宿主 DNA。

究竟什么是易错活性呢？当特化的 DNA 聚合酶遇到任何不能将互补碱基对插入子链的位点时，就随机插入不正确的碱基，即可发生碱基突变。通过基因 *umuD* 和 *umuC* 的突变，我们可以鉴定出涉及易错途径的一些功能，这些突变基因会使 UV 诱导的基因突变失效，这表明 UmuC 蛋白和 UmuD 蛋白可引起 UV 辐射之后的突变发生。由此这些基因组成了 *umuDC* 操纵子，而 DNA 损伤能诱导其表达，它们的产物形成一个 $UmuD'_2C$ 复合体，由截断的 UmuD 蛋白的两个亚基和 UmuC 蛋白的一个亚基组成。RecA 蛋白能切割 UmuD 蛋白，而 DNA 损伤可激活 RecA 蛋白。

$UmuD'_2C$ 复合体具有 DNA 聚合酶活性，它被称为 DNA 聚合酶Ⅴ，负责合成新的 DNA 来置换被 UV 损伤的序列。这是大肠杆菌中唯一可以绕过典型的由 UV 产生的嘧啶二聚体的酶（或其他大添加物）。这个聚合酶的活性是“易错”的，*umuC* 或 *umuD* 基因突变使酶失活，于是高剂量 UV 辐射就变得致死。

其他 DNA 聚合酶是如何接近 DNA 的呢？当复制酶（DNA 聚合酶Ⅲ）遇到阻碍物，如嘧啶二聚体，它就会停下，然后离开复制叉并被 DNA 聚合酶Ⅴ取代。事实上，DNA 聚合酶Ⅴ与 DNA 聚合酶Ⅲ一样，需要利用一些相同的辅助蛋白。DNA 聚合酶Ⅳ，即 *dinB* 基因的产物也是如此，它是另一个作用于损伤 DNA 的酶。

DNA 聚合酶Ⅳ和Ⅴ属于更大家族的一个组成部分，称为跨损伤 DNA 聚合酶（translesion polymerase），包括真核生物的 DNA 聚合酶和特异性地参与损伤 DNA 修复的酶。除了大肠杆菌中编码 DNA 聚合酶Ⅳ和Ⅴ的 *dinB* 基因和 *umuCD* 基因之外，这个家族还包括 *rad30* 基因，它编码酿酒酵母（*Saccharomyces cerevisiae*）中 DNA 聚合酶 η，以及前面所描述的编码人类同源物的 *XPV* 基因。细菌酶和真核生物酶的区别是：后者在嘧啶二聚体处不发生易错修复，仍能准确地引入一个对应于 T · T 二聚体的 A · A 对；而当它复制其他损伤位点时，更倾向于引入差错。

14.7 控制错配修复的方向

关键概念

- 原核生物 *mut* 基因编码错配修复蛋白。
- 在错配位点选择哪一条链进行置换是有倾向性的。
- 在半甲基化的$\frac{\text{GATC}}{\text{CTAG}}$处，缺少甲基化的链常常被置换。
- 错配修复系统用于切除 DNA 新合成链中的错误。在 G · T 和 C · T 错配中，T 常被优先切除。
- 真核生物 MutS/L 系统修复错配和插入 / 缺失环。

拥有**增变（mutator）**表型的突变可以鉴定出特定基因，其产物在复制或修复过程中参与控制 DNA 合成保真度。在增变突变体中，其自发突变的频率上升。从增变表型中鉴定出的基因称为 *mut*，但后来人们发现 *mut* 基因等同于一个已知的有复制或修复活性的基因。

许多 *mut* 基因的产物实际是错配修复系统的成分。若在复制之前没有把损伤的或错配的碱基切除，就会引入突变，这一类的功能包括 Dam 甲基化酶、识别修复的靶标，以及直接或间接参与切除特定损伤类型的酶（MutH、MutS、MutL、MutY）。

当消除了 DNA 上因螺旋扭曲所致的大范围损伤后，野生型序列就得以恢复正常。在大多数情况下，DNA 出现了自然情况下并不存在的碱基而导致了扭曲结构，而修复系统可以识别并切除这一错误。

在复制过程中，当一个碱基突变或错误插入，如果修复目标是（正常）碱基的错配偶联体，这时就会产生一个问题，修复系统没有内在可以区分野生型和突变型的机制。它只能察觉错配的碱基对，而其中任何一个都可能成为切除修复系统的靶标。

如果突变的碱基被切除，野生型就被恢复；但是如果野生型的碱基被切除，那么新的序列（突变体）就被固定下来。然而，在一般情况下，切除修复系统的取向不是随意的，而是倾向于使野生型得以恢复。

一些预警机制可指导修复按照正确的方向进行。例如，在 5- 甲基 - 胞嘧啶脱氨基变为胸腺嘧啶这种情况中，有个特殊系统可用来恢复合适序列。脱氨基作用导致 G · T 配对，而作用于这种碱基对的系统倾向于把它们转变为 G · C 配对（而不是 A · T 配对）。执行这个反应的系统包括 *mutL* 基因和 *mutS* 基因的产物，它们能将 T 从 G · T 和 C · T 错配中切除。

MutT、MutM、MutY 系统用来应对氧化损伤造成的后果。鸟嘌呤氧化成 8-oxo-G 是一种主要的化学损伤，这可发生于 GTP 上，或者当鸟嘌呤存在于 DNA 中时出现。**图 14.17** 显示了这个系统运作的三层水平：MutT 蛋白水解损伤前体（8-oxo-dGTP），防止其掺入 DNA；当鸟嘌呤在 DNA 内被氧化，它的配对碱基是胞嘧啶，此时 MutM 蛋白倾向于将胞嘧啶从 8-oxo-G · C 配对中切除；然而，如果氧化的鸟嘌呤与腺嘌呤错配，并且当 8-oxo-G 留下并被复制后，这就产生了 8-oxo-G · A 对，此时 MutY 蛋白就将腺嘌呤从配对中切除。MutM 蛋白和 MutY 蛋白是糖基化酶，可直接从 DNA 中切除一个碱基，这样就产生了一个缺少嘌呤的位点，此位点可被内切核酸酶识别，从而引发切除修复系统的作用。

当复制中大肠杆菌发生错配时，原来的 DNA 链是可以被区分出来的，因为甲基化 DNA 刚刚复制后，仅亲链携带着甲基基团，这样，在新合成链等待甲基的加入间期，两条链是可以被区分的。这就为修复复制错误的系统提供了基础。*dam* 基因编码甲基化酶，其靶标是序列 CTAG 中的腺嘌呤，而半甲基化状态可用于区分复制过的起点与非复制过

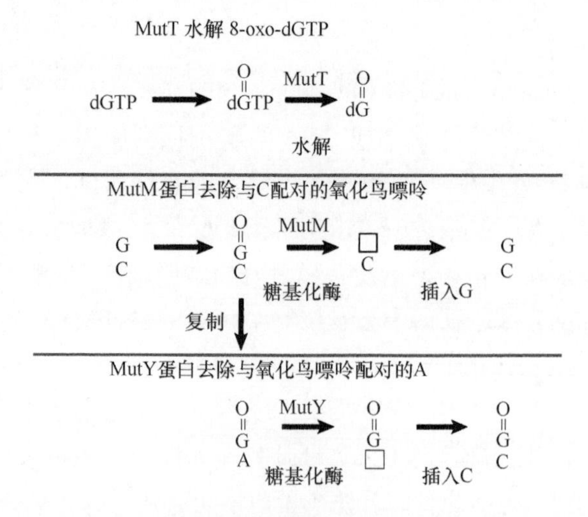

图 14.17 含有氧化鸟嘌呤的碱基对的碱基能被优先去除，这种设计是为了减少突变

的起点。与复制有关的错配修复系统也采用相同的靶位点。

在**图 14.18** 中，含错配碱基的 DNA 被选择性地修复，即切除缺少甲基化的链，这一切除范围相当大：距离 GATC 位点大于 1 kb 的错配都可以被选择性地修复，结果是新合成链根据亲链序列来进行校对。

大肠杆菌 *dam*⁻ 突变体的自发突变率上升，所以修复系统有助于降低由复制错误引起的突变数量，这种修复系统由多种蛋白质组成，由 *mut* 基因编码。MutS 蛋白结合到错配的碱基，然后 MutL 蛋白再加入。MutS 蛋白含有两个 DNA 结合位点，如**图 14.19** 所示：第一个位点特异性地识别错配碱基，第二个对于序列或结构而言是非特异性的，可在 DNA 上移位直到遇到 GATC 序列为止。它们以 ATP 水解来驱动其位置的移位。因为在移位时，MutS 蛋白同时结合错配位点和 DNA，这样就在 DNA 中产生了一个环状结构。

GATC 序列的识别使得 MutH 内切核酸酶能与 MutS/L 蛋白结合，然后，内切核酸酶切开未甲基化

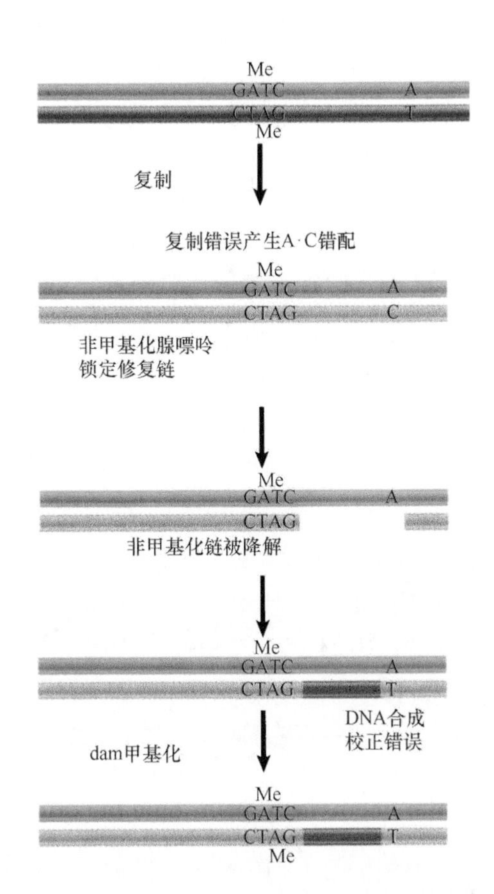

图 14.18 在复制后，GATC 序列是 Dam 甲基化酶的靶标。在甲基化发生之前的一段时期，非甲基化链是错配碱基修复的靶标

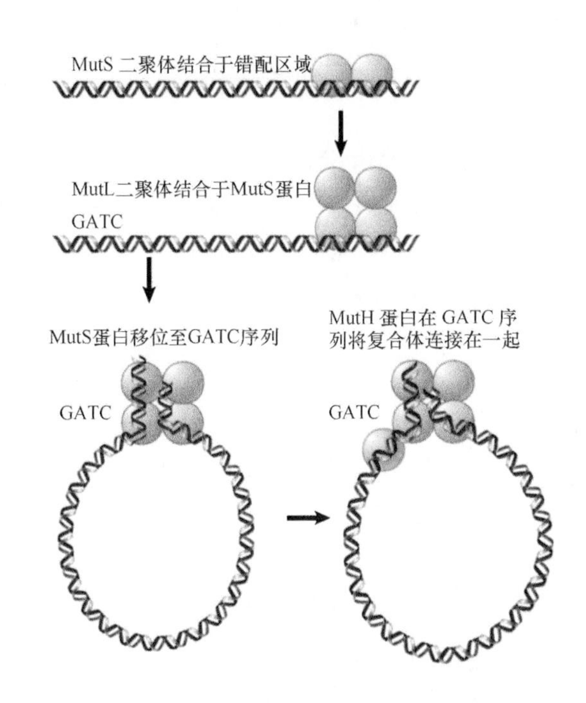

图 14.19 MutS 蛋白识别错配碱基，并移位到 GATC 序列；在 GATC 序列，MutH 蛋白切开未甲基化的链，最后，内切核酸酶降解从 GATC 位点到错配位点间的片段

的链。最后，从 GATC 位点到错配位点间的片段被切除。切除反应可以按照 5′ → 3′ 的方向（用 RecJ 蛋白或外切核酸酶Ⅶ）或按照 3′ → 5′ 的方向（用外切核酸酶Ⅰ）进行，这由解旋酶 UvrD 辅助，接着，新的 DNA 链由 DNA 聚合酶Ⅲ合成。

真核生物细胞拥有与大肠杆菌中 *mut* 系统同源的系统。MutS 同源蛋白 2（MutS homolog 2，Msh2）为识别错配碱基的复合体提供骨架，而 Msh3 蛋白和 Msh6 蛋白为系统提供了特异性。除了修复单碱基错配外，它们还负责修复由于复制滑动所引起的错配。hMutSβ 复合体是一个 Msh2-Msh3 二聚体，可结合到错配的插入 / 缺失环中，而 Msh2-Msh6（hMutSα）复合体结合到单一碱基错配处。其他蛋白质，包括 MutL 蛋白，一种 hMutLα（Mlh1 和 Pms2 的二聚体）同源物，是修复过程本身所必需的。令人惊奇的是，尽管多细胞真核生物存在 DNA 甲基化，它们在复制后就如同原核生物一样必须恢复，但是真核生物的错配修复系统不使用 DNA 甲基化系统对子链进行修复。在错配修复过程中，真核生物通过直接与复制装置相互作用而识别子链，并优先识别含缺口的子链。在后随链上冈崎片段之间的缺口就可用于此目的，且 hMutLα 蛋白本身可产生 DNA 末端以用于修复。复制因子 PCNA 蛋白可激活 hMutLα 蛋白的 DNA

缺口形成，这可直接将修复内切核酸酶活性导向到新生的子链中。

真核生物的MutS/L系统对于修复由复制滑动（replication slippage）所产生的错误特别重要。在微卫星等区域，其极短序列会重复好几次，于是在新合成子链与模板链之间发生重排会产生结头（“时断时续的stuttering”）样结构，在此处，DNA聚合酶会向后滑动并产生额外的重复单元，或向前滑动并跳过重复序列。这些重复序列就如单链的插入/缺失环（insertion/deletion loop，indel）一样，从双螺旋中向外突出，它们会被hMutS/L的同源物修复，如**图14.20**所示。如果不能修复插入/缺失环，它会产生重复序列的收缩或扩张。许多人类疾病，如亨廷顿病（huntington's disease）、脆性X综合征（fragile X syndrome）等都是由重复序列的扩张所引起的。

人类癌症患者的hMutS/L系统的缺陷发生率比较高，这表明这一系统在错配修复中的重要性。此系统的缺失将会导致突变率的上升，且hMutS/L系统中的成分如果来自生殖系突变，则会产生林奇综合征（Lynch syndrome）[这种综合征也称为遗传性无息肉型结直肠癌（hereditary nonpolyposis colorectal cancer，HNPCC）]。这些患者会存在结直肠癌或其他癌症的高风险。林奇综合征的一个典型特征是微卫星不稳定性（microsatellite instability），即微卫星序列的长度（重复序列数目）

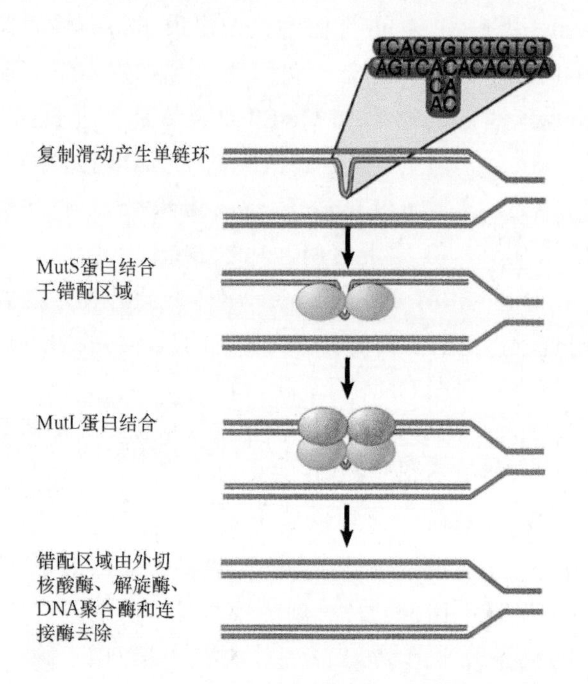

图14.20 MutS/L系统启动复制滑动过程中产生的错配修复

在肿瘤细胞中会快速变化，这是由于可校对复制滑动产生的错配修复系统的丧失所致。这种不稳定性可用于诊断性地鉴定HNPCC。但是这一方法大多数已经被免疫组化学法（immunohistochemistry，IHC）所替代，即检测肿瘤组织中MMR因子的丧失。

14.8 大肠杆菌中的重组修复系统

关键概念

- 大肠杆菌的*rec*基因编码主要的修复系统。
- 当复制在与损伤序列相对的、新合成的链中留下一个缺口时，重组修复系统就会起作用。
- 另一条双链体中的单链被用来置换缺口。
- 然后损伤的序列被切除并重新合成。

重组修复系统所使用的一些活性与遗传重组途径重叠，因此它们有时也被称为“复制后修复”，因为它们在复制后起作用。对于修复由于亲链含有损伤的碱基而导致子代双链体的缺陷时，这类系统非常有效，**图14.21**显示了这样一个例子。

设想一下双螺旋中一条链的结构扭曲，例如，由于嘧啶二聚体的存在，那么当DNA正在进行复制时，二聚体会阻碍损伤的位点作为模板起作用，这会强迫复制跳过这个位点。

DNA聚合酶可能前进到或接近嘧啶二聚体，然后聚合酶停止合成相对应的子链。复制会在很远的位置重新开始。这种复制可能由跨损伤聚合酶来执行，它能在这种未修复的损伤位点上置换主要的DNA聚合酶（见14.6节“易错修复和跨损伤合成”）。这时，新链中就留下了一个相当大的缺口。

这样产生的子代双链体在本质上就不同了：一条携带含损伤附加物的亲链和带有一个长缺口的新合成链；另一条链携带未受损伤的亲链，并复制出一条正常的互补链，而补救系统则会利用正常的子链。

正常双链体中的同源单链用于填补上述第一条双链体中对应于损伤位点的缺口。**单链交换（single-strand exchange）**发生后，受体双链体有一条亲（损

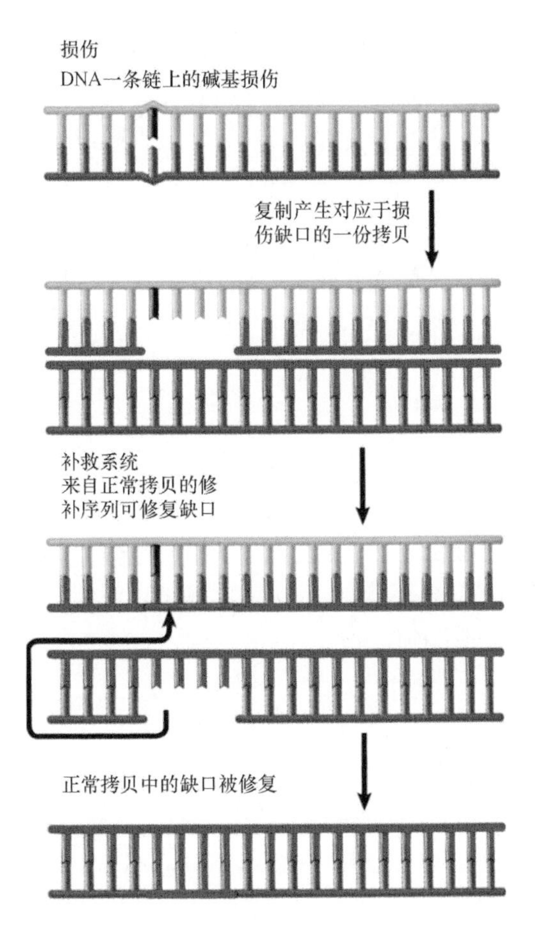

图 14.21 如果此链有无法修补的损伤位点，大肠杆菌补救系统将会用正常的 DNA 链替代留在新合成链中的缺口

伤）链和一条野生型链。供体双链体有一条正常的亲链和有缺口的链；缺口则可以通过一般的修复合成来填补，从而产生一条正常的双链体。这样，损伤被限定在原来的扭曲链上（尽管同样的重组修复事件必须在每次复制循环后重复进行，直到损伤被切除修复系统切除）。

rec 基因决定了大肠杆菌中重组修复系统的主要途径（详见第 13 章"同源重组与位点专一重组"）。在切除修复缺陷的大肠杆菌中，*recA* 基因的突变导致所有其余的修复和恢复能力的丧失。若试图在 uvr^-recA^- 的细胞中复制 DNA，则它会产生 DNA 片段，其长度与嘧啶二聚体之间的预测距离一致，这表明在 RecA 蛋白功能缺失时，二聚体是复制的致死障碍，这也解释了为什么双突变体不能承受其基因组内含超过一两个二聚体的原因（相比较而言，野生型可以承受多达 50 个）。

涉及 *recBC* 基因的 *rec* 途径也已被阐明，而涉及 *recF* 基因的另一个途径还未确认。它们在体内完成不同的功能。RecBC 途径参与重新起始复制叉（见 14.9 节"重组是修复复制差错的重要机制"）；RecF 途径参与修复由于复制遇到嘧啶二聚体而产生的子链缺口。

RecBC 途径和 RecF 途径都在 RecA 蛋白之前行使功能（尽管通过不同的方式）。它们引导 RecA 蛋白与单链 DNA 结合，而 RecA 蛋白具有交换单链的能力，这使其能执行如图 14.21 中所示的补救步骤，然后，核酸酶和聚合酶活性可完成修复行动。

RecF 途径包含三个基因：*recF*、*recO* 和 *recR*，它们编码的蛋白质形成两种复合体——RecOR 和 RecOF，它们能促进单链 DNA 上 RecA 纤丝的形成。其功能之一就是能使纤丝可以聚集，即使是在单链结合（single-strand binding，SSB）蛋白存在的情况下，而 SSB 蛋白可阻止 RecA 蛋白的装配。

修复和重组基因的命名取决于突变体的表型：有时在某一特定情况下被分离出来的一种突变被命名为 *uvr* 基因，在另一特定情况下却被命名为 *rec* 基因。这种不确定性很重要，表明我们还不能明确定义多少功能属于某一条途径，或各条途径之间是如何相互作用的。*uvr* 途径和 *rec* 途径不是完全独立的，因为 *uvr* 突变体显示了重组修复效率的下降。我们期望能发现核酸酶、DNA 聚合酶和其他活性之间的网络，它们共同构成了部分重叠的修复系统（或提供某功能的酶可以被不同途径中的另一个酶所取代）。

14.9 重组是修复复制差错的重要机制

关键概念

- 当复制叉遇到损伤位点或 DNA 中的缺口时就会停下来。
- 通过两条新合成链之间的配对，停滞的复制叉可能会逆转。
- 停滞复制叉可以在损伤修复后重新起始，并由解旋酶将复制叉向前推进。
- 停滞复制叉结构与霍利迪连接体一样，可以被解离酶转变成一条双链体和一个双链断裂。

在许多事例中，当 DNA 聚合酶遇到损伤 DNA 时，它会停止复制，而不是越过一个 DNA 损伤。

图 14.22 显示了复制叉停滞时可能发生的一种结局。当复制叉遇到损伤，它会停止向前移动，接着复制复合体解离，至少部分解体，当复制叉有效地向后退时，分支迁移发生，并且新的子链配对形成双链体结构。损伤修复后，解旋酶推动复制叉向前，使其恢复原有结构。于是复制复合体重新组装，复制重新开始（详见第 11 章“DNA 复制”）。

处理停滞复制叉的途径需要修复酶，而重新启动停滞复制叉被认为是重组修复系统的主要功能。在大肠杆菌中，RecA 系统和 RecBC 系统在这一反应中起到了重要作用（事实上这可能是细菌的主要作用）。一种可能的途径是 RecA 蛋白可稳定单链 DNA，这通过它结合于停止的复制叉上，并可能作为一种可探测停滞事件的感应器而发挥作用，而 RecBC 蛋白则参与损伤的切除修复。在损伤被修复后，复制就可恢复。

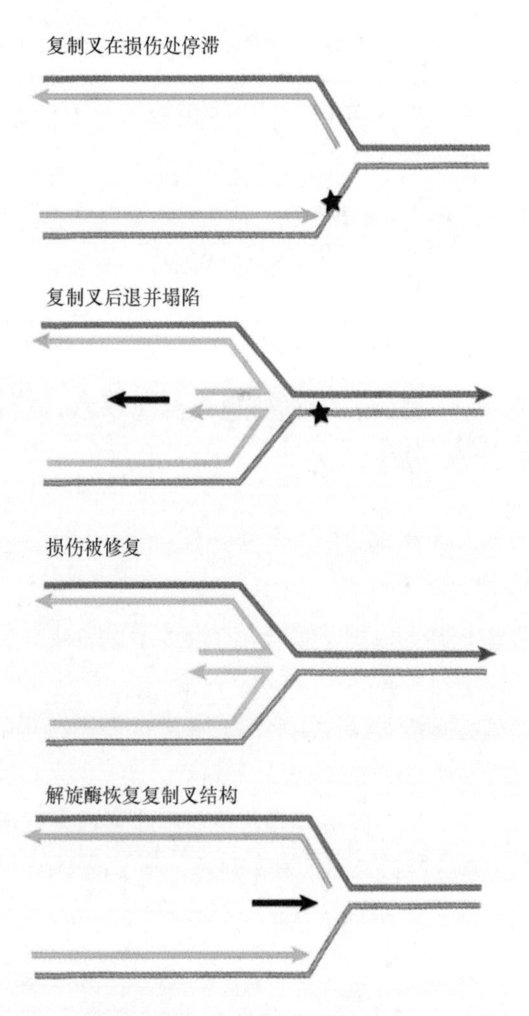

图 14.22 当复制叉遇到 DNA 的损伤位点时，它会停止向前移动；接着复制叉的后退允许两条子链配对。损伤修复后，解旋酶会催化分支迁移向前推进，使其恢复复制叉结构。箭头表示 3′ 端

另一条途径可使用重组修复，可能使用 RecA 蛋白的链交换反应能力。图 14.23 显示停滞复制叉结构在本质上与两条 DNA 双链体之间的由重组产生的霍利迪连接体（Holliday junction）是相同的（详见第 13 章“同源重组与位点专一重组”），这使得它可成为解离酶的靶标。如果解离酶可切开互补链中的任何一对，DSB 就可产生。此外，如果损伤本身是个切口，这个位点则会产生另一个 DSB。

停滞的复制叉可以被重组修复系统拯救，我们还不知道事件发生的确切顺序，但图 14.24 展示了一个可能的情景：原则是重组事件可能发生在损伤位点的任何一侧，它使未损伤链与损伤链配对，并使得复制叉重新组装，于是复制可以继续，从而有效地绕过了损伤位点。

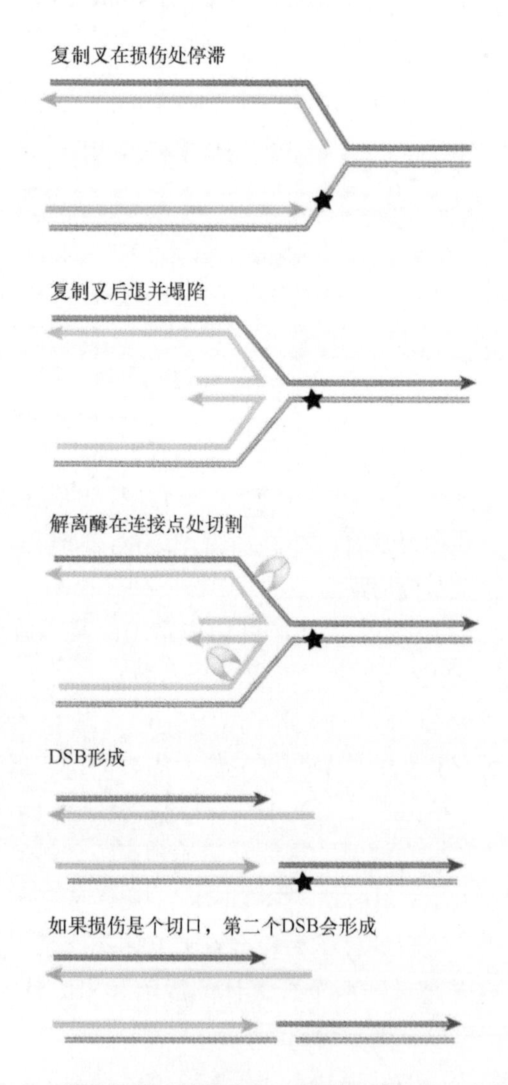

图 14.23 停滞复制叉结构类似于霍利迪连接体，它将被解离酶以同样的方法处置。结果根据损伤位点是否有切口而定：结果 1 显示通过切开连接点的一对链而产生双链断裂；结果 2 显示如果损伤本身是个切口，将会在损伤位点产生第二个双链断裂。箭头表示 3′ 端

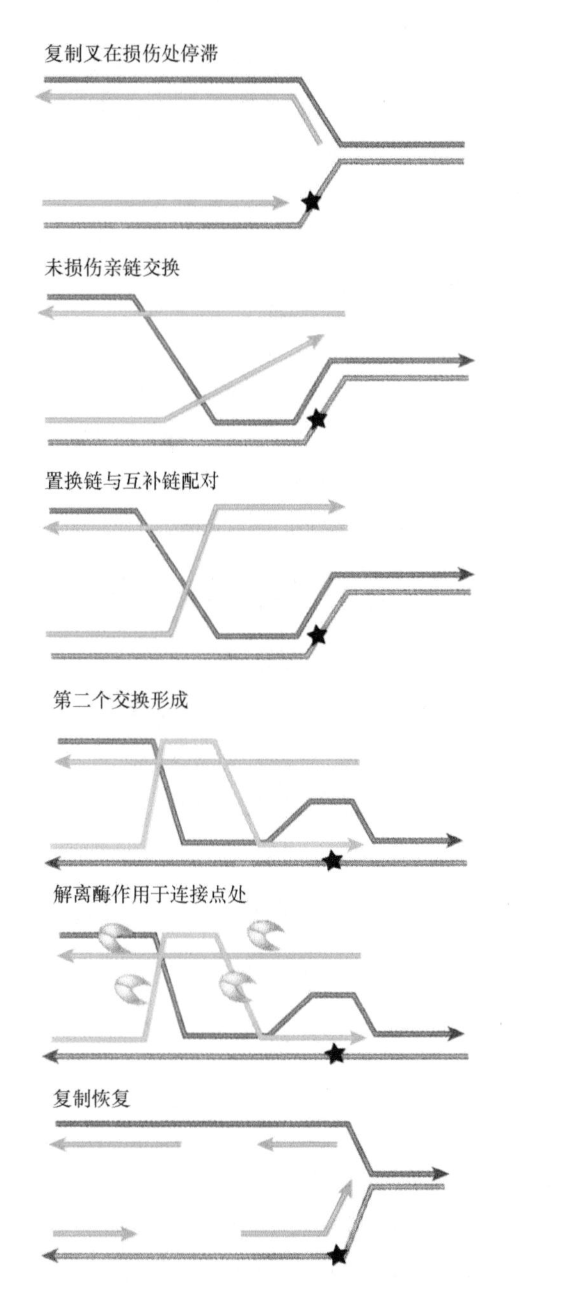

图 14.24 当复制叉停止时，重组修复系统会将未损伤链放到损伤链对面，这使得复制继续前进

14.10 真核生物中双链断裂的重组修复

关键概念

- 由辐射敏感性表型鉴定出来的酵母 *RAD* 突变基因是一些编码修复系统的基因。
- *RAD52* 基因群是重组修复所必需的。
- 在每一个 DNA 末端形成单链区需要 MRX(酵母）或 MRN（哺乳动物）复合体。
- 在 Rad52 蛋白和 Rad55/57 蛋白的帮助下，RecA 蛋白同源物 Rad51 蛋白在单链区形成核蛋白纤丝。
- Rad54 蛋白和 Rdh54/Rad54B 蛋白参与同源搜索和单链入侵。

当复制叉遇到单链中的损伤时，它可导致 DSB 的形成。DSB 是所能发生的 DNA 损伤的最严重类型之一，特别是在真核生物中。如果位于线性染色体上的 DSB 不被修复，那么缺乏着丝粒的染色体部分将不会在下一次细胞分裂中被分离。除了在复制过程中会发生这种情况外，其他许多途径，如电离辐射、细胞代谢产生的氧自由基、内切核酸酶的作用、未遂的成簇损伤的切除修复、复制过程中遭遇缺口等都可形成 DSB。DSB 修复的 4 种途径已经被鉴定出来：同源物介导的重组修复（homology-directed recombination repair，HRR，唯一的无错途径）；单链退火（single-chain annealing，SSA）；可变或微生物介导的末端连接（alternative or microbiologymediated end-joining，alt-EJ）；非同源末端连接（non-homologous end-joining，NHEJ）。

修复 DSB 的理想机制是 HRR，因为这能确保不会遗失关键性的、由断裂点序列丢失所引起的遗传信息。在细胞周期的 S 期和 G_2 期，绝大多数情况下细胞都使用 HRR，此时可用姐妹染色单体提供同源供体序列。

真核生物中重组修复所需要的几种基因已经在同源重组的相关章节中被讨论过（详见第 13 章“同源重组与位点专一重组”）。许多真核生物修复基因被命名为 *RAD* 基因，这是由于在遗传学上基于对辐射的敏感性，其最初在酵母中被鉴定出来。在酿酒酵母中，一般存在三大类修复基因，分别为 *RAD3* 基因群（参与切除修复）、*RAD6* 基因群（参与复制后修复）和 *RAD52* 基因群（与类重组机制有关）。在多细胞真核生物中也存在这些基因的同源物。*RAD52* 基因群在同源重组中发挥了必不可少的作用，它包含一大类基因如 *RAD50*、*RAD51*、*RAD54*、*RAD55*、*RAD57* 和 *RAD59* 基因。这些 Rad 蛋白是 DSB 修复的不同阶段所必需的。

在断裂点被检测到以后，损伤信号就可形成，这一阶段称为末端剪辑（end clipping），此时，核酸酶 Mre11 蛋白和 CtIP 蛋白修剪了约 20 个核苷酸，形成了短的单链尾部，它带有 3′-OH 突出端。这种单链 DNA 可用于激活 DNA 损伤检查点，并停止细胞分裂，直到修复完成。如果这些突出端的短序列能碱基配对（微同源），那么随后 alt-EJ 可以接手，修剪并连接这些末端，并伴随着一些序列的丢失。或者就如发生在减数分裂重组中的，如**图 14.25** 所示，Mre11/Rad50/Xbs1（MRX）复合体（哺乳动物中为 MRN）与外切核酸酶和解旋酶一起协同作用，进一步切除 DSB 末端，以产生单链尾部。这些更长尾部的高度同源性可衔接 SSA 途径，它会产生大的缺失。在任何修复事件中，控制哪个通路起主导作用的因素是复杂的，至今还未完全阐明。

在高度精确的 HRR 途径中，RecA 蛋白同源物 Rad51 蛋白结合于单链 DNA 上，可形成核蛋白纤丝，它可用于同源序列的单链入侵。Rad52 蛋白和 Rad55/57 复合体是形成稳定的 Rad51 蛋白纤丝所必需的，而 Rad54 蛋白和它的同源物 Rdh54 蛋白（哺乳动物中为 Rad54B 蛋白）可帮助搜索同源供体

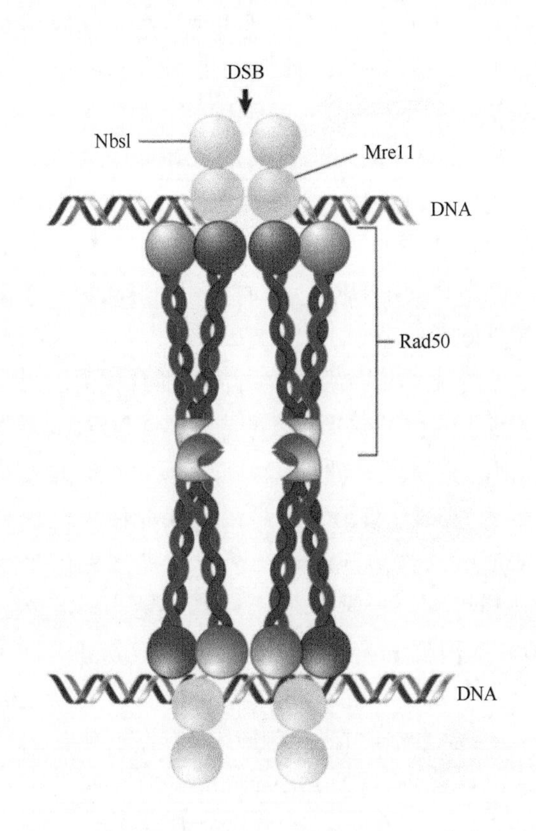

图 14.25 5′ 端切除所需的 MRN 复合体，也可作为 DNA 桥以阻止断裂末端分开。连接在 Mre11 蛋白上的 Rad50 蛋白的“头部”区域可结合 DNA，而 Rad50 蛋白末端的极度超螺旋区带有“锌指”，它可介导与另一个 MRX 复合体的相互作用。在复合体内 Nbs1 蛋白的精确定位还不清楚，但它可直接与 Mre11 蛋白进行相互作用

DNA 和随后的单链入侵。Rad54 蛋白和 Rdh54 蛋白是 SWI2/SNF2 染色质重塑酶超家族的成员（详见第 26 章“真核生物的转录调节”），可能是在损伤位点和供体 DNA 重新构建染色质结构必不可少的。在修复合成后所形成的结构（类似于霍利迪连接体）会再被解离（相关事件的说明详见第 13 章“同源重组与位点专一重组”）。

14.11 非同源末端连接也可修复双链断裂

关键概念

- 当同源序列不可及时，通过非同源末端连接（NHEJ）反应可发生双链断裂修复。
- NHEJ 途径可以连接双链体 DNA 的平端。
- 双链断裂修复途径的突变导致人类疾病。

同源重组所介导的 DSB 修复能保证由断裂 DNA 末端丢失引起的遗传信息不会遗失。尽管在多种情况下，姐妹染色单体或同源染色体并不会轻易地被当作修复的模板，但是，一些 DSB 运用易错机制作为中间体进行特异性修复，如在免疫球蛋白的基因重组中（详见第 16 章“免疫系统中的体细胞 DNA 重组与超变”）。在这些例子中，用于修复这些断裂的主要机制称为**非同源末端连接（non-homologous end-joining，NHEJ）**，包括连接平端。

图 14.26 概述了参与 NHEJ 途径的步骤。同样的酶复合体参与 NHEJ 过程和免疫重组过程。第一阶段是一个异源二聚体识别断裂末端，它由 Ku70 蛋白和 Ku80 蛋白组成。在末端被 Ku 蛋白复合体结合后，MRN 复合体（在酵母中称为 MRX 复合体）帮助将断开的 DNA 末端黏附在一起，这通过在两个分子之间形成桥而发挥作用。MRN 复合体由 Mre11 蛋白、Rad50 蛋白和 Nbs1 蛋白（酵母中称为 Xrs2 蛋白）组成。另一个关键成分是依赖 DNA 的蛋白激酶（DNA-dependent protein kinase，DNA-PK_{cs}），它可被 DNA 激活，接着去磷酸化目标蛋白质。其中的一种目标蛋白质是 Artemis，其被激活后既有外切核酸酶活性又有内切核酸酶活性，这两种活性都可修剪突出末端，以及切割免疫球蛋白基因重

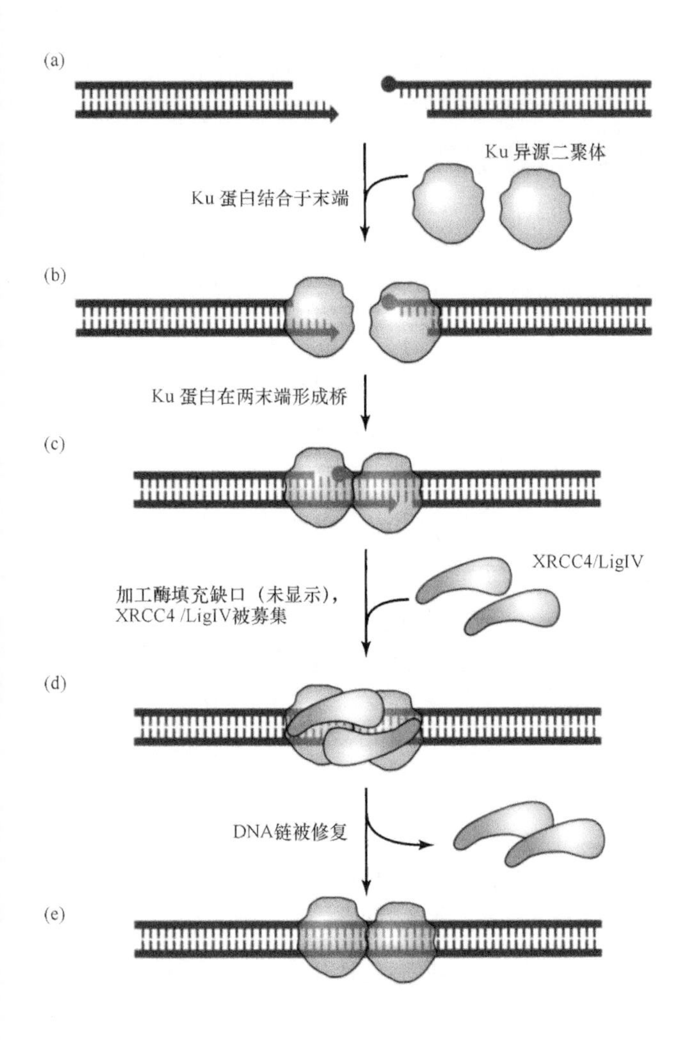

图 14.26 非同源末端连接反应。**(a)** 两个双链断裂末端的其中一个上的黑点代表了非可连接末端。**(b)** 双链断裂末端被 Ku 异源二聚体结合。**(c)** Ku 蛋白 /DNA 复合体并排在末端形成桥，缺口被加工酶和 Polλ 或 Polμ 填充。**(d)** 末端被特化的 DNA 连接酶 Lig Ⅳ蛋白和它的配偶体 XRCC4 蛋白连接在一起。**(e)** 修复双链断裂

组所产生的发夹结构。而用于填补剩余的单链突出序列的 DNA 聚合酶活性还未阐明。在 NHEJ 途径中常常会产生核苷酸插入和缺失突变，这主要发生在连接反应前的各个步骤中。其中实际连接双链末端的工作是由 DNA 连接酶Ⅳ执行的，它和 XRCC4 蛋白一起作用于连接点。上述任何基因的突变将使真核生物细胞变得对辐射更敏感。在 DNA 修复缺陷的患者中，编码这些蛋白质的一些基因发生了突变。

Ku 异源二聚体是探究 DNA 损伤的感应器，它能结合到断裂末端。Ku 蛋白通过结合两个 DNA 分子使断裂末端靠拢。**图 14.27** 中的晶体结构阐述了为什么它仅仅结合到末端，这是因为蛋白质主体沿着 DNA 一面，可延伸约两圈（从下半图可见），而亚基间有一个狭窄的桥链，位于此结构的中央，它完全包围了 DNA，这意味着异源二聚体必须滑向游离末端。

我们已经讨论过的所有修复途径在哺乳动物、酵母和细菌中都是保守的。DNA 修复系统的缺陷会导致多种人类疾病。不能修复 DNA 中的 DSB 是特别严重的一种缺失，它会引起染色体的不稳定，这种不稳定性可在染色体畸变中反映出来，它与突变率上升相联系，其结果是有这类疾病的患者患癌症的可能性上升。它的根本原因是控制 DNA 修复的途径或编码修复复合体的酶基因发生了突变。这些疾病的表型很相似，如在毛细血管扩张性共济失调（ataxia telangiectasia，AT）中，是由细胞周期检查点途径的功能失常所致；还有 Nijmegan 断裂综合征

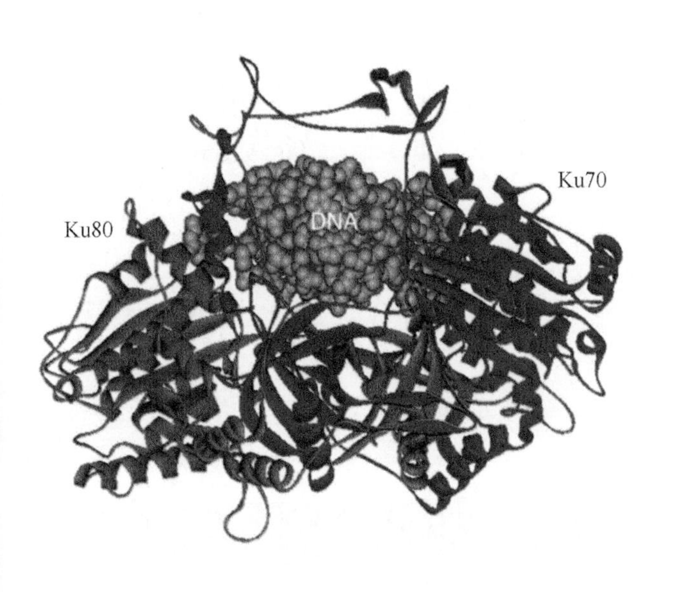

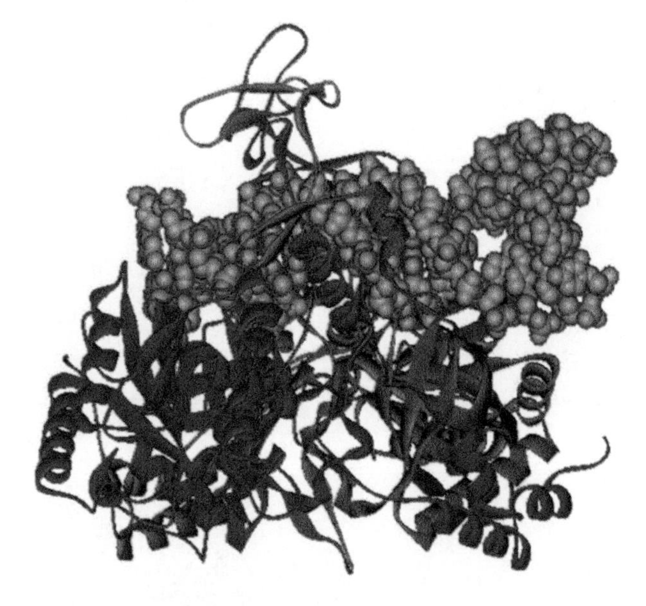

图 14.27 Ku70-Ku80 异源二聚体沿着 DNA 双螺旋结合两圈，并包围着结合于中心的螺旋

结构图引自 Protein Data Bank 1JEY. J. R. Walker, R. A. Corpina, and J. Goldberg, *Nature* 412(2001): 607-614

(Nijmegan breakage syndrome，NBS)，它由一种修复酶突变造成。

NBS 是由于一个基因的突变，此基因编码一种蛋白质（它有不同的命名，如 Nibrin 蛋白、p95 蛋白或 NBS1 蛋白），它是 Mre11/Rad50/Nbs1（MRN）修复复合体的元件。当人源细胞在可诱导 DSB 的药物刺激作用下时，这类蛋白质会在损伤位点聚合在一起；辐射后，ATM 激酶（由 *AT* 基因编码）能磷酸化 NBS1 蛋白，激活位于 DNA 损伤处的复合体；随后发生的步骤涉及检查点的触发（防止细胞周期进行下去直到损伤被修复的一种机制）和召集其他修复损伤所需的蛋白质。缺失 ATM 激酶或 NBS1 蛋白中任何一种的患者将会是免疫缺陷的、对电离辐射敏感的和易于产生癌症的体质，特别是淋巴样癌症。

人类常染色体隐性遗传病布卢姆综合征(Bloom syndrome）由一个解旋酶基因（称为 *BLM* 基因）突变引起，这个基因与大肠杆菌的 *recQ* 基因同源，突变会导致染色体断裂和姐妹染色单体交换频率的上升。BLM 蛋白与其他修复蛋白相连形成一个大复合体。可与它相互作用的其中一个蛋白质是 hMLH1 蛋白，它是一个错配修复蛋白，是细菌 MutL 蛋白在人类中的同源物；而酵母中这两种蛋白质的同源物是 Sgs1 蛋白和 MLH1 蛋白，它们也相互联系在一起。这些基因被认为是非常保守的修复途径的一部分，这也说明在不同修复途径中存在着相互交流。

14.12 真核生物中的 DNA 修复与染色质背景有关

关键概念

- 组蛋白修饰与染色质重塑对于染色质中的 DNA 损伤修复是必不可少的。
- 组蛋白 H2A 磷酸化（γ-H2AX）是保守的依赖 DSB 的修饰反应，这可募集染色质修饰活性和便于修复因子的装配。
- 不同模式的组蛋白修饰可区别不同修复途径或修复阶段。
- 重塑子和分子伴侣对于修复后的染色质结构重建是必不可少的。

真核生物细胞的 DNA 修复涉及其他层次的复杂性——底物 DNA 的核小体组装。染色质为 DNA 修复以及它的复制和转录设置了重重障碍，因为核小体必须被置换才能进行诸如链解开、切离或切除等反应过程。因此，在修复之前或进行过程中，在 DNA 损伤附近的染色质必须被修饰或重塑，接着在修复之后，原有的染色质状态又必须被重新恢复，如图 14.28 所示。

染色质中 DNA 的可接近性由组蛋白的组合共价修饰所控制，这些修饰能改变染色质结构，从而形成不同的染色质结合蛋白的结合位点（详见第 8 章“染色质”中的讨论）和依赖 ATP 的染色质重塑（详见第 26 章“真核生物的转录调节”中的讨论），此时重塑复合体利用 ATP 的能量使核小体滑动或置换核小体。组蛋白修饰和染色质重塑都已经参与了这章所讨论的所有类型的真核生物修复途径。例如，核苷酸切除修复的全基因组途径和转录偶联途径都依赖于特定的染色质重塑酶，而 UV 损伤 DNA 的修复需要组蛋白乙酰化的辅助。参与不同修复过程的组蛋白修饰的概括如图 14.29 所示。在 DSB 修复过程中，所有 4 种组蛋白都会受到修饰（详细讨论见下)。在不同位点的组蛋白乙酰化、甲基化、磷酸化和泛素化是有所区别地参与到不同的修复途径中。

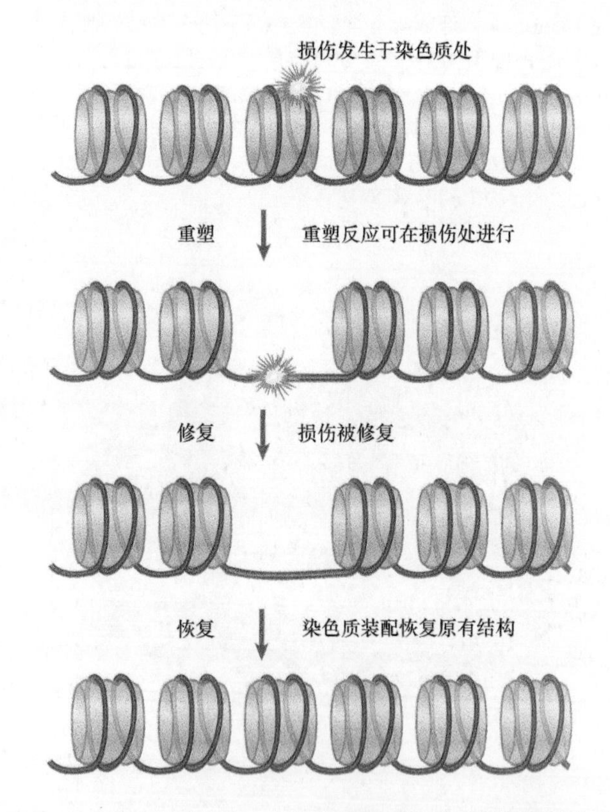

图 14.28 染色质中的 DNA 损伤需要染色质重塑和组蛋白修饰，它们是充分修复所需的，且在修复之后，原有的染色质结构必须被重新恢复

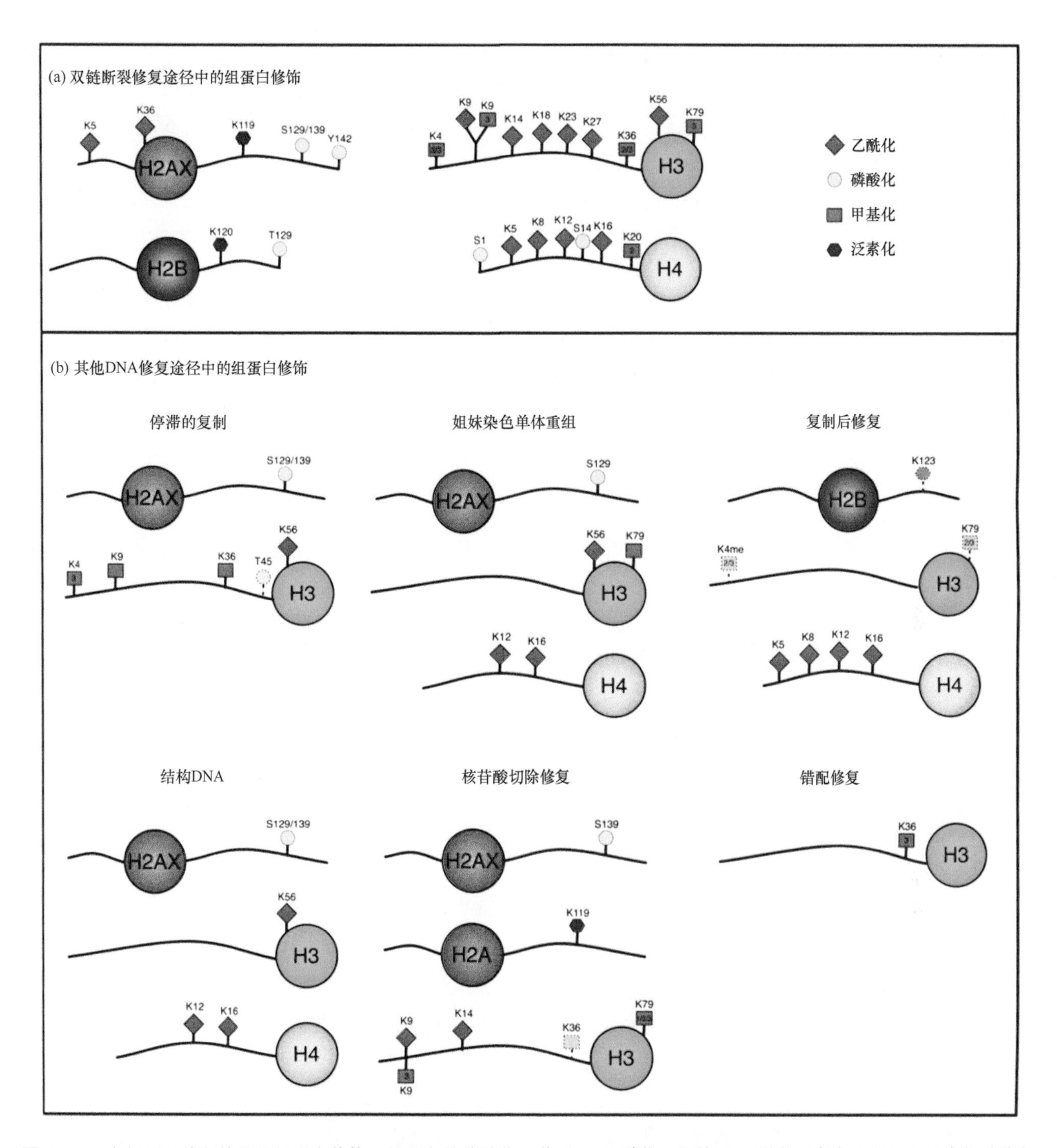

图 14.29 参与不同修复途径的组蛋白修饰。组蛋白的磷酸化（黄圆）、乙酰化（红钻）、甲基化（蓝色方形）和泛素化（紫色六边形）全部参与到修复中。双链断裂修复（DSBR）组成单一途径，但是对于不同的 DSBR 过程，一些修饰可以是独特的

图片由 Nealia C. M. House 和 Catherine H. Freudenreich 慷慨提供

在所有已知的真核生物中，其中一个最广泛的翻译后修饰发生在 DNA 损伤（DSB 和其他损伤）后，唯一例外是酵母的组蛋白和非组蛋白靶的聚 ADP 核糖基化（poly-ADP-ribosylation，PARylation，PAR 化），这是由聚 ADP 核糖基聚合酶（poly-ADP-ribosepolymerase，PARP）家族的依赖 NAD^+ 的 ADP 核糖基转移酶所催化的。PAR 是一些巨大的、分叉的 ADP 核糖聚合体，带有大量负电荷。在一些例子中，加入到蛋白质的一团 PAR 能够大大增加未修饰靶标的分子量！这个家族的一个成员，PARP1，在应答 DNA 损伤时会自动核糖基化自身，这种修饰会引导它去结合修复因子，并将它们募集到损伤位点。核糖基化能快速逆转，并认为这种逆转在 DNA 损伤应答中也是十分重要的。

然而，了解得最清楚的染色质修饰作用是对 DNA DSB 的修复。在 DNA 双链断裂修复（doublestramd breale repair，DSBR）过程中染色质修饰作用的大部分知识来自于酵母中的研究，它利用衍生自酵母交配型转换装置的一套系统，这在第13章“同源重组与位点专一重组”中已经介绍过。在这一实验系统中，酵母品系含有半乳糖诱导HO内切核酸酶，当细胞在半乳糖中生长时，它能在活性交配型（mating-type，*MAT*）基因座中产生独特的DSB。这些断裂能利用同样的、14.10节“真核生物中双链断裂的重组修复”中所描述的重组修复因子进行修复，它利用存在于沉默交配型基因座*HML*或*HMR*中的同源序列。在缺乏同源供体序列（或对于单倍体酵母，S/G_2过程中的一条姐妹染色单体）的情况下，细胞利用DSB修复的第二条主要途径——NHEJ直接来连接断开的染色体末端。

运用这套系统（也可用其他方法诱导哺乳动物系统中的DSB），研究者已经鉴定出了无数的、发生于修复过程中的组蛋白修饰和染色质重塑事件。在这些事件中鉴定得最清楚的是组蛋白H2AX变异体的磷酸化（详见第8章“染色质”）。酵母中的主要组蛋白H2A实际上是H2AX型，在它的C端具有SQEL/Y基序，这使得它可与其他组蛋白相区分（在哺乳动物细胞中，这种变异体只占到所有组蛋白H2A的5%～15%）。SQEL/Y序列中的丝氨酸残基是酵母中的Mec1/Tel1蛋白激酶的磷酸化底物，它是哺乳动物ATM/ATR蛋白激酶的同源物（在AT患者中，ATM蛋白是一种突变了的检查点激酶，这在前一节中已经讨论过）。在这一位点（酵母中为Ser-129，哺乳动物中为Ser-139）被磷酸化的H2AX称为组蛋白**γ-H2AX**。

组蛋白γ-H2AX是DSB的通用性标记物，不管它是发生于损伤后，或是正常出现在酵母交配型转换过程中，或是存在于无数物种的减数分裂重组过程中。组蛋白H2AX的磷酸化是DSB中所发生的最早事件之一，它在损伤数分钟后就出现在断裂点附近，在酵母中它可扩散至50 kb的染色质中，而在哺乳动物中它可扩散至数百万碱基之外的染色质中。在修复过程的全程中，我们都可检测到组蛋白γ-H2AX，它与修复后的检查点恢复相偶联。组蛋白H2AX磷酸化可稳定修复因子在断裂点上的连接，也可进行募集染色质重塑酶和组蛋白乙酰转移酶，以帮助随后的修复阶段。

除了组蛋白γ-H2AX以外，在修复过程中的有限时间内，还有无数其他的组蛋白修饰事件发生于DSB处，这些事件总结在**图14.30**中，它显示了酵

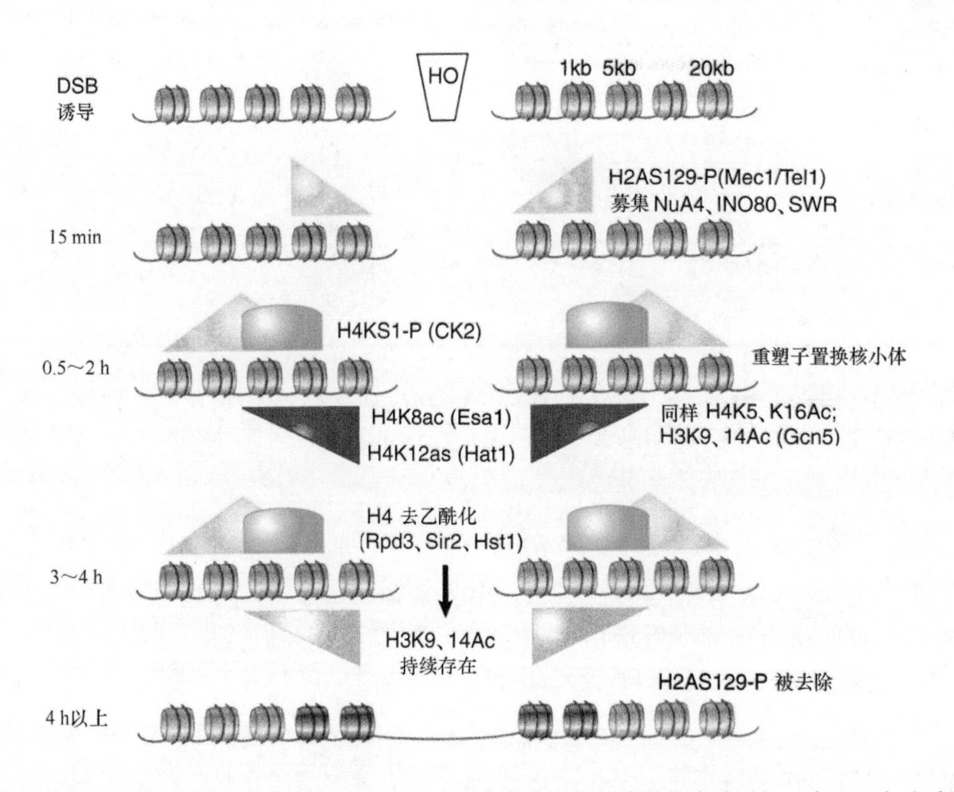

图14.30 在羟基诱导的双链断裂处的已知组蛋白修饰小结。箭头的左侧指示事件的大致时相。在这一实验系统中，同源重组与非同源末端连接的修复速率是不同的，所以不同修饰事件中彼此之间的准确时相在途径之间常常不可以进行直接的相互比较。从断裂点开始的相对距离如右上图所示（没有按照比例）。颜色较深的三角和圆弧形修饰指出的是修饰的分布与相对水平

母中HO诱导的断裂处修饰事件的大致时相。它们包括酪蛋白激酶2对H4S1蛋白的暂时性磷酸化，这一修饰在NHEJ途径中比在DSBR途径中更加重要；而更加复杂的、非同步化的组蛋白H3和H4的乙酰化高峰期，则至少由三种不同的乙酰转移酶和三种不同的脱乙酰化酶所控制。最近已经显示组蛋白γ-H2AX在其磷酸化以后更易于被多泛素化，且组蛋白γ-H2AX中的酪氨酸（哺乳动物中为Y142）的脱磷酸作用在损伤应答中也是关键的。一些其他的预先存在的修饰，如甲基化的组蛋白H4K20和组蛋白H3K79，也似乎发挥作用。为了应答损伤位点的其他修饰，会发生染色质空间构象的改变，而这些预修饰可能只在构象改变后才能暴露，从而发挥作用。我们还未完全明白每一类修饰是如何推进修复过程中的不同步骤（且在不同物种中细节可能有所差异），但是我们注意到在同源重组与NHEJ途径之间的修饰模式是存在差别的，这一点非常重要，它提示这些修饰可能用于募集与不同修复机制特异性相关的因子。

许多染色质重塑酶也作用于DSB处。所有染色质重塑酶都是SWI2/SNF2超家族的成员，但在这一组中还存在无数的亚家族（详见第26章“真核生物的转录调节”）。至少三种不同的亚家族参与了DSB：SNF2亚家族的SWI/SNF和RSC复合体；INO80组的INO80蛋白和SWR1蛋白复合体；Rad54亚家族的Rad54蛋白和Rdh54蛋白。就如14.10节“真核生物中双链断裂的重组修复”中所讨论的，Rad54和Rdh54酶在搜索同源供体和修复的单链攻击阶段中发挥了作用，而其他染色质重塑子在每一个阶段过程中都是很重要的，包括初始损伤的识别、链切除，以及修复完成后的染色质重新构建。这一最后阶段也需要组蛋白分子伴侣Asf1和CAF-1的活性（在第8章“染色质”中介绍过），这是在新修复区重新复原染色质结构所需的，并允许从DNA损伤检查点处恢复起来。

14.13 RecA蛋白触发SOS系统

关键概念

- DNA损伤导致RecA蛋白引发SOS应答，这一途径由许多编码修复蛋白的基因组成。
- RecA蛋白能激活LexA蛋白的自我切割活性。
- LexA蛋白阻遏SOS系统，而它进行自我切割后则可激活SOS系统中的这些基因。

当细胞应答DNA损伤时，损伤的实际修复仅仅是所有应答反应的一部分。当损伤结构被检测到时，真核生物还启动了其他两类关键活性：①检查点的激活以停滞细胞周期直到损伤被修复（详见第9章“复制与细胞周期相关联”）；②可促进损伤应答的一连串转录改变的诱导（如修复酶的产生）。

细菌同样启动了对损伤的更加广泛的应答反应，而不仅仅只是单纯的修复事件，这称为SOS应答（SOS response）。应答反应依赖于重组蛋白RecA，这已经在本章之前讨论过。RecA蛋白在重组修复中的作用仅仅是其活性之一。这个特殊的蛋白质还有另一个截然不同的功能，它可被许多导致DNA损伤或抑制大肠杆菌中复制过程的因素激活。这可使它引发SOS应答，这是一系列复杂的表型变化，涉及许多基因的表达，这些基因的产物具有修复功能，但是，RecA蛋白的双重活性使我们难以作出判断，在*recA*基因突变的细胞中，修复效率的下降究竟是由于RecA蛋白的DNA链交换功能的丧失还是由于其他功能的改变所致，不过我们知道这些功能的诱导依赖于其蛋白酶活性。

诱导损伤可以UV辐射的方式（大多数研究中所使用的）或由交联或烷基化试剂所引起；而复制抑制则可利用多种方式，包括胸腺嘧啶缺失、药物添加或多个*dna*基因突变，它们都会产生相同的效果。

SOS应答方式是不断提高修复损伤DNA的能力，即通过诱导长补丁切除修复系统及Rec蛋白重组修复途径中的成分的合成来获得。同时，细胞分裂会受阻，并且它可能诱导出溶源性原噬菌体。

起始应答事件是RecA蛋白被损伤因素激活所致，但我们还不太清楚损伤事件与RecA酶活性的突然改变之间有什么联系。因为许多损伤事件能诱导SOS应答，目前的工作集中在这样一个观点上，即RecA蛋白被DNA代谢中一些共有的中间体激活。

信号的诱导可能由一个从DNA释放出来的小分子产生，或它来自DNA内部自身形成的一些结构。在体外，RecA 蛋白的激活需要单链 DNA 和 ATP，所以激活信号可能是损伤位点单链的出现。但不论信号是何种形式，它与 RecA 蛋白的相互作用是迅速的——损伤因素刺激后几分钟，SOS 应答就发生了。

RecA 蛋白的激活引起 *lexA* 基因产物的水解切割。LexA 蛋白是一种分子质量较小的蛋白质（22 kDa），它在未受处理的细胞中相对稳定，可作为许多操纵子的阻遏物。这个切割反应是不同寻常的；LexA 蛋白具有潜在的蛋白酶活性，这个活性可以被 RecA 蛋白激活。当 RecA 蛋白被激活，它会导致 LexA 蛋白发生自催化切割，于是 LexA 蛋白的阻遏活性失活，进而它所结合的所有操纵子都被诱导。**图 14.31** 显示了这条途径。

许多 LexA 阻遏物的目标基因所表达的产物具有修复功能。一些 SOS 基因只在处理过的细胞中被激活；另一些也能在未处理的细胞中被激活，但 LexA 蛋白被切割后，这些基因的表达水平提高。以 *uvrB* 基因为例，它是切除修复系统的一个组成部分，这个基因拥有两个启动子，一个不依赖于 LexA 蛋白，另一个则受其控制。所以，LexA 蛋白被切割后，基因既可以从第二个启动子开始表达，也可从第一个启动子开始表达。

LexA 蛋白通过结合到 20 bp 长的 DNA 片段来阻遏目标基因，这个片段称为 SOS 框（SOS box），它含有一段共有序列，其中有 8 个完全保守的序列位点。与其他操纵子一样，SOS 框与各自的启动子重叠。在 *lexA* 基因座，即自我阻遏的目标处存在两个相邻的 SOS 框。

RecA 蛋白和 LexA 蛋白是 SOS 环路中的相互靶标：RecA 蛋白能引发 LexA 蛋白的切割，而 LexA 蛋白则阻遏 RecA 蛋白的表达及其自身活性，所以 SOS 应答反应可同时对 RecA 蛋白和 LexA 阻遏物进行扩增，这个结果并不像第一眼看上去那样矛盾。

RecA 蛋白表达量的增加对于它直接参与重组修复途径是必需的（假设是必需的）。被诱导后，RecA 蛋白的水平从基础水平的每个细胞约 1200 个分子上升了 50 倍。诱导细胞中的高水平意味着可有足够多的 RecA 蛋白，这可以保证所有 LexA 蛋白都被切割，这样就防止了 LexA 蛋白去阻遏目标基因的表达。

但是这个环路对于细胞的主要意义在于使细胞能快速恢复到正常。当诱导信号去除后，RecA 蛋白失去了控制 LexA 蛋白的能力，这时 *lexA* 基因处于高表达水平；而由于缺少被激活的 RecA 蛋白，LexA 蛋白就以非切割形式迅速积累并关闭 SOS 基因，这就解释了为什么 SOS 应答是自由可逆的。

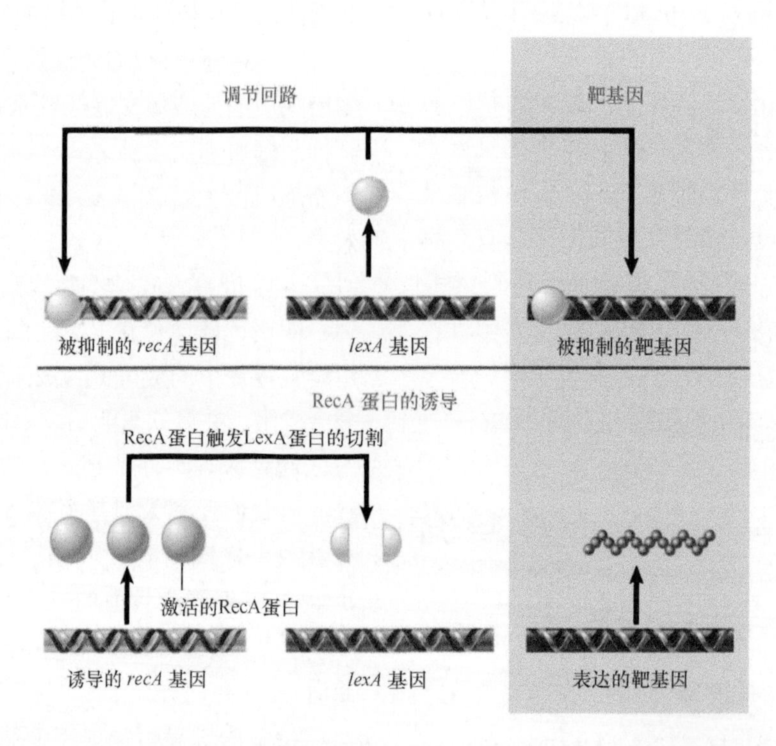

图 14.31 LexA 蛋白能阻遏许多基因的表达，包括起修复作用的 *recA* 基因和 *lexA* 基因。RecA 蛋白的激活引起 LexA 蛋白的水解，从而诱导所有这些基因的表达

RecA 蛋白也引发其他细胞目标的切割，有时会产生更直接的后果。RecA 蛋白被激活后，UmuD 蛋白被切割；切割事件能激活 UmuD 蛋白和易错修复途径。目前这个反应的模型是：$UmuD_2UmuC$ 复合体结合到损伤位点附近的一个 RecA 蛋白纤丝，RecA 蛋白通过切割 UmuD 蛋白产生 UmuD′ 来激活这个复合体，然后复合体合成 DNA 链去置换损伤片段。

RecA 蛋白的激活也引起一些其他阻遏物的切割，包括原噬菌体的一些阻遏物。其中有 λ 噬菌体阻遏物（蛋白酶活性就是从它那里发现的），这就解释了为什么 UV 辐射可以诱导 λ 噬菌体，这是由于溶源阻遏物被切割，释放出噬菌体使其进入裂解周期。

这个反应不是细胞的 SOS 应答，而是代表了原噬菌体的识别过程，这表明细胞遇到了麻烦。为了生存，噬菌体最好是进入裂解周期，产生子代噬菌体。这样看来，原噬菌体的诱导通过对相同指示剂的应答（RecA 蛋白的激活）进而调控细胞系统。

RecA 蛋白的两个活性是相对独立的。*recA441* 突变允许 SOS 应答在没有诱导因素存在时发生，可能是因为 RecA 蛋白保持自发的激活状态所致。其他突变则废除了这种激活能力。而没有一种突变会影响到 RecA 蛋白处理 DNA 的能力。一种相反的突变类型，即它能使重组功能失活，但其诱导 SOS 应答的能力却完好无损，这对区分 RecA 蛋白在修复途径中的直接和间接效应起到很大的帮助。

小结

当面临损伤或复制差错时，细胞拥有维持其 DNA 序列完整性的系统，并且可以区分外源序列和自身 DNA 的系统。

修复系统可以识别 DNA 中错配、改变或缺失的碱基，或其他双螺旋结构上的扭曲。切除修复系统切割损伤位点附近的 DNA，它移除一条链，合成一段新的序列来置换被切除的物质。*uvr* 系统提供了大肠杆菌中主要的切除修复途径。*mut* 和 *dam* 系统通过优先去除 *dam* 靶序列中未甲基化的 DNA 链上的碱基来纠正由于复制和功能过程中引入错误碱基而产生的错配。真核生物中的大肠杆菌 MutS/L 系统的同源物参与复制滑动所导致的错配修复，这些途径的突变常常导致某些癌症的发生。

在真核生物及原核生物中，修复系统可与转录过程相联系。真核生物有两条主要的核苷酸切除修复途径：一条可修复基因组中的任何损伤，另一条专一于转录链的修复。两条途径都依赖于转录因子 $TF_{II}H$ 的亚基。编码核苷酸切除修复活性的基因，包括 $TF_{II}H$ 因子中亚基的突变会导致人类疾病，这些基因与酵母中保守的 *RAD* 基因同源。

重组修复系统从一条 DNA 双链体中获得信息，并用于修复两条单链上的损伤序列。原核生物 RecBC 和 RecF 途径在 RecA 蛋白之前起作用，RecA 蛋白的链转移功能与细菌重组有关。重组修复的主要功能是使复制叉停止，并使其恢复到正常状态。

当同源重组不可能发生时，非同源末端连接（NHEJ）途径是修复真核生物中 DNA 断裂末端的普遍反应。Ku 异源二聚体把断裂末端拉到一起使它们能被连接起来。同源重组和 NHEJ 途径中酶的突变可引起一些人类疾病。

所有修复反应以染色质的固有结构为基础。组蛋白修饰和染色质重塑酶是辅助修复所必需的，而组蛋白分子伴侣也是修复完成后的染色质结构重新构建所必需的。

RecA 蛋白能诱导 SOS 应答。损伤 DNA 以一种未知方式激活 RecA 蛋白，RecA 蛋白的激活可引发 LexA 阻遏物的切割，这使许多基因座的阻遏效应解除，并诱导切除修复和重组修复途径的酶的合成。受到 LexA 蛋白控制的基因拥有操纵元件 SOS 框。RecA 蛋白也能直接激活一些修复活性。溶源噬菌体的阻遏物被切割将诱导噬菌体进入裂解周期。

参考文献

14.2 修复系统校对 DNA 损伤

综述文献

Sancar, A., Lindsey-Boltz, L. A., Unsal-Kaçmaz, K., and Linn, S. (2004). Molecular mechanisms of mammalian DNA repair and the DNA damage checkpoints. *Annu. Rev. Biochem.* 73, 39-85.

Wood, R. D., Mitchell, M., Sgouros, J., and Lindahl, T. (2001). Human DNA repair genes. *Science* 291, 1284-1289.

14.3 大肠杆菌中的切除修复系统

综述文献

Goosen, N., and Moolenaar, G. F. (2008). Repair of UV damage in bacteria. *DNA Repair* 7, 353-379.

14.4 真核生物核苷酸切除修复途径

综述文献

Barnes, D. E., and Lindahl, T. (2004). Repair and genetic consequences of endogenous DNA base damage in mammalian cells. *Annu. Rev. Genet*. 38, 445-476.

Bergoglio, V., and Magnaldo, T. (2006). Nucleotide excision repair and related human diseases. *Genome Dynamics* 1, 35-52.

McCullough, A. K., Dodson, M. L., and Lloyd, R. S. (1999). Initiation of base excision repair: glycosylase mechanisms and structures. *Annu. Rev. Biochem*. 68, 255-285.

Nouspikel, T. (2009). Nucleotide excision repair: variations on versatility. *Cell Mol. Life Sci. PMID* 66, 994-1009.

Sancar, A., Lindsey-Boltz, L. A., Unsal-Kaçmaz, K., and Linn, S. (2004). Molecular mechanisms of mammalian DNA repair and the DNA damage checkpoints. *Annu. Rev. Biochem*. 73, 39-85.

研究论文文献

Klungland, A., and Lindahl, T. (1997). Second pathway for completion of human DNA base excision-repair: reconstitution with purified proteins and requirement for DNase IV (FEN1). *EMBO J*. 16, 3341-3348.

Matsumoto, Y., and Kim, K. (1995). Excision of deoxyribose phosphate residues by DNA polymerase beta during DNA repair. *Science* 269, 699-702.

Reardon, J. T., and Sancar, A. (2003). Recognition and repair of the cyclobutane thymine dimer, a major cause of skin cancers, by the human excision nuclease. *Genes Dev*. 17, 2539-2551.

14.5 碱基切除修复系统需要糖基化酶

综述文献

Baute, J., and Depicker, A. (2008). Base excision repair and its role in maintaining genome stability. *Crit. Rev. Biochem. Mol. Biol*. 43, 239-276.

研究论文文献

Aas, P. A., Otterlei, M., Falnes, P. A., Vagbe, C. B., Skorpen, F., Akbari, M., Sundheim, O., Bjoras, M., Slupphaug, G., Seeberg, E., and Krokan, H. E. (2003). Human and bacterial oxidative demethylases repair alkylation damage in both RNA and DNA. *Nature* 421, 859-863.

Falnes, P. A., Johansen, R. F., and Seeberg, E. (2002). AlkB-mediated oxidative demethylation reverses DNA damage in *E. coli. Nature* 419, 178-182.

Klimasauskas, S., Kumar, S., Roberts, R. J., and Cheng, X. (1994). HhaI methyltransferase flips its target base out of the DNA helix. *Cell* 76, 357-369.

Lau, A. Y., Glassner, B. J., Samson, L. D., and Ellenberger, T. (2000). Molecular basis for discriminating between normal and damaged bases by the human alkyladenine glycosylase, AAG. *Proc. Natl. Acad. Sci. USA* 97, 13573-13578.

Lau, A. Y., Scherer, O. D., Samson, L., Verdine, G. L., and Ellenberger, T. (1998). Crystal structure of a human alkylbase-DNA repair enzyme complexed to DNA: mechanisms for nucleotide flipping and base excision. *Cell* 95, 249-258.

Mol, D. D., Arvai, A. S., Slupphaug, G., Kavli, B., Alseth, I., Krokan, H. E., and Tainer, J. A. (1995). Crystal structure and mutational analysis of human uracil-DNA glycosylase: structural basis for specificity and catalysis. *Cell* 80, 869-878.

Park, H. W., Kim, S. T., Sancar, A., and Deisenhofer, J. (1995). Crystal structure of DNA photolyase from *E. coli. Science* 268, 1866-1872.

Savva, R., McAuley-Hecht, K., Brown, T., and Pearl, L. (1995). The structural basis of specific baseexcision repair by uracil-DNA glycosylase. *Nature* 373, 487-493.

Trewick, S. C., Henshaw, T. F., Hausinger, R. P., Lindahl, T., and Sedgwick, B. (2002). Oxidative demethylation by *E. coli AlkB directly reverts DNA base damage*. *Nature* 419, 174-178.

Vassylyev, D. G., Kashiwagi, T., Mikami, Y., Ariyoshi, M., Iwai, S., Ohtsuka, E., and Morikawa K. (1995). Atomic model of a pyrimidine dimer excision repair enzyme complexed with a DNA substrate: structural basis for damaged DNA recognition. *Cell* 83, 773-782.

14.6 易错修复和跨损伤合成

综述文献

Green, C. M., and Lehmann, A. R. (2005). Translesion synthesis and error-prone polymerases. *Adv. Exp. Med. Biol*. 570, 199-223.

Prakash, S., and Prakash, L. (2002). Translesion DNA synthesis in eukaryotes: a one- or twopolymerase affair. *Genes Dev*. 14, 1872-1883.

Rattray, A. J., and Strathern, J. N. (2003). Errorprone DNA polymerases: when making a mistake is the only way to get ahead. *Annu. Rev. Genet*. 37, 31-66.

研究论文文献

Friedberg, E. C., Feaver, W. J., and Gerlach, V. L. (2000). The many faces of DNA polymerases: strategies for mutagenesis and for mutational avoidance. *Proc. Natl. Acad. Sci. USA* 97, 5681-5683.

Goldsmith, M., Sarov-Blat, L., and Livneh, Z. (2000). Plasmid-encoded MucB protein is a DNA polymerase (pol RI) specialized for lesion bypass in the presence of MucA, RecA, and SSB. *Proc. Natl. Acad. Sci. USA* 97, 11227-11231.

Johnson, R. E., Prakash, S., and Prakash, L. (1999). Efficient bypass of a thymine-thymine dimer by yeast DNA polymerase, Poleta. *Science* 283, 1001-1004.

Maor-Shoshani, A., Reuven, N. B., Tomer, G., and Livneh, Z. (2000). Highly mutagenic replication by DNA polymerase V (UmuC) provides a mechanistic basis for SOS untargeted mutagenesis. *Proc. Natl. Acad. Sci. USA* 97, 565-570.

Wagner, J., Gruz, P., Kim, S. R., Yamada, M., Matsui, K., Fuchs, R. P., and Nohmi, T. (1999). The dinB gene encodes a novel *E. coli* DNA polymerase, DNA pol IV, involved in mutagenesis. *Mol. Cell* 4, 281-286.

14.7 控制错配修复的方向

综述文献

Hsieh, P., and Yamane, K. (2008). DNA mismatch repair: molecular mechanism, cancer, and ageing. *Mech. Ageing*

Dev. 129, 391-407.
Kunkel, T. A., and Erie, D. A. (2015). Eukaryotic mismatch repair in relation to DNA replication. *Ann. Rev. Genet.* 49, 291-313.

研究论文文献

Strand, M., Prolla, T. A., Liskay, R. M., and Petes, T. D. (1993). Destabilization of tracts of simple repetitive DNA in yeast by mutations affecting DNA mismatch repair. *Nature* 365, 274-276.

14.8 大肠杆菌中的重组修复系统

综述文献

West, S. C. (1997). Processing of recombination intermediates by the RuvABC proteins. *Annu. Rev. Genet.* 31, 213-244.

研究论文文献

Bork, J. M., and Inman, R. B. (2001). The RecOR proteins modulate RecA protein function at 5′ ends of single-stranded DNA. *EMBO J.* 20, 7313-7322.

14.9 重组是修复复制差错的重要机制

综述文献

Cox, M. M., Goodman, M. F., Kreuzer, K. N., Sherratt, D. J., Sandler, S. J., and Marians, K. J. (2000). The importance of repairing stalled replication forks. *Nature* 404, 37-41.
McGlynn, P., and Lloyd, R. G. (2002). Recombinational repair and restart of damaged replication forks. *Nat. Rev. Mol. Cell Biol.* 3, 859-870.
Michel, B., Viguera, E., Grompone, G., Seigneur, M., and Bidnenko, V. (2001). Rescue of arrested replication forks by homologous recombination. *Proc. Natl. Acad. Sci. USA* 98, 8181-8188.

研究论文文献

Courcelle, J., and Hanawalt, P. C. (2003). RecAdependent recovery of arrested DNA replication forks. *Annu. Rev. Genet.* 37, 611-646.
Kuzminov, A. (2001). Single-strand interruptions in replicating chromosomes cause double-strand breaks. *Proc. Natl. Acad. Sci. USA* 98, 8241-8246.
Rangarajan, S., Woodgate, R., and Goodman, M. F. (1999). A phenotype for enigmatic DNA polymerase II: a pivotal role for pol II in replication restart in UV-irradiated *Escherichia coli. Proc. Natl. Acad. Sci. USA* 96, 9224-9229.

14.10 真核生物中双链断裂的重组修复

综述文献

Ceccaldi, R., Rondinelli, B., and D'Andrea A. D. (2015). Repair pathway choices and consequences at the double-strand break. *Trends Cell Biol.* http://dx.doi.org/10.1016/j.tcb.2015.07.009.
Krogh, B. O., and Symington, L. S. (2004). Recombination proteins in yeast. *Annu. Rev. Genet.* 38, 233-271.
Pardo, B., Gómez-González, B., and Aguilera, A. (2009). DNA double-strand break repair: how to fix a broken relationship. *Cell Mol. Life Sci.* 66, 1039-1056.

研究论文文献

Wolner, B., van Komen, S., Sung, P., and Peterson, C. L. (2003). Recruitment of the recombinational repair machinery to a DNA double-strand break in yeast. *Mol. Cell* 12, 221-232.

14.11 非同源末端连接也可修复双链断裂

综述文献

D'Amours, D., and Jackson, S. P. (2002). The Mre11 complex: at the crossroads of DNA repair and checkpoint signalling. *Nat. Rev. Mol. Cell Biol.* 3, 317-327.
Pardo, B., Gómez-González, B., and Aguilera, A. (2009). DNA double-strand break repair: how to fix a broken relationship. *Cell Mol. Life Sci.* 66, 1039-1056.
Weterings E., and Chen, D. J. (2008). The endless tale of non-homologous end-joining. *Cell Research* 18, 114-124.

研究论文文献

Carney, J. P., Maser, R. S., Olivares, H., Davis, E. M., Le Beau, M., Yates, J. R., Hays, L., Morgan, W. F., and Petrini, J. H. (1998). The hMre11/hRad50 protein complex and Nijmegen breakage syndrome: linkage of double-strand break repair to the cellular DNA damage response. *Cell* 93, 477-486.
Cary, R. B., Peterson, S. R., Wang, J., Bear, D. G., Bradbury, E. M., and Chen, D. J. (1997). DNA looping by Ku and the DNA-dependent protein kinase. *Proc. Natl. Acad. Sci. USA* 94, 4267-4272.
Ellis, N. A., Groden, J., Ye, T. Z., Straughen, J., Lennon, D. J., Ciocci, S., Proytcheva, M., and German, J. (1995). The Bloom's syndrome gene product is homologous to RecQ helicases. *Cell* 83, 655-666.
Ma, Y., Pannicke, U., Schwarz, K., and Lieber, M. R. (2002). Hairpin opening and overhang processing by an Artemis/DNA-dependent protein kinase complex in nonhomologous end joining and V(D)J recombination. *Cell* 108, 781-794.
Ramsden, D. A., and Gellert, M. (1998). Ku protein stimulates DNA end joining by mammalian DNA ligases: a direct role for Ku in repair of DNA double-strand breaks. *EMBO J.* 17, 609-614.
Varon, R., Vissinga, C., Platzer, M., Cerosaletti, K. M., Chrzanowska, K. H., Saar, K., Beckmann, G., Seemanová, E., Cooper, P. R., Nowak, N. J., Stumm, M., Weemaes, C. M., Gatti, R. A., Wilson, R. K., Digweed, M., Rosenthal, A., Sperling, K., Concannon, P., and Reis, A. (1998). Nibrin, a novel DNA double-strand break repair protein, is mutated in Nijmegen breakage syndrome. *Cell* 93, 467-476.
Walker, J. R., Corpina, R. A., and Goldberg, J. (2001). Structure of the Ku heterodimer bound to DNA and its implications for double-strand break repair. *Nature* 412, 607-614.

14.12 真核生物中的 DNA 修复与染色质背景有关

综述文献

Cannan, W. J., and Pederson, D. S. (2016). Mechanisms and consequences of double-strand DNA break formation in chromatin. *J. Cell. Physiol.* 231, 3-14.
House, N. C. M., Koch, M. R., and Freudenreich, C. H. (2014). Chromatin modifications and DNA repair: beyond double-strand breaks. *Front. Genet.* 5, 296.
Humpal, S. E., Robinson, D. A., and Krebs, J. E. (2009). Marks to stop the clock: histone modifications and checkpoint regulation in the DNA damage response. *Biochem. Cell Biol.* 87, 243-253.

Hunt, C. R., Ramnarain, D., Horikoshi, N., Iyengar, P., Pandita, R. K., Shay, J. W., and Pandita, T. K. (2013). Histone modifications and DNA doublestrand break repair after exposure to ionizing radiations. *Radiat. Res*. 179, 383-392.

Krebs, J. E. (2007). Moving marks: dynamic histone modifications in yeast. *Mol. Biosyst*. 3, 590-597.

Pascal, J. M., and Ellenberger, T. (2015). The rise and fall of poly(ADP-ribose): an enzymatic perspective. *DNA Repair* 32, 10-16.

Price, B. D., and D'Andrea, A. D. (2013). Chromatin remodeling at DNA double strand breaks. *Cell* 152, 1344-1354.

Rodriguez, Y., Hinz, J. M., and Smerdon, M. J. (2015). Accessing DNA damage in chromatin: preparing the chromatin landscape for base excision repair. *DNA Repair* 32, 113-119.

Rossetto, D., Truman, A. W., Kron, S. J., and J. Coté. (2010). Epigenetic modifications in double-strand break DNA damage signaling and repair. *Clin. Cancer Res*. 16, 4543-4552.

研究论文文献

Chen, C. C., Carson, J. J., Feser, J., Tamburini, B., Zabaronick, S., Linger, J., and Tyler, J. K. (2008). Acetylated lysine 56 on histone H3 drives chromatin assembly after repair and signals for the completion of repair. *Cell* 134, 231-243.

Cheung, W. L., Turner, F. B., Krishnamoorthy, T., Wolner, B., Ahn, S. H., Foley, M., Dorsey, J. A., Peterson, C. L., Berger, S. L., and Allis, C. D. (2005). Phosphorylation of histone H4 serine 1 during DNA damage requires casein kinase II in *S. cerevisiae*. *Curr. Biol*. 15, 656-660.

Downs, J. A., Allard, S., Jobin-Robitaille, O., Javaheri, A., Auger, A., Bouchard, N., Kron, S. J., Jackson, S. P., and Cote, J. (2004). Binding of chromatin-modifying activities to phosphorylated histone H2A at DNA damage sites. *Mol. Cell* 16, 979-990.

Downs, J. A., Lowndes, N. F., and Jackson, S. P. (2000). A role for *Saccharomyces cerevisiae* histone H2A in DNA repair. *Nature* 408, 1001-1004.

Jha, D. K., and Strahl, B. D. (2014). An RNA polymerase II-coupled function for histone H3K36 methylation in checkpoint activation and DSB repair. *Nat. Commun*. 5, 3965.

Kim, J. A., and Haber, J. E. (2009). Chromatin assembly factors Asf1 and CAF-1 have overlapping roles in deactivating the DNA damage checkpoint when DNA repair is complete. *Proc. Natl. Acad. Sci. USA* 106, 1151-1156.

Lee, C. S., Lee, K., Legube, G., and Haber, J. E. (2014). Dynamics of yeast histone H2A and H2B phosphorylation in response to a double-strand break. *Nat. Struct. Mol. Biol*. 21, 103-109.

Moore, J. D., Yazgan, O., Ataian, Y., and Krebs, J. E. (2007). Diverse roles for histone H2A modifications in DNA damage response pathways in yeast. *Genetics* 176, 15-25.

Morrison, A. J., Highland, J., Krogan, N. J., Arbel-Eden, A., Greenblatt, J. F., Haber, J. E., and Shen, X. (2004). INO80 and gamma-H2AX interaction links ATP-dependent chromatin remodeling to DNA damage repair. *Cell* 119, 767-775.

Papamichos-Chronakis, M., Krebs, J. E., and Peterson, C. L. (2006). Interplay between Ino80 and Swr1 chromatin remodeling enzymes regulates cell cycle checkpoint adaptation in response to DNA damage. *Genes Dev*. 20, 2437-2449.

Renaud-Young, M., Lloyd, D. C., Chatfield-Reed, K., George, I., Chua, G., Cobb, J. (2015). The NuA4 complex promotes translesion synthesis (TLS)-mediated DNA damage tolerance. *Genetics* 199, 1065-1076.

Rogakou E. P., Boon C., Redon C., and Bonner W. M. (1999). Megabase chromatin domains involved in DNA double-strand breaks *in vivo*. *J. Cell Biol*. 146, 905-916.

Tamburini, B. A., and Tyler, J. K. (2005). Localized histone acetylation and deacetylation triggered by the homologous recombination pathways of double-strand DNA repair. *Mol. Cell Biol*. 25, 4903-4913.

Tsukuda, T., Fleming, A. B., Nickoloff, J. A., and Osley, M. A., (2005). Chromatin remodeling at a DNA double strand break site in *Saccharomyces cerevisiae*. *Nature* 438, 379-383.

van Attikum, H., Fritsch, O., Hohn, B., and Gasser, S. M. (2004). Recruitment of the INO80 complex by H2A phosphorylation links ATP-dependent chromatin remodeling with DNA double-strand break repair. *Cell* 119, 777-788.

14.13 RecA 蛋白触发 SOS 系统

研究论文文献

Tang, M., Shen, X., Frank, E. G., O'Donnell, M., Woodgate, R., and Goodman, M. F. (1999). UmuD′ C is an error-prone DNA polymerase, *E. coli* pol V. *Proc. Natl. Acad. Sci. USA* 96, 8919-8924.

第 15 章

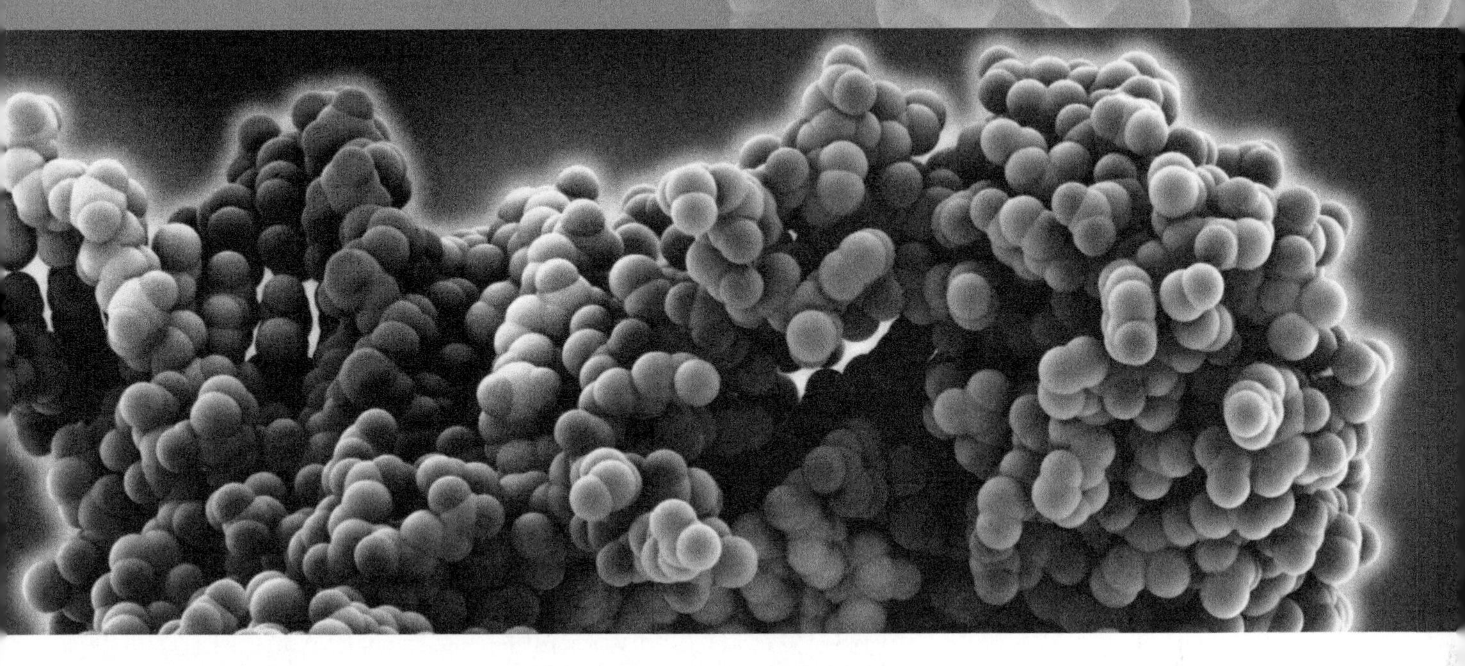

转座因子与反转录病毒

Damon Lisch　编

章节提纲

15.1　引言

在几乎所有基因组内，变异的一个主要原因是由转座因子（transposable element）或称转座子（transposon）产生的，它们是基因组中可移动的一段段分散的 DNA 序列，换句话说，可将其自身从基因组的一个位置转移到另一个位置。转座子的特征是，它们并不利用独立形式的元件（如噬菌体或质粒 DNA），而是从基因组的一个位置直接移动到另一个位置。与大多数基因组重建方法不同的是，转座子不依赖于供体和受体位点序列间的任何联系。转座子仅可将其自身（有时连带一些其他序列）转座到同一基因组内的新位置，因此，相对于能将DNA序列从一个基因组转移到另一个基因组的载体而言，转座子只是基因组内的载体类似物，是基因组内突变的主要来源，如图 15.1 所示，它对许多物种基因组的总体大小已经产生了相当重要的影响，包括人类基因组自身，其中一半由转座因子组成。转座子含量在真核生物中差异巨大，从酵母中的4%到一些两栖类和植物的70%以上。尤其是植物富含这些元件，玉米（*Zea mays*）中转座因子占到基因组的85%。

转座子可分为两大类：一类能直接操纵DNA，并在基因组内自我繁殖（Ⅱ类因子或DNA型因子）；在另一类中，它们的可移动性是因为它们具有某种能力，即它们能基于自身的RNA转录物制备出DNA拷贝，DNA拷贝再整合进基因组的新位点（Ⅰ类因子或反转录因子）。

在真核生物和原核生物中，我们都已发现以DNA形式移动的转座子。每种转座子都携带编码其自身转座所需的酶活性基因，当然也需要其他一些辅助功能，使之能留在基因组内（如DNA聚合酶或DNA促旋酶）。

必须有RNA中间体参与的转座（transposition）是真核生物所独有的。利用RNA中间体的转座都要运用某些形式的反转录酶，它能将RNA反转录成DNA。在总体结构和转座机制上，一些转座子通常与反转录原病毒高度相似，可以将它们归纳为一类，这些元件被称为长末端重复反转录转座子[long terminal repeat (LTR) retrotransposon]，或简称为**反转录转座子（retrotransposon）**。这些元件的第二类成员也利用反转录酶，但是缺乏LTR，它利用一种独特的转座模式，可以将它们归纳为一类，这些元件被称为非LTR反转录转座子（non-LTR retrotransposon），或简称为**反转录子（retroposon）**（在文献中，转座因子的命名可能有些混乱，但是用LTR的存在与否来区分转座因子的这套系统反映了当代对于这些转座因子的进化和转座机制的理解）。

与其他病毒的繁殖周期一样，**反转录病毒（retrovirus）**或反转录转座子的周期也是连续的。它可以在任意一点被打断并作为“起点”，但通常我们观察到的周期如图 15.2 所示。反转录病毒首先是作为具有感染性的毒粒被发现的，能在细胞间传递，所以细胞内的生活周期（包括双链体DNA）被认为是RNA病毒繁殖的一种方式。而反转录转座子作为基因组的一部分，其RNA形式的主要功能被认为是mRNA和转座中间体，所以我们一般将反转录转座子作为基因组序列（双链体DNA），而反转录病毒作为RNA/蛋白质复合体，但是这会模糊这些因子的亲缘关系。确实如此，最近的进化树证据表明，反转录病毒是一类最简单的、获得了包被蛋白的反转录转座子，这样就推翻了早期所假设的关系。

对于每一类转座因子，基因组中可同时存在功能因子和无功能（缺陷的）因子。在大多数情况下，真核生物基因组中的主要因子常常是有缺陷的，失

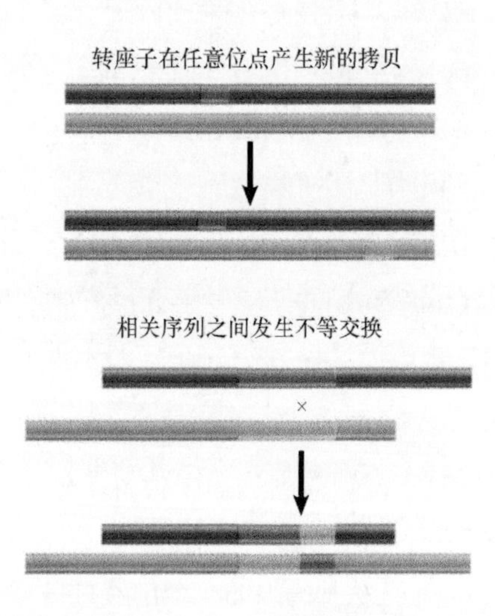

图 15.1 基因组内序列变化的主要原因是转座子移动到新位置，这对基因表达可能造成直接影响。其相关序列间的不等交换也可引起重排。而转座子拷贝则为这些事件提供了靶序列

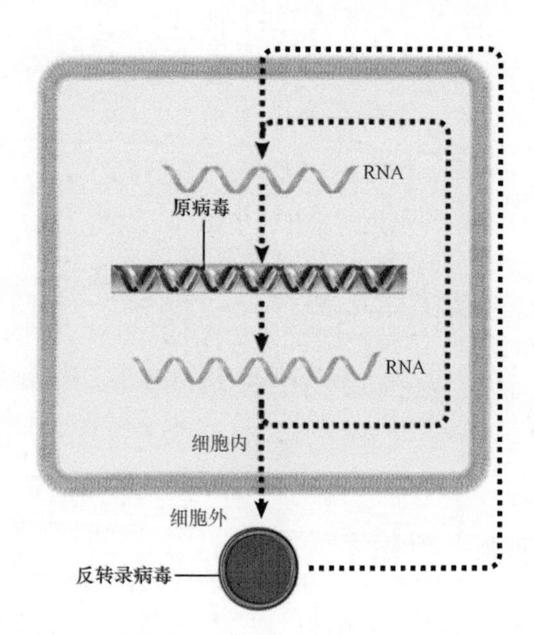

图 15.2 反转录病毒和反转录转座子的繁殖周期包括从RNA到DNA的反转录和从DNA到RNA的转录的交替过程。只有反转录病毒能产生感染性颗粒，而反转录转座子只在细胞内进行活动

去了独立转座的能力，但它们仍可被功能性转座子产生的酶所识别而被作为转座底物。真核生物基因组存在大量各种不同的转座子，如相对较小的果蝇基因组含有 1572 个已经鉴定出的转座子，它属于 96 个独立家族。而大基因组，如玉米和人类则拥有数十万种转座子。这些物种的每一个基因组都是由 50% ～ 85% 的转座子组成的。

所有类型的转座因子可直接或间接推动基因组的重排。

- 转座事件本身可导致序列的缺失、倒位或将宿主序列移动到新的位点。
- 转座子作为细胞重组系统的底物，通过“便携式同源区（portable region of homology）”而发挥功能。不同位点（甚至不同染色体）上同一转座子的两份拷贝可能为异常的交互重组提供位点，这种交换将产生缺失、插入、倒位或易位。

转座子的间歇性活动似乎为自然选择提供了一个模糊的目标。有人据此提出转座因子对表型既无利也无害，构成了只顾自身增殖的“自私 DNA（selfish DNA）”。其实，如果将转座看成是不同于其他细胞重组系统的事件，我们就可默认转座子是留在基因组内的独立实体。

转座子与基因组的关系类似于寄生虫与宿主的关系。我们假设，如果转座事件使必需基因失活，或转座子的数量成为细胞系统的负担，那么一个转座因子通过转座而增殖可能被其所带来的损伤所平衡。然而我们必须记住：任何具有选择优势的转座（如基因重排）都将导致携带此活性转座子的基因组优先存活。

15.2 插入序列是简单的转座组件

关键概念

- 插入序列是一种转座子，它编码转座所需的酶，其两侧是短末端反向重复序列。
- 插入序列在插入靶位点过程中被复制，以形成与转座子末端方向一致的两个同向重复序列。
- 同向重复序列的长度为 5 ～ 9 bp，是任一插入序列的特征性标志。

最先在分子水平上被鉴定出的转座因子是细菌操纵子的自发插入物。这种序列的插入阻止了被插入基因的转录和（或）翻译。目前我们已经从原核生物与真核生物（在此它们更加丰富）中鉴定出了多种转座因子，但是首先在细菌中解释的转座因子具有的基本原则与生物化学特性也可适用于许多物种中的 DNA 型因子。

最简单的细菌转座子称为**插入序列（insertion sequence，IS）**（这一命名反映了科学家发现它们的途径）。每一种类型都以 IS 为前缀，后加数字（最初的种类编号为 IS1 ～ IS4，反映它们被分离的大致先后，但迄今已分离的 700 多种转座因子并不完全对应）。

IS 因子是细菌染色体和质粒的正常组分。大肠杆菌（*Escherichia coli*）的标准品系很可能含有任何一种常见 IS 因子的几个拷贝（小于 10 个）。一般用双冒号来表示在具体位点上的插入，例如，λ::IS1 表示一个 IS1 因子插入到 λ 噬菌体中。大部分 IS 因子可插入到宿主 DNA 内的多个位点，而有一些则显示出对某一特殊位点程度不一的偏爱性。

IS 因子是自主单元，每个 IS 因子只编码负责自身转座的蛋白质。各种 IS 因子的序列是不同的，但在结构上有共同特征。IS 转座子插入靶位点前后的常见结构如**图 15.3** 所示，图中也总结了一些常见 IS 因子的细微差异。

IS 因子以**末端反向重复（inverted terminal repeat）**序列结尾，通常两个重复序列是密切相关的，但并非完全一致。如图 15.3 所示，末端反向重复序列的存在意味着在因子任何一侧的 DNA 朝因子方向移动，都可遇到相同序列。

当 IS 因子转座时，插入位点处的宿主 DNA 序列被复制。通过比较靶位点在插入发生前后的序列，可以推测出重复序列本质。图 15.3 显示在插入位点处，IS 因子的 DNA 两侧总存在短**同向重复（direct repeat）**序列（本文中，“同向”指序列的两份拷贝按同一方向重复，而不是重复序列相邻接）。但在原来的（插入前的）基因中，靶位点只有一个重复序列。如图所示，靶位点含有序列。转座后，转座子两侧都出现了这个重复序列的一份拷贝。转座子引发的每个转座事件中，同向重复序列都是不同的，但对任何一个具体的 IS 因子而言，其长度都是固定的（反映了其转座机制）。

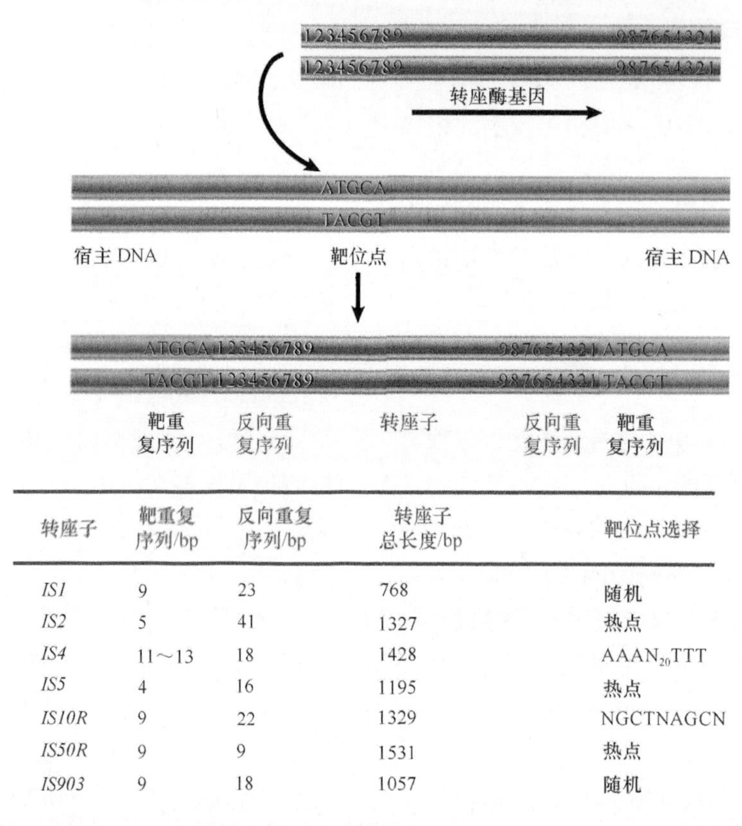

转座子	靶重复序列/bp	反向重复序列/bp	转座子总长度/bp	靶位点选择
IS1	9	23	768	随机
IS2	5	41	1327	热点
IS4	11～13	18	1428	$AAAN_{20}TTT$
IS5	4	16	1195	热点
IS10R	9	22	1329	NGCTNAGCN
IS50R	9	9	1531	热点
IS903	9	18	1057	随机

图 15.3 转座子具有末端反向重复序列，能够在靶位点的两翼产生同向重复序列，此图中的靶序列为 5 bp，转座子末端由 9 bp 的反向重复序列组成，数字 1 ～ 9 表示碱基对序列

这样，IS 因子显示出了其特征性结构，即其末端是反向重复序列，邻近末端的旁侧有宿主 DNA 的短同向重复序列。当我们观察 DNA 序列时，这样的组成可用来甄别转座子，并可断定此序列源自转座事件。

反向重复序列限定了转座子的末端。各种类型的 DNA 型转座子在转座时都要进行末端识别。位于末端的顺式作用突变可阻止转座，它可被负责转座的蛋白所识别，这种蛋白称为**转座酶**（**transposase**）。

许多 IS 因子都含有单一的长编码区，此区从一端的反向重复序列的内侧开始，至另一端的反向重复序列之前或在其中终止，这一区域编码转座酶。一些 IS 因子含有更复杂的结构，如 IS1 因子具有两个分开的阅读框，在翻译时通过移码使两个阅读框都被使用，从而产生转座酶。

不同转座因子的转座频率是不同的，在大多数情况下，每代转座 10^{-3} ～ 10^{-4} 次 / 个因子，单个靶位点的插入频率与自发突变率相当，约为 10^{-5} ～ 10^{-7}/ 代。回复（reversion）（通过准确切除 IS 因子而产生）不常发生，发生率为 10^{-6} ～ 10^{-10}/ 代，约是插入频率的 1/1000。

15.3 转座可通过复制和非复制机制产生

关键概念

- 所有转座子使用一种共同机制，即在靶 DNA 上造成交错切口，然后转座子与突出末端相连，填补缺口。
- 转座子与靶 DNA 之间连接片段的顺序与性质决定了它是复制型转座还是非复制型转座。

如图 15.4 所示，一个转座子插入一个新位点中，包括靶 DNA 的交错断裂、转座子连接到突出的单链末端和填补缺口。交错末端（staggered end）的产生和填补解释了靶 DNA 在插入位点处的同向重复序列的产生；两条链的两个缺口间的交错决定了同向重复序列的长度。所以每个转座子特有的靶重复序列反映了参与切割靶 DNA 的酶的结构特点。

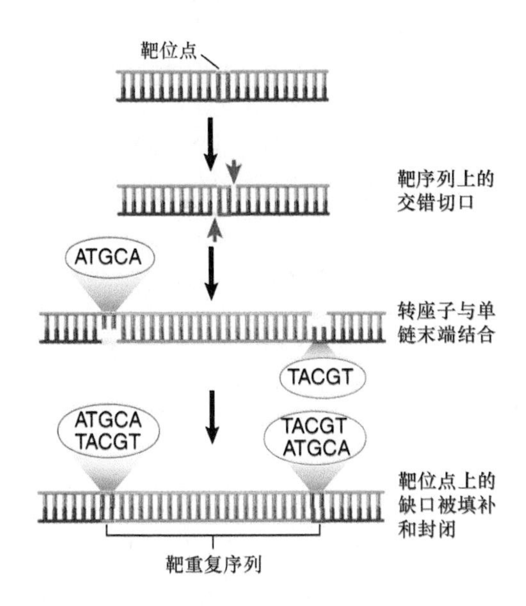

图 15.4 转座子两翼的靶 DNA 的同向重复序列是因交错切割所产生的突出末端与转座子相连而形成的

转座的所有方法中，交错末端是最常见的，但是根据转座子移动机制，可将转座分为两种类型。

- 对于**复制型转座（replicative transposition）**，在反应过程中转座子被重复，因此转座的实体是原转座因子的一份拷贝。**图 15.5** 总结了这种转座的结果。转座子被拷贝作为其移动的一个步骤，其中一份拷贝保留在原位点，而另一份则插入新位点中，因此转座伴随着转座子拷贝数的增加。复制型转座涉及两类酶活性：一是转座酶，它在原转座子的末端起作用；另一种为解离酶（resolvase），它对倍增拷贝起作用。只有一组转座子会通过复制型转座移动（见第 15.5 节“复制型转座要经过一个共整合阶段”），因此整体而言，在转座子中真正的复制型转座是相对稀有的。
- 对于**非复制型转座（nonreplicative transposition）**，转座因子作为实体，可直接从一个位点转移到另一个位点，并且是保守的。插入序列和**复合转座子（composite transposon，Tn）**，如 Tn10 和 Tn5（类似于大多数真核生物转座子）的转座机制如**图 15.6** 所示，这种转座过程中涉及转座子从供体 DNA 的释放。这种类型的机制常常称为“切割和粘贴（cut-and-paste）”，这种机制只需要转座酶。另一种机制是利用供体与靶 DNA 的连接，这与复制型转座的一些步骤相同。两种非复制型转座导致转座子插入靶位点，并从供体位点丢失。供体分子经过非复制型转座会产生什么变化呢？其能够存活就要求宿主的修复系统识别双链断裂并加以修复（详见第 14 章“修复系统”）。

有些细菌转座子只采用一种类型的途径转座，有些转座子则可利用多种途径进行转座。IS1 因子和 IS903 因子既可以通过非复制型方式也可以通过复制型方式转座。研究已清楚地表明，Mu 噬菌体具有从共同的中间体转换成任意一种途径的能力。

所有类型的转座事件都涉及相同的基本反应。转座子的两末端通过酶切反应从供体 DNA 上分离出来，产生 3′- 羟基（3′-OH）端。通过转移反应，暴露末端与靶 DNA 相连接，这个过程涉及转酯作用（transesterification），使 3′-OH 端直接攻击靶 DNA。这些反应发生在一个核酸蛋白复合体内，该复合体包含必需的酶和转座子的两个末端。不同转座子的差别在于靶 DNA 被转座子识别的时间是否处于其自身被切割的之前或之后，以及转座子的两个末端中一条链或两条链是否在整合前被切割。

实际上，在转座酶选择靶位点时，有时会需要

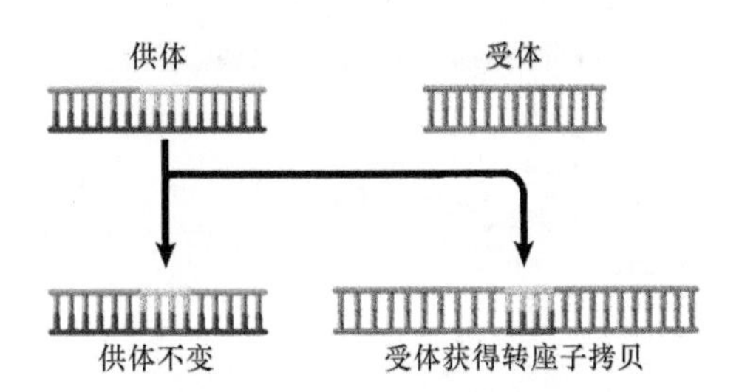

图 15.5 复制型转座产生转座子的一份拷贝，该拷贝插入到受体位点，供体位点序列不变，因此供体和受体位点都会携带转座子的一份拷贝

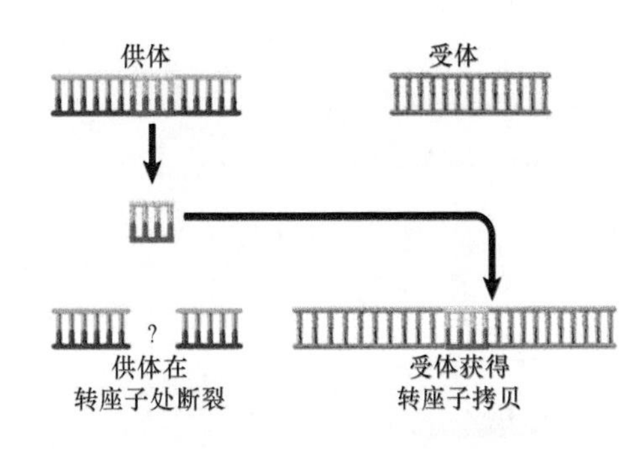

图 15.6 非复制型转座中转座子仅从供体位点向受体位点做物理性移动，从而在供体位点造成断裂，若断裂不被修复，后果将是致死的

辅助蛋白的帮助。有些情况下，靶位点是被随机选中的；在另一些情况下，则对其共有序列或具有某种特征的DNA是特异性的。这里所谓的特征可以是DNA的一种结构，如弯曲DNA或蛋白质-DNA复合体。在后一种结构形式中，靶复合体的性质可使转座子插入到特异性启动子（如在酵母中，*Ty1*因子和*Ty3*因子选择pol Ⅲ启动子作为靶位点）、染色体非活性区段或复制的DNA序列中。

15.4 转座子引起DNA重排

关键概念

- 多份转座子拷贝之间的同源重组可引起宿主DNA的重排。
- 转座子重复序列之间的同源重组导致准确切除或不准确切除。

转座子除了造成在新位点上产生插入事件这种“简单的”分子间转座之外，还促成了其他形式的DNA重排。这些事件中一部分是由于多份转座子拷贝之间相互作用的结果，另一些则是转座机制选择的结果，并且这些事件的发生都会留下揭示本质的线索。

当转座子将其另一份拷贝插入原来位点附近的第二个位置时，可能会导致宿主DNA重排，宿主系统可能造成该转座子的两份拷贝之间发生交互重组，其结果取决于其重复序列是同向的还是反向的。

图15.7说明了它的基本规则，即任意一对同向重复序列之间的重组会导致它们之间的序列被切除，中间区域以环状DNA形式被切除出去（从细胞中消失）；染色体仍保留一个同向重复序列拷贝。如Tn9复合转座子的两个同向重复IS1组件间的重组，使得单一IS1组件代替其复合转座子。

因此，邻近转座子的序列缺失可分两步进行：转座产生转座子的一个同向重复序列，接着两个重复序列之间发生重组。然而，大部分缺失发生在转座子附近，可能是由于转座事件之后的某个变异途径导致的。

图15.8描述了一对反向重复序列之间的交互重组的结果。两个重复序列之间的区域被倒位；重复序列自身还可进一步产生倒位。一个反向的复合转座子是基因组稳定的组件，尽管中心区的方向可能因重组而倒位。

在这一例子中，切除反应不是由转座子自身支持的，它可能是细菌的酶识别了转座子中的同源序列而发生的，这一点非常重要，因为转座子的丢失可能恢复插入位点的功能。**准确切除（precise excision）**需要去掉转座子及重复序列的一份拷贝。这种情况非常罕见，Tn5的发生率约为10^{-6}，而Tn10的发生率约为10^{-9}，它很可能涉及重复靶位点之间的重组。

不准确切除（imprecise excision）则留下转座子的残余序列，这尽管足以阻止靶基因的重新激活，但还不足以使邻近基因发生极化效应，致使表型发生改变。Tn10的不准确切除发生率约为10^{-6}，这涉及IS10片段内24 bp反向重复序列之间的重组。这些序列为反向重复序列，但是因为IS10组件自身被倒位了，故它们在Tn10中构成同向重复序列。

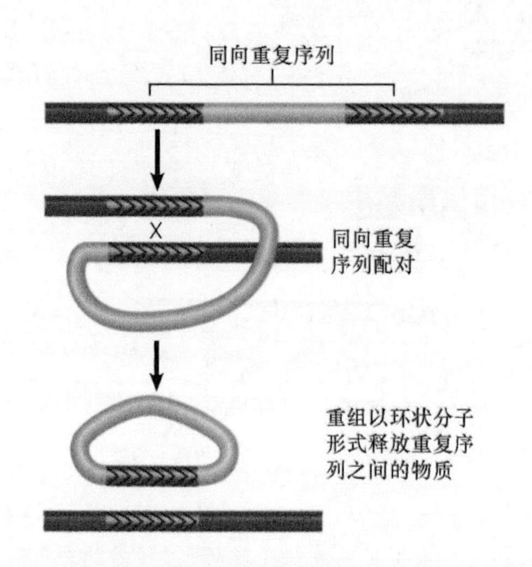

图15.7 两个同向重复序列的交互重组会把二者之间的序列切除出去，重组产物只含一份同向重复序列的拷贝

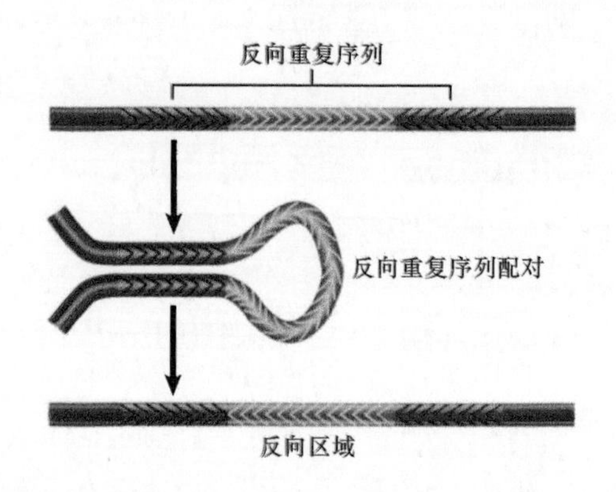

图15.8 两个反向重复序列的交互重组将二者之间的序列反向排列

不准确切除的频率高于准确切除，这很可能反映了同向重复序列长度的增加（24 bp 相对于 9 bp）。两种切除反应都不依赖于转座子编码的功能，但其机制尚不清楚。切除反应是不依赖 RecA 蛋白的，它可能由一些细胞机制引起，这种机制可产生邻近重复序列之间的自发缺失。

准确切除和不准确切除也可能是真核生物中的“切割和粘贴”转座产生的结果。在这个例子中，其结局依赖于因转座因子被切除而导入的双链 DNA 断裂修复的本性。利用同源染色体或姐妹染色单体可修复这一断裂，可以将 DNA 从这些片段中转移致链损伤部位。利用缺乏转座子插入的染色体进行修复可导致原插入序列周围序列的精确恢复；利用姐妹染色单体进行修复可导致转座子插入序列的恢复；而不完全修复则可导致缺失，这些缺失可能是插入序列的两翼区域，也可能是转座子的一部分。或者，断裂也可用非同源末端连接途径进行修复，这会导致一小段 DNA 的插入或缺失。

15.5 复制型转座要经过一个共整合阶段

关键概念

- 链转移复合体的复制可以产生共整合，它是供体与靶复制子融合的产物。
- 共整合结构拥有转座子的两份拷贝，它们位于两个原始复制子之间。
- 转座子拷贝之间的重组会重新生成原来的复制子，但受体将获得转座子的一份拷贝。
- 转座子编码的解离酶催化重组反应。

复制型转座涉及的基本结构如图 15.9 所示：链转移复合体的 3′ 端作为复制的引物，产生一个称为**共整合（cointegrate）**的结构，它由两个原始分子融合而成。共整合结构含有转座子的两份拷贝，每一份拷贝位于两个原始复制子之间的一个连接处，为同向重复序列。而转座酶则可使之产生交换反应。它转变成共整合还需要宿主的复制功能。

转座子两份拷贝之间的同源重组释放出两个独立的复制子，每一个都含有转座子的一份拷贝。复制子之一是原来的供体复制子，另一个是靶复制子，它获得一个转座子，其两翼为宿主靶序列的短同向重复序列，该重组反应称为**解离（resolution）**，所需的酶为解离酶。

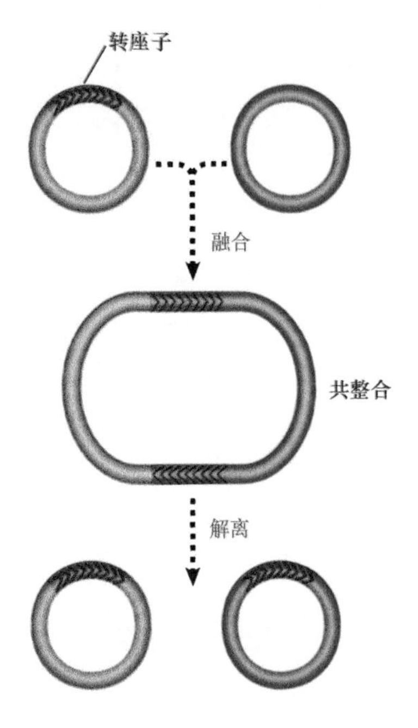

图 15.9 转座将供体和受体融合成一个共整合结构，共整合拆分后形成两个复制子，每个都是含有一份拷贝的转座子

我们已详细阐明 Mu 噬菌体产生共整合所涉及的反应，如图 15.10 所示：此过程起始于链转移复合体（有时称为交换复合体）的形成，供体和靶链被连接起来，以便转座子序列的末端与靶位点产生的突出单链相结合。链转移复合体在双链体转座子处产生一个交换结构，交换结构的命运决定了转座模式。

复制型转座的原理是：经过转座子的复制而将自身重复，此时，供体和受体位点都可拥有一份拷贝，其产物是一个共整合结构。

交换结构在每一个交错的末端都包含一个单链区，这些区域是拟复制叉（pseudoreplication fork），它为 DNA 合成提供模板（以末端为复制引物，这提示链断裂处必须产生一个有极性的 3′-OH 端）。

如果复制从拟复制叉的两条链开始一直持续下去，它将经过转座子，分开转座子的双链，并在其末端终止。复制很可能是由宿主编码的功能来完成的。在此连接处形成的结构就是共整合，在两个复制子之间连接处的转座子为同向重复序列（可通过追踪共整合周围的途径看出）。

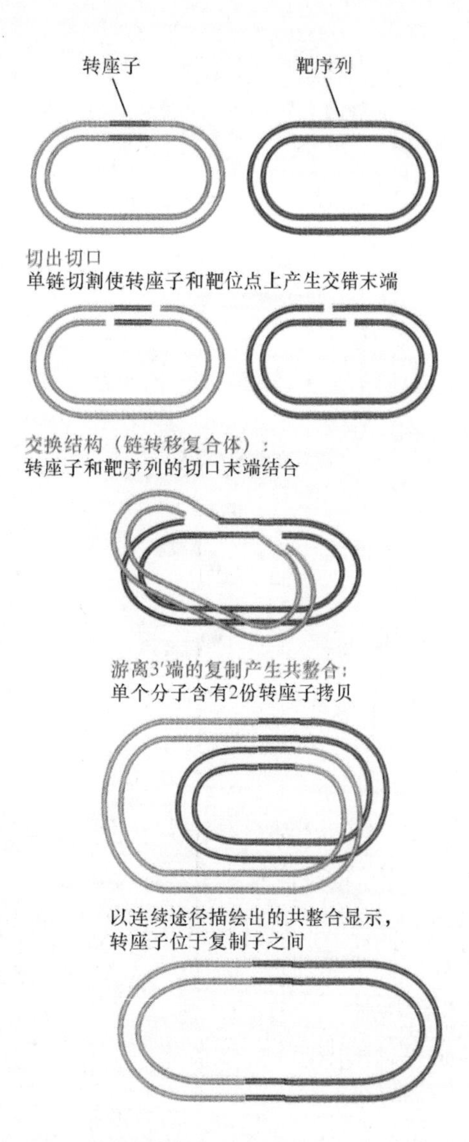

图 15.10 Mu 噬菌体的转座过程中产生一个交换结构，它经复制进一步转变为共整合

15.6 非复制型转座要经过链的断裂与重接

关键概念

- 如果在交换结构未断裂的一对供体链上切开一个切口与转座子任意一侧的靶链相连接，就造成非复制型转座。
- 非复制型转座分为两种，其差别在于第一对转座子链在第二对链切割之前就与靶序列连接（如 Tn5），还是转座子的全部 4 条链在与靶序列连接之前就被切割（如 Tn10）。

非复制型转座也要运用交换结构。在这种情况下，非复制型转座的原理是：链的**断裂和重接**（**breakage and reunion**）反应使靶序列通过插入转座子而重建，而供体链仍处于断开状态，且这一反应不形成共整合结构。

图 15.11 表明了 Mu 噬菌体链断裂事件可以产生非复制型转座。一旦未断开的供体链被切开，则转座子任何一侧的靶链都可被连接上，而交错切割产生的单链区必须被修复合成所补齐。这个反应的产物就是靶复制子，这个复制子中的转座子已被插入到由之前单链切割所产生的重复序列之间。供体复制子在转座子的原来位置上含有一个双链断裂。

非复制型转座也可通过另一种方式发生，此时靶 DNA 被切开一个切口，转座子的任何一侧产生双链断裂，并把它从旁侧供体序列完全释放出来（见图 15.6），Tn10 以及很多真核生物的转座子就采取这种“切割和粘贴”的方法，如**图 15.12** 所示。

有一个实验巧妙地证明了 Tn10 是如何进行非复制型转座的，这主要通过人工构建的 Tn10 异源双链体，此双链体含有单碱基错配。若转座涉及复制，则新位点上的转座子携带的信息将仅来自 Tn10 亲链中的一条；但如果是非复制型转座，转座只是物理移动已存在的转座子，那么新位点上的转座子仍存在错配碱基。事实证明确实如此。

图 15.12 的模型与图 15.11 的根本区别是：Tn10 的两条链在与靶位点连接之前都已经被切开。反应第一步是转座酶识别转座子末端，形成一个似蛋白质复合体的结构，反应就在此发生。在转座子两端，双链按特定次序被切开：先切开被转移的链（即与靶位点连接的链），然后切开另一条链（与图 15.10

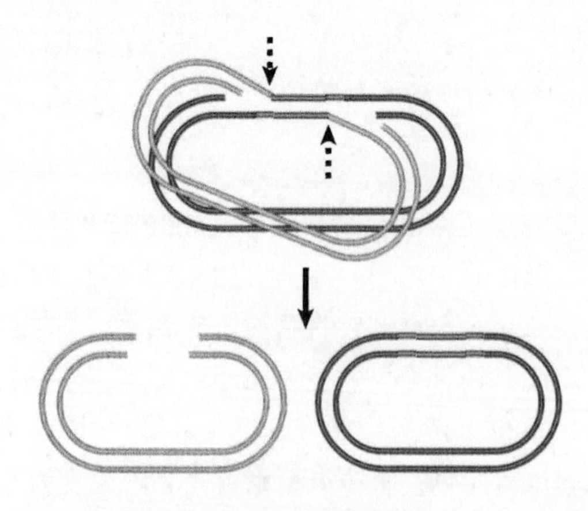

图 15.11 交换结构由于切割被释放后就会产生非复制型转座，它将转座子插入靶 DNA 中，两翼为靶序列的同向重复序列，供体则留下双链断裂

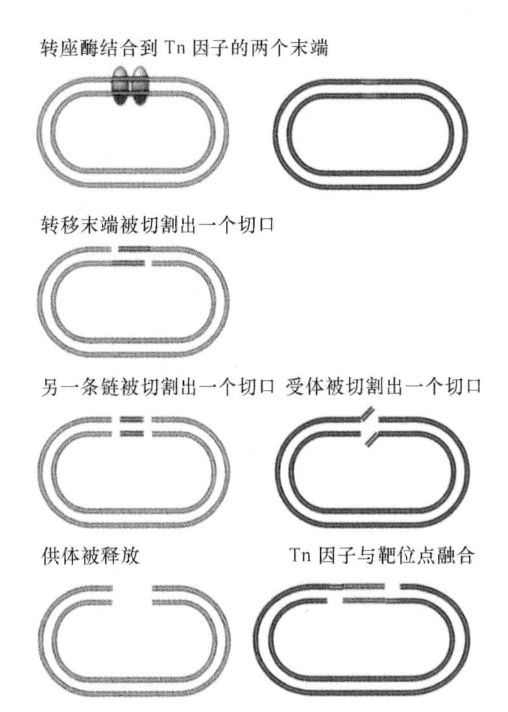

图 15.12 Tn10 复合转座子的两条链依次被切断，接着转座子与已切断的靶位点连接起来

和图 15.11 中 Mu 噬菌体转座的次序相同)。

Tn5 转座子也是通过非复制型转座，**图 15.13** 显示了使转座子与旁侧序列分开的有趣的切割反应：先切开一条 DNA 链；随后释放的 3′-OH 端攻击另一条 DNA 链；由此释放出旁侧序列，并连接转座子的两条链成发夹结构；然后，激活的水分子攻击该发夹结构，使转座子的每条链各产生一个游离末端。

在下一步，被切开的供体 DNA 释放出来，随后转座子连接到靶位点中有切口的末端。转座子和靶位点则依然留在转座酶（及其他蛋白质）形成的似蛋白质复合体结构内。转座子两端的双

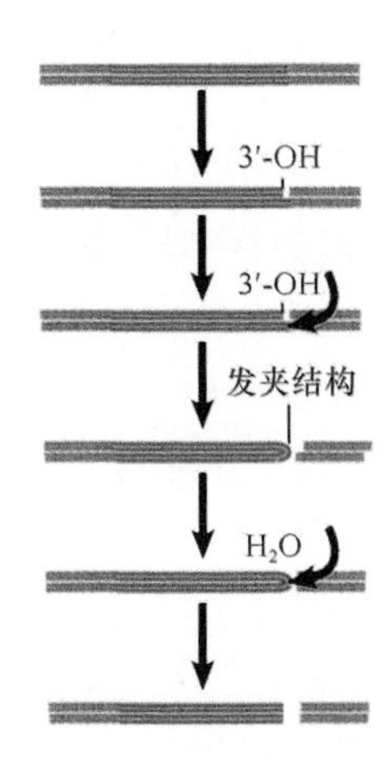

图 15.13 对 Tn5 与旁侧 DNA 之间进行切割，包括切出切口、链内反应和发夹结构切割

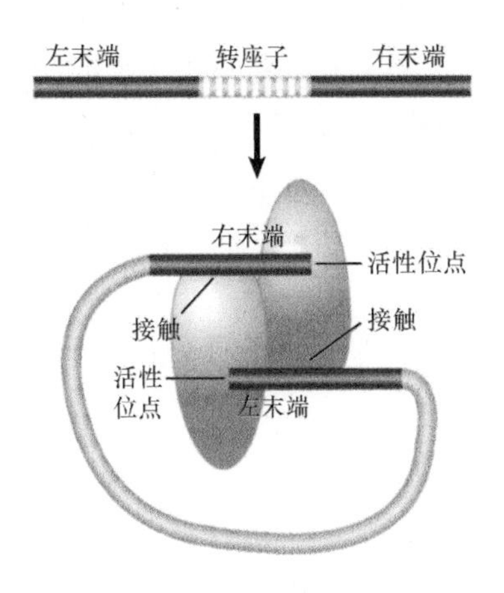

图 15.14 Tn5 转座酶的每个亚基的末端都有一个转座子位于其活性位点上，而亚基的另一末端与转座子的另一末端接触

链切割阻止了任何形式的复制型转座，并促进非复制型转座向前推进，这样就产生了与图 15.12 所示的相同结果，而单一切割和连接步骤却是按另一种次序进行的。

Tn5 和 Tn10 转座酶都是以二聚体形式发挥作用的。二聚体中的每个亚基都有一个活性位点，可催化转座子一端中两条链的双链断裂，然后催化靶位点的交错切割。**图 15.14** 所示为 Tn5 转座酶与被切割转座子结合的结构。转座子的每个末端都位于一个亚基的活性位点上，亚基的一端也同转座子的另一端接触，这控制了转座反应的几何构象，而每个活性位点将会切割靶 DNA 的一条链。复合体的空间构型决定了两条靶链上这些活性位点之间的距离（Tn5 是 9 bp）。

15.7 转座子形成一个个超家族和家族

关键概念

- 转座酶序列决定了转座子超家族。
- 转座子家族都有自主成员和非自主成员。
- 自主转座子编码产生使其转座的蛋白质。
- 非自主转座子不能催化转座，但当自主转座子提供必需的蛋白质之后，它们也能转座。
- 自主转座子可以发生相变，这时，甲基化状态的变化会改变它们的特性。

大多数真核生物基因组包含多个基于 DNA（II

类）的转座子超家族。编码转座酶的序列定义了一个个转座子超家族。转座子可能占据了基因组的相当一部分，例如，玉米基因组的总体大小在过去的六百万年中由于转座子的活性已经翻倍。且转座子也占据了蛙类中的非洲爪蟾（*Xenopus tropicalis*）基因组的25%。在人类中，只有3%的基因组由基于DNA的转座子组成（我们的基因组含有更多的Ⅰ类因子）。但这3%代表了近400 000个单一转座因子。

转座子家族中的成员都可分为两类。

- **自主转座子（autonomous transposon）**具有切除和转座能力。由于自主转座子有持续活力，它插入任何位点都将产生不稳定的或“可突变的”等位基因。自主转座子本身或其转座能力的丢失，都会将一个可突变的等位基因变为稳定的等位基因。
- **非自主转座子（nonautonomous transposon）**是稳定的；正常情况下，它们不转座或不允许其他的自发改变。只有在基因组内存在同一家族的一个自主成员时，它才会变得不稳定。若给非自主转座子以反式方式补充一个自主转座子，它会与自主转座子一起表现出通常范围内的活性，包括转座到新位点的能力。非自主转座子是自主转座子丢失了转座所必需的反式作用功能演变而来的。

在超家族内，转座子家族由单一类型的自主因子和众多的非自主因子组成。非自主因子由于能被自主因子反式激活而归入一个家族，**图15.15**描述了活性转座子和非自主配偶体之间的关系。不同的植物和动物物种拥有不同的活性转座子成员。但总体上，在给定物种中，如果转座子存在的话，那么只有有限数量的转座子是激活的。在脊椎动物中，只有极少数内源性的基于DNA的转座子目前是有活性的，而植物则存在大量的活性因子。

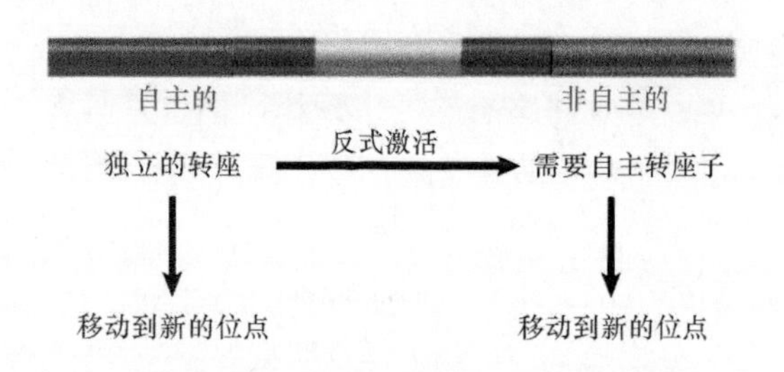

图15.15 每一转座子家族都含有自主和非自主转座子成员，自主因子能进行转座，非自主因子不能进行转座

在自然界中，转座子超家族也有不同的分布。一些是物种高度特异的，而其他则能在相距遥远的物种之间移动。例如，P因子（见第15.8节“转座因子在杂种不育中的作用”）限定于果蝇基因组中，而Tc1/*mariner*超家族中的转座子（最初发现于线虫和果蝇中）是广泛分布的，它们已经从真菌、纤毛虫、植物和动物中鉴定出来。这些有应用前景的元件已经经过改造，并应用于脊椎动物的转基因载体[即最著名的形式多样的睡美人元件（Sleeping Beauty element）]上，它们似乎能作用于任何物种上，这是因为它们不依赖于转座所需的任何特定的宿主因子。脊椎动物中唯一已知的自主DNA转座子，Tol1（在青鳉鱼中发现的hAT超家族的一个成员）当转移到其他物种，如哺乳动物中时，也似乎是有活性的。

从分子水平上的特征来讲，大部分转座子都拥有常见的组织方式，末端有反向重复序列；相邻的靶DNA含有短同向重复序列，但其大小和编码容量则各不相同。所有转座子家族中的自主转座子和非自主转座子之间的关系是相同的。自主转座子的两个末端重复序列之间有可读框，而非自主转座子不编码功能蛋白。有时，非自主转座子的内部序列与自主转座子相关；在另一些情况下，它们由转座子与反向重复序列之间所获得的基因片段组成。一些转座子家族例子如下一段所描述。

第一个转座子最初从玉米中鉴定出来，它拥有许多活性转座子。增变（mutator）转座子是所有玉米转座子中最活跃，也是最具有突变能力的。自主因子*MuDR*包含*mudrA*基因（编码MURA转座酶）和*mudrB*基因（编码整合所必需的辅助蛋白MURB），因子的两端为200 bp的反向重复序列。非自主增变因子基本上每个单元都存在反向重复序列，但是它可能没有与MuDR蛋白相关的内部序列，即使如此也可被MURA蛋白和MUDR蛋白所移动。玉米中的增变因子是Mu样因子（Mu-like element，MULE）转座子超家族的成员，它们存在于细菌、真菌、植物和动物中。

奠基性的转座子，也最初发现于玉米中的是*Ac/Ds*家族的一些成员，它们是Barbara McClintock在20世纪40年代发现的（为此她获得了1983年诺贝尔奖）。**图15.16**总结了它们的结构。其分子特

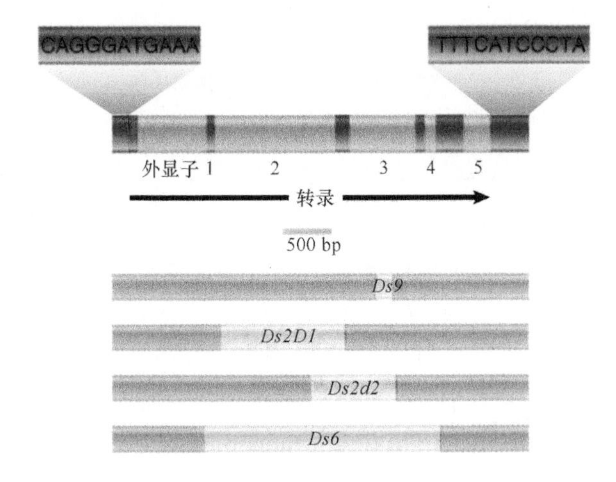

图 15.16 *Ac* 含有编码转座酶的 5 个外显子（粉色），而 *Ds* 存在内部缺失（灰色）

征将会在此进一步描述，以说明自主和非自主家族成员之间的一些典型关系。尽管这一例子来自于玉米，但是这种原则可适用于任何物种中的转座子家族。自主的**激活因子（activator，*Ac*）元件**是一个含有 5 个外显子的基因，其产物是转座酶。因子本身的末端为 11 bp 的反向重复序列，以及在插入位点上重复的 8 bp 靶序列。

解离因子（dissociator，*Ds*）元件的长度和序列都不相同，但是与 *Ac* 有关，它们的末端是相同的 11 bp 反向重复序列。*Ds* 比 *Ac* 短，其缺失长度是不同的。现在我们举一个极端的例子：*Ds9* 只缺失 194 bp；而更长的缺失使 *Ds6* 的长度仅为 2 kb，只代表 *Ac* 两端的各 1 kb。复合双 *Ds* 中有一个 *Ds6* 序列反向插入另一个 *Ds* 序列。双 *Ds* 特别容易引起染色体断裂，就如 McClintock 所观察到的那样。

非自主转座子缺乏内部序列，但有末端反向重复序列（或很可能有其他特征序列）。它通过缺失（或其他变化）使反式作用转座酶失活，却保存了转座酶作用的完整位点（包括末端），由此非自主转座子从自主转座子逐渐进化而来。它们的结构包括 *Ac* 的小突变（但导致失活）到带有缺失或重排的序列。

另一个极端情况是，*Ds1* 家族成员包含一些短的序列，它们与 *Ac* 的唯一相关性在于其拥有末端反向重复序列。这类因子不需要从 *Ac* 直接衍化而来，它可以来自其他任何可产生反向重复序列的事件。它们的存在表明转座酶仅识别末端反向重复序列，或者可能识别与一些短的内部序列相连的末端重复序列。

Ds1 仅是无处不在的 DNA 型因子形式的其中一个例子，这类因子称为微缩反向重复 / 转座因子（miniature inverted repeat/transposable element，MITE），它们是存在于多种真核生物中的自主转座子的极短衍生物，在给定基因组中可存在几万至几十万份拷贝，其长度为 300 ～ 500 bp，并可产生 2 ～ 3 bp 的靶位点重复。不像植物中其他类型的转座子，MITE 常常存在于或靠近于某些基因。

Ac/Ds 转座以非复制型"切割和粘贴"机制发生，它涉及双链断裂和随后的被释放因子的整合。转座机制类似于前面所描述的 Tn5 和 Tn10（见 15.6 节"非复制型转座要经过链的断裂与重接"）。反应结束后，其从供体位点上消失。克隆分析表明 *Ac/Ds* 转座几乎总是在供体元件复制之后发生，这种现象类似细菌 Tn10 的转座。其原因是相同的：当转座子 DNA 的两条链都被甲基化时，不发生转座（甲基化前的典型状态）；但当 DNA 为半甲基化时（复制后的典型状态），转座即被激活，而受体位点经常与供体位点位于同一染色体上，并相距较近。值得注意的是，如果将某一染色体的复制区转座到非复制区，转座事件将导致元件拷贝数的净增长，其中一条染色单体将携带一份转座子拷贝，而第二条染色单体将携带两份转座子拷贝，这可保证 *Ac* 等元件会增加它们的拷贝数，尽管转座是非复制型的。

复制可产生潜在的 *Ac/Ds* 供体的两份拷贝，但通常只有一个发生转座。供体位点会发生什么变化呢？在**控制元件（controlling element）**已经丢失的位点上会发现重排现象，这可以解释为染色体断裂的结果。基于切除反应后的供体位点序列，由 *Ac* 元件切除反应所引起的大多数断裂似乎可用非同源末端连接途径来进行修复，这通常会在切除位点产生序列改变，或"转座子印记（transposon footprint）"。如果所产生的转座子印记可以恢复 *Ac* 元件曾经插入过的这一基因的功能性，这样的事件就是一个回复事件；否则，导致的结果就是一个稳定的无功能基因。相反，Mu 因子转座模式似乎依赖于组织的类型。在体细胞发育过程的末期，转座类似于 *Ac* 元件所观察到的那样。而在生殖细胞组织中，事实上绝大多数的转座事件是复制型的，这可能是由于缺口修复时会利用姐妹染色单体作为模板。

自主转座子和非自主转座子在一定条件下会发生多种变化，一些为可遗传的改变，另一些为表观遗传学上的变化。最主要的变化当然是自主转座子转变为非自主转座子，但非自主转座子也可能发生进一步的变化。顺式作用的缺陷会产生一个不受自主转座子影响的非自主转座子，因此由于非自主转座子不能再被转座酶激活而转座，它可能会保持永久的稳定。

自主转座子易于“相变（change of phase）”，其特性是可遗传的，但常常产生不稳定的改变。它们采取可逆的失活形式，在植物发育过程中，这些因子在激活状态和失活状态之间循环；它们也可导致稳定的失活型因子。

Ac 型和 Mu 型自主转座子的相变是由 DNA 甲基化的变化导致的。所有因子的非活性形式是由胞嘧啶残基的甲基化所致。在大部分例子中，我们尚不清楚什么因素触发了这种活性丢失。但就 *MuDR* 而言，一个 *MuDR* 的衍生物产生重复，并进行了相对于其本身的倒位，这触发了表观沉默现象。这种重排导致了发夹 RNA 的产生，此时，转录物的两个部分彼此能完美互补。其所产生的双链 RNA 可由细胞因子加工成小的 RNA，再依次触发 *MuDR* 因子的甲基化和基因表达沉默（详见第 30 章“调节性 RNA”）。

甲基化效应在植物和其他物种的转座子之间通常是共同的。甲基化影响活性最好的例子来自对拟南芥 *ddm1* 突变体的观察，该基因可引起全基因组范围内的甲基化丢失。其中丢失了甲基基团的靶标是与 *MuDR* 转座子相关的转座子家族。基因组序列的直接分析表明去甲基化和相关的组蛋白尾部修饰（详见第 8 章“染色质”和等 26 章“真核生物的转录调节”）可使转座事件发生。甲基化可能是使基因组免遭由于过多转座导致损害的主要机制。转座子似乎是甲基化的靶标，这是因为转座子更加容易产生双链或其他错误的转录物，而这些转录物所产生的小 RNA 可被用于指导序列特异性的 DNA 甲基化。另外，表达于生殖系细胞的一类小 RNA 富含转座因子和其他重复序列，而它们的表达会导致转座子的抑制，这一类中所描述的第一个 RNA 是果蝇的 Piwi 相互作用 RNA（Piwi-interacting RNA，piRNA）（详见第 30 章“调节性 RNA”），并被认为是保护生殖系免受会导致绝育的转座事件的影响；小鼠中的同源物在精子形成过程中似乎也发挥相同作用。一旦转座子的甲基化被建立，它可通过遗传而在许多代中都能维持下去。在可对其 DNA 进行甲基化的植物和动物中，绝大多数的转座子都以这种方式产生表观沉默效应。

转座事件可能具有自我调节能力，这类似于细菌转座子表现出的免疫效应。基因组中 *Ac* 元件数量的增加会降低转座频率，*Ac* 元件可能编码转座的阻遏物，而提供转座酶活性的同一种蛋白质可能拥有这种活性。另外，一些转座子衍生物，如果蝇中的 P 因子衍生物，它编码截断的蛋白质，它可阻遏体细胞组织中自主转座子的活性（见 15.9 节“P 因子在生殖细胞中被激活”）。

15.8 转座因子在杂种不育中的作用

关键概念

- P 因子是黑腹果蝇 P 品系而不是 M 品系所携带的转座子。
- 当 P 雄与 M 雌杂交时，转座作用被激活。
- 在这些杂交中，P 因子插入在新位点使许多基因失活，从而导致杂交品系不育。

黑腹果蝇（*Drosophila melanogaster*）的一些品系在品系间杂交时遇到了困难。当其中两个品系的果蝇杂交时，子代表现出“不育性状”，即产生一系列缺陷，包括突变、染色体畸变、减数分裂不正常分离，以及降低的生育能力。这些相关缺陷的出现称为**杂种不育（hybrid dysgenesis）**。

在黑腹果蝇中，我们已鉴定出产生杂种不育的两个系统。在第一系统中，果蝇被分为诱导型（inducer，I 型）和反应型（reactive，R 型）。由 I 雄与 R 雌杂交将降低生育力，但反交没有此现象。在第二系统中，果蝇被分为父体贡献型（paternal contributing，P 型）和母体贡献型（maternal contributing，M 型）。图 15.17 阐明了系统的不对称性，P 雄与 M 雌杂交导致不育，但反交则可育。

不育原则上是出现在生殖细胞的一种现象。P-M 系统杂交产生的 F_1 代杂合子果蝇有正常体细胞组织，但它们的性腺不发育，且杂合子通常是不育的，特别是在较高温度下。配子发育的形态学缺陷

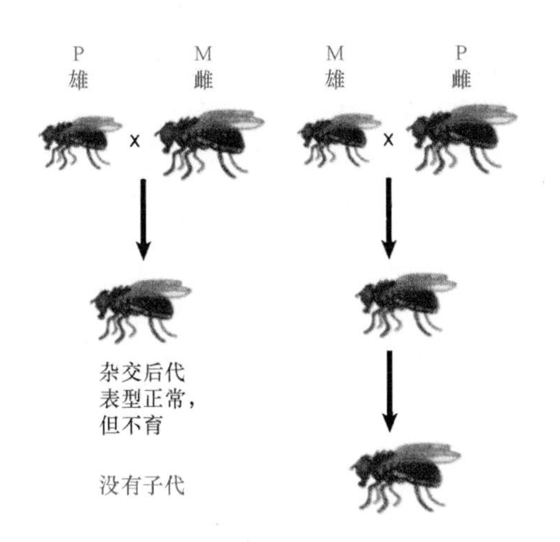

图 15.17　杂种不育是不对称的，它是由 P 雄和 M 雌杂交产生的，但 M 雄和 P 雌不会产生杂种不育

从生殖细胞系快速分裂的阶段就已表现出来。

在与 M 雌杂交时，P 雄的任何一条染色体都会导致不育。重组染色体的结构表明 P 型的每一条染色体都存在能导致不育的几个区段，这表明 P 雄在不同染色体位置上有一些能导致不育的序列。不同 P 品系的位置也不相同，而 M 型果蝇的染色体则缺乏 P 特异性序列。

对不育杂种中所发现的 *w* 突变型的 DNA 进行定位时，我们第一次识别出 P 特异性序列的特性。所有突变都是由于 DNA 插入 *white*（*w*）基因座所引起（插入使基因失活，产生白眼表型，所以称为 *w* 基因座）。插入的序列被称为 **P 因子（P element）**。

P 因子插入形成了一个典型的转座系统，其单个因子长度各不相同，但有些序列是同源的。所有 P 因子都存在 31 bp 的末端反向重复序列，在转座中，它都产生 8 bp 靶 DNA 的同向重复序列。最长的 P 因子约 2.9 kb，有 4 个可读框。短一些的因子显然在一定程度上频繁地由 P 因子全长序列内部缺失而产生。一些短的 P 因子已失去了产生转座酶的能力，但可被完整 P 因子编码的酶反式激活。

一个 P 品系携带 30 ～ 50 份拷贝的 P 因子，其中约 1/3 是全长的。M 品系则缺乏 P 因子。在 P 品系中，P 因子是基因组中的惰性元件，但当 P 雄与 M 雌杂交时则被激活而转座。

P-M 杂种不育果蝇中染色体的 P 因子插入到了许多新位点，而这些因子的插入可使基因失活，并引起染色体断裂，因此转座的结果是显著地改变了基因组。

15.9　P 因子在生殖细胞中被激活

关键概念

- P 因子在 P 雄与 M 雌杂交后代的生殖细胞中被激活。这是因为组织特异性剪接事件去除了一个内含子，从而产生了编码转座酶的序列。
- P 因子也产生转座的阻遏物，它是由雌蝇细胞质遗传的。
- 阻遏物的存在解释了 M 雄与 P 雌杂交后代依然是可育的。

P 因子的激活具有组织特异性，它仅发生在生殖细胞中，但 P 因子在生殖细胞和体细胞组织中均被转录。组织特异性是由剪接方式的改变所赋予的。

图 15.18 描述了 P 因子的组织结构和其转录物。初始转录物延伸 2.5 kb 或 3.0 kb，这个不同很可能仅反映了终止位点的渗漏，其所产生的蛋白质有两种：

- 在体细胞组织中，只切除了前两个内含子，

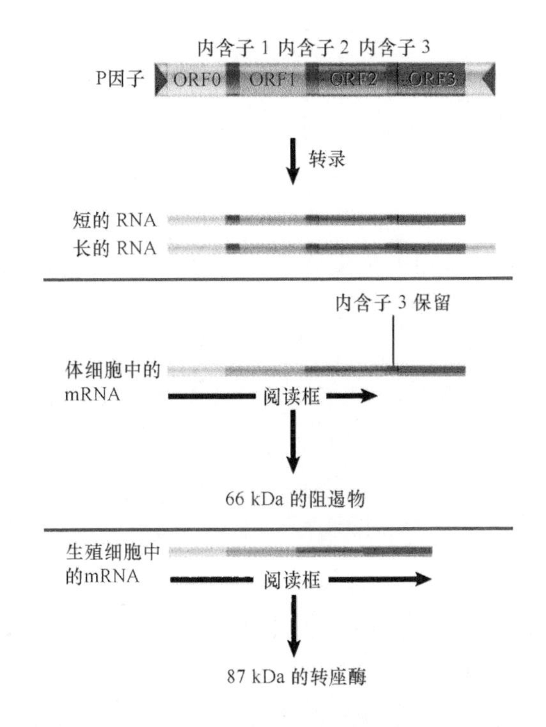

图 15.18　P 因子有 4 个外显子，前 3 个剪接到一起在体细胞表达；所有 4 个剪接到一起则在生殖细胞中表达

产生一个ORF0-ORF1-ORF2的编码区。这个RNA翻译产生一个66 kDa的蛋白质，它是转座子活性的阻遏物；

- 在生殖细胞组织中，多了一次剪接事件，切除了内含子3，这将所有4个可读框连成了一个mRNA，翻译产生一个87 kDa的蛋白质，即转座酶。

两类实验表明第三个内含子的剪接是转座所必需的。首先，如果使剪接连接处在体外发生突变后，再将P因子重新引入果蝇中，其转座活性就消失；其次，如果第三个内含子缺失，以致所有组织的mRNA都含ORF3，则在体细胞组织和生殖细胞中都会发生转座。因此，无论ORF3何时同它前面的可读框剪接在一起，P因子都会被激活。这是决定性的调节事件，通常仅发生在生殖细胞中。

那么是什么负责组织特异性剪接呢？体细胞中有一种与外显子3序列结合的蛋白质，它可阻止最后一个内含子的剪接（详见第19章“RNA的剪接与加工”）。生殖细胞中这种蛋白质的缺失使剪接产生了编码转座酶的mRNA。

P因子的转座需要约150 bp的末端DNA。转座酶与31 bp反向重复序列旁边的10 bp序列相结合。通过类似于Tn10的非复制型“切割和粘贴”机制发生转座。它以两种方式对杂种不育起作用：转座因子插入新位点会导致突变；供体位点上残留的断裂产生有害效应（见图15.6）。

有趣的是，在大多数情况中，供体DNA的断裂可用同源染色体序列进行修复。如果同源染色体含P因子，供体位点上的P因子就可被恢复（这类似于复制型转座的结果）；如果同源染色体中缺乏P因子，修复可产生没有P因子的序列，这样就明显地产生一次精确的切除事件（在其他转座系统中是不常见的）。

在交配中杂种不育依赖于雌性源头的现象表明，细胞质与P因子本身都很重要。细胞质所起的作用被称为**细胞型（cytotype）**，即含有P因子的果蝇品系有P细胞型，而缺乏P因子的果蝇品系有M细胞型。只有当M细胞型中有含P因子的染色体时，即父体含P因子而母体不含时才会发生杂种不育。

细胞型表现出可遗传的细胞质效应；当通过P细胞型发生杂交时（母体含P因子），杂种不育可被M细胞型母体抑制好几代。因此，P细胞型中有某种物质可以在好几代中被逐步稀释，它抑制了杂种不育。

细胞型效应一直是一个特别令人迷惑的现象。所有的解释是假定阻遏物分布于卵细胞质中，如图15.19所示。阻遏物以卵中的母体因子的方式提供。在P品系中，即使P因子存在，一定也有足够的蛋白质阻止转座发生。在任何涉及P雌的杂交中，阻遏物的存在阻止了转座酶的合成或活性。但如果母本是M型，则卵细胞中没有阻遏物，那么引入父本的P因子会使生殖细胞中出现转座酶活性。P细胞型能在一个以上的世代中发挥作用的情况表明，在卵中必定存在足够的阻遏物，这些蛋白质必须足够稳定，可以通过成体果蝇传递到下一代的卵细胞中。

许多年以来，阻遏物的最适候选物是66 kDa的蛋白质。然而，一些缺乏P因子的果蝇品系却能产生66 kDa阻遏物，并能表现出P细胞型。最近的证据显示了小RNA在P因子阻遏上的功能；处理来自P因子（以及其他几个转座子）转录物的小RNA的重要基因也是转座子充分沉默所必需的。这种观察产生了这样一种模型：特殊位置的P因子有条件地控制着P细胞型，而P因子所产生的转录物可加工成特殊类型的小RNA，称为piRNA（详见第30章“调节性RNA”）。在这个例子中，正是细胞质中的这些小RNA的存在负责P因子细胞型阻遏。像引起RNA干扰的小RNA一样，我们也假设piRNA指导P因子转录物的降解。这个模型引人注目的地方就是它提示P因子细胞型阻遏是通用机制的一个特殊例子，运用这种通用机制，这些转座子活性就可在植物、真菌和动物中被阻遏。

十分明显，P因子只在近几十年来的黑腹果蝇基因组中被检测到。它们从第二种果蝇品系*D. willisoni*中通过P因子序列水平转移而来。在这次转移之后，P因子在全世界范围内迅速扩散到了黑腹果蝇的种群中。对不同果蝇品系的P因子分析显示，这种转座子的水平转移在历史上是重复出现的。我们在许多转座子中已经记录到了这种物种之间的移动倾向。这种现象提示，转座子生命周期的重要组成部分就是，它具有周期性地入侵那些缺乏可阻遏转座子活性的序列（如那些可产生piRNA的DNA序列）的原始基因组的能力。

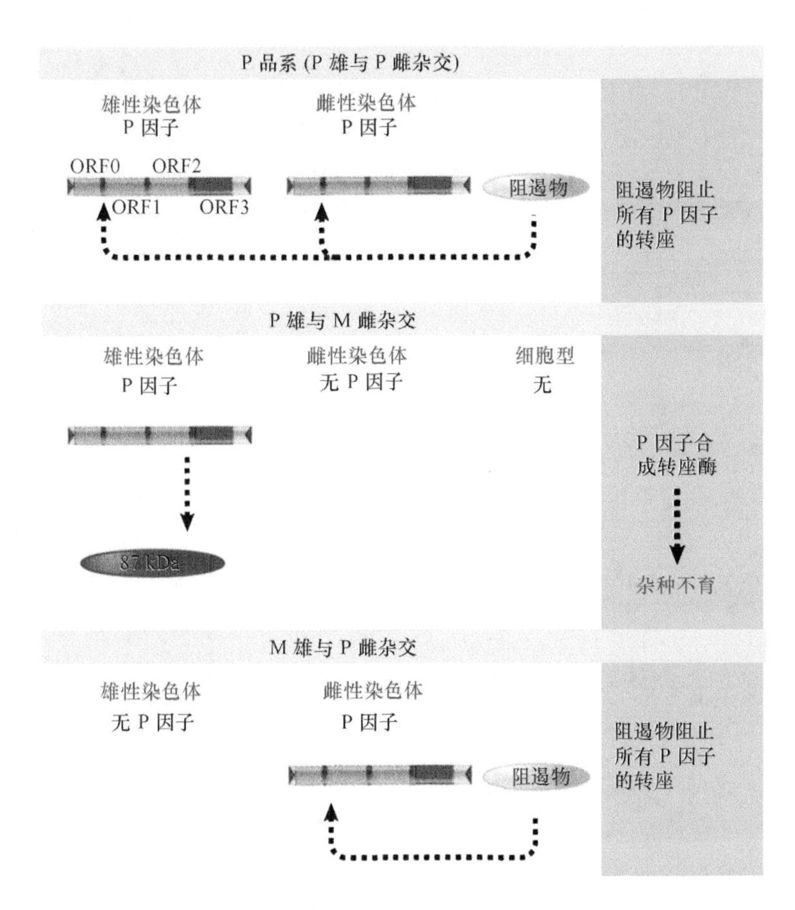

图 15.19 决定杂种不育的是基因组中 P 因子与品系中的阻遏物之间的相互作用

15.10 反转录病毒生命周期包括类转座事件

关键概念

- 一个反转录病毒含有单链 RNA 基因组的两份拷贝。
- 整合的原病毒是双链 DNA 序列。
- 反转录病毒通过将其基因组反转录而产生原病毒。

反转录病毒的基因组是单链 RNA，它以双链 DNA 为中间体进行复制。在其生命周期中一个必不可少的环节是：双链 DNA 通过类转座事件插入到宿主基因组中，并在插入位点产生短的同向重复序列。这种相似性一点也不令人奇怪，特定的证据显示，在进化过程中，新的反转录病毒重复出现，这是由于含有编码包被蛋白基因的反转录转座子被俘获所导致的结果，而这使得感染成为可能。

这一整合环节的重要性远远超出了病毒繁衍自身的意义，它产生的一些结果包括：

- 整合到生殖细胞基因组中的反转录病毒序列能被当作是内源性的**原病毒（provirus）**保存在细胞基因组中，它像溶源性噬菌体一样，原病毒成了生物体遗传物质的一部分；
- 细胞基因组序列有时与反转录病毒序列发生重组，并随之一起进行转座，这些序列可能以双链体序列形式插入到基因组的新位置；
- 被反转录病毒转座后的一些细胞序列，可能会改变被这种病毒感染的细胞的一些特性。

反转录病毒生命周期具有特殊性，详细解释如**图 15.20** 所示，其关键在于病毒 RNA 能转变为 DNA；DNA 与宿主基因组进行整合后，DNA 原病毒又转录为 RNA。负责将初始 RNA 转变为 DNA 的酶是**反转录酶（reverse transcriptase）**，它在被感染细胞的细胞质中将 RNA 反转录成线性双链体 DNA；DNA 也可转变成环状形式，但这些环状 DNA 似乎不参与繁殖。

线性 DNA 能进入到细胞核中，一份或多份 DNA 拷贝可整合到宿主基因组中，**整合酶（integrase）**则负责将 DNA 整合到宿主基因组中。反转录病毒

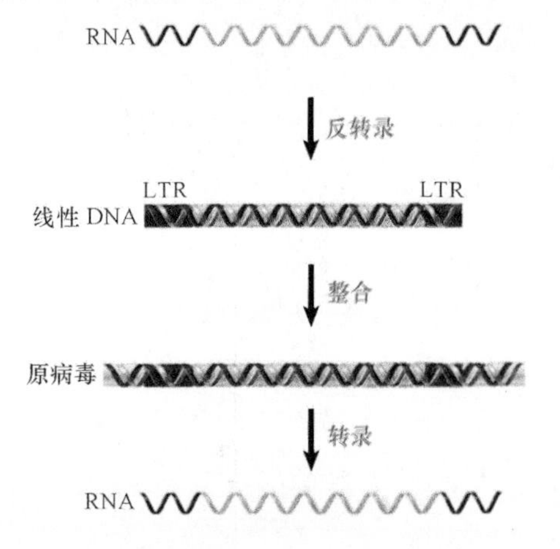

图 15.20 反转录病毒生活周期中，病毒的 RNA 基因组经反转录成为双链体 DNA，然后双链体 DNA 插入宿主的基因组中，接着，已整合的 DNA 再转录出病毒 RNA

整合酶在序列、结构和功能上与转座子编码的转座酶是相关的。原病毒由宿主的转录系统转录产生病毒 RNA，而转录出来的 RNA 既能作为 mRNA，也能作为基因组被包裹成毒粒。整合是生命周期中的一个环节，并且是转录所必需的。

每两个 RNA 基因组拷贝被包装成一个毒粒，因此，实际上单个毒粒是二倍体。当一个细胞同时被两种不同但相关的病毒感染时，它就有可能产生携带两种单倍体病毒基因组的杂合病毒。二倍体可能对病毒获取细胞基因组序列起到重要作用，而反转录酶和整合酶则是由毒粒的基因组所携带的。

15.11 反转录病毒基因编码多聚蛋白

关键概念

- 一个典型的反转录病毒具有 3 个基因：*gag*、*pol*、*env*。
- Gag 蛋白和 Pol 蛋白是由基因组的一个全长转录物翻译而来的。
- Pol 蛋白的翻译需要核糖体来进行移码。
- Env 蛋白是由剪接过程产生的一种独立的 mRNA 翻译而来的。
- 3 种蛋白产物的每一种都可由蛋白酶加工产生出多种蛋白质。

一个典型的反转录病毒基因组序列包含有 3 个或 4 个“基因”（这里的一个基因通常指的是一个编码区，实际上每个基因通过加工能产生多种蛋白质）。**图 15.21** 所示的是一条具有 3 种基因的典型反转录病毒基因组，这 3 种基因是以 *gag-pol-env* 顺序排列的。

反转录病毒的 mRNA 具有传统结构，5′ 端具有帽结构，而 3′ 端有多腺苷酸，它拥有两种 mRNA。全长的 mRNA 翻译成 Gag 和 Pol 多聚蛋白。Gag 蛋

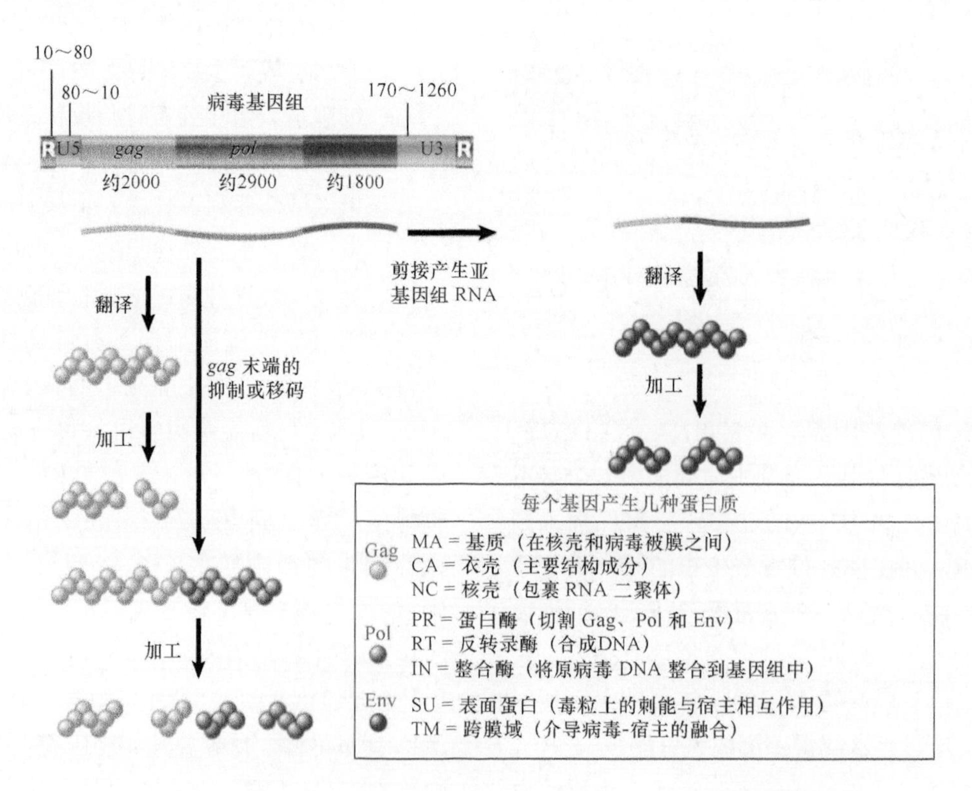

图 15.21 反转录病毒的表达产物为多聚蛋白，经过加工后才成为单一蛋白质

白是从起始密码子到第一个终止密码子的翻译产物；而产生 Pol 蛋白时，这个终止密码子则必须被连读。

在不同病毒中，它们利用不同机制来连读 *gag* 的终止密码子，这主要依赖 *gag* 和 *pol* 阅读框之间的关系。如果 *gag* 和 *pol* 的阅读框是连续性排列的，终止密码子被一种谷氨酰 -tRNA 所识别，并被抑制，从而只产生单一的蛋白质；如果 *gag* 和 *pol* 在不同的阅读框中，则一个核糖体的移码可以产生一种单一的蛋白质。一般来说连读效率是 5%，所以从数量上来说，Gag 蛋白通常约是 Gag-Pol 蛋白的 20 倍。

Env 多聚蛋白则通过另一种方式表达：病毒通过剪接产生一条亚基因组的 mRNA，然后将其翻译成 Env 产物。

gag 基因产物组成毒粒的核蛋白核心；*pol* 基因产物的主要功能是核酸合成和重组；而 *env* 基因主要是编码毒粒的外壳蛋白，它们将病毒成分与细胞质膜隔绝。

Gag 产物、Gag-Pol 产物或 Env 产物都是多聚蛋白，它们能被蛋白酶切割，从而产生多种不同的蛋白质，这样它们才能构建成熟毒粒；蛋白酶活性也由病毒以不同形式编码，有时它是 Gag 或 Pol 产物的一部分，有时是以另一种独立的阅读框来编码。

反转录毒粒的产生过程包括将 RNA 包装成中心颗粒，然后用外壳蛋白包裹，以及携带一部分宿主细胞的细胞膜，然后从细胞膜上分割下来。感染性的毒粒通过如**图 15.22** 的方式从细胞中释放出来，

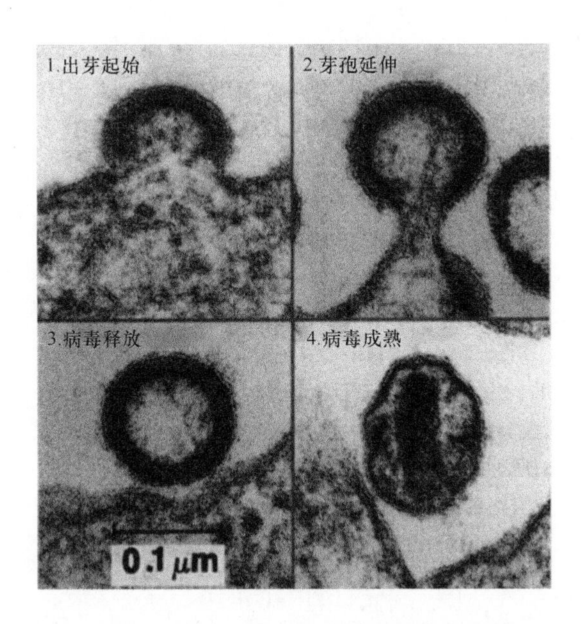

图 15.22 反转录病毒（HIV）从受感染细胞的质膜出芽

照片由 Matthew A. Gonda Ph. D., artner at Power Ten Medical Venetures, Inc. 友情提供

而感染过程刚好相反，首先是毒粒与宿主细胞的质膜融合，然后将病毒的内部成分释放到宿主细胞内。

15.12 病毒 DNA 由反转录产生

关键概念

- 病毒 RNA 的每一个末端都含有重复的短序列（R），因而 5′ 端和 3′ 端分别称为 R-U5 和 U3-R。
- tRNA 引物结合到 5′ 端的 100 ~ 200 bp 位点后，反转录酶开始合成。
- 当酶到达末端，RNA 的 5′ 端就降解，接着露出 DNA 产物的 3′ 端。
- 暴露出的 3′ 端与另一个 RNA 基因组的 3′ 端配对。
- 合成继续进行，其产物两端都产生重复序列，重复结构为 U3-R-U5。
- 当反转录酶利用 DNA 产物为模板合成互补链时，发生相似的链转换事件。
- 链转换事件是重组过程中的拷贝选择机制的一个例子。

反转录病毒是**正链病毒（plus-strand virus）**，因为其 RNA 自身能编码蛋白质产物。就如它的名字所提示的，反转录酶负责将病毒基因组反转录为互补的 DNA，即**负链 DNA（minus-strand DNA）**；反转录酶还催化随后的双链体 DNA 合成反应，因此它具有 DNA 聚合酶活性，即能以 RNA 反转录产生的单链 DNA 为模板合成双链体 DNA，随后合成的第二链称为**正链 DNA（plus-strand DNA）**；其作用模式还使其必须具有 RNA 酶 H 的活性，使它能降解 DNA-RNA 杂合双链中的 RNA。所有反转录病毒的反转录酶在氨基酸序列上都高度相似，而在其他反转录因子上也能发现其同源序列。

病毒的 DNA 形式与其 RNA 结构比较如**图 15.23** 所示：病毒 RNA 在其末端具有同向重复序列，称为 **R 区段（R segment）**，其长度在不同病毒中是不一样的，10 ～ 80 个核苷酸不等。病毒的 5′ 端序列称为 R-**U5**，3′ 端序列称为 **U3**-R。在从 RNA

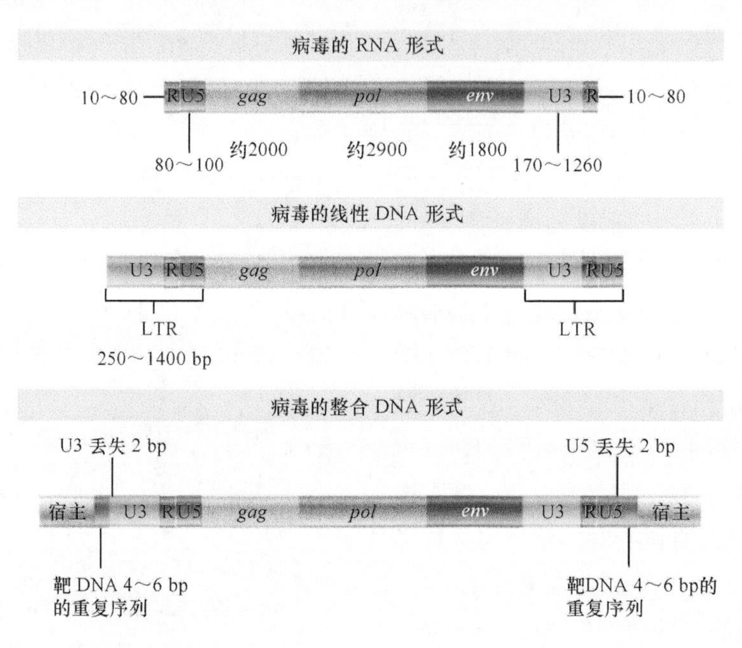

图 15.23 反转录病毒 RNA 以同向重复序列（R）为末端；游离的线性 DNA 以长末端重复序列（LTR）为末端；而原病毒 DNA（整合的病毒 DNA）是以两端各少了 2 个碱基的 LTR 为末端

反转录成 DNA 的过程中，R 区段起到了重要作用，它能使病毒在线性DNA 中产生大量的同向重复序列（图 15.24 和图 15.25）。整合后，DNA 两端各自缺失了 2 bp，这是整合机制所造成的结果（见图 15.27）。

与其他 DNA 聚合酶一样，反转录酶也需要引物，而 tRNA 就是天然引物。宿主的空载 tRNA 可存在于毒粒中，其 3′ 端的 18 bp 序列能与病毒 RNA 分子距

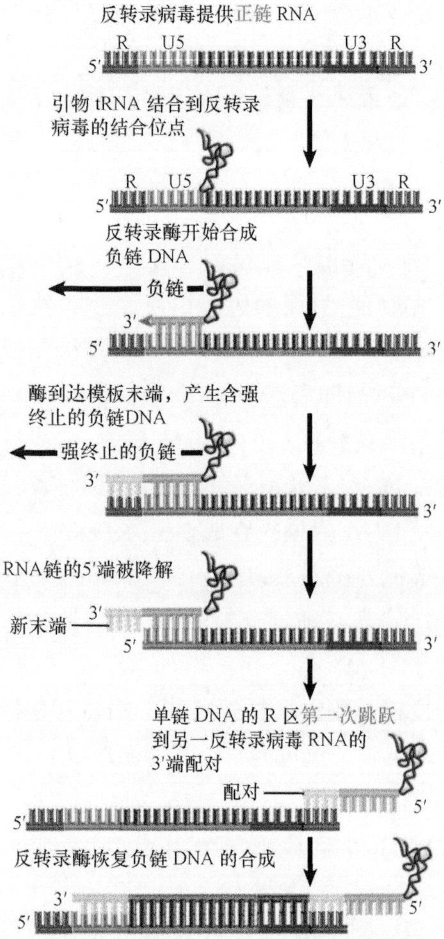

反转录病毒提供正链 RNA
R U5 U3 R
5′ 3′
引物 tRNA 结合到反转录病毒的结合位点
反转录酶开始合成负链 DNA
负链
酶到达模板末端，产生含强终止的负链DNA
强终止的负链
RNA链的5′端被降解
新末端
单链 DNA 的 R 区第一次跳跃到另一反转录病毒 RNA的3′端配对
配对
反转录酶恢复负链 DNA 的合成

图 15.24 在反转录过程中，经过转换模板来产生负链 DNA

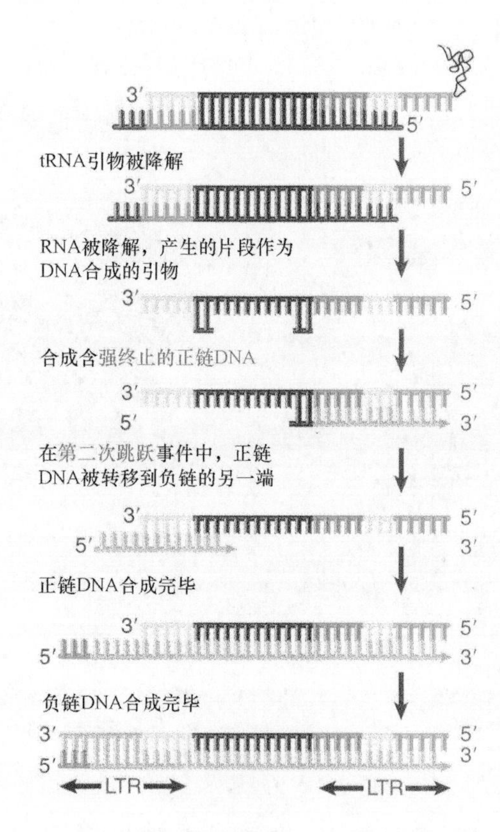

图 15.25 正链 DNA 的合成需要第二次跳跃事件

5′端约 100 ～ 200 bp 的一个位点进行碱基配对，tRNA 同样可能与另一个病毒 RNA 分子的 5′端附近的其他位点配对，这样就能辅助病毒 RNA 形成二联体。

这些结果就产生了矛盾：反转录酶是从病毒 RNA 的 5′端下游 100 ～ 200 bp 开始合成 DNA，那么其合成的 DNA 怎么能代表整个 RNA 基因组呢？（这是复制任何线性核苷酸末端中的普遍问题中的一个极端变异例子，详见第 12 章“染色体外复制子”）。

体外合成进行到末端时，它们能产生一个短序列，称为强终止负链 DNA（strong-stop minus DNA），但在体内，它并不能产生这个小分子，因为体内合成是连续的，如图 15.24 所示，反转录酶在合成 DNA 的过程中会改变模板，将新生的 DNA 带到新的模板上，这是模板之间两次跳跃（jump）事件中的第一次。

在这一反应过程中，RNA 模板的 5′端的 R 区段被反转录酶的 RNA 酶活性所降解，这种去除使得 3′端的 R 区段与新合成的 DNA 碱基能够配对，然后反转录继续进行，它通过 U3 区域进入到整个 RNA 中。

与强终止负链 DNA 碱基配对的 R 区段，既可以是来源于同一个 RNA 分子的 3′端（分子内配对），也可以来源于不同的 RNA 分子（分子间配对）。图示中是以不同的 RNA 分子作为模板的，因为有证据表明 tRNA 引物序列在反转录转座子生命周期中并不遗传（如果是发生分子内配对，可以预料这一序列是可被遗传的，因为它是下一个生命周期中引物结合序列的唯一来源，分子间配对则允许另一种反转录病毒 RNA 分子提供这一序列）。

模板转换和延伸的结果是在 5′端插入一条 U3 片段。这段 U3-R-U5 序列称为**长末端重复序列（long terminal repeat，LTR）**，这是因为经过相似的一系列反应后，在 3′端可插入一条 U5 序列，这样就在 3′端产生了一种与 U3-R-U5 相同的结构。序列长度的变化范围为 250 ～ 1400 bp（见图 15.23）。

下一步反应是需要产生正链 DNA 和另一末端的 LTR，这一过程如图 15.25 所示：反转录酶以 RNA 分子降解后留下的 RNA 片段为引物开始合成正链 DNA，当反转录酶到达模板末端时，也产生强终止正链 DNA，然后这一 DNA 分子被转移到负链 DNA 的另一端。当第二次从更上游的前导片段（图中它的左边）开始 DNA 合成时，新合成的 DNA 就取代原来的强终止正链 DNA，使其释放出来，释放出来的 DNA 利用 R 区段与负链 DNA 的 3′端配对。接着，双链 DNA 的两条链全部合成，这样就可在每一个末端产生双链体 LTR。

每个反转录毒粒携带两套 RNA 基因组，这使得在病毒生命周期中有可能发生重组。原则上，重组通常发生在 DNA 负链合成和（或）DNA 正链合成时。

- 负链 DNA 合成时，在两条连续的 RNA 模板序列之间，如图 15.24 所示的分子间配对使得重组可能发生。反转录病毒重组主要是由于这一时期的链转移，即反转录过程中新生 DNA 链从一条 RNA 模板转移到另一个 RNA 分子。
- 正链 DNA 的合成是不连续的，这一过程可能包括几个内部的合成起始反应。此过程中也可能发生链转移，但并不常见。

这两种情况的共同特征是：重组事件是 DNA 合成过程中模板改变的结果，这就是所谓的拷贝选择（copy choice），这是重组机制的一个范例。多年以来，人们一直认为这是普适化重组的一个可能机制，不太可能被细胞系统所利用，但它确实是 RNA 病毒感染过程中重组的一个基本原理，包括那些只以 RNA 形式进行复制的病毒，如脊髓灰质炎病毒（poliovirus）。

链转换以一定频率发生在每一次反转录循环中，也就是说，在模板链末端每次都要强迫进行链转移，其基本原理如**图 15.26** 所示，尽管我们对其

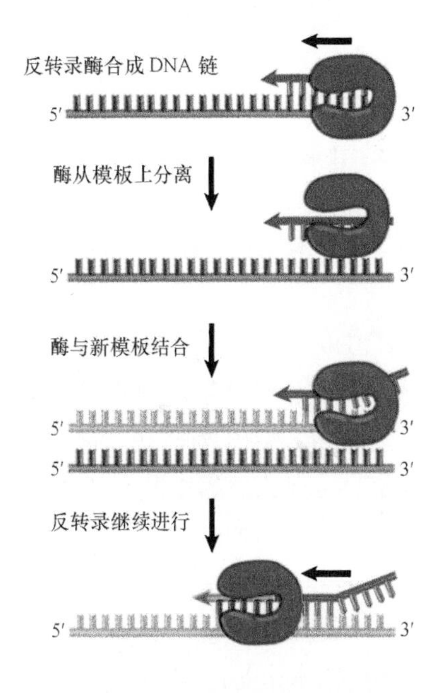

图 15.26 在反转录酶释放其模板并以新的模板继续合成 DNA 时，拷贝选择重组就会发生。模板链之间的转换可能是直接的，但在这里为了说明其过程，我们将其显示为分步骤进行

具体机制了解得还不是很深刻。在体内，反转录发生在核糖核蛋白复合体中，此时，RNA 模板链与毒粒成分结合，如主要的外壳蛋白。以 HIV 为例，将 NCp7 蛋白加入到体外系统中能导致重组发生，其作用可能是间接的，即 NCp7 蛋白影响了 RNA 模板的结构，从而影响了反转录酶从一个模板转换到另一个模板的可能性。

15.13 病毒 DNA 整合到染色体中

关键概念

- 原病毒 DNA 在染色体上的组织结构与转座子相同。在靶位点，原病毒的两侧都存在短的同向重复序列。
- 线性 DNA 被反转录病毒的整合酶直接插入到宿主染色体上。
- 整合过程中，反转录病毒序列的两端各丢失 2 个碱基对。

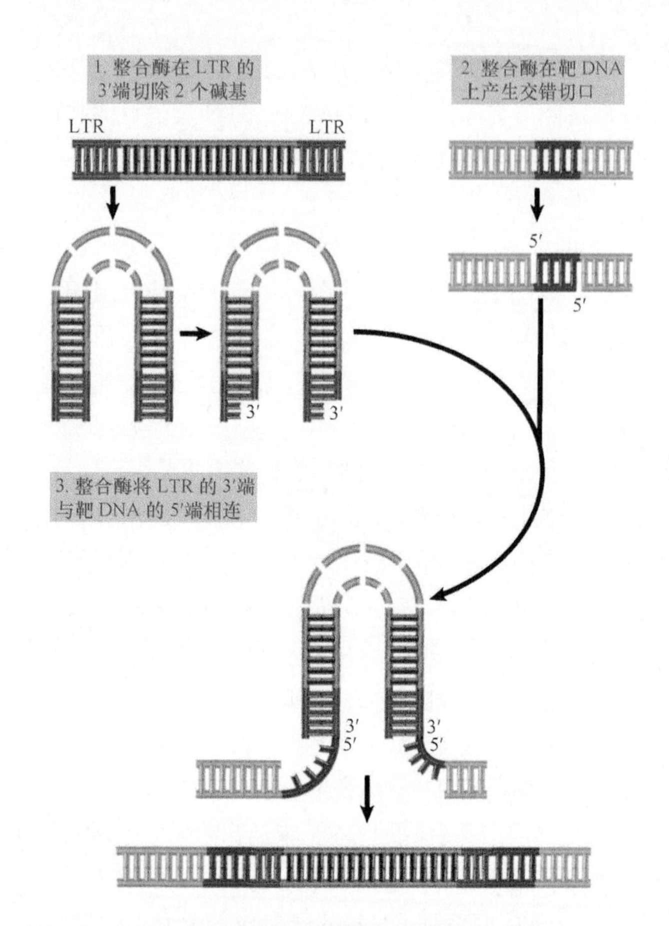

图 15.27 整合酶是整合反应中唯一需要的酶，整合过程中，每个 LTR 丢失 2 bp 后被插入到靶 DNA 的 4 bp 重复序列之间

整合后原病毒的组织形式与线性 DNA 类似，原病毒两个末端的 LTR 是相同的。U5 的 3′ 端由一个与 U3 的 5′ 端相关的短反向重复序列组成，所以 LTR 本身两端是以短反向重复序列结尾的。整合的原病毒 DNA 类似转座子，其两末端是反向重复序列，其两侧是靶 DNA 的短同向重复序列。

原病毒是由线性 DNA 直接插入到目标位点而产生的。除了线性 DNA 外，还有环状的病毒序列：一种是线性 DNA 两末端相连产生的具有两个相邻 LTR 的环状分子；另外一种只有一个 LTR，它可能是通过重组产生的，这种分子实际上是环状分子中的主要形式。尽管长期以来认为环状分子似乎是整合中间体（通过与 λ 噬菌体 DNA 的整合比较），但我们现在知道只有线性形式才用于整合。

线性 DNA 的整合是由单一病毒产物——整合酶所催化的，它作用于反转录病毒的线性 DNA 和靶 DNA，整个过程如**图 15.27** 所示。

病毒 DNA 的末端非常重要，就像转座子一样。其中最保守的一个特征是：靠近每个反向重复序列的末端是二联体核苷酸序列 CA。这个 CA 二联体序列在所有的反转录病毒、病毒反转录转座子和 DNA 转座子中都是保守的。整合酶将线性 DNA 的两个末端一起带到核糖核蛋白复合体中，通过去除保守的 CA 旁的核苷酸（这通常为 2 个碱基），使钝性末端转变为黏性末端。

在序列上，靶位点是随机选择的，整合酶在靶位点切割产生交错切口。在图 15.30 所示的例子中，切口间隔为 4 bp。靶重复序列的长度根据不同毒粒而有所差异，可能是 4 bp、5 bp 或 6 bp，这可能是由整合酶和靶 DNA 的结构位置共同决定的。

靶 DNA 切割产生的 5′ 端被共价连接到病毒 DNA 的 3′ 黏性末端。此时，病毒 DNA 的两个末端分别与靶 DNA 的一条链相连，然后，单链区被宿主细胞的酶所修复。在这一过程中，病毒 DNA 5′ 端的两个突出的碱基被切掉，结果整合的病毒 DNA 的每个 LTR 失去 2 bp，这与 5′ 端的 U3 左侧失去 2 bp、3′ 端的 U5 右侧失去 2 bp 相对应。在整合的病毒基因组的两末端，就会产生一个特征性的靶 DNA 的短同向重复序列。

病毒 DNA 在宿主基因组选择位点进行随机整

合，一个成功的感染细胞将会产生 1 ～ 10 个原病毒拷贝。感染的病毒进入到细胞质，但其 DNA 形式被整合到基因组中则是发生在细胞核中。一些反转录病毒只能在增殖细胞中进行复制，因为进入到细胞核需要细胞经过有丝分裂，此时病毒基因组才能接近核物质。其他的如 HIV 病毒，即使在不进行细胞分裂时，也能通过主动运输进入细胞核。

每个 LTR 的 U3 区携带一个启动子，左侧 LTR 的启动子负责原病毒的起始转录，前面说过，原病毒 DNA 的产生需要将 U3 序列放在左侧的 LTR 中，因此认为启动子实际上是由 RNA 转变为双链体 DNA 过程中产生的。

有时（尽管非常少见），位于右侧 LTR 的启动子能起始与整合位点相邻的宿主基因组的转录。LTR 同样可携带一个增强子（enhancer，一段位于启动子附近并能激活启动子的序列），它对宿主细胞基因组和病毒基因组都能发挥作用。当特定基因在此过程中被激活，整合病毒就能引发宿主细胞向癌细胞的转变。

迄今为止，我们讨论了很多关于反转录病毒的感染周期，在这个过程中，整合对进一步复制 RNA 是必需的，但当一个病毒 DNA 整合到生殖细胞基因组中时，它就变为一个可遗传的“内源性原病毒”。内源性病毒通常不表达，但有时也能被外部事件激活，如另一种病毒的感染。

15.14　反转录病毒能转导细胞基因组序列

关键概念

- 细胞 RNA 序列代替反转录病毒 RNA 的部分序列，这种重组事件可以产生转化的反转录病毒。

在病毒的生命周期中，一个有趣的现象是**转导病毒（transducing virus）**的出现，它是一种获得细胞部分序列的病毒变种，如**图 15.28** 所示。病毒的部分序列能被 *v-onc* 基因所代替，通过蛋白质合成产生一种 Gag-v-Onc 蛋白而非通常的 Gag、Pol 和 Env 蛋白，这会形成**复制缺陷型病毒（replication-defective virus）**，这样使得它自己并不能维持感染周期，但能在可提供其丢失的病毒功能的**辅助病毒（helper virus）**的陪伴下永存。

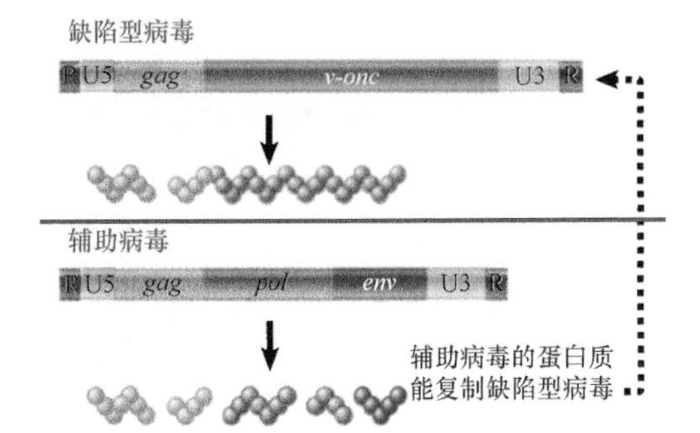

图 15.28　复制缺陷型转化病毒的一段序列被一段宿主序列替换，这种病毒可以在功能正常的辅助病毒帮助下完成复制

onc 是癌基因（oncogene）的缩写，它能转化培养细胞，使其生长失控，从而导致无限制的分裂。病毒和细胞的癌基因都能诱发产生肿瘤细胞。

病毒癌基因（viral oncogene，*v-onc*）能赋予病毒转化某种类型的正常宿主细胞的能力；而在宿主基因组中发现的含有同源序列的基因座称为细胞癌基因（cellular oncogene，*c-onc*）。反转录病毒是如何获得癌基因的呢？已经发现，*c-onc* 和 *v-onc* 基因具有不同的结构特征，*c-onc* 基因通常含有内含子，但 *v-onc* 基因是连续的，这说明 *v-onc* 基因的来源是 *c-onc* 基因的 RNA 拷贝剪接后的产物。

转化病毒形成的模式如**图 15.29** 所示。反转录病毒在 *c-onc* 基因附近整合；病毒基因的缺失导致原病毒与 *c-onc* 基因融合；然后经转录产生联合 RNA 分子，此 RNA 分子的一端是病毒序列，另一端是细胞的 *onc* 基因序列；而剪接除去了细胞部分 RNA 中的内含子。此 RNA 分子仍然具有被包装成毒粒的特定信号，如果宿主细胞内含有另一个完整的原病毒拷贝，它们就可能形成毒粒，因此，有些二倍体毒粒可能包含一份融合的 RNA 拷贝和一份病毒 RNA 拷贝。

这些序列之间的重组能产生具有转化功能的基因组，此时，病毒的重复序列位于其两末端。在反转录病毒的感染周期中，以不同方式进行的重组率是很高的。现在我们对于序列同源性的要求还一无所知，所以只能假定病毒基因组和融合 RNA 的细胞部分之间的非同源重组是以与病毒重组相同的机制进行的。

反转录病毒家族共同的特征说明它们可能来源

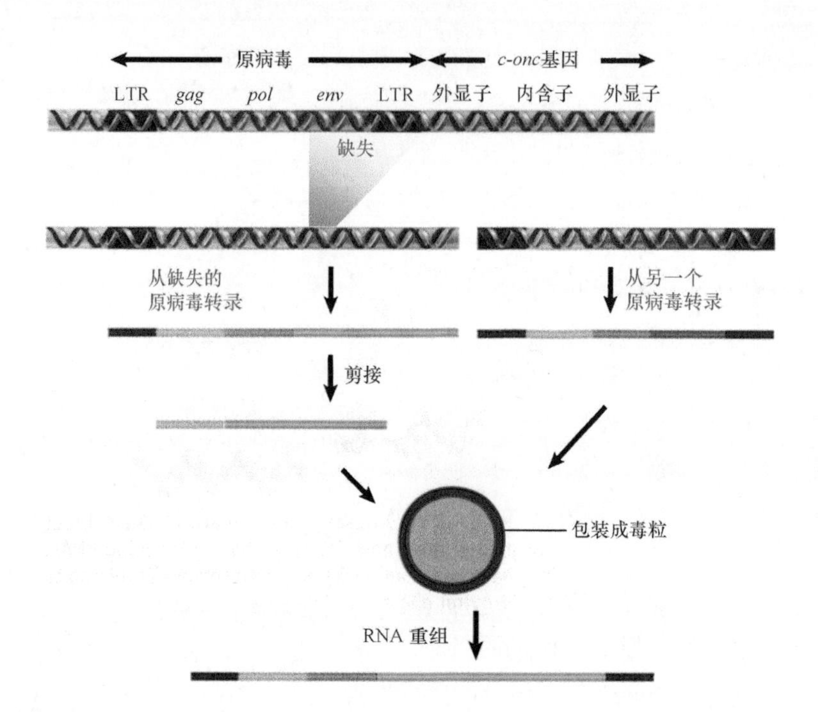

图 15.29 通过病毒基因组的整合和缺失，产生融合的病毒 - 细胞转录物，它能与正常的病毒 RNA 基因组一起被包装，从而产生了复制缺陷型病毒。非同源重组是产生具有转化功能的复制缺陷型基因组所必需的

于一个共同祖先。反转录酶来自各种各样的反转录因子，包括反转录病毒和反转录转座子，系统发生学分析支持这一假说。对于 DNA 型转座子（整合酶 / 转座酶）和非 LTR 反转录转座子（反转录酶）而言，这些元件都具有共同特征，这个事实提示，LTR 反转录转座子来自于这两个更加古老元件之间的融合。其他功能，如 Env 蛋白和转化基因，可能是后来获得的（现在无法去猜想参与获得 *env* 和 *onc* 基因的机制，但携带这些基因的病毒可能具有选择优势）。

15.15 反转录因子分为三类

关键概念

- LTR 反转录转座子通过 RNA 进行移动，这类似于反转录病毒，但不形成感染性颗粒。
- 尽管缺乏 LTR 的反转录因子或反转录转座子也通过反转录酶进行转座，但是它们利用独特的整合方法，且在进化遗传上不同于反转录病毒和 LTR 反转录转座子。
- 我们可以发现其他元件以 RNA 为中间体进行转座，但其本身并不编码能催化转座的酶。
- 反转录因子几乎占了人类基因组的一半。

反转录因子因其转座机制涉及将 RNA 反转录为 DNA 而得名，它可大致分为三类：LTR 反转录转座子、非 LTR 反转录转座子和非自主短散在核元件（SINE），其基本特征与区别归纳在**表 15.1** 中。

LTR 反转录转座子，或简称为反转录转座子，拥有 LTR 和编码反转录酶及整合酶的活性，它们像反转录病毒一样繁殖，但不经过独立的感染形式，这是它们的不同之处。这一家族中研究得最清楚的分别是酵母的 *Ty* 因子、果蝇的 *copia* 因子和水稻的 *Tos17* 因子。

非 LTR 反转录转座子，或简称为反转录子，也

表 15.1 反转录因子可以分为 LTR 反转录转座子、非 LTR 反转录转座子和非自主 SINE

	LTR 反转录转座子	非 LTR 反转录转座子	SINE
普通类型	*Ty*（酿酒酵母）*copia*（黑腹果蝇）*Tnt1A*（烟草）	L1（人）*Cin4*（玉米）	Alu 元件（人）B1、B2、ID、B4（小鼠）聚合酶III转录物的假基因
末端	长末端重复序列	无重复序列	无重复序列
靶重复序列	4 ～ 6 bp	7 ～ 21 bp	7 ～ 21 bp
酶活性	反转录酶和（或）整合酶	反转录酶 / 内切核酸酶	无（或无编码转座子产物的序列）
组织结构	可能含有内含子（从亚基因组的 mRNA 中去除）	1 或 2 个非间断的 ORF	无内含子

拥有反转录酶活性，但组成了进化遗传上独特的元件家族，即它们可利用独特的转座机制。不像反转录病毒和LTR反转录转座子，反转录子缺乏LTR，并利用不同于反转录病毒的机制引发反转录反应。它们衍生自RNA聚合酶Ⅱ的转录物。在一个给定基因组的这一家族中只有少部分成员能自发转座，而其他多数成员因为含有突变，所以只有在反式作用自主转座子的作用下才能转座。在人类基因组中，这类家族的最普通形式是**长散在核元件**（**long-interspersed nuclear element，LINE**）。

除了LTR反转录转座子与非LTR反转录转座子之外，许多基因组还包括了大量的序列，其外在和内在的特征说明它们起源于RNA序列。

尽管在这种情形下，我们仅仅是推测其DNA拷贝的产生机制，但我们可以假设它们是其他地方编码的酶系统所催化的转座靶序列，也就是说，它们总是非自主的，并且源于细胞转录物。这类转座子并不编码有转座功能的蛋白质。这一家族中最著名的成员是**短散在核元件**（**short-interspersed nuclear element，SINE**），它们衍生自RNA pol Ⅲ的转录物，通常是7SL RNA、5S rRNA和tRNA。许多这些元件也包含同类的LINE的一部分，这产生了以下假说，即SINE可利用LINE复制所需的酶体系。

图15.30显示了能编码反转录酶的元件组织形式及序列相关性。与反转录病毒一样，LTR反转录转座子能根据是否具有独立的如*gag*、*pol*和*int*阅读框的数目及这些基因的顺序来进行分类。尽管反转录转座子元件的组织形式具有一些表面上的差别，但一个共同特征是它们都具有LTR与反转录酶和整合酶活性。相反，非LTR反转录转座子，如哺乳动物LINE缺乏LTR，它具有2个阅读框，一个编码核酸结合蛋白，另一个编码具有反转录酶和内切核酸酶活性的蛋白质。

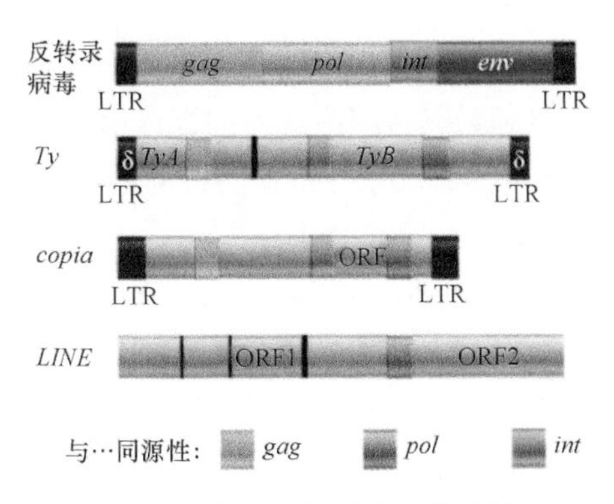

图15.30 与反转录病毒非常相关的反转录转座子拥有相似的组织形式，但非LTR反转录转座子如LINE只有反转录酶活性，而缺乏LTR

具有LTR序列的元件可以存在非常大的差异，如从整合的反转录病毒到已经失去产生感染性颗粒功能的反转录转座子。酵母和果蝇基因组分别有不能产生感染性颗粒的*Ty*因子和*copia*因子；哺乳动物基因组则存在内源性的反转录病毒，当其激活时，它能产生感染性颗粒；小鼠基因组有几种活性的内源性反转录病毒，它们能产生具有传播水平感染能力的毒粒。相反，在人类基因组中，几乎所有的内源性反转录病毒都在约5000万年前已经失去了这种能力，现在机体留有的大部分内源性反转录病毒都没有活性。

LINE和SINE构成了动物基因组的主要部分，它们最初是由于存在大量相互关联的相对较短序列来定义的。它们被描述成散在序列或散在重复序列，这是因为具有共同的形成方式与广泛的分布性。在许多高等真核生物中，特别是在后生动物中，LINE和SINE占据了总DNA的一半。与此相反，在植物基因组中，LTR反转录转座子往往占据统治地位。

图15.31总结了几乎占人类基因组一半的各种类型转座子的分布，除SINE外，它们通常没有功能。其他类型的元件都由功能元件和具有部分缺失的元

元件	组织结构	长度/kb	人类基因组 数量	人类基因组 比例
反转录病毒/反转录转座子	LTR *gag* *pol* (*env*) LTR	1～11	450 000	8%
LINE（自主），如L1	*ORF1* (*pol*) $(A)_n$	6～8	850 000	17%
SINE（非自主），如Alu	$(A)_n$	<0.3	1 500 000	15%
DNA转座子	转座酶	2～3	300 000	3%

图15.31 4种类型的转座因子几乎占了人类基因组的一半

件组成，这些带有缺失的元件由于消除了部分阅读框，所以不能编码转座所必需的蛋白质。在小鼠基因组中，各种类型转座子的相对比例也是相似的。

哺乳动物基因组中最常见的LINE称为L1，其典型成员长约为6500 bp，以富含A的序列终止，它的全长包含两个可读框，分别称为ORF1和ORF2。完整因子的数量通常很少，约为50个；其余拷贝都是截短型的，我们在机体内也能发现其转录物。LINE家族存在于重复DNA中，因此各个个体序列之间存在序列差异，但与不同物种的成员之间相比较，一个物种家族成员之间相对而言更加具有同源性。L1是唯一的在人类和小鼠中都具有活性的一类成员，并且在小鼠中活性很高，在人类中则相对较低，并呈活性下降趋势。

只有一个SINE成员在人类中有活性，这就是普通的**Alu元件（Alu element）**，它在小鼠基因组中相对应的成分称为B1，还有其他的SINE成员如B2、ID和B4，也具有活性。人类的Alu和小鼠的B1 SINE可能来源于7SL RNA（见15.17节“Alu家族具有许多广泛散在分布的成员”），小鼠的其他SINE好像是来自tRNA的反转录物。SINE的转座可能是因为被有活性的L1因子当作底物识别的结果。

15.16 酵母 *Ty* 因子类似反转录病毒

关键概念

- *Ty*转座子组织结构与内源性反转录病毒相似。
- *Ty*转座子是反转录转座子（携带反转录酶活性），它以RNA为中间体进行转座。

*Ty*因子包括一组散在分布的重复DNA序列，其在不同品系的酵母基因组中分布位点也不同。*Ty*是转座子酵母（transposon yeast）的缩写，酵母中5种类型的*Ty*因子（*Ty1*至*Ty5*）已经被鉴定出来。所有因子都是反转录转座子，具有特征性的LTR与*gag*和*pol*基因，这些与反转录病毒编码的产物具有同源性。这些因子是真核生物中两类主要反转录转座子的代表，即*Ty1*/*copia*因子类（*Ty1*、*Ty2*、*Ty4*、*Ty5*）和*Ty3*/*gypsy*因子类。每一类在进化遗传上是独特的，并含有特征性顺序的可读框。

在酿酒酵母中，*Ty1*因子是最丰富的，也是研究得最清楚的反转录因子。*Ty1*因子可产生特征性印记：在插入的*Ty1*因子的每一侧，它会产生靶DNA的5 bp重复序列。在大多数情况下，*Ty1*因子的转座效率大大低于细菌转座子，约为$10^{-8}\sim10^{-7}$。而许多可对酵母产生压力的不同因素，如诱变剂和营养缺乏，可提高转座发生率。

*Ty1*因子的一般组织结构如**图15.32**所示，每个因子长5.9 kb，两末端的334 bp组成了LTR，历史上称为δ因子，而此处简单地称为LTR。*Ty1*因子中的不同个体与这一类的原型序列存在很大差别，如碱基对的替代、插入和缺失。在一个典型的酵母基因组中约有30份拷贝的*Ty1*因子和约13个关系非常接近的*Ty2*因子。另外还有约180个独立的*Ty1*/*Ty2* LTR。

尽管单一*Ty1*因子的两个重复序列可能是相同的或至少是非常相关的，但LTR序列也表现出很大的异源性。与*Ty1*因子相连的LTR序列保守性远远大于单一的LTR因子，这是因为*Ty1*因子的转座，就像反转录病毒的复制一样，它包括LTR的倍增（后文将讨论）。所以，近期插入的因子携带同样的LTR，而随着随机突变，在很长时间后，独立的LTR就会发生趋异。

*Ty1*因子能转录出两种poly(A)$^+$的RNA，它们占整个单倍体酵母细胞总mRNA量的8%以上。两种RNA转录起始点都位于左端LTR的启动子内，

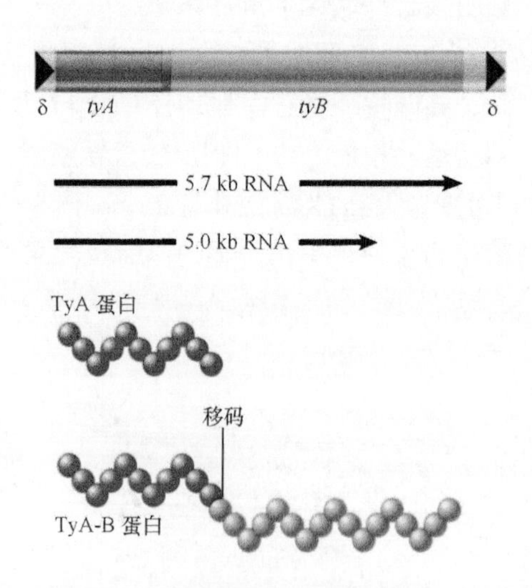

图15.32 *Ty*因子的两端是短同向重复序列。*Ty*因子转录后产生两个具有重叠序列的转录物，每个都含有两个阅读框，这两个阅读框的序列与反转录病毒的*gag*和*pol*基因存在相关性

一个在 5 kb 后终止转录，另一个在 5.7 kb 后终止，它们都终止于右侧的 LTR 内。

Ty1 因子有两个同向表达的可读框，但它们在不同时期表达，并且这两个可读框有 13 个氨基酸残基的重叠。*TyA* 序列与反转录病毒的 *gag* 基因相关，它编码被膜蛋白；*TyB* 含有与反转录病毒的反转录酶、蛋白酶和整合酶基因同源的序列。

TyA 和 *TyB* 的组织结构及功能与反转录病毒的 *gag* 和 *pol* 相似。*TyA* 和 *TyB* 的阅读框以两种不同形式表达：*TyA* 蛋白有自己的阅读框，同时终止于其自身的终止子；但 *TyB* 的阅读框只是作为融合蛋白的一部分而进行表达，在这个融合蛋白中，通过特定的移码使终止子被连读，从而导致 *TyA* 区域和 *TyB* 区域融合（类似于反转录病毒的 *gag* 和 *pol* 转录）。

Ty1 因子的重组好像是爆发式发生的，当一个因子发生重组，另一个因子发生重组的可能性就大大增加。在 *Ty1* 因子之间的基因转变发生在不同位点，结果将导致一个因子被另一个序列所取代。

在同向重复的 LTR 序列之间的同源重组能导致 *Ty* 因子被删除。这样，大量存在的单个 LTR 可能就是这些事件的印记。而这种删除的本质往往伴随着另一个 *Ty* 因子的插入，以导致回复突变的产生，回复突变的水平通常是由所遗留的精确 LTR 序列和插入位点所决定的。

这就产生了一个矛盾：两个 LTR 具有相同序列，但却表现出对立的结果，即在一种 LTR 序列一端的启动子会表现出活性，而在另一种 LTR 序列的另一端的终止子会表现出活性（我们也在其他的可转座成分中发现了同样特征，如反转录病毒）。

Ty 因子是典型的反转录转座子，而转座需要 RNA 为中间体。目前有一种巧妙检测 *Ty* 因子转座的方法，如**图 15.33** 所示：在 *Ty* 因子中，插入一个内含子，这就会产生一个独特的 *Ty* 因子，接着这个内含子被放在质粒中 *GAL* 启动子的后面使其受调节，然后将质粒导入酵母细胞，转座会导致在酵母基因组中含有大量的转座子拷贝，而它们都不含内含子。

我们知道只有一种途径可以除去内含子，那就是 RNA 剪接，这说明 *Ty* 因子转座是以与反转录病毒相同的机制进行的。*Ty* 因子转录成为能被剪接复合体所识别的 RNA 分子，剪接后，RNA 又能被反

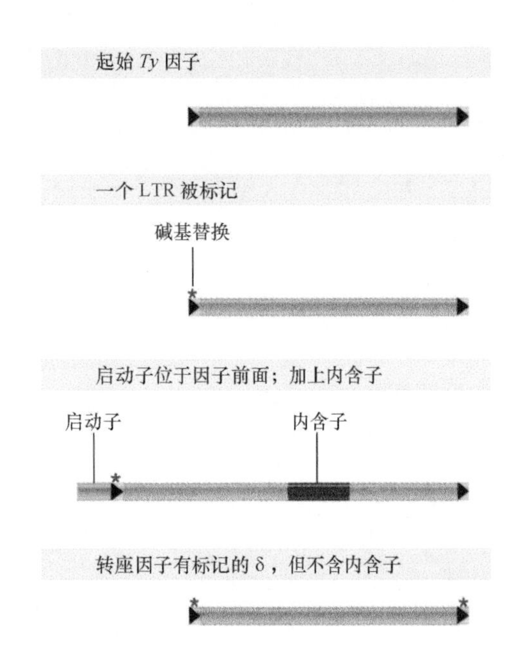

图 15.33 一个独特的 *Ty* 因子，通过基因工程使之含有一个内含子，而转座后所获得的拷贝却缺乏内含子。这些转座拷贝具有相同的末端重复序列，它们来自于祖先 *Ty* 因子的一个末端

转录酶识别，产生双链体形式的 DNA 拷贝，它再利用整合酶整合回基因组中去。

Ty 因子还具有很多与反转录病毒相似的性质。原型 *Ty1* 因子的两个 LTR 序列是不同的，而被转座的因子必须具有相同的 LTR，这都来源于原型 *Ty* 因子的 5′ 端的 LTR 序列，正如图 15.23、图 15.24 和图 15.25 中的反转录病毒所显示的，完整的 LTR 是由在 3′ 端加上一个 U5、在 5′ 端加上一个 U3 形成的。

转座是由 *Ty1* 因子自身的基因所控制的，而用来控制标记的 *Ty1* 因子转录的 *GAL* 启动子是可被诱导的，它加入半乳糖后就能起始转录。启动子的被诱导具有两种效应：首先，它是激活被标记因子的转座所必需的；同时，它的激活可能促进酵母染色体上其他 *Ty1* 因子的转座频率。这说明 *Ty1* 因子的产物可以反式作用于其他因子上（实际上，它作用于它们的 RNA 上）。

尽管 *Ty* 因子不产生具有感染能力的颗粒，但当其被诱导转座时，细胞内可积累大量的类病毒颗粒（virus-like particle，VLP），它们包含全长的 RNA、双链 DNA、有活性的反转录酶，以及具有整合酶活性的 TyB 产物。TyA 产物像 *gag* 的前体一样被切割，产生成熟的 VLP 的核心蛋白。

任何酵母基因组中都只有部分 *Ty* 因子具有活性：一些失去了转座能力（和无活性的内源性原病

毒类似），然而，因为这些“死”因子保留有 LTR 序列，因此在应答活性因子所合成的蛋白质时，它们能提供转座的靶序列。

15.17 Alu 家族具有许多广泛散在分布的成员

关键概念

- 哺乳动物基因组中重复 DNA 的绝大部分是由组织形式上像转座子、来源于 RNA 聚合酶Ⅲ转录物的单一家族的重复序列所构成的。

大量 SINE 序列构成了单一家族的成员，其短小序列和高度重复性使得它都像是简单序列 DNA（卫星 DNA），然而它们不同于卫星 DNA 的串联集中分布，而是在基因组上广泛地散在分布。而且相对于不同物种之间的变异来说，同一物种的不同成员之间存在很大同源性。

在人类基因组中，存在大量的长约 300 bp 的中度重复序列，它们广泛分布在非重复 DNA 序列之间，至少一半退火的双链体 DNA 能被限制性内切核酸酶 *Alu* Ⅰ切割，切割位置在序列的 170 bp 附近。所有被切割的序列都是这一家族的成员，因其能被 *Alu* Ⅰ切割而得名 Alu 家族。在人类基因组中约存在 100 万个成员（相当于每 3 kb DNA 就有一个），其单个成员广泛分布；在小鼠中，与 Alu 序列相关的序列称为 B1 家族（约有 35 万个）；在中国仓鼠中，它被称为 Alu 类家族（Alu-equivalent family）；它也存在于其他哺乳动物中。

Alu 家族的各个成员之间显然相似但并不一致。人类的 Alu 家族好像是来源于一个 130 bp 的串联重复，其二联体的右半侧还插入一个 31 bp 的非相关序列，这两个重复序列有时也称为 Alu 序列的“左半部”和“右半部”。Alu 家族的单个成员与其共有序列的平均同源性为 87%，小鼠 B1 家族重复序列只有 130 bp，相当于人类 Alu 家族的单体，它与人类 Alu 家族序列有 70% ～ 80% 的同源性。

Alu 序列与 7SL RNA 有关，它是参与蛋白质靶向内质网的信号识别颗粒的一个组分，而 Alu 序列很可能衍生自 7SL RNA 的转录物。7SL RNA 序列和 Alu 序列的左半部类似，只是在 7SL RNA 的中部有一个插入序列，所以 7SL RNA 5′ 端的 90 个碱基和 Alu 的左侧序列是同源的；7SL RNA 中部的 160 个碱基和 Alu 并不同源；而其 3′ 端的 39 个碱基和 Alu 的右侧序列同源。与 7SL RNA 基因一样，活性 Alu 序列含有功能性的内部 RNA 聚合酶Ⅲ的启动子，可被这些酶活跃地转录。

Alu 家族的成员和转座子类似，其两端都是短的同向重复序列。但与转座子明显不同的是，重复序列长度在家族不同成员间参差不一。

我们已经发现了 Alu 家族的多种特性，其独特性也提示了对其功能的一些遐想。即使存在一些功能，目前还无法对其辨别真伪（当然，它也有可能是一种特殊的、成功的自私 DNA）。但至少，Alu 家族的部分成员能被转录为单独的 RNA。在中国仓鼠中，Alu 相应家族的一些成员（不是所有）似乎能在体内被转录，这类转录单位常位于其他转录单位附近。

Alu 家族成员可能存在于其他结构基因的转录单位内部，如存在于长的细胞核 RNA 中。在一个细胞核 RNA 分子上若存在 Alu 序列的多份拷贝，则它能使其产生二级结构。实际上，在哺乳动物的细胞核 RNA 中，以反向重复序列形式存在的 Alu 家族成员负责形成大部分的二级结构。

15.18 LINE 利用内切核酸酶活性产生引发末端

关键概念

- LINE 没有 LTR，它需要反转录子编码的内切核酸酶产生切口，从而引发反转录作用。

就像所有反转录子一样，LINE 的末端没有 LTR，而这是反转录病毒的典型结构。这就提出了一个问题：它们的反转录是怎样引发的呢？它们不包括典型的 tRNA 引物与 LTR 的配对过程，这些元件中也不存在涉及反转录作用的可读框，如蛋白酶或整合酶结构域，但却含有反转录酶样编码序列，其产物编码内切核酸酶活性。在人类 LINE L1 中，ORF1 所编码的产物是 DNA 结合蛋白，而 ORF2 所编码的产物具有反转录酶和内切核酸酶活性，而这两种产物都是转座所需的。

图 15.34 说明了这些活性物质是如何帮助转座过程的。反转录子编码的活性内切核酸酶在靶基因位点产生切口；元件新编码的 RNA 产物与蛋白质一起结合到切口上；同时，切口提供一个 3′-OH 端，以此为引物、以 RNA 为模板就能合成 cDNA；然后需要第二次切割打开 DNA 的另一条链，在这一阶段，RNA/DNA 杂合分子连接到缺口的另一端，或者是在其转变成双链体 DNA 后，再连接到缺口的另一端。有些移动内含子（mobile intron）也使用相同机制（详见第 21 章“催化性 RNA”）。

LINE 如此有效的其中一个原因在于它们增殖的方式。当一条 LINE mRNA 被翻译后，其蛋白质产物具有结合自身 mRNA 的顺式偏爱性（*cis*-preference），这会增强翻译效率。图 15.35 显示了核糖核蛋白复合体随后转移到细胞核中，此时，蛋白质把一份 DNA 拷贝插入到基因组中。因为反转录

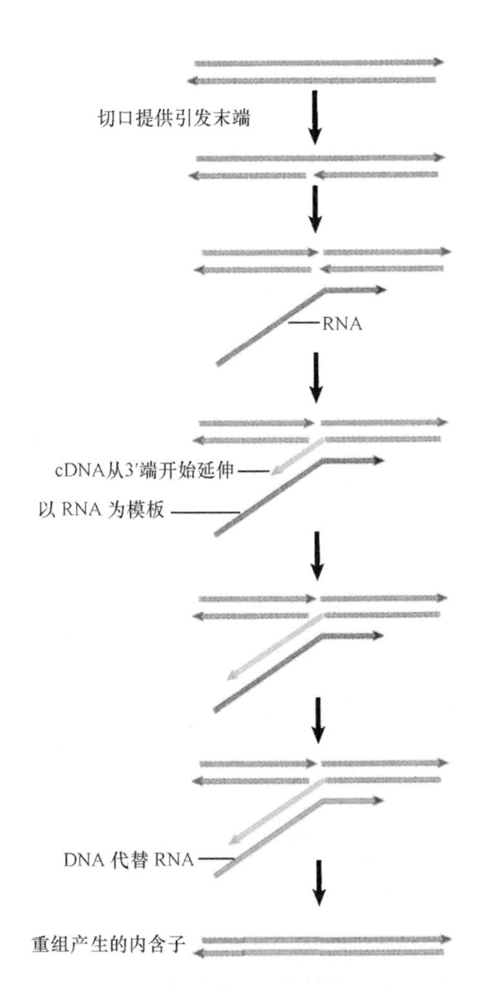

图 15.34 在非 LTR 反转录转座子的反转座过程中，靶位点上产生的切口提供了以 RNA 为模板合成 cDNA 的引物。箭头指向 3′ 端

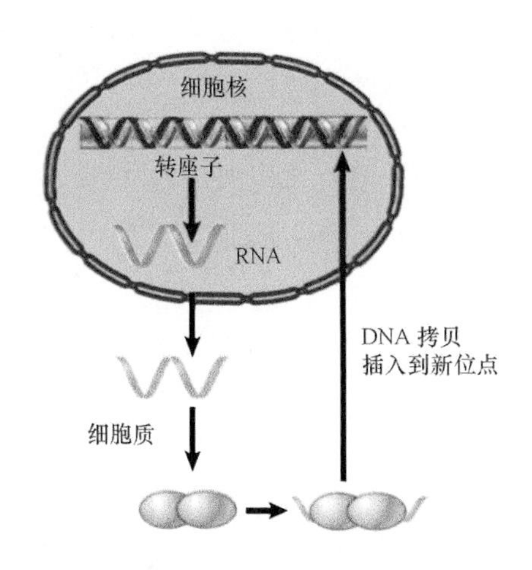

图 15.35 LINE 被转录成 RNA，之后被翻译成蛋白质并与该 RNA 形成复合体，然后，复合体易位到细胞核内，将一份 DNA 拷贝插入到基因组中

作用常常不能进行到底，因此这些拷贝是截断的，且是没有活性的。然而，它们也有可能插入一份活性拷贝，因为这些蛋白质可能是作用于原来有活性成分的转录物上。

相反，由 DNA 转座子产生的蛋白质在细胞质中合成后必须被运送到细胞核中，但它们无法区别全长的和没有活性的截短型转座子。图 15.36 显示它们不是去区分这两类转座子，仅以标记末端的重复序列作为识别依据，所以它们会无差别地识别任何成分。相对于截短型转座子来说，其作用于全长转座子的概率是明显降低的，这导致它们不能有效地复制自主转座子，最终这一家族都将会消亡。

反转录因子的转座现象现在还在基因组中继续发生吗？还是目前所发现的只是以前发生过转座的印记呢？在不同的物种中这是不同的，在人类基因组中，现在只有极少数具有活性的转座子；但在小

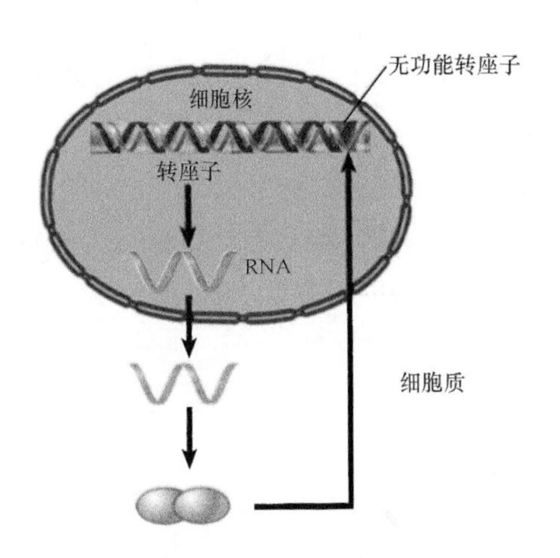

图 15.36 转座子转录成 RNA，随后被翻译成蛋白质，并单独转移到细胞核内，在这里，它可作用于任何与原始转座子相同的反向重复序列

鼠基因组中，我们已发现几个活性转座子。这就解释了为什么在小鼠基因组中，LINE 插入产生的自发突变率为 3%，而在人类中仅为 0.1%。人类基因组中似乎存在 80 ～ 100 个活性 LINE。一些人类疾病就是由于 L1 转座到一些基因组中的结果，另一些则是 L1 的重复序列拷贝不等交换的结果。在组织培养细胞中，能产生 LINE 转座的一个模式系统显示，当转座事件将几种类型的间接损害与元件一起插入到新位点时，此时产生的损害包括染色体重排和缺失，这些事件可视为能改变遗传的因素。在人类基因组中，DNA 转座子和类似反转录病毒的反转录转座子都不具有活性的时间已经长达 4000 万～5000 万年，但是在小鼠的两种元件中却都发现存在好几个有活性的例子。

还需要注意的是，转座子要存活下去，就必须发生在生殖细胞中；而相似事件可能仅在体细胞中发生，故它们不能遗传给下一代。

小结

真核生物和原核生物细胞含有各种各样的转座子，它们能转移或拷贝 DNA 序列。转座子可被认为只是基因组中的一个实体，其移动不涉及独立形式。转座子可能是自私 DNA，即只关心使自身永久存留于基因组内；如果它给基因组带来任何选择优势，也必定是间接的。因为不受限制的转座可能是有害的，所以所有的转座子都有限制转座程度的系统，但其分子机制各不相同。

原型转座子末端含有反向重复序列，在插入位点上产生短同向重复序列。最简单的类型是细菌插入序列（IS）因子，它基本上是由末端反向重复序列及编码转座活性产物的编码框构成的。

转座子两侧的靶重复序列的产生反映了转座事件的共同特征。靶位点上的 DNA 链都以恒定距离（5 bp 或 9 bp）被交错切开，转座子实际上插入交叉切割所产生的单链突出末端之间，而单链区的填补产生了靶重复序列。

IS 因子、复合转座子、P 因子及玉米中的“控制因子”都以非复制型转座机制移动。在非复制型转座中，因子从供体位点直接向受体位点移动。单一转座酶负责这个反应，它是由“切割和粘贴”机制产生的，在此机制中转座子从旁侧 DNA 上分离下来。转座子末端的切割、在靶位点上切出切口，以及转座子末端与交错切口的连接，都发生在含有转座酶的核蛋白复合体中。供体上转座子的丢失会产生双链断裂，它的命运是不同的，这基于宿主修复机制和切除反应的时相。就 Tn10 而言，DNA 复制后就可发生转座，此时其位点被甲基化 *dam* 系统识别，并发生半甲基化，这要求存在供体位点的两份拷贝，以增加细胞存活的机会。

Mu 噬菌体既可采用非复制型转座，也可采用复制型转座。在复制型转座中，供体位点上的转座子与靶位点连接后，复制产生一个含有两份转座子拷贝的共整合分子。解离反应涉及两个特定位点之间的重组，然后产生两份游离的转座子拷贝，一份拷贝留在供体位点，另一份拷贝出现于靶位点。此过程需要转座子编码的两个酶：转座酶识别转座子末端并将它们与靶序列连接；解离酶提供位点专一重组功能。此反应与 IS 因子非复制型转座之间的不同之处在于，切割事件发生的次序不同。

转座子基于转座酶序列组成了一个个超家族。在超家族内，由转座因子组成的每一个不同家族都含有单一类型的自主元件，它们类似于细菌转座子，具有移动能力。每一个家族常常还包含众多不同类型的非自主元件，它们衍生自自主元件的突变。非自主元件缺乏转座能力，但是当自主元件存在并提供必要的反式激活功能时，它们能展示转座活性及自主元件的其他能力。

大多数真核生物元件的转座是非复制型的，并且在多数情况下仅需要由此元件编码的转座酶。转座在元件复制后优先发生。许多机制限制了转座的频率。一些基因组中的优势重排可能与元件的存在有关。

黑腹果蝇的 P 因子产生杂种不育。携带 P 因子的雄蝇与缺乏 P 因子的雌蝇杂交所产生的后代是不育的。P 因子有 4 个可读框，它们被内含子所分割。前三个 ORF 的剪接产生 66 kDa 的阻遏物，这发生于体细胞中。所有 4 个 ORF 的剪接产生 87 kDa 的转座酶，这只发生在生殖细胞中，这是组织特异性的剪接事件所致。在缺乏阻遏物的细胞质中，P 因子可以发生迁移。突然出现大量的随机插入的转座事件可使基因组失活。只有完整的 P 因子才能产生转座酶，但缺陷型因子可被转座酶反式激活而转座。

反转录现象是反转录病毒繁殖和反转录因子

永生化的共同机制。每一个元件的循环在原则上是相似的，尽管反转录病毒是以游离病毒（RNA）的形式存在，而反转录转座子则以基因组（双链体DNA）成分的形式存在。

反转录病毒的基因组是单链RNA，它是通过一个双链DNA中间体进行复制的。一个反转录病毒包含两份拷贝的基因组，基因组包括*gag*、*pol*和*env*基因，它首先转录成多聚蛋白，然后被剪接成为小的功能蛋白。Gag蛋白和Env蛋白与RNA的包装及毒粒的形成有关；Pol蛋白与核酸合成有关。

反转录酶是pol蛋白的主要组分，与病毒RNA（正链）的DNA拷贝（负链）的合成有关。其DNA产物比RNA模板长；通过模板链转换，反转录酶可把RNA的3′端序列拷贝成为DNA的5′端，把RNA的5′端拷贝成为DNA的3′端，这就产生了DNA的特征性LTR（长末端重复序列）；当以负链DNA作为模板合成正链DNA时，也发生了相似的模板转换。通过整合酶，线性双链体DNA被插入到宿主基因组中。从左端LTR的启动子所起始的用于整合的DNA的转录，可以产生RNA序列的更多拷贝。

在核酸合成过程中，模板转换通过拷贝选择使得重组发生。在感染过程中，反转录病毒可能把其一部分序列与宿主细胞的序列交换，这会形成复制缺陷型病毒，当它和辅助病毒共感染时，在辅助病毒的帮助下就能够永生化。许多复制缺陷型病毒都带有一段细胞基因（*c-onc*）的RNA版本（*v-onc*）。*onc*序列可能是其中的任何一种基因，如果它以*v-onc*形式进行表达，它就能引起细胞转化成为癌变表型。

整合事件能形成靶标的同向重复序列（和在DNA上移动的转座子类似）。因此，一个插入的原病毒含有LTR的末端同向重复序列，其两侧是靶基因的短串联重复序列。哺乳动物和鸟类基因组中都有这种结构的内源性原病毒（非活性）。拥有这种组织结构的其他因子存在于植物、动物和真菌中。酵母的*Ty*因子具有反转录酶基因的同源序列，它们以RNA形式移动，可能产生和病毒类似的颗粒，但不具备感染能力。在哺乳动物基因组中，LINE序列是反转录病毒更远的远亲，但其相似性说明它们来源于同一祖先。它们利用不同的引发机制来起始反转录，此时，反转录酶的内切核酸酶活性会产生切口，它能提供3′-OH端，并以RNA为模板合成DNA。LINE的转座频率逐渐增加是因为其蛋白质产物是顺式作用因子，它们与翻译成该蛋白质的mRNA结合形成核糖核蛋白复合体，并进入细胞核中起作用。

另一类反转录因子的最主要特征是它能通过RNA转座，但它没有编码序列（或者至少没有类似的反转录功能）。它们可能是起源于类反转录转座事件，在这个过程中，RNA是反转录酶的靶标。其中一个特别重要的家族就是哺乳动物的SINE，很明显它就是起源于这样一种加工过程的，如人类的Alu家族。一些snRNA，如7SL snRNA（SRP的一个组分）也与此家族有关。

参考文献

15.1 引言

综述文献

Craig, N. L., Craigie, R., Gellert, M., and Lambowitz, A., eds. (2002). *Mobile DNA II*. Washington, DC: American Society for Microbiology Press.

Deininger, P. L., and Roy-Engel, A. M. (2002). Mobile elements in animal and plant genomes. In Craig, N. L., Craigie, R., Gellert, M., and Lambowitz, A., eds. *Mobile DNA II*. Washington, DC: American Society for Microbiology Press, pp. 1074-1092.

Feschotte C., and Pritham E. J. (2007). DNA transposons and the evolution of eukaryotic genomes. *Ann. Rev. Genet*. 41, 331-368.

15.2 插入序列是简单的转座组件

综述文献

Chandler, M., and Mahillon, J. (2002). Bacterial insertion sequences revisited. In Craig, N. L., Craigie, R., Gellert, M., and Lambowitz, A., eds. *Mobile DNA II*. Washington, DC: American Society for Microbiology Press, pp. 305-366.

Craig, N. L. (1997). Target site selection in transposition. *Annu. Rev. Biochem*. 66, 437-474.

研究论文文献

Grindley, N. D. (1978). IS1 insertion generates duplication of a 9 bp sequence at its target site. *Cell* 13, 419-426.

15.3 转座可通过复制和非复制机制产生

综述文献

Craig, N. L. (1997). Target site selection in transposition. *Annu. Rev. Biochem*. 66, 437-474.

Grindley, N. D., and Reed, R. R. (1985). Transpositional recombination in prokaryotes. *Annu. Rev. Biochem*. 54, 863-896.

Haren, L., Ton-Hoang, B., and Chandler, M. (1999). Integrating DNA: transposases and retroviral integrases. *Annu. Rev.*

Microbiol. 53, 245-281.

15.6 非复制型转座要经过链的断裂与重接

综述文献

Reznikoff, W. S. (2008). Transposon Tn5. *Annu. Rev. Genet.* 42, 269-286.

研究论文文献

Bender, J., and Kleckner, N. (1986). Genetic evidence that Tn10 transposes by a nonreplicative mechanism. *Cell* 45, 801-815.

Bolland, S., and Kleckner, N. (1996). The three chemical steps of Tn10/IS10 transposition involve repeated utilization of a single active site. *Cell* 84, 223-233.

Davies, D. R., Goryshin, I. Y., Reznikoff, W. S., and Rayment, I. (2000). Three-dimensional structure of the Tn5 synaptic complex transposition intermediate. *Science* 289, 77-85.

Haniford, D. B., Benjamin, H. W., and Kleckner, N. (1991). Kinetic and structural analysis of a cleaved donor intermediate and a strand transfer intermediate in Tn10 transposition. *Cell* 64, 171-179.

Kennedy, A. K., Guhathakurta, A., Kleckner, N., and Haniford, D. B. (1998). Tn10 transposition via a DNA hairpin intermediate. *Cell* 95, 125-134.

15.7 转座子形成一个个超家族和家族

综述文献

Feschotte, C, Jiang, N., and Wessler, S. R. (2002). Plant transposable elements: where genetics meets genomics. *Nat. Rev. Genet.* 3, 329-341.

Gierl, A., Saedler, H., and Peterson, P. A. (1989). Maize transposable elements. *Annu. Rev. Genet.* 23, 71-85.

Kunz, R., and Weil, C. F. (2002). The hAT and CACTA superfamilies of plant transposons. In Craig, N. L., Craigie, R., Gellert, M., and Lambowitz, A., eds. *Mobile DNA II*. Washington, DC: American Society for Microbiology Press, pp. 400-600.

Plasterk, R. H. A., Izsvak, Z., and Ivics, Z. (1999). Resident aliens: the Tc1/*mariner* superfamily of transposable elements. *Trends Genet.* 15, 326-332.

研究论文文献

Benito, M. I., and Walbot, V. (1997). Characterization of the maize Mutator transposable element MURA transposase as a DNA-binding protein. *Mol. Cell Biol.* 17, 5165-5175.

Jiang, N., Bao, Z., Zhang, X., Hirochika, H., Eddy, S. R., McCouch, S. R., and Wessler, S. R. (2004). An active DNA transposon family in rice. *Nature* 421, 163-167.

Koga A., Shimada A., Kuroki T., Hori H., Kusumi J., Kyono-Hamaguchi Y., and Hamaguchi S. (2007). The Tol1 transposable element of the medaka fish moves in human and mouse cells. *J. Hum. Genet.* 52, 628-35.

Ros, F., and Kunze, R. (2001). Regulation of activator/dissociation transposition by replication and DNA methylation. *Genetics* 157, 1723-1733.

Singer, T., Yordan, C., and Martienssen, R. A. (2001). Robertson's Mutator transposons in *A. thaliana* are regulated by the chromatin-remodeling gene decrease in DNA Methylation (DDM1). *Genes Dev.* 15, 591-602.

Slotkin, K. R., Freeling, M., and Lisch, D. (2005). Heritable silencing of a transposon family is initiated by a naturally occurring inverted repeat derivative. *Nature Genet.* 137, 641-644.

Yuan Y. W., and Wessler, S. R. (2011). The catalytic domain of all eukaryotic cut-and-paste transposase superfamilies. *Proc. Natl. Acad. Sci. USA* 108, 7884-7889.

Zhou, L., Mitra, R., Atkinson, P. W., Hickman, A. B., Dyda, F., and Craig, N. L. (2004). Transposition of hAT elements links transposable elements and V(D)J recombination. *Nature* 432, 960-961.

15.8 转座因子在杂种不育中的作用

综述文献

Engels, W. R. (1983). The P family of transposable elements in *Drosophila*. *Annu. Rev. Genet.* 17, 315-344.

Rio, D. C. (2002). P transposable elements in *Drosophila melanogaster*. In Craig, N. L., Craigie, R., Gellert, M., and Lambowitz, A., eds. *Mobile DNA II*. Washington, DC: American Society for Microbiology Press, pp. 484-518.

研究论文文献

Daniels, S. B., Peterson, K. R., Strausbaugh, L. D., Kidwell, M. G., and Chovnick, A. (1990). Evidence for horizontal transmission of the P transposable element between *Drosophila* species. *Genetics* 124, 339-355.

Engels, W. R., Johnson-Schlitz, D. M., Eggleston, W. B., and Sved, J. (1990). High-frequency P element loss in *Drosophila* is homolog dependent. *Cell* 62, 515-525.

15.9 P 因子在生殖细胞中被激活

研究论文文献

Brennecke J., Malone C. D., Aravin, A. A., Sachidanandam, R., Stark, A., and Hannon, G. J. (2008). An epigenetic role for maternally inherited piRNAs in transposon silencing. *Science* 322, 1387-1392.

Laski, F. A., Rio, D. C., and Rubin, G. M. (1986). Tissue specificity of *Drosophila* P element transposition is regulated at the level of mRNA splicing. *Cell* 44, 7-19.

15.10 反转录病毒生命周期包括类转座事件

综述文献

Varmus, H. E., and Brown, P. O. (1989). Retroviruses. In Howe, M. M., and Berg, D. E., eds., *Mobile DNA*. Washington, DC: American Society for Microbiology, pp. 53-108.

研究论文文献

Baltimore, D. (1970). RNA-dependent DNA polymerase in virions of RNA tumor viruses. *Nature* 226, 1209-1211.

Temin, H. M., and Mizutani, S. (1970). RNAdependent DNA polymerase in virions of Rous sarcoma virus. *Nature* 226, 1211-1213.

15.12 病毒 DNA 由反转录产生

综述文献

Katz, R. A., and Skalka, A. M. (1994). The retroviral enzymes. *Annu. Rev. Biochem.* 63, 133-173.

Lai, M. M. C. (1992). RNA recombination in animal and plant viruses. *Microbiol. Rev.* 56, 61-79.

Negroni, M., and Buc, H. (2001). Mechanisms of retroviral recombination. *Annu. Rev. Genet.* 35, 275-302.

研究论文文献

Hu, W. S., and Temin, H. M. (1990). Retroviral recombination and reverse transcription. *Science* 250, 1227-1233.

Negroni, M., and Buc, H. (2000). Copy-choice recombination by reverse transcriptases: reshuffling of genetic markers mediated by RNA chaperones. *Proc. Natl. Acad. Sci. USA* 97, 6385-6390.

15.13 病毒 DNA 整合到染色体中

综述文献

Craigie, R. (2002). Retroviral integration. In Craig, N. L., Craigie, R., Gellert, M., and Lambowitz, A., eds. *Mobile DNA II*. Washington, DC: American Society for Microbiology Press, pp. 613-630.

Craigie, R., Fujiwara, T., and Bushman, F. (1990). The IN protein of Moloney murine leukemia virus processes the viral DNA ends and accomplishes their integration *in vitro*. *Cell* 62, 829-837.

15.15 反转录因子分为三类

综述文献

Deininger, P. L. (1989). SINEs: short interspersed repeated DNA elements in higher eukaryotes. In Howe, M. M., and Berg, D. E., eds. *Mobile DNA*. Washington, DC: American Society for Microbiology, pp. 619-636.

Moran, J., and Gilbert, N. (2002). Mammalian LINE-1 retrotransposons and related elements. In Craig, N. L., Craigie, R., Gellert, M., and Lambowitz, A., eds. *Mobile DNA II*. Washington, DC: American Society for Microbiology Press, pp. 836-869.

研究论文文献

Chinwalla, A. T., et al. (2002). Initial sequencing and comparative analysis of the mouse genome. *Nature* 420, 520-562.

Dewannieux, M., Esnault, C., and Heidmann, T. (2003). LINE-mediated retrotransposition of marked Alu sequences. *Nature Genet*. 35, 41-48.

Loeb, D. D., Padgett, R. W., Hardies, S. C., Shehee, W. R., Comer, M. B., Edgell, M. H., Hutchison, C. A., 3rd. (1986). The sequence of a large L1Md element reveals a tandemly repeated 5′ end and several features found in retrotransposons. *Mol. Cell Biol*. 6, 168-182.

Sachidanandam, R., et al. (2001). A map of human genome sequence variation containing 1.42 million single nucleotide polymorphisms. *Nature* 409, 928-933.

15.16 酵母 *Ty* 因子类似反转录病毒

研究论文文献

Beliakova-Bethell, N., Beckham, C., Giddings, T. H., Jr., Winey, M., Parker, R., and Sandmeyer, S. (2006). Virus-like particles of the Ty3 retrotransposon assemble in association with Pbody components. *RNA* 12, 94-101.

Boeke, J. D., Garfinkel, D. J., Styles, C. A., and Fink, G. R. (1985). Ty elements transpose through an RNA intermediate. *Cell* 40, 491-500.

Kuznetsov, Y. G., Zhang, M., Menees, T. M., McPherson, A., and Sandmeyer, S. (2005). Investigation by atomic force microscopy of the structure of Ty3 retrotransposon particles. *J Virol* 79, 8032-8045.

Lauermann, V., and Boeke, J. D. (1994). The primer tRNA sequence is not inherited during *Ty1* retrotransposition. *Proc. Natl. Acad. Sci. USA* 91, 9847-9851.

15.18 LINE 利用内切核酸酶活性产生引发末端

综述文献

Ostertag, E. M., and Kazazian, H. H. (2001). Biology of mammalian L1 retrotransposons. *Annu. Rev. Genet*. 35, 501-538.

研究论文文献

Feng, Q., Moran, J. V., Kazazian, H. H., and Boeke, J. D. (1996). Human L1 retrotransposon encodes a conserved endonuclease required for retrotransposition. *Cell* 87, 905-916.

Gilbert, N., Lutz-Prigge, S., and Moran, J. V. (2002). Genomic deletions created upon LINE-1 retrotransposition. *Cell* 110, 315-325.

Luan, D. D., Korman, M. H., Jakubczak, J. L., and Eickbush, T. H. (1993). Reverse transcription of R2Bm RNA is primed by a nick at the chromosomal target site: a mechanism for non-LTR retrotransposition. *Cell* 72, 595-605.

Moran, J. V., Holmes, S. E., Naas, T. P., DeBerardinis, R. J., Boeke, J. D., and Kazazian, H. H. (1996). High frequency retrotransposition in cultured mammalian cells. *Cell* 87, 917-927.

Symer, D. E., Connelly, C., Szak, S. T., Caputo, E. M., Cost, G. J., Parmigiani, G., and Boeke, J. D. (2002). Human l1 retrotransposition is associated with genetic instability *in vitro*. *Cell* 110, 327-338.

第 16 章

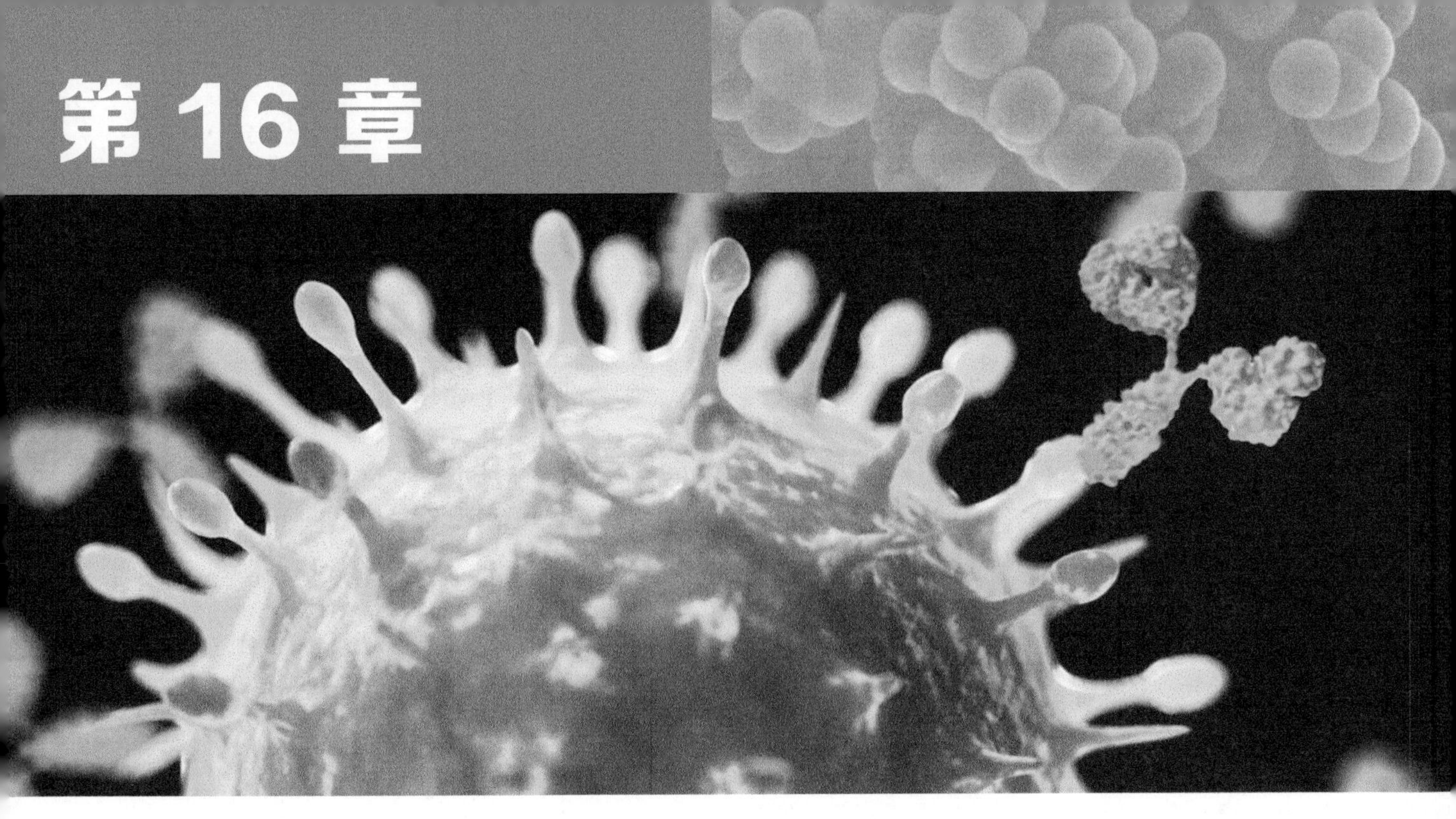

免疫系统中的体细胞 DNA 重组与超变

Paolo Casali, MD 编

章节提纲

16.1 免疫系统：固有免疫和适应性免疫

关键概念

- 免疫涉及固有免疫和适应性免疫的元件和应答。
- B 淋巴细胞和 T 淋巴细胞介导免疫多样性和免疫记忆。
- 在最早的多细胞动物中，免疫就已经进化出来了。

真核生物有机体的所有体细胞都拥有一样的遗传信息，这些相同基因的分化表达控制决定了它们的表型。这一遗传学公理的最重要例外发生在免疫系统中。在正在发育的 B 淋巴细胞（lymphocyte）和 T 淋巴细胞中，在抗原受体编码基因座中，基因组 DNA 通过体细胞重组发生改变，从而形成功能性基因，而组成这一基因的 DNA 序列并不存在于生殖系细胞中。在由抗原激活而分裂和分化的 B 淋巴细胞中，在原有重组的 Ig 基因座上，会发生额外的 DNA 重组和超变，这会进一步使得生物效应器的功能多样化，还会改变抗体产物的抗原结合亲和性。

脊椎动物的免疫系统提供了一套保护性应答，它通常能够将外来（非自身）可溶性分子或微生物关联分子 [称为**抗原（antigen，Ag）**] 与来自宿主的分子或细胞（自身抗原）区分开来。**固有免疫（innate immunity）**提供了宿主针对入侵微生物病原体的即刻（没有延迟）的第一道防线。固有免疫依赖于编码来自生殖细胞中的受体，以此来识别共享的结构模式，而这些结构通常存在于微生物病原体中。不同的效应器白细胞可以触发这种应答（如巨噬细胞和中性白细胞），这基于可诱导微生物成分的本质。固有免疫应答对任何特定的病原体相对都是非特异性的，通常也不会产生免疫记忆。然而，它能调节由特定微生物诱导出的适应性免疫应答，这样，适应性免疫应答就能对抗此类微生物。

与固有免疫相对应的就是**适应性免疫（adaptive immunity）**，或称为**获得性免疫（acquired immunity）**，它由特异性抗原诱导，并能特异性地与之对抗。抗原通常是一种蛋白质、糖蛋白、脂蛋白或糖脂，例如存在于感染性的细菌或病毒中。由那些抗原触发的适应性免疫应答最终会将这些表达这种抗原的病毒或细菌消灭。B 和 T 淋巴细胞在其他白细胞的帮助下执行这些任务，如**树突状细胞（dendritic cell，DC）**。B 和 T 淋巴细胞是以可使它们成熟的淋巴样组织命名的。**B 淋巴细胞（B cell）**中的“B”来自法氏囊（bursa of Fabricius），以意大利解剖学家、胚胎学之父——Hieronymus Fabricius 来命名。在 16 世纪，他就认识到鸟类中的免疫活细胞生成器官是哺乳动物骨髓的等同物，而 B 淋巴细胞的发育就在此发生。而 **T 淋巴细胞（T cell）**的“T”来自胸腺（thymus）。

B 和 T 淋巴细胞都运用 DNA 重排（rearrangement）机制来产生蛋白质，这使得它们在适应性免疫应答中能特异性地识别抗原。适应性免疫应答存在一个特征性的延迟期，时间通常为几天，这是克隆选择和专一于某种抗原的 B 淋巴细胞和（或）T 淋巴细胞的扩增所需的时间。在这一过程中，对自身抗原显示出高反应性的 B 和 T 淋巴细胞克隆都要被删除。针对外来抗原特异性应答的结构基础由一大类 **B 淋巴细胞受体（B cell receptor，BCR）**和 **T 淋巴细胞受体（T cell receptor，TCR）**的表达所提供，它们分别存在于 B 和 T 淋巴细胞上。数目如此庞大的 BCR/TCR 库使宿主几乎能够解决数量无限的外来分子。抗原结合于 BCR 可激活 B 淋巴细胞，触发**抗体（antibody）**应答；而 TCR 的激活触发了辅助性 T 淋巴细胞（helper T cell，T_h）介导的免疫应答，或细胞毒性 T 淋巴细胞（cytotoxic T cell，CTL）介导的免疫应答。抗原激活的 B 和 T 淋巴细胞也可分化成为记忆（memory）B 和 T 淋巴细胞以支持免疫记忆。这提供了保护性免疫，以抵抗驱动原始反应的相同抗原。免疫记忆使有机体再次暴露于相同的病原体时能做出更快的反应。

所有有颌脊椎动物 [有颌类（gnathostomes）] 都展示出了固有免疫应答和适应性免疫应答。在进化上，免疫起源于最早期的多细胞动物和植物，因为它需要将自身分子和细胞与感染性的非自身细胞及其产物区分开来。无脊椎动物拥有固有免疫系统，而不存在适应性免疫系统。在脊椎动物中，无颌脊椎动物 [无颌类（agnathans）] 七鳃鳗（lamprey）和八目鳗（hagfish）展示出了固有免疫和原始形式的适应性免疫。在无颌类中，胸腺样微解剖结构如类胸腺（thymoid），以及淋巴结样结构如肠沟（typhlosole），存在于幼虫的小肠里。而在成体中，鳃和肾为类似于哺乳动物的单核细胞、巨噬细胞（macrophage）和淋巴细胞的细胞提供了居所。肠沟中可再循环的淋巴细胞样细胞也表达对淋巴细胞发育至关重要的基因的种间同源基因。尤其明显的是，通过重组机制也可产生无颌类抗原受体，即可变淋巴细胞受体（variable lymphocyte receptor，VLR），这涉及胞嘧啶脱氨酶 1（cytosine deaminase，CDA1）或 CDA2，它们都属于 AID/APOBEC 蛋白家族的胞嘧啶脱氨酶。T 淋巴细胞样细胞表达 CDA1 蛋白以组装其 VLRA 基因库；而 B 淋巴细胞样细胞表达 CDA2 蛋白以组装其 VLRB 基因库。相反，它们不表达种内同源基因，而这是有颌脊椎动物的 B 和 T 淋巴细胞重组所需的。用细菌或合成抗原等对七鳃鳗进行抗原免疫，会诱导出 $VLRA^+$ 细胞和 $VLRB^+$ 细胞的增殖，以及细胞因子样应答或抗原样应答，这类似于有颌脊椎动物的 B 和 T 淋巴细胞的免疫应答。

16.2 固有免疫应答利用保守的识别分子与信号通路

关键概念

- 细菌、病毒或其他感染性微生物上存在着高度保守的微生物相关分子模式（MAMP），而模式识别受体（PRR）对它的识别可激发固有免疫应答。
- Toll 样受体（TLR）在进化上高度保守，可直接指导固有和适应性免疫应答。
- 天然抗体由适应性免疫细胞（B 淋巴细胞）产生，但可以介导固有免疫。

作为抗击微生物病原体的第一道防线，免疫细胞关联的**模式识别受体（pattern recognition receptor，PRR）**可辨认出微生物中的某些预先确定的结构，这可激活固有免疫。大多数 PRR 配体在微生物中是保守的，它们并不存在于高等真核生物中，因此就可允许免疫系统快速地区分开危险的非自身模式和自身模式。微生物的几步有序的酶促反应可合成**微生物相关分子模式（microbe-associated molecular pattern，MAMP）**，因此，它们的突变速率比蛋白质抗原更加缓慢（**表 16.1**）。值得注意的是，一些非致病细菌，如位于肠道中的共生细菌，也能展示出保守的 MAMP。

其中一类重要的 PRR 是 **Toll 样受体（Toll-like receptor，TLR）**。它可识别革兰氏阴性菌的**脂多糖（lipopolysaccharide，LPS）**，一种众所周知的 MAMP。TLR1 和 TLR2 可识别来自革兰氏阳性菌的脂磷壁酸（lipoteichoic acid）和肽聚糖；TLR5 可识别细菌鞭毛蛋白。这些 TLR 蛋白都表达于免疫细胞的表面。可识别核酸变异体的 TLR 常常与病毒偶联，如单链 RNA（TLR3）、双链 RNA（TLR7

表 16.1 固有免疫：MAMP 及其对应 PRR 的总结

微生物	MAMP	定位	PRR
细菌	三酰基脂肽（Pam_3CSK_4）	细胞壁	TLR1/2
细菌	胞壁酰二肽	细胞壁	NOD2
细菌	菌毛	细胞壁	TLG10
含鞭毛的细菌	鞭毛蛋白	鞭毛	TLR5
革兰氏阳性菌	肽聚糖	细胞壁	TLR2/6
革兰氏阴性菌	脂磷壁酸	细胞壁	TLR2/6
革兰氏阴性菌	脂多糖	细胞壁	TLR4
细菌和病毒	ssRNA	细胞内 / 衣壳	TLR7/8、NALP3、RIG-1
RNA 病毒	dsRNA	病毒内	解旋酶
真菌	β- 聚糖	细胞壁	dectin-1
支原体	二酰基脂肽（Pam_2CSK_4）	细胞壁	TLR2/6
含 DNA 的微生物	非甲基化 CpG DNA	细胞内 / 衣壳	TLR9
弓形虫（*Toxoplasma gondii*）	Profilia	细胞内	TLR10

和 TLR8）或某些非甲基化的 CpG DNA。TLR9 存在于细胞质中。在感知到其配体后，这些受体会通过触发并激活炎症基因表达所需的转录因子，从而迅速激活固有免疫应答。值得注意的是，一些 TLR 也是环境暗号的感应器，如 TLR4 可识别出镍元素，并介导对这种金属的变态反应。

视黄酸诱导基因 1（retinoicacid-inducible gene 1，RIG-1）和 RIG-1 样受体（RIG-1-like receptor，RLR）是 RNA 传感器。脱帽双链 RNA（dsRNA）的 5′- 三磷酸（5′-PPP）基团、相对较短的单链 RNA（ssRNA）都可激活 RIG-1 蛋白，这些 RNA 常常存在于 RNA 病毒的复制中间体中。这就可将病毒 RNA 和通常都是加帽的真核生物 mRNA 区别开来。RIG-1 蛋白的中央 RNA 解旋酶的 DEAD 盒基序和 C 端结构域可介导与 RNA 的结合。N 端的胱天蛋白酶激活和募集结构域（caspase activation and recruitment domain，CARD）介导了下游途径的激活，这可诱导 I 型干扰素的抗病毒应答。在其他已知的 RLR 家族成员中，MDA5 蛋白可结合 5′-PPP 而触发抗病毒免疫反应。LGP2 蛋白只能结合 RNA，由于缺乏 CARD 而不能激活下游途径，因此主要发挥调节作用。

环 GMP-AMP（cyclic GMP-AMP，cGAMP）合成酶（cyclic GMP-AMP synthase，cGAS）是最近才被鉴定出来的细胞质 DNA 感应器，它与 DNA 病毒和反转录病毒复制关联。当被 DNA 激活后，cGAS 蛋白可介导 cGAMP 的合成，cGAMP 是一种第二信使信号分子，通过其 2′-5′- 磷酸二酯键，可激活 I 型干扰素抗病毒应答的诱导途径。细胞之间的 cGAMP 传输可通过细胞的紧密连接或包裹 cGAMP 的病毒颗粒，也可使免疫应答扩散到邻近的免疫细胞。一种 cGAS 蛋白的同源物是寡腺苷酸合成酶（oligoadenylate synthase，OAS）家族的成员，能感知 dsRNA，并介导 2′-5′ 连接的寡核苷酸的合成，从而触发免疫反应。

固有免疫途径非常保守，它存在于从果蝇（*Drosophila*）到人类的大多数有机体中。作为首先被鉴定并被详细研究的 PRR，TLR 蛋白是果蝇 Toll 蛋白的种内同源物，它除了协调发育过程中的背腹组织形成外，还要介导先天性的抗微生物活性。这种活性在受到真菌或革兰氏阳性菌感染后，可由 Spätzle 蛋白触发，Spätzle 蛋白是一种昆虫细胞因子，在被真菌或革兰氏阳性菌感染后通过蛋白质水解级联反应产生，该蛋白可激活背侧相关免疫因子（dorsal-related immunity factor，DIF），DIF 与哺乳动物转录因子**核因子 -κB（nuclear factor-κB）**类似。依次地，DIF 蛋白可促进抗真菌肽如果蝇霉素（drosomycin）基因的表达，它们通过使细胞膜通透化而杀死其各自的靶有机体（**图 16.1**）。在果蝇中的抗细菌免疫应答也依赖于肽聚糖应答蛋白（peptidoglycan response protein，PGRP），它们与细菌的肽聚糖具有高度亲和力。这种免疫应答可产生抗菌肽，它们的形成依赖于 DIF 蛋白以应答革兰氏阳性菌，或依赖于 Rel 样因子（Relish），这是另一种 NF-κB 相关的转录因子，它可应答革兰氏阴性菌。

脊椎动物中的 TLR 途径与 Toll 途径互相平行，它们共享几个对等的成分。10 种左右的人类 TLR 的同源物能激活几个免疫应答基因。一旦 TLR 被 MAMP（与昆虫中的细胞因子 Spätzle 蛋白对应）激活，它会经历构象改变，通过同源或异源二聚体化，与 5 个已知的、含 **Toll/ 白细胞介素 -1/ 耐受结构域（Toll/interleukin-1/resistance domain，TIR）**的衔接子中的一个或多个发生相互作用。它们包括骨髓分化主要应答基因 88（Myeloid differentiation primary response gene 88，*MyD88*）和含衔接子的 TLR 结构域诱导的 β 干扰素（TIR-domain-containing adapter-inducing interferon-β，TRIF），它们可依次有序地连接起信号通路，最终将诱导出转录因子，如可用于特定

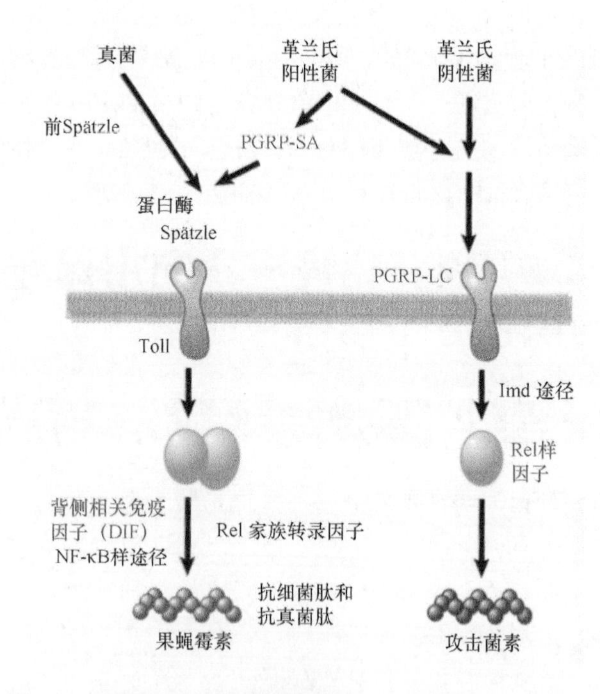

图 16.1 果蝇中一条固有免疫途径与哺乳动物 NF-κB 途径极其类似；另一条途径的有些成分与凋亡途径的蛋白质类似

基因表达的 NF-κB、AP-1 和 IRF（图 16.2）。与昆虫相比，哺乳动物中 TLR 的下游途径更加扩展，更加多元化。值得注意的是，植物也使用含亮氨酸富集区（leucine-rich region，LLR）的蛋白质，在 TLR 中，LLR 是 MAMP 结合位点，它可引起丝裂原激活蛋白激酶（mitogen-activated protein kinase，MAPK）级联反应的激活，以诱导出抗病基因。

PRR，尤其是 TLR，在骨髓来源的免疫细胞中是高表达的，如中性粒细胞、巨噬细胞和 DC 细胞，它们具有胞吞或直接杀死病原体的能力，这与其固有免疫功能是一致的。一些 TLR 也在淋巴细胞中高表达（如 B 淋巴细胞和一些 T 淋巴细胞亚型）。

总之，固有免疫应答包括第一波的病原体入侵，但是不能有效解决毒性感染的后续阶段，这需要适应性免疫应答的特异性和潜力。固有和适应性免疫应答互相重叠，交互作用，由此，由固有免疫应答所激活的细胞随后也可参与适应性免疫应答。B 淋巴细胞就是一个范例，在此处，TLR 信号途径在适应性免疫应答中具有内在的功能，而天然抗体也具有"固有免疫"功能。

天然抗体产自 B 淋巴细胞，它所使用的 DNA 重组过程与形成 BCR 和抗体的机制是一样的；而与先前所提及由生殖细胞编码的 PRR 是相反的。它们的产物主要为 IgM，且具有多种活性（如能结合多种抗原）。而这些抗原本质上通常是不同的，如磷脂、聚糖、蛋白质和核酸，它们不可能共享同样

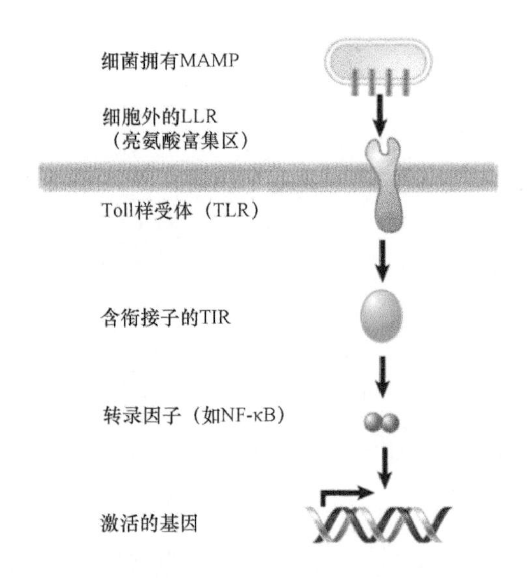

图 16.2　MAMP 触发固有免疫。在哺乳动物中，MAMP 可产生能激活 Toll 样受体的肽，受体导致一条激活 Rel 家族转录因子的途径，这些转录因子的目的基因是抗细菌肽和抗真菌肽，它们使病原微生物的细胞膜通透化而发挥杀灭作用

的表位（这是抗体的结合基序）。尽管天然抗体识别拥有不同分子结构的外来抗原，但是它们刚好适合同样的天然抗体结合位点。就此意义而言，天然多活性抗体也就是 PRR。天然抗体能结合存在于多种寡核苷酸和磷脂中的空间结构相近的磷酸残基，就是一个极佳的例子。最后，一些天然抗体是"天然自身抗体"，因为它们由健康个体中的 B 淋巴细胞产生，能对自身抗原产生中等程度的反应，并能逃避克隆删除。天然多活性抗体在感染早期发挥了重要作用，即在类别转换的、高抗原特异性的抗体出现之前。它们也可作为模板发挥作用，通过体细胞超变产生高亲和性自身抗体。

16.3　适应性免疫

关键概念

- 抗原特异性的 B 淋巴细胞和 T 淋巴细胞加强了适应性免疫。
- B 淋巴细胞产生抗体 [免疫球蛋白（immunoglobulin，Ig）]。抗体拥有多种生物学效应器功能，它们通过结合特异性抗原来消灭病原体。
- T_h 细胞指导 B 淋巴细胞产生恰当的抗体应答。细胞毒性 T 淋巴细胞（CTL）杀死被病原体感染的宿主细胞。这些效应器 T 淋巴细胞通过 TCR 识别抗原肽而被激活，而抗原肽会与靶细胞上的主要组织相容复合体（MHC）分子复合在一起。

适应性免疫的关键特征是对如细菌和病毒表达的抗原的特异性。分别表达于 B 或 T 淋巴细胞的 BCR 和 TCR 的特异性使之成为可能。BCR 和 TCR 在结构上是相关的，它们的基因在组织结构上同样如此，它们构成多样性的机制也是相似的（即基因重组）。

表达于 B 淋巴细胞表面的 BCR 对抗原的特异性识别和结合是 B 淋巴细胞激活、增殖和分化产生大量同一抗原特异性抗体的第一步。特定 B 淋巴细胞所产生抗体的结构和抗原特异性（表位）与相同 B 淋巴细胞上携带的 BCR 的表位相同。抗体可识别自然产生的蛋白质、糖蛋白、碳水化合物或

磷脂抗原，如细菌和病毒的结构成分与细菌内毒素（图 16.3）。抗原与抗体的结合形成了抗原 - 抗体复合体，它们有序地触发可溶性介质和吞噬细胞（phagocytic cell）[主要为巨噬细胞（macrophage）] 的激活，这最终导致抗体结合的细菌或病毒的破坏。主要的可溶性介质是**补体（complement）**，它们是一种多蛋白酶级联反应，其命名可反映出它具有“补充”抗体自身作用的能力。补体由一组约 20 种蛋白质组成，它通过蛋白质级联水解发挥作用。如果靶抗原是细胞，例如一个正在感染的细菌，那么补体的作用最终将使细菌裂解。补体激活也可释放炎症前可溶性介质和趋化介质，即这些分子可吸引吞噬细胞，如巨噬细胞和粒细胞（granulocyte），这些细胞可吞食靶细胞与其产物。补体也是重要的固有免疫介质，当被抗体激活时，它们可将固有和适应性免疫功能整合在一起。抗体包被的细菌也能直接被抗原 - 抗体复合体所募集的清道夫细胞（acavenger cell）消灭。

在 TCR 识别衍生自外来抗原的肽片段后，T 淋巴细胞可被激活。TCR 识别的重要特征是抗原必须被**主要组织相容复合体（major histocompatibility complex，MHC）**所提呈。MHC 表达于**抗原提呈细胞（antigen-presenting cell，APC）**上。MHC 蛋白的表面上有一道沟槽，它能与衍生自外来抗原的肽片段结合。MHC 蛋白和肽片段结合而形成的复合体可被 TCR 所识别。T 淋巴细胞要求能同时识别（外来）抗原和（自身）MHC 蛋白，以确保细胞免疫应答仅能发生在被外来抗原感染的宿主细胞内。MHC 蛋白与抗体也有一些共同的特征，其他淋巴细胞特异性蛋白也是如此。因此，免疫系统依赖于一系列基因超家族，而这些基因可能是从执行最原始防御元件的某些共同祖先进化而来的。

每个个体都有自己的一套独特的 MHC 蛋白，一般可分为以下两簇：Ⅰ类和Ⅱ类，并严格地分别激活 T_h 细胞和**细胞毒性 T 淋巴细胞（cytotoxic T cell，CTL）**。T_h 细胞可由 APC 细胞，如 DC 细胞和 B 淋巴细胞激活；由同一抗原激活的、同宗的 T_h 细胞和 B 淋巴细胞的相互作用可允许表达于 B 淋巴细胞的 CD40 受体的参与，它可与表达于 T 淋巴细胞的 CD40 配体（也称为 CD154）结合。CD40 蛋白的结合，以及由 T_h 细胞和其他免疫细胞所产生的细胞因子的暴露，可以一起诱导 B 淋巴细胞经历适当的增殖和分化。与 T_h 细胞的作用相反，CTL 或称杀伤 T 淋巴细胞（killer T cell）介导了可杀死宿主细胞的免疫应答，因为这些细胞已经被细胞内寄生物，如病毒等感染（图 16.4）。

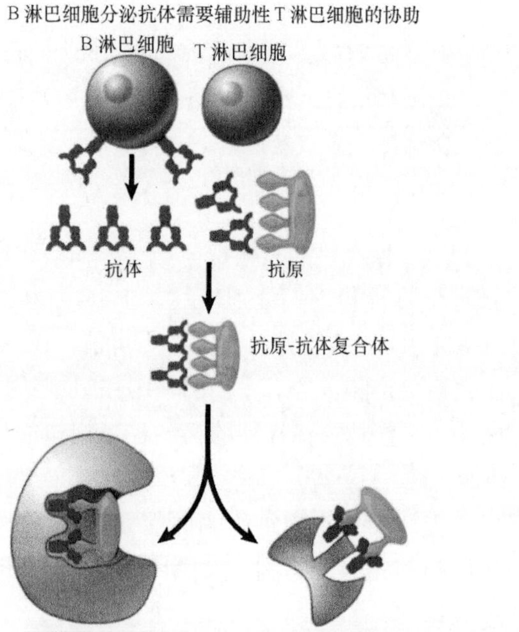

图 16.3 游离抗体与抗原结合形成抗原 - 抗体复合体，这样的复合体被血液中的巨噬细胞清除，或直接受激活的补体级联反应的攻击而降解

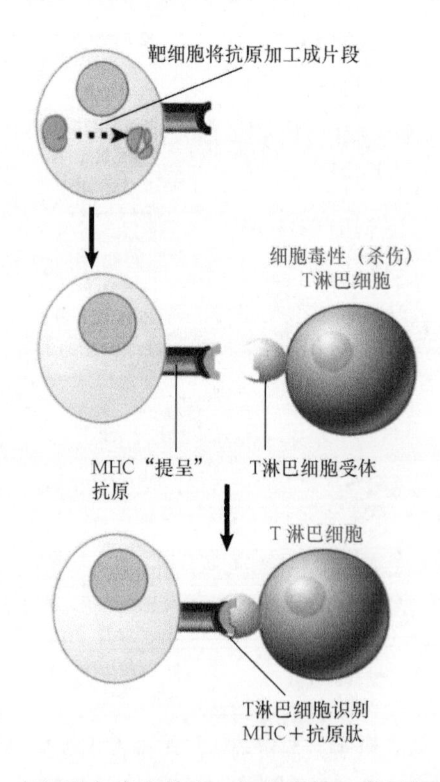

图 16.4 在细胞免疫应答中，细胞毒性 T 淋巴细胞利用 T 淋巴细胞受体（TCR）识别由 MHC 分子提呈到靶细胞表面的抗原中的肽段

16.4 克隆选择作用扩增出可应答给定抗原的淋巴细胞

关键概念

- 每个B淋巴细胞表达独特的BCR，每个T淋巴细胞表达独特的TCR。
- 种类繁多的BCR/抗体和TCR存在于有机体的任何时相。
- 抗原与BCR或TCR的结合触发了对此抗原特异性的B淋巴细胞或T淋巴细胞的克隆扩增。

当有机体接触了一种抗原，如感染性病原体的抗原后，它通常就会对相同病原体的再一次感染产生免疫。在与特异性抗原接触之前，机体缺乏足够的对付由这个病原体所介导的或与这个病原体有关的毒性效应的能力，但它能够在特异性免疫应答过程中获得这种能力。当感染被击退后，机体会保留对相同微生物再次感染产生快速应答的能力。

B和T淋巴细胞的动态分布极大地增加了它们遭遇其靶标抗原的机会。淋巴细胞是游走型细胞，它们从成人骨髓中的未分化干细胞发育而来，然后通过血流迁移到外周淋巴组织，如脾、淋巴结、Peyer氏结和扁桃体。身体中的淋巴细胞可在血液和淋巴之间循环流动，因此可确保抗原总会暴露于所有可能的特异性淋巴细胞。

在合适的条件下，当淋巴细胞遇到了可结合其自身BCR或TCR的抗原时，一种特异性的免疫应答就可被激发出来。我们用**克隆选择学说（clonal selection theory）**来说明这些特征（**图16.5**）。淋巴细胞库中存在很多B淋巴细胞和T淋巴细胞，它们携带多种不同的BCR或TCR。但是任何一个B淋巴细胞只能产生一种BCR，只能特异性地识别一种抗原；同样，每一个T淋巴细胞也只产生一种特定的TCR。在淋巴细胞库中，未受刺激的B淋巴细胞和T淋巴细胞在形态学上是相同的。当接触某种抗原时，其BCR能够和这种抗原结合的B淋巴细胞或其TCR能够识别这种抗原的T淋巴细胞就被激活与诱导而开始分裂，这种刺激来自细胞表面的信号途径，而介导信号的分子为BCR/TCR与相关的

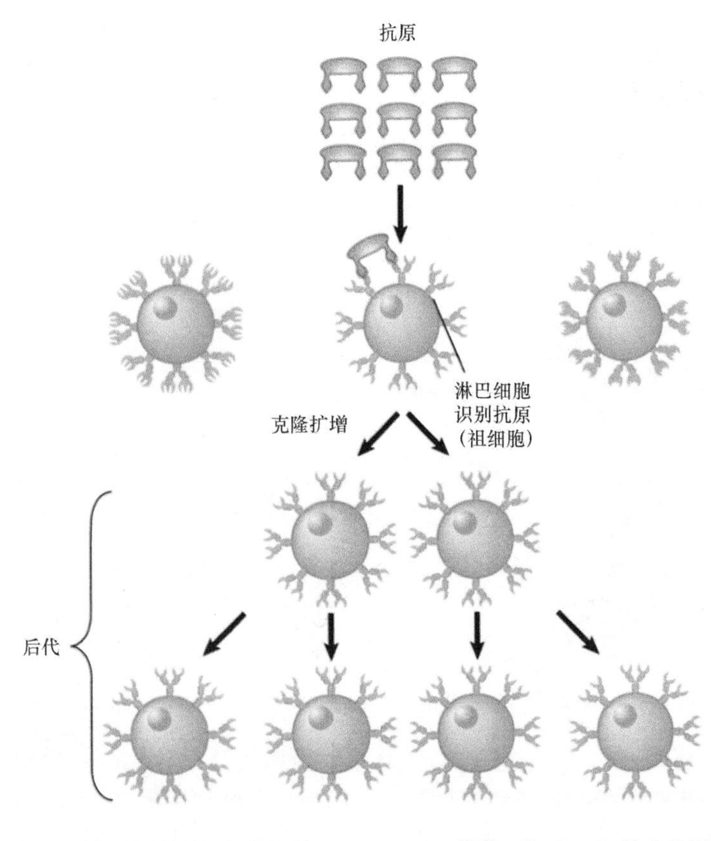

图16.5 B淋巴细胞和T淋巴细胞库包含携带各种特异性BCR和TCR的淋巴细胞。与某种抗原的反应会产生淋巴细胞的克隆扩增，而这种淋巴细胞携带了能识别此种抗原的相应BCR或TCR

信号转导分子。接着，被诱导的细胞经历了严格的增殖和形态改变，包括细胞体积的增大、分化成产生抗体的细胞或效应 T 淋巴细胞。特异性 B 或 T 淋巴细胞在第一次接触抗原时就开始扩增，称为初级免疫应答（primary immune response），此应答产生了许多对靶抗原有特异性的 T 淋巴细胞或 B 淋巴细胞。每一个系群（population）代表原始应答细胞的一个克隆。经选择的 B 淋巴细胞能分泌大量的抗体，甚至可形成一个占优势地位的抗体系统。

初级免疫应答完成，挑战性的抗原被清除之后，机体会保留那些选择过的携带 BCR 或 TCR 的 B 淋巴细胞和 T 淋巴细胞，这对那些诱导免疫应答的抗原而言是特异性的。这些记忆细胞（memory cell）在遇到可诱导它们分化的同样抗原时，会迅速有力地进行克隆扩增（clonal expansion），从而导致次级免疫应答（secondary immune response）的发生，又称为记忆或回忆免疫应答（memory or anamnestic immune response）。这样，在首次暴露于微生物病原体或疫苗后，记忆 B 淋巴细胞或 T 淋巴细胞就成为特异性抵抗感染的重要因素。

哺乳动物的 B 淋巴细胞库至少由约 10^{12} 种特异性（如克隆）组成，而 T 淋巴细胞库却没有如此庞大。一些 B 淋巴细胞或 T 淋巴细胞克隆的细胞数量非常稀少，只由几个细胞组成，因为它们从来就没有碰到过相应的抗原；而其他克隆由多达 10^6 个细胞组成，因为克隆选择从淋巴样组细胞库中扩增了这种可应答特异抗原的特异性细胞。自然形成的抗原通常都是大分子物质，它是一种高效的免疫原，可有效地诱导免疫应答。尽管小分子物质含有能够被抗体识别的抗原决定簇，但通常并不引发免疫应答，因为它们的体积太小了，但当它们和一个大的载体分子偶联以后就能够引发应答，这种分子通常是蛋白质，如卵清蛋白（ovalbumin，OVA）、锁眼帽贝血蓝蛋白（keyhole limpet hemocyanin，KLH）、鸡 γ 球蛋白（chicken gamma globulin，CGG）。原先没有免疫原性的小分子，通过与载体蛋白的偶联可引发特异性的免疫应答，这样的小分子物质被称为**半抗原（hapten）**。与蛋白质载体偶联的半抗原通常诱导依赖 T 淋巴细胞的抗体应答；右旋糖苷（dextran）、聚蔗糖（Ficoll）、脂多糖或生物可降解的纳米粒可以诱导不依赖 T 淋巴细胞的免疫反应。大分子抗原的表面上只有一小部分真正能被抗体所识别，其结合位点通常只有 5 ～ 6 个氨基酸残基。当然，任何给定的蛋白质可能会存在不止一个结合位点，而不同位点可识别由它所诱导出来的不同抗体。这些引发应答的区域或位点称为**抗原决定簇（antigenic determinant）**或**表位（epitope）**。当一个抗原含有多个表位时，某些表位可能比其他表位更有效地诱导特异性免疫应答。实际上可能由于其高效性，以至于它们完全决定了应答反应，因为它们是所有特异性诱导抗体和（或）效应 T 淋巴细胞的靶标。

16.5 Ig 基因由 B 淋巴细胞内多个分散的 DNA 片段装配而成

关键概念

- 抗体是由两条一样的轻链（L）和两条一样的重链（H）所组成的四聚体。L 链有 2 个家族（λ 和 κ），H 链为单一家族。
- 每条链都有 N 端可变区（V）和 C 端恒定区（C）。V 区识别抗原而 C 区介导效应器应答。V 区和 C 区分别由 V(D)J 基因区段和 C 基因区段编码。
- 编码完整 Ig 链的基因是由 V(D)J 基因（H 链中为可变的、多样性的与 J 基因；而 L 链中为可变的与 J 基因）的体细胞重组而产生的，这会产生 V 结构域，它会与给定的 C 基因（产生 C 结构域）一起表达。

极其复杂的进化机制已经进化到能保证有机体可产生特异性抗体，这些抗体可应对范围广泛的、此前从未遇到过的、自然存在或人工制造的成分。每一种抗体都是四聚体，由两条一样的免疫球蛋白轻链（light chain，L 链）和两条一样的免疫球蛋白重链（heavy chain，H 链）组成（**图 16.6**）。在人类和小鼠中存在 2 种类型的轻链（λ 和 κ）和 9 种类型的重链。分类由 H 链的**恒定区（constant region，C 区）**决定，它介导抗体的生物学效应器功能（effector function），不同类型的 Ig 具有不同的效应器功能。免疫球蛋白四聚体的结构如图所示。重链和轻链共享相同类型的通用组织形式，每个蛋白链都由两个基本的区域组成：N 端**可变区（variable region，**

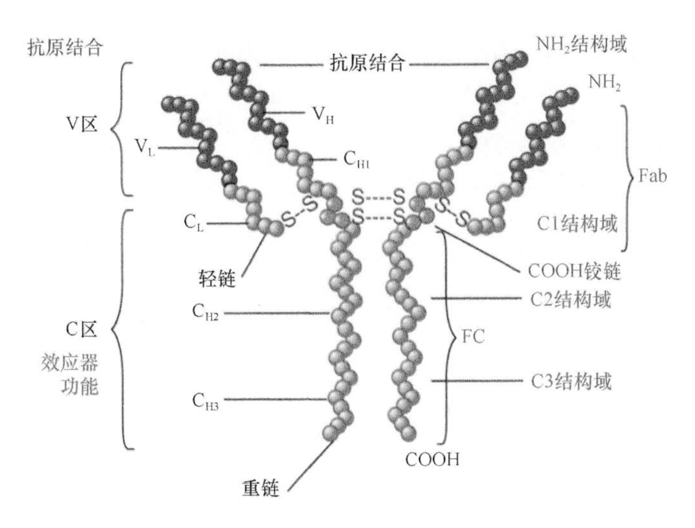

图 16.6 抗体（免疫球蛋白或 Ig）分子是一个异源二聚体，由两条一样的轻链和两条一样的重链组成。此处模式图是 IgG1，它由 N 端可变区（V 区）和 C 端恒定区（C 区）组成

V 区）和 C 端恒定区（C 区）。它们是通过比较不同 Ig 链中的氨基酸序列来定义的，而这些 Ig 是由单克隆 B 细胞肿瘤（浆细胞瘤）分泌的。正如名字所表示的，在不同蛋白质之间，可变区的氨基酸序列具有很大的变化，但恒定区却表现出相当的同源性。

L 链和 H 链相对应的区域结合产生免疫球蛋白中独特的结构域。重组的 H 链 V_H-D-J_H 基因区段与重组的 L 链 V_λ-J_λ 基因区段或 V_κ-J_κ 基因区段之间的连接形成了 V 结构域。V 结构域负责识别抗原，而不同特异性的 V 结构域的形成使得机体有能力应答不同的抗原。用于编码 L 链或 H 链蛋白质的 V 区基因的总数目达数百个。这样，蛋白质就在结合抗原的这一区域展示出了极大的多样性。Ig 四聚体亚基的 C 区的相互连接产生了几个单一的 C 结构域。第一个结构域是由轻链的单一 C 区（C_L）和重链 C 区（C_H）的 C_H1 结构域连接形成的，这个结构域的两份拷贝组成了 Y 形抗体分子的“臂”部分。重链 C 区之间的连接产生了其余的 C 结构域，其数量变化取决于重链类型。

在机体中，有许多基因编码 V 区，而只有少数几种基因编码 C 区。在讨论免疫系统时，“基因”特指一段编码最终 Ig 多肽（L 链或 H 链）的不连续部分 DNA 序列。所以，重组的 V(D)J 基因编码 V 区，C 基因编码 C 区，尽管它们都不能以独立的单元表达。为了构建一个能够真正表达的 L 链或 H 链基因，V(D)J 基因必须和一个 C 基因在结构上连接起来。

编码 L 链基因和编码 H 链基因的组装方式是一样的：许多 V(D)J 基因区段中的任何一个可与少数几个 C 基因区段中的任何一个连接起来。这种**体细胞 DNA 重组（somatic DNA recombination）**发生在表达 BCR/ 抗体的 B 淋巴细胞中。数量巨大的可变 V(D)J 基因区段是免疫球蛋白多样性产生的主要原因，但并不是所有的多样性都是在基因组中由编码而产生的，更多的是在构建功能基因的过程中由于基因的改变而产生的。

编码 TCR 蛋白链的功能基因的形成，在本质上和上述机制是相同的。T 淋巴细胞有两种受体，一种由两种类型链（α 和 β 链）构成，另外一种由另两种类型链（γ 和 δ 链）构成。像编码免疫球蛋白的基因一样，编码 TCR 中单一链的基因也是由彼此独立的部分构成，包括重组的 V(D)J 基因区段和 C 区基因。

在生殖细胞中，机体并不具有功能基因来编码特定的 BCR/ 抗体或 TCR。但它提供了数量巨大的 V 基因区段和少量的 C 基因区段，随后由这些部分构建的一个有效基因使得 BCR/TCR 可表达于 B 或 T 淋巴细胞上，这样就可以与抗原进行反应。这种 V(D)J DNA 的重排发生在接触抗原之前。有效的 V(D)J 重排由 B 淋巴细胞或 T 淋巴细胞以细胞表面 BCR 或 TCR 的形式进行表达，为筛选与抗原结合的克隆提供了结构底物。在表达 BCR 或 TCR 的 B 或 T 淋巴细胞中的 V(D)J 基因区段和 C 基因区段的排列与其他体细胞或生殖细胞是不同的。这些过程全部发生在体细胞中，并不会影响生殖细胞。这样，有机体后代并不遗传对抗原的特异性应答。

Ig 的 κ 链、λ 链和 H 链基因座定位于不同的染色体上。每一个基因座包含其自身的一组 V 基因区段和 C 基因区段。这种生殖系组织模式存在于细胞系的所有生殖细胞和体细胞中。尽管在表达抗体的 B 淋巴细胞中，此抗体的每一条链，L 链（κ 或 λ 链）和 H 链都是由单一完整的 DNA 序列编码。重组事件将需要表达的 V(D)J 基因区段与其相应的 C 基因区段组合起来并一起表达，产生了一个新的有效基因，其外显子精确对应于蛋白质的功能域。在整个 DNA 序列被转录成初始 RNA 转录物后，内含子部分则由 RNA 剪接途径除去。

V(D)J 重组发生在发育中的 B 淋巴细胞。一般而言，一种 B 淋巴细胞只发生一条 L 链基因区段（κ 或 λ）和一条 H 链基因区段的一种有效重排；类似地，T 淋巴细胞则只发生 α 基因和 β 基因或 γ 基因和 δ 基因的有效重排。任何细胞表达的 BCR 和 TCR 是由被连在一起的 V 基因区段和 C 基因区段的特异构象所决定的。

功能基因组合的原则在每个家族中都是同样的，但在细节上，V 基因区段和 C 基因区段的组织形式以及它们之间对应的重组反应会有所不同。除了 V 基因区段与 C 基因区段之外，体细胞功能基因座还包括 J 基因区段和 D 基因区段等较短的 DNA 序列。

假如任何 L 链可与任何 H 链配对，那么约有 10^6 个 L 链可与约有 10^6 个 H 链配对，产生 10^{12} 个以上的不同的 Ig 链。确实如此，哺乳动物有能力产生 10^{12} 种或更多的不同的抗体特异性。

16.6 轻链基因由单一重组事件装配而成

关键概念

- λ 链由单一重组事件装配而成，它由一个 V_λ 基因区段和一个 J_λ-C_λ 基因区段组成。
- V_λ 基因区段包含一个前导序列外显子、一个内含子和一个 V_λ 编码区；J_λ-C_λ 基因区段包含一个短的编码 J_λ 肽的外显子、一个内含子和一个 C_λ 编码区。
- κ 链由单一重组事件装配而成，它由一个 V_κ 基因区段和 5 个 J_κ 区段中的其中一个组成，这些基因区段都在 C_κ 基因上游。

λ 链由两部分 DNA 基因区段组装而成（**图 16.7**）。V_λ 基因区段包含前导（leader，L）外显子，它和 V 基因区段被一个内含子分开；J_λ-C_λ 基因区段由 J_λ 基因区段和 C_λ 外显子组成，中间被一个内含子分开。

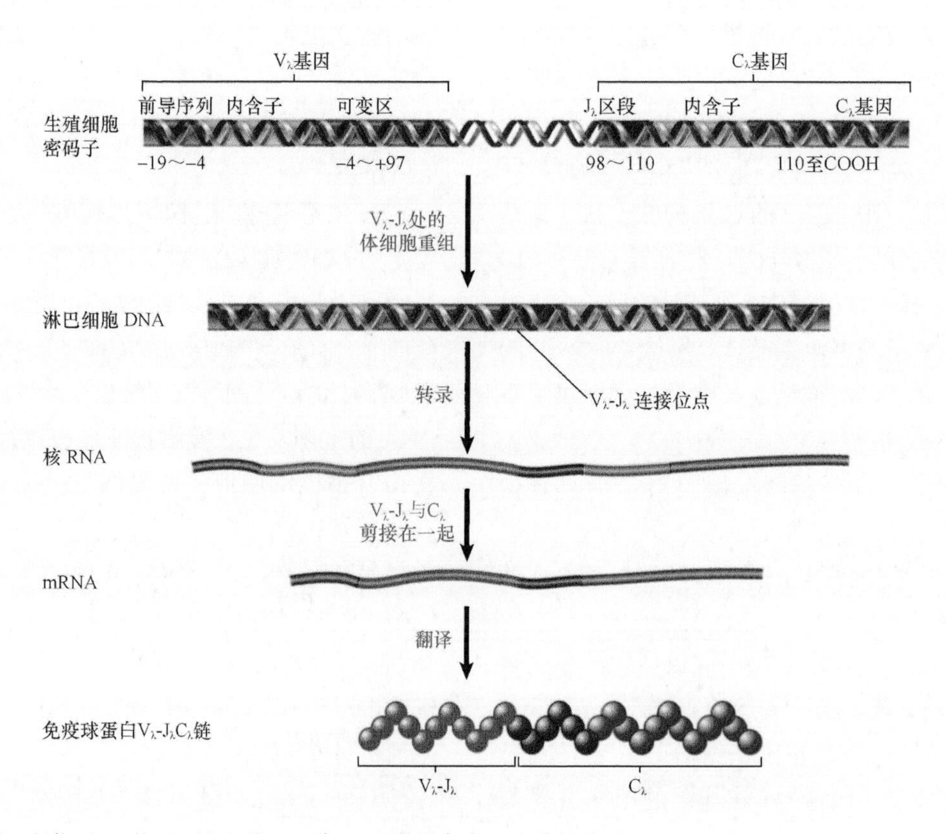

图 16.7 J_λ 基因区段位于 C_λ 基因区段之前，因此 V_λ-J_λ 重组产生一个功能性的 V_λ-$J_\lambda C_\lambda$

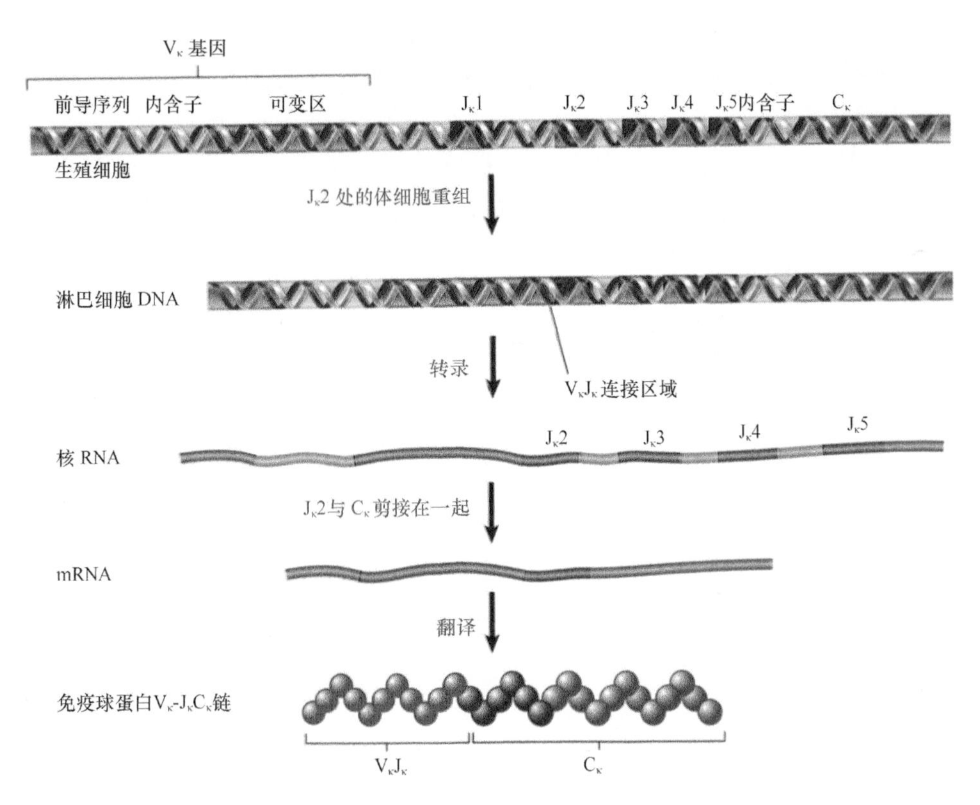

图 16.8 在生殖细胞系中，C_κ 基因区段的前面存在多条 J_κ 基因区段，$V_\kappa J_\kappa$ 连接可能会识别众多 J 基因区段中的任何一个，然后在 RNA 加工过程中，通过剪接作用，将它与 C 基因区段剪接在一起

J 基因区段的名称是连接（joining）的缩写，因为它是 V_λ 基因区段连接的区域，所以连接反应并不是直接由 V_λ、C_λ 基因区段完成的，而是通过 J_λ 基因区段实现的（V_λ-$J_\lambda C_\lambda$ 连接）。J_λ 基因区段非常短，只编码可变区的最后几个氨基酸残基，而这通过对氨基酸序列进行测序就能鉴定出来。在由重组所产生的完整基因中，V_λ-J_λ 基因区段组成了单一外显子，它编码整个可变区。

κ 轻链也是由两部分 DNA 基因区段组装而成（**图 16.8**）。然而，其中 C_κ 基因座的组织结构与 C_λ 基因座不同。一组 5 个 J_κ 基因区段分散在 500 ～ 700 bp 的区域内，被一个长度为 2 ～ 3 kb 的内含子与 C_κ 外显子分开。在小鼠中，中间的 J_κ 基因区段是没有功能的（*Φ*J3）。一条 V_κ 基因区段（它像 V_λ 一样含有前导外显子）可以和任何一条 J_κ 基因区段相连。不管哪一段 J_κ 基因区段被使用，它都可成为完整可变区外显子的末端部分。任何在重组的 J_κ 基因区段上游的 J_κ 基因区段都会丢失；而在重组的 J_κ 基因区段下游的 J_κ 基因区段将被作为可变区外显子和恒定区外显子之间的内含子的一部分。

所有功能性 J_L 基因区段在其 5′ 边界都具有一个信号，使其能与 V 基因区段重组；而它们在 3′ 边界也有一个信号可用来剪接 C 外显子。在 DNA 的 V-J_L 连接中被识别的任何一种 J_L 基因区段都用它的剪接信号来进行 RNA 加工。

16.7 重链基因由两次有序重组事件装配而成

关键概念

- H 链重组单位是一个 V_H 基因区段、一个 D 基因区段与一个 J_H-C_H 基因区段。
- 第一步重组将 D 基因区段和 J_H-C_H 基因区段连接起来；第二步重组将 V_H 基因区段和 DJ_H-C_H 基因区段连接起来，以获得 $V_H DJ_H$-C_H。
- C_H 基因区段由 4 个外显子组成。

IgH 基因座包含一组额外的基因区段，D 区段。这样，完整 H 链的装配需要 V_H、D、J_H 基因区段的重组。D 基因区段（diversity segment，D segment）（与

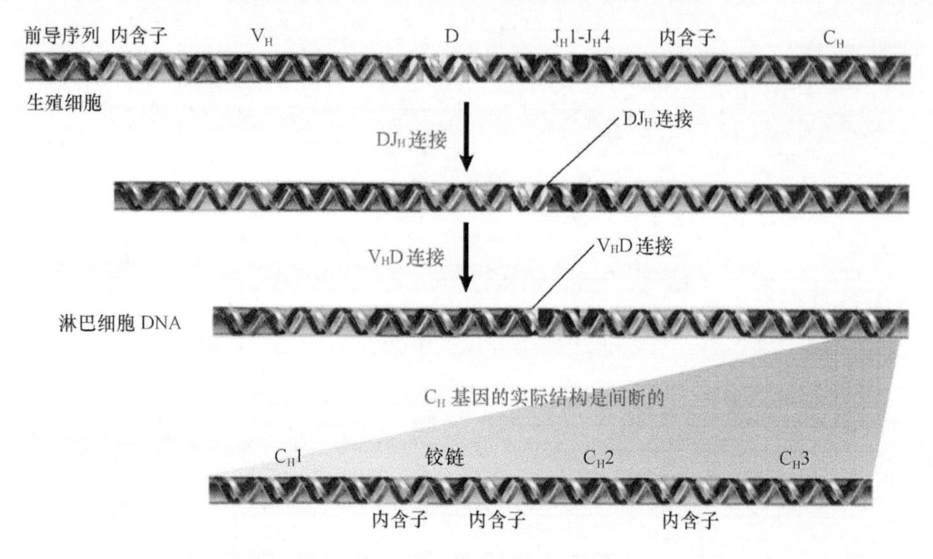

图 16.9 重链基因是由连续的重组事件装配起来的。首先 D_H 基因区段与 J_H 基因区段重组，接着 V_H 基因区段与 D_H 基因区段重组

多样性有关）是指在 V_H 基因区段和 J_H 基因区段编码的序列之间存在的附加的 2 ～ 13 个氨基酸残基。串联排列的 D 基因区段位于 V_H 基因簇和 J_H 基因簇之间的染色体上。

V_HDJ_H 连接通过两步反应完成（**图 16.9**）。首先，其中的一个 D 基因区段和一个 J_H 基因区段重组；然后，V_H 基因区段和已经重组的 DJ_H 基因区段重组；接着，所产生的 V_HDJ_H DNA 序列与最邻近的下游 C_H 基因一起表达，它由一串 4 个外显子组成（将在 16.13 节“类别转换 DNA 重组”中讨论不同的 C_H 基因的使用）。D 基因区段以串联排列的方式组织起来。人类基因座约拥有 30 条 D 基因区段，它的后面紧随着 6 个 J_H 基因区段。相同的 D 基因区段参与 DJ_H 基因区段重组和相关的 V_HDJ_H 基因区段重组。

重组的 V(D)J 基因区段结构类似于 H 链和 λ 链与 κ 链基因座的组织形式，其中第一个外显子编码信号序列，它参与膜的附着；第二个外显子编码可变区的主体部分，其长度约为 100 个密码子；可变区的剩余部分由 D 基因区段（仅在 H 链基因座）和 J 基因区段（在所有三个基因座）提供。

C 区结构在不同的 H 链和 L 链中是不同的。就 κ 链和 λ 链而言，C 区由单一外显子编码，它会成为重组的 $V_κJ_κ$-$C_κ$ 或 $V_λJ_λ$-$C_λ$ 基因中的第三个外显子。在 H 链中，其 C 区由几个分散的外显子编码，它们分别编码 4 个区域：C_H1、C_H 铰链（hinge）、C_H2 与 C_H3（IgG、IgA 和 IgD）；或 C_H1、C_H2、C_H3 与 C_H4（IgM 和 IgE）。每一个 C_H 外显子长度约为 100 个密码子；铰链区外显子则比较短，而每一个内含子序列约为 300 bp。

16.8 重组产生广泛的多样性

关键概念

- 人类 IgH 基因座可以产生 10^4 个 V_HDJ_H 序列。
- 非编码核苷酸连接和插入的非精确性进一步使 V_HDJ_H 的多样性扩大到 10^8 个序列。
- 重组的 V_HDJ_H-C_H 能与多达 10^4 个重组的 $V_κJ_κ$-$C_κ$ 或 $V_λJ_λ$-$C_λ$ 链进行配对。

对已有的 V、D、J、C 基因区段的分析可为我们提供对多样性的测定方法，而这种测得的结果与生殖细胞携带的编码区的多样性可以遥相呼应。在 IgH 链与 IgL 链基因座中，大量的 V 基因区段和少量的 C 基因区段连接在一起。

人类 λ 基因座（22 号染色体）含有 7 个 $C_λ$ 基因，其前面各有一条 $J_λ$ 基因区段（**图 16.10**）。小鼠 λ 基因座（16 号染色体）的多样性则少得多。其主要差别在于小鼠只有两个 $V_λ$ 基因区段，每个连接两个 $J_λ$-$C_λ$ 区段，且其中一条 $C_λ$ 基因区段是假基因（无功能基因）。这种组织形式提示，可能在小鼠进化的某个历史时期，生殖细胞中 $V_λ$ 基因区段曾遭受过严重的缺失。

人类 κ 基因座（2 号染色体）和小鼠 κ 基因座（6

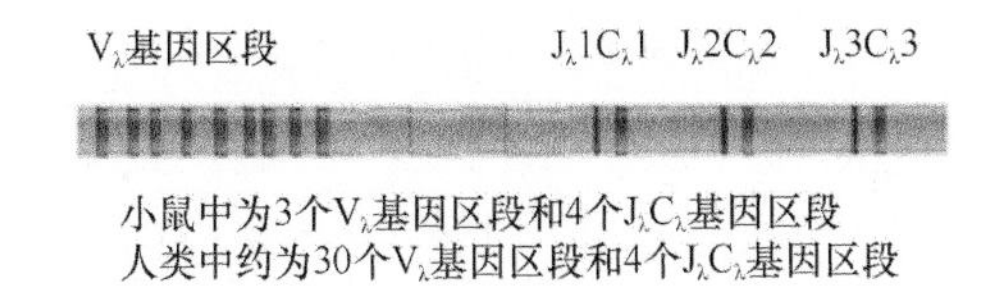

图 16.10 λ 家族包括 V_λ 基因区段，与少量的 J_λ-C_λ 基因区段

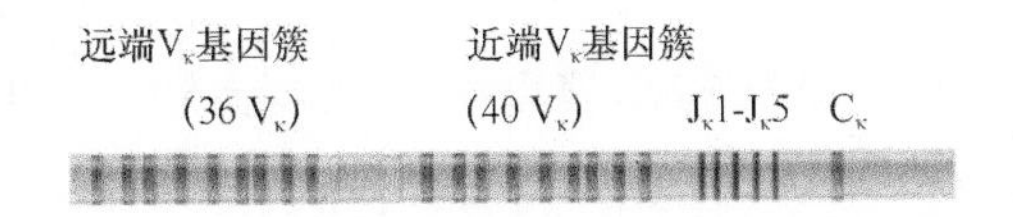

图 16.11 人类和小鼠的 Igκ 家族由 V_κ 基因区段和 5 条与单一的 C_κ 基因区段相连的功能性 J_κ 基因区段组成。V_κ 基因区段包含无功能性假基因

号染色体）都只含有一条 C_κ 基因区段，在其前面有 6 条 J_κ 基因区段（其中 1 条为假基因），如**图 16.11** 所示。在 C_κ 区的上游，V_κ 基因区段占据了染色体的一个大的基因簇。人类基因簇含有两个区域：C_κ 基因区段的上游存在一个 600 kb 的区域，其中包含 J_κ 基因区段和 40 条 V_κ 基因区段；而一个 800 kb 的间隔带把这个区域和另一个含 36 条 V_κ 基因区段的区域分开。

V_H 基因区段、V_λ 基因区段和 V_κ 基因区段分别被隔离成一个个家族，在每个家族成员中，其氨基酸残基都有 80% 以上的同源性。在人类中，V_H 基因座由 6 个 V_H 家族组成（V_H1 ～ V_H6），其中 V_H3 和 V_H4 是最大的家族，每一个都拥有 10 个以上的成员；而 V_H6 是最小的家族，只有 1 个成员。在小鼠中，V_κ 基因座由约 18 个 V_κ 家族组成，其成员数在 2 ～ 100 不等。与其他相关基因的家族一样，相关的 V 基因区段形成亚簇，它们是由一个共同的祖先重复和进化而来的。同时，许多 V 基因区段是假基因。尽管是无功能的，但是一些假基因可以作为部分 V 序列的供体而在第二次重排中发挥作用。

给定的淋巴细胞产生 κ 链或 λ 链，接着它与 V_HDJ_H-C_H 配对。在人类中，约 60% 的 B 淋巴细胞表达 κ 链，而约 40% 表达 λ 链；在小鼠中，95% 的 B 淋巴细胞表达 κ 链，可能是因为可用的 λ 链基因区段的数目减少的缘故。

人类 14 号染色体中的单一 IgH 基因座由几个独立的基因区段组成（**图 16.12**）。最远的 V_H 基因簇的 3′ 端的成员和第一个 D 基因区段被一个长度仅为 20 kb 的 DNA 片段分开。这些 D 基因区段（30 个）散落在约 50 kb 的区域内，其后紧随着 6 个 J_H 基因片段的基因簇，接下来的超过 220 kb 的序列都是 C_H 基因，其中含有 9 个功能性 C_H 基因和 2 个假基因。人类 IgH 基因座的组织结构表明 Cγ 基因首先被倍增形成 Cγ-Cγ-Cε-Cα 亚基因簇，然后整个亚基因簇再进行串联倍增。在小鼠 IgH 基因座（12 号染色体）中存在着更多的 V_H 基因区段、更少的 D 基因区段和 J_H 基因区段，以及 8 个（而非 9 个）C_H 基因。

通过将 51 个 V 基因区段、30 个 D 基因区段和 6 个 J_H 基因区段进行组合，人类 IgH 基因座能够产生 10^4 种以上的 V_HDJ_H 序列。再通过 V_HDJ_H 连接的不严密性、非编码核苷酸（N）的加入和使用，以及多个 D-D 基因区段的使用，使得多样性程度被进一步拓展。通过将 50 多个 V 基因区段的其中一个和 5 个 J_κ 基因区段的任何一个进行组合，人类 κ 链基因座能够产生 300 种不同的 $V_\kappa J_\kappa$ 基因区段。然而，这些只是保守的估计，因为非模板 N 核苷酸的插入又会引入更多的多样性，尽管它的频率要比 V_HDJ_H 低。相同的 V_HDJ_H-C 链与不同的 $V_\kappa J_\kappa$-C_κ 或 $V_\lambda J_\lambda$-C_λ 链的配对会形成进一步的多样化。最后，**体细胞超变（somatic hypermutation，SHM）**会使 V_HDJ_H、$V_\kappa J_\kappa$ 和 $V_\lambda J_\lambda$ 发生重组，这使得这些基因的多样化进一步拓展了（见第 16.15 节“体细胞超变产生额外的多样性，可为高亲和性亚突变体提供底物”）。

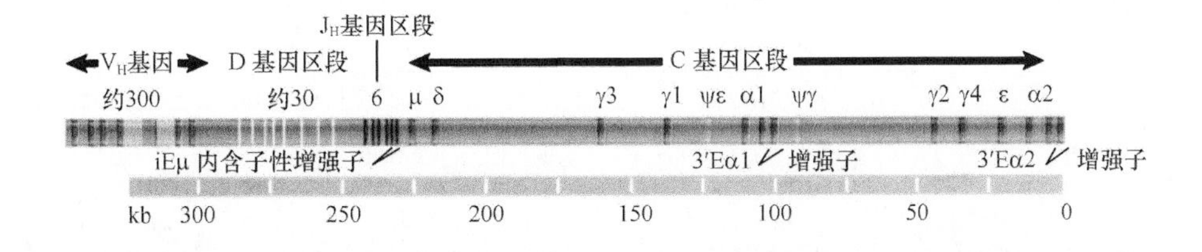

图 16.12 人类单一基因簇就包含了 IgH 链的所有信息。此处描绘的是人类 IgH 链基因簇的示意图

16.9 V(D)J DNA 重组依赖于 RSS，它由缺失和倒位产生

关键概念

- V(D)J 重组装置使用共有序列 [重组信号序列（RSS）]，它由一个七聚体和一个九聚体组成，中间被 12 bp 或 23 bp 的序列所分隔。
- 携带不同间隔序列（即 12/23 规则）的 2 个 RSS 序列的七联体处 DNA 双链断裂（DSB）可产生重组。
- 在两个 DSB 之间由切除所形成的 DNA 信号末端连接在一起可产生 DNA 环状分子或信号环。编码末端共价连接可将 V_L 基因区段与 J_L-C_L 基因区段连接起来（L 链）；或将 D 基因区段与 J_H-C_H 基因区段，以及 V_H 基因区段与 DJ_H-C_H 基因区段连接起来（H 链）。如果重组基因发生倒位而非正向排列，那么插入的 DNA 就是反向的并被保留下来，而不是以环状分子被切除出去。

Igκ、Igλ 和 IgH 链基因的重组运用了同样机制，尽管重组元件的数目和本质有所差异。所有参与连接反应的生殖细胞基因区段的边界处都含有相同的共有序列（consensus sequence），每个共有序列包括一个七聚体（heptamer，7 bp 序列）和一个九聚体（nonamer，9 bp 序列），它们被 12 bp 或 23 bp 的序列所分隔，这些序列称为**重组信号序列（recombination signal sequence，RSS）**，如**图 16.13** 所示。在 κ 基因座中，每个 $V_κ$ 基因区段后都有一个含 12 bp 间隔区的 RSS；每个 $J_κ$ 基因区段前都有一个含 23 bp 间隔区的 RSS，$V_κ$ 基因区段和 $J_κ$ 基因区段的 RSS 在方向上是相互颠倒的。在 λ 基因座中，每个 $V_λ$ 基因区段后都有一个含 23 bp 间隔区的 RSS；每个 $J_λ$ 基因区段前都有一个含有 12 bp 间隔区的 RSS。而连接反应的作用规律是：带有一种类型间隔区的 RSS 仅能与带有另一种类型间隔区的 RSS 连接，这称为 12/23 规则（12/23 rule）。

在 IgH 基因座中，每一个 V_H 基因区段后都连着一个含 23 bp 间隔序列的 RSS；D 区段的两边都有含 12 bp 间隔序列的 RSS；而 J_H 区段的前面是含 23 bp 间隔序列的 RSS。V 基因区段和 J 基因区段中的 RSS 序列可以按任意顺序排列，这样，不同的间隔序列不能传递出任何方向性信息，但它们能够阻止一个 V 或 J 基因区段和另一个相同的基因区段重组。因此，V_H 基因区段肯定与 D 基因区段重组；D 基因区段肯定与 J_H 基因区段重组。V 基因区段不能直接和 J_H 基因区段相连，因为它们的 RSS 序列类型相同。共有序列组分之间的间隔序列的长度大致上约为双螺旋的一圈（12 bp）或两圈（23 bp），这可能反映了重组反应的拓扑限制性。重组蛋白可能从一边接近 DNA，同样地，RNA 聚合酶和阻遏物能够接近像启动子和操纵基因那样的识别元件。

Ig 基因序列的重组是通过不同 DNA 基因区段的重排来完成的，包括断裂和连接。H 链基因座中存在两种重组事件：DJ_H 和 V_HDJ_H 重组。DNA 断裂和连接反应是分别进行的。在编码单位末端的七聚体处首先发生 DNA 双链断裂（double-strand break，DSB），这就释放了 V 基因区段和 J-C 基因区段之间的 DNA 序列，该片段中被切割的末端称为**信号端（signal end）**。而 V 和 J-C 基因座被切割的末端称为**编码端（coding end）**，两个编码端共价连接能形成可编码的 V-C 连接。

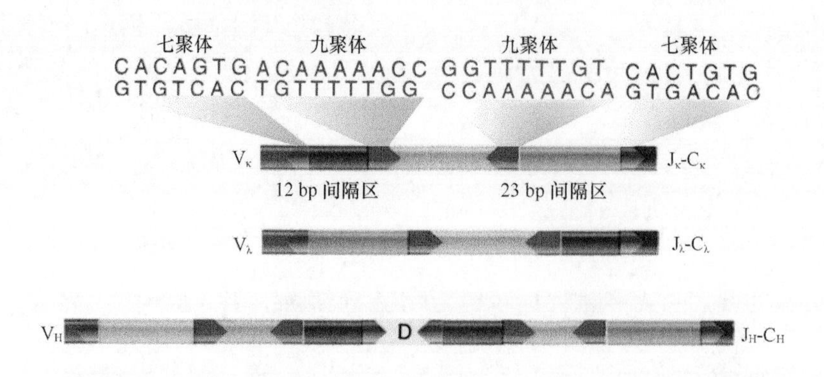

图 16.13 在每对重组位点上都排列着方向相反的 RSS。在每一对中，一个成员在各成分之间含有 12 bp 的间隔区，另一个成员含有 23 bp 的间隔区

(a) RAG蛋白结合与切出切口

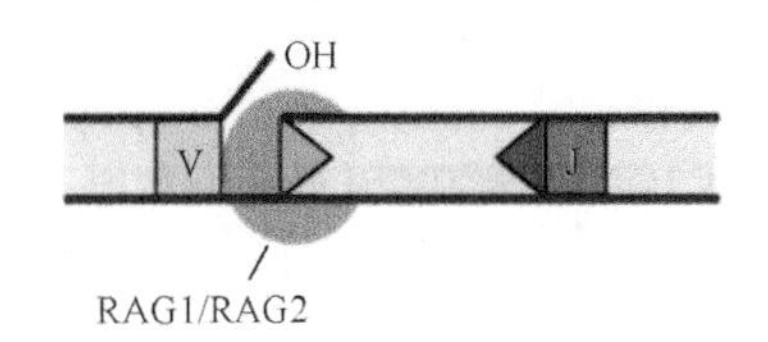

(b) 联会

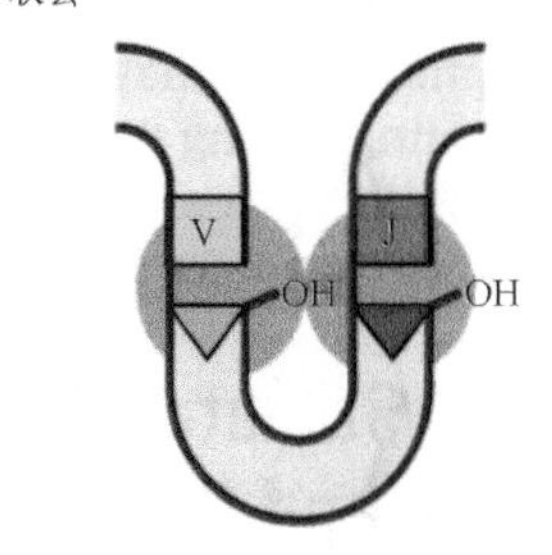

(c) 发夹形成与切割

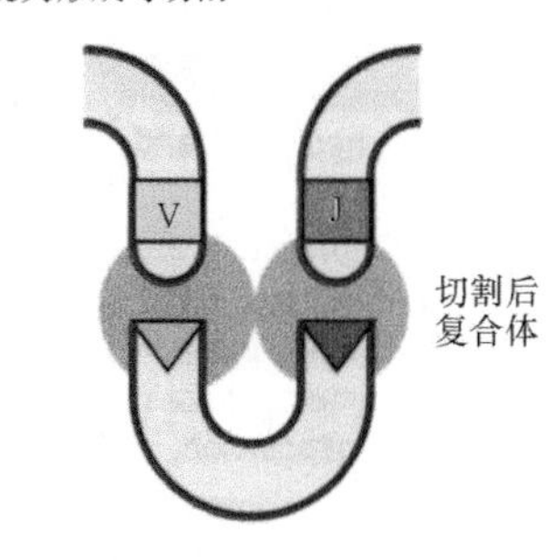

(d) 发夹打开与连接

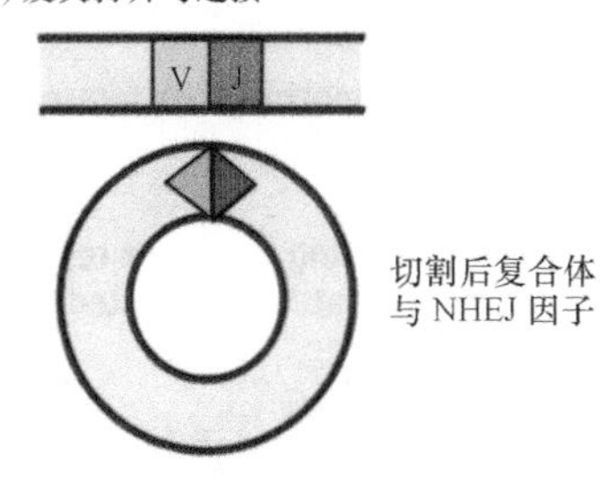

图 16.14 在 RSS 处的断裂与重组产生了 VJC 序列。一个普通的 V-J 重排以简略方式显示。在大部分情况下，需要进行重组的V基因区段和J基因区段以相同的转录方向进行排列，而插入 DNA 的缺失可以产生如图所示的重排。另一种比较少见的情况是，需要进行重组的 V 基因区段和 J 基因区段以相反的转录方向进行排列，则需要通过倒位来产生重排（未显示）

改编自 D. B. Roth, *Nat. Rev. Immunol*. 3(2003): 656-666

大多数 V_L 基因区段与 J_L-C_L 基因区段在构成方向上是相同的。结果是，每个 RSS 处的切割可以线性片段的方式释放出插入的 DNA，当它们的信号端重新连接起来以后，就会形成一个环状分子（**图 16.14**）。以删除方式释放一个切除出去的环状分子是免疫球蛋白和 TCR 基因座最主要的重组方式。

在某些例子中，生殖细胞中的 V_λ 基因区段与相关的 J_λ-C_λ DNA 在染色体中空间构象上的方向是相反的，在这种情况下，断裂和连接使得插入的 DNA 序列发生倒位（inversion），而不是缺失。相对于编码序列而言，缺失与倒位所导致的结果是一样的。然而，具有倒位 V 基因区段的重组使得信号端的连接变得必要，否则基因座中就会出现 DSB。由倒位而引发的重组事件也发生于 κ 基因座、IgH 基因座和 TCR 基因座中。

16.10 有效重排触发等位基因排斥

关键概念

- 如果 V(D)J 基因重排可导致蛋白质的表达，那么它就是有效的。
- 成功的 V(D)J 基因重排会阻止任何进一步的相同类型的基因重排，而无效重排则不会产生此效应。
- 对 L 链（只有一个 $V_\kappa J_\kappa$ 或 $V_\lambda J_\lambda$ 可被有效重排）和 $V_H DJ_H$-C_H 链（一个 H 链被有效重排）的等位基因排斥是分别进行的。

事实上，每个 B 淋巴细胞只表达一种 κ 链或 λ 链和单一类型（同型）的 IgH 链，因为在给定的淋巴细胞内，为了只表达一条 L 链和一条 H 链，每一型的有效重排只能发生一次。每次重排只涉及同源染色体其中一条的相关基因，这样，在同一细胞中另一条染色体上的等位基因则不表达，这种现象称为**等位基因排斥**（**allelic exclusion**）。

等位基因排斥的发生使体细胞重组的分析变得更加复杂，因为同源物等位基因都可以发生重组：其中一个为有效重排（表达 H 链或 κ 链或 λ 链），而另一个为无效重排。能够和一个同源基因上的重排区域反应的探针也能检测另一条同源基因上的等位基因序列，因而为了了解给定 B 淋巴细胞的 V(D)J 重排历史，就有必要分析两条染色体上的 V(D)J 基因区段的构型。

Ig 基因座的两种不同构型可以存在于同一 B 淋巴细胞中：

- 针对 V 基因表达的探针杂交可同时发现重排的和来自生殖细胞的各一份拷贝，这可提示重组反应已经发生于一条染色体上，而另一条则保持不变；

- 针对 V 基因表达的探针杂交揭示了两种不同的重排模式，说明两条染色体都发生了涉及同一基因的独立 V(D)J 的重排。

一般而言，在这些例子中，当 B 淋巴细胞中的两条染色体都缺少生殖细胞基因模式时，通常只有一条染色体能发生**有效重排（productive rearrangement）**，从而产生有功能的 IgH 链或 IgL 链；另一条染色体则发生**无效重排（nonproductive rearrangement）**。这些可能采取多种方式发生，但在每一种情况下，基因序列都不能表达为免疫球蛋白链。重排可能是不完整的，如仅发生 DJ_H 连接但未发生 V_HDJ_H 连接；或可能是异常的，即整个过程虽能完成，但不能产生编码功能蛋白质的基因。

有效重排和无效重排的共存说明可能存在一个反馈环来控制重组过程。**图 16.15** 给出了这一模型，每个 B 淋巴细胞有两个未重排的生殖细胞 IgH 基因座，图中未重排的基因座用 Ig^0 表示，每个这样的基因座都能与 V_H 基因区段、D 基因区段和 J_H-C_H 基因区段进行重组，以产生一个有效基因 IgH^+ 或无效基因 IgH^-。如果第一次重排是有效的，那么功能性 IgH 链的表达会给 B 淋巴细胞提供抑制性信号，以阻止其他 IgH 等位基因的重排。结果，这个 B 淋巴细胞的 IgH 基因座结构就为 Ig^0/IgH^+。如果第一次重排是无效的，则产生 Ig^0/Ig^- 的细胞，那么 IgH 链表达的缺乏就不能提供抑制性（负）反馈环，以阻止余下的生殖细胞等位基因的重排。如果再次重排是有效的，则 B 淋巴细胞的结构为 Ig^+/Ig^-。两次连续的无效重排产生 Ig^-/Ig^- 细胞。在某些情况下，Ig^+/Ig^- 型 B 淋巴细胞还企图进行非典型性重排，这需要利用潜伏于 V 基因的编码 DNA 中的隐蔽 RSS。确实如此，有些存在于 B 淋巴细胞中的 Ig 基因座 DNA 模式只能用此反馈环来解释，即它是连续数次重排而产生的。

这样，一旦有效 IgL 链或 IgH 链成功产生，那么就会抑制进一步重排而产生等位基因排斥。这种体内作用机制是通过构建转基因小鼠来证实的，它将已经重排的 V_HDJ_H-C_H、$V_\kappa J_\kappa$-C_κ、$V_\lambda J_\lambda$-C_λ DNA 插入到 Ig 基因座中，B 淋巴细胞内转基因的表达能抑制相应的内源性 V(D)J 基因的重排。对于 IgH 链、Igκ 链和 Igλ 链基因座来讲，等位基因排斥是独立发生的。通常 IgH 链先重排。L 链的等位基因排斥必须对两个 L 链家族都一视同仁（细胞可能表达功能性 κ 链或 λ 链）。在大多数情况下，B 淋巴细胞可能对 κ 基因座先进行重排，只有在对两个 κ 基因座重排都失败时才对 λ 基因座进行重排。

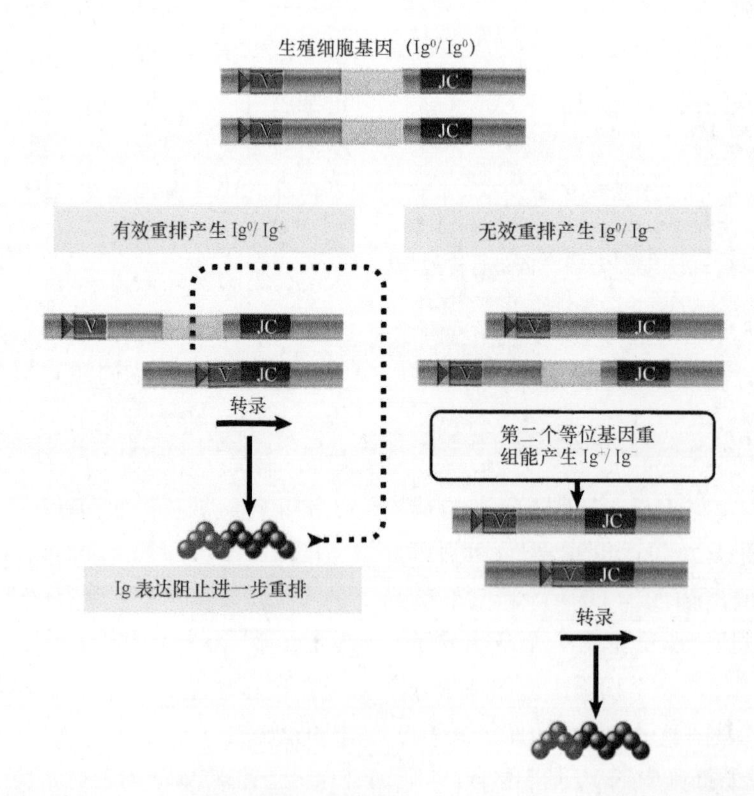

图 16.15 一次成功的重排不仅产生一个有活性的轻链（图中所示）或重链基因，还能抑制相同类型的进一步重排，导致等位基因排斥

同样的共有序列和同样的 V(D)J 重组酶参与 IgH、Igλ 和 Igκ 基因座的重组反应，且这三个基因座的重排还按照一套给定顺序进行。然而，是什么保证 H 链在 L 链之前重排，而 κ 链在 λ 链之前重排呢？各个基因座中的 DNA 在不同时相上对执行重排的酶是可控的，而这也可能反映了各个基因座的转录状态。转录可发生在重排之前，尽管有些 Ig 基因座的 mRNA 无编码功能，如生殖细胞 I_H-C_H 转录物。转录事件可能会改变染色质结构，使得执行重排的酶接近可用于重组的共有序列。

16.11 RAG1/RAG2 蛋白催化 V(D)J 基因区段的断开和重接

关键概念

- RAG 蛋白是切割反应的充要条件。RAG1 蛋白能识别用于重组的九聚体共有序列。RAG2 蛋白结合于 RAG1 蛋白，并在七聚体处切割 DNA。这个反应类似于转座时的拓扑异构酶样解离反应。
- 这个反应需要经过编码端的发夹中间体；在重组基因中，发夹中间体的打开负责额外碱基（P 核苷酸）的插入。末端脱氧核苷酸转移酶（TdT）将额外的非编码 N 核苷酸插入到 V(D)J 接界。
- 编码接界的双链断裂由形成 V(D)J 序列的同一系统所修复。

重组激活基因（recombination activating gene，RAG）蛋白，**RAG1 蛋白**和 **RAG2 蛋白**是 V(D)J 重组中切割 DNA 的充要条件，它们由两个基因 *RAG1* 和 *RAG2* 所编码，彼此之间由一段少于 10 kb 的序列分开。当 *RAG1* 基因和 *RAG2* 基因被转染入成纤维细胞中时，它们就能使合适的 DNA 底物发生 V(D)J 重组反应。缺失 *RAG1* 基因和 *RAG2* 基因的小鼠不能重组其 BCR 或 TCR，结果使 T、B 淋巴细胞的发育受阻。RAG1 蛋白和 RAG2 蛋白共同参与 DNA 切割和重接的催化反应，并提供一个结构框架以供全程的重组反应进行。

RAG1 蛋白能识别 RSS（以适当的 12 bp 或 23 bp 间隔的七聚体 / 九聚体信号），然后吸引 RAG2 蛋白形成复合体。九聚体能提供起始识别的位点，七聚体则指导位点切割。复合体在每个接界（junction）的一条链上制造一个缺口（**图 16.16**）。缺口含有一个 3′- 羟基（3′-OH）端和 5′- 磷酸（5′-P）端，游离的 3′-OH 端接着攻击与双链体另一条链上相对应位点的磷酸键，使得在编码端产生了发夹（hairpin）结构，在此结构中，一条链的 3′ 端和另一条链的 5′ 端共价相连，并在信号端留下一个平端双链断裂（钝性的 DSB 缺口）。

第二步切割反应是转酯反应（transesterification），此反应的键能是保守的，该反应与细菌转座子的解离酶催化的类拓扑异构酶反应类似（详见第 15 章“转座因子与反转录病毒”中第 15.3 节“转座可通过复制和非复制机制产生”）。将这两类反应并列还因为 RAG1 蛋白和细菌的倒位酶（invertase）具有同源性，而倒位酶能够通过类似的重组反应倒转特异性的 DNA 片段。实际上，在体外转座反应中，RAG 蛋白能够将一个游离端包含合适信号序列（七聚体 -12/23 bp 间隔区 - 九聚体）的供体片段插入到一个不相关的靶基因中去。这说明免疫系统基因的体细胞重组能力是从一个古老的转座子进化而来的。

编码端的发夹结构为下一步反应提供底物。Ku70/Ku80 异源二聚体结合于 DNA 末端，接着核蛋白——Artemis 蛋白打开发夹结构。作用于编码端的连接反应使用与**非同源末端连接（nonhomologous end-joining，NHEJ）**相同的途径，这条途径可用于修复所有细胞中的 DSB。如果一个单链断裂被导入附近的发夹结构中时，在末端发生的非配对反应就会产生一个单链突起。合成一个与突起单链互补的链，使编码端延长形成双链体。这个反应解释了如何在编码端引入 **P 核苷酸（P nucleotide）**。P 核苷酸包含了几个额外的碱基对，它与编码端相关但方向相反。

除了 P 核苷酸之外，还有一些额外碱基以非模板和随机方式被插入到两个编码端之间，这些核苷酸称为 **N 核苷酸（N nucleotide）**。它们的插入反应由**末端脱氧核苷酸转移酶（terminal deoxynucleotidyl transferase，TdT）**活性成分催化，它像 RAG1 蛋白和 RAG2 蛋白一样，表达于 T 和 B 淋巴细胞的各个发育阶段，此时，在连接过程中形成的游离 3′ 端就会通过 NHEJ 途径发生 V(D)J 重组。

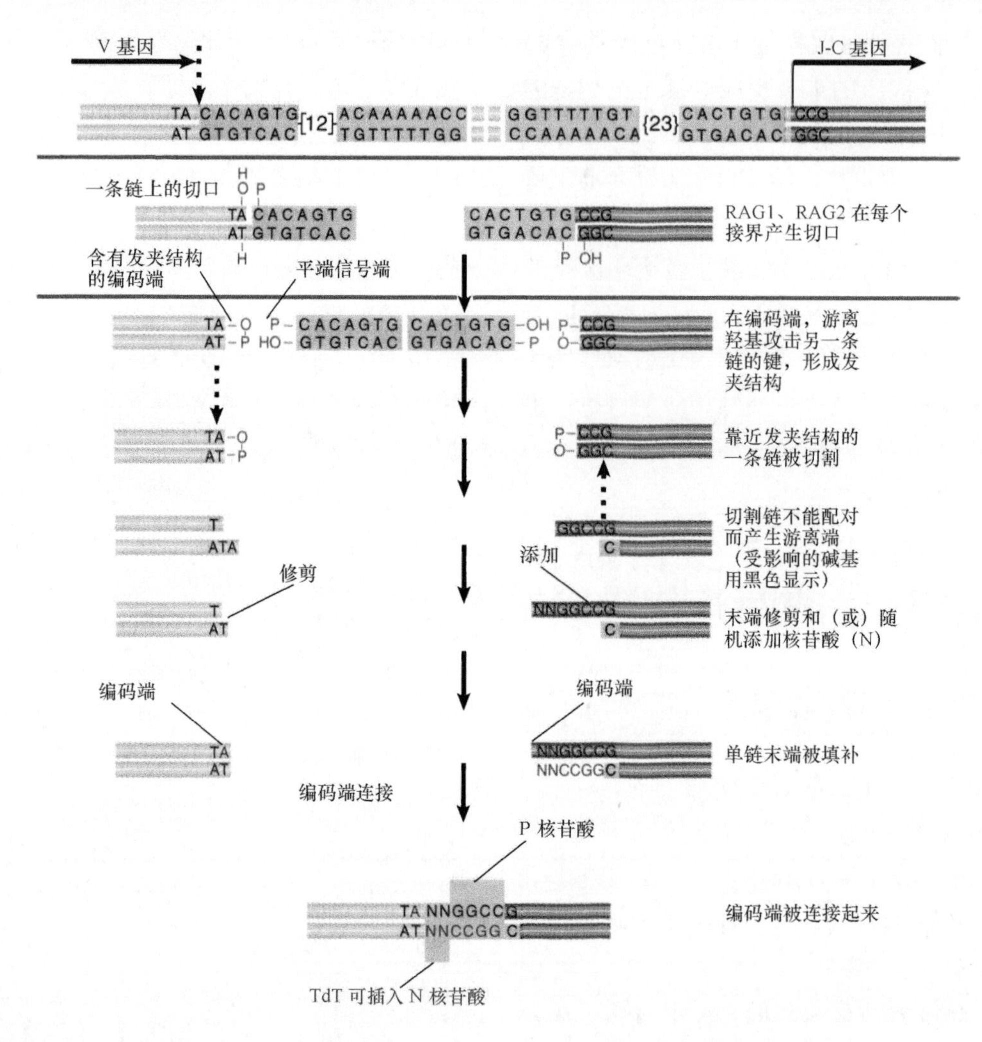

图 16.16 对编码端进行加工可在 $V_\kappa J_\kappa$、$V_\lambda J_\lambda$ 或 $V_H DJ_H$ 接界引入多样性。图中所描述的为 $V_\kappa J_\kappa$ 接界

V(D)J 重组反应的起始阶段是通过从**重症联合免疫缺陷（severe combined immunodeficiency，SCID）**的编码基因突变的小鼠淋巴细胞中分离到的中间体确定的。*SCID* 基因突变会导致 BCR/Ig 和 TCR V(D)J 基因重组活性的降低。*SCID* 突变小鼠体内在 IgV 基因区段的编码端积累了 DSB，因此它不能完成连接反应。这种特殊的突变能使一种依赖 DNA 的蛋白激酶（DNA-dependent protein kinase，DNA-PK）失活，而该激酶通过 Ku70/Ku86 蛋白异源二聚体被募集到 DNA 上，并会与 DNA 末端结合。DNA-PK 催化亚基（DNA-PK catalytic subunit，$DNA\text{-}PK_{CS}$）能磷酸化并进而激活 Artemis 蛋白，然后此蛋白能在发夹结构末端产生缺口；Artemis 蛋白还拥有内切核酸酶与外切核酸酶活性，并在 NHEJ 途径中发挥作用。真正的连接是通过 DNA 连接酶Ⅳ完成的，并且需要 XRCC4 蛋白的参与。因此，DNA 修复能力的缺陷会导致对辐射的敏感，从而产生此类先天性疾病，在这些患者体内可发现 Ku 蛋白、XRCC4 蛋白或 DNA 连接酶Ⅳ的突变。在插入 DNA 的七聚体序列（由 V(D)J 重组环化而来）中，游离（信号）5′- 磷酸化平端也能结合 Ku70/Ku86 蛋白。在没有进一步修饰的情况下，DNA 连接酶Ⅳ / XRCC4 蛋白复合体将两个信号端连接起来可形成信号连接。

这样，V(D)J 重组中 DNA 序列的改变是参与 DNA 断裂和重接的酶催化机制所产生的必然结果。在 Ig H 链 $V_H DJ_H$ 重组中，碱基对可缺失和（或）N 核苷酸可插入到 $V_H D$ 或 DJ_H 接界中。缺失也可发生于 $V_\kappa J_\kappa$ 和 $V_\lambda J_\lambda$ 的连接中，而在这些连接处 N 核苷酸的插入倒不如 $V_H D$ 或 DJ_H 接界中的常见。这些序列改变可影响 $V_H DJ_H$ 接界或 $V_L J_L$ 接界所编码的氨基酸序列。

以上机制将会确保大多数编码接界展示出不同于预测的序列，而这种预测是将参与重组的 V 基因区段、D 基因区段和 J 基因区段的编码端直接连接在一起。$V_L J_L$ 接界的变异能使该位点编码的氨基酸残基存在不同，从而产生抗原结合位点的结构多样性。位于第96位的氨基酸残基是$V_κJ_κ$和$V_λJ_λ$重组反应所产生的，它形成了抗原结合位点的一部分，并且参与L链和H链之间的接触。所以，用于接触靶抗原的位点可形成极其丰富的多样性。

编码接界的碱基对数目的改变能影响阅读框。V_LJ_L重组过程似乎是随机的，这使得在连接中只有约1/3的连接序列能保持正确的阅读框。如果$V_κJ_κ$或$V_λJ_λ$发生重组，这样，J_L基因区段就被排除，翻译就会被错误阅读框中的一个无义密码子提前终止。这可能是B淋巴细胞为产生最大化多样性的$V_κJ_κ$和$V_λJ_λ$序列所付出的代价。在Ig H链的重组过程中，V_H、D、J_H基因区段的参与而产生更多的多样性，其原因是多种多样的，主要由于D基因区段和J_H基因区段可以随机而可变的“切断”，以及随机而可变的N核苷酸的插入。将V_H基因区段排除出阅读框，而不与重排的D-J_H基因区段连接起来，就会产生无效重排。

生殖细胞（未重排的）中将要进行重组的V基因区段可以转录，尽管处于中等水平。而一旦V(D)J基因区段进行有效重组，那么所产生的序列就会以更高速率进行转录。然而，连接反应不会改变V基因区段的上游序列，因此，未重排的、无效重排的及有效重排的V基因是保守的。在每个V基因区段的上游都有一个V基因区段启动子，但处于生殖细胞构象下仅存在中等活性。在V(D)J重排后，V启动子在更接近C区的下游区域重新定位，这极大地增强了它的活性，这种现象表明，V基因区段启动子的激活依赖于下游的顺式元件（图16.17）。确实如此，一个位于V、D和J基因簇的内部或其下游的增强子可极大地提高V基因区段启动子的活性。这种增强子称为内含子性增强子（intronic enhancer，在H链中为iEμ，而在κ链中为iEκ）。它具有组织特异性，只在B淋巴细胞中才有活性。

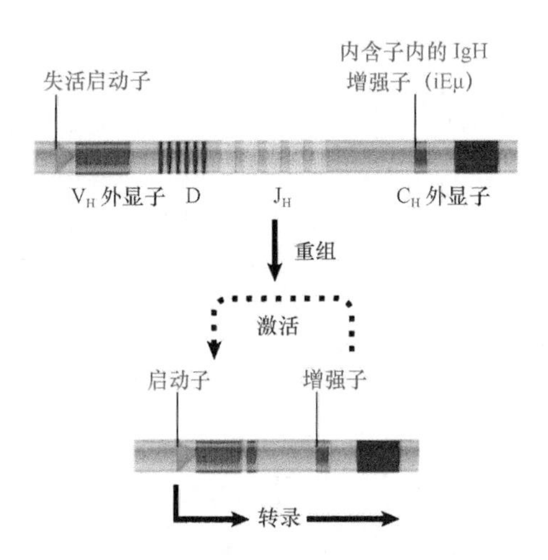

图16.17 V基因启动子处于失活状态直到重组将它带到iEμ增强子附近（以处于其效应范围内），它位于Sμ区段的下游和Cμ外显子簇的上游。这个增强子只有在B淋巴细胞中才有活性

16.12 B淋巴细胞在骨髓中发育：从共同的淋巴样祖细胞到成熟的B淋巴细胞

关键概念

- 从骨髓新生的所有B淋巴细胞都表达膜结合的IgM（Igμm）。
- 离开骨髓后，B淋巴细胞就成熟了。它以高密度表达表面IgD。这种IgD由Igδm组成，它含有与同样重组的$V_κJ_κ$链或$V_λJ_λ$链配对的V_HDJ_H序列。这些与同一细胞中的IgM是一致的。
- 在成熟B淋巴细胞被激活，并开始分化成外周中的抗体生产型细胞后，RNA剪接反应上的一个变化使Igμm被分泌型（Igμs）所取代。

B淋巴细胞从骨髓中的造血干细胞（hematopoietic stem cell，HSC）分化而来。第一步就是IgH的D区段和J_H区段重组，在这一阶段的细胞（重组的DJ_H）称为祖B淋巴细胞（pro-B cell）。DJ_H重组后的下一步是V_HDJ_H重组，它产生IgH μ链，这些细胞现在称为前B淋巴细胞（pre-B cell）。它可能会发生若干重组事件，其中包括一连串的有效或无效重排事件，就如前面所讨论的那样。当祖B淋巴细胞分化成前B淋巴细胞时，它在细胞表面表达一种重组的有效IgH链（V_HDJ_H-Cμ），它可与代理的L链（λ-Vpre-B，一个类似于λ链的蛋白质）配对，并形成前B淋巴细胞受体（前BCR，pre-BCR），一种单体IgM（$L_2μ_2$），它由恒定区的Cμm型组成（图16.18）。前BCR在结构和功能上十分类似于BCR，尽管它一旦开始作用，会以不同方式传播信号途径。前BCR的信号途径会驱动前B淋巴细胞再进行5～6次分裂（大的前B淋巴细胞），此后，

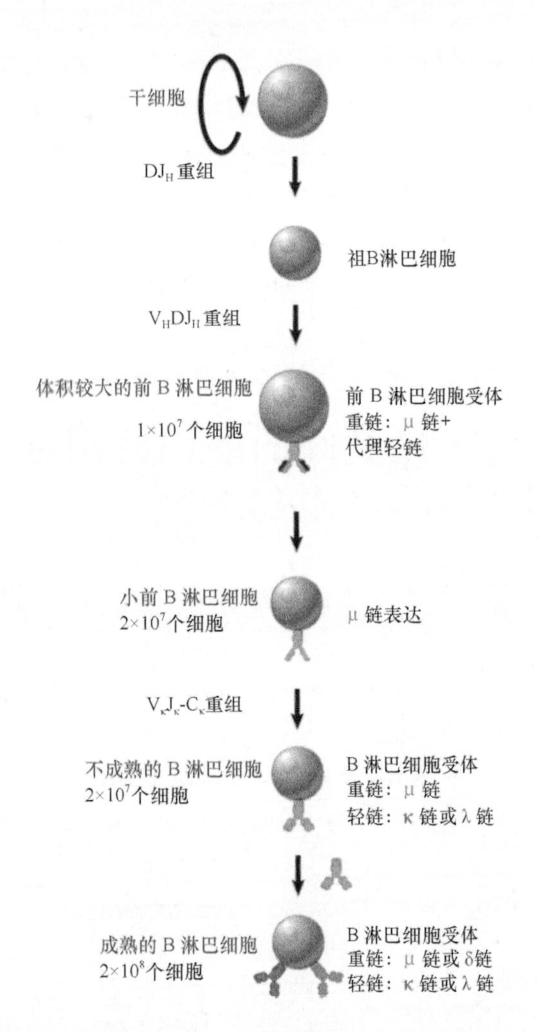

图 16.18 B淋巴细胞的发育依次经历了重链和轻链V(D)J基因重排的多个阶段

前B淋巴细胞停止分裂，回复到小体积状态，并发出信号，在κ或λ基因座中进行V基因区段与J基因区段的重排。在V_κ或V_λ重排后，现在这些细胞称为未成熟B淋巴细胞（immature B cell）。它们会表达BCR，它由两个一样的V_HDJ_H-Cμ链与两个一样的$V_\kappa J_\kappa$-C_κ链或$V_\lambda J_\lambda$-C_λ链配对形成，由此形成了功能性的BCR。这样，最终会产生成熟B淋巴细胞的整个过程依赖于成功的Ig V(D)J基因重排。当V(D)J重排被阻断，则B淋巴细胞发育就会流产。

来自骨髓的B淋巴细胞是以未成熟B淋巴细胞出现的。它们表达一种成熟的BCR，它由两个一样的V_HDJ_H-Cμ链与两个一样的$V_\kappa J_\kappa$-C_κ链或$V_\lambda J_\lambda$-C_λ链配对形成，就如膜结合型单体IgM（mIgμ，m指这种IgM定位于膜上）。未成熟B淋巴细胞表达同样的BCR，也在Igδ（mIgδ）环境中表达V_HDJ_H-Cδ，但密度比对应的V_HDJ_H-Cμm链要低。在外周中，当未成熟B淋巴细胞向成熟B淋巴细胞转化时，它会提高细胞表面携带IgH δ链的BCR的表达，最终导致高比值的细胞表面Igδ:Igμ。两个IgH的细胞质尾部与2种膜蛋白偶联，它们就是Igα和Igβ，这些蛋白提供了触发细胞内信号途径的结构，而这些途径可用于应答BCR与抗原的相互作用（**图16.19**）。

编码Cμm的mRNA转录物含有6个外显子，其中前4个外显子（C_H1至C_H4）编码C_H区的4个结构域，后面两个外显子即M1和M2编码由41个氨基酸残基组成的疏水C_H端和3′非翻译区（untranslated region，UTR）。这种疏水序列可将Igμ固定在质膜上。同一基因转录物的可变剪接事件会形成mRNA，它会翻译出C_H区的Cμs型（分泌型），

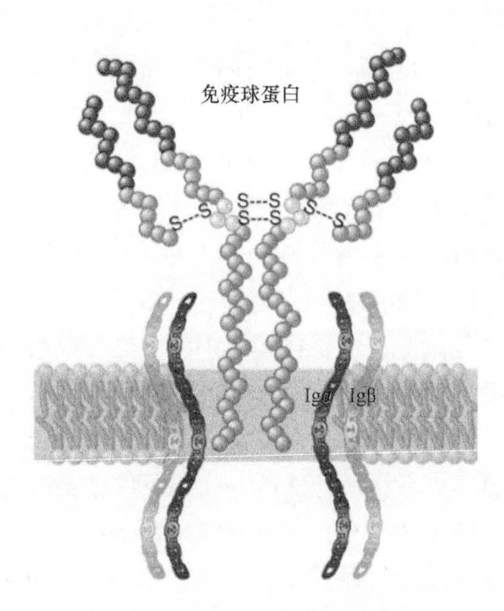

图 16.19 BCR包括一个免疫球蛋白的四聚体（H_2L_2），以及其连接的信号转导异源二聚体（IgαIgβ）的两份拷贝

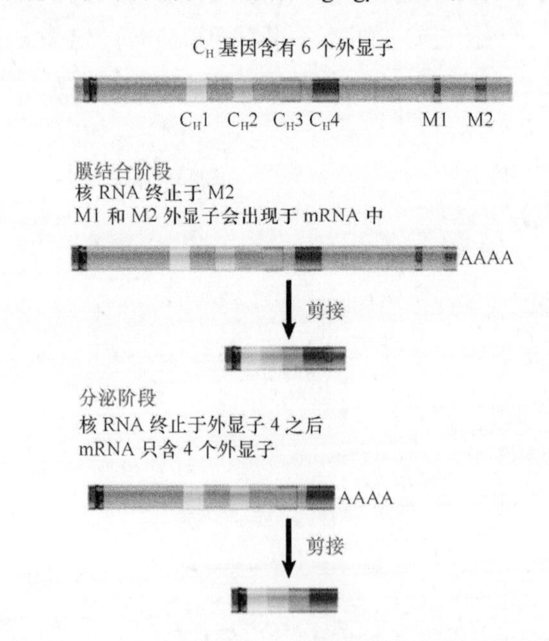

图 16.20 每一个C_H（Cμ、Cγ、Cα或Cδ）基因簇的3′端控制了剪接连接处的使用，这样使得重链基因可以不同的形式（膜结合型或分泌型）表达

即 IgM。IgM 通常会以五聚体 IgM_5J 形式存在，其中，J 是一个连接多肽（与 J 基因区段不存在任何关系），它能够和 μ 链共价形成二硫键。在可变剪接中，C_H4 外显子末端的 5′ 剪接供体位点被忽略了，导致转录的延伸，以致在 C_H4 外显子之后多了 20 个密码子（图 16.20）。这编码了一个短的亲水序列，它可取代 Cμm 链中的由 41 个氨基酸残基组成的疏水序列，因而可使 Igμ 链被分泌出去。对于其他同型 Ig，研究人员也发现了类似的从膜结合型到分泌型的转换。

16.13 类别转换 DNA 重组

关键概念

- Ig 根据 C_H 链的类型差异可分为五类。
- S 区之间的重组可影响类别转换，这种重组反应通过删除上游 C_H 区基因簇（供体）与作为重组靶标的下游 C_H 区基因簇（受体）之间的 DNA 序列而实现。
- 类别转换重组依赖于分子机器，这一机制不同于 V(D)J 重组，它在 B 淋巴细胞分化的后期发挥作用。

在高亲和性类别转换、抗体形成的细胞和记忆 B 淋巴细胞中，**类别转换重组（class switch recombination，CSR）**和 SHM 是构成抗原驱动的成熟 B 淋巴细胞分化的两个关键事件。这些分化事件需要募集成熟的幼稚 B 淋巴细胞，并缓慢地发生于外周淋巴器官中，包括脾、淋巴结和派尔集合淋巴结（Peyer's patch），它们可以依赖或不依赖 T 淋巴细胞的方式进行。

B 淋巴细胞从作为幼稚 B 淋巴细胞开始其“有效”生命，此时细胞在其表面表达 IgM 和 IgD。而在遇到抗原后，B 淋巴细胞就经历了激活、增殖和分化，并从 IgM 生产性细胞分别转换成 IgG、IgA 和 IgE 生产性细胞，这个过程发生在外周淋巴器官中，如淋巴结和脾中，这被称为类别转换（class switching）。类别转换存在两种方式：一种为依赖 T 淋巴细胞的方式，它由表达于 T_h 细胞表面的 CD154 诱导，并有 B 淋巴细胞表面的 CD40 的参与，还需要暴露于 T 淋巴细胞衍生的细胞因子，如 IL-4（IgG 和 IgE）和 TGF-β（IgA）；或为不依赖 T 淋巴细胞的方式，例如，细菌或病毒上保守分子（MAMP）如细菌脂多糖、CpG 或病毒双链 RNA 所诱发的 B 淋巴细胞上的 TLR 的参与。在经历了从 IgM 起始的类别转换后，B 淋巴细胞在任何时期只表达单一类型 Ig。

IgM 是分化 B 淋巴细胞中最先产生的，它可有效激活补体。在成熟的 B 淋巴细胞离开骨髓时，IgD 随后被表达。Ig 的类型是由 C_H 区的类型决定的。剩余的 3 种 C_H 类型是 **IgG、IgA 和 IgE**（**表 16.2**）在细胞进行类别转换后暴露于 B 淋巴细胞。IgG 由 4 个亚型组成，在人类中为 IgG1、IgG2、IgG3 和 IgG4；而在小鼠中为 IgG1、IgG2a、IgG2b 和 IgG3，它是循环系统中最丰富的 Ig 类型。不像 IgM 只存在于血液循环中，IgG 是可进入到血管外空间的。IgA 在黏膜表面与呼吸道和小肠的分泌物中含量丰富。IgE 则与过敏应答有关，并能抵抗寄生虫感染，它分泌于呼吸道的黏液表面。

类别转换只涉及 C_H 基因，而作为 IgM 和 IgD（幼稚 B 淋巴细胞）一部分的相同的 V_HDJ_H 基因区段则继续表达于新的 Ig（IgG、IgA 或 IgE）中。因此一个给定的 V_HDJ_H 基因区段能够和多个 C_H 基因区段组合而相继表达。在整个细胞的生命周期中，相同的 $V_\kappa J_\kappa$-C_κ 或 $V_\lambda J_\lambda$-C_λ 链继续表达。因此，CSR 使生物效应器应答类型（由 C_H 区介导）发生了改变，但它仍能保留相同的抗原特异性识别能力（由 V_HDJ_H 和 $V_\kappa J_\kappa$ 或 V_HDJ_H 和 $V_\lambda J_\lambda$ 区域组合介导）。

表 16.2 免疫球蛋白的类型和功能由重链决定。IgM 中的 J 蛋白代表连接肽，与 J（连接）基因区段无关。IgM 主要以五元四聚体（即 5 个 IgM μ2L2 四聚体）形式存在，IgA 以二元四聚体形式存在。而其他的 IgD、IgG 和 IgE 都是以单一 H2L2 四聚体形式存在

类型	IgM	IgD	IgG	IgA	IgE
C_H 链	μ	δ	γ	α	ε
结构	$(\mu_2L_2)_5J$	δ_2L_2	γ_2L_2	$(\alpha_2L_2)_2J$	ε_2L_2
循环血液中的比例	5%	1%	80%	14%	<1%
效应器功能	激活补体；有效清除循环中的细菌；不会进入血管外液体	耐受性发育（？）；激活嗜碱性粒细胞和浆细胞，并产生抗微生物因子	激活补体；提供主要的抗体免疫来对抗入侵病原体	存在于分泌液中；阻止病原体侵入肌肉	过敏应答；清除小肠寄生虫

CSR 事件涉及的机制不同于执行 V(D)J 重组的机制，这种机制通常发生在外周淋巴器官中，在 B 淋巴细胞发育后期才被激活。经历过 CSR 事件的细胞表现出 DNA 缺失，缺失区域包括环绕着位于表达 C_H 基因区段前面的 Cμ 基因和所有其他 C_H 基因区段之中。CSR 事件是通过重组来完成的，它使一个（新的）下游 C_H 基因区段与 V_HDJ_H 单元相连接。经过了转换的 V_HDJ_H-C_H 单元的序列显示，在 C_H 基因区段上游存在一些转换位点（如 DSB），这些转换位点在特化的 DNA 序列内分离，这些序列称为**转换区（switching region，S region，S 区）**。S 区位于内含子内，它在 C_H 编码区的前面，并且所有 C_H 基因区段区域拥有位于编码序列上游的 S 区。结果，CSR 事件不改变用于翻译的 IgH 阅读框。在第一个 CSR 事件中，如从 Cμ 到 Cγ1，Cγ1 表达紧跟在 Cμ 表达之后。Sμ 和 Sγ1 之间的重组将 Cγ1 引入到新的功能位点，而 Sμ 位点位于 V_HDJ_H 和 Cμ 基因区段之间；而 Sγ1 位点则位于 Cγ1 基因的上游。而位于两个 S 区的 DSB 之间的 DNA 序列则以环状 DNA 分子（S 环）的形式被切除出去，这个分子可被短暂转录成环状转录物（**图 16.21**），即说明它在 B 淋巴细胞的分化阶段是有活性的。缺失事件还给 IgH 基因座加上了一个限制：一旦 CSR 事件发生，B 淋巴细胞就不能再表达位于第一个 C_H 基因区段和新 C_H 基因区段之间的任何 C_H 基因区段。例如，表达 Cγ1 的人类 B 淋巴细胞就不能转变为表达 Cγ3 的细胞，因为 Cγ3 外显子簇在第一次 CSR 事件已经被删除。但是，却有可能对表达 Cγ1 基因下游的任何一个 C_H 基因区段进行另一次 CSR 事件，如 Cα 或 Cε。在 Sμ 和 Sγ1（由原来的 CSR 事件排列在一起产生）和 Sα 或 Sε 之间的重组可以来完成这一反应，从而形成新的 Sμ/Sα 或 Sμ/SεDNA 连接（**图 16.22**）。多重有序的 CSR 事件可以发生，但是它们不是必需的手段来启动后续的 C_H 基因区段的转换，因为 IgM 能够直接转换成任何其他类型的 Ig 基因座。

16.14 CSR 涉及 AID 蛋白和 NHEJ 途径中的一些元件

关键概念

- 类别转换重组（CSR）事件需要插入启动子（I_H 启动子）的激活，它位于参与重组事件的 2 个 S 区的任意一个的上游，并且需要生殖系细胞的 I_H-C_H 通过其各自 S 区的转录。

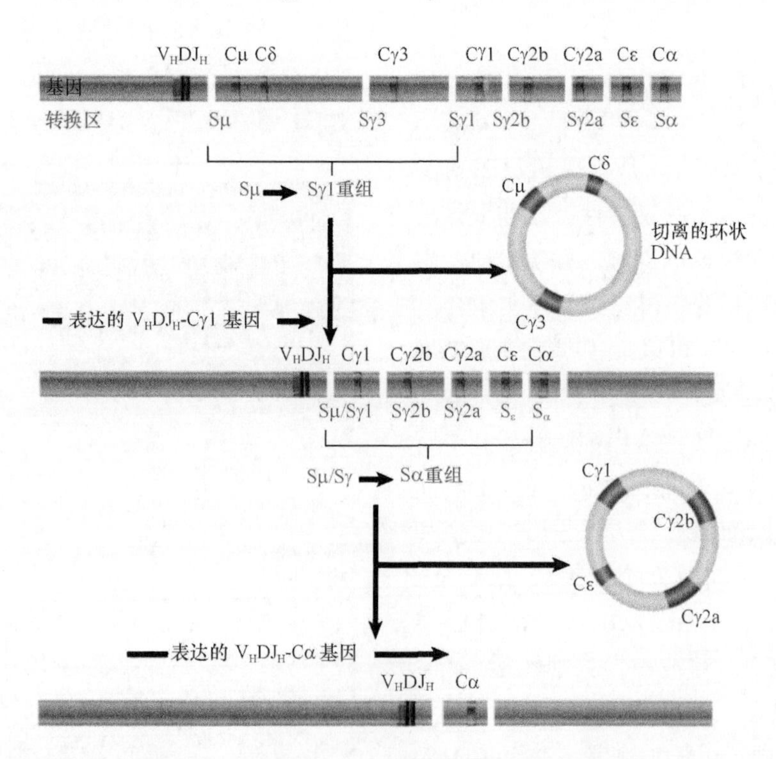

图 16.21 C_H 基因的类别转换是通过转换区（S）之间的重组并删除重组位点之间的插入序列而实现的。在转换细胞中，这个切出的环状分子可以进行短暂转录。有序重组可以发生。在图中标出了小鼠 Ig 基因座

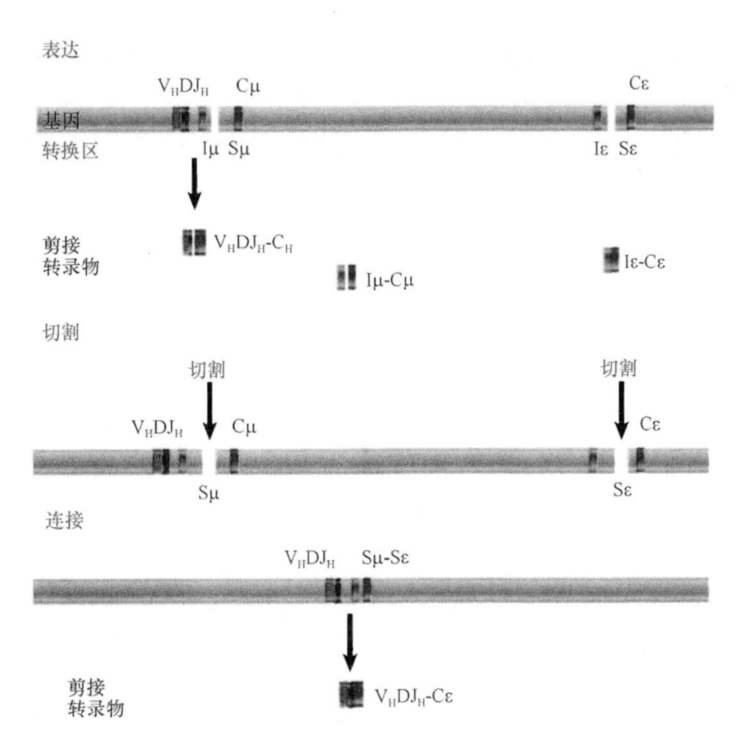

图 16.22 类别转换经过有序、独立的几个阶段进行。I_H 启动子起始无效转录物的转录，S 区被切割，接着在已切割的区域发生重组。此图中所描绘的是从 Sμ 到 Sε 的类别转换 DNA 重组

- S 区含有高度重复的 5′-AGCT-3′ 序列基序，而 5′-AGCT-3′ 重复序列是 CSR 装置和双链断裂（DSB）的主要靶标。
- 激活诱导脱氨酶（AID）介导一系列事件中的第一步（脱氧胞苷脱氨基），这些事件会导致 S 区内 DSB 的插入，接着，DSB 的游离末端通过 NHEJ 样反应重新连接起来。

CSR 事件和自 C_H 区的 I_H 启动子开始的转录一起起始，而 C_H 区将会参与 DNA 重组事件。I_H 启动子紧挨于每一个 S 区的邻近上游。CD40 信号途径、TLR 信号途径、受体与细胞因子（IL-4、IFN-γ 或 TGF-β 等）的结合，以及 BCR 与抗原的结合，都可诱导转录因子的结合，这就可激活 I_H 启动子。I_H 启动子位于参与 CSR 事件的每一个 S 区的上游，它的激活可诱导出生殖细胞 I_H-C_H 转录物，接着，I_H 区被剪接加工，并与对应的 C_H 区连接起来（图 16.23）。

S 区在长度上有所变化，它根据参与重组的有限位点来定义，长度为 1 ～ 10 kb 不等。它们保留了多簇重复单元，长度为 20 ～ 80 个核苷酸，其重要成分是 5′-AGCT-3′。CSR 过程会一直进行，S 区会发生 DSB，接着将切割末端重新连接起来。DSB 不是发生于 S 区内的固定位点，因为已经证明表达同一类型 Ig 的不同 B 淋巴细胞可以在不同位点打断上游或下游的 S 区并重组，而导致产生了不同的 S-S 序列。

V(D)J 重组连接过程中所必需的两种蛋白质是 Ku70/Ku80 和 DNA-PKcs，它们也是一般 NHEJ 途径所必需的，也为 CSR 所需，这表明 CSR 连接反应运用了 NHEJ 途径。在缺乏 XRCC4 蛋白或 DNA 连接酶Ⅳ的情况下，CSR 也能发生，尽管效率较低。这种现象表明，可变末端连接（alternative end-joining，A-EJ）途径可用于将 S 区的 DSB 末端连接起来。

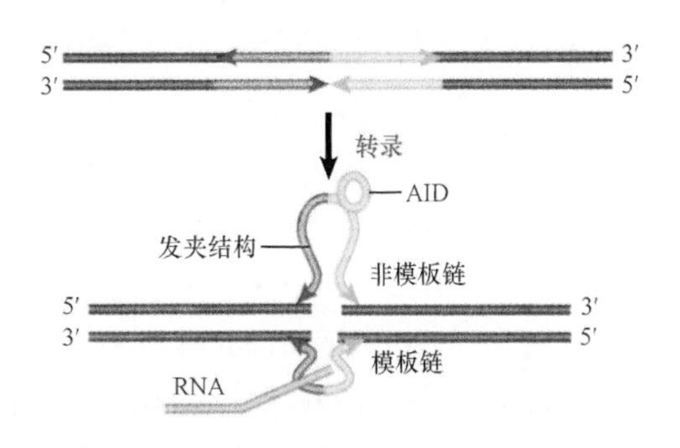

图 16.23 当转录将 DNA 的链分开时，如果同一条链上 5′-AGCT-3′ 序列基序排列在一起，那么这条链会形成单链环结构

CSR 事件中的 A-EJ 途径需要 S-S 接界的核苷酸微同源性的参与，这就是微同源介导的末端连接（microhomology-mediated end-joining，MMEJ）。CSR 事件中微同源介导的 A-EJ 途径由 HR 因子 Rad52 蛋白（一种 DNA 结合元件，可促进互补 DSB 单链末端的退火）介导。Rad52 蛋白和 Ku70/Ku80 复合体可竞争结合 S 区的 DSB 游离末端。这样它就有助于 DSB 的联会过程，从而有益于 S 区内的重组反应。尤其是在 NHEJ 途径缺失的情况下，它也介导 S-S 区之间的重组反应。

CSR 需要**激活诱导的（胞苷，cytidine）脱氨酶（activation-induced deaminase，AID）**，这一发现加深了对 CSR 机制的了解。在 AID 蛋白缺失的情况下，在 DNA 切出缺口或断裂阶段，CSR 就不能继续下去；同样，SHM 也被阻断，这揭示了这两个过程之间的重要联系，它是抗体应答成熟和产生高亲和抗体的中心环节（见第 16.16 节“SHM 由 AID 蛋白、Ung 蛋白、错配 DNA 修复装置元件和跨损伤 DNA 合成聚合酶介导”）。

AID 蛋白表达于 B 淋巴细胞的自然进程中的后期阶段，这发生在 B 淋巴细胞遇到抗原，并在外周淋巴器官的生发中心分化后，这样它将 CSR 和 SHM 过程严格限定在这一阶段。AID 可使脱氧胞苷在 DNA 中脱氨基，因此与 APOBEC 蛋白成员拥有结构相似性，APOBEC 蛋白可作用于 RNA，将脱氧胞苷脱氨基成脱氧尿苷（详见第 21 章“催化性 RNA”的第 21.10 节“RNA 编辑发生在个别碱基中”）。AID 蛋白的表达和活性在多重水平上受到严格调节。AID 基因（*Aicda*）的转录受到多个转录因子的调节，如同源异形域蛋白 HoxC4 蛋白和 NF-κB。雌激素受体可上调 HoxC4 蛋白的表达，这会导致抗体和自身抗体应答中 AID 蛋白的上调，以及 CSR 事件和 SHM 事件的潜能增强。

CSR 和 SHM 也需要另一种蛋白质——**Ung 蛋白**。它是一种尿嘧啶 -DNA 糖基化酶，能够将 AID 蛋白介导的脱氧胞苷脱氨基所产生的脱氧尿嘧啶脱去糖基，以形成无碱基位点（abasic site）。Ung 蛋白缺失的 B 淋巴细胞进行 CSR 的能力下降到原先的 1/10，这提示 AID 蛋白和 Ung 蛋白的有序参与可形成无碱基位点，这对 DSB 的形成是至关重要的。接着，各种各样的事件会紧随着 CSR 和 SHM 过程一步步发生。

AID 蛋白对单链 DNA 上脱氧胞苷脱氨基作用的效率更高，如转录成单链并以功能性单链发挥作用的这些 DNA 链。在生殖细胞 I_H-C_H 的转录中存在功能性单链，此时，当底部链用作 RNA 合成的模板时，S 区的非模板 DNA 链被置换（**图 16.24**）。尽管已经被提出这是 AID 蛋白的 DNA 脱氨基操作模型，但它无法解释 AID 蛋白如何脱去两条 DNA 的氨基，因为它确实是这样做的。在 AID 蛋白介导的有序脱氧胞苷脱氨基和 Ung 蛋白介导的有序脱氧尿苷脱糖基后，无碱基位点就出现了，这些位点会受到**无嘧啶 / 无嘌呤内切核酸酶（apyridinic/apurinic endonuclease，APE）**或 MRE11/RAD50 复合体的攻击，这就会在 DNA 链上形成一个切口。同时，在对应 DNA 链上的附近区域产生切口，就会在 S 区产生 DSB。在上游和下游 S 区的 DSB 游离端由 NHEJ 途径连接，它是一种作用于 DSB 的修复系统（详见第 14 章“修复系统”的 14.11 节“非同源末端连接也可修复双链断裂”），而 DSB 的错误修复将会导致染色体易位。CSR 装置如何特异性地以 S 区为靶标，以及什么决定了上游和下游 S 区靶向募集到重组过程中，才刚刚开始被了解。**14-3-3 衔接子（14-3-3 adoptor）**蛋白参与将 AID 蛋白募集 / 稳定到 S 区，这通过靶向 S 区中的 5′-AGCT-3′ 重复序列而实现的。5′-AGCT-3′ 重复序列占据了 40% 以上的 S 区“核心”，并组成了 DSB 的主要位点。14-3-3 蛋白、AID 蛋白和 CSR 装置中的其他元件对 S 区的可及性依赖于生殖细胞 I_H-C_H 的转录和染色质修饰，包括组蛋白翻译后修饰（posttranslational modification，PTM）。在一些病理条件下，如癌症与自身免疫病，AID 蛋白的脱靶（如 AID 蛋白靶向 Ig 基因座外的区域）在基因组中广泛存在，从而导致大范围的 DNA 缺损，如 DSB、错误的染色体重组、非 SHM 生理靶标的基因中突变的积累。

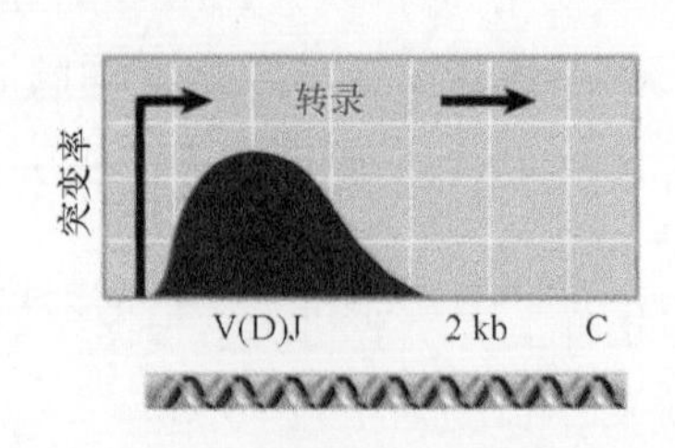

图 16.24 体细胞突变在 V 基因区段的周围发生，并且延伸到重组的 V(D)J 基因区段之外

16.15 体细胞超变产生额外的多样性，可为高亲和性亚突变体提供底物

关键概念

- 在结合抗原的 V(D)J 序列中，SHM 会引入突变。大部分突变以单碱基置换形式发生。
- 在 IgH 基因座，SHM 依赖于 iEμ 和 3′Eα，这些可增强 V_HDJ_H-C_H 转录。
- 在 Igκ 基因座，SHM 依赖于 iEκ 和 3′Eκ，这些可增强 $V_κJ_κ$-$C_κ$ 转录。λ 基因座转录依赖于较弱的 λ2-4 增强子和 λ3-1 增强子。

在 B 淋巴细胞中，重排和表达 Ig 的 V(D)J 基因区段在外周中遇到抗原后往往进行增殖和分化，当我们将它与生殖细胞相对应的 V 基因区段、D 基因区段和 J 基因区段之间进行比较时，常常能够发现在表达 V(D)J 序列的几个位点可存在变化。其中一部分变化是重组过程中，VJ 或 V(D)J 连接处的序列改变所产生的；其他改变则是添加于这些序列中的核苷酸所致，它们可在源自生殖细胞 V(D)J 模板的编码序列中积聚起来，这些改变在不同物种中是由不同机制产生的。在小鼠及人类中，这种机制就是体细胞超变（SHM）；而在鸡、兔、猪中，除了 SHM 途径外，还存在着另一种机制，即基因转变（gene conversion）所发挥的作用。基因转变使用来自生殖细胞的 V 基因序列替换这种重排和表达的 V 基因区段。

在大部分情况下，SHM 事件可将点突变插入到表达的 V(D)J 序列中。这个过程称为超变（hypermutation），因为它引入突变的速率（10^{-3} 变化 / 碱基 / 细胞分裂）比全基因组中的自发突变速率（10^{-9} 变化 / 碱基 / 细胞分裂）至少高 10^6 倍。一个基于已表达的非突变 V 基因区段序列合成的寡核苷酸探针能够用来确定可能的生殖细胞中的相应模板片段。对于任何表达的 V 基因，它的序列如果有异于同一生物体中的任何生殖细胞的 V 基因，则它一定是由体细胞突变（somatic mutation）产生的。直到几年以前，仍然不是所有的潜在生殖细胞 V 基因区段都被鉴定出来。然而小鼠 λ 链系统就不存在这个问题，因为它是一个相对简单的基因座。对一些骨髓瘤细胞产生的 λ1 链进行检测发现，同一生殖细胞基因区段编码许多表达的 V 基因；然而，另一些细胞表达新的序列，这些新序列一定是通过对生殖细胞基因区段的突变而获得的。目前，小鼠和人类基因组中包括 Ig 基因座在内的 DNA 图的可利用性，使得我们可以更加容易地检测出生殖细胞的免疫球蛋白 V 基因模板。

为确定正在发生的免疫应答过程中积聚的体细胞突变的频率和本质，我们需要分析 J_H 和 iEμ 之间的内含子区域，此处可被 SHM 靶向，但是不会经历点突变的正或负选择。为了分析基于抗原的突变本质，一种方法就是检测一组 B 淋巴细胞的 Ig 的 V(D)J 序列特征，以了解所有的改变是否对应于给定的抗原，或更加完美，对应于给定的抗原决定簇。半抗原就可用于这种目的。不像其他高分子量的蛋白质，其不同部分会激发不同的抗体。半抗原是一些小分子，其单一结构能够诱导一种持续受限的抗体应答。半抗原本身不是免疫原，因为如果单独注射不会引发免疫应答。然而，将半抗原和“载体”蛋白质结合形成一种抗原，用这种抗原免疫单一纯种小鼠，就可诱导免疫应答。在诱导出了强的抗体应答后，获取 B 淋巴细胞（通常来自脾），并将这些淋巴细胞与非 Ig 表达的骨髓瘤（永生肿瘤）细胞融合，形成能持续表达所需抗体的单克隆杂交瘤（hybridoma）细胞，而这些抗体是原来的 B 淋巴细胞所能表达的。在一个实验例子中，产生的抗半抗原——磷酸胆碱的 19 株单克隆抗体细胞系中，有 10 株 B 淋巴细胞系具有相同的 V_H 序列。该序列是生殖细胞基因区段 T15，是与 V_H 基因相关的 4 个序列之一。其余 9 株细胞系表达的序列则各不相同，且不同于家族中 4 种生殖细胞表达序列的任何一种。它们与 T15 生殖细胞序列的相关性大于其他序列。它们两侧的序列与 T15 两侧序列相同，这说明它们是通过 T15 的 SHM 而产生的。

序列改变（突变）集中于 V_HDJ_H DNA 中，它编码 IgH 链的抗原结合位点，但它可向 V_H 基因区段的下游启动子区域周围延伸出去约 1.5 kb（见图 16.24）。这些突变包括所有类型的单核苷酸替换形式。大部分序列产生约 3 ～ 15 个核苷酸替代，相应地，在蛋白质中应少于 10 个氨基酸残基的替换，只有一些突变为置换突变，因为它们影响了氨基酸序列；另一些为沉默突变，因为这些突变位于密码子的第三位碱基或位于 UTR。高比重的沉默突变表明 SHM

随机地以表达的 V(D)J 序列为靶标，再向外延伸出去。一些突变往往多次发生在同一个残基上，这些位点组成了突变“热点（hotspot）”，这可能是 SHM 装置的内在偏爱性所致。研究得最清楚的热点是 5′-RGYW-3′，其中 R 为嘌呤（dA 或 dG），G 就是 dG，Y 是嘧啶（dC 或 dT），而 W 是 dA 或 dT。有意思的是，5′-RGYW-3′ 的其中一种 5′-AGCT-3′ 不是 S 区中 DSB 的唯一优先靶标，而是 SHM 的一个主要靶标。就像 CSR 需要生殖细胞靶标 S_H-C_H 序列的 I_H-C_H 转录一样，SHM 需要靶标 V_HDJ_H、$V_\kappa J_\kappa$ 或 $V_\lambda J_\lambda$ 序列的转录，此外在每一个 Ig 基因座上都需要用于转录激活的增强子，这更加强调了这种现象。

当暴露于多克隆 B 淋巴细胞群（如人类 B 淋巴细胞库）的抗原时，选择表达对该抗原具有高内在亲和性的 BCR 的经过选择的 B 淋巴细胞亚突变体可以选择、激活并诱导其增殖。SHM 发生于 B 淋巴细胞的克隆增殖过程中，它在约一半后代细胞的 V(D)J 序列中随机插入点突变，结果，表达突变的 B 淋巴细胞在几次分裂以后变成了含较高比例的克隆。随机置换突变对蛋白质功能的影响是不可预测的：一些降低了 BCR 与应答抗原的亲和性，另一些提高了对特异性抗原的内在特异性。表达与抗原具有最高内在亲和性的 BCR 的 B 淋巴细胞克隆被正选择，相对于其他克隆而言获得了生长优势；而其他克隆则仅仅为生存和增殖而不断抗拒选择。能给予抗原高亲和性的突变不断积聚，使得对此抗原具有很高亲和性的克隆进行进一步的正选择，这样，高亲和性克隆株的类型会不断缩小并进一步缩减，如此不断重复，单克隆抗体就会形成。

16.16 SHM 由 AID 蛋白、Ung 蛋白、错配 DNA 修复装置元件和跨损伤 DNA 合成聚合酶介导

关键概念

- 体细胞超变（SHM）事件使用类别转换重组（CSR）事件中的同样关键元件。就像 CSR 事件一样，SHM 事件需要激活诱导的脱氨酶（AID）。
- Ung 蛋白干涉影响体细胞突变的模式。
- 错配修改（MMR）途径和 TLS DNA 聚合酶参与 SHM 和 CSR。

脱氧胞嘧啶的脱氨基作用或消除反应是以不同方式导致体细胞突变的（**图 16.25**）。当 AID 蛋白脱去脱氧胞嘧啶的氨基时，它形成脱氧尿嘧啶。这种现象与 DNA 不存在密切关系，并能被细胞以各种方式解决。尿嘧啶能被复制而跨过这一错误，即它在复制过程中能与脱氧腺嘌呤配对，而出现的突变为互补链上的强制性的 dC → dT 转换和 dG → dA 转换，这样最终结果是在半数后代细胞中，dT · dA 碱基对取代了原来的 dC · dG 碱基对。或者，Ung 蛋白将脱氧尿嘧啶从 DNA 中去除，从而形成了无碱基位点。事实确实如此，因而产生一系列突变谱的关键事件是形成无碱基位点。这能被易错 **TLS DNA 聚合酶（TLS DNA polymerase）**复制而跨过这一错误，如聚合酶 ξ、聚合酶 η 和聚合酶 θ，每一个都能在无碱基位点插入所有三种可能的错配（突变）（详见第 14 章“修复系统”中第 14.6 节“易错修复和跨损伤合成”）。在另一种机制中，dU · dG 错配可以募集 MMR 装置，它以 Msh2/Msh6 复合体的作用为起始点，可将一段含有损伤的 DNA 切除出去，形成一个缺口，这需要通过缺失 DNA 链的重新合成来填补（详见第 14 章“修复系统”中第 14.7 节“控制错配修复的方向”）。这种重新合成由可引入突变的易错 TLS 聚合酶来执行。而什么是限制 SHM 装置作用于靶 V(D)J 区段的机制还是一个未知数。如果在细胞中导入噬菌体的 *PSB-2* 基因，它能编码尿嘧啶 -DNA 糖基化酶抑制（uracil-DNA glycosylase inhibitor，UGI）蛋白，那么就可阻止 Ung 蛋白的作用。当 UGI 基因被导入淋巴细胞系时或 Ung 蛋白被阻断不产生功能时，突变模式就会发生戏剧性地变化，即几乎所有的突变都被预测是从 dC · dG 向 dT · dA 碱基对的转换。

CSR 与 SHM 之间的主要差异在于形成这两种过程的 DNA 损伤的本质。在 CSR 途径中，DSB 会被引入，并且是强制性的，而 SHM 途径则会插入单一的点突变。AID 蛋白和（或）DNA 修复因子也会作为支架，将不同的蛋白质复合体装配到 CSR 事件与 SHM 事件中。因此，AID 蛋白和 DNA 修复因子可能以不同的方式，以酶学功能或非酶学功能在这些过程中发挥作

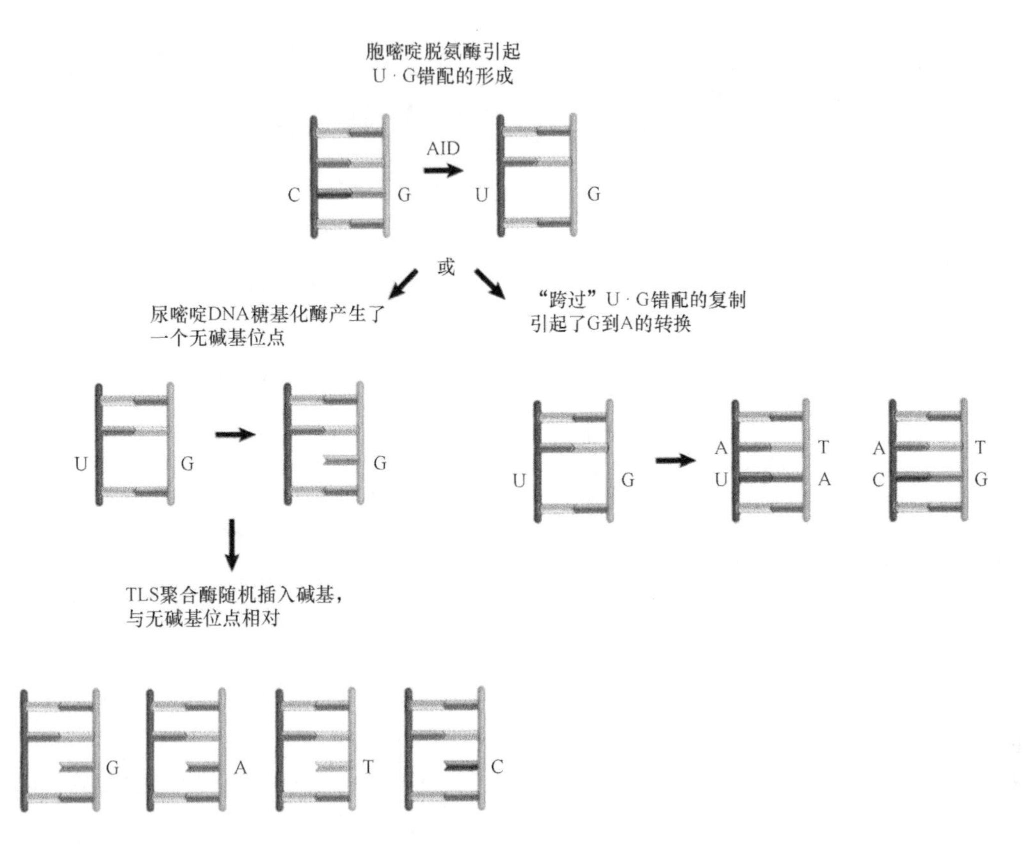

图 16.25 AID 蛋白介导的胞嘧啶脱氨基作用产生 U · G 错配。尿嘧啶能被复制而跨过这一错误，从而在半数后代细胞中产生 C · G → A · T 转换。当胞嘧啶脱氨酶（顶部图）紧随着尿嘧啶 DNA 糖基化酶先后作用时，一个无碱基位点就会形成。通过此点的复制会在子链中随机插入所有 4 种碱基（中间图）。如果尿嘧啶没有从 DNA 链上去除，其复制会引起 C · G → T · A 转换；或者，U · G 错配由 MMR 装置识别，它能将含有错配的 DNA 切除出去，再用易错 DNA 聚合酶来填补所产生的缺口，这会导致进一步错配的插入（突变）

用。在 CSR 事件与 SHM 事件中，AID 蛋白发挥了关键作用；而 Ung 蛋白的参与则是 CSR 途径的关键事件，它在 SHM 途径却非必需；TLS 聚合酶则在 CSR 事件与 SHM 事件中都发挥了巨大作用。

16.17　表达于鸟类的 Ig 由假基因装配而成

关键概念

- 将 25 个假基因中的任意一个拷贝到重组（受体）V 基因上（即基因转变），就可产生鸡的一个 Ig 基因。
- 基因转变的酶学装置依赖于激活诱导的脱氨酶（AID），以及参与同源重组的酶。
- 一些参与 DNA 同源重组基因的去除会使基因转变模式转变到体细胞超变（SHM）模式。

鸡 Ig 基因座是 Ig 体细胞多样化机制的典型代表，它同样适用于兔、牛和猪，这就是基因转变。单个（类 λ）L 链基因座和 H 链基因座同样采用了相似的机制。鸡只有单个功能性 V 基因区段、一个 J_λ 基因区段和一个 C_λ 基因区段（**图 16.26**）。功能性 $V_\lambda1$ 基因区段的上游存在 25 个假基因，这是因为这些编码基因在其一端或两端被缺失，或者合适的 RSS 丢失，或者两种情况都存在。只有 $V_\lambda1$ 基因区段才能与 J_λ-C_λ 基因区段进行重组，这一事实印证了这种现象。

但是，重排后的 $V_\lambda J_\lambda$-C_λ 基因区段序列显示出相当大的多样性。一条重排后的基因，在单一或众多位置上，序列会发生各种变化。与一个新序列相同的片段往往只存在于其中一个假基因中。在假基因中不存在的序列往往表示原始序列和变化后的序列之间的连接处发生了改变。而没有变化的 $V_\lambda1$ 序列则不被表达，即使是在免疫应答的早期阶段也是如此。来自假基因中的一些长约 10 ～ 120 bp 的序

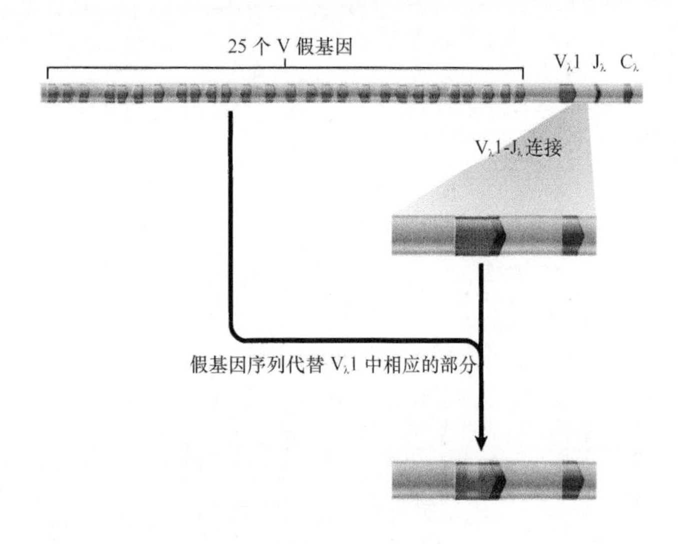

图 16.26 在唯一具有功能的 $V_\lambda J_\lambda$-C 区上游，鸡 λ 型轻链基因座拥有 25 个 V 假基因。尽管序列衍生自假基因，但是却存在于活性的重排 VJ-C 基因中

列通过基因转变，整合进了活跃的 $V_\lambda1$ 基因区段中；细胞每分裂 10 ～ 20 次后，基本上对每一个重排的 $V_\lambda1$ 序列才可能产生一次成功的转换。在免疫成熟时段的末期，一个重排后的 $V_\lambda1$ 序列在其全长中可存在 4 ～ 6 个已经转换的基因区段，它们来自于不同的供体假基因。如果所有假基因都参与基因转变过程，那将有 2.5×10^8 种可能的重组形式。

将假基因序列拷贝到 Ig 的 V 基因上的酶学基础是，它依赖于 AID 蛋白和参与重组所需的酶，这与人类和小鼠的 SHM 机制相关。参与重组的一些基因也是基因转变过程所需的（详见第 13 章“同源重组与位点专一重组”中 13.14 节“参与同源重组的真核生物基因”）。例如，*RAD54* 基因的删除会阻止基因转变过程。删除其他某些重组基因（*XRCC2* 基因、*XRCC3* 基因和 *RAD51B* 基因）会产生另一种十分有趣的效果：体细胞突变将发生在表达基因座的 V 基因内，且其频率比通常的基因转变的概率高了 10 倍。

这些结果显示，鸡中 SHM 的缺失并不是因为小鼠与人类中所有的、负责 SHM 途径的酶系统的缺少。对重组缺失和 SHM 之间相关性的最可能解释是：重组的 Ig 的 V(D)J 基因区段上无法修复的 DSB 触发了突变诱导。因此，SHM 仅存在于小鼠和人类体内，却不发生于鸟类体内，这可能与作用于 Ig 基因座上的 DSB 修复系统的本质有关。该系统在鸟类中更有效率，所以在突变发生前，Ig 基因座已被基因转变所修复。

16.18 V(D)J 重组、CSR 和 SHM 中 IgH 基因座的染色质构建动力学

关键概念

- Ig 基因座的染色质结构有助于 V(D)J 重组和类别转换重组（CSR）。
- CTCF 蛋白可结合 Ig 基因座的多个位点，并介导大范围的基因组的相互作用。
- 激活诱导的脱氨酶（AID）靶标主要位于超级增强子和可调节簇内。

在 B 淋巴细胞或 T 淋巴细胞发育过程中，用于 BCR 和 TCR 的编码单元从分布广泛的散布基因区段中组装而成。抗原受体基因座包括多个 V、D 和（或）J、C 编码单元，这些抗原受体的组装受到多重水平的控制，如染色质构造、核定位和表观遗传学标记。在重组过程中，这些调节会将分布在约 2.5 Mb 范围内的各个单元转变成紧密相邻的单一单元（**图 16.27**）。Ig 的 H 链和 L 链基因座和 TCR 基因座不是简单的线性染色体结构，而是拥有三维构象，从而协同这些基因座的 DNA 重组。确实如此，IgH 链基因座往往折叠成复杂形式的环状结构，这可缩短基因区段之间的距离，从而使得大范围的基因组的相互作用以相对较高的频率发生，这样就有助于 V(D)J 重组。

可结合 DNA 的锌指核蛋白，**CCCTC 结合因子（CCCTC-binding factor，CTCF）**可介导大范围的染色质成环作用，这对形成染色质空间构象非常重要。CTCF 蛋白通过调节基因座的压缩程度、启动子与增强子的相互作用，可介导 V(D)J 重组，从而影响 IgH 基因座的空间构象和反义转录。这会产生非编码 RNA，它会进一步塑造染色质结构。在淋巴样祖细胞中，Ig 等位基因被隔绝于转录阻遏的细胞核的薄层（lamina）中，TCR 等位基因可能也是如此。在祖 B 淋巴细胞阶段前，IgH 基因座从薄层中释放出来，与转录和（或）重组装置偶联在一起。而祖 B 淋巴细胞也经历了广泛的染色质构象改变。这样，IgH 基因座的 CTCF 蛋白结合位点的染色质成环不依赖于 iEμ 增强子

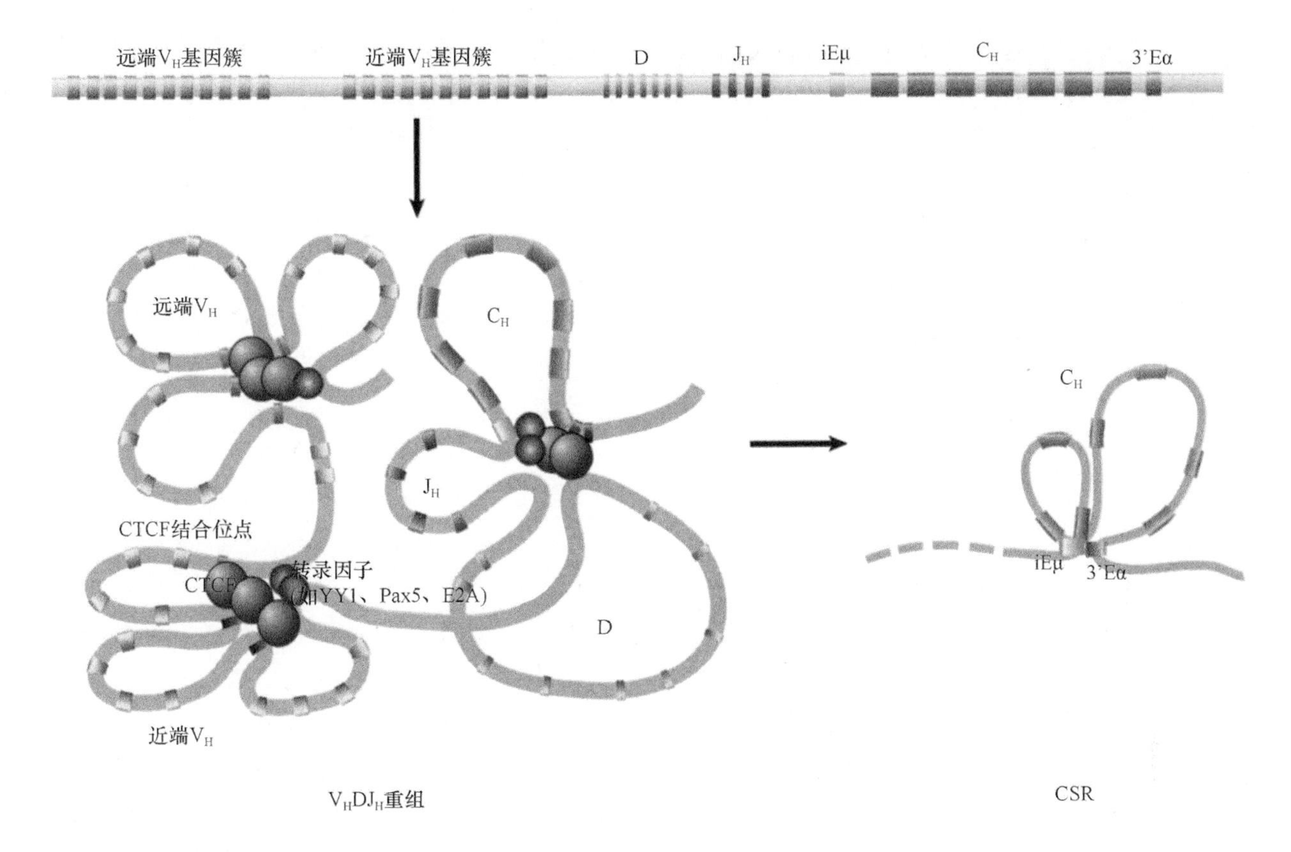

图 16.27 Ig 基因座的染色质结构有助于 V(D)J 重组和 CSR。CTCF 蛋白对于染色质构象形成、调节 V(D)J 重组非常重要，这通过调节启动子和增强子的相互作用和基因座压缩而实现。lem:3′Eα 的相互作用产生了大范围的染色质相互作用，这由 Ih 启动子和 *lgh* 增强子指导，这使得 Sm 和下游 S 区基因座之间在空间上相互接近，从而方便断裂的 S 区之间的重组，这形成了许多染色质接触位点

左侧图片修改自 Ong and Corces (2014) *Nat. Rev. Gent.* 15: 234-246 的图 5

而发生，并有利于基因座的压缩效应。在**基因间控制区 1（intergenic control region 1，IGCR1）**内的 2 个 CTCF 蛋白结合位点，位于 V_H 和 C_H 簇之间，可介导有序的、种系特异性的 V_HDJ_H 重组，并会偏爱远离邻近 C_H 区的重排。IGCR1 会通过形成 CTCF 蛋白介导的环状结构来阻遏邻近 C_H 基因区段的转录活性和重排，据推测，这一结构可将邻近的 C_H 启动子和下游 iEμ 增强子的影响隔离开来。类似的，在祖 B 淋巴细胞阶段前，CTCF 蛋白会促进相距遥远的邻近 $V_κ$ 区的重排。这是通过阻断 Igκ 基因座中的特异性启动子和增强子元件之间的交流而实现的。

CSR 途径所必需的 S-S 联会的形成是由大范围的、染色体内的、远处定位的 IgH 转录单位之间的相互作用所介导的。这种三维染色质结构可同时将 I_H 启动子带到紧邻 iEμ 和 3′Eα 增强子的区域，这会有助于转录。跨越 S 区 DNA 的转录会导致 RNA 聚合酶 II 的聚集，这会促进染色质修饰的激活，和染色质的高可及性，以确保 AID 蛋白的活性。在成熟的静息 B 淋巴细胞中，iEμ 和 3′Eα 增强子通过形成染色质环状结构而在空间上紧密相邻。B 淋巴细胞的激活导致依赖细胞因子的 I_H 启动子进入到 iEμ 和 3′Eα 复合体中，这会允许 CSR 途径靶向的 S 区的转录，而 IgH 基因座所采纳的三维结构很可能方便了这一过程。

尽管 AID 蛋白特异性的靶向 Ig 基因座，它也会以较低效率作用于有限的少量非 Ig 基因（脱靶作用），这就会导致突变和易位，从而引起 B 淋巴细胞的成瘤效应。但是，AID 蛋白的靶标并非随机分布于基因组中，而是主要与拓扑上复杂的、高度转录的超级增强子和可调节簇偶联在一起。这些包括多个互相联系的转录调节元件和高度一致的转录，此时，通常的基因有义转录和超级增强子来源的反义增强子 RNA（enhancer RNA，eRNA）转录交叉重叠在一起。AID 蛋白能够使线性染色体中相距达百万碱基对级别的、但是在空间上连在一起的活性启动子和 $eRNA^+$ 增强子脱去氨基，这为广泛散布的 V(D)J 区域的重组提供了关键的一步。

16.19 V(D)J 重组、CSR 和 SHM 中的表观遗传学

关键概念

- 非编码 RNA 与 V(D)J 重组、类别转换重组（CSR）和体细胞超变（SHM）相关联。
- miRNA 调节激活诱导的脱氨酶（AID）的表达。
- 转录因子和转录靶向组蛋白翻译后修饰。

IgH 和 TCR 基因座中的 DNA 重组和（或）突变形成是紧密联系的，在多个水平上协同调节，包括染色质结构调节和转录延伸。在 B 和 T 淋巴细胞的发育和分化过程中，IgH 和 TCR 基因座染色质中的 DNA 和与之相连的组蛋白在表观遗传上都是被标记的。

在细胞后代中，表观遗传修饰是变化的，它并不依赖于基因组 DNA 序列。这些包括组蛋白翻译后修饰、DNA 甲基化，以及由非编码 RNA 介导的基因表达的改变，包括**微 RNA（microRNA，miRNA）**和**长链非编码 RNA（long noncoding RNA，lncRNA）**（详见第 8 章“染色质”、第 27 章“表观遗传学 I”、第 28 章“表观遗传学 II”和第 30 章“调节性 RNA”）。表观遗传修饰和转录因子协同合作，在 B 和 T 淋巴细胞的发育和分化中发挥了关键作用。在外周组织中，成熟的 B 淋巴细胞遇到抗原后，在这些淋巴细胞中的表观遗传标志的变化可被驱动抗体应答的相同刺激诱导出来。这些改变指引着 B 淋巴细胞经历 CSR 事件、SHM 事件、分化成记忆 B 淋巴细胞、或长寿浆细胞。可诱导的组蛋白修饰，与 DNA 甲基化和 miRNA 一起调节转录物组，尤其是 AID 蛋白的表达。这些可诱导的 B 淋巴细胞的内在表观遗传标志指引着抗体应答的成熟化。

就 V(D)J 基因重组而言，如果要使 CSR 和 SHM 装置进入其各自的、位于抗原受体基因座的 DNA 靶标，那么靶向区需要处于开放状态，这种状态与转录和特定模式的表观遗传修饰是联系在一起的。转录由顺式激活元件介导，如 V_H 和 I_H 启动子、iEμ 和 3′Eα 增强子，以及由这些元件特异性募集的转录因子。在转录延伸过程中，染色质重塑作用产生了无核小体区，这通过重新定位核小体，或逐出核小体，或暂时性地将 DNA 环拉出到核小体表面而实现。转录延伸导致核小体从 DNA 中解离或分开。当 DNA 从与核小体偶联的遏制状态中解放出来后，它就易于和 V(D)J 重组、CSR 和 SHM 装置中的一些因子发生相互作用。因此，我们可以探测到 RNA 聚合酶 II 会以高密度出现在将要经历 CSR 事件的 S 区，这暗示这个分子会帮助 CSR 相关因子的募集和靶向。

在 IgH 基因座中，研究人员已经证明由非编码转录所形成的 lncRNA 在 V(D)J 重组和 CSR 装置的靶向中发挥重要作用。lncRNA 是进化上保守的非编码 RNA 分子，长度超过 200 个核苷酸，定位于基因间序列中，或与编码基因的反义转录物重叠（详见第 30 章“调节性 RNA”）。来自 Ig 或 TCR 基因座中的 V(D)J 区的 DNA 的 lncRNA 转录物的形成可以触发染色质结构的改变，并能调控重组事件。另外，lncRNA 的转录可将 AID 蛋白靶向到 B 淋巴细胞的可转录基因座中。在经历 CSR 事件的 B 淋巴细胞中，RNA 外切体（exosome），一种细胞的 RNA 加工 / 降解复合体，可与 AID 蛋白偶联，并以依赖 AID 蛋白的方式聚集到 S 区，这是合适的 CSR 事件所必需的。B 淋巴细胞基因组中的 RNA 外切体调节的、可转录反义链的区域可募集 AID 蛋白，并聚集到含 RNA-DNA 杂合体的单链 DNA 结构中。RNA 外切体调节 lncRNA 的转录，这可参与大范围的 DNA 相互作用以调节 IgH 的 3′ 调节区超级增强子的功能，以及介导 CSR 事件。另外，S 区转录可产生 lncRNA，接着套索脱分枝，这样能够折叠形成 G 四联体（G quadruplex）结构，它可直接被 AID 蛋白结合，并将 AID 蛋白靶向到 S 区中的 DNA。尽管所有的 S 区包含 5′-AGCT-3′ 重复序列，因此能被 14-3-3 衔接子蛋白潜在地靶向结合，以募集 AID 蛋白去解开 CSR，但是只有经历过生殖细胞 I_H-S-C_H 转录和激活的组蛋白修饰的富集以后的 S 区，才能被 CSR 装置元件靶向，如 14-3-3 蛋白和 AID 蛋白，这一事实再次说明抗体多样化过程中的染色质可及性的重要意义。

作为一种潜在的增变基因，AID 蛋白受到严格调节，以避免损伤如染色体易位等的出现，这来自于 B 淋巴细胞和非 B 淋巴细胞的调节失当。*Aicda* 表观遗传状态的改变可调节 *Aicda* 基因的表

达。启动子DNA的高甲基化介导幼稚B淋巴细胞中的*Aicda*基因表达的阻遏。在B淋巴细胞激活后，*Aicda* DNA脱甲基，此后基因座布满H3K9ac/K14ac和H3K4me3。这些表观遗传改变，和同源异形域蛋白HoxC4蛋白和NF-κB，以及其他转录因子一起共同激活基因转录。转录延伸依赖于H3K36me3的诱导，一种基因激活的基因内标志物。miRNA为AID蛋白的表达提供了额外的、更加重要的调控机制。miR-155、miR-181b、miR-361通过结合进化上保守的靶位点，它位于3′-UTR的*AICDA*/*Aicda* mRNA上，可同时减少*AICDA*/*Aicda* mRNA的量和AID蛋白水平，从而调节AID蛋白的表达。这些miRNA很可能在幼稚B淋巴细胞中或已经完成CSR和SHM的B淋巴细胞中阻遏了AID蛋白的表达。组蛋白脱乙酰酶抑制因子（histone deacetylase inhibitor, HDI）能够通过提供组蛋白乙酰化，从而提高了其宿主基因的表达，由此上调这些miRNA的量，同时导致AID蛋白表达的下调。

AID蛋白的靶标主要存在于超级增强子和可调节簇内，会富集于和活性增强子关联的染色质修饰中（如H3K27ac）。它们也与活性转录的标志物（如H3K36me3）关联，这表明这些特征是AID蛋白募集的通用中介体。在人类和小鼠B淋巴细胞中，在超变基因和超级增强子结构域中存在很高的重叠现象。在V(D)J重组、CSR和SHM的靶区中的染色质也被多个激活的组蛋白修饰所标记。激活的组蛋白修饰中，其中一个最重要的组蛋白H3的Lys4残基的3甲基化（H3K4me3），它是基因组中开放染色质的特异性标志物，它在V(D)J基因区段和S区中高度富集，这使它们在将来可分别经历V(D)J重组和CSR事件。在这些区域中，与激活的组蛋白修饰的募集相协调的是，阻遏的组蛋白修饰，如H3K9me3和H3K27me3被下调了。

在靶标Ig基因座区中，淋巴分化的不同阶段、组织特异性、和等位基因排斥控制着从阻遏向许可的染色质状态的转变，这一调节方式实际上与V(D)J重组、CSR和SHM事件是如何被调节的方式如出一辙。在这些区域中，转录和组蛋白修饰的组合方式的改变由顺式激活元件和转录因子共同调节，而转录因子由环境暗号激活，如B淋巴细胞发育或同种异型Ig的特异性所必需的细胞因子。另外，转录过程本身在选择性的组蛋白修饰的诱导（“写”）中也发挥作用，如在TCRα基因座下游的人工插入的转录终止序列中极度下降的H3K4me3就暗示了这种现象。

根据组蛋白密码假说，组蛋白修饰的组合方式不仅将不同染色质状态的特化信息译成密码，并且也提高了染色质相互作用效应器的复杂性（组蛋白密码的“读”），因此决定了特定生物学信息的输出。在V(D)J重组中，RAG2蛋白是H3K4me3的特异性读者，它被富集于重组中央，这一小区包括J基因区段（有时也包括D基因区段）。这和结合于RSS的功能强大的RAG1蛋白一起，以确保RAG1/RAG2复合体靶向到重组中央。在CSR事件中，组合的组蛋白修饰H3K9acS10ph（同一组蛋白H3尾部Lys9的乙酰化和Ser10的磷酸化）可由14-3-3蛋白读出，因此可稳定S区中的结合着5′-AGCT-3′序列的14-3-3蛋白，因为此处即将要经历重组过程。

一些组蛋白密码读者，如RAG2蛋白，当读出组蛋白修饰后能直接介导酶促反应。其他则不拥有内在的酶学活性，所以只运用其支架功能，将表观遗传信息传递到下游的具有酶活性的因子中。如14-3-3蛋白可读出H3K9acS10ph（也结合于5′-AGCT-3′重复序列），随后募集AID蛋白到S区中的DNA；接着，它们与CSR和SHM装置中的一些元件，如Ung蛋白中的Rev1一起，这些组蛋白密码传递者通过多种蛋白质和（或）核酸配体的同时相互作用，形成多成分复合体的装配中心，这一过程依赖于不同的结构域或亚基。

可及性控制的另一潜在机制是DNA的甲基化，这主要发生在CpG岛的dC中（详见第27章“表观遗传学Ⅰ”）。CpG岛的甲基化在调节转录和染色质结构中具有重要功能。它能通过破坏反式作用因子的结合直接阻碍基因表达，以及通过募集HDAC间接阻碍基因表达，这需要依靠甲基CpG结合域（methyl CpG-binding domain，MBD）蛋白家族的成员。甲基化状态的差异也与抗原受体基因重排和表达相关。另外，围绕RSS的DNA甲基化也可能调节V(D)J重组，这通过直接抑制RAG1/RAG2复合体的切割活性而实现。尽管CpG位点的密度远低于全基因组范围的CpG水平，但是这些CpG位点的不断增高的DNA甲基化会显著降低生殖细胞的转录和CSR事件。在SHM事件，DNA低甲基化的功能也初露端倪。在携带两个几乎一致的、预先重排的转基因 Igκ 等位基因的 B 淋巴细胞中，尽管两个等位基因的转录水平相当，但是只有低甲基化的等位基因是超变的，这一发现就是一个例证。DNA 脱甲基可能有助于 SHM 靶向，它通过 H3K9ac/K14ac、H4K8ac 和 H3K4me3 组蛋白修饰而实现，这些修饰与开放染色质状态相关联，并在 V(D)J 区富集。

16.20 B 淋巴细胞分化导致抗体应答的成熟化，以及长寿浆细胞和记忆 B 淋巴细胞的形成

关键概念

- 成熟 B 淋巴细胞来自骨髓，在初级免疫应答募集，它表达对抗原只有中等亲和性的 B 淋巴细胞受体（BCR）。
- 在初级免疫应答阶段的末期，表达高亲和性 BCR 的 B 淋巴细胞被选择出来，随后它回到静息状态，成为记忆 B 淋巴细胞。
- 重新暴露于同一抗原将引起次级免疫应答，这通过对记忆 B 淋巴细胞的迅速激活和克隆扩增而实现。

通过抗原驱动的 BCR 的交叉连接，激活了成熟的幼稚 B 淋巴细胞，这会诱导出初级抗体免疫应答，并导致了克隆扩增（clone expansion），但是程度有限。更高程度的抗原特异性的 B 淋巴细胞增殖需要其他免疫受体的参与。尤其是，在特异性的 T 淋巴细胞的帮助之前，微生物病原体的 MAMP 分子与 TLR 的结合在早期阶段的抗体免疫应答中发挥了有机体所需的重要作用。早期 B 淋巴细胞的免疫应答通过 B 淋巴细胞逐渐分化成浆母细胞而实现，此时大部分形成无突变的 IgM，它对抗原只有内在的中等亲和性，但具有高活性。这些抗体与表达于 B 淋巴样组细胞上的 BCR 是一样的，唯一的差异是 C_H 代替了恒定区的 C_μ 末端。TLR 的参与也能诱导出 CSR 事件、可能的 SHM 事件，以及参与关联 B-T 接触的主要 B 淋巴细胞。

表达于 B 淋巴细胞表面的 CD40，可与表达于 T_h 细胞中的 CD40 配体（CD154）发生相互接触，这发生于初级免疫应答的后期阶段。它会诱导高水平的 CSR 和 SHM 事件，最终产生更加特异性的 IgG、IgA 和（或）IgE 抗体。这些抗体由浆细胞生产，它是 B 淋巴细胞的最终分化阶段，也会归巢回到骨髓中，成为长寿 B 淋巴细胞，从而发挥长期免疫记忆作用。或者，激活的 B 淋巴细胞能分化成记忆 B 淋巴细胞。这些细胞组成了初级免疫应答末期产生的 B 淋巴细胞的一小部分。它们表达突变的、编码 BCR 所需的 V(D)J 基因区段，它们显示了不断增高的抗原亲和性，以及通常都经历了 CSR 事件。记忆 B 淋巴细胞常常基于其 V(D)J 体细胞突变和 IgH 链的类型而被“冻存起来”。它们处于静息状态，当它们再次遇到同一抗原将迅速激活，能通过强烈的

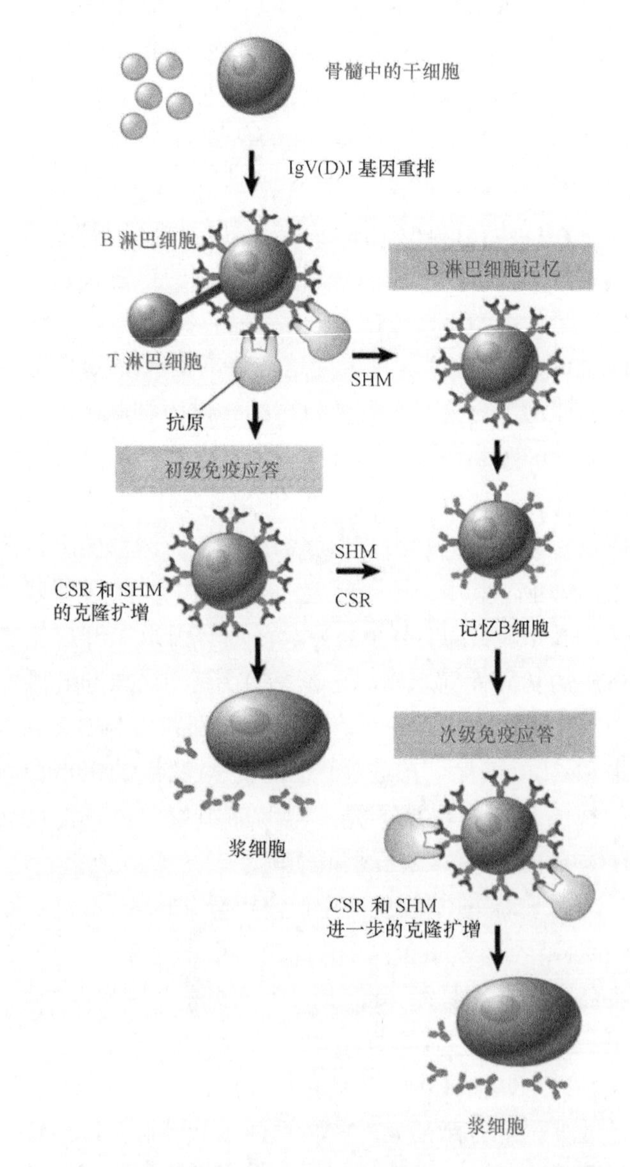

图 16.28 B 淋巴细胞分化产生适应性免疫。成熟的 B 淋巴细胞与抗原的初次接触引起初级免疫应答以及记忆细胞的产生；与抗原的再次接触通过记忆细胞的激发来诱导次级免疫应答

克隆扩增而快速激发出次级免疫应答。激活的记忆B淋巴细胞将分化成浆细胞，产生数量巨大的抗体，因此它们会介导非常强烈的高亲和性记忆或回忆性的抗体免疫应答。

抗原特异性抗体免疫应答中所募集的所有B淋巴细胞都需要经历过CSR和SHM（图16.28），它们就是“传统的”B淋巴细胞或B-2细胞。除此之外，还存在另一类独立的B淋巴细胞，称为B-1细胞，这些细胞也经历过V(D)J基因重排的过程，虽然是为表达特定的抗体特异性而选择的。它们可能参与固有免疫，也就是说，它们具有内在能力，以不依赖T淋巴细胞的方式来应答某些天然存在的抗原，特别是细菌的聚糖和脂多糖成分。B-1淋巴细胞是天然抗体的主要来源。天然抗体主要是指IgM，它能结合各种各样的微生物成分、产物、以及自身抗原，它们是防卫细菌和病毒感染的第一级防线的主要成分，并可能提供了针对自身的高亲和性抗体的模板，从而介导了自身免疫的病理学过程。

16.21 T淋巴细胞受体抗原与BCR相关

关键概念

- T淋巴细胞使用的V(D)J重组机制类似于B淋巴细胞所使用的，它可以表达两类T淋巴细胞受体（TCR）中的任意一类。
- 在成体T淋巴细胞中，TCRαβ的比例在95%以上，而TCRγδ的比例在5%以内。
- TCRα基因座的组织结构类似于Igκ基因座；TCRβ基因座的组织结构类似于IgH基因座；TCRγ基因座的组织结构类似于Igλ基因座。

T淋巴细胞运用进化上保守的机制去表达TCR可变区中的极其庞大的多样性，这类似于B淋巴细胞（BCR）。T淋巴细胞受体（T cell receptor，TCR）由2种不同的蛋白质组成。在成体小鼠中，95%以上的T淋巴细胞所表达出的TCR由α链和β链组成（TCRαβ）；而5%以内的T淋巴细胞所表达出的TCR由γ链和δ链组成（TCRγδ）。TCRαβ和TCRγδ表达于T淋巴细胞发育的不同阶段（图16.29）。TCRγδ只在T淋巴细胞发育的早期阶段合成，它是唯一能够在怀孕15天内的胚胎中被检测到的TCR，但是在第20天小鼠出生时就已丢失。TCRαβ在淋巴细胞发育的后期合成，晚于TCRγδ，它首先在怀孕15～17天时出现，小鼠一旦出生，TCRαβ就成为主要的TCR。TCRαβ是通过一个独立的细胞系合成的，这些细胞系不同于那些合成TCRγδ的细胞，并涉及一系列独立的重排过程。

和BCR一样，TCR必须识别预先不知其结构的任何可能的抗原。TCR蛋白的结构与BCR结构类似。在BCR和TCR蛋白中，V区序列具有相同的内部组织结构形式。TCR的C区对应于Ig的恒定区，但它存在单个C结构域，其后是跨膜部分和细胞质部分。外显子-内含子结构反映了其蛋白质功能。TCR基因和BCR/Ig基因的组织形式及构型具有惊人的相似性，每个TCR基因座（α、β、γ和δ）的组织形式与Ig基因座一样，由分开的基因区段重组而成，不同淋巴细胞对应着不同的重组反应方式。这些组分也类似于在3个Ig基因座IgH、Igκ和Igλ中所发现的。VJ重组产生了TCRα链和TCRγ链；而V(D)J重组产生了TCRβ

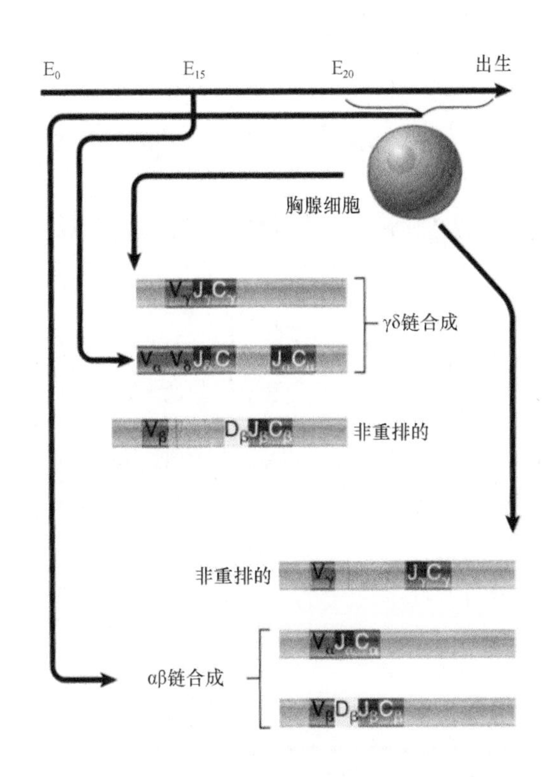

图16.29 TCRγδ受体在T淋巴细胞发育的早期阶段合成。TCRαβ受体合成要晚一些，它们参与细胞免疫，也就是靶抗原和宿主MHC被同时识别的免疫反应

链和 TCRγ 链。

TCRα 基因座结构和 Igκ 基因座结构类似，V_α 基因区段与一簇 J_α 基因区段分开，在其后面是一个 C_α 基因区段（**图 16.30**）。TCRα 基因座的组织形式在人类和小鼠中是相似的，只是 V_α 基因区段及 J_α 基因区段的拷贝数存在一些差异。除了 α 基因区段以外，这个基因座还包括嵌入的 δ 基因区段。TCRβ 基因座和 IgH 基因座的组织形式相似，尽管大的 V_β 基因区段位于这两簇基因的上游，两簇基因中每簇都含一个 D 基因区段、若干个 J_β 基因区段以及一个 C_β 基因区段（**图 16.31**）。同样地，在人类和小鼠中，其唯一区别是 V_β 与 J_β 基因区段的数目不同。

TCR 多样性的产生机制和 BCR/Ig 相同。生殖细胞编码的（内在）多样性是由不同的 V 基因区段、D 基因区段和 J 基因区段的组合而产生的；其他一些额外的多样性是通过在这些组分之间插入一些新序列而造成的，它们是以 P 核苷酸或 N 核苷酸的形式加入的。TCR 基因区段重组的机制和 B 淋巴细胞中 BCR 的重组机制高度相似，适当的九聚体 - 间隔区 - 七聚体 RSS 序列指导着这一重组反应。这些 RSS 与 Ig 中所使用的机制是一样的，且它们使用的酶也是相同的。就像 BCR/Ig 基因座一样，TCR 基因座上的大部分重排是通过删除反应完成的。TCR 基因区段的重排就像 BCR/Ig 基因座一样，可以是有效重排，也可以是无效重排。像 B 淋巴细胞中的 Ig 基因座一样，在 T 淋巴细胞内控制和介导 TCR 基因座重排的转录因子也已经开始逐渐被重视起来。

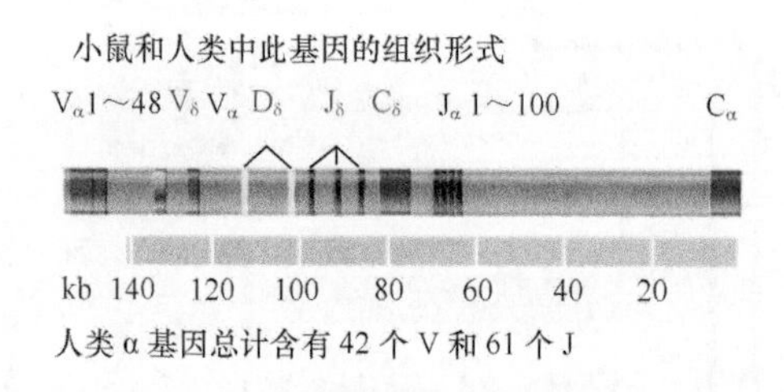

图 16.30 人类 TCRα 基因座含有分散的 α 基因区段和 δ 基因区段，一个 V_δ 基因区段位于 V_α 基因簇中。D-J-C_δ 基因区段位于 V 基因区段和 J-C_α 基因区段之间。小鼠的基因座与之类似，只是含有更多的 V_δ 基因区段

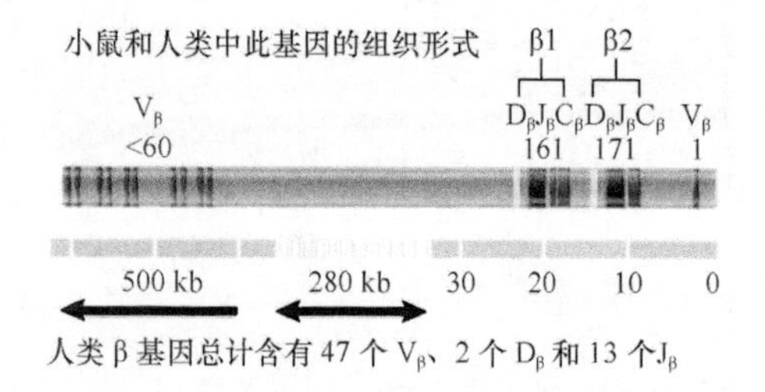

图 16.31 TCRβ 基因座含有许多 V 基因区段，分布在约 500 kb 的范围内，它们位于两个 D-J-C 基因簇的上游约 280 kb 处

TCRγ 基因座的组织形式和 Igλ 基因座的结构类似，其 V_γ 基因区段与一系列的 J_γ-C_γ 基因区段分开（**图 16.32**）。TCRγ 基因座的多样性相对来说很少，只有约 8 个功能性 V_γ 基因区段。在人类和小鼠中，其组织形式是不同的，小鼠 TCRγ 基因座有 3 个功能性 J_γ-C_γ 基因区段，而人类的每个 C_γ 基因区段都拥有多个 J_γ 基因区段。

编码 TCRδ 链的成簇基因全部镶嵌在 TCRα 基因座内，它位于 V_α 和 C_α 基因之间（见图 16.30）。V_δ 基因区段分散分布在 V_α 基因区段内。总体而言，TCR V_γ 和 V_δ 基因区段比 V_α 和 V_β 基因区段要少得多。然而，在 TCRδ 基因座上还是产生了很大的多样性，这是由于 D-D 重排常常发生，而每一次都会加入额外的 N 核苷酸。TCRδ 簇中的 D_δ 和 J_δ 基因及 TCRα 基因座中的 C_δ 基因的嵌入提示，在任何一个等位基因中，TCRαβ 和 TCRγδ 的表达是相互排斥的，因为一旦 V_α-J_α 重排发生，所有 D_δ 基因区段、J_δ 基因区段和 C_δ 基因区段都要丢失。

D-D 重排也发生于 TCRαβ 基因座内，这导致 D-D 连接。TCRα 基因座就如 Ig 基因座一样，也显示出基本相似的等位基因排斥现象，即一旦有效等位基因产生，重排就被抑制。TCRα 基因座可能有所不同，若干继续重排的现象说明在有效等位基因产生后 V_α 序列的置换仍在继续。与 IgH、Igκ 和 Igλ 基因座不一样的是，没有任何一个 TCR 经历过 SHM 途径或类似于 CSR 的过程。

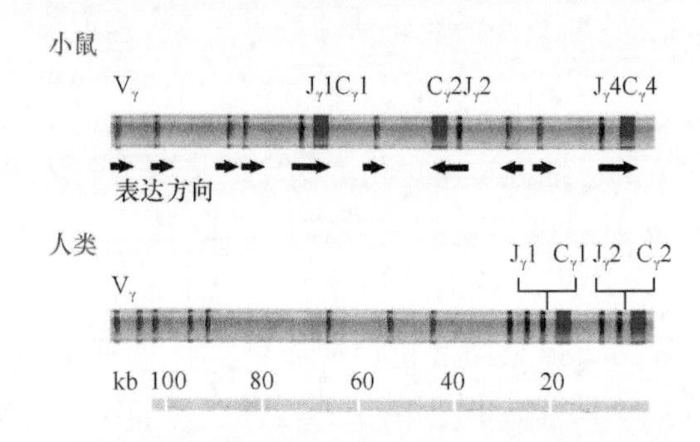

图 16.32 TCRγ 基因座含有少量的功能性 V 基因区段（还有一些假基因未在图上显示），它们位于 J-C 基因座的上游

16.22 TCR 与 MHC 协同发挥作用

关键概念

- TCR 能够识别一段肽，它存在于抗原提呈细胞（APC）表面的主要组织相容复合体（MHC）蛋白的大槽内。
- 形成功能性 TCR 链的重组过程是 T 淋巴细胞发育所固有的。
- TCR 与 CD3 复合体相关联，CD3 复合体参与将 TCR 信号从细胞表面向细胞核转导。

表达 TCRαβ 的 T 淋巴细胞被分为几个亚型，它们具有不同的功能，这些功能都和免疫应答中细胞之间的相互作用有关。细胞毒性 T 淋巴细胞具有裂解靶细胞的能力；而辅助性 T 淋巴细胞（T_h）能协助 CTL 细胞的激活和形成以及帮助 B 淋巴细胞分化成抗体生产性细胞。

BCR/ 抗体与 TCR 在它们与配体相互作用的形式上存在很大的差异。BCR/ 抗体识别抗原内的一个小区域（称为"表位"），它可由线性序列（由 6 ～ 8 个氨基酸残基组成）组成，这代表了线性的决定簇；或抗原的三维结构结合一起的成簇氨基酸残基（构象决定簇）。TCR 可结合衍生自抗原的一小段肽，它经过了抗原提呈细胞（antigen-presenting cell，APC）的加工（当蛋白酶体降解 APC 内的抗原时产生了这个肽）。在 MHC 蛋白的帮助下，肽片段由 APC 提呈给 T 淋巴细胞，这段肽位于 MHC 蛋白表面的大槽内。这样，T 淋巴细胞需要同时辨认肽和 APC 所携带的 MHC 蛋白。T_h 细胞和 CTL 细胞都以这种方式识别抗原，但所需要的条件有所不同，如它们识别不同大小的肽，并需要运用不同类型的 MHC 蛋白进行提呈（见 16.23 节"MHC 基因座包含了一群参与免疫识别的基因"）。T 淋巴细胞识别长度至少为 13 ～ 20 个氨基酸残基的肽抗原，它由 MHC Ⅱ类蛋白提呈；而 CTL 细胞则识别长度不会超过 8 ～ 10 个氨基酸残基的肽抗原，它由 MHC Ⅰ类蛋白提呈。TCRαβ 为 T_h 细胞功能和 CTL 细胞功能提供了相关性结构。在这两种情况下，TCRαβ 既可识别抗原肽，又能识别自身的 MHC 蛋白。一种给定的 TCR 对特定的 MHC 蛋白以及它所偶联的抗原肽具有特异性。这种双重识别能力的基础是 TCRαβ 最令人感兴趣的结构特征。

可产生功能性 TCR 链的基因重组过程与 T 淋巴细胞的发育相关（图 16.33）。第一步是重排产生一条活性 TCRβ 链，它与一条称为前 TCRα（pre-TCRα）的代理 TCRα 链结合，在这个阶段，淋巴细胞还没有表达位于表面的 CD4 或 CD8；接着，前 TCR 异源二聚体与 CD3 信号复合体结合，此复合体产生的信号引起若干次细胞分裂。在此过程中，TCRα 链重排，CD4 和 CD8 基因被打开，这样，淋巴细胞从 $CD4^-CD8^-$ 或双阴性（double-negative，DN）胸腺细胞，转变成 $CD4^+CD8^+$ 或双阳性（double-positive，DP）胸腺细胞。在 DP 胸腺细胞内，TCRα 链重排继续进行，成熟化过程也继续进行，包括进行正选择（成熟 TCR 复合体与自身配体能进行中等亲和性的结合）和负选择（选择除去那些与自身配体高亲和性结合的 TCR），这两类选择都涉及与 MHC 蛋白的接触。DP 胸腺细胞在 3 ～ 4 天后死亡，

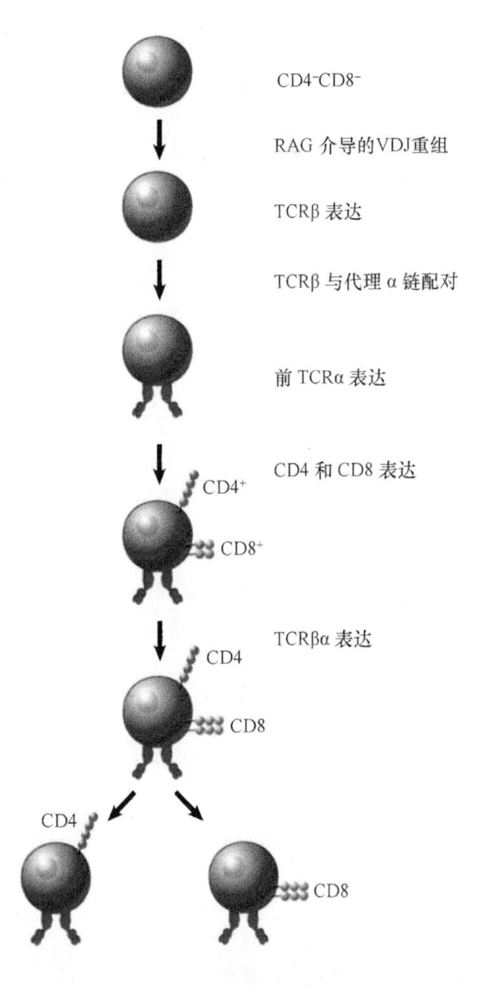

图 16.33 T 淋巴细胞发育依次经历多个阶段

或者通过选择过程成为成熟的淋巴细胞。在正选择中，TCRαβ 异源二聚体在细胞表面交联，从而使淋巴细胞免于凋亡（非坏死性细胞死亡）。如果淋巴细胞能在随后的负选择中存活，它们就会成为两类不同的 T 淋巴细胞：$CD4^+CD8^-$ 或 $CD4^-CD8^+$ 细胞。

TCR 也与一个称为 CD3 的蛋白质复合体结合。当与 CD3 相连的受体同抗原结合并被激活时，CD3 就可参与信号从细胞表面到内部的转导（**图 16.34**）。TCR 可变区和抗原的相互作用会引发 CD3 复合体的 ζ 亚基激活 T 淋巴细胞应答，这与 BCRIgα 和 Igβ 复合体传递 B 淋巴细胞激活信号的方式非常类似。

对外来抗原的识别需要细胞对新结构具有应答能力；对 MHC 蛋白的识别则要求 T 淋巴细胞能辨别某一种基因编码的 MHC 蛋白，而事实上细胞存在多种不同的 MHC 蛋白，这样，这两种识别需要相当可观的多样性。T_h 细胞和 CTL 细胞依赖于不同类别的 MHC 蛋白，然而，它们使用相同的 α 和 β 基因区段来组装其 TCR。即使在 TCR 重组过程中还引入了额外的变异，但是所产生的不同 TCR 数目仍然是有限的，还不足以满足不同 TCR 配体所需的多样性要求。TCR- 肽 /MHC 蛋白相互作用的相对较低结合亲和性要求，使得一种 TCR 可与多种不同的、展示出一些相似性的配体相互作用，这可能可以部分解决上述问题。

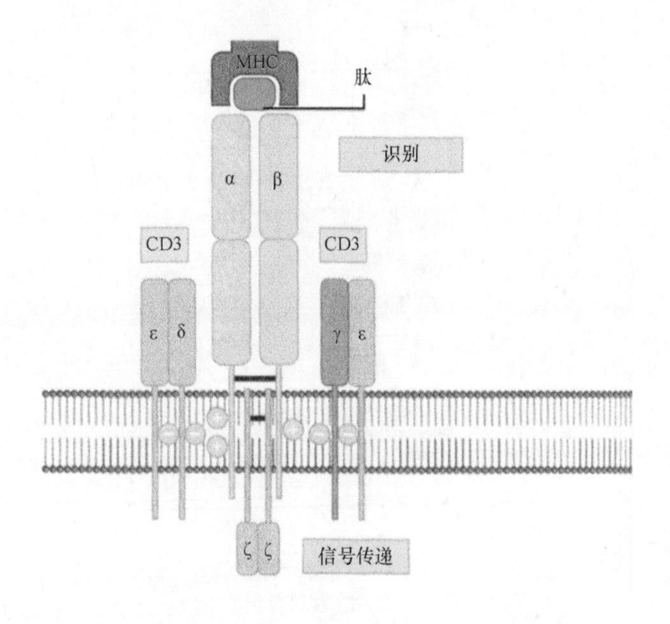

图 16.34 T 淋巴细胞受体（TCR）的两条链与 CD3 复合体的多肽结合。TCR 的可变区暴露于细胞表面。CD3 ζ 链的胞质结构域执行效应器功能

16.23 MHC 基因座包含了一群参与免疫识别的基因

关键概念

- MHC 基因座编码Ⅰ类、Ⅱ类和Ⅲ类分子。Ⅰ类分子是一类可区分“自身”和“非自身”组织的移植抗原。Ⅱ类分子可参与 T 淋巴细胞与抗原提呈细胞（APC）之间的相互作用。Ⅲ类分子则是多种多样的，包括细胞因子和补体级联反应途径中的各种成分。
- MHC Ⅰ类分子是异源二聚体，它由不同的 α 链和恒定的 β2 微球蛋白组成。
- MHC Ⅱ类分子是一条 α 链和一条 β 链组成的异源二聚体。

MHC 分子的进化使得它们功能的有效性和机动性达到了最大化，它能结合衍生自微生物病原体的肽，并把它提呈给 T 淋巴细胞。为了应答强大的进化压力来消灭各种各样的微生物，这些 MHC 蛋白进化到需要由一群基因编码，它们可以是多基因的（在所有个体中都由几组基因组成），也可以是多态性的（在一个大群体内存在多个基因变异体），这样就组成了一组组相关基因。在人类中，MHC 也称为**人类白细胞抗原（human leukocyte antigen，HLA）**。MHC 蛋白都是定位于膜上的二聚体，蛋白质的大部分都位于细胞外侧。在 3 类人源 MHC 蛋白中，Ⅰ类和Ⅱ类分子在免疫生物学和临床分型中是最重要的。尽管Ⅰ类和Ⅱ类分子的组分不同，但它们的结构是相关的（**图 16.35**）。

Ⅰ类 MHC 分子包含一个由Ⅰ类链（α）自身和 β2 微球蛋白组成的二聚体。Ⅰ类链是一个 45 kDa 的跨膜组分，它有三个胞外结构域（每个由约 90 个氨基酸残基组成，包括一个能与 β2 微球蛋白相互作用）、一个由约 40 个氨基酸残基组成的跨膜结构域和一个位于细胞内的由约 30 个氨基酸残基组成的细胞质结构域。Ⅱ类 MHC 分子由 α 和 β 这两条链构成，它们组合形成完整结构，并拥有两个胞外结构域。人类中主要存在着三个Ⅰ类 α 链基因，即 *HLA-A*、*HLA-B* 和 *HLA-C*。β2 微球蛋白是一个 12 kDa 的分泌蛋白，它在Ⅰ类链转运到细胞

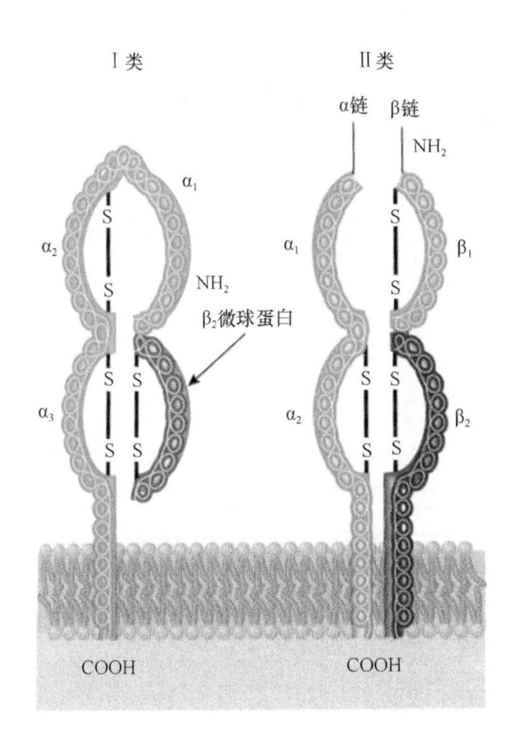

图 16.35 Ⅰ类 MHC 和Ⅱ类 MHC 拥有相关的结构。Ⅰ类抗原为单一 α 肽，含有 3 个外部结构域（α1、α2、α3），它能与 β2 微球蛋白（β2M）作用。Ⅱ类抗原由 α、β 两条多肽组成，每条多肽有两个结构域（α1 和 α2、β1 和 β2），总体结构也是类似

表面的过程中发挥作用。缺少 β2 微球蛋白基因的小鼠在细胞表面没有Ⅰ类抗原。人类中主要存在着 3 对Ⅱ类 α 链和Ⅱ类 β 链基因，即 *HLA-DR*、*HLA-DP* 和 *HLA-DQ*。

MHC 基因座在小鼠中 [17 号染色体的组织相容性 2（histocompatibility 2，*H2*）基因座] 和人类中（6 号染色体的人类白细胞抗原或 HLA 基因座）只是占据了一条染色体上的很小一片区域。这些区域包含许多编码免疫系统蛋白质的基因。一般而言，这些基因是高度多态的，即在单一基因组中，这些基因彼此之间是不同的。定位在这一区域的一些基因也编码存在于淋巴细胞和巨噬细胞上的蛋白质，它们拥有相关的结构，在免疫系统细胞的功能中是至关重要的。

MHC 基因座上的基因根据各自产物的结构和免疫特性被划分成三个簇。MHC 区段最早通过小鼠的遗传学来定义，经典的 H2 区占据 0.3 个遗传单位。加上突变会影响免疫功能的邻近区域，它们一共代表约 2000 kb 的区域。在哺乳动物、一些鸟类和鱼类中，MHC 区域通常是保守的。Ⅰ类和Ⅱ类基因所在的基因组区域标识了这一基因座的最初边界，它从端粒一直延伸到着丝粒（**图 16.36** 中从右到左）。分隔Ⅰ类和Ⅱ类基因区段中所含有的基因能编码产生许多功能性蛋白质，这称为Ⅲ类区段。基因座末端的定义随物种而变化。Ⅰ类基因旁边，即在端粒一侧的Ⅰ类区段之外的地方称作Ⅰ类延伸区（extended class Ⅰ region）；与之类似，Ⅱ类区段旁边，即着丝粒带周边区域称作Ⅱ类延伸区。小鼠和人类的主要区别就在于小鼠的Ⅱ类延伸区包含一些Ⅰ类（*H2-K*）基因。

Ⅰ类基因的组织形式基于其产物的结构，如**图 16.37** 所示。第一个外显子编码信号序列（在膜运输过程中被切掉）；下面的三个外显子分别编码各自的胞外结构域；第五个外显子编码跨膜结构域；最后三个相对较小的外显子共同编码细胞质结构域。人类移植抗原基因的唯一不同之处在于，它只由两个外显子编码。与其他外显子相比，Ⅰ类基因中编码第三个胞外结构域的外显子显得高度保守，

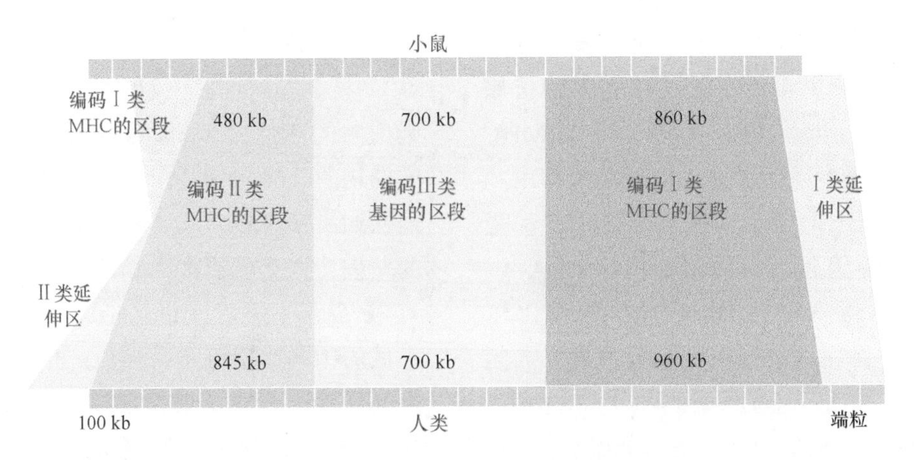

图 16.36 MHC 区分布于超过 2 Mb 的区段中。MHC Ⅰ类和 MHC Ⅱ类的蛋白质由两个分开的区段编码，它们之间的基因区段定义为Ⅲ类区段。延伸区指在基因簇两端的同线性基因区段。小鼠和人类中，此基因的主要区别在于 H2 的Ⅰ类基因是否存在于延伸区的左边。小鼠基因座位于 17 号染色体，而人类的这个基因座位于 6 号染色体

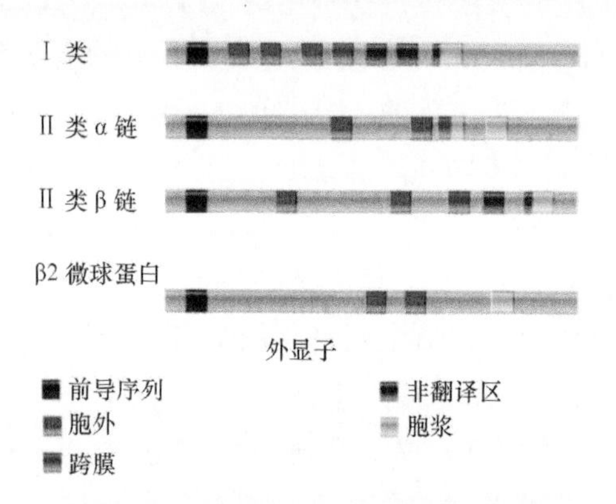

图 16.37 每种类型的 MHC 基因都有其独特的组织形式，而每个外显子代表单一的蛋白质结构域

这个保守的结构域可能代表与β2 微球蛋白相互作用的区域，这可用来解释结构的稳定性；此结构域还与免疫球蛋白的恒定区具有同源性。在Ⅰ类等位基因之间的大部分序列变异发生在第一和第二个胞外结构域，有时在一个小区域内会发生一簇碱基被替换的形式。

β2 微球蛋白基因位于一条分开的染色体上，它包括四个外显子，第一个编码信号肽，第二个编码蛋白质的大部分（第 3 位到第 95 位的氨基酸残基），第三个编码剩余的四个氨基酸残基和 UTR 的一部分，第四个编码剩余的 UTR 尾部。β2 微球蛋白的基因长度和免疫球蛋白 V 基因长度相似，在氨基酸组成上有一定的相似性。β2 微球蛋白和 Ig 恒定区或者Ⅰ类基因的第三个胞外结构域的核酸序列之间也存在一定的（有限的）相似性。

MHC Ⅰ类基因编码移植抗原，它们存在于哺乳动物的每一个细胞表面。如它们名字所提示的，这些蛋白质和外来组织的排斥相关，即外来组织的移植抗原由于其特定的序列而被识别。在免疫系统中，它们在靶细胞表面的存在是细胞介导的免疫应答所必需的。Ⅰ类蛋白是通过它们的抗原特性，依据血清型而定义的。小鼠的Ⅰ类 MHC 基因编码 H2-K 和 H2-D/L 蛋白。每只小鼠都用几个可能的等位基因中的一个来分别编码每一种蛋白。人类Ⅰ类基因编码经典的移植抗原 HLA-A、HLA-B 和 HLA-C。一些类 HLA Ⅰ类基因位于 MHC 基因座的外围区域，在这些基因中最著名的是小 CD1 家族。CD1 基因所编码的蛋白质表达于 DC 细胞与单核细胞中。CD1 蛋白能结合糖脂，并将它们提呈给既非 CD4 也非 CD8 的 T 淋巴细胞。

MHC Ⅱ类基因编码 MHC Ⅱ类蛋白，它们存在于 B 淋巴细胞、T 淋巴细胞、巨噬细胞及 DC 细胞中。MHC Ⅱ类蛋白参与关键的细胞之间的抗原提呈和交流，这是诱导特异性免疫应答所必需的。在特定情况下，它们是 T_h 细胞发挥功能所必需的。小鼠 MHC Ⅱ类早先被定义为免疫应答基因（immune response，*Ir*），也就是说，这些基因的表达使得给定抗原的免疫应答可被触发，由此而定义为 I-A 和 I-E。人类的 MHC Ⅱ类区段（也称为 HLA-D）排列为 HLA-DR、HLA-DP 和 HLA-DQ 三个亚区。这些区域还包括几个抗原特异性应答起始相关的基因，即与抗原提呈相关的基因。这些基因包括编码 LMP 蛋白和 TAP 蛋白的基因，也包括编码 DM 和 DO 分子的基因。INF-γ 可诱导 MHC Ⅱ类基因的表达，它通过 MHC Ⅱ类转录激活物（MHC Ⅱ class transcriptional activator，CⅡTA）而实现。

MHC Ⅲ类占据了Ⅰ类和Ⅱ类区段之间的“过渡”区段，它包括编码补体成分的基因，如 C2 蛋白、C4 蛋白和 B 因子。补体的作用是与抗体 - 抗原复合体发生相互作用，并介导补体级联反应的激活，最终裂解细胞、细菌或病毒。位于这一区段中的其他基因包括编码肿瘤坏死因子 α（tumor necrosis factor-α，TNF-α）、淋巴毒素 α（lymphotoxin-α，LTA）和淋巴毒素 β（lymphotoxin-β，LTB）的基因。

在哺乳动物的 MHC 区段存在着几百个基因，但涉及 MHC 功能的基因可能只占其中很少的部分，如在鸟类中，MHC 区段长 92 kb，却只含有 9 个基因。通过与其他基因家族进行比较，我们发现执行每个功能的准确基因数目有所不同。MHC 基因座在不同个体间表现出广泛的变异，在不同个体中，许多基因也可能是不同的。然而通常而言，小鼠基因组中的活性 *H2* 基因数目比人类基因组要少。哺乳动物的Ⅱ类 MHC 基因是独特的（除了一个亚组），而在通常情况下，鸟类和鱼类在此位置却拥有不同的基因。人类约有 8 个功能性Ⅰ类基因，而小鼠约有 30 个。Ⅰ类区段也包括许多其他基因。人类和小鼠的Ⅲ类区段则十分相似。Ⅰ类和Ⅱ类基因是高度多态的，除了人类的 *HLA-DRα* 和小鼠的同源物 *H2-Eα* 之外，因此它们很可能由于广泛的基因重复而产生，而更进一步的趋异则通过突变和基因转变引起。

小结

本质上，本章所讨论的所有基因类别可能起源于一个编码原始蛋白质结构域的共同祖先。这样的基因应该编码一种蛋白质，它应该能介导针对各种各样病原体微生物的非特异性防御。它可能是保守基因的祖先，能编码20种以上存在于果蝇中的抗真菌、抗细菌和抗病毒肽，这些基因的进一步倍增和进化在Ig基因座、TCR基因座和MHC基因座产生了Ig V(D)J和C基因的多样性。

免疫系统已经进化到可应答各种各样的微生物病原体，如细菌、病毒或其他感染性因子。使用PRR的许多病原体共享一些普适性结构或MAMP，它们可被即刻的免疫应答所识别，而所触发的反应就可完成免疫效应。这些受体的多样性是有限的，并由生殖细胞所编码。所参与的PRR是典型的Toll样受体家族的成员，而这种信号通路与胚胎发育过程中Toll受体激发的途径相似。这条途径最终能激活某种转录因子使相关基因表达，这些基因的产物可以使感染因子失活，比如通过使其细胞膜通透化而起作用。

固有免疫反应以不同方式和不同程度被激发，这依赖于可激发这条途径的外来微生物抗原的本性。在感染早期阶段，有机体会将入侵微生物（一定程度上）限制于局部组织中，但是一般而言，在后期阶段它没有能力限制感染的扩散，或根除入侵的微生物病原体。固有免疫应答是非特异性的，也不能产生免疫记忆。尽管固有免疫应答的调节是不同的，但是抗原本性决定了最后的针对同一种抗原的适应性免疫应答的本质。

适应性免疫应答依赖于BCR或TCR，在B和T淋巴细胞中，这些分子各自发挥了类似的识别功能。BCR或TCR的成分是通过单一淋巴细胞的DNA重排所产生的。在B和T淋巴细胞的早期发育阶段进行了许多基因重排，从而产生大量具有不同特异性的免疫细胞。暴露于可被BCR或TCR识别的抗原能够导致克隆扩增，从而产生许多与原来（亲本）细胞特异性相同的后代免疫细胞。在初级B淋巴细胞和T淋巴细胞文库中存在数目庞大的、可以利用的BCR和TCR库，这提供了这种选择过程的结构基础。

每一种Ig都是四聚体，包含两条相同的轻链和两条相同的重链（κ或λ）。就如Ig分子一样，TCR是异源二聚体，包含两条不同的链。就如IgH一样，表达TCRβ和TCRδ的基因都是通过以下这种方式形成的：许多V基因区段中的一个，通过D区段及J区段，与若干C基因区段中的其中一个重组连接而成。就如IgL一样，TCRα和TCRγ链类似于IgL链（κ链或λ链）。

V(D)J基因区段与其组织形式在每一种链中都是不同的，但其重组机制和规律似乎是相同的。同样的九聚体-七聚体RSS参与每一个重组过程，反应将一个含有23 bp间隔区的RSS与一个有12 bp间隔区的RSS连接在一起。切割反应是由RAG1/RAG2蛋白催化，而连接反应是由修复DSB的通用NHEJ通路中的一些相同成分催化的。RAG蛋白的作用机制与由解离酶催化的位点专一重组的作用机制相关。重组不同的V(D)J基因区段可以产生相当可观的多样性，然而在重组过程中，在V(D)J DNA区段之间的连接位点上，额外的序列变异以截断和（或）N核苷酸加入的形式被引进。一次有效重排能阻止进一步的重排（等位基因排斥），而等位基因排斥确保每个淋巴细胞只合成一种BCR或TCR。

成熟B淋巴细胞表达细胞表面IgM和IgD型BCR。在遇到抗原并被激活后，这些B淋巴细胞开始分泌相应的IgM抗体，这一过程是利用分化剪接或可变剪接机制完成的，这是BCR的膜结合型与其相对应的分泌型版本（抗体）的表达基础。可识别机体自身蛋白质的BCR/TCR在这个过程的早期就已经被筛选出局。在初级免疫应答中，可应答抗原的B淋巴细胞或T淋巴细胞克隆被进一步扩展和选择。B淋巴细胞中BCR的激活触发了体液应答途径，而T淋巴细胞中TCR的激活触发了细胞应答途径。初级（获得性）免疫应答存在延迟期，通常为数天，这是针对抗原的B淋巴细胞和（或）T淋巴细胞的克隆选择和增殖所必需的，这些抗原可存在于细菌、病毒或其他微生物上，并可驱动免疫应答。B淋巴细胞或T淋巴细胞的克隆选择依赖于经过选择的B和T淋巴细胞克隆上的BCR和TCR上所结合的抗原。在初级免疫应答的后期，这些克隆在细胞体积上显著增大，并经历过SHM事件和CSR事件。再次暴露于同一抗原可诱导出次级免疫应答，它几乎没有延迟期，规模上更大，且比初级免疫应答更加专一。

在次级免疫应答过程中，再次暴露于同一抗原后，SHM 和 CSR 会继续进行。SHM 会在 Ig 的 V(D)J 基因序列中插入点突变，这需要 AID 胞嘧啶脱氨酶和 Ung 糖基化酶的作用。在大多数情况下，AID 蛋白所诱发的突变会引起 Ung 蛋白将脱氧尿嘧啶去除、由 TLS 聚合酶跨过无碱基位点和（或）MMR 装配成分的募集。尽管 V 区的使用在第一次有效重排中就已经被固定下来，但 B 淋巴细胞会继续进行 CSR 事件，因此会转换使用不同的 C_H 基因，从开始的 C_μ 链到后来的由更下游序列所编码的 C_H 链。该过程涉及不同类型的重组，在此过程中，V_HDJ_H 区段和新的 C_H 基因区段之间的 DNA 间隔区被删除，并被重新连接成可用于转换的环状结构。在 B 淋巴细胞的发育过程中会发生多次 CSR。CSR 需要 SHM 所需的 AID 胞嘧啶脱氨酶和 Ung 蛋白，它也利用 DNA 修复的 NHEJ 途径中的一些成分。分化或可变剪接也决定了所有三种同一型（IgG、IgA 和 IgE）的膜型和分泌型的表达。

SHM 和 CSR 发生于外周淋巴器官中，它们对抗体应答的成熟以及免疫 B 淋巴细胞的产生至关重要，但与 T 淋巴细胞的记忆没有关系。免疫记忆对可驱动原始免疫应答的同一种抗原提供保护性免疫。这样，有机体可保留特异性的 B 淋巴细胞和（或）T 淋巴细胞免疫应答的记忆。在所有脊椎动物中，适应性免疫应答的原则是相似的，尽管在细节上可能有所差异。这种记忆使得有机体一旦暴露于同一病原体，它会应答得更快且更加强烈，这为疫苗的设计和应用提供了细胞和分子基础。

致谢：Casali 博士感谢 Hong Zan 博士对本章某些小节的编辑所提供的帮助。

参考文献

16.1 免疫系统：固有免疫和适应性免疫

综述文献

Gasteiger, G., and Rudensky, A. Y. (2014). Interactions between innate and adaptive lymphocytes. *Nat. Rev. Immunol*. 14, 631-639.

Iwasaki, A., and Medzhitov, R. (2015). Control of adaptive immunity by the innate immune system. *Nat. Immunol*. 16, 345-353.

Paul, W. E. (2012). Bridging innate and adaptive immunity. *Cell* 147, 1212-1215.

研究论文文献

Cooper, M. D., Peterson, R. D. A., and Good, R. A. (1965). Delineation of the thymic and bursal lymphoid systems in the chicken. *Nature* 205, 143-146.

Raff, M. C. (1970). Role of thymus-derived lymphocytes in the secondary humoral immune response in mice. *Nature* 226, 1257-1258.

16.2 固有免疫应答利用保守的识别分子与信号通路

综述文献

Blasius, A., and Bentler, B. (2010). Intracellular Tolllike receptors. *Immunity* 32, 305-315.

Cerutti, A., Pu, G., and Cols, M. (2011). Innate control of B cell responses. *Trends Immunol*. 32, 202-211.

Ferrandon, D., Imler, J.-L., Hetru, C., and Hoffmann, J. A. (2007). The *Drosophila* systemic immune response: sensing and signaling during bacterial and fungal infections. *Nat. Rev. Immunol*. 7, 862-874.

Hornung, V., Hartmann, R., Ablasser, A., and Hopfner, K. P. (2014). OAS proteins and cGAS: unifying concepts in sensing and responding to cytosolic nucleic acids. *Nat. Rev. Immunol*. 14, 521-528.

Kawai, T., and Akira, S. (2011). Toll-like receptors and their crosstalk with other innate receptors in infection and immunity. *Immunity* 34, 637-650.

Lee, M. S., and Kim, Y. J. (2007). Signaling pathways downstream of pattern-recognition receptors and their cross talk. *Annu. Rev. Biochem*. 76, 447-480.

Moresco, E. M., LaVine, D., and Beutler, B. (2011). Toll-like receptors. *Curr. Biol*. 21, R488-R493.

Palm, N. W., and Medzhitov, R. (2009). Pattern recognition receptors and control of adaptive immunity. *Immunol. Rev*. 227, 221-233.

Rawlings, D. J., Schwartz, M. A., Jackson, S. W., Meyer-Bahlburg, A., Kawai, T., and Akira, S. (2010). The role of pattern-recognition receptors in innate immunity: update on Toll-like receptors. *Nat. Immunol*. 11, 373-384.

Ronald, P. C., and Beutler, B. (2010). Plant and animal sensors of conserved microbial signatures. *Science* 330, 1061-1064.

研究论文文献

Baeuerle, P. A., and Baltimore, D. (1988). IκB: a specific inhibitor of the NF-κB transcription factor. *Science* 242, 540-546.

Carty, M., Goodbody, R., Schroder, M., Stack, J., Moynagh, P. N., and Bowie, A. G. (2006). The human adaptor SARM negatively regulates adaptor protein TRIF-dependent Toll-like receptor signaling. *Nat. Immunol*. 7, 1074-1081.

Jiang, Z., Georgel, P., Li, C., Choe, J., Crozat, K., Rutschmann, S., Du, X., Bigby, T., Mudd, S., Sovath, S., Wilson, I. A., Olson, A., and Beutler, B. (2006). Details of Toll-like receptor: adapter interaction revealed by germ-line mutagenesis. *Proc. Natl. Acad. Sci. USA* 103, 10961-10966.

Kagan, J. C., Su, T., Horng, T., Chow, A., Akira, S., and Medzhitov, R. (2008). TRAM couples endocytosis of Toll-like receptor 4 to the induction of interferon-β. *Nat. Immunol*. 9, 361-368.

Lemaitre, B., Nicolas, E., Michaut, L., Reichhart, J. M., and Hoffmann, J. A. (1996). The dorsoventral regulatory gene cassette spatzle/Toll/cactus controls the potent antifungal response in *Drosophila* adults. *Cell* 86, 973-983.

Medzhitov, R., Preston-Hurlburt, P., and Janeway, Jr., C. A. (1997). A human homologue of the *Drosophila* Toll protein signals activation of adaptive immunity. *Nature* 388, 394-397.

Oshiumi, H., Matsumoto, M., Funami, K., Akazawa, T., and Seya, T. (2003). TICAM-1, an adaptor molecule that participates in Toll-like receptor 3-mediated interferon-beta induction. *Nat. Immunol.* 4, 161-167.

Poltorak, A., He, X., Smirnova, I., Liu, M. Y., Van Huffel, C., Du, X., Birdwell, D., Alejos, E., Silva, M., Galanos, C., Freudenberg, M., Ricciardi-Castagnoli, P., Layton, B., and Beutler, B. (1998). Defective LPS signaling in C3H/HeJ and C57BL/10ScCr mice: mutations in *Tlr4* gene. *Science* 282, 2085-2088.

Rock, F. L., Hardiman, G., Timans, J. C., Kastelein, R. A., and Bazan, J. F. (1998). A family of human receptors structurally related to *Drosophila* Toll. *Proc. Natl. Acad. Sci. USA* 95, 588-593.

Rogozin, I. B., Iyer, L. M., Liang, L., Glazko, G. V., Liston, V. G., Pavlov, Y. I., Aravind, L., and Pancer, Z. (2007). Evolution and diversification of lamprey antigen receptors: evidence for involvement of an AID-APOBEC family cytosine deaminase. *Nat. Immunol.* 8, 647-656.

Sen, R., and Baltimore, D. (1986). Inducibility of κ immunoglobulin enhancer-binding protein NF-κB by a posttranslational mechanism. *Cell* 47, 921-928.

Wesche, H., Henzel, W. J., Shillinglaw, W., Li, S., and Cao, Z. (1997). MyD88: an adapter that recruits IRAK to the IL-1 receptor complex. *Immunity* 7, 837-847.

16.3 适应性免疫

综述文献

Chang, J. T., Wherry, E. J., and Goldrath, A. W. (2014). Molecular regulation of effector and memory T cell differentiation. *Nat. Immunol.* 15, 1104-1115.

Goodnow, C. C., Vinuesa, C. G., Randall, K. L., Mackay, F., and Brink, R. (2010). Control systems and decision making for antibody production. *Nat. Immunol.* 8, 681-688.

Jiang, H., and Chess, L. (2009). How the immune system achieves self-nonself discrimination during adaptive immunity. *Adv. Immunol.* 102, 95-133.

Koonin, E. V., and Krupovic, M. (2014). Evolution of adaptive immunity from transposable elements combined with innate immune systems. *Nat. Rev. Genet.* 16, 184-192.

Kurosaki, T., Kometani, K., and Ise W. (2015). Memory B cells. *Nat. Immunol.* 15, 149-159.

Litman, G. W., Rast, J. P., and Fugmann, S. D. (2010). The origins of vertebrate adaptive immunity. *Nat. Rev. Immunol.* 10, 543-553.

16.4 克隆选择作用扩增出可应答给定抗原的淋巴细胞

综述文献

Hodgkin, P. D., Heath, W. R., and Baxter, A. G. (2007). The clonal selection theory: 50 years since the revolution. *Nat. Immunol.* 8, 1019-1012.

Neuberger, M. S. (2008). Antibody diversification by somatic mutation: from Burnet onwards. *Immunol. Cell Biol.* 86, 124-132.

Reiner, S. L., and Adams, W. C. (2014). Lymphocyte fate specification as a deterministic but highly plastic process. *Nat. Rev. Immunol.* 14, 699-704.

研究论文文献

Gitlin, A. D., Shulman, Z., and Nussenzweig, M. C. (2014). Clonal selection in the germinal centre by regulated proliferation and hypermutation. *Nature* 509, 637-640.

Takada, K., Van Laethem, F., Xing, Y., Akane, K, Suzuki, H., Murata, S., Tanaka, K., Jameson, S.C., Singer, A., and Takahama, Y. (2015). TCR affinity for thymoproteasome-dependent positively selecting peptides conditions antigen responsiveness in CD8 T cells. *Nat Immunol.* 16, 1069-1076.

16.5 Ig 基因由 B 淋巴细胞内多个分散的 DNA 片段装配而成

综述文献

Cobb, R. M., Oestreich, K. J., Osipovich, O. A., and Oltz, E. M. (2006). Accessibility control of V(D)J recombination. *Adv. Immunol.* 91, 45-109.

Jung, D., Giallourakis, C., Mostoslavsky, R., and Alt, F. W. (2006). Mechanism and control of V(D)J recombination at the immunoglobulin heavy chain locus. *Annu. Rev. Immunol.* 24, 541-570.

Kuo, T. C., and Schlissel, M. S. (2009). Mechanisms controlling expression of the RAG locus during lymphocyte development. *Curr Opin Immunol.* 21, 173-178.

Schatz, D. G., and Swanson, P. C. (2011). V(D)J recombination: mechanisms of initiation. *Annu. Rev. Genet.* 45, 167-202.

研究论文文献

Hozumi, N., and Tonegawa, S. (1976). Evidence for somatic rearrangement of immunoglobulin genes coding for variable and constant regions. *Proc. Natl. Acad. Sci. USA* 73, 3628-3632.

Schatz, D. G., Oettinger, M. A., and Baltimore, D. (1989). The V(D)J recombination activating gene, RAG-1. *Cell* 59, 1035-1048.

16.6 轻链基因由单一重组事件装配而成

综述文献

Langerak, A. W., and van Dongen, J. J. (2006). Recombination in the human Igκ locus. *Crit. Rev. Immunol.* 26, 23-42.

Schlissel, M. S. (2004). Regulation of activation and recombination of the murine Igκ locus. *Immunol. Rev.* 200, 215-223.

研究论文文献

Johnson, K., Hashimshony, T., Sawai, C. M., Pongubala, J. M., Skok, J. A., Aifantis, I., and Singh, H. (2008). Regulation of immunoglobulin light-chain recombination by the transcription factor IRF-4 and the attenuation of IL-7 signaling. *Immunity* 28, 335-345.

Lewis, S., Gifford, A., and Baltimore, D. (1985). DNA elements are asymmetrically joined during the site-specific recombination of κ immunoglobulin genes. *Science* 228, 677-685.

16.7 重链基因由两次有序重组事件装配而成

综述文献

Jung, D., Giallourakis, C., Mostoslavsky, R., and Alt, F. W.

(2006). Mechanism and control of V(D)J recombination at the immunoglobulin heavy chain locus. *Annu. Rev. Immunol.* 24, 541-570.

Schatz, D. G., and Ji, Y. (2011). Recombination centres and the orchestration of V(D)J recombination. *Nat. Rev. Immunol.* 11, 251-263.

研究论文文献

Guo. C., Yoon, H. S., Franklin, A., Jain, S., Ebert, A., Cheng, H. L., Hansen, E., Despo, O., Bossen, C., Vettermann, C., Bates, J. G., Richards, N., Myers, D., Patel, H., Gallagher, M., Schlissel., M. S., Murre, C., Busslinger, M., Giallourakis, C. C., and Alt, F. W. (2011). CTCF-binding elements mediate control of V(D)J recombination. *Nature* 477, 424-430.

16.8 重组产生广泛的多样性

综述文献

Bossen, C., Mansson, R., and Murre, C. (2012). Chromatin topology and the regulation of antigen receptor assembly. *Annu. Rev. Immunol.* 30, 337-356.

Hodgkin, P. D., Heath, W. R., and Baxter, A. G. (2007). The clonal selection theory: 50 years since the revolution. *Nat. Immunol.* 8, 1019-1012.

研究论文文献

Jhunjhunwala, S., van Zelm, M.C., Peak, M. M., Cutchin, S., Riblet, R., van Dongen, J. J., Grosveld, F. G., Knoch, T. A., and Murre, C. (2008). The 3D structure of the immunoglobulin heavy-chain locus: implications for long-range genomic interactions. *Cell* 133, 265-279.

16.9 V(D)J DNA 重组依赖于 RSS，它由缺失和倒位产生

综述文献

Dadi, S., Le Noir, S., Asnafi, V., Beldjord, K., and Macintyre, E. A. (2009). Normal and pathological V(D)J recombination: contribution to the understanding of human lymphoid malignancies. *Adv. Exp. Med. Biol.* 650, 180-189.

Liu, Y., Zhang, L., and Desiderio, S. (2009). Temporal and spatial regulation of V(D)J recombination: interactions of extrinsic factors with the RAG complex. *Adv. Exp. Med. Biol.* 650, 157-165.

Schatz, D. G., and Ji, Y. (2011). Recombination centres and the orchestration of V(D)J recombination. *Nat. Rev. Immunol.* 11, 251-263.

Swanson, P. C., Kumar, S., and Raval, P. (2009). Early steps of V(D)J rearrangement: insights from biochemical studies of RAG-RSS complexes. *Adv. Exp. Med. Biol.* 650, 1-15.

研究论文文献

Curry, J. D., Geier, J. K., and Schlissel, M. S. (2005). Single-strand recombination signal sequence nicks in vivo: evidence for a capture model of synapsis. *Nat. Immunol.* 6, 1272-1279.

Du, H., Ishii, H., Pazin, M. J., and Sen, R. (2008). Activation of 12/23-RSS-dependent RAG cleavage by hSWI/SNF complex in the absence of transcription. *Mol. Cell* 31, 641-649.

Melek, M., and Gellert, M. (2000). RAG1/2-mediated resolution of transposition intermediates: two pathways and possible consequences. *Cell* 101, 625-633.

Qiu, J. X., Kale, S. B., Yarnell Schultz, H., and Roth, D. B. (2001). Separation-of-function mutants reveal critical roles for RAG2 in both the cleavage and joining steps of V(D)J recombination. *Mol. Cell* 7, 77-87.

Seitan, V. C., Hao, B., Tachibana-Konwalski, K., Lavagnolli, T., Mira-Bontenbal, H., Brown, K. E., Teng, G., Carroll, T., Terry, A., Horan. K., Marks, H., Adams, D. J., Schatz, D. G., Aragon, L., Fisher, A. G., Krangel, M. S., Nasmyth, K., and Merkenschlager, M. (2011). A role for cohesin in T-cell-receptor rearrangement and thymocyte differentiation. *Nature* 476, 467-471.

16.10 有效重排触发等位基因排斥

综述文献

Brady, B. L., Steinel, N. C., and Bassing, C. H. (2010). Antigen receptor allelic exclusion: an update and reappraisal. *J. Immunol.* 185, 3801-3808.

Cedar, H., and Bergman, Y. (2008). Choreography of Ig allelic exclusion. *Curr. Opin. Immunol.* 20, 308-317.

Levin-Klein, R., and Bergman, Y. (2014). Epigenetic regulation of monoallelic rearrangement (allelic exclusion) of antigen receptor genes. *Front. Immunol.* 5, 625.

Perlot, T., and Alt, F. W. (2008). *Cis*-regulatory elements and epigenetic changes control genomic rearrangements of the IgH locus. *Adv. Immunol.* 99, 1-32.

研究论文文献

Hewitt, S. L., Farmer, D., Marszalek, K., Cadera, E., Liang, H. E., Xu, Y., Schlissel, M. S., and Skok, J. A. (2008). Association between the Igk and Igh immunoglobulin loci mediated by the 3′ Igκ enhancer induces “decontraction” of the IgH locus in pre-B cells. *Nat. Immunol.* 9, 396-404.

Liang, H. E., Hsu, L. Y., Cado, D., and Schlissel, M. S. (2004). Variegated transcriptional activation of the immunoglobulin κ locus in pre-B cells contributes to the allelic exclusion of light-chain expression. *Cell* 118, 19-29.

16.11 RAG1/RAG2 蛋白催化 V(D)J 基因区段的断开和重接

综述文献

Bergeron, S., Anderson, D. K., and Swanson, P. C. (2006). RAG and HMGB1 proteins: purification and biochemical analysis of recombination signal complexes. *Methods Enzymol.* 408, 511-528.

Schatz, D. G., and Ji, Y. (2011). Recombination centres and the orchestration of V(D)J recombination. *Nat. Rev. Immunol.* 11, 251-263.

研究论文文献

Deriano, L., Stracker, T. H., Baker, A., Petrini, J. H., and Roth, D. B. (2009). Roles for NBS1 in alternative nonhomologous end-joining of V(D)J recombination intermediates. *Mol. Cell* 34, 13-25.

Difilippantonio, S., Gapud, E., Wong, N., Huang, C. Y., Mahowald, G., Chen, H. T., Kruhlak, M. J., Callen, E., Livak, F., Nussenzweig, M. C., Sleckman, B. P., and Nussenzweig, A. (2008). 53BP1 facilitates long-range DNA end-joining during V(D)J recombination. *Nature* 456, 529-533.

Ji, Y., Resch., W., Corbett, E., Yamane, A., Casellas, R., and Schatz, D. G. (2010). The *in vivo* pattern of binding of

RAG1 and RAG2 to antigen receptor loci. *Cell* 141, 419-431.

Lu, C. P., Sandoval, H., Brandt, V. L., Rice, P. A., and Roth, D. B. (2006). Amino acid residues in Rag1 crucial for DNA hairpin formation. *Nat. Struct. Mol. Biol.* 13, 1010-1015.

Ma, Y., Pannicke, U., Schwarz, K., and Lieber, M. R. (2002). Hairpin opening and overhang processing by an Artemis/DNA-dependent protein kinase complex in nonhomologous end joining and V(D)J recombination. *Cell* 108, 781-794.

Ru, H., Chambers, M. G., Fu, T.-M., Tong, A. B., Liao, M., and Wu, H. (2015). Molecular mechanism of V(D)J recombination from synaptic RAG1-RAG2 complex structures. *Cell* 163, 1138-1152.

Tsai, C. L., Drejer, A. H., and Schatz, D. G. (2002). Evidence of a critical architectural function for the RAG proteins in end processing, protection, and joining in V(D)J recombination. *Genes. Dev.* 16, 1934-1949.

Yarnell Schultz, H., Landree, M. A., Qiu, J. X., Kale, S. B., and Roth, D. B. (2001). Joining-deficient RAG1 mutants block V(D)J recombination in vivo and hairpin opening in vitro. *Mol. Cell* 7, 65-75.

16.12 B 淋巴细胞在骨髓中发育：从共同的淋巴样祖细胞到成熟的 B 淋巴细胞

综述文献

Bryder, D., and Sigvardsson, M. (2012). Shaping up a lineage-lessons from B lymphopoesis. *Curr. Opin. Immunol.* 22, 148-153.

Kurosaki, T., Shinohara, H., and Baba, Y. (2010). B cell signaling and fate decision. *Annu. Rev. Immunol.* 28, 21-55.

Parra, M. (2009). Epigenetic events during B lymphocyte development. *Epigenetics*. 4, 462-468.

研究论文文献

Decker, T., Pasca di Magliano, M., McManus, S., Sun, Q., Bonifer, C., Tagoh, H., and Busslinger, M. (2009). Stepwise activation of enhancer and promoter regions of the B cell commitment gene Pax5 in early lymphopoiesis. *Immunity* 30, 508-520.

Nechanitzky, R., Akbas, D., Scherer, S., Györy, I., Hoyler, T., Ramamoorthy, S., Diefenbach, A., and Grosschedl, R. (2013). Transcription factor EBF1 is essential for the maintenance of B cell identity and prevention of alternative fates in committed cells. *Nat. Immunol.* 14, 867-875.

16.13 类别转换 DNA 重组

综述文献

Robbiani, D. F., and Nussenzweig, M. C. (2013). Chromosome translocation, B cell lymphoma, and activation-induced cytidine deaminase. *Annu. Rev. Pathol.* 8, 79-103.

Stavnezer, J., and Schrader, C. E. (2014). IgH chain class switch recombination: mechanism and regulation. *J. Immunol.* 193, 5370-5378.

Xu, Z., Pone, E. J., Al-Qahtani, A., Park, S, R., Zan, H., and Casali, P. (2007). Regulation of *Aicda* expression and AID activity: relevance to somatic hypermutation and class switch DNA recombination. *Crit. Rev. Immunol.* 27, 367-397.

Xu, Z., Zan, H., Pone, E. J., Mai, T., and Casali, P. (2012). Immunoglobulin class switch DNA recombination: induction, targeting and beyond. *Nature Rev. Immunol.*, 17, 2595-2615.

Yang, S. Y., and Schatz, D. G. (2007). Targeting of AID-mediated sequence diversification by *cis*acting determinants. *Adv. Immunol.* 94, 109-125.

Zan, H., and Casali, P. (2013). Regulation of *Aicda* expression and AID activity. *Autoimmunity* 46, 83-101.

研究论文文献

Basu, U., Chaudhuri, J., Alpert, C., Dutt, S., Ranganath, S., Li, G., Schrum, J. P., Manis, J. P., and Alt, F. W. (2005). The AID antibody diversification enzyme is regulated by protein kinase A phosphorylation. *Nature* 438, 508-511.

Basu, U., Meng, F.-L., Keim, C., Grinstein, V., Pefanis, E., Eccleston, J., Zhang, T., Myers, D., Wasserman, C. R., Wesemann, D. R., Januszyk, K., Gregory, R. I., Deng, H., Lima, C. D., and Alt, F. W. (2011). The RNA exosome targets the AID cytidine deaminase to both strands of transcribed duplex DNA substrates. *Cell* 144, 353-363.

Geisberger, R., Rada, C., and Neuberger, M. S. (2009). The stability of AID and its function in class-switching are critically sensitive to the identity of its nuclear-export sequence. *Proc. Natl. Acad. Sci. USA* 106, 6736-6741.

Kinoshita, K., Harigai, M., Fagarasan, S., Muramatsu, M., and Honjo, T. (2001). A hallmark of active class switch recombination: transcripts directed by I promoters on looped-out circular DNAs. *Proc. Natl. Acad. Sci. USA* 98, 12620-12623.

Mai, T., Zan, H., Zhang, J., Hawkins, J. S., Xu, Z., and Casali, P. (2010). Estrogen receptors bind to and activate the *HOXC4/HoxC4* promoter to potentiate HoxC4-mediated activation-induced cytosine deaminase induction, immunoglobulin class switch DNA recombination, and somatic hypermutation. *J. Biol. Chem.* 285, 37797-37810.

Matsuoka, M., Yoshida, K., Maeda, T., Usuda, S., and Sakano, H. (1990). Switch circular DNA formed in cytokine-treated mouse splenocytes: evidence for intramolecular DNA deletion in immunoglobulin class switching. *Cell* 62, 135-142.

Muramatsu, M., Kinoshita, K., Fagarasan, S., Yamada, S., Shinkai, Y., and Honjo, T. (2000). Class switch recombination and hypermutation require activation-induced cytidine deaminase (AID), a potential RNA editing enzyme. *Cell* 102, 553-563.

Nagaoka, H., Muramatsu, M., Yamamura, N., Kinoshita, K., and Honjo, T. (2002). Activationinduced deaminase (AID)-directed hypermutation in the immunoglobulin Sμ region: implication of AID involvement in a common step of class switch recombination and somatic hypermutation. *J. Exp. Med.* 195, 529-534.

Nowak, U., Matthews, A. J., Zheng, S., and Chaudhuri, J. (2011). The splicing regulator PTBP2 interacts with the cytidine deaminase AID and promotes binding of AID to switch-region DNA. *Nature Immunol.* 12, 160-166.

Okazaki, I. M., Kinoshita, K., Muramatsu, M., Yoshikawa, K., and Honjo, T. (2002). The AID enzyme induces class switch recombination in fibroblasts. *Nature* 416, 340-345.

Park, S. R., Zan, H., Pal, Z., Zhang, J., Al-Qahtani, A., Pone, E. J., Xu, Z., Mai, T., and Casali, P. (2009). HoxC4 binds to the promoter of the cytidine deaminase AID gene to induce AID expression, class-switch DNA recombination and somatic hypermutation. *Nature Immunol.* 10, 540-550.

Petersen-Mahrt, S. K., Harris, R. S., and Neuberger, M. S. (2002). AID mutates *E. coli* suggesting a DNA deamination mechanism for antibody diversification. *Nature* 418, 99-103.

Pone, E. J., Zhang, J., Mai, T., White, C. A., Li, G., Sakakura, J., Patel, P., Al-Qahtani, A., Zan, H., Xu, Z., and Casali, P. (2012). BCR-signalling signaling synergizes with TLR-signalling to induce AID and immunoglobulin class-switching through the non-canonical NF-κB pathway. *Nature Commun.* 3, 767.

Rada, C., Williams, G. T., Nilsen, H., Barnes, D. E., Lindahl, T., and Neuberger, M. S. (2002). Immunoglobulin isotype switching is inhibited and somatic hypermutation perturbed in UNGdeficient mice. *Curr. Biol.* 12, 1748-1755.

Revy, P., Muto, T., Levy, Y., Geissmann, F., Plebani, A., Sanal, O., Catalan, N., Forveille, M., Dufourcq-Labelouse, R., Gennery, A., Tezcan, I., Ersoy, F., Kayserili, H., Ugazio, A.G., Brousse, N., Muramatsu, M., Notarangelo, L. D., Kinoshita, K., Honjo, T., Fischer, A., and Durandy, A. (2000). Activation-induced cytidine deaminase (AID) deficiency causes the autosomal recessive form of the Hyper-IgM syndrome (HIGM2). *Cell* 102, 565-575.

Xu, Z., Fulop, Z., Wu, G., Pone, E. J., Zhang, J., Mai, T., Thomas, L. M., Al-Qahtani, A., White, C. A., Park, S. R., Steinacker, P., Li, Z., Yates, J. 3rd, Herron, B., Otto, M., Zan, H., Fu, H., and Casali, P. (2010). 14-3-3 adaptor proteins recruit AID to 5′-AGCT-3′-rich switch regions for class switch recombination. *Nature Struct. Mol. Biol.* 17, 1124-1135.

Zan, H, White, C. A., Thomas, L. M., Mai, T., Li, G., Xu, Z., Zhang, J., and Casali, P. (2012). Rev1 recruits Ung to switch regions and enhances deglycosylation for immunoglobulin class switch DNA recombination. *Cell Rep.* 2, 1220-1232.

Zan, H., Zhang, J., Al-Qahtani, A., Pone, E. J., White, C. A., Lee, D., Yel, L., Mai, T., and Casali, P. (2011). Endonuclease G plays a role in immunoglobulin class switch DNA recombination by introducing double-strand breaks in switch regions. *Mol. Immunol.* 48, 610-622.

Zarrin, A. A., Alt, F. W., Chaudhuri, J., Stokes, N., Kaushal, D., Du Pasquier, L., and Tian, M. (2004). An evolutionarily conserved target motif for immunoglobulin class-switch recombination. *Nature Immunol.* 5, 1275-1281.

16.14 CSR 涉及 AID 蛋白和 NHEJ 途径中的一些元件

综述文献

Alt, F. W., Zhang, Y., Meng, F. L., Guo, C., and Schwer, B. (2013). Mechanisms of programmed DNA lesions and genomic instability in the immune system. *Cell* 152, 417-429.

Gostissa, M., Alt, F. W., and Chiarle, R. (2012). Mechanisms that promote and suppress chromosomal translocations in lymphocytes. *Annu Rev Immunol.* 29, 319-350.

Lieber, M. R. (2010). The mechanism of doublestrand DNA break repair by the nonhomologous DNA end-joining pathway. *Annu. Rev. Biochem.* 79, 181-211.

研究论文文献

Buerstedde, J. M., Lowndes, N., and Schatz, D. G. (2014). Induction of homologous recombination between sequence repeats by the activation induced cytidine deaminase (AID) protein. *Elife* 3, e03110.

Chiarle, R., Zhang, Y., Frock, R. L., Lewis, S. M., Molinie, B., Ho, Y. J., Myers, D. R., Choi, V. W., Compagno, M., Malkin, D. J., Neuberg, D., Monti, S., Giallourakis, C. C., Gostissa, M., and Alt, F. W. (2011). Genome-wide translocation sequencing reveals mechanisms of chromosome breaks and rearrangements in B cells. *Cell* 147, 107-119.

Dong, J., Panchakshari, R.A., Zhang, T., Zhang, Y., Hu, J., Volpi, S. A., Meyers, R. M., Ho, Y. J., Du, Z., Robbiani, D. F., Meng, F., Gostissa, M., Nussenzweig, M. C., Manis, J. P., and Alt, F.W. (2015). Orientation-specific joining of AIDinitiated DNA breaks promotes antibody class switching. *Nature* 525, 134-139.

Yamane, A., Resch, W., Kuo, N., Kuchen, S., Li, Z., Sun, H. W., Robbiani, D. F., McBride, K., Nussenzweig, M. C., and Casellas, R. (2011). Deep-sequencing identification of the genomic targets of the cytidine deaminase AID and its cofactor RPA in B lymphocytes. *Nat. Immunol.* 12, 62-69.

Yan, C. T., Boboila, C., Souza, E. K., Franco, S., Hickernell, T. R., Murphy, M., Gumaste, S., Geyer, M., Zarrin, A. A., Manis, J. P., Rajewsky, K., and Alt, F. W. (2007). IgH class switching and translocations use a robust non-classical endjoining pathway. *Nature* 449, 478-482.

Zan, H., Tat, C., Qiu, Z., Taylor, J. R., Guerrero, J. A., Shen, T., and Casali, P. (2017). Rad52 competes with Ku70/Ku86 for binding to S-region DSB ends to modulate antibody class-switch DNA recombination. *Nature Commun.* 8, 142-144.

16.15 体细胞超变产生额外的多样性，可为高亲和性亚突变体提供底物

综述文献

Neuberger, M. S. (2008). Antibody diversification by somatic mutation: from Burnet onwards. *Immunol. Cell Biol.* 86, 124-132.

Tarlinton, D. M. (2008). Evolution in miniature: selection, survival and distribution of antigen reactive cells in the germinal centre. *Immunol. Cell Biol.* 86, 133-138.

Teng, G., and Papavasiliou, F. N. (2007). Immunoglobulin somatic hypermutation. *Annu. Rev. Genet.* 41, 107-120.

研究论文文献

Di Noia, J., and Neuberger, M. S. (2002). Altering the pathway of immunoglobulin hypermutation by inhibiting uracil-DNA glycosylase. *Nature* 419, 43-48.

Gitlin, A. D., Shulman, Z., and Nussenzweig, M. C. (2014). Clonal selection in the germinal centre by regulated proliferation and hypermutation. *Nature* 509, 637-640.

Muramatsu, M., Kinoshita, K., Fagarasan, S., Yamada, S., Shinkai, Y., and Honjo, T. (2000). Class switch recombination and hypermutation require activation-induced cytidine deaminase (AID), a potential RNA editing enzyme. *Cell* 102, 553-563.

Wei, M., Shinkura, R., Doi, Y., Maruya, M., Fagarasan, S., and Honjo T. (2011). Mice carrying a knock-in mutation of Aicda resulting in a defect in somatic hypermutation have impaired gut homeostasis and compromised mucosal defense. *Nat. Immunol.* 12, 264-270.

16.16 SHM由AID蛋白、Ung蛋白、错配DNA修复装置元件和跨损伤DNA合成聚合酶介导

综述文献

Casali, P., Pal, Z., Xu, Z., and Zan, H. (2006). DNA repair in antibody somatic hypermutation. *Trends Immunol*. 27, 313-321.

Chandra, V., Bortnick, A., and Murre, C. (2015). AID targeting: old mysteries and new challenges. *Trends Immunol*. 36, 527-535.

Di Noia, J. M., and Neuberger, M. S. (2007). Molecular mechanisms of antibody somatic hypermutation. *Annu. Rev. Biochem*. 76, 1-22.

Jiricny, J. (2006). The multifaceted mismatch-repair system. *Nat. Rev. Mol. Cell. Biol*. 7, 335-346.

Liu, M., and Schatz, D. G. (2009). Balancing AID and DNA repair during somatic hypermutation *Trends Immunol*. 30, 173-181.

Peled, J. U., Kuang, F. L., Iglesias-Ussel, M. D., Roa, S., Kalis, S. L., Goodman, M. F., and Scharff, M. D. (2008). The biochemistry of somatic hypermutation. *Annu. Rev. Immunol*. 26, 481-511.

Weill, J. C., and Reynaud, C. A. (2008) DNA polymerases in adaptive immunity. *Nat. Rev. Immunol*. 8, 302-312.

Xu, Z., Zan, H., Pal, Z., and Casali, P. (2007). DNA replication to aid somatic hypermutation. *Adv. Exp. Med. Biol*. 596, 111-127.

研究论文文献

Aoufouchi, S., Faili, A., Zober, C., D'Orlando, O., Weller, S., Weill, J. C., and Reynaud, C. A. (2008). Proteasomal degradation restricts the nuclear lifespan of AID. *J. Exp. Med*. 205, 1357-1368.

Di Noia, J., and Neuberger, M. S. (2002). Altering the pathway of immunoglobulin hypermutation by inhibiting uracil-DNA glycosylase. *Nature* 419, 43-48.

Muramatsu, M., Kinoshita, K., Fagarasan, S., Yamada, S., Shinkai, Y., and Honjo, T. (2000). Class switch recombination and hypermutation require activation-induced cytidine deaminase (AID), a potential RNA editing enzyme. *Cell* 102, 553-563.

Rada, C., Di Noia, J. M., and Neuberger, M. S. (2004). Mismatch recognition and uracil excision provide complementary paths to both Ig switching and the A/T-focused phase of somatic mutation. *Mol. Cell* 16, 163-171.

Zan, H., Komori, A., Li, Z., Cerutti, A., Schaffer, A., Flajnik, M. F., Diaz, M., and Casali, P. (2001). The translesion DNA polymerase zeta plays a major role in Ig and bcl-6 somatic hypermutation. *Immunity*, 14, 643-653.

Zan, H., Shima, N., Xu, Z., Al-Qahtani, A., Evinger, A. J., III, Zhong, Y., Schimenti, J. C., and Casali, P. (2005). The translesion DNA polymerase theta plays a dominant role in immunoglobulin gene somatic hypermutation. *EMBO J*. 24, 3757-3769.

Zan, H., Wu, X., Komori, A., Holloman, W. K., and Casali, P. (2003). AID-dependent generation of resected double-strand DNA breaks and recruitment of Rad52/Rad51 in somatic hypermutation. *Immunity* 18, 727-738.

16.17 表达于鸟类的Ig由假基因装配而成

综述文献

Ratcliffe, M. J. (2006). Antibodies, immunoglobulin genes and the bursa of Fabricius in chicken B cell development. *Dev. Comp. Immunol*. 30, 101-118.

研究论文文献

Chatterji, M., Unniraman, S., McBride, K. M., and Schatz, D. G. (2007). Role of activation-induced deaminase protein kinase A phosphorylation sites in Ig gene conversion and somatic hypermutation. *J. Immunol*. 179, 5274-5280.

Leighton, P. A., Schusser, B., Yi, H., Glanville, J., and Harriman, W. (2015). A diverse repertoire of human immunoglobulin variable genes in a chicken B cell line is generated by both gene conversion and somatic hypermutation. *Front. Immunol*. 6, 126.

Reynaud, C. A., Anquez, V., Grimal, H., and Weill, J. C. (1987). A hyperconversion mechanism generates the chicken light chain preimmune repertoire. *Cell* 48, 379-388.

Sale, J. E., Calandrini, D. M., Takata, M., Takeda, S., and Neuberger, M. S. (2001). Ablation of XRCC2/3 transforms immunoglobulin V gene conversion into somatic hypermutation. *Nature* 412, 921-926.

Yang, S. Y., Fugmann, S., and Schatz, D. G. (2006). Control of gene conversion and somatic hypermutation by immunoglobulin promoter and enhancer sequences. *J. Exp. Med*. 203, 2919-2928.

16.18 V(D)J重组、CSR和SHM中IgH基因座的染色质构建动力学

综述文献

Bossen, C., Mansson, R., and Murre, C. (2012). Chromatin topology and the regulation of antigen receptor assembly. *Annu. Rev. Immunol*. 30, 337-356.

Choi, N. M., and Feeney, A. J. (2014). CTCF and ncRNA regulate the three-dimensional structure of antigen receptor loci to facilitate V(D)J recombination. *Front Immunol*. 5, 49.

Jhunjhunwala, S., van Zelm, M. C., Peak, M. M., and Murre, C. (2009). Chromatin architecture and the generation of antigen receptor diversity. *Cell* 138, 435-448.

Ong and Corces. (2014). CTCF: an architectural protein bridging genome topology and function. *Nat. Rev. Gent*. 15, 234-246.

Shih, H. Y., Krangel, M. S. (2014). Chromatin architecture, CCCTC-binding factor, and V(D)J recombination: managing long-distance relationships at antigen receptor loci. *J. Immunol*. 190, 4915-4921.

研究论文文献

Bonaud, A., Lechouane, F., Le Noir, S., Monestier, O., Cogné, M., and Sirac, C. (2015). Efficient AID targeting of switch regions is not sufficient for optimal class switch recombination. *Nat. Commun*. 6, 7613.

Guo, C., Yoon, H. S., Franklin, A., Jain, S., Ebert, A., Cheng, H. L., Hansen, E., Despo, O., Bossen, C., Vettermann, C., Bates, J. G., Richards, N., Myers, D., Patel, H., Gallagher, M., Schlissel, M. S., Murre, C., Busslinger, M., Giallourakis, C. C., and Alt, F. W. (2011). CTCF-binding elements mediate control of V(D)J recombination. *Nature* 477, 424-430.

Hu, J., Zhang, Y., Zhao, L., Frock, R. L., Du, Z., Meyers, R. M., Meng, F. L., Schatz, D. G., and Alt, F. W. (2015). Chromosomal loop domains direct the recombination of antigen receptor genes. *Cell* 163, 947-959.

Jhunjhunwala, S., van Zelm, M. C., Peak, M. M., Cutchin, S., Riblet, R., van Dongen, J. J., Grosveld, F. G., Knoch, T. A., and Murre, C. (2008). The 3D structure of the immunoglobulin heavy-chain locus: implications for long-range genomic interactions. *Cell*. 133, 265-279.

Lin, Y. C., Benner, C., Mansson, R., Heinz, S., Miyazaki, K., Miyazaki, M., Chandra, V., Bossen, C., Glass, C. K., and Murre, C. (2012). Global changes in the nuclear positioning of genes and intra- and interdomain genomic interactions that orchestrate B cell fate. *Nat. Immunol*. 13, 1196-1204.

Meng, F. L., Du, Z., Federation, A., Hu, J., Wang, Q., Kieffer-Kwon, K. R., Meyers, R. M., Amor, C., Wasserman, C. R., Neuberg, D., Casellas, R., Nussenzweig, M. C., Bradner, J. E., Liu, X. S., and Alt, F.W. (2014). Convergent transcription at intragenic super-enhancers targets AID-initiated genomic instability. *Cell* 159, 1538-1548.

Qian, J., Wang, Q., Dose, M., Pruett, N., Kieffer-Kwon, K. R., Resch, W., Liang, G., Tang, Z., Mathé, E., Benner, C., Dubois, W., Nelson, S., Vian, L., Oliveira, T. Y., Jankovic, M., Hakim, O., Gazumyan, A., Pavri, R., Awasthi, P., Song, B., Liu, G., Chen, L., Zhu, S., Feigenbaum, L., Staudt, L., Murre, C., Ruan, Y., Robbiani, D.F., Pan-Hammarström, Q., Nussenzweig, M. C., and Casellas, R. (2014). B cell super-enhancers and regulatory clusters recruit AID tumorigenic activity. *Cell* 159, 1524-1537.

Shih H. Y., Verma-Gaur, J., Torkamani, A., Feeney, A. J., Galjart, N., and Krangel, M. S. (2012). Tcra gene recombination is supported by a Tcra enhancer- and CTCF-dependent chromatin hub. *Proc. Natl. Acad. Sci. USA* 109, E3493-E3502.

16.19 V(D)J 重组、CSR 和 SHM 中的表观遗传学

综述文献

Chandra, V., Bortnick, A., and Murre, C. (2015). AID targeting: old mysteries and new challenges. *Trends Immunol*. 36, 527-535.

Li, G., Zan, H., Xu, Z., and Casali, P. (2013). Epigenetics of the antibody response. *Trends Immunol*. 34, 460-470.

Schatz, D. G., and Ji, Y. (2011). Recombination centres and the orchestration of V(D)J recombination. *Nat Rev Immunol*. 4, 251-263.

Schatz, D. G., and Swanson, P. C. (2011). V(D)J recombination: mechanisms of initiation. *Annu. Rev. Genet*. 45, 167-202.

Xu, Z., Zan, H., Pone, E. J., Mai, T., and Casali, P. (2012). Immunoglobulin class switch DNA recombination: induction, targeting and beyond. *Nature Rev. Immunol*. 12, 517-531.

Zan, H., and Casali, P. (2015). Epigenetics of peripheral B-cell differentiation and the antibody response. *Front. Immunol*. 6, 631.

研究论文文献

Daniel, J. A., Santos, M. A., Wang, Z., Zang, C., Schwab, K. R., Jankovic, M., Filsuf, D., Chen, H. T., Gazumyan, A., Yamane, A., Cho, Y. W., Sun, H. W., Ge, K., Peng, W., Nussenzweig, M. C., Casellas, R., Dressler, G. R., Zhao, K., and Nussenzweig, A. (2010). PTIP promotes chromatin changes critical for immunoglobulin class switch recombination. *Science* 329, 917-923.

Jeevan-Raj, B. P., Robert, I., Heyer, V., Page, A., Wang, J. H., Cammas, F., Alt, F. W., Losson, R., and Reina-San-Martin, B. (2011). Epigenetic tethering of AID to the donor switch region during immunoglobulin class switch recombination. *J. Exp. Med*. 208, 1649-1660.

Li, G., White, C. A., Lam, T., Pone, E. J., Tran, D. C., Hayama, K. L., Zan, H., Xu, Z., and Casali, P. (2012). Combinatorial H3K9acS10ph histone modification in IgH locus S regions targets 14-3-3 adaptors and AID to specify antibody class-switch DNA recombination. *Cell Rep*. 5, 702-714.

Mandal, M., Hamel, K. M., Maienschein-Cline, M., Tanaka, A., Teng, G., Tuteja, J. H., Bunker, J. J., Bahroos, N., Eppig, J. J., Schatz, D. G., and Clark, M. R. (2015). Histone reader BRWD1 targets and restricts recombination to the Igk locus. *Nat. Immunol*. 16, 1094-1103.

Nowak, U., Matthews, A. J., Zheng, S., and Chaudhuri, J. (2011). The splicing regulator PTBP2 interacts with the cytidine deaminase AID and promotes binding of AID to switch-region DNA. *Nat. Immunol*. 12, 160-166.

Osipovich, O., Milley, R., Meade, A., Tachibana, M., Shinkai, Y., Krangel, M. S., and Oltz, E. M. (2004). Targeted inhibition of V(D)J recombination by a histone methyltransferase. *Nat. Immunol*. 5, 309-316.

Pefanis, E., Wang, J., Rothschild, G., Lim, J., Kazadi, D., Sun, J., Federation, A., Chao, J., Elliott, O., Liu, Z.P., Economides, A.N., Bradner, J. E., Rabadan, R., and Basu, U. (2015). RNA exosome-regulated long non-coding RNA transcription controls super-enhancer activity. *Cell* 161, 774-789.

Ranjit, S., Khair, L., Linehan, E. K., Ucher, A. J., Chakrabarti, M., Schrader, C. E., and Stavnezer, J. (2011). AID binds cooperatively with UNG and Msh2-Msh6 to Ig switch regions dependent upon the AID C terminus. *J Immunol*. 187, 2464-2475.

Subrahmanyam, R., Du, H., Ivanova, I., Chakraborty, T., Ji, Y., Zhang, Y., Alt, F. W., Schatz, D. G., and Sen, R. (2012). Localized epigenetic changes induced by DH recombination restricts recombinase to DJH junctions. *Nat. Immunol*. 13, 1205-1212.

Wang, L., Wuerffel, R., Feldman, S., Khamlichi, A. A., and Kenter, A. L. (2009). S region sequence, RNA polymerase II, and histone modifications create chromatin accessibility during class switch recombination. *J. Exp. Med*. 206, 1817-1830.

Wang, Q., Oliveira, T., Jankovic, M., Silva, I. T., Hakim, O., Yao, K., Gazumyan, A., Mayer, C. T., Pavri, R., Casellas, R., Nussenzweig, M. C., and Robbiani, D. F. (2014). Epigenetic targeting of activation-induced cytidine deaminase. *Proc. Natl. Acad. Sci. USA* 111, 18667-18672.

White, C. A., Pone, E. J., Lam, T., Tat, C., Hayama, K. L., Li, G., Zan, H., and Casali, P. (2014). Histone deacetylase inhibitors upregulate B cell microRNAs that silence AID and Blimp-1 expression for epigenetic modulation of antibody and autoantibody responses. *J. Immunol*. 193, 5933-5950.

Zheng, S., Vuong, B. Q., Vaidyanathan, B., Lin, J. Y., Huang, F. T., and Chaudhuri, J. (2015). Noncoding RNA generated following lariat debranching mediates targeting of AID to DNA. *Cell* 161, 762-773.

16.20 B淋巴细胞分化导致抗体应答的成熟化，以及长寿浆细胞和记忆B淋巴细胞的形成

综述文献

Igarashi, K., Ochiai, K., and Muto, A. (2007). Architecture and dynamics of the transcription factor network that regulates B-to-plasma cell differentiation. *J. Biochem.* 141, 783-789.

Kurosaki, T., Kometani, K., and Ise W. (2015). Memory B cells. *Nat. Immunol.* 15, 149-159.

Nutt, S., L., and Tarlinton, D. M. (2011). Germinal center B and follicular helper T cells: siblings, cousins or just good friends. *Nat. Immunol.* 12, 472-477.

Pulendran, B., and Ahmed, R. (2006). Translating innate immunity into immunological memory: implications for vaccine development. *Cell* 124, 849-863.

Sciammas, R., and Davis, M. M. (2005). Blimp-1; immunoglobulin secretion and the switch to plasma cells. *Curr. Top. Microbiol. Immunol.* 290, 201-224.

Shlomchik, M. J., and Weisel, F. (2012). Germinal center selection and the development of memory B and plasma cells. *Immunol. Rev.* 247, 52-63.

研究论文文献

Martincic, K., Alkan, S. A., Cheatle, A., Borghesi, L., and Milcarek, C. (2009). Transcription elongation factor ELL2 directs immunoglobulin secretion in plasma cells by stimulating altered RNA processing. *Nat. Immunol.* 10, 1102-1109.

Pape, K. A., Taylor, J. J., Maul, R. W., Gearhart, P. J., and Jenkins, M. K. (2011). Different B cell populations mediate early and late memory during an endogenous immune response. *Science* 331, 1203-1207.

Talay, O., Yan, D., Brightbill, H. D., Straney, E. E., Zhou, M., Ladi, E., Lee, W. P., Egen, J. G., Austin, C. D., Xu, M., and Wu, L. C. (2012). IgE(+) memory B cells and plasma cells generated through a germinal-center pathway. *Nat Immunol.* 13, 396-404.

16.21 T淋巴细胞受体抗原与BCR相关

综述文献

Cobb, R. M., Oestreich, K. J., Osipovich, O. A., and Oltz, E. M. (2006). Accessibility control of V(D)J recombination. *Adv. Immunol.* 91, 45-109.

Taghon, T., and Rothenberg, E. V. (2008). Molecular mechanisms that control mouse and human TCR-αβ and TCR-γδ T cell development. *Semin. Immunopathol.* 30, 383-398.

研究论文文献

Abarrategui, I., and Krangel, M. S. (2006). Regulation of T cell receptor-alpha gene recombination by transcription. *Nat. Immunol.* 7, 1109-1115.

Jackson, A. M., and Krangel, M. S. (2006). Turning Tcell receptor beta recombination on and off: more questions than answers. *Immunol. Rev.* 209, 129-141.

Oestreich, K. J., Cobb, R. M., Pierce, S., Chen, J., Ferrier, P., and Oltz, E. M. (2006). Regulation of TCRβ gene assembly by a promoter/enhancer holocomplex. *Immunity* 24, 381-391.

Wucherpfennig, K. W. (2005). The structural interactions between T cell receptors and MHCpeptide complexes place physical limits on selfnonself discrimination. *Curr. Top. Microbiol. Immunol.* 296, 19-37.

16.22 TCR与MHC协同发挥作用

综述文献

Collins, E. J., and Riddle, D. S. (2008). TCR-MHC docking orientation: natural selection, or thymic selection? *Immunol. Res.* 41, 267-294.

Garcia, K. C., Adams, J. J., Feng, D., and Ely, L. K. (2009). The molecular basis of TCR germline bias for MHC is surprisingly simple. *Nat. Immunol.* 10, 143-147.

Godfrey, D. I., Rossjohn, J., and McCluskey, J. (2008). The fidelity, occasional promiscuity, and versatility of T cell receptor recognition. *Immunity* 28, 304-314.

Jenkins, M. K., Chu, H. H., McLachlan, J. B., and Moon, J. J. (2010). On the composition of the preimmune repertoire T cells specific for peptidemajor histocompatibility complex ligands. *Annu. Rev. Immunol.* 28, 273-294.

Peterson, P., Org, T., and Rebane, A. (2008). Transcriptional regulation by AIRE: molecular mechanisms of central tolerance. *Nat. Rev. Immunol.* 8, 948-957.

Rudolph, M. G., Stanfield, R. L., and Wilson, I. A. (2006). How TCRs bind MHCs, peptides, and coreceptors. *Annu. Rev. Immunol.* 24, 419-466.

研究论文文献

Borg, N. A., Ely, L. K., Beddoe, T., Macdonald, W. A., Reid, H. H., Clements, C. S., Purcell, A. W., Kjer-Nielsen, L., Miles, J. J., Burrows, S. R., McCluskey, J., and Rossjohn, J. (2005). The CDR3 regions of an immunodominant T cell receptor dictate the "energetic landscape" of peptide-MHC recognition. *Nat. Immunol.* 6, 171-180.

Feng, D., Bond, C. J., Ely, L. K., Maynard, J., and Garcia, K. C. (2007). Structural evidence for a germline-encoded T cell receptor-major histocompatibility complex interaction "codon". *Nat. Immunol.* 8, 975-983.

Gras, S., Burrows, S. R., Kjer-Nielsen, L., Clements, C. S., Liu, Y. C., Sullivan, L. C., Bell, M. J., Brooks, A. G., Purcell, A. W., McCluskey, J., and Rossjohn, J. (2009). The shaping of T cell receptor recognition by self-tolerance. *Immunity* 30, 193-203.

Kosmrlj, A., Jha, A. K., Huseby, E. S., Kardar, M., and Chakraborty, A. K. (2008). How the thymus designs antigen-specific and self-tolerant T cell receptor sequences. *Proc. Natl. Acad. Sci. USA* 105, 16671-16676.

16.23 MHC基因座包含了一群参与免疫识别的基因

综述文献

Deitiker, P., Atassi, M. Z. (2015). MHC Genes linked to autoimmune disease. *Crit. Rev. Immunol.* 35, 203-351.

Rossjohn, J., Stephanie, G., Miles, J. J., Turner, S. J., Godfrey, D. I., and McCluskey, J. (2015). T cell antigen receptor recognition of antigen-presenting molecules. *Annu. Rev. Immunol.* 33, 169-200.

Trowsdale J. (2011). The MHC, disease and selection. *Immunol Lett.* 30, 1-8.

研究论文文献

de Bakker, P. I., McVean, G., Sabeti, P. C., Miretti, M. M., Green, T., Marchini, J., Ke, X., Monsuur, A. J., Whittaker, P., Delgado, M., Morrison, J., Richardson, A., Walsh, E. C., Gao, X., Galver, L., Hart, J., Hafler, D. A., Pericak-Vance, M., Todd, J. A., Daly, M. J., Trowsdale, J., Wijmenga, C.,

Vyse, T. J., Beck, S., Murray, S. S., Carrington, M., Gregory, S., Deloukas, P., and Rioux, J. D. (2006). A high-resolution HLA and SNP haplotype map for disease association studies in the extended human MHC. *Nat. Genet*. 38, 1166-1172.

Gregersen, J. W., Kranc, K. R., Ke, X., Svendsen, P., Madsen, L. S., Thomsen, A. R., Cardon, L. R., Bell, J. I., and Fugger, L. (2006). Functional epistasis on a common MHC haplotype associated with multiple sclerosis. *Nature* 443, 574-577.

Guo, Z., Hood, L., Malkki, M., and Petersdorf, E. W. (2006). Long-range multilocus haplotype phasing of the MHC. *Proc. Natl. Acad. Sci. USA* 103, 6964-6969.

Nejentsev, S., Howson, J. M., Walker, N. M., Szeszko, J., Field, S. F., Stevens, H. E., Reynolds, P., Hardy, M., King, E., Masters, J., Hulme, J., Maier, L. M., Smyth, D., Bailey, R., Cooper, J. D., Ribas, G., Campbell, R. D., Clayton, D. G., and Todd, J. A. (2007). Localization of type 1 diabetes susceptibility to the MHC class I genes HLA-B and HLA-A. *Nature* 450, 887-892.

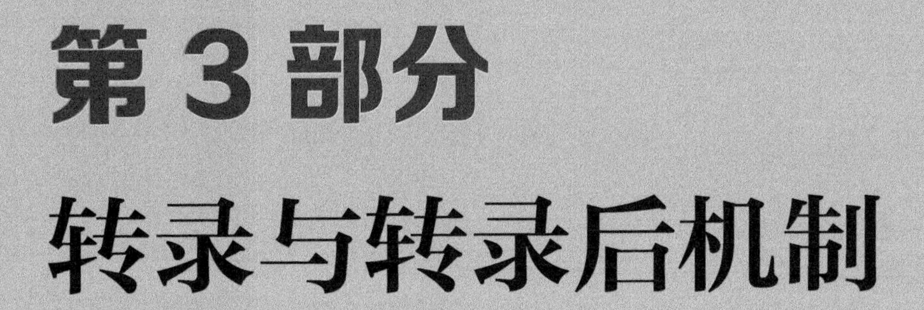

第3部分 转录与转录后机制

第 17 章

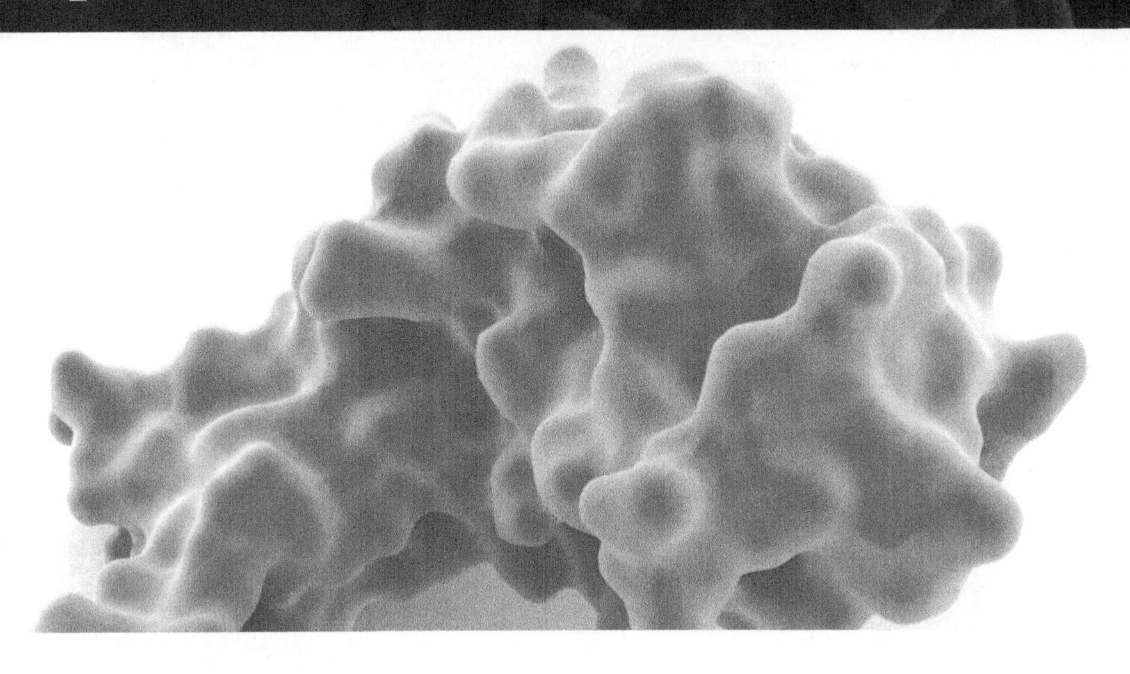

原核生物的转录

章节提纲

17.1 引言
17.2 转录根据碱基互补配对原则发生在没有配对的 DNA“泡”中
17.3 转录反应的三个阶段
17.4 细菌 RNA 聚合酶由多个亚基组成
17.5 RNA 聚合酶全酶包括核心酶和 σ 因子
17.6 RNA 聚合酶是如何发现启动子序列的?
17.7 全酶在识别与逃逸启动子的过程中经历了转换反应
17.8 σ 因子通过识别启动子中的特定序列来控制与 DNA 的结合
17.9 突变可增强或降低启动子效率
17.10 RNA 聚合酶的多个区域可与启动子 DNA 直接接触
17.11 RNA 聚合酶 - 启动子和 DNA- 蛋白质的相互作用与启动子识别和 DNA 解链是一致的
17.12 在启动子逃逸过程中 σ 因子与核心 RNA 聚合酶之间的相互作用发生改变
17.13 晶体结构提示酶的移动模型
17.14 停滞的 RNA 聚合酶可以再次启动
17.15 细菌 RNA 聚合酶的终止发生在离散的位点
17.16 ρ 因子是如何工作的?
17.17 超螺旋是转录的一个重要特征
17.18 T7 噬菌体的 RNA 聚合酶是一个良好的模型系统
17.19 σ 因子的竞争能调节转录起始
17.20 σ 因子可以被组织成级联反应
17.21 孢子形成由 σ 因子控制
17.22 抗终止可以是一个调节事件

顶部纹理：© Laguna Design/Science Source；章首页图片：Phantatomix/Science Source

17.1 引言

关键概念

- 转录方向为 5′ → 3′，而从模板链角度看，其方向为 3′ → 5′。

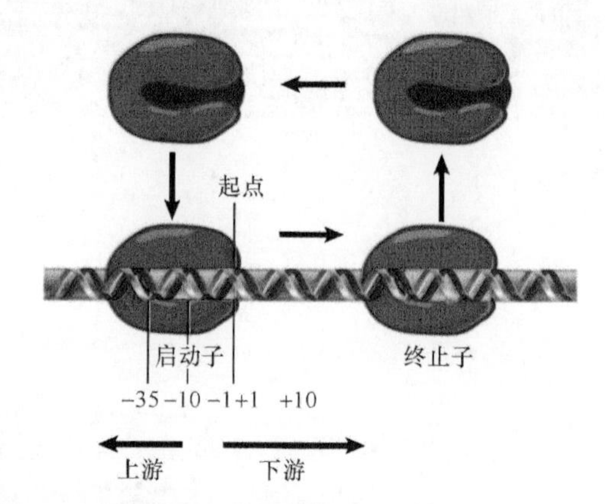

图 17.2 一个转录单位被转录为一条 RNA 单链。它从启动子开始，结束于终止子序列

转录（transcription）产生一条 RNA 链，它和 DNA 上的一条链在序列上完全一致，这条 DNA 链有时也称为**编码链（coding strand）**。所合成的这条链的方向是 5′ → 3′，而与之互补（complementary，即与之碱基配对）的模板（template）是 3′ → 5′ 方向。因此，序列与 RNA 一样的链被称为**非模板链（nontemplate strand）**；而另一条 DNA 链作为 RNA 合成的模板，因此称为**模板链（template strand）**，如图 17.1 所示。

RNA 合成由 **RNA 聚合酶（RNA polymerase）**催化。当 RNA 聚合酶结合到基因起始处，即称为**启动子（promoter）**的特殊序列上时，转录开始。最先转录成 RNA 的第一个碱基对是转录**起点（start point）**，启动子序列包括它及围绕在其周围的序列。从起点开始，RNA 聚合酶沿着模板链不断合成 RNA，直到遇见**终止子（terminator）**序列。基于这一过程，我们认为一个**转录单位（transcription unit）**就是从启动子到终止子的一段序列。如图 17.2 所示，转录单位就是一段以一条单链 RNA 分子为表达产物的 DNA 片段，这是转录单位的重要特征。一个转录单位可能包括一个以上的基因或顺反子（cistron）。

位于转录起点前面的序列称为**上游（upstream）**，起点之后的序列（在转录序列中）称为**下游（downstream）**。序列的书写方向通常是固定的，按照转录从左（上游）向右（下游）进行的方向书写。相应地，信使 RNA（mRNA）按照 5′ → 3′ 方向书写。

我们通常只写出和 RNA 完全相同的 DNA 非编码链的序列（上面已经提及）。碱基序列可从转录起点开始向两个方向编号，转录起点的碱基编号为 +1，其他碱基的编号按照从上游到下游递增的规律给出。在起点前面的一个碱基编号为 −1，并且越往上游，负值越大（没有编号为 0 的碱基）。

转录的初始产物称为**初始转录物（primary transcript）**。核糖体 RNA rRNA 和转运 RNA tRNA 初始转录物存在一个成熟过程，它的末端序列会被内切核酸酶切割去除（加工）。来自 rRNA 和 tRNA 操纵子的成熟产物是稳定的，其寿命会接近细菌的一整代时间。与此相反，mRNA 初始转录物几乎会立即受到内切核酸酶和外切核酸酶的攻击，这样，细菌 mRNA 的平均寿命为 1 ～ 3 min。在真核生物中，就如细菌一样，rRNA 和 tRNA 转录物是稳定的；而真核生物的 mRNA 要比细菌中的 mRNA 稳定得多。mRNA 的修饰和降解详见第 22 章“翻译”。

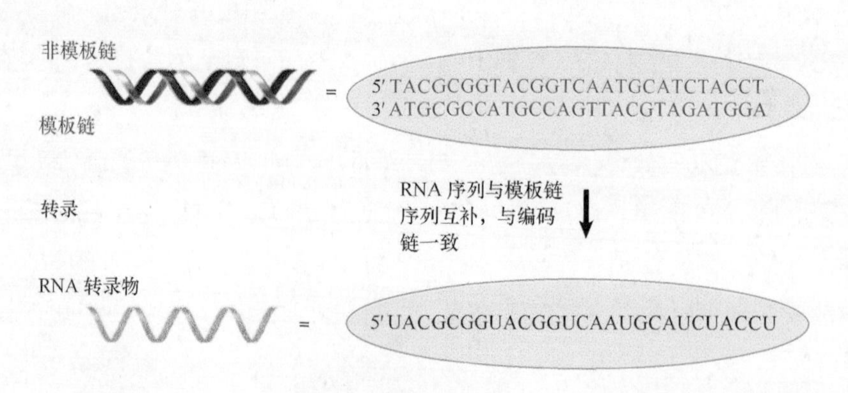

图 17.1 RNA 聚合酶的作用是将双链体 DNA 的一条链拷贝成 RNA 链

转录是基因表达的第一步，也是最常受到表达调节的关键一步。调节物常常决定了一个特定基因是否能被 RNA 聚合酶转录。转录的随后阶段或基因表达的其他阶段也常常受到调节。

现在这里就会存在两个基本的基因表达问题。

- RNA 聚合酶是如何找到 DNA 上的启动子呢？这是一个更加普遍问题的特例，就是蛋白质如何区别它们特定的 DNA 结合位点，而不和其他序列混淆呢？
- 调节物如何与 RNA 聚合酶相互作用，从而在转录起始、延伸或者终止等过程中激活或抑制特定步骤呢？

在这一章中，我们分析了细菌 RNA 聚合酶与 DNA 的相互作用，从一开始与启动子接触、进行转录，到转录终止时 RNA 释放为止。

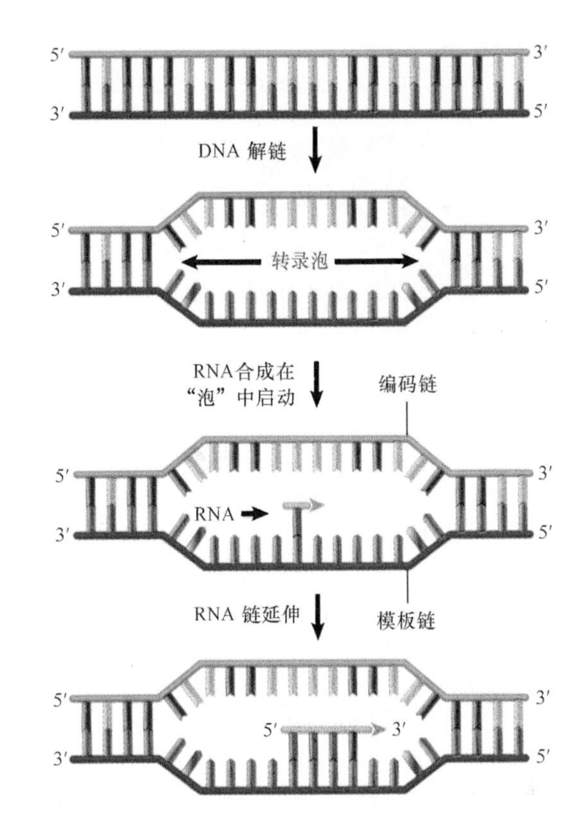

图 17.3 DNA 双链分开形成转录泡。以 DNA 一条链为模板按碱基互补配对原则合成 RNA

17.2 转录根据碱基互补配对原则发生在没有配对的 DNA“泡”中

关键概念

- RNA 聚合酶将两条 DNA 链分开，形成暂时的转录“泡”，接着使用其中的一条链作为模板，指导合成互补的 RNA。
- 转录泡的长度是 12 ~ 14 bp，泡内的 RNA-DNA 杂合体的长度是 8 ~ 9 bp。

转录利用碱基互补配对原则，这与其他的聚合反应如复制和翻译是一样的。图 17.3 说明了转录的基本原理。RNA 合成发生在“转录泡（transcription bubble）”处，在这个位置上，DNA 被打开，成为两条暂时性的单链，其中的模板链指导 RNA 链的合成。

RNA 链从 5′ 端向 3′ 端合成，它在成长的链的 3′ 端加入新的核苷酸。链最后一个核苷酸的 3′- 羟基（3′-OH）和新加上的核苷酸的 5′- 三磷酸基团反应。新加的核苷酸在反应后失去了末尾的两个磷酸基团（γ 和 β），留下的 α 磷酸和核苷酸链形成磷酸二酯键（phosphodiester bond）。37℃下，就细菌 RNA 聚合酶而言，大部分转录物的总体反应速率是每秒 40 ～ 50 个核苷酸，这个速率和翻译速率（每秒 15 个氨基酸）几乎相同，但是比 DNA 复制的速率（800 bp/s）则慢得多。

当 RNA 聚合酶结合到启动子上时，转录泡形成。图 17.4 演示当 RNA 聚合酶沿着 DNA 移动时，泡也随之移动，同时 RNA 链逐渐增长。泡中碱基

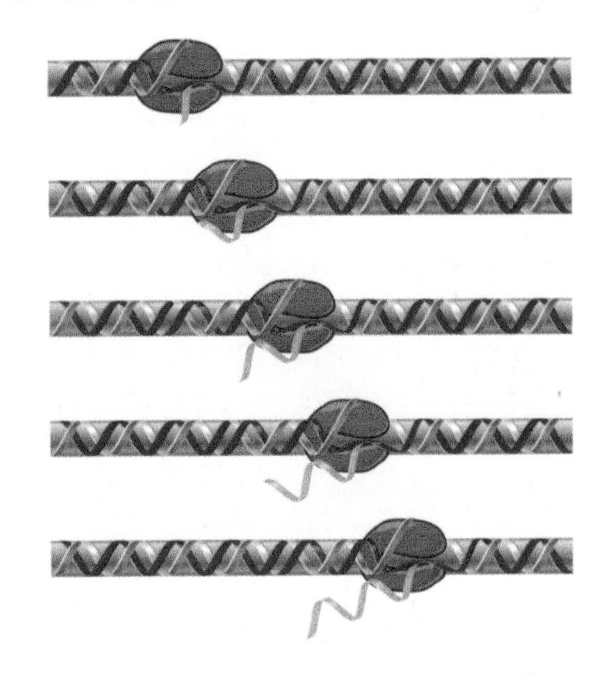
图 17.4 转录发生在泡中，在暂时解链区，通过与 DNA 的其中一条链进行碱基配对合成 RNA。随着转录泡的迁移，其后的 DNA 重新形成双链体，取代单一多核苷酸链形式的 RNA 取代

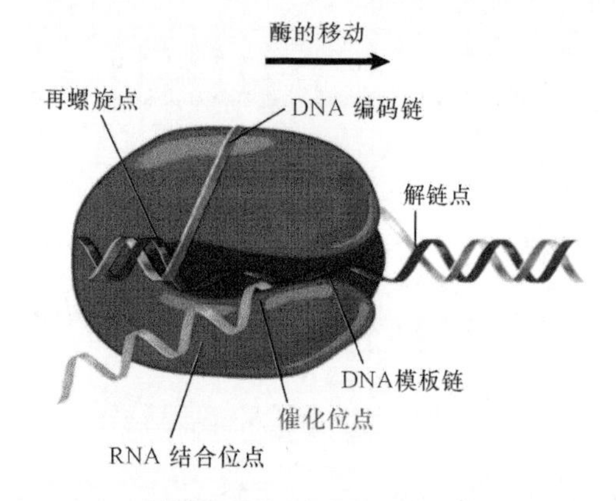

图 17.5 在转录中，细菌 RNA 聚合酶维持着转录泡的构象，它不断使 DNA 解链又使 DNA 重新聚合，并在此过程中一遍又一遍地合成 DNA

配对和碱基增加是由 RNA 聚合酶本身的催化和检测来完成的。

图 17.5 给出了含有转录复合体的泡的放大结构。随着 RNA 聚合酶沿着 DNA 模板链移动，它在泡的前端解开双链体，这称为解链点（unwinding point），并且在泡的后端重新聚合，这称为再螺旋点（rewinding point）。转录泡的长度为 12 ～ 14 bp，但其中的 RNA-DNA 杂合链的长度较短，仅为 8 ～ 9 bp。随着酶的迁移，双链体 DNA 重新形成，而 RNA 被置换下来，形成游离的多核苷酸链。在转录的任一时刻，正在生长的 RNA 链上的最后约 14 个核苷酸与 DNA 和（或）酶以复合体的形式存在。

17.3 转录反应的三个阶段

关键概念

- RNA 聚合酶结合于 DNA 上的启动子区形成闭合复合体。
- 在 RNA 聚合酶打开 DNA 双链体，并形成转录泡后，转录就启动了。
- 在延伸过程中，转录泡沿 DNA 移动，其中 RNA 链的延伸方向为 5′ → 3′，并将核苷酸加入到生长链的 3′ 端。
- 当 RNA 聚合酶在终止子处从 DNA 链上解离下来时，转录终止，且 DNA 双链体重新形成。

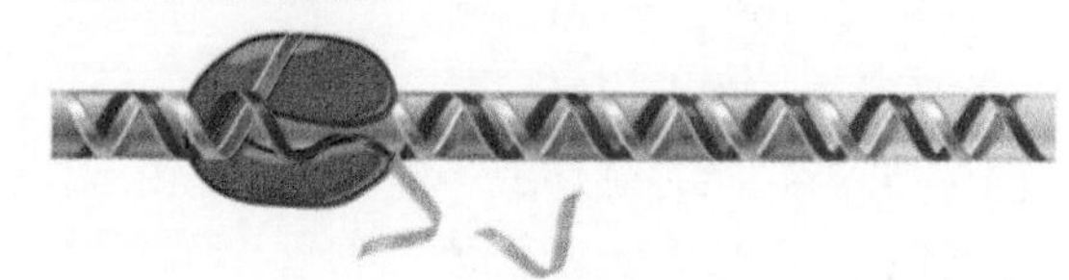

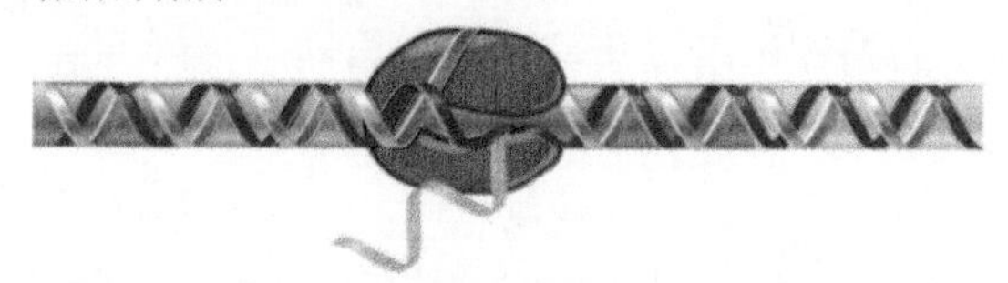

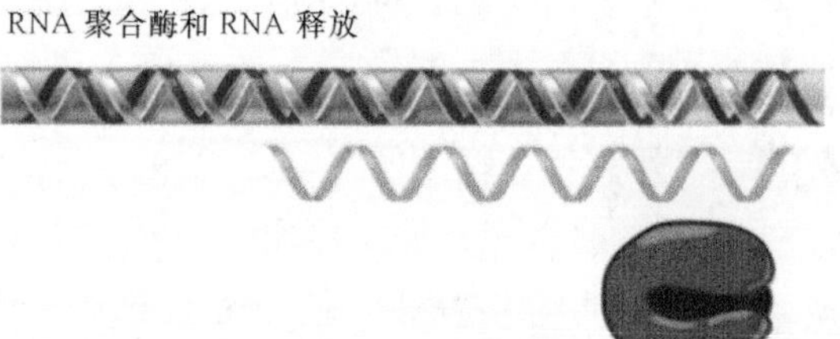

图 17.6 转录分为三个阶段：在起始过程中，酶先结合到启动子上，然后解链 DNA，在转录起始时酶保持固定；在延伸过程中，酶复合体沿着 DNA 移动；最终在终止时解离

如**图 17.6** 所示，转录反应可以分为三个阶段：转录**起始**（**initiation**），此时需要识别启动子、形成转录泡，以及 RNA 合成开始；**延伸**（**elongation**），此时泡沿着 DNA 迁移；**终止**（**termination**），此时 RNA 转录物释被放，泡关闭。

转录起始本身可以被分成多个步骤。模板识别（template recognition）起始于 RNA 聚合酶和双链 DNA 在启动子处的结合，此时酶形成一个**闭合复合体**（**closed complex**），DNA 仍旧维持双链状态。然后酶将启动子区的 DNA 双链解开，其中包括转录起点，形成**开放复合体**（**open complex**）。双链 DNA 的分开使得模板链暴露出来，让它可以和即将来临的核苷酸配对，并产生 RNA 中的第一个核苷酸键。有时，聚合酶会制造短的转录物，通常小于 10 个核苷酸（nt），此时聚合酶仍然结合在启动子上。在释放这些短转录物后重新开始从头合成 RNA，这个过程可能反复发生几次，这样的失败事件使得启始期的时间延长。只有当聚合酶成功地在链上延伸并且离开启动子后，启始期才结束。

延伸包括聚合酶的前移，它通过破坏双链DNA中的碱基配对，为核苷酸加入和转录泡向下游的移位暴露出模板链。当酶迁移时，暂时解链区的模板链在生长点可与新生RNA进行碱基配对。核苷酸共价结合到延伸的RNA链的3′端，在解链区形成一个RNA-DNA杂合链。在这个解链区之后，DNA模板链和原先的互补链结合并重新形成双螺旋结构，RNA则解离成为游离单链。

传统观念认为延伸是个单调的过程，酶在DNA上移动一个碱基，一个核苷酸就加到RNA上，这个观点近年来有所修正。RNA聚合酶可在某些序列暂停甚至停滞，此时，RNA的3′端可从活性位点上被置换，这使得聚合酶“后移（backtrack）”，并在重新开始转录前，在正在生长的RNA上去除几个核苷酸。暂停事件也可预先设计使之发生，这需要利用RNA发夹结构，它来源于模板或前后序列所隐含的信息，这会诱导将要加入的核苷酸与其互补碱基形成错位排列。

终止涉及序列识别，发出的信号指示酶停止向RNA链上进一步添加核苷酸。另外，长暂停可引起转录终止。当RNA-DNA杂合链被破坏，DNA重新聚合成双链体，磷酸二酯键的合成停止，转录复合体解离成一个个单一组分：RNA聚合酶、DNA链和RNA转录物时，转录泡就此瓦解。终止子就是转录终止所需要的DNA序列。

17.4 细菌RNA聚合酶由多个亚基组成

关键概念

- 细菌RNA聚合酶的核心酶是一个约400 kDa的多亚基复合体，通常的结构为$\alpha_2\beta\beta'\omega$。
- 催化反应从β及β′亚基处驱动。

从遗传学和生物化学角度上了解较多的是那些细菌RNA聚合酶，其中以大肠杆菌（*Escherichia coli*）为代表。然而，高分辨率晶体结构已经从两类嗜热细菌中被解析出来：水生栖热菌（*Thermus aquaticus*）和极端嗜热菌（*Thermus thermophilus*）。而在细菌中的单一类型RNA聚合酶几乎负责所有mRNA、rRNA和tRNA的合成。这与真核生物中的情况不同，其mRNA、rRNA和tRNA是分别由不同的RNA聚合酶Ⅰ、Ⅱ和Ⅲ合成的。每个大肠杆菌约含13 000个RNA聚合酶分子，此数字可因细菌的生长状态而异。并非所有的RNA聚合酶实际上在任何时刻都参与转录，但是几乎所有的RNA聚合酶都是特异性或非特异性地结合于DNA上。

大肠杆菌的**全酶**（**complete enzyme，holoenzyme**）是一个分子质量约为460 kDa的分子。全酶（$\alpha_2\beta\beta'\omega\sigma$）可以被分开成两个组分：**核心酶**（**core enzyme，$\alpha_2\beta\beta'\omega$**）和**σ因子**（**σ factor**，σ多肽）。它与启动子的特异性识别有关，其亚基组成如**图17.7**所示。β和β′亚基一起负责RNA的催化，并占据了酶质量的绝大部分。它们的氨基酸序列和三维结构与来自细菌、真细菌和真核生物RNA聚合酶的最大亚基一样都是保守的（详见第18章“真核生物的转录”），这就提示了所有物种中的多亚基RNA聚合酶都具有基本的共同转录特征。β和β′亚基一起形成了酶的活性中心，转录循环中DNA会通过主要通道；底物核糖核苷酸通过次要通道进入酶到达活性位点，以及初生RNA通过出口通道离开酶。与所有亚基的这些功能相一致的是，*rpoB*基因和*rpoC*基因分别编码β亚基和β′亚基，它们的突变会影响转录的所有阶段。

两个α亚基所形成的二聚体可作为核心酶

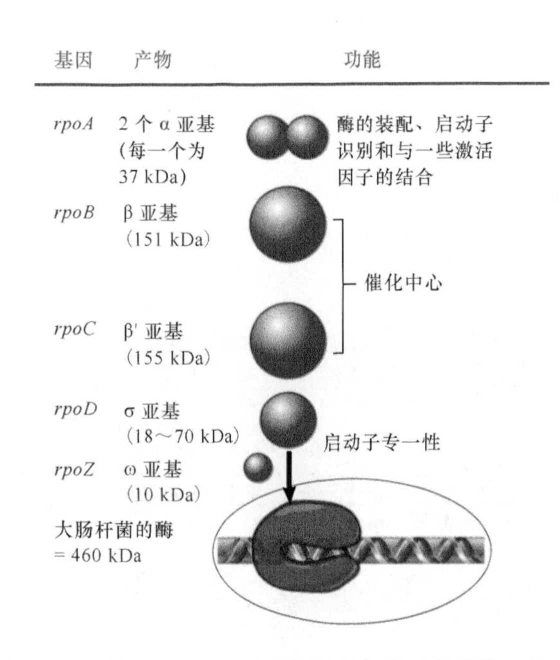

图17.7 真细菌RNA聚合酶存在5个不同类型的亚基；在不同菌种之间，α、β、β′和ω亚基的大小相似，但σ亚基的变化较大

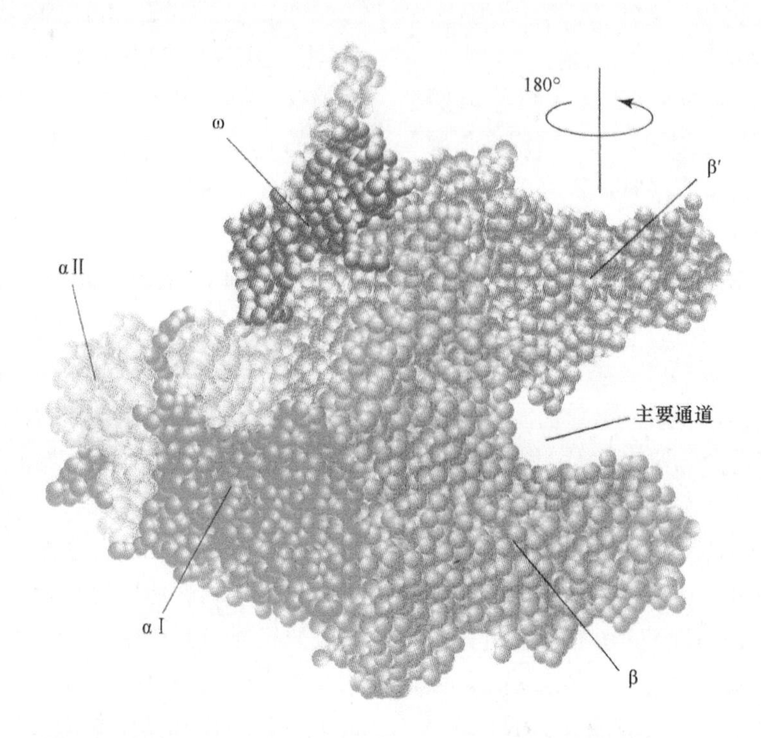

图 17.8 核心 RNA 聚合酶的上游表面展示出酶的“蟹脚”形状。RNA 聚合酶的 β 亚基（蓝色）和 β′ 亚基（粉色）为 DNA 模板提供了一个通道。α Ⅰ亚基用绿色显示；α Ⅱ亚基用黄色显示；ω 亚基用红色显示

改编自 K. M. Geszvain and R. Landick (ed. N. P. Higgins). *The Bacterial Chromosome*. American Society for Microbiology, 2004

装配的骨架。α 亚基的 **C 端结构域（C-terminal domain，CTD）**也与 DNA 启动子直接接触，因此它在启动子识别中起到一定的作用（见后文的讨论）。另外，α 亚基和 σ 亚基是 RNA 聚合酶和一些调节转录起始的因子产生相互作用的主要表面。ω 亚基在酶的装配上也发挥了作用，并可能在某些调节功能中也发挥作用。

σ 亚基主要负责启动子识别。细菌核心酶的晶体结构含有类似螃蟹的蟹脚一样的形状，其中一个“蟹脚”由 β 亚基组成，另一个“蟹脚”由 β′ 亚基组成，如**图 17.8** 所示。与 DNA 结合的主要通道位于 β 和 β′ 亚基的分界面，在转录泡中，它可以稳定已经分开的单链 DNA，如**图 17.9** 所示。

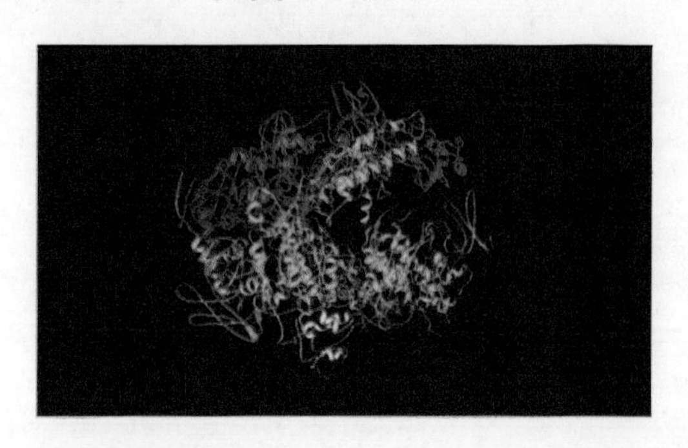

图 17.9 水生栖热菌（*Thermus aquaticus*）的 RNA 聚合酶核心酶的结构，其 β 亚基用蓝色显示，β′ 亚基用绿色显示

结构图来自 Protein Data Bank 1HOM. L. Minakhin, et al., *Proc. Natl. Acad. Sci. USA* 98(2001): 892-897

催化位点位于 β 和 β′ 亚基的“颌（jaw）”所形成的裂隙的基底部，而催化机制所需的催化剂——两个镁离子（Mg^{2+}）的其中一个紧紧地结合于这个活性位点中的酶上（见 17.18 节“T7 噬菌体的 RNA 聚合酶是一个良好的模型系统”）。而另一个 Mg^{2+} 会到达活性位点，它与即将到来的三磷酸核苷（nucleoside triphosphate，NTP）形成复合体。就如前面所提示的，真核生物核心酶与细菌 RNA 聚合酶具有基本相同的结构，当然它还包括一些细菌中没有的额外亚基和序列特征。在细菌与真核生物的 RNA 聚合酶中，主要差异几乎无一例外地存在于远离活性中心的酶表面。

17.5 RNA 聚合酶全酶包括核心酶和 σ 因子

关键概念

- 细菌 RNA 聚合酶可以分成具有催化转录活性的 α2ββ′ω 核心酶，以及仅在起始转录时所需的 σ 亚基。
- σ 因子改变了 RNA 聚合酶结合 DNA 的特性，使得它对一般 DNA 的亲和力降低，而对启动子的亲和力增加。

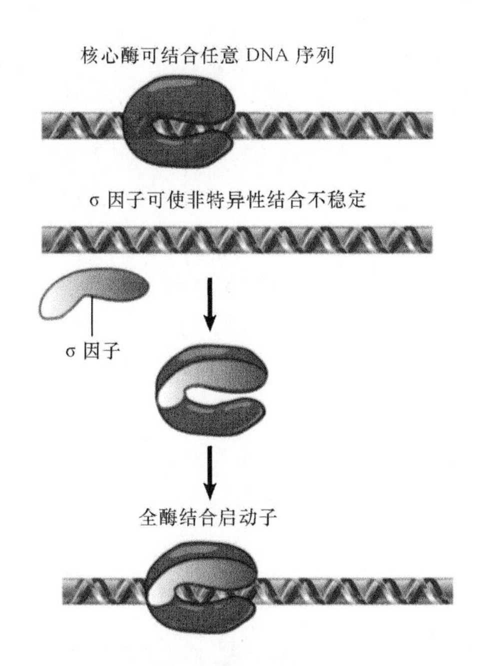

图 17.10 核心酶可均等地结合到任意 DNA 序列上。σ 因子降低了这种非序列依赖性结合的亲和性，而增强了与启动子序列的特异性结合

核心酶对 DNA 有普遍的亲和力，碱性蛋白质和酸性核苷酸之间的静电引力在这里起了主要作用。在这种通常的结合反应中，DNA 保持双链体结构。核心酶能在 DNA 模板上合成 RNA，但不能识别启动子。

负责从启动子上起始转录的酶形式被称为全酶（α2ββ′σω），如图 17.10 所示。它与核心酶的差别在于它拥有 σ 因子。σ 因子不仅能保证细菌 RNA 聚合酶从特定位点上起始转录，而且它能降低对非特异性序列的结合。核心酶与 DNA 结合的结合常数被 σ 因子降低到之前的约 $1/10^4$，复合体的半衰期小于 1 s，但是全酶可以非常紧密地结合在启动子上，结合常数平均高出 1000 倍，半衰期可长达数小时。因此，σ 因子实质上破坏了启动子的非特异性结合。

全酶结合到不同启动子序列上的速率存在很大差异，因而这是决定“启动子强度（promoter strength）”的重要参数，即单一启动子起始转录的效率。起始频率是不同的，处于最适条件下的 rRNA 基因的起始频率约为 1 次 /s；而对于其他一些启动子可能每 30 min 不到一次。σ 因子通常在 RNA 链合成了接近 10 nt 时被释放，离开负责延伸的核心酶。

17.6 RNA 聚合酶是如何发现启动子序列的？

关键概念

- RNA 聚合酶结合到启动子上的速率极快，所以不可能是靠随机扩散结合的。
- RNA 聚合酶可能随机地结合到 DNA 的某个位点上，然后快速地与其他 DNA 序列进行交换，直到发现一个启动子序列。

RNA 聚合酶必须在全基因组范围内找出启动子。它是如何从组成大肠杆菌基因组的 4×10^6 bp 中辨别出启动子的呢？图 17.11 给出了一个简单模型，用来解释 RNA 聚合酶在所有这些它所能接近的序列中如何发现启动子序列。通常 RNA 聚合酶以随机扩散的方式定位于染色体上，非特异性地结合于带负电的 DNA 序列。在这种模式下，全酶的解离速率非常之快。扩散决定了与一个 75 bp 的靶位点相结合的速率常数上限是 10^8 $(mol/L)^{-1}\cdot s^{-1}$。但在体外试验中，发现，某些启动子的实际结合速率

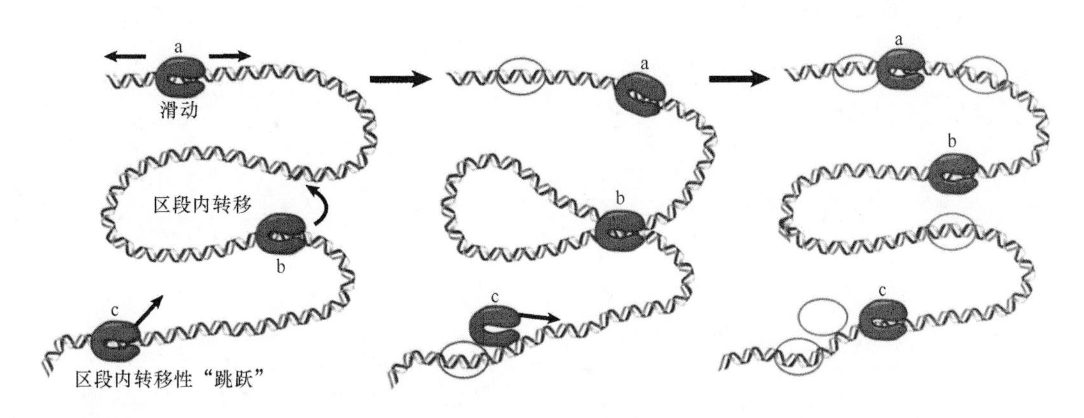

图 17.11 RNA 聚合酶发现启动子的假设机制：(a) 滑动；(b) 区段内转移；(c) 结构域内的结合和解离或跳跃

改编自 C. Bustamante, et al., *J. Biol. Chem.* 274(1999): 16665-16668

常数大于或等于 $10^8\ (mol/L)^{-1} \cdot s^{-1}$，相等或超过了扩散的上限。RNA 聚合酶形成和破坏一系列闭合复合体，直到（随机地）遇到一个启动子，使之形成一个开放复合体，从而能够合成 RNA，这将是一个相对缓慢的过程。这样，在疏松结合位点，这种连续结合与解离的随机循环所需的时间就太长了，这无法解释 RNA 聚合酶找到其启动子的模式。因此 RNA 聚合酶必定通过其他方式来寻找它的结合位点。

图 17.11 显示这个过程很可能被提速，因为 RNA 聚合酶的起始靶位点是全基因组，而不仅仅是一段特殊的启动子序列。通过增加它的靶位点大小，酶在 DNA 上扩散的速率常数会相应增加而不再是限制因素。该酶又是如何从 DNA 上的随机结合位点移动到某一启动子的呢？目前已经有相当多的证据表明，至少有三个不同的过程对 RNA 聚合酶寻找启动子的速率提高有所贡献。第一，酶可能以一维随机步移的方式沿 DNA 迁移，这称为“滑动（sliding）”。第二，在细菌拟核中存在染色体错综复杂的折叠形式，当酶结合于染色体的某一序列时，酶可能与其他位点靠得很近，这样降低了解离并与另一个位点重新结合的时间，这称为“区段内转移或跳跃（intersegment transfer or hopping）”。第三，当 RNA 聚合酶非特异性地结合于某一位点时，它能交换 DNA 位点直到启动子被发现，这称为“直接转移（direct transfer）”。

17.7 全酶在识别与逃逸启动子的过程中经历了转换反应

关键概念

- 当 RNA 聚合酶结合到启动子上时，它将两条 DNA 链分开，形成转录泡并将核苷酸掺入 RNA 中。
- 在酶进入下一阶段之前，可能存在一个流产起始循环。
- 当新生 RNA 链接近约 10 碱基长度时，σ 因子通常会从 RNA 聚合酶上被释放出来。

现在我们利用不同形式的 RNA 聚合酶与 DNA 模板之间的相互作用来描述转录的各个阶段。**图 17.12** 总结的相关参数反映了起始反应的情况。

- 如图 17.12（a）所示，全酶和启动子通过形成闭合二元复合体（closed binary complex）开始反应。“闭合”的意思是指在此条件下 DNA 仍保持双链体形式。闭合二元复合体的形成是可逆的，通常用一个平衡常数（K_B）来描述。形成闭合复合体的平衡常数值变化范围较大。
- 如图 17.12（b）所示，在与此酶结合的序列内，闭合复合体通过一系列步骤，转变

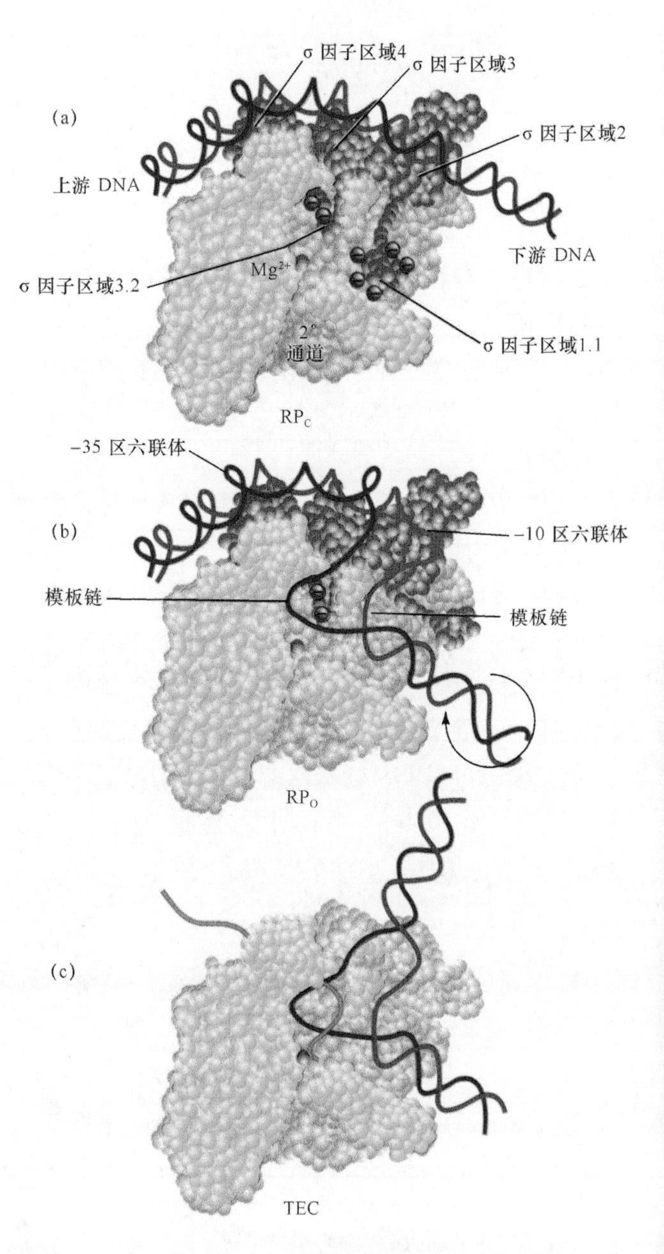

图 17.12 在延伸之前，RNA 聚合酶要先跨过几个步骤。一个闭合二元复合体可以转变为开放形式，然后变成三元复合体

改编自 S. P. Haugen, W. Ross, and R. L. Gourse, *Nat. Rev. Microbiol.* 6(2008): 507-519

成为含 1.3 圈双螺旋的开放复合体（open complex），在这一过程中，它首先要在 −10 区周围“解链”一小段 DNA 序列，形成不稳定的中间开放复合体。对于大多数启动子来说，闭合复合体向开放复合体的转变是不可逆转的，这个反应通过正向速率常数（forward rate constant，k_f）来描述。然而一些启动子（如 rRNA 启动子）不形成稳定的开放复合体，这是调节它们的关键。σ 因子在解链反应中发挥了关键作用（见此章中对 σ 因子描述的相关小节）。从起始到延伸中所发生的转换反应也伴随着复合体结构和组成的主要改变。

RNA 聚合酶形态的改变伴随着如前所描述的动力学转换及延伸复合体的转换（**图 17.13**）。在闭合复合体中，RNA 聚合酶全酶覆盖 55 个左右的碱基，从 −55 到 +1。双链 DNA 主要沿全酶的一个面结合，它与 α 亚基的 C 端结构域及 σ 亚基的区域 2 和 4 接触（图 17.13）。在转换成开放复合体的过程中，RNA 聚合酶与 DNA 的构象都发生了改变。复合体结构的最显著改变如图 17.12 所示：① DNA 出现约 90° 的弯曲，这使得模板能接近于聚合酶的活性位点；②在转录起点中，−11 到 +3 之间的启动子 DNA 的链被打开；③将启动子 DNA 挤入活性通道，形成转录泡；④聚合酶的“颌”结构闭合以包围转录起始位点下游的启动子部分。这样，在开放复合体上的启动子接触面就可向外延伸，从 −55 到 +20。

起始复合体包含σ因子，覆盖约75 bp 区域

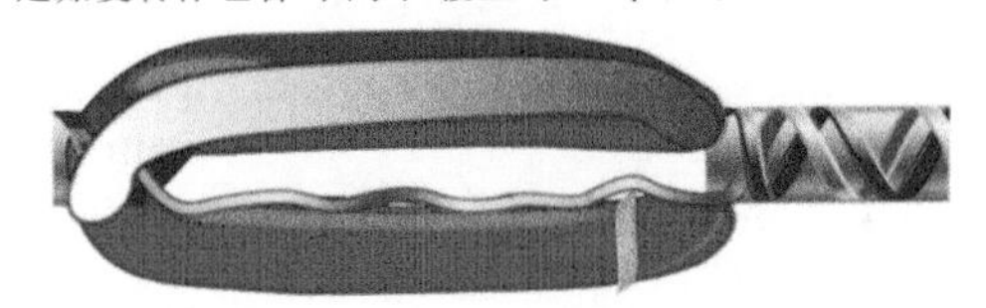

起始延伸复合体可能失去σ因子并与−35至−55 bp 区域失去接触

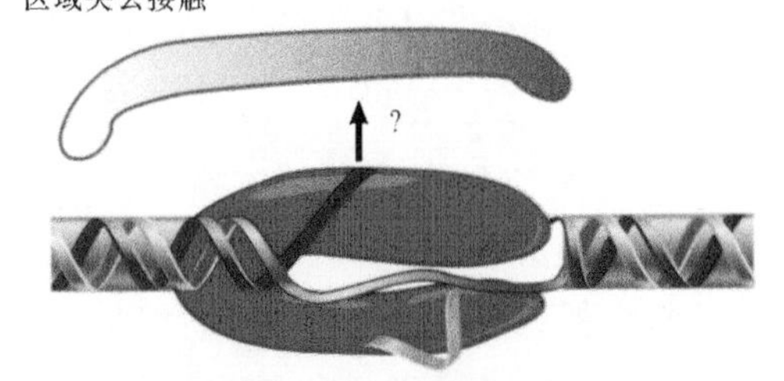

通用延伸复合体在第15～20个碱基处形成，覆盖30～40 bp 区域

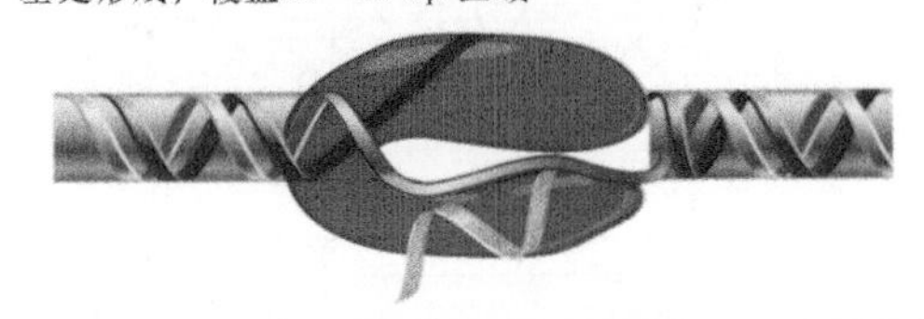

图 17.13 RNA 聚合酶初始接触区域从 −55 到 +20。当 σ 因子解离时，核心酶收缩至 −30 位点；当聚合酶移动了几个碱基对后，它的组织形式更加压缩，成为通用延伸复合体

下一步是连接两个初始的核苷酸，并在它们之间形成磷酸二酯键，这会产生**三元复合体（ternary complex）**，它包括 RNA、DNA 和聚合酶。在大多数启动子中，长度为几个碱基的 RNA 链的形成不伴随任何酶在模板上的移动。

任何一个碱基插入后，聚合酶都有释放 RNA 链的可能性，导致**流产起始（abortive initiation）**产物的产生。在释放出流产起始产物后，聚合酶又从 +1 开始合成第一个碱基。流产起始的往复循环常常产生长度为几个碱基的寡核苷酸，有时可多达 20 nt，直到酶真正成功地离开启动子。

与 RNA 聚合酶的相互作用最终在启动子逃逸的过程中解离。当 RNA 链延伸到 15 ～ 20 nt 时，酶会进行整体的转换，使之转变成延伸复合体。在这些转换中，其中两个最明显的是 σ 因子的释放，如图 17.13 所示，以及新复合体的形成，它只覆盖约 35 bp 的 DNA 长度，而启动子复合体覆盖长度约为 70 bp。尽管 σ 因子释放通常发生在启动子逃逸的过程中，但是它不是转换到转录延伸期所必需的。在一些例子中，我们可从延伸复合体中鉴定出 σ 因子，但它与聚合酶的结合可能反映的是在延伸期其与核心酶的再结合。

17.8　σ 因子通过识别启动子中的特定序列来控制与 DNA 的结合

关键概念

- 一个启动子是根据在特定位置存在的共有短序列来定义的。
- 启动子的共有序列通常包括起点处的一个嘌呤碱基，以 −10 区为中心、邻近 TATAAT 的六联体序列，以及以 −35 区为中心、类似于 TTGACA 的另一个六联体序列。

- 不同的启动子之间通常在共有序列的一个或多个位置上存在差别。
- 启动子效率也受到其他因素的影响。

启动子作为能被蛋白质识别的一段DNA序列，它和用于转录的序列是不同的。反映启动子功能的信息直接来源于DNA序列本身，其结构就是信号。这是一个经典的顺式作用位点(*cis*-acting site)的例子，就如第1章“基因是DNA、编码RNA和多肽”中所定义的那样。相反，表达区的意义只有在自身被转换成其他核苷酸或蛋白质分子之后才能显露出来。

设计一个启动子就是设计一段能被RNA聚合酶特异性识别的DNA序列，每个启动子都应由这段序列组成或至少包括这段序列。在细菌基因组中，能提供足够信号的最小长度是12 bp（任何更短的序列都可能发生足够多的额外次数以提供假信号。随着基因组长度增加，特异性识别所需的最小长度也相应增加，这是真核生物基因组的一个问题）。这12 bp可以互不相邻。在另一种情况下，如果碱基数恒定的短序列被某一特定数目的碱基对所隔开，它们若组合到一起，长度可短于12 bp，因为所形成的碱基之间的距离本身也提供了部分信息(即使中间序列本身是不相关的)。事实上，RNA聚合酶识别启动子DNA序列在很大程度上是通过全酶上的特定氨基酸“直接读出”DNA的特定序列。各种细菌启动子强度的明显差异很大程度上源于不同的启动子序列在多大程度上能够被存在于σ因子和α亚基上的氨基酸序列所读出。

人们试图通过比较不同启动子的序列来弄清楚RNA聚合酶结合所必需的DNA特征。在所有启动子中都应该存在任何被认为是**保守的（conserved）**基本核苷酸序列，然而所谓的保守序列未必在每个位点都保守，它们可以有所变异。那将如何分析一段DNA序列，判断它是否足够保守从而形成一个可识别的信号呢？

公认的DNA识别位点可以用启动子每个位置上最常出现的理想化碱基的序列来表示。**共有序列（consensus sequence）**这个概念来自于将所有已知启动子排列起来以找出它们的最大相似性。一个序列如果被认为共有，则每一个特定碱基都理应在相应位置上有分布优势；大多数真实的启动子序列与它的差异是很小的，一般来说，不能超过1～2个替换。

大肠杆菌中启动子序列最显著的特征是在与RNA聚合酶结合的75 bp上缺乏任何广泛的序列保守性。在启动子中有一些小段是保守的，它们对启动子的功能起着重要作用。不管是在原核生物还是在真核生物的基因组中，只存在很短的共有序列是调节位点（如启动子）的典型特征。

在细菌启动子中存在对RNA聚合酶全酶的识别有贡献的几个元件。包括两个6 bp元件，称为**−10区（−10 element）**、**−35区（−35 element）**（以及−10区和−35区之间的间隔序列）通常是这些识别序列中最重要的。另外还有在转录起点上或紧挨着转录起点的启动子序列，−10区的任何一侧的序列[在上游侧称为扩展−10区（extended −10 element），在下游侧称为识别子（discriminator）]，−35区上游正向的、称为UP元件的10～20 bp序列，它们也能序列特异性地与RNA聚合酶相互作用，对启动子效率产生影响。

- 在几乎所有的启动子中，以靠近起点上游10 bp处为中心，都可以发现一个6 bp的可识别区域（在不同启动子中，从起点开始的实际距离可能存在轻微差异）。这个六联体序列常被称为−10区、普里布诺框（Pribnow box）或**TATA框（TATA box）**（尽管最后一个名称更偏向应用于真核生物启动子的相似共有序列中）。它的共有序列为TATAAT，可被总结为如下形式：

$$T_{80}A_{95}T_{45}A_{60}A_{50}T_{96}$$

  其中，下标表示碱基出现最大频率的百分数，从45%到96%各有不同（没有任何可辨别的优势碱基时用N代替），出现频率对应于这些碱基对与聚合酶结合时的重要性。这样，我们认为−10区中前端高度保守的TA和末尾一个几乎完全保守的T是启动子识别中最重要的碱基。现在我们知道−10区可与σ因子的区域2.3和2.4（见随后的讨论）产生序列特异性的接触。启动子的这一区域在闭合复合体中是双链的，而在开放复合体中为单链，所以，−10区与RNA聚合酶之间的相互作用是复杂的，在转录起始过程中的不同阶段是变化的。
- 另外一个保守六联体是以起点上游35 bp

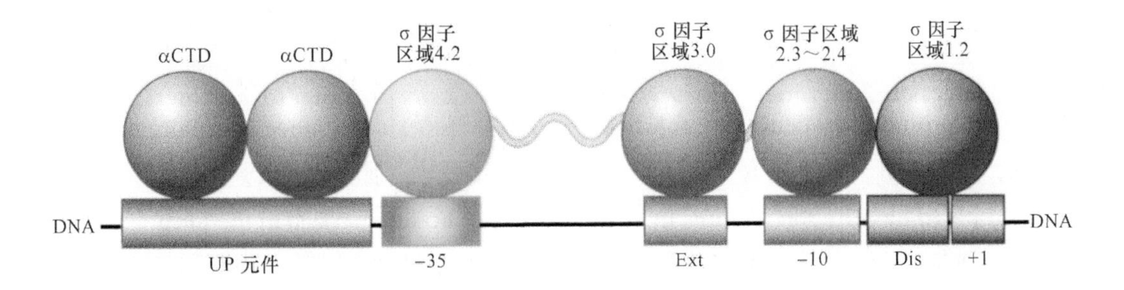

图 17.14 DNA 元件和 RNA 聚合酶组分共同影响 σ 因子对启动子的识别

改编自 S. P. Haugen, W. Ross, and R. L. Gourse, *Nat. Rev. Microbiol.* 6(2008): 507-519

为中心的，称 −35 区。其共有序列为 TTGACA，详细形式为：

$$T_{82}T_{84}G_{78}A_{65}C_{54}A_{45}$$

这个元件中的碱基可与 σ 因子的区域 4.2（见随后的讨论）产生直接相互作用，它在闭合复合体中或在开放复合体中是相似的。

- 在 90% 的启动子中，−35 区和 −10 区之间的间隔距离为 16 ～ 18 bp，个别例外可以小至 15 bp 或者大至 20 bp。尽管间隔区的真实序列并不重要，但其距离大小是很重要的，因为 DNA 螺旋的本性是与生俱来的，所以它不仅决定了 RNA 聚合酶中相互作用的两个区域的恰当分开，而且还决定了两个位点彼此之间的空间定向。
- 转录起点通常（>90%）都是嘌呤，典型的为腺嘌呤。它通常是以 CAT 序列为中心的碱基，但是仅凭这个三联体的保守性还不足以构成专有信号。
- 在 −10 区与起点之间的某些碱基对通常可与 σ 因子的区域 1.2（见随后的讨论）接触。例如，在非模板链 −10 区下游的 2 碱基位点上的，鸟嘌呤残基之间的序列特异性的相互作用对于决定开放复合体的稳定性是非常重要的。这样，非高度保守的某些位置上的启动子序列的差异也能对不同启动子强度的变异产生影响。
- 延伸的 −10 区的碱基可与 σ 因子的区域 3.0（见随后的讨论）接触。当启动子缺少 −35 区而非常接近于共有序列时，−10 区的上游末端的 TGN 序列所导致的相互作用对于转录起始就显得特别重要。这说明了启动子序列的可调节性：在一种方式中，共有序列的弱匹配可被另一个共有序列的强匹配所补偿。
- 在 −35 区上游的 −20 bp 区域可与两个 α 亚基的 CTD 区域相互作用，而这些相互作用对于启动子活性的影响可能是深远的，在一些高表达基因的启动子序列，如 rRNA 基因中，它会极大地增加转录，甚至达到一个数量级以上的增长。当这些序列非常匹配于共有序列时，这个区域称为 **UP 元件**（**UP element**）。

通过启动子结构，显示出这种最佳选择的许可变异范围的启动子结构如**图 17.14** 所示。

17.9 突变可增强或降低启动子效率

关键概念

- 降低启动子效率的下调突变通常减少了共有序列之间的一致性，而上调突变恰巧相反。
- 在 −35 序列的突变通常影响到与 RNA 聚合酶的初始结合。
- 在 −10 序列的突变通常影响到将闭合复合体转变为开放复合体的结合或解链反应。

突变效应可以为启动子功能提供信息。启动子的突变影响它们所控制基因的表达水平，而不改变基因产物本身。大多数细菌启动子的突变可造成相关基因转录物的丢失或是大幅度减少，这种突变被称为**下调突变**（**down mutation**）。有时启动子突变也能使转录水平增加，但这种情况通常较少发生，它被称为**上调突变**（**up mutation**）。

应当记住，所谓“上调”和“下调”突变

都是相对于启动子通常的效率而言的，且突变幅度的波动可以很大。因此一个启动子被认为是下调突变的变化可能从来不会在另一个启动子中被发现（因为其野生型启动子的效率可能比第一个启动子突变后的效率还要低）。体内研究所获得的信息仅能简单地提示突变所造成的总体变化方向。

上调突变大多是增大了 −35 区和 −10 区与共有序列的相似性，或使两个保守六联体之间的距离更接近 17 bp；而下调突变大多降低了它们与共有序列的相似性，或是使间隔距离大于 17 bp，而且下调突变倾向于集中在有最高保守度的启动子位置上，这更证实了这些位点在决定启动子效率方面的特殊重要性。然而这些规则也有一些例外。

例如，在前面所描述的含有共有序列的启动子的所有模型已经如图 17.14 所示。然而，在大肠杆菌基因组中不存在这样的天然启动子，并且这些与共有序列“完美”匹配的人工启动子实际上弱于在 −10 区或 −35 区共有序列六联体中存在至少一处错配的启动子。这是因为它们结合 RNA 聚合酶是如此紧密，以至于这实际上损害了启动子逃逸。

为确定启动子突变产生的确切影响，我们必须测量体外实验中野生型和突变型启动子对 RNA 聚合酶的亲和力。在体外，RNA 聚合酶结合到不同启动子上的速率差异，与体内基因表达时转录效率的差异非常吻合。进一步分析可以发现，突变到底在哪个阶段影响了启动子的效率。突变是否改变了启动子与 RNA 聚合酶的亲和力？突变是否能够使酶结合但不能起始转录？突变是否受辅助因子的影响？

通过测定闭合复合体形成及转变为开放复合体这两个过程的动力学常数，可将起始过程分为两个阶段：

- −35 序列的下调突变使闭合复合体的形成速率减慢，但并不抑制其转变为开放复合体；
- −10 序列的下调突变可影响闭合复合体的起始形成，或降低了向开放复合体的转变速率，或同时对这两者都产生影响。

−10 位点的共有序列完全由 A · T 碱基对组成，它们在开始时可辅助 DNA 解开成为单链。破坏一连串 A · T 碱基对比破坏 G · C 碱基对所需要的能量少，也就是说，这一系列 A · T 分开时所需的能量是双链 DNA 解链所需的最小能量。这些序列与起点直接相邻或在其下游都会影响起始事件。此外，RNA 转录区的起始序列（从大约 +1 到大约 +120）能够影响 RNA 聚合酶离开启动子的速率，从而影响启动子的强度。因此，启动子的总强度不能完全根据 −35 区和 −10 区的共有序列来预测，还要考虑到其他 RNA 聚合酶的识别元件。

尽管 DNA 序列中与共有序列的相似性在鉴定启动子中是非常有用的工具，并且典型启动子含有易于识别的 −35 和 −10 序列，但是，许多启动子缺失可识别的 −35 区和（或）−10 区的元件，这一点是十分重要的。在许多例子中，有些启动子不能单独被 RNA 聚合酶识别，而需要辅助蛋白“激活物（activator）”的参与（详见第 24 章“操纵子”），它们弥补了 RNA 聚合酶与启动子之间内在相互作用中的缺陷。另一点需要强调的是，“最适活性”并不意味着“最大活性”。一些启动子经进化而来的序列远非共有序列那样精确，因为它对于许多细胞而言并非最适合的，即细胞并不需要制造过多由 RNA 转录物编码的产物。

17.10 RNA 聚合酶的多个区域可与启动子 DNA 直接接触

关键概念

- 当 σ^{70} 因子结合到核心酶上时，它的结构发生改变，而释放它的 DNA 结合区与启动子相互作用。
- σ^{70} 因子的多个区域可与启动子相互作用。
- α 亚基也对启动子识别有所帮助。

就如 17.8 节“σ 因子通过识别启动子中的特定序列来控制与 DNA 的结合”所简单提及的那样，σ 因子的几个结构域和 α 亚基的 CTD 能与启动子 DNA 接触。包含不同 σ 因子的全酶可识别一系列不同的共有序列，如**表 17.1** 所示，这一鉴定结果显示 σ 因子亚基自身必须能够与 DNA 接触。这进一步提示，在不同的 σ 因子和核心酶之间有一种通用的结合关系，即在不同 σ 因子上的 DNA 识别表面的位置类似，使之可以在 −35 和 −10 序列附近与启动子产生关键接触。

表 17.1　不同的大肠杆菌 σ 因子识别具有不同共有序列的启动子

亚基（基因）	大小 / 个氨基酸	启动子的大约数目 / 个	可识别的启动子序列
σ^{70}（*rpoD*）	613	1000	TTGACA-16 ～ 18 bp-TATAAT
σ^{54}（*rpoN*）	477	5	CTGGNA-6 ～ 18 bp-TATAAT
σ^{S}（*rpoS*）	330	100	TTGACA-16 ～ 18 bp-TATAAT
σ^{32}（*rpoH*）	284	30	CCCTTGAA-13 ～ 15 bp-CCCGATNT
σ^{F}（*rpoF*）	239	40	CTAAA-15 bp-GCCGATAA
σ^{E}（*rpoE*）	202	20	GAA-16 bp-YCTGA
σ^{FecI}（*fecI*）	173	1 ～ 2	?

σ 因子与启动子在 −35 区和 −10 区的共有序列直接接触的进一步证据是 σ 因子的替换能够抑制共有序列的突变。当启动子特定位置的突变阻止了 RNA 聚合酶识别时，σ 因子的补偿突变则会允许聚合酶利用突变的启动子。最可能的解释就是 DNA 上相关的碱基对与被置换的氨基酸产生接触。

将几种细菌的 σ 因子比较提示了大肠杆菌 σ^{70} 中的保守区域，这些区域可与 DNA 进行直接相互作用，它们的位置如**图 17.15** 所示。RNA 聚合酶全酶与启动子片段复合体的晶体结构的鉴定进一步强化了这些推论。水生栖热菌与极端嗜热菌揭示了 σ 因子的 DNA 结合区如何在蛋白质区域 1.2、2.3 ～ 2.4、3.0 和 4.1 ～ 4.2 折叠形成独立的结构域。

图 17.15 说明了可在启动子识别中发挥直接作用的 σ 因子部分，此图显示了全酶背景下 σ 因子的主要结构。区域 2 的两个短小部分和区域 4 的一部分（2.3、2.4 和 4.2）分别与 −10 区和 −35 区的碱基接触；σ 因子的区域 1.2 与 −10 区下游的启动子区接触；而 σ 因子的区域 3.0 与 −10 区上游的启动子区接触。这些区域中的每一个都在蛋白质中形成短的 α 螺旋。全酶与启动子片段复合体的晶体结构，以及含错配 DNA[异源双链体（heteroduplex）] 的启动子实验表明 σ^{70} 主要与 −10 区、延伸的 −10 区和识别子区域的非模板链上的碱基接触，它们会继续保持着这种接触状态直到这一区域中的 DNA 解链。该实验提示了 σ 因子在解链反应中很重要。

蛋白质用 α 螺旋基序识别双链体 DNA 序列的现象是常见的（详见第 18 章“真核生物的转录”）。相隔 3 ～ 4 位的氨基酸位于 α 螺旋的同一面，从而与相邻的碱基对接触。**图 17.16** 给出了位于区域 2.4 的 α 螺旋一个表面的氨基酸残基与 −10 区启动子序列的 −12 到 −10 位点碱基接触的情形。

区域 2.3 与结合单链核苷酸的蛋白质类似，它参与了解链过程。区域 2.1 和区域 2.2（σ 因子中保守性最高的部分）参与了与核心酶的相互作用。

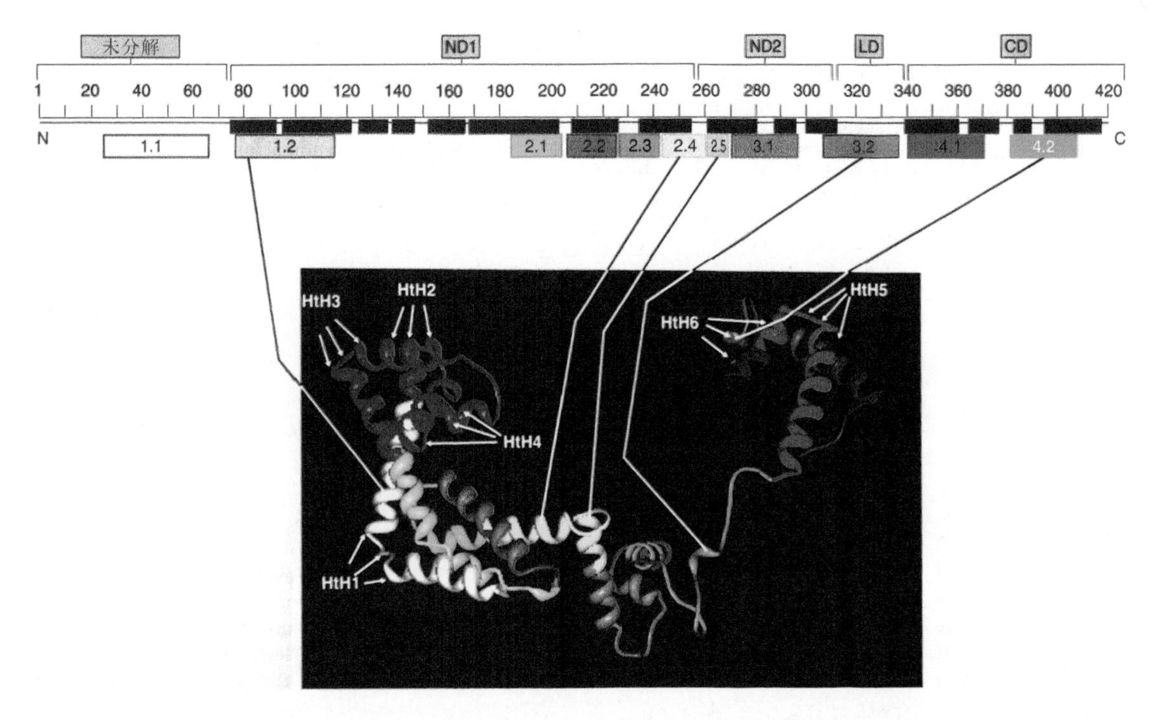

图 17.15　全酶背景下的 σ 因子结构，它与 −10 区和 −35 区相互作用。σ 因子向外延伸，它的结构域以柔软的接头连接在一起

图表改编自 D. G. Vassylyev, et al., *Nature* 417(2002): 712-719；结构图来自 Protein Data Bank 1IW7

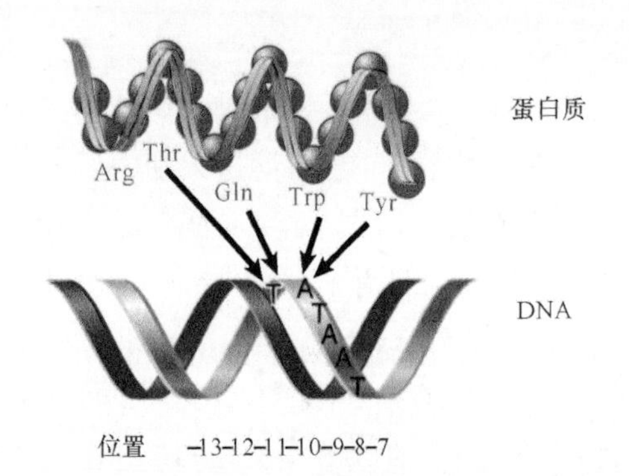

图 17.16 σ^{70} 因子区域 2.4 的 α 螺旋的氨基酸残基特异性地与编码链 −10 区的启动子序列结合

据推测所有 σ 因子都结合在核心酶的相同区域，这更加确定了与核心 RNA 聚合酶的结合反应是竞争性的。

尽管 σ 因子拥有识别启动子 DNA 中特定碱基的结构域，但是，游离 σ 因子的 N 端区域（区域 1.1）可作为自我抑制的结构域，可将 DNA 结合域封闭。只有当与核心酶结合后，σ 因子的构象改变，抑制作用被消除，此时 DNA 结合域就可以结合启动子序列（**图 17.17**）。游离 σ 因子不能识别启动子序列，这一观点是非常重要的，如果 σ 因子作为游离亚基可结合启动子，那么它可能阻止全酶启动转录。图 17.17 勾画出了开放复合体形成时 σ 因子的构象改变。

当 σ 因子结合到核心酶上时，N 端结构域从距 DNA 结合域 20 Å 处摆动出来，两个 DNA 结合域之间彼此分开，相差约 15 Å，这可能是为了获得一个更适合与 DNA 接触的伸展型构象。−10 区或 −35 区的突变可阻止 N 端被切除的 σ^{70} 因子与 DNA 结合，这就提示了 σ^{70} 因子是同时结合到 DNA 的两个序列上的。这个结果与全酶晶体结构所提供的信息吻合（见图 17.15），并清楚地表明 σ 因子拥有相当伸展的结构，能够跨过两圈 DNA 之间约 68 Å 的长度。

尽管 σ 因子的区域 1.1 的晶体结构还未被解析出来，但是在全酶及开放复合体中的这个位置的生物物理学测量提示，在游离全酶中，N 端结构域（区域 1.1）定位于酶的主要 DNA 通道中，本质上它是模仿了转录复合体形成时启动子将占据的位置（**图 17.18**）。当全酶在 DNA 上形成一个开放复合体时，它才能把 σ 因子的 N 端从全酶的主要通道上取代下来。所以 σ 因子的 N 端与蛋白质的其他部分相比是非常自由的，当 σ 因子结合到 DNA 上时，以及全酶结合到 DNA 上时它都会发生变化。DNA 螺旋要从起始位置移动 16 Å 的距离才能进入主要通道，接着，在开放复合体的形成过程中，它必须再移动才能允许 DNA 进入通道。

尽管我们开始时认为 σ 因子可能是唯一的可识别启动子区的 RNA 聚合酶亚基，但是，两个 α 亚基的 C 端结构域也在与启动子 DNA 接触中发挥了主要作用，这是通过结合 UP 元件进行的。因为 α 亚基的 CTD 与 RNA 聚合酶的其余部分灵活地连接在一起（见图 17.14），所以当酶还结合于 −10 区和 −35 区时，它能到达上游相当远的区域。这样，α 亚基的 CTD 为接触转录因子提供了可移动的结构域，而这些转录因子可与不同启动子转录起点上游不同距离的 DNA 序列相结合。

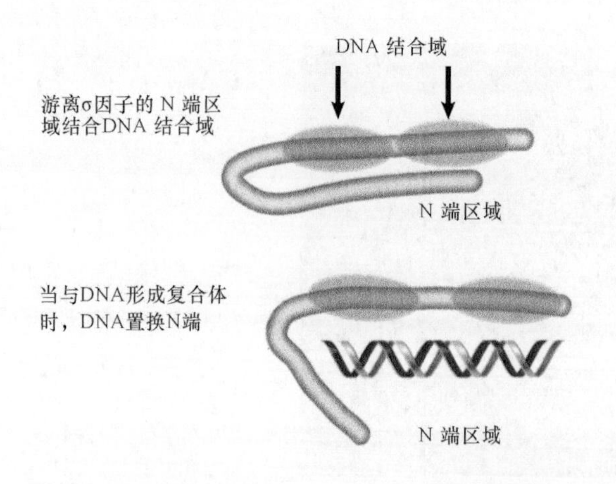

图 17.17 σ 因子的 N 端阻止了 DNA 结合域结合到 DNA 上。当开放复合体形成时，N 端摆动 20 Å 的距离，而两个 DNA 结合域相隔 15 Å

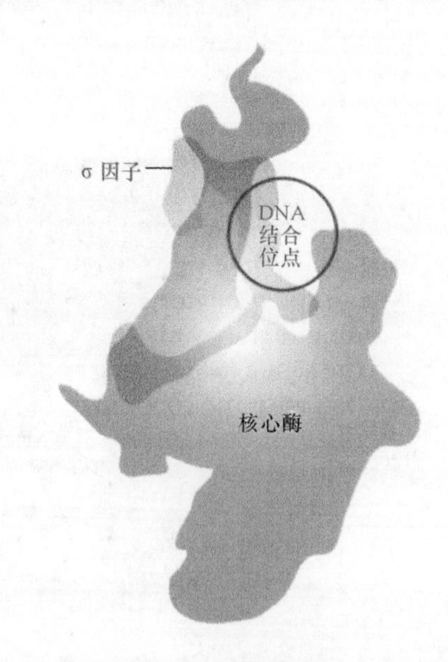

图 17.18 当全酶形成时，σ 因子在核心酶亚基的表面有一个伸展的构象

17.11 RNA 聚合酶-启动子和 DNA-蛋白质的相互作用与启动子识别和 DNA 解链是一致的

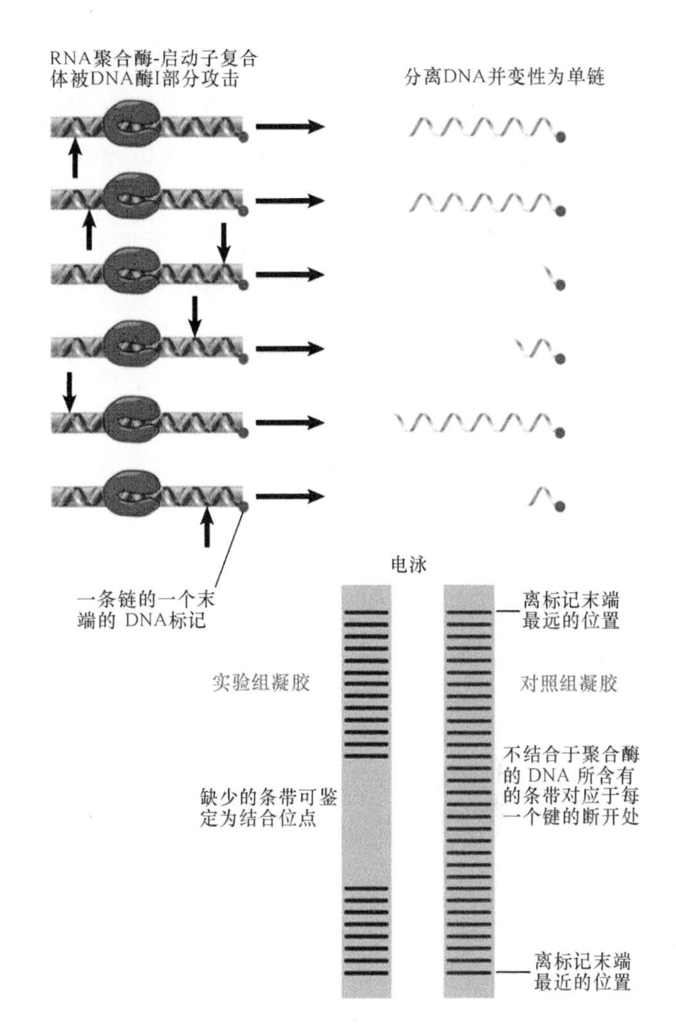

图 17.19　足迹法通过蛋白质保护 DNA 不被核酸酶切出切口，从而分析蛋白质所能结合的 DNA 序列

关键概念

- −35 区和 −10 区上的共有序列为启动子上的 RNA 聚合酶提供了绝大多数的接触位点。
- 接触位点主要位于 DNA 的一侧。
- 双螺旋的解链起始于启动子内的碱基跳跃。

RNA 聚合酶（或任何蛋白质）识别 DNA 的能力可通过**足迹法（footprinting）**鉴定。DNA 的一段序列与蛋白质结合后，内切核酸酶攻击核酸中各个核苷酸之间的磷酸二酯键，从而将 DNA 部分消化。在适当条件下，一些 DNA 分子，而不是全部 DNA 的磷酸二酯键被破坏，切割的位置通过 DNA 一条链的一个末端标记来识别，其原则与 DNA 测序相同。对末端标记分子在易切割位点进行部分剪接就产生了特定长度的片段。

如**图 17.19** 所示，经核酸酶作用后，断裂的 DNA 片段可利用凝胶电泳，根据片段的长度分开。具有标记末端的每一个酶切片段都能形成一条放射性条带，条带的位置与该片段的碱基数一致。最短的片段移动最快，所以从标记末端开始的距离可从凝胶电泳开始处进行测量，这样片段长度可被计算出来。

对于游离 DNA 来说，实际上每一个敏感位点都会在某一个核苷酸链分子中被破坏。图 17.19 演示了当 DNA 与蛋白质结合后，每个 DNA 分子中被蛋白质覆盖的区域被保护起来而免于被切割。所以实验可以进行两个平行反应：一是作为对照的单独 DNA；另一个是含有可结合 DNA 分子的蛋白质实验混合物。当结合蛋白阻止核酸酶接近 DNA 时，实验混合物中被蛋白质保护的一些磷酸二酯键就不被破坏，这样，对应泳道上的部分凝胶就不会存在标记的 DNA 片段。

在对照组中，所有敏感的键都被破坏，从而产生一系列条带，相邻两条带之间只存在 1 个碱基的差异。在图 17.19 中可见到 31 个条带，但在被保护的片段中，与蛋白质结合的一段 DNA 内的磷酸二酯键不被破坏，所以不能产生代表相应长度的条带。图中 9 ～ 18 条带的缺失表明一个蛋白质覆盖区距离 DNA 标记末端的长度为 9 ～ 18 个碱基。若将对照组与实验组放在一起，旁边再加一个测序反应泳道，通过比较就可以直接“读出”相应序列，据此得出结合位点的核苷酸序列。

如前所述（见图 17.13），RNA 聚合酶是先与 DNA 上 −50 到 +20 的启动子区结合。利用足迹法修饰技术，用修饰特定碱基的试剂处理 RNA 聚合酶-启动子复合体，可以确定二者的接触位点。我们可通过两种方法进行这个实验。

- 在 DNA 与 RNA 聚合酶结合之前修饰 DNA 序列。在这种情况下，如果修饰阻止了 RNA 聚合酶的结合，我们就确定了接触所必需的一个碱基。
- RNA 聚合酶与 DNA 复合体可以先被修饰，然后将其与游离 DNA 及未被修饰的复合体相比较。消失的条带即为那些受酶保护的启动子上不被修饰的位点；其他一些条带强度增加，说明那些鉴定位点中的DNA必定拥有更加容易暴露于切割试剂的空间构象。

被核酸酶识别难易程度的变化揭示了DNA-RNA聚合酶复合体的空间结构，见图17.20所总结的具有代表性的启动子的情况。-35区和-10区之间的区域包含了酶的大多数接触位点。在这个区域内，同一位置的碱基不但可以在修饰之后阻止聚合酶的结合，而且还能显示出结合聚合酶后对修饰敏感性的增加或降低。尽管接触位点与突变位点并不完全一致，但它们出现在相同的有限区域内。

值得提出的是，不同启动子的相同位置为聚合酶提供了接触位点，即使这些相同位置上的碱基不同。这表明RNA聚合酶的结合存在一种普适机制，即结合反应并不依赖于接触位点上特定碱基的出现。这个模型解释了为什么一些接触位点并非突变位点，而且并不是每一个突变位点都在接触点内，突变位点可能是通过影响相邻碱基而非与酶直接接触来发挥作用的。

尤其重要的一点是，预先修饰实验确定了那些被聚合酶保护的位点，不仅如此，聚合酶还能使同样位点免于核酸酶的切割。这两个实验测定的是两个不同的事件：预先修饰实验能够确定DNA上所有被聚合酶识别而结合的必需位点；保护实验则得到了与二元复合体实际接触的所有位点，在保护实验中，被保护位点包括了所有识别位点和一些附加位置，这就提示了酶最先识别一系列碱基以便“继续接触”，然后将接触点延伸到额外碱基。

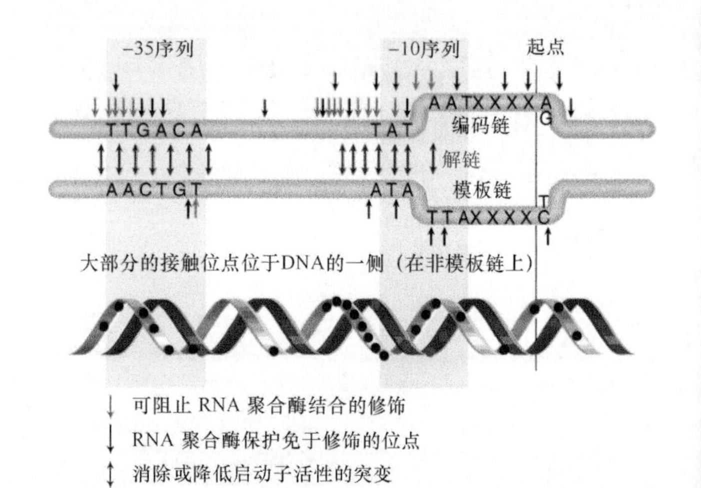

图17.20 启动子的一侧包含了RNA聚合酶的接触位点

二元复合体中的DNA解链区可通过多种方法直接确定。σ因子的区域2可在整个启动子区域范围可广泛结合到磷酸二酯键骨架上。启动子序列识别和解链反应是协同发生的。解链反应起始于碱基跳跃（base flipping），此时两个碱基 A_{11} 和 T_7 都从碱基配对的位置跳跃到σ因子的“口袋”中，如图17.21所示，此“口袋”对于A和T是特异性的。这会使起始链的分开和识别合适的启动子序列同时发生。随后解链的特异性区域从-11序列的右侧末端开始向下传播到刚过转录起点+3的位置。

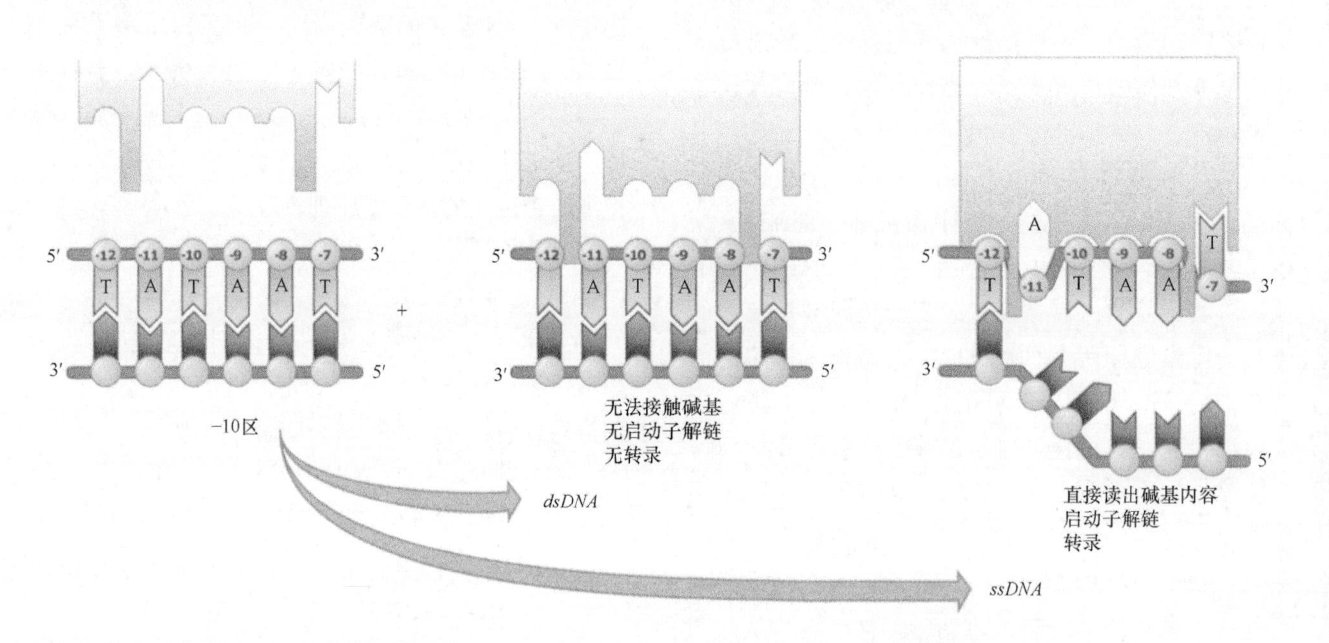

图17.21 σ因子区域2对-10区的序列特异性识别。DNA骨架用绿色圆圈表示。非模板链碱基用深蓝色多边形表示，而模板链碱基用浅蓝多边形表示。非模板链序列对应于-10区的共有序列。区域2用黄色多边形表示

从三维结构来看，−10序列上游的接触点均位于DNA的一侧。如图17.20的下图所示，接触位点被标记于从一侧所观察到的双螺旋，它们大多数位于非模板链。这些碱基可能在闭合二元复合体的起始形成中被识别，这就使RNA聚合酶可以从一个侧面接近DNA并识别DNA的表面。随着DNA解链反应的发生，原先位于DNA另一侧的更多位点也可以进一步被识别和结合。

17.12 在启动子逃逸过程中σ因子与核心RNA聚合酶之间的相互作用发生改变

关键概念

- 通常σ因子的一个结构域占据了RNA出口通道，它必须被置换为RNA合成提供空间。
- 起始描述了RNA中的第一个核苷酸键的合成。
- 流产起始通常发生于RNA聚合酶形成真正的延伸复合体之前。
- σ因子从RNA聚合酶中解离时，新生RNA链通常延伸了约10 nt的长度。

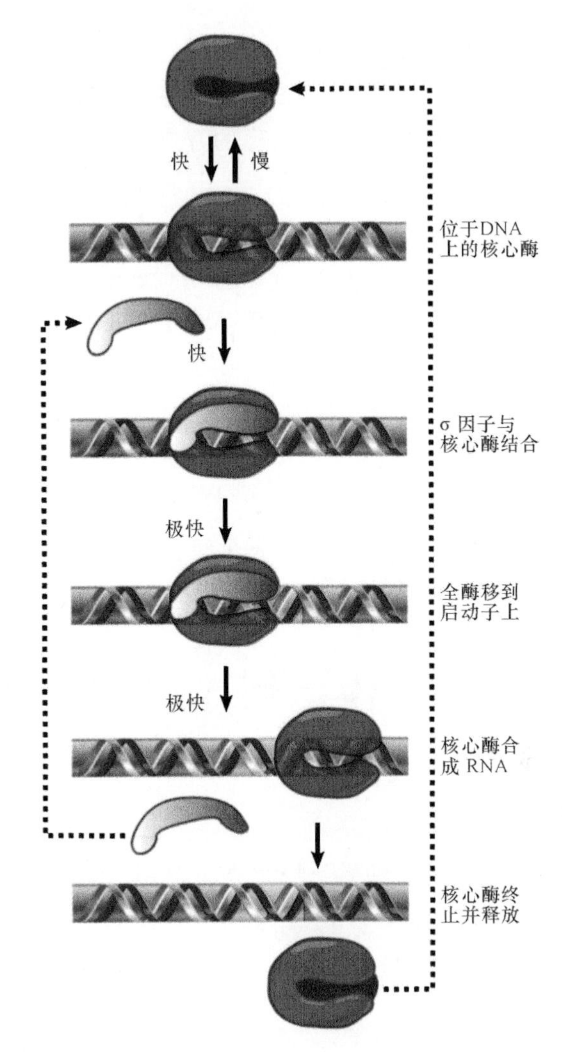

图17.22 σ因子和核心酶在转录的不同阶段发生再循环

由于转录起始和延伸的需求不同，RNA聚合酶遇到了两个难题。首先，RNA出口通道实际上被σ因子的部分区域即连接结构域3和4的接头占据，因此，启动子逃逸必须涉及σ因子的重排，将它从RNA出口通道中置换出来，RNA合成才能继续向前。其次，启动过程仅需要与特殊序列（启动子）牢固结合，而延伸则要求聚合酶在转录过程中与遇到的所有序列紧密结合。**图17.22**揭示了如何通过σ因子与核心酶之间的可逆结合来解决这个问题。

起始涉及前两个核苷酸的结合，以及彼此之间的磷酸二酯键的形成。这形成了包含RNA和DNA的四聚体复合体。在大多数启动子中，所形成的RNA链的长度为几个碱基，最多可达9个碱基，此时聚合酶不需要沿模板链移动。流产事件的出现会延迟起始阶段，此时，聚合酶合成短的转录物并释放它们，再重新起始RNA合成。当聚合酶成功延伸了RNA链，并清除了启动子后，起始阶段就结束了。

如前文所述，RNA聚合酶在启动子逃逸过程中常常经历数次流产起始。在经历这些流产起始循环时，酶不会沿着模板向前移动，而是会将下游DNA中的几个核苷酸拉向它自身，并将这些单链DNA向外突出到酶的表面，这一过程称为DNA弯曲（DNA scrunching）。通过这一目前还未明了的机制，RNA聚合酶可以逃离这种流产起始循环模式，进入延伸阶段（不久后会讨论）。

尽管σ因子从复合体中的释放并非启动子逃逸所必需的，但是σ因子从核心酶上的解离通常与启动子逃逸同时发生，或发生于启动子逃逸之后不久。由于σ因子的数量多于核心RNA聚合酶，所以从全酶中释放出来的σ因子不是简单被其他拷贝的全酶利用，实际上，σ因子要竞争有限拷贝的核心RNA聚合酶，而这是一种改变转录表达谱的方法（见17.19节“σ因子的竞争能调节转录起始”中对多σ因子的讨论）。

在（由DNA、新生RNA和RNA聚合酶组成的）

三元复合体中的核心酶必须被“锁定”直到延伸完成。就如即将要描述的那样，这种持续合成能力部分来自于聚合酶使DNA成环的方式，部分来自于聚合酶对复合体亲和力的增强，这种增强是由聚合酶与新生RNA的相互作用所赋予的。

药物利福平（rifampicin，利福霉素抗生素家族的一个成员）可以阻断细菌RNA聚合酶的转录，是对付肺结核的主要药物。利福平结合RNA聚合酶的晶体结构揭示了该药物的作用方式：利福平分子结合到β亚基的一个“口袋”中，这个位点尽管与活性位点的距离略大于12 Å，但在这一位置，它能阻止RNA的延伸路径。因此，利福平通过阻止RNA链延伸超过2～3个碱基，从而阻止了转录的发生。

17.13 晶体结构提示酶的移动模型

关键概念

- DNA通过RNA聚合酶中的通道移动，在活性位点要进行急转弯。
- RNA聚合酶内某些可塑模型构象的改变控制核苷酸进入活性位点。
- 移位由布朗棘轮机制向前推进。

根据细菌和酵母RNA聚合酶与NTP和（或）DNA复合体的晶体结构分析，我们已经掌握了很多关于RNA聚合酶延伸过程中的结构和功能方面的信息。细菌RNA聚合酶的整个三维大小约为90 Å×95 Å×160 Å。古菌和真核生物的RNA聚合酶更大些，这主要来自一段额外的氨基酸序列和（或）定位于酶外周的额外亚基。然而，核心酶不仅共享相同的结构特征，即都有一个宽约为25 Å的通道，这可能是DNA经过的位置，而且还拥有核苷酸添加的共同机制。

图17.23以细菌RNA聚合酶为例说明了这个通道的结构模型，大沟可容纳约17 bp的DNA，酶的活性位点区可容纳约13 nt的DNA，两者加在一起为30～35 nt长的受覆盖区域，这与延伸复合体的足迹法实验中所观察到的一致。大沟带有正电，使它能与DNA中带有负电的磷酸基团相互作用。催化位点位于两个大亚基之间的沟缝中，当DNA进入RNA聚合酶时，它的“颌（jaw）”结构可以夹住下游的DNA链。RNA聚合酶包裹着DNA链，在酶的活性位点上还发现了一个起催化作用的Mg^{2+}，DNA链在该位点上被钳住。**图17.24**显示，因为一个相邻蛋白质墙的阻隔，DNA被迫在活性位点的入口处改向，进行90°转弯。RNA杂合链的长度还受到被称为lid蛋白的阻隔限制。核苷酸链可能从酶的下面，经次要通道［在酵母RNA聚合酶中

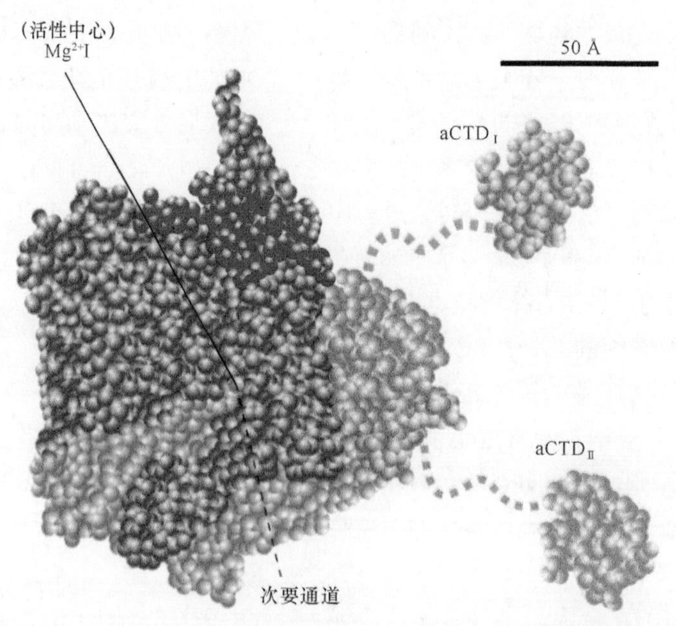

图17.23 模型显示经过主要通道的RNA聚合酶的结构。亚基的颜色表示如下：β′亚基为粉色；β亚基为蓝色；α Ⅰ亚基为绿色；α Ⅱ亚基为黄色；ω亚基为红色

改编自K. M. Geszvain and R. Landick (ed. N. P. Higgins). *The Bacterial Chromosome*. American Society for Microbiology, 2004

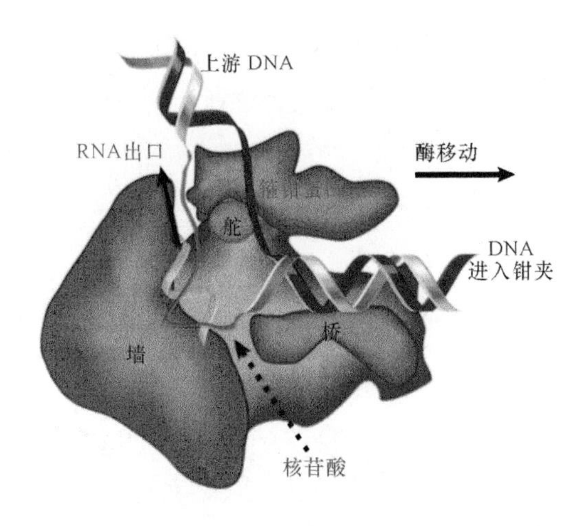

图 17.24　因为相邻蛋白质分子的阻隔，DNA 被迫在活性位点的入口处改向并通过一个小孔进入蛋白质

称为小孔（pore）] 进入酶的活性位点。转录泡中含有 8 ～ 9 bp 的 DNA-RNA 杂合链，而 lid 蛋白在杂合链的末端将 DNA 和 RNA 碱基分开（图 17.23），而在杂合链另一个末端的模板链上的 DNA 碱基则外翻出来，使得它可与即将到来的 NTP 进行碱基配对。

一旦 DNA 解链，酶中的单一 DNA 链的轨道就不再受到双螺旋的严格限制，这使得 DNA 能够在活性位点处进行 90° 转弯。另外，聚合酶自身还发生了巨大的构象变化，这就涉及下游的箍钳蛋白（clamp）。

任何核酸聚合酶的其中一个矛盾之处在于酶必须与核酸底物和产物有紧密的接触，但每次核苷酸添加循环之后，这些接触又必须被破坏。考虑到**图 17.25** 中所示的情况，一个聚合酶必须在特定位置与碱基形成一系列特殊接触。例如，接触“1”是和生长链末端碱基的接触，接触“2”是和模板链中与下一个被添加核苷酸互补碱基的接触。但是请注意，在核酸链中，占据这些位置的碱基随着核苷酸的每一次添加而不停地改变。

图 17.25 的上图和下图都说明同样情况：一个碱基即将插入到生长链中。其不同之处在于，在下图中，生长链已经延长了一个碱基。两个复合体的空间结构几乎相同，但下图中，与接触“1”和接触“2”相连的核酸链中的碱基是在较远链上的一个位置。中间的图说明，在碱基插入之后和酶相对于核酸移动之前，这些特殊位置上的接触必须得被破坏，这样它们才能被重新改造成在聚合酶离开之后可以占据那些位置的碱基。

RNA 聚合酶的晶体结构为我们提供了相当有

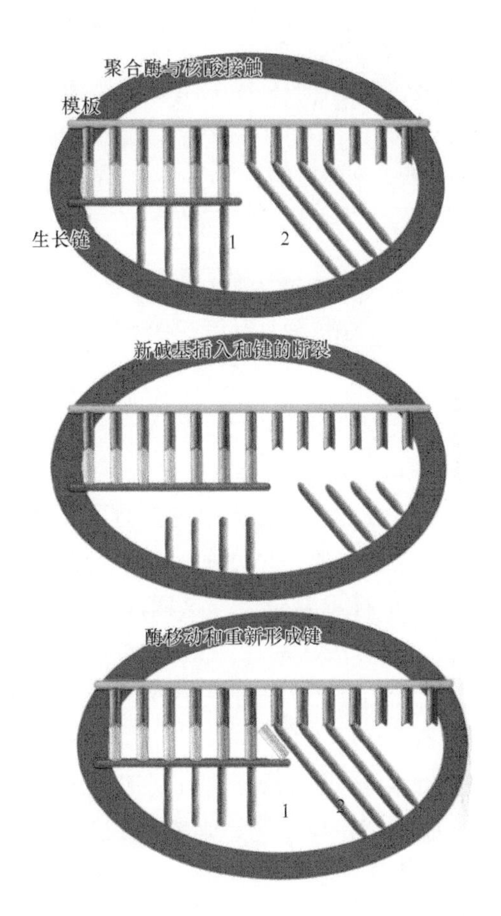

图 17.25　核酸聚合酶的移动需要与特定位置的核苷酸解离和再配对，而这些核苷酸的位置相对聚合酶的结构是固定的。每当酶在模板上移动一个碱基，这些位置的核苷酸就发生变化

力的证据，它解释了在核苷酸添加循环和酶移位过程中，酶在打断和重建共价键时是如何保持与底物的接触的，这利用了**布朗棘轮（Brownian ratchet）**机制。核苷三磷酸的结合会产生随机波动，直到被锁定于正确的位置，结合正确底物所产生的能量稳定了活性构象，并抑制了它的后退。一个被称为触发环（trigger loop）的可塑模型似乎在核苷酸添加之前解折叠，而一旦 NTP 进入之后，它又变成折叠状态。一旦在下一个位置的键形成和酶的易位完成以后，触发环再次解折叠，并为下一次循环做准备。这样，触发环的结构变化协调了催化过程中的事件序列。

17.14　停滞的 RNA 聚合酶可以再次启动

关键概念

- DNA 中的序列可引起 RNA 聚合酶暂停。

- 所有被停滞的 RNA 聚合酶都可以通过切割 RNA 转录物产生一个新的 3′ 端来重新开始转录。

当转录延伸被阻断或序列导致 RNA 聚合酶暂停时，聚合酶必须能够处理这些情况。比如当 DNA 受损时，阻遏就会发生。体外实验中，去除某种必需的核苷酸反应前体可以阻止转录延伸，这就为上述问题的解决提供了一个模型系统。RNA 的 3′ 端与活性位点产生错排的任何事件都会导致同样的问题，因此，必须采取一些措施使新生 RNA 的 3′-OH 与活性位点进行重新定位，这样，它能与下一个 NTP 反应，并形成磷酸二酯键。RNA 的切割可将其末端定位于右侧，以便于另一个碱基的添加，这样就完成了重排。

尽管就 RNA 聚合酶而言，其切割活性是内在的，但是辅助因子将会极大地激发其活性，而这些因子广泛存在于三大生物界中。在大肠杆菌中存在两种这样的因子——GreA 蛋白和 GreB 蛋白；而真核生物 RNA 聚合酶Ⅱ需要 $TF_{II}S$ 蛋白用于同样的目的。$TF_{II}S$ 蛋白在序列上与 Gre 因子几乎没有同源性，但它们都结合于酶的相同部分——RNA 聚合酶的次要通道（小孔）中。

Gre 因子 /$TF_{II}S$ 蛋白能使 RNA 聚合酶从 RNA 产物的 3′ 端切除一些核糖核苷酸，这样使得 RNA 聚合酶的催化位点与 3′-OH 重新排列。每一种因子都会将一个狭窄的蛋白质结构域 [在 $TF_{II}S$ 蛋白中为锌带（zinc ribbon）结构，而在细菌的酶中它是卷曲螺旋（coiled coil）结构] 深深地插入到 RNA 聚合酶中，非常接近于催化中心。而这个因子顶部的两个酸性氨基酸残基可接近活性位点中关键的催化性 Mg^{2+}，这使得第二个 Mg^{2+} 能够进入，并将催化位点转变成核糖核酸酶活性位点。

除受损 DNA 外，一些序列具有内在引起 RNA 聚合酶暂停的能力。延迟的暂停可能会导致终止事件，这一现象会在后文讨论。大肠杆菌的暂停诱发序列 GxxxxxxxxCG（x 可以是任意碱基）就是一个例证。暂停可被调节，这样，mRNA 的转录和翻译就可协调进行。

因此我们看到，RNA 聚合酶能够使 DNA 解链和再螺旋；能够维持分开的 DNA 双链及 RNA 产物；能够催化核糖核苷酸添加到 RNA 生长链上；还能够监测这一反应的进程；能够在一两种辅助因子的帮助下，通过切除 RNA 产物末端的几个核苷酸来修复所出现的问题，以重新开始 RNA 合成。

17.15 细菌 RNA 聚合酶的终止发生在离散的位点

关键概念

- 有两种类型的终止子：内在终止子通常只被 RNA 聚合酶本身所识别，而不需要任何其他因子的参与；依赖 ρ 因子的终止子需要细胞中 ρ 因子的辅助。
- 内在终止需要对 DNA 中终止子序列的识别，它编码 RNA 产物中的发夹结构。
- 终止信号大部分位于已经被 RNA 聚合酶所转录的序列内，这样，终止反应依赖于对模板和（或）聚合酶所转录的 RNA 产物的仔细检查。

一旦 RNA 聚合酶开始转录，酶就沿模板向前移动合成 RNA，直到遇到一个终止子序列。就如 17.3 节“转录反应的三个阶段”所描述的，移动不是以稳定的步伐前进，其速率是波动的，受序列上下文所决定。RNA 聚合酶可以暂停、停滞或回走，这些都可造成转录终止。在一个真正的终止子序列位置或一个长时间的暂停点，聚合酶停止向正在延伸的 RNA 链添加核苷酸，并释放出合成完毕的产物，然后从 DNA 模板上解离出来。终止过程需要所有维持 RNA-DNA 杂合的氢键断裂，然后 DNA 双链体重新形成。

有时我们很难确定活细胞中被合成的 RNA 分子的终止位点，因为 RNA 分子的 3′ 端被外切核酸酶降解或被内切核酸酶切割，不再留下实际位点的历史痕迹，即在留下的转录物中已经失去了 RNA 聚合酶终止位点。实际上，特定的 3′ 端修饰是真核生物中正常 RNA 加工的一部分。因此，终止位点的最好证明来自于体外的 RNA 聚合酶终止系统。因为一些参数（如离子强度和温度），对酶的终止能力影响很大，所以体外实验的终止位点并不能证明自然条件下的终止子也是同样位点。但当体内和体外产生相同末端时，我们就能确定真正的3′端。

图17.26和图17.27总结了**内在终止子（intrinsic terminator）**中所发现的两个特征。首先，内在终止子不需要辅助性ρ因子（**rho factor**），简单来说，它需要的是在被转录的RNA中所形成的、富含G·C的**发夹（hairpin）**结构。这样，终止依赖于RNA产物，而不是简单地仔细审查转录过程中的DNA序列。第二个特征是它存在一连串多达7个U的残基（在DNA中为T），这位于发夹结构的茎干区域之后，但可跨越实际的终止位点。在大肠杆菌基因组中，符合这些标准的序列约有1100个，这提示了约一半的细胞转录物拥有内在终止子。**依赖ρ因子的终止子（rho-dependent terminator）**在体外终止时需要ρ因子的辅助；并且突变实验显示，在体内该因子也参与了终止过程。

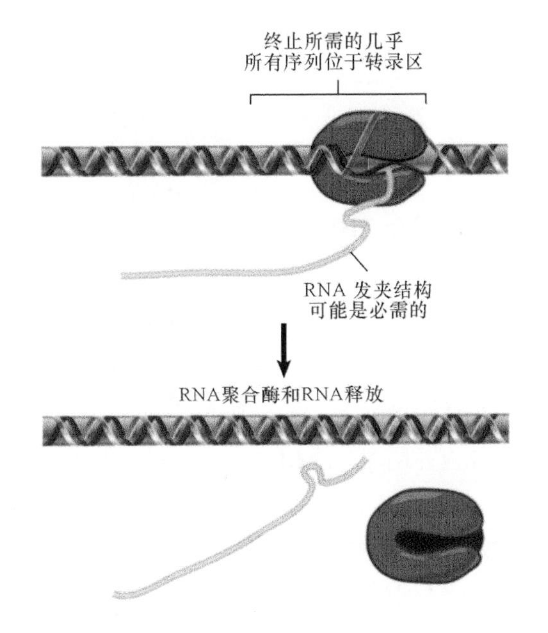

图17.26　终止需要的DNA序列位于终止子序列之前。RNA发夹结构的形成可能也是必需的

图17.27　内在终止子包括一个回文序列，可以形成长度为7～20 bp的发夹结构。这些茎-环结构包括一个G·C丰富区，随后是一串U残基

终止子在终止效率上差别很大。**连读（readthrough）**转录物是指不被终止子所阻止的那些转录物（连读这个词也被用来描述在翻译过程中，核糖体解除终止密码子的抑制）。另外，终止事件可以被某些与RNA和（或）RNA聚合酶相互作用的特异性辅助因子所阻止，这种现象称为**抗终止（antiteimination）**作用。这样，起始、延伸和终止都可受到调节，都是控制基因表达的机制。

在起始和终止系统之间存在着其他的平行关系，如它们都需要氢键的断裂（起始过程中DNA的初始解链，终止过程中RNA-DNA解离）；而且都需要其他蛋白质（σ因子、激活物、阻碍物和ρ因子）与核心酶相互作用。然而，起始过程仅依赖于RNA聚合酶与DNA双链体的相互作用，而终止事件还包括由RNA聚合酶所合成的转录物上的信号识别。

降低终止效率的点突变通常发生在发夹结构的茎干区域与富含U的序列内，这支持了终止机制中这些序列的重要性。RNA-DNA杂合链在维持延伸复合体中贡献了相当大的力量，这样，破坏杂合链将使延伸复合体失去稳定性，从而导致终止事件的发生。发夹结构与RNA聚合酶的相互作用，或当RNA从RNA出口通道出现时发夹结构形成所产生的力量，能够短暂使得RNA的3′端与活性中心错排。rU·dA RNA-DNA杂合链之间的碱基配对的结构异常脆弱，这通常由一连串U残基所引起。这种错排和脆弱结构使延伸复合体失去稳定性。

体外实验中终止效率的变化幅度是非常巨大的，为2%～90%。终止效率不仅依赖于发夹结构的序列及发夹结构下游U残基的数目和位置，还与终止位点上游和下游更远处的序列有关。聚合酶有时并非终止，可能仅仅是在恢复延伸前暂时停止。这些暂停位点可用于自身的调节目的（详见第24章“操纵子”中有关trp操纵子和弱化效应的小节）。RNA聚合酶是停滞并释放RNA链，或它仅仅是恢复转录前的暂停（如暂停持续的时间或逃逸暂停的效率），这是由一组复杂的动力学和热力学因素决定，这些因素包括发夹结构的特征、RNA 中富含 U 的一段序列，以及 DNA 中的上游和下游序列。例如，暂停可发生在类似于终止子的位点，但是发夹结构与 U 序列之间分开的距离比终止所需的最适距离要长。

17.16 ρ 因子是如何工作的?

关键概念

- ρ 因子是一种结合到新生 RNA 上的蛋白质，它可沿着 RNA 链追踪并与 RNA 聚合酶相互作用，最后将它从延伸复合体中释放出来。

ρ 因子是大肠杆菌的一种基本蛋白质，能引起转录终止。ρ 因子的浓度可能高达 RNA 聚合酶浓度的 10%，大肠杆菌中不依赖 ρ 因子的终止反应约占所有终止子的一半。

图 17.28 给出了 ρ 因子的作用模型。首先，ρ 因子结合于转录物内的终止位点上游，这段序列称为ρ因子利用位点(rho utilization site，*rut*位点)；接着，ρ 因子沿着 RNA 链不断前进，直到它抓住 RNA 聚合酶。当 RNA 聚合酶到达终止位点时，ρ 因子首先冻存聚合酶的结构，接着进入其出口通道，使聚合酶失去稳定，从而使 RNA 聚合酶释放 RNA。在终止位点中 RNA 聚合酶的暂停使 ρ 因子有时间移位到杂合链上，这是终止的一个重要特征。

在这里看到了重要的普适性规律：尽管我们知道一些蛋白质发挥效应的 DNA 位点，但是还不能假设这些蛋白质与它所初始识别的 DNA 序列是一一对应的；它们可能是单独起作用的，且在它们之间也不必存在固定关系。事实上，不同转录单位的 *rut* 位点存在于终止位点前面的不同距离。抗终止因子也存在相似的区别（见 17.22 节“抗终止可以是一个调节事件”）。

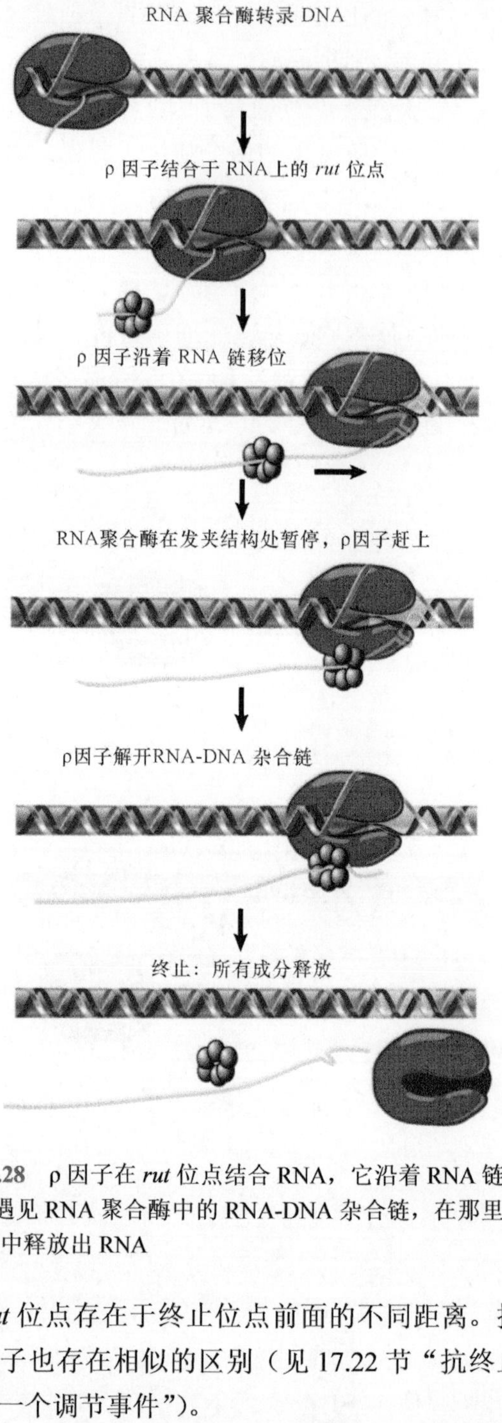

RNA 聚合酶转录 DNA

ρ 因子结合于 RNA上的 *rut* 位点

ρ 因子沿着 RNA 链移位

RNA聚合酶在发夹结构处暂停，ρ因子赶上

ρ因子解开RNA-DNA 杂合链

终止：所有成分释放

图 17.28 ρ 因子在 *rut* 位点结合 RNA，它沿着 RNA 链移位直到遇见 RNA 聚合酶中的 RNA-DNA 杂合链，在那里它从 DNA 中释放出 RNA

实际上，由什么组成 *rut* 位点还不是很清楚。*rut* 位点是一段富含 C 残基和少量 G 残基的序列，它不存在二级结构。**图 17.29** 给出了一个例子：C

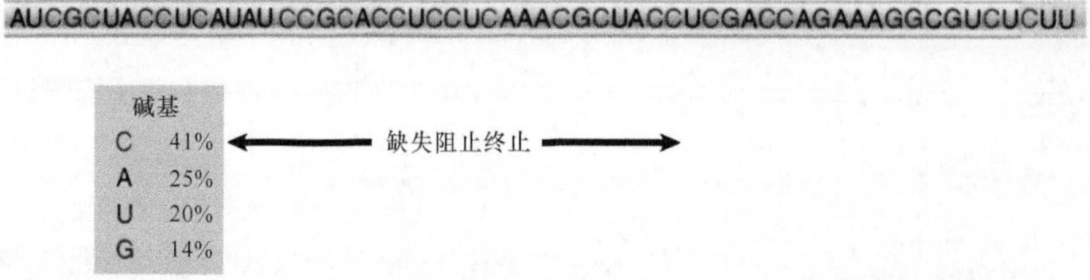

AUCGCUACCUCAUAUCCGCACCUCCUCAAACGCUACCUCGACCAGAAAGGCGUCUCUU

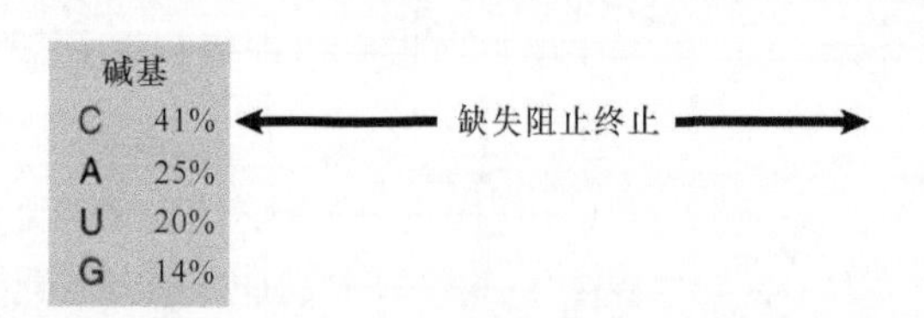

图 17.29 在真正的终止序列之前，*rut* 位点有一段富含 C 残基和少量 G 残基的序列，它对应于 RNA 的 3′ 端

为至今最常见的残基（41%），G 是最不常见的残基（14%）。*rut* 位点的长度存在变化。一般而言，随着 C 富集/G 稀有区域的长度增加，*rut* 位点的效率提高。

ρ 因子是依赖 ATP 的六聚体解旋酶家族的一个成员，其每个亚基具有一个 RNA 结合域和一个 ATP 水解域。在装配过程中，六聚体通过使核酸通过亚基间的孔洞而发挥功能，该组件由各亚基组成的 RNA 结合域形成（**图 17.30**）。ρ 因子的结构为它如何工作给出了一些提示，它可从 3′ 端环绕着 N 端结构域的外侧旋转 RNA，将它所结合的 5′ 端推向内侧，在那里，C 端结构域的第二个 RNA 结合域与之结合。ρ 因子的初始形式为存在缺口的环，而与 RNA 结合后，它转变成闭合环。

在与 *rut* 位点结合后，ρ 因子会运用它的解旋酶活性沿着 RNA 移位，所需的能量来自 ATP 水解，直到发现 RNA 聚合酶。接着，它利用解旋酶活性来解开双链体结构和（或）与 RNA 聚合酶相互作用以帮助释放 RNA。

ρ 因子需要沿着 RNA 从 *rut* 位点移位到实际的终止位点。这需要 ρ 因子比 RNA 聚合酶移动得快。当酶遇到终止子时就暂停，如果 ρ 因子在此处追赶上，则终止发生。因此转录暂停在依赖 ρ 因子的终止中和内源性终止中同样重要，因为暂停为其他所要发生的必要事件提供了时间。

转录与翻译之间的偶联对 ρ 因子的作用会产生重要的影响。ρ 因子必须首先接近到转录复合体上游的 RNA，接着它沿 RNA 移动，直到赶上 RNA 聚合酶。如果核糖体正在翻译一条 mRNA，则这些情况将被阻断。此模型解释了一个困扰早期细菌遗传学家的现象；在有些例子中，转录单位的一个基因发生无义突变会阻止此单位中后续基因的表达，即使这两个基因都有各自的核糖体结合位点，这种影响称为**极化（polarity）**现象。

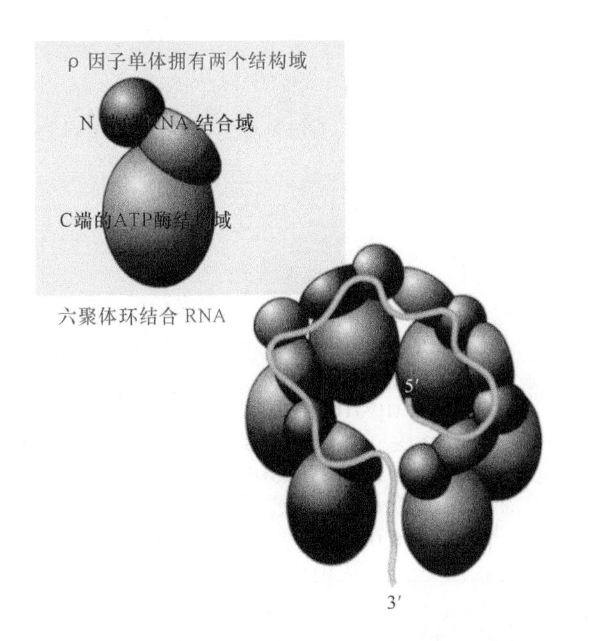

图 17.30 ρ 因子拥有 N 端的 RNA 结合域和 C 端的 ATP 酶结构域。六聚体以含缺口的环形式存在，它可沿着 N 端结构域的外侧结合 RNA。RNA 的 5′ 端被六聚体内侧的第二个结合位点结合

在转录单位中，依赖 ρ 因子的终止位点常常被正在翻译的核糖体所掩饰（**图 17.31**），因此这阻止了 ρ 因子对下游的 RNA 聚合酶起作用。在多基因操纵子的 RNA 内，无义突变使核糖体释放，这样使得 ρ 因子能在成熟前终止转录，阻止转录单位远端区域的基因表达，即使它们的可读框含有野生型序列也是如此。

为什么稳定的 RNA（rRNA 和 tRNA）不易于出现极化现象呢？tRNA 比较短小，形成了范围广泛的二级结构，这可能阻止了与 ρ 因子的结合。rRNA 的部分区域也存在各种结构，但 rRNA 比 tRNA 长得多，使得 ρ 因子的作用存在充足的机会。可是细胞进化出了另一套机制来阻止 rRNA 转录物在成熟前终止。在 16S 和 23S rRNA 转录物中的前导区中存在着所谓的 *nut* 位点，可被多种蛋白质结合，形成**抗终止复合体（antiteimination complex）**，这可抑制 ρ 因子的作用。

ρ 因子的突变在影响终止方面差异很大。影响的基本结果是终止失败。但从体内连读突变位点的百分率可以看出，失败的影响依赖于特定靶位点。与之相似，体外实验对 ρ 因子的依赖也各不相同。一些（依赖 ρ 因子的）终止子需要相对高浓度的 ρ 因子，而其他终止子在 ρ 因子处于低水平时也一样起作用。这提示不同终止子的终止反应需要不同水平的 ρ 因子，因此，突变体中对 ρ 因子的残留水平的应答也各不相同（*rho* 基因突变体通常是有漏洞的）。

一些 *rho* 基因突变可被其他基因的突变所抑制，这就为确定与 ρ 因子相互作用的蛋白质提供了很好的途径。RNA 聚合酶的 β 亚基受两种类型突变的影响。第一，*rpoB* 基因的突变能使依赖 ρ 因子的终止位点减少。第二，在 *rho* 基因突变的细菌中，*rpoB* 的突变能恢复聚合酶依赖 ρ 因子的终止转录的能力。但是还不知道这种相互作用的功能是什么。

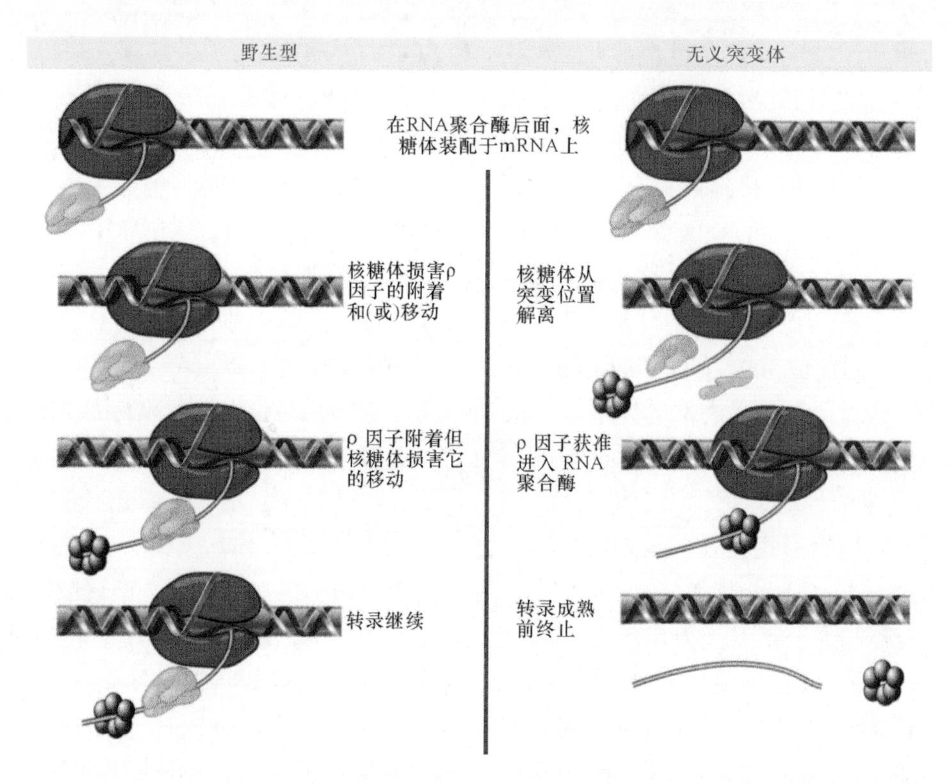

图 17.31 当依赖 ρ 因子的终止子紧跟在无义突变之后，ρ 因子可能在转录和翻译之间起到桥梁作用

17.17 超螺旋是转录的一个重要特征

关键概念

- 负超螺旋有助于解链反应，从而增强一些启动子的效率。
- 转录时，在聚合酶的前端产生正超螺旋，后端是负超螺旋，两种螺旋都可以通过促旋酶和拓扑异构酶来去除。

当模板形成超螺旋时，原核生物和真核生物的 RNA 聚合酶在体外实验中似乎通常都能更高效地起始转录，且在一些例子中，负超螺旋极大地提高了启动子的效率。为什么有些启动子受超螺旋程度影响而其他的并不受影响呢？一种极大的可能性是，启动子对超螺旋结构的依赖性由起始复合体中 DNA 解链所需的自由能所决定，而解链反应的自由能则依赖于启动子的 DNA 序列。与转录泡位置相对应的启动子序列中 G+C 含量越高，那么启动子将会越依赖于超螺旋结构来辅助 DNA 的解链。

然而，特殊启动子活性是否受到超螺旋的协助却是非常复杂的。不同启动子依赖的程度也受到转录泡外 DNA 序列的影响，因为超螺旋改变了复合体的几何结构，影响启动子空间结构中碱基之间的角度和距离。因此，超螺旋程度的不同可改变启动子中的碱基与 RNA 聚合酶中氨基酸残基之间的相互作用。进一步而言，因为染色体的不同区域具有不同的超螺旋程度，所以，超螺旋对启动子活性的影响也受到染色体上启动子定位的影响。

当 RNA 聚合酶沿着模板向前移动时，它会不断发生解链和螺旋，如前面图 17.4 所示，在这过程中，或是转录复合体绕 DNA 旋转，或是 DNA 沿自身旋转轴旋转。现在认为后一种情景更加接近于实际情况，即穿过 RNA 聚合酶的 DNA 就如螺丝钉穿过螺孔一样。

DNA 旋转的结果可用**图 17.32** 表示。在转录的双结构域模型中，随着 RNA 聚合酶沿双螺旋前进，它在前方产生正超螺旋（DNA 螺旋更紧密），而在后方产生负超螺旋（DNA 部分解旋）。RNA 聚合酶每转录一圈螺旋，就在前方产生 +1 圈，后方产生 −1 圈。因此，转录不仅受到 DNA 局部结构的影响，它也对 DNA 的实际结构有明显影响。促旋酶会在 DNA 中产生负超螺旋，DNA 拓扑异构酶 I 可去掉 DNA 中的负超螺旋，它们在转录和复制过程中可阻止拓扑压力的不断积累。干扰促旋酶和拓扑异构酶的活性会导致 DNA 超螺旋的巨大变化，进而影

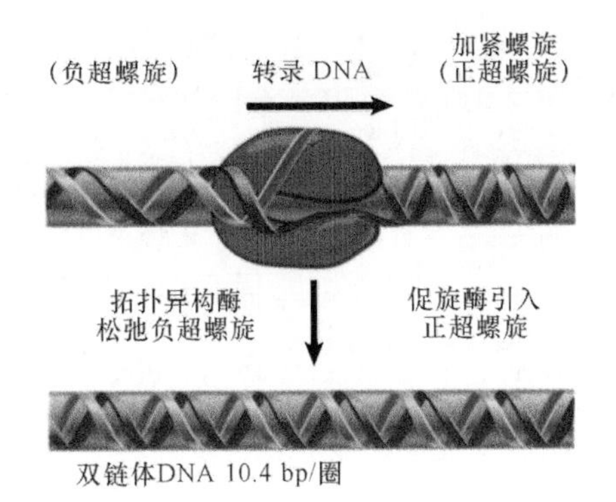

图 17.32 转录可能在 RNA 聚合酶的前端加紧螺旋（正超螺旋），在后端松弛螺旋（负超螺旋）

响转录和复制。这已经在复制有关的内容中讨论过（详见第 10 章“复制子：复制的起始”）。

17.18 T7 噬菌体的 RNA 聚合酶是一个良好的模型系统

关键概念

- T7 噬菌体家族的 RNA 聚合酶由单条多肽构成，它具有识别噬菌体的启动子序列的能力，并执行多亚基 RNA 聚合酶中的多重活性。
- T7 噬菌体家族 RNA 聚合酶和 DNA 的结晶结构确定了 DNA 结合域和酶的活性位点，由此提出了启动子逃逸模型。

一些类型的噬菌体（如 T3、T7 和 N4）自身能制备它们所需的 RNA 聚合酶，这些酶由单一多肽链组成。这些 RNA 聚合酶仅识别噬菌体 DNA 上的几个启动子序列，但它们执行了多亚基 RNA 聚合酶中的多重活性。这样，它们为研究特定的转录功能提供了一种模型系统。

例如，T7 噬菌体编码的 RNA 聚合酶是一些小于 100 kDa 的单一多肽链。在 37℃条件下，它们以每秒约 300 个核苷酸的速率合成 RNA，这比它的宿主细菌的多亚基 RNA 聚合酶快得多，也比翻译它的 mRNA 的核糖体快得多。事实上，T7 噬菌体 RNA 聚合酶所指导的转录仅仅在感染后期发生，此时，ρ 因子的表达受到限制，否则它所指导的转录就易于产生转录极化现象。

T7 噬菌体的 RNA 聚合酶是 DNA 和 RNA 聚合酶的同源物，这三个酶拥有相似的催化核心结构，DNA 都位于“手掌”的位置，被“手指”和“拇指”状的突出结构包围着，并且这些酶使用同样的催化机制。现在已经获得了 T7 和 N4 噬菌体 RNA 聚合酶的几种晶体结构。

如图 17.33 所示，T7 噬菌体 RNA 聚合酶通过结合到大沟中的碱基来识别 DNA 的靶序列，它使用一个由 β 带（β ribbon）形成的专一环结构。这在单亚基 RNA 聚合酶中是独特的（它不存在于 DNA 聚合酶中）。就像多亚基 RNA 聚合酶一样，启动子由转录起点上游的特殊碱基组成，尽管 T7 噬菌体的启动子所组成的碱基要比多亚基 RNA 聚合酶所识别的启动子少。

从启动子复合体转变到延伸复合体需要聚合酶中的两个主要空间构型发生改变。首先，就如多亚基 RNA 聚合酶一样，在活性位点，模板被“弯曲”，当聚合酶经历流产合成时，RNA 聚合酶继续结合于启动子上，产生短的、长度为 2 ～ 12 nt 的转录物。如果不存在以下这一事实，即启动子结合域通过旋转约 45° 而转移出去，使得 RNA 聚合酶在合成起始 RNA 转录物时，维持与启动子的接触状态，则会给流产产物的形成设置一个障碍。这类似于 σ 因子结构域 3- 结构域 4 接头从 RNA 出口通道上的移位，它发生于由细菌多亚基 RNA 聚合酶所介导的 RNA 合成的起始阶段。当 12 ～ 14 个核苷酸被合成后，RNA 从酶的表面露出来。接下来甚至会发生更大的构象改变，此时，称为 H 区的亚结构域从它的起始复合体位置中移出超过 70 Å 的长度。在延伸复合体的形成过程中，N 端结构域的这种巨大的结构重组，产生了 RNA 转录物能够出去的通道，以及转录泡中非模板单链 DNA 的结合位点。

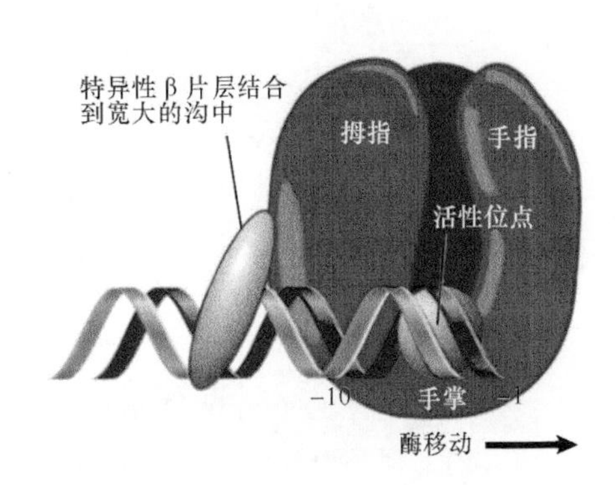

图 17.33 T7 噬菌体 RNA 聚合酶有一个专一环，它可结合到启动子的 −7 ～ −11 位，而 −1 ～ −4 位则进入酶的活性位点

17.19 σ 因子的竞争能调节转录起始

关键概念

- 大肠杆菌含有 7 种 σ 因子，每一个都能使 RNA 聚合酶在特殊的 −35 和 −10 序列中的启动子位点启动转录。
- 不同 σ 因子的活性由不同机制调节。

在以下几节里，我们将提供一些起始、延伸和终止调节的例子，其他例子将在第 24 章“操纵子”和第 25 章“噬菌体策略”中一一阐述。

负责链延伸的核心酶和参与启动子位点选择的 σ 因子之间分工合作，这就引出了一个问题：是否 σ 因子不只存在一种类型，每种类型特异性地负责一组不同的启动子呢？**图 17.34** 揭示了这个体系的一个基本原理：σ 因子的替换可以改变它对启动子的选择。

大肠杆菌利用可置换的 σ 因子对一般环境或营养条件下的变化产生应答，它们如**表 17.2** 所示（它们是根据产物分子质量大小或基因所转录的功能命名的）。在正常情况下，负责大多数基因转录的是通用因子 $σ^{70}$（在大部分细菌中称为 $σ^{A}$ 因子），由 *rpoD* 基因编码。可选择性 $σ^{S}$ 因子（$σ^{38}$ 因子）表达许多压力相关产物；$σ^{H}$ 因子（$σ^{32}$ 因子）和 $σ^{E}$ 因子（$σ^{24}$ 因子）所表达的产物可用于应答蛋白质解折叠的状况，它们分别出现于细胞质和周质中；$σ^{N}$

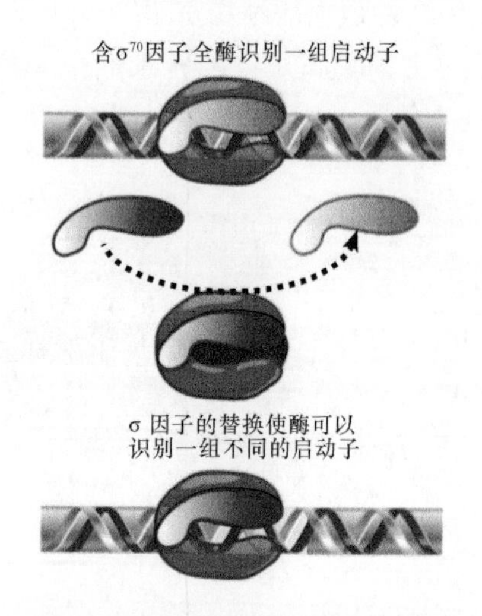

图 17.34 σ 因子与核心酶所形成的复合体决定了转录起始所需的一组启动子的选择

表 17.2 除了 $σ^{70}$ 因子，大肠杆菌还存在其他受特殊环境条件诱导的 σ 因子（因子名称中的数字表示它们质量的大小）

基因	因子	用途
rpoD	$σ^{70}$	大多数必需的功能
rpoS	$σ^{S}$	稳定生长期 / 一些压力应答
rpoH	$σ^{32}$	热激
rpoE	$σ^{E}$	周质 / 细胞外蛋白质
rpoN	$σ^{54}$	氮同化反应
rpoF	$σ^{F}$	鞭毛合成 / 趋化现象
fecI	$σ^{fecI}$	铁代谢 / 运输

因子（$σ^{54}$ 因子）所表达的产物主要用于氮的同化反应；$σ^{FecI}$ 因子（$σ^{19}$ 因子）表达一些用于铁运输的产物；而 $σ^{F}$ 因子（$σ^{28}$ 因子）表达一些鞭毛合成所需的产物。

在所有生物学中，解折叠蛋白反应是最保守的调节应答之一。最初，它以应答温度升高而被发现和鉴定，因此常常被称为**热激应答（heat shock response）**，在所有三类生物界中，一组相似的蛋白质被合成以保护细胞免于环境的这种热激压力。在这些热激蛋白中，多数为分子伴侣，它们能降低解折叠蛋白的水平，这可通过重新使蛋白质折叠或使蛋白质降解而实现。在大肠杆菌中，热激蛋白的诱导发生在转录水平。*rpoH* 基因是负责开启热激应答反应的调节因子，其产物 $σ^{32}$ 因子是一种可选 σ 因子，它可识别**热激基因（heat-shock gene）**的启动子。

热激应答（大部分为分子伴侣和蛋白酶）受到反馈调节。$σ^{32}$ 因子调节的关键在于，这些细胞质的蛋白酶和分子伴侣的可用性取决于它们是否被解折叠蛋白中和用尽。这样，当解折叠蛋白的水平下降时（由于热激蛋白重新使蛋白质折叠或使蛋白质降解，或者温度降低），它们不再中和这些可降解 $σ^{32}$ 因子的蛋白酶，$σ^{32}$ 因子的水平会恢复正常。因为 $σ^{32}$ 因子和 $σ^{70}$ 因子可以竞争性地利用可使用的核心酶，当 $σ^{24}$ 因子和 $σ^{32}$ 因子水平回到正常时，来自热激基因启动子的转录又可回复到基准水平，因此热激过程中表达的一组基因产物依赖于 $σ^{32}$ 因子与 $σ^{70}$ 因子之间的平衡。当 $σ^{32}$ 因子处于非诱导条件下，$σ^{70}$ 因子的浓度远远高于核心 RNA 聚合酶，这与 σ 因子竞争所显示的重要意义是遥相呼应的。

σ^{32} 因子不是仅有的可控制解折叠蛋白反应的 σ 因子。σ^E 因子可被周质间隙或外膜内的（而不是细胞质内的）解折叠蛋白的积聚所诱导。它与 σ^{32} 因子一样，蛋白质水解是依赖 σ^E 因子启动子转录诱导的关键因素，**图 17.35** 总结了 σ^E 因子活性调节的复杂环路。σ^E 因子结合位于内膜上的 RseA 蛋白，它是抗 σ 因子（antisigma factor）的一个典型代表。当 RseA 蛋白结合于 σ^E 因子时，它会阻止 σ^E 因子结合于核心 RNA 聚合酶，并激活 σ^E 启动子。这些启动子可转录一些产物，它们是重新使变性的周质蛋白折叠或使蛋白质降解所必需的。所以，周质热激应答是暂时性的，是受其自身基因产物浓度的反馈应答控制的。σ^E 调节子（regulon）所应答的解折叠蛋白和变性蛋白来自周质，而非来自细胞质内。

RseA 蛋白是如何知道何时释放 σ^E 因子的呢？这个机制涉及受调节的、有序的 RseA 蛋白的蛋白质水解。解折叠蛋白的积累激活了位于周质的蛋白酶分子 DegS 蛋白，它可切除 RseA 蛋白的 C 端。这种切割可激活另一个蛋白酶——RseP 蛋白，这种蛋白位于内膜的细胞质面。RseP 蛋白可切除 RseA 蛋白的 N 端，最终释放 σ^E 因子。接着，σ^E 因子可以激活核心 RNA 聚合酶，并激活转录。这样，解折叠蛋白在细菌周质的积累导致了 σ 因子控制的一系列基因的激活。

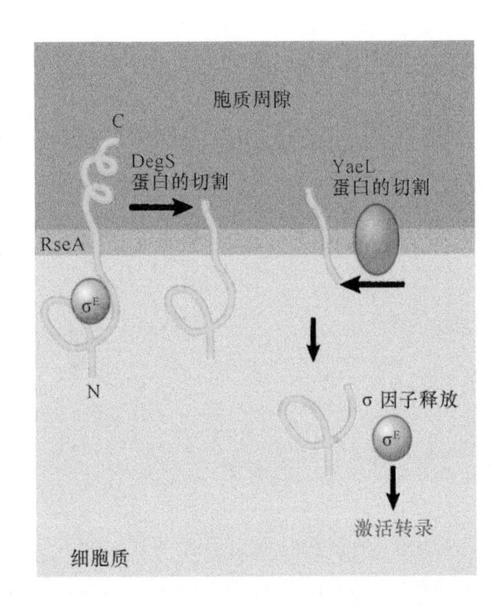

图 17.35 RseA 作为一个内膜蛋白被合成。它的细胞质结构域结合 σ^E 因子。RseA 蛋白依次在周质和细胞质中被切割。而细胞质中的切割释放了 σ^E 因子

17.20 σ 因子可以被组织成级联反应

关键概念

- 当需要一个 σ 因子基因的转录以编码下一个 σ 因子时，就形成 σ 因子级联反应。
- SPO1 噬菌体的早期基因是由宿主 RNA 聚合酶转录的。
- 其中一个早期基因可编码 σ 因子，它可使 RNA 聚合酶转录中期基因。
- 两个中期基因可编码 σ 因子的亚基，它可使 RNA 聚合酶转录晚期基因。

就如在大肠杆菌中的一样，σ 因子也广泛地用于控制枯草芽孢杆菌（*Bacillus subtilis*）的转录起始。现在已知枯草芽孢杆菌基因组编码至少 18 种不同的 σ 因子，而大肠杆菌基因组只编码 7 种。比大肠杆菌多的 σ 因子数目并非不同寻常，事实上，玫瑰黄链霉菌（*Streptomycetes coelicolor*）基因组编码 60 种以上的 σ 因子！

在枯草芽孢杆菌中，其中一些 σ 因子存在于营养细胞（vegetative cell）中，另一些仅存在于特殊环境中，如噬菌体感染，或从营养状态变为孢子的过程中出现。在正常生长的枯草芽孢杆菌中所发现的主要 RNA 聚合酶与大肠杆菌的聚合酶具有相同亚基，即 α2ββ′ωσ，以及整体上一致的结构，除此之外，它还有另一个称为 δ 因子的亚基。它的主要 σ 因子（σ^A 因子）所能识别的启动子与 σ^{70} 因子指导下的大肠杆菌聚合酶所识别的启动子具有相同的共有序列。含不同 σ 因子的其他 RNA 聚合酶的数量相对少得多，这些不同的聚合酶识别以 −35 区和 −10 区共有序列为基础的不同启动子。

从表达一套基因到表达另一套基因的转换是噬菌体感染细菌的共同特征。枯草芽孢杆菌被 SPO1 噬菌体感染就是如此，而在大肠杆菌中被 T7、N4 和 ϕλ 等噬菌体感染也是如此。在所有几乎是最简单的例子中，噬菌体的发育包含感染循环中转录模式的转换，这些转换或者通过合成噬菌体编码的 RNA 聚合酶来完成，或者通过噬菌体编码控制细菌 RNA 聚合酶的辅助因子的作用来完成。在 SPO1 噬

菌体感染枯草芽孢杆菌过程中，通过产生新的 σ 因子来控制感染的不同阶段。

SPO1 噬菌体的感染循环经历基因表达的三个阶段。即刻感染后，噬菌体的**早期基因（early gene）**立即被转录。4 ～ 5 min 后，早期基因终止转录，**中期基因（middle gene）**转录开始。8 ～ 12 min，中期基因转录被**晚期基因（late gene）**的转录取代。

早期基因转录由宿主菌的全酶负责。它们本质上与宿主基因无法区分，因为这些基因的启动子具有内在能力，可被 RNA 聚合酶 $\alpha2\beta\beta'\omega\sigma^A$ 识别。

从早期基因、中期基因到晚期基因转录的转换都需要不同噬菌体基因的表达。三种调节基因——*28*、*33* 和 *34*，能控制转录过程。它们的功能如**图 17.36** 总结的那样，调节模式类似于一个**级联反应（cascade）**。在这个级联反应中，宿主聚合酶转录的一个早期基因产物是中期基因转录所必需的，而两个中期基因产物又是晚期基因转录所必需的。

早期基因 *28* 的突变体将导致中期基因转录不能进行。基因 *28* 产物（gp28）是一个 26 kDa 的蛋白质，它可取代宿主核心酶上的 σ 因子，这种替换是基因表达从早期向中期过渡所必需的唯一事件。

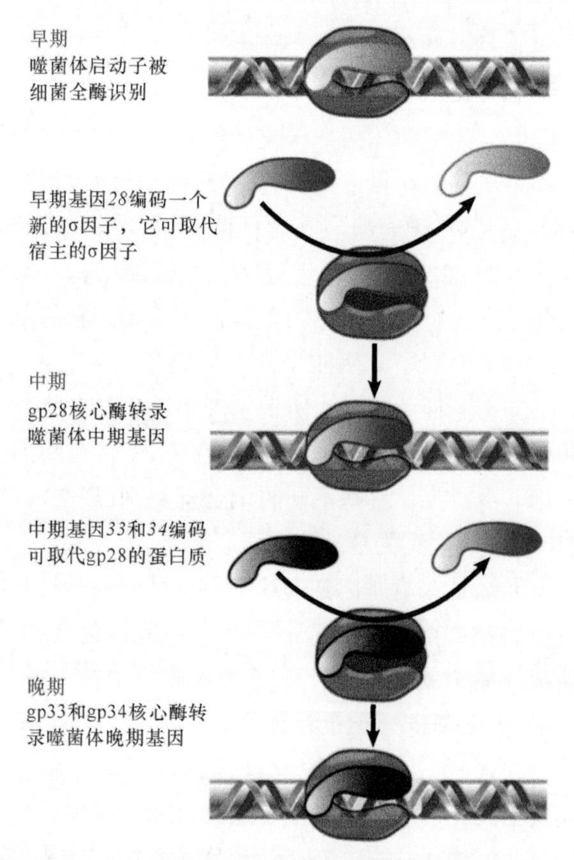

图 17.36 SPO1 噬菌体的基因转录是由两个相继替换的 σ 因子来控制的，这种替换改变了起始的特异性

它产生的全酶不再转录宿主基因，而是特异性地转录中期基因。至今还不知道 gp28 蛋白是如何取代 σ^{43} 因子的，也不知道宿主 σ 因子发生了什么变化。

两个中期基因参与了下一步替换：基因 *33* 或 *34* 中任何一个的突变将会阻止晚期基因的转录。这些基因产物形成了二聚体，可替换核心酶上的 gp28 蛋白。同样，我们还不知道 gp33 蛋白和 gp34 蛋白如何排斥 gp28 蛋白（或任何残留的宿主 σ^A 因子），但是一旦它们与核心酶结合，就只能在晚期基因的启动子上起始转录。

σ 因子的连续替换产生双重效果。每次亚基改变，RNA 聚合酶就能识别一组新基因而不再识别旧基因，因此这些替换造成了 RNA 聚合酶活性的整体改变。

17.21　孢子形成由 σ 因子控制

关键概念

- 孢子形成将细菌分裂成一个将被裂解的母细胞和一个将被释放的孢子。
- 每一个区室通过合成新的 σ 因子取代原先的 σ 因子，从而进入到下一个发育阶段。
- 两个区室之间的通信协调了 σ 因子替换的时相。

或许全酶转换控制基因表达的最佳例子来自某些细菌的另一种生活方式：**孢子形成（sporulation）**。在**营养期（vegetative phase）**末，由于培养基中的营养枯竭，对数生长停止，这触发了孢子形成，如**图 17.37** 所示：这是一个发育阶段，此时细胞能抵抗多种类型的环境和营养压力。在枯草芽孢杆菌的孢子形成过程中，来自 DNA 复制所形成的其中一条染色体被隔离附着在细胞的一极，当隔膜（septum）形成时，产生两个独立的区室——母细胞和前孢子。开始时，生长中的隔膜将染色体的一部分带入前孢子中，然后一种移位酶（translocase）（SpoIIIE 蛋白）将染色体的其余部分泵入前孢子中。最终前孢子和被它吞入的染色体被孢子坚硬的衣壳蛋白所包被，而这个孢子可以几乎无限期地存在下去。

孢子形成约需 8 h，这可看做是一种原始类型

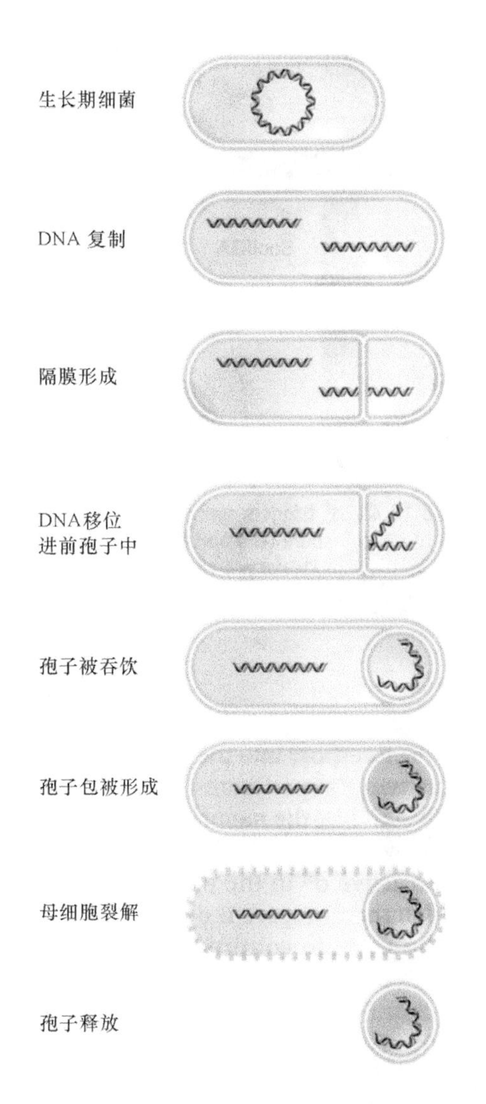

图 17.37 孢子形成包括从营养生长期细菌分化为将被裂解的母细胞和将被释放的孢子

的分化，一个母细胞（营养期细菌）产生两个不同命运的子细胞：母细胞最终被裂解，被释放的孢子结构与原先的细菌完全不同。

孢子形成使细菌的生物合成活性发生剧烈变化，这中间涉及许多基因，而最终导致孢子形成的基因表达变化的基本调控则发生在转录水平。一些在营养期行使功能的基因在孢子形成时被关闭，但多数仍继续表达。另外，孢子特异性基因仅在此时期表达。在孢子形成末期，约 40% 的细菌 mRNA 是孢子特异性的。

形成孢子细胞中新的 RNA 聚合酶被激活，它们含有与营养期相同的核心酶，但不同的蛋白质分子取代了营养期的 σ^A 因子。转录特异性的变化如**图 17.38** 所示。原则是每个区室中新的 σ 因子不断取代旧的，导致一系列不同基因被转录，而区室之间的交流协调着前孢子和母细胞变化的时序性。

孢子形成的级联反应起始于环境中触发的**连续磷酸传递（phosphorelay）**过程。一个磷酸基团经过一系列蛋白质传递，最终到达一个称为 SpoOA 蛋白的转录调节子。许多基因产物参与了此过程，它的复杂性从检查点利用的次数可以反映出来，此时细菌在反复确认它是否继续沿孢子形成这条分化途径进行下去。这并非不必要的调节过程，因为最终决定就是不可逆转的。

由磷酸化所激活的 SpoOA 蛋白标志着孢子形成的开始。在磷酸化形式下，SpoOA 蛋白能激活两个操纵子的表达，这两个操纵子各被一种不同的宿主 RNA 聚合酶转录。在磷酸化的 SpoOA 蛋白指引下，宿主酶利用通用性的 σ^A 因子转录编码 σ^F 因子的基因。宿主酶还在小因子 σ^H 的指引下，转录编码前体 σ^E 因子的基因，这个前体 σ^E 因子被称为祖 σ^E 因子（pro-σ^E）。祖 σ^E 因子和 σ^F 因子在隔膜形成前就产生了，但以后才被激活。

σ^F 因子指导的转录可被抑制，因为抗 σ 因子（SpoIIAB 蛋白）可与之结合，从而阻止它与全酶的结合。然而在前孢子中，一个抗 - 抗 σ 因子可以去除抑制物。抗 - 抗 σ 因子的失活反应由一系列的磷酸化、去磷酸化控制。磷酸酯酶 SpoIIE 蛋白所执行的去磷酸化是这个过程的第一步。SpoIIE 蛋白是一种跨膜蛋白，它聚集在细胞的一极，导致其磷酸酯酶结构域在前孢子中聚集。总之，去磷酸化激活 SpoIIAA 蛋白，它依次用 SpoIIAB 蛋白置换 σ^F 因子，而 σ^F 因子的释放可激活这一过程。

σ^F 因子的激活标志着细胞特异性基因表达的开始。在 σ^F 因子的指引下，RNA 聚合酶开始转录第一套孢子形成基因。并非前孢子中的所有转录都来自 σ^F 介导的转录。因为 σ^A 因子在孢子形成过程中没有被破坏，因此营养期的全酶——$E\sigma^A$ 仍然存在于孢子形成的细胞中（Eσ 全酶是指聚合酶加上一个给定的 σ 因子）。

当可被 $E\sigma^F$ 全酶识别的启动子的产物在前孢子中合成时，级联反应就会继续进行，如**图 17.39** 所示。例如，$E\sigma^F$ 全酶可转录出编码 σ^G 因子的转录物，它依次形成全酶来转录晚期孢子形成基因。$E\sigma^F$ 全酶还识别可控制另一个产物表达的启动子，它就是 SpoIIR 蛋白，它可从前孢子中分泌到能分开的两个区室的膜上，并负责前孢子与母细胞区室的信息交流。在膜上，SpoIIR 蛋白可激活膜结合蛋白 SpoIIGA，它可切割母细胞中的非活性祖 σ^E 因子，使之转变成活性 σ^E 因子（前孢子产生的任何 σ^E 因

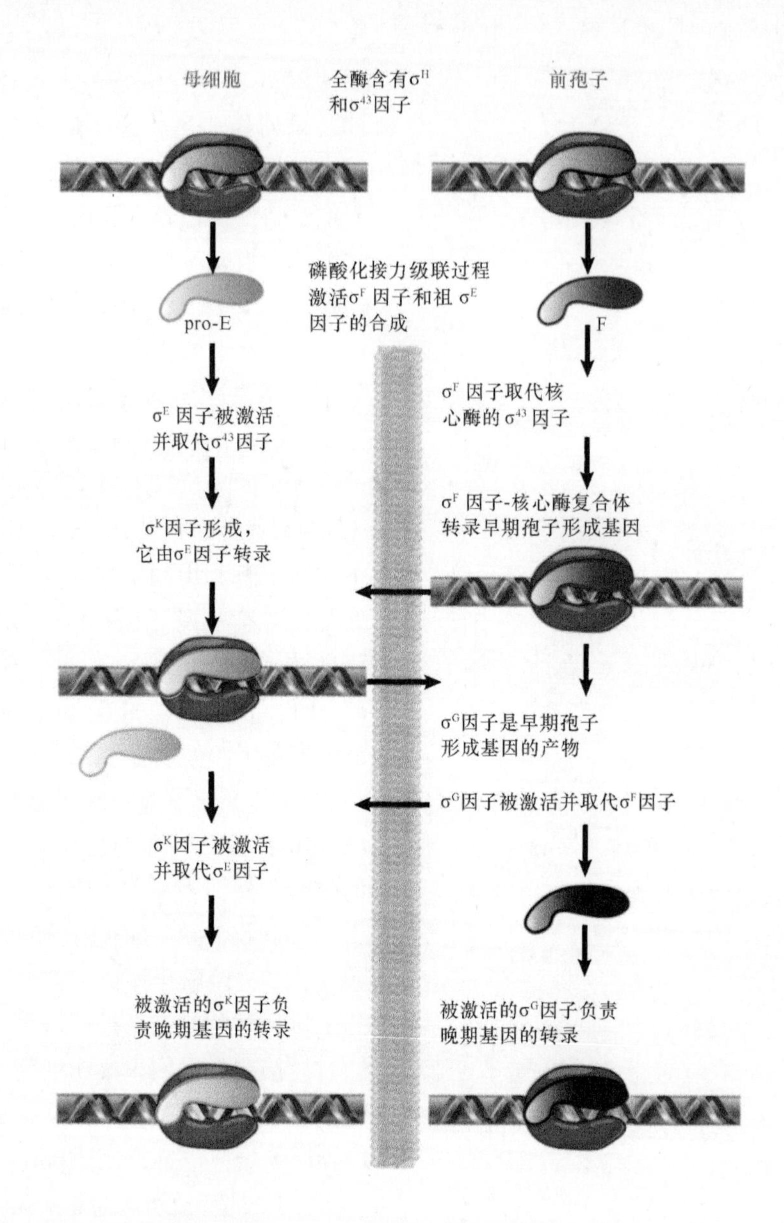

图 17.38 孢子形成包括控制 RNA 聚合酶起始特异性的几种 σ 因子的依次替换。在前孢子（左）和母细胞（右）之间的级联反应由一些穿过隔膜（箭头指示的）的信号相联系

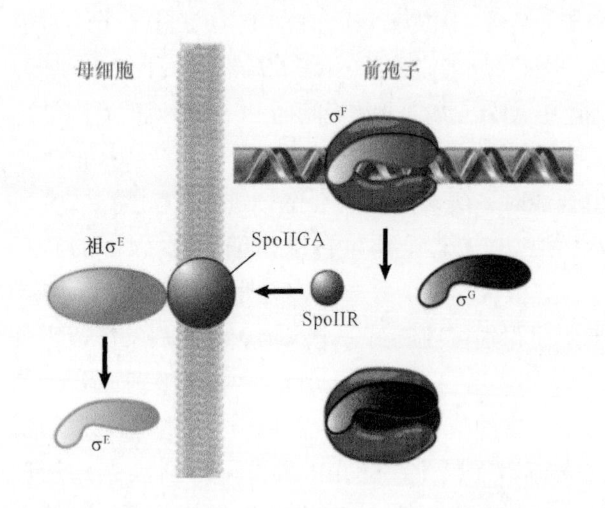

图 17.39 σ^F 因子启动前孢子中下一个 σ 因子（σ^G）的合成，并开启 SpoIIR 蛋白，使 SpoIIGA 蛋白切割加工祖 σ^E 因子

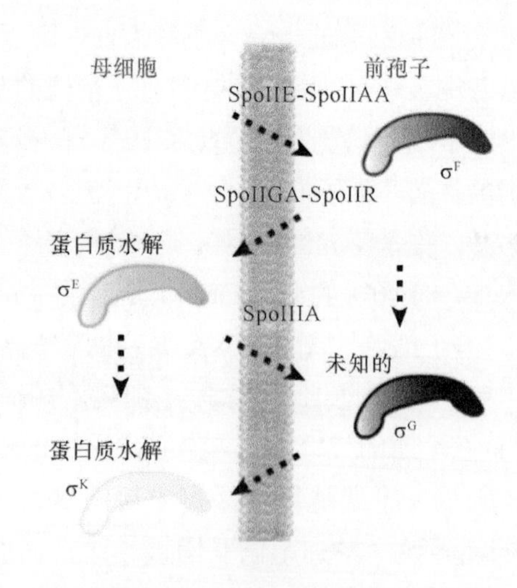

图 17.40 孢子形成的十字形调节协调了母细胞和前孢子之间的事件时相控制

子都被降解）。

当母细胞中的 σ^E 因子依次被 σ^K 因子替换后，级联反应继续进行（事实上 σ^K 因子的产生相当复杂，因为它的基因要经过位点专一重组才能产生）。就如 σ^E 因子一样，该因子先以无活性的前体形式——祖 σ^K 因子合成，通过对前体形式的切割才能被激活，而一旦 σ^K 因子被激活，它就置换 σ^E 因子，从而引起母细胞内晚期基因的转录。两个区室中一系列事件发生的时相还通过其他信号通路来协调。总之，母细胞中 σ^E 因子的活性是前孢子中 σ^G 因子的激活所必需的，而 σ^G 因子的激活所产生的信号穿过隔膜激活 σ^K 因子。

因此，孢子形成是通过一个级联反应控制的，每一个区室中的 σ 因子被 σ^F、σ^E、σ^G 和 σ^K 依次连续地激活，并各自分别指导一套特定基因的转录。穿越隔膜的十字形信号模式可代表这一级联反应，它将一个区室的基因表达与另一个区室的基因表达联系起来，如**图 17.40** 所概括的。一个新的 σ 因子被激活，旧的 σ 因子被置换掉，使之在两个区室之间控制了一组组基因的开启或关闭。

17.22 抗终止可以是一个调节事件

关键概念

- 抗终止复合体使 RNA 聚合酶连读终止子。
- λ 噬菌体利用抗终止系统调节它的早期和晚期转录物，但两套系统由完全不同的机制执行。
- 结合因子与新生 RNA 将抗终止蛋白与终止子末端位点通过 RNA 环连接在一起。
- 转录的抗终止也发生在 rRNA 操纵子上。

抗终止是细菌和噬菌体操纵子中转录调节的一种机制。如**图 17.41** 显示，它指的是酶的修正能力，即抗终止作用控制聚合酶跃过终止子连读后续基因的能力。如图所示的例子中，默认途径是 RNA 聚合酶在区域 1 末端终止了转录，但抗终止使得它继续转录区域 2。

抗终止现象在类 λ 噬菌体中是很常见的（该噬菌体类似于 λ 噬菌体，这将描述于第 27 章“噬菌体策略”中）。它不像前面所描述的大肠杆菌类 T7 噬菌体和枯草芽孢杆菌 SPO1 噬菌体，λ 噬菌体不编码它自身特异性的 RNA 聚合酶，甚至也没有其自身特异性的 σ 因子，它是利用宿主的多亚基 RNA 聚合酶来为它自身的所有转录服务。在 λ 噬菌体感染后不久，转录就从两个早期启动子 P_L 和 P_R 开始了，然而，在每一个操纵子中都存在终止子，这些终止子位于转录起点之后，但位于编码大部分早期功能的基因之前。如果转录在这些位点终止，那么就会使感染失败。而如果 RNA 聚合酶连读终止子序列，并转录出负责噬菌体基因组复制的早期基因，那么 λ 噬菌体的发育就会进行下去。

第一个终止决定由称为“N”的抗终止蛋白控制，它是来自启动子 P_L 所表达的第一个蛋白质。N 蛋白可与宿主的 Nus 因子形成复合体，Nus 因子是 N 蛋白利用物质（N utilization substance）的缩写，它可修饰 RNA 聚合酶，使得它不再应答终止子。实际上抗终止复合体形成于新生 RNA 链，这个位点称为 N 蛋白利用位点（N utilization site，***nut* 位点**）。*nut* 位点主要由 RNA 序列中称为 A 框（*box A*）和 B 框（*box B*）组成，而宿主因子 NusA、NusB、NusE（核糖体蛋白 S10）和 NusG 可在此装配。当 RNA 聚合酶向左和向右合成两个转录物时，抗终止蛋白就作为持续性的抗终止复合体一直结合于这些 RNA 位点上。这样，当 RNA 聚合酶靠近终止子时，新生 RNA 链将会结合于 *nut* 位点的抗终止蛋白，以物理方式与之连接在一起。尽管抗终止复合体阻止终止作用的实际机制还未明了，但是，将抗终止蛋白与 RNA 聚合酶通过新生 RNA 链连接在一起可解释它在连续终止子上终止的能力，这些终止子之间可跨越数百甚至数千个下游碱基。来自另一个早期启动子 P_R，由 N 蛋白抗终止转录物所表达的另一个蛋白质被称为“Q”。就像 N 蛋白一样，Q 蛋白是另一种抗终止蛋白。Q 蛋白抗终止来自晚期启动子 $P_{R'}$ 的转录，它所产生的转录物编码噬菌体的头部和尾部蛋白质。这样，λ 噬菌体的基因表达发生于两个阶段，每一个阶段都由抗终止效应控制（详见第 25 章“噬菌体策略”和**图 17.42**）。Q 蛋白使得 RNA 聚合酶能连读晚期转录单位中的终止子，但它由与 N 蛋白完全不同的机制执行。不同于 N 蛋白，Q 蛋白结合于 DNA 中的 Q 蛋白利用位点（Q utilization site，*qut* 位点）。然而却像 N 蛋白一样，它可与

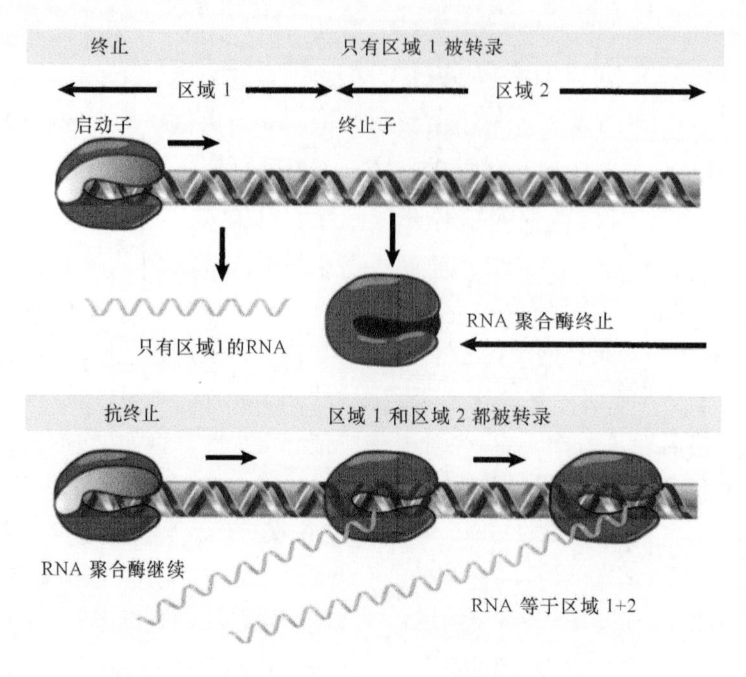

图 17.41 抗终止作用控制转录，它决定 RNA 聚合酶在终止子位点处终止还是连读下去

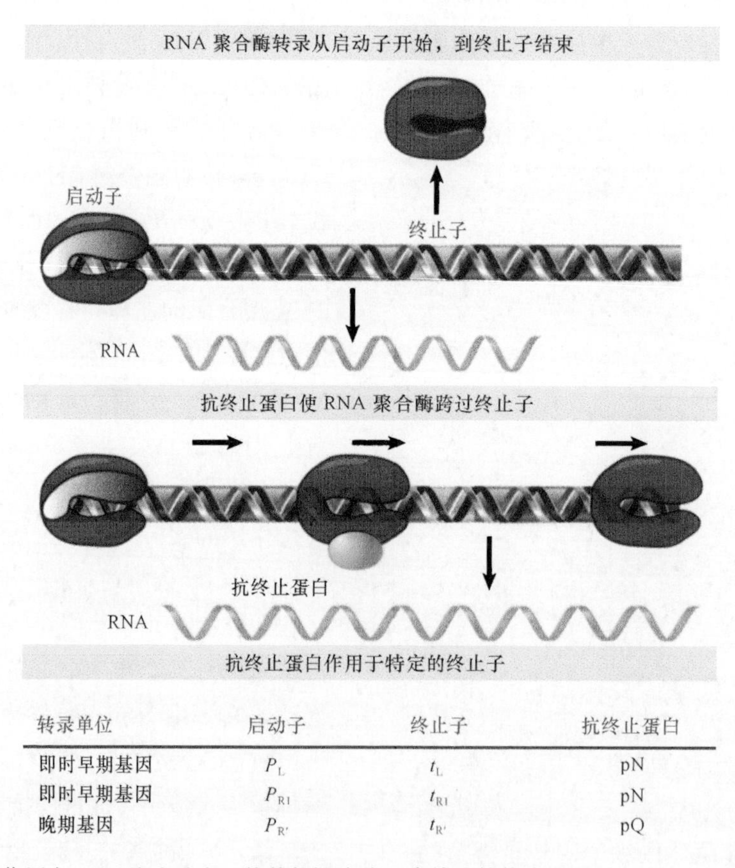

转录单位	启动子	终止子	抗终止蛋白
即时早期基因	P_{L}	t_{L}	pN
即时早期基因	P_{R1}	t_{R1}	pN
晚期基因	$P_{R'}$	$t_{R'}$	pQ

图 17.42 抗终止蛋白可以作用在 RNA 聚合酶上，使其能够连读一个特殊的终止子

RNA 聚合酶一起移动，并以一种未知方式干扰终止子作用而跨过晚期操纵子。Q 蛋白的作用似乎涉及 RNA 聚合酶加速通过暂停位点（我们将会在第 27 章“噬菌体策略”中讨论总体的 λ 噬菌体发育调节）。

据推测，rRNA 操纵子也应该展示出极化现象，因为它比较长且不被翻译。然而，在大肠杆菌中的每一个 rRNA 操纵子都含有类 *boxA* 与类 *boxB* 序列，这类似于转录物中的抗终止复合体，它至少由一些与被 λ 噬菌体利用的 Nus 因子一样的因子组成。这些复合体不含有类 N 蛋白或类 Q 蛋白因子，因为这些只由噬菌体基因组编码，但它们足以阻止发夹序列处的成熟前终止，以及阻止偶然存在于 rRNA

操纵子结构基因内依赖 ρ 因子的弱终止子。抗终止一直是足量 rRNA 形成所必需的，而不仅仅是当 λ 噬菌体感染细胞时。因此，细菌进化并未选择 Nus 因子来协助 λ 噬菌体的基因表达，相反的，这些因子完全进化用来阻止 rRNA 操纵子的极化现象。*rrn* 操纵子的前导区含有类似于 Nus 因子的 *boxA* 序列，因为 RNA 中的 *boxA* 序列会从 RNA 出口通道中出现。与 λ 噬菌体中的抗终止一样，这个过程某种程度上改变了 RNA 聚合酶的特性，由此它能连读终止子，尽管其机制还不明朗。

小结

转录单位由位于转录起始的启动子和用于转录结束的终止子之间的 DNA 组成。此区域内 DNA 的一条链作为合成互补 RNA 链的模板。当“转录泡”沿 DNA 移动时，RNA-DNA 杂合区很短且是瞬时存在的。合成细菌 RNA 的聚合酶全酶含有两种主要组分：核心酶是一种多聚体结构（α2ββ′ω），足以负责 RNA 链的延伸；σ 因子是单个亚基，是在起始过程中识别启动子所必需的。

核心酶对 DNA 有普遍的亲和力。σ 因子的加入降低了核心酶与 DNA 的非特异性结合，而增加了它与启动子的亲和力。RNA 聚合酶发现启动子的速率非常快，不能按照随机扩散接触 DNA 的速率来计算。募集 RNA 聚合酶到 DNA 的转录因子，以及一条 DNA 序列与另一条之间的酶直接交换很可能在启动子搜索中发挥了作用。

我们已经确定细菌启动子具有两个短的 6 bp 保守序列，分别以相对于起点的 −35 区和 −10 区为中心，尽管其他辅助启动子元件，如 −35 区的上游（UP 元件）和 −10 区的环绕区域（延伸的 −10 区和区别子区）也在启动子识别中起了作用。分隔这两个共有序列的距离为 16 ～ 18 bp。RNA 聚合酶能覆盖多达 75 bp 的 DNA 区域。从 −10 区开始，如果对约 14 bp 的序列进行解链反应，就可使“闭合”二元复合体转变为“开放”二元复合体，这一反应可一直延伸到起点下游约 3 bp 处。富含 A · T 碱基对的 −10 区序列在解链反应中起到重要作用。

二元复合体通过结合核苷酸前体转变为三元复合体。流产起始会发生多次循环，在这个过程中，RNA 聚合酶合成并释放很短的 RNA 链，而不从启动子中逃逸。在这个阶段末期，σ 因子通常被释放，所产生的核心酶能覆盖约 35 bp 的 DNA，而非初始所观察到的是其 2 倍长度。然后核心酶沿着 DNA 移动，当它合成 RNA 转录物时，DNA 的局部解链。

核心酶可在不同的 σ 因子指引下识别具有不同共有序列的启动子。在大肠杆菌中，这些 σ 因子被不利的环境激活，如热激或氮源缺乏。在所有各种类型的全酶中，RNA 聚合酶 - 启动子复合体的空间结构相对类似。除了 σ^{54} 因子外，所有 σ 因子可识别位于转录起点上游的 −35 区和 −10 区的共有序列，并能与这些元件直接接触。大肠杆菌的 σ^{70} 因子在 N 端有一个可自我抑制的结构域，可以阻止其 DNA 结合区与 DNA 的结合。当全酶形成开放复合体时，自我抑制区由 DNA 序列替代。

启动子的“强度”描述了 RNA 聚合酶在某起点转录的频率，它严格与 −35 区、−10 区和其他辅助元件是否构成理想的共有序列相关。负超螺旋能够增加某些启动子的强度。转录过程在 RNA 聚合酶前面产生正超螺旋，而在酶的后面形成负超螺旋。

枯草芽孢杆菌只含有一个与大肠杆菌 σ 因子具有相同特异性的主要 σ 因子，它还包含一系列次要 σ 因子，一些因子在孢子形成过程中被有序激活。孢子形成由 σ 因子级联反应调节，在这一过程中，σ 因子在前孢子和母细胞中发生置换。级联反应涉及不同 RNA 聚合酶的有序利用，它在噬菌体感染和发育过程中也调节转录。

细菌 RNA 聚合酶在两种位点终止转录。内在终止子包含一个富含 G · C 的发夹结构，其后伴随一个 U 富集区，它们在体外可被单独的核心酶识别。依赖 ρ 因子的终止子在体内、体外均需 ρ 因子参与，ρ 因子可结合 *rut* 位点，它在终止位点之前，富含 C 残基，但 G 残基很少。ρ 因子是具有依赖 ATP 的解旋酶活性的六聚体分子，它可沿 RNA 链移位，直到遇到 RNA 聚合酶，此时它会将 RNA 聚合酶从 DNA 链上解离。在这两种终止过程中，关键点都是 RNA 聚合酶的暂停使得终止事件的发生具有足够多的时间。

有些类 λ 噬菌体利用抗终止作用调节基因表达从一个阶段转换到下一个阶段。λ 噬菌体中的多蛋白复合体包括 N 蛋白、Q 蛋白和 Nus 因子，它们与 RNA 聚合酶结合通过 RNA，或可能也通过 DNA 环来阻止转录的终止。含 N 蛋白的抗终止复合体使

RNA 聚合酶可以连读位于即时早期基因末端的终止子；而含 Q 蛋白的抗终止复合体为噬菌体感染晚期所需。

参考文献

17.2 转录根据碱基互补配对原则发生在没有配对的 DNA“泡”中

综述文献

Losick, R., and Chamberlin, M. (eds.). (1976). *RNA Polymerase*. Cold Spring Harbor, NY: Cold Spring Harbor Laboratory.

研究论文文献

Revyakin, A., Liu, C., Ebright, R. H., and Strick, T. R. (2006). Abortive initiation and productive initiation by RNA polymerase involve DNA scrunching. *Science* 314, 1139-1143.

17.3 转录反应的三个阶段

研究论文文献

Kireeva, M. L., and Kashlev, M. (2009). Mechanism of sequence-specific pausing of bacterial RNA polymerase. *Proc. Natl. Acad. Sci. USA* 106, 8900-8905.

Rice, G. A., Kane, C. M., and Chamberlin, M. (1991). Footprinting analysis of mammalian RNA polymerase II along its transcript: an alternative view of transcription elongation. *Proc. Natl. Acad. Sci. USA* 88, 4245-4281.

Wang, D., Meier, T. I., Chan, C. L., Feng, G., Lee, D. N., and Landick, R. (1995). Discontinuous movements of DNA and RNA in RNA polymerase accompany formation of a paused transcription complex. *Cell* 81, 341-350.

17.4 细菌 RNA 聚合酶由多个亚基组成

综述文献

Helmann, J. D., and Chamberlin, M. (1988). Structure and function of bacterial sigma factors. *Annu. Rev. Biochem*. 57, 839-872.

Shilatifard, A., Conway, R. C., and Conway, J. W. (2003). The RNA polymerase II elongation complex. *Annu. Rev. Biochem*. 72, 693-715.

研究论文文献

Campbell, E. A., Korzheva, N., Mustaev, A., Murakami, K., Nair, S., Goldfarb, A., and Darst, S. A. (2001). Structural mechanism for rifampicin inhibition of bacterial RNA polymerase. *Cell* 104, 901-912.

Geszvain, K., and Landick, R. (2005). The structure of bacterial RNA polymerase. In: *The Bacterial Chromosome*, Higgins, N. P. (ed.). Washington, DC: American Society for Microbiology Press, pp. 283-296.

Korzheva, N., Mustaev, A., Kozlov, M., Malhotra, A., Nikiforov, V., Goldfarb, A., and Darst, S. A. (2000). A structural model of transcription elongation. *Science* 289, 619-625.

Vassylyev, D. G., Vassylyeva, M. N., Perederina, A., Tahirov, T. H., and Artsimovitch, I. (2007). Structural basis for transcription elongation by bacterial RNA polymerase. *Nature* 448, 157-162.

Zhang, G., Campbell, E. A., Zhang, E. A., Minakhin, L., Richter, C., Severinov, K., and Darst, S. A. (1999). Crystal structure of *Thermus aquaticus* core RNA polymerase at 3.3 Å resolution. *Cell* 98, 811-824.

17.5 RNA 聚合酶全酶包括核心酶和 σ 因子

研究论文文献

Travers, A. A., and Burgess, R. R. (1969). Cyclic reuse of the RNA polymerase sigma factor. *Nature* 222, 537-540.

17.6 RNA 聚合酶是如何发现启动子序列的？

综述文献

Bustamante, C., Guthold, M., Zhu, X., and Yang, G. (1999). Facilitated target location on DNA by individual *Escherichia coli* RNA polymerase molecules observed with the scanning force microscope operating in liquid. *J. Bio. Chem*. 274, 16665-16669.

17.7 全酶在识别与逃逸启动子的过程中经历了转换反应

研究论文文献

Bar-Nahum, G., and Nudler, E. (2001). Isolation and characterization of sigma(70)-retaining transcription elongation complexes from *E. coli*. *Cell* 106, 443-451.

Chen, J., Darst, S. A., and Thirumalai, D. (2010). Promoter melting triggered by bacterial RNA polymerase occurs in three steps. *Proc. Natl. Acad. Sci. USA* 107, 12523-12528.

Gries, T. J., Kontur, W. S., Capp, M. W., Saecker, R. M., and Record, M. T., Jr. (2010). One-step DNA melting in the RNA polymerase cleft opens the initiation bubble to form an unstable open complex. *Proc. Natl. Acad. Sci. USA* 107, 10418-10423.

Kapanidis, A. N., Margeat, E., Ho, S. O., Kortkhonjia, E., Weiss, S., and Ebright, R. H. (2006). Initial transcription by RNA polymerase proceeds through a DNA-scrunching mechanism. *Science* 314, 1144-1147.

Krummel, B., and Chamberlin, M. J. (1989). RNA chain initiation by *E. coli* RNA polymerase. Structural transitions of the enzyme in early ternary complexes. *Biochemistry* 28, 7829-7842.

Mukhopadhyay, J., Kapanidis, A. N., Mekler, V., Kortkhonjia, E., Ebright, Y. W., and Ebright, R. H. (2001). Translocation of sigma(70) with RNA polymerase during transcription. Fluorescence resonance energy transfer assay for movement relative to DNA. *Cell* 106, 453-463.

Wang, Q., Tullius, T. D., and Levin, J. R. (2007). Effects of discontinuities in the DNA template on abortive initiation and promoter escape by *E. coli* RNA polymerase. *J. Biol. Chem*. 282, 26917-26927.

17.8 σ 因子通过识别启动子中的特定序列来控制与 DNA 的结合

综述文献

Haugen, S. P., Ross, W., and Gourse R. L. (2008). Advances in bacterial promoter recognition and its control by factors that do not bind DNA. *Nature Rev. Micro*. 6, 507-520.

McClure, W. R. (1985). Mechanism and control of transcription initiation in prokaryotes. *Annu. Rev. Biochem*. 54, 171-204.

研究论文文献

Bar-Nahum, G., and Nudler, E. (2001). Isolation and characterization of sigma(70)-retaining transcription elongation complexes from *E. coli*. *Cell* 106, 443-451.

Haugen, S. P., Ross., W., Manrique, M., and Gourse, R. L. (2008). Fine structure of the promoter–σ region 1.2 interaction. *Proc. Natl. Acad. Sci. USA* 105, 3292-3297.

Mukhopadhyay, J., Kapanidis, A. N., Mekler, V., Kortkhonjia, E., Ebright, Y. W., and Ebright, R. H. (2001). Translocation of sigma(70) with RNA polymerase during transcription. Fluorescence resonance energy transfer assay for movement relative to DNA. *Cell* 106, 453-463.

Ross, W., Gosink, K. K., Salomon, J., Igarashi, K., Zou, C., Ishihama, A., Severinov, K., and Gourse, R. L. (1993). A third recognition element in bacterial promoters: DNA binding by the alpha subunit of RNA polymerase. *Science* 262, 1407-1413.

17.9 突变可增强或降低启动子效率

综述文献

McClure, W. R. (1985). Mechanism and control of transcription initiation in prokaryotes. *Annu. Rev. Biochem*. 54, 171-204.

17.10 RNA 聚合酶的多个区域可与启动子 DNA 直接接触

研究论文文献

Campbell, E. A., Muzzin, O., Chlenov, M., Sun, J. L., Olson, C. A., Weinman, O., Trester-Zedlitz, M. L., and Darst, S. A. (2002). Structure of the bacterial RNA polymerase promoter specificity sigma subunit. *Mol. Cell* 9, 527-539.

Dombrowski, A. J., Walter, W. A., Record, M. T., Jr., Siegele, D. A., and Gross, C. A. (1992). Polypeptides containing highly conserved regions of transcription initiation factor sigma 70 exhibit specificity of binding to promoter DNA. *Cell* 70, 501-512.

Mekler, V., Kortkhonjia, E., Mukhopadhyay, J., Knight, J., Revyakin, A., Kapanidis, A. N., Niu, W., Ebright, Y. W., Levy, R., and Ebright, R. H. (2002). Structural organization of bacterial RNA polymerase holoenzyme and the RNA polymerase-promoter open complex. *Cell* 108, 599-614.

Vassylyev, D. G., Sekine, S., Laptenko, O., Lee, J., Vassylyeva, M. N., Borukhov, S., and Yokoyama S. (2002). Crystal structure of a bacterial RNA polymerase holoenzyme at 2.6 Å resolution. *Nature* 417, 712-719.

17.11 RNA 聚合酶 - 启动子和 DNA- 蛋白质的相互作用与启动子识别和 DNA 解链是一致的

综述文献

Liu, X., Bushnell, D. A., and Kornberg, R. A. (2011) Lock and key to transcription: σ-DNA interaction. *Cell* 147, 1218-1219.

Siebenlist, U., Simpson, R. B., and Gilbert, W. (1980). *E. coli* RNA polymerase interacts homologously with two different promoters. *Cell* 20, 269-281.

研究论文文献

Feklis, A., and Darst, S. A. (2011). Structural basis for promoter −10 element recognition by the bacterial RNA polymerase σ subunit. *Cell* 147, 1257-1269.

17.12 在启动子逃逸过程中 σ 因子与核心 RNA 聚合酶之间的相互作用发生改变

研究论文文献

Basu, R. S. Warnev, B. A., Molodtov, V., Pupov, D., Esyunina, D., Ferneadez-Tornero, C., Kulbachinsky, A., and Murakami, K. S. (2014). Structural basis of transcription initiation by bacterial RNA polymerase holoenzyme. *J. Biol. Chem*. 289, 24549-24559.

17.13 晶体结构提示酶的移动模型

综述文献

Herbert, K. M., Greenleaf, W. J., and Block, S. M. (2008). Single-molecule studies of RNA polymerase: motoring along. *Annu. Rev. Biochem*. 77, 149-176.

Nudler, E. (2009). RNA polymerase active center: the molecular engine of transcription. *Annu. Rev. Biochem*. 78, 335-361.

Shilatifard, A., Conaway, R. C., and Conaway, J. W. (2003). The RNA polymerase II elongation complex. *Annu. Rev. Biochem*. 72, 693-715.

研究论文文献

Cramer, P., Bushnell, D. A., Fu, J., Gnatt, A. L., Maier-Davis, B., Thompson, N. E., Burgess, R. R., Edwards, A. M., David, P. R., and Kornberg, R. D. (2000). Architecture of RNA polymerase II and implications for the transcription mechanism. *Science* 288, 640-649.

Cramer, P., Bushnell, P., and Kornberg, R. D. (2001). Structural basis of transcription: RNA polymerase II at 2.8 Å resolution. *Science* 292, 1863-1876.

Gnatt, A. L., Cramer, P., Fu, J., Bushnell, D. A., and Kornberg, R. D. (2001). Structural basis of transcription: an RNA polymerase II elongation complex at 3.3 Å resolution. *Science* 292, 1876-1882.

17.14 停滞的 RNA 聚合酶可以再次启动

综述文献

Roberts, J. W. (2014). Molecular basis of transcription pausing. *Science* 344, 1226-1227.

研究论文文献

Kettenberger, H., Armache, K. J., and Cramer, P. (2003). Architecture of the RNA polymerase IITFIIS complex and implications for mRNA cleavage. *Cell* 114, 347-357.

Larson, M. H., Mooney, R. A., Peters, J. M., Windgassen, T., Nayak, D., Gross, C. A., Block, S. M., Greenleaf, W. J., Landick, R., and Weissman, J. S. (2014). A pause sequence enriched at translation start sites drives transcription dynamics in vivo. *Science* 344, 1042-1047.

Opalka, N., Chlenov, M., Chacon, P., Rice, W. J., Wriggers, W., and Darst, S. A. (2003). Structure and function of the transcription elongation factor GreB bound to bacterial RNA polymerase. *Cell* 114, 335-345.

Vvedenskaya, I. O., Vahedian-Movahed, H., Bird, J. G., Knoblauch, J. G., Goldman, S. R., Zhang, Y., Ebright, R. H. and Nickels, B. E. (2014). Interactions between RNA polymerase and the “core recognition element” counteract pausing. *Science* 344, 1285-1289.

17.15 细菌 RNA 聚合酶的终止发生在离散的位点

综述文献

Adhya, S., and Gottesman, M. (1978). Control of transcription termination. *Annu. Rev. Biochem*. 47, 967-996.

Friedman, D. I., Imperiale, M. J., and Adhya, S. L. (1987). RNA 3′ end formation in the control of gene expression. *Annu. Rev. Genet*. 21, 453-488.

Greenblat, J. F. (2008). Transcription termination: pulling out all the stops. *Cell* 132, 917-919.

Platt, T. (1986). Transcription termination and the regulation of gene expression. *Annu. Rev. Biochem*. 55, 339-372.

von Hippel, P. H. (1998). An integrated model of the transcription complex in elongation, termination, and editing. *Science* 281, 660-665.

研究论文文献

Lee, D. N., Phung, L., Stewart, J., and Landick, R. (1990). Transcription pausing by *E. coli* RNA polymerase is modulated by downstream DNA sequences. *J. Biol. Chem*. 265, 15145-15153.

Lesnik, E. A., Sampath, R., Levene, H. B., Henderson, T. J., McNeil, J. A., and Ecker, D. J. (2001). Prediction of rho-independent transcriptional terminators in*E. coli*. *Nucleic Acids Res*. 29, 3583-3594.

Reynolds, R., Bermadez-Cruz, R. M., and Chamberlin, M. J. (1992). Parameters affecting transcription termination by *E. coli* RNA polymerase. I. Analysis of 13 rho-independent terminators. *J. Mol. Biol*. 224, 31-51.

Weixlbaumer, A., Leon, K., Landick, R. and Darst, S. A. (2013). Structural basis of transcriptional pausing in bacteria. *Cell* 152, 431-441.

17.16 ρ 因子是如何工作的？

综述文献

Das, A. (1993). Control of transcription termination by RNA-binding proteins. *Annu. Rev. Biochem*. 62, 893-930.

Richardson, J. P. (1996). Structural organization of transcription termination factor Rho. *J. Biol. Chem*. 271, 1251-1254.

von Hippel, P. H. (1998). An integrated model of the transcription complex in elongation, termination, and editing. *Science* 281, 660-665.

研究论文文献

Brennan, C. A., Dombroski, A. J., and Platt, T. (1987). Transcription termination factor rho is an RNADNA helicase. *Cell* 48, 945-952.

Geiselmann, J., Wang, Y., Seifried, S. E., and von Hippel, P. H. (1993). A physical model for the translocation and helicase activities of *E. coli* transcription termination protein Rho. *Proc. Natl. Acad. Sci. USA* 90, 7754-7758.

Roberts, J. W. (1969). Termination factor for RNA synthesis. *Nature* 224, 1168-1174.

Skordalakes, E., and Berger, J. M. (2003). Structure of the Rho transcription terminator: mechanism of mRNA recognition and helicase loading. *Cell* 114, 135-146.

17.17 超螺旋是转录的一个重要特征

研究论文文献

Wu, H.-Y., Shyy, S. H., Wang, J. C., and Liu, L. F. (1988). Transcription generates positively and negatively supercoiled domains in the template. *Cell* 53, 433-440.

17.18 T7 噬菌体的 RNA 聚合酶是一个良好的模型系统

研究论文文献

Cheetham, G. M., Jeruzalmi, D., and Steitz, T. A. (1999). Structural basis for initiation of transcription from an RNA polymerase-promoter complex. *Nature* 399, 80-83.

Cheetham, G. M. T., and Steitz, T. A. (1999). Structure of a transcribing T7 RNA polymerase initiation complex. *Science* 286, 2305-2309.

Temiakov, D., Mentesana, D., Temiakov, D., Ma, K., Mustaev, A., Borukhov, S., and McAllister, W. T. (2000). The specificity loop of T7 RNA polymerase interacts first with the promoter and then with the elongating transcript, suggesting a mechanism for promoter clearance. *Proc. Natl. Acad. Sci. USA* 97, 14109-14114.

17.19 σ 因子的竞争能调节转录起始

综述文献

Hengge-Aronis, R. (2002). Signal transduction and regulatory mechanisms involved in control of the sigma(S) (RpoS) subunit of RNA polymerase. *Microbiol. Mol. Biol. Rev*. 66, 373-393.

研究论文文献

Alba, B. M., Onufryk, C., Lu, C. Z., and Gross, C. A. (2002). DegS and YaeL participate sequentially in the cleavage of RseA to activate the sigma(E)-dependent extracytoplasmic stress response. *Genes Dev*. 16, 2156-2168.

Grossman, A. D., Erickson, J. W., and Gross, C. A. (1984). The htpR gene product of *E. coli is* a sigma factor for heat-shock promoters. *Cell* 38, 383-390.

Kanehara, K., Ito, K., and Akiyama, Y. (2002). YaeL (EcfE) activates the sigma(E) pathway of stress response through a site-2 cleavage of antisigma(E), RseA. *Genes Dev*. 16, 2147-2155.

Sakai, J., Duncan, E. A., Rawson, R. B., Hua, X., Brown, M. S., and Goldstein, J. L. (1996). Sterolregulated release of SREBP-2 from cell membranes requires two sequential cleavages, one within a transmembrane segment. *Cell* 85, 1037-1046.

17.21 孢子形成由 σ 因子控制

综述文献

Errington, J. (1993). *B. subtilis* sporulation: regulation of gene expression and control of morphogenesis. *Microbiol. Rev*. 57, 1-33.

Haldenwang, W. G. (1995). The sigma factors of *B. subtilis*. *Microbiol. Rev*. 59, 1-30.

Losick, R., and Stragier, P. (1992). Crisscross regulation of cell-type specific gene expression during development in *B. subtilis*. *Nature* 355, 601-604.

Losick, R., Youngman, P., and Piggot, P. J. (1986). Genetics of endospore formation in *B. subtilis*. *Annu. Rev. Genet*. 20, 625-669.

Stragier, P., and Losick, R. (1996). Molecular genetics of sporulation in *B. subtilis*. *Annu. Rev. Genet*. 30, 297-341.

研究论文文献

Haldenwang, W. G., Lang, N., and Losick, R. (1981). A

sporulation-induced sigma-like regulatory protein from *B. subtilis*. *Cell* 23, 615-624.

Haldenwang, W. G., and Losick, R. (1980). A novel RNA polymerase sigma factor from *B. subtilis*. *Proc. Natl. Acad. Sci. USA* 77, 7000-7004.

17.22 抗终止可以是一个调节事件

综述文献

Greenblatt, J., Nodwell, J. R., and Mason, S. W. (1993). Transcriptional antitermination. *Nature* 364, 401-406.

研究论文文献

Legault, P., Li, J., Mogridge, J., Kay, L. E., and Greenblatt, J. (1998). NMR structure of the bacteriophage lambda N peptide/boxB RNA complex: recognition of a GNRA fold by an arginine-rich motif. *Cell* 93, 289-299.

Mah, T. F., Kuznedelov, K., Mushegian, A., Severinov, K., and Greenblatt, J. (2000). The alpha subunit of *E. coli* RNA polymerase activates RNA binding by NusA. *Genes Dev.* 14, 2664-2675.

Mogridge, J., Mah, J., and Greenblatt, J. (1995). A protein-RNA interaction network facilitates the template-independent cooperative assembly on RNA polymerase of a stable antitermination complex containing the lambda N protein. *Genes Dev.* 9, 2831-2845.

Olson, E. R., Flamm, E. L., and Friedman, D. I. (1982). Analysis of nutR: a region of phage lambda required for antitermination of transcription. Cell 31, 61-70.

第 18 章

真核生物的转录

章节提纲

18.1 引言

关键概念

- 在 RNA 聚合酶能结合启动子之前，染色质必须被打开。

已经被打开的染色质模板链的转录起始需要 RNA 聚合酶结合于启动子上，同时转录因子（transcription factor，TF）也要结合于增强子上。DNA 模板链上的体外转录需要有别于染色质模板链所需的转录因子类型（我们将在第 26 章“真核生物的转录调节”中调查染色质是如何被打开的）。凡是转录起始过程必需的蛋白质，只要它不是 RNA 聚合酶的组分，就可将其定义为转录因子。许多转录因子是通过识别 DNA 上的顺式作用位点而发挥功能的，然而结合 DNA 并不是转录因子的唯一作用方式。转录因子还可通过识别另一种因子起作用，或者识别 RNA 聚合酶，或者只是和其他几种蛋白质一起组成起始复合体。判断某种蛋白质是否属于转录起始装置中的成员，基本方法是通过功能测试，即确认这种蛋白质是在某个特定启动子或是某一组启动子上发生转录时所必需的。

真核生物和原核生物的信使 RNA（messenger RNA，mRNA）转录存在一个显著的区别：在细菌中，转录发生在 DNA 模板上，而在真核生物中，转录发生在染色质模板上。染色质的结构改变了一切事情，因此在转录的每一步中都必须将它考虑于其中。染色质必须处于开放结构；甚至在一个开放结构中，在 RNA 聚合酶能够结合之前，核小体八聚体必须从启动子上被清除。这些过程有时需要来自于沉默或隐蔽启动子的转录，这些启动子或者位于同一条链上，或者位于反义链上。

第二个主要不同之处在于，细菌 RNA 聚合酶与它的 σ 因子一起，可通过解读 DNA 序列来发现并结合它的启动子，而真核生物 RNA 聚合酶却不能解读 DNA。因此，真核生物启动子中的起始涉及许多蛋白质因子，这些因子在 RNA 聚合酶结合之前必须预先结合到各种各样的顺式作用元件上，这些因子称为**基础转录因子（basal transcription factor）**。接着 RNA 聚合酶就可结合于基础转录因子 /DNA 复合体上。这些结合区域称为**核心启动子（core promoter）**，这一区域含有所有 RNA 聚合酶的结合与功能发挥所必需的结合位点。RNA 聚合酶自身环绕着**转录起点（transcriptional start point）**结合，但并不直接接触到启动子中的上游延伸区。相比之下，在第 17 章“原核生物的转录”中所讨论过的细菌启动子的定义与此有所不同，它主要是指紧邻转录起点的 RNA 聚合酶结合位点。

细菌含有单一 RNA 聚合酶，能转录所有三种类型的基因，而真核生物细胞中的转录可分为三类，每一类转录分别由不同的 RNA 聚合酶执行：

- RNA 聚合酶Ⅰ转录 18S/28S 核糖体 RNA（ribosomal RNA，rRNA）；
- RNA 聚合酶Ⅱ转录 mRNA 和少量的小 RNA；
- RNA 聚合酶Ⅲ转录转运 RNA（transfer RNA，tRNA）、5S rRNA 和其他一些小 RNA。

这就是目前的主要类型基因的全景图。就如我们将在第 30 章“调节性 RNA”中所看到的那样，由全基因组叠瓦式阵列（tiling array）、细胞 RNA 深度测序所获得的近期发现已经展示出一个全新的反义转录物、基因间转录物和异染色质转录物的新世界。事实上，在整个基因组中，染色体的两条 DNA 链都可以被转录出来。对于这类启动子与其调节过程现在还是知之有限，但是众所周知，许多（可能是大部分）这类转录物是由 RNA 聚合酶Ⅱ所转录。

基础转录因子是转录起始时所需的，但在随后的转录过程中则不再需要其中的大多数因子。对于上述三种真核生物聚合酶而言，在识别启动子过程中起主要作用的是转录因子而不是 RNA 聚合酶本身。对于所有真核生物 RNA 聚合酶而言，都是先由基础转录因子结合到启动子上形成一种结构，这样就为 RNA 聚合酶提供可识别的目标。对于 RNA 聚合酶Ⅰ和Ⅲ而言，与它们配合的转录因子相对比较简单；但对于 RNA 聚合酶Ⅱ来说，与它配合的转录因子是一个相当庞大的家族。基础转录因子与 RNA 聚合酶Ⅱ一起形成了环绕转录起点的复合体，它们决定了转录起始的位置。总之，基础转录因子与 RNA 聚合酶Ⅱ一起组成了基础转录装置（basal transcription apparatus）。

RNA 聚合酶Ⅰ和Ⅱ的启动子基本上都位于转录起点的上游，而 RNA 聚合酶Ⅲ的相当一部分启动子则位于起点的下游的转录单位内。每种启动子均包含一组特征性的短保守序列，能被相应的基础转录因子所识别。RNA 聚合酶Ⅰ和Ⅲ各自识别一组相对有限的启动子，并且只依靠少数辅助因子。

RNA 聚合酶Ⅱ的启动子在序列上显示出更多的变化，并且具有特定结构。所有的 RNA 聚合酶Ⅱ启动子都有着邻近起点的序列元件，它们均可与基础转录装置和 RNA 聚合酶结合，以便于构建转录起始位点。更上游（或下游）的其他序列称为**增强子（enhancer）**序列，它们决定着这个启动子是否能表达，如果可以表达，它是发生于所有的细胞类型中还是特定的细胞类型中。

增强子是参与转录的另一种类型的调节位点，这是因为这种序列也被鉴定为能刺激转录起始，但是它们位于离核心启动子相对较远的位置，其距离远近不等。增强子元件常常是组织特异性或受短暂调节的靶标。一些增强子结合转录因子，以短距离相互作用而发挥功能，并位于启动子附近；而另一些增强子可以位于离启动子数千碱基对远的位置。

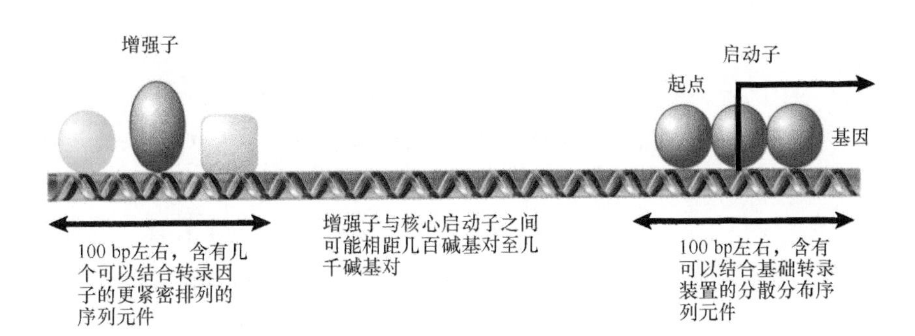

图 18.1 由 RNA 聚合酶Ⅱ所转录的基因通常具有一个位于转录起点上游的启动子。启动子含有几个可结合转录因子的短序列元件（约 10 bp），分布在超过 100 bp 的范围内。增强子含有一簇更加紧密排列的可结合转录因子的元件，但可以位于距离转录起点数百碱基对到几千碱基对的位置上（DNA 可能盘绕或重排，使得结合到启动子和增强子上的转录因子之间可以相互作用，从而形成一个大的蛋白质复合体）

图 18.1 描述了启动子和增强子的一般性特征。结合更多负调节物而非正调节物以控制转录的调节位点称为**沉默子（silencer）**。就如图 18.1 所见的，启动子和增强子都是可结合各种各样的、用于控制转录的蛋白质的序列，就此而言，它们实际上彼此是非常相似的。就如启动子一样，增强子也可结合 RNA 聚合酶，并启动一类 RNA 的转录，这称为增强子 RNA（enhancer RNA，eRNA），就如将在第 30 章“调节性 RNA”中所讨论的那样。这些 eRNA 通过 DNA 成环作用，可促进启动子 / 增强子的相互作用，不过它们往往需要某些中间体的参与，这称为**辅激活物（coactivator）**。增强子和沉默子的组分有点类似于启动子，都是由多种序列元件组成，这种元件以一种紧密排列的方式结合正调节物或负调节物。增强子不必靠近起点，它们可位于启动子的上游、基因内部或一个基因的末端以外，并且它们相对于基因的取向并不重要。

组成型表达的启动子是所有细胞所必需的，它们的基因有时被称为**持家基因（housekeeping gene）**，它们有着上游序列元件，这些序列能被广泛存在的激活物所识别。但是并没有发现哪一种元件 / 因子的组合形式是某个启动子必不可少的，这表明，由 RNA 聚合酶Ⅱ启动的转录起始可以拥有多条不同的途径。那些只在特定时间或空间才表达的启动子序列元件，它们有着只在同样的时间或空间才会出现的激活物。

因为染色质是通用性负调节物，所以大多数真核生物的转录常常是正调节的，即在组织特异性控制的前提下，转录因子是以激活一个或一系列有着相同靶序列的启动子而发挥作用的。这是一个多步骤过程，首先涉及染色质的打开，随后是基础转录因子的结合，以及其后的聚合酶的结合。通过特异性地阻遏靶启动子进行调节的方式并不常见。

真核生物转录单位往往包含一个基因，而终止反应通常发生在编码区的末端以外。真核生物的终止反应缺乏适用于原核生物转录系统的重要监管。RNA 聚合酶Ⅰ和Ⅲ在一些分散序列中终止于特定反应，而 RNA 聚合酶Ⅱ的终止模式还未知。然而，形成 mRNA 的 3′ 端的主要事件不是终止事件本身，而是来自于初级转录物的切割反应（详见第 19 章“RNA 的剪接与加工”）。

18.2 真核生物的 RNA 聚合酶由多个亚基组成

关键概念

- RNA 聚合酶Ⅰ在核仁中合成 rRNA。
- RNA 聚合酶Ⅱ在核质中合成 mRNA。
- RNA 聚合酶Ⅲ在核质中合成，多种小 RNA。
- 所有真核生物的 RNA 聚合酶由 12 个左右的亚基组成，其复合体的分子质量超过 500 kDa。
- 某些亚基普遍存在于所有三种 RNA 聚合酶中。
- RNA 聚合酶Ⅱ的最大亚基含有一个羧基端结构域（CTD），由七肽的重复序列组成。

三种真核生物 RNA 聚合酶位于细胞核中不同的位置，与它们所要转录的基因位置一一对应。RNA 聚合酶Ⅰ具有最强的转录活性，它位于核仁中，负责转录编码 18S 和 28S rRNA 的基因，它承担了细胞中大部分（就数量而言）RNA 的合成。

RNA 聚合酶Ⅱ则是另一种主要的酶，它位于核质（细胞核中核仁以外的区域）中，体现着细胞中的其余大部分酶活性，负责合成**核不均一 RNA（heterogeneous nuclear RNA，hnRNA）**，即 mRNA 的前体和一些其他类型的 RNA。经典的定义认为 hnRNA 包含细胞核中除了 tRNA 和 rRNA 外的所有 RNA（一般而言，我们认为 mRNA 只存在于细胞质中）。但是运用现代分子工具，现在我们可以进一步仔细观察 hnRNA 科学家们发现了许多低丰度 RNA 是非常重要的，还有一些其他信息才刚刚有所了解。在所有三类主要 RNA 中，mRNA 是其中丰度最低的一种，只占细胞质 RNA 的 2% ～ 5%。

RNA 聚合酶Ⅲ就其酶活力而言，是一种比较次要的酶，但它合成几种稳定而必需的 RNA。这种核质中的酶负责合成 5S rRNA、tRNA 以及其他几种小 RNA，它们占细胞质 RNA 的 1/4 以上。

所有真核生物的 RNA 聚合酶都是以巨大的、超过 500 kDa 的蛋白质复合体的形式出现而发挥功能，它们一般由 12 个左右的亚基组成。纯化的聚合酶可以进行依赖于模板的 RNA 转录，但不能选择性地在启动子处起始转录。真核生物 RNA 聚合酶Ⅱ的典型组成以酿酒酵母（*Saccharomyces cerevisiae*）为代表（**图 18.2**）。两个最大的亚基与细菌 RNA 聚合酶的 β、β′ 亚基同源；其余三个亚基普遍存在于所有 RNA 聚合酶中，即它们也是 RNA 聚合酶Ⅰ和Ⅲ的组分。需要提醒的是，真核生物中不存在与细菌 RNA 聚合酶 σ 因子相关的亚基，其功能已经包含于基础转录因子中。

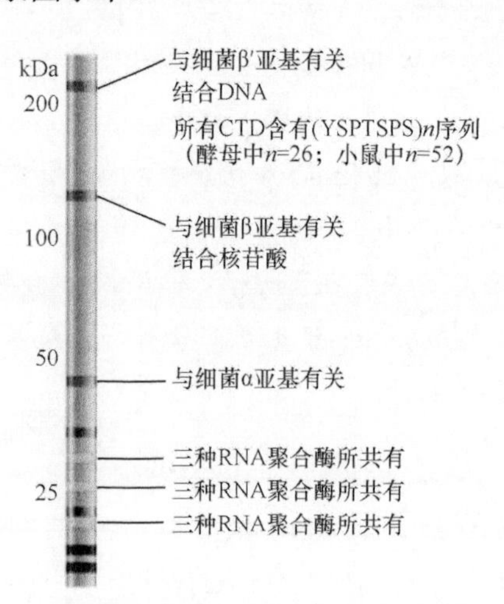

图 18.2 一些亚基在所有的真核生物三种类型 RNA 聚合酶中同时出现，另一些亚基与细菌 RNA 聚合酶相关。这是一张模拟图片，即纯化的酵母 RNA 聚合酶Ⅱ在 SDS 凝胶上进行电泳，其亚基则按照大小分开

RNA 聚合酶Ⅱ的最大亚基中含有一个**羧基端结构域（carboxy-terminal domain，CTD）**，这个结构域由 7 个氨基酸残基的共有序列的多次重复组成，是 RNA 聚合酶Ⅱ所独有的。在酵母中，七肽序列重复了约 26 次；在哺乳动物中，重复约为 50 次。重复次数至关重要，如果去除半数以上的重复时，这种缺失就是致死的。CTD 中丝氨酸和苏氨酸残基可被高度磷酸化。CTD 参与了转录起始反应（见 18.8 节“转录起始后紧随启动子清除和延伸”）、转录延伸、mRNA 加工的所有反应过程，甚至参与了 mRNA 向细胞质的输出。

线粒体和叶绿体的 RNA 聚合酶比较小。和细胞核中的 RNA 聚合酶相比，它们与细菌 RNA 聚合酶更相似（因为它们进化自真细菌）。当然细胞器基因组也小得多，位于细胞器里面的 RNA 聚合酶只需要转录很少的基因，相应转录的控制机制可能也会非常简单（如果还存在转录调节的话）。所以，这些细胞器内的聚合酶类似噬菌体的酶，无须应答更加复杂的环境。

实际上，区分真核生物中不同 RNA 聚合酶的主要方法之一是依据它们对双环八肽 α- 鹅膏蕈碱 [α-amanitin，一种鹅膏属（*Amanita*）真菌产生的毒素，可使转录关闭从而导致急性肝毒性] 的应答。基本上，所有真核生物细胞的 RNA 聚合酶Ⅱ的活性都能被低浓度的 α- 鹅膏蕈碱迅速抑制；RNA 聚合酶Ⅰ则不被抑制；RNA 聚合酶Ⅲ对 α- 鹅膏蕈碱的应答具有较低的保守性，在动物细胞中，它可被高浓度的 α- 鹅膏蕈碱抑制，但在酵母和昆虫细胞中则不被抑制。

18.3 RNA 聚合酶Ⅰ有一个双向启动子

关键概念

- RNA 聚合酶Ⅰ的启动子由一个核心启动子和一个上游启动子元件（UPE）组成。
- UBF1 因子使 DNA 缠绕于一个蛋白质结构中，这让核心启动子与 UPE 非常接近。
- SL1 复合体含有 TATA 框结合蛋白（TBP），它参与所有三种 RNA 聚合酶的转录起始。
- RNA 聚合酶Ⅰ在核心启动子上与 UBF1-SL1 复合体结合。

RNA 聚合酶Ⅰ只转录 rRNA 基因，它只有一类简单启动子，存在于细胞核的特殊区域，这称为核仁（nucleolus）。前体转录物包括 18S 和 28S rRNA，随后它被切割和修饰。核糖体亚基的装配也发生于核仁中，基因组中拥有 rRNA 转录单位的多份拷贝，中间间隔着**非转录间隔区（nontranscribed spacer）**，以基因簇的形式组织起来，我们已在第 6 章“成簇与重复”中讨论过。启动子的组织形式和参与转录起始的事件如**图 18.3** 所示。RNA 聚合酶Ⅰ以全酶的形式存在，包含许多起始所需的额外因子，它可被转录因子直接募集到启动子区，并形成巨型复合体。

启动子由两个分开的区域组成。核心启动子位于转录起点附近，从 −45 延伸到 +20，足以启动转录的起始。这种启动子通常是富含 G · C 的（对于其他 RNA 聚合酶的启动子而言并不常见），仅有的保守序列元件则是一个短的、富含 A · T 的元件，环绕着起点。但是与之相关的另一个上游启动子元件（upstream promoter element，UPE），有时也称为上游控制元件（upstream control element，UCE），会大大提高核心启动子的效率，UPE 也富含 G · C，位置由 −180 延伸至 −107。虽然在实际序列上会存在很大变化，但许多物种的聚合酶Ⅰ启动子常常采用这种结构。

RNA 聚合酶Ⅰ需要两种辅助转录因子的帮助才能识别启动子序列。与核心启动子结合的辅助因子称为 SL1 复合体（这种因子在不同物种中分别被称为 TIF-1B 和 Rib1），由 4 种蛋白质亚基组成。SL1 复合体的其中 2 个成分称为 **TATA 结合蛋白（TATA-binding protein，TBP）**，它也是 RNA 聚合酶Ⅱ和Ⅲ起始转录时所必需的因子。第二种成分类似于 RNA 聚合酶Ⅱ因子 $TF_{II}B$（见 18.6 节“TBP 是一种通用因子”）。TBP 并不直接结合到富含 G · C 的 DNA 上，而 SL1 复合体中的另一个成分负责与 DNA 的结合。TBP 有可能与 RNA 聚合酶相互作用，或是与它的一个通用亚基作用，或是与聚合酶中的某个保守结构相互作用。SL1 复合体使得 RNA 聚合酶Ⅰ能在启动子上以一个低的基础频率起始转录。

SL1 复合体主要负责 RNA 聚合酶的募集、将聚合酶定位在起点的合适位置上，以及启动子逃逸。就如即将讨论的，由 TBP 与其他蛋白质结合而成的因子复合体为 RNA 聚合酶Ⅱ和Ⅲ提供了相似的功能。因此，所有三种 RNA 聚合酶的转录起始都具有一个共同特征：它们依靠一种由 TBP 和不同蛋白质组成的“定位因子（positioning factor）”，而这些蛋白质是各类启动子所特有的。作用的精确模式对于每一个依赖 TBP 的定位因子而言是不同的。在 RNA 聚合酶Ⅰ的启动子上，定位因子不结合于 DNA；而在 RNA 聚合酶Ⅱ的含 TATA 框的启动子上，

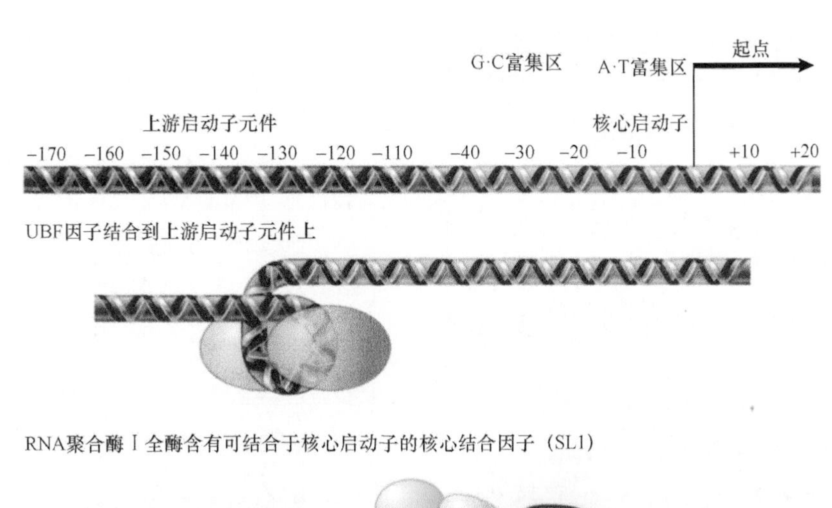

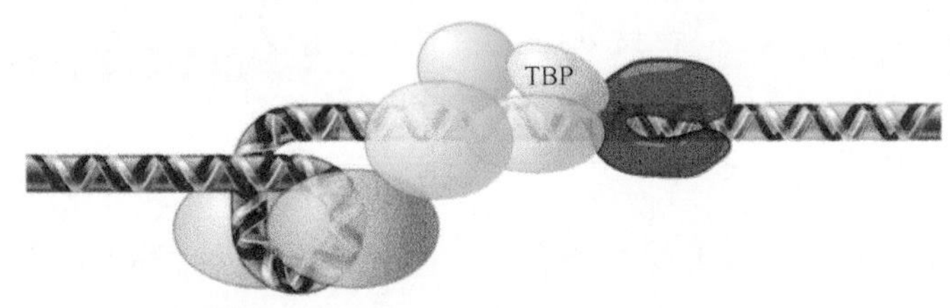

图 18.3 RNA 聚合酶Ⅰ的转录单位含有一个核心启动子，与上游启动子元件相隔约 70 bp，当 UBF 因子结合到 UPE 上时，增加了核心结合因子结合到核心启动子上的能力，而核心结合因子（SL1）则使 RNA 聚合酶Ⅰ定位于起点上

将因子复合体定位到DNA上是一种主要方法。

为了得到高的转录起始频率，转录因子UBF是必需的，它是单一多肽，可结合到UPE中的富含G·C的元件上。UBF因子具有多种功能：它是维持开放染色质结构所需的；它可阻止组蛋白H1的结合，从而阻断非活性染色质的装配；它可刺激RNA聚合酶的启动子释放；也可激活SL1复合体。从UBF因子与核心启动子之间空间间隔序列的重要意义，可以推断出UBF因子是如何与SL1复合体相互作用的，这种相互作用可以被DNA螺旋周数的整数倍改变，而引入半圈则不行。UBF因子结合于DNA的小沟，在蛋白质表面将DNA包裹成一个近乎360°的环绕其一圈，这使得核心启动子与UPE非常接近，这样可使UBF1因子刺激SL1复合体结合于启动子上。

图18.3显示转录起始是一系列有序的相互作用。然而，RNA聚合酶Ⅰ以全酶形式存在，它包含大部分或所有起始所需的因子，并可能直接被募集到启动子上。在起始之后，RNA聚合酶Ⅰ，就如RNA聚合酶Ⅱ一样，需要一种特殊因子，即RNA聚合酶Ⅰ PafI复合体，用于有效延伸。

18.4 RNA聚合酶Ⅲ既使用下游启动子也使用上游启动子

关键概念

- RNA聚合酶Ⅲ拥有两种类型的启动子。
- 内部启动子有一个位于转录单位之内的共有短序列，并使转录起始发生在其上游一定距离的固定位置上。
- 上游启动子含有三个位于起点上游的共有短序列，它们能被转录因子结合。
- $TF_{Ⅲ}A$因子和$TF_{Ⅲ}C$因子结合到共有序列上，并能使$TF_{Ⅲ}B$因子结合到转录起点上。
- $TF_{Ⅲ}B$因子的一个亚基是TBP，它能促使RNA聚合酶的结合。

RNA聚合酶Ⅲ对启动子的识别令人信服地说明了转录因子与聚合酶的功能相关。启动子可归为三大类，它们由不同组的转录因子通过不同途径识别。5S rRNA和tRNA基因的Ⅰ类和Ⅱ类启动子是内部的，它们位于起点下游；核内小RNA（small nuclear RNA，snRNA）基因的Ⅲ类启动子则位于起点上游，与其他常规启动子的作用方式相同。在这两种内部和外部启动子中，由启动子功能所需的各种独立元件组成的序列专门被某一类转录因子所识别，转录因子进而依次指导RNA聚合酶的结合。

图18.4总结了RNA聚合酶Ⅲ的三类启动子的结构，其中有两种类型属于内部启动子，每一种都由二联体结构组成，这两个短序列元件之间间隔着一段长度不一的序列。5S基因类型1启动子由分开的A框（*boxA*）序列和C框（*boxC*）序列组成，之间为中间体元件（intermediate element，IE），这个*boxA-IE-boxC*区域常常被称为内部控制区域（internal control region，ICR）。酵母中只有*boxC*元件是转录所需的。tRNA类型2启动子由分开的*boxA*序列和B框（*boxB*）序列组成。编码其他小RNA的通用类型3启动子有三个都位于起点上游的序列元件，这些同样的元件也存在于一类RNA聚合酶Ⅱ的启动子上。

两类内部启动子的相互作用的详细过程是不同的，但是原理却是一样的。$TF_{Ⅲ}C$因子结合到转录起点的下游，或者是单独结合（在tRNA类型2启动子中），或者是与$TF_{Ⅲ}A$因子一起结合（在5S类型1启动子中）。$TF_{Ⅲ}C$因子的出现使得定位因子$TF_{Ⅲ}B$能够结合到起点上，然后，RNA聚合酶就被募集过来。

图18.5总结了tRNA类型2内部启动子中的各个反应阶段。*boxA*和*boxB*之间的距离是不同的，因为许多tRNA基因含有内含子。$TF_{Ⅲ}C$因子同时结合到*boxA*和*boxB*序列上，这样就能使$TF_{Ⅲ}B$因子结合到起点上，进而RNA聚合酶Ⅲ才能结合上来。

不同的是，在5S基因类型1内部启动子中，

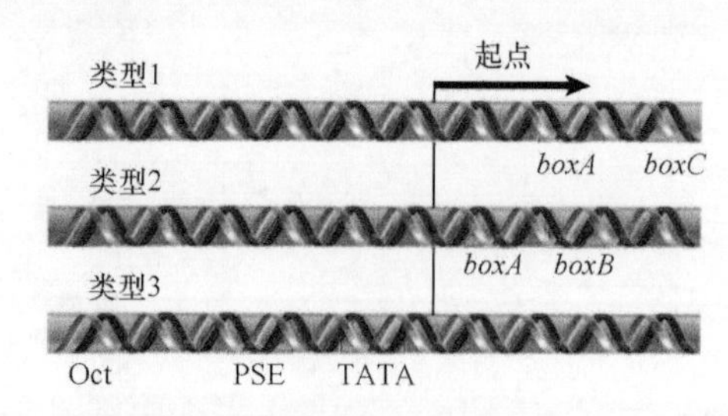

图18.4 RNA聚合酶Ⅲ的启动子可由两个位于起点下游的序列组成，*boxA*序列与*boxB*或*boxC*序列相互分开；或者启动子也可由位于起点上游的相互分开的序列组成（Oct、PSE、TATA）

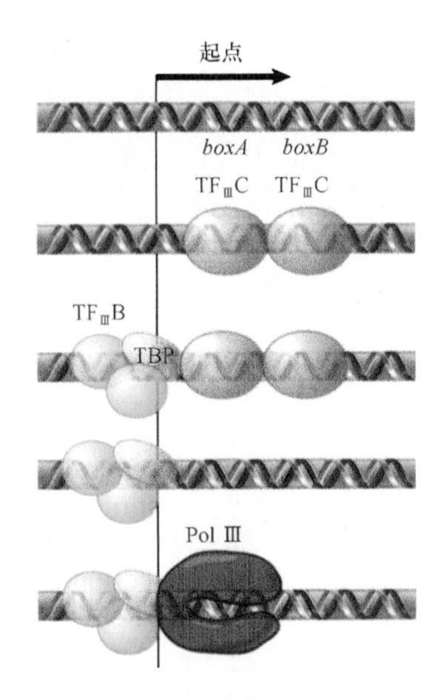

图 18.5 在 RNA 聚合酶Ⅲ的类型 2 内部启动子中，用结合到 *boxA* 和 *boxB* 序列上的 TF$_{Ⅲ}$C 因子来募集定位因子 TF$_{Ⅲ}$B 因子，后者又募集 RNA 聚合酶Ⅲ

TF$_{Ⅲ}$A 因子必须先结合到 *boxA* 序列上才能使 TF$_{Ⅲ}$C 因子结合到 *boxC* 序列上。TF$_{Ⅲ}$A 因子是一个 5S 基因序列特异性的结合因子，它以分子伴侣和基因调节物的双重身份参与结合启动子和 5S RNA。**图 18.6** 显示了一旦 TF$_{Ⅲ}$C 因子结合上去后，随后发生的过程就和类型 2 启动子中是一样的，先是 TF$_{Ⅲ}$B 因子（它含有通用 TBP）结合到起点上，接

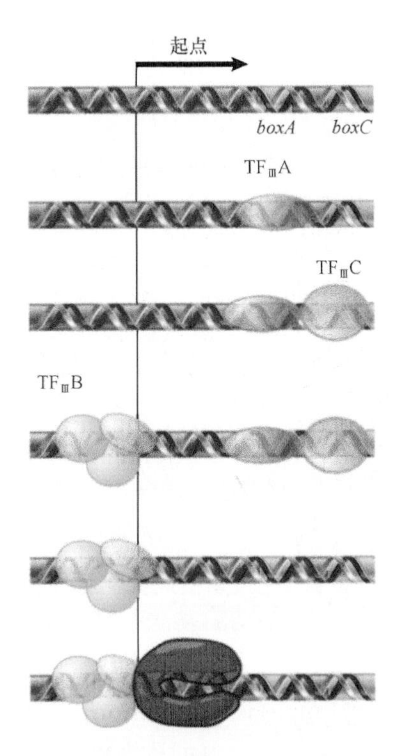

图 18.6 在聚合酶Ⅲ的类型 1 内部启动子中，用结合到 *boxA* 和 *boxC* 上的装配因子 TF$_{Ⅲ}$A 因子和 TF$_{Ⅲ}$C 因子来募集定位因子 TF$_{Ⅲ}$B 因子，后者又募集来 RNA 聚合酶Ⅲ

着 RNA 聚合酶Ⅲ加入到复合体上。类型 1 启动子只存在于 5S rRNA 的基因中。

TF$_{Ⅲ}$A 因子和 TF$_{Ⅲ}$C 因子都是**装配因子（assembly factor）**，它们的唯一任务就是帮助定位因子 TF$_{Ⅲ}$B 结合到正确位置上。一旦 TF$_{Ⅲ}$B 因子结合上去以后，TF$_{Ⅲ}$A 因子和 TF$_{Ⅲ}$C 因子就从启动子上脱离而不再影响转录的起始反应。TF$_{Ⅲ}$B 因子则结合到起点附近，它的持续存在足以使 RNA 聚合酶Ⅲ发现并结合到起点上，所以 TF$_{Ⅲ}$B 因子才是 RNA 聚合酶Ⅲ唯一真正所需的起始因子。这一系件事件解释了位于下游的启动子序列是如何促使 RNA 聚合酶Ⅲ结合到更上游的起点上的。虽然这些基因的转录能力是由它们的内部启动子所赋予的，但是紧邻起点的上游区域中的变化也能改变转录的效率。

TF$_{Ⅲ}$C 因子是一个大的蛋白质复合体（>500 kDa），与 RNA 聚合酶自身的大小相当，它由 6 个亚基组成。TF$_{Ⅲ}$A 因子是一类受关注的含有核酸结合基序的靶蛋白的其中一个，这种基序就是锌指（zinc finger）结构。定位因子 TF$_{Ⅲ}$B 由三个亚基组成，其中一个亚基是 TBP，TBP 还出现在聚合酶Ⅰ启动子的核心结合因子 SL1 复合体中，以及出现在 RNA 聚合酶Ⅱ对应的转录因子 TF$_{Ⅱ}$D 中（将在 18.6 节“TBP 是一种通用因子”中进一步讨论）；它的另一个亚基是 Brf 蛋白，它与 RNA 聚合酶Ⅱ所使用的 TF$_{Ⅱ}$B 因子，以及 RNA 聚合酶Ⅰ的 SL1 复合体的其中一个亚基相关；TF$_{Ⅲ}$B 因子的第三个亚基称为 B99 蛋白，当 DNA 双链体部分解链时，B99 蛋白不是必要的，这提示它的功能是起始转录泡的形成。B99 蛋白的作用可能与细菌 RNA 聚合酶中的 σ 因子相类似（详见第 17 章“原核生物的转录”）。

在 RNA 聚合酶Ⅲ的第三类启动子中，上游区域仍旧担负着传统功能，图 18.4 所示例子显示第三类启动子含有三个上游元件。这些元件也存在于一些由 RNA 聚合酶Ⅱ所转录的 snRNA 基因的启动子中（部分 snRNA 基因由 RNA 聚合酶Ⅱ转录，部分 snRNA 基因由 RNA 聚合酶Ⅲ转录）。这些上游元件在聚合酶Ⅱ和Ⅲ启动子中的功能相似。

第三类 RNA 聚合酶Ⅲ从启动子上游起始转录，其位置在紧邻起点上游的一段短区域中，该区域只含有 TATA 元件，但是当邻近序列元件（proximal sequence element，PSE）和 OCT 元件（命名原因是

它拥有8碱基结合序列）存在时，转录效率才会大大提高。结合到这些元件上的蛋白质因子可相互协同作用。PSE可能在RNA聚合酶Ⅱ的启动子中是必需的，然而在RNA聚合酶Ⅲ的启动子中只是起激活作用。

snRNA启动子能识别聚合酶的类型（RNA聚合酶Ⅱ或Ⅲ），而TATA元件决定了这种特异性。TATA元件能结合含有TBP的因子复合体，而TBP才是真正识别DNA序列的因子。TBP可与其他启动子类型特异性的蛋白质连接在一起。TBP与它所结合的蛋白质的功能是使RNA聚合酶正确定位于转录起点上。下一节将会谈论到更多的详细内容。

在RNA聚合酶Ⅲ的两类启动子中，蛋白质因子都以相同方式起作用。在RNA聚合酶自身结合上去之前，蛋白质因子都先结合到启动子上，形成**前起始复合体（preinitiation complex）**，再指引RNA聚合酶结合上去。RNA聚合酶Ⅲ自身并不能识别启动子序列，先由蛋白质因子结合到紧邻起点上游的位置上，然后聚合酶再结合到蛋白质因子的侧面。在类型1和类型2内部启动子中，由装配因子来确保$TF_{III}B$因子（内含TBP）结合到紧靠起点上游的位置来提供定位信息；在上游启动子类型中，$TF_{III}B$因子则直接结合到含有TATA框的区域上。所以不管启动子序列位于何处，蛋白质因子总是结合到紧邻起点的地方来指导RNA聚合酶Ⅲ的结合。在所有这些例子中，染色质必须被修饰，并处于开放构象。

18.5 RNA聚合酶Ⅱ的转录起点

关键概念

- RNA聚合酶Ⅱ需要通用转录因子（$TF_{II}X$）来起始转录。
- RNA聚合酶Ⅱ启动子有一个位于起点的保守短序列Py_2CAPy_5（起始子，Inr）。
- TATA框是RNA聚合酶Ⅱ启动子中的共同成分，由距起点上游约25 bp处的一个富含A·T的八联体组成。
- 下游启动元件（DPE）是RNA聚合酶Ⅱ启动子中的另一个共同成分，但不含TATA框。
- RNA聚合酶Ⅱ的核心启动子包含Inr，通常还包含一个TATA框或一个DPE。也可能含有其他次要元件。

纯化的RNA聚合酶Ⅱ能催化mRNA的合成，但不能起始转录，除非添加额外的抽提物（extract），这个发现使得人们逐渐理解了蛋白质编码基因中转录装置的基本结构。对这个抽提物的纯化工作引出了通用转录因子（general transcription factor）的定义：它们是一组任何启动子中RNA聚合酶Ⅱ起始转录所必需的蛋白质。RNA聚合酶Ⅱ与这些因子共同组成了基础转录装置，它是任何启动子的转录所需的，这些通用因子称为$TF_{II}X$，其中“X”为不同的字母，用于区分各个因子。在真核生物中，RNA聚合酶Ⅱ的各个亚基和通用转录因子都是保守的。

考虑启动子结构，首先应确定RNA聚合酶Ⅱ能够起始转录所需的最短序列，将它作为核心启动子。原则上，核心启动子在任何细胞中都可以启动表达（尽管实践上单独的核心启动子在体内的染色质背景下基本上不会导致转录），它所组成的最短序列应该能使通用转录因子在起点上进行装配。它们涉及与DNA的结合和使RNA聚合酶Ⅱ起始转录的机制，但核心启动子的功能是极其低效的，所以需要一些称为激活物（activator）的不同类型转录因子来维持适当的功能水平（见18.9节“增强子含有能辅助起始的双向元件”）。这些激活物尚没有系统地描述过，它们拥有临时性的名字，这反映着当初它们被甄别时的历史。

可以设想，在大多数或所有启动子中，那些用来参与RNA聚合酶或通用转录因子结合的任何序列元件都应该是保守的，就如RNA聚合酶Ⅰ和Ⅲ中的情景一样。当在RNA聚合酶Ⅱ的启动子之间进行比较时，和细菌启动子一样，我们发现起点附近区域的同源性集中在很短的序列之内，这些元件与启动子突变时所提示的能影响功能的序列相符合。**图18.7**显示了一个典型聚合酶Ⅱ的核心启动子的构造，它拥有三个最普通的RNA聚合酶Ⅱ启动子元件。真核生物RNA聚合酶Ⅱ启动子在结构上

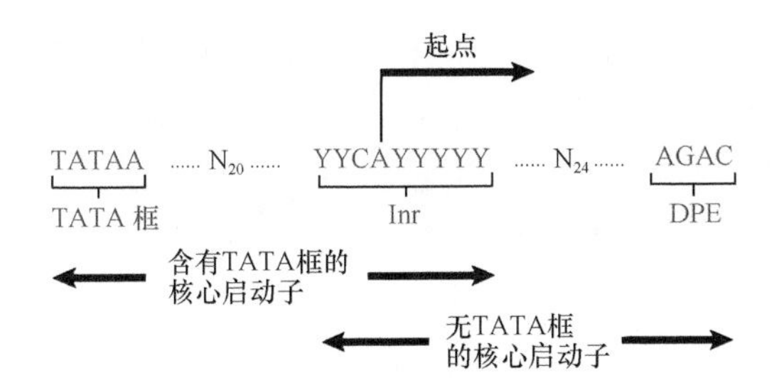

图 18.7 聚合酶Ⅱ的最简易形式启动子具有一个位于 Inr 上游约 25 bp 的 TATA 框，它含有 TATAA 共有序列。在起点，Inr 有着若干围绕在 CA 碱基前后的嘧啶（图中用 Y 表示）。DPE 位于启动子下游。图中的序列所示为编码链

远比细菌启动子、聚合酶Ⅰ和Ⅲ启动子复杂多样。除了这三个主要元件，其他一些次要元件也可用于限定启动子作用的范围。

转录起点的序列并没有多大同源性，但 mRNA 的第一个碱基往往是腺嘌呤（A），在其两侧则为嘧啶（这个描述对于细菌启动子的 CAT 起始序列也适用），这个同源区域称为**起始子（initiator，Inr）**，通用形式为 Py_2CAPy_5，其中“Py”代表任何种类的嘧啶，它包含了 −3 ～ +5 的区域。

许多启动子含有一个称为 **TATA 框（TATA box）**的序列，在高等真核生物中通常位于起点上游约 25 bp 的位置。对于起点而言，它构成了唯一具有相对固定位置的上游启动子元件，其核心元件的共有序列是 TATAA，后面通常跟着 3 对以上 A · T 碱基对（见第 17 章“原核生物的转录”中对共有序列的讨论）。TATA 框常位于富含 G · C 的序列之内，这可能是其能发挥功能的因素之一。它与细菌启动子中所发现的 −10 区 TATA 框序列几乎相同；事实上，两者之间除了位置差异，即真核生物定位于 −25 区而非 −10 区外，其余可以被认作是等同的（例外出现在酵母中，其典型的 TATA 框更多地出现在 −90 区）。TATA 框中的单个碱基取代突变会产生明显的上调或下调作用，这依赖于这些突变序列与共有序列的匹配近似程度以及突变体序列的差异如何。通常导入 G · C 碱基对的替换是最严重的。

不含 TATA 元件的启动子称为**无 TATA 框启动子（TATA-less promoter）**。对启动子序列的调查显示，50% 或更多的启动子可能没有 TATA 框。当一个启动子不含 TATA 框时，它通常会含有另一个位于转录单位内的 +28 ～ +32 的元件，即**下游启动子元件（downstream promoter element，DPE）**。

一个核心启动子会由 TATA 框加上 Inr 组成，或者由 Inr 加上 DPE 组成，尽管其他更少见元件的组合也存在于有机体中。

18.6 TBP 是一种通用因子

关键概念

- TATA 结合蛋白（TBP）是定位因子的一个组分，每种类型的 RNA 聚合酶在结合到各自的启动子上时都需要 TBP。
- RNA 聚合酶Ⅱ所需的因子是 $TF_{II}D$ 复合体，它由 TBP 和 14 个 TBP 结合因子（TAF 蛋白）组成，总分子质量约为 800 kDa。
- TBP 在 DNA 的小沟上与 TATA 框结合。
- 在 DNA 上形成一个马鞍状结构并使 DNA 弯曲成约 80° 角。

在转录起始开始之前，染色质必须被修饰，重塑成开放构象，并且在所有类型的真核生物启动子中，任何定位于启动子的核小体八聚体必须被移动或去除（将在第 26 章“真核生物的转录调节”中更仔细地检验这一方面的转录控制）。在那样一种情况下，定位因子才有可能结合到启动子上。每种类型的 RNA 聚合酶都需要定位因子的协助，它包含与其他成分连接在一起的 TATA 结合蛋白。起初它如此命名是因为在 RNA 聚合酶Ⅱ基因中，它是一种结合到 TATA 框的蛋白质，随后被发现它也是 RNA 聚合酶Ⅰ所需的定位因子 SL1 复合体的一部分（见 18.3 节“RNA 聚合酶Ⅰ有一个双向启动子”），以及 RNA 聚合酶Ⅲ的 $TF_{III}B$ 因子的一部分（见 18.4 节“RNA 聚合酶Ⅲ既使用下游启动子也使用上游启动子”）。对于后两类 RNA 聚合酶，TBP 不能识别 TATA 框序列（除了第三类 RNA 聚合酶Ⅲ启动子外），导致它的命名存在误导。另外，许多 RNA 聚合酶Ⅱ启动子缺少 TATA 框，但是仍然需要 TBP 的存在。

对于 RNA 聚合酶Ⅱ而言，它的定位因子就是 $TF_{II}D$ 复合体，它由 TBP 和多达 14 个 TAF 蛋白组成。TAF 蛋白即 **TBP 结合因子（TBP-associated factor，**

TAF），一些 TAF 蛋白与 TBP 存在计量关系，另一些 TAF 蛋白则以较少数量出现，这说明存在多种 TF$_{II}$D 变异体。含有不同 TAF 蛋白的 TF$_{II}$D 复合体能识别不同的启动子，它由各种保守元件的不同组合形成，如上面 18.5 节“RNA 聚合酶Ⅱ的转录起点”中所描述的那样，其中一些 TAF 蛋白是组织特异性的。TF$_{II}$D 复合体的总分子质量常常达到约 800 kDa。最初，TF$_{II}$D 复合体中的 TAF 蛋白命名为 TAF$_{II}$00 的形式，“00”指的是这个亚基的分子质量。最近，RNA 聚合酶Ⅱ TAF 蛋白已经被重新命名为 TAF1 蛋白、TAF2 蛋白，诸如此类。在这样一个命名体系中，TAF1 是最大的 TAF 蛋白，TAF2 是第二大的 TAF 蛋白，这样不同物种中的同源 TAF 蛋白有了一样的名称。

图 18.8 显示在每种类型中，定位因子用不同的方式来识别启动子。在 RNA 聚合酶Ⅲ的启动子中，TF$_{III}$B 复合体结合到 TF$_{III}$C 复合体旁边；在 RNA 聚合酶Ⅰ的启动子中，SL1 复合体与 UBF 蛋白共同结合；TF$_{II}$D 复合体则只负责识别 RNA 聚合酶Ⅱ的启动子。当一个启动子含有 TATA 元件时，TBP 特异性地结合到 DNA 上；不过就其他无 TATA 框启动子而言，TAF 蛋白具有识别其他启动子元件的功能，如 Inr 与 DPE。不管它们以何种方式进入到起始复合体，都有一个共同的目的，即与 RNA 聚合酶发生相互作用。

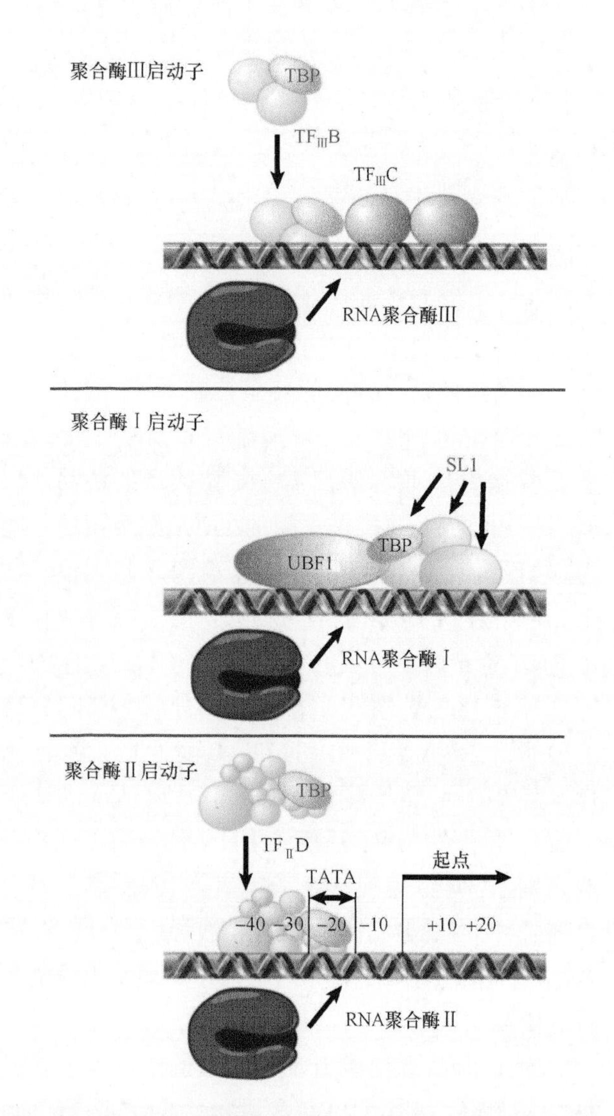

图 18.8 RNA 聚合酶都通过含有 TBP 的因子来定位于所有启动子中

TBP 的不同寻常之处是它结合到 DNA 双螺旋的小沟上（事实上，绝大部分已知的 DNA 结合蛋白都是结合到 DNA 双螺旋的大沟上）。TBP 的晶体结构提供了 TBP 与 DNA 相结合的详细模型。**图 18.9** 显示 TBP 围绕在 DNA 链的一个侧面上，在 DNA 双螺旋周围形成一个“马鞍”状结构。实际上，TBP 的内表面用来和 DNA 相结合，而更大的外表面则可以伸展出去，用来接触其他蛋白质。TBP 的 DNA 结合位点由 C 端结构域组成，它在物种之间是保守的，而可变的 N 端尾部则暴露在外面，用来与其他蛋白质相互作用。酵母和人类中 TBP 的 DNA 结合序列具有 80% 的同源性，这可以衡量出转录起始机制的保守性。

TBP 的结合也许与核小体的存在产生矛盾，因为面向内侧的 DNA 小沟上的富含 A · T 的序列总是优先形成核小体结构（详见第 8 章“染色质”），这样就阻挡了 TBP 的结合，这也许可以解释核小体的存在为什么会妨碍转录起始。

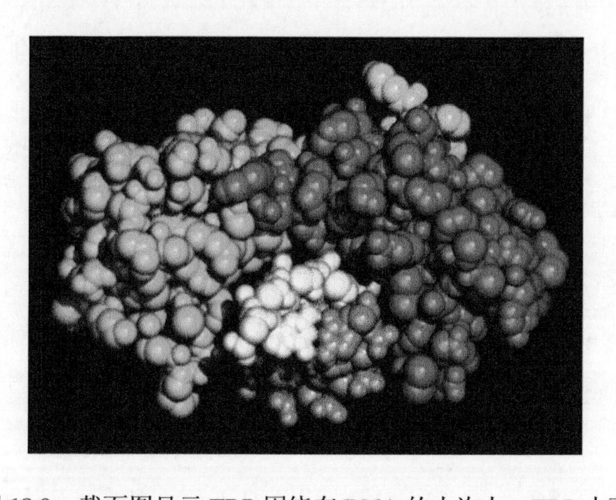

图 18.9 截面图显示 TBP 围绕在 DNA 的小沟上。TBP 由两个相关的保守结构域组成（两个结构域之间有 40% 的同源性），分别用浅蓝色和深蓝色表示。而 TBP 的 N 端可以存在许多变化，用绿色表示。DNA 双螺旋的两条链分别用浅灰色和深灰色表示

图片由 Stephen K. Burley 友情提供

TBP 首先和 DNA 的小沟结合，然后使 DNA 弯曲 80° 左右的角度，如图 18.10 所示。TATA 框朝着大沟的方向发生弯曲，从而使小沟变宽。这种扭曲仅限于发生在 TATA 框的 8 bp 之内；在 TATA 序列的两端，小沟的宽度仍约为通常的 5 Å，但在序列中心，小沟的宽度超过 9 Å。这是一种结构上的变形，还没有真正使 DNA 的两条链分开，因为此时 DNA 双链仍然维持着碱基配对状态。弯曲程度可以不同，这依赖于 TATA 框的精确序列，而弯曲程度与启动子的转录效率是相关的。

这种结构有着几种功能上的提示意义。与直线型 DNA 相比，通过改变 TATA 框两侧 DNA 的空间组织形式，使得转录因子和 RNA 聚合酶能形成一种更紧密的结合。就能量角度而言，TATA 框处的 DNA 弯曲相当于约 1/3 圈的 DNA 螺旋，并由正超螺旋进行补偿。

当 TBP 出现在小沟上时，它可以与其他结合到大沟上的蛋白质组合在一起，形成这个区域上高密度的 DNA- 蛋白质接触。体外实验中，纯化的 TBP 结合到 DNA 时，能保护位于 TATA 框中的约一圈的 DNA 双螺旋，一般为从 −37 延伸到 −25；而在起始反应时，$TF_{III}D$ 复合体通常保护 −45 ～ −10 的区域及起点更上游的区域。

当 $TF_{II}D$ 作为一个游离的蛋白质复合体时，

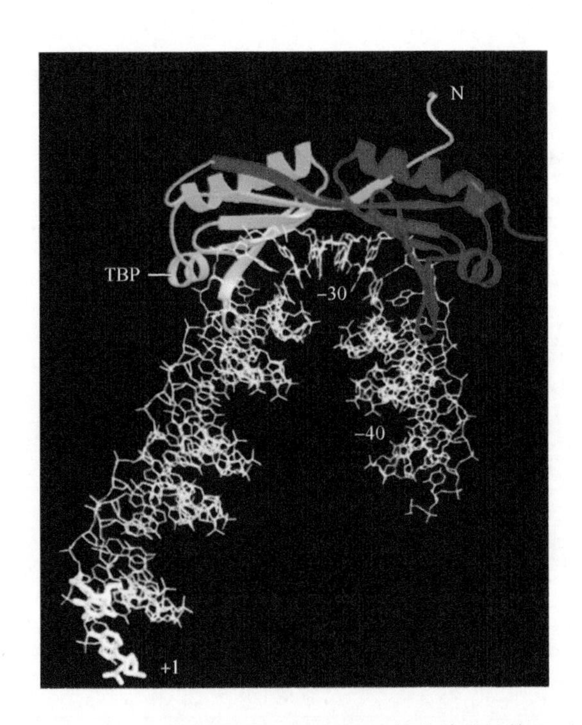

图 18.10　从 −40 到起点的 DNA 和 TBP 的共结晶结构显示了 TATA 框的弯曲使得 TBP 所结合的小沟变宽了

图片由 Stephen K. Burley 友情提供

在其内部的 TAF1 蛋白与 TBP 相互结合，这种作用占据了 TBP 上用于结合 DNA 的凹面。事实上，TAF1 蛋白用于结合的部位位于其 N 端结构域中，它模仿了 DNA 小沟的表面。这种分子模拟使得 TAF1 蛋白有控制 TBP 与 DNA 相结合的能力；为了使 $TF_{II}D$ 复合体能结合到 DNA 上，TAF1 蛋白的 N 端结构域必须从 TBP 的 DNA 结合表面被置换下来。

一些 TAF 蛋白与组蛋白存在令人惊奇的相似性。在 14 种 TAF 蛋白中，有 9 种含有组蛋白折叠域，尽管在大多数情况下，TAF 蛋白缺少这个结构域中负责 DNA 结合的氨基酸残基。但其中 4 种确实拥有某种内在的 DNA 结合能力：TAF4b 蛋白、TAF12 蛋白、TAF9 蛋白和 TAF6 蛋白分别与组蛋白 H2A、H2B、H3 和 H4 具有（远缘）同源性（在真核生物染色质中，组蛋白形成可结合 DNA 的基本复合体；详见第 8 章“染色质”）。TAF4b/TAF12 和 TAF9/TAF6 利用组蛋白折叠基序形成异源二聚体，这些结构可以一起组成一个类似组蛋白八聚体的基本结构。这种结构也许导致了 $TF_{II}D$ 复合体与 DNA 之间的非序列特异性的相互作用。组蛋白折叠也用于其他 TAF_{II} 复合体之间的成对相互作用。

像在 $TF_{II}D$ 复合体中一样，一些 TAF_{II} 蛋白可能也存在于其他复合体中。尤其是在转录之前，在用来修饰染色质结构的蛋白质复合体中，也发现了类似于组蛋白的 TAF_{II} 蛋白（详见第 26 章“真核生物的转录调节”）。

18.7　启动子上基础转录装置的装配

关键概念

- 上游元件和结合其上的因子增加了起始频率。
- $TF_{II}D$ 复合体结合到 TATA 框或 Inr 序列上是转录起始的第一步。
- 其他转录因子以严格的先后顺序结合到复合体中，DNA 上被保护区域的长度随之延伸。
- 当 RNA 聚合酶 II 结合到复合体上时，它可能起始转录。

在细胞中，基因启动子可存在于拥有各自活性的三类基本的染色质中。第一类是封闭染色质中的非活性基因。第二类是被RNA聚合酶结合的开放染色质中的潜在活性基因，称为平衡基因（poised gene）。这类染色质中的启动子可装配基础转录装置，但如果没有第二个开始转录的信号，它就无法起始转录。热激基因就属于这类平衡基因，因此一旦温度上升，它马上就被激活。第三类就是开放染色质上被打开的基因（这是我们即将要讨论的内容）。

直到最近还没有被大量研究的方面就是基因激活中非编码RNA（noncoding RNA，ncRNA）转录物的参与。最近无数的实例描述了ncRNA的转录可以调节邻近或重叠蛋白质编码基因的转录。这些功能性ncRNA产物也称为隐蔽不稳定转录物（criptic unstable transcript，CUT），它可能比当初认为的更加普遍。相当多的活性启动子拥有出自启动子上游的转录物，称为启动子上游转录物（promoter upstream transcript，PROMPT）。PROMPT在相对于下游启动子的有义或反义取向都可以被转录，并可能在转录中发挥调节作用。我们将在第30章“调节性RNA”中讨论ncRNA在转录调节中的许多作用。

起始过程需要基础转录因子，它以一个明确的先后顺序组成复合体，然后，RNA聚合酶再加入到这个复合体中，总结于**图18.11**的一系列过程就是其中一种模型。RNA聚合酶Ⅱ启动子的结构是多种多样的，记住这一点非常重要。一旦聚合酶结合，那么随后其活性就受到与增强子结合的转录因子的控制。

RNA聚合酶Ⅱ启动子通常由两类区域组成。核心启动子包含起点本身，典型的如Inr序列，常常包括邻近的TATA框或DPE序列，其他的少见元件也可位列其中。然而，识别启动子的效率和特异性依赖于远离上游的短序列，它可被不同组的转录因子所识别，这常常称为激活物。一般而言，靶序列为启动子上游的约100 bp区域，有时可能更远。这些位点中激活物的结合（可能）影响任一阶段的起始复合体的形成。启动子依据“混合与匹配”的原则组织起来。不同元件可以对启动子的作用产生不同影响，但是没有一种元件对于所有启动子是必需的。

在开放染色质中的含TATA框启动子激活中，当$TF_{II}D$复合体的TBP亚基结合到TATA框上时，其第一步就起始了。这可被上游元件通过辅激活物的作用所增强（$TF_{II}D$复合体也识别位于起点的Inr序列、DPE序列和其他可能的启动子元件）。$TF_{II}B$复合体可结合TATA框的下游，它邻近TBP所结合的B识别元件（B recognition element，BRE），这样就能沿着DNA的一面将接触从−10延伸至+10。**图18.12**所示的四聚体复合体的晶体结构进一步拓展了这个模型。由图可见，$TF_{II}B$复合体可与TATA框下游的小沟接触，以及与TATA框上游的大沟结合。在古菌中，$TF_{II}B$复合体的同源蛋白确实能与BRE区中的启动子存在序列特异性接触。这一步骤被认为是启动子极性建立中的主要决定因素，即RNA聚

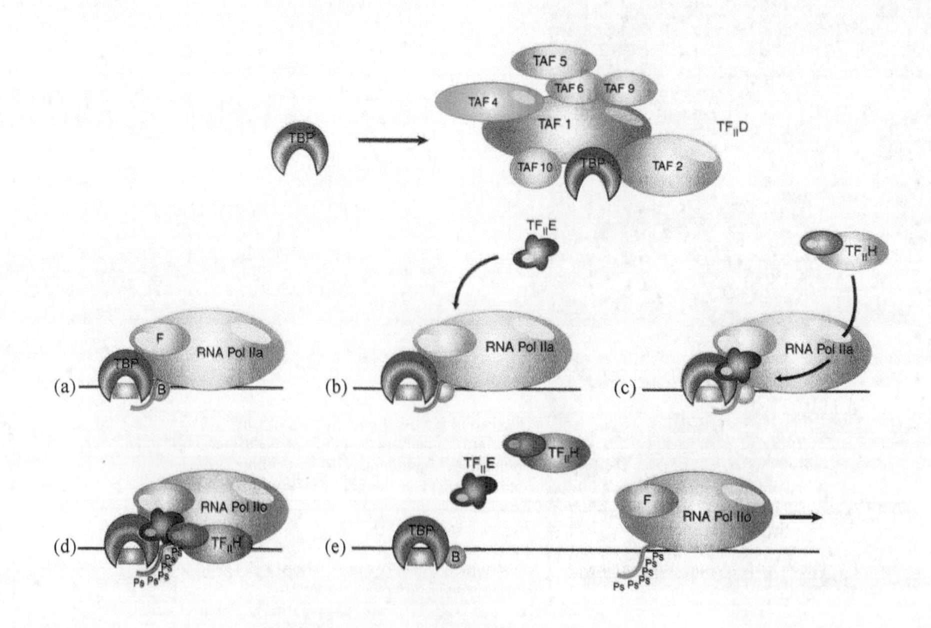

图18.11 转录起始复合体以一定的顺序与转录因子结合，在RNA聚合酶Ⅱ的启动子上装配。$TF_{II}D$复合体由TBP与它所偶联的TAF蛋白组成，如图的上半部所示。为了简洁，在图的其余部分用TBP而非$TF_{II}D$复合体显示

改编自M. E. Maxon, J. A. Goodrich, and R. Tijan, *Genes Dev.* 8(1994): 515-524

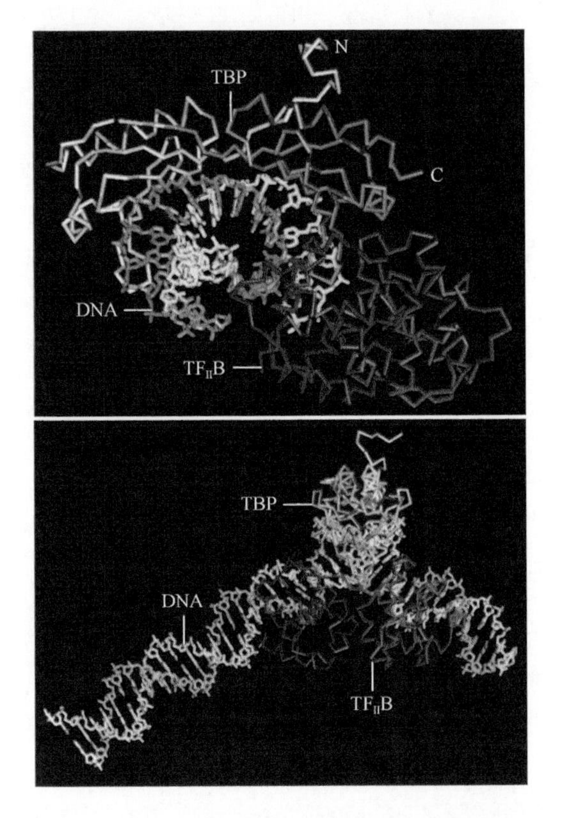

图 18.12 TF$_{II}$B-TBP-DNA 三元复合体的两张图片显示了 TF$_{II}$B 复合体结合到 DNA 弯曲面上。DNA 双链分别用绿色和黄色表示，TBP 用蓝色表示，TF$_{II}$B 复合体用红色和紫色表示

照片由 Stephen K. Burley 友情提供

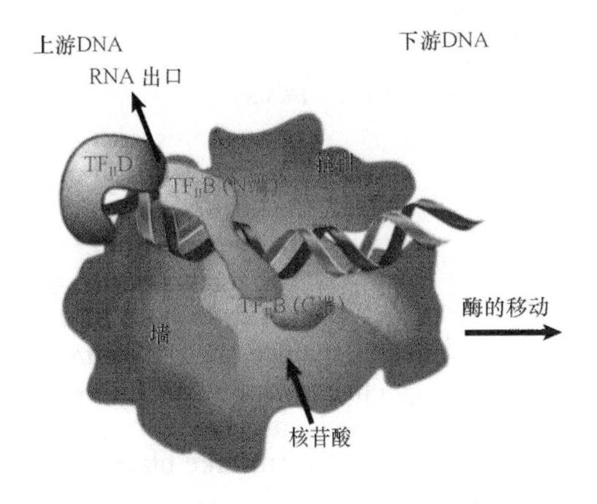

图 18.13 邻近 RNA 出口位点与活性中心位点，TF$_{II}$B 复合体与 DNA 结合，并与 RNA 聚合酶接触，从而在 DNA 上确定方向。可将它与图 18.12 进行比较，它显示了参与转录的聚合酶结构

合酶面向的方式，这样就决定了哪一条链是模板链。TF$_{II}$B 复合体也可为 RNA 聚合酶提供有序识别的表面，所以它又决定了酶的定向结合。TF$_{II}$B 复合体也为募集 RNA 聚合酶 II 到 TF$_{II}$D/TF$_{II}$A/ 启动子 DNA 复合体发挥主要作用，这有助于闭合复合体向开放复合体的转换，以及转录起始位点（transcription start site，TSS）的选择。

TF$_{II}$B 复合体与 RNA 聚合酶的晶体结构显示，因子的三个结构域可与酶产生相互作用，模式如**图 18.13** 所示。来自 TF$_{II}$B 复合体的 N 端锌带结构与邻近 RNA 聚合酶出口的位点接触，这很可能干扰了 RNA 的出口，从而影响流产起始到启动子逃逸的转换。TF$_{II}$B 复合体中的伸长的"手指"插入到聚合酶的活性中心。其 C 端结构域可与 RNA 聚合酶和 TF$_{II}$D 复合体相互作用以指引 DNA 的转录方向。这也决定了 DNA 与 TF$_{II}$E 复合体、TF$_{II}$F 复合体和 TF$_{II}$H 复合体接触的途径，而这些因子会在基础因子复合体中排列在一起。

TF$_{II}$F 复合体是一个由两种亚基组成的异源四聚体，是前起始复合体（preinitiation complex，PIC）装配所需的。大亚基（RAP74 蛋白）有着依赖 ATP 的 DNA 解旋酶活性，所以可能在转录起始时参与 DNA 的解链反应；小亚基（RAP38 蛋白）和细菌 σ 因子中与核心聚合酶相结合的那个区域存在部分同源性，它能与 RNA 聚合酶 II 紧密结合。TF$_{II}$F 复合体可能有助于将 RNA 聚合酶 II 引入正在装配中的转录复合体；TF$_{II}$F 复合体和 TF$_{II}$B 复合体一起也是转录起始位点选择所需。TBP 和 TAF 蛋白组成的复合体可能与 RNA 聚合酶的 CTD 尾部相互作用。而当 TF$_{II}$F/ 聚合酶加入到复合体中时，TF$_{II}$B 复合体所起的作用也可能是重要的。

聚合酶的结合使得 DNA 上被保护的模板链位点延伸至 +15，非模板链延伸至 +20，总之，它的加入使得整个复合体变大了，因为连 DNA 上游被保护的边界也扩大了。

无 TATA 框的启动子会发生什么情况呢？它也需要包括 TF$_{II}$D 复合体在内的相同的通用转录因子。Inr 序列提供定位元件，TF$_{II}$D 复合体依靠一种或更多的 TAF 蛋白直接识别 Inr 序列并结合到 Inr 序列上。TF$_{II}$D 复合体中其他 TAF 蛋白也可识别起点下游的 DPE。在这些启动子中，TBP 的功能更像 RNA 聚合酶 I 的启动子和 RNA 聚合酶III的内部启动子。

当 TATA 框存在时，它决定了起点的位置；当它缺失时，会导致转录的起始变得不规则，虽然对总的转录强度降低来说影响相对较小。实际上，一些无 TATA 框的启动子类型没有独特的起点，因此转录起始可以发生在一簇起点中的其中一个。通过与 TF$_{II}$D 复合体和其他因子的相互作用，TATA 框与RNA聚合酶并列在一起，使得它能够在正确的位置起始转录。TBP和TATA序列的结合是识别启动子的主要因素，但是两个大的TAF蛋白（TAF2蛋白和TAF1蛋白）也在起点附近与DNA结合并且影响起始反应的效率。

尽管RNA聚合酶Ⅱ所转录的大多数基因是编码蛋白质的RNA基因，但是它也转录一些snRNA基因，这些基因拥有类似的，却非一致的启动子。snRNA和核仁中小核仁RNA（small nucleolar RNA，snoRNA）基因的转录需要CTD的特定修饰，即Arg残基的特异性甲基化。

对真核生物与原核生物中RNA聚合酶Ⅱ的转录起始复合体的装配过程进行比较，可以获得非常有意思的结果。本质上，细菌RNA聚合酶是一种具有内在的紧密结合能力，并可识别DNA启动子的凝聚体；它在转录起始中需要σ因子，而转录延伸中并不需要它，因为σ因子在酶结合到DNA之前是酶的一部分，随后它就可能被释放。但是，只有当不同的转录因子结合到DNA以后，RNA聚合酶Ⅱ才能与DNA结合，这些转录因子起了和σ因子相似的作用：使核心聚合酶能特异性地识别启动子序列，但这些转录因子随着进化出现了更多的独立性。实际上，这些因子主要负责特异性地识别启动子，而只有一些因子参加了蛋白质-DNA的结合（并且只有TBP和某些TAF蛋白的结合是序列特异性的），因而在装配复合体时，蛋白质-蛋白质之间的相互作用是很重要的。

体外实验中，虽然装配只发生在核心启动子上，但在体内，这样的反应对转录而言并不充分，在体内还需要与能识别更上游元件的激活物的相互作用。在装配过程的不同阶段，激活物与基础转录装置都存在相互作用（详见第26章“真核生物的转录调节”）。

18.8 转录起始后紧随启动子清除和延伸

关键概念

- 为了让聚合酶向前移动，需要TF$_{\text{II}}$E因子和TF$_{\text{II}}$H因子使DNA解链。
- 羧基末端结构域（CTD）的磷酸化是启动子清除和起始延伸所需的。
- 一些启动子需要CTD的进一步磷酸化来结束流产起始。
- 在RNA聚合酶的转换过程中，组蛋白八聚体必须被短暂修饰。
- CTD会协调RNA的转录与加工。
- 当DNA出现损伤时，被转录的基因优先得到修复。
- TF$_{\text{II}}$H因子提供了与修复酶复合体的连接。

启动子解链（DNA解旋）是开始转录过程所必需的。TF$_{\text{II}}$H因子是开放复合体的形成所需的，此时ATP的水解可提供解链所需的扭曲张力。一旦第一个核苷酸键形成，就需要最后的一些步骤来将RNA聚合酶从启动子上释放出来，这一步骤称为启动子清除（promoter clearance），其在真核生物中决定平衡基因或活性基因是否能被转录中是调节的关键一步（请记住，细菌转录中的关键步骤是闭合复合体向开放复合体的转换，详见第17章“原核生物的转录”）。大多数通用转录因子仅仅用来结合RNA聚合酶，并使之定位到启动子上，但一些因子在随后阶段中起作用。

结合于增强子的转录因子通常不直接与所控制的启动子元件接触，而是结合于可结合启动子元件的辅激活物上。辅激活物中介体是最普通的辅激活物之一。这是一个非常大的蛋白质复合体。在多细胞真核生物中，它包含30个或以上的亚基。许多细胞种类特异性，或基因特异性的中介体拥有一组共同的核心亚基，它们从酵母到人类中都是保守的，能将来自许多与增强子结合的转录因子的信号整合在一起。平衡基因与活性基因都需要结合于增强子的转录因子与启动子的相互作用，此时DNA和中介体环化在一起成为中间体而发挥作用。

加入起始复合体的最后几个因子为TF$_{\text{II}}$E和TF$_{\text{II}}$H，它们在起始的后期阶段发挥作用。TF$_{\text{II}}$E因子的结合使被保护的DNA区域边界向下游又延伸了一圈双螺旋，达到+30。TF$_{\text{II}}$H因子是唯一具有独立多重酶活性的通用转录因子，它兼有的酶活性包括ATP酶、双向解旋酶和磷酸化RNA聚合酶Ⅱ的CTD尾部（在七肽重复序列的第5位丝氨酸残基上）的蛋白激酶活性。$TF_{II}H$ 是另外一个可能在转录延伸中起作用的因子。$TF_{II}H$ 因子与 DNA 起点下游的相互作用是 RNA 聚合酶逃逸启动子所必需的。$TF_{II}H$ 因子同样也参与了 DNA 的损伤修复（详见第 14 章“修复系统”）。

在线性 DNA 模板上，聚合酶的移动需要 ATP 的水解、$TF_{II}E$ 因子和 $TF_{II}H$ 因子的解旋酶活性（由 $TF_{II}H$ 因子的 XPB 亚基和 XPD 亚基提供）。但对于超螺旋 DNA 模板来说，这些要求可以被省略。这提示 $TF_{II}E$ 因子和 $TF_{II}H$ 因子被用来使 DNA 解链以便聚合酶开始前进，并由 $TF_{II}H$ 因子的 XPB 亚基的解旋酶活性来负责实际的 DNA 解链反应。

当 RNA 聚合酶Ⅱ开始转录时，会进行得不顺畅（这个结果和细菌 RNA 聚合酶的流产转录起始相比没有什么不同，虽然两者在机制上是相异的，详见第 17 章“原核生物的转录”）。RNA 聚合酶Ⅱ在前进了一小段距离后会终止转录，此时由 4 ～ 5 个核苷酸组成的小寡核苷酸是不稳定的，这些 RNA-DNA 杂合体的晶体结构也是无序的。只有长的杂合体才存在合适的碱基配对。已转录出的小段 RNA 产物会被迅速地降解掉。研究人员暗示这种流产起始是某种形式的启动子校对。这些基因的转录延伸如果要继续进行的话，还需要一个称为 P-TEFb 的激酶复合体。P-TEFb 复合体含有 CDK9 蛋白激酶，它是控制细胞周期的 CDK 家族中的一员，可作用于 CTD（七肽重复序列的第 2 位丝氨酸残基上），使它更进一步磷酸化。我们现在仍无法了解为何一些启动子需要 CTD 的进一步磷酸化而另一些启动子则不需要，以及它是如何调节的。

CTD 尾部的磷酸化是 RNA 聚合酶Ⅱ从启动子和转录因子上释放所必需的，这样它能过渡到转录的延伸形式。活细胞的实时观察实验显示，暴发性模式是基因特异性的，而非连续起始过程。在延伸过程中，CTD 尾部的磷酸化模式是动态的，它受到包括 P-TEFb 等多种蛋白激酶和磷酸酯酶的控制与催化。在这个阶段，大多数基础转录因子从启动子上解离下来。

当 RNA 正在合成时，或已经被 RNA 聚合酶Ⅱ释放出来以后，CTD 也直接或间接地参与了 RNA 的加工过程。CTD 上的每一个磷酸化位点可作为其他蛋白质的识别或锚定位点，从而使得它们可与聚合酶固定在一起。加帽酶（capping enzyme，鸟苷酸转移酶）把 G 残基添加到新合成的 mRNA 的 5′ 端，它可结合在第 5 位丝氨酸磷酸化的 CTD 上，这是 $TF_{II}H$ 因子所催化的第一个磷酸化事件。这样，当 mRNA 的 5′ 端刚被合成时，就能被加帽酶修饰（而受到保护），所以这种结合也许是很重要的。随后，P-TEFb 复合体所催化的第 2 位丝氨酸残基的磷酸化导致了一系列 SCAF 蛋白被募集到 CTD 上，然后它们又结合到剪接因子上，这可能是协调转录和剪接的一种方法。一些在转录终止过程中所使用的切割 / 多腺苷酸化的组分也结合到第 2 位丝氨酸磷酸化的 CTD 上。奇怪的是，这些组分在转录刚起始时就结合到 CTD 上了，所以当 RNA 聚合酶刚刚出发的同时，就已经做好 3′ 端加工反应的准备。RNA 从细胞核经核孔的输出也受到 CTD 的控制，这可能也与 3′ 端的加工反应协调有关。所有这些都指出 CTD 可能是转录中连接各种过程的通用关键点，如在加帽和剪接反应的例子中，CTD 间接促进了承担反应的蛋白质复合体的形成。在 3′ 端形成的例子中，CTD 可能直接参加了这个反应。mRNA 生命进程的控制到此并未结束。最近的数据显示，酵母中的一小组 mRNA 可持续存在，它们在细胞质中的稳定性或半衰期直接受到启动子 / 上游激活序列（upstream activating sequence, UAS）的控制。在转录过程中，特定转录因子的结合位点控制了可结合 mRNA 的稳定 / 不稳定因子的募集。

在决定一个基因是否（以及何时，在转录平衡基因的聚合酶或暂停的聚合酶这些例子中，见下面的讨论）被表达，其关键事件是启动子清除，从启动子中的释放由 PAF-1 蛋白调节，它是基因表达调节的“门卫”。一旦这个过程发生，起始因子被释放，那么就会转换到延伸期。转录复合体现在由 RNA 聚合酶Ⅱ、基础转录因子 $TF_{II}E$ 因子和 $TF_{II}H$ 因子，以及所有的结合于 CTD 的酶和因子组成。延伸因子诸如 $TF_{II}S$ 因子和 $TF_{II}F$ 因子，以及可阻止不恰当暂停的其他因子可能存在于另一个大复合体中，这称为超级延伸复合体（super elongation complex，SEC）。

RNA 聚合酶就像核糖体一样，可以布朗棘齿机制发挥作用，此时，核苷酸的结合可稳定随机波动，并（通常）可将此转化为前进力。这就意味着前进和后退都可发生。当不正确的核苷酸插入和 3′ 端的双链体结构是不正确的碱基配对时，后退也可发生。后退机制是保真机制的一个必要成分。这一动力学机制由 DNA 序列本身、$TF_{II}S$ 因子和 $TF_{II}F$ 因子等延伸因子、延伸蛋白和其他成分控制。

就如前面 18.7 节“启动子上基础转录装置的装配”中所讨论的那样，在组成核心启动子的 DNA 序列元件中存在相当大的不均一性，这会形成不同基因的启动子特异性。这些元件中的其中一个相当于“暂停按钮（pause button）”，是一个富含 G·C 的序列，其典型序列位于起点下游，与其他元件相比，在数量惊人的果蝇（*Drosophila*）发育基因中已经发现了这一元件。暂停的释放需要一组组分开的步骤，它由基因的增强子和 7SK snRNA 控制，而 7SK snRNA 则提供了增强子、聚合酶和一种必需的染色质标志物之间的纽带。P-TEFb 是磷酸化负调节暂停因子所必需的，可使之失活；也是磷酸化 CTD 所必需的，可产生释放效应。癌基因转录因子 cMyc 可调节一小类处于暂停状态的基因（详见第 9 章“复制与细胞周期相关联”）。为了将这些基因从暂停状态中释放出来，需要由 cMyc 因子将 P-TEFb 特异性地募集到这些基因中。

总之，转录起始的一般过程类似于由细菌 RNA 聚合酶所催化的反应。RNA 聚合酶的结合形成了闭合复合体，在随后阶段，它可转变为开放复合体，此时，DNA 双链在复合体中被分开。在细菌的这个反应中，开放复合体形成的同时完成了 DNA 结构上的必要改变；而在真核生物的这个反应中的不同之处是，在开放复合体形成之后，仍需进一步对模板 DNA 进行解旋。

现在这个复合体必须要转录染色质模板，并且必须要通过核小体结构。此时整个基因可能位于开放染色质中，特别是如果它不是很大，或其长度仅仅是占据了围绕启动子的区域。而另一些基因，如进行性假肥大性肌营养不良（也称迪谢内肌营养不良，Duchenne muscular dystrophy，*DMD*）基因，拥有兆碱基，并需要几个小时来转录，那么组蛋白八聚体就必须被短暂修饰，在一些情况下被短暂解离，然后再重新被装配到模板上（详见第 8 章“染色质”和第 26 章“真核生物的转录调节”）。而八聚体自身在此过程中已经产生了差异，在激活的转录过程中，现在它已经由组蛋白 H3.3 替代了组蛋白 H3。

这样就提出了一个模型，在此模型中，离开启动子的第一个聚合酶作为探路者聚合酶发挥作用。它的主要功能是确保整个基因位于开放染色质中。它本身携带着酶复合体功能，这可以通过核小体促进转录，此处起始因子 $TF_{II}F$ 和延伸因子 $TF_{II}S$ 都是必需的。在活跃转录的染色质中，组蛋白 H2B 是动态单泛素化状态，这是第二步反应组蛋白 H3 甲基化所必需的步骤，而 H3 甲基化又是随后的染色质重塑子的募集所必需的（详见第 8 章“染色质”和第 26 章“真核生物的转录调节”）。

近期的模型认为，每一个聚合酶都需要使用染色质重塑复合体与组蛋白分子伴侣，它们将组蛋白 H2A/H2B 二聚体去除，并留下六聚体（而非八聚体），而这就易于被短暂替代。这些修饰也是紧跟 RNA 聚合酶之后在 DNA 上重新装配核小体八聚体所必需的（详见第 8 章“染色质”）。

在细菌和真核生物中，RNA 聚合酶和 DNA 修复的激活之间都存在直接的联系。初次观察到这个基本现象是因为发现被转录的基因会优先得到修复。随后又发现修复的目标只是 DNA 的模板链，而非模板链的修复速率和其他大多数 DNA 一样。当 RNA 聚合酶遇到模板链上有损伤的 DNA 时，它就停滞不前，因为它无法用损伤序列作为模板来指导互补碱基的配对，这解释了模板链的特异性效应（非模板链的损伤不会妨碍 RNA 聚合酶的前进）。在损伤部位中，停滞的聚合酶可以募集一对蛋白质：CSA 蛋白和 CSB 蛋白 [由 *CS* 基因编码，其突变可导致科凯恩综合征（Cockayne syndrome）]。已经与用于延伸的聚合酶共同出现的通用转录因子 $TF_{II}H$ 是修复过程所需的，它具有好几种不同的形式，这些形式与其他亚基一起组成了核心结构。

$TF_{II}H$ 因子在转录起始和损伤的修复中功能相同，由同一个解旋酶亚基（XPB 蛋白和 XPD 蛋白）产生起始转录泡，以及在受损伤处解开 DNA 链。名称中带 XP 的亚基是由突变会造成着色性干皮病（xeroderma pigmentosum，XP）的基因所编码的，它可引起对癌症的易感体质。$TF_{II}H$ 因子的亚基在 DNA 修复中的作用在第 14 章“修复系统”中详细讨论过。

修复功能可能需要停滞 RNA 聚合酶的修正或降解。当 RNA 聚合酶在紫外线（ultraviolet，UV）损伤的位置停滞不前时，此酶的大亚基就会由泛素化途径降解。但我们仍不了解像这样的转录 / 修复装置与 RNA 聚合酶的降解之间有何联系。可能的解释是，一旦聚合酶已经处于停滞状态时，就需要被清除出去。

18.9 增强子含有能辅助起始的双向元件

关键概念

- 增强子能激活离它最近的启动子，并能在启动子的上游或下游相距任何长度的位置上起作用。
- 酵母中的上游激活序列（UAS）的行为类似增强子，但只在启动子上游起作用。
- 增强子形成激活物复合体，它可直接或间接地与启动子相互作用。

迄今为止，基本上认为启动子是负责结合RNA聚合酶的孤立区域，但真核生物启动子不足以单独地产生作用。至少在大部分例子中，当增强子存在时，启动子的活性就有了很大的提高。增强子到核心启动子的距离长短不一，有些增强子通过数万碱基对的长距离相互作用而发挥功能；另一些增强子通过短距离相互作用而发挥功能，可能就位于核心启动子附近。

最初被描绘的普通元件中的一个是位于−75区的序列，称为CAAT框（CAAT box），这是根据它的共有序列而命名的。它常常更加靠近于−80区，可以在离起点相当大的距离范围内发挥作用，其功能的发挥与取向没有关系。对突变的敏感性提示CAAT框在决定启动子的效率方面发挥相当重要的作用，但不会影响它的特异性。第二个普通的上游元件位于−90区的GC框（GC box），它含有序列GGGCGG。在启动子区域常常会存在多份拷贝，其功能的发挥也与取向没有关系。GC框也在启动子附近相对常见。

认为增强子与启动子完全分开的观点可反映在两种特性上。与启动子相比，增强子不需要固定位置，而且可以存在相当大的变化。**图18.14**显示了增强子既可位于启动子上游，又可位于启动子下游，或位于基因内部（典型的位于内含子中）。此外，它相对启动子的两种取向都能发生作用（也就是说，它可以被颠倒过来）。对DNA的操控实验显示增强

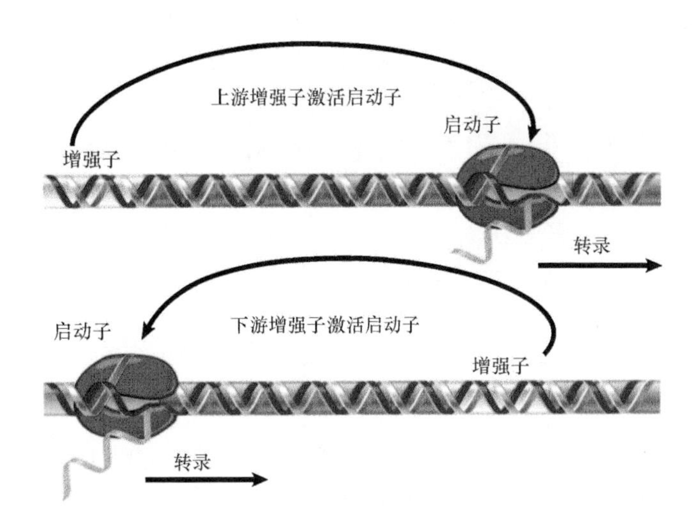

图18.14 增强子能从上游或下游位置激活启动子，并且与启动子相比，增强子的序列颠倒后仍能起作用

子会激活任何位于它附近的启动子，或是以两种取向之一的形式位于基因的几万碱基对以外。

就像启动子一样，增强子（或它的“另一个自我”沉默子）是一种序列元件，由短DNA序列元件构建而成，这些元件能结合不同类型的转录因子。增强子可以简单，也可以复杂，这取决于结合元件的数目和它们所结合的转录因子类型。

一种区分可与增强子结合的转录因子的方法就是将它们分成正调节物和负调节物。转录因子可以是正调节的，它可以激活转录，就如**激活物（activator）**一样；转录因子也可以是负调节的，它可以阻遏转录，就如**阻遏物（repressor）**一样。在细胞中任何给定的时相，就如它的发育历史所决定的那样，这个细胞会拥有结合于这个增强子的某些转录因子的混合体。如果结合于这个序列的激活物数量超过阻遏物，那么这个元件就是增强子；而如果结合于这个序列的阻遏物数量超过激活物，那么这个元件就是沉默子。

另一种检验与增强子结合的转录因子的方法就是根据功能。我们所认定的第一类激活物称为真实激活物（true activator），也就是说，它们可特异性地结合DNA位点。它们可直接，或者通常通过辅激活物如中介体，与启动子中的基础转录装置接触而发挥作用。这种类型对DNA模板或染色质模板都能发挥很好作用。另外两类则拥有完全不同的激活机制。一类激活物能通过募集染色质修饰酶和染色质重塑复合体而发挥作用。实际上许多激活物既能发挥真激活物作用，也能募集染色质修饰酶。第三类包括结构性转录因子，它们的唯一作用就是改变DNA结构，

常常会将DNA弯曲，随后会导致将短距离分开的两个转录因子聚集在一起，使得它们可以协调发挥作用。在18.10节“增强子通过提高启动子附近激活物的浓度而起作用”中，我们将会更仔细地调查这些不同类型的激活物和阻遏物如何在增强子中协同工作，而在第26章“真核生物的转录调节”中我们将会更详细地调查转录调节。

在酵母中也存在一些与增强子相似的元件，称为**上游激活序列（upstream activating sequence，UAS）**。当它位于启动子上游的远近不等的某处时，这些增强子为两种取向中的任何一种时都能发挥作用；而当它们位于启动子下游时却不能起作用。UAS与可激活下游基因转录的调节蛋白结合，从而起到调节作用。

将增强子序列从DNA上切除下来并插入到DNA中其他位置的重建实验显示，增强子出现在DNA分子的任何地方都仍能维持正常的转录（只要没有绝缘子存在于插入序列中，详见第8章“染色质”）。如果将一个β珠蛋白基因插入一种含增强子的DNA分子中，在体内实验中它的转录将提高超过200倍，甚至当增强子以两种取向中的任一取向位于离起点几kb远的上游或下游时也同样起作用。我们现在仍在探索增强子到底距离多远时才不起作用。

18.10 增强子通过提高启动子附近激活物的浓度而起作用

关键概念

- 增强子通常只以顺式构型作用于目标启动子。
- 当增强子被约束在启动子附近时，可在任何情况下起作用。

通过对可控制启动子甚至基因表达的各种转录因子进行排列组合发现，不同组合可结合于不同增强子，使之发挥作用，在此我们暂且不管这些转录因子是正调节还是负调节的。启动子位于开放染色质中，而基础转录因子可预先结合其上，这样RNA聚合酶才能发现这些启动子。当增强子位于启动子两侧的任意远近的距离上时，增强子是如何刺激启动子起始转录的呢？

增强子作用涉及核心启动子元件与基础转录装置的相互作用。增强子类似启动子，也是由一个个元件构成，其中一些元件在远距离增强子和邻近启动子的增强子中都可以找到。一些在启动子附近存在的单一元件与远距离增强子一样，具有可在不同距离和两种取向中的任何一种发挥作用的能力。这样，远距离增强子和近距离增强子之间的差别就变得模糊不清了。

增强子的根本作用可能是增加启动子附近顺式作用的激活物的浓度（此处说的“附近”是相对而言的）。无数实验已经证明了基因表达水平（即转录速率）与结合位点的激活物的净数量成正比。一般而言，增强子位点中所结合的激活物越多，表达水平就越高。

非洲爪蟾（*Xenopus laevis*）核糖体RNA增强子能够刺激RNA聚合酶Ⅰ启动子的转录。相对而言，这种刺激作用与定位无关。当将它从染色体中取出，并安置到环状质粒的启动子上时，它依旧能工作。当增强子和启动子位于分开的质粒上时就没有了刺激作用但是当将增强子放置在一个质粒中，再与含有启动子的另一个质粒连成一串时产生的起始作用，与将增强子和启动子放置在同一环状分子时所产生的效应几乎没有区别，如**图18.15**所描绘的那样（尽管在这个例子中，增强子以反式构型作用于它的启动子）。这里又要再次提到，这提示结合于增强子上蛋白质的定位是一个重要特征，这提高了增强子接触结合于启动子上蛋白质的机会。

如果结合到离启动子数千碱基对远的增强子上的蛋白质能和结合到起点附近的蛋白质直接相互作用，那么DNA的结构就必须足够柔软以使增强子和启动子能彼此靠得很近，这需要把两者之间的间隔DNA突出成一个大的“环”。我们在某些增强子的例子中已经直接观察到这种环状结构。

什么东西能限制增强子的活性呢？通常它作用于离它最近的启动子。有时增强子位于两个启动子之间，但只激活其中的一个启动子，这是以这两个发生激活作用的元件上所结合的复合体之间的特异性蛋白质-蛋白质接触为基础的。增强子的作用可能会受绝缘子（insulator）的限制，它是一种DNA元件，可以防止增强子作用于绝缘子后面的启动子（详见第8章“染色质”）。

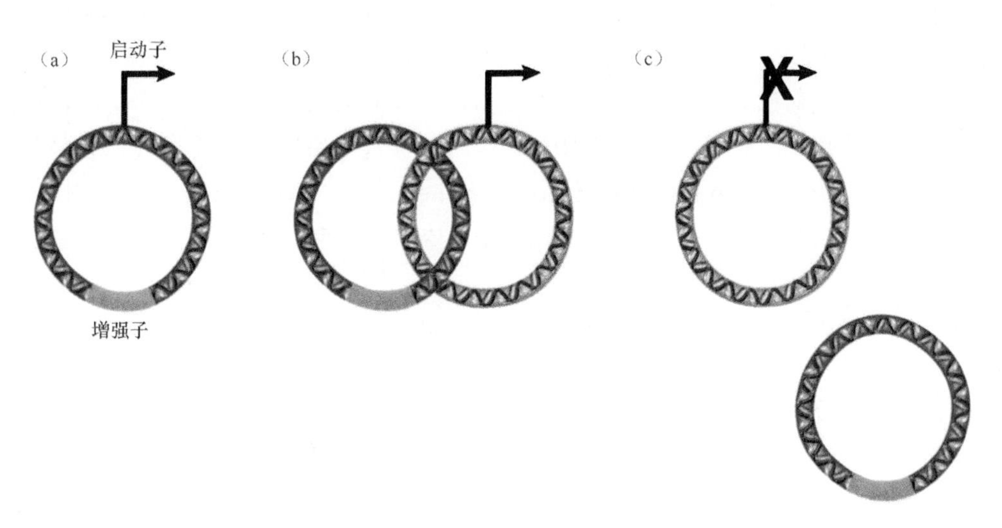

图 18.15 增强子可以通过将蛋白质带到启动子附近发挥作用。增强子和启动子位于分开的两个 DNA 环上时，它们之间不存在相互作用，如（c）所示；但当两个 DNA 环成连接时，它们之间就能相互作用，如（b）所示

18.11 基因表达和脱甲基作用有关

关键概念

- 5′ 端的脱甲基作用是基因转录所必需的。

DNA 甲基化是影响启动子活性的几个表观遗传调节事件中的一个。启动子中的甲基化通常会阻止转录，而为了激活启动子，这些甲基基团必须被去除。在 RNA 聚合酶 Ⅰ 和 RNA 聚合酶 Ⅱ 的启动子中这种效应已经得到很好的肯定。实际上，甲基化是一个可逆的调节事件，尽管 DNA 甲基化模式也可在许多细胞的一次次细胞分裂中稳定维持。包括蛋白质甲基化和乙酰化在内的组蛋白修饰可触发 DNA 甲基化事件（详见第 8 章“染色质”）。

甲基化作用也会出现在表观遗传事件中，即 DNA 印记（imprinting）。在这种情况下，修饰可以性别特异性地发生于精子或卵细胞中，结果导致父本和母本等位基因在下一代中出现差异表达（详见第 28 章“表观遗传学 Ⅱ”）。

RNA 聚合酶 Ⅱ 启动子甲基化发生在 CG 二联体（也称为 CpG 二联体）的 C 的 5′ 位置 [形成 5-甲基胞嘧啶（5-methyl cytosine，5mC）]，它由两类不同的 DNA 甲基转移酶催化。DNMT1 是用于维持的酶，可在复制完成后，在甲基化的 CG 二联体中对新的 C 进行甲基化。DNMT2 可起始未甲基化的 CG 二联体的从头合成甲基化。尽管对 DNA 甲基化的认识已经经历了一段时间，但是脱甲基机制还是一团迷雾。最近提出了 TET（10-11 易位，ten-eleven translocation）酶在哺乳动物 DNA 的脱甲基中所发挥的作用。这些酶最初被鉴定为参与表观遗传，它在 DNA 损伤切除修复途径中的第一步中，可将 5mC 转变成 5′ 羟甲基胞嘧啶。植物中用于脱甲基的 DNA 修复机制稍微有所差异。

经典的方法是可以利用限制性内切核酸酶切割含 CG 二联体的靶位点来检查甲基基团的分布。**图 18.16** 中比较了两种限制性切割的分析结果，这些同切点酶（isoschizomer）是切割 DNA 上相同靶位点序列的限制酶，但对于靶位点的甲基化状态有着不同的应答。现在通过直接的 DNA 测序可以获得甲基化组（methylome），或有机体中的单一碱基水平上的 5mC 模式。

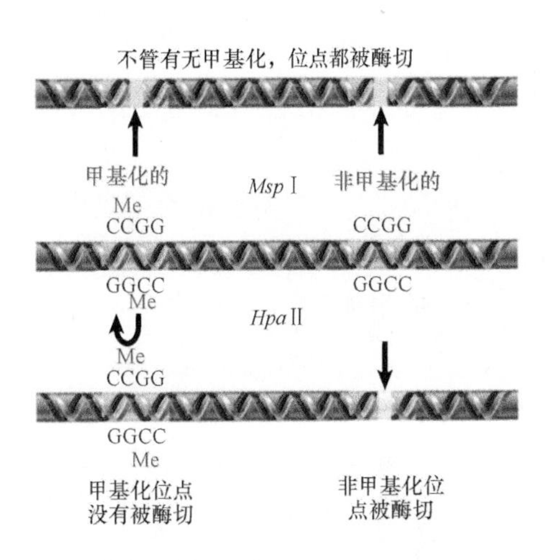

图 18.16 限制性内切核酸酶 *Msp* Ⅰ 可切割所有的 CCGG 序列而不论它们的第二个 C 处是否被甲基化，但 *Hpa* Ⅱ 只切割非甲基化的 CCGG 四联体

许多基因均显示一种模式，即在多数位点上，它恒定地处于甲基化状态，而在另一些位点上甲基化状态却会改变。一些位点在所有被检查的组织中都被甲基化；一些位点在所有组织中都不被甲基化。少数位点在基因不表达的组织中被甲基化，但在基因处于活性状态的组织中则没有被甲基化。甚至在那些启动子区为非甲基化的活性基因中，这些基因内部也常常处于甲基化状态，但是通常不会出现在3′端。所以活性基因也许可以描述为处于甲基化不足（undermethylated）状态。

用5-氮胞嘧啶（5-azacytidine）药物来做实验提供了脱甲基作用会导致基因表达的间接证据。把药物掺入DNA来代替胞嘧啶，由于5-氮胞嘧啶的5′位置被封阻了，所以就不能被甲基化。在复制之后，这会使得DNA位点上的脱甲基作用现象出现。

5-氮胞嘧啶的表型效应包括细胞分化状态的诱导改变，如从非肌肉细胞前体诱导发育成肌肉细胞。这种药物也能激活位于沉默的X染色体中的基因，这和甲基化状态可能与X染色体的失活有关这一理论是相一致的。

与检查原有基因的甲基化状态一样，我们也可以比较把甲基化或非甲基化的DNA引入新的宿主细胞后的结果。这样的实验显示了明确的相关性：甲基化的基因失活，而非甲基化的基因具有活性。

甲基化不足的区域范围是多少呢？在成体鸟类的成熟红细胞的β珠蛋白基因簇中，甲基化不足的区域限于从两个成熟的α基因中的第一个基因上游约500 bp处延伸到第二个基因下游约500 bp处，甲基化不足位点在整个上述区域中都出现，包括基因之间的间隔区。这些区域与对DNA酶Ⅰ最大敏感性的区域相符（详见第8章“染色质”），这表示了甲基化不足是一个含有一个或多个转录基因的结构域所拥有的特征。与染色质中的许多其他变化一样，我们似乎可以得出结论：甲基基团的缺乏与其说与转录自身的举动有关，还不如说与被转录的能力有关。

在解释甲基化不足和基因激活之间的普遍联系时，所遇到的问题是有少数（有时候是极少数）甲基化位点也具有这种联系。这可能是由于甲基化状态只在一些特殊位点上或限定范围内起决定作用；或者也可能是因为甲基化水平的减少（甚至一些DNA片段上甲基基团的完全去除）是允许进行转录所需的某些结构变化的一部分。

尤其值得指出的是，启动子上的脱甲基作用可能是有效起始转录所必需的。举例来说，γ珠蛋白基因上位于−200～+90的起点周围的区域上甲基基团的存在抑制了转录。除去位于起点上游的三个甲基基团或下游的三个甲基基团都不能解除阻遏，但是如果除去所有的甲基基团就能使启动子起作用，所以转录可能需要在启动子上存在一块无甲基化区域（见18.12节“CpG岛是调节靶标”）。这种普适性关系中也存在着例外。

一些基因甚至在广泛甲基化后仍能表达，所以在有机体中，甲基化和基因表达之间的关系并不是绝对的。但一般的规律是：甲基化作用阻止基因表达，而表达则需要脱甲基作用。

18.12 CpG岛是调节靶标

关键概念

- 未甲基化的CpG岛围绕在组成型表达基因的启动子周围。
- CpG岛也存在于一些组织特异性调节基因的启动子中。
- 人类基因组中拥有约29 000个CpG岛。
- CpG岛的甲基化阻止了所在启动子的激活。
- 结合到甲基化CpG二联体上的蛋白质产生阻遏作用。

DNA的甲基化起源也许是一种防御机制，这是为了防止插入序列，如病毒和转座因子等被表达出来。在植物和动物中，这些序列和简单重复序列同样都是被甲基化的。

在发育过程中，现在可以检测处于不同时相的各个组织中全基因组的甲基化组。大多数的甲基化存在于一些基因的5′端区域中的**CpG岛（CpG island）**上，这与甲基化影响基因表达的效应有关。辨别出这些岛的方法是：这些序列中二核苷酸序列CpG（CpG＝5′-CG-3′）的密度比正常的要高。然而，相当一部分甲基化不出现于CpG岛中。

在脊椎动物DNA中，CpG岛出现的期望频率只占到含G·C碱基对序列中的20%左右（这也许是因为 CpG 二联体中，甲基化的位置在 C 上，而甲基化的 C 会自发脱氨基转变成 T，这样引入的突变使二联体不再存在）。然而在某些区域中，CpG 二联体的密度与预期相同，实际上它的密度比其余基因组中的密度要高 10 倍。在这些区域中，CpG 二联体都是未甲基化的。

在富含 CpG 岛的区域中，G · C 含量平均约为 60%，而相比之下，大部分 DNA 的平均 G · C 含量约为 40%，它们一般以 1 ～ 2 kb 长的一段 DNA 形式出现。人类基因组总共拥有约 45 000 个这样的岛。一些岛存在于 Alu 元件的重复序列中，这可能是 Alu 元件含有高的 G · C 比例所致。在不计 Alu 元件中的 CpG 岛后，人类基因组序列中还存在约 29 000 个 CpG 岛，而小鼠基因组中则要少一些，约有 15 500 个。约有 10 000 个预期的岛位于两个物种的种间保守序列中，这提示了它们可能是有调节意义的岛。当 CpG 岛非甲基化时，这些区域中染色质结构的变化和基因表达有关（详见第 8 章“染色质”）。这些区域中的组蛋白 H1 的含量有所减少（可能意味着结构较不紧密），而其他组蛋白则被广泛地乙酰化（一个与基因表达有联系的特征），而且存在对 DNA 酶的高敏位点（就像是有活性的启动子一样），或几乎不存在组蛋白八聚体（这是活跃启动子会出现的情况）。甲基化 CpG 岛位点的存在会在核小体中将组蛋白变异体 H2A.Z 排斥出去。

在若干例子中，富含 CpG 岛的区域刚好从启动子的上游开始延伸到下游的转录区中，然后逐渐消失。**图 18.17** 比较了基因组中的一个“普通”区域和一段被鉴定含 CpG 岛的 DNA 序列中的 CpG 二联体的密度，结果说明，CpG 岛位于组成型表达的 *APRT* 基因的 5′ 端区域周围。

所有组成型表达的持家基因都含有 CpG 岛，这包括了总共约一半的 CpG 岛。另外一半的 CpG 岛出现在组织特异性调节基因的启动子中，组织调节基因中将近一半含有 CpG 岛。这些例子中的 CpG 岛都是未甲基化的，不管基因处于何种表达状态，所以，CpG 岛甲基化与组织特异性基因的转录状态是不相关的。未甲基化的富含 CpG 岛的出现也许是转录的必要条件，但不是充分条件。这样，未甲基化的 CpG 岛的出现可以看成是一个基因具有潜在活性的征兆，而不是作为必然转录的标志。许多动物中的非甲基化岛，当处于组织培养的细胞系中

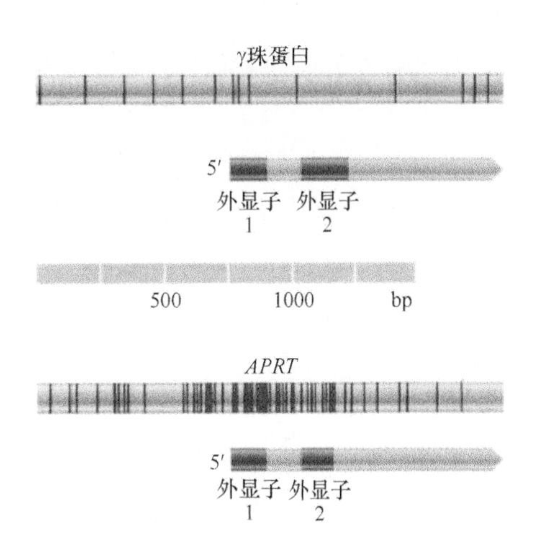

图 18.17 在哺乳动物 DNA 中，CpG 岛的典型密度约为 1/100 bp，如图中所示的 γ 珠蛋白基因。在富含 CpG 岛的区域中，密度增加到 10 个二联体 /100 bp，*APRT* 基因的 CpG 岛从启动子上游约 100 bp 开始延伸到基因内部约 400 bp。每一条竖线代表一个 CpG 二联体

（或在某些癌症中）时，就转变为甲基化状态，这也许和这些细胞系不能表达出相应组织的所有典型的功能有关，尽管这些细胞系从这些组织中衍生而来。目前只有一个很明确的例子表明启动子甲基化与基因表达之间存在很强的关系，即在哺乳动物失活的 X 染色体上，启动子 CpG 岛都是甲基化的（详见第 28 章“表观遗传学 II ”）。

CpG 岛的甲基化作用能影响转录，这可能涉及两种机制。

- 用于结合某些因子的位点被甲基化后不能再结合相关的蛋白质。这往往发生在调节位点的结合反应中，而不是发生在启动子上（详见第 27 章“表观遗传学 I ”）。
- 或者甲基化作用可以使特定阻遏物结合到 DNA 上。

两种结合到甲基化 CpG 序列上的蛋白质可以阻遏转录。MeCP1 蛋白结合到 DNA 上时要求有几个甲基基团存在，而 MeCP2 蛋白和相关家族的蛋白质能够与单甲基化的 CpG 碱基对结合，这解释了为何起始转录时需要一块无甲基化区域。用细胞核抽提物所做的体外实验表明，任何一种上述蛋白质的结合都会阻遏转录的发生。

MeCP2 蛋白通过与结合到启动子上的复合体相互作用来直接阻遏转录；它也与 Sin3 阻遏物复合体相互作用，后者有组蛋白脱乙酰基酶活性。这种观察结果提供了两种阻遏性修饰之间的直接联系：DNA 的甲基化和组蛋白的乙酰化。

尽管含有CpG岛的启动子（约60% CpG密度）或无CpG富集的启动子（约20% CpG密度）常常会在启动子甲基化与转录之间显示出很差的相关性，但是第三类启动子却似乎恒定地受到CpG岛甲基化的调节。约12%的人类基因含有所谓的“弱”CpG岛，即其CpG岛的密度在30%左右，这介于以上两类启动子之间。这些基因在启动子CpG岛的甲基化与RNA聚合酶Ⅱ的占据之间显示出极强的负相关。

甲基基团的缺乏与基因表达有关（至少是潜在的基因表达）。然而，假设甲基化状态是一种控制基因表达的普遍方式却有些困难。在黑腹果蝇（*Drosophila melanogaster*）（或其他双翅目昆虫）中几乎没有DNA的甲基化（虽然有一个甲基转移酶Dnmt2已经被鉴定出来，但其重要性未知），在秀丽隐杆线虫（*Caenorhabditis elegans*）或酵母中也不存在DNA的甲基化。在显露出甲基化的物种中，失活和活性的染色质之间的其他差异似乎是一样的。所以在这些生物体中，脊椎动物所拥有的甲基化作用可被一些其他机制所替代。

发生于活性基因中的三种变化是：

- 高敏的染色质位点在启动子附近建立；
- 染色质中含有转录区的一个结构域变得对DNA酶Ⅰ更加敏感；
- 同一区域的DNA是低甲基化的。

所有这些改变都是转录所必需的。

小结

对于三种真核生物RNA聚合酶来说，RNA聚合酶Ⅰ转录rDNA，与细胞的大部分RNA聚合酶活动有关；RNA聚合酶Ⅱ把结构基因转录成mRNA，并有着多样性最丰富的产物；而RNA聚合酶Ⅲ则转录小RNA。这些酶结构相似，都是由两个大亚基和许多小亚基组成，有些亚基在三种酶中都存在。

三种RNA聚合酶中没有一种能够直接识别它们的启动子。它们有着相同的原则，即主要由转录因子来负责对任何特定启动子中的特征序列元件进行识别，进而结合RNA聚合酶，并将它正确地定位于起点。在每种启动子上，组蛋白八聚体必须被去除或移开，然后通过一系列单一因子加入（或离开）复合体的反应来装配转录起始复合体。三种RNA聚合酶的转录起始都需要TBP因子。在每种情况中，TBP都作为某个转录因子的一个亚基结合到起点的附近。

RNA聚合酶Ⅱ启动子由若干位于起点上游区域中的短序列元件组成，每种元件都可以和一个或多个转录因子结合。由TF_{II}因子组成的基础转录装置在起点上装配并使RNA聚合酶Ⅱ结合到上面。TATA框（如果有的话）位于起点附近，起始子区域就在起点边上，TATA框和起始子负责为RNA聚合酶Ⅱ选择一个精确的起点。如果启动子中存在TATA框的话，TBP就直接结合到上面；在无TATA框的启动子中，TBP就先结合到下游的Inr序列或DPE序列上，再定位到起点旁边。结合了$TF_{II}D$复合体以后，其他RNA聚合酶Ⅱ的转录因子便在启动子上装配基础转录装置。启动子中位于TATA框上游的其他元件用来结合与基础转录装置相互作用的激活物。当RNA聚合酶开始前进时，激活物和基础转录因子都会被释放出去。

在转录起始反应中，RNA聚合酶Ⅱ的CTD会被磷酸化。CTD提供了修饰RNA转录物的蛋白质结合位点，包括5′加帽酶、剪接因子和3′端加工复合体。当RNA聚合酶通过转录单位时，组蛋白八聚体必须被修饰和（或）被去除，才能使之通过。

增强子可以激活启动子，增强子序列可以从很远的距离并且以两种取向中的任意一种在基因的两侧发挥作用。它也由几组元件组成，不过它们排列得更加紧密，其中一些元件既存在于启动子附近，也存在于远距离增强子中。增强子通过装配蛋白质复合体来发挥功能，后者与结合到启动子上的蛋白质可发生相互作用，而这需要处于增强子和启动子之间的DNA向外弯成环状结构。

CpG岛含有高浓度的CpG二联体，通常位于组成型表达基因的启动子周围，尽管它们也存在于受调节基因的启动子中。为了使启动子能够起始转录，含有启动子的CpG岛就必须是未甲基化的。一种特殊蛋白质能结合到甲基化的CpG二联体上，并且阻遏转录的起始。

参考文献

18.1 引言

综述文献

Kim, T.-K., and Shiekhattar, R. (2015). Architectural and

functional commonalities between enhancers and promoters. *Cell* 162, 948-959.

研究论文文献

Hah, N., Benner, C., Chang, L.-W., Yu, R. T., Downes, M., and Evans, R. M. (2015). Inflammation-sensitive super enhancer forms domains of coordinately regulated enhancer RNAs. *Proc. Natl. Acad. Sci. USA* 112, E297-E302.

18.2 真核生物的 RNA 聚合酶由多个亚基组成

综述文献

Doi, R. H., and Wang, L. F. (1986). Multiple prokaryotic RNA polymerase sigma factors. *Microbiol. Rev.* 50, 227-243.

Young, R. A. (1991). RNA polymerase II. *Annu. Rev. Biochem.* 60, 689-715.

18.3 RNA 聚合酶 I 有一个双向启动子

综述文献

Grummt, I. (2003). Life on a planet of its own: regulation of RNA polymerase I transcription in the nucleolus. *Genes Dev.* 17, 1691-1702.

Leslie, M. (2014). Central command. *Science* 345, 506-507.

Mathews, D. A., and Olson, W. M. (2006). What is new in the nucleolus? *EMBO. Rep.* 7, 870-873.

Paule, M. R., and White, R. J. (2000). Survey and summary: transcription by RNA polymerases I and III. *Nucleic Acids Res.* 28, 1283-1298.

研究论文文献

Bell, S. P., Learned, R. M., Jantzen, H. M., and Tjian, R. (1988). Functional cooperativity between transcription factors UBF1 and SL1 mediates human ribosomal RNA synthesis. *Science* 241, 1192-1197.

Knutson, B. A., and Hahn, S. (2011). Yeast Rrn7 and human TAFIB are TFIIB-related RNA polymerase I general transcription factors. *Science* 333, 1637-1640.

Kuhn, C. D., Geiger, S. R., Baumli, S., Gartmann, M., Gerber, J., Jennebach, S., Mielke, T., Tschochner, H., Beckmann, R., and Cramer P. (2007). Functional architecture of RNA polymerase I. *Cell* 131, 1260-1273.

Naidu, S., Friedrich, J. K., Russell, J., and Zomerdijk, J. C. B. M. (2011). TAFIB is a TFIIB-like component of the basal transcription machinery for RNA polymerase I. *Science* 333, 1640-1642.

Sanji, E., Poortinga, G., Sharkey, K., Hung, S., Holloway, T. P., Quin, J., Robb, E., Wong, L. H., Thomas, W. G., Stefanousky, V., Moss, T., Rothblum, L., Hannan, K. M., McArthur, G. A., Pearson, R. B., and Hannan, R. D. (2008). UBF levels determine the number of active rRNA genes in mammals. *J. Cell Bio.* 183, 1259-1274.

Zhang, Y., Sikes, M. L., Beyer, A. L., and Schneider, D. A. (2009). The PafI complex is required for efficient transcription elongation by RNA polymerase I. *Proc. Natl Acad. Sci. USA* 106, 2153-2158.

18.4 RNA 聚合酶 III 既使用下游启动子也使用上游启动子

综述文献

Geiduschek, E. P., and Tocchini-Valentini, G. P. (1988). Transcription by RNA polymerase III. *Annu. Rev. Biochem.* 57, 873-914.

Schramm, L., and Hernandez, N. (2002). Recruitment of RNA polymerase III to its target promoters. *Genes Dev.* 16, 2593-2620.

研究论文文献

Bogenhagen, D. F., Sakonju, S., and Brown, D. D. (1980). A control region in the center of the 5S RNA gene directs specific initiation of transcription: II. The 3′ border of the region. *Cell* 19, 27-35.

Canella, D., Praz, V., Reina, J. H., Cousin, P., and Hernandez, N. (2010). Defining the RNA polymerase III transcriptome: genome-wide localization of the RNA polymerase III transcription machinery in human cells. *Genome Res.* 20, 710-721.

Galli, G., Hofstetter, H., and Birnstiel, M. L. (1981). Two conserved sequence blocks within eukaryotic tRNA genes are major promoter elements. *Nature* 294, 626-631.

Kassavatis, G. A., Braun, B. R., Nguyen, L. H., and Geiduschek, E. P. (1990). *S. cerevisiae* TFIIIB is the transcription initiation factor proper of RNA polymerase III, while TFIIIA and TFIIIC are assembly factors. *Cell* 60, 235-245.

Kassavetis, G. A., Joazeiro, C. A., Pisano, M., Geiduschek, E. P., Colbert, T., Hahn, S., and Blanco, J. A. (1992). The role of the TATA-binding protein in the assembly and function of the multisubunit yeast RNA polymerase III transcription factor, TFIIIB. *Cell* 71, 1055-1064.

Kassavetis, G. A., Letts, G. A., and Geiduschek, E. P. (1999). A minimal RNA polymerase III transcription system. *EMBO J.* 18, 5042-5051.

Kunkel, G. R., and Pederson, T. (1988). Upstream elements required for efficient transcription of a human U6 RNA gene resemble those of U1 and U2 genes even though a different polymerase is used. *Genes Dev.* 2, 196-204.

Pieler, T., Hamm, J., and Roeder, R. G. (1987). The 5S gene internal control region is composed of three distinct sequence elements, organized as two functional domains with variable spacing. *Cell* 48, 91-100.

Sakonju, S., Bogenhagen, D. F., and Brown, D. D. (1980). A control region in the center of the 5S RNA gene directs specific initiation of transcription: I. The 5′ border of the region. *Cell* 19, 13-25.

18.5 RNA 聚合酶 II 的转录起点

综述文献

Butler, J. E., and Kadonaga, J. T. (2002). The RNA polymerase II core promoter: a key component in the regulation of gene expression. *Genes Dev.* 16, 2583-2592.

Smale, S. T., Jain, A., Kaufmann, J., Emami, K. H., Lo, K., and Garraway, I. P. (1998). The initiator element: a paradigm for core promoter heterogeneity within metazoan protein-coding genes. *Cold Spring Harb Symp Quant Biol.* 63, 21-31.

Smale, S. T., and Kadonaga, J. T. (2003). The RNA polymerase II core promoter. *Annu. Rev. Biochem.* 72, 449-479.

Woychik, N. A., and Hampsey, M. (2002). The RNA polymerase II machinery: structure illuminates function. *Cell* 108, 453-463.

研究论文文献

Burke, T. W., and Kadonaga, J. T. (1996). *Drosophila* TFIID binds to a conserved downstream basal promoter element that is present in many TATAbox-deficient promoters. *Genes Dev.* 10, 711-724.

Singer, V. L., Wobbe, C. R., and Struhl, K. (1990). A wide variety of DNA sequences can functionally replace a yeast TATA element for transcriptional activation. *Genes Dev.* 4, 636-645.

Smale, S. T., and Baltimore, D. (1989). The "initiator" as a transcription control element. *Cell* 57, 103-113.

18.6 TBP 是一种通用因子

综述文献

Berk, A. J. (2000). TBP-like factors come into focus. *Cell* 103, 5-8.

Burley, S. K., and Roeder, R. G. (1996). Biochemistry and structural biology of TFIID. *Annu. Rev. Biochem.* 65, 769-799.

Hernandez, N. (1993). TBP, a universal eukaryotic transcription factor? *Genes Dev.* 7, 1291-1308.

Lee, T. I., and Young, R. A. (1998). Regulation of gene expression by TBP-associated proteins. *Genes Dev.* 12, 1398-1408.

Orphanides, G., Lagrange, T., and Reinberg, D. (1996). The general transcription factors of RNA polymerase II. *Genes Dev.* 10, 2657-2683.

研究论文文献

Crowley, T. E., Hoey, T., Liu, J. K., Jan, Y. N., Jan, L. Y., and Tjian, R. (1993). A new factor related to TATA-binding protein has highly restricted expression patterns in *Drosophila. Nature* 361, 557-561.

Horikoshi, M., Hai, T., Lin, Y. S., Green, M. R., and Roeder, R. G. (1988). Transcription factor ATF interacts with a TATA factor to facilitate establishment of a preinitiation complex. *Cell* 54, 1033-1042.

Kim, J. L., Nikolov, D. B., and Burley, S. K. (1993). Cocrystal structure of TBP recognizing the minor groove of a TATA element. *Nature* 365, 520-527.

Kim, Y., Geiger, J. H., Hahn, S., and Sigler, P. B. (1993). Crystal structure of a yeast TBP/TATAbox complex. *Nature* 365, 512-520.

Liu, D., Ishima, R., Tong, K. I., Bagby, S., Kokubo, T., Muhandiram, D. R., Kay, L. E., Nakatani, Y., and Ikura M. (1998). Solution structure of a TBPTAFII230 complex: protein mimicry of the minor groove surface of the TATA box unwound by TBP. *Cell* 94, 573-583.

Martinez, E., Chiang, C. M., Ge, H., and Roeder, R. G. (1994). TATA-binding protein-associated factors in TFIID function through the initiator to direct basal transcription from a TATA-less class II promoter. *EMBO. J.* 13, 3115-3126.

Nikolov, D. B., Hu, S.-H., Lin, J., Gasch, A., Hoffmann, A., Horikoshi, M., Chua, N.-H., Roeder, R. G., and Burley S. K. (1992). Crystal structure of TFIID TATA-box binding protein. *Nature* 360, 40-46.

Ogryzko, V. V., Kotani, T., Zhang, X., Schiltz, R. L., Howard, T., Yang, X. J., Howard, B. H., Qin, J., and Nakatani, Y. (1998). Histone-like TAFs within the PCAF histone acetylase complex. *Cell* 94, 35-44.

Sprouse R. O., Karpova, T. A., Mueller, F., Dasgupta, A., McNally, J. G., and Auble, D. T. (2008). Regulation of TATA-binding protein dynamics in living yeast cells. *Proc. Natl Acad. Sci. USA* 105, 13304-13308.

Verrijzer, C. P., Chen, J. L., Yokomori, K., and Tjian, R. (1995). Binding of TAFs to core elements directs promoter selectivity by RNA polymerase II. *Cell* 81, 1115-1125.

Wu, J., Parkhurst, K. M., Powell, R. M., Brenowitz, M., and Parkhurst, L. J. (2001). DNA bends in TATAbinding protein-TATA complexes in solution are DNA sequence-dependent. *J. Biol. Chem.* 276, 14614-14622.

18.7 启动子上基础转录装置的装配

综述文献

Egloff, S., and Murphy, S. (2008). Cracking the RNA polymerase II CTD code. *Trends Genet.* 24, 280-288.

Muller F., Demeny, M. A., and Tora, L. (2007). New problems in RNA polymerase II transcription initiation: matching the diversity of core promoters with a variety of promoter recognition factors. *J. Biol. Chem.* 282, 14685-14689.

Nikolov, D. B., and Burley, S. K. (1997). RNA polymerase II transcription initiation: a structural view. *Proc. Natl. Acad. Sci. USA* 94, 15-22.

Zawel, L., and Reinberg, D. (1993). Initiation of transcription by RNA polymerase II: a multi-step process. *Prog. Nucleic Acid Res. Mol. Biol.* 44, 67-108.

研究论文文献

Buratowski, S., Hahn, S., Guarente, L., and Sharp, P. A. (1989). Five intermediate complexes in transcription initiation by RNA polymerase II. *Cell* 56, 549-561.

Burke, T. W., and Kadonaga, J. T. (1996). *Drosophila* TFIID binds to a conserved downstream basal promoter element that is present in many TATAbox-deficient promoters. *Genes Dev.* 10, 711-724.

Bushnell, D. A., Westover, K. D., Davis, R. E., and Kornberg, R. D. (2004). Structural basis of transcription: an RNA polymerase II-TFIIB cocrystal at 4.5 angstroms. *Science* 303, 983-988.

Carninci, P., et al. (2006) Genome-wide analysis of mammalian promoter architecture and evolution. *Nat. Gen.* 38, 626-635.

Fishburn, J., Tomko, E., Galburt, E., and Hahn, S. (2015). Double-stranded DNA translocase activity of transcription factor TF H and the mechanism of RNA polymerase II open complex formation. *Proc. Natl Acad. Sci USA* 112, 3961-3966.

Kostrewa, D., Zeller, M. E., Armache, K. J., Seiz, M., Leike, K., Thomm, M., and Cramer, P. (2009). RNA polymerase II-TFIIB structure and mechanism of transcription initiation. *Nature* 462, 323-330.

Liu, X., Bushnell, D. A., Wang, D., Calero, G., and Kornberg, R. D. (2011). Structure of an RNA polymerase II-TFIIB complex and the transcription initiation mechanism. *Science* 327, 206-209.

Sims, R. J., III, Rojas, L. A., Beck, D., Bonasio, R., Schuller, R. Drury, W. J. III, Eick, D., and Reinberg, D. (2011). The C-terminal domain of RNA polymerase II is modified by site-specific methylation. *Science* 332, 99-103.

18.8 转录起始后紧随启动子清除和延伸

综述文献

Ares, M., Jr., and Proudfoot, N. J. (2005). The Spanish

connection: transcription and mRNA processing get even closer. *Cell* 120, 163-166.

Calvo, O., and Manley, J. L. (2003). Strange bedfellows: polyadenylation factors at the promoter. *Genes Dev*. 17, 1321-1327.

Hartzog, G. A., and Quan, T. K. (2008). Just the FACTs: Histone H2B ubiquitylation and nucleosome dynamics. *Mol. Cell* 31, 2-4.

Lehmann, A. R. (2001). The xeroderma pigmentosum group D (XPD) gene: one gene, two functions, three diseases. *Genes Dev*. 15, 15-23.

Liu, X., Bushnell, D. A., Silva, D. A., Huang, X., and Kornberg, R. D. (2011). Initiation complex structure and promoter proofreading. *Science* 333, 633-637.

Nair, G., and Raj, A. (2011). Time-lapse transcription. *Science* 332, 431-432.

Price, D. H. (2000). P-TEFb, a cyclin dependent kinase controlling elongation by RNA polymerase II. *Mol. Cell Biol*. 20, 2629-2634.

Selth, L. A., Sigurdsson, S., and Svejstrup, J. Q. (2010). Transcript elongation by RNA polymerase II. *Annu. Rev. Biochem*. 79, 271-293.

Woychik, N. A., and Hampsey, M. (2002). The RNA polymerase II machinery: structure illuminates function. *Cell* 108, 453-463.

研究论文文献

Bregman, A., Avraham-Kelbert, M., Barkai, O., Duek, L., Gutman, A., and Choder, M. (2011). Promoter elements regulate cytoplasmic mRNA decay. *Cell* 147, 1473-1483.

Chen, F. X., Woodfin, A. R., Gardini, A., Rickels, R. A., Marshall, S. A., Smith, E. R., Shiekhattar, R., and Shilatifard, A. (2015). PAF-1, a molecular regulator of promoter-proximal pausing by RNA polymerase II. *Cell* 162, 1003-1015.

Cheung, A. C., and Cramer, P. (2011). Structural basis of RNA polymerase backtracking, arrest and reactivation. *Nature* 471, 249-253.

Douziech, M., Coin, F., Chipoulet, J. M., Arai, Y., Ohkuma, Y., Egly, J. M., and Coulombe, B. (2000). Mechanism of promoter melting by the xeroderma pigmentosum complementation group B helicase of transcription factor IIH revealed by protein-DNA photo-cross-linking. *Mol. Cell Biol*. 20, 8168-8177.

Fong, N., and Bentley, D. L. (2001). Capping, splicing, and 3′ processing are independently stimulated by RNA polymerase II: different functions for different segments of the CTD. *Genes Dev*. 15, 1783-1795.

Goodrich, J. A., and Tjian, R. (1994). Transcription factors IIE and IIH and ATP hydrolysis direct promoter clearance by RNA polymerase II. *Cell* 77, 145-156.

Hendrix, D. A., Hong, J. W., Zeitlinger, J., Rokhsar, D. S., and Levine, M. S. (2008). Promoter elements associated with RNA polymerase II stalling in the *Drosophila* embryo. *Proc. Natl. Acad. Sci. USA* 105, 7762-7767.

Hirota, K., Miyosha, T., Kugou, K., Hoffman, C. S., Shibata, T., and Ohta, K. (2008). Stepwise chromatin remodeling by a cascade of transcription initiation of non-coding RNAs. *Nature* 456, 130-135.

Holstege, F. C., van der Vliet, P. C., and Timmers, H. T. (1996). Opening of an RNA polymerase II promoter occurs in two distinct steps and requires the basal transcription factors IIE and IIH. *EMBO. J*. 15, 1666-1677.

Kim, T. K., Ebright, R. H., and Reinberg, D. (2000). Mechanism of ATP-dependent promoter melting by transcription factor IIH. *Science* 288, 1418-1422.

Lans, H., Marteijn, J. A., Schumacher, B., Hoeijmakers, J. H. J., Lansen, G., and Vermeulen, W. (2010). Involvement of global genome repair, transcription coupled repair and chromosome remodeling in UV damage response changes during development. *PLoS Genet*. 6(5), e100094. doi 10137.

Liu, W., Ma, Q., Wong, K., Li, W., Ohgi, K., Zhang, J., and Aggarwal, A. K. (2013). Brd4 and JMJDGassociated anti-pause enhancers in regulation of transcriptional pause release. *Cell* 155, 1581-1595.

Luse, D. S., Spangler, L. C., and Ujvari, A. (2011). Efficient and rapid nucleosome traversal by RNA polymerase II depends on a combination of transcription elongation factors. *J. Biol. Chem*. 286, 6040-6048.

Montanuy, I., Torremocha, R., Hernandez-Munain, C., and Suñé, C. (2008). Promoter influences transcription elongation: TATA-BOX element mediates the assembly of processive transcription complexes responsive to cyclindependent kinase 9. *J. Biol. Chem*. 283, 7368-7378.

Plaschka, C., Lariviere, L., Wenzeck, L., Seizi, M., Herman, M., Tegunov, D., Petrotchenko, E. V., Borchers, C. H., Baumeister, W., Herzog, F., Villa, E., and Cramer, P. (2015). Architecture of the RNA polymerase II-mediator core initiation complex. *Nature* 518, 376-380.

Rahl, P. B., Lin, C. Y., Seila, A. C., Flynn, R. A., McCuine, S., Burge, C. B., Sharpe, P. A., and Young, R. A. (2010). cMyc Regulates transcriptional pause release. *Cell* 141, 432-445.

Spangler, L., Wang, X., Conaway, J. W., Conaway, R. C, and Dvir, A. (2001). TFIIH action in transcription initiation and promoter escape requires distinct regions of downstream promoter DNA. *Proc. Natl. Acad. Sci. USA* 98, 5544-5549.

18.9 增强子含有能辅助起始的双向元件

综述文献

Bulger, M., and Groudine, M. (2011). Functional and mechanistic diversity of distal transcription enhancers. *Cell* 144, 327-339.

Muller, M. M., Gerster, T., and Schaffner, W. (1988). Enhancer sequences and the regulation of gene transcription. *Eur. J. Biochem*. 176, 485-495.

研究论文文献

Banerji, J., Rusconi, S., and Schaffner, W. (1981). Expression of β-globin gene is enhanced by remote SV40 DNA sequences. *Cell* 27, 299-308.

18.10 增强子通过提高启动子附近激活物的浓度而起作用

综述文献

Blackwood, E. M., and Kadonaga, J. T. (1998). Going the distance: a current view of enhancer action. *Science* 281, 60-63.

研究论文文献

Mueller-Storm, H. P., Sogo, J. M., and Schaffner, W. (1989). An enhancer stimulates transcription in trans when attached to the promoter via a protein bridge. *Cell* 58, 767-777.

Zenke, M., Grundström, T., Matthes, H., Wintzerith M., Schatz, C., Wildeman, A., and Chambon, P. (1986). Multiple sequence motifs are involved in SV40 enhancer function. *EMBO. J.* 5, 387-397.

18.11 基因表达和脱甲基作用有关

综述文献

Nabel, C. S., and Kohli, R. M. (2011). Demystifying DNA demethylation. *Science* 333, 1229-1230.

研究论文文献

Zemach, A., McDaniel, I. E., Silva, P., and Zilberman, D. (2010). Genome-wide evolutionary analysis of eukaryotic DNA methylation. *Science* 328, 916-919.

18.12 CpG 岛是调节靶标

综述文献

Bird, A. (2002). DNA methylation patterns andepigenetic memory. *Genes Dev*. 16, 6-21.

Lee, T. F., Zhai, J., and Meyers, B. C. (2010). Conservation and divergence in eukaryotic DNA methylation. *Proc. Natl. Acad. Sci. USA* 107, 9027-9028.

研究论文文献

Antequera, F., and Bird, A. (1993). Number of CpG islands and genes in human and mouse. *Proc. Natl. Acad. Sci. USA* 90, 11995-11999.

Boyes, J., and Bird, A. (1991). DNA methylation inhibits transcription indirectly via a methyl-CpG binding protein. *Cell* 64, 1123-1134.

Lister, R., Pelizzola, M., Dowen, R. H., Hawkins, R. D., Hon, G., Tonti-Filippini, J., Nery, J. R., Lee, L., Zhen, Y., Ngo, Q. M., Edsen, L., Antosiewicz-Bourget, J., Stewart, R., Ruotti, V., Millar, A. H., Thompson, J. A., Ren, B., and Ecker, J. R. (2009). Human DNA methylation at base resolution show widespread epigenomic differences. *Nature* 462, 315-322.

Zilberman, D., Coleman-Derr, D., Ballinger, T., and Henikoff, S. (2008). Histone H2A.Z and DNA methylation are mutually antagonistic chromatin marks. *Nature* 456, 125-130.

第 19 章

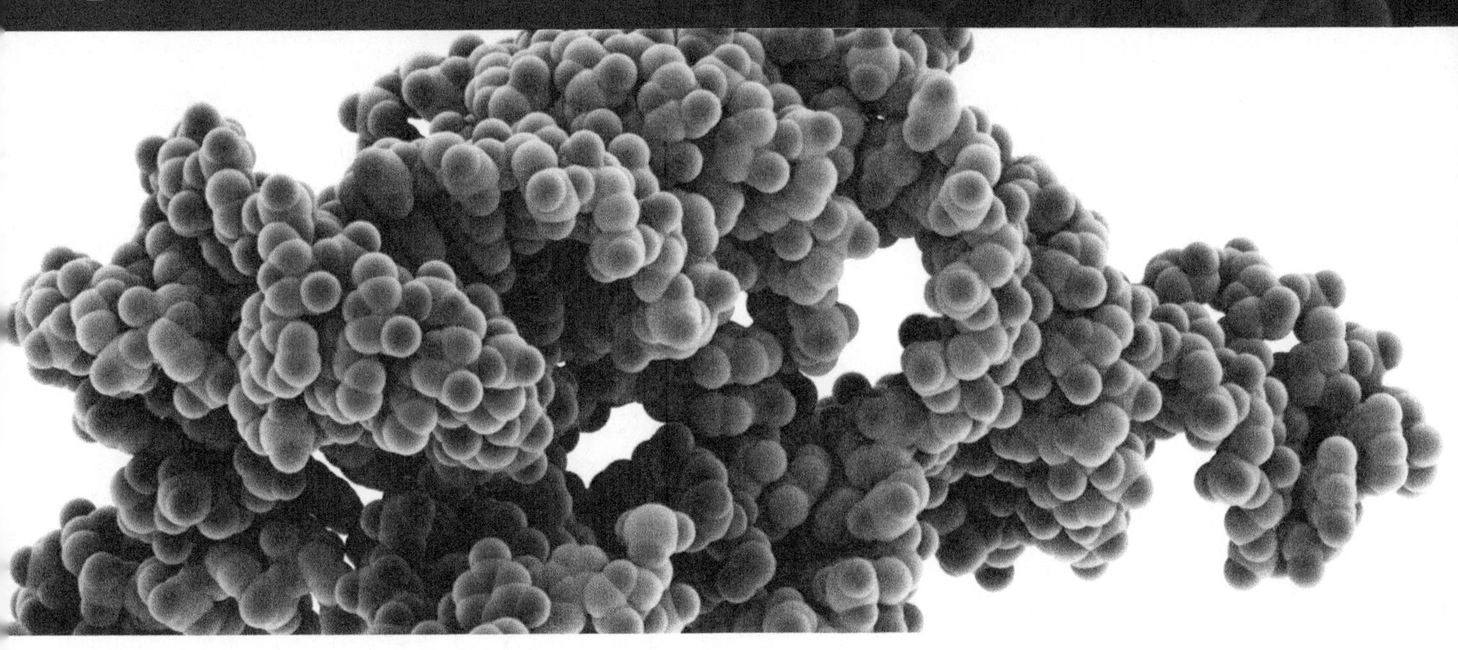

RNA 的剪接与加工

章节提纲

19.1 引言

RNA 是基因表达过程的一个中心纽带。最初，RNA 是作为蛋白质合成的中间体而被发现和鉴定的，但自此之后，人们发现越来越多的 RNA 在基因表达的不同阶段发挥着结构性或功能性作用。RNA 参与了与基因表达有关的许多功能，这支持了一种普遍的观点：生命可能进化自“RNA 世界”，即在生命出现之初，RNA 是维持和表达遗传信息的活跃成分，这些功能中的许多部分随后由蛋白质来协助或取代，这可能是多样性或效率的增加所致。

迄今为止研究的所有 RNA 都转录自各自的基因，并（尤其是在真核生物中）需要进一步的加工，以成为成熟的，且具有功能的产物。断裂基因存在于所有类型的真核生物有机体中，它们只是代表了单细胞真核生物中的一小部分基因，却代表了多细胞真核生物基因组中的绝大部分基因。基因的大小根据所含内含子的数量和长度不同而变化很大，典型哺乳动物基因一般含有 7 ～ 8 个外显子，在基因组上的长度约为 16 kb。外显子通常较短（约 100 ～ 200 bp），而内含子往往较长（几乎为 1 kb）（详见第 3 章“断裂基因”）。

由于基因结构是断裂的，而 mRNA 的组织形式却无断裂，所以基因的初始转录物必须要进行加工。基因的初始转录物完全是按照基因的结构忠实地转录出来，因此一般称这种转录产物为**前 mRNA（pre-mRNA）**。从前 mRNA 中去除内含子，就剩下了平均约 2.2 kb 的 mRNA，在真核生物中，内含子去除是 RNA 形成的主要步骤。这个从前 mRNA 中去除内含子的过程称为 RNA 剪接（RNA splicing）。虽然在单细胞 / 寡细胞真核生物 [如酿酒酵母（*Saccharomyces cerevisiae*）] 中的断裂基因较少，再加上这些断裂基因中的大多数编码了相对丰富的蛋白质，也就在总体比例上低估了内含子的重要性。因此，剪接反应产生的 mRNA 总量比通过基因组分析所获得的更多，可能多出 50%。

高等真核生物中，细胞核基因与其产物间在长度上存在差异，而这种差异的最早提示之一来自细胞核 RNA 的性质。细胞核 RNA 的平均长度比 mRNA 长，非常不稳定，序列的复杂程度也非常高，根据其大小的广泛分布状态，称之为核不均一 RNA（heterogeneous nuclear RNA，hnRNA）。

hnRNA 的结构形式是**核不均一核糖核蛋白颗粒（heterogeneous nuclear ribon-ucleoprotein particle，hnRNP）**，颗粒中一组丰富的 RNA 结合蛋白包围着 hnRNA。其中一些具有包裹 hnRNA 的结构性功能，有的被认为能影响 RNA 加工，有的能协助 RNA 输出到细胞核外。

对新合成的 RNA 所进行的剪接反应发生在细胞核内，与其他一些修饰反应同步进行。断裂基因的表达过程如**图 19.1** 所示，转录物进行 5′ 端的加帽、内含子的去除和 3′ 端加多腺苷酸尾结构。随后，RNA 通过核孔进入细胞质，以用于翻译。

细胞核内所发生的各种反应过程中，我们应该知道在什么情况下会发生剪接反应，以及它与其他类型的 RNA 修饰的关系如何。剪接反应是否发生在细胞核内的一个特殊位点呢？是否与核质转运等其他事件相关呢？如果不发生剪接事件，非断裂基因的表达过程是否会出现很大的差异呢？

就剪接反应本身而言，一个最主要的问题是如何保证它的特异性。是什么确保了每个内含子末端可被准确地成对识别，并把内含子序列从 RNA 中准确地切离呢？从前体中切除内含子的过程是否按照特定的顺序进行呢？ RNA 的成熟过程是通过对可及前体间的甄别，还是通过改变剪接机制来调节基因表达呢？

除了 RNA 剪接去除内含子外，许多非编码 RNA 也需要加工才能成熟，这样它们可在基因表达的各个方面发挥作用。

19.2 真核生物 mRNA 的 5′ 端被加帽

关键概念

- 5′ 端加帽是通过 5′-5′ 键将一个 G 加到转录物的末端碱基而形成的。
- 加帽反应发生于转录过程中，它可能对转录暂停的释放非常重要。
- 大部分 mRNA 的 5′ 端帽是单甲基化的，而一些非编码短序列 RNA 的帽为三甲基化的。
- 帽结构可被蛋白质因子识别，它可影响 mRNA 的稳定性、剪接、输出和翻译。

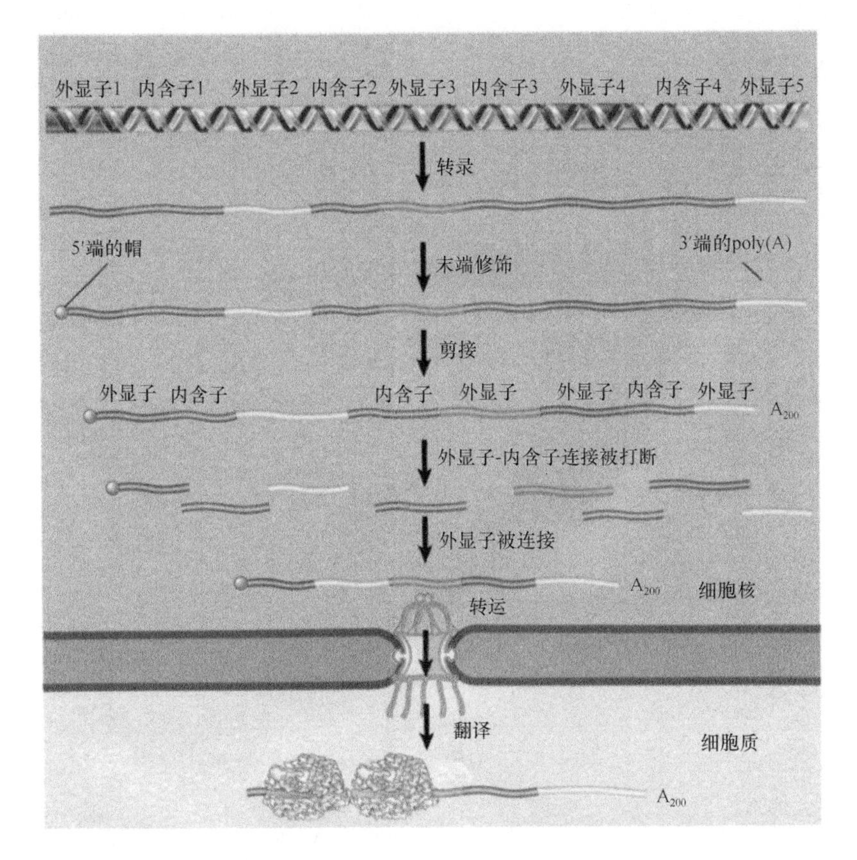

图 19.1 在细胞核中，RNA 的加工包括 3′ 端和 5′ 端修饰及内含子的剪接去除等。剪接事件需要在内含子与外显子连接处产生断裂，然后将外显子末端相连。成熟的 mRNA 通过核孔被转运到细胞质中用于翻译

转录起始于一个核苷三磷酸（通常为嘌呤，A 或 G）。第一个核苷酸保留着其 5′ 三磷酸，使通常的磷酸二酯键在其 3′ 位与下一个核苷酸的 5′ 位之间生成。转录物的初始序列可描述为：

$$5'ppp^{A}/_{G}pNpNpNp\cdots$$

但是在体外，当成熟的 mRNA 用能使其降解为单核苷酸的酶处理时，其 5′ 端并没有像所希望的那样生成核苷三磷酸。相反，它包括两个核苷酸，是带有甲基基团的 5′-5′- 三磷酸键，末端碱基总是为一个在转录后加到原始 RNA 分子上的鸟嘌呤。

在 5′ 端加鸟嘌呤是由细胞核内的鸟苷酸转移酶（guanylyl-transferase，GT）催化实现的。在哺乳动物中，GT 蛋白拥有两种酶活性，一种作为三磷酸酯酶来去除 GTP 中的两个磷酸，而另一种作为 GT 将鸟嘌呤连接到 RNA 的原始 5′- 三磷酸末端。在酵母中，这两种活性由两个分开的酶执行。这个新的 G 残基以与其他所有核苷酸定位相反的方向进入 RNA 的末端：

$$5'Gppp+5'pppApNpNp\cdots \rightarrow Gppp5'\text{-}5'ApNpNp\cdots+pp+p$$

这种结构被称为**帽（cap）**，它也是许多甲基化事件的底物，**图 19.2** 显示了所有可能的甲基都被加上帽之后的整体结构。最重要的事件就是在鸟嘌呤末端的第 7 位加上一个甲基基团，负责催化这种修饰反应的酶是鸟嘌呤 -7- 甲基转移酶（methyl transferase，MT）。

尽管在体外可用纯化的酶来进行加帽过程，但是这一反应通常发生于转录过程中。在转录起始后不久，PolⅡ就在转录起始位点的下游 30 个核苷酸处暂停，等待以募集加帽酶来将帽加入到新生 RNA 的 5′ 端。如果没有这种保护，新生 RNA 很容易受到 5′ → 3′ 外切核酸酶的攻击，并且这样的修剪可能导致 RNA 聚合酶 Ⅱ（RNA polymerase Ⅱ，PolⅡ）复合体从 DNA 模板上脱落下来。所以，加帽反应对于 PolⅡ有效的进入延伸模式并转录其余的基因部分是非常重要的。就此而言，5′ 加帽的暂停机制代表了一种转录检查点，这种机制可用于在初始暂停位点的转录重新起始。

在真核生物的 mRNA 世界里，每一个分子在末端鸟嘌呤中仅仅拥有单一甲基基团，通常称为单甲基帽（monomethylated cap）。而一些其他非编码短序列 RNA，如那些剪接体（见 19.6 节“snRNA 是剪接所必需的”）中参与 RNA 剪接的 RNA 会被进一

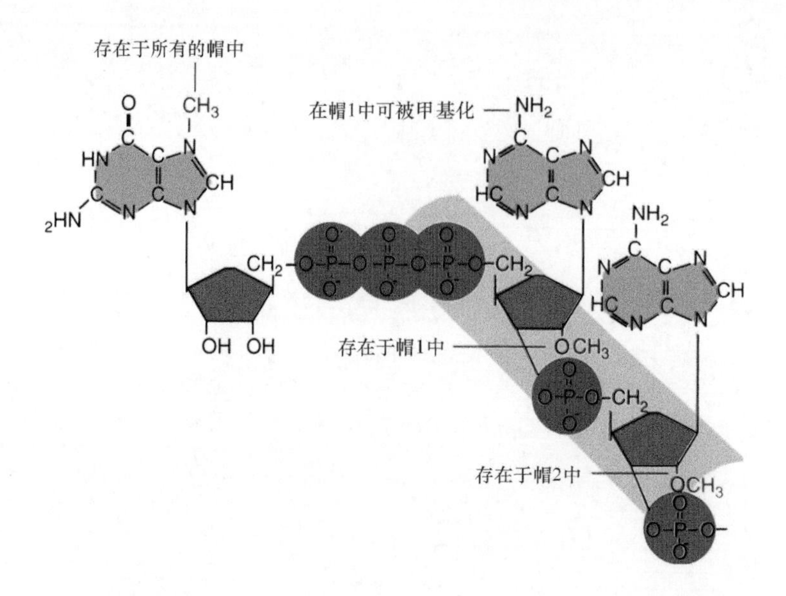

图 19.2 帽结构覆盖了 mRNA 的 5′ 端，它可在几个位点被甲基化

步甲基化，使其在末端鸟嘌呤中含有三个甲基基团。这种结构称为三甲基帽（trimethylated cap）。负责这些额外的甲基转移的酶存在于细胞质中，可确保只有那些特化 RNA 才能在它们的帽上进一步修饰。

帽形成的其中一个主要功能是保护 mRNA 免于降解。事实上，酶催化的脱帽反应为真核生物细胞中调节 mRNA 更替的其中一种主要机制（见 19.11 节“暂时性和功能性的剪接与基因表达的多个步骤偶联”）。在细胞核中，帽结构可被能与帽结合的 CBP20/80 异源二聚体所识别和结合。这个结合事件可刺激第一个内含子的剪接，并通过与 mRNA 输出装置（TREX 复合体）的直接相互作用来协助 mRNA 从细胞核中输出。一旦到达细胞质，一组不同的蛋白质（eIF4F 因子）会结合于帽结构，从而启动细胞质中 mRNA 的翻译。

19.3 细胞核内的剪接位点是各种短序列

关键概念

- 剪接位点是指外显子 - 内含子边界处的紧邻序列，它们一般根据与内含子的相对位置命名。
- 内含子 5′ 端（左边）的 5′ 剪接位点含共有序列 GU。
- 内含子 3′ 端（右边）的 3′ 剪接位点含共有序列 AG。
- GU-AG 规则（最初在 DNA 序列中被称为 GT-AG 规则）描述了在前 mRNA 中内含子的最前及最末位置上必须出现的恒定双碱基。
- 生物体除含有基于 GU-AG 规则的主要内含子外，还存在次要内含子。
- 次要内含子一般基于 AU-AC 规则，它们在外显子 - 内含子边界处拥有一组不同的共有序列。

为了明确细胞核内含子剪接的分子机制，我们必须清楚剪接位点的特点，在两个外显子 - 内含子交界区域包括断裂和重接的位点。通过比较 mRNA 和相应结构基因的核苷酸序列，外显子与内含子之间的接界就可以被排列甄别出来。

内含子的两端之间并没有很强的同源性或互补性，然而，剪接位点序列尽管非常短，但是仍有极端保守的共有序列。根据外显子 - 内含子接界的保守性，人们就可以将特定末端排列到每个内含子中。它们都能被排列成可迎合这种共有序列的结构，如**图 19.3** 的上部所示。

在每一个共有位置处，每一个字母的高度代表特化碱基出现的百分率，这样，在紧邻的假定内含子接界处，可以发现高度保守的序列，其通用的内含子序列为：

GU……AG

因为内含子两端剪接位点的识别是根据起始点是二核苷酸 GU、终止点是二核苷酸 AG 来确定的，

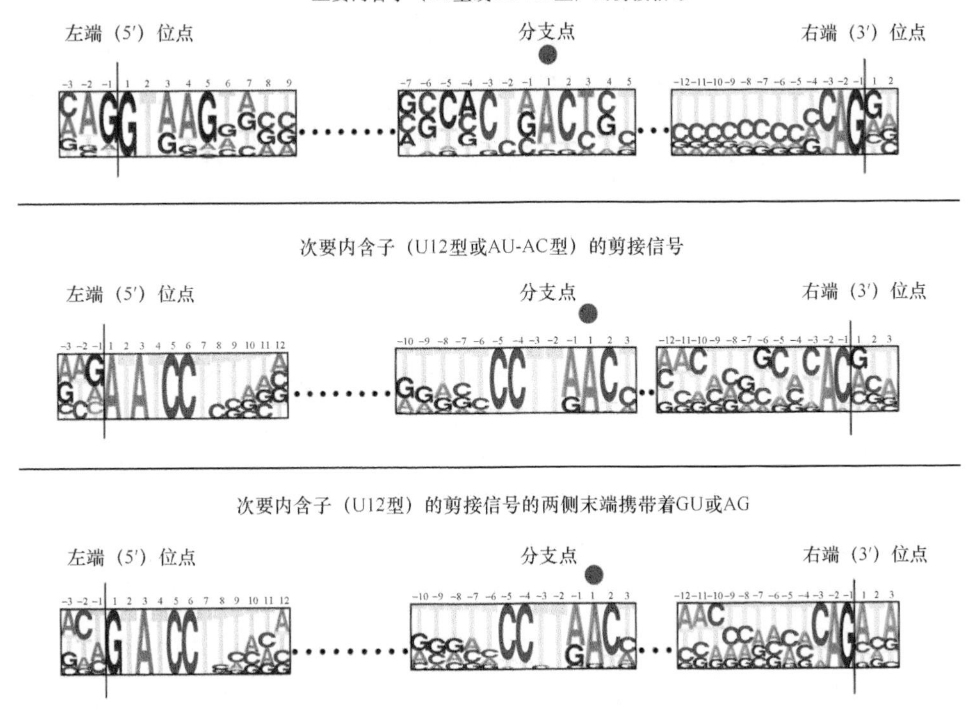

图 19.3 细胞核内含子的末端按 GU-AG 规则定义。次要内含子由一组位于 5′ 剪接位点、分叉点和 3′ 剪接位点的不同共有序列来定义

所以剪接位点的这种特征常常称为 **GU-AG 规则**（**GU-AG rule**）（当然，DNA 的编码链序列为 GT-AG）。

需要引起重视的是，因为两个剪接位点的序列不同，所以它们可以限定内含子的两个末端的方向。它们的命名沿着内含子从左向右的方向，左边的称为 5′ 剪接位点（5′ splice site），又称为左侧剪接位点（left site）或供体位点（donor site）；右边的称为 3′ 剪接位点（3′ splice site），又称为右侧剪接位点（right site）或受体位点（acceptor site）。剪接位点的突变在体内和体外实验中都可以阻止剪接反应的进行，所以可进一步证明此共有序列参与了剪接事件。

除了基于 GU-AG 规则的主要内含子，有机体还存在少数内含子特例，它们在外显子 - 内含子边界处拥有一组不同的共有序列，如图 19.3 的下部所示。这些内含子就是最初被描绘成基于 AU-AC 规则的次要内含子，这是因为在每一个内含子的两个末端中拥有保守的 AU-AC 二核苷酸，如图 19.3 的中部所示。然而，主要内含子和次要内含子最好应该被描写成 U2 型和 U12 型内含子，这基于加工它们的独特剪接装置（见 19.9 节“可变剪接体使用不同的 snRNP 加工次要类型的内含子”）。结果，一些似乎基于 GU-AG 规则的内含子实际上作为 U12 型内含子进行加工，如图 19.3 的下部所示。

19.4 剪接位点被成对解读

关键概念

- 剪接反应只依赖于成对剪接位点的识别。
- 所有的 5′ 剪接位点在功能上都是同等的，3′ 剪接位点也是如此。
- 在前 mRNA 的无数其他潜在位点中，5′ 与 3′ 剪接位点中的其他保守序列定义了功能性剪接位点。

典型的哺乳动物 mRNA 中通常含有多个内含子。剪接位点序列的简单性引出了前 mRNA 剪接的根本性问题（**图 19.4**），即有机体存在无数序列可以匹配真正的内含子剪接位点，那么是什么保证了正确碱基对的被识别与剪接呢？并且，相应的 GU-AG 对必须通过很长的距离连接起来（有时内含子的长度大于 100 kb）。由此可以想象可能存在两种机制保障了 5′ 剪接位点和 3′ 剪接位点碱基之间的正确配对。

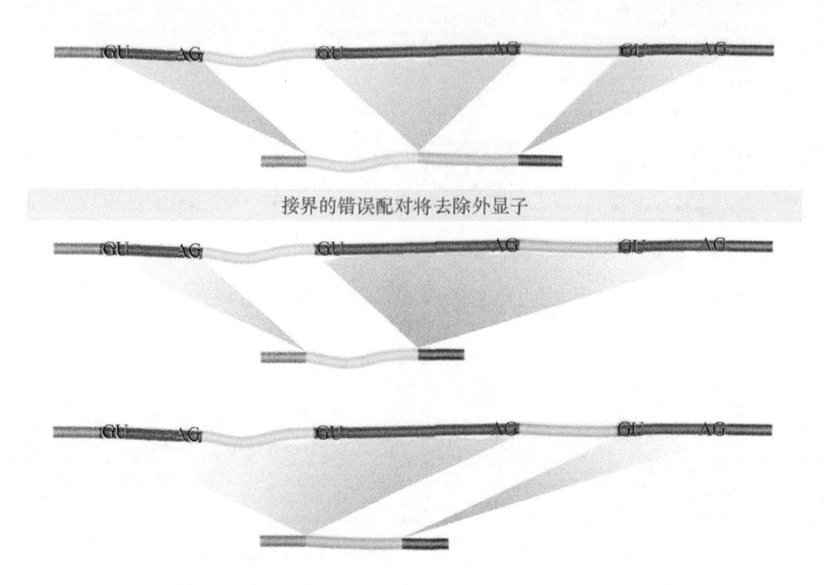

图 19.4 剪接位点的识别只建立在正确的配对组合基础之上

- 把内含子末端连接起来可能是 RNA 本身所固有的一种特性，这种特性所需的是特定序列或结构的配对，这在一些昆虫基因中已经被鉴定出来，但对大部分真核生物基因来说似乎是不可能的。
- 所有的 5′ 剪接位点都具有相同的功能，所有的 3′ 剪接位点没有结构上的区别，但剪接遵循着某一规则，它保证 5′ 剪接位点总是正确地与 RNA 中的下一个 3′ 剪接位点相连。

剪接位点及其周围区域并没有任何互补序列，这排除了内含子末端之间的碱基配对模型。使用杂合 RNA 前体的实验表明，任何 5′ 剪接位点原则上能与任何 3′ 剪接位点相连。例如，将 SV40 早期转录单位的第一个外显子连接到小鼠的 β 珠蛋白的第三个外显子后面，杂合的内含子能切除产生 SV40 外显子和 β 珠蛋白外显子的杂合体。事实上，这种可相互替换性正是前面第 4 章“基因组概述”所示的外显子捕获（exon trapping）技术的基础，这些实验引申出两点普适性诠释。

- 剪接位点具有通用性。它们对单个 RNA 前体没有特异性，而单一前体也没有提供剪接所需的特异性信息（如二级结构）。然而在一些例子中，特异性 RNA 结合蛋白（如 hnRNP A1）已经显示可促进剪接位点的配对，这通过其结合于邻近的预期剪接位点而实现。
- 剪接装置没有组织特异性。RNA 在任何细胞中都可正确剪接，而不必考虑其是否是在这个细胞中合成的（将在 19.12 节“在多细胞真核生物中，可变剪接是一条规则，而非例外”中讨论特例，即具有组织特异性的可变剪接类型）。

对于剪接装置来说，如果所有的 5′ 剪接位点和 3′ 剪接位点都是相似的，那么是什么机制确保了剪接位点的识别，使得剪接反应只限于发生在同一个内含子的 5′ 和 3′ 剪接位点呢？在 RNA 剪接过程中，内含子的去除是否存在特定的顺序呢？

剪接反应可暂时性地与转录偶联在一起（如在 RNA 聚合酶到达基因的末端之前，一些剪接事件已经完成），结果，我们有理由假设，转录事件提供了 5′ → 3′ 方向剪接反应的大致顺序。另外，功能性剪接位点常常被一系列可增强或抑制位点的序列元件所包围（见 19.13 节“剪接可被内含子和外显子的剪接增强子或沉默子所调节”），这样，在内含子和外显子中的序列也可以作为剪接位点选择的调节元件。

我们可以想象，为了有效地被剪接装置识别，一个功能性的剪接位点必须拥有正确的序列背景，包括特异性的共有序列、邻近的比剪接抑制元件更有效率的剪接增强元件。这些机制组合起来可以确保剪接信号以相对线性有序的方式进行成对解读。

19.5 前 mRNA 剪接要经过套索结构

关键概念

- 剪接需要 5′ 和 3′ 剪接位点及恰好位于 3′ 剪接位点上游的分支点。

- 分支点的序列在酵母中是完全保守的，但在多细胞真核生物中，其保守性则不是很高。
- 当 5′ 剪接位点被切割，且内含子 5′ 端连接到内含子分支点上 A 的 2′ 位时，将形成一个套索结构。
- 当 3′ 剪接位点被切割，内含子将以套索形式释放出来，随后其左右两侧的外显子将会连接在一起。

体外的无细胞系统（cell-free system）可用来研究剪接机制，该系统可以从前 RNA 中将内含子去除。细胞核提取物能对纯化的前 RNA 进行剪接反应，这说明剪接事件不必与转录过程联系在一起。剪接与 RNA 的修饰状态也没有关系，没有帽结构和 poly(A) 尾的 RNA 都能完成剪接反应，尽管这些事件在细胞中常常以协同方式发生。然而，剪接效率可能受到转录和其他加工事件的影响（见 19.11 节“暂时性和功能性的剪接与基因表达的多个步骤偶联”）。

体外的剪接阶段如**图 19.5** 所示。我们把单一 RNA 按照可以识别的类型分别讨论其剪接反应。但需要注意的是，在体内，含外显子的 RNA 并不是游离分子，而是与剪接装置维系在一起的。

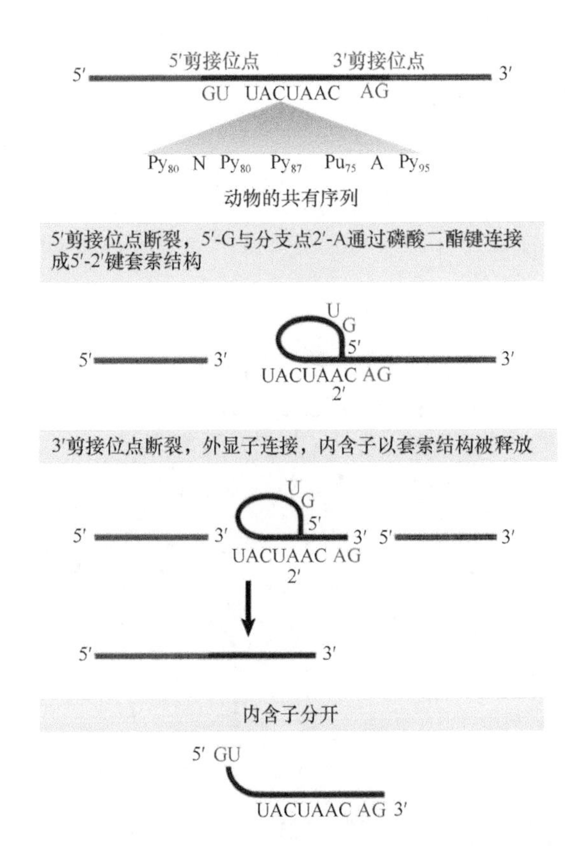

图 19.5 剪接反应分两个阶段进行，5′ 外显子首先被切开，然后与另一个外显子的 3′ 端相连

图 19.6 显示剪接反应的第一阶段是 5′ 剪接位点的 2′- 羟基（2′-OH）的亲核攻击。左侧外显子呈线性结构，右侧的外显子 - 内含子分子形成**套索（lariat）**结构，而内含子的 5′ 端同时进行转酯反应，通过 2′-5′- 磷酸二酯键与内含子的一个碱基相连，目标碱基是 A，这称为**分支点（branch site）**。

在第二步反应中，由第一步反应所释放的外显子的 3′- 羟基（3′-OH）现在开始攻击 3′ 剪接位点的键。需要引起重视的是，磷酸二酯键的数目是保守的。在内含子 - 外显子剪接位点中原来存在两个 5′-3′ 键，一个已经被外显子之间的 5′-3′ 键取代，另一个被形成套索结构的 2′-5′ 键取代。随后套索被“去分支”，形成一个被切除的线性内含子，并被迅速降解。

完成剪接所需的序列是位于 5′ 和 3′ 端剪接位点和分支点的短小共有序列。大部分内含子序列的缺失都不会影响剪接的发生，这表明剪接过程不需要内含子（或外显子）的特定构象。

分支点在 3′ 剪接位点的识别中发挥了重要作用。酵母中的分支点是高度保守的，具有共有序列 UACUAAC。多细胞真核生物中的分支点并没有很强的保守性，但每一位点上都存在对嘌呤或嘧啶碱基的偏向性，并且保留了目标碱基 A 核苷酸。

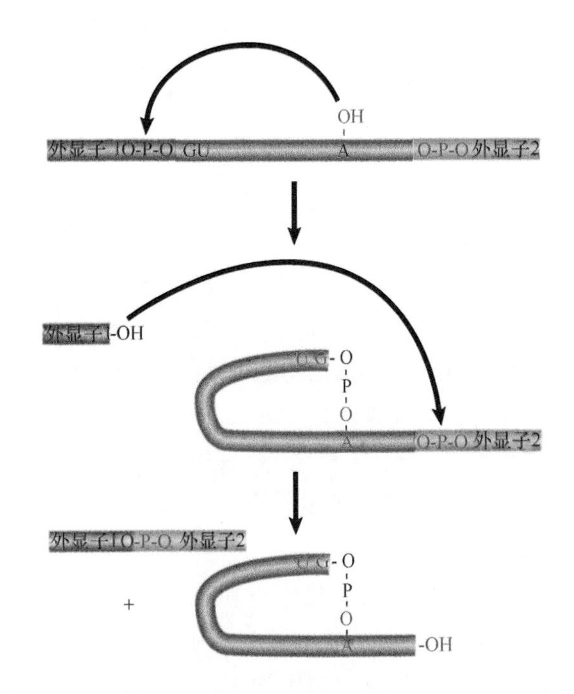

图 19.6 细胞核中的基因剪接中有两步转酯反应。转酯反应中由一个游离羟基攻击磷酸二酯键

分支点位于内含子 3′ 剪接位点上游 18 ～ 40 个核苷酸处。酵母中分支点的突变或缺失都会阻碍剪接反应的进行；而在多细胞真核生物中，分支点序列具有一定的灵活性，当真正的分支点缺失或突变时，可以在附近区域选择其他类似序列 [称为隐蔽位点（cryptic site）] 来替代。与 3′ 剪接位点相邻是很重要的，因为隐蔽位点总是接近于原来的分支点。只有当分支点失活时，隐蔽位点才能使用。当隐蔽分支点起作用时，剪接过程可以正常进行，外显子所形成的剪接产物与使用真正的分支点所产生的产物是相同的。因此分支点的作用是选择距其最近的 3′ 剪接位点作为与 5′ 剪接位点相连的靶位点。这两个位点上的蛋白质复合体之间可以产生相互作用，这个事实可以解释这一现象。

19.6　snRNA 是剪接所必需的

关键概念

- 参与剪接过程的 5 个 snRNP 是 U1、U2、U4、U5 和 U6。
- snRNP 和其他一些蛋白质共同构成了剪接体。
- 除 U6 外，所有的 snRNP 都含有一段保守序列，它能够与 Sm 蛋白结合，后者是一种能被自身免疫病所产生的抗体识别的蛋白质。

剪接装置的各组分装配成一个大的复合体，它可识别 5′ 和 3′ 剪接位点及分支点。在所有反应发生之前，复合体就把 5′ 和 3′ 剪接位点连到了一起，这就解释了为什么任何一个位点的缺失都会阻止剪接反应的起始。复合体是按一定顺序在前 mRNA 上进行组装的，在形成最终的活性复合体之前，它要经历一系列的“前剪接复合体”。这一活性复合体称为**剪接体（spliceosome）**。只有所有的组分都组装好之后才可发生剪接反应。

剪接装置由蛋白质和 RNA（包括前 mRNA）组成。RNA 以核糖核蛋白颗粒上的小分子形式参与，真核生物的细胞核和细胞质中都存在着各种小分子 RNA。多细胞真核生物中，短序列 RNA 长度在 100 ～ 300 个碱基之间；酵母中短序列 RNA 的长度能达到 1000 个碱基。它们的丰度存在很大差别，含量最多时每个细胞可达 10^5 ～ 10^6 个分子，含量最少时很难直接检测到。

限定于细胞核中的小分子 RNA 称为**核内小 RNA（small nuclear RNA，snRNA）**，位于细胞质中的称为**质内小 RNA（small cytoplasmic RNA，scRNA）**。在自然状态下，它们以小核糖核蛋白颗粒（snRNP 和 scRNP）的形式存在，分别俗称 **snurp** 和 **scyrp**。在核仁中也存在着一类短序列 RNA，称为**核仁小 RNA（small nucleolar RNA，snoRNA）**，它们在核糖体 RNA 的加工中起作用（见 19.20 节“rRNA 的产生需要切割事件，并需要小 RNA 的参与”）。

参与剪接过程的 snRNP 与许多其他蛋白质一起构成剪接体。从体外剪接系统中所分离出来的剪接体，是一个大小在 50S ～ 60S 的核糖核蛋白颗粒。剪接体可能在 snRNP 参与时形成，经历了几种“前剪接复合体”形式。剪接体很大，整体上比核糖体还大。

图 19.7 总结了剪接体的组成。5 种 snRNA 占了总体的 1/4 以上，加上它们所结合的 41 种蛋白质，几乎占了总体的一半；另外 70 种在剪接体里发现的蛋白质称为**剪接因子（splicing factor）**，其中包括剪接体组装必需的蛋白质、帮助剪接体与 RNA 底物结合的蛋白质，以及参与构建以 RNA 为基础的转酯反应中心的蛋白质。此外，还有近 30 种在基因表达的其他阶段起作用的剪接体结合蛋白，这提示了剪接体可能与基因表达的其他阶段联系在一

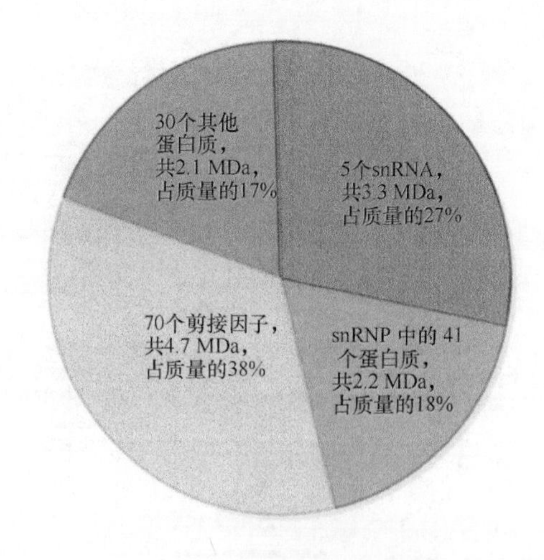

图 19.7　剪接体大小约为 12 MDa。5 种 snRNP 几乎占了总体的 1/4，剩下的一些蛋白质包括已知的剪接因子，以及涉及基因表达其他阶段的蛋白质

起（见 19.11 节“暂时性和功能性的剪接与基因表达的多个步骤偶联”）。

剪接体是以完整的前 RNA 为基础而形成的，经历了含有游离的 5′ 外显子线性分子和右端套索 - 内含子 - 外显子的中间阶段。在复合体中几乎找不到剪接产物，这表明发生了 3′ 剪接位点的剪接和外显子的连接后，产物立刻被释放。

我们可认为 snRNP 颗粒参与了剪接体结构的组装。像核糖体一样，剪接体不仅依靠蛋白质 -RNA 和蛋白质 - 蛋白质间的相互作用，也需要 RNA-RNA 间的相互作用。在有 snRNP 参与的一些反应中，这些反应需要 RNA 与被剪接 RNA 序列进行直接碱基配对；其他一些反应则需要 snRNP 之间，或剪接体中蛋白质与其他组分之间的相互识别。

在酵母中，通过基因突变实验，或在体外实验中通过靶向降解细胞核抽提物的单一 snRNA，就可以直接检测 snRNA 分子的重要性。5 种 snRNA 的失活，不管是单一或是组合的，都能阻止剪接反应。在包括植物在内的所有真核生物中，参与剪接反应的所有 snRNA 都可以保守的形式被识别。在酵母中，这些相对应的 snRNA 分子要长得多，但是含有的特征性保守区域与高等真核生物 snRNA 相似。

参与剪接反应的 snRNP 包括 U1、U2、U5、U4 和 U6，它们基于所含有的 snRNA 而命名，每个 snRNP 含有一个 snRNA 和几种（少于 20 种）蛋白质。U4 和 U6 snRNA 经常是以双 snRNP（U4/U6）颗粒的形式存在。每个 snRNP 的共同结构核心都由 8 种蛋白质组成，这些蛋白质都被一个称为**抗 Sm（anti-Sm）**的自身免疫抗血清识别，而这些蛋白质的保守序列是抗体识别位点。snRNP 中的其他蛋白质都是独特的。Sm 蛋白结合的保守序列是 A/GAU$_{3\sim6}$Gpu，除 U6 外所有 snRNA 都含有此蛋白，而 U6 snRNP 中含有的是 Sm 样（Sm-like，Lsm）蛋白。

snRNP 中的一些蛋白质可能直接参与剪接反应，另一些蛋白质则是参与结构性作用，或只用于组装，或参与 snRNP 之间的相互作用。参与剪接的蛋白质中有 1/3 是所有 snRNP 的组分。越来越多的证据显示了 RNA 在剪接反应中的直接作用，这暗示几乎没有剪接因子在这一催化反应中起到直接作用。因此，大多数剪接因子在剪接体中可能起结构性或组装上的作用。

19.7 前 mRNA 必须经历剪接过程

关键概念

- U1 snRNP 通过 RNA-RNA 配对反应与 5′ 剪接位点结合，从而起始剪接过程。
- 定型复合体包含结合在 5′ 剪接位点的 U1 snRNP、结合在分支点与 3′ 剪接位点之间的嘧啶富集区的 U2AF 蛋白。
- 在多细胞真核生物中，SR 蛋白在定型复合体的形成起始过程中发挥了必不可少的作用。
- 内含子定界或外显子定界可实现剪接位点的配对。

RNA 和蛋白质都参与共有剪接信号序列的识别。一些 snRNA 中含有能与共有序列或另一片段互补的序列，在 snRNA 和前 mRNA 之间或两个 snRNA 之间进行碱基配对，这在剪接反应中都起了重要作用。

U1 snRNP 与 5′ 剪接位点的结合是剪接开始的第一步。人类 U1 snRNP 含有核心 Sm 蛋白、三个 U1 特异性蛋白（U1-70k、U1A 和 U1C）和 U1 snRNA。U1 snRNA 的二级结构如**图 19.8** 所示，它含有多个结构域。Sm 结合位点是与常见的 snRNP 相互作用所必需的；通过茎 - 环结构所构成的几个结构域则为 U1 snRNP 特有的蛋白质提供了与之结合的位点。U1 snRNP 与 5′ 剪接位点的结合是剪接开始的第一步。通过其单链 5′ 端与 5′ 剪接位点的一串（4 ～ 6）碱基之间的碱基配对，使得 U1 snRNA 与 5′ 剪接位点产生相互作用。

突变分析能直接检测 U1 snRNA 和 5′ 剪接位点之间的配对是否是必需的，**图 19.9** 说明了这样一个实验的结果。12S 腺病毒的前 mRNA 剪接位点的野生型序列与 U1 snRNA 的 6 碱基位置中的 5 个是配对的。而不能剪接的 12S 腺病毒突变株的 RNA 中含有 2 个碱基的改变，即内含子中第 5 ～ 6 位碱基 GG 变成 AU。如果 U1 snRNA 的第 5 位碱基的突变回复，则剪接反应又可正常进行。通过观察在 U1 snRNA 中其他类型的突变是否能抑制剪接位点突变的发生，得出一个规律：U1 snRNA 和 5′ 剪接位点

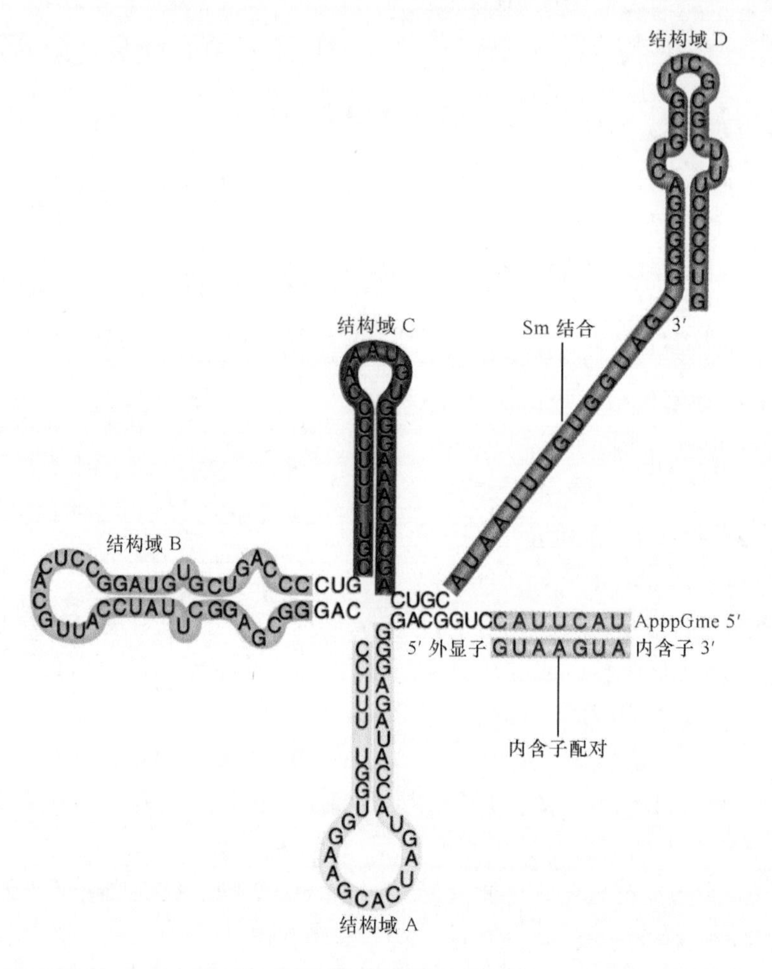

图 19.8 人类 U1 snRNA 有一个可产生数个结构域的碱基配对结构，其 5′ 端保留单链形式，可以与 5′ 剪接位点配对

的互补对剪接的正常进行是非常必要的，但是剪接效率并不仅仅取决于它们之间所形成的碱基互补数目。

蛋白质因子能够使 U1 snRNA 与 5′ 剪接位点的配对反应变得更加稳定。两个这样的因子发挥了特殊作用：分支点结合蛋白（branch-point binding protein，BBP）也称为 SF1 蛋白，它能与分支序列结合；U2AF 蛋白（在多细胞真核生物细胞中，是由 U2AF65 蛋白与 U2AF35 蛋白组成的异源二聚体；在酿酒酵母中为 Mud2 蛋白）能结合多嘧啶束（polypyrimidine tract），它位于每一个内含子末端的分支序列与恒定 AG 双核苷酸之间。这些结合事件中的每一个都不是非常强烈，而它们组合在一起，就能以一种协同方式结合，导致相对稳定复合体的形成，这就是定型复合体（commitment complex）。

在哺乳动物细胞中，定型复合体也称为 **E 复合体**（**E complex**，E 的含义为“早期”），它的形成不需要 ATP（这是与所有后来的剪接体装配中的依赖 ATP 的步骤比较，见 19.8 节“剪接体组装途径”）。然而，它与酵母中的复合体不一样，哺乳动物基因中的剪接位点中的共有序列只是松散保守的，这样就需要其他蛋白质因子来协助 E 复合体的形成。

在这个或其他剪接体装配过程中发挥核心作用的单一因子或多种因子是各种各样的 SR 蛋白，它们组成了一个剪接因子家族。SR 蛋白在 N 端含有一或两个 RNA 识别基序；它还在 C 端拥有一个签名结构域，富含多个 Arg/Ser 二肽重复序列，这称为 RS 结构域。其 RNA 识别基序负责对 RNA 的序列特异性结合；而 RS 结构域既可结合 RNA，也能通过蛋白质 - 蛋白质相互作用结合其他剪接因子，这就为 E 复合体的各个部分提供了额外的“胶水”。

如图 19.10 显示，SR 蛋白能结合 U1 snRNP 的 70 kDa 成分（U1 70 kDa 蛋白也含有 RS 结构域，但不被认为是一个典型的 SR 蛋白）来增强或稳定它与 5′ 剪接位点的碱基配对。SR 蛋白也能结合与 3′ 剪接位点偶联的 U2AF 蛋白（U2AF65 蛋白与 U2AF35 蛋白也都存在 RS 结构域）。这些蛋白质 - 蛋白质相互作用网络被认为对 E 复合体的形成非常

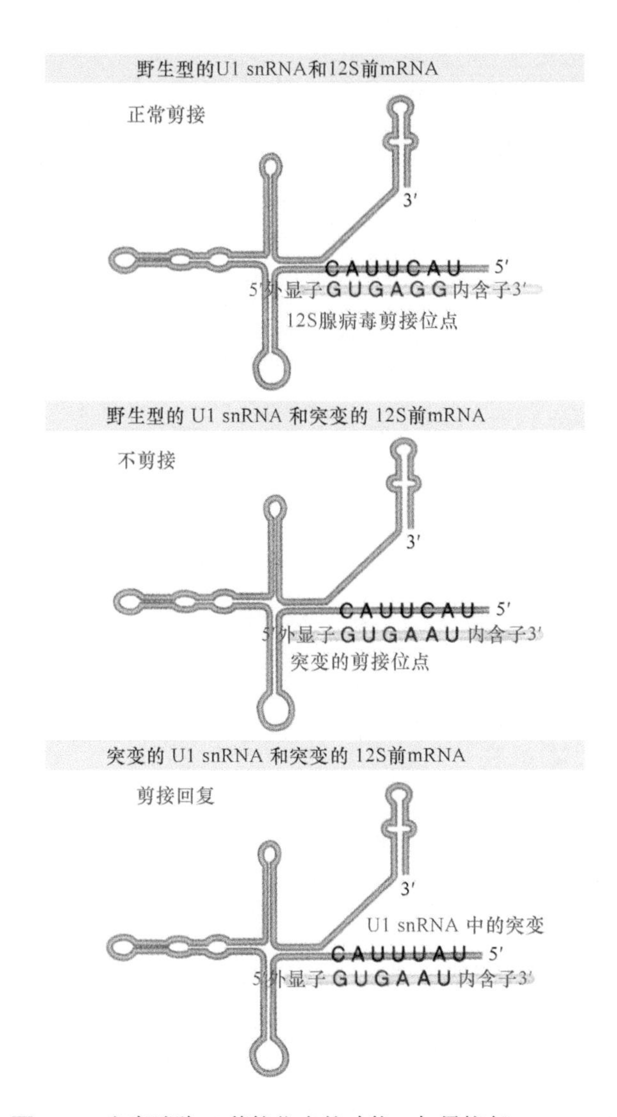

图 19.9 突变消除 5′ 剪接位点的功能，如果恢复 U1 snRNA 的碱基配对，则它可补偿由突变所造成的抑制效应

关键。SR 蛋白能与 Pol Ⅱ复合体共纯化，因此在动力学上可让 RNA 参与剪接途径，这样在多细胞真核生物的细胞中，它们很可能作为剪接起始因子而发挥作用。

尽管典型的 SR 蛋白既不在酿酒酵母基因组内编码，也非剪接信号几乎不变的其他生物体的剪接反应所需，但是，它们确实是多细胞真核生物的剪接所必需的，而它们的剪接信号是高度趋异的。多细胞真核生物中 SR 蛋白的进化在松散保守的剪接位点上给予了高效率和高保真性剪接。在 E 复合体的形成过程中，功能性剪接位点的识别可运用两种方法，如**图 19.11** 所示。在酿酒酵母中，几乎所有含内含子的基因都被单一的小内含子所间断，长度为 100 ～ 300 个核苷酸，其 5′ 剪接位点和 3′ 剪接位点可同时被 U1 snRNP、BBP 和 Mud2 蛋白识别，就如上面所讨论的，这个过程称为**内含子定界**（**intron definition**），如图 19.11 中的左图所示（需要引起注意的是，内含子定界应用于多细胞真核生物细胞中的小内含子，因此，此图根据参与这一过程的哺乳动物剪接因子的命名绘制）。

相比较而言，在多细胞真核生物基因组中，内含子较长且高度可变，那么在内含子中可能会存在许多类似于真正剪接位点的序列，这使得 5′ 和 3′ 剪接位点的配对识别即使不是不可能，也是低效的。对这一问题的解决方法就是**外显子定界**（**exon**

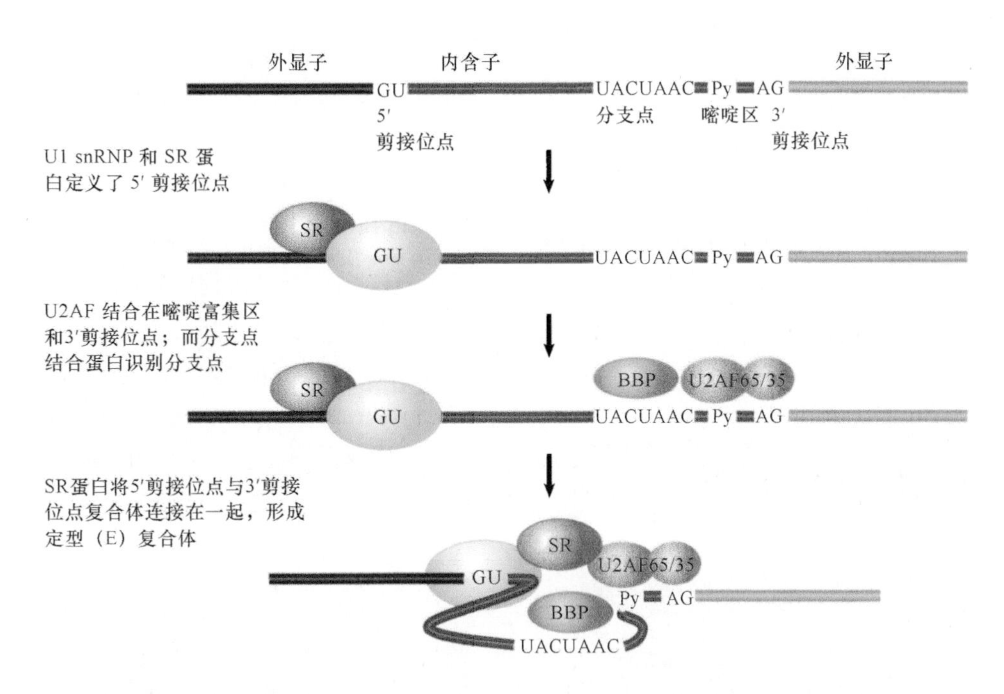

图 19.10 定型（E）复合体由三种成分连续加入而成，即 U1 snRNP 加到 5′ 剪接位点、U2AF 蛋白加到嘧啶区 /3′ 剪接位点，以及桥联蛋白 SF1/BBP 的加入

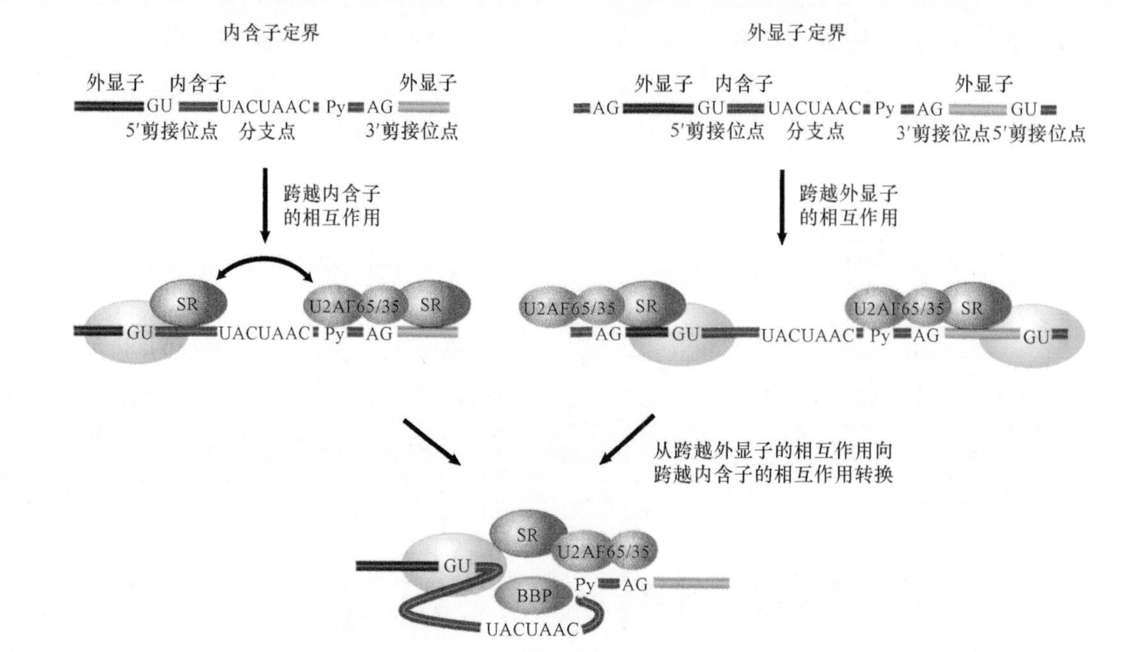

图 19.11 5′和 3′剪接位点的起始识别存在两种方法，分别为内含子定界和外显子定界

definition），它利用了高等真核生物细胞中的正常小外显子（长度为 100 ～ 300 个核苷酸）。如图 19.11 的右图所示，U2AF 异源二聚体结合到 3′剪接位点，而 U1 snRNP 与该外显子序列下游的 5′剪接位点进行碱基配对。这个过程由 SR 蛋白协助，它可结合于 3′剪接位点与下游 5′剪接位点之间的特定外显子序列。通过目前还未知的机制，跨越外显子而成的复合体随后转换成其他复合体，它能跨越内含子，将 3′剪接位点与上游的 5′剪接位点连接在一起，下游的 5′剪接位点与另一个下游的 3′剪接位点连接在一起，这就建立了“许可”构型，使得后来的剪接体装配步骤能够发生。

在受调节的剪接过程中，这一转换的阻断实际上是调节某一外显子选择的方法（见 19.13 节“剪接可被内含子和外显子的剪接增强子或沉默子所调节”）。最后，由 SR 蛋白介导的外显子定界也提供了一种机制，它只能允许相邻的 5′与 3′剪接位点通过剪接途径配对而连接。

19.8 剪接体组装途径

关键概念

- 定型复合体在 ATP 的存在下转变成前剪接体（A 复合体）。
- U5 和 U4/U6 snRNP 的募集可将 A 复合体转变为成熟剪接体（B1 复合体），其中包含了所有剪接所必需的元件。
- 随后 B1 复合体变成 B2 复合体，在此过程中，U1 snRNP 的释放导致 U6 snRNA 同 5′剪接位点相互作用。
- 当 U4 从 U6 snRNP 解离时，U6 snRNA 能和 U2 snRNA 配对来形成催化活性中心。
- 两次转酯反应发生在激活的剪接体（C 复合体）中。
- 在所有步骤中，剪接反应是可逆的。

随着 E 复合体的形成，其他的 snRNP 和剪接因子按照一定的顺序与复合体结合。**图 19.12** 显示了当反应向前推进过程中所能鉴定出来的复合体的各个组分。

在依赖 ATP 的第一步，U2 snRNP 通过结合于分支点序列而在前 mRNA 上与 U1 snRNP 连接，这也涉及 U2 snRNA 与分支点序列之间的碱基配对，使得 E 复合体转变成前剪接体，这通常称为 A 复合体（A complex）。这一步骤需要 ATP 的水解。

当含有 U5 和 U4/U6 snRNP 的三聚体结合于 A 复合体时，B1 复合体就能形成。这个复合体包括了所有剪接所需的成分，因此可将此复合体看成是剪接体。在 U1 snRNP 释放后，它就转变为 B2 复

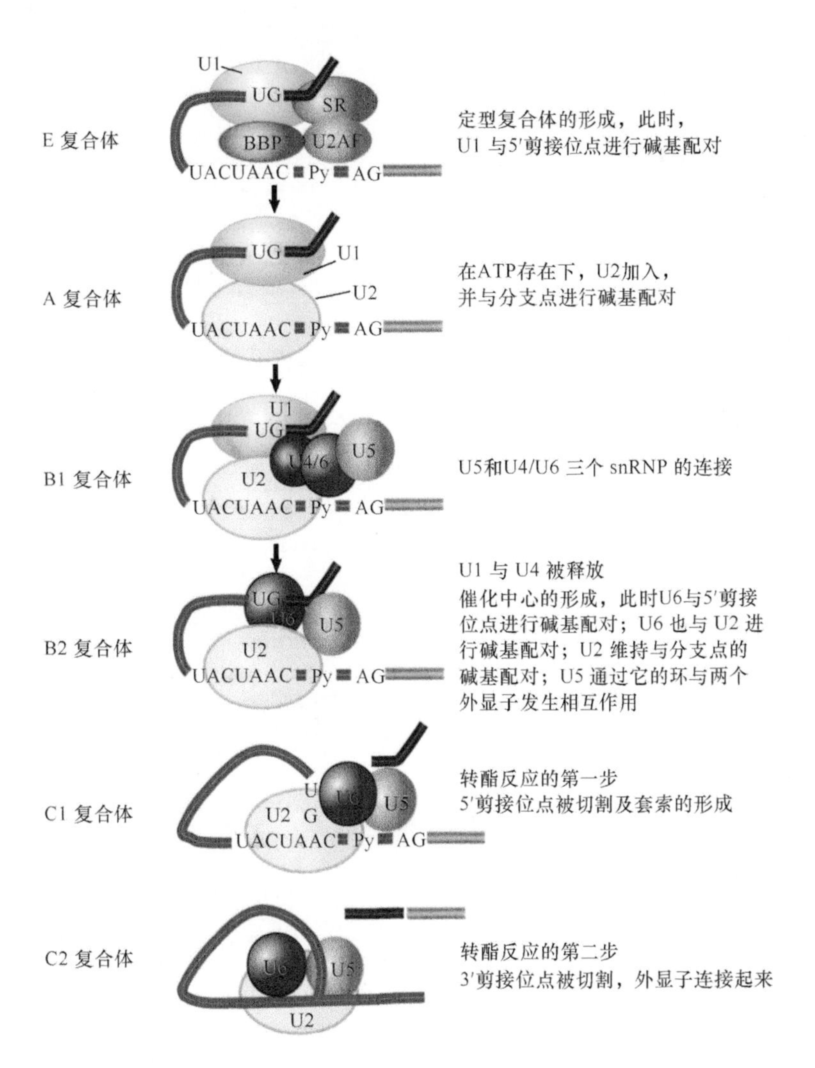

图 19.12 剪接反应经历几个互相独立的阶段，在此过程中，能够识别共有序列的各组分之间的相互作用导致剪接体的形成

合体。U1 snRNP 的释放是必要的，它可允许其他成分与 5′ 剪接位点靠近并排列在一起，最明显的是 U6 snRNA。

U4 的释放会触发催化反应的进行，这也发生在从 B1 复合体到 B2 复合体的转变过程中。U4 snRNA 的功能可能是暂时封闭 U6 snRNA，直到需要 U6 snRNA 的作用为止。**图 19.13** 说明了剪接过程中，snRNA 之间在碱基配对相互作用过程中所发生的变化。在 U4/U6 snRNP 中，U6 有一段 26 个碱基的连续区域能与 U4 的两组分开的序列互补。当 U4 解离时，U6 的这段序列游离并呈现出另一种结构形式，其中一部分与 U2 形成双链结构，另一部分形成分子内发夹结构。U4 和 U6 间的相互作用与 U2 和 U6 间的相互作用是不相容的，这样，U4 释放事件控制着剪接体能否推进到激活状态的关键步骤。

为了清楚起见，图 19.13 以伸展形式绘出了 RNA 底物，但是 5′ 剪接位点实际上靠近 U6 序列，而它紧邻与 U2 结合的 5′ 端伸展区。U6 snRNA 与内含子的序列结合，它刚好位于 5′ 剪接位点的 GU 保守序列中（能增强配对过程的突变可提高剪接效率）。

这样，在剪接过程中，多种 snRNA 与 RNA 底物之间存在着多种配对反应，我们将此总结在**图 19.14** 中。snRNP 含有能与 RNA 底物及彼此之间配对的序列，而且在环状结构中也存在一些非常接近底物序列的单链区，它们的突变会阻止剪接的进行，所以在剪接反应中，这些结构起了非常重要的作用。

U2 和分支点以及 U2 和 U6 的碱基配对会产生一种结构，它类似Ⅱ类自剪接内含子的活性中心（见图 19.15），这提示催化转酯反应的成分可能由 U2 和 U6 相互作用所形成的 RNA 结构组成。U6 能与 5′ 剪接位点配对。交联实验说明，U5 snRNA 中的一个环状结构与两个外显子中的第一个碱基都紧密相邻。尽管已有证据显示这一反应基于 RNA 的催

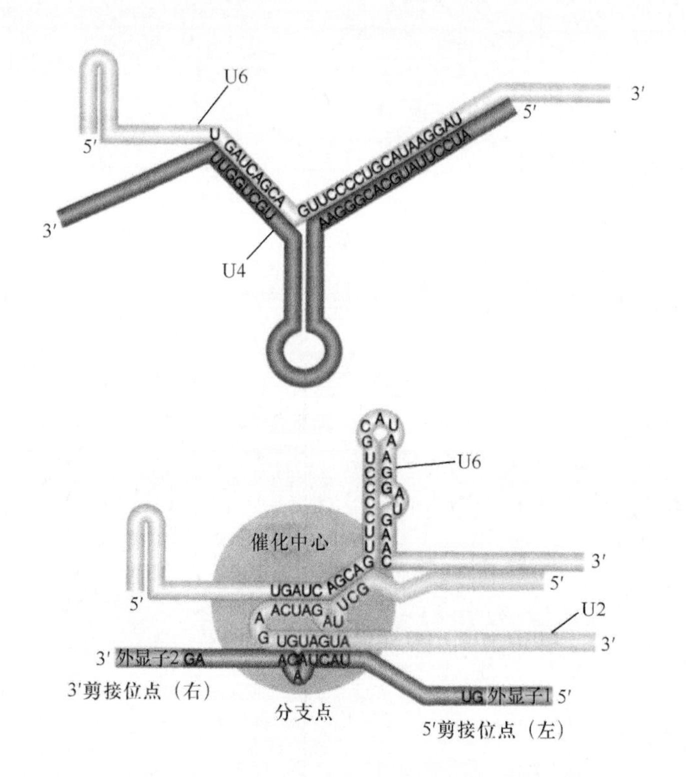

图 19.13 U6/U4 配对和 U6/U2 配对是不相容的，当 U6 进入剪接体后就和 U4 进行配对，U4 的释放会导致 U6 构象的变化。U6 的一部分释放序列形成一个发夹（灰色），剩下的部分（粉色）与 U2 配对。U2 的邻近部分已经与分支点配对，这可将 U6 并排排列在分支点上。需要注意的是，底物 RNA 与通常的取向相反，以 3′ → 5′ 显示

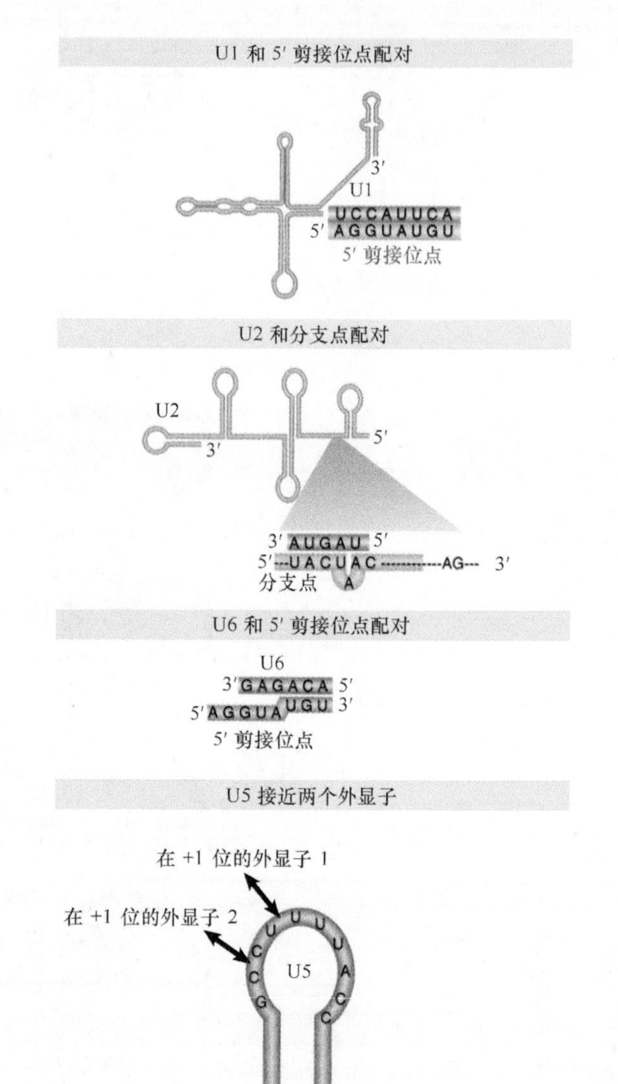

图 19.14 剪接过程利用了一系列 snRNA 和剪接位点之间的碱基配对反应

化机制，但是蛋白质的贡献还不能被排除在外。其中一个候选蛋白是 Prp8，它是一个大的骨架蛋白，能直接与剪接体的 5′ 和 3′ 剪接位点接触。

在一系列的 RNA 排列完成后，紧接着发生的两次转酯反应都发生在激活的剪接体中（C 复合体）。分支点套索结构的形成决定了 3′ 剪接位点的应用，因为靠近分支点 3′ 端一侧的 3′ 端共有序列是第二次转酯反应的目标序列。

这个由以上结果得来的重要结论提示，在剪接过程中，剪接装置中的各种 snRNA 间以及 snRNA 与底物间的碱基配对相互作用是非常重要的，这些作用可引起结构的改变以利于剪接的进行，使参与反应的基团处于合适位置，并可能产生具有催化作用的活性中心。

尽管剪接体如核糖体一样，是一个庞大的 RNA 装置，许多蛋白质因子是装置运行所必需的。在酵母中所执行的极其细致的突变研究中发现了剪接体中的 RNA 和蛋白质成分，称为前 RNA 加工（pre-RNA processing，PRP）突变体。这些基因产物中的一些拥有特定基序，由此可将它们鉴定为依赖 ATP 的 RNA 解旋酶家族，这对剪接体中一系列依赖 ATP 的 RNA 重排是非常关键的。

在 E 复合体向 A 复合体的转变过程中，Prp5 蛋白对于 U2 与分支点的结合是关键的；在 B1 复合体向 B2 复合体的转变过程中，Brr2 蛋白可协助 U1 和 U4 的释放；在 B2 复合体向 C 复合体的转变过程中，Prp2 蛋白负责剪接体的激活；而 Prp22 蛋白则有助于成熟 mRNA 从剪接体中的释放。此外，一大类 RNA 解旋酶已经显示出在回收利用 snRNP 的过程中发挥了作用，以便用于下一次的剪接体装配。

这些发现解释了为何 ATP 水解在剪接反应的各个不同步骤中是必不可少的，尽管实际的转酯反应并不需要 ATP。虽然一系列有序的 RNA 重排发生在剪接体中，但是，在第一次和第二次转酯反应后，这些过程似乎是可逆的，这一现象令人意想不到。

19.9 可变剪接体使用不同的 snRNP 加工次要类型的内含子

关键概念

- 可变剪接途径使用另一套 snRNP，它们组成了 U12 剪接体。
- 靶内含子由剪接连接处较长的共有序列来定义，并非局限于 GU-AG 或 AU-AC 规则。
- 主要和次要剪接体共享关键蛋白质因子，包括 SR 蛋白。

绝大多数剪接反应使用 GU-AG 内含子（占人类基因组剪接位点的 98% 以上）。与此不同的就是非经典 AU-AC 剪接位点和其他变异类型。在发现之初，这些少数类型的内含子均称为 AU-AC 内含子，这是基于与主要类型内含子相比较而得出的，主要内含子在剪接过程中运用 GU-AG 规则而就此命名。随着对主要内含子和次要内含子的加工装置的一步步阐明，现在已经很清楚，对次要类型内含子的命名不是完全正确的。

基于对主要剪接体的多年研究经验的积累，对次要类型内含子的加工装置很快就被阐明。它由 U11 和 U12（相对应于 U1 和 U2）、与主要剪接体共享的普适性 U5，以及 $U4_{atac}$ 和 $U6_{atac}$ snRNA 组成。这些剪接反应本质上与主要类型内含子相类似，而 snRNA 也起到了类似的作用：U11 与 5′ 剪接位点进行碱基配对；U12 与 3′ 剪接位点附近的分支点进行碱基配对；在剪接体装配和激活过程中，$U4_{atac}$ 和 $U6_{atac}$ 提供了相似的功能。

结果还显示，对不同类型剪接体的依赖也受到内含子中其他位置序列的影响。左端的一个非常保守的共有序列确定了依赖 U12 型内含子：$5'^{G}_{A}$UAUCCUUU…PyA^{G}_{C} 3′。事实上，大多数依赖 U12 型内含子具有 GU…AG 的标界。此外，它们还具有一个高度保守的分支点：UCCUUPuAPy，能与 U12 配对。而分支点的序列差异是与次要类型内含子的重要差别之一。由于这一原因，主要类型内含子被称为依赖 U2 型内含子；而次要类型内含子被称为依赖 U12 型内含子，而非 AU-AC 内含子。

这两种类型的内含子在不同基因组内同时存在，在大部分情况下可出现在同一基因里。依赖 U12 型内含子的两侧可存在依赖 U2 型内含子。这些内含子的进化过程表明，AU-AC 依赖 U12 型内含子一度可能更为普遍，但在进化过程中转换成了 GU-AG 末端，并转变成依赖 U2 型内含子。在 snRNA 之间及其与底物前 mRNA 的结合过程中，它们运用了类似于碱基配对的方式，这更说明了这个系统具有共同的进化途径。此外，所有迄今为止所研究的必需剪接因子（如 SR 蛋白）都是 U2 型和 U12 型的加工所需的。

U2 型和 U12 型内含子之间的一个明显不同是：对于主要类型内含子，在 E 复合体和 A 复合体形成过程中，U1 和 U2 似乎是独立地识别 5′ 剪接位点和 3′ 剪接位点；而在次要类型内含子中，U11 和 U12 首先形成复合体，一起与 5′ 剪接位点和 3′ 剪接位点接触来启动加工过程。这确保了次要类型内含子中的剪接位点能同时被内含子定界机制所识别。为了加工存在于同一基因中的主要类型内含子和次要类型内含子，在从外显子定界到内含子定界的转变过程中，也可避免剪接装置的“混乱”。

19.10 前 mRNA 剪接可能与 II 类自我催化内含子共享剪接机制

关键概念

- II 类内含子通过自我催化剪接事件从 RNA 上将自身切除。
- II 类内含子的剪接位点和剪接机制同细胞核内含子的剪接相似。
- II 类内含子折叠成二级结构产生催化位点，它类似于 U6-U2- 细胞核内含子的结构。

所有基因（除了细胞核中的 tRNA 编码基因外）中的内含子一般可分为三类。细胞核前 mRNA 内含子在 5′、3′ 端含有一个保守的 GU…AG 双核苷酸，在 3′ 端有分支点 / 嘧啶区，除此之外，它们没有任何二级结构的共同特征。相对地，在细胞器和细菌中存在的 I 类和 II 类内含子（单细胞 / 寡细胞真核生物的细胞核中也含有 I 类内含子）是根据它们的内部组织形式来分类的。每种内含子都可折叠成典型的二级结构。

Ⅰ类和Ⅱ类内含子具有显著的能力，能将自身从 RNA 中切除出去，这称为**自剪接（autosplicing 或 self-splicing）**。Ⅰ类内含子比Ⅱ类内含子更普遍，两类之间几乎没有联系。但是每类 RNA 在体外都能进行自剪接，而不需要其他蛋白质提供酶活性。然而在体内，大部分 RNA 还是需要蛋白质来帮助折叠的（详见第 21 章“催化性 RNA”）。

图 19.15 显示了这三类内含子都是通过两次连续的转酯反应而被切除出去的（之前已显示了细胞核内含子）。在第一次转酯反应中，由一个游离羟基（在细胞核基因内含子和Ⅱ类内含子中由内部 2′-OH 提供，Ⅰ类内含子中由一个游离的 G 提供）发动对 5′ 外显子 - 内含子连接点的攻击；第二次转酯反应中，已经释放的外显子末端的游离 3′-OH 接着攻击 3′ 内含子 - 外显子的连接点。

Ⅱ类内含子的剪接与前 mRNA 的剪接反应相似。Ⅱ类线粒体内含子的切除反应与细胞核前 mRNA 具有共同的剪接机制，都通过 5′-2′- 磷酸二酯键形成套索结构。在体外没有其他成分参与的情况下，Ⅱ类 RNA 也能完成剪接反应，也就是说，在图 19.15 中的两次转酯反应能够由Ⅱ类内含子 RNA 序列本身独立完成。因为在反应中形成的磷酸二酯键的数目是保守的，所以反应不需要额外供能，这是剪接进化中的一个重要特征。

Ⅱ类内含子的二级结构中可以形成由碱基配对的茎部和单链环部组成的几个结构域。5 号结构域和 6 号结构域相隔 2 碱基，上述保守的 A 就位于 6 号结构域，它所提供的 2′-OH 发动了第一次转酯反应，因此这组成了 RNA 的一个催化结构域。**图 19.16** 比较了这个二级结构与由 U6 和 U2 结合及

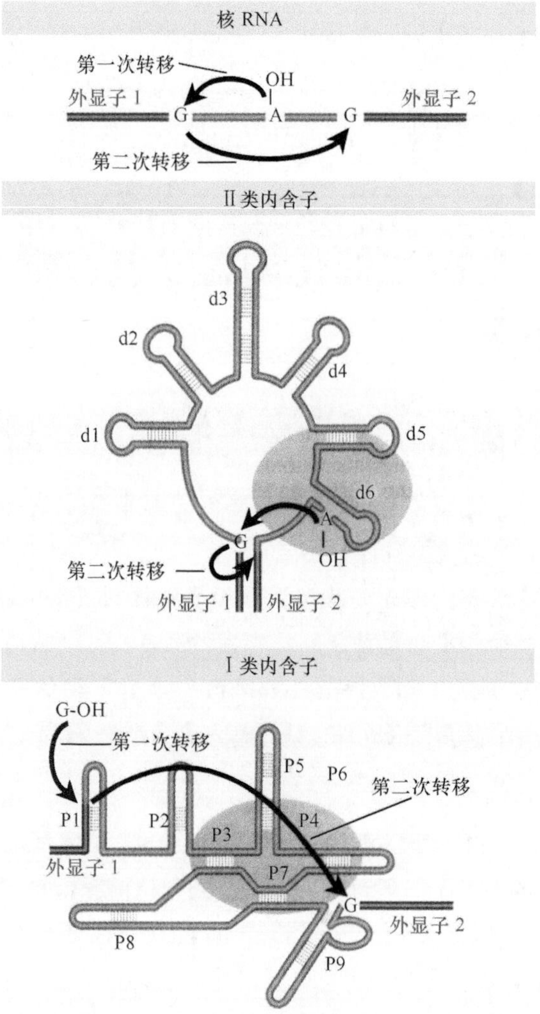

图 19.15　三类剪接反应按两步转酯反应进行：首先游离羟基进攻外显子 1 与内含子连接处，接着外显子 1 末端产生的羟基进攻外显子 2 与内含子连接处

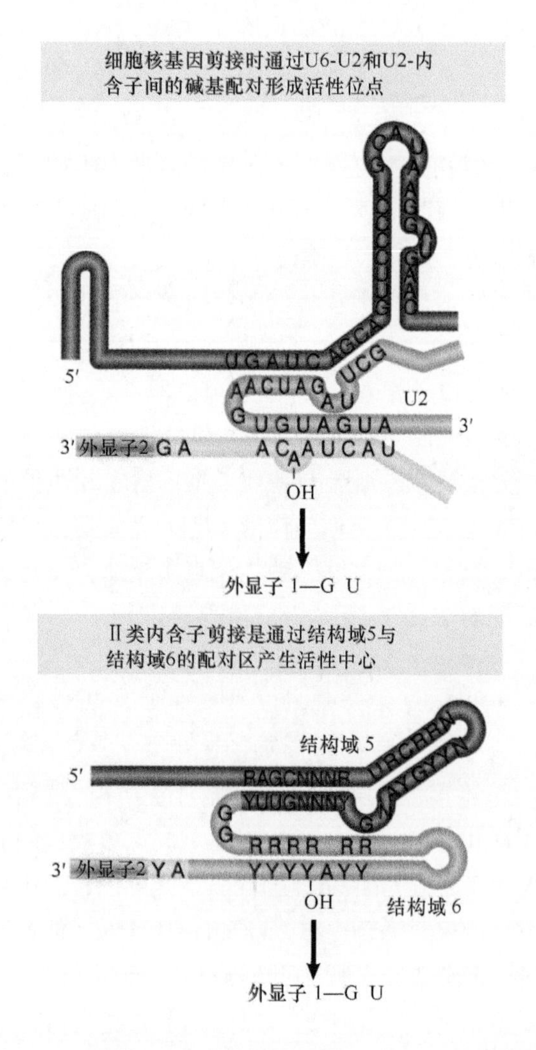

图 19.16　细胞核中的基因剪接过程与Ⅱ类内含子剪接过程都要形成一些相似的二级结构，而序列特异性在细胞核基因剪接中更高。Ⅱ类内含子的剪接可能要利用一些被嘌呤（R）或嘧啶（Y）占据的位置

U2 和分支点结合所形成的结构间的异同，这种相似性说明了 U6 可能在前 mRNA 剪接中起催化作用。

Ⅱ类内含子剪接的特征说明剪接是由单个 RNA 分子的自我催化反应进化而来的，而此反应是为了执行一种内部序列的可控性缺失。这种反应可能需要 RNA 折叠成一种或一系列特殊的构象，并仅仅在顺式构象中才能发生。

细胞核基因内含子剪接需要一种复杂的剪接装置，这与Ⅱ类内含子通过自我催化剪接并去除自身这种相对简单的事件形成了鲜明的反差。我们可以把剪接体中的 snRNA 看成是内含子中序列信息缺失的补偿，它可以为 RNA 形成独特结构提供所需的信息。snRNA 的这种功能可能是从原始的自我催化系统中进化而来的，这些 snRNA 可反式作用于前 mRNA 底物。U1 可能与 5′ 剪接位点配对，或 U2 与分支点配对的能力代替了由内含子执行的需要有关序列参与的相似反应，所以，snRNA 可以与底物前 mRNA，或彼此之间进行反应，这种相互之间的反应替代了 RNA 中的一系列构象的改变，而这些是通过Ⅱ类内含子剪接机制来剪接的。实际上，这些改变减少了底物前 mRNA 携带引发反应的必需序列。当剪接装置变得更加复杂（当潜在底物数目增加）时，蛋白质就会起到更重要的作用。

19.11 暂时性和功能性的剪接与基因表达的多个步骤偶联

关键概念

- 剪接可发生在转录过程中或转录之后。
- 转录和剪接装置在结构及功能上是连接在一起的。
- 剪接体与 mRNA 的输出和稳定性相关。
- 细胞核中的剪接会影响细胞质中的 mRNA 翻译。

在基因表达中，长久以来人们认为前 mRNA 剪接与转录是同时发生的，尽管这两个反应在体外能分开发生，并一直作为分开过程进行研究。支持共转录剪接的主要实验证据来自于以下观察结果：许多剪接事件在转录完成以前就已经完毕。一般而言。基因 5′ 端的内含子在转录过程中就被去除，而基因末端的内含子则在转录过程中或转录之后被加工。

除了转录和剪接的暂时性偶联以外，可能还存在其他原因将这两个关键过程以功能性的方式连接在一起。的确如此，用于 5′ 加帽、内含子去除，甚至 3′ 端的多腺苷酸化（见 19.16 节“mRNA 3′ 端的加工对于转录终止十分关键”）的装置与转录的核心装置显示出了结构的相互作用。其中一个共同机制是使用 PolII 的最大亚基的巨大 C 端结构域（称为 CTD）作为装卸垫，提供给各种不同的 RNA 加工因子，尽管在大多数情况下还有待进一步确定这种结合是直接的，或是由一些共同的因子甚至 RNA 因子所介导的（详见第 18 章“真核生物的转录”）。

这样的整合可确保在转录过程中对不断出现的剪接信号的有效识别，以便与邻近的功能性剪接位点配对，这样就保持了粗略的 5′ → 3′ 方向的剪接顺序。与延伸 PolII 复合体相连的 RNA 加工因子和酶，可识别不断出现的剪接信号，这使得这些因子能与其他非特异性 RNA 结合蛋白有效竞争，如 hnRNP，它们因 RNA 包装所需而大量地存在于细胞核中。

如果 RNA 剪接事件从转录中获得好处，那么其他相关过程是否也提供了类似的功效呢？事实上，越来越多的证据提示它确实如此，就如图 19.17 所表示的那样，5′ 加帽酶似乎能协助克服初始的启动子附近的转录暂停；剪接因子似乎在转录延伸方面也发挥了一些作用，并且已经清楚地知道 mRNA 3′ 端的形成对转录终止是必需的（见 19.16 节“mRNA 3′ 端的加工对于转录终止十分关键”）。这样，在多细胞真核生物细胞中，转录和 RNA 加工是高度协同的。

RNA 加工不仅功能性地与上游转录事件连接在一起，也与下游步骤相连，如 mRNA 的输出和稳定性控制。很久之前我们就已经知道，如果刚刚加工过的 RNA 仍然含有一些内含子，那么就不能被有效输出，这可能是细胞核中剪接体的滞留效应所致。向细胞核注射衍生自 cDNA 的无内含子 RNA，或通过剪接某 RNA 产生的前 mRNA，就能用实验方法演示剪接协助的 mRNA 输出。经过剪接事件的 RNA，比衍生自 cDNA 的 RNA 能更有效地输出，

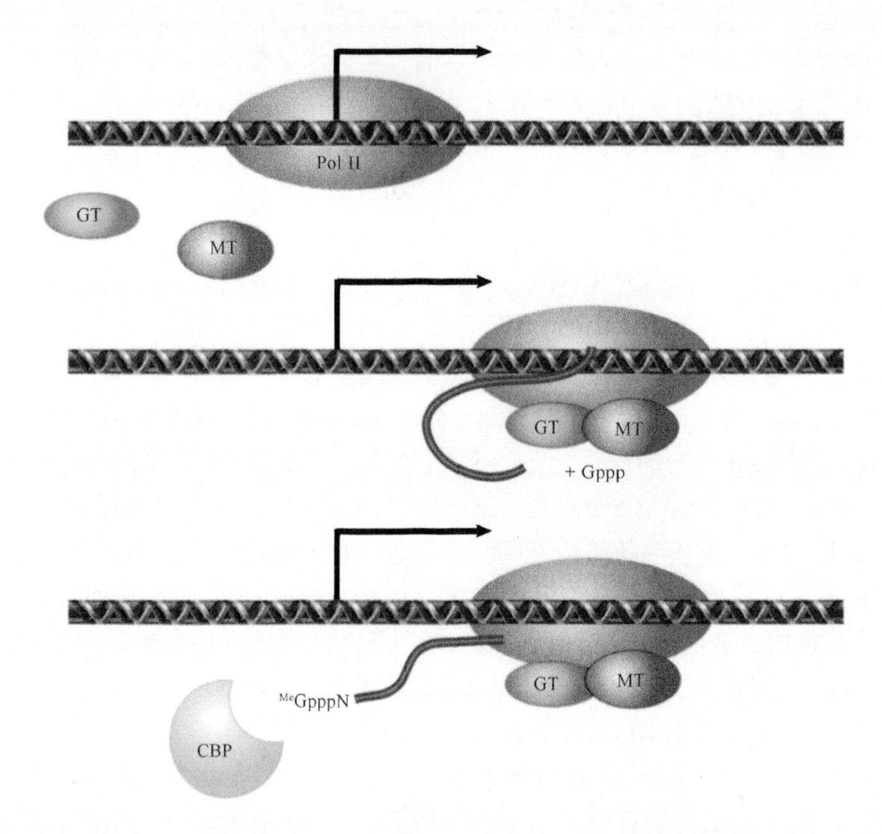

图 19.17 转录与 5′ 加帽过程偶联。Pol Ⅱ转录在初始时就暂停在转录延伸之前，而鸟苷转移酶（GT）和 7- 甲基转移酶（MT）被募集到 Pol Ⅱ复合体上，催化 5′ 加帽反应，随后，它被新生转录物的 5′ 端帽结合蛋白所结合。这些反应允许暂停的 Pol Ⅱ进入有效延伸模式

这表明剪接过程协助了 mRNA 的输出。

如**图 19.18** 所示，定位于外显子 - 外显子接界的特殊复合体，称为**外显子连接复合体（exon junction complex，EJC）**。这个复合体似乎直接募集许多参与 mRNA 输出的 RNA 结合蛋白。很明显，这些机制可能协同作用，以便推进 mRNA 的输出，这些 mRNA 来自转录和共转录 RNA 剪接装置，这个过程可能始于转录早期。结合于帽的 CBP20/80 复合体似乎直接结合于 mRNA 输出装置（TREX 复合体）以方便 mRNA 的输出，而结合方式依赖于去除邻近 5′ 端的第一个内含子的剪接反应。介导 mRNA 输出的关键因子是 REE 蛋白（在酵母中命名为 Aly 蛋白、Yra1p 蛋白），它是 EJC 的一部分，能与 mRNA 转运蛋白 TAP（在酵母中命名为 Mex67p 蛋白）直接相互作用（**图 19.19**）。

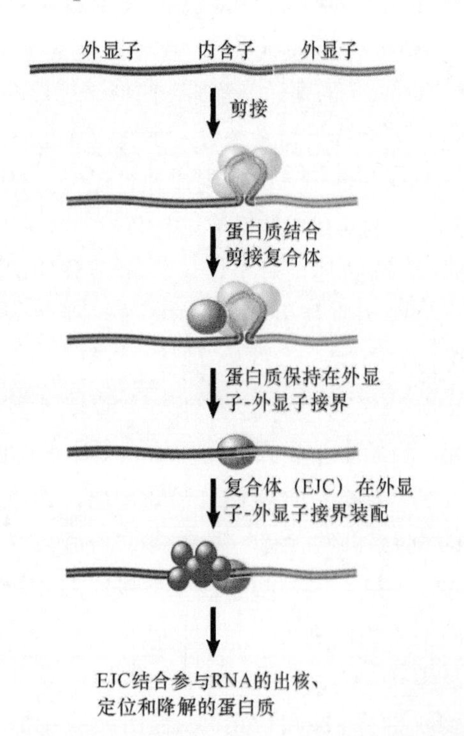

图 19.18 外显子连接复合体（EJC）因剪接反应而定位于剪接接界

EJC 含有额外的功能，即能护送 RNA 出细胞核，它对细胞质中的 mRNA 稳定性产生了深远的影响。这是因为一些异常的 mRNA 可以保留 EJC 用以募集可促进脱帽酶的其他因子，它们可以去除 mRNA 的 5′ 端的保护性帽。如**图 19.20** 所示，在细胞质翻译的第一轮过程中，通过扫描核糖体，通常可将 EJC 去除。然而，如果由于某些原因，如点突变或可变剪接（见 19.12 节“在多细胞真核生物中，可变剪接是一条规则，而非例外”），一个成熟前终止密码子被引入到加工过的 mRNA 上，那么核糖体在到达自然终止密码子之前将会掉下

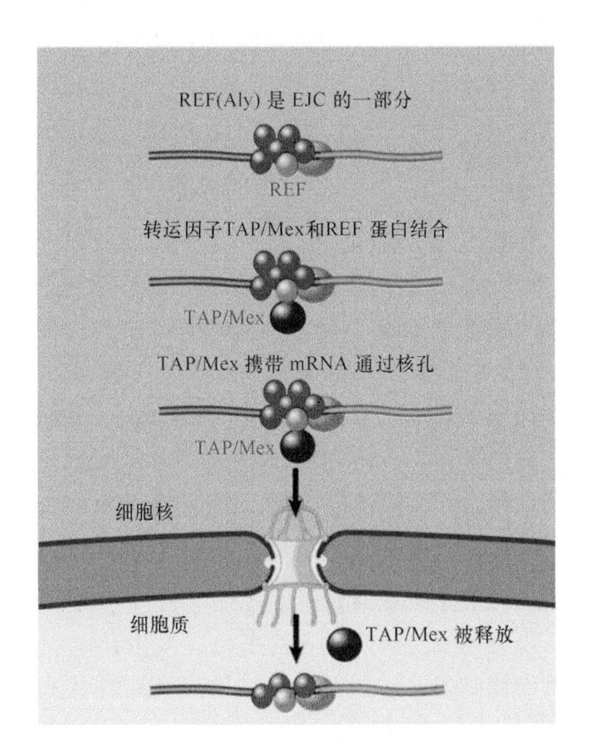

图 19.19 REF 蛋白结合到剪接因子上并保留在剪接过的 RNA 产物上。REF 蛋白结合到位于核孔的出核因子上

来，而典型的终止密码子通常位于最后一个外显子。核糖体不能去除定位于成熟前终止密码子之后的 EJC，这将会募集脱帽酶，由此可诱导 mRNA 的迅速降解，这一过程称为无义介导的 mRNA 衰变（nonsense-mediated mRNA decay，NMD），它代表了 mRNA 的监管机制，可阻止携带成熟前终止密码子的 mRNA 所执行的截断型蛋白质的翻译。NMD 将会在第 20 章“mRNA 的稳定性与定位”中进一步讨论。

19.12 在多细胞真核生物中，可变剪接是一条规则，而非例外

关键概念

- 利用可变剪接位点，特定外显子或外显子序列可能被包含或剔除于 mRNA 产物中。
- 可变剪接赋予了基因产物的结构和功能多样性。
- 果蝇的性别决定包含了一系列可变剪接事件，这些事件中所涉及的多种基因编码同一途径中的连续产物。

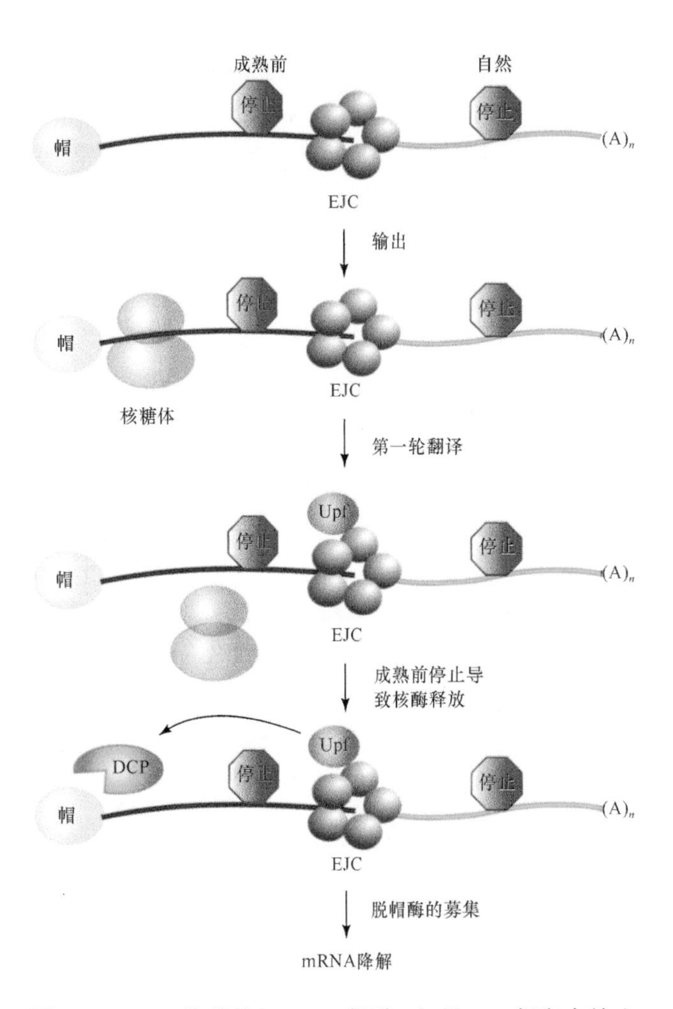

图 19.20 EJC 将剪接与 NMD 偶联。如果 EJC 保留在输出的 mRNA 上，它也会募集 Upr 蛋白。从核输出后，在细胞质第一轮翻译的过程中，通过扫描核糖体，通常可将 EJC 去除。如果由于成熟前终止密码子位于 mRNA 上，核糖体会被释放，那么 EJC 将会募集额外的蛋白质，如 Upf 蛋白，而它会募集脱帽酶（DCP），这会诱导 5′ 端的脱帽及 mRNA 的降解，在细胞质中，它以 5′ → 3′ 方向进行

当断裂基因转录成 RNA，经过剪接事件后，这种 RNA 产生单一类型的 mRNA。在这些情况下，参与的外显子和内含子没有变化。但是大部分哺乳动物基因的 RNA 能进行**可变剪接（alternative splicing）**，即一种基因能产生多种 mRNA 序列。通过大规模的 cDNA 克隆和测序，现在已经很清楚，哺乳动物中所表达的 90% 以上的基因是可以发生可变剪接的，这样，可变剪接就不是剪接装置所产生的错误结果，而是基因表达程序的一个有机部分，这就使有机体可从单一基因座产生多个基因产物。

可变剪接存在多种不同的模式，如内含子滞留（intron retention）、可变 5′ 剪接位点的选择、可变 3′ 剪接位点的选择、外显子包含或跳跃（exon inclusion or skipping），以及可变外显子选择的相互

排斥（图 19.21）。单一初始转录物可能经历了一种模式以上的可变剪接。可变外显子选择的相互排斥常常以组织特异性方式调节。使之更加复杂的是，在某些例子中，基因最终的表达模式也取决于不同转录起点的使用或可变 3′ 端的产生。

可变剪接在细胞中至少以两种方式影响基因表达。一种方式是产生基因产物的结构多样性，这通过包含或省略一些编码序列，或为基因的某一部分产生可变阅读框。这些常常改变了编码蛋白质的功能特性，如 *CaMKIIδ* 基因含有三个可变剪接外显子，如图 19.22 所示。这个基因几乎表达于哺乳动物中的所有细胞和组织中。当所有三个可变剪接外显子都被跳过时，mRNA 编码细胞质中的蛋白激酶，它可磷酸化许多蛋白质底物；当外显子 14 包含时，蛋白激酶可被转运到细胞核内，因为外显子 14 含有核定位信号，这使得激酶能调节细胞核中的转录；当外显子 15 和 16 都包含时，它常常在神经元中被探测到，而蛋白激酶被定位于细胞膜上，它可影响特异性的离子通道活性。

在其他例子中，可变剪接产物展示了相反的功能，其本质上可应用于参与凋亡调节的所有基因。凋亡途径中的每一个基因至少能表达出两种同工型，一种可促进凋亡，而另一种保护细胞免于凋亡。据认为，这些凋亡调节物的同工型比例可能决定了细胞存活或死亡。

通过包含或省略某一调节性 RNA 元件，就可能会显著改变 mRNA 的半衰期，由此可变剪接也可能影响 mRNA 的各种特性。在许多例子中，可变剪接的主要目的是用来形成一定比例的携带成熟前终止密码子的初级转录物，这样，这些转录物能被快速降解，这可能代表了转录调节的可变策略，以此来控制细胞中特定 mRNA 的丰度。运用这种机制可以在特异性的细胞类型或组织中获得许多剪接调节物的恒定表达。在这样的调节中，特异性的正剪接调节物可影响它自身的可变剪接，从而导致了含有一个成熟前终止密码子的外显子。这将调用其自身的一部分 mRNA 用于降解，从而降低了蛋白质浓度。这样，当这种正剪接调节物浓度在细胞中波动时，它的 mRNA 浓度会朝相反的方向变化。

尽管许多可变剪接事件已经被阐明，可变剪接产物的生物学功能也已经被鉴定出来，但是，了解得最清楚的例子依旧是黑腹果蝇（*Drosophila*

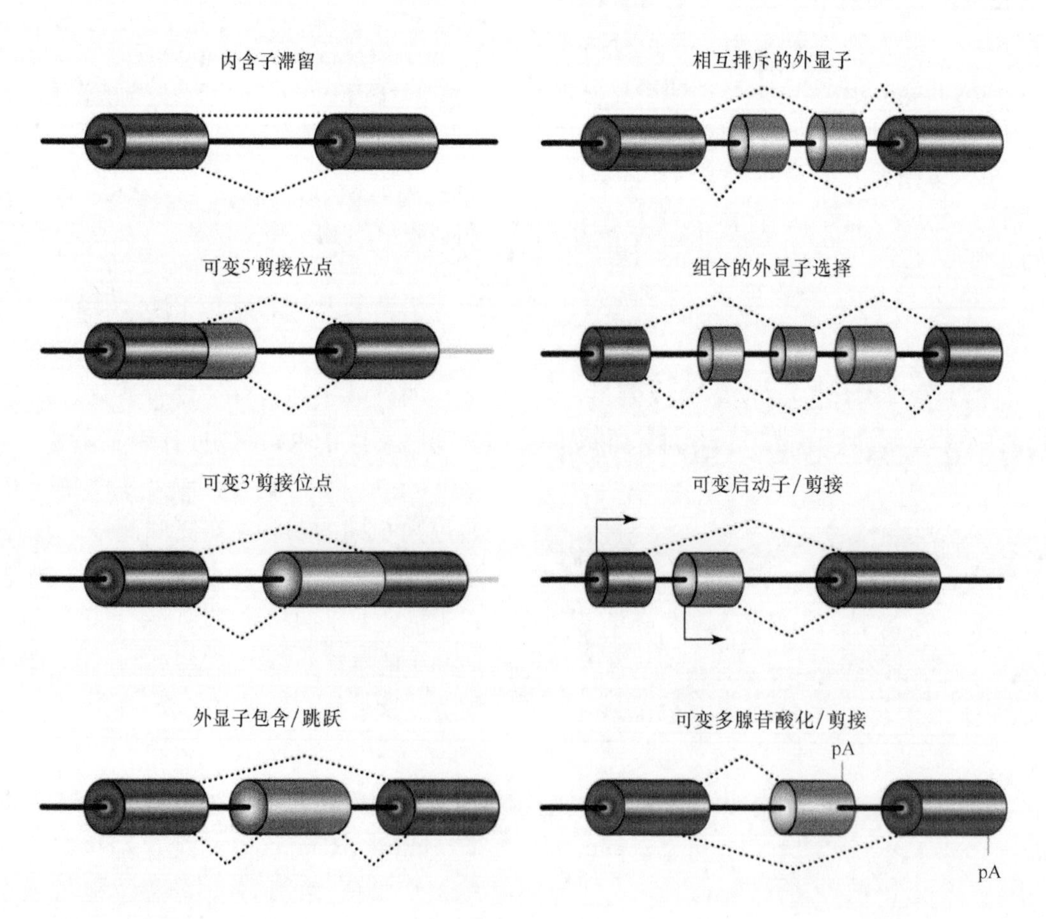

图 19.21　可变剪接的不同模式

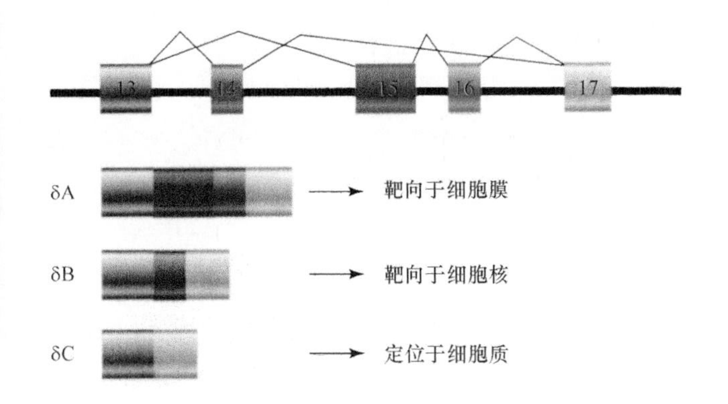

图 19.22 *CaMKIIδ* 基因的可变剪接：不同的可变剪接外显子将靶蛋白激酶定位于不同的细胞区室

melanogaster）的性别决定途径，它涉及一系列基因的相互作用，在此，可变剪接事件决定了雌雄的产生。**图 19.23** 中说明了其采用途径的形式，即 X 染色体与常染色体的比例决定了性别致死基因（sex lethal，*sxl*）的表达，并且基因表达中的改变是从 *sxl* 基因开始有序进行的，沿着其他基因直到最后一个双性基因（doublesex，*dsx*）。

性别决定起始于 *sxl* 基因的性别特异性剪接，*sxl* 基因中的外显子 3 中含有一个终止密码子，它阻止了功能蛋白质的合成。在雄蝇的 mRNA 产物中含有外显子 3，但雌蝇中跳过此外显子，因此只有雌蝇产生 Sxl 蛋白。此蛋白所含有的碱性氨基酸残基百分比类似于其他 RNA 结合蛋白。Sxl 蛋白的存在改变了转化基因（transformer，*tra*）的剪接过程。图 19.23 说明了恒定的 5′ 剪接位点与多个 3′ 剪接位点之间的剪接反应（需要引起注意的是，这个模式对 *sxl* 基因与 *tra* 基因都适用，如图所示）。当雌性和雄性果蝇使用这一种剪接方式时，结果会产生一个含早期终止密码子的 RNA。Sxl 蛋白的出现，以及由它来结合分支点的嘧啶区，就会阻止正常 3′ 剪接位点的使用；当跳过此位点后，则下一个 3′ 剪接位点就被使用，这样产生了一个编码雌性特异性蛋白质的 mRNA。

这样，Sxl 蛋白能自我调节其自身 mRNA 的剪接反应，以此确保它在雌性中的表达，且 *tra* 基因仅在雌性中产生蛋白质。就像 Sxl 蛋白一样，Tra 蛋白是一个剪接调节物；同样，*tra2* 基因仅在雌性中有类似功能（但在雄性生殖细胞系中也表达）。Tra 蛋白和 Tra2 蛋白是直接作用于目标转录物的 SR 剪接因子，它们协同作用（雌体中），共同影响 *dsx* 基因的剪接。在 *dsx* 基因的剪接过程中，雌性是内含子 3 的 5′ 端与 3′ 端之间的剪接，这样在外显子 4 的末端终止翻译；而雄性是内含子 3 的 5′ 端与内含子 4 的 3′ 端之间的剪接，这样 mRNA 中就缺失外显子 4，并且使翻译能进行到外显子 6。可变剪接的结果

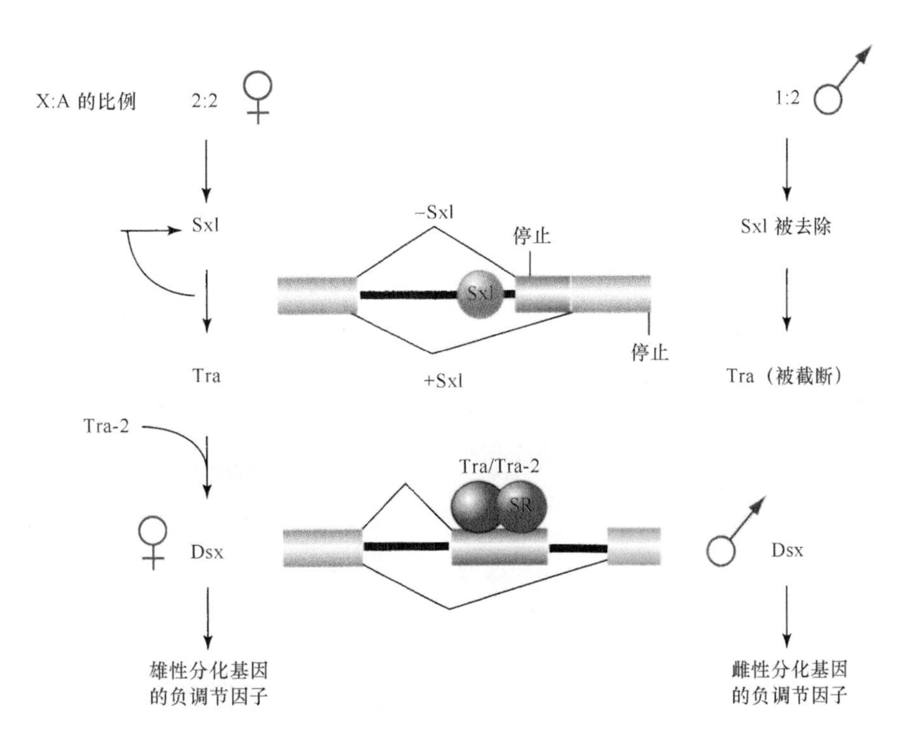

图 19.23 黑腹果蝇的性别决定过程包含发生于雌性中的不同剪接行为的途径。阻断了此途径的任何一步，都将导致向雄性果蝇的方向发育。图中显示的是由 Sxl 蛋白所控制的 *tra* 基因前 mRNA 剪接，它阻止了 3′ 可变剪接位点的使用；而 Tra 蛋白和 Tra2 蛋白与其他 SR 蛋白一起调节了 *dsx* 基因前 mRNA 剪接，这直接影响了可变外显子的包含

是每种性别中都产生了不同的蛋白质：雄性产物阻止了雌性性别分化，而雌性产物阻断了雄性特异性基因的表达。

19.13 剪接可被内含子和外显子的剪接增强子或沉默子所调节

关键概念

- 可变剪接常常与弱剪接位点有关。
- 可变剪接外显子周围的序列常常在进化上比组成型外显子两侧的序列更加保守。
- 特定外显子或内含子序列可增强或抑制剪接位点的选择。
- 剪接增强子或沉默子效应由序列特异性RNA结合蛋白介导，许多这些蛋白质可能是受发育调节和（或）以组织特异性方式表达。
- 转录速率直接影响可变剪接的结果。

可变剪接常常与弱剪接位点有关，这意味着位于内含子中两个末端的剪接信号从共有剪接信号中趋异出去，使得这些弱剪接信号能被各种反式作用因子所调节，它们常常称为可变剪接调节物（alternative splicing regulator）。然而，与一般假设相反的是，在哺乳动物基因组中，这些弱剪接位点常常比组成型剪接位点更加保守。这一观察结果驳斥了以下这一观点：可变剪接来自于剪接装置的剪接错误；但这一观点有利于以下这一可能性：许多可变剪接事件可能在进化上是保守的，以在RNA加工水平上维持基因表达的调节。

可变剪接的调节是一个复杂过程，它涉及大量的RNA反式作用剪接调节物。如图19.24所示，这些RNA结合蛋白可能识别外显子和内含子中邻近可变剪接位点的RNA元件，并对可变剪接位点的选择产生了正或负影响。结合于外显子、可增强选择的因子是正剪接调节物，其对应的顺式作用元件称为外显子剪接增强子（exon splicing enhancer，ESE）。SR蛋白是鉴定得最清楚的ESE结合调节物；相反，一些RNA结合蛋白，如hnRNP的A和B结合于外显子序列，以此来抑制剪接位点选择，其对应的顺式作用元件称为外显子剪接沉默子（exon splicing silencer，ESS）。相应地，许多RNA结合蛋白通过内含子序列来影响剪接位点选择，其对应内含子中的正或负顺式作用元件，称为内含子剪接增强子或内含子剪接沉默子。

许多剪接调节物的位置效应增加了这种复杂性。最著名的例子就是RNA结合剪接调节物中Nova蛋白与Fox蛋白家族，它们能增强或抑制剪接位点选择，这依赖于它们所结合的、相对于可变剪接外显子的位置。例如，如图19.25所示，Nova蛋白与Fox蛋白结合于可变剪接外显子上游的内含子序列，这常常导致外显子抑制，而它们结合于可变剪接外显子下游的内含子序列却会增强外显子选择。Nova蛋白与Fox蛋白分化表达于不同的组织，特别是大脑中。这样，通过反式作用剪接调节物的组织特异性表达可以达到可变剪接的组织特异性调节。

特异性可变剪接事件是如何被各种正或负剪接

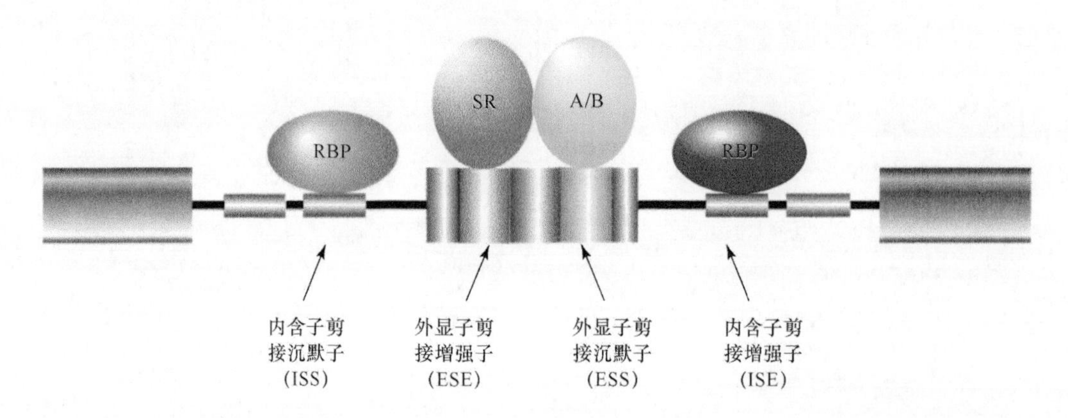

图19.24 外显子和内含子序列可调节剪接位点选择，它们就如剪接增强子与沉默子一样发挥作用。一般而言，SR蛋白结合于外显子剪接增强子，而hnRNP（如RNA结合蛋白的A和B家族）结合于外显子剪接沉默子。其他RNA结合蛋白（RBP）能作为剪接调节物，通过与内含子剪接增强子或沉默子结合而发挥作用

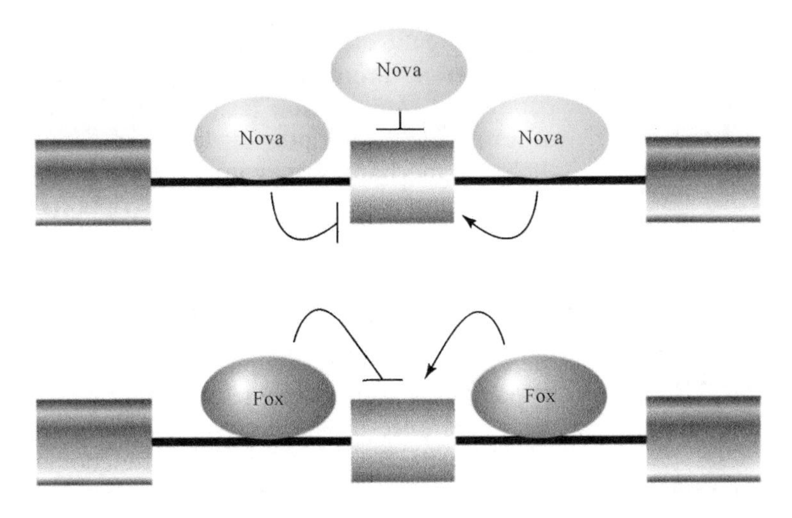

图 19.25 RNA 结合蛋白中的 Nova 蛋白与 Fox 蛋白家族以依赖环境的方式来增强或抑制剪接位点选择。Nova 蛋白与外显子和上游内含子的两侧序列结合可抑制可变剪接外显子，而 Nova 蛋白结合于下游内含子的两侧序列却促进可变剪接外显子。Fox 蛋白与上游内含子序列结合可抑制可变剪接外显子，而 Fox 蛋白结合于下游内含子序列却促进可变剪接外显子

调节物所调节的，这还没有完全被阐明。原则上，这些剪接调节物通过剪接装置中的一些核心成分发挥作用，来增强或抑制特殊剪接信号的识别。最清楚的例子就是 SR 蛋白与 hnRNA A/B 蛋白，它们能分别发挥正或负作用，来增强或抑制剪接位点识别。SR 蛋白与 ESE 元件的结合可促进或稳定 U1 结合于 5′ 剪接位点，以及 U2AF 蛋白结合于 3′ 剪接位点。这样在 SR 蛋白存在的情况下，剪接体装配变得更加有效。SR 蛋白的这种作用可应用于组成型剪接与可变剪接，这使得 SR 蛋白成为必需的剪接因子与可变剪接的调节物。相反，hnRNA A/B 蛋白似乎结合 RNA，并在功能性剪接信号的识别中与 SR 蛋白和其他核心剪接体成分的结合进行竞争。

SR 蛋白能使前 mRNA 进入剪接途径，而 hnRNP 能拮抗这一过程。hnRNP 在细胞核中是极其丰富的，那么为了协助剪接反应，SR 蛋白是如何有效地与细胞核中的 hnRNP 进行竞争呢？很明显，这是通过细胞核内的共转录机制实现的（见 19.7 节“前 mRNA 定向到剪接途径中”）。由此可以想象，转录过程可以影响可变剪接。事实上确实如此，可变剪接似乎受到用于驱动基因表达的特殊启动子的影响，以及延伸期的转录速率的影响。

不同启动子可吸引一组组不同的转录因子，它可能再影响转录延伸。这样，同样的机制也可解释启动子运用与转录延伸速率对可变剪接的影响。根据目前已有的结果，人们提出了一个动力学模型，即缓慢的转录延伸速率能够给予弱剪接位点足够的时间，以便它能在下游竞争性剪接位点出现之前就与上游剪接位点配对，而这些剪接位点都来自于正在延伸的 Pol Ⅱ 复合体中。这个模型强化了细胞核中转录与 RNA 剪接之间偶联的功能性作用。

19.14 反式剪接反应需要短序列 RNA

关键概念

- 剪接反应通常只以顺式方式发生在同一个 RNA 分子的剪接位点中。
- 反式剪接发生于锥虫和蠕虫中，其中一个短序列（SL RNA）被剪接到许多前 mRNA 的 5′ 端。
- SL RNA 有一个类似于 U-snRNA 中的 Sm 结合位点的结构。

就剪接机制和进化方式而言，剪接是一种分子内反应，基本上是在 RNA 水平上将内含子序列除掉。就遗传学术语而言，剪接仅以顺式方式发生，也就是说只在同一个 RNA 分子中序列才能剪接在一起。

图 19.26 上半部分显示了通常的情况。每一个 RNA 分子中的内含子被去除以后，就使这个 RNA 中的外显子剪接在一起，但是没有发生不同 RNA 分子间的外显子的连接。尽管我们知道同一基因的前 mRNA 转录物之间确实发生过反式剪接，但反式剪接的发生频率肯定非常低，因为如果它经常发生，

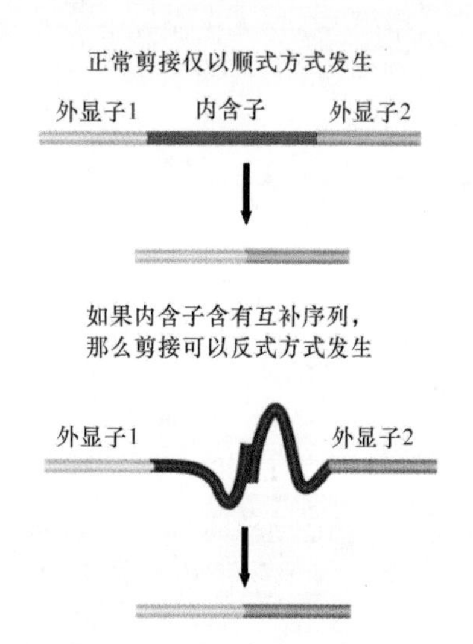

图 19.26 剪接通常只以顺式方式发生在由同一个 RNA 分子所携带的两个外显子之间。但在另一种情况下，由于不同 RNA 内含子之间配对，能形成一种特殊的结构，这时会产生反式剪接

则一个基因的外显子会和另一个基因的外显子在遗传学上产生互补，而不是属于一个单一互补群。

一些遗传操作能够产生反式剪接事件。在图 19.26 的下半部分所显示的例子中，互补序列会被引入两个 RNA 分子的内含子中。而两个互补序列间的碱基配对能够产生一个 H 型分子，此分子能够进行顺式剪接，通过内含子共价相连的外显子连接在一起；也可以进行反式剪接，将并列的 RNA 分子的外显子连接在一起。这两种反应在体外都能进行。

另外一种情况下，在体外也能发生反式剪接事件，即一条 RNA 分子含有 5′ 剪接位点，另一条含有 3′ 剪接位点，同时它们都具有合适的下游序列（可以是下一个 5′ 剪接位点，也可以是一个剪接增强子）。实际上，它模拟了外显子定界模型的剪接反应，这样就说明，在体外，左侧和右侧的剪接位点没必要位于同一个 RNA 分子上。

以上结果表明不存在任何进行反式剪接反应的机械阻碍，因此，需要剪接体沿着 RNA 持续前进才能进行剪接反应的模型就被排除了。由此，当两个不同的 RNA 十分靠近时，剪接体很可能会识别来自不同 RNA 的 5′ 和 3′ 剪接位点。

尽管在多细胞真核生物中反式剪接很少发生，但在一些生物体，如锥虫和线虫中，它则是作为主要机制，将前 RNA 加工成可翻译的成熟 mRNA。在锥虫中，所有基因都以多顺反子转录物方式进行表达，就如细菌中的一样。然而，转录的 RNA 如果没有由 37 个碱基组成的前导序列，它就不能翻译，而此序列由反式剪接方式引入，它能将多顺反子 RNA 转变成可翻译的单顺反子 mRNA。然而此前导序列并不由每个转录单位的上游所编码，而是在位于基因组其他区域的一个重复序列单元转录出来的独立 RNA 中，此 RNA 的 3′ 端还具有前导序列以外的一段序列。**图 19.27** 显示此前导序列后面紧接有一个 5′ 剪接位点序列，而编码 mRNA 的序列前面携带一个 3′ 剪接位点，它刚好位于成熟 mRNA 中所含有的序列前面。

如果通过反式剪接把前导序列和 mRNA 连接起来，则前导 RNA 的 3′ 区和 mRNA 的 5′ 区各相当于一个内含子的一半。当剪接事件发生时，按通常的反应方式应该形成 2′-5′ 连接的磷酸二酯键，这发生于内含子 5′ 端的 GU 和内含子 3′ 端附近 AG 的分支点之间。内含子的这两个部分以共价键连接在一起，但是形成 Y 形分子而非套索型分子。

为反式剪接提供 5′ 外显子的 RNA 称为**剪接前导 RNA（spliced leader RNA，SL RNA）**。SL RNA 长度为 100 个碱基，它们都折叠成一种相同的二级结构，此结构有三个茎 - 环和一个与 Sm 结合位点相似的单链区，因此以 snRNP 形式存在的 SL RNA 是 Sm 蛋白的 snRNP 中的一员。在反式剪接反应过程中，SL RNA 成为剪接产物的一部分，它替代了原先的帽和

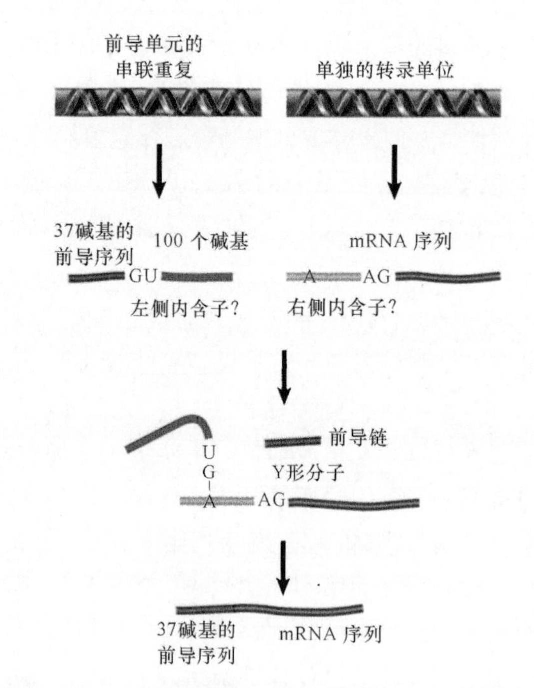

图 19.27 锥虫 SL RNA 的一个外显子可以通过反式剪接与 mRNA 的第一个外显子连接在一起。这个反应与细胞核中的顺式剪接具有同样的相互作用，但是产生 Y 形 RNA 而不是套索结构

引导序列结构[称为外含子（outron）]，如图 19.28 的上半部分所示。就像其他参与剪接事件的 snRNP（U6 除外）一样，SL RNA 携带三甲基帽，它可被不同的帽结合因子如 eIF4E 所识别，从而方便翻译。

在秀丽隐杆线虫（*Caenorhabditis elegans*）中，约 70% 的基因由反式剪接机制加工，它能进一步被分成两种类型。一类基因产生单顺反子转录物，它能通过顺式或反式剪接加工。在这些例子中，顺式剪接用于去除内部内含子序列，而反式剪接用于提供衍生自 SL RNA 的、用于翻译的 22 碱基的前导序列。另一类基因是多顺反子的。在这些例子中，反式剪接用于将多顺反子转录物转变成单顺反子转录物，并提供用于翻译的 SL RNA 前导序列，如图 19.28 的下半部分所示。

在秀丽隐杆线虫中存在两类 SL RNA。SL1 RNA（首先被发现）只用于去除转录自单顺反子的前 mRNA 的 5′ 端。SL RNA 是如何发现 3′ 剪接位点来启动反式剪接的呢？并且在这样做的同时，反式剪接是如何避免与顺式剪接的竞争和干扰的呢？SL snRNP 的部分蛋白质具有提供靶向功能性 3′ 剪接位点的能力。例如，来自一种寄生性线虫——蛔虫（*Ascaris*）的纯化 SL snRNP 含有两种特殊蛋白质，其中一种（SL-30 kDa）能直接与 3′ 剪接位点的分支点结合蛋白相互作用。只有 SL1 RNA 能反式剪接到 5′ 剪接位点的第一个非翻译区，但是它不干扰下游的顺式剪接事件。这是因为只有 5′ 非翻译区含有功能性的 3′ 剪接位点，但是它不含有可与下游 3′ 剪接位点配对的上游 5′ 剪接位点。

SL2 RNA 用于加工多顺反子，在大多数例子中，它由两个相邻基因单元之间的、由 100 个核苷酸组成的间隔区分开。在少数基因中，两个相邻基因单元之间不存在任何间隔区，而 SL1 RNA 可用于将它们断开。

在这些由任何一种 SL snRNP 介导的多顺反子转录物的加工过程中，在每一个基因转录的结束阶段，反式剪接和切割与多腺苷酸化反应紧紧偶联在一起。这种偶联似乎由直接的蛋白质 - 蛋白质相互作用协助，而这种作用发生于 SL2 snRNP 与切割刺激因子 CstF 蛋白之间，CstF 蛋白可结合下游 AAUAAA 信号的富含 U 的序列（见 19.15 节“经切割和多腺苷酸化产生 mRNA 的 3′ 端”）。这一机制使相关基因在转录水平上进行共调节（因为它们作为多顺反子转录物而转录），并在转录后进行单一调节（因为由于 RNA 加工，单一基因单元被分开）。

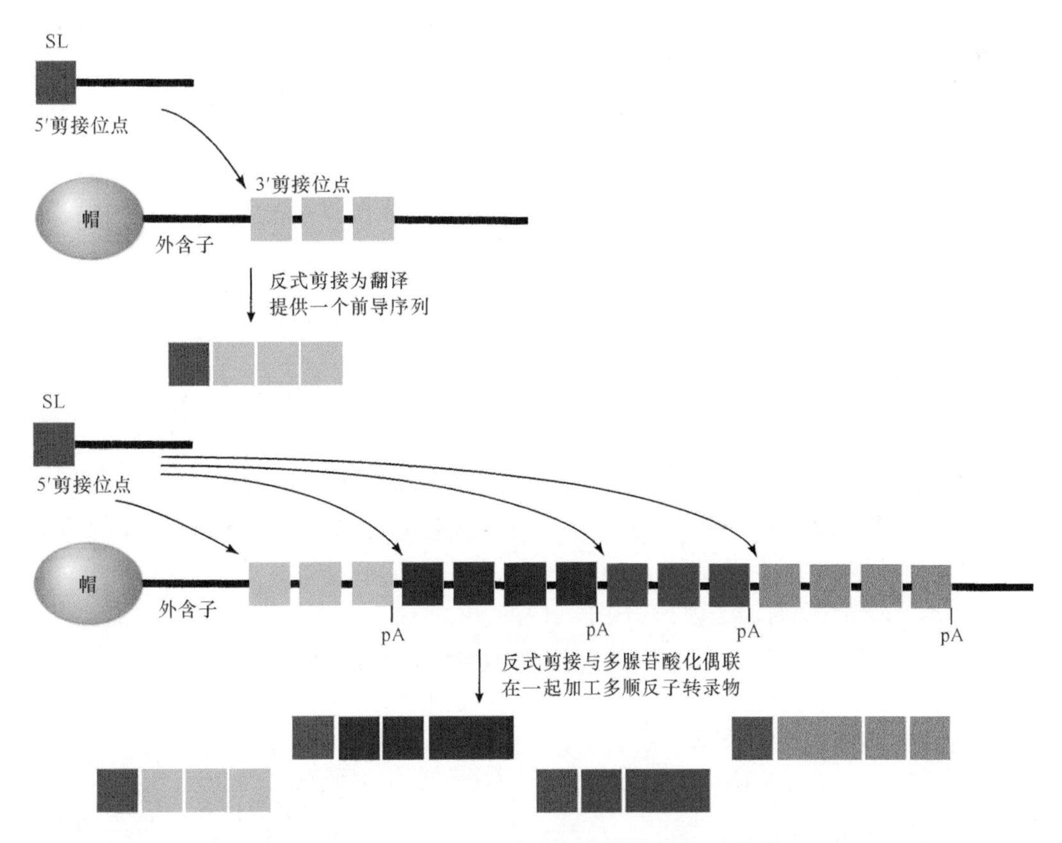

图 19.28 SL RNA 加入前导序列以方便翻译。当它与切割事件和多腺苷酸化反应偶联在一起后，SL RNA 的加入反应也用于将多顺反子转录物转变成单顺反子单元

19.15 经切割和多腺苷酸化产生 mRNA 的 3′ 端

关键概念

- 序列 AAUAAA 是一种切割信号，用于产生 3′ 端被多腺苷酸化的 mRNA。
- 反应需要一个蛋白质复合体，它包括特异性因子、内切核酸酶、poly(A) 聚合酶等蛋白质。
- 特异性因子和内切核酸酶在下游 AAUAAA 处切割 RNA。
- 特异性因子和 poly(A) 聚合酶在 3′ 端连续性地添加约 200 个残基。
- poly(A) 尾控制 mRNA 的稳定性并影响翻译。
- 细胞质的多腺苷酸化在爪蟾胚胎发育中发挥了作用。

我们并不清楚 Pol Ⅱ是否实际上参与了特定位点的终止事件。也许终止作用是粗略限定的。在一些转录单位，终止事件发生在特定位点下游的 1 kb 后，这对应于成熟 mRNA 的 3′ 端（由特定序列的切割所产生）。从中可以看出，聚合酶并未利用特定的终止子序列，而是在多个位点可停止 RNA 合成，这些位点存在于相对较长的“终止子区”。单一终止子位点的本质基本上还是未知的。

通过切割反应可产生 Pol Ⅱ 所转录的成熟 mRNA 的 3′ 端，随后它再被多腺苷酸化。细胞核内 RNA 的 poly(A) 的添加能被类似物 3′- 脱氧腺苷，即蛹虫草菌素（cordycepin）所抑制。尽管蛹虫草菌素不影响细胞核内 RNA 的转录，但是它的加入可阻止 mRNA 在细胞质的出现，这表明多腺苷酸化对来自细胞核内 RNA 的 mRNA 成熟是必需的。我们已经知道 poly(A) 尾能够保护 mRNA 免于 3′ → 5′ 外切核酸酶的降解。在酵母中，人们也认为 poly(A) 尾在协助成熟 mRNA 的核输出及帽稳定性维护中发挥了作用。

3′ 端的产生过程如**图 19.29** 所示，RNA 聚合酶转录经过 3′ 端相应位点后，RNA 中的序列就可被识别，随后内切核酸酶识别 RNA 中的序列并进行切割，接着是多腺苷酸化。RNA 聚合酶在切割后继续转录，但是由切割反应产生的 5′

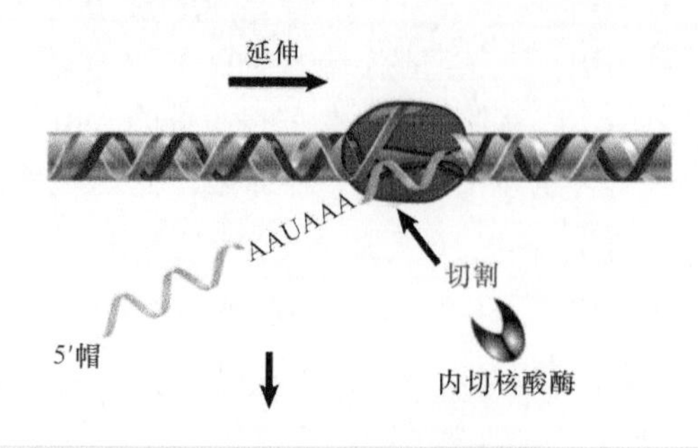

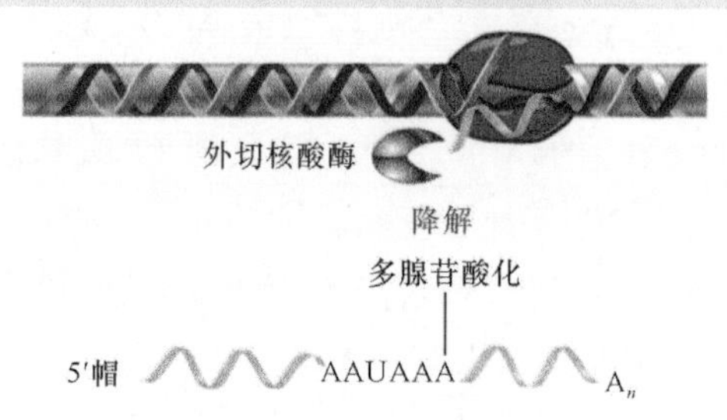

图 19.29 序列 AAUAAA 是切割产生 3′ 端和多腺苷酸化所必需的

端是不受保护的，它是传递转录终止的信号（见 19.16 节“mRNA 3′ 端的加工对于转录终止十分关键”）。

在大多数前 mRNA 中，两个顺式作用信号定位于切割 / 多腺苷酸化位点的两侧：上游的 AAUAAA 基序，它通常定位于自这一位点开始的 11 ～ 30 个核苷酸区域，以及下游的 U 富集区元件或 GU 富集区元件内。因为 AAUAAA 六碱基序列的缺失或突变会阻碍多腺苷酸化 3′ 端的产生，因此这一信号序列对切割和多腺苷酸化都是必需的（尽管在植物和真菌中 AAUAAA 基序出现了相当大的变异）。

体外多腺苷酸化实验体系的建立为分析反应的研究开辟了道路，**图 19.30** 描述了执行 3′ 端加工的复合体的形成和功能。产生合适的 3′ 端结构依赖于切割和多腺苷酸化特异性因子（cleavage and polyadenylation specific factor，CPSF），它由多个亚基组成。其中一个亚基直接结合于 AAUAAA 基序和切割刺激因子（cleavage stimulating factor，CstF）；CstF 也是一个多成分复合体，其中一个组分可直接结合于 GU 富集区。CPSF 与 CstF 复合体在识别多腺苷酸化信号时可彼此增强。所涉及的特异性酶为内切核酸酶（CPSF 的 73 kDa 亚基），它可对 RNA 进行切割，而 **poly(A) 聚合酶 [poly(A) polymerase，PAP]** 则合成 poly(A) 尾。

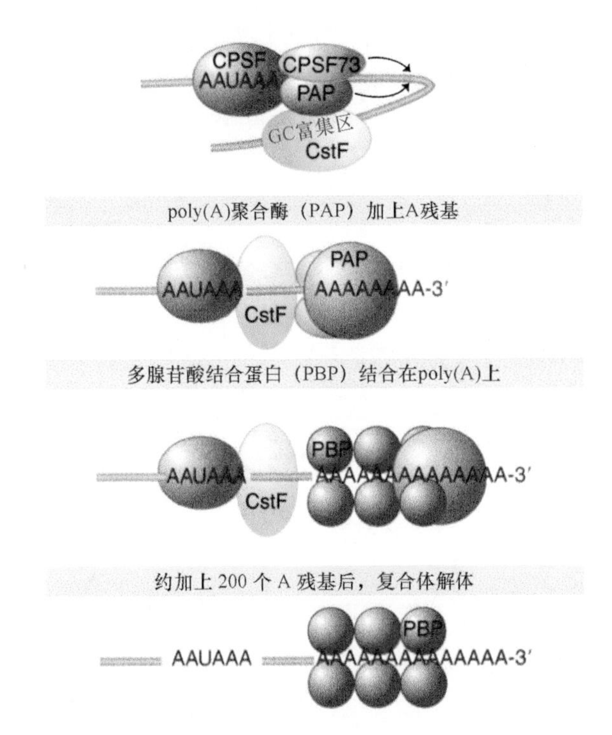

图 19.30 3′端加工复合体具有数种活性，每个CPSF和CstF复合体都由数个亚基组成；其余组分为单体，复合体总的大小在900 kDa以上

PAP拥有非特异性催化活性。当它与其他成分组合时，对含有AAUAAA序列的RNA也能特异性地进行合成反应。多腺苷酸化经历两个阶段。首先，一个较短的寡腺苷酸序列（10残基左右）添加到3′端，此反应完全依赖于AAUAAA序列，在特异性因子指导下poly(A)聚合酶行使其功能。其次，细胞核中的poly(A)结合蛋白Ⅱ[poly(A) binding protein Ⅱ，PABP Ⅱ]可结合oligo(A)尾，使oligo(A)尾延长到约200个碱基的长度。poly(A)聚合酶本身能将A残基一个个地添加到3′端。它的作用方式是分发性的，每一个核苷酸加上后它都会解离下来。然而，当CPSF蛋白和PABP Ⅱ蛋白存在时，它就可以连续地将单个A添加至一个poly(A)链上。在多腺苷酸化反应后，PABP Ⅱ蛋白会按比例结合到poly(A)链上。PABP Ⅱ蛋白以某种未知的方式把poly(A)聚合酶的作用限制在添加200个以内的A残基。

mRNA从细胞核输出过程中，poly(A)尾由细胞质中的poly(A)结合蛋白Ⅰ[poly(A) binding proteinⅠ，PABPⅠ]结合。PABPⅠ不仅保护mRNA免于3′→5′外切核酸酶的降解，而且还结合于翻译起始因子eIF4G上，以协助mRNA的翻译。这样，细胞质中的mRNA会产生闭合环结构，环内的蛋白质复合体包含了mRNA的5′和3′端（详见第22章“翻译”）。因此，多腺苷酸化影响细胞质中翻译的稳定性和起始。

在爪蟾（*Xenopus*）胚胎发育过程中，多腺苷酸化在细胞质中进行，这提供了早期胚胎发育的母体控制。一些先前储存的母体mRNA可被细胞质中的poly(A)聚合酶多腺苷酸化以刺激翻译，或者脱腺苷酸化以终止翻译。3′尾的一个特殊的AU富集区顺式作用元件（*cis*-acting element，CPE）可指导细胞质中的减数分裂成熟化特异性的多腺苷酸化，这可激活一些母体特异性mRNA的翻译。为了调节mRNA降解，在3′尾发现了至少两类顺式作用序列，它们能触发mRNA的降解：胚胎脱腺苷酸元件（embryonic deadenylation element，EDEN）是17个核苷酸的序列；以及ARE是AU富集区，通常包括AUUUA串联重复序列。poly(A)特异性RNA酶[poly(A)-specific RNase，PARN]参与了细胞质中的mRNA降解。当然，mRNA脱腺苷酸化总是与mRNA的稳定性相互竞争，它们组合在一起，决定了细胞中单一mRNA的半衰期（详见第20章“mRNA的稳定性与定位”）。

19.16 mRNA 3′端的加工对于转录终止十分关键

关键概念

- 转录可以多种不同方式终止，这基于所参与的RNA聚合酶的不同类型。
- mRNA中3′端的形成传递了对Pol Ⅱ转录终止的信号。

对于真核生物RNA聚合酶来说，对它的终止反应信息的掌握程度远不如对它在起始方面的信息详细。RNA的3′端可由两种方法产生。一些RNA聚合酶在DNA中的特定终止子序列终止转录，见图19.31。RNA聚合酶Ⅲ（Pol Ⅲ）似乎利用这种策略，它运用不同长度的oligo(dT)序列发出信号，使Pol Ⅲ从转录终止反应中释放出来。

对于RNA聚合酶Ⅰ（Pol Ⅰ）来说，唯一的转录产物是一个大的、含有大部分rRNA序列的前体。

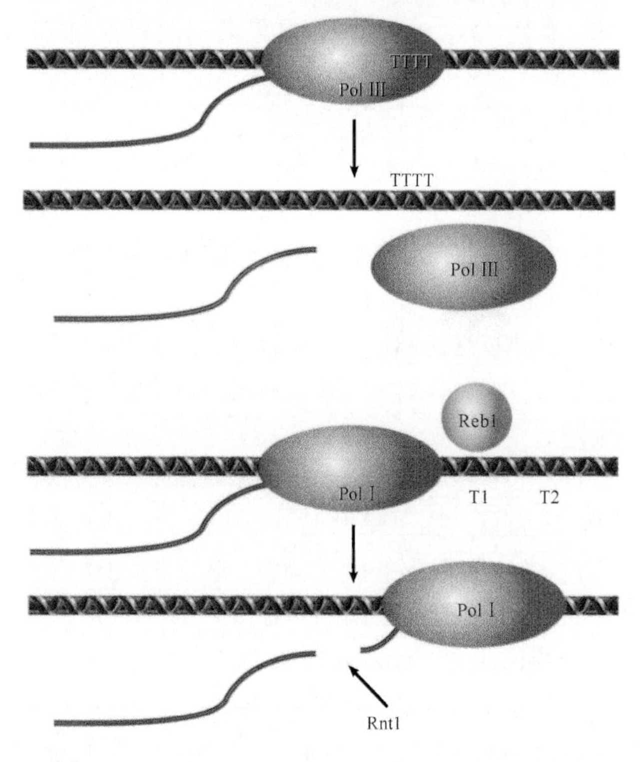

图 19.31 Pol Ⅰ与 Pol Ⅲ的转录运用特异性终止子来结束转录反应

终止发生在成熟的 3′ 端下游的两个不同的位点（T1 和 T2）上。这些终止子可被酵母中的特异性 DNA 结合蛋白——Reb1 蛋白或小鼠中的 TTF1 蛋白识别。Pol Ⅰ的转录终止与由内切核酸酶 Rnt1p 蛋白介导的切割事件有关，它可在已经加工的 28S rRNA 的 3′ 端下游约 15 ～ 30 个碱基处切割新生的 RNA（见 19.20 节“rRNA 的产生需要切割反应与短序列 RNA 的参与”）。就此而言，Pol Ⅰ终止反应与 Pol Ⅲ终止反应在机制上是相关的，因为这两个过程都涉及 RNA 切割事件。

与 Pol Ⅰ与 Pol Ⅲ的终止反应相反，Pol Ⅱ通常表现出不连续的终止反应，即它会继续转录约 1500 bp，跨过对应于 3′ 端的位点。在多腺苷酸化位点的切割为 Pol Ⅱ提供了终止引发器，如**图 19.32** 所示。

现在对 Pol Ⅱ的终止反应提出了两种模型。别构模型（allosteric model）提示多腺苷酸化位点的 RNA 切割可能在 Pol Ⅱ复合体和局部染色质结构上都触发了某些构象变化。这可能在多腺苷酸化过程中被因子交换所诱导，这会导致 Pol Ⅱ暂停，随后从模板 DNA 上释放出来。

另一种模型称为鱼雷模型（torpedo model），它提出，特异性的外切核酸酶结合于 RNA 的 5′

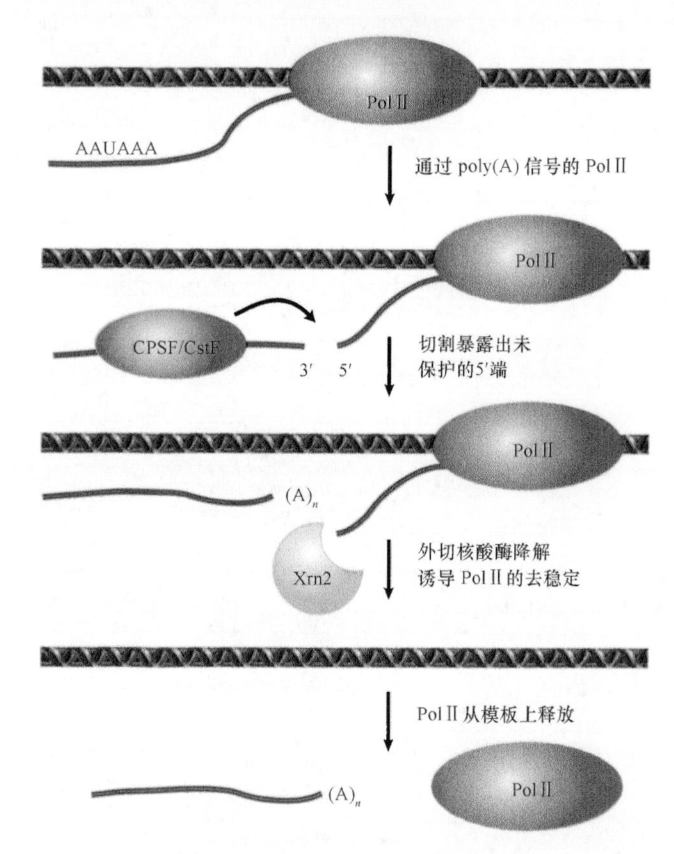

图 19.32 Pol Ⅱ转录物的 3′ 端的形成可协助转录终止反应

端，而它在切割后能继续被转录。它降解 RNA 的速率快于其合成速率，这样，它就能赶上 RNA 聚合酶，随后它与结合于聚合酶上的 CTD 的辅助蛋白相互作用，这触发了 RNA 聚合酶从 DNA 上的释放，从而引起转录终止。这一模型解释了为何 Pol Ⅱ的终止位点不能很好地限定，而可能发生在对应于 RNA 3′ 端位点下游的一段相当长区域内的各个不同位置。鱼雷模型的主要实验依据是酵母中的细胞核 5′ → 3′ 外切核酸酶 Rat1 蛋白或哺乳动物中的 Xrn2 蛋白所产生的效应。此基因的缺失常常导致转录连读至下一个基因。尽管在一些实验系统中，AAUAAA 信号的突变可以损害自然多腺苷酸化位点的切割，而这不一定会触发转录中的 Pol Ⅱ的释放，或导致转录连读。这一证据，再加上染色质结构中的一些局部改变，使得别构模型变得更加可信。

很明显，别构模型与鱼雷模型不是相互排斥的，它们都可能反映了与 Pol Ⅱ转录终止有关的一些关键方面。不管是运用两种机制中的任何一种，或同时运用这两种机制，现在很清楚，对于大部分真核生物细胞中的 mRNA 而言，Pol Ⅱ的转录终止反应是与 3′ 端紧密偶联在一起的。

19.17 组蛋白 mRNA 3′ 端的形成需要 U7 snRNA

关键概念

- 组蛋白 mRNA 的表达是依赖复制的，并在细胞周期中受到调节。
- 组蛋白 mRNA 不被多腺苷酸化，它们的 3′ 端由切割反应产生，这依赖于 mRNA 结构。
- 切割反应需要茎 - 环结合蛋白（SLBP）结合到茎 - 环结构和 U7 snRNA 上，并与相邻的单链区配对。
- 切割反应由与多腺苷酸化复合体共享的一个因子催化。

在细胞周期中，典型组蛋白的生物合成主要由组蛋白 mRNA 的丰度调节控制。在 G_1/S 期转换中，由于不断增高的转录，组蛋白 mRNA 的丰度提高了 30 倍以上，此过程由细胞周期蛋白 E/CDK2 复合体（详见第 9 章“复制与细胞周期相关联”）调节，随后在 S 期末端，组蛋白 mRNA 快速降解。

典型组蛋白 mRNA 是没有被多腺苷酸化的（酿酒酵母除外），因此它们 3′ 端的形成与普通的切割 / 多腺苷酸化协同反应不同。（请注意：一些组蛋白变异体，如组蛋白 H3.3，是非细胞周期调节的，并可被多腺苷酸化，详见第 8 章“染色质”）。3′ 端形成须依赖于其高度保守的茎 - 环结构，它位于终止密码子下游 14 ～ 50 个碱基处；3′ 端形成还依赖于组蛋白下游元件（histone downstream element，HDE），它位于茎 - 环结构下游 15 个核苷酸处。切割反应发生在茎 - 环结构与 HDE 之间，它留下茎 - 环结构下游的 5 个碱基。而阻碍茎 - 环结构的茎部双链体形成的突变可以阻止 RNA 末端的构建。能够回复双链体结构的二次突变（可以不是原先的序列）能使得 3′ 端重新形成，这说明了二级结构的形成比准确的序列更重要。

组蛋白 3′ 端形成反应见图 19.33。这需要两种因子能使切割反应专一化：茎 - 环结合蛋白（stem-loop binding protein，SLBP）可识别茎 - 环结构，U7 snRNA 的 5′ 端能与 HDE 内的嘌呤富集区配对。U7 snRNP 是一类数量较少的 snRNP，它由含 63 个核苷酸的 snRNA 和一系列蛋白质组成，这些蛋白质与 snRNP 有关，参与了 mRNA 的剪接反应（见 19.6 节“snRNA 是剪接所必需的”）。而 U7 snRNP 所独有的两种类 Sm 蛋白是 LSM10 蛋白与 LSM11 蛋白，它们能替换剪接 snRNP 复合体中的 Sm 蛋白 D1 和 D2。阻止 U7 snRNA 与 HDE 之间的碱基配对会损害组蛋白 mRNA 的 3′ 端加工；重新恢复互补性的 U7 snRNA 中的代偿性突变，可以重新恢复 3′ 端加工。这说明 U7 snRNA 是通过与组蛋白 mRNA 的碱基配对来执行功能的。

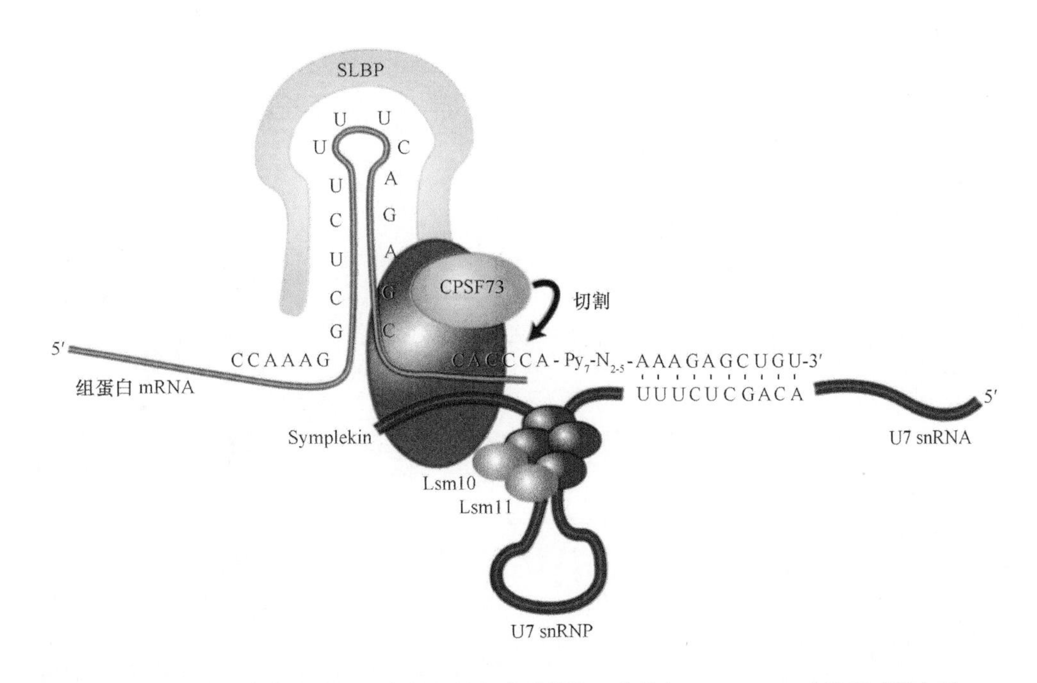

图 19.33 组蛋白 H3 mRNA 3′ 端的产生取决于一个保守的发夹结构和一段能与 U7 snRNA 碱基配对的序列

产生 3′ 端的切割反应发生的位点与 U7 snRNA 识别位点间的距离是固定的，这说明 snRNA 参与了切割位点的定义。负责切割反应的因子就是切割与多腺苷酸化特异性因子（cleavage and polyadenylation specific factor，CPSF73）。这样，金属 -β- 内酰胺酶（metallo-β-lactamase）家族的这个成员在多腺苷酸化 mRNA 与非多腺苷酸化组蛋白 mRNA 中的 3′ 端形成中发挥了关键作用。还有其他几个已经被鉴定出来的蛋白质对于组蛋白 3′ 端的形成也是很重要的，但是它们的特异性功能还有待于进一步阐明，这些额外的蛋白质可能提供了支架作用，可稳定 3′ 端的加工复合体。

令人感兴趣的是，在组蛋白基因中 U7 与靶序列配对被破坏，或由 siRNA 介导、对参与组蛋白 3′ 端形成的其他组分的消除，两者都能产生转录连读及多腺苷酸化，这是因为它们利用了 HDE 下游的 poly(A) 信号序列。这样，与大部分蛋白质编码基因中的 Pol Ⅱ转录终止反应中的 mRNA 切割 / 多腺苷酸化的作用一样，在 3′ 端形成过程中 U7 介导的 RNA 切割反应似乎对组蛋白基因中的转录终止是非常关键的。

19.18 tRNA 剪接切割和重连是分开的两步反应

关键概念

- Pol Ⅲ终止转录于 $poly(U)_4$ 序列中，而它镶嵌于 GC 富集区。
- tRNA 剪接经历连续的切割和连接反应。
- 内切核酸酶切割前 tRNA 内含子的两个末端。
- 内含子的释放产生两个半 -tRNA，它含有不寻常的末端，即 5′- 羟基（5′-OH）与 2′,3′- 环磷酸。
- 5′-OH 端由多核苷酸激酶磷酸化，环磷酸基团由磷酸二酯键酶打开并产生 2′- 磷酸端与 3′-OH 基团，外显子末端由 RNA 连接酶连接，而 2′- 磷酸由磷酸酯酶去除。

大部分剪接反应都是依赖于一些共有短序列。转酯反应中键的断裂和连接反应是协同进行的。而 tRNA 的剪接过程中采用的是不同的剪接机制，链的切割和连接是两个独立的反应。

在约 272 个的酿酒酵母 tRNA 基因中，有 59 个为断裂基因，它们都只含有一个内含子，它与位于 3′ 端的反密码子臂相距只有一个核苷酸，长度不一，为 14 ～ 60 bp。功能相同的 tRNA 的内含子有着相似的序列，但携带不同氨基酸的 tRNA 的内含子序列却大相径庭。在所有内含子中，并没有发现可被剪接酶识别的共有序列，无论是在植物、两栖类还是哺乳动物中都是如此。

所有酵母 tRNA 的内含子中都含有一段与反密码子环互补的序列，序列互补的结果是使反密码子环形成了另一种构象，即反密码子碱基配对使正常反密码子环扩大，例子见图 19.34。只有反密码子环受到了影响，其余部分的结构与正常情况相同。

内含子精确的序列和大小对剪接并无多大影响。内含子的多数突变不影响正常剪接事件。tRNA 的剪接反应大多数依赖于 tRNA 中一个相同二级结构的识别，而不是对内含子中共同序列的识别。tRNA 分子中不同部分的区域非常重要，如接受臂与 D 臂间的距离、TΨC 臂的长度，特别是反密码子臂的长度。这与蛋白质合成中的 tRNA 的结构要求有些相似（详见第 22 章“翻译”）。

然而，内含子并非完全与剪接反应不相关。在剪接反应中，内含子环中的一个碱基与茎部的一个非配对碱基间的配对也是必需的，影响其他部位配对的突变也会影响剪接的进行（如产生不同的配对类型）。剪接中控制 tRNA 前体有效性的规律可能类似于氨酰 tRNA 合成酶的识别控制规律（详见第 23 章“遗传密码的使用”）。

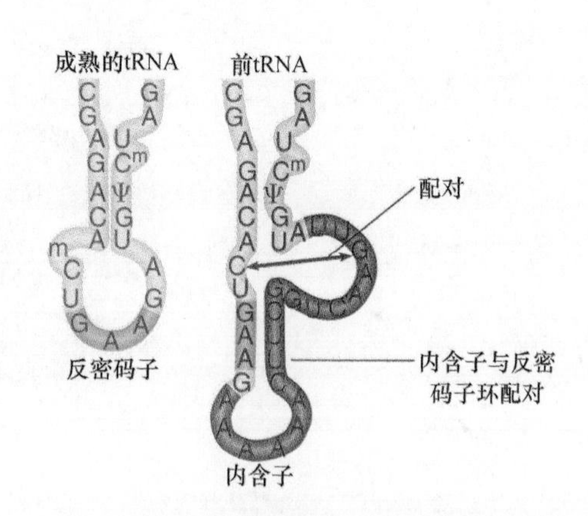

图 19.34 酵母苯丙氨酰 -tRNA 的前体中的一个内含子可以与反密码子环配对，从而改变了反密码子臂的结构。这个前 RNA 内含子环与茎上一个受排挤碱基之间的配对可能是剪接所必需的

在一个温度敏感型酵母突变体中，内含子不能被有效地去除，前 tRNA 会积累在细胞核中，而此前体在体外可用野生型酵母的无细胞提取物进行剪接反应，不过这种反应会导致前体长度的缩短。

前体的剪接过程可用每一步的产物大小进行跟踪鉴定，这一系列变化是利用凝胶电泳中电泳条带位置的改变来判断的，如**图 19.35** 所描述。代表内含子的电泳条带的出现可以解释前 tRNA 长度的缩短。

通过测定剪接 tRNA 的能力，可以对无细胞提取液进行分级。体外 tRNA 剪接反应需要 ATP。在加与不加 ATP 两种情况下，对此反应进行鉴定，结果说明剪接反应的两个阶段是由不同的酶催化的。

- 第一步不需要 ATP。由一种非典型的核酸酶反应切断磷酸二酯键，该反应由一种内切核酸酶催化。
- 第二步需要 ATP，包括键的形成。这是个连接反应，由 **RNA 连接酶（RNA ligase）**负责将断端连接起来。

对前 tRNA 进行剪接以去除内含子，这对于所有生物体都是必需的，但是不同有机体运用不同机制来完成前 tRNA 的剪接反应。在细菌中，前 tRNA 的内含子以Ⅰ类或Ⅱ类自我催化内含子方式进行自剪接。在古菌与真细菌中，前 tRNA 剪接反应涉及三种酶的作用：①内切核酸酶能识别与切割前体中内含子的两个末端；②连接酶能将 tRNA 外显子连接起来；③而 2′- 磷酸转移酶能去除被剪接的 tRNA 中的 2′- 磷酸。

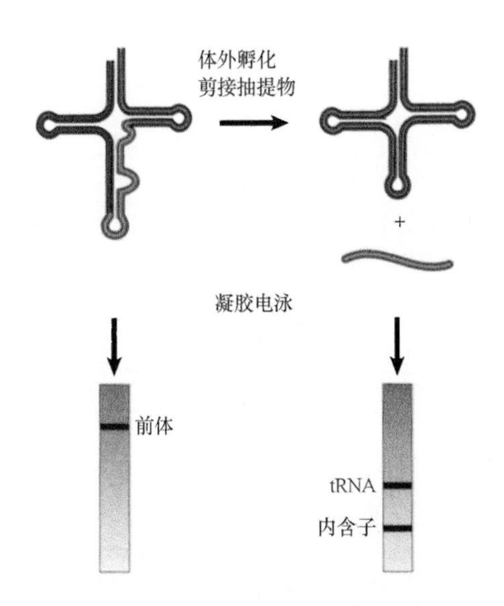

图 19.35 在体外，可以将酵母 tRNA 进行剪接，并可以进一步通过电泳来分析前 RNA 及其产物

酵母的内切核酸酶是一种异源四聚体，由两个催化亚基 Sen34 蛋白与 Sen2 蛋白，以及两个结构亚基 Sen54 蛋白与 Sen15 蛋白组成，亚基活性描述见**图 19.36**。相关的 Sen34 亚基和 Sen2 亚基分别切割 3′ 和 5′ 剪接位点；Sen54 亚基通过“测量”与 tRNA 的某一点距离来确定切割位点，这点位于（成熟区）L 形结构的肘部。尽管 Sen15 亚基的角色未知，但其在酵母中是必需的。反密码子臂的第一个碱基和 3′ 剪接位点前的第一个碱基之间所形成的碱基配对对 3′ 剪接位点的切割是必需的。

古菌的内切核酸酶为我们对 tRNA 剪接进化提供了更深的了解。这些内切核酸酶都是同源二聚体或异源二聚体，而且其中的每个亚基都有可切割一个剪接位点的活性部位（尽管在四聚体中，其中只有两个位点是有功能的）。这个亚基具有与酵母内切核酸酶的 Sen34 蛋白和 Sen2 蛋白中活性位点序列相关的序列。然而，古菌的内切核酸酶以不同的方式识别底物，它们识别称为突起 - 螺旋 - 突起（bulge-helix-bulge）的特殊结构，而不是通过测量特殊序列的距离来识别，**图 19.37** 说明了断裂反应是在突起处发生的。所以在古菌和真核生物分离之前就已经有了 tRNA 剪接的起源。如果它起源于 tRNA 中内含子的插入，则这种插入现象肯定是非常古老的事件。

tRNA 剪接反应的整个过程见**图 19.38**。切割产物是一个线性的内含子和两个半 -tRNA 分子。这些中间体都有独特的末端结构：5′ 端都以一个羟基结尾，3′ 端都以 2′,3′- 环状磷酸基团结尾。

两个半 -tRNA 分子经碱基配对形成一种类似 tRNA 的结构。在加入 ATP 后，可启动第二步反应，其中由

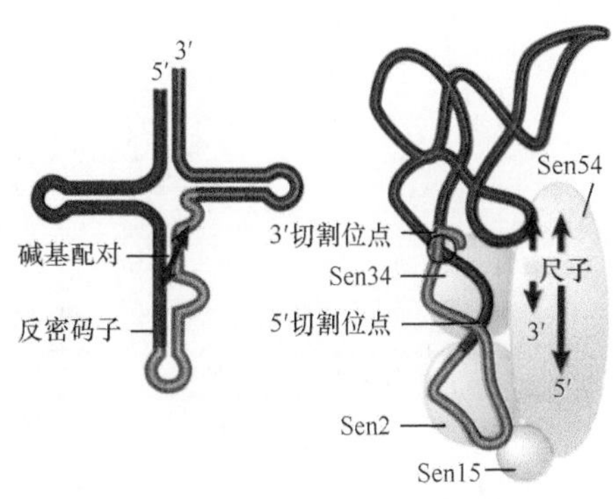

图 19.36 酿酒酵母前 tRNA 的 5′ 和 3′ 的切割是由内切核酸酶的不同亚基催化的；另一个亚基可能通过测量成熟 tRNA 的结构中某个点的距离，以此为参数决定切割位点的位置；AI 碱基配对同样很重要

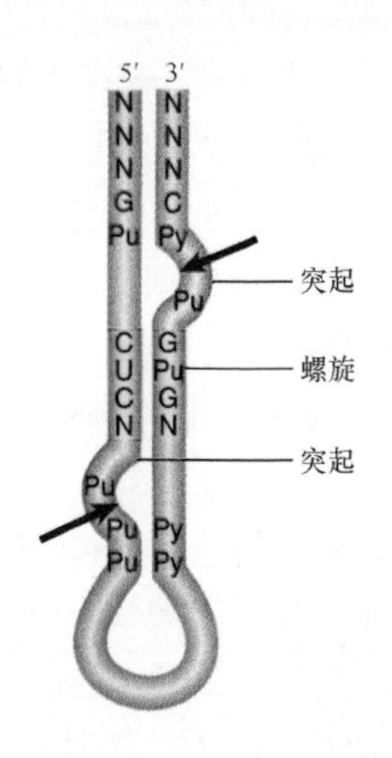

图 19.37　古菌 tRNA 用于剪接的内切核酸酶在每个“突起 - 螺旋 - 突起”片段的突起处切割每条链

内切核酸酶产生的两个特殊末端结构都必须被改变。

- 环化磷酸二酯酶（cyclic phosphodiesterase）活性。内切核酸酶所产生的两个不寻常末端在连接反应之前必须被改变；而环状磷酸基团必须被打开，并形成 2′- 磷酸端。
- 激酶活性。产物具有 2′- 磷酸基团与 3′-OH 基团。由内切核酸酶产生的 5′-OH 必需被磷酸化为磷酸基团，这会产生 3′-OH 与 5′- 磷酸相邻的位点。
- 连接酶活性。多核苷酸链的共价完整性可由连接酶来恢复。现在剪接后的分子是非间断的，剪接位点上形成 5′ → 3′- 磷酸化连接，但是剪接位点处的核苷酸仍含有一个 2′- 磷酸基团。在最后一步，剩余的基团需要在磷酸酯酶的作用下去除，它将 2′- 磷酸转移到 NDP 中形成 ADP 核糖 1′,2′- 环磷酸。

此处所描述的 tRNA 剪接途径与脊椎动物中只存在轻微的差异。在 RNA 连接酶作用之前，环化酶从初始的 3′- 磷酸单酯末端通过 3′- 腺苷酸化中间体产生 2′,3′- 环状末端。RNA 连接酶也不同于酵母，因为它能将 2′,3′- 环状磷酸单酯键与 5′-OH 连接成传统的 3′,5′- 磷酸二酯键，但是这些反应不产生额外的 2′- 磷酸基团。

19.19 解折叠蛋白应答与 tRNA 剪接关联

关键概念

- Ire1 是一个内核膜蛋白，其 N 端结构域位于 ER 腔中，C 端结构域位于细胞核中。C 端结构域展示出激酶与内切核酸酶活性。

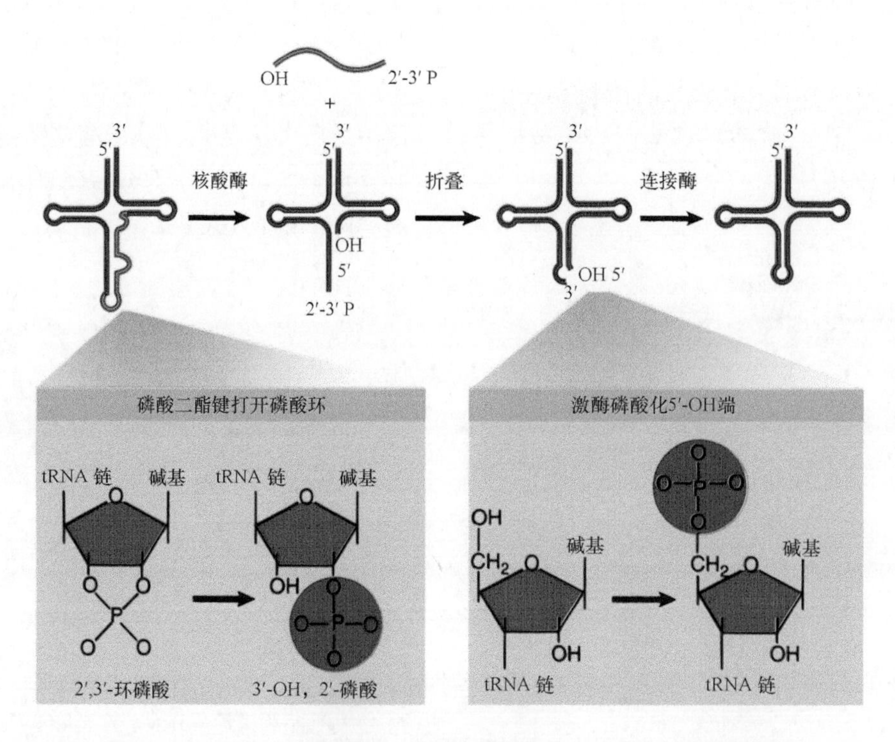

图 19.38　tRNA 的剪接需要独立的核酸酶和连接酶活性。首先核酸酶将内含子 - 外显子边界切断，产生 2′,3′- 环状磷酸和 5′-OH 端，接着环状磷酸打开产生 3′-OH 和 2′- 磷酸，5′-OH 端是磷酸化的。内含子释放出来后，剩下的 tRNA 半分子折叠成一个含 5′- 磷酸及一个 3′-OH 断裂点的类 tRNA 的结构，最后断裂点被连接酶连接

- 解折叠蛋白结合到N端结构域会通过自身磷酸化激活C端内切核酸酶。
- 激活的内切核酸酶切割 *HAC1* mRNA（在脊椎动物中为 *Xbp1*）来释放内含子，并通过tRNA连接酶连接生成外显子。
- 只有剪接过的 *HAC1* mRNA可编码一种转录因子，那些帮助蛋白质折叠的编码分子伴侣的基因就是受这种转录因子所激活。
- 当细胞受到解折叠蛋白的过度压力时，激活的Ire1蛋白会诱导细胞凋亡。

在真核生物中，与tRNA剪接有关的一种特殊剪接系统，解折叠蛋白应答（unfolded protein response, UPR）途径是保守的。如**图19.39**总结的，解折叠蛋白在内质网（endoplasmic reticulum，ER）腔中的积累可引发UPR途径，从而使编码在ER中帮助蛋白质折叠的分子伴侣的基因转录物增加，因此，肯定有一种信号从ER中被传递给了细胞核。

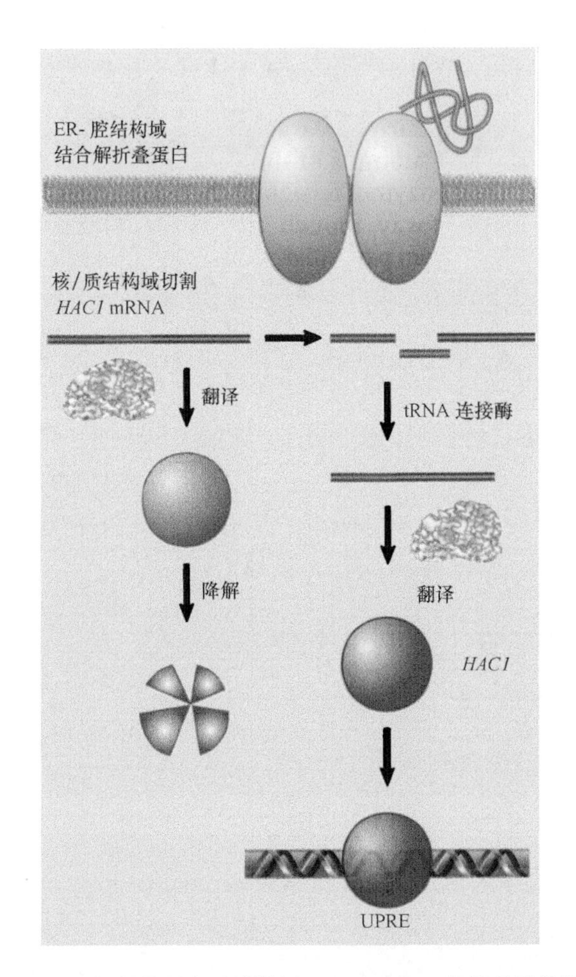

图19.39 解折叠蛋白通过激活 *HAC1* mRNA的特异性剪接，可以产生一个能识别UPRE的转录因子而发挥其作用

激活上述途径的传感器是依赖肌醇的蛋白质——Ire1蛋白，它位于ER或内核膜上。Ire1蛋白的N端结构域位于ER腔中，用于探查解折叠蛋白是否存在，它可能是通过结合外露基序来判断的；而Ire1蛋白的C端部分位于细胞质或细胞核中（主要由于ER与细胞核的膜的连续性），它展示了Ser/Thr蛋白激酶活性和特异性的内切核酸酶活性。解折叠蛋白的结合可导致Ire1蛋白单体在ER膜上的聚集，并通过自我磷酸化激活膜另一侧结构域的酶活性。

激活的C端内切核酸酶在此时只有一个重要的底物，那就是酵母中的可编码UPR特异性转录因子Hac1蛋白（在脊椎动物中为Xbp1蛋白）的mRNA。在正常情况下，UPR途径未被激活时，*HAC1* mRNA含有252个核苷酸的内含子（Xbp1蛋白含有26个核苷酸的内含子）。*HAC1* 中的内含子阻止了酵母中的mRNA翻译成功能性蛋白质，而在哺乳动物的细胞中，*Xbp1* 中的内含子可允许翻译，但蛋白质可被蛋白酶体快速降解。特殊剪接成分参与了加工这一内含子过程。激活的Ire1蛋白的内切核酸酶活性可以直接作用于 *HAC1* mRNA（在脊椎动物中为 *Xbp1* mRNA），它可切割两个剪接位点，在5′外显子的3′端留下2′,3′-环磷酸，在3′外显子的5′端留下5′-OH，随后，这两点由参与tRNA剪接途径的tRNA连接酶连接。这样，*HAC1*（*Xbp1*）mRNA前体的整个加工过程类似于tRNA剪接加工途径。

然而这两条途径存在显著差异，即Ire1蛋白与tRNA内切核酸酶之间并没有序列同源性或共享亚基组成。Ire1蛋白的内切核酸酶活性在ER中是受到高度调节的，且只有一个底物（*HAC1* 前mRNA）；相应地，tRNA内切核酸酶存在多种底物，它们都具有共同的tRNA折叠结构，而对剪接位点周围的序列基本没有偏爱性。

运用这样的类tRNA途径来去除 *HAC1*（*Xbp1*）mRNA中的内含子，这个成熟的mRNA就可翻译产生潜在的碱性亮氨酸拉链（basic-leucine zipper，bZIP）转录因子，它可结合于受其调节的许多基因启动子中的共同基序，即解折叠蛋白应答元件（unfolded protein response elememnt，UPRE）上。这些基因产物就可以通过提高有助于其他蛋白质折叠的蛋白质的表达达到保护细胞的目的。

如果UPR系统被解折叠蛋白所掩盖，则被激活的Ire1蛋白的激酶结构域就可结合细胞质中的TRAF接头分子，它可诱导凋亡途径并杀死细胞。这样，细胞就利用特殊的tRNA加工策略来应答解折叠蛋白。然而，在Ire1内切核酸酶与tRNA剪接内切核酸酶之间不存在明显的关系，所以还不清楚这种特殊系统是如何进化而来的。

19.20 rRNA的产生需要切割事件，并需要小RNA的参与

关键概念

- Pol Ⅰ在18位碱基终止子序列处终止转录。
- 亚基大小不同的rRNA都通过从共同的前RNA切割下来而释放，而5S rRNA是分开转录的。
- C/D型的snoRNA是核糖C-2甲基化修饰所必需的。
- H/ACA型的snoRNA是尿苷转化成假尿苷所必需的。
- 在每一个例子中，snoRNA和包含了靶碱基的rRNA序列配对，产生了一个典型的、用于修饰的底物结构。

大部分rRNA作为单一初始转录物的一部分进行合成，经过切割和修整等加工事件后才产生成熟产物。前体包括了18S、5.8S和28S rRNA序列（不同核糖体RNA的命名是基于早期20世纪70年代在蔗糖梯度中所进行的沉降实验）。在多细胞真核生物中，前体以沉降速率命名为45S RNA；在单细胞/寡细胞真核生物中，它比较小（如酵母中为35S）。

成熟rRNA通过切割事件和修整反应从前体释放，这些作用可去除外部转录间隔区（external tanscribed spacer，ETS）和内部转录间隔区（internal tanscribed spacer，ITS）。图19.40显示了酵母中的通常途径，尽管作用次序可能不同，但在真核生物中，反应基本上类似。5′端大多直接由切割事件产生，3′端大多由切割及紧跟在其后的3′→5′修整反应产生。这些过程由许多ETS元件与ITS元件中的顺式作用RNA基序所特化，可能多达150个加工因子参与其中。

实验提示许多核糖核酸酶参与rRNA加工，包括外切体（exosome）的一些特异性成分。外切体是一些外切核酸酶的组装体，也参加mRNA的降解（详见第20章“催化性RNA”）。单个酶的突变通常不能阻碍加工，这说明它们的活性是冗余的，不同组合的切割都能产生成熟分子。

rRNA转录单位经常存在许多拷贝，这些拷贝以串联重复的形式组织而成（详见第6章“成簇与重复”）。编码rRNA的基因由核仁中的Pol Ⅰ转录；相反地，5S RNA由Pol Ⅲ从单独的基因转录而来。通常5S基因是成簇的，但与主要rRNA基因是分开的。

在细菌中，前体具有不同的组织方式。对应于5.8S rRNA的序列形成大RNA（23S）的5′端，也就是说，这些序列之间没有加工过程。图19.41显示，此前体也包含了5S rRNA和1～2个tRNA。在大肠杆菌（*Eschenchia coli*）中，7个*rrn*操纵子

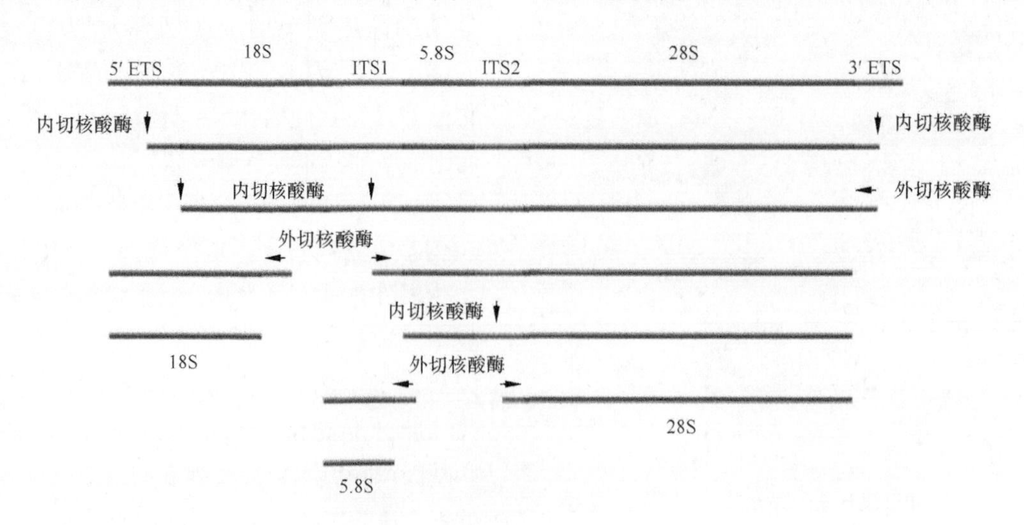

图19.40 真核生物的成熟rRNA是由一个初始转录物经切割和修整反应而产生的

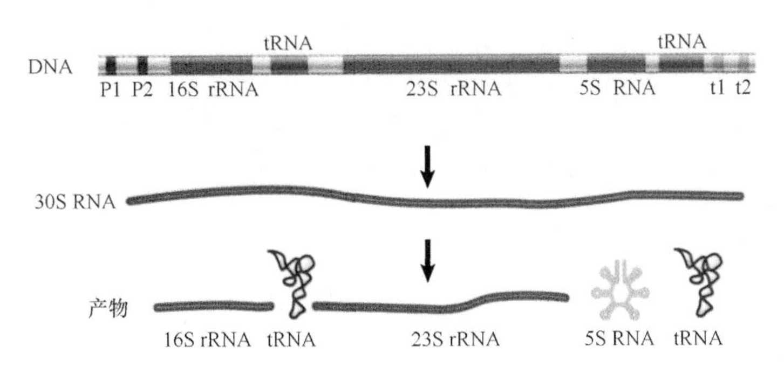

图 19.41 大肠杆菌中 *rrn* 操纵子包含 rRNA 和 tRNA 基因，转录物的准确长度取决于使用哪个启动子（P）和终止子（t），每个 RNA 产物必须从转录物的任一端被切割而释放

分散于基因组中；4 个 *rrn* 基因座包含了一个在 16S 与 23S rRNA 序列之间的 tRNA 基因；而另一个 *rrn* 基因座包含了这个区域的两个 tRNA 基因。另外的 tRNA 基因可能在或不在 5S 序列和 3′ 端之间，所以，需要释放产物的加工反应由特殊 *rrn* 基因座的内含物来决定。

在原核和真核生物 rRNA 的加工过程中，核糖体蛋白（可能还有其他蛋白质）结合到前体上，所以处于加工过程的底物不是游离 RNA，而是核蛋白复合体。就如前 mRNA 的加工一样，rRNA 的加工与转录同时进行。因此，在装配核糖体时，加工因子与核糖体蛋白会纠结在一起，而不是先加工，再在加工过的 rRNA 上分步装配。

在 rRNA 加工和修饰中需要一组核仁小 RNA（small nucleolar RNA，snoRNA）的参与。在酿酒酵母与脊椎动物基因组中含有数百个 snoRNA。一些 snoRNA 由单一基因编码，而另一些则由多顺反子编码，还有许多由宿主基因的内含子衍生而来。这些 snoRNA 自身经历了复杂的加工和成熟过程。一些 snoRNA 是将前体切割成成熟 rRNA 所必需的，其中一个例子就是 U3 snoRNA，它是第一步切割事件所必需的。含 U3 的复合体对应于新生 rRNA 转录物的 5′ 端的“末端旋钮”，它在电子显微镜下是可见的。我们还不知道 snoRNA 在切割反应中所起的作用，它可能和 rRNA 序列配对后形成可被内切核酸酶所识别的二级结构。

rRNA 碱基修饰需要两类 snoRNA，每一类中的成员都含有非常短的保守序列和共同的二级结构，此特征可用来鉴别。

核糖 2′ 位点甲基化作用需要 C/D 型 snoRNA 的参与。在脊椎动物 rRNA 中的保守位置上有 100 种以上的 2′-O- 甲基基团。这些基团的名称来自两个保守短序列的基序，名为 C 框（*box C*）和 D 框（*box D*），每个 snoRNA 都含有一个位于 D 框附近且能与甲基化的 18S 或 28S rRNA 互补的序列。特殊 snoRNA 的缺失会阻止 rRNA 互补区域的甲基化。

图 19.42 表明 snoRNA 碱基与 rRNA 配对，形成双链体区域，以此来作为甲基化底物。甲基化发生在互补区域内 D 框 5′ 端的 5 个固定碱基中。每一个甲基化可能被不同的 snoRNA 特异性识别；迄今为止，约 40 个 snoRNA 已经被鉴定出来，它们在这一修饰反应中起作用。每一个 C 框 +D 框 snoRNA 与三种蛋白质 Nop1 蛋白 [在脊椎动物中为纤维状蛋白（fibrillarin）]、Nop58 蛋白与 Nop56 蛋白联系在一起。但甲基化酶还未被完全鉴定出来，尽管主要的 snoRNP——Nop1/ 纤维状蛋白在结构上是与甲基转移酶相似的。

另外一组 snoRNA 参与了从尿苷转化成假尿苷（pseudouridine，Ψ）的合成事件。酵母 rRNA 含有 50 个左右假尿苷残基；脊髓动物 rRNA 含有约 100 个左右假尿苷残基。**图 19.43** 中显示了假尿苷合成所参与的反应，其中，与核糖连接的尿苷酸 N1 键断裂，

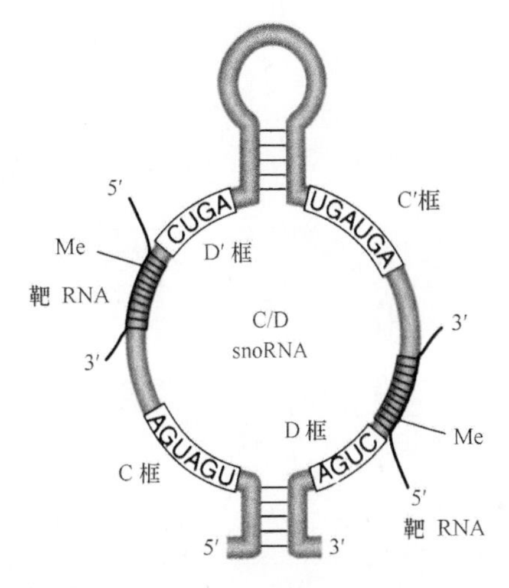

图 19.42 snoRNA 与 rRNA 配对的区域将被甲基化

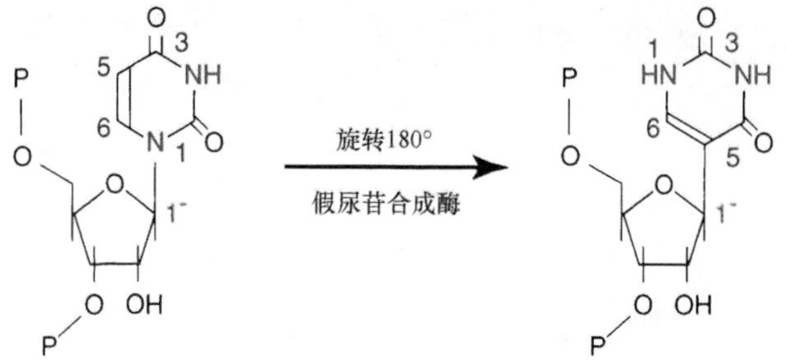

图 19.43 尿苷通过 C5- 核糖键替换 N1- 核糖键，并旋转了与核糖相对的碱基，使之转变成假尿苷

接着碱基旋转，并把 C5 重连到核糖上。

在 rRNA 中，假尿苷的形成需要 H/ACA 组中的约 20 个 snoRNA，它的命名是由于在 3′ 端有一个 ACA 核苷酸三联体，以及在两个茎 - 环发夹结构之间存在部分保守序列（H 框）。每个 snoRNA 在发夹的茎部有一个和 rRNA 互补的序列。**图 19.44** 显示了 rRNA 配对之后所产生的结构，每个配对区都含有两个不配对的碱基，其中一个尿苷会转化成假尿苷。

H/ACA 型 snoRNA 与 4 种特殊的核仁蛋白联系在一起，即 Cbf5p 蛋白、Nhp2p 蛋白、Nop10p 蛋白与 Gar1p 蛋白。尤其重要的是，Cbf5p/ 角化不良蛋白在结构上类似于已知的假尿苷合成酶，这样，它很可能在 snoRNA 介导的假尿苷合成反应中提供了酶活性。许多 snoRNA 也用于指导 tRNA 以及参与前 mRNA 剪接的 snRNA 中的碱基修饰，而这些结构对它们各自反应中的功能发挥是十分关键的。但是大量的 snoRNA 还没有发现十分明确的靶标，

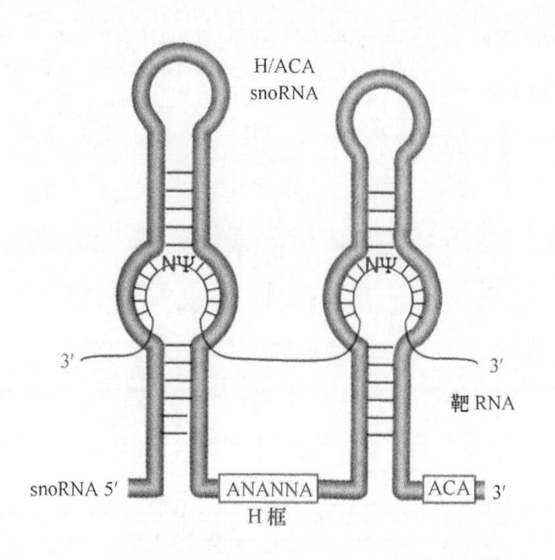

图 19.44 H/ACA 型 snoRNA 含有两小段保守序列和两个发夹结构，其各自茎部有与 rRNA 互补的区域。与 rRNA 不配对区域中的尿苷会转化成假尿苷

这些 snoRNA 称为孤儿 RNA（orphan RNA）。这些孤儿 RNA 的存在表明许多生物过程可能使用 RNA 介导的机制来功能性地修饰其他用于表达的 RNA，这可能比我们目前所了解的更加广泛多样。

小结

在运输进入细胞质进行翻译之前，真核生物 mRNA 必须在细胞核内进行加工。一个甲基化的帽被加到 5′ 端。它在原来的核苷酸位置上通过 5′-5′ 键加上一个核苷酸而形成，在此之后，甲基基团被加上。

剪接反应完成内含子的去除并把外显子连在一起构成成熟的 RNA 序列。根据体外反应时需要的条件和形成的中间体，可以把剪接反应至少分为四类，包括真核生物细胞核内含子、Ⅰ类内含子、Ⅱ类内含子和 tRNA 内含子四种剪接系统。每一种剪接都是一个 RNA 分子上组成的变化，因此称为顺式剪接反应。

前 mRNA 的剪接采取偏爱而非特异性的途径。只有非常短的一段共有序列是必需的，而内含子中其他部分对剪接位点的识别没有影响。外显子或内含子序列都能对邻近剪接位点的选择产生正或负影响。与 3′ 剪接位点一样，5′ 剪接位点也可能都是相同的。描述内含子末端特征的 GU-AG 规则提供了剪接需要的序列。酵母中的 UACUAAC 分支点，或者哺乳动物内含子中保守性较低的共有序列都是必需的。5′ 剪接位点的反应包括套索结构的形成，此套索结构通过 5′-2′- 磷酸二酯键把内含子的 GU 末端与分支点第 6 位上的 A 连接在一起，然后外显子末端的 3′-OH 攻击 3′ 剪接位点，最后，外显子连在一起，内含子以套索结构被释放出去。两次反应都是转酯反应，其中磷酸二酯键的数目不变。反应中几个阶段都需要 ATP 的水解供能，这可能导致了 RNA 和（或）蛋白质组分构型的改变。套索结构的形成负责 3′ 剪接位点的选择。有一些蛋白质因子能刺激新剪接位点的使用或阻止原有位点的使用，从而导致可变剪接类型的发生。

前 mRNA 的剪接需要形成剪接体。剪接体是一个大的颗粒，能把共有序列装配到一个反应性构象中。剪接体大多以内含子定界的加工方式形成，包括 5′ 剪接位点的识别、分支点和 3′ 剪接位点。这种方式可应用于小的内含子，如酵母中的内含子。

然而如果内含子很大，如在脊椎动物中的内含子，其位点的识别首先就应用到外显子定界，它涉及3′剪接位点与下游5′剪接位点之间的跨越外显子的相互作用，随后它被转换到用于后续剪接体装配途径的、跨越内含子的配对相互作用。不管通过内含子定界或外显子定界，剪接位点识别的初始过程决定了前mRNA如何进入到剪接途径。前mRNA复合体包含U1 snRNP和许多关键的蛋白质剪接因子，包括U2AF因子与分支点结合因子。在多细胞真核生物中，定型复合体（E复合体）的形成需要SR蛋白的参与。

剪接体含有U1、U2、U4/U6和U5 snRNP及其他许多剪接因子。U1、U2和U5 snRNP中各含有一个snRNA和几种蛋白质；U4/U6 snRNP含有两个snRNA和几种蛋白质。一些蛋白质在所有的snRNP颗粒中都是相同的。U1 snRNA与5′剪接位点配对，U2 snRNA与分支点序列配对，U5 snRNP通过剪接体内的环状序列将3′与5′剪接位点聚集在一起。当U4释放U6后，U6 snRNA与5′剪接位点和U2碱基配对，而U2序列与分支点序列维持碱基配对状态，这可能形成剪接的催化中心。另一组snRNP为剪接依赖U12的内含子亚类提供了相似的功能。催化中心类似于Ⅱ类自剪接内含子，结果，这很可能就是一个极大的RNA机器（像核糖体一样），其中的关键RNA元件定位于反应中心。

剪接事件通常是分子内反应，但是在锥虫和线虫中也会存在反式（分子间）剪接反应。它包括了小SL RNA和前mRNA之间的反应。在线虫中存在两类SL RNA，一种用来剪接mRNA的5′端，另一种用于剪接内部位点，它用于打断多顺反子。SL RNA引入到已经加工的mRNA中为翻译提供了必要的信号。

Pol Ⅱ的终止能力与mRNA的3′端形成紧密联系。位于切割位点上游11～30 bp处的AAUAAA序列，为内切核酸酶的切割和poly(A)聚合酶的多腺苷酸化提供信号。结合于切割位点下游的GU富集区元件的复合体可增强这种作用。当结合于新生RNA的、由切割所产生的5′端的外切核酸酶追上RNA聚合酶时，转录就被终止。

所有Pol Ⅱ转录物都需要多腺苷酸化，而组蛋白mRNA既不含有内含子，也不需要poly(A)尾。组蛋白mRNA的3′端形成依赖于茎-环结构和U7 snRNA与下游元件的碱基配对，而它们可指导切割反应。茎-环结构可保护末端，这与细菌中的一样。

tRNA剪接涉及独立的两个内切核酸酶和连接酶反应。内切核酸酶识别前体的二级（或三级）结构，并切割内含子的两个末端。内含子去除后释放两个半-RNA分子，在ATP的参与下使之连接起来。这种tRNA成熟途径与ER中解折叠蛋白质应答途径所利用的机制是一样的。

rRNA加工发生在核仁中，U3 snRNA启动了一系列的内切核酸酶与外切核酸酶的活动，以此来切割与修整前rRNA中的多余部分，用于产生单一的核糖体RNA。成百上千种非编码RNA也表达于真核生物细胞中。在核仁中，有两组这样的非编码RNA，称为snoRNA，它们负责与修饰位点的RNA配对，C/D型snoRNA为甲基化指明了作用位点，H/ACA型snoRNA用于识别尿苷向假尿苷转变的位点。

参考文献

19.1 引言

综述文献

Lewin, B. (1975). Units of transcription and translation: sequence components of hnRNA and mRNA. *Cell* 4, 77-93.

19.2 真核生物mRNA的5′端被加帽

综述文献

Bannerjee, A. K. (1980). 5′ terminal cap structure in eukaryotic mRNAs. *Microbiol. Rev.* 44, 175-205.

研究论文文献

Mandal, S. S., Chu, C., Wada, T., Handa, H., Shatkin, A. J., and Reinberg, D. (2004). Functional interactions of RNA-capping enzyme with factors that positively and negatively regulated promoter escape by RNA polymerase II. *Proc. Natl. Acad. Sci. USA* 101, 7572-7577.

McCracken, S., Fong, N., Rosonina, E., Yankulov, K., Brothers, G., Siderovski, D., Hessel, A., Foster, S., Shuman, S., and Bentley, D. L. (1997). 5′-capping enzymes are targeted to pre-mRNA by binding to the phosphorylated carboxy-terminal domain of RNA polymerase II. *Genes Dev.* 11, 3306-3318.

19.3 细胞核内的剪接位点是各种短序列

综述文献

Padgett, R. A. (1986). Splicing of messenger RNA precursors. *Annu. Rev. Biochem.* 55, 1119-1150.

Sharp, P. A. (1987). Splicing of mRNA precursors. *Science* 235, 766-771.

Sharp, P. A., and Burge, C. B. (1997). Classification of introns: U2-type or U12-type. *Cell* 91, 875-879.

研究论文文献

Graveley, B. R. (2005). Mutually exclusive splicing of the insect Dscam pre-mRNA directed by competing intronic RNA secondary structures. *Cell* 123, 65-73.

Krainer, A. R., Maniatis, T., Ruskin, B., and Green, M. R. (1984). Normal and mutant human b-globin pre-mRNAs are accurately and efficiently spliced *in vitro*. *Cell* 36, 993-1005.

19.5 前 mRNA 剪接要经过套索结构

综述文献

Sharp, P. A. (1994). Split genes and RNA splicing. *Cell* 77, 805-815.

研究论文文献

Reed, R., and Maniatis, T. (1985). Intron sequences involved in lariat formation during pre-mRNA splicing. *Cell* 41, 95-105.

Ruskin, B., Krainer, A. R., Maniatis, T., and Green, M. R. (1984). Excision of an intact intron as a novel lariat structure during pre-mRNA splicing *in vitro*. *Cell* 38, 317-331.

19.6 snRNA 是剪接所必需的

综述文献

Guthrie, C. (1991). Messenger RNA splicing in yeast: clues to why the spliceosome is a ribonucleoprotein. *Science* 253, 157-163.

Guthrie, C., and Patterson, B. (1988). Spliceosomal snRNAs. *Annu. Rev. Genet.* 22, 387-419.

Maniatis, T., and Reed, R. (1987). The role of small nuclear ribonucleoprotein particles in pre-mRNA splicing. *Nature* 325, 673-678.

研究论文文献

Black, D. L., Chabot, B., Steitz, J. A. (1985). U2 as well as U1 small nuclear ribonucleoproteins are involved in premessenger RNA splicing. *Cell* 42, 737-750.

Black, D. L., and Steitz, J. A. (1986). Pre-mRNA splicing *in vitro* requires intact U4/U6 small nuclear ribonucleoprotein. *Cell* 46, 697-704.

Grabowski, P. J., Seiler, S. R., and Sharp, P. A. (1985). A multicomponent complex is involved in the splicing of messenger RNA precursors. *Cell* 42, 345-353.

Krainer, A. R., and Maniatis, T. (1985). Multiple components including the small nuclear ribonucleoproteins U1 and U2 are required for pre-mRNA splicing *in vitro*. *Cell* 42, 725-736.

19.7 前 mRNA 必须经历剪接过程

综述文献

Berget, S. M. (1995). Exon recognition in vertebrate splicing. *J. Biol. Chem.* 270, 2411-2414.

Fu, X.-D. (1995). The superfamily of arginine/serinerich splicing factors. *RNA* 1, 663-680.

Reed, R. (1996). Initial splice-site recognition and pairing during pre-mRNA splicing. *Curr. Opin. Genet. Dev.* 6, 215-220.

研究论文文献

Abovich, N., and Rosbash, M. (1997). Cross-intron bridging interactions in the yeast commitment complex are conserved in mammals. *Cell* 89, 403-412.

Berglund, J. A., Chua, K., Abovich, N., Reed, R., and Rosbash, M. (1997). The splicing factor BBP interacts specifically with the pre-mRNA branchpoint sequence UACUAAC. *Cell* 89, 781-787.

Fu, X.-D. (1993). Specific commitment of different pre-mRNA to splicing single SR proteins. *Nature* 365, 82-85.

Hoffman, B. E., and Grabowski, P. J. (1992). U1 snRNP targets an essential splicing factor, U2AF65, to the 3′ splice site by a network of interactions spanning the exon. *Genes Dev.* 6, 2554-2568.

Ibrahim, E. C., Schaal, T. D., Hertel, K. J., Reed, R., Maniatis, T. (2005). Serine/arginine-rich proteindependent suppression of exon skipping by exonic splicing enhancers. *Proc. Natl. Acad. Sci. USA* 102, 5002-5007.

Kohtz, J. D., Jamison, S. F., Will, C. L., Zuo, P., Lührmann, R., Garcia-Blanco, M. A., and Manley, J. L. (1994). Protein-protein interactions and 5′ splice-site recognition in mammalian mRNA precursors. *Nature* 368, 119-124.

Robberson, B. L., and Berget, S. M. (1990). Exon definition may facilitate splice site selection in RNAs with multiple exons. *Mol. Cell Biol.* 10, 84-94.

Wu, J. Y., and Maniatis, T. (1993). Specific interactions between proteins implicated in splice site selection and regulated alternative splicing. *Cell* 75, 1061-1070.

19.8 剪接体组装途径

综述文献

Burge, C. B., Tushl, T. H., and Sharp, P. A. (1999). Splicing of precursors to mRNAs by the spliceosome. In Gesteland, R. F., and Atkins, J. F., eds. *The RNA World*, 2nd ed., Cold Spring Harbor Laboratory Press, Plainview, NY, pp. 525-560.

研究论文文献

Cheng, S. C., and Abelson, J. (1987). Spliceosome assembly in yeast. *Genes Dev.* 1, 1014-1027.

Konarska, M. M., and Sharp, P. A. (1987). Interactions between small nuclear ribonucleoprotein particles in formation of spliceosomes. *Cell* 49, 736-774.

Newman, A., and Norman, C. (1991). Mutations in yeast U5 snRNA alter the specificity of 5′ splice site cleavage. *Cell* 65, 115-123.

Tseng, C. K., and Cheng, S. C. (2008). Both catalytic steps of nuclear pre-mRNA splicing are reversible. *Science* 320, 1782-1784.

Yan, C., Hang, J., Wan, R., Huang, M., Wong, C., and Shi, Y. (2015). Structure of a yeast spliceosome at 3.6-angstrom resolution. *Science* 349, 1182-1191.

Zhuang, Y., and Weiner, A. M. (1986). A compensatory base change in U1 snRNA suppresses a 5′ splice site mutation. *Cell* 46, 827-835.

19.9 可变剪接体使用不同的 snRNP 加工次要类型的内含子

研究论文文献

Burge, C. B., Padgett, R. A., and Sharp, P. A. (1998). Evolutionary fates and origins of U12-type introns. *Mol. Cell* 2, 773-785.

Dietrich, R. C., Incorvaia, R., and Padgett, R. A. (1997). Terminal intron dinucleotide sequences do not distinguish between U2- and U12-dependent introns. *Mol. Cell* 1, 151-

160.

Hall, S. L., and Padgett, R. A. (1994). Conserved sequences in a class of rare eukaryotic introns with non-consensus splice sites. *J. Mol. Biol.* 239, 357-365.

Tarn, W.-Y., and Steitz, J. A. (1996). A novel spliceosome containing U11, U12, and U5 snRNPs excises a minor class AT-AC intron *in vitro*. *Cell* 84, 801-811.

Tarn, W.-Y., and Steitz, J. A. (1996). Highly diverged U4 and U6 small nuclear RNAs required for splicing rare AT-AC introns. *Science* 273, 1824-1832.

19.10 前 mRNA 剪接可能与 II 类自我催化内含子共享剪接机制

综述文献

Madhani, H. D., and Guthrie, C. (1994). Dynamic RNA-RNA interactions in the spliceosome. *Annu. Rev. Genet.* 28, 1-26.

Michel, F., and Ferat, J.-L. (1995). Structure and activities of group II introns. *Annu. Rev. Biochem.* 64, 435-461.

研究论文文献

Madhani, H. D., and Guthrie, C. (1992). A novel base-pairing interaction between U2 and U6 snRNAs suggests a mechanism for the catalytic activation of the spliceosome. *Cell* 71, 803-817.

19.11 暂时性和功能性的剪接与基因表达的多个步骤偶联

综述文献

Maniatis, T., and Reed, R. (2002). An extensive network of coupling among gene expression machines. *Nature* 416, 499-506.

Maquat, L. E. (2004). Nonsense-mediated mRNA decay: splicing, translation and mRNA dynamics. *Nature Rev. Mol. Cell Biol.* 5, 89-99.

Pandit, S., Wang, D., and Fu, X.-D. (2008). Functional integration of transcriptional and RNA processing machineries. *Curr. Opin. Cell Biol.* 20, 260-265.

Proudfoot, N. J., Furger, A., and Dye, M. J. (2002). Integrating mRNA processing with transcription. *Cell* 108, 501-512.

研究论文文献

Cheng, H., Dufu, K., Lee, C. S., Hsu, J. L., Dias, A., and Reed, R. (2006). Human mRNA export machinery recruited to the 5′ end of mRNA. *Cell* 127, 1389-1400.

Das, R., Yu, J., Zhang, Z., Gygi, M. P., Krainer, A. R., Gygi, S. P., and Reed R. (2007). SR proteins function in coupling RNAP II transcription to premRNA splicing. *Mol. Cell* 26, 867-881.

Le Hir, H., Izaurralde, E., Maquat, L. E., and Moore, M. J. (2000). The spliceosome deposits multiple proteins 20–24 nucleotides upstream of mRNA exon-exon junctions. *EMBO J.* 19, 6860-6869.

Lin, S., Coutinho-Mansfield, G., Wang, D., Pandit, S., and Fu, X. D. (2008). The splicing factor SC35 has an active role in transcriptional elongation. *Nature Struc. Mol. Biol.* 15, 819-826.

Luo, M. L., Zhou, Z., Magni, K., Christoforides, C., Rappsilber, J., Mann, M., and Reed, R. (2001). Pre-mRNA splicing and mRNA export linked by direct interactions between UAP56 and Aly. *Nature* 413, 644-647.

Zhou, Z., Luo, M. J., Straesser, K., Katahira, J., Hurt, E., and Reed, R. (2000). The protein Aly links premessenger-RNA splicing to nuclear export in metazoans. *Nature* 407, 401-405.

19.12 在多细胞真核生物中，可变剪接是一条规则，而非例外

综述文献

Black, D. (2003). Mechanisms of alternative premessenger RNA splicing. *Annu. Rev. Biochem.* 72, 291-336.

Luco, R. F., Allo, M., Schor, I. E., Kornblihtt, A. R., and Misteli, T. (2011). Epigenetics in alternative premRNA splicing. *Cell* 144, 16-26.

研究论文文献

Ge, H., and Manley, J. L. (1990). A protein, ASF, controls cell-specific alternative splicing of SV40 early pre-mRNA *in vitro*. *Cell* 62, 25-34.

Krainer, A. R., Conway, G. C., and Kozak, D. (1990). The essential pre-mRNA splicing factor SF2 influences 5′ splice site selection by activating proximal sites. *Cell* 62, 35-42.

Lynch, K. W., and Maniatis, T. (1996). Assembly of specific SR protein complexes on distinct regulatory elements of the *Drosophila* doublesex splicing enhancer. *Genes Dev.* 10, 2089-2101.

Tian, M., and Maniatis, T. (1993). A splicing enhancer complex controls alternative splicing of doublesex pre–mRNA. *Cell* 74, 105-114.

Wang, E. T., Sandberg, R., Luo, S., Khrebtukova, I., Zhang, L., Mayr, C., Kingsmore, S. F., Schroth, G. P., and Burge, C. B. (2008). Alternative isoform regulation in human tissue transcriptomes. *Nature* 456, 470-476.

Xu, X.-D., Yang, D., Ding, J. H., Wang, W., Chu, P. H., Dalton, N. D., Wang, H. Y., Bermingham, J. R., Jr., Ye, Z., Liu, F., Rosenfeld, M. G., Manley, J. L., Ross, J., Jr., Chen, J., Xiao, R. P., Cheng, H., and Fu, X. D. (2005). ASF/SF2-regulated CaMKIIdelta alternative splicing temporally reprograms excitation-contraction coupling in cardiac muscle. *Cell* 120, 59-72.

19.13 剪接可被内含子和外显子的剪接增强子或沉默子所调节

综述文献

Blencowe, B. J. (2006). Alternative splicing: new insights from global analysis. *Cell* 126, 37-47.

研究论文文献

Cramer, P., Cáceres, J. F., Cazalla, D., Kadener, S., Muro, A. F., Baralle, F. E., and Kornblihtt, A. R. (1999). Coupling of transcription with alternative splicing: RNA Pol II promoters modulate SF2/ASF and 9G8 effects on an exonic splicing enhancer. *Mol. Cell* 4, 251-258.

de la Mata, M., Alonso, C. R., Kadener, S., Fededa, J. P., Blaustein, M., Pelisch, F., Cramer, P., Bentley, D., and Kornblihtt, A. R. (2003). A slow RNA polymerase II affects alternative splicing *in vivo*. *Mol. Cell* 12, 525-532.

Fairbrother, W. G., Yeh, R. F., Sharp, P. A., and Burge, C. B. (2002). Predictive identification of exonic splicing enhancers in human genes. *Science* 297, 1007-1113.

Locatalosi, D. D., Mele, A., Fak, J. J., Ule, J., Kayikci, M., Chi, S. W., Clark, T. A., Schweitzer, A. C., Blume, J. E., Wang,

X., Darnell, J. C., and Darnell, R. B. (2008). HITS-CLIP yields genome-wide insights into brain alternative RNA processing. *Nature* 456, 464-470.

Sharma, S., Falick, A. M., and Black, D. L. (2005). Polypyrimidine tract binding protein blocks the 5′ splice site-dependent assembly of U2AF and the prespliceosome E complex. *Mol. Cell* 19, 485-496.

Wang, Z., Rolish, M. E., Yeo, G., Tung, V., Mawson, M., and Burge, C. B. (2004). Systematic identification and analysis of exonic splicing silencers. *Cell* 119, 831-845.

Yeo, G., Coufal, N. G., Liang, T. Y., Peng, G. E., Fu, X. D., and Gage, F. H. (2008). An RNA code for the Fox2 splicing regulator revealed by mapping RNA-protein interactions in stem cells. *Nature Struc. Mol. Biol.* 16, 130-137.

Zhang, X. H., and Chasin, L. A. (2004). Computational definition of sequence motifs governing constitutive exon splicing. *Genes Dev.* 18, 1241-1250.

Zhu, J., Mayeda, A., and Krainer, A. R. (2001). Exon identity established through differential antagonism between exonic splicing silencerbound hnRNP A1 and enhancer-bound SR proteins. *Mol. Cell* 8, 1351-1361.

19.14 反式剪接反应需要短序列 RNA

综述文献

Nilsen, T. (1993). *Trans*-splicing of nematode premRNA. *Annu. Rev. Immunol.* 47, 413-440.

研究论文文献

Blumenthal, T., Evans, D., Link, C. D., Guffanti, A., Lawson, D., Thierry-Mieg, J., Thierry-Mieg, D., Chiu, W. L., Duke, K., Kiraly, M., and Kim, S. K. (2002). A global analysis of *C. elegans* operons. *Nature* 417, 851-854.

Denker, J. A., Zuckerman, D. M., Maroney, P. A., and Nilsen, T. W. (2002). New components of the spliced leader RNP required for nematode *trans*splicing. *Nature* 417, 667-670.

Fischer, S. E. J., Butler, M. D., Pan, Q., and Ruvkun, G. (2008). *trans*-splicing in *C. elegans* generates the negative RNAi regulator ERI-6/7. *Nature* 455, 491-496.

Hannon, G. J., Maroney, P. A., Denker, J. A., and Nilsen, T. W. (1990). *trans*-splicing of nematode pre-mRNA *in vitro*. *Cell* 61, 1247-1255.

Huang, X. Y., and Hirsh, D. (1989). A second *transspliced* RNA leader sequence in the nematode *C. elegans*. *Proc. Natl. Acad. Sci. USA* 86, 8640-8644.

Krause, M., and Hirsh, D. (1987). A *trans*-spliced leader sequence on actin mRNA in *C. elegans*. *Cell* 49, 753-761.

Murphy, W. J., Watkins, K. P., and Agabian, N. (1986). Identification of a novel Y branch structure as an intermediate in trypanosome mRNA processing: evidence for *trans*-splicing. *Cell* 47, 517-525.

Sutton, R., and Boothroyd, J. C. (1986). Evidence for *trans*-splicing in trypanosomes. *Cell* 47, 527-535.

19.15 经切割和多腺苷酸化产生 mRNA 的 3′ 端

综述文献

Colgan, D. F., and Manley, J. L. (1997). Mechanism and regulation of mRNA polyadenylation. *Genes Dev.* 11, 2755-2766.

Shatkin, A. J., and Manley, J. L. (2000). The ends of the affair: capping and polyadenylation. *Nature Struct. Biol.* 7, 838-842.

Wahle, E., and Keller, W. (1992). The biochemistry of 3′-end cleavage and polyadenylation of messenger RNA precursors. *Annu. Rev. Biochem.* 61, 419-440.

研究论文文献

Conway, L., and Wickens, M. (1985). A sequence downstream of AAUAAA is required for formation of SV40 late mRNA 3′ termini in frog oocytes. *Proc. Natl. Acad. Sci. USA* 82, 3949-3953.

Fox, C. A., Sheets, M. D., and Wickens, M. P. (1989). Poly(A) addition during maturation of frog oocytes: distinct nuclear and cytoplasmic activities and regulation by the sequence UUUUUAU. *Genes Dev.* 3, 2151-2162.

Gil, A., and Proudfoot, N. (1987). Position-dependent sequence elements downstream of AAUAAA are required for efficient rabbit b-globin mRNA 3′ end formation. *Cell* 49, 399-406.

Karner, C. G., Wormington, M., Muckenthaler, M., Schneider, S., Dehlin, E., and Wahle, E. (1998). The deadenylating nuclease (DAN) is involved in poly(A) tail removal during the meiotic maturation of *Xenopus* oocytes. *EMBO J.* 17, 5427-5437.

McGrew, L. L., Dworkin-Rastl, E., Dworkin, M. B., and Richter, J. D. (1989). Poly(A) elongation during *Xenopus* oocyte maturation is required for translational recruitment and is mediated by a short sequence element. *Genes Dev.* 3, 803-815.

Takagaki, Y., Ryner, L. C., and Manley, J. L. (1988). Separation and characterization of a poly(A) polymerase and a cleavage/specificity factor required for pre-mRNA polyadenylation. *Cell* 52, 731-742.

19.16 mRNA 3′ 端的加工对于转录终止十分关键

综述文献

Buratowski, S. (2005). Connection between mRNA 3′ end processing and transcription termination. *Curr. Opin. Cell Biol.* 17, 257-261.

研究论文文献

Dye, M. J., and Proudfoot, N. J. (1999). Terminal exon definition occurs cotranscriptionally and promotes termination of RNA polymerase II. *Mol. Cell* 3, 371-378.

Kim, M., Krogan, N. J., Vasiljeva, L., Rando, O. J., Nedea, E., Greenblatt, J. F., and Buratowski, S. (2004). The yeast Rat1 exonuclease promotes transcription termination by RNA polymerase II. *Nature* 432, 517-522.

Luo, W., Johnson, A. W., and Bentley, D. L. (2006). The role of Rat1 in coupling mRNA 3′ end processing to transcription termination: implications for a unified allosteric-torpedo model. *Genes Dev.* 20, 954-965.

19.17 组蛋白 mRNA 3′ 端的形成需要 U7 snRNA

综述文献

Marzluff, W. F., Wagner, E. J., and Duronio, R. J. (2008). Metabolism and regulation of canonical histone mRNAs: life without a poly(A) tail. *Nature Rev. Genet.* 9, 843-854.

研究论文文献

Dominski, Z., Yang, X. C., and Marzluff, W. F. (2005). The polyadenylation factor CPSF73 is involved in histone pre-mRNA processing. *Cell* 123, 37-48.

Kolev, N. G., and Steitz, J. A. (2005). Symplekin and multiple other polyadenylation factors participate in 3′ end maturation of histone +mRNAs. *Genes Dev.* 19, 2583-2592.

Mowry, K. L., and Steitz, J. A. (1987). Identification of the human U7 snRNP as one of several factors involved in the 3′ end maturation of histone premessenger RNAs. *Science* 238, 1682-1687.

Pillar, R. S., Grimmler, M., Meister, G., Will, C. L., Lührmann, R., Fischer, U., and Schümperli, D. (2003). Unique Sm core structure of U7 snRNPs: assembly by a specialized SMN complex and the role of a new component, Lsm 11, in histone RNA processing. *Genes Dev.* 17, 2321-2333.

Wang, Z. F., Whitfield, M. L., Ingledue, T. C., 3rd, Dominski, Z., and Marzluff, W. F. (1996). The protein that binds the 3′ end of histone mRNA: a novel RNA-binding protein required for histone pre-mRNA processing. *Genes Dev.* 10, 3028-3040.

19.18 tRNA 剪接切割和重连是分开的两步反应

研究论文文献

Diener, J. L., and Moore, P. B. (1998). Solution structure of a substrate for the archaeal pretRNA splicing endonucleases: the bulge-helixbulge motif. *Mol. Cell* 1, 883-894.

Di Nicola Negri, E., Fabbri, S., Bufardeci, E., Baldi, M. I., Gandini Attardi, D., Mattoccia, E., and Tocchini-Valentini, G. P. (1997). The eucaryal tRNA splicing endonuclease recognizes a tripartite set of RNA elements. *Cell* 89, 859-866.

Reyes, V. M., and Abelson, J. (1988). Substrate recognition and splice site determination in yeast tRNA splicing. *Cell* 55, 719-730.

Trotta, C. R., Miao, F., Arn, E. A., Stevens, S. W., Ho, C. K., Rauhut, R., and Abelson, J. N. (1997). The yeast tRNA splicing endonuclease: a tetrameric enzyme with two active site subunits homologous to the archaeal tRNA endonucleases. *Cell* 89, 849-858.

19.19 解折叠蛋白应答与 tRNA 剪接关联

综述文献

Lin, J. H., Walter, P., and Benedict Yen, T. S. (2008). Endoplasmic reticulum stress in disease pathogenesis. *Annu. Rev. Pathol. Mech. Dis.* 3, 399-425.

研究论文文献

Gonzalez, T. N., Sidrauski, C., Dörfler, S., and Walter, P. (1999). Mechanism of non-spliceosomal mRNA splicing in the unfolded protein response pathway. *EMBO J.* 18, 3119-3132.

Sidrauski, C., Cox, J. S., and Walter, P. (1996). tRNA ligase is required for regulated mRNA splicing in the unfolded protein response. *Cell* 87, 405-413.

Sidrauski, C., and Walter, P. (1997). The transmembrane kinase Ire1p is a site-specific endonuclease that initiates mRNA splicing in the unfolded protein response. *Cell* 90, 1031-1039.

19.20 rRNA 的产生需要切割事件，并需要小 RNA 的参与

综述文献

Alessandro, F., and Tollervey, D. (2002). Making ribosomes. *Curr. Opin. Cell. Biol.* 14, 313-318.

Filipowicz, W., and Pogacic, V. (2002). Biogenesis of small nucleolar ribonucleoproteins. *Curr. Opin. Cell. Biol.* 14, 319-327.

Granneman, S., and Baserga, S. L. (2005). Crosstalk in gene expression: coupling and co-regulation of rDNA transcription, preribosome assembly and pre-rRNA processing. *Curr. Opin. Cell Biol.* 17, 281-286.

Henras, A. K, Plisson-Chastang, C., O'Donohue, M.-F., Chakraborty, A., and Gleizes, P.-E. (2015). An overview of pre-ribosomal processing in eukaryotes. *Wiley Interdiscip. Rev. RNA* 6, 225-242. doi:10.1002/wrna.1269

Matera, A. G., Terns, R. M., and Terns, M. P. (2007). Non-coding RNAs: lessons from the small nuclear and small nucleolar RNAs. *Nature Rev. Mol. Cell Biol.* 8, 209-220.

研究论文文献

Balakin, A. G., Smith, L., and Fournier, M. J. (1996). The RNA world of the nucleolus: two major families of small RNAs defined by different box elements with related functions. *Cell* 86, 823-834.

Bousquet-Antonelli, C., Henry, Y., G'elugne, J. P., Caizergues-Ferrer, M., and Kiss, T. (1997). A small nucleolar RNP protein is required for pseudouridylation of eukaryotic ribosomal RNAs. *EMBO J.* 16, 4770-4776.

Ganot, P., Bortolin, M. L., and Kiss, T. (1997). Sitespecific pseudouridine formation in preribosomal RNA is guided by small nucleolar RNAs. *Cell* 89, 799-809.

Ganot, P., Caizergues-Ferrer, M., and Kiss, T. (1997). The family of box ACA small nucleolar RNAs is defined by an evolutionarily conserved secondary structure and ubiquitous sequence elements essential for RNA accumulation. *Genes Dev.* 11, 941-956.

Kass, S., Tyc, K., Steitz, J. A., and Sollner-Webb, B. (1990). The U3 small nucleolar ribonucleoprotein functions in the first step of preribosomal RNA processing. *Cell* 60, 897-908.

Kiss-Laszlo, Z., Henry, Y., Bachellerie, J. P., Caizergues-Ferrer, M., and Kiss, T. (1996). Sitespecific ribose methylation of preribosomal RNA: a novel function for small nucleolar RNAs. *Cell* 85, 1077-1068.

Kiss-Laszlo, Z., Henry, Y., and Kiss, T. (1998). Sequence and structural elements of methylation guide snoRNAs essential for site-specific ribose methylation of pre-rRNA. *EMBO J.* 17, 797-807.

Ni, J., Tien, A. L., and Fournier, M. J. (1997). Small nucleolar RNAs direct site-specific synthesis of pseudouridine in rRNA. *Cell* 89, 565-573.

第 20 章

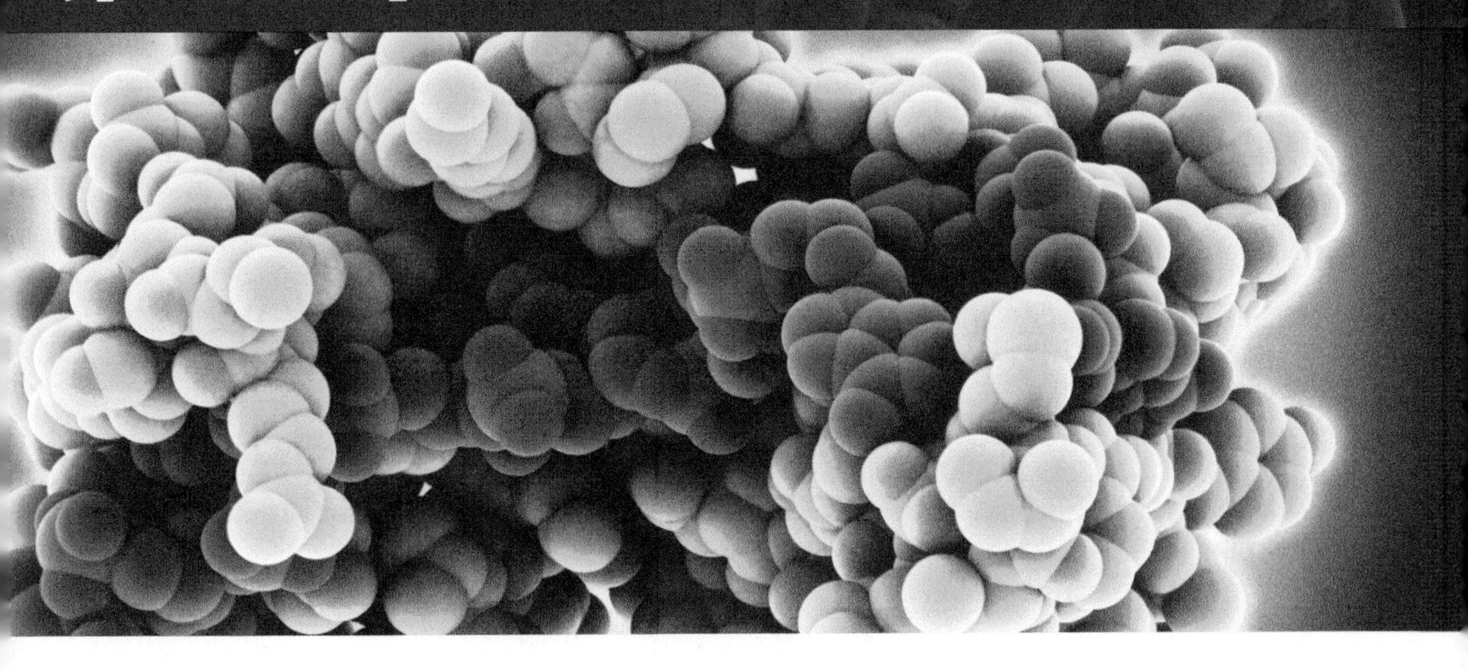

mRNA 的稳定性与定位

Ellen Baker　编

章节提纲

20.1　引言

RNA 在基因表达的许多阶段都是关键的。本章重点是信使 RNA（messenger RNA，mRNA），它是第一个被鉴定出来的 RNA，因为它作为蛋白质合成的中间体在其中发挥了关键作用。许多其他的 RNA 在基因表达的其余各个阶段也扮演着不同的结构和功能性角色。其他细胞 RNA 的功能将在其他章节中讨论：snRNA 与 snoRNA 在第 19 章“RNA 的剪接与加工”中讨论；tRNA 与 rRNA 在第 22 章“翻译”中讨论；miRNA 与 siRNA 在第 30 章“调节性 RNA”中讨论；而保留了远古催化活性的一组

RNA 会在第 21 章“催化性 RNA”中讨论。

信使 RNA 在蛋白质编码基因的表达中发挥了主要作用。在翻译过程中，每一个 mRNA 分子携带了特异性多肽合成所需的遗传密码。mRNA 还携带了更多的其他信息：它以多快的频率被翻译出来；它的存活时间究竟有多长；在细胞的哪一个区室它能被翻译出来。RNA 顺式元件及与其偶联的蛋白质携带了这些相关信息，而相当一部分信息则存在于 mRNA 序列的某些区域，尽管这些区域并不直接参与蛋白质的编码。

图 20.1 显示了原核生物与真核生物中典型 mRNA 的一些结构特征。细菌 mRNA 末端在转录后不被修饰，所以它们由用于转录起始的 5′- 三磷酸核苷酸开始，由 RNA 聚合酶加入的最后一个核苷酸作为结束。许多大肠杆菌（*Escherichia coli*）mRNA 的 3′ 端可形成发夹结构，并参与了内在的（不依赖 ρ 因子的）转录终止（详见第 17 章“原核生物的转录”）。真核生物 mRNA 是共转录加帽和多腺苷酸化的（详见第 19 章“RNA 剪接与加工”）。大部分非蛋白质编码调节信息存在于 mRNA 中的 5′ 和 3′ **非翻译区**（**untranslated region，UTR**），也有一些元件位于编码区中。尽管所有 mRNA 是核苷酸的线性序列，但是分子内的碱基配对也能形成二级结构与三级结构。这些结构比较简单，如图中所示的**茎 - 环**（**stem-loop**）结构；或者也存在比较复杂的结构，如参与分叉的结构；或与分子中较远区域的核苷酸配对。mRNA 的调节信息是如何破译的，以及负责 mRNA 的降解、翻译和定位的装置是如何作用的，对这些机制的研究是当今分子生物学的重要领域。

20.2 信使 RNA 是不稳定分子

关键概念

- mRNA 的不稳定性是由于核糖核酸酶的作用所致。
- 各种核糖核酸酶的底物偏爱性与攻击模式是不同的。

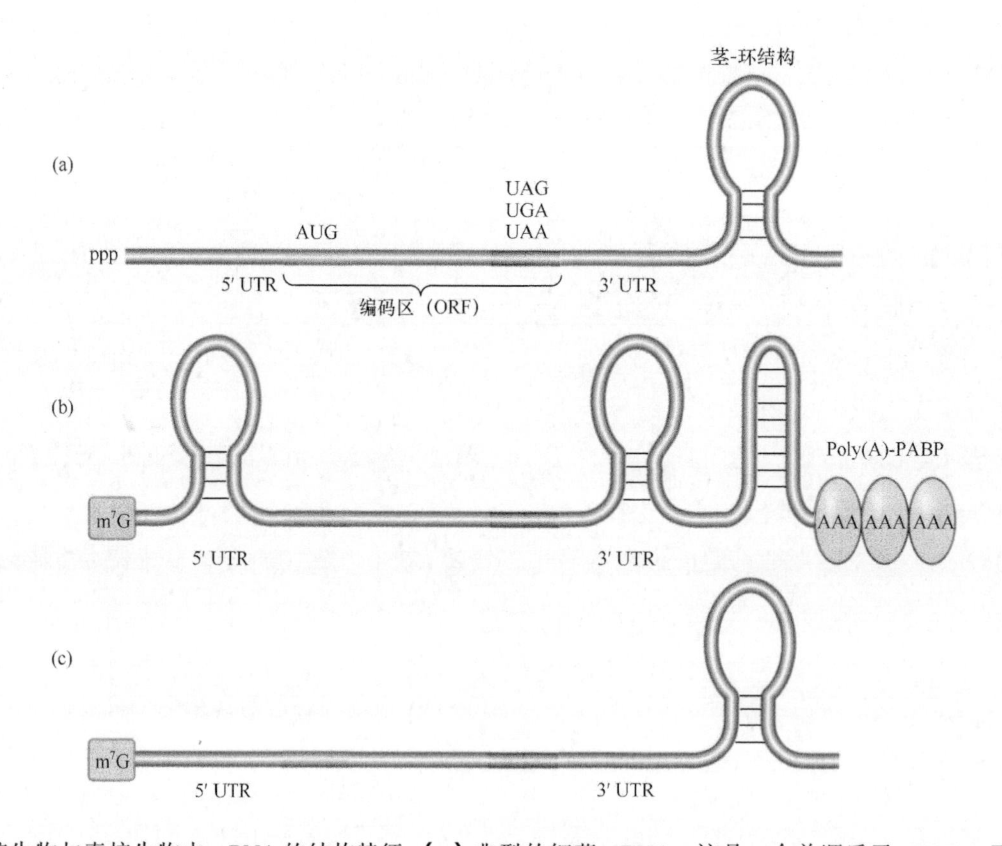

图 20.1 原核生物与真核生物中 mRNA 的结构特征。**（a）** 典型的细菌 mRNA。这是一个单顺反子 mRNA，而细菌 mRNA 也可以是多顺反子的。许多细菌 mRNA 终止于末端茎 - 环结构。**（b）** 所有真核生物 mRNA 始于帽结构（m7G），大部分以 poly(A) 尾结束，而 poly(A) 尾则包被着 poly(A) 结合蛋白（PABP）。真核生物 mRNA 可存在一个或多个二级结构区域，典型的位于 5′ 和 3′ UTR。**（c）** 哺乳动物中的主要组蛋白 mRNA 拥有 3′ 端茎 - 环结构，而非 poly(A) 尾

- mRNA 展现出了程度各异的半衰期。
- mRNA 稳定性的差异不仅是产生不同 mRNA 丰度的重要因素，而且也因此使得细胞中所制备的蛋白质谱不同。

信使 RNA 是相对不稳定的分子，它与 DNA 不一样，与 tRNA 和 rRNA 也存在着一定程度的差异。连接核糖核酸的磷酸二酯键比这些连接脱氧核糖核酸的磷酸二酯键的强度要稍微弱一些，这是由于核糖糖基上的 2′- 羟基（2′-OH）基团的存在所致，这也是 mRNA 不稳定的部分原因，但并非主要原因。其主要原因是由于细胞拥有大量的 RNA 降解酶，称为**核糖核酸酶（ribonuclease，RNase）**，其中一些专门针对 mRNA 分子。

核糖核酸酶是切割连接 RNA 核糖核酸的磷酸二酯键的酶，这些分子是多种多样的，因为许多不同的蛋白质结构域进化出了各种不同类型的核糖核酸酶活性。已知的稀有例子是核酶（催化性 RNA），它含有多种核糖核酸酶，显示出了这种重要活性的古老起源（详见第 21 章“催化性 RNA”）。当底物的 RNA 特性非常明显时，核糖核酸酶常常称为核酸酶（nuclease），它在细胞中涉及多种功能，如参与 DNA 复制，DNA 修复，新转录物（包括前 mRNA、前 tRNA、前 rRNA、前 snRNA 与前 miRNA）的加工，以及 mRNA 的降解。核糖核酸酶可以是**内切核糖核酸酶（endoribonuclease）**，也可以是**外切核糖核酸酶（exoribonuclease）**，如**图 20.2** 所示（也详见第 2 章“分子生物学与遗传工程中的方法学”）。内切核酸酶在内部位点切割 RNA 分子，它可能需要或偏爱某一类型的结构或序列。而外切核酸酶从 RNA 分子末端切除核苷酸，并拥有限定的攻击方向，可以从 5′ → 3′，也可以从 3′ → 5′。一些外切核酸酶是**持续性（processive）**的，它会一直与底物保持结合，并有序地去除核苷酸；而另一些外切核酸酶是**分配性（distributive）**的，即从底物上解离之前只催化去除一个或数个核苷酸残基。

大部分 mRNA 的衰变是随机的（就如放射性同位素的衰变一样），因此 mRNA 的稳定性通常用**半衰期（half-life，$t_{1/2}$）**来表示。术语 **mRNA 衰变（mRNA decay）**与 mRNA 降解通常是可以相互代替的。特异性 mRNA 的稳定性信息由顺式序列所编码（见 20.7 节“特异性 mRNA 的半衰期由 mRNA 内的序列或结构所控制”），因此它是每一个 mRNA 的固有特征。不同的 mRNA 展现出了十分明显的不同稳定性，彼此之间相差可达 100 倍，甚至更大。在大肠杆菌中，典型的 mRNA 半衰期通常为 3 min，而个别的 mRNA 半衰期可短至 20 s，或长达 90 min。在出芽酵母中，mRNA 半衰期为 3 ～ 100 min。在后生动物中，mRNA 半衰期可从数分钟到数小时，在极端例子中可达数天。异常的 mRNA 可被靶向而快速破坏（见 22.8 节“细胞核监管系统对新合成 mRNA 进行缺陷检测”与 22.9 节“细胞质监管系统执行 mRNA 翻译的质量控制”）。半衰期值一般可由如**图 20.3** 所示的一些方法测定得到。

细胞中特定 mRNA 的丰度是由合成（转录与加工）与降解的组合速率所导致的综合结果。当这些参数保持恒定时，mRNA 水平达到**稳态（steady state）**。而细胞中合成的蛋白质谱也在很大程度上反映了它们模板的丰度（尽管翻译效率的差异也发挥了作用）。大规模实验研究检测了衰变速率与合成速率对于 mRNA 丰度差异化的相对贡献，数据进一步显示出 mRNA 衰变的重要性，即衰变速率占据了主

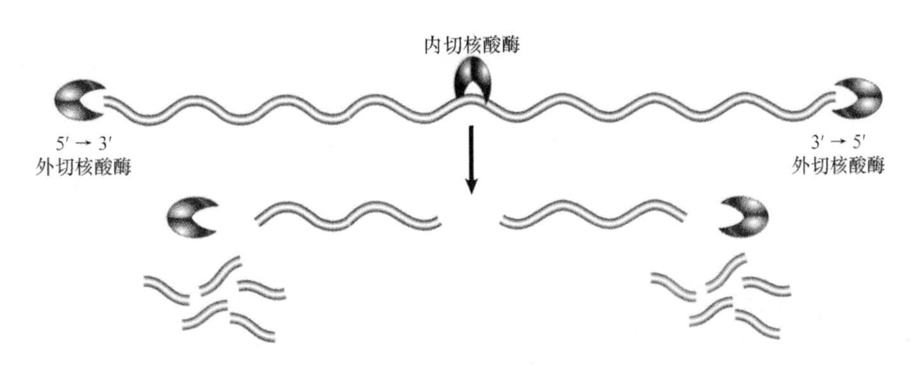

图 20.2 几种类型的核糖核酸酶。外切核酸酶是单向的，它既可以从 5′ 端又可以从 3′ 端切割 RNA，并释放单个核苷酸；内切核酸酶切割 RNA 内部的磷酸二酯键，并且它通常针对特定的序列和（或）二级结构

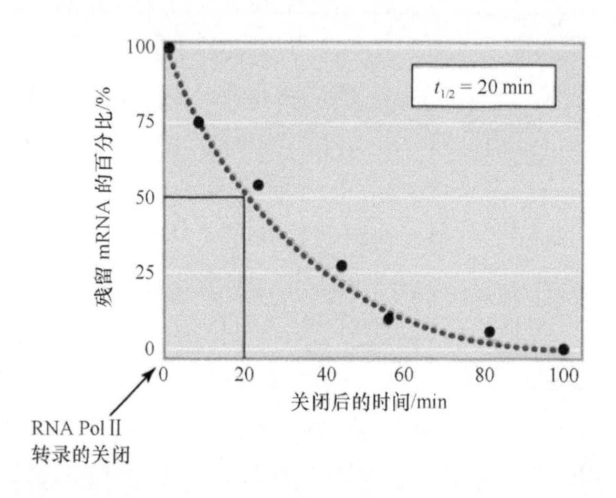

图 20.3 测定 mRNA 半衰期的方法。在 Pol II 基因的温度敏感性突变株中，通过药物或温度改变，就可使 RNA 聚合酶 II 的转录基本关闭。特异性 mRNA 水平可由 Northern 印迹或 RT-PCR 测定不同下降时期的值而得到。一旦 RNA 降解起始，它通常非常快速，以至于这个过程中的中间体都很难检测到。半衰期就是 mRNA 下降到初始水平一半时所需要的时间

导地位。mRNA 不稳定性的巨大优势在于，它有能力通过对 mRNA 合成的改变而快速改变翻译结局。现在很清楚，这种优势是非常重要的，它足以补偿由制备与破坏 mRNA 如此快速造成的表面上的浪费。现在已经证明 mRNA 稳定性的异常控制与一些疾病状态有关，如癌症、慢性炎症应答及冠心病。

20.3 真核生物 mRNA 始终以 mRNP 的形式存在

关键概念

- 在 mRNA 的细胞核成熟到细胞质生活周期中，mRNA 与不断变化的蛋白质种类联系在一起。
- 一些细胞核所需的 mRNP 在细胞质中也发挥作用。
- 细胞中存在数量巨大的 RNA 结合蛋白，大部分还未鉴定出来。
- 不同的 mRNA 与独特而重叠的多种调节物相偶联，形成了多个 RNA 调节子。

前 mRNA 在细胞核中转录出来，直到它们在细胞质中被破坏，在这一时期，真核生物 mRNA 总是与不断变化的各种蛋白质联系在一起。这种 RNA- 蛋白质复合体称为**核糖核蛋白颗粒（ribonucleoprotein particle，RNP）**。许多前 mRNA 参与了剪接与加工反应（详见第 19 章“RNA 的剪接与加工”），而其他则参与了质量控制（讨论见 20.8 节“细胞核监管系统对新合成 mRNA 进行缺陷检测”）。mRNA 的细胞核成熟过程由多个重塑步骤组成，这些既涉及 RNA 序列，又涉及它的蛋白质组分。只有当加工完全，且与正确的蛋白质复合体偶联，这些成熟 mRNA 产物才具有被输出的能力。这些偶联的蛋白质包括转录输出（transcription export，TREX）蛋白，它介导了与核孔输出受体的偶联。成熟 mRNA 也为不同的调节物提供了多个结合位点（即顺式元件），它们常常位于 5′ 或 3′ UTR。

许多细胞核蛋白在 mRNA 输出之前或输出过程中会被去除，而其他蛋白质则会伴随 mRNA 在细胞质中发挥作用。例如，一旦出现在细胞质中，细胞核的帽结合复合体就会参与新 mRNA 的第一次翻译事件，即翻译的“首轮”。这个首次翻译起始对于新 mRNA 而言是十分关键的。如果被发现属于缺陷型模板，它就会被监管系统快速破坏（见 20.9 节“细胞质监管系统执行 mRNA 翻译的质量控制”）。而通过翻译测试的 mRNA 则会在其剩余存在的时间中，与各种各样的控制其翻译、稳定性及细胞定位的蛋白质偶联在一起。mRNA 在细胞核中的状态决定其在细胞质中的命运。

我们已经知道了大量不同的 **RNA 结合蛋白（RNA-binding protein，RBP）**，更多的也基于基因组分析而被预测出来。酿酒酵母（*Saccharomyces cerevisiae*）基因组编码约 600 种不同的、被预测可结合 RNA 的蛋白质，占据了这种有机体的总基因数目的 1/10。基于这一相似的比例，人类基因组应该拥有 2000 种以上的这类蛋白质。这种估计是基于特征性的 RNA 结合域的存在，当然也很可能存在其他类型的 RNA 结合域有待被挖掘。这些 RBP 中大部分的 RNA 靶标与功能还未鉴定出来，尽管认为它们中的大部分很可能会与前 mRNA 或 mRNA 发生相互作用。这类分析还不包括那些不直接与 RNA 结合但参与 RNA 结合复合体的蛋白质。

不同的 mRNA 能与独特而重叠的一组组 RBP 相偶联，这一发现进一步加深了对于为何不同 mRNA 结合蛋白的数目是如此庞大的理解。通过对将特异性 RBP 与它们的靶 mRNA 进行匹配，人们已经揭示

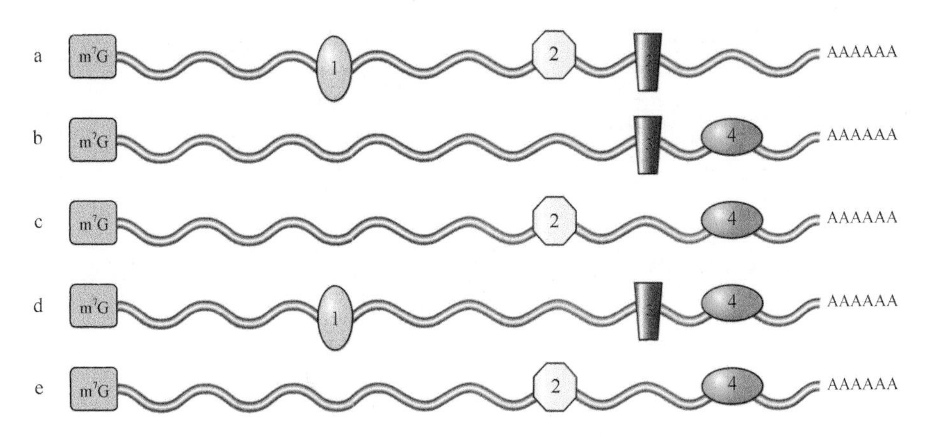

图 20.4 RNA 调节子的概念。真核生物 mRNA 与控制其翻译、定位和稳定性的各种各样的蛋白质结合。拥有同一结合蛋白的一组 mRNA 可被认为是同一调节子的一部分。在此图中，mRNA a 和 d 属于调节子 1；而 mRNA a、c 与 e 则是调节子 2 的一部分，依此类推

了一组组用于编码蛋白质的 mRNA 含有某些共享特征，如参与相似的细胞过程或定位的蛋白质。这样，结合蛋白的分类就类似于 mRNA 的分类。例如，数百种酵母 mRNA 可与 6 种相关的 Puf 蛋白的一种或多种结合；Puf1 蛋白和 Puf2 蛋白结合大多数编码膜蛋白的 mRNA；而 Puf3 蛋白则结合大多数编码线粒体蛋白的 mRNA，等等。目前的一个模型如**图 20.4** 所示，它提示 mRNA 转录后加工的协同控制由多个 RBP 的组合作用所介导，这很像基因转录的协同控制是由各种转录因子的正确组合所介导的（详见第 26 章“真核生物的转录调节”）。共享特定类型 RBP 的一组 mRNA 称为 **RNA 调节子（RNA regulon）**。

20.4 原核生物 mRNA 的降解与多种酶有关

关键概念

- 细菌 mRNA 5′ 端焦磷酸的去除起始降解。
- 在翻译过程中，单磷酸化的 mRNA 降解分成两步循环，它涉及内切核酸酶的切割，以及随后的外切核酸酶对这些片段 3′ → 5′ 方向的消化。
- 3′ 多腺苷酸化有助于含有二级结构的 mRNA 片段的降解。
- 主要降解酶以降解体方式起作用。

我们对原核生物 mRNA 降解的了解绝大部分来自于对大肠杆菌的研究。迄今为止，研究获得的一般性原则都可适用于所研究的其他细菌种类。在原核生物中，mRNA 降解发生在耦合的转录 / 翻译过程中。原核生物核糖体甚至在转录完成之前就开始了翻译，它可黏附于转录起始位点的、邻近 5′ 端的 mRNA 上，并向 3′ 端推进。在同一个 mRNA 上，多个核糖体可以有序地启动翻译过程，形成了**多核糖体（polyribosome 或 polysome）**，即一个 mRNA 上存在多个核糖体。

大肠杆菌 mRNA 通过内切核酸酶与 3′ → 5′ 外切核酸酶活性的综合作用而降解。大肠杆菌中主要 mRNA 降解途径如**图 20.5** 所示，它是一个多步骤过程。起始步骤是 5′ 端焦磷酸的去除，这会留下单个磷酸；这个单磷酸化的形式刺激了内切核酸酶（RNA 酶 E）的催化活性，由此在 mRNA 的 5′ 端产生初始切割事件。这种切割反应留下了上游片段的 3′- 羟基（3′-OH）与下游片段的 5′- 单磷酸，这样从功能上破坏了**单顺反子 mRNA（monocistronic mRNA）**，因为核糖体不再起始翻译。随后上游片段被 3′ → 5′ 外切核酸酶 [多核苷酸磷酸化酶或 PNP 酶（polynucleotide phosphorylase，PNPase）] 降解。随着前面起始核糖体的不断移动，当越来越多的 RNA 暴露出来时，这两步核糖核酸酶循环就可沿着 mRNA 重复进行，其方向为 5′ → 3′。这一过程进行得非常迅速，因为由 RNA 酶 E 所产生的短片段只有在突变体细胞中才能检测到，在这些突变体中的外切核酸酶活性是受到破坏的。

在大肠杆菌中，PNP 酶和其他已知的 3′ → 5′ 外切核酸酶是不能通过双链区的。这样，许多细菌

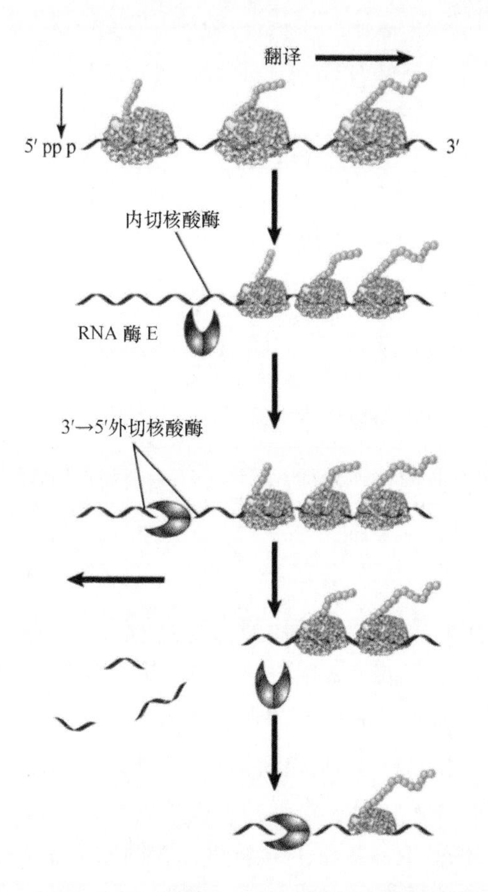

图 20.5 细菌 mRNA 的降解。通过切割三磷酸 5′ 端而获得单磷酸起始了细菌 mRNA 的降解。随后，mRNA 分两步循环被降解：内切核酸酶的切割，随后由外切核酸酶从 3′ → 5′ 方向对这些片段的消化。内切核酸酶切割沿着 mRNA 以 5′ → 3′ 方向进行，它紧随着最后一个核糖体的途径

mRNA 的 3′ 端的茎 - 环结构保护了 mRNA 免于直接的 3′ 攻击。一些由 RNA 酶 E 切割所产生的内部片段也会存在二级结构，这可阻止外切核酸酶的消化。然而，如果存在长度至少为 7 ～ 10 个核苷酸的、定位于茎 - 环结构 3′ 端的一段单链 RNA，那么 PNP 酶就能降解通过双链区。单链序列似乎是作为酶必需的前进平台，尽管不依赖 ρ 因子的终止可留下一个单链区，但它太短而不能作为平台。为了解决这个问题，细菌 **poly(A) 聚合酶 [poly(A) polymerase，PAP]** 加上一段 10 ～ 40 nt 的 poly(A) 尾到 3′ 端，使得它们易于进行 3′ → 5′ 方向的降解。终止于特殊稳定二级结构的 RNA 片段可能需要重复多腺苷酸化和外切核酸酶消化步骤。目前我们还不知道多腺苷酸化究竟是 mRNA 降解的起始步骤，还是它仅仅是用于帮助降解片段，如 3′ 端的多腺苷酸化。一些实验表明 RNA 酶 E 对 mRNA 的切割是激活 PAP 所必需的，这似乎可以解释为何完整的 mRNA 不从 3′ 端开始降解。

RNA 酶 E 和 PNP 酶，以及解旋酶和另一个辅助酶一起形成了多蛋白质复合体，这称为**降解体（degradosome）**。在此复合体中，RNA 酶 E 起双重功效，其 N 端结构域提供了内切核酸酶活性，C 端结构域提供骨架结构，使它能与其他组分相结合。在 mRNA 降解过程中，RNA 酶 E 与 PNP 酶是主要的活性内切核酸酶与外切核酸酶，同时还存在其他酶活性，当然可能具有更加限定的功能。通过评估每一个酶的突变体表型，已经阐明了其他核酸酶在 mRNA 降解过程中的作用。例如，RNA 酶 E 的失活会降低 mRNA 的降解，但不会阻断这个过程。失活 PNP 酶或其他两种 3′ → 5′ 外切核酸酶中的任何一种在本质上对总体的 mRNA 稳定性几乎没有影响，这表明任何成对的外切核酸酶显然可以执行正常的 mRNA 降解。然而，在三种外切核酸酶中，只有两种（PNP 酶和 RNA 酶 R）能消化具有稳定二级结构的片段。在 PNP 酶和 RNA 酶 R 同时失活的双突变体实验研究中证实了这个结论，在这些突变体中，具有二级结构的 mRNA 片段会积聚起来。

大肠杆菌中关于 mRNA 降解的许多问题还有待于进一步的阐明。在大肠杆菌中，不同 mRNA 的半衰期差异可达 100 倍以上。这种稳定性极端差异的原因还不是十分明了，但似乎主要取决于两种因素：不同的 mRNA 展现出了对内切核酸酶活性的广泛易感性差异，其中一些保护来自于 5′ 端的二级结构；另一些 mRNA 的翻译效率高于其他，这会导致保护性核糖体的更致密包裹。而是否存在其他的 mRNA 降解途径还是未知。在大肠杆菌中还未发现 5′ → 3′ 外切核酸酶活性，尽管在枯草芽孢杆菌（*Bacillus subtilis*）和一些其他细菌种属中已经发现了一种。迄今为止，尽管一些细菌种属拥有存在着 5′ → 3′ 外切核酸酶活性的 RNA 酶 J，可是缺乏内切核酸酶 RNA 酶 E（大肠杆菌中主要的降解性 RNA 酶），这表明细菌中至少存在一种可变 mRNA 衰变途径。不同的内切核酸酶和外切核酸酶可能具有不同的作用。在 RNA 酶 E 或 PNP 酶或其他降解体成分的突变体细胞中，运用微阵列的全基因组研究，我们观察到了 4000 多种处于稳态水平的 mRNA。许多 mRNA 在突变体中是上升的，这正如所预测的、由于降解能力降低所导致的那样。然而，其他则保持了相同的水平，有些甚至出现下降。同时，不同细胞生理状态如饥饿或其他形式的压力都可改变特定 mRNA 的半衰期，

而这些变化的大部分机制目前还不知道。

20.5 大部分真核生物 mRNA 通过两条依赖于脱腺苷酸化的途径降解

关键概念

- mRNA 两末端的修饰可保护它免于外切核酸酶的降解。
- 两条主要 mRNA 衰变途径由 poly(A) 核酸酶所催化的脱腺苷酸化启动。
- 在脱腺苷酸化之后，可发生脱帽反应和 5′ → 3′ 外切核酸酶消化，或 3′ → 5′ 外切核酸酶消化。
- 脱帽酶可与翻译起始复合体竞争与 5′ 端帽的结合。
- 外切体可催化 3′ → 5′ 的 mRNA 消化，它是一个大的、进化保守的复合体。
- 降解可发生在分散的细胞质颗粒中，这称为加工小体（PB）。
- 含有翻译受到抑制的 mRNA 的各种颗粒存在于不同的细胞类型中。

真核生物 mRNA 由于其修饰末端的存在，使它们受到保护而免于受外切核酸酶的降解（见图 20.1）。7- 甲基鸟苷帽使它们免于 5′ 端的攻击；而 poly(A) 尾与偶联的结合蛋白使它们免于 3′ 端的攻击。哺乳动物的组蛋白 mRNA 是一个例外，它终止于茎 - 环结构，而非 poly(A) 尾。不依赖序列的内切核酸酶攻击这一细菌所使用的起始机制，在真核生物中是很少见的或缺失的。在出芽酵母中，mRNA 衰变已经被鉴定得非常清楚，其中大部分机制也适用于哺乳动物细胞中。

绝大部分 mRNA 降解是依赖脱腺苷酸化的，即去除保护性的 poly(A) 尾就可起始降解过程。新形成的 poly(A) 尾（在酵母中为 70 ～ 90 个腺嘌呤核苷酸，而在哺乳动物中为 200 个左右）由 **poly(A) 结合蛋白 [poly(A) binding protein，PABP]** 所包裹。在进入到细胞质以后，poly(A) 尾会逐渐缩短，这一过程由特异性 **poly(A) 核酸酶 [poly(A) nuclease]** 或称为**腺嘌呤酶（deadenylase）**所催化。在酵母和哺乳动物细胞中，poly(A) 尾先由 PAN2/3 复合体缩短，余下的由 60 ～ 80 个 A 组成的 poly(A) 尾由消化速率更快的第二种复合体 CCR4-NOT 催化，它含有持续性外切核酸酶 Ccr4 蛋白和至少其他 8 个亚基。十分明显的是，类似的 CCR4-NOT 复合体参与了基因表达的各种其他过程，如转录激活等。据认为，它是一个全局性的基因表达调节物，可将转录和 mRNA 降解整合在一起。其他 poly(A) 核酸酶也都存在于酵母和哺乳动物中，而这种多样性的原因还不是很清楚。

两条不同的 mRNA 降解途径由 poly(A) 尾的去除启动，如**图 20.6** 所示。在第一条途径中（图 20.6，左侧），poly(A) 尾降解到 oligo(A) 长度（约 10 ～ 12 个 A）时，它触发了 mRNA 5′ 端的脱帽。脱帽

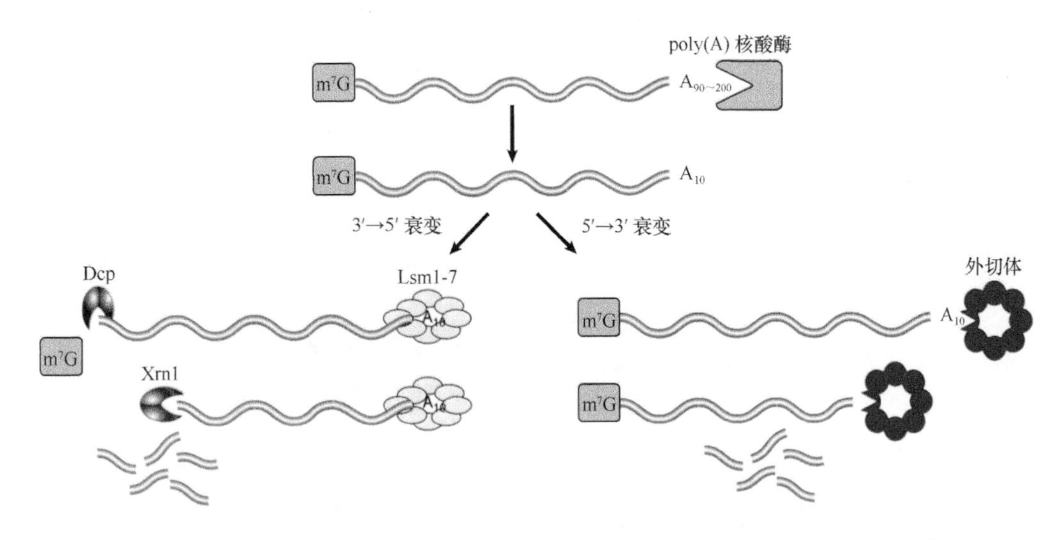

图 20.6 真核生物中主要的依赖脱腺苷酸化的衰变途径。两条途径起始于脱腺苷酸化。在两条途径中，poly(A) 核酸酶将 poly(A) 尾降解到长度约为 10 个 A，随后 mRNA 由 5′ → 3′ 途径或由 3′ → 5′ 途径降解。5′ → 3′ 途径涉及 Dcp 蛋白所介导的脱帽反应和 Xrn1 外切核酸酶所介导的消化；而 3′ → 5′ 途径涉及外切体复合体所介导的消化

反应由**脱帽酶（decapping enzyme）**复合体催化，在酵母中它由两种蛋白质Dcp1蛋白和Dcp2蛋白组成；而在哺乳动物中脱帽酶复合体由酵母中的同源物和额外的蛋白质组成。脱帽反应产生了5′-单磷酸化的RNA末端（它是5′→3′持续性外切核酸酶Xrn1蛋白的底物，此酶能迅速降解mRNA）。事实上，这种消化速率是如此之快，以至于它的中间体都不能被探查到，直到研究人员发现了一种鸟嘌呤核苷酸聚合体[poly(G)]能阻断酵母中的Xrn1蛋白的持续性消化。如**图20.7**所示，研究人员改造了mRNA，使之含有内部的poly(G)序列，此后发现3′端寡腺苷酸化的mRNA能积聚起来。这一结果表明，5′→3′外切核酸酶消化是主要的衰变途径，且脱帽反应先于poly(A)尾的完全去除。

在活跃的翻译过程中，帽结构通常可耐受脱帽反应，因为它与细胞质的帽结合蛋白连接在一起，这是真核生物翻译所必需的起始因子4F（eIF4F）复合体的一个组分（会在第22章“翻译”中论述）。这样，翻译与脱帽装置可竞争帽结构。mRNA 3′端的脱腺苷酸化是如何使得帽结构变得敏感呢？我们知道，翻译涉及3′端所结合的PABP与5′端的eIF4F复合体之间的物理相互作用。由脱腺苷酸化所导致的PABP的释放据认为可使得eIF4F-帽的相互作用变得不稳定，这使得帽结构暴露的频率更高。当然机制并非如此简单，因为已知其他蛋白质也参与了脱帽事件。7种相关蛋白质所组成的一种复合体——Lsm1～7在PABP丢失以后可结合于oligo(A)序列，而这也是脱帽反应所需的。另外还发现了一大类的脱帽增强子，这些蛋白质刺激脱帽翻译的机制还未十分明了，尽管它们似乎是通过募集/刺激脱帽装置或者通过抑制翻译而起作用。

在第二条途径中（图20.6，右侧），脱腺苷酸化到oligo(A)长度后，3′→5′外切核酸酶就开始消化mRNA实体，这一降解过程由**外切体（exosome）**催化，它是一个环状复合体，由9亚基核心组成，再加上一个或多个附着于其表面的蛋白质。最近的研究结果显示，外切体具有内切核酸酶活性，在mRNA衰变中这种活性所起的作用还未知。在古菌中，外切体也以相似方式存在。它类似于细菌降解体，因为它的核心亚基在结构上与PNP酶相关，因此外切体是一种古老形式的分子机器。在细胞核中，外切体也发挥了重要作用（见20.8节“细胞核监管系统对新合成mRNA进行缺陷检测”）。

每一种机制的相对重要性还不是很清楚，尽管在酵母中，依赖脱腺苷酸化的脱帽途径似乎占据统治地位。实验结果显示这些途径至少是部分冗余的。在5′→3′途径或3′→5′途径失活的细胞中，用微阵列技术检测了数百种酵母mRNA，结果发现在任何一个例子中，相对于野生型而言，只有一少部分转录物在丰度上是增加的。这一发现提示几乎没有酵母mRNA必须通过一种或另一种途径降解。很久以来，我们认为这些依赖脱腺苷酸化的途径代表了所有多腺苷酸化mRNA的默认降解途径，尽管一些mRNA可能是一些特化途径的靶标，这会在20.6节“其他降解途径靶向特殊mRNA”中论述。然而，即使这些由默认途径所降解的mRNA，也是以特异性mRNA的不同速率进行降解。

20.6 其他降解途径靶向特殊mRNA

关键概念

- 4条其他降解途径参与特殊mRNA的降解调节。

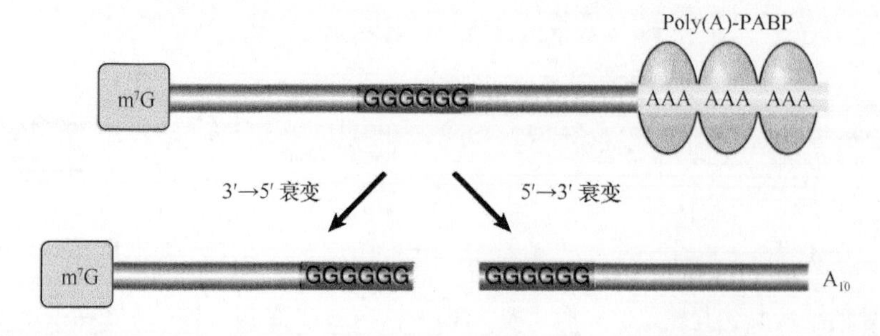

图20.7 poly(G)序列的运用可决定衰变方向。poly(G)序列可构建到mRNA中，这会阻断酵母中外切核酸酶的持续性消化，这样，可耐受降解的5′或3′mRNA片段会积聚在细胞中，这可用Northern印迹鉴定出来

- 不依赖脱腺苷酸化的脱帽反应在 poly(A) 尾存在的情况下会继续进行下去。
- 非多腺苷酸化的组蛋白 mRNA 降解由 3′ 端加上的 poly(U) 尾启动。
- 一些 mRNA 的降解可能由序列特异性或结构特异性内切核酸酶的切割所启动。
- 一些未知的 mRNA 是微 RNA 所介导的降解或翻译抑制靶标。

在本节，我们对 4 条其他 mRNA 降解途径进行了总结，如**图 20.8** 和**表 20.1** 所示，并将它们与两条主要途径作了比较。这些途径是专门针对不同组的 mRNA，一般都涉及降解事件的调节。

第一条途径涉及不依赖脱腺苷酸化的脱帽反应，也就是说，脱帽反应在poly(A)尾存在的情况下会继续进行下去。随后，脱帽反应紧跟着 XRN1 蛋白的消化。跨过脱腺苷酸化步骤需要一种募集脱帽装置的机制，并且要在没有 Lsm1 ～ 7 复合体辅助的情况下抑制 eIF4F 复合体的结合。由这一途径降解的其中一个 mRNA 为 RPS28B mRNA，它编码核糖体 28S 蛋白，并拥有一种有趣的自我调节机制。其 3′ UTR 中的茎 - 环结构参与募集已知的脱帽增强子。只有当 28S 蛋白结合于茎 - 环结构时，募集作用才会发生。这样，细胞中过多的游离 28S 蛋白会引起其 mRNA 的加速衰变。

表 20.1　此表总结了真核生物细胞中 mRNA 衰变途径的关键元件

途径	起始事件	之后步骤	底物
依赖脱腺苷酸化的 5′ → 3′ 降解	脱腺苷酸化至 oligo(A)	Lsm 复合体结合 ligo(A) XRN1 蛋白介导的 5′ → 3′ 外切核酸酶消化和脱帽	可能是大部分多腺苷酸化 mRNA
依赖脱腺苷酸化的 3′ → 5′ 降解	脱腺苷酸化至 oligo(A)	3′ → 5′ 外切核酸酶消化	可能是大部分多腺苷酸化 mRNA
不依赖脱腺苷酸化的脱帽反应	脱帽反应	5′ → 3′ 外切核酸酶消化	极少的特殊 mRNA
内切核酸酶裂解途径	内切核酸酶切割	5′ → 3′ 和 3′ → 5′ 外切核酸酶消化	极少的特殊 mRNA
组蛋白 mRNA 途径	oligo(U) 化	Lsm 复合体结合 oligo(U) XRN1 蛋白介导的 5′ → 3′ 外切核酸酶消化外切体介导的 3′ → 5′ 消化	哺乳动物中的组蛋白 mRNA
miRNA 途径	在 RISC 中与 miRNA 的碱基配对	内切核苷酸酶裂解途径或翻译抑制	许多 mRNA（未知范围）

第二条特化途径用于降解细胞周期调节的哺乳动物中的组蛋白 mRNA。这些 mRNA 负责合成数量巨大的、DNA 复制过程中所需的组蛋白。它们只在 S 期积聚，而在周期的末期则会快速降解。非腺苷酸化组蛋白 mRNA 终止于茎 - 环结构，这与

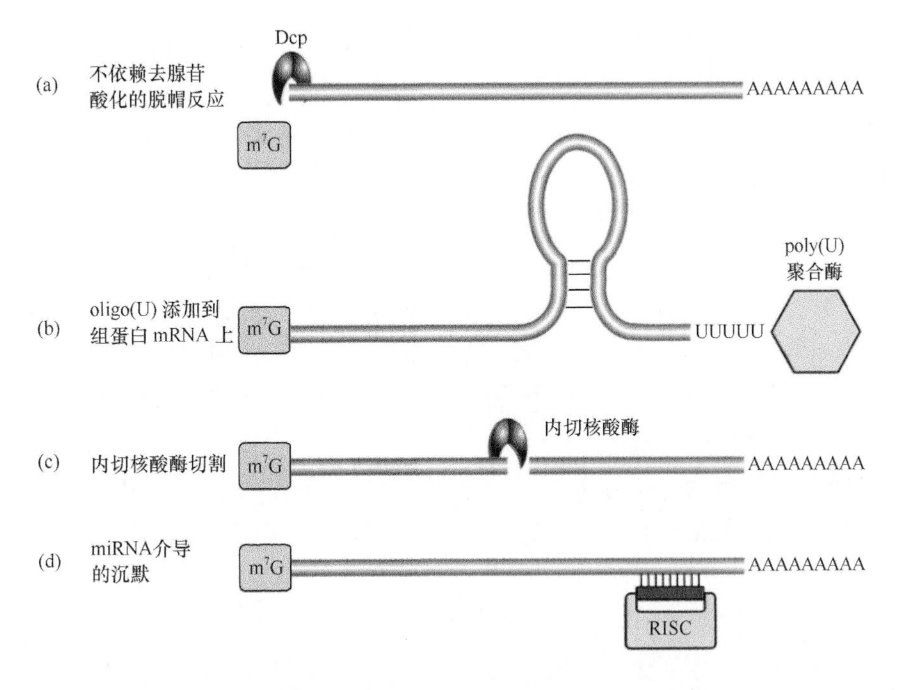

图 20.8　真核生物细胞中的其他衰变途径。我们对每一条途径的起始事件进行了说明。**(a)** 一些 mRNA 在脱腺苷酸化之前可被脱帽。**(b)** 组蛋白 mRNA 获得一个短的 poly(U) 尾，这可称为衰变底物。**(c)** 一些 mRNA 的降解可由序列特异性内切核酸酶切割所启动。**(d)** 一些 mRNA 可被互补引导 miRNA 所靶向降解或翻译沉默

许多细菌 mRNA 相似。它们的降解模式也与细菌 mRNA 衰变存在惊人的相似性。结构上类似于细菌 poly(A) 聚合酶的一种聚合酶将会加上短的 poly(U) 尾，而非 poly(A) 尾。这条短尾可作为 Lsm1 ～ 7 复合体和（或）外切体的一个平台，用于激活标准的衰变途径。这种降解模式为原核生物和真核生物中的mRNA 衰变途径之间提供了一个重要的进化联系。

第三条途径由序列特异性或结构特异性内切核酸酶的切割所启动。随后会对片段进行 3′ → 5′ 或 5′ → 3′ 消化，一种不同于 Dcp 复合体的清扫型脱帽酶能够脱除帽结构。目前已经鉴定出了几种可切割特异性靶位点的内切核酸酶。一个有趣的例子是酵母 CLB2（细胞周期蛋白 B2）mRNA 的靶向切割，它只发生在有丝分裂的末期。可催化这一切割的内切核酸酶是 RNA 酶 MRP 蛋白，在细胞周期的大部分阶段，它严格定位于核仁与线粒体中，这是它参与 RNA 加工的地方，而在有丝分裂末期它却转运到细胞质中。

第四条，也是最重要的途径是**微 RNA（microRNA，miRNA）**途径。这条途径通常可直接导致植物中 mRNA 的内切核酸酶切割途径；在动物细胞中，它引导了靶向的依赖脱腺苷酸化的降解途径，更加常见的则是翻译阻遏。miRNA 是一种短的 RNA（约为 22 个核苷酸），它衍生自转录出来的 miRNA 基因，是通过对较长前 RNA 的切割而产生。在所有例子中，mRNA 可由短的互补 miRNA 通过碱基配对而被靶向沉默。这些 miRNA 存在于 **RNA 诱导的沉默复合体（RNA-induced silencing complex，RISC）**中，这样，靶 mRNA 的沉默是由 miRNA 基因的可调节转录所控制。这种机制的细节将在第 30 章“调节性 RNA”中描述。

miRNA 途径对于总体的 mRNA 衰变的意义是不言而喻的。在人类中，据预测至少 1000 种 miRNA 具有功能活性。在脊椎动物转录物组中，通过对保守的互补靶位点的鉴定，据估计，至少 50% 的 mRNA 可被 miRNA 所调节。在潜在的可被调节的 mRNA 中，其 3′ UTR 通常含有多个靶位点。miRNA 靶位点的突变可解释许多遗传疾病的等位基因，且 miRNA 的失调已经与数百种疾病联系在一起。

现在已经提出了 mRNA 降解的整合模型，它认为依赖脱腺苷酸化的衰变途径是降解所有多腺苷酸化 mRNA 的默认途径。这些降解途径中的脱腺苷酸化速率和（或）其他步骤可被每一个 mRNA 中的顺式元件和存在于细胞中的反式作用因子所控制。除了默认途径之外，机体还存在以上所描述的、可靶向特定 mRNA 的 mRNA 衰变途径。

20.7 特异性 mRNA 的半衰期由 mRNA 内的序列或结构所控制

关键概念

- mRNA 中的特异性顺式元件影响其降解速率。
- 去稳定元件（DE）能加速 mRNA 衰变，而稳定元件（SE）能降低其程度。
- 在哺乳动物中，AU 富集元件（ARE）是普适性去稳定元件，它可与各种蛋白质结合。
- 一些 DE 结合蛋白能与衰变装置成分相互作用，并可能募集它们用于降解。
- 稳定元件存在于一些较稳定的 mRNA 中。
- 在应答各种不同的信号时，mRNA 的降解速率可发生改变。

在同一细胞中，不同 mRNA 半衰期的巨大差异是由什么造成的呢？我们已经知道 mRNA 中的特异性顺式元件影响其稳定性。这些元件绝大部分都定位于 3′ UTR，尽管它们也存在于其他地方。全基因组研究已经揭示出了许多高度保守的 3′ UTR 基序，但是其中的大多数功能还未知。许多可能是 miRNA 碱基配对的靶位点，另一些是 RBP 的结合位点，而已知一些 RBP 可发挥其稳定性功能。对于不同 mRNA，其脱腺苷酸化速率的变化范围很大，而一些影响其速率的序列也已经在前面描述过。

对**去稳定元件（destabilizing element，DE）**已经进行了广泛研究。定义 DE 的基准是，如果将它导入到较稳定 mRNA 中，它能加速其降解。而从 mRNA 中将一个元件移出并未造成稳定性明显升高，意味着单一 mRNA 拥有不止一个 DE。使鉴定更加复杂的是，在各种条件下，DE 的存在并不能保证获得一个短的半衰期，因为 mRNA 中的其他序列元件也能改变其效应。

研究得最清楚的 DE 是 **AU 富集元件（AU-rich element，ARE）**，已经在多达 8% 的哺乳动物 mRNA 的 3′ UTR 中发现了它的存在。ARE 的种类是多种多样的，其很多亚型已经被鉴定出来。一种类型包括五联体序列 AUUUA，在不同序列背景下它可出现一次或重复多次。另一种类型不含 AUUUA，而是 U 富集区。目前已经鉴定出了大量的 ARE 结合蛋白，它们可对某一类型 ARE 和（或）细胞类型拥有特异性。ARE 是如何工作来刺激快速降解的呢？许多 ARE 结合蛋白能与降解装置中的一个或多个成分相互作用，如外切体、脱腺苷酸酶和脱帽酶，这表明它们通过募集降解装置而发挥作用。外切体能直接结合一些 ARE。实验已经表明大量 mRNA 中的 ARE 能加速衰变的脱腺苷酸化步骤，尽管它们不可能都是通过此种方法发挥作用的。另一种可能的作用方式是充分辅助 mRNA 进入到加工小体中。

目前已经在出芽酵母和其他模式动物的 mRNA 中发现了许多 AU 富集 DE 与其他各种各样的 DE。例如，前面提及的酵母 Puf 蛋白能与 UG 富集元件结合，并加速靶 mRNA 的降解。在这一例子中，去稳定机制是 CCR4-NOT 脱腺苷酸酶的募集加快了脱腺苷酸化。酵母 3′ UTR 的基因组学分析已经鉴定出了 53 个序列元件与含有它们的 mRNA 的半衰期存在相关性，这提示不同 DE 的数量会是庞大的。**图 20.9** 归纳了 DE 的已知作用。

稳定元件（stabilizing element，SE）在一些特殊的稳定 mRNA 中已经被鉴定出来，如在某些被研究的哺乳动物细胞中，其 mRNA 在其 3′ UTR 区拥有可起稳定作用的嘧啶富集序列。在珠蛋白 mRNA 中，实验数据表明结合于这一元件的蛋白质能与 PAB 蛋白相互作用，这提示它们可能通过保护 poly(A) 尾免于降解而发挥作用。在一些例子中，通过对 DE 的抑制也能稳定 mRNA。例如，某一 ARE 结合蛋白可以阻止 ARE 去稳定 mRNA，它可能通过阻断 ARE 结合位点而实现。我们以哺乳动物转铁蛋白 mRNA 为例来说明调节 mRNA 稳定性是如何进行的。3′ UTR 的**铁应答元件（iron-response element，IRE）**由多个茎 - 环结构组成，当它被特定蛋白质结合时，就变得稳定（**图 20.10**）。铁离子的结合会影响 IRE 结合蛋白与 IRE 的亲和力，即当它的铁结合位点被占据时，它会表现出低亲和力；而当它的铁结合位点不被占据时，它会表现出高亲和力。当细胞铁离子浓度比较低时，它就需要转铁蛋白从血液中输入铁，并且在此条件下，转铁蛋白 mRNA 是稳定的。通过抑制邻近的去稳定序列的功能，IRE 结合蛋白就可稳定 mRNA。有意思的是，同样的 IRE 结合蛋白也结合于铁蛋白（ferritin）mRNA 中的 IRE，并以完全不同的方式调节这个 mRNA 的命运。铁蛋白是一个铁结合蛋白，它能储存细胞中多余的铁。当铁离子浓度比较低时，IRE 结合蛋白与铁蛋白 mRNA 中的 5′ UTR 的 IRE 茎 - 环结构结合，这可阻止帽结合复合体与铁蛋白 mRNA 的相互作用。这样，当细胞铁离子水平比较低时，铁蛋白 mRNA 的翻译

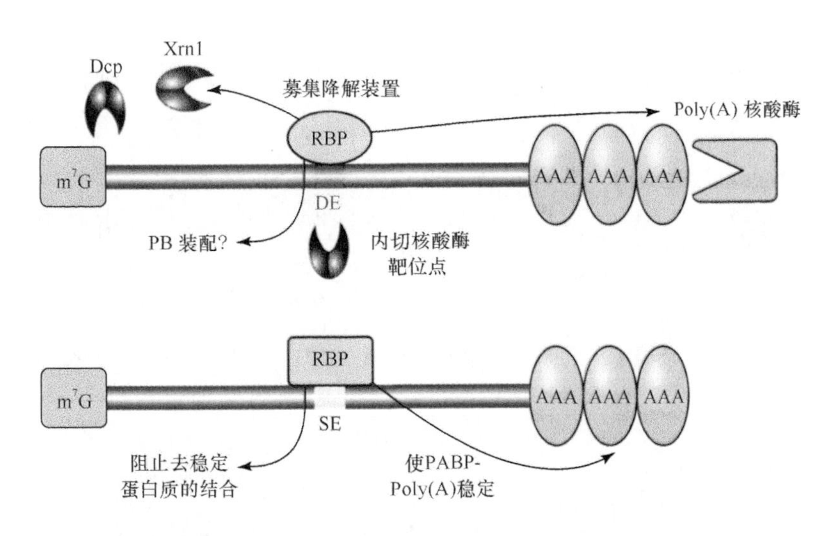

图 20.9 去稳定元件（DE）与稳定元件（SE）的作用机制。DE 或 SE 对 mRNA 稳定性的影响主要由结合其上的蛋白质所介导。一个例外是用作内切核酸酶靶向位点的 DE

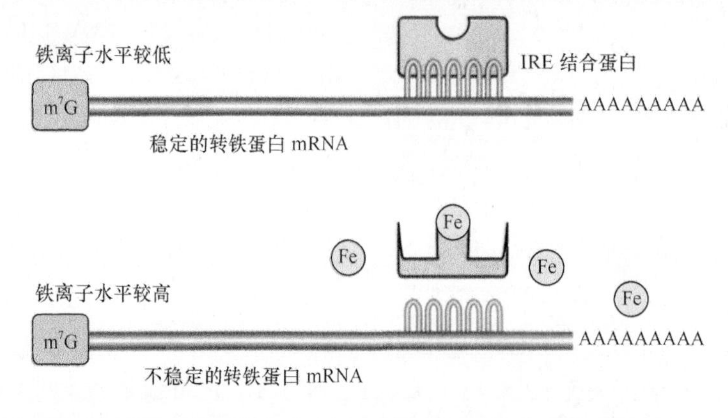

图 20.10 转铁蛋白 mRNA 稳定性由铁离子水平调节。3′ UTR 中的 IRE 可稳定 mRNA 的蛋白质结合位点。IRE 结合蛋白对细胞铁离子水平比较敏感。只有当铁离子浓度比较低时，它才能结合 IRE

就被阻止，而在此条件下，转铁蛋白 mRNA 就变得稳定而可被翻译。

许多顺式元件结合蛋白很容易受到修饰，而这些修饰很可能影响其功能，如磷酸化、甲基化、效应蛋白结合所引起的构象变化，以及异构化作用。这些修饰可能负责改变由细胞信号所诱导的 mRNA 降解速率。在应答各种各样的环境与内部刺激时，如细胞周期的进行、细胞分化、激素、营养供给和病毒感染等，mRNA 衰变也会改变。微阵列研究已经显示，细胞信号所刺激的 mRNA 水平的变化，几乎 50% 都是由于 mRNA 的去稳定与稳定事件，而非转录的改变所致。这些改变是如何起作用的还是一个未知数。

20.8 细胞核监管系统对新合成 mRNA 进行缺陷检测

关键概念

- 监管系统可鉴定并破坏异常的核 RNA。
- 在正常底物 RNA 的加工与异常 RNA 的破坏中，细胞核外切体都发挥了作用。
- 酵母 TRAMP 复合体募集外切体到异常 RNA 中，并辅助其发挥 3′ → 5′ 外切核酸酶活性。
- TRAMP 外切体降解底物包括未剪接或异常剪接的前 mRNA，以及不恰当终止的、缺少 poly(A) 尾的 RNA Pol Ⅱ转录物。
- 大部分 RNA Pol Ⅱ转录物可能是隐蔽不稳定转录物（CUT），它可在细胞核中被快速破坏。

所有新合成 RNA 在转录后都要进行多重加工步骤（详见第 19 章“RNA 的剪接与加工”），而每一个步骤都有可能出现异常。DNA 异常可由各种各样的修复系统进行修补（详见第 14 章“修复系统”），可检测到的 RNA 中的异常则通过对缺陷 RNA 的破坏而被去除。**RNA 监管系统（RNA surveillance system）**存在于细胞核与细胞质中，它们能处理各种不同的问题。监管涉及两种活性：一种是发现异常 RNA 并对其加上标签，另一种就是破坏它。

破坏者就是细胞核中的外切体。细胞核外切体核心与细胞质外切体核心几乎一模一样，尽管它们与不同的蛋白质辅助因子相互作用。它以 3′ → 5′ 外切核酸酶活性从靶向 RNA 中去除核苷酸。细胞核外切体拥有多重功能，如一些非编码 RNA（snRNA、snoRNA 和 rRNA）转录物的 RNA 加工，以及异常转录物的完全降解。可识别特殊 RNA 序列或 RNA-RNP 结构的蛋白质复合体可将外切体募集到它所需加工的底物上。例如，Nrd1-Nab3 是序列特异性的蛋白质二聚体，它可募集外切体到正常的 snRNA/snoRNA 加工底物上。这一成对蛋白质可分别结合于 GUA[A-G] 元件和 UCUU 元件上。Nrd1-Nab3 辅助因子也参与这些 Pol Ⅱ转录的非多腺苷酸化 RNA 的转录终止，这提示这些用于加工的外切体可能被直接募集到其合成位点上。

错误加工、修饰或折叠的 RNA 需要其他蛋白质辅助因子来识别，并需要募集外切体。酵母中执行这一功能的主要细胞核复合体称为 **TRAMP**（蛋白质成分只取首字母的缩写词）。根据存在的 poly(A) 聚合酶类型的差异，它至少以两种形式存在。TRAMP 复合体以几种不同的方式来执行降解反应。

- 它直接与外切体相互作用，刺激其外切核酸酶活性。
- 它拥有解旋酶活性，这可能是解开二级结构和（或）在降解过程中将 RNA 结合蛋白从 RNP 底物中移开所需的。
- 它可加入短的 **oligo(A) 尾 [oligo(A) tail]** 到靶标底物上。有研究认为，oligo(A) 尾使得靶向 RNP 成为降解装置的更好底物，这与细菌中 oligo(A) 尾的作用是一致的。

图 20.11 总结了 TRAMP 复合体与外切体的作用。现在已经很清楚，细菌和古菌中的 RNA 降解与真核生物细胞核中的 RNA 降解在进化上是相关的过程。这种相似性提示，多腺苷酸化的古老作用就是辅助 RNA 降解，而 poly(A) 是后来适应于真核生物产生的，这可用于奇特的相反功能，即稳定细胞质中的 mRNA。

什么是 TRAMP- 外切体降解的底物呢？TRAMP 复合体的能力是十分强大的，它能识别大量不同的、由所有三种转录聚合酶产生的异常 RNA。目前还不知道这一过程是如何完成的，因为所给定的靶向 RNA 不存在可识别的共享普适性特征。一些研究人员倾向于动力学竞争模型，它假设这些没有经过加工并装配入最终的 RNP 形式的 RNA，会以适当的方式成为外切体降解的底物。这一机制避免了对数不清的可能缺陷的特定识别的要求。

那么什么样的异常会使得前 mRNA 在细胞核中就被破坏呢？目前已经鉴定出了两种底物。一种类型是未剪接或错误剪接的前 mRNA。剪接体成分会保留这样的转录物，直到它们被外切体降解，或者如果存在可能性，直到它们完成恰当的剪接反应。一些研究认为，动力学竞争模型也可应用于此。没有被充分剪接与包装的前 mRNA 就存在不断增加的、被外切体降解装置俘获的可能性。对错误剪接的前 mRNA 的识别基础还不明了。第二种类型就是不恰当终止的前 mRNA 底物，它缺少 poly(A) 尾。在真正的 mRNA 中，多腺苷酸化是保护性的；而对于**隐蔽不稳定转录物（cryptic unstable transcript，CUT）**而言，它实际上可能是去稳定的。这些非蛋白质编码 RNA（也详见第 30 章“调节性 RNA”中的讨论）是由 RNA Pol Ⅱ转录，它不编码可识别的基因；然而，它们往往与蛋白质编码基因重叠（也可能调节这些基因）。这些转录物由 TRAMP 复合体的一种成分（Trf4 蛋白）进行多腺苷酸化。根据其极度的不稳定性，可以将它们与其他未知功能的转录物分开，它们也通常在转录后立即被 TRAMP-外切体复合体所降解，这可能通过依赖 Trf4 蛋白的多腺苷酸化所靶向。事实上，已经发现酵母细胞株可携带受到破坏的细胞核 RNA 降解系统，这是首次令人信服地证明这些转录物是的确存在的。3/4 以上的 RNA Pol Ⅱ转录物可能由非编码 RNA 组成，而易于被外切体快速降解！一些 CUT 似乎来自欺骗性的转录起始，并且这些典型的短命 RNA 产物自身似乎没有功能（也就是说，这些 RNA 不以反式方式发挥作用）。然而也有例子说明，转录过程本身在调节邻近或重叠编码基因过程中也起了一定的作用（其中一个例子的描述详见第 30 章“调节性 RNA”）。

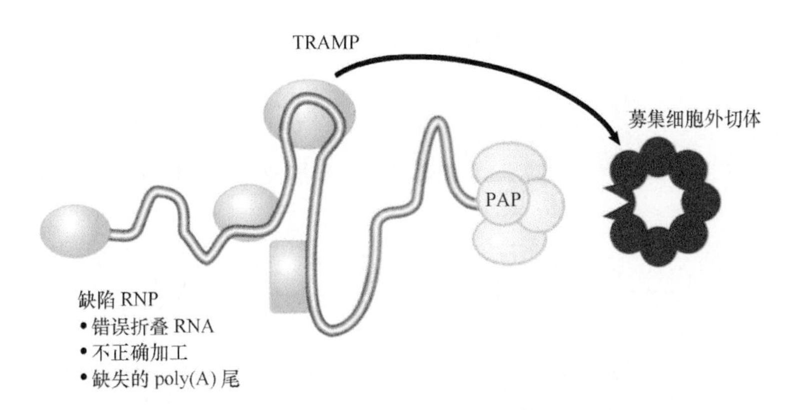

图 20.11 在降解异常核 RNA 中，TRAMP 复合体与外切体的作用。蛋白质辅助因子可对缺陷 RNP 加上标签，随后被募集到细胞核外切体上。酵母中的辅助因子是 TRAMP 复合体。TRAMP 复合体中的 poly(A) 聚合酶（PAP 蛋白或 Trf4 蛋白）加入短的 oligo(A) 尾到靶向 RNA 的 3′ 端

20.9 细胞质监管系统执行 mRNA 翻译的质量控制

关键概念

- 无义介导的 mRNA 衰变（NMD）靶向携带成熟前终止密码子的 mRNA。
- NMD 底物的靶向需要一组保守的 UPF 蛋白与 SMG 蛋白。
- 成熟前终止密码子的识别涉及许多有机体中特殊的 3′ UTR 结构或序列，以及存在于哺乳动物中的下游外显子连接复合体（EJC）。
- 无终止的 mRNA 衰变（NSD）靶向缺少阅读框内终止密码子的 mRNA，并需要一组保守的 SKI 蛋白。
- 停滞的 mRNA 衰变（NGD）靶向在其编码区中携带停滞核糖体的 mRNA。

一些类型的 mRNA 缺陷只有在翻译过程中才会体现出来。现在监管系统已经进化到能探测可威胁翻译真实性的三种类型 mRNA 缺陷，并使得这些缺陷 mRNA 能被快速降解。**图 20.12** 显示了这三种系统中的每一个底物。所有三种类型包含异常的翻译终止事件。所以，回顾一下在正常翻译过程中发生了什么事件是非常有用的（详见第 22 章“翻译”，可以获取更加详细的描述）。当翻译核糖体到达终止密码子时，一对**释放因子（release factor）**（在真核生物中为 eRF1 蛋白和 eRF2 蛋白）进入核糖体 A 位，在正常延伸情况下它通常由即将到来的 tRNA 填补。释放因子复合体介导了已经翻译完成的多肽的释放，随后 mRNA、残留的 tRNA 和核糖体亚基也被释放。

无义介导的 mRNA 衰变（nonsense-mediated decay，NMD）靶向携带成熟前终止密码子（premature termination codon，PTC）的 mRNA。这一命名来自“无义突变”，它是携带 PTC 的 mRNA 产生的唯一方法。不存在无义突变的基因可产生携带 PTC 的转录物，这通过如下方法获得：① RNA 聚合酶异常；②不完全的、错误的或可变的剪接。据估计，至少一半的可变剪接前 mRNA 可产生一种携带 PTC 的转录物形式。约 30% 可诱发已知疾病的等位基因可能编码携带 PTC 的 mRNA。携带 PTC 的 mRNA 可能形成 C 端截断的多肽，它们被认为对细胞突变有害，因为它们往往将多个结合配偶体限定于非功能性复合体中。在所有真核生物中都发现了 NMD 途径。

携带 PTC mRNA 的靶向需要一组保守的蛋白

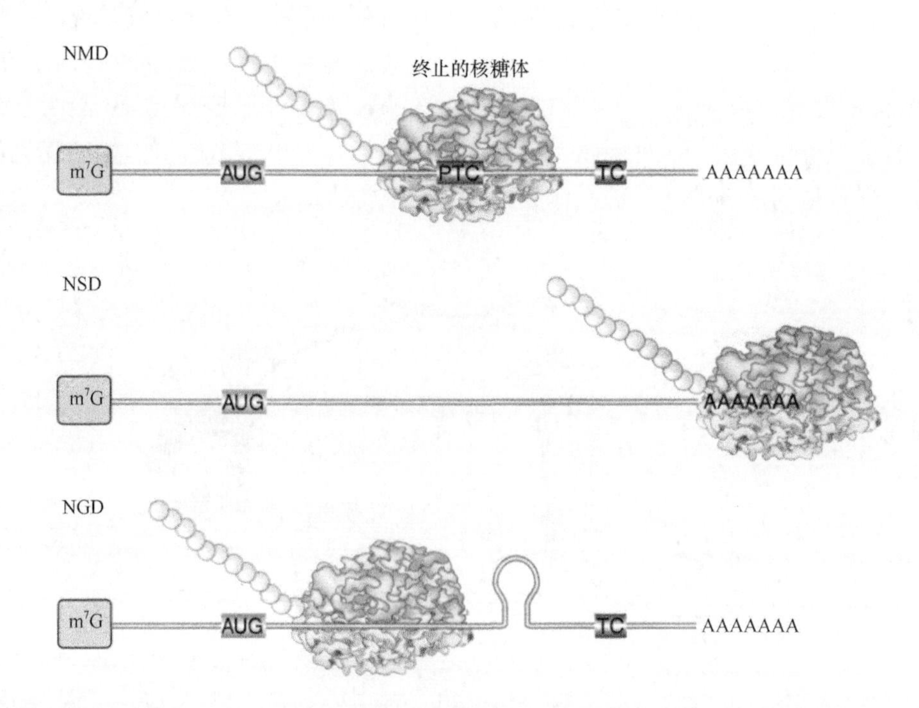

图 20.12 细胞质监管系统的底物。无义介导的 mRNA 衰变（NMD）靶向携带成熟前终止密码子（PTC）的 mRNA，它位于正常终止密码子(TC)的前面。无终止的 mRNA 衰变(NSD)降解缺少阅读框内终止密码子的 mRNA。停滞的 mRNA 衰变(NGD)降解在其编码区域中携带停滞的核糖体的 mRNA

质因子，这包括 3 种 **Upf 蛋白**（Upf1 蛋白、Upf2 蛋白和 Upf3 蛋白）与 4 种其他蛋白质（Smg1 蛋白、Smg5 蛋白、Smg6 蛋白和 Smg7 蛋白）。Upf1 蛋白是第一个发挥作用的，它结合于终止核糖体上，特别是释放因子复合体上。UPF 蛋白的附着为 mRNA 的快速衰变贴上了标签。NMD 因子的特异性作用还未完全阐明，尽管由 Smg1 蛋白介导的对位于核糖体上的 Upf1 蛋白的磷酸化对于靶向作用是非常关键的。而它们的组合作用使得 mRNA 进入了通用的衰变装置，并刺激它的快速脱腺苷酸化。3′ → 5′ 途径或 5′ → 3′ 途径都可降解靶 mRNA。

PTC 如何与其下游的终止密码子进行区分呢？在酵母和哺乳动物细胞中对这一机制已经进行了详细研究，它们存在一些差异（**图 20.13**）。在哺乳动物细胞中鉴定 PTC 的主要信号是剪接连接点的存在，它以外显子连接复合体（exon junction complex，EJC）为标志，位于成熟前终止密码子的下游。高等真核生物中的大部分基因不存在将 3′ UTR 间断的内含子，所以真正的终止密码子通常不跟随着剪接连接点。在正常 mRNA 的**首轮翻译（pioneer round of translation）**过程中，所有 EJC 存在于编码区，并可被转换核糖体所置换；而在 NMD 底物的首轮翻译过程中，Upf2 蛋白和 Upf3 蛋白结合于残留的下游 EJC 上，使之靶向于降解。

大多数酿酒酵母基因根本不被内含子所间断，所以 PTC 检测机制肯定是不同的。在这一例子中，异常的长 3′ UTR 就是一个警示标志。正常 mRNA 的 3′ UTR 的延伸可将它转变成 NMD 底物，这一发现验证了以上设想。目前的模型建议，终止密码子正确的翻译终止需要来自邻近 PABP 的信号。尽管在核苷酸序列上 3′ UTR 是高度可变的，但是在终止密码子与 poly(A) 尾之间的物理距离并非由长度单独决定，因为二级结构和结合的 RBP 之间的相互作用可压缩这一距离。在多个有机体中已经证明 PABP 是必需的，它通过将 PABP 拉到邻近的 PTC 处发挥作用（**图 20.14**）。此时，mRNA 不再由 NMD 所靶向。在果蝇（*Drosophila*）、透丽隐杆线虫（*Caenorhabditis elegans*）、植物和一些哺乳动物 mRNA 中，PTC 识别也独立于剪接反应发生，这提示 3′ UTR 的长度与结构在所有有机体中的正常翻译终止过程中是非常重要的。

如果 Upf1 蛋白水平降低，那么会导致一组转录物在丰度上增加，这些实验就可鉴定出一些正常 mRNA 是由 NMD 靶向的。正常 NMD 底物清单包括拥有特长 3′ UTR 的 mRNA、编码硒蛋白（它利用终止密码子 UGA 作为硒半胱氨酸密码子）的 mRNA，以及一大类未知的可变剪接 mRNA。基于目前的理解，并非所有的靶向 mRNA 被预测成 NMD 底物。NMD 可能是短命 mRNA 的重要快速衰变途径。

细菌也能快速降解携带成熟前终止密码子的 mRNA。在大肠杆菌的 NMD 版本中，内切核酸酶 RNA 酶 E 可切割 mRNA，其位点在区域 3′ 和 PTC 之间，它处于异常的非保护状态，这是由于核糖体的成熟前释放所致。这一机制可能不需要额外的方

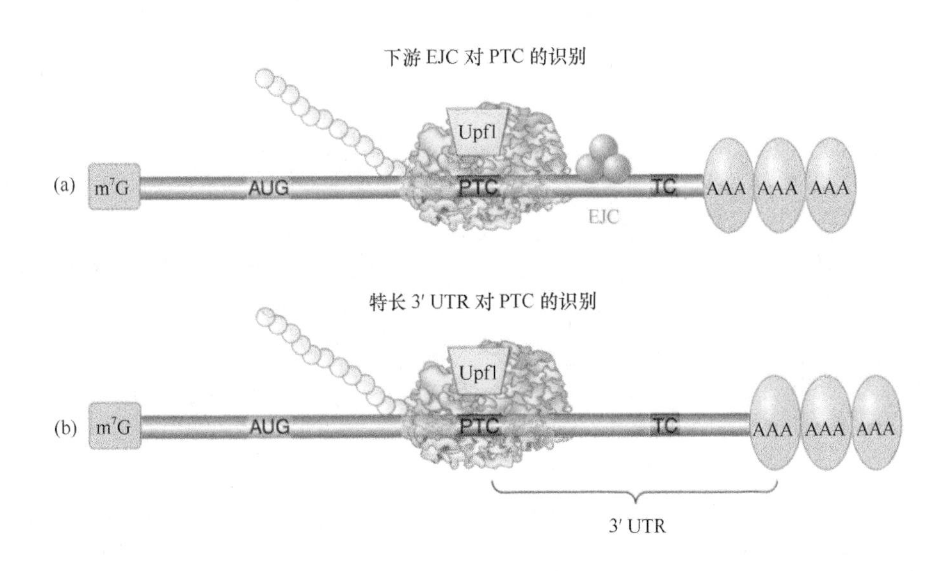

图 20.13 被识别为成熟前终止密码子的两种机制。**(a)** 在哺乳动物中，终止密码子下游的外显子连接复合体的存在使得 mRNA 靶向于 NMD。**(b)** 可能在所有真核生物中，终止密码子与 poly(A)-PABP 复合体之间的距离可确定出不正常的长 3′ UTR。在任何一个例子中，Upf1 蛋白结合于终止核糖体上，以此来触发衰变途径

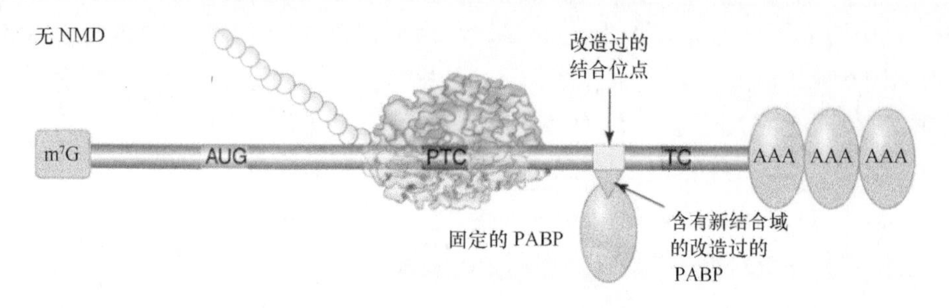

图 20.14 将 PABP 定位于成熟前终止密码子的效应。将 PABP 基因改变，使之能表达噬菌体 RNA 结合域。其结合位点经过改造成为实验性 NMD 底物基因。结合的 PABP 可阻止由 NMD 介导的这一 mRNA 的快速降解。在分子生物学中，这种方法具有多种用途

法来将 PTC 和正确的终止密码子区分开来，它也同样适用于多顺反子 mRNA。

无终止的 mRNA 衰变（nonstop decay，NSD） 靶向缺少阅读框内终止密码子的 mRNA（见图 20.12 的中图）。终止失败导致核糖体翻译进入 poly(A) 尾，并可能停滞于 3′ 端。无终止底物主要由成熟前转录终止和细胞核中的多腺苷酸化产生。这样的成熟前多腺苷酸化转录物是极其普通的。对衍生自酵母与人类 mRNA 的随机 cDNA 群体分析提示，5% ～ 10% 的多腺苷酸化事件可能发生于上游“隐性”位点，它类似于真正的多腺苷酸化信号。靶向无终止底物需要一组因子，称为 **SKI 蛋白（SKI protein）**。Ski7 蛋白的作用可使核糖体从 mRNA 上释放出来。Ski7 蛋白拥有 GTP 酶结构域，这类似于 eEF3 蛋白，它可能结合于核糖体的 A 位以刺激释放。随后其他 SKI 蛋白与外切体的被募集导致 mRNA 3′ → 5′ 的衰变。在 Ski7 蛋白缺少的情况下，无终止的底物也能出现衰变现象，并能通过脱帽反应和 5′ → 3′ 消化向前推进。对脱帽反应的易感性可能源自当先锋核糖体穿过 poly(A) 尾时对 PABP 的置换作用。无终止底物的快速衰变不仅可阻止毒性多肽的形成，还能解放掉入陷阱的核糖体。有意思的是，大肠杆菌利用特化的非编码 RNA（tmRNA，它既能像 tRNA，又能像 mRNA 一样作用），以此来拯救停滞于无终止 mRNA 上的核糖体。tmRNA 能指导短肽的加入，使之靶向缺陷型蛋白质产物用于降解；它能提供终止密码子，使核糖体可以再循环；它还可以靶向缺陷型 mRNA 的由 RNA 酶 R 所介导的降解。

停滞的 mRNA 衰变（no-go decay，NGD） 靶向在其编码区中携带停滞核糖体的 mRNA（见图 20.13 的下图）。一些 mRNA 的自然特征可引起短暂或过长的停滞，如稳定的二级结构，以及很少使用的密码子（其同类 tRNA 的丰度很低）。这一新发现的监管系统只在酵母中被研究过，它也是以上三种类型中了解最少的一种。mRNA 的靶向涉及两种蛋白质的募集——Dom34 蛋白和 Hbs1 蛋白，它们分别是 eRF1 蛋白和 eRF3 蛋白的同源物。mRNA 降解由内切核酸酶切割来启动，而 5′ 与 3′ 片段由外切体与 Xrn1 蛋白消化。Dom34 蛋白可能是一个内切核酸酶，因为它的其中一个结构域与核酸酶相类似。为何一个正常的 mRNA 存在难以翻译的序列而可能使之快速降解呢？这样的序列可被认为是另一种去稳定元件。进化保留这种充分翻译所不需要的障碍物，提示它们在控制这些 mRNA 的半衰期中具有重要作用。

20.10 翻译沉默的 mRNA 由各种 RNA 颗粒隔离开来

关键概念

- 翻译沉默的 mRNA 和许多不同的蛋白质的聚集可形成 RNA 颗粒。
- 生殖细胞 RNA 颗粒和神经元 RNA 颗粒在翻译阻遏和运输中发挥作用。
- 含 mRNA 衰变成分的加工小体（PB）存在于大多数或全部细胞中。
- 在压力诱导的翻译抑制过程中，压力颗粒（SG）会积聚。

我们早已知道在生殖细胞和神经元中存在光镜下肉眼可见的、含有 RNA 的细胞质颗粒，RNA

颗粒（RNA granule）被认为是 mRNA 储存结构，在特化的各类细胞是独特的。最近的研究已经大大拓展了已知的存在区域，以及这些颗粒和相关颗粒的可能作用。在所有已知的 RNA 颗粒中，一个相似特点就是它们存储未翻译的 mRNA 和约 50 ～ 100 种不同的蛋白质，这基于不同的颗粒类型。在不同的颗粒类型中，蛋白质成分差异巨大，尽管所有颗粒都包含一组可通过自我相互作用基序介导聚集的蛋白质。mRNP 和蛋白质的聚集形成 RNA 颗粒，在大小上差异不等。细胞骨架和马达蛋白在颗粒的装配和去装配（以及它们的运输）中也发挥作用。

生殖细胞颗粒（germ cell granule）[也称为**母体 mRNA 颗粒（maternal mRNA granule）**] 存在于各类有机体的卵细胞中。这些颗粒组成了一类 mRNA 的集合体，这些 mRNA 处于翻译阻遏状态，直到在随后的发育过程中，它们被激活为止。极度脱腺苷酸可产生阻遏，而多腺苷酸化可导致活化。这些颗粒也可将需要被转运的 mRNA 携带到这一巨大细胞的特定区域（见 20.11 节“一些 mRNA 定位于某些细胞的特定区域”）。**神经元颗粒（neuronal granule）**类似于母体 mRNA 颗粒，它们同样都在翻译阻遏和特定 mRNA 的运输中发挥作用。这些颗粒是正常神经元活动所必需的。

新的研究暗示至少某些 mRNA 降解发生在大多数或所有细胞类型中的细胞质内的分散颗粒中，这称为**加工小体（processing body，PB）**，它是唯一一种含有参与 mRNA 衰变的蛋白质的颗粒类型，包括脱帽装置和 Xrn1 外切核酸酶。通过 RNAi 和 miRNA 途径所沉默的 mRNA 就出现在 PB 中。而 PABP 不存在于 PB 中，这暗示在将 mRNA 定位于这些结构之前要先进行脱腺苷酸反应。在不同的可影响翻译和衰变的实验条件下，PB 可处于动态变化之中，即它在尺寸和数量上可以增加或降低，甚至可以消失。例如，使用可抑制翻译起始的药物，可使多核糖体从 mRNA 上释放出来，这会导致 PB 数目的增加和体积的增大，这就如衰变成分的部分失活所导致的降解减缓一样。颗粒中并非所有的驻留 mRNA 都要被破坏，其中一些会在翻译过程后释放出来，但是哪些可被释放，为何能被释放，目前还不清楚。我们还不知道是否所有的 mRNA 降解通常发生于这些小体中，我们甚至也不知其所发挥的真正功能。一个显然的想法就是，将高活性的破坏酶浓缩于隔绝的位置，这可使 mRNA 降解更加安全与有效。另一种是当衰变和（或）翻译装置的能力受限时，它们可作为暂时的储存位点。

另一种与 PB 关联的含 mRNA 的颗粒称为**压力颗粒（stress granule，SG）**。PB 是组成型的，而 SG 仅仅在压力诱导的翻译起始抑制中（一种可能在所有真核生物有机体中常见的应答）积聚起来。PB 和 SG 共享一些（但并非所有的）蛋白质成分。例如，SG 缺乏 RNA 衰变装置成分，而 PB 却含有；但是 SG 拥有 PB 所缺乏的许多翻译起始成分。两类颗粒可共存于同一细胞中，在压力条件下，它们的数量和体积都会增大。两类颗粒可能可以相互交换 mRNA。在多核糖体稳定药物的存在下，细胞会使 mRNA 处于恒定的翻译状态，这样，PB 和 SG 会变得越来越小，甚至消亡。这暗示颗粒 mRNA 与正在被翻译的 mRNA 群体通常处于动态的平衡之中。SG 和神经元颗粒共享许多成分。尤其有趣的是，许多 SG 形成所需的共享的 RNA 结合蛋白参与了神经元疾病的发生发展。

20.11 一些 mRNA 定位于某些细胞的特定区域

关键概念

- 在单一细胞与处于发育过程的胚胎中，mRNA 的定位产生不同的功能。
- 我们已经发现了 mRNA 定位的三种机制。
- 定位需要靶 mRNA 中的顺式元件和介导定位的反式因子。
- 主要的主动运输机制涉及 mRNP 沿着细胞骨架通道的定向移动。

细胞质是个非常拥挤的地方，它被高浓度蛋白质所占据。目前尚不清楚多核糖体在细胞质中是如何自由扩散的，而大多数 mRNA 可能在随机的位置翻译，这取决于它们进入细胞质的位置，以及它们从此位置移动的距离。不过，也有些 mRNA 只在特定位置翻译，即它们的翻译受到抑制直到它们到达指定的位置。迄今为止，有 100 多种 mRNA 的受调节定位已经被阐明，但是这一数目仅代表了所有 mRNA 中的极少一部分。在所有类型的真核生物有机体中，mRNA 定位发挥各种不同的重要功能。三种关键的功能如**图 20.15** 所描述，并在下面进行进一步的讨论。

1. 许多动物卵细胞中特定 mRNA 的定位用于建立胚胎的未来模式（如轴的极性），以及给定位于各个区域的各种细胞分配发育命运。这些定位的母体 mRNA 编码转录因子或可调节基因表达的其他蛋白质。在果蝇卵细胞中，*bicoid* mRNA 与 *oskar* mRNA 分别定位于前极和后极，这样在受精之后，它们的翻译就会产生这些蛋白质产物的浓度梯度。这些浓度梯度被细胞用于早期的发育，它规范了胚胎中的前 - 后部位置。*bicoid* 基因编码转录因子，而 *nanos* 基因编码翻译抑制蛋白。一些用于定向翻译的 mRNA 则编码细胞命运的决定子。例如，*oskar* mRNA 定位于卵细胞的后端，它启动了可导致胚胎中原始生殖细胞发育的过程。据估计，在果蝇发育过程中，70% 的 mRNA 表达于特定的空间结构域中。
2. mRNA 定位也在非对称细胞分裂中发挥作用。例如，用于形成子细胞的有丝分裂可使彼此之间产生差异。细胞命运决定子的非对称分离是产生这一现象的一种方法，而这种决定子可能是某些蛋白质和（或）编码它们的 mRNA。在果蝇胚胎中，*prospero* mRNA 与其产物（一种转录因子）定位于胚胎周边皮层的一个区域。随后在发育过程中，神经母细胞的定向细胞分裂可以保证只有最外层的子细胞获得 *prospero* mRNA，这可使之定向分化成神经节母细胞。出芽酵母也运用非对称细胞分裂，以产生具有不同于母细胞交配型的子细胞，这一事件将在这一节的后面进行描述。
3. 在分化的成体细胞类型中的 mRNA 定位是一种机制，它可使细胞区室化，形成一个个特化区域。定位可用于保证多蛋白质复合体成分在彼此相互靠近时合成，以及靶向细胞器或细胞特化区域的蛋白质可方便地就近合成。mRNA 定位对于高度特化细胞，如神经元等尤其重要。在大多数的 mRNA 在细胞实体中被翻译的同时，许多 mRNA 也定位于它的轴突和树突延伸区。在这些 mRNA 中，我们以 β 肌动蛋白 mRNA 为例，其产物参与了轴突和树突的生长。在各种各样的可移动细胞类型中，β 肌动蛋白 mRNA 定位于活跃移动的位点。有趣的是，mRNA 在神经元后突触位点的定位似乎是伴随认知的修饰所必需的。在神经胶质细胞中，髓鞘碱性蛋白（myelin basic protein，MBP）mRNA 是编码髓磷脂鞘的一个成分，可定位于特定的髓磷脂合成区。植物也能将 mRNA 定位于细胞的皮层区，以及极性细胞生长的区域。

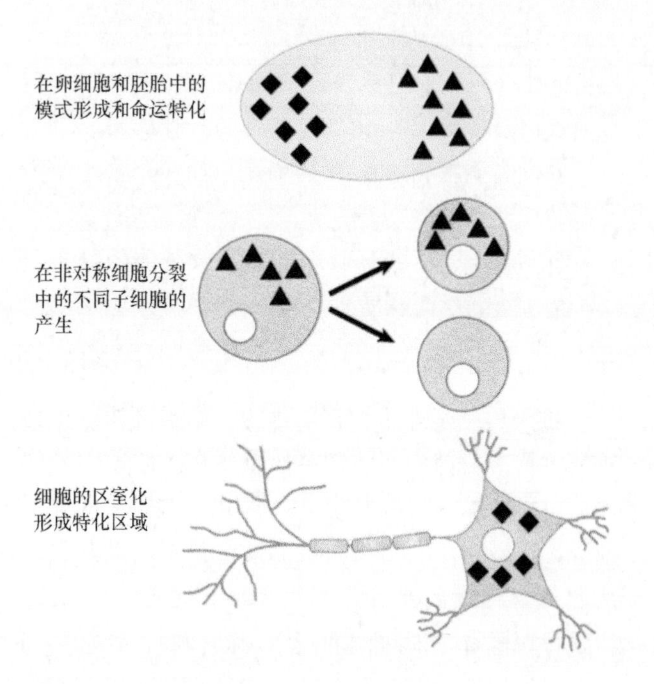

图 20.15 mRNA 定位的三种主要功能

在一些例子中，mRNA 定位涉及从一个细胞向另一个细胞的运输。果蝇中母体 mRNP 在周围的滋养细胞中合成与装配，并通过细胞质通道转移到正在发育的卵细胞中。植物也能通过胞间连丝输出 RNA，并通过韧皮部管道系统长距离地对它们进行输送。有时，mRNA 全部以 mRNP 颗粒（mRNP granule）的形式进行运输。这些颗粒的组成还未完全阐述清楚。

迄今为止，已经发现了 mRNA 定位的三种机制：

1. mRNA 可以统一地分配，而降解可发生于除了翻译以外的各个位置；
2. mRNA 可能自由扩散，却在翻译位点被捕获；

3. mRNA 主动运输到它可被翻译的位置。

主动运输是定位的主要机制。马达蛋白沿着细胞骨架通道的移位可以完成运输过程。已经发现了所有三种分子马达类型：动力蛋白（dynein）和驱动蛋白（kinesin），它们以相反方向沿着微管运行，而肌球蛋白（myosin）则在肌动蛋白微丝上运行。这种定位模式至少需要四种成分：①靶 mRNA 中的顺式元件，②直接或间接将 mRNA 定位于正确马达蛋白上的反式因子，③抑制翻译的反式因子，④一个理想位置的锚定系统。

只有一些顺式元件，有时称为拉**链密码**（**zipcode**）已经被鉴定出来，其存在形式是广泛多样的，包括如序列 RNA 元件和结构 RNA 元件，它们可存在于 mRNA 的任何位置，尽管大部分存在于 3′ UTR 中。拉链密码是很难被鉴定出来的，因为许多是由复杂的二级结构和三级结构所组成。已经鉴定出了大量的反式因子与定位的 mRNA 运输和翻译抑制有关。在不同物种中，有一些是高度保守的。例如，双链 RNA 结合蛋白 staufen 参与将 mRNA 定位于果蝇和爪蟾（*Xenopus*）的卵细胞中，以及果蝇、哺乳动物，也有可能为蠕虫和斑马鱼的神经系统中。这种多潜能因子拥有多个结构域，它能将复合体偶联到肌动蛋白或微管运输途径中。而对第四种必需成分的锚定机制则几乎是一无所知的。我们将在以下段落中举两个例子来讨论定位机制是如何进行的。

在培养的纤维母细胞与神经元中，已经对 β 肌动蛋白 mRNA 的定位进行了研究。其拉链密码位于 3′ UTR 中的 54 nt 元件。ZBP1 蛋白与拉链密码元件的共转录结合是定位所必需的，这提示甚至在这一 mRNA 被加工和输出细胞核之前，它的定位就已经明确了。有意思的是，β 肌动蛋白 mRNA 依赖于纤维母细胞中的完整肌动蛋白纤维和神经元中的完整微管。

酵母中 *ASH1* mRNA 定位的遗传分析已经为我们提供了迄今为止定位机制的最清楚画面（**图 20.16**）。在出芽过程中，*ASH1* mRNA 定位于发育中的孢子顶部，这导致 Ash1 蛋白只在新形成的子细胞中合成。Ash1 蛋白是一个转录抑制蛋白，它不会允许内切核酸酶 HO 的表达，而是交配型转换所必需的（详见第 13 章“同源重组与位点专一重组”）。其所导致的结果就是交配型转换只在母细胞中才发生。*ASH1* mRNA 在其编码区拥有四个茎-

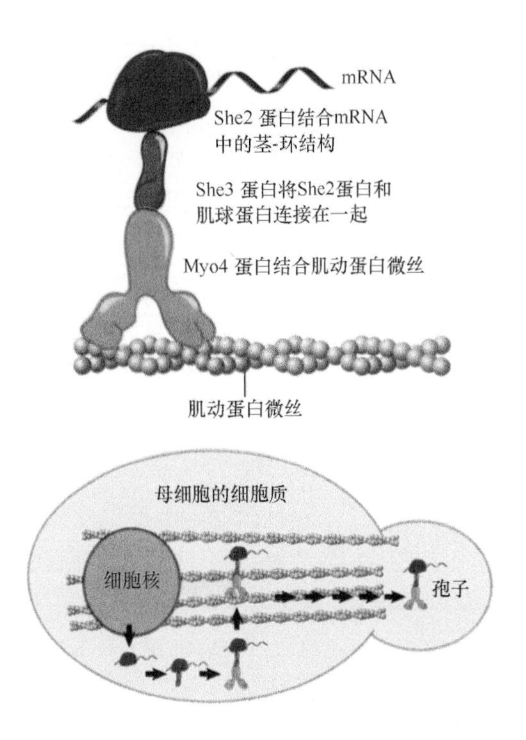

图 20.16 *ASH1* mRNA 的定位。新输出的 *ASH1* mRNA 附着于肌球蛋白的马达 Myo4 蛋白，这通过与 She3 蛋白和 She2 蛋白形成复合体而实现。马达蛋白使 mRNA 沿着肌动蛋白微丝运输到发育中的孢子上

环定位元件，是 She2 蛋白的结合位点，而这种结合可能发生于细胞核中。She3 蛋白可作为接头蛋白，结合 She2 蛋白和肌球蛋白的马达 Myo4 蛋白（也称为 She1 蛋白）。Puf6 蛋白可结合于 mRNA 上，并抑制其翻译。马达蛋白将 *ASH1* mRNP 沿着极化的肌动蛋白微丝运输，使之能从母细胞引向发育中的孢子上。另外，*ASH1* mRNA 的适当定位和表达还需要其他蛋白质的协助。目前已经知道超过 20 种的 mRNA 运用这一同样的定位途径。

不涉及主动运输的定位机制已经被清楚地证实，它们只在一些卵细胞和早期胚胎的定位 mRNA 中发生。自由扩散 mRNA 的局部俘获机制需要已经定位的锚定蛋白的参与，但这些锚定蛋白还未被鉴定出来。在果蝇卵细胞中，可扩散的 *nanos* mRNA 被俘获在后端“种质（germ plasm）”中，它位于皮层下面的细胞质中的特化区域。在爪蟾卵细胞中，定位于生长极的 mRNA 首先被固定于有些神秘的、膜负载的结构中，这种结构称为线粒体云（mitochondrial cloud，MC），然后它才迁移到可携带这一 mRNA 的生长极中。对同样定位于果蝇胚胎后极的一种 mRNA，我们对其定位 mRNA 的稳定机制也已经描述过，即在发育的早期阶段，*hsp83* mRNA 无差别地分布于整个胚胎细胞质中，随后除了顶部区域之外，其余地方的 mRNA 全部被降解。Smaug 蛋白参与了大部分 *hsp83* mRNA 的去稳定作用，它很可能通过募集 CCR4/NOT 复合体而起作用。我们还不知道这种定位于顶部的 mRNA 是如何逃逸的。

小结

细胞核糖核酸酶的存在使得细胞 RNA 成为一种相对不稳定分子。各种核糖核酸酶的攻击模式是不同的，它们专门针对各种不同的 RNA 底物。在细胞中，这些 RNA 降解酶具有多种功能，如促进 mRNA 的衰变。mRNA 是短命的，这一事实可允许细胞所合成的蛋白质谱快速调整，这可通过调节基因转录速率来实现。不同序列的 mRNA 对核酸酶的作用展现出了程度各异的敏感性，其半衰期相差甚至可达 100 倍以上。

在 mRNA 的细胞核成熟过程到细胞质生活周期中，它与不断变化的各种蛋白质联系在一起。细胞中存在数量巨大的 RNA 结合蛋白，大部分还未鉴定出来。许多在细胞核中发挥作用的蛋白质在 mRNA 输出到细胞质之前或在此过程中被去除；其他则伴随着 mRNA，并在细胞质中发挥作用。不同的 mRNA 与独特而重叠的一组组 RBP 相偶联，在翻译、稳定性和定位中发挥其作用。共享特殊类型 RBP 的一组 mRNA 称为 RNA 调节子。

细菌 mRNA 的降解从 5′ 端焦磷酸的去除起始。这一步骤触发了内切核酸酶切割反应，接着发生释放片段的 3′ → 5′ 方向的外切核酸酶消化。许多 mRNA 中的 3′ 茎 - 环结构可保护它们免于 3′ 方向的攻击。3′ 端的多腺苷酸化有助于 3′ → 5′ 外切核酸酶活性，因为它形成了此酶作用的平台。参与 mRNA 降解的蛋白质以复合体的形式发挥作用，这称为降解体。

在酵母中，或许可能在哺乳动物中，大部分真核生物 mRNA 的降解需要将脱腺苷酸化作为第一步。poly(A) 尾的过度缩短可使两条降解途径中其中一条向前推进。5′ → 3′ 衰变途径涉及脱帽反应和 5′ → 3′ 外切核酸酶消化。3′ → 5′ 衰变途径由外切体——一个大的外切核酸酶复合体所催化。5′ → 3′ 途径的翻译和衰变是一个竞争过程，因为翻译起始复合体和脱帽酶都可与这一帽结构结合。一种称为加工小体（PB）的颗粒含有参与衰变和翻译抑制的 mRNA 及蛋白质，它被认为是 mRNA 降解所在的位点。

前文描述了 4 条其他 mRNA 降解途径，它们靶向特殊的 mRNA。每一条途径都利用与依赖脱腺苷酸化的途径一样的降解装置，而起始反应却是不同的。它们的起始反应分别为：①不依赖脱腺苷酸化的脱帽反应，② 3′ poly(U) 尾的添加，③序列特异性或结构特异性内切核酸酶的切割，④微 RNA 参与的碱基配对。

mRNA 的特征性半衰期差异由于特殊的 mRNA 内的顺式元件所致。我们已经对去稳定元件和稳定元件进行了描述，它们最常见于 3′ UTR，并作为蛋白质或微 RNA 的结合位点而发挥作用。在哺乳动物细胞中，AU 富集元件（ARE）能使大量的 mRNA 变得不稳定。结合于去稳定元件的蛋白质可能主要通过募集降解装置的一些成分而起作用。通过对结合蛋白质的修饰所产生的各种不同信号的应答可以调节 mRNA 稳定性。

在细胞核和细胞质中存在质量控制监管系统，它可靶向缺陷 mRNA 并使之降解。在细胞核中，外切体在正常底物 RNA 的加工与异常 RNA 的破坏中都发挥了作用。这种不同的外切体辅助因子可识别缺陷 RNA，随后这些因子可募集外切体。酵母中的主要辅助因子是 TRAMP 复合体，在其他真核生物有机体中也存在其同源物。作为细胞核降解底物的 RNA Pol Ⅱ转录物包括未被正确剪接的 mRNA 及缺少正常 poly(A) 尾的 mRNA。大部分 RNA Pol Ⅱ转录物可能是隐蔽不稳定转录物（CUT）。

大量的 mRNA 由细胞质监管系统所靶向。所有三种类型都涉及异常翻译终止事件。无义介导的 mRNA 衰变（NMD）靶向携带成熟前终止密码子的 mRNA。一组保守因子（UPF 蛋白和 SMG 蛋白）参与鉴定和将 NMD 底物送到普适性衰变装置中。在首轮翻译过程中，通过下游外显子连接复合体（EJC）或异常的 mRNA 3′ 端可识别成熟前终止密码子。NMD 也参与降解某些正常的不稳定 mRNA。无终止的 mRNA 衰变（NSD）靶向阅读框内缺少终止密码子的 mRNA，这需要一组保守的 SKI 蛋白，它们可迫使被俘获核糖体的释放，并可募集降解装置。停滞的 mRNA 衰变（NGD）靶向编码区中携带停滞核糖体的mRNA，并引起核糖体释放和mRNA降解。

一些mRNA定位于细胞的特定区域，并且它们不被翻译直到到达它们的最终目的地。定位需要靶mRNA中的顺式元件和介导定位的反式因子。mRNA的定位产生以下三种主要功能。首先，在卵细胞中，它用于建立胚胎的未来模式，并将发育命运分配给位于不同区域的各种细胞。其次，在不对称分裂的细胞中，这是一种将蛋白质因子只分离到某一子细胞的机制。最后，在一些细胞，特别是极化细胞类型中，这是一种建立亚细胞区室的机制，目前已经知道三种定位机制：① mRNA在所有位点都被降解，而非某一靶位点；②分散分布的mRNA可选择性锚定于靶位点；③ mRNA沿着细胞骨架通道的定向运输。最后一种是最重要的方法，它利用基于肌动蛋白和微管的分子马达。

参考文献

通用文献

Houseley J., and Tollervey, D. (2009). The many pathways of RNA degradation. *Cell* 136, 763-776.

20.2 信使RNA是不稳定分子

研究论文文献

Dölken, L., Ruzsics, Z., Rädle, B., Friedel, C. C., Zimmer, R., Mages, J., Hoffmann, R., Dickinson, P., Forster, T., Ghaza, P., and Koszinowski, U. H. (2008). High-resolution gene expression profiling for simultaneous kinetic parameter analysis of RNA synthesis and decay. *RNA* 14, 1959-1972.

Foat, B. C., Houshmandi, S. S., Olivas, W. M., and Bussemaker, H. J. (2005). Profiling conditionspecific, genome-wide regulation of mRNA stability in yeast. *Proc. Natl. Acad. Sci. USA* 102, 17675-17680.

20.3 真核生物mRNA始终以mRNP的形式存在

综述文献

Keene, J. D. (2007). RNA regulons: coordination of post-transcriptional events. *Nat. Rev. Genet.* 8, 533-543.

Moore, M. J. (2005). From birth to death: the complex lives of eukaryotic mRNAs. *Science* 309, 1514-1518.

研究论文文献

Hogan, D. J., Riordan, D. P., Gerber, A. P., Herschlag, D., and Brown, P. O. (2008). Diverse RNA-binding proteins interact with functionally related sets of RNAs, suggesting an extensive regulatory system. *PLoS Biol.* 6(10), e255.

20.4 原核生物mRNA的降解与多种酶有关

综述文献

Belasco, J. G. (2010). All things must pass: contrasts and commonalities in eukaryotic and bacterial mRNA decay. *Nat. Rev. Mol. Cell Biol.* 11, 467-478.

Carpousis, A. J. (2007). The RNA degradosome of *Escherichia coli:* an mRNA-degrading machine assembled on RNase E. *Annu. Rev. Microbiol.* 61, 71-87.

Condon, C. (2007). Maturation and degradation of RNA in bacteria. *Curr. Opin. Microbiol.* 10, 271-278.

Deana, A., and Belasco, J. G. (2005). Lost in translation: the influence of ribosomes on bacterial mRNA decay. *Genes Dev.* 19, 2526-2533.

研究论文文献

Bernstein, J. A., Khodursky, A. B., Lin P. H., Lin-Chao, S., and Cohen, S. N. (2002). Global analysis of mRNA decay and abundance in *Escherichia coli* at single-gene resolution using two-color fluorescent DNA microarrays. *Proc. Natl. Acad. Sci. USA* 99, 9697-9702.

Celesnik, H., Deana, A., and Belasco, J. G. (2007). Initiation of RNA decay in *Escherichia coli* by 5′ pyrophosphate removal. *Mol. Cell* 27, 79-90.

Mohanty, B. K., and Kushner, S. R. (2006). The majority of *Escherichia coli* mRNAs undergo post-transcriptional modification in exponentially growing cells. *Nucleic Acids Res.* 34(19), 5695-5704.

20.5 大部分真核生物mRNA通过两条依赖于脱腺苷酸化的途径降解

综述文献

Franks, T. M., and Lykke-Andersen, J. (2008). The control of mRNA decapping and P-body formation. *Mol. Cell* 32, 605-615.

Parker, R., and Sheth, U. (2007). P Bodies and the control of mRNA translation and degradation. *Mol. Cell* 25, 635-646.

Parker, R., and Song, H. (2004). The enzymes and control of eukaryotic mRNA turnover. *Nat. Struct. Mol. Biol.* 11, 121-127.

研究论文文献

Sheth, U., and Parker, R. (2003). Decapping and decay of messenger RNA occur in cytoplasmic processing bodies. *Science* 300, 805-808.

Zheng, D., Ezzeddine, N., Chen, C. Y., Zhu, W., He, X., and Shyu, A. B. (2008). Deadenylation is prerequisite for P-body formation and mRNA decay in mammalian cells. *J. Cell Biol.* 182, 89-101.

20.6 其他降解途径靶向特殊mRNA

综述文献

Filipowicz, W., Bhattacharyya, S. N., and Sonenberg, N. (2008). Mechanisms of post-transcriptional regulation by microRNAs: are the answers in sight? *Nat.Rev. Genet.* 9, 102-114.

Garneau, N. L., Wilusz, J., and Wilusz, C. J. (2007). The highways and byways of mRNA decay. *Nat. Rev. Mol. Cell Biol.* 8, 113-126.

研究论文文献

Choe, J., Cho, H., Lee, H. C., and Kim, Y. K. (2010). MicroRNA/Argonaute-2 regulates nonsensemediated messenger RNA decay. *EMBO Rep.* 11, 380.

Guo, H., Ingolia, N. T., Weissman, J. S., and Bartel, D. P. (2010).

Mammalian microRNAs predominantly act to decrease target mRNA levels. *Nature* 466, 835.

Mullen, T. E., and Marzluff, W. F. (2008). Degradation of histone mRNA requires oligouridylation followed by decapping and simultaneous degradation of the mRNA both 5′ to 3′ and 3′ to 5′. *Genes Dev*. 22, 50-65.

20.7 特异性 mRNA 的半衰期由 mRNA 内的序列或结构所控制

综述文献

Chen, C. Y. A., and Shyu, A. B. (1995). AU-rich elements: characterization and importance in mRNA degradation. *Trends Biochem. Sci*. 20, 465-470.

Von Roretz, C., and Gallouzi, I. E. (2008). Decoding ARE-mediated decay: is microRNA part of the equation? *J. Cell Biol*. 181, 189-194.

20.8 细胞核监管系统对新合成 mRNA 进行缺陷检测

综述文献

Houseley, J., LaCava, J., and Tollervey, D. (2006). RNA-quality control by the exosome. *Nat. Rev. Mol. Cell Biol*. 7, 529-539.

Houseley, J., and Tollervey, D. (2008). The nuclear RNA surveillance machinery: the link between ncRNAs and genome structure in budding yeast? *Biochem. Biophys. Acta* 1779, 239-246.

Villa, T., Rougemaille, M., and Libri, D. (2008). Nuclear quality control of RNA polymerase II ribonucleoproteins in yeast: tilting the balance to shape the transcriptome. *Biochem. Biophys. Acta* 1779, 524-531.

研究论文文献

Arigo, J. T., Eyler, D. E., Carroll, K. L., and Corden, J. L. (2006). Termination of cryptic unstable transcripts is directed by yeast RNA-binding proteins Nrd1 and Nab3. *Mol. Cell* 24, 735-746.

Davis, C. A., and Ares, M. (2006). Accumulation of unstable promoter-associated transcripts upon loss of the nuclear exosome subunit Rrp6p in *Saccharomyces cerevisiae*. *Proc. Natl. Acad. Sci. USA* 103, 3262-3267.

Kadaba, S., Wang, X., and Anserson, J. T. (2006).

Nuclear RNA surveillance in *Saccharomyces cerevisiae:* Trf4p-dependent polyadenylation of nascent hypomethylated tRNA and an aberrant form of 5S RNA. *RNA* 12, 508-521.

20.9 细胞质监管系统执行 mRNA 翻译的质量控制

综述文献

Isken, O., and Maquat, L. E. (2007). Quality control of eukaryotic mRNA: safeguarding cells from abnormal mRNA function. *Genes Dev*. 21, 1833-1856.

McGlincy, N. J., and Smith, C. W. J. (2008). Alternative splicing resulting in nonsensemediated mRNA decay: what is the meaning of nonsense? *Trends Biochem. Sci*. 33, 385-393.

Shyu, A. B., Wilkinson, M. F., and van Hoof, A. (2008). Messenger RNA regulation: to translate or to degrade. *EMBO J*. 27, 471-481.

Stalder, L., and Mühlemann, O. (2008). The meaning of nonsense. *Trends Cell Biol*. 18(7), 315-321.

研究论文文献

Wilson, M. A., Meaux, S., and van Hoof, A. (2008). Diverse aberrancies target yeast mRNAs to cytoplasmic mRNA surveillance pathways. *Biochem. Biophys. Acta* 1779, 550-557.

20.10 翻译沉默的 mRNA 由各种 RNA 颗粒隔离开来

综述文献

Anderson, P., and Kedersha, N. (2009). RNA granules: post-transcriptional and epigenetic modulators of gene expression. *Nat. Rev. Mol. Cell Biol*. 10, 430-436.

Buchan, J. R. (2014). mRNP granules. *RNA Biol*. 11, 1019-1030.

Erickson, S. L., and Lykke-Anderson, J. (2011). Cytoplasmic mRNA granules at a glance. *J. Cell Sci*. 124, 293-297.

Thomas, M. G., Loschi, M., Desbats, M. A., and Boccaccio, G. L. (2011). RNA granules: the good, the bad and the ugly. *Cell. Signal*. 23, 324-334.

20.11 一些 mRNA 定位于某些细胞的特定区域

综述文献

Bullock, S. L. (2007). Translocation of mRNAs by molecular motors: think complex? *Semin. Cell Devel. Biol*. 18, 194-201.

Buxbaum, A. R., Halmovich, G., and Singer, R. H. (2015). In the right place at the right time: visualizing and understanding mRNA localization. *Nat. Rev. Mol. Cell Biol*. 16, 95-109.

Du, T. G., Schmid, M., and Jansen, R. P. (2007). Why cells move messages: the biological functions of mRNA localization. *Semin. Cell Dev. Biol*. 18, 171-177.

Giorgi, C., and Moore, M. J. (2007). The nuclear nurture and cytoplasmic nature of localized mRNPs. *Semin. Cell Devel. Biol*. 18, 186-193.

Holt, C. E., and Bullock, S. L. (2009). Sub-cellular mRNA localization in animal cells and why it matters. *Science* 326, 1212-1216.

Martin, K. C., and Ephrussi, A. (2009). mRNA localization: gene expression in the spatial dimension. *Cell* 136, 719-730.

研究论文文献

Blower, M. D., Feric, E., Weis, K., and Heald, R. (2007). Genome-wide analysis demonstrates conserved localization of messenger RNAs to mitotic microtubules. *J. Cell Biol*. 179, 1365-1373.

Lecuyer, E., Yoshida, H., Parthasarathy, N., Alm, C., Babak, T., Cerovina, T., Hughes, T. R., Tomancak, P., and Krause, H. M. (2007). Global analysis of mRNA localization reveals a prominent role in organizing cellular architecture and function. *Cell* 131, 174-187.

第 21 章

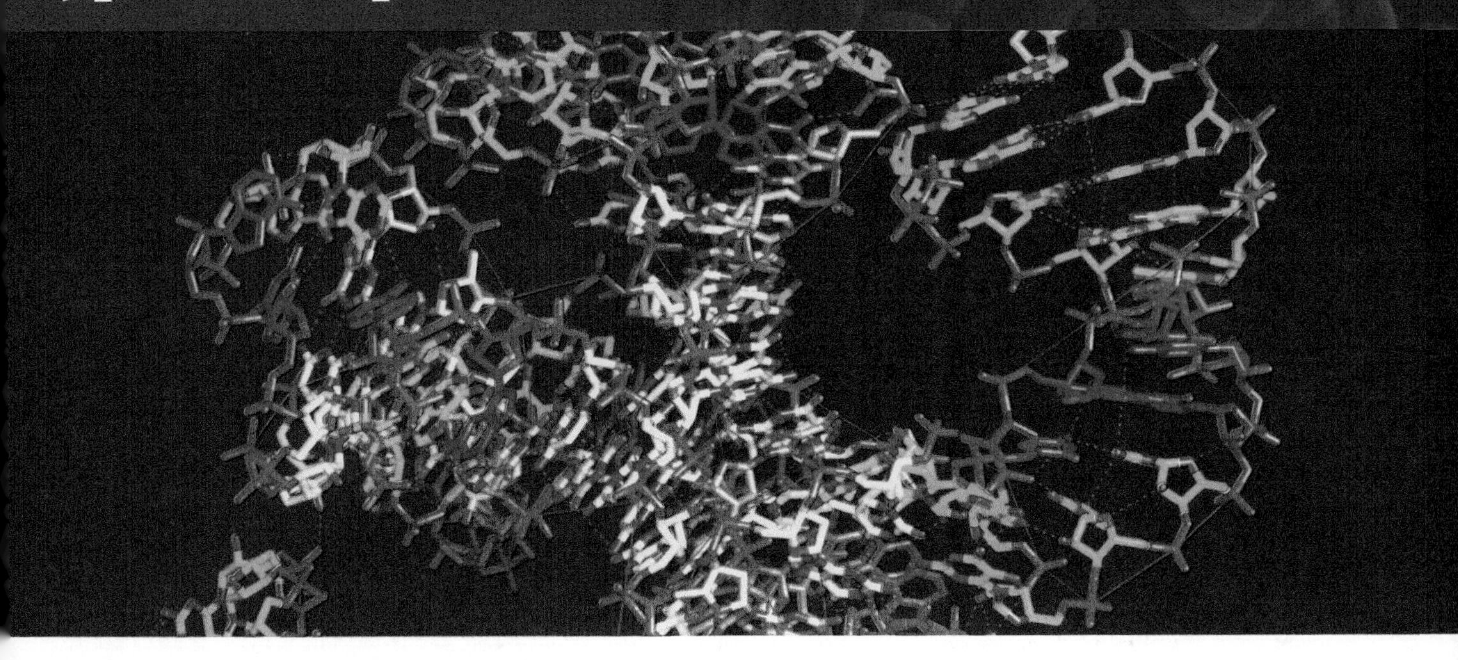

催化性 RNA

Douglas J. Briant　编

章节提纲

21.1　引言

只有蛋白质才拥有催化活性的观念在生物化学理论中根深蒂固。此种想法的逻辑基础是：只有蛋白质才具有复杂的三维结构和各种不同的侧链基团，它们才有灵活的能力产生催化生化反应所需的活性位点。然而，对于参与 RNA 加工过程的这种系统性研究显示这个观点过于简单化了。

基于 RNA 的催化的第一个例子首先从细菌 tRNA 加工酶——核糖核酸酶 P（ribonuclease P，RNase P，RNA 酶 P）和嗜热四膜虫（*Tetrahymena thermophilus*）RNA 中的自我剪接Ⅰ类内含子中被鉴定出来。由于对 RNA 催化剂的开创性工作，Sidney Altman 和 Thomas Cech 在 1989 年被授予诺贝尔化学奖。自从最早的催化性 RNA 被发现以来，其他几种由 RNA 所介导的催化反应也已经被鉴定出来。重要的是，核糖体这种制造肽的RNA-蛋白质复合体（详见第22章“翻译”），已经被鉴定为核酶，即其RNA是作为催化成分，而蛋白质是作为一种支架结构。另外，研究人员已经制备出人工合成的RNA核酶，它们可执行一连串化学反应，如RNA多核苷酸的多聚化反应。

核酶（ribozyme）已经成为一个通用术语，被描述为有催化功能的RNA，而且它与通常意义上的蛋白酶一样，也具有酶活性。一些RNA的催化活性是针对非酶自身的底物（外界分子）而言的，然而另一些是针对分子自身（催化活性仅限单一循环）。

RNA酶P是核糖核蛋白，它包含一个蛋白质分子与结合其上的单一RNA分子。RNA酶P在分子间发挥作用，它是核酶的一个例子，能催化多步骤反应。它最初在大肠杆菌（*Escherichia coli*）中被鉴定出来，现在知道它是原核生物和真核生物的存活所必需的。在tRNA底物中，RNA具有催化切割反应的能力，而蛋白质成分只是起到间接作用，可能用于维持催化性RNA的结构。

两类自我剪接内含子——Ⅰ类和Ⅱ类内含子是在分子内发挥作用的核酶的极好例子，两者都具有从包含其自身的前mRNA（pre-mRNA）中把自身剪接出去的能力。在正常条件下，自我剪接反应是分子内的，因此是单步骤的，然而，对Ⅰ类内含子的改造能产生新的RNA分子，它可具有一些与本身活性相关的其他几种催化活性。

催化性RNA可执行各种酶促反应，对这些反应进行总结所得到的主要规律认为：RNA能催化分子内或分子间的反应。然而值得注意的是，由RNA所催化的反应不仅仅只限于此两类反应。尽管反应的特异性和基本的催化活性由RNA提供的，但与RNA相连的蛋白质可以帮助这些反应在体内的有效进行。

RNA剪接并不是在RNA上引入变化的唯一途径。在**RNA编辑（RNA editing）**过程中，可在个别碱基引入变化，或在mRNA的特殊位点添加碱基。碱基插入（大多为尿嘧啶残基）可发生在一些单细胞/寡细胞真核生物线粒体的几个基因中，正如剪接反应一样，它包括核苷酸之间键的断裂与重接，也同样需要编码新序列信息的模板。

21.2 Ⅰ类内含子通过转酯反应实现自我剪接

关键概念

- Ⅰ类内含子在体外自我剪接所需的独有因子是两种金属离子和一个鸟嘌呤核苷酸。
- 剪接反应通过两步转酯反应发生，不需要能量。
- 第一步转酯反应中，辅助因子鸟苷的3′-羟基（3′-OH）作用于内含子的5′端。
- 第二步转酯反应中，第一个外显子末端产生的3′-OH作用于内含子和第二个外显子之间的连接点。
- 作为线性分子释放的内含子在3′-OH作用于内部两个位点的其中一个位点时，它发生环化反应。
- 在四膜虫的反式剪接反应中，其他核苷酸也能作用于被切除内含子的内部键。

Ⅰ类内含子存在于各种不同的物种中，迄今为止已经发现了2000多种。与RNA酶P不同，Ⅰ类内含子并非存活所必须。它们存在于低等真核生物嗜热四膜虫（一种纤毛虫）和多头黏菌（*Physarum polycephalum*，一种黏质霉菌）的核内编码rRNA的基因中；在真菌和原生生物的基因中也很常见，但也会出现在原核生物、动物、噬菌体和病毒中。Ⅰ类内含子具有一种剪接自身的内在能力，这被称为自我剪接（self-splicing或autosplicing）（这种能力也存在于Ⅱ类内含子中，见21.6节“Ⅱ类内含子可编码多功能蛋白质”中的讨论）。

我们发现自我剪接是嗜热四膜虫rRNA基因转录物的一个特征。两个主要的rRNA基因遵循通常的组织形式，即两者都被表达为一个通用转录单位的一部分。转录产物为35S前RNA，其5′端为小rRNA序列，3′端为较大的26S rRNA序列。

在一些嗜热四膜虫品系中，编码26S RNA的序列被单一短小的内含子所隔断。当35S前RNA在体外孵育时，剪接事件会作为一种自主反应发生。内含子从前体被切除出去，并以400个碱基为单位的线性片段形式积累，随后它转变为环状RNA，这些过程总结在**图 21.1** 中。

此反应仅需要两种金属离子和辅因子鸟嘌呤核苷酸。没有其他的碱基可以代替鸟嘌呤，但三磷酸不是必需的，即 GTP、GDP、GMP 和鸟苷本身都可以被利用，这表明此反应不需要提供其他能量，但鸟嘌呤核苷酸必须含有 3′-OH 基团。

鸟嘌呤核苷酸的命运可用放射性标记来追踪，放射活性一开始就进入被切除出来的内含子片段中，随后 G 残基被磷酸二酯键连接于线性内含子的 5′ 端。

图 21.2 显示了所发生的三步转酯反应。在第一步转酯反应中，鸟嘌呤核苷酸作为辅助因子提供一个游离的 3′-OH，它可作用于内含子的 5′ 端，这个反应使 G 与内含子相连，并在 5′ 外显子（标记的外显子 A）的末端产生了一个 3′-OH 基团；第二步转酯反应类似一个化学反应，即外显子 A 末端刚刚形成的 3′-OH 攻击外显子 B。两步转酯反应是连在一起的，我们观察不到游离外显子，所以它们的偶联可能作为同一个反应的一部分从而释放出内含子。内含子作为线性分子被释放，但在第三步转酯反应

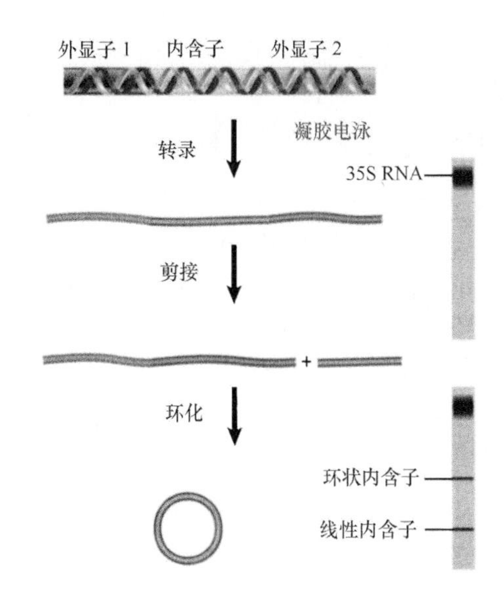

图 21.1 四膜虫 35S 前 rRNA 的剪接可通过体外凝胶电泳进行分析。去除的内含子为一条快速移动的短小条带。当内含子变成环状时，它就移动得更慢，这对应于高分子质量的那一条带

中转变成环状分子。

自我剪接反应的每个阶段都是一步转酯反应，即一个磷酸酯直接被转移到另外一个基团上，没有

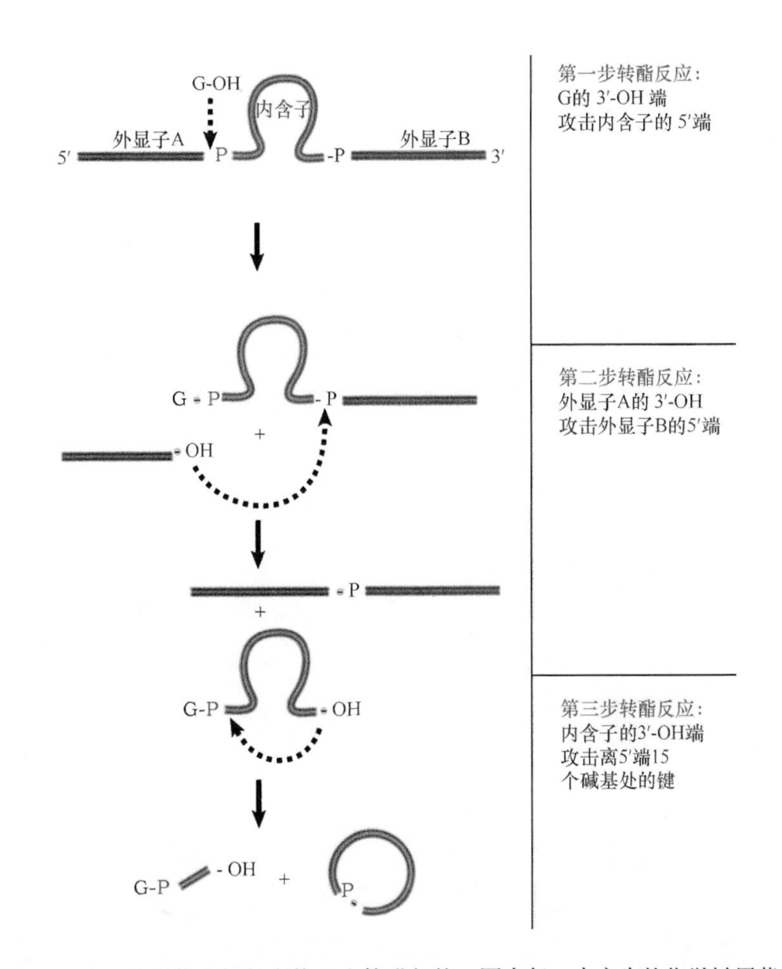

图 21.2 在自我剪接的转酯反应中，化学键之间的交换是直接进行的，图中每一步产生的化学键用蓝色圆点表示

中间的水解过程，也就是说，化学键之间直接交换，而能量并无损失，这样，此反应无须通过水解 ATP 或 GTP 来提供能量，因此，每一步连续的转酯反应不涉及净能量的改变。在细胞中，相对于 RNA 浓度而言，GTP 浓度是很高的，因此它会驱动反应向前推进。在生理条件下，剪接反应在本质上是不可逆转的，这使得反应能够向前进行得非常彻底。

剪接能力是 RNA 本身所具有的，在体外，自我剪接系统没有蛋白质也能进行。RNA 形成一个特殊的二级或三级结构使相关的基团处于邻近位置，则鸟嘌呤核苷酸可以连于特定的位置，从而像图 21.2 所示的那样，键的断裂和重接反应才会发生。尽管这是 RNA 自身的特性，但在体外，此反应是非常缓慢的，这是因为在体内的 I 类内含子的自我剪接需要蛋白质的协助，它可有助于稳定 RNA 结构，使之存在一个有利于剪接反应的构型。

这种参与转酯反应的能力存在于内含子的序列中，并且在线性分子被切除以后，活性还继续存在下去。**图 21.3** 总结了四膜虫中切除内含子的这种催化活性，其残基数字对应于这个生物体的相应内含子。

当 3′ 端的 G（ΩG）作用于 5′ 端附近的内部位点时，内含子能被环化，内部键断开，新的 5′ 端转移至内含子的 3′-OH 端，从而使内含子环化。接着，5′ 端含有预先被加入的外源鸟嘌呤核苷酸（exoG）的线性片段（未显示）被释放出来。任何一类环化内含子都可通过体外特异性的水解来打开那些用来连接成环的内部残基与 ΩG 之间的键，从而产生线性分子，这被称为环化回复（reverse cyclization）。假如水解产生的线性分子与第一次环化时的位置一致，它会具有活性，就可以进行二次环化。

在四膜虫（*Tetrahymena*）内含子释放后所产生的自发反应的最终产物为 L-19 RNA，它是一个通过使更短环状形式反转而产生的线性分子，此分子

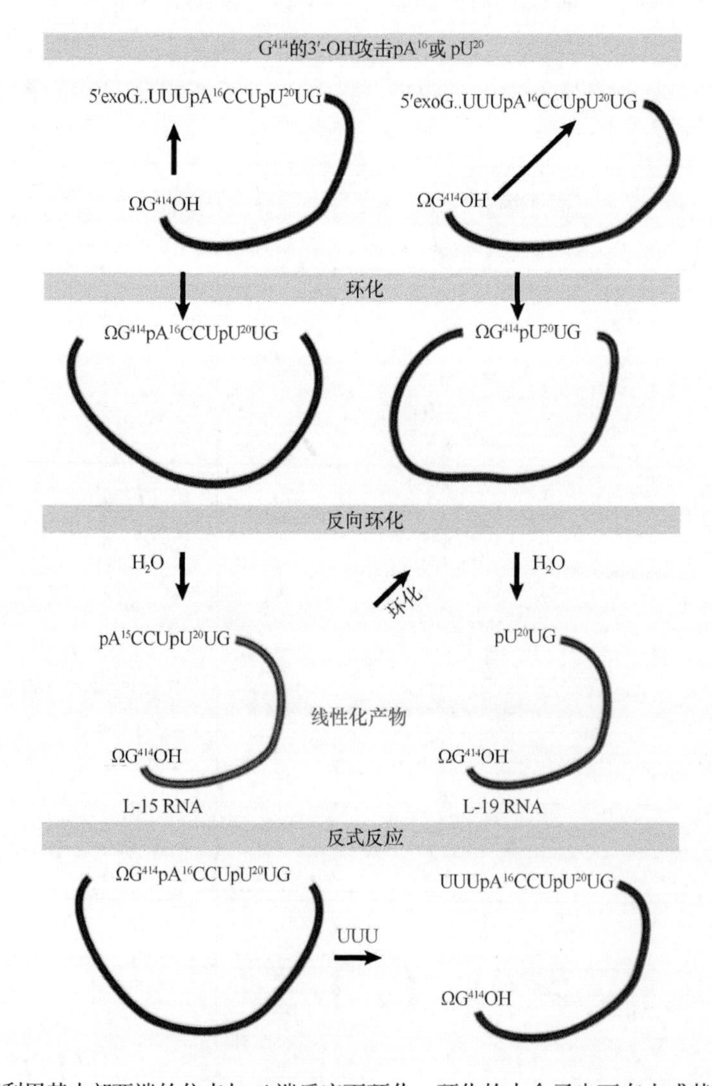

图 21.3 被切除的内含子可利用其内部两端的位点与 5′ 端反应而环化，环化的内含子也可在水或其他寡核苷酸作用下重新打开

具有催化短寡核苷酸延伸的酶活性。释放出的内含子的反应性不仅仅在于逆转环化反应，通过作用于 ΩG 内部核苷酸键，加入寡核苷酸 UUU 能重新打开原来的环，而 UUU（类似于最初环化而释放出的 15- 寡核苷酸的 3′ 端）则成为所形成的线性分子的 5′ 端。这是一个分子间反应，证明了它们具有连接两个不同的 RNA 分子的能力。

这一系列反应生动地证明了 RNA 分子具有普遍存在的自我环化活性，即成为连接辅助因子鸟苷的活性中心，识别寡核苷酸，并将反应基团连接起来从而允许化学键断裂及重新连接。其他 I 类内含子不像四膜虫内含子研究得那样细致，但它们的性质通常是相似的。

自我剪接反应是体外 RNA 的内在特征，但在体内，许多反应似乎需要蛋白质的帮助。线粒体系统的一些事实提示可能有蛋白质的参与，即 I 类内含子的剪接反应需要具有反式作用能力的其他基因产物。一个明显的例子是粗糙脉孢菌（*Neurospora crassa*）的 *cyt18* 突变体，它在剪接几个线粒体 I 类内含子时都是有缺陷的。此基因产物竟然是线粒体酪氨酸 -tRNA 合成酶！下面的这个事实解释了这个现象：此内含子呈现的类 tRNA 三级结构是被合成酶所稳定的，并能促进剪接催化反应。合成酶与剪接反应之间的关系与以下这个想法是一致的：剪接反应最初源自 RNA 所介导的反应，随后它又得到了能结合 RNA 的蛋白质的帮助，而这些蛋白质最初是有其他功能的。体外的自我剪接活性可能体现了基本的生化相互作用，即 RNA 结构构成了活性位点，但只有在蛋白质复合体的辅助下才可在体内有效地发挥其功能。

21.3 I 类内含子形成特征性二级结构

关键概念

- I 类内含子形成一个含有 9 个双链体区域的二级结构。
- P3、P4、P6、P7 区域的中心具有催化活性。
- 通过保守的共有序列之间的配对可形成 P4 和 P7 区。
- 毗邻 P7 区的序列与一个含有活性鸟苷的序列可进行碱基配对。

所有 I 类内含子都能形成一个含有 9 个螺旋（P1 ～ P9）的特征性二级结构。**图 21.4** 显示了四膜虫内含子的二级结构模型。结构分析能够阐明 I 类内含子的二级结构，而直到最近晶体结构的解析才揭示了内含子的三级结构。几个内含子的晶体结构已经被解析出来，并确定了二级结构的早期模型。在这一模型中，2 碱基配对区通过在 I 类内含子中常见的保守序列元件配对形成：P4 由序列 P 和 Q 形成，P7 由序列 R 和 S 形成，其他配对区在不同的内含子中序列各不相同。突变分析确认了内含子核心包含 P3、P4、P6 和 P7，它提供了能承担催化反应的最小区域。I 类内含子的长度变化很大，共有序列位于实际剪接位点相当远的部位。

一些配对反应直接使剪接位点形成一种构型以利于酶的催化反应。P1 包括了 5′ 外显子的 3′ 端；内含子内部与外显子配对的序列称为内部引导序列（internal guide sequence，IGS）。这个名字反映了图 21.4 中所示的结构，即最初邻近 IGS 的 3′ 端被认为与 3′ 剪接位点进行碱基配对，这样使两个连接点相连，这一相互作用可以发生但看起来不是必需

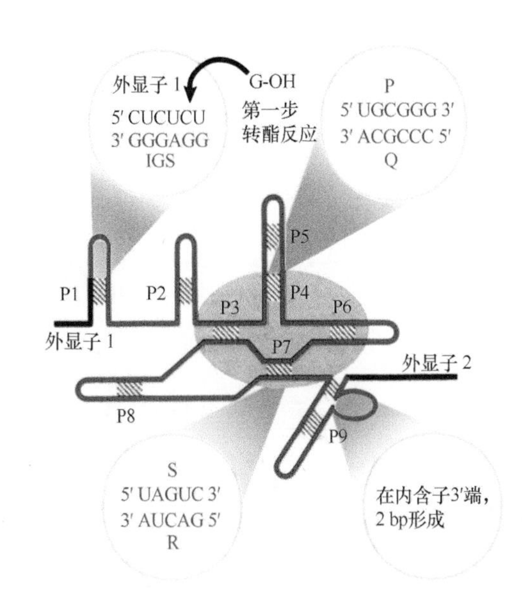

图 21.4 I 类内含子含有由 9 个碱基配对形成的共有二级结构，这个区域的 P4 区和 P7 区的序列是保守的，在其中可识别单独的序列元件 P、Q、R 和 S；左侧外显子末端和内含子的 IGS 元件之间的配对产生 P1 区；P7 和 P9 之间的区域与内含子 3′ 端配对

的。P7 和 P9 之间为一段非常短的序列，有时短至 2 碱基，它能与内含子 3′ 端的活性 G（ΩG，位于四膜虫的第 414 位）前的紧邻序列配对。

阻止 I 类内含子剪接的顺式作用突变进一步强调了碱基配对对于构建 RNA 核心结构的重要性。通过在体内导致内含子无法剪接的突变手段，可以分离得到线粒体内含子中与构建 RNA 核心结构有关的突变位点。通过将剪接反应转移至细菌环境中，这些突变体在四膜虫内含子中也能被分离，**图 21.5** 所示的构建图可使剪接反应在大肠杆菌中进行。自我剪接内含子被放在间断了 β- 半乳糖苷酶编码序列的 10 号密码子的位置，只有去除了内含子，且阅读框重新恢复后，这个蛋白质才能成功地从一个 RNA 翻译而成。在这个系统中，大肠杆菌能合成 β- 半乳糖苷酶，这表明剪接反应能在与四膜虫截然不同的环境下甚至体外发生。来自四膜虫的 I 类内含子能对大肠杆菌中的 β- 半乳糖苷酶 mRNA 进行自我剪接，但不清楚这一反应是否需要细菌蛋白质的辅助。在这一实验中，I 类内含子共有序列中能破坏其碱基配对的突变可阻断自我剪接，因此阻止了 β- 半乳糖苷酶的表达，而通过重建碱基配对的补偿性改变可以逆转这些突变。

线粒体 I 类内含子相应共有序列的突变也有类似的反应。一个共有序列的突变可被互补共有序列

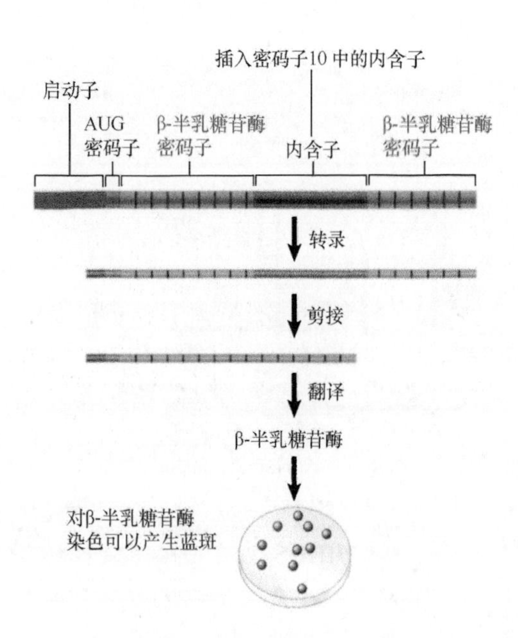

图 21.5 在大肠杆菌中，将四膜虫内含子置于 β- 半乳糖苷酶序列中，可对自我剪接进行分析。通过加入一种可受 β- 半乳糖苷酶催化而显蓝色的物质可检测酶的表达，由于是用噬菌体 DNA 做载体，这样通过检测蓝色噬菌斑（包括感染的细菌）可找出正确剪接的内含子

的突变恢复配对从而被逆转，如 R 共有序列的突变可被 S 共有序列的突变所补偿。

这些结果表明，I 类剪接反应依赖于内含子内部共有序列配对形成的二级结构。这一工作建立起了这样一个原则：远离剪接位点的共有序列本身对于使自我剪接成为可能的活性位点的形成是必需的。

21.4 核酶具有各种催化活性

关键概念

- 通过改变 I 类内含子的底物结合位点，可能介导另一个序列与活性鸟苷酸反应。
- 反应以低催化速率进行，它遵循经典的酶促反应动力学。
- 反应使用 2′- 羟基（2′-OH）键，它可能是原始的 RNA 中的催化活性进化的基础。
- 研究人员已经制备出人工合成的 RNA，它具有 RNA 聚合酶活性。

I 类内含子具有催化活性的发现归功于其自我剪接的能力，但在体外它们还可以催化其他反应，而所有这些反应都是转酯反应。在此，我们从这些反应与剪接反应关系的角度来对其进行分析。

I 类内含子的催化活性是通过其特定的、与传统酶（类蛋白酶）具有类似活性位点的二级结构或三级结构而产生的。**图 21.6** 就是基于这些位点来说明剪接反应是如何进行的（这是与前面的图 21.2 一致的一系列反应）。

P1 螺旋代表底物结合位点的结构。在这个螺旋中，第一个内含子的 3′ 端与 IGS 进行碱基配对。鸟苷结合位点由 P7 上的序列形成，这一位点可被外源的游离鸟嘌呤核苷酸（exoG）或 ΩG 残基（四膜虫中 414 位点）所占据。在第一次转酯反应中，它被游离鸟嘌呤核苷酸占据，而在内含子被释放以后，它被 ΩG 占据；第二次转酯反应释放出连接的外显子；第三次转酯反应形成环状内含子。

底物的结合涉及构象的改变。在底物结合以前，IGS 的 5′ 端接近 P2 和 P8，但是当底物结合后形成 P1 螺旋时，它与位于 P4 和 P5 之间的保守碱基相邻。

催化性RNA有一个鸟苷结合位点和底物结合位点

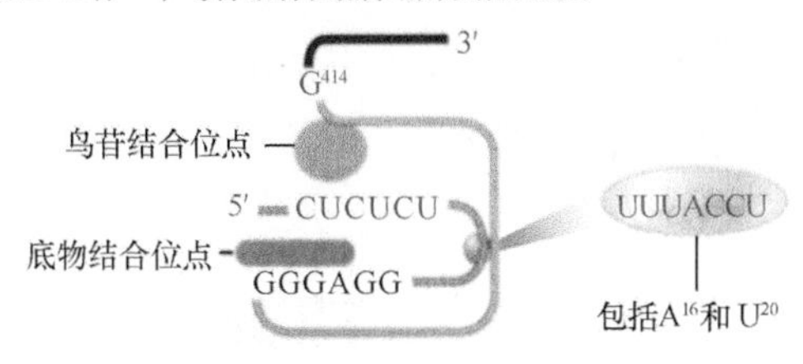

第一步转酯反应中，G-OH占据了鸟苷结合位点；而5′外显子占据了底物结合位点

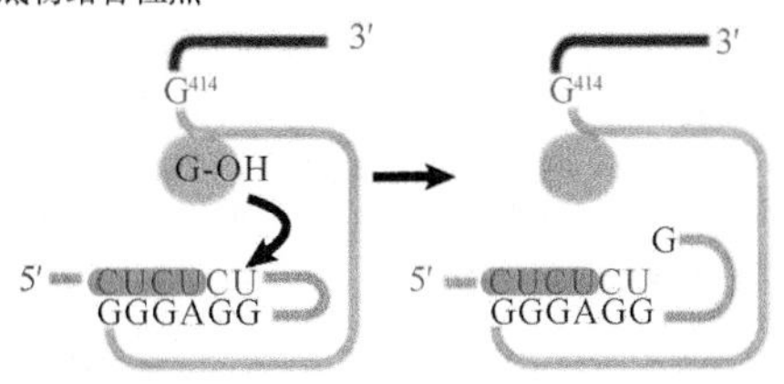

第二步转酯反应中，G414位于鸟苷结合位点；而5′外显子位于底物结合位点

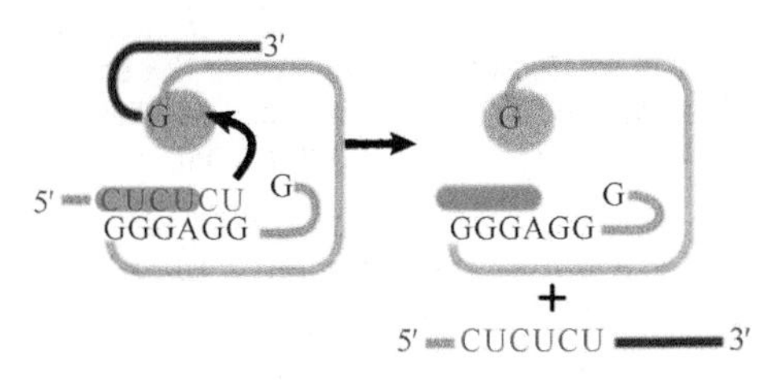

第三步转酯反应中，G414位于鸟苷结合位点；而内含子5′端位于底物结合位点

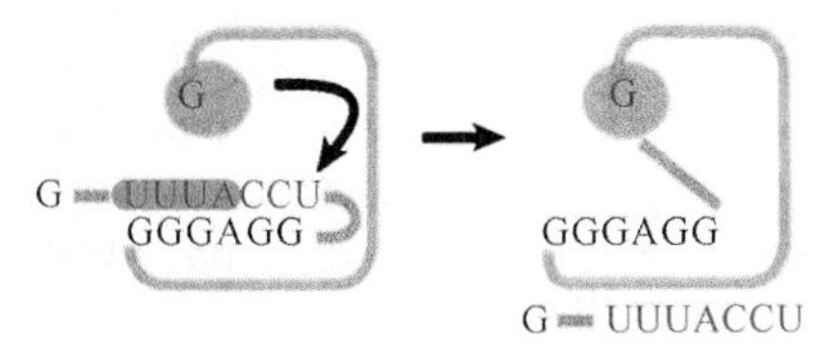

图 21.6　四膜虫 rRNA 中，Ⅰ类内含子的切除包含鸟苷结合位点的占据者与底物结合位点之间的一系列连续反应。左侧外显子用粉色表示，右侧外显子用紫色表示

通过图 21.7 所示的二级结构，我们看到接触可以使底物结合反应可视化；在三级结构中，与 P1 交替接触的两个位点之间的距离是 37 Å，这意味着 P1 的位置存在相当大的移动。

四膜虫Ⅰ类内含子所执行的一些额外的酶学反应总结在图 21.8 中。核酶可以充当序列特异性的内切核糖核酸酶，它利用了 IGS 可结合互补序列的特点。在这个例子中，它结合了含 CUCU 序列的外源底物，而没有结合经常位于左侧外显子中的相似序列。在 G 结合位点处有一个含鸟苷的核苷酸，它作用于 CUCU 序列，作用方式与第一次转酯反应中攻击外显子的方式相同。这一反应可将目标序列切割成类似于 5′ 外显子的 5′ 端分子，以及携带一个末端 G 残基的 3′ 端分子。

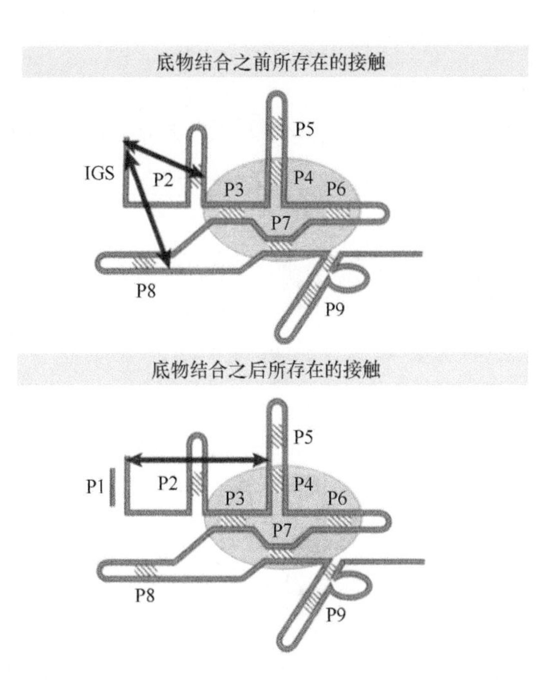

图 21.7　当底物结合形成 P1 区时，内部引导序列的位置会发生改变

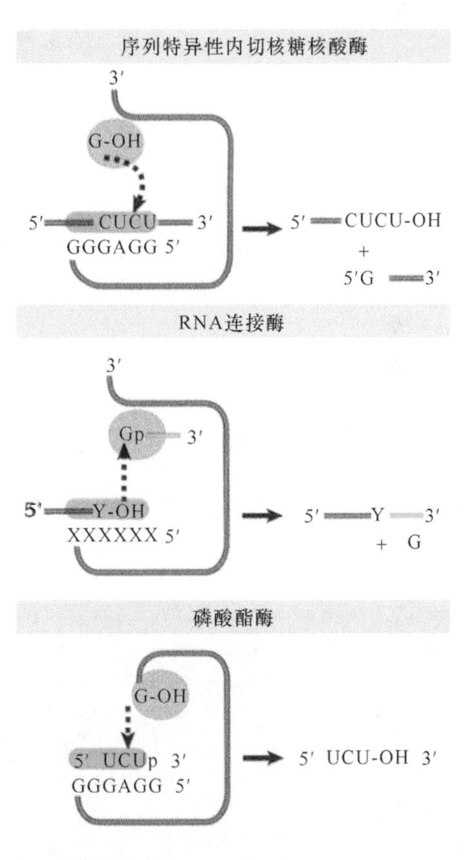

图 21.8　核酶的催化反应涉及发生在 G 结合位点中的基团与底物结合位点中的基团之间的转酯反应

IGS 的突变可能会改变核酶的底物特异性，这样它会识别 IGS 区域中互补于新序列的其他片段。这种 IGS 的改变可使底物结合位点的特异性发生变化，这就使得其他靶 RNA 可被核酶加工，也可

被用于RNA-连接酶反应。总之，这一反应使以3′-OH为末端的RNA结合到底物结合位点，同时以5′-G残基终止的RNA结合到G结合位点，这样，磷酸键上羟基的攻击可连接两个RNA分子并释放G残基。

磷酸酯酶活性与剪接转酯反应没有直接的关系。一个与IGS互补并且以3′-磷酸基团终止的寡核苷酸序列能够被ΩG进攻；磷酸基团转移给了ΩG，并且释放出一个带着游离3′-OH的寡核苷酸；然后磷酸基团可以转移给以3′-OH结尾的寡核苷酸（实际上逆转了这个反应）或者甚至可以转移给水，产生无机磷酸，从而完成一个真正的磷酸酯酶反应。

RNA催化的反应像经典的酶反应一样具有米氏动力学（Michaelis-Menten kinetics）特征，**表21.1**总结了RNA催化的各种反应。RNA所催化的反应的K_m值较低，意味着RNA可以结合的底物具有高度特异性，而表示RNA催化反应的转换数（turnover number，k_{cat}）低则说明催化速率低。将核酶的特异性常数（k_{cat}/K_m）与表21.1中的酶进行比较，我们就可发现，就催化效率而言，以蛋白质为基础的酶和核酶是可以匹配的。

自从发现核酶能被配体调节以后，对其活性就有了更进一步的认知（详见第30章“调节性RNA”）。这些顺式作用调节性RNA区域称为**核酸开关（riboswitch）**。在几乎所有核酸开关中，空间构象的改变可决定开关的开启或关闭状态。随后这些构象变化改变了转录弱化效应，或者翻译起始过程。一个有名的例外是革兰氏阳性细菌中的可调节*glmS*基因的核酸开关，它可编码葡萄糖胺-6-磷酸（glucosamine-6-phosphate，GlcN6P）合成酶。这是一种负反馈机制，即在GlcN6P合成酶的产物GlcN6P存在的情况下，它会形成具有自我剪接能力的核酶。

表21.1　RNA催化的反应和一些蛋白质催化的反应存在一些共同特征，尽管速率比较低。K_m表示达到最大反应速率一半时的底物浓度，它是酶与底物亲和性的逆向参数。k_{cat}表示转换数；特异性常数为k_{cat}/K_m

酶	底物	K_m/(mmol/L)	k_{cat}/min^{-1}	(k_{cat}/K_m)/[(mmol/L)$^{-1}$·min^{-1}]
19碱基拟病毒	24碱基RNA	0.000 6	0.5	8.3×10^2
L-19内含子	CCCCCC	0.04	1.7	4.2×10^1
RNA酶P RNA	前tRNA	0.000 03	0.4	1.3×10^4
RNA酶P全酶	前tRNA	0.000 03	29	9.7×10^5
RNA酶T1	GpA	0.05	5 700	1.1×10^5
β-半乳糖苷酶	乳糖	4.0	12 500	3.2×10^3

如果活性中心是一种表面边界，它以固定的空间关系暴露出一系列活性基团，那么我们可能就可理解RNA是如何能提供催化中心的。在蛋白质中，活性基团是由氨基酸侧链提供的。氨基酸侧链可产生很多变化，包括正、负离子和疏水基团等；而在RNA中，其可及活性基团十分有限，主要是由暴露的碱基基团组成。由RNA分子的二级/三级结构所形成的特殊狭小区域，为活性基团表面提供一种环境，使键能够发生断裂，并在另一个分子上重新形成。实际上，RNA催化剂与其底物之间的相互作用似乎不可避免地要通过碱基配对来形成类似酶活性中心的环境。在这种催化反应中，二价阳离子（特别是Mg^{2+}）起到了非常重要的作用，它处于活性位点，可以调整不同基团的位置。二价金属阳离子在拟病毒核酸酶的内切核糖核酸酶活性中也发挥了直接作用（见21.9节“类病毒具有催化活性”）。

这些发现的进化含义是非常有趣的，遗传装置的“割裂个性”，即RNA存在于所有组分中，而蛋白质只起催化作用，这一直是一个未解之谜。因为在最初的复制系统中，同时含有核酸和蛋白质这种情况看起来似乎不大可能。可以设想最初的复制系统只含有核酸，它具有能形成和切断磷酸酯键的原始催化活性；并且设想现在剪接反应所涉及的2′-OH反应可能来自这种原始催化活性。那么以上数据可以暗示这些原始的核酸必定是RNA，因为DNA缺少2′-OH基团，因而无法进行此类反应。在利用人工合成的RNA所做的一些实验可支持以下可能性，RNA真的可以指导其自身合成。在早期实验中，在随机合成的庞大的RNA文库中分离到了连接酶活性。通过对这些具有RNA连接酶活性的核酶的进一步的人工合成，我们已经发展出了其他核酶，它们可执行基于模板的RNA多核苷酸的合成，其长度可以超过200个核苷酸（nt）。如果核酶在自然世界中是第一个RNA聚合酶分子，那么蛋白质就可被慢慢引入，因为它们有能力来稳定RNA的结构。随后，由于蛋白质具有更高的功能多样性优势，使得它们逐渐承揽了催化功能，并最终发展成复杂而精密的现代基因表达装置。

21.5 有些 I 类内含子编码支持迁移的内切核酸酶

关键概念

- 可移动内含子可使自己插入新的位点。
- 可移动 I 类内含子编码内切核酸酶，它可在靶位点产生双链断裂。
- 内含子通过 DNA 介导的复制机制转座入双链断裂位点。

I 类和 II 类内含子中，有些内含子含有可翻译成蛋白质的可读框。这些蛋白质的表达使内含子（原来的 DNA 形式或 DNA 拷贝的 RNA 形式）具有可移动性，即可使自己插入到新的基因组位点中去。这些内含子的分布非常广泛，在原核生物和真核生物中都存在。I 类内含子用 DNA 介导的机制进行迁移；而 II 类内含子则用 RNA 介导的机制迁移。

物种杂交实验首先检测到了内含子的可移动性，在这些实验中，相关基因的等位基因在是否含有内含子上是不同的。另外在真菌线粒体中，这些基因不管是否含有内含子，其多态性都是一样的，这与内含子起源于基因中的插入序列这个观点相符。通过各种杂交实验，可对酵母线粒体中包含大 rRNA 基因的重组进行分析，这有助于解释这一过程。

酵母线粒体的大 rRNA 基因存在含有编码序列的 I 类内含子，该内含子在一些酵母品系（ω^+）中存在，在另一些品系（ω^-）中则不存在。ω^+ 品系与 ω^- 品系之间的遗传交配后代没有产生预期的基因型比例，即其后代通常都是 ω^+ 品系。如果认为 ω^+ 品系是供体、ω^- 品系是受体，就形成了这样一个观点：通过 $\omega^+ \times \omega^-$ 交配，在 ω^- 基因组中产生一种内含子的新拷贝型，所以后代都是 ω^+ 品系。在两种亲本中都可以产生消除了这种非孟德尔式基因型分配的突变体，即突变体可正常分离，产生同等数量的 ω^+ 和 ω^- 后代。当对这些突变体进行作图分析时，我们发现，ω^- 品系中突变发生在有内含子插入的位点处，ω^+ 品系中突变发生在内含子的可读框中，并阻止蛋白质的产生。这提示了一种如图 21.9 的反应模型，即在 ω^+ 品系中存在可编码蛋白质的内含子，而这种蛋白质可识别 ω^- 品系中内含子将要插入的位点，并使之优先遗传。

一些 I 类内含子可编码使它们产生移动的内切

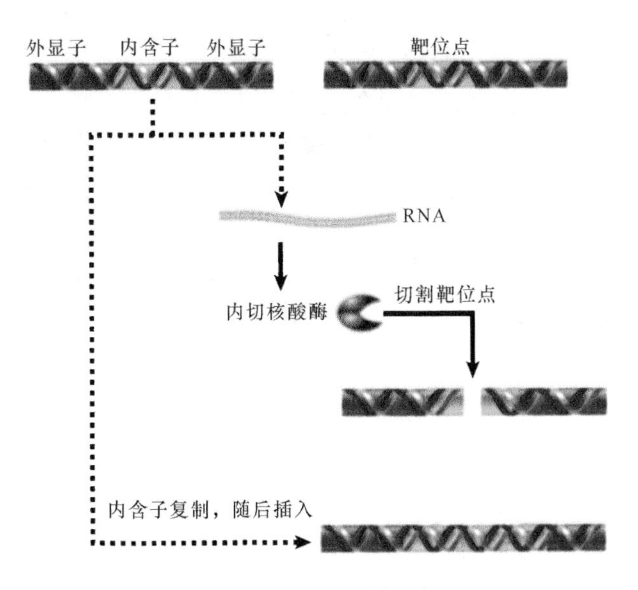

图 21.9 内含子所编码的内切核酸酶可识别 DNA 靶位点，并产生双链断裂，然后内含子将由复制所产生的拷贝插入到断裂处

核酸酶。目前至少发现了 6 个归巢内切核酸酶基因（homing endonuclease gene，HEG）家族。其中两个普通 HEG 家族是 LAGLIDADG 和 His-Cys 框内切核酸酶，然而，这些含 HEG 的 I 类内含子只占所有细胞核中 I 类内含子的极少一部分。

ω 品系的内含子含有 HEG，其产物是一种称为 I-SceI 蛋白的内切核酸酶。I-SceI 蛋白可将 ω^- 基因作为双链断裂的靶标，它能识别一段 18 bp 的目标序列，而此序列含有内含子的插入位点。在每一条 DNA 链上距内含子插入点 3′ 端的 2 个碱基处切断目标序列，所以切割位点长 4 bp，并产生突出单链。当它们迁移进入新的位点时，这种切割类型就与具有转座子特征的切割相关（详见第 15 章“转座因子与反转录病毒”）。双链断裂可能起始了基因转变过程，即 ω^+ 基因序列拷贝后置换了 ω^- 基因序列。这种反应涉及一种重复机制所参与的转座，而且只能在 DNA 水平上发生。内含子的插入打断了内切核酸酶的识别序列，这样就保证了 DNA 的稳定性（在基因组编辑技术中也已经采用了许多归巢内切核酸酶；详见第 2 章“分子生物学与遗传工程中的方法学”）。

相似的内含子常常携带完全不同的内切核酸酶，且在插入细节上存在差异。例如，T4 噬菌体中 *td* 内含子编码内切核酸酶，其切割靶位点位于内含子本身插入位点的上游 24 bp 处。在内含肽（编码自我剪接蛋白质的序列，见 21.12 节“蛋白质剪接是自我催化的”）中也发现了同样的内切核酸酶序列，这一事实进一步强化了内含子序列与内切核酸酶序列之间的非相关性。

内切核酸酶的不同意味着靶位点序列之间不会存在同源性。对于任何内切核酸酶而言，这些靶位点是其中已知最长的也是特异性最强的（长度 14 ～ 40 bp）。这种特异性能保证内含子仅插入到单一位点中，而不能插入在基因组的任何其他地方，这称为**内含子归巢（intron homing）**。

在不同的细菌和单细胞 / 寡细胞真核生物中都发现了编码内切核酸酶的内含子。这种结果强化了这样一种观点，即含有编码序列的内含子起源于一种独立元件。

21.6 Ⅱ类内含子可编码多功能蛋白质

关键概念

- Ⅱ类内含子在体外能进行自我剪接，但通常需要内含子所编码的活性蛋白质的协助。
- 单一阅读框专门编码一种蛋白质，它具有反转录酶和成熟酶活性，包含一个 DNA 结合基序和 DNA 内切核酸酶。
- 内切核酸酶切割靶 DNA，并可使内含子插入到新位点。
- 反转录酶产生了插入 RNA 内含子序列的 DNA 拷贝。

在第 19 章“RNA 的剪接与加工”中，我们描述了Ⅱ类内含子的自我催化剪接反应。研究得最清楚的可移动性Ⅱ类内含子在内含子催化核心之外有可编码单一蛋白质的区域，这种蛋白质称为内含子编码蛋白（intron-encoded protein，IEP）。典型的 IEP 包括一个 N 端反转录酶的活性区；一个与辅助活性关联的中央结构域，它可帮助内含子折叠成活性结构（称为成熟酶，见第 21.7 节“某些自我剪接内含子需要成熟酶”）；一个 DNA 结合域和一个 C 端内切核酸酶结构域。

在第一步，IEP 的成熟酶活性可稳定 RNA 而辅助剪接反应，而在剪接过程中所形成的套索内含子与 IEP 偶联在一起。内切核酸酶启动转座反应，这与Ⅰ类内含子中的对应物在内含子归巢中所起的作用是一样的。反转录酶产生了内含子的 DNA 拷贝，它可插入到归巢位点上。内切核酸酶也可切割相似而不相同的归巢位点，但是它的频率要低得多，这可使内含子插入到新位点。

图 21.10 是一个典型Ⅱ类内含子转座反应的例子。首先，内切核酸酶在反义链上产生单链断裂；有义链的切割由反向剪接反应来完成，即用 RNA 内含子将其自身插入到 DNA 外显子之间的 DNA 中。这个新插入的 RNA 内含子现在可以作为反转录酶的一个模板。几乎所有Ⅱ类内含子拥有对内含子特异性的反转录酶活性。反转录酶产生了内含子的 DNA 拷贝，其最终结果是内含子作为双链体 DNA 插入到靶位点中。

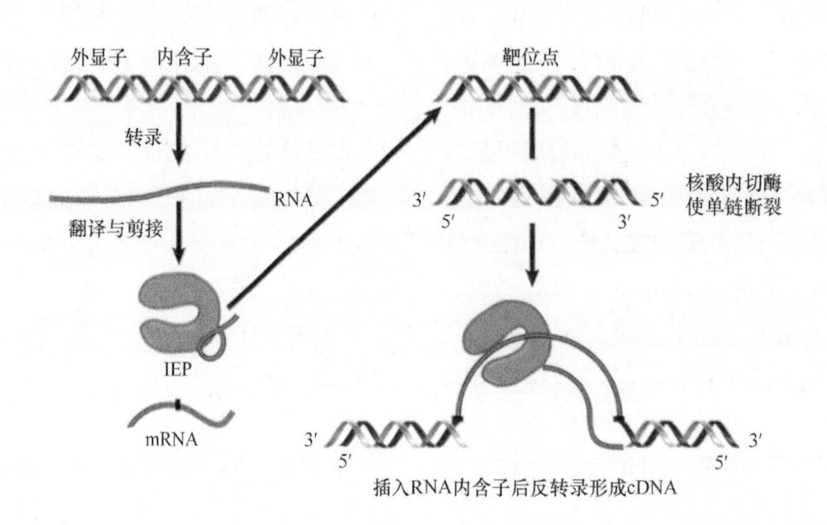

图 21.10 内含子编码的反转录酶 / 内切核酸酶可将 RNA 拷贝插入到靶位点中。IEP 表示内含子编码蛋白

21.7 某些自我剪接内含子需要成熟酶

关键概念

- 自我剪接内含子可能需要内含子内序列所编码的成熟酶活性，它可协助内含子序列折叠成活性催化结构。

尽管Ⅰ类内含子和Ⅱ类内含子都有在体外进行自我剪接的能力，但是在生理条件下它们通常需要蛋白质的帮助。在某些Ⅰ类和Ⅱ类内含子的剪接反应实例中，内含子本身可编码有**成熟酶（maturase）**活性的蛋白质，它是协助剪接反应所必需的。

成熟酶活性是由内含子单一可读框的一部分所编码的。在编码归巢内切核酸酶的内含子这个例子中，单一蛋白质产物既具有内切核酸酶活性，又具有成熟酶活性。突变分析显示两种活性是相互独立的；而结构分析证实了突变分析的结果，它显示内切核酸酶和成熟酶活性是由蛋白质中不同的活性位点提供的，每一个都由分开的结构域编码。在同一蛋白质中，内切核酸酶和成熟酶活性的共存提示了内含子进化的途径。**图 21.11** 提示，内含子起源于一个独立的、具有自我剪接能力的元件。尽管图 21.11 描绘了Ⅰ类内含子，但是我们推测Ⅱ类内含子也应该是相似的。编码内切核酸酶的这一元件序列的插入给予了它可移动性。然而，这种序列可能完全破坏了 RNA 序列折叠成活性结构的能力，这就需要蛋白质的辅助从而恢复折叠能力，这样的一种序列掺入到内含子中可以维持其独立性。

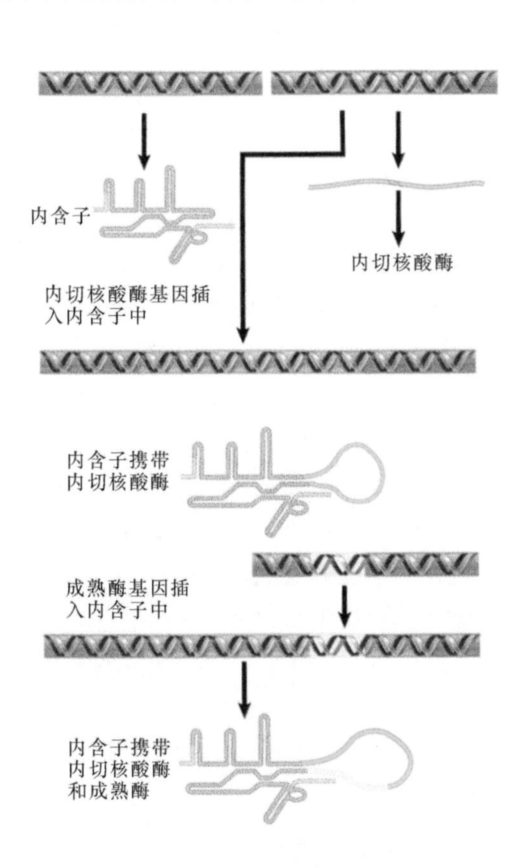

图 21.11 内含子起源于编码自我剪接 RNA 的独立序列。内切核酸酶序列的插入形成了可动的归巢内含子；随后成熟酶序列的插入增强了内含子序列折叠成可用于剪接的活性结构的能力

然而，一些Ⅱ类内含子不具有编码成熟酶的活性。因此，这些内含子可能使用宿主基因组所编码的某些蛋白质（可与内含子编码的成熟酶是可相匹配）。这提示了普适性剪接因子进化的可能途径。剪接因子可能起源于特异性辅助特殊内含子剪接的成熟酶。其编码序列从宿主基因组的内含子中分离出去，然后它进化到可在原内含子等一系列底物中发挥作用，而内含子的催化中心可能进化为细胞核小 RNA（snRNA）。

21.8 RNA 酶 P 的催化活性来自 RNA

关键概念

- 核糖核酸酶 P（RNA 酶 P）是一个核糖核蛋白，其中的 RNA 具有催化活性。
- RNA 酶 P 在细菌、古菌和真核生物中都是必需的。
- 真核生物中的 RNA 酶 MRP 与 RNA 酶 P 相关，它参与 rRNA 的加工和细胞周期蛋白 B mRNA 的降解。

基于对大肠杆菌中核糖核酸酶（ribonuclease，RNA 酶）活性的解析，科研人员提出 RNA 具有催化能力，这是人们第一次通过实验所得到的催化性 RNA 证据。尽管它在细菌中被首次鉴定得到，但是我们已经揭示核糖核酸酶 P 在细菌、古菌和真核生物中都是 tRNA 加工中必需的内切核酸酶，即使不是全部，至少在大部分物种中都应如此。

在它最简单的形式中，细菌 RNA 酶 P 可被分为两种组分，即 350 ～ 400 bp 的 RNA 和单一蛋白质亚基。当来自细菌的 RNA 亚基在体外被分离出来以后，它可展示出催化活性。来自古菌和真核生物中的 RNA 酶 P 由单一 RNA 组成，它在结构上与细菌的相关，但它拥有更高的蛋白质含量，而当在体外进行检测时，这种 RNA 几乎没有任何催化活性。典型的古菌 RNA 酶 P 与 4 种蛋白质偶联；酵母 RNA 酶 P 可与 9 种蛋白质偶联；而人类 RNA 酶 P 则可与 10 种蛋白质偶联。在所有这些例子中，蛋白质成分是支持体内的 RNA 酶 P 活性所必需的。在体内，RNA 基因的突变或蛋白质基因的突变都会使 RNA 酶 P 失活，所以我们认为这两种组分对自然酶活性都是必不可少的。最初认为蛋白质提供了催化活性，RNA 只起一些次要作用，如辅助性地结合底物，因为它拥有一些可与 tRNA 暴露区域互补的短序列。然而，现在看来情况恰恰相反，RNA 实际上提供了催化活性，而蛋白质则提供了结构支架。

通过分析这些结果可以看到，RNA 就好比一个酶，每一个“酶”催化多个底物的切割。尽管催化活性位于 RNA 中，但是蛋白质成分的存在极大地提高了反应速率，从转换数目的增高中就可以得出以上结果（见表 21.1）。

除了 RNA 酶 P 以外，真核生物还拥有基于 RNA 的另一个 RNA 酶——线粒体 RNA 加工酶（mitochondrial RNA processing，MRP），它是必需的内切核酸酶。这种内切核酸酶由结构相关的催化性 RNA 组成，并共享存在于 RNA 酶 P 中的许多同样的蛋白质亚基。尽管最初它是在加工线粒体 RNA 的作用中被鉴定出来，但是 RNA 酶 MRP 主要是在细胞核中起作用，它参与前核糖体 RNA 的加工，并可能在细胞周期调节中发挥重要作用，因为它参与了细胞周期蛋白 B mRNA 的降解。RNA 酶 MRP 的鉴定是标志性的，因为在 RNA 酶 MRP 与 RNA 酶 P 之间，蛋白质成分在很大程度上似乎是高度保守的，而底物特异性的改变是由催化性 RNA 的交换而提供的。

21.9 类病毒具有催化活性

关键概念

- 类病毒和拟病毒形成一种锤头状二级结构，它们具有催化活性。
- 通过与被酶切割的底物链的碱基配对形成了相似的锤头状结构。
- 当酶链被导入细胞时，它可与底物链靶标配对，随后使其切割。

RNA 拥有内切核酸酶活性的另一个例子是：一些长约 350 bp 的植物小 RNA 可以进行自我剪接反应，然而就像四膜虫 I 类内含子这个例子一样，通过改造其结构，也有可能使其能催化外源性底物。

这些植物的小 RNA 可以分为两种类型：类病毒和拟病毒。**类病毒（viroid）**是有侵染性的、能独立作用的 RNA 分子，没有任何蛋白质外壳；**拟病毒（virusoid）**，有时称为卫星（satellite）RNA，在组织形式上类似于类病毒，但是它被植物病毒包被，与病毒基因组包被在一起。拟病毒不能独立复制，需要病毒帮助其复制。

类病毒和拟病毒都是通过滚环机制来复制的。包装进病毒的 RNA 链称为正链（plus strand），通过 RNA 复制产生的互补链称为负链（minus strand），现在我们已经发现了正链和负链的多聚体。两种类型的单体都是通过切割滚环的尾部而产生，通过连接线性单体末端可产生环状正链单体。

类病毒和拟病毒的正链、负链都能在体外进行自我剪接。一些 RNA 在体外生理条件下能进行切割反应；而另一些只能在加热和冷却循环后才能进行，这说明分离出的 RNA 没有正确的构象，但是在变性和退火后就可能产生出有活性的构象。

类病毒和拟病毒在切割点形成一种“锤头（hammerhead）”状的二级结构，如**图 21.12** 的上半部分所示。锤头状核酶属于核酶家族，它包括丁型肝炎病毒（hepatitis delta virus，HDV）、发夹核酶和 Varkud 卫星（Varkud satellite，VS）核酶。在功能上，HDV 需要二价金属阳离子来推进切割反应；锤头状核酶与发夹核酶不需要金属；而金属对于 VS 核酶切割反应的特异性还不清楚。然而，所有这些核酶都能够切割产生 5′-OH 和 2′,3′- 环状磷酸二酯键末端。

鉴定出的锤头状核酶的数目已经超过 10 000 个，并在三大生物种类中都存在。不像迄今为止所发现的所有其他核酶，锤头状核酶与其家族的其他成员在体内发挥功能不需要蛋白质成分，因为它的结构序列完全能进行切割反应。就锤头状核酶而言，其

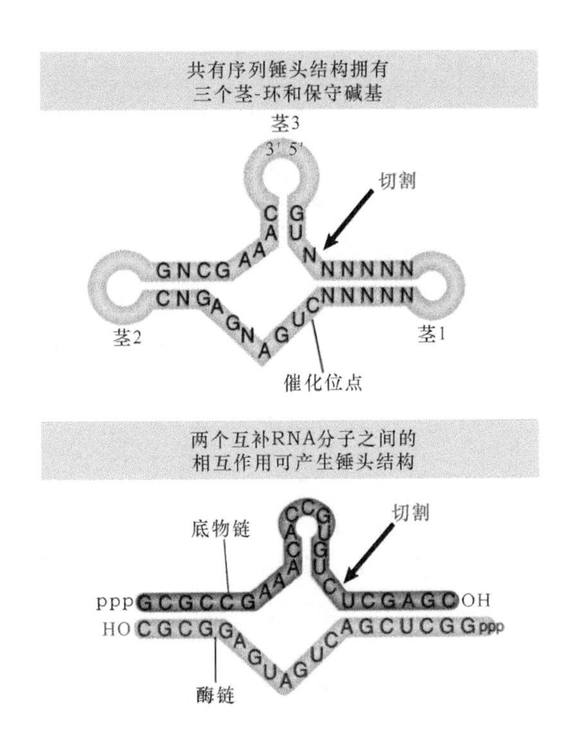

图 21.12 类病毒和拟病毒的自我剪接位点含有一个共有序列，此序列可通过分子内配对形成锤头状二级结构。底物链和“酶”链配对也可形成锤头结构

最小活性位点是一段仅有 58 nt 的序列。锤头包括 3 个位置及大小都恒定的茎 - 环区和 13 个保守的核苷酸残基，大部分在与结构中心相连的区域内。锤头状核酶可进一步被分成Ⅰ类、Ⅱ类、Ⅲ类，这基于 RNA 的游离的 5′ 端和 3′ 端所在的茎部结构的差异。保守的碱基和双链体的茎干区形成了一个具有内在切割能力的 RNA。

位于锤头状结构一侧的 RNA 与另一侧的 RNA 之间的配对也能产生有活性的锤头状结构。图 21.12 下半部分图示的是一个例子，即一个 19 nt 分子与一个 24 nt 分子杂交可以产生锤头结构。这个杂合的模拟锤头状结构没有第一个和第三个环。我们认为这个杂合体上面的链（24 nt）是“底物”，下边的链（19 nt）是“酶”。当 19 nt 的 RNA 与 24 nt 的 RNA 混合时，在锤头的适当位点可发生切割反应。我们认为这个杂合体上面的链（24 nt）是“底物”，下边的链（19 nt）是“酶”。当这个 19 nt RNA 与一个过量的 24 nt RNA 混合时，24 nt RNA 的多余拷贝被切除。这说明存在着一个循环：19 nt 与 24 nt 配对、切割，切割下来的片段与 19 nt RNA 解离，以及这个 19 nt RNA 与一个新 24 nt RNA 配对。因此，19 nt RNA 是一个有内切核酸酶活性的核酶。反应参数与其他 RNA 催化反应参数相似。

在较早时期，最小锤头状核酶的晶体结构已

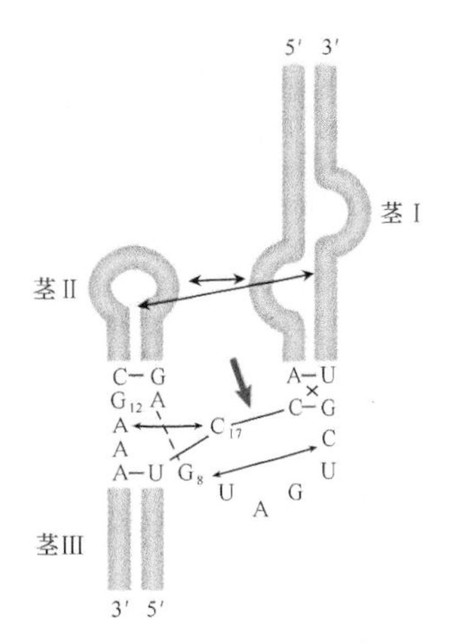

图 21.13 锤头状核酶结构被固定在活性三级结构构象中，这种构象由箭头所指的茎 - 环之间的相互作用形成。切割位点由红色箭头标示出来

改编自 M. Martick and W. G. Scott, *Cell* (126): 309-320

经被解析出来。然而，在这个最小结构中，活性位点的构建是如此得不清楚，以至于我们无法了解催化是如何进行的。来自曼氏血吸虫（*Schistosoma mansoni*）——一种非病毒物种的全长锤头状核酶的晶体结构已经被解析出来，它给出了催化所需的详细信息。这种结构示意图如图 21.13 所示，它揭示了茎Ⅰ的凸出部分与茎Ⅱ的环之间的关键三级结构相互作用，这种作用稳定了构象中的活性位点，如 G12 能使得 C17 的易切断的键——2′-OH 去质子化，并产生 C2 攻击性氧；随后，G8 提供了氢原子，它可稳定新合成的 3′ 切割产物的 5′-OH 端。

因此，可以设计出能形成最小锤头状结构的酶 - 底物组合，这些结构已经用来演示当适合的 RNA 分子引入细胞后，可以使酶促反应在体内进行。用这种方法设计出的核酶基本上提供了一个针对 RNA 靶序列的、具有高度特异性的类限制性内切核酸酶活性。当我们将核酶处于受调节启动子的控制之下时，它就可以同样的方式起作用，如作为反义构建体在特定环境中来特异性地关闭靶基因的表达。

21.10 RNA 编辑发生在个别碱基中

关键概念

- 载脂蛋白 B 和谷氨酸受体 mRNA 具有位点特异性的脱氨基作用，这个事件是由胞苷和腺苷脱氨酶催化的，这改变了它们的编码序列。

在以前，分子生物学的一个基本公理是：一个mRNA序列仅能表达在DNA中编码的部分。这个最重要信条认可的是一种线性关系，即DNA的一段连续序列转录成mRNA序列，mRNA序列依次直接翻译成多肽。断裂基因的存在和通过RNA剪接去除内含子在基因表达过程中增加了一些额外步骤（细节详见第19章“RNA的剪接与加工”）。简略而言，剪接反应发生在RNA水平，它导致了非编码序列（内含子）的去除，而内含子可断裂DNA序列中的可编码序列（外显子）。此过程保留了一种从DNA中所转移的信息，即DNA中实际的编码序列没有被破坏。

在一些特殊环境中，DNA所编码的信息发生了改变，这些变化中最值得注意的是在脊椎动物中产生了编码免疫球蛋白的新序列，这些变化特异性地发生在合成免疫球蛋白的体细胞（B淋巴细胞）中（详见第16章“免疫系统中的体细胞重组与高变”）。在免疫球蛋白基因的重建过程中，新信息在单个细胞的DNA中产生，即通过体细胞突变使DNA中编码的信息发生改变，而DNA的遗传信息则继续忠实地转录成RNA。

RNA编辑（RNA editing）是mRNA水平上信息发生改变的过程。RNA编辑的发现是因为RNA中的编码序列与转录它的DNA序列不同。RNA编辑发生在两种不同的情况下，每一种都有其不同的原因。在哺乳动物细胞中，有时在mRNA中会发生单个碱基的替换，导致它所编码的多肽序列发生改变，这种碱基置换是腺苷脱氨基变成肌苷，或者胞苷脱氨基变成尿苷；而在锥虫线粒体中，一些基因转录物会发生更大范围的变化，此时碱基会系统性地增加或缺失。

图21.14所示是哺乳动物的小肠和肝中载脂蛋白B（apolipoprotein B，*apo-B*）基因和其mRNA的序列。在基因组中它是单一基因（断裂基因），基因序列在所有的组织中都是相同的，编码区有4563个密码子。此基因转录成能代表肝中整个编码序列的mRNA，翻译的蛋白质大小为512 kDa。在小肠中合成的这种蛋白质较短，为250 kDa左右，它是这种全长蛋白质的N端的一半。翻译此蛋白质的mRNA序列与肝中的这种mRNA序列基本相同，只是在第2153个密码子上的C变成了U。这个碱基的替换使得编码谷氨酰胺的CAA变成了终止密

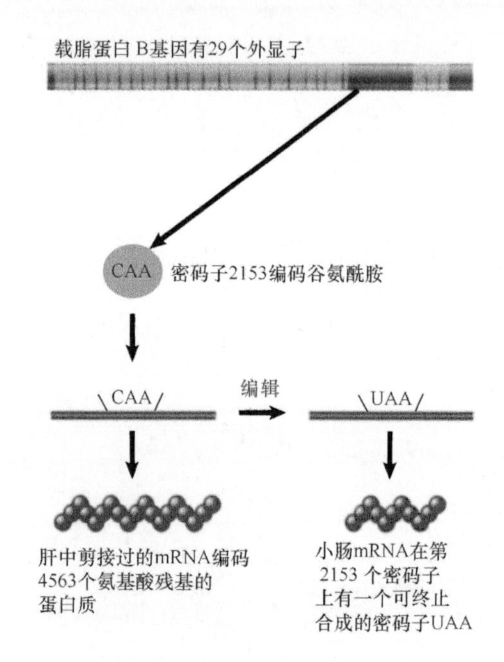

图21.14 哺乳动物小肠和肝中的载脂蛋白B基因（*apo-B*）完全相同，但由于小肠中mRNA有一个碱基的改变产生了终止密码子

码子UAA。基因组中没有编码这种新序列的任何可变基因或外显子，其剪接模式也没有任何可被发现的改变，因此只能认为在转录物的序列中直接发生了变化。

大鼠脑的谷氨酸受体为我们提供了RNA编辑的另外一个例子。一个位置上的编辑使DNA中谷氨酰胺的密码子在RNA中变成了精氨酸的密码子，这种从谷氨酰胺到精氨酸的改变影响了通道的传导性，因此对通过神经递质而控制离子流的方式产生了重要影响。

产生载脂蛋白B与谷氨酸受体事件的原因是脱氨基作用，即核苷酸环上的氨基基团被除掉了。载脂蛋白B中的编辑使C_{2153}变成了U；谷氨酸受体中两个位置上A变成了I（肌苷）。载脂蛋白B中的脱氨基作用是由胞苷脱氨酶载脂蛋白B mRNA编辑酶复合体（apolipoprotein B mRNA editing enzyme complex，APOBEC）催化的。谷氨酸受体的脱氨基是由作用于RNA的腺苷脱氨酶（adenosine deaminase acting on RNA，ADAR）催化的。这些类型的编辑大多数出现于神经系统中。在黑腹果蝇（*Drosophila melanogaster*）中存在16个（潜在的）ADAR靶标，且所有基因都参与了神经传递。在许多例子中，编辑事件所改变的氨基酸残基在功能上对于这一蛋白质是非常重要的。

催化这些脱氨基作用的酶常常具有广谱的特异

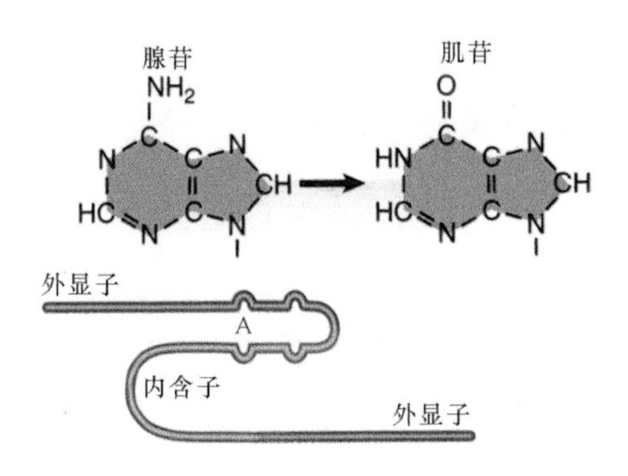

图 21.15 当脱氨酶作用于一个非完美配对的 RNA 双链体区中的腺嘌呤时，mRNA 的编辑就会发生

性，如了解得最清楚的腺苷脱氨酶可以对成双链体中 RNA 区的任何 A 残基起作用。然而，RNA 中腺苷与胞苷的脱氨基作用还是展示出特异性。用于编辑的酶与普通的脱氨酶相似，但是它需要其他区域或附加的亚基来控制它们的特异性。在载脂蛋白 B 编辑的例子中，一个编辑复合体的催化亚基类似于细菌的胞苷脱氨酶，但是它含有一个附加的 RNA 结合区来辅助编辑中特异性靶位点的识别。一种特殊的腺苷脱氨酶能识别谷氨酸受体 RNA 中的靶位点，在血清素受体 RNA 中也有类似情况。编辑复合体可以像 tRNA 修饰酶一样识别二级结构中的特殊区域，或者直接识别一段核苷酸序列。我们发展出了一套载脂蛋白 B 体外系统，研究结果提示：编辑位点周围较短的一段序列（约 26 nt）足以使酶识别靶位点。**图 21.15** 显示在谷氨酸受体 GluR-B RNA 这个例子中，外显子的编辑区和下游内含子的一段互补序列之间可彼此配对，这种碱基配对对于靶位点的识别是必不可少的。特异性识别还需要双链体区的一种错配模式。所以，不同编辑系统可能对其底物的序列特异性具有不同的需求。

21.11 RNA 编辑可由引导 RNA 指导

关键概念

- 锥虫线粒体 RNA 的广泛编辑由尿苷的插入和缺失引起。
- 底物 RNA 在被编辑区的两侧与引导 RNA 配对。
- 引导 RNA 提供尿苷加入（或较少见的缺失）的模板。
- 编辑是由编辑体催化，这一复合体由内切核酸酶、外切核酸酶、末端尿苷酰转移酶活性和 RNA 连接酶组成。

锥虫线粒体的几个基因产物中序列发生了非常大的改变，由此人们发现了另一种类型的编辑。我们发现的第一个例子是，细胞色素氧化酶（cytochrome oxidase，Cox）亚基Ⅱ的蛋白质序列存在一个内部移码，而这对于 *cox Ⅱ* 基因序列来说是无法预测的。此基因序列和蛋白质序列如**图 21.16** 所示，它在几种锥虫物种中都是保守的，所以 RNA 编辑并非单一有机体所独有的。

cox Ⅱ 基因的序列与蛋白质产物之间的差异是由 RNA 编辑事件所造成的。*cox Ⅱ* mRNA 在移码位点附近另外插入了四个核苷酸（都是 U）。这些核苷酸的插入恢复了合适的蛋白质阅读框。因为没有发现这种序列的第二个基因，所以认为额外碱基的插入是在转录过程中或转录后发生的。在 SV5 病毒和麻疹副黏病毒（measles paramyxovirus）基因中也发现 mRNA 和基因组序列存在类似的区别：它在 mRNA 中插入了 G 残基。

其他基因中也有类似的 RNA 序列编辑，它包括 U 的插入和缺失。布氏锥虫（*Trypanosoma brucei*）的细胞色素氧化酶Ⅲ基因（*cox Ⅲ*）就是一个特别的例子（**图 21.17**）。mRNA 中一半以上的 U 在 DNA 中并没有被编码。基因组 DNA 和 mRNA 之间的差异比较说明，在 mRNA 中，超过连续 7 个核苷酸就会发生核苷酸的插入或缺失，并且在 mRNA 中可以连续插入 7 个 U，而**引导 RNA（guide RNA）**提供了 U 的特异性插入所需的信息。

引导 RNA 含有与正确编辑的 mRNA 互补的一段序列，利什曼原虫属（*Leishmania*）的细胞色素 *b* 基因中引导 RNA 的作用模型见**图 21.18**。图中上部的序列是最初的转录物，或者称为编辑前 RNA（pre-edited RNA）；缺口是编辑过程中碱基所要插入的位置，在这个区域中必须插入 8 个 U 才能产生有活性的 mRNA 序列。引导 RNA 和 mRNA 互补的有效范围相当广泛，并要包括周围的编辑区。典型的互补区位于编辑区的 3′ 端，它可以很长，而在 5′ 端则非常短。引导 RNA 和编辑前 RNA 间的配对留下一些缺口，这些缺口是由于引导 RNA 中的 A 残基在编

I S S L G I K V E N L V G V M
AUA UCA AGU UUA GGU AUA AAA GUA GAG AAC CUG GUA GGU GUA AU
由基因组DNA
序列编码
移码
AUA UCA AGU UUA GGU AUA AAA GUA GAU UGU AUA CCU GGU AGG UGU AAU
I S S L G I K V D C I P G R C N
RNA序列
蛋白质序列

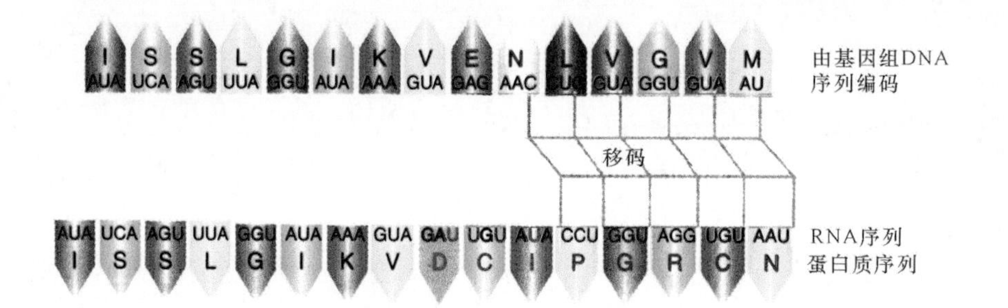

图 21.16 锥虫 *cox II* 基因的 mRNA 相对于其 DNA 序列出现了移码，只有通过插入 4 个尿苷后，才能产生正确的阅读框

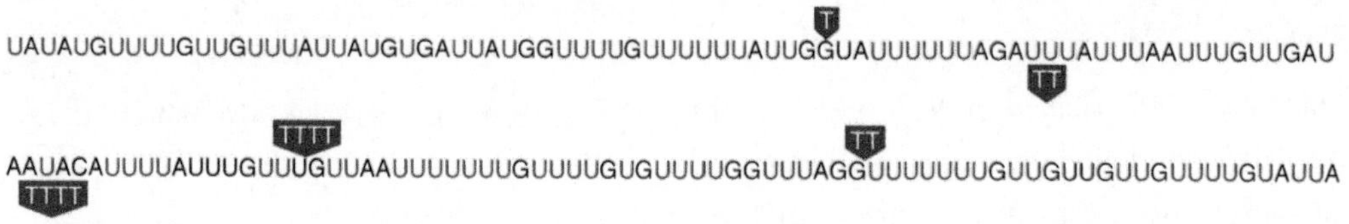

T
UAUAUGUUUUGUUGUUUAUUAUGUGAUUAUGGUUUUGUUUUUUAUUGGUAUUUUUUAGAUUUAUUUAAUUUGUUGAU
TT
TTTT
TT
AAUACAUUUUAUUUGUUUGUUAAUUUUUUUGUUUUGUGUUUUGGUUUAGGUUUUUUUGUUGUUGUUGUUUUGUAUUA
TTTT

图 21.17 布氏锥虫的 *cox III* mRNA 序列分析表明，许多尿苷并非在 DNA 中编码（红色）或在 RNA 中被去除（用 T 表示）

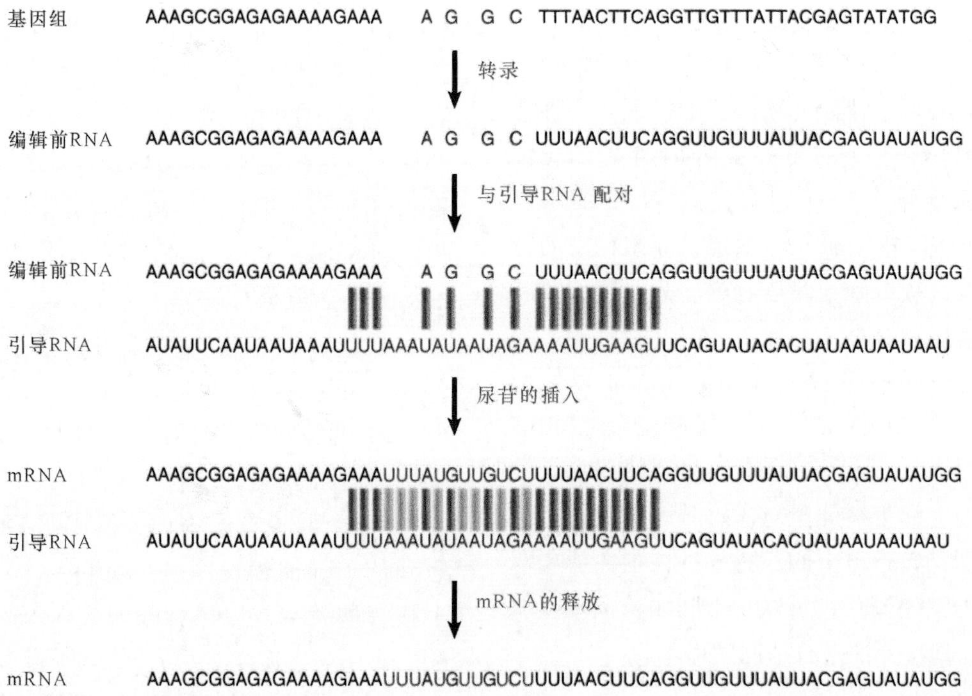

基因组 AAAGCGGAGAGAAAAGAAA A G G C TTTAACTTCAGGTTGTTTATTACGAGTATATGG
转录
编辑前RNA AAAGCGGAGAGAAAAGAAA A G G C UUUAACUUCAGGUUGUUUAUUACGAGUAUAUGG
与引导RNA 配对
编辑前RNA AAAGCGGAGAGAAAAGAAA A G G C UUUAACUUCAGGUUGUUUAUUACGAGUAUAUGG
引导RNA AUAUUCAAUAAUAAAUUUUAAAUAUAAUAGAAAAUUGAAGUUCAGUAUACACUAUAAUAAUAAU
尿苷的插入
mRNA AAAGCGGAGAGAAAAGAAAUUUAUGUUGUCUUUUAACUUCAGGUUGUUUAUUACGAGUAUAUGG
引导RNA AUAUUCAAUAAUAAAUUUUAAAUAUAAUAGAAAAUUGAAGUUCAGUAUACACUAUAAUAAUAAU
mRNA的释放
mRNA AAAGCGGAGAGAAAAGAAAUUUAUGUUGUCUUUUAACUUCAGGUUGUUUAUUACGAGUAUAUGG

图 21.18 将要被编辑的 RNA 和引导 RNA 在待编辑区的两侧进行配对，引导 RNA 为尿苷的插入提供模板。插入后所产生的 mRNA 与引导 RNA 完全互补

辑前 RNA 中找不到互补碱基而产生的。引导 RNA 提供了一个模板，允许丢失的 U 残基插入到缺口中，这一过程将在下一段中进行描述。当此反应完成时，引导 RNA 与 mRNA 分开，而 mRNA 可以进行翻译。

具体说明这个序列的最后编辑是非常复杂的。在利什曼原虫属细胞色素 *b* 这个例子中，这段很长转录物的编辑中一共插入了 39 个 U 残基，在此过程中一共需要两个在邻近位点作用的引导 RNA。第一个引导 RNA 与 3′ 端位点配对，编辑出的序列成为第二个引导 RNA 编辑的底物。引导 RNA 是作为独立的转录单位编码的。图 21.19 是利什曼原虫属线粒体 DNA 中与引导 RNA 有关区域的作图。这段区域包括细胞色素 *b* 的编辑前序列的编码“基因”和两个引导 RNA 区。主要编码区的基因和它们的引导 RNA 基因是分散分布的。

原则上说，这个“基因”或两个引导 RNA 中的任何一个突变都会改变 mRNA 最初的序列，进而多肽序列也会发生变化。根据遗传学标准，这些

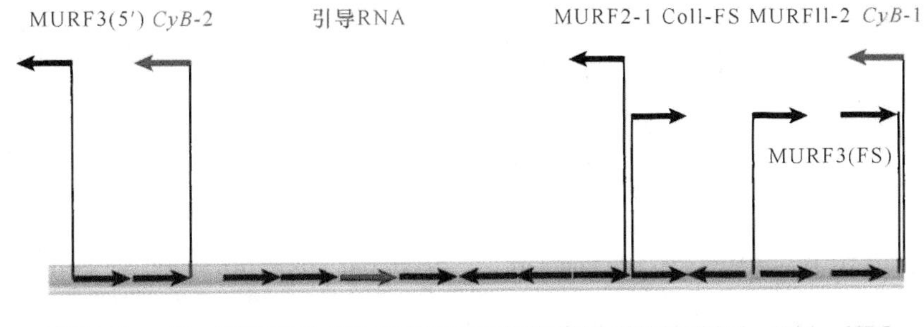

图 21.19 利什曼原虫属线粒体基因组中，编码待编辑 RNA 的基因和其引导 RNA 基因分散相间排列，一些基因具有多个引导 RNA。*CyB* 是编辑前细胞色素 *b* 基因；而 *CyB-1* 和 *CyB-2* 则是分别参与其编辑的引导 RNA

单元中的每一个序列都可以作为“基因”的一部分。既然这些单元都是独立表达的，当然它们应该存在反式互补作用。如果我们可以得到突变体，那么就会发现最初的蛋白质序列编码所需的三个互补群。

对已经部分编辑的中间体的特征说明反应过程是沿着编辑前 RNA 3′ → 5′ 方向进行的。引导 RNA 是通过与编辑前 RNA 的配对来指导尿苷的特异性插入。

尿苷的编辑由一个 20S 的酶复合体催化，称为编辑体（editosome），此复合体含有一个内切核酸酶、一个末端尿苷酰转移酶（terminal uridyltransferase，TUT 酶）、一个 3′ → 5′ U 特异性外切核酸酶（exoUase，U 外切酶）和一个 RNA 连接酶。如图 21.20 所示，编辑体结合引导 RNA，并用它与编辑前 RNA 进行配对。底物 RNA 在特定位点切割，可以根据与引导 RNA 配对的缺失来（推测）鉴定出这一靶位点，接着尿苷插入或缺失，

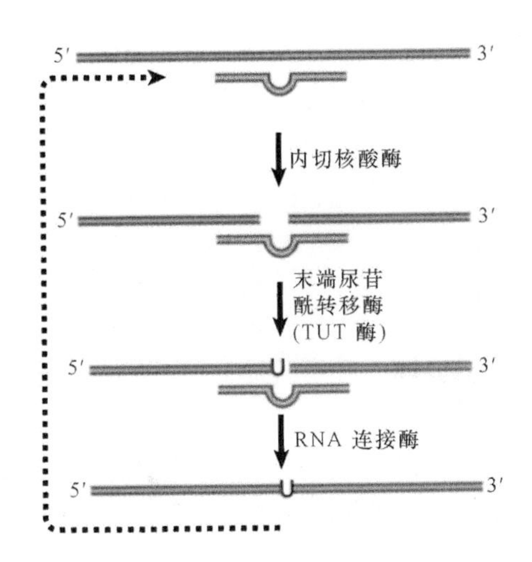

图 21.20 通过 RNA 切割、添加或去除尿苷，最后进行末端连接，这样就完成了 U 残基的添加或缺失。该反应在引导 RNA 的指导下由一个酶复合体催化完成

以便与引导 RNA 进行碱基配对，然后连接底物 RNA。尿苷三磷酸（uridine triphosphate，UTP）提供尿苷酰残基，而 TUT 酶催化碱基的插入。尿苷残基的缺失是由 U- 外切酶催化的，它与 3′- 磷酸酯酶协同作用，这可允许新编辑的 RNA 构建体重新连接起来。

已部分编辑的分子结构提示每次反应只加入一个 U 残基，而不是成组加入的。反应可能是通过连续的循环进行的：加入 U 残基，检测与引导 RNA 的互补性，如果互补则保留，不互补则去除，因此正确的编辑序列结构是逐渐形成的。现在我们还不清楚 C 残基加入的编辑反应是否也以同样的机制进行。

21.12 蛋白质剪接是自我催化的

关键概念

- 内含肽有能力以两侧外显肽直接连接的方式催化自身从蛋白质上脱离。
- 蛋白质的剪接由内含肽催化。
- 大多数内含肽具有两个独立的活性：蛋白质剪接和用于内含子归巢的内切核酸酶活性。

蛋白质剪接（protein splicing）和 RNA 剪接有相同的效应：在基因中出现的序列没有在蛋白质中出现。用与 RNA 剪接类比的方式来命名蛋白质的对应部分：**外显肽（extein）**是在成熟蛋白质中出现的序列，而**内含肽（intein）**则是被去除的序列。内含肽去除的方式与 RNA 剪接是完全不同的。

图 21.21 显示了这个基因被翻译成含有内含肽的蛋白质前体，然后内含肽从蛋白质中切除。目前已知约有 500 多例蛋白质剪接的例子，它存在于所有三大类生物中。产物经历蛋白质剪接的典型基因中均含有单个内含肽。

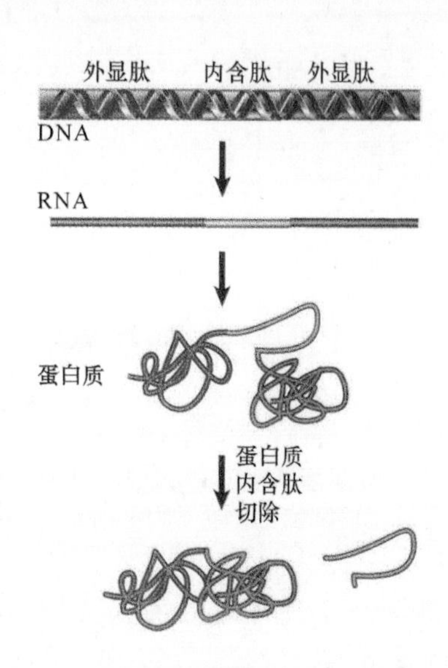

图 21.21 在蛋白质剪接过程中，外显肽通过内含肽的去除相互连接

第一个内含肽是在古菌 DNA 聚合酶基因中被发现的，它以间隔序列形式存在于基因中，却不符合内含子规则。而后被证明纯化的蛋白质能以自我催化反应将这个序列切除出自身，这种反应不需要能量，而是通过图 21.22 所示的一系列化学键重排发生的。尽管其效率能被外显肽影响，但这却是内含肽的功能。

与第一个外显肽连接的内含肽，其的第一个氨基酸侧链的羟基（—OH）或巯基（—SH）的作用是第一步反应。这将外显肽从内含肽的 N 端转变成 N-O 或 N-S 酰基连接；然后这一化学键被第二个外显肽的第一个氨基酸侧链的—OH 或—SH 攻击，结果是将外显肽 1 转移到外显肽 2 的氨基（—NH）端侧链上；最后，内含肽 C 端的精氨酸残基环化，外显肽 2 的 N 端作用于脂酰键，并用常规的肽键取代之。这里每步反应都以很低的速率自发地发生，但这些反应如果以协同的方式快速发生以达到

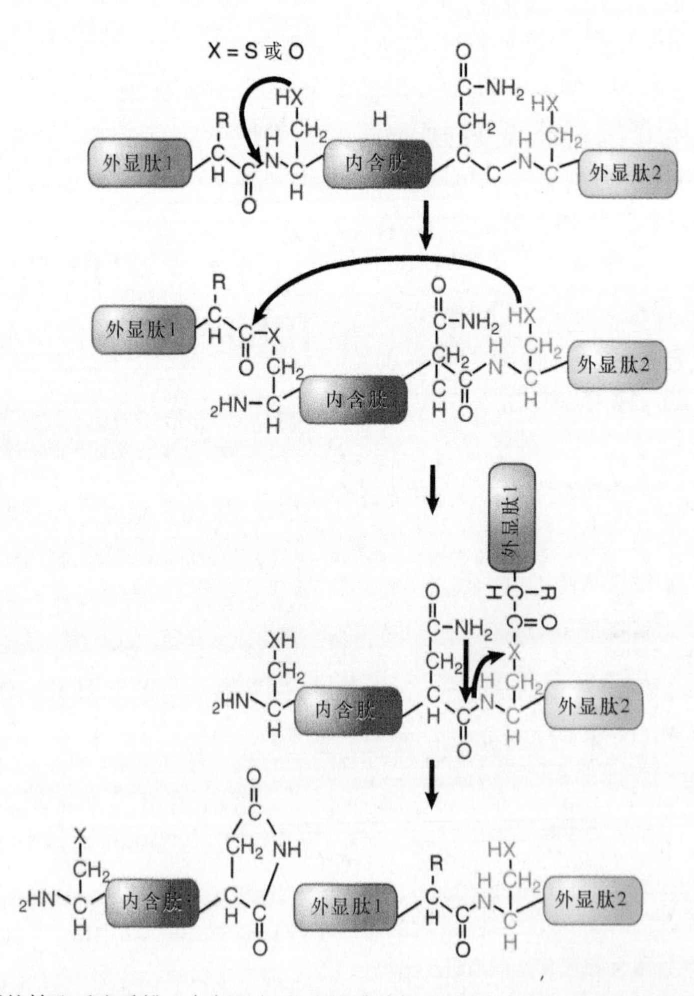

图 21.22 化学键通过一系列的转酯反应重排，包括丝氨酸残基或脯氨酸残基的羟基或半胱氨酸残基的巯基，最后外显肽通过肽键相连，内含肽带着一个环化的 C 端释放

蛋白质剪接的目的，那么就需要内含肽所介导的催化反应。

内含肽拥有特殊的性质，它们插入编码序列中的阅读框内。因为有机体中缺少这种插入的同源基因的存在，才使我们认识到内含肽的这一特点。它们在N端有一个丝氨酸残基和半胱氨酸残基（提供—OH或—SH侧链）及C端的精氨酸残基。一个典型的内含肽在N端有150个氨基酸残基，C端有50个氨基酸残基，它们参与催化蛋白质的剪接反应，而在内含肽中心的序列还有其他的一些功能。另外，如果内含肽位于两个分开的蛋白质之间，那么蛋白质剪接可以反式模式进行。这两个"分裂内含肽"的每一个半部分进行相互作用，从而使得反式剪接形成单一完整的蛋白质和一个游离内含肽。在自然界中至少已经鉴定出了2种分裂的内含肽，而其他一大类分裂的内含肽都是人造的。分裂内含肽在蛋白质工程中具有重要意义，因为它们可使分开的肽在体内能够共价地融合。

许多内含肽具有一种独特的特点，就是它们拥有归巢内切核酸酶活性，此活性可以切割靶DNA，产生一个位点，这样编码内含肽的DNA可以插入这个位点中（见图21.9）。内含肽的蛋白质剪接和归巢内切核酸酶活性是相互独立的。

我们的确不理解内含肽的这两种活性之间的联系，但还是能提出两种模型：一种是假设一开始在这两种活性之间存在某种联系，但之后它们变得相互独立，一些内含肽失去了归巢内切核酸酶活性；另一种是假设内含肽起始于蛋白质剪接单元，后来由于未知原因大多数内含肽被归巢内切核酸酶活性取代，这与归巢内切核酸酶似乎也入侵其他类型的单元，包括最有名的Ⅰ类内含子这一事实相符。

小结

自我剪接是两类内含子的一种性质，它们广泛地分散分布在单细胞/寡细胞真核生物、原核生物系统和线粒体中。内含子序列内部的信息对反应进行是必不可少的，尽管体内反应实际上是由蛋白质协助的。对于Ⅰ类内含子和Ⅱ类内含子来说，反应需要一种包含共有短序列的特殊二级/三级结构所提供的信息。Ⅰ类内含子RNA产生一种结构，此结构中底物序列被内含子中的IGS区所结合；另一个保守序列产生一个鸟嘌呤核苷酸的结合位点。它们通过转酯反应进行剪接，转酯反应中一个鸟苷残基作为辅助因子，反应不需要能量输入，鸟苷打断5′外显子-内含子连接点处的化学键，并与内含子相连；外显子游离末端的羟基继而作用于3′外显子-内含子连接点处；内含子环化并丢失鸟苷和末端的15个碱基；接着内含子末端的G-羟基作用于内部的磷酸二酯键，以进行一系列的相关催化反应。通过提供合适的底物，可以改造核酶，从而使之具有包括核苷酸转移酶活性在内的多种催化活性。

有些Ⅰ类内含子和Ⅱ类线粒体中的内含子含有可读框。Ⅰ类内含子编码的蛋白质是能够在DNA靶位点上切割双链的内切核酸酶。内切核酸酶切割能引发基因转变过程，在此过程中内含子自身的序列拷贝后插入靶位点。Ⅱ类内含子所编码的蛋白质含有内切核酸酶的活性，能起始转座过程；而反转录酶使得内含子的RNA被拷贝并插入靶位点，这可能意味着这些类型的内含子起源于插入事件的发生。由两类内含子编码的蛋白质含有成熟酶的活性，它通过稳定活性位点处的二级/三级结构保证内含子的剪接。

RNA酶P核糖核蛋白颗粒中的RNA成分执行催化反应。拟病毒RNA在"锤头"状结构上进行自我切割，锤头状结构是在底物RNA和内切核酸酶RNA之间形成的，这使得切割反应被控制在一个高度特异性序列上。这些反应支持一种观点：RNA能够形成具有催化能力的特异性活性中心。

RNA编辑在RNA转录后或转录过程中可改变其序列。产生一个有意义的编码序列需要这些改变，如在哺乳动物系统中就会发生个别碱基的替换、利用脱氨基作用使C变成U，或者A变成I。与胞苷或腺苷脱氨酶相关的一个催化亚基可作为大复合体的一部分而起作用，此复合体对特定靶序列具有特异性。

在锥虫线粒体和副黏病毒中能发生添加和缺失（大多数是尿苷）的改变。锥虫中能发生大量的编辑反应，其中mRNA约有一半的碱基是编辑所产生的。编辑反应使用引导RNA作模板，而引导RNA与mRNA序列互补。反应由编辑体催化，它包括内切核酸酶、外切核酸酶、末端尿苷酰转移酶和RNA连接酶。反应使用游离核苷酸作为插入碱基的来源，或者释放发生缺失时所切割下的核苷酸。

蛋白质剪接是一个自我催化过程，其中发生化学键的转移，但不需要能量。内含肽自我催化后从外显肽两侧脱离。许多内含肽具有不依赖于蛋白质剪接活性的归巢内切核酸酶活性。

参考文献

21.2 Ⅰ类内含子通过转酯反应实现自我剪接

综述文献

Cech, T. R. (1985). Self-splicing RNA: implications for evolution. *Int. Rev. Cytol.* 93, 3-22.

Cech, T. R. (1987). The chemistry of self-splicing RNA and RNA enzymes. *Science* 236, 1532-1539.

Vicens, Q., and Cech, T. T. (2006). Atomic level architecture of group I introns revealed. *Trends Biochem. Sci.* 31, 41-51.

研究论文文献

Been, M. D., and Cech, T. R. (1986). One binding site determines sequence specificity of *Tetrahymena* pre-rRNA self-splicing, *trans*-splicing, and RNA enzyme activity. *Cell* 47, 207-216.

Belfort, M., Pedersen-Lane, J., West, D., Ehrenman, K., Maley, G., Chu, F., and Maley, F. (1985). Processing of the intron-containing thymidylate synthase (td) gene of phage T4 is at the RNA level. *Cell* 41, 375-382.

Cech, T. R., Zaug, A. J., and Grabowski, P. J. (1981). *In vitro* splicing of the rRNA precursor of *Tetrahymena:* involvement of a guanosine nucleotide in the excision of the intervening sequence. *Cell* 27, 487-496.

Kruger, K., Grabowski, P. J., Zaug, A. J., Sands, J., Gottschling, D. E., and Cech, T. R. (1982). Selfsplicing RNA: autoexcision and autocyclization of the ribosomal RNA intervening sequence of *Tetrahymena. Cell* 31, 147-157.

Myers, C. A., Kuhla, B., Cusack, S., and Lambowitz, A. M. (2002). tRNA-like recognition of group I introns by a tyrosyl-tRNA synthetase. *Proc. Natl. Acad. Sci. USA* 99, 2630-2635.

21.3 Ⅰ类内含子形成特征性二级结构

研究论文文献

Burke, J. M., Irvine, K. D., Kaneko, K. J., Kerker, B. J., Oettgen, A. B., Tierney, W. M., Williamson, C. L., Zaug, A. J., and Cech, T. R. (1986). Role of conserved sequence elements 9L and 2 in selfsplicing of the *Tetrahymena* ribosomal RNA precursor. *Cell* 45, 167-176.

Michel, F., and Wetshof, E. (1990). Modeling of the three-dimensional architecture of group I catalytic introns based on comparative sequence analysis. *J. Mol. Biol.* 216, 585-610.

21.4 核酶具有各种催化活性

综述文献

Cech, T. R. (1990). Self-splicing of group I introns. *Annu. Rev. Biochem.* 59, 543-568.

Martin, L. L., Unrau, P. J., and Muller, U. F. (2015). RNA synthesis by *in vitro* selected ribozymes for recreating an RNA world. *Life* 5, 247-268.

研究论文文献

Attwater, J., Wochner, A., and Holliger, P. (2013). Inice evolution of RNA polymerase ribozyme activity. *Nat. Chem.* 5, 1011-1018.

Bartel, D. P., and Szostak, J. W. (1993). Isolation of new ribozymes from a large pool of random sequences. *Science* 261, 1411-1418.

Edwards, T. E., Klein, D. J., and Ferre-D'Amare, A. R. (2007). Riboswitches: small-molecule recognition by gene regulatory RNAs. *Curr. Opin. Struct. Biol.* 17, 273-279.

Serganov, A., and Patel, D. J. (2007). Ribozymes, riboswitches and beyond: regulation of gene expression without proteins. *Nat. Rev. Genet.* 8, 776-790.

Winkler, W. C., Nahvi, A., Roth, A., Collins, J. A., and Breaker, R. R. (2004). Control of gene expression by a natural metabolite-responsive ribozyme. *Nature* 428, 281-286.

21.5 有些Ⅰ类内含子编码支持迁移的内切核酸酶

综述文献

Belfort, M., and Roberts, R. J. (1997). Homing endonucleases: keeping the house in order. *Nucleic Acids Res.* 25, 3379-3388.

Haugen, P., Reeb, V., Lutzoni, F., and Bhatacharya, D. (2004). The evolution of homing endonuclease genes and group I introns in nuclear rDNA. *Mol. Biol. Evol.* 21, 129-140.

Stoddard, B. L. (2014). Homing endonucleases from mobile group I introns: discovery to genome engineering. *Mobile DNA* 5, doi:10.1186/1759-8753-5-7

21.6 Ⅱ类内含子可编码多功能蛋白质

综述文献

Lambowitz, A. M., and Belfort, M. (1993). Introns as mobile genetic elements. *Annu. Rev. Biochem.* 62, 587-622.

Lambowitz, A. M., and Zimmerly, S. (2004). Mobile group II introns. *Annu. Rev. Genet.* 38, 1-35.

Lambowitz, A. M., and Zimmerly, S. (2011). Group II introns: mobile ribozymes that invade DNA. *Cold Spring Harb. Perspect. Biol.* 3, a003616.

研究论文文献

Dickson, L., Huang, H. R., Liu, L., Matsuura, M., Lambowitz, A. M., and Perlman, P. S. (2001). Retrotransposition of a yeast group II intron occurs by reverse splicing directly into ectopic DNA sites. *Proc. Natl. Acad. Sci. USA* 98, 13207-13212.

Zimmerly, S., Guo, H., Eskes, R., Yang, J., Perlman, P. S., and Lambowitz, A. M. (1995). A group II intron is a catalytic component of a DNA endonuclease involved in intron mobility. *Cell* 83, 529-538.

Zimmerly, S., Guo, H., Perlman, P. S., and Lambowitz, A. M. (1995). Group II intron mobility occurs by target DNA-primed reverse transcription. *Cell* 82, 545-554.

21.7 某些自我剪接内含子需要成熟酶

研究论文文献

Bolduc, J. M., Spiegel, P. C., Chatterjee, P., Brady, K. L., Downing, M. E., Caprara, M. G., Waring, R. B., and Stoddard, B. L. (2003). Structural and biochemical analyses of DNA and RNA binding by a bifunctional homing endonuclease and group I splicing factor. *Genes Dev*. 17, 2875-2888.

Carignani, G., Groudinsky, O., Frezza, D., Schiavon, E., Bergantino, E., and Slonimski, P. P. (1983). An RNA maturase is encoded by the first intron of the mitochondrial gene for the subunit I of cytochrome oxidase in *S. cerevisiae*. *Cell* 35, 733-742.

Henke, R. M., Butow, R. A., and Perlman, P. S. (1995). Maturase and endonuclease functions depend on separate conserved domains of the bifunctional protein encoded by the group I intron aI4 alpha of yeast mitochondrial DNA. *EMBO J*. 14, 5094-5099.

Matsuura, M., Noah, J. W., and Lambowitz, A. M. (2001). Mechanism of maturase-promoted group II intron splicing. *EMBO J*. 20, 7259-7270.

21.8 RNA 酶 P 的催化活性来自 RNA

综述文献

Altman, S. (2007). A view of RNase P. *Mol. Biosyst*. 3, 604-607.

Walker, S. C., and Engelke, D. R. (2006). Ribonuclease P: the evolution of an ancient RNA enzyme. *Crit. Rev. Biochem. Mol. Biol*. 41, 77-102.

21.9 类病毒具有催化活性

综述文献

Cochrane, J. C., and Strobel, S. A. (2008). Catalytic strategies of self-cleaving ribozymes. *Acc. Chem. Res*. 41, 1027-1035.

Doherty, E. A., and Doudna, J. A. (2000). Ribozyme structures and mechanisms. *Annu. Rev. Biochem*. 69, 597-615.

Symons, R. H. (1992). Small catalytic RNAs. *Annu. Rev. Biochem*. 61, 641-671.

研究论文文献

Forster, A. C., and Symons, R. H. (1987). Selfcleavage of virusoid RNA is performed by the proposed 55-nucleotide active site. *Cell* 50, 9-16.

Guerrier-Takada, C., Gardiner, K., Marsh, T., Pace, N., and Altman, S. (1983). The RNA moiety of ribonuclease P is the catalytic sub-unit of the enzyme. *Cell* 35, 849-857.

Martick, M., and Scott, W. G. (2006). Tertiary contacts distant from the active site prime a ribozyme for catalysis. *Cell* 126, 309-320.

Perreault, J., Weinberg, Z., Roth, A., Popescu, O., Chartrand, P., Ferbeyre, G., and Breaker, R. R. (2011). Identification of hammerhead ribozymes in all domains of life reveals novel structural variations. *PLoS Comput. Biol*. 7. doi:10.1371

Scott, W. G., Finch, J. T., and Klug, A. (1995). The crystal structure of an all-RNA hammerhead ribozyme: a proposed mechanism for RNA catalytic cleavage. *Cell* 81, 991-1002.

21.10 RNA 编辑发生在个别碱基中

综述文献

Hoopengardner, B. (2006). Adenosine-to-inosine RNA editing: perspectives and predictions. *Mini-Rev. Med. Chem*. 6, 1213-1216.

研究论文文献

Higuchi, M., Single, F. N., Köhler, M., Sommer, B., Sprengel, R., and Seeburg, P. H. (1993). RNA editing of AMPA receptor subunit GluR-B: a basepaired intron-exon structure determines position and efficiency. *Cell* 75, 1361-1370.

Hoopengardner, B., Bhalla, T., Staber, C., and Reenan, R. (2003). Nervous system targets of RNA editing identified by comparative genomics. *Science*. 301, 832-836.

Navaratnam, N., Bhattacharya, S., Fujino, T., Patel, D., Jarmuz, A. L., and Scott, J. (1995). Evolutionary origins of apoB mRNA editing: catalysis by a cytidine deaminase that has acquired a novel RNA-binding motif at its active site. *Cell* 81, 187-195.

Powell, L. M., Wallis, S. C., Pease, R. J., Edwards, Y. H., Knott, T. J., and Scott, J. (1987). A novel form of tissue-specific RNA processing produces apolipoprotein-B48 in intestine. *Cell* 50, 831-840.

Sommer, B., Köhler, M., Sprengel, R., and Seeburg, P. H. (1991). RNA editing in brain controls a determinant of ion flow in glutamate-gated channels. *Cell* 67, 11-19.

21.11 RNA 编辑可由引导 RNA 指导

综述文献

Aphasizhev, R. (2005). RNA uridylyltransferases. *Cell. Mol. Life Sci*. 62, 2194-2203.

Stuart, K. D., Schnaufer, A., Ernst, N. L., and Panigrahi, A. K. (2005). Complex management: RNA editing in trypanosomes. *Trends Biochem. Sci*. 30, 97-105.

研究论文文献

Aphasizhev, R., Sbicego, S., Peris, M., Jang, S. H., Aphasizheva, I., Simpson, A. M., Rivlin, A., and Simpson, L. (2002). Trypanosome mitochondrial 3′ terminal uridylyl transferase (TUTase): the key enzyme in U-insertion/deletion RNA editing. *Cell* 108, 637-648.

Benne, R., Van den Burg, J., Brakenhoff, J. P., Sloof, P., Van Boom, J. H., and Tromp, M. C. (1986). Major transcript of the frameshifted coxII gene from trypanosome mitochondria contains four nucleotides that are not encoded in the DNA. *Cell* 46, 819-826.

Blum, B., Bakalara, N., and Simpson, L. (1990). A model for RNA editing in kinetoplastid mitochondria: "guide" RNA molecules transcribed from maxicircle DNA provide the edited information. *Cell* 60, 189-198.

Feagin, J. E., Abraham, J. M., and Stuart, K. (1988). Extensive editing of the cytochrome *c* oxidase III transcript in *Trypanosoma brucei*. *Cell* 53, 413-422.

Niemann, M., Kaibel, H., Schlüter, E., Weitzel, K., Brecht, M., and Göringer, H. U. (2009). Kinetoplastid RNA editing involves a 3′ nucleotidyl phosphatase activity. *Nucleic Acids Res*. 37, 1897-1906.

Seiwert, S. D., Heidmann, S., and Stuart, K. (1996). Direct visualization of uridylate deletion *in vitro* suggests a mechanism for kinetoplastid editing. *Cell* 84, 831-841.

21.12 蛋白质剪接是自我催化的

综述文献

Paulus, H. (2000). Protein splicing and related forms of protein autoprocessing. *Annu. Rev. Biochem*. 69, 447-496.

Saleh, L., and Perler, F. B. (2006). Protein splicing in *cis* and in *trans*. *Chem. Rec*. 6, 183-193.

研究论文文献

Aranko, A. S., Oeemig, J. S., Zhou, D., Kajander, T., Wlodawer,

A., and Iwai, H. (2014). Structurebased engineering and comparison of novel split inteins for protein ligation. *Mol. Biosyst.* 10, 1023-1034.

Derbyshire, V., Wood, D. W., Wu, W., Dansereau, J. T., Dalgaard, J. Z., and Belfort, M. (1997). Genetic definition of a protein-splicing domain: functional mini-inteins support structure predictions and a model for intein evolution. *Proc. Natl. Acad. Sci. USA* 94, 11466-11471.

Lockless, S. W., and Muir, T. W. (2009). Traceless protein splicing utilizing evolved split inteins. *Proc. Natl. Acad. Sci. USA* 106, 10999-11004.

Perler, F. B., Comb, D. G., Jack, W. E., Moran, L. S., Qiang, B., Kucera, R. B., Benner, J., Slatko, B. E., Nwankwo, D. O., and Hempstead, R. B. (1992). Intervening sequences in an Archaea DNA polymerase gene. *Proc. Natl. Acad. Sci. USA* 89, 5577-5581.

Xu, M. Q., Southworth, M. W., Mersha, F. B., Hornstra, L. J., and Perler, F. B. (1993). *In vitro* protein splicing of purified precursor and the identification of a branched intermediate. *Cell* 75, 1371-1377.

第 22 章

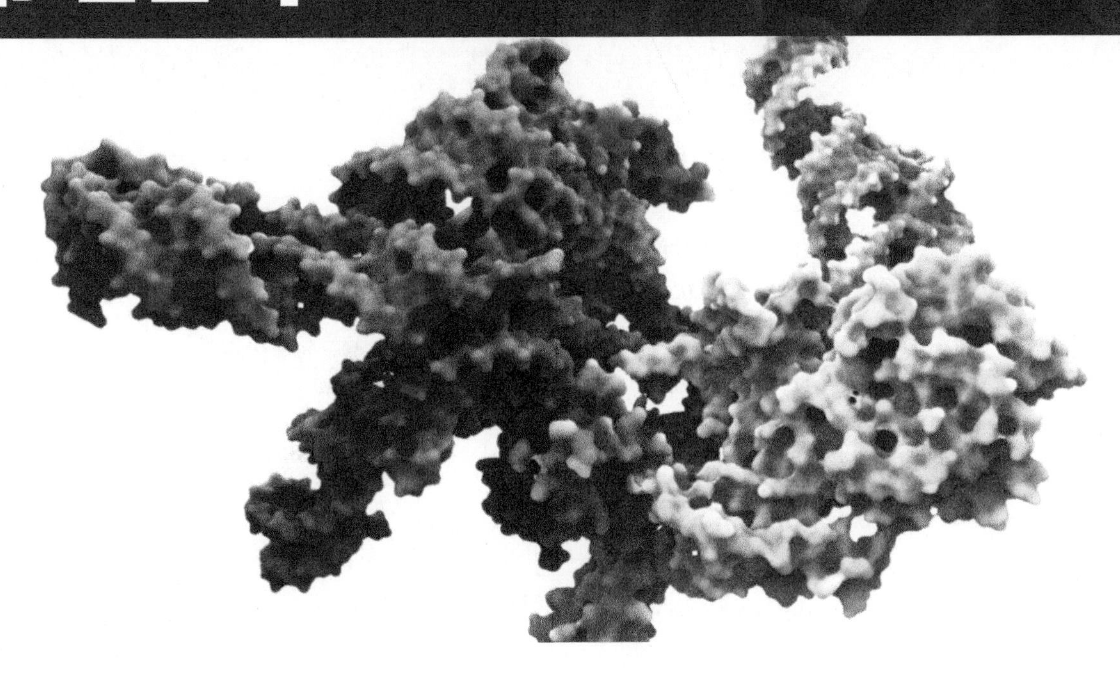

翻　译

章节提纲

顶部纹理：© Laguna Design/Science Source；章首页图片：Pasieka/Getty Images

22.1 引言

信使RNA（mRNA）转录物携带着一系列密码子，它们能与氨酰tRNA上的反密码子相互作用，从而把一系列相应的氨基酸装配入多肽中。核糖体（ribosome）提供了控制mRNA与氨酰tRNA之间相互作用的环境，它好比微型移动工厂，沿着模板移动，进行快速的肽键合成循环，以造出多肽。氨酰tRNA以不可思议的高速度出入于核糖体，装入氨基酸，而延伸因子周期性地结合、离开核糖体。伴随着这些辅助因子的作用，核糖体提供了完成所有翻译步骤所需的全部活性。

图22.1显示翻译装置中各种成分的相对尺寸。核糖体包括两个亚基（大亚基和小亚基），它们在翻译中分别有各自的特异性功能。mRNA结合于核糖体小亚基，在翻译过程中，无论何时都保证约有35个碱基的结合；在两个亚基的连接处，mRNA像丝线一样沿着核糖体表面移动；在翻译过程中，无论何时总有两个tRNA分子处于活性状态，故多肽的延伸只涉及核糖体所覆盖的约10个密码子中2个的反应。两个tRNA插入到撑开的亚基内部位点上；第三个tRNA是在翻译完成后而还未再循环前在核糖体上暂时保存。

核糖体的基本形式在进化上是保守的，但是细菌、真核生物细胞质、线粒体和叶绿体中的核糖体，在总体大小、蛋白质和RNA所含的比例上又存在许多明显的差异。图22.2比较了细菌和哺乳动物核糖体的组成成分，两者都是含RNA多于蛋白质的核蛋白颗粒。核糖体中的蛋白质命名为r蛋白（r-protein）。

核糖体的每个亚基包含一个主要的rRNA和一些小的蛋白质分子，大亚基上也可能含有较小的

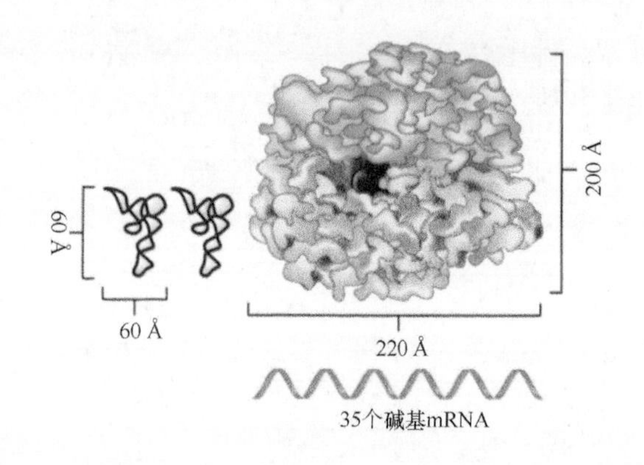

图22.1　核糖体大到足以结合数个tRNA和一个mRNA

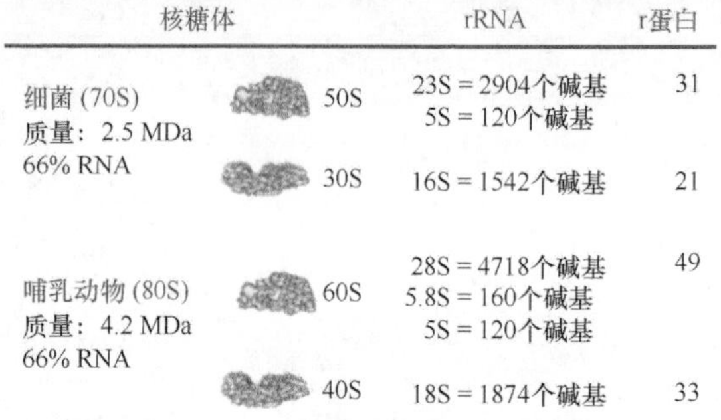

核糖体		rRNA	r蛋白
细菌(70S) 质量：2.5 MDa 66% RNA	50S	23S = 2904个碱基 5S = 120个碱基	31
	30S	16S = 1542个碱基	21
哺乳动物(80S) 质量：4.2 MDa 66% RNA	60S	28S = 4718个碱基 5.8S = 160个碱基 5S = 120个碱基	49
	40S	18S = 1874个碱基	33

图22.2　核糖体是一个大的核糖核蛋白颗粒，它含有较多的RNA和较少的蛋白质，可解离成大、小两个亚基

RNA。在大肠杆菌（*Escherichia coli*）中，小亚基（30S）包含16S rRNA和21个r蛋白；大亚基（50S）包含23S rRNA、小的5S rRNA和31个r蛋白。在所有的核糖体蛋白中，只有一种在每个核糖体中含有四份拷贝，其他的都以单拷贝形式存在。主要RNA构成了细菌核糖体质量的主要部分。RNA在核糖体中是广泛存在的，可能绝大多数或者全部的核糖体蛋白都附着于rRNA上。因此，主要的rRNA结构有时被看成是每个亚基的"骨架"，即一条连续的线轴，它决定了核糖体的结构及核糖体蛋白所在的位置。

真核生物细胞质中的核糖体要比细菌中的大，RNA和蛋白质的总体含量更高，主要的RNA分子更长（称为18S和28S rRNA），并含有更多的核糖体蛋白。RNA仍然是主要的组成部分。

细胞器核糖体与细胞质中的核糖体存在明显不同，并拥有不同的形式。有时，它们与细菌核糖体的大小相当，并含70%的RNA；在其他一些情况下，它们的大小仅为60S，所含的RNA少于30%。

核糖体拥有几个活性中心，每个中心都由rRNA上的部分区域和结合其上的一些核糖体蛋白组成。活性中心需要rRNA的直接参与，发挥结构上甚至催化的功能（此处RNA以核酶发挥作用），而支持这些功能的蛋白质则发挥次要作用。某些催化功能需要单一蛋白质来完成，但是纯化的蛋白质或蛋白质组合不能完成任何形式的催化功能，它们只有在核糖体存在下才能发挥作用。

在分析核糖体结构成分的功能时，我们可以使用两种实验方法。在第一种方法中，编码特殊核糖体蛋白的基因中的突变或rRNA上特定位点的突变所产生的效应揭示了这些分子确实参与了这些特定反应；在第二种方法中，结构分析，如核糖体各成

分的直接修饰，以及 rRNA 中保守特征的鉴别比较，可鉴定出参与特定功能的成分的物理定位。

22.2 翻译过程包括起始、延伸和终止

关键概念

- 核糖体有三个 tRNA 结合位点。
- 氨酰 tRNA 进入 A 位。
- 肽酰 tRNA 进入 P 位。
- 脱酰 tRNA 通过 E 位脱出。
- 将多肽从 P 位的肽酰 tRNA 上转移到 A 位的氨酰 tRNA 上，一个氨基酸就被加到了多肽上。

氨基酸是通过**氨酰 tRNA（aminoacyl-tRNA）**运送到核糖体上的。通过该 tRNA 与携带上一个氨基酸的 tRNA 的相互作用，将氨基酸加到正在生长的蛋白质新链之上。每个 tRNA 在核糖体上都占一个独立的位点。**图 22.3** 显示这两个位点具有不同的性质。

- 除了起始子 tRNA 外，即将到来的氨酰 tRNA 结合在 **A 位（A site）**。在氨酰 tRNA 进入前，该位点暴露出应该加到蛋白质链上的下一个氨酰 tRNA 所对应的密码子。
- 代表最新加到多肽链上的氨基酸密码子存在于 **P 位（P site）**。该位点被携带新生多肽链的**肽酰 tRNA（peptidyl-tRNA）**所占据。

图 22.4 显示 tRNA 的氨酰末端被定位到大亚基上，而另一端的反密码子则与结合小亚基的 mRNA 相互识别，所以 P 位和 A 位的每一个都延伸横跨核糖体的两个亚基。

每个核糖体在合成肽键时都要处于如图 22.3 所示的第一步状态，此时氨酰 tRNA 在 A 位而肽酰 tRNA 在 P 位；然后，肽酰 tRNA 上携带的多肽被转移到氨酰 tRNA 携带的氨基酸上，从而生成肽键。这一反应需要大亚基内的两个 tRNA 的氨酰末端的正确定位，它是由核糖体的大亚基催化的。

多肽转移后形成的核糖体如图 22.3 的第二步所示，此时，不携带任何氨基酸的**脱酰 tRNA（deacylated tRNA）**位于 P 位，而 A 位是已经形成新生的肽酰 tRNA。这个新生肽酰 tRNA 比第一步中 P 位的那个要多一个氨基酸残基。

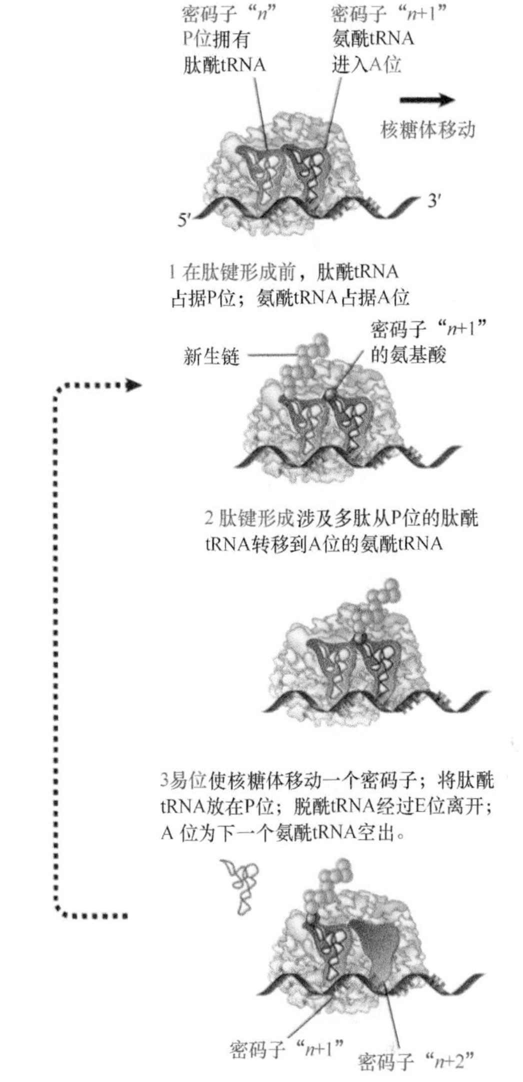

图 22.3 核糖体有两个结合载荷的 tRNA 的位点

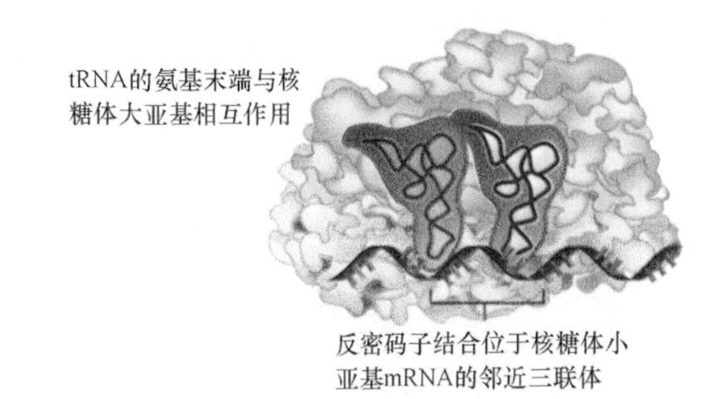

图 22.4 P 位和 A 位将两个相互作用的 tRNA 定位横跨在核糖体的两个亚基上

然后，核糖体在 mRNA 上移动一个三联体密码子的位置，这称为**易位（translocation）**。这一移动把脱酰 tRNA 挤出 P 位，而肽酰 tRNA 则占据了 P 位（见图 22.3 的第三步），空出来的 A 位被下一个即将翻译的密码子占据，准备接收下一个氨酰 tRNA。如此重复进行，使多肽链得以延长。**图 22.5**

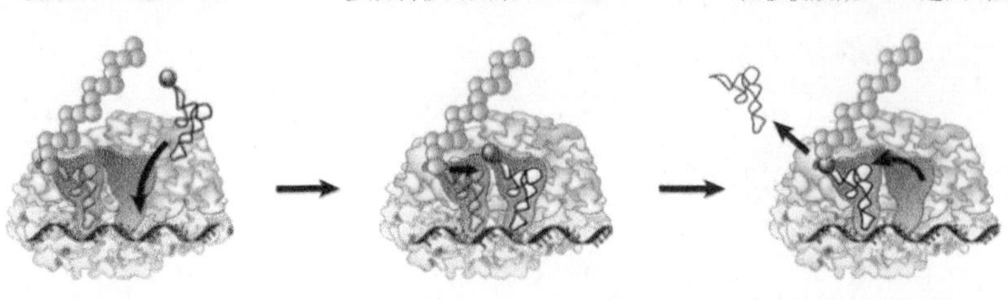

图 22.5　氨酰 tRNA 进入 A 位，接受了肽酰 tRNA 上的多肽，再转移到 P 位上，等待进入下一次循环

总结了 tRNA 和核糖体的相互作用。

经过另一个 tRNA 结合位点——**E 位（E site）**后，脱酰 tRNA 离开核糖体。空载 tRNA 在 E 位只是瞬时停留，然后就被释放到核糖体外的细胞质中去，所以 tRNA 的路径是从 A 位到 P 位再到 E 位（另见 22.12 节“易位使核糖体移动”的图 22.28）。**图 22.6** 比较了 tRNA 和 mRNA 在核糖体上的移动，这种移动可以被看作是某种齿轮上的（防倒转的）棘齿，通过密码子和反密码子之间的相互作用以保证反应正向进行而不会倒转。

翻译分成三个步骤，如**图 22.7** 所示。

- **起始（initiation）**涉及的反应发生在多肽的最初两个氨基酸形成肽键之前。起始需要核糖体结合到 mRNA 上，构建一个包含氨酰 tRNA 的起始复合体，这一步的反应速率在翻译中相对较慢，经常会决定 mRNA 的翻译速率。
- **延伸（elongation）**包括从第一个肽键的合成到最后加入一个氨基酸的全部反应过程。氨基酸逐个添加到新生多肽链的尾部；氨基酸的添加在翻译中是最快的一步。
- **终止（termination）**包括释放翻译完成的多肽链，同时核糖体从 mRNA 上解离。

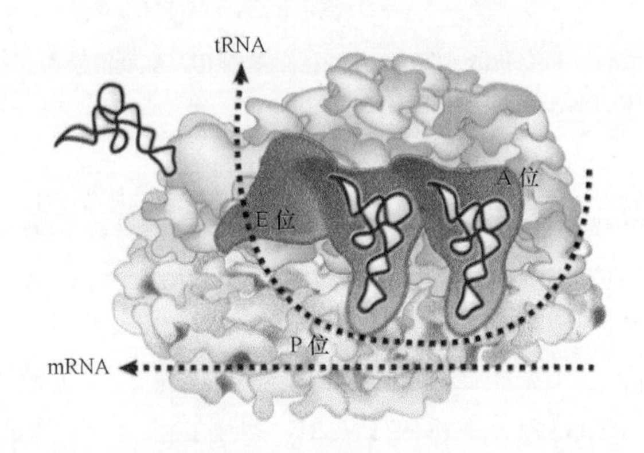

图 22.6　tRNA 和 mRNA 在核糖体上沿相同的方向移动

在翻译的每一阶段，核糖体都需要一组组不同的辅助性蛋白质因子的协助，而不同阶段合成所需的能量则由鸟苷三磷酸（guanine triphosphate，GTP）的水解来提供。

在合成起始时，小亚基与 mRNA 结合，然后结合大亚基。在延伸时，mRNA 沿着核糖体移动并以三联体密码子的方式被翻译出来（尽管我们常常提到核糖体沿着 mRNA 移动，但精确来说，不是核糖体移动通过 mRNA，而是 mRNA 被拉动而通过核糖体）。在终止时，合成的多肽和 mRNA 释放出来，核糖体的大小亚基也解离并等待下一次的再利用。

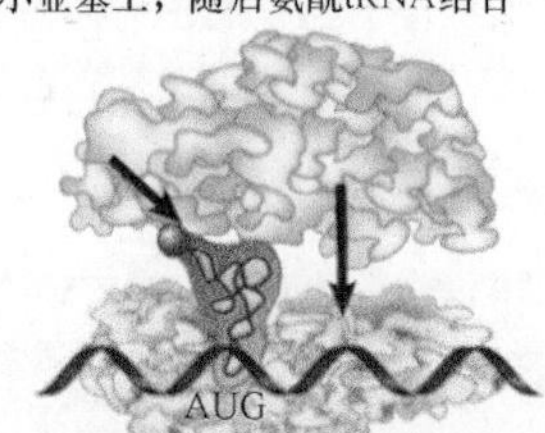

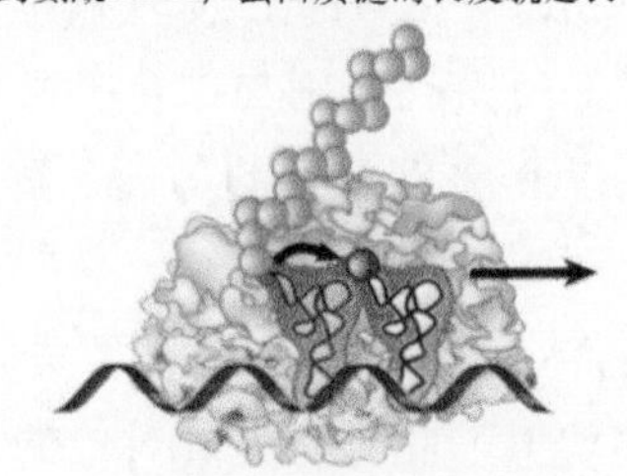

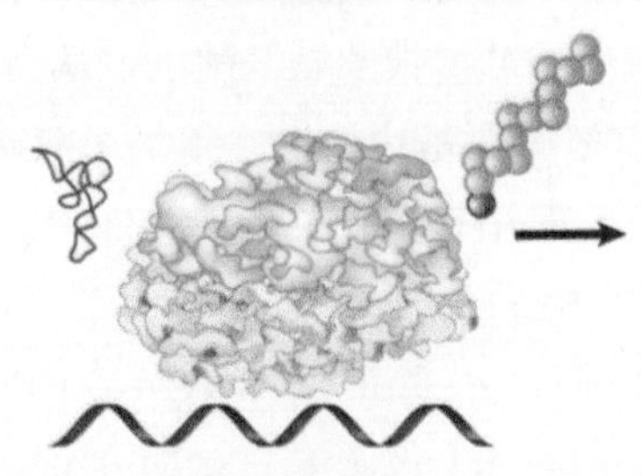

图 22.7　翻译过程由三个阶段组成

22.3 特殊机制控制翻译的精确性

关键概念

- 特殊机制控制着翻译在每一个阶段的精确性。

当测定多肽的氨基酸序列时，可以发现它们有很好的一致性，所以翻译通常是一个精确的过程。几乎没有细化的方法来测定体内的错误率，但是据推测，在生物体内出现合成错误的概率是极低的，大概是每合成 10^4 ～ 10^5 个氨基酸出现一个错误。考虑到多数多肽在体内的含量都很高，那么，如此低的概率将不会对细胞的表型产生任何影响。

我们并不清楚如何使翻译错误维持在如此低的概率之内。事实上，在基因表达的每一个步骤，错误都可能会产生。

- 合成 RNA 的酶可能会插入与模板链不互补的碱基。
- 合成酶可能会将错误的 tRNA 和氨基酸接触；或让错误的氨基酸和 tRNA 接触。
- 核糖体可能会允许与 A 位密码子不对应的 tRNA 结合上去。

所有这些相似问题可归结为如下这一机制：如何从总体中识别出某个特定的成员，而这些成员都共享同样的普适性特征呢？

我们认为，可能所有的成员最初都可根据随机碰撞过程与活性中心接触，但是错误的成员被放弃，只有正确匹配的成员才被接受。正确匹配成员的比例通常是很低的（例如，1/20 的氨基酸，1/50 ～ 1/30 的 tRNA，1/4 的碱基），所以识别的标准应该是很严格的。因此现在最关键的问题是，酶或核酶应该拥有一套强大的机制，使之能鉴别结构上非常相似的各种底物。

图 22.8 总结了在翻译的每一步可能出现的影响正确合成的错误率。转录成 mRNA 时出错的机会是比较低的，可能低于 10^{-6}。这是一个提高准确性的重要步骤，因为一条 mRNA 可被翻译成多份多肽拷贝。确保转录准确性的机制已经在第 17 章“原核生物的转录”中讨论过。

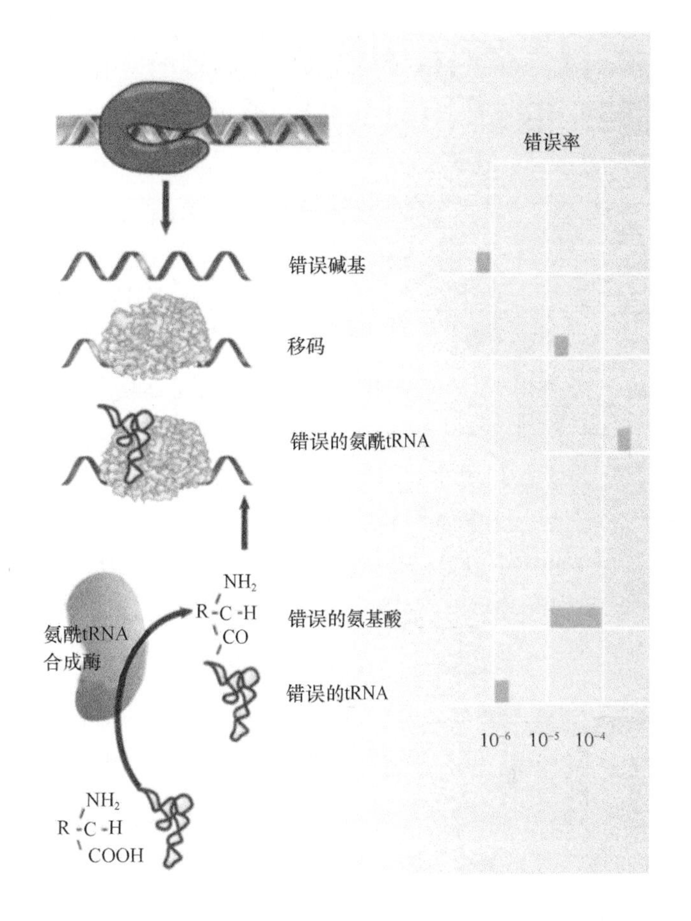

图 22.8 翻译中各个阶段的错误率从 10^{-6} 到 5×10^{-4} 不等

在翻译过程中，核糖体可能出现两类错误：在解读 mRNA 时，可能因为忽略了一个碱基而造成移码（或反向阅读一个碱基两次，一次作为密码子的最后一个碱基，或同一组密码子读两遍），这种错误发生的概率是比较低的，约为 10^{-5}；另一种错误是引入与密码子（错误）配对的不正确氨酰 tRNA，从而引入错误的氨基酸，这可能是翻译中的最主要错误，其概率约为 5×10^{-4}，这种错误由核糖体的结构和解离动力学所决定（详见第 23 章“遗传密码的使用”）。

氨酰 tRNA 合成酶会引入两种错误：一种是将错误的氨基酸加在 tRNA 上；另一种是将氨基酸加在错误的 tRNA 上（详见第 23 章“遗传密码的使用”）。错误氨基酸的加入可能性更大一点，可能是因为 tRNA 分子有比较大的表面，通过它增加更多与酶的接触表面，用以保证识别的特异性。氨酰 tRNA 合成酶拥有一套特殊的机制，它能在把错误连接的 tRNA 释放之前修正错误（详见第 23 章“遗传密码的使用”）。

22.4 细菌中的起始反应需要30S亚基和辅助因子

关键概念

- 原核生物中翻译起始需要分开的核糖体30S和50S亚基。
- 起始因子（IF-1、IF-2和IF-3）也是必需的，它们结合于30S亚基上。
- 携带起始因子的30S亚基与mRNA的起始位点结合，构成起始复合体。
- IF-3必须解离以使50S亚基结合到30S-mRNA复合体上。

原核生物的核糖体以70S颗粒的形式进行多肽链的延伸。在合成终止后，从mRNA上释放出游离核糖体或其亚基。在生长的细菌内，大部分核糖体都参与翻译，游离部分只占20%左右。

在游离池中的核糖体可解离为不同亚基，所以，70S核糖体与它所解离得到的30S亚基和50S亚基处于动态平衡之中。翻译起始不是完整核糖体所具有的功能，而是由游离亚基所执行的，它们在起始合成的反应中再结合在一起。图22.9总结了在细菌翻译过程中核糖体亚基的循环。

起始发生在mRNA的一段特殊序列上，即核**糖体结合位点（ribosome-binding site）**[它包括SD序列（Shine-Dalgarno sequence），将会在下一节讨论]，这是位于编码区前的一段短序列，并与16S rRNA的一段序列互补（见22.18节“16S rRNA在翻译中起着重要作用”）。核糖体的大小亚基均结合在mRNA的这个序列上，以形成完整的核糖体。其反应分为以下两步。

- 在核糖体结合位点上，小亚基结合mRNA并形成起始复合体时，就完成了mRNA的识别。
- 接着，大亚基加入复合体形成完整核糖体。

尽管30S亚基参与起始，但它本身并不足以承担结合mRNA和tRNA的反应，它需要另外一些蛋白质——**起始因子（initiation factor，IF）**的协助，这些因子仅出现在30S亚基上。当30S亚基与50S亚基结合形成70S核糖体时，起始因子便释放出来，这一行为就可将核糖体的结构蛋白与起始因子区别开来。起始因子仅在起始复合体的形成过程中起作用，它们不存在于70S核糖体中，在延伸过程中也不发挥作用。图22.10描述了起始阶段的过程。

原核生物使用三种起始因子，分别称为**IF-1**、**IF-2**和**IF-3**，它们均在mRNA和tRNA进入起始复合体中起作用。

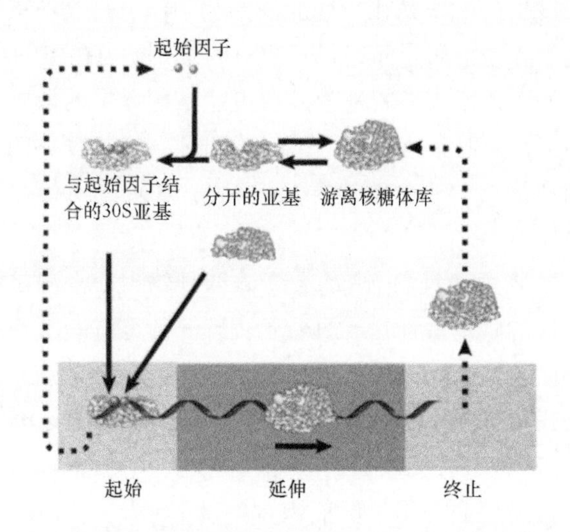

图22.9 翻译起始需要游离的核糖体亚基。当核糖体从上次合成终止之后被释放，其30S亚基就结合了起始因子，然后解离得到游离的亚基。当各个亚基重新组合，得到有功能的核糖体并启动合成时，它们会将起始因子释放出来

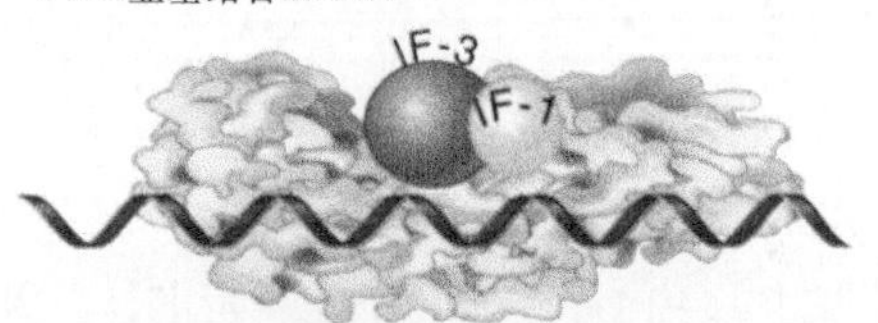

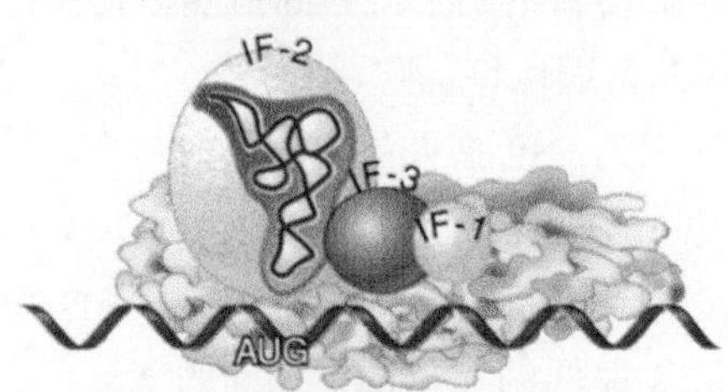

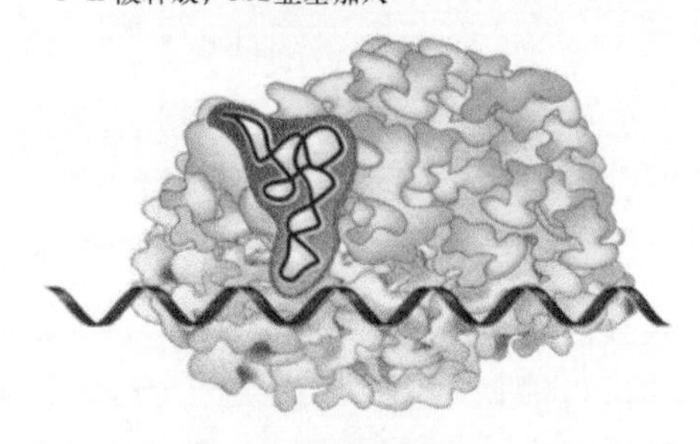

图22.10 起始因子稳定了游离的30S亚基，并使起始子tRNA结合到30S-mRNA复合体上

- IF-3 具有多重功能：它是稳定（游离的）30S 亚基所必需的；它能抑制 50S 亚基的成熟前结合；它能辅助 30S 亚基与 mRNA 上的起始位点特异性结合；它作为 30S-mRNA 复合体的一部分，负责检验第一个氨酰 tRNA 的识别准确性。
- IF-2 结合一个特异性的起始子 tRNA，并控制它进入核糖体。
- IF-1 只与 30S 亚基结合，并作为完整起始复合体的一部分。它结合在 A 位，可阻止氨酰 tRNA 的进入。它的定位还可能阻止 30S 亚基与 50S 亚基的结合。

无数的结构研究显示，IF-3 拥有两个大的球状结构域，其 C 端结构域位于 30S 亚基上的 50S 亚基接触位点，而 N 端结构域位于 30S 亚基的 E 位附近。IF-3 在 30S 亚基上的广泛定位与其多重功能一致。

IF-3 的首要功能是维持核糖体各种状态之间的平衡（图 22.11）。当 30S 亚基从 70S 核糖体池上解离下来时，IF-3 就结合上去。IF-3 的存在阻止了 30S 亚基与 50S 亚基的再次结合；IF-3 能直接与 16S rRNA 相互作用，并且由它所保护的 16S rRNA 中的碱基与那些受到 50S 亚基结合所保护的碱基之间存在相当明显的重叠，这提示它在结构上能阻止 50S 亚基的连接。因此，IF-3 作为抗偶联因子，使得 30S 亚基保留在游离亚基池中。IF-3 与 30S 亚基的反应符合这样的化学计量：一个 IF-3 分子结合一个亚基。细胞内只有少量的 IF-3，所以它的多少决定了游离的 30S 亚基的数目。

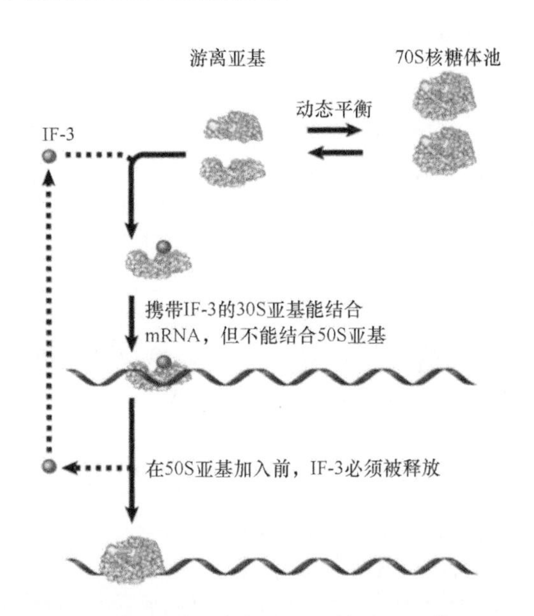

图 22.11　翻译起始需要结合了 IF-3 的 30S 亚基

IF-3 的第二个功能是控制 30S 亚基与 mRNA 结合的能力。小亚基必须有 IF-3 的参与才可以与 mRNA 形成起始复合体，而如果要使 50S 亚基加入进来，则 IF-3 必须从 30S 亚基 -mRNA 复合体上脱离下来。一旦解离，它马上就寻找其他的 30S 亚基，使之能进行再循环。

IF-3 的最后一个功能是检验第一个氨酰 tRNA 的识别准确性，并帮助它进入 30S 亚基的 P 位。前者归因于 IF-3 的 C 端结构域（见 22.7 节“fMet-$tRNA_f$ 的使用受 IF-2 和核糖体的调节”）；相应地，IF-3 的 N 端结构域的定位可辅助氨酰 tRNA 定位于 30S 亚基的 P 位，这通过阻断 E 位而实现；与此同时，IF-1 也可阻断 A 位。

IF-2 拥有依赖核糖体的 GTP 酶活性。核糖体存在时，它协助水解 GTP，从而释放储藏在高能键中的能量。当 50S 亚基与复合体结合以形成完整核糖体时，GTP 就被水解。GTP 的水解可能与核糖体的构象改变有关，从而使结合在一起的亚基可转化成功能性 70S 核糖体。

22.5　起始反应涉及 mRNA 和 rRNA 之间的碱基配对

关键概念

- 细菌 mRNA 的起始位点由 AUG 起始密码子及其上游约个 10 碱基缺口处的 Shine-Dalgarno 聚嘌呤六联体构成。
- 在起始过程中，细菌核糖体 30S 亚基的 rRNA 有一个可与 SD 序列配对的互补序列。

起始多肽合成的信号是一个特殊的起始密码子，它标志着阅读框的起始。通常起始密码子为三联体 AUG，但在细菌中，GUG 或 UUG 也可使用。

一个 mRNA 可能包含许多 AUG 三联体，那么提供翻译起始位点的起始密码子是如何被识别的呢？在延伸被阻断的情况下，核糖体就停留在起始位点上，此时，通过将核糖体结合于 mRNA 上就可鉴别出翻译起始的位点。当核糖核酸酶加入被阻断的起始复合体时，核糖体之外的 mRNA 区域被降解，但那些已经结合的区域则被保护起来，如图 22.12

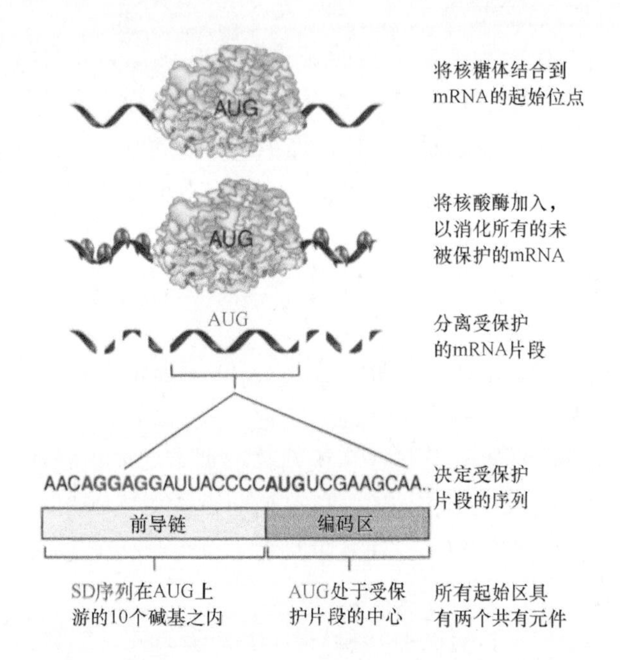

图 22.12 mRNA 上的核糖体结合位点可从起始复合体上分离出来，它们包含上游 SD 序列和起始密码子

所示。被保护的片段可以被分离纯化和表征。

被原核生物的核糖体保护的起始序列约 30 个碱基大小。细菌不同 mRNA 的核糖体结合位点表现出两个共性。

- AUG（或较少数情况下 GUG、UUG）起始密码子总是在处于被保护的序列之中。
- AUG 上游 10 碱基之内是一个部分或完全对应于下列六联体的序列：

5′…AGGAGG…3′

这个聚嘌呤链称为 **SD 序列（Shine-Dalgarno sequence）**，它与邻近 16S rRNA 3′ 端的一段高度保守的序列互补（在不同的 mRNA 中，该互补程度是有差异的，可能会从 4 碱基的中心序列 GAGG 向六联体两边扩展至 9 碱基序列）。该保守的 rRNA 序列的六联体是以相反方向书写的，其序列如下：

3′…UCCUCC…5′

在 mRNA- 核糖体结合时，SD 序列是否与 rRNA 互补序列进行配对呢？通过对该反应中两者的突变实验证明了此配对在起始反应中的重要性。如果对 SD 序列进行点突变，那么就可阻止 mRNA 的翻译；而且如果在 rRNA 的互补序列中引入点突变，那么就会对细胞造成损害，并会改变翻译模式。此外，我们还获得了对碱基配对反应的更进一步的证据，即 mRNA 的 SD 序列内突变后，如将 rRNA 也突变，使之与突变的 SD 序列的碱基能配对，那么就可恢复这种功能。

在原核生物和真核生物中，rRNA 的 3′ 端序列是保守的，但所有真核生物都缺少与 SD 序列互补的重要的五碱基序列 CCUCC。在真核生物中，mRNA 和 18S rRNA 之间似乎没有出现碱基配对，这是原核生物和真核生物之间起始机制的重要差异。

在细菌中，30S 亚基直接结合到核糖体结合位点。结果，起始复合体在 AUG 起始密码子周围的序列处形成。当 mRNA 是多顺反子（polycistronic，见 22.22 节“细菌信使 RNA 的生命周期”）时，每个编码区从一个核糖体结合位点开始。

细菌基因表达的实质是，细菌 mRNA 的翻译在顺反子（cistronic，编码区）中有序进行。当核糖体结合第一个密码子区域时，随后的编码区尚未转录；当第二个核糖体位点可用时，第一个顺反子的翻译就已经在顺利地进行了。

编码区之间发生的事件取决于不同的 mRNA。可能在大多数情况下，核糖体单独结合于每一个顺反子的起始位点。该事件发生的最通常过程如**图 22.13** 所示。当第一个多肽合成终止，核糖体离开 mRNA 并从复合体上解离，这时一个新的核糖体必须在下一个编码区组装，并启动另一个顺反子的翻译。

在某些细菌中，mRNA 相邻顺反子的翻译是直接相连的，因为核糖体在完成第一个顺反子的翻译后，它就进入第二个顺反子的起始密码子。这个过程要求两个编码区之间的距离要短，还可能需要核糖体高度密集；或者终止位点和起始位点的并置使得通常的顺反子间的事件绕道而行。一个核糖体结构上可占据 mRNA 约 30 个碱基的跨度，所以它可以同时接触相隔碱基不多的一个基因的终止密码子和下一个基因的起始位点。

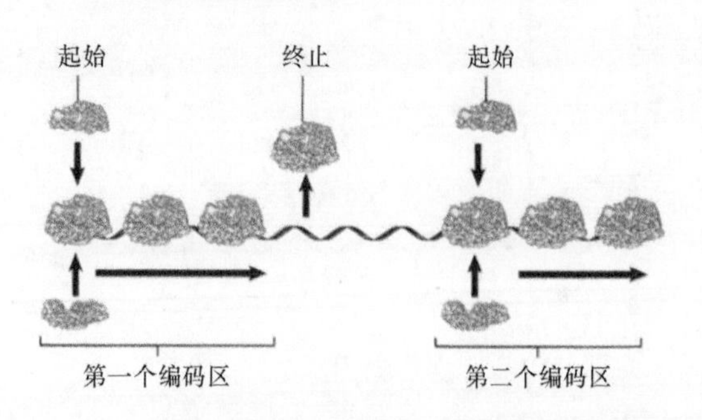

图 22.13 在多顺反子 mRNA 中，每一个顺反子的起始独立发生。当顺反子间的距离大于核糖体的跨度时，在前一个顺反子终点的核糖体会脱离，伴随着下一个顺反子的独立重新起始

22.6 一种特殊的起始子 tRNA 开始了多肽的合成

关键概念

- 翻译通常开始于由 AUG 编码的甲硫氨酸。
- 起始和延伸涉及不同的甲硫氨酸 tRNA。
- 起始子 tRNA 有独特的结构特征，使之与其他所有 tRNA 区别开来。
- 与细菌起始子 tRNA 结合的甲硫氨酸的氨基基团是甲酰化的。

所有多肽的合成由同一个氨基酸——甲硫氨酸开始。识别 AUG 密码子的 tRNA 携带甲硫氨酸。有机体存在两种能携带这种氨基酸的 tRNA：一种用于起始，另一种用于识别延伸过程所遇见的 AUG 密码子。

在细菌、线粒体和叶绿体中，起始子 tRNA（initiator tRNA）携带一个氨基基团被甲酰化的甲硫氨酸，称为**氨甲酰甲硫氨酸 tRNA（N-formyl-methionyl-tRNA）**。因此，这种 tRNA 称为 $tRNA_f^{Met}$，而这种甲硫氨酸 tRNA 通常缩写为 fMet-$tRNA_f$。

起始子 tRNA 通过两步反应合成得到修饰后的氨基酸，首先它携带氨基酸生成普通的 Met-$tRNA_f$，然后甲酰化以封闭游离的氨基（$—NH_2$）基团，见**图 22.14** 所示。虽然封闭氨基基团将使之不能参与延伸过程，但并不影响多肽的起始。

这种 tRNA 只用于翻译起始，它可识别密码子 AUG 或 GUG，偶尔可识别 UUG。三种密码子的识别效率是不一样的：当 AUG 被替换为 GUG 时，起始效率下降约一半，当再被替换为 UUG 时，会再下降一半。

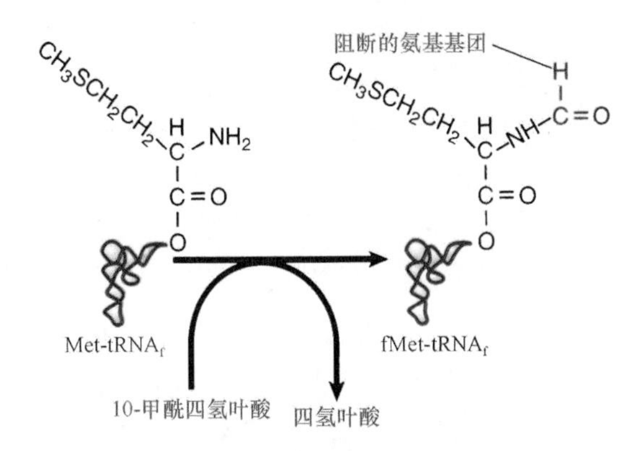

图 22.14 以甲酰四氢叶酸为辅助因子，将甲硫氨酸 tRNA（Met-$tRNA_f$）甲酰化，得到起始子氨甲酰甲硫氨酸 tRNA（fMet-$tRNA_f$）

在起始密码子之后，只负责识别内部定位的 AUG 密码子的 tRNA 是 **$tRNA_m^{Met}$**。它的甲硫氨酸无法甲酰化。

那么是什么特征将起始子 fMet-$tRNA_f$ 和延伸子 Met-$tRNA_m$ 区分开来呢？在 tRNA 序列上的某些特有性质可能是很重要的，总结于**图 22.15**。一些性质能阻止起始子在延伸过程中使用，而另一些性质是在起始时发挥功能所必需的。

- 甲酰化不是严格必需的，因为非甲酰化的 Met-$tRNA_f$ 也能作为起始子。但是甲酰化能提高 Met-$tRNA_f$ 的效率，因为甲酰化是结合起始子 tRNA 的 IF-2 进行识别的其中一个特征。
- tRNA 氨基酸臂末端的几个面对面的碱基在 $tRNA_f^{Met}$ 中是不配对的，而在其他所有 tRNA 中是配对的。如果在此位置的突变使之可以配对，那么这个 $tRNA_f^{Met}$ 将能参与延伸，因此，此位置的不配对碱基能阻止该 tRNA 参与延伸，并且这种不配对特性也是甲酰化反应所需的。
- 在反密码子环前面的臂上会有一系列由 3 个 G · C 碱基对所组成的序列，它是 $tRNA_f^{Met}$ 所特有的，这些碱基对是 fMet-$tRNA_f$ 直接插入到 P 位所必需的。

在细菌和线粒体中，有一种脱甲酰酶能去除起

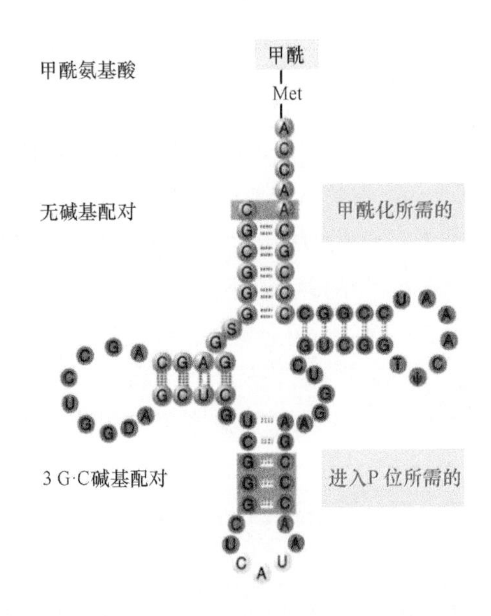

图 22.15 fMet-$tRNA_f$ 作为起始子 tRNA，有着自己独特的标志

始甲硫氨酸的甲酰基基团，使之成为普通的NH_2末端。如果甲硫氨酸是蛋白质的N端氨基酸，这将是唯一的方法。在半数多肽中，N端的甲硫氨酸被一种氨肽酶去除，产生一个新的R_2的N端（原来是翻译时的第二个氨基酸）。当这两步都需要时，它们会依次进行。去除反应的速率是很快的，它在合成进行到第15个氨基酸左右时就完成了。

22.7 fMet-$tRNA_f$的使用受IF-2和核糖体的调节

关键概念

- IF-2结合起始子fMet-$tRNA_f$，使其进入30S亚基中不完整的P位。

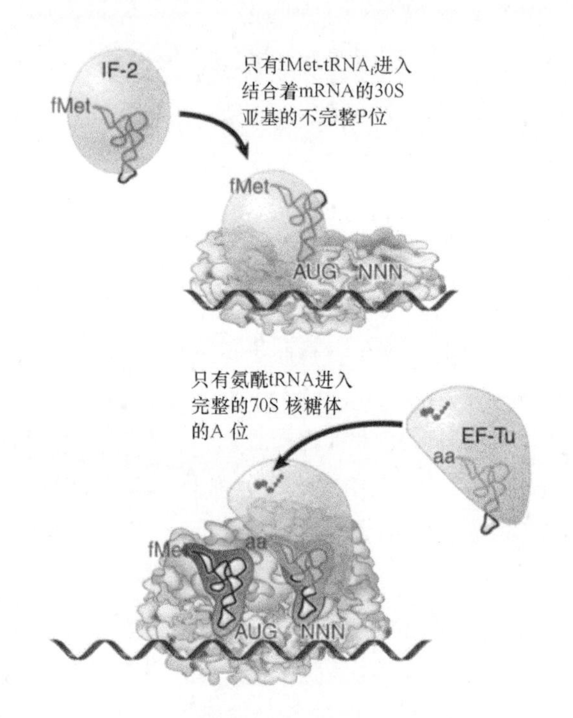

图22.16 只有fMet-$tRNA_f$才能被30S亚基用于起始；只有其他的氨酰tRNA（aa-tRNA）才能被70S核糖体用于延伸

在细菌翻译中，密码子AUG和GUG的含义取决于它们在编码区的不同**环境（context）**。当密码子AUG用于翻译起始时，它被解读为甲酰甲硫氨酸用于起始多肽；而在编码区内，它被当作甲硫氨酸添加。密码子GUG的含义更多地由它的位置所决定，当作为第一个密码子时，它代表甲酰甲硫氨酸来起始反应；但当位于基因内部时，它又代表Val-tRNA——一个tRNA库的普通成员，提供遗传密码所给定的缬氨酸（Val）。

在体内，AUG和GUG密码子的含义是怎样被解译的呢？**图22.16**表示了核糖体与其他辅助因子联合所起的决定性作用。

在翻译起始复合体中，小亚基独自就能结合到mRNA上。起始密码子位于小亚基中它所偏爱的P位内。唯一能够参与构成起始复合体的氨酰tRNA是起始子，它有能力直接进入它所偏爱的P位，并与其互补密码子结合。

一旦大亚基加入构成复合体，不完整的tRNA结合位点就转变为完整的P位和A位。起始子fMet-$tRNA_f$占据P位，而A位可以供给互补于基因第二个密码子的氨酰tRNA的进入。这样，在起始子和相邻的氨酰tRNA之间就产生了第一个肽键。

当AUG（或GUG）密码子位于核糖体结合位点内时，翻译起始就成功完成了，因为当30S亚基与mRNA重新结合时，只有起始子tRNA才能进入它所偏爱的P位。在延伸过程中，只有常规的氨酰tRNA才能进入完整的A位。

辅助因子对于氨酰tRNA的利用非常重要。所有的氨酰tRNA通过结合一个辅助因子与核糖体相连。起始时所用的因子是IF-2（见22.4节“细菌中的起始反应需要30S亚基和辅助因子”）；而用于延伸的辅助因子是EF-Tu（见22.10节“延伸因子Tu将氨酰tRNA装入A位”）。

起始因子IF-2将起始子tRNA引入P位。通过形成与fMet-$tRNA_f$特异性的复合体，IF-2能保证只有起始子tRNA而不是任何其他普通氨酰tRNA参与翻译的起始反应；相反地，EF-Tu能将氨酰tRNA引入A位，而无法结合fMet-$tRNA_f$，因此，在延伸过程中它不能被利用。

起始的准确性也得到了IF-3的协助，它能稳定起始子tRNA的结合，这通过识别与AUG起始密码子的第二和第三碱基的正确配对而实现。

图22.17详细地描述了IF-2在P位导入fMet-$tRNA_f$起始子的一系列事件。结合GTP的IF-2与30S亚基的P位连接，此时，30S亚基携带了所有的起始因子；接着，fMet-$tRNA_f$结合位于30S亚基上的IF-2；然后，IF-2将tRNA转移入不成熟的P位。

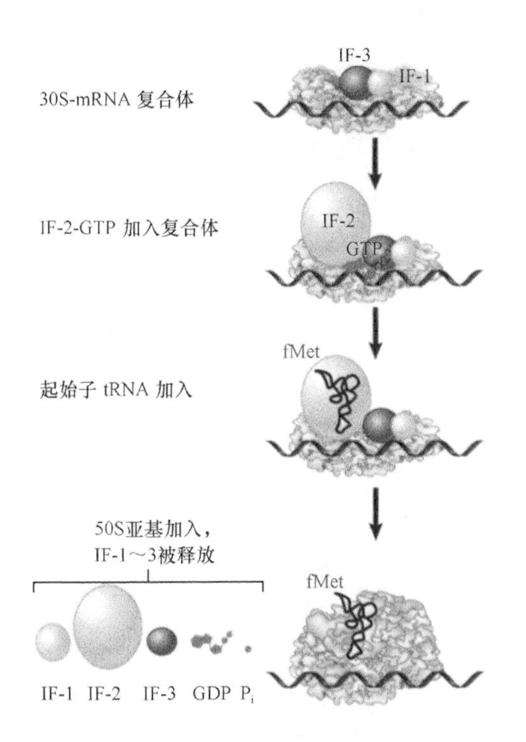

图 22.17 fMet-tRNA$_f$ 与 30S-mRNA 复合体的结合需 IF-2 的参与。50S 亚基结合上去后，GTP 被水解，所有的 IF 都被释放出来

22.8 小亚基扫描查找真核生物 mRNA 的起始位点

关键概念

- 真核生物核糖体的 40S 亚基结合到 mRNA 的 5′ 端并扫描 mRNA，直到找到起始位点。
- 真核生物的起始位点由一个包含 AUG 密码子的 10 核苷酸序列构成。
- 在起始位点，核糖体的 60S 亚基加入到复合体中。

在真核生物细胞质中，翻译起始与细菌中所发生的相似，但事件所发生的顺序是不同的，且辅助因子的数目更多。细菌 30S 亚基与真核生物 40S 亚基在 mRNA 上寻找用于起始翻译的结合位点的方式不同。在真核生物中，小亚基首先识别 mRNA 的 5′ 端，再移向起始位点，并在那里与大亚基结合（原核生物的小亚基则直接与起始位点结合）。

事实上，所有的真核生物 mRNA 都是单顺反子，但通常每条 mRNA 比多肽编码区所需碱基的长度要长。真核生物细胞质中的 mRNA 平均长度为 1000 ～ 2000 个碱基，在 5′ 端有一个甲基化帽，在 3′ 端携带了 100 ～ 200 个碱基长度的多腺苷酸。

相比之下，非翻译的 5′ 端前导链较短，通常小于 100 个碱基；编码区的长度通常由多肽产物的大小决定；非翻译的 3′ 尾部常常较长，有时甚至长达 1000 个碱基左右。

在真核生物 mRNA 的翻译过程中，首先要识别的特征是标志 5′ 端的甲基化帽。在体外，被脱去帽的 mRNA 不能有效翻译。40S 亚基结合到 mRNA 上还需要某些起始因子，包括那些识别帽结构的蛋白质。

几乎所有细胞和病毒都会发生 5′ 端的修饰，它们对真核生物细胞质内的翻译至关重要（尽管线粒体和叶绿体内的翻译事件不需要 5′ 端修饰）。对于此规则的唯一例外是，少数病毒 mRNA（如脊髓灰质炎病毒）没有帽；也只有这些例外的病毒 mRNA 可在体外进行不依赖于帽结构的翻译，这说明它们使用不同的途径，能绕过需要帽结构的过程。

到目前为止，在处理起始过程时，我们都是假定核糖体结合位点总是可以自由地使用，然而，其可接近性会被 mRNA 的二级结构所阻碍。因此，对 mRNA 的识别还需要几个额外的因子，它们功能的一个重要方面就是消除 mRNA 的任何二级结构。

在一些 mRNA 中，AUG 起始密码子存在于 mRNA 的 5′ 端的 40 个碱基之内，所以帽和 AUG 并存于一个核糖体结合跨度之内。但在许多 mRNA 中，帽和 AUG 是相隔较远的，最多可达 1000 个碱基左右，而帽结构的存在对于在起始密码子上形成稳定复合体是必要的。那么，核糖体在 mRNA 识别过程中是怎样依赖相距如此遥远的两个位点呢？

图 22.18 阐释了“扫描”模式，它认为 40S 亚基首先识别 5′ 帽结构，然后在 mRNA 上迁移。从 5′ 端起始的扫描是一个线性过程。当 40S 亚基扫描前导区时，它们可将发夹这种二级结构解链，使得稳定性小于 −30 kcal（注：1 cal ＝ 4.184 J），而稳定性更强的发夹可削弱或阻止它的移动。

当 40S 亚基遇到 AUG 起始密码子时，迁移就停止。虽然并不总是这样，但通常第一次遇到的 AUG 三联体就是起始密码子。不过，仅仅单凭 AUG 三联体并不足以使移动停住，只有当它确实位于正确的序

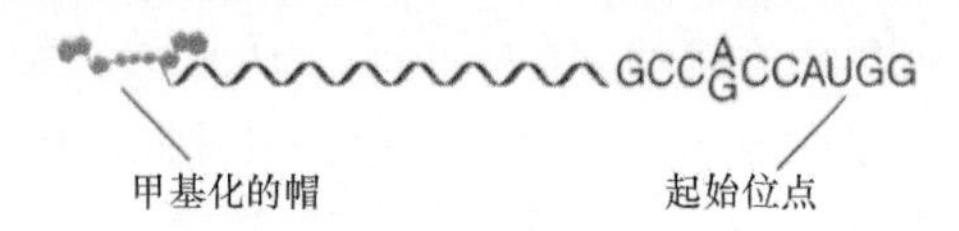

1 小亚基结合到甲基化的帽上

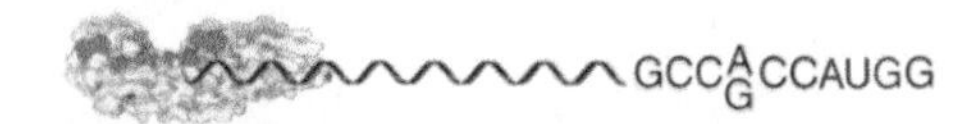

2 小亚基移动到起始位点；大亚基结合

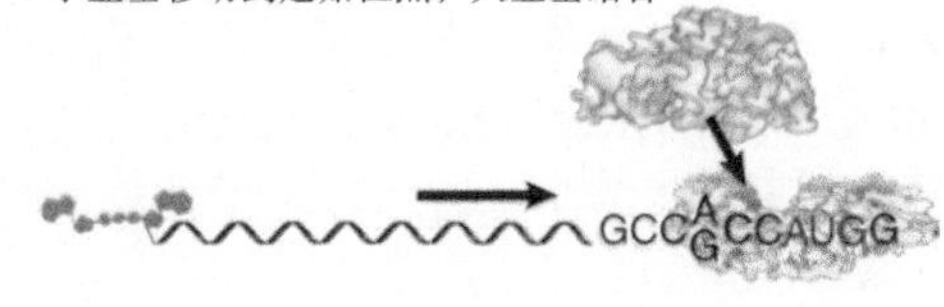

3 如果前导链很长，亚基可能形成队列

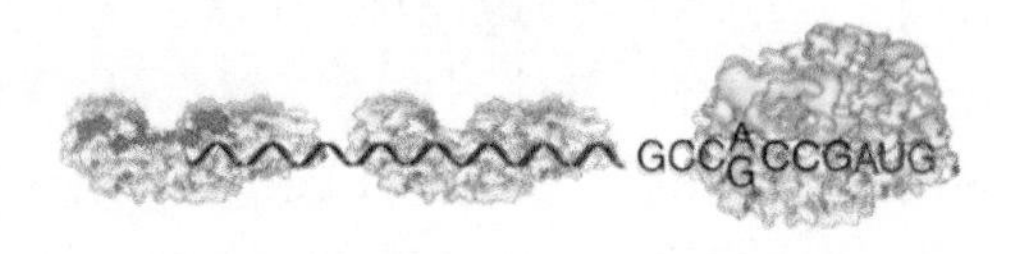

图 22.18 真核生物核糖体从 mRNA 的 5′ 端向包括了 AUG 起始密码子的核糖体结合位点滑动

列范围时，它才会被当作起始密码子而被识别。其中最重要的决定子存在于 −4 和 +1 的碱基。在序列 NNNPuNN*AUG*G 中，它可被认定是起始密码子。在 AUG 之前的第三个嘌呤（A 或 G）以及紧跟其后的 G，可影响翻译效率达一个数量级以上。当前导序列很长时，在第一个 40S 亚基离开起始位点之前会有更多的 40S 亚基识别 5′ 端，这样，沿着前导区到起始位点之间的 40S 亚基会排成有序的队列。

在最有效翻译的 mRNA 中，最有可能遇到的起始密码子是第一个 AUG。当在 5′ 端非翻译区（untranslated region，UTR）内出现了一个 AUG 三联体又如何呢？当核糖体开始扫描 5′ 端时，它可能存在两种逃逸机制：最常见的模式是扫描遗漏，即核糖体可能会越过一个非起始的 AUG，因为该 AUG 并非在合适的位置；还有一种罕见的模式是它可识别 AUG 并启动翻译，但会在正确的起始密码子之前终止翻译，此后它会恢复扫描。

绝大多数真核生物起始事件包括对 5′ 端帽的识别，但同时也存在另一种起始方式，尤其是在某一类病毒 RNA 中可见到这种现象，此时，它们的 40S 亚基直接连接到一个称为**内部核糖体进入位点（internal ribosome entry site，IRES）**的内部位点上。在这一例子中，这种方式就完全绕过了那些存在于 5′ UTR 上的 AUG 密码子。已知的 IRES 元件之间并没有多少同源序列，根据它们与 40S 亚基的相互作用的差异，可将 IRES 元件分为三类。

- 最常见一类 IRES 包括在其上游边界的 AUG 起始密码子。40S 亚基可直接结合它，它使用了 5′ 端起始所需的一组相同因子。
- 另一类IRES位于AUG上游约100个碱基处，它需要 40S 亚基在其上移动，可能同样通过扫描机制来完成。
- 一个特例是丙肝病毒的 IRES，它可直接结合 40S 亚基而无须任何起始因子。该事件的程序不同于其他真核生物的起始程序。在 40S-mRNA 结合后，一个包含了起始因子和起始 tRNA 的复合体开始结合。

在小核糖核酸病毒（picornavirus）感染的过程中，IRES 的利用尤为重要，这也是 IRES 首次被发现，因为该病毒通过破坏帽结构，以及抑制起始因子与帽结合，从而抑制宿主蛋白质的合成。其中这样的一个靶标是 eIF4G（见 22.9 节“真核生物使用由许多起始因子组成的复合体”），它能结合 mRNA 的 5′ 端，这样，感染就阻止了宿主 mRNA 的翻译，而它们可使用 IRES，这就可使得病毒 mRNA 能被翻译。

在起始位点，核糖体结合是十分稳定的。当 40S 亚基与 60S 亚基结合时，通过保护性实验，可以发现完整的核糖体可定位于起始区。一个 40S 亚基能保护长达 60 个碱基的区域；当 60S 亚基加入复合体时，被保护的区域长度缩小到 30 ～ 40 个碱基，这就如同在原核生物所见到的受保护长度。

22.9 真核生物使用由许多起始因子组成的复合体

关键概念

- 起始因子为启动的各个阶段所需，包括结合起始子 tRNA、40S 亚基在 mRNA 的附着、沿着 mRNA 滑动及 60S 亚基的加入。
- 真核生物起始子 tRNA 是一种与延伸所用的 Met-tRNA 不同的 Met-tRNA，但甲硫氨酸没有被甲酰化，就如原核生物起始子 tRNA 一样。

- eIF2 结合起始子 Met-tRNA$_i$ 和 GTP，该复合体在 40S 亚基结合到 mRNA 上之前就结合到 40S 亚基上。
- 在 mRNA 与 40S 亚基结合之前，帽结合复合体可结合于 mRNA 的 5′ 端。

真核生物在使用特定的起始密码子和起始子 tRNA 上与原核生物具有相同特征。真核生物细胞质中的起始需要 AUG 作为起始子，而作为起始子的 tRNA 则非常特别，它的甲硫氨酸没有被甲酰化，就如原核生物的一样，被称为 tRNA$_i^{Met}$。所以起始和延伸的 Met-tRNA 之间的区别仅仅在于复合体的 tRNA 部分，Met-tRNA$_i$ 用于起始而 Met-tRNA$_m$ 用于延伸。

酵母中，起始子 tRNA$_i^{Met}$ 至少具有两点独特之处：它拥有罕见的三级结构；在第 64 位碱基处的 2′ 核糖位点被磷酸化修饰（如果该修饰不能进行，该起始子可被用于延伸）。所以在真核生物中，起始子和延伸子 Met-tRNA 之间的差别是始终存在的，但它的结构基础与原核生物中是不一样的。

真核生物细胞比原核生物拥有更多的起始因子，目前已发现了 12 种直接或间接为起始所需的因子。这些因子的命名与细菌中的相似，有时与细菌所用因子的命名相类比，使用前缀“e”来显示它们的真核生物起源。它们在起始的全过程中发挥作用，包括如下：

- 与 5′ 端的 mRNA 组成起始复合体；
- 与 Met-tRNA$_i$ 组成复合体；
- 使 mRNA- 因子复合体与 Met-tRNA$_i$- 因子复合体结合；
- 确保核糖体从 5′ 端扫描 mRNA 直到发现第一个 AUG 为止；
- 从起始位点探测起始子 tRNA 对 AUG 的结合；
- 介导 60S 亚基的加入。

图 22.19 总结了起始的各个阶段，以及参与到各个阶段的起始因子。与 Met-tRNA$_i$ 结合在一起的起始因子 eIF2、eIF3、eIF1 和 eIF1A 结合核糖体 40S 亚基，形成 43S 前起始复合体；起始因子 eIF4A、eIF4B、eIF4F 和 eIF4G 结合到 mRNA 的 5′ 端，以形成帽复合体。eIF4G 则可与 poly(A) 结合

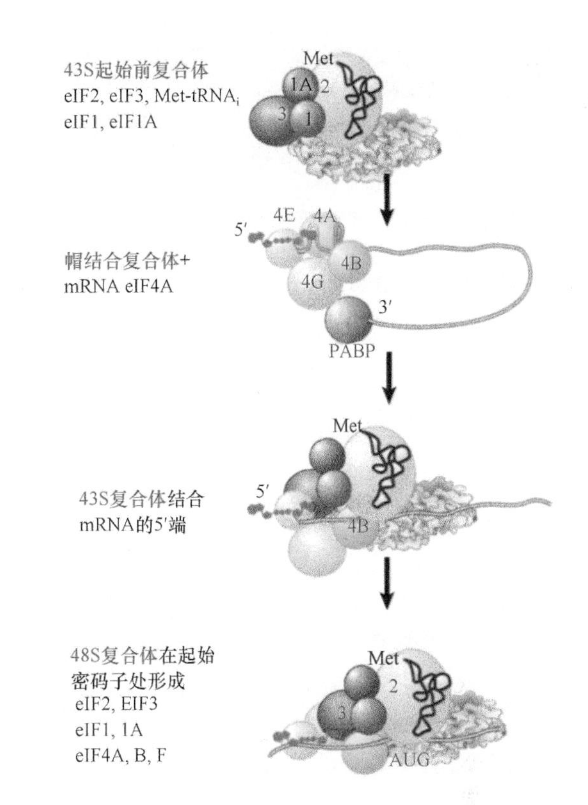

图 22.19 一些起始因子与核糖体小亚基结合形成 43S 复合体，其他则可结合 mRNA。当 43S 复合体与 mRNA 结合时，它搜寻起始密码子，并可以 48S 复合体的形式被分离出来

蛋白 [poly(A) binding protein，PABP] 相互作用，这样，这一复合体就可通过 eIF4G 与 mRNA 的 3′ 端相偶联。43S 复合体可结合位于 mRNA 5′ 端的起始因子，并扫描起始密码子。它也可以 48S 起始复合体的形式被分离出来。

eIF2 在结合 Met-tRNA$_i$ 时起关键作用。细菌中的 IF-2 是典型的单体 GTP 结合蛋白，而 eIF2 与其不同，它是异源三聚体 GTP 结合蛋白，由 α、β 和 γ 三个亚基组成，但没有一个与细菌中的 IF-2 同源（见**表 22.1** 和 22.15 节“终止密码子由蛋白质因子所识别”）。当 eIF2 结合 GTP 时有活性，与鸟嘌呤二磷酸（guanine diphosphate，GDP）结合时则无活性。**图 22.20** 显示 eIF2-GTP 与 Met-tRNA$_i$ 结合，此产物有时称为三元复合体（ternary complex，因为它含有三个组分：eIF2、GTP、Met-tRNA$_i$）。此三元复合体的装配由鸟嘌呤核苷酸交换因子（guanine nucleotide exchange factor，GEF）——eIF2B 所调节，它能在 eIF2 水解 GTP 之后用 GDP 交换 GTP。

图 22.21 显示三元复合体将 Met-tRNA$_i$ 带至 40S 亚基中，这与 eIF1、eIF1A 和 eIF3 一起促使产生 43S 前起始复合体，这个反应不需要 mRNA 的存在。事实上，Met-tRNA$_i$ 起始子的存在是 40S 亚基结合

表 22.1　原核生物与真核生物中翻译相关因子的功能同源性

起始因子			
原核生物	**真核生物**	**常规功能**	**注释**
IF-1	eIF1A	阻断 A 位	eIF1A 能辅助 eIF2 促进 Met-$tRNA_i^{Met}$ 结合于 40S 亚基，也能促进亚基解离
IF-2*†	eIF2、eIF3、eIF5B*	起始子 tRNA 的进入	eIF2 是 GTP 酶；eIF3 能刺激三元复合体的形成，结合于 40S 亚基中，以及结合于扫描 mRNA；eIF5B 参与起始子 tRNA 的进入，也是 GTP 酶
IF-3	eIF1、eIF4 复合体、eIF3	小亚基结合到 mRNA	eIF4 复合体在帽结合中起作用
延伸因子			
原核生物	**真核生物**	**常规功能**	
EF-Tu†‡、EF-G†	eEF1α‡	GTP 结合	
EF-Ts	eEF1β、eEF1γ	GDP 交换	
EF-G§	eEF2§	核糖体易位	
释放因子			
原核生物	**真核生物**	**常规功能**	
RF1	eRF1	UAA/UAG 识别	
RF2	eRF1	UAA/UGA 识别	
RF3†	eRF3	其他 RF 的刺激	

* IF-2 和 eIF5B 拥有序列同源性
† IF-2、EF-Tu、EF-G 和 RF3 拥有序列同源性
‡ EF-Tu 和 eEF1α 拥有序列同源性
§ EF-G 和 eEF2 拥有序列同源性

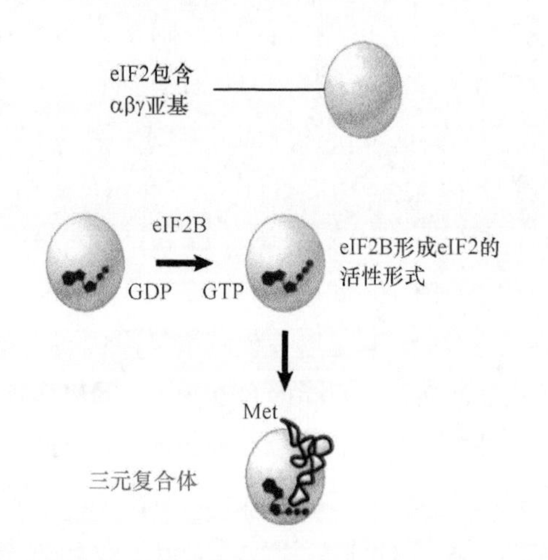

图 22.20　在真核生物起始中，eIF2 与 GTP 和 Met-$tRNA_i$ 形成三元复合体，此复合体与游离的、与 mRNA 的 5′ 端连接的 40S 亚基结合

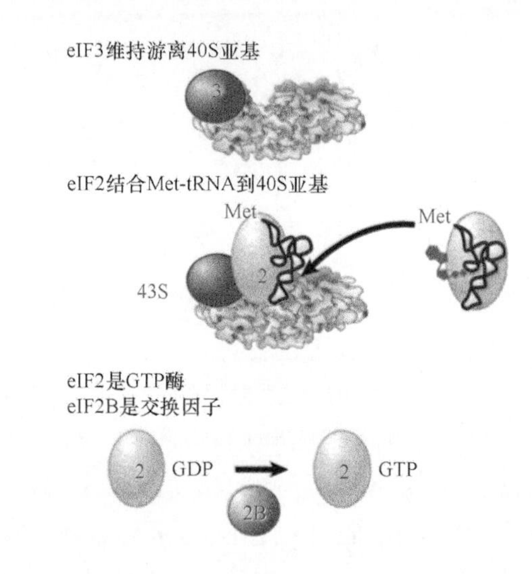

图 22.21　起始因子使起始子 Met-$tRNA_i$ 与 40S 亚基结合起来，形成一个 43S 复合体。在后续反应中，伴随着 GTP 的水解，eIF2 以 eIF2-GDP 的形式释放；然后，eIF2B 重新使之生成活性形式

到 mRNA 的必要条件。eIF3 是使 40S 亚基保持游离状态所必需的，它是一个很大的因子，由 8～10 个亚基组成。eIF1 和 eIF1A 与细菌的 IF-1 同源，似乎能增强 eIF3 的解离活性。

图 22.22 显示了结合到 mRNA 的 5′ 端的一组转录因子。eIF4F 是一个包含了三个起始因子的蛋白质复合体。它似乎在结合 mRNA 之前就组装成复合体。它由帽结合亚基 eIF4E、解旋酶 eIF4A 和"脚手架"亚基 eIF4G 组成。在 eIF4E 结合帽后，eIF4A 可将 mRNA 的前 15 个碱基的任何二级结构解开，解链能量来自 ATP 的水解。mRNA 结构的进一步解链则由 eIF4A 和 eIF4B 共同完成。eIF4G 的主要作用是在起始复合体上连接其他成分。

eIF4E 是调节的中心，其活性因磷酸化而增加。提高翻译的刺激引起这种磷酸化；而抑制翻译的刺激导致去磷酸化。eIF4F 具有蛋白激酶活性，可以

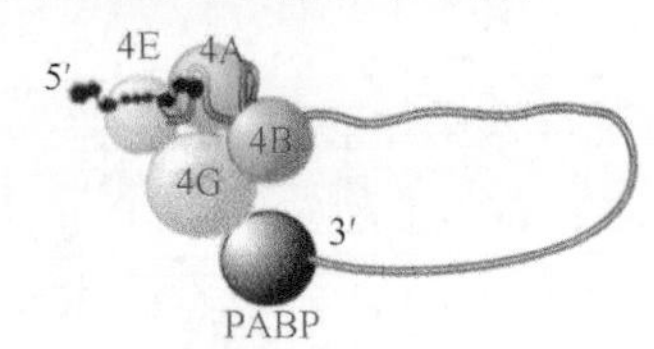

图 22.22　异源三聚体 eIF4F 与 mRNA 的 5′ 端结合，同时还结合其他因子

磷酸化 eIF4E。eIF4E 的可接近性还受与其结合的蛋白质（称为 4E-BP1、4E-BP2 和 4E-BP3）的控制，从而阻止它在起始中发挥作用。

mRNA 中 3′ 端尾部的 poly(A) 可以促进 5′ 端起始复合体的形成。在这一过程中，poly(A) 结合蛋白与 eIF4G 脚手架蛋白结合，使得 mRNA 形成环状的组织结构，从而使 5′ 和 3′ 端同时包含在复合体中。这种闭环结构刺激了转录，而 PABP 是这一效应所必需的，这意味着 PABP 可以有效地作为起始因子而起作用。在 mRNA 中，PABP/eIF4G 的相互作用促进了 43S 复合体募集到 mRNA 上，以及 60S 亚基的加入。

图 22.23 显示，将 mRNA 结合到 43S 复合体过程中所涉及的相互作用还没有被完全阐明，不过很可能有 eIF4G、eIF3、mRNA 及 40S 亚基的参与。eIF4G 亚基与 eIF3 结合为以下反应提供了平台，使 40S 亚基得以与 eIF4G 结合而组成复合体，这样就能被募集到这个复合体中。事实上，eIF4F 的作用是使 eIF4G 就位，使它能吸引核糖体小亚基。

当小亚基结合到 mRNA 上时，（通常）它来到第一个 AUG 处，这利用了 Met-tRNA 去发现它，而 eIF1 和 eIF1A 可辅助这一扫描过程。这一过程需要 ATP 提供能量，这样与 ATP 水解相关的因子（eIF4A、eIF4B 和 eIF4F）也在这一步中发挥了作用。如图 22.24 所示，当小亚基到达起始位点时，它就停止前进，此时，起始子 tRNA 与 AUG 起始密码子进行碱基配对，从而形成稳定的 48S 复合体。

60S 亚基与起始复合体的连接只有在 eIF2 和 eIF3 被释放后才可以发生。这受到 eIF5 的调节，并引起 eIF2 水解 GTP。该反应发生在 40S 亚基，并需要起始子 tRNA 与 AUG 起始密码子的配对。当 80S 核糖体形成后，几乎所有剩余的因子均被释放。

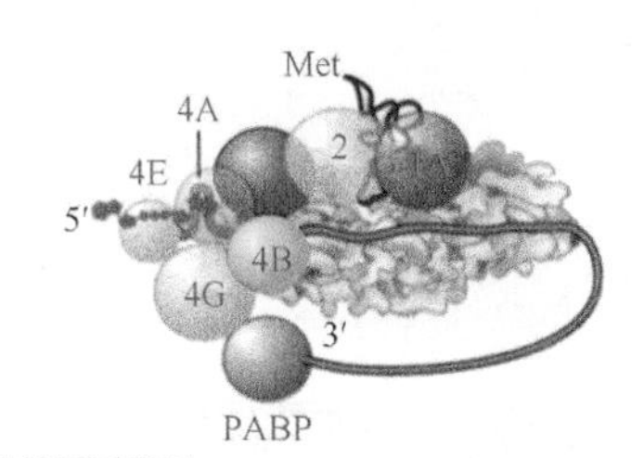

图 22.23　当 mRNA 与 43S 复合体结合时，参与这一过程的起始因子之间的相互作用尤其重要

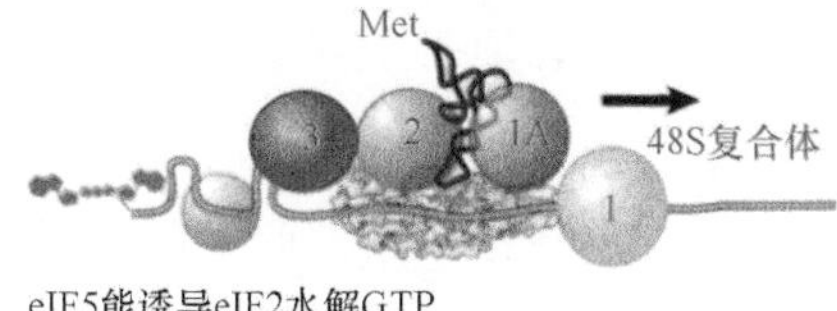

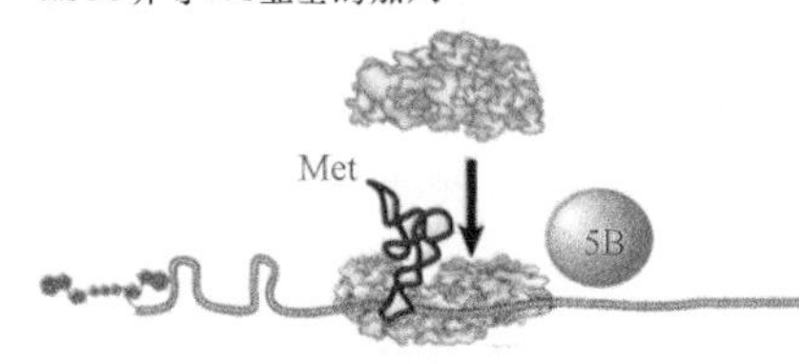

图 22.24　eIF1 和 eIF1A 辅助 43S 起始复合体搜寻 mRNA 直至 AUG 密码子；eIF2 水解它的 GTP 以便能与 eIF3 同时被释放；eIF5B 催化了 60S-40S 亚基的结合

最后，eIF5B 使 60S 亚基加入复合体，形成完整的、可开始用于延伸的核糖体。eIF5B 与原核生物中的 IF-2 有相似的序列，并有相似的 GTP 水解功能（它还能结合起始子 tRNA）。

一旦这些因子被释放，它们可与其他起始子 tRNA 及核糖体亚基结合以参与下一轮起始循环。因为 eIF2 已经把它的 GTP 水解，其活性需要再生，这由另一 GEF 蛋白 eIF2B 帮助才能完成，它能去除 GDP，并用 GTP 替换。

eIF2 是翻译调节的靶标，几种调节性蛋白激酶能作用于 eIF2 的 α 亚基。磷酸化能阻止 eIF2B 再生出 eIF2 的活性形式，这就将 eIF2B 的作用限制在一个起始循环里，从而阻止了翻译的进行。

22.10　延伸因子 Tu 将氨酰 tRNA 装入 A 位

关键概念

- EF-Tu 为单体 G 蛋白，与 GTP 结合后的活性形式可与氨酰 tRNA 结合。
- EF-Tu-GTP- 氨酰 tRNA 复合体与核糖体 A 位结合。

一旦完整核糖体在起始密码子附近形成，那么就进入到延伸循环阶段，此时，氨酰 tRNA 进入核糖体 A 位，而核糖体的 P 位被肽酰 tRNA 占据。除了起始子以外的氨酰 tRNA 均可进入核糖体 A 位，并受**延伸因子（elongation factor，EF）**（细菌中为 **EF-Tu**）的催化，其过程与在真核生物细胞中相似。EF-Tu 是在细菌和线粒体中具有高度保守性的蛋白质，并在真核生物中存在同源蛋白。

正如与翻译起始时的对应物（IF-2）一样，在氨酰 tRNA 进入的过程中，EF-Tu 也只与核糖体结合。一旦氨酰 tRNA 就位，EF-Tu 便离开核糖体，去协助其他的氨酰 tRNA 与核糖体结合，然后分离，如此循环，这也是其他辅助因子的特点。

氨酰 tRNA 进入 A 位的途径如**图 22.25** 所示。EF-Tu 为单体 G 蛋白，当它结合 GTP 时有活性，与 GDP 结合时则无活性。EF-Tu-GTP 二元复合体与氨酰 tRNA 结合后形成三元复合体——氨酰 tRNA-EF-Tu-GTP。它只有在 P 位已有肽酰 tRNA 占据的情况下才能结合到 A 位，这保证氨酰 tRNA 和肽酰 tRNA 正确定位以形成肽键，这一反应是非常重要的。

氨酰 tRNA 通过两个阶段进入 A 位：首先，反密码子的端部与 30S 亚基 A 位结合；然后，密码子 - 反密码子识别引起核糖体的构象变化，使得 tRNA 结合更稳固，并引起 EF-Tu 将 GTP 水解。现在，tRNA 的 CCA 末端进入 50S 亚基的 A 位，此时，二元复合体 EF-Tu-GDP 释放。EF-Tu 的这种形式是没有活性的，它不能有效地与氨酰 tRNA 结合。

另一鸟嘌呤核苷酸交换因子——EF-Ts 在将使用过的 EF-Tu-GDP 转变成有活性的 EF-Tu-GTP 的过程中起作用。首先，EF-Ts 置换 GDP 与 EF-Tu 结合成 EF-Tu-EF-Ts；然后，GTP 替换回 EF-Ts 以形成 EF-Tu-GTP。该活性二元复合体与氨酰 tRNA 结合，被释放的 EF-Ts 可以重新参与循环。

每个细菌体约有 70 000 个 EF-Tu 分子（约占细菌总蛋白质的 5%），与氨酰 tRNA 分子的数目接近，这意味着大多数氨酰 tRNA 存在于三元复合体中。而每个细胞约只有 10 000 个 EF-Ts 分子（与核糖体的数目相同）。EF-Tu 与 EF-Ts 结合的动力学提示，EF-Tu-EF-Ts 复合体仅是瞬时存在，所以 EF-Tu 可迅速地转变为与 GTP 结合的形式，然后形成三元复合体。

通过以不能被水解的 GTP 类似物替换的方法，人们已经研究了 GTP 在三元复合体中的作用。化合物 **GMP-PCP** 在 GTP 的 β 和 γ 磷之间的氧原子上有一个亚甲基桥。当 GMP-PCP 存在时，三元复合体可以形成并使氨酰 tRNA 结合到核糖体上，但是它不能形成肽键。所以氨酰 tRNA 结合到 A 位需要 GTP，但不需要它的水解。

黄色霉素（kirromycin）是抑制 EF-Tu 作用的抗生素，当 EF-Tu 被黄色霉素结合后，它仍可使氨酰 tRNA 结合到 A 位，但 EF-Tu-GDP 复合体不能从核糖体中释放，该复合体的持续存在会阻止肽酰 tRNA 与氨酰 tRNA 间形成肽键。结果，核糖体“停滞”在 mRNA 上，使翻译终止。

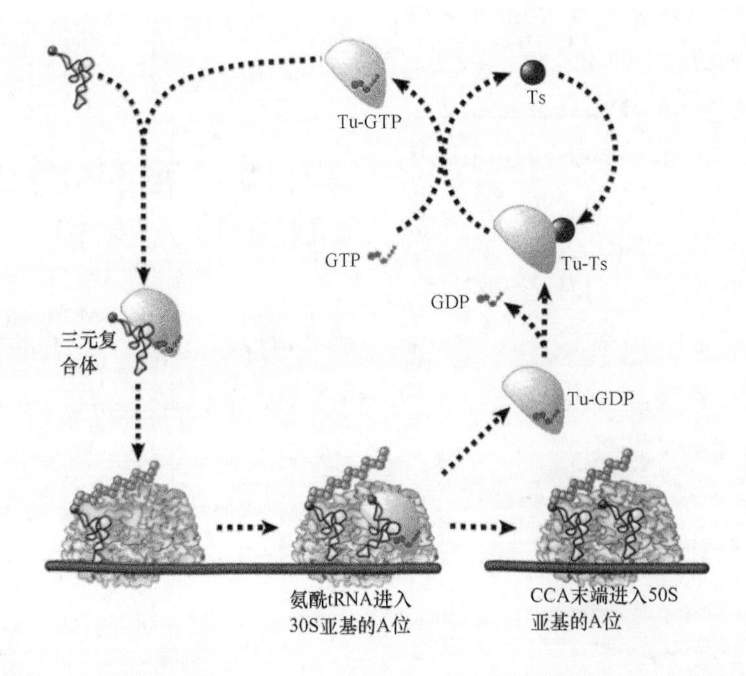

图 22.25 EF-Tu-GTP 将氨酰 tRNA 安置在核糖体上后，以 EF-Tu-GDP 的形式释放。EF-Ts 用来催化 GTP 与 GDP 的置换，这个反应消耗 GTP，释放 GDP。唯一不能被 EF-Tu-GTP 识别的氨基酸是 fMet-$tRNA_f$，两者无法结合可保证后者不能识别内部的 AUG 或 GUG 密码子

黄色霉素的这种效果说明抑制翻译的其中一步会阻碍后续步骤的进行。原因是 EF-Tu 的持续存在阻止了氨酰 tRNA 的氨酰末端进入 50S 亚基的 A 位。所以，EF-Tu-GDP 的释放是形成肽键所必需的。在翻译的其他阶段可以看到同样的规律：前一步反应必须完成才能发生后续步骤。

与 EF-Tu 的相互作用还起着质量监督的功能。无论反密码子是否与密码子配对，氨酰 tRNA 均可被带入 A 位，而 EF-Tu-GTP 的水解相对较慢，因为水解比错配的氨酰 tRNA 离开 A 位的时间要长，这就使大多数的错配氨酰 tRNA 被去除。水解后 EF-Tu-GDP 的释放同样缓慢，这使残余的错配氨酰 tRNA 可在这一阶段解离。总之，基本的规律是：EF-Tu 参与的反应速率很慢，能使错配的氨酰 tRNA 在被固定到合成的蛋白质中之前被去除。

在真核生物细胞中，eEF1α 负责将氨酰 tRNA 带到核糖体，在这一反应中，同样需要 GTP 高能键的断裂。与其原核生物细胞中的同源物（EF-Tu）类似，eEF1α 在数量上也是充足的。GTP 水解后，活性的再生需要 eEF1βγ（对应于 EF-Ts）的参与。

22.11 多肽链转移到氨酰 tRNA 上

关键概念

- 50S 亚基具肽酰转移酶活性，它由 rRNA 的核酶活性提供。
- 新生多肽链从 P 位的肽酰 tRNA 转移至 A 位的氨酰 tRNA。
- 肽键形成使 P 位产生脱酰 tRNA，A 位产生肽酰 tRNA。

P 位 tRNA 上附着的多肽链转移到 A 位氨酰 tRNA 上，这导致多肽链的延伸，在此过程中，核糖体停留在原位不动，见图 22.26。负责肽键合成的成分称为**肽酰转移酶（peptidyl transferase）**，它是核糖体大亚基（50S 或 60S）所起的作用。该反应由 EF-Tu 释放 tRNA 的氨酰末端引起，然后氨酰末端摆动到靠近肽酰 tRNA 末端的一个位置，这个位点具有快速使肽链转移至氨酰 tRNA 的肽酰转移酶

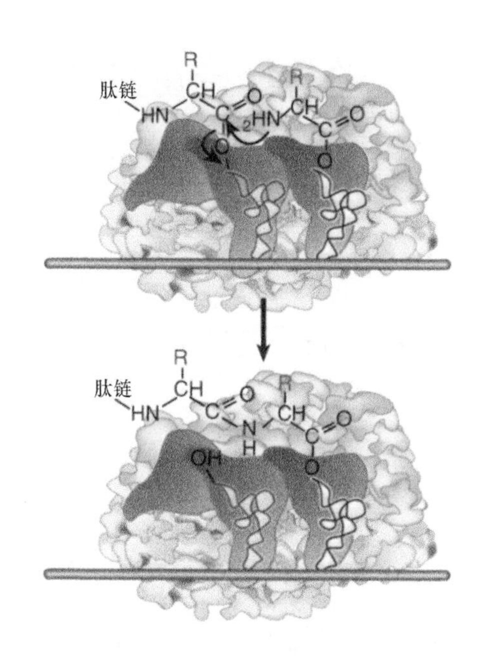

图 22.26 肽键的形成是通过 P 位上肽酰 tRNA 的多肽和 A 位上氨酰 tRNA 的氨基酸之间的反应形成的

活性。rRNA 和 50S 亚基蛋白质对该活性都是必需的，但真正起催化作用的是 50S 亚基的核糖体 RNA（见 22.19 节“23S rRNA 具有肽酰转移酶活性”）。

该转移反应的本质是通过抗生素**嘌呤霉素（puromycin）**抑制翻译而揭示出来的。嘌呤霉素的结构类似于腺苷酸末端上结合了氨基酸的 tRNA（氨酰 tRNA），见图 22.27。嘌呤霉素中以氮原子而不是以氧原子将氨基酸与 tRNA 结合。该抗生素可以同氨酰 tRNA 一样进入核糖体，然后肽酰 tRNA 的多肽将被转移到嘌呤霉素的 NH_2 基团上。

因为嘌呤霉素不能与核糖体 A 位结合，所以肽-酰嘌呤霉素合成物以肽-酰嘌呤霉素的形式从核糖体上释放出来。这种翻译的成熟前终止正是该抗生素有致死作用的原因。

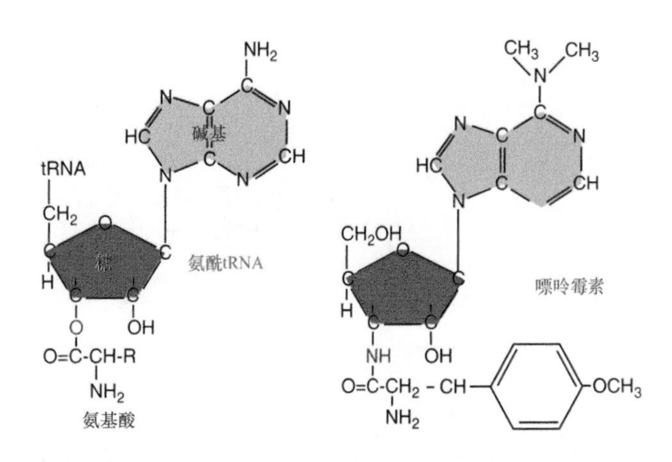

图 22.27 嘌呤霉素有类似于氨酰 tRNA 的结构，它将一个芳香族氨基酸与一个糖-碱基相连

22.12 易位使核糖体移动

关键概念

- 核糖体的易位使 mRNA 在核糖体上移动 3 个碱基的长度。
- 易位使脱酰 tRNA 进入 E 位，肽酰 tRNA 进入 P 位，A 位空出。
- 杂合状态模型提出易位过程分两步进行：50S 相对于 30S 亚基发生移动，然后 30S 与 mRNA 一起移动使核糖体构象复原。

当核糖体沿 mRNA 移动 3 个碱基，将一个氨基酸加到生长的多肽中，这样一个循环以易位结束。图 22.28 展示了易位将空载 tRNA 从 P 位驱除，这使得新的肽酰 tRNA 能够进入。这样，核糖体有了空载的 A 位，使对应于下一个密码子的氨酰 tRNA 进入。如图所示，细菌中被释放的 tRNA 从 P 位转移到 E 位（它将从这里直接被释放到细胞质中）。A 位和 P 位均横跨大小亚基，E 位（在细菌中）主要在 50S 亚基上，但与 30S 亚基也有一些接触。

证据暗示易位遵循杂合状态模型（hybrid state model）。该模型认为易位分两步进行，如图 22.29 所示：首先 50S 亚基相对于 30S 亚基有一个易位，然后 30S 亚基与 mRNA 一起易位使核糖体构象复位。这个模型的依据是：人们观察到 tRNA 与核糖体的接触方式存在不同的两个阶段（由化学印迹法测定）。当嘌呤霉素加到 P 位携带氨酰 tRNA 的核糖体时，tRNA 与 50S 亚基的接触由 P 位转移到 E 位，但是与 30S 亚基的接触位置无变化。这说明 50S 亚基移动至氨酰转移后的状态，而 30S 亚基则未移动。

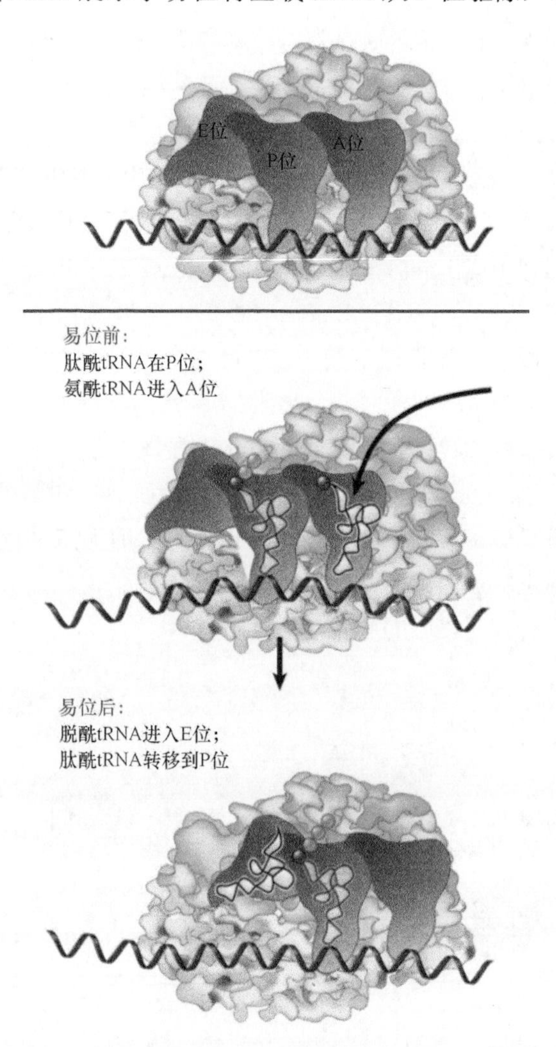

图 22.28 细菌核糖体有 3 个 tRNA 结合位点。氨酰 tRNA 进入核糖体的 A 位，在 P 位有肽酰 tRNA。P 位的 tRNA 脱酰基形成肽键，从而生成 A 位的肽酰 tRNA。易位将脱酰 tRNA 转移到 E 位，将肽酰 tRNA 转移到 P 位

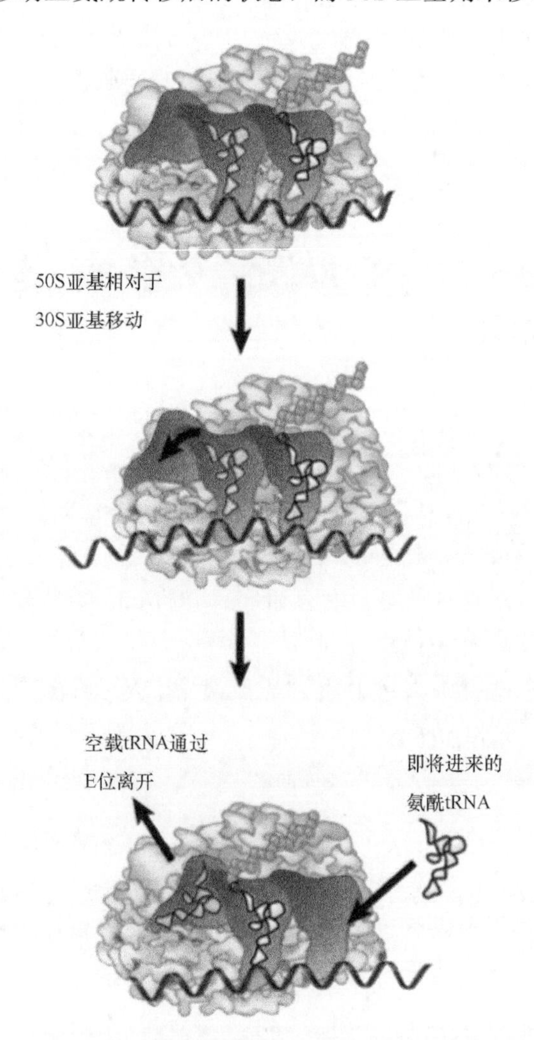

图 22.29 易位模型分两个阶段：第一，当肽键形成时，在 A 位的 tRNA 氨酰末端进入 P 位；然后，tRNA 的反密码子末端进入 P 位

对这种结果的解释是：首先，tRNA 的氨酰末端（位于 50S 亚基）移至新的位置（而其反密码子端仍与 30S 亚基上的密码子结合着），这时，tRNA 实际上处于杂合位置，由 50S E 位 /30S P 位和 50S P 位 /30S A 位组成；然后，30S 亚基也移动，使得密码子 - 反密码子对得以找到正确的位置。杂合状态最可能的产生方式就是核糖体亚基间的相对移动，所以，事实上易位包括两步反应，在第二步中核糖体恢复正常的结构。

核糖体在易位时面临一个有趣的两难处境：为了能够移动，它必须打破它与 tRNA 的一些连接，但同时保证 tRNA 与反密码子之间的配对，仅在适当的时候才打破与脱酰 tRNA 的配对。一种可能是核糖体构象在两种不同的可变构象之间转换，它在本质上可作为布朗马达（Brownian motor）。这种转换可能包括 rRNA 中的碱基配对的改变。翻译的准确性受到某些突变的影响，如果这种突变影响可变碱基配对的排列，很可能是核糖体与 tRNA 不同构象结合的紧密程度介导了这种效应。

22.13 延伸因子选择性地结合在核糖体上

关键概念

- 易位需要 EF-G，其结构类似于氨酰 tRNA-EF-Tu-GTP 复合体。
- EF-Tu 及 EF-G 与核糖体的结合是相互排斥的。
- 易位需要 GTP 水解，这引起 EF-G 的变化，继而又引起核糖体结构的改变。

易位需要 GTP 及另一种延伸因子 EF-G（其真核生物同源物是 eEF2）。该因子为细胞的其中一个主要组分，一个核糖体就有约 1 个分子（每个细胞约有 20 000 个分子）。

核糖体不能同时与 EF-Tu 和 EF-G 结合，因此翻译遵循如图 22.30 所示的循环，因子交替地与核糖体结合和释放，所以在 EF-G 可以结合之前，EF-Tu-GDP 必须释放；之后 EF-G 必须被释放，这样氨酰 tRNA-EF-Tu-GTP 才能结合上去。

延伸因子相互排斥的特性是依赖于整个核糖

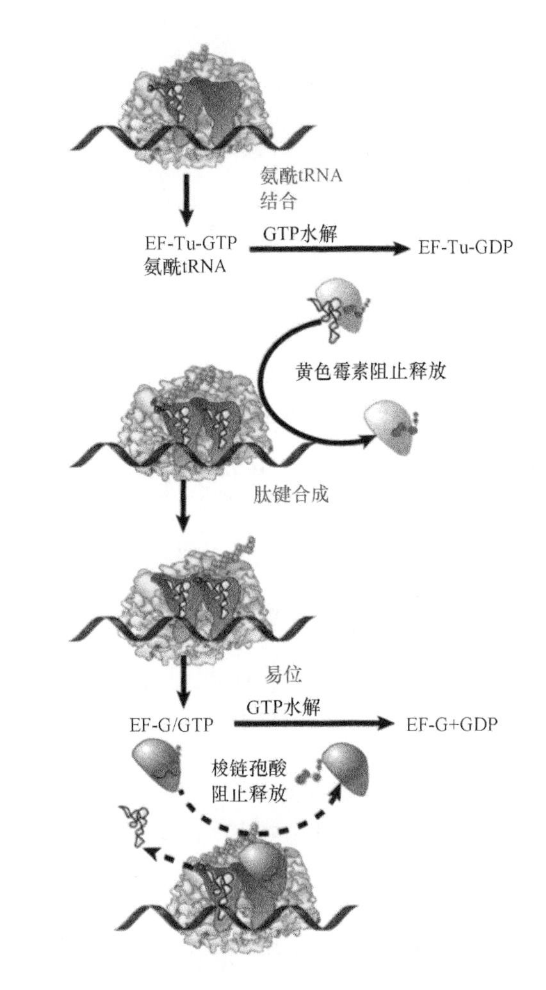

图 22.30 当核糖体接受新的氨酰 tRNA 形成肽键和易位时，EF-Tu 和 EF-G 交替结合到核糖体上

体构象变化的别构效应，还是由于重叠结合位点的竞争所致呢？图 22.31 所示的三元复合体——氨酰

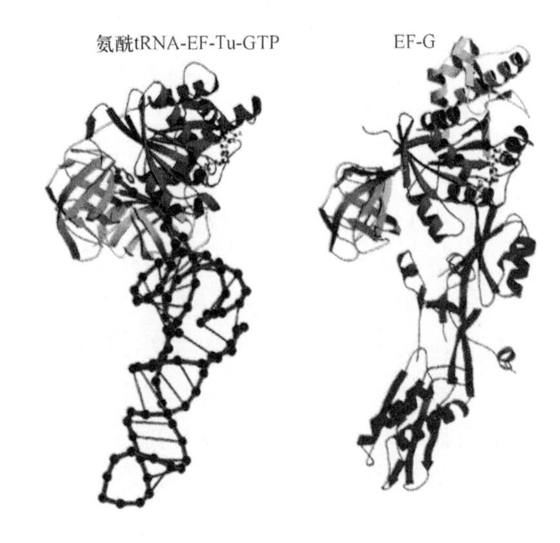

图 22.31 在三元复合体中，氨酰 tRNA-EF-Tu-GTP（左）的结构与 EF-G（右）的结构类似，保守结构域在 EF-Tu 和 EF-G 中分别以红色和绿色标出。tRNA 和 EF-G 中类似于它的结构域以紫色标出

图片由 Poul Nissen, University of Aarhus, Denmark 友情提供

tRNA-EF-Tu-GDP 与 EF-G 在结构上具有惊人的相似性。EF-G 的结构类似于与氨酰 tRNA 的氨基接纳茎（acceptor stem）结合的 EF-Tu 的总体结构，这暗示它们对同一结合位点可相互竞争（假设在 A 位附近）。前一因子必须先被释放，后一因子才能结合，这种特点保证了翻译过程的有序性。

这两个延伸因子均为单体 GTP 结合蛋白，当它结合 GTP 时显示活性，而与 GDP 结合时则无活性。三磷酸的形式对于它们结合到核糖体是必要的，这使得它们只有在结合 GTP 的状态下才能进入核糖体，从而完成它们的功能。

EF-G 与核糖体的结合引发易位，然后随核糖体的移动而释放。当 GTP 被 GMP-PCP 代替后，EF-G 仍可与核糖体结合，因此鸟嘌呤核苷酸的存在对结合是必需的，但是它的水解对易位不是绝对的（虽然在 GTP 不水解的条件下，易位会变慢），GTP 的水解是释放 EF-G 所需的。

需要 EF-G 的释放这种观点是由类固醇抗生素梭链孢酸（fusidic acid）的效应所得到的，它能在易位后期“堵塞”核糖体。在梭链孢酸存在时，当一轮易位循环发生，EF-G 与核糖体结合，GTP 水解，核糖体前进 3 个碱基，但是梭链孢酸使核糖体 EF-G-GDP 复合体很稳定，从而使 EF-G 和 GDP 不能释放，而是仍结合于核糖体。因为核糖体不再结合氨酰 tRNA，于是没有更多的氨基酸能被加到链上。

易位是核糖体的内在特性，它需要结构上的巨大变化（见 22.17 节“核糖体拥有数个活性中心”）。这种内在的易位反应由 EF-G 结合的 GTP 水解来驱动，而 GTP 水解发生于易位之前，它促进了核糖体的移动。其可能机制是：GTP 的水解引起 EF-G 的结构变化，进而反过来又引起核糖体结构的变化。在易位时，EF-G 发生大面积的再定向。易位前，它与两个核糖体亚基均有结合，与 30S 亚基的结合主要通过插入到 A 位的结构域 4，可能负责置换 tRNA；易位后，结构域 4 转向定位在 50S 亚基上。

真核生物中对应于 EF-G 的是 eEF2，它们功能接近，都是依赖 GTP 水解的移位酶。eEF2 也可被梭链孢酸抑制。我们可以分离到 eEF2 与 GTP 的稳定复合体，该复合体可以结合到核糖体上，并随后水解 GTP。

eEF2 的特殊反应是它对白喉毒素（diphtheria toxin）敏感。该毒素以烟酰胺腺嘌呤二核苷酸（adenine dinucleotide，NAD）作为辅助因子，将腺苷二磷酸核糖（adenosine diphosphate ribosyl，ADPR）转移到 eEF2 上，而 ADPR-eEF2 复合体在翻译时没有活性。用于附着的底物是一种稀有氨基酸残基，为组氨酸修饰所产生，这对许多物种的 eEF2 都是一样的。

ADP- 核糖基化是白喉毒素致死的原因，这种效应非常有效：单个毒素分子可以修饰足够多的 eEF2，以致可以杀死一个细胞。

22.14 三种密码子终止翻译

关键概念

- 三种密码子 UAA（赭石密码子）、UAG（琥珀密码子）和 UGA（乳白密码子）可终止翻译。
- 细菌中终止密码子的使用频率是不一样的，大概是 UAA>UGA>UAG。

只有 61 个三联体密码子含有对应的氨基酸，其他 3 个是使翻译终止的**终止密码子（termination codon，stop codon）**，或无义密码子（nonsense codon）。基于它们被发现的历史，它们都有非正式的名字：UAG 称为**琥珀密码子（amber codon）**；UAA 称为**赭石密码子（ochre codon）**；UGA 称为**乳白密码子（opal codon）**。

这些三联体的本质是在鉴定两类点突变的遗传学实验中最先被发现的。

- 能改变密码子所代表的氨基酸的点突变称为错义突变（missense mutation），即多肽上的一种氨基酸被突变为另一种氨基酸，该蛋白质功能效应则依赖于突变位点和所取代氨基酸的性质。
- 当点突变产生了三个终止密码子的其中一个时，这样的突变称为无义突变（nonsense mutation），即在突变密码子处的翻译**提前终止（premature termination）**，从而使突变体细胞中只有蛋白质的前面部分的产生，这很可能消除了蛋白质的功能（当然这还决定于突变体位点的定位距离多肽的终止位点多远)。

在所有已测序的基因中，终止子紧邻着代表C端氨基酸的密码子出现。无义突变说明，三个终止密码子中的任何一个都足以在基因中终止翻译。因此，无论它们是发生在天然的可读框（open reading frame，ORF）末端，或者是基因内部编码序列的无义突变，UAA、UGA和UAG都可以是翻译结束的充要条件（有时用无义密码子描述终止子三联体，“无义”实际上描述了基因中突变效应的术语，而不是用于描述翻译的密码子含义，所以最好的用词是终止密码子)。

在细菌基因中，UAA是最常用的终止密码子。UGA比UAG的使用频率更高一点，不过UGA出错的可能性更大一点（当氨酰tRNA错误地加入该位置时，对终止密码子解读的错误将使翻译继续直到再次出现一个终止密码子，或到达mRNA的3′端，这可能导致其他问题。由于这种情况，细菌拥有一种特殊的RNA)。

22.15 终止密码子由蛋白质因子所识别

关键概念

- 终止密码子由蛋白质释放因子而不是氨酰tRNA所识别。
- 1型释放因子（在大肠杆菌中为RF1和RF2）的结构类似于氨酰tRNA-EF-Tu和EF-G。
- 1型释放因子应答特异性的终止密码子，并水解肽酰tRNA上的键。
- 2型释放因子（如RF3）依赖GTP发挥作用，它协助1型释放因子。
- 细菌（有两类1型释放因子）和真核生物（只有一类1型释放因子）中的终止机制是类似的。

翻译终止涉及两个阶段：终止反应（termination reaction）本身需要从最后一个肽酰tRNA上释放多肽链；终止后反应（posttermination reaction）需要释放tRNA和mRNA，并把核糖体解离成亚基。

没有一种终止密码子可与某一tRNA进行碱基配对，它们的作用机制与其他密码子完全不同，它们是被蛋白质因子直接识别的（由于这个反应不需要密码子和反密码子的识别，这很难解释为什么这一步仍然需要三联体密码子，这可能是遗传密码的进化结果)。

终止密码子是被1型释放因子（release factor，RF）识别的。在大肠杆菌中，两类1型释放因子分别识别两种序列，**RF1**识别UAA和UAG，**RF2**识别UGA和UAA。它们要在A位发挥作用，并且P位需要存在肽酰tRNA。释放因子的含量比起始因子和延伸因子的含量要低得多，每个细胞约有600个分子，也就是一个RF约对应于10个核糖体。大概在进化之初，可能只有一个因子识别所有的终止密码子，后来才演变为两种因子分别对应不同的终止密码子。在真核生物中，只有一个称为eRF的1型释放因子。细菌释放因子识别靶密码子的效率受3′碱基序列的影响。

2型释放因子是没有密码特异性的，它协助1型释放因子发挥作用，2型释放因子是GTP结合蛋白。在大肠杆菌中，2型释放因子**RF3**的作用是从核糖体上释放1型释放因子。RF3是一种与延伸因子相关的GTP结合蛋白。

虽然终止的机制在原核生物和真核生物中都很相似，但是1型和2型释放因子的相互作用是有一定区别的。

1型释放因子RF1和RF2识别终止密码子，并激活核糖体水解肽酰tRNA。将肽从肽酰tRNA上切割下来的反应与普通的肽酰转移反应类似，所不同的是水分子代替了氨酰tRNA分子作为受体分子。

从这一点来看，与EF-G相关的2型释放因子RF3把RF1和RF2从核糖体上解离出来。RF3-GDP在终止反应发生前结合于核糖体，随后GTP取代GDP，这使得RF3能与核糖体GTP酶的中心发生接触，所以当多肽链终止时，RF3会使RF1或RF2释放出来。

RF3类似于EF-Tu和EF-G的GTP结合域，而RF1与RF2则类似于与tRNA相似的EF-G的C端结构域。这提示释放因子利用了与延伸因子相同的作用位点。**图22.32**解释了这一基本观点：这些因子都存在同样的总体结构，并在同一位点有序地结合核糖体（基本上是A位及包含A位的更广泛

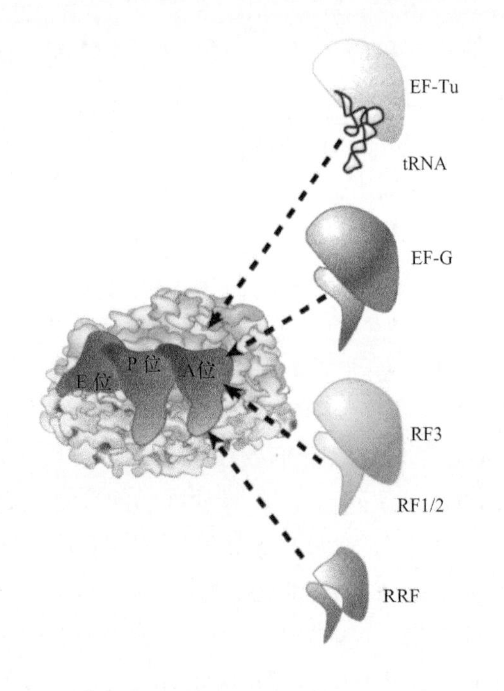

图 22.32 分子水平的相似性使得 EF-Tu-tRNA 复合体、易位因子 EF-G 和释放因子 RF1/2-RF3 会与同一个核糖体位点结合。RRF 是核糖体再循环因子

区域)。

真核生物 1 型释放因子 eRF1 是一种能识别全部三种终止密码子的单体蛋白质，其序列与细菌的因子没有相关性。在体外，它能终止翻译而无须 2 型因子 eRF2 的参与，尽管 eRF2 是一种在酵母体内翻译中必需的因子。eRF1 也以相似的方式发挥作用：图 22.33 显示 eRF1 由三个结构域组成，类似于 tRNA 的结构。

在 eRF1 的结构域 2 的顶部，暴露出的三个氨基酸残基 GGQ 组成了一个很重要的基序。当 eRF1 结合在 A 位时，这三个氨基酸的位置刚好是氨酰 tRNA 中氨基酸的位置，所以，这种定位就可由谷氨酸（Q）来提供一个水分子代替氨酰 tRNA 的氨基酸进行肽转移反应。图 22.34 比较了终止反应和通常的肽转移反应，终止反应转移了水分子中的羟基，从而有效地使肽酰键水解。

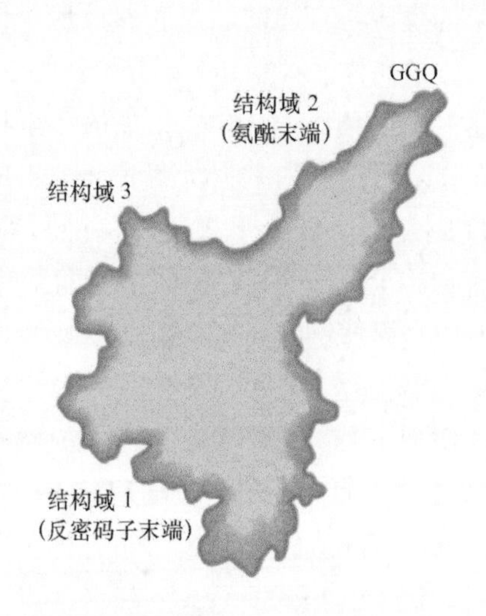

图 22.33 真核生物的终止因子 eRF1 有与 tRNA 类似的结构。在结构域 2 顶部的 GGQ 基序是将多肽链从 tRNA 上水解下来所必需的

RF 基因的突变能降低终止效率，表现为越过终止密码子的翻译能力的增加。过量表达 RF1 和 RF2 能增加它们作用位点的终止效率，这说明 RF1 和 RF2 在终止位点与氨酰 tRNA 竞争，而氨酰 tRNA 有可能错误地与终止密码子配对。释放因子识别目标序列是非常有效的。

在终止反应中，完整的多肽被释放出来，但是留下的脱酰 tRNA 和 mRNA 仍然结合在核糖体上。图 22.35 示意了剩余部分（tRNA、mRNA、30S 亚基和 50S 亚基）的解离需要核糖体再循环因子（ribosome recycling factor，RRF）的参与。这一反应需要 GTP 的水解，而 RRF 可与 EF-G 一起发挥作用。与其他参与释放的因子类似，RRF 也有类似 tRNA 的形状，不过它缺少一个相当于 3′ 氨基酸结

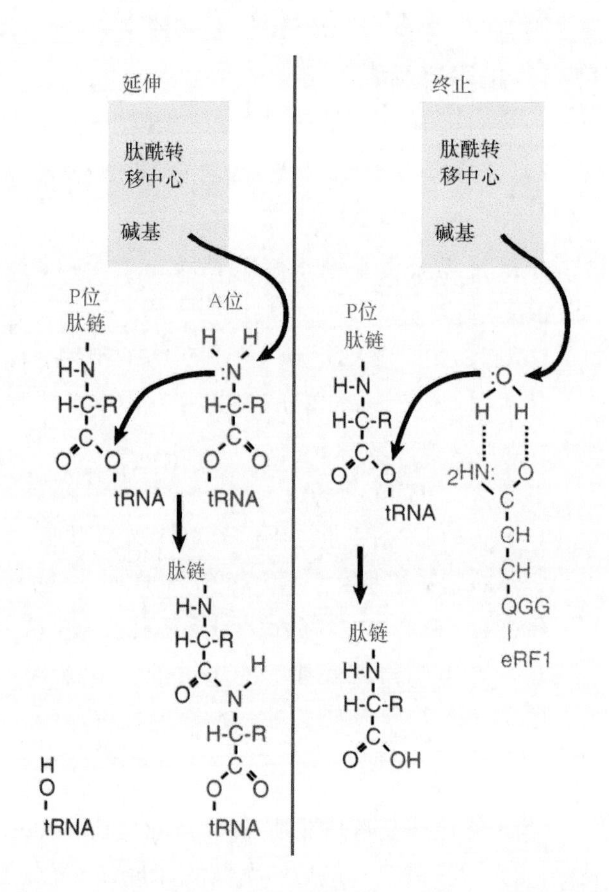

图 22.34 肽转移和终止是相似的反应，此时，肽酰转移中心的一个碱基触发了转酯反应，它首先攻击 N—H 键或 O—H 键，接着释放 N 或 O 来再攻击与 tRNA 的连接键

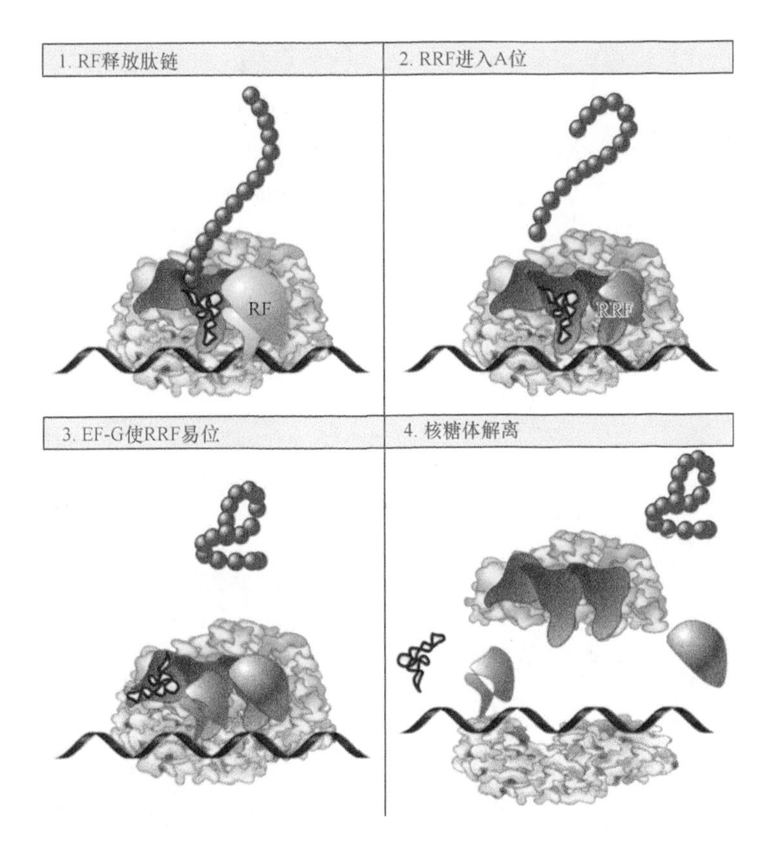

图 22.35 释放因子 RF 通过释放蛋白质链终止翻译；核糖体再循环因子 RRF 释放最后一个 tRNA；EF-G 释放出 RRF，并引起核糖体解聚

合区域的部分。这一过程还需要 IF-3 的参与。RRF 作用于 50S 亚基，而 IF-3 将脱酰 tRNA 从核糖体中去除。当然，即使大小亚基已经分开，IF-3 依旧留下来以防止二者的再度结合。

表 22.1 比较了原核生物与真核生物中翻译相关因子的功能与序列同源性。

22.16 核糖体 RNA 广泛存在于两个核糖体亚基上

关键概念

- 每个 rRNA 都有几个单独折叠的独特结构域。
- 事实上，所有的核糖体蛋白与 rRNA 都存在接触。
- 核糖体亚基间的大部分接触都发生在 16S 和 23S rRNA 之间。

2/3 的细菌核糖体质量是由 rRNA 贡献的。分析大 RNA 的二级结构最有效的方法是对比相关物种中同源 rRNA 的序列。在二级结构中，如果这些区域能起重要作用，那么它们应该具有可通过碱基配对而相互作用的能力。因此，如果碱基配对是需要的，那么在每个 rRNA 的对应位置都会形成。这一分析方法使 16S 和 23S rRNA 的详细模型得以构建。

大部分 rRNA 的二级结构都含有几个独立的结构域。16S rRNA 形成 4 个常规结构域，其中只有一半的序列是配对的；23S rRNA 形成 6 个常规结构域，而单独存在的双螺旋区都倾向于比较短小（8 bp）。双链体部分常常并非绝对配对，它往往具有因某些部分不配对而形成的突环。线粒体 rRNA（它有更短、更少的结构域）与真核生物细胞质 rRNA（它有更长、更多的结构域）的比较模型已经绘出。真核生物 rRNA 长度增加的绝大部分是由于它需要更多序列来形成额外的结构域。核糖体的晶体结构表明在每一个亚基中，主要 rRNA 的结构域可单独折叠，而且各自在亚基中占据不同的位点。

当将 30S 亚基与 70S 核糖体对比时可以发现，16S rRNA 与化学试剂发生反应的能力是不同的；同样，分开的核糖体亚基和那些参与翻译的核糖体之间也是有区别的。当 mRNA 结合，或当亚基互相结合，或当 tRNA 结合时，rRNA 的反应性就改变了。

一些改变反映了 rRNA 与 mRNA 或 tRNA 的直接相互作用；另一些通过核糖体结构的其他改变产生间接影响。所以，关键点是核糖体的构象在翻译过程中具有可塑性。特别是小亚基的构象更是如此，因为它必须在结构上检测密码子 - 反密码子配对的准确性。

rRNA 一级结构的一个特征是带有甲基化残基。在 16S rRNA 中，约有 10 个甲基基团（大部分位于分子的 3′ 端）；在 23S rRNA 中约有 20 个；在哺乳动物细胞中，18S rRNA 和 28S rRNA 分别含有 43 个和 74 个甲基基团，所以，近 2% 的核苷酸都是甲基化的（甲基化核苷酸的比例约是细菌 rRNA 中的 3 倍）。

核糖体大亚基还包括一个由 120 个碱基组成的 5S rRNA 分子（除线粒体的核糖体以外），其序列不如主要 rRNA 保守，不过所有 5S rRNA 分子呈现出高度碱基配对的结构。

在真核生物细胞质的核糖体中，另一个小 RNA 也出现在大亚基中，即 5.8S RNA，其序列与原核生物 23S rRNA 的 5′ 端结构类似。

一些核糖体蛋白与分离出来的 rRNA 具有较强的结合力；而另一些核糖体蛋白与游离 rRNA 不结合，但是在其他蛋白质结合上去之后，这些核糖体蛋白可再结合上去。这说明 rRNA 的构象是重要的，它决定着一些蛋白质结合位点的存在与否。任何蛋白质的结合都会导致 rRNA 构象的改变，从而使其他蛋白质再结合上去。在大肠杆菌中，实际上所有 30S 亚基上的核糖体蛋白与 16S rRNA 都存在不同程度的相互作用。蛋白质上的结合位点具有多种多样的结构特性，这意味着蛋白质 -RNA 的识别机制也是多种多样的。

70S 核糖体的结构是不对称的，**图 22.36** 显示了 30S 亚基的结构示意图，它分为四部分：头部、颈部、躯体部和平台。**图 22.37** 显示了 50S 亚基的一个类似的示意图，其中两个显著的特征是中央隆起（5S rRNA 的位置）和茎部（由许多 L7 蛋白的拷贝组成）。**图 22.38** 表明小亚基的平台结构嵌入到大亚基的凹槽中。两个亚基之间的腔（类似于甜甜圈，此图中不可见）含有一些重要的位点。

30S 亚基的结构由 16S rRNA 的组织形式决定，每一个结构特征都对应 rRNA 的一个结构域。躯体部以 5′ 结构域为基础，平台为中心结构域，头部为 3′ 端结构域。**图 22.39** 显示了 30S 亚基中，RNA 和蛋白质的分布是不对称的。一个重要特征是：提供了与 50S 亚基相互作用界面的 30S 亚基的平台几乎完全是由 RNA 组成的，只有 2 个蛋白质（是 S7 蛋白的一小部分，也可能是 S12 蛋白的一部分）存在于界面附近。这说明核糖体亚基的结合和解聚依赖于与 16S rRNA 的相互作用。亚基的结合受 16S rRNA 一个环上的一个突变所影响（在第 791 位），

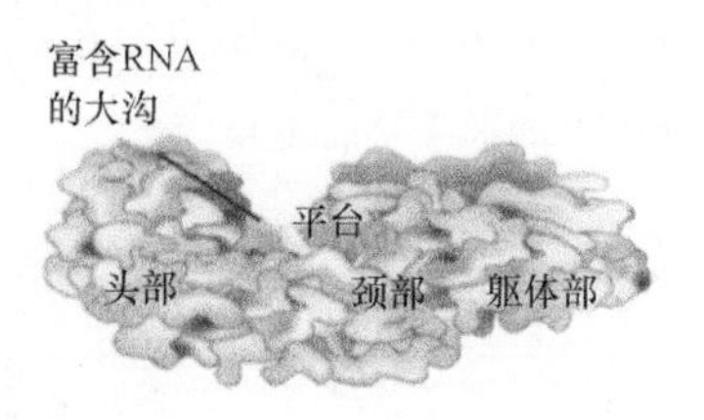

图 22.36 30S 亚基有一个连接头部和躯体部的颈部，颈部上还有一个可伸出的平台

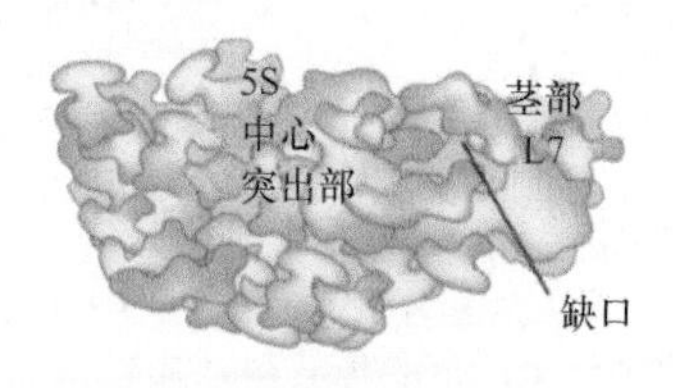

图 22.37 50S 亚基有一个中心突出部，这里是 5S rRNA 所处的位置，它与由 L7 蛋白组成的茎部被一个缺口所分隔

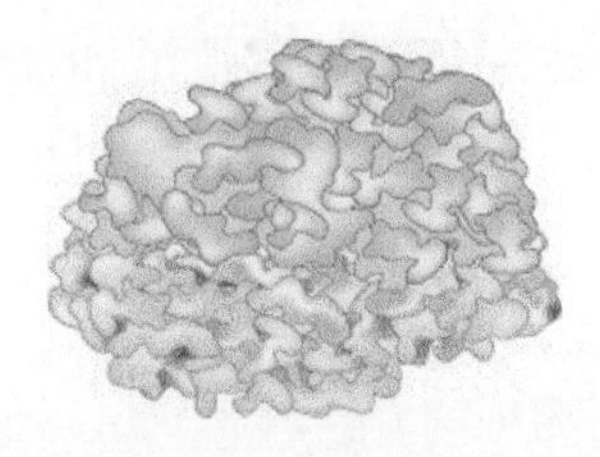

图 22.38 30S 亚基的平台结构与 50S 亚基的凹槽结合，从而构成了 70S 核糖体

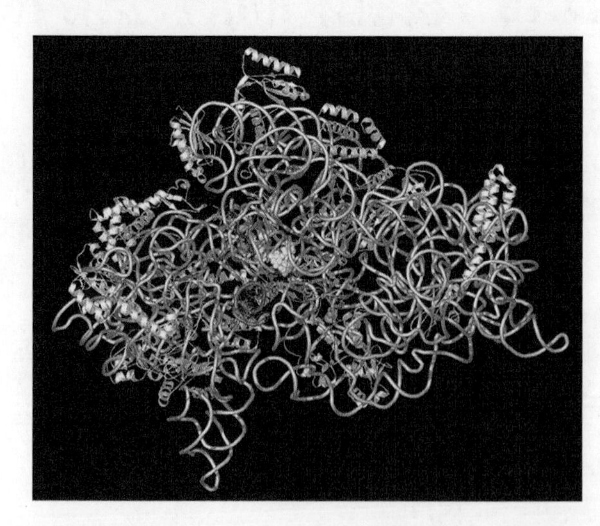

图 22.39 核糖体 30S 亚基是核糖核蛋白颗粒。核糖体蛋白质为白色，rRNA 为浅蓝色

图片由 Kalju Kahn 教授友情提供

此环位于亚基的界面上。通过修饰 / 干扰实验证实16S rRNA 的其他核苷酸也参与反应。这种观察结果支持这样一个观点：核糖体的进化起源可能来自游离 RNA 而不是蛋白质所组成的颗粒。

50S 亚基的成分比 30S 亚基的成分分布得更为均匀，它有长杆状的双链 RNA 交叉于结构中，这个 RNA 形成了一团紧密包装的螺旋。外界面多数为蛋白质，除了肽酰转移酶中心（见 22.19 节“23S rRNA 具有肽酰转移酶活性”）。几乎所有的 23S rRNA 的区段都与蛋白质存在相互作用，但多数蛋白质相对而言都是无特定结构的。

70S 核糖体中，亚基间的连接涉及 16S rRNA（大多在平台处）与 23S rRNA 的接触。同时，每一个亚基的 rRNA 和另一个亚基的蛋白质之间也存在一些相互作用，还有极少量的蛋白质 - 蛋白质相互作用。**图 22.40** 鉴定出了 rRNA 结构上的一些接触位点。**图 22.41** 则打开了它的结构（可以想象 50S 亚基逆时针而 30S 亚基顺时针方向绕图中所示的轴旋转时的情景），用以展示每个亚基表面接触位点的位置。

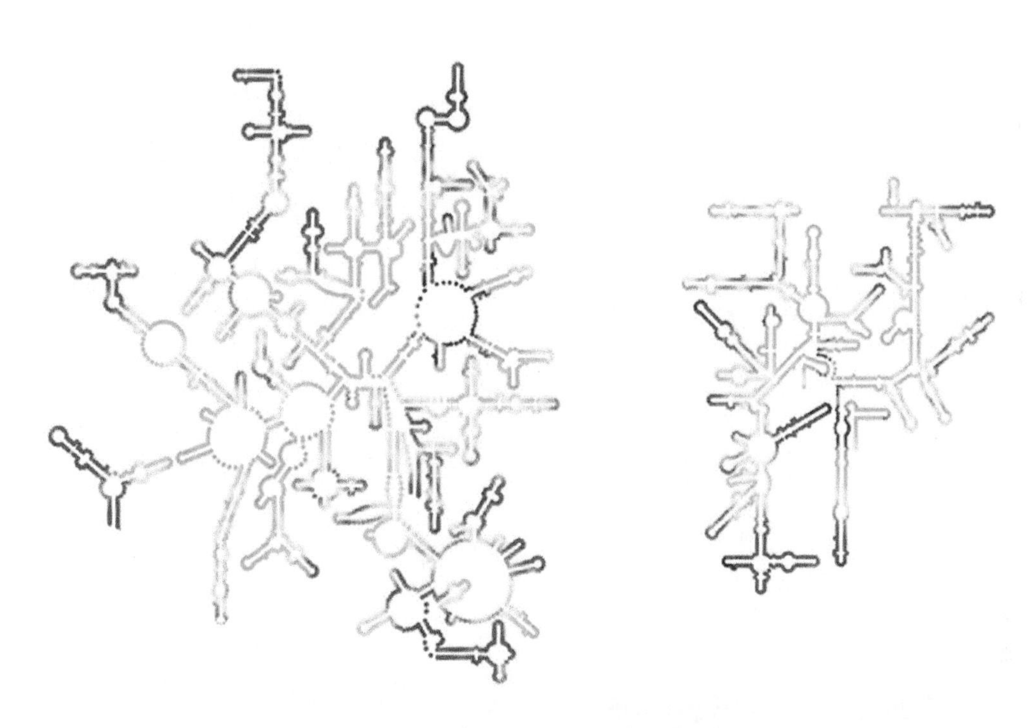

图 22.40 rRNA 间的接触点位于 16S rRNA 的两个结构域和 23S rRNA 的一个结构域

Laguna Design/Getty Images

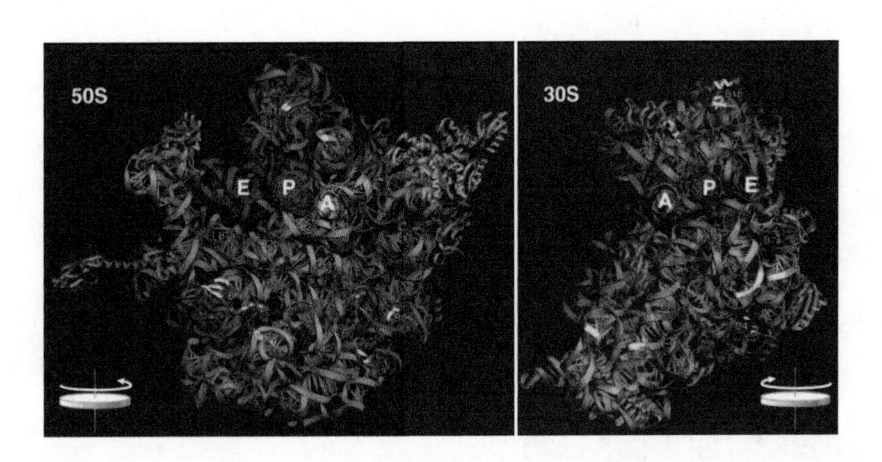

图 22.41 核糖体亚基间的接触绝大部分是由 RNA（用紫色表示）提供的，参与接触的蛋白质由黄色显示。两个亚基彼此旋转来展示相互作用时形成的接触面：从垂直于屏幕的接触平面，50S 亚基逆时针旋转 90°，30S 亚基顺时针旋转 90°（这显示了它处于平常取向的反方向）

图片由 Harry Noller, University of California, Santa Cruz 友情提供

22.17 核糖体拥有数个活性中心

关键概念

- 由 rRNA 参与的相互作用是核糖体功能的关键部分。
- tRNA 结合位点的环境很大程度上由 rRNA 决定。

我们所了解的有关核糖体的基本知识是它的协同结构，在翻译过程中，这种结构依赖于各个活性位点之间关系的改变。活性位点并不是小的、不连续的区域，这不同于酶的活性中心。它们是大的区域，其结构和活性既依赖于核糖体蛋白，也依赖于 rRNA。单个亚基和细菌核糖体的晶体结构使我们对总体结构有了更好的认识，同时进一步强调了 rRNA 的作用。2.8 Å 的晶体结构清楚地显示了 tRNA 的定位和功能位点。现在可以根据核糖体的结构推知其许多功能。

核糖体的功能是以它与 tRNA 的相互作用为中心开展的。图 22.42 显示了 70S 核糖体和 tRNA 在三个位点的结合。A 位与 P 位的 tRNA 几乎相互平行，而三个 tRNA 排列在一起，并以它们的反密码子环在 30S 亚基的大沟与 mRNA 结合。每个 tRNA 的其余部分与 50S 亚基结合。tRNA 周围环境几乎全由 rRNA 提供。在每个位点，rRNA 可与 tRNA 中的结构完全保守的部分接触。

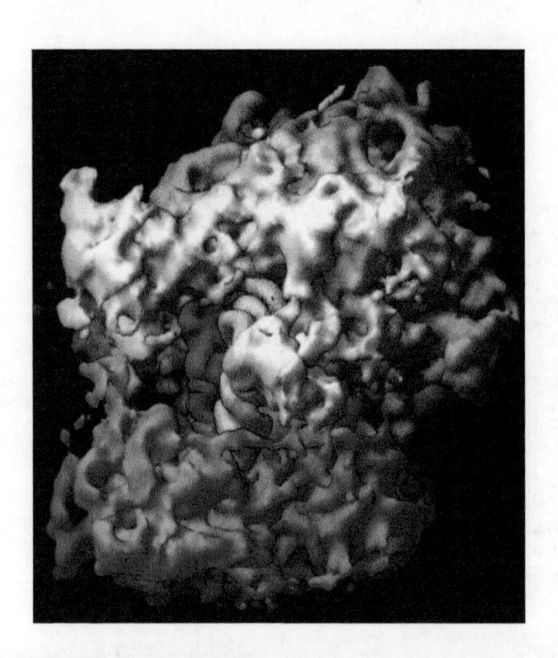

图 22.42　70S 核糖体包括 50S 亚基（白色）、30S 亚基（紫色），还有三个 tRNA 位于它的表面。黄色为 A 位；蓝色为 P 位；绿色为 E 位

图片由 Harry Noller, University of California, Santa Cruz 友情提供

在获得核糖体的高分辨率晶体结构之前，很难理解两个巨大的 tRNA 是如何在连续的可读密码子上相互排列在一起的。晶体结构显示，mRNA 的 P 位和 A 位之间存在 45° 的转角，这可允许 tRNA 的结合，就如图 22.43 的伸展示意图。结合于 P 位和 A 位上的 tRNA 在反密码子处互成 26° 夹角。tRNA 骨架之间的最近处位于 3′ 端，它们仅隔 5 Å（垂直于平面的角度），这允许了肽链从 P 位上的肽酰 tRNA 转到 A 位上的氨酰 tRNA 上。

氨酰 tRNA 由 EF-Tu 插入 A 位，它与密码子的配对对于 EF-Tu 水解 GTP 并从核糖体上解离下来是必要的（见 22.10 节“延伸因子 Tu 将氨酰 tRNA 装入 A 位”）。EF-Tu 先将氨酰 tRNA 放入小亚基，在这里反密码子与密码子配对，只有当 tRNA 的 3′ 端进入大亚基的肽酰转移酶中心，才需要 tRNA 的移动，使之完全进入 A 位。这个过程的发生存在数种模型：一种模型要求整个 tRNA 旋转，以使由 D 臂和 TΨC 臂组成的 L 形结构的肘部能进入核糖体，使 TΨC 臂与 rRNA 配对；另一种模型认为 tRNA 的内部结构改变，以反密码子环为铰链，tRNA 的其余部分以某一位置为中心旋转，这个位置从反密码子环的 3′ 端堆叠到 5′ 端。在转换完成以后，EF-Tu 水解 GTP，使肽键合成继续进行。

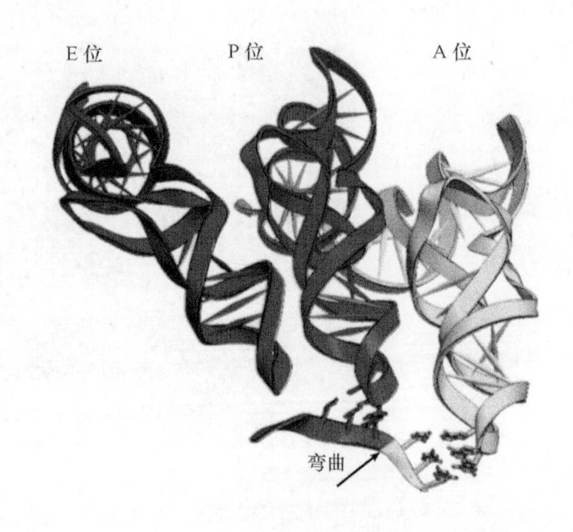

图 22.43　3 个 tRNA 在核糖体上位于不同的方向。mRNA 在 P 位、A 位的转角允许氨酰 tRNA 结合相邻的密码子

图片由 Harry Noller, University of California, Santa Cruz 友情提供

易位需要tRNA在核糖体内进行大的移动。tRNA反密码子环从A位到P位移动约28 Å，再从P位到E位移动20 Å。因为tRNA和反密码子环之间存在一定角度，所以整个tRNA移动的距离还要大，从A位到P位为40 Å，从P位到E位为55 Å，这说明易位需要在结构上进行大的重新组建。

多年以来，人们一直以为易位只有在EF-G存在的情况下才能发生。然而，抗生素稀疏霉素（sparsomycin，它能抑制肽酰转移酶活性）能触发易位。这提示，在肽键形成已经发生后，驱动易位的能量实际上储存于核糖体内。通常是EF-G作用于核糖体，释放出能量，使之能驱动易位，而稀疏霉素也具有这种功能。稀疏霉素是通过结合肽酰tRNA，阻止它与氨酰tRNA的相互作用而抑制肽酰转移酶活性的。它可能是形成了类似于常规易位后构象的一种结构，随后推进了肽酰tRNA的移动，其结论就是移位能力是核糖体的内在特性。

杂合状态模型认为易位可能分两个阶段发生。核糖体的一个亚基相对于另一个发生移动，从而形成一种中间状态，这时，tRNA的结合位点为杂合的（50S E位/30S P位和50S P位/30S A位）。易位前后的核糖体结构比较，以及游离的30S亚基与70S核糖体中的16S rRNA构象比较表明，30S亚基的头部与平台区对结构移动性是很重要的。而且在rRNA中，参与亚基结合的许多碱基与涉及同tRNA相互作用的碱基之间非常靠近，这一事实进一步加深了我们对杂合状态模型的理解。这些都提示了tRNA结合位点与亚基的交界处很接近，也说明了亚基之间相互作用的改变可与tRNA的运动相联系。

核糖体的活性中心占据了其结构的绝大部分。图22.44的核糖体位点示意图显示了这个比例约是2/3。tRNA进入A位，易位到P位，最后从E位离开（细菌的）核糖体。A位和P位跨越了大小两个亚基，tRNA再与30S亚基中的mRNA配对，但肽转移发生于50S亚基中。A位和P位是相邻的，这使得tRNA能从一个位点易位到另一个位点。E位与P位也是相邻的（位于50S亚基表面某个位置）。肽酰转移酶中心位于50S亚基，与A位和P位上的tRNA的氨酰末端接近（见22.18节“16S rRNA在翻译中起着重要作用”）。

在翻译中发挥作用的所有GTP结合蛋白（EF-Tu、EF-G、IF-2、RF1、RF2和RF3）结合于同样的因子结合位点上（有时被称为GTP酶中心），这可能触发GTP的水解。这个位点位于大亚基茎部的底部，由L7蛋白和L12蛋白组成（L7是L12修饰后的产物，在N端有一个乙酰基）。除了这个区域，由L11蛋白及23S rRNA的58个碱基组成的复合体提供了一些可影响GTP酶活性的抗生素结合位点。这两个核糖体结构并非真正拥有GTP酶活性，但它们对这个活性都是必需的。因此，核糖体的功能之一是用结合于因子结合位点上的蛋白质促进GTP水解。

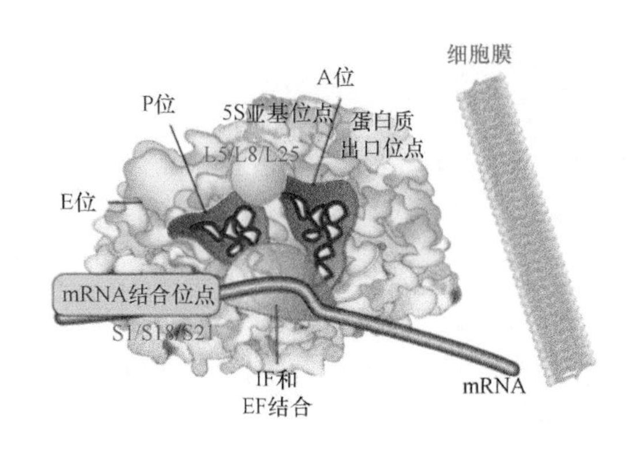

图22.44 核糖体由若干活性中心组成，它可能与膜结合。mRNA通过A位和P位时，形成转角，即相互间形成一个角度。E位存在于P位旁边，肽酰转移酶位点（未显示）在A位和P位顶部延伸出去，EF-Tu/G结合的部分位点位于A位和P位底部

mRNA和30S亚基的起始结合需要S1蛋白，它与单链核酸具有很强的亲和力，并对结合于30S亚基的mRNA保持单链状态具有作用。这种作用对于阻止mRNA采取碱基配对的构象是有必要的，而该构象对于翻译则是不利的。S1蛋白有一个相当伸展的结构，并与S18蛋白和S21蛋白连接。这三个蛋白质组成一个结构域，这个结构域在与mRNA的起始结合及与起始子tRNA结合时起作用，它将mRNA的结合位点定位在小亚基裂缝的附近。与mRNA起始位点配对的rRNA的3′端即在此区。

起始因子也结合在核糖体的同一区域。IF-3能与rRNA的3′端，以及其他一些核糖体蛋白（如一些可能参与mRNA结合的蛋白质）相交联。IF-3的作用可能是稳定mRNA-30S亚基的结合，随后当50S亚基加入时它就被取代。

在体外，将5S RNA结合到组装好的50S亚基中依赖于三种蛋白质——L5、L8、L25，它们以化

学计量的方式形成复合体。这个复合体能结合 23S rRNA，尽管分离出的各个组分都不能与其结合。该复合体位于 P 位和 A 位的附近。

一条新生多肽链在核糖体中延伸，逐渐从活性位点远离，并进入核糖体与膜结合的区域。多肽链从核糖体上的出口通道穿出，这条通道连接了肽酰转移酶和 50S 亚基的表面。通道主要由 rRNA 构成，它很窄，仅 1 ～ 2 nm 宽，约 10 nm 长。新生多肽链从离肽酰转移酶位点约 15 Å 处从核糖体中穿出，通道能容纳 50 个氨基酸残基，并能防止多肽链在离开出口结构域前折叠，尽管一些有限的二级结构在多肽链中也能形成。

22.18 16S rRNA 在翻译中起着重要作用

关键概念

- 16S rRNA 对 30S 亚基的功能起着重要作用：它能与 mRNA、50S 亚基，以及 A 位和 P 位中的 tRNA 反密码子直接发生相互作用。

核糖体最初被看成是一些含有多种催化功能的蛋白质集合体，它依靠蛋白质 - 蛋白质相互作用，以及 rRNA- 蛋白质的相互作用集结在一起。然而，rRNA 分子具有催化活性的发现（详见第 19 章“RNA 的剪接与加工”）马上提示，rRNA 对核糖体的功能可能起着更大的作用。现在已有证据表明，在翻译的每一阶段都存在 rRNA 与 mRNA 或 tRNA 的相互作用，而蛋白质负责为 rRNA 保持构象，使它能执行催化功能。rRNA 的几个特殊区域参与了如下一些相互作用。

- rRNA 的 3′ 端在翻译起始时直接与 mRNA 作用。
- 16S rRNA 的特殊区域与在 A 位和 P 位中的 tRNA 反密码子直接相互作用。类似地，23S rRNA 与在 A 位和 P 位的肽酰 tRNA 的 CCA 末端相互作用。
- 亚基相互作用涉及了 16S 和 23S rRNA 之间的相互作用（见 22.16 节“核糖体 RNA 广泛存在于两个核糖体亚基上”）。

用抗生素可以抑制特定阶段的翻译过程，利用这种方法得到了细菌翻译中多个步骤的大量有用信息。抗生素靶标由抗性突变组分来识别。一些抗生素作用于单一的核糖体蛋白，而另一些作用于 rRNA，这提示了 rRNA 参与了许多甚至是全部的核糖体催化功能。

有两种方法可用来研究 rRNA 的功能：结构研究显示，特定的 rRNA 区域定位在核糖体重要的功能位点上，而对这些碱基的化学修饰阻断了核糖体的特定功能；另一种方法是用突变来鉴别核糖体特定功能所需的 rRNA 碱基。图 22.45 总结了用这些方法鉴别出来的 16S rRNA 的功能位点。

对一种致死试剂大肠杆菌素（colicin）E3 的敏感性研究揭示了 16S rRNA 的 3′ 端的重要性。大肠杆菌素 E3 由一些细菌合成，能把大肠杆菌的 16S rRNA 的 3′ 端的 50 个碱基切割下来，这就会完全阻止翻译起始。几个重要功能都与被切割下来的区域有关，如与 IF-3 的结合、与 mRNA 的识别，以及与 tRNA 的结合。

16S rRNA 的 3′ 端直接参与起始反应，它通过与 mRNA 中的核糖体结合位点的 SD 序列配对而起作用。在翻译过程中，16S rRNA 的 3′ 端的另一个直接作用可用春雷霉素（kasugamycin）抗性突变体的性质来显示，这种突变缺少 16S rRNA 上特定的修饰，这样，春雷霉素就封闭了翻译起始。*ksgA* 基因的抗性突变体缺少甲基化酶，这种酶能在 16S rRNA 中 3′ 端的两个邻近腺嘌呤上引入 4 个甲基。这种甲基化产生了高度保守的 G-m_2^6A-m_2^6A 序列，这在真核生物、原核生物的小 rRNA 中都有发现。这个甲基化序列参与了 30S 与 50S 亚基的结合，随后大亚基再与完整核糖体上的起始子 tRNA 连接。春雷霉素使 fMet-$tRNA_f$ 从敏感的（甲基化的）核糖体上释放，但有抗性的核糖体能保留这个起始子。

当核糖体参与翻译时，16S rRNA 也会发生结构变化，这与在防止特定碱基免于化学攻击时所看到的一样。这些位点可分成几个组，集中于 3′ 端小的结构域和中心结构域上。虽然它们的位置分散分布在 16S rRNA 的线性序列上，但在三维结构上，参与这些相同功能的碱基位置其实很靠近。

与 50S 亚基的连接，以及与 mRNA 或 tRNA 的结合也会引起 16S rRNA 的一些改变，提示这些事件与核糖体构象的变化有关，而构象的变化影响了 rRNA 的暴露程度，但这并没有说明这些功能直接影

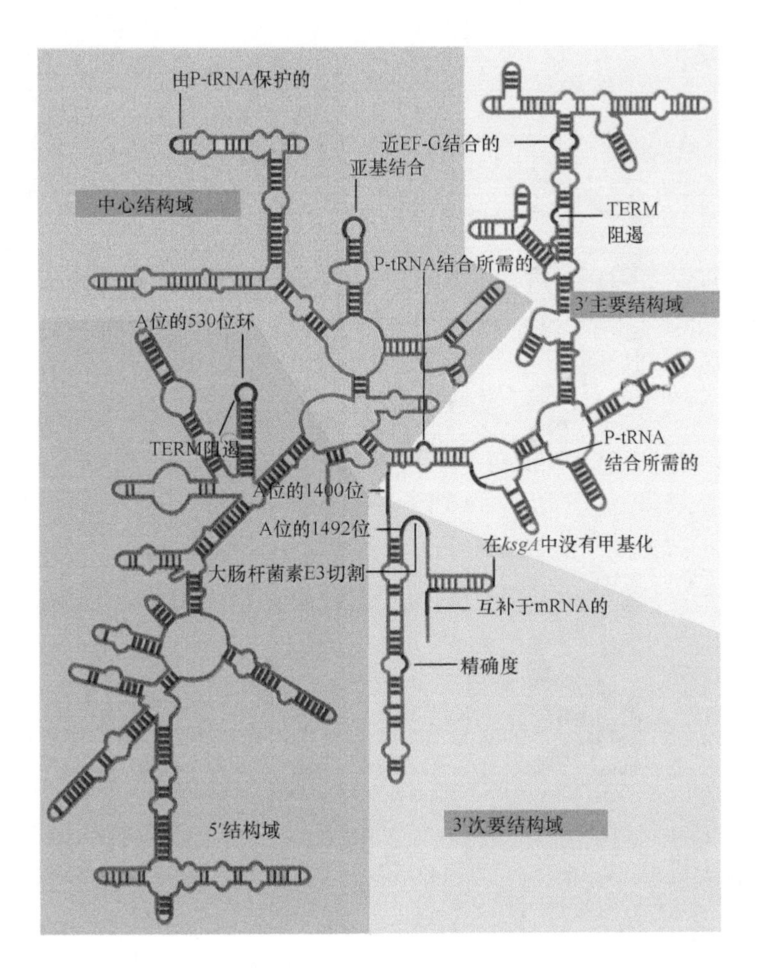

图 22.45 当 50S 亚基结合到 30S 亚基上或当氨酰 tRNA 结合到 A 位上时，16S rRNA 的一些位点可被化学探针保护起来。其余是一些影响翻译的突变位点。TERM 抑制位点可能影响某些或几个终止密码子的终止。大的着色片段标识了 rRNA 的 4 个结构域

响了 rRNA。**图 22.46** 说明了在翻译过程中的一个变化，它包括一个可改变短双链体序列性质的局部运动。

16S rRNA 与 A 位和 P 位的功能相关，当这些位点被占据后，16S rRNA 的结构会发生显著的改变。结合于 A 位上的 tRNA 能保护某些特定的位点：一个是第 530 位的环（其实这同样也是阻止在 UAA、UAG、UGA 密码子处终止的突变位点）；另一个是 1400 ～ 1500 位区域（这样称呼是因为 1399 ～ 1492 位的碱基与 1492 位和 1493 位的腺嘌呤是被一

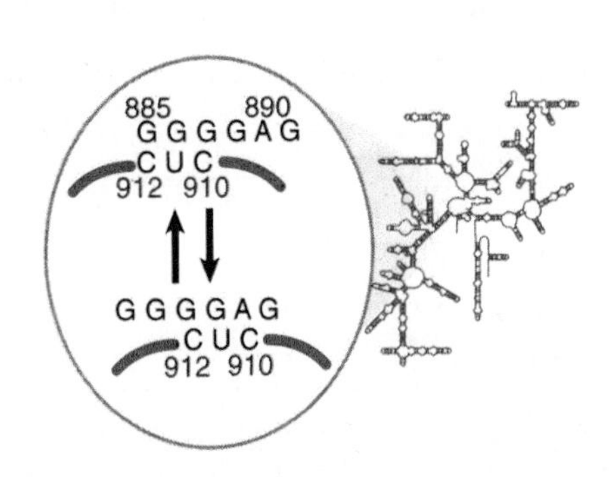

图 22.46 在翻译过程中可能发生 16S rRNA 的构象改变

个长发夹结构连接的两个单链序列）。tRNA 的结合给 16S rRNA 带来的效应也可以由分离出来的反密码子茎 - 环寡核苷酸产生，这就说明 tRNA 与 30S 亚基的结合必定涉及了这个区域。

1492 位和 1493 位的腺嘌呤为检测配对的密码子 - 反密码子复合体提供了一种机制。此种相互作用的原理是：16S rRNA 的结构应答位于双链体小沟内的前两个碱基对结构，而双链体是由密码子和反密码子相互作用而形成的。rRNA 的 1492 位或 1493 位碱基中任何一个的 N1 位点的修饰都能阻止 tRNA 结合到 A 位，但是，1492 位或 1493 位上的突变能被 mRNA 相应的碱基在 2′ 位置引入的氟原子所抑制（即它回复了相互作用）。**图 22.47** 显示了密码子 - 反密码子配对允许任何一个腺嘌呤的 N1 和 mRNA 骨架上的 2′- 羟基（2′-OH）相互作用，这种相互作用能稳定 A 位的 tRNA 的偶联。当一个不正确 tRNA 进入 A 位时，则密码子 - 反密码子复合体的结构被扭曲，相互作用就不能进行。

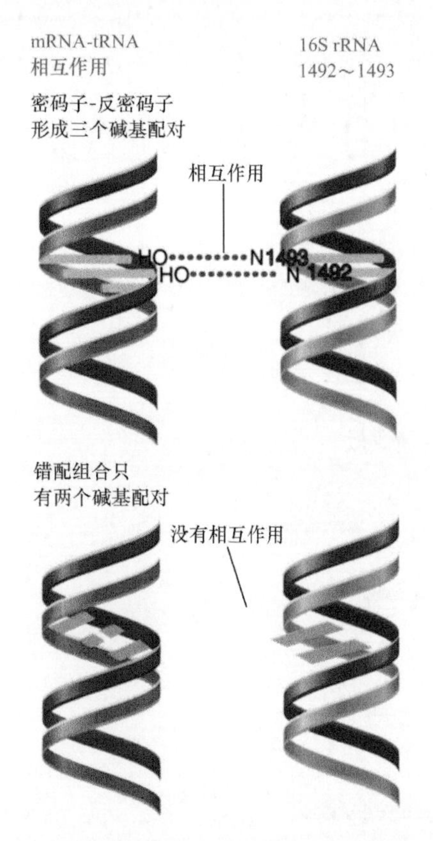

图 22.47 密码子 - 反密码子配对支持与 16S rRNA 的 1492 位和 1493 位腺嘌呤的相互作用，但错配的 tRNA-mRNA 不能进行相互作用

16S rRNA 不同位点上的各种碱基被 P 位上的 tRNA 所保护。在三维结构上，可能这些碱基是相邻的。实际上，16S rRNA 与 P 位上的 tRNA 比 A 位上的 tRNA 存在更多的接触，这可能是肽酰 tRNA 比氨酰 tRNA 具有更高稳定性的原因。这种说法比较合理，因为一旦 tRNA 到达 P 位，核糖体就已经认为它是被正确结合的，而它在 A 位时，还处于评估这个结合是否正确阶段。1400 位碱基区域能够直接与肽酰 tRNA 交联，这提示这个区域是 P 位的一个结构成分。

从这些结果中得出的基本结论是：rRNA 与 tRNA、mRNA 存在很多相互作用，这些作用在肽键形成的每一循环过程中反复出现。

22.19 23S rRNA 具有肽酰转移酶活性

关键概念

- 肽酰转移酶活性只存在于 23S rRNA 中。

23S rRNA 的功能位点还未像 16S rRNA 那样研究清楚，但已经观察到了共同的模式，即特定位点上的碱基能影响特定功能。A 位或 P 位的构型影响 23S rRNA 特定位点上的碱基，尤其是 tRNA 的 3′ CCA 末端衍生的寡核苷酸保护了 23S rRNA 上的一系列碱基，这和那些被肽酰 tRNA 所保护的碱基基本上是一样的。这说明 23S rRNA 和 P 位上的肽酰 tRNA 的主要相互作用包括 tRNA 的 3′ 端。

在 A 位和 P 位上，tRNA 与 23S rRNA 都有接触。在 P 位，23S rRNA 中第 2553 位 G 和肽酰 tRNA 中第 74 位 C 配对。rRNA 上 G 的突变阻止了它与 tRNA 的作用，但当 tRNA 上氨基受体末端的 C 也发生补偿突变时，反应就可恢复。在 A 位，23S rRNA 中第 2552 位 G 与氨酰 tRNA 中第 75 位 C 配对，所以 rRNA 在两个 tRNA 结合位点的角色相近。事实上，当我们对这个区域的结构了解得更为清楚时就能明白，通过与 rRNA 接触或断开的方式，使 tRNA 在 A 位和 P 位之间移动。

另一个结合 tRNA 的位点是 E 位，它只位于 50S 亚基。在 23S rRNA 上，可以检测受其构象所影响的碱基。

50S 亚基具有肽酰转移酶的功能位点，其本质是什么呢？长期以来，寻找具有催化功能的核糖体蛋白的所有努力均告失败，这使我们发现了大亚基上的 rRNA 能够催化肽酰 tRNA 与氨酰 tRNA 之间的肽键形成。当 23S rRNA 上的一个区域存在突变位点时，它能拮抗抗生素所引起的肽酰转移酶的抑制，这使人们首次揭示 rRNA 参与了这一反应。将 50S 亚基上几乎所有的蛋白质除去，使 23S rRNA 只与一些蛋白质片段结合，这些蛋白质还没有占到核糖体所有蛋白质的 5%，它们仍然有肽酰转移酶活性，如果破坏 rRNA 则破坏了催化活性。

根据上述结果，我们知道由体外转录而制备的 23S rRNA 能催化 Ac-Phe-tRNA 和 Phe-tRNA 之间肽键的形成。但是 Ac-Phe-Phe 产物很少，说明 23S rRNA 需要蛋白质以获得高的催化效率。而因为 RNA 具有基本的催化活性，这说明蛋白质的功能必定只是间接的，它们可能有助于 rRNA 的正确折叠或将底物递呈给它们。如果 23S rRNA 结构域单独合成，然后组合在一起，反应仍然进行，只是效率更低。事实上，有些活性只由结构域 V 就能显示出来，因为它拥有催化中心，P 位中的结构域 V 的第

2252 位上的突变能消除它的活性。

古菌 50S 亚基的晶体结构显示了肽酰转移酶基本上由 23S rRNA 组成。在肽酰 tRNA 和氨酰 tRNA 之间发生转移反应的位点，即酶活性位点的附近 18 Å 范围内没有蛋白质的存在！

肽键的形成需要一个氨基酸的氨基基团攻击另一个氨基酸的羧基基团。催化需要碱性残基接受氨基上脱下来的氢原子，如图 22.48 所示，如果 rRNA 是催化剂，那么它必定拥有这样一个残基，但我们还不知道这是如何发生的。嘌呤和嘧啶在生理条件下不是碱性的。在大肠杆菌 rRNA 的第 2451 位上，曾经发现了一个高度保守的碱基，但它似乎既没有肽酰转移酶所需的特征，对肽酰转移酶也不重要。

分离得到的 rRNA 的催化活性相当低。而在肽酰转移区外，结合于 23S rRNA 的蛋白质几乎都是使 rRNA 在体内形成正确构型所必需的。在第 19 章“RNA 的剪接与加工”中讨论的结果指出了 RNA 参与几种 RNA 加工反应所具有的催化性质，与此处所讨论的 rRNA 是催化成分的观点一致，这也符合以下观点：目前的核糖体从最初仅由 RNA 组成的原型进化而来。

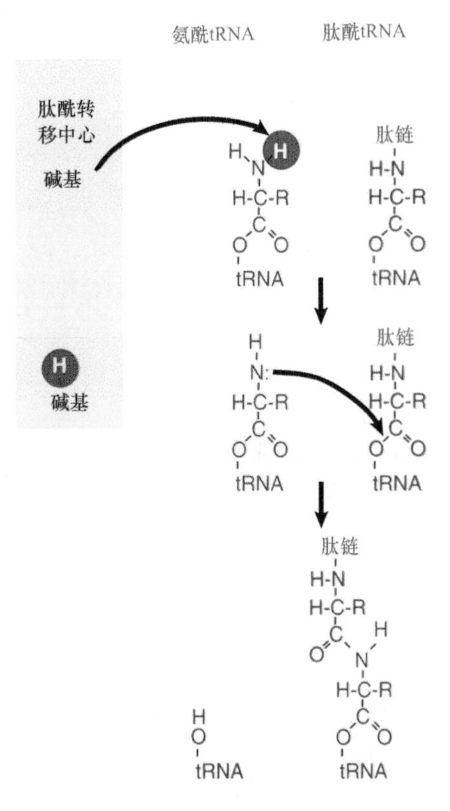

图 22.48 肽键合成需要酸性碱基的催化作用，以把一个氢原子转移到一个碱性残基上

22.20 当亚基聚集在一起时核糖体结构发生改变

关键概念

- 当完整核糖体形成时，30S 亚基的头部会环绕颈部旋转。
- 完整核糖体中 50S 亚基的肽酰转移酶活性位点比单一 50S 亚基的活性更大。
- 30S 亚基和 50S 亚基之间的界面富含溶剂接触。

许多间接证据提示，当各个亚基聚集在一起形成完整核糖体时，单一亚基的结构会发生明显改变。rRNA 对外界试剂易感性的差异是其中最强的一项指标（见 22.18 节“16S rRNA 在翻译中起着重要作用”）。更加直接的是，单一亚基的高分辨率晶体结构与完整核糖体的低分辨率结构的比较提示了显著差异的存在。大肠杆菌精确到 3.5 Å 的核糖体晶体结构进一步证实了这一观点，它还鉴定出了两个不同的核糖体构象，很可能代表了翻译的不同阶段。

每一单元晶体含有两个核糖体，每一个核糖体代表了不同的构象，这种差异可能由于每一个亚基内的结构域的定位改变而引起的，最重要的是，在其中一种构象中，小亚基的头部面向 E 位环绕颈部旋转 6°。我们也在极端嗜热细菌（*Thermus thermophilus*）的（低分辨率）核糖体晶体结构中看到了相反方向的 6° 旋转，这种核糖体由 mRNA 结合，并在 A 位和 P 位中拥有 tRNA，这提示根据翻译阶段的不同，头部总体上可以旋转 12°。头部的旋转沿着跨越核糖体的 tRNA 途径，这说明头部旋转可能控制了 tRNA 与 mRNA 的移动。

各个亚基聚集在一起时所发生的各种改变在 30S 亚基中更加明显，而在 50S 亚基中较不明显。这种变化可能与控制 mRNA 的位置与移动有关。在 50S 亚基中最明显的变化就是肽酰转移酶活性中心，在催化肽键合成过程中，单一 50S 亚基的活性比完整核糖体中的活性要低至约 1/1000。其原因可能就是结构变化，在完整核糖体中，它能将底物更加有效地放置于活性位点上。

从完整核糖体的结构中浮现出来的其中一个主要特征就是在 30S 亚基和 50S 亚基之间的界面中存

在极高密度的溶剂接触，这可能有助于形成或断开接触，而这是亚基解离与连接所必需的，它也可能参与翻译过程中的结构改变。

22.21 翻译是可调节的

关键概念

- mRNA 的 5′ 非翻译区（UTR）可调节翻译。
- 不同 tRNA 的丰度可调节翻译。
- 阻遏物可以通过阻止核糖体与起始密码子的结合而调节翻译。
- 翻译引起了 mRNA 结构的变化，这可以控制多顺反子 mRNA 上起始密码子的可接近性。

合成哪一种蛋白质或合成多少蛋白质的控制首先发生在转录控制水平（将在第 24 章“操纵子”中讨论），随后通过 RNA 加工（在细菌中很少有，而在真核生物中比较常见）以及最终的翻译水平的控制，这是我们此处需要探讨的（关于 *lac* 操纵子及其调节详见第 24 章“操纵子”）。

lac 阻遏物由 *lacI* 基因编码，这是一个不受调节的基因，它会一直转录，不过其启动子的效率却很差。另外，*lac* 阻遏物的编码区位于易于降解的 mRNA 中，简单而言，这个 mRNA 的 5′ UTR 存在很差的序列背景，不会允许核糖体快速结合或在 ORF 上快速移动。就如刚刚看到的，启动子可以分为“高效”和“低效”，mRNA 也是如此。总而言之，这意味着核糖体不能像翻译 *lacZYA* 多顺反子 mRNA 的水平一样翻译这些少量的 mRNA。所以在细胞中几乎不会发现 *lac* 阻遏物，因为每个细胞仅仅只有 10 个左右的四聚体。

翻译能被控制的第二种方法是**密码子选用**（**codon usage**）。大部分氨基酸拥有多个密码子，而这些密码子却不被 tRNA 以同等效率解码；且一些密码子拥有丰富的 tRNA，而另一些却丰度很低。对应着高丰度 tRNA 的密码子所构建的 ORF 可被快速翻译；而对应着低丰度 tRNA 的密码子所构建的 ORF 的翻译速率可能很慢。

翻译水平的控制还存在其他更多的活跃机制。在翻译水平上控制基因表达的一个机制是与运用阻遏物阻止转录相平行的一种机制。当蛋白质结合于 mRNA 上的靶位点而阻止核糖体识别起始区时，就可发生翻译阻遏。确切地说，蛋白质 -mRNA 结合等同于阻遏物结合于 DNA，而它可以阻止 RNA 聚合酶利用启动子。多顺反子 mRNA 可以允许翻译的协同调节，这类似于操纵子的转录阻遏。**图 22.49** 举了一些最常见的例子来说明这种相互作用，调节物直接与包含起始密码子 AUG 在内的序列结合，从而阻遏了它与核糖体的结合。

表 22.2 总结了一些翻译阻遏物及其靶标的例子。翻译出的产物是如何直接控制其 mRNA 翻译的呢？一个经典的例子就是 R17 RNA 噬菌体的衣壳蛋白。它与噬菌体 mRNA 上包括核糖体结合位点的发夹结构相结合。同样地，T4 噬菌体的 RegA 蛋白与共有序列相结合，而这一共有序列涵盖了几个 T4 噬菌体的早期 mRNA 中以 AUG 为起始密码子的启动子；并且 T4 噬菌体的 DNA 聚合酶与它自身的 mRNA 中的一段序列相结合，而这段序列包含了与核糖体结合所需的 SD 元件。

另一种翻译控制的方式就是一个基因的翻译

表 22.2 与 mRNA 起始区序列结合的蛋白质可能发挥翻译阻遏物的作用

阻遏物	靶基因	作用位点
R17 衣壳蛋白	R17 复制酶	包含核糖体结合位点的发夹结构
T4 噬菌体 RegA 蛋白	早期 T4 噬菌体 mRNA	包含起始密码子的各种序列
T4 噬菌体 DNA 聚合酶	T4 噬菌体 DNA 聚合酶	SD 序列
T4 噬菌体 p32 蛋白	基因 32	单链 5′ 前导物

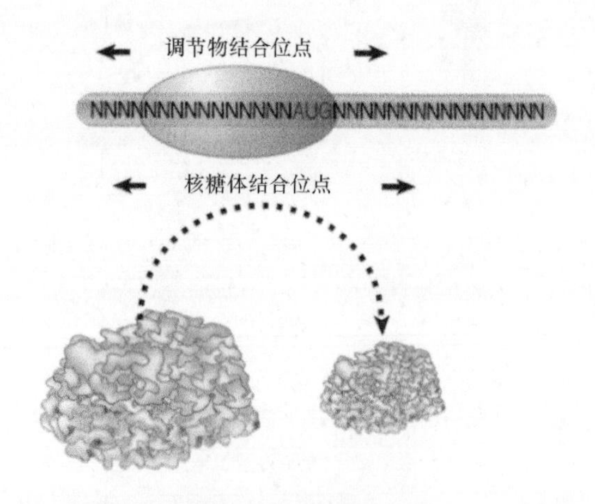

图 22.49 在 mRNA 的起始密码子处，调节物可与核糖体结合位点相重叠的位点结合，从而阻断了翻译

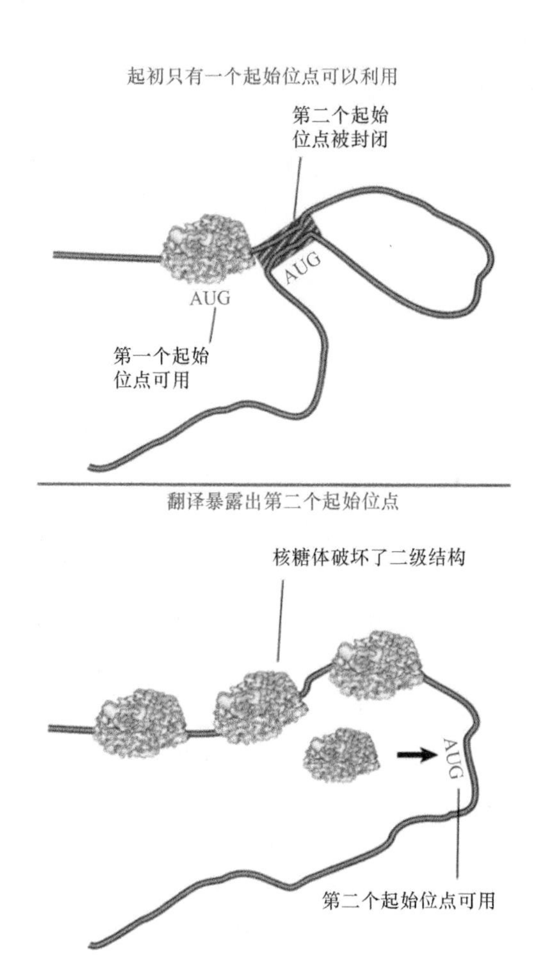

图 22.50 二级结构能够控制起始。在 RNA 噬菌体中，只有一个起始位点可被首先利用，而第一个基因的翻译会改变 RNA 构象，这样另一个起始位点就可被使用

需要前一个基因的翻译所引起的二级结构改变来进行。这发生在 RNA 噬菌体的翻译过程中，其基因表达都是按照一定顺序进行的。**图 22.50** 显示 RNA 噬菌体二级结构只有一个起始区段可以允许核糖体进入；第二个起始区段不能被核糖体识别，因为它与此 RNA 的其他区段存在碱基配对。然而第一个基因的翻译破坏了这个二级结构，从而使核糖体可以与第二个基因的起始位点结合，因此这条 mRNA 的二级结构控制着其可翻译性。

22.22 细菌信使 RNA 的生命周期

关键概念

- 细菌中的转录和翻译以偶联的转录 / 翻译形式同时进行，因为在 mRNA 的合成尚未结束时，核糖体就已经开始翻译了。
- 细菌的 mRNA 是不稳定的，其半衰期只有几分钟。
- 细菌的 mRNA 是多顺反子，含有几个编码区，分别代表不同的顺反子。

mRNA 在所有细胞中具有同样的功能，但真核生物和原核生物的 mRNA 在结构和合成的细节上存在重要差异。

mRNA 产生的主要差别来自转录和翻译所发生的区域。

- 细菌 mRNA 的转录和翻译发生在单一的细胞区室，两个过程紧密偶联以至于它们同时发生。因为在转录完成之前核糖体就与细菌 mRNA 结合，所以多核糖体很可能仍在与 DNA 结合。细菌 mRNA 通常不稳定，因此只能在几分钟内翻译成蛋白质，这一过程称为**偶联的转录 / 翻译（coupled transcription/ translation）**。
- 在真核生物细胞中，mRNA 的合成与成熟是完全在细胞核内发生的。只有这些事件完成之后，mRNA 才能运输到细胞质，在细胞质内由核糖体翻译。真核生物的 mRNA 通常具有内在稳定性，能连续翻译好几个小时，当然也存在特定 mRNA 稳定性的极大差异，在一些例子中，这来自于 5′ 或 3′ UTR 的稳定序列或不稳定序列。

如**图 22.51** 所示，细菌中转录和翻译是紧密偶联的。当 RNA 聚合酶结合在 DNA 上，沿 DNA 移动并拷贝其中一链时，转录就开始了。转录开始后不久，核糖体便与 mRNA 5′ 端结合并开始翻译，即在其余信息尚未被合成之前翻译就开始了。一连串的核糖体会在 mRNA 合成时沿着 mRNA 移动。转录终止时，mRNA 的 3′ 端也就产生。核糖体在 mRNA 尚未降解之前持续翻译，但是 mRNA 通常沿 5′ → 3′ 方向快速降解。mRNA 合成、被核糖体翻译以及降解都是快速、连续进行的。单独的 mRNA 分子只能存在几分钟甚至更短时间。

细菌转录和翻译的速率相似。在 37℃，mRNA 的转录速率为 40 ～ 50 nt/s，这与多肽合成速率相接近，约 15 个氨基酸 /s。因此 2500 nt 的 mRNA 分子被翻译成 90 kDa 的多肽约耗时 1 min，当新基因表

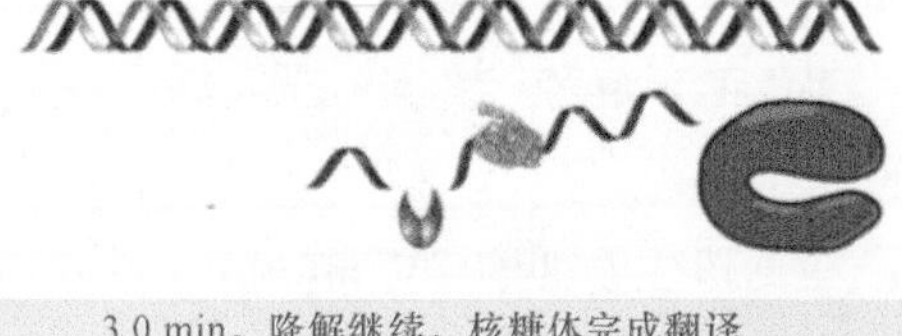

图 22.51 在细菌中，mRNA 的转录、翻译和降解几乎同时进行

达起始时，约 1.5 min 内 mRNA 就会出现在细胞内，而相应多肽将在 30 s 内出现。

细菌的翻译非常高效，大多数 mRNA 被一大群紧密包裹的核糖体翻译。以 *trp* mRNA 为例，每分钟约有 15 次转录起始，在其转录与降解的时间间隔里这 15 个 mRNA 的每一个都可能被 30 个核糖体同时翻译。

多数细菌 mRNA 的不稳定性是令人惊讶的，mRNA 的降解紧随其翻译而进行。降解在转录开始后 1 min 可能就开始了。mRNA 的 5′ 端在 3′ 端合成或翻译完成之前就已开始降解。最后一个核糖体沿 mRNA 移动之后降解似乎便开始了，但降解速率较慢，约为转录或翻译速率的一半。

mRNA 的稳定性大大影响了由它所产生的多肽数量，它常以半衰期表示。不同基因的 mRNA 具有特定的半衰期，细菌中这一时间平均约为 2 min。

当然，这一系列事件的发生仅仅在转录、翻译和降解都发生在同一方向上才有可能。基因表达的动态过程由电子显微镜捕捉并显示在**图 22.52** 中。在这些（未知的）转录部位里，许多 mRNA 同时合成，在每一个 mRNA 上很多核糖体都在从事翻译（各个对应的阶段如图 22.51 的第二幅图所示）。通常将合成尚未完成的 RNA 称为**新生 RNA（nascent RNA）**。

细菌 mRNA 编码蛋白质的数量变化很大，有些 mRNA 仅编码单一蛋白质，它们是**单顺反子（monocistronic）**的。另外一些（大多数）序列编码多种多肽，它们是多顺反子（polycistronic）的。在这种情况下，单个 mRNA 由一群相邻顺反子转录而来（这样的一群顺反子组成一个操纵子，被当作一个遗传单元控制，详见第 24 章“操纵子”）。

所有的 mRNA 包括三个区域。编码区或 ORF

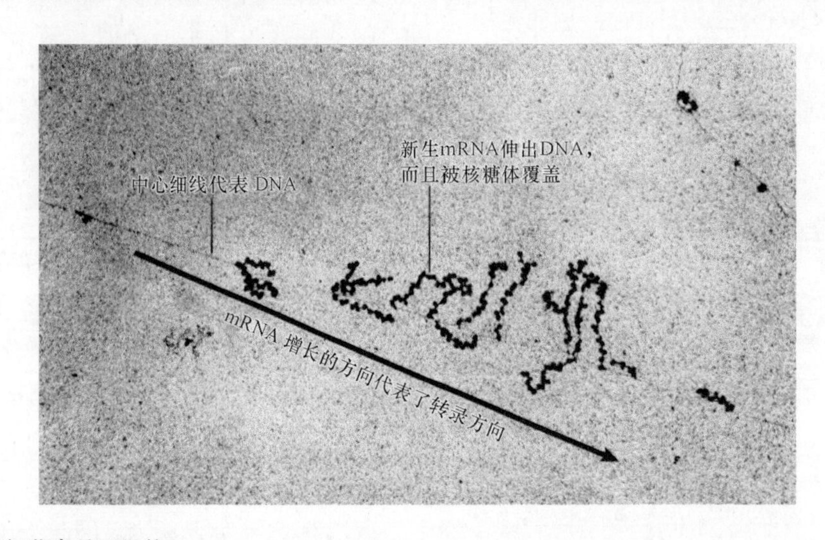

图 22.52 转录单位在细菌中是可见的

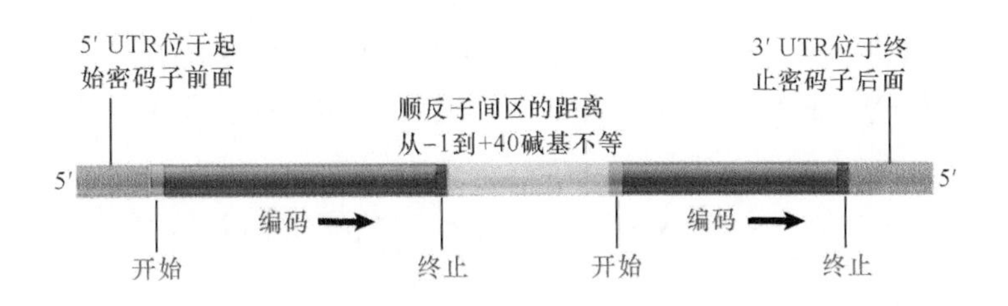

图 22.53 细菌 mRNA 包括了翻译区和非翻译区。每个编码区有自己的起始信号和终止信号。一个典型的 mRNA 包括了几个编码区

由一系列代表多肽中氨基酸序列的密码子组成，通常始于 AUG 而止于三个终止密码子的其中一个。但 mRNA 经常长于编码区，两端都含有额外区域。在编码区起始位点之前的 5′ 端，额外序列被称为前导区（leader）或者 5′ UTR；在 3′ 端的终止信号之后也有额外区域，被称为尾部区（trailer）或者 3′ UTR。尽管这些序列并不编码多肽，但是它们包含重要的调节指示，特别是在真核生物的 mRNA 中。

一个多顺反子 mRNA 同时也包括了**顺反子间区（intercistronic region）**，如图 22.53 所示。它们的长度变化很大。在细菌 mRNA 中，它可能长于 30 nt（在噬菌体 RNA 中可能会更长）；但是它们也可能很短，只有 1 nt 或 2 nt 隔开一个多肽的起始密码子和上一个多肽的终止密码子。在极端的例子中，两个基因实际上可重叠，以至于一个编码区的最后一个碱基是下一编码区的第一个碱基。

翻译一个特定顺反子的核糖体数量决定于它的 5′ UTR 中的起始位点的效率。当 mRNA 的 5′ 端合成时，第一个顺反子的起始位点就可以进行翻译了。而下游顺反子是如何翻译的呢？多顺反子 mRNA 的各个编码区是独立翻译的，还是其表达是相互关联的呢？所有顺反子的起始机制是相同的，还是第一个顺反子与内部顺反子之间存在着差异呢？

细菌 mRNA 的翻译顺序按其顺反子次序而进行。当核糖体到达第一个编码区时，下游编码序列还没有被转录。当第二个核糖体结合位点可用时，第一个顺反子的翻译已经在进行中了。通常在第一个顺反子的末端区域核糖体终止翻译，接着，新的核糖体在下一个编码区的起始位点就开始独立组装。mRNA 中的顺反子间区和核糖体密度会影响这些过程。

小结

氨酰 tRNA 能识别与 mRNA 中的密码子，它有互补于密码子的反密码子，并带有对应此密码子的氨基酸。一个特殊的起始子 tRNA（在原核生物中，它是 fMet-$tRNA_f$；在真核生物中，它是 Met-$tRNA_i$）识别启动所有编码序列的密码子 AUG。在原核生物中，GUG 也用于起始。只有终止（无义）密码子 UAA、UAG 和 UGA 不被任何氨酰 tRNA 所识别。

完成翻译后的核糖体进入游离核糖体库中，分开的大小亚基处于平衡之中。小亚基与 mRNA 结合，进而与大亚基结合，并产生完整的能进行翻译的核糖体。原核生物起始位点的识别需要 rRNA 的 3′ 端序列与 Shine-Dalgarno 序列结合，它位于 mRNA 的 AUG（或 GUG）密码子的前面；而真核生物 mRNA 的识别包含 5′ 端帽结构的结合，然后小亚基通过扫描寻找 AUG 密码子而转移到起始位点。当它识别了合适的 AUG（常常是它遇到的第一个，但并不总是这样）后，就与大亚基结合。

一个核糖体能同时携带两个氨酰 tRNA：它的 P 位被肽酰 tRNA 占据，这个肽酰 tRNA 携带了已经合成的多肽链；而 A 位用来容纳携带下一个氨基酸的氨酰 tRNA。核糖体还有 E 位，tRNA 在参与完翻译后，在释放之前可从这个位点经过。接着，P 位上的肽被转到 A 位的氨酰 tRNA 上，这样，在 P 位上产生空载 tRNA 和在 A 位上产生肽酰 tRNA。

在肽键形成后，核糖体延着 mRNA 易位一个密码子的距离，将空载 tRNA 易位到 E 位，而肽酰 tRNA 从 A 易位到 P 位。易位由延伸因子 EF-G 催化。与核糖体的其他几个阶段一样，这一步需要 GTP 的水解。易位过程中，核糖体要经过一个杂合阶段，此时 50S 亚基相对 30S 亚基有一个移动。

翻译是一个昂贵的大量耗能的过程。好几个阶段的反应都需要 ATP，包括 tRNA 与氨基酸合成反应，以及 mRNA 的解开。据估计，在快速生长的细菌中，多至 90% 的合成的 ATP 是用来合成蛋白质的。

在翻译的各个步骤中还需要一些额外因子，我

们根据它们与核糖体周期性地结合与解离来定义它们。起始因子参与了原核生物的起始。IF-3参与了30S亚基与mRNA的结合，并对30S亚基保持游离状态是有作用的。IF-2参与fMet-$tRNA_f$与30S亚基的结合，并在起始反应中帮助它排斥其他的氨酰tRNA。在起始子tRNA结合到起始复合体后，GTP发生水解。为了让大亚基加入起始复合体，这些起始因子必须被释放出去。

真核生物的起始需要更多的因子，一些参与了40S亚基与mRNA的5′端帽的结合，此时起始子tRNA则与另一组因子结合。在这个起始结合后，小亚基在mRNA上扫描直到它发现正确的AUG起始密码子。最后，起始因子被释放，而60S亚基结合到起始复合体上。

原核生物的EF参与了延伸反应。EF-Tu使氨酰tRNA结合到70S核糖体上。EF-Tu释放时，GTP被水解，EF-Tu活性的再生需要EF-Ts。EF-G用来易位。EF-Tu和EF-G与核糖体的结合是相互排斥的，这保证了在下一步进行之前上一步反应已经完成。

终止发生在三种特殊密码子UAA、UAG和UGA的任何一处。1类RF能特异性地识别终止密码子，并激活核糖体水解肽酰tRNA；2类RF用来帮助1类RF从核糖体上释放。GTP结合因子IF-2、EF-Tu、EF-G和RF-3都有相似的结构，当它们与tRNA结合后，后两者可模仿前两者的RNA蛋白质结构，它们都结合在同一核糖体位点——G因子结合位点。

核糖体是核糖核蛋白颗粒，它的主要质量由RNA提供。各种核糖体的形状都是相似的。细菌的70S核糖体和真核生物的80S核糖体都已经被详细研究过。在细菌中，小亚基（30S）为南瓜形，头部和身体由一道沟分开，身体占据了2/3的质量。大亚基更接近于球形，在右侧有一个明显的茎部，还有一个中央隆起，小亚基上所有蛋白质的定位已经基本清楚。

每个亚基都含一个单独的主要rRNA，原核生物中是16S和23S rRNA，真核生物中是18S和28S rRNA。在大亚基中还有一个较次要的rRNA，最有名的为5S rRNA。两个主要的rRNA都含有配对的碱基，主要存在形式是带单链环的、短的、不完全配对的双链体茎结构。通过比较大量的不同物种所勾画出的rRNA的序列或二级结构，可以找出rRNA中的保守特征。16S rRNA含有4个独立的结构域；23S rRNA含有6个；真核生物的rRNA还存在附加的结构域。

晶体结构显示在30S亚基上，RNA和蛋白质的分布是不均匀的。RNA被集中于与50S亚基接触的界面，50S亚基有一个蛋白质表面，一条长杆形的双链RNA交叉地结合着这种结构。30S和50S亚基的结合通过16S和23S rRNA之间的接触来实现的。亚基之间的界面会与溶剂充分接触。在它们形成完整核糖体时，两个亚基都会发生结构改变。

每个亚基都有几个活性中心，集中于多肽合成的翻译结构域中。多肽从与膜相连的出口结构域离开核糖体。主要的活性位点是P位、A位、E位、EF-Tu和EF-G结合位点、肽酰转移酶和mRNA结合位点。在翻译过程中，核糖体的构型可能会发生变化。主要rRNA中特定区域的可接近性的差异已经查明。

A位和P位上的tRNA互相平行。反密码子环在30S亚基的一个沟处和mRNA结合，tRNA的其余部分与50S亚基结合。A位的tRNA构象变换需要它的氨酰末端与P位的肽酰tRNA的末端并排。连接了P位和A位的肽酰转移酶位点由23S rRNA组成，它具有肽酰转移酶催化活性，虽然核糖体蛋白对它获得正确的结构仍然很重要。

rRNA在翻译中的活性原理被影响核糖体功能的突变所揭示，通过化学交联法检测可以获得核糖体与mRNA或tRNA的相互作用，以及核糖体需要保持与mRNA或tRNA个别碱基配对相互作用。在合成起始，rRNA的3′端可与mRNA配对。内部区域可与P位和A位中的tRNA接触。核糖体rRNA是一些能抑制翻译的抗生素或其他试剂的作用靶位点。

mRNA具有吸引核糖体的能力，且大量特异性的tRNA能识别不同的密码子，这样就可在翻译水平调节基因的表达。更多翻译水平上能起调节作用的活性机制被发现。与mRNA结合的蛋白质可阻止核糖体的结合，这也可调节翻译。

参考文献

22.4 细菌中的起始反应需要30S亚基和辅助因子

综述文献

Maitra, U. (1982). Initiation factors in protein biosynthesis. *Annu. Rev. Biochem.* 51, 869-900.

Noller, H. F. (2007). Structure of the bacterial ribosome and some implications for translational
regulation. In *Translational Control in Biology and Medicine*. (Mathews, M. B., Sonenberg, N., and Hershey, J. W. B., Eds.), pp. 87-128. New York: Cold Spring Harbor Laboratory Press.

研究论文文献

Carter, A. P., Clemons, W. M., Brodersen, D. E.,
Morgan-Warren, R. J., Hartsch, T., Wimberly, B. T., and Ramakrishnan, V. (2001). Crystal structure of an initiation factor bound to the 30S ribosomal subunit. *Science* 291, 498-501.

Dallas, A., and Noller, H. F. (2001). Interaction of translation initiation factor 3 with the 30S ribosomal subunit. *Mol. Cell* 8, 855-864.Moazed, D., Samaha, R. R., Gualerzi, C., and Noller, H. F. (1995). Specific protection of 16S rRNA by translational initiation factors. *J. Mol. Biol*. 248, 207-210.

22.6 一种特殊的起始子 tRNA 开始了多肽的合成

研究论文文献

Lee, C. P., Seong, B. L., and RajBhandary, U. L. (1991). Structural and sequence elements important for recognition of *E. coli* formylmethionine tRNA by methionyl-tRNA transformylase are clustered in the acceptor stem. *J. Biol. Chem*. 266, 18012-18017.

Marcker, K., and Sanger, F. (1964). N-Formylmethionyl-S-RNA. *J. Mol. Biol*. 8, 835-840.

Sundari, R. M., Stringer, E. A., Schulman, L. H., and Maitra, U. (1976). Interaction of bacterial initiation factor 2 with initiator tRNA. *J. Biol. Chem*. 251, 3338-3345.

22.8 小亚基扫描查找真核生物 mRNA 的起始位点

综述文献

Hellen, C. U., and Sarnow, P. (2001). Internal ribosome entry sites in eukaryotic mRNA molecules. *Genes Dev*. 15, 1593-1612.

Kozak, M. (1978). How do eukaryotic ribosomes select initiation regions in mRNA? *Cell* 15, 1109-1123.

Kozak, M. (1983). Comparison of initiation of protein synthesis in prokaryotes, eukaryotes, and organelles. *Microbiol. Rev*. 47, 1-45.

研究论文文献

Kaminski, A., Howell, M. T., and Jackson, R. J. (1990). Initiation of encephalomyocarditis virus RNA translation: the authentic initiation site is not selected by a scanning mechanism. *EMBO J*. 9, 3753-3759.

Pelletier, J., and Sonenberg, N. (1988). Internal initiation of translation of eukaryotic mRNA directed by a sequence derived from poliovirus RNA. *Nature* 334, 320-325.

Pestova, T. V., Hellen, C. U., and Shatsky, I. N. (1996). Canonical eukaryotic initiation factors determine initiation of translation by internal ribosomal entry. *Mol. Cell Biol*. 16, 6859-6869.

Pestova, T. V., Shatsky, I. N., Fletcher, S. P., Jackson, R. J., and Hellen, C. U. (1998). A prokaryotic-like mode of cytoplasmic eukaryotic ribosome binding to the initiation codon during internal translation initiation of hepatitis C and classical swine fever virus RNAs. *Genes Dev*. 12, 67-83.

22.9 真核生物使用由许多起始因子组成的复合体

综述文献

Dever, T. E. (2002). Gene-specific regulation by general translation factors. *Cell* 108, 545-556.

Gebauer, F., and Hentze, M. W. (2004). Molecular mechanisms of translational control. *Nat. Rev. Cell. Mol. Biol*. 5, 827-835.

Gingras, A. C., Raught, B., and Sonenberg, N. (1999). eIF4 initiation factors: effectors of mRNA recruitment to ribosomes and regulators of translation. *Annu. Rev. Biochem*. 68, 913-963.

Hershey, J. W. B. (1991). Translational control in mammalian cells. *Annu. Rev. Biochem*. 60, 717-755.

Lackner, D. H., and Bähler, J. (2008). Translationalcontrol of gene expression from transcripts to transcriptomes. *Int. Rev. Cell. Mol. Biol*. 271, 199-251.

Merrick, W. C. (1992). Mechanism and regulation of eukaryotic protein synthesis. *Microbiol. Rev*. 56, 291-315.

Pestova, T. V., Kolupaeva, V. G., Lomakin, I. B., Pilipenko, E. V., Shatsky, I. N., Agol, V. I., and Hellen, C. U. (2001). Molecular mechanisms of translation initiation in eukaryotes. *Proc. Natl. Acad. Sci. USA* 98, 7029-7036.

Pestova, T. V., Lorsch, J. R., and Hellen, C. U. T. (2007). The mechanism of translation initiation in eukaryotes. In *Translational Control in Biology and Medicine*. (M. B. Mathews, N. Sonenberg, and J. W. B. Hershey, Eds.), pp. 87-128. New York: Cold Spring Harbor Laboratory Press.

Sachs, A., Sarnow, P., and Hentze, M. W. (1997). Starting at the beginning, middle, and end: translation initiation in eukaryotes. *Cell* 89, 831-838.

研究论文文献

Asano, K., Clayton, J., Shalev, A., and Hinnebusch, A. G. (2000). A multifactor complex of eukaryotic initiation factors, eIF1, eIF2, eIF3, eIF5, and initiator tRNA(Met) is an important translation initiation intermediate *in vitro*. *Genes Dev*. 14, 2534-2546.

Huang, H. K., Yoon, H., Hannig, E. M., and Donahue, T. F. (1997). GTP hydrolysis controls stringent selection of the AUG start codon during translation initiation in *S. cerevisiae*. *Genes Dev*. 11, 2396-2413.

Kahvejian, A., Svitkin, Y. V., Sukarieh, R., M'Boutchou, M.-N., and Sonenberg, N. (2005). Mammalian poly(A)-binding is a eukaryotic translation initiation factor, which acts via multiple mechanisms. *Genes Dev*. 19, 104-113.

Pestova, T. V., and Kolupaeva, V. G. (2002). The roles of individual eukaryotic translation initiation factors in ribosomal scanning and initiation codon selection. *Genes Dev*. 16, 2906-2922.

Pestova, T. V., Lomakin, I. B., Lee, J. H., Choi, S. K., Dever, T. E., and Hellen, C. U. (2000). The joining of ribosomal subunits in eukaryotes requires eIF5B. *Nature* 403, 332-335.

Tarun, S. Z., and Sachs, A. B. (1996). Association of the yeast poly(A) tail binding protein with translation initiation factor eIF-4G. *EMBO J*. 15, 7168-7177.

22.12 易位使核糖体移动

综述文献

Ramakrishnan, V. (2002). Ribosome structure and the mechanism of translation. *Cell* 108, 557-572.

Wilson, K. S., and Noller, H. F. (1998). Molecular movement inside the translational engine. *Cell* 92, 337-349.

研究论文文献

Moazed, D., and Noller, H. F. (1986). Transfer RNA shields specific nucleotides in 16S ribosomal RNA from attack by chemical probes. *Cell* 47, 985-994.

Moazed, D., and Noller, H. F. (1989). Intermediate states in the movement of tRNA in the ribosome. *Nature* 342, 142-148.

22.13 延伸因子选择性地结合在核糖体上

综述文献

Frank, J., and Gonzalez, Jr., R. L. (2010). Structure and dynamics of a processive Brownian motor: the translating ribosome. *Ann. Rev. Biochem.* 79, 381-412.

研究论文文献

Nissen, P., Kjeldgaard, M., Thirup, S., Polekhina, G., Reshetnikova, L., Clark, B. F., and Nyborg, J. (1995). Crystal structure of the ternary complex of Phe-tRNAPhe, EF-Tu, and a GTP analog. *Science* 270, 1464-1472.

Stark, H., Rodnina, M. V., Wieden, H. J., van Heel, M., and Wintermeyer, W. (2000). Large-scale movement of elongation factor G and extensive conformational change of the ribosome during translocation. *Cell* 100, 301-309.

22.15 终止密码子由蛋白质因子所识别

综述文献

Eggertsson, G., and Soll, D. (1988). Transfer RNAmediated suppression of termination codons in *E. coli*. *Microbiol. Rev.* 52, 354-374.

Frolova, L., Le Goff, X., Rasmussen, H. H., Cheperegin, S., Drugeon, G., Kress, M., Arman, I., Haenni, A. L., Celis, J. E., Philippe, M., et al. (1994). A highly conserved eukaryotic protein family possessing properties of polypeptide chain release factor. *Nature* 372, 701-703.

Nissen, P., Kjeldgaard, M., and Nyborg, J. (2000). Macromolecular mimicry. *EMBO J.* 19, 489-495.

研究论文文献

Freistroffer, D. V., Kwiatkowski, M., Buckingham, R. H., and Ehrenberg, M. (2000). The accuracy of codon recognition by polypeptide release factors. *Proc. Natl. Acad. Sci. USA* 97, 2046-2051.

Ito, K., Ebihara, K., Uno, M., and Nakamura, Y. (1996). Conserved motifs in prokaryotic and eukaryotic polypeptide release factors: tRNAprotein mimicry hypothesis. *Proc. Natl. Acad. Sci. USA* 93, 5443-5448.

Klaholz, B. P., Myasnikov, A. G., and van Heel, M. (2004). Visualization of release factor 3 on the ribosome during termination of protein synthesis. *Nature* 427, 862-865.

Mikuni, O., Ito, K., Moffat, J., Matsumura, K., McCaughan, K., Nobukuni, T., Tate, W., and Nakamura, Y. (1994). Identification of the *prfC* gene, which encodes peptide-chain-release factor 3 of *E. coli*. *Proc. Natl. Acad. Sci. USA* 91, 5798-5802.

Milman, G., Goldstein, J., Scolnick, E., and Caskey, T. (1969). Peptide chain termination. 3. Stimulation of *in vitro* termination. *Proc. Natl. Acad. Sci. USA* 63, 183-190.

Scolnick, E., et al. (1968). Release factors differing in specificity for terminator codons. *Proc. Natl. Acad. Sci. USA* 61, 768-774.

Selmer, M., Al-Karadaghi, S., Hirokawa, G., Kaji, A., and Liljas, A. (1999). Crystal structure of *Thermotoga maritima* ribosome recycling factor: a tRNA mimic. *Science* 286, 2349-2352.

Song, H., Mugnier, P., Das, A. K., Webb, H. M., Evans, D. R., Tuite, M. F., Hemmings, B. A., and Barford, D. (2000). The crystal structure of human eukaryotic release factor eRF1—mechanism of stop codon recognition and peptidyl-tRNA hydrolysis. *Cell* 100, 311-321.

22.16 核糖体 RNA 广泛存在于两个核糖体亚基上

综述文献

Hill, W. E., Dahlberg, A., Garrett, R. A. (eds). (1990). *The Ribosome: Structure, Function, and Evolution*. Washington, DC: American Society for Microbiology.

Noller, H. F. (1984). Structure of ribosomal RNA. *Annu. Rev. Biochem.* 53, 119-162.

Noller, H. F. (2005). RNA structure: reading the ribosome. *Science* 309, 1508-1514.

Noller, H. F., and Nomura, M. (1987). E. coli *and* S. typhimurium. Washington, DC: American Society for Microbiology.

Wittman, H. G. (1983). Architecture of prokaryotic ribosomes. *Annu. Rev. Biochem.* 52, 35-65.

Yusupova, G., and Yusupov, M. (2014). Highresolution structure of the eukaryotic 80S ribosome. *Annu. Rev. Biochem.* 83, 467-486.

研究论文文献

Ban, N, Nissen, P., Hansen, J., Capel, M., Moore, P. B., and Steitz, T. A. (1999). Placement of protein and RNA structures into a 5 Å-resolution map of the 50S ribosomal subunit. *Nature* 400, 841-847.

Ban, N., Nissen, P., Hansen, J., Moore, P. B., and Steitz, T. A. (2000). The complete atomic structure of the large ribosomal subunit at 2.4 Å resolution. *Science* 289, 905-920.

Clemons, W. M., et al. (1999). Structure of a bacterial 30S ribosomal subunit at 5.5 Å resolution. *Nature* 400, 833-840.

Wimberly, B. T., Brodersen, D. E., Clemons, W. M., Jr., Morgan-Warren, R. J., Carter, A. P., Vonrhein, C., Hartsch, T., and Ramakrishnan, V. (2000). Structure of the 30S ribosomal subunit. *Nature* 407, 327-339.

Yusupov, M. M., Yusupova, G. Z., Baucom, A., Lieberman, A., Earnest, T. N., Cate, J. H. D., and Noller, H. F. (2001). Crystal structure of the ribosome at 5.5 Å resolution. *Science* 292, 883-896.

22.17 核糖体拥有数个活性中心

综述文献

Lafontaine, D. L., and Tollervey, D. (2001). The function and synthesis of ribosomes. *Nat. Rev. Mol. Cell Biol.* 2, 514-520.

Moore, P. B., and Steitz, T. A. (2003). The structural basis of large ribosomal subunit function. *Annu. Rev. Biochem.* 72, 813-850.

Ramakrishnan, V. (2002). Ribosome structure and the mechanism of translation. *Cell* 108, 557-572.

研究论文文献

Cate, J. H., Yusupov, M. M., Yusupova, G. Z., Earnest, T. N., and Noller, H. F. (1999). X-ray crystal structures of 70S ribosome functional complexes. *Science* 285, 2095-2104.

Fredrick, K., and Noller, H. F. (2003). Catalysis of ribosomal translocation by sparsomycin. *Science* 300, 1159-1162.

Selmer, M., Dunham, C. M., Murphy, F. V., IV, Weixlbaumer, A., Petry, S., Kelley, A. C., Weir, J. R., and Ramakrishnan, V. (2006). Structure of the 70S ribosome complexed with mRNA and tRNA. *Science* 319, 1935-1942.

Sengupta, J., Agrawal, R. K., and Frank, J. (2001). Visualization of protein S1 within the 30S ribosomal subunit and its interaction with messenger RNA. *Proc. Natl. Acad. Sci. USA* 98, 11991-11996.

Simonson, A. B., and Simonson, J. A. (2002). The transorientation hypothesis for codon recognition during protein synthesis. *Nature* 416, 281-285.

Valle, M., Sengupta, J., Swami, N. K., Grassucci, R. A., Burkhardt, N., Nierhaus, K. H., Agrawal, R. K., and Frank, J. (2002). Cryo-EM reveals an active role for aminoacyl-tRNA in the accommodation process. *EMBO J.* 21, 3557-3567.

Yusupov, M. M., Yusupova, G. Z., Baucom, A., Lieberman, A., Earnest, T. N, Cate, J. H. D., and Noller, H. F. (2001). Crystal structure of the ribosome at 5.5 Å resolution. *Science* 292, 883-896.

22.18 16S rRNA 在翻译中起着重要作用

综述文献

Noller, H. F. (1991). Ribosomal RNA and translation. *Annu. Rev. Biochem.* 60, 191-227.

Yonath, A. (2005). Antibiotics targeting ribosomes: resistance, selectivity, synergism and cellular regulation. *Annu. Rev. Biochem.* 74, 649-679.

研究论文文献

Lodmell, J. S., and Dahlberg, A. E. (1997). A conformation · al switch in *E. coli* 16S rRNA during decoding of mRNA. *Science* 277, 1262-1267.

Moazed, D., and Noller, H. F. (1986). Transfer RNA shields specific nucleotides in 16S ribosomal RNA from attack by chemical probes. *Cell* 47, 985-994.

Yoshizawa, S., Fourmy, D., and Puglisi, J. D. (1999). Recognition of the codon-anticodon helix by rRNA. *Science* 285, 1722-1725.

22.19 23S rRNA 具有肽酰转移酶活性

综述文献

Leung, E. K. Y., Suslov, N., Tuttle, N., Sengupta, R., and Piccirilli, J. A. (2011). The mechanism of peptidyl transfer catalysis by the ribosome. *Annu. Rev. Biochem.* 80, 527-555.

Rodnina, M. V. (2013). The ribosome as a versatile catalyst: reactions at the peptidyl transferase center. *Curr. Opin. Struc. Biol.* 23, 595-602.

研究论文文献

Ban, N., Nissen, P., Hansen, J., Moore, P. B., and Steitz, T. A. (2000). The complete atomic structure of the large ribosomal subunit at 2.4 Å resolution. *Science* 289, 905-920.

Bayfield, M. A., Dahlberg, A. E., Schulmeister, U., Dorner, S., and Barta, A. (2001). A conformational change in the ribosomal peptidyl transferase center upon active/inactive transition. *Proc. Natl. Acad. Sci. USA* 98, 10096-10101.

Noller, H. F., Hoffarth, V., and Zimniak, L. (1992). Unusual resistance of peptidyl transferase to protein extraction procedures. *Science* 256, 1416-1419.

Samaha, R. R., Green, R., and Noller, H. F. (1995). A base pair between tRNA and 23S rRNA in the peptidyl transferase center of the ribosome. *Nature* 377, 309-314.

Thompson, J., Thompson, D. F., O'Connor, M., Lieberman, K. R., Bayfield, M. A., Gregory, S. T., Green, R., Noller, H. F., and Dahlberg, A. E. (2001). Analysis of mutations at residues A2451 and G2447 of 23S rRNA in the peptidyltransferase active site of the 50S ribosomal subunit. *Proc. Natl. Acad. Sci. USA* 98, 9002-9007.

22.20 当亚基聚集在一起时核糖体结构发生改变

参考文献

Schuwirth, B. S., Borovinskaya, M. A., Hau, C. W., Zhang, W., Vila-Sanjurjo, A., Holton, J. M., and Cate, J. H. (2005). Structures of the bacterial ribosome at 3.5 Å resolution. *Science* 310, 827-834.

22.22 细菌信使 RNA 的生命周期

研究论文文献

Brenner, S., Jacob, F., and Meselson, M. (1961). An unstable intermediate carrying information from genes to ribosomes for protein synthesis. *Nature* 190, 576-581.

第 23 章

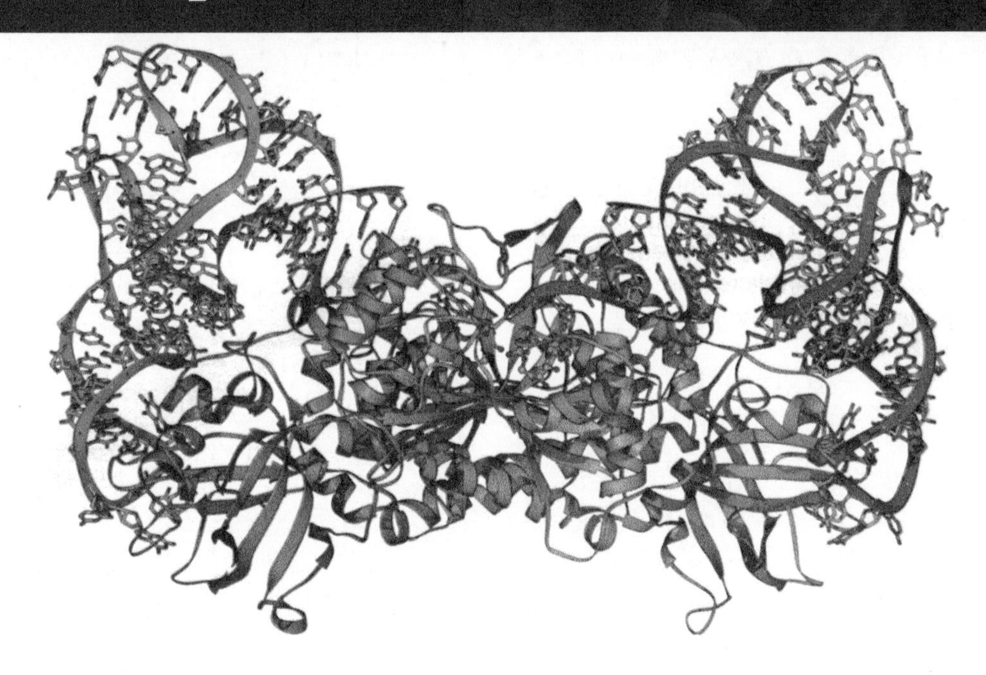

遗传密码的使用

章节提纲

23.1 引言

DNA 编码链上的序列从 5′ 端到 3′ 端方向进行解读，它由三联体核苷酸（密码子，codon）序列组成，这与多肽中从 N 端到 C 端的氨基酸序列相对应。DNA 和蛋白质测序可以直接比较核苷酸和相应的氨基酸序列。有机体含有 64 种密码子（密码子的三个碱基位置都有 4 种可能，所以有 $4^3=64$ 种可能的三联体核苷酸序列）。（几乎）通用的遗传密

顶部纹理：© Laguna Design/Science Source；章首页图片：Laguna Design/Getty Images

码可用于原核生物基因的翻译，以及真核生物细胞核基因的翻译，其中每个密码子在翻译中都有其特定的含义，其中 61 个密码子代表各种不同的氨基酸；3 个密码子使翻译终止。

遗传密码的最初破译表明遗传信息以三联体核苷酸的形式储存，但是并没有揭示出每个密码子所对应的特异性氨基酸。在测序技术出现之前，科学家们主要通过两种体外实验来推测密码子的含义。1961 年出现一种与多核苷酸链翻译有关的体系，通过此技术，Nirenberg 证明了多尿苷酸（polyU）指导苯丙氨酸聚合为多苯丙氨酸。这个结果表明 UUU 一定是苯丙氨酸的密码子。在随后的第二种体系中，利用三联体核苷酸模拟密码子，这使相应的氨酰 - 转运 RNA（氨酰 tRNA）结合在核糖体上。通过鉴定氨酰 tRNA 所携带的氨基酸成分，也就知道了密码子的含义。这两种技术的应用破译了所有编码氨基酸的密码子。

氨基酸与密码子的对应编排并非随机，而是显示出了某些相关性，其中第三个碱基对密码子含义的影响较小；此外，化学性质相似的氨基酸常常由相关密码子代表。编码氨基酸的密码子是由与之相应的 tRNA 所决定；而终止密码子的含义则直接由蛋白质因子决定（详见第 22 章“翻译”）。

23.2 相关密码子代表化学性质相似的氨基酸

关键概念

- 在 64 个可能的三联体密码子中，61 个编码 20 种不同的氨基酸。
- 3 种密码子不编码氨基酸并导致翻译的终止。
- 遗传密码在进化的早期阶段就已经被固定了，且是普适性的。
- 大部分氨基酸都由一种以上密码子编码。
- 编码同一种氨基酸的多个密码子通常都是相关的。
- 化学性质相似的氨基酸通常由相近的密码子编码，这可减少突变效应。

图 23.1 总结了所有的密码子类型。由于密码子数量远比氨基酸数量多，所以几乎所有的氨基酸

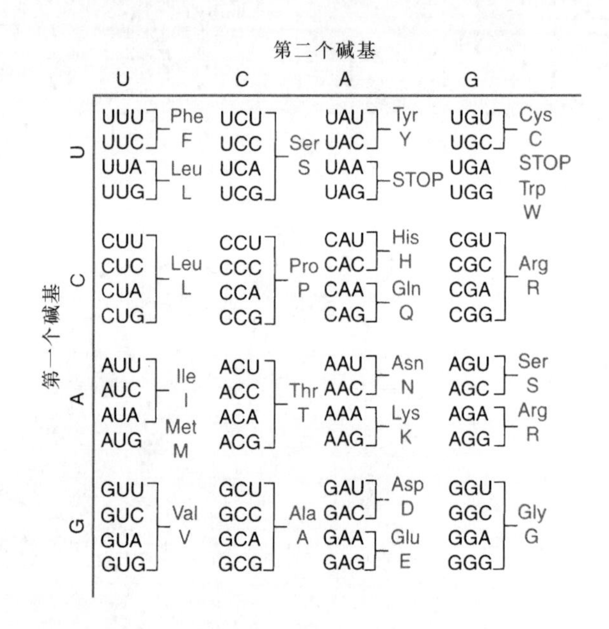

图 23.1 所有三联体密码子都有含义：61 个编码氨基酸，3 个导致翻译终止

都由一个以上的密码子编码，只有甲硫氨酸和色氨酸例外。有相同含义的密码子称为**同义密码子**（**synonymous codon**）。因为遗传密码的解读实际上是在信使 RNA（mRNA）上进行的，所以通常用 RNA 上的碱基 U、C、A、G 表示遗传密码。

编码相同或相近氨基酸的密码子在序列上往往趋向相似。密码子的第三个位置一般不是特别重要，因为有 4 个编码同一种氨基酸的密码子只在第三位上存在差异。有时这一位点上的不同仅仅是嘌呤和嘧啶之间的不同造成的。密码子最后一位碱基特异性降低的现象称为**第三碱基简并性**（**third-base degeneracy**）。

mRNA 上密码子的翻译首先需要与相应的氨酰 tRNA 上的反密码子（anticodon）配对。这个反应发生在核糖体内，在此处，A 位上高度保守的 16S 核糖体 RNA（rRNA）可以稳定三联体核苷酸之间的相互作用。rRNA 可对总体的碱基配对进行严格的检查，它仅允许常规的 A · U 和 G · C 配对发生在密码子的前两个位点，而第三个密码子碱基可以允许发生其他的配对，因为在此处 rRNA 的接触采用不同的规则。所以一种氨酰 tRNA 可识别一种以上的密码子，这是由于第三位所许可的、额外的非真正配对反应所致。而且配对相互作用也可能受到 tRNA 上转录后修饰的影响，尤其是反密码子中或者靠近反密码子的被修饰碱基。

相同或化学性质相似的密码子编码相似的氨基

酸，这种趋势可以降低突变的影响。这样当单个碱基随机变化时，不会引起氨基酸替代，或者是替代为性质相近的氨基酸的可能性提高。例如，CUC 突变为 CUG 不会改变多肽序列，因为这两种密码子都编码亮氨酸；CUU 突变为 AUU 会引起亮氨酸替代为异亮氨酸，这两个氨基酸都是疏水的，它们很可能在所编码的蛋白质中发挥近似的作用。

图 23.2 根据氨基酸在 [大肠杆菌（*Escherichia coli*）中的] 蛋白质中出现的概率列出编码每一种氨基酸的密码子数量。一般而言，更常用的氨基酸拥有更多的密码子，这提示遗传密码根据氨基酸的利用情况已经进行了最优化。

有三种密码子（UAA、UAG 和 UGA）不编码任何氨基酸，只用来终止翻译。这些终止密码子（stop codon）中任何一个在基因 3′ 端出现，便标志着每一个可读框的终止。

将 DNA 序列与相应的多肽序列加以比较，就会发现从细菌到真核生物细胞质中都使用同一套密码子（不包括线粒体的一些变异）。因此，一个物种的 mRNA 可以在体内或者体外被另一物种的翻译装置正确翻译，也就是说，一个物种的 mRNA 使用的密码子可被另一个物种的核糖体和 tRNA 正确识别。

遗传密码的通用性（只有极少例外）暗示它们一定是在进化早期就已建立。可能最初密码子起始于一种原始形式：少量的密码子被用来编码相对少量的氨基酸，甚至可能一种密码子可编码一组氨基酸中的任意一种。密码子更精确的含义和更多的氨基酸可能是后来才被引入的。一种可能性是最初每个密码子中三个碱基只有两个被用到，第三个碱基的识别可能是进化后期所发生的事件。

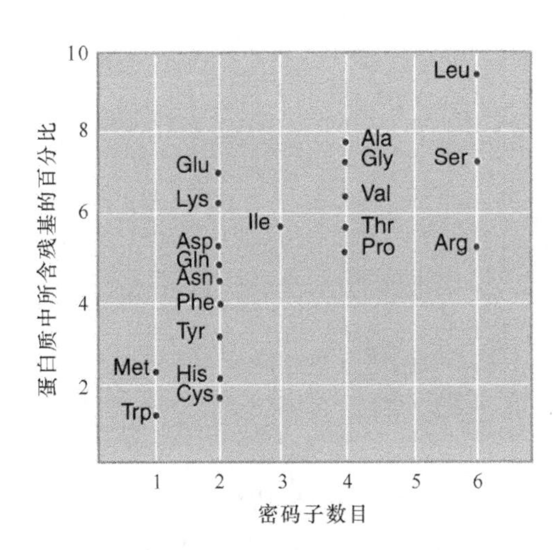

图 23.2 我们观察到，在蛋白质中所使用的每种氨基酸频率与编码某一氨基酸的密码子数量存在某些相关性。由两种密码子所代表的氨基酸是一个特例，因为它们的频率出现得很高

现有的证据认为，密码子的进化应该停滞在某一时期，因为在这一时期密码子系统已经非常复杂，以至于密码子含义的任何变化都会通过替代为不合适的氨基酸从而破坏功能性蛋白质。它的通用性（universality）说明这一定是发生在某一相当早的阶段，以至于所有的现存物种都从最后一个通用的共同祖先（last universal common ancestor，LUCA）遗传到了这种现在使用的、几近通用的遗传密码。

遗传密码通用性的例外情况十分少见。一个物种基因组中编码含义的改变通常涉及对终止密码子的解读。例如，在支原体（*Mycoplasma*）中，UGA 编码色氨酸；在纤毛虫草履虫属（*Tetrahymena*）和四膜虫属（*Paramecium*）的一些物种中，UAA 和 UAG 编码谷氨酰胺。密码子的系统性改变只存在于线粒体 DNA 中（见 23.7 节“通用密码子经历过零星改变”）。

23.3 密码子 - 反密码子识别涉及摆动

关键概念

- 编码同一氨基酸的多种密码子一般仅在第三位碱基上存在差异。
- 由于特殊的摆动法则，反密码子的第一个碱基和密码子的第三个碱基之间的配对与标准的沃森 - 克里克碱基配对规则会存在差异。

在翻译中，tRNA 的功能是通过识别核糖体 A 位中的密码子而实现的。密码子与反密码子之间的相互作用发生在碱基配对过程中，但它们并不总是遵循通常的 G · C 和 A · U 配对规则。

遗传密码本身就为密码子识别过程提供了一些重要线索。**图 23.3** 中显示了第三位碱基简并性的类型，它说明在几乎所有情况下第三位碱基都是不重要的，或者第三位碱基的区别只是由嘌呤和嘧啶的不同造成的。

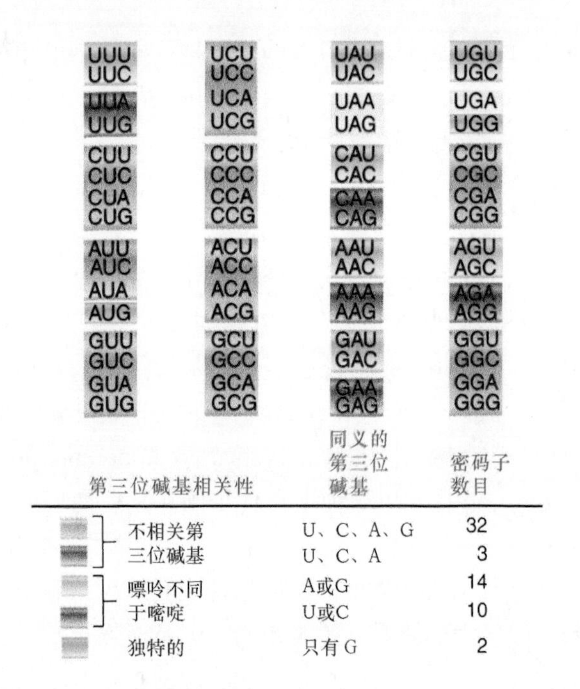

图 23.3 密码子第三位碱基对密码子含义影响最小，图中每个方格所含的几个密码子中，第三位碱基具有简并性，而每组密码子所代表的氨基酸意义相同

在 8 个密码子家族中，所有具有相同的前两位碱基的四类密码子都有相同的含义。在这些密码子中，第三位碱基在氨基酸识别中不起作用。另外，在 7 个密码子对中，无论第三位是哪一种嘧啶，编码产物都不变；还有 5 个密码子对，第三位可以是任何一种嘌呤，也不会造成编码产物的改变。

仅在三个例子中第三位碱基是特定的：AUG（编码甲硫氨酸）、UGG（编码色氨酸）和 UGA（用于终止作用）。因此，在第三位的 C 或 U 不存在独特含义，同样 A 也不能定义何种氨基酸。

由于反密码子与密码子是互补的，按照书写方式，从 5′ → 3′ 的方向看，反密码子第一个碱基与密码子 5′ → 3′ 方向的第三位碱基配对。所以这种结合如下：

密码子	5′ ACG 3′
反密码子	3′ UGC 5′

通常写成密码子 ACG/ 反密码子 CGU，在这里，反密码子以反方向阅读。

为了避免混淆，所有的序列都应按常规以 5′ → 3′ 的方向书写，仅以一个反方向的箭头来表示反密码子与密码子之间的关系，因此上述的密码子 / 反密码子对可以分别写作 ACG 和 CGU ←。

每个三联体密码子都需要具有与其互补配对的反密码子的 tRNA 吗？或是一种 tRNA 能否与密码子对或密码子家族四种成员（或至少其中一些）的密码子相互作用呢？答案是，一种 tRNA 往往能识别一种以上的密码子。一种特殊 tRNA 所识别的所有密码子在前两个碱基位置一定是一致的。相对地，tRNA 中反密码子的第一位碱基能与密码子第三位的不同碱基配对，而这一位置上的碱基配对不局限于通常的 G · C 和 A · U 配对。

摆动假说（wobble hypothesis）总结了这一识别方式的规则，说明密码子与反密码子配对时前两位碱基总是符合通常的碱基配对规律，而碱基摆动现象发生在第三位碱基上。摆动现象发生的原因是由于核糖体 A 位的结构，即密码子 - 反密码子发生配对的位点，可允许反密码子第一位碱基有一定的可塑性。在这一位置所发现的最常见非传统配对是 G · U 配对，如图 23.4 显示。例如，在 $tRNA^{Gln}$ 中的反密码子 UUG 可识别谷氨酰胺密码子 CAA 和 CAG；而在 $tRNA^{His}$ 中的反密码子 GUG 可识别组氨酸密码子 CAU 和 CAC。其他在密码子第三位能被耐受的非传统配对还包括一些修饰的碱基（见 23.6 节“修饰碱基影响反密码子 - 密码子配对”）。

密码子第三位能耐受 G · U 配对的能力可产生

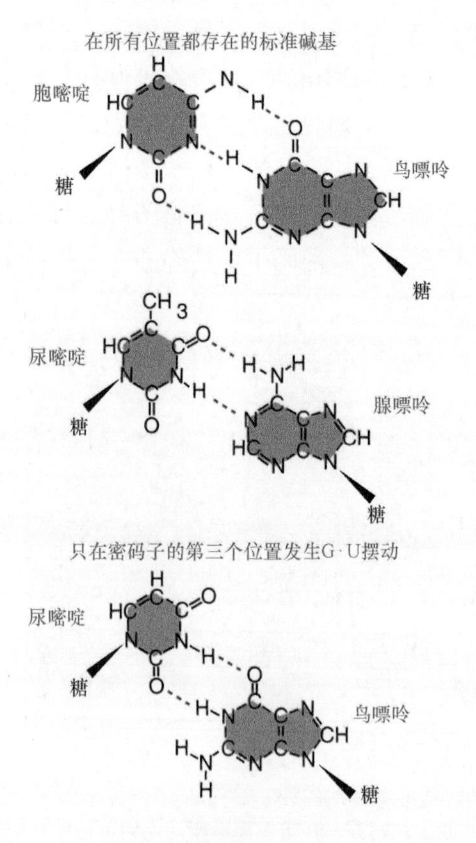

图 23.4 在密码子第三位碱基与反密码子第一位碱基之间，碱基配对的摆动允许形成 G · U 配对

表 23.1　密码子 - 反密码子配对涉及第三位碱基的摆动	
反密码子的第一位碱基	密码子第三位中被识别的碱基
U	A 或 G
C	只有 G
C	只有 U
C	C 或 U

碱基配对的一种模式，即在密码子中，第三位的 A 不再具备独特含义（因为与之配对的 U 还能与 G 配对）。同样，C 也不再具有独特含义（因为与之配对的 G 也能识别 U）。**表 23.1** 总结了这些识别方式。所以只有当第三位碱基是 G 或 U 时，密码子有可能被认为存在独特含义。然而，只有 UGG 和 AUG 这两个密码子提供了这种独特识别的例子。

23.4　tRNA 由较长的前体加工而来

关键概念

- 成熟 tRNA 是由前体加工而成的。
- 5′ 端是由内切核酸酶 RNA 酶 P 切割所产生的。
- 3′ 端是由多个内切核酸酶和外切核酸酶切割所产生，随后加上末端的三核苷酸（CCA）而成的。

tRNA 一般首先合成一条前体链，其一侧或两侧携带一些额外组分。**图 23.5** 显示了额外序列被内切核酸酶和外切核酸酶共同作用而去除。大多数 tRNA 的一个共同特点是它们在 3′ 端拥有一个核苷酸序列，这些核苷酸序列总是以三联体 CCA 形式存在，有时并非由基因组编码。在这种情况下，它们是 tRNA 在加工过程中被添加上去的。

tRNA 的 5′ 端由核糖核蛋白酶——核糖核酸酶 P（RNA 酶 P，ribonuclease P）所催化的切割反应生成。这个酶可识别球形的类 L 结构，并特异性地水解磷酸二酯键，从而形成分子的成熟 5′ 端，而此反应会保留 5′- 磷酸基团。在大肠杆菌中，RNA 酶 P 由 377- 核苷酸 RNA 和 17.5 kDa 蛋白质组成，而它的活性中心由 RNA 组成。在体外，单独的 RNA 成分就能催化 tRNA 的加工反应（这是核酶的一个

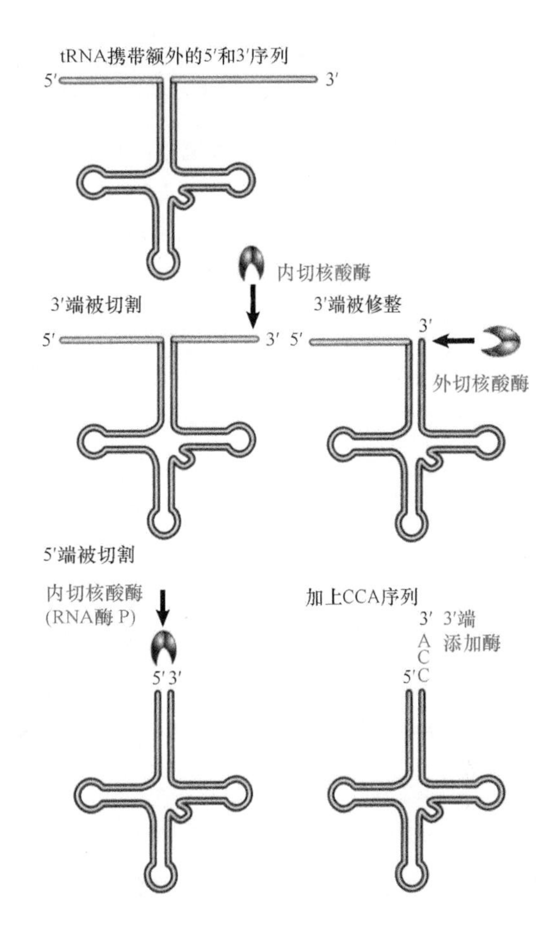

图 23.5　tRNA 3′ 端由切割（内切核酸酶）和修整（外切核酸酶）反应产生，随后，如果 CCA 序列未被编码，那么再加上这一序列；5′ 端由内切核酸酶的精确切割而产生

例子，详见第 21 章“催化性 RNA”）。蛋白质亚基的作用是稳定与前 tRNA 互补的 RNA 活性中心的构象，这已经在第 21 章中详细讨论过。

在某些有机体的组氨酸 - 特异性 tRNA 这个例子中，在 RNA 酶 P 切割后，额外的鸟苷残基被加到 5′ 端，形成独特的 G_{-1} 核苷酸。负责这一加成反应的酶，Thg1 蛋白，具有明显的特点，即它能催化相对应的可逆聚合反应。由核苷酸加成反应所加入的新鸟苷是 5′ → 3′ 方向，与所有已知的 DNA 和 RNA 聚合酶的加入方向是相反的。

在大肠杆菌中，我们对加工 3′ 端的酶进行了比较详细的研究。内切核酸酶首先引发前体下游的切割反应，几个外切核酸酶随之沿 3′ → 5′ 方向降解前体，修剪 3′ 端。在真核生物中，tRNA 3′ 端的加工反应也是由多个酶来完成的。3′ 端 CCA 的添加是由 tRNA 核苷酸转移酶催化的，它以非模板指导的 RNA 聚合酶形式发挥功能，也就是说，此酶特异性地在序列中加上 C、C 和 A，而不需要模板来使碱基 C 和 A 与碱基 G 和 U 分别配对。此

酶的结构本身就足以为 C、C 和 A 形成有序的互补结合位点。当添加核苷酸时，酶 -tRNA 复合体改变构象，以便使之与每一个连续添加的核苷酸互补。

当三种核苷酸在 tRNA 基因序列中没有编码时，它们会由 tRNA 核苷酸转移酶添加。令人感兴趣的是，在确实编码 CCA 的有机体如大肠杆菌中，在修复损伤的 tRNA 3′ 端，此酶也是必需的。在这些有机体中，此酶能识别三种不同的 tRNA 底物：缺失 CCA 的 tRNA、拥有 3′-C 的 tRNA，以及拥有 3′-CC 的 tRNA。

tRNA 核苷酸转移酶可被分成两类，它们只在其活性位点处保留了明显的氨基酸相似性。Ⅰ类酶存在于古菌中，而细菌与真核生物中的酶则组成了Ⅱ类酶。在一些非常古老的细菌谱系中，CCA 的添加由两个非常相近的Ⅱ类酶催化，其中一个酶添加 3′-CC，而另一个酶添加 3′-A。

23.5 tRNA 含有修饰碱基

关键概念

- tRNA 的修饰碱基的实例已经被报道了 81 个。
- 修饰通常为 tRNA 中初始碱基的直接改变，而在一些例外中，碱基可被去掉并被其他碱基代替。
- 修饰碱基的已知功能为：使 tRNA 的稳定性增高；可调节翻译装置中的蛋白质或其他 RNA 对它的识别。

由于含有修饰碱基使 tRNA 不同于其他核酸。修饰碱基是指除合成所有 RNA 所用的 A、G、C 和 U 以外的嘌呤或嘧啶环。所有其他修饰碱基都是 4 碱基中的一个经过**转录后修饰（posttranscriptional modification）**而产生的，这一过程发生在这些碱基掺入多核苷酸链之后。一些 tRNA 核苷酸残基中的核糖也是被甲基化的，其上的 2′- 羟基（2′-OH）被修饰生成 2′-O- 甲基。

所有 RNA 类型都存在一定程度的修饰，在 tRNA 中，对碱基的化学修饰的范围更大。修饰可以从简单的甲基化到整个碱基的结构重建，且 tRNA 分子的任何部分都可发生修饰。在各种不同的 tRNA 类型中，这些修饰碱基的保守性程度，以及它们在分子内的位置是相当不同的。针对特殊 RNA 或一小部分 tRNA 的特异性修饰比这些普遍存在的修饰事件要稀有得多。当然也存在一些物种特异性修饰。目前在 tRNA 中总共已经发现了 81 个不同类型的修饰碱基。平均而言，每个 tRNA 的修饰碱基约占了其所有碱基的 15% ～ 20%。

修饰核苷由特异性的 tRNA 修饰酶合成。通过比较成熟 tRNA 序列与其基因序列，或通过分离缺少一些或所有修饰的前体分子，可以鉴定出存在于每一个位置的初始核苷酸。这些前体序列显示，不同的修饰是在 tRNA 成熟过程中的不同阶段被引入的。

许多 tRNA 修饰酶在特异性上展示出极大的差异。在一些例子中，单一酶就能在某一位置产生特殊修饰；在其他一些例子中，酶能在几个不同的靶位点修饰碱基；一些酶能对单一 tRNA 执行单一修饰反应；其他酶则拥有一系列底物分子；而一些修饰则需要多个酶的连续作用。

由酶所介导的 tRNA 修饰的结构基础的某些细节才刚刚浮出水面。一个令人兴奋的例子就是古嘌苷（archaeosine），它是一种修饰碱基被导入某一古菌 tRNA 的 D 环中的机制。这个被修饰碱基通常位于 tRNA 三级结构的核心，为了接触这一碱基，tRNA 鸟嘌呤转糖基酶（tRNA guanine transglycosylase）对 tRNA 进行了明显的诱导重排，使之产生适合于反应的可变三级结构，称为 λ 型。在其他修饰酶中，我们也观察到了 tRNA 的这种诱导 - 适应性结构重排，这构成了识别过程中的常见主题。

修饰碱基的已知功能为：使 tRNA 的稳定性增高；可调节翻译装置中的蛋白质或其他 RNA 对它的识别。例如，已经在许多例子中鉴定出了氨酰 tRNA 合成酶识别中碱基修饰的作用（将在此章的后面讨论）。然而，许多例子中 tRNA 修饰的生物学功能还未知晓。

图 23.6 列出了较常见的修饰碱基。嘧啶（C 和 U）的修饰没有嘌呤（A 和 G）的修饰复杂。

对于胞嘧啶和尿苷而言，最常见的修饰是甲基化，它可能发生在环上的几个不同位点。尿嘧啶第 5 位上的甲基化产生核糖胸苷（T），这种碱

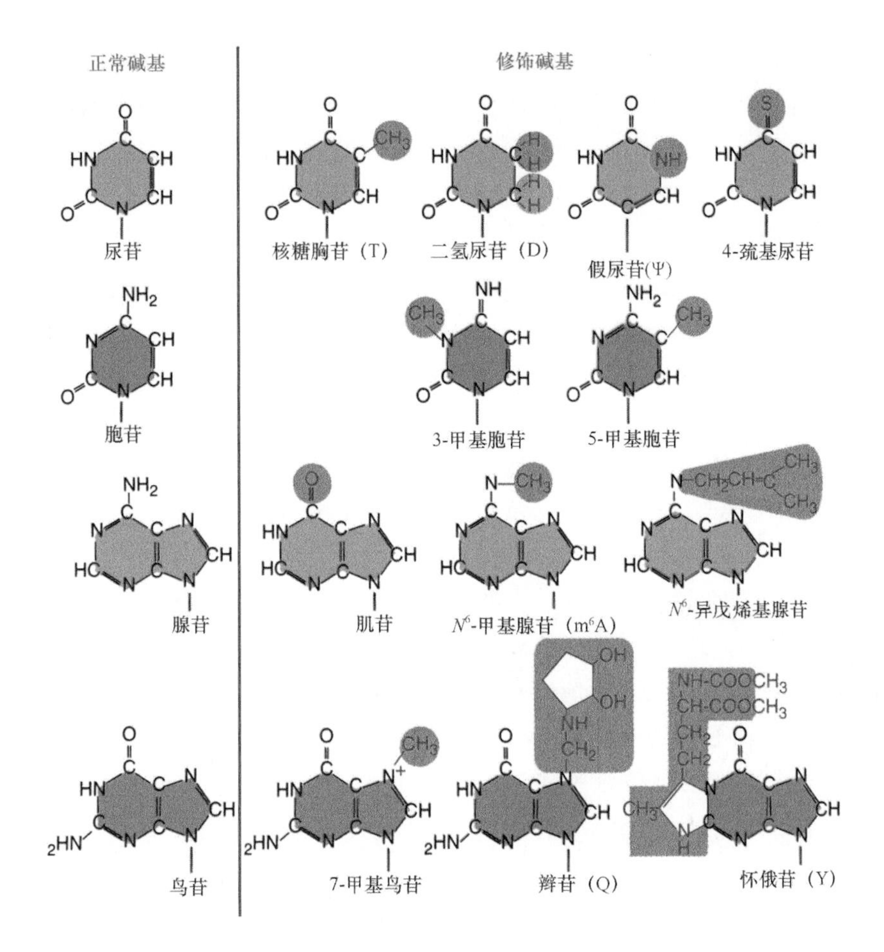

图 23.6 tRNA 中所有 4 种碱基都能被修饰

基在 DNA 中也很常见，但在这里它是同核糖结合而不是同脱氧核糖结合。这种胸苷几乎存在于所有的 tRNA 中，它位于 TΨC 环的第 54 位。假尿苷（psedouridine，Ψ）是一种明显的尿苷修饰，它由糖苷键切割产生，跟随着游离环的有限旋转，再将核糖的 C1 与 C5 重新连接。所有假尿苷缺失 N- 糖苷键。几乎所有的 tRNA 在 TΨC 环的第 55 位拥有假尿苷。TΨC 环的第 56 位与胞嘧啶一样是非常保守的。这样，第 54 ～ 56 位的 TΨC 序列就是 tRNA 分子中命名这一区域的基础。

二氢尿苷（dihydrouridine，D）修饰是连接尿嘧啶 C5 与 C6 的双键饱和所产生的，它几乎存在于所有 tRNA 的 D 环中。与 TΨC 序列一样，这种 D 碱基修饰就是 tRNA 分子中命名 D 茎 - 环结构的基础。D 中双键的去除破坏了尿嘧啶环的芳香性和平面性，这会产生不寻常的结构，从而稍微改变了 tRNA 的球形核心形状。

肌苷（inosine，I）常常存在于拥有嘌呤生物合成途径的细胞中。然而，它并不是直接掺入 RNA，相反，它是基于 RNA 中对 A 的修饰而成的。在 5′ 反密码子位置中 I 的加入是很重要的，它对 mRNA 中密码子第三位的碱基配对摆动起了重要作用（见第 23.6 节“修饰碱基影响反密码子 - 密码子配对”）。

A 和 G 的修饰往往产生明显的新结构（图 23.6），例如，两组复杂的核苷酸来自于 G 的修饰。Q 碱基，如辫苷（queuosine），有一个额外的环戊烯（pentenyl）环通过亚氨基团加在 7- 甲基鸟苷的甲基上。环戊烯环可能带有更多的基团。Y 碱基，如怀俄苷（wyosine），带有一个额外的、与嘌呤环融合的环，这个额外的环带有一个长的碳链，在不同情况下，这个碳链还会加上其他基团。

23.6 修饰碱基影响反密码子 - 密码子配对

关键概念

- 反密码子的修饰影响摆动配对模式，因此它对 tRNA 特异性的确定很重要。

在反密码子中或与其邻近的 tRNA 修饰会影响到它与 mRNA 密码子之间的配对能力。大部分修饰位于反密码子的第 34 位和第 37 位，它们通常通过限制反密码子的可接近性移动范围而发挥作用。依次地，这会辅助 tRNA 锚定在核糖体的 A 位。这些修饰会影响密码子配对，结果是它们可直接发挥作用，帮助细胞如何决定其 tRNA 的含义。除涉及 A、C、U 和 G 的常规和摆动的配对模式外，修饰碱基会允许更进一步的配对模式。

当肌苷出现在反密码子的第一位时（序列中的第 34 位核苷酸），它尤其重要，因为在这一位置上它能同 U、C 和 A 中的任何一种碱基配对，如图 23.7 所示。在解密异亮氨酸密码子过程中，肌苷的作用得到了很好的阐述。这里，AUC 编码异亮氨酸，而 AUG 编码甲硫氨酸。为了解读出密码子第三位的 A，tRNA 应该需要反密码子第一位中的 U，而这个在摆动位置的 U 也可与 G 配对，这样，在其反密码子含有 5′-U 的任何 tRNA 既能识别 AUG，又能识别 AUA。含有 A34 的异亮氨酰 tRNA 合成后，通过 tRNA 腺苷脱氨酶将 A34 转变成 I34，这一难题就可迎刃而解。随后，I34 能识别异亮氨酸的所有三种密码子：AUU、AUC 和 AUA。

在多数例子中，反密码子第一位的 U 通常转换为修饰形式从而改变了其配对特性。与 G 相比，含有巯基基团而不是氧的 U 的衍生物在与 A 配对时显示出增高的选择性，如图 23.8 所示。第一位碱基为 5- 氧乙酸尿苷，和相关修饰的反密码子拥有十分明显的特征，它可允许单一 tRNA 解读三种、有时甚至所有四种同义密码子（NNA、NNC、NNU 和 NNG）。

以上这些以及其他配对关系说明，有机体拥有多种模式用以构建一套可识别所有 61 种编码氨基酸密码子的 tRNA。生物体中没有占主导地位的特别配对模式，尽管一些修饰途径的缺失能阻止一些识别模式的应用。所以在不同物种中，特定的密码子家族是由带有不同反密码子的 tRNA 来识别的。

tRNA 通常存在重叠应答反应，所以一个密码子可以由一种以上的 tRNA 来识别。在这些例子中，不同的识别反应会有不同效率（通常的规律是，常用的密码子往往解读效率较高）。除了存在一套能识别所有密码子的 tRNA 外，有机体还应拥有一些识别相同密码子的 tRNA。

摆动配对的预测与观察到的几乎所有 tRNA 的功能十分符合。但也有不符合摆动法则的 tRNA 与密码子识别的例子。这些效应很可能是邻近碱基和（或）tRNA 整个三级结构中反密码子环构象的影响造成的。tRNA 中某些区域碱基的偶然突变会改变反密码子识别密码子的能力，这些突变体的分离也进一步证明密码子周围结构对密码子的识别是有影响的。

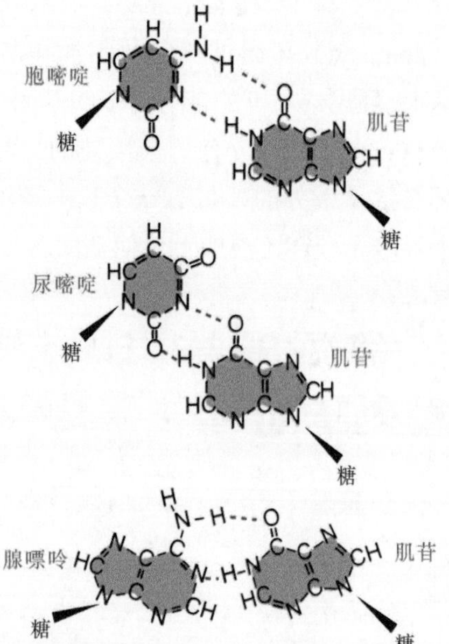

胞嘧啶
肌苷
糖
糖
尿嘧啶
肌苷
糖
糖
腺嘌呤
肌苷
糖
糖

图 23.7　肌苷可以和 U、C 或 A 中的任何一个配对

一个键是不够的
巯基尿嘧啶
鸟嘌呤
糖
糖
2-巯基尿嘧啶只与 A 配对
腺嘌呤
糖
巯基尿嘧啶
糖

图 23.8　对 2- 硫基尿苷的修饰限制了其仅能与 A 配对，因为它与 G 只可形成一个氢键

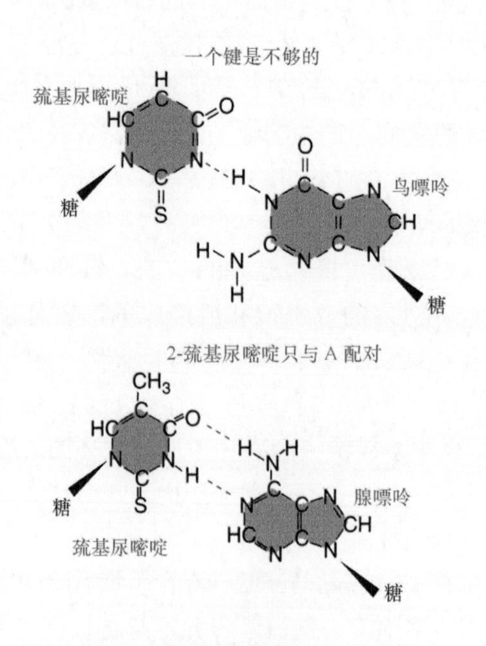

23.7 通用密码经历过零星改变

关键概念

- 通用遗传密码在某些物种中发生变化。
- 在线粒体基因组中，这种变化更加常见，可以根据这种变化构建出进化树。
- 在细胞核基因组中，通用遗传密码的改变通常仅影响终止密码子。

遗传密码具有惊人的通用性，但也存在一些例外，这些例外往往与起始和终止有关。在主要基因组（细菌或细胞核）中所发现的变化总结于**图 23.9** 中。

细菌或真核生物的细胞核基因组中几乎所有的、可允许某一密码子代表某一氨基酸的改变都影响到终止密码子。

- 在原核生物山羊支原体（*Mycoplasma capricolum*）中，UGA 不是用来终止蛋白质合成，而是编码色氨酸的。事实上，它是主要的色氨酸密码子，UGG 只是偶尔用到。它存在着两种特有的 $tRNA^{Trp}$，一种反密码子为 $UCA^{\leftarrow}$（解读 UGA 和 UGG），另一种是 $CCA^{\leftarrow}$（只解读 UGG）。
- 在一些纤毛虫（单细胞原生动物）中，UAA 和 UAG 编码谷氨酰胺，不再是终止密码子。喜温草履虫（*Tetrahymena thermophila*）是一种纤毛虫，它有三种 $tRNA^{Gln}$：一种含有 UUG 反密码子的 $tRNA^{Gln}$ 识别通常的编码谷氨酰胺的密码子 CAA 和 CAG；第二种识别 UAA 和 UAG（与摆动假说一致）；含有 CUA 反密码子的第三种只识别 UAG。一些变化使释放因子 eRF 的特异性受到了限制，这样它就只识别 UGA 终止密码子；而在新近被分配的谷氨酰胺密码子中，这也是阻止成熟前终止所必需的。
- 在另一种纤毛虫——八肋游仆虫（*Euplotes octocarinatus*）中，UGA 终止密码子被重新分配为编码半胱氨酸，只有 UAA 是终止密码子，不存在 UAG 这种密码子。UGA 密码子含义的变化可能是因为对 $tRNA^{Cys}$ 上反密码子修饰，使之携带 I34，这使它将 UGA 与 UGU、UGC 这两种通常的密码子等同解读。UGA 在厚游仆虫（*Euplotes crassus*）中拥有双重含义（见 23.8 节“新的氨基酸可被插入到特定的终止密码子上”）。
- 在假丝酵母属（*Candida*）中，CUG 被重新分配为编码丝氨酸而不是亮氨酸，这是仅有的从一个有义密码子重新分配为另一个有义密码子的例子。

一般而言，终止密码子获得编码功能需要两类变化：一个 tRNA 必须突变以能够识别终止密码子，并且 I 类释放因子必须突变，这样它丧失了对此密码子的终止功能；另外一种常见的变化是识别一个密码子的 tRNA 的丢失，这个密码子就不再代表任

UUU	Phe	F	UCU	Ser	S	UAU	Tyr	Y	UGU	Cys	C
UUC			UCC			UAC			UGC		
UUA	Leu	L	UCA			UAA	终止→Gln	Q	UGA	终止→Trp、Cys、Sel	W C S
UUG			UCG			UAG			UGG	Trp	W
CUU	Leu	L	CCU	Pro	P	CAU	His	H	CGU	Arg	R
CUC			CCC			CAC			CGC		
CUA			CCA			CAA	Gln	Q	CGA		
CUG	Leu→Ser	S	CCG			CAG			CGG	Arg→无	
AUU	Ile	I	ACU	Thr	T	AAU	Asn	N	AGU	Ser	S
AUC			ACC			AAC			AGC		
AUA	Ile→无		ACA			AAA	Lys	K	AGA	Arg→无	
AUG	Met	M	ACG			AAG			AGG	Arg	R
GUU	Val	V	GCU	Ala	A	GAU	Asp	D	GGU	Gly	G
GUC			GCC			GAC			GGC		
GUA			GCA			GAA	Glu	E	GGA		
GUG			GCG			GAG			GGG		

图 23.9 细菌或真核生物的核基因组遗传密码的变化通常是用氨基酸替换终止密码子，或者改变密码子使之不再定义氨基酸。而将一个氨基酸转变成另一个氨基酸的改变则不常见

何氨基酸。

所有这些变化都是个别的，也就是说在进化过程中，它们独立发生在不同的物种中。这些变化可能集中在终止密码子上，因为这种改变不会引起氨基酸的替换。一旦遗传密码在进化的早期建立起来，那么任何密码子含义的普适性变化将会导致所有蛋白质中氨基酸的替换。这至少对这些蛋白质的其中一些是有害的，而这样的结果是自然选择所弃用的。终止密码子的趋异使用，可能说明它们能被用于正常编码目的。如果一些终止密码子很少使用，那么它们将被重新募集用于编码目的，这很可能是通过改变 tRNA，使得它们能被重新分配为编码有义密码子而实现的。

在一些物种的线粒体中，也存在着通用遗传密码的例外。**图 23.10** 构建了这些变化的系统发生（phylogeny）图。这种可构建系统发生图的能力提示，在线粒体进化过程的不同阶段，通用密码发生了一些变化。最早的变化是用 UGA 编码色氨酸，这存在于所有非植物性真核生物的线粒体中。

一些变化使密码子变得简单，即两种有不同含义的密码子变成一对有相同含义的密码子。这种例子包括 UGG 和 UGA（都编码色氨酸而不是一个编码色氨酸、一个编码终止密码子）、AUG 和 AUA（都编码甲硫氨酸，而不是一个编码甲硫氨酸、一个编码异亮氨酸）。

与细胞核相比，为什么线粒体的密码子在进化中会更容易发生变化呢？由于线粒体仅合成少量的蛋白质（约 10 种），所以这些含义的变化所造成的破坏性后果不会很严重。很可能是发生改变的密码子使用得不是非常广泛，否则这种氨基酸的替代会引起有害作用。

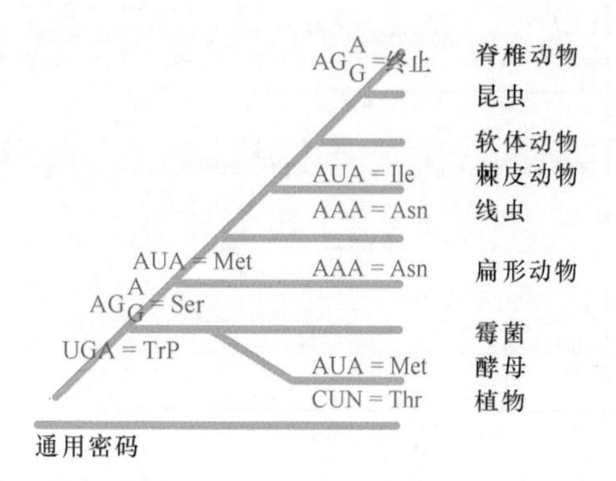

图 23.10 线粒体遗传密码的变化可从系统发生的角度追溯。在棘皮动物中，假设 AUA = Met 和 AAA = Asn 这两种改变分别发生了两次，并且，AUA = Met 的早期变化发生了逆转，便可以得到线粒体密码子独立变化的最小次数

根据摆动假说，识别所有 61 种密码子（不包括起始密码子）至少需要 31 种 tRNA（每个 4 密码子家族至少需要 2 种 tRNA，每个密码子对或单一密码子至少需要 1 种 tRNA）。然而，主流的哺乳动物线粒体基因组却只编码 22 种不同的 tRNA。除了这些由线粒体基因组所编码的少数冗余 tRNA 外，细胞核基因组编码的 tRNA 是不会运输到线粒体中的，这样就可推定出，对于线粒体核糖体的翻译必定存在着对摆动假说的一些修正。有趣的是，在线粒体中，反密码子第一位上一个未经修饰的 U 能与密码子第三位的所有 4 种碱基配对。这种未经修饰的 U 存在于所有的 8 个 4 密码子家族中：Pro、Thr、Ala、Ser、Leu、Val、Gly 和 Arg。这使线粒体所需的 tRNA 的总数目减少了 8 个。在哺乳动物线粒体中将 AGA 和 AGG 转变成终止密码子又减少了对一个 tRNA 的需求（见图 23.11），使所需 tRNA 的总数降到 22 个。将 AUA 转变成识别甲硫氨酸的密码子，进一步消除了对 $tRNA^{Ile}$ 的 I34 修饰的需求（见 23.6 节“修饰碱基影响反密码子 - 密码子配对”）。

线粒体和细胞核翻译的不同摆动假说很可能是由于翻译两个基因组时的各自结构细节的差异所致。在细胞质核糖体中，U34 的修饰用于拓展某些 tRNA 的解码能力（见 23.6 节“修饰碱基影响反密码子 - 密码子配对”）。而在线粒体核糖体中，按照常规的摆动假说，U34 的修饰则是用于限制与第三位中含有 A 或 G 的密码子的配对。在代表双密码子组氨基酸的线粒体 tRNA 中确实发现了对 U34 的修饰，这可以避免可能会发生的错读。

23.8 新的氨基酸可被插入到特定的终止密码子上

关键概念

- 硒代半胱氨酸在特定 UGA 密码子上的插入需要一种特殊 tRNA 与几种蛋白质的组合作用。
- 特殊氨基酸吡咯赖氨酸可以插入到特定的 UAG 密码子上。

- 在纤毛虫——厚游仆虫中，UGA 密码子代表了硒代半胱氨酸和半胱氨酸。

在至少两个已知例子中，终止密码子被用于代表有别于经典的 20 种氨基酸之外的特殊氨基酸。只有特殊的终止密码子可以被翻译装置以这种方式重新解读，这说明三联体密码子的含义受到 mRNA 中其他碱基特性的影响。在基因组中，某一特殊密码子存在这样的双重含义，这应该有别于某些有机体或线粒体中不依赖背景的彻底的密码子重新分配，这些细节已经在 23.7 节“通用密码子经历过零星改变”中描述过。

硒代半胱氨酸（selenocysteine）中，半胱氨酸上的硫被硒所取代，这种半胱氨酸可以掺入到基因内的某些 UGA 密码子上，用于编码所有三类生物体中的硒蛋白。通常这些蛋白质可催化氧化 - 还原反应，典型的硒代半胱氨酸残基则位于活性中心，在此它直接参与了化学反应。例如，大肠杆菌中编码甲酸脱氢酶（formate dehydrogenase）同工酶的三个基因中，UGA 密码子就代表了硒代半胱氨酸，而掺入的硒则直接将催化性钼（molybdenum）离子连接到活性中心上。

能够编码硒代半胱氨酸的有机体拥有特殊的 tRNA——$tRNA^{Sec}$，其长度超过 90 个核苷酸，含有非标准长度的接纳茎和 T 茎。正常 tRNA 拥有接纳茎中的 7 碱基对和 T 茎中的 5 碱基对（一种 7/5 结构），而细菌 $tRNA^{Sec}$ 拥有 8/5 结构，古菌和真核生物的 $tRNA^{Sec}$ 可能拥有 9/4 结构。这些 tRNA 也拥有 5′-UCA 反密码子，这使得它们能解读 UGA。在所有生物体中，丝氨酰 tRNA 合成酶（seryl-tRNA synthetase，SerRS）首先用丝氨酸将 tRNA 氨酰化，这会产生丝氨酰（Ser）-$tRNA^{Sec}$。在细菌中，硒代半胱氨酸合成酶利用磷酸硒作为硒供体，随后直接将丝氨酰 $tRNA^{Sec}$ 转变成硒代半胱氨酰（Sec）-$tRNA^{Sec}$；在古菌和真核生物中，蛋白激酶 PSTK 首先磷酸化 Ser-$tRNA^{Sec}$，形成磷酸丝氨酰（Sep）-$tRNA^{Sec}$，随后，SepSecS 再将 Sep-$tRNA^{Sec}$ 转变成 Sec-$tRNA^{Sec}$。PSTK 蛋白的敏感特异性是有名的，它能有效磷酸化 Ser-$tRNA^{Sec}$，而不会磷酸化标准的 Ser-$tRNA^{Ser}$。如果 PSTK 蛋白不恰当地磷酸化 Ser-$tRNA^{Ser}$，会导致在应答丝氨酸密码子时的硒代半胱氨酸的掺入。

mRNA 的局部二级结构决定了机体选择哪一个 UGA 密码子被解读成硒代半胱氨酸。UGA 密码子下游的一个发夹环结构，称之为 SECIS 元件（SECIS element），是硒代半胱氨酸掺入和释放因子结合排斥所必需的。细菌中 SECIS 元件直接邻近 UGA 密码子；而在古菌和真核生物中，它位于 mRNA 的 3′ 非翻译区（untranslated region，UTR）。在大肠杆菌中，一个特化的延伸因子是 SelB，它只与 Sec-$tRNA^{Sec}$ 发生相互作用，而不与任何其他的氨酰 tRNA 产生相互作用，如前体 Ser-$tRNA^{Sec}$。SelB 因子也可直接结合于 SECIS 元件。SelB 因子作用的后果就是，只有那些拥有直接结合的 SECIS 元件的 UGA 密码子能有效地结合核糖体 A 位中的 Sec-$tRNA^{Sec}$，如**图 23.11** 所示。古菌和真核生物拥有 SelB 因子的同源物，并且还需要额外蛋白 SBP2 的存在，这样才能允许核糖体插入硒代半胱氨酸。

另外一个例子是在 UAG 密码子上插入一个特异性的吡咯赖氨酸（pyrrolysine），这发生在古菌类甲烷八叠球菌属（*Methanosarcina*）和一些细菌中。在甲烷八叠球菌属中，吡咯赖氨酸位于甲胺甲基转移酶（methylamine methyltransferase）的活性位点上，并在化学反应上发挥了重要作用。吡咯赖氨酸的掺入需要特化的氨酰 tRNA 合成酶——吡咯赖氨酰 tRNA 合成酶（pyrrolysyl-tRNA synthetase，PylRS），它能利用吡咯赖氨酸氨酰化一种特化的 $tRNA^{Pyl}$。$tRNA^{Pyl}$ 拥有 5′-CUA 反密码子，这使得它们能解读 UAG。就如在 $tRNA^{Sec}$ 中所发现的一样，$tRNA^{Pyl}$ 也拥有其他 tRNA 所没有的特殊结构特征，如缺乏恒定的 U8 核苷酸、拥有非典型的短 D 结构和可变的环。目前，特殊 UAG 密码子被解读成吡咯赖氨酸的机制还未解析出来，因为还没有在所有 mRNA 中清晰地找出可掺入吡咯赖氨酸的二级结构元件；另外也没有发现特异性延伸因子可将 Pyl-$tRNA^{Pyl}$ 靶向

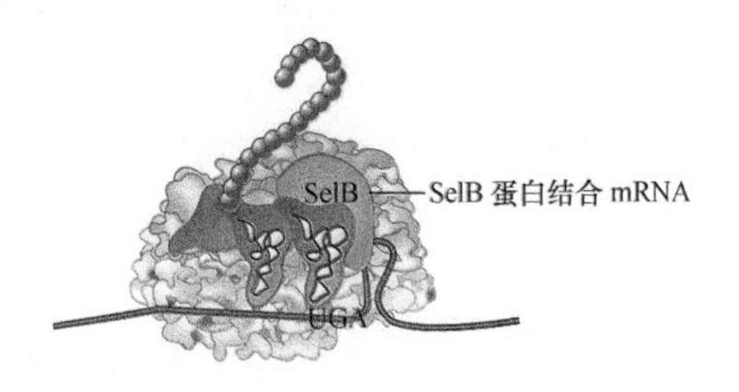

图 23.11 SelB 是一个延伸因子，能将 Sec-$tRNA^{Sec}$ 特异性结合到 mRNA 的 UGA 密码子上，此密码子后紧随着一个茎 - 环结构

到核糖体上。

最近在厚游仆虫中发现，UGA 密码子能代表硒代半胱氨酸和半胱氨酸。甚至在同一个基因内也发现了 UGA 密码子的双重功效，而哪一种氨基酸被选择插入则依赖于 mRNA 的 3′ 非翻译区结构。在厚游仆虫中，UGA 密码子通常代表半胱氨酸，而不是作为终止密码子使用。这项工作的结果显示，位置特异性双重功效可发生于密码子背景中，即在那个有机体的环境中，这种密码子不是被用于终止。

23.9 氨酰 tRNA 合成酶让 tRNA 携带氨基酸

关键概念

- 氨酰 tRNA 合成酶将氨基酸装载到 tRNA 上，产生氨酰 tRNA，此反应分为两个阶段，需要 ATP 供能。
- 每一种氨酰 tRNA 合成酶氨酰化一个同工组中的所有 tRNA，因为每一个同工组代表了一种特殊的氨基酸。
- 氨酰 tRNA 合成酶对 tRNA 的识别基于一组特殊的核苷酸，即 tRNA“标识集”，它们往往集中于分子的接纳茎和反密码子环中。

tRNA 既拥有某些共同的特征，又可彼此之间区分，这是非常必要的。形成这一能力的关键特征是 tRNA 有能力折叠成特殊的三级结构。这些结构中的细节改变，如“L”型结构的两个臂的角度，或单一碱基的突出，就可将一个个 tRNA 彼此区分开。

所有 tRNA 能够进入到核糖体的 P 位和 A 位。在一个末端，它们与 mRNA 通过密码子 - 反密码子配对偶联在一起；在另一末端则进行着多肽的合成与转移。相似地，所有 tRNA（起始子除外）有能力被结合于核糖体的延伸因子（EF-Tu 或 eEF1）识别。起始子 tRNA 由 IF-2 蛋白或 eIF2 蛋白识别。这样，这些 tRNA 必须拥有某些特征，使它可与延伸因子相互作用，或可被鉴定为起始子 tRNA。

氨基酸通过氨酰 tRNA 合成酶的作用进入蛋白质的合成途径，它提供了必要的解码步骤来将核酸的信息转变成多肽序列。图 23.12 列出了所有合成酶功能的两步反应机制。

- 首先，氨基酸与 ATP 作用产生氨酰 - 腺苷酸中间体，释放出焦磷酸。ATP 水解所释放的部分能量被获得作为腺苷酸中的高能混合酐键。
- 然后，位于 tRNA 中的 3′-A76 核苷酸中的 2′-OH 或 3′-OH 基团攻击混合酐中羰基的碳原子，这会产生氨酰 tRNA 并释放出 AMP。（请注意：为了一致性，tRNA 中的关键保守核苷酸总会被赋予相同的名字。因此，每个 tRNA 的末端核苷酸被称为 A76，即使当给定 tRNA 的长度可能会与典型的 tRNA 长度有所差异也是如此。）

4 种 tRNA 合成酶（分别代表谷氨酰胺、谷氨酸、精氨酸和赖氨酸）的一个亚组，需要 tRNA 的存在来合成氨酰 - 腺苷酸中间体。就这些酶而言，tRNA 合成酶可被认为是核糖核蛋白颗粒（ribonucleoprotein particle，RNP），其中 RNA 亚基

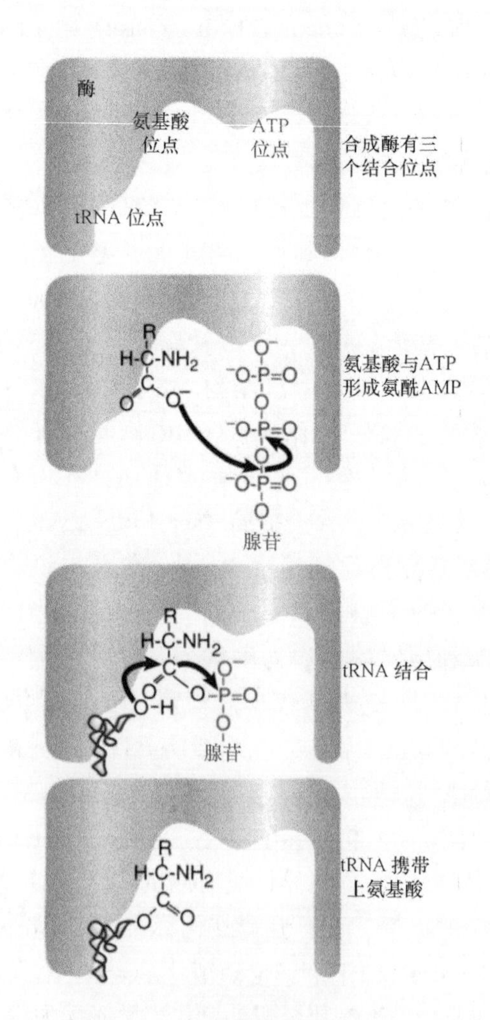

图 23.12 氨酰 tRNA 合成酶将氨基酸装载到 tRNA 上

可协助蛋白质获取有竞争性的催化构象而发挥作用。在氨酰化的第二步中，氨酰-腺苷酸的氨酰部分被转移到RNP（即tRNA）中的RNA上。

每一个合成酶会从细胞池的所有氨基酸中选择一个氨基酸，它也能区分出细胞中的所有tRNA。每种氨基酸通常都可被一种以上的tRNA识别。有机体也可能需要几种tRNA应答同义密码子，有时同一个密码子也可与多种tRNA进行碱基配对。携带同种氨基酸的不同tRNA称为**同工tRNA（isoaccepting tRNA）**。因为它们被同一个合成酶识别，所以也称为**同族tRNA（cognate tRNA）**。

所有tRNA都拥有规范的L形三级结构（详见第22章“翻译”）。tRNA折叠结构，如接纳体（acceptor）茎和T茎形成了一个同轴的堆叠，而D茎和反密码子环一起形成了L形结构中的垂直臂。反密码子环和CCA接纳茎（acceptor stem）位于tRNA分子的两个相反末端，两者相隔约40 Å。tRNA的球形铰链区将两个垂直堆叠连接在一起，它由D环、T环、可变臂，以及接纳茎与D茎之间的2核苷酸间隔区组成。大部分tRNA拥有小的可变区，它由一个含4～5 nt的环组成；而一些同工组拥有大的可变臂，它含有一个碱基配对的茎，并从球形核心向外突出。常规tRNA的L形结构是所有tRNA与延伸因子及核糖体相互作用所必需的。

在这个常规L形结构内，球形核心中保守三级结构相互作用的存在会迫使tRNA产生一些变化，即在此分子的4个臂中的大多数位置上，tRNA序列会存在趋异。这种序列多样性使L形结构的2个臂之间的角度会产生细微的差异，而更加重要的是，这导致了贯穿此分子的多核苷酸骨架的精细途径产生了变化。正是这种结构多样性形成了tRNA合成酶甄别的基础。

tRNA合成酶通过两种常规机制区分tRNA——直接读出（direct readout）和间接读出（indirect readout）。在直接读出机制中，酶直接识别碱基特异性的功能性基团，例如，tRNA合成酶的表面氨基酸残基可接受来自鸟嘌呤的外环氨基基团（G的N2）中的氢键，该基团是一个在其他三个碱基中所没有的小沟基团。相反地，在间接读出机制中，酶直接结合非特异性的tRNA部分，即核苷酸碱基的糖-磷酸骨架和非特异性部分。例如，tRNA的可变臂和D茎中的序列可能产生形状独特的表面，使之与同工tRNA合成酶互补，而不与其他tRNA合成酶互补。在这种方式下，远离酶-tRNA界面的核苷酸可形成一种可被依次结合的界面结构。直接读出机制和间接读出机制通常在双向可诱导适应的背景内发挥作用，即在初始结合后，tRNA和酶都发生了构象改变，并形成一种有效的催化复合体。这两种机制也常常包含结合型水分子的参与，它位于合成酶-tRNA之间的界面上。例如，当谷氨酰胺酰tRNA合成酶（glutaminyl-tRNA synthetase，GlnRS）结合$tRNA^{Gln}$时，此酶的两个结构域环绕彼此旋转；同时，与它们在无配体状态下的推测结构相比，tRNA的3′单链端与反密码子环经历了显著的构象变化。

在许多例子中，tRNA中特异性识别所需的决定子定位于分子的极端区域、接纳茎或反密码子环中。然而有一些例子说明三级结构核心的核苷酸提供了一致性（identity）信号。另一个常用的一致性核苷酸为tRNA第73位的“识别子（discriminator）碱基”，它位于邻近5′→3′端的CCA序列。有趣的是，tRNA的反密码子序列不是特异性tRNA合成酶识别所必需的。一般而言，tRNA一致性组合对每一个tRNA合成酶而言都是特殊的。

一致性决定子的重要性是不同的，且有时在进化中是保守的。许多tRNA合成酶能够氨酰化衍生自不同有机体的tRNA，这充分说明了tRNA一致性元件的保守性。来自tRNA合成酶复合体的X射线共晶体结构、经典遗传学分析，以及体外突变实验所得到的tRNA合成酶实验数据说明，一组tRNA的一致性元件是其选择性所必需的。而将tRNA一致性元件阐明清楚的最终证据来自移植实验，在这个实验中，推测的一组核苷酸被掺入到不一样的同工组的tRNA中。例如，$tRNA^{Asp}$中的接纳茎和反密码子环中的15个核苷酸被$tRNA^{Gln}$中的对应核苷酸取代，这使得谷氨酰胺酰tRNA合成酶（GlnRS）利用谷氨酰胺来氨酰化修饰过的$tRNA^{Asp}$，而其效率和选择性则与同族GlnRS反应相当。

许多tRNA合成酶能特异性地氨酰化tRNA“小螺旋（minihelix）”，它只由接纳茎和TψC臂组成。在一些例子中，tRNA微螺旋（microhelix）只由接纳茎组成，它位于稳定的四环的远末端附近，也能作为底物。就小螺旋和微螺旋而言，其氨酰化效率显著低于完整的tRNA。这些实验对于tRNA合成酶的进化发育具有重要意义。在早期进化阶段，tRNA可能只由现存分子的接纳茎组成。

23.10 氨酰tRNA合成酶分为两类

关键概念

- 根据相互排斥的多组基序和结构域，氨酰tRNA合成酶分为Ⅰ类和Ⅱ类家族。

尽管具有相同功能，但氨酰tRNA合成酶是一组差异很大的蛋白质，它们可被分成两个家族。大部分Ⅰ类tRNA合成酶（class Ⅰ tRNA synthetase）是单体的，在靠近N端处拥有特征性的、结构相似的活性位点罗斯曼折叠（Rossmann fold）结构域。罗斯曼折叠由5链或6链的平行β片层组成，而相互之间则以螺旋连接。这种结构域类似于脱氢酶的活性位点结构域，它负责结合ATP、氨基酸和tRNA的3′端。所有Ⅰ类tRNA合成酶包含"接纳茎结合"域，它插入到常规位置的罗斯曼折叠中，也能结合tRNA的单链接纳茎末端，并且也含有一些酶中的编辑活性位点（见23.11节"合成酶利用校对功能来提高精确性"）。Ⅰ类tRNA合成酶的C端结构域可结合L形tRNA的内部拐角和反密码子环，其功能就是区分各种不同的tRNA。我们在活性位点罗斯曼折叠中还发现了两个短的常规序列基序，它参与结合ATP。这个家族中的一些酶除了拥有这些有限的同源性之外，在Ⅰ类tRNA合成酶中，罗斯曼折叠之外几乎不存在显著的结构与序列相似性。

相似地，Ⅱ类tRNA合成酶（class Ⅱ tRNA synthetase）也是多种多样的。其四级结构通常为二聚体，但在有些例子中，它形成同源四聚体或$\alpha_2\beta_2$异源四聚体。就像Ⅰ类tRNA合成酶一样，Ⅱ类tRNA合成酶也拥有结构上保守的活性位点结构域——一个有别于罗斯曼折叠的混合α/β结构域。Ⅱ类tRNA合成酶的活性位点位于多肽的C端。活性位点结构域中的三个短序列基序在这一家族中是保守的，其中的一个基序在多聚体化中发挥作用，而其他两个则具有催化功能。

有机体拥有23个进化发生独特的tRNA合成酶家族，这些家族中的11个属于Ⅰ类tRNA合成酶，其余的12个属于Ⅱ类tRNA合成酶，如**表23.2**所示。有趣的是，有两类独特的LysRS分别被归到不同的家族中。最近还发现了两个非规范的tRNA合成酶家族，它们与其他酶相比只拥有有限的进化发生关系。这些酶就是Ⅱ类吡咯赖氨酰tRNA合成酶（PylRS）（已经在23.8节"新的氨基酸可被插入到特定的终止密码子上"中讨论过）与Ⅱ类磷酸丝氨酰tRNA合成酶（phosphoseryl-tRNA synthetase，SepRS）。SepRS只存在于产甲烷菌（methanogen，古菌的一个亚类）和非常相近的闪烁古生球菌（*Archaeoglobus fulgidus*）中。它将磷酸丝氨酸接到$tRNA^{Cys}$的接纳茎上，形成错酰化的$Sep\text{-}tRNA^{Cys}$。拥有SepRS的所有生物也拥有依赖吡咯磷酸的酶——SepCysS，它能将$Sep\text{-}tRNA^{Cys}$转变成$Cys\text{-}tRNA^{Cys}$。在体内，SepCysS所利用的硫供体还未发现。有意思的是，一些产甲烷菌拥有SepRS/SepCysS两步途径，以及规范的CysRS。最近，将SepRS和改造过的延伸因子Tu蛋白一起导入大肠杆菌中，可以将磷酸丝氨酸在共翻译时（在应答UAG终止密码子时）插入到重组蛋白中。这一新系统展示了巨大的前景，可用于选择性地研究某些磷酸化蛋白，

表23.2 根据相互排斥的多组序列基序和活性位点结构域，氨酰tRNA合成酶分成两类。现在我们已经知道酶的四级结构。多重名称表明，在不同有机体中四级结构是不同的。PylRS的四级结构还没有被阐明

氨酰tRNA合成酶	
Ⅰ类	Ⅱ类
Gln（α）	Asn（α_2）
Glu（α）	Asp（α_2）
Arg（α）	Ser（α_2）
Lys（α）	His（α_2）
Val（α）	Lys（α_2）
Ile（α）	Thr（α_2）
Leu（α）	Pro（α_2）
Met（α，α_2）	Phe（α，$\alpha_2\beta_2$）
Cys（α，α_2）	Ala（α，α_4）
Tyr（α_2）	Gly（α，$\alpha_2\beta_2$）
Trp（α_2）	Sep（α_4）
	Pyl（?）

如在哺乳动物细胞中参与信号转导的这些蛋白质。

尽管存在 23 个进化发生独特的 tRNA 合成酶家族，但是大部分有机体只拥有 18 种酶。典型的都是在这些酶库中缺少了 GlnRS 和天冬酰胺酰 tRNA 合成酶（asparaginyl-tRNA synthetase，AsnRS）。为了合成 Gln-$tRNA^{Gln}$ 和 Asn-$tRNA^{Asn}$，这些有机体拥有独特的谷氨酰 tRNA 合成酶（glutamyl-tRNA synthetase，GluRS）和天冬胺酰 tRNA 合成酶（aspartyl-tRNA synthetase，AspRS），它们无甄别能力（nondiscriminating，ND）。$GluRS^{ND}$ 酶既能合成 Glu-$tRNA^{Glu}$，也能合成未酰化的 Glu-$tRNA^{Gln}$；而 $AspRS^{ND}$ 酶既能合成 Asp-$tRNA^{Asp}$，也能合成未酰化的 Asp-$tRNA^{Asn}$。随后，依赖 tRNA 的氨基转移酶（amidotransferase，AdT）可将未酰化的 tRNA 转变成 Gln-$tRNA^{Gln}$ 和 Asn-$tRNA^{Asn}$。AdT 是一个有名的多亚基酶，它拥有三种独特的活性，如**图 23.13** 所示。首先它们能在其中的一个活性位点对氮供体如谷氨酰胺和天冬酰胺进行脱氨基，从而产生氨；随后，这个氨通过分子内通道被转运到第二个活性位点，以结合未酰化的 tRNA 的 3′ 端；在第二个活性位点蛋白激酶活性将 Glu-$tRNA^{Gln}$ 或 Asp-$tRNA^{Asn}$ 的侧链氨基酸的羧酸进行 γ 磷酸化；最后，用氨来替换磷酸，并形成 Gln-$tRNA^{Gln}$ 或 Asn-$tRNA^{Asn}$。总而言之，有机体存在独特的 AdT 家族，它们有的作用于两种错酰化的 tRNA，有的仅仅限定于形成 Gln-$tRNA^{Gln}$ 这一形式。

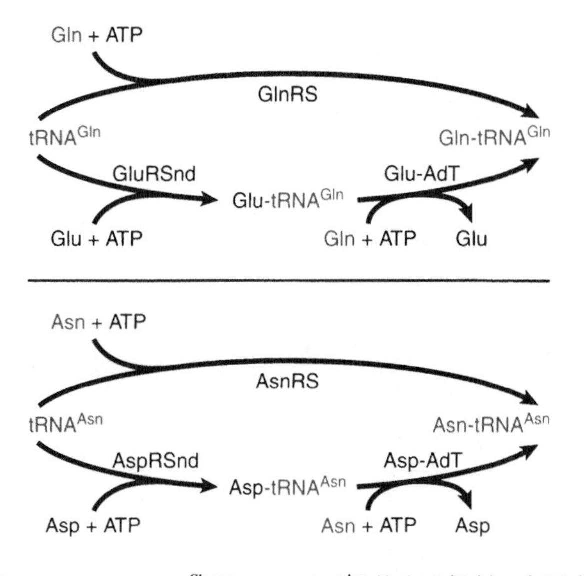

图 23.13 Gln-$tRNA^{Gln}$ 和 Asn-$tRNA^{Asn}$ 的合成机制。在两个例子中，上面途径表示由传统 tRNA 合成酶催化的单步途径；下面是大部分有机体都使用的两步途径。它们由无甄别能力的 tRNA 合成酶以及随后的依赖 tRNA 的氨基转移酶（AdT）组成

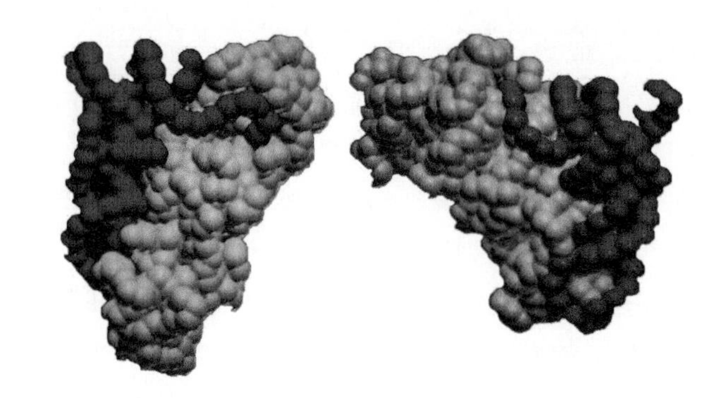

图 23.14 晶体结构显示Ⅰ类和Ⅱ类氨酰 tRNA 合成酶结合在其 tRNA 底物的对面。tRNA 用红色表示，蛋白质用蓝色表示

图片由 Dino Moras, Institute of Genetics and Molecular and Cellular Biology 友情提供

Ⅰ类和Ⅱ类合成酶在功能上以几种不同的方式分化。Ⅰ类合成酶在 A76 的 2′-OH 位点氨酰化 tRNA；而Ⅱ类合成酶一般在 A76 的 3′-OH 位点氨酰化 tRNA。初始氨酰化位置与酶中 tRNA 的结合取向有关。Ⅰ类合成酶在接纳茎的小沟一侧结合 tRNA，并需要单链 3′ 端形成发夹结构，使之与活性位点中的氨基酸和 ATP 进行适当的并行排列，如**图 23.14** 所示。Ⅱ类合成酶却是在接纳茎的大沟一侧结合 tRNA，它不需要 3′ 端的发夹结构在活性位点中形成。最近还发现它们存在机械性差异：氨酰 tRNA 产物的释放限制了Ⅰ类合成酶的反应速率；而早期化学反应步骤和（或）活性位点的结构重排则限制了Ⅱ类合成酶。

23.11 合成酶利用校对功能来提高精确性

关键概念

- 氨基酸 -tRNA 配对的特异性由校对反应控制，它会水解错误形成的氨酰腺苷酸和氨酰 tRNA。

氨酰 tRNA 合成酶必须从细胞中的氨基酸池和相关分子中辨别出一种特殊的氨基酸，它还要在特殊的同工组（典型的同族 tRNA 含有 1 ～ 3 种）中辨别出同族 tRNA。基于 L 形结构的细节差异就能成功完成这些 tRNA 的甄别任务（见 23.9 节“氨酰

tRNA 合成酶让 tRNA 携带氨基酸”），这既发生在初始结合阶段，也出现在诱导适应阶段。衍生自其他同工组的非同族 tRNA 缺少一组完全一致的核苷酸，因此不能重排其结构以采纳酶所结合的构象，在这里，反应性 CCA 末端已经恰当地与氨基酸羧酸基团和 ATP 的 γ 磷酸基团排列在一起。在错酰化的 tRNA 合成之前的某一反应阶段中，对同族 tRNA 的排斥有时称为**动态校对（kinetic proofreading）**。这时，因为 tRNA 从酶上解离的速率远远大于它所执行的反应速率，所以，非同族 tRNA 不能通过氨酰化这一化学反应步骤，因而反应不能向前推进的现象就会出现，如**图 23.15** 所示。

相反，在两步反应的氨酰 tRNA 合成过程中，单一 tRNA 合成酶在结构相似的氨基酸之间不能进行区分。如果两个氨基酸仅仅在碳链骨架的长度上有所区别（即指—CH_2 基团），或同样大小的氨基酸仅在一个原子位点上出现差异，那么酶很难将它们区分出来。异亮氨酰 tRNA 合成酶（isoleucyl-tRNA synthetase，IleRS）不能很好地有效区分异亮氨酸与缬氨酸来阻止相当数量的 Val-$tRNA^{Ile}$ 的合成；相似地，缬氨酰 tRNA 合成酶（valyl-tRNA synthetase，ValRS）也能合成一定量的 Thr-$tRNA^{Val}$。

IleRS、ValRS 与至少其他 7 个 tRNA 合成酶（它们特异性的催化 Leu、Met、Ala、Pro、Phe、Thr 和 Lys）能校对或校对在其活性位点形成的氨酰腺苷酸或氨酰 tRNA，这可通过其他活性来实现，这种活性能水解氨酰 AMP 以获得游离氨基酸和 AMP，或水解错误氨酰化的 tRNA 以获得游离氨基酸和脱氨酰化的 tRNA。氨酰 AMP 的水解称为转移前编辑（pretransfer editing），而氨酰 tRNA 的水解称为转移后编辑（posttransfer editing），如**图 23.16** 所示。在转移前编辑这种情况下，也可能有一些错误形成的氨酰 AMP 从活性位点中解离，此后它在溶液中进行非酶性水解（氨酰酯键相对而言不是很稳定）。这种类型的编辑反应也被认为是某种形式的动态校对。相反地，与酶结合的非同族氨酰腺苷酸的转移前水解，以及酶催化的转移后编辑称为**化学校对（chemical proofreading）**。尽管转移前编辑反应有时可能在 tRNA 不存在的情况下（即在 tRNA

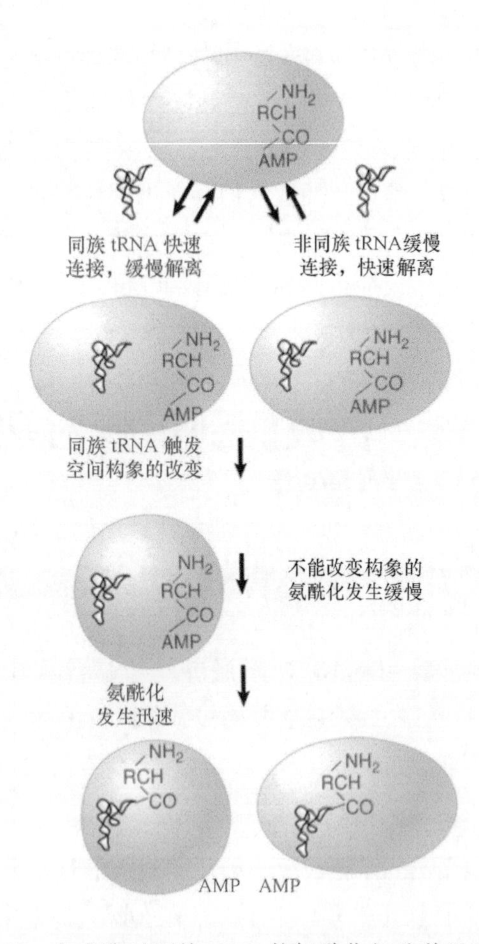

图 23.15 合成酶对同族 tRNA 的氨酰化部分基于亲和力的强弱，即酶与其同族 tRNA 亲和力比较强，而对非同族 tRNA 的亲和力比较弱。此外，非同族 tRNA 不能完全进行后续催化步骤所需的诱导适应的构象改变

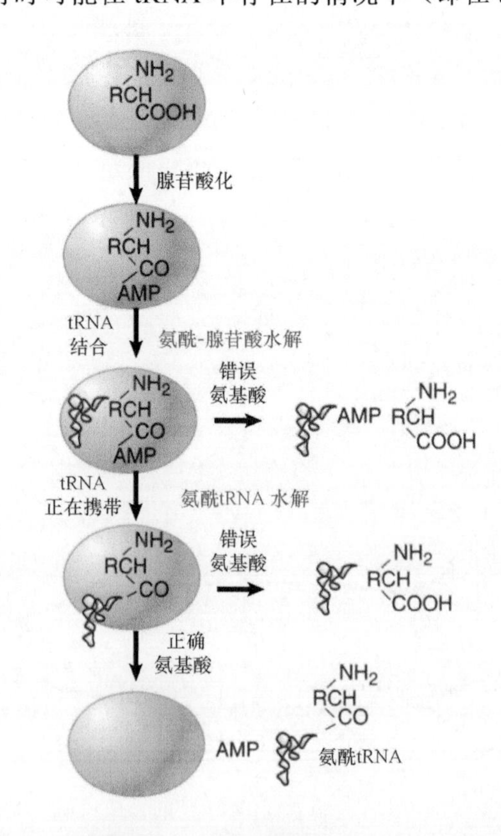

图 23.16 氨酰 tRNA 合成酶的校对可发生于氨酰化之前的阶段（转移前编辑），此时非同族氨酰腺苷酸水解；或者，不正确形成的氨酰 tRNA 也可在合成之后发生水解（转移后编辑），它也可以是外加的步骤

结合之前）也会发生，但是 tRNA 的存在一般会显著提高水解反应的效率。转移前编辑或转移后编辑占据主导地位的程度随单一合成酶的不同而有所差异。

解析编辑反应的常用方法是基于双滤网（double-sieve）模型。以 IleRS 为例，如图 23.17 所示，这些酶以氨基酸的大小作为甄别的基础。IleRS 拥有两个活性位点：合成（或活化）位点，它位于普通的 I 类罗斯曼折叠结构域中；编辑（或水解）位点，它位于接纳茎结合域中（见 23.10 节“氨酰 tRNA 合成酶分为两类”）。IleRS 的晶体结构显示，合成位点太小使亮氨酸不能进入（与异亮氨酸相比，亮氨酸的侧链在不同位点分叉）。确实如此，所有比异亮氨酸大的氨基酸都不能被激活，因为它们不能进入活化位点；而一些小的氨基酸保留了足够的能力可以结合，如缬氨酸能进入合成位点，并被装载到 tRNA 上。这样，合成位点就作为第一层滤网而发挥作用。编辑位点比合成位点小，它不能容纳同族异亮氨酸，但它确实能结合缬氨酸。因此 $Val\text{-}tRNA^{Ile}$ 能在编辑位点被水解，它就作为第二层滤网而发挥作用，而 $Ile\text{-}tRNA^{Ile}$ 则不能被水解。

就转移后编辑机制而言，双滤网模型作为一种方便而且总体正确的方法是切实可行的。在 IleRS 和来自 I 类和 II 类的其他编辑性 tRNA 合成酶中，合成位点和编辑位点相距较远，约

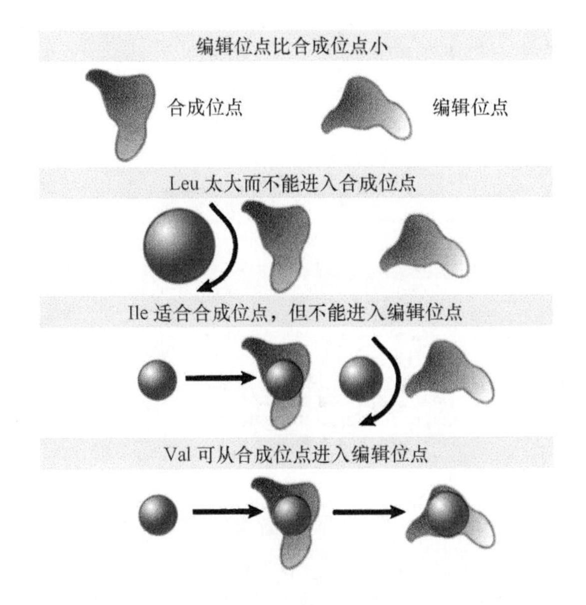

图 23.17 异亮氨酰 tRNA 合成酶具有两个活性位点。比异亮氨酸大的氨基酸不能被激活，因为它们不能进入合成位点；而比异亮氨酸小的氨基酸被去除，因为它们能进入编辑位点

10 ～ 40 Å。如果要使转移后水解（编辑）发生，那么错酰化的氨酰 tRNA 接纳茎末端要跨越酶的表面进行位移，即从合成位点转运到编辑位点，这就涉及 tRNA 接纳茎末端的构象变化。在 I 类 tRNA 合成酶中，当它结合于合成位点时，接纳茎末端采用发夹构象（见 23.10 节“氨酰 tRNA 合成酶分为两类”）；而当它结合于编辑位点时，它采用伸展结构。

在转移后编辑机制中，不正确的氨基酸跨越 tRNA 合成酶表面的位移是可能的，因为氨基酸共价结合于 tRNA 的 3′ 端。相反，氨酰 tRNA 的共价键形成之前可发生转移前编辑，并且这一反应限定于活性合成位点内。这样，氨酰 - 腺苷酸中间体在水解和氨酰转移之间的分配动力学可能可以控制以下状态：即用于编辑的 tRNA 合成酶是依赖于转移前编辑机制，还是依赖于转移后编辑机制。

23.12 抑制型 tRNA 使用突变的反密码子解读新密码子

关键概念

- 抑制型 tRNA 常常在反密码子上发生突变，这改变了它所识别的密码子。
- 当新的反密码子对应于一个终止密码子时，一个氨基酸被插入，多肽链将延伸通过终止密码子，这导致无义突变位点的无义抑制，或者自然终止密码子上的连读。
- 当 tRNA 识别一个与通常密码子不同的密码子时，就会发生错义抑制，结果一个氨基酸被另外一个氨基酸替换。

对于分析 tRNA 与 mRNA 上密码子的应答能力和检测 tRNA 分子上不同部位的改变对密码子 - 反密码子的识别作用来说，突变体 tRNA 的分离是一种最有效的手段。

突变体 tRNA 可以被分离是由于它们能够克服编码多肽的基因突变的影响。在常规的遗传术语上，把能够克服另一种突变影响的突变称为抑制基因（或抑制因子，suppressor）。

在 tRNA 抑制基因系统中，最初的突变改变了 mRNA 上的密码子，不再产生有功能的多肽。第二次抑制基因突变改变了 tRNA 上的反密码子，使它能识别突变的密码子而不是（或也能）识别其最初的靶密码子，这时所插入的氨基酸又恢复了蛋白质的功能。这种抑制基因被称为**无义抑制基因**（**nonsense suppressor**）或是**错义抑制基因**（**missense suppressor**），这取决于最初突变的性质。

无义突变能将代表某一氨基酸的密码子转变成三种终止密码子中的其中一种。在野生型细胞中，只有释放因子能识别这样的一种无义突变，从而终止蛋白质合成。然而，在 tRNA 反密码子中的第二次抑制基因突变产生了能识别终止密码子的氨酰 tRNA；通过插入一个氨基酸，第二位点抑制基因使翻译能在无义突变的位点之后继续进行。翻译系统的这种新能力使之能够合成全长多肽，如**图 23.18** 所示。如果抑制作用中所插入的氨基酸与野生型多肽中原位点的氨基酸不同，则多肽活性可能发生改变。

错义突变将编码一个氨基酸的密码子转变成编码另一个氨基酸的密码子。这个氨基酸在这个多肽原来的位置上不能执行功能（事实上任何氨基酸替代都构成错义突变，但是只有突变改变了多肽活性时才能被检测出来）。这个突变可被以下两种方式抑制：一是插入初始氨基酸；二是插入可恢复原多肽功能的其他一些氨基酸。

图 23.19 说明了错义抑制可根据无义抑制的相同方式完成，即通过突变携带合适氨基酸的 tRNA 的反密码子，使之被突变的密码子识别。因此，错义抑制涉及密码子含义的变化，即从一种氨基酸转变成另一种氨基酸。

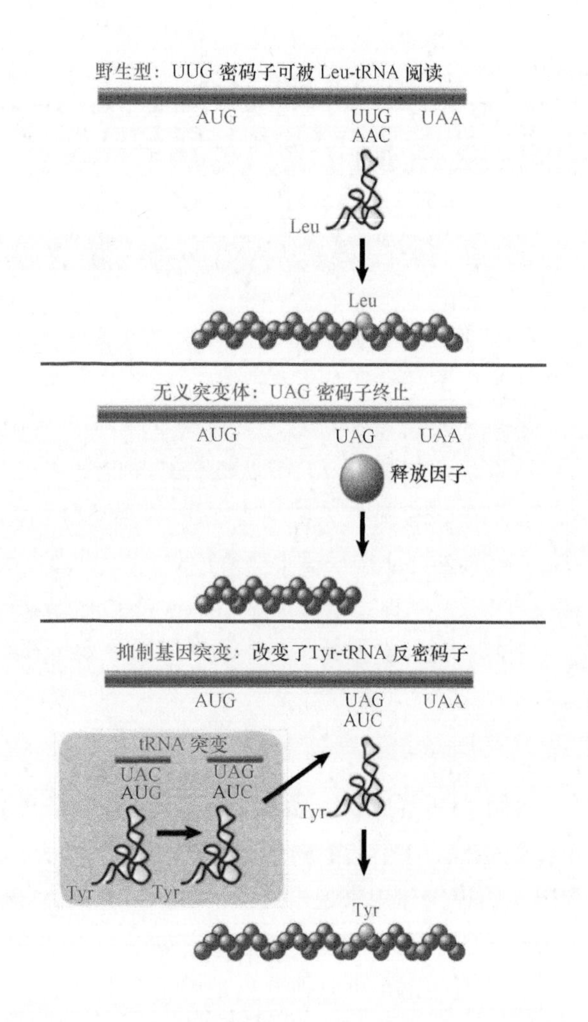

图 23.18 无义突变可被具有一个突变反密码子的 tRNA 所抑制。此 tRNA 在突变密码子上插入一个氨基酸，产生一个全长多肽，而原有密码子的亮氨酸残基被酪氨酸残基取代

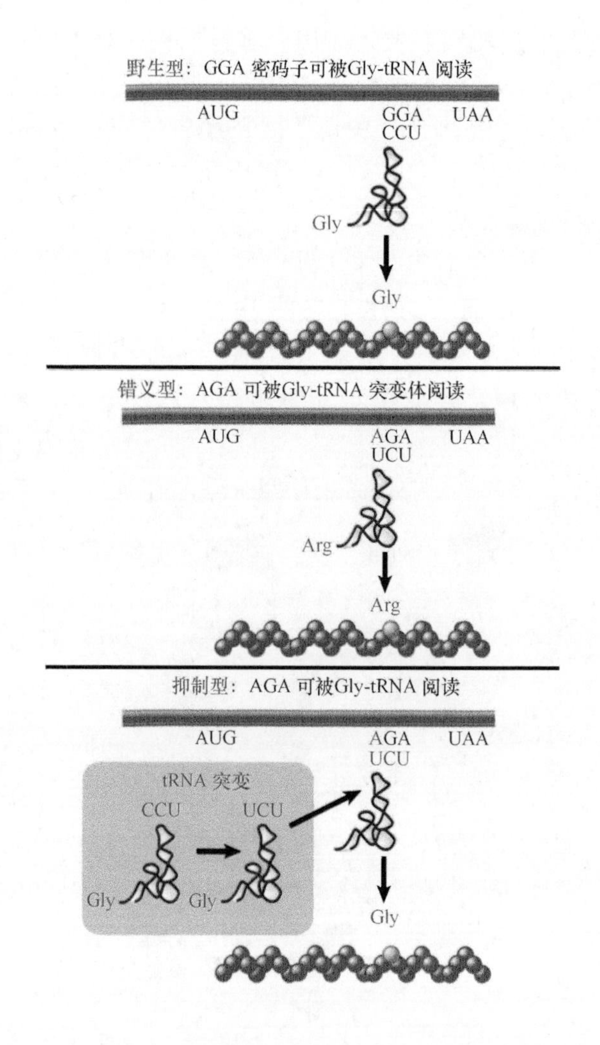

图 23.19 当 tRNA 的反密码子发生突变，从而对错误的密码子做出反应时，就会发生错义抑制。因为野生型 tRNA 和抑制型 tRNA 都能识别 AGA，所以这种抑制作用只是部分的

23.13 每个终止密码子都有相应的无义抑制因子

关键概念

- 每种类型的无义密码子都被带有突变反密码子的 tRNA 抑制。
- 一些稀有抑制型 tRNA 的突变发生在 DNA 分子的其他部位。

无义抑制因子分为三类，每类针对一种终止密码子。**表 23.3** 描述了一些了解得比较清楚的抑制基因的性质。

最易被鉴别的是琥珀抑制因子（amber suppressor）。在大肠杆菌中，至少有 6 种突变的 tRNA 能识别 UAG 密码子。所有的琥珀抑制型 tRNA 都具有反密码子 CUA ←，每种都是由野生型的 tRNA 单碱基突变衍生而成。突变的位点可以是反密码子上三个碱基的任何一个，如 *supD*、*supE* 和 *supF*。每个抑制型 tRNA 只能识别 UAG 密码子，而不是以前的密码子。而插入的氨基酸是丝氨酸、谷氨酰胺或酪氨酸，这与相应的野生型 tRNA 携带的氨基酸相同。

赭石抑制因子（ochre suppressor）也是由反密码子的突变造成的。了解得最清楚的是 supC 和 supG，它们在琥珀密码子（UAG）或赭石密码子（UAA）处插入酪氨酸或赖氨酸。这与摆动学说的预测一致，即 UAA 不能被单独识别。

表 23.3 无义抑制型 tRNA 由反密码子中的突变产生

基因座	tRNA	野生型	抑制因子
		密码子 / 反密码子	反密码子 / 密码子
SupD（su1）	Ser	UCG CGA	CUA UAG
SupdE（su2）	Gln	CAG CUG	CUA UAG
SupdE（su3）	Tyr	UA $^{C}_{U}$ GUA	CUA UAG
SupdE（su4）	Tyr	UA $^{C}_{U}$ GUA	UUA UA $^{A}_{G}$
SupdE（su5）	Lys	AA $^{A}_{G}$ UUU	UUA UA $^{A}_{G}$
SupdU（su7）	Trp	UGG CCA	UCA UG $^{A}_{G}$

UGA 抑制因子拥有一个出人意料的特性。它由 $tRNA^{Trp}$ 突变而来，仅将第 24 位上的 G 替换为 A。这个变化使 D 环上的 G · U 碱基对替换为 A · U 碱基对，从而提高了螺旋的稳定性。反密码子的序列与野生型一样，为 CCA ←。所以 D 茎突变一定以某种方式改变了反密码子环的构象，使 CCA ← 能与 UGA 发生配对，这是一种特殊的 C 和 A 摆动配对，而抑制型 tRNA 能继续识别原来的密码子 UGG。

相应的情景也出现在真核生物的一种特殊 tRNA 中。牛肝中存在带有反密码子 mCCA ← 的 $tRNA^{Ser}$。根据摆动假说的预测，这种 tRNA 应该与色氨酸的密码子 UGG 作用，但事实上它却识别终止密码子 UGA，所以在这一情况下 UGA 很可能被抑制。

无论是野生型还是突变型，密码子 - 反密码子之间的识别情况都不能完全从相应三联体密码子的序列来预测，识别还受其他分子特性的影响，这一结论具有重要意义。

23.14 抑制因子可能与野生型竞争解读密码子

关键概念

- 具有相同反密码子的抑制型 tRNA 和野生型 tRNA 竞争解读相应的密码子。
- 完全的抑制是有害的，因为它将导致天然的终止密码子被连读。
- UGA 密码子是“渗漏性的”，它被 $tRNA^{Trp}$ 错读的概率达 1% ~ 3%。

合适的氨酰 tRNA 可以识别常规的密码子，而密码子突变后产生的新密码子可被抑制因子识别，这两种识别之间的区别就显得非常有趣。在野生型细胞中，一个密码子只能拥有一种含义：或者编码一种氨基酸或者提供终止信号；但是在发生抑制基因突变的细胞中，突变密码子可以被抑制型 tRNA 识别，也可以正常含义解读。

无义抑制型 tRNA 必须与释放因子竞争性地识别终止密码子；而错义抑制型 tRNA 必须与可识别新密码子的野生型 tRNA 竞争。在每一个例子中，竞争的强弱程度影响抑制的效率，所以特定的抑制效率不仅取决于反密码子与靶密码子之间的亲和力，还取决于它在细胞中的浓度，以及控制竞争性终止与插入反应的参数。

任何特定密码子被解读的效率受其所在位置的影响，所以特定 tRNA 无义抑制的程度会存在很大的差异，这取决于密码子的周围序列。我们还不清楚 mRNA 上邻近碱基对密码子 - 反密码子识别所起的作用，但密码子背景肯定会改变特定 tRNA 识别密码子的频率，其影响可超过一个数量级。

无义抑制因子根据其应答突变的无义密码子的能力而被分离出来。然而，相同的三联体序列是细胞中正常的终止信号中的一种。这样，可以抑制无义突变的突变体 tRNA 必定能抑制使用相同密码子作为终止信号的基因的终止作用。**图 23.20** 说明这种**连读（readthrough）**作用可产生更长的多肽，使之带有额外的 C 端物质。这种加长的多肽会在同一阅读框的下一个终止密码子处终止。所以，任何过度的终止抑制对细胞似乎都是有害的，因为它所产生的加长型多肽的功能会发生改变。

相对而言，琥珀抑制因子的作用更加有效，其效率通常在 10% ～ 50%，其程度取决于不同系统。这种有效性很可能是因为大肠杆菌使用琥珀密码子来终止翻译的概率相对较低。相反，我们很难分离到赭石抑制因子，因为赭石抑制因子的效率总是很低，通常活性低于 10%。所有的赭石抑制因子型细菌的生长状态都不好，说明在大肠杆菌中对 UAA 和 UAG 的抑制都是有害的，很可能是因为 UAA 赭石密码子是最常用的一种自然终止信号。UGA 在其自然功效中是效率最低的终止密码子；在野生型中，它被 $tRNA^{Trp}$ 错读的概率为 1% ～ 3%。即便是如此低的效率，UGA 在终止细菌基因的过程中也比琥珀三联体 UAG 密码子用得更多。

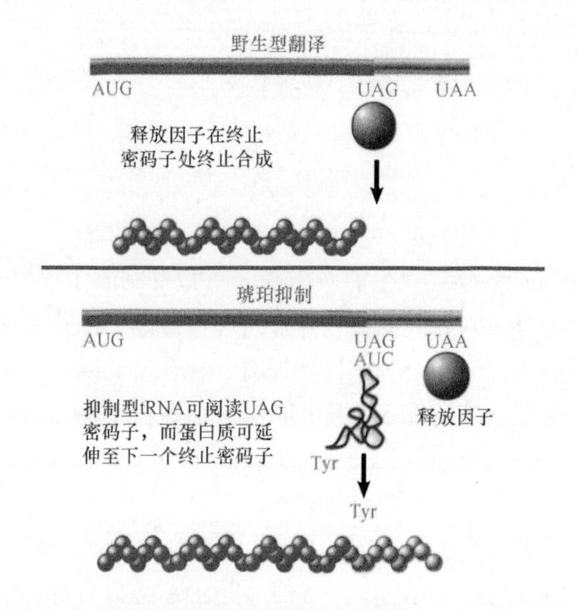

图 23.20 无义抑制因子也能连读正常的终止密码子，合成了比野生型多肽更长的产物

一个错义抑制型 tRNA 可以补偿一个突变的基因，却可能在另一个基因中引入了不需要的、可产生影响的突变。抑制因子通过替代突变位点的氨基酸来矫正突变，但在其他位点，相同的替代会使野生型氨基酸被一个新的氨基酸置换，而这种改变很可能会抑制多肽的正常功能。这使细胞处于两难境地：它既要必须抑制一种位点的突变体密码子所产生的影响，同时又要保证不使另一位点的正常含义发生过多的改变。因此，任何明显的错义抑制的缺失都可解释为广泛高效的氨基酸替代所引起的破坏性后果。

产生抑制型 tRNA 的突变可引起两种后果：第一，它使 tRNA 能识别新密码子；第二，有时它阻止 tRNA 识别原密码子。其中一个重要的发现是，所有高效的琥珀抑制因子都是由一组冗余 tRNA 的一份拷贝突变而来的。在这些例子中，细胞中存在着几种 tRNA，可以识别能被野生型 tRNA 所识别的密码子，所以突变并没有消除对原密码子的识别，后者还通过这组 tRNA 来行使功能。在少数情况下，当只有一种 tRNA 识别特定密码子时，任何阻止这种识别的突变都是致死的。

抑制作用首先让人想到的是突变改变了密码子的解读模式。但是，在某些情况下，野生型终止密码子也可被一个氨基酸以一个很低的频率解读。第一个被发现的例子是 RNA 噬菌体 Qβ 的外壳蛋白基因。感染型噬菌体 Qβ 颗粒的形成需要这个基因末端的终止密码子被低频抑制，以产生少量的 C 端延伸的外壳蛋白。实际上，此终止密码子是渗漏性（leaky）的，原因是 $tRNA^{Trp}$ 可以很低的频率识别这个终止密码子。

连读终止密码子的现象在真核生物中也时有发生。通常情况下，它主要被 RNA 病毒所运用。这可能涉及 $tRNA^{Trp}$、$tRNA^{Gln}$ 或 $tRNA^{Leu}$ 对 UAG/UAA 的抑制；或者 $tRNA^{Trp}$ 或 $tRNA^{Arg}$ 对 UGA 的抑制。抑制的强弱程度也受此密码子周围序列的影响。

23.15 核糖体影响翻译的精确性

关键概念

- 核糖体P位和A位中的16S rRNA的结构影响翻译的精确性。

氨基酸掺入到多肽的错误率必须维持在极低的水平，即在10 000个氨基酸中可能会出现1个错误掺入，这样才能保证编码多肽的功能特性不被改变，否则以此方式产生的改变对细胞是有害的。在翻译的以下几个阶段中都有可能产生错误（详见第22章“翻译”）。

- 将tRNA与正确的氨基酸连接在一起的过程是很关键的，这是氨酰tRNA合成酶的功能之一。不同的酶很可能存在不同的错误率，但总体来说，每10^5～10^7个氨酰化的错误少于1个（见此章前面的讨论）。
- 起始因子和延伸因子的作用是只将正确的氨酰tRNA转运到核糖体中，这提供了增加总体选择性的机制。此外，这些因子在将氨酰tRNA锚定到核糖体的P位和A位过程中起到辅助作用。
- 密码子-反密码子间识别的特异性至关重要。尽管不同的密码子-反密码子之间的反应结合常数都不同，但是，同族与非同族之间的三碱基配对序列形成相关的内在特异性太低（约1/100～1/10），这足以使出错率小于10^{-5}。

长期以来，人们认为细菌延伸因子EF-Tu是非序列特异性的RNA结合蛋白，这是因为它必须转运所有的氨酰tRNA（除了起始子tRNA）到核糖体中。EF-Tu因子可识别氨酰tRNA键和tRNA实体的氨基酸部分。然而，它主要结合于接纳茎和T茎中的糖-磷酸骨架。EF-Tu因子对正确或错误氨酰tRNA的结合亲和性实验的分析已经显示，它结合氨基酸的强度与结合tRNA实体的强度呈反比，也就是说，弱结合的氨基酸能正确地酰化到强结合的tRNA实体中，而强结合的氨基酸能正确地酰化到弱结合的tRNA实体中。结果是正确酰化的氨酰tRNA以相似的亲和力结合EF-Tu因子。因此，在总体翻译过程中的选择性也就显而易见，因为弱结合的氨基酸错酰化到弱结合的tRNA实体中会产生非同族氨酰tRNA，而它与EF-Tu因子的相互作用会非常差。当然，很有可能这种错酰化的氨酰tRNA会与EF-Tu因子结合得更加紧密，但是它也能被区别开来，因为很难将这种锚定于核糖体的tRNA合理地释放出来。

我们已经发现，EF-Tu因子的突变能抑制移码错误（见23.16节“移码发生在不稳定序列上”中对移码的讨论）。这提示EF-Tu因子不仅仅将氨酰tRNA带到A位，还参与即将到来的氨酰tRNA与相对于P位肽酰tRNA的定位。相似地，酵母起始因子eIF2的突变使得翻译可从UUG密码子起始，而这种起始密码子从AUG突变而来。这提示eIF2因子的作用就是辅助将$tRNAi^{Met}$锚定到P位上。

单独的密码子-反密码子碱基配对存在内在的低水平特异性，为了提高其特异性，核糖体中的校对功能需要额外的、由30S亚基中局部环境所提供的相互作用。当核糖体作为校对者而发挥功能时，它能将三联体核苷酸配对的一般性的内在选择性作用放大，有时甚至达到1000倍左右，如**图23.21**所示。

核糖体对氨酰tRNA的选择性发生于以下途径中的几个阶段。EF-Tu-GTP-氨酰tRNA三元复合体在氨酰化后形成，将氨酰tRNA送到A位。首先，相当不稳定的起始结合复合体在核糖体形成。其次，存在一个密码子识别阶段，这时起始复合体被重新排列，这可允许密码子-反密码子在A位配对。现在回忆一下，邻近的P位被肽酰tRNA占据（详见第22章“翻译”）。起始识别步骤与随后的密码子识别步骤都是可逆的。在这些阶段中，对错配复合体的不断增加的解离速率和（或）不断降低的结合速率的组合作用都能将错误氨酰tRNA驱逐出去。

在密码子-反密码子相互识别后，进一步的构象变化会触发GTP水解。随后，结合GDP的EF-Tu因子释放出磷酸，而这触发了更加广泛的构象重排，此时，EF-Tu-GDP从氨酰tRNA-核糖体复合体中解离出来。只有在EF-Tu因子解离以后，才能出现最后的相关构象重排，即将氨酰部分锚定到50S亚基的肽酰转移位点，以及随后的肽酰转移反应的发生。除了早期结合阶段的选择以外，对错配氨酰tRNA的驱逐也发生于GTP水解步骤之后。这

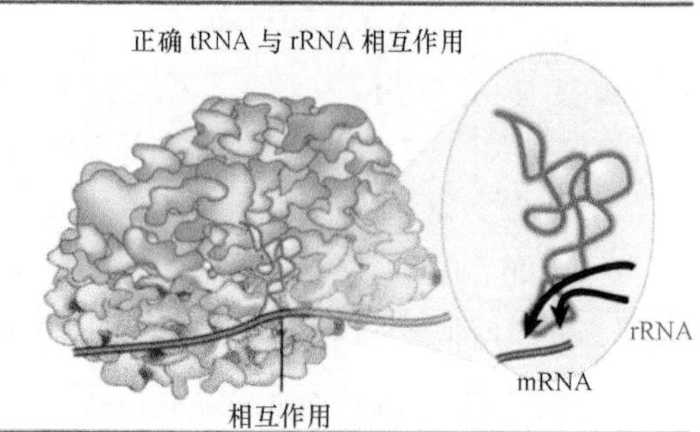

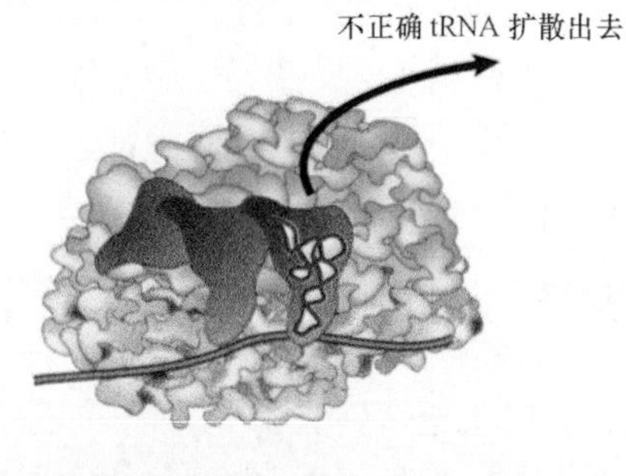

图 23.21 任何氨酰 tRNA 都可被 EF-Tu 因子放在 A 位，但是只有和反密码子配对的氨酰 tRNA 才能与 rRNA 形成稳定接触。当不能形成这些接触时，氨酰 tRNA 从 A 位自由扩散出来

时能发生驱逐反应是因为在错酰化复合体中，最后的构象转换速率是非常缓慢的，因为在肽键形成发生之前，tRNA 必须经历两步选择过程，因此总体特异性就提高了。

对三联体核苷酸的原子空间排列与静电特性的严密监测可维持 A 位中密码子 - 反密码子配对的正确性。16S rRNA 中的三个保守碱基（A1492、A1493 和 G530）可与前两个碱基配对中的密码子 - 反密码子螺旋的小沟进行紧密相互作用，并能敏锐地感觉出这些位置中的标准沃森 - 克里克碱基配对（Watson-Crick base pair）的存在。而第三个（摆动）位置则可容纳一些非标准配对，因为 rRNA 对配对的监测不是很严格。最终，正是由于错酰化的 tRNA 不能完全符合核糖体对密码子 - 反密码子螺旋的（或许还有其他位置的）严密细查，才导致它在 GTP 水解步骤之前或之后被驱逐出去。

最近已经发现一些额外机制也对翻译特异性有所贡献。在肽键合成之后，核糖体还能执行质量控制。在这一机制中，如果形成的肽键来自 A 位中不正确配对的氨酰 tRNA，就会导致 A 位中的更加普遍的特异性丢失，结果是引起翻译的过早终止。

在肽键合成后核糖体识别错误的机制是通过监测 P 位中的密码子 - 反密码子螺旋的精确互补性而实现的。错误掺入的后果是不断提高了释放因子对 A 位的结合能力，从而引起成熟前终止，甚至是在终止密码子不存在的情况下。另外，它还提高了邻近 A 位的不正确编码速率，由此所导致的错误传播最终引起了成熟前终止。

根据对必须被水解的高能键数目的估计，校对过程很明显增加了翻译成本。而增加的能量成本的量取决于错酰化的 tRNA 在哪一个阶段被驱逐出去。在 GTP 水解之前，驱逐成本只与 tRNA 合成酶的错酰化 tRNA 的形成有关。然而，如果 GTP 水解发生在错配氨酰 tRNA 解离之前，能量花费将会是巨大的。当然，最大的花费与翻译的成熟前终止有关，此时，它在肽酰合成后的转移和质量控制过程中形成了无功能性产物。在这种情况下，与多肽合成相关的能量付出因成熟前释放而付之东流，但这是翻译过程中所必须付出的。

23.16 移码发生在不稳定序列上

关键概念

- 阅读框可以受到 mRNA 序列和核糖体环境的影响。
- 不稳定序列允许 tRNA 在其与反密码子配对后滑动一个碱基，从此改变了阅读框。
- 一些基因的翻译依赖于编程性移码的规律性发生。

再编码（recoding）通常涉及单一密码子含义的改变。这些例子包括 tRNA 抑制作用（见 23.12 节“抑制型 tRNA 使用突变的反密码子解读新密码子”）及氨酰 tRNA 的共价修饰（见 23.8 节“新的氨基酸可被插入到特定的终止密码子上”)。然而，其他三种类型的再编码将引起多肽产物更多的整体改变，这些变化就是移码（frameshifting）（会在这一节进行讨论）、旁路（bypassing）途径，以及如何使用两种 mRNA 合成一条多肽（将在 23.17 节“其他再编码事件：释放停滞核糖体的翻译旁路途径和 tmRNA 机制”中讨论后两种情况）。

移码与两种情况下的特殊 tRNA 有关：

- 一些突变体 tRNA 抑制因子识别一种 4 碱基的“密码子”而不是通常的 3 碱基；
- 特定的不稳定序列允许 tRNA 在 A 位沿着 mRNA 向前或向后“滑动（slippery）”一个碱基。

多肽中的移码突变体是由 mRNA 的错读所致。核糖体不是以三联体解读密码子，而是以二联体或四联体为一组核苷酸来解读密码子。不管哪一种情况出现，在此事件之后所恢复的三联体密码子解读就会导致与原来不同的多肽，而能解读 2 或 4 碱基密码子的 tRNA 能抑制移码。以 4 碱基密码子为例，这种 tRNA 拥有扩展的反密码子环，它由 8 个核苷酸组成，而非通常的 7 个。例如，一个 G 可能会被插入一串连续的 G 碱基中。移码抑制因子是一个在反密码子环上插入了一个额外碱基的 $tRNA^{Gly}$，反密码子由原来的三联体序列 CCC ˉ变为四联体 CCCC ˉ。这种抑制型 tRNA 可以识别一个 4 碱基的“密码子”。

一些移码抑制因子可以识别多于一种的 4 碱基“密码子”。例如，细菌的 $tRNA^{Lys}$ 抑制因子既可以应答 AAAA，又可以应答 AAAU，而不是通常的密码子 AAA。另一种抑制因子可以识别任何一种前三位碱基为 ACC 的 4 碱基密码子，而第 4 位的碱基不影响识别。在这些例子中，这种加长型密码子的第 4 位碱基不符合通常的摆动法则。抑制型 tRNA 很可能识别一个 3 碱基的密码子，但由于一些其他的原因（很可能是位阻的原因）使得邻近的碱基被封锁。这使在下一个 tRNA 找到密码子之前的一个碱基被跳过。

噬菌体和病毒中常常发生移码事件。这样的事件可能会影响到翻译的继续或终止，而这些特性是由 mRNA 的固有性质所决定的。

在反转录病毒中，第一个基因的翻译被位于同一阅读框内的无义密码子终止。第二个基因则处于不同的阅读框中，而（在一些病毒中）移码可以使其在第二个阅读框中翻译，从而避开了终止密码子，如图 23.22 所示（详见第 15 章“转座因子与反转录病毒”）。移码的效率很低，一般为 5% 左右，可实际上这对病毒的生物学意义十分重要，因为移码效率的增加将带来破坏性后果。图 23.23 以酵母的 *Ty* 因子中的相似情况为例，在这个例子中，酵母必须

图 23.22 tRNA 滑动一个碱基后与密码子配对导致移码，从而抑制终止。这种效率一般约为 5%

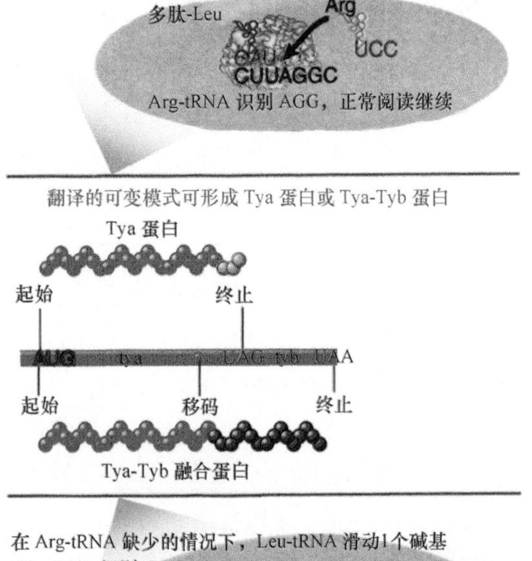

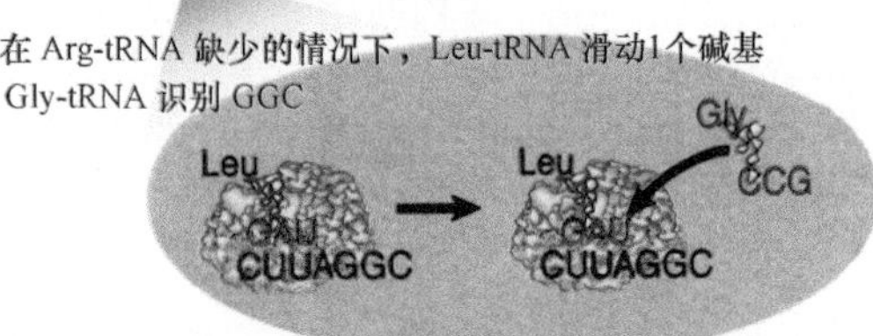

图 23.23 酵母 Ty 元件 *tyb* 基因的表达需要一个 +1 格移码。这种移码发生在一个 7 碱基序列上，在这个序列上，两个亮氨酸密码子后跟一个稀有的精氨酸密码子

经过移码跳过 *tya* 基因的终止密码子，*tyb* 基因才会被解读。

这些情况证明了一个重要的观点，即偶尔（但可预测）发生的“错读（misreading）”是正常翻译过程中可以信赖的必要步骤，称为**程序性移码（programmed frameshift）**。这发生在特定位点，发生概率比其他非程序位点发生错读（约 3×10^{-5} 次 / 个密码子）的概率大 100 ～ 1000 倍。

这种移码具有以下两个共同特点。

- 它含有一段不稳定序列，这使氨酰 tRNA 与其密码子配对后，还能移动 +1（少见）或 −1（常见）个碱基，并与另一个相互重叠的，也能同其反密码子配对的三联体序列配对。
- 核糖体在移码位点被延宕，使氨酰 tRNA 有时间重新配对。这种延宕可能是因为邻近的密码子需要一种稀有氨酰 tRNA，这种稀有氨酰 tRNA 是一个被释放因子识别较慢的终止密码子，或者是一个阻碍核糖体的 mRNA 中的阻遏结构 [如“假结（pseudoknot）”，RNA 的一种特殊构象]。

滑动事件所涉及的移动可以是双向的：当 tRNA 向后移动就会产生 −1 格移码，向前移动则会产生 +1 格移码。在任何情况下，结果就是将 A 位中不处于阅读框内的三联体暴露于下一个氨酰 tRNA 中，而这种移码事件往往发生在肽键合成前。最常见的情况是，在 mRNA 下游的发夹结构存在的情况下，不稳定序列引发滑动时，其周围序列会影响滑动效率。

图 23.23 中的移码显示了典型的不稳定序列的作用。7 核苷酸序列 CUUAGGC 通常在 CUU 被亮氨酰 tRNA 识别，又在 AGC 被精氨酰 tRNA 识别。但精氨酰 tRNA 非常罕见，当这种罕见造成核糖体的延宕时，亮氨酰 tRNA 会从 CUU 密码子滑动到重叠的 UUA 密码子。这就产生了移码事件，因为下一个三联体（GGC）被甘氨酰 tRNA 识别。滑动事件通常发生在 P 位（这时亮氨酰 tRNA 已成为肽酰 tRNA，并携带新生肽链）。

终止密码子上的移码突变会造成蛋白质的连读，终止密码子 3′ 端的碱基影响到终止及移码的概率，也就影响到终止信号的效率。这有助于理解终止密码子周围序列的重要性。

23.17 其他再编码事件：释放停滞核糖体的翻译旁路途径和 tmRNA 机制

关键概念

- 旁路途径涉及核糖体终止翻译、从 mRNA 中释放，以及在 50 核苷酸下游处恢复翻译的能力。
- 在蛋白质部分合成后，停滞于 mRNA 的核糖体可通过 tmRNA 的作用被释放。tmRNA 是一种结合了 tRNA 与 mRNA 特性的独特 RNA。

旁路途径涉及核糖体的移动，它可改变 P 位中与肽酰 tRNA 配对的密码子。这种途径使两个密码子之间的序列被跳过，并不再在多肽产物中出现。如图 23.24 所示，这可使翻译继续通过间断区域中的任何终止密码子。这是非常稀有的现象，极少数已经确认过的例子中的其中一个是 T4 噬菌体基因 *60*，此时核糖体沿 mRNA 移动了 60 个核苷酸。单一细胞中由营养缺乏所致的旁路途径也已经有过这方面的记录。

旁路系统的关键是在跳读序列的两端具有相同（或同义的）密码子。有时它们被称为“起飞（takeoff）”和“着陆（landing）”位点。旁路反应发生前，核

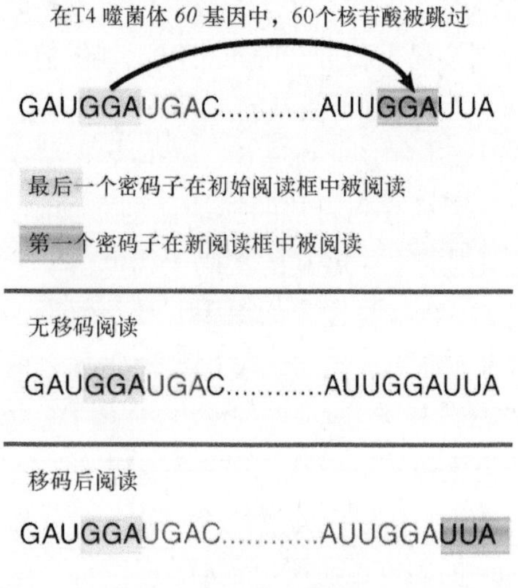

图 23.24 旁路途径的发生是，当核糖体沿着 mRNA 移动，P 位的肽酰 tRNA 从与其密码子的配对中释放出来，然后再用另一个密码子来修复

糖体 P 位中的肽酰 tRNA 与起飞位点配对，闲置的 A 位等待一个氨酰 tRNA 进入。**图 23.25** 显示在这种环境下核糖体沿 mRNA 滑动直到肽酰 tRNA 可与着陆位点的密码子配对。

mRNA 的序列可引发旁路反应。它的主要特点是两个 GGA 密码子分别负责起飞和着陆，它们之间存在一个间隔区，起飞密码子位于茎 - 环结构上，而终止密码子与起飞密码子相邻。

起飞阶段要求肽酰 tRNA 与其密码子解开配对，随后 mRNA 的移动会阻止其重新配对，接着核糖体扫描 mRNA 直到着陆反应中的肽酰 tRNA 与密码子重新配对。当氨酰 tRNA 按常规方式进入 A 位时，蛋白质合成重新开始。

像移码一样，旁路途径也依赖于核糖体的暂停。氨酰 tRNA 进入 A 位的延宕可能会使肽酰 tRNA 在 P 位同其密码子之间解离的可能性增加。细菌中氨基酸缺乏会引发旁路反应，因为当没有可用的氨酰 tRNA 进入 A 位时，它会发生延宕。在 T4 噬菌体基因 *60* 中，mRNA 结构的一个作用可能是降低终止效率，因此它产生了起飞反应所需的延宕。

在细菌和一些线粒体中，一种独特的 tRNA-mRNA 杂合体——**tmRNA**，可以对停滞的核糖体进行拯救。tmRNA 含有两个功能域，一个结构域模仿

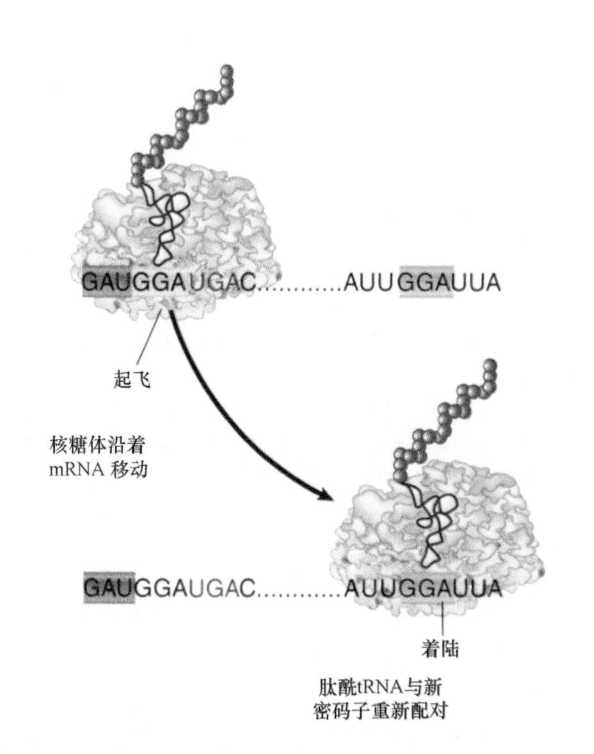

图 23.25 在旁路模式中，核糖体 P 位的占用可终止翻译。核糖体沿着 mRNA 滑动到一个位点，此处肽酰 tRNA 和一个新的密码子在 P 位配对，随后翻译重新开始

了 $tRNA^{Ala}$ 的一部分，而另一个结构域则编码一段短肽。tmRNA 首先由丙氨酰 tRNA 合成酶（alanyl-tRNA synthetase，AlaRS）氨酰化。随后它由 EF-Tu 因子结合，并作为停滞核糖体的 A 位中的三元复合体。而肽酰转移反应则发生在核糖体上，它可将丙氨酸连接到停滞新生蛋白质的 C 端，同时核糖体上的 mRNA 被 tmRNA 的第二个结构域所取代。然后，tmRNA 作为另外 10 个氨基酸残基合成的模板而发挥作用，此后，终止密码子出现，它终止翻译并释放出蛋白质。新加的 C 端序列可作为随后蛋白酶识别的标签，它能降解截断型蛋白质。这样，tmRNA 作为一种质量控制机制而发挥作用，以回收停滞核糖体和去除有可能积聚起来的截断型蛋白质。

小结

mRNA 的序列以遗传密码为基础，从 5′ 端到 3′ 端以三联体为单位进行解读，其所编码的多肽与由 N 端到 C 端的氨基酸序列相对应。在 64 种三联体密码子中，有 61 种编码氨基酸，3 种为终止密码子。编码相同氨基酸的同义密码子在序列上是相近的，通常只是在第三位碱基存在差异。这种第三位碱基的简并性和相近氨基酸由相近密码子编码的方式降低了突变效应。遗传密码具有通用性，所以它一定是在进化早期就已经建立。在细胞核基因组中，遗传密码的变化非常罕见；而在线粒体中，遗传密码在进化中发生了一些改变。

多种 tRNA 可识别一个特定密码子。在每种生物中，编码每种氨基酸的不同密码子所对应的 tRNA 组合都比较独特。密码子 - 反密码子的识别涉及反密码子第一位（密码子第三位）的摆动，这使一些 tRNA 能识别多种密码子。所有的 tRNA 都含有修饰碱基，由可识别 tRNA 结构中靶碱基的酶催化产生。密码子 - 反密码子间的配对受反密码子本身修饰及其邻近碱基尤其是反密码子 3′ 端上碱基的影响。利用密码子 - 反密码子间的摆动性，脊椎动物线粒体用 22 种 tRNA 就能识别所有的密码子，而理论推算则需要至少 31 种 tRNA，这是由于线粒体密码的改变所形成的。

每种氨基酸都被一种特定的氨酰 tRNA 合成酶识别，而后者可识别所有携带这种氨基酸的 tRNA。一些氨酰 tRNA 合成酶拥有校对功能，它

可检验合成的氨酰 tRNA 并可水解非正确加入的氨酰 tRNA。

氨酰 tRNA 合成酶差别很大，但根据其特征性的相互排斥序列基序和催化域中的蛋白质结构的不同可分为两大类型。3′ 端 tRNA 核糖上的氨酰化起始点、tRNA 接纳茎螺旋的结合取向及氨酰化中的限速步骤的差异都可将两类合成酶区分开来。tRNA 中一组限定的核苷酸称为一致性组（identity set），能选择性地被合成酶所识别，这运用了直接读出机制和间接读出机制的组合模式而执行识别事件。在许多例子中，一致性组位于反密码子和分子的 3′ 接纳茎末端。

突变可能允许 tRNA 识别不同的密码子，这种突变最常见于反密码子中。反密码子的突变可能会使 tRNA 抑制多肽编码基因中的突变。识别终止密码子的 tRNA 能提供无义抑制因子，而应答改变了密码子含义的 tRNA 则是错义抑制因子。UAG 密码子的抑制因子要比 UAA 密码子的抑制因子的效率高，这是因为 UAA 是最常用的自然终止密码子。然而所有抑制因子的效率都取决于单一靶密码子的前后碱基序列等背景。

可阅读四碱基“密码子”的变异 tRNA 可导致 +1 格移码。mRNA 中的滑动序列可能会引起 +1 或 –1 格移码，这使肽酰 tRNA 从其密码子滑动到也可与其反密码子配对的重叠序列。某些由 mRNA 序列决定的编程性移码对于一些天然基因的正常表达可能是必要的。当核糖体终止翻译，并沿着与其 P 位上的肽酰 tRNA 结合的 mRNA 移动，直到肽酰 tRNA 与 mRNA 上合适的密码子配对，这样就发生了旁路途径，随后使翻译过程重新开始。tmRNA 的运用提供了一种质量控制机制，它可以回收停滞核糖体，以及去除不需要的截断型多肽产物。

参考文献

23.1 引言

研究论文文献

Nirenberg, M. W., and Leder, P. (1964). The effect of trinucleotides upon the binding of sRNA to ribosomes. *Science* 145, 1399-1407.

Nirenberg, M. W., and Matthaei, H. J. (1961). The dependence of cell-free protein synthesis in *E. coli* upon naturally occurring or synthetic polyribonucleotides. *Proc. Natl. Acad. Sci. USA* 47, 1588-1602.

23.3 密码子 - 反密码子识别涉及摆动

研究论文文献

Crick, F. H. C. (1966). Codon-anticodon pairing: the wobble hypothesis. *J. Mol. Biol.* 19, 548-555.

23.4 tRNA 由较长的前体加工而来

综述文献

Hopper, A. K., and Phizicky, E. M. (2003). tRNA transfers to the limelight. *Genes Dev.* 17, 162-180.

研究论文文献

Hyde, S. J., Eckenroth, B. E., Smith, B. A., Eberley, W. A., Heintz, N. H., Jackman, J. E., and Doublie, S. (2010). tRNA(His) guanylyl-transferase (THG1), a unique 3′-5′ nucleotidyl transferase, shares unexpected structural homology with canonical 5′-3′ polymerases. *Proc. Natl. Acad. Sci. USA* 107, 20305-20310.

23.5 tRNA 含有修饰碱基

综述文献

Hopper, A. K., and Phizicky, E. M. (2003). tRNA transfers to the limelight. *Genes Dev.* 17, 162-180.

23.6 修饰碱基影响反密码子 - 密码子配对

综述文献

Agris, P. F. (2008). Bringing order to translation: the contributions of transfer RNA anticodon-domain modifications. *EMBO R.* 9, 629-635.

Chawla, M., Oliva, R., Bujnicki, J. M., and Cavallo, L. (2015). An atlas of RNA base pairs involving modified nucleobases with optimal geometries and accurate energies. *Nucleic Acids Res.* 43, 6714-6729.

23.7 通用密码经历过零星改变

综述文献

Osawa, S., Jukes, T. H., Watanabe, K., and Muto, A. (1992). Recent evidence for evolution of the genetic code. *Microbiol. Rev.* 56, 229-264.

Santos, M. A. S., Moura, G., Massey, S. E., and Tuite, M. F. (2004). Driving change: the evolution of alternative genetic codes. *Trends Genet.* 20, 95-102.

23.8 新的氨基酸可被插入到特定的终止密码子上

综述文献

Ambrogelly, A., Palioura, S., and Söll, D. (2007). Natural expansion of the genetic code. *Nat. Chem. Biol.* 3, 29-35.

Krzycki, J. (2005). The direct genetic encoding of pyrrolysine. *Curr. Opin. Microbiol.* 8, 706-712.

研究论文文献

Srinivasan, G., James, C. M., and Krzycki, J. A. (2002). Pyrrolysine encoded by UAG in Archaea: charging of a UAG-decoding specialized tRNA. *Science* 296, 1459-1462.

Turanov, A. A., Lobanov, A. V., Fomenko, E. D., Morrison, H. G., Sogin, M. L., Klobutcher, L. A., Hatfield, D. L., and Gladyshev, V. N. (2009). Genetic code supports targeted insertion of two amino acids by one codon. *Science* 323, 259-261.

23.9 氨酰 tRNA 合成酶让 tRNA 携带氨基酸

综述文献

Giege, R., Sissler, M., and Florentz, C. (1998). Universal rules and idiosyncratic features in tRNA identity. *Nucleic Acids Res*. 26, 5017-5035.

Ibba, M., and Söll, D. (2000). Aminoacyl-tRNA synthesis. *Annu. Rev. Biochem*. 69, 617-650.

Perona, J. J., and Hou, Y-M. (2007). Indirect readout of tRNA for aminoacylation. *Biochemistry* 46, 10419-10432.

23.10 氨酰 tRNA 合成酶分为两类

综述文献

Ibba, M., and Söll, D. (2004). Aminoacyl-tRNAs: setting the limits of the genetic code. *Genes Dev*. 18, 731-738.

研究论文文献

Eriani, G., Delarue, M., Poch, O., Gangloff, J., and Moras, D. (1990). Partition of tRNA synthetases into two classes based on mutually exclusive sets of sequence motifs. *Nature* 347, 203-206.

Park, H.-S., Hohn, M. J., Umehara, T., Guo, L.-T. Osborne, E. M., Benner, J., Noren, C. J., Rinehart, J., and Söll, D. (2011). Expanding the genetic code of *Escherichia coli* with phosphoserine. *Science* 333, 1151-1154.

Rould, M. A., Perona, J. J., Söll, D., and Steitz, T. A. (1989). Structure of *E. coli* glutaminyl-tRNA synthetase complexed with $tRNA^{Gln}$ and ATP at 28Å resolution. *Science* 246, 1135-1142.

Ruff, M., Krishnaswamy, S., Boeglin, M., Poterszman, A., Mitschler, A., Podjarny, A., Rees, B., Thierry, J. C., and Moras, D. (1991). Class II aminoacyl tRNA synthetases: crystal structure of yeast aspartyl-tRNA synthetase complexes with $tRNA^{Asp}$. *Science* 252, 1682-1689.

Sauerwald, A., Zhu, W., Major, T. A., Roy, H., Palioura, S., Jahn, D., Whitman, W. B., Yates, J. R., III, Ibba, M., and Söll, D. (2005). RNAdependent cysteine biosynthesis in archaea. *Science* 307, 196-1972.

23.11 合成酶利用校对功能来提高精确性

研究论文文献

Dulic, M., Cvetesic, N., Perona, J. J., and Gruic-Sovulj, I. (2010). Partitioning of tRNA-dependent editing between pre-and post-transfer pathways in class I aminoacyl-tRNA synthetases. *J. Biol. Chem*. 285, 23799-23809.

Lin, L., Hale, S. P., and Schimmel, P. (1996). Aminoacylation error correction. *Nature* 384, 33-34.

Minajigi, A., and Francklyn, C. S. (2010). Aminoacyl transfer rate dictates choice of editing pathway in threonyl-tRNA synthetase. *J. Biol. Chem*. 285, 23810-23817.

Silvian, L. F., Wang, J., and Steitz, T. A. (1999). Insights into editing from an Ile-tRNA synthetase structure with $tRNA^{Ile}$ and mupirocin. *Science* 285, 1074-1077.

23.14 抑制因子可能与野生型竞争解读密码子

综述文献

Beier, H., and Grimm, M. (2001). Misreading of termination codons in eukaryotes by natural nonsense suppressor tRNAs. *Nucleic Acids Res*. 29, 4767-4782.

Eggertsson, G., and Söll, D. (1988). Transfer RNAmediated suppression of termination codons in *E. coli*. *Microbiol. Rev*. 52, 354-374.

Lu, Z. (2012). Interaction of nonsense suppressor tRNAs and codon nonsense mutations or termination codons. *Adv. Biol. Chem*. 2, 301-314.

Murgola, E. J. (1985). tRNA, suppression, and the code. *Annu. Rev. Genet*. 19, 57-80.

研究论文文献

Ruan, B., Palioura, S., Sabina, J., Marvin-Guy, L., Kochhar, S., LaRossa, R. A., and Söll, D. (2009). Quality control despite mistranslation caused by an ambiguous genetic code. *Proc. Natl. Acad. Sci. USA* 105, 16502-16507.

23.15 核糖体影响翻译的精确性

综述文献

Daviter, T., Gromadski, K. B., and Rodnina, M. V. (2006). The ribosome's response to codonanticodon mismatches. *Biochimie* 88, 1001-1011.

Ogle, J. M., and Ramakrishnan, V. (2005). Structural insights into translational fidelity. *Annu. Rev. Biochem*. 74, 129-177.

研究论文文献

LaRiviere, F. J., Wolfson, A. D., and Uhlenbeck, O. C. (2001). Uniform binding of aminoacyl-tRNAs to elongation factor Tu by thermodynamic compensation. *Science* 294, 165-168.

Ogle, J. M., Brodersen, D. E., Clemons, W. M., Tarry, M. J., Carter, A. P., and Ramakrishnan, V. (2001). Recognition of cognate transfer RNA by the 30S ribosomal subunit. *Science* 292, 897-902.

Zaher, H. S., and Green, R. (2009). Quality control by the ribosome following peptide bond formation. *Nature* 457, 161-166.

23.16 移码发生在不稳定序列上

综述文献

Baranov, P. B., Gesteland, R. F., and Atkins, J. F. (2002). Recoding: translational bifurcations in gene expression. *Gene* 286, 187-202.

Gesteland, R. F., and Atkins, J. F. (1996). Recoding: dynamic reprogramming of translation. *Annu. Rev. Biochem*. 65, 741-68.

研究论文文献

Chen, J., Petrov, A., Johansson, M., Tsai, A., O'Leary, S. E., and Puglisi, J. D. (2014). Dynamic pathways of –1 translational frameshifting. *Nature* 512, 328-332.

Jacks, T., Power, M. D., Masiarz, F. R., Luciw, P. A., Barr, P. J., and Varmus, H. E. (1988). Characterization of ribosomal frameshifting in HIV-1 gag-pol expression. *Nature* 331, 280-283.

23.17 其他再编码事件：释放停滞核糖体的翻译旁路途径和 tmRNA 机制

综述文献

Herr, A. J., Atkins, J. F., and Gesteland, R. F. (2000). Coupling of open reading frames by translational bypassing. *Annu. Rev. Biochem*. 69, 343-372.

研究论文文献

Gallant, J. A., and Lindsley, D. (1998). Ribosomes can slide over and beyond "hungry" codons, resuming protein chain elongation many nucleotides downstream. *Proc. Natl. Acad. Sci. USA* 95, 13771-13776.

Huang, W. M., Ao, S. Z., Casjens, S., Orlandi, R., Zeikus, R., Weiss, R., Winge, D., and Fang, M. (1988). A persistent untranslated sequence within bacteriophage T4 DNA topoisomerase gene 60. *Science* 239, 1005-1012.

Samatova, E., Konevega, A. L., Wills, N. M., Atkins, J. F., and Rodnina, M. V. (2014). High-efficiency translational bypassing of non-coding nucleotides specified by mRNA structure and nascent peptide. *Nat. Commun.* 5, doi:10.1038/ncomms5459

第4部分
基因调节

第 24 章

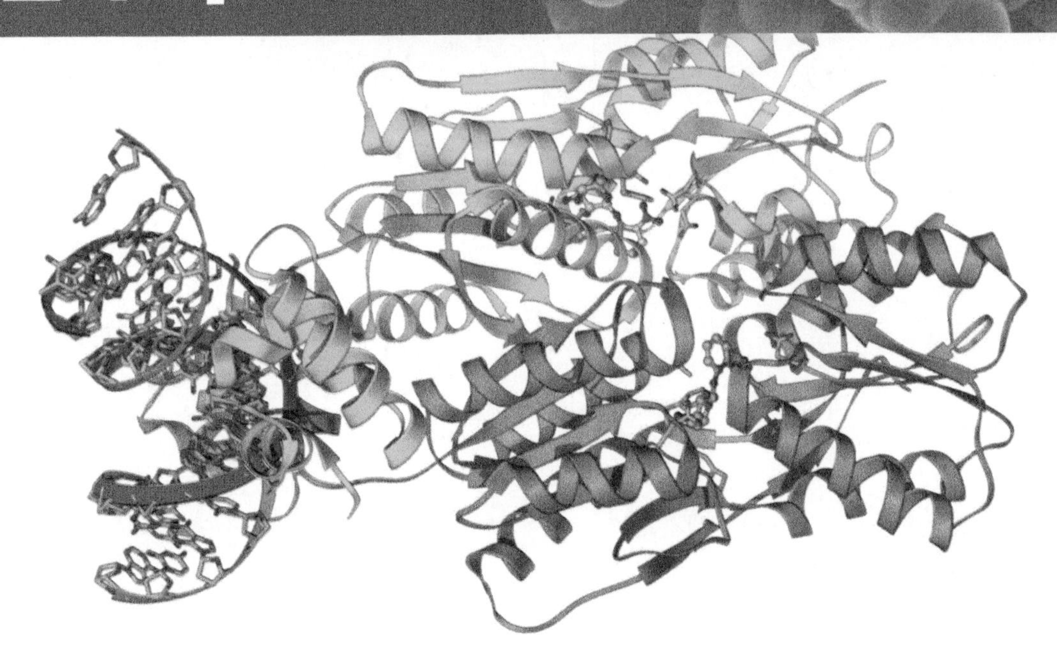

操　纵　子

Liskin Swint-Kruse　编

章节提纲

顶部纹理：© Laguna Design/Science Source；章首页图片：Laguna Design/Science Source

24.1 引言

关键概念

- 在负调节中，阻遏物与操纵基因结合阻止基因的表达。
- 在正调节中，转录因子必须与启动子结合才能使 RNA 聚合酶起始转录。
- 在可诱导调节中，底物的存在可调节基因表达。
- 在可阻遏调节中，酶途径的产物可调节基因表达。
- 体内基因调节可利用任意一种机制，这产生了四种类型的组合：负可诱导的、负可阻遏的、正可诱导的和正可阻遏的调节。

基因表达可以在转录、加工和翻译等多个阶段的任何时刻受到控制。

- 对转录的控制一般发生在起始水平，而延伸时通常不受控制，在终止阶段进行的控制则可以确定 RNA 聚合酶是否可以通过终止子继续对下一个基因进行转录。
- 在细菌中，典型的 mRNA 分子合成后立刻就可进行蛋白质翻译，这被称为**偶联的转录/翻译（coupled transcription/translation）**。（在真核生物细胞中，转录发生在细胞核中，而翻译发生在细胞质中）。
- 细菌中翻译也可被直接调节，但是更加普遍的是被动调节。一个基因的编码部分可由常见或稀有密码子装配而来，它们分别对应于常规和稀有 tRNA。含有许多稀有密码子的 mRNA 需要更长的时间被翻译。

细菌中关于转录控制的经典模型称为**操纵子（operon）**，是由 Francois Jacob 和 Jacques Monod 在 1961 年提出的。他们将 DNA 序列分为两类，即编码**反式作用（*trans*-acting）**产物的序列（通常为蛋白质）和**顺式作用（*cis*-acting）**的 DNA 序列。基因的转录活性主要通过反式作用产物和顺式作用序列之间的特异性相互作用来调节（详见第 1 章“基因是 DNA、编码 RNA 和多肽”）。接下来将用更加正式的术语来加以描述。

- 基因是编码可扩散产物的 DNA 序列，这种产物可以是蛋白质，也可以是 RNA。其中的关键特征是编码产物将从合成地点扩散到其他场所起作用。任何基因产物自由扩散至其作用靶标的过程称为反式作用。
- 顺式作用的概念适用于只以 DNA 形式起作用的 DNA 序列，只影响与其直接相连的 DNA 序列。

为了区分调节途径中的成员和被调节的基因，我们可以使用**结构基因（structural gene）**和**调节基因（regulator gene）**的概念。结构基因指编码蛋白质或 RNA 产物的基因，它编码各类具有不同结构和功能的蛋白质，包括结构蛋白、具有催化活性的酶和调节蛋白；一种类型的结构基因是调节基因，它只是一种编码蛋白质或 RNA 的基因，参与调节其他基因的表达。

调节模型最简单的形式可以用**图 24.1** 来表示，调节基因编码的蛋白质结合在 DNA 的特定位点以控制其转录。这种相互作用可以通过正调节方式（激活基因表达）和负调节方式（关闭基因表达）来控制靶基因的表达活性。这些特定位点通常（但不总是）位于目标基因的上游。

标志着转录单位开始和结束的序列分别是启动子（promoter）和终止子（terminator），两者都可作为顺式作用位点的例子。启动子对转录的起始作用只对与其在同一条 DNA 上紧密连接的一个或几个基因有效；同样，终止子也只能由转录这一基因的 RNA 聚合酶终止。简而言之，启动子和终止子是能被同一个反式作用因子（即 RNA 聚合酶）识别的顺式作用元件（虽然也有其他因子可以作用于这两个位点）。

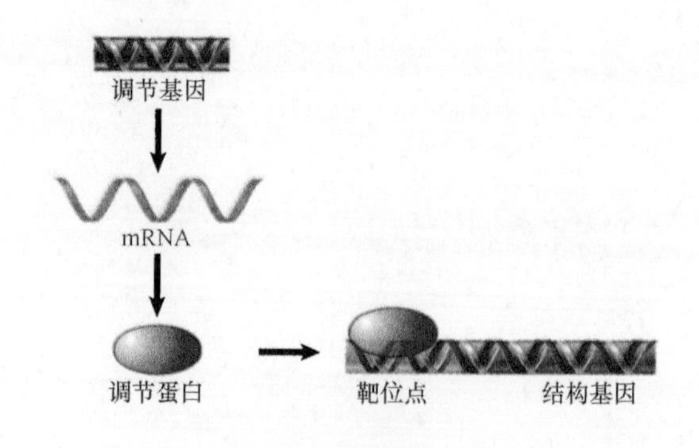

图 24.1 调节基因编码的蛋白质作用于 DNA 中的靶位点

其他的顺式作用调节位点通常和启动子组合在一起。细菌启动子通常在起始点附近拥有一至多个这样的位点；而真核生物启动子可能具有更多的调节位点，且可能相隔较长的距离。我们将在第26章“真核生物的转录调节”中介绍。

细菌中经典的转录调节模式是**负控制**（**negative control**），即通过阻遏物（repressor）来抑制基因表达。**图24.2**表明在负调节物缺少的情况下，基因通常是表达的。启动子附近的另一个顺式作用元件称为**操纵基因**（**operator**），它是阻遏物的结合位点。当阻遏物和操纵基因结合时，就会阻止RNA聚合酶起始转录，从而关闭基因的表达。另一种控制机制称为**正控制**（**positive control**）。在细菌中，正控制与负控制的比例大致相同；而在真核生物中正控制则更为常见，因为RNA聚合酶需要转录因子的协助才能起始转录。**图24.3**表明在正调节物缺少的情况下，真核生物的基因是没有活性的，即RNA聚合酶不能单独从启动子处开始转录。

除了负控制和正控制，编码酶的基因可能还受到其底物或产物（或者它们的化学衍生物）浓度的调节。细菌需要快速应答其周围环境的变化。营养物供应（如葡萄糖或乳糖）的波动可发生于任何时刻，而生存则取决于其从代谢一种底物快速转变到代谢另一种底物的能力。当然经济性也是很重要的，如果在能量上以昂贵的方式来迎合环境的需求，那么细菌很可能会处于不利地位。所以在底

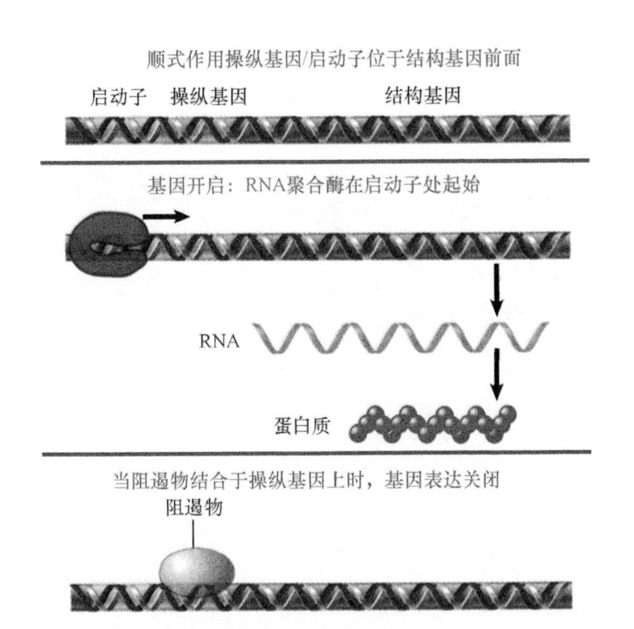

图24.2 负控制中，起反式作用的阻遏物结合到顺式作用的操纵基因上以关闭其转录

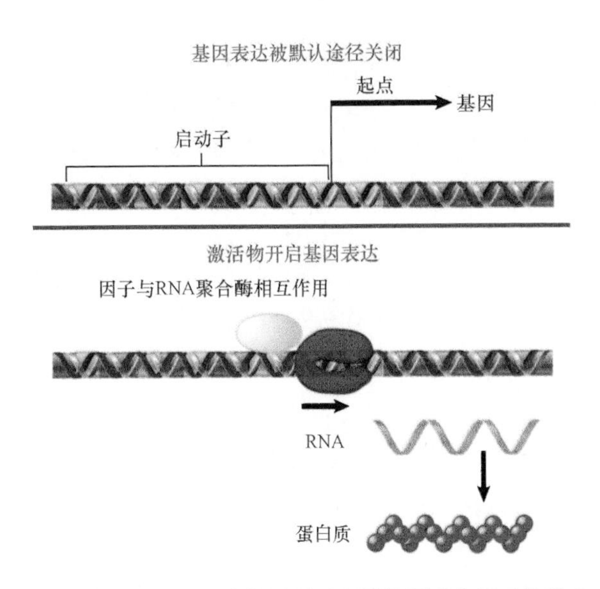

图24.3 正控制中，反式作用因子必须与顺式作用元件结合，才能使RNA聚合酶在启动子处起始转录

物缺少的情况下，细菌会避免合成某一途径中的酶，而它也会随时准备着在这种底物出现时生产这种酶。根据特定底物的出现而合成酶的现象称为**诱导**（**induction**），而这些基因则被称为**可诱导基因**（**inducible gene**）。

诱导的对立面称为**阻遏**（**repression**），而**可阻遏基因**（**repressible gene**）则由酶所制备的产物的量控制。例如，大肠杆菌（*Escherichia coli*）通过酶复合体的作用合成色氨酸，此复合体由色氨酸合成酶和其他四种酶组成。然而如果色氨酸由此细菌生长中的培养基提供，那么酶的生成马上就被停止。这使得细菌避免将其资源用于不必要的合成活性。

诱导和阻遏代表了相似的现象。在一个例子中，细菌调整其能力，使之可利用给定的底物（如乳糖）生长；而在另一个例子中，细菌调整其能力，使之合成特殊的代谢中间体（如必需氨基酸）用于生长。这些调节触发器分别是酶的底物（或与底物有关的分子）或酶活性的产物。能引起酶形成的小分子称为**诱导物**（**inducer**），而酶反过来能代谢它们（或其类似物）。能阻止酶形成的物质称为**辅阻遏物**（**corepressor**），而酶也能合成这些物质。

这两种类型的调节方式——负控制与正控制、可诱导控制与可阻遏控制，通常可以分别组合在一起，从而可形成四种不同类型的基因调节模式：**负可诱导**（**negative inducible**）控制、**负可阻遏**（**negative repressible**）控制、**正可诱导**（**positive inducible**）控制和**正可阻遏**（**positive repressible**）控制，如

图 24.4 所示。这使细菌能在快速变化的环境中，在其代谢控制的各种模式中采用最合理的一种。

我们可将以上各种调节方式归纳为：调节物是反式作用因子，它（通常）可识别基因上游的顺式元件，而识别的结果是激活基因或阻遏基因的表达，这取决于单一类型的调节物。其典型特征是：它通常通过识别 DNA 上很短的序列（常小于 10 bp）而发挥作用，尽管蛋白质实际上也可在 DNA 的较远距离上结合。细菌启动子就是一个典型例子，尽管 RNA 聚合酶在转录起始时覆盖的 DNA 长度小于 70 bp，但对识别起关键作用的序列是位于 −35 区和 −10 区的六联体序列。

原核生物和真核生物之间的基因组织形式具有显著差异。细菌中结构基因一般以操纵子形式组织起来，它通过单一调节物的相互作用而协调控制；与此相反，真核生物的结构基因则独立存在。结果是，整个相关的一组细菌基因要么都表达，要么都不表达。本章中我们将要讨论此种控制的模型及其在细菌中的应用，而散在的真核生物基因的协同控制方法已经在第 18 章“真核生物的转录”中讨论过。

24.2 结构基因簇是被协同控制的

关键概念

- 对于在同一代谢途径中起作用的一些蛋白质，通常编码它们的基因在 DNA 上也紧密排列，并作为一个转录单位转录出多顺反子 mRNA。

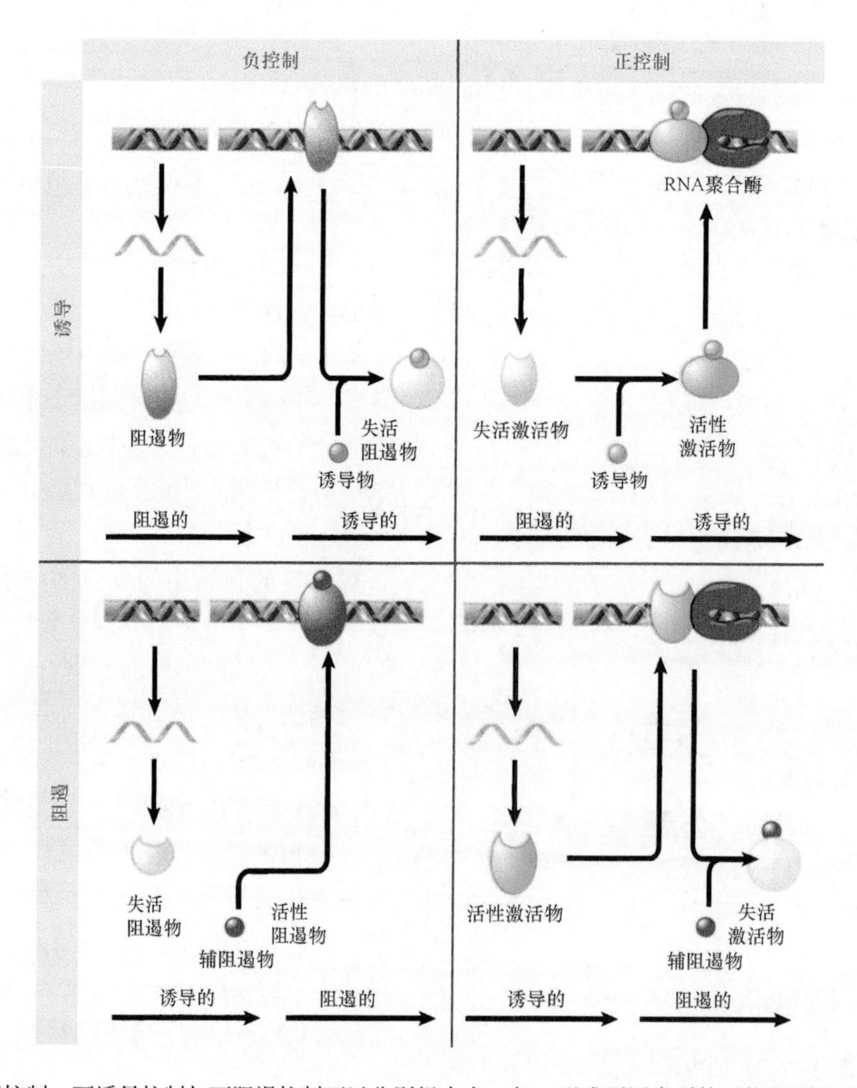

图 24.4　负控制与正控制、可诱导控制与可阻遏控制可以分别组合在一起，形成不同类型的可能调节回路

细菌基因常常组织形成操纵子，它包括编码功能相关蛋白质的基因。对于一个代谢途径中功能相关的一组酶，编码它们的基因就常成簇排列。另外，编码其他与该途径相关的蛋白质基因也可能包括在此协同作用单元内，如编码转运小分子底物进入细胞内的蛋白质基因。

一个典型的例子是参与乳糖代谢的 *lac* 操纵子基因簇，它由三个基因 *lacZ*、*lacY* 和 *lacA* 组成。**图 24.5** 总结了结构基因、相关的顺式作用调节元件和反式作用调节基因的组织形式。其最重要的特点是这个基因簇可以由单一启动子转录出一个**多顺反子 mRNA（polycistronic mRNA）**，并且只有在这个启动子处可以进行转录起始的调节。

Lac 的蛋白质产物使细胞可摄入并代谢 β- 半乳糖苷类糖，如乳糖。而与乳糖代谢关联的三个结构基因的功能描述如下。

- *lacZ* 基因编码 β- 半乳糖苷酶（β-galactosidase），它的活性形式是分子质量约为 500 kDa 的四聚体，能催化复合体 β- 半乳糖苷水解成为单体糖。例如，它能水解乳糖生成葡萄糖和半乳糖（它们可以进一步被代谢利用）。这个酶也能产生重要的副产品 β-1,6- 别乳糖，它的调节功能将在后文讨论。
- *lacY* 基因编码 β- 半乳糖苷通透酶（permease），它是分子质量为 30 kDa 的膜结合蛋白，是转运系统的成员，能将 β- 半乳糖苷转入细胞。
- *lacA* 基因编码 β- 半乳糖苷转乙酰基酶（transacetylase），它可以将乙酰基从乙酰辅酶 A（acetyl-CoA）转移到 β- 半乳糖苷上。

lacZ 或 *lacY* 的突变可以导致 *lac* 基因型的产生，即细胞将不能利用乳糖。*lacZ* 突变将导致酶失活，使细胞不能对乳糖进行代谢；而 *lacY* 突变体不能从培养基中摄取乳糖（令人费解的是，现在还没有发现 *lacA* 缺陷对细胞是有害的，而当细菌在含有某些不能被分解的 β- 半乳糖苷类似物的培养基中培养时，很可能乙酰化反应是有用的，因为这种修饰可以使 β- 半乳糖苷类似物脱毒并外排）。

包括结构基因和表达控制元件在内的整个系统构成了一个最常见的表达调节单位，即操纵子。调节基因的蛋白质产物与顺式作用元件相互作用，从而控制着操纵子的活性。

24.3 *lac* 操纵子是负可诱导的

关键概念

- *lacZYA* 操纵子的转录由阻遏物控制，它结合于操纵基因，而位于 *lac* 基因簇起点的启动子与操纵基因则具有重叠区域。
- 在 β- 半乳糖苷缺少的情况下，*lac* 操纵子仅以基础水平进行表达。
- 阻遏物是由 *lacI* 基因编码的、具有 4 个相同亚基的四聚体。
- β- 半乳糖苷是 *lac* 操纵子基因编码的酶底物，也是它的诱导物。
- 加入特定 β- 半乳糖苷可以诱导 *lac* 操纵子中三个结构基因的转录。
- 由于 *lac* mRNA 极不稳定，所以诱导可以被迅速逆转。

根据突变效应我们可以区分结构基因和调节基因：结构基因突变使细胞丧失了它所编码的特定蛋白质，而调节基因的突变则以顺式模式影响其控制

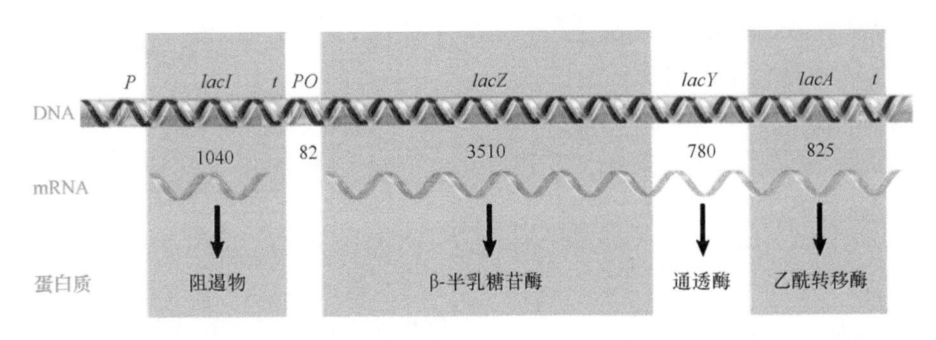

图 24.5 *lac* 操纵子长约 6 kb。在左侧，*lacI* 具有自己的启动子和终止子，其末端紧接着 *lacZYA* 启动子 *P*，它的操纵基因 *O* 占据着转录单位最前端 26 bp。*lacZ* 基因从第 39 碱基开始，其后是 *lacY* 基因、*lacA* 基因和终止子

下的所有结构基因的表达。根据调节基因的突变效应，我们可以判断调节类型。

lacZYA 基因转录受 *lacI* 基因指导合成的调节物的控制。*lacI* 基因与结构基因 *lacZYA* 相邻，却是一个独立的转录单位，具有自己的启动子和终止子。*lacI* 基因编码可扩散产物，理论上它不必位于结构基因的附近，即使它移到其他位置或由分开的分子携带，都能很好地发挥作用（反式作用调节物的经典实验方法）。

lacZYA 基因的表达调节属于负调节，它会持续转录直到调节物将其关闭。值得注意的是，阻遏不是一种绝对的现象，也就是说，将基因关闭不像将电灯泡关闭一样简单，即阻遏往往是将转录降低至原来的 1/5 或 1/100。调节基因的失活突变将导致结构基因的持续表达，这称为**组成型表达（constitutive expression）**。*lacI* 基因的表达产物称为**乳糖操纵子阻遏物（*lac* repressor）**，因为它的功能是阻止 *lacZYA* 结构基因的表达。

lac 阻遏物是由 4 个相同亚基所组成的四聚体，每个亚基分子质量为 38 kDa，一个野生型细胞约含有 10 个四聚体。阻遏物基因是不受控制的，即它是一个非调节性基因。它转录出单顺反子 mRNA 的速率似乎只取决于其（效率较低的）启动子与 RNA 聚合酶的亲和力大小。此外，*lacI* 基因转录出一种效率较低的 mRNA，这是常用的限制所制备蛋白质数量的一种方法。在这个例子中，实际上 mRNA 缺少 5′ 非翻译区（untranslated region，UTR），这限制了核糖体起始翻译的能力。这两种特征解释了细胞中 *lac* 阻遏物的低丰度。

阻遏物通过与 *lacZYA* 基因簇起始处的操纵基因（正式命名为 O_{lac}）结合行使功能。操纵基因含有反向重复序列，它位于启动子（P_{lac}）和结构基因（*lacZYA*）之间。当阻遏物与操纵基因结合时，它就可以阻止 RNA 聚合酶从启动子起始转录。**图 24.6** 进一步说明了 *lac* 操纵子结构基因起始区的结构，操纵基因位于 mRNA 转录起始点上游 −5 至转录单位内 +21 区域，因此它与启动子的右末端（3′ 端）重叠。而失活操纵基因的突变也能引起组成型表达。

大肠杆菌在不含 β- 半乳糖苷的环境中培养时并不需要 β- 半乳糖苷酶，细胞内含的 β- 半乳糖苷酶很少，每个细胞约为 5 个分子，但当适宜的底物加入后 2 ～ 3 min，细胞内即表现出该酶活性。在 2 ～ 3 min 内就已经出现一些酶，并且每个细胞很快可以达到约 5000 个分子的水平（在适宜的条件下，β- 半乳糖苷酶的量可达细菌可溶性蛋白总量的 5% ～ 10%）。如果将底物从培养基中除去，该酶的合成立即停止，正如该酶开始合成时一样迅速。

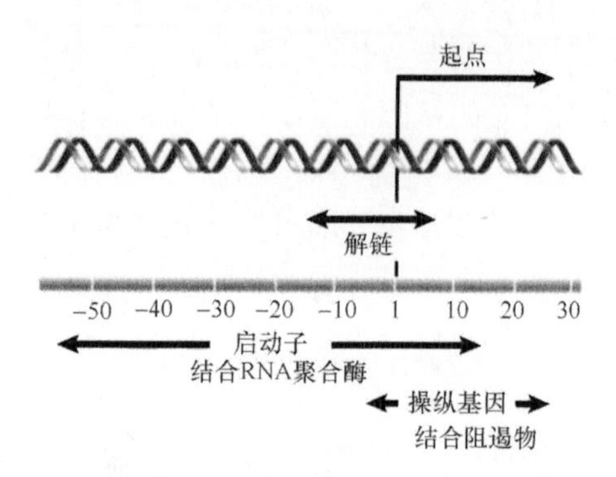

图 24.6 在 *lac* 操纵子的转录起点周围，阻遏物和 RNA 聚合酶的结合位点是重叠的

图 24.7 总结了诱导的重要特点，*lac* 操纵子的转录控制对于诱导物的应答十分迅速，如图的上半部所示。当诱导物不存在时，操纵子以极低的基础水平转录（这是一个重要的概念，见第 24.4 节“*lac* 阻遏物由小分子诱导物所控制”）。诱导物的加入立刻会刺激转录，此时 *lac* mRNA 的数量迅速增加至诱导水平，这反映了 mRNA 合成与降解之间的平衡。

lac mRNA（就如细菌中的大部分 mRNA 一样）极不稳定，其半衰期仅约为 3 min，因此诱导可以迅速逆转。诱导物一旦除去，转录立刻停止，随后，所有的 *lac* mRNA 很快分解，酶合成也就停止。

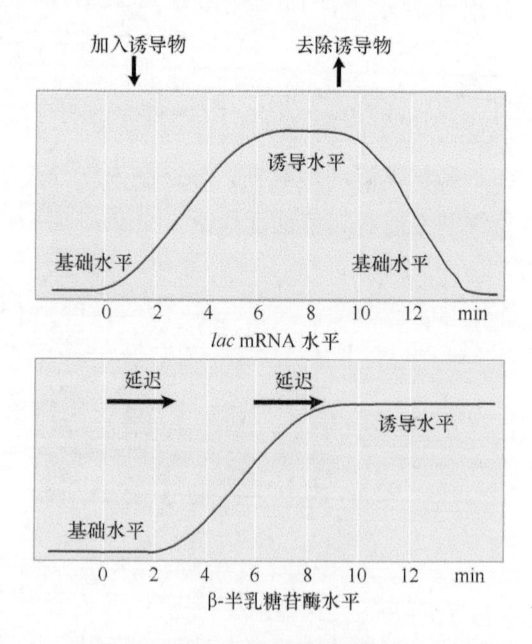

图 24.7 加入诱导物使 *lac* mRNA 迅速产生，随后酶的合成会有短暂的延迟，而除去诱导物会使合成立刻停止

图的下半部分表示蛋白质含量的变化。*lac* mRNA 翻译产生 β- 半乳糖苷酶（和其他 *lac* 基因的产物）。第一个完整酶分子的出现稍落后于 *lac* mRNA 的出现（从 mRNA 水平开始上升起约 2 min 后蛋白质开始增加）。在 mRNA 和蛋白质达到最高水平之间也存在同样的延迟。诱导物一旦除去，酶的合成立即停止（因为 *lacZYA* mRNA 的迅速降解），但 β- 半乳糖苷酶在细胞中远比 mRNA 稳定，所以酶活性可以长时间保持在诱导水平。

24.4 *lac* 阻遏物由小分子诱导物所控制

关键概念

- 诱导物通过将阻遏物转变成与操纵基因结合的低亲和力型而发挥功能。
- *lac* 阻遏物具有两个结合位点，分别与操纵基因和诱导物结合。
- 当 *lac* 阻遏物与诱导物结合之后，发生别构效应使 DNA 结合位点的性质改变，这样使 *lac* 阻遏物失活。
- 真正的诱导物是别乳糖，而非实际底物 β- 半乳糖苷。

如果要用作诱导物和辅阻遏物，那么它们的能力应该是高度特异性的，只有底物 / 产物或与其结构非常相似的分子能扮演这种角色。但在大多数例子中，这些小分子并不是直接与靶酶分子相互作用而实现调节功能。就 *lac* 系统而言，其天然诱导物不是乳糖，而是 LacZ 酶的副产物**别乳糖（allolactose）**。别乳糖也是 LacZ 酶的底物，但它在细胞中不存在。一些诱导物和 *lac* 操纵子的天然诱导物相似，但不能被酶代谢，最经典的例子莫过于异丙基硫代 -β-D- 半乳糖苷（isopropylthiogalactoside，IPTG），它是拥有这一特性的几种硫代半乳糖苷的其中一种。虽然它不能被 β- 半乳糖苷酶识别，但对于 *lac* 基因却是一种非常有效的诱导物。

这类能诱导酶合成但不能酶解的分子称为**安慰诱导物（gratuitous inducer）**。安慰诱导物的存在揭示了一个重要观点：在诱导系统中，一定存在一些不同于酶分子的组分，这些成分能识别与底物类似的分子，其识别相关潜在底物的能力也不像酶那样。阻遏 *lac* 操纵子的独立成分就是 *lacI* 基因编码的 *lac* 阻遏物。别乳糖和 IPTG 可诱导 *lac* 阻遏物的表达，而由此会允许 *lacZYA* 基因的表达。LacZ 酶（β- 半乳糖苷酶）可将别乳糖和乳糖作为底物，而 *lacI* 基因不由乳糖诱导，且 LacZ 酶不会代谢 IPTG。

应答诱导物的成分是由 *lac* 基因编码的阻遏物。其靶标——结构基因 *lacZYA* 从位于 *lacZ* 上游的启动子开始转录出单一 mRNA，而阻遏物的状态决定启动子是打开还是关闭。

- **图 24.8** 表明当诱导物缺乏时，阻遏物处于活性状态，由于它结合在操纵基因上，所以结构基因不能转录。
- **图 24.9** 表明加入诱导物后，阻遏物转变为与操纵基因结合的低亲和力型或离开操纵基因的低亲和力型。此时，转录从启动子开始，并通过结构基因，直到位于 *lacA* 下游的终止子处才停止。

此控制回路最重要的特征是阻遏物的二重性：它既能阻止转录，又能识别小分子诱导物。因而，阻遏物存在两个结合位点，一个是操纵基因结合位点，另一个是诱导物结合位点。当诱导物结合后，改变了阻遏物的构象，从而影响了操纵基因结合位点的结合活性。蛋白质中一个位点具有控制另一个位点的能力，称为**别构控制**

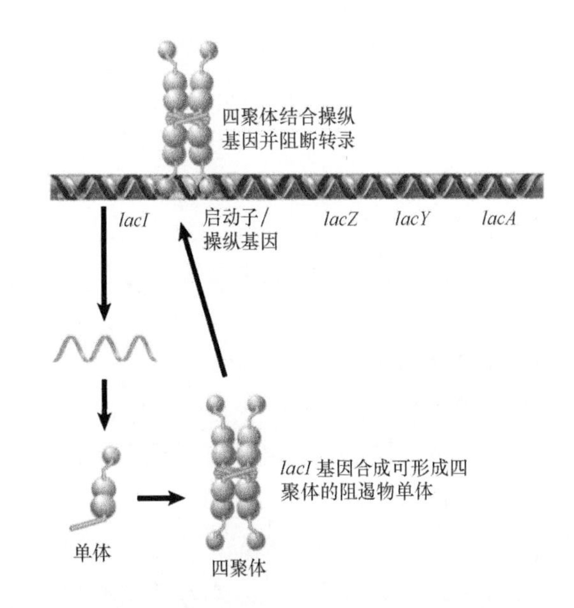

图 24.8 *lac* 阻遏物通过与操纵基因结合而使 *lac* 操纵子处于失活状态。阻遏物的形状由一系列相连结构域表示，而这些结构域由晶体结构解析而来

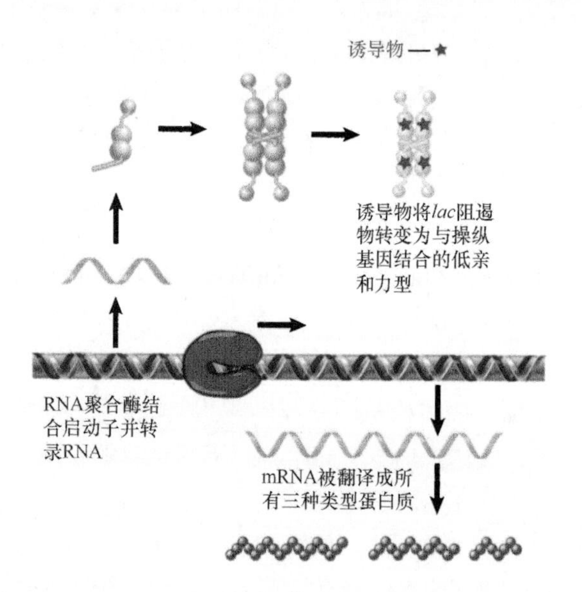

图 24.9 加入诱导物后，阻遏物转变为与操纵基因结合的低亲和力型，这使得 RNA 聚合酶可以起始转录

（allosteric control）。

诱导就是完成协同调节的过程，即在一个调节单位中，所有基因的表达（或不表达）是一致的。一条 mRNA 从 5′ 端按顺序翻译，这解释了为什么诱导后 β- 半乳糖苷酶、β- 半乳糖苷通透酶、β- 半乳糖苷乙酰转移酶依次出现，并且三种酶的相对数量在不同的诱导条件下都保持相对恒定。一般而言，最重要的酶位于操纵子的最前端。

我们应该注意到操纵子组成中存在着几个潜在的矛盾之处。首先，*lac* 操纵子含有编码 β- 半乳糖苷酶的结构基因 *lacZ*，它是代谢糖所需的；也含有编码 β- 半乳糖苷通透酶的基因 *lacY*，以便它将底物转入细胞。但是，如果操纵子处于阻遏状态，诱导物是怎样进入细胞并开始诱导的呢？第二个矛盾之处在于，β- 半乳糖苷酶（由 *lacZ* 基因编码）是合成诱导物别乳糖所需的，而它可诱导 β- 半乳糖苷酶的合成。那么别乳糖是如何合成而允许对基因进行诱导的呢？（含有突变体 *lacZ* 基因的操纵子不会被诱导。）

以下两种特征保证了 *lac* 操纵子的诱导。首先，操纵子存在一个基础水平的表达，这确保了少量 LacZ 酶和 LacY 酶存在于细胞内，并足以起始这一过程。即使当 *lac* 操纵子不被诱导时，它也以极少量水平表达（诱导水平的 0.1%）。此外，诱导物可通过其他吸收系统进入细胞内，这样基础水平的 β- 半乳糖苷酶能将这些乳糖转变成别乳糖，从而诱导 *lac* 操纵子的表达。

24.5 用顺式作用的组成性突变来鉴定操纵基因

关键概念

- 操纵基因的突变导致所有三个 *lac* 结构基因的组成型表达。
- 这些突变是顺式作用的，只影响邻近区域一串 DNA 上的基因。
- 阻止 *lacZYA* 基因表达的启动子上的突变是不可诱导的和顺式作用的。

调节路径中的突变可能消除操纵子的表达，也可能导致组成型表达。使操纵子在任何情况下都不能表达的突变称为**不可诱导的**（**uninducible**）突变；而可持续表达的突变体称为组成性突变体（consititutive mutant）。

要判断某一组分是否位于操纵子调节路径中，我们可以根据突变类型进行鉴定，但：①这些突变是否影响了所有受调节结构基因的表达；②此突变是否位于结构基因之外。这些组分可分为两类：顺式作用和反式作用。通过对顺式作用突变的研究，我们发现启动子和操纵基因是调节物（分别是 RNA 聚合酶和阻遏物）的作用靶位。*lacI* 基因的突变使得反式作用阻遏物不能表达，这证明是 *lacI* 基因编码阻遏物。

最早用组成性突变鉴定出的操纵基因称为 O^c，它提供了第一个证据，说明一个元件能够以不可扩散的产物形式行使其功能。当 O^c 元件突变发生时，相邻的结构基因呈组成型表达，因为突变改变了操纵基因，使阻遏物不能与之结合，因而不能阻止 RNA 聚合酶起始转录，于是操纵子持续转录，如**图 24.10** 所示。

操纵基因仅能控制与其相邻的 *lac* 基因。如果将另一个 *lac* 操纵子插入到独立的 DNA 分子中，然后转入细菌，由于它也含有自己的操纵基因，因而两个操纵基因互不干扰。如果一个操纵子带有野生型操纵基因，通常情况下它处于阻遏状态；而另一个带有 O^c 突变的操纵基因仍可按其特有的方式表达。

启动子突变也是顺式作用的，如果它阻止了 RNA 聚合酶结合于 P_{lac}，结构基因就会永不转录，

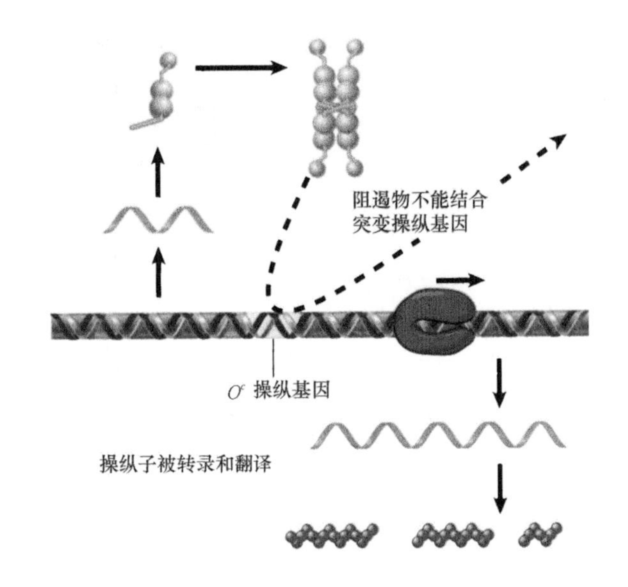

图 24.10 操纵基因突变导致组成型表达，因为操纵基因不能与阻遏物结合，使得 RNA 聚合酶可以不受限制地从启动子开始转录。O^c 突变则是顺式作用的，因为它们影响邻近的一系列结构基因

这样这些突变也被构建成不可诱导型。就像 O^c 突变一样，启动子上的突变只影响邻近结构基因，而不能被存在于 DNA 中的另一个独立分子上的启动子所取代。

这些特性表明操纵基因是一个典型的顺式作用位点，其功能依赖于一些反式作用因子对其 DNA 序列的识别。操纵基因对邻近基因的控制与细胞内是否存在其他等位基因并无关系。这种位点的突变，如 O^c 突变，在正式术语中称为**顺式显性**（***cis*-dominant**）突变。

24.6 用反式作用的突变来鉴定调节基因

关键概念

- *lacI* 基因的突变是反式作用的，它可以影响细菌内所有 *lacZYA* 基因簇的表达。
- 使 *lacI* 基因失活的突变是隐性的（$lacI^-$），它可以导致组成型表达。
- 阻遏物的 DNA 结合位点的突变是组成性的，因为阻遏物不再与操纵基因结合。
- 阻遏物上诱导物结合位点的突变使它不会失活，从而引起操纵子的不可诱导性。
- 当野生型和突变型亚基都存在时，一个 $lacI^{-d}$ 突变型的亚基可以导致整个四聚体失活，即使另外三个亚基都是野生型的。
- $lacI^{-d}$ 突变发生在 DNA 结合位点。只有阻遏物中四个亚基的 DNA 结合位点都处于正常时，整个蛋白质复合体才是有活性的，这一事实可以解释以上所观察到的突变效果。

两种组成性突变可从遗传学角度加以区分。O^c 突变是顺式显性的，$lacI^-$ 突变则是隐性的。这意味着即使有失活的 $lacI^-$ 基因存在，只要引入正常的 $lacI^+$ 基因并进行诱导，就可恢复正常的控制。*lac* 阻遏物是可扩散的，这样正常的 *lacI* 基因可被放置于 DNA 上的独立分子中；而其他 *lacI* 突变可使操纵子变成不可诱导的（不能开启的，称为 $lacI^s$），这类似于启动子中的突变。

$lacI^-$ 型突变可引起组成型转录，它由 DNA 结合功能的缺失（包括基因的缺失）所至。当阻遏物不存在或失活时，*lac* 操纵子的转录可以从 *lac* 启动子处起始。**图 24.11** 显示 $lacI^-$ 突变体会持续表达（组成型）结构基因，而不管诱导物是否存在，这是因为阻遏物是失活的。$lacI^-$ 突变的一个重要亚型（称为 $lacI^{-d}$ 突变）位于阻遏物的 DNA 结合位点。$lacI^{-d}$ 突变消除了关闭基因的能力，这是由于突变损害了阻遏物接触操纵基因的位点。它们是显性突变，因为携带正常和突变阻遏物亚基的混合四聚体不能结合操纵基因（将在下文描述）。

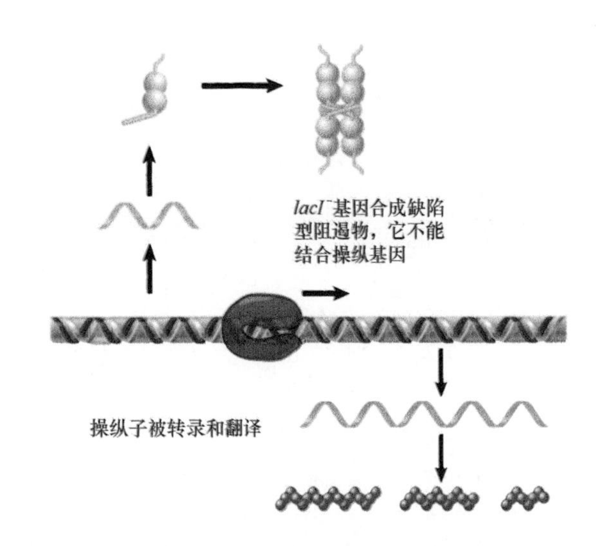

图 24.11 使 *lacI* 基因失活的突变导致操纵子进行组成型转录，原因在于突变的阻遏物不能与操纵基因结合

如果突变使阻遏物不能结合或应答诱导物，那么就可产生不可诱导型突变体，它们被描述为 $lacI^s$，此时阻遏物"被锁定为"活性形式，它能识别操纵基因并阻止转录。这些突变鉴定出了诱导物结合位点，以及其他参与 DNA 结合位点的别构调节的位置。而突变阻遏物可与细胞内所有 *lac* 操纵子结合并阻遏转录，甚至即使有野生型阻遏物存在也不会从操纵基因上脱离。

阻遏物的一个重要特点是它能形成多聚体。细胞内的阻遏物亚基可随机结合形成有活性的四聚体。当存在两个不同的 *lacI* 等位基因时，不同基因编码的亚基可结合形成异源四聚体，其性质不同于任何一种同源四聚体。这种亚基间的相互作用是多亚基蛋白质的一个典型特征，称为**等位基因间互补**（**interalletic complementation**）。

大多数 $lacI^-$ 突变能使阻遏物失活，当这些基因与野生型阻遏物共表达时，它们是隐性的，这样，*lac* 操纵子就以正常方式进行调节。然而，有些阻遏物突变体的组合展示出等位基因间互补的一种形式，称为**负互补作用**（**negative complementation**）。就如上面所提及的那样，当与野生型等位基因配对表达时，$lacI^{-d}$ 突变是显性的，这种突变称为**显性负型**（**dominant negative**），如**图 24.12** 所示。其行为呈现显性的原因是四聚体中的一个突变亚基能拮抗野生型亚基的功能，就如下一节中所要讨论的。

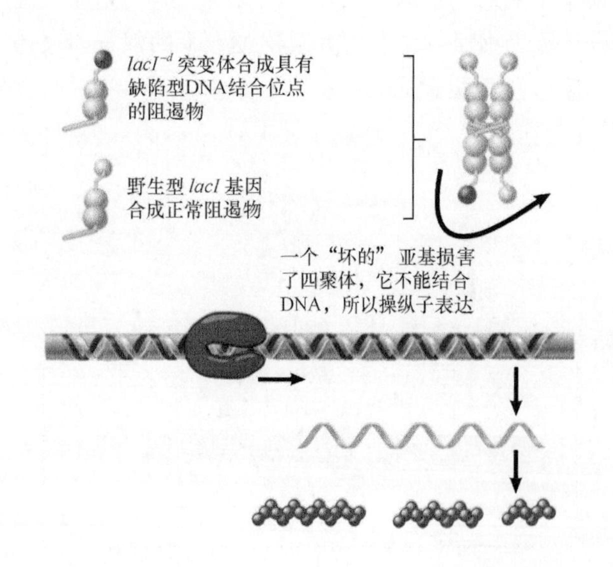

图 24.12 一个 $lacI^{-d}$ 突变基因表达出具有失活的 DNA 结合位点（用红色圆球表示）的单体。当细胞内也具有野生型基因时，突变亚基和正常亚基随机组合形成阻遏物的四聚体形式。其中只要有一个亚基是 $lacI^{-d}$ 突变型就可以使阻遏物失活，这就解释了 $lacI^{-d}$ 突变的显性负调节行为

单独的 $lacI^{-d}$ 突变所形成的阻遏物不能与操纵基因结合，因此它是组成性的，就如其他 $lacI^-$ 等位基因一样。

24.7 *lac* 阻遏物是由两个二聚体组成的四聚体

关键概念

- 阻遏物单体可以分为三部分：N 端 DNA 结合域、铰链区和核心区。
- DNA 结合域拥有两个短 α 螺旋，用来与 DNA 的大沟结合。
- 负责多聚体化的区域和诱导物结合位点都位于核心区。
- 两个单体通过核心亚结构域 1 和 2 之间的接触形成二聚体。
- 二聚体通过四聚体化螺旋之间的相互作用形成四聚体。
- 不同类型的突变发生于阻遏物的不同结构域。

阻遏物具有多个结构域，通过**图 24.13** 展示的蛋白质晶体结构，可以发现它的一个主要特征是其 DNA 结合域与蛋白质的其余部分分开。

DNA 结合域由 1 ～ 59 位氨基酸残基形成，它包含两个 α 螺旋，由一个转角分开，这就是常见的

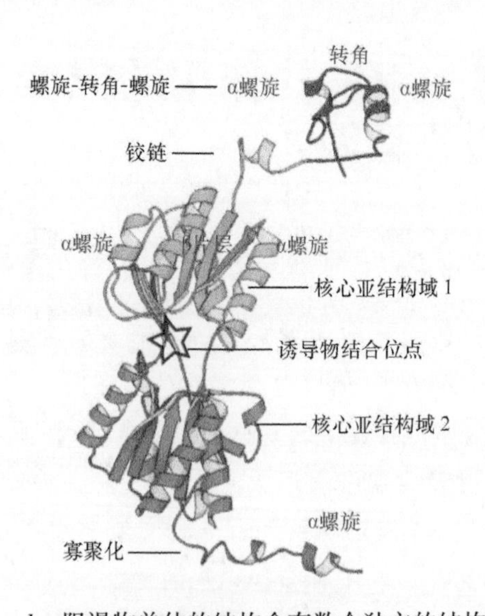

图 24.13 *lac* 阻遏物单体的结构含有数个独立的结构域

结构图来自 Protein Data Bank 1LBG M. Lewis, et al., *Science* 271(1996): 1247-1254；图片由 Hongli Zhan and Kathleen S. Matthews, Rice University 友情提供

DNA 结合基序，称为螺旋 - 转角 - 螺旋（helix-turn-helix，HTH）。两个 α 螺旋正好与 DNA 的大沟结合，并与特定的碱基接触（详见第 25 章“噬菌体策略”），该区域经一条铰链（hinge）与蛋白质主体相连。在阻遏物的 DNA 结合形式中，铰链区形成小的 α 螺旋（如图 24.13 所示）；而当阻遏物不与 DNA 结合时，该区则是无序的。HTH 和铰链一起构成头部（headpiece）。

剩下的部分称为核心区（core）。核心区的主体部分由结构相似的两个结构域（核心亚结构域 1 和 2）组成，每个结构域含有一个类似“三明治”的结构：两个 α 螺旋夹着一个六链平行的 β 片层，诱导物结合在两个结构域的裂隙之间。两个单体核心结构域能够结合形成 LacI 蛋白的二聚体形式。LacI 二聚体紧紧结合于操纵基因中，因为它能识别操纵基因序列的两条链，而这些 DNA 为反向重复序列（将在下文描述）。

单体的 C 端是一个 α 螺旋，它含有两个亮氨酸七联体重复序列，这就是四聚体化结构域。四个单体的四聚体化结构域结合在一起来维持四聚体结构。**图 24.14** 展示了阻遏物四聚体的核心结构（使用的模型系统不同于图 24.13），实际上它由两个二聚体组成。二聚体的主体拥有一个界面，它位于两个核心亚基的亚结构域和两个诱导物结合的裂隙之间（顶部）。每个单体的 C 端区域以螺旋方式向外突出（在顶部，头部与 N 端区域结合）。总之，两个二聚体通过 C 端的四个螺旋束捆扎在一起形成四聚体。

图 24.15 是显示单体如何形成四聚体的示意图。两个单体通过核心亚结构域 1 和 2 的接触形成二聚体；而其他接触发生于它们各自的四聚体化螺旋之间。二聚体结构的一端是两个 DNA 结合域，而另一端是两个四聚体化螺旋；随后两个二聚体通过四聚体化界面之间的相互作用形成四聚体。每一个四聚体拥有四个诱导物结合位点和两个 DNA 结合位点。

lac 阻遏物的突变能够鉴定出不同的结构域的存在，甚至在结构域被了解之前就可鉴定出。我们可以根据结构的提示来更加全面地解释突变的本质，如**图 24.16** 所示。*lacI*$^{-}$ 的隐性突变可发生于蛋白质的大部分区域。基本上使这种蛋白质失活的任何突变都会产生这种表型。在图 24.14 的晶体结构上，对突变的更详细定位鉴定出了一些突变的特殊损害，如那些影响寡聚化的位点。

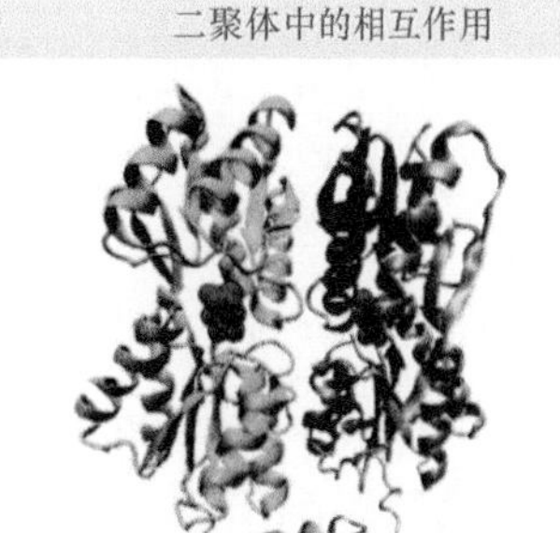

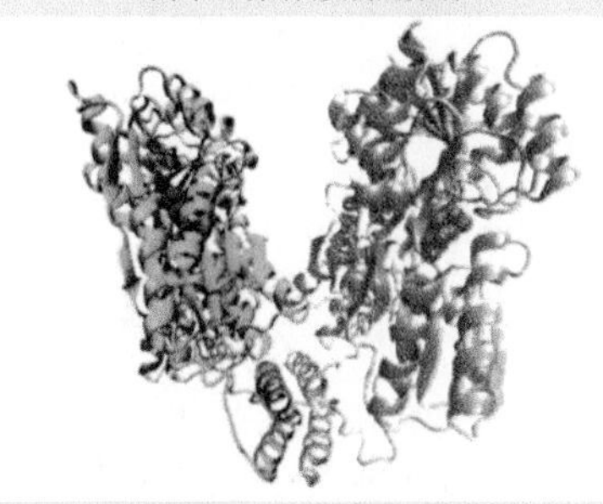

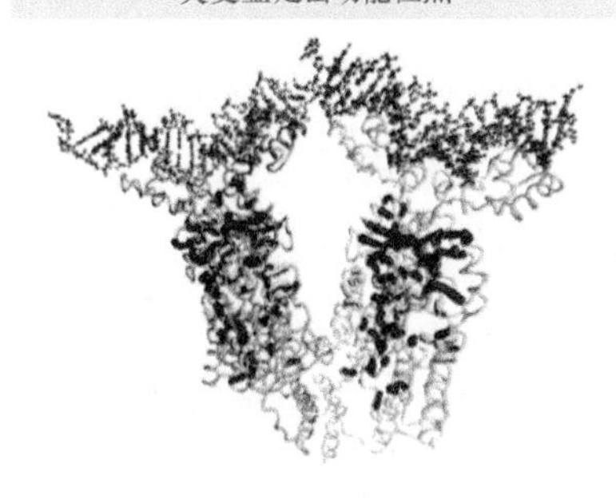

图 24.14 *lac* 阻遏物核心区的晶体结构揭示了四聚体中各单体之间的相互作用。每一个单体用不同的颜色标示。突变的着色如下：二聚体界面为黄色；诱导物结合区为蓝色；寡聚化区域为白色和紫色。相对于上图而言，中图的蛋白质取向沿 *z* 轴旋转了约 90°

图片由 Benjamin Wieder and Ponzy Lu, University of Pennsylvania 友情提供

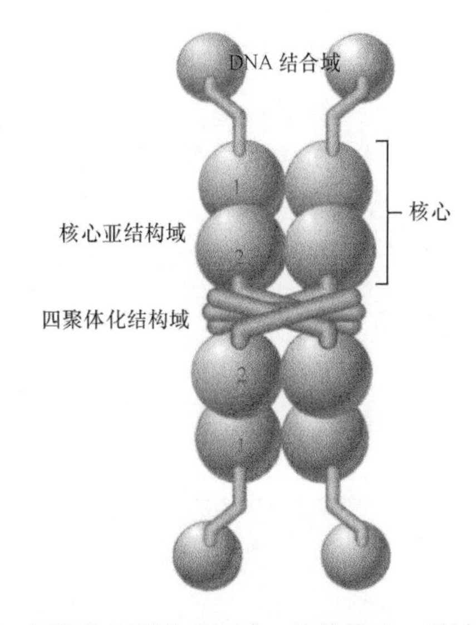

图 24.15 阻遏物四聚体由两个二聚体构成。通过核心亚结构域 1 和 2 的接触，以及四聚体化螺旋使两个单体形成二聚体。随后两个二聚体通过四聚体化界面形成四聚体

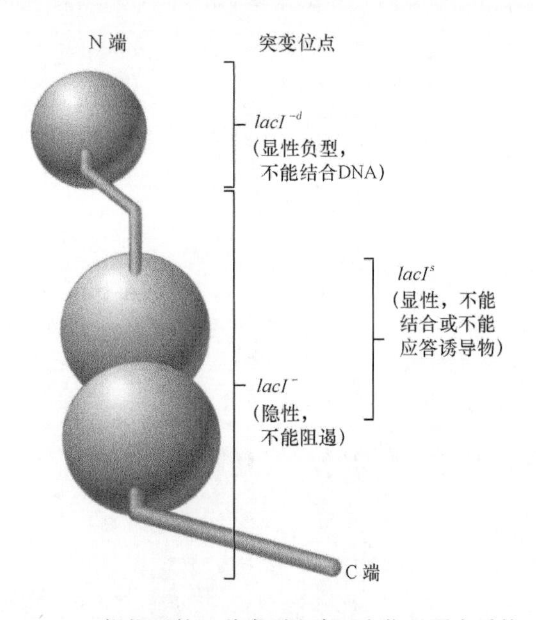

图 24.16 *lac* 操纵子的三种类型突变可定位于蛋白质的不同结构域中。没有阻遏作用的 *lacI* $^{-}$ 隐性突变体可发生于蛋白质的大部分区域；没有阻遏作用的显性失活 *lacI* $^{-d}$ 突变体可定位于 DNA 结合域；显性 *lacI* ^{s} 突变体由于不能结合诱导物或不能进行别构改变而不能进行诱导，这种突变则定位于核心结构域 1 中

特殊类型的显性失活 *lacI* $^{-d}$ 突变位于阻遏物亚基的 DNA 结合域上（见 24.6 节“用反式作用的突变来鉴定调节基因”），这可解释它们能阻止杂合四聚体结合于操纵基因的能力，即结合位点数目的降低减少了对操纵基因的特异性亲和力。在特异性结合 DNA 的过程中，这一区域中“紧密结合”突变的出现也显示出 N 端区域的作用。一些稀有突变可提高阻遏物对操纵基因的亲和力，有时甚至太高而不能被诱导物所释放出来。

不可诱导的 *lacI* ^{s} 突变大致上定位于核心结构域 1 中，从诱导物结合位点一直延伸到铰链区。其中一个基团位于可接触诱导物的氨基酸残基上，这些突变可阻止与诱导物的结合；其他位点在诱导物结合时，必定参与了将构象的别构改变传递到铰链区的过程，而这些就是突变发生的位点。

24.8 构象的别构改变可调节 *lac* 阻遏物与操纵基因的结合

关键概念

- *lac* 阻遏物结合于操纵基因的双链 DNA 序列中。
- 操纵基因是 26 bp 的回文序列。
- 操纵基因的每个反向重复结合阻遏物亚基的一个 DNA 结合位点。
- 诱导物的结合可引起阻遏物的构象发生变化，使它与 DNA 的亲和力降低，因而从操纵基因上脱离。

阻遏物如何识别操纵基因的特殊序列呢？操纵基因拥有与许多调节蛋白识别位点的共同特征——类似反向重复（inverted repeat）的一种**回文序列（palindrome）**。**图 24.17** 中所有的反向重复序列都被标示出来，每一个重复序列都可认为是操纵基因的半个位点。操纵基因的对称性与阻遏物二聚体的对称性相匹配。阻遏物中同样亚基的 DNA 结合域可结合操纵基因的一个半位点，因此二聚体中的两个 DNA 结合域是结合全长操纵基因所必需的。**图 24.18** 表明二聚体单元上的两个 DNA 结合域通过插入到大沟中的连续转角处而接触 DNA。这极大地提高了对操纵基因的亲和力。值得注意的是，*lac* 操纵基因不是完美的对称序列，它含有单一中心碱基配对，且左侧序列结合阻遏物的能力比右侧序列更强。一个人工的、完美回文的操纵基因序列结合于 *lac* 阻遏物比天然序列要紧密 10 倍！

通过鉴定与阻遏物接触的碱基，或突变可改变阻遏物所结合的碱基，就可判断操纵基因内特殊碱

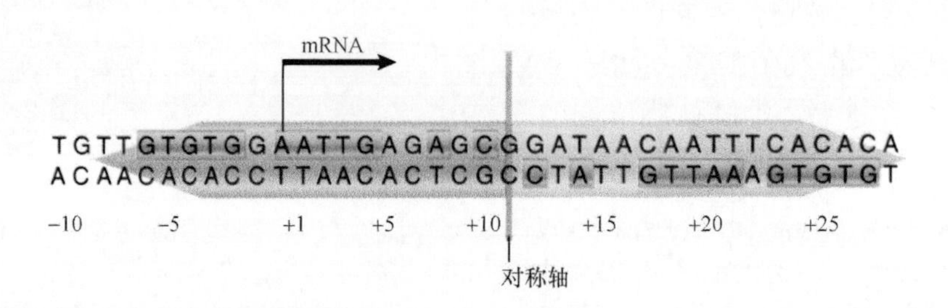

图 24.17 *lac* 操纵基因具有对称性序列。序列的位置标号是以转录起始位点为 +1 而定义的。向左和向右的粉红色箭头标出了两个二元重复序列；绿色的方块标出了一致性位点

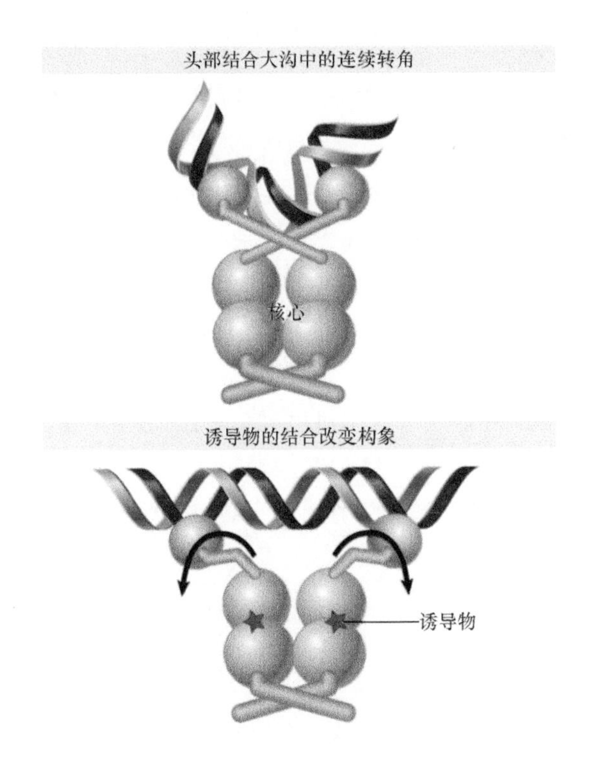

图 24.18 诱导物改变了核心结构，这样阻遏物二聚体的头部不再定向于与操纵基因的高亲和力结合

基的重要性。*lac* 阻遏物二聚体可与操纵基因以某种方式接触，即操纵基因的每个反向重复都与阻遏物的一个亚基以同样的方式接触。这一点通过阻遏物与操纵基因接触的对称性（操纵元件的 +1 与 +6 之间的序列和 +21 与 +16 之间的序列完全相同）和匹配每一个反向重复中的组成性突变可以明确，如**图 24.19** 所示。与蛋白质接触的 DNA 区域延伸了 26 bp，且在此区域内是组成性突变发生的 8 个位点。这进一步强调了由启动子突变所获得的相同观点：在一个大区域内的少数必不可少的特定接触位点可以负责序列特异性连接，这使蛋白质结合于 DNA 上。

图 24.18 显示出阻遏物 - 操纵基因结合的另一个关键元件——铰链螺旋插入到操纵基因 DNA 的小沟中，这使 DNA 弯折 45°。这种弯曲使大沟可定向用于 HTH 结合。当序列可被调节蛋白结合时，DNA 弯曲是一种常见的现象，这也说明了 DNA 结构比规范的双螺旋结构更加复杂这样一个普遍现象。

当阻遏物被诱导时，*lac* 阻遏物与操纵基因 DNA 之间的相互作用会发生改变，如**图 24.20** 所示。诱导物（如别乳糖或 IPTG）的结合引起阻遏物构象的快速改变，这种改变可能破坏了铰链螺旋，改变了头部相对于核心的取向，结果阻遏物与 DNA 的亲和力明显降低。尽管阻遏物对操纵基因 DNA 拥有弱的亲和力，但是基因组 DNA 中的其他序列也可以相似的亲和力结合操纵基因，这样，操纵基因与其他 DNA 会竞争结合阻遏物。而细胞含有比单拷贝操纵基因序列多得多的基因组 DNA 序列，结果是基因组 DNA“赢得”了阻遏物，而操纵基因上的位点就空了出来。

诱导过程的一些结构和分子细节一直是活跃的研究课题。为了引发诱导作用而必须结合于二聚体（在四聚体内）的诱导物数目还处于争论之中。在 *lac* 阻遏物中，由结合诱导物所引起的构象改变的本质还没有完全了解，因为阻遏物 - 诱导物 - 操纵基因复合体的高分辨率结构还没有获得。在 DNA 缺少的情况下，诱导物结合会改变与铰链螺旋最近的核心亚结构域的取向。而当诱导物与阻遏物 - 操纵基因复合体结合时，相似的变化也会发生。这样的改变可能破坏铰链螺旋的相对取向，从而降低了

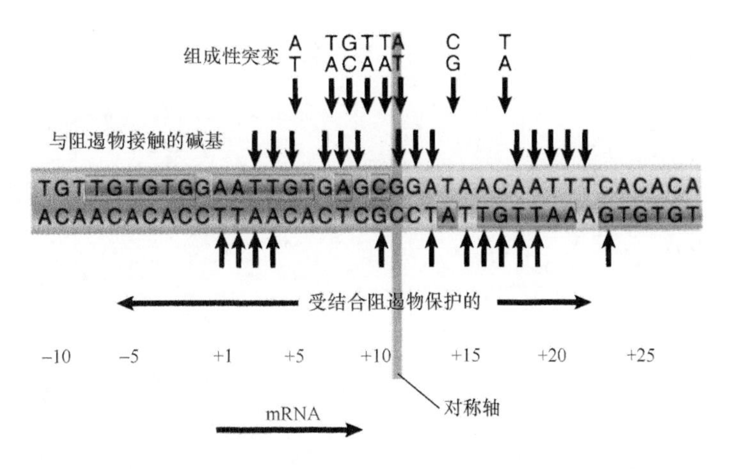

图 24.19 通过化学交联或其他实验对 DNA 进行修饰，根据修饰是否影响结合就可以判断某个碱基是否与阻遏物接触。通过鉴定每一条链上 +1 ～ +23 的碱基，发现组成性突变总是发生在 +5 ～ +17 的 8 碱基位点上

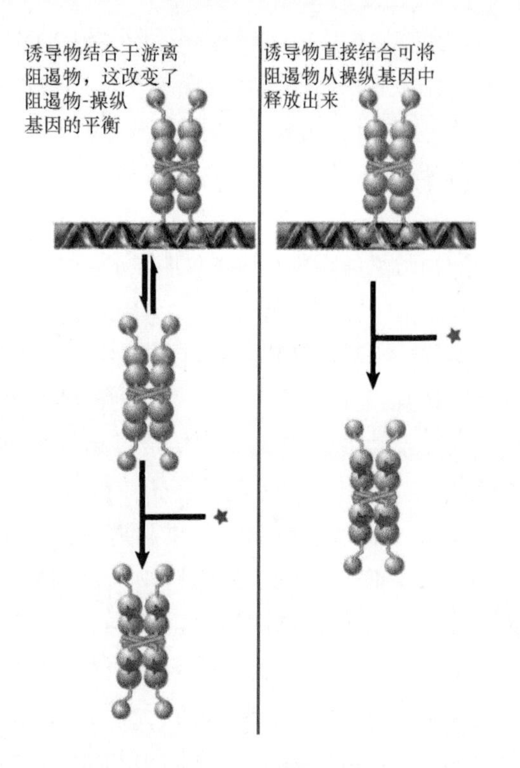

图 24.20　诱导物是与游离的阻遏物结合以干扰平衡（左图），还是直接与结合在操纵基因上的阻遏物结合呢（右图）？

对 DNA 的亲和力。低亲和力的阻遏物 - 诱导物 - 操纵基因复合体的低分辨率结构信息显示，在诱导过的 *lac* 阻遏物中，构象变化可能不是很大。

24.9　*lac* 阻遏物与三个操纵基因结合并与 RNA 聚合酶相互作用

关键概念

- 阻遏物四聚体中的每个二聚体都可以与一个操纵基因结合，所以四聚体可以同时结合两个操纵基因。
- 若要完全阻遏转录，阻遏物除了结合 *lacZ* 启动子中的操纵基因外，同时还要结合一个上游或下游操纵基因。
- 阻遏物对操纵基因的结合可以促进 RNA 聚合酶与启动子的结合，但阻止了转录。

阻遏物二聚体足以结合操纵基因序列，那么为什么完全阻遏需要形成四聚体呢？

每个二聚体都能结合一个操纵基因序列，这使整个阻遏物四聚体能同时结合两个操纵基因位点，而事实上，在 *lac* 操纵子起始区还存在另外两个操纵基因位点。原操纵基因（original operator）*O1* 正好位于 *lacZ* 基因的起始区，它与阻遏物的亲和力最强。另外两个弱的操纵基因位于 *O1* 的两侧：*O2* 位于 *lacZ* 基因的转录起点下游 410 bp 处；*O3* 位于 *lacI* 基因的 *lacO1* 的转录起点上游 88 bp 处。

图 24.21 预测了当 DNA 结合蛋白同时与 DNA 上两个分开的位点结合时会发生什么现象。我们发现，蛋白质结合于两个位点的碱基处之间的 DNA 会形成一个环状结构，环的长度取决于两个结合位点之间的距离。当 *lac* 阻遏物同时与 *O1* 及另一个操纵基因结合时，两个结合位点之间的 DNA 就会形成一个短环，它会明显限制 DNA 的结构。运用单分子实验就能直接观察到低分辨率的环状复合体。

与额外操纵基因结合可影响阻遏水平。去除下游操纵基因（*O2*）或上游操纵基因（*O3*）都会使阻遏效率降低至之前的 1/4 ～ 1/2；如果同时去除 *O2* 和 *O3*，阻遏效率会降低到 1/50，这意味着要正常发挥阻遏作用，阻遏物不仅要能与操纵基因 *O1* 结合，还必须具有与另外两个操纵基因其中之一结合的能力。含有多个操纵基因的超螺旋质粒的体外实验显示出 LacI-DNA 复合体的显著稳定性。然而，当 *lac* 阻遏物结合 IPTG 时，这些环状 DNA 被迅速释放。

好几个证据都说明，阻遏物与操纵基因 *O1* 的结合如何抑制 RNA 聚合酶的转录起始。最初认为阻遏物与操纵基因结合阻碍了 RNA 聚合酶与启动

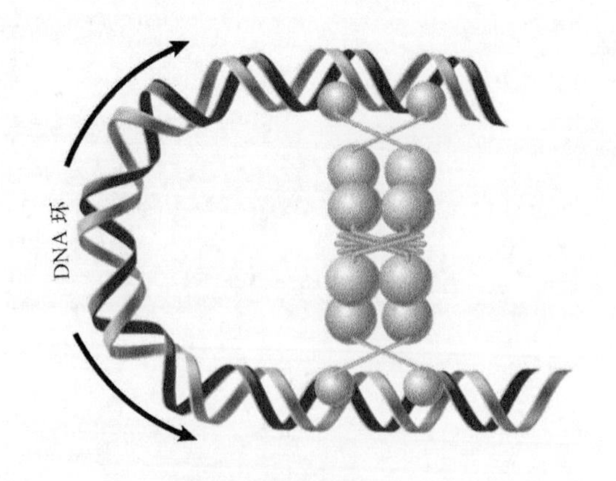

图 24.21　当阻遏物四聚体中的两个二聚体都与 DNA 结合时，两个操纵子之间的 DNA 会弯曲形成一个环

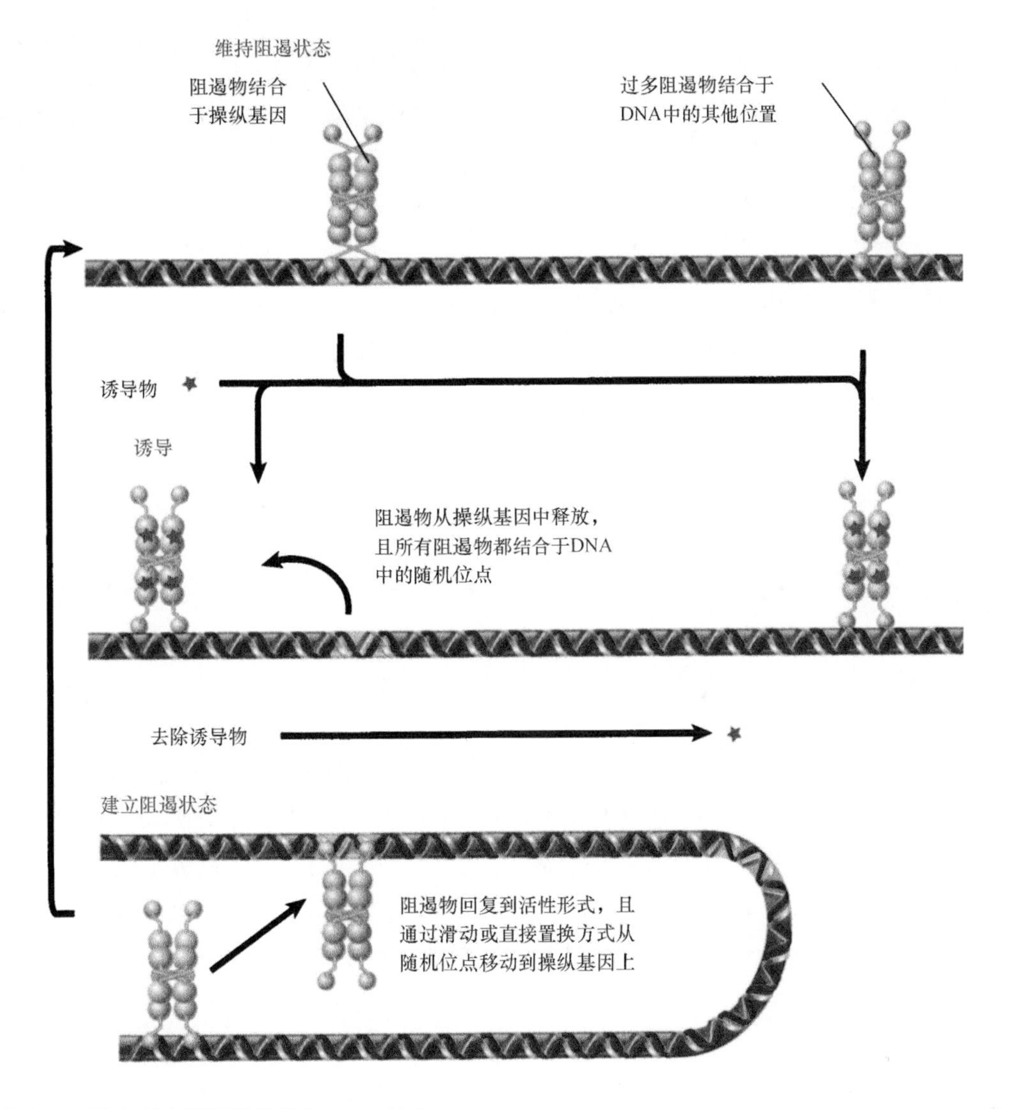

图 24.22 事实上，细胞内所有的阻遏物都与 DNA 结合

子的结合，不过现在知道，阻遏物和 RNA 聚合酶可同时与 DNA 结合。而令人惊奇的是，阻遏物与 DNA 的结合实际上能增强 RNA 聚合酶结合 DNA 的能力，只是结合的 RNA 聚合酶不能起始转录。阻遏物实际上将 RNA 聚合酶储存于启动子上。加入诱导物后，阻遏物释放，RNA 聚合酶能马上起始转录。总之，阻遏物的总体效应是加速了诱导过程。

这种模式是否也存在于其他操纵子系统中呢？RNA 聚合酶、阻遏物和启动子 / 操纵基因区段之间的相互作用在每个操纵子系统中都是不同的，因为操纵基因并不总是与启动子在相同区域重叠（**图 24.22**）。例如，在 λ 噬菌体中，操纵基因位于启动子上游，阻遏物的结合会阻碍 RNA 聚合酶的结合（详见第 25 章“噬菌体策略”）。因此，结合的阻遏物并不是在所有操纵子系统中以相同方式与 RNA 聚合酶进行相互作用的。

24.10 操纵基因与低亲和力位点竞争性地结合阻遏物

关键概念

- 与特定 DNA 序列具有高亲和力的蛋白质通常与其他 DNA 序列的亲和力较低。
- 细菌基因组中每一个碱基对都可作为阻遏物低亲和力结合位点的起点。
- 大量的低亲和力结合位点保证所有的阻遏物都能与 DNA 结合。
- 阻遏物是由低亲和力结合位点转移到操纵基因上，而不是根据平衡移动原理从溶液中转移到操纵基因上的。

- 当诱导物不存在时，操纵基因与阻遏物的亲和力比低亲和力位点与阻遏物的亲和力高10^7倍。
- 当每个细胞含有 10 个阻遏物四聚体时，就能保证在 96% 的情况下操纵基因都是与阻遏物结合的。
- 诱导作用使阻遏物与操纵基因的亲和力降低了，它只比低亲和力位点与阻遏物的亲和力高10^4倍，这样只有 3% 的操纵基因是被结合的。

表 24.1 *lac* **阻遏物特异性地紧密结合在操纵子上，但它能被诱导物释放。所有平衡常数都为** M^{-1}

DNA	阻遏物	阻遏物 + 诱导物
操纵基因	2×10^{13}	2×10^{10}
其他 DNA	2×10^{6}	2×10^{6}
特异性	10^{7}	10^{4}
结合的操纵基因	96%	3%
操纵子状态	阻遏的	诱导的

或许所有与特异性 DNA 序列亲和力较高的蛋白质与随机 DNA 序列也具有低亲和力，但大量低亲和力位点与少量高亲和力位点对于阻遏物的竞争力是不分伯仲的。大肠杆菌基因组仅含一个 *lac* 操纵子，它只有一个高亲和力位点。余下的 DNA 都可作为低亲和力位点，这样，基因组中每一个碱基对都可以作为低亲和力结合位点的起点，即从操纵基因处简单移动一个碱基就产生了一个低亲和力位点！这意味着大肠杆菌基因组含有 4.2×10^6 个低亲和力位点。

大量的低亲和力位点意味着即使没有特异性的结合位点，几乎所有阻遏物都可以与 DNA 结合，而不是游离于溶液中。通过体内的单分子实验已经观察到，LacI 蛋白非特异性地结合于基因组位点上。利用结合亲和力，能推算出只有 0.01% 的阻遏物结合于 DNA 的随机位点上。由于每个野生型细胞约含有 10 个阻遏物四聚体分子，这意味着细胞内不存在游离的阻遏物。在分析阻遏物与操纵基因的相互作用时，因为存在着单个高亲和力位点（操纵基因）与大量低亲和力位点竞争，所以关键的问题是 DNA 上结合的阻遏物是如何分配的。

因此，阻遏效率依赖于阻遏物与操纵基因的相对亲和力，而这要与其他随机 DNA 序列的亲和力进行比较。亲和力要足够大才能克服大量的随机位点。现在我们来观察它是如何工作的，这是通过对 *lac* 阻遏物 / 操纵基因的结合常数与阻遏物 / 一般 DNA 的结合常数的比较而实现的。**表 24.1** 显示，对于活性阻遏物而言，其比值为 10^7 倍，足以保证 96% 的情况，操纵基因是与阻遏物结合的，这样转录就被有效而非完全阻遏（记住这一点，因为别乳糖是诱导物，而乳糖不是，在细胞中总是需要微量 β- 半乳糖苷酶）。当诱导物加入后，比值降到了 10^4 倍。在这个水平上，只有 3% 的操纵基因是被结合的，因而操纵子可被有效诱导。

这些不同亲和力所产生的综合后果就是：在未诱导细胞内，一般只有一个阻遏物四聚体与操纵基因结合。所有的或几乎所有剩下的四聚体都随机与 DNA 的其他区域结合，如图 24.22 所示，这样在细胞内几乎不存在游离的阻遏物四聚体。

加入诱导物会消除阻遏物与操纵基因特异性结合的能力，而结合在操纵基因上的那些阻遏物就释放出来，随后结合到随机（低亲和力）位点上，因此在诱导后的细胞中，阻遏物四聚体都“储存”在随机 DNA 位点上。在未经诱导的细胞中，通常只有一个四聚体结合在操纵基因上，而其他阻遏物分子结合在非特异性位点上。因此诱导效应是改变阻遏物在 DNA 上的分布，而不是产生游离阻遏物。RNA 聚合酶可能在启动子与其他 DNA 之间通过彼此的序列交换而移动，而阻遏物为了能在位点之间转移，也可能使用同样的方法，将结合的一段 DNA 序列用另一段序列来置换。通过比较调节物与位点之间特异性和非特异性结合的平衡方程，我们就能确定影响调节物使其靶位点饱和能力的参数。就如预期的一样，其中重要的参数如下。

- 基因组的大小：大的基因组会降低蛋白质与特异性结合位点结合的能力（请回忆一下真核生物基因组的大小）。
- 蛋白质的特异性：蛋白质的特异性强可以抵消大量 DNA 的非特异性结合作用。
- 所需蛋白质的量随基因组 DNA 总量的增加和 DNA 结合特异性的降低而增加。
- 蛋白质的量必须适当地超过特异性靶位点的数目，一般来说，具有多个结合靶位点的蛋白质数量要高于结合靶位点较少的蛋白质。

24.11 *lac* 操纵子拥有第二层控制系统：分解代谢物阻遏

关键概念

- 分解代谢物阻遏蛋白（CRP）是一种可以与启动子中靶序列结合的激活物。
- CRP 二聚体可由单一环状 AMP（cAMP）分子激活。
- cAMP 由细胞中的葡萄糖水平控制，而低葡萄糖水平可以形成 cAMP。
- CRP 与 RNA 聚合酶的 α 亚基的 C 端结构域相互作用而激活此酶。

大肠杆菌 *lac* 操纵子是负可诱导的。乳糖的存在可以除去 *lac* 阻遏物，这样转录就开启了。然而，这一操纵子也受到第二层控制，即细菌如果存在足够的葡萄糖供给，那么乳糖也不能开启这一系统。这一现象的基础是：葡萄糖是一种比乳糖更好的能量来源，所以如果可以获得葡萄糖，那么就没有必要开启 *lac* 操纵子。这一系统是所谓的**分解代谢物阻遏**（**catabolite repression**）这个整体网络的一个部分，它能影响大肠杆菌中约 20 种操纵子。一种称为**环状 AMP**（**cyclic AMP，cAMP**）的第二信使和一种称为**分解代谢物阻遏蛋白**（**catabolite repressor protein，CRP**）的正调节物 [CRP 也可表示 cAMP 受体蛋白，并且也称为分解代谢物激活蛋白（catabolite activator protein，CAP）] 可执行分解代谢物阻遏效应。所以，*lac* 操纵子处于双重控制之下。

迄今为止，我们所了解的启动子都是作为一段 DNA 序列，它能结合 RNA 聚合酶而起始转录。但是有机体仍存在一些启动子，如果没有辅助蛋白的参与，即使 RNA 聚合酶与其结合也不能起始转录。这些蛋白质是正调节物，因为它们的存在对启动转录单位是必需的。一般来说，激活物会克服启动子的缺陷，如 −35 区和（或）−10 区上存在弱共有序列。

其中使用得最广泛的激活物是 CRP。这种蛋白质是一种正调节物，它的存在是依赖性启动子转录起始所必需的。CRP 只有在结合 cAMP 时才有活性，而 cAMP 可以作为经典的用于正控制的小分子诱导物，如**图 24.23** 所示。

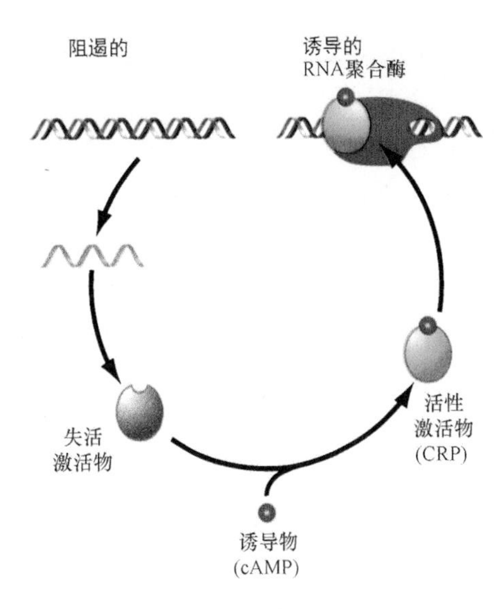

图 24.23 小分子诱导物 cAMP，可将激活物 CRP 转变成可结合启动子的一种形式，并协助 RNA 聚合酶起始转录

cAMP 由腺苷酸环化酶合成，反应以 ATP 为底物，通过磷酸二酯键产生内部 3′ → 5′ 连接，所得产物结构如**图 24.24** 所示。高水平葡萄糖可以阻遏腺苷酸环化酶活性，如**图 24.25** 所示。这样，cAMP 水平与葡萄糖水平就呈现出相反关系。只有低水平

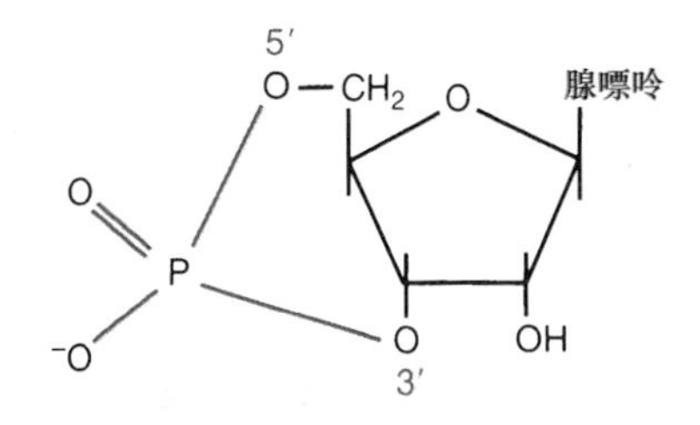

图 24.24 cAMP 存在单一磷酸基团，它能与糖环的 3′ 位与 5′ 位连接

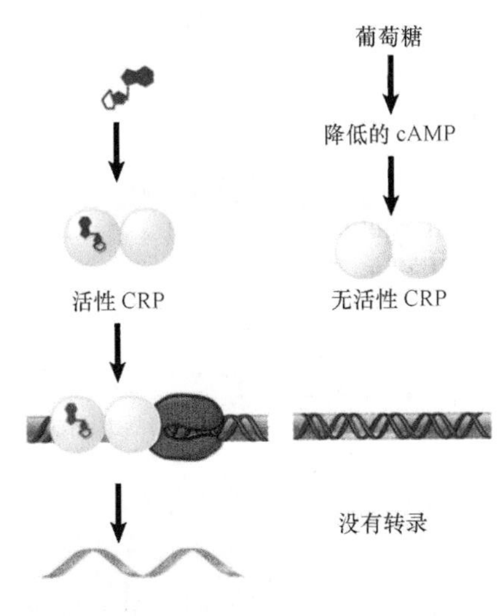

图 24.25 通过降低 cAMP 水平使得葡萄糖抑制操纵子的转录，而这种转录需要 CRP 的活性

葡萄糖才能使酶活化，从而能合成cAMP。依次地，cAMP的结合是CRP结合DNA序列和激活转录所必需的。因此，由CRP介导的转录激活只发生在细胞中葡萄糖水平很低时。

CRP是由两个相同亚基组成的二聚体，每个亚基为22.5 kDa，二聚体可被单个cAMP分子别构激活。CRP单体包含一个DNA结合区和一个转录激活区。cAMP的结合可引起CRP结构的变化，这会改变DNA结合域，使之从弱结合所有DNA的状态转变到强的、序列特异性的DNA结合状态。在应答的启动子上，CRP二聚体可结合约22 bp，其结合位点包含5 bp共有序列，如图24.26所示。能阻止CRP发挥作用的突变往往位于这一相当保守的五联体中，这段共有序列似乎是识别的必要元件。如果位点包括两个（反向的）五联体序列，那么CRP就会与之结合得非常牢固，因为这样使CRP的两个亚基都能结合在DNA上。

CRP与DNA结合时会引入一个大的弯曲。在*lac*启动子中，这一作用点位于双重对称的中心区，这段DNA弯曲程度相当高，大于90°，正如图24.27所示。因此当CRP结合到DNA上时，DNA的双螺旋结构就会发生剧烈改变。弯曲机制使之在TGTGA共有序列处产生一个明显的结。当存在该

图24.26　与CRP结合的共有序列含有非常保守的五联体TGTGA，以及（有时出现）一个该序列的反向序列（TCANA）

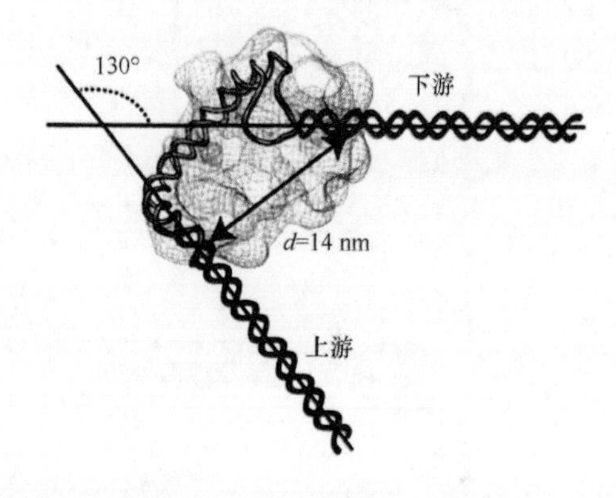

图24.27　CRP可在中心对称处将DNA弯曲90°以上。I类CAP-RNAP-启动子复合体电子显微镜（electron microscopy，EM）重建和拟合模型：可推断出DNA路径

复制自H. P. Hudson, et al., *Proc. Natl. Acad. Sci. USA* 47(2009): 19830-19835

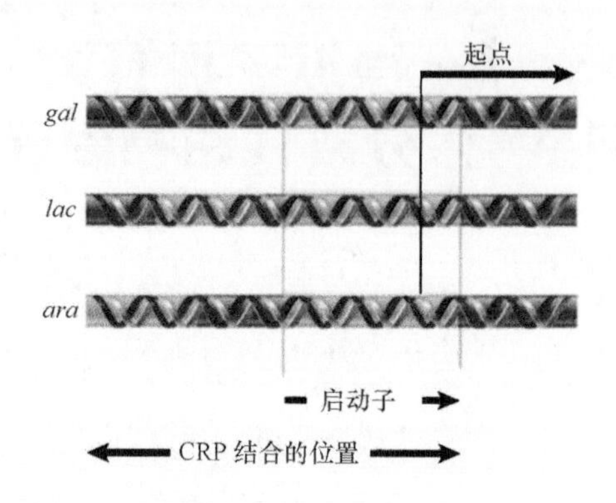

图24.28　CRP可在不同位点与RNA聚合酶结合

共有序列的反向重复时，每一份拷贝中处在回文结构中的两个结引起了超过90°的大弯曲。可能这个弯曲对转录有一些直接作用，也可能仅仅是需要它使CRP在启动子位置上便于与RNA聚合酶结合。

CRP作用令人惊奇的一个特征是，在它所调节的不同操纵子中，其结合位点位于相对于起点的不同位置上，而TGTGA五联体可处于任何一种取向。图24.28总结的三个例子概述了它所包括的位置范围。

- CRP结合位点在启动子附近，如在*lac*操纵子上，则CRP所保护的DNA区以−61为中心，它可能结合两个CRP二聚体，这种结合模式与CRP主要结合DNA一侧是一致的，而相同一侧也被RNA聚合酶所结合。这种定位刚好能使两个蛋白质彼此接触。
- 有时CRP结合位点位于启动子内，如在*gal*基因座中，则CRP结合位点以−41为中心。此时可能只有一个CRP二聚体结合上去，且与RNA聚合酶紧密接触，因为CRP结合位点所包含的区域一般会被RNA聚合酶所保护。
- 在其他操纵子内，CRP结合位点位于远离启动子的上游区域。在*ara*区，单个CRP结合位点与起点相距很远，以−92为中心。

对CRP的依赖性与启动子本身的效率有关。没有一个依赖CRP的启动子含有完整的−35区，且有些这样的启动子还缺少完整的−10区。事实上，我们可以认为，假如启动子存在高效的−35区和−10区，那么它就可以单独与RNA聚合酶相互作用，那么CRP对启动子的高效控制将会变得很困难。

原则上，CRP可能以两种方式中的任意一种激活转录：它可以直接与RNA聚合酶相互作用而激活转录，或可作用于DNA而改变DNA的结构，从

而在某种程度上帮助RNA聚合酶结合到DNA上。事实上，CRP对RNA聚合酶和DNA都有作用。

在大多数启动子上，CRP的结合位点与*lac*（以−61为中心）或*gal*（以−41为中心）相似。它们之间本质上的不同在于前者（称为Ⅰ类）的CRP结合位点全部位于启动子上游，而后者（称为Ⅱ类）的CRP结合位点与RNA聚合酶的结合位点有所重叠（在*ara*启动子上的相互作用可能会不同）。

在这两类启动子中，CRP结合位点所占据的位置是从起点开始，为双螺旋圈数的整数倍，这表明CRP与RNA聚合酶定位于相同的DNA一侧。但是在这两类启动子中，CRP和RNA聚合酶之间的相互作用的本质是不同的。

当RNA聚合酶的α亚基在C端存在缺失时，转录仍然正常，但它失去了被CRP激活的能力。CRP有一个激活区，是一个暴露于外面的约由10个氨基酸残基组成的环，它是激活这两类启动子所必需的，激活区的这一小部分氨基酸直接作用于RNA聚合酶的α亚基从而激活该酶。在Ⅰ类启动子中，反应无须其他条件；在Ⅱ类启动子中，CRP和RNA聚合酶之间可发生一组不同的相互作用。

如果经过改造以后，CRP二聚体中只有一个亚基具有功能性转录激活区，那么以它为材料所做的实验表明，当CRP结合在*lac*启动子上时，只有更加靠近起点的亚基激活区是必需的，这可能是因为它和RNA聚合酶是相互接触的。这为转录活性对结合位点的取向缺乏依赖性提供了解释：CRP的二聚体结构保证了无论是哪个亚基与DNA结合，或处在哪个方向，其中的一个亚基必然与RNA聚合酶接触。

对RNA聚合酶结合的效应依赖于两个蛋白质的相对位置。在Ⅰ类启动子中，CRP结合于启动子附近，增加了初始结合形成闭合复合体的速率；在Ⅱ类启动子中，CRP结合启动子内，这增加了从闭合复合体到开放复合体转变的速率。

24.12 *trp*操纵子是由三个转录单位组成的可阻遏操纵子

关键概念

- *trp*操纵子受其产物色氨酸水平的负控制。
- 色氨酸可激活由*trpR*基因编码的失活阻遏物。
- 阻遏物（或激活物）可作用于含有其靶操纵基因序列拷贝的所有基因。

*lac*阻遏物只作用于*lacZYA*基因簇中的操纵基因上，然而，一些阻遏物可通过结合一个以上操纵基因而控制着分散的结构基因。其中一个例子就是*trp*阻遏物（一个小的、25 kDa的二聚体），它能控制三组不相关基因。

- 结构基因簇*trpEDCBA*中的操纵基因可控制用于色氨酸合成的酶的协同合成。这是一个可阻遏操纵子的例子，它受操纵子产物色氨酸的控制（将在下文介绍）。
- *trpR*调节基因受其自身产物*trp*阻遏物的阻遏。这种阻遏物的作用可降低其合成，即它是**自体调节（autoregulated）**的（请回忆一下，*lacI*调节基因是不受调节的）。在调节基因中，这样的回路系统相当普遍，且它可能是正或负的（详见第22章“翻译”和第25章“噬菌体策略”）。
- 第三个基因座中的操纵基因控制着*aroH*基因的表达，它编码三种同工酶中的其中一种，这些酶可催化芳香氨基酸生物合成的通用途径中的初始反应，而这些反应会导致色氨酸、苯丙氨酸和酪氨酸的合成。

相关的21 bp操纵基因序列存在于三个基因座的每一个中，而这正是*trp*操纵子中阻遏物的作用位点。其序列的保守性如**图24.29**所示，每一个操纵基因含有明显的（而不一样的）二重对称性。在这所有三个操纵基因上都保守的特征包含了重要的*trp*阻遏物接触点。这解释了阻遏物如何作用于几个基因座：因为每一个基因座含有特定DNA结合序列的一份拷贝，而它可被阻遏物所识别（这就像一个启动子与其他启动子共享共有序列一样）。

图24.30总结了操纵基因与启动子之间的各种相关性。可被*trpR*因子识别的分散分布的操纵基因的一个显著特征就是，它存在于每一个基因座的启动子内的不同位置。在*trpR*基因中，操纵基因位于−12与+9之间；在*trp*操纵子中，它占据了−23与−3之间的位点；而在另一个基因系统*aroH*基因座中，它位于更上游区域，在−49与−29之间。在其

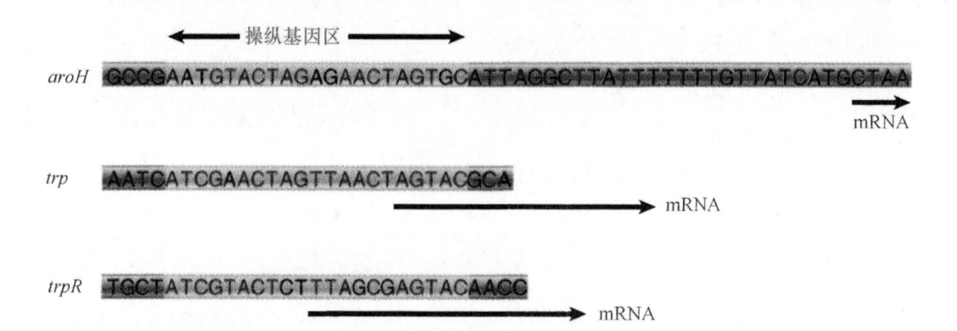

图 24.29 *trp* 阻遏物可识别三个基因座中的操纵基因。保守碱基用红色表示。起点与 mRNA 的位置是不同的，如黑色箭头所示

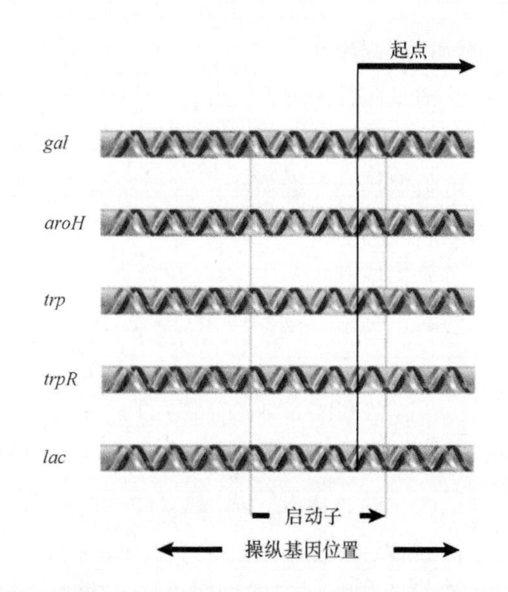

图 24.30 操纵基因可能位于相对于启动子的不同位置中

他例子中，操纵基因可位于启动子下游（如在 *lac* 中）或邻近启动子上游（如在 *gal* 中，它的阻遏效应还不是十分清楚）。在每一个靶启动子中，阻遏物有能力作用于位置不同的操纵基因上，这提示了精确阻遏模式中可能存在差异，而其通用特征就是阻止 RNA 聚合酶在启动子中起始转录。

trp 操纵子自身处于负可阻遏控制。这意味着 *trpR* 基因产物——*trp* 阻遏物是以失活负调节物形式制备出来；而阻遏是指 *trp* 操纵子产物色氨酸是 *trp* 阻遏物的辅调节物。当色氨酸水平增高时，两个分子的色氨酸可结合于二聚体 *trp* 阻遏物中，使它的构象转变成 DNA 结合的活性构象，这样它就能结合于操纵基因上，而这就排除了 RNA 聚合酶结合于重叠启动子。多至 3 个 *trp* 阻遏物二聚体可结合于操纵基因上，这取决于色氨酸和阻遏物的浓度，其中的中间二聚体结合最紧密。

就如下一节将要看到的那样，*trp* 操纵子（与前面的 *lac* 操纵子一样）也处于双重控制之下，但是第二层控制的机制却是完全不同的。

24.13 *trp* 操纵子也由弱化作用控制

关键概念

- 在启动子和 *trp* 基因簇的第一个基因之间存在一个弱化子（内在终止子）。
- Trp-tRNA 的缺乏会抑制转录终止，从而使转录效率提高 10^3 倍。

在大肠杆菌 *trp* 操纵子中存在一套复杂的阻遏和**弱化（attenuation）**调节系统（弱化作用最初就是在大肠杆菌中发现的）。就如 24.12 节“*trp* 操纵子是由三个转录单位组成的可阻遏操纵子”所讨论的一样，基因表达控制的第一层是操纵子的负可阻遏作用，这是指其产物游离色氨酸可阻止转录起始。弱化作用是第二层的控制。在 mRNA 的 5′ 前导序列中的一段区域内存在**弱化子（attenuator）**，它含有一小段可读框（open reading frame，ORF）。大肠杆菌 *trp* 操纵子中的弱化作用是指转录终止由弱化子 ORF 的翻译速率控制。这也允许大肠杆菌监测第二层的色氨酸库，即 Trp-tRNA 的数量。高水平的 Trp-tRNA 可弱化或终止转录，而低水平的 Trp-tRNA 可允许 *trpEDCBA* 操纵子被转录。核糖体结合 mRNA 的位置决定了弱化子 RNA 的二级结构，而它的改变就可控制弱化作用。图 24.31 显示终止作用需要核糖体翻译出弱化子。当核糖体翻译这段前导序列时，就会在终止子 1 处形成终止发夹结构；当阻断核糖体翻译这段前导序列时，终止发夹结构就无法形成，而 RNA 聚合酶就会继续转录编码区。因此，这种抗终止作用的机制取决于 Trp-tRNA 的水平，它会影响核糖体在前导序列区

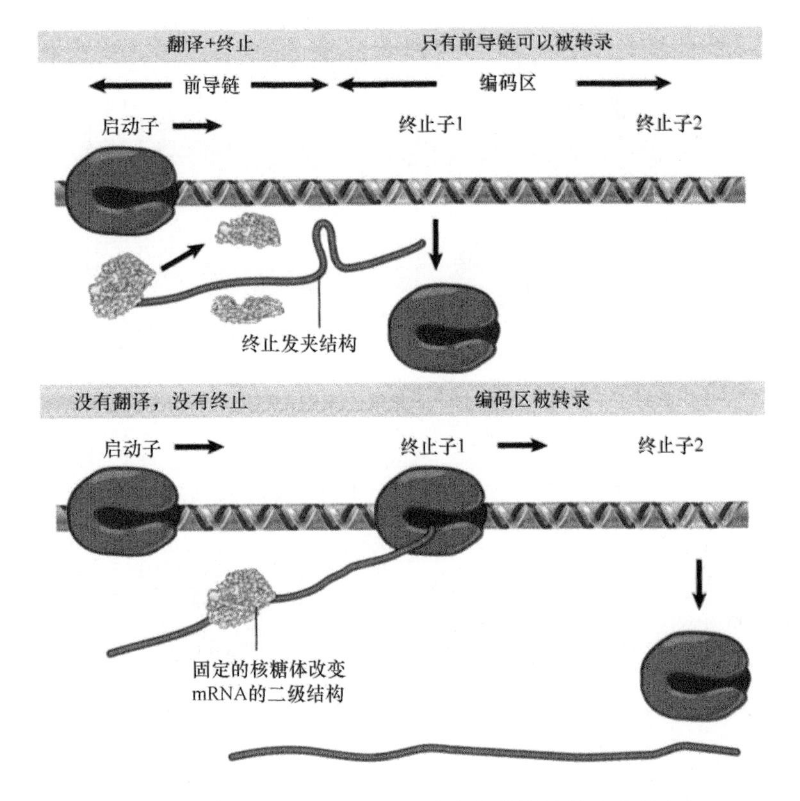

图 24.31 终止作用可以通过 RNA 二级结构的改变来控制，这种改变由核糖体的移动所决定

域移动的能力。

弱化作用第一次被发现是因为研究人员注意到，当删除位于操纵基因与 *trpE* 编码区之间的一段序列时，结构基因的表达增强。这种现象与阻遏作用无关，因为无论基础转录还是去阻遏转录的水平都增强了，所以这一位点影响的是 RNA 聚合酶离开启动子之后的事件（与起始过程的条件无关）。

弱化子的终止作用可应答 Trp-tRNA 的水平，如图 24.32 所示。当存在足量的 Trp-tRNA 时，便会有效地发生终止作用；当 Trp-tRNA 的存在水平较低，RNA 聚合酶就会继续转录结构基因。

阻遏作用和弱化作用以同样的方式应答两种色氨酸库的水平。当存在游离色氨酸时，操纵子被阻遏；当色氨酸被移除后，RNA 聚合酶可与启动子自由接触，并能开始转录操纵子；当 Trp-tRNA 存在时，操纵子被弱化而转录终止；而结合于 tRNA 的色氨酸库被移除后，RNA 聚合酶可继续转录操纵子。值得注意的是，如果游离色氨酸库的水平较低，那么可允许转录启动；而如果 tRNA 全部携带上色氨酸形成 Trp-tRNA，那么转录就会终止。

弱化对转录约有 10 倍的作用效果。当存在色氨酸时，可有效地发生终止，而弱化子只允许约 10% 的 RNA 聚合酶继续移动；在没有色氨酸存在的情况下，弱化作用允许几乎所有的 RNA 聚合酶继续前进。同时，由于阻遏作用的解除也会使转录的起始增强约 70 倍，从而使得操纵子调节作用的波动范围约为 700 倍。

24.14 弱化作用可被翻译控制

关键概念

- *trp* 操纵子的前导区有一个由 14 个密码子组成的可读框，其中包含编码色氨酸的两个密码子。
- 弱化子处的 RNA 结构取决于这个阅读框是否被翻译。
- 当存在 Trp-tRNA 时，前导序列被翻译，使得弱化子能够形成引起终止的发夹结构。
- 当不存在 Trp-tRNA 时，核糖体停滞在色氨酸密码子处，而可变二级结构会阻止发夹结构的形成，于是转录得以继续。

发生在弱化子处的转录终止是怎样对 Trp-tRNA 的水平做出反应的呢？前导区的序列提示了

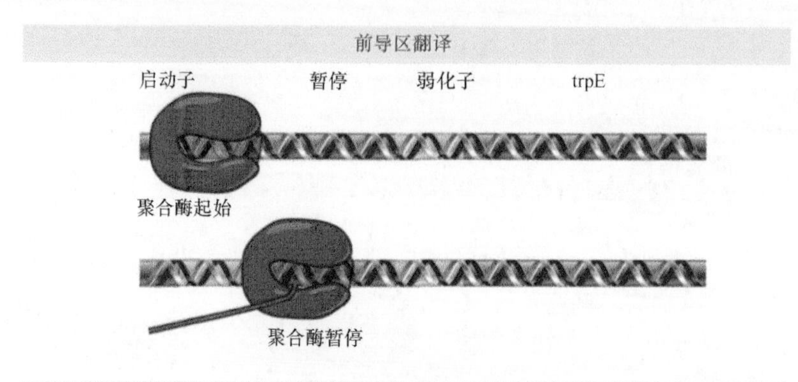

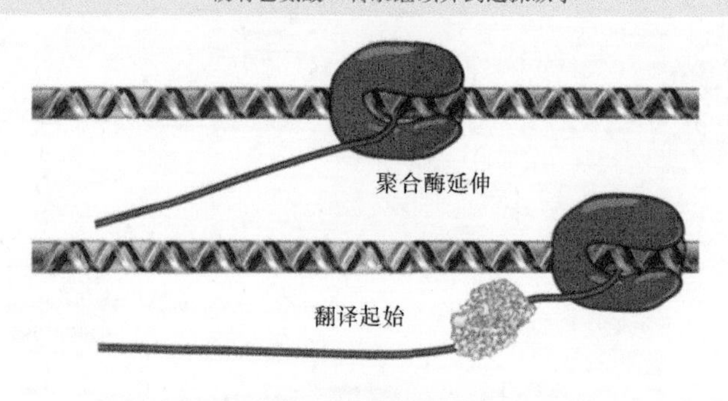

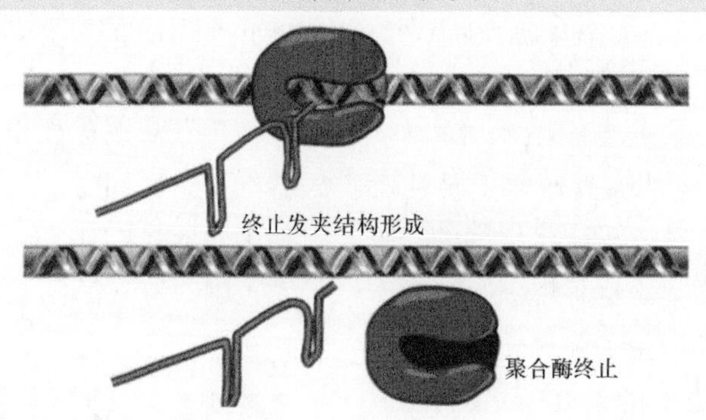

图 24.32 弱化子控制 RNA 聚合酶是否移动到 *trp* 基因上。RNA 聚合酶在启动子处起始，然后移动到 +90 碱基，在此处，也就是在进入到 +140 碱基的弱化子之前，RNA 聚合酶暂停。当缺少色氨酸时，RNA 聚合酶会继续移动到结构基因（*trpE* 从 +163 碱基开始）；而当色氨酸存在时，约 90% 的可能在此会发生终止，并释放一段 140 个碱基的前导 RNA

一种机制：它有一段短的编码序列，可产生含 14 个氨基酸残基的**前导肽（leader peptide）**。**图 24.33** 显示它包含一个核糖体结合位点，在这个结合位点，AUG 密码子后紧随着一个短的编码区，其中包含两个连续的色氨酸密码子。当细胞内含有低水平的 Trp-tRNA 时，核糖体起始前导肽的翻译，并在到达色氨酸密码子时终止。mRNA 的序列提示在弱化子处的**核糖体停顿（ribosome stalling）**会影响终止作用。

前导肽存在两种碱基配对结构，核糖体在前导区持续移动的能力控制着这两种结构之间的转换，对不同结构的选择决定着 mRNA 能否提供终止所需的特征。

图 24.34 描绘了这些结构。首先 1 区与 2 区配对结合，然后 3 区与 4 区配对结合。3 区与 4 区的结合在 U_8 序列前产生发夹结构，这是内在终止的必需信号。很可能 RNA 会自动形成这种结构。

当 1 区与 2 区的配对受到阻止时，会形成另一个不同结构。在这种情况下，2 区可以与 3 区自由配对，因此 4 区便由于没有与之配对的区域而保持单链状态，这样终止子发夹结构就无法形成。

图 24.35 显示核糖体的位置决定了它形成何种结构，这种机制使得只有在不存在色氨酸时终止作用才会被弱化，而其中的关键特征是前导肽编码序列上色氨酸密码子所处的位置。

当 Trp-tRNA 非常丰富时，核糖体能够合成前

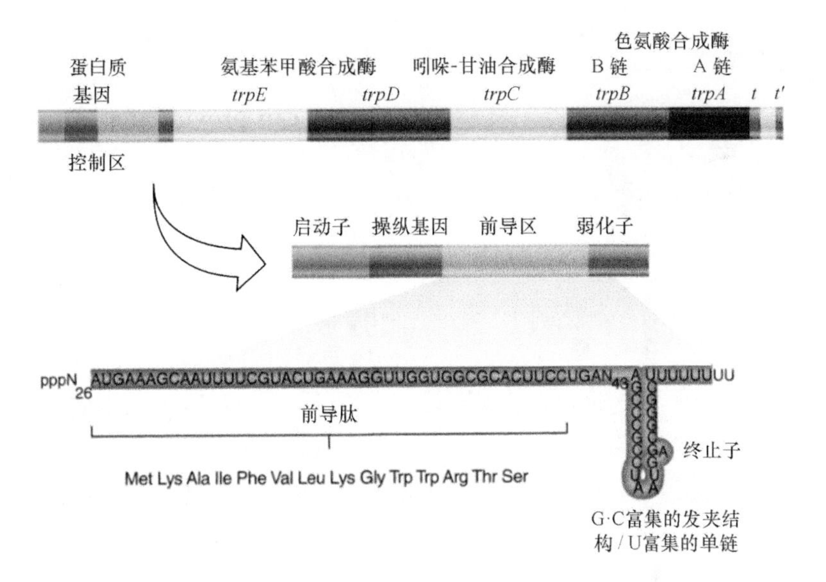

图 24.33 *trp* 操纵子含有一段编码前导肽的短序列，它位于操纵基因与弱化子之间

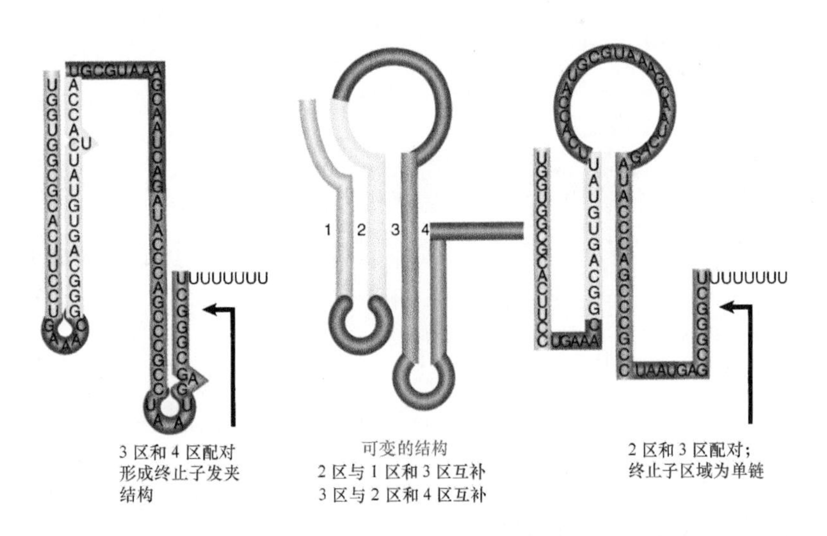

图 24.34 *trp* 前导肽存在两种碱基配对构象。图的中央显示了可以进行碱基配对的四个区域。1 区与 2 区互补，2 区同时与 3 区互补，3 区与 4 区互补。图的左边显示当 1 区与 2 区配对、3 区与 4 区配对时所产生的构象。图的右边显示当 2 区与 3 区配对，而使 1 区和 4 区保持未配对状态时所形成的结构

导肽，这一过程从 mRNA 的前导区开始，一直延续到 1 区和 2 区之间的 UGA 密码子。如图中下部所示，通过合成前导肽到达这一位点，核糖体延伸覆盖了 2 区，并阻止其进行碱基配对，结果使得 3 区可以与 4 区配对，产生终止子发夹结构。因此在这种情况下，RNA 聚合酶就会在弱化子处终止。

当 Trp-tRNA 不丰富时，核糖体停滞在 1 区内的色氨酸密码子处，如图中上部所示。这样 1 区就被核糖体所隔绝，而不能与 2 区配对，这意味着 2 区和 3 区可以在 4 区还未被转录之前进行配对，于是 4 区只能保持单链状态。由于无法形成终止子发夹结构，RNA 聚合酶就继续转录越过弱化子。

弱化作用对转录的控制需要以上事件精确有序地发生。为了使核糖体的移动能够决定控制终止的可变二级结构的形成，就必须要求当 RNA 聚合酶接近终止位点时同时发生前导序列的翻译。时相控制的一个关键事件是，它需要 RNA 聚合酶暂停在前导序列的第 90 位碱基处。RNA 聚合酶会在此处暂停直到核糖体翻译出前导肽，然后聚合酶被释放并向弱化位点移动，当它到达时，弱化区的二级结构就已经建立。

图 24.36 概括了 Trp-tRNA 在控制操纵子表达中的作用。通过一个可检测 Trp-tRNA 丰度的实验表明，在蛋白质合成中，弱化作用直接应答细胞对色氨酸的需求。

在细菌中，弱化作用作为一种对操纵子的控制机制，它的使用究竟有多广泛呢？它至少在 6 种编码与氨基酸生物合成有关的酶操纵子中得到使

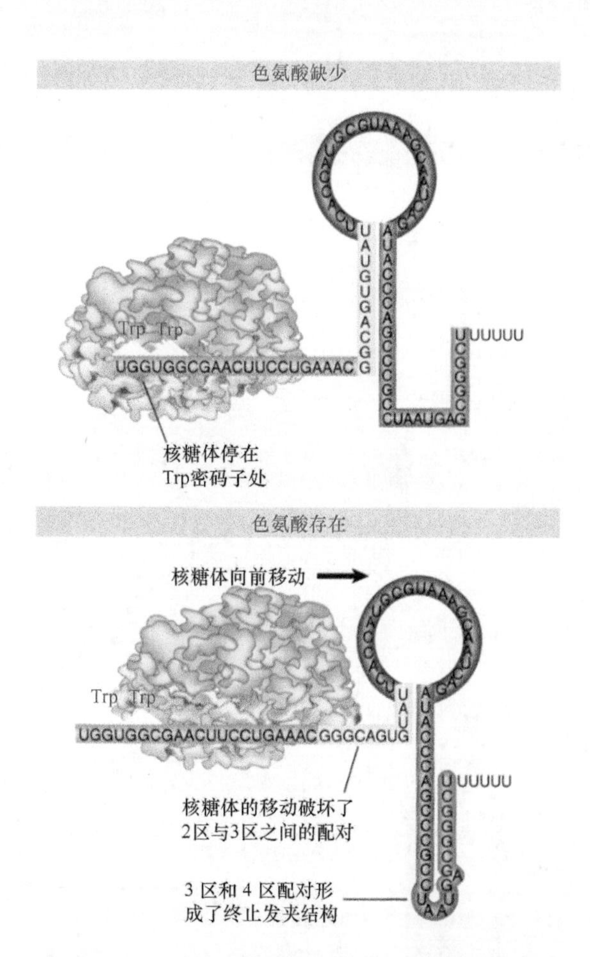

图 24.35 RNA 聚合酶在弱化子处停顿与否取决于核糖体的位置，这进而决定了 3 区与 4 区是否能够配对并形成终止子发夹结构

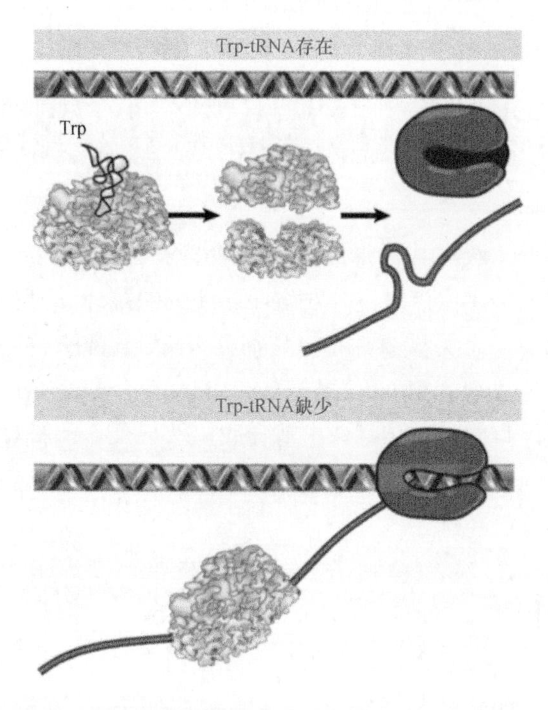

图 24.36 当存在 Trp-tRNA 时，核糖体翻译出前导肽，然后被释放，使得终止发夹形成，于是 RNA 聚合酶终止；当缺少 Trp-tRNA 时，核糖体的移动被阻断，终止发夹无法形成，于是 RNA 聚合酶继续翻译

用。因此，从供应蛋白质合成的氨基酸水平（由氨酰 tRNA 的水平来代表）到酶的形成机制也许都是共同的。

通过核糖体控制 RNA 二级结构与对氨酰 tRNA 的获取之间的对应联系，提供了氨酰 tRNA 的存在与操纵子转录之间的一种反比关系，这与氨酰 tRNA 作为转录辅阻遏物的情况是等同的。由于这种调节机制是通过改变双链体区的结构来实现的，因此弱化作用提供了一个关于二级结构在终止事件及其调节中重要性的令人信服的例子。

总之，大肠杆菌和枯草芽孢杆菌（*Bacillus subtilis*）使用同类机制，包括通过 tRNA 的存在与否来对 mRNA 的结构进行控制。尽管它们各自有不同的单一相互作用方式，但是最终结果是相同的：当存在过量氨基酸时就阻止酶生成；当空载 $tRNA^{Trp}$ 的累积出现时，就显示氨基酸短缺，这就会激活酶的生成。

24.15 稳定 RNA 转录的应急控制

关键概念

- 恶劣生长条件会使细菌产生小分子调节物 (p)ppGpp。
- 空载 tRNA 进入核糖体 A 位触发这一反应。
- 由 RNA 聚合酶介导的转录起始过程中，以及开放复合体的形成过程中，(p)ppGpp 可与 ATP 竞争，并抑制这一反应。

细菌 rRNA 是一种多拷贝基因，它分散分布于基因组中。大肠杆菌拥有 7 份拷贝的转录单位，包括 16S rRNA、23S rRNA、5S rRNA，以及位于转录间隔区的数个 tRNA 基因，如图 24.37 所示。rRNA 和 tRNA 是一种稳定 RNA（stable RNA），只有当细胞生长时它们才会被合成，即转录控制的第一级水平就是生长控制（growth control）。只要大肠杆菌有充足的 ATP 供应，细胞就会持续分裂，而每一次分裂都需要核糖体、rRNA（和 tRNA）的倍增。这样，第一级水平的稳定 RNA 的转录控制就取决于 ATP 浓度。

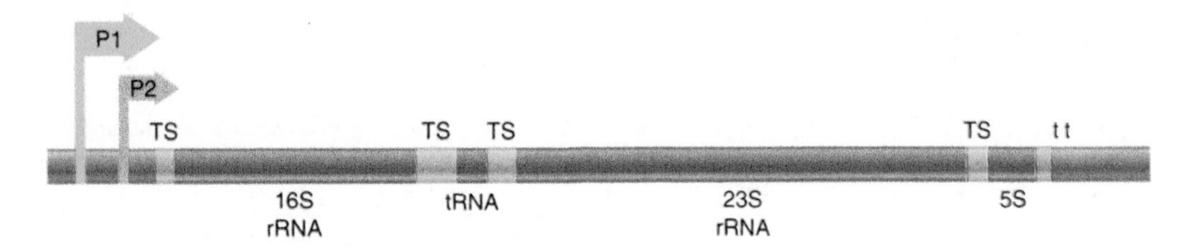

图 24.37 大肠杆菌的 rRNA 操纵子结构。它有两个启动子，为 P1 主要启动子和 P2 次要启动子，如箭头所示。16S rRNA、单一 tRNA、23S rRNA、5S rRNA 以粉色表示；转录间隔区域（TS）以绿色表示；两个终止子（t）位于操纵子的末端

稳定 RNA 的转录控制也存在第二级水平，这称为**严紧反应（stringent response）**。当细菌发现它们处于恶劣的生长条件、以及缺乏足够的氨基酸供应以维持翻译时，它们就会关闭一系列非必要的活动。这可被认为是存活于艰难时光的一种机制：此时细菌只参与必要的少量活动，并将所有的资源都运用到氨基酸合成，这就维护了这些资源。

严紧反应会引起 rRNA 和 tRNA 合成的大量减少（下降到 1/20 ～ 1/10），仅仅这一项就足以使 RNA 合成的总量下降到原先水平的 5% ～ 10%。某些 mRNA 的合成也下降了，这使得 mRNA 合成的总体数量约下降到原先的 1/33。而蛋白质降解的速率却上升了。许多其他的代谢调节也会随之而来，如核苷酸、碳水化合物和脂类合成的下降等。

严紧反应由两种特殊的核苷酸控制：**ppGpp**，鸟嘌呤四磷酸，在其 5′ 和 3′ 位置分别连接双磷酸基团；和 pppGpp，鸟嘌呤五磷酸，在其 5′ 位置连接三磷酸基团，而在其 3′ 位置连接双磷酸基团。它们合称为 (p)ppGpp。这些核苷酸是典型的小分子核苷酸效应器，就如第二信使 cAMP 一样（见 24.11 节“*lac* 操纵子拥有第二层控制系统：分解代谢物阻遏”），它们通过结合靶蛋白，改变其活性而发挥作用。

任何一种氨基酸的缺乏，或使氨酰 tRNA 合成酶失活的突变（详见第 22 章“翻译”），都足以引起严紧反应。让这整个一系列过程进行下去的触发器是核糖体 A 位存在空载 tRNA。在正常条件下，只有氨酰 tRNA 才可进入 A 位（详见第 22 章“翻译”），但是当没有足够多的氨酰 tRNA 去应答某一特殊密码子，那么空载 tRNA 就会抢占这一入口。

不能产生严紧反应的细菌突变体称为**松弛突变体（relaxed mutant）**。松弛突变的最常见位点位于 *relA* 基因上，它所编码的蛋白质称为**严紧因子（stringent factor）**。这一因子与核糖体偶联在一起，尽管数量很少，200 个核糖体才有约 1 个分子，所以很可能只有极少数核糖体有能力产生严紧反应。

A 位空载 tRNA 的存在会阻断翻译，这就会触发野生型核糖体的空载反应（idling reaction）。如果 A 位被可以特异性应答某一密码子的空载 tRNA 占据，那么 RelA 蛋白就会催化以下反应：ATP 会将焦磷酸基团转移到 GTP 或 GDP 的 3′ 位置。

图 24.38 代表了 (p)ppGpp 的合成途径。RelA 酶倾向于使用 GTP，而非 GDP 作为底物，所以 pppGpp 是主要产物。然而，有机体存在数种酶，它们可将 pppGpp 转变成 ppGpp。其中使用 pppGpp 形成 ppGpp 是最常见的路径，而 ppGpp 则是严紧反应的常见效应器。当条件恢复到正常时，ppGpp 是如何被清除的呢？*spoT* 基因所编码的酶是 ppGpp 降解最主要的催化剂。

ppGpp 是控制数个反应的效应器，其最主要功能是用于转录控制。它可在数个启动子上激活转录，如参与氨基酸合成的启动子，而其主要的作用却是抑制稳定 RNA 操纵子——rRNA（和 tRNA）的合成。在大肠杆菌的转录起始过程中，rRNA 基因主要启动子上的特殊序列会潜在地产生不稳定的、携带 RNA 聚合酶的开放复合体（详见第 17 章“原核生物的转录”），此时如果 ATP 浓度过低，它们就会塌

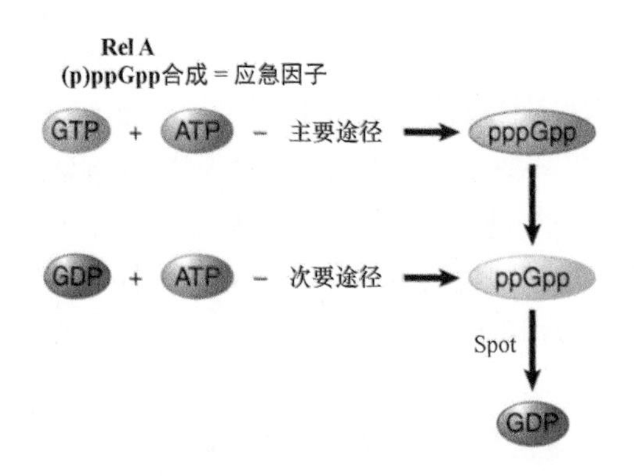

图 24.38 严紧因子催化 pppGpp 和 ppGpp 的合成。核糖体蛋白能将 pppGpp 脱磷酸，并形成 ppGpp。当 ppGpp 不再需要时就会被降解

陷。这类启动子也需要转录因子 DksA 蛋白的活性，这一反应需要它结合到 RNA 聚合酶，以便影响严紧反应。ppGpp 可与 ATP 竞争第一个核苷酸，以便刺激这一塌陷反应，这样就可有效地抑制 rRNA 的转录。

24.16 r 蛋白合成被自调节控制

关键概念

- r 蛋白操纵子的翻译是由此操纵子的表达产物来控制的，该产物可与多顺反子 mRNA 上某个位点结合。

约 70 种蛋白质组成了细菌的基因表达装置，核糖体蛋白是其中的主要成分，当然还涉及其他一些辅助蛋白，如 RNA 聚合酶的亚单位及其辅助因子等也参与蛋白质的合成。编码核糖体蛋白、蛋白质合成因子和 RNA 聚合酶亚单位的基因混合在一起并组成了一些操纵子，而其中大多数蛋白质都是由大肠杆菌中的单拷贝基因编码的。

协同控制确保这些蛋白质合成的量与它们的生长条件是相一致的。当细菌生长较快时，它们就把大部分精力都投入基因表达装置的生产上，有机体拥有一系列机制可用来控制这些编码装置基因的表达，以确保蛋白质合成的水平与 rRNA 的水平相当。

图 24.39 总结了 6 个操纵子的组织形式。约有一半编码核糖体蛋白（ribosome protein，r-protein，r 蛋白）的基因被编排在 4 个排列很近的操纵子上（它们的名字是 *str*、*spc*、*S10* 和 α，在每一例中，它们都根据被鉴别的第一种功能来简单命名）；*rif* 操纵子和 *L11* 操纵子则在另一个区段上排在一起。

每一个操纵子都编码了多种功能蛋白质。*str* 操纵子上的基因编码了小亚基核糖体蛋白及 EF-Tu 因子和 EF-G 因子；*spc* 操纵子和 *S10* 操纵子上的基因编码了小亚基和大亚基核糖体蛋白；α 操纵子上的基因编码了两种亚基核糖体蛋白，以及 RNA 聚合酶 α 亚基；*rif* 基因座上的基因编码了大亚基核糖体蛋白及 RNA 聚合酶的 β 和 β′ 亚基。

几乎所有的核糖体蛋白以等摩尔量存在，并且

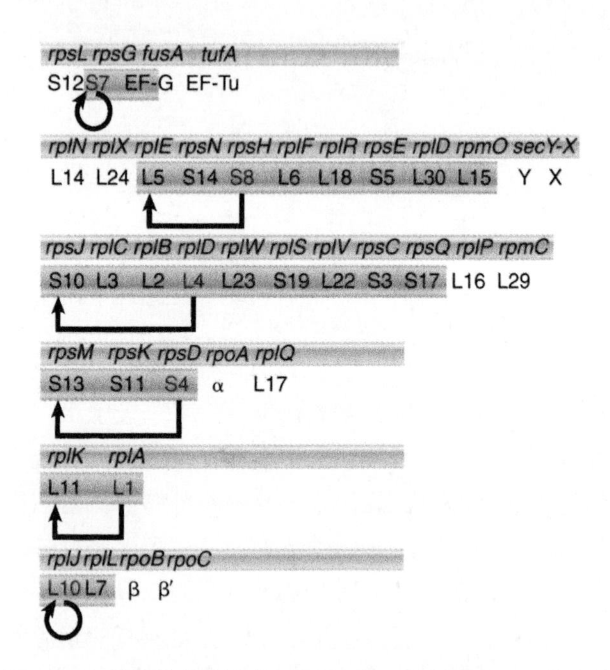

图 24.39 编码核糖体蛋白、蛋白质合成因子和 RNA 聚合酶亚单位的基因散布在少量能够自体控制的操纵子中。在图中，调节物以蓝色表示，被调节的蛋白质用粉色阴影表示

必须与 rRNA 的分子数量相当，但有一个例外。编码这些等摩尔量核糖体蛋白的基因的分散分布，以及它们与其他编码不同量蛋白质的基因的混合排列方式，给协同调节造成了一些有趣的问题。

如图 24.39 所显示，所有操纵子的一个明显共同点就是：某种表达产物能调节一类基因，这样，编码这种调节物的基因就是调节机制的靶标之一。当一种蛋白质（或 RNA）调节其自身合成时，自调节（autoregulation）就会发生。而在 r 蛋白操纵子这个例子中，调节物抑制操纵子内一些相邻基因的表达，这是负自调节的一个例子。

在每一例中，蛋白质的积累可以抑制它自身和其他基因产物的进一步合成。这个效应通常发生在多顺反子 mRNA 的翻译水平上，每一种调节物都是一种直接与 rRNA 结合的核糖体蛋白，它对翻译的影响也是它自身 mRNA 结合的结果。在 mRNA 上与这些蛋白质结合的位点中，有的与翻译抑制区段或者靠近翻译抑制的区段重叠；有的则很可能通过诱导构象的改变而影响起始位点的可进入性。例如，在 *S10* 操纵子中，L4 蛋白作用于 mRNA 的起始端来抑制 S10 蛋白和随后基因的翻译，就像第 22 章“翻译”所列举的，这种抑制可能是由于对核糖体入口的简单阻隔，或者可能阻止随后的翻译阶段。在这两例中（包括 *α* 操纵子中的 S4 蛋白），调节物稳定了 mRNA 的特定二级结构，阻遏了在 30S 亚基结合

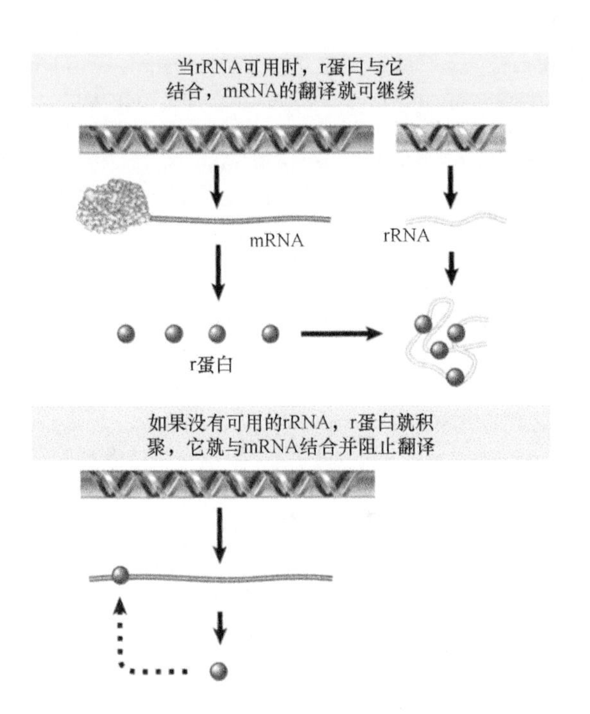

图 24.40 r 蛋白操纵子的翻译是自体控制的，它应答 rRNA 的水平

后继续进行的起始作用。

与 rRNA 结合的 r 蛋白可用来建立自调节，这立即揭示了将 r 蛋白合成与 rRNA 合成联系起来的机制，**图 24.40** 概括了这个模型。假定，在 rRNA 上与自体调节物 r 蛋白结合的位点比那些在 mRNA 上的位点要更加有力，那么只要有游离的 rRNA，新合成的 r 蛋白就会与它结合来开始核糖体装配，因此就没有多余的 r 蛋白与 mRNA 结合，这样翻译就会继续。但是一旦 rRNA 的合成变慢或者停止，多余的 r 蛋白就会聚积，于是它们会和 mRNA 结合，从而抑制进一步的翻译。这个过程会确保 r 蛋白操纵子与 rRNA 以同样的方式在同一水平上发挥作用，一旦与 rRNA 结合的 r 蛋白过量，蛋白质的合成就会被抑制。

小结

转录调节是通过反式作用因子和顺式作用位点之间的相互作用来进行的。反式作用因子是调节基因的产物，通常为蛋白质，也有可能是 RNA。它可以在细胞内扩散，因此可以作用于任何合适的靶基因。位于 DNA 或 RNA 上的顺式作用位点是通过反式作用因子识别并在原位发挥作用的序列，它没有编码功能，并只能对空间上紧密相连的序列起调节作用。细菌中编码功能相关的蛋白质，如某个代谢途径中的一系列酶的基因通常组织成簇，并由单一启动子转录出多顺反子 mRNA，由此控制了这个启动子就可以控制整个代谢途径，包括结构基因和顺式作用元件在内的调节单元，称为操纵子。

转录起始的调节是通过启动子附近所发生的相互作用来实现的。在启动子处 RNA 聚合酶对转录的起始作用可以被其他蛋白质阻止或激活。若一个基因平时都具有活性，被阻遏物关闭时则失活，其调节方式称为负控制；若一个基因只有与调节物结合时才具有活性，其调节方式称为正控制。不同的调节方式可以通过野生型和突变体之间的显性关系决定，突变体可以是组成性 / 去阻遏的（它是永久性开启的），或不可诱导 / 超阻遏的（它是永久关闭的）。

如果这些靶标拥有操纵基因的拷贝或它的共有序列，阻遏物或激活物可以控制多重靶标。阻遏物可阻止 RNA 聚合酶与启动子结合或阻止其激活转录。阻遏物可与其靶序列操纵基因结合，它通常定位在转录起点的上游或附近。操纵基因序列比较短，且通常具有回文结构。阻遏物通常是同源多聚体，其对称性反映了结合靶位的对称性。

阻遏物与操纵基因结合的能力可由小分子调节，这提供了第二层的基因调节。如果阻遏物调节编码酶的基因，则系统也可被酶的底物诱导，但它会被酶的产物阻遏。在负可诱导基因中，底物（或诱导物）可以阻止阻遏物与操纵基因的结合；在负可阻遏基因中，产物（或辅阻遏物）可以使调节物结合于操纵基因上，从而关闭基因表达。在调节物上，诱导物或辅阻遏物与其位点的结合会导致这个蛋白质的 DNA 结合位点的结构改变。无论阻遏物是游离的还是已经与 DNA 结合的，都可以发生这种别构效应。

大肠杆菌中的乳糖代谢途径是通过负诱导来控制的。当诱导物 β- 半乳糖苷阻止阻遏物与操纵基因结合时，*lacZ* 基因就能进行转录，并翻译出可以对 β- 半乳糖苷进行代谢的 β- 半乳糖苷酶。

蛋白质若与 DNA 上的特定靶序列亲和力很高，那么它必然与其他 DNA 序列的亲和力较低，两者亲和力的比值即为特异性的。由于基因组中非特异性位点（任何 DNA 序列）要远多于特异性位点，结果，像阻遏物或 RNA 聚合酶这样的 DNA 结合蛋白是“储存”在 DNA 上的（很少或几乎没有游离的）。靶序列的特异性必须足够大，以克服大量非特异性位点的竞争。细菌蛋白质的数量和特异性之间存在一种平衡，在活性状态下，它允许对靶位点的识别；在关闭状态下，它允许几乎所有蛋白质从靶位点上释放。

一些启动子不能被RNA聚合酶识别，或只能被弱识别，除非存在特异性的激活蛋白（正调节物）才能识别。这些激活蛋白同样也会受到其他一些小分子的调节。CRP激活物只有在cAMP存在的情况下才能与靶序列结合，而它只在低葡萄糖的情况下才能出现。由分解代谢物阻遏所控制的所有启动子都至少含有一份CRP结合位点的拷贝，正如在*lac*操纵子中的一样。CRP与RNA聚合酶之间的直接接触通过α亚基的C端结构域发生。

色氨酸代谢途径是通过负阻遏来控制的，辅阻遏物色氨酸是这条途径的产物，它可激活阻遏物，这样它能与操纵基因结合，从而阻止色氨酸合成所需酶的基因表达。*trp*操纵子也由可检测Trp-tRNA水平的弱化作用所控制。

mRNA具有吸引核糖体的能力，且大量特异性tRNA能识别不同的密码子，这样也可在翻译水平调节基因的表达。我们还发现了翻译水平上能起调节作用的更加活跃的机制。与mRNA结合的蛋白质可阻止核糖体的结合，这也可调节翻译。阻遏翻译的大部分蛋白质可拥有这一能力，以及其他功能性作用。尤其是在一些自调节翻译的情况下，基因的产物能够控制含有其自身可读框的mRNA的翻译。

参考文献

24.1 引言

综述文献

Miller, J., and Reznikoff, W., eds. (1980). *The Operon,* 2nd ed. Cold Spring Harbor, NY: Cold Spring Harbor Laboratory Press.

研究论文文献

Jacob, F., and Monod, J. (1961). Genetic regulatory mechanisms in the synthesis of proteins. *J. Mol. Biol.* 3, 318-389.

24.3 *lac*操纵子是负可诱导的

综述文献

Beckwith, J. (1978). *lac:* the genetic system. In Miller, J. H., and Reznikoff, W., eds. *The Operon.* Cold Spring Harbor, NY: Cold Spring Harbor Laboratory, pp. 11-30.

Beyreuther, K. (1978). Chemical structure and functional organization of the *lac* repressor from *E. coli*. In Miller, J. H., and Reznikoff, W., eds. *The Operon.* Cold Spring Harbor, NY: Cold Spring Harbor Laboratory, pp. 123-154.

Miller, J. H. (1978). The *lacI* gene: its role in *lac* operon control and its use as a genetic system. In Miller, J. H., and Reznikoff, W., eds. *The Operon.* Cold Spring Harbor, NY: Cold Spring Harbor Laboratory, pp. 31-88.

Weber, K., and Geisler, N. (1978). *lac* repressor fragments produced *in vivo* and *in vitro:* an approach to the understanding of the interaction of repressor and DNA. In Miller, J. H., and Reznikoff, W., eds. *The Operon.* Cold Spring Harbor, NY: Cold Spring Harbor Laboratory, pp. 155-176.

Wilson, C. J., Zahn, H., Swint-Kruse, L., and Matthews, K. S. (2007). The lactose repressor system: paradigms for regulation, allosteric behavior and protein folding. *Cell. Mol. Life Sci.* 64, 3-16.

研究论文文献

Jacob, F., and Monod, J. (1961). Genetic regulatory mechanisms in the synthesis of proteins. *J. Mol. Biol.* 3, 318-389.

24.7 *lac*阻遏物是由两个二聚体组成的四聚体

研究论文文献

Friedman, A. M., Fischmann, T. O., and Steitz, T. A. (1995). Crystal structure of *lac* repressor core tetramer and its implications for DNA looping. *Science* 268, 1721-1727.

Lewis, M., Chang, G., Horton, N. C., Kercher, M. A., Pace, H. C., Schumacher, M. A., Brennan, R. G., and Lu, P. (1996). Crystal structure of the lactose operon repressor and its complexes with DNA and inducer. *Science* 271, 1247-1254.

24.8 构象的别构改变可调节*lac*阻遏物与操纵基因的结合

综述文献

Markiewicz, P., Kleina, L. G., Cruz, C., Ehret, S., and Miller, J. H. (1994). Genetic studies of the *lac* repressor. XIV. Analysis of 4000 altered *E. coli lac* repressors reveals essential and nonessential residues, as well as spacers which do not require a specific sequence. *J. Mol. Biol.* 240, 421-433.

Pace, H. C., Kercher, M. A., Lu, P., Markiewicz, P., Miller, J. H., Chang, G., and Lewis, M. (1997). *Lac* repressor genetic map in real space. *Trends Biochem. Sci.* 22, 334-339.

Suckow, J., Markiewicz, P., Kleina, L. G., Miller, J., Kisters-Woike, B., and Müller-Hill, B. (1996). Genetic studies of the *Lac* repressor. XV: 4000 single amino acid substitutions and analysis of the resulting phenotypes on the basis of the protein structure. *J. Mol. Biol.* 261, 509-523.

研究论文文献

Gilbert, W., and Müller-Hill, B. (1966). Isolation of the *lac* repressor. *Proc. Natl. Acad. Sci. USA* 56, 1891-1898.

Gilbert, W., and Müller-Hill, B. (1967). The *lac* operator is DNA. *Proc. Natl. Acad. Sci. USA* 58, 2415-2421.

Taraban, M., Zhan, H., Whitten, A. E., Langley, D. B., Matthews, K. S., Swint-Kruse, L., and Trewhella, J. (2008). Ligand-induced conformational changes and conformational dynamics in the solution structure of the lactose repressor protein. *J. Mol. Biol.* 376, 466-481.

Yu, H., and Gertstein, M. (2006). Genomic analysis of the hierarchical structure of regulatory networks. *Proc. Natl. Acad. Sci. USA* 103, 14724-14731.

24.9 *lac*阻遏物与三个操纵基因结合并与RNA聚合酶相互作用

研究论文文献

Oehler, S., Eismann, E. R., Krämer, H., and Müller-Hill, B.

(1990). The three operators of the lac operon cooperate in repression. *EMBO J.* 9, 973-979.

Swigon, D., Coleman, B. D., and Olson, W. K. (2006). Modeling the *lac* repressor-operator assembly: the influence of DNA looping on *lac* Repressor conformation. *Proc. Natl. Acad. Sci. USA* 103, 9879-9884.

Wong, O. K., Guthold, M., Erie, D. A., and Gelles, J. (2008). Interconvertible *lac* repressor-DNA loops revealed by single-molecule experiments. *PLoS Biol.* 6, e232.

24.10 操纵基因与低亲和力位点竞争性地结合阻遏物

研究论文文献

Cronin, C. A., Gluba, W., and Scrable, H. (2001). The *lac* operator-repressor system is functional in the mouse. *Genes Dev.* 15, 1506-1517.

Elf, J., Li, G.-W., and Xie, X. S. (2007). Probing transcription factor dynamics at the singlemolecule level in a living cell. *Science* 316, 1191-1194.

Hildebrandt, E. R., and Cozzarelli, N. R. (1995). Comparison of recombination *in vitro* and in *E. coli* cells: measure of the effective concentration of DNA *in vivo. Cell* 81, 331-340.

Lin, S.-Y., and Riggs, A. D. (1975). The general affinity of lac repressor for *E. coli* DNA: implications for gene regulation in prokaryotes and eukaryotes. *Cell* 4, 107-111.

Markland, E. G., Mahmutovic, A., Berg, O. G., Hammer, P., van der Spoel, D., and Elf, J. (2013). Transcription factor binding and sliding on DNA studied using micro- and macroscopic models. *Proc. Natl. Acad. Sci. USA* 110, 19796-19801.

24.11 *lac* 操纵子拥有第二层控制系统：分解代谢物阻遏

综述文献

Botsford, J. L., and Harman, J. G. (1992). Cyclic AMP in prokaryotes. *Microbiol. Rev.* 56, 100-122.

Kolb, A. (1993). Transcriptional regulation by cAMP and its receptor protein. *Annu. Rev. Biochem.* 62, 749-795.

研究论文文献

Hudson, B. P., Quispe, J., Lara-Gonzalez, S., Kim, Y., Berman, H. M., Arnold, E., Ebright, R. H., and Lawson, C. L. (2009). Three-dimensional EM structure of an intact activation-dependent transcription initiation complex. *Proc. Natl. Acad. Sci. USA* 106, 19830-19835.

Niu, W., Kim, Y., Tau, G., Heyduk, T., and Ebright, R. H. (1996). Transcription activation at class II CAP-dependent promoters: two interactions between CAP and RNA polymerase. *Cell* 87, 1123-1134.

Popovych, N., Tzeng, S.-R., Tonelli, M., Ebright, R. H., and Kalodima, C. G. (2009). Structural basis for cAMP-mediated allosteric control of the catabolite activator protein. *Proc. Natl. Acad. Sci. USA* 106, 6927-6932.

Zhou, Y., Busby, S., and Ebright, R. H. (1993). Identification of the functional subunit of a dimeric transcription activator protein by use of oriented heterodimers. *Cell* 73, 375-379.

Zhou, Y., Merkel, T. J., and Ebright, R. H. (1994). Characterization of the activating region of *E. coli* catabolite gene activator protein (CAP). II. Role at class I and class II CAP-dependent promoters. *J. Mol. Biol.* 243, 603-610.

24.12 *trp* 操纵子是由三个转录单位组成的可阻遏操纵子

研究论文文献

Tabaka, M., Cybutski, O., and Holyst, R. (2008). Accurate genetic switch in *E. coli:* novel mechanism of regulation corepressor. *J. Mol. Biol.* 377, 1002-1014.

24.13 *trp* 操纵子也由弱化作用控制

综述文献

Yanofsky, C. (1981). Attenuation in the control of expression of bacterial operons. *Nature* 289, 751-758.

24.14 弱化作用可被翻译控制

综述文献

Bauer, C. E., Carey, J., Kasper, L. M., Lynn, S. P., Waechter, D. A., and Gardner, J. F. (1983). Attenuation in bacterial operons. In Beckwith, J., Davies, J., and Gallant, J. A., eds. *Gene Function in Prokaryotes*. Cold Spring Harbor, NY: Cold Spring Harbor Press, pp. 65-89.

Landick, R., and Yanofsky, C. (1987). In Neidhardt, F. C., ed. *E. coli* and *S. typhimurium Cellular and Molecular Biology*. Washington, DC: American Society for Microbiology, pp. 1276-1301.

Yanofsky, C., and Crawford, I. P. (1987). In Ingraham, J. L., et al., eds. *Escherichia coli* and *Salmonella typhimurium*. Washington, DC: American Society for Microbiology, pp. 1453-1472.

研究论文文献

Lee, F., and Yanofsky, C. (1977). Transcription termination at the *trp* operon attenuators of *E. coli* and *S. typhimurium:* RNA secondary structure and regulation of termination. *Proc. Natl. Acad. Sci. USA* 74, 4365-4368.

Zurawski, G., Elseviers, D., Stauffer, G. V., and Yanofsky, C. (1978). Translational control of transcription termination at the attenuator of the *E. coli* tryptophan operon. *Proc. Natl. Acad. Sci. USA* 75, 5988-5991.

24.15 稳定 RNA 转录的应急控制

综述文献

Paul, B. J., Ross, W., Gaal, T., and Gourse, R. L. (2004). rRNA transcription in *Escherichia coli. Annu. Rev. Gen.* 38, 749-770.

研究论文文献

Rutherford, S. T., Villers, C. L., Lee, J.-H., Ross, W., and Gourse, R. L. (2009). Allosteric control of *Escherichia coli* rRNA promoter complex by DksA. *Genes Dev.* 23, 236-248.

24.16 r 蛋白合成被自调节控制

综述文献

Nomura, M., Gourse, R., and Baughman, G. (1984). Regulation of the synthesis of ribosomes and ribosomal components. *Annu. Rev. Biochem.* 53, 75-117.

研究论文文献

Baughman, G., and Nomura, M. (1983). Localization of the target site for translational regulation of the L11 operon and direct evidence for translational coupling in *E. coli. Cell* 34, 979-988.

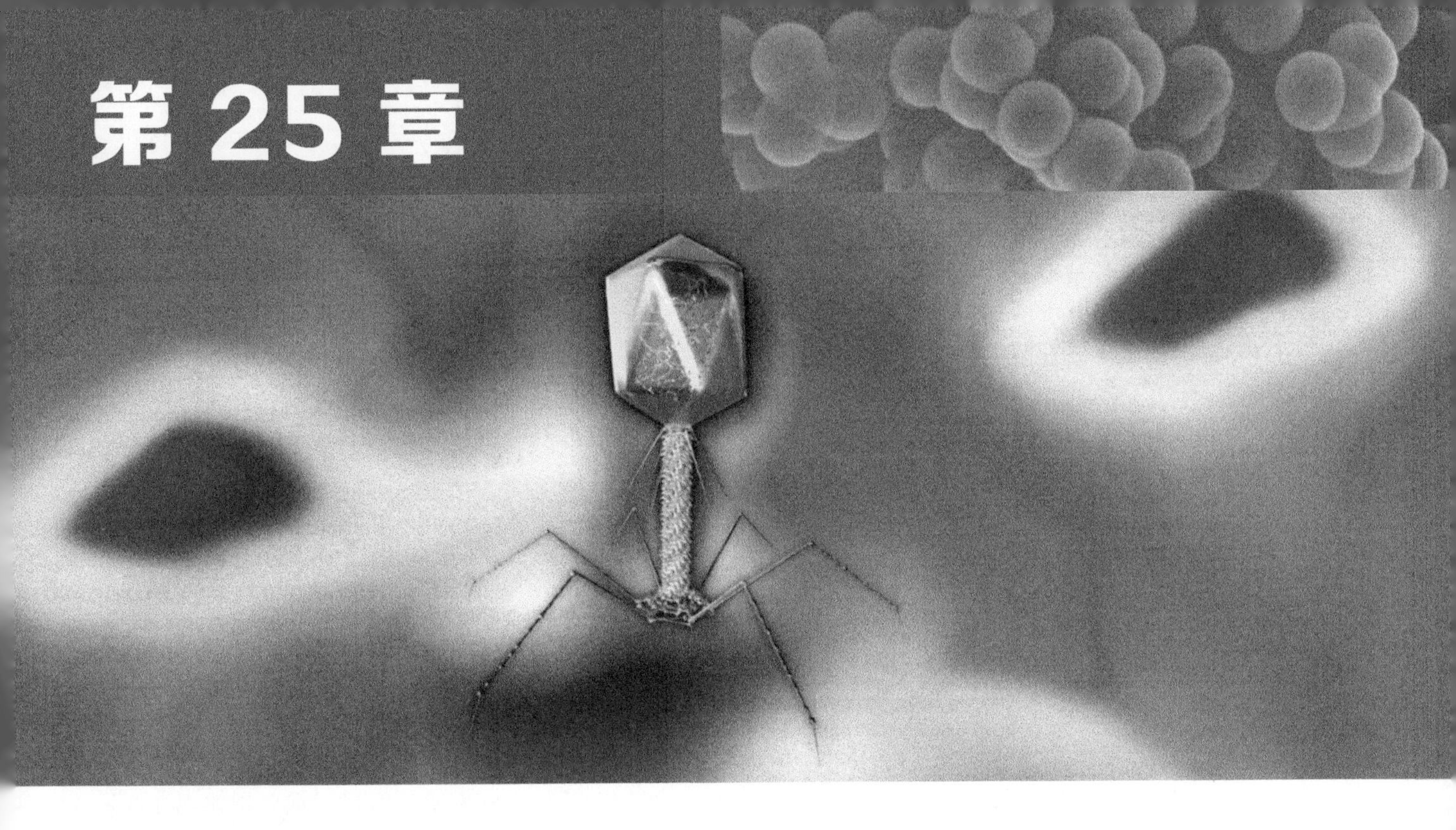

第 25 章

噬菌体策略

章节提纲

25.1 引言

病毒由核酸基因组组成，并包被在蛋白质衣壳中。病毒为了繁殖必须感染宿主细胞。感染的典型模式是搅乱宿主细胞的功能以便于产生大量的子代病毒。感染细菌的病毒一般称为**噬菌体**（**bacteriophage，phage**），或用Φ表示。噬菌体感染通常会杀死细菌。噬菌体感染细菌，繁殖自身，随后杀死其宿主的过程称为**裂解性感染**（**lytic infection**）。在这种典型的裂解周期（lytic circle）中，噬菌体DNA（或RNA）注入宿主细胞，其基因以一定顺序转录，并且噬菌体复制其遗传物质，合成噬菌体颗粒所需的蛋白质成分。最后宿主细菌破裂（裂解），并在**裂解**（**lysis**）过程中释放出组装好的子代颗粒。对于一些**烈性噬菌体**（**virulent phage**）而言，这是它们唯一的生存策略。

其他噬菌体具有双重生存方式。它们通过同样类型的裂解循环得以长久保存，用这种类似公开的策略使噬菌体尽可能快地产生许多拷贝；但它们还有另一种生存的替代方式，即噬菌体的基因组以一种**原噬菌体**（**prophage**）的潜伏方式存在于细菌中，这种增殖方式称为**溶源性**（**lysogeny**），而被感染的细菌称为溶源体（lysogen）。以这种途径存在的噬菌体称为**温和噬菌体**（**temperate phage**）。

在溶源细菌中，原噬菌体插入或重组进细菌的基因组中，像细菌的基因一样遗传。从一个独立噬菌体基因组转变成为细菌线性基因组的一部分，这个过程称为**整合**（**integration**）。由于拥有了原噬菌体，溶源细菌获得了避免同类噬菌体颗粒再次感染的免疫性。免疫性是通过单一整合的原噬菌体形成的，所以通常一个宿主细菌基因组只包含某类型原噬菌体的一份拷贝。

溶源和裂解的生存方式可以互相转变，如**图25.1**所示，当由裂解周期产生的温和噬菌体进入新的细菌宿主细胞时，它可以重复裂解周期或进入溶源状态，这种结局依赖于感染条件，以及噬菌体与细菌的基因型。

原噬菌体可以通过**诱导**（**induction**）的过程解

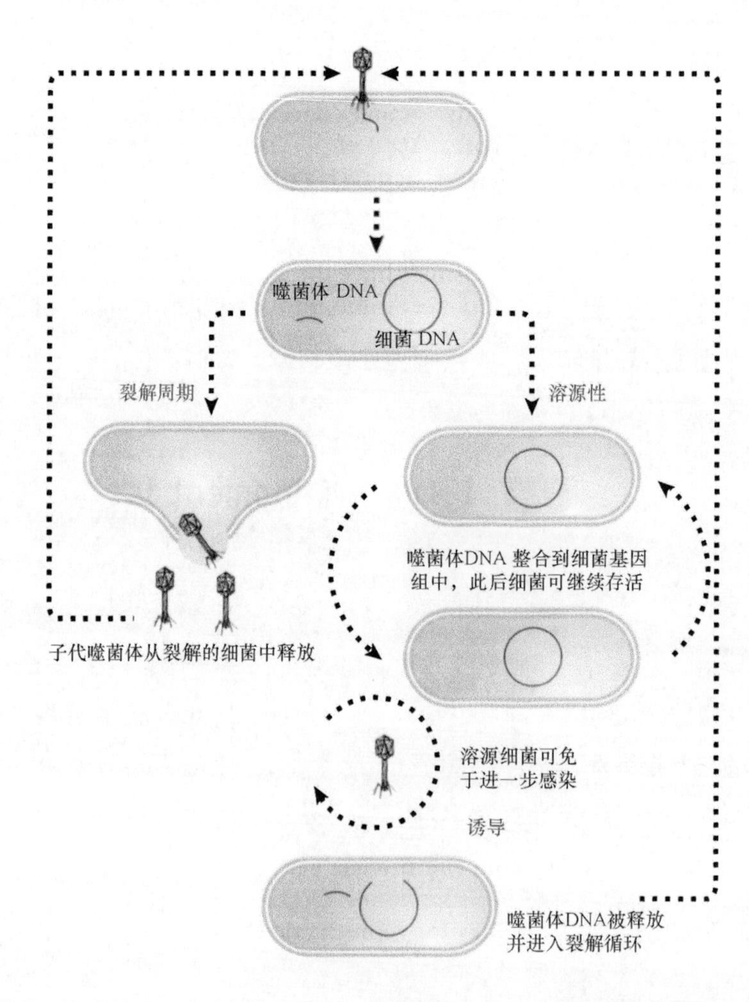

图25.1 裂解进程包括噬菌体颗粒的繁殖和宿主细菌的破裂，而溶源性生存方式使噬菌体基因组成为细菌遗传信息的一部分

除溶源性的限制。首先，噬菌体 DNA 通过另一种重组事件即**切除（excision）**从细菌染色体上释放出来；然后，游离 DNA 进入裂解途径。

噬菌体增殖的不同方式是通过转录调节决定的，溶源态靠噬菌体阻遏物（repressor）和操纵基因（operator）之间的相互作用来维持，而裂解周期需要转录控制的一个级联反应。两种生活方式之间的转换通过阻遏作用（从裂解周期到溶源态）的建立或解除（溶源态被诱导至裂解噬菌体）来完成。这种调节过程为我们提供了一个极其完美的例子，即一系列相对简单的调节作用是如何建立起复杂的发育途径的。

25.2 细胞裂解进程分为两个时期

关键概念

- 噬菌体感染周期分为早期（复制前）和晚期（复制启动后）两个阶段。
- 噬菌体感染将产生大量经过复制和重组的子代噬菌体。

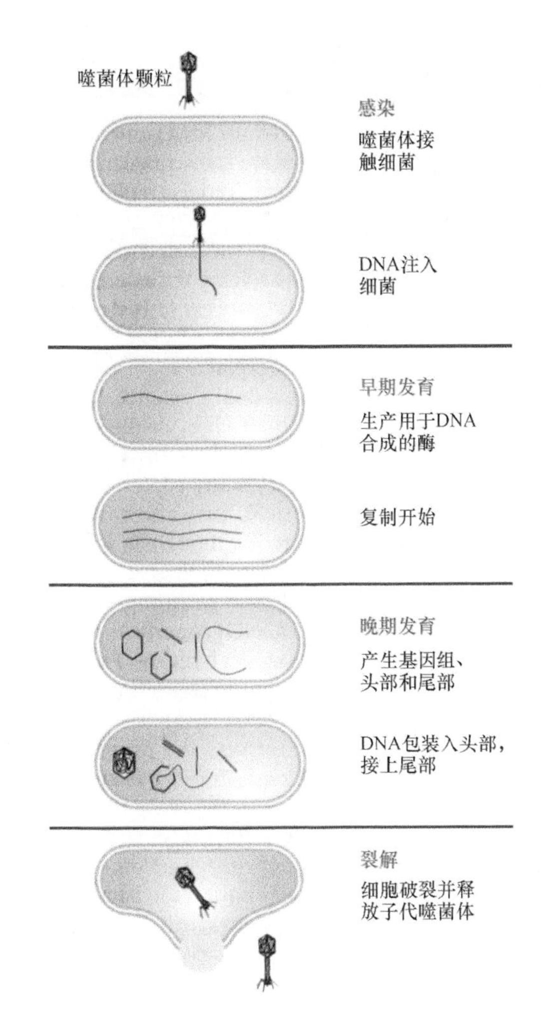

图 25.2 通过噬菌体基因组复制和产生蛋白质颗粒并组装进子代噬菌体，就开始了噬菌体的裂解进程

噬菌体的必需基因组不大，与所有病毒一样，它们必须把核酸包装到蛋白质外壳之内，这种限制决定了许多病毒的繁殖策略。在通常情况下，病毒会接管宿主细胞的复制装置，用它们来复制和表达噬菌体基因，而不是细菌基因。

噬菌体通常拥有确保噬菌体 DNA 优先复制的功能基因，这些基因与复制起始有关，甚至可能包括一个新的 DNA 聚合酶，而宿主细胞的转录能力会产生变化，包括更换 RNA 聚合酶，或改变其起始或终止能力，其结果总是相同的，即噬菌体的 mRNA 被优先转录。就蛋白质合成而言，通常噬菌体会乐于利用宿主机器，主要通过噬菌体 mRNA 代替宿主 mRNA 来重新引导它的活性。

裂解进程通过使噬菌体基因按一定顺序表达而实现，这保证了每种成分在适当时期的正确表达。裂解周期可分为如图 25.2 所示的两个主要阶段：

- **早期感染（early infection）**指从噬菌体 DNA 进入到复制开始的时期；
- **晚期感染（late infection）**指从复制开始到最后细胞裂解释放出子代噬菌体颗粒的时期。

早期阶段主要合成与 DNA 增殖有关的酶，包括与 DNA 合成、重组和偶尔修饰有关的酶，它们的作用是引起大量噬菌体基因组的积累，其中，基因组不断地进行复制和重组，如此一次裂解周期就涉及一群噬菌体基因组。

在晚期阶段，噬菌体颗粒的蛋白质成分被合成。这通常需要许多不同的蛋白质去组建头尾部结构，所以噬菌体基因组的绝大部分是用于执行晚期功能的。除了结构蛋白外，还有“装配蛋白（assembly protein）”，它们也是帮助构建噬菌体颗粒所需的，虽然它们本身并非噬菌体颗粒的一部分。当这些结构成分被组装进头尾部时，DNA 的复制也达到了最大速率。然后基因组被组装到中空的蛋白质头部，接上尾部，最后宿主细胞裂解，释放新的毒粒（viral particle）。

25.3　细胞裂解过程受级联反应控制

关键概念

- 在感染后，在宿主 RNA 聚合酶的作用下，早期基因的转录物包含调节物，它用于噬菌体中期基因的表达。
- 这些中期基因又包括了用于晚期基因转录的调节物。
- 这使得噬菌体感染过程中的各组基因有序表达。

噬菌体遗传图的结构常常反映了裂解进程的顺序。在噬菌体中，操纵子概念得到了某种程度的完美解析，操纵子能使那些成簇排列的、编码功能相关的蛋白质基因的控制得到最大的经济化，这样就能使少量的调节开关来控制裂解进程路径。

裂解周期受到正调节，如此每组噬菌体基因只有接收到恰当的信号才被表达。**图 25.3** 显示调节基因的功能是以**级联反应**（**cascade**）的方式起作用的，一个时期表达的基因是下一个时期的基因表达所必需的。

早期：噬菌体基因由宿主RNA聚合酶转录

基因产物的类型

调节基因：
RNA聚合酶、σ因子
或抗终止因子

中期：早期产物导致中期基因的转录

调节基因：
σ因子或抗终止因子
结构基因：
复制酶等

晚期：中期产物导致晚期基因的转录

结构基因：
噬菌体的组装

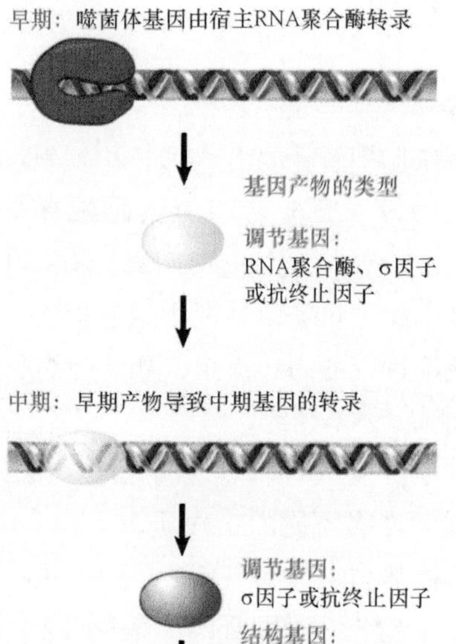

图 25.3　噬菌体裂解进程由级联反应所调节，在这个过程中，一个时期的基因产物是下一个时期的基因表达所需的

噬菌体早期基因表达的最初阶段必须依赖宿主的转录装置，通常在这个时期，只有少数基因在表达，它们的启动子和宿主基因的启动子难以分辨，这类基因的名称因噬菌体而异。在大多数情况下，它们被称为**早期基因**（**early gene**），在 λ 噬菌体中，又被称为**即早期基因**（**immediate early gene**）。不论名称是什么，它们只是构成初期的，即早期阶段刚刚开始的部分，有时它们只是为了引发向下一个阶段的转换。无论如何，其中总有一个基因编码下一阶段基因转录所需的蛋白质——一种基因调节物。

早期阶段的第二类基因称为**迟早期基因**（**delayed early gene**）或**中期基因**（**middle gene**）。只要一旦获得早期基因编码的调节物，这类基因就开始表达。根据控制回路的性质，这时，初期的那套早期基因可能继续表达，也可能不再表达。如果控制位置位于转录起始处，则这两件事是独立的（**图 25.4**），当中期基因表达时，早期基因可以关闭；如果控制位置在转录终点，则早期基因就必须继续表达，如**图 25.5** 所示。此时，宿主基因的表达往往有所减少，这两套早期基因囊括了除装配自身颗粒外壳和裂解细胞以外的噬菌体的所有必需功能。

当噬菌体 DNA 开始复制时，**晚期基因**（**late gene**）开始表达，此阶段转录通常由存在于前面（迟早期或中期）基因中的一种基因所编码的调节物所

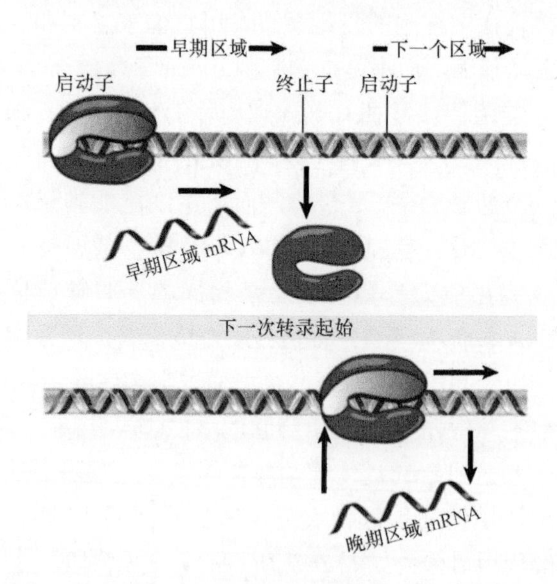

图 25.4　转录起始利用独立的转录单位，每个都有它自己的启动子和终止子，它们产生各自的 mRNA，这些转录单位并不需要相邻

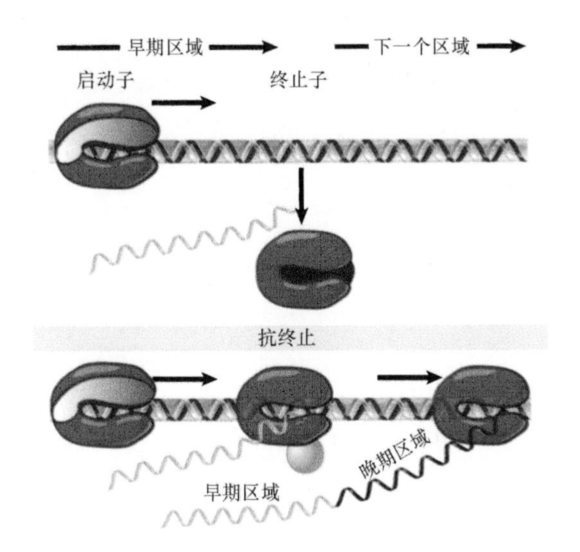

图 25.5 终止控制需要邻近的转录单位，这样转录能从第一个基因读向第二个基因产生含有两组基因的单一 mRNA

控制，调节物可能是另一种抗终止因子（如在 λ 噬菌体中），或者可能是另一种 σ 因子 [如枯草芽孢杆菌（*Bacillus subtilis*）中的因子]。

裂解性感染通常分为如上所述的几个时期：第一个时期由宿主 RNA 聚合酶（有时该时期的唯一产物是调节物）转录的早期基因组成；第二个时期由那些在第一个时期合成的调节物指导下转录的基因（大多数基因编码噬菌体 DNA 复制所需的酶）组成；第三个时期由编码噬菌体成分的基因组成，它们能在第二个时期合成的调节物指导下转录。

每套基因都含有一种为下一套基因表达所需的调节物，利用这些连续控制形成一个级联反应，使不同基因在特定时相被开启（或被关闭）。尽管形成各种噬菌体的级联反应的方式不尽相同，但其结果却是相似的。

25.4 两种调节事件控制细胞裂解的级联反应

关键概念

- 在噬菌体级联反应中的调节物可在新的（噬菌体）启动子上诱发转录起始或促使宿主聚合酶连读转录终止子。

在噬菌体表达的每个时期，一个或更多的活跃基因所编码的产物作为后续时期必需的调节物。该调节物可能是一种改变宿主 RNA 聚合酶特异性的新的 σ 因子，或者是一个使 RNA 聚合酶去解读新的一组基因的抗终止因子（antitermination factor）（详见第 17 章“原核生物的转录”）。以下所讨论的内容是比较在起始或终止处控制基因表达的转换方式的运用。

识别新的噬菌体启动子的一个机制是用另一种 σ 因子取代宿主酶的 σ 因子以改变该酶起始的特异性，如图 25.6 所示；还有一个机制就是合成一种新的噬菌体 RNA 聚合酶。任何一种机制下分辨一组新基因的关键特征在于，它们拥有不同于原来为宿主 RNA 聚合酶所识别的启动子。图 25.4 显示这两套转录物是独立的；结果是在新的 σ 因子或 RNA 聚合酶生成后，早期基因表达可被中止。

抗终止作用则为噬菌体从早期到下一个时期的基因表达的转变提供了另一个控制机制，这种作用的发挥依赖于基因的特殊编排。图 25.5 显示，早期基因与下一个即将表达的基因比邻，但中间被终止子位点隔开。如果这些位点的终止作用被阻止，那么 RNA 聚合酶便连读至另一侧的基因。所以在抗终止作用中，晚期基因表达时，RNA 聚合酶识别的是相同的启动子，而新基因的表达仅仅是通过延伸 RNA 链，形成一条 5′ 端为早期基因序列、3′ 端为新基因序列的核酸分子。既然两种序列相连，那么早

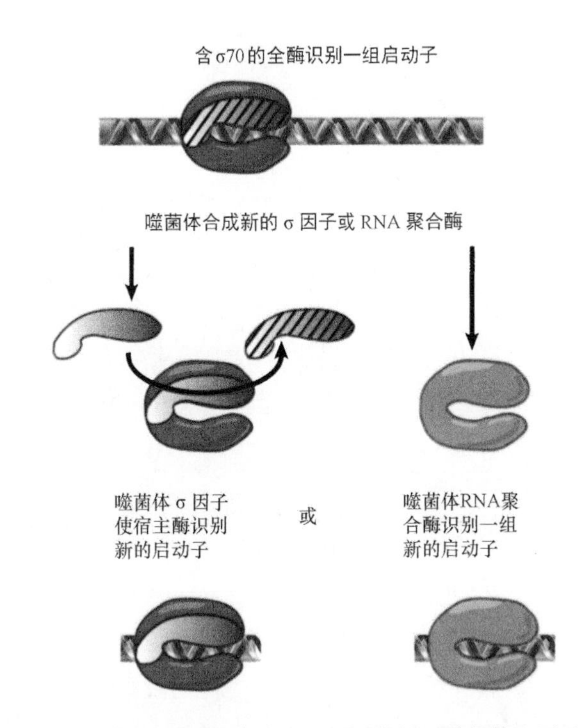

图 25.6 通过合成可取代宿主 σ 因子的另一种新的 σ 因子或合成一种新的 RNA 聚合酶，噬菌体就能控制转录起始

期基因将不可避免地在晚期基因表达时继续表达。

λ噬菌体中控制即早期向迟早期表达起开关作用的调节物基因是通过对只能转录即早期基因的 *N* 基因进行突变时发现的，它们不能进一步进入到感染循环（见后面的图 25.10）。从遗传学上来说，新的起始作用与抗终止作用的机制是相似的，两者都是正控制，在这种控制中，噬菌体必须制造一条早期基因产物来表达接下来的基因。通过运用具有不同特异性的σ因子或抗终止蛋白，可以建立起一个基因表达的级联反应。

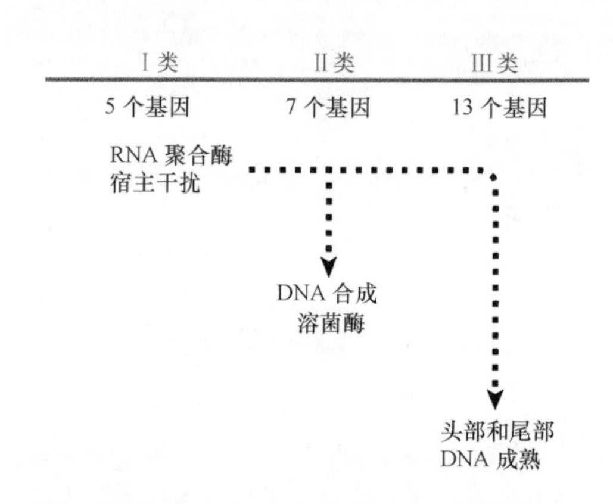

图 25.7 T7 噬菌体包含了三类有序表达的基因，基因组约为 38 kb

25.5 T7 噬菌体和 T4 噬菌体基因组显示了功能性成簇现象

关键概念

- 功能相关的基因常常形成基因簇。
- T7 噬菌体和 T4 噬菌体是级联反应调节的典型代表，而级联反应中的噬菌体感染过程分为三个时期。

T7 噬菌体基因组含有三类基因，每一类组成一群比邻的基因座。如图 25.7 所示，Ⅰ类基因是即早期类型，只要噬菌体 DNA 进入细胞，它们就由宿主的 RNA 聚合酶催化表达。在这些基因产物中有噬菌体的 RNA 聚合酶和干扰宿主基因表达的酶，噬菌体 RNA 聚合酶负责表达Ⅱ类基因（主要与 DNA 合成功能有关）和Ⅲ类基因（与装配成熟的噬菌体颗粒有关）。

T4 噬菌体是其中一个拥有较大基因组（165 kb）的噬菌体，由许多功能性基因簇组成。图 25.8 给出了其遗传图，用数字编号的是必需基因，这些基因座上的任一突变都会成功阻断裂解周期。用三个缩写字母表示的是非必需基因（它们这样被定义，是因为在通常感染条件下这些基因为非必需的。我们还不了解为什么会存在这么多的非必需基因，但在某些 T4 噬菌体生存环境中，它们可能赋予选择优势。而在一些小噬菌体基因组中，大多数或全部基因都是必需的）。

T4 噬菌体基因的表达分成三个时期，图 25.9 总结了每一时期所表达基因的功能。早期基因是

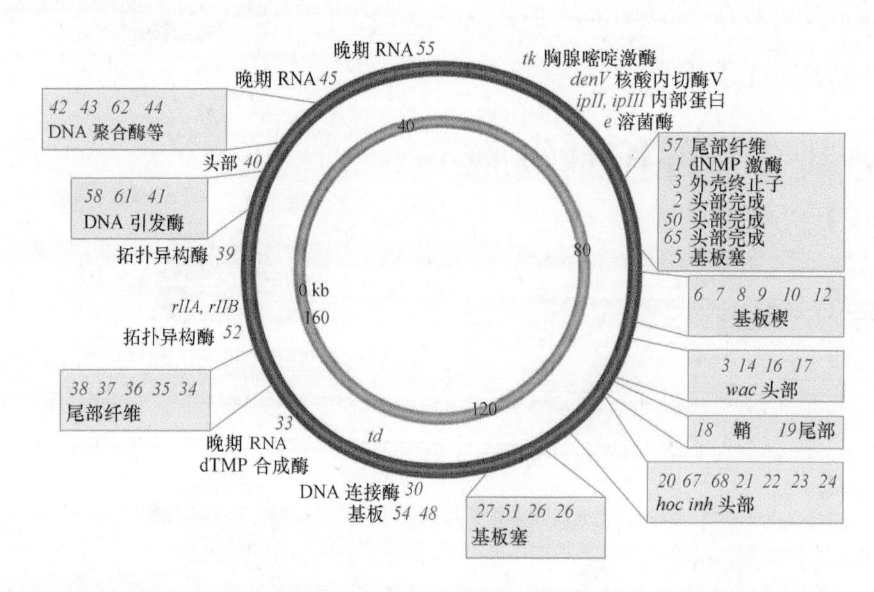

图 25.8 T4 噬菌体的基因组为环状。编码噬菌体成分和 DNA 复制等过程的基因广泛成簇排列，但是也有许多编码酶或其他功能的基因散在分布。必需基因用数字标出；非必需基因用字母标出。图中只给出了一些代表性基因

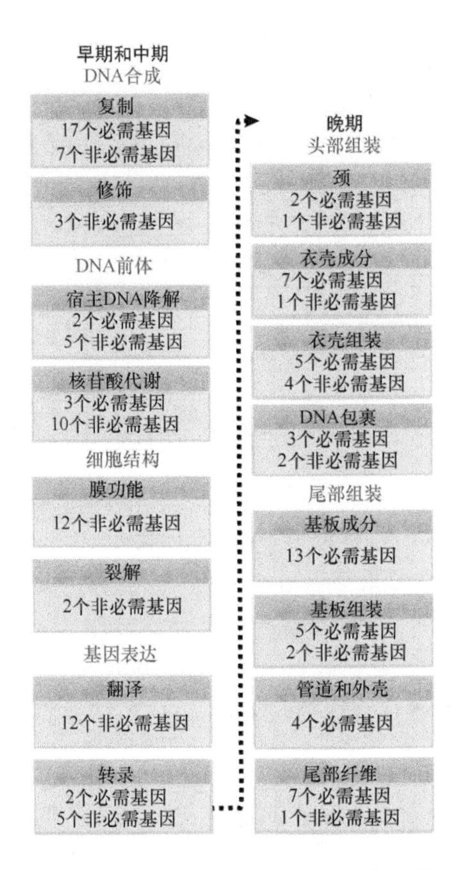

图 25.9 T4 噬菌体的裂解级联反应分为两个部分：DNA 合成和基因表达为早期功能，噬菌体颗粒组装为晚期功能

由宿主 RNA 聚合酶转录的；中期基因也是由宿主 RNA 聚合酶转录的，而其中两种噬菌体基因编码的产物 MotA 和 AsiA 是必需的。中期基因启动子缺少 −35 区共有序列，取而代之的是 MotA 蛋白的结合序列。MotA 蛋白是一个激活物，它能弥补启动子的这个缺陷，帮助其与宿主 RNA 聚合酶结合（在 *cII* 基因中 λ 噬菌体运用类似机制，这会在第 25.15 节“*cII* 和 *cIII* 基因是建立溶源性所需的”的图 25.30 中论述）。噬菌体的早期基因和中期基因事实上囊括了有关 DNA 合成、细胞结构修饰，以及转录和翻译噬菌体基因的几乎所有功能。

在转录阶段，有两种必需基因执行调节功能，即它们的产物是晚期基因表达所必需的。T4 噬菌体的感染依赖于复制和晚期基因表达之间的机械性联系，只有复制活跃的 DNA 才能作为晚期基因转录的模板。这种联系是通过引入一个新的 σ 因子，以及对宿主 RNA 聚合酶进行其他改变，使它只利用新复制的 DNA 为模板来实现的。这就为噬菌体蛋白质组分合成与可以包装的基因组数目之间建立起一种联系。

25.6 细胞裂解周期和溶源化都需要 λ 噬菌体即早期和迟早期基因

关键概念

- λ 噬菌体有两种即早期基因——*N* 和 *cro*，它们由宿主 RNA 聚合酶转录。
- *N* 基因的产物，一种抗终止子，为表达迟早期基因所必需。
- 有三个迟早期基因产物为调节物。
- 溶源化需要迟早期基因 *cII* -*cIII*。
- 裂解周期需要即早期基因 *cro* 和迟早期基因 *Q* 的表达。

λ 噬菌体提供了最复杂的裂解回路之一，实际上裂解进程本身的级联反应简单明了，用两个调节物就可控制裂解进程的依次进行。但是裂解周期却与形成溶源态的回路连锁在一起，如**图 25.10** 所示。

当 λ 噬菌体侵入新的宿主细胞时，裂解和溶源途径以同样的方式开始，二者都需要即早期和迟早期基因的表达。但是以后它们就分道扬镳了。如果晚期基因表达，紧随其后的就是裂解进程；如果 *c I* 基因开启，那么就会合成一种称为噬菌体阻遏物的调节物，接着发生的则是溶源态。λ 噬菌体只有两种即早期基因，它们由宿主 RNA 聚合酶单独转录。

- *N* 基因编码抗终止因子，该因子作用于 **N 利用（N utilization，*nut*）位点**，允许转录继续进入迟早期基因（详见第 17 章“原核生物的转录”）。N 基因是裂解和溶源途径都必需的。
- *cro* 基因编码一种阻遏物，它可阻止编码 λ 噬菌体阻遏物的 *c I* 基因的表达（如果裂解周期继续进行，那么对晚期基因去阻遏是必需的）。它也能关闭即早期基因的表达（在裂解周期后期是不需要的）。λ 噬菌体阻遏物是溶源途径所必需的主要调节物。

迟早期基因由 *N* 基因产物开启，它包括两种用于复制的基因（裂解感染所必需的）；七种用于重组的基因（某些参与裂解感染时的重组，有两种是

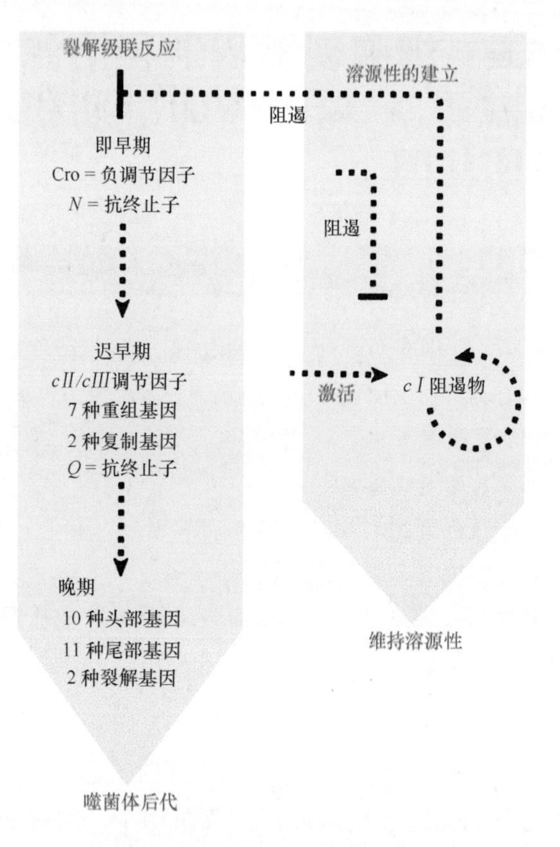

图 25.10 λ噬菌体裂解级联反应途径与溶源回路连锁

将λ噬菌体DNA整合到细菌染色体中形成溶源态所必需的）；还有三种编码调节物的基因。这些调节物基因具有相反功能。

- *cII*基因和*cIII*基因所编码的这对调节物是建立溶源途径所需的λ噬菌体阻遏物的合成所必需的。
- *Q*基因所编码的调节物是一个抗终止因子，它使宿主RNA聚合酶转录晚期基因，因此是裂解周期所必需的。

可见，迟早期基因具有两种功能：有些基因是噬菌体进入溶源态所必需的，其他的则与控制裂解周期的顺序有关。在这一点上，λ噬菌体对生命周期的选择持开放态度，即它可以选择任何一条途径。

25.7 裂解周期依赖于pN的抗终止作用

关键概念

- pN是抗终止因子，能使RNA聚合酶通过两种即早期基因的终点继续转录。
- pQ是迟早期基因的产物，是一个抗终止子，能使RNA聚合酶转录晚期基因。
- 因为λ噬菌体DNA在感染后环化，所以晚期基因组成了单一的转录单位。

为了弄清裂解和溶源这两条路径，我们首先只考虑裂解周期。图 25.11 给出了λ噬菌体DNA图。一组与调节有关的基因位于与重组和复制有关的基因之间。编码噬菌体结构成分的基因成簇排列，而裂解周期必需的所有基因从三个启动子开始以多顺反子的形式转录。

图 25.12 显示两个即早期基因，即*N*和*cro*由宿主RNA聚合酶转录。*N*基因向左转录，而*cro*基因向右转录，每一个转录物都在基因的末端终止。pN蛋白是一种调节物，一种抗终止因子，它允许转录继续进行从而进入迟早期基因，即它能阻止终止子t_L和t_R的作用（详见第17章“原核生物的转录”）。当pN蛋白存在时，转录继续到*N*基因的左

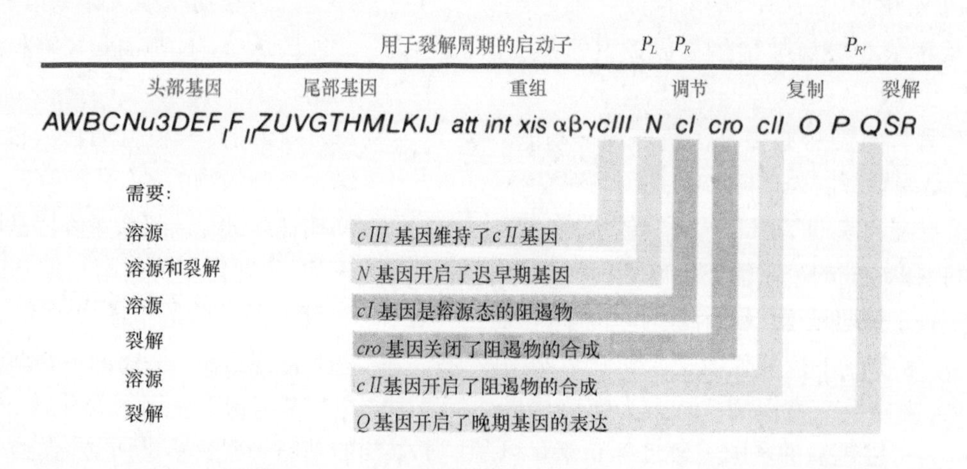

图 25.11 λ噬菌体图显示功能相关基因的成簇现象。该基因组有48 514 bp

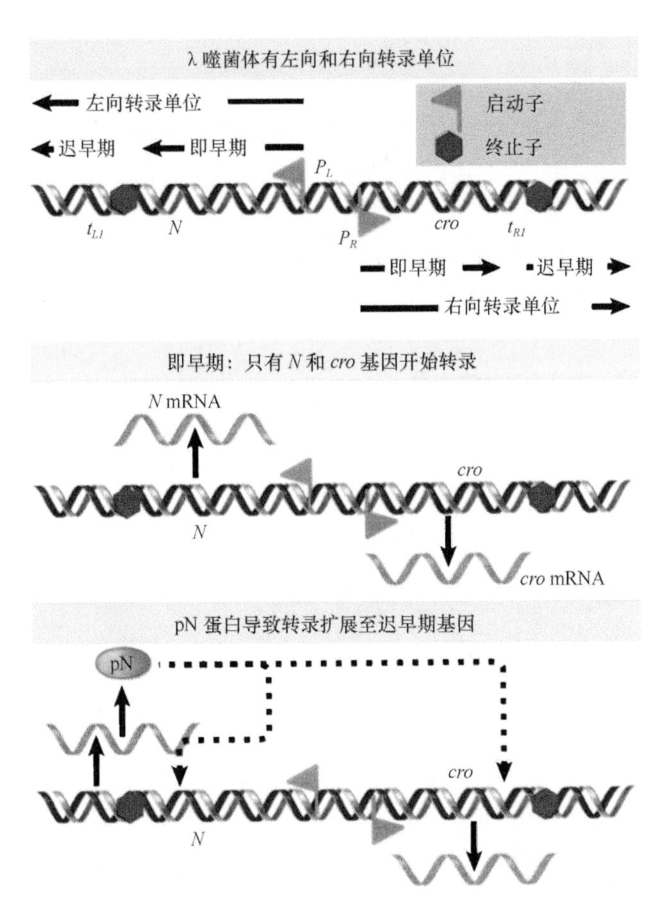

图 25.12 λ 噬菌体有两个早期转录单位：在"左向"单位中，"上方"的链是向左转录；在"右向"单位中，"下方"的链是向右转录。*N* 基因和 *cro* 基因是即早期功能基因，终止子将它们与迟早期基因分开。N 蛋白的合成使得 RNA 聚合酶能越过左侧的终止子 t_{L1} 和右侧的终止子 t_{R1} 的作用

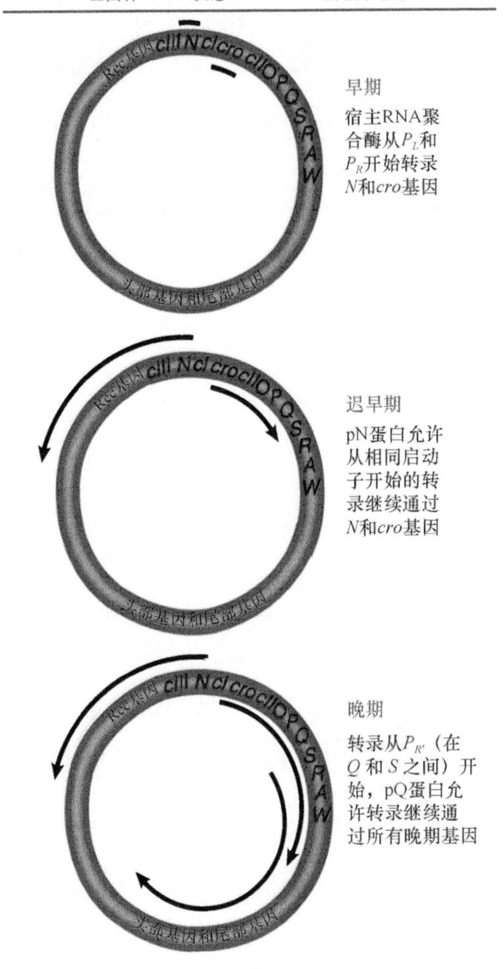

图 25.13 λ 噬菌体 DNA 在感染过程中成环状，晚期基因簇形成一个完整的转录单位

端进入用于重组的基因，并到 *cro* 基因的右端进入用于复制的基因。

图 25.11 所示存在于 λ 噬菌体颗粒中的 DNA 的组织结构情况。但是在感染之后不久，λ 噬菌体 DNA 的两端结合在一起，形成环状，**图 25.13** 表示感染时 λ 噬菌体 DNA 的实际情况。晚期基因连接成一个基因簇，它包括以线性 DNA 右侧开始的几个裂解基因 *S-R* 和以左侧开始的头部及尾部基因 *A-J*。

晚期基因作为单独的转录单位表达，它从位于 *Q* 基因和 *S* 基因之间的启动子 $P_{R'}$ 处起始，这个晚期启动子的使用是组成型的。但是在缺乏 *Q* 基因产物时（*Q* 基因是右向迟早期转录单位中的最后一个基因），转录终止在 t_{R3} 位点，这时由终止事件所产生的转录物长 194 个碱基，成为 6S RNA。然而当出现 pQ 蛋白时，它可阻遏 t_{R3} 处的终止作用，使 6S RNA 延伸，结果晚期基因表达。

25.8 λ 噬菌体阻遏蛋白维持溶源性

关键概念

- *cI* 基因所编码的 λ 噬菌体阻遏物是维持溶源态所必需的。
- λ 噬菌体阻遏物作用于 O_L 和 O_R 操纵基因可阻断即早期基因的转录。
- 因为即早期基因会引发调节级联反应，所以对它们的阻遏将阻止裂解周期的进行。

在仔细研究 λ 噬菌体的裂解级联反应后发现，整个程序是预先安排就绪的，都是从两个启动子 P_L 和 P_R 开始转录即早期基因 *N* 和 *cro*。由于 λ 噬菌体是利用抗终止作用进行下一阶段（迟早期）的表达，

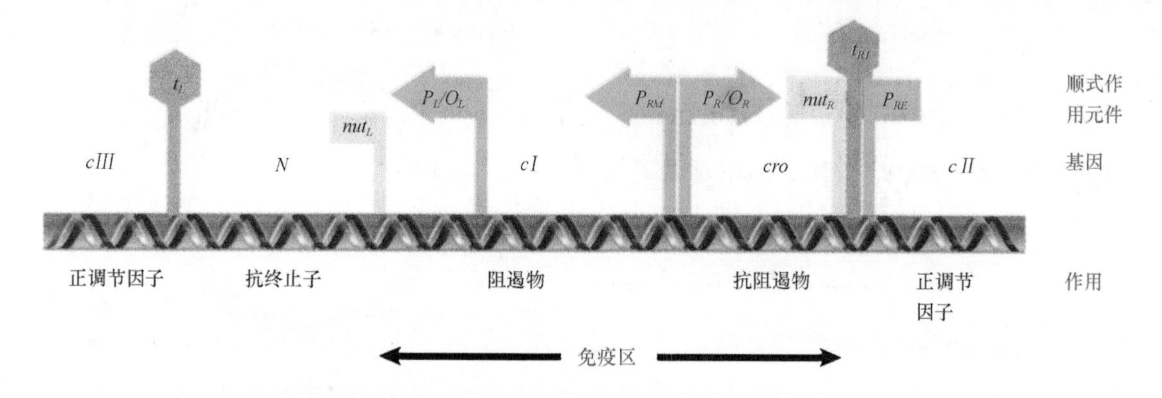

图 25.14 λ噬菌体调节区含有一簇反式作用元件和顺式作用元件

所以它可以继续使用两个同样的启动子直接通过早期阶段。

图 25.14 中所给出的调节区的放大图表明，启动子 P_L 和 P_R 位于 cI 基因的任意一侧。与每一个启动子相连的是操纵基因（O_L 和 O_R），与操纵基因结合的阻遏物可阻止 RNA 聚合酶起始转录。每个操纵基因的序列与其所控制的启动子序列重叠，所以它们常被称为 P_L/O_L 和 P_R/O_R 控制区。

因为裂解级联反应的连续性，所以控制区为它提供了一个能控制整个裂解周期的作用位点。λ噬菌体阻遏物通过阻止 RNA 聚合酶靠近这些启动子而阻止噬菌体基因组进入裂解周期。λ噬菌体阻遏物与细菌操纵子的阻遏物作用机制一样，它们都能结合到特定的操纵基因上。

λ噬菌体阻遏物由 cI 基因编码。值得注意的是，在图 25.14 中，cI 基因拥有两个启动子：用于维持右侧阻遏物的启动子（promoter right maintenance，P_{RM}）和用于建立右侧阻遏物的启动子（promoter right establishment，P_{RE}）。这个基因的突变不能维持溶源性，而是进入裂解周期。自从该λ噬菌体阻遏物被分离后，研究它的特征发现，它既能维持溶源性，又为溶源体避免被新的λ噬菌体基因组再度感染提供了免疫性。

λ噬菌体阻遏物能独立结合于两个操纵基因 O_L 和 O_R 上，它阻遏相关启动子转录的能力如**图 25.15** 所示。

当λ噬菌体阻遏物结合于操纵基因 O_L 上时，它具有与其他几个系统中所讨论过的同样的效应，即可以阻止 RNA 聚合酶在 P_L 启动子上的转录起始，而这会停止 N 基因的表达。P_L 启动子用于左侧方向

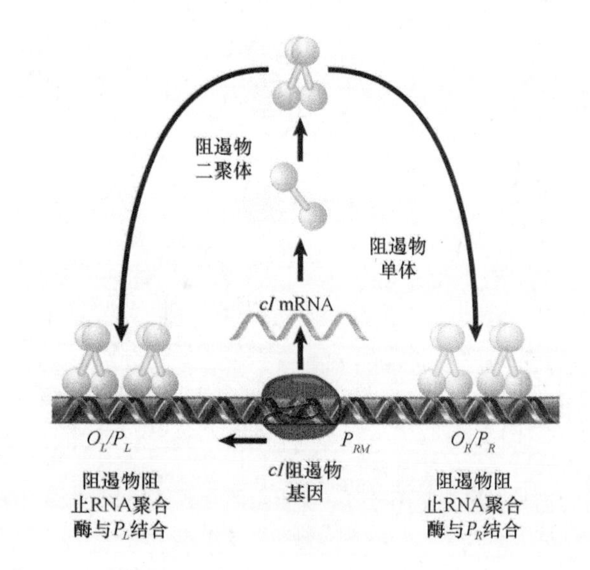

图 25.15 阻遏物作用于左侧和右侧操纵基因可阻止即早期基因（N 和 cro）的转录；它也能作用于 P_{RM} 启动子来激活 RNA 聚合酶对其自身基因的转录

的所有早期基因的表达，这一作用阻止了左侧方向的整个早期转录单位的表达，所以在它通过早期阶段之前，裂解周期就被阻断了。

在操纵基因 O_R 处，阻遏物的结合可阻止 P_R 启动子的使用，这样 cro 和其他右侧早期基因不能被表达。结合于操纵基因 O_R 处的λ噬菌体阻遏物也会刺激 cI 基因（一个它自身的从启动子 P_{RM} 处开始的基因）的转录。

这种控制环路的性质解释了溶源性存在的生物学特征。只要λ噬菌体阻遏物水平是足够的，控制环路就能够确保溶源性的稳定，可以继续 cI 基因的表达，而结果就是操纵基因 O_L 和 O_R 继续被无限期地占据。通过阻遏整个裂解级联反应，这一作用将使原噬菌体一直维持其惰性形式。

25.9 λ 噬菌体阻遏物与其操纵基因决定了免疫区

关键概念

- 几种 λ 形噬菌体（lambdoid phage）具有不同的免疫区。
- 溶源性噬菌体产生免疫性，可避免被其他噬菌体进一步感染。

λ 噬菌体阻遏物的存在解释了**免疫（immunity）**现象。如果有第二个 λ 噬菌体 DNA 侵入溶源性细胞，则已存在的原噬菌体基因组所合成的阻遏物将立即与新基因组中的 O_L 和 O_R 结合，这会阻止第二个噬菌体进入裂解周期。

操纵基因作为阻遏物作用的靶标最初是通过**烈性突变（virulent mutation，λvir）**的研究而鉴定的。这些突变阻止了阻遏物与靶标 O_L 或 O_R 结合，结果在感染新的宿主细菌时，不可避免地进入裂解途径。值得注意的是，λ*vir* 突变体可以在溶源体中生存，因为在 O_L 和 O_R 处，烈性突变允许后来的噬菌体忽略原有阻遏物，由此进入裂解周期。噬菌体的烈性突变与细菌操纵子的操纵基因组成性突变的效果等同。

当溶源回路遭到破坏时，原噬菌体就被诱导进入裂解周期。这种情况发生在阻遏物失活时（见 25.10 节"λ 噬菌体阻遏物的 DNA 结合形式是二聚体"）。阻遏物的缺失使 RNA 聚合酶结合到启动子 P_L 和 P_R 处，从而开始裂解周期，如**图 25.16** 所示。

阻遏物维持回路的自主调节本质建立了一种灵敏的应答系统。由于 λ 噬菌体阻遏物的存在是其自身合成所必需的，所以只要现存的阻遏物被破坏，

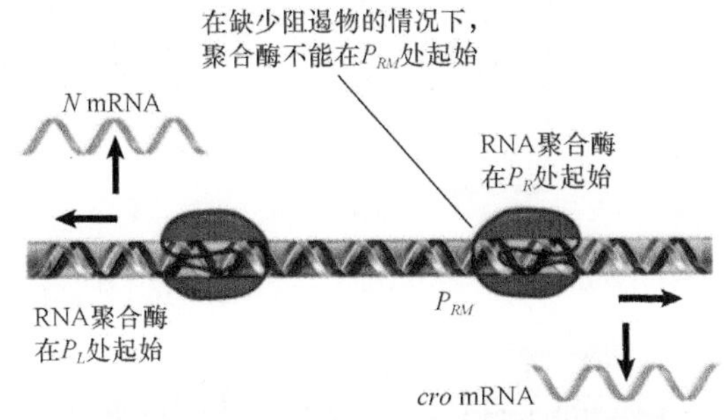

图 25.16 在缺少阻遏物时，RNA 聚合酶在左侧和右侧启动子上起始转录；而当阻遏物存在时，它不能在启动子 P_{RM} 处起始转录

c I 基因的表达就会停止，这样，阻遏物无法被合成来替换那些已被破坏的分子。而没有来自维持溶源途径的干扰，裂解周期就能开始。

左侧与右侧操纵基因，以及 *c I* 基因和 *cro* 基因组成了一个区域，它决定了噬菌体的免疫性。任何拥有这一区域的噬菌体都具有同样的免疫性，因为它拥有对阻遏物以及阻遏物作用位点的双重特异性，因此，此区称为**免疫区（immunity region）**（见图 25.14 标示出来的区域）。所有 4 种类 λ 噬菌体（φ80、φ21、φ434 和 λ）都有其独特的免疫区。当我们说溶源性噬菌体具有针对其他同类噬菌体的免疫性时，更确切的意思是说这个免疫性是针对任何其他也具有同样免疫区的噬菌体（而不管其他区域中有何区别）。

25.10 λ 噬菌体阻遏物的 DNA 结合形式是二聚体

关键概念

- 阻遏物单体具有两个独特的结构域。
- N 端结构域含有 DNA 结合位点。
- C 端结构域可形成二聚体。
- 与操纵基因的结合需要二聚体形式，如此两个 DNA 结合域才能同时接触操纵基因。
- 在两个结构域之间切开阻遏物将降低对操纵基因的亲和力，并诱导进入裂解周期。

λ 噬菌体阻遏物的亚基是分子质量为 27 kDa 的多肽，拥有两个不同的结构域，总结如**图 25.17** 所示：

- N 端结构域为 1 ～ 92 位残基，提供操纵基因结合位点；
- C 端结构域为 132 ～ 236 位残基，负责二聚体化。

这两个结构域通过 40 个氨基酸残基的连接体相连，当阻遏物被蛋白酶消化时，每一个结构域能作为一个分开的片段释放。

每一个结构域都能独立于另一个结构域而发挥作用。C 端片段可形成寡聚体；虽然比完整的 λ 噬菌体阻遏物亲和力低，但是 N 端片段仍可与操纵基因结合。因此与 DNA 特异性接触的信息包含在 N 端结构域内，但结合效率因 C 端的加入而增强。

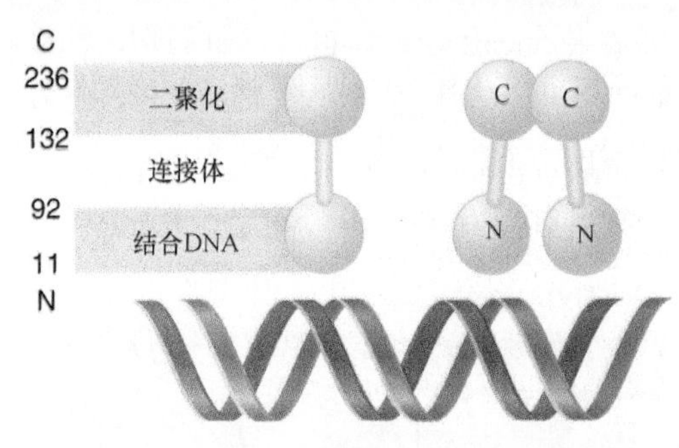

图 25.17 阻遏物 N 端和 C 端形成两个分开的结构域。C 端结构域结合形成二聚体；N 端结构域用于结合 DNA

λ 噬菌体阻遏物的二聚体结构对维持溶源性很重要。将阻遏物的亚基在其连接区的第 111 位和第 113 位残基之间切开，会诱导溶源性原噬菌体进入裂解周期（这与小分子诱导物使细菌操纵子的阻遏物失活时所引起的构象变化不同，溶源性阻遏物不具有这种别构能力）。诱导发生在某种不利条件下，如将溶源性细菌暴露在紫外线（ultraviolet,UV）下，这将导致阻遏物的蛋白质水解失活，这是由于 SOS 损伤应答系统的诱导所致。

在完整状态下，C 端结构域的二聚体化作用能保证当阻遏物与 DNA 结合时，它的两个 N 端结构域与 DNA 同时接触。但是裂解使二聚体的 C 端结构域从 N 端结构域脱落，如图 25.18 所示，这意味着 N 端结构域不再能形成二聚体，破坏了单体和二聚体之间的平衡，于是 λ 噬菌体阻遏物没有足够的亲和力继续留在 DNA 上，这使得裂解周期开始。另外，两个二聚体通常也协同结合一个操纵基因，而切割作用使这种相互作用失去了稳定性。

溶源与裂解周期之间的平衡取决于阻遏物的浓度。完整的阻遏物在溶源性细胞中的浓度足以保证占据操纵基因。但是如果阻遏物被切割，它的浓度就会不足，因为单独的 N 端结构域对操纵基因的亲和力较低。过高的阻遏物浓度将无法诱导裂解周期开始，而浓度过低同样也不能维持溶源性。

25.11 λ 噬菌体阻遏物使用螺旋 - 转角 - 螺旋基序结合 DNA

关键概念

- 阻遏物的每个 DNA 结合区接触 DNA 的一个半位点。
- 阻遏物的 DNA 结合位点有两个短的 α 螺旋结构域，可与 DNA 大沟连续的两个转角吻合。
- DNA 结合位点是一个 17 bp 的（部分的）回文序列。
- 识别螺旋的氨基酸序列与被识别的操纵基因上的特异性碱基结合。

阻遏物二聚体是结合 DNA 的单元，它识别一条 17 bp 序列，这条序列以中心碱基对为轴部分对称。图 25.19 显示了一个结合位点的例子。在中心碱基对一侧的序列为一个半位点（half-site），每个单独的 N 端结构域结合一个半位点。有一些调节细菌转录的 DNA 结合蛋白结合 DNA 的方式与此相似，其活性结构域含有两个可结合 DNA 的 α 螺旋短区（一些真核生物细胞的转录因子使用相似的基序，详见第 26 章“真核生物的转录调节”）。

λ 噬菌体阻遏物的 N 端结构域有好几个 α 螺旋，如图 25.20 所示，两个 α 螺旋结构域与 DNA 结合有关。**螺旋 - 转角 - 螺旋（helix-turn-helix）**模型如图 25.21

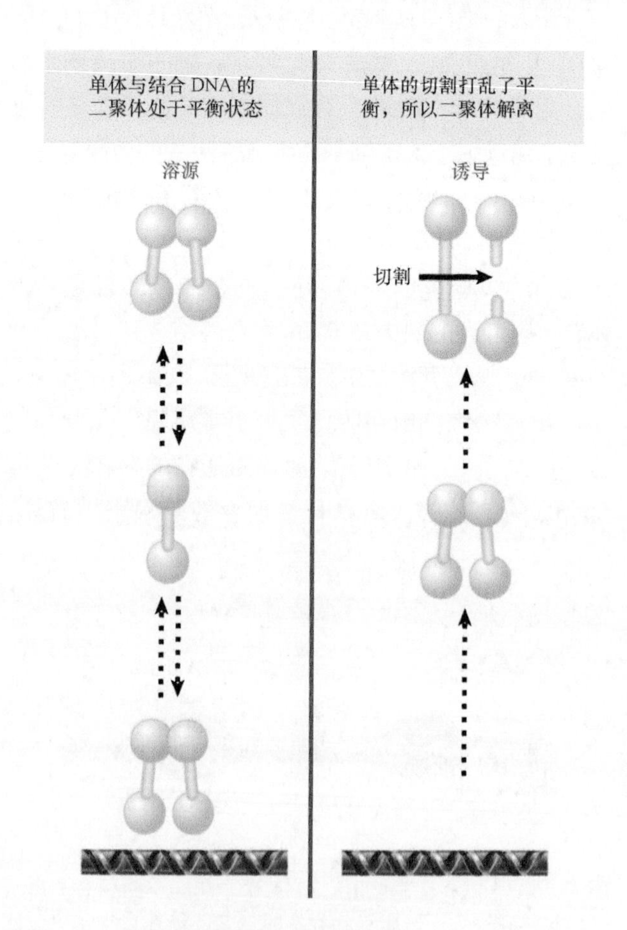

图 25.18 阻遏物二聚体结合操纵基因。N 端结构域对 DNA 的亲和力由 C 端结构域的二聚体化作用所控制

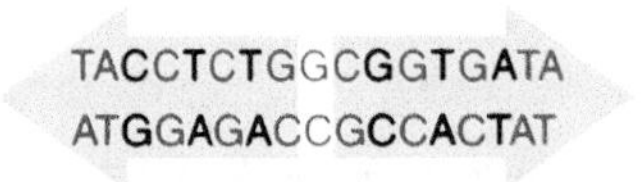

TACCTCTGGCGGTGATA
ATGGAGACCGCCACTAT

图 25.19 操纵基因是一个以中心碱基对为对称轴的 17 bp 序列。每个半位点用浅蓝色标出，每个操纵基因中相同的碱基对用深蓝色标出

C 端结构域
的结构未知
N 端结构域由
5个α螺旋组成
1
2
3
4
5

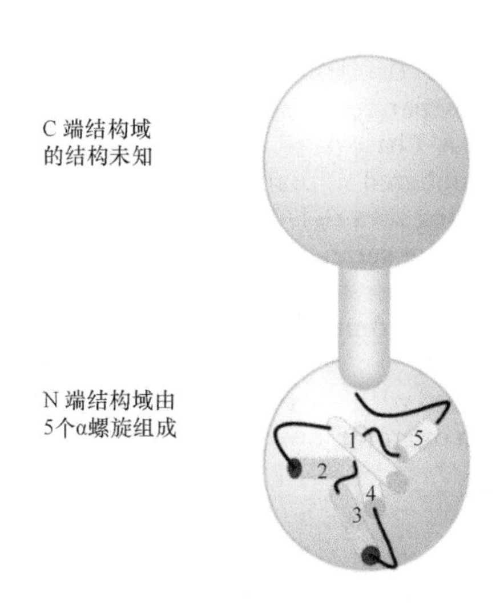

图 25.20 λ 噬菌体阻遏物的 N 端结构域由 5 个 α 螺旋组成，其中螺旋 2 和螺旋 3 参与结合 DNA

半位点
半位点

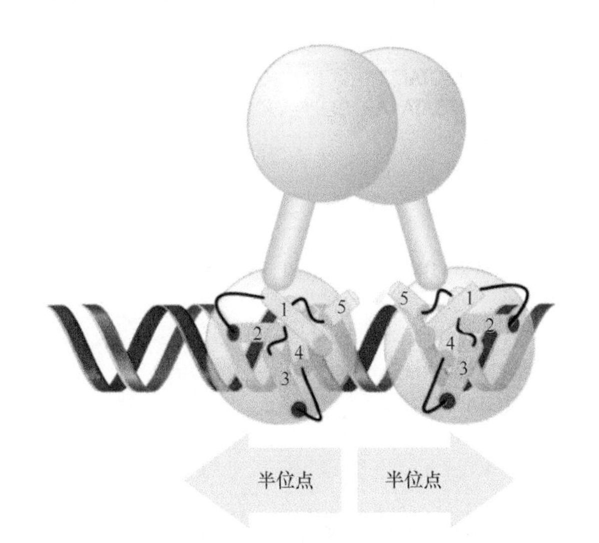

图 25.21 在 DNA 结合的两个螺旋模式中，每个单体的螺旋 3 位于同侧 DNA 的大沟中，而螺旋 2 则跨越大沟

所示。以每个单体看，α 螺旋 3 由 9 个氨基酸残基构成，与位于前端的由 7 个氨基酸残基构成的 α 螺旋 2 形成一个夹角。在二聚体中，两个相对的 α 螺旋 3 之间相隔 34 Å，使它们能够与 DNA 上连续的大沟吻合；α 螺旋 2 以某一角度跨越大沟。二聚体对位点的对称结合表明，二聚体的每个 N 端结构域都连接半位点上相同的一组碱基。

λ 噬菌体阻遏物上所运用的螺旋 - 转角 - 螺旋中的 α 螺旋基序的相关形式也存在于一些 DNA 结合蛋白中，包括分解代谢物阻遏蛋白（catabolite repressor protein，CRP）、*lac* 阻遏物和一些其他噬菌体阻遏物。比较这些蛋白质结合 DNA 的能力，我们可以确定每个螺旋的作用。

- 螺旋 2 与螺旋 3 之间的接触由疏水氨基酸残基之间的相互作用来维持。
- 螺旋 3 与 DNA 之间的接触是依靠氨基酸侧链与暴露的碱基对之间形成的氢键。此螺旋负责识别特异性的靶 DNA 序列，因此被称为**识别螺旋（recognition helix）**。通过比较如**图 25.22** 所总结的接触模式可以看到，λ 噬菌体阻遏物与 Cro 蛋白选择 DNA 中的不同序列作为它们的优先靶标，因为它们在螺旋 3 的对应位置中含有不同的氨基酸残基。
- 螺旋 2 与 DNA 的接触是采用与磷酸骨架形成氢键的方式，这种相互作用是结合所必需的，但它不控制对靶序列识别的特异性。除了这些接触点外，与 DNA 相互作用的大部分能量是由阻遏物与磷酸骨架间的离子性相互作用所提供的。

如果改变编码该蛋白质的 DNA 序列，构建一个新的蛋白质，并且在这个新蛋白质中，用另一个密切相关的阻遏物的相应序列代替其识别序列，那么将会出现什么现象呢？结果是融合蛋白的特异性取决于其新的识别螺旋结构。这个短区域的氨基酸序列决定了整个蛋白质的序列特异性，并且可影响与其余多肽链的结合。

阻遏物-O_R1
Cro-O_R3
螺旋2
螺旋2
螺旋3
螺旋3
臂
TACCTCTG
ATGGAGACC
TATCTCTT
ATAGGGAAC

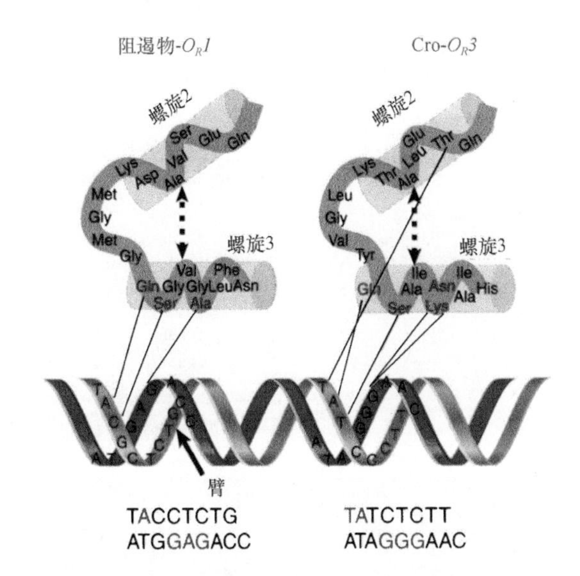

图 25.22 利用两个螺旋的结构来接触 DNA 的两种蛋白质能识别 λ 噬菌体的操纵基因，而结合的亲和力由螺旋 3 的氨基酸序列决定

螺旋 3 所接触的碱基位于 DNA 的一侧，这可以从图 25.22 所示的螺旋图上标出的一些位置看到。然而，阻遏物与 DNA 的另一侧存在一个额外的接触，其后的 6 个 N 端氨基酸残基形成一个“臂”延伸至 DNA 的背面。**图 25.23** 为背面观，构成臂的赖氨酸残基与大沟的鸟嘌呤残基及磷酸骨架相接触，而臂和 DNA 的相互作用促成与 DNA 更强的结合；无臂的阻遏物突变体与 DNA 亲和力降低为原来的约 1/1000。

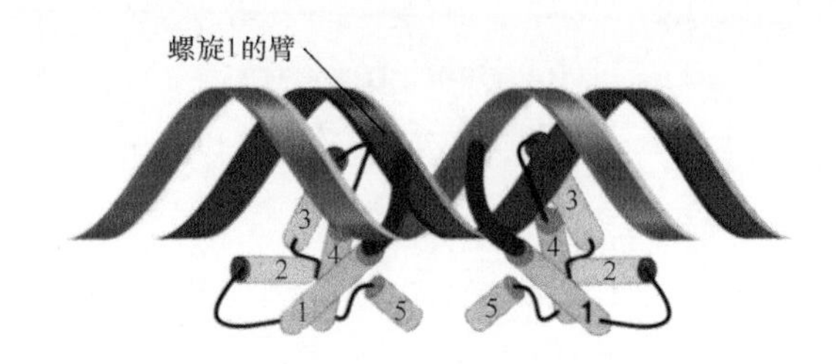

图 25.23 背面观显示阻遏物的大部分区域与 DNA 的一侧相接触，但 N 端臂绕到 DNA 另一侧

25.12 λ 噬菌体阻遏物二聚体协同结合操纵基因

关键概念

- 一个阻遏物结合操纵基因后将增强下一个阻遏物结合相邻操纵基因的亲和力。
- 与 O_L1 和 O_R1 结合的亲和力比其他操纵基因大 10 倍，所以它们被优先结合。
- 这种协同作用使低浓度阻遏物也能结合 O_L2/O_R2 位点。

每个操纵基因都含有 3 个阻遏物结合位点。如**图 25.24** 所示，6 个单一阻遏物结合位点各不相同，但它们都有一个共有序列。每个操纵基因内的多个结合位点之间由 3 ～ 7 个富含 A · T 碱基对的间隔区隔开。我们将每一个操纵基因的结合部位用编号表示，则 O_R 由 O_R1-O_R2-O_R3 结合位点组成，而 O_L 由 O_L1-O_L2-O_L3 结合位点组成。在每一种情况下，位点 1 的位置总是靠近启动子的转录起点，而位点 2 和 3 则位于位点 1 的上游。

针对每个操纵基因的三联体结合位点，λ 噬菌体阻遏物如何确定从哪里开始结合呢？位点 1 具有比另外两个位点更强的亲和力（约 10 倍），因此 λ 噬菌体阻遏物总是最先结合操纵基因 O_L1 和操纵基因 O_R1。

λ 噬菌体阻遏物以协同作用方式结合到每个操纵基因的随后几个位点上。位点 1 中二聚体的存在增加了第二个二聚体与位点 2 的亲和力。当位点 1 与位点 2 都被占据时，这种相互作用就不再扩大至位点 3。溶源体中通常存在的阻遏物浓度下，每一操纵基因的位点 1 和 2 是被占据的，而位点 3 不被占据。

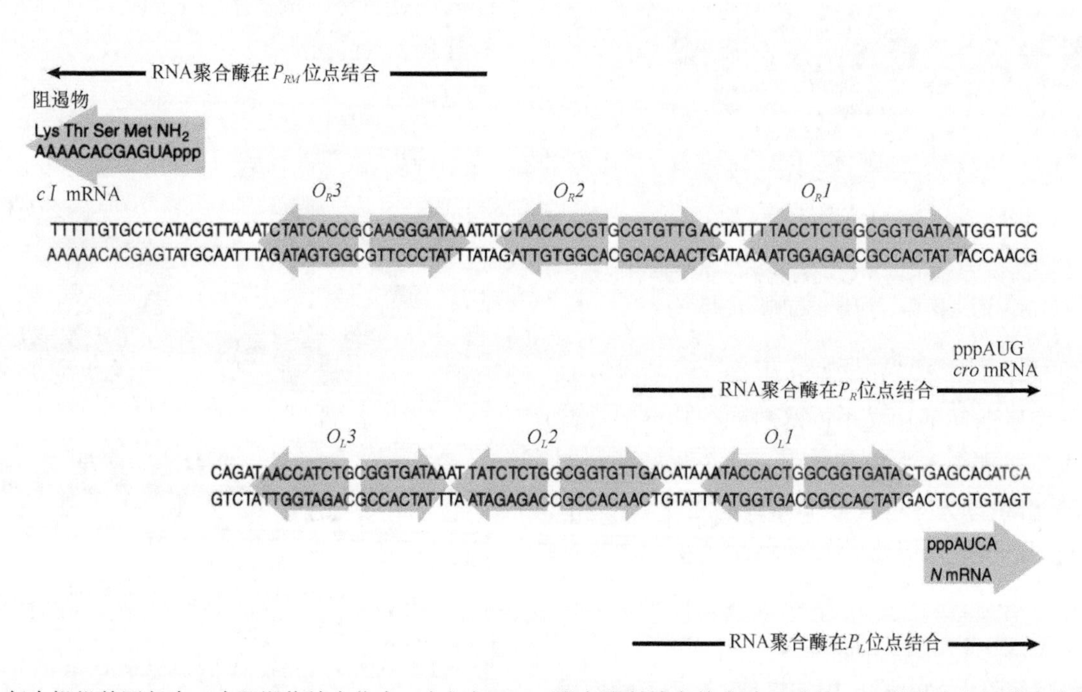

图 25.24 每个操纵基因包含三个阻遏物结合位点，它们与 RNA 聚合酶所结合的启动子重叠。O_L 的取向与通常方向相反以便于与 O_R 比较

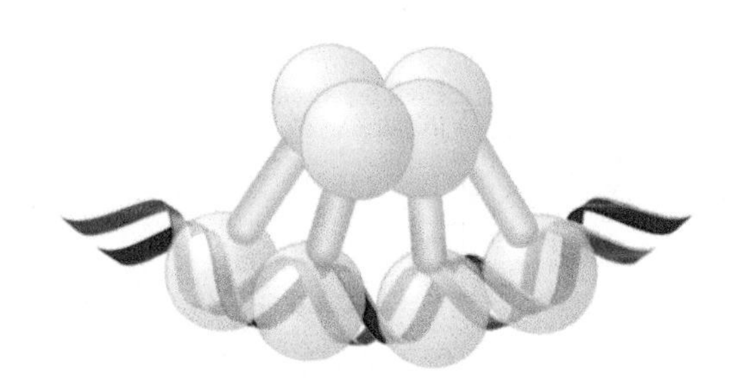

图25.25　当λ噬菌体阻遏物的两个二聚体协同结合DNA时，一个二聚体的两个亚基分别与另一个二聚体的一个亚基结合

C 端结构域不但负责亚基之间二聚体的形成，而且负责二聚体之间的协同相互作用，如图 25.25 所示。每个二聚体的两个亚基都参与了这种相互作用，即每个二聚体上的每个亚基与另一个二聚体上的对应亚基接触，形成四聚体结构。

协同结合的结果是，增强了在生理浓度中阻遏物与操纵基因的有效亲和力。这可以使低浓度的阻遏物占据操纵基因。对于阻遏物的释放将会产生不可逆后果的系统来说，这是一个重要的因素。毕竟在一个编码代谢酶的操纵子中，阻遏作用的丧失只会导致不必要酶的合成；但是在 λ 原噬菌体中，阻遏作用的丧失将引发噬菌体诱导（induction of phage）作用并且裂解细胞。

从图 25.22 所示的序列中我们可以看到，操纵基因 O_L1 和 O_R1 或多或少地分别位于 RNA 聚合酶结合部位 P_L 和 P_R 的中央。O_L1-O_L2 和 O_R1-O_R2 的占用实际上是阻断了 RNA 聚合酶与相应启动子的接近。

25.13　λ 噬菌体阻遏物维持自调节回路

关键概念

- 位于 O_R2 的阻遏物的 DNA 结合区接触 RNA 聚合酶，并使阻遏物对 P_{RM} 的结合更稳定。
- 这是阻遏物维持这种自调节的基础。
- 阻遏物结合在 O_L 位点关闭了从启动子 P_L 开始的 *N* 基因转录。
- 阻遏物结合在 O_R 位点关闭了 *cro* 基因的转录，而它却是 *c I* 基因转录所需的。
- 因此，阻遏物结合到操纵基因上同时关闭通往裂解周期的途径，并促进其自身的合成。

一旦溶源性已经建立，*c I* 基因就从位于其右侧并邻近 P_R/O_R 的启动子 P_{RM} 处开始进行转录（见图 25.14），而转录终止于此基因的左末端。mRNA 从 AUG 起始密码子开始，由于缺少含核糖体结合位点的 5′ 非翻译区（untranslated region，UTR），所以这是一个翻译效率很低的 mRNA，因而只能形成低水平浓度的蛋白质。*c I* 基因的转录建立将在此章第 25.18 节“裂解感染需要 Cro 阻遏物”中进行描述。

在操纵基因 O_R 处，λ 噬菌体阻遏物的存在具有双重效应，就如 25.8 节 “λ 噬菌体阻遏物维持溶源性”所注意到的。它阻断了从 P_R 启动子开始的表达，却辅助了从 P_{RM} 启动子开始的表达。只有当 λ 噬菌体阻遏物结合于 O_R 处时，RNA 聚合酶才能有效起始从启动子 P_{RM} 处开始的转录。这样 λ 噬菌体阻遏物就作为正调节物，而这是其自身基因——*c I* 基因的转录所必需的，这是一个典型的自调节回路。

在 O_L 处，阻遏物具有与之前已讨论过的其他系统同样的功能：它阻止 RNA 聚合酶在 P_L 处起始转录，这将停止 *N* 基因的表达。由于所有的左向早期基因都使用启动子 P_L，这种作用将阻止整个左向早期转录单位的表达，因此裂解周期在它开始进入早期转录之前被封闭。其在操纵基因 O_L 和 O_R 处的作用总结在图 25.26 中。

在启动子 P_{RM} 处，RNA 聚合酶的结合位点与 O_R2 相邻，这解释了 λ 噬菌体阻遏物是怎样自调节其自身合成的。当两个二聚体结合 O_R1-O_R2 时，在 O_R2 处的二聚体的 N 端与 RNA 聚合酶发生相互作用。我们挖掘出了消除正控制的阻遏物中的那些识别相互作用的突变的本质，这是因为这些突变不能促进 RNA 聚合酶从 P_{RM} 处开始的转录。它们位于一小组氨基酸残基中，或者在螺旋 2 之外，或者在螺旋 2 与螺旋 3 之间的转角处。突变降低了这个

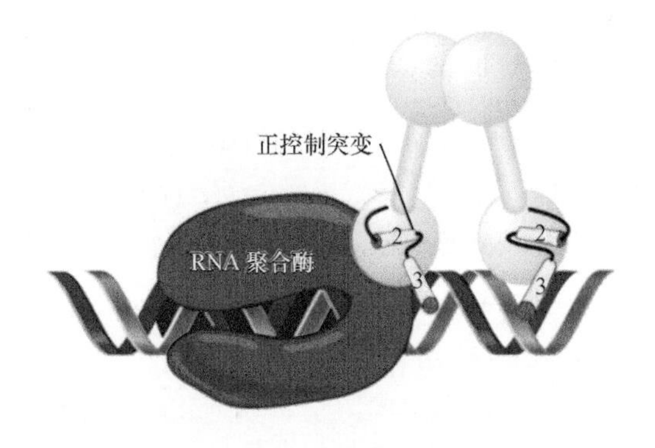

图 25.26　通过正控制突变体研究鉴别到可与 RNA 聚合酶直接作用的螺旋 2 上的一小片区域

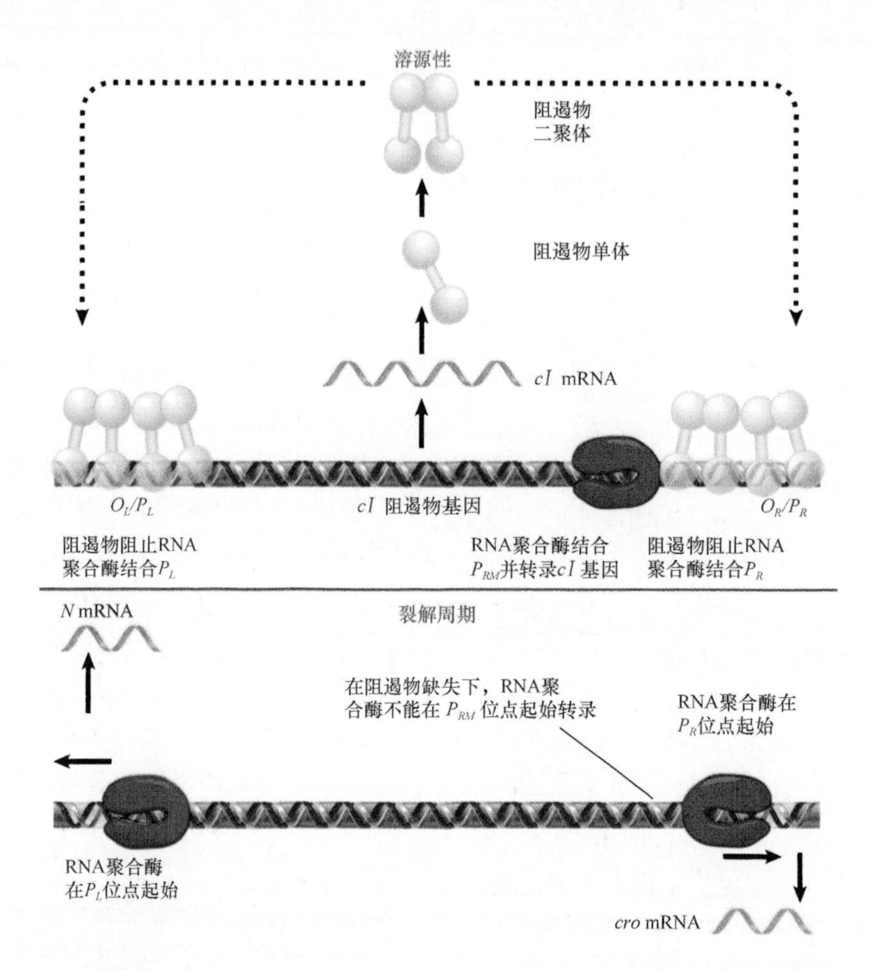

图 25.27 溶源性由自调节回路维持

区域的负电荷，相反地，增加负电荷的突变增强了 RNA 聚合酶的活性。这提示了这一组氨基酸残基组成一个“酸性补丁（acidic patch）”，它是通过与 RNA 聚合酶的碱性区域的静电相互作用来使之激活的。

图 25.27 指出了阻遏物中“正控制突变”的位置，这些突变位点位于 DNA 磷酸基团附近的阻遏物上，而这些 DNA 又与 RNA 聚合酶相互接近，所以参与正控制的阻遏物的这组氨基酸残基位于阻遏物与 RNA 聚合酶相接触的位置。值得注意的重要原则是，蛋白质 - 蛋白质的相互作用能够释放有助于转录起始的能量。

位于 RNA 聚合酶上的、与阻遏物相互接触的靶位点就在 σ^{70} 亚基中，也就是这一区域能与启动子的 −35 区相互结合。而阻遏物与 RNA 聚合酶的相互作用是聚合酶从闭合复合体转变成开放复合体所必需的。

这解释了低浓度的阻遏物如何正调节其自身的合成。只要有足够的阻遏物可用于结合 O_R2，RNA 聚合酶就可以从 P_{RM} 处开始继续转录 $c\,I$ 基因。

25.14 协同相互作用提高了调节的敏感性

关键概念

- 结合于操纵基因 O_L1 和 O_L2 的阻遏物二聚体可与结合于 O_R1 和 O_R2 的二聚体相互作用，以便于形成八聚体。
- 这些协同相互作用提高了调节的敏感性。

λ 噬菌体阻遏物二聚体既可在左侧、又可在右侧的操纵基因上发生协同相互作用，这样当被阻遏物占据时，它们的正常情景就是让二聚体定位于 1 和 2 结合位点，这当然不是故事的结局。这两个二聚体可通过 C 端结构域进行彼此的相互作用，以便于形成八聚体，如**图 25.28** 所描述，它显示了溶源体中阻遏物分布在被占据的操纵基因上。阻遏物结合了操纵基因 O_L1、O_L2、O_R1 和 O_R2，且这些位点中最后一个位点上的阻遏物可与 RNA 聚合酶相互

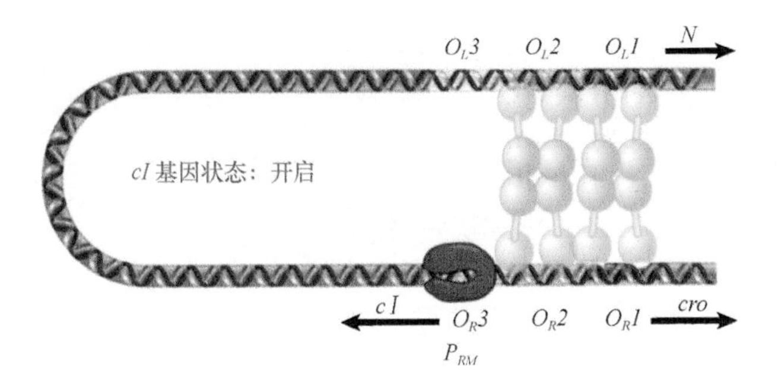

图 25.28 在溶源状态下，结合于 O_L1 和 O_L2 的阻遏物可与结合于 O_R1 和 O_R2 的二聚体相互作用，而 RNA 聚合酶结合于 P_{RM} 处（它与 O_R3 重叠），可与结合于 O_R2 的阻遏物相互作用

作用，而它能从启动子 P_{RM} 处起始转录。

两个操纵基因之间的相互作用会产生几种后果：它能稳定阻遏物的结合，这样使阻遏物能在低浓度情况下占据操纵基因；在 O_R2 处的结合能稳定 RNA 聚合酶结合于 P_{RM}，这使低浓度阻遏物能自主刺激其自身产物的形成。在操纵基因 O_L 和 O_R 中位点 1 和位点 2 上的八聚体可刺激 P_{RM} 处的转录，它比操纵基因 O_R 中的两个二聚体效率更高。

在操纵基因 O_L 和 O_R 位点之间的 DNA（即 *c I* 基因）可形成大环，它能被阻遏物八聚体聚集在一起。八聚体会使 O_R3 与 O_L3 位点相互靠近。结果，两个阻遏物二聚体能结合这些位点，并使彼此之间发生相互作用，如**图 25.29** 所示。O_R3 的占据阻止了 RNA 聚合酶结合于 P_{RM}，因而关闭了阻遏物的表达。

这表明了 *c I* 基因的表达是如何对阻遏物浓度变得相当敏感。在极低浓度下，它形成八聚体，并以正自体调节的方式激活 RNA 聚合酶；而浓度的增高使它能结合于 O_R3 和 O_L3 这两个位点上，从而以负自主调节的方式关闭转录。协同相互作用可降低每一个事件所需的阻遏物的阈值水平，这样使整体调节系统更加灵敏。而阻遏物水平的任何改变都会触发适当的调节应答以恢复溶源性。

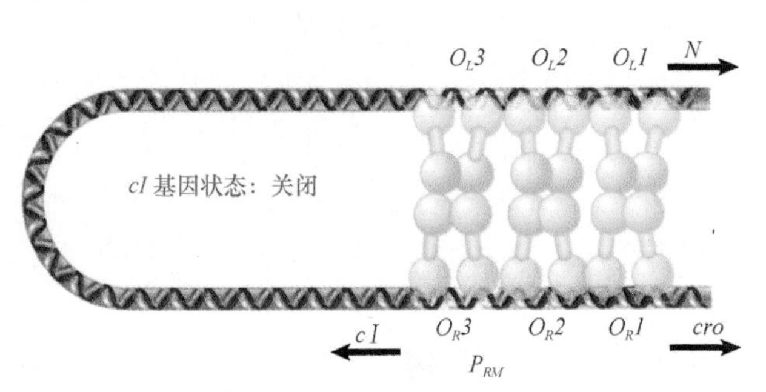

图 25.29 阻遏物八聚体的形成会使 O_R3 与 O_L3 位点相互靠近，而阻遏物浓度的提高可使二聚体能结合这些位点并发生相互作用

阻遏物的整体水平已经被降低（如果不存在协同效应，那么所需水平可能要提高 3 倍），这样当它需要诱导出噬菌体时，就只需要去除更加少的阻遏物即可，这就提高了诱导效率。

25.15 *cII* 和 *cIII* 基因是建立溶源性所需的

关键概念

- 迟早期基因产物 cII 和 cIII 蛋白是 RNA 聚合酶在启动子 P_{RE} 启动转录所必需的。
- cII 蛋白直接作用于启动子而 cIII 蛋白则保护 cII 蛋白不被降解。
- 从 P_{RE} 开始的转录导致阻遏物的合成，同时它也封闭了 *cro* 基因的转录。

维持溶源性的控制回路出现了一个矛盾：阻遏物的存在是其自身合成所必需的，这解释了溶源性得以长存的原因，但是第一次阻遏物的合成是怎样建立的呢？

当 λ 噬菌体 DNA 侵入新的宿主细胞时，细菌的 RNA 聚合酶不能转录 *c I* 基因，因为没有阻遏物帮助它结合在 P_{RM} 处。同样，由于缺少阻遏物意味着 P_R 和 P_L 是可利用的，因此，λ 噬菌体 DNA 感染细菌时的第一件事就是转录基因 *N* 和 *cro*。此后，pN 蛋白使转录继续延伸，它使得左侧的 *cIII*（和其他）基因转录；与此同时，右侧的 *cII*（和其他）基因也可转录（见图 25.14）。

cII、*cIII* 和 *c I* 基因突变时都不能进入裂解进程，这是它们的共有特征，但它们之间也有区别。*c I* 突变体既不能建立也不能维持溶源性；*cII* 和 *cIII* 突变体在建立溶源性时虽然有些困难，但是一旦建立，它们就能用 *c I* 自调节回路来维持它。

这意味着作为正调节物的 *cII* 和 *cIII* 基因产物对另一个系统，即阻遏物合成是必需的。这套系统仅仅是让 *c I* 基因起始表达，为的是克服自调节回路不能从头合成的困难；而这套系统对于 *c I* 基因继续表达则是不需要的。

cII 蛋白作为正调节物直接对基因表达起作用。在 *cro* 基因和 *cII* 基因之间存在另一个 *c I* 基因

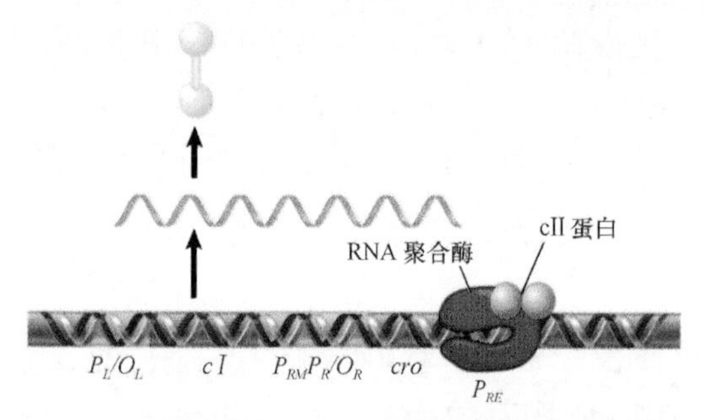

图 25.30 在 P_{RE} 启动子上，cII 蛋白与 RNA 聚合酶的作用启动了从 *cro* 基因反义链到 *c*I 基因的转录，这样就合成了阻遏物

启动子，称为 P_{RE}，这个启动子只有在 cII 蛋白存在时才能被 RNA 聚合酶识别，其作用如图 25.30 所示。cII 蛋白在体内极不稳定，因为有一种称为 HflA[其中 Hfl 代表高频溶源化（high-frequency lysogenization）] 的宿主蛋白会将它降解，而 cIII蛋白的作用则是保护 cII 蛋白免于这种降解作用。

从启动子 P_{RE} 开始的转录推进溶源性的建立可以使用两种方法。它的直接效应是将 *c I* mRNA 翻译成阻遏物；而其间接效应是使转录以“错误”的方向经过 *cro* 基因。这样，RNA 的 5′ 端对应的是 *cro* 基因的反义转录物，实际上，它能与真正的 *cro* mRNA 杂交，并抑制它的翻译。这是很重要的，因为 *cro* 基因的表达是进入裂解周期所必需的（见 25.18 节“裂解感染需要 Cro 阻遏物”）。

来自 P_{RE} 转录物上的 *c I* 编码区能非常有效地翻译；相反，之前提到的来自 P_{RM} 转录物的翻译却较弱。事实上，从 P_{RE} 开始的阻遏物的合成效率约是从 P_{RM} 开始的 7～8 倍。这反映了以下这一事实：P_{RE} 转录物存在一个含强效核糖体结合位点的 5′ UTR，而来自 P_{RM} 的转录物是一个效率很差的 mRNA（就如 25.13 节“λ 噬菌体阻遏物维持自体调节回路”中所提及的）。

25.16 弱启动子需要 cII 蛋白的协助

关键概念

- P_{RE} 在 −10 区和 −35 区有非典型的序列。
- 只有在 cII 蛋白存在下，RNA 聚合酶才结合 P_{RE} 启动子。
- cII 蛋白结合 −35 区附近的序列。

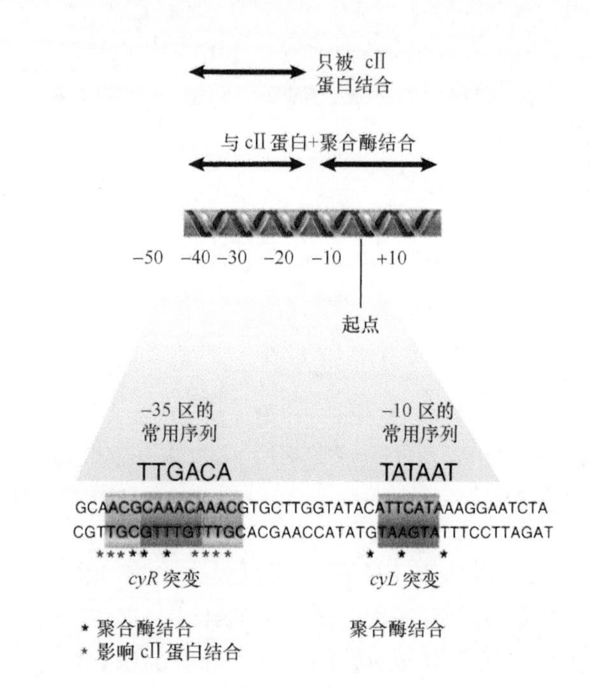

图 25.31 RNA 聚合酶只在 cII 蛋白存在时才结合到 P_{RE} 上，而 cII 蛋白控制着 −35 区所在的区域

P_{RE} 启动子含有一个较弱的 −10 区共有序列，并且也缺少 −35 区的共有序列，这种缺陷解释了它对 cII 蛋白的依赖性。在体外，RNA 聚合酶不能在这个启动子单独进行转录，但当加入 cII 蛋白时就可以进行转录。该调节物结合约从 −25 到 −45 的区域。当添加 RNA 聚合酶后，另一个从 −12 到 +13 的区域被保护起来，如图 25.31 所总结的那样，这两种蛋白质的结合位点是相互重叠的。

cy 突变体的存在提示了 −35 区与 −10 区对启动子功能的重要性，尽管它们缺少与共有序列的相似性。这些突变在阻止溶源性的建立方面与 *cII* 和 *cIII*突变有相似的影响，但它们是顺式作用而非反式作用。这些突变可分为两个群——*cyL* 和 *cyR*，分别位于共有操纵基因的 −10 区和 −35 区。

如果 *cyL* 突变位于 −10 区附近，那么它可能阻止 RNA 聚合酶与启动子的相互识别。

如果 *cyR* 突变位于 −35 区附近，那么它的效应可分为两类，分别影响 RNA 聚合酶或 cII 蛋白结合到 DNA 上。突变位于这个区域中央则不影响 cII 蛋白的结合，大概它们阻止了 RNA 聚合酶的结合。突变在这个区域的两端，在一个短的四联体重复序列 TTGC 上的突变能阻止 cII 蛋白的结合，而这个四联体的每一个碱基与另一个四联体中相应的碱基相距 10 bp（相当于一个螺旋），所以当 cII 蛋白与两个四联体识别时，它位于双螺旋的同一个表面上。

表 25.1　正控制可在起始转录的两个阶段影响 RNA 聚合酶

启动子	调节物	聚合酶结合（平衡常数，K_B）	闭合 - 开放的转变（速率常数，k_2）
P_{RM}	阻遏物	没有影响	11×
P_{RE}	cⅡ蛋白	100×	100×

启动子的正控制提示辅助蛋白增加了 RNA 聚合酶起始转录的效率。**表 25.1** 指出启动子与聚合酶间的相互作用的一个或两个阶段可以作为识别靶标，并起始结合以形成闭合复合体，或转变成开放复合体。这两个阶段都有可能被辅助蛋白增强。

25.17　溶源性需要一系列事件

关键概念

- cⅡ /cⅢ蛋白导致阻遏物合成的起始并引发晚期基因转录的抑制。
- 阻遏物的合成关闭了即早期和迟早期基因的表达。
- 阻遏物开启了维持自身合成的回路。
- 在溶源性建立的最后阶段，λ噬菌体 DNA 整合入细菌基因组中。

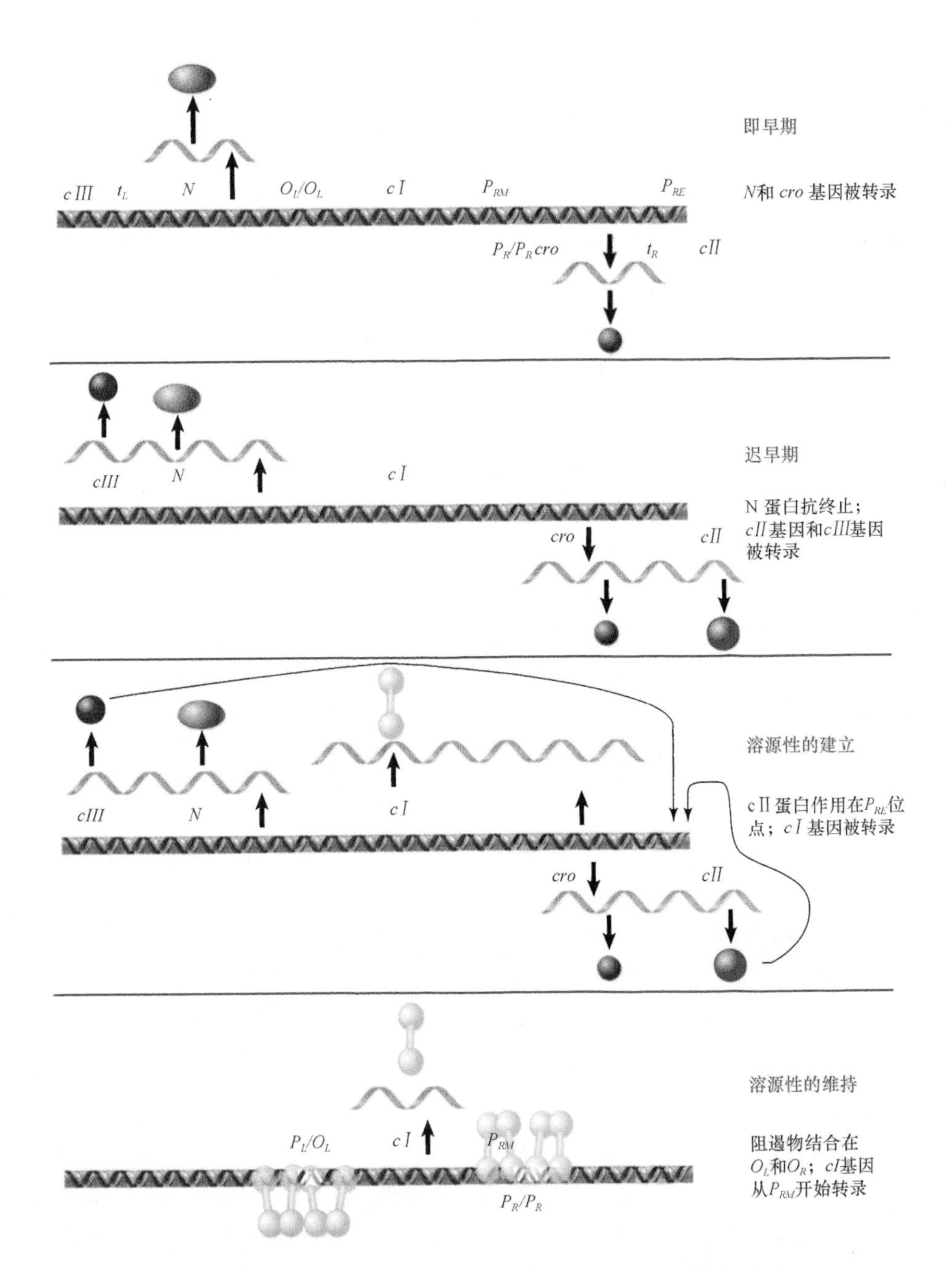

图 25.32　建立溶源性需要一个级联反应，但是之后这个回路被关闭并被自体阻遏物维持回路所取代

感染时溶源性是怎样建立的呢？**图 25.32** 扼要说明了早期阶段，并显示了当 cⅡ和 cⅢ蛋白表达后发生的情况。cⅢ蛋白可保护 cⅡ蛋白免于 HflA 蛋白酶的蛋白水解作用。当 cⅡ蛋白存在时，从 P_{RM} 的转录能够延伸通过 *cI* 基因，然后从这个转录物中合成了大量的 λ 噬菌体阻遏物，它们立即与 O_L 和 O_R 结合。起初是作为单体，而当浓度渐渐上升以后，它们在 P_L/O_L 到 P_R/O_R 区域转变成了二聚体，导致 DNA 形成环状结构，如图 25.28 和图 25.29 所示。

通过直接抑制从 P_L 和 P_R 的任何进一步转录，阻遏物的结合就能关闭所有噬菌体的基因表达，它停止了不稳定的 cⅡ蛋白和 cⅢ蛋白的合成，所以它们很快就降解，导致 P_{RE} 不再被使用，通过已建回路的阻遏物合成也就停止。

λ 噬菌体阻遏物现在位于 O_R2 处，而作为一种正调节物，它通过与 RNA 聚合酶 σ 因子发生接触而打开了自 P_{RM} 处的表达维持回路。这可能是一个冗余机制，仅仅是为了确保开关的开启状态。这样阻遏物继续合成，尽管这是 P_{RM} 作用处于低水平时的典型特征。通过以上论述可以知道，先是已建回路以高水平开始阻遏物的合成；之后阻遏物关闭了所有其他的功能，同时打开了维持回路，该回路以低水平发挥作用，但足以维持溶源性，且在更高水平的 λ 噬菌体阻遏物存在下，它会占据 O_R3 处，从而会关闭其自身合成回路。

我们没有详细讨论建立溶源性所需的其他功能，但要强调一下：感染的 λ 噬菌体 DNA 必须整合到细菌的基因组中，即在其宿主的帮助下，将插入位点运输到紧邻 λ 噬菌体的入口处（详见第 13 章“同源重组与位点专一重组”）。这一插入需要有 *int* 基因的产物，这个产物从其自身启动子 P_I 上表达，而且也需要正调节物 cⅡ蛋白的参与。所以建立溶源控制回路所需的功能同噬菌体 DNA 整合细菌基因组所需的功能都受同一种控制，因此溶源性的建立是在一定控制下进行的，这种控制能保证所有必要事件按同一时序发生。

这里强调一下 λ 噬菌体的复杂级联反应的微妙性。值得注意的是，cⅡ蛋白是以另一种间接方式促进溶源性的产生，它引起了位于 *Q* 基因内的启动子 $P_{anti\text{-}Q}$ 的转录，这个转录物是 *Q* 区域的反义转录形式，而且能与 *Q* 基因的 mRNA 杂交来阻止 Q 蛋白的翻译，而 Q 蛋白的合成是裂解进程所必需的。因此，通过 *cI* 阻遏物基因的转录可直接启动溶源性，同时也可通过抑制 *cro*（见上）和 *Q* 基因这些相反的裂解途径所需的调节基因间接促进溶源性的产生。

25.18 裂解感染需要 Cro 阻遏物

关键概念

- Cro 蛋白和 λ 噬菌体阻遏物结合相同的操纵基因，但亲和力不同。
- 当 Cro 蛋白结合 O_R3 时，它阻碍 RNA 聚合酶结合到 P_{RM} 上，并封闭阻遏物启动子的维持。
- 当 Cro 蛋白结合在 O_R 或 O_L 处的其他操纵基因时，它阻止了 RNA 聚合酶表达即早期基因，从而间接阻断了阻遏物的生成。

λ 噬菌体是一种温和噬菌体，它可以选择进入溶源性或开始裂解感染。我们已经看到，溶源性是通过建立自调节的维持回路起始的，这个回路通过在两个部位 P_L/O_L 和 O_R/P_R 上施压以影响抑制整个裂解级联反应。两条途径都以完全一样的方式开始，先表达即早期基因 *N* 和 *cro* 基因，随后进行 pN 蛋白指导的迟早期基因的转录。现在面临一个问题，即噬菌体怎样进入裂解周期呢？

cro 基因对进入裂解周期施加了关键的影响，它能编码另一个阻遏物。Cro 蛋白负责阻止 λ 噬菌体阻遏物 cⅠ蛋白的合成，这种作用消除了建立溶源性的可能性。*cro* 突变体通常是建立溶源性，而不是进入裂解途径，因为这些突变体缺少阻止阻遏物表达的能力。

Cro 蛋白形成小的二聚体（亚基大小为 9 kDa），它能作用于免疫区，并具有两种效应：

- 它阻止通过维持回路所导致的 λ 噬菌体阻遏物的合成，也就是阻止经 P_{RM} 的转录；
- 它也抑制早期基因经由 P_R 和 P_L 的表达。

这意味着，当噬菌体进入裂解途径时，Cro 蛋白既要负责阻止 λ 噬菌体阻遏物的合成，又要在一旦足量产物形成以后来抑制早期基因的表达。

值得注意的是，Cro 蛋白与 λ 噬菌体阻遏物

c I 蛋白一样通过结合同一操纵基因来实现其功能。Cro 蛋白包括一个与 λ 噬菌体阻遏物的结构大致相同的区域，即两个螺旋，其中螺旋 2 和识别螺旋 3 偏移了一个角度。而这两个结构的其他区域并不一样，证明螺旋 - 转角 - 螺旋基序可以在不同的结构中发挥作用。像 λ 噬菌体阻遏物一样，Cro 蛋白也对称地结合在操纵基因上。

Cro 蛋白和 λ 噬菌体阻遏物在螺旋 - 转角 - 螺旋区域的序列是相关的，这解释了它们与同一 DNA 序列接触的能力（见图 25.22）。Cro 蛋白与 DNA 的接触与 λ 噬菌体阻遏物的相似，但只与 DNA 的一个表面接触；它缺少 N 端臂，而 λ 噬菌体阻遏物则伸出这个臂环绕 DNA。

为何两种蛋白质有同样的作用位点，却有相反的功效呢？答案在于每一种蛋白质对操纵基因的个别位点具有不同的亲和力。比如了解得较多的 O_R 的情况，在 O_R 处 Cro 蛋白可行使两种作用，所发生的一系列事件如**图 25.33** 所述（值得注意的是，前两个时期与溶源回路的完全一样，见图 25.32）。

Cro 蛋白对 O_R3 的亲和力要比对 O_R2 和 O_R1 的亲和力更强。所以，它首先与 O_R3 结合，这个结合抑制了 RNA 聚合酶与 P_{RM} 的结合，所以 Cro 蛋白的第一个作用就是阻止溶源维持回路的运行。

此后，Cro 蛋白与 O_R2 或 O_R1 结合。它与这两

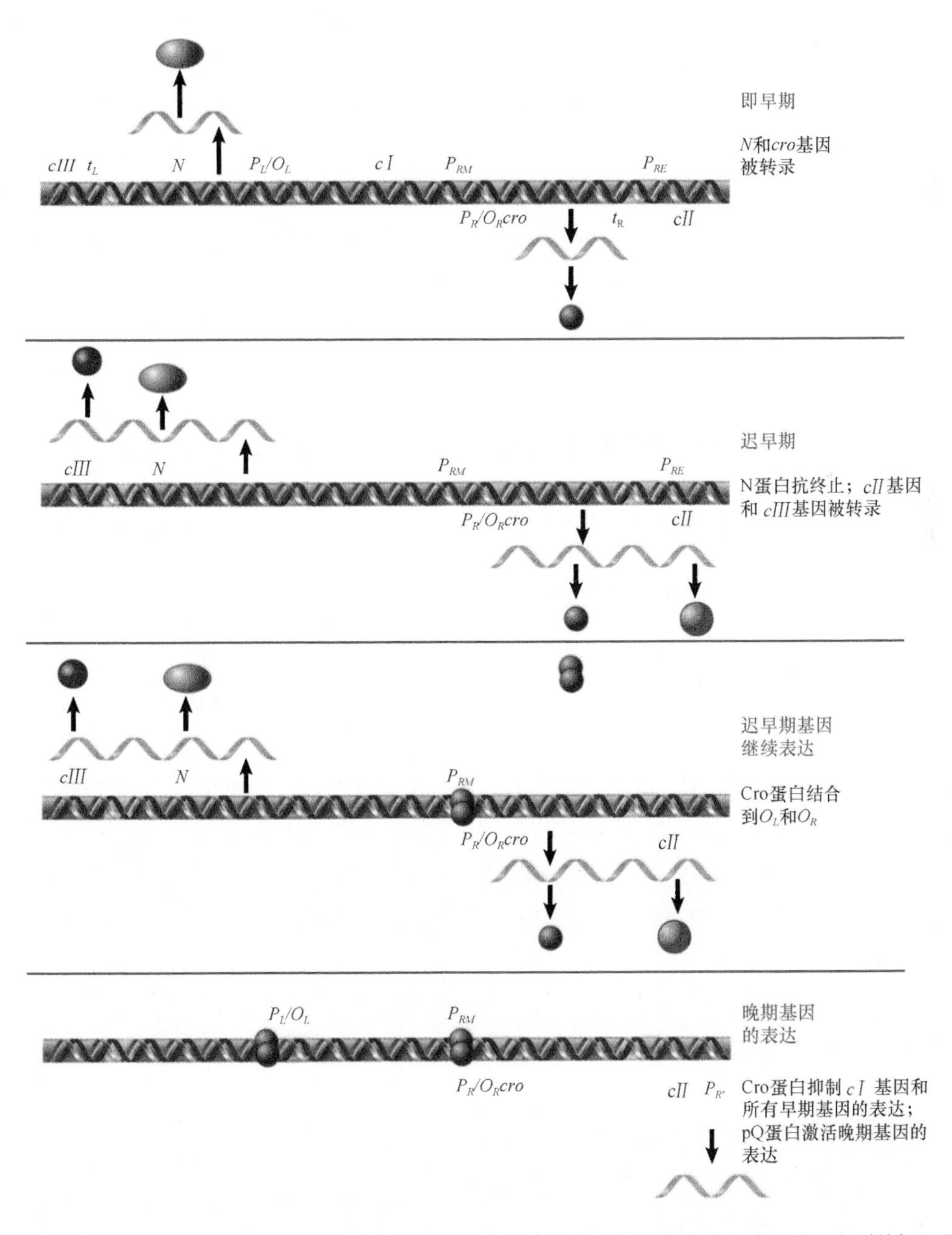

图 25.33 裂解的级联反应需要 Cro 蛋白。它一方面通过与 P_{RM} 作用直接阻止阻遏物维持回路；另一方面关闭迟早期基因表达，从而间接阻止阻遏物的合成

个位点的亲和力相似，而且没有协同作用。它无论结合在哪一个位点上都足以阻止RNA聚合酶利用P_R，并进而停止产生早期功能产物（包括Cro蛋白本身）。由于cⅡ蛋白的不稳定性，P_{RE}的作用也被停止，因此Cro蛋白的这两种作用完全阻断了λ噬菌体阻遏物的合成。

就裂解周期而言，Cro蛋白下调（但不是完全消除）早期基因的表达，它的这种不完全作用可归咎于其对O_R2和O_R1的亲和力，约为λ噬菌体阻遏物亲和力的1/8。因为有pQ蛋白的存在，Cro蛋白的这种作用不会发生，直到早期基因或多或少已变得多余，而这时，噬菌体已经开始了晚期基因的表达，主要在制造子代噬菌体颗粒。

值得注意的是，在感染的早期阶段，Cro蛋白的表达要领先于λ噬菌体阻遏物，因此这似乎有利于裂解途径，但是最终结果则取决于两种蛋白质的浓度和它们内在的DNA结合亲和力。

25.19 是什么决定了溶源性和裂解周期之间的平衡？

关键概念

- 当Cro蛋白和阻遏物在溶源期和裂解期都表达时，迟早期阶段会在溶源期和裂解期之间维持平衡。
- 关键事件是cⅡ蛋白能否引起足够的cⅠ阻遏物合成，用以克服Cro蛋白的作用。

溶源与裂解途径的程序是如此的密切相关，使我们难以预测入侵新宿主细胞的任何单个噬菌体的命运。λ噬菌体阻遏物与Cro蛋白之间的拮抗究竟是通过如图25.32所示的自调节维持回路，还是通过如图25.33所示的关闭λ噬菌体阻遏物的合成进入发育晚期阶段呢？

溶源与裂解在即将决定走哪条道路之前都遵循同一条途径，二者都经历即早期基因的表达，并延伸进入迟早期基因中。它们之间的分歧可归结为这样的问题，即究竟是λ噬菌体阻遏物还是Cro蛋白获得两个操纵基因O_L和P_L的占有权。

做出这一决定的早期阶段在两种情况中持续的时间都是有限的。不管噬菌体遵循哪一条途径，因为P_L和P_R被阻遏，且由于cⅡ蛋白和cⅢ蛋白缺失，通过P_{RE}产生阻遏物的过程也将停止，所以，所有早期基因的表达都被抑制。

现在关键的问题在于，经由P_{RE}的转录终止后，是激活P_{RM}并建立溶源性，还是P_{RM}不能活化而由pQ调节物使噬菌体进入裂解进程。**图25.34**显示了这一重要阶段，此时阻遏物和Cro蛋白均被合成。这样，对于哪一条途径的选择将取决于λ噬菌体阻遏物所合成的量，也取决于转录因子cⅡ蛋白所合成的量，当然这也取决于（或至少部分取决于）cⅢ蛋白所合成的量。

建立溶源性的起始事件是λ噬菌体阻遏物在O_L1和O_R1处的结合。第一个位点的结合将立即伴随着阻遏物二聚体在O_L2和O_R2处的协同结合，这就关闭了Cro蛋白的合成，并开始经由P_{RM}进行λ噬菌体阻遏物的合成。

进入裂解周期的起始事件是Cro蛋白在O_R3处的结合，这就停止了在P_{RM}处开始的溶源维持回路。随后，Cro蛋白必须与O_R1或O_R2，以及O_L1或O_L2结合，以下调早期基因的表达。通过停止合成cⅡ和cⅢ蛋白，这一行为导致λ噬菌体阻遏物通过P_{RE}的合成的停止。当不稳定的cⅡ和cⅢ蛋白降解时，阻遏物已建回路就被关闭。

实现对溶源和裂解途径之间转变的关键性影响因素是cⅡ蛋白。如果cⅡ蛋白的数量充足，经由已建启动子的阻遏物的合成是有效的，结果是λ噬菌体阻遏物占据操纵基因；如果cⅡ蛋白的数量不足，λ噬菌体阻遏物的合成失败，Cro蛋白就与操纵基因结合。

在任何特定条件下，cⅡ蛋白的水平决定了感染的结果。提高cⅡ蛋白稳定性的突变会增加溶源性的频率，这种突变发生在*cⅡ*基因自身或其他基因上。cⅡ蛋白不稳定的原因是它对于宿主蛋白酶降解的敏感性，它在细胞中的水平受到cⅢ蛋白和宿主功能的影响。

其次是λ噬菌体cⅢ蛋白的作用——它保护cⅡ蛋白不被降解。虽然cⅢ蛋白不能保证cⅡ蛋白继续存在，但缺少cⅢ蛋白时，cⅡ蛋白实际上总是没有活性。

宿主基因产物也作用于这个途径，在宿主基因*hflA*和*hflB*上的突变倾向于溶源性的形成。这种突

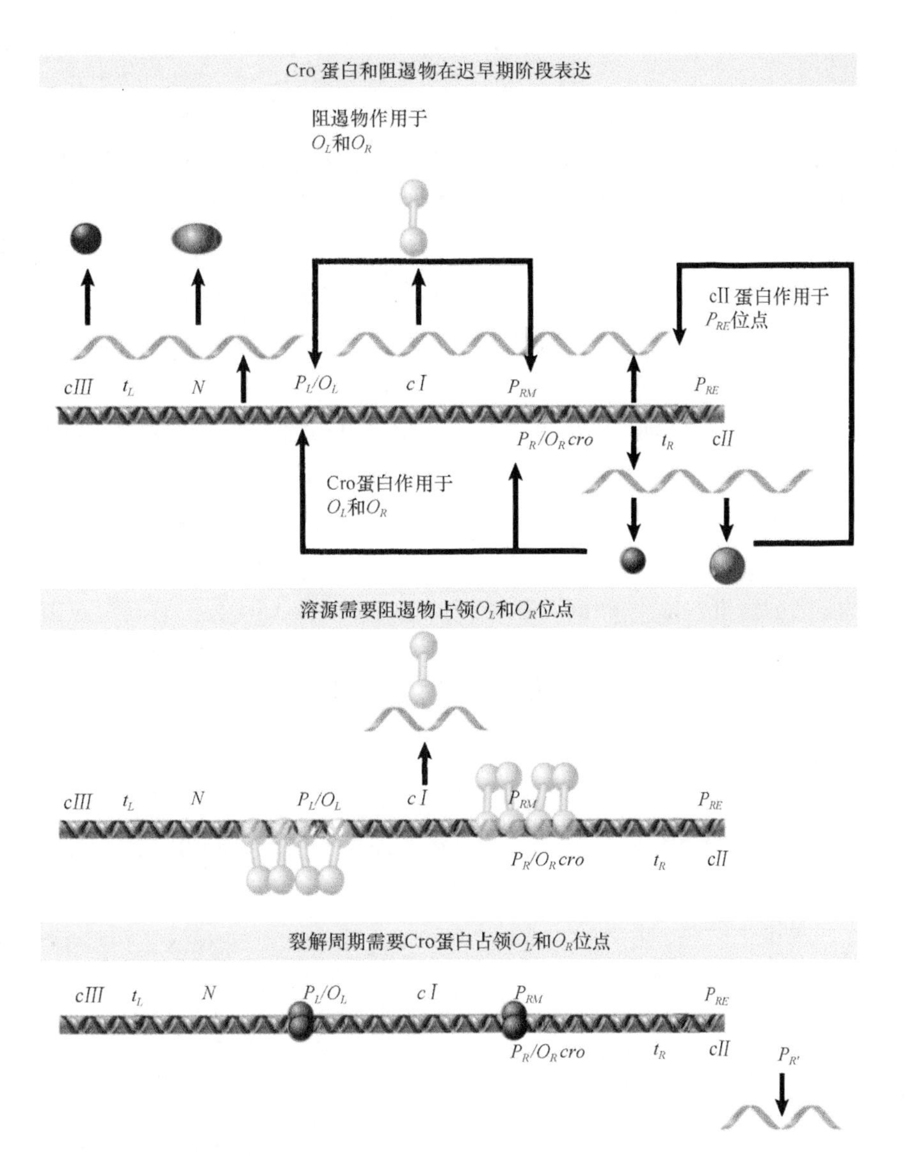

图 25.34 决定溶源和裂解的关键时期是：当迟早期基因在表达时，如果 c II 蛋白导致足够的阻遏物合成，将进入溶源性，因为阻遏物占据了操纵基因；反之，如果 Cro 蛋白占据操纵基因，将导致进入裂解周期

变稳定了 cII 蛋白，因为它们使降解 cII 蛋白的宿主蛋白酶失活。

宿主细胞对 cII 水平的影响为细菌干扰决策过程提供了途径。例如，当细菌生长在丰富培养基时，降解 cII 蛋白的宿主蛋白酶是有活性的，所以 λ 噬菌体倾向于裂解生长很好的细胞；但当细胞饥饿时，它更倾向于进入溶源性（而且这些细胞缺少有效裂解生长所需的成分）。

如果多个噬菌体感染某一细菌，则会呈现出一幅不同的景象，数个参数都会发生改变。首先，每一个细菌会产生更多的 cIII蛋白以对抗大量的宿主蛋白酶，从而产生更多的 cII 蛋白；另一方面，在每一个受到多个噬菌体感染的细胞中，每一个 λ 噬菌体基因组将会最终决定其是进入溶源还是裂解途径。这是一个“嘈杂”的决定，它会受到不同分子和蛋白质微小的、局域性的差异的影响。某一细菌与受到单一噬菌体感染的细菌相比，其最终结局会存在明显的差异，因为每一个噬菌体都要被考虑到。最终，我们可以想象一个“投票”的情景，如果要进入溶源性，“投票”必须全体一致；甚至只要有一个噬菌体坚持要进入裂解途径，那么细菌的死亡就会不可避免。

小结

烈性噬菌体有一个裂解生活周期，在这个周期中，它先感染一个细菌，随后产生大量的噬菌体颗粒，裂解细胞，最后释放病毒。有些噬菌体也可以溶源形式存在，在这种情况下，噬菌体基因组整合到细菌染色体中，像细菌的任何其他基因一样，以惰性、潜伏的方式遗传下去。

裂解感染一般分为三个时期。第一时期少量的噬菌体基因由宿主RNA聚合酶转录，这些基因中的一种或更多种所编码的产物是控制第二个时期基因表达的调节物；这个模式在第二个时期又被重演，第二个时期的一个或更多个基因所编码的产物是第三个时期基因表达所需的调节物。前两个阶段的基因编码噬菌体DNA复制所需的酶；最后一个阶段的基因编码噬菌体颗粒的结构成分。而在晚期阶段，早期基因通常被关闭。

λ噬菌体基因被组织成簇，它通过单个的调节事件控制表达。即早期基因*N*编码一个抗终止子蛋白，允许从即早期启动子P_R和P_L向左和向右转录迟早期基因群。迟早期基因*Q*有相似的抗终止作用，允许晚期基因从启动子$P_{R'}$转录。*cI*基因的产物是一个λ噬菌体阻遏物，该蛋白作用于操纵基因O_R和O_L来分别阻止启动子P_R和P_L的使用。通过表达*cI*基因，裂解循环被抑制，溶源性得以保持。一个溶源性噬菌体基因组只表达*cI*基因，启动子是P_{RM}。从这个启动子的转录涉及正自调节，在该调节过程中，阻遏物与O_R结合，激活了P_{RM}上结合的RNA聚合酶。

每一个操纵基因都含有三个λ噬菌体阻遏物结合位点。每一个位点都是回文结构，由两个对称的半位点组成，λ噬菌体阻遏物以二聚体的形式行使功能。每个半位点与阻遏物的单体相接触。阻遏物的N端结构域含有一个螺旋-转角-螺旋基序，负责与DNA接触。螺旋3是识别螺旋，负责与操纵基因碱基对的特异性接触；螺旋2参与定位螺旋3，它还参与在P_{RM}处与RNA聚合酶的接触。C端结构域是形成二聚体所必需的。N端和C端结构域之间断裂可引发诱导，这种切割阻止了DNA结合区形成有功能的二聚体形式，从而降低了它们与DNA的亲和力，因而不能维持溶源性。λ噬菌体阻遏物-操纵基因的结合是协同的，因此一旦一个二聚体与第一个位点结合，下一个二聚体与邻近位点的结合就变得更为容易。

螺旋-转角-螺旋基序也存在于其他DNA结合蛋白中，包括λ噬菌体的Cro蛋白，它与同样的操纵基因相结合，但对于单个操纵基因位点的亲和力不同，这是由螺旋3的序列决定的。Cro蛋白从O_R3开始与单个操纵基因位点结合，没有协同方式，这种结合方式是进入裂解循环所必需的。Cro蛋白先与O_R3结合阻止阻遏物从P_{RM}的合成，接着它结合到O_R2和O_R1，以阻止早期基因的继续表达，当它与O_L2和O_L1结合时也可以体现此作用。

λ噬菌体阻遏物合成的建立需要启动子P_{RE}，此启动子由基因*cII*的产物激活，而*cIII*基因产物能稳定*cII*基因产物使之不被降解。通过关闭*cII*和*cIII*基因的表达使Cro蛋白起作用，以阻止其进入溶源性。阻遏物通过关闭除自身以外所有基因的转录而发挥作用，从而阻止进入裂解周期。裂解和溶源的选择依赖于在特定感染下究竟是阻遏物还是Cro蛋白占有了操纵基因，在感染细胞中cⅡ蛋白的稳定性是产生不同后果的首要决定因素。

参考文献

25.4 两种调节事件控制细胞裂解的级联反应

综述文献

Greenblatt, J., Nodwell, J. R., and Mason, S. W. (1993). Transcriptional antitermination. *Nature* 364, 401-406.

25.6 细胞裂解周期和溶源化都需要λ噬菌体即早期和迟早期基因

综述文献

Ptashne, M. (2004). *The genetic switch: Phage lambda revisited.* Cold Spring Harbor, NY: Cold Spring Harbor Press.

25.8 λ噬菌体阻遏蛋白维持溶源性

研究论文文献

Pirrotta, V., Chadwick, P., and Ptashne, M. (1970). Active form of two coliphage repressors. *Nature* 227, 41-44.

Ptashne, M. (1967). Isolation of the lambda phagerepressor. *Proc. Natl. Acad. Sci. USA* 57, 306-313.

Ptashne, M. (1967). Specific binding of the lambda phage repressor to lambda DNA. *Nature* 214, 232-234.

25.9 λ噬菌体阻遏物与其操纵基因决定了免疫区

综述文献

Friedman, D. I., and Gottesman, M. (1982). *Lambda II.* Cambridge, MA: Cell Press.

25.10 λ噬菌体阻遏物的DNA结合形式是二聚体

研究论文文献

Pabo, C. O., and Lewis, M. (1982). The operatorbinding domain of lambda repressor: structure and DNA recognition. *Nature* 298, 443-447.

25.11 λ噬菌体阻遏物使用螺旋-转角-螺旋基序结合DNA

研究论文文献

Brennan, R. G., Roderick, S. L., Takeda, Y., and Matthews, B. W.

(1990). Protein-DNA conformational changes in the crystal structure of a lambda Cro-operator complex. *Proc. Natl. Acad. Sci. USA* 87, 8165-8169.

Sauer, R. T., Yocum, R. R., Doolittle, R. F., Lewis, M., and Pabo, C. O. (1982). Homology among DNAbinding proteins suggests use of a conserved super-secondary structure. *Nature* 298, 447-451.

Wharton, R. L., Brown, E. L., and Ptashne, M. (1984). Substituting an α-helix switches the sequence specific DNA interactions of a repressor. *Cell* 38, 361-369.

25.12 λ噬菌体阻遏物二聚体协同结合操纵基因

研究论文文献

Bell, C. E., Frescura, P., Hochschild, A., and Lewis, M. (2000). Crystal structure of the lambda repressor C-terminal domain provides a model for cooperative operator binding. *Cell* 101, 801-811.

Johnson, A. D., Meyer, B. J., and Ptashne, M. (1979). Interactions between DNA-bound repressors govern regulation by the phage lambda repressor. *Proc. Natl. Acad. Sci. USA* 76, 5061-5065.

25.13 λ噬菌体阻遏物维持自调节回路

研究论文文献

Hochschild, A., Irwin, N., and Ptashne, M. (1983). Repressor structure and the mechanism of positive control. *Cell* 32, 319-325.

Li, M., Moyle, H., and Susskind, M. M. (1994). Target of the transcriptional activation function of phage lambda cI protein. *Science* 263, 75-77.

Michalowski, C. B., and Little, J. W. (2005). Positive autoregulation of CI is a dispensable feature of the phage lambda gene regulatory circuitry. *J. Bact.* 187, 6430-6442.

25.14 协同相互作用提高了调节的敏感性

综述文献

Ptashne, M. (2004). *The genetic switch: Phage lambda revisited.* Cold Spring Harbor, NY: Cold Spring Harbor Press.

研究论文文献

Anderson, L. M., and Yang, H. (2008). DNA looping can enhance lysogenic CI transcription in phage lambda. *Proc. Natl. Acad. Sci. USA* 105, 5827-5832.

Bell, C. E., and Lewis, M. (2001). Crystal structure of the lambda repressor C-terminal domain octamer. *J. Mol. Biol.* 314, 1127-1136.

Cui, L., Murchland, I., Shearlin, K. E., and Dodd, I. A. (2013). Enhancer-like long range transcriptional activation by lambda CI- mediated DNA looping. *Proc. Natl. Acad. Sci. USA* 110, 2922-2928.

Dodd, I. B., Perkins, A. J., Tsemitsidis, D., and Egan, J. B. (2001). Octamerization of lambda CI repressor is needed for effective repression of P(RM) and efficient switching from lysogeny. *Genes Dev.* 15, 3013-3022.

Lewis, D., Le, P., Zurla, C., Finzi, L., and Adhya, S. (2011). Multilevel autoregulation of λ repressor protein CI by DNA looping in vitro. *Proc. Natl. Acad. Sci. USA* 108, 14807-14812.

25.17 溶源性需要一系列事件

研究论文文献

Tal, A., Arbel-Goran, R., Castanino, N., Court, D. L., and Stavans, J. (2014). Location of the unique integration site on an *E. coli* chromosome by bacteriophage lambda DNA *in vivo*. *Proc. Natl. Acad. Sci. USA* 111, 349-354.

25.19 是什么决定了溶源性和裂解周期之间的平衡?

综述文献

Oppenheim, A. B., Kobiler, O., Stavans, J., Court, D. L., and Adhya, S. (2005). Switches in bacteriophage lambda development. *Annu. Rev. Gen.* 39, 409-429.

研究论文文献

Zeng, L., Skinner, S. O., Zong, C., Skippy, J., Feiss, M., and Golding, I. (2010). Decision making at a subcellular level determines the outcome of a bacteriophage infection. *Cell* 141, 682-691.

第 26 章

真核生物的转录调节

Liskin Swint-Kruse　编

章节提纲

26.1　引言

关键概念

- 真核生物中基因表达大多是在转录起始时受开放染色质控制的。

在高等真核生物中，各种细胞表型的差异很大程度上取决于那些由 RNA 聚合酶 II 转录的可编码蛋白质的基因在表达上的不同。原则上，这些基因可以在基因表达的任一阶段被调节。如图 26.1 所示，我们至少可将它分为 5 个潜在的控制节点，这一系列的过程如下所示：

顶部纹理：© Laguna Design/Science Source

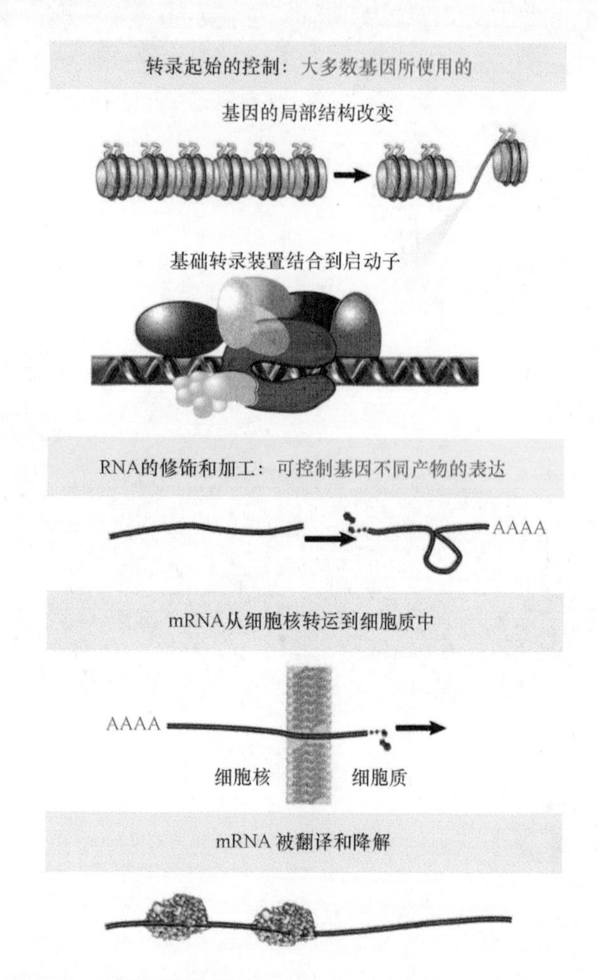

图 26.1 基因表达的主要控制点是转录起始。加工调节可能决定了 mRNA 中所代表的基因形式。mRNA 在转运到细胞质的过程中、翻译过程中，以及通过降解可以受到调节

基因结构的激活：开放染色质

↓

转录起始和延伸

↓

转录物加工

↓

从细胞核向细胞质转运

↓

mRNA 的翻译

↓

mRNA 的降解和转换

基因是否表达依赖于染色质结构，这包括局部区域（在启动子中）和周围环境。染色质结构可被相对应的单一激活事件或影响广泛染色质区域的改变所调节。最小的局域化事件仅涉及单一靶基因，此时核小体结构和组织形式的改变发生于邻近启动子区域。许多基因拥有多个启动子，而对启动子的选择可改变调节模式，能影响 mRNA 的利用，因为这会改变 5′ 非翻译区（untranslated region，UTR）。更加常见的变化可能影响到范围大至整条染色体的一些区域。基因的激活需要染色质状态的改变，而最本质的问题就是转录因子如何进入到启动子 DNA 序列中。

局部染色质结构是控制基因表达不可或缺的部分。总体而言，基因存在着两种结构状态。第一种是闭合染色质中的非活性基因；第二种是只有在基因表达或潜在表达的细胞里，此时基因处于“活性”状态，或位于开放染色质中。其结构的改变发生在转录开始之前，这表明基因可以被转录的，这也说明基因表达的第一步是基因必须获得有活性状态的结构。活性基因往往位于常染色质结构域，它们具有对核酸酶的偏爱敏感性，且在基因被激活前，超敏位点会在启动子处建立（详见第 8 章“染色质”）。位于开放染色质中的基因实际上可能是有活性的，可被转录；或者它们可能是有潜在活性的，正等待着随后的信号，这种状态称为均衡（poised）。

最近的研究表明，转录起始和染色质结构之间有着密切而连续的关系。一些基因转录的激活物直接修饰组蛋白，尤其是组蛋白的乙酰化与基因激活的联系；相反地，一些转录阻遏物通过对组蛋白的脱乙酰化起作用。这些变化影响了组蛋白八聚体与 DNA 之间的联系，并负责控制核小体在特异性位点的出现和结构，这可能是基因处在活性或非活性状态的机制的一个重要方面。

染色质局部区域处在非活性（沉默）状态的机制与其启动子被阻遏的方式有关。参与异染色质形成的蛋白质通过组蛋白作用于染色质，这样，组蛋白的修饰作用可能是此相互作用中很重要的特征。染色质中的这种变化一旦确定，就可能在整个细胞分裂过程保持下去，产生一个**表观遗传（epigenetic）**状态，此时，自我永生化的染色质结构决定了基因的特性。表观遗传的概念反映了基因可能存在一种遗传倾向（可以是活性的，也可以是非活性），而它不依赖于其序列（详见第 27 章“表观遗传学 I ”和第 28 章“表观遗传学 II ”）。一旦转录开始，在转录延伸过程中的调节也是可能的（详见第 18 章“真核生物的转录”）。然而，弱化效应，就如我们在细菌中所看到的（详见第 24 章“操纵子”），不会发生于真核生物中，因为核膜已经将染色体和细胞质分开了。初始转录物在 5′ 端加帽进行修饰，而大

多数蛋白质编码基因还需要在 3′ 端加上多腺苷酸尾（详见第 19 章“RNA 的剪接与加工”）。许多基因还拥有多个终止位点，这会改变 3′ UTR，随之而来的是 mRNA 的功能和行为的改变。

内含子必须从各个断裂基因的转录物中被切除出去，而成熟 RNA 随后必须从细胞核转运到细胞质中。在细胞核 RNA 加工水平上，基因的表达调节可能包括这些阶段的任何一个或几个过程，但我们从剪接过程中的改变所获得的证据最多。一些基因的表达是通过可变剪接模式来进行的，这种调节决定了蛋白质产物类型（详见第 20 章“mRNA 的稳定性与定位”）。

在细胞质中，对 mRNA 翻译的控制是特异性的，这表现在 mRNA 的转换率上。这也包括将 mRNA 定位于其将要表达的特殊位点；另外，通过特定蛋白质因子阻碍转录起始是可以发生的。不同 mRNA 具有不同的内在半衰期，这由特定序列元件所决定。

组织特异性基因的转录调节是真核生物细胞分化的中心议题。这对于代谢途径和催化途径的控制也是很重要的。基因表达的调节物往往是蛋白质，但是，RNA 也可成为基因调节物。这就提出了有关基因调节的以下两个问题：

- 蛋白质转录因子是如何识别出它所调节的一组靶基因的呢？
- 在应答内源或外部信号时，调节物的自身活性是如何被调节的呢？

26.2 基因是如何开启的呢？

关键概念

- 一些转录因子可能在复制叉之后与组蛋白竞争结合 DNA。
- 一些转录因子可识别“封闭”染色质中的靶标以起始转录。
- 基因组被边界元件（绝缘子）分成多个结构域。
- 绝缘子可阻断染色质修饰从一个结构域向另一个结构域扩散。

通过精子与卵子的受精作用，典型的多细胞真核生物就开始了它们的生命历程。在这两种单倍体配子中，尤其是在精子中，染色体以高度凝聚的、被修饰的染色质状态存在。一些物种中的雄性个体利用带正电的多胺（polyamine），如精胺（spermine）和亚精胺（spermidine）来替代精子染色质中的组蛋白，其他替代品还包括精子特异性的组蛋白变异体。一旦两个单倍体细胞核在卵子中完成融合过程，那么基因就会在调节途径的级联反应中被激活。而在“封闭”染色质中的基因是如何被开启的呢？这一常见问题（至少）可被分成两个部分：如何鉴定出并找到包裹在封闭染色质中的、可被激活的单一基因呢？以及，当开始修饰组蛋白和重塑染色质时，有机体如何阻止其效应扩散到不希望被开启的基因中呢？

首先可想到复制是其中的一种机制，通过这一机制，封闭染色质为了允许 DNA 结合序列变得可及而被打乱。通过暂时性地置换组蛋白八聚体，复制打开了高度有序的染色质结构。而随后在子链上的增强子（enhancer）DNA 位点的占据可被认为是核小体和基因调节物之间的竞争。如果有机体含有足够高浓度的转录因子，那么染色质可被打开，如图 26.2 所示；而如果转录因子浓度较低，那么随后核小体就会结合和凝聚这一区域。这种事件发生在爪蟾（*Xenopus*）胚胎中，此时卵细胞 5S 核糖体基因在受精后的胚胎中被阻遏。

其次，现在已经很清楚，一些转录因子能结合封闭染色质中的 DNA 靶序列。位于组蛋白八聚体表面的 DNA 具有潜在的有效性，随后这些转录因子能募集组蛋白修饰蛋白和染色质重塑子，以便开始开启这些基因区段和清除启动子中的障碍物（见第 26.8 节“染色质重塑是一个主动过程”）。最近被描述的通过基因区段的反义转录的例子可以用来协助这一过程，更详细的讨论见第 29 章“非编码

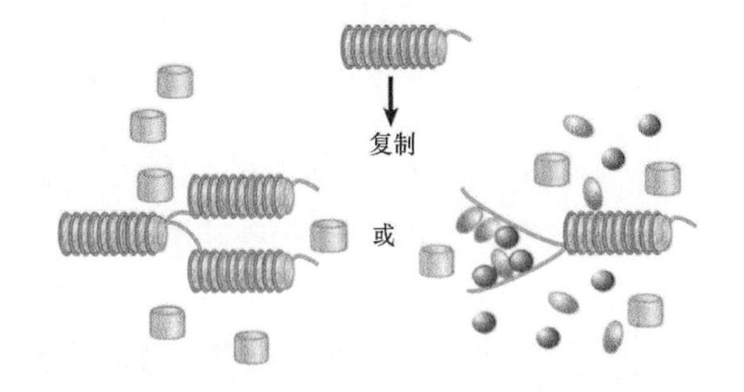

图 26.2　当复制破坏了染色质结构时，在 Y 形复制叉的后面，染色质可以重新形成，或者转录因子能结合并阻止染色质形成

RNA”。

染色质修饰通常源自于某一位点（如增强子），随后再从此处向外传播，不过在大部分情况下它是单向的（在修饰以单向方式传播的这些例子中，现在的问题是为何它不是双向传播的）。下一个问题就是，是什么阻止了染色质修饰扩散至遥远的基因区段？

绝缘子或**边界元件**（**boundary element**）可限制激活（和阻遏）效应（详见第 8 章“染色质”）。只有极少数的绝缘子进行过详细的描述，对其作用机制的了解同样也相当贫乏。在某种意义上，它们很像增强子，是一种模块状的、紧密的序列组合，可被特异性的蛋白质结合。绝缘子也可以作用于复合基因座中，以便于分开多个暂时性的和组织特异性的增强子，这样每次只有一个会发挥作用。机体也需要边界元件来阻止某些区域，如着丝粒和端粒中的异染色质向常染色质扩散。

26.3 激活物和阻遏物的作用机制

关键概念

- 激活物决定了转录频率。
- 激活物与基础转录因子通过蛋白质 - 蛋白质相互作用而发挥功能。
- 激活物可能通过辅激活物而起作用。
- 多种不同方式可以调节激活物。
- 转录装置的一些成分通过改变染色质结构而起作用。
- 通过影响染色质结构或通过结合和隔绝激活物可以产生阻遏效应。

转录起始包含了许多蛋白质 - 蛋白质之间的相互作用，这些蛋白质也就是结合在增强子上的转录因子，以及在启动子上所装配的基础转录装置，如 RNA 聚合酶等。我们可将转录因子分为作用相反的两类：正**激活物**（**activator**）和负**阻遏物**（**repressor**）。

在第 24 章“操纵子”中我们看到，细菌中的**正控制**（**positive control**）需要使用一种调节物，它在从闭合复合体向开放复合体转换过程中可协助 RNA 聚合酶起作用。典型的转录因子如大肠杆菌（*Escherichia coli*）中的 CRP 因子可结合于启动子附近，从而使 RNA 聚合酶 α 亚基的 CTD 与它发生直接接触，这通常发生在含有效率较差的启动子（弱启动子）序列的基因中。激活物可发挥作用从而使 RNA 聚合酶激活启动子。真核生物中的正控制是完全不同的，我们根据其发挥功能的不同而将其分为三类。

第一类是**真激活物**（**true activator**）（详见第 18 章“真核生物的转录”）。这是经典的转录因子，它可与启动子上的基础转录装置发生直接的接触而发挥功能，这种方式或者是直接的，或者通过辅激活物而间接发生（见 26.4 节“DNA 结合域和转录激活域是相互独立的”）。这些转录因子作用于 DNA 或染色质模板上。

真激活物的活性可以被如下的任何一种方式调节，如图 26.3 所示。

- 组织特异性转录因子只在特定细胞类型中合成。调节发育的因子最具代表性，如同源异形蛋白（homeoprotein 或 homeodomain protein）。
- 转录因子活性可由修饰直接控制，如热激转录因子（heat shock transcription factor，HSF）可通过磷酸化转变成活性形式。
- 转录因子可通过配体的结合被激活或失活。类固醇受体是主要代表。配体结合可影响蛋白质定位（可引发从细胞质向细胞核的运输），并能决定它结合 DNA 的能力。
- 转录因子的有效性可能存在差异。例如，NF-κB 存在于多种细胞类型中（在 B 淋巴细胞中，它会激活免疫球蛋白 *κ* 基因的表达），然而它被抑制性蛋白 I-κB 隔离于细胞质中。在 B 淋巴细胞中，NF-κB 从 I-κB 中释放出来，转移到细胞核中并激活转录。
- 二聚体转录因子可存在不同的配偶体。一种配偶体可使之失活，而活性配偶体的合成可取代失活形式。这种情景可在级联反应中被放大，此时各种可变配偶体可彼此配对，特别是在**螺旋 - 环 - 螺旋**（**helix-loop-helix，HLH**）蛋白中。
- 转录因子可从非活性前体中被切割出来。合成的激活物可被固定于核膜或内质网上。固

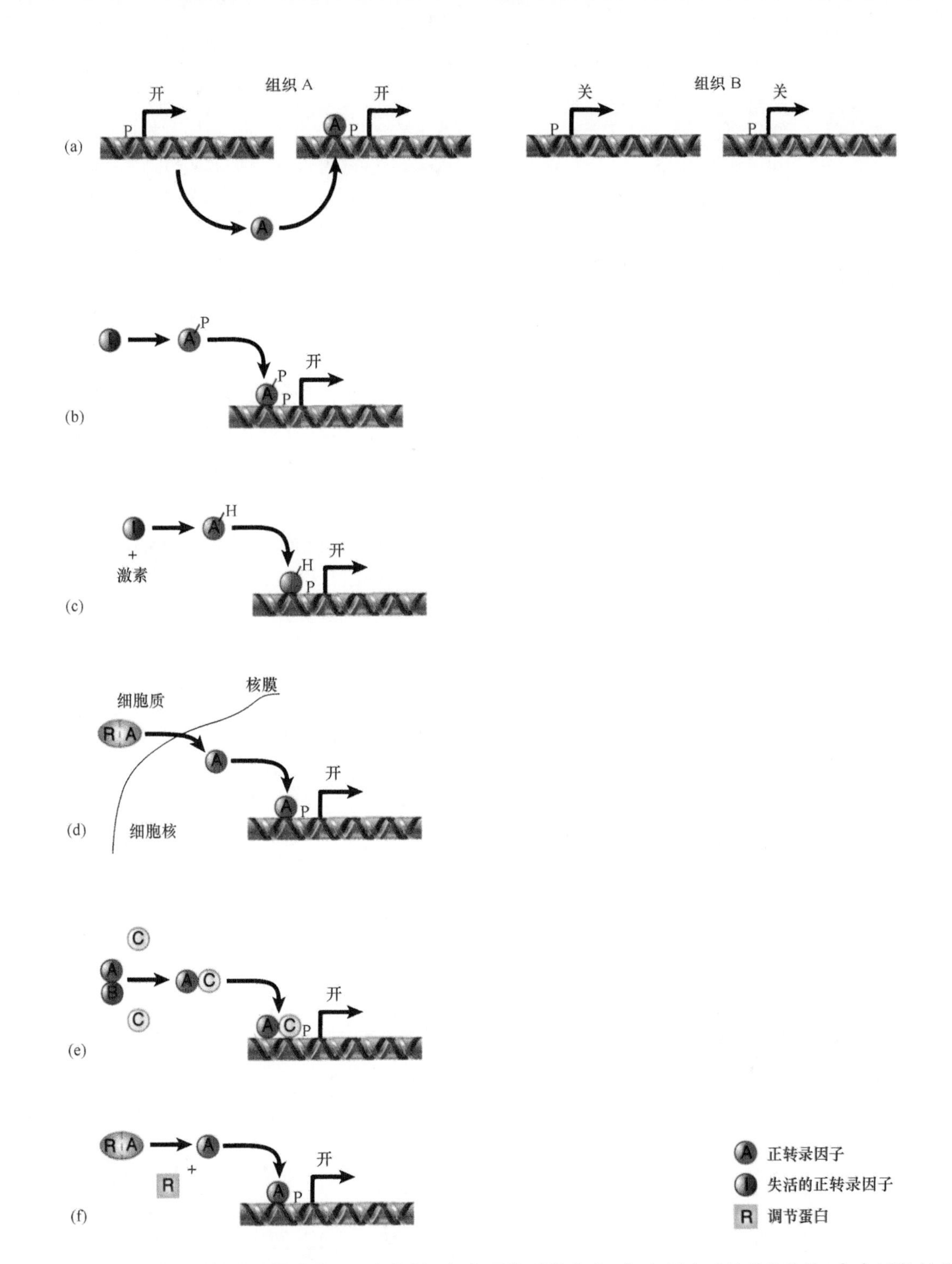

图 26.3 正调节转录因子的活性可以通过以下几点控制：(**a**) 蛋白质的合成、(**b**) 蛋白质的共价修饰、(**c**) 配体结合，或者 (**d**) 结合抑制剂来隔离蛋白质或影响其与 DNA 结合的能力，其方法是 (**e**) 通过选择正确的配偶体进行激活和 (**f**) 从非活性前体切割

醇（如胆固醇）的缺少可使蛋白质在细胞质内的部分被切割，随后它被移位到细胞核中，这提供了激活物的活性形式。

第二类称为**抗阻遏物**（**antirepressor**）。在这些激活物中，当其中一种结合于增强子时，它会募集组蛋白修饰酶和（或）染色质重塑复合体，将染色质从封闭状态转变成开放状态。这类因子对 DNA 模板没有任何作用，它只作用于染色质模板上（将在 26.8 节“染色质重塑是一个主动过程”中描述）。

第三类称为**构筑蛋白**（**architectural protein**），如阴阳（Yin-Yang）蛋白。这些蛋白质的作用是使 DNA 弯曲，将结合的蛋白质聚集在一起，并形成协同复合体；或使 DNA 往相反方向弯曲而阻止复合体

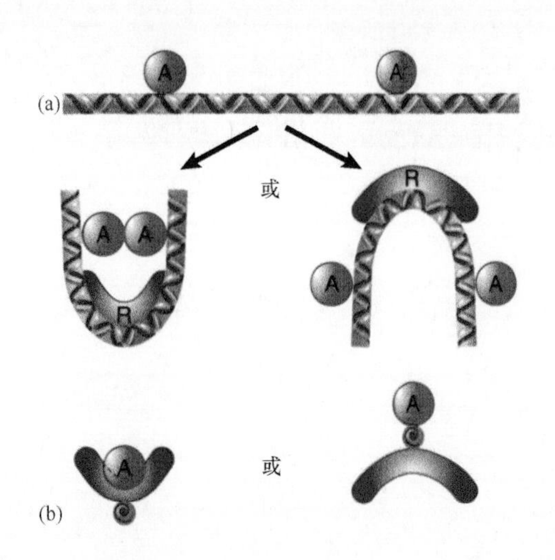

图 26.4 构筑蛋白控制着 DNA 的结构，因而控制了结合的蛋白质能否彼此接触

的形成，如图 26.4 所示。值得注意的是，一段 DNA 可沿两个不同的方向弯曲，这依赖于调节物结合于顶部或底部，将产生半圈螺旋的差异，约相当于 5 bp（10.5 bp/ 圈）。

第 24 章“操纵子”介绍的 *lac* 操纵子和 *trp* 操纵子中，还介绍了细菌中的几个**负控制**（**negative control**）的例子。例如，在 *lac* 操纵子中，当阻遏物阻止 RNA 聚合酶将闭合复合体转变成开放复合体时；或在 *trp* 操纵子中，当阻遏物结合于启动子序列以阻止 RNA 聚合酶的结合时，细菌中就会发生阻遏现象。在真核生物中，阻遏物的作用机制更加多样化，如图 26.5 所示。

- 真核生物阻遏物阻止基因表达的一种作用机制是将激活物隔离在细胞质中。真核生物的蛋白质在细胞质中合成。而在细胞核中起作用的蛋白质拥有一种结构域，它可指导通过核膜的运输，但是阻遏物能结合于这一结构域而将它掩盖起来。
- 也可能存在这一机制的几种变异形式。当阻遏物结合已经位于增强子中的激活物并掩盖其激活域，从而阻止它发挥功能时，这种可

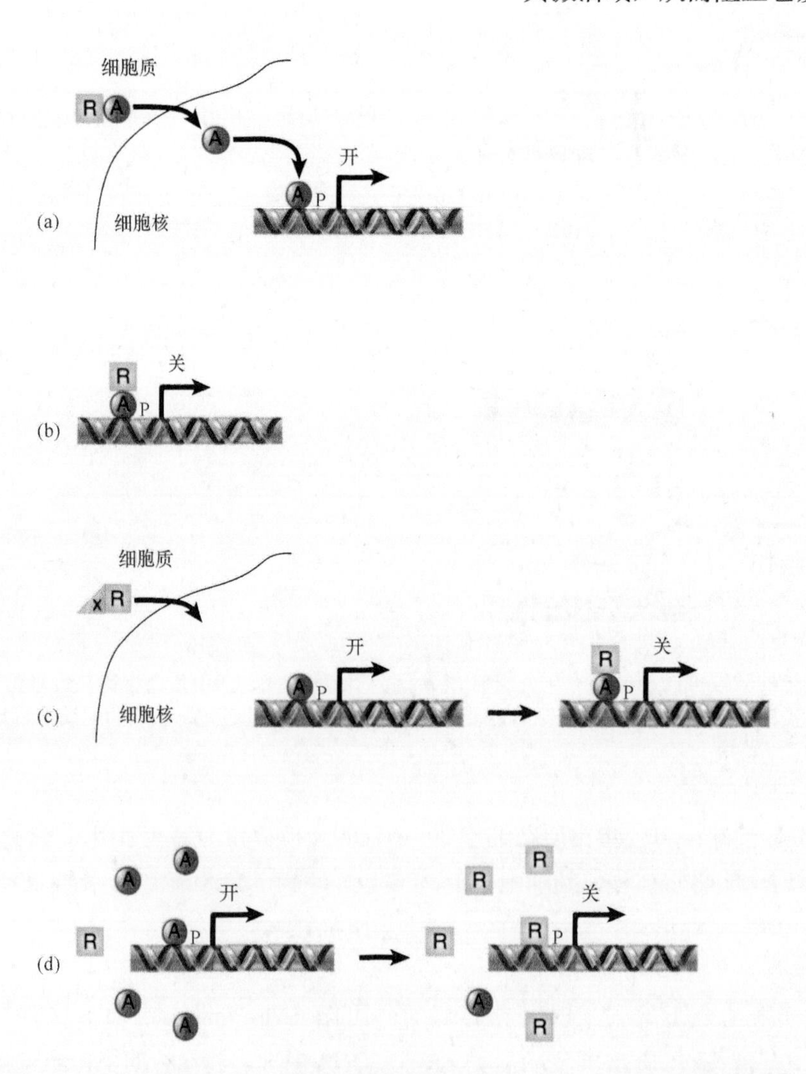

图 26.5 阻遏物可以通过（**a**）将激活物隔离于细胞质中、（**b**）通过结合激活物并掩盖其活性结构域、（**c**）通过将激活物固定于细胞质中直至需要它，或（**d**）通过与激活物争结合位点来控制转录

变机制就会在细胞核中发生（如 Gal80 阻遏物，见 28.14 节“酵母 *GAL* 基因：一个用于激活和阻遏的模型”）。

- 或者，阻遏物可被掩盖并被固定于细胞质中，直到它被释放进入细胞核。
- 第四种机制就是简单地与增强子的竞争，这时激活物或阻遏物拥有同样的结合位点序列，或拥有重叠而不同的结合位点序列。对细胞而言，这是一种万能的机制，因为在此处存在两个变量在发挥作用：一是因子结合 DNA 的能力，二是因子的浓度。仅仅通过轻微地改变因子的浓度，细胞就会戏剧性地改变其发育途径。

可募集组蛋白修饰因子和染色质重塑子的转录因子也存在着对应的阻遏物，这些阻遏物也能募集去修饰和去重塑的复合体。对于构筑蛋白而言也是如此，事实上，结合于不同位点的同一蛋白质可阻止激活物复合体的形成。

26.4 DNA 结合域和转录激活域是相互独立的

关键概念

- 激活物有着独立的 DNA 结合域和转录激活域。
- DNA 结合域的作用是将转录激活域带到启动子的邻近区域。

转录因子中的激活物系列的功能是被了解得最多的。而激活物必须能执行多种功能：

- 激活物能识别位于增强子上的特异性靶序列，而这些序列会影响特定的靶基因；
- 与 DNA 结合之后，激活物通过与基础转录装置的其他成分结合来行使功能；
- 许多激活物需要二聚体化结构域来与其他蛋白质形成复合体。

是否可以描述激活物中负责这些活性的结构域的性质？激活物通常具有分开的结构域，它们分别结合 DNA 并激活转录。当它与另一类型的结构域连接在一起时，每个结构域可作为一个单独的模块而独立发挥作用。整体转录复合体的结构特征必须允许转录激活域和基础转录装置相联系，而不管结合 DNA 的结构域的确切定位和取向。

启动子附近的增强子元件可能离起点的距离相当远，但在多数情况下，可能存在于起点的两侧。增强子有时可能更远并总是具有独立的取向。这种组织形式对 DNA 和蛋白质都有某种的提示：DNA 可能以某种方式成环状或压缩状以允许转录复合体的形成，这使得分别结合于启动子和增强子的两个因子之间可发生相互作用；此外，激活物的结构域可能以灵活的方式互相连接，如图 26.6 所示。这里主要观点就是 DNA 结合域、激活域是相互独立的，但在一条途径中是有联系的，它允许转录激活域和基础转录装置相互作用，这种作用与 DNA 结合域的取向和具体定位无关。

激活转录的一个先决条件是与 DNA 的结合，但是有机体也存在无 DNA 结合域的转录因子，它仅通过蛋白质 - 蛋白质二聚体化而发挥作用。那么，活化作用依赖于特定的 DNA 结合域吗？这个问题的答案是制造由一个激活物的 DNA 结合域与另一个激活物的转录激活域相连的杂交蛋白。杂交蛋白在某一位点发挥作用由其 DNA 结合域所决定，而作用方式则由转录激活域所决定。

这个结果符合转录激活物的模块观点，即 DNA 结构域的功能是将转录激活域带到启动子中的基础转录装置上，而精确地知道如何结合、在哪里结合对它来说则是无关紧要的，但是一旦它存在在那里，转录激活域就能发挥作用，这解释了为什么 DNA 结合位点的精确位置可以不同。在杂交蛋白中，两种类型的模块都能发挥功能，这说明蛋白质的每一个结构域独立折叠成一个有活性的结构，它不受蛋白质其余部分的影响。

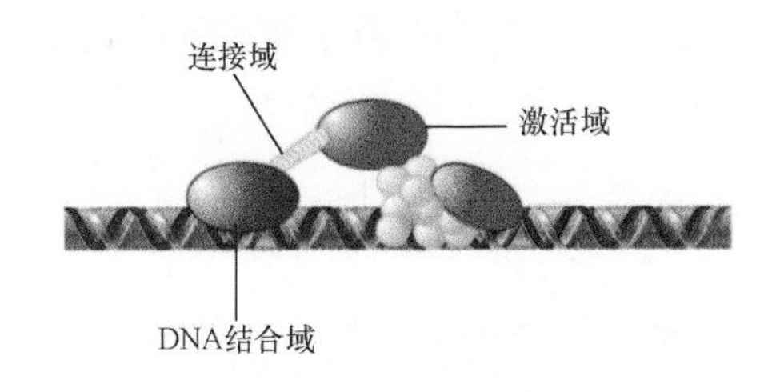

图 26.6　转录因子中的 DNA 结合和转录激活功能可能组成了蛋白质的独立结构域

26.5 双杂交实验检测蛋白质-蛋白质的相互作用

关键概念

- 双杂交实验工作原理需要两个蛋白质之间的相互作用，其中一个蛋白质含DNA结合域，而另一个蛋白质含转录激活域。

结构域独立模型是一种检测蛋白质-蛋白质相互作用的非常有用分析方法的基础。图26.7主要说明了这一方法的原则。我们将其中的一个待测蛋白质融合到DNA结合域，将另一个蛋白质融合到转录激活域。通过连接适当的编码序列和表达每个杂交基因以合成嵌合蛋白质来完成这些工作。

如果这两个蛋白质可以相互作用，那么这两个杂交蛋白就会相互作用，这可由这项技术的名称——双杂交法（two-hybrid assay）看出来。含DNA结合域的蛋白质可结合报道基因，而报道基因上含有一个简单的启动子，它包含了此DNA结合域的靶位点，但它自身不能激活这个基因。只有第一个杂交蛋白与第二个杂交蛋白结合，把转录激活域带到启动子后才能激活这个基因。任何已知作用的报道基因都可作为检测工具，只要其产物容易被检测即可。利用这种技术使我们制造出了几种自动快速检测蛋白质-蛋白质相互作用的方法。

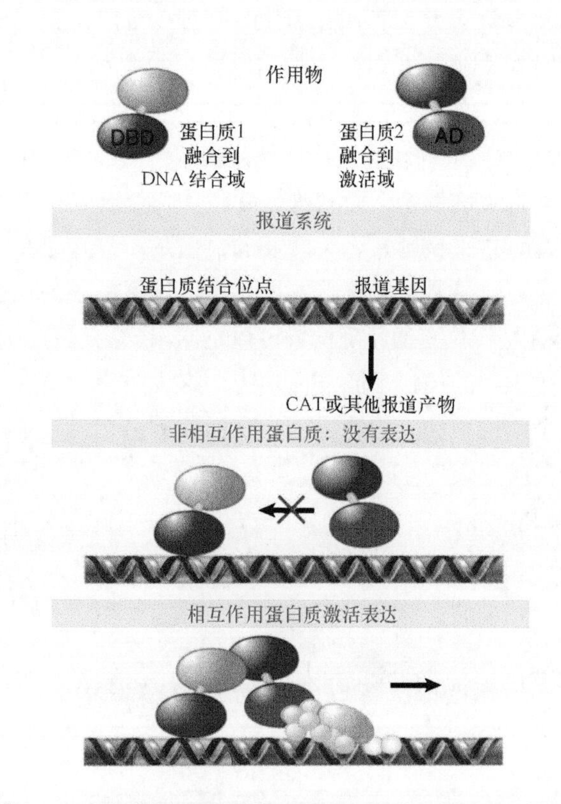

图26.7 双杂交技术通过将两种蛋白质结合成杂交蛋白来测试它们相互作用的能力，其中一种蛋白质含有DNA结合域，另一种含有转录激活域

这项技术的有效性进一步说明了这种蛋白质的模块性质。甚至当融合到另一种蛋白质后，DNA结合域也能结合DNA，而转录激活域也能激活转录。相应地，两个被测蛋白质相互作用的能力也不会因为DNA结合域或转录激活域的存在而被抑制。（当然也有一些例外，如这些简单规则未很好地应用时，或杂交蛋白的结构域之间的相互干扰都可阻碍其正常工作。）

这种方法的优势在于它仅需要两个被测蛋白质能相互作用，而不需要任何与转录有关的东西（事实上，如果被测蛋白质自身参与转录，那么它往往会产生假阳性，因为单一的杂交蛋白就可作为激活物）。因为DNA结合域和转录激活域是独立的，所以需要的就是把它们放在一起。只要两个被测蛋白质在细胞核内的环境中能相互作用，报道基因就会被激活转录。

26.6 激活物和基础转录装置相互作用

关键概念

- 激活物作用的原则是DNA结合域决定了它所结合的目标启动子或增强子的特异性。
- DNA结合域将转录激活域定位于基础转录装置的附近。
- 直接起作用的激活物含有DNA结合域和转录激活域。
- 没有转录激活域的激活物通过结合辅激活物起作用，辅激活物则含有转录激活域。
- 基础转录装置的几个因子是激活物或辅激活物相互作用的靶标。
- RNA聚合酶以全酶复合体的形式与各种不同组合的转录因子连接在一起。

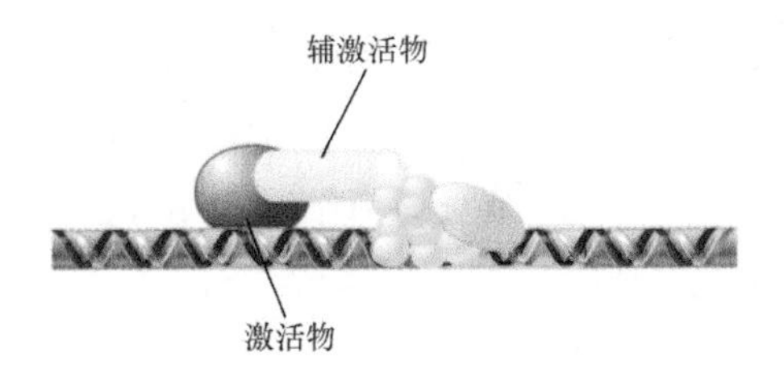

图 26.8 激活物可以结合可与基础转录装置接触的辅激活物

当转录因子中的真激活物由 DNA 结合域和转录激活域组成时，它可直接起作用，如图 26.5 所示。在其他情况下，激活物本身没有转录激活域（或仅含有微弱的转录激活域），但它能与其他蛋白质，一种具有转录激活能力的**辅激活物（coactivator）**结合。**图 26.8** 显示了这种激活物的作用。辅激活物可以被认为是一种转录因子，它的特异性由能结合 DNA 的转录因子来赋予，而不是直接与 DNA 结合。特定的激活物可能需要特异性辅激活物。

尽管蛋白质成分的组成不同，但转录激活机制是相同的。与基础转录装置直接接触的激活物含有转录激活域，它和 DNA 结合域共价连接。当激活物通过辅激活物作用时，它们的连接方法包括蛋白质亚基间的非共价结合（可比较图 26.5 和图 26.6）。无论不同的结构域是否出现在同一个蛋白质亚基中，或被分成多个蛋白质亚基，负责激活的相互作用都是同样的。此外，许多辅激活物也含有额外的酶活性，它们可促进转录激活，如修饰染色质结构的活性（见 26.10 节“组蛋白乙酰化与转录激活相关”）。

基础转录因子促进**基础转录装置（basal transcription apparatus）**的装配，而转录激活域是通过与基础转录因子蛋白质之间的相互作用而发挥其功能的。与基础转录装置的结合可能是由几种基础转录因子之一产生的，典型的例子如 $TF_{II}D$ 因子、$TF_{II}B$ 因子或 $TF_{II}A$ 因子。所有这些因子都参与了基础转录装置装配的早期阶段（详见第 18 章“真核生物的转录”），**图 26.9** 阐述了在何种情况下这种接触才会发生，而激活物的主要作用是影响基础转录装置的组装。

$TF_{II}D$ 蛋白可能是激活物最普遍的靶标，它可能和 TAF 蛋白家族的任何一个相结合。事实上，TAF 蛋白的一个主要作用是提供了基础转录装置与激活物的联系。这解释了为何单独的 TATA 结合蛋

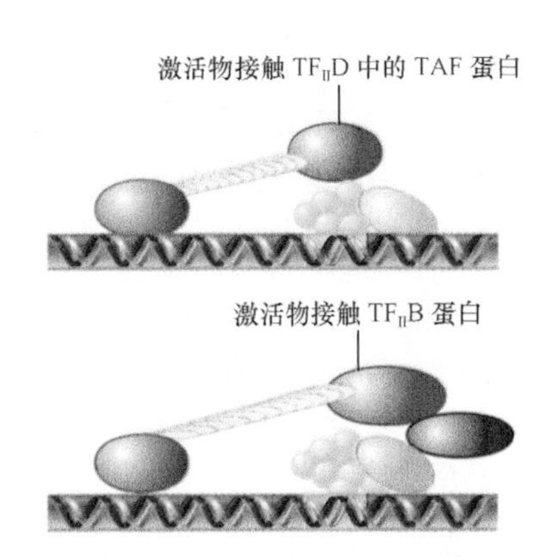

图 26.9 通过与 $TF_{II}D$ 复合体的 TAF 蛋白接触或是与 $TF_{II}B$ 因子接触，激活物可以在转录起始的不同阶段起作用

白（TATA-binding protein，TBP）能维持基础水平的转录，而 $TF_{II}D$ 复合体中的 TAF 蛋白是激活物所刺激的高水平转录所必需的。$TF_{II}D$ 复合体中不同的 TAF 蛋白提供了与不同激活物相互作用的表面。一些激活物仅仅和单个 TAF 蛋白相互作用，而另一些激活物能和多种 TAF 蛋白相互作用。我们推测这种相互作用要么帮助 $TF_{II}D$ 因子结合 TATA 框，要么帮助其他激活物结合 $TF_{II}D$-TATA 框复合体，或控制 C 端结构域（C-terminal domain，CTD）的磷酸化。无论如何，这种相互作用稳定了基础转录装置，加快了转录起始过程，这样就提高了启动子的使用效率。

酵母激活物 Gal4（见 26.14 节“酵母 *GAL* 基因：一个用于激活和阻遏的模型”）和其他激活物的转录激活域携带许多负电荷，因此它又被称为“酸性激活物（acidic activator）”。酸性激活物通过增强 $TF_{II}B$ 蛋白结合到基础起始复合体上的能力来发挥作用。体外实验表明 Gal4 因子或其他激活物的存在，能刺激 $TF_{II}B$ 蛋白结合到腺病毒（adenovirus）启动子的起始复合体上，且激活物可以直接和 $TF_{II}B$ 蛋白结合。因此，将 $TF_{II}B$ 蛋白组装到这个启动子的复合体上是一个限速步骤，而酸性激活物的存在可加速这一步骤。

RNA 聚合酶Ⅱ启动子具有对元件重排的适应性，而且它不关心是否有特定元件的存在，这些事实显示了它的激活事件在自然界中是很普遍的。任何一个激活物，只要它的激活区进入基础起始复合体的范围，都可能刺激它的形成。通过组建包含新元件组合的启动子，已经完成了这种引人注目的多

功能性的例证。

激活物怎样激活转录呢？我可以想象两种通用模型。

- 募集（recruitment）模型认为激活物的唯一效果是提高了 RNA 聚合酶与启动子的结合。
- 另一个模型提出激活物诱导了转录复合体的某些改变，如在蛋白激酶等酶构象上的改变提高了效率。

当将有效转录所需的所有组分，如基础转录因子、RNA 聚合酶、激活物、辅激活物组合在一起，就可得到一个很大的装置，它包括约 40 种蛋白质。这种装置是否分步组装到启动子上呢？一些激活物、辅激活物和基础转录因子可能是一步步组装到启动子上的，但接下来可能是一个大复合体加入进来，它包括预装配的、已经结合激活物和辅激活物的 RNA 聚合酶，正如**图 26.10** 所示。

与不同转录因子相结合的几种 RNA 聚合酶形式已被鉴定出来。酵母中最著名的“全酶复合体（holoenzyme complex）”（它定义为不加其他成分就能起始转录的复合体）包括 RNA 聚合酶和被称为**中介体（mediator）**的 20 亚基复合体。中介体包括几种基因的产物，它们的突变会抑制转录，如一些 *SRB* 基因座（之所以这样命名，是因为他们的许多基因最初被鉴定为 RNA 聚合酶 B 突变的抑制基因，RNA 聚合酶 B 是 RNA 聚合酶 II 的一个别名）。这个基因的名称显示出它们能介导激活物的效应。中介体对大部分酵母基因的转录是必需的，

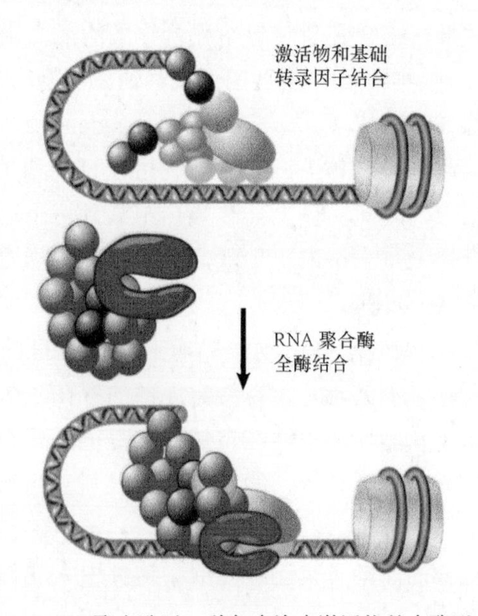

图 26.10 RNA 聚合酶以一种包含许多激活物的全酶形式存在

而其同源复合体对大部分多细胞真核生物基因的转录是必需的。当中介体与 RNA 聚合酶的 CTD 相互作用时，它经历了空间构象的改变，这能将上游因子的激活或抑制效应传递给 RNA 聚合酶；而当聚合酶开始延伸过程时，它可能被释放。总之，一些转录因子直接与 RNA 聚合酶或基础转录装置相互作用而影响转录，而其他却通过操纵染色质的结构起作用（见 26.8 节“染色质重塑是一个主动过程”）。

迄今为止，有关基因调节的讨论只聚焦于蛋白质因子，然而在许多实例中，非编码 RNA 和反义转录物也参与基因调节（见第 26.14 节“酵母 *GAL* 基因：一个用于进行激活和阻遏作用实验的模型”，以及第 29 章“非编码 RNA”和第 30 章“调节性 RNA”）。参与基因调节和染色质结构的另一种依赖 RNA 的途径是 RNA 干扰（RNA interference，RNAi）。最近来自果蝇（*Drosophila*）的数据显示，RNAi 加工装置的参与者，Dicer 酶和 AGO 蛋白（Argonaute）与位于活性转录的热激基因座中的染色质偶联在一起。更进一步的是，失活这一装置的突变会使 RNA 聚合酶 II 不能恰当地定位于启动子中。与 AGO 蛋白偶联的 RNA 的测序结果显示：这些小 RNA 源自启动子区的两条链。

在整体水平上，发生于细胞核的转录活动并非随机分散于一个个基因位点中，而是可以看作是发生于大的基因座中，有时称之为转录工厂（transcription factory）。就如第 7 章“染色体”中所讨论的，一个个染色体并非随机分散于细胞核中，而是集中存在于染色体结构域中。新的影像技术，包括通过配对末端标记测序的染色质相互作用分析（chromatin interaction analysis by paired-end-tagged sequencing，ChIA-PET），这使得研究人员可以检测远距离基因座之间的相互作用，包括增强子和启动子。人类细胞中所见到的相互作用，如基因内的、基因外的，甚至是基因之间的，其作用距离之长使人意想不到。增强子和启动子的相互作用已经如前所述。现在我们也发现了相邻基因和相距遥远的基因之间的启动子和启动子的相互作用，如**图 26.11** 所示。这些数据暗示了令人着迷的可能性，真核生物可能真的拥有一个物理机制，即染色体操纵子（chroperon），它能协调多个基因的表达，这类似于原核生物中的操纵子模型。

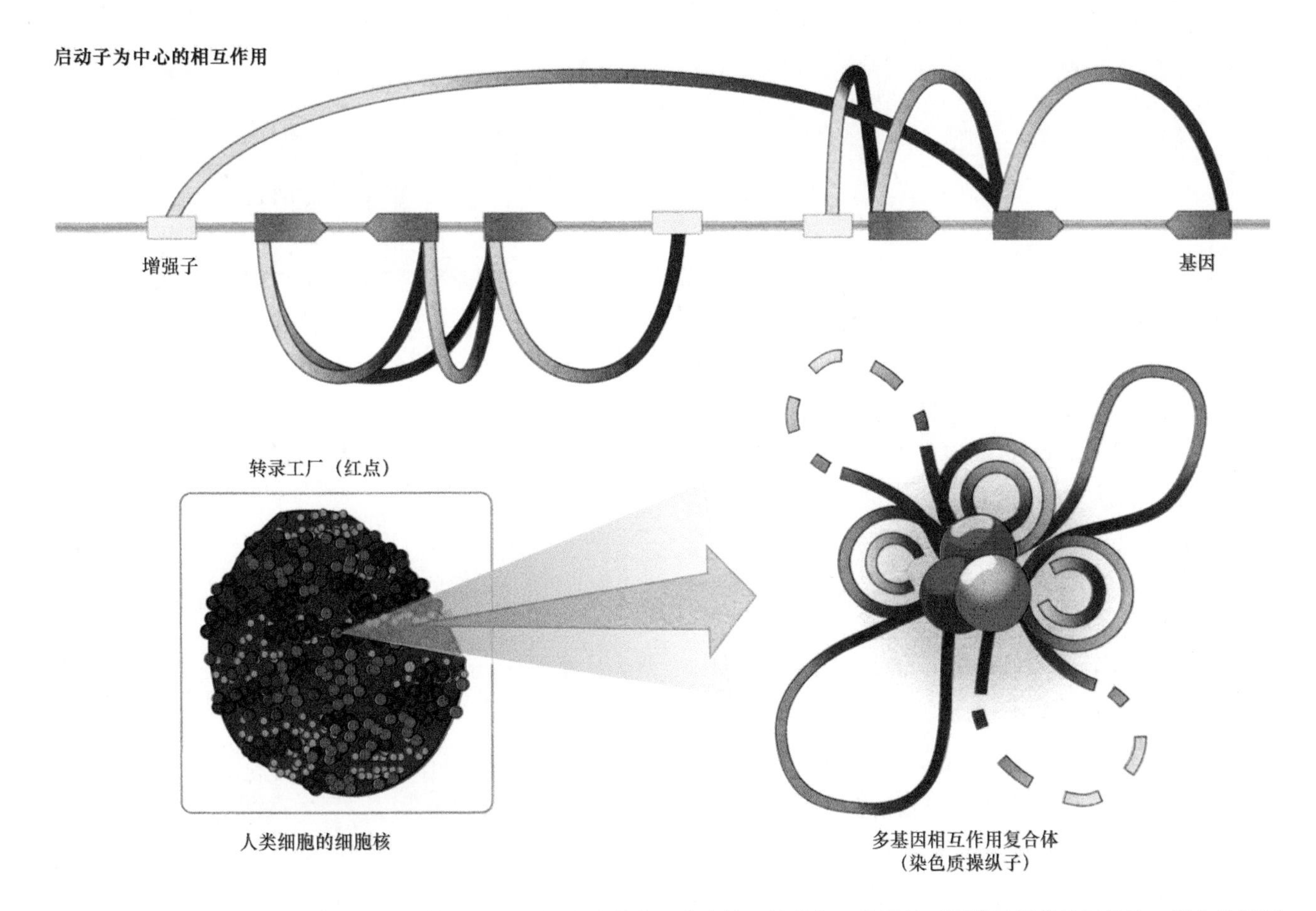

图 26.11 具有高级结构的染色质的相互作用可协调促进成簇基因的表达。这些相互作用显示了转录调节的拓扑的、组合的机制

26.7 已经鉴定出多种类型的DNA结合域

关键概念

- 激活物根据 DNA 结合域分型。
- 具有同一 DNA 结合域类型的成员的特异性基序可以有所不同，从而赋予个体靶 DNA 位点特异性。

从以上内容我们了解了激活物具有模块结构，其不同的结构域分别负责结合 DNA 和激活转录。根据 DNA 结合域可将转录因子进行分型，通常结构域中一个相对较短的基序负责结合 DNA。

- **锌指（zinc finger）**基序组成 DNA 结合域，它首先在 $TF_{III}A$ 因子中被鉴定出来，该因子是 RNA 聚合酶III转录 5S rRNA 基因所必需的。单个锌指的共有序列为：

$Cys\text{-}X_2\text{-}4\text{-}Cys\text{-}X_3\text{-}Phe\text{-}X_5\text{-}Leu\text{-}X_2\text{-}His\text{-}X_3\text{-}His$

锌指基序是根据其突出于锌离子结合位点的、由约 23 个氨基酸残基组成的环命名的，称为 Cys_2/His_2 锌指。Zn^{2+} 位于保守的 Cys 和 His 残基所组成的四面体内。自此以后，在无数其他的转录因子（及推测的转录因子）中也发现了该结构。这些蛋白质通常具有多个锌指结构，如**图 26.12** 所示的 3 个锌指。一些锌指蛋白可结合 RNA。

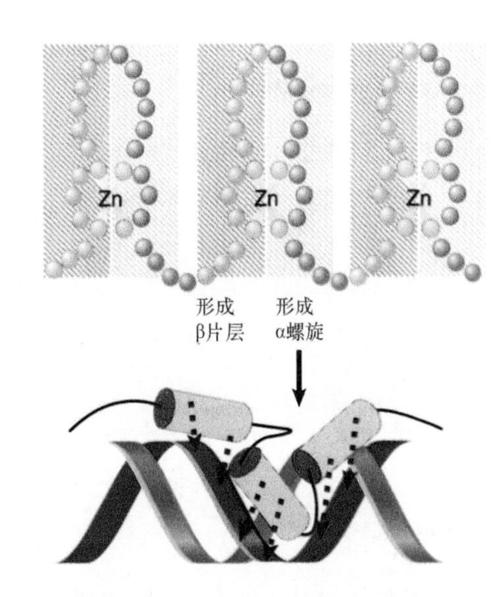

图 26.12 锌指结构可以形成 α 螺旋而插入 DNA 的大沟中，在另一面连着 β 片层

- **类固醇受体（steroid receptor）**（和一些其他蛋白质）拥有另一种类型的锌指结构，它不同于 Cys_2/His_2 锌指，其结构以一段结合 Zn^{2+} 的共有序列为基础：

$$Cys\text{-}X_2\text{-}Cys\text{-}X_{13}\text{-}Cys\text{-}X_2\text{-}Cys$$

这些被称为 Cys_2/Cys_2 锌指。类固醇受体由其功能相关性而被定义为一组，每个受体都通过与一个特定类固醇结合而被激活，如糖皮质激素结合糖皮质激素受体。与其他受体如甲状腺素（thyroid）受体或视黄酸（retinoic acid）受体一起，类固醇受体是配体激发的激活物超家族成员，它们的通用模式是在结合小分子配体之前都处于失活状态，如**图 26.13** 所示。类固醇受体以二聚体形式结合 DNA，这可以是同源二聚体，也可以是异源二聚体。每一个二聚体的单体结合一个半位点，这个半位点可以是回文结构或正重复序列。

- **螺旋-转角-螺旋（helix-turn-helix）**基序最早是作为噬菌体阻遏物的 DNA 结合域而发现的。其 C 端的 α 螺旋位于 DNA 大沟中，它是一个识别螺旋；中间的 α 螺旋与 DNA 形成一个角度；N 端臂位于小沟中，产生额外接触。基序的相关形式还存在于**同源异形域（homeodomain）**中，这是参与果蝇发育调节的同源异形框（homeobox，*Hox*）基因所编码的几种蛋白质中首先被发现的一段序列，它通过与**图 26.14** 所示的人类 *Hox* 基因产物的比较而得出。同源异形域蛋白可以是激活物或阻遏物。
- 两亲性的螺旋-环-螺旋（HLH）基序同样存在于一些发育调节物和真核生物 DNA 结合蛋白中。每个两亲螺旋（amphipathic helix）都有一侧疏水残基和一侧带电残基，而连接环的长度不等，为 12～28 个氨基酸残基。该基序可使蛋白质形成二聚体，这可以是同源二聚体，也可以是异源二聚体，而与此基序相近的碱性区则接触 DNA，如**图 26.15** 所示。并非所有的 HLH 蛋白含有 DNA 结合域，而是依赖于其配偶体的序列特异性。在发育过程中其配偶体可能会改变以提供其额外的组合。
- **亮氨酸拉链（leucine zipper）**结构由两亲性 α 螺旋组成，其中每 7 个残基就有 1 个为亮氨酸残基。包括亮氨酸残基的疏水基团面向一侧，另一侧是带电基团。一条多肽的亮氨酸拉链结构域与另一条多肽的亮氨酸拉链结构域相互作用可形成蛋白质二聚体。而亮氨酸拉链的二聚体化则存在各种不同的机制。

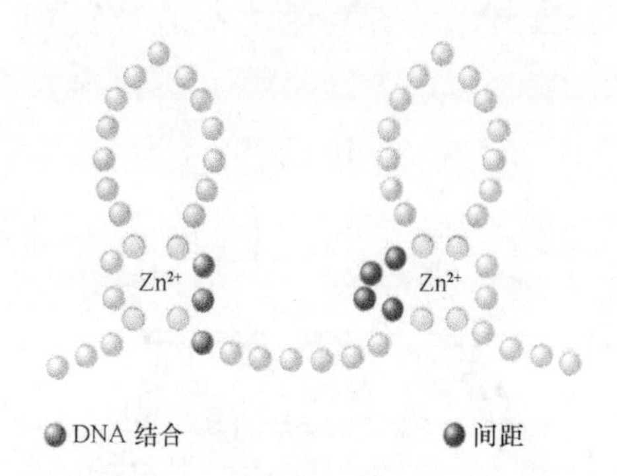

图 26.13 类固醇受体的第一个锌指决定了 DNA 结合序列（位置用紫色显示）；第二个锌指控制了序列之间的间隔距离（位置用蓝色显示）

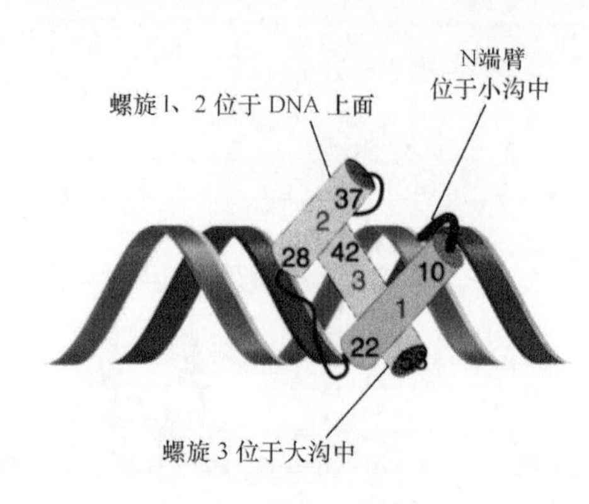

图 26.14 同源异形域的螺旋 3 结合到 DNA 的大沟上，而螺旋 1 和 2 露在双螺旋之外。螺旋 3 与磷酸骨架和特异性碱基同时接触；其 N 端臂位于小沟中，它形成额外的接触

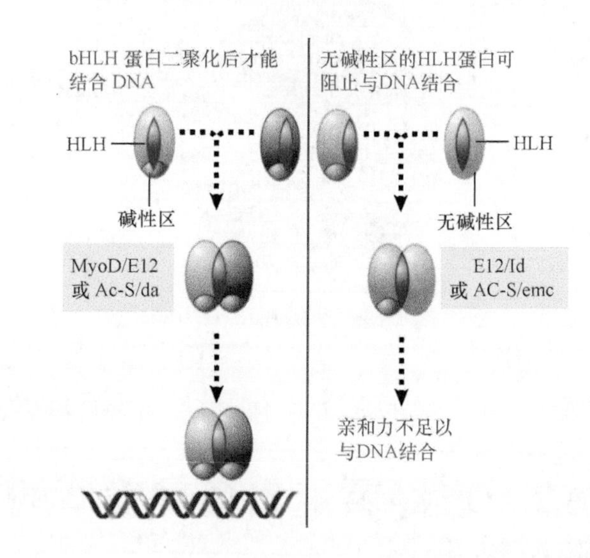

图 26.15 当两个亚基都是碱性螺旋-环-螺旋(bHLH)型时，这时的 HLH 二聚体能结合 DNA；当其中一个亚基缺乏碱性区时，二聚体就不能与 DNA 结合

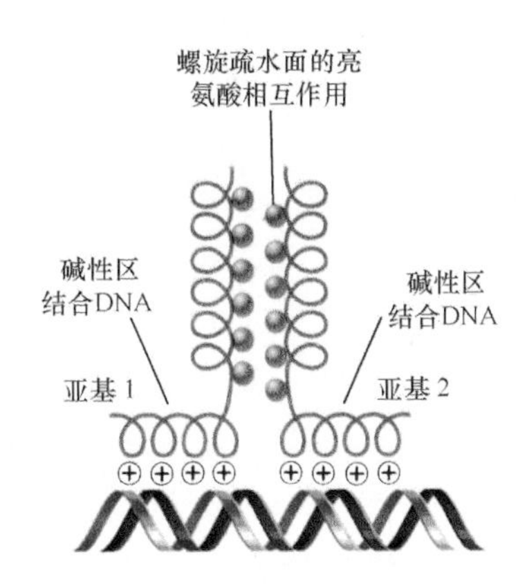

图 26.16 当两个亮氨酸拉链的疏水面以平行的取向相互作用时，邻近拉链区的二聚体化作用会将 bZIP 基序的碱性区连在一起

与每一个拉链相邻的是一段参与结合 DNA 的携带正电残基的结构域，这称为**碱性拉链**（**basic zipper，bZIP**）结构基序，如**图 26.16** 所示。

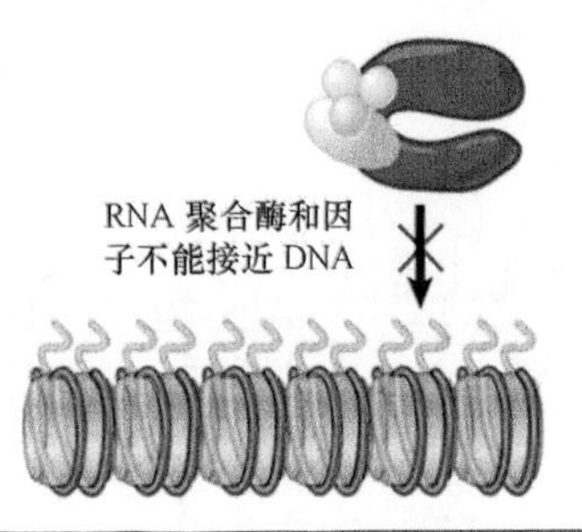

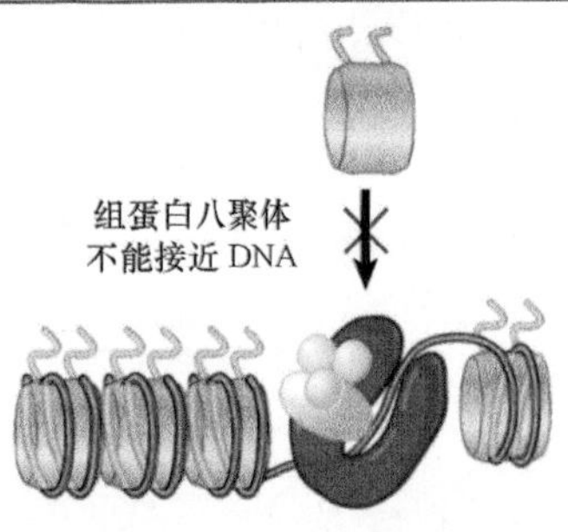

图 26.17 如果核小体在启动子处形成，转录因子（和 RNA 聚合酶）就不能结合；如果转录因子（和 RNA 聚合酶）结合于启动子，并建立了用于起始的稳定复合体，则组蛋白就被排斥在外

26.8 染色质重塑是一个主动过程

关键概念

- 无数的染色质重塑复合体都是由 ATP 水解提供所需的能量。
- 所有染色质重塑复合体含有相关的 ATP 酶催化亚基，它们组成了一个亚家族，还包括了更多紧密相关的 ATP 酶亚基。
- 染色质重塑复合体可以改变、滑动或取代核小体。
- 一些染色质重塑复合体可与核小体中的组蛋白彼此交换。

在真核生物染色质中，当转录激活物试图结合其识别位点时，它会面临某种挑战。**图 26.17** 说明了存在于真核生物启动子中的两种常见状态：在非活性状态下，核小体的存在会阻止基础转录因子和 RNA 聚合酶与 DNA 的结合；在活性状态下，基础转录装置占据了启动子，于是组蛋白八聚体就无法与之结合。其中的任何一种状态都是稳定的。为了将启动子从非活性状态转变成活性状态，染色质结构必须被打乱以便允许基础转录装置的结合。

染色质重塑（**chromatin remodeling**）是指导致染色质结构发生变化的一般过程，这包括依赖于能量供给的组蛋白重新定位或置换的作用机制。很多蛋白质 - 蛋白质、蛋白质 -DNA 的接触都需要被破坏，以便从染色质中把组蛋白释放出来。这里没有“免费”过程，为了破坏这些接触，所有过程都需要能量的供给。**图 26.18** 演示了因子通过水解 ATP 介导的动态模型原理。当组蛋白八聚体从 DNA 释放出来时，其他蛋白质（这种情况下是转录因子和 RNA 聚合酶）才能结合。

而**图 26.19** 总结了染色质重塑的各种不同结局。

- 组蛋白八聚体可以沿着 DNA 滑动（slide），改变核酸和蛋白质之间的关系，它也能改变特定序列在核小体表面的旋转定位和平行定位。
- 组蛋白八聚体的间距（spacing）可以改变，结果同样也改变了组蛋白八聚体与单一序列的相对位置。
- 最大变化可能是八聚体完全与 DNA 分离而产生一段无核小体 DNA 序列；或者，一个或两个组蛋白 H2A-H2B 二聚体被置换，只在 DNA 上留下一个 H2A-H2B-H3-H4 六聚体或一个 H3-H4 四聚体。

染色质重塑的一个主要作用是改变核小体在待

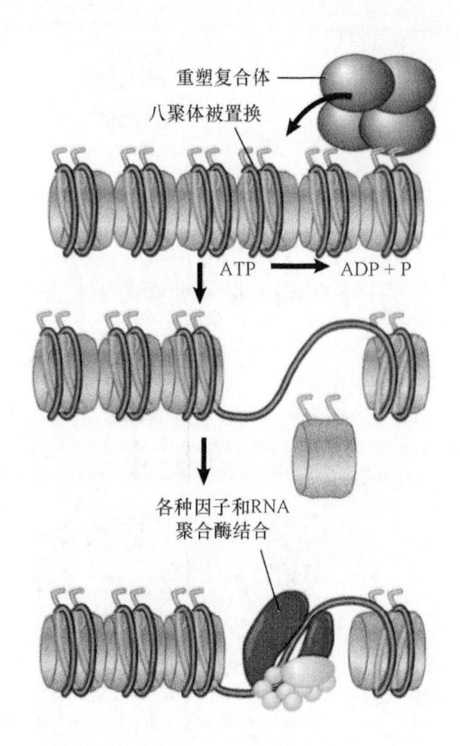

图 26.18 染色质转录的动态模型依赖于一些因子，它使用由 ATP 水解所提供的能量，置换特定 DNA 序列中的核小体

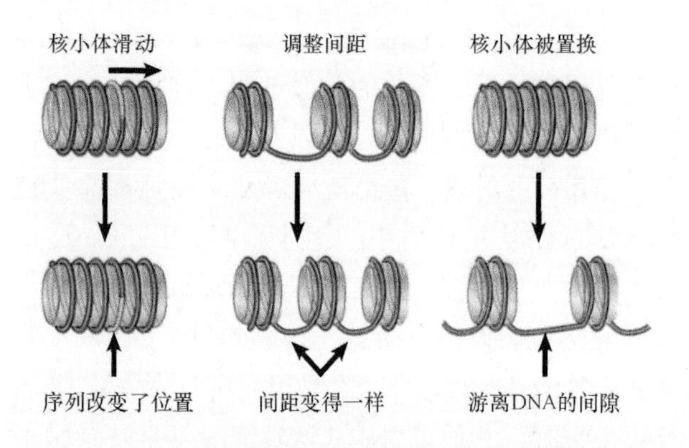

图 26.19 染色质重塑复合体能使核小体沿 DNA 滑动，从而替代 DNA 的核小体；或在核小体之间重新确定间距

转录基因的启动子处的组织形式，这是允许转录装置进入到启动子所必需的。通过将核小体移至（而不是远离）必需的启动子序列，这样重塑也可发挥作用以阻止转录的发生。重塑作用也是其他染色质控制所必需的，如损伤 DNA 的修复（详见第 14 章“修复系统”）。

重塑作用通常以代替一个或多个组蛋白八聚体的形式存在。这能导致一个对 DNA 酶 I 切割的超敏位点的产生（详见第 8 章“染色质”）。有时变化不会很剧烈，比如，变化发生在单个核小体的旋转定位中，这可以通过 DNA 酶 I 的 10 bp 梯度条带的丢失或改变而得到验证。所以轻微的染色质结构变化可以改变核小体的位置，而剧烈的染色质结构变化可以把它们全部除去。

依赖 ATP 的染色质重塑复合体（ATP-dependent chromatin remodeling complex）执行染色质重塑过程，它是利用 ATP 水解提供的能量来完成重塑作用的。染色质重塑复合体的中心是它的 ATP 酶亚基。所有重塑复合体的 ATP 酶亚基都是一个大的蛋白质超家族的相关成员，而彼此更加紧密相关的成员又可被分在一个个亚家族中。染色质重塑复合体的分类是基于 ATP 酶亚家族，而这些 ATP 酶往往是作为染色质重塑复合体的催化亚基。机体中存在许多亚家族，其中有 4 种主要类型（SWI/SNF、ISWI、CHD 和 INO80/SWR1），如**表 26.1** 所示。第一个被鉴定的染色质重塑复合体是酵母中的开关 / 嗅觉（switch/sniff，SWI/SNF）复合体，它在所有真核生物中都存在同源物。染色质重塑超家族非常庞大且种类繁多，大多数物种都含有不同亚家族中的多个复合体。出芽酵母拥有 2 种 SWI/SNF 相关的复合体和 3 种 ISWI 复合体。迄今为止，在哺乳动物中发现了至少 4 种不同的 ISWI 复合体。染色质重塑复合体的大小差异巨大，从小的异源二聚体（ATP 酶亚基加上单一配偶体）到由 10 个或更多个亚基组成的庞大复合体，每一种复合体可能执行不同程度的重塑活性。

SWI/SNF 复合体是染色质重塑复合体的原型，这个名字表明，它的许多亚基是由最初被确认为在酿酒酵母（*Saccharomyces cerevisiae*）中的 *swi* 或 *snf* 突变基因所编码的。这些基因座的突变具有多效性，这些缺陷的范围和那些 RNA 聚合酶 II 中丢失 CTD 尾部的突变类似。这些突变在遗传学上也表现

表 26.1 染色质重塑复合体可根据 ATP 酶亚基分类

复合体类型	SWI/SNF	ISWI	CHD	INO80/SWRI
酵母	SWI/SNF RSC	ISW1a ISW1b ISW2	CHDI	INO80 SWRI
果蝇	dSWI/SNF （brahma）	NURF CHRAC ACF	JMIZ	Tip60
人类	hSWI/SNF	RSF HACF/WCFR hCHRAC WICH	NuRD	INO80 SRCAP
蛙		WICH CHRAC ACF	Mi-2	

出与编码染色质成分的基因突变存在相互作用，如 *SIN1* 基因可以编码一种非组蛋白的蛋白质；还有 *SIN2* 基因，它编码组蛋白 H3，这些证据给出了这些基因可能与染色质存在关联的早期提示。*SWI* 和 *SNF* 基因是表达多种不同基因座所必需的。酿酒酵母中约 120 种基因的正常表达需要 SWI/SNF 复合体，而这约占了所有基因的 2%。这些基因座的表达可能要求 SWI/SNF 复合体在启动子处重建染色质的结构。每个酵母细胞只有约 150 个 SWI/SNF 复合体。而相关的重塑染色质结构（remodel the structure of chromatin，RSC）复合体更加丰富，并且也是必需的，能对约 700 个目标基因座起作用。

不同染色质重塑复合体亚家族拥有独特的重塑模式，这反映了其 ATP 酶亚基的差异，以及单一染色质重塑复合体中其他蛋白质的不同效应。SWI/SNF 复合体可以不用通过完全丢失组蛋白或置换组蛋白八聚体的方式在体外重塑染色质的结构。这些反应很可能都要经过相同的中间状态，在此状态，目标核小体的结构发生改变，导致原 DNA 上的重塑核小体重新形成，或者将组蛋白八聚体移位至不同的 DNA 分子上。相反，ISWI 家族主要影响核小体的定位，而不会置换八聚体，它会使八聚体产生沿着 DNA 移动的滑动反应，ISWI 复合体的活性发挥需要组蛋白 H4 尾部结构的协助，以及与接头 DNA 的结合。

DNA 和组蛋白八聚体之间存在多种接触方式，有 14 种已经在晶体结构中被鉴定。为了使八聚体能被释放或移动到一个新的位置，所有这些接触都要被破坏。这是如何发生的呢？ATP 酶亚基与解旋酶（一种能解开双链核酸的酶）有远亲关系，但是染色质重塑复合体不存在任何解旋酶活性。目前的想法是 SWI/SNF 与 ISWI 类型中的染色质重塑复合体利用水解 ATP，通过扭曲作用，来使 DNA 移位到核小体表面。这种作用会产生一种机械力，使得 DNA 的小部分区域能从表面释放出去，然后再重新定位。这种机制在八聚体的表面产生了一个暂时性的 DNA 环，而这些环自身就可与其他因子发生相互作用，或它们能沿着核小体传播，最终导致核小体滑动。在 SWI/SNF 复合体中，这种活动也会导致核小体去装配，它首先会去除 H2A/H2B 二聚体，紧接着会去除 H3/H4 四聚体。

不同的染色质重塑复合体在细胞中产生不同的效应。SWI/SNF 复合体通常参与转录激活，而一些 ISWI 复合体则作为阻遏物，它利用其重塑活性将核小体滑动到启动子区域以阻止转录。克罗莫结构域解旋酶 DNA 结合（chromodomain helicase DNA-binding，CHD）蛋白家族的成员也已经被证明参与了阻遏作用，尤其是 Mi-2/NuRD 复合体，它拥有染色质重塑和组蛋白脱乙酰酶活性。INO80/SWR1 类型中的染色质重塑子拥有一种独特的活性：除了其正常的重塑能力外，这一类型中的一些成员也拥有组蛋白交换能力，即在核小体中，单一组蛋白（通常为 H2A/H2B 二聚体）能被组蛋白变异体 A2AZ 所置换（详见第 8 章“染色质”）。

26.9 核小体的结构或成分可在启动子处被改变

关键概念

- 染色质重塑复合体本身不存在针对任何特殊靶位点的特异性，而必须由转录装置的一种成分募集。
- 染色质重塑复合体通过序列特异性激活物募集到启动子上。
- 一旦染色质重塑复合体与启动子结合，转录因子就可被释放。
- 转录激活常常涉及启动子中的核小体置换。
- 含无核小体区域的启动子的两侧携带含组蛋白 H2A 变异体 H2AZ 的核小体（酵母中为组蛋白 Htz1）。
- MMTV 启动子需要核小体旋转定位的改变，使得激活物能与核小体上的 DNA 结合。

染色质重塑复合体如何定位到染色质上的特异性位点呢？尽管存在一些例外，但大多数重塑子并不含有能结合特异性 DNA 序列的亚基。这就提出了如图 26.20 中所示的模型，它们是被激活物或阻遏物募集的。

转录因子与染色质重塑复合体之间的相互作用提供了观察它们工作方法的关键点。转录因子 Swi5p 能激活酵母中的 *HO* 基因，而这个基因参与了交配型转换（值得注意的是，Swi5p 蛋白不是 SWI/SNF 复合体的成员）。Swi5p 蛋白在有丝分裂

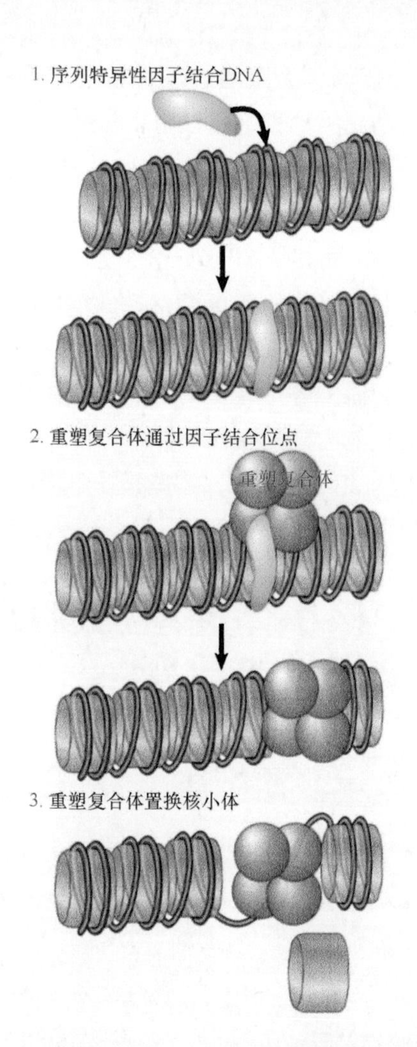

图 26.20 染色质重塑复合体通过激活物（或阻遏物）结合染色质

末期进入细胞核，并与 *HO* 基因的启动子结合，然后它募集 SWI/SNF 复合体到启动子上。这表明转录因子可以通过“一打即跑（hit and run）”的机制来激活启动子，即一旦染色质重塑复合体与启动子结合，它的使命就完成了。这种现象大多数发生在受细胞周期调节的基因或其他短暂激活的基因中；在转录因子可长时间结合于靶基因的这些基因中，这种现象同样也是普遍存在的。

我们发现基因激活需要染色质重塑复合体的参与，这是因为复合体对于一些转录因子激活它们靶基因的能力是必需的。最早的例子之一就是 GAGA 因子，它能激活果蝇 *hsp70* 基因的启动子。GAGA 因子与 4 个富含 $(C \cdot T)_n$ 位点的启动子结合后，解离了核小体，产生一个超敏区域，并且使邻近的核小体重排，这样它们占据了优先位点而不是随机位点。解离反应是一个需要能量的过程，并且需要 NURF 染色质重塑复合体，它是 ISWI 亚家族中的一个复合体。当核小体结构改变时，它就能产生决定邻近核小体位置的边界，在这个过程中，GAGA 因子与它的靶位点及 DNA 相结合，它的存在稳定了重塑状态。

PHO 系统是第一个表明核小体组织的变化与基因激活有关的系统之一。在 *PHO5* 启动子中，bHLH 激活物 Pho4 通过诱导 4 个精确位置的核小体的解离而对磷酸盐饥饿（phosphate starvation）起反应，如图 26.21 所示。这个过程既不依赖于转录（在 *TATA*⁻ 突变体中发生），也不依赖于复制。不过在启动子上却存在两个结合位点，可与 Pho4 因子（和另一个激活物 Pho2）结合：一个位于核小体之间，它可以与从 DNA 结合域分离出来的 Pho4 因子结合；另一个位于核小体内，无法被识别。核小体的破裂使 DNA 的第二个位点也可以被结合，这对于基因的活化是很必要的。这个活性需要转录激活域的存在，并且至少涉及两种染色质重塑子：SWI/SNF 复合体与 INO80 复合体。此外，在 *PHO5* 基因启动子中的染色质去装配也需要组蛋白伴侣蛋白 Asf1，它可能协助核小体的去除或作为置换核小体的受体。

对酵母基因组的一个大区域的核小体定位的调查表明，结合转录因子的大部分位点不存在核小体。典型 RNA 聚合酶 Ⅱ 的启动子在起点上游 200 bp 左右的区域存在一个无核小体区域（nucleosome-free region，NFR），而在其两侧则携带固定的核小体。这些典型的固定核小体含有组蛋白 H2A 变异体 H2AZ（酵母中为组蛋白 Htz1），而组蛋白 H2AZ 的掺入需要 SWR1 染色质重塑复合体。这种组织形式似乎还存在于许多人类启动子上。已经有证据提示含组蛋白 H2AZ 的核小体在转录激活过程中更加容易被驱逐出去，这样就能保持启动子的激活状态，

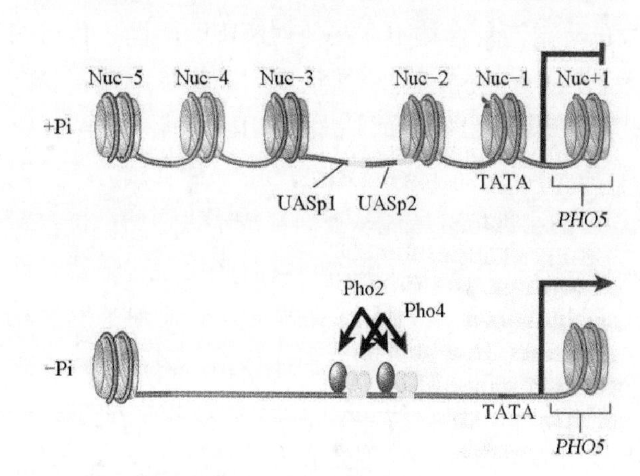

图 26.21 在激活过程中，核小体从启动子上被置换。*PHO5* 启动子含有定位于 TATA 框外的核小体，以及 Pho4 和 Pho2 激活物的其中一个结合位点。当 *PHO5* 被磷酸盐（-Pi）饥饿诱导时，启动子上的核小体被置换

然而，体内实验表明，组蛋白H2AZ对核小体稳定性的实际效应是存在矛盾的。

核小体必须被排除以便转录能起始，然而情况并不总是如此，因为一些激活物可以在核小体的表面与DNA结合。核小体似乎是精确地定位在某些类固醇激素应答元件处，而受体可在此与之结合。受体结合可能改变DNA与组蛋白之间的相互作用，甚至导致新的结合位点的暴露。核小体的精确定位是必需的，因为核小体使DNA“呈现”出某种特定的旋转状态，或者在激活物与组蛋白或染色质的其他成分之间发生蛋白质-蛋白质相互作用。这样，现在的观点已经发生了一些变化，原来认为染色质只是一种抑制性结构，现在认为激活物与染色质之间的相互作用是活化所必需的。

MMTV启动子就是一种需要特定核小体组织形式的例子，它包括一系列6个部分回文序列位点，它们组成了激素应答元件（hormone response element，HRE）。每个位点都可被激素受体（hormone receptor，HR）二聚体中的一个所结合。MMTV启动子还拥有单一的NF1因子的结合位点，以及两个邻近的OTF因子的结合位点。HR因子和NF1因子不能同时与游离DNA上的位点结合。图26.22显示了核小体结构是如何控制因子结合的。

当激素加入后，HR蛋白保护它在启动子处的结合位点，但是不影响微球菌核酸酶的敏感位点，

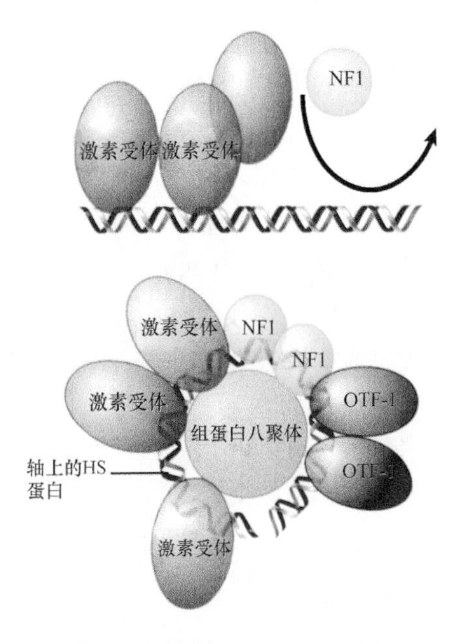

图26.22 在线性DNA中，激素受体和NF1不能同时结合到MMTV启动子上，但当DNA位于核小体表面时，它们就可以结合

这些位点可存在于核小体的任何一端，这表明HR蛋白是在核小体表面与DNA结合的。但是，在激素加入前，核小体的DNA旋转定位的发生使其只能接近四个位点中的两个；如果想与另外两个位点结合，需要核小体上旋转定位的改变。这个可以通过二元对称的轴（这位于组成HRE的结合位点的中心）上敏感位点的出现得到证明。在激素诱导之后，NF1蛋白可以在核小体上被检测到，所以，所有这些结构的改变对NF1蛋白的结合可能是必需的，这可能是因为它们暴露了DNA，废除了HR蛋白阻碍NF1蛋白结合到游离DNA的空间障碍。

26.10 组蛋白乙酰化与转录激活相关

关键概念

- 新合成的组蛋白在特定位点被乙酰化，在掺入到核小体以后被脱乙酰化。
- 组蛋白乙酰化与基因表达的激活有关。
- 在一大家族与乙酰转移酶相关的复合体中，转录激活物与组蛋白乙酰化酶活性相关联。
- 组蛋白乙酰化酶的靶位点特异性是变化的。
- 脱乙酰化和基因活性的阻遏有关系。
- 脱乙酰酶与有活性的阻遏物一起出现在复合体中。

所有核心组蛋白都可以被共价修饰，如第8章“染色质”所讨论的，不同的修饰导致不同的功能。研究得最深入的修饰之一是赖氨酸残基的乙酰化（它是第一个在细节上被完全鉴定的）。所有核心组蛋白在其尾部的赖氨酸残基上（偶尔也位于球状核心内部）都可被动态乙酰化。就如第8章“染色质”所描述的那样，在S期的DNA合成过程中，某一类型的乙酰化与新合成的将要被定位的组蛋白有关。在组蛋白被掺入到核小体以后，这些特异性的乙酰化模式就能被去除。

在S期以外，染色质中的组蛋白乙酰化通常与基因表达状态有关。这种相关性最初被注意到是因为在含有活性基因的染色质结构域处，组蛋白的乙酰化水平增高，且乙酰化的染色质对DNA酶Ⅰ更

加敏感。这种情况大量发生是因为当基因被激活时，在启动子附近的核小体（在特定赖氨酸上）被乙酰化。

用于修饰的核小体靶向范围可以不同。修饰可以是局部事件，如相对于启动子中的核小体；也可以是大范围事件，延伸覆盖一个大的染色质结构域，甚至整条染色体。大范围乙酰化的改变可发生在性染色体上。当两条X染色体出现在一种性别中，而只有一条X染色体出现在另一种性别中（与Y染色体一起）时，X染色体上的基因活性状态就会发生改变，这可用来补偿其中的一个性别，这是性染色体均衡机制的一部分（详见第28章“表观遗传学Ⅱ”）。在雌性哺乳动物中，非活性X染色体存在低乙酰化的组蛋白；而在雄性果蝇超活性的X染色体中，有高乙酰化的组蛋白H4，这提示乙酰基团的出现是低程度凝聚的活性结构存在的先决条件。在雄性果蝇中，X染色体在组蛋白H4的16Lys（K16）处被特异性乙酰化，对此乙酰化负责的蛋白质是一种称为MOF的酶，它可作为一个大的蛋白质复合体的一部分被募集到染色体上。这种“剂量补偿”复合体用来介导X染色体的普遍变化，使其可以大量表达。乙酰化的提高只是这个活性的其中一部分。

乙酰化反应是可逆的，每个方向的反应都由特殊类型的酶催化。可以乙酰化蛋白质中赖氨酸残基的酶称为**组蛋白乙酰转移酶（histone acetyltransferase，HAT）**。当这些酶靶向组蛋白中的赖氨酸残基时，可将其称为**赖氨酸乙酰转移酶（lysine acetyltransferase，KAT）**。这些乙酰基团可被**组蛋白脱乙酰酶（histone deacetylase，HDAC）**去除。体内存在着两种HAT酶：A组酶作用于染色质中的组蛋白，它与转录控制有关；B组酶作用于细胞质中新合成的组蛋白，并参与核小体的组装。

在分析乙酰化作用中，两种抑制剂非常有用。曲古菌素（trichostatin）和丁酸（butyric acid）可抑制组蛋白脱乙酰化，这会引起乙酰化的核小体积累。这些抑制剂的使用证明了乙酰化与基因表达相关联的观点；事实上，丁酸能引起染色质的变化，这类似于在基因激活中所发现的变化，这种能力是乙酰化与基因活性相关联的最初证据之一。

分析组蛋白乙酰化作用的突破是通过对乙酰化酶和脱乙酰酶的定性实现的，它们与其他蛋白质一起参与特异性的激活或阻遏事件。HAT不是只与染色质关联的酶，相反，我们发现一些转录激活物具有HAT酶活性，这些发现使我们对组蛋白乙酰化的基本观点发生了变化。

当A组HAT的催化亚基被确定为酵母调节物Gcn5的同源物时，我们就建立了这些联系。随后发现酵母中的Gcn5蛋白本身拥有HAT活性，即在体内，组蛋白H3和H4是其优先底物。在前面已经描述过，Gcn5蛋白是衔接子复合体的一部分，这些复合体对于一些增强子与其靶启动子的功能发挥很重要。现在知道，Gcn5蛋白的HAT活性对于许多靶基因的激活是必需的。

Gcn5蛋白是原型HAT，它成为鉴定一大家族与乙酰转移酶相关的复合体的一种经典实验方法，因为这种酶从酵母到哺乳动物中都是相当保守的。在酵母中，Gcn5蛋白是1.8 MDa的SAGA（Spt-Ada-Gcn5-乙酰转移酶的缩写形式）复合体的催化HAT亚基。SAGA含有若干参与转录的蛋白质，其中存在若干种$TAF_{Ⅱ}$蛋白。另外，$TF_{Ⅱ}D$复合体的Taf1亚基本身是一种乙酰转移酶。$TF_{Ⅱ}D$复合体与SAGA复合体的功能存在一些重叠，在酵母中就很明显，因为它只要有Taf1亚基或Gcn5蛋白的存在酵母就能存活；当两者都被去除时，酵母就不能存活。这提示乙酰转移酶活性对基因表达是很必要的，它可以由$TF_{Ⅱ}D$蛋白或SAGA复合体单独提供。从SAGA复合体的大小可以推断，乙酰化只是它其中的一个功能。SAGA复合体还具有组蛋白H2B去泛素化活性（处于动态中的组蛋白H2B泛素化/去泛素化也与转录有关），而且拥有含布罗莫结构域和克罗莫结构域的亚基，可使这一复合体与乙酰化和甲基化的组蛋白相互作用。

一个最初被定性为HAT的普通激活物是p300/CREB结合蛋白（CREB-binding protein，CBP）（事实上，p300和CBP是不同的蛋白质，因为它们联系得很紧密，通常被认为是一体）。p300/CBP复合体是辅激活物，能将激活物与基础转录装置连接起来（见图26.8）。p300/CBP复合体能与各种不同的激活物相互作用，包括激素受体AP-1（c-Jun和c-Fos）和MyoD蛋白。p300/CBP复合体能乙酰化多种组蛋白靶标，但是能优先乙酰化组蛋白H4的N端尾部。p300/CBP复合体能与另一个辅激活物PCAF相互作用，PCAF因子与Gcn5蛋白有关，它能优先乙酰化核小体的组蛋白H3。p300/CBP和

PCAF 蛋白能组成复合体，在转录激活中起作用。而在某些情况下，另一个 HAT 也参与进来，这就是辅激活物 ACTR，它本身是一种作用于组蛋白 H3 和 H4 的 HAT。对多个 HAT 在一个辅激活复合体中产生活性的解释是：每个 HAT 具有不同的特异性，而多种不同的乙酰化事件在激活中是必需的。现在就可重新绘制辅激活物的功能图，如**图 26.23** 所示，其中 RNA 聚合酶结合在超敏位点，而辅激活物正在乙酰化附近的核小体上的组蛋白。

A 组 HAT，就像依赖 ATP 的重塑酶一样，常常存在于大复合体中。**图 26.24** 展示了它们行为的一个简化模型，HAT 复合体通过与 DNA 结合因子的相互作用而被靶向于 DNA 上。复合体同样含有效应器亚基，它影响染色质的结构或直接对转录起作用。可能至少一些效应器亚基需要乙酰化才能起作用（如 SAGA 复合体的去泛素化活性）。

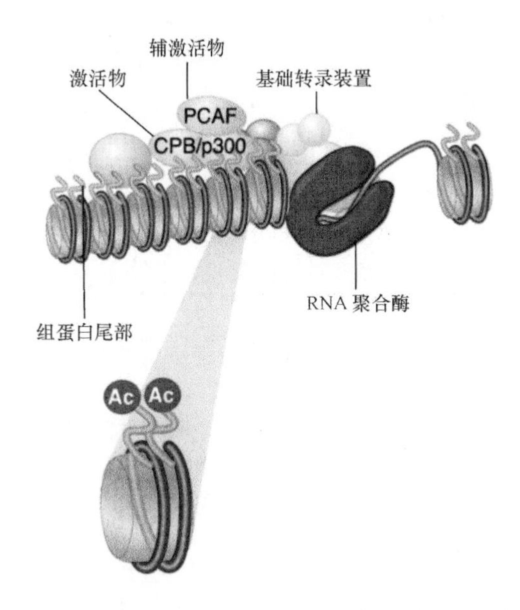

图 26.23 辅激活物含有 HAT 活性，它能乙酰化核小体组蛋白尾部

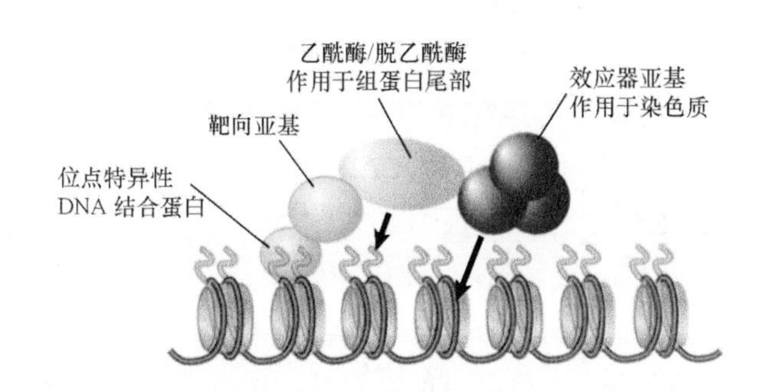

图 26.24 控制乙酰化水平的复合体拥有可决定作用位点的靶向性亚基(通常会与位点特异性 DNA 结合蛋白相互作用)、能分别乙酰化和脱乙酰化组蛋白的 HAT 和 ADAC 酶，以及能对染色质或 DNA 产生其他作用的效应器亚基

乙酰化效应可以是定性的，还可以是定量的。如果电荷中和对染色质结构的影响是一个核心事件，那么需要一定数量的乙酰基团才能产生效应，而乙酰化出现的精确位置则基本上与功能不相关；如果乙酰化作用主要是产生结合位点（如对含布罗莫结构域的因子而言），那么特定位点的乙酰化事件是很重要的。用其中任何一种方式，都可能可以解释含有 HAT 活性的多种复合体的存在：如果每个酶具有不同的特异性，就需要多种活性才能乙酰化出足够数量的不同位点，或者每个作用对于不同的转录效应都是必需的。在复制时，似乎（至少对组蛋白 H4 而言）在三个可用位置中的任何两个的乙酰化就已足够，这种情况倾向于定量模型，即当染色质结构的变化影响转录时，特异性位点的乙酰化可能是很重要的（详见第 27 章“表观遗传学 I ”）。

乙酰化与转录激活有关，而脱乙酰化与转录阻遏有关。位点特异性激活物可募集携带 HAT 活性的辅激活物；而位点特异性阻遏物可募集辅阻遏物，它常常携带 HDAC 活性。

在酵母中，*SIN3* 基因和 *RPD3* 基因中的突变导致许多基因的表达增高，这显示 Sin3 蛋白和 Rpd3 蛋白作为转录阻遏物而发挥作用。Sin3 蛋白和 Rpd3 蛋白通过与 DNA 结合蛋白 Ume6 的相互作用被募集到许多基因上，而 Ume6 蛋白能与上游阻遏序列（upstream repressive sequence，*URS1*）元件结合。复合体在含有 *URS1* 元件的启动子处抑制转录，如**图 26.25** 所示。Rpd3 蛋白拥有组蛋白脱乙酰酶活性，而它的被募集导致了启动子中核小体的脱乙酰化。在从酵母到人类的真核生物中，Rpd3 蛋白及其

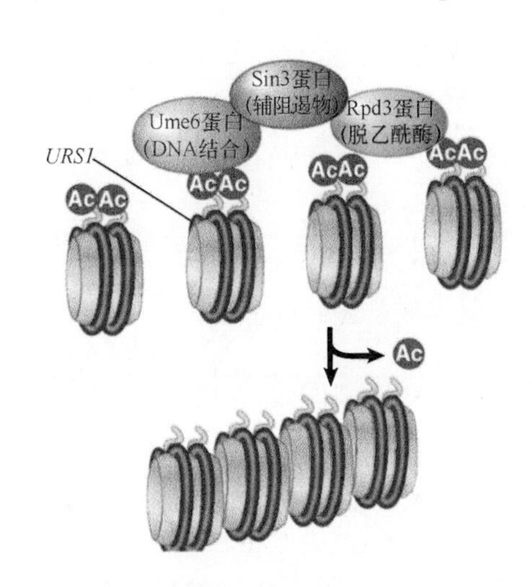

图 26.25 阻遏物复合体包括三个成分：DNA 结合亚基、辅阻遏物和组蛋白脱乙酰酶

同源物存在于多个 HDAC 复合体中，而这些大复合体常常围绕 Sin3 蛋白和它的同源物来构建。

在哺乳动物细胞中，Sin3 蛋白是阻遏复合体的一部分，而这个复合体含有组蛋白结合蛋白及 Rpd3 蛋白同源物 HDAC1 和 HDAC2。这个辅阻遏物复合体能被许多阻遏物募集到特定靶基因上。bHLH 家族的转录调节物，包括以异源二聚体形式发挥作用的激活物，如 MyoD 因子。这一家族也包括阻遏物，尤其是异源二聚体 Mad-Max，其中 Mad 蛋白可以是任何紧密相关蛋白质中的任何一个成员。Mad-Max 异源二聚体（与特异性的 DNA 位点结合）能与 Sin3/HDAC1/HDAC2 复合体相互作用，而阻遏作用需要脱乙酰酶活性。相似地，SMRT 辅阻遏物（它能使视黄酸激素受体抑制一定的靶基因）能通过与 mSin3 蛋白结合而起作用，随后能把 HDAC 活性带到位点上。另一个把 HDAC 活性带到位点的方式可能是与 MeCP2 蛋白相互作用，它能与甲基化的胞嘧啶（一个转录沉默标记）结合（详见第 18 章“真核生物的转录”和第 27 章“表观遗传学Ⅰ”）。

组蛋白乙酰化的缺乏也是异染色质的一个特征。这对于组成性异染色质（通常涉及着丝粒与端粒）和兼性异染色质（在一个细胞中有活性但在另一个细胞中没有活性的区域）都是适合的。通常组蛋白 H3 和 H4 的 N 端尾部在异染色质区域都是不被乙酰化的（详见第 27 章“表观遗传学Ⅰ”）。

26.11 组蛋白和 DNA 的甲基化相关联

关键概念

- DNA 和组蛋白特异性位点的甲基化是非活性染色质的一个特征。
- 两种类型的甲基化事件相互关联。
- SET 结构域是蛋白质甲基转移酶催化位点的一部分。

DNA 甲基化与转录失活有关；而组蛋白甲基化可与活性或非活性区域相联系，这取决于特定的甲基化位点。在组蛋白 H3 的尾部和核心上存在无数的赖氨酸甲基化位点（一些甲基化位点仅发生在某些物种中）；而在组蛋白 H4 尾部只存在单一赖氨酸甲基化位点。因为赖氨酸残基可以被单、双或三甲基化，精氨酸残基可以被单或双甲基化（详见第 8 章“染色质”），所以潜在的功能性甲基化标记的数目是极其庞大的。

例如，组蛋白 H3K4 的双甲基化和三甲基化与转录激活有关，且三甲基化的组蛋白 H3K4 会出现在活性基因的起始位点周围。相反，在组蛋白 H3 的 K9 或 K27 位点的甲基化是转录沉默区染色质的一个特征，如异染色质和含有一个或多个沉默基因的较小区域。全基因组研究有助于揭示与不同转录状态相连的修饰的通用模式。

组蛋白赖氨酸甲基化由赖氨酸甲基转移酶（lysine methyltransferase，KMT 或 HMT）催化，而绝大多数酶含有称为 SET 结构域的保守区域。就像乙酰化一样，甲基化也是可逆的，目前已经鉴定出了两类不同的赖氨酸脱甲基酶（lysine demethylase，KDM）——赖氨酸特异性脱甲基酶 1（lysine-specific demethylase 1，LSD1 或 KDM1）家族和 Jmonji 家族。这些不同类型的酶可使赖氨酸残基脱甲基化。

在沉默或异染色质区域，组蛋白 H3K9 的甲基化与 DNA 甲基化有关。靶向这个赖氨酸残基的蛋白质是一个含 SET 结构域的称为 Suv39h1 的酶。由 HDAC 介导的组蛋白 H3K9 脱乙酰化必须发生在这个赖氨酸残基被甲基化之前；接着组蛋白 H3K9 的甲基化能募集异染色质蛋白 1（heterochromatin protein 1，HP1），它能通过克罗莫结构域而结合组蛋白 H3K9me；随后 HP1 蛋白能靶向 DNA 甲基转移酶（DNA methyltransferase，DNMT）。DNA 中的大多数甲基化位点是 CpG 岛（详见第 27 章“表观遗传学Ⅰ”）。在异染色质的 CpG 岛通常都是甲基化的；相反，位于启动子区的 CpG 岛的非甲基化是基因表达所必需的。

DNA 的甲基化和组蛋白甲基化在一个彼此增强的回路中相互联系在一起。除了通过结合于组蛋白 H3K4me 的 HP1 蛋白募集 DNMT 以外，DNA 甲基化也能依次导致组蛋白的甲基化。一些组蛋白甲基转移酶复合体（与一些 HDAC 复合体）含有可识别甲基化 CpG 二联体的结合域，所以 DNA 甲基化能加强这一回路，这是通过为组蛋白脱乙酰酶和组蛋白甲基转移酶提供结合所需的靶标而实现的，其关键点在于一种类型的修饰可以引发另一种类型的修饰。在真菌、植物和动物细胞中的这些联系，以及在 RNA 聚合酶 I 和聚合酶 II 所使用的启动子中的转录调节，甚至将异染色质维持在惰性状态等证据都使我们看到这些系统无处不在。

26.12 启动子激活涉及染色质的多重改变

关键概念

- 染色质重塑复合体可协助乙酰转移酶复合体的结合，反之亦然。
- 组蛋白甲基化也能募集染色质修饰复合体。
- 不同的修饰作用和复合体能协助转录延伸。

图 26.26 概括了活性和非活性染色质的三种常见差异：

- 活性染色质在组蛋白 H3 和 H4 的尾部被乙酰化；
- 非活性染色质在组蛋白 H3 的特定赖氨酸残基（如 K9）被甲基化；
- 非活性染色质在 CpG 二联体的胞嘧啶处被甲基化。

如果比较启动子的激活和异染色质的形成，会发现许多类型相反的事件。修饰染色质的酶的作用使激活事件与失活事件相互排斥，如组蛋白 H3 在 K9 位的沉默甲基化与组蛋白 H3 在 K9 和 K14 位的激活乙酰化能互相拮抗。

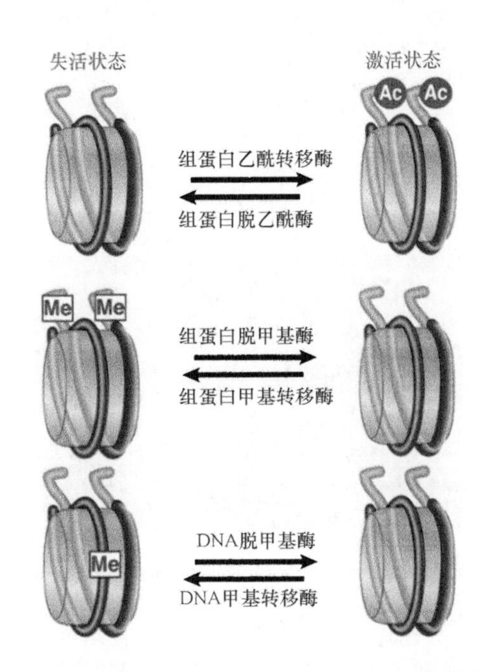

图 26.26 组蛋白乙酰化激活染色质，而 DNA 和组蛋白上特异性位点的甲基化使染色质失活

组蛋白修饰酶（如乙酰转移酶或脱乙酰酶）是如何被募集到其特异性靶位点的呢？就像重塑复合体一样，这个过程可能是间接的。一个序列特异性的激活物（或阻遏物）可能与乙酰转移酶（或脱乙酰酶）复合体的一部分相互作用而使其被募集到启动子处。

同时在染色质重塑复合体和组蛋白修饰复合体之间也存在直接的相互作用。组蛋白修饰本身对染色质的总体结构或可及性几乎没有影响，这需要染色质重塑子的相互作用才会产生影响。SWI/SNF 染色质重塑复合体的结合可能会反过来导致 SAGA 乙酰转移酶复合体的结合。接着，组蛋白的乙酰化事实上可能稳定与 SWI/SNF 复合体的联系（通过其布罗莫结构域），这样就互相强化了启动子中的组分变化。事实上，在体内，人类 SWI/SNF 复合体中的 Brg1 ATP 酶亚基需要组蛋白 H4K8 和 K12 的乙酰化，以便结合某些靶标。一些重塑复合体含有 4 ～ 10 个布罗莫结构域，它们分布于不同的亚基中，这可能为不同的乙酰化靶标提供了不同的结合特异性。

组蛋白甲基化也会导致无数因子的募集，这些因子含有甲基赖氨酸识别基序，如克罗莫结构域和植物同源异形域（plant homeodomain，PHD）指结构。组蛋白 H3 和 H4 的甲基化可募集含克罗莫结构域的重塑子 Chd1 蛋白，它也能与 SAGA 复合体连接。组蛋白 H3K4me 也能募集另一个乙酰转移酶复合体 NuA3，并能通过它的其中一个亚基的 PHD 结构域识别组蛋白 H3K4me。以上仅仅列举了转录激活过程中的少数相互作用事件，而不同基因具有不同（但常常是重叠的）复合体的相互作用网络。而更多的一组组动态修饰和相互作用可用于协助转录延伸，并“重新设定”正在延伸的聚合酶后面的染色质状态。

启动子处所发生的所有事件可以整合，并组织成一个个系列：最初事件是与序列特异性元件的结合，它能在染色质中找到靶 DNA 序列，或结合于无核小体区域中；此后，激活物会募集染色质重塑复合体和组蛋白修饰复合体（如 HAT 等）。核小体结构可发生改变，而靶标组蛋白的乙酰化或其他修饰则提供了共价标记物，这说明这个基因座已经被激活了。这些步骤中的许多环节都可互相加强。此后，（在任何其他必需激活物结合以后）起始复合体装配就开始了，而在某些情况下，组蛋白常常被置换。

含Htz1蛋白的核小体位于启动子的两侧200 bp的无核小体区域外。在靶向到上游激活序列后，激活物募集各种辅激活物（如Swi/Snf复合体或SAGA复合体）。这种募集进一步加强了激活物的结合能力，尤其是对那些结合于核小体区域内的因子。更加重要的是，在启动子邻近区域的组蛋白被乙酰化，这样这些核小体就变得更加易于移动。在一个模型中，乙酰化和染色质重塑的组合作用直接导致了含Htz1蛋白的核小体的丢失，由此为GTF蛋白和RNA聚合酶Ⅱ暴露出全部核心启动子。随后，SAGA复合体和中介体可通过直接相互作用协助前起始复合体（preinitiation complex，PIC）的形成。在另一个代表重塑状态的模型中，在Htz1蛋白存在的情况下，部分PIC能在核心启动子中装配。正是RNA聚合酶Ⅱ和$TF_{Ⅱ}H$因子的结合导致了含Htz1蛋白核小体的置换和完整PIC的装配。

26.13 组蛋白磷酸化影响染色质结构

关键概念

- 组蛋白磷酸化与转录、修复、染色体凝聚和细胞周期进程有关。

所有组蛋白在体内不同的背景下都能被磷酸化。在下列三种情况下组蛋白被磷酸化：

- 在细胞周期过程中，它能周期性地发生；
- 在转录过程中，它与染色质重塑联系在一起；
- 在DNA修复中。

很早之前，我们已经知道组蛋白H1在有丝分裂过程中被磷酸化，且组蛋白H1是控制细胞分裂的Cdc2激酶的极好底物。这就引发了一些猜测：磷酸化是否可能与染色质的凝聚有关呢？但是到目前为止，这个磷酸化的直接效应还没有被证实，也不知道它是否在细胞分裂中起作用。在四膜虫（*Tetrahymena*）中，将编码组蛋白H1的所有基因去除，并不会显著影响染色质的整体特性，却对有丝分裂中的染色质凝聚能力产生了相对轻度的影响，且这种改变会使一些基因激活，使另一些基因阻遏，这提示在局部结构中已经出现了改变。消除组蛋白H1的磷酸化位点的突变不会产生任何效应，而模仿磷酸化效应的突变会产生类似于基因敲除的表型。这提示组蛋白H1的磷酸化效应可消除对局部染色质结构的效应。

组蛋白H3第10位Ser（H3S10）的磷酸化（它能促进组蛋白H3的同一尾部的K14的乙酰化）与转录激活，以及染色体凝聚和细胞周期进程有关。在黑腹果蝇（*Drosophila melanogaster*）中，能磷酸化组蛋白H3S10的激酶（JIL-1）的丧失对染色质结构将产生灾难性的影响。图26.27比较了多线染色体的常见延伸结构（上图）和没有JIL1激酶的完全突变体的结构（下图），结果说明失去JIL-1激酶是致死的，但是在幼虫死亡之前我们还是可以看到染色体。

这提示组蛋白H3的磷酸化对于引发常染色体区段的更加伸展的染色体结构是必需的。JIL-1激酶

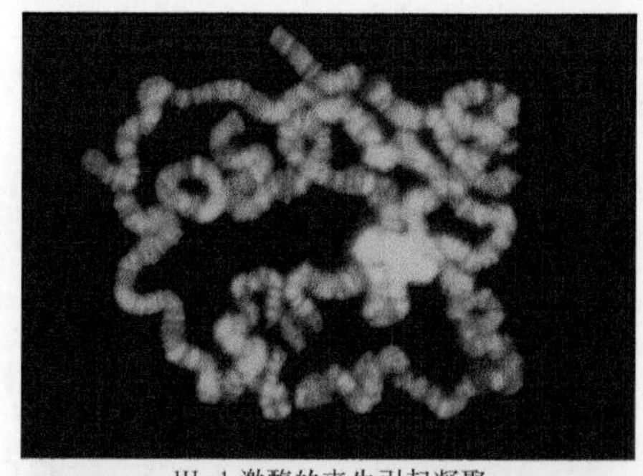

JIL-1激酶的丧失引起凝聚

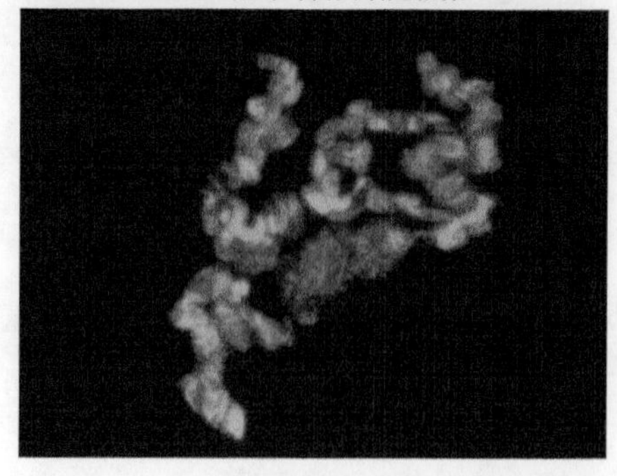

图26.27 没有JIL-1激酶的果蝇多线染色体是异常的，它变得凝聚而非伸展

照片由Jorgen Johansen and Kristen M. Johansen, Iowa State University友情提供

能与结合于 X 染色体的蛋白质复合体相连接，从而提高雄性体内的基因表达（详见第 28 章“表观遗传学Ⅱ”），且依赖 JIL-1 的组蛋白 H3S10 的磷酸化也能拮抗组蛋白 H3K9 的双甲基化（一种异染色质标记）。这些证据与 JIL-1 蛋白可推进活性染色质构象的形成作用是相一致的。有意思的是，由 JIL-1 蛋白介导的组蛋白 H3S10 的磷酸化自身可被由 ATAC 乙酰转移酶复合体所介导的组蛋白 H4K12 的乙酰化所促进，这种复杂的相互作用使得决定单一修饰还是几种修饰必须发生在一起才是染色质结构转变的关键因素变得更加具有挑战性。目前，至少在某些物种（包括哺乳动物和四膜虫）中，还不清楚组蛋白 H3 的磷酸化在促进转录活性染色质中的作用是如何与组蛋白 H3 磷酸化在起始染色体凝聚中的功能需求相联系的。

这给我们留下了稍微矛盾的关于组蛋白磷酸化作用的印象：如果它在细胞周期中非常重要，那么它可能是凝聚的信号；但它在转录和修复中的效应似乎是相反的，产生了与转录和修复过程相匹配的开放染色质结构（修复过程中的组蛋白磷酸化在第 8 章“染色质”和第 14 章“修复系统”中讨论过）。

当然，不同组蛋白的磷酸化，甚至同一组蛋白中不同氨基酸残基的磷酸化，都可能会对染色质结构产生相反的效应。

26.14 酵母 *GAL* 基因：一个用于进行激活和阻遏作用实验的模型

关键概念

- 激活物 Gal4 可正调节 *GAL1/10* 基因。
- Gal4 蛋白由 Gal80 因子负调节。
- Gal3 蛋白由 Gal80 因子负调节。Gal3 蛋白是最终的正调节物，它可被诱导物半乳糖激活。
- 隐蔽启动子合成的非编码 RNA 可控制染色质结构，从而负调节 *GAL1/10* 基因。
- 激活的 Gal4 因子可募集染色质改变所必需的装置及 RNA 聚合酶。
- 依赖葡萄糖的蛋白激酶 Snf1 可介导分解代谢物阻遏效应。

像细菌一样，酵母也需要对周围环境作出快速应答（详见第 24 章“操纵子”）。在酿酒酵母中，*GAL* 基因发挥了与大肠杆菌 *lac* 操纵子相似的功能。在紧急情况下，当环境不能提供葡萄糖作为能量来源，而只有半乳糖（在大肠杆菌中为乳糖）可以获得的情况下，细胞也将会存活，因为它能代谢其他糖来产生 ATP。酿酒酵母中的 *GAL* 系统已经成为一个模式系统，多年来科学家们都用它来研究真核生物中的基因表达。在此将专注于其中的两个基因——*GAL1* 基因和 *GAL10* 基因，其结构如**图 26.28** 所示。像大多数真核生物基因一样，*GAL* 基因是单顺反子的。这两个基因是差异转录的，它们受到一个中心控制区的调节，这一区域称为**上游激活序列（upstream activating sequence，UAS）**，它类似于增强子。就像大肠杆菌 *lac* 操纵子一样，*GAL* 基因由其底物半乳糖所诱导。因为与大肠杆菌中同样的理由，*GAL* 基因也受到如下所描述的另一层的控制——分解代谢物阻遏。当环境存在足够的葡萄糖供给，即它们的优先能量来源时，它们不会被底物半乳糖所激活。

总体上，*GAL* 基因受到 5 个不同层次的控制。第一层是染色质结构，在染色质重塑子 SWI/SNF 复合体的任何亚基，以及乙酰转移酶复合体 SAGA 中的突变都会导致 *GAL* 基因的降低表达。第二层，即在 UAS 中存在普适性增强子和 Mig1 阻遏物结合位点。第三层是通过非编码 RNA 转录物，它可协助维持阻遏状态的染色质，使之不开放可读框。第四层是 *GAL* 基因特异性的半乳糖诱导机制。第五层是分解代谢物（葡萄糖）阻遏。

两个 *GAL* 基因是非常特殊的，因为它缺少典型的无核小体区域，而这一结构却存在于大部分酵母基因的起始位点中。相反，*GAL* 基因起始位点位于正常定位的核小体中。控制 *GAL* 基因的 UAS 区域拥有不寻常的碱基组成，即每 10 个碱基对会出现一段短小的 AT 重复序列，这会引发 DNA 弯曲。含组蛋白变异体 H2AZ 的核小体（酵母中为组蛋白 Htz1）定位于 *GAL1* 基因和 *GAL10* 基因的启动子上，而弯曲 DNA 可以协助它们的定位。

GAL10 基因的特殊之处是它在 3′ 端的开放染色质中存在一个隐蔽启动子，从这个启动子中可转录出非编码 RNA，它是 *GAL10* 基因的反义链，并且它能延伸通过并包含 *GAL1* 基因（详见第 30 章“调

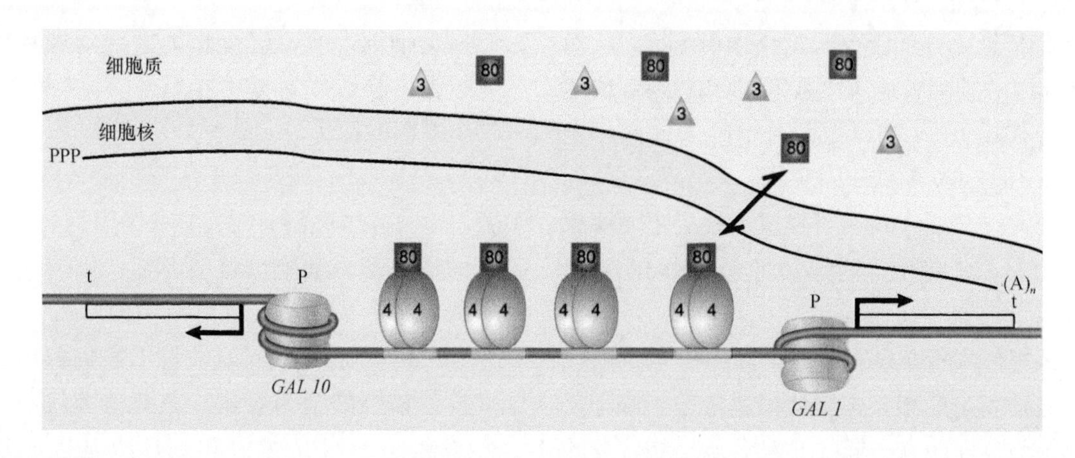

图 26.28 酵母 *GAL1/10* 基因座强调了 UAS，显示出了 Gal4、Gal80、Gal3 等调节蛋白，以及 RSC/ 核小体。当基因不转录时，核小体也定位于启动子区

节性 RNA”)。其转录是不充分的，且 RNA 丰度是极其低下的（每个细胞少于一份拷贝），部分原因是它的快速降解。在阻遏条件下，转录因子 Reb1 蛋白可刺激这个启动子，而 Reb1 蛋白通常被认为是 RNA 聚合酶 I 的转录因子。非编码转录物通过募集 Set2 甲基转移酶而阻遏 *GAL1/10* 这一对基因的转录，Set2 甲基转移酶可使组蛋白 H3K36 双甲基化和三甲基化，H3K36me2/me3 可导致 HDAC 酶的募集，它能对染色质脱乙酰化，从而产生阻遏状态的染色质结构。

GAL 基因最终受到正调节物 Gal4 蛋白的控制，以二聚体方式结合于 UAS 区域中的四个结合位点，如图 26.28 和**图 26.29** 所示。Gal4 蛋白的激活域由两个酸性补丁结构域组成，而 Gal4 蛋白又能被一个负调节物 Gal80 蛋白控制，它能结合 Gal4 蛋白，

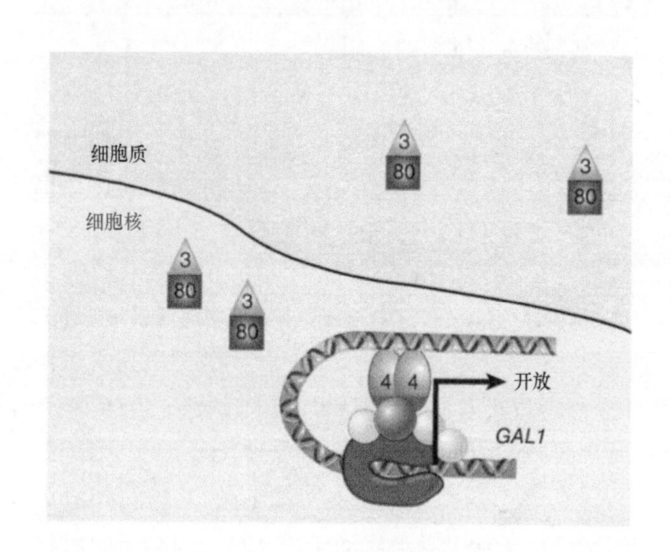

图 26.29 被激活的酵母 *GAL1* 基因。在细胞质中，Gal3 蛋白能结合 Gal80 蛋白，这可允许 Gal4 蛋白募集转录装置并激活转录

并掩盖其激活域，从而阻止它的激活转录。这就是 *GAL* 基因的正常状态——关闭并等待被诱导。UAS 中的染色质结构难以被鉴定。最近的来自未诱导细胞的实验数据暗示：部分未被缠绕的核小体组成型地被染色质 - 重塑因子 RSC 复合体固定住。酵母中的 RSC 复合体，不同于其对应的高等真核生物同源物，它拥有序列特异性的 DNA 结合域。这个复合体通过帮助核小体定相于两个启动子上，从而避免它们侵占Gal4蛋白的结合位点，来促进Gal4的结合。

Gal80 蛋白，它本身由负调节物 Gal3 蛋白调节，而 Gal3 蛋白可被诱导物半乳糖控制。Gal80 蛋白对 Gal3 蛋白和 Gal4 蛋白拥有重叠的结合位点。Gal3 蛋白是一种有趣的蛋白质，它与 Gal1 蛋白具有高度同源性，而 Gal1 蛋白是一种半乳糖激酶，其功能就是磷酸化半乳糖。Gal3 蛋白没有酶活性，但是保留了结合半乳糖和 ATP 的能力。在 NADP 存在下，Gal3 蛋白会改变结构，使之能与 Gal80 蛋白结合。当它确实这样做时，Gal3 蛋白就能掩盖住 Gal80 蛋白的核定位信号，从而阻止它结合到 Gal4 蛋白。这种转换发生得非常迅速，会导致 Gal1/10 蛋白的诱导，这主要由于 Gal3 蛋白结合于细胞核中的 Gal80 蛋白所致。这样，Gal3 蛋白是一种负调节物的负调节物，结果也就成为 Gal4 蛋白的正调节物。这一过程会去除细胞核中的 Gal80 蛋白，释放出 Gal4 蛋白，从而激活基因表达。在此处，NADP 被认为是“第二信使”代谢传感器。

游离的 Gal4 蛋白现在能开始通过与启动子中许多蛋白质的直接接触而开启 *GAL1/10* 基因的表达。在这一诱导过程中，Reb1 蛋白不再结合到 *GAL10* 基因的隐蔽启动子上。Gal4 蛋白可募集组

蛋白H2B泛素化因子（Rad6蛋白），而它能刺激由Set1蛋白介导的组蛋白H3K4双甲基化和三甲基化；随后，Gal4蛋白能募集SAGA乙酰转移酶复合体，两者都能使组蛋白H2B去泛素化，而使组蛋白H3乙酰化，最终导致已经存在的核小体从这两个启动子中被驱逐出去。染色质重塑子SWI/SNF复合体与分子伴侣Hsp90/70能协助这一驱逐反应。SWI/SNF复合体并非绝对必需，但它可加速这一过程。这样就可募集TBP/TF$_{\text{II}}$D复合体，而它们可募集RNA聚合酶Ⅱ和辅激活物复合体——中介体。激活的Gal4蛋白可直接接触中介体，以便最终启动转录。延伸控制因子TF$_{\text{II}}$S也可被募集，它实际上在一些基因的起始中也发挥作用。

在转录延伸时期，核小体被破坏（详见第18章“真核生物的转录”）。为了阻止来自任何一条链中的内部隐蔽启动子的可疑转录，当RNA聚合酶Ⅱ通过以后，组蛋白八聚体必须重新形成。许多组蛋白分子伴侣和协助染色质转录（facilitating chromatin transcription，FACT）复合体在延伸过程中的八聚体装配和解聚动力学中发挥了作用。

当半乳糖用尽或葡萄糖存在时，这一系统可快速阻遏转录。当Gal4蛋白激活由RNA聚合酶Ⅱ所介导的转录时，与聚合酶激活有关的蛋白激酶也可磷酸化Gal4蛋白，这种磷酸化会导致Gal4蛋白的泛素化和随后的被清除。这种转换可能是RNA聚合酶清除和延伸所必需的。这是一个动态系统，其中必须存在一个连续的正信号，即半乳糖的存在。

尽管真核生物中的分解代谢物阻遏与大肠杆菌中所使用的目的一样（它运用cAMP作为正辅调节物），但是它却应用完全不同的机制。葡萄糖（而非半乳糖）是酵母的一种优先糖源。如果环境存在两种糖，那么细胞将优先利用葡萄糖这一糖源，而阻遏与半乳糖利用相关的基因。酵母*GAL*基因的葡萄糖阻遏是多方面的。依赖葡萄糖的开关就是Snf1蛋白激酶。在低葡萄糖浓度下，因为Snf1蛋白能磷酸化和失活通用依赖葡萄糖的阻遏物Mig1蛋白，所以*GAL*基因能被转录；而葡萄糖阻遏能失活Snf1蛋白，这使得Mig1蛋白变得有活性。

当葡萄糖存在时，许多参与半乳糖使用的其他基因也被下调，如半乳糖转运蛋白和Gal4蛋白自身。葡萄糖能失活Snf1蛋白，这导致*GAL*基因座中的Mig1蛋白的激活。在*GAL*基因座中，Mig1蛋白能与辅阻遏物Cyc8-Tup1复合体相互作用，而我们已经知道它能募集组蛋白脱乙酰酶。

小结

转录因子包括基础转录因子、激活物和辅激活物。基础转录因子与RNA聚合酶在起点相互作用。激活物与定位于启动子附近或增强子中的特异性短小DNA序列相互作用。激活物与基础转录装置以蛋白质-蛋白质相互作用的形式产生效应，一些激活物与基础转录装置可直接作用，而其他则需要辅激活物介导这种相互作用。激活物通常为类似模块的结构，其中有独立的结构域负责与DNA结合并激活转录。DNA结合域的主要功能可能是在起始复合体附近固定转录激活域。一些应答元件出现在许多基因中，并被普适性因子所识别；其他因子则出现在一些特殊基因中，并由组织特异性因子识别。

RNA聚合酶Ⅱ的启动子附近拥有许多短顺式作用元件，其中一些能被反式作用因子所识别。顺式作用元件位于TATA框的上游，它可以任意取向存在，也可存在于离起点不同的距离，或定位于下游的内含子区域内。这些元件可被激活物和阻遏物所识别，而这些因子可与基础转录复合体相互作用，这可以决定启动子被使用的效率。一些激活物可与基础转录装置的一些成分直接相互作用，而其他则需要通过辅激活物这种中介体而相互作用。基础转录装置中的靶蛋白是TF$_{\text{II}}$D、TF$_{\text{II}}$B或TF$_{\text{II}}$A等TAF蛋白，它们的相互作用激活了基础转录装置的组装。

根据其序列同源性已经鉴定出了几组转录因子。同源异形域是一个由60个氨基酸残基组成的序列，可调节昆虫、蠕虫和人类中的发育。它与原核生物的螺旋-转角-螺旋基序相关，并为这些转录因子提供了结合DNA的基序。

参与DNA结合的另一个基序是锌指结构，它是在那些能结合DNA或RNA（有时两者同时）的蛋白质中发现的。每个锌指都含半胱氨酸残基和组氨酸残基以用于结合锌离子。在一些转录因子中，某一类型的锌指结构可重复出现；而在其他一些转录因子中，锌指结构仅为单个或两个。

亮氨酸拉链含有一个富含亮氨酸残基的氨基酸序列，它在转录因子的二聚体化中起作用；而在

bZIP 转录因子中，与之相邻的碱性区负责与 DNA 结合。

类固醇受体是这一转录因子群体中最早被认识的成员，它是通过结合一种小的疏水性激素而激活的，活性因子接着在细胞核中定位，并结合到特异性应答元件上，然后激活转录。其 DNA 结合域含有锌指结构。

HLH（螺旋 - 环 - 螺旋）蛋白含有两亲性螺旋，负责二聚体化作用，与结合 DNA 的碱性区相连。bHLH 蛋白有一个结合 DNA 的碱性区，它分为两组：广谱表达的 bHLH 蛋白和组织特异性的 bHLH 蛋白。活性蛋白通常是由两个亚单位组成的异源二聚体，每个都来自不同的组。当二聚体存在一个不含碱性区的亚基时，它不能与 DNA 结合，于是，此种亚基就可阻止基因的表达。亚基之间的不同组合形成了调节网络。

许多转录因子以二聚体形式行使功能。家族内许多成员构成同源和异源二聚体，这是很常见的，也为各种复杂组合影响基因表达提供了潜力。在某些情况下，家族中也包含抑制性成员，它们参与二聚体形成，阻止配偶体激活转录。

控制区位于核小体的基因通常不被表达。在没有特殊调节物时，启动子和其他调节区被组蛋白八聚体组织成没有活性的状态，这可解释需要把核小体定位于启动子附近的精确区域，这样，必要的调节位点就被恰当地暴露。一些转录因子能够识别核小体表面的 DNA，而这些 DNA 的特殊定位可能是转录起始所必需的。

通过涉及 ATP 水解的一种机制，染色质重塑复合体能够滑动或置换组蛋白八聚体。染色质重塑复合体的大小范围不等，它可以根据 ATP 酶亚基而进行分类，常见类型是 SWI/SNF、ISWI、CHD 和 INO80/SWRI。这种染色质重塑的典型形式是从 DNA 的特异序列性置换一个或多个组蛋白八聚体，形成边界，从而引发了邻近核小体的精确或偏爱的定位。染色质重塑复合体可能参与核小体定位的改变，有时也参与组蛋白八聚体沿 DNA 的滑动。

过度的共价修饰发生在组蛋白尾部，而所有这些事件都是可逆的。组蛋白在复制和转录过程中发生乙酰化，这可帮助形成不太紧密的染色质结构，这通常通过与依赖 ATP 的重塑子的相互作用而实现。一些辅激活物能把转录因子连接到基本转录装置上，它们具有组蛋白乙酰化酶的活性；相反，阻遏物与脱乙酰酶有关联。这些修饰酶通常对特异性组蛋白的特殊氨基酸具有特异性。一些组蛋白修饰可能是排他性的，而另一些修饰可能具有协同效应。

大的激活或阻遏复合体常常含有几种可执行不同染色质修饰的活性。在修饰染色质的蛋白质中发现了一些常见基序，如克罗莫结构域（它能结合甲基化赖氨酸）、布罗莫结构域（它靶向乙酰化赖氨酸）和 SET 结构域（它是组蛋白甲基转移酶活性位点的一部分）。

参考文献

26.2 基因是如何开启的呢？

综述文献

Sanchez, A., and Golding, I. (2013). Genetic determinants and cellular constraints in noisy gene expression. *Science* 342, 1188-1193.

26.3 激活物和阻遏物的作用机制

综述文献

Guarente, L. (1987). Regulatory proteins in yeast. *Annu. Rev. Genet.* 21, 425-452.

Lee, T. I., and Young, R. A. (2000). Transcription of eukaryotic protein-coding genes. *Annu. Rev. Genet.* 34, 77-137.

Lemon, B., and Tjian, R. (2000). Orchestrated response: a symphony of transcription factors for gene control. *Genes Dev.* 14, 2551-2569.

Ptashne, M. (1988). How eukaryotic transcriptional activators work. *Nature* 335, 683-689.

26.4 DNA 结合域和转录激活域是相互独立的

综述文献

Guarente, L. (1987). Regulatory proteins in yeast. *Annu. Rev. Genet.* 21, 425-452.

26.5 双杂交实验检测蛋白质 - 蛋白质的相互作用

研究论文文献

Fields, S., and Song, O. (1989). A novel genetic system to detect protein–protein interactions. *Nature* 340, 245-246.

26.6 激活物和基础转录装置相互作用

综述文献

Lemon, B., and Tjian, R. (2000). Orchestrated response: a symphony of transcription factors for gene control. *Genes Dev.* 14, 2551-2569.

Maniatis, T., Goodbourn, S., and Fischer, J. A. (1987). Regulation of inducible and tissuespecific gene expression. *Science* 236, 1237-1245.

Mitchell, P., and Tjian, R. (1989). Transcriptional regulation in mammalian cells by sequencespecific DNA-binding proteins. *Science* 245, 371-378.

Myers, L. C., and Kornberg, R. D. (2000). Mediator of

transcriptional regulation. *Annu. Rev. Biochem*. 69, 729-749.

研究论文文献

Asturias, F. J., Jiang, Y. W., Myers, L. C., Gustafsson, C. M., and Kornberg, R. D. (1999). Conserved structures of mediator and RNA polymerase II holoenzyme. *Science* 283, 985-987.

Cernilogar, F. M., Onorati, M. C., Kothe, G. O., Burroughs, A. M., Parsi, K. M., Breiling, A., Lo Sardo, F., Saxena, A., Miyoshi, K., Siomi, H., Siomi, M. C., Carninci, P., Gilmour, D. S., Corona, D. F., and Orlando, V. (2011). Chromatinassociated RNA interference components contribute to transcriptional regulation in *Drosophila*. *Nature* 480, 391-395.

Chen, J.-L., Attardi, L. D., Verrijzer, C. P., Yokomori, K., and Tjian, R. (1994). Assembly of recombinant TFIID reveals differential coactivator requirements for distinct transcriptional activators. *Cell* 79, 93-105.

Dotson, M. R., Yuan, C. X., Roeder, R. G., Myers, L. C., Gustafsson, C. M., Jiang, Y. W., Li, Y., Kornberg, R. D., and Asturias, F. J. (2000). Structural organization of yeast and mammalian mediator complexes. *Proc. Natl. Acad. Sci. USA* 97, 14307-14310.

Dynlacht, B. D., Hoey, T., and Tjian, R. (1991). Isolation of coactivators associated with the TATA-binding protein that mediate transcriptional activation. *Cell* 66, 563-576.

Kim, Y. J., Bjorklund, S., Li, Y., Sayre, M. H., and Kornberg, R. D. (1994). A multiprotein mediator of transcriptional activation and its interaction with the C-terminal repeat domain of RNA polymerase II. *Cell* 77, 599-608.

Li, G., et al. (2012). Extensive promoter-centered chromatin interactions provide a topological basis for transcription regulation. *Cell* 148, 84-98.

Ma, J., and Ptashne, M. (1987). A new class of yeast transcriptional activators. *Cell* 51, 113-119.

Pugh, B. F., and Tjian, R. (1990). Mechanism of transcriptional activation by Sp1: evidence for coactivators. *Cell* 61, 1187-1197.

26.7 已经鉴定出多种类型的 DNA 结合域

综述文献

Harrison, S. C. (1991). A structural taxonomy of DNA-binding proteins. *Nature* 353, 715-719.

Pabo, C. T., and Sauer, R. T. (1992). Transcription factors: structural families and principles of DNA recognition. *Annu. Rev. Biochem*. 61, 1053-1095.

26.8 染色质重塑是一个主动过程

综述文献

Becker, P. B., and Horz, W. (2002). ATP-dependent nucleosome remodeling. *Annu. Rev. Biochem*. 71, 247-273.

Cairns, B. (2005). Chromatin remodeling complexes: strength in diversity, precision through specialization. *Curr. Op. Genet. Dev*. 15, 185-190.

Felsenfeld, G. (1992). Chromatin as an essential part of the transcriptional mechanism. *Nature* 355, 219-224.

Grunstein, M. (1990). Histone function in transcription. *Annu. Rev. Cell Biol*. 6, 643-678.

Narlikar, G. J., Fan, H. Y., and Kingston, R. E. (2002). Cooperation between complexes that regulate chromatin structure and transcription. *Cell* 108, 475-487.

Peterson, C. L., and Côté, J. (2004). Cellular machineries for chromosomal DNA repair. *Genes Dev*. 18, 602-616.

Schnitzler, G. R. (2008). Control of nucleosome positions by DNA sequence and remodeling machines. *Cell Biochem. Biophys*. 51, 67-80.

Tsukiyama, T. (2002). The in vivo functions of ATPdependent chromatin-remodelling factors. *Nat. Rev. Mol. Cell Biol*. 3, 422-429.

Vignali, M., Hassan, A. H., Neely, K. E., and Workman, J. L. (2000). ATP-dependent chromatin-remodeling complexes. *Mol. Cell Biol*. 20, 1899-1910.

研究论文文献

Cairns, B. R., Kim, Y.-J., Sayre, M. H., Laurent, B. C., and Kornberg, R. (1994). A multisubunit complex containing the SWI/ADR6, SWI2/1, SWI3, SNF5, and SNF6 gene products isolated from yeast. *Proc. Natl. Acad. Sci. USA* 91, 1950-1954.

Côte, J., Quinn, J., Workman, J. L., and Peterson, C. L. (1994). Stimulation of GAL4 derivative binding to nucleosomal DNA by the yeast SWI/SNF complex. *Science* 265, 53-60.

Gavin, I., Horn, P. J., and Peterson, C. L. (2001). SWI/SNF chromatin remodeling requires changes in DNA topology. *Mol. Cell* 7, 97-104.

Hamiche, A., Kang, J. G., Dennis, C., Xiao, H., and Wu, C. (2001). Histone tails modulate nucleosome mobility and regulate ATP-dependent nucleosome sliding by NURF. *Proc. Natl. Acad. Sci. USA* 98, 14316-14321.

Kingston, R. E., and Narlikar, G. J. (1999). ATPdependent remodeling and acetylation as regulators of chromatin fluidity. *Genes Dev*. 13, 2339-2352.

Kwon, H., Imbaizano, A. N., Khavari, P. A., Kingston, R. E., and Green, M. R. (1994). Nucleosome disruption and enhancement of activator binding of human SWI/SNF complex. *Nature* 370, 477-481.

Logie, C., and Peterson, C. L. (1997). Catalytic activity of the yeast SWI/SNF complex on reconstituted nucleosome arrays. *EMBO J*. 16, 6772-6782.

Lorch, Y., Cairns, B. R., Zhang, M., and Kornberg, R. D. (1998). Activated RSC-nucleosome complex and persistently altered form of the nucleosome. *Cell* 94, 29-34.

Lorch, Y., Zhang, M., and Kornberg, R. D. (1999). Histone octamer transfer by a chromatin remodeling complex. *Cell* 96, 389-392.

Peterson, C. L., and Herskowitz, I. (1992). Characterization of the yeast SWI1, SWI2, and SWI3 genes, which encode a global activator of transcription. *Cell* 68, 573-583.

Robert, F., Young, R. A., and Struhl, K. (2002). Genome-wide location and regulated recruitment of the RSC nucleosome remodeling complex. *Genes Dev*. 16, 806-819.

Schnitzler, G., Sif, S., and Kingston, R. E. (1998). Human SWI/SNF interconverts a nucleosome between its base state and a stable remodeled state. *Cell* 94, 17-27.

Tamkun, J. W., Deuring, R., Scott, M. P., Kissinger, M., Pattatucci, A. M., Kaufman, T. C., and Kennison, J. A. (1992). Brahma: a regulator of Drosophila homeotic genes structurally related to the yeast transcriptional activator SNF2/SWI2. *Cell* 68, 561-572.

Tsukiyama, T., Daniel, C, Tamkun, J., and Wu, C. (1995). ISWI, a member of the SWI2/SNF2 ATPase family, encodes the

140 kDa subunit of the nucleosome remodeling factor. *Cell* 83, 1021-1026.

Tsukiyama, T., Palmer, J., Landel, C. C, Shiloach, J., and Wu, C. (1999). Characterization of the imitation switch subfamily of ATP-dependent chromatin-remodeling factors in *S. cerevisiae*. *Genes Dev*. 13, 686-697.

Whitehouse, I., Flaus, A., Cairns, B. R., White, M. F., Workman, J. L., and Owen-Hughes, T. (1999). Nucleosome mobilization catalysed by the yeast SWI/SNF complex. *Nature* 400, 784-787.

26.9 核小体的结构或成分可在启动子处被改变

综述文献

Lohr, D. (1997). Nucleosome transactions on the promoters of the yeast *GAL* and *PHO* genes. *J. Biol. Chem*. 272, 26795-26798.

Swygert, S. G., and Peterson, C. L. (2014). Chromatin dynamics: interplay between remodeling enzymes and histone modifications. *Biochem. Biophys. Acta* 1839, 728-736.

研究论文文献

Cosma, M. P., Tanaka, T., and Nasmyth, K. (1999). Ordered recruitment of transcription and chromatin remodeling factors to a cell cycle and developmentally regulated promoter. *Cell* 97, 299-311.

Kadam, S., McAlpine, G. S., Phelan, M. L., Kingston, R. E., Jones, K. A., and Emerson, B. M. (2000). Functional selectivity of recombinant mammalian SWI/SNF subunits. *Genes Dev*. 14, 2441-2451.

McPherson, C. E., Shim, E.-Y., Friedman, D. S., and Zaret, K. S. (1993). An active tissue-specific enhancer and bound transcription factors existing in a precisely positioned nucleosomal array. *Cell* 75, 387-398.

Schmid, V. M., Fascher, K.-D., and Horz, W. (1992). Nucleosome disruption at the yeast *PHO5* promoter upon *PHO5* induction occurs in the absence of DNA replication. *Cell* 71, 853-864.

Truss, M., Barstch, J., Schelbert, A., Hache, R. J. G., and Beato, M. (1994). Hormone induces binding of receptors and transcription factors to a rearranged nucleosome on the MMTV promoter in vitro. *EMBO J*. 14, 1737-1751.

Tsukiyama, T., Becker, P. B., and Wu, C. (1994). ATP-dependent nucleosome disruption at a heat shock promoter mediated by binding of GAGA transcription factor. *Nature* 367, 525-532.

Yudkovsky, N., Logie, C., Hahn, S., and Peterson, C. L. (1999). Recruitment of the SWI/SNF chromatin remodeling complex by transcriptional activators. *Genes Dev*. 13, 2369-2374.

26.10 组蛋白乙酰化与转录激活相关

综述文献

Jenuwein, T., and Allis, C. D. (2001). Translating the histone code. *Science* 293, 1074-1080.

Lee, K. K., and Workman, J. L. (2007). Histone acetyltransferase complexes: one size doesn't fit all. *Nat. Rev. Mol. Cell Biol*. 8, 284-295.

Ruthenburg, A. J., Li, H., Patel, D. J., and Allis, C. D. (2007). Multivalent engagement of chromatin modifications by linked binding modules. *Nat. Rev. Mol. Cell Biol*. 8, 983-994.

研究论文文献

Akhtar, A., and Becker, P. B. (2000). Activation of transcription through histone H4 acetylation by MOF, an acetyltransferase essential for dosage compensation in Drosophila. *Mol. Cell* 5, 367-375.

Ayer, D. E., Lawrence, Q. A., and Eisenman, R. N. (1995). Mad-Max transcriptional repression is mediated by ternary complex formation with mammalian homologs of yeast repressor Sin3. *Cell* 80, 767-776.

Brownell, J. E., Zhou, J., Ranalli, T., Kobayashi, R., Edmondson, D. G., Roth, S. Y., and Allis, C. D. (1996). Tetrahymena histone acetyltransferase A: a homologue to yeast Gcn5p linking histone acetylation to gene activation. *Cell* 84, 843-851.

Chen, H., Lin, R. J., Schiltz, R. L., Chakravarti, D., Nash, A., Nagy, L., Privalsky, M. L., Nakatani, Y., and Evans, R. M. (1997). Nuclear receptor coactivator ACTR is a novel histone acetyltransferase and forms a multimeric activation complex with P/CAF and CP/p300. *Cell* 90, 569-580.

Grant, P. A., Schieltz, D., Pray-Grant, M. G., Steger, D. J., Reese, J. C., Yates, J. R., 3rd, and Workman, J. L. (1998). A subset of TAFIIs are integral components of the SAGA complex required for nucleosome acetylation and transcriptional stimulation. *Cell* 94, 45-53.

Jackson, V., Shires, A., Tanphaichitr, N., and Chalkley, R. (1976). Modifications to histones immediately after synthesis. *J. Mol. Biol*. 104, 471-483.

Kadosh, D., and Struhl, K. (1997). Repression by Ume6 involves recruitment of a complex containing Sin3 corepressor and Rpd3 histone deacetylase to target promoters. *Cell* 89, 365-371.

Kingston, R. E., and Narlikar, G. J. (1999). ATP-dependent remodeling and acetylation as regulators of chromatin fluidity. *Genes Dev*. 13, 2339-2352.

Krebs, J. E., Kuo, M. H., Allis, C. D., and Peterson, C. L. (1999). Cell-cycle regulated histone acetylation required for expression of the yeast *HO* gene. *Genes Dev*. 13, 1412-1421.

Lee, T. I., Causton, H. C., Holstege, F. C., Shen, W. C., Hannett, N., Jennings, E. G., Winston, F., Green, M. R., and Young, R. A. (2000). Redundant roles for the TFIID and SAGA complexes in global transcription. *Nature* 405, 701-704.

Ling, X., Harkness, T. A., Schultz, M. C., Fisher-Adams, G., and Grunstein, M. (1996). Yeast histone H3 and H4 amino termini are important for nucleosome assembly in vivo and in vitro: redundant and position-independent functions in assembly but not in gene regulation. *Genes Dev*.10, 686-699.

Osada, S., Sutton, A., Muster, N., Brown, C. E., Yates, J. R., Sternglanz, R., and Workman, J. L. (2001). The yeast SAS (something about silencing) protein complex contains a MYST-type putative acetyltransferase and functions with chromatin assembly factor ASF1. *Genes Dev*. 15, 3155-3168.

Schreiber-Agus, N., Chin, L., Chen, K., Torres, R., Rao, G., Guida, P., Skoultchi, A. I., and DePinho, R. A. (1995). An amino-terminal domain of Mxi1 mediates anti-Myc oncogenic activity and interacts with a homolog of the yeast transcriptional repressor SIN3. *Cell* 80, 777-786.

Shibahara, K., Verreault, A., and Stillman, B. (2000). The N-terminal domains of histones H3 and H4 are not necessary for chromatin assembly factor-1-mediated nucleosome assembly onto replicated DNA *in vitro*. *Proc. Natl. Acad. Sci. USA* 97, 7766-7771.

Turner, B. M., Birley, A. J., and Lavender, J. (1992). Histone H4 isoforms acetylated at specific lysine residues define individual chromosomes and chromatin domains in Drosophila polytene nuclei. *Cell* 69, 375-384.

26.11 组蛋白和 DNA 的甲基化相关联

综述文献

Bannister, A. J., and Kouzarides, T. (2005). Reversing histone methylation. *Nature* 436, 1103-1106.

Richards, E. J., Elgin, S. C, and Richards, S. C. (2002). Epigenetic codes for heterochromatin formation and silencing: rounding up the usual suspects. *Cell* 108, 489-500.

Zhang, Y., and Reinberg, D. (2001). Transcription regulation by histone methylation: interplay between different covalent modifications of the core histone tails. *Genes Dev.* 15, 2343-2360.

研究论文文献

Cuthbert, G. L., Daujat, S., Snowden, A. W., Erdjument-Bromage, H., Hagiwara, T., Yamada, M., Schneider, R., Gregory, P. D., Tempst, P., Bannister, A. J., and Kouzarides, T. (2004). Histone deimination antagonizes arginine methylation. *Cell* 118, 545-553.

Fuks, F., Hurd, P. J., Wolf, D., Nan, X., Bird, A. P., and Kouzarides, T. (2003). The methyl-CpG-binding protein MeCP2 links DNA methylation to histone methylation. *J. Biol. Chem.* 278, 4035-4040.

Gendrel, A. V., Lippman, Z., Yordan, C., Colot, V., and Martienssen, R. A. (2002). Dependence of heterochromatic histone H3 methylation patterns on the *Arabidopsis* gene DDM1. *Science* 297, 1871-1873.

Johnson, L., Cao, X., and Jacobsen, S. (2002). Interplay between two epigenetic marks: DNA methylation and histone H3 lysine 9 methylation. *Curr. Biol.* 12, 1360-1367.

Lawrence, R. J., Earley, K., Pontes, O., Silva, M., Chen, Z. J., Neves, N., Viegas, W., and Pikaard, C. S. (2004). A concerted DNA methylation/histone methylation switch regulates rRNA gene dosage control and nucleolar dominance. *Mol. Cell* 13, 599-609.

Ng, H. H., Feng, Q., Wang, H., Erdjument-Bromage, H., Tempst, P., Zhang, Y., and Struhl, K. (2002). Lysine methylation within the globular domain of histone H3 by Dot1 is important for telomeric silencing and Sir protein association. *Genes Dev.* 16, 1518-1527.

Rea, S., Eisenhaber, F., O'Carroll, D., Strahl, B. D., Sun, Z. W., Sun, M., Opravil, S., Mechtler, K., Ponting, C. P., Allis, C. D., and Jenuwein, T. (2000). Regulation of chromatin structure by sitespecific histone H3 methyltransferases. *Nature* 406, 593-599.

Shi, Y., Lan, F., Matson, C., Mulligan, P., Whetstine, J. R., Cole, P. A., and Casero, R. A. (2004). Histone demethylation mediated by the nuclear amine oxidase homolog LSD1. *Cell* 119, 941-953.

Tamaru, H., and Selker, E. U. (2001). A histone H3 methyltransferase controls DNA methylation in *Neurospora crassa*. *Nature* 414, 277-283.

Tamaru, H., Zhang, X., McMillen, D., Singh, P. B., Nakayama, J., Grewal, S. I., Allis, C. D., Cheng, X., and Selker, E. U. (2003). Trimethylated lysine 9 of histone H3 is a mark for DNA methylation in *Neurospora crassa*. *Nat. Genet.* 34, 75-79.

Wang, Y., Wysocka, J., Sayegh, J., Lee, Y. H., Perlin, J. R., Leonelli, L., Sonbuchner, L. S., McDonald, C. H., Cook, R. G., Dou, Y., Roeder, R. G., Clarke, S., Stallcup, M. R., Allis, C. D., and Coonrod, S. A. (2004). Human PAD4 regulates histone arginine methylation levels via demethylimination. *Science* 306, 279-283.

26.12 启动子激活涉及染色质的多重改变

综述文献

Li, B., Carey, M., and Workman, J. L. (2007). The role of chromatin during transcription. *Cell* 128, 707-719.

Orphanides, G., and Reinberg, D. (2000). RNA polymerase II elongation through chromatin. *Nature* 407, 471-475.

研究论文文献

Bortvin, A., and Winston, F. (1996). Evidence that Spt6p controls chromatin structure by a direct interaction with histones. *Science* 272, 1473-1476.

Cosma, M. P., Tanaka, T., and Nasmyth, K. (1999). Ordered recruitment of transcription and chromatin remodeling factors to a cell cycle and developmentally regulated promoter. *Cell* 97, 299-311.

Hassan, A. H., Neely, K. E., and Workman, J. L. (2001). Histone acetyltransferase complexes stabilize SWI/SNF binding to promoter nucleosomes. *Cell* 104, 817-827.

Krebs, J. E., Kuo, M. H., Allis, C. D., and Peterson, C. L. (1999). Cell-cycle regulated histone acetylation required for expression of the yeast *HO* gene. *Genes Dev.* 13, 1412-1421.

Orphanides, G., LeRoy, G., Chang, C. H., Luse, D. S., and Reinberg, D. (1998). FACT, a factor that facilitates transcript elongation through nucleosomes. *Cell* 92, 105-116.

Wada, T., Takagi, T., Yamaguchi, Y., Ferdous, A., Imai, T., Hirose, S., Sugimoto, S., Yano, K., Hartzog, G. A., Winston, F., Buratowski, S., and Handa, H. (1998). DSIF, a novel transcription elongation factor that regulates RNA polymerase II processivity, is composed of human Spt4 and Spt5 homologs. *Genes Dev.* 12, 343-356.

26.13 组蛋白磷酸化影响染色质结构

研究论文文献

Ciurciu, A., Komonyi, O., and Boros, I. M. (2008). Loss of ATAC-specific acetylation of histone H4 at Lys12 reduces binding of JIL-1 to chromatin and phosphorylation of histone H3 and Ser10. *J. Cell Sci.* 121, 3366-3372.

Wang, Y., Zhang, W., Jin, Y., Johansen, J., and Johansen, K. M. (2001). The JIL-1 tandem kinase mediates histone H3 phosphorylation and is required for maintenance of chromatin structure in *Drosophila*. *Cell* 105, 433-443.

26.14 酵母 *GAL* 基因：一个用于进行激活和阻遏作用实验的模型

综述文献

Armstrong, J. A. (2007). Negotiating the nucleosome: factors that allow RNA polymerase II to elongate through chromatin. *Biochem. Cell Biol.* 85, 426-434.

Hahn, S., and Young, F. T. (2011). Transcriptional regulation in *Saccharomyces cerevisiae:* transcription factor regulation and function, mechanisms of initiation, and roles of activators and coactivators. *Genetics* 189, 705-736.

Peng, G., and Hopper, J. E. (2002). Gene activation by interaction of an inhibitor with a cytoplasmic signaling protein. *Proc. Natl. Acad. Sci. USA* 99, 8548-8553.

Ptashne, M. (2014). The chemistry of regulation of genes and other things. *J. Biol. Chem.* 289, 5417-5435.

研究论文文献

Ahuatzi, D., Riera, A., Pelaez, R., Herrero, P., and Moreno, F. (2007). Hxk2 regulates the phosphorylation state of Mig1 and therefore its nucleocytoplasmic distribution. *J. Biol. Chem.* 282, 4485-4493.

Bryant, G. O., Prabhu, V., Floer, M., Wang, X., Spagna, D., Schreiber, D., and Ptashne, M. (2008). Activator control of nucleosome occupancy in activation and repression of transcription. *PLoS* 6, 2928-2938.

Egriboz, O., Jiang, F., and Hopper, J. E. (2011). Rapid Gal gene switch of *Saccharomyces cerevisiae* depends on nuclear Gal3, not cytoplasmic trafficking of Gal3 and Gal80. *Genetics* 189, 825-836.

Floer, M., Bryant, G. O., and Ptashne, M. (2008). HSP90/70 chaperones are required for rapid nucleosome removal upon induction of the *GAL* genes in yeast. *Proc. Natl. Acad. Sci. USA* 105, 2975-2980.

Floer, M., Wong, X., Prabhu, V., Berozpe, G., Narayan, S., Spagna, D., Alvarez, D., Kendall, J., Krasnitz, A., Stepansky, A., Hicks, J., Bryant, G. O., and Ptashne, M. (2010). A RSC/nucleosome complex determines chromatin architecture and facilitates activator binding. *Cell* 141, 407-418.

Henikoff, J. G., Belsky, J. A., Krassovsky, K, MacAlpine, D. M., and Henikoff, S. (2011). Epigenome characterization at single base-pair resolution. *Proc. Natl. Acad. Sci. USA* 108, 18318-18323.

Houseley, J., Rubbi, L., Grunstein, M., Tollervey, D., and Vogelauer, M. (2008). A ncRNA modulates histone modification and mRNA induction in the yeast *GAL* gene cluster. *Mol. Cell* 32, 685-695.

Imbeault, D., Gamar, L., Rufiange, A., Paquet, E., and Nourani, A. (2008). The Rtt106 histone chaperone is functionally linked to transcription elongation and is involved in the regulation of spurious transcription from cryptic promoters in yeast. *J. Biol. Chem.* 283, 27350-27354.

Ingvarsdottir, K., Edwards, C., Lee, M. G., Lee, J. S., Schultz, D. C., Shilatifard, A., Shiekhattar, R., and Berger, S. (2007). Histone H3 K4 demethylation during activation and attenuation of *GAL1* transcription in *Saccharomyces cerevisiae*. *Mol. Cell Biol.* 27, 7856-7864.

Kumar, P. R., Yu, Y., Sternglanz, R., Johnston, S. A., and Joshua-Tor, L. (2008). NADP regulates the yeast *GAL* system. *Science* 319, 1090-1092.

Muratani, M., Kung, C., Shokat, K. M., and Tansey, W. P. (2005). The F box protein Dsg1/Mdm30 is a transcriptional Coactivator that stimulates Gal4 turnover and cotranscriptional mRNA processing. *Cell* 120, 887-899.

Westergaard, S. L., Oliveira, A. P., Bro, C., Olsson, L., and Nielsen, J. (2007). A systems approach to study glucose repression in the yeast *Saccharomyces cerevisiae*. *Biotechnol. Bioeng.* 96, 134-141.

第 27 章

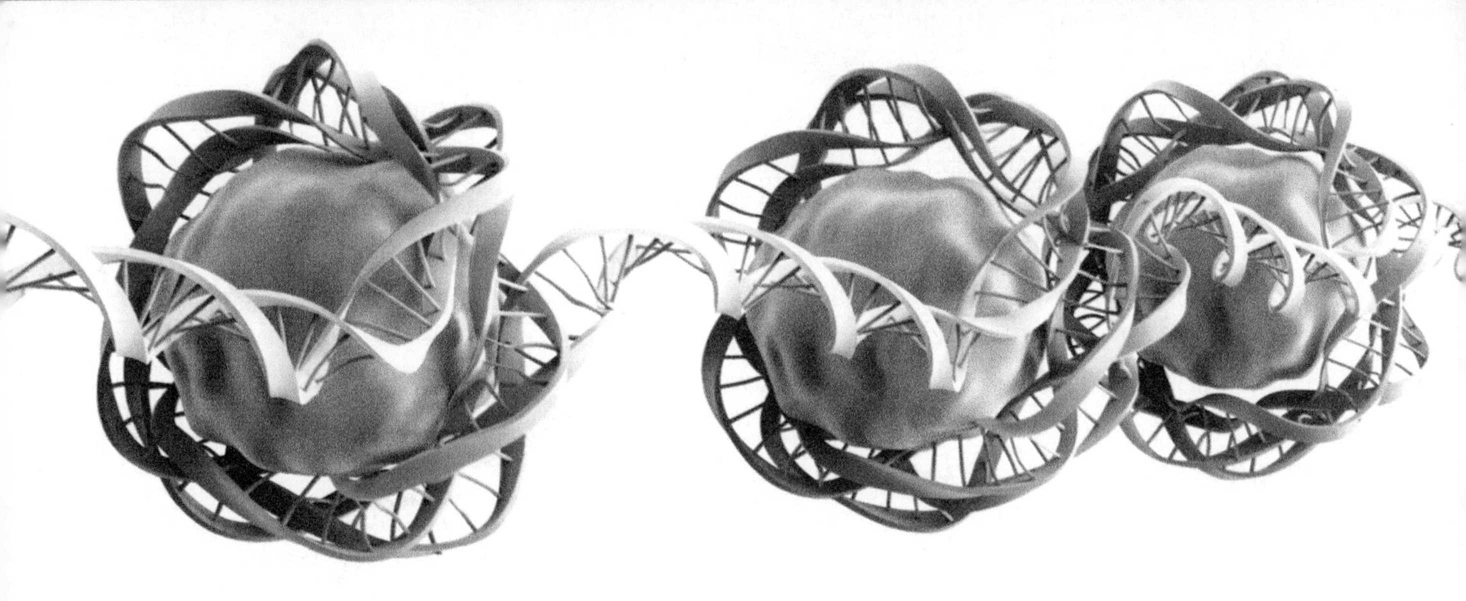

表观遗传学 I

Trygve Tollefsbol 编

章节提纲

27.1 引言

关键概念

- 核酸被合成时并无初始 DNA 序列的改变，此后所产生的修饰或蛋白质结构的永续可导致表观遗传效应。

表观遗传（epigenetic inheritance）描述了核酸不同状态的能力，这种能力可产生不同的表型后果，且在不改变 DNA 序列的情况下可被遗传下去。这意味着在某一可控制效应的基因座上拥有相同 DNA 序列的两个个体可表现出不同的表型。产生这种现象的基本原因是，在其中一个个体中存在不依赖于 DNA 序列的自身永续结构。目前已经发现几种不同类型的结构具有可产生表观遗传效应的能力：

- DNA 的共价修饰（碱基的甲基化）；
- 装配于 DNA 上的类蛋白质结构；
- 当蛋白质合成时，那些可控制新亚基构象的蛋白质聚集体。

在每一种情况下，表观遗传的状态都来自于结构所决定的功能差异。

就 DNA 甲基化而言，在其控制区被甲基化的一段基因序列可能不会被转录，而非甲基化的基因则可被表达（这一观点在第 18 章“真核生物的转录”中被引入过）。**图 27.1** 显示这种情景是如何被遗传的。一个等位基因拥有在 DNA 的两条链上同时被甲基化的一段序列，而另一个等位基因拥有非甲基化的一段序列。甲基化等位基因的复制将产生半甲基化的子链，它通过组成性活性甲基转移酶（DNA methyltransferase，DNMT）恢复其甲基化状态；而复制不会影响非甲基化等位基因的状态。因此，如果甲基化状态影响子链，那么两个等位基因就会在基因表达状态上形成差异，即使它们的序列是完全一致的。

装配于 DNA 上的自我永续结构通常具有阻遏效应，它会形成异染色质区从而阻止区域内的基因表达。这种永续现象依赖于异染色质区中的蛋白质，它能在复制后依旧结合其上，且随后会募集更多的蛋白质亚基来维持这种复合体。如果单一亚基随机分布在复制中的子代双链体上，那么两条子链将继续由蛋白质所标记，尽管其密度将会降低到复制前水平的一半。**图 27.2** 显示，表观遗传效应的存在迫

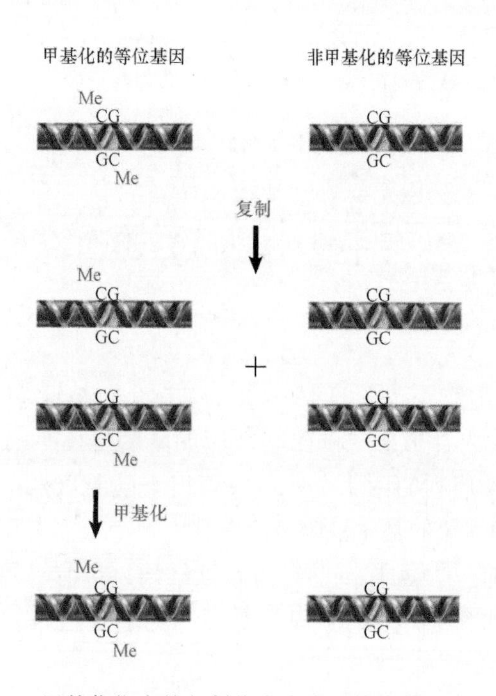

图 27.1 甲基化位点的复制将产生半甲基化的 DNA，此时只有亲链被甲基化。永续甲基化酶可识别半甲基化位点，它可将甲基基团加到子链的碱基上，这就恢复了原来的状态，即其两条链上都是甲基化的。非甲基化位点在复制后将保持非甲基化状态

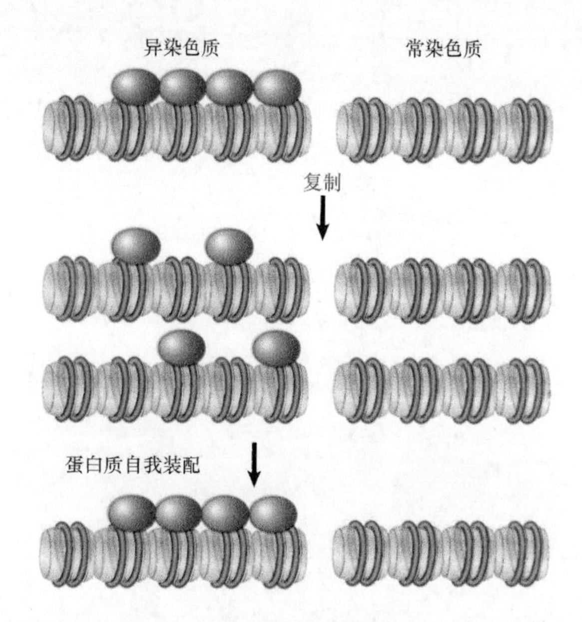

图 27.2 与组蛋白相关的蛋白质引发了异染色质的形成。通过分裂得到的性状的永续需要与子代双链体结合的蛋白质参与，而它们随后会募集新亚基来重新装配阻遏复合体

使我们认为，负责这一现象的蛋白质必定具有某些以自我为模板或自我装配的能力，从而恢复原有的复合体。

正是蛋白质的修饰状态而不是蛋白质本身产生了表观遗传效应。在组成性异染色质中，组蛋白 H3 和 H4 通常不会被乙酰化。如果异染色质被乙酰化，那么沉默基因可能变得活跃，这种效应可能从有丝分裂到减数分裂都被保留下来，这提示通过改变组蛋白乙酰化状态已经产生了表观遗传效应。

一些独立蛋白质聚集体能引起表观遗传效应，称之为**普里昂（prion）**，它通过将蛋白质隔离并聚集成某种形式，使其正常功能不能发挥出来。一旦蛋白质聚集体形成，它会强迫新合成蛋白质亚基以非活性构象加入其中。

27.2 异染色质从成核事件后开始传播

关键概念

- 异染色质在特殊序列处成核，随后这种非活性结构沿染色质纤维传播。
- 结合于特定序列的蛋白质可引起异染色质成核。
- 异染色质区内的基因是失活的。

- 非活性区的长度在细胞之间是不同的，所以邻近基因的失活会引起位置效应多样化。
- 在不同位点，基因表达的两种状态（开或关）可影响表型。
- 相似的传播效应发生在端粒和酵母交配型的沉默盒中。

间期细胞核含有常染色质和异染色质。异染色质的凝聚状态与有丝分裂的染色体相近，它是惰性的，即使在细胞间期也保持凝聚状态，即它的转录被抑制，而复制则发生在 S 期的后期，并可能定位于核周区域。其中，着丝粒的异染色质通常含有卫星 DNA。然而，异染色质的形成并不是严格地由 DNA 序列定义的。当一个基因转移了，无论是通过染色体易位，还是通过转染和整合，当它进入靠近异染色质的位置时，它可能由于新的定位而变得没有活性，这提示它已成为了异染色质的一部分。

这种失活是由于表观遗传效应所导致的结果（见 27.6 节“表观遗传效应可以遗传”），这在有机体的一个个细胞之间可能是不同的，在此种情况下会导致**位置效应多样化（position effect variegation，PEV）**现象，即遗传信息一样的细胞可存在不同的表型。受到 PEV 影响的基因存在两种状态：激活或沉默，这依赖于其所处的位置，其与异染色质边界的距离会导致多样化的表型。在果蝇（*Drosophila*）中，这种现象已经阐明得非常清楚，**图 27.3** 显示了果蝇眼睛中的 PEV，即眼睛中的一些区域没有颜色而另一些区域却是红色的，这是因为在一些细胞中，由于邻近异染色质而失活了白色基因（这是形成红色色素所必需的），而在另一些细胞中，白色基因则保持活性。

图 27.4 解释了这种效应，即失活事件可从异染色质向邻近区域扩散至不同的距离。在一些细胞中，它可以扩散到很远的地方，足以使邻近基因失活；但在另一些细胞中则没有这种效应。这些效应只在胚胎发育的某个时期发生，过了这个时期，基因状态就由所有子细胞所遗传。如果祖先细胞的基因是失活的，那么继承的细胞就会形成一些斑片，它对应于失去功能所显现的表型（就白色基因而言，就不会出现颜色）。

基因离异染色质越近，它被失活的概率越大，

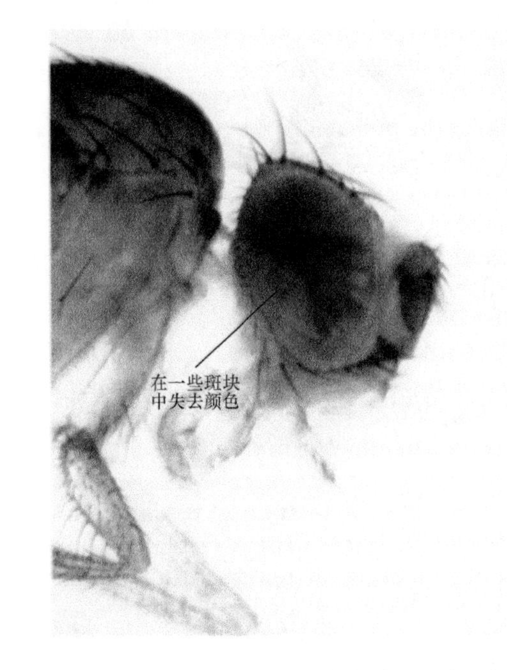

图 27.3 当白色基因易位到异染色质附近时，眼睛颜色斑驳的位置效应多样化（PEV）就会出现。白色基因失活的细胞将产生斑点状的白色眼睛；白色基因有活性的细胞将产生斑点状的红色眼睛。效应的严重程度由整合基因与异染色质的距离所决定

照片由 Steve Henikoff, Fred Hutchinson Cancer Research Center 友情提供

这是由于异染色质的形成是一个典型的两阶段过程：首先，在特异性的序列上发生成核（nucleation）事件（由可识别这一 DNA 序列的蛋白质，或这一区域中的其他识别子的的结合引发）；随后，非活性结构沿着染色质纤维传播。非活性结构延伸的长度没有被明确地限定，它可能是随机的，蛋白质组分的相对数量等参数可能会影响其效应的强弱。影响传播过程的另一个可能因素是此区域内启动子的激活状态：活性启动子可能会抑制传播。异染色质附近的基因很可能是被失活的，而绝缘子能通过阻止异染色质的扩散来保护转录活跃区（详见第 8 章“染色质”）。

酵母中的**端粒沉默（telomeric silencing）**效应与果蝇中的 PEV 机制相似。易位到端粒所在位置的基因表现出同一类型不同程度的活性损失，这是由于端粒引起的传播扩展的效应所致。在这个例子中，Rap1 蛋白结合于端粒重复序列上触发了成核事件，这会导致异染色质蛋白质的募集，就如 27.3 节“异染色质依赖于与组蛋白的相互作用”中所描述的。

除了端粒以外，酵母中还存在其他两个位点能发生异染色质的成核事件。酵母交配型由活性基因座（*MAT*）的活性所决定，但是基因组包含其他两种拷贝的交配型序列（*HML* 和 *HMR*），它们保持在

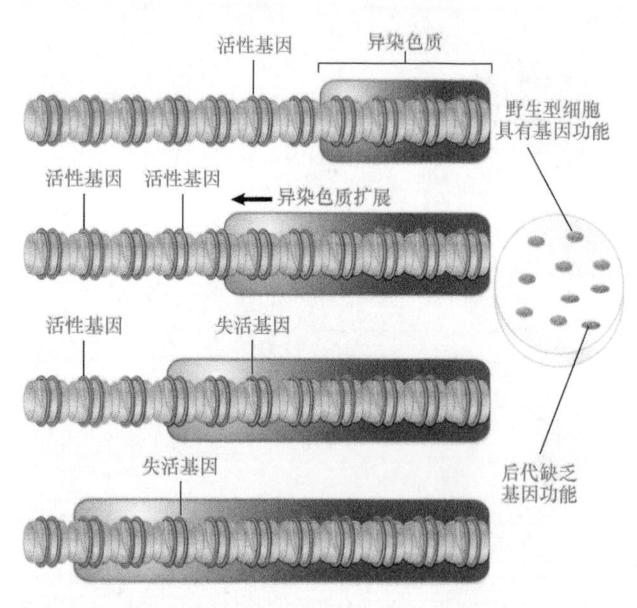

图 27.4　异染色质的扩展会使基因失活，基因失活的概率依赖于它与异染色质的距离

失活状态。沉默基因座 *HML* 和 *HMR* 通过结合几种蛋白质（不是端粒所需的 Rap1 蛋白）产生异染色质核心，随后导致异染色质的传播，其传播方式则类似于端粒。酵母异染色质展示出了其他物种也具有的典型特征，例如，转录失活和叠加于核小体上的自我永续蛋白结构（它通常是脱乙酰化的）。酵母与其他大多数物种的异染色质之间的唯一明显差异在于，酵母中的组蛋白甲基化与基因沉默没有关系，而组蛋白特殊位点的甲基化是大部分真核生物异染色质形成的一个关键特征。

27.3　异染色质依赖于与组蛋白的相互作用

关键概念

- HP1 是形成哺乳动物异染色质的关键蛋白质，它与甲基化的组蛋白 H3 结合，并导致更高级的染色质结构形成。
- 在酵母中，通过与特异性 DNA 靶序列结合，Rap1 蛋白启动异染色质的形成。
- Rap1 蛋白的靶标包括端粒重复序列与 *HML* 和 *HMR* 的沉默子。
- Rap1 蛋白能募集 Sir3 蛋白和 Sir4 蛋白，它可与组蛋白 H3 和 H4 的 N 端尾部相互作用。
- Sir2 蛋白可使组蛋白 H3 和 H4 的 N 端尾部脱乙酰化，并促进 Sir3 蛋白和 Sir4 蛋白的传播。
- RNAi 途径可促进端粒中的异染色质形成。

通过共价修饰和将蛋白质引入到核小体纤维上，这样的组合就可引起染色质的失活。这可能由多方面的效应所致，如染色质的凝聚使得基因表达所需的装置不能进入；引入的蛋白质直接把调节位点封闭；或者染色质直接抑制转录。

在分子水平上已被鉴定的两个系统包括哺乳动物中的 HP1 蛋白和酵母中的 SIR 复合体。尽管参与每一个系统的蛋白质不存在进化上的相关性，但是作用的一般机制是相似的，即在染色质中的接触位点都是组蛋白的 N 端尾部。

对调节异染色质结构分子机制的深入了解是从研究 PEV 的突变体开始的。在果蝇中，目前已经鉴定出了 28 个基因，它们都已被系统命名：基因产物抑制斑驳化的基因称为 *Su(var)*；基因产物增强斑驳化的基因称为 *E(var)*。这些基因是由突变体基因座的行为来命名的，因此 *Su(var)* 突变存在于一类基因中，它的产物是异染色质形成所必需的，包括作用于染色质的酶（如组蛋白脱乙酰酶）和定位于异染色质的蛋白质。相反，*E(var)* 突变存在于另一类基因中，它的产物是活性基因表达所必需的，包括 SWI/SNF 复合体的成员（详见第 26 章“真核生物的转录调节”）。

异染色质蛋白 1（heterochromatin protein 1，HP1）是一个最重要的 Su(var) 蛋白。通过利用抗此蛋白的抗体对多线染色体进行染色，它最初被认为是定位在异染色质处的蛋白质，后来表明它是基因 *Su(var)2-5* 的产物，在裂殖酵母（*Schizosaccharomyces pombe*）中的同源物由 *swi6* 基因编码。HP1 蛋白现在称为 HP1α 蛋白，因为自从它被发现以来，又发现了两个相关的蛋白质 HP1β 蛋白和 HP1λ 蛋白。

在近 N 端，HP1 蛋白含有克罗莫结构域（chromodomain）；在近 C 端，有另一个和它相关的结构域，称为克罗莫阴影结构域（chromo shadow domain）。HP1 蛋白克罗莫结构域可结合于第 9 个赖氨酸被双甲基化或三甲基化（H3K9me3）的组蛋白 H3 上。图 27.5 显示了 HP1 蛋白的克罗莫结构域和克罗莫阴影结构域的结构，以及显示在克罗莫结构域和甲

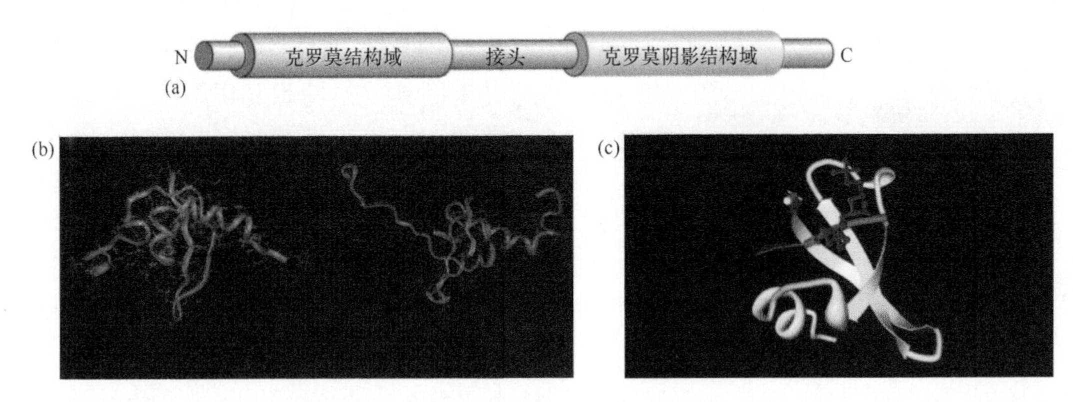

图 27.5 （a、b）HP1 蛋白含有克罗莫结构域与克罗莫阴影结构域。**（c）**组蛋白 H3 的甲基化产生了 HP1 蛋白的结合位点

（a、b）图片复制自 G. Lomberk, L. Wallrath, and R. Urrutia, *Genome Biol.* 7(2006): p. 228，使用获 Raul A. Urrutia and Gwen Lamberk, Mayo Clinic 惠许；（c）结构图来自 Protein Data Bank 1KNE. S. A. Jacobs and S. Khorasanizadeh, *Science* 295(2002): 2080-2083

基化的赖氨酸残基之间相互作用的结构。这种相互作用是非活性染色质的标志。

作用于组蛋白 H3K14Ac 的脱乙酰酶的突变可阻止组蛋白 H3K9 的甲基化，这会导致 HP1 蛋白的结合位点的丧失。这提示了启动异染色质形成的模型，如**图 27.6** 所示。首先，脱乙酰酶发挥作用，去除组蛋白 H3K14 的修饰；然后 SUV39H1 甲基转移酶（也称为 KMT1A）甲基化组蛋白 H3K9，这形成了 HP1 蛋白将要与之结合的甲基化信号。**图 27.7** 显示 HP1 蛋白彼此间进一步的相互作用，可能会延伸非活性区范围。

组蛋白甲基化状态对于控制异染色质和常染色质的状态是非常重要的。组蛋白 H3K9 的甲基化可划分出异染色质的边界；而组蛋白 H3K4 的甲基化可划分出常染色质的边界。在裂殖酵母中发现的三甲基化组蛋白 H3K4 脱甲基酶称为 Lid2 蛋白，它能与组蛋白 H3K9 甲基转移酶 Clr4 蛋白相互作用，这会导致组蛋白 H3K4 的低甲基化和异染色质的形成。组蛋白 H3K4 脱甲基化与 H3K9 甲基化之间的联系提示，两种反应以协同方式发生作用，以便于控制特定区域的异染色质和常染色质的相对状态。

酵母的端粒和沉默交配型基因座中的异染色质形成依赖于一套重叠基因，称为沉默信息调节（silent information regulator，*SIR*）基因。SIR 蛋白的结合实际上可沉默任何启动子或编码区，但是在正常情况下，成核作用或结合特定序列的 SIR 蛋白的募集，会允许沉默效应靶向基因组的特定区域，尤其是端粒或 *HM* 基因座。*SIR2*、*SIR3* 或 *SIR4* 基因的突变都会引起 *HML* 和 *HMR* 基因座的激活，并且能解除已经整合到近端粒异染色质区的基因的失活状态。

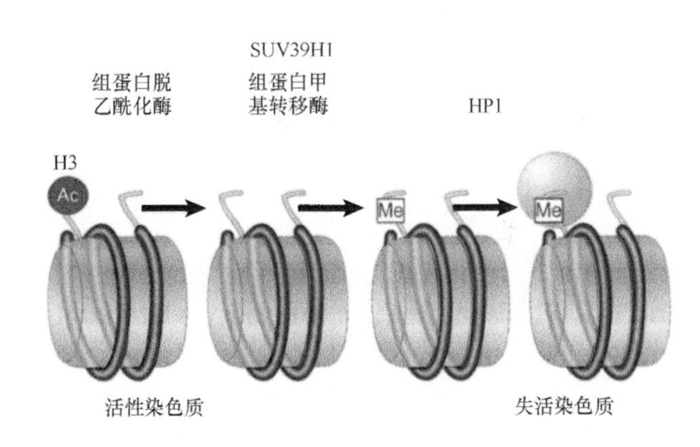

图 27.6 SUV39H1 是一种组蛋白甲基转移酶，它作用于组蛋白 H3K9。HP1 蛋白结合甲基化的组蛋白

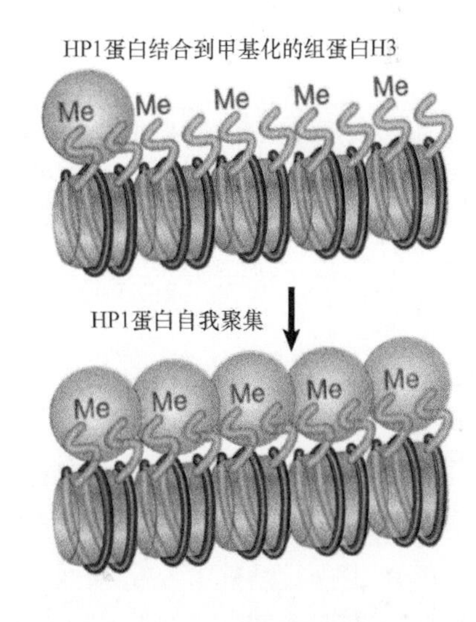

图 27.7 HP1 蛋白结合到甲基化的组蛋白 H3 形成了沉默开关，这是因为会有更多的 HP1 蛋白聚集到甲基化染色质结构域上

因此，这些 *SIR* 基因座的产物具有保持两种异染色质失活状态的功能。

图 27.8 展示了这些蛋白质作用的一个模型。

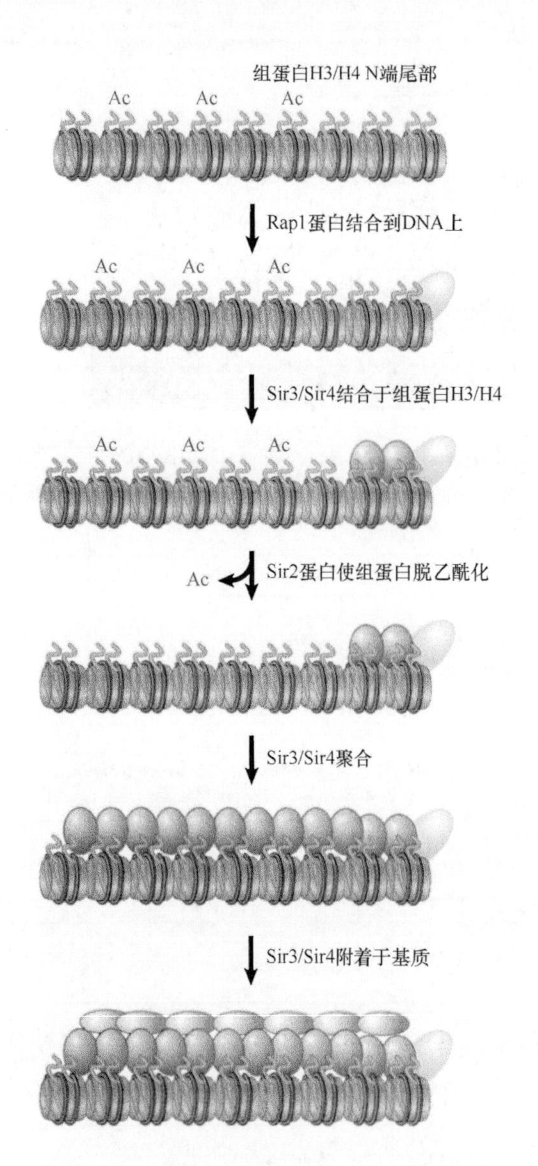

图 27.8 当 Rap1 蛋白结合到 DNA 上时，异染色质的形成起始。Sir3/Sir4 复合体能结合于 Rap1 蛋白，也能结合于组蛋白 H3/H4；而 Sir2 蛋白能使组蛋白脱乙酰化。SIR 复合体能沿着染色质聚合，并可能将端粒和核基质连接在一起

其中只有一个是序列特异性的 DNA 结合蛋白，即 Rap1 蛋白，它能与端粒处的 $C_{1\text{-}3}A$ 重复序列结合，也能与 *HML* 和 *HMR* 基因座抑制所需的反式作用沉默子元件结合。Sir3 蛋白和 Sir4 蛋白能与 Rap1 蛋白相互作用，它们彼此也相互作用（它们可能以异源多聚体的形式执行功能）。Sir3 蛋白和 Sir4 蛋白能与组蛋白 H3 和 H4 的 N 端尾部相互作用，但是偏爱于未乙酰化的尾部结构。而 Sir2 蛋白是一个脱乙酰酶，其活性是使 Sir3/Sir4 复合体一直结合于染色质所必需的。

Rap1 蛋白在异染色质形成处识别 DNA 序列起着很重要的作用，它能募集 Sir4 蛋白，然后，Sir4 蛋白又能依次募集其结合配偶体 Sir3 蛋白与 HDAC 酶 Sir2 蛋白。随后 Sir3 蛋白和 Sir4 蛋白能直接与组蛋白 H3 和 H4 相互作用。一旦 Sir3 蛋白和 Sir4 蛋白与组蛋白 H3 和 H4 相互结合，这个复合体（包括 Sir2 蛋白）就可能进一步聚合，并沿着染色质纤维延伸。这就可能使该区域失活。其发挥失活作用的机制是：它们要么由于被 Sir3/Sir4 复合体本身的包被发挥了抑制效应，要么由于依赖 Sir2 蛋白的脱乙酰作用阻遏了转录。我们还不知道是什么限制了复合体的扩展。Sir3 蛋白的 C 端与核纤层蛋白（lamin）（细胞核基质的组成部分）具有相似性，并可能负责将异染色质与细胞核周围连接起来。

在 *HMR* 和 *HML* 基因座，一系列相似事件形成了沉默区。三个序列特异性因子参与了引发复合体的形成：Rap1 蛋白、Abf1 蛋白（一种转录因子）和复制起始识别复合体（origin recognition complex，ORC）。在这个例子中，Sir1 蛋白（并非端粒沉默所必需的）与一个序列特异性因子结合，并募集 Sir2 蛋白、Sir3 蛋白和 Sir4 蛋白形成阻遏结构。当这种结构在端粒中形成时，依赖 Sir2 蛋白的脱乙酰作用是使 Sir 复合体一直结合于染色质所必需的。

裂殖酵母中异染色质的形成利用依赖 RNAi 的途径（详见第 30 章“调节性 RNA”）。siRNA 分子的出现可启动这一条途径，它来自端粒重复序列的转录。这些 siRNA 分子会导致 RNA 诱导的转录基因沉默（RNA-induced transcriptional gene silencing，RITS）复合体的形成。siRNA 分子负责将复合体定位于端粒处。这个复合体中所含有的蛋白质是那些在其他物种中参与异染色质形成的同源蛋白质，这些物种包括植物、秀丽隐杆线虫（*Caenorhabditis elegans*）和黑腹果蝇（*D. melanogaster*）。这个复合体中包括 AGO 蛋白（Argonaute），它参与了将 RNA 诱导的沉默复合体（RNA-induced silencing complex，RISC）染色质重塑复合体靶向到染色质中。siRNA 复合体能推进由甲基转移酶 Clr4 蛋白 [可称为 KMT1，果蝇中的同源基因为 *Su(var)3-9*] 催化的组蛋白 H3K9 的甲基化，而组蛋白 H3K9 的甲基化可募集裂殖酵母 HP1 蛋白的同源物 Swi6 蛋白。

沉默复合体如何抑制染色质的活性呢？它可能凝聚染色质使得调节物无法找到它们的靶标。现在举一个最简单的例子：设想沉默复合体的出现与转录因子和 RNA 聚合酶的出现是互不兼容的，原因可能是沉默复合体封闭了染色质重塑作用（这样就

间接阻止因子的结合)；或者它们直接阻碍转录因子的DNA结合位点。但是，情况不可能如此简单，因为转录因子和RNA聚合酶可以出现在沉默染色质的启动子处，这表明沉默复合体可能阻止因子作用而不是阻止它们的结合。事实上，在基因激活物和染色质阻遏效应之间可能存在着竞争，这样，启动子的激活就抑制了沉默复合体的扩散。

着丝粒异染色质尤其令人感兴趣，因为它不必由简单的序列产生成核中心（对于端粒和酵母中交配型的基因座却是如此），而是基于更加复杂的机制，其中一些是依赖RNAi的。在着丝粒处形成的特化染色质结构可能与这一区域的异染色质形成相关。独特的着丝粒染色质结构及着丝粒特异性组蛋白H3变异体已经在第7章“染色体”和第8章“染色质”中讨论过。在人类细胞中，着丝粒特异性CENP-B蛋白是启动组蛋白H3的修饰（组蛋白H3K9和K14的脱乙酰化，以及随后的组蛋白H3K9的甲基化）所必需的，它能触发HP1蛋白的结合，从而导致这一区域的异染色质形成。另外，异染色质和RNAi是将人类CenH3蛋白同源物——CENP-A蛋白定位于着丝粒所必需的。异染色质常常存在于CENP-A蛋白附近，而RNAi介导的异染色质位于中心动粒结构域的两侧，这是动粒装配所必需的。几种因子，如Suv39甲基转移酶HP1蛋白及RNAi途径的许多成分（详见第30章“调节性RNA”）是形成CENP-A染色质所必需的。

对致病性酵母白色念珠菌（*Candida albican*）中异染色质传播的研究已经表明，当被重新导入细胞时，能够赋予体内着丝粒活性的裸露着丝粒DNA不能从头装配功能性着丝粒染色质。这提示白色念珠菌着丝粒依赖于其预先存在的染色质状态，这为着丝粒的表观遗传传播提供了一个例子。

27.4 多梳蛋白和三胸蛋白为互相拮抗的阻遏物和激活物

关键概念

- 在细胞分裂过程中，多梳蛋白组（Pc-G）可使阻遏状态永续。
- 多梳应答元件（PRE）是Pc-G作用所需的DNA序列。
- PRE提供了一个成核中心，Pc-G蛋白以此向外传播失活结构，这样就形成了由PRE介导的表观遗传记忆。
- 三胸蛋白组（TrxG）能与Pc-G的作用相互拮抗。
- Pc-G和TrxG能与同一个PRE结合，却具有相反的效应。

组成性异染色质（如端粒和着丝粒），给我们提供了染色质特异性抑制的例子；另一个例子由果蝇中的同源异形基因（homeotic gene）（它会影响体节的一致性）遗传学所提供，这些使我们鉴定出了一个蛋白质复合体，这个复合体能使某些基因保持在阻遏状态。多梳基因（polycomb，*Pc*）突变体显示了细胞类型的转化，它与触角基因（antennapedia，*Antp*）或超双胸基因（ultrabithorax）的功能获得性突变一样，因为这些基因在组织中的表达通常被阻遏，这提示*Pc*基因能控制转录。另外，*Pc*基因是一系列称为*Pc*组（*Pc*-group，*Pc-G*）的约15个基因座的原型，而这些基因的突变通常会产生同样的结果，即使得同源异形基因去阻遏，这表明这组蛋白质可能拥有共同的调节作用。

Pc蛋白通常以大复合体形式发挥功能。多梳阻遏复合体（polycomb repressive complex 1，PRC1）含有Pc蛋白自身、几个其他Pc-G蛋白和5种通用转录因子。Esc-E(z)复合体含有Esc蛋白[额外性别梳（extra sex combs）蛋白]、E(z)蛋白[皮增强子（enhancer of zeste）蛋白]、其他一些Pc-G蛋白、一个组蛋白结合蛋白和一个组蛋白脱乙酰酶。Pc蛋白自身含有可结合甲基化组蛋白H3的克罗莫结构域；而E(z)蛋白是一个可三甲基化组蛋白H3K27的甲基转移酶。这些特征直接支持了染色质重塑作用与阻遏现象之间的联系，而这一假设最初是基于*brahma*基因的性质提出的。*brahma*基因是果蝇*SWI2*的同源基因，它编码SWI/SNF染色质重塑复合体的一个成分（详见第26章“真核生物的转录调节”），而*brahma*基因功能的丢失可阻遏多梳基因的突变。

Pc是一个核蛋白，可出现在多线染色体的约80个位点，这些位点包括*Antp*基因，这种现象与*Pc*基因突变的多效性是一致的。另一个*Pc-G*基因的成员——多同源异形基因（polyhomeotic）的产物，可在与Pc蛋白相互结合的相同的一套多线染色体带中看见它。两个蛋白质的免疫共沉淀物约为2.5×10^3 kDa，它包括10～15条多肽。这些蛋白质和约28个*Pc-G*基因产物的关系仍有待阐明，一个可能性是这些基因的许多产物形成了通用阻遏复合体，随后一些其他蛋白质与之结合，以决定其特异性。

Pc-G蛋白不是传统意义上的阻遏物，即它们不负责决定其所作用基因的表达起始模式。没有Pc-G蛋白存在时，最初这些基因和往常一样是被阻遏的，但是后来在发育过程中，没有Pc-G蛋白的功能发挥就会使阻遏效应丧失。这表明当阻遏状态建立时，Pc-G蛋白能以某种方式识别这种状态，然后与之作用，并使之永续到细胞分裂成子细胞这一整个过程结束。**图27.9**显示Pc-G蛋白与阻遏物一起结合的模型，但是在阻遏物不再存在之后，Pc-G蛋白仍然保持结合，这对维持阻遏状态是很重要的；否则，如果Pc-G蛋白消失，基因就被激活。

在DNA上，有一个区域足以引起对*Pc-G*基因的应答，称为多梳应答元件（polycomb response element，PRE），在发育过程中它能通过维持邻近区域的阻遏状态来定义。通过实验，将PRE插入到邻近增强子控制的报道基因，而增强子在发育的早期阶段是被阻遏的，然后判断报道基因是不是在子细胞中表达，这样就能分析它的功能。有效的PRE将能阻止这种形式的重新表达。

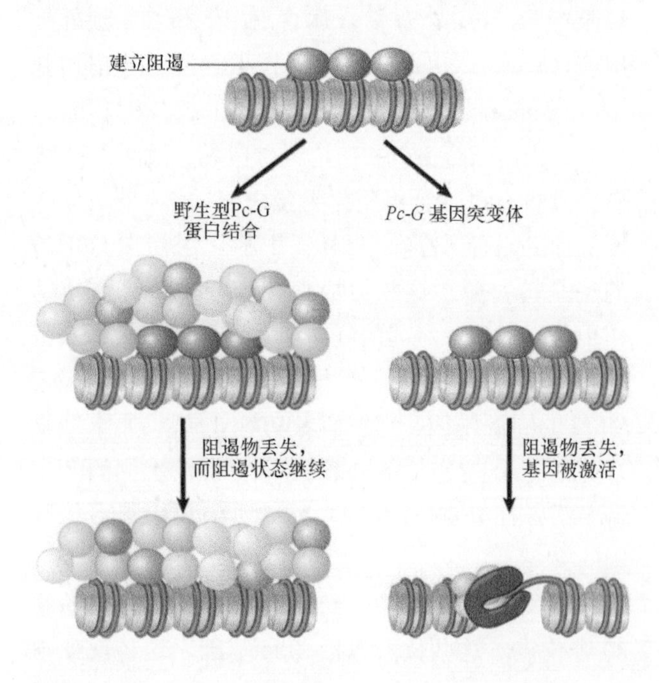

图27.9 Pc-G蛋白不会起始阻遏，但能维持阻遏状态

PRE是一个复杂的结构，长约10 kb。我们已经发现几种蛋白质含有可结合PRE内位点的DNA结合活性，如Pho蛋白、Pho1蛋白和GAGA因子（GAGA factor，GAF），当然还可能存在其他蛋白质。但是，当一个基因座被Pc-G蛋白阻遏时，Pc-G蛋白似乎占据了一个比PRE更长的DNA区域。Pc蛋白一般局域性地存在于PRE周围的长达几千碱基的DNA序列中。这提示PRE可能提供一个成核中心（nucleation center），由此一个依赖于Pc-G蛋白的结构状态可向外扩展。我们观察到的PEV支持了这个模型（见图27.4）。也就是说，一个邻近某一基因座的基因，其阻遏效应由Pc-G蛋白所维持，它可能在一些细胞中遗传性地失活，而在其他细胞中则不会。在典型状态下，体内交联实验表明，Pc蛋白存在于失活的双胸基因复合体基因组的广泛区域内，而在包含活性基因的区域中，此蛋白则被排斥出去。*Pc*基因突变的存在能改变它在细胞核的分布，并能消除其他Pc-G蛋白成员定位于细胞核中，这支持了这样一个观点：这种作用可能是由于在多亚基复合体内的协同相互作用所致。Pc-G蛋白是维持而不是建立阻遏状态，这种作用必定意味着PRE处的复合体形成也依赖于局部区域的基因表达状态。

Pc-G蛋白的效应是多种多样的，因为目前已经在植物、昆虫和哺乳动物中鉴定出了数百种潜在的Pc-G靶标。根据单一蛋白质的特征，我们提出了Pc-G蛋白结合于PRE的工作模型。首先，Pho蛋白和Pho1蛋白结合于PRE内的特定序列；随后，Esc-E(z)复合体被募集到Pho/Pho1蛋白复合体上，它利用其甲基转移酶活性甲基化组蛋白H3K27，这形成了PRC1复合体的结合位点，因为Pc蛋白的克罗莫结构域可结合于甲基化的赖氨酸残基上。接着，PRC1复合体中的dRING单泛素化组蛋白H2A的K119，而这一反应连接着染色质浓缩和RNA聚合酶II暂停现象。另外，基因间区长链非编码RNA（long intergenic noncoding RNA，lincRNA）在多梳复合体的装配中也起到重要作用。例如，*HOTAIR* lincRNA在PRC2复合体的装配中起到支架作用（详见第30章“调节性RNA”）。多梳复合体可在染色质中诱导出更加致密的结构，而每一个PRC1复合体可导致约三个核小体的有效性变得更差。

事实上，存在于异染色质中的HP1蛋白和Pc蛋白之间的同源区域是克罗莫结构域，也是这一结构首次被鉴定出来的地方。Pc蛋白克罗莫结构域结合于组蛋白H3的甲基化K27，这类似于HP1蛋白运用其克罗莫结构域结合组蛋白H3的甲基化K9。来自组成性异染色质的失活效应传播引起了染色质失活效应多样化，其结果很可能是Pc蛋白和HP1蛋白利用克罗莫结构域通过一种相似的方式来诱导异染色质或非活性结构的形成。这个模型表明，同样的机制可以应用到单个基因座的阻遏或产生异染色质中。

三胸基因组（trithrorax group，TrxG）蛋白与Pc-G蛋白具有相反的效应，TrxG蛋白能使基因维持在活性状态。TrxG蛋白的差异性是非常巨大的：其中一些成为染色质重塑酶，如SWI/SNF复合体的亚基；而其他则拥有重要的组蛋白修饰活性[如组蛋白**脱甲基酶（demethylase）**]，这些活性可对抗Pc-G蛋白的活性。两个组之间可能存在作用方式的相似性，因为我们发现，某些基因座的突变阻止了Pc-G和TrxG蛋白的功能发挥，这表明它们可能依赖于同样的组分。类三胸基因（trithrorax-like）所编码的GAGA因子含有PRE的结合位点。事实上，Pc蛋白与DNA结合的位点同GAGA因子的DNA结合位点相一致。这是什么意思呢？GAGA因子有可能是激活物(如TrxG蛋白)与DNA结合所必需的。它也可能是Pc-G蛋白结合和发挥阻遏功能必需的吗？这还不清楚，但是这样一个模型还需要GAGA因子以外的一些其他因素来决定随后的哪一类复合体类型可在位点上装配。

TrxG蛋白通过使染色质能连续不断地被转录因子所接近而发挥作用。尽管Pc-G与TrxG蛋白会产生相反的结果，但是它们都结合于同样的PRE，有时通过成环作用来调节与PRE存在一段距离的同源异形基因的启动子。

27.5 CpG岛易于甲基化

关键概念

- 大多数DNA的甲基基团存在于CpG二联体的两条链的胞嘧啶上。
- 复制将全甲基化位点转变成半甲基化位点。
- 维持甲基化酶将半甲基化位点转变成全甲基化位点。
- TET蛋白将5-甲基胞嘧啶转变成5-羟甲基胞嘧啶，从而引起DNA的脱甲基作用。

DNA甲基化发生在特殊位点。在细菌中，这与噬菌体防御所使用的鉴定细菌的限制-甲基化系统有关，这也与区分复制和未复制的DNA有关。在真核生物细胞中，它的已知主要功能是与转录控制有关，即甲基化的控制区常常与基因失活有关。在真核生物中的甲基化主要发生在一些基因5′区的**CpG岛（CpG island）**，这些岛由于存在着高密度双核苷酸序列CpG而得名（详见第18章“真核生物的转录”）。

2%～7%的动物细胞DNA胞嘧啶是被甲基化的（数值在不同物种中是不同的）。甲基化发生在胞嘧啶的5′位点，它形成5-甲基化胞嘧啶（5-methylcytosine, 5mC）。大多数甲基基团存在于CpG岛中的CG双核苷酸序列中，而通常短回文序列的两条链的C残基都被甲基化。

这样的位点被描述为**全甲基化（fully methylated）**位点。现在我们来考虑复制这个位点所产生的后果。**图27.10**表明每个子代双链体中含有一条甲基化的链和一条未甲基化的链，这样的位点被认为是半甲基化的（hemimethylated）。

甲基化位点的永续取决于半甲基化DNA究竟发生了什么。如果未甲基化的链发生甲基化，位点就恢复到全甲基化状态；如果复制先发生，半甲基化状态就在一条子代双链体中保持；但是在另一条子代双链体中这个位点就变成非甲基化状态。**图27.11**表明DNA甲基化状态由**DNA甲基转移酶（DNA methyltransferase，Dnmt）**控制，或简称为甲基化酶（methylase），它能把甲基加到胞嘧啶的5′位上；或由脱甲基酶控制以去除甲基基团。

目前已知存在着两种DNA甲基化酶，根据DNA甲基化状态的不同，它们的作用机制也不相同，据此可区别它们。在一个新位点修饰DNA需要**从头甲基转移酶（*de novo* methyltransferase）**或称为从头甲基化酶的作用，它能通过识别特异性序列来识别DNA，并只作用于非甲基化的DNA，可加一

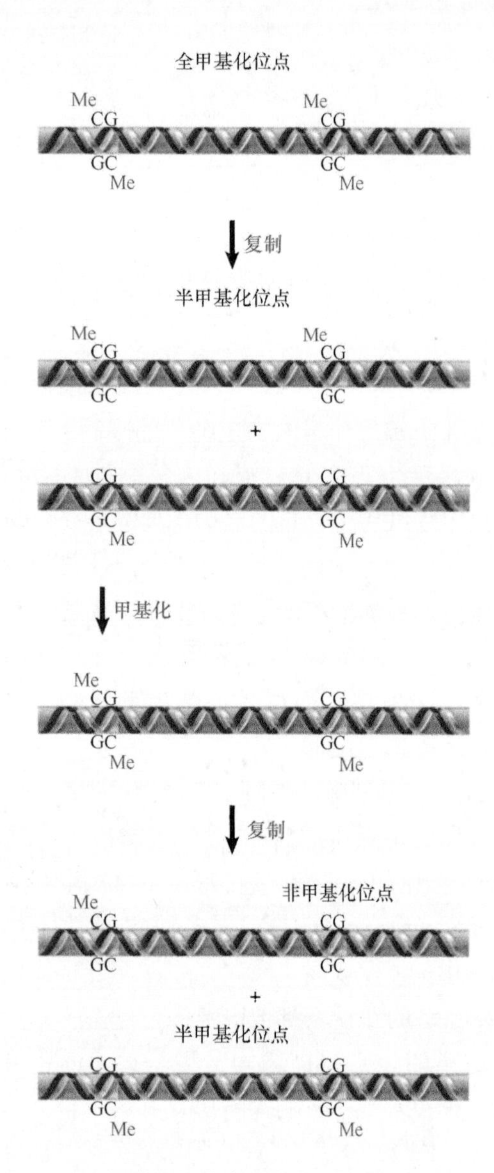

图 27.10 Dnmt1 酶只能将半甲基化位点作为底物，它能使甲基化位点的状态永续

个甲基到一条链上。在小鼠中，有两种从头甲基化酶（Dnmt3A 和 Dnmt3B），它们具有不同的靶位点，而对发育都是必不可少的。

维持甲基转移酶（maintenance methyltransferase）或称为维持甲基化酶只组成性地作用于半甲基化位点，把它们转变成全甲基化位点。它的存在表明任何甲基化位点在复制后都能维持。小鼠只存在一种非常关键的维持甲基化酶（Dnmt1），这种酶的基因损坏的小鼠胚胎不能在早期胚胎发育中存活。

维持甲基化几乎 100% 有效。其结果是，如果从头甲基化在一个等位基因出现而不在另一处出现，那么这种差异将在细胞分裂过程中被保持，从而将不依赖其序列的等位基因之间的差异维持下去。如果维持甲基化效应没有 100% 有效，那么随

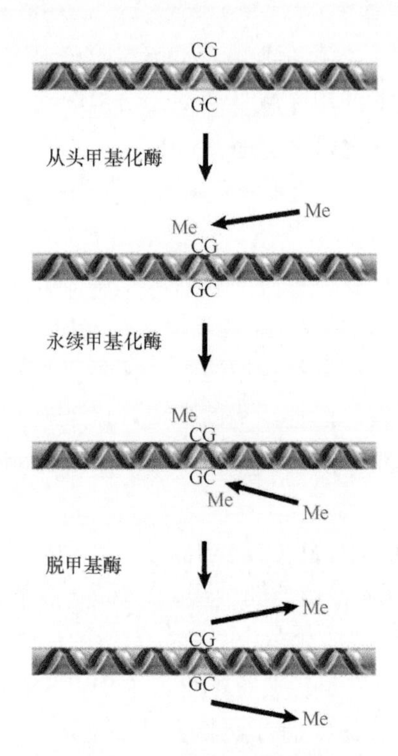

图 27.11 甲基化状态由三种类型的酶所控制，从头甲基化酶和永续甲基化酶是已知的，而脱甲基酶还没有被鉴定出来

着细胞复制的不断进行，这可能会导致基因组甲基化的下降，这种现象在衰老细胞中经常可观察到。另外，与衰老关联的甲基化状态的改变称为表观遗传漂变（epigenetic drift），这被认为是不断增加的表型变异的其中一个影响因子，可在同卵双生子的逐渐衰老过程中观察到这种现象。

在每一次细胞复制过程中，维持甲基化酶（如 Dnmt1）是如何靶向甲基化的 CpG 位点以保持 DNA 的甲基化模式的呢？一种可能性是通过可识别甲基化的 CpG 位点的因子，将 Dnmt1 酶带到半甲基化位点。与此观点相一致的是，已经鉴定出了 UHRF1 蛋白对于甲基化的维持是重要的，它可在局部或全基因组中与 Dnmt1 酶结合而起作用。这种蛋白能识别 CpG 双核苷酸，且能优先结合半甲基化 DNA。然而更加重要的是，UHRF1 蛋白不仅能结合 Dnmt1 酶，而且似乎能在半甲基化 CpG 双核苷酸中提高 Dnmt1 酶维持甲基化的效率。这样 UHRF1 蛋白具有双重功效：它既可识别维持甲基化位点，也能募集维持甲基化酶到需要被甲基化的位点，如新合成链未甲基化的 CpG 岛，从而在每一次复制中维持其甲基化形式。

令人惊奇的是，UHRF1 蛋白也能与甲基化的组蛋白 H3 相互作用，从而将甲基化的维持与异染

色质的结构稳定性联系在一起（详见第 26 章“真核生物的转录调节”）。事实上，DNA 甲基化与异染色质通过几种方式来彼此增强，**图 27.12** 描述了其中的一种例子。现在请回忆一下，HP1 蛋白可被募集到组蛋白 H3K9 已经被甲基化的区域，而这一修饰参与了异染色质的形成。实验结果证明，HP1 蛋白也能与 Dnmt1 酶相互作用，它可促进 HP1 蛋白所结合位点附近的 DNA 甲基化。另外，Dnmt1 酶能直接与负责组蛋白 H3K9 甲基化的甲基转移酶相互作用，从而产生正反馈环以确保连续不断的 DNA 和组蛋白甲基化。这些相互作用（和其他相似的相互作用网络）赋予了表观遗传状态的稳定性，使异染色质区在多次的细胞分裂中能一直保持下去。

甲基化作用存在多种功能靶标，而基因启动子是最常见的靶标。当一个基因失活时，其启动子就被甲基化；而当一个基因有活性时，其启动子总是非甲基化的。在小鼠中，缺乏 Dnmt1 酶会引起启动子的广泛脱甲基化，据推测这将是致死的，因为基因表达将得不到控制。卫星 DNA 是另一种靶标，Dnmt3B 蛋白的突变能阻止卫星 DNA 的甲基化，这引起了细胞水平的着丝粒不稳定。在人类中，相应基因上的突变会导致一种疾病，称为免疫缺陷着丝粒不稳定面部异常症（immunodeficiency/centromere instability, facial anomaly，ICF）。另一种人类疾病——雷特综合征（Rett syndrome）是由编码 MeCp2 蛋白的基因突变所造成的，而它能结合甲基化的 CpG 序列，这更加强调了甲基化的重要性。患雷特综合征的患者会表现出类似孤独症的症状，而这似乎是脑中一种正常基因不能沉默的结果。

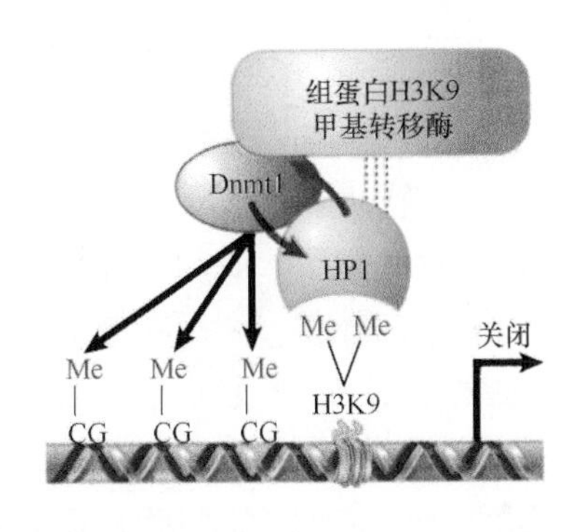

图 27.12 哺乳动物 HP1 蛋白可被募集到组蛋白 H3K9 已经被组蛋白甲基转移酶所甲基化的区域。随后 HP1 蛋白能与 Dnmt1 酶结合，并能增强 DNA 甲基转移酶活性（蓝色箭头），因此促进了 DNA 附近的胞嘧啶甲基化（meCG）。而 DNMT1 酶也能协助 HP1 蛋白装载到染色质上（红色箭头）。此外，Dnmt1 酶与组蛋白甲基转移酶的结合可产生正反馈环以稳定失活的染色质

脱甲基化区域是如何建立和维持的呢？如果 DNA 位点还没被甲基化，那么，某种蛋白质会识别这个位点而保护它不被甲基化。一旦这个位点被甲基化，那么有几种机制可能产生脱甲基化位点：一种是在维持甲基化过程中，由于 Dnmt1 酶的不完全忠实性而导致该位点的甲基化丧失，这是一种“被动的”脱甲基事件；另一种被动（即非酶学）机制是当它复制时，阻止维持甲基化酶作用于此位点，那么在第二次复制后，其中一条子代双链体就是脱甲基化的；第三种是主动地使这个位点脱甲基化，把甲基从胞嘧啶上直接去除，或把甲基化的胞嘧啶或胞苷从 DNA 上切除，然后用修复系统来替代。

植物能将其基因组甲基化模式代代相传，不过为了防止甲基化对附近基因表达的感染也可将重复序列中的甲基化去除，因此植物易于去除 DNA 甲基化。植物首先利用 DEMETER 家族的 5mC DNA 糖基化酶；随后，由无嘌呤 / 无嘧啶（apurinic/apyrimidinic，AP）内切核酸酶切割 DNA 骨架中的磷酸二酯键，再通过碱基切除修复（base excision repair，BER）途径插入未甲基化的 dCMP，就可完成脱甲基过程（详见第 14 章“修复系统”）。

然而在哺乳动物中，基因组甲基化模式在原始生殖细胞（一种最终形成生殖细胞系的细胞）中就被去除（将在第 28 章“表观遗传学Ⅱ”的“印记”部分讨论）。原始生殖细胞拥有低水平的 Dnmt1 酶，因此不会产生大规模的脱甲基化，就如植物中所看到的那样。相对于植物而言，这种对 DNA 甲基化的需求降低可解释为何在哺乳动物中鉴定 DNA 脱甲基化机制是一项很大的挑战。DNMT3A 和 DNMT3B（从头甲基化酶）可能矛盾性地参与了哺乳动物中的主动 DNA 脱甲基化。DNMT3A 和 DNMT3B 酶可能拥有脱氨基酶活性，它不仅参与了基因的脱甲基化，而且也参与了细胞周期中的周期性甲基化和脱甲基化。在缺乏甲基供体（S- 腺苷蛋氨酸）时，这些酶似乎能介导胞嘧啶 C4 的脱氨基作用，从而将 5- 甲基胞嘧啶转变成胸腺嘧啶，而所产生的鸟嘌呤 - 胸腺嘧啶（G · T）错配可由碱基切除系统所修复，这可将错配校对为鸟嘌呤 - 胞嘧啶（G · C）配对，从而导致了初始甲基化 CpG 位点的脱氨基作用。

最近的工作已经鉴定出一组新的蛋白质，它们可能不仅参与主动甲基化，而且可能潜在地产生新型表观遗传标记，如5-羟甲基胞嘧啶（5-hydromethylcytosine，5hmC）。10-11易位（ten-eleven translocation，TET）蛋白（包括Tet 1～3蛋白）是DNA水解酶，能将5mC转变成5hmC，并能进一步将5hmC转变成甲酰基胞嘧啶（5-formylcytosine，5fC），以及后续的5-羧基胞嘧啶（5-carboxylcytosine，5caC），这些反应是连续进行的。这些衍生物，尤其是5hmC，在基因组DNA中可被检测到，并被认为可代表不同阶段的脱甲基状态，它们自身也产生了功能性的重要修饰。通常可识别5mC的蛋白质，如MeCP2不能结合5hmC，这暗示5hmC的形成可能参与可逆的依赖甲基化的沉默效应。类似地，在DNA复制过程中，Dnmt1酶不能识别5hmC，这样，5hmC的存在会通过阻止维持甲基化作用而导致被动的脱甲基效应。数据也已经暗示：由TET蛋白所介导的5mC氧化也会导致糖基化酶作用，并通过BER途径去除甲基化位点。或者，5hmC可促进脱氨酶的脱氨基作用，如由激活诱导的（胞苷）脱氨酶（AID）能作用于5mC，并形成错配的T·G碱基配对；或作用于5hmC，并形成5-羟甲基尿嘧啶（5-hydromethyluracil，5hmU），随后修复系统可将其校对至标准的（未甲基化的）C·G配对。

在配子发育过程中，数据已经显示TET蛋白/5hmC在全基因组脱甲基过程中发挥了重要作用。TET蛋白在阻止红细胞系的恶变中也发挥作用（TET蛋白的最初鉴定和命名来自如下发现：在急性淋巴细胞性白血病中，通过易位，Tet1蛋白可与组蛋白甲基转移酶MLL形成具有癌基因特征的融合蛋白）。来自胚胎干细胞的全基因组分析的结果暗示：Tet1蛋白和5hmC在转录调节中具有重要作用。TET蛋白（如Tet1蛋白）含有可与CpG岛结合的CXXC基序，这可能会导致转录活性（或潜在活性）位点中的CpG岛的低甲基化状态的维持。Tet1蛋白和5hmC富集于含有所谓的二价结构域的启动子中，这一区域含有组蛋白修饰，它们同时与活性（组蛋白H3K4me3）状态和阻遏（组蛋白H3K27me3）状态相关联；这类启动子通常存在于受发育所调节的基因中，它们在特殊细胞系中可平衡这些基因的表达。其他数据也暗示：Tet1蛋白/5hmC可能同时参与转录激活和阻遏效应。正在进行的研究在寻找一些可结合5hmC或其衍生物的因子，它们可作为真表观遗传标志物以介导其活性，那么这些标志物就可定义染色质的局域性功能。

27.6 表观遗传效应可以遗传

关键概念

- 表观遗传效应是由于核酸的修饰所致，它或者在核酸已经合成以后，在不改变DNA序列的条件下发生，或者由于蛋白质结构的永续所致。
- 表观遗传效应可代代相传。
- 异常表观遗传效应可能可以预防。

表观遗传描述了不同状态的DNA所具有的能力，它可能产生不同表型，并且在DNA序列不改变的情况下可遗传下去。这是如何发生的呢？我们可以把表观遗传的机制分成两类。

- 能永续基团的共价连接可以修饰DNA，这样，两个序列相同的等位基因可能存在不同的甲基化状态，从而会具有不同的性质。
- 或者可以建立一个自我永续的蛋白质状态，这可能包括蛋白质复合体的装配、特殊蛋白质的修饰，或者可变蛋白质构象的建立。

在每一次复制之后，只要维持甲基化酶能组成性地作用并恢复甲基化状态，那么甲基化就能建立表观遗传，如图27.10所示。甲基化状态可在体细胞分裂过程中无限地维持，这很可能是“默认”状态；甲基化也可以在减数分裂中维持，比如，在真菌类粪盘菌属（*Ascobolus*）中，通过维持甲基化的状态，表观遗传效应可以在有丝分裂和减数分裂中传递。在哺乳动物细胞中，表观遗传标志物先在原始生殖细胞中被全部抹去，随后在雌性和雄性配子形成的减数分裂过程中，通过重新设立不同的甲基化状态，来重新建立新的表观遗传模式。

在分子水平上，我们对通过蛋白质状态来维持表观遗传效应的情况知之甚少。PEV表明组成性异染色质可能延伸出不同的距离，而此种结构可通过体细胞分裂而维持在永续状态。由于在酵母中没有DNA的甲基化，在果蝇中只有很少的量，因此，在这些生物中的PEV或端粒沉默的表观遗传状态可能是由于蛋白质结构的维持所致。

图 27.13 考虑到了有关蛋白质复合体在复制时的命运的两种极端情况。

- 如果一个复合体对称分裂，这样，每半个复合体和每条子代双链体相结合，那么它有可能使自己维持永续状态。如果半个复合体有能力成核形成完整的复合体，它就能恢复原始状态，这和甲基化的维持类似。这个模型的问题在于没法证明蛋白质为什么要这样运作。
- 复合体可以作为一个单元维持，然后分离到两条子代双链体中的一条中去。这个模型的问题在于它需要一个新复合体在另一条子代双链体中从头组装，但还没有证据表明这为何要发生。

现在需要考虑一下维持含有蛋白质复合体在内的异染色质结构的条件。如前所述，如果复制时蛋白质随机分配到每一条子代双链体中，且蛋白质具有自我组装能力，这将会引起新的亚基与之结合，那么异染色质状态就可恢复（见图 27.2）。

在一些情况下，这可能是蛋白质修饰的状态，而不是蛋白质本身的存在可以对表观遗传起作用。在染色质活性和组蛋白乙酰化之间存在普遍的联系，尤其是发生在N端的组蛋白H3和H4的乙酰化；

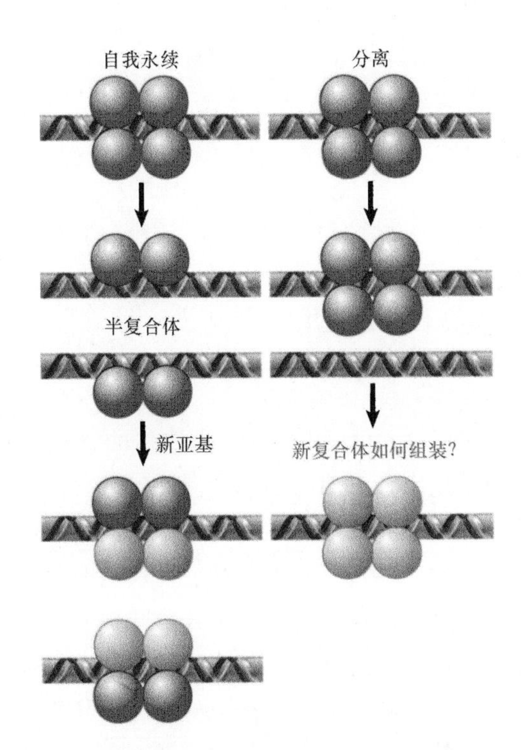

图 27.13 在复制过程中，染色质中的蛋白质复合体究竟发生了什么呢?

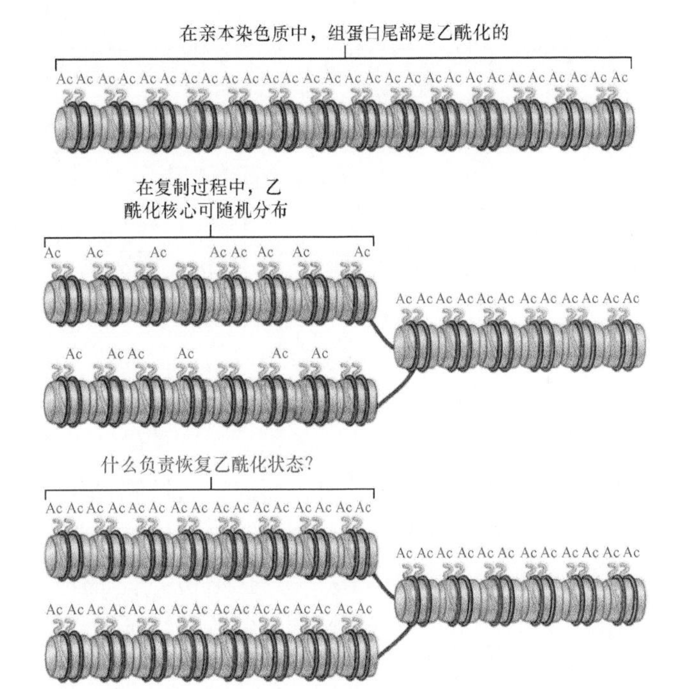

图 27.14 在复制过程中，乙酰化核心是保守的，它随机分布在子代染色质纤维中，这样，每个子代纤维就是旧的（乙酰化的）核心和新的（非乙酰化的）核心的混合体

转录激活与启动子邻近区域的乙酰化也有关，而转录阻遏则与脱乙酰化有关（详见第 26 章“真核生物的转录调节”）。其中一个最明显的相关例子是在哺乳动物雌性细胞中失活的X染色体的组蛋白H4乙酰化不足。

组成性异染色质的失活可能要求组蛋白不是乙酰化的。如果组蛋白乙酰转移酶被连接到酵母中的端粒异染色质区域，沉默基因就变得有活性。当酵母暴露于曲古菌素（trichostatin，一种脱乙酰化抑制剂），则着丝粒异染色质变成乙酰化，在着丝粒区域的沉默基因就变得有活性。这样的效应在曲古菌素去除后还存在，事实上，它能在有丝分裂和减数分裂中维持。这表明通过改变组蛋白乙酰化状态，就能引入表观遗传效应。

乙酰化状态如何维持呢？设想一下组蛋白 $H3_2$-$H4_2$ 四聚体在两条子代双链体中是随机分布的，这就引发了如**图 27.14** 所示的情况，每条子代双链体有一些组蛋白八聚体，它们在组蛋白H3和H4尾部上完全乙酰化，而其他的则是完全非甲基化的。为了解释表观遗传效应，我们可以假设，一些乙酰化的组蛋白八聚体提供了一个引起非乙酰化的八聚体进行乙酰化的信号。

我们还未完全明白在体细胞的有丝分裂中表

观遗传变化是如何被遗传的，但是我们清楚它确实发生了。令人奇怪的是，几个证据提示表观遗传效应也可能跨代传递，这一过程称为**跨代表观遗传**（**transgenerational epigenetics**）。DNA 甲基化是一种中心协调因素，它能确保植物中稳定的跨代遗传，这些证据来自于对拟南芥（*Arabidopsis thaliana*）维持 DNA 甲基化物质的缺失突变体的研究。DNA 甲基化的丧失触发了全基因组范围内的可变表观遗传机制的激活，如 RNA 介导的 DNA 甲基化、DNA 脱甲基酶的抑制，以及组蛋白 H3K9 甲基化的重新靶向。在缺乏维持甲基化时，新的和错误的表观遗传标记模式就会在几代以后积聚起来，使得这些植物变得矮小和不育。结果，至少在植物中已经存在有力的证据显示，完整维持甲基化在跨代表观遗传中发挥了主要作用。

在哺乳动物中，跨代表观遗传的证据不像植物中的那样有力，但是已有一些证据提示，这一过程也发生于哺乳动物中。亚稳态表观等位基因（metastable epiallele）依赖于其表观遗传状态进行转录。这种状态不仅在细胞之间不同，而且在组织之间也存在差异。尽管基因组的表观遗传状态在亲本基因组中和早期胚胎发育过程中进行了重新程序化，但是一些基因座可将表观遗传状态从配子传递到下一代（跨代表观遗传）。例如，小鼠中存在一个深浅环纹（*agouti*）基因座（一种皮毛颜色基因）的显性突变，称为深浅环纹可存活黄色（agouti viable yellow）基因，它是由反转录转座子插入到深浅环纹基因的编码区上游所致。这一等位基因会显示出斑片化，导致皮毛颜色从完全黄色，到杂色、斑点，再到深浅环纹（暗色）。我们已经观察到，深浅环纹雌性更易于生出深浅环纹后代；而黄色雌性更易于生出黄色后代，也就是说，母体深浅环纹基因的不同表达水平似乎可传递给其子代（而父体的颜色是不相关的）。结果证明，是所插入的反转录转座子的 DNA 甲基化决定了深浅环纹小鼠的皮毛颜色，这提示表达水平的跨代遗传现象是由于代与代之间的表观遗传标记的不完全消除所致。

同卵双生子的高度拷贝数变异提示，亚稳态等位基因在人类的跨代表观遗传中也发挥作用。另外，在一些普拉德 - 威利综合征（Prader-Willi syndrome）患者中不存在明显的突变，但是一些表观遗传突变（epimutation）参与了错误的 DNA 甲基化。这种突变可能是由于一个等位基因在经历雄性生殖细胞系时没有消除由祖母所建立起来的沉默表观遗传状态。这样，跨代表观遗传证据不仅在植物和哺乳动物中存在，而且也可作为一种潜在的基因控制因素，或者由于人类中转录的错误表观遗传控制所致疾病的理由。

作为这一概念的有意义的和极其重要的延伸，一些人类疾病可能有其跨代表观遗传的病因学基础，此类疾病就可能可以预防。例如，在出生前暴露于某些具有表观遗传修饰潜能的饮食，即通过其所含的生物活性化合物，比如缺乏甲基（如叶酸或胆碱）供体的母亲饮食，就会在其子孙后代中的某些区域导致终生的低甲基化状态。这可能会在胚胎基因组中导致初始的表观遗传谱，如 DNA 甲基化和组蛋白修饰的重编程，这些都会在人的生命中影响其随后的疾病风险。

27.7 酵母普里昂表现出不同寻常的遗传现象

关键概念

- 野生型的可溶 Sup35 蛋白是一个翻译终止因子。
- Sup35 蛋白也可以寡聚集合体的形式存在，在蛋白质合成时，它是没有活性的。
- 寡聚体形式引起新形成的蛋白质获得非活性结构。
- 在两种形式之间的转变受分子伴侣的影响。
- 野生型有隐性的基因状态 psi^-，突变型有显性的基因状态 PSI^+。

依赖于蛋白质状态的表观遗传的其中一个最清楚例子是由普里昂的行为所提供的。它们已经在两种情况下被鉴定出来：在酵母中的遗传效应；作为哺乳动物包括人类在内的神经性疾病的致病病原体。在酵母中，我们发现了令人惊奇的表观遗传效应，有两种不同的状态都可遗传，并且它们都被定位到一个基因座上，尽管在两种状态中其基因序列都是一样的。这两个不同的状态是 [psi^-] 和 [PSI^+]。在这两个状态之间，由于自发的转换，状态的改变可以较低频率发生。

[*psi*] 基因型定位在 *SUP35* 基因座上，它编码翻译终止因子。**图 27.15** 概括了 Sup35 蛋白在酵母中的效应，在野生型细胞中，其特征是 [*psi*⁻]，基因是激活的，Sup35 蛋白能终止蛋白质合成；在细胞突变体 [*PSI*⁺] 型中，因子不起作用，这导致它不能恰当地终止蛋白质的合成（在 [*PSI*⁺] 品系中，赭石密码子阻遏物可有效地增强致死效应，这最终导致了它的发现）。

[*PSI*⁺] 品系具有不寻常的遗传性质，当 [*psi*⁻] 品系与 [*PSI*⁺] 品系交配时，所有后代都是 [*PSI*⁺] 型，这是一种染色体外因子所能形成的遗传类型，但是性状不能定位到任何这样的核苷酸序列上。[*PSI*⁺] 性状是亚稳定的，这意味着，尽管它可以遗传给大部分后代，但与突变的一致性相比，它有一个更高的丧失比例。*URE2* 基因座也表现了类似行为，它编码一个在氮调节的解离代谢酶中起抑制作用的蛋白质。当酵母转变成另一种称为 [*URE3*] 的状态时，Ure2 蛋白就失去功能。

[*PSI*⁺] 状态由 Sup35 蛋白的构象所决定。在野生型 [*psi*⁻] 细胞中，蛋白质表现出通常的功能；但是在 [*PSI*⁺] 细胞中，蛋白质出现另一种构象，它的正常功能就丧失了。为了解释在遗传交配中 [*PSI*⁺] 型对 [*psi*⁻] 型的单方面显性效应，我们必定假设在

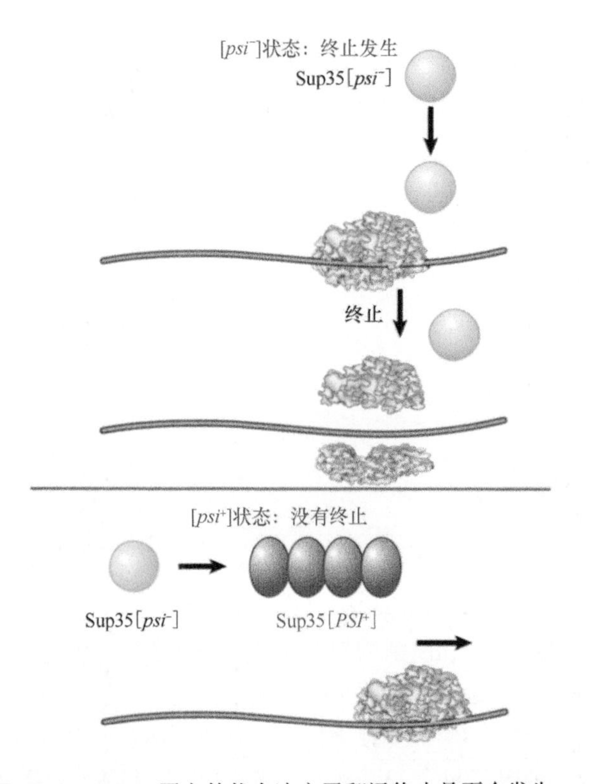

图 27.15 Sup35 蛋白的状态决定了翻译终止是否会发生

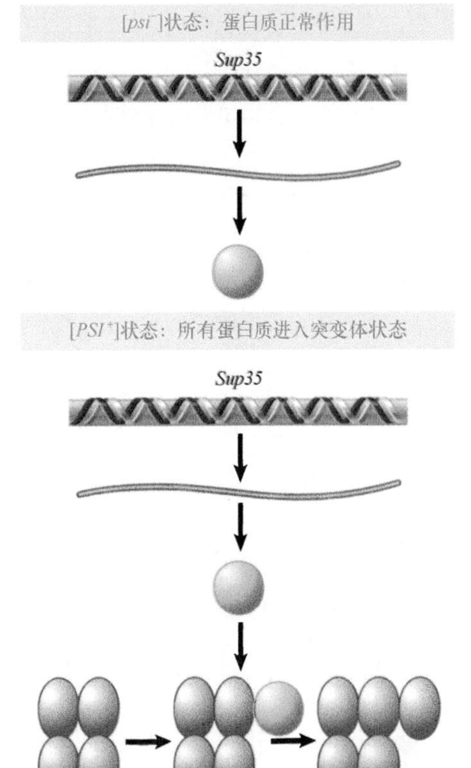

图 27.16 在先前存在 [*PSI*⁺] 蛋白的条件下，新合成的 Sup35 蛋白能转变成 [*PSI*⁺] 状态

[*PSI*⁺] 状态中，这种蛋白质的出现会引起其他所有蛋白质都进入这个状态，这就要求 [*PSI*⁺] 蛋白与新合成的蛋白质之间进行相互作用，这可能反映在寡聚体状态的产生过程中，在此，[*PSI*⁺] 蛋白具有成核作用，如**图 27.16** 所示。

Sup35 蛋白和 Ure2 蛋白的共同性质是它们都存在两个具有独立功能的结构域。C 端结构域足够使得蛋白质具有活性；而 N 端结构域足够使得所形成的蛋白质结构不具有活性。因此，在酵母中，Sup35 蛋白的 N 端结构域的丧失就不能获得 [*PSI*⁺] 状态；有的 N 端结构域就足够使 Sup35 蛋白维持在 [*PSI*⁺] 状态。N 端结构域的特征是它富含谷氨酰胺和天冬酰胺残基。

在 [*PSI*⁺] 状态中，功能的失去是由于把蛋白质都隔离在寡聚体中。在 [*PSI*⁺] 细胞中，Sup35 蛋白成簇分布在不相关的点中；但是在细胞中，蛋白质是在细胞质中分散分布着。在体外，来自 [*PSI*⁺] 细胞的 Sup35 蛋白形成了**淀粉样纤维（amyloid fiber）**结构，它具有特征性的高浓度 β 片层结构。这些淀粉样纤维结构由一些平行的、预先确立的 β 片层结构组成，这可使普里昂淀粉样物质在其纤维末端产

生出“模板”作用。这种模板作用为这些分子中的各种差异提供了一种忠实的转变模式，并允许自我繁殖，这就像编码可遗传的信息一样，而这种现象也使我们想起了这一基因所具有的行为。

一些条件能影响蛋白质结构，这些效应提示了正是蛋白质构象（而不是共价修饰）参与其中。变性处理使 [PSI^+] 状态丧失，尤其是分子伴侣 Hsp104 参与了 [PSI^+] 的可遗传性，但它的效应是矛盾的。*HSP104* 基因的删除阻止了 [PSI^+] 状态的保持；而 Hsp104 蛋白的过量表达通过清除 Sup35 蛋白会引起 [PSI^+] 的丧失。Hsp70 分子伴侣系统中的 Ssa 蛋白和 Ssb 蛋白通过与 Hsp104 蛋白的协作而直接影响 Sup35 蛋白的普里昂形成。在 Hsp104 蛋白浓度较高时，它能消除 Sup35 蛋白普里昂；而在低浓度时，Hsp104 蛋白能刺激普里昂形成，并能减少成对的 Hsp70-Hsp40。这样，Hsp104 蛋白、Hsp70 蛋白和 Hsp40 蛋白之间的作用可调节 Sup35 蛋白普里昂的形成、生长和清除。

在体外，利用 Sup35 蛋白的能力可形成失活结构，这可能会提供这个蛋白质功能的生化证据。**图 27.17** 说明了一个令人惊奇的实验：在体外，蛋白质转化成失活状态，随后加入脂质体（蛋白质被人工膜结构包被），然后通过把脂质体和 [psi^-] 酵母融合，使蛋白质直接被引入细胞，此时，酵母细胞

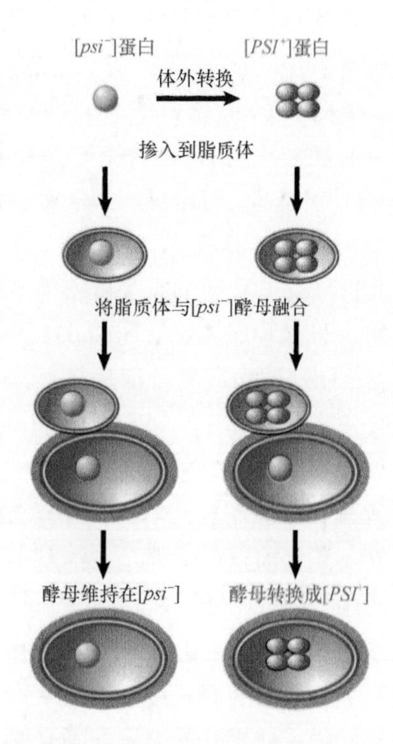

图 27.17 纯化的蛋白质能将酵母中的 [psi^-] 蛋白转变成 [PSI^+] 状态

就变成了 [PSI^+] 型！这个实验驳倒了所有的反对意见，说明蛋白质有能力导致表观遗传状态的产生。细胞交配实验，或者从一个细胞的提取物处理另一个细胞的实验，通常可能产生核酸的转移。但是当蛋白质本身不会转换靶细胞，但转化为非活性状态的蛋白质可以转换时，而其中唯一的不同是蛋白质的处理，因此，这必定是转换的原因。

酵母形成 [PSI^+] 普里昂状态依赖于其遗传背景，酵母必须是 [PIN^+] 才能形成 [PSI^+] 状态。[PIN^+] 本身也是表观遗传状态，普里昂形成自若干个不同的蛋白质中的任何一个，而它可以引起这种状态。这些蛋白质与 Sup35 蛋白一样，它们拥有富含 Gln/Asn 的结构域。在酵母中，这些结构域的过量表达形成 [PSI^+] 状态，表明普里昂状态的形成有一个普遍的模型，它可将 Gln/Asn 结构域聚集形成能自我繁殖的淀粉样结构。

Gln/Asn 蛋白的存在是如何影响另一个蛋白质形成普里昂的呢？我们知道 Sup35 蛋白普里昂的形成对 Sup35 蛋白是特异性的，也就是说，它不通过与其他蛋白质的交叉聚集而发生。这表明酵母细胞可能含有可溶性的、能与普里昂拮抗的蛋白质，而这些蛋白质对任何一种普里昂都不是特异性的。因此，引入任何与这些蛋白质相互作用的含有 Gln/Asn 结构域的蛋白质都会减少其浓度，这将允许其他 Gln/Asn 蛋白更容易聚集。

最近已经将普里昂与一些染色质重塑因子联系在一起。Swi 蛋白是 SWI/SNF 染色质重塑复合体的一个亚基（详见第 26 章“真核生物的转录调节”），它也能变成普里昂。在细胞中，而不是在非普里昂细胞中的 Swi 蛋白，既可以显性传递，也可以在细胞质中传递。这提示通过蛋白质的遗传对染色质重塑发生影响，因而能潜在地影响全基因组的基因调节。

小结

与特异性的染色体区段（如端粒）结合的蛋白质，以及能与组蛋白相互作用的蛋白质，都能使异染色质形成。失活结构的形成可能由一个引发中心沿着染色质纤维向外扩展；同样的事件发生在失活的酵母交配型基因座的沉默事件中。阻遏结构对于保持特定基因的失活状态是必要的，在果蝇中，它由多梳阻遏

复合体（PRC）形成，它们与异染色质具有一样的特性，都是从一个成核起始中心向外扩展的。

异染色质的形成可能从特定位点起始，然后向外扩展，而其传播距离是不定的。当异染色质状态已经被建立后，它就在随后的细胞分裂中遗传下去，这就产生了表观遗传模式，在此，两个相同 DNA 序列可能与不同的蛋白质结构相联系，因此，它们具有不同的表达能力，这就解释了果蝇中的位置效应多样化的发生。

组蛋白尾部的修饰引发染色质的重新组织。乙酰化通常与基因激活相关联。组蛋白乙酰转移酶存在于激活复合体中，而组蛋白脱乙酰酶存在于失活复合体中。组蛋白甲基化与基因失活或激活相关联，这取决于受到影响的特定组蛋白中的氨基酸残基。一些组蛋白修饰可能与其他修饰互斥或协同。

酵母端粒的染色质失活和酵母交配型基因座的沉默效应似乎存在一个相同的起因，即它们涉及某一蛋白质与组蛋白 H3 和 H4 的 N 端尾部的相互作用。由蛋白质与 DNA 特异性序列的结合可能引发失活复合体的形成，而其他成分可能沿着染色体以协同方式聚合。

DNA 的甲基化是可表观遗传的。DNA 的复制产生了半甲基化产物，维持甲基化酶能够恢复全甲基化状态。表观遗传效应可在体细胞的有丝分裂过程中遗传下去，也可代代相传。植物中，通过糖基化酶作用，以及碱基切除修复（BER）途径可以产生脱甲基效应。在哺乳动物中，TET 蛋白可将 5mC 转化成 5hmC 和其他产物，它们可作为糖基化酶 / BER 的靶标，或导致被动的脱甲基作用。这些产物也可作为表观遗传标志物。

参考文献

27.2 异染色质从成核事件后开始传播

综述文献

Eissenberg, J. C., and Elgin, S. C. (2014). HP1a: a structural chromosomal protein regulating transcription. *Trends Genet.* 28, 103-110.

Yankulov, K. (2013). Dynamics and stability: epigenetic conversions in position effect variegation. *Biochem. Cell Biol.* 91, 6-13.

研究论文文献

Ahmad, K., and Henikoff, S. (2001). Modulation of a transcription factor counteracts heterochromatic gene silencing in *Drosophila*. *Cell* 104, 839-847.

27.3 异染色质依赖于与组蛋白的相互作用

综述文献

Bühler, M., and Moazed, D. (2007). Transcription and RNAi in heterochromatic gene silencing. *Nat. Struct. Mol. Biol.* 14, 1041-1048.

Kueng, S., Oppikofer, M., and Gasser, S. M. (2013). SIR proteins and the assembly of silent chromatin in budding yeast. *Annu. Rev. Genet.* 47, 275-286.

Moazed, D. (2001). Common themes in mechanisms of gene silencing. *Mol. Cell* 8, 489-498.

Morris, C. A., and Moazed, D. (2007). Centromere assembly and propagation. *Cell* 128, 647-650.

Nishibuchi, G., and Nakayama, J. (2014). Biochemical and structural properties of heterochromatin protein 1: understanding its role in chromatin assembly. *J. Biochem.* 156, 11-20.

Rusche, L. N., Kirchmaier, A. L., and Rine, J. (2003). The establishment, inheritance, and function of silenced chromatin in *Saccharomyces cerevisiae*. *Annu. Rev. Biochem.* 72, 481-516.

Zhang, Y., and Reinberg, D. (2001). Transcription regulation by histone methylation: interplay between different covalent modifications of the core histone tails. *Genes Dev.* 15, 2343-2360.

研究论文文献

Ahmad, K., and Henikoff, S. (2001). Modulation of a transcription factor counteracts heterochromatic gene silencing in *Drosophila*. *Cell* 104, 839-847.

Bannister, A. J., Zegerman, P., Partridge, J. F., Miska, E. A., Thomas, J. O., Allshire, R. C., and Kouzarides, T. (2001). Selective recognition of methylated lysine 9 on histone H3 by the HP1 chromo domain. *Nature* 410, 120-124.

Baum, M., Sanyal, K., Mishra, P. K., Thaler, N., and Carbon, J. (2006). Formation of functional centromeric chromatin is specified epigenetically in *Candida albicans*. *Proc. Natl. Acad. Sci. USA* 103, 14877-14882.

Bloom, K. S., and Carbon, J. (1982). Yeast centromere DNA is in a unique and highly ordered structure in chromosomes and small circular minichromosomes. *Cell* 27, 285-317.

Canzio, D., Liao, M., Naber, N., Pate, E., Larson, A., Wu, S., Marina, D. B., Garcia, J. F., Madhani, H. D., Cooke, R., Schuck, P., Cheng, Y., and Narlikar, G. J. (2013). A conformational switch in HP1 releases auto-inhibition to drive heterochromatin assembly. *Nature* 496, 377-381.

Cheutin, T., McNairn, A. J., Jenuwein, T., Gilbert, D. M., Singh, P. B., and Misteli, T. (2003). Maintenance of stable heterochromatin domains by dynamic HP1 binding. *Science* 299, 721-725.

Eissenberg, J. C., Morris, G. D., Reuter, G., and Hartnett, T. (1992). The heterochromatin-associated protein HP-1 is an essential protein in *Drosophila* with dosage-dependent effects on position-effect variegation. *Genetics* 131, 345-352.

Folco, H. D., Pidoux, A. L., Urano, T., and Allshire, R. C. (2008). Heterochromatin and RNAi are required to establish CENP-A chromatin at centromeres. *Science* 319, 94-97.

Hecht, A., Laroche, T., Strahl-Bolsinger, S., Gasser, S. M., and Grunstein, M. (1995). Histone H3 and H4 N-termini interact with the silent information regulators SIR3 and SIR4: a molecular model for the formation of heterochromatin in yeast. *Cell* 80, 583-592.

Imai, S., Armstrong, C. M., Kaeberlein, M., and Guarente, L. (2000). Transcriptional silencing and longevity protein Sir2 is an NAD-dependent histone deacetylase. *Nature* 403, 795-800.

Kayne, P. S., Kim, U. J., Han, M., Mullen, R. J., Yoshizaki, F., and Grunstein, M. (1988). Extremely conserved histone H4 N terminus is dispensable for growth but essential for repressing the silent mating loci in yeast. *Cell* 55, 27-39.

Lachner, M., O'Carroll, D., Rea, S., Mechtler, K., and Jenuwein, T. (2001). Methylation of histone H3 lysine 9 creates a binding site for HP1 proteins. *Nature* 410, 116-120.

Landry, J., Sutton, A., Tafrov, S. T., Heller, R. C., Stebbins, J., Pillus, L., and Sternglanz, R. (2000). The silencing protein SIR2 and its homologs are NAD-dependent protein deacetylases. *Proc. Natl. Acad. Sci. USA* 97, 5807-5811.

Li, F., Huarte, M., Zaratiegui, M., Vaughn, M. W., Shi, Y., Martienssen, R., and Cande, W. Z. (2008). Lid2 is required for coordinating H3K4 and H3K9 methylation of heterochromatin and euchromatin. *Cell* 135, 272-283.

Manis, J. P., Gu, Y., Lansford, R., Sonoda, E., Ferrini, R., Davidson, L., Rajewsky, K., and Alt, F. W. (1998). Ku70 is required for late B cell development and immunoglobulin heavy chain class switching. *J. Exp. Med.* 187, 2081-2089.

Meluh, P. B., Yang, P., Glowczewski, L., Koshland, D., and Smith, M. M. (1998). Cse4p is a component of the core centromere of *S. cerevisiae*. *Cell* 94, 607-613.

Mendez, D. L., Mandt, R. E., and Elgin, S. C. (2013). Heterochromatin Protein 1a (HP1a) partner specificity is determined by critical amino acids in the chromo shadow domain and C-terminal extension. *J. Biol. Chem.* 288, 22315-22323.

Mishima, Y., Watanabe, M., Kawakami, T., Jayasinghe, C. D., Otani, J., Kikugawa, Y., Shirakawa, M., Kimura, H., Nishimura, O., Aimoto, S., Tajima, S., and Suetake, I. (2013). Hinge and chromo shadow of HP1α participate in recognition of K9 methylated histone H3 in nucleosomes. *J. Mol. Biol.* 425, 54-70.

Moretti, P., Freeman, K., Coodly, L., and Shore, D. (1994). Evidence that a complex of SIR proteins interacts with the silencer and telomere-binding protein RAP1. *Genes Dev.* 8, 2257-2269.

Nakagawa, H., Lee, J. K., Hurwitz, J., Allshire, R. C., Nakayama, J., Grewal, S. I., Tanaka, K., and Murakami, Y. (2002). Fission yeast CENP-B homologs nucleate centromeric heterochromatin by promoting heterochromatin-specific histone tail modifications. *Genes Dev.* 16, 1766-1778.

Nakayama, J., Rice, J. C., Strahl, B. D., Allis, C. D., and Grewal, S. I. (2001). Role of histone H3 lysine 9 methylation in epigenetic control of heterochromatin assembly. *Science* 292, 110-113.

Platero, J. S., Hartnett, T., and Eissenberg, J. C. (1995). Functional analysis of the chromodomain of HP1. *EMBO J.* 14, 3977-3986.

Schotta, G., Ebert, A., Krauss, V., Fischer, A., Hoffmann, J., Rea, S., Jenuwein, T., Dorn, R., and Reuter, G. (2002). Central role of *Drosophila* SU(VAR)3-9 in histone H3-K9 methylation and heterochromatic gene silencing. *EMBO J.* 21, 1121-1131.

Sekinger, E. A., and Gross, D. S. (2001). Silenced chromatin is permissive to activator binding and PIC recruitment. *Cell* 105, 403-414.

Smith, J. S., Brachmann, C. B., Celic, I., Kenna, M. A., Muhammad, S., Starai, V. J., Avalos, J. L., Escalante-Semerena, J. C., Grubmeyer, C., Wolberger, C., and Boeke, J. D. (2000). A phylogenetically conserved NAD1-dependent protein deacetylase activity in the Sir2 protein family. *Proc. Natl. Acad. Sci. USA* 97, 6658-6663.

Verdel, A., Jia, S., Gerber, S., Sugiyama, T., Gygi, S., Grewal, S. I., and Moazed, D. (2004). RNAimediated targeting of heterochromatin by the RITS complex. *Science* 303, 672-676.

Yap, K. L., and Zhou, M. M. (2011). Structure and mechanisms of lysine methylation recognition by the chromodomain in gene transcription. *Biochemistry* 50, 1966-1980.

27.4 多梳蛋白和三胸蛋白为互相拮抗的阻遏物和激活物

综述文献

Henikoff, S. (2008). Nucleosome destabilization in the epigenetic regulation of gene expression. *Nat. Rev. Genet.* 9, 15-26.

Köhler, C., and Villar, C. B. (2008). Programming of gene expression by Polycomb group proteins. *Trends Cell Biol.* 18, 236-243.

Ringrose, L., and Paro, R. (2004). Epigenetic regulation of cellular memory by the Polycomb and Trithorax group proteins. *Annu. Rev. Genet.* 38, 413-443.

Steffen, P. A., and Ringrose, L. (2014). What are memories made of? How Polycomb and Trithorax proteins mediate epigenetic memory. *Nat. Rev. Mol. Cell Biol.* 15, 340-356.

研究论文文献

Brown, J. L., Fritsch, C., Mueller, J., and Kassis, J. A. (2003). The *Drosophila* pho-like gene encodes a YY1-related DNA binding protein that is redundant with pleiohomeotic in homeotic gene silencing. *Development* 130, 285-294.

Cao, R., Wang, L., Wang, H., Xia, L., Erdjument-Bromage, H., Tempst, P., Jones, R. S., and Zhang, Y. (2002). Role of histone H3 lysine 27 methylation in Polycomb-group silencing. *Science* 298, 1039-1043.

Chan, C. S., Rastelli, L., and Pirrotta, V. (1994). A Polycomb response element in the Ubx gene that determines an epigenetically inherited state of repression. *EMBO J.* 13, 2553-2564.

Cléard, F., Moshkin, Y., Karch, F., and Maeda, R. K. (2006). Probing long-distance regulatory interactions in the *Drosophila melanogaster bithorax* complex using Dam identification. *Nat. Genet.* 38, 931-935.

Czermin, B., Melfi, R., McCabe, D., Seitz, V., Imhof, A., and Pirrotta, V. (2002). *Drosophila* enhancer of Zeste/ESC complexes have a histone H3 methyltransferase activity that marks chromosomal Polycomb sites. *Cell* 111, 185-196.

Eissenberg, J. C., James, T. C., Fister-Hartnett, D. M., Hartnett, T., Ngan, V., and Elgin, S. C. R. (1990). Mutation in a heterochromatin-specific chromosomal protein is associated with suppression of position-effect variegation in *D. melanogaster*. *Proc. Natl. Acad. Sci. USA* 87, 9923-9927.

Fischle, W., Wang, Y., Jacobs, S. A., Kim, Y., Allis, C. D., and Khorasanizadeh, S. (2003). Molecular basis for the discrimination of repressive methyllysine marks in histone H3 by Polycomb and HP1 chromo domains. *Genes Dev.* 17, 1870-1881.

Francis, N. J., Kingston, R. E., and Woodcock, C. L. (2004). Chromatin compaction by a Polycomb group protein complex. *Science* 306, 1574-1577.

Franke, A., DeCamillis, M., Zink, D., Cheng, N., Brock, H. W., and Paro, R. (1992). Polycomb and polyhomeotic are constituents of a multimeric protein complex in chromatin of *D. melanogaster*. *EMBO J.* 11, 2941-2950.

Geyer, P. K., and Corces, V. G. (1992). DNA position-specific repression of transcription by a *Drosophila* zinc finger protein. *Genes Dev.* 6, 1865-1873.

Orlando, V., and Paro, R. (1993). Mapping Polycombrepressed domains in the bithorax complex using *in vivo* formaldehyde cross-linked chromatin. *Cell* 75, 1187-1198.

Strutt, H., Cavalli, G., and Paro, R. (1997). Colocalization of Polycomb protein and GAGA factor on regulatory elements responsible for the maintenance of homeotic gene expression. *EMBO J.* 16, 3621-3632.

Wang, L., Brown, J. L., Cao, R., Zhang, Y., Kassis, J. A., and Jones, R. S. (2004). Hierarchical recruitment of Polycomb group silencing complexes. *Mol. Cell* 14, 637-646.

27.5 CpG 岛易于甲基化

综述文献

Bird, A. (2002). DNA methylation patterns and epigenetic memory. *Genes Dev.* 16, 6-21.

Franchini, D. M., Schmitz, K. M., and Petersen-Mahrt, S. K. (2012). 5-Methylcytosine DNA demethylation: more than losing a methyl group. *Annu. Rev. Genet.* 46, 419-441.

Matarese, F., Carillo-de Santa Pau, E., and Stunnenberg, H. G. (2011). 5-hydroxymethylcytosine: a new kid on the epigenetic block? *Molec. Syst. Biol.* 7, 562.

Schübeler, D. (2015). Function and information content of DNA methylation. *Nature*. 517, 321-326.

Williams, K., Christensen, J., and Helin, K. (2012). DNA methylation: TET proteins—guardians of CpG islands? *EMBO Rep.* 13, 28-35.

Wu, H., and Zhang, Y. (2012). Mechanisms and functions of Tet protein-mediated 5-methylcytosine oxidation. *Genes Dev.* 25, 2436-2452.

研究论文文献

Amir, R. E., Van den Veyver, I. B., Wan, M., Tran, C. Q., Francke, U., and Zoghbi, H. Y. (1999). Rett syndrome is caused by mutations in X-linked MECP2, encoding methyl-CpG-binding protein 2. *Nat. Genet.* 23, 185-188.

Avvakumov, G. V., Walker, J. R., Xue, S., Li, Y., Duan, S., Bronner, C., Arrowsmith, C. H., and Dhe-Paganon, S. (2008). Structural basis for recognition of hemi-methylated DNA by the SRA domain of human UHRF1. *Nature* 455, 822-825.

Kangaspeska, S., Stride, B., Métivier, R., Polycarpou-Schwarz, M., Ibberson, D., Carmouche, R. P., Benes, V., Gannon, F., and Reid, G. (2008). Transient cyclical methylation of promoter DNA. *Nature* 452, 112-115.

Ficz, G., Branco, M. R., Seisenberger, S., Santos, F., Krueger, F., Hore, T. A., Marques, C. J., Andrews, S., and Reik, W. (2011). Dynamic regulation of 5-hydroxymethylcytosine in mouse ES cells and during differentiation. *Nature* 473, 398-402.

Hahn, M. A., Szabó, P. E., and Pfeifer, G. P. (2014). 5-Hydroxymethylcytosine: a stable or transient DNA modification? *Genomics* 104, 314-323.

He, Y. F., Li, B. Z., Li, Z., Liu, P., Wang, Y., Tang, Q., Ding, J., Jia, Y., Chen, Z., Li, L., Sun, Y., Li, X., Dai, Q., Song, C. X., Zhang, K., He, C., and Xu, G. L. (2011). Tet-mediated formation of 5-carboxylcytosine and its excision by TDG in mammalian DNA. *Science* 333, 1303-1307.

Hill, P. W., Amouroux, R., and Hajkova, P. (2014). DNA demethylation, Tet proteins and 5-hydroxymethylcytosine in epigenetic reprogramming: an emerging complex story. *Genomics* 104, 324-333.

Ito, S., Shen, L., Dai, Q., Wu, S. C., Collins, L. B., Swenberg, J. A., He, C., and Zhang, Y. (2011). Tetproteins can convert 5-methylcytosine to 5-formylcytosine and 5-carboxylcytosine. *Science* 333, 1300-1303.

Li, E., Bestor, T. H., and Jaenisch, R. (1992). Targeted mutation of the DNA methyltransferase gene results in embryonic lethality. *Cell* 69, 915-926.

Métivier, R., Gallais, R., Tiffoche, C., Le Péron, C., Jurkowska, R. Z., Carmouche, R. P., Ibberson, D., Barath, P., Demay, F., Reid, G., Benes, V., Jeltsch, A., Gannon, F., and Salbert, G. (2008). Cyclical DNA methylation of a transcriptionally active promoter. *Nature* 452, 45-50.

Morgan, H. D., Dean, W., Coker, H. A., Reik, W., and Petersen-Mahrt, S. K. (2004). Activation-induced cytidine deaminase deaminates 5-methylcytosine in DNA and is expressed in pluripotent tissues: implications for epigenetic reprogramming. *J. Biol. Chem.* 279, 52353-52360.

Okano, M., Bell, D. W., Haber, D. A., and Li, E. (1999). DNA methyltransferases Dnmt3a and Dnmt3b are essential for *de novo* methylation and mammalian development. *Cell* 99, 247-257.

Penterman, J., Uzawa, R., and Fischer, R. L. (2007). Genetic interactions between DNA demethylation and methylation in Arabidopsis. *Plant Physiol.* 145, 1549-1557.

Wu, H., D'Alessio, A. C., Ito, S., Wang, Z., Cui, K., Zhao, K., Sun, Y. E., and Zhang, Y. (2011). Genome-wide analysis of 5-hydroxymethylcytosine distribution reveals its dual function in transcriptional regulation in mouse embryonic stem cells. *Genes Dev.* 25, 679-684.

Xu, G. L., Bestor, T. H., Bourc'his, D., Hsieh, C. L., Tommerup, N, Bugge, M., Hulten, M., Qu, X., Russo, J. J., and Viegas-Paquignot, E. (1999). Chromosome instability and immunodeficiency syndrome caused by mutations in a DNA methyltransferase gene. *Nature* 402, 187-191.

Xu, Y., Wu, F., Tan, L., Kong, L., Xiong, L., Deng, J., Barbera, A. J., Zheng, L., Zhang, H., Huang, S., Min, J., Nicholson, T., Chen, T., Xu, G., Shi, Y., Zhang, K., and Shi, Y. G. (2011). Genome-wide regulation of 5hmC, 5mC, and gene expression by Tet1 hydroxylase in mouse embryonic stem cells. *Molec. Cell* 42, 451-464.

27.6 表观遗传效应可以遗传

综述文献

Heard, E., and Martienssen, R. A. (2014). Transgenerational epigenetic inheritance: myths and mechanisms. *Cell* 157, 95-109.

Jirtle, R. L., and Skinner, M. K. (2007). Environmental epigenomics and disease susceptibility. *Nat. Rev. Genet.* 8, 253-262.

Li, Y., Saldanha, S. N., and Tollefsbol, T. O. (2014). Impact of epigenetic dietary compounds on transgenerational prevention of human diseases. *AAPS J.* 16, 27-36.

Li, Y., and Tollefsbol, T. O. (2010). Impact on DNA methylation in cancer prevention and therapy by bioactive dietary components. *Curr Med Chem.* 17, 2141-2151.

Morgan, D. K., and Whitelaw, E. (2008). The case for transgenerational epigenetic inheritance in humans. *Mamm. Genome* 19, 394-397.

研究论文文献

Bruder, C. E., Piotrowski, A., Gijsbers, A. A., Andersson, R., Erickson, S., de Ståhl, T. D., Menzel, U., Sandgren, J., von Tell, D., Poplawski, A., Crowley, M., Crasto, C., Partridge, E. C., Tiwari, H., Allison, D. B., Komorowski, J., van Ommen, G. J., Boomsma, D. I., Pedersen, N. L., den Dunnen, J. T., Wirdefeldt, K., and Dumanski, J. P. (2008). Phenotypically concordant and discordant monozygotic twins display different DNA copy-number-variation profiles. *Am. J. Hum. Genet.* 82, 763-771.

Mathieu, O., Reinders, J., Caikovski, M., Smathajitt, C., and Paszkowski, J. (2007). Transgenerational stability of the Arabidopsis epigenome is coordinated by CG methylation. *Cell* 130, 851-862.

27.7 酵母普里昂表现出不同寻常的遗传现象

综述文献

Byers, J. S., and Jarosz, D. F. (2014). Pernicious pathogens or expedient elements of inheritance: the significance of yeast prions. *PLoS Pathog.* 10, e1003992.

Garcia, D. M., and Jarosz, D. F. (2014). Rebels with a cause: molecular features and physiological consequences of yeast prions. *FEMS Yeast Res.* 14, 136-147.

Horwich, A. L., and Weissman, J. S. (1997). Deadly conformations: protein misfolding in prion disease. *Cell* 89, 499-510.

Lindquist, S. (1997). Mad cows meet psi-chotic yeast: the expansion of the prion hypothesis. *Cell* 89, 495-498.

Serio, T. R., and Lindquist, S. L. (1999). [PSI+]: an epigenetic modulator of translation termination efficiency. *Annu. Rev. Cell Dev. Biol.* 15, 661-703.

Wickner, R. B., Edskes, H. K., Roberts, B. T., Baxa, U., Pierce, M. M., Ross, E. D., and Brachmann, A. (2004). Prions: proteins as genes and infectious entities. *Genes Dev.* 18, 470-485.

Wickner, R. B., Shewmaker, F., Kryndushkin, D., and Edskes, H. K. (2008). Protein inheritance (prions) based on parallel in-register beta-sheet amyloid structures. *Bioessays* 30, 955-964.

研究论文文献

Derkatch, I. L., Bradley, M. E., Hong, J. Y., and Liebman, S. W. (2001). Prions affect the appearance of other prions: the story of [PIN(1)]. *Cell* 106, 171-182.

Derkatch, I. L., Bradley, M. E., Masse, S. V., Zadorsky, S. P., Polozkov, G. V., Inge-Vechtomov, S. G., and Liebman S. W. (2000). Dependence and independence of [PSI(1)] and [PIN(1)]: a twoprion system in yeast? *EMBO J.* 19, 1942-1952.

Du, Z., Park, K. W., Yu, H., Fan, Q., and Li, L. (2008). Newly identified prion linked to the chromatin-remodeling factor Swi1 in *Saccharomyces cerevisiae*. *Nat. Genet.* 40, 460-465.

Glover, J. R., et al. (1997). Self-seeded fibers formed by Sup35, the protein determinant of [PSI+], a heritable prion-like factor of *S. cerevisiae*. *Cell* 89, 811-819.

Osherovich, L. Z., and Weissman, J. S. (2001). Multiple gln/asn-rich prion domains confer susceptibility to induction of the yeast. *Cell* 106, 183-194.

Shorter, J., and Lindquist, S. (2008). Hsp104, Hsp70 and Hsp40 interplay regulates formation, growth and elimination of Sup35 prions. *EMBO J.* 27, 2712-2724.

Sparrer, H. E., Santoso, A., Szoka, F. C, and Weissman, J. S. (2000). Evidence for the prion hypothesis: induction of the yeast [PSI1] factor by *in vitro*-converted Sup35 protein. *Science* 289, 595-599.

第 28 章

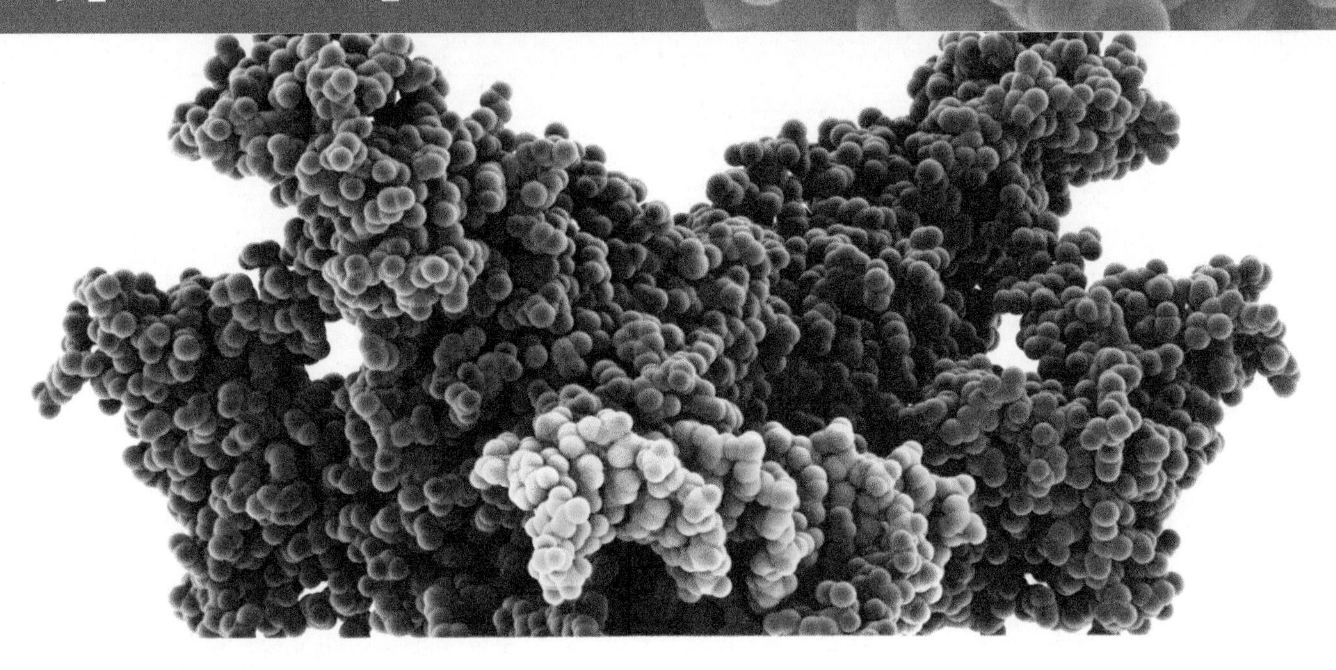

表观遗传学 II

Trygve Tollefsbol 编

章节提纲

28.1 引言

关键概念

- 许多生物学过程，包括 X 染色体失活和基因组印记，都是通过 DNA 甲基化等表观遗传机制介导的。

雌性的（真哺乳亚纲）哺乳动物中，在衍生自父本和母本的 X 染色体之间的 X 染色体失活是一个随机过程。X 染色体失活中心（X-inactivation center，*Xic*）是最终决定 X 染色体失活的基因座。转录自 *Xic* 基因座的一个关键基因是 X 染色体失活特异转录物（X inactive specific transcript，*Xist*）基因。*Xist* 是非翻译的 RNA 分子，它以顺式方式发挥作用，以便沉默将它转录出的 X 染色体。X 染色体失活由 DNA 甲基化等表观遗传过程介导，它们使失活的 X 染色体维持在沉默状态。

基因组印记也依赖于表观遗传过程，尤其是 DNA 甲基化，它们可用于标记衍生自父本和母本的基因。在早期发育过程中，这些基因的表达可在许多生物学表型的形成中发挥作用，如胚胎生长和出生后的成长。另外，印记的错误会导致一系列与印记相关的疾病，如普拉德-威利综合征（Prader-Willi syndrome）和快乐木偶综合征（Angelman syndrome）。

表观遗传过程也可直接影响蛋白质和核酸。这一概念的其中一个重要例子是普里昂，它是一种蛋白质样颗粒，可作为感染性因子。事实上，普里昂可引起人类疾病，如克罗伊茨费尔特-雅各布病（Creutzfeldt-Jakob disease，CJD），这些疾病都是通过蛋白质的表观遗传修饰而发生的。我们相信，这些感染性疾病的名单会越来越长，而CJD只是其中的一个例子。

28.2 X染色体经受整体性变化

关键概念

- 在真哺乳亚纲动物的胚胎发育过程中，两条X染色体中的一条可随机失活。
- 在特殊情况下，细胞中会存在两条以上的X染色体，但除了一条外，其他都失活。
- *Xic*（X染色体失活中心）是X染色体的顺式作用区域，它是确保只有一条X染色体保持活性的充要条件。
- *Xic*区包括*Xist*基因，它编码一个只在失活X染色体中发现的RNA。
- *Xist* RNA能募集多梳复合体，它可修饰失活染色体上的组蛋白。
- *Xist* RNA能通过结合远离*Xic*区的位点，从而沿着X染色体移动。
- 在活性染色体上，负责阻止*Xist* RNA积聚的机制还未知。

对于那些存在性染色体的物种而言，由于X染色体数量的不同，所以性别给我们呈现了基因调节的一个有趣问题。如果X染色体连锁基因在两个性别中等量地表达，那么雌性所拥有的产物将会是雄性的两倍。**剂量补偿（dosage compensation）**效应使得两性中X染色体连锁基因的表达水平均等，它的存在表明了避免这种情况发生的重要性。不同物种中所使用的机制概括见图28.1。

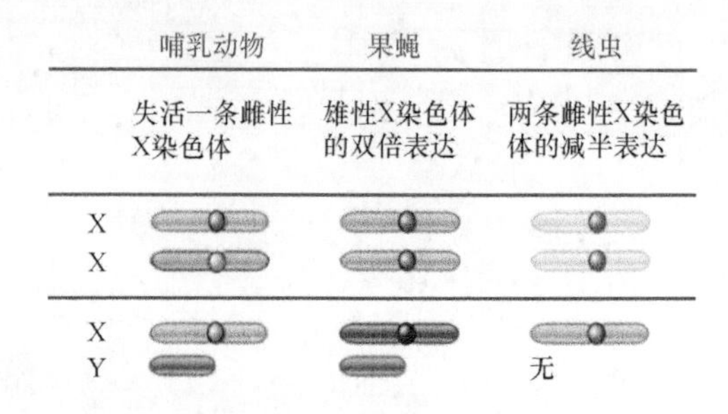

图28.1 不同的剂量补偿方法用于平衡雌性和雄性X染色体中的基因表达水平

- 在哺乳动物中，两条雌性X染色体中的一条在胚胎发育过程中失活，结果雌性只存在一条活性的X染色体，这就和雄性中的情况一样。在雌性中的活性X染色体与雄性中唯一X染色体的表达水平一样。（请注意：在雌性的早期胚胎发育过程中，两条X染色体都是有活性的，失活的X染色体实际上保留了约5%的活性。）
- 在果蝇（*Drosophila*）中，单条雄性X染色体的表达水平是每条雌性X染色体表达水平的两倍。
- 在秀丽隐杆线虫（*Caenorhabditis elegans*）中，每条雌性（雌雄同体）X染色体表达是单条雄性X染色体的表达水平的一半。

所有这些剂量补偿机制的共同性质是：整条染色体就是调节的目标，即一种整体性变化定量地影响这条染色体上的所有启动子。我们最熟悉的是哺乳动物雌性X染色体的失活，在此，整条染色体都转变为异染色质。

异染色质的两个性质是其凝聚状态和与之相关的失活（在第7章“染色体”中引入了这些概念），它可分为两型。

- **组成性异染色质（constitutive heterochromatin）**含有特异性的、没有编码功能的序列，包含通常存在于着丝粒中的卫星DNA。由于其内在特性，这些区域是恒定的异染色质。
- **兼性异染色质（facultative heterochromatin）**使整条染色体区段或整条染色体在某种细胞系中失活，尽管它可能在其他细胞系中表达。最好例子是哺乳动物的X染色体，失活的X染色体保持着异染色质状态；而活性X染色体是常染色体，每一条染色体都有均等的机会被失活。所以，同样的DNA序列包含两种状态。一旦失活状态被确定，它就被子细胞遗传，因为它不依赖于DNA序列，所以这是表观遗传的一个例子。

1961 年，**单一 X 染色体假说（single X hypothesis）**形成了我们对雌性哺乳动物 X 染色体状态的基本观点。X 染色体连锁的皮毛颜色突变杂合子的雌性小鼠有一种成斑表型，即一些皮毛的颜色是野生型的，而另一些是突变型的。**图 28.2** 解释了这种现象：在一小部分祖先群体的每一种细胞中，两条 X 染色体中的一条被随机失活，X 染色体带有野生型基因的细胞失活后，它所产生的后代只表达位于活性染色体上的突变等位基因；而细胞如果衍生自另一种祖先细胞，那么它就带有活性的野生型基因，而不是失活的染色体。就皮毛颜色而言，从特殊亲代遗传下来的细胞聚在一起，因此形成了一块同色的斑，产生了可见斑片的模式（三花猫就是这种现象的一个常见例子）。在其他例子中，群体中的个体细胞将表达某一个或其他 X 染色体连锁的等位基因，比如，在 X 染色体连锁基因座 *G6PD* 的杂合子中，任何特殊红细胞只表达两个等位基因型中的一个（X 染色体的随机失活发生在真哺乳亚纲动物中；在有袋类中，选择是被导向的，总是从父体遗传下来的 X 染色体被失活。）

雌性中，X 染色体的失活是通过 ***n*–1 规律（*n*–1 rule）**所调控：不论有多少条 X 染色体存在，除了 1 条以外，其他都必须失活。正常雌性拥有 2 条 X 染色体，有时在极端情况不，分离会产生含有 3 条

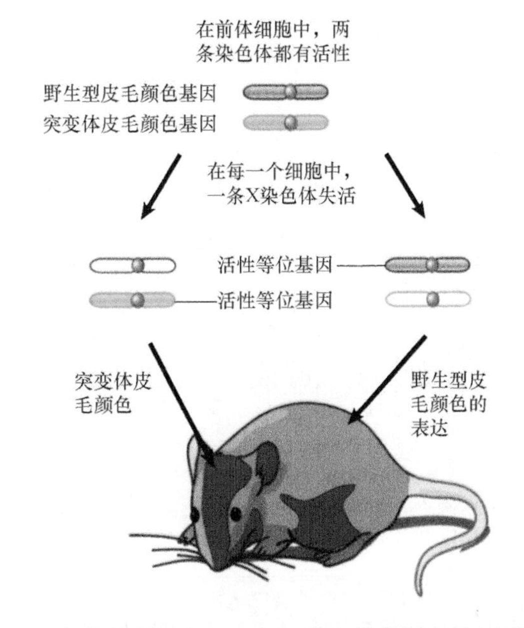

图 28.2 在前体细胞中，一条 X 染色体的随机失活引起 X 连锁的成斑现象。野生型等位基因（粉色）在活性染色体的细胞有野生表型；而突变型等位基因（绿色）在活性染色体的细胞有突变表型

X 染色体或更多条 X 染色体的基因型，但仍然只有 1 条 X 染色体保持活性。这提出了一种通用模型，即特殊事件只限于 1 条 X 染色体，并保护它不被失活，而其他的 X 染色体则全部被失活。

位于 X 染色体上的单一基因座就足以产生失活效应。在 X 染色体和一条常染色体之间发生易位时，这个基因座只在一条染色体上产生相应的产物，并且只有这个产物才能使之失活。通过比较不同的易位，很可能可以定位出这个基因座，它被称为 X 染色体失活中心（X-inactivation center，*Xic*）。一个 450 kb 的克隆区域包含了所有 *Xic* 的特性，当这个序列被当作转基因区段，并被插入一条常染色体时，常染色体就变得易于失活（至少在细胞培养体系中是如此）。两条 X 染色体上 *Xic* 基因座的配对反应已经被证明参与了 X 染色体失活的随机选择机制。另外，姐妹染色单体黏聚的差异与 X 染色体被失活的选择结局相关联，这提示在失活过程中指导选择哪一条 X 染色体将要被失活之前，可变状态是存在的。

Xic 是一个顺式作用基因座，它包含了计算 X 染色体数目和使除一条以外的所有拷贝失活的必要信息。失活效应会从 *Xic* 基因座扩展到整个 X 染色体。当 *Xic* 基因座出现在 X 染色体 - 常染色体易位处时，失活效应就会扩展到常染色体区（尽管效应不总是非常完全）。

Xic 是一个复杂的基因座，它表达几种长链非编码 RNA（long noncoding RNA，ncRNA），其中最重要的是称为 X 染色体失活特异转录物（X inactive specific transcript，*Xist*）基因。这个基因的行为和这条染色体的其他基因座的基因刚好相反，因为它们都是被关闭的。*Xist* 基因的删除能阻止 X 染色体的失活，但是它不干扰计数机制（因为其他 X 染色体可以被失活）。所以我们可以将 *Xic* 基因座的两个特性分开：一个未知元件用来计数；*Xist* 基因则用来失活。

n–1 规律提示，*Xist* RNA 的稳定作用是“默认途径”，而一些阻断机制可阻止对某一 X 染色体的稳定（这将会成为那条活性染色体）。这意味着，尽管 *Xic* 基因座是染色体失活的充要条件，但是其他基因座的产物是形成一条活性 X 染色体所必需的。

Tsix 转录物的反义配偶体可负调节 *Xist* 转录物。在未来失活 X 染色体上，*Tsix* 转录物表达的丧失会

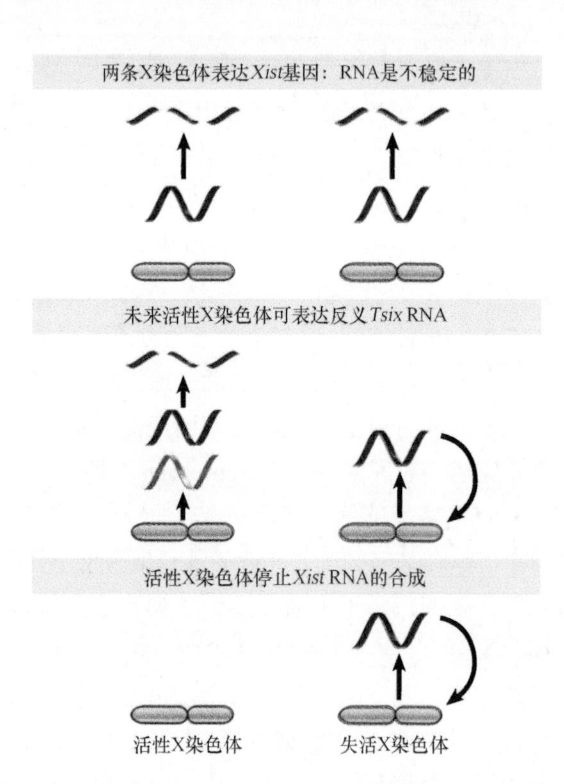

图 28.3 X 染色体的失活涉及 *Xist* RNA 的稳定作用，它能将失活染色体包被起来。*Tsix* 基因能阻止未来活性 X 染色体的 *Xist* 基因的表达

使 *Xist* 基因表达上调，且变得稳定；在未来活性 X 染色体上，*Tsix* 转录物的持续存在则会阻止 *Xist* 基因的表达上调。*Xite* 基因拥有 *Tsix* 特异性增强子，位于 *Tsix* 基因上游 10 kb 处，它可调节 *Tsix* 基因的表达。

图 28.3 显示了 *Xist* RNA 在 X 染色体失活中的作用。*Xist* 编码一个缺乏可读框的 ncRNA。*Xist* RNA 在它开始合成的地方“包被”X 染色体，表示它具有结构上的功能。在 X 染色体失活之前，它由两条雌性 X 染色体合成；而在 X 染色体失活之后，RNA 只能在失活的 X 染色体上找到。转录效率在失活前后保持一致，所以转变依赖于转录后事件。

在 X 染色体失活前，*Xist* RNA 半衰期约为 2 h。而 *Xist* RNA 能稳定存在于失活的 X 染色体上，以此来介导 X 染色体的失活，它显示了沿着 X 染色体点状分布的特性，表明它与蛋白质联合作用形成微粒结构可能是稳定的一种方式。*Xist* RNA 沿着 X 染色体移动，这一作用起始于 *Xic* 区，并能移动到 X 染色体中遥远的沉默区。我们还不知道其他什么因子参与了这个反应，以及 *Xist* RNA 是如何被限制的，使之只能沿着染色体以顺式方式进行传播。

Xist RNA 在将要失活 X 染色体上的积聚会引起转录装置（如 RNA 聚合酶Ⅱ）的排斥，这会导致多梳阻遏物复合体（PRC1 蛋白和 PRC2 蛋白）的募集，从而引发了一系列全染色体范围的组蛋白修饰（组蛋白 H2AK119 泛素化、组蛋白 H3K27 甲基化、组蛋白 H4K20 甲基化和组蛋白 H4 脱乙酰化）。在这个过程的后期，失活 X 染色体特异性组蛋白变异体 macroH2A 被掺入到染色质中，且启动子 DNA 被甲基化，这样就导致了基因沉默。这些改变如**图 28.4** 所示。在这一点上，失活 X 染色体的异染色质状态是稳定的，而 *Xist* RNA 不是维持染色体的沉默状态所必需的。

尽管这些都已经被发现，但是迄今为止，没

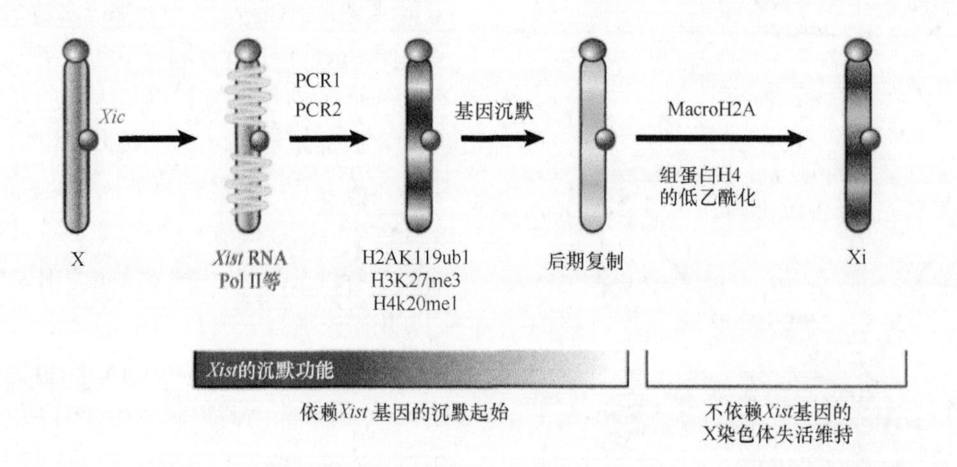

图 28.4 来自 *Xic* 基因座的 *Xist* RNA 可在将要失活 X 染色体（Xi）上积聚，这会将转录装置排斥出去，如 RNA 聚合酶Ⅱ（Pol Ⅱ）。多梳组复合体可被募集到 *Xist* RNA 所覆盖的染色体上，从而建立了全染色体范围的组蛋白修饰。组蛋白 macroH2A 可在 Xi 上聚集，且 Xi 上的基因启动子可被甲基化。在这一阶段，X 染色体的失活是不可逆的，而 *Xist* RNA 不是维持染色体沉默状态所必需的

改编自 A. Wutz and J. Gribnau, *Curr. Opin. Genet. Dev.* 17(2007): 387-393

有一种染色质中所发现的成分或修饰本身对于 X 染色体的沉默是必需的，这显示了它们的潜在冗余性，或许还存在未知途径。

整体性变化也发生在其他类型的剂量补偿中。在果蝇中，一个大核糖核蛋白复合体 MSL 只存在于雄性中，它定位于 X 染色体上。这个复合体含有两种非编码 RNA，它们似乎是定位于雄性 X 染色体上所必需的（这可能类似于 *Xist* RNA 定位于失活哺乳动物 X 染色体上）；还有一种组蛋白乙酰转移酶，它可乙酰化这条雄性 X 染色体上的组蛋白 H4K16。这个复合体作用的最终效应是将雄性 X 染色体上的所有基因的转录水平提高 2 倍。下一节将描述第三种剂量补偿机制，即 XX（雌雄同体）线虫中的 X 染色体连锁基因表达的活性降低。

28.3 凝缩蛋白引起染色体凝聚

关键概念

- SMC 蛋白是 ATP 酶，它包含凝缩蛋白和黏连蛋白。
- SMC 蛋白的异源二聚体和其他亚基相连。
- 凝缩蛋白通过引入正超螺旋到 DNA 上，引起染色质更紧密地缠绕。
- 有丝分裂时，凝缩蛋白负责染色体的凝聚。
- 染色体特异性凝缩蛋白负责秀丽隐杆线虫中失活 X 染色体的凝聚。

与染色体结构维持（structural maintenance of chromosome，SMC）蛋白家族的相互作用会影响整条染色体的结构。SMC 蛋白是 ATP 酶，可分为两个功能组：**凝缩蛋白（condensin）**和黏连蛋白（cohesin）。凝缩蛋白参与整体结构的控制，并且负责在有丝分裂中将染色体凝聚；黏连蛋白与姐妹染色单体的联系有关，这些染色单体通过黏连蛋白环排列在一起，且必须在有丝分裂中被释放。两者都由 SMC 蛋白形成二聚体：凝缩蛋白所形成的复合体拥有一个异源二聚体核心 SMC2-SMC4，它与其他（非 SMC）蛋白质相连；黏连蛋白有一个类似的组织结构，但它由 SMC1 蛋白和 SMC3 蛋白组成，也

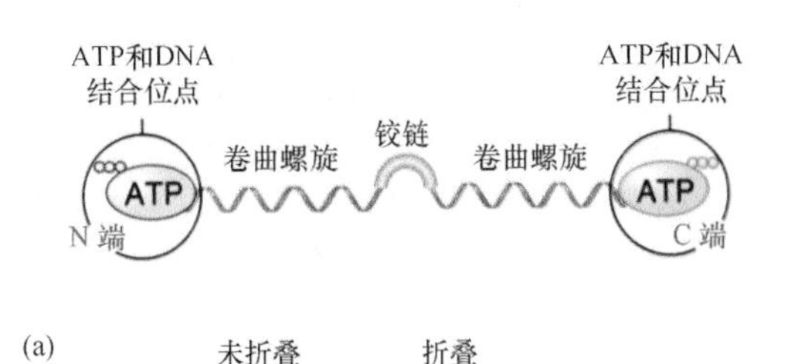

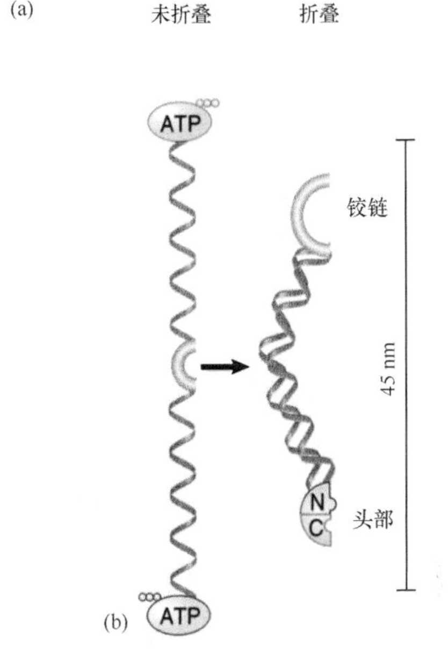

图 28.5 （**a**）SMC 蛋白在其两端拥有携带 ATP 结合基序的“Walker 模型”和 DNA 结合位点，并由卷曲螺旋结构将它们连在一起，而这种结构又由铰链区相连。（**b**）SMC 蛋白单体在铰链区折叠，并沿着卷曲螺旋结构相互作用。氨基端和羧基端相互作用形成头部结构域

改编自 I. Onn, et al., *Auun. Rev. Cell Dev. Biol.* 24(2008): 105-129

能与小的非 SMC 蛋白亚基 Scc1/Rad21 和 Scc3/SA 相互作用。

图 28.5 显示 SMC 蛋白在中心有一个卷曲螺旋结构，被一个灵活的铰链区所间断，其氨基端和羧基端都有 ATP 和 DNA 结合基序。ATP 结合基序也称为“Walker 模型”。SMC 蛋白单体在铰链区折叠，在每一个卷曲螺旋结构的两个半位点之间形成反平行的相互作用，这使得氨基端和羧基端相互作用形成“头部”结构域。目前已经提出了各种不同的模型来阐述这个蛋白质的功能，这取决于它们是否进行分子内或分子间的相互二聚体化作用。

折叠的 SMC 蛋白通过几种不同的相互作用形成二聚体。最稳定的结构域发生在铰链区的疏水结构域之间。**图 28.6** 显示，这些铰链 - 铰链相互作用形成 V 形结构，电子显微镜显示出了其在溶液中的结构；黏连蛋白往往形成 V 形结构，每个臂之间形成一个大的夹角；而凝缩蛋白形成更加线性的结构，在臂之间只形成一个小夹角。此外，两个单体的头

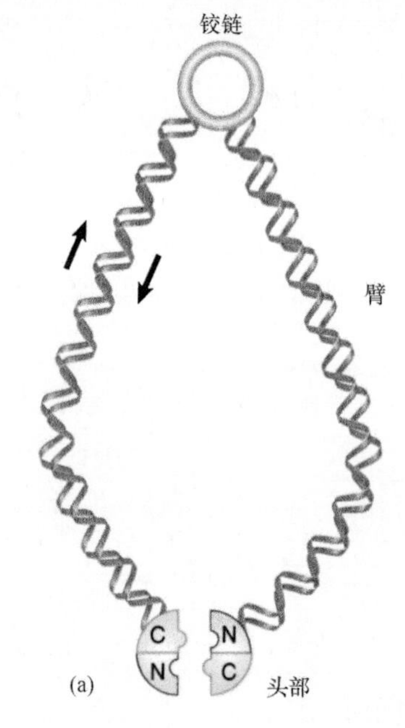

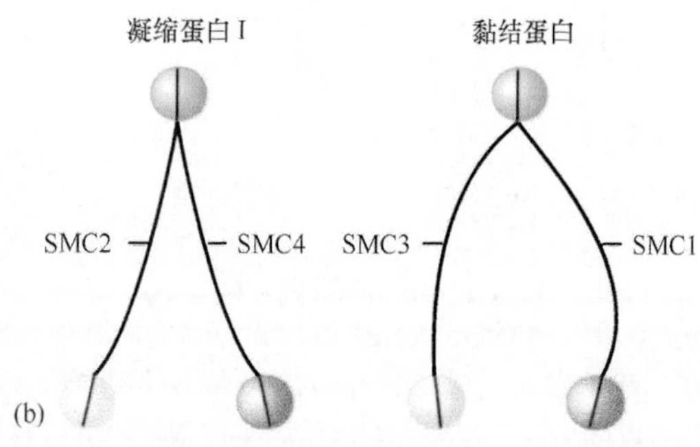

图 28.6 （**a**）凝缩蛋白和黏连蛋白复合体的基本结构。（**b**）凝缩蛋白和黏连蛋白由两个 SMC 蛋白的 V 形结构二聚体组成，它们通过铰链结构域相互作用。在凝缩蛋白二聚体中的两个单体往往在 V 形结构的两个臂之间显现出一个相当小的分开；而黏连蛋白在两个臂之间显现出一个相当大的分开角度

改编自 T. Hirano, *Nat. Rev. Mol. Cell Biol.* 7(2006): 311-322

图 28.7 由黏连蛋白介导的 DNA 连接的一种模型。黏连蛋白能形成伸展结构，每个单体都能结合 DNA，并通过铰链区相连，从而使两条不同的 DNA 分子连接在一起。而头部的相互作用能导致两个黏连蛋白二聚体的结合

改编自 I. Onn, et al., *Auun. Rev. Cell Dev. Biol.* 24(2008): 105-129

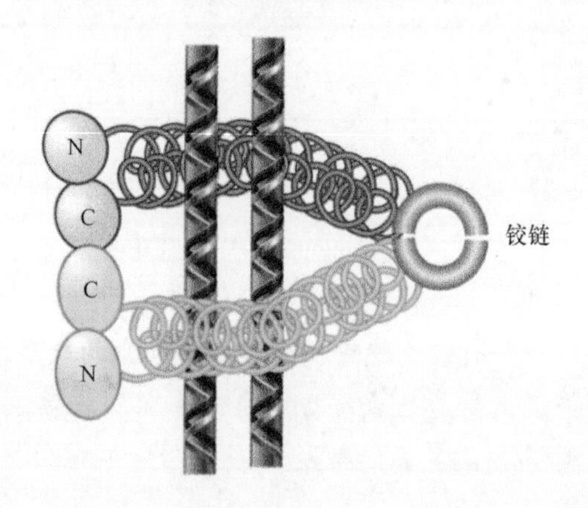

图 28.8 通过分子内连接，黏连蛋白能二聚体化，随后通过头部和铰链区中的连接形成多聚体。通过环绕 DNA 分子，这样的结构能使两条 DNA 分子连接在一起

部之间也能相互作用，并紧靠 V 形结构；而单一单体的卷曲螺旋结构也能彼此相互作用。不同的非 SMC 蛋白能与 SMC 二聚体相互作用，并能影响它的最终结构。

黏连蛋白的功能是将姐妹染色单体聚合在一起，但还不清楚这是如何达到的。目前已经提出了黏连蛋白作用的几种不同模型。**图 28.7** 显示了黏连蛋白可能采用伸展二聚体的形状及相互作用的铰链对铰链结构，这些结构可与两条 DNA 分子交联。而头部 - 头部相互作用可形成四聚体结构，这会增加黏连蛋白的稳定性。另一种“环状结构”模型如**图 28.8** 所示。在这个模型中，二聚体的头部和铰链区都能相互作用，形成一种环状结构。它们不是直接与 DNA 相结合，这种类型的结构通过使 DNA 分子成环而把它们聚合在一起。

通过黏连蛋白的作用能把姐妹染色单体聚集在一起，而凝缩蛋白则负责染色质凝聚。**图 28.9** 显示凝缩蛋白可能表现为 V 形二聚体的形状，通过铰链结构域相互作用，这样就把同一 DNA 分子上的两个相距较远的位点拉在一起，使之凝聚。据认为，动态的头部 - 头部相互作用可用于促进有序的凝聚环的装配，但是凝缩蛋白中的具体细节还远未阐述清楚。

有丝分裂染色体的可视化影像显示，凝缩蛋白

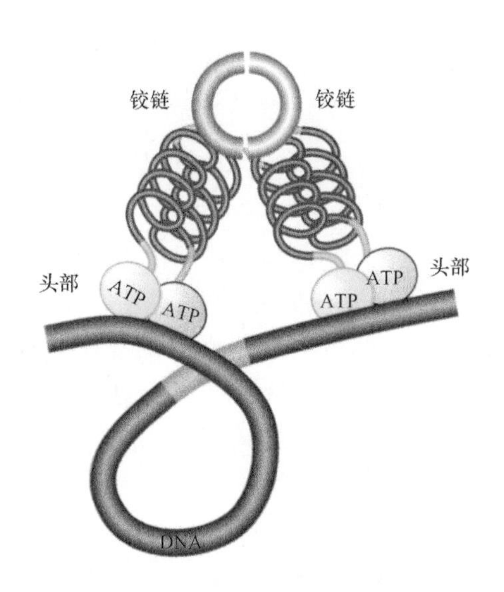

图 28.9 在铰链区，凝缩蛋白通过弯曲作用形成致密结构，使 DNA 压缩

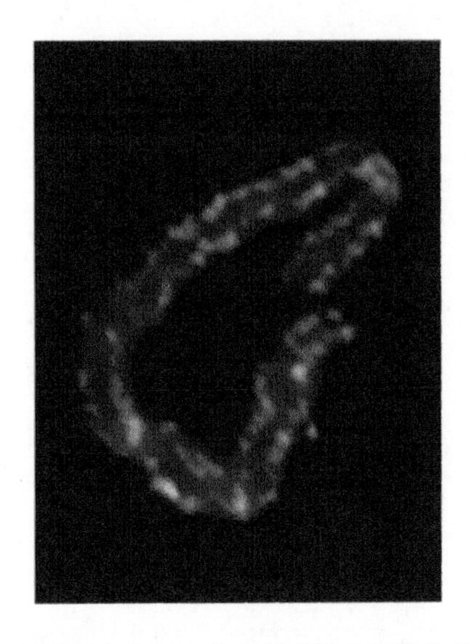

图 28.10 凝缩蛋白位于有丝分裂时的全部染色体上。DNA 为红色，凝缩蛋白为黄色

照片由 Ana Losada 和 Tatsuya Hirano 友情提供

沿着整条染色体定位，如**图 28.10** 所示（相反，黏连蛋白存在于分散的部位，以一种聚焦的非随机模式存在，其平均间距约为 10 kb）。凝缩蛋白复合体是由于它能在体外引起染色质凝聚而得名的，它通过 ATP 的水解，并依靠拓扑异构酶 I 的作用，才能引入正超螺旋到 DNA；这种能力由磷酸化的非 SMC 亚基来控制，而磷酸化则发生在有丝分裂过程中。尚不清楚这与其他染色质修饰的关系，如组蛋白的磷酸化。凝缩蛋白复合体在有丝分裂时的特异性激活使它充满疑问：它是否也参与间期异染色质的形成呢？最近的证据显示，染色体凝聚并不涉及将染色质一级级的折叠成支架，不过凝聚过程是动态的。这一动态过程涉及染色质区段之间的凝缩蛋白的相互作用，尽管这些区段有时相距遥远。因此，染色体凝聚可能涉及无支架的组织结构，这些结构是由核小体纤维组成，这些纤维则以不规则方式折叠成多聚体结构。

在前一节中，我们讨论了明显的染色体变化，它们发生在雌性哺乳动物的 X 染色体失活及雄性果蝇的 X 染色体上调过程中。秀丽隐杆线虫则运用了第三种方法：相对于 XO 雄性线虫而言，在 XX 雌雄同体线虫中的 X 染色体的转录水平降低了一半。剂量补偿复合体（dosage compensation complex，DCC）由母体提供给 XX 和 XO 胚胎，随后它只与 XX 中的两条 X 染色体结合在一起；而在 XO 的细胞核中它是自由扩散分布的。此蛋白质复合体含有 SMC 核心，它类似于其他物种中与有丝分裂染色体相连接的凝缩蛋白复合体，这表明它拥有一个结构性功能，能使染色体产生一个更加凝聚、失活的状态。最近的研究已经显示，SMC 相关蛋白也在哺乳动物的剂量补偿效应中发挥作用。SMC 铰链结构域 1（SMC-hinge domain 1，SmcHD1）蛋白实际上可能参与失活 X 染色体上的 DNA 甲基化。SMC 蛋白通过其核心结构可募集 DNA 甲基转移酶，这可用来参与 RNAi 介导的 DNA 甲基化，如在拟南芥（*Arabidopsis*）中通过 DMS3 蛋白（另一种 SMC 相关蛋白）就可发生。

不管转录下调的机制是什么，X 染色体上的多个位点似乎是 DCC 沿此染色体完全分布所需的。已经鉴定出了一个短的 DNA 序列基序，它似乎是 DCC 定位的关键因素。这个复合体结合于这些位点，随后它沿着染色体扩散，以便于更加全面地覆盖上去。

这种变化影响着染色体上的所有基因，它要么是负的（哺乳动物和秀丽隐杆线虫），要么是正的（果蝇），因此它是剂量补偿的一个共同特性。然而，剂量补偿装置的组分可以是不同的，它定位在染色体上的方式也可以是不同的。在哺乳动物和果蝇中的剂量补偿效应必须使整条染色体的组蛋白乙酰化产生改变，并涉及非编码 RNA，而它在靶向 X 染色体的整体性变化中发挥了中心作用。在秀丽隐杆线虫中，由凝缩蛋白同源物介导的染色体凝聚可用于执行剂量补偿效应。在 XX 秀丽隐杆线虫中，X 染色体的转录水平下降了 2 倍，它是否也存在组蛋白乙酰化或其他修饰的整体性变化，这有待于进一步观察。

28.4 DNA 甲基化负责印记效应

关键概念

- 在受精时，父体和母体的等位基因可能具有不同的甲基化模式。
- 甲基化通常与基因失活相关。
- 当基因被不同的印记时，胚胎的存活可能需要功能性的等位基因，这是由亲代未甲基化的等位基因所提供的。
- 含印记基因的杂合子的存活是不同的，这取决于交配结果。
- 印记基因成簇发生，它可能依赖于局部控制位点，除非被特异性阻止，否则从头甲基化将会发生。

在每种性别的配子发生时，生殖细胞通过两个步骤建立甲基化模式：首先，已经存在的类型由原始生殖细胞中全基因组范围的脱甲基化清除；然后，每种性别特异性的模式被强行加入。

当原始生殖细胞在胚胎中发育时，所有等位基因的差异都将消失，不管什么性别，以前的甲基化都被抹去，随后所有基因就处于非甲基化状态。在雄性中，模式发育经过两个步骤：在精母细胞中，首先确定成熟精子特征性的甲基化模式；而在受精后，模式还会出现其他变化。在雌性中，当她们诞生后，卵细胞通过减数分裂成熟时，母体模式在卵子发生过程中产生。

从配子的基因失活中可以预料到，其典型状态是甲基化。然而，在两性中也存在不同的情况，如一个性别中的等位基因可能处于甲基化状态。问题是甲基化的特异性在雌雄配子中是如何决定的呢？

在早期胚胎发育时存在系统性变化，一些位点将持续甲基化，但是一些细胞的其他位点将非甲基化，使得一些基因能够表达。从变化模式中我们可以推断：在生命的体细胞发育过程中，尤其当特殊基因被激活时，就会发生单个序列特异性的脱甲基事件。

在生殖细胞中，DNA 甲基化的特异性模式导致**印记**（**imprinting**）现象，它用来描述从双亲遗传的等位基因之间的行为差异。在小鼠（和其他哺乳动物）胚胎中，某类基因的表达依赖于它们所遗传自亲本的性别。例如，遗传自父体的编码胰岛素类生长因子Ⅱ的等位基因（insulin growth factor Ⅱ，IGF-Ⅱ）能够表达，而从母体遗传的等位基因则不表达。卵细胞的 *IGF-Ⅱ* 基因启动子是甲基化的，但在精细胞中，它是非甲基化的，这样在杂合子中，这两个等位基因的表现就不同。这是最普遍的模式，而性别依赖在另一些基因中则是相反的。事实上，可引起 IGF-Ⅱ因子快速转换的一种受体——IGF-ⅡR 显示了相反的表达模式（母体拷贝的表达）。

这些性别特异性的遗传模型需要在配子发生时特异性地确定甲基化模式。在小鼠中，我们推测等位基因的命运如图 28.11 所示。在早期胚胎中，父体等位基因为非甲基化表达，母体等位基因因甲基化而沉默。在小鼠形成配子时发生了什么呢？如果小鼠是雄性的，那么贡献给精子的等位基因必定是非甲基化的，不管它以前是不是甲基化，所以当母体基因出现在精子中时，它必定是脱甲基化的；如果小鼠是雌性的，则贡献给卵子的等位基因必定是甲基化的，如果它是父体来源，则甲基基团必定要加入进去。

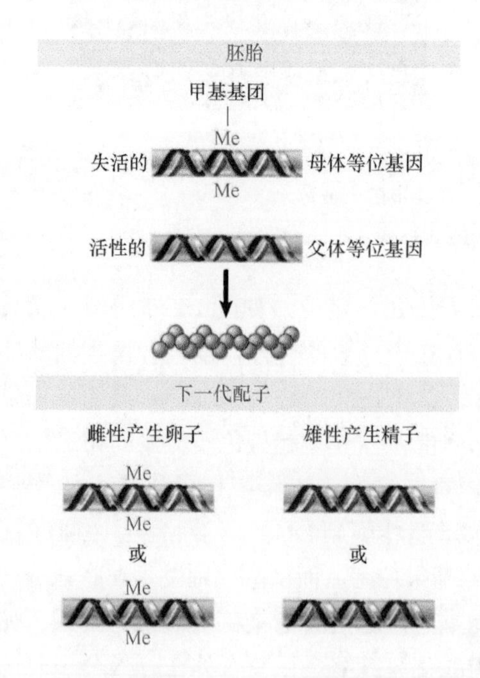

图 28.11　印记的典型模式显示甲基化的基因座是失活的，如果它是母体等位基因，且只有父体等位基因是有活性的，那么它将是生存所必需的。当配子形成时，甲基化模式就会重新设定，这样，所有精子都有父体型，而卵母细胞都有母体型

印记的后果是，就任何一个印记基因而言，胚胎都是半合子的。所以在杂合子交配时，如果亲本等位基因存在一个失活突变，当野生型等位基因来自那个有活性的亲本等位基因时，胚胎就存活，而如果它来自印记（沉默）等位基因时，胚胎就死亡。这种基于交配方向的模式（与孟德尔遗传对立）是表观遗传的一个例子，这里除基因序列外的其他因素影响了它们的效应。尽管父体和母体等位基因有一样的序列，但它们显示了不同的性质，而这依赖于哪个亲本提供这些等位基因。这种性质能通过减数分裂和随后的体细胞分裂得到遗传。

尽管据估计，印记基因占到了哺乳动物转录物组的 1% ～ 2%，但是这些印记基因有时是成簇的。在小鼠中，25 个已知印记基因存在于 6 个特殊区域，每一个都包括父体和母体的表达基因，这表示印记机制可能通过长距离而作用。这些推测的其中一些理论知识来自于某些人群中的 DNA 缺失现象，它们会引起普拉德 - 威利综合征和快乐木偶综合征。大多数这些神经发育障碍病例涉及 15 号染色体的长臂末端，它是由于同样的 4 Mb 序列的缺失所引起的，但是症状不一样，这依赖于哪个亲本所提供的缺失，因为缺失的区域至少有一个基因是父体印记，以及至少有一个是母体印记。这样，受影响个体获得了一条由于缺失突变所致的某一等位基因丢失的染色体；而来自另一个亲本的对应（完整）等位基因由于是印记的，因而是沉默的。这导致受影响个体功能性地缺失了这些等位基因。

然而在一些稀有病例中，受影响个体存在某些更加短小的缺失突变。普拉德 - 威利综合征是由于 20 kb 序列的缺失，使得在它某一侧相距遥远的基因沉默造成的，缺失的基本效应是阻止父体重新设立一条遗传自母本的母体染色体，结果这些基因保持为母体模式，这样，父体和母体等位基因在子代都沉默。相反效应在引起快乐木偶综合征的小型缺失突变中也能找到。这些突变导致了普拉德 - 威利 / 快乐木偶综合征的“印记中心”（Prader-Willi/Angelman imprint center，PW/AS IC）的鉴定，它们能通过很长距离调节这一区域中任何一种性别的印记。

一种微缺失可导致一簇小核仁 RNA（snoRNA）的去除，它衍生自父体，是导致普拉德 - 威利综合征的关键因素。将 snoRNA HBII-85 与其启动子分开的突变可引起普拉德 - 威利综合征，尽管这一区域中的其他基因也可造成这一综合征。

6 个印记区常常与人类疾病关联，而这些疾病的表型多样性与印记区中的多个基因是相关的。印记基因中的缺陷是以异常表达的形式显现出来的，如基因的缺失或过表达。例如，在拉塞尔 - 西尔弗综合征（Russell-Silver syndrome）中，染色体 11p15.5 中的母体等位基因的过表达和父体基因的缺失表达引起了这种症状，其表现是迟缓生长。

印记也可调节可变多腺苷酸化。一些哺乳动物基因可运用多个 poly(A) 位点以赋予基因转录的多样性。小鼠 *H13* 基因可以等位基因特异性方式经历可变多腺苷酸化，这是因为在这个印记基因的父体和母体基因组中，其 poly(A) 位点是分化型甲基化的，即转录延伸反应会一直进行到下游的多腺苷酸化位点，此时等位基因的某一位点呈现为甲基化状态，这提示表观遗传过程可影响可变多腺苷酸化，从而赋予了哺乳动物中基因转录的多样性。

28.5 单一中心可控制效应相反的印记基因

关键概念

- 顺式作用位点的甲基化控制了印记基因。
- 甲基化可能负责激活或失活一个基因。

靠近单一靶基因或一组靶基因的顺式作用位点的甲基化状态决定了印记，这些调节位点称为分化的甲基化结构域（differentially methylated domain，DMD）或印记控制区域（imprinting control region，ICR）。如果这些位点的缺失去除印记，那么目标基因座在父体和母体基因组中将表现一致。

控制这一区域的作用涉及两个基因——*Igf2* 和 *H19*，它们决定了甲基化控制基因活性的方式。图 28.12 表明这两种基因与位于彼此之间 ICR 的甲基化应答状态相反：如果 ICR 在父体等位基因中是甲基化的，此时，*H19* 基因显示了失活的典型应答，而值得注意的是，此时 *Igf2* 基因表达；相反的情况存在于母体等位基因中，此时，ICR 不被甲基化，*H19* 基因表达，而 *Igf2* 基因失活。

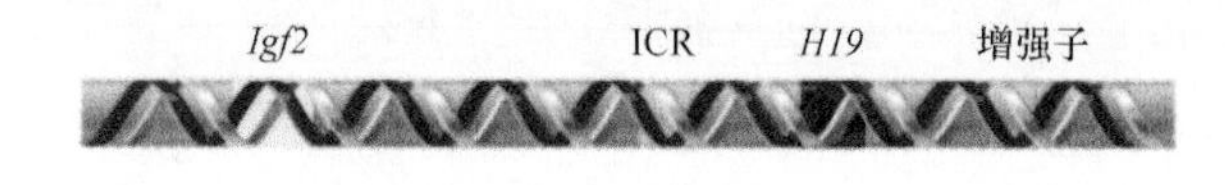

父体等位基因

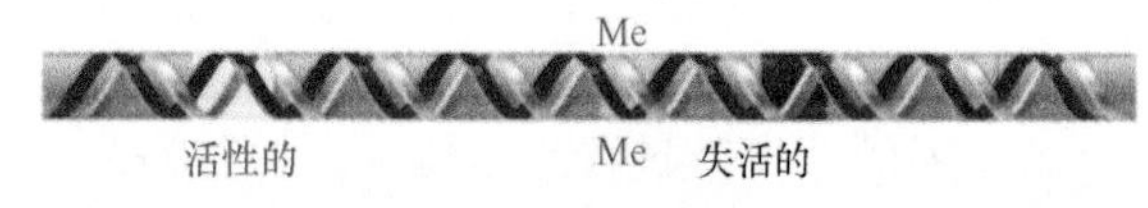

母体等位基因

图 28.12 ICR 在父体等位基因上被甲基化，在那里，*Igf2* 基因有活性，而 *H19* 基因没有活性；ICR 在母体等位基因上是非甲基化的，在那里，*Igf2* 基因没有活性，而 *H19* 基因有活性

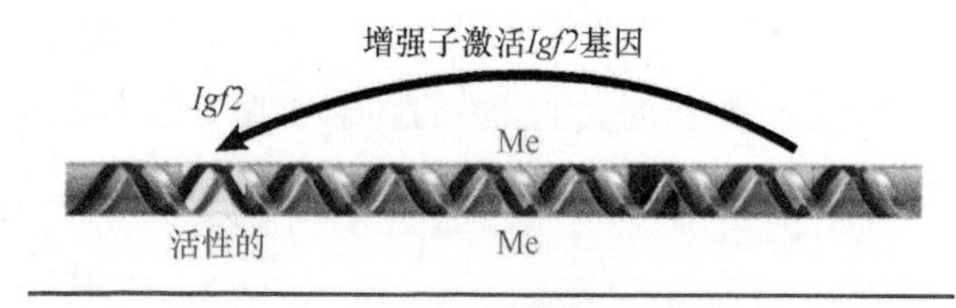

母体等位基因

图 28.13 ICR 是一个绝缘子，它能阻止增强子激活 *Igf2* 基因。只有当 CTCF 蛋白结合于脱甲基化的 DNA 后，绝缘子才能发挥功能

ICR 内所拥有的绝缘子功能可对 *Igf2* 基因进行控制（详见第 8 章“染色质”中有关绝缘子的讨论）。**图 28.13** 显示当 ICR 非甲基化时，它和 CTCF 蛋白结合，这形成了功能性绝缘子，能阻碍增强子激活 *Igf2* 基因的启动子。这是一种特殊效应，此时甲基化能通过阻断绝缘子而间接地激活一个基因。

H19 基因的调节表明了更加常见的控制方向，即甲基化能引发非活性印记状态。这可能反映了甲基化作用对启动子活性的直接效应，尽管这些效应也可能来自于其他因素。CTCF 蛋白可通过阻遏 *Igf2* 基因座中的组蛋白 H3K27 的三甲基化而调节染色质活性，而这与 DNA 高甲基化所产生的阻遏效应无关。这样，CTCF 蛋白对染色质的效应及 DNA 甲基化很可能都对 *Igf2* 基因和 *H19* 基因的印记形成有所帮助。

28.6 在哺乳动物中普里昂可引起疾病

关键概念

- 负责羊瘙痒症的蛋白质存在两种形式：野生型的非感染型 PrP^{C} 对蛋白酶敏感；而引起疾病型 PrP^{Sc} 对蛋白酶不敏感。
- 通过将纯化的 PrP^{Sc} 蛋白注射到小鼠，这种神经性疾病能在小鼠之间传递。
- 受体小鼠必定有一个编码小鼠蛋白质的 PrP 基因。
- 通过使新合成的 PrP 表现为 PrP^{Sc} 的形式，而不是 PrP^{C} 的形式，将使得 PrP^{Sc} 蛋白永续。
- PrP^{Sc} 蛋白的多种类型可有不同的蛋白质构象。

我们已经在人类、羊、奶牛，以及最近在野生型鹿和麋鹿中发现了普里昂疾病。其基本的表型是共济失调（ataxia），即一种神经退化性紊乱，表现为不能保持直立。羊中该疾病的名字——**羊瘙痒症（scrapie）**反映了它的表型：羊通过摩擦墙壁以保持直立。羊瘙痒症可以通过将病体提取物接种到羊身上而传播。**库鲁病（Kuru diease）**发现于新几内亚，它存在于食人族中，尤其是那些吃人脑的人群中。在西方人群中，具有遗传传递特性的相关疾病包括格斯特曼 - 施特劳斯勒尔 - 沙因克尔综合征（Gerstmann-Straussler-Scheinker syndrome）；而相关的克罗伊茨费尔特 - 雅各布病（CJD）会零星发生；之前，一种与 CJD 相似的疾病通过食用感染疯牛病（mad cow disease）的肉而传播。

当把羊瘙痒症的羊组织接种到小鼠后，疾病在 75 ～ 150 天内发生。活性的组分是抗蛋白酶的蛋白质，基因编码的蛋白质通常在脑部表达。在正常脑中，蛋白质的形式称为 PrP^{C}，它对蛋白酶敏感。当转化成抗蛋白酶的状态 PrP^{Sc} 时，它就和疾病的发生有关。神经毒性由 PrP^{L} 介导，它由 PrP^{Sc} 催化，且只有当 PrP^{L} 浓度很高时，这种现象才会发生。其快速传播会导致严重的神经毒性，最终会导致死亡。感染的成分没有可探查到的核苷酸，它对能破坏蛋白质的、一定波长的紫外线照射敏感，并且有很低的感染性（每 10^5 个 PrP^{Sc} 蛋白中有一个感染单元），这些与表观遗传的特性一致，它没有遗传信息的变化（因为正常的和有病的细胞都有一样的 *PrP* 基因序列），但是 PrP^{Sc} 型蛋白是感染病原体（而 PrP^{C} 型则是无害的）。PrP^{Sc} 型蛋白拥有高含量的 β 片层结构，它能形成淀粉样纤维结构，这是 PrP^{C} 型所没有的。PrP^{Sc} 型和 PrP^{C} 型的基本差异在于构象上的改变而不是共价改变。蛋白质都是糖基化的，与膜通过糖磷脂酰肌醇（glycosylphosphatidylinositol，GPI）连接在一起。

在小鼠中，感染性实验测试了它对蛋白质序列的依赖性。**图 28.14** 说明了一些关键实验的结果。在正常情况下，将从感染的小鼠中提取的 PrP^{Sc} 蛋白注射到受体鼠中将引发疾病（最终致死）；如果 *PrP* 基因被“敲除”，小鼠就对感染具有抵抗力。这个实验证明了两点：首先，内源性蛋白对感染是必需的，可能是因为它提供了能转化成感染病原体的原材料；其次，疾病的引起不是因为去除了 PrP^{C} 蛋白，因为没有 PrP^{C} 蛋白的小鼠也能正常地存活，疾病是由于 PrP^{Sc} 蛋白的功能获得而引起的。如果我们改变 *PrP* 基因，使得 GPI 连接不能发生，那么感染了 PrP^{Sc} 型蛋白的小鼠也不会发展出这一疾病，这提示功能获得包括一种改变过的信号功能，而 GPI 连接是这一功能所必需的。

物种隔离的存在可允许所构建的融合蛋白能解析感染所需的一些特性。羊瘙痒症的原始提取物可以在若干种动物之间传播，但是不能一直很容易地转移。例如，小鼠能抵抗来自豚鼠的普里昂，这表明豚鼠的 PrP^{Sc} 蛋白不能把小鼠的 PrP^{C} 蛋白转变成 PrP^{Sc} 蛋白。但是如果小鼠的 *PrP* 基因被豚鼠的 *PrP* 基因代替，情况就不一样了（可以把豚鼠基因引入到基因敲除的小鼠中）。一个有豚鼠 *PrP* 基因的小鼠对豚鼠的 PrP^{Sc} 蛋白感染敏感。这表明把 PrP^{C} 蛋白转变成 Sc 状态需要 PrP^{Sc} 蛋白和 PrP^{C} 蛋白有互相配对的序列。

PrP^{Sc} 蛋白有不同的“株”，这是由接种到小鼠的特征性潜伏周期所区分的，这表明蛋白质不仅仅局限在 PrP^{C} 蛋白和 PrP^{Sc} 蛋白状态，可能有多种 Sc 状态。这种不同必定依赖于一些蛋白质自我传播的性质而不是它的序列。如果构象是区别 PrP^{Sc} 蛋白和 PrP^{C} 蛋白的特征，那么就必须存在多种构象，而每个构象在转化 PrP^{C} 蛋白时都拥有以自我为模板的特征。

从 PrP^{C} 蛋白转化成 PrP^{Sc} 蛋白的可能性受 *PrP* 基因序列的影响。人类中，格斯特曼 - 施特劳斯勒尔 - 沙因克尔综合征是由 PrP 上单个氨基酸的变化所引起的，这被作为显性特征而遗传；如果同样的变化发生在小鼠 *PrP* 基因，那么小鼠就会发病，这

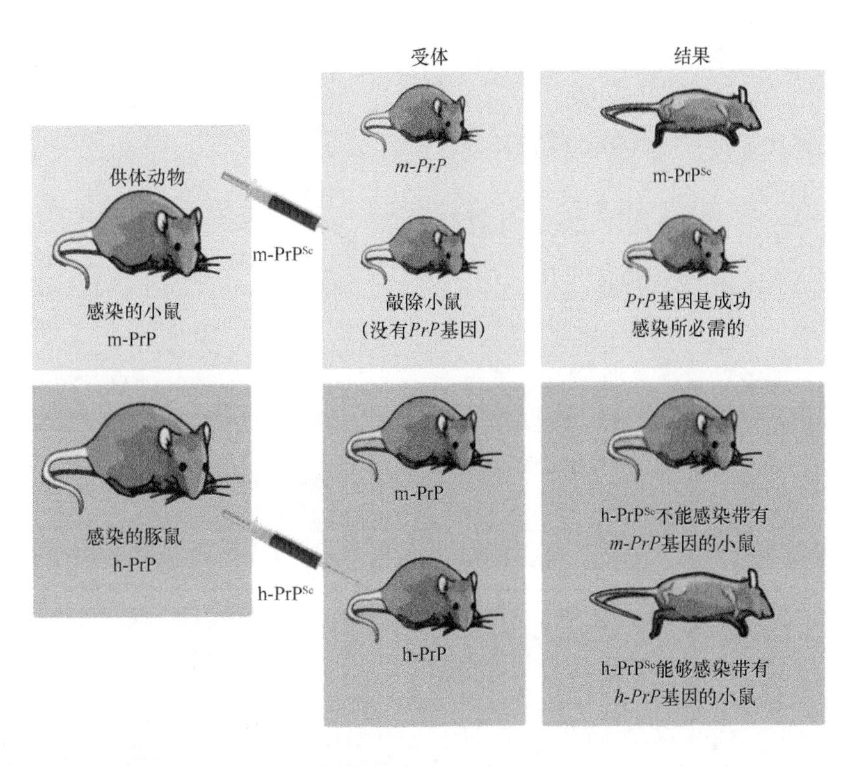

图 28.14 PrP^{Sc} 蛋白只感染有着相同类型的内源 PrP^{C} 蛋白的动物

表明，突变基因有增加自动转化成Sc状态的可能。相似地，*PrP*基因的序列决定了羊自发发病的敏感性。三个位点（密码子136、154、171）的氨基酸残基的组合决定了它的敏感性。

普里昂提供了表观遗传的极端例子，在此，感染病原体是可以表现为多种构象的蛋白质，每种都有以自我为模板的性质，这种性质可能与蛋白质聚集的状态有关。

小结

在雌性（真哺乳亚纲）哺乳动物中，一条X染色体的失活是随机发生的。*Xic*基因座是计数X染色体的充要条件。*n*–1规律保证除一条X染色体外的其他染色体都被失活。*Xic*基因座上存在*Xist*基因，它编码只在失活X染色体才表达的RNA。*Xist* RNA的稳定是失活X染色体被区别的机制，随后它可被多梳复合体的活性、异染色质形成和DNA甲基化所失活。反义RNA *Tsix*能负调节未来活性X染色体上的*Xist* RNA。

凝缩蛋白和黏连蛋白分别控制染色体凝聚和姐妹染色单体的黏结。两者都由SMC蛋白形成二聚体，特化的凝缩蛋白复合体介导秀丽隐杆线虫中的剂量补偿效应，它通过让XX雌雄同体线虫中的X染色体的转录水平减半，以减少其表达水平。

DNA的甲基化是表观遗传的。在体细胞的有丝分裂过程中，表观遗传效应是可遗传的；它们也可在有机体中一代代遗传下去。一些甲基化事件依赖于亲本。精子和卵细胞包含了特异性的和不同类型的甲基化，结果是父体和母体等位基因在胚胎中有差别地表达，这就是基因印记现象产生的原因，在此，从一个亲本遗传下来的非甲基化等位基因是必要的，因为它是唯一的活性位点；而从另一个亲本遗传下来的一个等位基因则是沉默的。在原始生殖细胞（一种可最终产生生殖细胞系的细胞）中，甲基化都会被清除，因此在每一代的配子形成时，甲基化模式会重新设定。

普里昂是蛋白质感染病原体，它是羊瘙痒症和人类相关疾病的原因。感染病原体是正常细胞蛋白质的变异体。PrP^{Sc}形式有一个变化了的构象，它能以自我为模板，即正常的PrP^{C}型没有这种构象，而PrP^{Sc}型会出现这种构象。

参考文献

28.1 引言

综述文献

Tollefsbol, T., ed. (2012). *Epigenetics in Human Disease*. New York: Academic Press.

28.2 X染色体经受整体性变化

综述文献

Briggs, S. F., and Reijo Pera, R. A. (2014). X chromosome inactivation: recent advances and a look forward. *Curr. Opin. Genet. Dev*. 28, 78-82.

Maclary, E., Hinten, M., Harris, C., and Kalantry, S. (2013). Long noncoding RNAs in the Xinactivation center. *Chromosome Res*. 21, 601-614.

Plath, K., Mlynarczyk-Evans, S., Nusinow, D. A., and Panning, B. (2002). Xist RNA and the mechanism of X chromosome inactivation. *Annu. Rev. Genet*. 36, 233-278.

Wutz, A. (2007). Xist function: bridging chromatin and stem cells. *Trends Genet*. 23, 457-464.

Wutz, A., and Gribnau, J. (2007). X inactivation Xplained. *Curr. Opin. Genet. Dev*. 17, 387-393.

研究论文文献

Changolkar, L. N., Costanzi, C., Leu, N. A., Chen, D., McLaughlin, K. J., and Pehrson, J. R. (2007). Developmental changes in histone macroH2A1-mediated gene regulation. *Mol. Cell Biol*. 27, 2758-2764.

Engreitz, J. M., Pandya-Jones, A., McDonel, P., Shishkin, A., Sirokman, K., Surka, C., Kadri, S., Xing, J., Goren, A., Lander, E. S., Plath, K., and Guttman, M. (2013). The Xist lncRNA exploits three-dimensional genome architecture to spread across the X chromosome. *Science* 341, 1237973.

Erwin, J. A., and Lee, J. T. (2008). New twists in Xchromosome inactivation. *Curr. Opin. Cell Biol*. 20, 349-355.

Lee, J. T., Strauss, W. M., Dausman, J. A., and Jaenisch, R. (1996). A 450 kb transgene displays properties of the mammalian X-inactivation center. *Cell* 86, 83-94.

Lyon, M. F. (1961). Gene action in the X chromosome of the mouse. *Nature* 190, 372-373.

Mlynarczyk-Evans, S., Royce-Tolland, M., Alexander, M. K., Andersen, A. A., Kalantry, S., Gribnau, J., and Panning, B. (2006). X chromosomes alternate between two states prior to random Xinactivation. *PLoS Biol*. 4, e159.

Penny, G. D., Kay, G. F., Sheardown, S. A., Rastan, S., and Brockdorff, N. (1996). Requirement for Xist in X chromosome inactivation. *Nature* 379, 131-137.

28.3 凝缩蛋白引起染色体凝聚

综述文献

Hirano, T. (2000). Chromosome cohesion, condensation, and separation. *Annu. Rev. Biochem*. 69, 115-144.

Hirano, T. (2006). At the heart of the chromosome: SMC proteins in action. *Nat. Rev. Mol. Cell Biol*. 7, 311-322.

Jessberger, R. (2002). The many functions of SMC proteins in chromosome dynamics. *Nat. Rev. Mol. Cell Biol*. 3, 767-778.

Lau, A. C., and Csankovszki, G. (2015). Condensinmediated

chromosome organization and gene regulation. *Front Genet.* 5, 473.

Meyer, B. J. (2005). X-chromosome dosage compensation. *WormBook*, ed. The *C. elegans* Research Community, WormBook, doi/10.1895/wormbook.1.8.1, http://www.wormbook.org.

Nasmyth, K. (2002). Segregating sister genomes: the molecular biology of chromosome separation. *Science* 277, 559-565.

Onn, I., Heidinger-Pauli, J. M., Guacci, V., Unal, E., and Koshland, D. E. (2008). Sister chromatid cohesion: a simple concept with a complex reality. *Annu. Rev. Cell Dev. Biol.* 24, 105-127.

Peric-Hupkes, D., and van Steensel, B. (2008). Linking cohesin to gene regulation. *Cell* 132, 925-928.

Thadani, R., and Uhlmann, F. (2015). Chromosome condensation: weaving an untangled web. *Curr. Biol.* 25, R663-R666.

Thadani, R., Uhlmann, F., and Heeger, S. (2012). Condensin, chromatin crossbarring and chromosome condensation. *Curr. Biol.* 22, R1012-R1021.

研究论文文献

Blewitt, M. E., Gendrel, A. V., Pang, Z., Sparrow, D. B., Whitelaw, N., Craig, J. M., Apedaile, A., Hilton, D. J., Dunwoodie, S. L., Brockdorff, N, Kay, G. F., and Whitelaw E. (2008). SmcHD1, containing a structural-maintenance-of-chromosomes hinge domain, has a critical role in X inactivation. *Nat. Genet.* 40, 663-669.

Csankovszki, G., McDonel, P., and Meyer, B. J. (2004). Recruitment and spreading of the *C. elegans* dosage compensation complex along X chromosomes. *Science* 283, 1182-1185.

Ercan, S., Giresi, P. G., Whittle, C. M., Zhang, X., Green, R. D., and Lieb, J. D. (2007). X chromosome repression by localization of the *C. elegans* dosage compensation machinery to sites of transcription initiation. *Nature Gen.* 39, 403-408.

Haering, C. H., Farcas, A. M., Arumugam, P., Metson, J., and Nasmyth, K. (2008). The cohesion ring concatenates sister DNA molecules. *Nature* 454, 277-281.

Kanno, T., Bucher, E., Daxinger, L., Huettel, B., Böhmdorfer, G., Gregor, W., Kreil, D. P., Matzke, M., and Matzke, A. J. (2008). A structuralmaintenance-of-chromosomes hinge domaincontaining protein is required for RNA-directed DNA methylation. *Nat. Genet.* 40, 670-675.

Kimura, K, Rybenkov, V. V., Crisona, N. J., Hirano, T.,and Cozzarelli, N. R. (1999). 13S condensing actively reconfigures DNA by introducing global positive writhe: implications for chromosome condensation. *Cell* 98, 239-248.

Liang, Z., Zickler, D., Prentiss, M., Chang, F. S., Witz, G., Maeshima, K., and Kleckner, N. (2015). Chromosomes progress to metaphase in multiple discrete steps via global compaction/expansion cycles. *Cell* 161, 1124-1137.

Nishino, Y., Eltsov, M., Joti, Y., Ito, K., Takata, H., Takahashi, Y., Hihara, S., Frangakis, A. S., Imamoto, N., Ishikawa, T., and Maeshima, K. (2012). Human mitotic chromosomes consist predominantly of irregularly folded nucleosome fibres without a 28-nm chromatin structure. *EMBO J.* 31, 1644-1653.

Shintomi, K., Takahashi, T. S., and Hirano, T. (2015). Reconstitution of mitotic chromatids with a minimum set of purified factors. *Nat. Cell Biol.* 17, 1014-1023.

28.4 DNA 甲基化负责印记效应

综述文献

Horsthemke, B., and Wagstaff, J. (2008). Mechanisms of imprinting of the Prader-Willi/Angelman region. *Am. J. Med. Genet. A.* 146A, 2041-2052.

Kalish, J. M., Jiang, C., and Bartolomei, M. S. (2014). Epigenetics and imprinting in human disease. *Int. J. Dev. Biol.* 58, 271-278.

McStay, B. (2006). Nucleolar dominance: a model for rRNA gene silencing. *Genes Dev.* 20, 1207-1214.

Wood, A. J., and Oakey, R. J. (2006). Genomic imprinting in mammals: emerging themes and established theories. *PLoS Genet.* Nov 24; 2:e147.

研究论文文献

Chaillet, J. R., Vogt, T. F., Beier, D. R., and Leder, P. (1991). Parental-specific methylation of an imprinted transgene is established during gametogenesis and progressively changes during embryogenesis. *Cell* 66, 77-83.

Jacob, K. J., Robinson, W. P., and Lefebvre, L. (2013). Beckwith-Wiedemann and Silver-Russell syndromes: opposite developmental imbalances in imprinted regulators of placental function and embryonic growth. *Clin. Genet.* 84, 326-334.

Lawrence, R. J., Earley, K., Pontes, O., Silva, M., Chen, Z. J., Neves, N., Viegas, W., and Pikaard, C. S. (2004). A concerted DNA methylation/histone methylation switch regulates rRNA gene dosage control and nucleolar dominance. *Mol. Cell* 13, 599-609.

Lecumberri, B., Fernández-Rebollo, E., Sentchordi, L., Saavedra, P., Bernal-Chico, A., Pallardo, L. F., Bustos, J. M., Castaño, L., de Santiago, M., Hiort, O., Pérez de Nanclares, G., and Bastepe, M. (2010). Coexistence of two different pseudohypoparathyroidism subtypes (Ia and Ib) in the same kindred with independent Gs{alpha} coding mutations and GNAS imprinting defects. *J. Med. Genet.* 47, 276-280.

Sahoo, T., del Gaudio, D., German, J. R., Shinawi, M., Peters, S. U., Person, R. E., Garnica, A., Cheung, S. W., and Beaudet, A. L. (2008). Prader-Willi phenotype caused by paternal deficiency for the HBII-85 C/D box small nucleolar RNA cluster. *Nat. Genet.* 40, 719-721.

Wood, A. J., Schulz, R., Woodfine, K., Koltowska, K., Beechey, C. V., Peters, J., Bourc'his, D., and Oakey, R. J. (2008). Regulation of alternative polyadenylation by genomic imprinting. *Genes Dev.* 22, 1141-1146.

28.5 单一中心可控制效应相反的印记基因

综述文献

Edwards, C. A., and Ferguson-Smith, A. C. (2007). Mechanisms regulating imprinted genes in clusters. *Curr. Opin. Cell Biol.* 19, 281-289.

Plasschaert, R. N. and Bartolomei, M. S. (2014). Genomic imprinting in development, growth, behavior and stem cells. *Development* 141, 1805-1813.

研究论文文献

Bell, A. C, and Felsenfeld, G. (2000). Methylation of a CTCF-dependent boundary controls imprinted expression of the Igf2 gene. *Nature* 405, 482-485.

Han, L., Lee, D. H., and Szabó, P. E. (2008). CTCF is the master organizer of domain-wide allelespecific chromatin at the H19/Igf2 imprinted region. *Mol. Cell. Biol.* 28, 1124-1135.

Hark, A. T., Schoenherr, C. J., Katz, D. J., Ingram, R. S., Levorse, J. M., and Tilghman, S. M. (2000). CTCF mediates methylation-sensitive enhancerblocking activity at the H19/Igf2 locus. *Nature* 405, 486-489.

28.6 在哺乳动物中普里昂可引起疾病

Chien, P., Weissman, J. S., and DePace, A. H. (2004). Emerging principles of conformationbased prion inheritance. *Annu. Rev. Biochem.* 73, 617-656.

Collinge, J., and Clarke, A. R. (2007). A general model of prion strains and their pathogenicity. *Science* 318, 928-936.

Harris, D. A., and True, H. L. (2006). New insights into prion structure and toxicity. *Neuron* 50, 353-357.

Jeong, B. H., and Kim, Y. S. (2014). Genetic studies in human prion diseases. *J. Korean Med. Sci.* 27, 623-632.

Prusiner, S. B., and Scott, M. R. (1997). Genetics of prions. *Annu. Rev. Genet.* 31, 139-175.

Renner, M., and Melki, R. (2014). Protein aggregation and prionopathies. *Pathol Biol (Paris)*. 62, 162-168.

研究论文文献

Basler, K., Oesch, B., Scott, M., Westaway, D., Walchli, M., Groth, D. F., McKinley, M. P., Prusiner, S. B., and Weissmann, C. (1986). Scrapie and cellular PrP isoforms are encoded by the same chromosomal gene. *Cell* 46, 417-428.

Bueler, H., Aguzzi, A., Sailer, A., Greiner, R. A., Autenried, P., Aguet, M., and Weissmann C. (1993). Mice devoid of PrP are resistant to scrapie. *Cell* 73, 1339-1347.

Hsiao, K., Baker, H. F., Crow, T. J., Poulter, M., Owen, F., Terwilliger, J. D., Westaway, D., Ott, J., and Prusiner, S. B. (1989). Linkage of a prion protein missense variant to Gerstmann-Straussler syndrome. *Nature* 338, 342-345.

McKinley, M. P., Bolton, D. C., and Prusiner, S. B. (1983). A protease-resistant protein is a structural component of the scrapie prion. *Cell* 35, 57-62.

Oesch, B., Westaway, D., Wälchli, M., McKinley, M. P., Kent, S. B., Aebersold, R., Barry, R. A., Tempst, P., Teplow, D. B., Hood, L. E., et al. (1985). A cellular gene encodes scrapie PrP27-28 protein. *Cell* 40, 735-746.

Scott, M., Groth, D., Foster, D., Torchia, M., Yang, S. L., DeArmond, S. J., and Prusiner, SB. (1993). Propagation of prions with artificial properties in transgenic mice expressing chimeric PrP genes. *Cell* 73, 979-988.

第 29 章

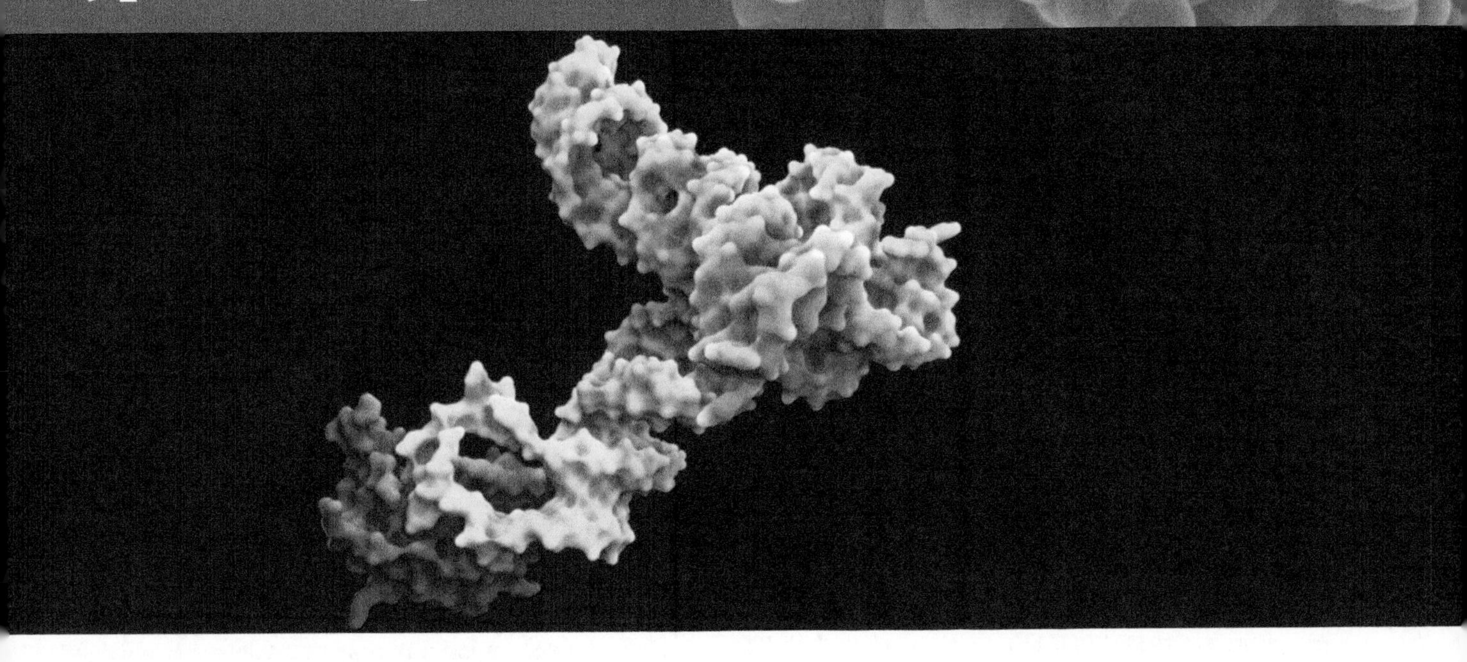

非编码 RNA

章节提纲

29.1 引言

关键概念

- RNA 可作为调节物，它通过形成能改变靶序列特性的二级结构域（分子内或分子间）来行使功能，这些结构可控制基因表达。

基因调节的基本原则就是表达（转录）由调节物控制，而调节物能在蛋白质合成之前的某些阶段与特定的 DNA 或 RNA 中的序列或结构发生相互作用。可控的表达阶段可以是转录过程，此时其调节靶标是 DNA；也可以是翻译过程，此时其调节靶标是 RNA。转录过程中的控制可以是起始、延伸或终止阶段，而调节物可以是蛋白质或 RNA。“可控的”含义就是调节物可关闭（阻遏）或开启（激活）靶标。许多基因的表达可被单一调节物基因协同控制，这是基于每一个靶标含有调节物所能识别的一份序列或结构拷贝。调节物自身也可被调节，最典型的是应答小分子，而小分子的供给又受环境条件的控制。调节物也可受到其他调节物的控制，由此组成了复杂的回路。

许多调节物通过别构原则进行工作，即蛋白质具有两个结合位点：一个用于结合核酸靶标，另一个用于结合小分子。小分子与其位点的结合可改变构象，以此来改变另一个位点与核酸的亲和力。在细节上已经知晓的以此种方式工作的就是大肠杆菌（*Escherichia coli*）中的 *lac* 阻遏物（详见第 24 章“操纵子”）。这种调节物通常是多聚体的，具有对称的组织结构，使得两个亚基能与 DNA 中的回文序列或重复序列接触，这能产生协同结合效应，从而形

顶部纹理：© Laguna Design/Science Source；章首页图片：Pasieka/Getty Images

成更加灵敏的调节应答。

通过RNA的调节使用二级结构碱基配对的改变作为指导原则。RNA有能力在不同构象之间转变，从而产生不同的调节后果，这是核酸相对于蛋白质构象的别构效应的一种可变方式。这种结构改变可来自于分子内或分子间的相互作用。

我们曾经认为RNA仅仅是结构性的：mRNA携带了蛋白质合成的蓝本，rRNA是核糖体的结构成分，而tRNA反复将氨基酸运送到核糖体中。现在我们看到了广阔无垠的RNA世界，它们还具有各种各样的其他功能：mRNA能调节其自身的翻译（详见第24章“操纵子”），rRNA能催化肽键的形成（详见第22章“翻译”），而tRNA参与翻译忠实性机制（详见第22章“翻译”）。

RNA世界的范围远非这三种主要的RNA类型：mRNA、rRNA和tRNA，它还包括几十种不同的RNA。这些RNA可作为引导RNA或剪接辅因子。此外还存在大量不同种类的RNA，它们具有已知的或可能的调节能力，我们会在本章和第30章“调节性RNA”中进行描述。当然，我们还远未揭开这个RNA新世界的神秘面纱。

29.2 核酸开关可根据其所处的环境而改变其结构

关键概念

- 核酸开关是一种RNA，其活性受小分子配体（配体就是可结合另一种配体的任何分子）控制，而配体可以是代谢产物。
- 核酸开关可以是核酶（酶性核酸）。

就如第24章“操纵子”中所见，mRNA不仅仅只是一种可读框（open reading frame，ORF）。由于细菌的偶合转录/翻译特性，所以在其5′非翻译区（untranslated region，UTR）含有可控制转录终止的元件。5′ UTR序列本身可使mRNA成为“好”的信使，即它能提供高水平翻译效率；它也可能成为“差”的信使而使翻译效率很低。5′ UTR中的另一种类型元件，它能运用不同的机制控制mRNA的表达，这就是**核酸开关（riboswitch）**，它是一种RNA结构域，其所含有的序列在二级结构中能发生转变，从而可控制其活性。这种变化是由小分子代谢物所介导的。请注意：RNA结构改变可发生于二级结构水平，即RNA是如何折叠的；或可发生于三级结构水平，即RNA臂和环状结构是如何连接在一起的。这些都是独立的结构特征。

现在已经鉴定出几十种不同的核酸开关，每一个对应于不同的配体。可结合代谢物的RNA结构域称为**适配体（aptamer）**。适配体的结合可引起结构平台（platform）的改变，此处的平台结构就是核酸开关中剩余的、可执行其功能的部分。一种类型的核酸开关是一种RNA元件，它能采用可影响mRNA翻译的不同碱基配对构型（由环境中的代谢物所控制）。**图29.1**总结了可产生代谢物GlcN6P的这一系统的调节过程。*glmS*基因编码一种酶，它能从岩藻糖-6-磷酸和谷氨酰胺中合成葡萄糖胺-6-磷酸（glucosamine-6-phosphate，GlcN6P）。GlcN6P是细菌细胞壁生物合成中的一种基本中间体（特别长的5′或3′ UTR就是一种暗示：此处存在调节元件）。在5′ UTR内含有一个**核酶（ribozyme）**，即具有催化活性的一段RNA（详见第21章“催化性RNA”）。在此处，催化活性是一种可切割自身RNA的内切核酸酶，其代谢产物GlcN6P结合于核酶的适配体中就可激活其活性。GlcN6P的积聚可激活

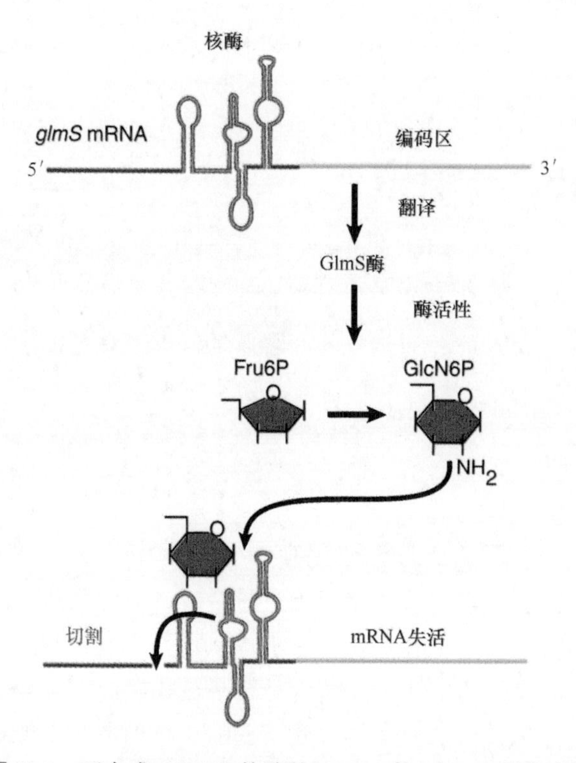

图29.1 可合成GlcN6P的酶的mRNA的5′ UTR区含有核酶，它可被其代谢产物激活。核酶通过切割mRNA而使其失活

核酶，它可切割 mRNA，从而阻止了进一步的翻译。这是代谢途径的终末产物别构控制其阻遏物的一种精确对应的调节方式。在细菌中还存在着无数个这样的核酸开关例子。

并非所有核酸开关都编码可控制其 mRNA 稳定性的核酶。其他核酸开关含有不同的 RNA 构型，它可通过影响核糖体结合来允许或阻止 mRNA 的表达。核酸开关主要存在于细菌中，而在真核生物中较少出现。

我们已经在霉菌脉孢菌属（*Neurospora*）中发现了一种有趣的真核生物核酸开关，它可控制可变剪接。*NMT1* 基因（控制维生素 B_1 合成）可产生前 mRNA，它携带拥有两个剪接供体位点的单一内含子（详见第 19 章“RNA 的剪接与加工”）。这两个位点的可变使用可形成功能性或非功能性 mRNA，而这取决于维生素 B_1 代谢物焦磷酸硫胺素（thiamine pyrophophate，TTP）的浓度。这样，产物浓度可控制产物形成，这就是一种可阻遏控制模式。而剪接位点的选择受内含子中核酸开关所控制。当 TTP 浓度较低时，核酸开关中的 TTP 结合适配体可与非编码序列附近的剪接位点（红色实线）周围序列的碱基配对，这阻止了其被剪接装置选择。这样远端剪接供体位点被选择，因而形成了短的 mRNA，它含有可翻译成功能性蛋白质的 ORF。当 TTP 浓度较高时，适配体进行了构象重排，这样在剪接位点附近原先被结合的区域现在可结合 TTP，这些和其他构象改变产生了长的 mRNA 剪接变异体，它含有短的诱饵 ORF，从而阻止了功能性 *NMT1* 基因的表达。

29.3 非编码 RNA 可用于调节基因表达

关键概念

- 真核生物基因组的大量区域在其两条链上都可被转录。
- 调节性 RNA 通过与靶 RNA 形成双链体区而发挥功能，这可阻止翻译起始，引起转录终止，或形成内切核酸酶的靶标。
- 当来自同一链或对应链的套叠转录物阻止另一个基因的转录时，就发生了转录干扰。
- 长的 ncRNA（lncRNA）的长度超过 200 个核苷酸，不存在可读框，由 RNA 聚合酶 II 合成。
- 非编码 RNA（如 CUT 和 PROMPT）常常被多腺苷酸化，且非常不稳定。
- 非编码 RNA 能控制真核生物细胞核的结构。

非编码 RNA（noncoding RNA，ncRNA）及其基因，如 rRNA 和 tRNA，从 20 世纪 50 年代开始就已经闻名于世。自此以后，整个全新的 ncRNA 家族极其相关基因已经被慢慢鉴定出来。这些包括参与剪接反应的 snRNA；参与加工的大 RNA，如 rRNA 的 snoRNA（详见第 19 章“RNA 的剪接与加工”）；以及微 RNA（描述详见第 30 章“调节性 RNA”）。总体而言，依据尺寸，这些 RNA 可分为大（相当于 rRNA 大小）、中（相当于 tRNA 大小）、微 RNA 这三种。本节主要聚焦于大尺寸的 ncRNA，也称为 lncRNA。

运用全基因组叠连芯片（不仅仅探测基因，还要探测整个基因组）和大规模全细胞 RNA 测序技术所获得的这些实验数据显示，大部分真核生物基因组都是被转录的。当然，这包括基因区域，然而令人惊奇的是，它同时包括这些基因的编码区和非编码区的链，以及基因、端粒和着丝粒之间的区域。据估计，多达 70% 的人类基因产生**反义 RNA（antisense RNA）**。这种模式随细胞类型而发生变化，我们也认为它是受到调节的。编码链（有义链）和非编码链（反义链）的同时转录产生了具有调节功能的非编码 RNA。另一类 ncRNA 是长的基因间区长链非编码 RNA（long intergenic noncoding RNA，**lincRNA**），就如名称所暗示的，它来自基因间区域，先前认为这些区域不含任何信息。除了基因和反义基因区被转录，在基因之间的区域，以及启动子和增强子也可被转录，这些产生了启动子 RNA（promoter RNA，**pRNA**，有时也称为 **PROMPT**）和增强子 RNA（enhaner RNA，**eRNA**）。

几年前，研究人员开始了系统性地、专注一致地努力检测人类基因组，以便深度理解其功能性基因组的内容，这称为 DNA 元件百科全书计划（encyclopedia of DNA element，ENCODE）。此后不久，模式生物 ENCODE（model organism ENCODE， modENCODE）计划也启动了，它们聚焦于秀丽隐杆线虫（*Caenorhabditis elegans*）和黑腹果蝇（*Drosophila melanogaster*）基因组。这些计划的第一阶段检测了约 1% 的人类基因组和所有的秀丽隐杆线虫和黑腹果蝇基因组。

在 modENCODE 计划的实施之初，秀丽隐杆线虫被认为存在约 1000 个 ncRNA。现在数据支持它拥有约 21 000 个 ncRNA，这称为 21k 组（21k set），这是第一组。（请注意：秀丽隐杆线虫拥有约 19 000 个经典基因，那么到底什么是基因的定义呢？）此后，通过精细的鉴定模型，从第一组中精选出了 7000 个 ncRNA（称为 7k 组），这是第二组。这一鉴定过程本身就说明从随机的转录事件中鉴定出潜在的和真正的功能性转录物是多么困难。

通过碱基配对作用可使一种 RNA 很有效地控制另一种 RNA 的活性。一条单链 RNA（通常相当短）与一条 mRNA 的互补区发生碱基配对作用，从而阻止 mRNA 的表达。许多这样的例子存在于原核生物和真核生物中，对于这种效应的一个早期阐述是在人工条件下做出来的，当时的方法是将反义基因引入到真核生物细胞中。

反义基因是相对于启动子的方向，将基因的取向颠倒而构建出来的，所以“反义”链可转录出反义非编码 RNA（noncoding RNA，ncRNA），如**图 29.2** 所示。无论是在原核生物细胞还是真核生物细胞中，合成的反义 RNA 都能抑制靶 RNA 的表达。反义 RNA 事实上是一种合成的 RNA 调节物。其作用效果与数量之间并无确切可靠的联系，但似乎反义 RNA 过量是必需的（要适度的过量）。

反义 RNA 在什么阶段可抑制表达呢？原则上，它可以抑制真正基因的转录、RNA 产物的加工或 mRNA 的翻译。通过不同实验系统得到的结果显示：抑制作用依赖于 RNA-RNA 双链体分子的形成，这个过程在细胞核或细胞质中都可以发生。某种情况下，在稳定携带反义基因的培养细胞的细胞核中可形成有义 - 反义 RNA 双链体，它阻止了有义 RNA 的正常加工和（或）转运；在另一种情况下，注射到细胞质中的反义 RNA 通过与 mRNA 5′ 端形成双链体 RNA 而抑制其翻译。

这项技术提供了一种高效的、按意愿关闭基因功能的方法。比如，我们可以通过引入相应的反义基因来研究某一调节基因的功能。这项技术的一种延伸是使反义 RNA 处于自身受调节的启动子的控制之下，这样便可以通过调节反义 RNA 的产物量来控制靶基因的开和关，使得我们可以进而研究靶基因表达的时相重要性。

在真核生物中，对反义 RNA 的认识已经有一段时间了。第一个基因组测序计划显示，**套叠基因**（**nested gene**）（位于其他基因内含子中的基因）广泛存在，它们比我们预想的要多得多，占基因总数的 5% ～ 10%。如果套叠基因从对应链转录，那么反义 RNA 就会产生。这种套叠基因的头对头排列也会导致**转录干扰**（**transcriptional interference，TI**），因为两个基因不能同时被转录。

我们逐渐认识到转录干扰也是转录调节的一种重要机制，实际上当干扰 RNA 以反义取向形成时

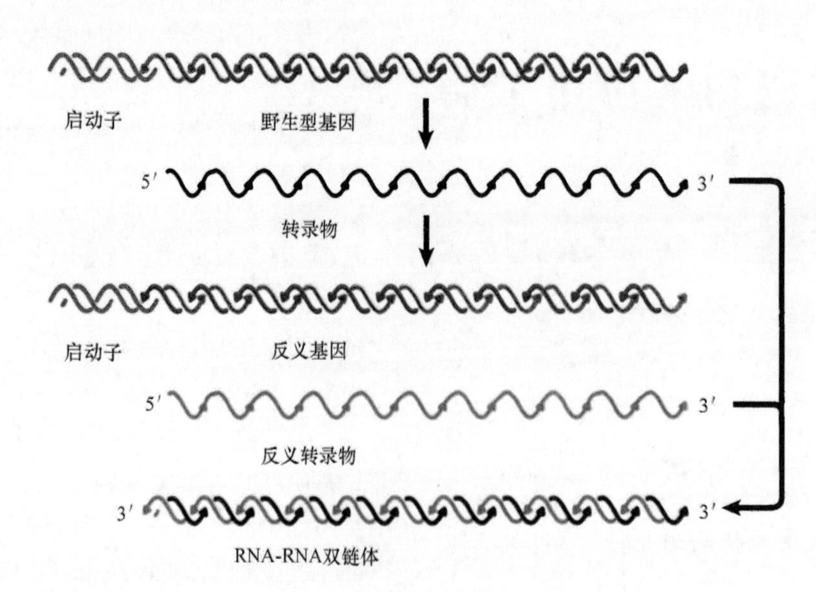

图 29.2 反义 RNA 可以通过颠倒与启动子一致的基因方向而产生，能够与野生型转录物退火配对形成双链体 RNA

（就如上面所描述的），或以有义取向形成时，转录干扰都能发生。例如，酵母 *SER3* 基因（参与丝氨酸生物合成）在丝氨酸存在时被阻遏，而在丝氨酸缺少时被诱导。结果发现，在富含丝氨酸的阻遏条件下，一条非编码 RNA 从 *SER3* 基因的启动子上游的基因间区域被表达出来，且它与 *SER3* 基因一样是转录自同一条链，但它的转录跨过 *SER3* 基因的启动子区。这一 RNA 被命名为 *SER3* 调节基因（*SER3* regulatory gene，*SRG1*），它不编码蛋白质，但其高量表达可用于破坏 *SER3* 基因启动子上的转录起始。*SRG1* 基因可由丝氨酸诱导出来，由 RNA 聚合酶Ⅱ和延伸因子 Paf1 因子所介导的转录可导致组蛋白修饰因子和染色质重塑复合体 SWI/SNF 的募集，随后引起 *SER3* 基因启动子核小体的置换，从而阻止转录。生物合成途径的终末产物可调节 *SER3* 基因，这是通过在 *SER3* 基因启动子上由有义转录物引发转录干扰而实现的。一定要记住，在转录干扰中，是转录本身而不是 RNA 产物产生调节效应。

最近已经揭示了转录控制中反义 RNA 的直接作用。在酿酒酵母（*Saccharomyces cerevisiae*）中，一类非编码 RNA 称为隐蔽不稳定转录物（cryptic unstable transcript，CUT），它可以部分调节 *PHO84* 基因的表达。如**图 29.3** 所示，除了基因 5′ 端的启动子外，还在对应链存在另一个不受调节的启动子。这一启动子的激活需要 Set1 组蛋白甲基转移酶，它可形成反义 RNA。在正常条件下，这种 RNA 在合成时，可被 TRAMP（小鼠前列腺的转基因腺癌，transgenic adenocarcinoma of mouse prostate）复合体和外切体 RNA 酶复合体快速降解（详见第 20 章“mRNA 的稳定性与定位”）。而在降解体系缺乏的或衰老的细胞中，反义 RNA 可持续存在。这些反义 RNA 也称为 CUT，它可以反式方式募集组蛋白脱乙酰酶，去除组蛋白的乙酰基团，这可引起这一基因区域的染色质重塑和凝聚，这样基因就不再被转录（详见第 26 章“真核生物的转录调节”）。这是由反义 RNA 介导的基因特异性的重塑反应，因而不会扩展到邻近基因中。这一效应也可由另一种外源性的、由质粒携带的 *PHO84* 基因以反式方式引起，这称为转录基因沉默（transcriptional gene silencing，TGS），这种现象在植物中比较常见。

自从这一现象发现以来，可导致局部染色质结构改变的相似 ncRNA 例子也已经鉴定出来，如转录自 *GAL1-10* 基因座的长 RNA（详见第 26 章“真核生物的转录调节”），也可导致组蛋白的脱乙酰化（和甲基化）以促进 *GAL* 基因的阻遏，它也通过染色质重塑来实现。ncRNA 也可以反式方式改变染色质结构而阻止 *Ty* 因子的反转录转座，这使人想起了果蝇中 piRNA 的作用（详见第 30 章“调节性 RNA”）。

这种现象可能相当广泛。在人类 HeLa 细胞中，当 RNA 降解装置成分不能工作时，可以发现来自所有三类活性启动子的大量上游转录物（即 pRNA 或 PROMPT）。在其 3′ 端，这些 RNA 是被加帽的，且被多腺苷酸化。就像酵母中的 CUT 一样，这种

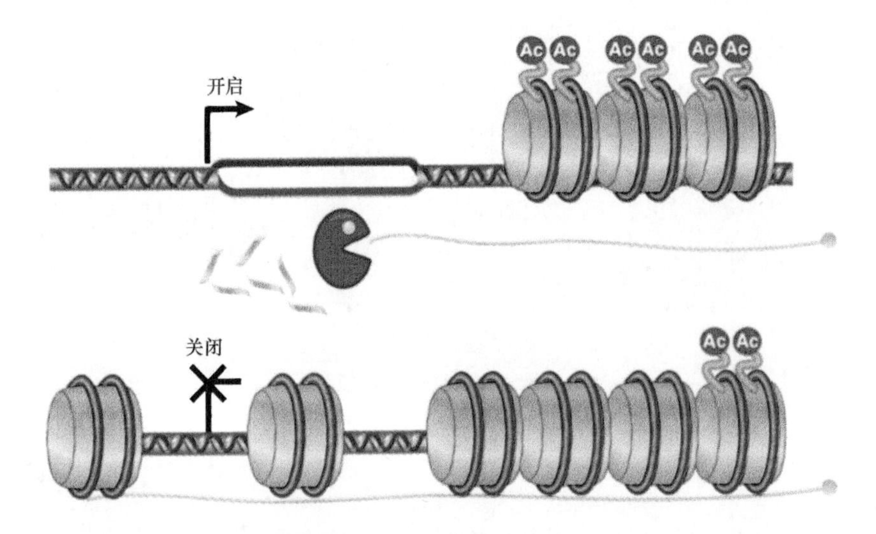

图 29.3 *PHO84* 基因的反义 RNA 的稳定作用与组蛋白脱乙酰酶的募集、组蛋白脱乙酰化和 *PHO84* 基因的转录阻遏是一致的。在野生型细胞中，RNA 被快速降解；在衰老细胞中，反义 RNA 变得稳定，它可募集组蛋白脱乙酰酶以阻遏转录

改编自 J. Camblong, et al., *Cell* 131(2007): 706-717

RNA 非常不稳定。它在任何一个方向都能发生，可能与开放染色质的可接近性有关。

除了衍生自启动子的 ncRNA（PROMPT），增强子也可被转录而形成 eRNA。现在已经提示这些 eRNA（通过与 PROMPT 进行碱基配对）能够建立必要的增强子 - 启动子相互作用，而这正是起始转录所需的。

尽管一些长的 ncRNA 是真的衍生自启动子或经典基因的基因实体中，如 PROMPT 和 CUT，但是其他的则衍生自基因间区域，与经典基因并无关联。其中一个最佳的例子，对它的了解已经有些时日了，这就是 *Xist*（详见第 28 章“表观遗传学 II”中的描述）。10 种不同的蛋白质可结合于 *Xist* RNA 中，这可排斥 RNA 聚合酶 II，并导致转录沉默。它也负责募集多梳阻遏复合体。（有意思的是，*Xist* 本身受到其反义配偶体转录物 *TsiX* 调节。）不过 *Xist* 只以顺式方式起作用于 X 染色体，其他则可以反式方式作用于多条染色体。在应答 DNA 损伤时，p53 蛋白可作为转录因子激活多个 lincRNA。其中之一，lincRNA-p21（详见第 9 章“复制与细胞周期相关联”），其本身可在多个位点被靶向，它可作为转录阻遏物而发挥作用。

人类 *HOTAIR* 是鉴定得非常清晰的另一个 lincRNA，如此命名是因为当发现它时，许多人相信这一领域的研究是毫无用处的。它转录自发育相关的 *HOX C* 同源异形基因区，可靶向其他染色体中的许多基因。在它的靶基因座，它可作为支架装配多梳阻遏复合体 2（PRC2，详见第 27 章“表观遗传学 I”），以便重编程染色质结构，并沉默那些应该被关闭的基因。在一些癌症中，已经发现

图 29.4　细胞核的切换点，重点突出了组织架构的三层水平：活性区域（左侧）、非活性区域（底部）、细胞核实体（右侧）。顺时针从右向左为：环绕活跃转录的 rRNA 位点形成核仁；*Neat1* lncRNA 形成旁斑（paraspeckle）；*Malat1* lncRNA 存在于细胞核斑点（speckle）中；活跃转录的基因重新定位于细胞核斑点附件；失活的 X 染色体（巴氏小体）由 *Xist* lncRNA 包被，并动态地从活性区域重新定位于细胞核周边的非活性区域；lncRNA 能够介导不同染色体之间的基因与基因的相互作用（底部的小图）和染色体内基因与基因的相互作用（顶部的小图）

HOTAIR 基因是失调表达的，它与差的预后相关联。

总之，ncRNA 能以多种方式发挥作用，它可以顺式方式起作用，就如同 PROMPT 和 CUT；它也可以反式方式起作用，就如同 *HOTAIR*。第二种检测功能的方式是机械性的，ncRNA 能以反义 RNA 发挥作用，它或者直接结合其对应物，或者通过转录干扰起作用。ncRNA 可通过将蛋白质结合并靶向特定的基因或区域而发挥作用。许多 ncRNA 可作为染色质的修饰蛋白和重塑子的支架起作用，其工作方式可为顺式或反式。或者，ncRNA 可结合蛋白质，并作为别构修饰蛋白而起作用。

现在已经越来越清晰，lncRNA 不仅仅只在基因表达中发挥重要作用。它们也在细胞核本身的整体结构中发挥关键作用，就如**图 29.4** 所示。染色体不仅仅是简单地随机分布于细胞核中，而是占据了特定的细胞核结构域，这称为拓扑关联结构域（topologically associated domain，TAD）（它也在第 8 章“染色质”中讨论过）。在细胞的减数分裂过程中，同源染色体必须在某一时相才能找到彼此。现在称这种组织结构为**染色体操纵子**（**chroperon**）。

小结

基因表达可由可激活基因的因子正调节，也可由可阻遏基因的因子负调节。翻译可由那些与 mRNA 相互作用的调节物控制。调节产物可能是蛋白质，这常常受控于应答环境变化时出现的别构作用；或者是 RNA，这主要通过与靶标核酸的碱基配对以改变其二级结构或干扰其功能而发挥作用。小分子代谢物也可结合 RNA 适配体结构域，这可影响其二级结构的改变，就如在核酸开关中所见到的那样。把调节物互相联系起来就形成了调节网络，如此一个调节物的产生或者活性会被另一个调节物所控制。

在细菌和真核生物细胞中，反义 RNA 等 ncRNA 可作为一种强有力的系统来调节基因表达。这种调节可以是直接的，即它可干扰 RNA 聚合酶的作用；也可以是间接的，通过影响基因的染色质构型，而更加普遍的是，可以通过影响细胞核的染色体组织架构和细胞核本身来发挥作用。反义转录物通过产生一群小调节性 RNA，从而也可在细胞质中发挥作用。

参考文献

29.2 核酸开关可根据其所处的环境而改变其结构

综述文献

Dethoff, F. A., Chug, J., Mustoe, A. M., and Al-Hashimi, H. M. (2012). Functional complexity and regulation through RNA dynamics. *Nature* 482, 322-330.

研究论文文献

Cheah, M. T., Wachter, A., Sudarsan, N., and Beaker, R. R. (2007). Control of alternate splicing and gene expression by eukaryote riboswitches. *Nature* 447, 497-500.

Winkler, W. C., Nahvi, A., Roth, A., Collins, J. A., and Breaker, R. R. (2004). Control of gene expression by a natural metabolite-responsive ribozyme. *Nature* 428, 281-286.

29.3 非编码 RNA 可用于调节基因表达

综述文献

Bonasio, R., and Shiekhattar, R. (2014). Regulation of transcription by long noncoding RNAs. *Annu. Rev. Genet.* 48, 433-455.

ENCODE Project Consortium. (2011). A user's guide to the encyclopedia of DNA elements (ENCODE). *PLoS Biol.* 9, e1001046. doi 10.1371.

Gerstein, M. B., et al. (2010). Integrative analysis of the *Caenorhabditis elegans* genome by the modENCODE project. *Science* 330, 1775-1787.

Giorgetti, L., Galupe, R., Nora, E. P., Piolut, T., Laun, F., Dekker, J., Tiana, G. and Heard, E. (2014). Predictive polymer modeling reveals coupled fluctuations in chromosome conformation and transcription. *Cell* 157, 950-963.

Guttman, M., and Rinn, J. L. (2012). Modular regulatory principles of large non-coding RNAs. *Nature* 482, 339-346.

Nagano, T., and Fraser, P. (2011). No-Nonsense functions for long noncoding RNAs. *Cell* 145, 178-181.

Pennisi, E. (2012). ENCODE project writes eulogy for junk DNA. *Science* 337, 1159-1161.

Preker, P., Almvig, K., Christensen, M. S., Valen, E., Mapendano, C. K., Sandelin, A., and Jensen, T. H. (2011). PROMoter uPstream transcripts share characteristics with mRNAs and are produced upstream of all three major mammalian promoters. *Nuc. Acid Res.* 39, 7179-7193.

Rinn, J., and Guttman, M. (2014). RNA and dynamic nuclear organization. *Science* 345, 1240-1241.

The modENCODE Consortium, Roy, S. et al. (2010). Identification of functional elements and regulatory circuits by *Drosophila* modENCODE. *Science* 330, 1787-1797.

研究论文文献

Arner, E., et al. (2015). Transcribed enhancers lead waves of coordinated transcription in transitioning mammalian cells. *Science* 347, 1010-1014.

Beretta, J., Pinskaya, M., and Morillon, A. (2008). A cryptic unstable transcript mediates transcriptional trans-silencing of the Ty1 retrotransposon in *S. cerevisiae*. *Genes Dev.* 22, 615-626.

Camblong, J., Beyrouthy, N., Guffanti, E., Schlaepfer, G., Steinmetz, L. M., and Stutz, F. (2009). *Trans*acting antisense RNAs mediate transcriptional gene cosuppression in *S. cerevisiae*. *Genes Dev*. 23, 1534-1545.

Camblong, J., Iglesias, N., Fickentscher, C., Dieppois, G., and Stutz, F. (2007). Antisense RNA stabilization induces transcriptional gene silencing via histone deacetylation in *S. cerevisiae*. *Cell* 131, 706-717.

Giorgetti, L., Galupe, R., Nova, E. P., Pielot, T., Laun, F., Dekker, J., Tiana, G., and Heard, E. (2014). Predictive polymer modeling reveals coupled fluctuations in chromosome conformation and transcription. *Cell* 157, 950-963.

He, Y., Vogelstein, B., Velculescu, V. E., Papadopoulos, N., and Kinzler, K. W. (2008). The antisense transcriptomes of human cells. *Science* 322, 1855-1857.

Houseley, J., Rubbi, L., Grunstein, M., Tollervey, D., and Vogelauer, M. (2008). A ncRNA modulates histone modification and mRNA induction in the yeast *GAL* gene cluster. *Mol. Cell* 32, 685-695.

Huarte, M., Guttman, M., Feldser, D., Garber, M., Kozoil, M. J., Kenzelmann-Braz, D., Khalil, A. M., Zuk, O., Amit, I., Rabani, M., Attardi, L. D., Regev, A., Lander, E. S., Jacks, T., and Rinn, J. L. (2010). A large intergenic noncoding RNA induced by p53 mediates global gene repression in the p53 response. *Cell* 142, 409-419.

Li, G., et al. (2012). Extensive promoter-centered interactions provide a topological basis for transcription regulation. *Cell* 148, 84-98.

Martens, J. A., Laprade, L., and Winston, F. (2004). Intergenic transcription is required to repress the *Saccharomyces cerevisiae SER3* gene. *Nature* 429, 571-574.

McHugh, C. A., McHugh, C. A., Chen, C. K., Chow, A., Surka, C. F., Tran, C., McDonel, P., Pandya-Jones, A., Blanco, M., Burghard, C., Moradian, A., Sweredoski, M. J., Shishkin, A. A., Su, J., Lander, E. S., Hess, S., Plath, K., and Guttman, M. (2015). The Xist lncRNA interacts directly with SHARP to silence transcription through HDAC3. *Nature* 521, 232-236.

Prunesky, J. A., Hainev, S. J., Petrov, K. O., and Martens, J. A. (2011). The Paf1 complex represses SER3 transcription in *Saccharomyces cerevisiae* by facilitating intergenic transcription-dependent nucleosome occupancy of the SER3 promoter. *Euk. Cell* 10, 1283-1294.

Tsai, M. C., Manor, O., Wan, Y., Mosammaparast, N., Wang, J. K., Lan, F., Shi, Y., Segal, E., and Chang, H. Y. (2010). Long noncoding RNA as modular scaffold of histone modification complexes. *Science* 329, 689-693.

第 30 章

调节性 RNA

章节提纲

30.1 引言

关键概念

- 小 RNA 作为调节物，可通过碱基配对到特定的靶 RNA，以及通过几种不同机制结合于蛋白质来行使功能。

通过 RNA 的调节运用二级结构碱基配对的改变作为指导原则。RNA 有能力在不同构象之间转变，从而产生不同的调节后果，这是核酸相对于蛋白质酶学构象别构效应的一种可变方式。这种结构改变可来自于分子内或分子间的相互作用。

分子内改变的最常见作用是 RNA 分子利用不同的碱基配对策略而呈现出可变的二级结构，这种不同的构象可能是存在差异的。mRNA 二级结构的改变可导致其翻译能力的改变。

在分子间相互作用中，RNA 调节物可通过相似的碱基互补配对原则识别其靶标。**图 30.1** 显示，调节物通常是小 RNA 分子，它拥有范围广泛的二级结构，但是只有单链区可与其靶标的单链区互补。在调节物与靶标之间的双螺旋区域的形成会导致两种后果。

- 双螺旋结构的形成可能本身就足以达到调节目的。在一些例子中，蛋白质只结合靶标序列的单链形式，因此它通过双链体形成而阻止其作用；在另一些例子中，双链体区可成为结合的靶标，如可降解 RNA 的核酸酶，

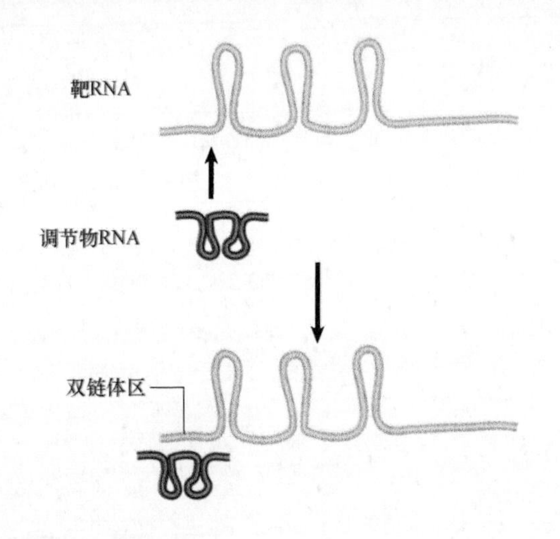

图 30.1 调节物 RNA 是一种小 RNA，它所拥有的单链区可与靶 RNA 的单链区配对

从而阻止其表达。

- 双链体形成可能是重要的，因为它隔离了靶标序列的一段区域，否则它可能会参与其他的可变二级结构。

30.2 细菌含有调节物 RNA

关键概念

- 细菌的调节物 RNA 称为小 RNA（sRNA）。
- 无数种 sRNA 可结合 Hfq 蛋白，它可以增强 sRNA 的作用效果。
- *oxyS* sRNA 可在转录后水平上激活或阻遏约 40 个基因的表达。
- 串联重复序列可转录出强有力的抗病毒 RNA，这称为 CRISPR/Cas 系统。

细菌包含多达数百个不同的可编码调节物 RNA 的基因。这是一些短的 RNA 分子，长度从 50 个核苷酸到约 200 个核苷酸，它们统称为**小 RNA（small RNA，sRNA）**。有一些 sRNA 是广谱的调节物，可以影响许多靶基因；其他则特异性调节单一转录物。这些 sRNA 常常以非完美的反义 RNA 而发挥作用，也就是说，它们的序列可与其靶 RNA 互补。

反义 RNA 在什么水平上抑制表达呢？就如同真核生物反义 RNA 一样的，原则上，原核生物 sRNA 可以：①阻止基因的转录；②影响其 RNA 产物的加工；③影响 mRNA 的翻译；④影响 RNA 的稳定性。sRNA 的作用主要由 RNA-RNA 双链体分子的形成而介导。

大肠杆菌（*Escherichia coli*）中氧化应激反应展示了 RNA 作为调节物的通用控制系统的一个有趣例子。当暴露于活性氧化合物时，细菌会诱导产生抗氧化物的防御性基因。过氧化氢会激活转录激活物 OxyR，后者控制着几种可诱导基因的表达，其中一种就是 *oxyS* 基因，它编码一种 sRNA。

对 *oxyS* 基因表达调节有两个显著特征。处于正常条件下的野生型细菌中，*oxyS* 基因并不表达。在组成型表达 *oxyR* 基因的突变体细菌中，*oxyS* RNA 一直受到诱导，*oxyS* 基因呈高水平表达，这证明 *oxyS* 基因是受 *oxyR* 基因激活的靶基因；野生型培养物在接触到过氧化氢之后的 1 min 内，*oxyS* RNA 被转录表达。

oxyS RNA 是一段不编码蛋白质的短序列（由 109 个核苷酸组成），它是一种在翻译水平上影响基因表达的反式作用调节物，其靶 mRNA 约 40 个，在一些靶基因座会激活表达，而在另一些则会抑制表达。**图 30.2** 展示了 *oxyS* 对它的一个靶基因 *flhA* mRNA 的阻遏机制。在 *oxyS* mRNA 的二级结构上有 3 个突出的茎 - 环结构，并且靠近 3′ 端的茎 - 环与 *flhA* mRNA 起始密码子前的一段序列互补。*oxyS* RNA 与 *flhA* RNA 之间的碱基配对作用阻止了核糖体与起始密码子的结合，因此阻遏了翻译。在 *flhA* mRNA 的编码区内部也有一段序列会发生配对相互作用。

oxyS 的另一个靶基因是 *rpoS*，它编码一种不同的 σ 因子（可激活一种普适性应激反应）。*rpoS* mRNA 可被其 5′ 端的茎 - 环结构负自主调节，这可阻止核糖体靠近其可读框（open reading frame，ORF）。通过强化这一效应，就可抑制 σ 因子的产生，*oxyS* 能够确保只发生对氧化应激的特异性反应，而不会激发其他应激条件下所发生的反应。*rpoS* 基因也被其他三种 sRNA（*dsrA*、*arcZ* 和 *rprA*）正调节，它们通过结合于茎 - 环结构区将它打开，从而使 ORF 可对核糖体开放，这样就起到了激活作用。这四种 sRNA 似乎是一些全局性调节物，协调对各种环境条件的应答。

这些 sRNA 中的其中三种都需要 RNA 结合蛋白 Hfq 的协助才能起作用（DsrA 蛋白能够部分

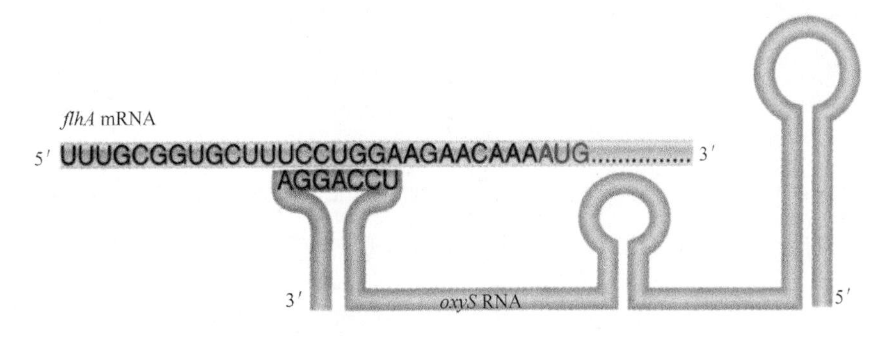

图 30.2 *oxyS* RNA 通过与 *flhA* mRNA 的 AUG 起始密码子上游的一段序列进行碱基配对而阻止 *flhA* mRNA 的翻译

独立于 Hfq 蛋白而起作用），它的作用是能够稳定 sRNA-mRNA 的结合。Hfq 蛋白最初被认为是一种为 RNA 噬菌体 Qβ 复制所必需的细菌宿主因子，它与真核生物的 Sm 蛋白有关，后者与多种在基因表达中起调节作用的 snRNA（核小 RNA）结合（详见第 19 章“RNA 的剪接与加工”）。其基因突变会产生多种效应，这证明它是一种多效蛋白质。Hfq 蛋白能与大肠杆菌中的多种 sRNA 结合，它通过增强 *oxyS* RNA 与靶 mRNA 结合的能力来增加其作用。Hfq 蛋白的作用机制可能是通过引起 *oxyS* RNA 二级结构的一个小的改变，从而增加单链序列与靶 mRNA 进行配对的机会。

我们才刚刚开始理解这些 sRNA 在控制有机体生命周期中的如此多方面作用所拥有的巨大潜能。在非常清楚的大肠杆菌中，细菌防御外来入侵者（如病毒和某些质粒）的体系为我们提供了一个范例，使我们知道究竟还有多少知识是需要学习和探究的。这一适应性免疫系统基于一簇簇短回文重复，称为常规散布的短回文重复簇（cluster of regularly interspersed short palindromic repeat，**CRISPR**），它由高度可变的间隔序列分开，这些序列衍生自被俘获的噬菌体和质粒。它广泛存在于真细菌和古菌中。这些高度可变的 CRISPR 间隔序列的使用可为宿主细菌提供后续噬菌体和质粒感染的耐受性，如**图 30.3** 所示。

在大肠杆菌 K12 中，CRISPR 防御系统需要串联的重复间隔序列的转录，这需要一段引导序列（作为启动子），并与 RNA 加工系统中的 8 个不同基因联合使用，这些基因称为 CRISPR 相关基因（CRISPR-associated gene，*cas*）。它们通常定位于每一个 CRISPR 基因座附近。这些基因编码各种聚合酶、核酸酶（包括 DNA 和 RNA 的）、解旋酶和 RNA 结合蛋白。由 5 个 Cas 蛋白组成的复合体已经被鉴定出来，称为用于抗病毒自卫的 CRISPR 相关复合体（CRISPR-associated complex for antiviral defense，Cascade）。Cas 复合体不仅负责干扰阶段，而且也负责适应阶段，即加工外来入侵者，并将它们整合进 CRISPR 基因座中。目前已经鉴定出 3 类主要的 CRISPR/Cas 基因家族，这种划分基于基因组中的特定 Cas 蛋白的差异。

CRISPR 区可被转录成一个长的 RNA——前 crRNA（pre-crRNA），它可被加工成由约 57 个核苷酸组成的短 CRISPR RNA，包含一个间隔序列，其两侧为 2 个保守的部分重复序列，即原间隔序列相邻基序（protospacer-adjacent motif，PAM）。目前所提出的模型认为，这些间隔序列 /PAM RNA，可与噬菌体 DNA 的原间隔序列互补，随后被作为 Cas 干扰装置的引导序列。配对反应由高亲和性的种子序列起始，它位于 crRNA 间隔序列的任意一侧的末端（这类似于真核生物 miRNA 的作用，见第 30.4 节“RNA 干扰是如何工作的？”）。这个复合体与病毒基因组（或其 RNA）进行碱基配对，以阻止噬菌体基因组的表达，并最终导致其降解。任意一侧间隔序列的 DNA 核心种子序列的突变或 PAM 序列的突变会由于结合能力的改变而消除 CRISPR/Cas 系统的免疫性。由于其精确性，CRISPR/Cas 系统已经用于基因组编辑。通过这一技术，基因组中精确的靶序列可被改变（详见第 2 章“分子生物学与遗传工程中的方法学”）。

这些机制为随心所欲地关闭基因表达提供了强有力的方法。然而，这不仅仅是一个单行通道，此时调节性 RNA 产生，再简单地关闭 mRNA 的表达。

(a) 阶段Ⅰ：适应

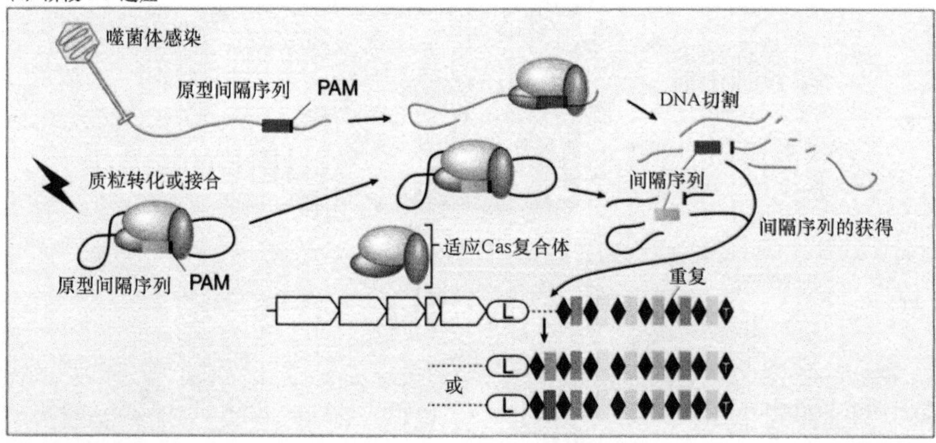

(b) 阶段Ⅱ：干扰

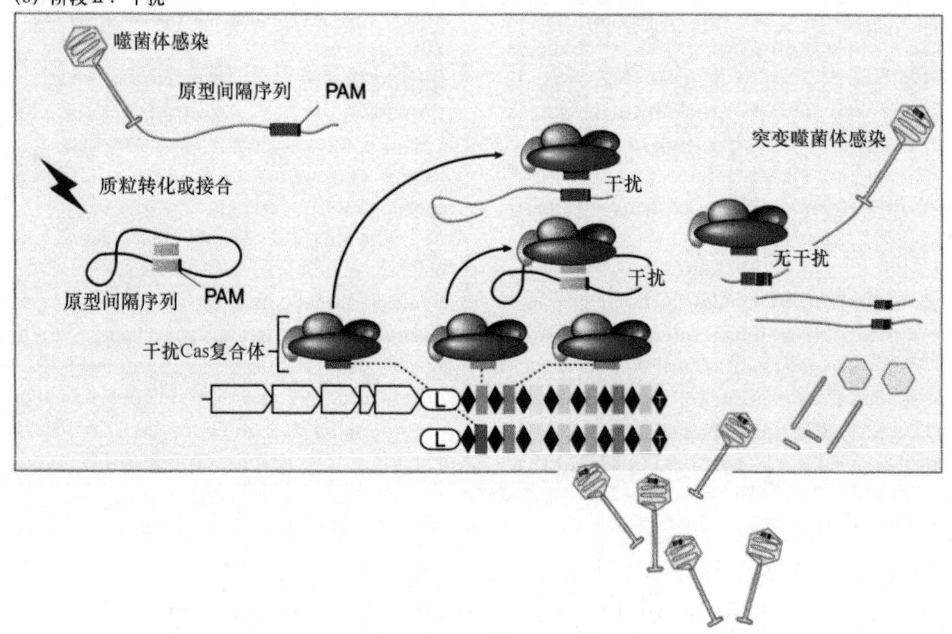

图 30.3 CRISPR/Cas 系统适应和干扰的不同阶段。**(a)** 阶段Ⅰ：适应。外源 DNA 可通过转化、接合或转导进入到细胞中，这会通过适应 Cas 复合体（adaptation Cas complex）（未知的蛋白质装配体）而获得新的 DNA 间隔序列。如果间隔序列没有获得，则噬菌体裂解途径或质粒复制会向前继续（未显示）。**(b)** 阶段Ⅱ：干扰。干扰 Cas 复合体（interfering Cas complex）结合于 crRNA，它由 CRISPR 基因座的转录和随后的加工产生。携带可靶向外源核酸区域（通过完美的配对）的 crRNA 的细胞可干扰入侵的遗传物质，并通过干扰 Cas 复合体（除了大肠杆菌的 Cascade 蛋白之外的未知蛋白质装配体）将它摧毁。如果在间隔序列和原型间隔序列（如噬菌体突变体中）之间存在不完美的配对，那么 CRISPR/Cas 系统会被拮抗，入侵的遗传物质的复制就会发生

转载自 H. Deveau, et al. *Annu. Rev. Microbiol* 64 (2010): 475-493

这种系统也可被拮抗蛋白的产生所平衡，而拮抗蛋白可结合和干扰 sRNA 的作用。这样动态系统就可根据细胞需求而不断随时间改变。

通过导入反义基因，我们就可研究调节性基因的功能。这项技术的拓展版本就是将反义基因处于启动子的控制之下，这样其自身也可被调节。随后通过调节反义 RNA 的生成来对基因进行开启或关闭。这项技术可以允许调查靶基因时相表达的意义。

30.3 真核细胞中微 RNA 是分布广泛的调节物

关键概念

- 真核生物基因组编码许多短的 RNA 分子，称为微 RNA（miRNA）。
- Piwi 相互作用 RNA（piRNA）可调节生殖细胞中的基因表达，并可沉默转座因子。

• 小干扰 RNA（siRNA），或沉默 RNA 与病毒和转座因子互补。

就像细菌一样，真核生物可利用 RNA 调节基因表达。非编码 RNA 可在 DNA 水平上控制细胞核中的基因表达，在这些例子中，这些 RNA 的表达和功能都不可避免地与染色质结构联系在一起。串联重复、简单序列卫星异染色质 DNA 的转录是异染色质本身的真正形成所必需的（详见第 26 章“真核生物的转录调节”和第 27 章“表观遗传学 I”）。此节将聚焦于细胞质中 mRNA 水平的控制。就如即将要描述的，尽管它与细菌机制相关，但是真核生物中的机制是完全不同的。

就像细菌一样，真核生物利用 RNA 调节转录。值得注意的是，在真核生物中，弱化效应是不可能的（它存在于大肠杆菌中），因为核膜将转录和翻译过程分开了。由于真核生物 mRNA 比细菌 mRNA 稳定得多，其平均半衰期分别为 0.5 h 和数分钟，因此在真核生物中会运用更多的翻译水平的控制，它既可发生在翻译起始水平上，也可发生于细胞质中的 mRNA 稳定性控制本身（详见第 20 章“mRNA 的稳定性与定位”）。

在真核生物中存在无数种类的非编码 sRNA，包括主要的 5S rRNA 和 tRNA。我们已经了解了其中的一些，如不同类型的引导 RNA，它们参与了 RNA 剪接、编辑和修饰（详见第 19 章“RNA 的剪接与加工”和第 21 章“催化性 RNA”）。

极小 RNA 或微 RNA（microRNA，**miRNA**）是基因表达调节物，存在于大多数（如果不是全部的话）真核生物中。尽管它们与一些细菌 sRNA 对应物具有相似性，但它们常常更小，且其作用机制是不同的。据估计，人类基因组中含有 1500 种编码 miRNA 的基因，它们可参与 **RNA 干扰（RNA interference，RNAi）**，其中一半来自编码基因的内含子，另一半来自大的 ncRNA。更加有意思的是，miRNA 可源自假基因——那些当初被认为没有任何功能的、假设的失活基因样区域。这是阻遏基因表达的常用机制，它常常（但不总是如此）发生在翻译水平。这些 miRNA 曾经拥有许多名称，有时也称为暂时性短 RNA（short temporal RNA，**stRNA**），这是因为它们参与了发育过程。已经有证据显示，一些 miRNA 可通过结合基因的启动子而影响转录起始。目前估计在有机体发育的所有阶段中，这些 miRNA 控制着数千种 mRNA，可能多达基因总数的 90%。每一种 miRNA 可拥有数百种靶 mRNA，而一个给定的 mRNA 可能是数种 miRNA 的靶标。

piwi 相互作用 RNA（piwi-interacting RNA，**piRNA**）是一类存在于生殖细胞中的特殊 miRNA。另一种极小 RNA 称为小干扰 RNA（small interfering RNA，**siRNA**），它常常在病毒感染过程中产生。siRNA 和 piRNA 都可用于控制转座因子的表达。事实上，这可能是这些小的 RNA 是如何起源和如何进化的。这些 RNA 存在多个起源和多种合成与加工机制，大部分以大的前 RNA 形式产生，随后被加工和切割成一定的尺寸，并被投递到其靶标位点。

在 RNAi 中所使用的 miRNA 来自于大的 RNA 初级转录物，称为初始 miRNA（pri-miRNA），它们可自我互补，并自动折叠成双链发夹结构，但通常带有一些不完美的碱基配对。初始 miRNA 分两步进行加工（**图 30.4**）。第一步反应发生在细胞核中，由 **Drosha 酶**（一种 RNA 酶Ⅲ超家族成员内切核酸酶）催化。Drosha 酶可将初始 miRNA 切割成约 70 bp 大小的类发夹前体片段，称为前 miRNA（pre-miRNA），在其 5′ 端存在磷酸基团，这种切割反应决定了前体的 5′ 端和 3′ 端。

当从细胞核运输到细胞质后，第二步反应将前 miRNA 加工成 miRNA，由第二种 RNA 酶Ⅲ超家族成员，**Dicer 酶**催化，它从 3′ 端开始计数，形成短的双链区段，其长度约为 22 bp。现在 miRNA 拥有短的、双核苷酸单链 3′ 端，随后为了稳定性，通常加上 2′-O- 甲基基团。Dicer 酶拥有 N 端解旋酶活性，这可使 RNA 解开双链区；而两个核酸酶结构域也与细菌 RNA 酶Ⅲ相关。在真核生物中，相关的酶几乎都是一样的。在植物中，类 Dicer 酶在细胞核中执行初始 miRNA 和前 miRNA 的加工步骤。

除了标准的 2′-O- 甲基化外，更加多样的修饰也是可能的。一些 pri-miRNA 可经历由 ADAR 介导的 RNA 编辑，可将腺苷转变成肌苷，这就会改变靶标的特异性。miRNA 也可在其 3′ 端经历尿苷化或腺苷化修饰。短的寡 U 链是一种降解信号，而寡 A 链（和 2′-O- 甲基化）则执行相反的效应。

这些短的双链 RNA（double-stranded RNA，dsRNA）片段可被投送到或装载到一种复合体中，这

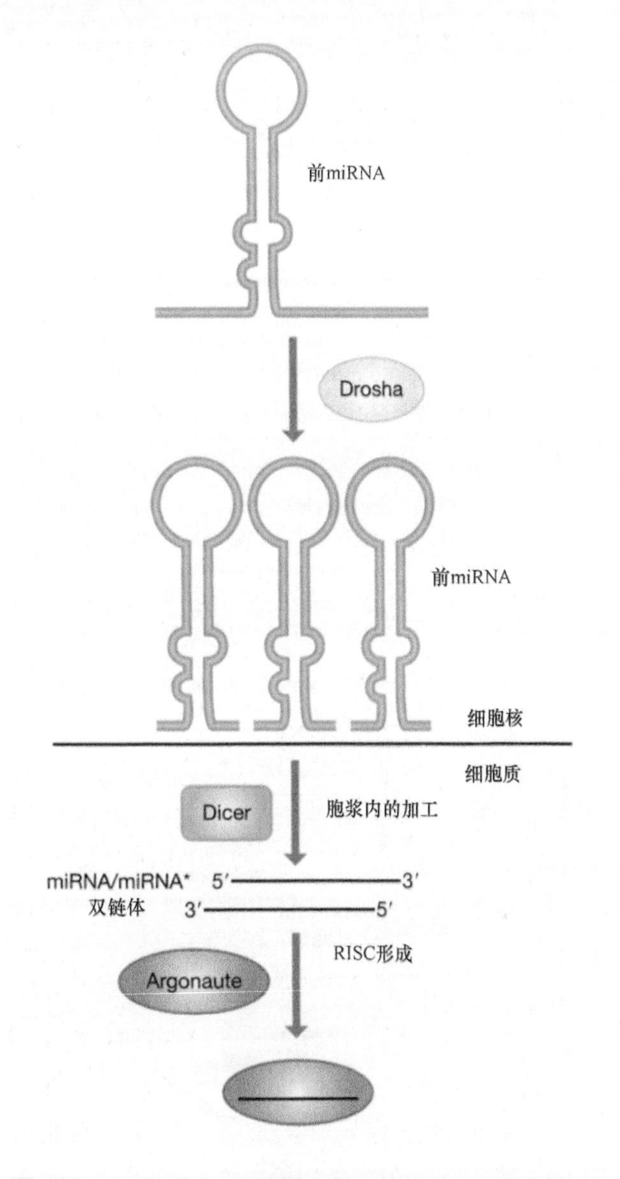

图30.4 miRNA是由Drosha酶从前miRNA加工而成的。此后，前miRNA由组装于Argonaute复合体中的Dicer酶加工

改编自I. Slezak-Prochazka, et al. *RNA* 16 (2010): 1087-1095 和 S. Bajan and G. Hutvagner, *Mol. Cell* 44 (2011): 345-347

称为RNA诱导的沉默复合体（RNA-induced silencing complex，**RISC**）。Argonaute（Ago）家族中的蛋白是组成RISC的成员，它通过将信使链降解，并最终将dsRNA片段加工成单链，即miRNA，它在这些过程中是必需的。随后，RISC（通常）将miRNA投送到其靶mRNA的3′非翻译区（untranslated region，UTR）。人类拥有8个Ago家族成员，果蝇有5个，植物有10个，而秀丽隐杆线虫（*Caenorhabditis elegans*）为26个。这些蛋白质拥有一个古老的起源，并广泛存在于细菌、古菌和真核生物中[尽管这一系统不存在于酿酒酵母（*Saccharomyces cerevisiae*）中，但是存在于它的一些近亲中]。

碱基配对的程度和双链体的末端序列（由Dicer酶切割所决定）决定了哪一个Ago家族成员选择RNA双链体，以及选择哪一条链作为被降解的信使链，如**图30.5**所示。现在RISC可使用成熟的miRNA，并将它引导到其靶mRNA上。由RISC所选择的一类靶标依赖于其特殊的Ago蛋白；而特异性的靶RNA本身则由miRNA决定。

生殖细胞亚型的miRNA就是Piwi相互作用RNA[最初命名为P因子诱导的幼稚睾丸RNA（P-element induced wimpy testis RNA）]。在果蝇中，有时称这些为重复相关siRNA（repeat-associated siRNA，**rasiRNA**）。它们如此命名是因为它们能与不同亚家族的Ago蛋白成员——Piwi蛋白（在小鼠中称为Miwi蛋白，在人类中称为Hiwi蛋白）相互作用。Piwi类蛋白只存在于后生动物（多细胞真核生物）中。此外，piRNA稍长于miRNA，它从24 nt到31 nt，在其3′端也是甲基化的。piRNA以串联的巨大簇形式存在，可含有数万份拷贝，而其加工途径还没有被阐明，但很可能与miRNA的加工机制相似。它们可被投送到与miRNA不同的Ago蛋白家族成员中，包括Piwi蛋白、Aubergine蛋白和Ago3蛋白。

piRNA的功能也不同于miRNA。其发挥功能的重要位置是在细胞核中，可阻遏转座因子的表达、维持基因组完整性和控制染色质结构（详见第15章“转座因子和反转录病毒”和第26章“真核生物的转录调节”）。piRNA影响染色质控制的机制类似于第28章“表观遗传学II”中所描述的。在小鼠（以及通常在哺乳动物）中，某些基因显示了亲本起源的特异性表达，这是由于在分化相关的甲基化区（differentially methylated region，DMR）的甲基化模式差异所致。*Rasgrf1*基因的甲基化由它的DMR控制，它包括长散在核元件（long interspersed nuclear element，LINE）和短散在核元件（short interspersed nuclear element，SINE）。它们可转录成piRNA和长ncRNA，随后这可作为酶的支架，可甲基化和阻遏来自*Rasgrf1*基因的转录。

只有少数piRNA可与转座因子互补，而大部分定位于单拷贝DNA、两个基因或基因间区域。在果蝇中，正是母体遗传的piRNA提供了保护作用来抵抗转座子激活，它可抵抗针对雌性的P因子介导的杂种不育（详见第15章“转座因子与反转录病毒”）。

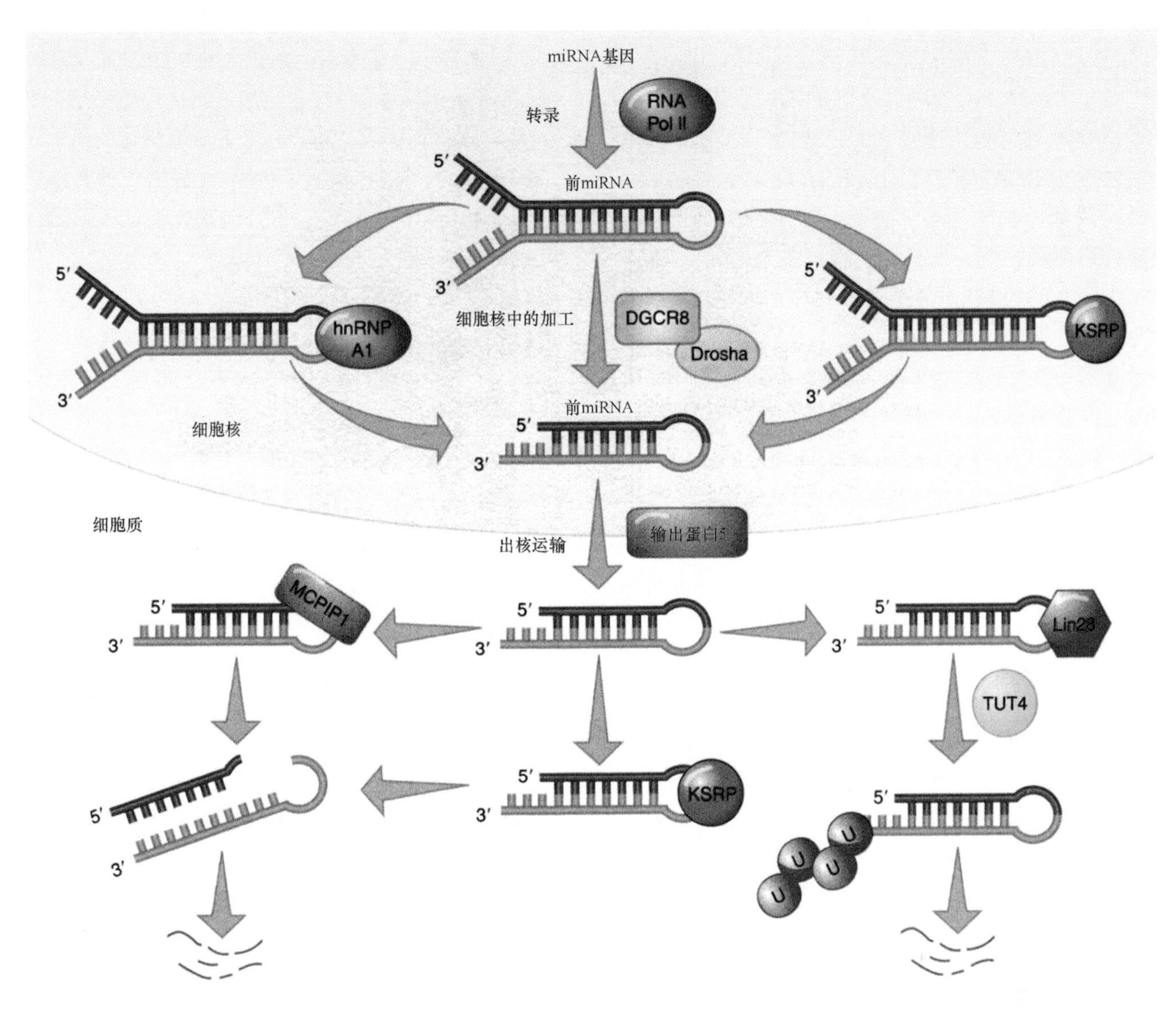

图 30.5 通过环状结构进行 miRNA 的加工和调节。从转录开始真正的 miRNA 的加工的基本步骤如图所示。几种蛋白质可通过直接结合如图所示的 miRNA 的环状序列而调节其加工过程。MCPIP1 和 Lin28 是一组 miRNA 的负调节物。MCPIP1 能切割环状结构，导致其所调节的这一组 miRNA 的降解。Lin28 可募集尿苷酰转移酶，从而添加 poly(U) 尾部，这也会导致降解。另一种调节物 KSRP 是一种正调节物

改编自 S. Bajan and G. Hutvagner, *Mol. Cell* 44 (2011): 345-347

siRNA 存在不同的起源，这些可能衍生自病毒感染，因为病毒常常转录两条基因组链以形成互补 dsRNA。这些大的 dsRNA 可被 Dicer 酶加工，这一加工方式类似于前面描述的 miRNA 所使用的方式，并被递送到 RISC 中。siRNA 利用了不同的 Ago 家族成员（因此形成了不同的 RISC）。siRNA 也可衍生自转座因子的转录，因此也可用于将它们沉默。在有机体中，siRNA 的一个非常有趣的特征是它们有能力在细胞之间传递，在病毒感染过程中这是一种非常有用的特征。这种现象在植物中尤其普遍，在秀丽隐杆线虫中也常常见到。在这些有机体中，这种加工过程可被依赖 RNA 的 RNA 聚合酶所放大，而人类和果蝇中可能不拥有这种聚合酶。

30.4 RNA 干扰是如何工作的?

关键概念

- miRNA 通过与靶 mRNA 中互补序列的碱基配对来调节基因表达。
- RNAi 触发与 miRNA 或 siRNA 互补的 mRNA 的降解或翻译抑制。它也能导致 mRNA 激活。
- dsRNA 可以导致宿主基因的沉默。

RISC 是一种结合于 Ago 蛋白复合体的 miRNA 复合体，它可执行翻译控制，它与所结合的 miRNA

一起在细胞质中被引导至其靶标mRNA上。有机体中存在两种主要的用于控制mRNA表达的机制：① mRNA的降解，或② mRNA的翻译抑制。植物主要运用RNAi途径进行mRNA降解；而动物主要运用翻译抑制途径。然而，这两种生物确实都拥有这两种机制。而机制的选择主要由miRNA与mRNA之间的碱基配对程度所决定，碱基配对的程度越高，其靶mRNA被降解的可能性就越大，主要通过5′→3′途径。大多数miRNA机制是抑制性的，但是少数例子显示miRNA是翻译激活所需的。

在真核生物中，以上这些是翻译的精细协同控制的基本机制。就像前面所提及的那样，真核生物mRNA远比细菌mRNA稳定，并且由于一些mRNA的降解是随机的，所以细胞必须严格控制哪些mRNA被翻译成蛋白质。在发育过程中，确保关键mRNA的快速而完全的转换显得尤其重要。

RISC通过分步机制，首先运用miRNA作为引导物来扫描RNA中是否存在一小段同源序列，随后它会延伸至8 bp种子区，以便起始完美的配对效应。这些区域通常存在于mRNA的3′ UTR的AU富集区，有少数存在于ORF中。在不同的条件下，一种给定的mRNA可能含有多个靶位点，从而可应答不同的miRNA。在结合mRNA上的靶位点时，miRNA 5′端的2～8个核苷酸是非常重要的，称为种子序列（seed sequence），它们应该拥有完美的碱基配对。

一旦结合反应发生，可能就会产生几种不同的后果，从不同机制的翻译抑制到信使的降解。RISC能干扰核糖体中正在进行的翻译，这可以通过阻断翻译延伸或通过诱导正在合成的新生多肽的蛋白质水解来完成。第一个模型是在起始后机制中，miRNA通过阻断翻译延伸，或通过促进核糖体的成熟前解离（核糖体脱落）来阻遏靶mRNA的翻译。另一个模型建议翻译不被抑制，而是新生多肽在共翻译时降解。我们还未知此处推测的蛋白酶。

RISC也能以多种方式抑制翻译起始，此时miRNA可在延伸前干扰非常早期的翻译阶段。这很可能是通过Ago蛋白的中心结构域，因为事实上它与帽结合起始因子eIF4E具有同源性（详见第22章“翻译”）。RISC能通过Ago蛋白与eIF4E因子竞争结合帽结构从而抑制eIF4E因子的加入，或者Ago蛋白能募集eIF6因子，它能阻止核糖体60S大亚基结合于小亚基从而阻止大亚基的加入。RISC也能阻止mRNA的环化，这通过阻止帽结构结合于poly(A)尾部而实现，这一包含脱腺苷酸化的机制还未完全阐明。RISC促进mRNA降解的一种方法是推进脱腺苷酸化与随后的mRNA脱帽反应。miRNA可触发脱腺苷酸化与随后的靶mRNA脱帽，它包括主要的脱腺苷酸酶复合体成分（CAF1蛋白、CCR4蛋白和NOT复合体）、脱帽酶DCP2和几种脱帽激活物（值得注意的是，mRNA衰变可能是一种沉默的独立机制，或是翻译阻遏的结果，而不管翻译阻遏是发生在起始或起始后水平）。通过将mRNA靶向已经存在的降解途径，RISC还能以此间接协助mRNA降解。RISC可介导将mRNA隔离于加工中心，此中心称为细胞质加工小体（cytoplasmic processing body）或P小体（P body），在这些位点，mRNA可被存储起来以备将来使用，或脱帽mRNA可在此处降解（详见第20章“mRNA的稳定性与定位”）。

尽管翻译阻遏是miRNA作用的最常见结局(基于目前的认知)，但是miRNA也可导致翻译激活。肿瘤坏死因子-α（tumor necrosis factor-α，TNF-α）基因的3′ UTR含有调节性RNA元件，称为AU富集元件（AU-rich element，ARE），这是一些常见的元件，通常参与翻译阻遏（详见第20章“mRNA的稳定性与定位”）。在这个例子中，在血清饥饿诱导下，ARE参与了mRNA的翻译激活。现在已经证明，这种激活需要RISC及其miRNA，它们与脆性X染色体相关蛋白（fragile X-related protein，FXR1）——一种RNA结合蛋白一起组成复合体而发挥作用。RISC是如何从其通常的阻遏作用转变成激活功能的呢？这个问题取决于复合体的实际组成，在复合体中，不同蛋白质配体将会引发不同的应答。血清饥饿可导致FXR1蛋白的募集，这会改变RISC的功能，可能因为RISC是在3′ UTR和mRNA帽结构之间沟通，在这里翻译起始是受到控制。

在动物中最早被发现的RNAi之一存在于秀丽隐杆线虫中，当时发现调节基因*lin4*能与其靶基因*lin14*相互作用。靶基因*lin14*能产生可调节幼虫发育时相的mRNA，它是一种异时基因（heterochronic gene）。lin14蛋白是一种关键的蛋白质，它能在一组特定细胞中决定有丝分裂的时相。功能丧失性突变和功能获得性突变都会导致胚胎携带严重缺陷。*lin14* 基因的表达受 *lin4* 基因控制，后者编码一种 miRNA，而 *lin4* 转录物与一段由 10 个碱基组成的序列互补，这段序列可在 *lin14* mRNA 的 3′ UTR 中不完全重复出现 7 次。*lin4* miRNA 可结合于这些重复序列,有些结合存在凸出部分（由于不完全配对），而在完全配对重复序列中则不存在凸出结构，这样可在翻译后起始步骤中调节表达。

就如对细菌 sRNA 所描述的那样，可调控最终结局的不同元件之间存在着动态作用。同样，在控制 RISC 与其靶 mRNA 之间的作用也存在着多种机制。蛋白质可结合于 mRNA 靶标序列以阻止其被 RISC 所利用，且 mRNA 本身的 3′ UTR 可拥有交替存在的碱基配对结构，这也能影响 RISC 鉴定和靶向其结合位点。前 miRNA 可被 ADAR 酶编辑，它是腺苷脱氨酶编辑酶，可将 A 转变成 I 而破坏 A · U 碱基配对，这可导致 miRNA 的激活或失活。许多 Ago 蛋白会允许有趣的调控机制。在拟南芥（*Arabidopsis*）中，结合于某一 miRNA 的不同 Ago 蛋白会导致不同的结局。Ago1 蛋白可结合大多数 miRNA，从而引起靶 mRNA 的降解。Ago10 蛋白被描述成一种诱饵蛋白，它与 Ago1 蛋白所结合的一组 miRNA 是一致的，这样就可阻止其降解，如**图 30.6** 所示。秀丽隐杆线虫和一些病毒能表达 ncRNA，它可干扰 Dicer 酶，因而会改变细胞中的 mRNA 表达谱。更加有意思的是，一些基因拥有可变的 poly(A) 切割位点，从而产生两种版本的 mRNA，它由于长度的不同而导致 3′ UTR 的组成差异，使得它们可包含更多或更少的 miRNA 靶位点。

在无脊椎动物细胞中，RNAi 已成为特异性消除靶基因表达的一项有力技术，但是刚开始时，这项技术在哺乳动物细胞中的应用却受到了限制，因为它们对 dsRNA 引起的蛋白质合成的关闭及 mRNA 的降解有着更为广泛的应答。**图 30.7** 指出这主要由于两种反应所产生：dsRNA 可激活 PKR 酶，而 PKR 酶可通过磷酸化翻译起始因子 eIF2a 而使之失活。此外，dsRNA 激活 2′,5′ 寡腺苷酸合成酶（2′,5′-oligoadenylate synthetase），其产物能激活 RNA 酶 L，而它能够降解细胞中所有的 mRNA。然而，实验结果表明能够发挥这样作用的 dsRNA 都长于 26 个核苷酸。如果较短的 dsRNA（21 ～ 23 个核苷酸）被转入哺乳动物细胞中，只会引起互补 RNA 的特异性降解，这与 RNAi 技术在线虫和果蝇中的应用效果一样。

RNAi 和一些基因表达沉默的自然过程相关。植物和真菌中就存在 **RNA 沉默（RNA silencing）**

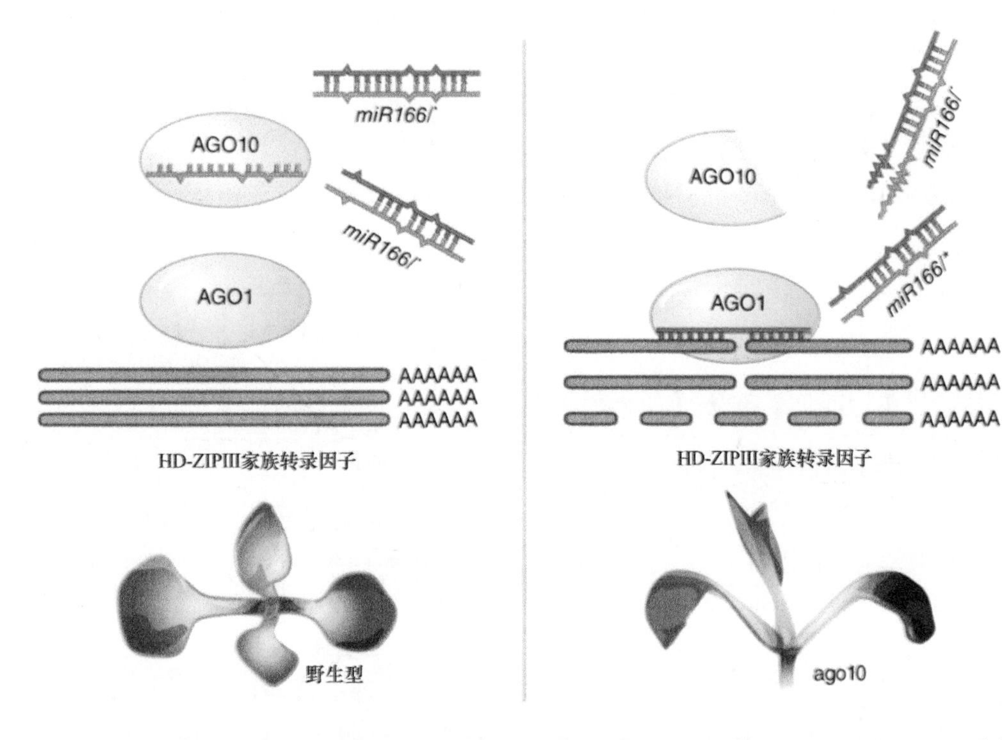

图 30.6 拟南芥中的 Ago10 蛋白主要与 miR166/165 关联。miR166/165 的双链体结构决定了它能与 Ago10 蛋白进行特异性的结合。Ago10 蛋白可与 Ago1 蛋白竞争结合 miR166/165。Ago10 蛋白的诱饵活性促使根的顶端分生组织发育

修改自 H. Zhu, et al. *Cell* 145 (2011): 242-256

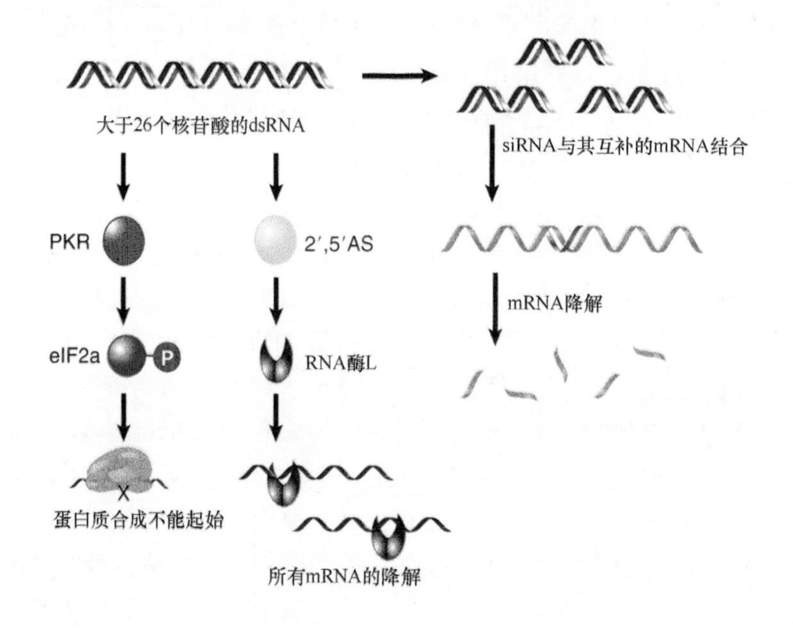

图 30.7 在哺乳动物细胞中，dsRNA 可以阻止蛋白质合成并引起所有 mRNA 的降解，且具有序列特异性效应

现象（有时也被称为转录后基因沉默），此时 dsRNA 会抑制某一基因的表达。这种 RNA 最常见的来源是复制中的病毒或转座因子。这一机制可能是由于对这些因子的防御进化出来的，当病毒感染了植物细胞，dsRNA 的产生会触发对植物基因组的表达抑制。类似地，转座因子也可产生 dsRNA。RNA 沉默更为显著的一个特点就是，它不限于被病毒感染的细胞，即它能够扩散到整个植物系统。可能该信号的传播包含了 RNA 或 RNA 片段的传播，这可能和病毒本身的移动传播存在相似之处。植物中的 RNA 沉默还涉及由依赖 RNA 的 RNA 聚合酶所产生的信号放大，这个聚合酶可以 siRNA 为引物、以互补的 RNA 为模板来合成更多的 RNA。

30.5 异染色质形成需要微 RNA

关键概念

- miRNA 能促进异染色质形成。

就像第 27 章“表观遗传学 I”和第 28 章“表观遗传学 II”所描述的一样，异染色质是染色体中主要的可见部分之一。染色时，肉眼可以观察到它与常染色质是不同的，因为它比常染色质更加凝聚。异染色质在后期复制，它含有更少的基因。异染色质中基本的 DNA 序列也不同于常染色质，因为它主要由简单序列卫星 DNA 组成，并以巨大的串联模块形式组织而成。在异染色质内也存在含有基因的、由独特 DNA 序列组成的一个个小岛。以前一直认为这些简单序列区域很大程度上是转录沉默的，现在我们知道实际上整个基因组都是转录的，包括这些常常存在于着丝粒周围的简单序列卫星 DNA。实际上，来自这些序列的转录物用于组成异染色质结构来阻遏其转录。

裂殖酵母（*Schizosaccharomyces pombe*）的着丝粒异染色质就是一个了解异染色质形成的经典模型。其异染色质的外围区域序列可由 RNA 聚合酶 II 转录成 ncRNA，而**依赖 RNA 的 RNA 聚合酶（RNA-dependent RNA polymerase，RDRP）**可将这一转录物拷贝而形成 dsRNA，随后它可被加工成 siRNA。而植物则是利用另一种 RNA 聚合酶（称为 RNA 聚合酶 I Vb/V）来扩增 ncRNA 信号。在果蝇中，siRNA 已经与 X 染色体内的姐妹染色单体的识别联系在一起，这就可将 X 染色体和常染色体区分开来，它也应用于雌性和雄性之间的剂量补偿效应。

与在 30.4 节“RNA 干扰如何工作”中所见到的方式相似，这种 RNA 也是由 Dicer 酶加工的。机体也拥有另一种加工途径，这需要 TRAMP（Trf4-Air1-Mtr4 polyadenylation，Trf4-Air1-Mtr4 多腺苷酸化）外切体复合体。而这些片段被投送的目的复合体称为**RNA 诱导的转录沉默（RNA-induced transcriptional silencing，RITS）**。RITS 复合体含有 Argonaute 蛋白亚基——Ago1 蛋白。RITS 和 RDRP 可组合在一个复合体中。此处我们又要提到，就如上面所看到的，RITS 复合体运用 siRNA 作为其靶向机制，使之回到其起始点，从而开始其转录阻遏过程。这需要募集因子以便于开始染色质修饰，如组蛋白 H3K9 甲基转移酶（详见第 27 章“表观遗传学 I”）。如果这一个甲基转移酶固定于常染色质中，那么在此处，异染色质将会被诱导出来。外围的重复序列和 siRNA 的唯一作用就是募集甲基转移酶。

裂殖酵母中的异染色质形成如下。通过双向转录或依赖 RNA 的 RNA 合成，DNA 重复序列可形成 dsRNA；dsRNA 可切割成 siRNA，它可被装载到 RITS 复合体中；RITS 复合体含有 Ago 蛋白、Tas3 蛋白、一种裂殖酵母特异性蛋白及 Chp1 蛋白（一种含克罗莫结构域的蛋白质）。RITS 复合体通过 siRNA 与新生转录物进行碱基配对而寻找重复序列，并可募集 RNA 诱导的 RNA 聚合酶（RNA-directed RNA polymerase complex，RDRC） 和 Clr4 蛋白。在 RDRC 中的 RdRP 可利用 Ago 蛋白切割的新生 RNA 作为模板合成更多的 dsRNA，随后它们能被切割成 siRNA 以增强异染色质形成。RITS 复合体中的 Chp1 蛋白可结合组蛋白 H3K9me，导致 RITS 复合体与异染色质 DNA 之间的稳定相互作用。组蛋白 H3K9me 因为能结合于另一种克罗莫结构域蛋白——Swi 蛋白（一种 HP1 蛋白同源物），从而导致异染色质的扩展。

果蝇中也存在相似的系统，就如上面所描述的，它可将 rasiRNA 靶向到另一种 RISC 中，这个复合体包括 Piwi 蛋白、Aubergine 蛋白和 Ago3 蛋白。果蝇中的异染色质形成如下。rasiRNA 是以不依赖 Dicer 酶的、Aub/Piwi-Ago3 的“乒乓”机制产生的。Aub/Piwi 可与反义 rasiRNA 结合，在 5′ 端的一个 U 会优先结合；而 Ago3 蛋白会与有义链衍生的 rasiRNA 结合，它会优先结合于第 10 位核苷酸为 A 者。Aub/Piwi-rasiRNA 复合体可通过 10 nt 的互补序列结合于有义链 RNA 中。Aub/Piwi 可切割有义链 RNA，从而产生有义 rasiRNA 前体。一种还有待鉴定的核酸酶会产生可与 Ago3 蛋白结合的有义 rasiRNA。随后，Ago3 蛋白 - 有义 siRNA 可结合反义 RNA 来产生更多的反义 rasiRNA。在这个“乒乓”模型中，初始的 Aub/Piwi-rasiRNA 复合体以母体方式存放起来，而所产生的 rasiRNA 复合体可起始异染色质形成。就如与酵母中的一样，组蛋白 H3K9me 可结合 HP1 蛋白，从而导致异染色质的扩展。在哺乳动物中也报道了一种相似的机制。

端粒异染色质也可被转录。与着丝粒异染色质类似的是，端粒也是由重复序列 DNA 组成。它们能够被转录成巨大的 ncRNA，这称为含端粒重复序列的 RNA（telomere repeat-containing RNA，TERRA）。富含 G 的 TERRA 可折叠成 **G 四联体（G quadruplex）**结构，如**图 30.8** 所示。多种蛋白质可结合于 TERRA 上，它们可参与端粒中端粒酶介导的复制（详见第 7 章“染色体”）。

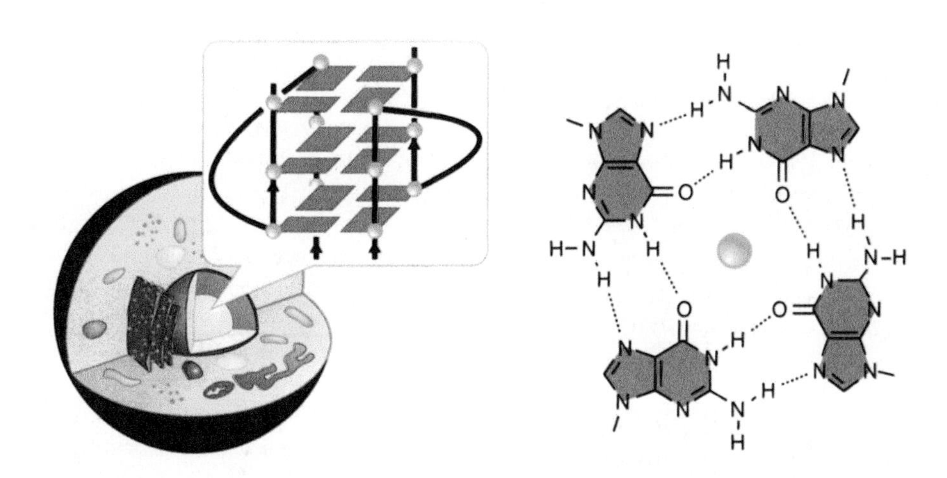

图 30.8 G 四件套与 G 四联体的结构和拓扑特征。鸟嘌呤通过 Hoogsteen 氢键碱基配对连接在一起。中央的单价离子是结构形成和稳定化所需的

小结

在细菌和真核细胞中都发现了小调节物RNA。大肠杆菌中发现了70种以上的sRNA，而拥有更大基因组的细菌可能含有数百个。*oxyS* sRNA可在转录后水平上控制约40个基因座的表达，其中一些基因是激活的，而其他基因则是阻遏的。当sRNA结合靶标mRNA以形成双链体区域，而这一区域包含了核糖体结合位点时，则发挥的是阻遏效应。

真核生物miRNA的长度约为22个碱基，在大多数真核生物中，它由长转录物经Drosha酶和Dicer酶切割产生，随后它们被投送到RISC上，然后再被投送到其靶mRNA中。miRNA通过与靶mRNA的碱基配对以形成双链体区域，这一区域就易于受到内切核酸酶的切割或产生翻译抑制，从而发挥其功能。这是一个动态系统，因为它们本身也受到辅助蛋白、酶和其他RNA的控制。RNAi技术正在成为失活真核生物基因的一种首选方法。这项技术通过导入短的dsRNA序列（其中一条链互补于靶RNA序列）诱导靶标的降解而发挥作用，这可能与植物中一种自然防御系统，即RNA沉默相关。

参考文献

30.2 细菌含有调节物RNA

综述文献

Bobrovskyy, M., and Vanderpool, C. K. (2013). Regulation of bacterial metabolism by small RNAs using diverse mechanisms. *Annu. Rev. Gen.* 47, 209-232.

Deveau, H., Garneau, J. E., and Moineau, S. (2010). CRISPR/Cas system and its role in phagebacteria interactions. *Annu. Rev. Micro.* 64, 475-493.

Gottesman, S. (2002). Stealth regulation: biological circuits with small RNA switches. *Genes Dev.* 16, 2829-2842.

Wiedenheft, B., Sternberg, S. H., and Doudna, J. A. (2012). RNA-guided genetic silencing systems in bacteria and archaea. *Nature* 482, 331-338.

研究论文文献

Altuvia, S., Zhang, A., Argaman, L., Tiwari, A., and Storz, G. (1998). The *E. coli* OxyS regulatory RNA represses fhlA translation by blocking ribosome binding. *EMBO J.* 17, 6069-6075.

Brouns, S. J. J., Matthijs, M. J., Lundgren, M., Westra, E. R., Slijkhuis, R. J. K., Snijders, A. P. L., Dickman, M. J., Makarova, K. S., Koonin, E. V., and van der Oost, J. (2008). Small CRISPR RNAs guide antiviral defense in prokaryotes. *Science* 321, 960-964.

Maki, F., Uno, K., Morita, T., and Aiba, H. (2008). RNA, but not protein partners, is directly responsible for transcription silencing by a bacterial Hfq-binding small RNA. *Proc. Natl. Acad. Sci. USA* 105, 10332-10337.

Massé, E., Escorcia, F. E., and Gottesman, S. (2003). Coupled degradation of a small regulatory RNA and its mRNA targets in *Escherichia coli*. *Genes Dev.* 17, 2374-2383.

Navarro, L., Jay, F., Nomura, K., He, S. Y., and Voinmet, O. (2008). Suppression of the microRNA pathway by bacterial effector proteins. *Science* 321, 964-967.

Seminova, E., Jore, M. M., Datsenko, K. A., Seminova, A., Westra, E. R., Wanner, B., van der Oost, J., Brouns, S. J. J., and Severinov, K. (2011). Interference by clustered regularly interspaced short palindromic repeat (CRISPR) RNA is governed by a seed sequence. *Proc. Natl. Acad. Sci. USA* 108, 10098-10103.

Soper, T., Mandin, P., Majdalani, N., Gottesman, S., and Woodson, S. A. (2010). Positive regulation by small RNAs and the role of Hfq. *Proc. Natl. Acad. Sci. USA* 107, 9602-9607.

30.3 真核细胞中微RNA是分布广泛的调节物

综述文献

Chitwood, D. H., and Timmermans, M. C. P. (2010). Small RNAs on the move. *Nature* 467, 415-419.

Eulalio, A., Huntzinger, E., and Izaurralde, E. (2008). Getting to the root of mi-mediated gene silencing. *Cell* 132, 9-14.

Großhans, H., and Filipowicz, W. (2008). The expanding world of small RNAs. *Nature* 451, 414-416.

Hutvagner, G., and Simard, M. J. (2008). Argonaute proteins: key players in RNA silencing. *Nature Rev. Mol. Cell Biol.* 9, 22-32.

Iwasaka, Y. W., Siomi, M. C., and Siomi, H. (2015). PIWI-interacting RNA: biogenesis and function. *Annu. Rev. Biochem.* 84, 405-433.

Kim, Y. K., Heo, I., and Kim, V. N. (2010). Modifications of small RNAs and their associated proteins. *Cell* 143, 703-709.

研究论文文献

Bernstein, E., Caudy, A. A., Hammond, S. M., and Hannon, G. J. (2001). Role for a bidentate ribonuclease in the initiation step of RNA interference. *Nature* 409, 363-366.

Brennecke, J., Malone, C. D., Aravin, A. A., Sachidanandam, R., Stark, A., and Hannon, G. J. (2008). An epigenetic role for maternally inherited piRNAs in transposon silencing. *Science* 322, 1387-1392.

Ketting, R. F., Fischer, S. E., Bernstein, E., Sijen, T., Hannon, G. J., and Plasterk, R. H. (2001). Dicer functions in RNA interference and in synthesis of small RNA involved in developmental timing in *C. elegans*. *Genes Dev.* 15, 2654-2659.

Lau, N. C., Lim, L. P., Weinstein, E. G., and Bartel, D. P. (2001). An abundant class of tiny RNAs with probable regulatory roles in *C. elegans*. *Science* 294, 858-862.

Lee, R. C., Feinbaum, R. L., and Ambros, V. (1993). The *C. elegans* heterochronic gene lin-4 encodes small RNAs with antisense complementarity to lin-14. *Cell* 75, 843-854.

Mourelatos, Z., Dostie, J., Paushkin, S., Sharma, A., Charroux, B., Abel, L., Rappsilber, J., Mann, M., and Dreyfuss,

G. (2002). miRNPs: a novel class of ribonucleoproteins containing numerous microRNAs. *Genes Dev.* 16, 720-728.

Park, J. E., Heo, I., Tian, Y., Simanshu, D. K., Chang, H., Jee, D., Patel, D. J., and Kim, V. N. (2011). Dicer recognizes the 5′ end of RNA for efficient and accurate processing. *Nature* 475, 201-205.

Reinhart, B. J., Weinstein, E. G., Rhoades, M. W., Bartel, B., and Bartel, D. P. (2002). MicroRNAs in plants. *Genes Dev.* 16, 1616-1626.

Sullivan, C. S., Grundhoff, A. T., Tevethia, S., Pipas, J. M., and Ganem, D. (2005). SV40-encoded microRNAs regulate viral gene expression and reduce susceptibility to cytotoxic T cells. *Nature* 435, 682-686.

Watanabe, T., et al. (2011). Role for piRNAs and noncoding RNA in *de novo* DNA methylation of the imprinted mouse *Rasgrf1* locus. *Science* 332, 848-852.

Wightman, B., Ha, I., and Ruvkun, G. (1993). Posttranscriptional regulation of the heterochronic gene lin-14 by lin-4 mediates temporal pattern formation in *C. elegans*. *Cell* 75, 855-862.

Yu, B., Yang, Z., Li, J., Minakhina, S., Yang, M., Padgett, R. W., Steward, R., and Chen, X. (2005). Methylation as a crucial step in plant microRNA biogenesis. *Science* 307, 932-935.

Zamore, P. D., and Haley, B. (2005). Ribo-gnome: the big world of small RNAs. *Science* 309, 1519-1524.

30.4 RNA 干扰是如何工作的？

综述文献

Ahlquist, P. (2002). RNA-dependent RNA polymerases, viruses, and RNA silencing. *Science* 296, 1270-1273.

Djuranovic, S., Nahvi, A., and Green, R. (2011). A parsimonious model for gene regulation by miRNAs. *Science* 331, 550-553.

Izaurralde, E. (2015). Breakers and blockers—miRNAs at work. *Science* 349, 380-382.

Schwartz, D. S., and Zamore, P. D. (2002). Why do miRNAs live in the miRNP? *Genes Dev.* 16, 1025-1031.

Sharp, P. A. (2001). RNA interference—2001. *Genes Dev.* 15, 485-490.

Tijsterman, M., Ketting, R. F., and Plasterk, R. H. (2002). The genetics of RNA silencing. *Annu. Rev. Genet.* 36, 489-519.

Yates, L. A., Norbury, C. J. and Gilbert, R. J. C. (2013). The long and the short of microRNA. *Cell* 153, 516-519.

研究论文文献

Chandradess, S. D., Schirle, N. T., Szczepaniak, M., MacRae, I. J. and Joo, C. (2015). A dynamic search process underlies microRNA targeting. *Cell* 162, 96-107.

Elbashir, S. M., Harborth, J., Lendeckel, W., Yalcin, A., Weber, K., and Tuschl, T. (2001). Duplexes of 21-nucleotide RNAs mediate RNA interference in cultured mammalian cells. *Nature* 411, 494-498.

Hamilton, A. J., and Baulcombe, D. C. (1999). A species of small antisense RNA in posttranscriptional gene silencing in plants. *Science* 286, 950-952.

Kamath, R. S., Fraser, A. G., Dong, Y., Poulin, G., Durbin, R., Gotta, M., Kanapin, A., Le Bot, N., Moreno, S., Sohrmann, M., Welchman, D. P., Zipperlen, P., and Ahringer, J. (2003). Systematic functional analysis of the *C. elegans* genome using RNAi. *Nature* 421, 231-237.

Meister, G., Landthaler, M., Patkaniowska, A., Dorsett, Y., Teng, G., and Tuschl, T. (2004). Human argonaute2 mediates RNA cleavage targeted by miRNAs and siRNAs. *Mol. Cell* 15, 185-197.

Mette, M. F., Aufsatz, W., van der Winden, J., Matzke, M. A., and Matzke, A. J. (2000). Transcriptional silencing and promoter methylation triggered by double-stranded RNA. *EMBO J.* 19, 5194-5201.

Montgomery, M. K., Xu, S., and Fire, A. (1998). RNA as a target of double-stranded RNA-mediated genetic interference in *C. elegans*. *Proc. Natl. Acad. Sci. USA* 95, 15502-15507.

Ohta, H., Fujiwara, M., Ohshima, Y., and Ishihara, T. (2008). ADBP-1 regulates an ADAR RNA-editing enzyme to antagonize RNA-interference-mediated gene silencing in *Caenorhabditis elegans*. *Genetics* 180, 785-796.

Sandberg, R., Neilson, J. R., Sarma, A., Sharp, P. A., and Burge, C. B. (2008). Proliferating cells express mRNAs with shortened 3′ untranslated regions and fewer microRNA target sites. *Science* 320, 1643-1647.

Schramke, V., Sheedy, D. M., Denli, A. M., Bonila, C., Ekwall, K., Hannon, G. J., and Allshire, R. C. (2005). RNA-interference-directed chromatin modification coupled to RNA polymerase II transcription. *Nature* 435, 1275-1279.

Vasudevan, S., Tong, Y., and Steitz, J. A. (2007). Switching from repression to activation: miRNAs can up-regulate translation. *Science* 318, 1931-1934.

Voinnet, O., Pinto, Y. M., and Baulcombe, D. C. (1999). Suppression of gene silencing: a general strategy used by diverse DNA and RNA viruses of plants. *Proc. Natl. Acad. Sci. USA* 96, 14147-14152.

Waterhouse, P. M., Graham, M. W., and Wang, M. B. (1998). Virus resistance and gene silencing in plants can be induced by simultaneous expression of sense and antisense RNA. *Proc. Natl. Acad. Sci. USA* 95, 13959-13964.

Yu, B., Yang, Z., Li, J., Minakhina, S., Yang, M., Padgett, R. W., Steward, R., and Chen, X. (2005). Methylation as a crucial step in plant microRNA biogenesis. *Science* 307, 932-935.

Zamore, P. D., Tuschl, T., Sharp, P. A., and Bartel, D. P. (2000). RNAi: double-stranded RNA directs the ATP-dependent cleavage of mRNA at 21 to 23 nucleotide intervals. *Cell* 101, 25-33.

Zhu, H., Hu, F., Wang, R., Zhou, X., Sze, S. H., Liou, L. W., Barefoot, A., Dickman, M., and Zhang, X. (2011). *Arabidopsis* Argonaute 10 specifically sequesters miRNA166/165 to regulate shoot meristem development. *Cell* 145, 242-256.

30.5 异染色质形成需要微 RNA

综述文献

Bei, Y., Pressman, S., and Carthew, R. (2007). Snapshot: small RNA-mediated epigenetic modifications. *Cell* 130, 756.

Grewel, S. I. S., and Elgin, S. C. R. (2007). Transcription and RNA interference in the formation of heterochromatin. *Nature* 447, 399-406.

研究论文文献

Buhler, M., Haas, W., Gygi, S. P., and Moazed, D. (2007). RNAi-dependent and -independent RNA turnover mechanisms contribute to heterochromatin gene silencing. *Cell* 129, 707-

721.

Folco, H. D., Pidoux, A. L., Urano, T., and Allshire, R. C. (2008). Heterochromatin and RNAi are required to establish CENP-A chromatin at the centromeres. *Science* 319, 94-97.

Kagansky, A., Folco, H. D., Almeida, R., Pidoux, A. L., Boukaba, A., Simmer, F., Urano, T., Hamilton, G. L., and Allshire, R. C. (2009). Synthetic heterochromatin bypasses RNAi and centromeric repeats to establish functional centromeres. *Science* 324, 1716-1719.

Menon, D. U., Coarfa, C., Xiao, W., Gunaratne, P. H., and Meller, V. H. (2014). siRNAs from an X-linked satellite repeat promote X-chromosome recognition in Drosophila melanogaster. *Proc. Natl. Acad. Sci. USA* 111, 16460-16465.

Xu, Y., Suzuki, Y., Ito, K., and Komiyama, M. (2010). Telomeric repeat-containing RNA structure in living cells. *Proc. Natl. Acad. Sci. USA* 107, 14579-14584.

ENCODE 的专题研究现已发表。除了第 30.3 节中的参考文献外，还可以在以下期刊上找到相关的评论和研究论文的其他参考文献：*Nature* vol. 489、*J. Biol. Chem*. vol. 287，以及 *Genome Res*. vol. 9。另外请参见 *Nature* 的信息网站：http://www.nature.com/encode。

词 汇

−10 element（−10 区） 位于细菌基因起点上游 10 bp 的共有序列，它在起始反应过程中参与解链 DNA。

10 nm fiber（10 nm 纤丝） 一种核小体的线性排列，是由染色质在自然条件下去折叠所产生的。

14-3-3 adaptor（14-3-3 衔接子） 由 7 个进化上保守的、高度同源的衔接子组成的家族，它们可形成同源或异源二聚体，以及同源或异源四聚体。它们可通过两亲性沟槽或外表面结合多种蛋白质和 DNA 配体。它们可调节多种细胞稳态事件，如信号转导、存活、细胞周期进程、DNA 复制，以及诸如类别转换重组（CSR）等细胞分化过程。

2R hypothesis（2R 假说） 此假说认为早期脊椎动物基因组经历了两轮倍增。

3′ untranslated region（UTR，3′ 非翻译区） 位于 mRNA 的 3′ 端终止密码子之后的非翻译序列。

30 nm fiber（30 nm 纤丝） 一种反复盘绕的核小体，在染色质中，它是核小体组织形式的基本水平。

−35 element（−35 区） 细菌基因起点上游 35 bp 处的共有序列，在 RNA 聚合酶起始识别中起作用。

5′ untranslated region（UTR，5′ 非翻译区） mRNA 中信使起始点与第一个密码子之间的区域。

5′-AGCT-3′ 在 Ig 转换区中以高频出现的重复序列，但在基因组中并非如此。它们可由 14-3-3 衔接子和其他类别转换重组（CSR）元件专一性结合。它们在 CSR 事件的靶向中是非常重要的。

5′-end resection（5′ 端切除） 3′ 悬垂单链区域的产生，它通过对双链断裂的 5′ 端进行外切核酸酶消化而形成。

A complex（A 复合体） 第二次剪接复合体；由 U2 snRNP 与 E 复合体结合形成。

A domain（A 结构域） 在组成酵母复制起始点的 ARS 元件中所含 A · T 碱基对的 11 bp 保守序列。

A site（A 位） 在核糖体中，氨酰 tRNA 进入所对应密码子并与之碱基配对的位点。

abortive initiation（流产起始） 它描述了这样一个过程：RNA 聚合酶开始转录，但在聚合酶离开启动子之前就中止了，然后重新启动。在延伸期开始前，它可能会发生几次这样的循环。

abundance（丰度） 每个细胞的平均 mRNA 分子数。

abundant mRNA（高丰度 mRNA） 由少数不同种类 mRNA 组成，每一种在细胞中出现大量拷贝。

***Ac* element（*Ac* 元件）** 见 **activator (*Ac*) element（激活因子元件，*Ac* 元件）**。

acentric fragment（无着丝粒断片）（由于损坏产生的）一个缺少着丝粒的染色体片段，从而在细胞分裂中丢失。

acridine（吖啶，氮蒽） 作用于 DNA 的突变剂，它们能引起单个碱基对的插入或缺失。它们在阐明遗传密码的三联体本质中非常有用。

activation-induced (cytidine) deaminase（AID，激活诱导的胞苷脱氨酶） 能将 DNA 中的脱氧胞苷脱氨基的酶。它可介导 DNA 损伤，这可导致免疫球蛋白（Ig）多样化的起始。

activator (*Ac*) element（激活因子元件，*Ac* 元件） 玉米中的自我转座因子。

activator（激活物） 能激活基因表达的蛋白质，它常常与启动子相互作用从而激活 RNA 聚合酶。在真核生物细胞中，它所结合的启动子序列称为增强子（enhancer）。

adaptive (acquired) immunity（适应性免疫，获得性免疫） 淋巴细胞与抗原的特异性相互作用，受到激活而介导的应答。当含有抗原特异性受体的淋巴细胞受到刺激而增生，从而变成效应细胞，所以适应性免疫应答需要几天才能发育成熟。它负责免疫记忆。

addiction system（瘾嗜系统） 一种质粒使用的生存机制，当质粒丢失时，这种机制用来杀死细菌。

agropine plasmid（冠瘿碱质粒） 带有能合成冠瘿碱类型的冠瘿碱基因的质粒。肿瘤通常会在早期死亡。

AID 见 **activation-induced (cytidine) deaminase（AID，激活诱导的胞苷脱氨酶）**。

allele（等位基因） 在染色体上占据给定位点的不同基因形式的其中一种。

allelic exclusion（等位基因排斥） 在特殊淋巴细胞中，只有一个等位基因能表达可编码的免疫球蛋白，它由第一个能表达的免疫球蛋白等位基因的反馈所引起，这阻止了其他染色体上等位基因的激活。

allolactose（别乳糖） β- 半乳糖苷酶的副产物（由 *lacZ* 基因编码），*lac* 操纵子的真正诱导剂。

allopolyploidy（异源多倍性） 两种不同却繁殖相容的物种之间的杂交可产生异源多倍体化。

allosteric control（别构控制） 蛋白质在第二个位点上结合小分子后，它在第一个位点上具有改变构象（继而改变活性）的能力。

alternative splicing（可变剪接） 依靠使用不同的剪接接头，从单一 RNA 转录物中可得到不同的剪接本。

Alu element（Alu 元件） 一系列分散分布的相关序列，每个约 300 bp 长，在人类基因组中（SINE 家族的成员）。每个成员其两端有限制酶 Alu 切割位点。

amber codon（琥珀密码子） 核苷酸三联体 UAG，引起蛋白质合成终止的三个密码子之一。

aminoacyl-tRNA（氨酰 tRNA） 是携带氨基酸的转运 RNA，氨基酸的氨基共价连接在 tRNA 末端碱基的 3′ 或 2′- 羟基上。

amplicon（扩增子） PCR 或 RT-PCR 反应中精确的、引物与引物所形成的双链核酸产物。

amyloid fiber（淀粉样纤维） 不溶的纤维状蛋白质聚集体，携带交叉的 β 片层结构，由普里昂或其他功能变异的蛋白质聚集而成（例如在阿尔茨海默病中产生）。

annealing（退火，复性） 来自变性的 DNA 双链体的两条互补单链能配对形成双链体结构的过程。

antibody（抗体） 由 B 淋巴细胞产生的蛋白质，它能结合特殊的抗原，从而引起免疫应答，它存在膜结合型和分泌型两种形式。在免疫应答过程中所产生的抗体可募集效应器功能蛋白来辅助和消灭病原体。

antigen（抗原） 一种能与抗原受体（如 B 细胞受体）或抗体特异性结合并能诱导特异性免疫反应的分子

antigenic determinant（抗原决定簇） 大分子抗原表面上诱导抗体反应的部位或区域。也称为 **epitope（表位）**。

antigen-presenting cell（APC，抗原提呈细胞） 免疫系统中的细胞，它在中和抗原中非常有效，可以通过吞噬细胞或受体介导的细胞内吞而实现，随后它会展示出抗原片段，此片段可由细胞膜上的 II 类 MHC 蛋白结合。这些细胞包括树突状细胞、吞噬细胞和 B 淋巴细胞。

antiparallel（反向平行） DNA 双螺旋链以相反的方向组织而成，因此一条链的 5′ 端与另一条链的 3′ 端排列在一起。

antirepressor（抗阻遏物） 作用于开放染色质的正调节物。

antisense RNA（反义 RNA） RNA 拥有一段能与其靶 RNA 互补的序列。

antisense strand（反义链） 见 **template strand（模板链）**。

anti-Sm（抗 Sm） 一种自身免疫抗血清，它定义为与 RNA 剪接有关的 snRNP 中发现的一组蛋白质所共同的 Sm 结构域。

antitermination complex（抗终止复合体） 能够使 RNA 聚合酶通过某一转录终止位点的一组蛋白质联合体。

antitermination（抗终止） 转录控制的一种机制，它能防止在特异性的终止位点终止，使 RNA 聚合酶能连读终止位点后面的基因。

anucleate cell（无核细胞） 与野生型细菌有类似的形态，但没有细胞核的细菌。

APC 见 **antigen-presenting cell（APC，抗原提呈细胞）**。

APE 见 **apyridinic/apurinic endonuclease（APE，无嘧啶 / 无嘌呤内切核酸酶）**。

apoptosis（凋亡） 由细胞刺激通过信号转导途径触发的程序性细胞死亡。

aptamer（适配体） 一种可结合小分子的 RNA 结构域，它能导致 RNA 中的构象改变。

apyridinic/apurinic endonuclease（APE，无嘧啶 / 无嘌呤内切核酸酶） DNA 上碱基切除修复（BER）途径中所使用的酶，它可在由 DNA 糖基化酶所产生的脱碱基位点的磷酸二酯键骨架上形成缺口。在免疫球蛋白基因座的转换区中，在对应 DNA 链上的附近区域产生缺口对于双链断裂的形成是非常重要的。

architectural protein（构筑蛋白） 这种蛋白当结合 DNA 时可改变其结构，如引入弯曲。它们可能不存在其他功能。

ARE 见 **AU-rich element（ARE，AU 富集元件）**。

ARS（autonomously replicating sequence，自主复制序列） 酵母中复制的起点。这些序列的不同例子的共同特征是一个称为 A 结构域的保守 11 bp 序列。

assembly factor（装配因子） 形成大分子结构所需要的蛋白质，但本身并非此结构的一部分。

ATP-dependent chromatin remodeling complex（依赖 ATP 的染色质重塑复合体） 由一个或多个蛋白质与 SWI2/SNF2 超家族的 ATP 酶结合在一起组成复合体，它利用 ATP 水解提供的能量来改变或置换核小体。

attachment (*att*) site（附着点，*att* 位点） λ 噬菌体和细菌染色体中的基因座，在此处，重组反应能将噬菌体插入或切除细菌染色体。

attenuation（弱化） 在第一个结构基因之前的位点，它可通过控制转录终止来进行细菌操纵子的调节。

attenuator（弱化子） 弱化反应发生处的一种终止子序列。

AU-rich element（ARE，AU 富集元件） 一种真核生物 mRNA 顺式作用序列，大部分由 A 和 U 组成，可作为去稳定元件（DE）。

autonomous transposon（自主转座子） 有能力进行转座的活性转座子（即它能编码功能性的转座酶）。

autopolyploidy（同源多倍性） 多倍体化所产生的物种内的有丝分裂或减数分裂错误。

autoradiography（放射自显影） 在X光片上获得放射性物质影像的一种方法。

autoregulation（自调节） 只影响DNA分子自身特性的一个位点或突变，一般认为这一位点不编码可扩散产物。

autosplicing（self-splicing，自剪接） 内含子通过一种催化作用从RNA中切除自身的能力，这种催化作用只取决于内含子中RNA的序列。也称为**self-splicing（自剪接）**。

axial element（轴向成分） 一种蛋白质样结构，染色体围绕着它凝缩，并开始联会。

B cell receptor（BCR，B淋巴细胞受体） 由膜结合的免疫球蛋白和Igα和Igβ信号共受体组成的受体。它与被抗原激活后由同一B淋巴细胞产生的抗体具有相同的结构和特异性。

B cell（B淋巴细胞或B细胞） 合成抗体的淋巴细胞。主要在骨髓中发育。从骨髓中出现的淋巴细胞在血液和外周淋巴器官中进一步分化。

back mutation（回复突变） 通过突变，反转由基因突变所导致的失活效应，从而使之恢复基因产物的原有序列或功能。

bacteriophage（噬菌体） 一种细菌病毒。

Balbiani ring（巴尔比亚尼环） 多线染色体上的极其巨大的疏松结构，它们是RNA转录位点，在研究活性基因的结构、RNA分子的合成和运输中是非常有用的。

Bam island（Bam岛） 发现于爪蟾（*Xenopus*）rDNA基因的非转录区的一系列短重复序列。

band（带） 多线染色体中可见的、含有大部分DNA的高密度区域，它们包括活性基因。

basal transcription apparatus（基础转录装置） 在RNA聚合酶结合之前聚集在启动子上的转录因子复合体。

basal transcription factor（基础转录因子） RNA聚合酶Ⅱ在所有的RNA聚合酶Ⅱ启动子上形成起始复合体所需要的一种转录因子，这些因子称为$TF_{II}X$，其中X是数字。

base excision repair（BER，碱基切除修复） 一种DNA修复系统，它可直接将受损碱基移除，并在DNA上用正确的碱基取而代之。

base pairing（碱基配对） 核苷酸碱基的结合，使得每个碱基对由一个或多个氢键连接在一起的嘌呤和嘧啶组成。在DNA中，腺嘌呤（A）与胸腺嘧啶（T）配对，鸟嘌呤（G）与胞嘧啶（C）配对。在RNA中，尿嘧啶（U）代替胸腺嘧啶。

basic zipper（bZIP，碱性拉链） 一种含有靠近亮氨酸拉链二聚体化基序的碱性DNA结合域的蛋白。

BCR 见**B cell receptor（BCR，B淋巴细胞受体）**。

bent DNA（弯曲DNA） DNA中的曲线通常与双螺旋同侧的一段poly(A)相关联，被认为是有助于转录的激活和阻遏。

BER 见**base excision repair（BER，碱基切除修复）**。

bidirectional replication（双向复制） 当两个复制叉在同一起始点以不同的方向移动时形成的系统。

bivalent（二价体） 在减数分裂初期一种包括四条染色单体的结构（两个染色单体代表一个同源染色体）。

blocked reading frame 见**closed (blocked) reading frame（关闭阅读框）**。

blotting（印迹法） 一种将蛋白质、RNA或DNA转移到诸如硝酸纤维素或尼龙膜等载体上的技术，随后通过一系列不同的技术（如染色）可以检测到这种分子。

boundary (insulator) element（边界元件，绝缘子元件） 由蛋白质结合的一种DNA序列元件，它可阻止开放或封闭染色质的扩展。

branch migration（分支迁移） 双链体中与其互补链部分配对的DNA链具有延伸其配对的能力，这通过将其固定链与其他同源序列置换而实现。

branch site（分支点） 内含子末端前的短序列，将内含子的5′核苷酸和腺嘌呤的2′位点连接起来，从而在此形成套索中间体。

breakage and reunion（断裂与重接） 一种遗传重组的模式，其中两个DNA双链体分子在相应的位置打断并十字交叉重新连接（涉及在连接位点的一段异源双链体DNA的形成）。

bromodomain（布罗莫结构域） 由110个氨基酸残基组成的一种结构域，可结合乙酰化赖氨酸（它通常位于组蛋白上）。

Brownian ratchet（布朗棘轮） 一种随机波动，它能够嵌入到有效结构中。

bZIP 见**basic zipper（bZIP，碱性拉链）**。

C (constant) gene（C基因） 编码免疫球蛋白链恒定区的基因。

C region（C区） 见**constant region（C region，恒定区，C区）**。

CAAT box（CAAT 框） 真核生物转录单位起始点上游的保守序列，能被一大组转录因子识别。

cAMP 见 **cyclic AMP（cAMP，环状 AMP）**。

cap（帽） 是真核生物 mRNA 5′ 端的结构，在转录后通过 5′ 三磷酸鸟苷（GTP）的末端磷酸和 mRNA 末端碱基而引入。

capsid（衣壳） 是病毒颗粒外部的蛋白质外壳。

carboxy-terminal domain（CTD，C 端结构域） 真核 RNA 聚合酶 II 的结构域，在起始时磷酸化，并协调许多转录活动。

cascade（级联反应） 一系列连续事件，并且前面一种事件能激发后面一种事件。在转录调节中，如在孢子形成和噬菌体裂解发育时，它表示调节分成几个阶段，在每个阶段，其中一个基因编码的调节因子是另一阶段的各种基因表达所需要的。

catabolite regulation（分解代谢物调节） 葡萄糖由能力阻止许多基因的表达，在细菌中这是正调节系统；而在真核生物中它是完全不同的。

catabolite repression（分解代谢物阻遏） 即使在高浓度非优先碳源存在的情况下，能使细菌利用偏爱碳源的一种机制。例如，即使在乳糖存在的情况下，葡萄糖的存在就会导致 *lac* 操纵子的阻遏。

catabolite repressor protein（CRP，分解代谢物阻遏蛋白） 一种由 cAMP 所激活的正调节因子，在大肠杆菌（*Escherichia coli*）中，它是 RNA 聚合酶起始许多操纵子转录所需的。

catenation（连环） 将两个环状分子连成一条链。

CCCTC-binding factor（CTCF，CCCTC 结合因子） 参与染色质构建、V(D)J 重组、绝缘子活性和转录调节的一种转录因子。它可结合于 DNA 的所有链上，此后形成染色质环状结构，可将 DNA 锚定于细胞结构如细胞核基质中。它也可在活性 DNA 和异染色质 DNA 之间形成边界。

CDK 见 **cyclin-dependent kinase（CDK，周期蛋白依赖性激酶）**。

cDNA 见 **complementary DNA（cDNA，互补 DNA）**。

central dogma（中心法则） 信息不能从蛋白质传递到蛋白质或从蛋白质传递到核酸，但可以在核酸之间，以及从核酸到蛋白质之间传递。

central element（中央成分） 联会复合体中间的一种结构，其同源染色体的侧成分沿着它排列。它来自于 Zip 蛋白。

centromere（着丝粒） 染色体的一个收缩区域，包含减数分裂或有丝分裂纺锤体（动粒）的结合位点。它由独特的、不存在于染色体中其他任何地方的 DNA 序列和蛋白质组成。

checkpoint（检查点） 细胞周期中的一个生化控制机制，防止细胞从一个阶段进展到下一个阶段，除非满足特定的目标和要求。

chemical proofreading（化学校对） 一种校对机制，当把一个不正确的亚基加到一条聚合链后，通过逆转加成反应使校对事件发生。

chiasma（交叉，复数形式为 chiasmata） 两条同源染色体在减数分裂中联会的位点。

ChIP 见 **chromatin immunoprecipitation assay（ChIP，染色质免疫沉淀阵列）**。

chloroplast DNA（ctDNA，cpDNA，叶绿体 DNA） 在植物叶绿体发现的通常为环状的基因组。

chromatid（姐妹染色单体） 当染色体在细胞分裂的早期复制时形成的两条线状链中的任何一条。这两条染色体在着丝粒处结合在一起，并在后期分离成子染色体。

chromatin immunoprecipitation assay（ChIP，染色质免疫沉淀阵列） 一种能在体内探查蛋白质 -DNA 相互作用的方法，它利用抗体分离蛋白质及与这些蛋白质连接的 DNA，随后通过测序等技术获取其序列。

chromatin remodeling（染色质重塑） 发生在基因的转录激活时核小体的一种依赖能量的置换或重新。

chromatin（染色质） 组成细胞核内容物的 DNA 和蛋白质的组合。它的主要功能是将 DNA 包装成更小的体积以适应细胞、加固 DNA 以允许有丝分裂和减数分裂进行并防止 DNA 损伤，以及控制基因表达和 DNA 复制与修复。主要蛋白质成分是压缩 DNA 的组蛋白。

chromatosome（染色小体） 含有接头组蛋白的核小体。

chromocenter（染色中心） 来自不同染色体的异染色质的聚集。

chromodomain（克罗莫结构域） 由约 60 个氨基酸残基组成的结构域，可识别组蛋白和其他蛋白质中许多不同类型的甲基化赖氨酸，一些还有其他功能，如结合 RNA。

chromomere（染色粒） 在某一时期的染色体中，特别是减数分裂初期，染色很深的可见小颗粒，此时染色体可能表现为一系列这样的小颗粒。

chromosomal domain（染色体结构域） 可变染色体结构的

一个区域，含有至少一个活性转录位点。

chromosome pairing（染色体配对） 在减数分裂开始时，同源染色体的配对。

chromosome scaffold（染色体支架） 姐妹染色单体支撑所用的蛋白质样结构，它在染色体去除了组蛋白后才形成。

chromosome territory（染色体领地） 在间期细胞核中，由一条条染色体所占据的离散的三维空间。

chromosome（染色体） 携带很多基因的基因组的独特单位。每一条染色体包含长的双链体 DNA 分子及大约等量的蛋白质（真核生物中）。这是只有在细胞分裂中才可见的形态单位。

chroperon（染色体操纵子） 真核生物中的多基因复合体，可以将相距遥远的基因座中不同基因带到一起，使彼此靠得很近。

***cis*-acting（顺式作用）** 只影响处于同一 DNA 或 RNA 分子上的活性的作用方式，此性质通常暗示该位点不编码蛋白质。

***cis*-dominant（顺式显性）** 只影响 DNA 分子自身特性的一个位点或突变，一般认为这一位点不编码可扩散产物。

cistron（顺反子） 由互补测试所定义的遗传单位，与基因等同。

clamp loader（箍钳装载器） 一种 5 亚基蛋白质复合体，它负责将 β 箍钳蛋白装载到复制叉中的 DNA 上。

clamp（箍钳蛋白） 围绕 DNA 成环的蛋白质复合体，通过与 DNA 聚合酶连接，可确保酶作用持续向前。

class switch recombination（CSR，类别转换重组） 在 Ig 基因座结构中所发生的体细胞水平上的基因改变，此时，重链恒定区发生变化，而可变区（即抗原特异性）保持不变。这使得不同的子代 B 淋巴细胞都来自于活化的同一 B 淋巴细胞，以便于产生不同类型的抗体。成熟的幼稚 B 淋巴细胞表达 IgM 和 IgD，在经过抗原激活后，它们经过了类别转换，形成 IgG、IgA 或 IgE。类别转换受到转换区之间的 DNA 重组的影响，而这些转换区都位于恒定区的不同重链基因簇的上游。

class switching（类别转换） 见 **class switch recombination（CSR，类型转换重组）**。

clonal selection theory（克隆选择学说） 只有通过其表面 B 淋巴细胞受体结合特定抗原的淋巴细胞被刺激增殖和分化，才能产生特异性结合相同抗原的抗体的过程。要求每个淋巴细胞在其表面表达具有单一、典型的特异性 B 淋巴细胞受体。因此，是抗原“选择”了要激活的淋巴细胞。最初是一种理论，但现在已成为免疫学的既定原则。

clone（克隆） 一模一样的复制品或拷贝，不管它是多莉羊或 DNA 片段。

cloning vector（克隆载体） 可用于在宿主细胞中扩增掺入的 DNA 序列的 DNA（它通常衍生自质粒或噬菌体基因组），载体一般包括选择性标志和复制起点，这样就可在宿主中鉴定和维持载体。

cloning（克隆技术） 通过将 DNA 序列构建到杂合载体中，并使之在宿主细胞中复制而将其扩增出来的技术。

closed (blocked) reading frame（关闭阅读框） 由于被终止密码子打断而不能被翻译成蛋白质的阅读框。

closed complex（闭合复合体） 在 RNA 聚合酶引起 DNA 的两条链分开形成“转录泡”之前的转录起始阶段，此时 DNA 是双链的。

cluster rule（成簇规则） Erwin Chargaff 所发现的规则，嘌呤往往聚集在 DNA 的一条链上，而嘧啶往往聚集在 DNA 的另一条链上。将它应用于外显子，则可发现嘌呤 A 和 G 往往聚集在 DNA 双链体的一条链上（通常为非模板链），与聚集于模板链上的嘧啶 T 和 C 互补。

coactivator（辅激活物） 转录所需的因子，不结合 DNA，但是（DNA 结合）激活物与基础转录因子相互作用时需要的因子。

coding end（编码端） 它在免疫球蛋白和 T 淋巴细胞受体 V(D)J 基因区段的重组时产生的。它可以识别切割的 V、D 和 J 的 DNA 区域末端，随后两个末端的连接产生了编码连接区。

coding region（编码区） 基因中编码多肽序列的一段区域。

coding strand（编码链） 与 mRNA 有相同序列的 DNA 链，它与代表遗传密码的蛋白质序列相关。也称为 **sense strand（有义链）和 nontemplate strand（非模板链）**。

codon bias（密码子偏爱） 当机体存在几个同义密码子时，基因中会存在其中一个编码氨基酸的密码子的使用频率会很高。

codon usage（密码子选用） 每一个密码子所对应的 tRNA 的相对丰度。

codon（密码子） ①编码氨基酸的三联体核苷酸；②一个翻译终止信号。

cognate tRNA（同族 tRNA） 能够被一个特殊的氨酰 tRNA 合成酶识别的 tRNA，它们带有相同的氨基酸。也称为 **isoaccepting tRNA（同工 tRNA）**。

cohesin（黏连蛋白） 在细胞分裂过程中调节姐妹染色单体分离的蛋白质。在 DNA 复制后，它们将姐妹染色单体固定在一起直到后期，当它们在结合位点上被去除，可导致姐妹染色单体的分离。

coincidental evolution（重合进化） 见 **concerted evolution（协同进化）**。

cointegrate（共整合） 两个复制子融合产生的结构，其中一个复制子带有一个转座子，另一个缺少，这样共整合拥有两个在复制子连接处形成的转座子拷贝，排列方向为同向重复。

colinear（共线性） 描述三联体核苷酸序列与氨基酸序列是 1:1 对应的关系。

comparative genomics（比较基因组学） 一种研究领域，主要集中于比较 DNA 序列、基因、基因顺序、调节序列，以及其他基因组标志的相似处与差异，以便于说明有机体之间是如何相互联系的。

compatibility group（相容群） 含有不能同时存在于一个细菌细胞内的一组质粒。

complement（补体） 一组约 20 种蛋白质通过蛋白质水解作用发挥功能，产生中间产物（膜攻击复合体），用于裂解靶细胞和（或）吸引巨噬细胞、中性粒细胞或淋巴细胞的趋化片段。

complementary DNA（cDNA，互补 DNA） 以单链 RNA 为模板，通过反转录酶催化合成双链 DNA。

complementary（互补） 在双螺旋核酸中与配对反应相匹配的碱基配对（A 与 DNA 中的 T 或 RNA 中的 U 配对；G 与 C 配对）。

complementation group（互补群） 不互补的一系列突变基因，表明突变发生在同一基因上。互补测验用于确定两个突变是在同一个基因中还是在不同的基因中。

complementation test（互补测验） 检测两个突变是否为同一基因的等位基因。两个表型相同的不同隐性突变进行杂交，检测是否有野生表型产生。如果有野生表型产生，表明突变是互补的，可能不是来自同一个基因的突变。

complex mRNA（复杂 mRNA） 见 **scarce mRNA（稀有 mRNA）**。

composite transposon（Tn，复合转座子） 与简单转座子和 IS 元件具有相似功能的 DNA 区段，因为它们拥有蛋白质编码 DNA 区段，其两侧为可被转座酶所识别的重复序列。

concerted evolution（协同进化） 两个相关基因如同组成一种等位基因那样共同进化。也称为 **coincidental evolution（重合进化）**。

condensin（凝缩蛋白） 一类 ATP 酶，参与控制遗传物质在有丝分裂时凝缩成紧密染色体。它们形成复合体，其核心是异二聚体 SMC2-SMC4，与其他（非 SMC）蛋白质相关。

conditional lethal（条件致死型） 在某一种条件下，突变是致死的，而在另一种条件下，突变是非致死的，如温度变化。

conjugation（接合） 两个细胞接触并交换遗传物质的过程。在细菌，DNA 从供体细菌向受体细菌传递，在原生动物，部分染色体从一个细胞转入另一个细胞。

consensus sequence（共有序列） 当许多实际序列比较时，每个位点上的碱基能够代表最常出现的理想碱基序列。

conserved sequence（保守序列） 多种特定的核酸或蛋白质进行比较的实例表明，在特别的位置，总能发现同样的碱基或氨基酸。

constant region（C region，恒定区，C 区） 免疫球蛋白或 T 淋巴细胞受体的一部分，它是不同分子之间的氨基酸序列变化很少的那一部分。它由 C 基因区段编码。在抗体中，重链区决定了免疫球蛋白的类型或亚型，还具有募集效应器功能。人类有五种 Ig 类型或同种型：IgM、IgD、IgG（IgG1、IgG2、IgG3 和 IgG4）、IgA 和 IgE。

constitutive expression（组成型表达） 基因连续表达的状态。

constitutive gene（组成型基因） 见 **housekeeping gene（持家基因）**。

constitutive heterochromatin（组成性异染色质） 永久不表达处于钝化状态的序列，例如卫星 DNA。

context（背景） 在 mRNA，邻近序列可能改变翻译的有效性，即密码子被氨酰 tRNA 认识或被用来终止多肽合成。

contig（重叠群） 根据它们的重叠来拼接所克隆的片段，这样所得到的基因组 DNA 连续的延伸片段。

controlling element（控制元件） 玉米中的转座单位，最初仅通过其遗传特性鉴定。它们可以是自主的（能够独立地转座）或非自主的（只能在存在自主元件的情况下转座）。

conventional phenotype（传统表型） 单一基因对携带它的

有机体的影响，通常是由于它所编码的多肽所致的结果。

copy number（拷贝数） 细菌中所保持的质粒份数（相对于细菌染色体的原始拷贝数）。

core DNA（核心 DNA） 核小体 DNA 的一个区域，其不变长度为 146 bp，是形成稳定单体核小体所需的 DNA 的最小长度，并且相对抗核酸酶的消化。

core enzyme（核心酶） 进行延伸作用的 RNA 聚合酶亚基复合体，它不含有用于起始和终止的其他亚基或因子。

core histone（核心组蛋白） 来自核小体的核心颗粒的四种组蛋白（H2A、H2B、H3、H4，以及它们的变异体）之一。不包括接头组蛋白。

core promoter（核心启动子） 即 RNA 聚合酶能启动转录的最短序列（通常比含有额外元件的启动子所展示的转录水平要低得多）。就 RNA 聚合酶Ⅱ而言，这是基础转录装置装配所需的最少序列，它包括三个序列元件：Inr、TATA 框和下游启动子元件（DPE），通常长约为 40 bp。

core sequence（核心序列） 它是 DNA 区段，即 λ 噬菌体和细菌基因组共同的接触点，这是重组事件的发生点，在此 λ 噬菌体能够进行整合。

corepressor（辅阻遏物） 一个小分子，通过结合到调节蛋白上来阻遏转录。

cosmid（黏粒） 衍生自细菌质粒的一种克隆载体，它掺入了 λ 噬菌体的 *cos* 位点，这使得质粒 DNA 成为 λ 噬菌体包装系统的一种底物。

countertranscript（抗转录物） 一种 RNA 分子，它能与 RNA 引物配对，从而阻止 RNA 引物启动转录。

coupled transcription/translation（偶联的转录 / 翻译） 在细菌中，mRNA 在转录的同时被翻译的一个过程。

cpDNA 见 **chloroplast DNA（ctDNA，cpDNA，叶绿体 DNA）**。

CpG island（CpG 岛） 在哺乳动物基因组中的 1～2 kb 的 DNA 片段，它富含 CpG 双核苷酸，通常位于基因启动子附近。

CRISPR clusters of regularly interspersed short palindromic repeat（常规散布的短回文重复簇）的简写，在原核生物中，这些序列可被转录和加工成短 RNA，它可用于 RNA 干扰。

crossing-over（交换） 发生在减数分裂前期 I 中染色体间互相交换物质，引起遗传重组。

crossover fixation（交换固定） 不均等交换的一种可能结果，能使串联基因簇中的一个成员的突变延伸至整个簇（或被清除）。

crown gall disease（冠瘿病） 在许多植物中，一种由土壤根瘤菌（*Agrobacterium tumefaciens*）感染所引起的肿瘤。

CRP 见 **catabolite repressor protein（CRP，分解代谢物阻遏蛋白）**。

cryptic satellite DNA（隐蔽卫星 DNA） 不能通过密度梯度上的峰值分离的卫星 DNA 序列，即隐藏在主带 DNA 中。

cryptic unstable transcript（CUT，隐蔽不稳定转录物） 由 RNA 聚合酶Ⅱ所转录的非编码 RNA，它常常由定位于基因 3′ 端的启动子所产生（这会产生反义转录物），且在合成后被快速降解。

CSR 见 **class switch recombination（CSR，类型转换重组）**。

CTCF 见 **CCCTC-binding factor（CTCF，CCCTC 结合因子）**。

ctDNA 见 **chloroplast DNA（ctDNA，cpDNA，叶绿体 DNA）**。

C-terminal domain（CTD，C 端结构域） 见 **carboxy-terminal domain（CTD，C 端结构域）**。

CTL 见 **cytotoxic T cell（CTL，细胞毒性 T 淋巴细胞）**。

CUT 见 **cryptic unstable transcript（CUT，隐蔽不稳定转录物）**。

C-value paradox（C 值悖理） 生物体的 DNA 含量与其编码潜能之间缺乏相关性。

C-value（C 值） 单倍体基因组中 DNA 的总量。

cyclic AMP（cAMP） 分解代谢物阻遏蛋白（CRP）的辅调节物，它拥有内部 3′-5′- 磷酸二酯键，其浓度与葡萄糖浓度成反比。

cyclin（周期蛋白） 无内在酶活性的依赖细胞周期的蛋白质，但当结合于非活性依赖周期蛋白的激酶后可将其激活。

cyclin-dependent kinase（CDK，周期蛋白依赖性激酶） 一种丝氨酸 / 苏氨酸蛋白激酶，它在合成时以非活性状态存在，在结合周期蛋白亚基后可被激活。

cytological map（细胞图） 一种可表示每一个基因排列顺序的染色体示意图，在染色体经历了缺失或突变等改变后，通过分析其带型可构建这种图。

cytoplastic domain（细胞质结构域） 跨膜蛋白暴露于细胞质的部分。

cytotoxic T cell（CTL，细胞毒性 T 淋巴细胞） T 淋巴细胞

（通常为 CD8⁺），能够被激活去杀死内含有病原体的靶细胞，如病毒感染细胞表面表达的病毒编码糖蛋白。

cytotype（细胞型） 影响 P 因子活性的细胞质条件，细胞质条件的效应是由于转座阻遏物的存在或缺失，而阻遏物则由母体提供给卵子。

D segment（diversity segment，D 基因区段） 存在于免疫球蛋白重链的可变（V）区和连接（J）区间的一段额外的区域。不存在于 Iδ、Igλ、TCRα 和 TCRγ 基因座中。

DC 见 **dendritic cell（DC，树突状细胞）**。

ddNTP 见 **dideoxynucleotide（ddNTP，双脱氧核苷三磷酸）**。

DE 见 **destabilizing element（DE，去稳定元件）**。

***de novo* methyltransferase（从头甲基转移酶）** 它加一个甲基基团到未甲基化的目标 DNA 序列上。或称为 *de novo* methylase（从头甲基化酶）。

deacylated tRNA（脱酰 tRNA） 由于完成了蛋白质合成的作用，tRNA 将从核糖体中被释放，所以它不带氨基酸或多肽链。

deadenylase（腺嘌呤酶） 见 **poly(A) nuclease [poly(A) 核酸酶]**。

decapping enzyme（脱帽酶） 可催化去除真核生物 mRNA 5′ 端的 7 甲基鸟苷的酶。

degradosome（降解体） 一种细菌酶复合体，它与降解 mRNA 有关，含有 RNA 酶和解旋酶活性。

delayed early gene（迟早期基因） 此类 λ 噬菌体的基因等同于其他噬菌体的中期基因。在即早期基因所编码的调节物合成之后，它们才能被转录。

demethylase（脱甲基酶） 去除甲基的酶的一个广义名称，通常能从 DNA、RNA 或蛋白质中去甲基化。

denaturation（变性） 分子从生理构象向其他一些不活泼的构象转变，在 DNA 中是指由于碱基之间的氢键断裂而导致的两条链分开。

dendritic cell（DC，树突状细胞） 非常高效的抗原提呈细胞，其主要功能是加工抗原，并将它提呈给 T 淋巴细胞以启动免疫应答。它们只占血液中单核细胞的 1% 以下，在与外界环境相接触的组织中也少量存在。在皮肤中，它们被称为郎格罕细胞（Langerhans cell）。

deoxyribonuclease（脱氧核糖核酸酶） 降解 DNA 的酶。也称为 **DNase（DNA 酶）**。

destabilizing element（DE，去稳定元件） 存在于一些 mRNA 中的许多不同顺式作用序列中的任何一个，它可刺激 mRNA 的快速降解。

Dicer 酶 一种内切核酸酶，它可将双链 RNA 前体加工成 21 ～ 23 个核苷酸的 RNAi 分子。

dideoxy sequencing（双脱氧法测序） 一种基于合成引物的主流 DNA 测序法，也称为 Sanger 技术。通过将核苷酸加入到增长的 DNA 链中，DNA 聚合酶就可拷贝单链 DNA 模板，链从引物的 3′ 端开始延伸，而引物是可与模板链发生退火的寡核苷酸。掺入到延伸链的双脱氧核糖核苷酸由匹配于模板的碱基对所决定。

dideoxynucleotide（ddNTP，双脱氧核苷三磷酸） 缺少 3′-羟基基团的链终止核苷酸，因此它不是 DNA 多聚化的底物，它可用于 DNA 测序和作为抗病毒药物。

direct repeat（同向重复） 在同一个 DNA 分子中，相同的（或者相近的）序列以相同的取向出现两次或多次，但并不一定相邻。

directional cloning（定向克隆） 将插入片段定向构建到载体的方法。这通过使用两种不同的限制酶对插入片段或载体分别进行消化，这样在限制性片段的两个末端分别形成钝性末端或非互补黏性末端，随后插入片段与载体（质粒或噬菌体）以特异性的、固定的方向连接起来。

displacement loop（替代环） 见 **D-loop（D 环）**。

dissociator (*Ds*) element（解离因子元件，*Ds* 元件） 玉米中的非自主转座元件，它与 *Ac* 元件有关。

distributive nuclease（分配性核酸酶） 在从底物解离前，这种酶只催化去除一个或几个核苷酸。

divergence（趋异度） 相关 DNA 的核苷酸序列的差异百分比或相关蛋白质的氨基酸序列的差异百分比。

D-loop（D 环） ①线粒体 DNA 上的一个区域，在此处，一小段 RNA 与 DNA 的一条链配对，使 DNA 原始配对链在此区域被置换。②由互补的单链入侵者置换一个双链体 DNA 区域。

DNA forensics（DNA 取证） 基于 DNA 的特征鉴定个体的方法，主要用于亲子关系实验或犯罪调查。尽管人类中约 99.9% 的 DNA 序列是一样的，但是每一个个体的 DNA 存在足够的差异，使之彼此之间可被分开（同卵双生子除外）。鉴定只是利用了一小组 DNA 的差异，它们在无关的个体中很可能是不同的。也称为 DNA profiling（DNA 分型）。

DNA ligase（DNA 连接酶） 在双链体 DNA 的单链缺口之

间，在相邻的3′-羟基和5′-磷酸末端所形成键的酶。

DNA methyltransferase（DNA 甲基转移酶） 将甲基基团加到DNA底物上的酶。

***dna* mutant（*dna* 突变体）** 大肠杆菌（*Escherichia coli*）中的温度敏感型复制突变体，这种突变的细菌不能在42℃下合成DNA，但能在37℃下合成。其所鉴定出来的一组基因座称为*dna*基因。

DNA polymerase（DNA 聚合酶） 在DNA模板的指导下合成子代DNA链的酶。任何特定的酶都可能参与修复或复制（或两者兼而有之）。

DNA profiling（DNA 分型） 见 **DNA forensics（DNA 取证）**。

DNA repair（DNA 修复） 将损伤DNA序列去除，并用正确序列取代。

DNA replicase（DNA 复制酶） 见 **DNA polymerase（DNA 聚合酶）**。

DNase（DNA 酶） 见 **deoxyribonuclease（脱氧核糖核酸酶）**。

domain（结构域） 就染色体而言，它可指染色体中一个独立的结构实体作为一个区域，在此，超螺旋独立于其他结构域；也可指含表达基因的广泛区域，它对DNA酶Ⅰ很敏感。就蛋白质而言，它可指一段独立的连续氨基酸序列，具有某种具体的功能。

dominant gain of function mutation（显性功能获得性突变） 一种突变类型，所改变的产物拥有新的分子功能，或基因表达模式。

dominant negative（显性负型） 突变所产生的突变体基因产物可阻止野生型基因产物的功能，引起包括野生型或突变体在内的细胞中基因活性的丧失或降低。最常见的原因是基因编码同源多聚体蛋白，即使只有其中的一个亚基是突变体，它也会丧失功能。

dosage compensation（剂量补偿） 补偿一个性别中出现两条X染色体和另一个性别中只出现一条X染色体偏差的机制。

double strand break（DSB，双链断裂） DNA双链体的两条链同时在相同位点断裂，遗传重组将由此开始。在其他时候，细胞也有针对双链断裂的修复系统。

doubling time（倍增时间） 细菌繁殖一次的时间（通常以分来计算）。

dowmstream promoter element（DPE，下游启动子元件） RNA聚合酶Ⅱ启动子中的常见成分，它没有TATA框。

dowmstream（下游） 沿着转录单位内表达方向的序列。

down mutation（下调突变） 降低转录速率的启动子突变。

DPE 见 **dowmstream promoter element（DPE，下游启动子元件）**。

Drosha 酶 一种内切核酸酶，它可将初始双链RNA加工成短的（约70bp）前体片段，以用于Dicer酶的加工。

***Ds* element（*Ds* 元件）** 见 **dissociator (*Ds*) element（解离因子元件，*Ds* 元件）**。

DSB 见 **double strand break（DSB，双链断裂）**。

E complex（E 复合体） E的含义为“早期”。在剪接位点形成的第一个复合体，它由结合于剪接位点的U1 snRNP、ASF/SF2因子、结合于分支位点的U2AF，以及连接蛋白SF1/BBP组成。

E site（E 位） 核糖体的一个部位，在释放前短暂地持有脱酰tRNA。

early gene（早期基因） 嗜菌体DNA复制前被转录的基因，它们编码感染后阶段所需要的调节物和其他蛋白质。

early infection（早期感染） 噬菌体溶解周期的一部分，即在DNA在进入和复制起始前的一段时期，在这段时期，噬菌体合成DNA复制所需要的蛋白质。

EF-Tu（延伸因子-Tu） 结合于氨酰tRNA的延伸因子，可将氨酰tRNA装载到细菌核糖体的A位。

EGF 见 **epidermal growth factor（EGF，表皮细胞生长因子）**。

EGFR 见 **epidermal growth factor receptor（EGFR，表皮细胞生长因子受体）**。

EJC 见 **exon junction complex（EJC，外显子连接复合体）**。

electroporation（电穿孔） 一种技术，将电脉冲运用到细胞，使细胞膜产生暂时性的孔，这使得细胞膜对化学物质、药物或DNA的通透性增高。可用于转化细菌和酵母，或将新的DNA导入组织培养中，尤其是哺乳动物细胞。

elongation factor（延伸因子） 在每一个氨基酸加入多肽链的过程中周期性作用于核糖体的蛋白质。原核生物中为EF，真核生物中为eEF。

elongation（延伸） 核酸或多肽由于一个个亚基单体的加入而生长，这是大分子合成反应（复制、转录和翻译）的其中一个阶段。

endonuclease（内切核酸酶） 切割核酸链内的化学键的酶。可特异性地切割RNA或者单链DNA或双链DNA。

endoreduplication（内部连续复制） 联会二倍体的成对染

色体的连续复制但不分开，这使得它们以极度伸展的状态黏附在一起，从而导致巨型染色体的产生。

endoribonuclease（内切核糖核酸酶） 在内部位点切割RNA的内切核酸酶。

enhancer RNA（eRNA，增强子RNA） 较短的非编码RNA分子，它转录自增强子区域的DNA序列。证据暗示它们在转录调节中发挥作用。

enhancer（增强子） 一个顺式作用序列，能够提高（大多数）真核生物启动子的利用率，并能够在启动子任何取向及任何位置（上游或者下游）起作用。

epidermal growth factor receptor（EGFR，表皮细胞生长因子受体） erbB受体家族的一个成员，可结合表皮细胞生长因子（EGF）。

epidermal growth factor（EGF，表皮细胞生长因子） 一种肽激素，能以"锁和钥匙"型的机制结合EGFR。

epigenetic（表观遗传） 不影响基因型但是改变表型的变化。它们包括细胞性质的改变，这是可以遗传的，但是在遗传信息上没有表现出改变。

episome（附加体） 能够整合进细菌DNA中的质粒。

epitope tag（附加表位） 融合到蛋白质上的多肽，这使得蛋白质可用抗体进行识别。

epitope（表位） 见 **antigenic determinant（抗原决定簇）**。

eRNA 见 **enhancer RNA（eRNA，增强子RNA）**。

error-prone polymerase（易错聚合酶） 可将非互补碱基掺入到子链的DNA聚合酶。

error-prone synthesis（易错合成） 非互补碱基掺入到子链中的修复过程。

EST 见 **expressed sequence tag（EST，表达序列标签）**。

euchromatin（常染色质） 间期细胞核内除了异染色质之外的所有基因组。它没有异染色质紧密卷曲，包含活性或潜在活性的单拷贝基因。

excision repair（切除修复） 一种修复系统，其中一条DNA链被直接切除，然后用互补链作为模板进行再合成。

excision（切除） 噬菌体、附加体或其他序列作为自主DNA分子从宿主染色体上释放。

exon definition（外显子定界） 由内含子5′位点及其下游的另一个的5′位点的交互作用来认识一对剪接位点的过程。

exon junction complex（EJC，外显子连接复合体） 在剪接过程中装配于外显子-外显子接界的一种蛋白质复合体，这个复合体可协助mRNA的运输、定位和降解。

exon shuffling（外显子混编） 一种假说，它认为基因通过各种可编码功能蛋白质结构域的外显子的重组而进化。

exon trapping（外显子捕获） 将基因组片段插入到载体中，而载体的功能取决于来自插入片段的剪接连接点的特性。

exon（外显子） 在成熟RNA产物中存在的断裂基因中的任何区段。

exonuclease（外切核酸酶） 可从核酸链中每次从一头切割一个核苷酸的酶，它可能是特异性的切割DNA或者RNA的5′或3′端。

exoribonuclease（外切核糖核酸酶） 可在RNA的末端去除核糖核苷酸的核糖核酸酶。

exosome（外切体） 参与核加工和细胞核/细胞质RNA降解的一种外切核酸酶复合体。

expressed sequence tag（EST，表达序列标签） cDNA序列的短序列片段，可用于识别活跃表达的基因。

expression vector（表达载体） 一种含启动子的克隆载体，它能促进所携带基因的表达。

extein（外显肽） 由蛋白质前体剪接加工后所得到的成熟蛋白质所含有的序列。

extranuclear gene（核外基因） 细胞核外的、定位在细胞器中的基因，如线粒体或叶绿体中的基因。

F plasmid（F质粒） 游离的或被整合在大肠杆菌（*Escherichia coli*）中的附加体，任何一种形式都能进行接合。

facultative heterochromatin（兼性异染色质） 同时存在有活性拷贝的惰性序列。例如，哺乳动物雌性中的一条X染色体。

first parity rule（第一均等规则） Erwin Chargaff发现的规则，可应用于DNA的大部分区域，双链体的一条链中的碱基A与另一条链的互补碱基（T）相匹配；而双链体的一条链中的碱基G与另一条链的互补碱基（C）相匹配。这条规则也适用于双联体、三联体和寡核苷酸。

fixation（固定） 新的等位基因取代以前在群体中显性的等位基因。

fluorescence resonance energy transfer（FRET，荧光共振能量转移） 激发荧光团的发射波被邻近的第二个荧光团俘获，这是因为它的发射波长与第一个荧光团的发射波长相匹配，随后，第二个荧光团会重新发射一个更长的波长。

fold pressure（折叠压力） 这是针对单链核酸的全基因组压

力。不管这种核酸是处于游离状态，还是从双链体中外凸出来，为了采用二级或更加高级的茎-环结构，它都是处于不利地位。

footprinting（足迹法） 一种检测蛋白质结合DNA位点的技术，通过某些蛋白质结合保护化学键，使被保护位置免受核酸酶切割。

forward mutation（正向突变） 功能基因的失活突变。

forward strand（正链） 能以5′→3′方向连续合成的DNA链。

frameshift mutation（移码突变） 因非3 bp整数倍碱基插入或缺失造成的、改变了三联体翻译成蛋白质阅读框的突变。所形成的多肽为非正常的短或长，大多数不具有功能。

FRET 见 **fluorescence resonance energy transfer（FRET，荧光共振能量转移）**。

fully methylated（全甲基化） DNA双链都被甲基化的回文序列所在位点。

fusion protein（融合蛋白） 初始为分开表达蛋白质的两个或多个基因连接在一起所产生的嵌合蛋白。

G quadruplex（G四联体） 富含串联重复鸟嘌呤（G）的核酸能够折叠成由四条链组成的结构。

gain-of-function mutation（功能获得性突变） 能引起正常基因活性的增高的突变，它有时也代表了某一异常特性的获得，一般而言它是显性的，但不总是如此。

gap repair（缺口修复） 一种DNA修复类型，一条DNA双链体作为遗传信息的供体，它直接取代受体双链体中的对应序列，这一过程包括缺口产生、链交换和缺口填补。

G-band（G带） 由染色技术得到的真核生物细胞染色体的带，为一系列的横向条纹状，它用于染色体组分型（例如，通过带型识别染色体和染色体区域）。

GC box（GC框） 常见的含有GGGCGG序列的聚合酶Ⅱ启动子元件。

GC pressure（GC压力） 物种基因组倾向于顺应其最佳GC含量的现象。

GC rule（GC规则） Erwin Chargaff发现的规则，在基因组中，鸟嘌呤（G）和胞嘧啶（C）含量的总体比例往往具有物种特异性。外显子中的GC含量往往比内含子中的高。

gene cluster（基因簇） 一组相同或者相关的基因的集合。

gene conversion（基因转变） 异源双链体DNA中的一条链在发生改变以后，使其能与另一条链互补，因为在某一给定位点它们曾经错配；或者使其通过同源序列完全取代某一基因座上的遗传物质。

gene conversion bias（基因转变偏爱） 在重组过程中，由于基因转换，DNA中鸟嘌呤（G）和胞嘧啶（C）的含量上升的过程。

gene expression（基因表达） 基因中的DNA序列信息用于形成RNA或多肽的过程，这包括转录和（就多肽而言的）翻译。

gene family（基因家族） 基因组内的一组基因可编码相关或完全一样的蛋白质或RNA。其成员是由一个祖先基因倍增衍生而来，随后在拷贝之间的序列变异会积聚，一般而言大部分成员是相关的，却不一致。

generalized recombination（普适化重组） 见 **homologous recombination（同源重组）**。

genetic code（遗传密码） DNA（或RNA）三联体与蛋白质中氨基酸的对应关系。

genetic drift（遗传漂变） （由于没有选择压力）人群中等位基因频率的随机波动。

genetic engineering（基因工程） 通过利用生物技术插入或缺失基因，从而对有机体基因组进行直接调控的一种技术。通常涉及重组DNA的生产和使用，以便在有机体之间进行基因转移。

genetic hitchhiking（遗传搭车） 一个遗传变异体的频率变化是由于与另一个基因座中的一个选择过的变异体连锁所致。

genetic map（遗传图） 见 **linkage map（连锁图）**。

genetic polymorphism（遗传多态性） 见 **polymorphism（多态性）**。

genetic recombination（遗传重组） 分开的DNA分子连接成单一分子的过程，这是由于交换或转座等过程所致。

genome（基因组） 生物体遗传物质的全部序列，它包括每一条染色体和任何亚细胞器的DNA的序列。

genome phenotype（基因组表型） 除了基因产物效应外，其他因素影响所致的基因组结构。

genome-wide association study（GWAS，全基因组关联分析） 在不同个体中，对全基因组范围内的基因变异体进行检测，以检测某一变异体与某一特征是否关联。

glycosylase（糖基化酶） 一种修复酶，它通过切开碱基和糖之间的键而从DNA中去除损伤碱基。

GMP-PCP 不能被水解的GTP类似物，它可用来检验反应的哪一阶段需要GTP的水解。

gratuitous inducer（安慰诱导物） 与转录中的实际诱导物相似，但不是该诱导酶的底物。

growing point（生长点） 见 **replication fork（复制叉）**。

growth factor receptor（生长因子受体） 它可募集交换因子SOS蛋白到细胞膜，以激活RAS蛋白，这是信号转导途径的一部分，最终会引起细胞开始复制和生长。

GU-AG rule（GU-AG规则） 描述在核基因内含子的前两个和后两个位置存在两个恒定核苷酸的规则。

guide RNA（引导RNA） 与正确编辑的RNA互补的一类小RNA分子，它用作将核苷插入或缺失编辑前的RNA的模板。

GWAS 见 **genome-wide association study（GWAS，全基因组关联分析）**。

gyrase（促旋酶） 在闭合DNA分子中，可改变两条链彼此交叉次数的酶，其作用包括将DNA切开，再将DNA绕过断裂点，然后将DNA缺口连接起来这几个过程。

HAC 见 **human artificial chromosome（HAC，人类人工染色体）**。

hairpin（发夹） 自身能折叠形成双链RNA的RNA序列。

hairy root inducible plasmid（发根可诱导质粒） 它存在于土壤根癌杆菌，就像Ti质粒，它所带的基因引起许多植物感染并发病，疾病以发根病或冠瘿病的形式存在。也称为 **Ri plasmid（Ri质粒）**。

half-life (RNA)（RNA半衰期） 在不存在新合成的条件下，给定群体的RNA分子的浓度下降一半时所需要的时间。

haplotype（单体型） 一些染色体特定区域内等位基因的特殊组合，其缩小模型就是基因型。本来是用来描述主要组织相容复合体（MHC）等位基因组合的。现在用来描述限制性片段长度多态性（RELP）、单核苷酸多态性（SNP）和其他标记物之间的特殊组合。

hapten（半抗原） 一些小分子物质，只有当与载体结合时才能引起免疫反应，如大蛋白或微生物相关分子模式（MAMP）。

HAT 见 **histone acetyltransferase（HAT，组蛋白乙酰转移酶）**。

Hb anti-Lepore 不等交叉所产生的融合基因，它包含β球蛋白的N端区域和δ球蛋白的C端区域。

Hb Kenya 不等交叉所产生的融合基因，它包含$^{A}\gamma$球蛋白和β球蛋白基因的部分。

Hb Lepore 由β和δ球蛋白基因不等交叉所产生的融合基因。基因融合在一起形成β样链，它包含β球蛋白的C端区域和δ球蛋白的N端区域。

HbH disease（HbH病） 见 **hemoglobin H disease（HbH disease，血红蛋白H病，HbH病）**。

HDAC 见 **histone deacetylase（HDAC，组蛋白脱乙酰酶）**。

heat-shock gene（热激基因） 由于应答温度升高（和其他对细胞的压力）从而能被激活的一系列染色体基因座。其产物通常包括可作用于变性蛋白质的分子伴侣。

heat-shock response（热激应答） 见 **heat-shock gene（热激基因）**。

helicase（解旋酶） 依赖ATP水解所提供的能量，分开核酸双链体的酶。

helix-loop-helix（HLH，螺旋-环-螺旋） 一类转录因子中二聚体化所需的基序。bHLH蛋白是一个靠近二聚体化区域有结合于DNA的碱性基序。

helix-turn-helix（HTH，螺旋-转角-螺旋） 这个基序描述了两个α螺旋所形成的位点能结合DNA，其中一个与DNA的大沟匹配，而另一个则交叉横放。

helper T cell（T_h，辅助性T淋巴细胞） 能激活巨噬细胞，刺激B淋巴细胞增生和抗体形成的T淋巴细胞，它通常表达细胞表面CD4，而非CD8。

helper virus（辅助病毒） 提供缺陷型病毒缺乏的功能，使之能在混合感染时完成感染周期。

hemimethylated DNA（半甲基化DNA） DNA双链都含有胞嘧啶，而只有一条链上的胞嘧啶被甲基化的现象。

hemoglobin H disease（HbH disease，血红蛋白H病，HbH病） 异常的球蛋白四聚体β_4与正常的血色素$\alpha_2\beta_2$的比例异常的一种情况。

heterochromatin（异染色质） 永久处于高聚集状态的基因组区域，它不转录而且复制较晚。可能是组成性的或者兼性的。

heteroduplex DNA（异源双链体DNA） 由不同亲本双链体分子中的互补单链产生碱基配对的双链体DNA，它在遗传重组中产生。

heterogeneous nuclear ribonucleoprotein particle（hnRNP，核不均一核糖核蛋白颗粒） 核不均一RNA（hnRNA）的核糖体蛋白质形式，在此，hnRNA与蛋白质形成复合体。前mRNA直到加工完毕才被向外输出去，因此它们只存在于细胞核中。

heterogeneous nuclear RNA（hnRNA，核不均一 RNA） 由RNA 聚合酶Ⅱ产生的核基因转录物。其大小范围广泛，稳定性也各异。

heteromultimer（异源多聚体） 由两条或多条不同多肽链组成的蛋白质。

heteroplasmy（异质性） 在一个细胞中包含一个以上的线粒体等位基因变异体。

HflA protein（HflA 蛋白） 在感染过程中，可调控噬菌体 CⅡ蛋白稳定性的大肠杆菌（*Esherichia coli*）基因，这决定了噬菌体是进入溶源态还是裂解途径。

high frequency recombination（Hfr，高频重组） 在细菌染色体上含整合的 F 质粒，这意味着从 Hfr 细胞把染色体基因转移给 F^- 细胞比从 F^+ 细胞转移更加频繁。

highly repetitive DNA（高度重复 DNA） 非常短的 DNA 序列（通常 <100 bp），在基因组中存在数千次，通常组织为串联重复的长区域。

histone（组蛋白） 真核生物中保守的 DNA 结合蛋白质，是染色质形成的基本亚基。四种组蛋白（H2A、H2B、H3、H4）形成八聚体核心，而后 DNA 盘绕形成核小体，而核小体不包括接头组蛋白。

histone acetyltransferase（HAT，组蛋白乙酰转移酶） 填加乙酰基修饰组蛋白的酶；一些转录辅激活物含组蛋白乙酰转移酶活性。也称为 **lysine acetyltransferase（KAT，赖氨酸乙酰转移酶）**。

histone code（组蛋白密码） 一种假说，它认为特定组蛋白残基的特定修饰的组合可协同作用以限定染色质功能。

histone deacetyltransferase（HDAC，组蛋白脱乙酰酶） 从组蛋白去除乙酰基的酶；它们可能与一些转录阻遏物相连。

histone fold（组蛋白折叠） 四种核心组蛋白都有的区域，在此，三个 α 螺旋区由两个环相连。

histone octamer（组蛋白八聚体） 由四种核心组蛋白（H2A、H2B、H3、H4）的每两份拷贝所组成的复合体，而后 DNA 盘绕组蛋白八聚体而形成核小体。

histone tail（组蛋白尾部） 核心组蛋白中灵活的氨基或羧基末端区域，它从核小体表面向外延伸。核小体尾部存在各种各样的翻译后修饰位点。

histone variant（组蛋白变异体） 任何组蛋白成员，它与其中的一种核心组蛋白（H2A、H2B、H3、H4）高度相关，能够取代相关的核心组蛋白而装配进核小体中。许多组蛋白变异体拥有特化的功能和定位，也存在无数的接头组蛋白变异体。

HLA 见 **human leukocyte antigen（HLA，人类白细胞抗原）**。

HLH 见 **helix-loop-helix（HLH，螺旋 - 环 - 螺旋）**。

hnRNA 见 **heterogeneous nuclear RNA（hnRNA，核不均一 RNA）**。

hnRNP 见 **heterogeneous nuclear ribonucleoprotein particle（hnRNP，核不均一核糖核蛋白颗粒）**。

Holliday junction（霍利迪连接体） 同源重组的中间体结构，两条 DNA 双链体连在一起，每条 DNA 双链体中的一条链与另一条 DNA 双链体中的一条链进行遗传物质的交换。当结构中的缺口封闭并恢复出两条独立的 DNA 双链体以后，接合分子就形成了。

holocentric（散漫性的） 某些物种的染色体类型，此时着丝粒是分散的，它能沿着染色体的整个长度进行扩展。拥有此类染色体的物种仍然能形成用于有丝分裂染色体分开的纺锤体纤维附着结构，但是每条染色体上不再需要唯一一个区域或点着丝粒。

holoenzyme（全酶） ①有能力启动复制的 DNA 聚合酶复合体；②有能力启动转录的 RNA 聚合酶复合体，它由五亚基核心酶（$\alpha_2\beta\beta'\omega$）和 σ 因子组成。

homeodomain（同源异形域） 代表一类转录因子的 DNA 结合基序。

homeotic gene（同源异形基因） 能将身体的一部分转化成另一部分的突变基因所定义的，例如，昆虫的腿可以代替触角。

homologous gene（homolog，同源基因） 同一物种中的相关基因，如同源染色体中的等位基因，或同一基因组中的分享共同祖先的多个基因。

homologous recombination（同源重组） DNA 序列的相互交换，如在携带同样基因座的染色体之间。也称为 **generalized recombination（普适化重组）**。

homomultimer（同源多聚体） 由相同亚基组成的分子复合体（如蛋白质）。

horizontal transfer（水平转移） 由非细胞分裂所产生的 DNA 从一个细胞向另一个细胞的转移，如细菌接合。

hotspot（热点） 突变或者重组频率显著增加的基因组位点，通常认为相对于邻近位点，其频率发生提高一个数量级以上。

housekeeping gene（持家基因） 是那些（理论上）在所有细胞中都表达的基因，因为它提供了对任何细胞类型生存都是必需的功能。也称为 **constitutive gene（组成型基因）**。

HTH 见 **helix-turn-helix（HTH，螺旋-转角-螺旋）**。

human artificial chromosome（HAC，人类人工染色体） 一种可作为人类细胞中新染色体的工程小染色体。这种新染色体可作为潜在的基因投递载体。

human leukocyte antigen（HLA，人类白细胞抗原） 人类中编码主要组织相容性复合体（MHC）蛋白的基因复合体，为6号染色体上的基因簇。

hybrid dysgenesis（杂种不育） 黑腹果蝇（*Drosophila melanogaster*）某些株系杂交后代不育的现象（尽管它们在表型上是正常的）。

hybridization（杂交） 使互补 DNA、RNA 配对形成 RNA-DNA 杂合体。

hydrops fetalis（胎儿水肿） 血色素 α 基因缺乏所致的致死型疾病。

hypersensitive site（超敏位点） 对 DNA 酶 I 和其他核酸酶特别敏感的染色质的一个短区。它包括一个排除核小体的区域。

IF-1（initiation factor 1，起始因子 1） 细菌中能稳定用于多肽翻译的起始复合体的起始因子。另见 **initiation factor（IF，起始因子）**。

IF-2（initiation factor 2，起始因子 2） 细菌中能结合起始子 tRNA 到用于多肽翻译的起始复合体的起始因子。另见 **initiation factor（IF，起始因子）**。

IF-3（initiation factor 3，起始因子 3） 细菌中 30S 亚基结合到 mRNA 起始位点所需的起始因子，它可阻止 30S 亚基结合到 50S 亚基。另见 **initiation factor（IF，起始因子）**。

IgA 5种免疫球蛋白的其中一种，由 C_H 基因区段的类型决定。黏膜表面、呼吸道的分泌物，以及小肠中富含。

IGCR 见 **intergenic control region（IGCR，基因间控制区）**。

IgE 5种免疫球蛋白的其中一种，由 C_H 基因区段的类型决定。与变态应答和寄生虫防御相关联。

IgG 5种免疫球蛋白的其中一种，由 C_H 基因区段的类型决定。在血液循环中最丰富，它能进入到血管外空间。

immediate early gene（即早期基因） 此类 λ 嗜菌体的基因等同于其他嗜菌体的早期基因。在感染后，它们立即由宿主 RNA 聚合酶转录。

immunity（免疫） 在噬菌体中，原噬菌体具有阻止同一类型噬菌体侵染同一细胞的能力。在质粒中，质粒具有阻止同一类型的另一种质粒在细胞中形成的能力。它也指某一转座子具有阻止其他的同型转座子转座到同一 DNA 分子的能力。

immunity region（免疫区） 噬菌体基因组的节段，它能使原噬菌体阻止同一类型噬菌体侵染同一细菌的能力。这一段有一个能合成噬菌体阻遏物的基因，并且也是阻遏物所结合的地方。

immunoglobulin（Ig，免疫球蛋白） 由 B 淋巴细胞免疫应答抗原所产生的一类蛋白质（抗体），它能结合特定抗原。

immunoglobulin heavy chain（免疫球蛋白重链，H 链） 抗体四聚体中两种相同的亚单位之一。每个抗体包含两条重链。N 端构成抗原识别位点的一部分，而 C 端决定类别或同型。

immunoglobulin light chain（免疫球蛋白轻链，L 链） 抗体四聚体中两种相同的亚单位之一。每个抗体包含两条轻链。它的 N 端形成抗原识别位点的一部分，而 C 端决定了类型，κ 或 λ。

imprecise excision（不准确切除） 转座子把它自己从原插入部位分割出，但残留了一些它自己的序列。

imprinting（印记） 一个基因通过精子或卵子发生的改变，使在早期胚胎中父体和母体等位基因有不同的性质。它可能是由于 DNA 甲基化所产生的。

***in situ* hybridization（原位杂交）** 通过使压扁在显微镜玻片上的细胞 DNA 变性，当加入放射性等标记的单链 RNA 或 DNA 时可以进行杂交反应，杂交结果可通过放射自显影来检测。

***in vitro* complementation（体外互补作用）** 一种功能检测手段，用于鉴定一个反应过程的成分的方法。从突变体细胞获得的提取物重建反应过程，然后野生型细胞成分的小部分被用来检测活性的回复。

incision（切开） 错配修复系统的一个步骤，内切核酸酶识别出 DNA 的损害区，并切开 DNA 链损害区的两侧从而把它分离出来。

indirect end labeling（间接末端标记） 检查 DNA 组织形式的一种技术，是通过在特殊位点上引入一个切口，分离出含有与切口一端相邻序列的所有片段，可揭示从切口到

DNA 上另一断点的距离。

induced mutation（诱发突变） 加入诱变剂造成的突变。诱变剂可直接作用于 DNA 的碱基上，或可能间接触发一条信号途径而导致 DNA 序列的改变。

inducer（诱导物） 通过与调节蛋白结合激活基因转录的小分子物质。

inducible gene（可诱导基因） 只有在底物存在下才能表达的基因。

induction（诱导） 只有当底物存在时才会合成某种酶的能力。当用在基因表达中，指诱导物与调节多蛋白结合造成的转录转换。

induction of phage（噬菌体诱导） 由于溶源阻遏物的破坏，游离噬菌体 DNA 从细菌染色体切除，这样它就进入裂解（感染）周期。

initiation（起始） 直到 RNA 第一个键合成的这段转录时期称为起始。包括 RNA 聚合酶结合到启动子上，解链一小段 DNA 成为单链。

initiation codon（起始密码子） 用于开始多肽合成的特殊密码子（通常为 AUG）。

initiation factor（IF，起始因子） 在多肽合成起始阶段特异性作用于核糖体小亚基的蛋白质。

initiator（Inr，起始子） 聚合酶Ⅱ启动子的 −3 到 +5 序列，含通用序列 Py_2CAPy_5。

innate immunity（固有免疫） 一种可被特异性受体触发的免疫应答，而存在于细菌或其他感染性因子中的某些共同基序预先决定了这种特异性。触发这种途径的受体通常为 Toll 样受体（TLR）家族成员；而途径也类似于胚胎发育过程中 Toll 受体所引发的途径。这条途径最终导致转录因子的激活，引起某些基因的表达，其产物能失活感染性因子，通常通过通透化其细胞膜而实现。

Inr 见 **initiator（Inr，起始子）**。

insert（插入片段） 通过重组 DNA 技术插入较大 DNA 载体（例如质粒）的 DNA 片段。

insertion sequence（IS，插入序列） 仅携带其自身转座所需基因的小型细菌转座子。

insulator（绝缘子） 阻止激活或失活效应从一处传到另一处的序列。另见 **boundary (insulator) element（边界元件，绝缘子元件）**。

intasome（整合体） 在 λ 噬菌体整合酶（Int）和 λ 噬菌体接触点（*attP*）之间的 DNA- 蛋白质复合体。

integrase（整合酶） 负责位点专一重组的酶，能将 DNA 分子插入到另一个 DNA 分子中。

integration（整合） 病毒或其他 DNA 序列插入到宿主基因组中，并且与宿主 DNA 序列两端共价结合。

intein（内含肽） 在蛋白质剪接时从蛋白质中被切除的部分。

interactome（相互作用物组） 存在于细胞、组织或有机体中的一组完整的、由蛋白质 - 蛋白质相互作用结合在一起的蛋白质复合体。

interalletic complementation（等位基因间互补） 异源多聚体蛋白质由两个不同突变等位基因编码的亚基间作用引起的性质改变。混合型蛋白质可能比一种或多种类型亚基构成的蛋白质活性强或者弱。

interband（间带） 多线染色体中位于带之间相对较分散的区域。

intercistronic region（顺反子间区） 一个基因终止密码子和另一个基因起始密码子之间的距离。

intergenic control region 1（IGCR1，基因间控制区 1） 拥有 2 个位于 V_H 和 D_HJ_H 之间的 CTCF 蛋白结合位点的绝缘子元件。IGCR 会阻遏邻近 VH 基因区段的转录，阻止其与并未和 JH 连接的 DH 的重组，这些都有助于使抗体库更加均衡。

internal ribosome entry site（IRES，内部核糖体进入位点） 真核生物 mRNA 中的一段序列，它使得核糖体不用离开 5′ 端就能起始多肽翻译。

interrupted gene（断裂基因） 由于内含子的存在所导致的编码序列不连续的基因。

intrinsic terminator（内在终止子） 没有任何外加因子，它就能终止细菌 RNA 聚合酶的转录。

intron（内含子） 一段可以转录的 DNA 区段，但通过将其两端的序列（外显子）剪接在一起而被去除出转录物。

intron definition（内含子定界） 一对剪接位点由相互作用所识别的过程，它包含 5′ 位点和分支点 /3′ 位点。

intron early hypothesis（内含子早现假说） 一种假说，认为最早期基因含有内含子，随后一些基因失去了它们。

intron homing（内含子归巢） 某种内含子能将自己插入靶 DNA 的能力，反应特异性的限于单个靶序列。

intron late hypothesis（内含子迟现假说） 一种假说，认为最早期基因不含有内含子，随后一些内含子被加进基因中。

inversely palindromic（反向回文结构） DNA 双螺旋中的两个不同区段，它们的阅读方向相反，但阅读结果一致；也就是说，一段序列的下游紧随着一段其对应的互补链。

inverted terminal repeat（末端反向重复） 在一些转座子末端以相反方向出现的、短的相关或同样的序列。

IRE 见 **iron-response element（IRE，铁应答元件）**。

IRES 见 **internal ribosome entry site（IRES，内部核糖体进入位点）**。

iron-response element（IRE，铁应答元件） 某些 mRNA 中所存在的顺式作用序列，其稳定性或翻译可被铁离子浓度调节。

IS 见 **insertion sequence（IS，插入序列）**。

isoaccepting tRNA（同工 tRNA） 见 **cognate tRNA（同族 tRNA）**。

isoelectric focusing（等电聚焦） 基于等电点将分子分开的方法，此时蛋白质的 pH 不带净电荷。通常在凝胶上进行蛋白质的操作。

isopycnic banding（等密度带） 在等密度离心中，相同密度的分子可形成同一条带。

isoschizomer（同裂酶） 具有相同识别序列的不同限制酶。

J segment（joining segement，J 基因区段） 免疫球蛋白和 T 淋巴细胞受体基因座中的编码序列，它位于可变（V）和恒定（C）基因区段之间。

joint molecule（接合分子） 通过遗传物质的相互交换连接在一起的一对 DNA 双链体。

junk DNA（垃圾 DNA） 在一些基因组中描述多余 DNA 的一个词语，即它缺乏任何明显的功能。

KAT 见 **lysine acetyltransferase（KAT，赖氨酸乙酰转移酶）**。

kinetic proofreading（动态校对） 一种校对机制，由于不正确事件比正确事件要进行得慢，所以亚基被加到某一多聚链之前，不正确事件就可被回复。

kinetochore（动粒） 与着丝粒表面相连的一种小细胞器，它能将染色体附着于有丝分裂纺锤体的微管上。每一个有丝分裂染色体含有两对“姐妹染色单体”，它们固定于着丝粒的两侧，并以相反取向面对。

kirromycin（黄色霉素） 作用于 EF-Tu 因子而抑制蛋白质合成的抗生素。

Klenow fragment（克烈诺片段） 由蛋白酶切割 DNA 聚合酶 I 所获得的较大片段（68 kDa）。它可用于体外的 DNA 合成反应，它保留了 DNA 聚合酶活性和 3′ → 5′ 外切核酸酶校对活性。

knock-down（敲减） 基因被下调的过程，它通过引入沉默载体或沉默分子以降低靶基因的表达（通常为翻译）。

knock-in（敲入） 这一过程类似于基因敲除，此时新基因或含有微小突变的基因被插入到基因组中。

knock-out（敲除） 功能基因被消灭的过程，它在体外用可选择性标记物替代少部分编码序列，再用同源重组方法将改变过的基因转移到基因组中。

Kuru diease（库鲁病） 普里昂引起的人类神经性疾病，它可由吃受到感染的脑所产生。

***lac* repressor（乳糖操纵子阻遏物）** 由 *lacI* 基因编码的负基因调节物，它可关闭 *lac* 操纵子。

lagging strand（后随链） 此链在复制时，总体上沿着 3′ → 5′ 方向延伸，但以小片段形式（5′ → 3′）不连续合成，最后共价连接起来。

lampbrush chromosome（灯刷染色体） 在某些两栖类的卵母细胞内发现的减数分裂时极度延伸的二价染色体。

lariat（套索） RNA 剪接过程中的中间结构，由 5′-2′ 键形成的带尾的环状结构。

late gene（晚期基因） 当噬菌体 DNA 被复制时所转录的基因，它们编码噬菌体颗粒。

late infection（晚期感染） 噬菌体裂解周期的一部分，它从 DNA 复制到细胞裂解。在此时期，DNA 被复制，噬菌体颗粒的结构成分被合成。

lateral element（侧成分） 联会复合体的一个结构，这些染色体的轴向分子相互之间排列在一起。

LCR 见 **locus control region（LCR，基因座控制区）**。

leader（前导区） 在 mRNA 5′ 端起始密码子之前的非翻译区。也称为 **5′ untraslated region（UTR，5′ 非翻译区）**。

leader peptide（前导肽） 一个短编码序列翻译得到的产物，它通过控制核糖体运动来调节操纵子的表达。

leading strand（前导链） 以 5′ → 3′ 方向连续合成的 DNA 链。

leaky mutation（渗漏突变） 一种不太严重的突变类型，其中氨基酸取代不会完全使蛋白质的某一功能失活，而是降低其功能或降低其效力。

leghemoglobin（豆血红蛋白） 在豆科植物的固氮根瘤中，一种作为氧气携带者的血红蛋白，它有助于氧气扩散以便于促进固氮作用。

lesion bypass（跨损伤） 易错聚合酶在含有损伤碱基的模板上所进行的复制，聚合酶可将非互补碱基掺入到子链 DNA 中。

leucine-rich region（LLR，亮氨酸富集区） 在动物和植物细胞的某些表面受体的胞外区域中发现的一种基序，由 20 到 30 个氨基酸的重复延伸组成，这些氨基酸异常富含疏水性氨基酸亮氨酸。这些重复经常参与蛋白质 - 蛋白质相互作用的形成。

leucine zipper（亮氨酸拉链） 在一类转录因子中所存在的可二聚体化基序。

licensing factor（许可因子） 在细胞核中复制所必需的，在一次复制完成后被失活或破坏。如要进行另一轮的复制，则必须提供新的许可因子。

lincRNA 见 **long intergenic noncoding RNA（lincRNA，基因间长链非编码 RNA）**。

LINE 见 **long-interspersed nuclear element（LINE，长分散核元件）**。

linkage（连锁） 由于位于同一条染色体上，基因具有一起遗传的倾向。通过基因座间的重组率来测量。

linkage disequilibrium（连锁不平衡） 两个不同基因座的等位基因之间的非随机连接，它通常由连锁所导致。

linkage map（连锁图） 一种遗传图，表明染色体上基因的线性次序，用重组单位来表示它们的相对距离。

linker DNA（接头 DNA） 存在于核小体之间的非核小体 DNA。

linker histone（接头组蛋白） 非核心核小体成分的组蛋白家族（如组蛋白 H1）。接头组蛋白可结合核小体，和（或）接头 DNA，以及促进 30 nm 纤丝的形成。

linking number（*L*，链环数） 闭合 DNA 双螺旋一条链绕过另一条链的次数。

linking number paradox（链环数悖论） 核小体上 DNA 路径中存在的 −1.67 超螺旋与去除抑制蛋白时释放的 −1 超螺旋的测量值之间的差异。

lipopolysaccharide（LPS，脂多糖） 由脂类和多糖共价连接而成的大分子，它们存在于革兰氏阴性菌的外膜上，它们就是内毒素，在动物中会引发强烈的免疫应答。

liposome（脂质体） 由至少一层脂双层形成的球形载体，用于将核酸导入靶细胞中。

LLR 见 **leucine-rich region（LLR，亮氨酸富集区）**。

lncRNA 见 **long noncoding RNA（lncRNA，长链非编码 RNA）**。

locus（基因座） 染色体上某个具有特殊作用的基因所处的位置。它可能被等位基因中的一个所占据。

locus control region（LCR，基因座控制区） 在一个染色质结构域里，好几个基因表达所需要的区域。

long intergenic noncoding RNA（lincRNA，基因间长链非编码 RNA） 一种 hnRNA。

long-interspersed nuclear element（LINE，长分散核元件） 一类主要的反转录转座子，它占据了人类基因组的约 21%。见 **retrotransposon（反转录转座子）**。

long noncoding RNA（lncRNA，长链非编码 RNA） 进化上保守的非编码 RNA 分子，其长度超过 200 个核苷酸。定位于基因间基因座，或与蛋白质编码基因的反义转录物存在重叠区域。它们参与无数的细胞功能，如转录调节、RNA 加工、RNA 修饰和表观遗传沉默。最近已经证明它们在类别转换重组机器的靶向中也发挥重要作用。

long terminal repeat（LTR，长末端重复序列） 在原病毒（整合的反转录病毒）两末端的重复序列。

loop（环） RNA（或单链 DNA）发夹结构末端的单链区域，与双链 DNA 中反向重复之间的区域一致。

loss-of-function mutation（功能丧失性突变） 这种突变失活或降低了基因活性，它常常，但不总是隐性遗传的。

LPS 见 **lipopolysaccharide（LPS，脂多糖）**。

LTR 见 **long terminal repeat（LTR，长末端重复序列）**。

luxury gene（奢侈基因） 在特定细胞类型中（通常）大量表达并编码特异性功能产物的基因。

lyase（裂解酶） 一种修复酶（通常也是糖基水解酶），它在损伤碱基位点可打开糖环。

lysine acetyltransferase（KAT，赖氨酸乙酰转移酶） 可在组蛋白或其他蛋白质的赖氨酸残基上加乙酰基修饰的酶（它通常存在于大的复合体中）。早先称为 **histone acetyltransferase（HAT，组蛋白乙酰转移酶）**。

lysis（裂解） 在噬菌体感染后期的细菌死亡。当它们冲破细胞来释放感染噬菌体子代时，所感染的细胞死亡（因为噬菌体酶破坏细菌质膜或细胞壁）。它也可用于真核生物细胞，例如，感染细胞被免疫系统攻击时所产生的现象。

lysogeny（溶源性） 噬菌体能够以稳定的细菌基因组原噬菌体形式在细菌中存活的能力。

lytic infection（裂解性感染） 细菌感染后，将以细胞破坏和子代噬菌体的释放结束。

macrodomain（巨结构域） 染色体上似乎作为独立单元的大的连续区域。大肠杆菌（*Escherichia coli*）中已经鉴定出 4 个这样的区域。

maintenance methyltransferase（维护甲基转移酶） 已经半甲基化的靶位点再被加上一个甲基基团时所需要的酶。

major groove（大沟） 经过 DNA 双螺旋的裂缝，其跨度为 22 Å。

major histocompatibility complex（MHC，主要组织相容复合体） 含有参与免疫应答的基因的染色体区域。这些基因编码抗原提呈蛋白质、细胞因子和补体，以及其他功能。它是高度多态性的。其基因和蛋白质可分成 3 类。

male-specific region（雄性专一区） 不会与 X 染色体发生交换的 Y 染色体区域，它包括 3 类序列：X 染色体中转座过的序列、X 染色体中的退化区段和扩增子区段。

MAMP 见 **microbe-associated molecular pattern（MAMP，微生物相关分子模式）**。

maternal inheritance（母体遗传） 只有一种亲本提供的遗传标记在子代更容易存活的现象。

maternal mRNA granule（母体 mRNA 颗粒） 含有翻译阻遏 mRNA 的卵细胞颗粒，在随后的发育中它们可被激活。

mating-type cassette（交配型框） 酵母交配型由单一活性基因座（活性框）和两份非活性基因座（沉默框）拷贝所决定。当一种类型的活性框被另一种类型的沉默框所替换时，交配型会发生改变。

matrix attachment region（MAR，基质附着区） 附着在核基质上的 DNA 区域。另见 **scaffold attachment region（SAR，支架附着区）**。

maturase（成熟酶） Ⅰ类或Ⅱ类内含子所编码的蛋白质，它是协助 RNA 形成自我剪接所需的活性构象所需的。

mature transcript（成熟转录物） 修饰过的 RNA 转录物，修饰通常包括内含子序列的去除，以及 3′ 和 5′ 端的改变。

MCS 见 **multiple cloning site（MCS，多克隆位点）**。

mediator（中介体） 与酵母细菌 RNA 聚合酶Ⅱ相连的蛋白质复合体，它含有转录必需的、适合于许多或大部分启动子的因子。

melting temperature（解链温度） DNA 中链分开所需的温度范围的中点。

memory cell（记忆细胞） 对抗原的初次免疫应答后，淋巴细胞被刺激后产生的细胞，当再次暴露于抗原后，它会被快速激活，它比新生细胞对抗原应答更快。

message RNA（mRNA，信使 RNA） 一种中间产物，代表编码多肽的基因的一条链。其编码区按照三联体遗传密码与多肽序列相关。

MHC 见 **major histocompatibility complex（MHC，主要组织相容复合体）**。

microarray（微阵列） 有序排列的一系列数千个微小 DNA 寡核苷酸样品印迹于一个小芯片上，随后 mRNA 可与此芯片杂交，以评估基因表达的数量和水平。

microbe-associated molecular pattern（MAMP，微生物相关分子模式） 广泛保守的微生物中的成分，如细菌鞭毛蛋白和脂多糖。它可被模式识别受体所辨别，在起始固有免疫应答中是十分关键的。

micrococcal nuclease（MNase，微球菌核酸酶，MN 酶） 切割 DNA 的内切核酸酶，它能在染色质核小体之间优先切割 DNA。

micro-injection（微注射） 运用小的玻璃微注射器将遗传物质、蛋白质或大分子直接注射入细胞质、胚胎或细胞核的技术。

microRNA（miRNA，微 RNA） 小的（21～23 个核苷酸）、进化上保守的非编码 RNA，在 RNA 沉默和基因表达的翻译后修饰中发挥作用。可与其靶 mRNA 的 5′ 非翻译区（UTR）的互补序列进行结合，而负调节蛋白质表达，这通过加速 mRNA 降解和抑制 mRNA 翻译来完成。

microsatellite（微卫星） 含极短单位（通常小于 10 bp）串联重复序列的 DNA，它通常重复相对较少的次数。

microtubule organizing center（微管组织中心，MTOC） 延伸出微管的结构，有丝分裂细胞中最主要的 MTOC 是中心粒。

middle gene（中期基因） 由早期基因所编码的蛋白质所调节的基因，有些中期基因所编码的蛋白质催化嗜菌体 DNA 的复制，其他则调节后面一类基因的表达。

minicell（小细胞） 大肠杆菌（*Escherichia coli*）中的一种无核细胞，它通过无核分裂的细胞质分裂而成。

minichromosome（微型染色体） 多瘤病毒环状 DNA 的核小体形式。

minisatellite（小卫星） 由短重复序列的串联重复拷贝组成

的 DNA，它通常比微卫星的重复次数要多，而比随体重复相对较少的次数。重复单位的长度以数十碱基对来衡量，在不同基因组之间，其重复数目是不同的。

minor groove（小沟） 经过 DNA 双螺旋的裂缝，其跨度为 12 Å。

minus-strand DNA（负链 DNA） 互补于正链病毒的病毒 RNA 基因组的单链 DNA 序列。

miRNA 见 **microRNA（miRNA，微 RNA）**。

mismatch repair（MMR，错配修复） 一种 DNA 修复机制，它改进错配的碱基，并依靠甲基化状态的不同来区分母链和子链，使得这种机制能优先改进子链序列。

missense mutation（错义突变） 它改变了单个密码子，引起在蛋白质序列中由一个氨基酸被另一个氨基酸所取代。

missense suppressor（错义抑制基因） 它编码已被突变成识别的不同密码子的 tRNA，在突变密码子中插入不同的氨基酸，tRNA 就能抑制原始突变的效应。

mitochondrial DNA（mtDNA，线粒体 DNA） 一类独立的 DNA 基因组，常为环状，存在于线粒体中。

MMR 见 **mismatch repair（MMR，错配修复）**。

MNase 见 **micrococcal nuclease（MNase，微球菌核酸酶，MN 酶）**。

moderately repetitive DNA（中度重复 DNA） 在基因组中重复 10～1000 次的 DNA 序列，它与其他序列交叉排列。

molecular clock（分子钟） DNA 序列中所发生的进化如果几乎是以恒定速度进行的，那么就可将它作为分子钟，如中性突变的遗传漂变。

monocistronic mRNA（单顺反子 mRNA） 编码一种多肽的 mRNA。

mRNA 见 **message RNA（mRNA，信使 RNA）**。

mRNA decay（mRNA 衰变） 一种 mRNA 降解方式，假设这一降解过程是随机的。

mtDNA 见 **mitochondrial DNA（mtDNA，线粒体 DNA）**。

MTOC 见 **microtubule organizing center（微管组织中心，MTOC）**。

multicopy replication control（多拷贝复制控制） 质粒的控制系统允许一份以上的拷贝出现在细菌中。

multiforked chromosome（多复制叉染色体） 细菌中有一个以上复制叉，因为在第一个复制循环结束之前第二个就已开始。

multiple allele（复等位基因） 在染色体上以两个以上等位基因的形式存在的位点，每个等位基因可形成不同的表型。

multiple cloning site（MCS，多克隆位点） 含有一系列串联的限制酶位点的一段 DNA 序列，在克隆载体中它用于构建重组分子。

mutagen（诱变剂） 通过直接或间接地诱导 DNA 上的突变以增加突变率的物质。

mutation hotspot（突变热点） 突变或者重组频率显著增加的基因组位点，通常认为相对于邻近位点，其频率发生提高一个数量级以上。

mutator（增变） 一个突变的基因，会导致基因组基本突变水平的增加，这种基因通常编码与修复损伤的 DNA 有关的蛋白质。

myoglobin（肌红蛋白） 存在于肌肉细胞中的一种含血红素的蛋白质，它可结合氧气。它是高度保守的蛋白质，拥有 153 个氨基酸和含辅因子铁的血红素。

N nucleotide（N 核苷酸） 一种短的非模板序列，在免疫球蛋白和 T 淋巴细胞受体基因重排过程中，由酶 TdT 在编码连接处随机添加。它们增加了抗原受体 V(D)J 序列的多样性程度。

***n*–1 rule（*n*–1 规律）** 雌性哺乳动物细胞中只有一条 X 染色体是有活性的，而其他的 X 染色体则没有活性。

nascent RNA（新生 RNA） 正在合成的核糖核苷酸链，所以在 RNA 聚合酶的延伸处，RNA 的 3′ 端仍和 DNA 配对在一起。

ncRNA 见 **noncoding RNA（ncRNA，非编码 RNA）**。

negative complementation（负互补作用） 当等位基因间互补允许多亚基蛋白质中突变亚基抑制野生型亚基的活性时所发生的现象。

negative control（负控制） 基因调节的一种机制，它需要调节物来使基因表达关闭。

negative inducible（负可诱导） 一种控制回路，即操纵子的底物可失活有活性的阻遏物。

negative regulation（负调节） 正常的基因表达调节方式，需要特别的干涉来关闭它们。

negative repressible（负可阻遏） 一种控制回路，即操纵子的产物可激活非活性的阻遏物。

negative selection（负选择） 一种选择类型，与对照相比，携带不利突变的个体不太能够存活，并产生健康个体。这会导致稀有的、有害的等位基因从群体中被选择性地清除出去。也称为 **purifying selection（纯化选择）**。

negative supercoiling（负超螺旋） DNA 的左手双螺旋形式。它在 DNA 中产生张力，可通过双螺旋的解开而得到释放。结果导致在此区域中，DNA 的两条链被分开。

NER 见 **nucleotide excision repair（NER，核苷酸切除修复）**。

nested gene（套叠基因） 一个基因位于另一个基因的内含子中。

neuronal granule（神经元颗粒） 含翻译阻遏 mRNA 的颗粒，它可被转运到细胞的最终目的地。

neutral mutation（中性突变） 不影响表型和自然选择的突变。

neutral substitution（中性替代） 蛋白质中氨基酸的改变不影响活性的变化。

N-formyl-methionyl-tRNA（$tRNA_f^{Met}$，氨甲酰甲硫氨酸 tRNA） 启动细菌蛋白质合成的氨酰 tRNA，甲硫氨酸的氨基是甲酰化的。

NF-κB 作为转录因子而发挥功能的一种蛋白质复合体，存在于大多数细胞中，可介导应答各种免疫、炎症、微生物刺激或病毒抗原所引起的信号转导途径。已经证明其表达的失调与癌症、炎症、自体免疫病和异常的免疫系统发育关联。

NGD 见 **no-go decay（NGD，停滞的 mRNA 衰变）**。

NHEJ 见 **nonhomologous end-joining（NHEJ，非同源末端连接）**。

nick translation（切口平移） 大肠杆菌（*Escherichia coli*）中 DNA 聚合酶 I 能够将切口作为一个起点，将双链体 DNA 中的一条链分解并用新物质重新合成新链来取代之。这可用来在体外向 DNA 内引入放射性标记的核苷酸。

NMD 见 **nonsense-mediated mRNA decay（NMD，无义介导的 mRNA 衰变）**。

node（节） 见 **recombination nodule（node，重组节）**。

no-go decay（NGD，停滞的 mRNA 衰变） 当核糖体停顿在其编码区时，可迅速降解其 mRNA 的一种途径。

nonallelic gene（非等位基因） 相同基因的两份（或多份）拷贝存在于基因组中的不同位置（这与等位基因相对应，等位基因指来自不同亲本的相同基因的拷贝，它存在于同源染色体上的一致位点）。

nonautonomous transposon（非自主转座子） 编码无功能性转座酶的转座子；只有在同家族反式作用自主成员帮助下才能转座。

noncoding RNA（ncRNA，非编码 RNA） 不含可读框的非编码 RNA。

nonhistone（非组蛋白） 染色体中除组蛋白之外的任何结构蛋白。

nonhomologous end-joining（NHEJ，非同源末端连接） 它连接钝性末端，对修复途经和某些类型的重组途经（如免疫球蛋白的重组）都是普遍的。

non-Mendelian inheritance（非孟德尔式遗传） 一种遗传模式，它不同于孟德尔定律所期望的那样（即每一个亲本给予了子代单一等位基因）。这种遗传模式是由核外基因表现出来的。

nonprocessed pseudogene（未加工的假基因） 不完整基因倍增或基因倍增后由失活突变所产生的非活性基因拷贝。

nonproductive rearrangement（无效重排） V(D)J 基因区段重排后不在正确的阅读框内将会导致无效重排，它发生在核苷酸的加减破坏了阅读框，或当功能性蛋白质不产生时。

nonreciprocal recombination（非相互重组） 见 **unequal crossing-over（不等交换）**。

nonrepetitive DNA（非重复 DNA） 在基因组中是独特（只出现一次）的 DNA。

nonreplicative transposition（非复制型转座） 转座子的移动，它离开供体部位（通常产生一个双链断裂），并移到新的位点。

nonsense mutation（无义突变） DNA 上任何代表氨基酸的密码子变为终止密码子的突变。

nonsense suppressor（无义抑制基因） 编码突变 tRNA 的基因，它能识别一个或多个终止密码子，并将氨基酸插入到这一位点。

nonsense-mediated mRNA decay（NMD，无义介导的 mRNA 衰变） 降解含无义突变密码子的 mRNA 的途径，此突变密码子处在最后的外显子之前。

nonstop decay（NSD，无终止的 mRNA 衰变） 当 mRNA 缺少阅读框内的终止密码子时，其 mRNA 可被迅速降解的一种途径。

nonsynonymous mutation（非同义突变） 突变改变了它所编码的氨基酸。

nontemplate strand（非模板链） 见 **coding strand（编码链）**。

nontranscribed spacer（非转录间隔区） 基因组中前后转录单位之间的区域。

nopaline plasmid（胭脂碱质粒） 土壤根瘤菌（*Agrobacterium tumefaciens*）的 Ti 质粒，它带有合成冠瘿碱和胭脂碱的基因。它们有能分化进入早期胚胎结构的能力。

Northern blotting（northern 印迹，RNA 印迹） 检测样品中特定 mRNA 是否存在的一种技术。RNA 基于体积大小分开，并在膜上进行探测，它利用与靶 mRNA 序列互补的碱基序列杂交探针进行实验。

NSD 见 **nonstop decay（NSD，无终止的 mRNA 衰变）**。

nuclease（核酸酶） 能打断磷酸二酯键的酶。

nucleation center（成核中心） 烟草花叶病毒（TMV）中的双链体发夹结构，此处可起始衣壳蛋白与 RNA 的装配。

nucleic acid（核酸） 编码遗传信息的分子，由磷酸二酯键连到核糖分子上的一系列含氮碱基所组成，DNA 就是脱氧核糖核酸，RNA 就是核糖核酸。

nucleoid（拟核） 原核细胞中包含基因组的结构。DNA 与蛋白质结合，不被膜包裹。

nucleolar organizer（核仁组织者） 携带编码 rRNA 基因的染色体区域。

nucleolus（核仁，复数形式为 nucleoli） 形成核糖体的核内离散区域。

nucleoside（核苷） 由连接到戊糖的 1′ 碳的嘌呤或嘧啶碱基组成。

nucleosome（核小体） 染色质的基本结构亚基，由约 200 bp 的 DNA 和组蛋白八聚体组成。

nucleosome positioning（核小体定位） 核小体限定于一定的 DNA 序列，而不是随机定位。

nucleotide（核苷酸） 由连接到戊糖 1′ 碳的嘌呤或嘧啶碱基，以及连接到戊糖 5′ 或 3′（或稀少的为 2′）碳的磷酸基团组成。

nucleotide excision repair（NER，核苷酸切除修复） 将 DNA 中的一段长区域切除的一种修复系统，此区常含损伤（如 UV 诱导的光产物）位点，通常为螺旋扭曲结构。在人类中，参与这一修复过程的 XP 基因的缺失会导致着色性干皮病。

null mutation（无效突变） 突变能够完全消除此基因的功能。

***nut*（N utilization site，N 蛋白利用位点）** 它可被抗终止因子 N 蛋白所识别的 DNA 序列。

ochre codon（赭石密码子） 三联体 UAA，是引起蛋白质合成终止的三个密码子之一。

octopine plasmid（章鱼碱质粒） 土壤根瘤菌（*Agrobacterium tumefaciens*）的一种质粒，它带有合成冠瘿碱和胭脂碱的基因。它们产生的肿瘤是非分化的。

Okazaki fragment（岗崎片段） 在非连续复制中产生的 1000 ~ 2000 bp 短片段，随后被连接成完整的共价链。

oligo(A) tail [oligo(A) 尾，寡腺苷酸尾] 短的 poly(A) 尾，一般指一段小于 15 个腺苷酸组成的序列。

oncogene（癌基因） 突变后可引起癌症的基因，这是一种功能获得性突变。

one gene-one enzyme hypothesis（一个基因一种酶假说） 比德尔（Beadle）和塔特姆（Tatum）提出的假说，一个基因负责单一酶的合成。

one gene-one polypeptide hypothesis（一个基因一条多肽假说） 不完全正确的“一个基因一种酶”假说的修正版本，它认为一个基因负责单一多肽的合成。

opal codon（乳白密码子） 三联体 UAA，是引起蛋白质合成终止的三个密码子之一。在一小部分生物体和细胞器中它进化成可编码氨基酸的密码子。

open complex（开放复合体） RNA 聚合酶使两条 DNA 链分离形成“转录泡”的转录起始阶段。

open reading frame（ORF，可读框） 由编码氨基酸的三联体组成的连续 DNA 序列，能翻译成蛋白质，由起始密码子开始，终止密码子结束。

operator（操纵基因） DNA 上的一个位点，阻遏物能与之结合抑制相邻启动子的起始从而抑制转录。

operon（操纵子） 细菌基因表达和调节的单位，包括结构基因和能被调节基因产物识别的 DNA 控制元件。

opine（冠瘿碱） 感染冠瘿病的植物细胞所合成的精氨酸衍生物。

ORC 见 **origin recognition complex（ORC，复制起始识别复合体）**。

ORF 见 **open reading frame（ORF，可读框）**。

origin（*ori*，起点） 复制起始处的 DNA 序列。

origin recognition complex（ORC，复制起始识别复合体） 存在于真核生物中的多蛋白质复合体，它可结合复制起点、自主复制序列（ARS），并在整个细胞周期中一直结合着。

orthologous gene（ortholog，种间同源基因） 不同物种中相关的基因。

outgroup（外类群） 在比较基因组学中，某一物种与被调查物种的关系并非很近，却近得足以显示出相当的相似性。

overlapping gene（重叠基因） 一个基因的部分序列位于另一个基因的序列内。

overwind（过旋） B 型 DNA，每一圈螺旋超过 10.5 bp。

P element（P 因子） 黑腹果蝇（*Drosophila melanogaster*）的一类转座子。

P nucleotide（P 核苷酸） 在免疫球蛋白和 T 淋巴细胞受体 V(D)J 基因区段重排过程中产生的一段短回文（反向重复）序列。当 RAG 蛋白切割 V(D)J 重排过程中产生的发夹末端时，它们在编码连接处产生。

P site（P 位） 由肽酰 tRNA 所占据的核糖体位点，tRNA 带有新生多肽链，仍然与 A 位中与之结合的密码子配对。

PABP 见 **poly(A)-binding protein [PABP，poly(A) 结合蛋白]**。

packing ratio（包装率） DNA 长度与其包含纤维单位长度的比值。

palindrome（回文序列） 前后阅读相同内容的对称序列。

PAP 见 **poly(A) polymerase [PAP，poly(A) 聚合酶]**。

paralogous gene（paralog，种内同源基因） 由同一物种内的基因复制，而使得基因共享共同的祖先。

partition complex（分隔复合体） 在一些质粒如 P1 质粒中，parB 蛋白（在一些例子中和 IHF 蛋白一起）和 parS 蛋白所组成的复合体，它的形成使得更多的 parB 蛋白协同结合，从而形成非常庞大的蛋白质 -DNA 复合体。

patch recombinant（补丁型重组体） 切开交换的 DNA 链所处理得到的霍利迪连接中的 DNA。除了来自同源染色体一条链上的 DNA 序列之外，DNA 双链体基本不变。

pathogenicity island（致病岛） 存在于病原体细菌基因组的 DNA 区段，但它不存在于非致病性近亲中。

pattern recognition receptor（PRR，模式识别受体） 可识别高度保守的，存在于细菌、病毒和其他感染因子中的微生物相关分子模式（MAMP）的受体。它们存在于固有免疫应答细胞，如中性粒细胞、巨噬细胞和树突状细胞（DC）中，可使病原体被吞噬和杀死。一些也表达于对适应性免疫应答非常重要的细胞，如 B 淋巴细胞和一些 T 淋巴细胞亚型中。

PB 见 **processing body（PB，加工小体）**。

PCD 见 **programmed cell death（PCD，细胞程序性死亡）**。

PCR 见 **polymerase chain reaction（PCR，聚合酶链反应）**。

peptidyl transferase（肽酰转移酶） 核糖体大亚基所具有的活性，当把氨基酸加到正在生成的多肽链上时合成肽键，这种催化活性实际上是 rRNA 的一个特性。

peptidyl-tRNA（肽酰 tRNA） 多肽翻译过程中肽键合成后，新生多肽链转移到的 tRNA。

PEV 见 **position effect variegation（PEV，位置效应多样化）**。

phage（噬菌体） 细菌噬菌体或细菌病毒的缩写，它能引起细菌裂解。

PHD 见 **plant homeodomain（PHD，植物同源异形域）**。

phosphatase（磷酸酶） 一种可切断磷酸单酯键的酶，它能切下末端的磷酸基团。

phosphorelay（连续磷酸传递） 磷酸基团通过一系列蛋白质传递的途径。

photoreactivation（光复活） 一种修复机制，使用依赖白光的酶分解紫外线形成的环丁烷嘧啶二聚体。

PIC 见 **preinitiation complex（PIC，前起始复合体）**。

pilin（菌毛蛋白） 细菌中能聚合成菌毛的亚基。

pilus（菌毛，复数形式为 pili） 细菌表面的附加物，使得细菌能附着于其他细菌，它像一根短、薄，且有弹性的杆。在接合过程中，菌毛能将 DNA 从一个细菌转移到另一个细菌里。

pioneer round of translation（首轮翻译） 对于新合成的外输 mRNA 的第一次翻译事件。

Piwi-interacting RNA（piRNA，Piwi 相互作用 RNA） 存在于生殖细胞中的一种特殊类型的 miRNA。

plant homeodomain（PHD，植物同源异形域） 由 50 ~ 80 个氨基酸残基组成的结构域，许多含此结构域的蛋白质可结合组蛋白中的多种甲基化赖氨酸。也称为 PHD 手指。

plasmid（质粒） 染色体外自主复制的环状 DNA。

plus-strand DNA（正链 DNA） 与反转录病毒的 RNA 序列一致的双链体 DNA 中的一条链。

plus-strand virus（正链病毒） 含有单链核酸基因组，能直接编码蛋白质产物。

point mutation（点突变） 一种基因内的突变，其中只有一个核苷酸碱基通过替换、插入或缺失而改变。

polarity（极化） 一个基因突变影响同一转录单位下游基因的表达（转录或翻译）的效应。

poly(A)-binding protein [PABP，poly(A) 结合蛋白] 能结合真核生物细胞 mRNA 的 3′ 端 Poly(A) 区的蛋白质。

poly(A) nuclease [poly(A) 核酸酶] 一种外切核糖核酸酶，它能特异性地消化 poly(A) 尾。也称为 **deadenylase（腺嘌**

呤酶）。

poly(A) polymerase [PAP，poly(A) 聚合酶] 真核生物细胞 mRNA 转录时，向其 3′ 端加入一系列多腺苷酸的酶。它不需要模板。

poly(A) tail [poly(A) 尾，多腺苷酸尾] 真核生物细胞 mRNA 转录后，向其 3′ 端所加入的一系列腺苷酸。

polycistronic mRNA（多顺反子 mRNA） 包括不止一个基因编码区域的 mRNA。

polymerase chain reaction（PCR，聚合酶链反应） 一种控制给定核酸片段的过程，通过反复的变性、退火和聚合酶延伸三个步骤的热循环实现。

polymerase switch（聚合酶转换） 通过将可延伸链的酶置换进去，使 DNA 复制从起始转换到延伸阶段。在先导链，它为 DNA 聚合酶 ε；在后随链，它为 DNA 聚合酶 δ。

polymorphism（多态性） 等位基因群体中同时出现的现象，在给定的位置上表现出变异。也称为 **genetic polymorphism（遗传多态性）**。

polynucleotide（多核苷酸） 一串核苷酸，如 DNA 或 RNA。

polyploidization（多倍化） 细胞中可导致单倍体染色体组增加的事件，通常是指二倍体变成四倍体。一般是由多倍体配子的受精所致。

polyribosome（polysome，多核糖体） 是一条 mRNA 上结合多个参加翻译的核糖体。

polytene chromosome（多线染色体） 由一条染色体多次复制但不分离所产生的染色体。

position effect variegation（PEV，位置效应多样化） 基因表达的失活，这是由于它靠近异染色质非活性区域的结果。

positional information（位置信息） 在特定位点中某些细胞结构的定位。

positive control（正控制） 描述了一个系统，其中一个基因不被表达，除非某些动作将其开启。

positive inducible（正可诱导） 一种控制回路，操纵子的底物可使失活的正调节物转变成有活性的调节物。

positive repressible（正可阻遏） 一种控制回路，操纵子的产物可失活有活性的正调节物。

positive selection（正选择） 一种选择类型，与对照相比，携带有利突变的个体会存活下来（如产生更多的健康个体）。

positive supercoiling（正超螺旋） DNA 的右手双螺旋形式。双螺旋的两条链按同一方向扭曲在一起。

postreplication complex（后复制复合体） 在酿酒酵母（*Saccharomyces cerevisiae*）中，由结合在起点的 ORC 复合体所组成的蛋白质 -DNA 复合体。

posttranscriptional modification（转录后修饰） 在核苷酸掺入到多核苷酸链时，这些 RNA 中的核苷酸所发生的所有改变。

ppGpp 鸟嘌呤四磷酸，细菌中的一种信号分子。当氨酰 tRNA 的数量降低时，它可减少 rRNA 和（一些其他）基因的转录。

precise excision（精确切除） 转座子和来自染色体上一段复制的 DNA 序列的去除，这样就能恢复转座子插入区的功能。

preinitiation complex（PIC，前起始复合体） 真核生物细胞转录时，在 RNA 聚合酶结合之前，装配到启动子的各种转录因子的复合体。

premature termination（提前终止） 在全长链被合成完毕之前，蛋白质或 RNA 的合成终止。在蛋白质合成时，在编码区内由于突变而产生终止密码子所引起。在 RNA 合成时，由作用于 RNA 聚合酶而产生的各种事件所引起。

pre-mRNA（前 mRNA） 细胞核内的转录物，经过修饰和剪接后形成 mRNA。

prereplication complex（前复制复合体） 在酿酒酵母（*Saccharomyces cerevisiae*）中，DNA 复制所需要的，结合在起点的蛋白质 -DNA 复合体，它包含 ORC 复合体、Cdc6 蛋白和 MCM 蛋白。

presynaptic filament（联会前纤丝） 结合于螺旋核蛋白纤丝的单链 DNA，这些纤丝含有单链结合蛋白，如 Rad51 蛋白和 RecA 蛋白等。

primary transcript（初始转录物） 起始转录产物，由从启动子延伸到终止子的 RNA 组成，具有原始的 3′ 和 5′ 端。

primase（引发酶） 合成 RNA 短片段的一种 RNA 聚合酶，这种 RNA 将被用于作为 DNA 复制的引物。

primer（引物） 与一条 DNA 链配对的短序列（通常来自 RNA），提供游离 3′- 羟基，使 DNA 聚合酶开始合成 DNA 链。

primosome（引发体） 在复制过程中合成 RNA 引物所需的蛋白质复合体。

prion（普里昂） 一种蛋白质感染颗粒，尽管它不含有核酸但是具有遗传特性。例如羊瘙痒病和牛海绵状脑病因子 PrP^{sc} 和在酵母中保持遗传状态的 Psi。

prion related protein（PrP，普里昂相关蛋白） 普里昂中的一种能引起羊瘙痒病和相关疾病的活性成分蛋白质，产生此病的形式就称为PrP^{sc}。

pRNA 见 **promoter RNA（pRNA，启动子 RNA）**。

probe（探针） 放射性核酸DNA或RNA，用于鉴定互补片段。

processed pseudogene（已加工的假基因） 缺少内含子的非活性基因拷贝，与活性基因的间断结构相反。它可能起源于 mRNA 的反转录和双链体拷贝后插入基因组所产生。

processing body（PB，加工小体） 含有多个 mRNA 和蛋白质的颗粒，参与 mRNA 降解和翻译阻遏，在真核生物细胞质中可存在多份这样的拷贝。

processive（持续性） 在催化有序核苷酸去除过程中酶一直与底物结合在一起。

processivity（持续合成能力） 描述一个酶执行多次催化循环的能力，即它用一个模板，每次完成后不解离并继续下去。

productive rearrangement（有效重排） 如果所有重排的基因区段都在正确的阅读框中，则 V(D)J 基因区段的重组将会发生。

programmed cell death（PCD，细胞程序性死亡） 由细胞刺激通过信号转导途径触发的细胞凋亡。

programmed frameshift（程序性移码） 在特定位置之外的蛋白质编码序列的表达，发生较典型的是在 +1 和 −1 位移码。

promoter（启动子） RNA 聚合酶结合并起始转录的 DNA 区域。

promoter RNA（pRNA，启动子 RNA） 启动子上游转录物，从活性启动子的两条 DNA 链所形成的短 RNA。也称为 **PROMPT**。

proofreading（校对） 核酸合成中的纠错机制，涉及对加入链中的单个单体进行检查。

prophage（原噬菌体） 噬菌体基因组共价整合成为细菌基因组的线性部分。

protein splicing（蛋白质剪接） 蛋白质的一个自我催化过程，内含肽被去除，外显肽按标准的肽键相互连接。

protein translocation（蛋白质易位） 蛋白质跨膜运动，这发生在真核生物细胞的亚细胞器膜上，或细菌的浆膜上，每种蛋白质易位的膜含有只为这一目的而建立的通道。

proteome（蛋白质组） 在整个基因组中所表达的全部蛋白质的集合。有时也用来描述在任何时候，一个细胞所表达的全部互补的蛋白质。

proto-oncogene（原癌基因） 编码信号转导途径中的蛋白质的基因，当改变后可引起癌症。

provirus（原病毒） 真核生物染色体中与 RNA 反转录病毒基因组对应的双链体 DNA 序列。

PrP 见 **prion related protein（PrP，普里昂相关蛋白）**。

PRR 见 **pattern recognition receptor（PRR，模式识别受体）**。

pseudoautosomal region（拟常染色体区） 在雄性减数分裂过程中，Y 染色体上经常与 X 染色体发生交换的区域。

pseudogene（假基因） 由原始活性基因突变产生的、存在于基因组中稳定但不活泼的 DNA 序列。它们不活泼通常是由于突变阻止了转录或翻译，或两者都有。

puff（疏松） 多线染色体某些条带基因座与 RNA 合成相关的条带扩展。

purifying selection（纯化选择） 见 **negative selection（负选择）**。

purine（嘌呤） 双环含氮碱基，如鸟嘌呤和腺嘌呤。

purine-loading (AG) pressure [嘌呤装载（AG）压力] 在物种的基因密码子的第 1、2、3 位的 AG（嘌呤）往往倾向于顺应其最佳价值的现象。

puromycin（嘌呤霉素） 能模仿 tRNA 连到新生蛋白质链上，从而终止蛋白质合成的一种抗生素。

pyrimidine（嘧啶） 一种单环含氮碱基，如尿嘧啶、胞嘧啶和胸腺嘧啶。

pyrimidine dimer（嘧啶二聚体） 紫外线照射所形成的共价连接，在 DNA 中，它直接在相邻的嘧啶碱基之间形成，并阻止 DNA 的复制。

pyrosequencing（焦磷酸测序） 一种 DNA 测序法。当核苷酸被掺入到单链 DNA 中，检测其释放的焦磷酸。可释放化学荧光的酶可用于检测 DNA 聚合酶的活性。这种方法可以测定单链 DNA，当它沿着模板链合成互补链时，会一次产生一个碱基对，可以对每一次所加的碱基进行测定。A、C、G、T 核苷酸溶液有序加入，而后从反应中有序移去。只有当核苷酸溶液互补与第一个未配对的模板链碱基时才会形成荧光。形成化学发光信号的溶液序列就决定了模板链序列。

quantitative PCR（qPCR，定量 PCR） 见 **real-time PCR（实时 PCR）**。

quickstop mutant（快停突变体） 温度敏感型复制突变体，是一种 DNA 过程中复制延伸的缺陷。

R segment（R 基因区段） 反转录病毒 RNA 的末端重复序列，它们被称为 R-U5 和 U3-R。

RAG1 蛋白 在 V(D)J 重组中 DNA 切割所需的蛋白质，它能识别用于重组的九联体共有序列。它和 RAG2 蛋白一起作用，执行切割和重新连接 DNA 的催化反应，并为全程的重组反应提供结构框架。另见 **recombination activating gene（重组激活基因，*RAG1* 或 *RAG2*）**。

RAG2 蛋白 在 V(D)J 重组中 DNA 切割所需的蛋白质，它由 RAG1 蛋白募集，能在七联体处进行切割。它和 RAG1 蛋白一起作用，执行切割和重新连接 DNA 的催化反应，并为全程的重组反应提供结构框架。另见 **recombination activating gene（重组激活基因，*RAG1* 或 *RAG2*）**。

random priming（随机引发） 利用随机的六聚体，从模板中准备用于杂交的标记 DNA 探针；或在第一条 cDNA 的合成时，利用随机的六聚体去引发携带或不携带 Poly(A) 尾的 mRNA。

rasiRNA 见 **repeat-associated siRNA（rasiRNA，重复相关 siRNA）**。

RBP 见 **RNA-binding protein（RBP，RNA 结合蛋白）**。

rDNA（核糖体 DNA） 编码核糖体 RNA（rRNA）的基因。

RDRP 见 **RNA-dependent RNA polymerase（RDRP，依赖 RNA 的 RNA 聚合酶）**。

reading frame（阅读框） 一条核苷酸链能以三种可能形式之一读出。每个阅读框把序列分成一系列连续的三联体，依照序列的不同，任何序列都有三种可能的阅读框，如果第一个阅读框开始于位置 1，则第二个阅读框开始于位置 2，第三个阅读框开始于位置 3。

readthrough（连读） 由于膜板的突变或辅助因子的帮助，RNA 聚合酶或核糖体能忽略终止信号，而继续转录或翻译。

real-time PCR（实时 PCR） 通常通过荧光测定法，在工艺过程中持续监测产品形成的技术。也称为定量 PCR(qPCR)。不要与反转录 PCR（RT-PCR）混淆，RT-PCR 是一种允许通过 PCR 检测 RNA 的方法。也称为 **quantitative PCR（qPCR，定量 PCR）**。

recoding（再编码） 一个密码子或一系列密码子的含义发生改变，它们不同于遗传密码所预测的那样，此时所发生的事件称为重编码事件。这可能涉及变化了的氨酰 tRNA 与 mRNA 之间的相互作用，它可能由核糖体所引起。

recognition helix（识别螺旋） 它是螺旋 - 转角 - 螺旋基序的其中一个螺旋，负责与特异性的 DNA 碱基接触。它决定了被结合的 DNA 序列的特异性。

recombinant DNA（重组 DNA） 由两个不同序列来源所组成的 DNA 分子。

recombinant joint（重组接点） 两个重组双链体 DNA 分子连接的位点（异源双链体区的边缘）。

recombinase（重组酶） 催化位点专一重组的酶。

recombination activating gene（重组激活基因，*RAG1* 或 *RAG2*） 在 V(D)J 重组过程中，这些基因所编码的酶在免疫球蛋白和 T 淋巴细胞受体基因的重排和重组中发挥重要作用。其所表达的产物 RAG1 蛋白和 RAG2 蛋白只出现于正在发育的淋巴细胞中。

recombination nodule（node，重组节） 联会复合体上出现的稠密物质，它涉及染色体交换。

recombination-repair（重组修复） 通过从另一双链体中获得同源单链来修补双链体 DNA 中一条链上缺口的模式。

recombination signal sequence（RSS，重组信号序列） 它由保守的九联体 :12 bp 或 23 bp 的间隔区 : 七联体序列组成，出现于免疫球蛋白和 T 淋巴细胞受体的 V(D)J 基因的两侧。

redundancy（冗余） 两个或更多个基因可完成同样的功能，这样，没有哪一个基因是必需的。

regulator gene（调节基因） 它编码一种产物（典型的为蛋白质），其作用是控制其他基因的表达（通常在转录水平上）。

relaxase(松弛酶） 能切开 DNA 的一条链，连接到游离 5′ 端。

relaxed mutant（松弛突变体） 此类突变体使大肠杆菌（*Escherichia coli*）对氨基酸（或其他营养来源）不显示严谨反应。

relaxosome（松弛体） 为了接合，使遗传物质能在细菌之间传递所装配而成的细菌复合体。

release factor（RF，释放因子） 识别终止密码子引起完整的多肽链和核糖体从 mRNA 上释放的蛋白质。

renaturation（复性） DNA 双螺旋的两条互补单链重新结合。

repeat-associated siRNA（rasiRNA，重复相关 siRNA） 与沉默子 RNA 相连的重复序列，它是 miRNA 的生殖细胞亚型，转录自转座子元件和其他重复序列元件，可用于对自身的沉默。

repetitive DNA（重复 DNA） 有很多（相同或相近的）序列在基因组中出现。

replication bubble（复制泡） 在一个长的未复制区域内 DNA 已经被复制的区域。

replication fork（复制叉） 双螺旋 DNA 两条亲本链分开使复制能进行的部位。在此有包含 DNA 聚合酶在内的蛋白质复合体。也称为 **growing point（生长点）**。

replication-coupled pathway（复制耦合通路） 在细胞周期的 S 期，新、旧组蛋白等量混合装配染色质的途径。

replication-defective（复制缺陷的） 病毒自身不能维持感染周期，但在辅助病毒的帮助下，提供了其所缺乏的病毒功能后可保持下去。

replication-defective virus（复制缺陷型病毒） 自身不能维持感染周期的病毒，这是由于此病毒侵染周期中所必需的基因的缺失（在转导的病毒中被宿主 DNA 所代替）或突变所引起。

replication-independent pathway（RI 通路，不依赖复制的通路） 在细胞周期的各个时期中装配核小体的途径，没有涉及 DNA 复制。在 DNA 损伤或在转录过程中核小体的置换中，它可能是必要的。

replicative transposition（复制型转座） 转座子移动的一种机制，它首先复制，然后其中的一份拷贝转移到新位点。

replicon（复制子） 基因组中 DNA 复制的单位，每一个都包括复制起始点。

replisome（复制体） 在细菌复制叉处组装以进行 DNA 合成的多蛋白质结构。它包括 DNA 聚合酶和其他酶。

reporter gene（报道基因） 附着于另一个启动子或基因中的基因，其编码的产物易于被鉴定或测量。

repressible gene（可阻遏基因） 可被其产物关闭的基因。

repression（阻遏） 当酶的产物存在时，细菌能阻止某种酶合成的能力。泛指通过阻遏物与 DNA（或 RNA）特定位点结合阻止转录（或翻译）。

repressor（阻遏物） 能阻止基因表达的蛋白质，它可与增强子或沉默子结合来阻止转录。

resolution（解离） 在一个共整合转座子的两份拷贝之间的同源重组反应，它产生供体和靶复制子，分别含有单拷贝转座子。

resolvase（解离酶） 已经被倍增的两份转座子拷贝之间的位点专一重组所涉及的酶。

restriction endonuclease（限制性内切核酸酶） 特异性识别短的 DNA 序列并且切割双链体（在靶位点或别处，因类型而异）。

restriction enzyme（限制酶） 在特定位点切割 DNA 分子的酶。酶需要识别 DNA 链中的特殊序列（通常为 4 或 6 个核苷酸），随后在识别序列上或附近停下来并切割。细菌中，这些酶提供了防止病毒入侵的防线。它们也成为遗传工程中有用的工具，可从有机体中提取基因，将它插入到其他有机体中。

restriction map（限制图） DNA 上能够被很多不同限制酶切割的位点的线性排列而成的图。

restriction point（限制点） 细胞周期中 G_1 期的一个特定时间点，此时细胞准备向 S 期推进。

retrotransposon（retroposon，反转录转座子，反转录子） 以 RNA 形式移动的转座子；即 DNA 元件转录成 RNA，再反转录为 DNA，然后插入基因组中某一新位点。它不存在感染型（病毒的）形式。

retrovirus（反转录病毒） 是一种 RNA 病毒，能通过反转录成为 DNA 而繁殖。

reverse transcriptase（反转录酶） 以单链 RNA 为模板合成互补 DNA 链的酶。

reverse transcription（反转录） 以 RNA 为模板合成 DNA，由反转录酶催化。

reverse transcription polymerase chain reaction（RT-PCR，反转录聚合酶链反应） 通过对细胞样品的 RNA 进行反转录和扩增，从而可检测和定量基因表达的一种技术。

revertant（回复体） 一个突变体细胞或有机体反转突变所产生的，它可回复到野生表型。

RF1（release factor 1，释放因子 1） 能识别终止密码子 UAA 和 UAG 而终止蛋白质合成的细菌释放因子。另见 **release factor（RF，释放因子）**。

RF2（release factor 2，释放因子 2） 能识别终止密码子 UAA 和 UGA 而终止蛋白质合成的细菌释放因子。另见 **release factor（RF，释放因子）**。

RF3（release factor 3，释放因子 3） 与延长因子 EF-G 有关的细菌多肽合成终止因子。当它终止多肽合成时，能使得因子 RF1 和 RF2 从核糖体上释放。另见 **release factor（RF，释放因子）**。

rho utilization site（*Rut*，ρ 因子利用位点） 可被 ρ 终止因子识别的 RNA 序列。

rho-dependent termination（依赖 ρ 因子的终止） 大肠杆菌（*Escherichia coli*）聚合酶在有 ρ 因子存在的情况下终止转录的行为。

rho-factor（ρ 因子） 协助大肠杆菌（*Escherichia coli*）RNA 聚合酶在特殊位点（依赖 ρ 因子的终止子）终止转录的蛋白质。

Ri plasmid（Ri 质粒） 见 **hairy root inducible plasmid（发根可诱导质粒）**。

ribonuclease（核糖核酸酶） 一种在 RNA 核糖核苷酸之间切割磷酸二酯键的酶。也称为 **RNase（RNA 酶）**。

ribonucleoprotein（RNP，核糖核蛋白） 为 RNA 和蛋白质的复合体。更大的复合体有时被称为核糖核蛋白颗粒。

ribosomal RNA（rRNA，核糖体 RNA） 核糖体的一个主要成分。

ribosome（核糖体） 为 RNA 和蛋白质的大聚合体，以 mRNA 为模板合成蛋白质。

ribosome-binding site（核糖体结合位点） 细菌 mRNA 上的含起始密码子的序列，在多肽合成的起始阶段，它能被 30S 亚基结合。

ribosome stalling（核糖体停顿） 当核糖体到达一个密码子，而它没有对应的氨酰 tRNA，那么它的运动会被抑制。

riboswitch（核酸开关） 具有催化活性的 RNA，其活性依赖于小配体。

ribozyme（核酶） 具有催化活性的 RNA。

RISC 见 **RNA-induced silencing complex（RISC，RNA 诱导的沉默复合体）**。

RIST 见 **RNA-induced transcriptional silencing（RITS，RNA 诱导的转录沉默）**。

RI pathway（RI 通路） 见 **replication-independent pathway（RI pathway，不依赖复制的通路，RI 通路）**。

RNA-binding protein（RBP，RNA 结合蛋白） 含一个或多个对 RNA 具有亲和力的结构域的蛋白质，通常以 RNA 序列特异性或结构特异性的方式起作用。

RNA-dependent RNA polymerase（RDRP，依赖 RNA 的 RNA 聚合酶） 使用 RNA 作为模板合成的 RNA 聚合酶。

RNA editing（RNA 编辑） 转录后在 RNA 水平上的序列改变。

RNA-induced silencing complex（RISC，RNA 诱导的沉默复合体） 一种核糖核蛋白颗粒，由短单链 siRNA 和可切割互补于 siRNA 的 mRNA 的核酸酶组成，它从 Dicer 酶中获得 siRNA，并将它递送到 mRNA 中。

RNA-induced transcriptional silencing（RITS，RNA 诱导的转录沉默） RNA 诱导的转录沉默。能够在染色质修饰水平下调特定基因转录的小 RNA。由 microRNA 进行的基因表达沉默机制。

RNA interference（RNAi，RNA 干扰） 短的 21～23 个核苷酸的反义 RNA，它衍生自更长的双链 RNA，可通过翻译抑制或降解可对 mRNA 的表达进行调节。

RNA ligase（RNA 连接酶） 在 tRNA 剪接过程中，此酶能在内含子被切除后所产生的两个外显子之间形成磷酸二酯键。

RNA polymerase（RNA 聚合酶） 使用 DNA 作为模板合成 RNA 的酶。

RNA processing（RNA 加工） 基因的 RNA 转录物的修饰过程，它包括 3′ 和 5′ 端的改变和内含子序列的切除。

RNA regulon（RNA 调节子） 由同一组 RNA 结合蛋白所协同调节的一组 RNA，而这些蛋白质用于调节其剪接反应、稳定性和定位等功能。

RNA silencing（RNA 沉默） RNA，尤其是 ncRNA 具有可改变染色质结构以阻止基因转录的能力。

RNA splicing（RNA 剪接） 在 RNA 中内含子序列被切除的过程，这样外显子序列能被连成完整的 mRNA。

RNA surveillance system（RNA 监管系统） 一种能检查 RNA 或 RNP 有无错误的系统。这一系统能识别非法序列或结构而触发应答反应。

RNase（RNA 酶） 见 **ribonuclease（核糖核酸酶）**。

RNP 见 **ribonucleoprotein（RNP，核糖核蛋白）**。

rolling circle（滚环） 一种复制模式，复制叉沿环状模板复制一定次数，每个反应中新合成的链将前一反应中合成的链抛出并替代，形成与环状模板链互补的一系列线性序列。

rotational positioning（旋转定位） DNA 中相对于双螺旋整数圈的组蛋白八聚体位置，它决定了 DNA 的哪一面暴露在核小体表面。

rRNA 见 **ribosomal RNA（rRNA，核糖体 RNA）**。

RSS 见 **recombination signal sequence（RSS，重组信号序列）**。

RT-PCR 见 **reverse transcription polymerase chain reaction（RT-PCR，反转录聚合酶链反应）**。

Rut 见 **rho utilization site（*Rut*，ρ 因子利用位点）**。

S phase（S 期） 真核生物细胞周期中的 DNA 合成时期。

S region（S 区） 见 **switch region（转换区）**。

satellite DNA（卫星 DNA） 由一个（相同或者相似的）短的基本重复序列单位构成的许多连续重复序列组成。另见 **virusoid（拟病毒）**。

scaffold attachment region（SAR，支架附着区） 中期和间期细胞核中附着在蛋白质结构上的 DNA 位点。染色质似乎附着在体内的底层结构上；证据表明，这种连接是转录或复制所必需的。另见 **matrix attachment region（MAR，基质附着区）**。

scarce mRNA（稀有 mRNA） 由大量不同的 mRNA 成分组成，每一个 mRNA 在细胞中只有很少的拷贝，这组成了细胞中 RNA 的大部分序列复杂度。也称为 **complex mRNA（复杂 mRNA）**。

SCID 见 **severe combined immunodeficiency（SCID，重症联合免疫缺陷）**。

scrapie（羊瘙痒病） 由蛋白质（普里昂）组成的感染性因子所引起的疾病。

scRNA 见 **small cytoplasmic RNA（scRNA，质内小 RNA）**。

scyrp 由细胞质的小 RNA 和蛋白质分子组成的复合体，它们形成了剪接体。也称为 **small cytoplasmic RNA（scRNA，质内小 RNA）**。

SE 见 **stabilizing element（SE，稳定元件）**。

second parity rule（第二均等规则） 由 Erwin Chargaff 发现的规则，非常近似地，在 DNA 双联体的每一条单链中，一条链中的腺嘌呤（A）与另一条链的胸腺嘧啶（T）相等；一条链中的鸟嘌呤（G）与另一条链的胞嘧啶（C）相等。

second-site reversion（第二位点回复） 第二位点突变抑制了第一位点突变的效应。

selfish DNA（自私 DNA） 与生物体基因型无关的序列，唯一目的是使自己永生化于基因组内。

self-splicing（自剪接） 见 **autosplicing（自剪接）**。

semiconservative replication（半保留复制） 通过亲本 DNA 双链体两链分开，每一链作为模板合成新的互补链合成的复制方式。

semidiscontinuous replication（半不连续复制） 一条新链是连续合成而另一条新链却不连续合成的复制模式。

sense strand（有义链） 见 **coding strand（编码链）**。

septal ring（隔膜环） 大肠杆菌（*Escherichia coli*）*fts* 基因编码的几个蛋白质所组成的复合体，它形成细胞的中点，在细胞分裂中产生隔膜。因为第一个进入的蛋白质是 FtsZ，所以又称为 **Z-ring（Z 环）**。

septum（隔膜） 在分裂的细菌中心所形成的结构，在此，子代细菌分开。同样的名称也用于描述在有丝分裂末期，植物细胞之间所形成的壁。

severe combined immunodeficiency（SCID，重症联合免疫缺陷） 不同基因突变所致的综合征，它导致了 B 和 T 淋巴细胞的缺失。

SG 见 **stress granule（SG，压力颗粒）**。

SGA 见 **synthetic genetic array analysis（SGA，综合遗传陈列分析）**。

shelterin（庇护蛋白） 哺乳动物中由 6 个端粒蛋白所组成的复合体，其功能是保护端粒免于 DNA 损伤修复途径的作用，调节由端粒酶控制的端粒长度。

Shine-Dalgarno sequence（SD 序列） 细菌 mRNA 上 AUG 起始密码子之前约 10 bp 的以 AGGAGG 为中心的多嘌呤序列，与 16S rRNA 的 3′ 端序列互补。

SHM 见 **somatic hypermutation（SHM，体细胞超变）**。

short interspersed nuclear element（SINE，短散在核元件） 短散在分布的细胞核元件，一类主要的非自主反转录转座子，它占据了人类基因组的约 13%。另见 **retrotransposon（retroposon，反转录转座子，反转录子）**。

short temporal RNA（stRNA，暂时性短 RNA） 真核生物中 miRNA 分子的一种形式，它可调节发育过程中 mRNA 的表达。

shuttle vector（穿梭载体） 可用于一种以上宿主细胞的克隆载体。

sigma factor（σ 因子） 起始必需的 RNA 聚合酶的一个亚基，主要影响 RNA 聚合酶启动子的选择。

signal end（信号端） 免疫球蛋白和 T 淋巴细胞受体基因重组所产生。信号末端在被切下的片段末端，它含有重组信号序列，这样，随后的信号末端的连接就产生了信号接口。

signal transduction pathway（信号转导途径） 刺激或细胞状态在细胞内被感知和传递的过程。

silencer（沉默子） DNA 的短序列，能够失活邻近基因的表达。

silent mutation（沉默突变） 不改变多肽序列的突变，因为它产生同义密码子。

simple sequence DNA（简单序列 DNA） 短串联重复单元的 DNA 序列。

SINE 见 **short interspersed nuclear element（SINE，短散在核元件）**。

single copy（单拷贝） 细菌中的一种复制控制类型，这是由于细菌基因组只有一个复制起始子，所以组成了单一复制子。因为复制单元和分离单元是协同的，所以单一起点的起始就决定了整个基因组的复制，它在每一次细胞分裂中只发生一次。

single-copy replication control（单拷贝复制控制） 一种复制控制系统，它只允许每个细菌只有一份复制子拷贝。细菌染色体和一些质粒存在这种类型的调节系统。

single nucleotide polymorphism（SNP，单核苷酸多态性） 单个核苷酸变化引起的多态性（个体之间的序列差异），大部分的个体之间的遗传差异由此引起。

single-strand assimilation（单链同化） DNA 中的单链替换双链体中其同源链的能力，即能使单链同化进入双链体。又称为 **single-strand invasion（单链入侵）**。

single-strand binding protein（SSB，单链结合蛋白） 能结合到单链 DNA，从而阻止它形成双链体。

single-strand exchange（单链交换） 双链体 DNA 一条链离开其原来的配对链，而与另一分子中的互补链配对从而替换第二个分子中同源链的反应。

single-strand invasion（单链入侵） 见 **single-strand assimilation（单链同化）**。

single X hypothesis（单一 X 染色体假说） 雌性哺乳动物中一条 X 染色体失活的现象。

siRNA 见 **small interfering RNA（siRNA，小干扰 RNA）**。

sister chromatid（姐妹染色单体） 一条复制染色体中的两份同样拷贝中的其中一份，只要这两份拷贝以着丝粒相连，那么这个名称就可运用。姐妹染色单体在有丝分裂中的后期或减数分裂中的第二个后期分开。

site-directed mutagenesis（位点专一诱变） 在基因或基因产物的 DNA 序列中形成靶向改变的一种方法。基本技术基于合成引物的引入，此引物含有突变，而在突变周围，其序列与 DNA 模板是互补的。

site-specific recombination（位点专一重组） 重组反应发生在两个特异性序列（不一定同源）之间，如噬菌体整合/切除或转座中共整合结构的拆分。

SKI protein（SKI 蛋白） 一组蛋白质因子，它可靶向无终止的 mRNA 衰变（NSD）的降解底物。

SL RNA 见 **spliced leader RNA（SL RNA，剪接引导 RNA）**。

slow-stop mutant（慢停突变体） 对温度敏感的复制突变体，在起始复制时存在缺陷。

small cytoplasmic RNA（scRNA，质内小 RNA） 存在于细胞质（有时也存在于细胞核）中的 RNA。在自然状态下以小核糖核蛋白颗粒的形式存在，俗称 **scyrp**。

small interfering RNA（siRNA，小干扰 RNA） 短小的干扰 RNA，可阻止基因表达的一种 miRNA 分子。

small nuclear RNA（snRNA，核内小 RNA） 任何一个限制在细胞核内的小分子 RNA，一些 snRNA 涉及剪接过程，另一些涉及 RNA 的加工反应。在自然状态下以小核糖核蛋白颗粒的形式存在，俗称 **snurp**。

small nucleolar RNA（snoRNA，核仁小 RNA） 限制在核仁内的小分子 RNA。

small RNA（sRNA，小 RNA） 一种细菌的小 RNA 分子，它可作为基因表达的调节物。

snoRNA 见 **small nucleolar RNA（snoRNA，核仁小 RNA）**。

SNP 见 **single nucleotide polymorphism（SNP，单核苷酸多态性）**。

snurp 见 **small nuclear RNA（snRNA，核内小 RNA）**。

somatic DNA recombination（体细胞 DNA 重组） 在 B 或 T 淋巴细胞中连接 V(D)J 基因区段以产生 B 或 T 淋巴细胞受体的过程。也是 Ig 类别转换的基础。

somatic hypermutation（SHM，体细胞超变） B 淋巴细胞而非 T 淋巴细胞的主动突变过程。在 V(D)J 重排过程中，它以一定的速率引入突变，这至少比整个基因组中的其他自发突变高 10^6 倍以上，这些突变改变了抗体，尤其是抗原结合位点处的序列。

somatic mutation（体细胞突变） 发生在体细胞内的突变，只影响其子代细胞，不遗传给有机体的后代。

somatic recombination（体细胞重组） 发生于非生殖细胞中的重组，即它不发生于减数分裂过程中。最常用于指免疫系统中的重组，在这种情况下指的是将 V(D)J 基因区段连接到 B 或 T 淋巴细胞中以产生 B 或 T 淋巴细胞受体的过程；在这种情况下，它也被称为 V(D)J 重组。这个过程也是 Ig 类别转换的基础。

Southern blotting（Southern 印迹，DNA 印迹） 将由凝胶电泳分开的 DNA 条带从凝胶基质中转移到固相支持物如尼龙膜上，以用于后续的探针杂交和检测。

spindle（纺锤体） 细胞有丝分裂中它能引导染色体的运动，此结构由微管组成。

splice recombinant（剪接型重组体） 它来自切断非交换单链后所得到的霍利迪连接，在交换前 DNA 双链的两条单链来自同一条染色体；在交换后 DNA 双链的两条单链来自同源染色体。

splice site（剪接位点） 外显子 - 内含子交界处周围的序列。

spliced leader RNA（SL RNA，剪接引导 RNA） 在锥虫和线虫的反向剪接反应中贡献外显子的小 RNA 分子。

spliceosome（剪接体） 剪接所需要的 snRNP 和其他的蛋白质因子所形成的复合体。

splicing（剪接） 将内含子切除 RNA，并将外显子连接成连续的 mRNA 过程。

splicing factor（剪接因子） 剪接体中的蛋白质成分，但它不是 snRNP 中的一个部分。

spontaneous mutation（自发突变） 无任何外加诱变剂时发生的突变率的增高，它由复制（或其他涉及 DNA 再生产）的错误或环境破坏所导致。

sporulation（孢子形成） 细菌（由形态转变）或者酵母（作为减数分裂的产物）中产生孢子。

SR protein（SR 蛋白） 它含有不同长度的精氨酸 - 丝氨酸残基的区域，与剪接有关。

sRNA 见 **small RNA（sRNA，小 RNA）**。

SSB 见 **single-strand binding protein（SSB,单链结合蛋白）**。

stabilizing element（SE，稳定元件） 各种顺式作用元件中的一种，它存在于一些 mRNA 中，可赋予这一 mRNA 更长的半衰期。

start point（起点） DNA 上转录成 RNA 第一个碱基所在的位置。

steady state（稳态） 当合成与降解速率恒定时分子群体的浓度。

stem-loop（茎 - 环） 出现于 RNA 中的二级结构，它由碱基配对区(茎)和末端的单链 RNA 环组成。其大小都是可变的。

steroid receptor（类固醇受体） 结合类固醇配体后被激活的转录因子。

stop codon（终止密码子） 3 个终止蛋白质合成的核苷酸三联体（UAA、UAG、UGA）。以前它们被称为无义密码子，依照它们当初被鉴定的无义突变的名字，UAA 密码子被称为赭石密码子；UAG 密码子被称为琥珀密码子。

strand displacement（链置换） 一些病毒复制的一种模型，其中合成一条新链代替双链体 DNA 中的互补链。

stress granule（SG，压力颗粒） 一种细胞质颗粒，由翻译失活 mRNA 组成，它在应答整体性翻译起始抑制时产生。

stringency（严格性） DNA 两条链之间所需的允许它们进行杂交的互补性精确度的测定。其与缓冲液离子浓度和高于或低于 T_M 的反应温度有关。低离子浓度和高温度能给予更高的严格性（即需要更高的精确度）。

stringent factor（严紧因子） 与核糖体关联的 RelA 蛋白。在空载 tRNA 进入核糖体时，它能合成 ppGpp 和 pppGpp。

stringent response（严紧反应） 细菌在恶劣生长环境中关闭 tRNA 和核糖体形成的能力。

stRNA 见 **short temporal RNA（stRNA，暂时性短 RNA）**。

structural gene（结构基因） 编码非调节物的任何 RNA 或蛋白质的基因。

structural maintenance of chromosome（SMC，染色体结构维护） 它描述了一组蛋白质，包括黏结蛋白，它能把姐妹染色单体聚在一起；以及凝缩蛋白，它能使染色体凝缩。

subclone（亚克隆） 将克隆片段断裂成可用于进一步克隆的更小片段。

supercoiling(超螺旋） 闭合环状双链体 DNA 在空间中螺旋，并绕过自身中轴的结构。

superfamily（超家族） 推测来自同一祖先的一组相关基因，但目前已经显示出了相当的多样性。

suppression mutation（抑制突变） 第二次突变事件消除了突变效果，但它并没有反转 DNA 本身原先的改变。

suppressor（抑制基因） 在移码突变后恢复原来阅读框的补偿突变，这样，两次突变的组合恢复了野生型。

SWI/SNF 见 **switch/sniff（SWI/SNF，开关 / 嗅觉）**。

switch region（转换区） 参与免疫球蛋白类别转换 DNA 重组的序列，它位于编码重链恒定区的每一簇基因区段的上游，由重复的 3 ～ 5 kb 序列组成。也称为 **S region（S 区）**。

switch/sniff（SWI/SNF，开关 / 嗅觉） 染色质重建复合体，它使用 ATP 的水解提供能量来改变核小体结构。

synapsis（联会） 在减数分裂初期，同源染色体的两对姊妹染色单体联合，产生二价体结构。

synaptonemal complex（联会复合体） 联会染色体的形态结构。

synonymous codon（同义密码子） 在遗传密码中具有相同含义（指定相同的氨基酸或特异性翻译终止）的密码子。

synonymous mutation（同义突变） 编码区中突变不改变它所编码的多肽的位点。

synteny（同线性） 描述不同物种的染色体区域之间的关系，那里同源基因有着同样的次序。

synthetic genetic array analysis（SGA，综合遗传陈列分析） 以出芽酵母为基础的一种自动化技术，它利用一种突变体与5000种左右的缺失突变体阵列进行交配，以决定突变是否能相互作用而产生合成致死表型。

synthetic lethal（合成致死） 将两种各自都能存活的突变组合在一起可引起致死性。

T cell receptor（TCR，T淋巴细胞受体） T淋巴细胞上的抗原受体，它是克隆化表达的，结合MHC Ⅰ型或MHC Ⅱ型复合体和抗原所衍生的肽。

T cell（T淋巴细胞） T（胸腺）系的淋巴细胞。它们在胸腺中从骨髓来源的干细胞分化而来。根据其表型，它们被分为几个功能类型（亚群），主要表达表面CD4、CD8或CD25。不同的亚群参与不同细胞介导的免疫反应。

TAF 见 **TBP-associated factor（TAF，TBP结合因子）**。

tandem duplication（串联重复） 染色体区段的形成，它与紧邻区段是完全一致的。

TATA box（TATA框） 在真核生物RNA聚合酶Ⅱ转录单位起始点前25 bp处发现的保守的富含AT的八联体，可能涉及RNA聚合酶的正确起始定位。

TATA-binding protein（TBP，TATA结合蛋白） 转录因子$TF_{II}D$的亚基，它能结合启动子区的TATA框，也可由其他因子协助定位于不含TATA框的启动子区。

TATA-less promoter（无TATA启动子） 基因的起点上游序列缺失TATA框的启动子。

TBP 见 **TATA-binding protein（TBP，TATA结合蛋白）**。

TBP-associated factor（TAF，TBP结合因子） $TF_{II}D$因子的亚基，能帮助TBP蛋白结合DNA，它们也为转录装置的其他成分提供接触点。

TCR 见 **T cell receptor（TCR，T淋巴细胞受体）**。

T-DNA 根瘤菌（*Agrobacterium*）的Ti质粒片段，在感染时能转到植物细胞核。

TdT 见 **terminal deoxynucleotidyl transferase（TdT，末端脱氧核苷酸转移酶）**。

TE 为 **transposable element（转座因子）** 的简写，另见 **transposon（转座子）**。

telomerase（端粒酶） 核糖体蛋白酶，能通过加入一个个碱基到DNA的3′端，在酶的RNA成分中的RNA序列指导下，在端粒末端产生单链的重复单元。

telomere（端粒） 是染色体的自然末端，DNA序列含有简单的重复序列单位，以及突出的、可形成发夹结构的单链末端。

telomeric silencing（端粒沉默） 在近端粒处，基因活动被阻遏的现象。

temperate phage（温和噬菌体） 既可进入裂解途径，也能进入溶源途径的噬菌体。

template strand（模板链） 可由聚合酶拷贝的DNA链。也称为 **antisense strand（反义链）**。

ter 表示复制终止的DNA序列。

teratoma（畸胎瘤） 在早期胚胎被移植到成年动物的其中一个组织之后，许多分化的细胞类型，包括皮肤、牙、骨和其他，以无序的状态生长在一起。

terminal deoxynucleotidyl transferase（TdT，末端脱氧核苷酸转移酶） 在V(D)J重组过程中，催化将未编码的（N）核苷酸插入到V-D-J编码序列所使用的酶。

terminal protein（末端蛋白） 允许线性嗜菌体基因组的复制从最末端开始。其通过共价键结合到基因组的5′端，它与DNA聚合酶相连，以胞嘧啶残基作为引物开始复制。

terminase（末端酶） 切开病毒基因组的多聚体，然后以ATP水解提供的能量，从切开的末端开始，将DNA易位到空的病毒衣壳里。

termination codon（终止密码子） 3个终止多肽翻译的核苷酸三联体（UAA、UAG、UGA）之一。

termination（终止） 结束大分子合成（复制、转录或翻译）的分离反应，从阻止亚基的加入引起，而后（典型地）引起合成装置的解离。

terminator（终止子） 能够引起RNA聚合酶终止转录的DNA序列。

terminus（终点） 引起复制终止的DNA序列。

ternary complex（三元复合体） 转录起始中的复合体，含有RNA聚合酶、DNA和代表RNA产物前两个碱基的二联体核苷酸。

tetrad（四分体） 在减数分裂的前期所形成的由四个部分组成的结构，它由两条同源染色体组成，而每一条染色体由两个同源染色单体组成。

TF$_{Ⅱ}$D 能结合位于 RNA 聚合酶Ⅱ启动子的起点上游的 TATA 框序列的转录因子，它包含 TBP（TATA 结合蛋白）和能结合 TBP 蛋白的 TAF 亚基。

T$_h$ 见 **helper T cell（T$_h$，辅助性 T 淋巴细胞）**。

thalassemia（地中海贫血） 是一种缺少 a 或者 b 球蛋白的红细胞疾病。

third-base degeneracy（第三碱基简并性） 存在于密码子第三位的碱基对密码子有较小影响的性质。

threshold cycle（阈循环，C_T） 实时 PCR 或 RT-PCR 中的热循环数，此时产物信号到达了一个特定的关键点，它说明扩增子形成正在发生。

TI 见 **transcriptional interference（TI，转录干扰）**。

Ti plasmid（Ti 质粒） 它是土壤根瘤菌（*Agrobacterium tumefaciens*）的附加体，它所带的基因引起许多植物感染并发生冠瘿病。

tiling array（叠连阵列） 一种固定化的核酸序列阵列，它代表了生物体的整个基因组，每一个阵列点的长度越短，那么所需要的阵列点的总数目就越多，而实验所提供的遗传分辨率也就越高。

TIR 见 **toll/interleukin-1/resistance domain（TIR，Toll/白细胞介素-1/耐受结构域）**。

t-loop（t 环结构） 以一系列 TTAGGG 重复序列为特征的结构，它会被置换以形成单链区；而在端粒尾部，它可与同源链进行配对。

TLR 见 **toll-like receptor（TLR，toll 样受体）**。

TLS DNA poymerase（TLS 聚合酶） 见 **translesion DNA synthesis poymerase（跨损伤合成 DNA 聚合酶）**。

***T*$_M$** 双链核苷酸片段成为独立链的理论解链温度。它取决于诸如序列组成、双链长度和缓冲离子强度等参数。

tmRNA mRNA 与 tRNA 的杂合体，它可使停顿核糖体再循环。

Tn 见 **composite transposon（Tn，复合转座子）**。

toll/interleukin-1/resistance domain（TIR，Toll/白细胞介素-1/耐受结构域） toll 样受体（TLR）系统中独特的关键信号转导结构域。它位于 TLR 的细胞质区，也存在于 TLR 信号转导途径的衔接子中。与 TLR 类似的是，TIR 在许多物种是保守的。5 个已知的衔接子是 MyD88 蛋白；MyD88 衔接子样蛋白（MAL 或 TIRAP）；含 TLR 结构域的、可诱导干扰素 β 的衔接子（TRIF 或 TICAM1）；TRIF 相关的衔接子分子（TRAM 或 TICAM2）；不育的含 armadillo 基序蛋白（SARM）。

toll-like receptor（TLR，toll 样受体） 巨噬细胞和其他细胞表达的细胞质膜受体，它与固有免疫应答的信号转导有关。TLR 与 IL-1 受体相关。

topoisomerase（拓扑异构酶） 一种酶，它能改变闭合 DNA 分子中的两条链彼此交叉的次数，这个过程包括对 DNA 分子的切割、使 DNA 跨过断裂口，并将 DNA 重新连接起来。

topological isomer（拓扑异构体） 具有不同连接数的相同 DNA 分子。

tracer（示踪物） 复性反应中带有放射性标记的成分，其量很少，不足以改变反应进程。

trailer（非翻译尾区） mRNA 的 3′ 端位于终止密码子之后的非翻译序列。即 **3′ untraslated region（UTR，3′ 非翻译区）**。

TRAMP 一种蛋白质复合体，可识别和多腺苷酸化酵母中的错误核 RNA，并募集用于降解的细胞核外切体。

***trans*-acting（反式作用的）** 产物能作用在靶 DNA 的任何拷贝上。这暗示它是可扩散的蛋白质或 RNA。

transcript（转录物） 从 DNA 链上拷贝的 RNA 产物，它可能需要加工成成熟 RNA。

transcription factor（转录因子） RNA 聚合酶在特异性的启动子位点启动转录所需要的，但本身不是酶的一部分。

transcription unit（转录单位） RNA 聚合酶识别的起始位点和终止位点间的距离，可能包括不止一个基因。

transcription（转录） 以 DNA 模板合成 RNA。

transcriptional interference（TI，转录干扰） 一个启动子上的转录可直接干扰第二个相连启动子的转录。

transcriptome（转录物组） 在一个细胞、组织或生物体的全部 RNA 的集合，它的复杂性主要来自 mRNA，但它也包括非编码的 RNA。

transducing virus（转导病毒） 病毒带有宿主基因组的部分代替了它自身的序列，最好的例子是真核生物细胞的反转录病毒和大肠杆菌（*Escherichia coli*）的 DNA 噬菌体。

transesterification（转酯作用） 酯酰基可在协调的传递过程中断开，并形成化学键，而且这种反应不需能量。

transfection（转染） 真核生物细胞接受加入的DNA从而获得新的基因标记的过程。

transfer region（转移区） 细菌接合所需的F质粒的一个大区域（约33 kb）。它包含DNA传递所需的基因。

transfer RNA（tRNA，转运RNA） 在蛋白质合成中，解释遗传密码的中间体，每个tRNA都连有氨基酸且tRNA拥有反义密码子，它互补于mRNA中的代表氨基酸的三联体密码子。

transformation（转化） 细菌接纳外源DNA而引入新的基因标记。

transforming principle（转化因素） 外源DNA被细菌摄入，这个DNA的表达改变了受体细胞的特征。

transgenerational epigenetic（跨代表观遗传） 有机体将非基因信息（表观遗传状态）传递给下一代的现象。

transgenic（转基因） 将试管中制备的DNA导入细胞系而产生的有机体。DNA可以插入基因组或存在于染色体外结构中。

transition（转换） 是一种突变形式，即嘌呤代替另一种嘌呤，或嘧啶代替另一种嘧啶。

translation（翻译） 在mRNA模板上进行蛋白质合成的过程。

translational positioning（平移定位） 组蛋白八聚体的位置在双螺旋中是逐次轮流的，它决定了哪个序列位于连接区。

translesion DNA synthesis poymerase（跨损伤合成DNA聚合酶） 在DNA损伤耐受过程中发挥作用的酶，它能进行跨损伤复制，如跨过胸腺嘧啶二联体或停滞的DNA复制区。

translesion synthesis（跨损伤合成） DNA损伤耐受过程，它能跨过由DNA损伤所致的复制阻止，它将常规的DNA聚合酶移去，用特异性的跨损伤聚合酶替代，这使它能跨过损伤区而复制出DNA。

translocation（易位） ①核糖体一密码子在每个氨基酸加入多肽链后沿mRNA的运动。②染色体交换非同源染色体间染色体物质的互惠或非互惠交换。

transmembrane region（跨膜结构域） 跨越脂双层膜的蛋白质区域，它是疏水的，在很多例子中，它由约20个氨基酸残基组成，并形成α螺旋。

transplantation antigen（移植抗原） 在所有哺乳动物细胞中，由主要组织相容性位点编码的一种蛋白质，它涉及淋巴细胞之间的相互作用。

transposable element（TE，转座因子） 见 **transposon（转座子）**。

transposase（转座酶） 催化转座子插入新位点的酶。

transposition（转座） 转座子移到基因组中新的位点。

transposon（转座子） 能将自身插入（或复制其自身到）基因组新位置的DNA序列（与靶位点无任何相关序列）。也称为 **transposable element（TE，转座因子）**。

transposon yeast（*Ty*，转座子酵母） 在酵母中第一个被鉴定的转座因子。

transversion（颠换） 一个嘌呤被嘧啶代替或相反的突变。

tRNA 见 **transfer RNA（tRNA，转运RNA）**。

$tRNA_f^{Met}$ 细菌中启动蛋白质合成的特殊的tRNA，它最可能使用AUG，也可应答GUG和CUG。另见 **N-formyl-methionyl-tRNA（$tRNA_f^{Met}$，氨甲酰甲硫氨酸tRNA）**。

$tRNA_i^{Met}$ 在真核生物细胞中应答起始密码子的特殊tRNA。

$tRNA_m^{Met}$ 在内部AUG密码子插入甲硫氨酸的细菌tRNA。

true activator（真激活物） 正向转录因素，它通过直接或间接与基础转录装置接触以激活转录。

true reversion（真实回复） 恢复DNA原来序列的突变。

Tudor domain（Tudor结构域） 一种甲基化赖氨酸结合结构域，它由特定的约60个氨基酸残基所组成。

tumor suppressor（肿瘤抑制蛋白） 保护细胞周期的一类蛋白质，确保细胞满足大小和不存在DNA损伤的标准。这些蛋白质在细胞周期中起刹车作用，阻止细胞从G_1期进入S期。

twisting number（*T*，扭转数） 在DNA双螺旋结构中，一条链绕另一条链的旋转的圈数。

two-hybrid assay（双杂交法） 用于检测蛋白质的相互作用，即它能检测蛋白质将DNA结合结构域和转录激活结构域聚集到一起的能力。实验是在酵母中进行，运用能应答相互作用的报道基因来检测结果。

Ty 见 **transposon yeast（转座子酵母）**。

U3 反转录病毒RNA的3′端重复序列。

U5 反转录病毒RNA的5′端重复序列。

UAS 见 **upstream activating sequence（UAS，上游激活序列）**。

UEP 见 **unit evolutionary period（UEP，单位进化时期）**。

underwind（欠旋） 在一圈螺旋中，碱基对小于10.5 bp的B型DNA。

unequal crossing-over（不等交换） 源自配对或交换中所产生的错误，即不等位点参与了重组事件，它形成两种分子，一种携带序列缺失的重组子，另一种携带序列倍增的重组子。也称为 **nonreciprocal recombination（非相互重组）**。

Ung 蛋白 见**尿嘧啶 N- 糖基化酶（Ung，uracil N-glycosylase）**。

unidentified reading frame（URF，不明阅读框） 功能还未被鉴定的可读框。

unidirectional replication（单向复制） 从给定起点单个复制叉的移动。

uninducible（不可诱导的） 失去被诱导能力的突变体。

unit evolutionary period（UEP，单位进化时期） 在进化趋异序列中，形成 1% 趋异度所需的时间，通常以百万年为单位。

UP element（UP 元件） 细菌中邻近启动子区的序列，它位于 −35 区的上游，能增强转录。

up mutation（上调突变） 能增加转录频率的启动子区突变。

UPF protein（UPF 蛋白） 一组蛋白质因子，可靶向无义突变介导的 mRNA 衰变（NMD）的被降解底物。

upstream（上游） 与表达序列方向相反的序列。

upstream activating sequence（UAS，上游激活序列） 高等真核生物中的增强子在酵母中的同源物；它不能在启动子下游发挥作用。

uracil N-glycosylase（Ung 蛋白，尿嘧啶 N- 糖基化酶） 一种高度保守的、类型专一的 DNA 修复酶。生物学功能是将正常的 RNA 碱基尿嘧啶从 DNA 中去除。它将尿嘧啶从 DNA 中去除，以形成无碱基位点，从而起始碱基切除修复(BER)途径。此酶存在于各种原核生物和真核生物中，也存在于病毒家族中。在类别转换（CSR）事件和体细胞高变（SHM）事件中都需要的酶，它能将 AID 蛋白所催化的脱氧胞苷脱氨基所产生的脱氧尿嘧啶脱去糖基。

URF 见 **unidentified reading frame（URF，不明阅读框）**。

UTR 见 **3′/5′ untraslated region（UTR，3′/5′ 非翻译区）**。

V region 见 **variable region（V region，可变区，V 区）**。

variable number tandem repeat（VNTR，数目可变的串联重复） DNA 序列的这类区域描述了非常短小的重复序列，它包括微卫星 DNA 和小卫星 DNA。

variable region（V region，可变区，V 区） 免疫球蛋白或 T 淋巴细胞受体中的抗原结合位点，它由链的可变结构域组成。它们由 V 基因区段编码，当不同链比较时，它高度可变，这是因为构建有活性基因时引入了不同基因组拷贝和改变。

vector（载体） 一种经过基因工程改造过的 DNA 分子，它可用于转运或繁殖各种插入 DNA 片段。

vegetative phase（营养生长期） 细菌正常生长和分裂阶段。对于能形成孢子的细菌，它就和成孢期形成对照，那时就能形成孢子。

viroid（类病毒） 小的具有感染性的核酸，它没有蛋白质被膜。

virulent mutation（*λvir*，烈性突变） 不能产生溶源态噬菌体的突变。

virulent phage（烈性噬菌体） 只能进入裂解途径的噬菌体。

virusoid（拟病毒） 小的具有感染性的核酸，它能和植物病毒自身基因组一起被装入包囊。另见 **satellite DNA（卫星 DNA）**。

VNTR 见 **variable number tandem repeat（VNTR，数目可变的串联重复）**。

Western blotting（Western 印迹，蛋白质印迹） 在组织裂解液或抽提物中检测特定蛋白质的一种技术。用分开蛋白质的胶进行电泳，再印迹到膜上，人工制备的抗体加入到样品中，它能与靶蛋白发生特异性结合。如果在电泳后染色条带出现于膜上，那么特定蛋白质就存在于样品中。

wobble hypothesis（摆动假说） 一个 tRNA 通过与密码子第三个碱基非寻常配对（非 G · C，非 A · T）而识别不止一个密码子。

writhing number（*W*，缠绕数） DNA 中，双链中轴在空间绕过自身的次数。

xeroderma pigmentosum（XP，着色性干皮病） *XP* 基因中的其中一个发生突变所引起的疾病，它导致对太阳光（尤其是紫外线）的高度敏感、皮肤疾病和易患癌症的体质。

XP 见 **xeroderma pigmentosum（XP，着色性干皮病）**。

YAC 见 **yeast artificial chromosome（YAC，酵母人工染色体）**。

yeast artificial chromosome（YAC，酵母人工染色体） 人工合成的染色体，它含复制起点，支持分离的着丝粒，封闭末端的端粒。它用于增殖酵母细胞所带有的任何基因。

zinc finger（锌指） 含 DNA 结合基序，它代表一类转录因子。

zipcode（链密码） 它由 mRNA 中任何数目的顺式作用元件组成，可用于指导细胞定位。

Z-ring（Z 环） 见 **septal ring（隔膜环）**。

γ-H2AX 组蛋白变异体 H2AX 的一种形式，此时在双链断裂处，其 SQEL/Y 基序被磷酸化。

λvir 见 **virulent mutation（*λvir*，烈性突变）**。